지식의 통합

신체 각 계통의 끝부분에 **지식 쌓기**를 통해 각각의 신체 계통들이 어떻게 서로 유기적으로 작동되는지를 이해할 수 있다.

지식 쌓기
심혈관계통이 지금까지 제시된 다른 신체 계통과 어떻게 통합되는지 알아보자.

외피계통 Integumentary System

- 외피계통은 비만세포(mast cell)가 있어 혈류와 모세혈관 투과성에 대한 국소적 변화를 유발한다.
- 심혈관계통은 면역계통의 세포를 손상부위로 전달한다. 혈액응고 반응은 갈라진 피부 표면을 메운다. 감염부위로부터 독성을 내보낸다. 몸에 열을 제공한다.

뼈대계통 Skeletal System

- 뼈대계통은 정상적인 심장근 수축을 위해 필요한 칼슘을 제공한다. 적색골수에서 발달한 혈액세포를 보호한다.
- 심혈관계통은 칼슘과 인을 이동시켜 뼈에 저장한다. 적혈구생성인자(EPO)를 적색골수에 전달하고 부갑상샘호르몬과 칼시토닌을 뼈모세포와 뼈파괴세포에 보낸다.

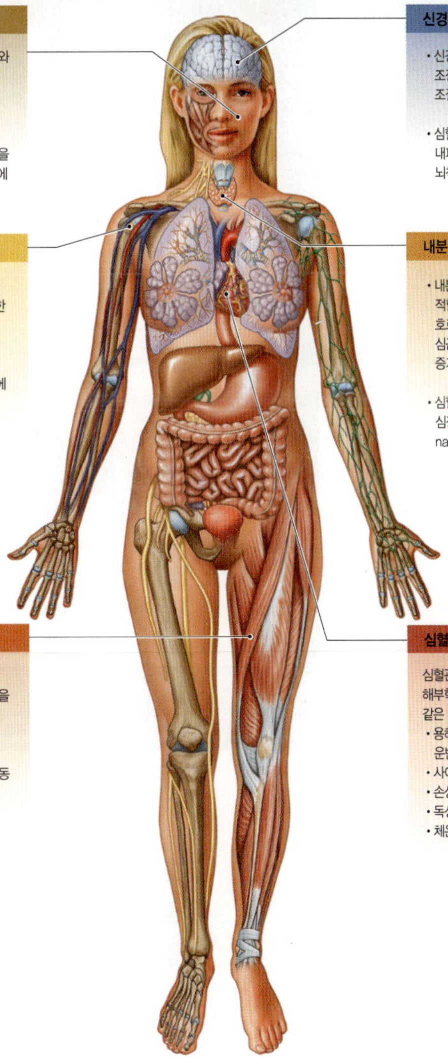

근육계통 Muscular System

- 근육계통은 근육 수축을 통해 정맥순환을 돕는다. 얇은 혈관, 특히 목과 팔다리의 혈관을 보호한다.
- 심혈관계통은 산소와 영양소를 전달하고 이산화탄소, 젖산을 제거하고, 뼈대근육의 활동 중 발생하는 열을 제거한다.

신경계통 Nervous System

- 신경계통은 말초조직에서 순환 형태를 조정한다. 심박수를 변화시키고 혈압을 조절한다. 항이뇨호르몬(ADH)을 방출한다.
- 심혈관계통에는 혈액뇌장벽을 유지하도록 내피세포가 있는 모세혈관이 있고, 뇌척수액(CSF)의 생성을 돕는다.

내분비계통 Endocrine System

- 내분비계통은 적혈구 생산을 조절하는 적혈구생성인자(EPO)를 생성한다. 여러 호르몬들이 혈압을 증가시키고, 에피네프린은 심근을 자극하여 심박수와 심근 수축력을 증가시킨다.
- 심혈관계통은 호르몬을 전신으로 분배한다. 심장은 심방나트륨이뇨펩티드(atrial natriuretic peptide, ANP)를 분비한다.

심혈관계통 Cardiovascular System

심혈관계통과 다른 계통 사이에는 광범위한 해부학적 연결을 해 주는 혈관이 있어 다음과 같은 일을 한다.

- 용해된 기체, 영양소, 호르몬, 대사산물을 운반한다.
- 사이질액의 pH, 이온 구성을 조절한다.
- 손상부위에 체액 손실을 막는다.
- 독성과 병원체에 대항한다.
- 체온을 유지한다.

더 많아진 집중 조명 그림

집중 조명 그림은
책 속에 어려운 주제를
1~2페이지의 해상도 높은
그림으로 보여준다.
짧은 주제와 관련 있는 그림을
생생하고 사실적으로 설명해
준다.

3판에서는 장마다 최소한
1개의 집중 조명 그림을
보여줄 것이다.

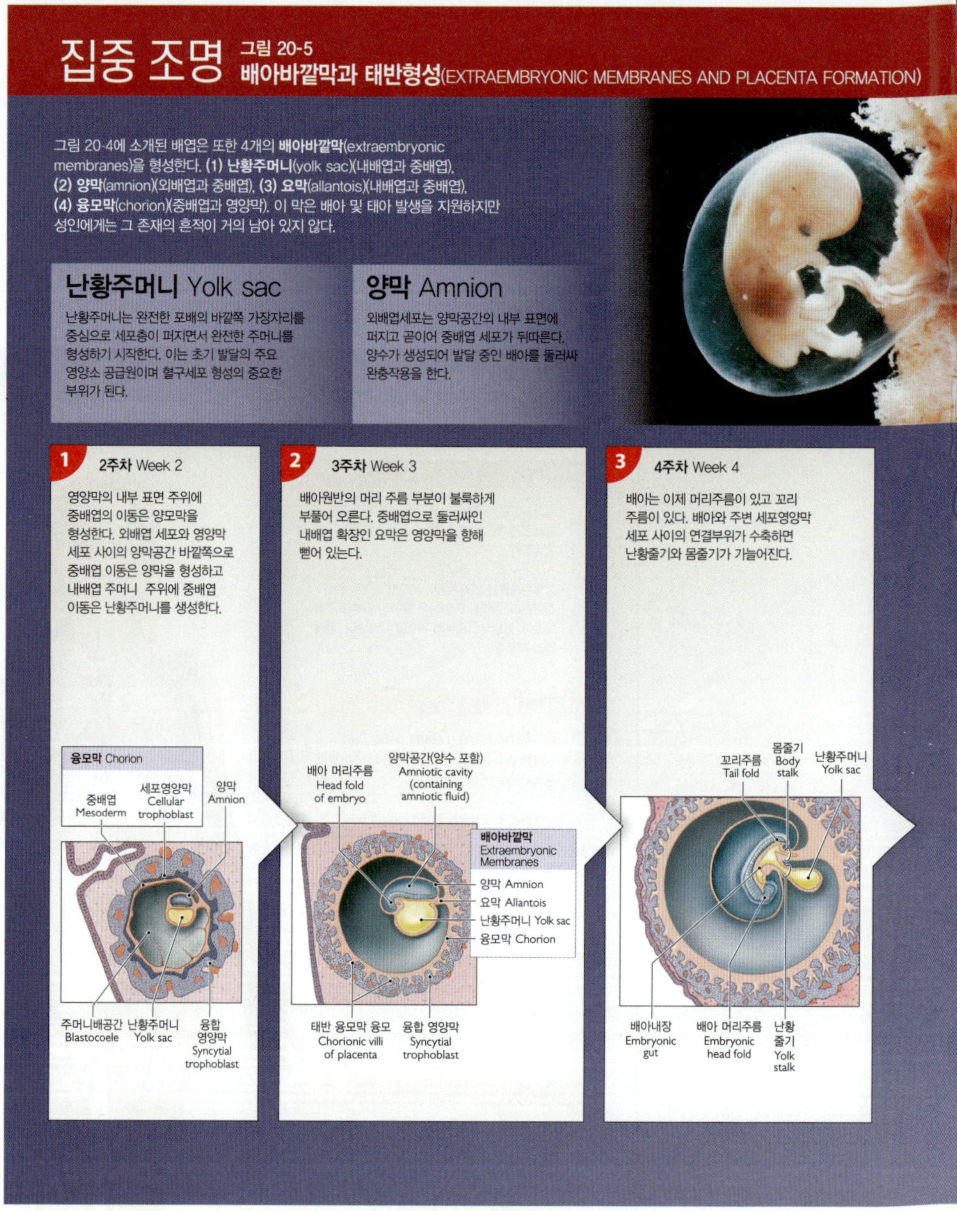

3판의 새로운 집중 조명 그림

요막 Allantois

요막은 난황주머니 바닥 부분에서 내배엽의 바깥주머니에서 시작된다. 그런 다음 자유 내배엽 끝은 중배엽 세포 덩어리로 둘러싸인 주머니배 벽을 향해 자란다. 이 결과로 요막의 바닥 부분은 방광을 형성하게 된다.

융모막 Chorion

요막과 관련된 중배엽은 전체 주머니배공간에 퍼져 세포 영양막을 주머니배로부터 분리한다. 융모막에 혈관이 나타나는 것은 기능성 태반을 만드는 첫 번째 단계이다. 발달 3주차까지 중배엽은 각 영양막 융모를 따라 확장되어 모체 조직 및 혈관과 접촉하는 융모막을 형성하게 된다. 이 융모는 계속 확대되고 분기되어 영양, 산소 및 노폐물의 교환 발판인 태반을 형성한다.

4 5주차 Week 5

발달 중인 배아와 배아바깥막은 자궁안으로 부풀어 오르게 된다. 자궁안으로 밀려나오는 세포영양막은 자궁내막으로 덮여 있지만 더 이상 영양소 흡수 및 배아성장 지원에 참여하지 않는다. 태아는 태반에서 멀어지고, 몸줄기와 난황줄기와 융합하여 배꼽 줄기를 형성한다.

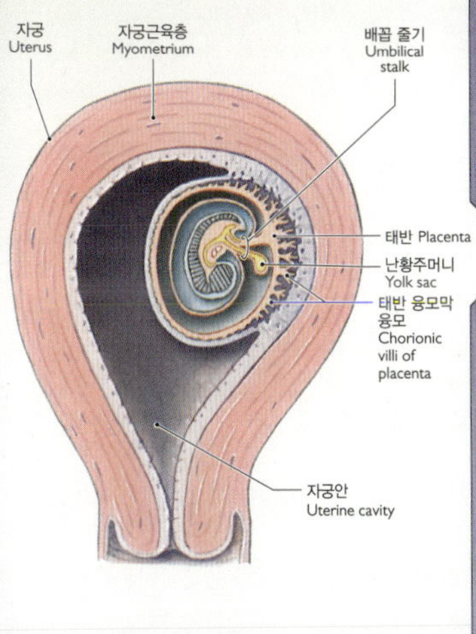

5 10주차 Week 10

양막은 크게 확장하여 자궁안을 채우고 있다. 태아는 요막의 일부, 혈관 및 난황줄기의 잔여물을 포함한 긴 탯줄에 의해 태반과 연결되어 있다.

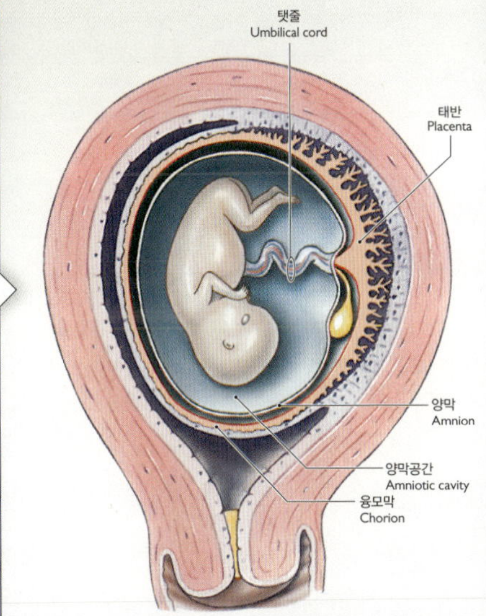

3판의 새로운 집중 조명 그림

그림 15-20: 호흡 조절
그림 16-10: 위의 활성 조절
그림 16-25: 화학적 소화작용
그림 17-5: 전자전달계와 ATP 형성
그림 18-9: 콩팥 기능의 요약
그림 19-7: 남성 생식의 조절
그림 19-14: 여성 생식의 조절
그림 20-5: 배아바깥막과 태반형성

원본/그림의 통합

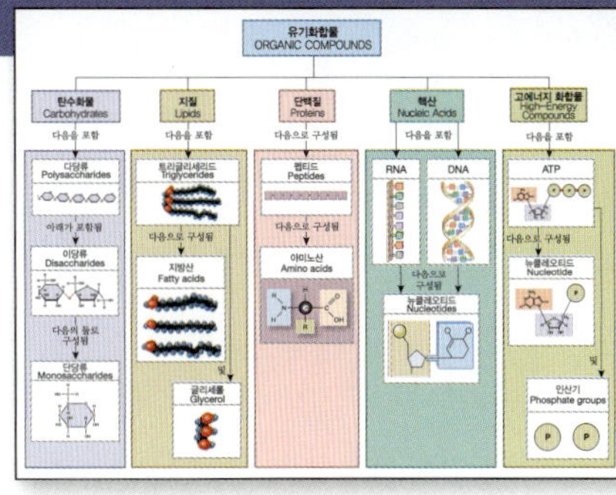

체내 유기화합물의 구조 개요 p. 51

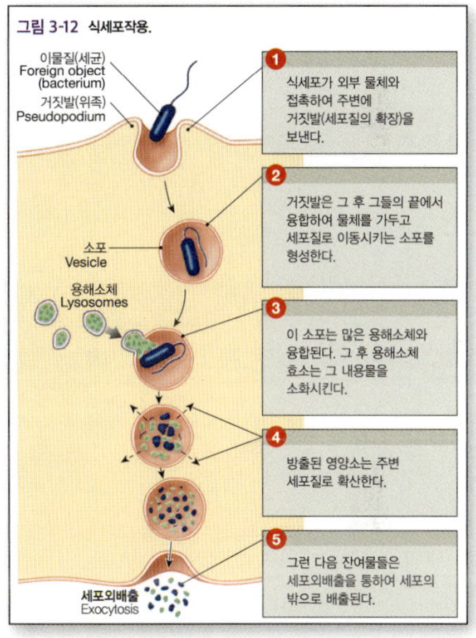

식세포작용의 순차적 도해 p. 74

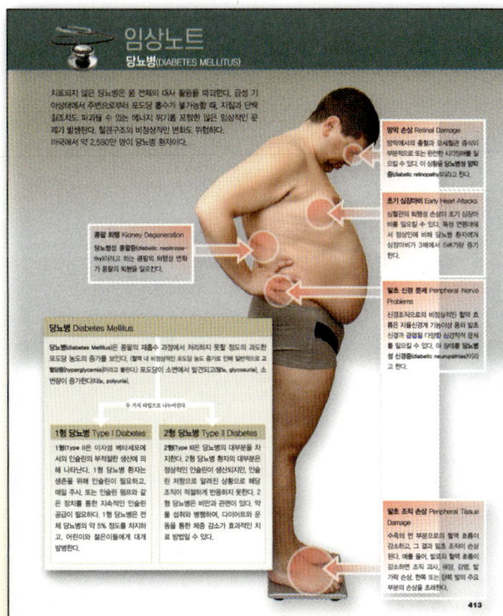

당뇨병의 임상노트 p. 413

쉽게 배우는
인체의 구조와 기능

BLEDSOE, BRYAN E.
MARTINI, FREDERIC H.
BARTHOLOMEW, EDWIN F.
역자 고재문 · 김지희 외

(주)바이오사이언스출판

쉽게 배우는 인체의 구조와 기능

초판 인쇄: 2023년 2월 24일
초판 발행: 2023년 3월 3일

저　자: BLEDSOE, BRYAN E. · MARTINI, FREDERIC H. · BARTHOLOMEW, EDWIN F.
역　자: 고재문 김지희 강민주 강인혜 김경완 김미숙 김병용 김영화 김은미 김익성 김철태 박상웅 박유진 박진홍 서혜진 유영법 이경열 이남종 이상민 이상한 이재민 이정호 지현경 최욱진 한승태
발행인: 문 정 구
발행처: (주)바이오사이언스출판
본　사: 10860 경기도 파주시 탄현면 국화향길 10-56, 1동
서울사무소: 06569 서울특별시 서초구 도구로 115, 3층(방배동)
전　화: (02)581-4057~8
팩　스: (02)581-4059
이메일: inquiry@biosciencepub.com
홈페이지: http://www.biobooks.co.kr
ISBN: 978-89-6824-141-3 (93510)

등록번호 / 제22-3079호
값 40,000원

(주)바이오사이언스출판

본문과 도해팀

BRYAN BLEDSOE, DO, FACEP, FAEMS(저자)는 네바다대학의 응급의학과, 외과(외상)교수이며, 라스베가스 의과대학과 라스베가스에 있는 남부 네바다주의 대학 의료 센터의 담당의사이다. 그는 또한 텍사스 보건 자원 시스템 EMS 의료 국장을 맡고 있다. 전직 응급구조대, 구급대원, 소방관인 Bledsoe는 많은 교과서와 저널 및 잡지 기사의 저자이기도 하다. 2008년 그는 미국 응급의과대학과 *Men's Health* 잡지인 "Heroes of Health and Fitness"라는 책에서 20인의 "응급의학의 영웅" 중의 한 사람으로 선정되었다. 2014년에는 응급의학에 대한 모범적인 서비스로 John P. Pryor, MD Award를 수상했다. 그는 현재 네바다와 텍사스에 살고 있다.

FREDERIC (RIC) MARTINI, PH.D.(저자)는 코넬 대학교에서 박사학위를 받았다. 전문지나 학술지 출판물 외에도 10개 정도의 해부생리학, 해부학에 관한 학부교과서의 주요 저자이다. 그는 현재 마노아에 있는 하와이 대학과 Shoals 해양연구소와 오랫동안 유대관계를 가지고 있으며 코넬대학과 뉴햄프셔의 대학과도 사업상의 관계를 맺고 있다.

그는 인체해부학과 생리학 학회에서 26년간 활동하고 있으며 현재 명예회장이다. 그는 또한 미국생리학회, 미국해부학 학회, 호주/뉴질랜드 통합 비교생물학 학회와 임상해부학 학회 그리고 국제 척추동물 형태학 학회 회원이기도 하다.

EDWIN F. BARTHOLOMEW, M.S.(저자)는 오하이오에 있는 Bowling Green State University에서 학사학위를 받았고 하와이 대학에서 석사학위를 받았다. 그의 관심사는 인체해부학, 생리학에서부터 해양환경 "backyard" 양식, 유화와 수채화에 이르기까지 광범위하다. 그는 인체해부학과 생리학뿐만 아니라 학부수준의 다양한 종류를 가르쳤다. 또한 그는 마우이 대학(현재의 하와이 대학교 마우이 대학)에서 다른 과학 분야(식물학에서 동물학에 이르는)를 가르치기도 했다. 수년간 그는 로키산맥의 서부에서 가장 오래된 전통의 라할루나 고등학교에서 가르치기도 했으며, 그곳에서 미국보건직업학교(HOSA)의 설립을 도왔다. 그는 잡지기사, 주간신문, 칼럼 등을 썼다. 마티니 박사와 함께 그는 *Structure & Function of the Human Body*와 *The Human Body in Health and Disease*(Pearson)의 공동저자이다. 또한 마티니와 주딘나스 박사와 함께 *Fundamentals of Anatomy & Physiology* 11판의 공동저자이다. 뿐만 아니라 마티니 ,윌리엄 오버, 케빈 페티 박사와 함께 *Visual Anatomy & Physiology* 3판을 공동 저술했다. 그는 인체해부학과 생리학 학회, 미국과학진보협회 회원의 일원이기도 하다.

WILLIAM C. OBER, M.D.(미술 코디네이터와 일러스트레이터)는 Washington and Lee University에서 학사학위를 받고 University of Virginia에서 박사학위를 받았다. 의과대학 재학 중 존스홉킨스 대학교 의학응용 예술학과에서 공부했다. 존스홉킨스대학교 졸업 후 가정의학과 레지던트 과정을 마치고 후에 University of Virginia의 가정의학과 교수로 재직했다. 그는 마르타 제퍼슨 병원의 의학과장과 UVA의 스포츠 의학부의 강사이기도 했다. 그는 또한 Shoals Marine Laboratory의 핵심 교수진의 일원이었다. 22년 동안 그는 매년 여름 생물학적 삽화를 가르쳤다. 그는 현재 Washington and Lee University의 생물학 초빙 교수이다. 그의 회사 Medical & Scientific Illustration에서 설명하는 교과서는 수많은 디자인 및 일러스트레이션 상을 수상했다.

CLAIRE E. OBER, R.N.(삽화작가)은 의학 삽화가로 일하기 전 소아과와 산과 간호사로 근무했었다. 그녀는 메리볼드윈 대학과 스튜디오 아트 분야에서 학위를 취득했다. 5년간의 견습 과정을 거친 후 그녀는 1986년부터 의료 및 과학 삽화 연구소에서 오베르 박사의 파트너로 일했다. 그녀는 Shoals 해양연구소의 핵심 교수진에 있었고 생물학 삽화 과정을 지도했다.

KATHLEEN WELCH, M.D.(임상자문)는 시애틀에 있는 워싱턴 대학에서 박사학위를 받았고 채플힐에 있는 노스캐롤라이나 대학에서 레지던트 과정을 마쳤다. 그녀는 미국령 사모아에 있는 LBJ 열대의료 센터에서 모자 건강 책임자로 2년 동안 재직했으며, 이후 하와이 라하이나에 있는 Kaiser Permanente Clinic에서 가정의학과의 일원이었다. 그녀는 1987년부터 2012년 은퇴할 때까지 개업의로 일했다. 또한 9개 교과서에서는 임상 자문을 했고 한 권의 교과서에서는 공동 저자로 여러 가지 임상자료들을 제공했다. 하와이의 미국 가족 실천 아카데미 회원이며 의학협회, 마우이 의학협회, 미의학 협회 그리고 인체 해부생리학 학회 회원이다.

RALPH T. HUTCHINGS(생의학 사진작가)는 왕립외과대학에서 20년간 근무했다. 엔지니어로 훈련을 받은 그는 수년간 인체의 구조를 촬영하는 데 주력해 왔다. 그 결과 *Color Atlas of Human Anatomy*, *The Color Atlas of Surface Anatomy*, 그리고 *The Human Skeleton*(모스비 출판사) 등을 포함한 컬러 도해를 만들었다.

그의 인체해부학적 묘사로 국제사진작가협회에서는 Hutchings 씨를 20세기 최고의 인체 사진작가로 선정했다. 그는 북런던에서, 사진 작업과 초기 자동차나 비행기에 대한 취미 사이에서 균형을 맞추어 가며 살고 있다.

짧은 목차

정답과 부록은 저희 웹사이트 www.biobooks.co.kr
"자료실"란에서 다운로드하세요

서 문

병원 전 응급의료의 다양한 측면을 공부하기 전에 먼저 정상적인 인체의 해부학과 생리학을 공부하고 이해해야 한다. 이 책 3판은 병원 전 응급의료를 배우기에 앞서 필요한 해부학과 생리학 내용을 제공한다.

이 책은 Fredric H. Martini와 Edwin F.의 인기 있는 대학 교과서인 *Essentials of Anatomy and Physiology*에 기반한다. 우리는 이를 바탕으로 여기에 응급 치료와 관련된 임상적 상관관계와 응용 프로그램을 추가했다. 이제 응급의료학과 학생으로서 여러분은 정상적인 인체 해부학과 생리를 배우는 동안 특정한 질병 과정과 부상 유형을 공부할 수 있다.

이 교과에는 세 가지 기본 목표가 있다.

1. **인체 해부학과 생리학의 필수 지식의 토대를 제공한다.** 그러한 지식을 얻기 위해서는 “인체의 구조는 어떻게 되어 있으며, 하는 일은 무엇이며, 일을 하지 않는다면 어떤 일이 발생하는가?”에 대한 질문의 답을 얻어야 한다.
2. **문제해결에 필요한 정보를 해석하고 적용하기 위한 기반을 제공한다.** 이 기반은 특정한 주제와 패턴이 해부학과 생리학에 계속해서 나타난다는 사실에 기초하고 있다. 이러한 주제와 패턴은 이 책에서 여러분이 보게 될 정보를 구성하고 체계화하는 근간이 된다. 정보를 해석하고 적용해야 하는 문제에는 다음과 같은 일반적인 질문이 포함된다. 한 신체 계통의 변화가 다른 신체 계통에 어떤 영향을 미치는가? 노화는 신체 계통에 어떤 영향을 미치는가?
3. **기본적인 해부학과 생리학 원리를 강화하기 위해 일반적인 부상과 질병에 대한 소개를 제공한다.** 자신의 관심사와 직접적으로 관련이 있는 문맥 속의 자료를 더 잘 기억하는 경향이 있다. 이 교과서에서 우리는 해부학과 생리학의 원리를 도입하고 세심하게 일반적인 응급현상의 임상적 개념에 도입해 볼 수 있다. 이런 것이 비정상적인 해부, 생리(병리생리학)가 어떻게 정상적인 해부학과 생리학에 직접적으로 관련되는지를 보는 것을 도울 것이다.

또한 통합 보건 분야에서 잘 훈련된 전문가의 필요성은 그 어느 때보다 절실하며, 이런 전문가로 성공하려면 미리 필요한 기술을 습득해야 한다. 많은 기술적 어휘를 익히고 많은 양의 상세한 정보를 아는 것 이상을 해야 한다. 새로운 정보를 구성하고 이미 알고 있는 정보에 연결한 다음 필요에 따라 적용하는 방법을 배워야 한다.

교과서로 이 과정을 간소화할 수 있을까? 어떤 교과서도 당신에게 더 많은 시간을 줄 수 없다. 그러나 시간을 더 잘 사용하는 데 도움을 줄 수는 있다. 개념 구성을 강조하는 명확하고 논리적인 방법으로 자료를 제시함으로써, 이 교과서는 여러분에게 필수적인 지식의 기초와 그 지식을 통합하고 적용하기 위한 프레임워크를 제공한다. 예를 들어, 특정 주제와 패턴은 해부학과 생리학 연구에 계속해서 나타난다. 이러한 패턴을 인식하고 이에 따라 정보를 정리하는 방법을 배운다면 개념적인 자료를 다루기가 훨씬 쉬워질 것이다. 이 점을 염두에 두고, 우리는 중요한 패턴을 강조하고, 합리적인 프레임워크를 만들고, 그 프레임워크를 중심으로 새로운 정보를 구성하기 위해 각별히 주의를 기울였다.

게다가, 더 효율적인 학습자가 되는 것은 여러분을 더 가치 있는 미래의 전문가로 만들고, 여러분이 마지막 시험을 치른 후 계속해서 발전하고, 오래도록 성장하게 할 것이다.

이 책의 새로운 기능

이 책 3판은 광범위하게 개정되고 업데이트되었다. 가장 중요한 것은 임상적 상관관계 자료가 논의되는 관련 주제 옆에 교과서 전체에 배치되었다는 점이다. 새로운 그림과 사진뿐만 아니라 수많은 새로운 임상적 자료가 추가되었다. 병원 전 관리의 관행이 항상 변화하고 있으며 이러한 변화를 반영하기 위해 본문이 업데이트되었다.

3판의 장별 변경 사항은 다음과 같다.

1장 해부학과 생리학에 대한 소개

- 새 집중 조명 그림 1-1 구성 수준
- 개정된 그림 1-2 인간의 기관계통
- 항상성과 질병에 대한 최신 이론
- 새 그림 1-3 실내 온도 조절
- 새 그림 1-4 체온조절에서 음성되먹임
- 새 그림 1-8 방향설명
- 새 그림 1-9 인체 단면
- 개정된 그림 1-11 몸통의 세부 구분과 안의 관계

- 새 임상노트: 의료영상기법(뇌의 PET 스캔 추가)

2장 화학적 수준에서의 구성

- 수정된 그림 2-4 이온 결합(새로운 부분 c)
- 집중 조명 그림 2-7 화학적 기호법 개정("반응물" 및 "생산물" 추가)
- pH 이해에 대한 업데이트
- 개정된 그림 2-11 포도당 구조(이전 부분 c를 교체한 새로운 부분 c)
- 수정된 그림 2-17 아미노산과 펩티드 결합의 형성
- 새 그림 2-18 단백질 구조
- 수정된 그림 2-20 핵산의 구조

3장 세포 구조와 기능

- 개정된 그림 3-1 인체 세포의 다양성
- 새 그림 3-2 세포 모형의 해부학 수정(주요 차이와 운동성 섬모)
- 개정된 그림 3-4 확산(4단계 추가)
- 액체 이동에 대한 향상된 논의
- 그림 3-7 혈장막을 통과하는 삼투 흐름
- 새 그림 3-12 식세포작용
- 수정된 그림 3-14 세포질그물
- 새 그림 3-15 골지장치
- 병원 전 IV 주입에 대한 정보 업데이트
- 개정된 집중 조명 그림 3-17 단백질 합성, 처리와 포장
- 그림 3-17 사립체 개정(리보소체 추가)
- 새 그림 3-21 번역
- 그림 3-24 사이기, 유사분열 그리고 세포질분열 수정

4장 생명체의 조직 구성

- 새 그림 4-1 신체 조직에 대한 방향
- 수정된 그림 4-2 세포 접합
- 개정된 그림 4-4 단층상피
- 개정된 그림 4-5 중층상피
- 개정된 그림 4-6 샘분비의 방법
- 새 그림 4-7 결합조직의 주요 유형
- 비만과 쇼크가 EMS에 미치는 영향에 대한 강화된 내용
- 개정된 그림 4-8 고유결합조직의 세포 및 섬유(섬유소 첨가)
- 수정된 그림 4-9 성긴(느슨한)결합조직
- 수정된 그림 4-10 치밀결합조직
- 수정된 그림 4-11 연골의 유형
- 수정된 그림 4-13 조직막(b 부분)
- 수정된 그림 4-14 근육조직
- 수정된 그림 4-15 신경조직

5장 외피계통

- 새 전문용어: 각질형성세포 추가
- 그림 5-1 외피계통의 일반적 구조
- 새 집중 조명 그림 5-4 표피
- 수정된 그림 5-8 털주머니와 털
- 수정된 그림 5-11 손톱의 구조(단면도 추가)
- 새 그림 5-25 켈로이드
- 피부 상태에 대한 업데이트된 내용
- 새 임상노트: 피부염
- 임상노트: 탈모 수정(화학요법 및 방사선에 의한 탈모에 대한 새로운 논의)
- 새 임상노트: 피부의 외상 조건
- 연조직 손상에 대한 최신 논의
- 새 지식 쌓기: 외피계통이 지금까지 제시된 다른 신체 계통과 어떻게 통합되는지 알아보자.

6장 뼈대계통

- 수정된 그림 6-2 긴 뼈의 구조(뼈막 그림 추가)
- 수정된 그림 6-8 일반적인 뼈의 미세한 구조(뼈세포 그림의 형태 추가)
- 수정된 그림 6-11 뼈의 덧붙이 성장
- 뼈내 투여에 대한 최신 정보
- 새 그림 6-22 뼈 표지구조의 소개
- 개정된 그림 6-25 성인 머리뼈, 부분 1(컬러 코드 라벨 추가)
- 개정된 그림 6-26 성인 머리뼈, 부분 2
- 수정된 그림 6-27 머리뼈의 전단 해부학
- 뼈대 손상에 대한 최신 논의
- 수정된 그림 6-30 신생아의 머리뼈
- 개정된 그림 6-31 척주(라벨 추가)
- 개정된 그림 6-34 엉치뼈와 꼬리뼈(옆면 사진 추가)
- 개정된 그림 6-35 가슴우리
- 수정된 그림 6-40 손목과 손의 뼈
- 수정된 그림 6-41 엉덩이뼈와 골반(옆면 그림 추가)
- 수정된 그림 6-45 발목과 발의 뼈(발바닥의 오목한 부분과 옆면 그림 추가)
- 수정된 그림 6-46 윤활관절의 구조
- 수정된 집중 조명 그림 6-50 윤활관절(윤활관절의 형태 그림 추가)
- 수정된 그림 6-55 무릎관절(박스에 인대 표시)

- 새 임상노트: 골절의 종류 및 치유 과정
- 새 임상노트: 뼈엉성증
- 새 지식 쌓기: 뼈대계통이 지금까지 제시된 다른 신체 계통과 어떻게 통합하는지 알아보자.

7장 근육계통

- 수정된 그림 7-2 뼈대근육섬유의 구성(티틴 표시 추가)
- 수정된 집중 조명 그림 7-4 신경근육이음부의 신호전달 기전
- 신경근육 차단 강화 논의
- 새 그림 7-6 뼈대근의 수축과 이완 과정
- 수정된 그림 7-10 근육의 대사
- 새 그림 7-12 인체의 주요 뼈대근육
- 수정된 그림 7-14 목 앞부위의 근육(어깨목뿔근 및 박스 표시 추가)
- 수정된 표 7-3 머리와 목의 근육
- 수정된 그림 7-15 척주의 근육
- 수정된 그림 7-20 빗근, 곧은근, 가로막(b 부분 및 설명 c)
- 수정된 그림 7-23 위팔을 움직이는 근육(어깨의 돌림근띠근육의 구별 추가)
- 새 그림 7-24 아래팔, 손목, 손을 움직이는 근육
- 수정된 그림 7-26 종아리를 움직이는 근육(넙다리뒤근육의 구별 추가)
- 수정된 그림 7-27 발과 발가락을 움직이는 근육(새 앞면과 종아리 근육 추가)
- 수정된 그림 7-27 발과 발가락을 움직이는 근육(짧고 긴 종아리 근육 추가)
- 개정된 임상노트: 신경근육이음부의 신호전달 장애 및 근육 마비
- 개정된 임상노트: 사후경축
- 개정된 임상노트: 파상풍
- 횡문근융해에 대한 최신 견해
- 개정된 임상노트: 근육내 주사
- 새 지식 쌓기: 근육계통이 지금까지 제시된 다른 신체 계통과 어떻게 통합되는지 알아보자.
- 심장마비에 대한 응급실 검사에 대한 최신 논의

8장 신경계통

- 수정된 그림 8-1 신경계통의 전반적 기능을 정리한 그림(중추신경계통, 말초신경계통, 수용기 및 효과기에 대한 새로운 기술이 추가되고 정의가 추가됨)
- 수정된 그림 8-2 전형적인 뉴런의 해부학적 구조(새로운 3차원 뉴런 그림)
- 수정된 그림 8-4 중추신경계통의 신경아교세포(신경아교세포에 대한 추가 설명)
- 새 그림 8-7 안정막전압
- 수정된 집중 조명 그림 8-8 활동전위의 생성
- 새 집중 조명 그림 8-9 활동전위의 전도
- 수정된 그림 8-11 콜린성 연접에서 일련의 과정
- 유기인산 독성에 대한 최신 정보
- 개정된 그림 8-13 뇌와 척수의 수막(표지 공유 및 유사 구조 간의 상관관계를 위해 바뀐 그림)
- 새 그림 8-17 척수의 육안해부학
- 수정된 그림 8-21 뇌(그림과 교과의 상관관계를 개선하기 위해 상자에 표시)
- 경막바깥출혈, 경막밑출혈에 대한 내용 갱신과 강조
- 수정된 그림 8-23 뇌척수액의 형성과 순환(a 부분을 위한 새로운 그림과 그림과 교과 사이에 강조된 연관단계를 추가)
- 수정된 그림 8-25 대뇌반구의 운동영역과 감각영역(그림과 교과의 더 나은 상관관계를 상자에 표시)
- 수정된 그림 8-28 바닥핵(그림과 교과의 더 나은 상관관계를 상자에 표시)
- 수정된 그림 8-30 사이뇌와 뇌줄기(그림과 교과의 더 나은 상관관계를 상자에 표시)
- 수정된 그림 8-31 뇌신경(그림과 교과의 더 나은 상관관계를 뇌신경의 목록에 포함)
- 새 그림 8-32 말초신경과 신경얼기
- 수정된 그림 8-27 피부분절(컬러그림과 그림과 교과의 상관관계를 더욱 개선할 수 있는 KEY를 기재)
- 수정된 그림 8-30 회피반사의 일종인 굽힘근반사(그림과 교과의 상관관계를 개선하기 위해 단계별 그림 추가)
- 수정된 그림 8-40 겉질척수로(그림과 교과의 상관관계를 개선하기 위해 단계별 그림 추가)
- 수정된 그림 8-42 교감신경계통(그림과 교과의 상관관계를 개선하기 위해 척수에 음영을 추가)
- 수정된 그림 8-44 부교감신경계통(그림과 교과의 상관관계를 개선하기 위해 척수에 음영을 추가)
- 뇌졸중에 대한 최신 토론
- 수정된 임상노트: 경막바깥출혈과 경막밑출혈(그림 첨가)
- 수정된 임상노트: 실어증과 읽기장애
- 수정된 임상노트: 알츠하이머병
- 새 지식 쌓기: 신경계통이 지금까지 제시된 다른 신체 계통과 어떻게 통합되는지 알아보자.

9장 일반 및 특수 감각

- 수정된 그림 9-1 감각수용기와 감수영역
- 수정된 그림 9-2 연관통증
- 병원 전에서 통증 관리에 대한 업데이트
- 수정된 그림 9-3 피부의 촉각수용기(그림과 교과의 상관관계를 개선하기 위해 상자 추가)
- 수정된 그림 9-4 압력수용기와 자율 신경 조절
- 수정된 그림 9-5 화학수용기의 위치와 기능
- 수정된 그림 9-6 후각 기관(후각섬모 표시를 후각조직으로 변경)
- 수정된 그림 9-7 미각수용기(버팀세포 표시를 이행세포로 변경)
- 수정된 그림 9-10 안구의 단면 구조
- 눈 부상 및 상태에 대한 최신 정보
- 수정된 그림 9-13 방수의 순환(순환 경로를 나타내는 화살표)
- 수정된 그림 9-15 초점, 초점 거리 및 시각적 조정
- 수정된 집중 조명 그림 9-17 굴절 문제(조절 문제로부터 교정되는 제목)
- 수정된 그림 9-21 표백과 시각색소의 재형성(주제 이해를 돕기 위해 그림과 내용의 단계 추가)
- 수정된 그림 9-27 가운데귀(중이)
- 새 그림 9-28 속귀(내이)
- 새 그림 9-29 반고리뼈관
- 새 그림 9-25 달팽이관과 나선 기관
- 수정된 그림 9-27 소리와 청각(그림과 단계의 개선을 위해 도표 추가)
- 수정된 임상노트: 백내장(사진 추가)

10장 내분비계통

- 수정된 그림 10-1 내분비계통의 기관과 조직(새 그림)
- 수정된 그림 10-2 호르몬 반응에서 표적세포 수용체의 역할(단계별 그림과 내용 추가)
- 수정된 그림 10-3 호르몬 작용의 과정
- (주제의 이해 증진을 위해 단계적 그림 및 내용 추가)
- 수정된 그림 10-5 뇌하수체의 해부학적 위치(새 현미경 사진)
- 수정된 그림 10-6 뇌하수체문맥계통과 혈액공급(주제의 이해를 돕기 위해 상자에 내용 추가)
- 수정된 그림 10-9 갑상샘(현미경사진에서 조직학적 세부사항을 명확하게 하기 위해 새 내용 추가)
- 새 그림 10-10 칼슘 이온 농도의 항상성 조절
- 새 그림 10-12 부신과 부신호르몬(새로운 현미경사진과 표 추가)
- 부신 장애에 대한 향상된 내용
- 새 그림 10-18 혈당 농도의 조절
- 새 임상노트: 당뇨병
- 당뇨병에 대한 최신 정보
- 새 임상노트: 내분비 장애
- 스트레스 반응에 대한 최신 내용
- 새 지식 쌓기: 내분비계통이 지금까지 제시된 다른 신체 계통과 어떻게 통합되는지 알아보자.

11장 심혈관계통: 혈액

- 수정된 집중 조명 그림 11-1 온혈액의 구성
- 수정된 그림 11-4 적혈구, 혈소판 및 백혈구의 기원과 분화(발달 중인 백혈구의 특정 이름을 "발달 단계"로 대체)
- 새 그림 11-5 적혈구 생성 자극에서 EPO의 역할
- 수정된 그림 11-7 혈액형 검사(교과의 일부, 더 이상 임상노트에 없음)
- 응급 수혈에 대한 최신 내용
- 새 그림 11-9 지혈의 혈관, 혈소판 및 응고 단계
- 새 그림 11-10 혈전의 구조
- 섬유소 용해요법에 대한 최신 정보
- 수정된 임상노트: 신생아 용혈병(새 그림 추가)
- 수정된 임상노트: 이상 혈색소(새 혈전 그림 추가)

12장 심혈관계통: 심장

- 새 그림 12-1 심혈관계통 개요
- 수정된 그림 12-3 심장의 위치와 구조(해부의 새로운 부분 b 추가)
- 수정된 그림 12-4 심장벽 및 심장근육조직(a와 c 부분 사이의 상관관계 개선)
- 새 집중 조명 그림 12-5 심장: 내부 구조와 혈류
- 심장동맥질환에 대한 최신 내용
- 수정된 그림 12-15 뼈대근과 심장근육의 활동전위와 근육세포 수축
- 심박출량 감소를 유발하는 요인 업데이트
- 수정된 그림 12-16 심장의 전도 체계(b 부분의 새로운 3차원 그림)
- 수정된 그림 12-20 심전도(b 부분의 새로운 3차원 그림)
- 수정된 그림 12-21 심장 주기(그림 확대)
- 새 그림 12-22 심장소리
- 수정된 그림 12-23 심장의 자율신경 분포
- 수정된 임상노트: 심장판막질환

13장 심혈관계통: 혈관과 순환

- 수정된 그림 13-1 전형적인 동맥과 정맥의 비교(동맥벽의 명확한 두께)

- 새 그림 13-2 다양한 혈관의 유형별 구조
- 수정된 그림 13-5 온몸순환의 압력(도표 내 명확한 맥압)
- 수정된 그림 13-6 모세혈관벽에 작용하는 힘(모세혈관 주변을 강조하기 위해 조직 세포 추가)
- 새 그림 13-8 단기와 장기 심혈관계통 반응
- 새 그림 13-9 목동맥팽대와 대동맥굴의 압력수용기 반사
- 새 그림 13-10 화학수용기
- 새 그림 13-11 혈압과 혈액량의 호르몬 조절
- 새 집중 조명 그림 13-17 온몸순환의 주요 혈관
- 새 그림 13-18 가슴과 팔의 동맥(이전 그림 및 흐름도를 통합)
- 수정된 그림 13-20 몸통의 주요 동맥(그림과 교과의 상관관계를 개선하기 위해 상자 추가)
- 수정된 그림 13-23 위대정맥과 아래대정맥의 지류 순서도
- 수정된 그림 13-24 간문맥계통(그림과 교과의 상관관계를 개선하기 위해 상자 추가)
- 수정된 임상노트: 동맥경화증(비교를 위해 정상 심장동맥의 현미경사진 추가)
- 혈관손상에 대한 최신 내용
- 새 지식 쌓기: 심혈관계통이 지금까지 제시된 다른 신체 계통과 어떻게 통합되는지 알아보자.

14장 림프계통과 면역

- 수정된 그림 14-1 림프계통에 속한 구조(림프 및 림프구와 적골수를 묘사하는 그림 추가)
- 새 집중 조명 그림 14-4 림프구의 유래와 분포
- 수정된 그림 14-5 편도(인두편도의 현미경사진 추가)
- 수정된 그림 14-9 몸의 비특이방어
- 수정된 그림 14-11 면역의 종류
- 수정된 그림 14-13 항원인식과 세포독성T세포의 활성화(텍스트 설명과 상관관계를 위해 2단계 추가)
- 수정된 그림 14-14 항원노출에 대한 B세포 반응(2단계 추가)
- 수정된 표 14-2 조직방어에 관여하는 세포들
- 수정된 그림 14-17 면역 반응과 비특이 반응과의 관계성 요약
- 수정된 임상노트: 림프절 비대
- 알레르기 및 알레르기 반응에 대한 최신 내용
- 새 지식 쌓기: 림프계통이 지금까지 제시된 다른 신체 계통과 어떻게 통합되는지 알아보자.

15장 호흡계통

- 새 그림 15-1 호흡계통의 구조
- 수정된 그림 15-2 호흡기 점막(그림과 교과의 상관관계를 개선하기 위해 점액샘 부분 추가)
- 수정된 그림 15-4 후두와 성대의 해부학(d 부분의 그림과 e 부분의 사진 사이에 적절한 공유 표시)
- 수정된 그림 15-6 기관지 나무와 허파의 소엽(b 부분의 허파 소엽 해부의 개선)
- 수정된 그림 15-7 허파꽈리 조직(a 부분과 b 부분의 현미경사진을 주사전자현미경 사진으로 대체)
- 새 그림 15-8 허파의 전체 구조
- 새 집중 조명 그림 15-12 허파 환기
- 호흡계통 중재에 대한 최신 내용
- 수정된 그림 15-14 호흡 과정과 호흡 주의 부분압력의 개요
- 수정된 그림 15-16 기체 운반과 교환 요약(그림의 해석을 개선하기 위해 산소와 이산화탄소의 부분압력 추가)
- 새 집중 조명 그림 15-20 호흡 조절
- 수정된 임상노트: 기관 폐쇄(하임리히법 사진 추가)
- 수정된 임상노트: 폐기종 및 폐암(건강한 허파와 흡연자의 허파 사진 추가)
- 일산화탄소 중독에 대한 최신 정보
- 새 지식 쌓기: 호흡계통이 지금까지 제시된 다른 신체 계통과 어떻게 통합하는 방법

16장 소화계통

- 개정된 그림 16-1 소화계통의 구성요소(치아 및 혀가 소화계통의 부속 기관으로 이동)
- 수정된 그림 16-5 침샘
- 수정된 그림 16-7 삼킴 과정
- 새 집중 조명 그림 16-10 위의 활성 조절
- 수정된 그림 16-11 작은창자의 구역(빈창자 사진의 새 해부 개요)
- 새 그림 16-13 주요 소화관 호르몬의 활동
- 상부 위장관 출혈에 대한 업데이트된 내용
- 수정된 그림 16-14 이자(c 부분 현미경사진의 설명을 돕기 위해 새로운 b 부분 추가)
- 이자염에 대한 최신 내용
- 수정된 그림 16-15 간의 해부학적 구조
- 수정된 그림 16-22 큰창자(새 부분으로 b부분의 막창자와 막창자꼬리의 사체 해부 사진 추가)

- 수정된 임상노트: 간염(간경화 그림 추가)
- 새 지식 쌓기: 소화계통이 지금까지 제시된 다른 신체 계통과 어떻게 통합되는지 알아보자.

17장 대사와 에너지학

- 수정된 그림 17-3 해당작용(5단계의 교과를 명확하게)
- 새 집중 조명 그림 17-5 전자전달계와 ATP 형성
- 수정된 그림 17-6 유산소 대사의 에너지 생산 요약(최근 승인된 NADH 및 $FADH_2$ 당 ATP의 낮은 변환 비율에 기초한 포도당 분자당 ATP 획득을 명확하게)
- 당뇨 합병증에 대한 최신 내용
- 케토산증에 대한 최신 내용
- 수정된 그림 17-9 지질단백질과 지질 수송
- 수정된 그림 17-10 지질, 탄수화물 및 단백질의 분해대사 및 합성 경로 요약

18장 비뇨계통

- 수정된 그림 18-3 콩팥의 구조(신엽을 콩팥엽으로 변경, c 부분에 유두관 추가)
- 개정된 그림 18-5 콩팥단위와 집합계(교과 상자에 그림 추가)
- 수정된 그림 18-6 콩팥소체(그림과 교과의 상호관계를 위해 상자 추가)
- 수정된 그림 18-8 먼쪽곱슬세관과 ADH가 미치는 영향(강제 물 재흡수와 촉진성 물 재흡수 추가)
- 수정된 집중 조명 그림 18-9 콩팥 기능의 요약(소변의 이송 과정 그림 추가)
- 콩팥돌에 대한 최신 내용
- 새 그림 18-10 레닌-안지오텐신-알도스테론 시스템과 토리여과율(GFR)의 조절
- 수정된 그림 18-11 소변전도 및 저장을 위한 기관들(c 부분의 삼각의 중심을 명확하게)
- 수정된 표 18-4 수분 평형(백분율 추가)
- 콩팥 외상에 대한 최신 내용
- 새 지식 쌓기: 비뇨계통이 지금까지 제시된 다른 신체 계통과 어떻게 통합되는지 알아보자.

19장 생식계통

- 수정된 그림 19-1 남성 생식계통
- (그림과 교과의 상관관계를 위해 상자 추가)
- 수정된 그림 19-2 음낭, 고환 그리고 정세관(그림과 교과의 상관관계를 위해 상자 추가)
- 수정된 그림 19-5 정관(정관팽대부 추가)
- 수정된 그림 19-6 음경(새 용어: 귀두를 음경귀두로 변경)
- 수정된 그림 19-8 여성 생식계통(그림과 교과의 상관관계를 위해 상자 추가)
- 수정된 그림 19-9 난자발생
- 수정된 그림 19-10 난포 발달 및 난소주기(이차난포와 확대 영상의 상관관계를 위해 새 현미경사진 추가)
- 수정된 그림 19-11 자궁
- 수정된 그림 19-12 여성 외부생식기(그림에서 음순의 왼쪽부분에 상자 추가)
- 수정된 집중 조명 그림 19-14 여성 생식의 조절(난소주기에서 삼차난포가 2단계 난포기에 속해 있음을 명확히 보여준다)
- 수정된 표 19-1 생식계통의 호르몬(새 용어: 프로게스틴을 프로게스테론으로 변경.)
- 수정된 임상노트: 피임법(피임장치의 새 사진)
- 새 지식 쌓기: 생식계통이 지금까지 제시된 다른 신체 계통과 어떻게 통합되는지 알아보자.

20장 발생과 유전

- 개정된 그림 20-1 수정(5단계 제목)
- 새 집중 조명 그림 20-5 배아바깥막과 태반형성
- 수정된 그림 20-7 제1기 발달
- 수정된 그림 20-8 임신 2기와 임신 3기(b 부분에 새 초음파 사진 추가)
- 수정된 표 20-2 출산 전 발생과 출생 후 발생초기의 개관(임신기간에 따른 크기와 체중의 수정 포함)

부록 1 응급의료인의 역할과 책임

부록 2 원소 주기율표

부록 3 체중 및 측정

부록 4 정상 생리학적 값

역자 소개

대표역자

고재문 제주한라대학교 응급구조과

김지희 강원대학교 응급구조학과

편집위원

강민주 경일대학교 응급구조학과

강인혜 대원대학교 응급구조과

고재문 제주한라대학교 응급구조과

김경완 청암대학교 응급구조과

김미숙 춘해보건대학교 응급구조과

김병용 선린대학교 응급구조과

김영화 경일대학교 응급구조학과

김은미 나사렛대학교 응급구조학과

김익성 동아보건대학교 응급구조과

김지희 강원대학교 응급구조학과

김철태 건양대학교 응급구조학과

박상웅 을지대학교 응급구조학과

박유진 경일대학교 응급구조학과

박진홍 충청대학교 응급구조과

서혜진 포항대학교 응급구조과

유영법 남부대학교 응급구조학과

이경열 국립공주대학교 응급구조학과

이남종 전주기전대학교 응급구조과

이상민 경북도립대학교 응급구조과

이상한 서정대학교 응급구조과

이재민 광주보건대학교 응급구조학과

이정호 전주기전대학교 응급구조과

지현경 백석대학교 응급구조학과

최욱진 서정대학교 응급구조과

한승태 특수전학교 전문군무경력관

(가나다 순)

역자 서문

환자의 건강을 책임지고 있는 의료인들은 사람의 몸에 대하여 잘 알아야 합니다. 사람의 몸에 관한 중요한 학문은 해부학과 생리학이며, 두 학문은 모두 몸의 구조와 기능을 공통적으로 다루고 있습니다.

본서에 역자로 참여하신 많은 교수님들은 그 동안 수많은 간호·보건·의료·체육 전공자들에게 해부학과 생리학을 포함한 다양한 기초의학을 가르쳐 오셨습니다.

본서의 원서인 *ANATOMY & PHYSIOLOGY FOR EMERGENCY CARE*(*3rd Edition*)는 전 세계적으로 인기가 높은 대표적인 해부생리학 교과서입니다. 이 책의 장점은 내용과 분량이 국내 교육 현실에 모자라지도 않고 넘치지도 않는다는 것입니다. 사람 몸은 지구상의 어느 구조물보다 정교하고 복잡하며 작동원리 또한 복잡 미묘합니다. 이렇게 복잡한 구조와 원리를 다루는 학문인 해부생리학은 의료인이 되기 위해서는 꼭 배워야 할 기초 학문이면서 또한 그 방대한 용어와 학습내용으로 인해 학생들에게 부담스러운 과목이기도 합니다.

이 책은 사람 몸을 계통별로 학습할 수 있도록 하였습니다. 각 장은 내용들을 체계적으로 정리한 문제들을 제공하였고, 이를 풀어 나가다 보면 중요한 인체 구조와 기능이 무엇인지 자연스럽게 익힐 수 있도록 구성하였습니다. 각 단원의 마지막에는 학습내용에 대한 임상관련 서술형 문제와 자세한 해설이 있어 폭넓은 이해도를 점검할 수 있도록 하였습니다. 이 책의 번역에 사용된 용어 및 표현은 ㈜바이오사이언출판에서 번역 출간한 Martini 핵심해부생리학 8판(2020년 발행)과 통일성 있게 사용하였습니다. 의료인이 되기 위해 첫 발을 내딛는 학생들이 스스로 사람 몸의 해부생리학적 지식을 측정하고 이해의 폭을 넓히는 데 유용하게 활용하기를 바랍니다.

마지막으로, 이 책의 번역에 많은 지원을 해주신 ㈜바이오사이언스출판과 교정과 교열 등 여러 번역 실무에 많은 수고를 해주신 홍수희 팀장님께 감사드립니다.

2023년 2월

역자 대표 고재문, 김지희

차 례

5 외피계통 (The Integumentary System) 127

6 뼈대계통 (The Skeletal System) 155

7 근육계통 (The Muscular System) 211

8 신경계통 (The Nervous System) 269

9 일반 및 특수 감각(The General and Special Senses) 343

10 내분비계통 (The Endocrine System) 385

11 심혈관계통: 혈액(The Cardiovascular System: Blood) 425

12 심혈관계통: 심장 (The Cardiovascular System: The Heart) 453

13 심혈관계통: 혈관과 순환(The Cardiovascular System: Blood Vessels and Circulation) 483

14 림프계통과 면역(The Lymphatic System and Immunity) 529

15 호흡계통(The Respiratory System) 567

1 해부학과 생리학에 대한 소개
An Introduction to Anatomy and Physiology

학습목표

학습목표는 각 장에 대해 학습한 후 무엇을 할 수 있어야 하는지를 알려주는 것이다. 각 절의 학습목표는 다음과 같다.

1-1 생물체의 기본 기능을 기술한다.

1-2 해부학과 생리학 사이의 관계를 설명하고 각 분야의 다양한 특수성을 설명한다.

1-3 가장 단순한 것부터 가장 복잡한 것까지 생명체의 주요 조직 단계를 확인한다.

1-4 인체의 11개 기관계통을 식별하고 주요 기능을 비교한다.

1-5 항상성의 개념을 설명한다.

1-6 음성되먹임과 양성되먹임이 항상성 유지에 어떻게 관여하는지 설명한다.

1-7 해부학적 용어를 사용하여 신체 부위, 단면 및 상대적 위치를 설명한다.

1-8 몸통의 주요 몸안과 각 부분의 세부공간을 식별한다.

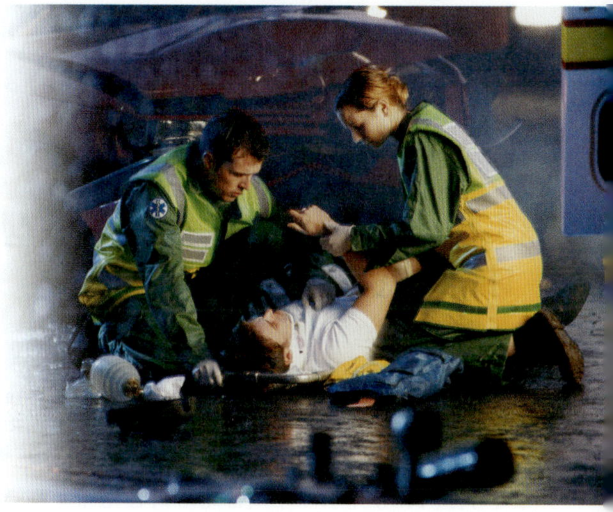

임상노트

항상성과 질병(Homeostasis and Disease), p. 6
표면해부학(Surface Anatomy), p. 17
의료영상기법(Medical Imaging Techniques), p. 20

집중 조명

구성 수준(Levels of Organization), p. 5

인체에 관한 학습 소개

본 교재는 신체의 본질적인 체내 활동이라 할 수 있는, 신체의 구조와 기능(생리학)에 대한 정보를 제공할 것이다. 사람이기 때문에 우리 모두는 우리의 몸에 대해 많은 호기심을 가지고 있다. 그러므로 본 교재를 학습하면 우리의 몸이 정상 혹은 비정상적인 조건에서 어떻게 작용하는지, 그리고 우리의 몸이 어떻게 신체 내부에서 균형을 유지하는지를 알 수 있을 것이다. 나아가 변화하는 환경에서 부상, 질병과 같은 균형을 위협하는 상황을 신체가 어떻게 받아들이는지를 학습할 것이다.

지식 쌓기

각 단원마다 해부·생리학적 개념을 학습할 수 있는 "지식 쌓기" 상자를 찾을 수 있을 것이다. 이를 사용하여 이미 알고 있는 내용과 새로운 내용을 연결할 수 있다.

각 장의 본문 끝에는 본문 체계의 통합과 본문 내 다른 본문 체계의 통합을 설명하는 "캡스톤" 지식 쌓기 페이지가 있다. 모든 '지식 쌓기' 상자를 읽어 적절한 지식을 쌓을 수 있도록 하자.

1-1 모든 생물은 반응, 성장, 생식, 운동, 대사를 한다

학습목표 생물체의 기본 기능을 기술한다.

우리는 생김새와 생활방식이 다른 매우 다양한 생물들이 살고 있는 세상에 살고 있다. **생물학(biology)**의 목표 중 하나인 생명체의 연구는 이러한 다양성의 기초가 되는 공통적인 형태를 발견하는 것이다. 이는 모든 생명체가 다음과 같은 공통적인 기능을 가지고 있는 것을 보여준다.

- **반응성(*Responsiveness*)**. 생명체는 그들의 즉각적인 환경 변화에 반응한다. 이 성질을 **과민성**(*irritability*)이라고 한다. 뜨거운 난로에 손을 데이면 떼고, 개는 낯선 사람이 다가오면 짖고, 물고기는 큰 소리에 놀라며, 작은 아메바는 잠재적인 먹이를 향해 움직인다. 또한 생명체는 환경에 적응하면서 장기간에 걸친 변화를 일으킨다. 예를 들어, 동물은 겨울이 다가오면 더 무거운 털을 기를 수도 있고, 더 따뜻한 기후로 이동할 수도 있다. 이러한 변화를 수행할 수 있는 능력을 **적응력**(*adaptability*)이라고 한다.
- **성장(*Growth*)**. 생명체는 생물의 가장 단순한 단위인 **세포(cell)**의 성장이나 수의 증가를 통해 크기가 증가한다. 단세포 생물들은 세포 크기가 더 커져서 자라고, 더 복잡한 생명체는 주로 세포의 수를 증가시켜 성장한다. 개나 고양이, 인간과 같은 친숙한 생명체는 수조 개의 세포로 이루어져 있다. 그러한 다세포 생명체가 발달함에 따라, 개별 세포는 특정한 기능을 수행하도록 전문화된다. 이러한 전문화를 **세포분화**(*differentiation*)라고 한다.
- **생식(*Reproduction*)**. 유기체는 생식을 하여 비슷하지만 동일하지 않은 새로운 세대의 유기체를 만들어낸다.
- **운동(*Movement*)**. 유기체는 움직일 수 있다. 이들의 움직임은 내부(영양분, 혈액 또는 몸 안의 다른 물질을 운반하는 것) 또는 외부(환경을 통해 이동하는 것)일 수 있다.
- **대사(*Metabolism*)**. 유기체는 반응성, 성장, 생식, 그리고 움직임에 필요한 에너지를 만들기 위해 복잡한 화학 반응에 의존한다. 그들은 또한 단백질과 같은 복잡한 화학물질을 만든다. **대사**(*metabolism*)는 신체의 모든 화학적 작용을 가리킨다.

정상적인 신진대사 활동을 위해 유기체는 환경으로부터 물질을 흡수해야 한다. 에너지를 효율적으로 생산하기 위해서, 대부분의 세포는 산소뿐만 아니라 음식에서 얻는 다양한 영양소를 필요로 한다. **호흡**(*respiration*)이란 세포에 의한 산소 흡수, 운반 및 사용을 말한다. 대사 작용은 종종 **배설**(*excretion*) 과정을 통해 제거되어야 하는 불필요하거나 잠재적으로 유해한 노폐물을 발생시킨다.

매우 작은 유기체의 경우, 흡수, 호흡 및 배설은 노출된 표면에서 물질의 이동을 포함한다. 그러나 밀리미터보다 큰 단위의 생물들은 그들의 환경에서 직접 영양분을 흡수하는 경우는 거의 없다. 예를 들어, 인간은 스테이크, 사과, 아이스크림의 형태를 먼저 분해하지 않고는 흡수할 수 없다. **소화**(*digestion*) 과정은 복잡하고 큰 분자의 음식을 위와 창자의 점막을 통해 혈액 속으로 쉽게 운반하고 흡수될 수 있는 작은 분자의 물질로 분해하는 과정이다.

호흡과 배설은 또한 큰 유기체에게는 더 복잡하다. 인간은 가스 교환(허파)과 배설(콩팥)을 위한 특수 구조를 가지고 있다. 소화, 호흡과 배설은 신체의 여러 부분에서 발생하지만, 신체의 세포는 영양분, 산소 또한 노폐물 제거를 위해 이동하지 못한다. 대신 개별세포는 있는 그대로 남아 있지만 내부 운송 체계인 순환을 통해 신체의 다른 영역과 교류한다. 예를 들어, 혈액은 각 세포에서 배출되는 노폐물을 흡수하여 배설하기 위해 콩팥으로 운반한다.

생물학에는 많은 하위 전문 분야가 포함되어 있다. 이 책에서 우리는 해부학과 생리학의 두 가지 생물학적 주제를 고려한다. 이 책의 학습을 통해, 우리는 인체의 기본적인 해부학과 생리학에 익숙해질 것이다.

체크포인트

1. 반응성, 성장, 생식, 움직임과 같은 중요한 기능은 신진대사에 따라 달라질 수 있는가?

책 뒷면에 있는 파란색 정답 탭을 참조.

1-2 해부학은 구조이고 생리학은 기능이다

학습목표 해부학과 생리학 사이의 관계를 설명하고 각 분야의 다양한 특수성을 설명한다.

해부학이라는 단어는, 다른 많은 해부학적 용어들처럼 그리스어의 기원을 가지고 있다. "절단 개방"을 의미하는 **해부학(anatomy)**은 내부와 외부 구조와 신체 부위 사이의 물리적 관계에 대한 연구이다. 또한 그리스어에서 유래된 **생리학(physiology)**은 살아 있는 생명체가 그들의 중요한 기능을 수행하는 방법에 대한 연구이다. 그 두 과목은 서로 연관되어 있다. 해부학적 정보는 그 기능에 대한 단서를 제공하고, 생리적 과정은 그들의 근본적인 해부학적 관점을 설명할 수 있다.

구조와 기능은 항상 밀접하게 연결되어 있지만, 항상 설명되는 것은 아니다. 예를 들어, 심장의 해부학은 15세기에 분명히 설명되었지만, 심장이 혈액을 펌프질한다는 것은 거의 200년이 지난 후 밝혀졌다.

본 교재는 기본적인 해부학을 우리들에게 친숙하게 해주고 인간의 삶을 가능하게 하는 생리학적 과정에 대한 이해를 도와줄 것이다. 이 정보는 우리들이 자신의 건강에 대해 정보에 입각한 결정을 내리기 위해 알아야 할 많은 질병을 이해하는 데 도움을 줄 것이다.

해부학 Anatomy

해부학은 맨눈해부학과 현미해부학으로 나눌 수 있다. 해부학적 전문 분야는 때로는 호흡과 같은 특정 과정이나 신체 부위, 혹은 의학적 응용에 초점을 맞추어 나누기도 한다.

맨눈해부학 Gross Anatomy

맨눈해부학(gross anatomy 또는 macroscopic anatomy)은 눈에 보이는 특징들을 고려한다. 하지만 많은 방법으로 해부학적으로 접근할 수 있다. **표면해부학(surface anatomy)**은 일반적인 형태와 표면적인 표시에 대한 연구이다. **국소해부학(regional anatomy)**은 머리, 목, 또는 몸통과 같은 신체의 특정 부위의 모든 표면적 및 내부적 특징을 고려한다. **계통해부학(systemic anatomy)**은 주요 **기관계통**(*organ system*)의 구조를 고려하는데, 이들은 서로 협력하는 방식으로 작용하는 장기들의 그룹이다. 예를 들어, 심장, 혈액 그리고 혈관은 몸 전체에 산소와 영양분을 순환시키는 **심혈관계통**(순환계통, *cardiovascular system*)을 형성한다.

현미해부학 Microscopic Anatomy

현미해부학(microscopic anatomy)은 확대하지 않으면 볼 수 없는 구조에 관한 해부학이다. 사용되는 장비에 따라 그 한계점이 설정된다. 광학현미경은 세포 구조에 대한 기본적인 세부 사항을 보여주지만 전자현미경은 나노미터(nm, 100만분의 1 mm)의 단위로 분자를 시각화할 수 있다. 본 교재에서는 거시적 수준에서 미시적 수준에 이르기까지 모든 수준에서 세부 사항을 고려한다.

현미해부학은 크기의 특성과 특징을 고려하는 전문 분야로 세분화할 수 있다. **세포학(cytology)**은 개별 세포의 내부 구조를 분석한다. 우리 몸에 있는 수조 개의 살아 있는 세포는 다양한 조합의 화학물질로 이루어져 있다. 생명은 그 세포들에서 일어나는 화학적 과정에 달려 있다. 이러한 이유로, 세포 구조를 보기 전에 (3장: 세포 구조와 기능), 기초 화학(2장: 조직의 화학적 수준)을 먼저 학습하여야 한다.

조직학(histology)은 더 넓은 관점을 가진다. 그것은 특정한 기능을 수행하기 위해 함께 일하는 **조직(tissue)**, 특수 세포 그룹, 세포 집합체를 연구한다(4장). 조직은 심장, 콩팥, 간, 뇌와 같은 **기관(organ)**을 형성하기 위해 결합된다. 대부분의 장기는 현미경 없이도 검사할 수 있다. 그래서 기관 단계에는 세부 구분 없이 전체 해부학으로 통합한다.

생리학 Physiology

생리학은 생물체의 기능을 연구하는 학문이고, **인체생리학(human physiology)**은 인체의 기능을 연구하는 학문이다. 이러한 기능은 복잡하고 대부분의 해부학적 구조보다 검사하기가 훨씬 어렵다. 따라서 생리학은 해부학보다 훨씬 더 많은 전문분야를 포함하고 있다.

인체생리학의 기본은 살아 있는 세포의 기능을 연구하는 **세포생리학(cell physiology)**이다. 세포생리학은 세포 내부와 세포 사이의 화학적 과정을 포함한다. **특수생리학(special physiology)**은 콩팥 기능 및 심장 기능 등 특정 장기의 생리를 연구하는 학문이다. **계통생리학(systemic physiology)**은 특정 기관계통의 기능의 모든 측면을 고려한다. 호흡생리학 및 생식생리학이 그 예이다. **병태생리학(pathological physiology, 또는 pathology)**은 질병이 기관이나 계통 기능에 미치는 영향을 연구하는 학문이다. (그리스어 단어 *pathos*는 "병"을 의미한다.) 현대의학에서는 정상 생리학과 병태생리학 모두를 이해하여 무엇이 잘못되었는지는 물론, 이를 어떻게 바로잡을 것인지도 알아야 한다. 이는 무엇이 잘못되었는지 뿐만 아니라 어떻게 그것을 교정해야 하는지를 알 수 있게 해준다.

생리학은 전체적으로 인체의 특정한 기능을 다루고 이러한 전문 분야는 여러 신체 기능 관계에 초점을 맞춘다. 예를 들어, 운동생리학은 운동에 대한 기관들 간의 생리적 조정을 연구한다.

체크포인트

2. 해부학과 생리학이 어떻게 밀접하게 연관되어 있는지 설명하시오.
3. 조직학자가 현미해부학 전문가에 더 가까운가 혹은 전체 해부학 전문가에 더 가까운가? 그 이유는 무엇인가?

책 뒷면에 있는 파란색 정답 탭을 참조.

1-3 조직의 수준은 원자와 분자에서 완전한 생명체로 발전한다

학습목표 가장 단순한 것부터 가장 복잡한 것까지 생명체의 주요 조직 단계를 확인한다.

인체를 이해하기 위해, 우리는 인체가 어떻게 현미경 이하 수준에서 맨눈 구조에 이르기까지 여러 다른 수준에서 구성되었는지 조사해야 한다. **집중 조명 그림 1-1**은 심혈관계통의 다양한 조직 간의 관계를 보여준다.

- **화학물질 수준(*Chemical level*).** 물질의 가장 작은 안정적인 단위인 **원자**(*atom*)들은 복잡한 모양을 가진 **분자**(*molecule*)를 형성하기 위해 결합한다. 이 단순한 수준에서도, 분자의 특별한 성질이 그것의 기능을 결정한다. 이것이 인체 구성의 화학물질 수준이다.
- **세포 수준(*Cellular level*).** 분자들은 상호작용을 해서 더 큰 구조를 형성할 수 있다. 각 유형별로 세포는 특정 기능을 가지고 있다. 예를 들어, 다른 종류의 단백질 잔섬유는 심장의 근육 세포의 수축을 생산하기 위해 상호작용한다. 신체에서 가장 작은 단위인 **세포**(*cell*)는 세포 수준의 인체 구성을 이룬다.
- **조직 수준(*Tissue level*).** **조직**(*tissue*)은 고유의 기능을 수행하기 위해 함께 일하는 유사한 세포들로 구성되어 있다. 조직 수준의 한 예로 **심장 근육조직**(*cardiac muscle tissue*)은 심장 근육 세포들로 구성되어 있다.
- **기관 수준(*Organ level*).** **기관**(*organ*)은 특정한 기능을 수행하기 위해 함께 일하는 두 개 이상의 서로 다른 조직으로 구성된다. 조직의 기관 수준의 예로, **심장**(*heart*)은 심장 근육과 다른 조직들의 층으로 구성된 벽이 있는 속이 빈 입체기관이다.
- **기관계통 수준(*Organ system level*).** 기관들은 **기관계통**(*organ system*)과 상호작용한다. 수축할 때마다 심장은 혈관을 통해 혈액을 밀어 넣는다. 심장, 혈액, 혈관이 함께 **심혈관계통**(*cardiovascular system*)을 형성하는데, 이는 조직의 기관계통 수준의 예이다.
- **생명체 수준(*Organism level*).** 신체의 모든 기관계통은 생명과 건강을 유지하기 위해 함께 작동한다. 인간은 가장 높은 수준의 생명체(*organism*)이다.

각 단계는 상위 단계의 구조적 특징과 기능을 결정한다. **집중 조명 그림 1-1**에서 알 수 있듯이, 원자와 분자의 배열이 화학적 단계라면, 심장 근육 세포에서 수축할 수 있는 능력을 주는 단백질 잔섬유를 만드는 단계는 세포 단계이다. 조직 단계에서는 이 세포들이 연결되어 심장 근육 조직을 형성한다. 조직의 구조는 수축이 조정되어 심장 박동을 생성하도록 보장한다. 그 박동이 일어날 때, 심장의 내부 구조가 심장이 펌프질할 수 있도록 한다. 심장은 혈액으로 채워져 혈관과 연결되어 있고, 펌핑 작용은 혈액을 심혈관의 혈관을 통해 순환시킨다. 호흡, 소화, 비뇨기, 그리고 다른 계통과의 상호작용을 통해 심혈관계통은 생명체의 생존에 필수적인 다양한 기능을 수행한다.

계통에 영향을 미치는 무엇인가가 궁극적으로 계통의 각 구성 요소에 영향을 미친다. 예를 들어, 심장은 대량 출혈 후 효과적으로 혈액을 펌핑할 수 없다. 심장이 펌프질을 할 수 없고 피가 흐르지 못하면 산소와 영양분이 분배될 수 없다. 곧, 심장 근육 조직은 근육 세포가 산소와 영양소의 부족으로 죽으면서 분해되기 시작한다. 이러한 변화들은 또한 심혈관계 밖에서도 일어날 것이다: 이는 몸 전체의 세포, 조직, 그리고 장기들이 손상될 것이다.

체크포인트

4. 가장 단순한 것부터 가장 복잡한 것까지 인체의 주요 조직 단계를 파악한다.

책 뒷면에 있는 파란색 정답 탭을 참조.

집중 조명 그림 1-1 구성 수준(LEVELS OF ORGANIZATION)

인체의 다양한 조직 단계에 대한 학습을 기초로 우리는 인체가 생명을 유지하는 방식을 이해할 수 있다. 원자는 심장 근육 세포의 단백질 잔섬유를 형성하기 위해 결합하는 분자를 형성한다. 이러한 세포들은 서로 맞물려 심장 근육 조직을 만들어 내는데, 이는 심장 벽의 대부분을 구성하는 3차원 기관이다. 심장은 심혈관계통의 한 요소이고, 심혈관계통은 혈액과 혈관을 포함한다. 다양한 기관계통은 생명체 수준에서 생명을 유지하기 위해 함께 협력한다.

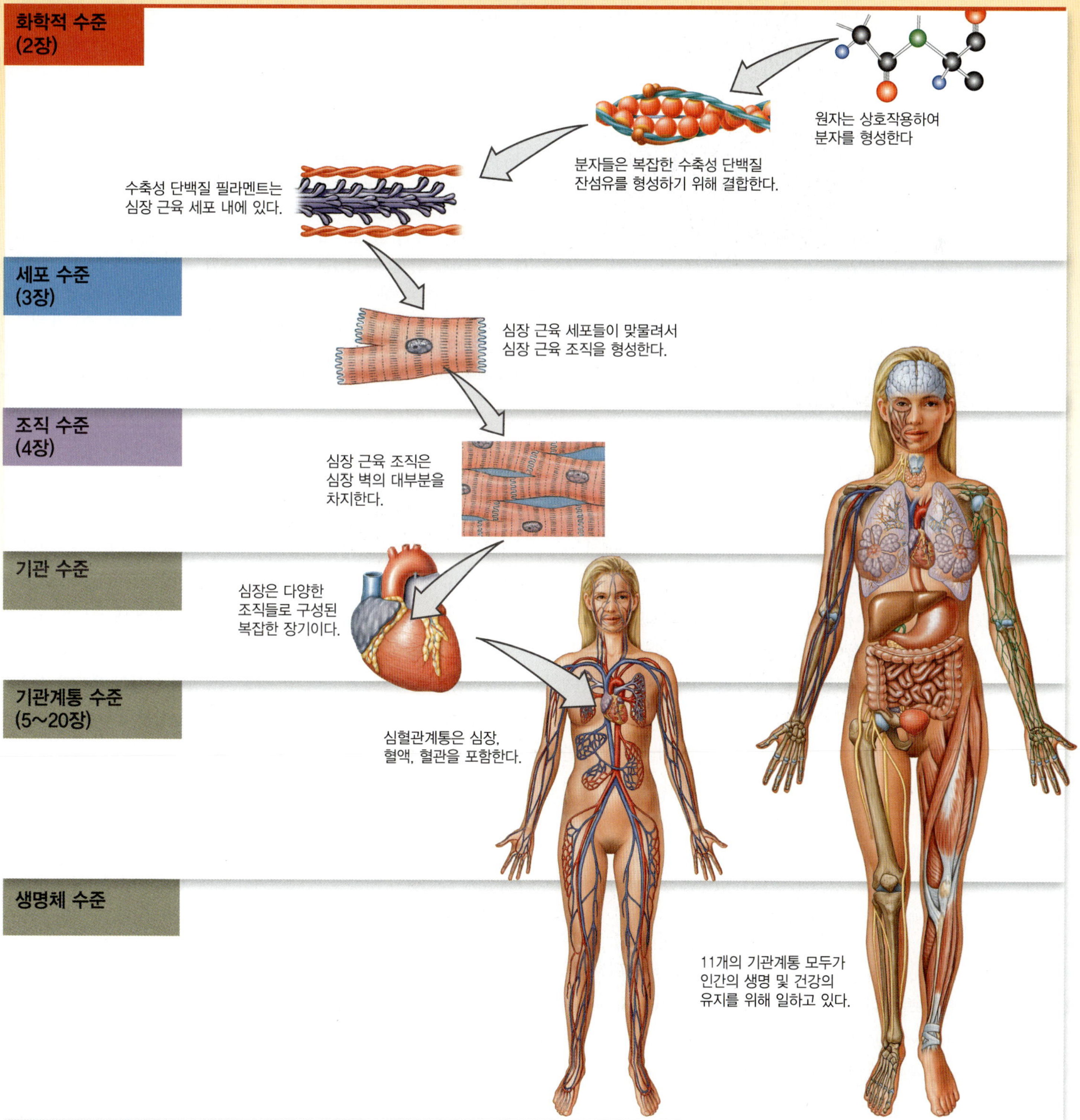

1-4 인체는 11개의 기관계통으로 구성되어 있다

학습목표 인체의 11개 기관계통을 식별하고 주요 기능을 비교한다.

그림 1-2는 신체 및 신체 주요 기능 및 구성 요소를 고려한 신체의 11개 기관계가 다음과 같다. 신체의 기관 체계는 (1) 외피계통, (2) 뼈대계통, (3) 근육계통, (4) 신경계통, (5) 내분비계통, (6) 심혈관계통, (7) 림프계통, (8) 호흡계통, (9) 소화계통, (10) 비뇨계통 및 (11) 생식계통.

체크포인트

5. 신체의 기관계통을 식별하고 주요 기능을 나열하시오.
6. 뇌하수체를 포함하는 기관계통은 신체의 다른 계통들의 활동에 장기적인 변화를 지시할 수 있을까?

책 뒷면에 있는 파란색 정답 탭을 참조.

1-5 항성성은 내적 평형 상태이다

학습목표 항상성의 개념을 설명한다.

기관계통들은 상호 의존적이고 상호 연결되며 상대적으로 작은 공간을 차지한다. 신체의 세포, 조직, 장기, 기관계통은 같은 환경에서 함께 기능한다. 대도시의 사람들이 같은 공기를 마시고 지역 내에 흐르는 물을 마시듯이, 인체의 세포는 그들을 둘러싸고 있는 체액에서 산소와 영양분을 흡수한다. 모든 살아 있는 세포는 혈액이나 다른 체액과 접촉한다. 이러한 체액이나 혈액의 구성의 변화는 어떤 식으로든 세포에 영향을 미친다. 예를 들어, 혈액의 온도나 염분 함량의 변화는 작거나(심장 근육 조직이 더 자주 수축하고 심박수가 올라간다) 큰 (심장은 완전히 운동을 멈춘다) 문제를 야기시킬 수 있다.

다양한 생리적 반응은 신체 내부의 환경 변화를 막기 위해 작용한다. **항상성(homeostasis)**은 안정적인 내부 환경을 뜻한다. 살아남기 위해서 모든 살아 있는 생명체는 균질성을 유지해야 한다. **항상성 조절(homeostatic regulation)**이란 동질성을 보존하는 생리적 계통의 조정을 말한다.

항상성 조절은 대개 다음을 포함한다.

1. 특정한 환경 변화나 자극(*stimulus*)에 민감한 **수용체(receptor)**.
2. 수용체로부터 정보를 수신하고 처리하는 **조절중추(control center)** 또는 통합중추(*integration center*)
3. **효과기(effector)**, 제어 센터의 명령에 반응하고 자극을 반대하거나 향상시키는 세포 또는 기관.

임상노트

항상성과 질병 Homeostasis and Disease

인체는 놀라울 정도로 항상성을 유지하는 데 효과적이다. 그럼에도 불구하고, 감염, 부상 또는 유전적 이상은 때때로 동질적 반응이 이것들을 완전히 보상하지 못할 정도로 심각한 영향을 미칠 수 있다. 그런 다음 내부 환경의 하나 이상의 특성이 정상치를 벗어날 수 있다. 이때, 기관계통이 오작동하기 시작하여 우리가 질병이나 질병으로 알고 있는 상태를 만들어낸다.

정상적인 동질적 반응을 이해하면 대개 많은 질병의 특징인 징후와 증상에 어떤 원인이 있을 수 있는지 생각하는 데 도움이 된다. 주관적인 증상은 사람이 경험하고 설명할 수 있으나, 감지하거나 측정할 수 없다. 통증, 메스꺼움, 그리고 불안은 증상의 예이다. 그 반대로 증상을 객관적으로 관찰하거나 측정할 수 있는 질병이나 부상의 물리적 지표도 있다. 예를 들면 발진, 붓기, 열, 또는 비정상적인 호흡의 소리가 포함된다. 과학 기술은 의사가 측정할 수 없었던 추가적인 징후를 알아낼 수 있게 했다. X선이나 MRI 스캔의 특이한 모양 또는 혈액 검사에서 특정 화학 물질의 농도로 측정할 수 있다. 우리는 본 교재를 통해 인간의 건강, 질병, 치료의 많은 측면에 대해 배울 것이다.

우리는 이미 항상성 조절의 몇 가지 예를 알고 있다. 예를 들어, 집이나 아파트에서 온도 조절기의 작동을 생각해 보자(**그림 1-3**).

항상성은 신체 온도를 관찰하는 조절중추이다. 온도 조절기는 설정 지점인 "이상적인" 실내 온도를 보여준다. 그 예로 22°C. 항상성의 기능은 실내 온도를 허용 가능한 정상 범위(일반적으로 설정값의 1°C 이내) 내에 유지하는 것이다. 온도 조절기는 실내 공기에 노출되는 온도계인 수용기에서 정보를 수신하고, 히터 또는 에어컨의 두 가지 효과 중 하나를 제어한다. 예를 들어, 여름에는 설정치 이상의 온도가 상승하면 온도 조절기가 에어컨을 켜서 실내를 시원하게 한다(**그림 1-3**). 온도계의 온도가 설정 지점으로 돌아오면 온도조절기가 에어컨을 끄도록 한다.

온도 조절기의 기본 기능은 매우 간단하게 요약할 수 있다. 원하는 범위를 벗어난 변화는 상황을 수정하는 피드백을 자극한다. 제어 센터에 의해 활성화된 히터 혹은 에어컨이 원래 자극을 반대하거나 부정하기 때문에 이러한 조절 방법을 음성되먹임(*negative feedback*)이라고 한다.

체크포인트

7. 항상성을 정의하시오.
8. 왜 항상성 조절이 생명체에게 중요한가?
9. 항상성이 무너지면 신체는 어떻게 되는가?

책 뒷면에 있는 파란색 정답 탭을 참조.

그림 1-2 인간의 기관계통.

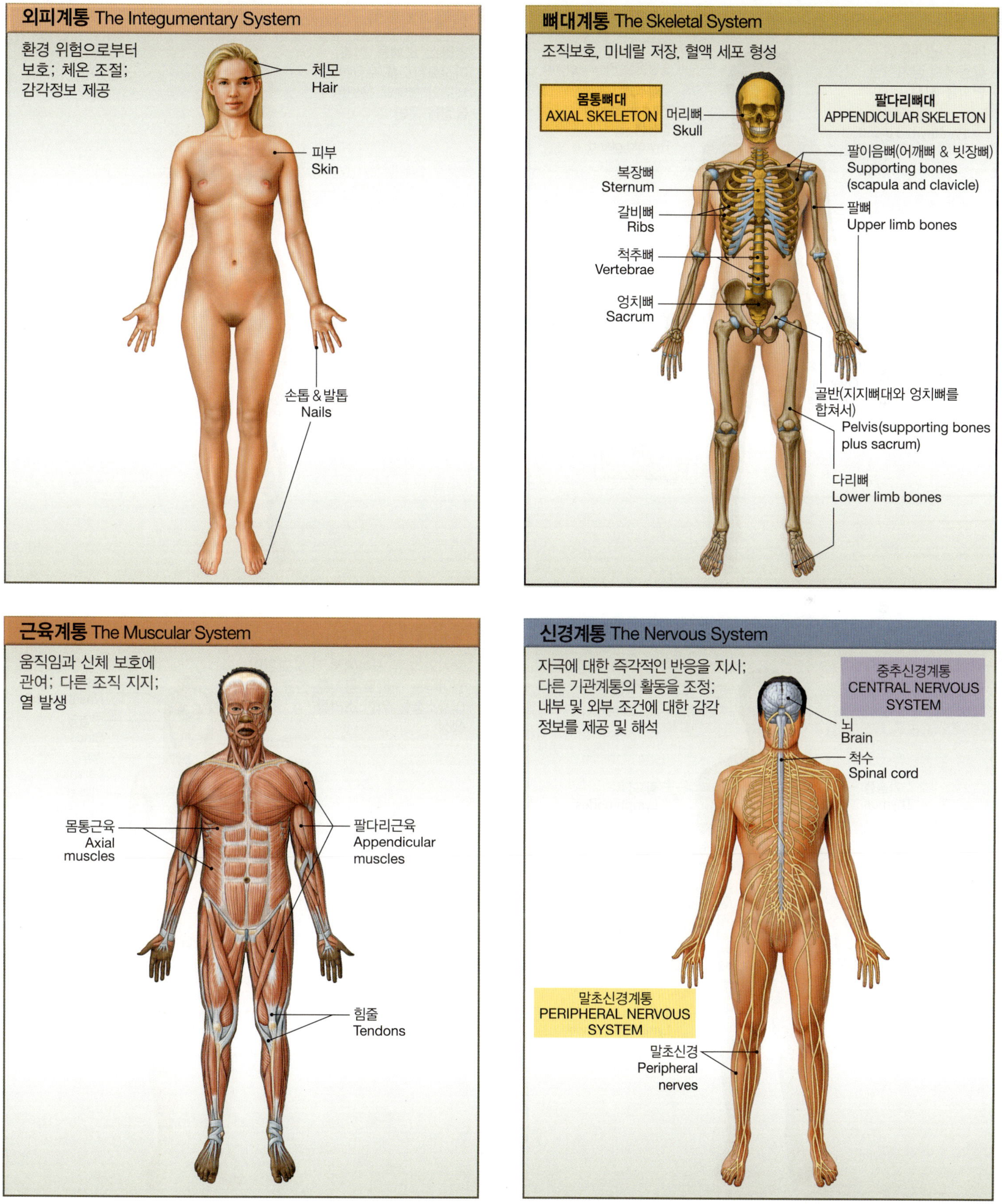

1

그림 1-2 인간의 기관계통. (계속)

내분비계통 The Endocrine System

다른 기관계통의 활동에서 장기적인 변화를 지시

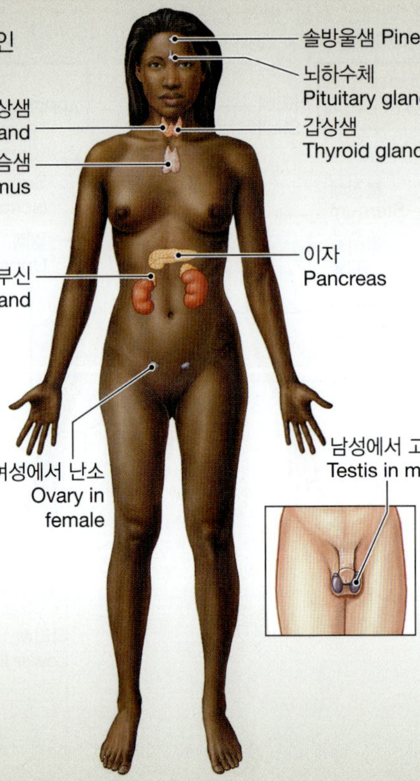

심혈관계통 The Cardiovascular System

영양소, 노폐물, 산소, 이산화탄소를 포함한 세포와 혈액에 용해된 물질을 운반

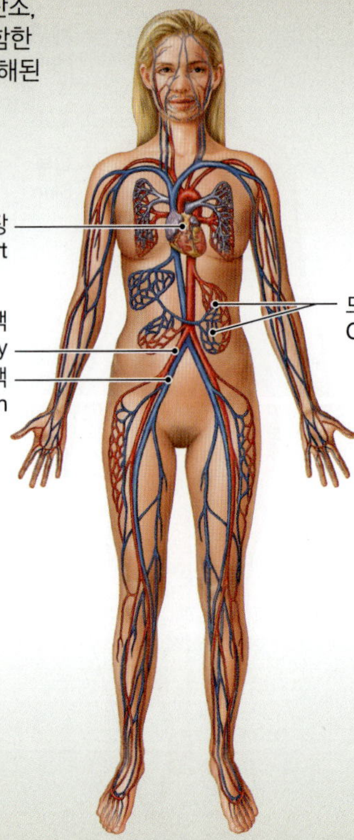

림프계통 The Lymphatic System

감염 및 질병 예방;
조직액을 혈류로 환원

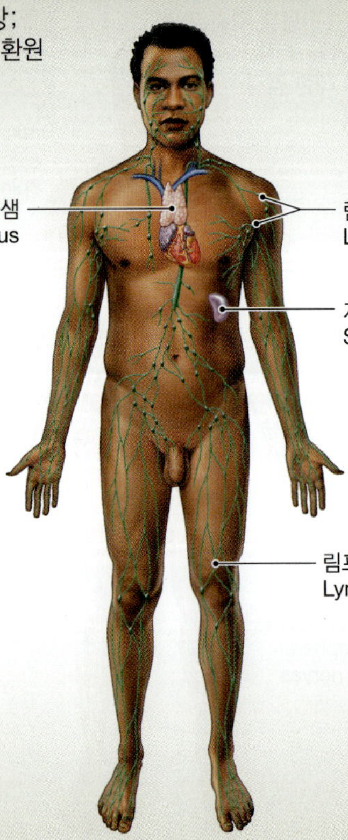

호흡계통 The Respiratory System

공기와 혈류 사이에서 가스 교환이 일어나는 허파로 공기를 전달. 의사소통을 위한 소리를 생성

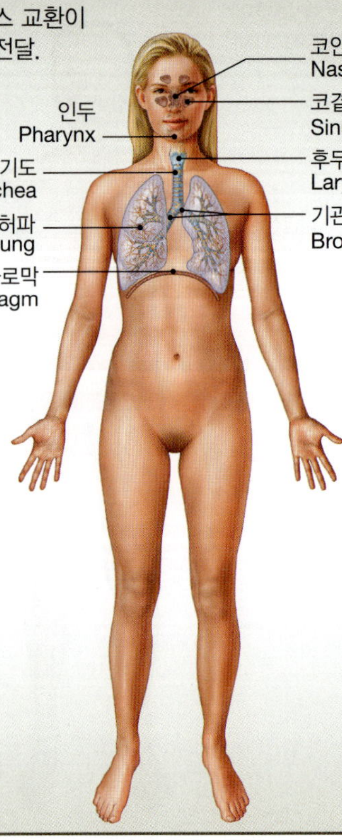

소화계통 The Digestive System

음식의 소화 및
영양소 흡수

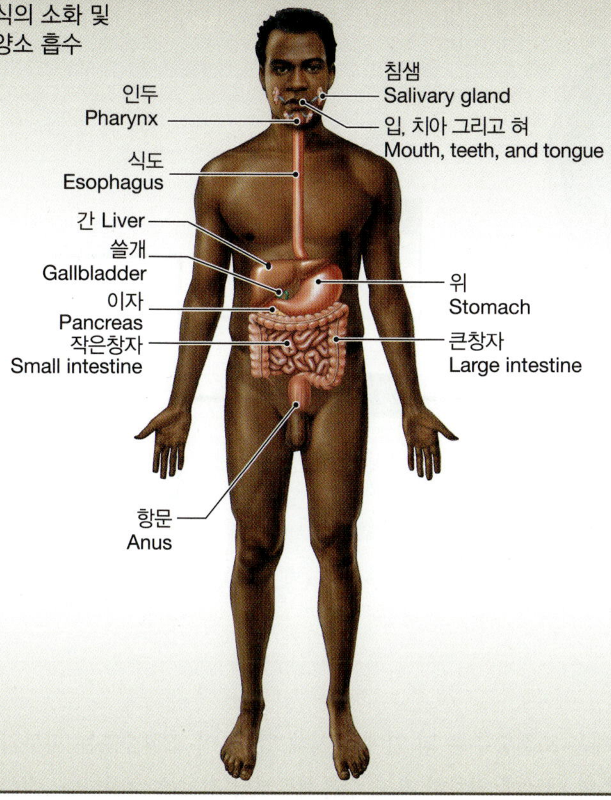

비뇨계통 The Urinary System

혈액에서 노폐물을 제거하고,
소변의 양을 조절하여 신체의
균형을 조절

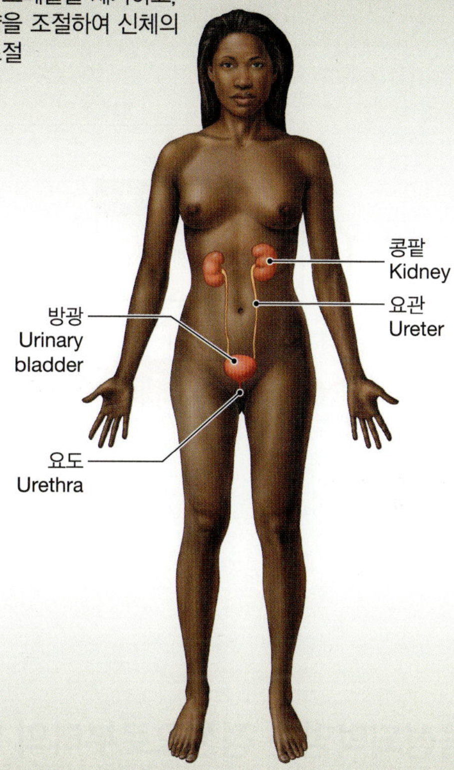

남성 생식계통 The Male Reproductive System

남성 성세포(정자)와
호르몬 생성

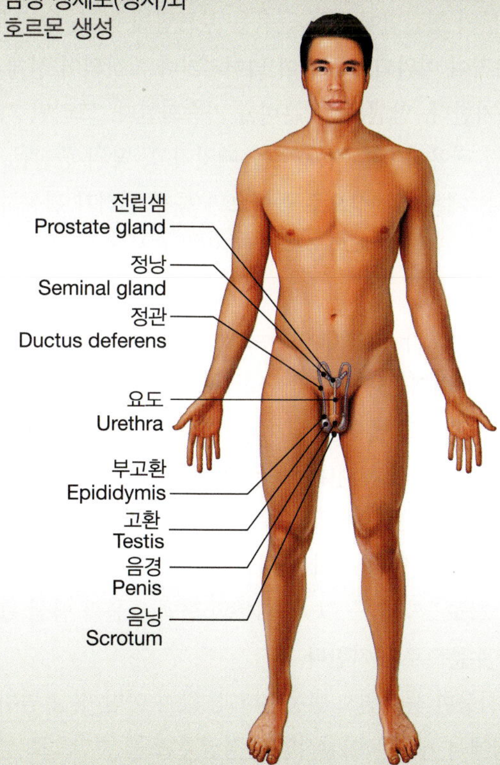

여성 생식계통 The Female Reproductive System

여성 성세포(난모세포 또는
미성숙 난자)와 호르몬 생성;
수정부터 배아 및 태아 발달을
지원

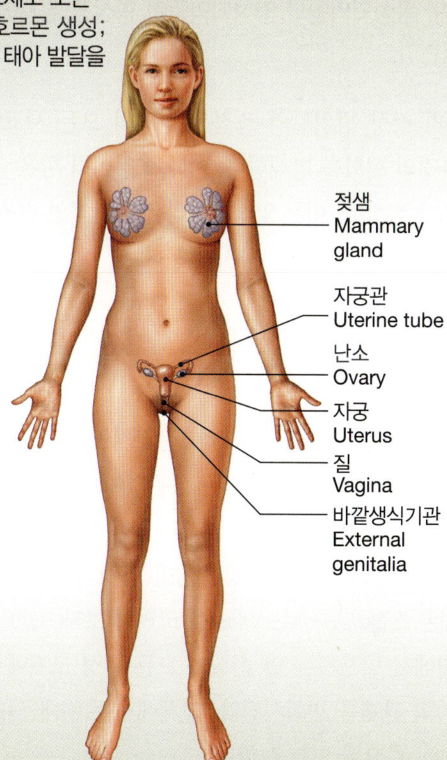

1

그림 1-3 실내 온도 조절. 실내 온도 조절의 예이다. 수용체(온도계)에 반응하여 온도 조절기(조절중추)가 정상 온도를 복원하는 반응기(이 경우 에어컨)의 응답을 유도한다. 실내 온도가 설정치 이상으로 올라가면 온도 조절기가 에어컨을 켜고 온도가 정상으로 돌아온다.

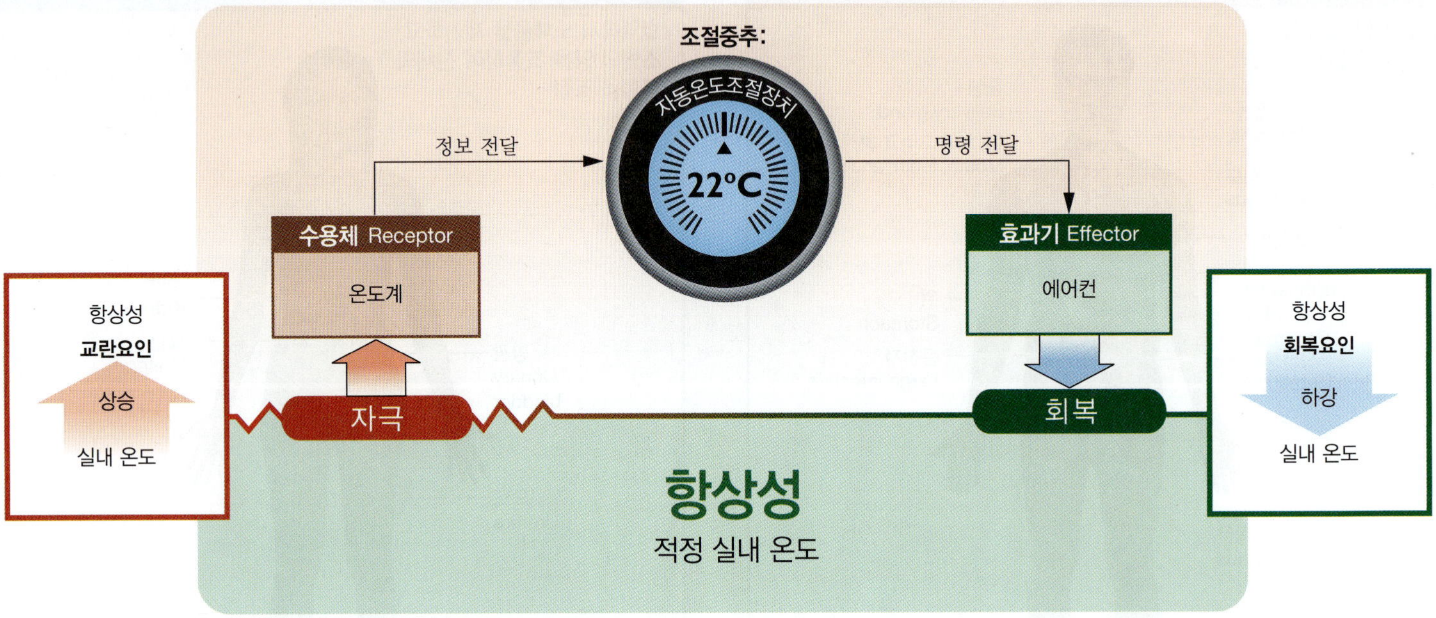

1-6 음성되먹임은 정상으로부터의 변화를 반대하지만, 양성되먹임은 정상과의 차이를 더 벌린다

학습목표 음성되먹임과 양성되먹임이 항상성 유지에 어떻게 관여하는지 설명한다.

항상성의 정상 범위로의 조절은 신체의 모든 세포에 영향을 미치는 내부 환경의 변화를 방해한다. 이때 조절이라 함은 음성되먹임을 일컫는 경우가 흔하다. 이는 양성되먹임은 극단적인 반응을 일으키는 경향이 있기 때문에 자주 일어나지 않는다.

음성되먹임 Negative Feedback

음성되먹임(negative feedback)의 본질적인 특징은 자극(온도 등)이 수용체에서 상승하거나 하강하든 상관없이, 정상 범위를 벗어난 변화는 상황을 바로잡는 자동 반응이다.

신체에서 대부분의 항상성 반응은 음성되먹임을 의미한다. 예를 들어서 체온 조절(*thermoregulation*)을 고려해 보자(**그림 1-4**). 항상성은 주로 몸 표면에서 발생하는 열 손실과 모든 활성 조직에서 발생하는 열 생산 사이의 관계를 변화시킨다. 인체에서는 뼈대근육이 체열을 발생시키는 가장 중요한 역할을 한다.

체온 조절중추는 뇌 안에 위치해 있다. 이 조절중추는 피부와 조절중추의 세포에 위치한 온도 수용체로부터 정보를 수신한다. 정상 체온은 약 37°C이다.

체온이 37.2°C 이상으로 상승하는 경우, 조절중추는 두 가지 활동을 하는데 (1) 피부의 혈관벽에 있는 근육을 부드럽게 하고, (2) 땀을 분비한다. 근육 조직이 이완되고 혈관이 넓어지거나 확장되어 신체 표면의 혈류량이 증가한다. 땀샘은 땀 분비를 가속화한다. 그러면 피부는 라디에이터처럼 작용하여 환경에 열을 빼앗기고, 땀의 증발은 이 활동을 가속화한다. 체온이 정상으로 돌아오면 통제 센터가 활동하지 않게 되고, 혈액의 흐름과 땀샘 활동은 정상적인 휴식 수준으로 감소한다.

조절중추의 감지 온도가 36.7°C 이하로 떨어지면 조절중추는 앞서 말한 두 가지 활동과 뼈대근육에 역할을 한다. 이번에는 피부로 가는 혈류량이 줄고 땀샘 활동도 줄어든다. 이러한 활동은 환경에 대한 열 손실의 속도를 줄인다. 그러나 뼈대근육은 열을 계속 내기 때문에 체온이 점차 상승한다. (뼈대근육의 무작위 수축에 의해 발생하는 떨림에 의해 추가적인 열이 발생할 수 있다.) 일단 몸이 정해진 지점까지 따뜻해지면, 온도 조절 센터는 스스로 "꺼진다". 그 후 피부의 혈액 흐름과 땀샘 활동은 정상적인 휴식 수준으로 증가한다.

음성되먹임을 사용한 동위원소 반응은 고정 값이 아닌 정상 범위를 유지한다. 앞의 예에서 체온은 이상적인 설정점 온도를 중심으로 상승

그림 1-4 체온조절에서 음성되먹임(Negative Feedback in Thermoregulation). 음성되먹임에서, 자극은 원래 자극에 반대하는 반응을 만들어낸다. 체온은 37°C의 설정된 온도 조절기의 기능을 하는 뇌의 조절중추에 의해 조절된다.

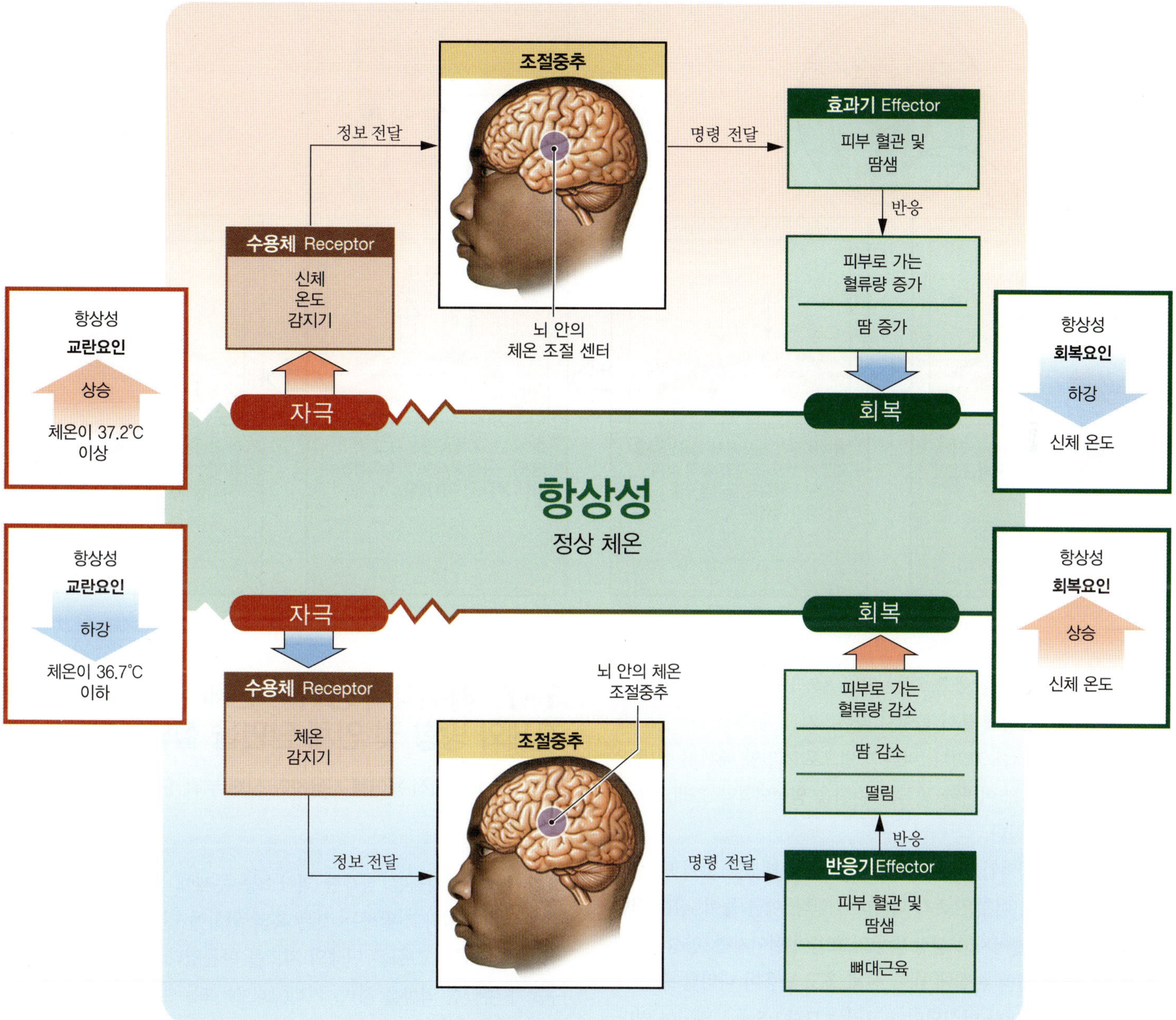

과 하락을 반복한다. 따라서 우리의 체온은 시시각각 다를 수 있다. 하루 중 어느 순간이나 개인마다 약간씩 다른 항상성 설정 값을 가지기 때문에 개인 간의 변동성은 더욱 커진다. 따라서 "정상"의 조건을 매우 정확하게 정의하는 것은 비현실적이다.

관례에 따라 생리학적 값은 많은 수의 개인을 표본 추출하여 얻은 평균값 또는 표본 모집단의 95% 이상을 포함하는 범위로 보고된다. 예를 들어, 건강한 성인의 95%의 경우, 체온 범위는 36.7°C에서 37.2°C 사이이다. 건강한 성인의 나머지 5%는 "정상" 범위(36.7°C 이하 또는 37.2°C 이상)를 벗어나 항상성을 유지할 수 있다. 하지만 그것 또한 정상이고, 그 변화는 임상적으로 중요하지 않다.

양성되먹임 Positive Feedback

양성되먹임(positive feedback)에서 초기 자극은 그 자극을 강화하는 반응을 만들어낸다. 예를 들어, 온도가 상승할 때 온도 조절기가 에어컨이 아닌 히터를 켜도록 했다고 가정하자. 이 경우 초기 자극(실내 온도

1

그림 1-5 양성되먹임(Positive Feedback). 양성되먹임에서, 자극은 원래의 자극을 강화하는 반응을 만들어낸다. 신속한 진행이 필요한 경우에는 양성되먹임이 중요하다. 이 예에서 양성되먹임은 출혈이 멈출 때까지 혈액 응고를 가속화한다.

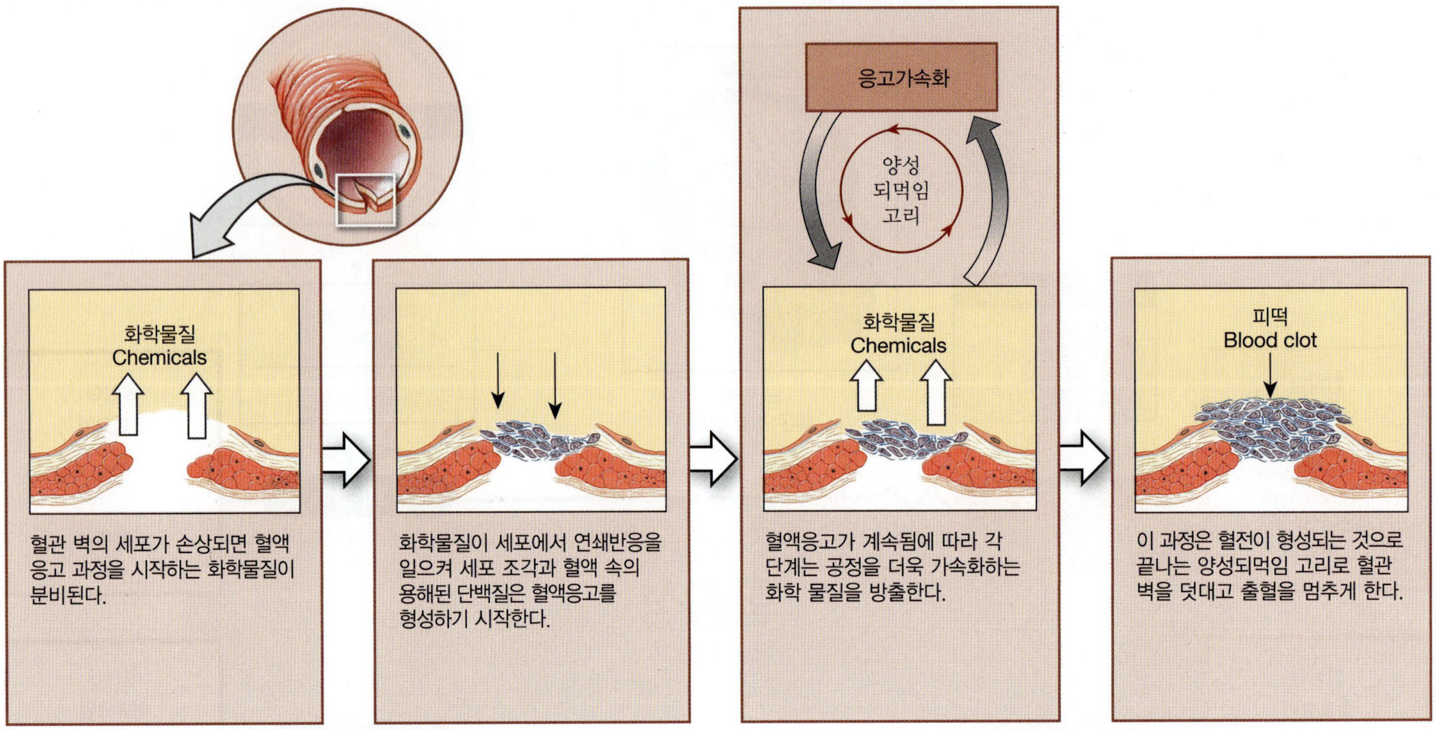

상승)이 반응(히터를 켬)을 했고, 이는 자극(온도 상승)을 더욱 강하게 만든다. 이러한 경우, 집에 불이 붙어서 타버리기 전에 누군가가 온도 조절기를 끄거나, 히터를 끄거나, 다른 방법으로 개입할 때까지 실내 온도는 계속 상승한다. 이러한 종류의 순환을 **양성되먹임 고리**(*positive feedback loop*)라고 한다.

신체에서 양성되먹임 고리는 위험하거나 스트레스를 많이 받는 과정에서 나타나는데, 이것은 즉각 나타나야 한다. 예를 들어, 심한 절단으로 인해 혈압이 떨어지고 심장 박동의 효율이 떨어지면, 양성되먹임 고리가 관여하여 혈액 손실에 대한 신체 응고 반응이 나타날 수 있도록 하여야 한다. 이러한 양성되먹임 고리는 **그림 1-5**에 설명되어 있다. (11장에서 혈액 응고를 좀 더 자세히 알아볼 예정.) 분만(출산) 과정(20장에서 논의됨)도 양성되먹임의 또 다른 예라고 할 수 있다.

체크포인트

10. 음성되먹임 시스템의 기능을 설명하시오.
11. 왜 양성되먹임은 혈액 응고에 도움이 되지만 열과 같이 체온 조절에는 적합하지 않은가?

책 뒷면에 있는 파란색 정답 탭을 참조.

1-7 해부학적 용어는 신체 부위, 해부학적 자세와 방향 및 인체 단면을 설명한다

학습목표 해부학적 용어를 사용하여 신체 부위, 단면 및 상대적 위치를 설명한다.

초창기 해부학자들은 심각한 의사소통 문제에 직면했다. 예를 들어, 혹이 "뒤에" 있다고 말하는 것은 혹의 위치에 대한 정확한 정보가 될 수 없다. 그래서 그들은 인체의 지도를 만들었다. 눈에 띄는 해부학적 구조가 주안점 역할을 하며, 거리(센티미터 또는 인치)를 측정하고, 방향을 특수화된 용어로 사용했다. 사실상, 해부학은 **의학 용어**(*medical terminology*)라고 불리는 그 자체의 언어를 사용한다고 할 수 있다. 이 언어는 우리들이 연구를 시작할 때 배워야 한다.

해부학적 용어는 라틴어와 그리스어 어원과 그 조합에 익숙한 경우 더 쉽게 이해할 수 있다.

수 세기에 걸쳐 해부학적 어휘로 기원된 외래어는 라틴어와 그리스어뿐만이 아니며 어휘는 계속해서 확장되고 있다. 많은 해부학적 구조와 임상적 조건들은 발견자의 이름을 따서 처음 지어졌거나, 질병의 경우 가장 유명한 희생자의 이름을 따서 지어진 경우도 있다. 사람 이름 용어(*eponyms*)인데, 현재 사람 이름 용어의 대부분은 더 정확한 용

그림 1-6 해부학 기준구조(Anatomical Landmarks). 해부학 용어들은 굵은 글씨로 표기되었으며, 일반 용어는 보통 글씨로 표기되었다. 그리고 인체 부위를 가리키는 각 해부학 용어의 형용사형들은 괄호 안에 표기되어 있다.

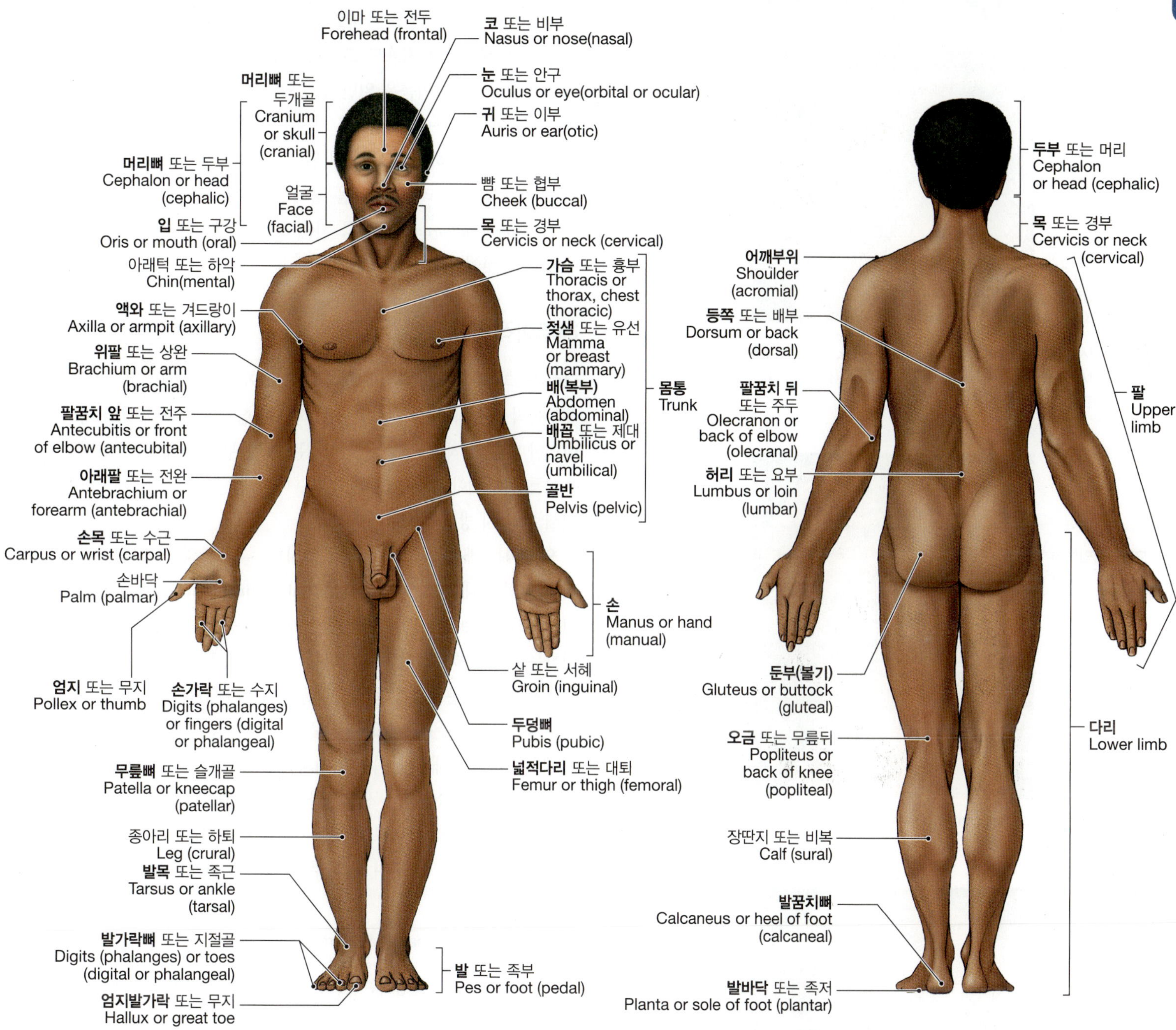

a 앞에서 본 해부학자세 **b** 뒤에서 본 해부학자세

어로 대체되어 있지만, 상당수가 여전히 사용되고 있다.

표면해부학 Surface Anatomy

신체 표면에서는 피부를 제외한 다른 기관계가 존재하지 않는다. 따라서 **그림 1-6**과 **1-7**에 주어진 조건을 바탕으로 마음속에 그림을 그리듯 체계를 이해하여야 한다. 이러한 용어를 지금 학습하면 후속 장에서 내용을 더 쉽게 이해할 수 있을 것이다.

해부학 기준구조 Anatomical Landmarks

표준 해부학적 그림은 **해부학적 자세(anatomical position)**의 인체 형태를 보여준다. 몸이 그림과 같은 위치에 있을 때, 손은 손바닥이 앞쪽을

1

그림 1-7 배골반사분역 및 위치.

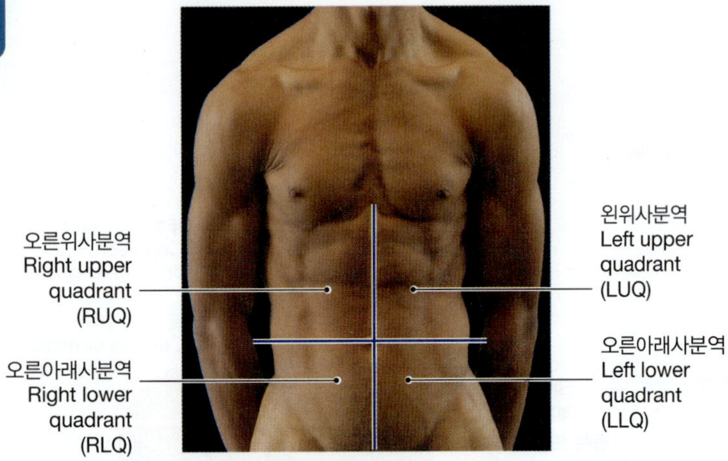

a **배골반사분역(Abdominopelvic quadrants).** 네 개의 배골반사분역은 배꼽에서 교차하는 두 개의 수직선에 의해 형성된다. 이러한 사분면에 대한 용어 또는 약어는 임상에서 많이 사용된다

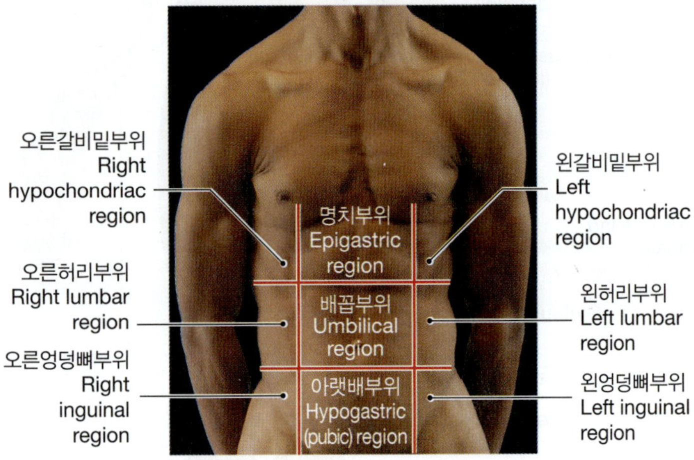

b **배골반부위(Abdominopelvic regions).** 9개의 배골반부위는 위치에 대한 정확한 설명을 제공한다.

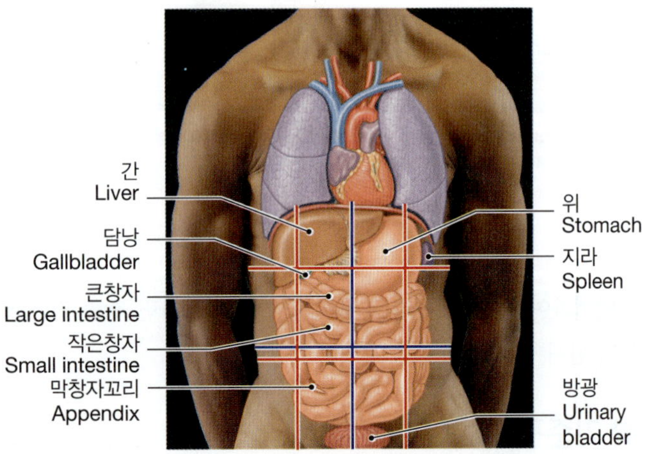

c **해부학적 관계(Anatomical relationships).** 배골반사분역과 위치 사이의 관계 및 내부 장기의 위치가 이 그림에 표시되어 있다.

향하며 양옆에 있고, 두 발은 모은 자세이다(**그림 1-6**). 해부학적 자세로 누워 있는 사람은 얼굴을 위로하면 **반듯이 누운 자세**(앙와위, **supine**)라고 하고, 얼굴을 아래로 하면 **엎드린 자세(prone)**라 한다.

중요한 해부학적 지표도 **그림 1-6**에 나와 있다. 해부학적 용어는 굵은 글꼴로, 일반 이름은 일반 형식으로, 해부학적 형용사는 괄호 안에 있다. 이러한 용어와 용어의 기원을 이해하면 특정 구조의 위치와 이름을 모두 기억하는 데 도움이 된다. 예를 들어, **위팔**(*brachium*)이라는 용어는 팔을 가리킨다. 다음 장에서는 **위팔근**(*brachialis muscle*)과 **위팔동맥**(*brachial artery*)을 이름 지은 것처럼, 용어와 관련된 부위들에 대해 논할 것이다.

해부학적 부위 Anatomical Regions

그림 1-6과 같이, **위팔부위**(*brachial region*)와 같은 신체의 주요 부위는 해부학적 형용사로 지칭된다. 일반적인 관심 영역이나 부상의 영역을 설명하기 위해 해부학자 및 임상의는 특정 부위 외에도 더 광범위한 용어를 사용해야 하는 경우가 많다. 배와 골반의 표면을 지도화하기 위해 두 가지 방법이 사용된다.

임상의는 **배꼽**(*umbilicus*)에서 교차하는 한 쌍의 가상의 수직선에 의해 형성된 네 개의 **배골반사분역(abdominopelvic quadrant)**을 가리킨다. **그림 1-7a**에 설명된 이 간단한 방법은 통증 및 부상의 위치를 설명하는 데 유용하며, 이는 진단하는 데 도움이 될 수 있다. 예를 들어, 오른쪽 하단 사분면의 압통은 충수염(막창자꼬리염)의 증상이며, 오른쪽 위 사분면의 압통은 쓸개 또는 간 문제를 의미할 수 있다.

해부학자들은 내부 장기의 위치와 방향을 설명하기 위해 보다 정확한 용어를 사용하는 것을 선호한다. 이들은 **배골반부위(abdominopelvic region)**를 9개의 부위로 나누어 설명하였다(**그림 1-7b**). **그림 1-7c**는 배골반사분역, 배골반 부위 및 내부 기관 간의 관계를 보여준다.

해부학적 방향 Anatomical Directions

그림 1-8은 방향을 설명하는 다양한 용어 및 사용 예를 보여준다. 매우 다양하며, 일부는 서로 호환하여 사용할 수 있다. 예를 들어, **앞쪽**은 해부학적 위치에서 볼 때 신체의 앞쪽을 나타내는 동시에 인체의 경우, 이 용어는 배를 가리키는 배막에 해당한다. 마찬가지로, **뒤**와 **등**이라는 용어는 인체에서 뒷면을 가리킨다. **왼쪽**과 **오른쪽**은 항상 관찰자가 아니라 **관찰대상**(*subject*)의 왼쪽과 오른쪽을 가리킨다는 것을 기억하여야 한다.

그림 1-8 방향설명.

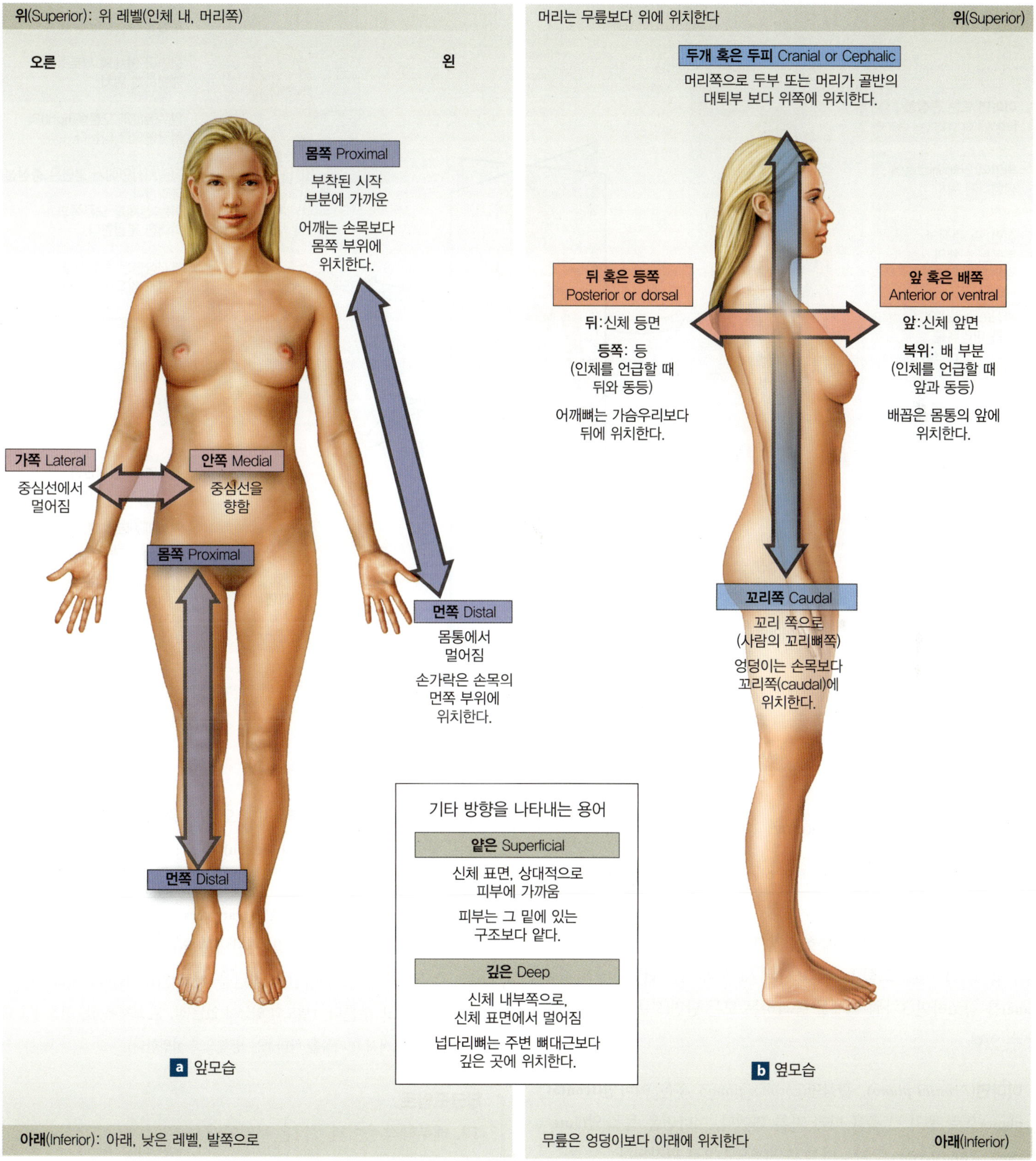

위(Superior): 위 레벨(인체 내, 머리쪽)
오른
왼
몸쪽 Proximal
부착된 시작 부분에 가까운
어깨는 손목보다 몸쪽 부위에 위치한다.
가쪽 Lateral
중심선에서 멀어짐
안쪽 Medial
중심선을 향함
몸쪽 Proximal
먼쪽 Distal
몸통에서 멀어짐
손가락은 손목의 먼쪽 부위에 위치한다.
먼쪽 Distal
a 앞모습
아래(Inferior): 아래, 낮은 레벨, 발쪽으로
기타 방향을 나타내는 용어
얕은 Superficial
신체 표면, 상대적으로 피부에 가까움
피부는 그 밑에 있는 구조보다 얕다.
깊은 Deep
신체 내부쪽으로, 신체 표면에서 멀어짐
넙다리뼈는 주변 뼈대근보다 깊은 곳에 위치한다.
머리는 무릎보다 위에 위치한다
위(Superior)
두개 혹은 두피 Cranial or Cephalic
머리쪽으로 두부 또는 머리가 골반의 대퇴부 보다 위쪽에 위치한다.
뒤 혹은 등쪽 Posterior or dorsal
뒤: 신체 등면
등쪽: 등 (인체를 언급할 때 뒤와 동등)
어깨뼈는 가슴우리보다 뒤에 위치한다.
앞 혹은 배쪽 Anterior or ventral
앞: 신체 앞면
복위: 배 부분 (인체를 언급할 때 앞과 동등)
배꼽은 몸통의 앞에 위치한다.
꼬리쪽 Caudal
꼬리 쪽으로 (사람의 꼬리뼈쪽)
엉덩이는 손목보다 꼬리쪽(caudal)에 위치한다.
b 옆모습
무릎은 엉덩이보다 아래에 위치한다
아래(Inferior)

1

그림 1-9 인체 단면.

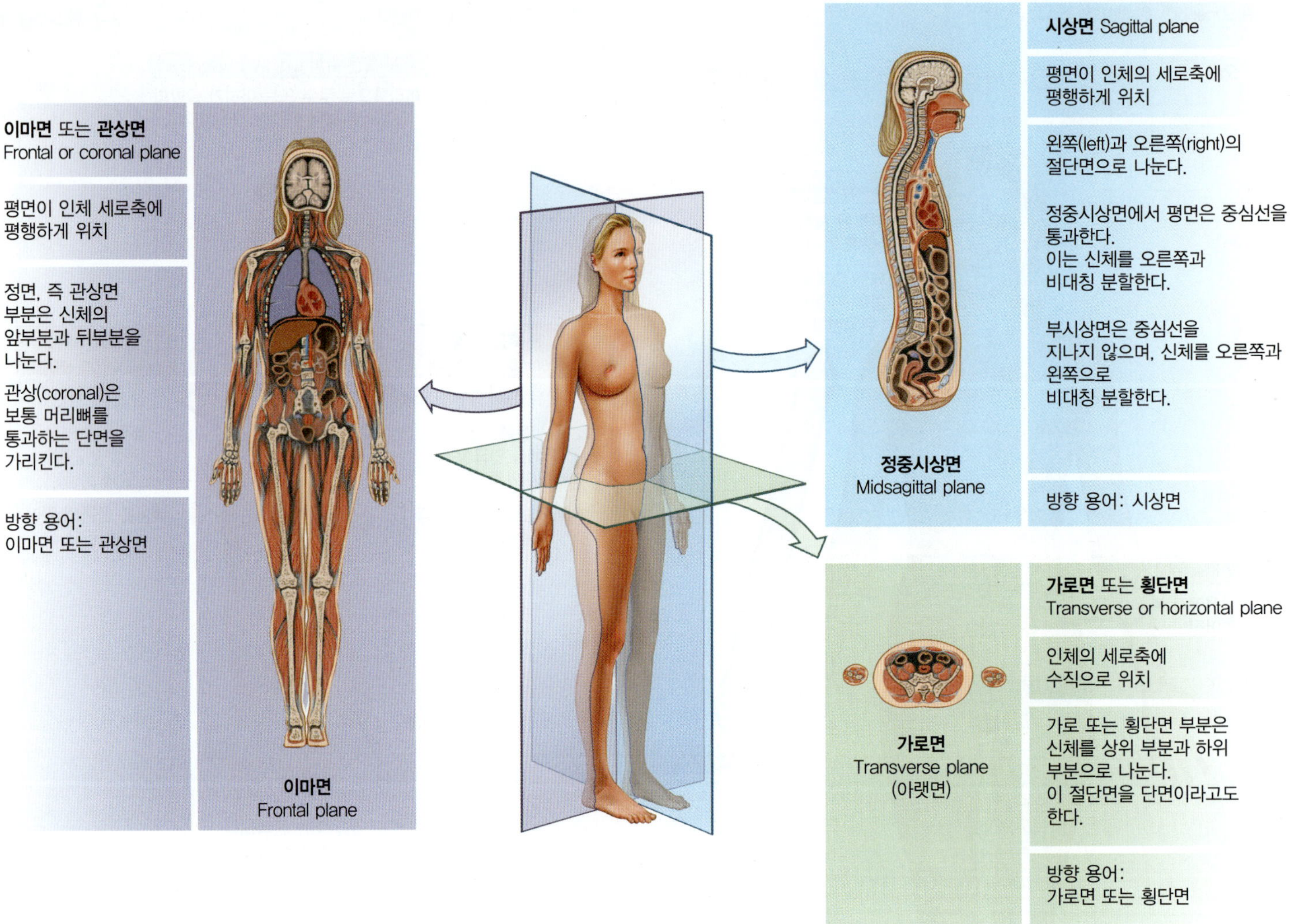

단면해부학 Sectional Anatomy

3차원 객체의 부분들 사이의 관계를 이해하는 유일한 방법은 단면을 잘라서 내부 조직을 보는 것이다. 영상 기술은 이제 수술에 의존하지 않고도 생체 내부를 볼 수 있게 해주기 때문에 부분적 시각에 대한 이해가 특히 중요하다. **그림 1-9**에 표시된 세 개의 기본 **단면도(sectional plane)**를 참조하면 3차원 객체를 통과하는 모든 단면(또는 섹션)을 설명할 수 있다.

1. **이마면(*Frontal plane*)**. 관상면(*coronal plane*) 혹은 **이마면(frontal plane)**으로 몸의 긴 축을 따라 자른 면이다. 이마면은 몸을 **앞(anterior)**, **뒤(posterior)**로 나누면서 측면(옆으로)으로 확장된다.
2. **시상면(*Sagittal plane*)**. **시상면(sagittal plane)** 또한 몸의 긴 축을 따라 움직이지만, 앞뒤로 확장된다. 시상면은 몸을 **오른쪽·왼쪽**으로 나눈다. 몸의 중간선을 따라 지나 **오른쪽·왼쪽**으로 몸을 나누는 절단은 **정중시상면(midsagittal section)**이다. (정중시상면은 다리를 관통하진 않는다).
3. **가로면(*transverse plane*)**. **가로면(transverse plane)**은 몸체의 긴(머리부터 발까지) 축에 직각으로 잘라 신체를 **위(superior)**, **아래(inferior)**로 나누는 면이다. 이 평면의 절단을 **가로면(transverse section)** 혹은 단면이라고 부른다. (별도의 언급이 없는 한, 본 교재에서는 관찰자가 대상자의 발앞에 서서 머리쪽을 바라보는 방향으로 설명한다).

체크포인트

12. 해부학적 용어의 목적은 무엇인가?
13. 해부학적 위치에서 앞면과 뒷면을 설명하시오.
14. 어떤 단면도가 인체의 두 눈을 갈라놓을 수 있는가?

책 뒷면에 있는 파란색 정답 탭을 참조.

1-8 몸통의 몸안은 내부 기관들을 보호하고 형태를 바꿀 수 있게 해준다

학습목표 몸통의 주요 몸안과 각 부분의 세부공간을 식별한다.

신체에서 몸통은 신체 벽에 의해 가슴, 배, 골반의 세 가지 주요 영역으로 세분된다(그림 1-6). 신체의 대부분의 중요한 기관들은 이 영역 안에 위치해 있다. **몸안**(체강, **body cavity**)은 액체로 가득 찬 막힌 공간이며, **장막**(*serous membrane*)이라 불리는 얇은 조직층에 의해 구분된다. 몸통 내의 중요한 장기는 이러한 신체 공간 안에 들어 있다.

초기 해부학자들은 내부 영역을 언급할 때 "안"이라는 용어를 사용하기 시작했다. 예를 들어, 그들은 가슴 부위의 가슴벽 깊숙한 곳에 있는 모든 것을 가슴안 내에 있는 것으로 간주했다. 그들은 또한 배와 골반 벽의 깊숙한 곳에 있는 모든 구조물이 배골반안 내에 있다고 생각했다. 내부적으로, 이 두 해부학적 영역은 평평한 근육판인 **가로막(diaphragm)**에 의해 분리된다.

그러나 신체 구조상 "안"의 경계와 몸통의 실제적인 안은 동일하지 않다. 예를 들어, 가슴우리에는 두 개의 가슴막안(각각 허파를 둘러싸고 있다), 심장막안(심장을 둘러싸고 있다) 및 큰 조직 덩어리인 가슴세로칸이 포함된다. 또한 배안은 골반안으로 일부만 확장된다. 가슴안과 배골반안의 하위절 사이의 경계가 그림 1-11에 설명되어 있다.

몸통 몸안의 두 가지 중요한 기능은 (1) 취약한 기관들을 갑작스러운 충격으로부터 보호하고 우리가 걷거나, 뛰거나, 달릴 때 발생하는 흔들림으로부터 완충시켜 주는 것과 (2) 내부 기관의 모양의 변화를 허용한다. 예를 들어 허파, 심장, 위, 창자, 방광 등 많은 장기가 주변 조직을 누르거나 인근 장기의 활동을 방해하지 않고 확장 및 수축할 수 있다.

이러한 안들로 둘러싸인 내부 장기를 **내장(viscera)**이라고 한다. 이 내부 안의 벽에는 세밀한 막이 있으며 밀폐된 내장 표면을 덮고 있다. 막은 반대쪽 표면을 촉촉하게 하고 마찰을 줄여주는 수액을 생성한다. 내장 기관을 덮고 있는 막의 부분을 **내장쪽층**(*visceral*)이라고 한다. 신체 벽이나 방의 내부 표면에 선을 긋는 반대쪽 부분을 **벽쪽층**(*parietal*)이라고 한다. 이 반대되는 부분들은 보통 직접적으로 접촉하기 때문에, 신체 안들은 **잠재 공간**(*potential spaces*)이라고 불린다.

가슴안 The Thoracic Cavity

가슴우리에는 하나의 **심장막안**(*pericardial cavity*)과 한 쌍의 **가슴막안**(*pleural cavities*—각 허파마다 하나씩)으로 세 개의 내부 공간들이 있다(그림 1-11a,c). 이 세 개의 안은 각각 반짝이고 미끄러운 막으로 나눠져 있다. 심장은 **심장막안(pericardial cavity)**으로 알려진 공간에 들어 있다. 심장과 심장막안 사이의 관계는 풍선을 밀고 들어오는 주먹의 모양과 비슷하다(그림 1-11b). 손목은 심장의 **바닥**(첨부된 부분)에 해당한다. 이 풍선은 심장막안 내에 있는 막에 해당된다. 이 중막은 **심장막(pericardium)** 주위에 있다. 심장을 덮고 있는 층은 **내장쪽심장막(visceral pericardium)**이며, 반대 표면은 **벽쪽심장막(parietal pericardium)**이다.

심장막은 **가슴세로칸(mediastinum)** 안에 있다(그림 1-11c). 가슴세로칸의 결합조직은 심장막안과 심장, 심장에 붙어 있는 큰 동맥과 정맥,

임상노트

표면해부학 Surface Anatomy

응급요원은 인체의 표면적 구조를 잘 파악하는 것이 필수적이다. 첫째, 그러한 지식은 어떤 기초 구조물이 손상을 받을 수 있는지를 예측하는 데 도움이 될 것이다. 도움이 된다. 둘째, 표준화된 해부학적 용어를 사용하면 응급구조사는 환자를 수용하는 의료기관의 의료진에게 환자의 손상을 정확하게 설명할 수 있다(그림 1-10). 마지막으로, 수신 후 문서에는 수신 내용 및 제공된 치료 내용에 대한 자세한 보고서가 필요하다. 특정 이송이 발생한 후 몇 달 또는 몇 년이 지난 후에 병원전 환자에 대한 질문을 받는 것은 드문 일이 아니다. 표준화된 해부학 용어를 사용하여야 당시의 상황과 환자의 손상을 정확하게 기억할 수 있다.

그림 1-10 몸통의 총상

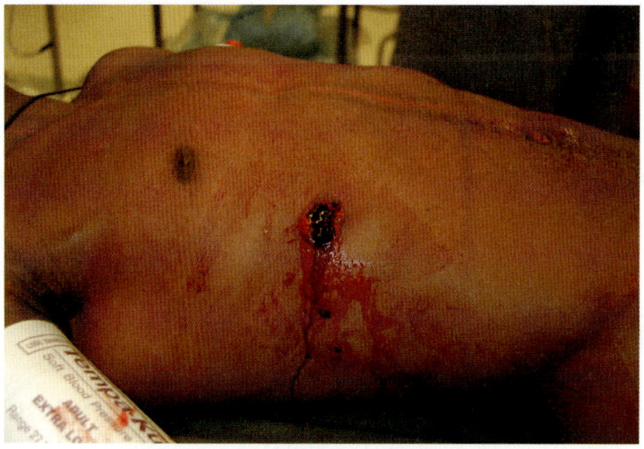

1

그림 1-11 몸통의 세부 구분과 안의 관계.

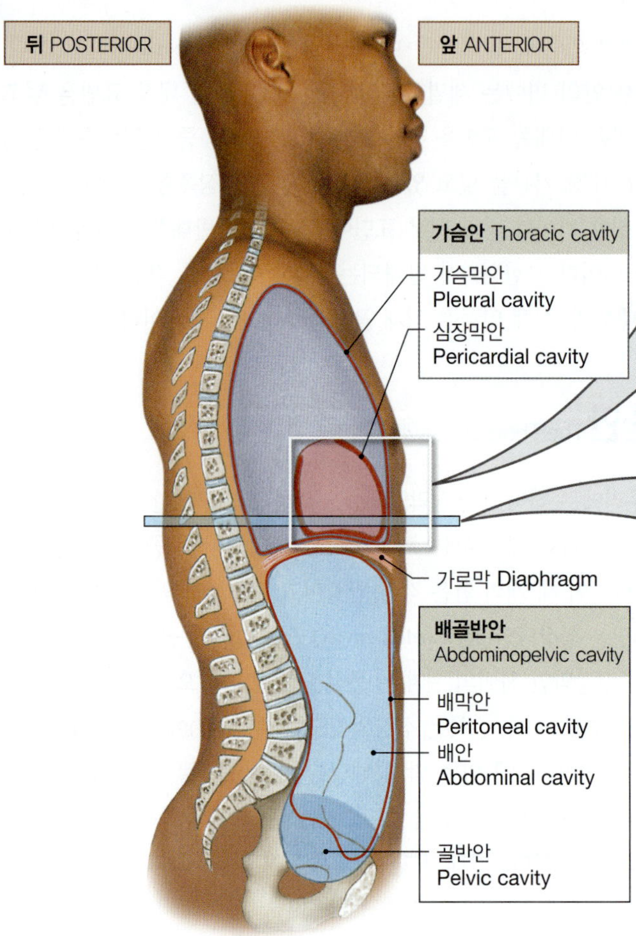

a 위 그림은 인체 측면으로, 몸안의 위치를 보여준다. 가로막은 몸안을 위의 가슴안과 아래의 배골반안으로 나눈다.
어른 4명 중 3명의 몸안의 모양이 빨간색으로 표시된 모양과 같다; 시상면으로 잘랐을 경우, 두 개의 가슴안 중 한 개만을 확인할 수 있다.

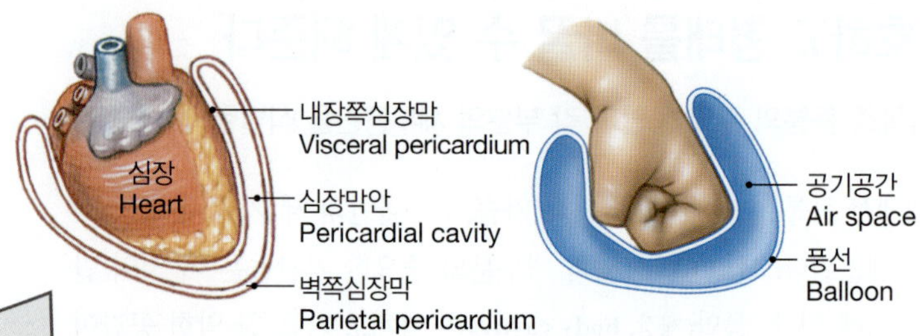

b 심장은 풍선 속으로 주먹을 밀어 넣은 것처럼 심낭에 쌓여 있다. 손목에 해당하는 부착 부위는 심장과 주요 혈관 사이의 연결부라고 할 수 있다. 심장막안의 넓이가 그림상으로는 과장되어 있으나, 실제로는 매우 얇은 층이 심낭과 심낭액 사이에 있다.

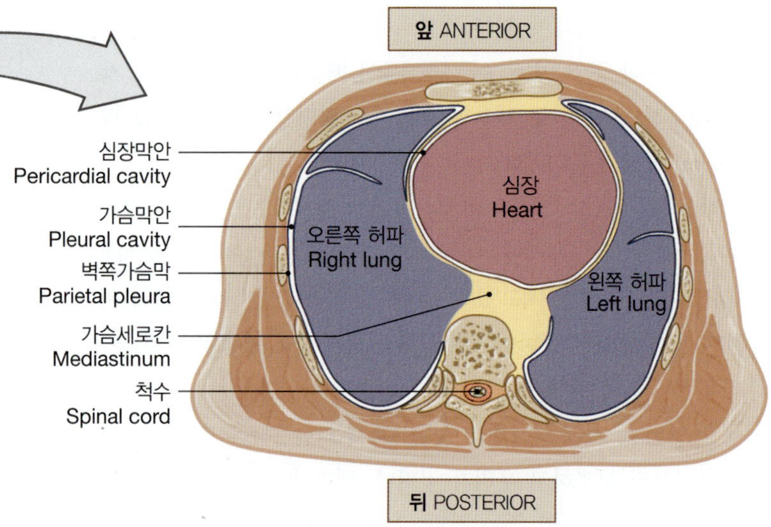

c 가슴안은 가슴우리를 횡단하는 구역으로, 심장막안의 중심을 보여준다. 가슴세로칸과 심장막안은 두 가슴안 사이에 위치하고 있다.
이 횡단적 또는 단면적 견해는 관찰자가 반듯한 피사체의 발치에 서서 피사체의 머리를 바라보고 있는 경우임에 유의한다.
이 하부면은 임상 영상의 표준 표시이다. 다른 언급이 없는 경우, 본 교재의 횡단 또는 단면도는 동일한 방향을 사용한다.
(임상 노트: 의료 영상 기법 참조)

가슴샘, 기관지, 식도를 둘러싸고 있다.

각각의 **가슴안(pleural cavity)**은 허파를 둘러싸고 있다. 가슴막 공동을 이루는 막은 **가슴막(pleura)**이라고 불린다. **내장쪽가슴막**(*visceral pleura*)은 허파의 외부 표면을 덮고 있다. **벽쪽가슴막**(*parietal pleura*)은 가슴세로칸과 안쪽체벽의 반대쪽 표면을 덮고 있다.

배골반안 The Abdominopelvic Cavity

배골반안은 가로막에서 골반까지 구간이다. 위에 있는 **배안(abdominal cavity)**과 아래에 있는 **골반안(pelvic cavity)**으로 세분된다 (그림 1-11a). 배골반안은 **배막안(peritoneal cavity)**을 포함하고 있으며, 내부 공간은 장막으로 구분되어 있다. **벽쪽배막**(*parietal peritoneum*)은 체벽의 안쪽 표면에 일직선으로 있다. 벽쪽배막과 장기를 덮고 있는 **내장쪽배막**(*visceral peritoneum*) 사이에는 소량의 액체가 들어 있는 좁은 공간이 있다.

배안은 가로막의 아래쪽(발쪽) 표면에서 골반의 위쪽(머리쪽)까지 확장된다. 이 몸안에는 간, 위, 지라, 작은창자, 그리고 대부분의 큰창자를 포함한다. 그 장기들은 부분적으로 또는 완전히 배막안으로 둘러싸여 있다. 콩팥과 이자와 같은 몇 개의 장기가 배안 내벽과 근육벽 사이에 있다. 그 장기들은 **복막뒤**(*retroperitoneal*)에 있다고 설명할 수 있다.

지식 쌓기

배부위와 골반의 통증, 부상 및 내부 장기의 위치를 설명하기 위해 사용된 두 가지 방법을 기억한다. 임상의는 배골반을 4개의 사분면으로 설명하고 해부학자들은 9개의 배골반 부위를 설명한다.

임상 기록: 영상 기술은 신체 내부를 보는 데 일반적으로 사용되는 일부 비침습적 임상 테스트를 발전시킨다.

골반안은 배안보다 낮은 곳에 위치한다. 골반안에는 큰창자의 원위부, 방광, 그리고 다양한 생식기관이 포함되어 있다. 그것은 또한 복막의 뒷부분에 있다고 할 수 있다.

성인의 몸통에서 몸안은 공통의 배아 기원을 가지고 있다. 등쪽 몸안(dorsal body cavity)이라는 용어는 머리뼈의 내부 공간(대뇌강)과 척추뼈로 둘러싸인 전체 공간(추골강)을 지칭하기 위해 사용되기도 한다. 뼈 구조에 의해 정의되는 이 공간들은 구조적으로나 발달적으로 실제의 신체 공동과는 구별된다.

몸안의 많은 공간들은 실제 신체 안이 아니다. 부분 목록에는 머리뼈안, 척추안, 입안, 소화안, 눈확(눈구멍), 고실, 코안 및 코곁굴(코안과 연결된 일부 머리뼈 내의 공기로 찬 공간)이 포함된다. 우리는 이 구조들을 이후의 장에서 논의될 예정이다.

체크포인트

15. 몸안의 두 가지 필수 기능을 설명하시오.
16. 몸통의 다양한 몸안을 설명하시오.
17. 만약 의사가 가로막 아래를 절개한다면, 어떤 몸안이 열릴 것인가?

책 뒷면에 있는 파란색 정답 탭을 참조.

관련 임상 용어

청진(auscultation): 청진기로 환자의 몸의 소리를 듣는 것.

병리학자(pathologist): 질병 처리 과정을 전문적으로 연구하는 학자.

방사선 전문의(radiologist): 방사선 시술의 수행 및 분석을 전문으로 하는 의사.

방사선학(radiology): 방사성 에너지 및 방사성 물질에 대한 연구 및 질병의 진단 및 치료에 대한 학문.

의료영상기법(MEDICAL IMAGING TECHNIQUES)

지난 수십 년 동안, 건강 상태와 질병 상태 모두에서 인체를 보다 정확하고 상세하게 이미지화할 수 있는 방법을 발견하는 데 빠른 진전이 있었다.

X선

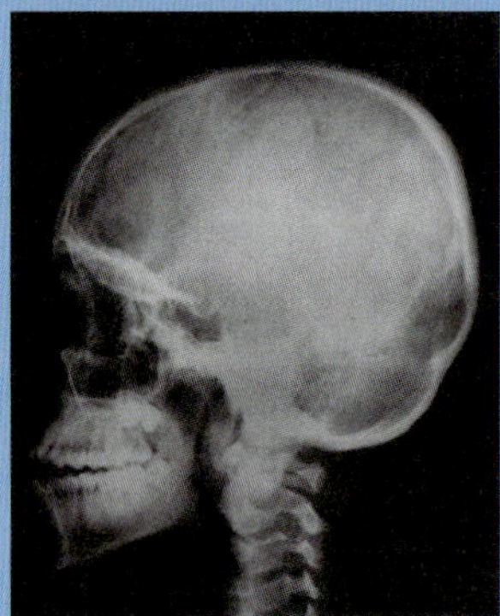

왼쪽에서 촬영한 두개골의 X선

X선(X-rays)은 가장 오래되고 가장 흔한 영상촬영 방법이다. X선은 살아 있는 조직에 침투할 수 있는 에너지 방사선의 한 형태이다. X선 광선은 감광판에 부딪히기 전에 몸을 통과한다.

모든 투사된 엑스레이가 필름에 도달하는 것은 아니다. 신체는 X선들 중 일부를 흡수하거나 피한다. X선의 통과를 막는 능력을 방사선량이라고 한다. X선을 촬영할 때, X선으로 뚫을 수 없는 이 부분들은 노출된 필름에 빛이나 흰색으로 나타나며 **방사선 불투명**(radiopacity)하다고 한다. 체내에서, 공기는 가장 낮은 복사 능력을 가지고 있다. 지방, 간, 혈액, 근육, 그리고 뼈는 점점 더 방사선에 **불투과성**(radiopaque)이 된다. 그 결과, 방사선 투과성 조직은 흰색으로 보이고, 더 적은 수의 방사선 투과성 조직은 회색에서 검은색으로 보인다.

부드러운 조직을 시각화하기 위해서는 방사선 불투과성 물질이 사용되어야 한다. 위쪽의 소화관을 연구하기 위해, 방사선 불투과성 바륨 용액을 환자에게 섭취시킨다. 그 결과 X선은 위와 장의 윤곽을 보여준다.

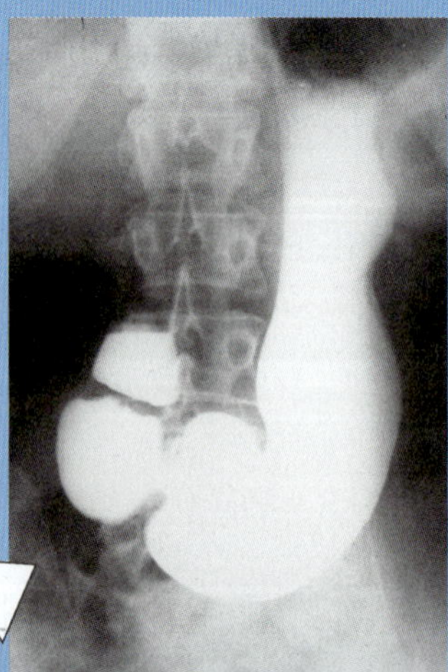

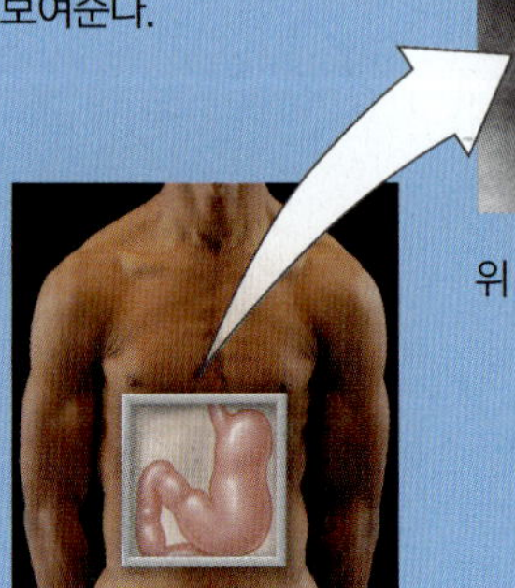

위 소화관의 **바륨 사용 후 X선**

표준 스캔 기법Standard Scanning Techniques

가장 최근에는, 컴퓨터를 통한 다양한 **스캐닝 기법**(scanning techniques)이 신체의 조직을 훨씬 더 세밀하게 보여준다.

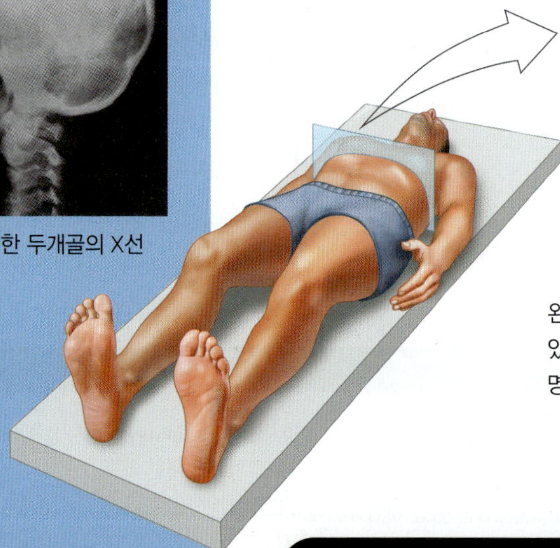

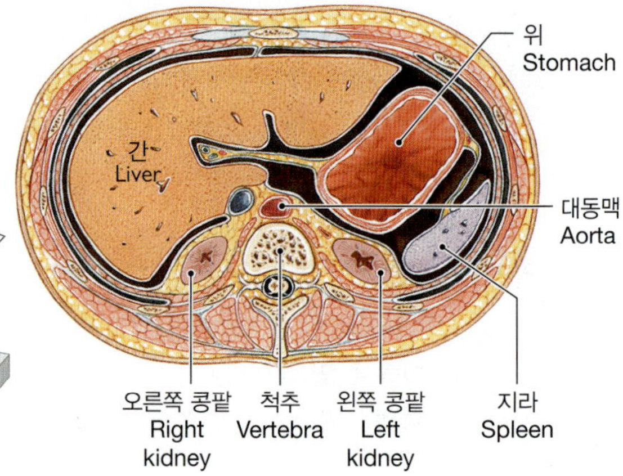

왼쪽 대상자의 위치에 따른 대략적인 그림이 위에 설명되어 있고, 아래에는 CT 스캔, 반대쪽 페이지에는 MRI 영상이 설명되어 있다.

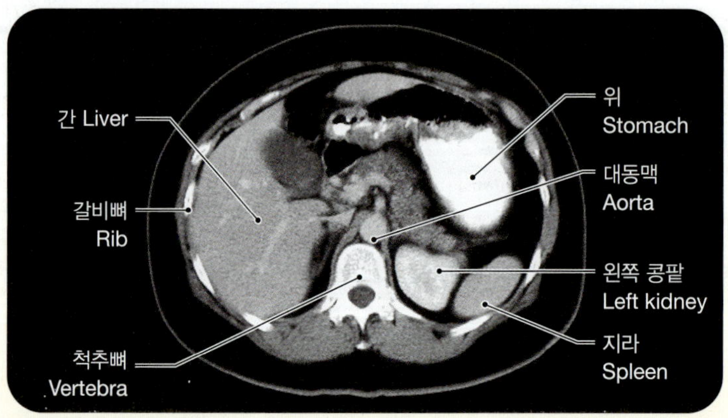

배의 컴퓨터 단층 촬영 검사Computed tomographic scan of the abdomen

컴퓨터 단층 촬영(CT) **검사**는 시스템을 사용하여 단면 뷰를 재구성한다. 단일 X선이 몸 주위를 회전하고 X선 광선이 컴퓨터 모니터링 센서에 닿는다. X선은 몇 초마다 몸 주위를 한 바퀴 돈다. 조금씩 위치를 옮기며 이를 반복한다. 결과는 보통 흑백으로 횡단 뷰로 표시되지만 시각 효과를 위해 색채화 할 수도 있다. CT 스캔은 표준 X선보다 3차원 관계와 연조직 구조를 더 선명하게 보여준다.

- 해부도 또는 스캔이 단면도를 나타낼 때, 관찰자가 반듯이 누운 자세로 사람의 발에 앞에 서서 피사체의 머리 쪽을 보는 것처럼 단면이 낮은 관점에서 보인다는 점에 유의한다.

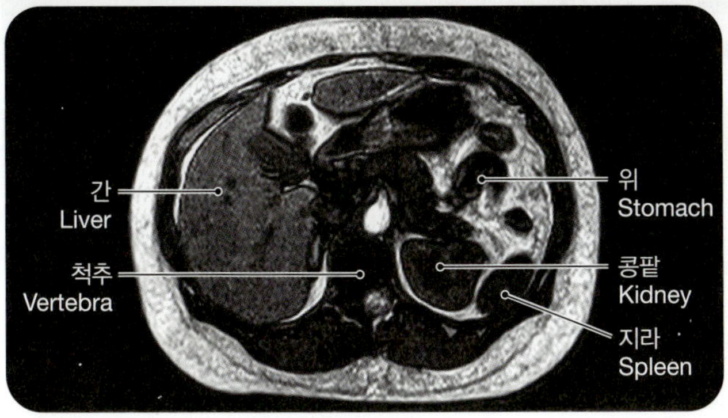

배의 자기 공명 영상 촬영 Magnetic resonance imaging scan of the abdomen

동일한 부위(이 경우 배)의 **자기 공명 영상**(MRI)은 CT 스캔보다 훨씬 더 상세하게 연조직 구조를 보여줄 수 있다. MRI는 신체의 일부나 전체를 지구보다 3000배 강한 자기장으로 둘러싼다. 이 자기장은 인체 전체의 원자 내에 있는 입자들이 균일한 방향으로 일렬로 서게 한다. 전파의 파동에서 나오는 에너지는 서로 다른 원자에 의해 흡수되고 방출된다. 이때 방출된 에너지는 연조직 구조의 세부 영상을 생성하는 데 사용된다.

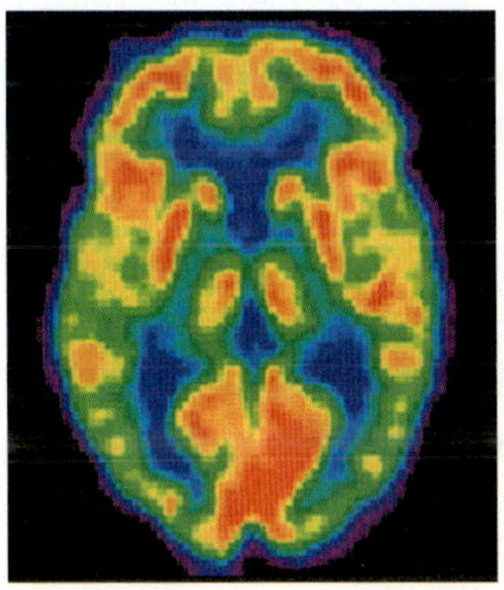

양전자 방출 뇌 단층 촬영
Positron emission tomographic scan of the brain

양전자 방출 단층 촬영(PET)은 신진대사 및 생리적 활동을 평가하는 영상 기법이다. PET 스캔은 건강하거나 병변이 있는 뇌의 기능을 평가하는 중요한 도구이다.

자궁 초음파 Ultrasound of the uterus

초음파(ultrasound)의 방법은 피부에 접촉하는 소형 송신기는 짧고 좁은 고주파 음의 폭발음을 내보내고 나서, 울림을 감지하는 것이다. 음파는 이러한 내부 구조에 의해 반사되고, 영상 또는 **초음파상**(echogram)은 울림의 패턴으로부터 완성된다. 이러한 영상은 다른 도구들보다 명확성은 부족하지만, 작용은 보고되지 않았고, 태아 발육 상태를 선천적 결함을 만들어 낼 위험 감수없이 관찰할 수 있다. 초음파의 특수한 전송 및 처리 방법은 조영제가 유발시킬 수 있는 합병증 없이 움직이는 심장의 분석을 가능하게 한다.

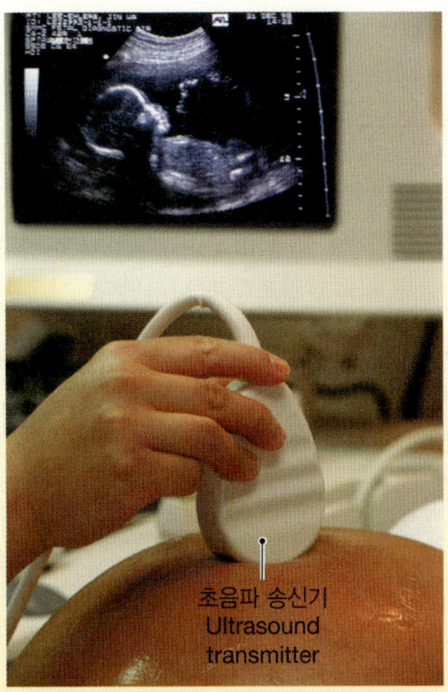

특수 스캔 방법Special Scanning Methods

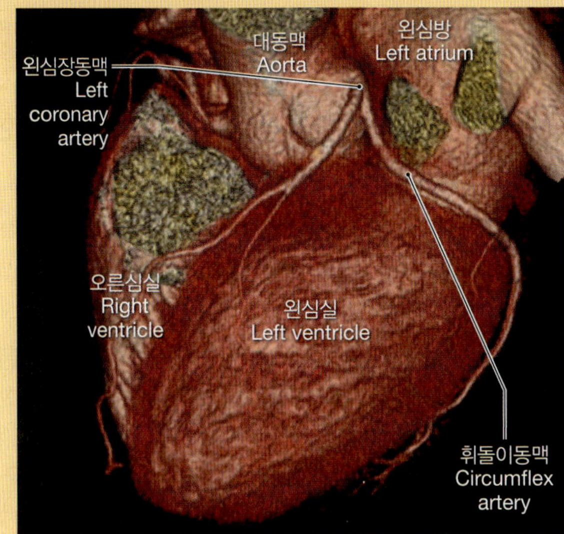

심장의 나선형 스캔 Spiral scan of the heart

나선 CT 스캔(spiral CT scan)은 임상에서 점점 더 중요해지고 있는 3차원 영상 기술의 한 종류이다. 나선형 CT 스캔 촬영은, 환자는 스캐너를 안으로 일정한 속도로 들어가고, 영상 도구(일반적으로 X선)가 환자를 중심으로 연속적으로 돌아 나선 방향으로 스캔할 수 있도록 한다. X선 검출기는 데이터를 빠르고 지속적으로 수집하기 때문에 고품질의 영상이 생성되며, 한 번에 한 부분만의 신체에서 데이터를 더 천천히 수집하는 표준 CT 스캐너에 비해 환자가 더 적은 방사선에 노출된다.

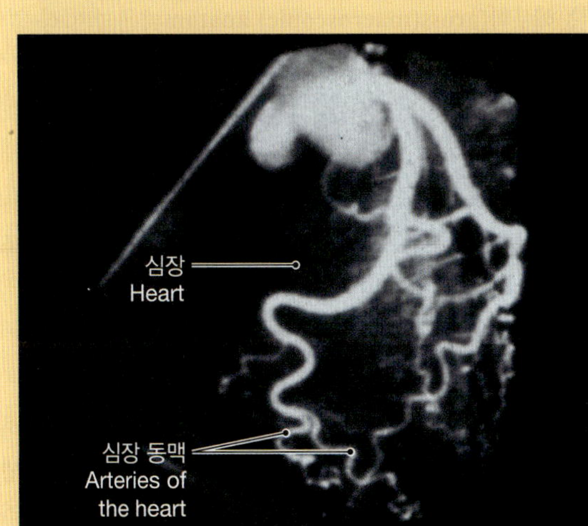

심장동맥의 디지털 감산 혈관 조영술
Digital subtraction angiography of coronary arteries

심장동맥 디지털 감산 혈관 조영술(digital subtraction angiography)은 뇌, 심장, 허파, 콩팥과 같은 특정 기관의 혈액의 흐름을 감시하는 데 사용된다. X선은 방사선 조영제를 투여하기 전과 투여한 후에 촬영되며, 컴퓨터는 두 영상에 공통되는 세부 사항을 "추출"한다. 그 결과 조영제의 분포를 보여주는 뚜렷한 영상이 나타난다.

1

1 복습

요약

1-1 모든 생물은 반응, 성장, 생식, 운동, 대사를 한다 p. 2

1. **생물학(biology)**은 생명체를 연구하는 학문이다; 생물학의 목표 중 하나는 생물체의 다양성에 기초하는 정형화된 양식을 발견하는 것이다.

2. 단일 **세포(cell)**에서 큰 다세포 생명체에 이르기까지 모든 생물은 동일한 기본 기능을 수행한다. 그들은 환경의 변화에 반응한다; 그들은 성장하고 번식하여 미래 세대를 창조한다; 그들은 움직일 수 있다; 그리고 그들은 신진대사의 복잡한 화학 반응을 수행할 수 있다. 그들은 환경으로부터 물질을 흡수한다. 생명체는 호흡 중에 산소를 흡수하고 소비하며, 배설 중에 찌꺼기를 배출한다. 소화는 복잡한 음식을 분해하는 특수한 신체 구조에서 일어난다. 이 순환은 신체의 영역들 사이에 내부 순환 체계를 형성한다.

1-2 해부학은 구조이고 생리학은 기능이다 p. 3

3. **해부학(anatomy)**은 내부와 외부 구조와 신체 부위 사이의 물리적 관계에 대한 연구이다. **생리학(physiology)**은 생물체가 어떻게 기능하는가에 대한 학문이다. 모든 특정 기능은 특정 구조에 의해 수행된다.

4. **맨눈해부학[gross(macroscopic) anatomy]**은 현미경 없이도 볼 수 있는 특징을 고려한다. **표면해부학**(일반적인 형태와 표면적인 표시), **국소해부학**(신체의 특정 영역에서 피상적이고 내부적인 특징), **계통해부학**(주요 기관계통의 구조)을 포함한다.

5. **현미해부학(microscopic anatomy)**의 경계점은 사용된 장비에 의해 결정된다. **세포학(cytology)**은 개별 세포의 내부 구조를 분석한다. **조직학(histology)**에서는 **조직(tissue)**(특정 기능적 역할을 가진 유사한 세포의 그룹)을 조사한다. 조직은 결합되어 특정 기능을 가진 해부학적 단위인 장기를 형성한다.

6. **인체생리학(human physiology)**은 인체의 기능을 연구하는 학문이다. 그것은 살아 있는 세포의 기능을 연구하는 **세포생리학(cell physiology)**에 기초한다. **기관생리학**은 특정 장기의 생리를 연구한다. **계통생리학**은 특정 기관계통의 기능의 모든 측면을 고려한다. **병태생리학(pathology)**은 질병이 기관이나 계통 기능에 미치는 영향을 연구한다.

1-3 조직의 수준은 원자와 분자에서 완전한 생명체로 발전한다 p. 4

7. 해부학적 구조와 생리학적 방법은 일련의 상호작용적 조직 수준으로 배열되어 있다(**그림 1-1**).

1-4 인체는 11개의 기관계통으로 구성되어 있다 p. 6

8. 인체의 주요 기관들은 11개의 기관계통으로 배열되어 있다. 인체의 기관계통은 **피부계통, 뼈대계통, 근육계통, 신경계통, 내분비계통, 심혈관계통, 림프계통, 호흡계통, 소화계통, 비뇨계통, 생식계통**이다(**그림 1-2**).

1-5 항상성은 내적 평형 상태이다 p. 6

9. **항상성(homeostasis)**은 신체 내에 안정된 내부 환경이 존재하는 것이다. 생리적 시스템은 **항상성 조절(homeostatic regulation)**을 통해 항상성을 보존한다.

10. 항상성 조절은 일반적으로 특정 자극에 민감한 **수용체(receptor)**, 수용체로부터 정보를 수신하고 처리한 다음 명령을 전송하는 **조절중추(control center)**, 그리고 자극을 반대하거나 향상시키는 **효과기(effector)**를 포함한다(**그림 1-3, 1-4**).

1-6 음성되먹임은 정상으로부터의 변화를 반대하지만, 양성되먹임은 정상과의 차이를 더 벌린다 p. 10

11. **음성되먹임(negatice feedback)**은 정상 한계로부터의 변화에 직접적으로 반대하는 조치를 포함하는 시정 반응이다(**그림 1-3, 1-4**).

12. **양성되먹임(positive feedback)**에서 초기 자극은 자극을 강화하는 반응을 생성한다(**그림 1-5**).

13. **질병(disease)**의 증상은 항상성 조절의 실패가 기관계통의 오작동을 일으킬 때 나타난다.

1-7 해부학적 용어는 신체 부위, 해부학적 자세와 방향 및 인체 단면을 설명한다 p. 12

14. 표준 해부학적 그림은 신체가 **해부학적 위치(anatomical position)**에 있음을 보여준다. 그림이 누워서 표시되는 경우 **누운 자세(supine)**(얼굴 위) 또는 **엎드린 자세(prone)**(얼굴 아래)일 수 있다(**그림 1-6**).

15. **배골반사분역(abdominopelvic quadrants)**과 **배골반부위(abdominopelvic regions)**는 신체의 해부학적 부위를 설명하는 두 가지 접근 방식을 나타낸다(**그림 1-7**).

16. 해부학적 구조를 설명할 때 특수 방향 용어를 사용하면 명확해진다(**그림 1-8**).

17. 3개의 **단면(sectional planes)**[**전두면(frontal)** 또는 **관상면(coronal plane)**, **시상면(sagittal plane)** 및 **가로면(transverse plane)**]은 3차원 인체 부위 간의 관계를 설명한다(**그림 1-9**).

1-8 몸통의 몸안은 내부 기관들을 보호하고 형태를 바꿀 수 있게 해준다 *p. 17*

18. **몸안(body cavities)**은 섬세한 장기를 보호하고 내장 기관의 크기와 모양을 변화시킬 수 있는 공간을 제공한다. 몸안은 호흡계통, 심혈관계통, 소화계통, 비뇨계통, 생식계통을 둘러싸고 있다(**그림 1-11**).

19. **가로막(diaphragm)**은 **가슴안(thoracic)**(위쪽 몸안) 및 **배골반안(abdominopelvic cavities)**(아래쪽 몸안)을 나눈다. 가슴우리에는 두 개의 **가슴막안(pleural cavities)**(각각 허파를 둘러싸고 있음)이 있으며, 중앙에는 가슴세로칸이 위치한다. 심장을 둘러싸고 있는 **심장막안(pericardial cavity)**은 가슴세로칸 안에 있다. 배골반안은 **배안(abdominal cavity)**과 **골반안(pelvic cavity)**으로 구성된다. 이는 배안, 배막으로 나눠진 공간, 그리고 **심장막**을 포함하고 있다(**그림 1-11**).

20. (내부 시스템에 대한 자세한 정보를 제공할 수 있는) 중요한 **방사선 절차(radiological procedures)**에는 **X선(x-ray)**, **CT** 및 **나선 CT 스캔(spiral CT scan)**, **MRI**, **PET 스캔(PET scans)** 및 **초음파(ultrasound)**가 포함된다. 이러한 비침습적 기법은 각각 장단점이 있다(임상 노트: 의료영상기법 참조).

복습 문제

책 뒷면에 있는 파란색 정답 탭을 참조.

단계 1 사실 및 용어 검토

A열의 각 항목을 B열의 가장 밀접하게 관련된 항목에 맞게 빈칸에 적절한 답을 적으시오.

A열	B열
____ **1.** 세포학	**a.** 조직 연구
____ **2.** 생리학	**b.** 안정된 내부 환경
____ **3.** 조직학	**c.** 얼굴이 위를 향하다
____ **4.** 대사	**d.** 중요한 신체 기능에 대한 연구
____ **5.** 항상성	**e.** 양성되먹임
____ **6.** 심장 근육	**f.** 피부를 가진 기관계통
____ **7.** 심장	**g.** 세포연구
____ **8.** 외피의	**h.** 음성되먹임
____ **9.** 온도조절	**i.** 가슴안 사이
____ **10.** 혈액응고 형성	**j.** 체내의 모든 화학적 활동
____ **11.** 반듯이 누운	**k.** 몸안 경로
____ **12.** 엎드린	**l.** 조직
____ **13.** 장막	**m.** 장막
____ **14.** 가슴세로칸	**n.** 장기
____ **15.** 심장막	**o.** 얼굴이 아래를 향하다

16. 그림에 있는 세 개의 단면에 이름을 붙이시오.

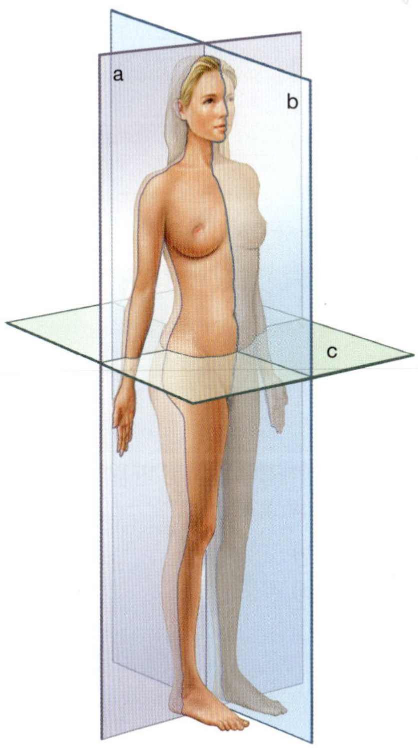

(a) ____________

(b) ____________

(c) ____________

1

17. 아래 그림의 빈칸에 이름을 붙이시오.

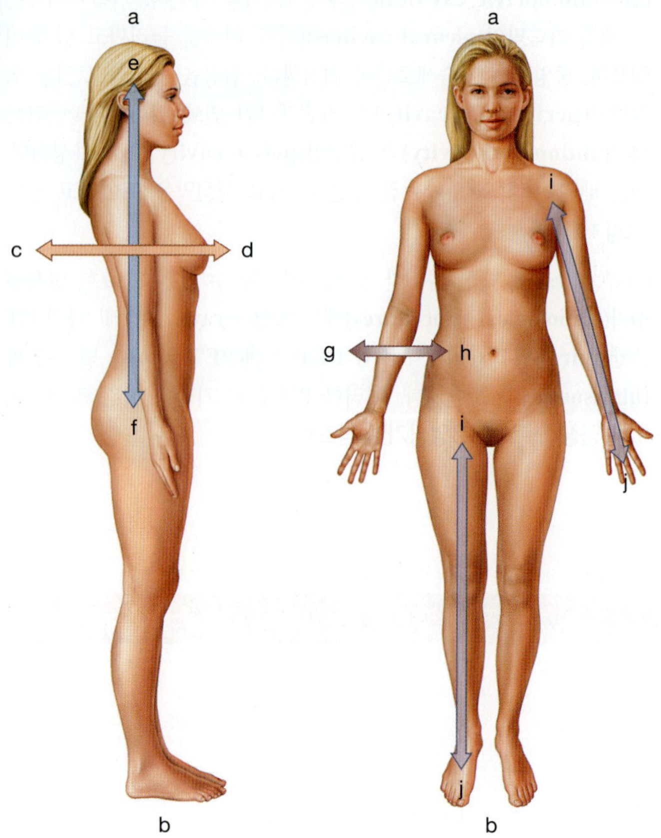

(a) ____________ (b) ____________
(c) ____________ (d) ____________
(e) ____________ (f) ____________
(g) ____________ (h) ____________
(i) ____________ (j) ____________

18. 생명체가 세포의 크기 및/또는 수를 증가시키는 과정을 무엇이라 하는가?
   (a) 생식
   (b) 적응
   (c) 성장
   (d) 신진대사

19. 정상 범위를 벗어난 변동이 정상 상태를 복원하는 반응을 촉진하는 경우 조절 과정은 다음과 같이 진행된다.
   (a) 음성되먹임 (b) 양성되먹임
   (c) 보상 (d) 적응

20. 해부학적 위치에서 신체 전면에 적용되는 용어는 다음과 같다.
   (a) 후위, 등위
   (b) 뒤로, 앞으로
   (c) 중간, 측면
   (d) 앞, 배쪽

21. 가로막이라 불리는 평평한 근육 시트는 위쪽의 ____________ 안과 아래의 ____________ 안을 분리한다.
   (a) 가슴막, 심장막
   (b) 배, 골반
   (c) 가슴, 배골반
   (d) 머리뼈, 가슴

단계 2 개념 검토

22. 모든 생명체에 공통되는 기본적인 기능은 무엇인가?

23. 원자부터 시작해서, 가장 단순한 단계에서 가장 복잡한 단계에 이르기까지 우리들의 몸의 조직 수준을 올바른 순서로 나열하시오.

24. 생리적 현상의 중요성에 대한 항상성 조절의 정의를 설명하시오.

25. 음성되먹임과 양성되먹임은 어떻게 다른가?

26. 신체의 위치가 해부학적 위치에 있을 때의 위치를 설명하시오.

27. 외과 의사로서, 당신은 배막을 절단하는 침습적 절차를 수행하고자 한다. 이 수술은 심장 수술일까 아니면 위 수술일까?

28. 다음 각 기관이나 계통은 어느 부위의 체내 공간 또는 몸안에서 발견되는가?
   (a) 심혈관계통, 소화기 및 요로
   (b) 심장, 허파
   (c) 위, 장

단계 3 비판적 사고 및 임상 적용

29. 갑상샘에 의해 생성된 칼시토닌이라고 불리는 호르몬은 혈액 속의 칼슘 이온의 증가된 수치에 반응하여 방출된다. 만약 이 호르몬이 음성되먹임을 통해 작용한다면, 이 호르몬의 방출은 혈중 칼슘 농도에 어떤 영향을 미치는가?

30. 한 해부학자가 뇌의 왼쪽과 오른쪽의 중간 표면을 자세히 비교하려고 한다. 이 작업에는 전체 표면을 보여주는 단면이 필요하다. 이 연구를 위해 연구실에서 무엇을 해야 하는가?

2

화학적 수준에서의 구성
The Chemical Level of Organization

학습목표

학습목표는 각 장에 대해 학습한 후 무엇을 할 수 있어야 하는지를 알려주는 것이다. 각 절의 학습목표는 다음과 같다.

2-1 원자와 원자 구조가 원자 간의 상호작용에 어떻게 영향을 미치는지 설명한다.
2-2 원자들이 결합하여 분자와 화합물을 형성하는 방식을 비교한다.
2-3 생리학 학습에 중요한 화학 반응의 세 가지 주요 유형을 구분한다.
2-4 대사과정에서 효소의 핵심적 역할을 설명한다.
2-5 유기화합물과 무기화합물을 구별한다.
2-6 물의 화학적 특성이 어떻게 생명을 가능하게 하는지 설명한다.
2-7 체액에서 pH와 완충제의 역할을 설명한다.
2-8 산, 염기 및 염분의 기능적 역할을 설명한다.
2-9 탄수화물의 구조와 기능에 대해 논의한다.
2-10 지질의 구조와 기능에 대해 논의한다.
2-11 단백질의 구조와 기능에 대해 논의한다.
2-12 핵산의 구조와 기능에 대해 논의한다.
2-13 고에너지 화합물의 구조와 기능에 대해 논의한다.
2-14 화학물질과 세포의 관계를 설명한다.

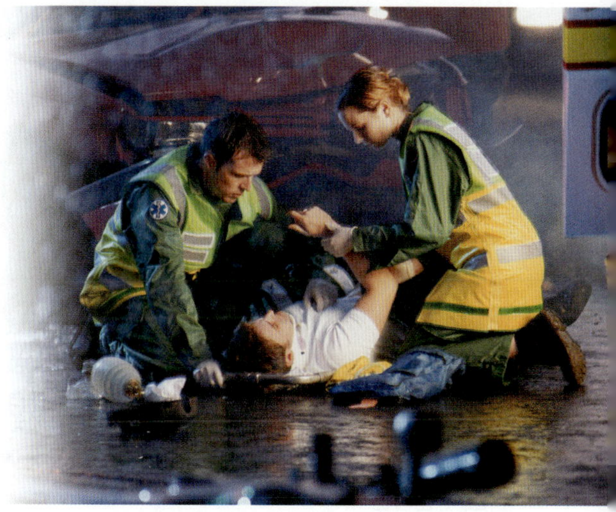

임상노트

집중 조명

2

화학적 수준에서의 구성 소개

우리는 각각의 원자와 분자로 인체에 대한 연구를 시작한다. 아시다시피, 원자와 분자는 신체 조직의 가장 기본적인 수준이다. 사람, 코끼리, 오렌지, 태양, 바위, 공기와 같은 모든 생물과 무생물은 관련된 원자의 유형과 원자가 결합하고 상호작용하는 방식에서 특성을 얻는다.

화학(chemistry)은 물질(*matter*)과 물질의 상호작용을 조사하는 과학이다. 기초 화학에 익숙해지면 원자가 인체를 구성하는 세포, 조직, 기관, 기관계의 해부학과 생리학에 어떤 영향을 미칠 수 있는지 이해하는 데 도움이 될 것이다.

지식 쌓기

지식 쌓기 기능은 당신이 이미 알고 있는 것을 상기시켜 주며 새로운 내용을 배울 수 있도록 준비한다. 당신의 지식과 자신감을 쌓을 수 있도록 모든 지식 쌓기 상자 또는 페이지를 읽어라!

1장 해부학과 생리학에 대한 소개에서 보셨듯이 원자는 물질의 가장 작은 안정 단위임을 기억해야 한다. 원자는 분자 또는 분자 그룹과 같은 더 큰 구조를 형성하기 위해 복잡한 모양으로 결합한다. 해부학과 생리학이 상호 연관되어 있는 것처럼, 분자의 특별한 모양("해부학")은 그것의 기능("생리학")을 결정한다. 결과적으로, 신체의 기능적 역할은 분자 구조에 의해 영향을 받는다.

2-1 원자는 물질의 기본 입자이다

학습목표 원자와 원자 구조가 원자 간의 상호작용에 어떻게 영향을 미치는지 설명한다.

물질(matter)은 공간을 차지하고 질량을 가진 모든 것이다. 질량(*mass*)은 물체가 포함하고 있는 물질의 양으로 물체의 무게를 결정하는 물리적인 특성이다. 지구상에서 물체의 무게는 본질적으로 질량과 같지만 다음 두 항목은 항상 동일하지 않다. 첫째, 궤도에서 당신은 무중력 상태이지만 질량은 변하지 않는다. 둘째, 물질은 고체(바위), 액체(물), 또는 기체(대기)의 세 가지 친숙한 상태 중 하나로 존재한다.

모든 물질은 **원소(element)**라고 불리는 성분으로 이루어져 있다. 원소는 화학 공정, 가열 또는 기타 일반적인 물리적 수단에 의해 더 단순한 물질로 변경되거나 분해될 수 없다. 물질의 가장 작은 안정 단위는 **원자(atom)**이다. 원자는 너무 작아서 일반적으로 10억분의 1미터 또는 나노미터(nm)로 측정된다. 가장 큰 원자는 지름이 거의 10억분의 1미터(0.5 nm)이다. 나란히 배치된 1백만 개의 원자는 이 페이지에 걸쳐 있지만, 그 선은 현미경을 제외한 다른 어떤 것들로도 보기에는 너무 얇을 것이다.

원자 구조 Atomic Structure

원자는 세 가지 주요 미립자인 양성자, 중성자 및 전자로 구성된다. 양성자와 중성자는 크기와 질량이 비슷하지만 **양성자(proton, p^+)**는 양의 전하를 가지며 **중성자(neutron, n 또는 n^0)**는 중성, 즉 전하를 가지고 있지 않다. **전자(electron, e^-)**는 질량의 1/1836에 불과하여 양성자보다 훨씬 가볍고 음의 전하를 가진다. **그림 2-1**은 **헬륨**(*helium*) 원소라는 간단한 원자에 대한 도표이다. 이 원자는 양성자 2개, 중성자 2개, 전자 2개를 포함한다.

모든 원자는 양성자와 전자를 포함하며, 일반적으로 같은 수로 되어 있다. 원자 내의 양성자의 수는 **원자 번호(atomic number)**로 알려

그림 2-1 원자 구조에 대한 도표. 여기에 표시된 원자(헬륨)에는 각 유형의 아원자 입자 2개, 즉 양성자 2개, 중성자 2개, 전자 2개가 들어 있다.

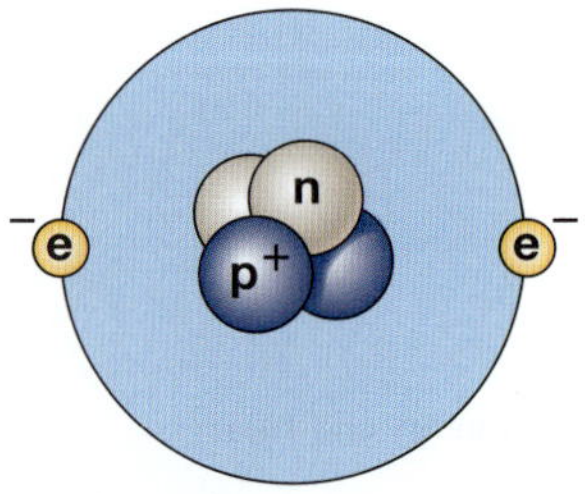

헬륨 Helium, He

져 있다. 각 원소에는 동일한 수의 양성자를 가지는 모든 원자가 포함되며, 따라서 동일한 원자 번호로 나타난다. 예를 들어, 헬륨 원소의 모든 원자는 두 개의 양성자를 포함한다.

표 2-1은 인체에서 가장 풍부한 원소 13개의 목록이다. 각 원소는 자체 약어 또는 화학 기호로 널리 알려져 있다. 대부분의 기호는 원소의 영어 이름과 쉽게 연결되는데, 나트륨의 Na와 같은 일부 기호는 원래 라틴어 이름의 약어이다—이 경우 **나트륨**(*natrium*)이다.

수소는 가장 간단한 원소이다. 수소 원자는 하나의 양성자를 포함하고 있기 때문에 원자 번호가 1이다(**그림 2-2**). 양성자는 원자의 중심에 위치하고 **핵(nucleus)**을 형성한다. 수소 원자는 중성자를 거의 포함하지 않지만, 중성자가 모든 유형의 원자에 존재할 때에는 핵 안에 위치한다. 수소 원자에서, 단일 전자는 **전자구름(elctron cloud)**을 형성하면서 핵 주위의 공간을 빠른 속도로 돈다(**그림 2-2a**). 음전하를 띤 전자가 전자구름에 머무는 이유는 무엇일까? 한 가지 이유는 그것이 양전하를 띤 양성자에게 끌리기 때문이다. 구름은 일반적으로 구형 **전자껍질(electron shell)**로 표현된다(**그림 2-2b**).

동위원소 Isotopes

원소의 원자는 핵에 있는 중성자의 수가 다를 수 있다. 그러한 원소의 원자는 **동위원소(isotopes)**라고 불린다. 중성자의 유무는 일반적으로 특정 원소의 원자에 대한 화학적 특성에 영향을 미치지 않는다. 그 결과 동위원소는 **질량 수(mass number)**, 즉 핵 내 양성자와 중성자의 총

표 2-1	인체를 구성하는 주요 원소들
요소(체중의 %)	**중요성**
산소(Oxygen), **O(65)**	물 및 기타 화합물의 성분; 호흡에 필요한 산소 가스
탄소(Carbon), **C(18.6)**	모든 유기 분자에서 발견
수소(Hydrogen), **H(9.7)**	신체의 물과 대부분의 화합물의 구성 요소
질소(Nitrogen), **N(3.2)**	단백질, 핵산 및 기타 유기화합물에서 발견
칼슘(Calcium), **Ca(1.8)**	뼈와 치아에서 발견; 막 기능, 신경 자극, 근육 수축, 응고에 중요
인(Phosphorus), **P(1.0)**	뼈와 치아, 핵산, 고에너지 화합물에서 발견
칼륨(Potassium), **K(0.4)**	생체막 기능, 신경 자극 및 근육 수축에 중요
나트륨(Sodium), **Na(0.2)**	생체막 기능, 신경 자극 및 근육 수축에 중요
염소(Chlorine), **Cl(0.2)**	생체막 기능 및 수분 흡수에 중요
마그네슘(Magnesium), **Mg(0.06)**	여러 효소의 활성화에 필요
유황(Sulfur), **S(0.04)**	많은 단백질에서 발견
철(Iron), **Fe(0.007)**	산소 운반 및 에너지 포획에 필수
요오드(Iodine), **I(0.0002)**	갑상샘 호르몬의 구성성분

그림 2-2 수소 원자 모형. 일반적인 수소 원자는 중성자 없이 양성자 1개를 포함하는 핵과 핵 주위를 공전하는 단일 전자로 구성된다.

a 공간 채움 모형 Space-filling model. 수소 원자의 공간 채움 모형은 궤도를 도는 단일 전자에 의해 형성된 3차원적으로 보여준다.

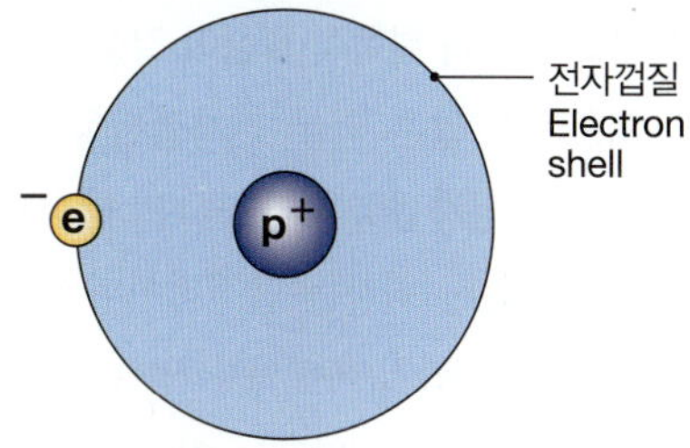

b 전자껍질 모형 Elcetron-shell model. 2차원 전자껍질 모형에서는 원자의 성분을 더 쉽게 시각화할 수 있다.

수에 의해서만 서로 구별할 수 있다.

일부 동위원소의 핵 또한 불안정할 수 있다. 불안정한 동위원소는 방사능이다. 그들은 자발적으로 아원자 입자나 방사능을 측정 가능한 양으로 방출한다. 진단 절차에서 약한 **방사성 동위원소**(*radioisotopes*)가 사용되기도 한다.

원자량 Atomic Weight

원자 질량 번호는 서로 다른 원자의 핵에 있는 양성자와 중성자의 수를 알려주기 때문에 유용하다. 그러나 원자 질량 번호는 원자의 실제(*actual*) 질량을 알려주지 않는다. 왜냐하면 전자의 질량과 양성자와 중성자의 질량의 미세한 차이를 설명하지는 않기 때문이다. 또한 어떤 원소는 동위원소의 혼합물로 구성되어 있기 때문에 "일반적인" 원자의 질량을 알려주지 않는다. 하지만 우리는 **원자량(atomic weight)**으로 알려진 원소의 **평균 질량**(*average mass*)을 알아낼 수 있다. 원자량은 아원자 입자의 질량과 동위원소의 상대 비율을 고려한다.

예를 들어, 수소의 질량 수가 1일지라도 수소의 원자량은 1.0079이다. 이 경우에, 몇몇 수소 원자는 질량 수 2를 가지고 있고(양성자 1개+중성자 1개), 훨씬 더 작은 수소 원자는 3의 질량 수(양성자 1개+중성자 2개)를 가지고 있기 때문에 질량 수와 원자량은 주로 다르다.

전자껍질 Electron Shells

원자는 전기적으로 중성이다. 양전하를 띤 모든 양성자는 음전하를 띤 전자에 의해 균형을 이룬다. 이러한 이유로 원자 번호가 증가할 때마다 전자 수의 증가량이 비슷하다. 이 전자들은 핵 주위의 질서정연한

일련의 전자껍질을 차지하고 있으며, 외부껍질에 있는 전자들만이 다른 원자와 상호작용할 수 있다. 원자의 외부 전자껍질에 있는 전자의 수에 따라 원소의 화학적 특성이 결정된다.

채워지지 않은 외부 전자껍질을 가진 원자는 불안정하며, 보통 완전한 외부 전자껍질을 제공하는 방식으로 다른 원자와 반응한다. 외부껍질이 채워진 원자는 안정적이며 다른 원자와 상호작용하지 않는다. 첫 번째 전자껍질(핵에 가장 가까운 전자껍질)은 두 개의 전자를 포함할 때 채워진다. 수소 원자는 이 전자껍질에 하나의 전자를 가지고 있고(**그림 2-2b**), 따라서 수소 원자는 많은 다른 원자와 반응할 수 있다. 헬륨 원자는 이 전자껍질에 두 개의 전자를 가지고 있어서(**그림 2-1**), 외부 전자껍질이 가득 차 있기 때문에 헬륨 원자는 안정적이다. 화학 작용에 쉽게 관여하지 않는 원소는 **불활성**(*inert*)이라고 한다. 기체 원소인 헬륨은 원자끼리 서로 반응하지도 않고 다른 원소의 원자와 결합하지도 않기 때문에 **불활성**(*inert*) 기체라고 불린다.

두 번째 전자껍질은 최대 8개의 전자를 포함할 수 있다. 원자 번호가 6인 탄소는 6개의 전자를 가지고 있다. 탄소 원자에서 첫 번째 껍질은 채워지고(전자 2개), 두 번째 껍질은 전자 4개를 포함한다(**그림 2-3a**). 네온 원자(원자 번호 10)에서 두 번째 껍질이 채워진다(**그림 2-3b**). 네온 역시 또 하나의 불활성 기체이다.

체크포인트

1. 원자를 정의하시오.
2. 두 개의 수소 샘플이 같은 수의 원자를 포함하지만 다른 무게를 가질 수 있는 방법은 무엇인가?

책 뒷면에 있는 파란색 정답 탭을 참조.

2-2 화학 결합은 원자들 사이의 상호작용에 의해 형성되는 힘이다

학습목표 원자들이 결합하여 분자와 화합물을 형성하는 방식을 비교한다.

완전한 외부 전자껍질을 가진 원자는 매우 안정적이고 반응적이지 않다. 생물학적 체계에 가장 중요한 원자들은 불안정하다. 이러한 이유로, 불안정한 원자는 상호작용하여 더 큰 구조를 형성할 수 있다(**표 2-1** 참조). 외부 전자껍질이 채워지지 않은 원자는 다른 원자와의 화학 반응을 통해 전자를 공유, 획득 또는 손실함으로써 안정될 수 있다. 그 원자들은 종종 **화학 결합(chemical bond)**을 형성하는데, 화학 결합은 반응이 끝나면 참여 원자들을 함께 고정시키는 힘이다.

화학 결합은 분자(*molecule*)와 화합물(*compound*)을 생성한다. **분자(molecule)**는 공유 전자에 의해 함께 결합된 하나 이상의 원자를 포함하는 화학 구조이다. **화합물(compound)**은 결합의 종류에 관계없이 고정된 비율로 서로 다른 두 개 이상의 원소로 이루어진 모든 화학물질이다. 화합물은 새로운 화학물질이다. 화합물의 특성은 구성 요소의 특성과는 상당히 다를 수 있다. 예를 들어, 수소와 산소 가스의 혼합물은 인화성이 매우 높지만, 수소와 산소 원자가 화학적으로 결합하면 불을 끌 수 있는 화합물인 물이 생성된다.

그림 2-3 두 원자의 전자껍질. 어떤 원자의 첫 번째 전자껍질은 두 개의 전자만 담을 수 있다. 두 번째 껍질은 최대 8개의 전자를 담을 수 있다.

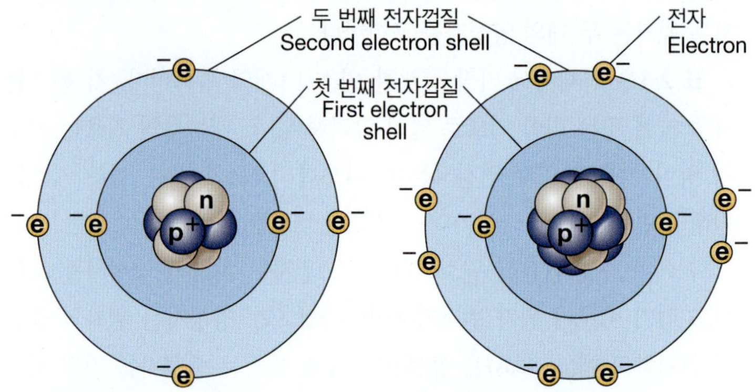

a **탄소**(Carbon, C).
6개의 양성자와 6개의 전자를 가진 탄소 원자에서 첫 번째 껍질은 가득 찼지만, 두 번째 껍질은 네 개의 전자만을 갖는다.

b **네온**(Neon, Ne).
양성자 10개와 전자 10개를 가진 네온 원자에서는 첫 번째 전자껍질과 두 번째 전자껍질이 모두 채워진다. 탄소와 네온의 핵에는 양성자뿐만 아니라 중성자도 포함되어 있다.

이온 결합 Ionic Bonds

원자는 양성자 수(각각 +1 전하)가 전자 수(각각 −1 전하)와 같기 때문에 전기적으로 중성이다. 원자가 전자를 잃으면 전자가 없이 양성자가 하나 있기 때문에 +1의 전하를 갖는다. 두 번째 전자를 잃으면 원자는 +2의 전하를 갖게 된다. 마찬가지로, 원자에 하나 또는 두 개의 전자를 더하면 각각 −1 또는 −2의 전하가 발생한다. 전하를 가진 원자나 분자는 **이온(ion)**이라고 불린다. 양전하(+)의 이온은 **양이온(cation)**이고, 음전하(−)가 있는 이온은 **음이온(anion)**이다. **표 2-2**는 체액의 몇 가지 중요한 이온을 보여준다.

이온 결합(ionic bond)은 음이온과 양이온 사이의 전기적 인력에 의해 만들어진 화학적 결합이다. 이온 결합은 **그림 2-4a**와 같이 이온 결합(*ionic bonding*)이라고 불리는 과정에서 형성된다. 표시된 예에서 나트륨 원자는 염소 원자에 전자를 준다. 이렇게 전자가 손실되면 +1 전하를 가진 나트륨 이온(*sodium ion*)과 −1 전하를 가진 염화 이온

표 2-2	체액에서 일반적인 이온
양이온	**음이온**
Na^+(나트륨)	Cl^-(염소)
K^+(칼륨)	HCO_3^-(중탄산염)
Ca^{2+}(칼슘)	HPO_4^{2-}(인산)
Mg^{2+}(마그네슘)	SO_4^{2-}(황산염)

(*chloride ion*)이 생성된다. 양전하를 띤 나트륨 이온은 음전하를 띤 염화 이온에 이끌리기 때문에 전자를 전달한 후에는 두 이온이 분리되지 않는다. 이 경우, 반대 전하를 띤 이온들의 조합은 우리가 식염으로 알고 있는 결정의 화학명칭인 이온 화합물(*ionic compound*), **염화나트륨(sodium chloride)**을 형성한다(그림 2-4b, c).

공유 결합 Covalent Bonds

원자가 외부 전자껍질을 채울 수 있는 또 다른 방법은 다른 원자와 전자를 공유하는 것이다. 그 결과 **공유 결합(covalent bond)**에 의해 결합된 분자가 생성된다(그림 2-5).

예를 들어 수소를 생각해보면, **그림 2-2**의 도표와 같이 개별 수소 원자는 자연에서 찾을 수 없다. 대신 수소 분자는 찾을 수 있다(그림 2-5). 화학 속기로, 수소 분자는 H_2로 표시된다. H는 수소의 화학 기호이고, 첨자 2는 원자의 수를 나타낸다. 수소 분자는 대기 중에 매우 적은 양으로 존재하는 기체이다. 두 개의 수소 원자는 전자를 공유하며, 각각의 전자는 양쪽 핵 주위를 빙빙 돈다. 전자 한 쌍(각 원자의 전자 한 개)을 공유하면 **단일 공유 결합(single covalent bond)**이 생성된다.

원자 번호가 8인 산소는 첫 번째 전자껍질에는 2개의 전자가 있고 두 번째 전자껍질에는 6개의 전자가 있다. 산소 원자(그림 2-5)는 두 쌍의 전자(각 원자의 전자 2개)를 공유하여 안정적이며 **이중 공유 결합(double covalent bond)**을 형성한다. 산소 분자(O_2)는 생물체에 매우 중요한 대기 가스이다. 우리 세포는 산소가 계속 공급되지 않으면 죽을 것이다.

우리 몸은 산소를 소비하는 화학 과정에서 폐기물인 이산화탄소를 생산한다. **그림 2-5**와 같이 이산화탄소 분자에서는 두 개의 산소 원자가 탄소 원자와 이중 공유 결합을 형성한다.

공유되는 전자는 원자들을 서로 묶기 때문에 공유 결합은 매우 강하다. 전자가 균등하게 공유될 때, 결합되는 원자는 전기적으로 중성이다. 그러한 공유 결합을 **무극성 공유 결합(nonpolar covalent bond)**이라고 부른다. 탄소 원자 사이의 무극성 공유 결합은 인체의 구조적

그림 2-4 이온 결합.

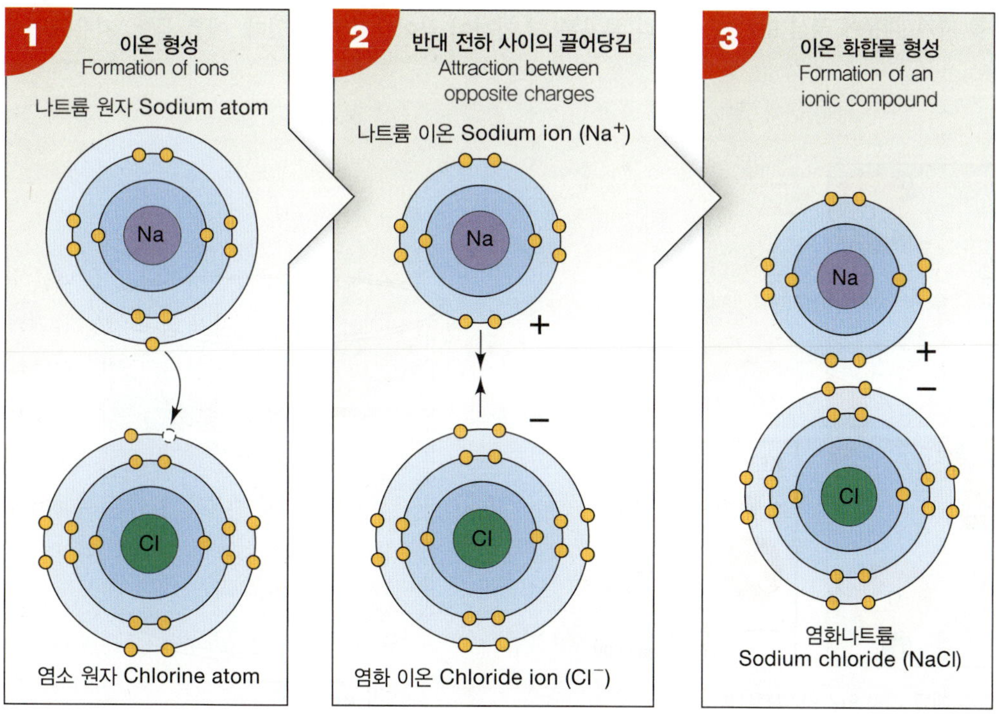

a 이온 결합의 형성(Formation of an ionic bond). ❶ 나트륨(Na) 원자는 전자를 잃는데, 이 전자는 염소(Cl) 원자가 받아들인다. ❷ 나트륨 이온(Na^+)과 염화 이온(Cl^-)은 서로 반대 전하를 가지기 때문에 서로 끌어당긴다. ❸ 나트륨과 염화 이온의 결합은 염화나트륨이라는 이온 화합물을 형성한다.

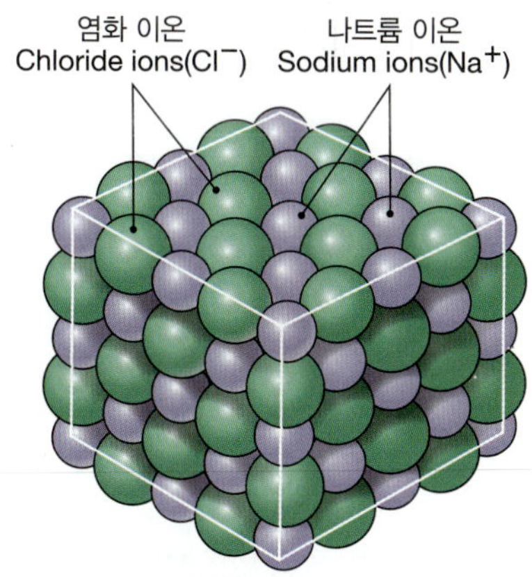

b 염화나트륨 결정(Sodium chloride crystal). 다량의 나트륨과 염화 이온은 염화나트륨의 결정을 형성한다.

c 염화나트륨 결정 사진(Photo of sodium chloride crystals). (0.5배 확대)

그림 2-5 3가지 일반적인 분자의 공유 결합. 수소 분자에서는 두 개의 수소 원자가 전자를 공유하여 각각 채워진 외부 전자껍질을 가지고 있다. 이렇게 전자 한 쌍을 공유하면 단일 공유 결합(–)이 생성된다. 산소 분자는 두 쌍의 전자를 공유하는 두 개의 산소 원자로 구성되어 있다. 그 결과 이중 공유 결합(=)이 된다. 이산화탄소 분자에서, 중심 탄소 원자는 산소 원자 한 쌍과 이중 공유 결합을 형성한다.

분자 Molecule	전자껍질 모형 및 구조식 Electron Shell Model and Structural Formula	공간 채움 모형 Space-filling Model
수소 Hydrogen (H_2)	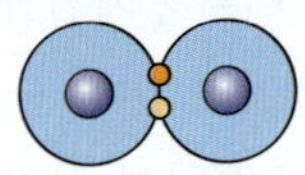 H–H	
산소 Oxygen (O_2)	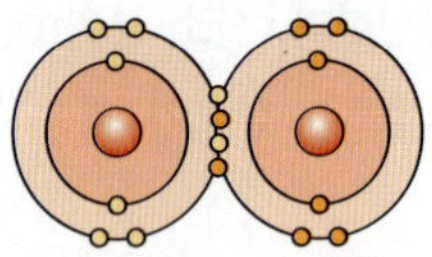 O=O	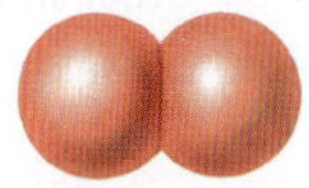
탄소 Carbon dioxide (CO_2)	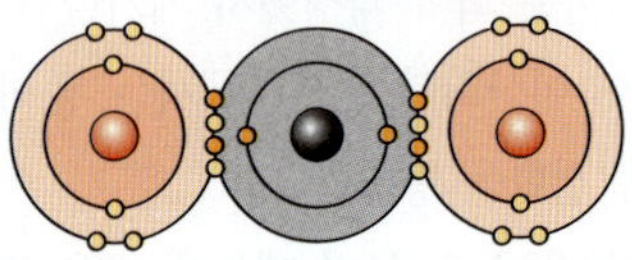 O=C=O	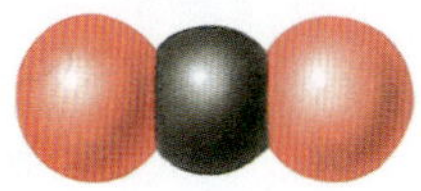

구성 요소의 대부분을 구성하는 큰 분자를 안정적인 구조로 만든다.

원소는 공유 전자를 얼마나 강하게 유지하거나 끌어당기는가에 따라 다르다. 서로 다른 원소의 원자간 불균등한 공유는 **극성 공유 결합(polar covalent bond)**을 만든다. 이러한 결합은 한쪽 끝, 즉 한쪽 극이 약간 음전하를 띠고 다른 쪽 끝은 약간 양전하를 띠기 때문에 극성 분자(*polar molecule*)를 형성하는 경우가 많다. 예를 들어, 물 분자에서 산소 원자는 두 개의 수소 원자와 공유 결합을 형성한다. 그러나 산소 원자는 수소 원자보다 공유 전자에 대해 훨씬 강한 인력을 가지므로 이러한 전자는 대부분의 시간을 산소 원자와 보낸다. 두 개의 여분의 전자 때문에 산소 원자는 약간의 음전하를 발생시킨다(**그림 2-6a**). 동시에, 수소 원자들은 전자가 일정 시간 동안 떨어져 있기 때문에 각각 약간의 양의 전하를 발생시킨다.

수소 결합 Hydrogen Bonds

이온 결합과 공유 결합 외에, 더 약한 인력은 인접한 분자 사이와 큰 분자 내의 원자 사이에 작용한다. 이러한 약한 인력 중 가장 중요한 것은 수소 결합이다. **수소 결합(hydogen bond)**은 한 극성 공유 결합의 수소 원자에 있는 약간의 양전하와 다른 극성 공유 결합의 산소 또는 질소 원자에 있는 약간의 음전하 사이의 인력이다. 산소 또는 질소 원자를 포함하는 극성 공유 결합은 수소 원자와 다른 분자 또는 동일한 분자에 있을 수 있다. 예를 들어, 물 분자는 수소 결합을 통해 서로 끌어당긴다(**그림 2-6a**).

수소 결합은 분자를 만들기에는 너무 약하지만, 분자의 모양을 바꾸거나 분자를 더 가까이 끌어당길 수는 있다. 예를 들어, 자유표면에

그림 2-6 물 분자 사이의 수소 결합.

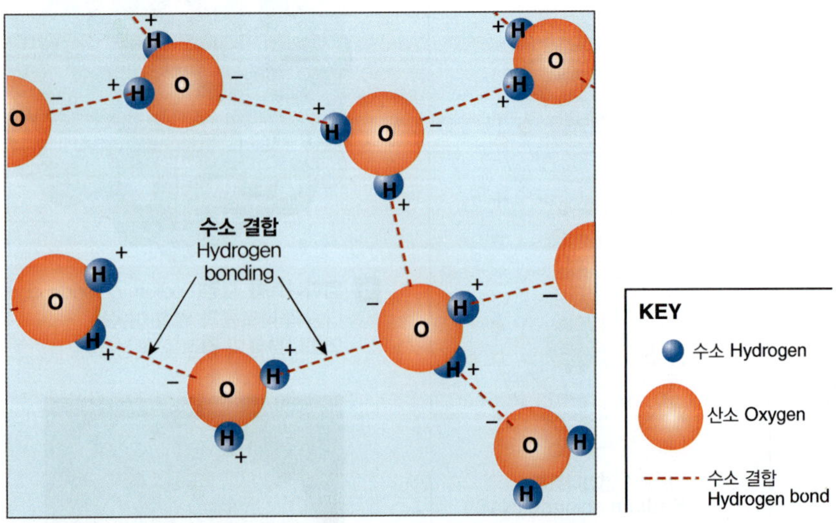

a 물 분자 내 전자의 불균등한 공유는 수소 원자 두 개를 각각 약간의 양전하를 띠게 하고 산소 원자는 약간의 음전하를 띠게 한다. 하나의 물 분자의 수소 원자와 다른 물 분자의 산소 원자 사이의 끌어당김은 수소 결합이다(점선으로 표시됨).

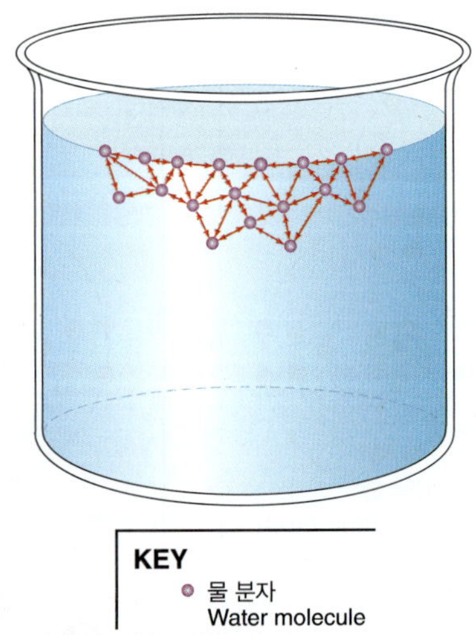

b 유리된 물 표면에 위치한 물 분자 간의 수소 결합은 표면장력을 발생시키고 증발 속도가 느려진다.

서 물 분자 사이의 인력은 증발을 느리게 하고 **표면 장력(surface tension)**을 발생시킨다(**그림 2-6b**). 표면 장력은 작은 물체가 물에 들어가는 것을 막는 장벽 역할을 한다. 그것은 곤충들이 연못이나 웅덩이의 표면을 가로질러 걸을 수 있는 이유이다. 이와 비슷하게, 눈물은 작은 먼지 입자들이 우리 눈 표면에 닿지 않게 해준다.

체크포인트

3. 화학 결합을 정의하고 몇 가지 유형의 화학 결합을 구분하시오.
4. 산소와 네온 모두 실온에서의 가스이다. 산소는 다른 원소와 쉽게 결합하지만 네온은 왜 그렇지 않은가?
5. 어떤 결합이 물 분자의 원자를 함께 고정시키는가? 무엇이 물 분자를 서로 끌어당기는가?

책 뒷면에 있는 파란색 정답 탭을 참조.

2-3 분해, 합성, 교환 반응은 생리적으로 중요한 화학 반응이다

학습목표 생리학 학습에 중요한 화학 반응의 세 가지 주요 유형을 구분한다.

세포는 화학 반응을 조절을 통해 생명을 유지한다. **화학 반응(chemical reaction)**에서 원자 사이의 기존 결합이 끊어시거나 원자 사이에 새로운 화학 결합이 형성된다. 이러한 변화는 **반응물(reactant)** 또는 반응물의 원자가 재배열되어 다른 물질이나 **생성물(product)**을 형성할 때 발생한다(**집중 조명 그림 2-7**).

사실상, 각각의 세포는 화학 공장이다. 예를 들어, 성장, 유지, 회복, 분비 및 근육 수축 모두 복잡한 화학 반응을 수반한다. 세포는 항상성을 유지하고 필수적인 기능을 수행하는 데 필요한 에너지를 제공하기 위해 화학 반응을 사용한다. **대사(metabolism)**(*metabole*, change)는 체내의 모든 화학 반응을 말한다.

기본 에너지 개념 Basic Energy Concepts

물질과 에너지 사이의 몇 가지 기본적인 관계를 아는 것은 화학 반응을 논의하는 데 있어 필수적이다. **일(work)**은 물체의 움직임이나 물질의 물리적 구조의 변화이다. 당신의 몸에서, 일은 걷거나 뛰는 것과 같은 움직임과 복잡한 분자의 생성 및 액체 물을 수증기로 전환하는 것(증발)도 포함한다. **에너지(energy)**는 일을 수행할 수 있는 능력으로 운동 에너지와 위치 에너지의 두 가지 주요 유형이 있다.

운동 에너지(kinetic energy)는 움직임의 에너지 즉, 다른 물체로 전달되어 일을 수행할 수 있는 에너지이다. 사다리에서 떨어졌을 때, 손상을 입히는 것은 운동 에너지이다. **위치 에너지(potential energy)**는 저장된 에너지이다. 물체의 위치(사다리 위에 서 있는 경우) 또는 물리적/화학적 구조(늘어진 스프링 또는 충전된 배터리)에서 발생할 수 있다. 사다리를 오르거나 스프링을 늘리거나 배터리를 충전할 때는 운동 에너지를 사용해야 한다. 넘어지거나 스프링이 반동하거나 배터리가 방전될 때 위치 에너지는 다시 운동 에너지로 변환된다. 운동 에너지는 일을 수행하는 데 사용될 수 있다.

에너지는 파괴될 수 없고 한 형태에서 다른 형태로만 변환할 수 있다. 위치 에너지와 운동 에너지 사이의 변환은 결코 100% 효율적이지 않다. 에너지 변환이 발생할 때마다 에너지의 일부가 열로 방출된다. 열은 무작위 분자운동의 증가이며, 물체의 온도는 분자의 평균 운동 에너지와 직접적으로 관련된다. 열은 절대로 일이나 다른 형태의 에너지로 완전히 변환될 수 없다. 세포는 열을 포획하거나 일을 수행하는 데 사용할 수 없다.

세포는 복잡한 분자를 만들고 세포 안팎으로 물질을 이동하면서 일을 한다. 이러한 작업을 수행하고 에너지를 한 형태에서 다른 형태로 변환할 때 열이 생성된다. 예를 들어, 뼈대근 세포가 수축할 때 세포는 일을 수행한다. 위치 에너지(단백질 섬유의 위치와 세포 내부의 분자 사이의 공유 결합)는 운동 에너지로 전환되고, 열이 방출된다. 열의 양은 수행된 작업의 양과 관련이 있다. 그 결과 운동을 하면 체온이 올라간다.

반응 유형 Types of Reactions

생리학 학습에 중요한 화학 반응은 **분해 반응**(*decomposition reactions*), **합성 반응**(*synthesis reactions*), **교환 반응**(*exchange reactions*)이다.

분해 반응 Decomposition Reactions

분해 반응(decomposition reaction)은 분자를 더 작은 조각으로 분해한다. 이러한 반응은 음식 분자가 더 작은 조각으로 부서지는 소화 중에 일어난다. 일반적인 분해 반응은 다음과 같이 표현할 수 있다.

$$AB \longrightarrow A + B$$

물과 관련된 분해 반응은 체내의 복잡한 분자의 분해에 중요하다. **가수분해(hydrolysis)**에서 복잡한 분자의 결합 중 하나가 끊어지고 물 분자의 일부(H와 OH)가 다음과 같은 조각에 첨가된다.

$$A{-}B + H_2O \longrightarrow A{-}H + HO{-}B$$

이화작용(분해대사, catabolism)(*katabole*, a throwing down)은 세포 내

집중 조명 그림 2-7 화학적 기호법(CHEMICAL NOTATION)

인체에서 발생하는 특정 화합물을 고찰하기 위해 우리는 화학 성분과 반응을 효과적으로 설명할 수 있어야 한다. 화학 구조와 사건을 설명하기 위해 문장을 사용하는 것은 종종 혼란을 야기한다. 간단한 형태의 "화학 속기"는 의사소통을 훨씬 더 효율적으로 만든다. 우리가 사용할 화학 약어는 화학 표기법으로 알려져 있다. 화학 표기법을 사용하면 복잡한 사건을 간단하고 정확하게 설명할 수 있다. 그 규칙은 다음과 같이 요약된다.

시각화한 표현 VISUAL REPRESENTATION

화학적 기호법 CHEMICAL NOTATION

원자 Atoms

원소의 기호는 해당 원소의 원자 하나를 나타낸다. 원소 기호 앞에 있는 숫자는 해당 원소의 둘 이상의 원자를 나타낸다.

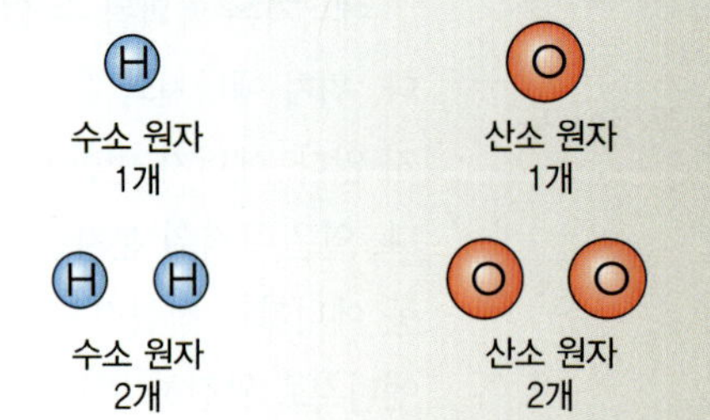

=

H	O
수소 원자 1개	산소 원자 1개
$2H$	$2O$
수소 원자 2개	산소 원자 2개

분자 Molecules

원소 기호 뒤에 오는 아래 첨자는 해당 원소의 원자 수를 가진 분자를 나타낸다.

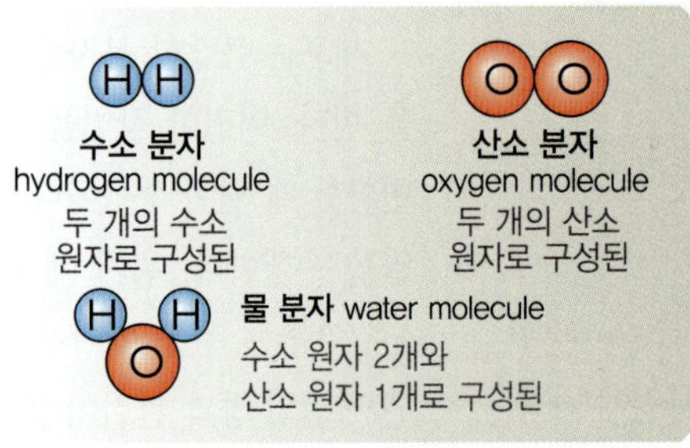

=

H_2	O_2
수소 분자	산소 분자
H_2O	
물 분자	

반응 Reactions

화학 반응에 대한 설명에서 반응이 시작되는 물질을 반응물이라고 하며, 반응은 하나 이상의 생성물을 생성한다. 화학 반응은 화학 방정식으로 표시된다. 화살표는 반응물(보통 왼쪽)에서 생성물(보통 오른쪽)로의 반응 방향을 나타낸다. 다음 반응에서, 수소 원자 2개가 산소 원자 1개와 결합하여 물 분자 하나가 생성된다.

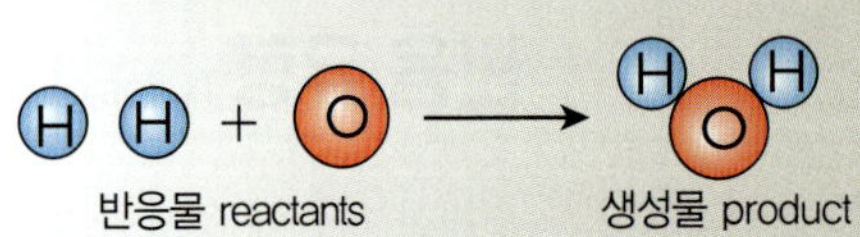

화학 반응은 원자를 생성하거나 파괴하지 않는다. 단지 원자를 새로운 조합으로 재배열한다. 따라서 각 원소의 원자 수는 화학 반응식의 양쪽에서 항상 같아야 한다. 이 경우 방정식이 균형을 이룬다.

=

$$2H + O \longrightarrow H_2O$$

균형 방정식

$$2H + 2O \longrightarrow H_2O$$

불균형 방정식

이온 Ions

원소 기호 뒤에 오는 위첨자 더하기 또는 빼기 기호는 이온을 나타낸다. 하나의 더하기 기호는 전하가 +1인 양이온을 나타낸다(원자의 전자 하나가 손실됨). 하나의 마이너스 기호는 전하가 −1인 음이온을 나타낸다. (원자는 전자 1개를 얻음.) 두 개 이상의 전자가 손실되거나 얻어진 경우 이온에 대한 전하가 더하기 또는 빼기 기호 앞에 있는 숫자로 표시된다.

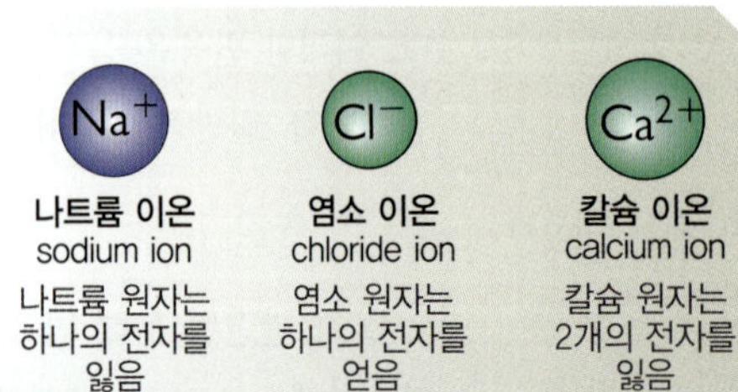

=

Na^+	Cl^-	Ca^{2+}
나트륨 이온	염소 이온	칼슘 이온

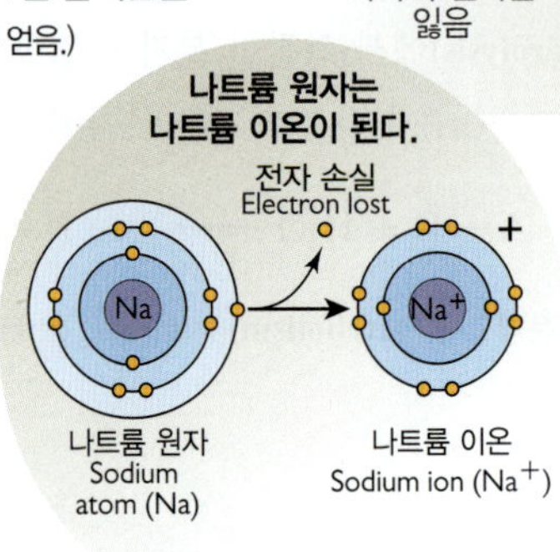

임상노트

운동 에너지와 부상 Kinetic Energy and Injury

운동 에너지(*kinetic energy*)는 운동 중인 신체에 포함된 에너지이다. 물체의 운동 에너지는 물체의 속도의 제곱에 정비례한다. 즉, 속도가 2배 증가하면 운동 에너지가 4배 증가한다. 속도가 3배 증가하면 운동 에너지가 9배 증가한다. 속도가 4배 증가하면 운동 에너지는 16배 증가한다. 운동 에너지는 움직이는 물체의 속도 제곱에 따라 달라진다.

움직이는 자동차는 엄청난 양의 운동 부상을 입는다. 운전자가 브레이크를 밟고 100 m 후 정지할 때 발생하는 것처럼 에너지가 천천히 방출될 수 있다. 또는 차량이 다리를 들이받고 1 m 이내에 정지할 때 에너지가 빠르게 방출될 수 있다. 따라서 과속으로 부상을 입을 수 있을 뿐만 아니라 정지하면 부상을 입을 수도 있다. 자동차 충돌 시 운동 에너지의 일부는 탑승자에게 전달된다. 마찬가지로, 다리나 보행자처럼 자동차를 멈추게 하는 무언가가 엄청난 양의 운동 에너지를 흡수한다.

인체가 흡수할 수 있는 운동 에너지의 양에는 한계가 있다. 보행 시 발생하는 소량의 운동 에너지는 쉽게 흡수되며 부상을 일으키지 않는다. 에너지가 증가함에 따라 자전거에서 떨어지는 것과 같이 신체가 에너지로 인한 손상을 입을 수 있다. 하지만 치명적이지 않을 수도 있다. 고속 자동차 충돌 때처럼 많은 양의 운동 에너지를 흡수하면 심각한 부상을 입을 수 있다. 특정 에너지 수준에서 그 결과로 발생하는 힘은 치명적이다.

복잡한 분자의 분해 반응을 말한다. 공유 결합은 위치 에너지의 한 형태이다. 결합이 끊어지면 일을 할 수 있는 운동 에너지가 방출된다. 세포는 그 에너지의 일부를 이용하여 성장, 운동, 생식과 같은 필수적인 기능에 전력을 공급할 수 있다.

합성 반응 Synthesis Reactions

합성(synthesis)은 분해의 반대이다. 합성 반응은 더 작은 부분에서 더 큰 분자를 조립한다. 비교적 간단한 이러한 반응은 다음과 같이 도식화될 수 있다:

$$A + B \longrightarrow AB$$

A와 B는 분자를 형성하기 위해 결합하는 개별 원자일 수도 있고, 더 큰 생성물을 형성하기 위해 결합하는 개별 분자일 수도 있다. 합성은 항상 반응물이 원자이든 분자이든 새로운 화학 결합의 형성을 수반한다.

탈수 합성(dehydration synthesis) 또는 **응축 반응**(*condensation reaction*)은 다음과 같이 물을 제거하여 복합 분자를 형성하는 것이다:

$$A—H + HO—B \longrightarrow A—B + H_2O$$

탈수 결합은 가수분해의 반대이다. 두 가지 반응의 예는 다음 섹션에서 살펴볼 것이다.

동화작용(anabolism)(*anabole*, a building up)은 체내에서 새로운 화합물의 합성이다. 화학적 결합을 만들기 위해서는 에너지가 필요하기 때문에, 동화작용은 보통 "상승" 과정이다. 살아 있는 세포는 동화작용과 기타 중요한 기능을 지원하는 데 필요한 에너지를 제공하는 이화작용과 함께 화학적 활동의 균형을 지속적으로 유지한다.

교환 반응 Exchange Reactions

교환 반응(exchange reaction)에서 반응하는 분자의 일부는 다음과 같이 섞인다:

$$AB + CD \longrightarrow AD + CB$$

반응물과 생성물은 동일한 성분(A, B, C, D)을 포함하지만 성분은 서로 다른 조합으로 존재한다. 교환 반응에서 반응 분자 AB와 CD가 분해되고(분해), 그 결과 생성된 구성 요소는 상호작용하여 AD와 CB(합성)를 형성한다.

가역 반응 Reversible Reactions

많은 중요한 생물학적 반응은 자유롭게 되돌릴 수 있다. 이러한 반응은 다음과 같이 도표로 나타낼 수 있다:

$$A + B \rightleftharpoons AB$$

이 화학반응식은 두 반응이 동시에 일어나고 있음을 나타낸다. 하나는 합성($A + B \longrightarrow AB$)이고, 다른 하나는 분해($AB \longrightarrow A + B$)이다. **평형(equilibrium)** 상태에서 두 반응의 비율은 균형을 이룬다. AB 분자가 형성되는 속도로 다른 분자는 A + B로 분해된다. 그 결과, A, B, AB 분자의 수는 어떤 순간도 변하지 않는다. 이러한 분자 중 하나 이상의 농도를 변경하면 일시적으로 평형이 뒤바뀌어 반응이 생성물 합성 또는 분해로 전환된다. 예를 들어, A와 B 분자를 추가하면 합성 반응($A + B \longrightarrow AB$)이 가속화 된다. 그러나 AB의 농도가 증가함에 따라 새로운 평형이 설정될 때까지 분해 반응 속도($AB \longrightarrow A + B$)도 증가한다.

체크포인트

6. 화학 표기법칙을 사용하여 6개의 탄소 원자, 12개의 수소 원자, 6개의 산소 원자로 구성된 화합물인 포도당의 분자식을 작성하시오.

7. 인간의 생리학에 중요한 세 가지 화학 반응 유형을 구분하고 설명하시오.
8. 살아 있는 세포에서 6탄소 분자인 포도당은 2개의 3탄소 분자로 전환된다. 이것은 어떤 종류의 화학 반응인가?
9. 만약 가역 반응의 생성물이 계속해서 제거된다면, 반응의 평형에 어떤 영향을 미칠 것인가?

책 뒷면에 있는 파란색 정답 탭을 참조.

2-4 효소는 반응의 활성 에너지를 낮춤으로써 특정 생화학적 반응을 촉매한다

학습목표 대사과정에서 효소의 핵심적 역할을 설명한다.

대부분의 화학 반응은 자연적으로 일어나지 않거나, 너무 느리게 일어나 세포에 거의 가치가 없을 것이다. 반응을 시작하기 전에 반응물질을 활성화하기 위한 충분한 에너지가 제공되어야 한다. 반응을 시작하는 데 필요한 에너지의 양을 **활성 에너지(activation energy)**라고 한다.

많은 반응이 온도나 pH의 변화에 의해 활성화될 수 있지만, 그러한 변화는 세포에 치명적이다. 예를 들어, 실험실에서 복합당을 분해하기 위해서는 반드시 산성 용액에서 끓여야 한다. 세포는 그런 극단적인 조치에서 살아남지 못할 것이다. 대신, 세포는 생명을 유지하는 반응 속도를 높이기 위해 **효소(enzyme)**라고 불리는 특별한 분자를 사용한다. 효소는 **촉매(catalyst)**(dissolution)라고 불리는 물질의 한 종류에 속하며, 이 물질은 자체적으로 영구적으로 변화하지 않고 화학 반응을 가속화(속도를 높임)한다. 세포는 각각의 특정 반응을 촉진하기 위해 효소 분자를 만든다. 대부분의 효소 반응은 가역적 반응이다.

효소는 필요한 활성 에너지 필요량을 낮추어 화학 반응을 촉진한다 (그림 2-8). 활성 에너지 감소는 반응 속도에만 영향을 미치며, 반응 방향이나 생성되는 생성물에는 영향을 미치지 않는다. 효소는 그렇지 않으면 불가능한 반응을 일으킬 수 없다.

화학 반응을 시작하기 위해서는 활성 에너지가 필요하지만, 일단 화학 반응이 시작되면 전체 반응은 일반적으로 열의 형태로 에너지를 흡수하거나 방출할 수 있다. 방출되는 에너지의 양이 반응을 시작하는 데 필요한 활성 에너지보다 크면 에너지가 최종적으로 방출된다. 에너지를 방출하는 반응은 에너지 **방출성(exergonic)**이라고 한다. 만약 반응이 진행되는 동안 방출되는 것보다 더 많은 에너지가 반응을 시작하는 데 필요하면, 전체 반응이 에너지를 흡수한다. 이러한 반응을 에너지 **흡열성(endergonic)**이라고 한다. 에너지 방출 반응은 신체에서 비교적 흔하다. 그것들은 우리의 체온을 유지하는 열을 생성한다.

그림 2-8 효소가 활성 에너지에 미치는 영향. 효소는 체내 조건에서 반응이 쉽게 진행되는 데 필요한 활성 에너지를 1부터 4까지 순서대로 낮춘다.

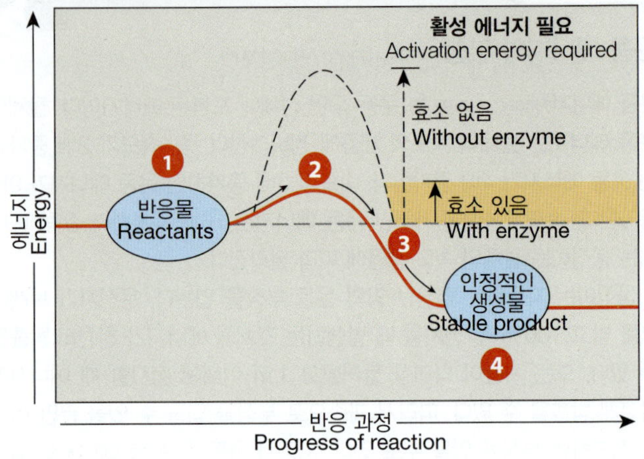

체크포인트

10. 효소란 무엇인가?
11. 왜 효소가 우리 세포에 필요한가?

책 뒷면에 있는 파란색 정답 탭을 참조.

2-5 무기화합물은 보통 탄소가 부족하고 유기화합물은 항상 탄소를 함유하고 있다

학습목표 유기화합물과 무기화합물을 구별한다.

이 장의 나머지 부분에서는 영양소와 대사 산물에 초점을 맞춘다. **영양소(nutrient)**는 정상적인 생리 기능에 필요한 식품의 물질이다. 여기에는 탄수화물, 단백질, 지방, 비타민, 미네랄, 그리고 물이 포함된다. **대사 산물(metabolite)**은 신진대사에 관여하거나 신진대사의 부산물인 물질이다.

모든 화학물질과 마찬가지로 영양소 및 대사 산물은 크게 무기 또는 유기물로 분류할 수 있다. **무기화합물(inorganic compound)**은 일반적으로 탄소와 수소를 포함하지 않는 물질이다. (존재하는 경우 C—H 결합을 형성하지 않는다.) 여기에는 소분자와 이온 화합물이 포함된다. **유기화합물(organic compound)**은 하나 이상의 다른 원소와 공유 결합된 탄소를 포함하는 물질이다. 그들의 분자는 무기화합물보다 훨씬 더 크고 복잡할 수 있다.

인체에서 가장 중요한 무기물질은 물, 이산화탄소, 산소, 그리고 산, 염기와 같은 이온 화합물이다. 물은 우리 체액의 주요 성분이며 많은 화학 반응에 필수적인 화합물이다. 인체에 있는 대부분의 무기 분자와 화합물은 물과 연관되어 존재한다. 이산화탄소와 산소는 체액에

지식 쌓기

탄소는 우리 몸에서 두 번째로 흔한 원소이며 모든 유기 분자에서 발견된다는 것과, 탄소 원자는 외부 전자껍질에 4개의 전자를 포함하고 있음을 기억해야 한다. 이 수의 전자로 탄소 원자는 최대 4개의 단일 공유 결합을 형성할 수 있다. 이러한 결합에는 다른 C 원자도 포함될 수 있기 때문에, 매우 많은 수의 서로 다른 탄소 틀이 존재할 수 있다. 이 틀들은 차례로 인체와 다른 생물에 풍부하게 존재하는 두 가지 다른 요소인 산소뿐만 아니라 수소를 위한 많은 결합 부위를 제공한다.

녹아 있는 중요한 기체이다.

세포는 정상적인 신진대사 활동을 통해 이산화탄소를 생성한다. 그것은 혈액 속에서 운반되어 허파 안의 공기로 기체로 방출된다. 대기 가스인 산소(O_2)는 허파에서 흡수되어 혈액으로 운반되고 몸 전체의 세포에 의해 소비된다. 이와 같은 주요 물질의 화학 구조는 앞부분 장에서 소개되었다.

체크포인트

12. 무기화합물과 유기화합물을 구분하시오.

책 뒷면에 있는 파란색 정답 탭을 참조.

2-6 생리학적 계통은 물에 의존적이다

학습목표 물의 화학적 특성이 어떻게 생명을 가능하게 하는지 설명한다.

물(H_2O)은 전체 체중의 3분의 2를 차지하는 가장 중요한 물질이다. 체내 수분 함량이 변화하면 사실상 모든 생리적 시스템이 영향을 받기 때문에 치명적인 결과를 초래할 수 있다.

다음과 같은 물의 세 가지 일반적인 특성은 인체에 특히 중요하다:

- **물은 생물체의 화학 반응에 필수적인 반응물질이다(*Water is an essential reactant in the chemical reactions of living systems*).** 우리 몸의 화학 반응은 물에서 일어나고, 물 분자 또한 일부 반응에 참여한다. 큰 분자의 탈수 합성 과정에서 물 분자가 방출된다. 가수분해 과정에서 복잡한 분자는 물 분자의 추가에 의해 분해된다.
- **물은 열 용량이 매우 높다(*Water has a very high heat capacity*).** 열 용량은 물질이 열을 흡수하고 유지하는 두 가지 능력이다. 물의 온도를 바꾸려면 많은 열 에너지가 필요하다. 왜일까? 그 이유는 액체 상태의 물 분자는 수소 결합에 의해 서로 연결되기 때문이다. 이러한 결합은 물 분자의 무작위 운동 또는 운동 에너지를 방해한다. (물체의 온도는 물체의 분자 운동 에너지에 의해 직접 결정된다는 것을 상기해야 한다.) 따라서 수온의 상승은 물 분자 사이의 수소 결합을 깨뜨리는 것에 달려 있다. 물은 열을 유지하며 온도만 천천히 변화한다. 결과적으로 체온이 안정화되고, 우리 세포의 물은 광범위한 환경 온도에서 액체로 남아 있게 된다. 액체 상태의 물을 기체로, 또는 얼음을 액체로 바꾸기 위해 다량의 열에너지가 필요한 이유도 수소 결합에 있다. 마침내 물이 액체에서 기체로 변할 때, 모든 수소 결합이 깨지고 빠져나가는 물 분자는 엄청난 양의 열을 운반한다. 이 기능은 피부에 대한 땀의 냉각 효과를 설명한다.
- **물은 탁월한 용매이다(*Water is an excellent solvent*).** 많은 수의 무기 및 유기 물질은 수용성이며 이는 물에 용해된다는 것을 의미한다. 물질이 녹으면서 방출된 이온이나 더 작은 분자가 물 전체로 균일하게 분산되어 용액이 만들어진다. 살아 있는 세포 내의 화학 반응은 용액에서 일어난다. 혈장이라고 불리는 혈액의 묽은 성분은 몸 전체에 용해된 영양소와 노폐물을 운반한다.

체내에서 일어나는 대부분의 화학 반응은 액체 **용매(solvent)**와 용해된 **용질(solutes)**의 균일한 혼합물로 이루어진 **용액(solutions)**에서 일어난다. 유기체의 용매는 일반적으로 물이며 **수용액**을 형성한다. 용질은 무기물 또는 유기물일 수 있다. 이온 결합에 의해 함께 고정되는 무기화합물은 물에서 **해리(dissociation)** 또는 **이온화(ionization)**를 겪는다. 이 과정에서, 개별 이온이 극성 물 분자의 양극 또는 음극의 끝과 상호작용하면서 이온 결합이 끊어진다(그림 2-9a). **그림 2-9b**에서 볼 수 있듯이 결과는 양이온과 음이온의 혼합물이며, 각각은 너무 많은 물 분자에 둘러싸여 원래의 결합을 재형성할 수 없다. 일부 유기 분자는 극성 공유 결합을 가지고 있는데, 이것은 물 분자를 끌어당기기도 한다. 예를 들어, 포도당은 체내에서 중요한 수용성 당류이다(그림 2-9c).

음이온과 양이온을 포함하는 수용액도 전류를 전도할 수 있다. 물에 녹았을 때 이온을 방출하는 물질을 **전해질**(*electrolyte*)이라고 한다. 세포막을 가로지르는 전기력은 모든 세포의 기능에 영향을 미친다. 앞으로 살펴보겠지만 이온에 의해 전달되는 작은 전류는 근육의 수축과 신경 기능에 필수적이다. (7장 및 8장에서는 이러한 과정에 대해 자세히 설명한다.)

그림 2-9 수용액에서 물 분자의 역할.

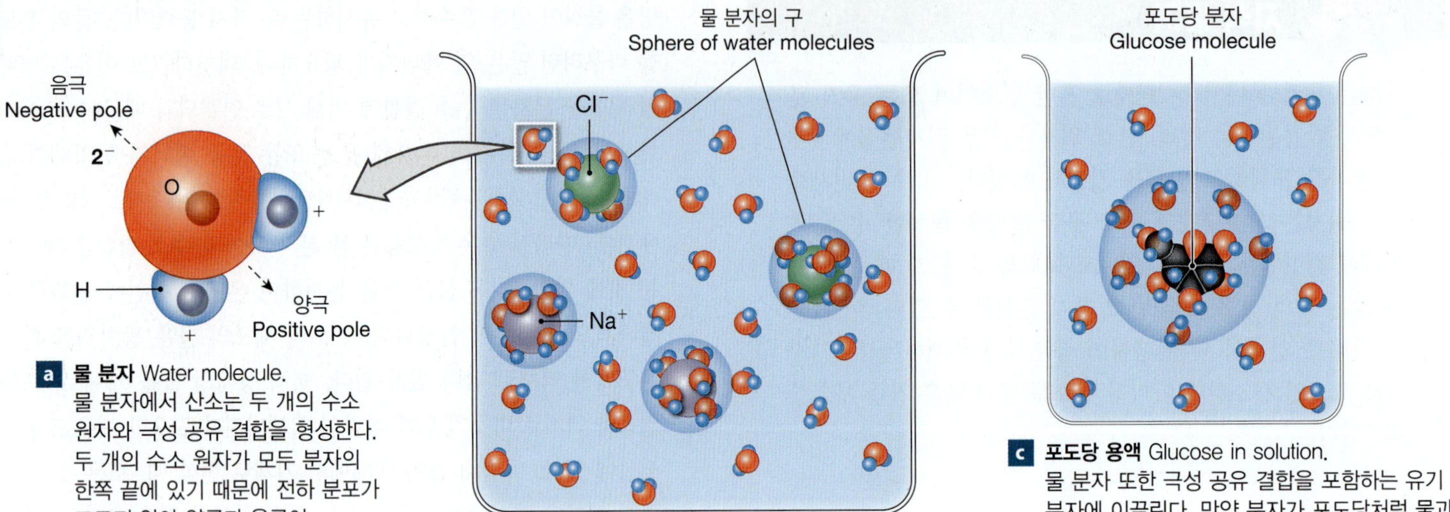

a **물 분자** Water molecule. 물 분자에서 산소는 두 개의 수소 원자와 극성 공유 결합을 형성한다. 두 개의 수소 원자가 모두 분자의 한쪽 끝에 있기 때문에 전하 분포가 고르지 않아 양극과 음극이 만들어진다.

b **용액에 함유된 염화나트륨** Sodium chloride in solution. 염화나트륨과 같은 이온 화합물은 극성 물 분자가 이온 결합을 깨뜨리면서 물에서 해리된다. 각각의 이온은 물 분자 구에 둘러싸여 있기 때문에 용액에 남아 있다.

c **포도당 용액** Glucose in solution. 물 분자 또한 극성 공유 결합을 포함하는 유기 분자에 이끌린다. 만약 분자가 포도당처럼 물과 강하게 결합한다면, 그것은 용액으로 운반될 것이다. 다시 말해서 용해된다. 이온 화합물의 경우처럼 분자는 해리되지 않는다.

체크포인트

13. 생명을 가능하게 하는 물의 화학적 성질을 나열하시오.
14. 물은 왜 온도 변화에 저항하는가?

책 뒷면에 있는 파란색 정답 탭을 참조.

2-7 체액의 pH는 항상성을 위해 필수적이다

학습목표 체액에서 pH와 완충제의 역할을 설명한다.

화학 결합에 관여하거나 화학 반응에 참여하는 수소 원자는 전자를 쉽게 잃어 수소 이온(H^+)이 될 수 있다. 수소 이온은 반응성이 매우 높기 때문에 혈액 또는 기타 체액의 수소 이온 농도는 중요하다. 과도한 수치는 화학 결합을 끊고, 복잡한 분자의 모양을 바꾸며, 세포와 조직의 기능을 방해할 것이다. 이러한 이유로 수소 이온의 농도는 정밀하게 조절되어야 한다.

수소 이온은 일반적으로 순수한 물에도 존재하는데, 이는 일부 물 분자가 자발적으로 해리하여 수소 이온과 수산화 이온(OH^-)을 방출하기 때문이다. 수소이온의 농도는 일반적으로 용액의 **pH**로 표현된다. pH 값은 0에서 14 사이의 숫자이다. 순수한 물의 pH는 7이다. pH가 7인 용액은 수소 이온과 수산화 이온이 동일하기 때문에 중성이라고 한다. pH 단위 1의 차이는 H^+ 농도의 10배 변화와 같다. pH가 7 이하인 용액은 수산화 이온보다 수소 이온이 많아 산성(*acidic*)이다. 7 이상의 pH는 수산화 이온이 수소 이온보다 많기 때문에 염기성(*basic*) 또는 알칼리성(*alkaline*)이라고 한다.

일부 일반적인 액체의 pH 값은 **그림 2-10**에 나와 있다. 혈액과 대부분의 체액의 pH는 보통 7.35에서 7.45 사이이다. 이 범위를 벗어난 pH의 변화는 세포를 손상시키고 정상적인 세포 기능을 방해할 수 있다. 예를 들어, 혈중 pH가 7 미만이면 혼수상태가 될 수 있다. 혈중 pH가 7.8보다 높으면 보통 통제할 수 없는 지속적인 근육 수축이 발생한다.

체크포인트

15. pH를 정의하고 pH 척도가 산성 및 알칼리성과 어떤 관련이 있는지 설명하시오
16. 체액의 pH가 극단적으로 바뀌는 것이 바람직하지 않은 이유는 무엇인가?

책 뒷면에 있는 파란색 정답 탭을 참조.

2-8 산, 염기, 염분은 중요한 생리학적 역할을 한다

학습목표 산, 염기 및 염분의 기능적 역할을 설명한다.

산(acid)은 수소 이온을 방출하기 위해 용액에서 분해(분리)되는 물질이다. (수소 이온은 양성자만으로 구성되기 때문에 수소 이온은 종종 단순하게 양성자, 산을 "양성자 기증자"라고 부른다.) 산과 염기는 종종 강도(*strength*)의

그림 2-10 pH 및 수소 이온 농도. pH 단위 1의 증가 또는 감소는 H^+ 농도의 10배에 해당한다.

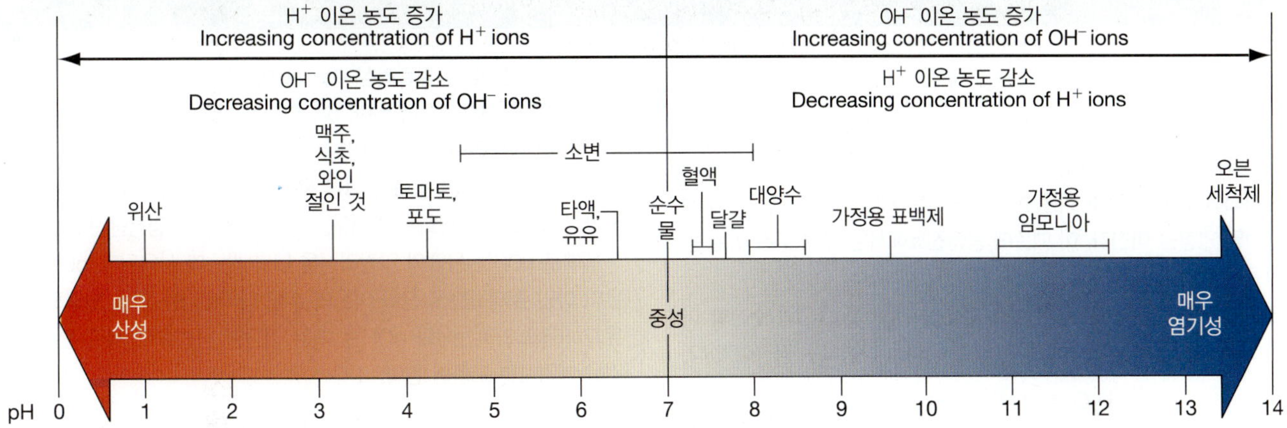

측면에서 식별된다. 강도는 산 또는 염기가 용액에 있을 때의 해리 정도를 측정하는 것이다. 강한 산은 용액에서 완전히 분리된다. 염산(HCl)이 좋은 예이다:

$$HCl \longrightarrow H^+ + Cl^-$$

위는 음식을 분해하는 것을 돕기 위해 이 강력한 산을 생성한다.

염기(base)는 용액에서 수소 이온을 제거하는 물질이다. 많은 일반적인 염기는 용액에서 해리되어 수산화 이온(OH^-)을 방출하는 화합물이다. 수산화 이온은 수소 이온에 강한 친화력, 즉 끌어당김을 가지고 있으며 빠르게 반응하여 물 분자를 형성한다. 강염기는 용액 속에서 완전히 해리된다. 예를 들어, 수산화나트륨(NaOH)은 용액에서 다음과 같이 해리된다.

$$NaOH \longrightarrow Na^+ + OH^-$$

강염기는 다양한 산업 및 가정 용도를 가지고 있다. 배수구 세정제와 비눗물은 익숙한 두 가지 예이다.

약산(*weak acids*)과 **약염기**(*weak bases*)는 용액에서 완전히 분리되지 않는다. 인체는 약산과 약염기를 모두 함유하고 있다. 약염기는 세포 대사 과정에서 생성된 산을 대항하는 데 중요하다. 예를 들어, 활성 근육 조직은 **젖산**(*lactic acid*)을 생성하여 체액의 pH를 위험하게 변화시킬 수 있다.

염분 Salts

염분(salt)은 수소 이온을 제외한 모든 양이온과 수산화 이온을 제외한 모든 음이온으로 구성된 이온 화합물이다. 염분은 이온 결합으로 결합된다. 물에서는 양이온과 음이온을 방출하면서 해리한다. 예를 들어, 용액의 식염(NaCl)은 Na^+과 Cl^- 이온으로 해리된다. 이 두 이온은 또한 체액에서 가장 풍부한 이온이다.

식염의 해리는 수소 이온이나 수산화 이온의 농도에 영향을 주지 않기 때문에, NaCl은 많은 염분과 마찬가지로 "중성" 용질이다. 그러나 물 분자와의 상호작용을 통해 다른 염분은 수소 이온과 수산화 이온의 농도에 간접적으로 영향을 미칠 수 있다. 이러한 염분의 해리는 용액을 약간 산성 또는 약간 염기성으로 만든다.

전해질(electrolyte)은 이온이 용액에서 전류를 전도할 수 있는 물질이다. 여기에는 산, 염기, 그리고 염분이 포함된다. 앞에서 설명한 모든 예인 염산(HCl), 수산화나트륨(NaOH), 염화나트륨(NaCl)은 전해질이다. 혈액과 기타 체액에서 중요한 전해질이 해리되어 방출되는 이온으로는 나트륨 이온(Na^+), 칼륨 이온(K^+), 칼슘 이온(Ca^{2+}), 염화 이온(Cl^-), 그리고 중탄산염 이온 (HCO_3^-)이 있다. 체액에서 이러한 이온 농도의 변화는 거의 모든 필수 기능을 방해한다. 예를 들어, 칼륨 농도가 감소하면 일반적인 근육 마비로 이어질 것이고, 칼륨 농도가 높아지면 심장 박동이 약해지고 불규칙해진다.

완충제 및 pH Buffers and pH

완충제(buffer)는 수소 이온을 제거하거나 대체하여 pH를 안정시키는 화합물이다. 알카셀처(Alka-Seltzer), 롤레이즈(Rolaids), 텀스(Tums)와 같은 제산제는 위에서 과도한 수소 이온을 묶어주는 완충제이다. 탄산수소나트륨(베이킹 소다라고도 함)을 포함한 다양한 완충제는 대부분의 체액의 pH를 7.35~7.45로 안정화시키는 역할을 한다. (18장에서 완충제와 pH 조절의 역할을 배울 것이다.)

임상노트

pH 이해 Understanding pH

산-염기 균형(*acid-base balance*)은 체내 수소 이온(H^+)의 상대적 농도를 반영하는 동적 관계이다. 수소 이온은 산성이고, 그 농도는 상당히 엄격한 한계 내에서 유지되어야 한다. 수소 이온 농도의 편차는 체내의 모든 생화학적 현상에 부정적인 영향을 미친다. 이 때문에 응급진료에서는 체내 수소 이온 농도 측정이 중요하다.

물 분자는 가역적 이온화를 거쳐 **수소 이온**(*hydrogen ion*, H^+)과 **수산화 이온**(*hydroxide ion*, OH^-)을 생성하여 다음과 같은 평형을 형성하는 경향이 있다.

$$H_2O \rightleftharpoons H^+ + OH^-$$

물의 이온화는 매우 약하다. 사실 주어진 순간에 물의 1,000만 분자 중 1개만 이온화된다. 물은 이온화하는 경향이 매우 미미하지만 이온화(H^+, OH^-) 산물은 생물학적 효과가 심하다. 25℃(77℉)의 수용액(물)에서 수소 이온과 수산화 이온 수는 항상 1.0×10^{-14} M의 고정된 수와 같다. 순수한 물과 같이 수소 이온과 수산화 이온의 농도가 정확히 같다면 용액은 **중성**(*neutral*)이라고 한다. 중성일 때 수소 이온의 수는 1.0×10^{-7} M이고 수산화 이온의 수는 1.0×10^{-7} M이다. 이 때문에 존재하는 수소 이온의 수가 매우 많을 때 수산화 이온의 농도가 매우 낮아야 한다는 것을 알 수 있다. 마찬가지로 수산화 이온의 농도가 높을 때는 수소 이온의 농도가 낮아야 한다. 다시 말하지만, 수소 이온과 수산화 이온 간의 균형에 관계없이, 총 이온 수는 1.0×10^{-14} M이어야 한다.

수소 이온 농도를 설명하는 훨씬 간단한 시스템의 필요성이 빠르게 명백해졌다. 1909년, 스웨덴의 화학자 H.P.L Sørenson은 수소 이온 농도를 숫자 역수의 로그(log)로 나타낼 것을 제안했다. 이 시스템을 사용하면 단순한 숫자가 매우 많은 수의 수소 이온을 나타낼 수 있다. 이 시스템은 **잠재적인 수소**(*potential of hydrogen*)의 줄임말인 pH 시스템이라고 불렸다. 관련 숫자가 많기 때문에 로그의 사용은 수소 이온 농도에 대한 논의를 단순화한다. pH 시스템은 수소 이온 농도의 역수를 나타낸다는 것을 기억하는 것이 중요하다. 따라서 수소 이온의 수가 많을수록 pH는 낮아진다. 반대로 수소 이온의 수가 적을수록 pH가 높아진다. pH 척도는 다음과 같이 정의할 수 있다.

$$pH = \log 1/[H^+]$$

1의 로그는 0이므로 방정식은 다음과 같이 단순화할 수 있다.

$$pH = -\log[H^+]$$

수소 이온 농도가 1.0×10^{-7} M인 25℃(77℉)의 정확한 중성 용액에서 pH는 다음과 같이 계산된다.

$$pH = \log 1/1.0 \times 10^{-7} = \log[1.0 \times 10^{-7}] = \log 1.0 + \log 10^{-7}$$
$$pH = 0 + 7$$
$$pH = 7$$

정확한 중성 용액의 pH 7.0 값은 임의수가 아니라 25℃에서 수소 이온 농도의 절대값에서 도출된 값임을 기억한다. pH 척도는 0부터 14까지 다양하다. pH 14는 수산화 이온만 존재함을 의미하며, pH 0은 수소 이온만 존재함을 나타낸다.

7.0보다 큰 pH는 **알칼리성**(*alkaline*)으로 간주되고 7.0보다 작은 pH는 산성으로 간주된다. pH 척도는 산술이 아닌 로그라는 점에 유의하는 것이 중요하다. 예를 들어, 두 용액의 pH가 1 pH 단위로 차이가 나면 한 용액의 수소 이온 농도는 다른 용액의 수소 이온 농도의 10배를 가진다. 따라서 pH의 작은 변화는 존재하는 수소 이온 수의 엄청난 변화를 반영한다.

때때로 **pOH**는 용액의 알칼리성을 나타내는 데 사용된다. pOH는 수소 이온이 아닌 존재하는 수산화 이온의 수를 나타낸다는 점을 제외하고는 pH와 유사하다(**표 2-3**). pH와 pOH는 매우 간단한 방법으로 서로 관련이 있다는 것을 기억하면 도움이 된다.

$$pH + pOH = 14$$

인체의 pH는 7.35에서 7.45 사이에서 밀접하게 조절된다. 따라서 알칼리증은 pH 7.45보다 큰 반면, 산증은 pH 7.35 이하이다. pH의 작은 변화는 신체의 보상 기전에 의해 교정되지만, 상당한 변화는 잘 용인되지 않는다. 사실 pH 0.5 단위의 변화는 치명적일 수 있다.

의학계에서는 혈액과 소변의 pH 값이 가장 자주 측정된다. 혈액 pH는 동맥혈 가스(ABG) 검체를 통해 얻는다. 이를 위해 소량의 동맥혈이 노동맥, 위팔동맥 또는 넙다리동맥에서 추출된다. 이것은 pH를 주의 깊게 측정하는 혈액 가스 기계에 신속하게 도입된다. 혈액 가스 기계에서는 특수 유리 전극이 선택적으로 수소 이온 농도를 측정한다. 이 전극에서 나오는 신호는 증폭되어 pH가 알려진 대조 용액에 의해 생성된 신호와 비교된다. 이 비교를 통해 pH를 결정할 수 있다. 이 때문에 ABG 기계는 매일 점검하는 제어 용액으로

표 2-3 pH 척도

산성 농도		알칼리성 농도	
$[H^+]$, 그램분자	pH	$[OH^-]$, 그램분자	pOH
1.0	0	10^{-14}	14
0.1	1	10^{-13}	13
0.01	2	10^{-12}	12
0.001	3	10^{-11}	11
10^{-4}	4	10^{-10}	10
10^{-5}	5	10^{-9}	9
10^{-6}	6	10^{-8}	8
10^{-7}	7	10^{-7}	7
10^{-8}	8	10^{-6}	6
10^{-9}	9	10^{-5}	5
10^{-10}	10	10^{-4}	4
10^{-11}	11	0.001	3
10^{-12}	12	0.01	2
10^{-13}	13	0.1	1
10^{-14}	14	1.0	0

주의 깊게 유지 관리하고 보정하는 것이 중요하다. ABG 분석은 pH 외에도 혈액 내 산소와 이산화탄소의 분압을 측정한다. 또한 일부 기계는 중탄산염 농도와 헤모글로빈의 양을 측정한다. 산-염기 균형과 신체의 보상 완충 메커니즘에 대한 보다 자세한 설명은 18장에 제시되어 있다.

로그란 무엇인가? What Is a Logarithm?

수학에서 **로그**(*logarithm*)는 **밑수**(*base*)라고 하는 명시된 숫자를 올려서 특정 수를 산출하는 **지수**(*exponent*) 또는 거듭제곱이다. 예를 들어, $10^2 = 100$ 식에서 100의 밑수 10에 대한 로그는 2이다. 이 값은 $\log_{10} 100 = 2$로 적절하게 작성되었다. 로그는 처음에 매우 큰 숫자와 관련된 산술 연산을 단순화하기 위해 만들어졌다. **일반 로그**(*common logarithms*)는 숫자 10을 기본 번호로 사용한다. 그러나 로그는 10이 아닌 다른 밑수와 함께 사용할 수 있다. 이는 숫자 2, 4, 8, 16, 32, 64에 해당하는 숫자 2: 2^1, 2^2, 2^3, 2^4, 2^5, 2^6의 거듭제곱으로 설명할 수 있다. 지수 1, 2, 3, 4, 5, 6은 이 숫자들의 밑수 2에 대한 로그이다.

의학에서 로그는 화학 농도를 설명하는 데 사용된다. 달리 지정되지 않은 경우 로그가 밑수 10($\log_{10}$)에 있다고 가정한다. 다른 로그가 사용되는 경우 표기법(예: $\log_5$)에 따라 지정된다. 의학에서 로그가 가장 많이 사용되는 것은 용액의 수소 이온 농도를 설명하는 pH 체계이다. 순수한 물에서 수소 이온 농도는 0.0000001 또는 리터당 10^{-7}몰(mole)이다. pH 척도는 수소 이온 농도의 역수를 나타내므로 수소 이온 농도가 1보다 작더라도 숫자는 양수이다. 이렇게 하면 논의와 계산이 간단해진다. 따라서 pH 3.0은 0.001 또는 리터당 10^{-3}몰(mole)의 수소 이온 농도를 반영한다. 마찬가지로 pH 10은 0.0000000001의 수소 이온 농도, 즉 리터당 10^{-10}몰(mole)을 나타낸다. pH 단위 1의 변화는 수소 이온 농도의 10배 변화를 반영한다. 마찬가지로 pH 단위 2가 변화하면 수소 이온 농도가 100배 이상 변화한다는 의미이다. 따라서 로그를 사용하면 이와 같은 매우 크거나 작은 숫자에 대한 설명과 계산이 간단해진다.

체크포인트

17. 산, 염기, 염분의 용어를 정의하시오.
18. 제산제가 위장의 불편함을 줄이는 데 어떻게 도움이 되는가?

책 뒷면에 있는 파란색 정답 탭을 참조.

2-9 탄수화물은 탄소, 수소, 산소를 1:2:1의 비율로 함유하고 있다

학습목표 탄수화물의 구조와 기능에 대해 논의한다.

탄수화물은 유기화합물의 4가지 주요 분류 중 하나이다. 유기화합물은 항상 탄소와 수소 원자를 포함하고 있다. 많은 유기 분자는 공유결합으로 연결된 탄소 원자의 긴 사슬로 구성되어 있다. 이러한 탄소 원자는 수소 또는 산소 원자와 추가적인 공유 결합을 형성하는 경우가 많으며 질소, 인, 황, 철 또는 다른 원소와는 더 적은 빈도로 공유결합을 형성한다.

탄수화물(carbohydrate)은 탄소, 수소, 산소를 1:2:1에 가까운 비율로 포함하는 유기 분자이다. 미국 식단의 대략 절반을 차지할 만큼 친숙한 탄수화물은 당분과 녹말을 포함한다. 우리 조직은 대부분의 탄수화물을 분해할 수 있다.

탄수화물은 때때로 다른 기능을 가지고 있지만 에너지원으로서 가장 중요하다. 에너지원으로 상당히 중요함에도 불구하고, 탄수화물은 전체 체중의 약 1%만을 차지한다. 탄수화물의 세 가지 주요 유형은 단당류(*monosaccharide*), 이당류(*disaccharide*), 다당류(*polysaccharide*)이다.

단당류 Monosaccharides

단순당(simple sugar) 또는 **단당류(monosaccharide)**는 3~7개의 탄소 원자를 포함하는 탄수화물이다. 이 그룹은 몸에서 가장 중요한 "연료"인 **포도당(glucose)**($C_6H_{12}O_6$)을 포함한다(**그림 2-11**). 포도당과 기타 단당류는 물에 쉽게 녹는다. 혈액과 다른 체액은 그것들을 몸 전체에 빠르게 분포시킨다.

그림 2-11 포도당의 구조.

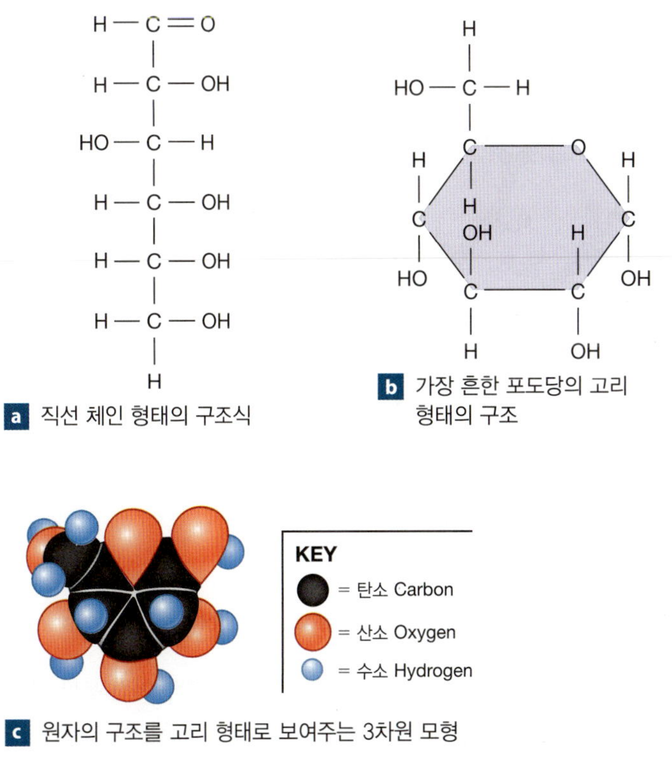

a 직선 체인 형태의 구조식

b 가장 흔한 포도당의 고리 형태의 구조

c 원자의 구조를 고리 형태로 보여주는 3차원 모형

그림 2-12 복합당의 구조, 형성 및 분해.

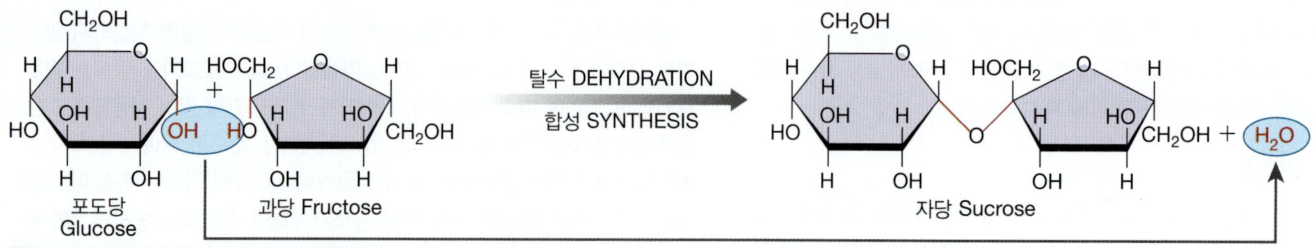

a 탈수 합성을 통한 이당류 자당 형성 Formation of the disaccharide sucrose through dehydration synthesis.
탈수 합성 과정에서 물 분자를 제거하면 두 분자가 결합한다.

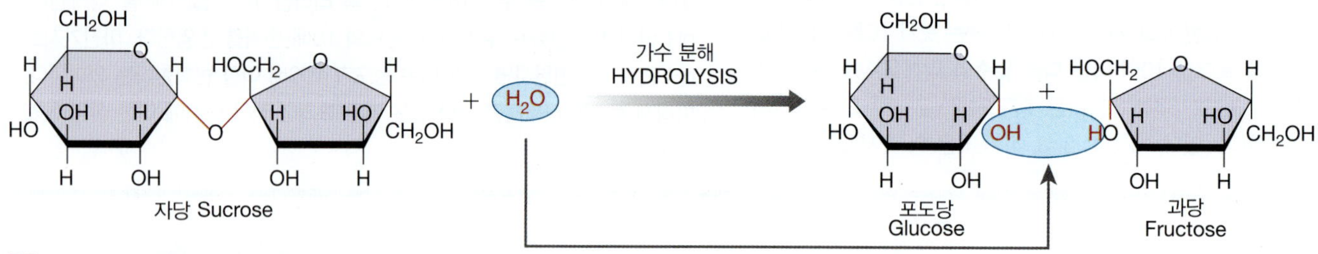

b 자당을 가수분해에 의해 단순당으로 분해 Breakdown of sucrose into simple sugars by hydrolysis.
가수분해는 탈수 합성의 단계를 반대로 한다; 복잡한 분자는 물 분자의 추가에 의해 분해된다.

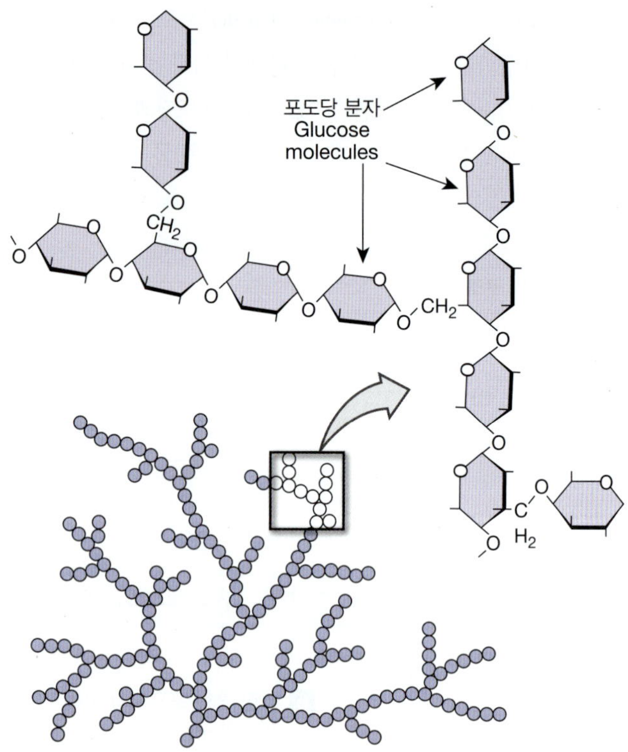

c 글리코겐(당원)의 구조 The structure of glycogen.
간과 근육 세포는 포도당 분자의 긴 분기 사슬인
다당류 글리코겐으로 포도당을 저장한다.

이당류 및 다당류 Disaccharides and Polysaccharides

단순당 이외의 탄수화물은 단당류 구성 블록으로 만들어진 복합 분자이다. 두 단당류가 함께 결합하면 **이당류(disaccharide)**를 형성한다. 자당(*sucrose*, 식용 설탕)과 같은 이당류는 단맛이 난다. 단당류와 마찬가지로 물에 녹는다.

자당의 형성(**그림 2-12a**)은 앞장에서 소개한 과정인 탈수 합성을 포함한다. 탈수 합성, 즉 응축은 물 분자의 제거에 의해 분자들을 서로 연결시킨다. 자당을 단순당으로 분해하는 것은 탈수 합성의 기능적 반대인 가수분해의 한 예이다(**그림 2-12b**).

단당류를 제외한 모든 탄수화물은 유용한 에너지를 제공하기 전에 가수분해를 통해 분해되어야 한다. 많은 식품들이 이당류를 함유하고 있다. 사탕과 청량음료와 같은 대부분의 달콤한 정크 푸드는 단순당과 이당류에 풍부하다. 어떤 사람들은 의학적 이유로 식탁용 설탕(자당)을 참을 수 없다. 다른 사람들은 살이 찌고 싶지 않기 때문에 그것을 피한다(과량의 당은 지방으로 저장됨). 이들 중 많은 사람들이 음식과 음료에 인공 감미료를 사용한다. 이 화합물은 매우 단맛이 나지만 체내에서 분해되지 않거나 분해가 신체의 전반적인 에너지 균형에 영향을 미치지 않을 정도로 소량으로 사용된다.

더 큰 탄수화물 분자는 **다당류(polysaccharide)**라고 부른다. 다당류는 탈수 합성 반응을 반복하여 단당류나 이당류를 추가할 때 형성된다. **전분**(녹말, *starch*)은 우리의 식단에서 중요한 포도당 기반 다당류이다. 대부분의 전분은 식물에서 생산된다. 소화관은 이러한 분자를 단당으로 분해할 수 있다. 감자와 곡물에서 발견되는 전분은 중요한 에너지원이다. 이에 반해 식물 세포벽의 구성 성분인 **셀룰로오스**(*cellulose*)는 우리 몸이 소화하지 못하는 다당류이다. 셀러리와 같은 식품의 셀룰로오스는 소화기 노폐물의 대부분을 차지하지만 에너지원

표 2-4 체내 탄수화물

구조	예시	주요 기능	비고
단당류(단순당) (Monosaccharides, Simple Sugars)	포도당, 과당	에너지원	체내에서 제조되고 식품에서 얻음, 체액에서 발견됨
이당류(Disaccharides)	자당, 젖당, 맥아당	에너지원	자당은 식탁용 설탕이고, 유당은 우유에 있다; 모든 것은 흡수되기 전에 단당류로 분해되어야 한다.
다당류(Polysaccharides)	글리코겐	포도당 분자 저장	글리코겐은 동물 세포에 있으며, 다른 다당류(전분 및 셀룰로오스)는 식물 제품이다.

으로는 무용지물이다.

글리코겐(glycogen) 또는 **동물성 전분**(*animal starch*)은 상호 연결된 포도당 분자로 구성되는 다당류이다(**그림 2-12c**). 대부분의 다른 큰 다당류와 마찬가지로 글리코겐은 물이나 다른 체액에 용해되지 않는다. 간과 근육 조직은 글리코겐을 만들고 저장한다. 이 조직이 에너지 요구량이 높을 때 글리코겐 분자를 포도당으로 분해한다. 요구량이 낮을 때 조직은 혈류에서 포도당을 흡수하고 글리코겐 비축량을 재건한다. **표 2-4**는 체내 탄수화물에 대한 정보를 요약한 것이다.

체크포인트

19. 식품에는 C, H, O가 1:2:1의 비율로 포함된 유기 분자가 들어 있다. 이 분자는 어떤 종류의 화합물을 나타내며, 신체에서 주요 기능은 무엇인가?
20. 두 단당류가 탈수 합성 반응을 겪을 때, 어떤 종류의 분자가 형성되는가?

책 뒷면에 있는 파란색 정답 탭을 참조.

2-10 지질에는 1:2의 탄소 대 수소 비율이 포함되어 있다

학습목표 지질의 구조와 기능에 대해 논의한다.

지질(lipid)(*lipos*, fat)도 탄소, 수소, 산소를 함유하고 있지만 그 비율은 1:2:1에 가깝지 않다. 그 이유는 탄수화물에 비해 상대적으로 산소가 적기 때문이다. 또한 지질에는 인, 질소 또는 황을 포함한 소량의 기타 원소가 포함될 수 있다. 우리에게 익숙한 지질은 지방, 오일, 왁스(밀랍, wax) 등이다. 대부분의 지질은 물에 녹지 않는다. 이러한 이유로 특수 수송 분자는 순환 혈액에서 이들을 운반한다.

지질은 모든 세포 구조의 필수적인 부분을 형성한다. 또한 지질 침전물은 에너지 비축량으로 중요하다. 동일한 무게를 기준으로 했을 때 지질은 체내에서 분해되면서 탄수화물보다 대략 2배 많은 에너지를 제공한다. 지질의 공급이 에너지 요구량을 초과하면 초과분은 지방 침전물에 저장된다. 이 때문에 에너지를 덜 제공하지만 지질과 같은 맛과 질감을 갖는 지방 대체물 개발에 큰 관심이 있어 왔다.

지질은 보통 성인 남성의 전체 체중의 12~18%를 차지하며 성인 여성의 18~24%를 차지한다. 우리 몸에는 많은 종류의 지질이 있다. 주요 유형으로는 **지방산**(*fatty acid*), **지방**(*fat*), **스테로이드**(*steroid*), 그리고 **인지질**(*phospholipid*)이다.

지방산 Fatty Acids

지방산(fatty acid)은 수소 원자가 부착된 탄소 원자의 긴 사슬이며 **카르복실기**(*carboxyl group*)(—COOH)로 끝난다. 카르복실이라는 이름은 지방산의 중요한 구조적 특징인 탄소와 히드록실(—OH)기임을 기억하는 데 도움이 될 것이다. 지방산이 용해되면 카르복실 말단만 물에 녹는다. 지방산의 탄화수소 **꼬리**(*tail*)로 알려진 탄소 사슬은 상대적으로 불용성이다. **그림 2-13a**는 대표적인 지방산인 **로르산**(*lauric acid*)을 보

표 2-5 체내 대표적인 지질 및 그 기능

지질 유형	예시	주요 기능	비고
지방산(Fatty Acids)	로르산	에너지원	식품에서 흡수되거나 세포에서 합성됨. 많은 조직에서 사용하기 위해 혈액으로 운반됨
지방(Fats)	모노글리세리드, 다이글리세리드, 트리글리세리드	에너지원, 에너지 저장, 절연 및 물리적 보호	지방 침전물에 저장. 에너지원으로 사용하기 전에 지방산과 글리세롤로 분해해야 한다.
스테로이드(Steroids)	콜레스테롤	쓸개즙의 세포막, 호르몬, 소화 분비물의 구조적 구성 요소	모두 동일한 탄소 링 프레임워크를 가지고 있다.
인지질(Phospholipids)	레시틴	세포막의 구조 구성 요소	지방산과 비지질 분자로 구성됨

2

그림 2-13 **지방산.**

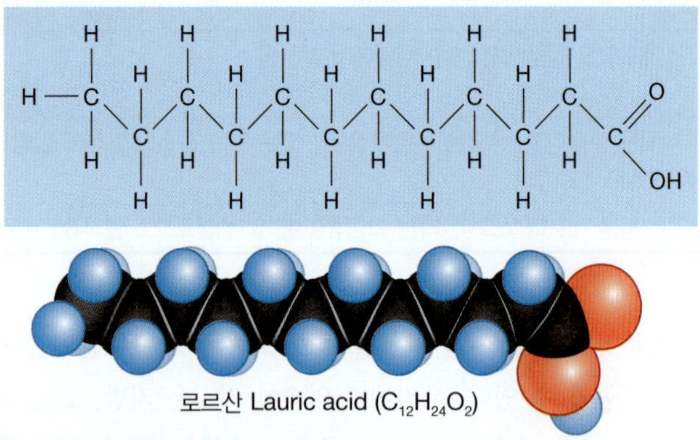

a 로르산은 지방산의 기본 구조를 보여준다: 탄소 원자의 긴 사슬과 한쪽 끝에 있는 카르복실기(—COOH).

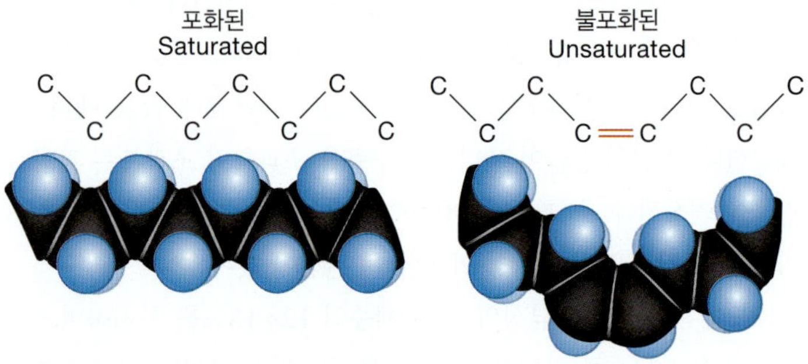

b 지방산은 포화상태이거나 불포화상태이다. 이중 결합의 존재는 분자에 급격한 굴곡을 일으킨다.

여준다.

로르산과 같은 **포화(saturated)** 지방산에서, 각 탄소 원자 네 개의 단일 공유 결합은 각 탄소가 양쪽의 이웃 탄소와 두 개의 수소 원자에 연결되도록 한다. 만약 탄소와 탄소의 결합이 이중 공유 결합이라면, 수소 원자는 더 적게 존재하고 지방산은 **불포화(unsaturated)**된다. 포화 지방산과 불포화 지방산의 구조는 **그림 2-13b**에 제시되어 있다. 단일불포화 지방산(*monounsaturated*)은 탄화수소 꼬리에 단 하나의 이중 결합을 가지고 있다. 다중불포화 지방산(polyunsaturated)은 여러 개의 이중 결합을 가지고 있다.

포화 지방산과 불포화 지방산 모두 에너지를 얻기 위해 분해될 수 있지만, 포화 지방산이 많은 식단은 심장병과 다른 순환기 질환의 위험을 증가시킨다. 버터, 지방질 고기, 아이스크림은 포화 지방산의 인기 있는 식이 공급원이다. 올리브유나 옥수수유와 같은 식물성 기름은 불포화 지방산의 혼합물을 함유하고 있다.

지방 Fats

단순당과 달리 개별 지방산은 탈수 합성에 의해 사슬로 묶일 수 없다. 그러나 그것들은 유사한 반응을 통해서 지방을 만들기 위해 화합물 **글리세롤(glycerol)**에 부착될 수 있다. **트리글리세리드(triglyceride)**에서 글리세롤 분자는 3개의 지방산에 부착되어 있다(**그림 2-14**). 트리글리세리드는 신체에서 가장 흔한 지방이다.

에너지 비축 역할을 할 뿐만 아니라, 피부 밑의 지방 침전물은 단열 역할도 한다. 콩팥과 같은 섬세한 장기 주변의 지방 덩어리는 보호 쿠션을 제공한다. 포화 지방(포화 지방산을 함유한 트리글리세리드)은 보통

임상노트

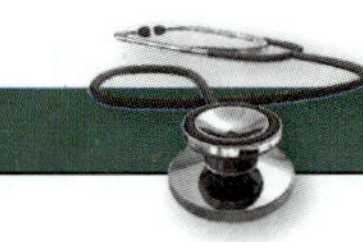

지방산과 건강 Fatty Acids and Health

좋은 소식: 적당한 지방은 당신에게 좋을 수 있다

Good news: The right fat can be good for you

인간은 기름진 음식을 좋아한다. 불행하게도, 다량의 포화 지방을 포함하는 식단은 심장병과 다른 심혈관 질환의 위험을 증가시켰다. 포화 지방은 포화 지방산만을 함유하고 있다. 이는 지방이 많은 고기와 유제품과 같은 인기 있는 식품에서 발견된다.

식물성 기름에는 단일불포화 지방산과 다중불포화지방산이 혼합되어 있다. 최근 연구에 따르면 단일불포화지방산이 다중불포화지방산보다 심장병 위험을 낮추는 데 더 효과적일 수 있다. 현재 연구에 따르면 아마도 가장 건강한 선택은 올리브유와 카놀라유일 것이다. 이 기름에는 탄소 18개의 단일불포화 지방산인 올레산이 풍부하게 함유되어 있다. 놀랍게도, 일부 마가린과 식물성 쇼트닝을 제조하는 동안 다중불포화유에서 생성되는 트랜스 지방산이라고 불리는 화합물은 심장병의 위험을 증가시키는 것으로 보인다. 미국 식품의약국(FDA) 지침은 이제 트랜스 지방산을 식품 및 건강 보조 식품의 영양 라벨에 표시하도록 요구하고 있다.

일반적인 이누이트 식단이 지방과 콜레스테롤 함량이 높음에도 불구하고 북극 지역의 이누이트족은 다른 인구에 비해 심장병 발병률이 낮다. 흥미롭게도, 그들 식단의 주요 지방산은 오메가-3이다. 이 지방산은 "오메가-3"로 알려진 위치인 마지막(또는 오메가) 탄소 앞에 3개의 불포화 결합을 가지고 있다. 이누이트 식단의 많은 부분을 차지하는 생선살과 생선 기름은 **오메가-3 지방산(omega-3 fatty acids)**을 풍부하게 함유하고 있다. 식단에 오메가-3 지방산의 존재가 심장병, 류마티스 관절염, 기타 염증성 질환의 위험을 줄이는 이유는 아직 명확하지 않지만 큰 관심을 받는 연구 주제이다.

그림 2-14 트리글리세리드 형성. 트리글리세리드의 형성은 탈수 합성을 통해 글리세롤 분자에 지방산 3개가 부착되는 것을 포함한다. 이 예에서 트리글리세리드는 글리세롤 분자에 불포화 지방산 1개와 포화 지방산 2개가 부착되어 형성된다.

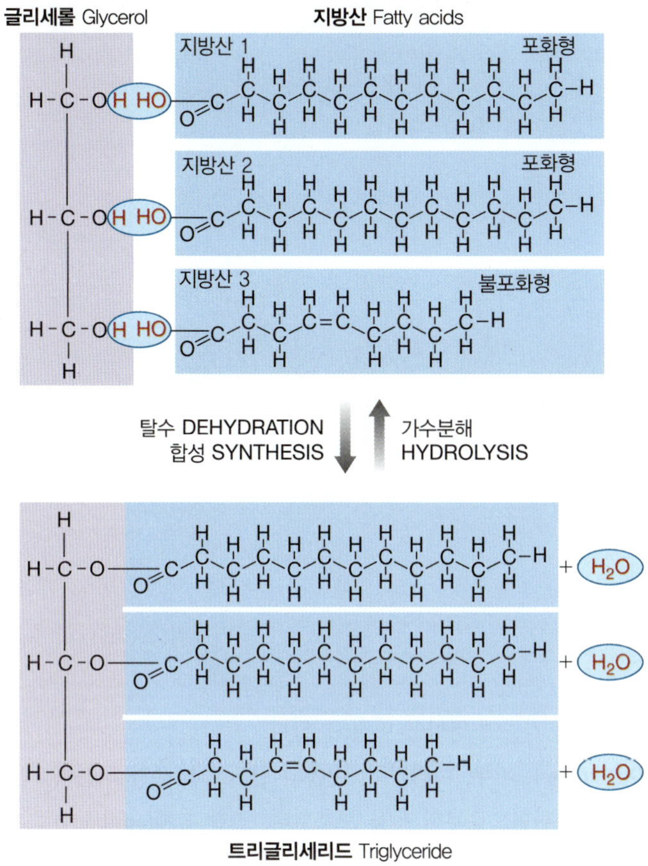

상온에서 고체이다. 불포화 지방산을 함유한 트리글리세리드인 불포화 지방은 보통 상온에서 액체이다. 그 액체 지방은 기름이다.

스테로이드 Steroids

스테로이드(steroid)는 4개의 연결된 탄소 원자 고리로 구성된 큰 지질 분자이다. 이들은 이 기본 구조에 부착된 탄소 사슬에서 차이가 있다. **콜레스테롤(cholesterol)**은 아마도 가장 잘 알려진 스테로이드일 것이다(그림 2-15). 우리의 모든 세포는 콜레스테롤을 포함하는 세포막 또는 원형질막으로 둘러싸여 있다. 또한 몇몇 화학적 전달자, 즉 호르몬은 콜레스테롤에서 파생된다. 그 예로는 성호르몬인 테스토스테론과 에스트로겐이 있다.

세포막을 유지하고 스테로이드 호르몬을 생산하는 데 필요한 콜레스테롤은 두 가지 공급원에서 나온다. 한 가지 근원은 식단이다. 육류, 크림, 달걀 노른자와 같은 동물성 제품은 특히 콜레스테롤이 풍부하다. 두 번째 근원은 신체 자신이다. 간은 많은 양의 콜레스테롤을 합성

그림 2-15 콜레스테롤 분자. 모든 스테로이드와 마찬가지로, 콜레스테롤도 복잡한 4개의 고리 구조를 가지고 있다.

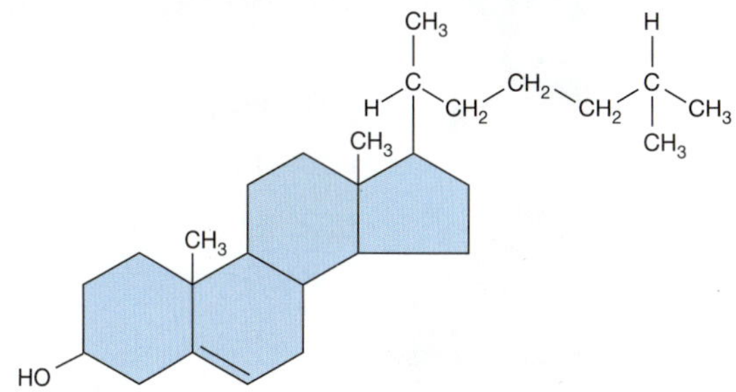

할 수 있다. 이 스테로이드를 합성하는 신체의 능력은 식이 제한만으로 혈중 콜레스테롤 수치를 조절하기 어렵게 만들 수 있다. 이 어려움은 높은 혈중 콜레스테롤 수치와 심장 질환 사이에 강한 연관성이 있기 때문에 문제가 될 수 있다. 현재 영양학적 조언은 콜레스테롤 섭취를 하루 300 mg 이하로 제한할 것을 제안한다. 이 절감은 미국 평균 성인의 40% 감소를 나타낸다. (11과 12장에서 혈중 콜레스테롤 수치와 심장 질환 사이의 연관성을 배울 것이다.)

인지질 Phospholipids

인지질(phospholipid)은 글리세롤과 인산염(PO_4^{3-})기에 의해 비지질 그룹에 연결된 두 개의 지방산(디글리세리드)으로 구성된다(그림 2-16). 인지질의 비지질 부분은 물에 용해되지만 지방산 부분은 상대적으로 불용성이다. 인지질은 세포막의 가장 풍부한 지질 성분이다.

체크포인트

21. 지질을 설명하시오.
22. 피부 아래에서 채취한 지방 조직 샘플에서는 어떤 지질이 발견되는가?
23. 사람의 세포막에서는 어떤 지질을 찾을 수 있는가?

책 뒷면에 있는 파란색 정답 탭을 참조.

2-11 단백질은 탄소, 수소, 산소, 질소를 포함하고 있으며 아미노산으로 만들어진다

학습목표 단백질의 구조와 기능에 대해 논의한다.

단백질(protein)은 인체에서 가장 풍부한 유기 분자이며 여러 면에서 가장 중요하다. 인체는 많은 다양한 단백질을 포함하고 있으며, 그것은 전체 체중의 약 20%를 차지한다. 모든 단백질은 탄소, 수소, 산소, 질소를 포함하고 소량의 유황과 인이 존재할 수 있다.

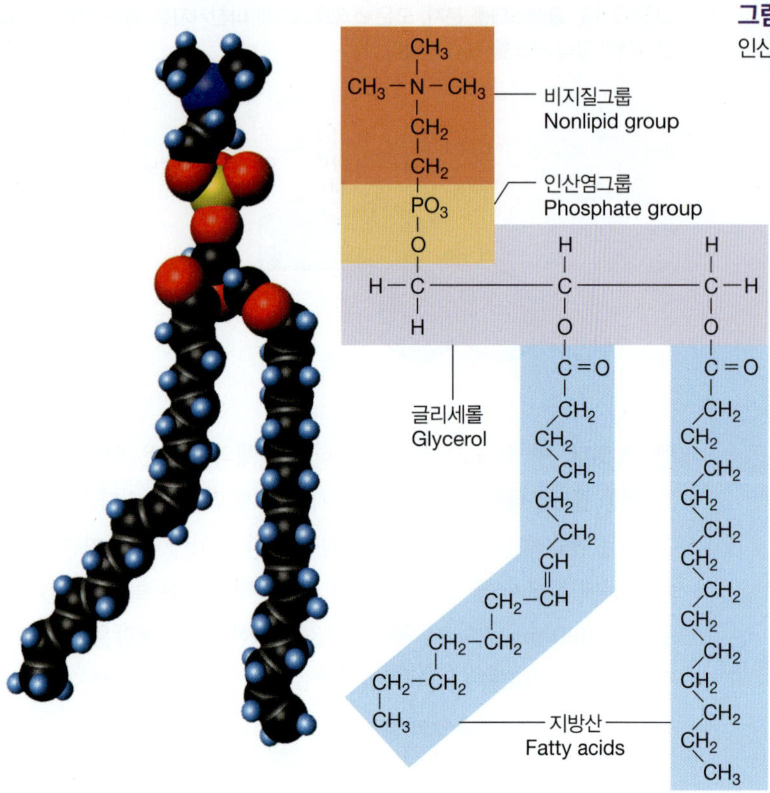

그림 2-16 인지질 분자. 인지질에서, 두 지방산을 가진 글리세롤은 인산염 그룹에 의해 비지질 분자와 연결된다. 이 인지질은 레시틴이다.

단백질의 기능 Protein Function

단백질은 7가지 주요 범주로 분류될 수 있는 다양한 기능을 수행한다.

1. **지지(*Support*)**. **구조 단백질(structural protein)**은 신체에 3차원적인 틀을 만들어 세포, 조직, 장기에 대한 힘, 조직화 및 지원을 제공한다.
2. **이동(*Movement*)**. **수축단백(contractile protein)**은 근육 수축을 일으킨다. 관련 단백질은 개별 세포의 이동을 담당한다.
3. **수송(*Transport*)**. 불용성 지질, 호흡 가스, 철과 같은 미네랄, 그리고 여러 호르몬은 **수송단백(transport protein)**에 부착된 혈액으로 운반된다. 다른 특수 단백질은 세포의 다른 부분 사이에서 물질을 운반한다.
4. **완충(*Buffering*)**. 단백질은 완충 작용을 제공하여 체액에서 잠재적으로 위험한 pH 변화를 방지하는 데 도움을 준다.
5. **대사 조절(*Metabolic regulation*)**. 많은 단백질은 효소이다. 효소는 살아 있는 세포에서 화학 반응을 가속화한다. 환경 요인에 대한 효소의 민감도는 대사 작용의 속도와 방향을 제어하는 데 매우 중요하다.
6. **협조와 제어(*Coordination and control*)**. 단백 **호르몬(hormone)**은 신체 모든 세포의 대사 활동에 영향을 미치거나 특정 기관 또는 기관 기관계통의 기능에 영향을 미칠 수 있다.
7. **방어(*Defense*)**. 피부, 머리카락, 손톱의 질기고 방수가 되는 단백질은 환경적 위험으로부터 몸을 보호한다. 또한 **항체(antibody)**로 알려진 단백질은 우리를 질병으로부터 보호한다. 특수한 **응고단백(clotting proteins)**은 심혈관계통 손상 후 출혈을 제한한다.

단백질의 구조 Protein Structure

단백질은 **아미노산(amino acid)**이라고 불리는 유기 분자의 긴 사슬이다. 인체에는 단백질을 만드는 데 사용되는 20가지 아미노산을 상당량 함유하고 있다. 각 아미노산은 중심 탄소 원자, 수소 원자, 아미노기(—NH_2), 카르복실기(—COOH) 및 R기[하나 이상의 원자의 곁사슬(*side chain*)]의 다섯 부분으로 구성된다(**그림 2-17a**). **아미노산**(*amino acid*)이라는 이름은 모든 아미노산이 공통적으로 가지고 있는 아미노기와 산성 카르복실기의 존재를 나타낸다. (카르복실기는 수소 이온을 방출할 수 있기 때문에 산성이다.) 다른 R기는 한 아미노산과 다른 아미노산을 구별하여 각각의 고유한 화학적 특성을 제공한다. 예를 들어, R기는 극성, 무극성 또는 전기적으로 전하를 띨 수 있다.

일반적인 단백질에는 1,000개의 아미노산이 포함되어 있다. 가장 큰 단백질 복합체는 100,000개 또는 그 이상을 가질 수 있다. 개별 아

그림 2-17 아미노산과 펩티드 결합의 형성.

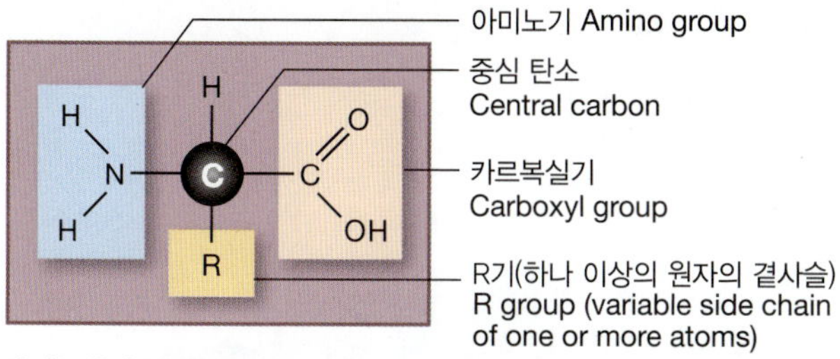

a **아미노산의 구조** Structure of an Amino Acid.
각 아미노산은 수소 원자, 아미노기($-NH_2$), 카르복실기($-COOH$), R기 등 4개 그룹이 부착되어 있는 중심 탄소 원자로 구성되어 있다.

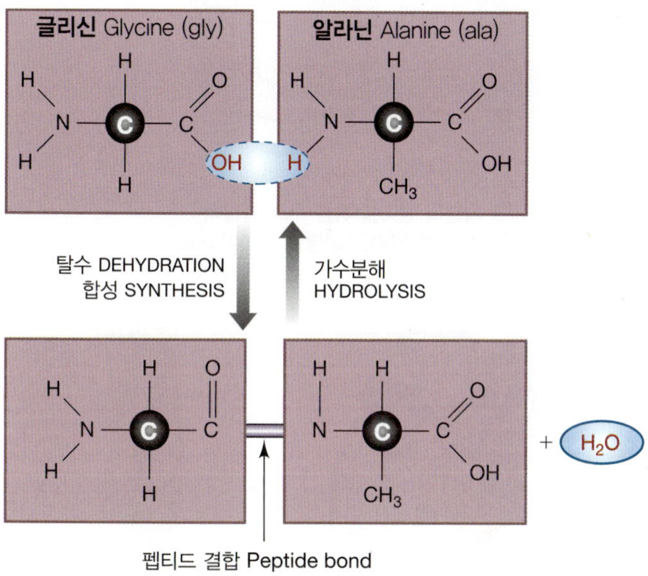

b **펩티드 결합 형성** Peptide Bond Formation.
펩티드는 탈수 합성 반응이 한 아미노산의 카르복실기와 다른 아미노기 사이에 펩티드 결합을 만들 때 형성된다. 이 예에서는 글리신(R = H)과 알라닌(R = CH_3)이 연결되어 디펩티드를 형성하였다.

미노산은 하나의 아미노산의 카르복실기가 다른 아미노산의 아미노기에 부착된 상태로 끈에 구슬처럼 연결되어 있다. 이 연결을 **펩티드 결합(peptide bond)**이라고 한다(그림 2-17b). **펩티드(peptide)**란 펩티드 결합으로 결합된 아미노산으로 이루어진 분자이다. 두 개의 아미노산으로 이루어진 분자는 **디펩티드**(*dipeptide*)라고 한다. 트리펩티드와 더 큰 아미노산 사슬은 **폴리펩티드**(*polypeptide*)라고 한다. 100개 이상의 아미노산을 포함하는 폴리펩티드는 일반적으로 단백질이라고 한다.

가장 기본적인 수준에서 단백질의 **구조**(*structure*)는 아미노산의 서열에 의해 결정된다(그림 2-18a). 특정 단백질의 **특성**(*characteristics*)은 부분적으로 아미노산의 R기에 의해 결정된다. 그러나 단백질의 특성은 단지 단백질 부분의 성질을 합한 것 이상이므로, 폴리펩티드의 기능은 매우 복잡한 형태를 가질 수 있다. 단백질은 네 가지 수준의 구조적 복잡성을 가질 수 있다(그림 2-18).

1. **1차 구조(primary structure)**는 단일 폴리펩티드 사슬의 길이를 따라 펩티드 결합으로 연결된 아미노산의 서열이다(그림 2-18a).
2. **2차 구조(secondary structure)**는 폴리펩티드 사슬의 서로 다른 부분에 있는 원자 간의 수소 결합으로 생기는 모양이다. 수소 결합은 **알파 나선**(*alpha helix*)(단순 나선) 또는 **베타 시트**(*beta sheet*)(평평한 주름 시트)를 생성할 수 있다(그림 2-18b). 폴리펩티드 사슬은 나선형인 부분과 주름 부분을 모두 가질 수 있다.
3. **3차 구조(tertiary structure)**는 단백질에 최종 3차원 모양을 제공하는 복잡한 꼬임 및 접힘이다(그림 2-18c). 3차 구조는 주로 폴리펩티드 사슬의 R기와 주변 물 분자 사이의 상호작용과 분자의 다른 부분에 있는 아미노산의 R기 간의 상호작용에서 발생한다.
4. **4차 구조(quaternary structure)**는 개별 폴리펩티드 사슬이 상호작용하여 단백질 복합체를 형성할 때 발생한다(그림 2-18d). 각각의 폴리펩티드 소단위는 자체적인 2차 및 3차 구조를 가지고 있다. 예를 들어, **헤모글로빈**(*hemoglobin*) 단백은 4개의 소단위를 포함한다. 헤모글로빈은 적혈구 내에서 발견되며, 여기에서 산소와 결합하고 운반한다. **케라틴**(*keratin*)과 **콜라겐**(*collagen*)에서는 2개(케라틴) 또는 3개(콜라겐)의 알파나선형 폴리펩티드가 밧줄의 가닥처럼 함께 감겨 있다. 케라틴은 피부 표면과 머리카락과 손톱에서 단단하고 내수성이 강한 단백질이다. 콜라겐은 신체에서 가장 풍부한 구조 단백질로 피부, 뼈, 연골, 힘줄에서 발견된다. 그것은 대부분의 조직에서 세포를 지지하는 틀을 형성한다.

단백질은 전체적인 모양과 특성에 따라 두 가지 일반적인 구조로 나뉜다.

- **섬유상단백(fibrous protein)**은 넓게 펼쳐진 층들이나 길게 늘어진 가닥을 형성한다. 섬유상 단백질은 질기고 내구성이 있으며 일반적으로 물에 용해되지 않는다. 일반적으로 신체의 구조적인 역할을 한다.
- **구상단백(globular protein)**은 작고, 일반적으로 둥글며, 물에 용해된다. 각각의 구상 단백질의 독특한 모양은 3차 구조에서 비롯된다. 혈류에서 순환하는 많은 효소, 호르몬, 기타 분자는 구상 단백질이다. 이 단백질은 보통 신체에서 활동적이고 기능적인 역할을 한다.

단백질의 모양은 기능적 특성을 결정한다. 20개의 일반적인 아미노산은 놀라운 수의 조합으로 연결되어 모양과 기능이 매우 다양한 단백질을 생성할 수 있다. 작은 차이가 큰 영향을 미칠 수 있다. 10,000개 이상의 아미노산으로 구성된 단백질에서 하나의 아미노산을 변경하면

2

그림 2-18 단백질 구조.

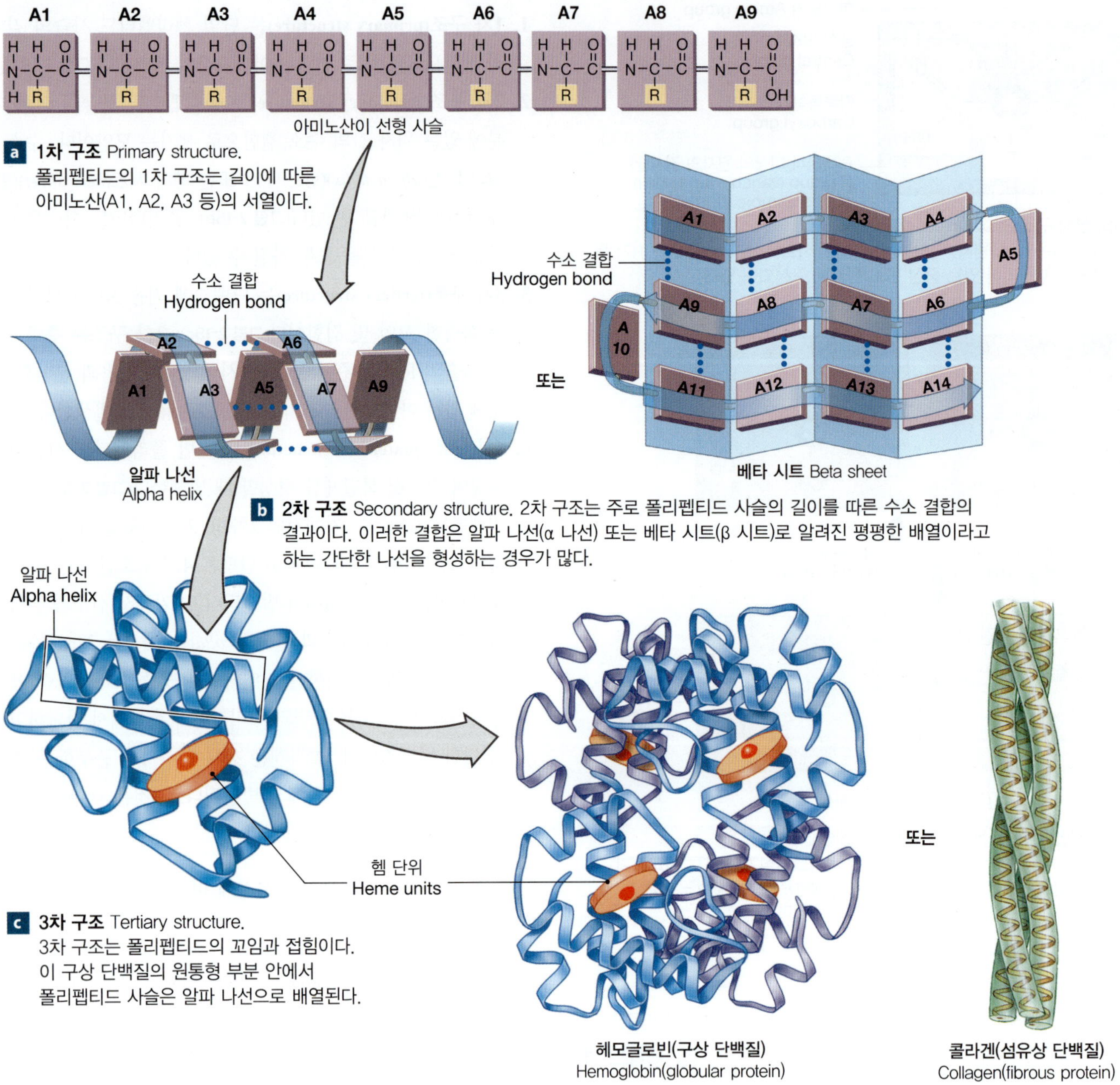

a **1차 구조** Primary structure.
폴리펩티드의 1차 구조는 길이에 따른 아미노산(A1, A2, A3 등)의 서열이다.

b **2차 구조** Secondary structure. 2차 구조는 주로 폴리펩티드 사슬의 길이를 따른 수소 결합의 결과이다. 이러한 결합은 알파 나선(α 나선) 또는 베타 시트(β 시트)로 알려진 평평한 배열이라고 하는 간단한 나선을 형성하는 경우가 많다.

c **3차 구조** Tertiary structure.
3차 구조는 폴리펩티드의 꼬임과 접힘이다. 이 구상 단백질의 원통형 부분 안에서 폴리펩티드 사슬은 알파 나선으로 배열된다.

d **4차 구조** Quaternary structure. 4차 구조는 분리된 폴리펩티드 소단위가 상호작용하여 더 큰 분자를 형성할 때 발생한다. 단일 헤모글로빈 분자는 4개의 구형 소단위를 포함한다. 헤모글로빈은 혈액 속에서 산소를 운반한다. 콜라겐에서는 3개의 나선형 폴리펩티드 소단위가 서로 얽혀 있다. 콜라겐은 대부분의 기관에서 주요 세포외 단백질이다.

단백질이 정상적인 기능을 수행할 수 없게 된다. 예를 들어, 여러 암과 혈액 질환인 **낫적혈구 빈혈**(*sickle cell anemia*)은 복합 단백질의 아미노산 염기서열의 단일 변화로 인해 발생한다.

단백질의 모양과 그 기능은 주변의 이온 구성, 온도 또는 pH의 작은 변화에 의해 변경될 수 있다. 예를 들어, 매우 높은 체온(43℃ 이상 또는 110℉ 이상)에서 단백질은 **변성(denaturation)**, 즉 3차원 형태의 변화를 겪기 때문에 사망을 유발한다. 변성된 단백질은 기능하지 않으며, 구조 단백질과 효소의 손실은 기관 및 기관계에 돌이킬 수 없는 손상을 야기한다. 계란을 기름에 익힐 때마다 변성이 진행되는 것을 볼 수 있다. 온도가 올라가면 투명한 계란흰자에 녹아 있는 풍부한 단백질의 구조가 변한다. 결국 계란 단백질은 용해되지 않는 흰 덩어리를 형성한다.

그림 2-19 효소 기능의 간단한 모델. 각각의 효소는 노출된 표면 어딘가에 특정 활성 부위가 있다. 효소의 구조가 영구적으로 영향을 받지 않기 때문에 전체 과정을 반복할 수 있다.

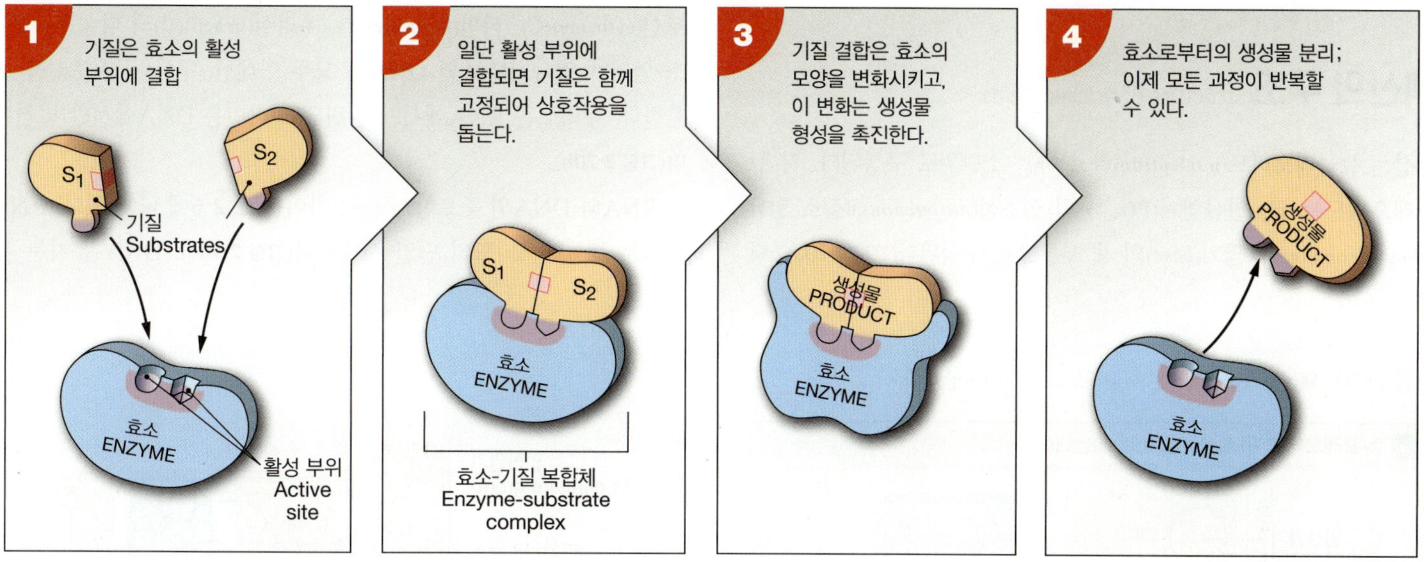

효소 기능 Enzyme Function

효소는 신체의 모든 단백질 중 가장 중요하다. 이 분자들은 생명을 유지하는 반응을 촉매한다. 인체 내부에서 일어나는 거의 모든 일은 특정 효소가 생명을 가능하게 하기 때문에 그런 것이다.

그림 2-19는 효소 기능의 간단한 모델을 보여준다. 효소는 그 자체가 영구적으로 변화되거나 소모되지 않고 화학 반응의 속도를 높이는 촉매 역할을 한다는 점을 기억해야 한다. 효소 반응에서 반응물질은 **기질(substrate)**이라고 한다. 그들은 상호 작용하여 특정 **생성물(product)**을 형성한다. 효소가 반응을 촉매하기 위해서는 기질들이 **활성 부위(active site)**라고 하는 효소의 특정 부위에 결합해야 한다. 이 결합은 열쇠가 자물쇠에 들어맞는 것처럼 두 분자의 상호 보완적인 모양에 따라 달라진다. 활성 부위의 모양은 효소 분자의 3차원 모양에 의해 결정된다. 기질 결합은 일시적으로 효소의 모양을 바꾼다. 반응이 완료되고 생성물이 방출되면 효소는 다른 반응을 자유롭게 촉매할 수 있다. 효소는 빠르게 작용한다. 예를 들어, 근육 수축 중에 에너지를 제공하는 효소는 초당 100번의 반응을 수행한다.

각 효소는 최적의 온도와 pH에서 가장 잘 작동한다. 온도가 상승하거나 pH가 정상 범위를 벗어나면 결합이 끊어지고 단백질의 모양이 변한다. 그 결과 효소 기능이 저하된다.

각각의 효소는 한 가지 유형의 반응만을 촉매한다. 이 **특이성**(*specificity*)은 활성 부위가 특정 모양과 전하를 가진 기질에만 결합하는 능력 때문이다. 생명을 유지하는 복잡한 반응은 일련의 연동 단계로 진행되며, 각 단계는 서로 다른 효소에 의해 제어된다. 이러한 반응 순서를 대사 경로(*matabolic pathway*)라고 한다. (다음 장에서 중요한 대사 경로를 검토할 것이다.)

체크포인트

24. 단백질을 설명하시오.
25. 단백질을 삶는 것은 구조적, 기능적 특성에 어떠한 영향을 주는가?

책 뒷면에 있는 파란색 정답 탭을 참조.

2-12 DNA와 RNA는 핵산이다

학습목표 핵산의 구조와 기능에 대해 논의한다.

핵산(nucleic acid)은 탄소, 수소, 산소, 질소 및 인으로 구성된 큰 유기 분자이다. 핵산은 세포 내부의 분자 수준에서 정보를 저장하고 처리한다. 핵산 분자의 두 부류는 **디옥시리보핵산(deoxyribonucleic acid)** 또는 **DNA**와 **리보핵산(ribonucleic acid)** 또는 **RNA**이다.

우리 세포의 DNA는 눈 색깔, 머리카락 색깔, 혈액형을 포함한 유전적 특성을 결정한다. DNA 분자는 단백질을 만드는 데 필요한 정보를 암호화하기 때문에 DNA는 신체 구조와 기능의 모든 측면에 영향을 미친다. DNA는 구조 단백질의 합성을 지시함으로써 우리 몸의 모양과 물리적 특성을 조절한다. 효소의 생산을 조절함으로써 DNA는 단백질 합성뿐만 아니라 지질, 탄수화물, 기타 중요한 분자의 생성과 파괴를 포함한 세포 대사의 모든 측면을 조절한다.

여러 형태의 DNA가 협력해 DNA가 제공하는 정보를 사용하여 특정 단백질을 제조한다. 3장에서는 DNA와 RNA가 함께 작용하는 방식에 대해 자세히 설명한다.

핵산의 구조 Structure of Nucleic Acids

핵산은 **뉴클레오티드(nucleotide)**라고 하는 소단위로 구성된다. 각 뉴클레오티드는 당, 인산염기(PO_4^{3-}) 및 **질소성**(*nitrogenous*)(질소 함유 *nitrogen-containing*) **염기**(*base*)의 세 부분으로 구성된다(**그림 2-20a**). 당은 항상 **리보스(ribose)**(RNA의 경우) 또는 **디옥시리보스(deoxyribose)**(DNA의 경우), 5탄당이다. **아데닌(adenine)(A)**, **구아닌(guanine)(G)**, **시토신(cytosine)(C)**, **티민(thymine)(T)**, **우라실(uracil)(U)**의 다섯 가지 질소 염기가 있다. RNA와 DNA는 모두 아데닌, 구아닌, 시토신을 포함한다. 우라실은 RNA에서만 발견되고 티민은 DNA에서만 발견된다(**그림 2-20b**).

RNA와 DNA의 중요한 구조적 차이는 **표 2-6**에 나와 있다. RNA 분자는 뉴클레오티드의 단일 사슬이다(**그림 2-20c**). DNA 분자는 두

그림 2-20 핵산의 구조. 핵산은 뉴클레오티드의 긴 사슬이다.

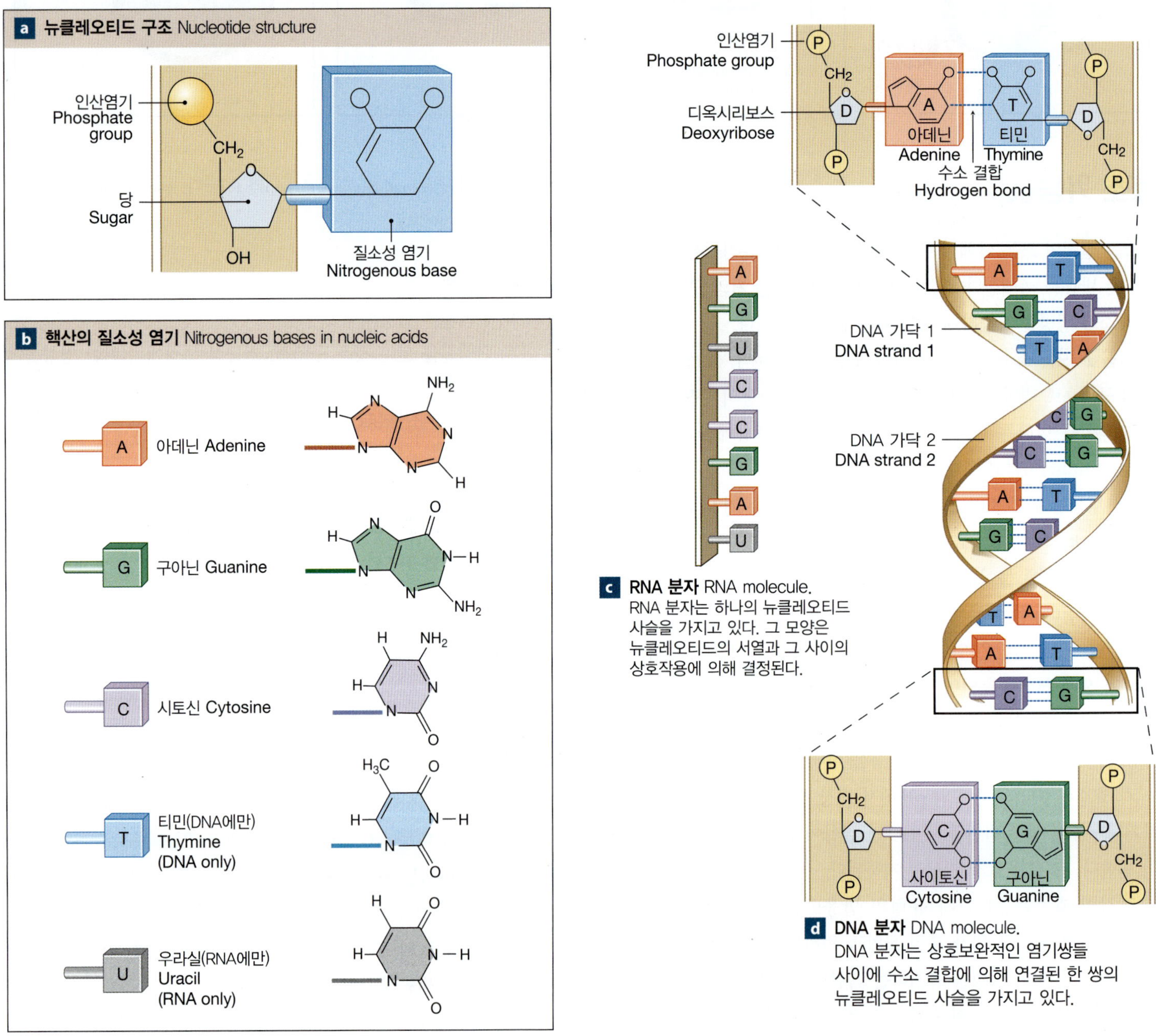

표 2-6 RNA와 DNA의 비교

특성	RNA	DNA
당(Sugar)	리보스	디옥시리보스
질소성 염기(Nitrogenous Bases)	아데닌	아데닌
	구아닌	구아닌
	시토신	시토신
	우라실	티민
일반적인 분자에서 뉴클레오티드의 수(Number of Nucleotides in a Typical Molecule)	100개 미만의 뉴클레오티드에서 약 50,000개까지 다양하다.	항상 4,500만 이상의 뉴클레오티드
분자 모양(Shape of Molecule)	단일 가닥	쌍으로 된 가닥이 이중나선으로 감겨 있음
기능(Function)	DNA의 지시에 따라 단백질 합성을 수행	단백질 합성을 제어하는 유전자 정보를 저장

개의 뉴클레오티드 사슬로 구성되어 있다. 서로 반대되는 질소 염기 사이의 약한 수소 결합에 의해 유지된다(**그림 2-20d**). 그 모양 때문에 아데닌은 티민과만 결합할 수 있고, 시토신은 구아닌과만 결합할 수 있다. 이러한 이유로, 아데닌-티민 및 시토신-구아닌은 **상보적 염기쌍(complementary base pair)**으로 알려져 있다.

DNA의 두 가닥은 **이중나선(double helix)**으로 서로 꼬여 있다. 이 모양은 질소 염기쌍에 해당하는 나선형 계단과 유사하다.

체크포인트

26. 핵산에 대해 설명하시오.
27. 리보스 당, 질소성 염기 및 인산염기로 구성된 큰 유기 분자는 어떤 종류의 핵산인가?

책 뒷면에 있는 파란색 정답 탭을 참조.

2-13 ATP는 세포가 사용하는 고에너지 화합물이다

학습목표 고에너지 화합물의 구조와 기능에 대해 논의한다.

세포에 전력을 공급하는 에너지는 포도당과 같은 유기 분자의 분해(이화작용)에서 나온다. 에너지가 필요한 곳에 도달하기 위해서는, 분자에서 분자로 또는 세포의 한 부분에서 다른 부분으로 전달되어야 한다.

에너지 전달의 일반적인 방법은 세포 내 효소에 의한 고에너지 결합의 생성을 포함한다. **고에너지 결합(high-energy bond)**은 비정상적으로 많은 양의 에너지를 저장하는 공유 결합이다(모형 비행기의 프로펠러에 단단히 꼬여 있는 고무 밴드도 마찬가지). 그 결합이 나중에 끊어지면 제어된 조건에서 에너지가 방출된다(프로펠러가 풀리지 않은 고무 밴드에 의해 회전하는 경우).

우리 세포에서 고에너지 결합은 보통 인산염기(PO_4^{3-})를 유기 분자에 연결하여 **고에너지 화합물(high-energy compound)**을 생성한다. 대부분의 고에너지 화합물은 핵산의 구성 요소인 뉴클레오티드에서 파생된다. 체내에서 가장 중요한 고에너지 화합물은 **아데노신 3인산(adenosine triphosphate)**, 즉 **ATP**이다. ATP는 뉴클레오티드 아데노신 1인산(*adenosine monophosphate*)(*AMP*)과 두 개의 인산염기로 구성되어 있다(**그림 2-21**). 두 개의 인산염기를 추가하려면 상당한 양의 에너지가 필요하다. 인산기 하나에 인산기 하나가 추가되면 AMP는 아데노신 2인산(*adenosine diphosphate*)(*ADP*)이 된다.

ATP에서 고에너지 결합은 인산염기를 **아데노신 2인산(adenosine diphosphate)(ADP)**에 연결한다. ADP를 ATP로 전환하는 것은 세포에 에너지를 저장하는 가장 중요한 방법이다. 역반응은 에너지 방출의 가장 중요한 방법이다. 두 반응은 다음과 같이 함께 도표로 나타낼 수 있다.

$$\text{ADP} + \text{인산기} + \text{에너지} \rightleftharpoons \text{ATP} + H_2O$$

일생 동안 세포는 ADP에서 ATP를 지속적으로 생성한 다음 ATP에 저장된 에너지를 사용하여 단백질 분자의 합성이나 근육 수축과 같은 중요한 기능을 수행한다. **그림 2-22**는 ADP와 ATP의 재활용과 세포 에너지 흐름에서 ATP의 중요한 역할을 보여준다.

그림 2-23과 **표 2-7**은 이 장에서 논의한 주요 화학 화합물을 복습한다.

체크포인트

28. ATP에 대해 설명하시오.
29. ATP 가수분해의 산물은 무엇인가?

책 뒷면에 있는 파란색 정답 탭을 참조.

2

그림 2-21 ATP의 구조. ATP 분자는 뉴클레오티드 아데노신 1인산(AMP)에 2개의 인산염기를 부착되어 형성된다. 이 두 인산염기는 고에너지 결합으로 연결되어 있다.

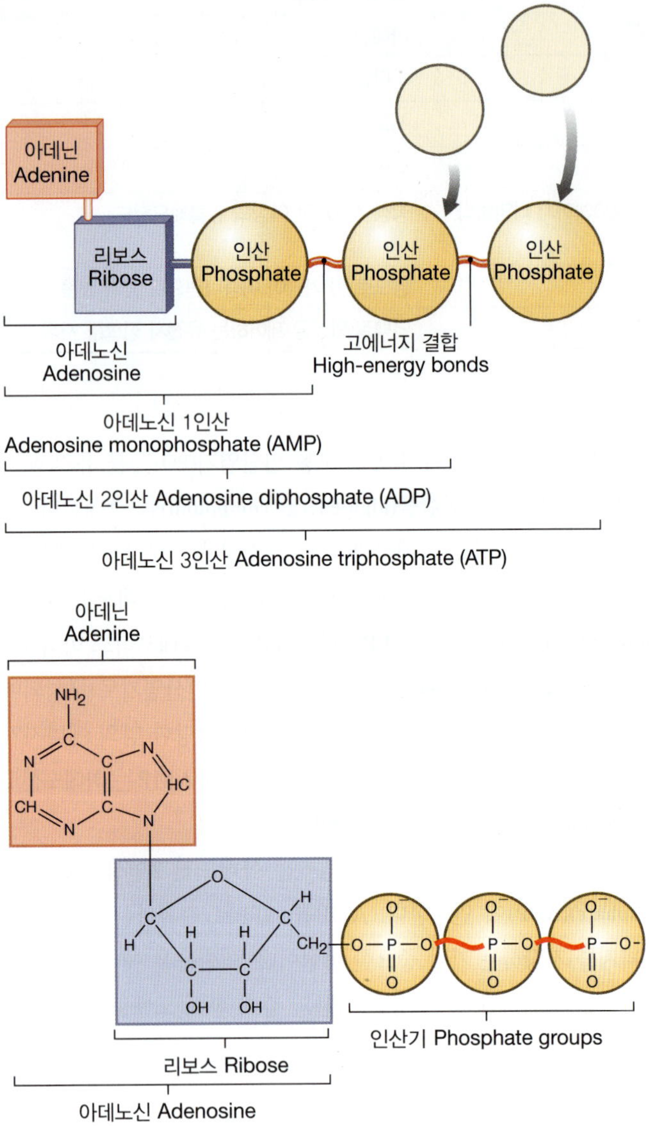

그림 2-22 ADP 및 ATP의 재활용과 세포 내 에너지 흐름.

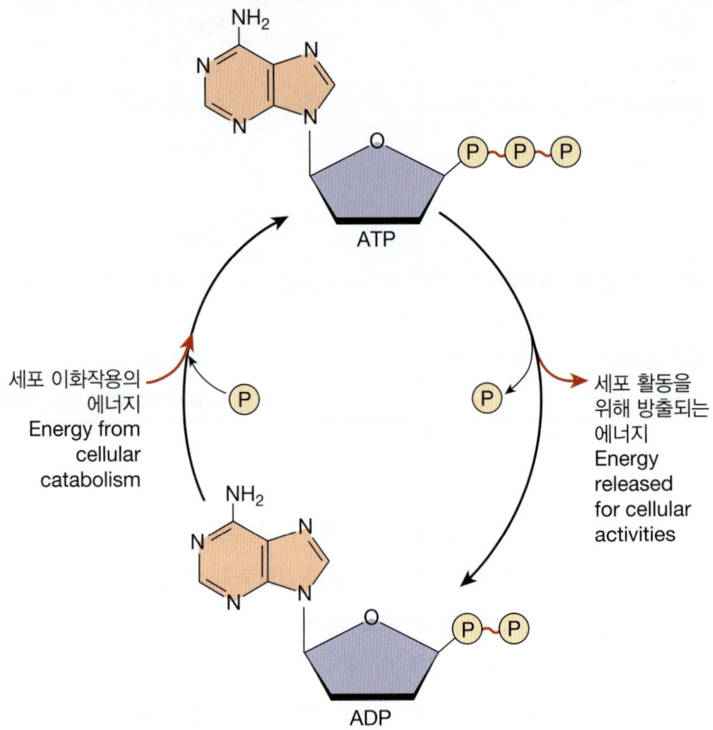

2-14 화학물질은 세포라는 기능 단위를 형성한다

학습목표 화학물질과 세포의 관계를 설명한다.

인체는 화학물질의 무작위 모음 이상이다. 이 장에서 논의되는 생화학적 구성 요소는 세포(*cell*)의 구성 요소이다. 각 세포는 내부 및 외부 자극에 반응하는 작은 유기체처럼 행동한다. 지질막은 세포를 주변 환경과 분리하고, 내부 막은 특정 기능을 가진 구획을 만든다. 단백질은 내부지지 체계를 형성하고 항상성을 유지하는 화학 반응을 가속, 제어

표 2-7 생물학적으로 중요한 무기 및 유기화합물의 구조와 기능

분류	구성 요소	근원	기능
무기체(INORGANIC)			
물(Water)	수소 및 산소 원자	액체 상태의 물로 흡수되거나 신진대사에 의해 생성됨	용매, 용해 물질 및 열 운반 매개체, 증발을 통한 냉각, 화학 반응 매개체, 가수분해 반응물질
산, 염기, 염분 (Acids, bases, salts)	수소 이온, 수산화 이온, 다양한 음이온 및 양이온	식단에서 얻거나 신진대사에 의해 생성됨	구조 구성 요소; 완충제, 이온 근원
용해 가스(Dissolved gases)	산소, 탄소, 질소 및 기타 원소의 원자	대기, 대사	O_2: 정상 세포 대사에 필요 CO_2: 폐기물로 세포에 의해 생성

그림 2-23 체내 유기화합물의 구조 개요. 유기화합물의 각 부류는 단순한 구조적 하위 단위로 구성된다. 각 부류 내의 특정 화합물은 기본 하위 단위 위에 표시된다. 지방산은 스테로이드제를 제외한 모든 지질의 주요 하위 단위이다. 여기에는 지질의 한 유형인 트리글리세리드만 표시된다.

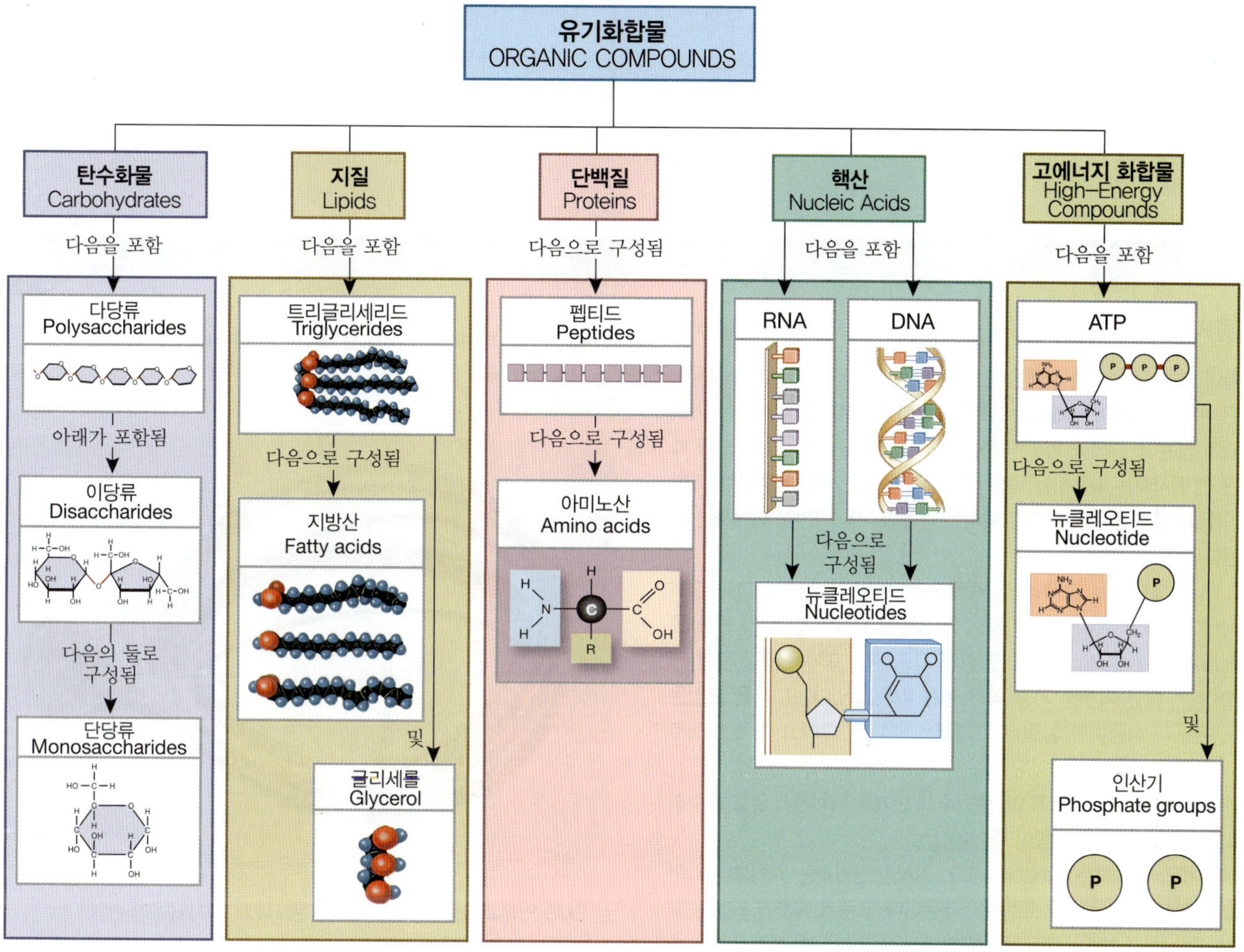

표 2-7 (계속)			
분류	**구성 요소**	**근원**	**기능**
유기체(ORGANIC)			
탄수화물(Carbohydrates)	C, H, O; 1:2:1 비율	식이요법에서 얻거나 체내에서 제조	에너지원; 지질이나 단백질에 부착되었을 때 일부 구조적 역할; 에너지 저장
지질(Lipids)	C, H, O, 때로는 N 또는 P; CHO가 1:2:1 비율이 아님	식이요법에서 얻거나 체내에서 제조	에너지원, 에너지 저장, 단열재, 구조 구성물, 화학적 전달자, 보호
단백질(Proteins)	C, H, O, N, 종종 S	일반적인 아미노산 20개; 대략 절반은 체내에서 제조될 수 있고, 나머지는 식단으로 얻음	신진대사 반응의 촉매, 구조적 구성 요소, 이동, 운반, 완충, 방어, 활동 통제 및 조정
핵산(Nucleic acids)	C, H, O, N 및 P; 인산염, 당, 질소 염기로 구성된 뉴클레오티드	식이요법에서 얻거나 체내에서 제조	유전 정보의 저장 및 처리
고에너지 화합물 (High-energy compounds)	고에너지 결합으로 인산염에 결합된 뉴클레오티드	모든 세포에 의해 합성됨	에너지의 저장 또는 전달

2

하는 효소의 역할을 한다. 핵산은 세포가 다양한 다른 물질을 합성할 수 있도록 하는 효소를 포함한 모든 세포 단백질의 합성을 지시한다. 탄수화물은 중요한 활동에 필요한 에너지를 제공한다. 그들은 또한 단백질이나 지질과 결합하여 특수 화합물을 형성한다. (다음 장에서 살아있는 기능성 세포 내에서 이러한 화합물의 역할을 살펴본다.)

체크포인트

30. 유기화합물의 공통적인 6가지 요소를 구별하시오.

31. 이 장에서 논의된 세포의 구성 요소인 생화학적 구성 요소를 확인하시오.

책 뒷면에 있는 파란색 정답 탭을 참조.

임상노트

응급약물의 물리적 특성 Physical Properties of Emergency Medications

많은 약물이 병원 전 치료에 사용된다. 병원 환경과는 달리 현장에서 사용하는 약물은 환경적 요인에 노출되는 경우가 많다. 대부분의 경우 이는 거의 문제가 되지 않는다. 그러나 일부 약물은 환경 요인의 영향을 받는다. 이 때문에 병원 전 종사자는 사용하는 약물의 물리적 특성을 숙지해야 한다. 또한 병원 전 약물의 물리적 특성에 대한 지식은 약물의 작용 기전을 이해하는 데 도움이 된다.

물질의 세 가지 상태는 **고체**(*solid*), **액체**(*liquid*) 또는 **기체**(*gas*)이다. 물질의 물리적 상태에 영향을 미치는 두 가지 주요 요인은 다음과 같다. 첫 번째 요인은 화합물을 함께 유지하는 분자간 힘의 강도이다. 고체는 가장 강한 힘을 가지고 있는 반면 기체는 가장 약한 힘을 가지고 있다. 또 다른 요인은 온도이다. 온도가 상승하면 물질은 고체에서 액체로, 그리고 기체 상태로 변한다.

물질이 고체에서 액체, 기체에 이르는 이 세 단계를 거치면서 열을 흡수하고 **엔탈피**(*enthalpy*) 또는 열 함량이 증가한다.

따라서 액체의 엔탈피는 고체보다 크고, 기체의 엔탈피는 액체보다 크며 이는 녹고 기화하는 동안 열을 흡수하기 때문이다. 고체가 액체가 되는 온도가 **녹는점**(*melting point*)이다. 액체가 기체가 되는 온도는 **끓는점**(*boiling point*)이다. 그러나 끓는점에 도달하기 전에 일부 액체는 **증발**(*evaporation*)을 통해 기체 상태로 전환되기 시작한다. 화학물질은 물리적 상태를 변화시키는 경향이 다양하다. 기체 상태를 가정하는 경향은 **휘발성**(*volatility*)이다. 휘발성이 높은 화학물질은 빠르게 증발하여 기체 상태를 취하는 반면, 휘발성이 낮은 화학물질은 액체 상태로 남아 있는 경향이 있다.

병원 전 진료에 사용되는 대부분의 약물은 액체 상태이다. 이것은 위장관에 의해 흡수될 필요 없이 약물을 체내에 투여할 수 있게 한다. 대부분의 응급 약물의 끓는점과 어는점은 일상적인 사용에서 발생하지 않는다. 그러나 일부 약물에는 문제가 있다. 예를 들어, 약물 만니톨은 증가된 머리내압, 급성 녹내장 및 수혈 반응을 치료하기 위해 병원 전 치료에서 때때로 사용된다. 만니톨은 당분이고 삼투성 이뇨제로 사용된다. 20% 용액이 들어 있는 바이알에 액체 형태로 공급된다. 10°C(50°F) 미만의 온도에서 만니톨이 결정화되기 시작한다. 처음에는 이 결정체를 육안으로 볼 수 없다. 약물의 온도가 5°C(40°F) 미만으로 떨어지면 약물이 고체 상태로 변하면서 바이알 전체가 결정화된다. 만니톨의 농도가 높을수록 결정화 경향이 커진다. 이 때문에 만니톨은 미세한 결정을 포함한 결정들이 환자의 순환계에 들어가지 않도록 항상 필터를 통해 투여해야 한다. 끓는 물에 만니톨을 다시 녹이거나 전자레인지에 넣으면 약물이 손상될 수 있으므로 시도해서는 안 된다. 만니톨은 모든 EMS 약물과 마찬가지로 적절한 온도에서 유지되어야 한다.

그림 2-24 마취제로 에테르를 투여하는 데 사용되는 에테르 마스크. 천을 프레임에 넣고 환자가 흡입할 수 있도록 휘발성 에테르를 천 위에 떨어뜨렸다.

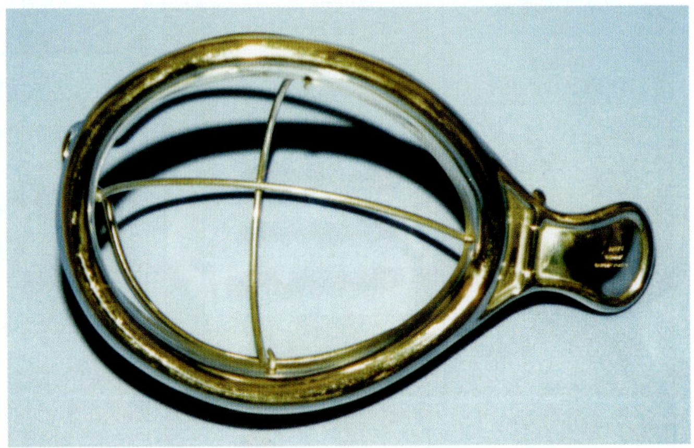

특정 약물의 휘발성은 응급 처치에서 중요하다. 예를 들어, 전신 마취제는 휘발성이 높아 환자에게 신속하게 전달될 수 있다. 또 다른 예로 초기 시제품 마취제인 에테르는 휘발성이 매우 높다. 초기 마취 실습에서는 에테르 마스크에 천천히 떨어뜨려 환자가 약물을 흡입하여 마취되었다(**그림 2-24**). 그러나 에테르는 인화성이 매우 높고 외과 의사에게 위험하기 때문에 현대 의학에서는 거의 사용되지 않는다.

현대 의학에서 가끔 사용하는 마취제는 **메톡시플루레인**(*methoxyflurane*)(펜트레인*Pentrane*)이다. 고용량에서는 메톡시플루래인이 전신 마취제이고 저용량에서는 매우 효과적인 진통제이다. 미국에서는 병원 전 사용이 승인되지 않았지만 메톡시플루레인은 호주 EMS 전역에서 진통제로 자주 사용된다. 실온에서 메톡시플루레인은 액체이지만 휘발성이 매우 강하고 빠르게 증발한다. 진통제의 경우 0.5% 메톡시플루레인(펜트레인) 용액 3~6 ml를 흡입기의 흡수성 심지에 놓는다. 그런 다음 흡입기를 환자에게 건네주면 환자가 마우스 피스를 통해 숨을 들이마시고 내쉬면서 환자에게 전달된다. 약효가 빠르게 나타나고 약물을 제거하면 효과가 빠르게 사라진다. 이 때문에 외상, 산부인과, 기타 유형의 급성 통증에 사용할 수 있다. 메톡시플루레인 흡입기의 포트는 필요한 경우 보충 산소를 허용한다.

아산화질소는 더 낮은 농도에서 진통 효과를 가진 또 다른 전신 마취제이다. 빠른 진통을 위해 미국, 캐나다, 영국에서 자주 사용된다. 아산화질소는 단독으로 사용할 경우 질식할 수 있기 때문에 항상 산소와 함께 투여해야 한다. 아산화질소 수치가 70%에 도달하면 마취가 시작된다. 진통은 약 50%의 농도에서 얻어진다. 미국에서는 아산화질소와 산소가 서로 다른 실린더에서 투여된다. 이 가스들은 정확히 50% 아산화질소 / 50% 산소 혼합물을 혼합하는 블렌더에 공급된다. 산소 농도가 50% 미만으로 떨어지면 장치가 멈춘다. 불행히도 별도의 산소 및 아산화질소 실린더가 필요하기 때문에 장치가 훨씬 더 무겁고 부피가 크며 응급 처치 시 사용하기 어렵다. 영연방 국가(영국의 옛 식민지)에서는 아산화질소와 산소를 하나의 실린더에 미리 혼합하는 것이 허용된다(Entonox, Dolonox). 이 시스템은 부피가 작고, 비용이 적게 들며, 병원 전 진료에서 사용하기 쉽다.

아산화질소의 한 가지 물리적 특성은 병원 전 진료에서의 사용에 영향을 미친다. 아산화질소는 상온에서 가압된 강철 용기에서 액체 위의 기체로 존재한다. 그러나 약 −3.3℃(26℉)에서 아산화질소는 액체 형태로 돌아간다. 이 경우 실린더가 따뜻해질 때까지 약물 전달이 중단된다. 때때로 실린더를 두세 번 뒤집으면 환자 치료를 완료하기에 충분한 가스가 방출될 수 있다. 미국의 시스템(Nitronox)에서는 아산화질소 공급이 중단되면 장치는 순수한 산소의 지속적인 흐름을 허용한다. 단일 실린더 시스템에서 아산화질소가 액화되면 혼합물이 분리되고 기체 산소가 실린더 상단을 차지하는 반면, 액체 아산화질소는 실린더 하단을 차지한다. 추운 환경에서 단일 실린더 시스템을 통해 아산화질소를 투여하면 혼합물이 액화되고 남아 있기 때문에 약물의 농도가 감소할 수 있다. 실린더를 20℃에서 부드럽게 다시 가열하고 실린더를 완전히 뒤집으면 혼합물이 복원된다.

관련 임상 용어

가족성 고콜레스테롤혈증(familial hypercholesterolemia): 혈중 콜레스테롤 수치와 신체 조직, 특히 혈관의 벽에 콜레스테롤이 많이 쌓이는 유전적 질환이다.

갈락토오스혈증(galactosemia): 우유의 단당류인 갈락토스를 세포 내에서 포도당으로 전환하는 효소의 부족으로 인한 대사 장애이다. 영향을 받은 사람들은 혈액과 소변에서 갈락토스 수치가 상승한다. 어린 시절 갈락토스의 농도가 높으면 신경계 발달과 간 기능에 이상이 생기고 백내장이 생길 수 있다.

핵조영술(nuclear imaging): 주사된 방사성 동위원소에서 방출되는 방사선에 의해 사진 건판이나 비디오 스크린에 이미지가 생성되는 절차이다.

페닐케톤뇨증(Phenylketonuria)(PKU): 일반적으로 아미노산 페닐알라닌을 또 다른 아미노산인 티로신으로 변환하는 효소의 결함으로 인한 대사 장애이다. 유아기에 페닐알라닌 수치가 상승한 것을 발견하지 않으면 신경계 발달에 손상이 와서 정신적 지연이 발생할 수 있다. 치료는 특히 유아기 식단에서 페닐알라닌의 양을 조절하는 것이다.

방사성 약물(radiopharmaceuticals): 방사성 원자를 포함하는 약물; 특정 표적 조직을 방사선에 노출시키기 위해 투여된다.

표지자(tracer): 방출하는 방사선에 의해 체내에서 추적될 수 있는 방사성 동위원소 라벨이 부착된 화합물이다.

2 복습

요약

조직의 화학적 수준 소개 *p. 26*

1. **화학(chemistry)**은 물질과 물질의 상호작용을 연구한다.

2-1 원자는 물질의 기본 입자이다 *p. 26*

2. **원자(atom)**는 물질의 가장 작은 단위이고, **양성자(protons)**, **중성자(neutron)** 및 **전자(electron)**로 구성된다(**그림 2-1**).
3. 모든 **원소(element)**는 동일한 수의 양성자(**원자 번호, atomic number**)를 가진 원자로 구성된다. 원자 내에서 **전자구름(electron cloud)**은 핵을 둘러싸고 있다(**그림 2-2**; **표 2-1**).
4. 원자의 **질량 번호(mass number)**는 핵에 있는 양성자와 중성자의 총수와 같다. **동위원소(isotope)**는 핵이 다른 수의 중성자를 포함하는 동일한 원소의 원자이다. 원소의 **원자량(atomic weight)**은 다양한 동위원소의 풍부함을 고려하기 때문에 평균 질량이다.
5. 전자는 핵 주위의 일련의 **전자껍질(electron shell)**을 차지한다. 가장 바깥쪽 전자껍질에 있는 전자의 수는 원소의 화학적 특성을 결정한다(**그림 2-3**).

2-2 화학 결합은 원자들 사이의 상호작용에 의해 형성되는 힘이다 *p. 28*

6. 원자는 **화학 결합(chemical bond)**을 만드는 화학 반응을 통해 결합할 수 있다. **분자(molecule)**는 공유 전자에 의해 결합된 원자로 구성된 모든 화학 구조이다. **화합물(compound)**은 두 개 이상의 서로 다른 원소의 원자가 특정 비율로 구성된 화학 물질이다.

7. **이온 결합(ionic bond)**은 전자를 얻거나 잃은 원자인 **이온(ions)** 사이의 인력에 의해 발생한다. **양이온(cation)**은 양전하를 띤 이온이고 **음이온(anion)**은 음전하를 띤 이온이다(**그림 2-4**; **표 2-2**).

8. 전자 한 쌍을 공유하면 **단일 공유 결합(covalent bond)**이 형성되고, 두 쌍을 공유하면 **이중 공유 결합(double covalent bond)**이 형성된다. 전자의 불균등한 공유는 **극성 공유 결합(polar covalent bond)**을 만든다(**그림 2-5**).

9. **수소 결합(hydrogen bond)**은 약간의 양전하를 띤 수소 원자와 다른 분자 또는 동일한 분자 내에서 음전하를 띤 원자 사이의 인력이다. 수소 결합은 분자의 모양과 특성에 영향을 미칠 수 있다(**그림 2-6**).

2-3 분해, 합성, 교환 반응은 생리적으로 중요한 화학 반응이다 *p. 31*

10. **신진대사(metabolism)**는 체내의 모든 화학 반응을 의미한다. 우리의 세포는 항상성을 유지하고 필수적인 기능을 지원하기 위해 에너지를 포획, 저장 및 사용한다.

11. **화학 표기법(chemical notation)**은 화학적 화합물 및 반응을 기술하는 데 사용된다(**집중조명 그림 2-7**).

12. **일(work)**은 물체의 이동이나 물리적 구조의 변화를 수반하며, **에너지(energy)**는 작업을 수행할 수 있는 능력이다. 에너지의 두 가지 주요 종류는 운동 에너지와 위치 에너지가 있다.

13. **운동 에너지(kinetic energy)**는 움직임의 에너지이다. **위치 에너지(potential energy)**는 물체의 위치나 구조에서 발생하는 저장된 에너지이다. 위치 에너지에서 운동 에너지로의 변환은 100% 효율적이지 않다. 모든 에너지 교환은 **열(heat)**을 생성한다.

14. 화학반응은 **분해(decomposition)**, **합성(synthesis)**, **교환 반응(exchange reaction)**으로 분류할 수 있다.

15. 세포는 복잡한 분자의 분해인 **이화작용(catabolism)**을 통해 기능을 강화하는 에너지를 얻는다. 이 에너지의 대부분은 새로운 유기 분자의 합성인 **동화작용(anabolism)**을 지원한다.

16. 가역 반응은 동시 합성 및 분해 반응으로 구성된다. **평형상태(equilibrium)**에서 이 두 가지 상반되는 반응의 속도는 균형을 이루고 있다.

2-4 효소는 반응의 활성 에너지를 낮춤으로써 특정 생화학적 반응을 촉매한다 *p. 34*

17. **활성 에너지(activation energy)**는 반응을 시작하는 데 필요한 에너지의 양이다. **효소(enzyme)**라고 불리는 분자는 체내에서 많은 화학 반응을 조절한다. 효소는 그 자체가 영구적으로 변하지 않고 반응에 참여하는 **촉매(catalyst)**이다(**그림 2-8**).

18. **에너지 방출 반응(exergonic)**은 에너지를 방출하고, **에너지 흡수 반응(endergonic)**은 에너지를 흡수한다.

2-5 무기화합물은 보통 탄소가 부족하고 유기화합물은 항상 탄소를 함유하고 있다 *p. 34*

19. **영양소(nutrient)** 및 **대사 산물(metabolite)**은 크게 **유기(organic)** 또는 **무기화합물(inorganic compound)**로 분류할 수 있다.

20. 체내의 살아 있는 세포는 산소를 소비하고 이산화탄소를 발생시킨다.

2-6 생리학적 계통은 물에 의존적이다 *p. 35*

21. 물은 신체의 가장 중요한 무기 성분이다.

22. 물은 우수한 용매이며 열용량이 높고, 신체의 대사 반응에 관여한다.

23. 많은 무기화합물은 물에서 **해리(dissociation)** 또는 **이온화(ionization)**를 거쳐 이온을 형성한다(**그림 2-9**).

2-7 체액의 pH는 항상성을 위해 필수적이다 *p. 36*

24. 용액의 **pH**는 용액이 포함하고 있는 수소 이온의 농도를 나타낸다. 용액은 pH에 기초하여 중성($pH = 7$), 산성($pH < 7$) 또는 염기성($pH > 7$)으로 분류된다(**그림 2-10**).

25. **완충제(buffer)**는 수소 이온을 방출하거나 흡수하여 pH를 정상 범위(대부분의 체액에서 7.35~7.45) 이내로 유지한다.

2-8 산, 염기, 염분은 중요한 생리학적 역할을 한다 *p. 36*

26. **산(acid)**은 수소 이온을 용액으로 방출하고 **염기(base)**는 용액에서 수소 이온을 제거한다.

27. **염분(salt)**은 양이온이 H^+가 아니고 음이온이 OH^-가 아닌 이온 화합물이며 산, 염기, 염분은 물에서 해리되어 전류를 전도하는 화합물인 **전해질(electrolytes)**이다.

2-9 탄수화물은 탄소, 수소, 산소를 1:2:1의 비율로 함유하고 있다 *p. 39*

28. 유기화합물은 항상 탄소와 수소를 함유하고 있다.

29. **탄수화물(carbohydrate)**은 신진대사의 에너지원으로서 가장 중요하다. 세 가지 주요 유형은 **단당류(monosaccharide)**, **이당류(disaccharide)** 및 **다당류(polysaccharide)**이다(**그림 2-11, 2-12**; **표 2-3**).

2-10 지질에는 1:2의 탄소 대 수소 비율이 포함되어 있다 *p. 41*

30. **지질(lipid)**은 불용성 분자로 지방, 오일, 왁스를 포함한다. 지질에는 **지방산(fatty acid)**, **지방(fat)**, **스테로이드(steroid)**, **인지질(phospholipid)**의 네 가지 중요한 종류가 있다(**표 2-4**).

31. **트리글리세리드(triglyceride)(지방, fat)**는 글리세롤 분자에 부착된 3개의 지방산 분자로 구성된다(그림 2-13, 2-14).

32. 콜레스테롤은 스테로이드 호르몬의 구성요소이며 세포막의 구성요소이다(그림 2-15).

33. 인지질은 세포막에서 가장 풍부한 성분이다(그림 2-16).

2-11 단백질은 탄소, 수소, 산소, 질소를 포함하고 있으며 아미노산으로 만들어진다 *p. 43*

34. 단백질은 신체에서 매우 다양한 기능을 수행한다. 7가지의 중요한 단백질 유형에는 **구조단백(structural protein)**, **수축단백(contractile protein)**, **수송단백(transport protein)**, **완충단백(buffering protein)**, **효소(enzyme)**, **호르몬(hormone)**, **항체(antibody)**가 있다.

35. 단백질은 **아미노산(amino acid)**의 사슬이다. 각각의 아미노산은 중심 탄소 원자에 부착된 아미노기, 카르복실기, 수소 원자, 그리고 R기로 구성되어 있다. 아미노산은 **펩티드 결합(peptide bond)**으로 연결되어 있다. 아미노산의 서열과 R기의 상호작용은 단백질 분자의 최종 모양에 영향을 미친다(그림 2-17, 2-18).

36. 단백질 구조의 4단계는 **1차 구조(primary structure)**(아미노산 서열), **2차 구조(secondary structure)**(수소 결합 등 아미노산 상호작용), **3차 구조(tertiary structure)**(복합 접힘 및 물 분자와의 상호작용), **4차 구조(quaternary structure)**(개별 하위 단위체로부터 단백질 복합체 형성)이다. **섬유상단백(fibrous protein)**은 질기고 내구성이 있으며 일반적으로 물에 용해되지 않는다. **구상단백(globular protein)**은 일반적으로 둥글고 물에 용해된다(그림 2-18).

37. 단백질의 모양이 단백질의 기능을 결정한다. 각 단백질은 온도와 pH의 최적 조합에서 가장 잘 작동한다.

38. 효소 반응에서 **기질(substrate)**이라 불리는 반응물질은 **활성 부위(active site)**에서 효소와 결합하여 **생성물(product)**을 형성하기 위해 상호작용한다(그림 2-19).

2-12 DNA와 RNA는 핵산이다 *p. 47*

39. **핵산(nucleic acids)**은 분자 수준에서 정보를 저장하고 처리한다. 핵산에는 **디옥시리보핵산(deoxyribonucleic acid)(DNA)**과 **리보핵산(ribonucleic acid)(RNA)**의 두 종류가 있다(그림 2-20; 표 2-5)

40. 핵산은 뉴클레오티드의 사슬이다. 각각의 뉴클레오티드는 당, **인산기(phosphate group)**, 그리고 **질소성 염기(nitrogenous group)**를 포함한다. 당은 항상 **리보스(ribose)** 또는 **디옥시리보스(deoxyribose)**이다. DNA에서 발견되는 질소성 염기는 **아데닌(adenine)**, **구아닌(guanine)**, **시토신(cytosine)**, **티민(thymine)**이다. RNA에서 **우라실(uracil)**은 티민을 대신한다.

2-13 ATP는 세포가 사용하는 고에너지 화합물이다 *p. 49*

41. 세포는 **고에너지 화합물(high-energy compound)**에 에너지를 저장한다. 가장 중요한 고에너지 화합물은 **ATP(아데노신 3인산, adenosine triphosphate)**이다. 에너지를 사용할 수 있을 때 세포는 ADP에 인산기를 추가함으로써 ATP를 만든다. 에너지가 필요할 때 ATP는 ADP와 인산염으로 분해된다(그림 2-21, 2-22).

42. 생물학적으로 중요한 유기화합물은 간단한 구조의 하위 단위로 구성되어 있다(그림 2-23; 표 2-6).

2-14 화학물질은 세포라는 기능 단위를 형성한다 *p. 50*

43. 생화학적 구조물은 세포를 형성한다.

복습 문제

책 뒷면에 있는 파란색 정답 탭을 참조.

단계 1 사실 및 용어 검토

A열의 각 항목을 B열의 가장 밀접하게 관련된 항목에 맞게 빈칸에 적절한 답을 적으시오.

A열	B열
_____ **1.** 원자 번호	**a.** 합성
_____ **2.** 공유 결합	**b.** 촉매
_____ **3.** 이온 결합	**c.** 전자 공유
_____ **4.** 이화작용	**d.** $A+B \rightleftharpoons AB$
_____ **5.** 신진대사	**e.** pH 안정화
_____ **6.** 교환 반응	**f.** 양성자 수
_____ **7.** 가역 반응	**g.** 분해
_____ **8.** 산성	**h.** 탄수화물, 지질, 단백질
_____ **9.** 효소	**i.** 전기적 매력
_____ **10.** 완충제	**j.** 물, 염화나트륨
_____ **11.** 유기화합물	**k.** 기증자
_____ **12.** 무기화합물	**l.** $AB + CD \longrightarrow AD + CB$

13. 산소 원자에는 8개의 양성자가 있다. **(a)** 다음 도표에서 산소 원자의 핵 주위에 전자 배열을 스케치하라. **(b)** 가장 바깥쪽 전자껍질을 채우려면 몇 개의 전자가 더 필요한가?

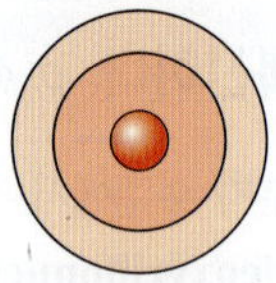

산소 원자
Oxygen atom

14. 원자에서 양성자와 중성자가 발견된다.
(a) 핵에서만
(b) 핵 외부에서
(c) 핵 내부 및 외부
(d) 전자구름에서

15. 원자의 외부 전자껍질에 있는 전자의 수와 배열에 따라 원소의 성질이 결정된다.
(a) 원자량
(b) 원자 번호
(c) 전기적 특성
(d) 화학적 특성

16. 염화나트륨(NaCl) 화합물 내 나트륨과 염소 사이의 결합은
(a) 이온 결합
(b) 단일 공유 결합
(c) 무극성 공유 결합
(d) 이중 공유 결합

17. 효소가 화학 반응에서 어떻게 기능하는지 설명하시오.

18. 인체에서 가장 풍부한 여섯 가지 요소를 나열하시오.

19. 체내에서 발견되는 4가지 주요 유기화합물은 무엇인가?

20. 단백질에 의해 수행되는 7가지 주요 기능을 나열하시오.

21. 다음 그림에서 아미노산의 구성 요소를 확인하시오.

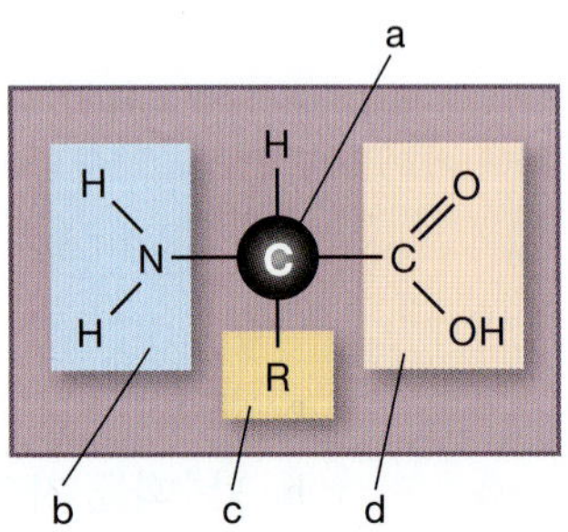

(a) ____________ **(b)** ____________
(c) ____________ **(d)** ____________

단계 2 개념 검토

22. 산소는 양성자 8개, 중성자 8개, 전자 8개를 가지고 있다. 그것의 원자량은 얼마인가?
(a) 8
(b) 16
(c) 24
(d) 32

23. 다음 중 유기화합물만 포함하는 그룹은 무엇인가?
(a) 물, 비타민, 산소, 이산화탄소
(b) 산소, 이산화탄소, 물, 당
(c) 물, 지방, 염분, 핵산
(d) 탄수화물, 지질, 단백질, 핵산

24. 포도당과 과당은 다음의 예이다.
(a) 단당류(단순당)
(b) 동위원소
(c) 지질.
(d) a, b, c 모두 답이다.

25. 무극성 공유 결합, 극성 공유 결합 및 이온 결합의 차이를 설명하시오.

26. 용액이 중성 pH를 갖는다는 것은 무엇을 의미하는가?

27. pH 6의 용액과 비교하여 pH 2의 용액은 얼마나 더 산성이거나 덜 산성인가?

28. 유기 분자는 탄소, 수소, 산소, 질소, 인 등의 원소를 포함한다. 이 정보에 기초하여, 탄수화물, 지질, 단백질 또는 핵산은 분자인가?

단계 3 비판적 사고 및 임상 적용

29. 유황 원소의 원자 번호는 16이고 원자 질량은 32이다. 유황 원자의 핵에는 중성자가 몇 개나 있는가? 유황이 수소와 공유 결합을 이룬다고 가정할 때, 한 개의 유황 원자에 몇 개의 수소 원자가 결합할 수 있는가?

30. 인체의 중요한 완충 시스템은 다음과 같이 이산화탄소(CO_2)와 중탄산염 이온(HCO_3^-)을 포함한다.

$$CO_2 + H_20 \rightleftharpoons H_2CO_3 \rightleftharpoons H^+ + HCO_3^-$$

만약 사람이 흥분해서 많은 양의 이산화탄소를 내뿜게 된다면, 신체의 pH가 어떻게 영향을 받는가?

3

세포 구조와 기능
Cell Structure and Function

학습목표

학습목표는 각 장에 대해 학습한 후 무엇을 할 수 있어야 하는지를 알려주는 것이다. 각 절의 학습목표는 다음과 같다.

3-1 세포 이론의 핵심을 나열한다.

3-2 형질막의 기능과 기능을 수행할 수 있는 구조를 설명한다.

3-3 세포의 확산과 삼투 과정, 생리학적 역할을 설명한다.

3-4 세포가 특정 물질을 흡수하거나 제거하기 위해 사용하는 운반체 매개운반과 소포운반의 과정을 설명한다.

3-5 전형적인 세포소기관들을 설명하고 특수한 기능을 인지한다.

3-6 세포 핵의 기능을 설명한다.

3-7 단백질 합성 과정을 요약한다.

3-8 유사분열, 사이기, 세포질분열을 포함한 세포의 수명주기 단계를 설명하고 그 의미를 설명한다.

3-9 세포분열과 암 사이의 관계에 대하여 논의한다.

3-10 분화를 정의하고 그 중요성을 설명한다.

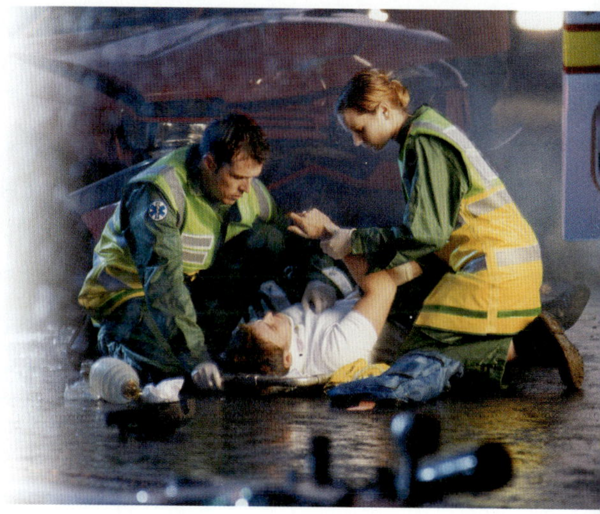

세포 구조와 기능 소개

세포들은 매우 작다. 일반적인 세포의 직경은 약 0.1 mm로 사람의 머리카락 굵기와 비슷하다. 이로 인하여 17세기 효과적인 현미경이 발명되기 전까지는 아무도 세포의 구조를 실제로 확인할 수 없었다. 1665년 로버트 훅(Robert Hooke)은 코르크의 얇은 조각을 관찰하였고, 코르크가 수백만 개의 작은 벽으로 된 구멍으로 구성되었다는 것을 알아냈다. 훅은 이 작은 빈 공간들이 수도원의 방 또는 감옥의 방을 떠올리게 하였기 때문에 **세포**(*cell*)이라는 용어를 사용했다. 훅은 세포 자체가 아닌 세포의 윤곽만 보았으나 오늘날까지 이어지는 현미경 세포와 세포 생명의 본질에 대한 관심을 자극했다.

지식 쌓기

지식 쌓기는 이미 당신이 알고 있는 내용을 상기시키고 새로운 자료를 학습할 수 있도록 준비시킨다. 지식과 자신감을 쌓을 수 있도록 모든 페이지의 지식 쌓기 상자를 읽어본다.

세포는 반응(responsiveness), 성장(growth), 생식(reproduction), 이동(movement)과 물질대사(metabolism)의 기본적인 기능을 보여주는 가장 작은 생물의 단위라는 것을 기억하라(**1장: 해부학과 생리학에 대한 소개** 참조). 세포는 인체의 세포조직 수준을 구성한다.

3-1 세포에 대한 연구는 인간 생리를 이해하는 데 기초가 된다

학습목표 세포 이론의 핵심을 나열한다.

원자(atom)가 분자(molecules)의 구성요소인 것처럼 **세포**는 인체의 구성요소이다. 수년에 걸쳐 생물학자들은 다음과 같은 4가지의 기본개념을 포함하는 **세포이론(cell theory)**을 발전시켰다.

1. 세포는 모든 동식물의 구성요소이다.
2. 세포는 생명체의 가장 작은 기능적 단위이다.
3. 세포는 기존 세포의 분열을 통해 생성된다.
4. 각 세포는 항상성을 유지한다.

각각의 유기체는 다양한 유형의 세포들이 결합되고 조정된 작용을 통해서만 항상성(homeostasis)을 유지한다. **그림 3-1**은 인체의 다양한 세포 모양과 크기를 보여준다.

수조에 달하는 체내 세포들은 해부학적 구조를 형성하고 유지한다. 체내의 세포들은 움직이고 생각하는 것과 같은 다양한 활동을 수행할 수 있도록 한다. 따라서 인체의 기능을 이해하기 위하여 세포에 대한 특성을 알아야 한다.

세포에 대한 연구 The Study of Cells

세포의 구조와 기능에 대하여 연구하는 학문을 **세포학(cytology)**이라고 한다. 지난 60년 동안 우리가 배운 것들은 세포의 생리학과 항상성 조절의 수단에 대한 새로운 지견을 제시하였다. 이러한 지식은 세포를 관찰하기 위한 개선된 장비와 새로운 실험 기술을 통해 확인할 수 있었다. 이것은 생물학뿐만 아니라 화학과 물리학에서도 확인하였다.

세포와 조직의 구조를 연구하는 데 사용되는 가장 일반적인 두 가지 방법은 광학현미경과 전자현미경이다. 1950년대 이전에는 세포를 광학현미경을 통하여 관찰했다. 유리렌즈를 사용한 **광학현미경**(*light microscopy*)은 세포의 구조를 약 1000배 확대할 수 있다. 광학현미경은 일반적으로 더 큰 조직의 조각에서 잘라낸 얇은 부분을 관찰하는 데 사용한다. 광학현미경으로 촬영한 사진을 *light micrograph*(*LM*)이라고 부른다.

세포 구조의 많은 미세한 부분들은 너무 작기 때문에 광학현미경으로 관찰할 수 없다. 이러한 미세한 부분들은 세포학자들이 빛을 전자의 초점 빔으로 대체하는 기술인 **전자현미경**(*electron microscopy*)을 사용하기 전까지 의문으로 남아 있었다. **투과전자현미경**(*transmission electron micrographs, TEMs*)은 매우 얇은 단면의 조각을 촬영하며, 세포막과 세포내 구조의 미세한 부분까지 관찰할 수 있다. **주사전자현미경**(*scanning electron micrographs, SEMs*)은 확대 기능은 낮지만 세포 구

그림 3-1 인체 세포의 다양성. 그림의 세포 유형은 약 500배로 확대하였을 때를 보여준다.

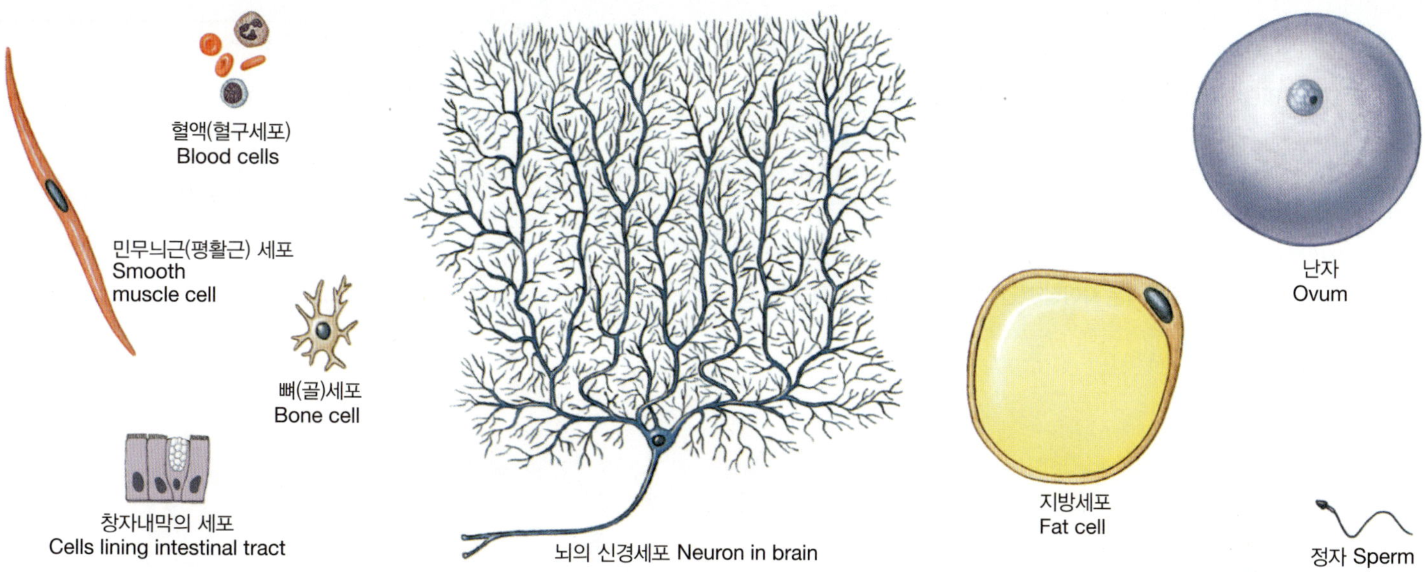

조의 3차원적인 특성을 확인할 수 있다. 주사전자현미경(SEM)은 상세한 단면보다는 세포의 표면과 세포의 부분 또는 세포의 바깥쪽 구조물을 볼 수 있게 한다.

이 책의 그림 전체에 걸쳐서 광학현미경과 두 종류의 전자현미경의 예시를 볼 수 있을 것이다. 현미경의 종류를 나타내는 약어인 LM, TEM, SEM가 그림파일의 전체 배율을 나타내는 숫자 뒤에 표기될 것이다. 예를 들어 "LM × 160"은 표시된 구조물이 광학현미경으로 160배 확대되었음을 나타낸다.

세포 해부학의 개요 An Overview of Cell Anatomy

"전형적(typical)"인 세포는 "보통의(average)" 사람과 같다. 이러한 설명은 엄청난 개인의 차이를 나타낸다. 대표 세포는 어떠한 특정한 것과 동일하지 않게 신체의 대부분의 세포와 특징을 공유한다. **집중 조명 그림 3-2**는 세포 모형의 구조와 기능을 요약하여 보여준다.

세포질(cytoplasm)을 물과 주변환경으로부터 분리하는 **형질막(plasma membrane)**, 즉 **세포막(cell membrane)**에서부터 세포에 대한 논의를 시작할 것이다. **집중 조명 그림 3-2**에서 알 수 있듯이, 이러한 수분이 많은 환경을 **세포외액**(*extracellular fluid*)이라고 부른다. 그것들의 특수한 구조의 활동뿐만 아니라 외부의 환경과 세포 상호 작용하는 몇가지 의 방법에 대하여 논의할 것이며, 전형적인 체세포가 어떻게 재생산되는지 확인할 것이다.

체크포인트

1. 세포에 대한 이론은 수년에 걸쳐 발전하였다. 4가지의 기본 개념은 무엇인가?
2. 세포에 대하여 연구하는 학문은 ____________이라 부른다.

책 뒷면에 있는 파란색 정답 탭을 참조.

3-2 형질막은 세포를 주변 환경과 분리하며 다양한 기능을 수행한다

학습목표 형질막의 기능과 기능을 수행할 수 있는 구조를 설명한다.

형질막과 세포의 구조에 대하여 확인할 것이다.

형질막의 일반적인 기능:

- **물리적 격리(*Physical isolation*).** 형질막은 세포 내부를 주변의 세포외액으로부터 분리하는 물리적인 장벽이다. 세포 내부와 외부의 조건은 매우 다르다. 항상성을 유지하기 위하여 이러한 차이점이 유지되어야 한다.
- **환경과의 교환 조절(*Regulation of exchange with the environment*).** 형질막은 이온과 영양소의 유입과 노폐물의 제거, 분비물의 방출을 조절한다.
- **환경에 대한 민감성(*Sensitivity to the environment*).** 형질막은 세포외액의 변화에 영향을 받는 첫 부분이다. 형질막은 또한 수용체로 작용하는 다양한 분자를 포함하고 있어, 세포가 환경의 특정 분자들을 인식하고 반응할 수 있게 한다.

집중 조명 그림 3-2 세포 모형의 해부학(ANATOMY OF A MODEL CELL)

우리의 세포 모형에서 형질막은 **세포질**(*cytoplasm*)이라고 하는 세포 내용물을 주변으로부터 분리한다. 세포질은 **세포질액**(*cytosol*) 또는 세포외액, **세포소기관**(*organelles*)으로 알려진 세포내 구조로 나눌 수 있다. 세포소기관은 세포 내에서 특정 기능을 수행하는 세포질 내에 매달려 있는 구조이며, 막성 세포소기관과 비막성 세포소기관으로 세분화될 수 있다.

세포는 **세포외액(extracellular fluid)**이라고 알려진 수분이 많은 물질에 둘러싸여 있다. 대부분의 조직에서 세포외액은 **사이질액**(간질액, *interstitial fluid*)이다.

미세융모 Microvilli

미세잔섬유를 포함하는 형질막의 확장

기능
세포외 물질의 흡수를 돕기 위하여 표면적을 증가시킨다.

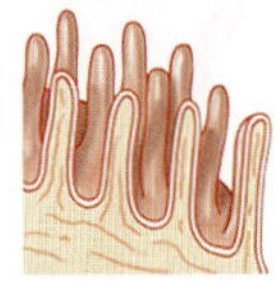

KEY
- 형질막
- 비막성 세포소기관
- 막성 세포소기관

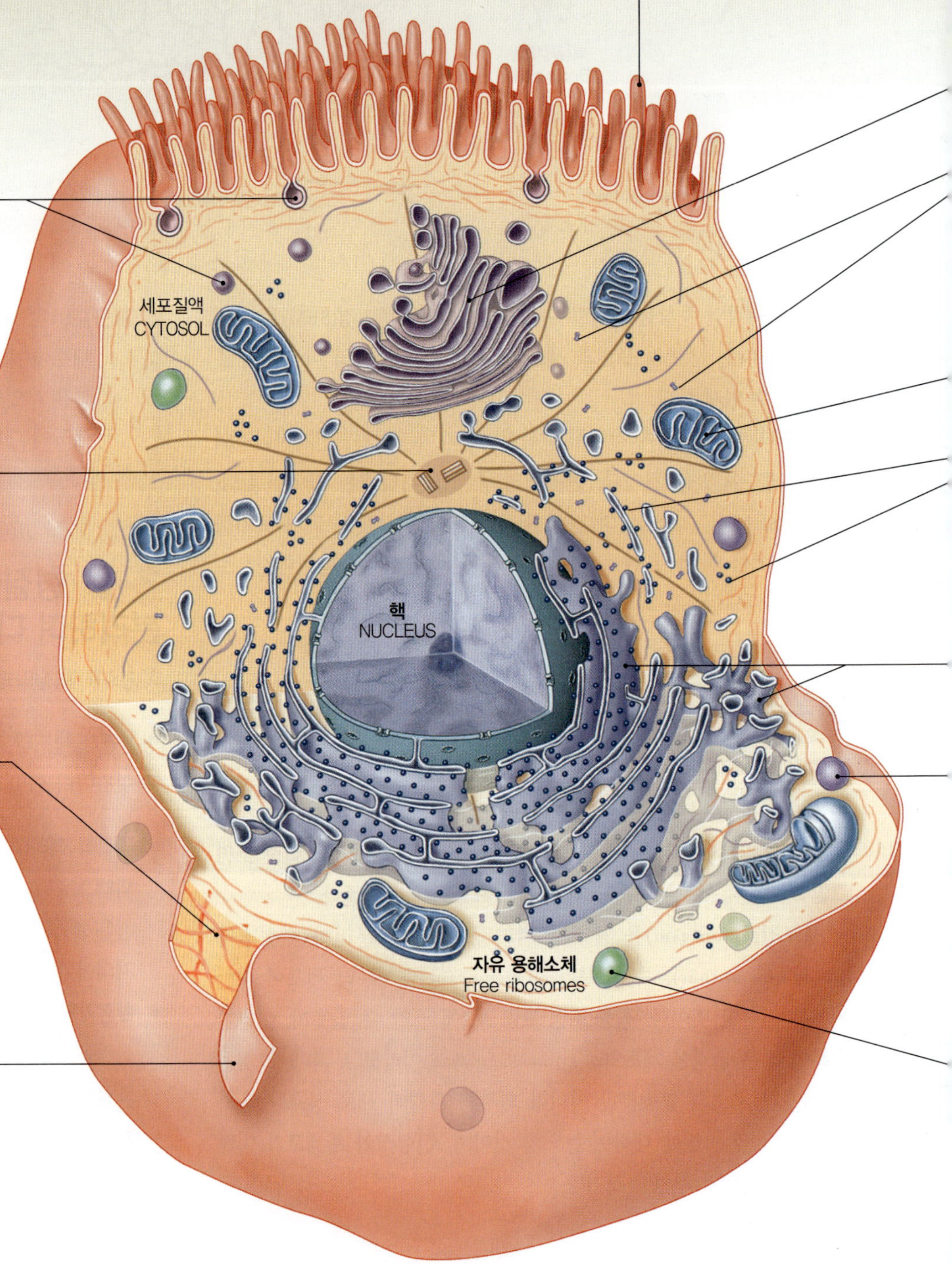

중심소체 Centrioles

세포질은 직각으로 2개의 중심소체를 포함한다: 각 중심소체는 9 + 0 배열로 9개의 미세관(microtubule) 3쌍으로 구성되어 있다.

기능
세포분열 동안 염색체의 이동에 필수적;
세포뼈대(cytoskeleton) 내의 미세관의 조직

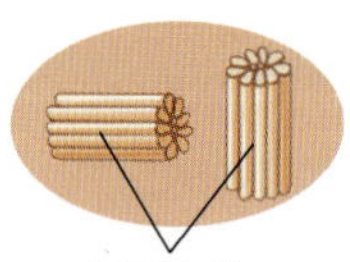

세포뼈대 Cytoskeleton

가느다란 관 또는 미세한 섬유로 조직된 단백질

기능
내구성과 지지;
물질과 세포구조의 이동

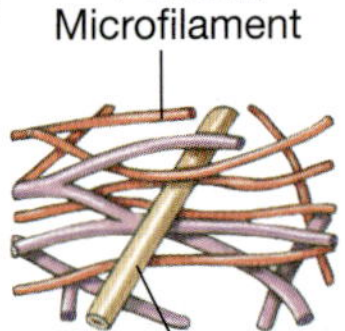

형질막 Plasma Membrane

인지질을 포함한 지질 이중층, 스테로이드, 단백질, 탄수화물

기능
격리; 보호;
민감성; 지지;
물질의 출입을 제어

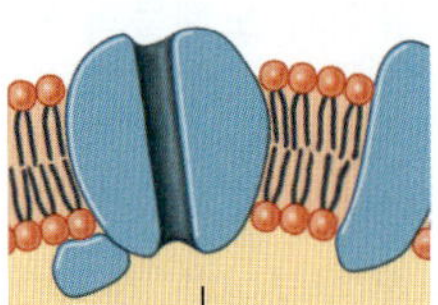

섬모 Cilia(세포모형에서는 보이지 않음)

섬모는 미세관을 포함한 형질막으로 2가지의 종류가 있다: 운동섬모와 일차 섬모

기능
여러 운동섬모는 세포의 표면 위로 물질을 이동시킨다. 일차 섬모는 단독으로 센서의 역할을 한다.

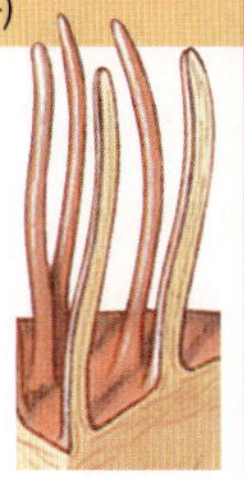

단백질분해소체 Proteasomes

단백질을 조절하는 끝부분에 위치하여 단백질을 분해하는 효소로 속이 빈 원형 물질

기능
손상되거나 비정상적인 세포내 단백질을 분해 및 재생

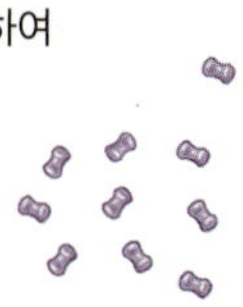

리보소체 Ribosomes

RNA + 단백질; 거친세포질그물에 고정 리보소체와 세포질에 자유 리보소체를 고정한다.

기능
단백질 합성

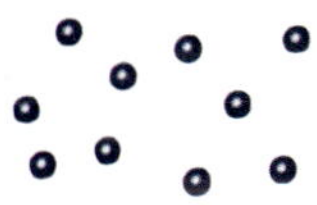

과산화소체 Peroxisomes

분해효소를 포함한 소포

기능
지방산과 기타 유기화합물의 이화작용, 그 과정에서 생성된 독성 화합물의 중화

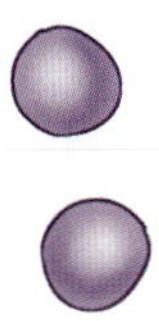

용해소체 Lysosomes

소화효소가 포함된 소포

기능
손상된 세포소기관 또는 병원체의 세포내 제거

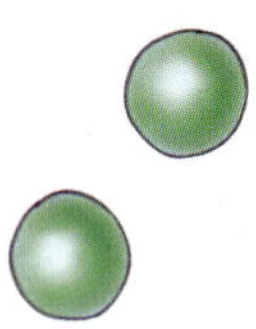

골지복합체 Golgi apparatus

공간을 포함하는 평평한 수조(cisternae)의 무더기

기능
용해소체 효소와 분비물의 저장, 변형, 포장

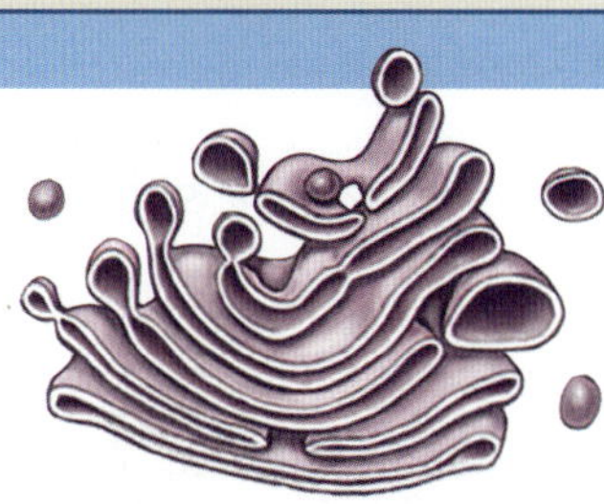

사립체 Mitochondria

주요 대사 효소를 둘러싸고 있는 내막으로 이중막이다.

기능
세포가 필요로 하는 ATP의 95%를 생산한다.

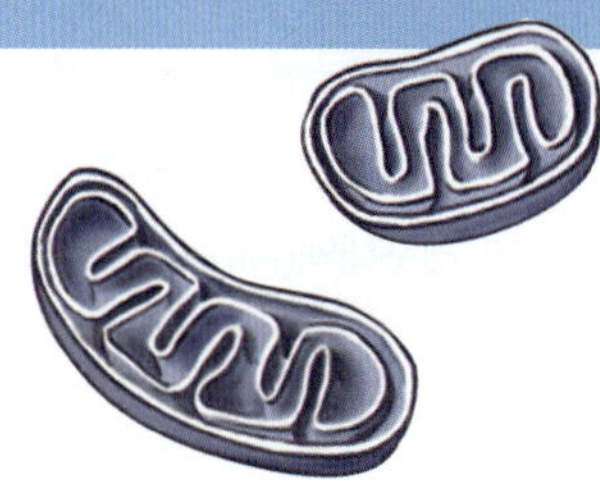

세포질그물(형질내세망) Endoplasmic reticulum(ER)

세포질 전체에 걸쳐서 퍼져 있는 막 통로 네트워크

기능
분비물의 합성;
세포내 저장 및 운송

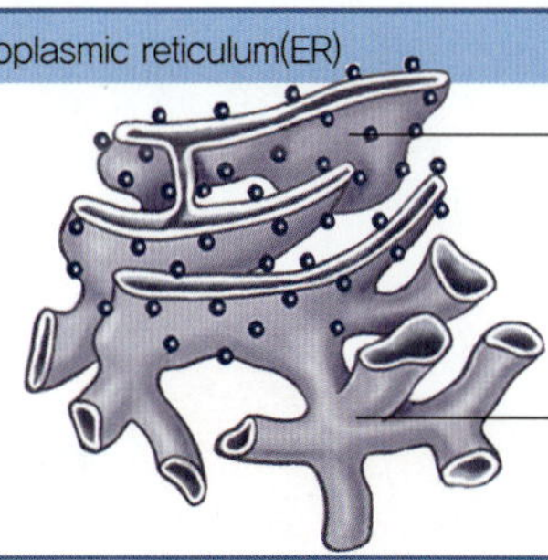

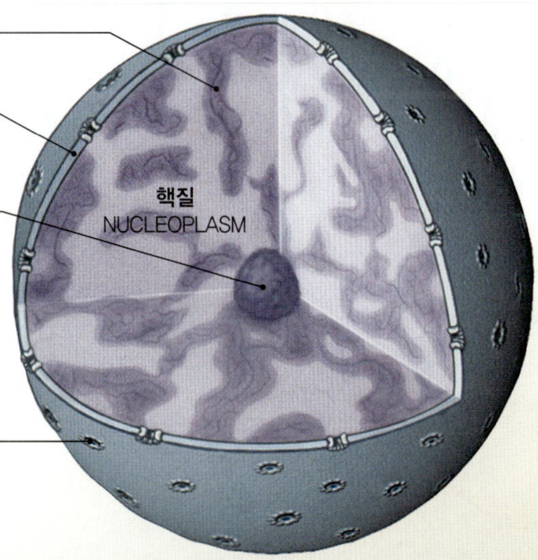

핵 NUCLEUS

뉴클레오티드, 효소, 핵단백질, 염색질이 포함된 핵질(핵원형질)

기능
대사 조절; 유전자 정보의 저장 및 처리; 단백질 합성을 조절

- **구조적 지지(*Structural support*).** 형질막 사이 또는 세포의 바깥쪽 막과 물질 사이의 특수한 연결은 조직에 안정적인 구조를 제공한다.

형질막은 두께가 6~10 nm로 매우 얇다. 형질막은 지질, 단백질 및 탄수화물을 포함하고 있다(그림 3-3).

막지질 Membrane Lipids

인지질은 형질막의 주요 구성요소이다. 인지질에서 인산기(PO_4^{3-})는 디글리세이드(diglyceride)(2개의 지방산 "꼬리"에 결합된 글리세롤 분자)와 비지질의 "머리" 사이의 연결고리 역할을 한다.

형질막의 인지질은 두 개의 다른 층으로 구성되어 있다. 이러한 이유로 형질막은 **인지질 이중층(phospholipid bilayer)**이라고 불린다(그림 3-3). 이중층의 각 반쪽에서 인지질은 머리가 막 표면에 있으며 꼬리가 안쪽에 위치한다. 인지질의 머리는 물에 용해되거나 **친수성(hydrophilic)** 물질에 용해된다. 꼬리는 물에 녹지 않거나 **소수성(hydrophobic)**이다. 이러한 배열에서 두 개의 층인 친수성 머리부분은 세포 바깥의 세포외액과 세포 내부의 **세포내액**(*intracellular fluid*) 막의 양쪽에 있는 액체와 접촉한다.

소수성의 지질 꼬리부분은 물이나 전하를 띤 분자와 결합하지 않는다. 이러한 특성은 형질막이 선택적 물리적 장벽으로 작용할 수 있게 한다. 산소와 이산화탄소 같은 지질 수용성 분자와 화합물은 형질막의 지질 부분을 통과할 수 있지만 이온과 수용성 화합물은 통과할 수 없다. 결과적으로 형질막은 세포질을 주변 세포외액으로부터 분리한다.

지방산의 꼬리는 콜레스테롤 분자와 소량의 다른 지질이 섞여 있다. 콜레스테롤은 인지질 분자당 거의 1개의 콜레스테롤 분자의 비율로 존재한다. 콜레스테롤은 형질막을 "강화"시켜 형질막을 덜 유동적이고 덜 투과되게 만든다.

막 단백질 Membrane Proteins

몇 가지 유형의 단백질은 형질막과 관련이 있다. 이러한 막 단백질 중 가장 흔한 것은 막의 너비에 한 번 이상 걸쳐져 있으며 **막관통 단백질**(*transmembrane protein*)로 불린다. 다른 막 단백질은 막의 인지질 이중층에 부분적으로 묻혀 있거나 막의 내부 또는 외부 표면에 느슨하게

그림 3-3 형질막.

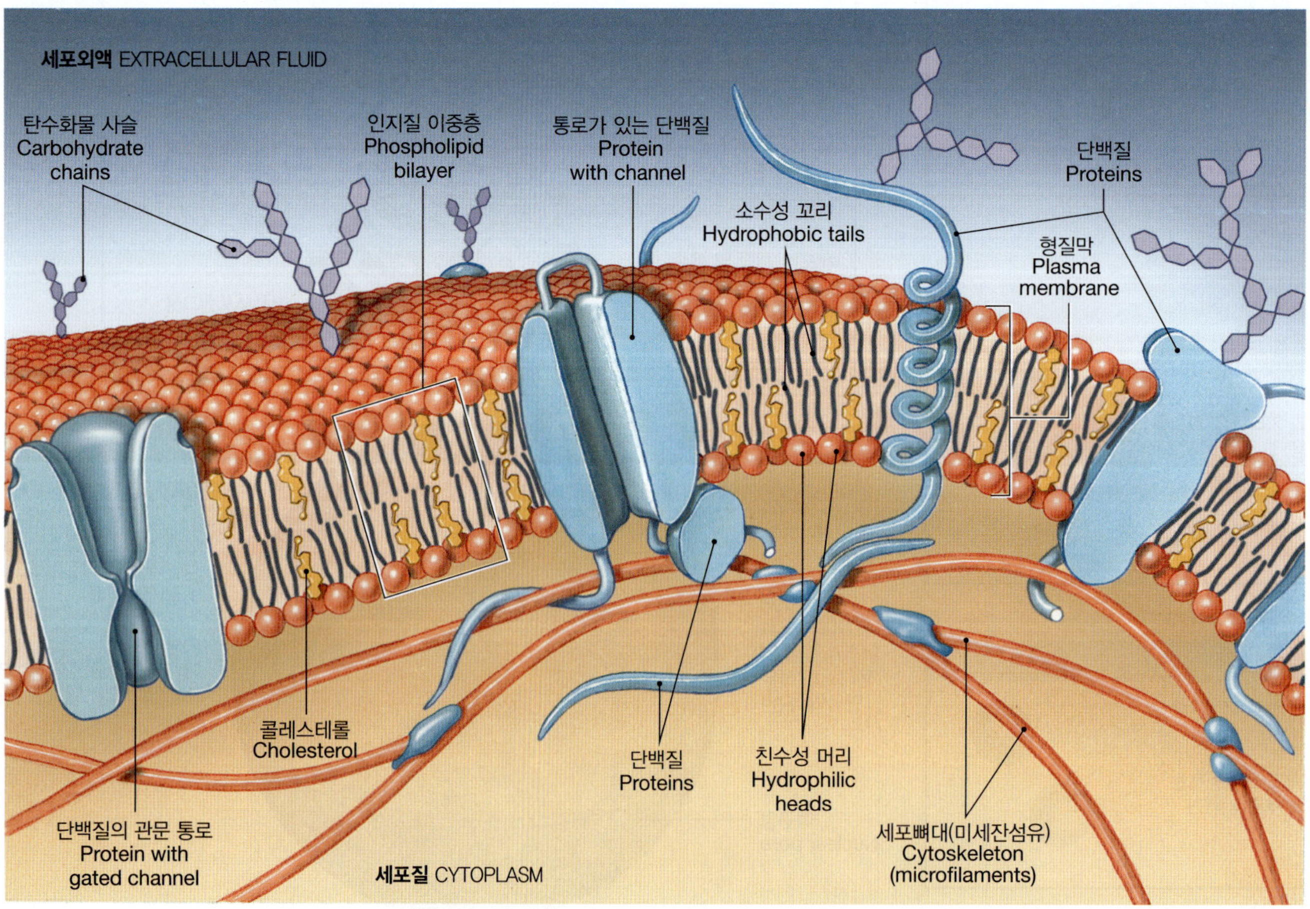

표 3-1 막 단백질의 유형

분류	기능	예시
수용체 단백질 (Receptor proteins)	특정 세포외 물질에 민감하여 그 세포와 결합하고 세포 활동의 변화를 유발한다.	인슐린이 막 수용체에 결합하면 세포에 의한 포도당의 흡수 속도가 증가한다.
통로 단백질 (Channel proteins)	물, 이온 및 기타 용질이 형질막의 지질 부분을 우회할 수 있도록 중심부 또는 통로를 형성한다.	통로를 통한 칼슘의 이동은 근육 수축과 신경 자극의 전도에 중요하다.
운반체 단백질 (Carrier proteins)	형질막을 가로질러 용질을 결합하고 이송한다. 이 과정은 ATP가 필요할 수도 있고 필요 없을 수도 있다.	운반체 단백질은 포도당을 세포질로 가져오고 나트륨, 칼륨, 칼슘 이온을 세포 안팎으로 운반한다.
효소(Enzymes)	세포외액 또는 세포질액의 반응을 촉진한다.	디펩티드는 장관을 둘러싸고 세포의 노출된 막에 있는 효소에 의해 아미노산으로 분해된다.
고정 단백질 (Anchoring proteins)	형질막을 다른 구조에 부착하여 안정화시킨다.	세포 안에서 고정 단백질은 세포뼈대에 결합한다. 세포 밖에 고정 단백질은 세포외 단백질 섬유 또는 다른 세포에 부착한다.
인식 단백질 (Recognition proteins identifiers)	면역계통에서 세포가 정상인지 비정상인지 식별한다.	인식 단백질의 한 그룹은 주조직적합유전자복합체(MHC)이다. (14장 림프계통과 면역에서 논의)

결합되어 있다. 막 단백질은 수용체, 통로, 운반체, 효소, 고정 또는 식별자로 기능할 수 있다. **표 3-1**은 막 단백질의 기능과 분류의 예시를 보여주고 있다.

형질막은 단단하지 않고 안쪽과 바깥쪽의 구조가 다르다. 일부 내장된 단백질은 항상 막의 특정 영역에 남아 있지만, 다른 단백질은 그릇의 담긴 얼음 조각처럼 표면을 따라 이곳저곳을 돌아다닌다. 또한 형질막의 구성은 시간 경과에 따라 막의 구성 요소가 추가되거나 제거되면서 변할 수 있다.

막 탄수화물 Membrane Carbohydrates

탄수화물은 단백질 및 지질과 결합하여 막의 바깥 표면에 복잡한 분자를 형성한다. 이러한 복잡한 분자는 당단백질(*glycoprotein*)과 당지질(*glycolipid*)이라고 알려졌다. 탄수화물의 일부는 세포 윤활제 및 접착제로 기능하며 세포 바깥쪽의 화합물에 대한 수용체로 작용한다. 그것들은 또한 면역체계가 신체의 자체 세포와 조직을 공격하지 못하도록 하는 인식 시스템의 일부를 형성한다.

체크포인트

3. 형질막의 일반적인 기능을 나열하시오.
4. 세포 내부와 외부환경 사이에 물리적 장벽을 형성하는 데 주된 역할을 하는 형질막의 구성요소는?
5. 물과 작은 이온이 형질막을 통과할 수 있도록 도와주는 막 단백질은?

책 뒷면에 있는 파란색 정답 탭을 참조.

3-3 확산은 막의 통과를 돕는 수동운반 과정이다

학습목표 세포의 확산과 삼투 과정, 생리학적 역할을 설명한다.

투과성(permeability)은 물질이 막을 통과할 수 있는 용이성을 의미한다. 어떤 물질이 세포질에 들어가거나 나갈 수 있는지를 정확하게 결정하는 것은 형질막의 특징이다. 막을 통과할 수 없다면 그것은 **불투과성(impermeable)**이다. 어떠한 물질이 어려움 없이 통과할 수 있다면 막은 **자유롭게 투과(freely permeable)**된다고 할 수 있다. 형질막은 **선택적으로 투과(selectively permeable)**될 수 있기 때문에 어떤 물질은 자유롭게 통과하며 다른 물질은 통과하지 못할 수 있다.

막을 가로지르는 움직임은 수동적이거나 능동적일 수 있다. **수동적 과정(passive process)**은 세포의 에너지 소비 없이 이온이나 분자가 형질막을 가로질러 이동한다. **능동적 과정(active process)**은 세포가 일반적으로 ATP로부터 에너지를 소비해야 한다.

이 절에서는 삼투(*osmosis*)라고 불리는 특별한 확산 형태를 포함한 확산(*diffusion*)의 수동적 과정을 고려할 것이다. 다음 절에서는 능동적 및 수동적 과정을 모두 포함하는 일부 유형의 운반체 매개운반(*carrier-mediated transport*)을 확인할 것이다. 우리는 수동운송매개운반(passive carrier-mediated process)인 촉진확산(*facilitated diffusion*)과 능동운송매개운반(active carrier-mediated process)인 능동운동(*active transport*)을 배울 것이다. 마지막으로 소포운반(*vesicular transport*)과 관련된 2가지 활성 과정인 세포내섭취(endocytosis)과 세포외배출(exocytosis)에 대하여 배운다.

확산 Diffusion

이온과 분자는 끊임없이 움직이며 무작위로 충돌하고 서로 튕겨나가면서 경로에 있는 장애물을 제거한다. 시간 경과에 따라 이러한 움직임의 결과로 주어진 공간에 분자들이 고르게 분포하거나 펼쳐지게 된다. **확산(diffusion)**은 상대적으로 높은 농도(충돌이 많은)의 영역에서 상대적으로 낮은 농도(충돌이 적은)의 영역으로 분자가 이동하는 것을 말한다. 높은 농도와 낮은 농도의 차이는 **농도경사(concentration gradient)**를 만든다. 확산은 종종 "농도경사의 아래쪽" 또는 "내리막" 진행으로 설명된다. 확산의 결과로 결국 분자는 일정하게 분포하게 되고 농도경사는 없어지게 된다.

공기와 물의 확산 속도는 느리다. 이는 매우 짧은 거리에서 무엇보다 중요하다. 간단한 예로 확산이 어떻게 작용하는지 이해할 수 있다 가정한다. 물이 담긴 비커에 색깔이 있는 각설탕을 떨어뜨렸다고 생각해 보자(그림 3-4). 각설탕이 녹으면서 설탕과 염료 분자는 주변의 맑은 물과 함께 급격한 농도경사를 형성한다. 결국, 두 종류의 용해된 분자들은 일정하게 분포될 때까지 물을 통하여 퍼져 나간다. (하지만 세포에 비해 물이 담긴 비커는 거대하다. 추가적 요인으로—무시하게 되겠지만—마이크로미터가 아닌 센티미터 거리에 대한 염료와 설탕 분포를 설명한 것이다.)

확산은 국소적인 농도경사를 제거하는 효과가 있기 때문에 체액의 조절에서 중요하다. 예를 들면, 신체의 모든 세포는 이산화탄소를 생성하며 생성된 이산화탄소는 세포 내의 농도가 상대적으로 높다. 이산화탄소의 농도는 주변의 세포외액보다 더 낮으며 순환하는 혈액에서 낮은 상태로 유지된다. 이산화탄소는 형질막에 자유롭게 투과될 수 있다. 결과적으로 이산화탄소는 농도경사에 따라서 확산되어 세포 내부에서 주변의 사이질액으로 이동한 후 혈류를 타고 허파로 전달된다.

형질막을 통한 확산 Diffusion across Plasma Membranes

신체의 세포외액에서 물과 용해된 용질은 자유롭게 확산된다. 하지만 형질막은 선택적으로 확산을 제한하는 장벽으로 작용한다. 쉽게 형질막을 통과하는 물질도 있지만 어떤 물질들은 형질막을 전혀 통과할 수 없다. 이온 또는 분자는 (1) 막의 지질 부분을 통과하거나 (2) 막의 통로 단백질을 통과해야만 형질막을 통하여 확산할 수 있다. 이러한 이유로 물질이 형질막을 통과하여 확산할 수 있는지 여부를 결정하는 주요 요인은 지질 용해도와 막 통로에 대한 상대적인 분자의 크기이다(그림 3-5).

알코올, 지방산, 스테로이드는 막의 지질 부분을 통하여 확산될 수 있기 때문에 세포로 쉽게 들어갈 수 있다. 지용성 약물과 산소 및 이산화탄소와 같은 용해된 기체들도 인지질 이중층을 통하여 확산되면서 세포에 들어가고 나올 수 있다.

이온과 대부분의 수용성 화합물은 지용성이 아니므로 세포질에 들어가려면 막 통로를 통과해야 한다. 이 통로는 직경이 약 0.8 nm로 매우 작다. 물 분자는 나트륨과 칼륨 같은 이온과 마찬가지로 자유롭게 통로를 들어가거나 나올 수 있다. 물 분자는 또한 **수분 통로**(*aquaporins*)

그림 3-4 **확산.**

그림 3-5 **형질막을 통한 확산.** 물질이 형질막을 통과하는 방법은 물질의 크기와 지질 용해도에 따라 다르다.

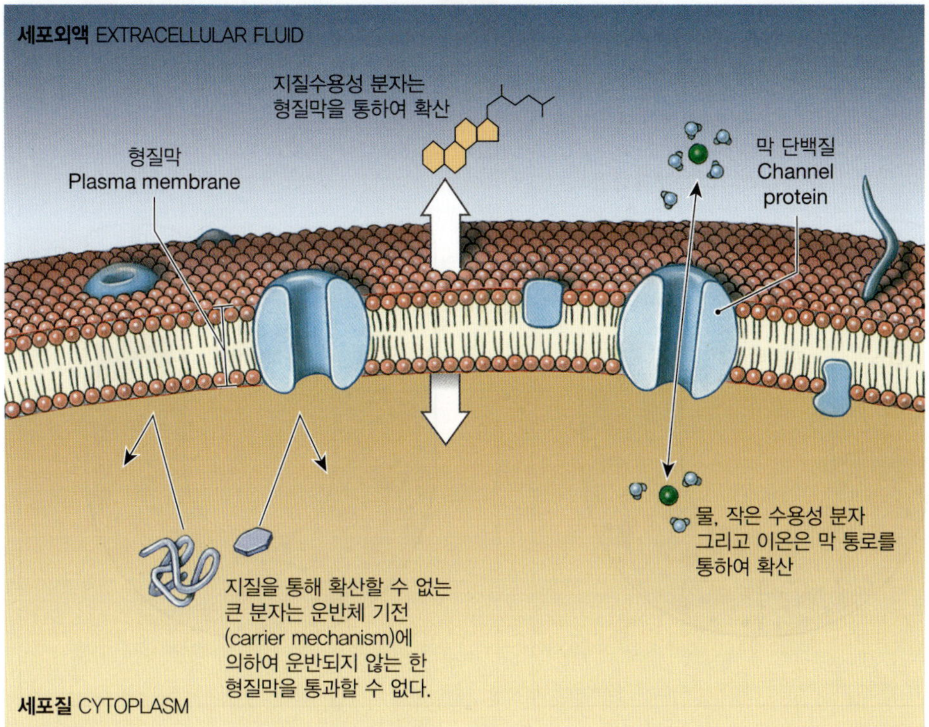

라고 불리는 통로를 통하여 세포질에 들어가거나 나올 수 있다. 그러나 유기물은 포도당과 같이 작더라도 통로를 통과하기에는 너무 크다.

삼투: 확산의 특별한 경우 Osmosis: A Special Case of Diffusion

선택적으로 투과성 막을 통과하는 물의 확산을 **삼투(smosis)**라고 한다. 세포내액과 세포외액은 다양한 용해 물질 또는 **용질(solute)**을 포함하는 용액으로 되어 있다. 각각의 용질은 마치 용액에 있는 유일한 물질인 것처럼 확산되는 경향이 있다. 예를 들면 칼륨 이온의 농도 변화는 나트륨 이온의 확산 속도나 방향에 영향을 주지 않는다. 일부 이온과 분자(용질)는 세포질 내로 확산되고 다른 이온은 외부로 확산되지만 단백질과 같은 일부는 형질막을 통하여 확산될 수 없다. 그러나 개별적인 특징을 제외하고 단순히 이온과 분자를 세어보면 형질막 양쪽에 있는 이온과 분자의 총 농도가 동일하게 유지된다는 것을 알 수 있다.

용질의 평형 상태가 지속되는 이유는 무엇일까? 그 이유는 **형질막에 물이 자유롭게 투과할 수 있기 때문이다.** 용질의 농도경사가 형질막을 통과할 때마다 물의 농도경사도 발생한다. 용해된 용질 분자는 물 분자가 존재할 공간을 차지하기 때문에 용질의 농도가 높을수록 물의 농도는 낮아진다. 결과적으로 물 분자는 더 높은 용질 농도를 가진 용액 쪽으로 형질막을 통과하여 이동하는 경향이 있다. 이러한 움직임은 물 분자의 농도경사 아래로 내려간다. 물은 물의 농도(용질의 농도)가 양쪽 막에서 동일해질 때까지 움직일 것이다.

삼투의 3가지 중요한 특징을 기억해야 한다:

1. 삼투는 선택적으로 투과성 막을 통과하는 물 분자의 확산이다.
2. 삼투는 물의 경우 선택적으로 투과성 막을 자유롭게 통과할 수 있지만, 용질은 자유롭게 투과되지 않는다.
3. 삼투에서 물은 선택적으로 투과성 막을 통과하여 더 높은 농도의 용질을 갖은 용액으로 이동하는데, 이는 그곳의 물의 농도가 더 낮기 때문이다.

삼투와 삼투압(OSMOSIS AND OSMOTIC PRESSURE). **그림 3-6**은 삼투의 과정을 도식화한 것이다: ❶ 서로 다른 용질 농도의 두 용액(A와 B)을 보여주고 있으며, 이들은 선택적 투과성 막에 의하여 분리된다. 삼투가 일어나면서 물 분자는 두 용액의 용질 농도가 동일해질 때까지 막을 통과한다(❷). 따라서 용액 B의 양은 증가하는 반면에 용액 A의 양은 감소한다. 용질 농도의 초기 차이가 클수록 삼투 흐름이 커진다.

용액의 삼투압(osmotic pressure)은 용질 농도의 결과로 용액 안으로 물이 이동하는 힘의 작용이다. 용액의 용질 농도가 증가함에 따라서 용액의 삼투압도 증가한다. 삼투압은 여러 가지 방법으로 측정이 가능하다. 예를 들면, 상반되는 압력은 물 분자의 유입을 막을 수 있다. 액체를 밀어내면 **정수압**(*hydrostatic pressure*)이 발생한다. ❸에서 정수압은 용액 B의 삼투압에 반대되므로 순 삼투압의 이동이 일어나지 않는다.

다양한 용질 농도의 용액은 살아 있는 세포의 형질막의 모양이나 장력에 미치는 영향에 따라서 **등장성, 저장성** 또는 **고장성**으로 분류한다. 다양한 삼투성 용액의 효과는 대부분의 조직에서 관찰하기 어렵지만 적혈구(RBCs)에서는 쉽게 관찰할 수 있다(**그림 3-7**).

수분의 세포내 또는 세포외로 이동을 유발하지 않는 **등장성(isotonic)** 용액에서 적혈구는 정상적인 모양을 유지한다(**그림 3-7a**). 이러한 경우에는 다음과 같이 균형이 유지된다. 하나의 물 분자가 세포 밖으로 이동하면 다른 물 분자가 이동하여 그것을 대체한다.

저장성(hypotonic) 용액에 적혈구가 들어가면 물은 세포 안으로 들어가 풍선과 같이 부풀어 오른다(**그림 3-7b**). 결국 세포는 파열되거나 용해된다. 적혈구에서 이러한 상황을 **용혈(hemolysis)**이라고 한다.

그림 3-6 삼투. 물의 삼투압 흐름은 선택적으로 투과성 막을 가로질러 삼투압을 형성한다. 용액 B의 삼투압은 삼투 흐름을 멈추는데 필요한 정수압과 같다.

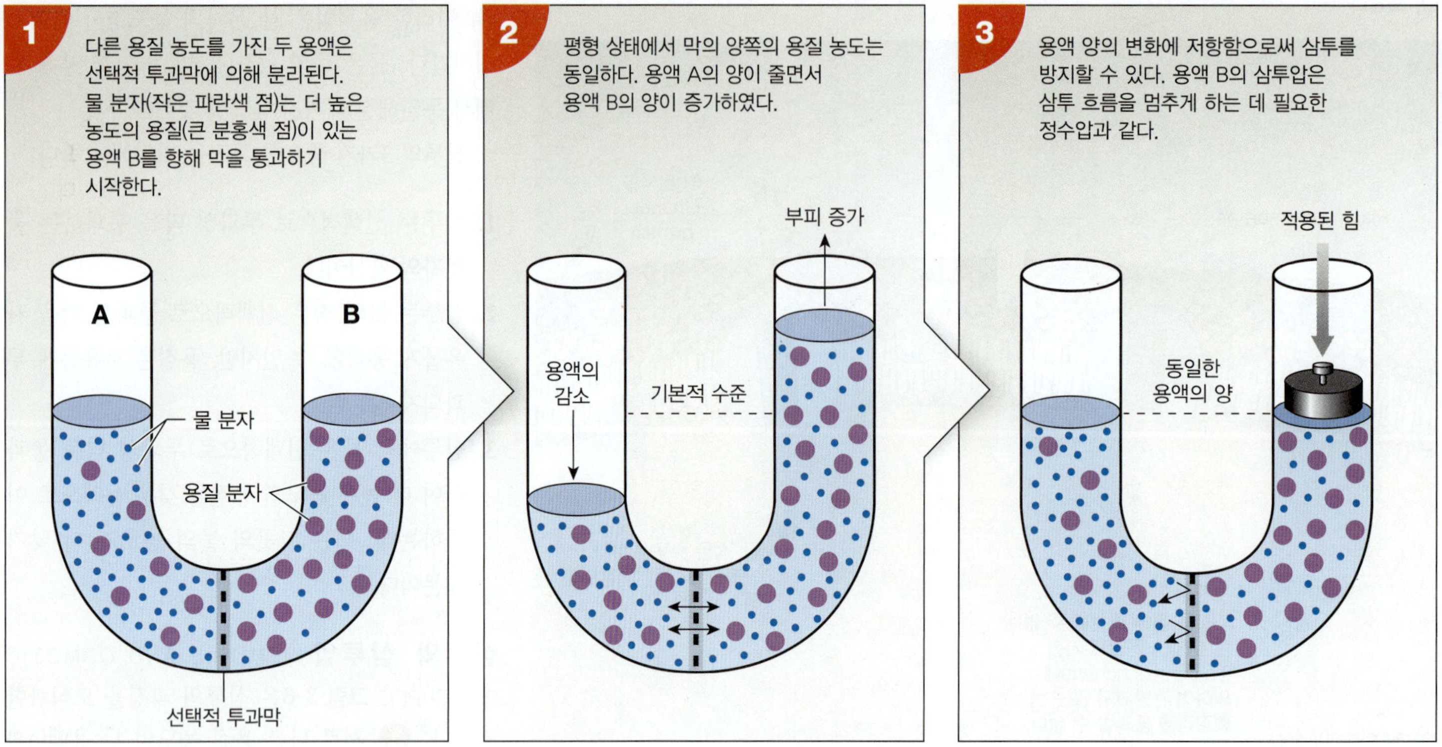

고장성(hypertonic) 용액에 들어간 적혈구는 삼투에 의하여 수분을 잃게 된다. 이로 인하여 적혈구는 쪼그라들고 탈수가 된다. 이러한 적혈구의 축소를 **무딘톱날꼴(crenation)**이라고 한다(**그림 3-7c**).

심각한 출혈이나 탈수상태의 환자에게 많은 양의 수액을 투여해야 하는 경우가 종종 발생한다. 자주 투여되는 수액은 0.9%(0.9 g/dL)의 염화나트륨(NaCl)이다. 이 용액은 세포외액의 정상 **삼투압 농도**(총 용질 농도)와 비슷하며, **생리식염수**(*normal saline*)라고 불린다. 나트륨과 염화물이 신체의 세포외액에 가장 풍부한 이온이기 때문에 생리식염수가 자주 사용되는 것이다. 두 유형의 이온 모두 형질막을 통과하는 순 이동이 거의 발생하지 않기 때문에 생리식염수는 본질적으로 신체 세포에 대하여 등장액이다.

체크포인트

6. 형질막에서 “선택적 투과”라는 것은 무엇을 의미하는가?
7. 확산을 정의하시오.
8. 허파의 산소농도 감소는 혈액으로의 산소 확산에 어떤 영향을 미치는가?
9. 삼투를 정의하시오.
10. 주변의 고장액과 비교하였을 때 적혈구의 세포질액은 ________이다.

책 뒷면에 있는 파란색 정답 탭을 참조.

지식 쌓기

물은 훌륭한 용매라는 것을 기억한다(**2장 화학적 수준에서의 구성** 참조). 이러한 속성은 물 분자의 상반되는 특성 때문이다. 상반되는 특성의 결과로 물 분자는 이온을 둘러싸고 이온이 결합되는 것을 방지하여 용액 상태로 유지할 수 있게 된다. 수소 결합으로 인하여 물 분자는 상반되는 많은 유기 분자와 연결되어 용액 상태로 유지될 수 있다. 선택적 투과막을 통하여 확산될 수 있는 용매로서 물은 살아 있는 세포의 삼투압에도 영향을 미친다.

임상노트

수액의 이동 Fluid Movement

병원 전 현장에서의 처치자는 인체의 세포의 기능에 대하여 잘 이해해야 한다. 응급의학에서 사용되는 많은 수액과 약물은 세포에 직접적으로 영향을 미친다. 다양한 체내 수액과 전해질을 모니터링하고 대체하는 것은 응급처치의 주요 구성요소이다. 절대적인 체액량의 감소를 **탈수**(*dehydration*)라고 한다. 체액이 증가된 상태를 **수분과다**(*overhydration*)라고 하며 이는 부종과 심장기능부전을 초래할 수 있다. 체액뿐만 아니라 필수 전해질 농도도 질병과 손상으로 문제가 될 수 있다. 최적의 신체 기능은 체액과 전해질의 정상 농도에 달려 있다. 이 때문에 신체의 체액과 전해질 균형은 정상 농도 범위에서 잘 유지되어야 한다. 쇼크와 같은 위급한 상황에서 손실된 체액을 신속하게 공급해 주는 것은 생명을 구할 수 있다.

수분은 삼투의 과정으로 인하여 신체의 다양한 막을 통하여 이동한다(그림 3-7). 체액이 이동하는 속도는 체액 내 용질의 농도의 차이에 따라 달라지게 된다(긴장성). 용액의 총 입자 수는 삼투질 입자에 따라서 판단된다. 일반적으로 삼투압을 측정하는 단위는 체액에서 용질의 삼투압 활동을 표현하기에는 너무 큰 단위이다. 대신에 1/1000 오스몰과 같은 값인 **밀리오스몰**(*milliOsmole, mOsm*)이 일반적으로 사용된다. 보통 체내의 긴장성은 약 280~310 milliOsmole/L이다. **삼투질농도**(*osmolality*)와 **삼투압농도**(*osmolarity*)라는 용어들은 용질의 입자 수를 설명하는 데 종종 사용된다. **삼투질농도**는 물의 kg당 오스몰의 개수이다. 삼투압농도는 용액의 L당 오스몰의 개수이다. 체액과 같은 희석된 용액에서 이 두 용어는 차이가 거의 없기 때문에 대부분 동의어로 사용한다. 실제로 **삼투질농도**보다는 삼투압농도가 더 자주 사용된다.

나트륨(sodium)은 세포외액에서 가장 풍부한 이온으로 세포외액 구획의 삼투압 균형을 담당한다. 수분은 나트륨을 따라서 세포외액으로 유입된다. 칼륨(potassium)은 세포내액의 구획에서 가장 풍부한 이온이다. 일반적으로 세포내액의 삼투압농도는 매우 빠르게 변화하지 않는다. 그러나 세포외액의 삼투압농도의 변화가 있을 때, 수분은 삼투압의 균형을 되찾을 때까지 세포 내에서 세포외 구획으로 또는 그 반대로 이동한다.

세포외 구획 안에서 혈관 내 공간의 혈장과 사이질 공간 체액의 수분 이동은 주로 모세혈관계에 작용하는 힘으로 인한 것이다. 일반적으로 형질막을 통과하는 용질과 물의 움직임은 **삼투압**(*osmotic pressure*)에 의하여 통제된다. 삼투압은 형질막이나 모세혈관의 얇은 벽과 같은 반투과성 막의 한쪽 면이 용질의 농도에 의하여 압력이 가해지는 것이다. 삼투압은 "밀기(push)"보다는 "당기기(pull)"로 생각할 수 있는데, 이는 고장성의 용질은 반대편의 막에서 물을 끌어당기는 경향이 있기 때문이다.

일반적으로 막 양쪽의 용질 농도균형을 맞추기 위하여 수분이 이동하는 동안 용질이 바깥쪽으로 이동하면서 "양방형 도로"가 형성된다. 그러나 모세혈관 내부의 혈장과 모세혈관 바깥쪽 사이질 공간의 체액 사이에서는 다소 다른 삼투 기전이 작용한다. 혈장은 **교질삼투압**(*oncotic force, colloid osmotic pressure*)을 발생시킨다. 혈장 단백질은 교질으로 모세혈관 막을 통과하여 쉽게 이동할 수 없는 큰 입자이다. 가장 많은 혈장 단백질은 **알부민**(*albumin*)이다. 교질은 크기 때문에 모세혈관 내에 머무르는 경향이 있다. 동시에 보통 사이질 공간에는 수분이 거의 없는 상태가 된다. 사이질 공간으로 들어가는 소량의 수분은 일반적으로 림프계에 흡수된다. 따라서 모세혈관 바깥쪽에는 수분이 거의 없고, 혈장 단백질은 모세혈관 밖으로 쉽게 이동하지 못하기 때문에 모세혈관과 사이질 사이에 수분의 이동을 움직이는 힘은 거의 모두 한쪽에만 있으며 모세혈관 내부의 혈장에 의해 통제된다.

모세혈관 내부의 또 다른 힘은 심장의 수축에 의하여 생성된 혈압 또는 혈관 벽에 부딪히는 힘인 **정수압**(*hydrostatic pressure*)이다. 정수압은 수분의 일부를 혈장 밖으로 밀어내고 모세혈관 벽을 통과하여 사이질 공간으로 밀어내는 경향이 있는데, 이를 **여과**(*filtration*)라고 한다. 정수압(여과를 촉진하고 모세혈관 밖으로 수분을 밀어내는 힘)과 **교질삼투압**(여과에 대항하여 모세혈관으로 물을 끌어 당기는 힘)이 함께 작용하여 **순 여과**(*net filtration*)작용을 일으키는데, 이는 **스탈링의 가설**(*Starling's hypothesis*)로 설명된다.

순 여과 = (여과를 촉진하는 힘) − (여과에 대항하는 힘)

모세혈관의 순 여과는 일반적으로 '0'이다. 혈장이 동맥 끝의 모세혈관으로 들어갈 때, 정수압은 수분이 모세혈관 막을 통과하여 사이질 공간으로 들어가도록 만든다. 이러한 수분의 손실은 혈장 단백질의 상대적인 농도를 증가시켜 교질삼투압의 증가를 초래한다. 혈장이 모세혈관의 정맥 끝에 도달할 때 혈장 단백질의 증가된 농도에 의하여 교질삼투압은 사이질 공간의 물을 모세혈관으로 다시 끌어당길 수 있을 만큼 충분히 증가한다. 그 결과 수분은 혈관 내 공간에 남아 있게 되고 사이질 공간에는 남지 않게 된다.

병원 전 응급상황에서는 전해질과 체액의 정확한 농도를 알 수 없다. 이 때문에 체액과 전해질 농도가 신체와 비슷한 정맥주사(IV) 대체요법이 초기에 사용된다. 이후에 환자의 체액 및 전해질 상태가 확인되면 체액 및 전해질 문제를 교정하기 위한 정맥 내 수액요법을 시행한다.

3-4 운반체매개운반(carrier-mediated transport)과 소포운반(vesicular transport) 과정은 막의 통과를 돕는다

학습목표 세포가 특정 물질을 흡수하거나 제거하기 위해 사용하는 운반체매개운반과 소포운반의 과정을 설명한다.

확산 외에도 물질은 두 가지의 추가적인 방법으로 세포 내에 들어오거나 세포로부터 제거된다. 운반체매개운반은 특수 막 단백질을 사용한다. 이는 이동되는 물질이나 운반 과정의 특성에 따라서 수동적일 수도 있고 능동적일 수도 있다. 소포운반은 막으로 둘러싸인 주머니 즉 소포 내에서 물질의 이동을 포함한다. 소포운반은 항상 능동적인 과정이다.

3

그림 3-7 형질막을 통과하는 삼투 흐름. 쌍으로 된 작은 화살표는 평형상태를 의미하며 순 수분의 움직임이 없음을 나타낸다. 큰 화살표는 삼투로 수분이 이동하는 방향을 나타낸다.

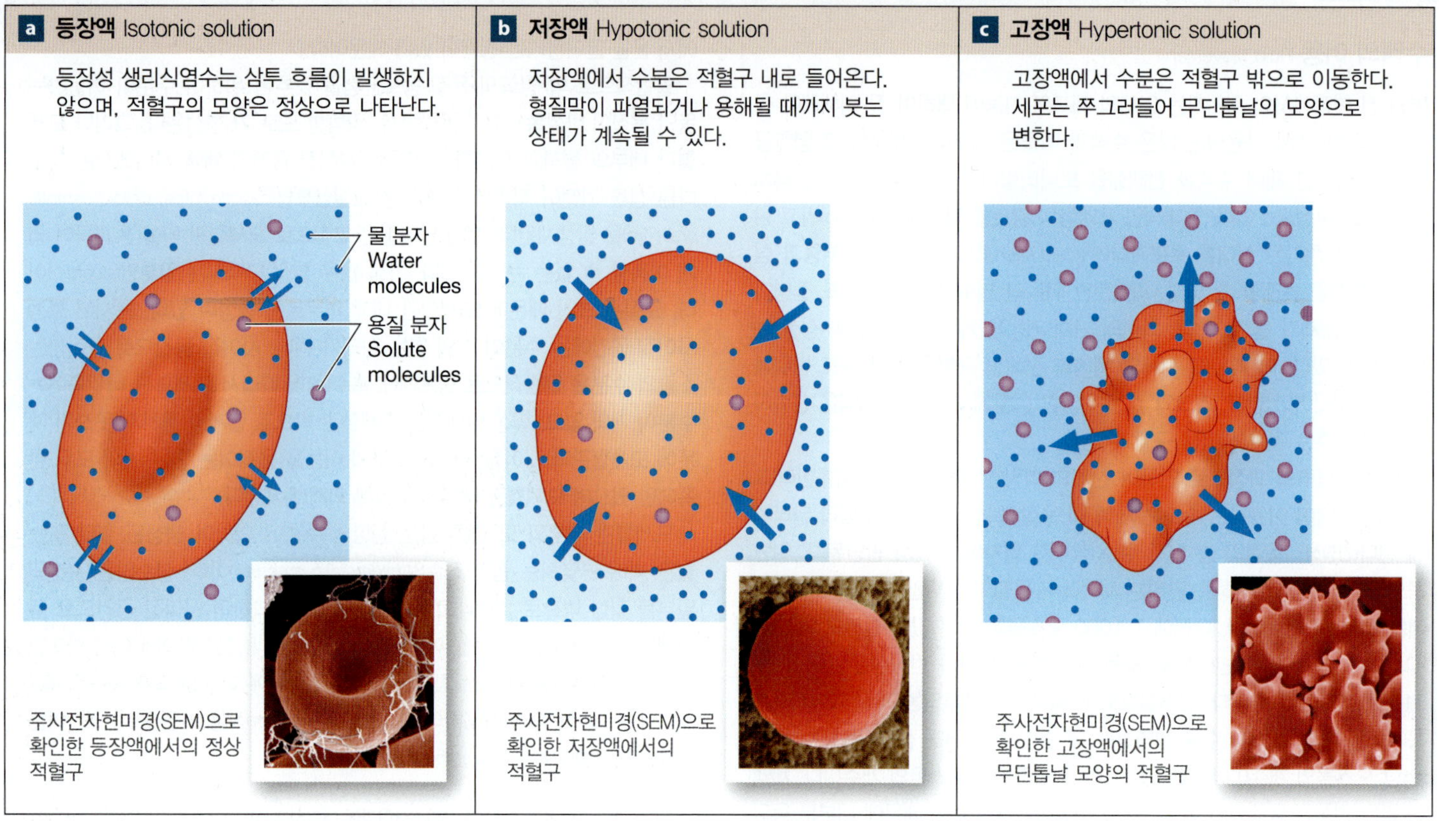

운반체매개운반 Carrier-Mediated Transport

운반체매개수송(carrier-mediated transport)에서 막 단백질은 특정 이온 또는 유기질과 결합하여 형질막을 통과하여 운반된다. 이 단백질들은 효소와 몇 가지 특성을 공유한다. 그것들은 반복적으로 사용될 수 있으며 특정 기질에만 결합할 수 있다. 예를 들면, 포도당을 운반하는 단백질은 다른 단순 당을 운반하지 않는다.

운반체매개운반은 수동적(ATP가 필요없음) 또는 능동적(ATP가 필요함)으로 진행된다. **수동운반**(*passive transport*)에서 용질은 일반적으로 고농도에서 저농도 구역으로 운반된다. **능동운반**(*active transport*)은 기존의 농도경사를 따르거나 반대로 진행될 수 있다.

많은 운반체 단백질은 한 번에 하나의 이온 또는 분자를 운반하지만, 어떤 단백질은 두 개의 용질을 동시에 운반하기도 한다. **공동운반**(*cotransport*)에서 운반체는 두 물질을 같은 방향으로 세포 내부나 외부로 운반한다. **역방향운반**(*countertransport*)에서 하나의 물질은 세포 내로 이동하고 다른 물질은 세포 밖으로 이동된다. 다음으로 운반체매개운반의 2가지 주요 예시인 **촉진확산**과 **능동운반**에 논의할 것이다.

촉진확산 Facilitated Diffusion

포도당과 아미노산을 포함한 많은 필수 영양소들은 지질에 용해되지 않고 너무 크기 때문에 막 통로를 통과할 수가 없다. 그러나 이러한

그림 3-8. 촉진확산. 이 과정에서 포도당과 같은 세포외 분자는 운반체 단백질의 특정 수용체 부위에 결합한다. 이러한 결합은 분자가 형질막을 통과하여 확산되도록 한다.

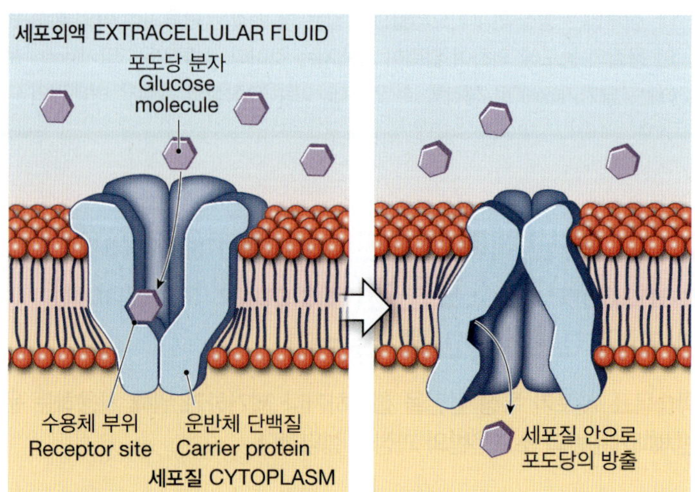

지식 쌓기

양이온은 전자를 잃고 양의 전하를 띠는 원자라는 점을 기억하자(**2장 화학적 수준에서의 구성** 참조). 전자를 얻은 원자는 음전하를 가지며 음이온이라고 불린다.

화합물은 **촉진확산(facilitated diffusion)**이라고 불리는 과정에서 운반체 단백질에 의해 막을 통과하여 수동적으로 운반될 수 있다(**그림 3-8**). 우선, 운반될 분자는 운반체 단백질의 **수용체 부위(receptor site)**에 결합한다. 그런 다음에 단백질의 모양이 바뀌어 분자가 형질막을 통과하여 세포질로 방출된다. 이 과정은 세포의 외부와 내부 사이에 연속적으로 열린 통로를 만들지 않고 발생한다.

형질막을 통한 확산과 마찬가지로 촉진확산에는 ATP가 사용되지 않는다. 각각의 경우에서 분자들은 더 높은 농도의 영역에서 낮은 농도의 영역으로 이동한다. 그러나 촉진확산은 단순확산과는 다르다. 운반 속도는 무한하게 증가할 수는 없다. 그 이유는 막에서 사용가능한 운반체 단백질의 개수는 제한적이기 때문이다. 일단 모든 것이 작동하

임상노트

정맥 내 수액요법 IV Fluid Therapy

정맥 내 수액요법은 순환계의 정맥에 수액과 기타 물질은 주입하는 것이다. 응급처치에 중요한 부분으로 출혈을 통해 손실된 혈액을 보충하고, 전해질이나 수액을 대체하며, 혈관계에 직접적으로 약물을 주입하는 데 사용된다.

많은 유형의 수액요법이 가능하며 각각은 특정 유형의 수액과 전해질 불균형을 치료하도록 하고 있다. 응급상황에서 IV를 시작하는 두 가지 주요 이유는 (1) 체액량의 보충, (2) 약물투여를 위한 정맥로 확보를 위함이다. 다음은 일반적인 IV 수액제제와 그것들이 체내에 들어온 후의 생리작용에 대한 설명이다.

정맥 내 수액 IV Fluids

정맥 내 수액들은 화학적으로 제조된 멸균 용액으로 신체의 특정 요구에 따라서 준비한다. 그것들은 인체의 손실된 체액을 대체하거나 정맥 내로 약물은 투여하는 경로 확보를 위하여 사용한다. 또한 수액 처치나 약물 처치가 요구되는 환자의 정맥 개방 상태를 유지하기 위해서도 사용된다. IV 수액은 결정질액, 교질액, 혈액 그리고 산소를 운반하기 위한 액체의 4가지 형태로 공급된다.

결정질액 Crystalloids

결정질액은 응급의학에서 가장 일반적으로 사용하는 IV 수액의 유형이며, 물과 전해질을 포함하고 있다. 결정질액은 신체에 대한 장력(혈장에 대한 상대적 삼투질 농도)에 따라서 분류된다. **표 3-2**는 일반적인 IV 결정질액의전해질 농도와 장력을 나타낸다. 수액의 장력은 삼투질농도(리터당 밀리오스몰로 표시)에 따라서 결정된다. 결정질액은 다음과 같이 분류된다.:

- **등장성 용액**(*Isotonic solutions*). 등장성 용액은 혈장과 같은 긴장성을 갖고 있다. 일반적으로 수분을 공급받는 환자의 경우, 등장성 용액이 투여되더라도 액체나 전해질의 이동이 크지 않다.
- **고장성 용액**(*Hypertonic solutions*). 고장성 용액은 인체의 세포보다 높은 용질 농도를 갖고 있다. 정상적으로 수분을 공급받는 환자에게 투여될 때, 세포내 구획에서 세포외 구획으로 액체가 이동하게 된다. 이후 용질은 반대 방향으로 확산된다.
- **저장성 용액**(*Hypotonic solutions*). 저장성 용액은 인체의 세포보다 낮은 용질 농도를 갖는다. 정상적으로 수분을 공급받는 환자에게 투여될 때, 세포외 구획에서 세포내 구획으로 액체가 이동하게 된다. 이후 용질은 반대 방향으로 확산된다.

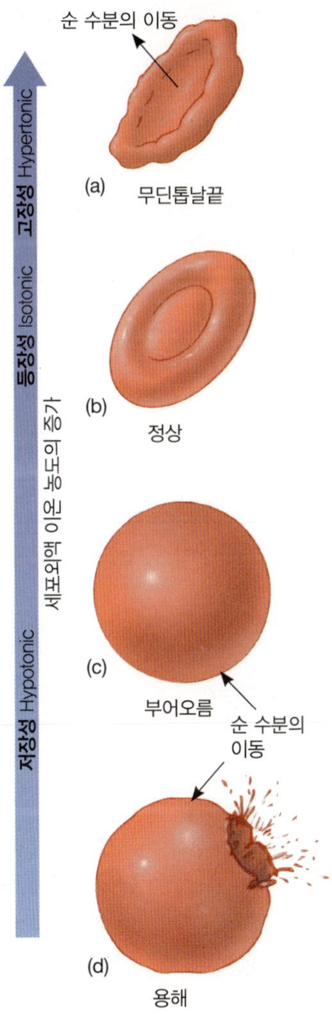

그림 3-9 IV 수액이 순환 적혈구(Erythrocytes)에 미치는 영향. 고장성 용액은 세포의 수축(무딘톱날끝)을 일으키며, 저장성 용액은 세포내 부종을 유발하여 결국 세포의 융해를 초래한다.

환자의 상태에 따라서 사용하는 수액의 종류는 달라진다. 병원 전 환경에서는 환자의 전해질과 수분의 축적 상태를 알 수 없기 때문에 일반적으로 등장성 용액을 사용한다(**그림 3-9**). 그러나 환자가 응급실에 도착하면 혈액의 전해질 검사를 통해 수액을 선택하고 투여하게 된다. 병원 전 응급처치에서 가장 자주 사용되는 수액은 다음과 같다.

- **락테이트링거액**(*Lactated Ringer's*). 락테이트 링거액은 등장성 전해질 용액으로 수분 내에 염화나트륨, 염화칼슘, 젖산나트륨이 함유된 수액이다.
- **생리식염수**(*Normal saline*). 생리식염수는 수분 내에 염화나트륨이 포함된 등장성 전해질 용액이다.
- **5% 포도당**(*D5W*). 5% 포도당은 저장성 포도당 용액으로 정맥의 개방 상태를 유지하고 농축된 약물을 희석하는 데 사용된다.

락테이트링거액과 생리식염수 모두 즉각적으로 순환하는 체액량을 증가시켜 주기 때문에 수액 소생술에서

(계속)

표 3-2 일반적으로 사용되는 응급 IV 수액의 종류와 특성

	대략적인 리터당 이온의 농도(mEq/L)와 칼로리							
	나트륨	칼륨	칼슘	염화물	젖산	리터 당 칼로리	삼투압농도[a] (mOsm/L)	pH 범위[b]
포도당 주사제, USP(Dextrose Injection, USP)	0	0	0	0	0	170	252	3.5~6.5
10% 포도당 주사제, USP(10% Dextrose Injection, USP)	0	0	0	0	0	340	505	3.5~6.5
0.9% 염화나트륨 주사제, USP (0.9% Sodium Chloride Injection, USP)	154	0	0	154	0	0	308	4.5~7.0
젖산나트륨 주사제, USP (Sodium Lactate Injection, USP (M/6 Sodium Lactate))	167	0	0	0	167	54	334	6.0~7.3
2.5% 포도당과 0.45% 염화나트륨 주사제, USP (2.5% Dextrose and 0.45% Sodium Chloride Injection, USP)	77	0	0	77	0	85	280	3.5~6.0
5% 포도당과 0.2% 염화나트륨 주사제, USP (5% Dextrose and 0.2% Sodium Chloride Injection, USP)	34	0	0	34	0	170	321	3.5~6.0
5% 포도당과 0.33% 염화나트륨 주사제, USP (5% Dextrose and 0.33% Sodium Chloride Injection, USP)	56	0	0	56	0	170	365	3.5~6.0
5% 포도당과 0.45% 염화나트륨 주사제, USP (5% Dextrose and 0.45% Sodium Chloride Injection, USP)	77	0	0	77	0	170	406	3.5~6.0
5% 포도당과 0.9% 염화나트륨 주사제, USP (5% Dextrose and 0.9% Sodium Chloride Injection, USP)	154	0	0	154	0	170	560	3.5~6.0
10% 포도당과 0.9% 염화나트륨 주사제, USP(10% Dextrose and 0.9% Sodium Chloride Injection, USP)	154	0	0	154	0	340	813	3.5~6.0
링거액 주사제, USP(Ringer's Injection, USP)	147.5	4	4.5	156	0	0	309	5.0~7.5
락테이트링거액 주사제(Lactated Ringer's Injection)	130	4	3	109	28	9	273	6.0~7.5
링거주사제에 5% 포도당을 첨가 (5% Dextrose in Ringer's Injection)	147.5	4	4.5	156	0	170	561	3.5~6.5
5% 포도당이 함유된 락테이트링거액 (Lactated Ringer's with 5% Dextrose)	130	4	3	109	28	180	525	4.0~6.5

[a] 정상 생리학적 등장성의 범위는 약 280~310 mOsm/L이다. 많은 양의 저장성 용액의 투여는 용혈(hemolysis)의 원인이 될 수 있으며, 많은 양의 고장성 용액의 투여는 정맥 손상을 초래할 수 있다.

[b] pH의 범위는 적용되는 용액이 USP(미국약전)에 따르며 비USP는 회사의 설명서에 따른다.

사용된다. 그러나 전해질과 수분의 이동으로 인하여 두 용액의 2/3가 1시간 내에 혈관외 공간으로 손실된다.

포도당이 함유된 용액 Dextrose-Containing Solutions

몇몇의 IV 수액은 다양한 농도의 당(d-glucose)을 포함하고 있다. 가장 일반적으로 사용되는 것은 50%의 포도당($D_{50}W$)과 5%의 포도당(D_5W)이다. 다른 포도당 함유 수액에는 25%의 포도당($D_{25}W$)과 10%의 포도당($D_{10}W$)이 있다. 일부 포도당이 함유된 수액에는 전해질(보통 나트륨과 염화물)도 포함되어 있으며 다음과 같다.

- 25% 포도당과 0.45%의 염화나트륨($D_{2.5}NS$)
- 5% 포도당과 0.20%의 염화나트륨(D_5NS)
- 5% 포도당과 0.33%의 염화나트륨(D_5NS)
- 5% 포도당과 0.45%의 염화나트륨(D_5NS)
- 5% 포도당과 0.9%의 염화나트륨(D_5NS)
- 10% 포도당과 0.9%의 염화나트륨($D_{10}NS$)
- 5% 포도당이 포함된 락테이트링거액(D_5LR)

50% 포도당($D_{50}W$)과 25% 포도당($D_{25}W$)과 같은 고농도의 용액들은 저혈당 상태에서 당을 보충하는 데 사용한다. 10% 포도당($D_{10}W$)은 수분과 전해질 외에 칼로리 보충이 필요한 만성 알코올중독자 등의 환자에게 사용한다. 5% 포도당과 유사한 용액들은 일반적으로 정맥 내 투여 약물을 희석시키고 정맥 투여가 시작된 경우 통로가 개방된 상태로 유지("to keep open", TKO) 또는 정맥의 개방 상태 유지("keep vein open", KVO)하는 데 사용된다.

포도당의 용해도는 물의 밀리리터당 1그램이다. 이 특성을 기반으로 포도당 함유 용액은 일반적으로 부피 내 중량의 백분율로 측정한다. 이 측정 체계는 100 mL의 용액(물)에 포도당 g 수를 나타낸다. 완전하게 포화된 용액은 물 100 mL 당 100 g의 포도당을 함유하고 있으며 100% 포도당용액

($D_{100}W$)로 간주한다. 병원 전 환경에서 자주 사용되는 50% 포도당($D_{50}W$)은 물 50 mL에 25 g의 포도당을 함유하고 있다. 마찬가지로 25% 포도당($D_{25}W$)은 물 50 mL에 포도당 12.5 g을 함유하고 있다. 영아 및 소아에게 정맥 내로 포도당을 투여할 때 $D_{50}W$보다는 $D_{25}W$ 투여가 바람직하다. $D_{25}W$는 멸균 수액 25 mL에 $D_{50}W$ 25 mL를 희석하여 준비할 수 있다. 이것은 결과적으로 50 mL의 수액에 12.5 g의 포도당을 함유하는 용액을 만들게 된다.

포도당의 함량을 고려할 때, 물 1 mL당 포도당의 양을 고려하는 것이 가장 좋은 방법이다. 50%의 포도당 용액은 1 mL의 용액에 0.5 g의 포도당이 함유되어 있다. 마찬가지로 25%의 포도당 용액에는 1 mL의 용액에 0.25 g의 포도당이 함유되어 있다. 100%의 포도당 용액은 1 g/mL를 함유한다. 5%의 포도당 용액은 1 mL당 0.05 g의 포도당을 함유한다.

대부분의 IV 수액들은 물 또는 전해질 요액에 5%의 포도당을 포함하고 있다. TKO 또는 KVO의 속도로 수액을 투여할 경우 환자에게 전달되는 포도당의 양은 무시해도 될 정도로 매우 적다. 그러나 5%의 포도당을 함유한 IV 용액이 체액량을 보충하는 데 사용된다면 투여된 포도당의 양은 환자에게 잠재적으로 위험할 수 있다. 1000 mL의 D_5W 수액 백에는 50 g의 포도당이 포함되어 있다. 이것은 두 개의 $D_{50}W$ 사전충전형 주사기와 동등하다. 다발성 외상에서는 병원 전 환경에서 2~3 L의 정맥 내 수액을 투여하는 것은 일반적이다. 만약 D_5W가 사용된다면, 이것은 매우 높은 포도당 부하를 초래할 것이다. 영아와 소아는 우발적으로 포도당을 과다투여할 위험이 높다. 확인된 저혈당증에서 포도당의 표준량은 체중 kg당 0.5 g이다. 예를 들어 10 kg 체중의 소아에서 저혈당이 확인된다면 5 g의 포도당($D_{50}W$ 10 mL 또는 $D_{25}W$ 20 mL)을 투여한다. 탈수 상태이거나 쇼크상태의 소아에게 투여되는 IV 수액은 생리식염수 또는 락테이트링거액과 같은 등장성 요액을 20 mL/kg로 투여한다. 만약 우발적으로 D_5W를 투여했다면, 20 mL의 수액은 체중 1 kg당 1 g의 포도당을 제공할 것이다. 이것은 확인된 저혈당의 포도당 투여 권장량의 두 배가 되는 양이다. 체액의 보충이 필요한 상황이라면 포도당이 함유된 용액의 사용을 피하도록 한다.

교질액 Colloids

교질성 용액은 모세혈관 막을 통과할 수 없는 거대한 단백질을 포함하고 있다. 따라서 교질액은 일정 기간 동안 혈관 내 구획에 머물게 된다. 게다가 교질액은 혈관 내 구획은 물을 끌어당기는 삼투압의 특성을 가지고 있다. 따라서 적은 양의 교질액으로도 혈관 내 용적을 크게 증가시킬 수 있다. 대표적인 교질액은 다음과 같다:

- **혈장단백분율**(*Plasma protein fraction, Plasmanate*). 혈장단백분율은 교질성 용액을 포함한 단백질이다. 이것의 주요 단백질인 알부민은 식염수 용매에 현탁되어 있다.
- **염도가 낮은 알부민**(*Salt-poor albumin*). 염도가 낮은 알부민은 인간 알부민만을 포함하고 있다. 1 g의 알부민은 혈관 내 공간에 약 18 mL의 물을 보유한다.
- **덱스트란**(*Dextran*). 덱스트란은 단백질이 아니라 알부민과 유사한 삼투압 특성을 가진 큰 당 분자이다. 이것은 40,000달톤과 70,000달톤의 두 가지 분자량으로 공급된다. 덱스트란 40은 알부민의 교질 삼투압의 2~2.5배이다.
- **헤타스타치**(*Hetastarch, Hespan*). 덱스트란과 마찬가지로 헤타스타치는 알부민과 같은 단백질과 유사한 삼투압 특성을 가진 당 분자이다.

교질액은 혈관 내 용적을 유지하는 데 도움을 주지만, 현장에서는 실용적이지 않다. 이것들은 비싸고 유통기한이 짧으며 특별한 보관법이 요구되어 병원 내에서 더 적합하다.

혈액 Blood

가장 바람직한 체액 보충은 전혈을 투여하는 것이다. 교질액이나 결정질액과 다르게 혈색소(hemoglobin)는 혈액 내 산소운반이 가능하다. 하지만 혈액은 가장 필요한 사람에게 투여할 수 있도록 보존되어야 한다. 현장에서의 혈액제제 사용은 다수 사상자 발생사고나 항공이송처럼 제한적 상황에서만 사용된다. RH-O형의 혈액은 항원 단백질을 포함하지 않으므로 "만능공혈자(universal donor)"라고 간주한다.

면 세포외액의 용질농도가 더 이상 증가하더라도 세포 안으로 이동하는 속도에 영향을 미치지 않는다.

능동운반 Active Transport

능동운반(active transport)에서 ATP의 고에너지 결합은 막을 통과하여 이온이나 분자를 이동시키는데 필요한 에너지를 제공한다. 에너지를 소비함에도 불구하고 능동운반은 한 가지의 큰 이점이 있다. 그것은 농도경사에 의존하지 않는다는 점이다. 이는 세포내 또는 세포외의 농도에 관계없이 세포가 특정 물질을 가져오거나 내보낼 수 있음을 의미한다.

모든 세포들은 **이온 펌프(ion pump)**라고 불리는 운반체 단백질을 포함하고 있는데, 이것은 형질막을 통과하여 양이온인 나트륨(sodium, Na^+), 칼륨(potassium, K^+), 칼슘(Ca^{2+}), 마그네슘(Mg^{2+})을 활발하게 운반한다. 특수한 세포들은 요오드화물(I^-), 염화물(Cl^-), 철(Fe^{2+})을 포함한 다른 이온들을 운반할 수 있는 운반체 단백질을 가지고 있다. 이러한 운반체 단백질의 대부분은 세포의 내부 또는 외부로 특정한 양이온 또는 음이온을 한 방향으로만 이동시킨다. 일부의 경우 한 개의 운반체 단백질이 한 번에 두 개 이상의 이온을 이동시키기도 한다. 운반체 단백질은 한 종류의 이온이 한 방향으로 움직이고 다른 하나는 반대의 방향으로 움직이는 경우 **교환 펌프(exchange pump)**라고 부른다(역방향운반).

교환펌프의 주요 기능은 세포의 항상성을 유지하는 것이다. 나트륨과 칼륨 이온은 체내의 주요 양이온이다. 나트륨 이온 농도는 세포외액에서 높지만 세포질에서는 낮다. 반대로 체내에서 칼륨의 분포는 세포외액에서 낮고 세포질에서 높다. 막 안에서 항상 열려 있는 통로 단

3

백질의 존재로(누수 통로라고도 불림) 나트륨 이온은 세포 안으로 서서히 확산되고 칼륨 이온은 밖으로 확산된다.

세포내 항상성은 세포외액과 나트륨 및 칼륨 이온의 농도경사를 유지하는 것에 달려 있다. **나트륨-칼륨 교환 펌프(sodium-potassium exchange pump)** 나트륨 이온을 방출하고 손실된 칼륨 이온을 받아들임으로써 농도경사를 유지한다(그림 3-10). 소모된 각 ATP 분자에 대하여 교환 펌프는 3개의 나트륨 이온을 방출하고 2개의 칼륨 이온을 받아들인다. 나트륨-칼륨 교환 펌프는 휴지기 세포(resting cell)에서 생성된 ATP의 40%까지 사용할 수 있다!

소포운반 Vesicular Transport

소포운반(vesicular transport)에서 물질은 형질막과 융합하거나 막으로 둘러싸인 작은 주머니인 소포 안에서 세포내 또는 세포 밖으로 이동한다. 소포수송의 주요 두 가지 방법은 **세포내섭취**와 **세포외배출**이다.

세포내섭취 Endocytosis

세포내섭취(endocytosis)라고 불리는 과정은 세포 표면에서 세포외 물질을 세포로 가져오기 위하여 소포에 포장을 하는 과정이다. 상대적은 많은 양의 세포 외 물질이 포함될 수 있다. 세포내섭취에는 **수용체 매개 세포내섭취**(*receptor-mediated endocytosis*), **음세포작용**(*pinocytosis*), **식세포작용**(*phagocytosis*)의 세 가지 주요 유형이 있다. 이 세 가지 모두 ATP나 다른 에너지원을 필요로 하는 활성 과정이다.

그림 3-10 나트륨–칼륨 교환 펌프. 나트륨–칼륨 교환 펌프의 작동은 능동운반의 하나의 예이다. ATP가 ADP로 전환될 때마다, 이 운반체 단백질 펌프는 세포 밖으로 3개의 Na^+을 운반하고, 세포 안으로 2개의 K^+을 운반한다.

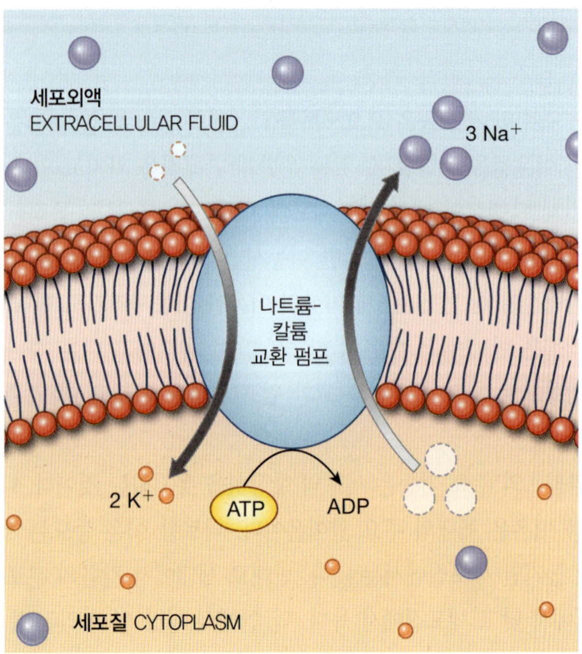

- **수용체 매개 세포내섭취(receptor-mediated endocytosis)**는 특정 표적 분자를 고농도로 포함한 소포를 생성한다. 수용체 매개 세포내섭취는 세포외액의 분자가 형질막 표면의 수용체에 결합할 때 시작한다(그림 3-11). 수용체는 운반체 단백질 또는 호르몬과 같은 **리간드(ligands)**라고 불리는 특정 표적 분자에 결합한 후 형질막에서 함께 모인다. 수용체가 결합되어 있는 막의 영역은 쪼개져 나오면서 소포를 형성하게 된다. 이러한 소포는 형질막의 세포질 표면에 둘러싸여 있으며 **피막소포**(*coated vesicle*)라고 한다.

  콜레스테롤과 철 이온(Fe^{2+})과 같은 많은 중요한 물질들은 특별한 운반체 단백질에 부착되어 신체에 운반된다. 이러한 운반체 단백질은 너무 커서 막 통로를 통과할 수 없지만 수용체 매개 세포내섭취를 통해 세포로 들어갈 수 있다.
- **음세포작용(pinocytosis)**은 세포외액으로 채워진 작은 소포를 형성한다. 이러한 과정은 대부분의 세포에서 공통적으로 나타난다. 형질막에서 깊은 홈이나 주머니가 형성된 후 쪼개져 나온다. 수용체 단백질은 관여하지 않는다. 이러한 이유로 음세포작용은 수용체 매개 세포내섭취만큼 선택적인 과정이 아니다.
- **식세포작용(phagocytosis)**은 세포 자체만큼 커다란 고형물체를 포함하는 소포를 생산한다(그림 3-12). **거짓발(위족, pseudopodia)**이라고도 불리는 세포질의 확장이 물체를 둘러싸고 그들의 막이 융합하여 소포를 형성한다. 이러한 소포는 **용해소체**(*lysosomes*)와 융합한다. 소포의 내용물은 용해소체 소화효소에 의하여 분해된다.

대부분의 세포들은 음세포작용을 수행하지만 식세포작용은 세균이나 세포 파편 및 기타 비정상적인 물질을 집어삼켜 조직을 보호하는 특수 세포에 의해서만 수행된다. (이미 혈액 세포를 다루는 11장과 면역반응을 다루는 14장을 통하여 식작용 세포를 확인하였다.)

세포외배출 Exocytosis

세포외배출(exocytosis)라고 불리는 과정은 세포내섭취의 기능적 역행 상태이다. 세포외배출에서 세포 내부에서 생성된 소포는 형질막과 융합하고 내용물을 세포외 환경으로 배출한다. 배출된 물질은 **호르몬**(혈액을 순환시키고 신체의 다른 부분의 세포에 영향을 미치는 화합물)이나 점액 성분과 같은 분비물일 수도 있고 또는 손상된 세포소기관의 재활용에서 나오는 폐기물이 될 수도 있다.

주어진 순간에 다양한 운반과정이 물질은 세포 안과 밖으로 이동시킨다. 이러한 과정은 **표 3-3**에 요약되어 있다.

그림 3-11 수용체 매개 세포내섭취.

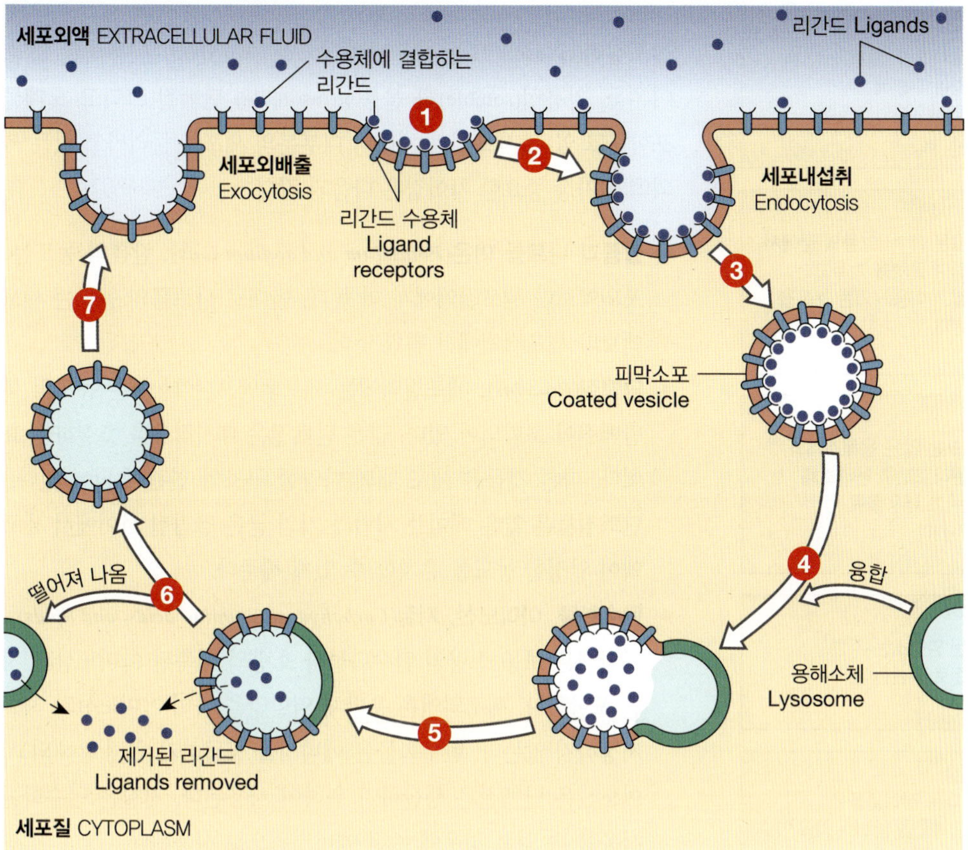

1. 표적 분자(리간드)는 형질막의 수용체에 결합한다.
2. 리간드로 막이 싸인 막 표면에 깊은 주머니를 형성한다.
3. 주머니가 떨어져나와 소포를 형성한다.
4. 피막소포는 용해소체와 융합한다.
5. 리간드는 제거되고 세포질로 흡수된다.
6. 수용체 분자가 있는 막은 용해소체에서 분리된다.
7. 소포는 형질막과 융합하고 수용체는 리간드와 다시 결합할 수 있다.

표 3-3 수동 및 능동 막 운반 과정의 요약

과정	설명	이동 속도에 영향을 미치는 요인	관련된 물질
확산(Diffusion)	용질의 수동적 분자 이동; 상대적 농도에 의해 방향이 결정	가파른 농도경사, 분자의 크기, 전하, 지질 용해도, 온도 및 통로 단백질의 존재	작은 무기질 이온,: 대부분 기체 및 지질수용성 물질들(모든 세포)
삼투(Osmosis)	선택적인 투과막을 통과하여 상대적으로 높은 용질 농도를 갖는 용액으로의 물 분자의 수동적 이동	농도경사, 그 반대방향의 삼투압(정수압)	오직 수분만(모든 세포)
운반체매개운반(Carrier-mediated Transport)			
촉진확산 (Facilitated diffusion)	수동: 운반체 단백질이 수동적으로 농도경사를 따라서 용질을 운반	농도경사의 기울기, 온도 및 운반체 단백질의 가용성	포도당과 아미노산(모든 세포)
능동운반 (Active transport)	능동: 운반체 단백질은 농도경사에 관계없이 용질을 능동적으로 운반	이용 가능한 운반체 단백질, 기질 및 ATP의 양	Na^+, K^+, Ca^{2+}, Mg^{2+}(모든세포); 특수 세포에 의한 기타 용질
소포운반(Vesicular Transport)			
세포내섭취 (Endocytosis)	능동: 세포외액 또는 고형 물질을 포함하는 소포의 형성	세포로 이동되는 물질에 따라 유형이 달라지며, ATP가 필요함	체액, 영양소(모든 세포); 잔해물, 세포파편(특수 세포)
세포외배출 (Exocytosis)	능동: 형질막과 세포내 소포의 융합으로 세포에서 액체 및/또는 고형물을 방출	운반된 물질에 따라 기전이 다름; ATP 필요	체액, 세포파편(모든 세포)

그림 3-12 식세포작용.

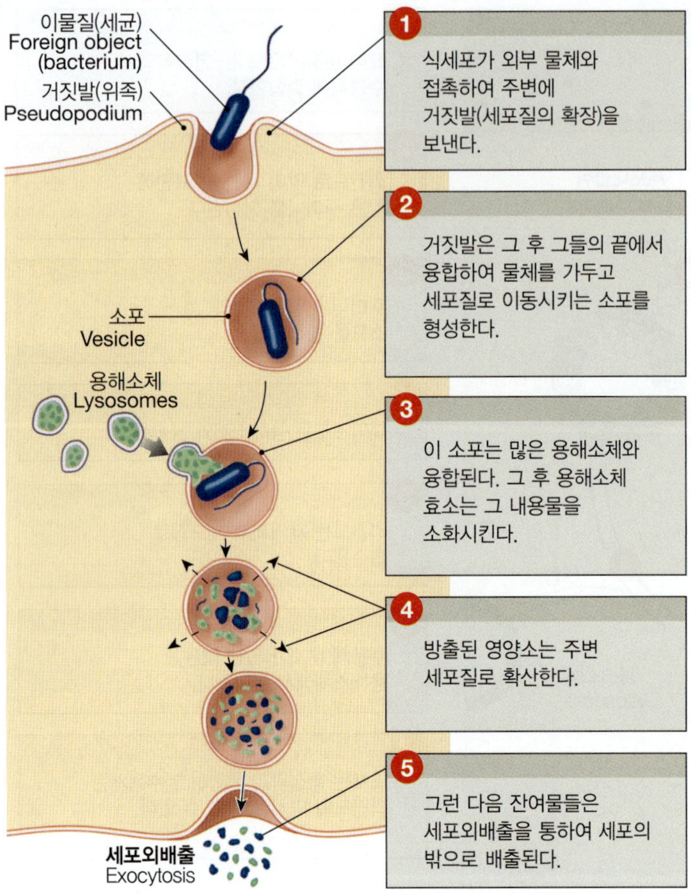

체크포인트

11. 능동운반과 수동운반의 과정에서 차이점은 무엇인가?
12. 소화 과정에서 위 속의 수소 이온(H^+) 농도는 위장의 세포내 수소 이온의 몇 배까지 상승하며, 여기서 수소 이온이 생성된다. 이 과정은 수동운반인가 능동운반인가?
13. 특정 유형의 백혈구가 세균을 만나면, 세균을 집어삼켜서 세포 안으로 가져올 수 있다. 이 과정을 무엇이라 하는가?

책 뒷면에 있는 파란색 정답 탭을 참조.

3-5 세포질 내의 세포소기관들은 특정 기능을 수행한다

학습목표 전형적인 세포소기관들을 설명하고 특수한 기능을 인지한다.

세포질(*cytoplasm*)은 형질막과 핵을 둘러싸고 있는 막 사이의 물질을 가리키는 일반적인 용어이다. 세포질은 세포질액과 세포소기관을 포함한다.

세포질액 The Cytosol

세포질액(cytosol) 또는 세포내액(*intracellular fluid*)은 용해된 영양소, 이온들, 가용성(soluble)과 불용성(insoluble) 단백질 그리고 노폐물을 포함하고 있다. 세포질과 체내의 대부분의 세포를 둘러싸고 있는 세포외액의 가장 중요한 차이점은 다음과 같다:

- **칼륨과 나트륨 이온(*Potassium and sodium ions*).** 칼륨의 농도는 세포외액보다 세포질액에서 더 높다. 반대로 나트륨의 농도는 세포외액보다 세포질액에서 훨씬 낮다.
- **단백질(*Proteins*).** 세포질액에는 세포외액보다 더 높은 농도의 부유 단백질이 포함되어 있다. 많은 단백질은 대사작용을 조절하는 효소이다. 다른 것들은 세포 내의 다양한 구조와 연관이 되어 있다. 이 단백질들은 얇은 메이플 시럽과 거의 굳은 젤라틴 사이에서 세포질액이 일정한 농도를 유지할 수 있게 해준다.
- **탄수화물, 아미노산, 지질(*Carbohydrates, amino acids, and lipids*).** 세포질액은 보통 소량의 탄수화물과 소량의 비축된 아미노산과 지질을 포함한다. 세포외액은 운반체 역할만을 하며 아미노산과 지질을 저장하지 않는다. 탄수화물은 에너지를 공급하기 위해 분해되고 아미노산은 단백질은 생산하기 위하여 사용된다. 지질은 탄수화물을 사용할 수 없는 경우에 주된 에너지원으로 사용된다.

세포질에는 또한 **포함물(inclusion)**로 알려진 불용성 물질이 들어있다. 예를 들면 저장된 영양소(근육세포와 간세포의 글리코겐 과립과 같은)와 지방방울(지방세포 내)을 포함한다.

세포소기관 The Organelles

세포소기관(organelle)은 정상적인 세포 구조의 유지와 대사에 필수적인 특정 기능을 수행하는 내부 구조이다(**집중 조명 그림 3-2**). 많은 세포소기관은 막으로 둘러싸여 있다. 이러한 세포소기관들은 핵, 사립체, 세포질그물(ER), 골지복합체, 용해소체와 과산화소체를 포함한다. 세포막은 세포질액로부터 세포소기관을 분리하여 세포소기관이 세포에 손상을 줄 수 있는 분비물, 효소, 또는 독소를 생산하거나 저장하게 한다. 형질막에 둘러싸이지 않은 세포소기관은 세포뼈대, 미세융모, 중심소체, 섬모, 편모, 리보소체 및 단백질분해소체가 포함된다. 이러한 세포소기관은 형질막으로 둘러싸여 있지 않기 때문에 세포질액과 직접적으로 접촉하게 된다.

세포뼈대 The Cytoskeleton

세포뼈대(cytoskeleton)는 세포의 뼈대 역할을 한다. 이것은 실과 같이 가느다란 섬유와 세포질에 강도와 유연성을 주는 빈 소관의 내부 단백질이다(**그림 3-11**). 모든 세포의 세포뼈대는 미세잔섬유, 중간잔섬유, 미세관으로 구성된다. 근육세포는 이러한 세포뼈대의 부분에 두꺼운 섬유가 추가된다.

미세잔섬유(MICROFILAMENTS). 세포뼈대의 가장 얇은 가닥은 **미세잔섬유(microfilament)**로 단백질 **액틴(actin)**으로 구성된다. 대부분의 세포에서 미세잔섬유들은 형질막의 바로 안쪽에 밀집되어 층을 형성한다. 미세잔섬유는 형질막의 단백질과 결합하여 형질막 아래의 세포질에 부착된다. 근육세포에서 액틴 섬유는 강력한 수축을 만들기 위하여 **미오신(myosin)** 단백질로 만들어진 **굵은잔섬유(thick filament)**와 상호작용을 한다.

중간잔섬유(INTERMEDIATE FILAMENTS). 중간잔섬유는 미세섬유와 근육세포의 두꺼운 섬유의 중간크기이다. 단백질의 구성은 세포의 유형에 따라 다르다. 중간잔섬유는 세포를 강화시킨다. 또한 형질막에 특수화된 부착물을 통하여 주변 세포의 위치를 안정시킨다. 많은 세포들은 독특한 기능을 가진 중간잔섬유를 가지고 있다. 예로 피부의 표피층에 있는 케라틴섬유는 중간잔섬유로 이러한 층을 강하게 하고 늘어나는 것에 대항할 수 있게 한다.

미세관(MICROTUBULES). 모든 신체 세포는 구상 단백질 **튜불린(tubulin)**으로 만들어진 빈 관인 **미세관(microtubule)**을 포함한다. 미세관은 세포뼈대의 주요 구성요소를 형성하고, 세포에 강도와 견고함을 제공하며 주요 세포소기관의 위치를 고정한다. 크기의 측면에서 미세관은 세포뼈대의 가장 큰 구성요소이다.

세포분열 동안에 미세관은 **방추체**(*spindle apparatus*)를 형성하고, 복제된 염색체를 분열세포의 반대쪽 끝에 분포시킨다. 이러한 과정에 대한 내용은 다른 장에서 설명할 것이다.

미세융모 Microvilli

미세융모(microvilli)는 많은 세포들의 노출된 표면에 위치한 형질막의 손가락 모양의 작은 돌기이다(**집중 조명 그림 3-2**). 미세잔섬유의 내부 구조가 미세융모를 지지하고 이를 세포뼈대에 연결한다(**그림 3-13**). 미세융모는 막의 표면적을 증가시킨다. 이러한 이유로 미세융모는 세포외액에서 물질을 흡수하는데 활발하게 관여하는 세포의 공통된 특징을 갖는다. 콩팥과 소화관의 세포를 예로 들 수 있다.

중심소체, 섬모와 편모 Centrioles, Cilia, and Flagella

세포뼈대에서 미세관은 개별적 기능을 하는 것만 아니라 또한 **중심소체, 섬모**와 **편모**로 알려진 더 복잡한 구조를 형성하기 위하여 상호작용을 한다.

그림 3-13 세포뼈대. 세포뼈대는 세포와 세포소기관에 강도와 구조적 지지를 제공한다. 세포뼈대 요소 간의 상호작용은 세포소기관을 움직이게 하며 세포의 모양을 변하게 하는 데에도 중요하다.

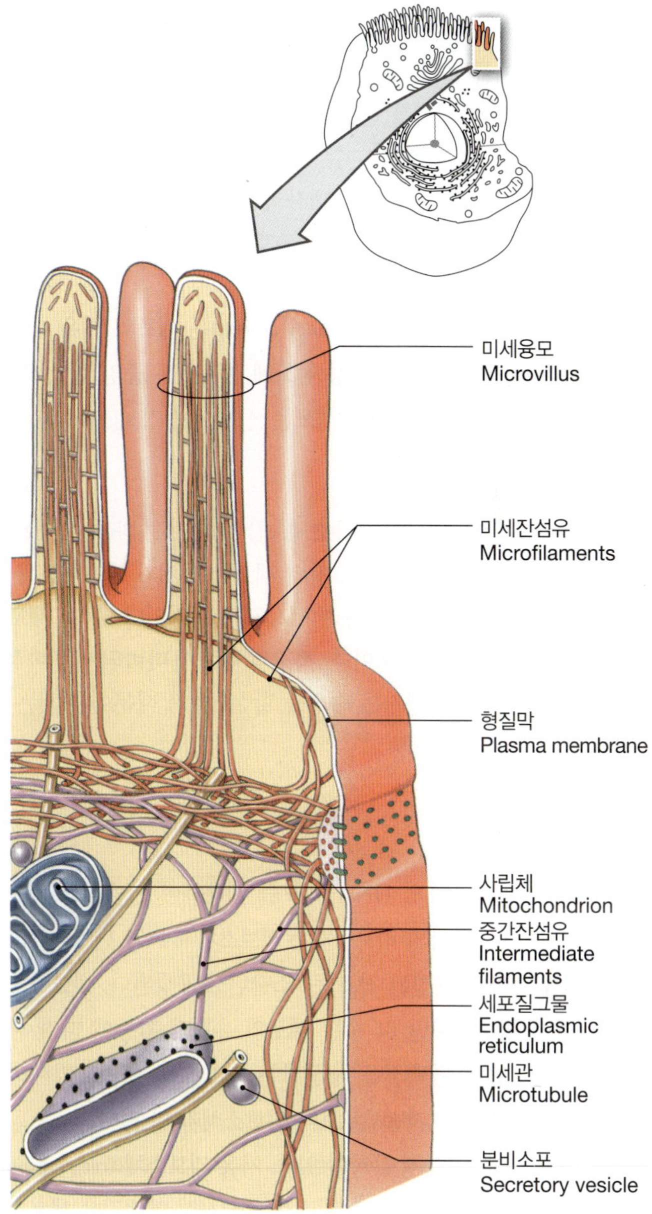

중심소체(CENTRIOLES). **중심소체(centriole)**는 3개의 미세관으로 이루어진 원통형 구조이다(**집중 조명 그림 3-2**). 분열할 수 있는 모든 동물세포들은 서로 수직으로 배열된 한 쌍의 중심소체를 포함한다. 중심소체는 세포분열 동안 DNA 가닥을 움직이는 방추 섬유를 생산한다. 성숙 적혈구, 뼈대근세포, 심장근육세포, 그리고 전형적인 신경세포는 중심소체가 없다. 결과적으로 이러한 세포들은 분열을 할 수 없다.

섬모(CILIA). **섬모(cilia)**는 형질막에서 상대적으로 길고 가늘게 확장되어 있다(**집중 조명 그림 3-2**). 섬모들은 중앙에 위치한 한 쌍의 미세관을 둘러싼 원통형 배열에 의하여 내부적으로 지지된다. 다발성 **운동섬모**(*motile cilia*)는 ATP로부터 에너지를 필요로 하는 능동적인 움직임을 조정한다. 섬모의 조정된 작용은 세포 표면을 통과하여 액체나 분비물을 이동시킨다. 예를 들어, 호흡 통로를 따라 늘어선 운동섬모가 끈적한 점액과 갇힌 먼지 입자를 목구멍(인후) 쪽으로 이동시켜 섬세한 호흡기 표면으로부터 멀리 떨어질 수 있도록 동기화된 방식으로 움직인다. 이러한 섬모가 심한 흡연이나 대사 장애로 인하여 움직이지 않게 되면 정화작용이 없어져 자극 물질들은 제거될 수 없게 된다. 그 결과 만성 기침과 호흡기 감염이 발생한다.

하나의 비운동성 **일차 섬모(primary cilium)**는 세포의 매우 다양한 곳에서 발견된다. 이것에는 운동성 섬모에 존재하는 중앙 한 쌍의 미세소관이 존재하지 않는다. 일차 섬모는 신호 감수기(signal sensor)로 작용하여 세포외 자극을 검출한다.

편모(FLAGELLA). **편모(flagella)**라고 불리는 세포소기관은 섬모와 유사하지만 훨씬 더 길다. 편모는 고정된 세포를 액체가 지나가도록 움직이는 대신에 주변의 액체를 통하여 세포를 움직인다. 정자 세포는 편모를 가진 유일한 인간 세포이다. 정자의 편모가 마비되거나 비정상인 경우, 움직이지 않는 정자는 수정을 할 수 없기 때문에 개체는 불임 상태가 될 것이다.

리보소체 Ribosomes

리보소체(ribosome)는 핵의 DNA 정보를 이용하여 단백질을 생산하는 세포소기관이다. 각각의 리보소체는 **리보소체 RNA**와 단백질이라고 불리는 RNA 형태로 구성된 작고 큰 소단위로 구성된다. 리보소체는 모든 세포에서 발견되지만 그 수는 세포의 유형과 활동에 따라 다르다. 예를 들면, 혈액 단백질을 생산하는 간세포는 트리글리세리드(triglyceride)를 합성하는 지방세포보다 리보소체가 더 많다.

리보소체는 크게 두 가지 유형이 있다. **자유 리보소체(free ribosome)**는 세포질 전체에 분포되어 있다. 이것들이 생산한 단백질은 세포질액으로 들어간다. **고정 리보소체(fixed ribosome)**는 막의 세포소기관인 세포질그물에 부착되어 있다. 고정 리보소체에 의해 생산된 단백질은 세포질그물로 들어가 세포 내에서 사용하거나 세포에서 최종적으로 분비되도록 변형 및 포장된다.

단백질분해소체 Proteasomes

단백질분해소체(proteasome)는 세포질 내에서 단백질을 제거하는 작은 세포소기관이다(**집중 조명 그림 3-2**). 이 세포소기관에는 단백질을 분해하는 여러 가지 물질 또는 **단백질 분해효소**(*protease*)라고 불리는 물질을 포함하고 있다. 단백질분해소체는 손상되거나 변성된 단백질을 제거하고 재활용하며 바이러스에 감염된 세포에서 생성되는 것과 같은 비정상적인 단백질을 분해한다.

세포질그물 The Endoplasmic Reticulum

세포질그물(endoplasmic reticulum, ER)은 핵을 둘러싼 **핵막**(*nuclear envelope*)과 연속된 세포내막의 네트워크를 형성하고 있다(**집중 조명 그림 3-2**). 세포질그물은 빈 관, **수조(cisternae)**라고 불리는 방(chamber)을 형성한다.

세포질그물에는 다음과 같은 4가지의 주요 기능이 있다:

1. **합성(*Synthesis*).** 세포질그물의 특수 영역은 단백질, 탄수화물 그리고 지질을 생산한다.
2. **저장(*Storage*).** 세포질그물은 다른 세포의 작동에는 영향을 미치지 않으면서 세포에서 흡수된 합성 분자 또는 물질을 저장할 수 있다.
3. **운반(*Transport*).** 물질은 세포질그물 내에서 이곳저곳 이동할 수 있다.
4. **해독(*Detoxification*).** 세포질그물은 약물이나 독소를 흡수하고 효소로 중화시킬 수 있다.

세포질그물에는 2가지 유형이 있다: **매끈세포질그물(smooth endoplasmic reticulum, SER)**과 **거친세포질그물(rough endoplasmic reticulum, RER)**(**그림 3-14**). 매끈한(*smooth*)라는 용어는 리보소체가 매끈세포질그물과 관련이 없다는 사실을 의미한다. 매끈세포질그물은 지질과 탄수화물이 생산되는 곳이다. 거친세포질그물의 막에는 고정 리보소체가 포함되어 있어 거친세포질그물에 구슬 모양 또는 거친 모양을 보이게 한다. 리보소체는 단백질 합성에 관여한다.

매끈세포질그물은 다음과 같은 작용을 한다. (1) 모든 세포의 세포막, 세포질그물, 핵막, 골지복합체의 성장과 유지에 필요한 인지질과 콜레스테롤을 합성한다. (2) 생식기관의 세포에서 성호르몬인 **테스토스테론**(*testosterone*)과 **에스트로겐**(*estrogen*)과 같은 스테로이드 호르몬을 합성한다. (3) 간세포 및 지방세포에서 글리세리드, 특히 트리글리세리드의 합성과 저장을 한다. (4) 뼈대근과 간세포에서 글리코겐의 합성과 저장을 한다.

거친세포질그물은 작업장과 배송 창고의 기능을 한다. 외부 표면의 고정 리보소체는 새로 합성된 단백질을 거친세포질그물의 평편한 막(시스터나) 안으로 방출한다. 일부 단백질은 거친세포질그물에 남아서 효소로 기능한다. 다른 것들은 화학적으로 변형되어 세포질그물의 끝부분에 분리되는 작은 막으로 둘러싸인 주머니로 포장된다. **운반소포**(*transport vesicles*)이라고 불리는 주머니는 단백질을 또 다른 막의 세포소기관인 골지복합체에 전달한다. 그곳에서 단백질은 추가적으로

그림 3-14 세포질그물. 거친세포질그물과 매끈세포질그물 사이의 3가지 차원의 관계가 여기 나타난다.

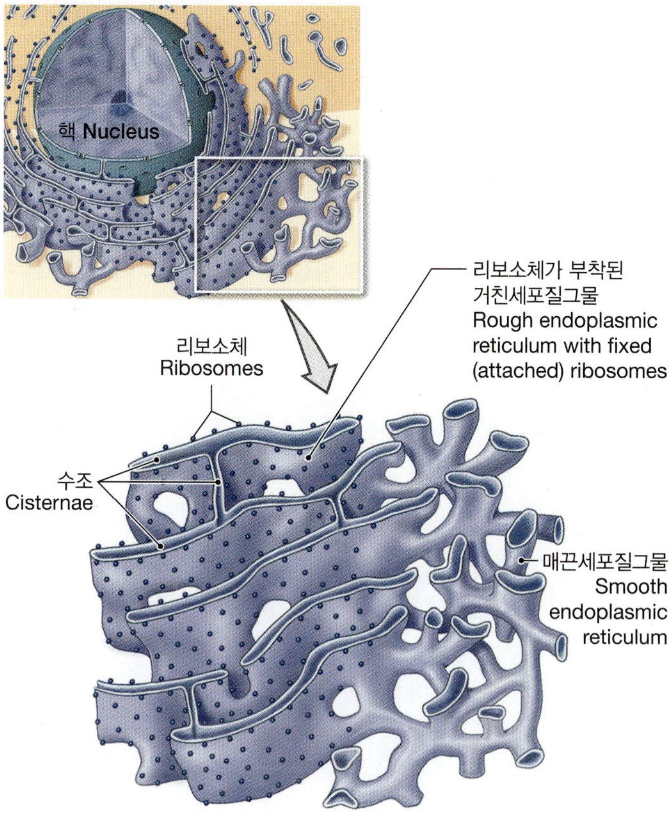

처리된다(**집중 조명 그림 3-16** 참조).

세포질그물의 양과 거친세포질그물과 매끈세포질그물의 비율은 세포의 유형과 활동에 따라 달라진다. 예를 들면, 소화효소를 생산하는 이자세포는 광범위한 거친세포질그물을 포함하며 매끈세포질그물은 상대적으로 적게 포함한다. 스테로이드호르몬을 합성하는 생식기관의 세포에서는 그 비율이 정반대이다.

골지복합체 The Golgi Apparatus

골지복합체(Golgi apparatus)는 5~6개의 수조(*cisternae*) 원반 세트로 구성되어 있다. 하나의 세포는 이러한 세포소기관이 여러 개 포함될 수 있으며 각각은 접시 더미처럼 보인다(**그림 3-15**).

골지복합체는 다음과 같은 3가지 주요 기능을 한다(**집중 조명 그림 3-16**).

1. 호르몬이나 효소 등의 분비물을 세포에서 방출하기 위하여 변형하고 포장한다.
2. 형질막을 변형 또는 재생한다.
3. 세포질에서 사용하기 위하여 소포(용해소체) 내에 특수 효소를 포장한다.

그림 3-15 골지복합체.

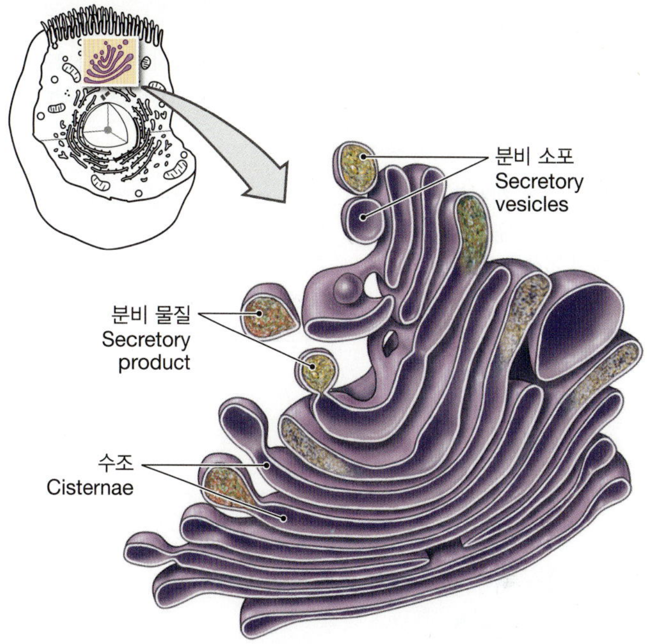

용해소체 Lysosomes

용해소체(lysosome)는 소화효소로 가득 채워진 소포이다. 용해소체는 세포 내에서 정화 및 재활용 기능을 수행한다. 이러한 기능의 하나로 손상된 세포소기관을 제거한다. 용해소체 효소는 용해소체가 사립체 또는 세포질그물의 조각과 같은 손상된 세포소기관의 막과 결합할 때 활성화된다. 활성화된 효소는 용해소체의 성분을 분해한다. 영양소는 수동적이거나 능동적인 운반 과정을 통하여 세포로 다시 들어간다. 남은 물질은 세포외배출로 제거된다.

용해소체는 또한 질병에 대한 방어기능을 한다. 면역계통 세포는 세포내섭취를 통해 주변의 세균, 체액 그리고 조직의 파편들을 삼켜 소포 내에서 격리시킨다. 용해소체는 이러한 방식으로 만들어진 소포와 융합한다. 그런 다음 소화효소는 내용물을 분해하고 설탕이나 아미노산과 같은 사용 가능한 물질을 방출한다.

용해소체는 또한 세포 내에서 필수적인 재활용 기능을 수행한다. 예를 들면, 근육세포가 활동하지 않을 때 용해소체는 서서히 수축성 단백질을 분해한다. 세포가 다시 활성화되면 이 파괴는 종료된다. 그러나 손상되거나 죽은 세포에서는 용해소체 막이 분해되어 활성 효소를 세포질액으로 방출한다. 이 효소들은 세포의 단백질과 세포소기관들을 빠르게 파괴시키는데, 이 과정을 **자가분해(autolysis)**라고 부른다. 용해소체 막의 붕괴는 세포를 파괴할 수 있기 때문에 용해소체를 세포의 "자살 주머니(suicide packet)"라고 불렀다. 우리는 아직 용해소체의 활성을 조절하는 기전을 알지 못하며, 세포가 손상되기 전에는 용

집중 조명 그림 3-16 단백질 합성, 처리와 포장(PROTEIN SYNTHESIS, PROCESSING, AND PACKAGING)

골지복합체는 새로 합성된 단백질을 변형하고 포장하는 데 중요한 역할을 한다. 거친세포질그물(RER) 합성된 일부 단백질과 당단백질은 운반소포에 의해 골지복합체로 전달된다. 다음은 DNA에서 시작하는 과정을 요약한 것이다.

1 단백질 합성은 DNA 유전자가 단백질 합성을 위한 주형인 메신저 RNA (mRNA)를 생성할 때 시작한다.

2 mRNA는 핵을 떠나 세포질의 자유 리보소체 또는 거친세포질그물의 고정 리보소체에 부착된다.

3a 자유 리보소체에 구성된 단백질은 세포에서 사용하기 위해 세포질액으로 방출된다.

3b 고정 리보소체의 단백질 합성은 거친세포질그물에서 이루어진다. 새로 합성된 단백질은 3차원 형태로 접힌다.

4 이후 단백질은 세포질그물 안에서 변형된다. 그러면 세포질그물의 영역에서 떨어져나가서 변형 단백질과 당단백질을 포함한 운송소포를 형성한다.

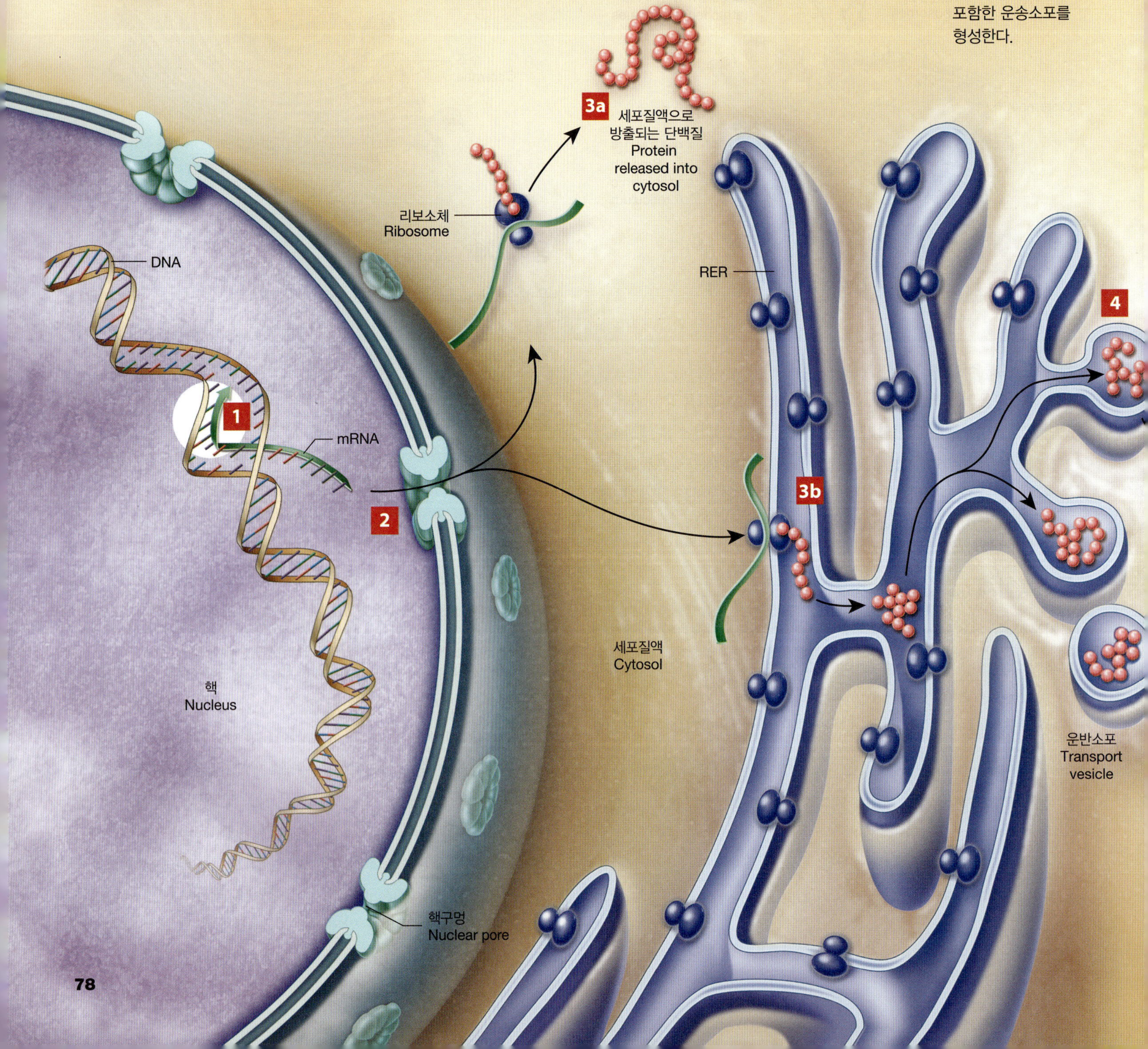

5 운반소포는 세포질그물에서 생성된 단백질과 당단백질을 골지복합체로 운반한다. 그런 다음 운반소포가 융합되어 골지복합체의 형성면("수용면")을 형성한다.

6 여러 개의 운반소포가 결합되어 형성면에서 수조를 형성한다. 또한 수조가 성숙면을 이동함에 따라서 추가로 단백질 및 당단백질 변형 및 포장이 이루어진다. 작은 운반소포는 고유 골지 단백질을 재사용하기 위하여 형성면으로 돌려보낸다.

7 성숙면("shipping side")은 변형된 단백질을 골지복합체로부터 운반하는 소포를 형성한다. 소포의 하나의 종류는 소화효소를 포함하는 용해소체가 된다.

8 다른 2가지 종류의 소포는 형질막으로 진행한다.: 분비물과 막 재생 **분비소포 (secretory vesicles)**는 형질막과 융합하여 세포외배출로 세포 밖으로 배출된다. **막 재생 소포 (membrane renewal vesicles)**는 새로운 지질과 단백질을 형질막에 추가한다.

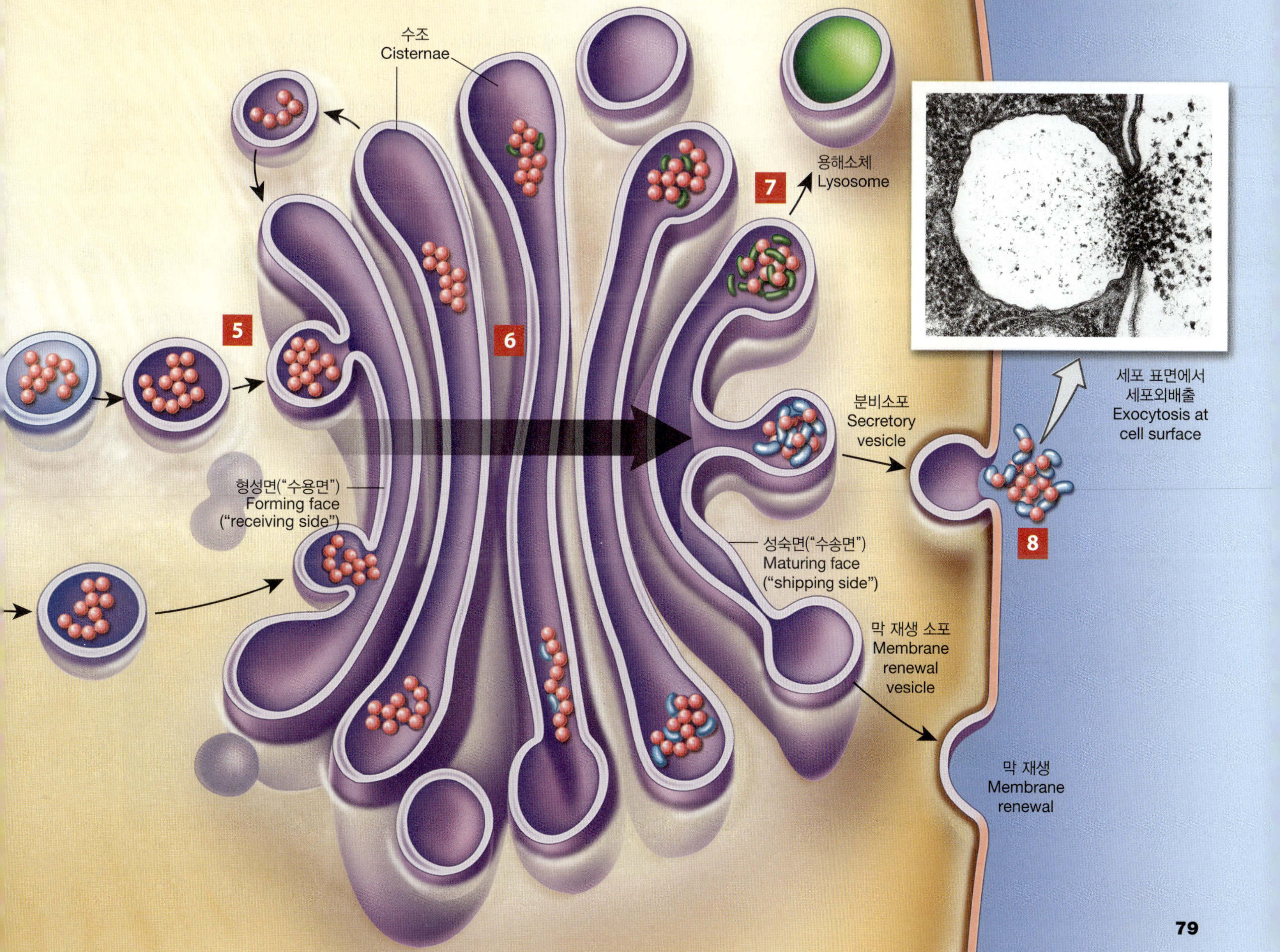

해소체 속의 효소들이 용해소체의 막을 분해하지 않는 이유에 대해서도 알지 못한다.

용해소체 효소 생산에 문제가 발생할 경우, 어린이에 영향을 주는 30종 이상의 심각한 유전질환이 유발할 수 있다. **용해소체 저장 질환**(*lysosomal storage disease*)이라고 하는 질환이 야기될 경우, 특정 효소의 결핍이 용해소체가 정상적으로 제거되고 재활용하는 물질을 분해하지 못하여 이와 관련된 노폐물이 용해소체 내에 쌓이게 된다. 이러한 질환을 가진 어린이 중 심장근육세포와 같이 생명과 직결된 세포에 기능 이상이 초래될 경우 사망에 이를 수도 있다.

과산화소체 Peroxisomes

과산화소체(peroxisome)는 용해소체보다 작은 소포이며, 용해소체와는 다른 효소 집단을 포함한다(**집중 조명 그림 3-2**). 용해소체는 골지복합체에서 생산되지만, 과산화소체는 기존의 과산화소체가 성장하거나 분열하여 새로이 만들어진다. 이 과정에서 과산화소체는 잠재적으로 위험한 활성산소인 과산화수소(H_2O_2)를 생성한다. 활성산소는 짝을 이루지 않은 전자를 포함하는 이온 또는 분자이다. 활성산소는 반응성이 높으며 단백질과 같은 중요한 화합물을 손상시킬 수 있는 추가적인 반응을 일으킨다. 과산화소체의 다른 효소들은 산소와 물로 분해되어 이화작용 중에 생성된 활성산소의 해로운 영향으로부터 세포를 보호한다. 모든 세포에서 발견되는 과산화소체는 간세포와 같이 대사가 활발한 세포에서 가장 많이 발견된다.

사립체(미토콘드리아) Mitochondria

사립체(mitochondria)는 세포에 에너지를 공급하는 작은 세포소기관이다(**집중 조명 그림 3-2**). 특정 세포에 있는 사립체의 수는 세포의 에너지 수요에 따라 다르다. 예를 들어 적혈구는 사립체가 없지만 이 세포소기관은 심장 근육세포 부피의 30%를 차지할 수 있다.

사립체는 특이한 두 겹의 막으로 되어 있다(**그림 3-17**). 각각의 막은 인지질 이중층으로 되어 있다. 외막은 전체 세포소기관을 감싸고 있다. 내막은 액체의 내용물 또는 **바탕질(matrix)**을 둘러싸고 있는 **능선(cristae)**이라고 불리는 수많은 주름을 가지고 있다. 능선은 사립체의 바탕질과 접촉하여 내막의 표면적을 증가시킨다. 사립체 바탕질에 포함된 효소는 에너지 생산반응을 촉매한다.

에너지를 방출하는 대부분의 화학반응은 사립체에서 일어나지만 에너지를 필요로 하는 세포 활동의 대부분은 주변의 세포질에서 일어

임상노트

유전성 사립체 장애
Inheritable Mitochondrial Disorders

비정상적인 사립체 활동으로 인하여 발생하는 유전질환이 있다. 사립체는 자체의 단백질을 생산하기 위해 DNA와 리보소체를 갖고 있다. 하지만 자체 단백질의 대부분은 핵 DNA에 의하여 암호화되고 세포질액에서 유입된다. 이러한 이유로 비정상적인 핵 DNA 또는 mtDNA는 ATP 생산의 효율성을 감소시키는 효소의 결함을 초래할 수 있다. 사립체 장애는 하나의 기관에 영향을 미치거나 신체 전체의 세포에 영향을 미치는 많은 기관계통을 포함할 수 있다. 근육세포, 신경세포, 눈에서도 가장 흔하게 눈의 광수용체 세포와 관련된 증상을 포함한다. 이는 이 세포들이 특히 높은 에너지 소비를 가지고 있기 때문이다.

그림 3-17 사립체. 사립체의 전형적인 3차원 조직과 색이 강화된 투과전자현미경으로 확인한 사립체의 단면이다. 사립체는 짧은 탄소 사슬과 산소를 흡수하고 이산화탄소, ATP, 물을 생성한다.

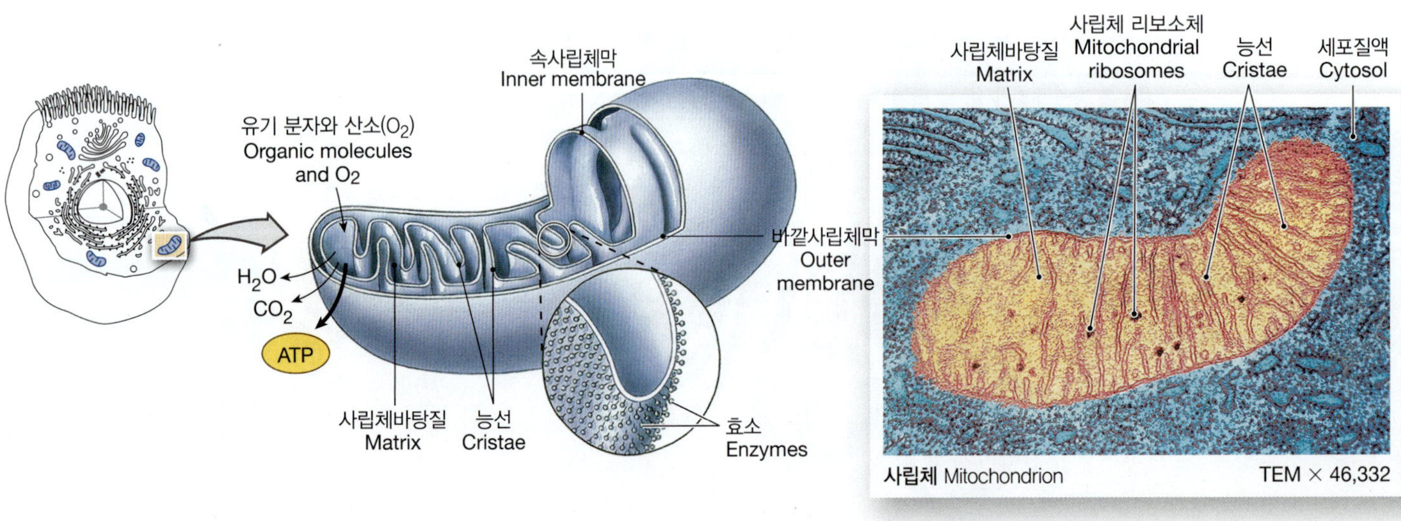

난다. 이러한 이유로 세포는 이곳저곳으로 이동할 수 있는 형태로 에너지를 저장해야만 한다. 에너지는 ATP의 고에너지 결합에서 저장되고 운송된다. 살아 있는 세포는 통제된 조건에서 고에너지 인산염 결합을 끊고, ATP를 ADP로 재변환하고 세포가 사용할 에너지를 방출한다.

사립체 에너지 생산(MITOCHONDRIAL ENERGY PRODUCTION). 대부분의 세포는 탄수화물 특히 포도당의 분해를 통하여 ATP와 다른 고에너지 화합물을 생성한다. 실제 에너지 생산의 대부분은 사립체 내에서 발생하지만, 첫 단계는 세포질액에서 일어난다. 이러한 반응 절차에서 **당분해**(*glycolysis*)라고 불리는 6개의 탄소-당 분자는 3개의 탄소-**피루브산**(*pyruvate*) 분자로 분해된다. 그런 후 이 분자들은 사립체에 의해 흡수된다. 만약 포도당이나 다른 탄수화물을 이용할 수 없다면, 사립체는 지질이나 단백질의 분해로 생성된 작은 탄소 사슬을 흡수하고 사용하게 된다. 산소가 존재하는 한, 이러한 분자는 세포 밖으로 확산되는 이산화탄소와 일련의 에너지 방출 단계에서 ADP를 ATP로 변환하는 효소인 수소 원자로 분해될 것이다.

사립체 활동에 포함된 주요 반응들이 산소를 소비하기 때문에 사립체 에너지 생산 과정은 **호기성 대사(aerobic metabolism)** 또는 **세포호흡**(*cellular respiration*)으로 알려져 있다. 사립체에서의 호기성 대사는 세포가 생존하기 위해 필요한 에너지의 약 95%를 생산한다. (7장과 17장에서 호기성 대사에 대해서 더 자세히 배울 것이다.)

사립체는 자체의 DNA(mtDNA)와 리보소체를 가지고 있다. mtDNA는 적은 수의 RNA와 폴리펩티드 분자를 암호화한다. 폴리펩티드는 에너지 생산에서 효소의 역할을 한다. 비록 사립체가 자체 DNA를 가지고 있지만, 그들의 기능은 사립체 내로 유입된 단백질, 즉 핵에 의해 암호화된 단백질에 주로 의존한다.

체크포인트

14. 세포질과 세포질액의 차이를 설명하시오.
15. 막성세포소기관을 설명하고 그 기능을 나열하시오.
16. 작은창자를 둘러싸고 있는 세포들은 자유 표면에 손가락 모양의 돌기를 가지고 있다. 이러한 구조는 무엇이며, 그 기능은 무엇인가?
17. 중심소체가 없으면 세포에 어떤 영향을 미치는가?
18. 난소와 고환의 특정 세포에 매끈세포질그물(SER)이 다량 포함되어 있는 이유를 설명한다.
19. 많은 사립체의 존재는 세포 에너지 수요와 어떤 관련이 있는가?

책 뒷면에 있는 파란색 정답 탭을 참조.

3-6 핵에는 세포 활동을 조절하는 데 필수적인 DNA와 효소들을 포함하고 있다

학습목표 세포 핵의 기능을 설명한다.

일반적으로 **핵(nucleus)**은 세포에서 가장 크고 눈에 띄는 구조이다(**집중 조명 그림 3-2**). 이것은 세포의 조작을 위한 관리센터이다. 하나의 핵은 인체에 있는 100,000개 이상의 다른 단백질의 합성을 제어하는 데 필요한 모든 정보를 저장한다. 핵은 세포의 구조와 세포가 수행할 수 있는 기능을 결정한다. 핵은 어떤 단백질이 어떤 상황에서 얼마만큼 합성되는지 조절하여 기능을 결정한다.

핵의 구조와 내용 Nuclear Structure and Contents

대부분의 세포는 하나의 핵을 가지고 있지만, 예외는 존재한다. 예를 들면, 뼈대근 세포는 많은 핵을 가지고 있지만 성숙 적혈구는 핵을 가지고 있지 않다. **그림 3-18**은 전형적인 핵의 구조를 보여준다. 이중 막으로 구성된 **핵막(nuclear envelope)**은 세포질액로부터 체액의 **핵질**(*nucleoplasm*)이라 불리는 체액 내용물을 분리한다. 핵질은 이온, 효소, RNA와 DNA 뉴클레오티드, 단백질, 소량의 RNA와 DNA를 포함한다.

핵과 세포질액 사이의 화학적 소통은 **핵구멍(nuclear pore)**을 통해 이루어진다. 이러한 공은 이온과 작은 분자의 이동을 허용하기에는 충분히 크지만, 단백질과 RNA의 운반을 조절하기에는 충분히 작다.

대부분의 핵은 여러 개의 **핵소체(nucleoli)**를 가지고 있다. 핵소체는 **리보소체 RNA(ribosomal RNA, rRNA)**를 합성하고 크고 작은 리보소체 소단위를 집합시키는 세포소기관이다. 이러한 소단위들은 핵구멍을 통해 세포질로 들어가 기능성 리보소체를 형성한다. 이러한 이유로 이것들은 근육세포와 간세포 같은 많은 양의 단백질을 행산하는 세포에서 가장 두드러진다.

핵의 DNA는 단백질 합성에 대한 명령을 저장한다. 이 DNA는 **염색체(chromosome)**에 포함된다. 인체세포의 핵은 23쌍의 염색체를 포함하고 있다. 각 쌍의 염색체에서 하나는 어머니로부터 하나는 아버지로부터 파생된다.

전형적인 염색체의 구조는 **그림 3-19**와 같다. 각각의 염색체는 **히스톤**(*histones*)이라고 불리는 단백질로 둘러싸인 DNA 가닥을 가지고 있다. 간격을 두고 DNA와 히스톤은 **뉴클레오솜**(*nucleosome*)이라고 불리는 복합체를 형성한다. DNA 고리의 견고성은 염색체가 길고 얇을지 또는 짧고 뚱뚱할지를 결정한다. 분열하지 않는 세포에서 뉴클레오솜은 느슨하게 감겨져 **염색질(chromatin)**로 알려진 미세한 섬유의 뒤

그림 3-18 **핵.** 도표와 전자현미경은 중요한 핵의 구조를 보여준다. 화살표는 투과전자현미경으로 관찰한 핵구멍의 위치를 나타낸다.

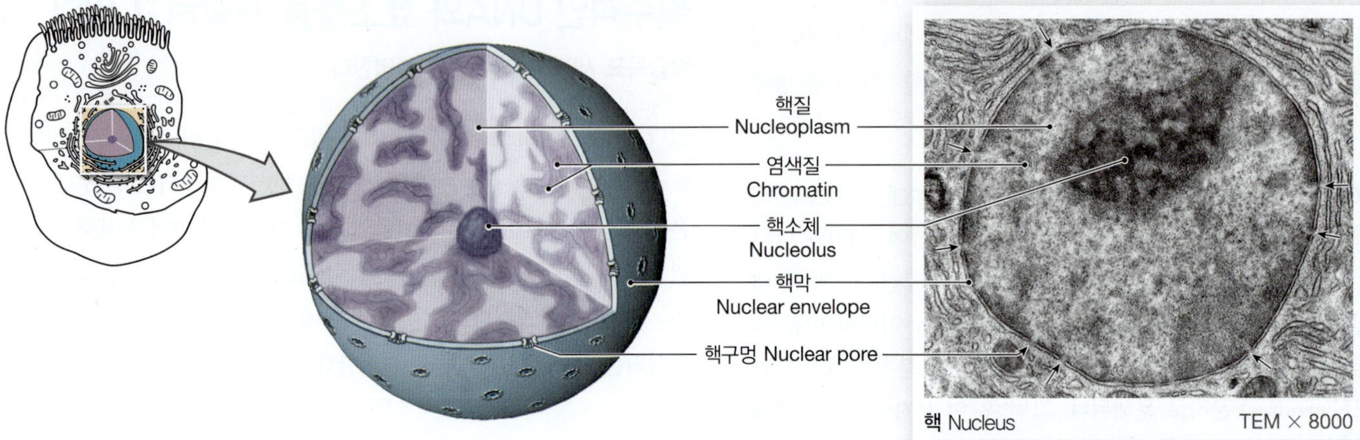

그림 3-19 DNA 조직과 염색체 구조. 히스톤 단백질에 감긴 DNA의 가닥은 매우 조이거나 다소 느슨할 수 있는 고리를 형성한다. 분열하지 않은 세포에서 DNA는 느슨하게 감겨져 염색질이라고 알려진 얽힌 네트워크를 형성한다. 세포분열을 준비하는 것처럼 고리가 더욱 팽팽해지면 DNA는 염색체라고 불리는 별개의 구조로 보이게 된다.

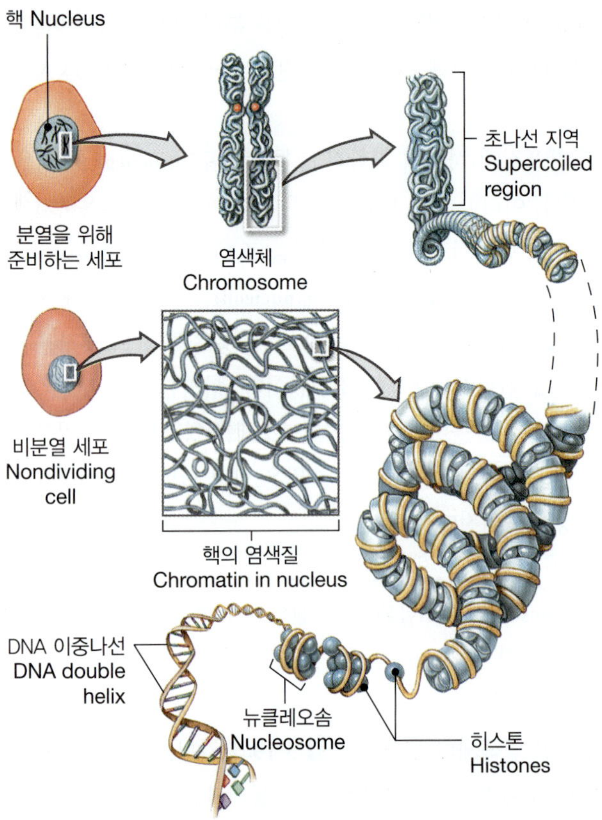

엉킨 형태를 형성한다. 분열 세포의 염색체는 매우 촘촘한 고리의 DNA를 가지고 있다. 이 염색체들은 빛 또는 전자현미경에서 분리된 구조로 분명하게 관찰할 수 있다.

핵의 정보 저장 Information Storage in the Nucleus

각각의 단백질 분자는 아미노산의 독특한 배열로 구성된다. 따라서 단백질에 대한 "정보(recipe)"는 반드시 포함된 아미노산의 순서를 명시해야 한다. 이 정보는 핵에 있는 DNA 가닥의 화학 구조에 저장된다. 세포가 사용하는 화학적 "언어(language)"는 **유전 암호(genetic code)**로 알려져 있다. 유전자 암호에 대한 이해를 통해 연구자들은 세포가 단백질을 형성하는 방법과 머리카락이나 혈액형과 같은 다양한 구조적, 기능적 특성이 어떻게 대대로 유전되는지를 결정할 수 있게 하였다.

유전자 암호는 어떻게 작동하는가? 2장에서 설명한 핵산의 기본 구조를 기억하시오. 단일 DNA 분자는 상호보완적인 핵염기 사이의 수소 결합에 의해 함께 유지되는 한 쌍의 DNA 가닥으로 구성된다. 정보는 DNA 가닥의 길이에 따라서 핵염기의 배열(아데닌, A; 티민, T; 시토신, C; 구아닌, G)로 저장된다.

유전자 암호는 3핵의 핵염기가 하나의 아미노산을 이루기 때문에 **세짝코드**(*triplet code*)라 부른다. 예를 들면, 아데닌-시토신-아데닌(ACA) DNA 세짝(triplet)은 아미노산 시스테인을 암호화한다.

유전자(gene)는 유전의 기능적 단위이다. 각각의 단백질 암호화 유전자는 특정 단백질을 생산하는 데 필요한 적절한 배열의 삼중구조(세짝코드)로 구성된다. 세짝코드의 수는 생산되는 단백질의 크기에 따라 유전자 마다 다르다. 각각의 유전자는 또한 유전자의 활동을 조절하는 특별한 부분을 가지고 있다. 사실상 이것들은 "이 정보를 읽거나 읽지 마시오.", "정보는 여기에서 시작된다." 또는 "정보는 여기서 끝난다."라고 말하는 3개의 뉴클레오티드이다. 이러한 "나를 읽어줘라.", "나를 읽지 마라.", "시작" 신호는 각 유전자의 시작 부분에서 **프로모터**

임상노트

DNA 지문감식 DNA Fingerprinting

핵을 가진 모든 사람의 몸세포는 수정 시 형성된 염색체 세트와 동일한 46개의 염색체를 가지고 있다. 이 염색체의 모든 DNA가 단백질을 암호화하는 것은 아니다. 단백질을 암호화하지 않는 DNA 안에는 짧은 연쇄 반복(short tandem repeats, STRs)이라고 불리는 영역이 있는데, 이것은 계속하여 반복되는 동일한 뉴클레오티드 배열을 포함한다. 짧은 연쇄 반복의 수와 반복 횟수는 개인마다 다르다.

미국에서는 개인을 식별하기 위하여 13개의 핵심 STRs가 사용된다. 이러한 STRs의 다양한 길이에 따라서 개인차가 반영된다. 일란성 쌍둥이를 제외한 어떤 두 개인이 13개의 STRs에서 동일한 길이와 패턴이 반복되는 DNA 조각을 가질 확률은 대략 575조 분의 1이다. 이러한 이유로 지문을 기반으로 확인할 수 있는 것처럼 DNA 패턴에 따라서 개인을 식별할 수 있다. 피부 긁힘, 혈액, 정액, 머리카락, 또는 다른 조직들이 DNA를 제공하는 공급원으로 사용할 수 있다. DNA 지문감식의 정보는강간이나 살인과 같은 강력 범죄로 기소된 사람들에게 유지를 선고하거나 무죄를 선고하는데 사용되어 왔다. 1994년 미국형사법은 특정 범죄로 유죄 판결을 받은 사람들의 DNA 지문을 감식 가능한 형사 사법 DNA 데이터베이스에 보관하도록 규정하고 있다.

(*promoter*) 또는 촉진자라고 불리는 DNA의 특별한 영역을 형성한다. 각각의 유전자는 "중단" 신호로 끝난다.

모든 유전자가 단백질을 암호화하는 것은 아니다. 일부 유전자에는 리보소체 RNA 또는 다른 유형은 RNA 합성에 대한 명령을 포함하고 있다. 곧 전령 RNA(*transfer RNA*)에 대하여 배울 것이다. 일부는 다른 유전자를 조절하고 나머지는 뚜렷한 기능을 가지고 있지 않다.

체크포인트

20. 핵의 내용과 구조를 설명하시오.

21. 유전자란 무엇인가?

책 뒷면에 있는 파란색 정답 탭을 참조.

3-7 DNA는 단백질 합성, 세포 구조 및 세포 기능을 조절한다

학습목표 단백질 합성 과정을 요약한다.

각각의 DNA 분자는 수천 개의 유전자를 포함하고 있기 때문에 수천 개의 단백질을 합성하는 데 필요한 정보를 가지고 있다. 일반적으로 유전자는 단단히 감겨져 있고 결합된 히스톤은 유전자를 비활성 상태로 유지하여 단백질의 합성을 방해한다. 유전자가 활성화되기 전에 효소는 일시적으로 핵염기 사이의 약한 결합을 끊고 각 유전자의 시작 부분에서 유전자의 **프로모터** 분절을 보호하는 히스톤을 일시적으로 제거해야 한다.

유전자의 활성화 과정은 부분적으로만 알려져 있지만 단백질 합성에 대해서는 더 많이 알려져 있다. **단백질 합성(protein synthesis)**의 과정은 크게 두 부분으로 나뉜다. **전사**(*transcription*)는 움의 단일 가닥에서 RNA를 생산하는 것이다. **해독**(*translation*)은 RNA 분자에 의해 전달되는 정보를 사용하여 리보소체에 의해 단백질이 조립되는 것이다. 전사는 핵 안에서 일어나고 번역은 세포질에서 일어난다.

전사 Transcription

단백질 합성의 세포소기관인 리보소체는 세포질에 위치하지만, 유전자는 핵에 국한되어 있다. 단백질의 제조 영역과 DNA의 단백질의 청사진 사이의 분비 문제는 **전령 RNA(messenger RNA, mRNA)**로 알려진 RNA의 단일 가닥으로 해결된다. mRNA 형성 과정을 **전사(transcription)**라고 한다(**그림 3-20**). 전사는 "복사" 또는 "다시 쓰기"를 의미한다. 이 용어는 새로 형성된 mRNA가 유전자에 포함된 정보의 전사체(복사물)기 때문에 의미가 있다. "복사"되는 정보는 뉴클레오티드의 배열이다.

전사는 RNA **중합효소**(*RNA polymerase*)라는 효소가 유전자의 프로모터에 결합할 때 시작된다(**그림 3-20**의 **1**). 이 효소는 유전자에 상호보완적인 뉴클레오티드를 사용하여 mRNA 가닥의 합성을 촉매한다(**2**). 뉴클레오티드는 DNA가 아닌 RNA의 전형적인 것과 관련된다. RNA 중합효소는 아데닌, 구아닌, 시토신 또는 우라실(U)을 사용할 수 있지만 티민은 사용할 수 없다. 따라서 DNA 가닥에서 A가 발생하는 곳마다 RNA 중합효소는 T가 아닌 U를 부착한다. 생성된 mRNA 가닥은 유전자의 것과 상호보완적인 뉴클레오티드 배열을 포함한다. 새로운 mRNA 가닥을 따라 세 개의 핵염기 배열은 유전자를 따라 DNA 세짝에 대응하여 상호보완하는 **코돈(codon)**을 나타낸다(**3**). DNA "정지" 신호에서 효소와 mRNA 가닥이 분리되고 상호보완적인 DNA 가닥이 다시 부착된다.

이러한 방식으로 형성된 mRNA는 핵을 떠나기 전에 변경되거나 수정될 수 있다. 예를 들면, 일부 **영역**(인트론, 비발현부위, *introns*)을 제거하고 나머지 **엑손**(발현부위, *exons*)을 함께 접목할 수 있다. 이러한 변형은 핵구멍을 통해 세포질로 들어가는 더 짧고 기능적인 mRNA 가닥을 생성한다. 서로 다른 인트론을 제거하여 하나의 유전자가 여러 다른 단백질을 암호화하는 mRNA를 생산한다. 이러한 수정이 어떻게 조절되는지는 알려지지 않았다.

3

그림 3-20 전사. 이 그림에서 단일 유전자를 포함한 단일 DNA 분자의 작은 부분만이 전사되고 있다. 1 두 개의 DNA 가닥이 분리되고, RNA 중합효소는 유전자의 프로모터에 결합한다. 2 RNA 중합효소는 유전자의 길이에 따라 하나의 뉴클레오티드에서 다음의 뉴클레오티드로 이동한다. 각 부위에서 상호보완적인 RNA 뉴클레오티드는 유전자의 DNA 뉴클레오티드와 수소결합을 형성한다. RNA 중합효소는 도착하는 뉴클레오티드를 mRNA의 가닥에 함께 결합한다. 3 유전자의 말단 부분의 정지 코돈에 도달하면 RNA 중합효소 및 mRNA 가닥이 분리되고 두 개의 DNA 가닥이 다시 부착한다.

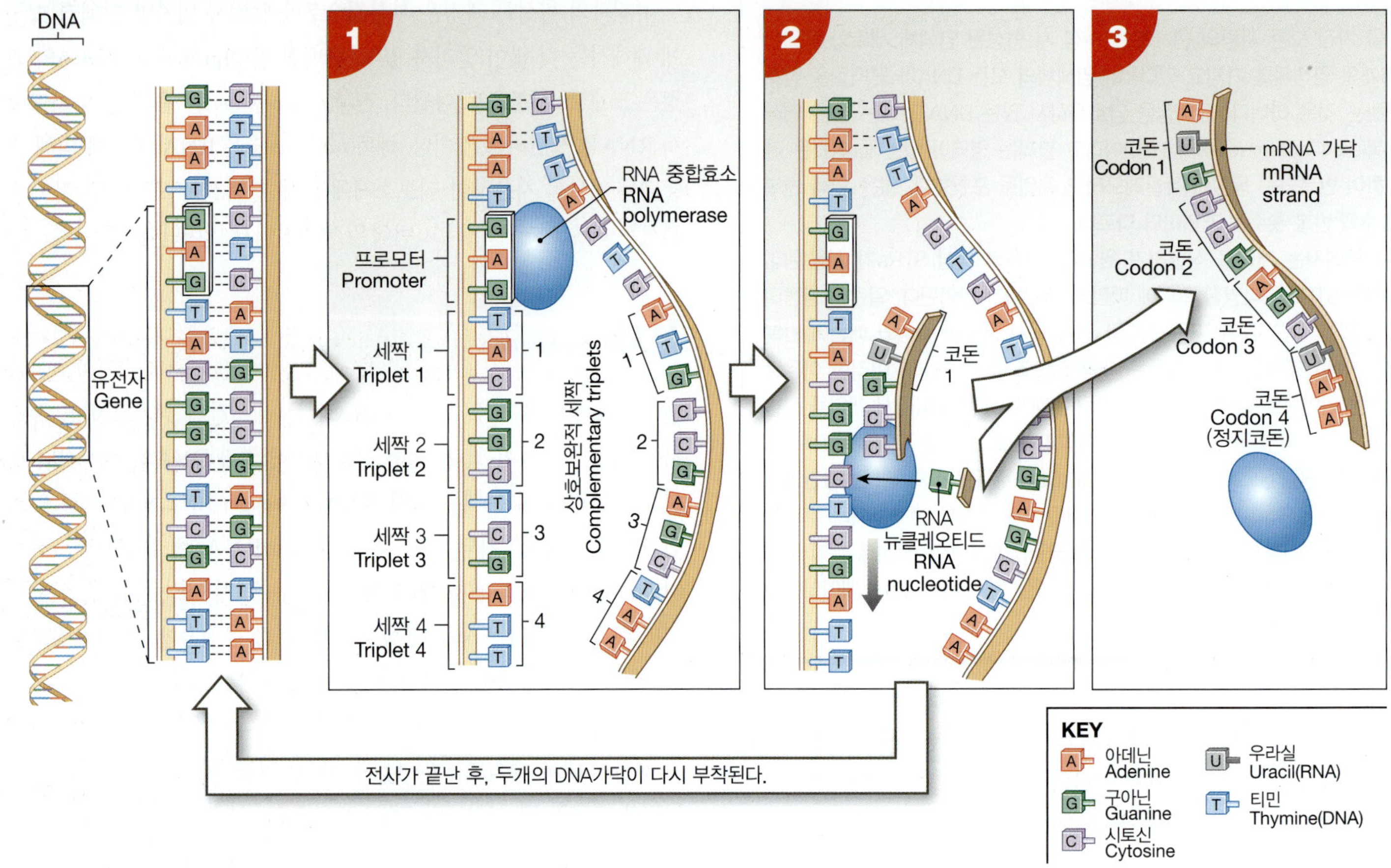

번역 Translation

번역은 mRNA 가닥을 따라 있는 코돈의 배열에 의하여 제공된 정보를 사용하여 단백질을 합성하는 것이다. 모든 아미노산은 적어도 하나의 고유하고 특정한 코돈을 가지고 있다. **표 3-4**는 DNA 세짝과 그에 해당하는 mRNA 코돈 및 아미노산의 몇 가지 예시를 나타낸다. 번역을 하는 동안 코돈의 배열은 단백질의 아미노산 배열을 결정한다. (mRNA 코돈, 아미노산 및 이들이 나타내는 시작과 정지 신호에 대한 전체 표는 책의 뒷면 부록을 참고한다.)

번역은 새로 합성된 mRNA가 핵을 떠나 세포질의 리보소체와 결합할 때 시작한다. **전달 RNA(transfer RNA, tRNA)**로 알려진 세 번째 형태의 RNA 분자는 리보소체에 의해 단백질을 집합하도록 하기 위해 사용될 아미노산을 전달한다. 20가지 이상의 서로 다른 종류의 tRNA가 있으며, 단백질 합성에 사용되는 각 아미노산마다 최소 한 가지의 tRNA가 있다. 각 tRNA 분자는 **안티코돈(anticodon)**으로 알려진 3개의 핵염기를 포함하고 있으며, mRNA의 특정 코돈을 보완하고 결합한다.

그림 3-21은 번역 과정의 시작, 연장 그리고 종료를 보여주고 있다. **시작(initiation,** ❶과 ❷) 동안 기능적인 리보소체는 2개의 크고 작은 소단위와 mRNA 가닥 및 아미노산을 운반하는 tRNA 분자와 함께 결합되면서 형성한다. **연장(elongation)** 과정(❸과 ❹)에서 아미

표 3-4 유전자 암호의 예

DNA 세짝	mRNA 코돈	tRNA 안티코돈	아미노산
AAA	UUU	AAA	페닐알라닌
AAT	UUA	AAU	류신
ACA	UGU	ACA	시스테인
CAA	GUU	CAA	발린
GGG	CCC	GGG	프롤린
CGA	GCU	CGA	알라닌
TAC	AUG	UAC	메티오닌: 시작코돈
ATT	UAA	없음	정지코돈

3

임상노트

재조합 DNA 기술 Recombinant DNA Technology

많은 중요한 약들은 동물로부터 파생되었다. 예를 들면, 포도당 대사에 중요한 인슐린은 처음에 돼지나 소에서 파생된 것이다. 하지만 인간 인슐린 구조와 돼지 및 소의 인슐린 구조에는 약간의 차이가 있다. 동물 인슐린 분자의 아미노산 배열은 인간 인슐린과 약간 다르다. 동물 인슐린은 사람에게 잘 작용하지만 결국에 신체는 인슐린 분자의 이물질 부분에 대한 항인슐린 항체를 생성하게 된다. 시간이 지남에 따라서 동물 인슐린을 사용하는 인간의 면역체계가 동물 인슐린의 양을 증가하는 것을 파괴시키기 때문에 점차 더 많은 인슐린이 요구된다. 이러한 인슐린 저항성은 점점 더 많은 양의 인슐린을 필요로 하기 때문에 장기간 당뇨를 앓고 있는 환자에게 문제가 될 수 있다.

하지만 과학자들은 **DNA 재조합 기술**(*recombinant DNA technology*)이라고 불리는 인간 인슐린 생산 기법을 개발하였다. 이 기술로 인슐린 생산을 암호화하는 인간 DNA의 작은 조각을 특수 세균에 삽입한다. 이 세균은 인간의 인슐린과 동일한 인슐린을 생산하기 시작한다. 당뇨병 환자들은 인슐린의 저항성이 생길 위험 없이 이 인슐린을 사용할 수 있다. DNA 재조합 기술로 만들어진 다른 약으로는 B형 간염 백신, 심근경색에 사용하는 tPA와 같은 혈전용해제 등이 있다.

노산은 성장하는 폴리펩티드 사슬에 하나씩 첨가된다. **종료(termination)** 과정(5) 시 폴리펩티드 사슬은 방출되고 리보소체와 소단위는 분리되어 온전한 mRNA 가닥이 유리된다. 유리된 mRNA 가닥은 다른 리보소체와 상호작용할 수 있고 동일 폴리펩티드 사슬 또는 단백질의 추가적인 복사본을 만들 수 있다.

단백질은 100개 또는 그 이상의 아미노산을 함유한 폴리펩티드이다(2장 참조). 번역은 신속하게 진행되어 약 20초 만에 전형적인 단백질(약 1000개의 아미노산)을 만들어낸다. 단백질은 단순 선형 가닥으로 시작하지만, 길어질수록 더 복잡한 구조로 발달한다.

체크포인트

22. 핵이 세포의 활동을 어떻게 조절하는가?
23. RNA 중합효소의 결핍은 어떤 과정에 영향을 주는가?
24. 전사 과정 동안에 단백질을 암호화한 mRNA 배열에서 뉴클레오티드가 제거되었다. 이러한 상황은 단백질의 아미노산 배열에 어떤 영향을 미치는가?

책 뒷면에 있는 파란색 정답 탭을 참조.

임상노트

돌연변이와 염색체섞임증(모자이크 현상) Mutations and Mosaicism

돌연변이(mutation)는 세포 DNA의 뉴클레오티드 배열의 영구적인 변화이다. 돌연변이는 염색체의 구조나 수의 변화와 DNA의 긴 부분의 변화를 포함하거나, 단일 뉴클레오티드만을 포함할 수도 있다. 염색체 돌연변이는 DNA 분절의 위치변경 또는 삽입, 삭제 등을 포함할 수 있다. 이러한 변화는 변화를 겪고 있는 염색체만을 교란시킬 수도 있고 또는 DNA 하나는 얻고 다른 DNA 하나는 잃기 때문에 여러 염색체에 영향을 미칠수도 있다. 가장 간단한 형태의 돌연변이는 **점 돌연변이**(*point mutation*)라 불리며, 하나의 코돈에 영향을 미치는 단일 뉴클레오티드의 변화이다.

인간의 세포의 DNA에는 약 30억 쌍의 뉴클레오티드가 있으므로, 한 번의 실수는 비교적 중요하지 않게 보일 수 있다. 그러나 수백 개의 유전질환은 뉴클레오티드 배열의 단일 변화를 반영하는 효소 또는 단백질 구조의 이상에서 확인되었다. 어떤 장애에서는 구조 단백질이나 효소의 아미노산 배열의 단 하나의 변화가 치명적일 수도 있다. 예를 들어, 여러 암과 잠재적으로 치명적인 혈액 장애인 **지중해빈혈**(*thalassemia*)과 **낫적혈구빈혈**(*sickle cell anemia*)은 단일 뉴클레오티드 변이에서 비롯되었다. 다른 뉴클레오티드 추가 또는 삭제로 발생하는 돌연변이는 하나의 유전자, 여러 인접한 유전자 또는 하나 이상의 염색체 구조에 있는 여러 개의 코돈에 영향을 미칠 수 있다.

대부분의 돌연변이는 세포가 세포분열을 준비하는 DNA 복제 중에 발생한다. 단일 세포 또는 딸세포 그룹이 영향을 받을 수 있다. 그러나 돌연변이가 초기에 발생한다면 세포의 부분집합 또는 체내 모든 세포가 영향을 받을 수 있다. **염색체섞임증(mosaicism)**은 사람의 세포가 모두 동일한 유전자 구조를 갖고 있지 않을 경우 발생한다. 우리 모두에게 어느 정도의 염색체섞임증은 존재한다.

그러나 돌연변이가 개인의 성세포의 DNA에 영향을 미쳤다면, 해당 돌연변이는 자녀에게 유전될 수 있다. 유전자 구조와 유전자 공학에 대한 이해가 높이짐에 따라서 이러한 문제 중 일부를 진단하고 고칠 수 있는 가능성이 열리고 있다.

그림 3-21 번역. 전사가 완료되면, mRNA는 세포질로 확산되어 들어가 리보소체와 상호작용을 하고 단백질 또는 폴리펩티드를 집합한다.

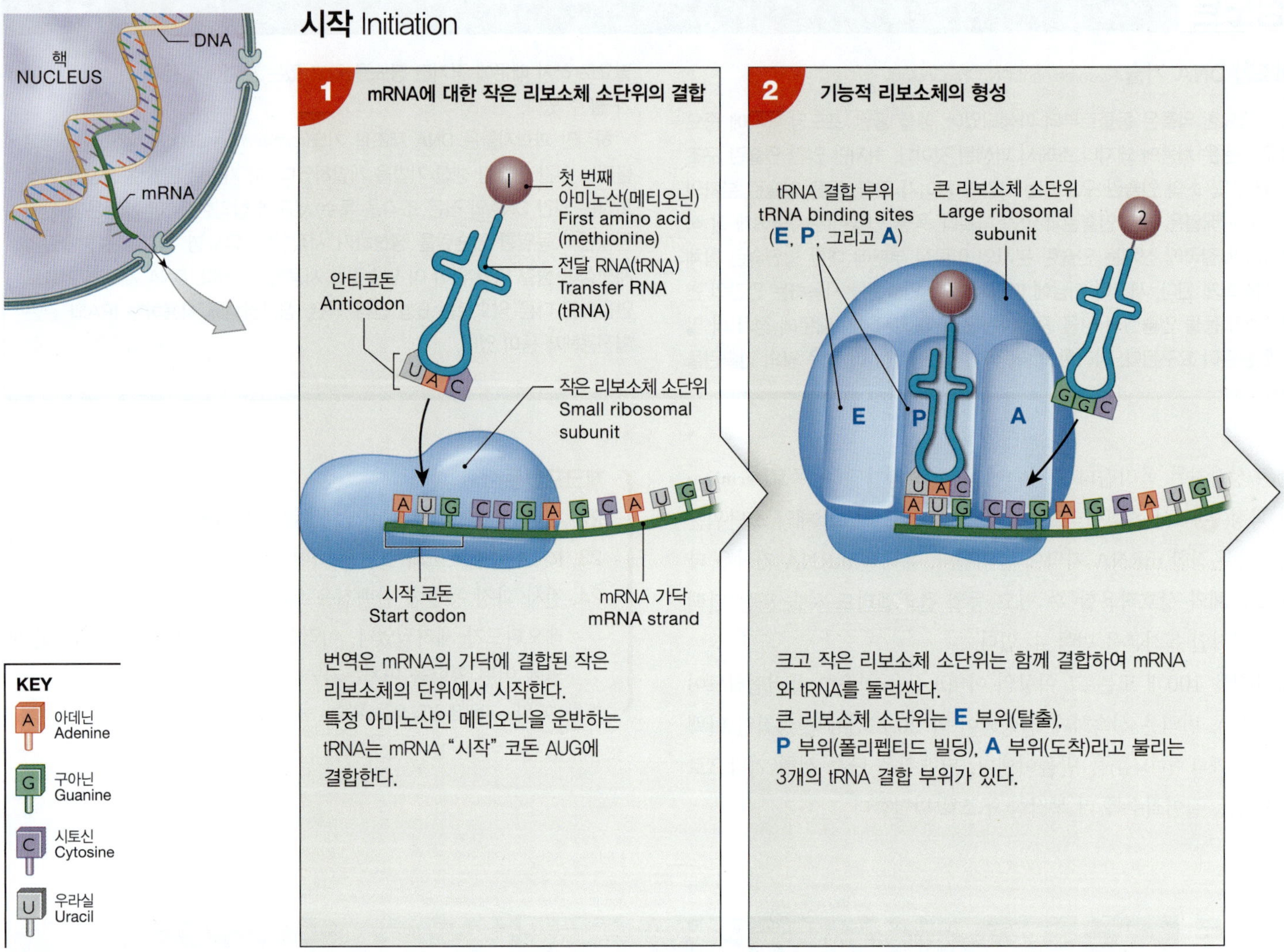

3-8 세포의 수명주기 단계에는 사이기, 유사분열 그리고 세포질분열이 포함된다

학습목표 유사분열, 사이기, 세포질분열을 포함한 세포의 수명주기 단계를 설명하고 그 의미를 설명한다.

수정과 물리적 성숙 사이의 기간 동안에 개인을 구성하는 세포의 수는 단일 세포에서 대략 75조 개의 세포로 증가한다. 이러한 놀라운 세포 수의 증가는 세포분열이라고 불리는 세포 재생산의 형태를 통해 일어난다. 발달이 완료되더라도 **세포분열(cell division)**은 오래되고 손상된 세포를 대체하기 때문에 생존에 필수적이다.

세포분열이 성공적이려면 핵의 유전물질이 정확하게 복제되어야 하며, 각 딸세포(daughter cell)는 완전한 복제를 받아야 한다. 세포의 유전물질의 복제를 DNA 복제(*DNA replication*)라고 한다. 핵의 분열을 **유사분열(mitosis)**이라고 한다. 유사분열은 **체세포[somatic** (*soma*, **body**) **cells]**의 분열 중에 나타나는데 체세포는 인체 세포의 대부분을 포함한다. 성세포—정자와 난모세포(미성숙 난자 또는 난세포)—의 생산은 **감수분열(meiosis)**이라고 불리는 다른 과정을 수반하는데 이 내용은 19장에서 설명할 것이다.

그림 3-22는 전형적인 세포의 수명주기를 나타낸다. 대부분의 세포들은 세포분열에서 그 들의 수명주기의 극히 일부분만을 보낸다. 세포 수명의 대부분에서 세포는 **사이기(interphase)**에 있는데, 이 기간은 세포들이 정상적인 기능을 수행하는 세포분열 사이의 기간이다.

사이기(간기) Interphase

체세포는 사이기에서 보내는 시간의 길이와 세포분열의 빈도가 다르

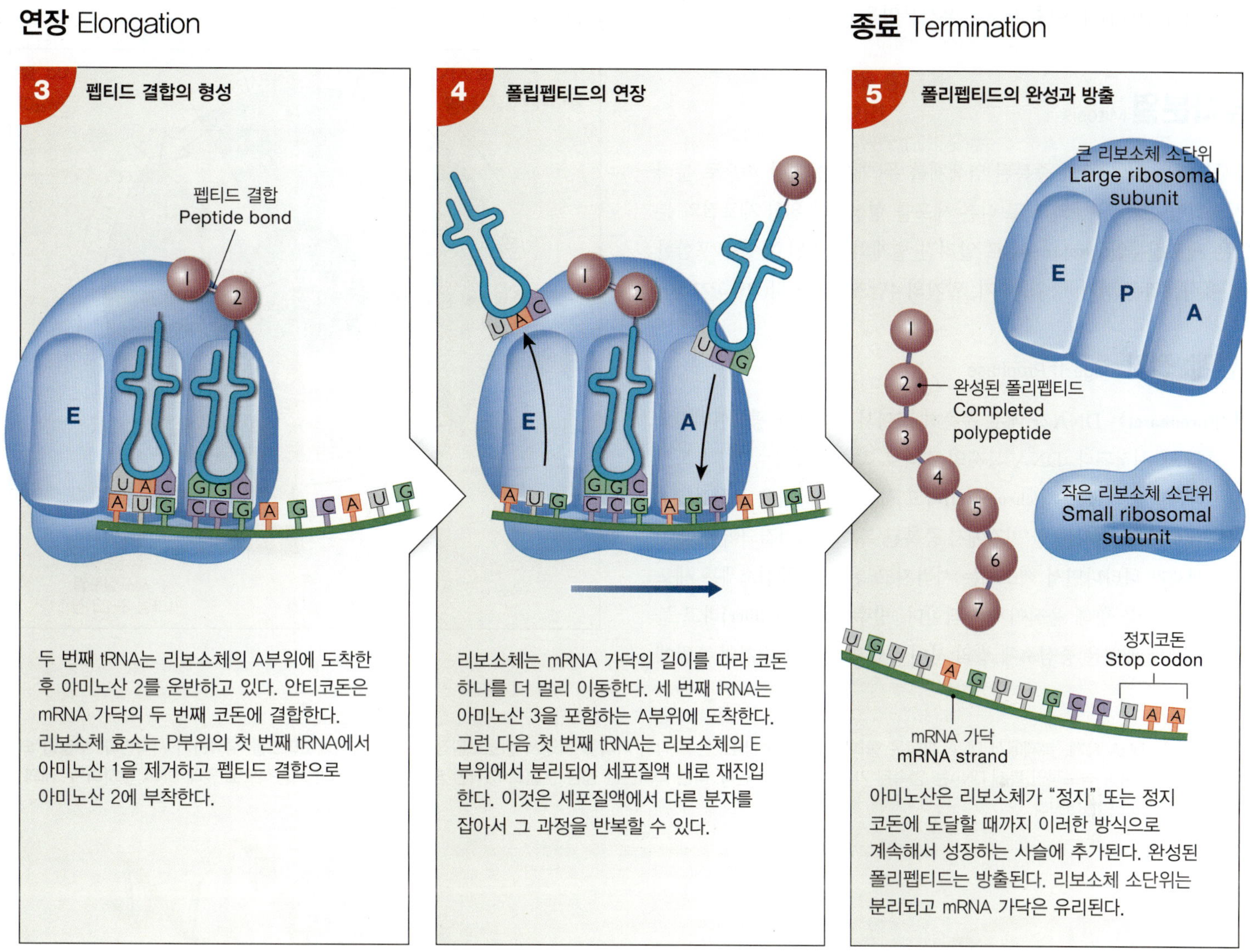

다. 예를 들어, **줄기세포**(*stem cell*)로 알려진 비특화 세포는 매우 짧은 사이기주기를 반복하여 분열한다. 대조적으로 성숙한 뼈대근세포와 대부분의 신경세포는 유사분열이나 세포분열을 겪지 않는다. 특정 다른 세포들은 일정 시간이 지난 후 스스로 파괴도록 프로그램화되어 있는 것으로 보이는데, 이는 핵에 있는 특정한 "사멸 유전자"가 활성화되기 때문이다. 유전적으로 조절되는 세포의 죽음을 **세포자멸사(apoptosis)**라고 부른다. 세포자연사는 항상성의 핵심 과정이다. 예를 들어, 면역반응이 나타나는 동안 어떤 종류의 백혈구는 비정상적이거나 감염된 세포에서 세포를 없애라는 유전자를 활성화시킨다.

분열될 준비가 되어 있는 세포는 먼저 G_1 단계에 들어간다. 이 단계에서 세포는 두 개의 기능적 세포를 위한 충분한 세포질액과 세포 소기관을 만든다. 이러한 준비는 세포 종류와 상황에 따라서 완료되는데 까지 최고 속도로 분열하는 세포에서 단 8시간 또는 며칠에서 몇 주가 소요될 수도 있다. 예를 들어, 소화관의 내벽에 있는 특정 세포는 일생 동안에 며칠에 한 번씩 분열하지만, 다른 조직의 특수 세포는 부상 후와 같은 특별한 상황에서만 분열한다.

일단 이러한 준비가 완료되면, 세포는 S단계로 들어가 핵에서 DNA를 복제한다. 이러한 과정은 6~8시간 소요된다. **DNA 복제(DNA replication)**의 목표는 생성된 두 세포 각각에 한 세트의 염색체가 주어질 수 있도록 핵의 유전 정보를 복사하는 것이다.

상호보완적인 DNA 가닥이 분리되고 풀리기 시작하면 DNA 복제가 시작된다(**그림 3-23**). 이후 효소 DNA **중합효소** 분자는 노출된 핵염기에 결합한다. 결과적으로 핵질에 존재하는 상호보완적인 뉴클레오티드가 DNA 가닥의 노출된 핵염기에 부착되어 한 쌍의 동일한 DNA 분자를 형성한다.

DNA 복제 직후 단백질 합성과 중심체 복제의 완료를 위한 짧은

3

G_2 단계가 진행된다. 이후 세포는 유사분열을 시작한다.

유사분열 Mitosis

유사분열은 원 세포의 중복된 염색체를 두 개의 동일한 핵으로 분리하는 과정이다. 두 개의 서로 다른 세포를 형성하기 위한 세포질의 분열은 **세포질분열(cytokinesis)**로 알려진 별개의 관련된 과정을 포함한다. 유사분열은 전기, 중기, 후기, 말기의 4단계로 나뉜다(그림 3-22).

1단계: 전기 Stage 1: Prophase

전기(prophase)는 DNA가 매우 촘촘히 꼬여서 염색체가 광학현미경으로 보일 때 시작된다. DNA 복제의 결과로 각 염색체의 두 개의 복사본이 존재한다. **염색분체(chromatid)**라고 불리는 복제물은 **중심점(중심매듭, centromere)**이라는 한 지점에서 중복된 복사본과 연결되어 있다.

염색체가 나타나면서 핵소체는 사라지고 두 쌍의 중심소체는 세포의 반대쪽 끝을 향해 움직이기 시작한다. **방추사(spindle fiber)**라고 불리는 미세관 배열은 중심소체 쌍의 사이에서 확장된다. 전기의 후반에

그림 3-22 **세포주기의 단계.**

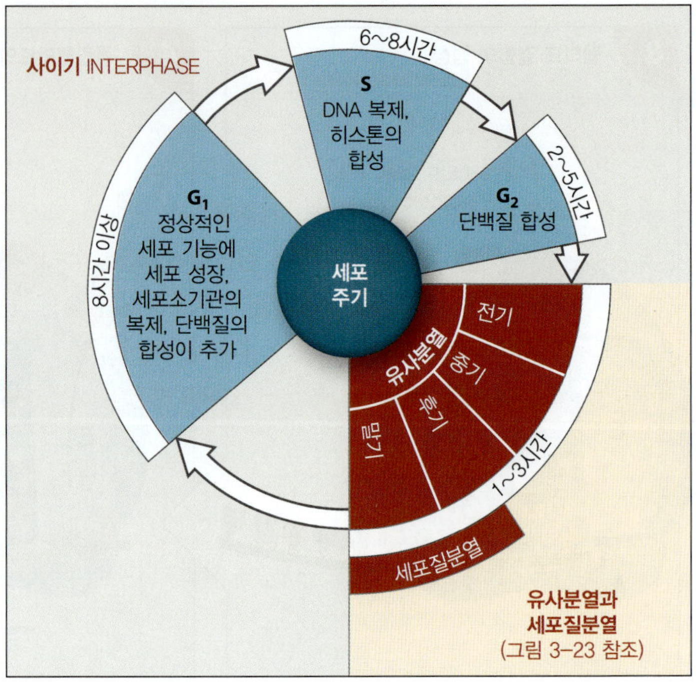

그림 3-23 **DNA 복제.** 복제에서 DNA 가닥은 풀리고, DNA 중합효소는 각각의 가닥을 따라서 상호보완적인 DNA 뉴클레오티드를 부착하기 시작한다. 주형이 되는 DNA 가닥에 대하여 상보적인 복제 DNA는 연속된 가닥으로 만들어진다. 다른 복사본은 짧은 분절로 제작된 후 함께 접목된다. 최종적으로 원래 DNA 분자의 두 개의 동일한 DNA 분자가 만들어진다.

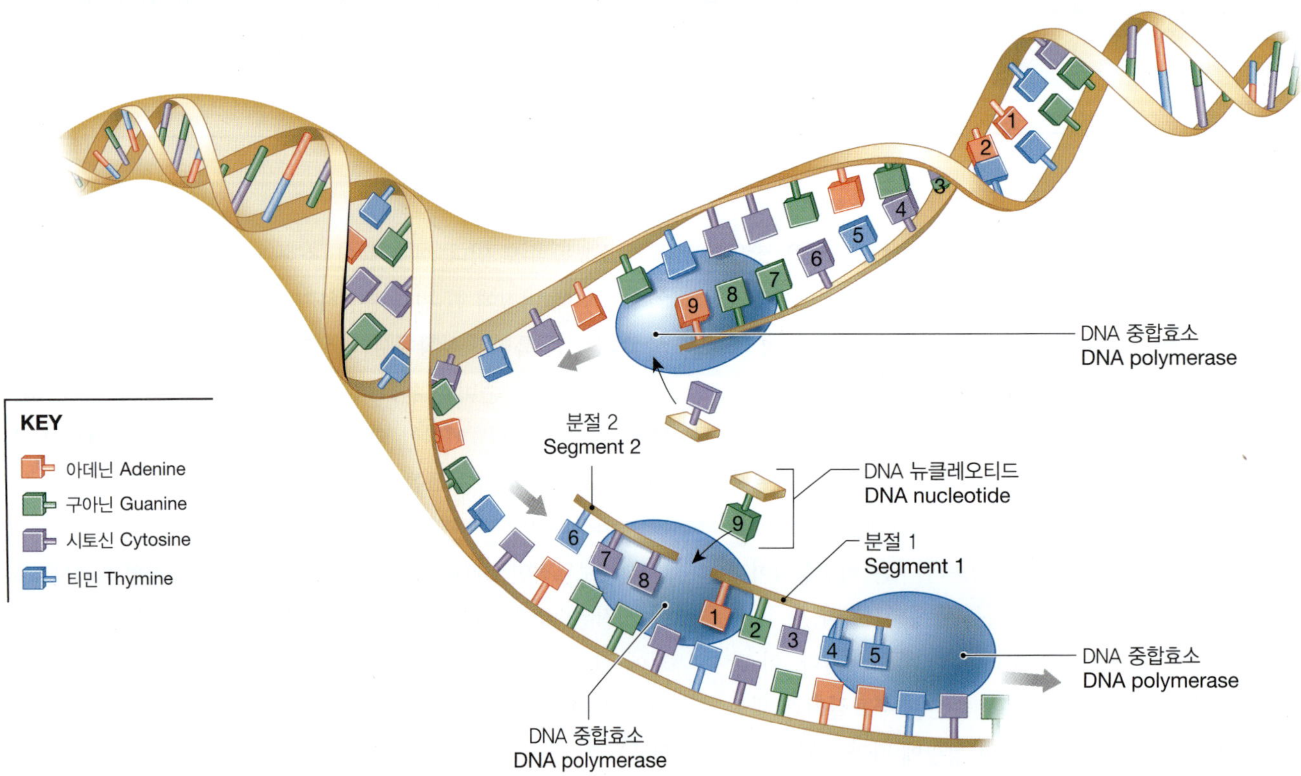

핵막이 사라지고 염색분체가 방추섬유에 부착된다.

2단계: 중기 Stage 2: Metaphase

중기(metaphase)는 염색체가 **중기판(metaphase plate)**이라고 불리는 좁은 중심부로 이동하면서 시작한다. 중기는 모든 염색체가 중기판의 평면에 정렬되면 종료된다. 이때 각각의 염색체는 여전히 한 쌍의 염색분체로 구성되어 있다.

3단계: 후기 Stage 3: Anaphase

후기(anaphase)는 각 염색분체 쌍의 동원체가 분열하고 염색분체가 분리될 때 시작된다. 그 결과 생성된 두 개의 **딸 염색체(daughter chromosome)**는 세포의 반대쪽 끝 부분을 향하여 당겨진다. 후기는 딸 염색체가 세포의 반대쪽 끝에 있는 중심소체 근처에 도달하면 끝난다.

4단계: 말기 Stage 4: Telophase

말기(telophase) 동안 세포는 각기로 복귀를 준비한다. 핵막이 재형성되고 핵이 커지며 염색체가 서서히 풀린다. 염색질의 미세잔섬유가 관찰되면 핵소체가 다시 나타나며 핵은 사이기세포의 핵과 유사해진다. 말기는 유사분열의 끝을 의미한다.

세포질분열 Cytokinesis

유사분열이 끝날 때, 딸세포들은 아직 물리적 분리가 완료되지 않은 상태이다. **세포질분열(cytokinesis)**은 세포질이 두 개의 딸세포로 분열되는 것이다(**그림 3-24**). 이것은 보통 후기부터 시작한다. 딸염색체가 방추섬유의 끝 부분에 있으면 세포질은 중기면을 따라서 수축하여 갈라진 홈을 형성한다. 세포질분열은 말기 내내 지속되며, 보통 핵막이 각 딸핵 주위에 다시 형성된 후에 완성된다. 세포질분열의 완료는 세포분열의 끝을 의미한다.

그림 3-24 사이기, 유사분열 그리고 세포질분열.

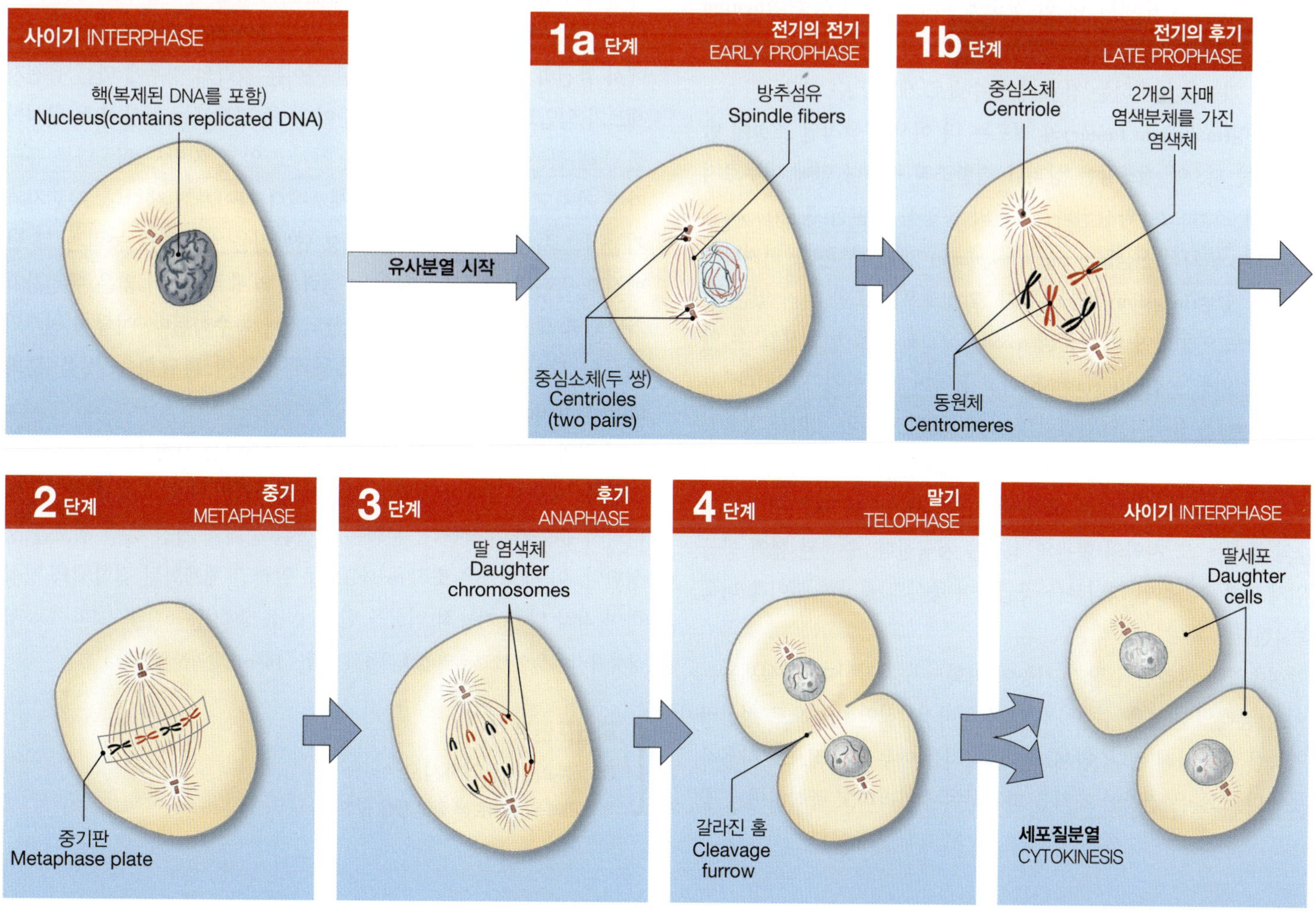

체크포인트

25. 세포의 재생산(a)과 세포의 사멸(b)을 의미하는 생물학적 용어는?
26. 사이기를 설명하고 그 단계를 식별하시오.
27. 유사분열을 정의하고 유사분열의 4단계를 설명하시오.
28. 유사분열 동안에 방추섬유가 세포에 형성되지 않으면 어떻게 되는가?

책 뒷면에 있는 파란색 정답 탭을 참조.

3-9 종양(tumor)과 암(cancer)은 세포의 비정상적 증식 및 분열을 특징으로 한다

학습목표 세포분열과 암 사이의 관계에 대하여 논의한다.

암세포는 세포분열과 성장을 조절하는 정상적인 조절 과정을 방해하는 돌연변이에 의하여 발생한다. 세포분열과 성장 속도가 세포 사멸 속도를 넘어서면 조직이 확장하기 시작한다. **종양(tumor)** 또는 신생물(*neoplasm*)은 비정상적인 세포 성장과 분열로 인하여 생기는 종괴 또는 부종이다. 양성 종양의 경우 세포는 보통 상피(4가지 일차 조직 유형 중 하나) 또는 결합조직 주머니 내 한 장소에 머무른다. **양성종양(benign tumor)**이 생명에 위협을 주는 경우는 드물다. 양성종양의 크기나 위치가 조직의 기능을 방해하는 경우 대개 수술로 제거할 수 있다.

악성종양(malignant tumor)의 세포는 더 이상 정상적인 조절에 반응하지 않는다. 이 세포들은 상피나 결합조직 주머니 안에 머무르지 않고 주변 조직으로 확산된다. 기원의 종양을 원발성 종양(*primary tumor*) 또는 일차적 신생물(*primary neoplasm*)이라고 부른다. 퍼져나가는 과정을 **침범(invasion)**이라고 한다. 악성세포는 또한 멀리 있는 조직과 장기로 이동하여 이차 종양(*secondary tumors*)을 발생시킬 수 있다. 이러한 이동은 **전이(metastasis)**라고 불리며 통제하기가 어렵다.

암(cancer)은 유전자 돌연변이가 악성세포의 형성과 전이를 일으키는 것을 특징으로 하는 질병이다. 악성 암세포는 정상세포와 유사성을 잃게 된다. 그들이 형성하는 이차 종양은 대사적으로 매우 활발하다. 그들의 존재는 그 지역의 혈관의 성장을 자극한다. 증가된 혈액 공급은 암세포에 추가적인 영양분을 공급하여 종야의 성장과 전이를 더욱 가속시킨다.

악성종양이 자라면서 장기 기능이 악화되기 시작한다. 악성세포는 더 이상 본래의 기능을 수행하지 않거나 비정상적인 방법으로 정상적인 기능을 수행하게 된다. 암세포는 에너지를 매우 효율적으로 사용하지 못한다. 그들은 건강한 조직을 파괴하면서 자라나고 증식하면서 정상적인 세포의 공간과 영양소를 놓고 경쟁한다. 이러한 경쟁은 암의 말기에 많은 환자들이 피폐해지는 원인이다. 기능하지 않는 암세포가 그 장기의 건강한 세포를 죽이거나 자리를 빼앗았을 때 또는 암세포가 정상조직의 필수 영양분을 빼앗았을 때 주요 장기의 압박으로 사망에 이를 수 있다.

체크포인트

29. 정상적인 조절 과정을 방해하고 잠재적으로 악성세포를 생성하는 돌연변이를 특징으로 하는 질병을 ____________이라고 한다.
30. 전이를 정의하시오.

책 뒷면에 있는 파란색 정답 탭을 참조.

3-10 분화는 유전자의 활성화 또는 억제에 의하여 세포가 분화되는 것이다

학습목표 분화를 정의하고 그 중요성을 설명한다.

개인을 구성하는 모든 체세포는 동일한 염색체와 유전자를 가지고 있다. 그렇다면 왜 간세포, 지방세포 그리고 신경세포는 모양과 기능면에서 완전히 다른 것일까? 이러한 차이는 각각의 경우에 다른 유전자 세트가 억압되거나 떨어졌기 때문이다. 즉 간세포는 전사 또는 활성화를 위해 접근할 수 있는 유전자를 가지고 있고, 지방세포는 다른 유전자를 가지고 있기 때문에 이들 세포에서 차이가 발생한다. 유전자가 기능적으로 제거되면 세포는 특정 단백질을 생성하는 능력과 그 단백질과 관련된 기능을 수행하는 능력을 잃게 된다. 더 많은 유전자가 차단되면 세포의 기능은 더욱 제한되거나 특수화된다. 이렇게 원래의 세포와 다른 특정한 세포의 특성과 기능이 발달하는 것을 **분화(differentiation)**라고 한다.

수정의 과정은 모든 온전한 유전적 잠재력을 가진 단일 세포를 생성한다. 세포분열이 반복되는 기간이 지속되며 세포의 수가 증가함에 따라서 분화가 시작된다. 분화는 제한된 능력을 가진 특수 세포를 생성한다. 이 세포들은 조직(*tissues*)으로 알려진 체계화된 집합체를 형성하며 각각 다른 기능적 역할을 한다. (다음 장에서는 조직의 구조와 기능, 항상성 유지에 있어서 조직의 상호작용의 역할에 대하여 살펴볼 것이다.)

체크포인트

31. 분화를 정의하시오.

책 뒷면에 있는 파란색 정답 탭을 참조.

관련 임상 용어

발암물질(carcinogen): 암을 유발하는 물질.

항암화학요법(chemotherapy): 암 조직을 죽이거나 유사분열을 방지하는 약물의 투여.

종양전문의, 종양학자(oncologists): 암의 식별과 치료를 전문으로 하는 의사.

DNA 재조합(recombinant DNA): 한 유기체의 특정 유전자를 다른 유기체의 DNA 가닥에 삽입(접목)하여 생성된 DNA.

완화(remission): 종양이 성장을 멈추거나 작아지는 단계로 암 치료의 주요 목표.

3 복습

요약

3-1 세포에 대한 연구는 인간 생리를 이해하는 데 기초가 된다 *p. 58*

1. 현대의 **세포이론(cell theory)**에는 다음과 같은 기본 개념을 포함하고 있다:
   (1) **세포(cell)**는 모든 동식물의 구성 요소이다;
   (2) 세포는 생명체의 가장 작은 기능적 단위이다;
   (3) 세포는 기존 세포의 분열을 통해 생성된다;
   (4) 각 세포는 항상성(homeostasis)을 유지한다(**그림 3-1**).
2. 광학현미경과 전자현미경은 **세포학(cytology)**에서 사용되는 중요한 도구로 세포의 구조와 기능을 연구하는 데 사용된다.
3. 세포는 **세포외액(extracellular fluid)**—특히 **사이질액(interstitial fluid)**으로 둘러싸여 있다. 세포의 바깥쪽 경계인 **형질막[plasma membrane (cell membrane)]**은 **세포질(cytoplasm)** 또는 세포 내용물을 세포외액으로부터 분리한다(**집중 조명 그림 3-2**).

3-2 형질막은 세포를 주변 환경과 분리하며 다양한 기능을 수행한다 *p. 59*

4. 형질막의 기능은 (1) 물리적 격리, (2) 세포주변 물질교환의 조절, (3) 민감성, (4) 구조적 지지.
5. 형질막은 지질, 단백질과 탄수화물을 포함하고 있다. 주요 성분인 지질 분자는 **인지질 이중층(phospholipid bilayer)**을 형성한다(**그림 3-3**).
6. 막단백질은 수용체, 통로, 운반체, 효소, 고정 또는 인식자로 기능한다(**표 3-1**).

3-3 확산은 막의 통과를 돕는 수동운반 과정이다 *p. 63*

7. 형질막은 **선택적 투과(selectively permeable)**를 한다.
8. **확산(diffusion)**이란 상대적으로 높은 농도에서 낮은 농도의 지역으로 물질이 이동하는 것을 말한다. **농도경사(concentration gradient)**가 없어질 때까지 확산은 일어난다(**그림 3-4, 3-5**).
9. **삼투(osmosis)**는 물이 선택적 투과성막을 통해 확산되는 것이다. 이 동하는 힘을 **삼투압(osmotic pressure)**이라고 한다(**그림 3-6, 3-7**).

3-4 운반체매개운반(carrier-mediated transport)과 소포운반(vesicular transport) 과정은 막의 통과를 돕는다 *p. 67*

10. **촉진확산(facilitated diffusion)**은 **운반체매개운반(carrier-mediated transport)**의 한 종류이며 막에 운반체 단백질이 존재해야 한다(**그림 3-8**).
11. **능동운반(active transport)**의 과정은 ATP를 소비하며 농도경사에 의존하지 않는다. 일부의 **이온펌프(ion pump)**는 **교환펌프(exchange pump)**로 작용한다(**그림 3-9**).
12. **소포운반(vesicular transport)**에서 물질은 막 주머니의 세포 내부 또는 외부로 이동한다. 세포 내로의 이동은 **수용체매개 세포내섭취(receptor-mediated endocytosis)**, **포음작용(pinocytosis)**("cell drinking"), **포식작용(phagocytosis)**("cell-eating")의 **세포내섭취(endocytosis)**를 통해서 일어난다. 세포 외로의 물질의 이동은 **세포외배출(exocytosis)**을 통해서 일어난다(**그림 3-10, 3-11; 표 3-2**).

3-5 세포질 내의 세포소기관들은 특정 기능을 수행한다 *p. 74*

13. 세포질은 핵을 둘러싸고 있으며 세포소기관인 세포내 구조와 세포질액을 포함한다.
14. **세포질액(cytosol, 세포내액)**은 신체이 대부분의 세포를 둘러싸고 있는 세포외액과는 조성이 다르다.

15. 막으로 둘러싸여 있는 **세포소기관(organelle)**들은 인지질막으로 둘러싸여 세포질액으로부터 분리된다. 막성세포소기관은 세포질그물, 핵, 골지복합체, 용해소체 그리고 사립체를 포함하고 있다(**집중 조명 그림 3-2**).

16. 비막성세포소기관은 항상 세포질액과 연결되어 있다. 여기에는 세포뼈대, 미세융모, 중심소체, 섬모, 편모, 단백질분해소체와 리보소체가 포함되어 있다(**집중 조명 그림 3-2**).

17. **세포뼈대(cytoskeleton)**는 세포질에 강도와 유연성을 제공한다. 이것의 주요 구성요소는 **미세잔섬유(microfilament)**, **중간잔섬유(intermediate filament)** 그리고 **미세관(microtubule)**이다(**그림 3-12**).

18. **미세융모(microvilli)**는 세포외 환경에 노출되는 표면적을 증가시키는 막의 작은 돌기이다(**그림 3-12**).

19. **중심소체(centriole)**는 세포분열 동안 염색체의 움직임을 지시한다.

20. 다발성 운동 **섬모(cilia)**는 활발하게 움직이면서 세포의 표면을 가로질러 액체 또는 분비물을 이동시킨다. 단일 **일차 섬모(primary cilium)**는 환경적 자극에 민감하게 반응한다,

21. **편모(flagella)**는 주변의 액체를 통하여 세포를 움직인다.

22. **리보소체(ribosome)**는 단백질을 생산한다. **자유 리보소체(free ribosome)**은 세포질 안에 있으며 **고정 리보소체(fixed ribosome)**은 세포질그물에 부착되어 있다.

23. **단백질분해소체(proteasome)**는 손상되거나 비정상적인 단백질을 제거하고 분해한다.

24. **세포질그물(endoplasmic reticulum**, ER)은 세포내막의 네트워크이다. **거친세포질그물(rough endoplasmic reticulum**, RER)은 리보소체를 포함하고 단백질의 합성에 관여한다. **매끈세포질그물(smooth endoplasmic reticulum**, SER)은 리보소체를 포함하지 않으며, 단백질과 탄수화물의 합성에 관여한다(**그림 3-13**; **집중 조명 그림 3-17**).

25. **골지복합체(Golgi apparatus)**는 **분비소포(secretory vesicle)**와 새로운 막의 성분을 형성하고 **용해소체**를 포장한다. 분비물은 세포외 배출을 통해 세포 외로 배출된다(**집중 조명 그림 3-2**, **그림 3-14**, **집중 조명 그림 3-17**).

26. **용해소체(lysosome)**는 소화효소로 채워진 소포이다. 세균과 파편을 제거하는 기능을 한다.

27. **사립체(mitochondria)**는 전형적인 세포 내에서 ATP 생산의 95%를 담당한다. 바탕질(matrix) 또는 사립체의 액체 내용물은 **능선(cristae)**이나 사립체 내막의 주름에 있다(**그림 3-18**).

3-6 핵에는 세포 활동을 조절하는 데 필수적인 DNA와 효소들을 포함하고 있다 *p. 81*

28. **핵(nucleus)**은 세포 활동의 관리중추이다. 핵은 **핵막(nuclear envelope)**으로 둘러싸여 있으며, **핵구멍(nuclear pore)**을 통해 세포기질과 통신한다(**그림 3-19**).

29. 핵은 **염색체(chromosome)**의 DNA에 저장된 정보를 이용하여 특정 단백질의 합성을 지시하여 세포를 관리한다(**그림 3-20**).

30. 세포의 정보 저장시스템인 **유전 암호(genetic code)**는 3개의 핵염기로 이루어진 배열이 하나의 아미노산을 이루기 때문에 **세짝 코드**(*triplet code*)라고 불린다. 각각의 **유전자(gene)**는 특정 단백질을 생한하는데 필요한 모든 DNA 세짝(트리플렛)으로 구성되어 있다(**표 3-3**).

3-7 DNA는 단백질 합성, 세포 구조 및 세포 기능을 조절한다 *p. 83*

31. **단백질 합성(protein synthesis)**은 핵에서 이루어지는 **전사**와 세포질에서 이루어지는 **번역**을 모두 포함한다.

32. **전사(transcription)** 동안에 **전령 RNA(messenger RNA, mRNA)**의 가닥이 형성되어 핵에서 세포질로 단백질의 생산을 지시한다(**그림 3-21**).

33. **번역(translation)** 동안 mRNA 가닥에 포함된 정보를 사용하여 기능성 단백질을 구성한다. mRNA 가닥을 따라 각 핵염기의 세짝은 **코돈(codon)**이다. 코돈의 배열은 단백질의 아미노산 배열을 결정한다.

34. 번역 동안 **안티코돈(anticodons)**과 mRNA의 상호보완적인 염기쌍이 발생하고, **전달 RNA(transfer RNA, tRNA)** 분자는 리보소체에 아미노산을 가져온다. 번역의 과정은 **시작(initiation)**, **연장(elongation)**, **종료(ermination)**의 3단계로 이루어진다.

3-8 세포의 수명주기 단계에는 사이기, 유사분열 그리고 세포질분열이 포함된다 *p. 86*

35. **세포분열(cell division)**은 세포의 재생산이다. **세포자멸사(apoptosis)**는 유전적으로 조절된 세포의 사멸이다. **유사분열(mitosis)**은 **체세포(somatic cells)**의 핵분열이다.

36. 대부분의 체세포는는 **사이기(interphase)**에서 대부분의 시간을 보낸다. 유사분열은 준비하는 세포는 **DNA 복제(DNA replication)**를 이 단계에서 거친다(**그림 3-23**, **3-24**).

37. 유산분열의 4단계는 **전기(prophase)**, **중기(metaphase)**, **후기(anaphase)**, **말기(telophase)**로 진행된다(**그림 3-24**).

38. **세포질분열(cytokinesis)** 동안 세포질은 분열하고 2개의 동일한 딸세포를 생산한다.

3-9 종양(tumor)과 암(cancer)은 세포의 비정상적 증식 및 분열을 특징으로 한다 *p. 90*

39. 비정상적인 세포의 성장과 분열에 의하여 생성된 **종양(tumor)** 또는 신생물은 **양성(benign**, 비암성)이거나 **악성(malignant**, 다른 조직

으로 침입)일 수도 있다. **암(cancer)**은 악성종양이 특징인 질병이다. 시간의 경과에 따라 암세포는 신체의 새로운 부위로 확산되는 경향이 있다.

3-10 분화는 유전자의 활성화 또는 억제에 의하여 세포가 분화되는 것이다 *p. 90*

40. **분화(differentiation)**는 제한된 능력을 가진 세포를 생산하는 과정이다. 이 특별한 세포들은 조직이라고 불리는 조직화된 집합체를 형성하고 각각의 세포들은 특정한 기능적 역할을 가지고 있다.

복습 문제

책 뒷면에 있는 파란색 정답 탭을 참조.

단계 1 사실 및 용어 검토

A열의 각 항목을 B열의 가장 밀접하게 관련된 항목에 맞게 빈칸에 적절한 답을 적으시오.

A열	B열
_____ **1.** 골지복합체(Golgi apparatus)	**a.** 세포 밖으로 수분의 이동시킨다.
_____ **2.** 삼투(Osmosis)	**b.** 수동적 운반체매개운반
_____ **3.** 저장성 용액(Hypotonic solution)	**c.** 세포내섭취 세포외배출
_____ **4.** 고장성 용액(Hypertonic solution)	**d.** 선택적 투과성 막을 통한 물의 확산
_____ **5.** 등장성 용액(Isotonic solution)	**e.** 수조(평평한 막)
_____ **6.** 촉진확산(Facilitated diffusion)	**f.** 생리식염수
_____ **7.** 운반체 단백질(Carrier proteins)	**g.** 이온 펌프
_____ **8.** 소포운반(Vesicular transport)	**h.** 세포 안으로 물을 이동시킨다.
_____ **9.** 세포질액(Cytosol)	**i.** 단백질의 생산
_____ **10.** 세포뼈대(Cytoskeleton)	**j.** 소화효소
_____ **11.** 미세융모(Microvilli)	**k.** 내부 단백질 바탕질
_____ **12.** 리보소체(Ribosomes)	**l.** 세포의 제조를 위한 관리센터
_____ **13.** 사립체(Mitochondria)	**m.** 세포내액
_____ **14.** 용해소체(Lysosomes)	**n.** DNA 가닥
_____ **15.** 핵(Nucleus)	**o.** 능선
_____ **16.** 유전자(Chromosomes)	**p.** 리보소체 구성요소 합성
_____ **17.** 핵소체(Nucleolus)	**q.** 세포의 표면적 증가

18. 세포의 기능과 구조를 연구하는 학문은?
(a) 조직학 **(b)** 세포학
(c) 물리학 **(d)** 생물학

19. 형질막의 단백질의 기능은?
(a) 수용체와 통로의 역할 **(b)** 운반체와 효소
(c) 고정과 인식 **(d)** a, b, c 모두 정답

20. 다음 그림에서 각 액체에 담겨진 적혈구를 확인하고 용액의 종류(고장성, 저장성, 등장성)을 구분하시오.

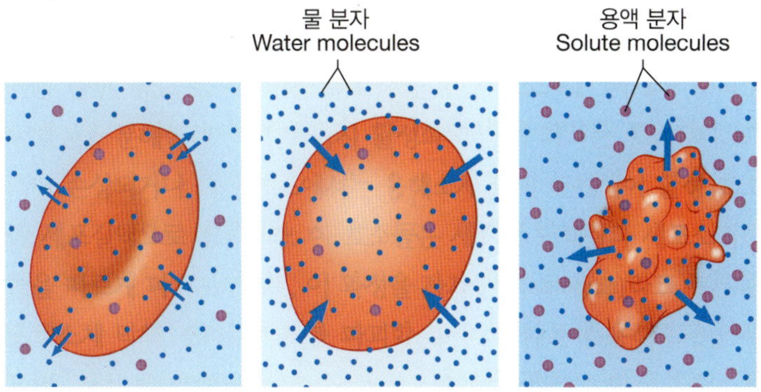

(a) ____________ **(b)** ____________ **(c)** ____________

21. 수동적 막 운반이 아닌 것은?

(a) 확산 **(b)** 촉진확산

(c) 소포운반 **(d)** 삼투

22. _______ 이온은 세포외액에서 높은 농도를 나타내며, _________ 이온은 세포질 안에서 높은 농도를 나타낸다.

(a) Calcium, magnesium

(b) Chloride, sodium

(c) Potassium, sodium

(d) Sodium, potassium

23. 세포 내에서 특정 기능을 수행하는 구조를 무엇이라 하는가?

(a) 장기 **(b)** 유기체

(c) 세포소기관 **(d)** 염색체

24. mRNA가닥에 의하여 제공되는 정보를 이용한 기능성 단백질을 조합을 무엇이라 하는가?

(a) 번역 **(b)** 전사

(c) 복제 **(d)** 유전자 활성화

25. 분화(differentiation)란?

(a) 세포에서 유전자가 소실되는 것이다.

(b) 세포에 의한 새로운 기능적 능력이 획득되는 것이다.

(c) 기능적으로 특화된 세포를 생산하는 것이다.

(d) 다른 종류의 세포들 사이의 유전자분열이다.

26. 형질막의 일반적인 4가지 기능은 무엇인가?

27. 세포 안과 밖으로 물질이 운송되는 것은 어떤 주요한 3가지의 운반 과정에 의하여 일어나는가?

28. 세포질그물의 4가지 주요 기능은 무엇인가?

단계 2 개념 검토

29. 확산이 체액의 구성에서 중요한 이유는 무엇인가?

(a) 국소 농도경사를 증가시킨다.

(b) 국소 농도경사를 제거한다.

(c) 농도경사를 역행하여 물질을 이동시킨다.

(d) 농도경사를 만든다.

30. _________ 용액에 적혈구를 넣으면 세포는 삼투에 의하여 수분을 잃게 된다. 이 과정에서 적혈구는 ________ 변화가 초래된다.

(a) 저장성, 무딘톱날끝

(b) 고장성, 무딘톱날끝

(c) 등장성, 용혈

(d) 저장성, 용혈

31. DNA 분절에 CTC ATA CGA TTC AAG TTA 뉴클레오티드 배열이 있다고 가정한다. 다음 중 상호보완적인 mRNA 가닥에서 발견되는 뉴클레오티드 배열은?

(a) GAG UAU GAU AAC UUG AAU

(b) GAG TAT GCT AAG TTC AAT

(c) GAG UAU GCU AAG UUC AAU

(d) GUG UAU GGA UUG AAC GGU

32. 앞의 질문에서 DNA 분절에 몇 개의 아미노산이 암호화되어 있는가?

(a) 18 **(b)** 9

(c) 6 **(d)** 3

33. 촉진확산과 능동운반의 유사점과 차이점을 간단한 표로 설명하시오.

34. 세포질액(세포내액)은 세포외액과 어떻게 다른가?

35. 전사와 번역으로 생성되는 것은 무엇인가?

36. 유사분열의 단계를 나열하고 각 단계에서 일어나는 특징을 간단하게 설명하시오.

37. 세포의 주기에서 세포질분열이란 무엇이며 어떤 역할을 하는가?

단계 3 비판적 사고 및 임상 적용

38. 특정 분자의 운반은 다음과 같은 특성을 지닌다. (1) 분자는 농도경사의 아래를 향하여 이동한다. (2) 특정 수준 이상의 농도에서는 운반의 속도가 증가하지 않는다. (3) 운반을 위하여 세포의 에너지는 필요하지 않는다. 어떤 종류의 운반을 나타내고 있는가?

39. 용액 A와 B는 선택적 투과막에 의하여 분리된다. 시간의 경과에 따라서 A쪽의 용액이 증가하였다. 초기에 어떤 용액에서 용질의 농도가 더 높았는가?

4

생명체의 조직 구성
The Tissue Level of Organization

학습목표

학습목표는 각 장에 대해 학습한 후 무엇을 할 수 있어야 하는지를 알려주는 것이다. 각 절의 학습목표는 다음과 같다.

4-1 인체를 구성하는 네 종류의 주요 조직을 정의하고, 그 기능을 설명한다.

4-2 상피세포의 특징과 기능을 설명한다.

4-3 각 상피 유형의 형태와 기능 간의 관계를 설명한다.

4-4 결합조직의 구조와 기능을 비교한다.

4-5 상피와 결합조직으로 이루어진 네 가지 막의 구조와 기능을 설명한다.

4-6 세 가지 유형의 근육조직의 특징을 설명한다.

4-7 신경조직의 기본 구조와 역할에 대해 설명한다.

4-8 손상이 신체 조직에 미치는 영향을 설명한다.

4-9 노화가 신체 조직에 미치는 영향을 설명한다.

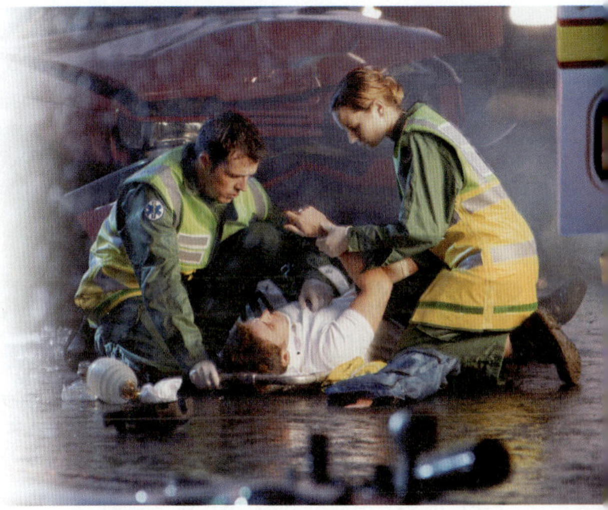

임상노트

세포 적응(Cellular Adaptation), p. 103
박탈세포진단법(Exfoliative Cytology), p. 106
마르팡 증후군(Marfan's Syndrome), p. 109
무딘 흉부 외상(Blunt Chest Trauma), p. 109
응급의료서비스와 비만(EMS and Obesity), p. 109
지방조직 및 체중조절(Adipose Tissue and Weight Control), p. 111
연골과 관절 손상(Cartilages and Joint Injuries), p. 114

집중 조명

염증과 재생(Inflammation and Regeneration), p. 120

4

생명체의 조직 구성 소개

이 장에서는 다양한 조합으로 배열된 다양한 세포 유형이 어떻게 독특한 구조적 및 기능적 특성을 가진 구조인 조직을 형성하는지 논의한다. 결합조직은 심장과 간과 같은 기관을 형성하고 기관은 11개의 기관 계통으로 구성된다.

지식 쌓기

기능은 이미 알고 있는 내용을 상기시켜 주고 새로운 자료를 배울 수 있도록 준비시켜 준다. 지식과 자신감을 쌓을 수 있도록 모든 지식 쌓기 상자 또는 페이지를 반드시 읽어본다.

조직은 특정 기능을 수행하기 위해 함께 작동하는 유사한 세포로 구성되어 있음을 상기하시오(**1장: 해부학과 생리학에 대한 소개** 참조). 우리의 예는 심장 근육조직이다. 이 조직은 다른 조직과 결합하여 심장을 형성한다. 심장, 혈액 및 혈관은 심혈관계의 구성 요소이다.

4-1 네 가지 조직 유형은 상피, 결합, 근육 및 신경이다

학습목표 인체를 구성하는 네 종류의 주요 조직을 정의하고, 그 기능을 설명한다.

단일 세포는 인체의 많은 기능을 수행할 수 없다. 대신, 분화를 통해 각 세포는 상대적으로 제한된 범위의 기능을 수행하도록 특수화된다. 인체에는 수조 개의 개별 세포가 있지만 약 200가지 유형의 세포가 있다. 이러한 세포 유형은 결합하여 제한된 수의 기능을 수행하는 **조직(tissue)**, 특수 세포 모음 및 세포 제품을 형성한다.

조직학(histology)은 조직에 대한 연구이다. 조직학자는 상피조직, 결합조직, 근육조직 및 신경조직의 네 가지 기본 유형으로 분류한다(그림 4-1).

지식 쌓기

분화는 특정 세포 특성 및 기능 원래 세포와 다르다. 이 세포 특수화는 다른 유전자가 활성화되거나 억압된다(**3장: 세포 구조와 기능** 참조). 이 과정은 왜 간세포, 지방세포, 신경세포와 같은 세포 외관과 기능이 다른지 알아본다.

체크포인트

1. 조직학을 정의하시오.
2. 신체를 구성하는 네 가지 기본 유형의 조직을 나열하시오.

책 뒷면에 있는 파란색 정답 탭을 참조.

4-2 상피조직은 신체 표면과 관상장기의 내면을 덮는다

학습목표 상피세포의 특성과 기능을 설명한다.

상피조직(epithelial tissue)에는 상피와 샘이 포함된다. **상피(epithelia)**는 내부 또는 외부 표면을 덮는 세포층이다. **샘(gland)**은 상피에서 추출한 체액 분비 세포로 구성된다.

상피에는 다음과 같은 중요한 특징이 있다.

- 이웃한 세포들이 서로 단단하게 결합되어 있다. 다른 조직에서는 세포 사이 간격이 넓고, 세포의 물질이 많은 경우가 종종 있다.
- 세포의 꼭대기면은 외부환경 또는 신체 내부의 공간(또는 통로)에 노출되어 있다.
- 상피 밑에는 바닥막(*basement membrane*)이 있고, 그 아래에 결합조직이 있다.
- 혈관이 분포하지 않는다. 따라서 상피세포는 상피 밑조직으로부터 영양소를 공급받거나 꼭대기면을 통해 영양소를 흡수한다.

그림 4-1 신체 조직에 대한 방향.

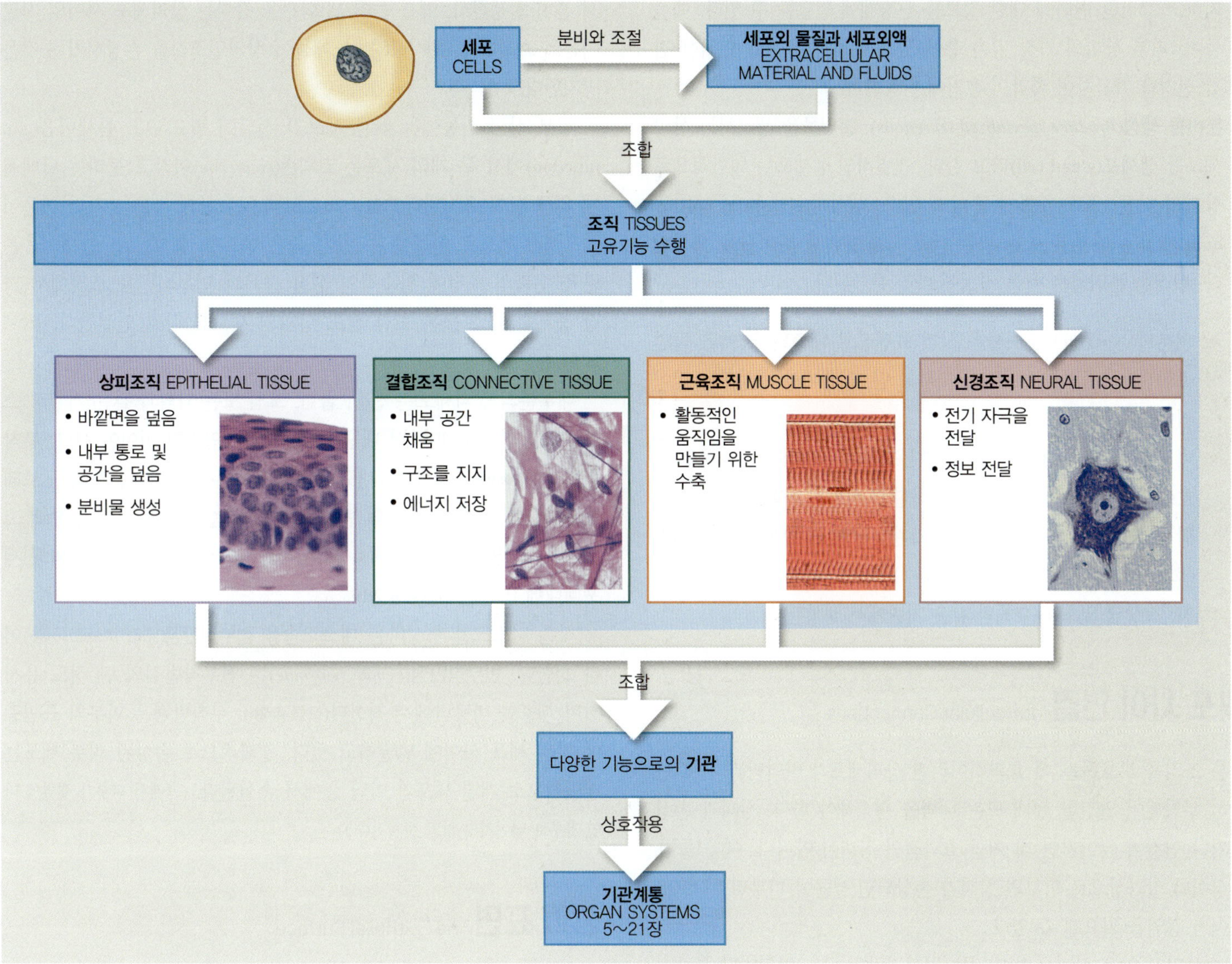

- 손상된 상피세포나 꼭대기면에서 떨어져 나간 세포들은 지속적인 재생과정을 통해 보충된다.

상피는 외부 및 내부 신체 표면을 모두 덮고 있다. 또한 피부를 덮는 것 외에도 소화관, 호흡기, 생식기 및 요로와 같은 외부로 열리는 통로에 상피에 있다. 이 상피는 신체의 깊은 조직과 외부 환경을 분리하는 장벽의 기능을 한다.

또한 상피는 허파와 심장 등의 기관이 들어 있는 몸안(body cavity), 뇌, 안구, 속귀안의 액체로 채워진 공간, 혈관과 심장의 내면 등 신체 내부의 공간과 통로를 덮는다. 이러한 상피는 마찰을 줄이고, 내부 공간에 있는 액체 조성을 조절하며, 혈액과 조직액 사이의 물질 이동을 제한한다.

상피의 기능 Functions of Epithelia

상피의 네 가지 기능은 다음과 같다.

1. **물리적 보호를 제공**(***Provide physical protection***). 상피는 화학적 또는 생물학적 물질에 의한 마모, 탈수 및 파괴로부터 노출 및 내부 표면을 보호한다. 예를 들어, 손상되지 않은 한 피부의 상피는 충격과 긁힘에 저항하고 수분 손실을 제한하며 세균이 바닥 구조에 침입하는 것을 방지한다.
2. **투과성 조절**(***Control permeability***). 몸에 들어가거나 나가는 모든 물질은 상피를 통과해야 한다. 일부 상피는 상대적으로 비침투성이다. 투과성이 높아 단백질과 같은 거대분자들이 쉽게 통과하는 상피도 있다.

3. **감각 제공(*Provide sensation*)**. 특화된 상피세포는 환경의 변화를 감지하고 그러한 변화에 대한 정보를 신경계에 전달할 수 있다. 예를 들어, 피부 상피의 가장 깊은 층에 있는 촉각 수용기는 인접한 감각 신경을 자극하여 촉각 수용기에 반응한다.
4. **분비물 생성(*Produce specialized secretions*)**. 분비물을 생성하는 상피세포를 **샘세포(gland cell)**라고 한다. 개별적인 샘세포는 일반적으로 상피의 다른 세포 유형에 흩어져 있다. **샘상피(glandular epithelium)**에서는 대부분 또는 모든 세포가 활발하게 분비물을 생성한다. 이러한 분비물은 배출 경로에 따라 분류된다.

- **외분비(exocrine)** 분비물은 상피 표면으로 배출된다. 예를 들면 소화관으로 들어가는 효소, 피부의 땀, 젖샘에서 생성되는 젖이 있다.
- **내분비(endocrine)** 분비물이 주위 조직액과 혈액으로 방출된다. **호르몬**(*hormone*)이라고 하는 이러한 분비물은 화학적 전달자 역할을 하며 다른 조직, 기관 및 기관 시스템의 활동을 조절한다. (호르몬에 대해서는 10장에서 더 자세히 논의한다.) 내분비 분비물은 이자, 갑상샘 및 뇌하수체와 같은 기관에서 생성된다.

세포 사이 연결 Intercellular Connections

다른 조직을 보호하는 데 효과적이려면 상피세포가 바닥막과 서로 단단히 부착되어 완전한 덮개 또는 내벽을 형성해야 한다. 상피가 손상되거나 연결이 끊어지면 더 이상 효과적인 장벽이 아니다. 예를 들어, 화상이나 찰과상으로 피부의 상피가 손상되면 세균이 피부밑조직으로 들어가 감염을 일으킬 수 있다.

손상되지 않은 상피는 반대되는 원형질막의 넓은 영역이나 특수한 부착 부위를 포함하는 세포 간 연결 때문에 효과적인 장벽을 형성한다. 대립하는 원형질막의 넓은 영역은 **세포 부착 분자**(*cell adhesion molecule, CAM*)라고 불리는 막 단백질에 의해 상호 연결된다. 이 단백질들은 얇은 층의 **프로테오글리칸**(*proteoglycan*, 단백질-다당류 혼합물)에 의해 서로 그리고 세포외 물질에 결합한다.

세포를 다른 세포 또는 세포외 물질에 부착하는 보다 특수한 부착 부위를 **세포이음(cell junction)**이라고 한다. 대표적인 세포이음으로 치밀이음, 틈새이음, 부착반점이 있다(**그림 4-2**).

치밀이음(tight junction)의 경우, 이웃세포의 형질막 지질층이 막단백질에 의해 단단히 결합된다(**그림 4-2a,c**). 치밀이음 바로 아래 세포주위를 둘러싸는 띠모양의 **부착띠**(*adhesion belt*)가 있어 아웃세포들을 결합한다. 부착띠는 세포뼈대의 액틴잔섬유 그물구조와 연결된다.

치밀이음은 세포 사이의 물과 용질의 통과를 방지한다. 이러한 치밀이음은 강한 화학물질이나 강력한 효소에 노출된 상피세포 사이에서 흔히 발생한다. 예를 들어, 소화관을 감싸는 상피세포 사이의 치밀이음은 소화효소, 위산 또는 노폐물이 상피밑조직을 손상시키는 것을 방지한다.

일부 상피 기능에는 빠른 세포간 전달이 필요하다. **틈새이음(gap junction)**에서 두 개의 세포는 **코넥손**(*connexon*)이라고 불리는 단백질에 의해 함께 유지된다(**그림 4-2b**). 코넥손은 함께 작은 분자와 이온이 세포에서 세포로 이동할 수 있는 좁은 통로를 형성한다. 틈새이음은 근육 수축의 조정에 필수적인 심장 근육과 민무늬근육 조직에서 가장 풍부하다. 그들은 또한 섬모 상피의 세포를 상호 연결한다(나중에 설명함).

대부분의 상피세포는 신장, 굽힘, 꼬임 또는 압박과 같은 기계적 스트레스를 받는다. 따라서 내구성 있는 상호 연결이 있어야 한다. **부착반점(desmosome)**에서 두 세포의 원형질막은 세포부착분자와 프로테오글리칸에 의해 각 세포의 반대쪽 밀도가 높은 영역 사이에 함께 고정된다. 각 **밀집된 영역**(*dense area*)은 중간잔섬유의 그물망에 의해 세포뼈대에 연결된다(**그림 4-2d**).

작은 디스크를 형성하는 데스모솜을 **점부착반점**(*spot desmosome*)이라고 한다. **반부착반점**(*hemidesmosome*)은 점부착반점의 반 정도 유사하며 세포를 바닥막에 부착한다(**그림 4-2e**). 부착반점은 피부의 표면층에 있는 세포 사이에 발달하고 있다. 결과적으로 손상된 피부 세포는 일반적으로 개별 세포가 아닌 층에서 손실된다. (그래서 피부가 햇볕에 타면 가루로 떨어지지 않고 벗겨진다.)

상피 표면 The Epithelial Surface

상피세포의 **꼭대기면**(*apical surface*)은 내부 또는 외부 환경에 노출된다. 이 세포의 표면은 종종 다른 신체 세포와 달리 특수한 구조를 가지고 있다(**그림 4-3**). 내부 통로에 있는 많은 상피에는 노출된 표면에 미세 융모가 있다. 미세융모는 몇 개에서 너무 많은 수까지 다양하여 전체 표면을 덮을 수 있다. 이들은 특히 소화계와 콩팥의 일부와 같이 흡수와 분비가 일어나는 상피 표면에 풍부하다. 이 위치의 상피세포는 수송 전문이다. 미세 융모가 있는 세포는 미세 융모가 없는 세포 표면적의 최소 20배 이상 넓다. 형질막의 표면적이 클수록 더 많은 운반 단백질이 세포외 환경에 노출된다.

일부 상피에는 노출된 표면에 섬모가 있다. **섬모 상피**(*ciliated epithelium*) 내의 전형적인 세포는 상피 표면을 가로질러 물질을 이동시키기 위해 조정된 방식으로 박동하는 대략 250개의 섬모를 가지고 있다. 예를 들어, 기도를 감싸고 있는 섬모 상피는 자극물을 폐에서 목

그림 4-2 세포 접합.

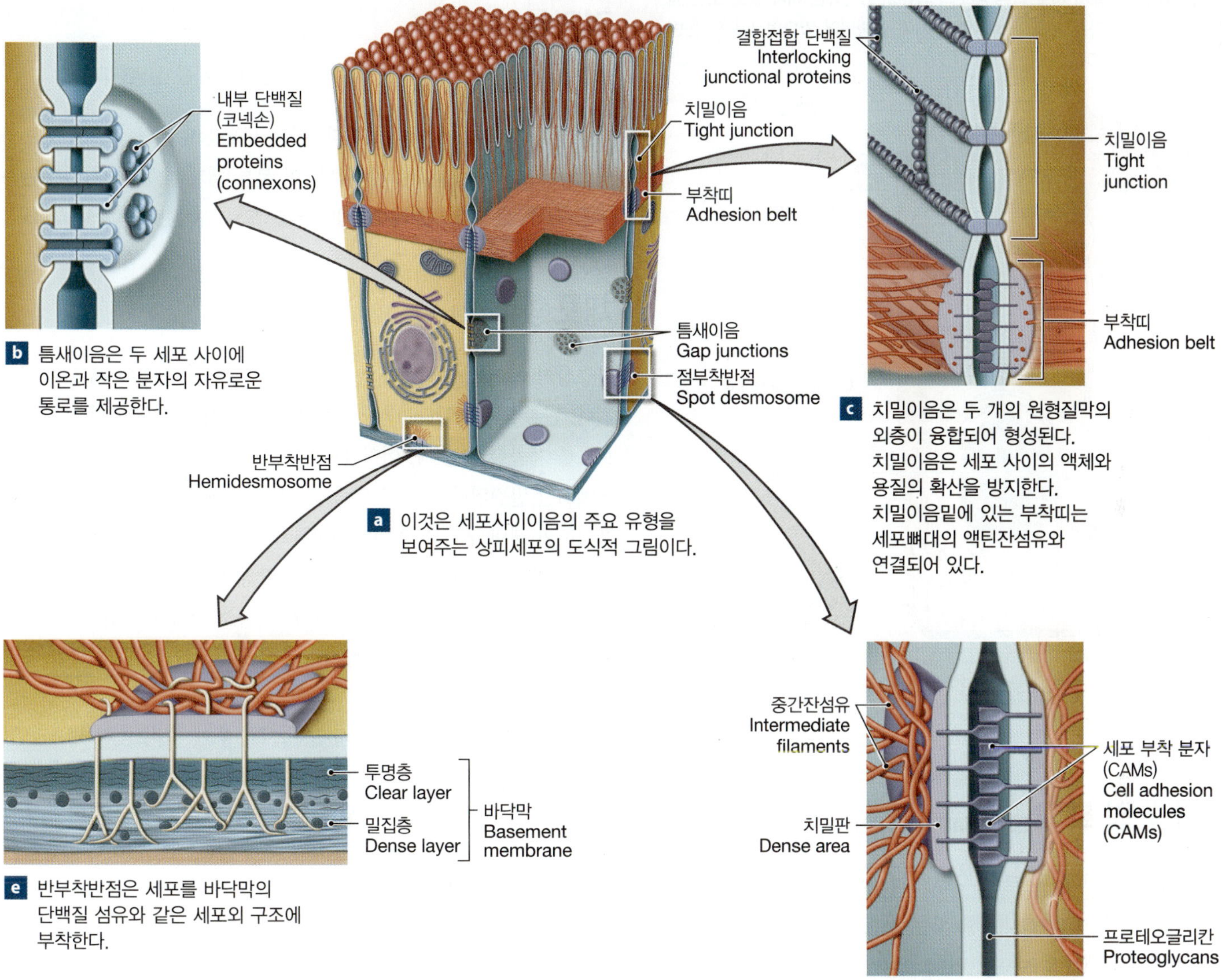

a 이것은 세포사이이음의 주요 유형을 보여주는 상피세포의 도식적 그림이다.

b 틈새이음은 두 세포 사이에 이온과 작은 분자의 자유로운 통로를 제공한다.

c 치밀이음은 두 개의 원형질막의 외층이 융합되어 형성된다. 치밀이음은 세포 사이의 액체와 용질의 확산을 방지한다. 치밀이음밑에 있는 부착띠는 세포뼈대의 액틴잔섬유와 연결되어 있다.

d 점부착반점 위치는 인접한 세포를 부착시킨다.

e 반부착반점은 세포를 바닥막의 단백질 섬유와 같은 세포외 구조에 부착한다.

구멍 쪽으로 이동시킨다.

바닥막 The Basement Membrane

상피세포는 서로 붙어 있어야 할 뿐만 아니라 신체의 나머지 부분에도 단단히 연결되어 있어야 한다. 이 기능은 상피와 하부 결합조직 사이에 있는 **바닥막(basement membrane)**에 의해 수행된다(**그림 4-3**). 단백질 섬유 네트워크로 구성된 바닥막에는 세포가 없다. 바닥막에 인접한 상피세포는 반부착반점에 의해 이러한 단백질 섬유에 단단히 부착된다. 강도를 제공하고 왜곡에 저항하는 것 외에도 바닥막은 장벽 역할도 한다. 그것은 단백질과 다른 큰 분자가 기본 결합조직에서 상피

지식 쌓기

신체표면 중 어떤 곳의 상피세포들은 물질 이동에 특화되어 있다. 세포막을 통한 물질 이동은 수동적인 기전과 능동적인 기전으로 구분된다(**3장: 세포 구조와 기능** 참조). 능동적인 물질 이동은 에너지가 소모된다. 물질을 세포 안팎으로 가져오는 데 관련된 세 가지 주요 이동 과정은 (1) 확산, (2) 운반체 매개운반 및 (3) 소포운반이다. 확산은 수동적인 과정이다. 운반체 매개 수송에는 수동 및 능동 과정이 모두 작용한다. 소포운반은 능동적인 기전이다.

그림 4-3 상피세포의 표면. 대부분의 상피 표면은 특수한 구조가 발달해 있다. 이 일반화된 상피 그림에서 서로 다른 세포의 꼭대기 표면에는 미세 융모 또는 섬모가 있다. 미토콘드리아는 세포의 바닥면 근처에 집중되어 있으며 세포의 운반 활동에 에너지를 제공한다.

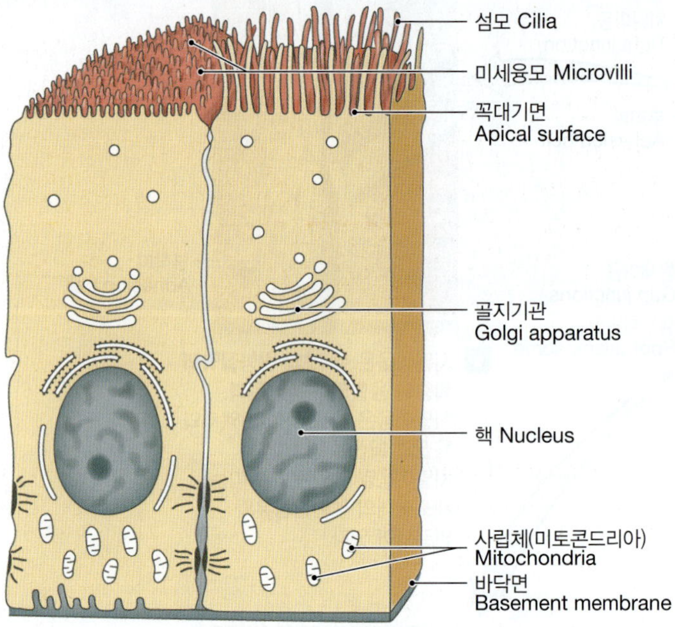

로 이동하는 것을 제한한다.

상피 재생 및 복구 Epithelial Renewal and Repair

상피는 지속적으로 자체적으로 복구되고 재생된다. 상피세포는 파괴 효소, 독성 화학물질, 병원성 미생물 또는 기계적 마모에 노출되어 손실되거나 파괴되기 때문에 하루나 이틀 동안만 생존할 수 있다. 상피가 시간이 지남에 따라 구조를 유지할 수 있는 유일한 방법은 **줄기세포(stem cell)** 또는 **종자 세포**(*germinative cell*)라는 미분화 세포의 지속적인 분열을 통해 그 구조가 유지된다. 이 세포는 바닥막 근처 상피의 바닥층에 분포한다.

체크포인트

3. 상피조직의 다섯 가지 중요한 특징을 나열하시오.
4. 상피조직의 네 가지 필수 기능을 확인하시오.
5. 상피세포 접합의 세 가지 주요 유형을 확인하시오.
6. 상피세포에 미세 융모 또는 섬모가 있으면 어떤 생리적 기능이 향상되는가?

책 뒷면에 있는 파란색 정답 탭을 참조.

4-3 세포 모양과 층수는 상피의 분류를 결정한다

학습목표 각 상피 유형의 형태와 기능 간의 관계를 설명한다.

다양한 특수 유형의 상피가 있다. 이는 세포층의 수와 노출된 세포의 모양에 따라 쉽게 분류할 수 있다. 이 분류 체계는 두 유형의 층(단층 및 중층)과 세 개의 모양(편평, 입방, 원주)으로 인식한다(**표 4-1**).

세포층수 Cell Layers

단층상피(simple epithelium)는 바닥막을 덮는 단일 층의 세포로 구성된다. 단층상피는 얇다. 단일 층의 세포는 손상되기 쉽고 많은 기계적 보호를 제공할 수 없다. 이러한 이유로 단층상피는 신체 내의 보호 구역에서만 발견된다. 그들은 가슴막, 심장막, 배안, 심장의 방과 혈관을 포함하여 체내 구획과 통로에 위치하고 있다.

단층상피는 또한 분비 또는 흡수가 발생하는 영역이라는 특징이 있다. 예를 들면 장의 표면과 가스 교환을 하는 허파의 표면이 있다. 얇다는 것이 이 장소에서의 장점이다. 이것은 물질이 상피 장벽을 통과하는 시간을 줄인다.

중층상피(stratified epithelium)는 바닥막 위에 여러 층의 세포가 있기 때문에 더 강한 보호를 제공한다. 중층상피는 일반적으로 기계적 또는 화학적 스트레스에 노출된 구역에서 발견된다. 예를 들면 피부의 표면과 입안의 내면에 있다.

세포의 형태 Cell Shapes

단면도(노출된 표면과 바닥막에 수직), 상피 표면의 세포는 세 가지 기본 모양 중 일반적으로 하나의 모양을 이룬다.

1. **편평(*Squamous*)**. **편평상피(squamous epithelium)**세포는 얇고 편평하다. 핵은 각각의 세포의 가장 두꺼운 부분에서 보인다. 표면에서 볼 때, 세포는 나란히 놓여 있는 계란 프라이처럼 보인다.
2. **입방(*Cuboidal*)**. **입방상피(cuboidal epithelium)**세포들은 자유롭게, 꼭대기면에서 볼 때 작은 육각형(6면) 상자들과 닮았다. 일반적인 단면도에서 그것들은 사각형으로 나타난다. 둥근 핵은 각 세포의 중심과 가까이 있으며, 인접한 핵과의 거리는 상피의 높이와 거의 같다.
3. **원주(*Columnar*)**. **원주상피(columnar epithelium)**세포는 육각형이지만 더 크고 더 가늘며, 단면에서 볼 때 직사각형과 닮았다. 핵은 바

표 4-1 상피 분류

	편평 Squamous	입방 Cuboidal	원주 Columnar
단층 Simple	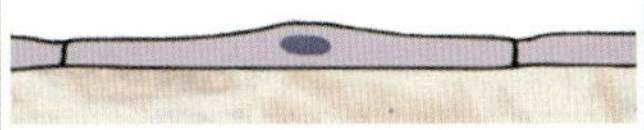 단층편평상피세포	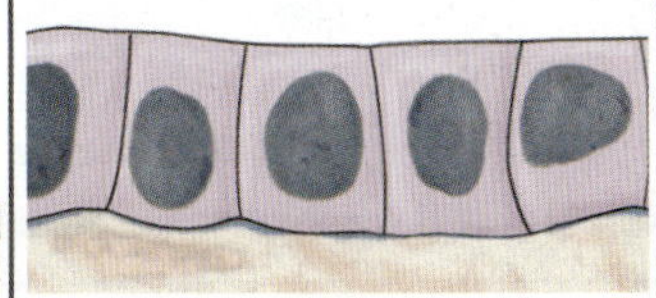 단층입방상피세포	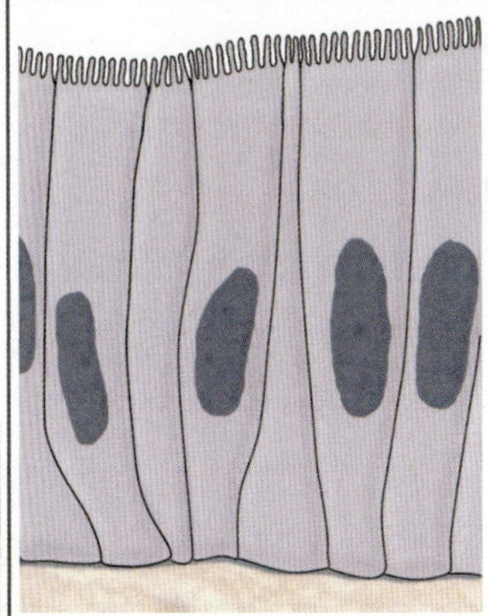 단층원주상피세포
중층 Stratified	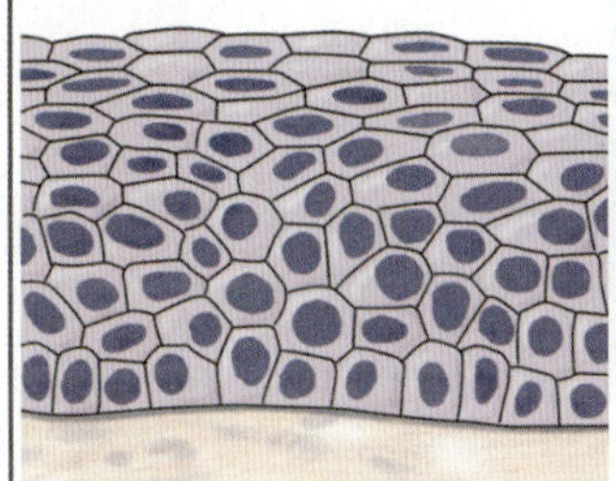 중층편평상피세포	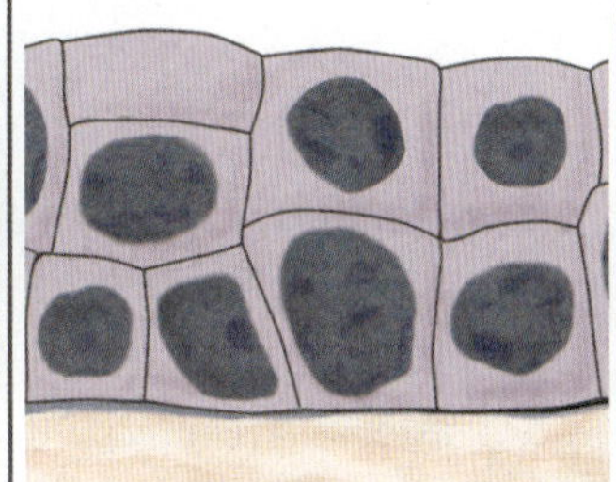 중층입방상피세포	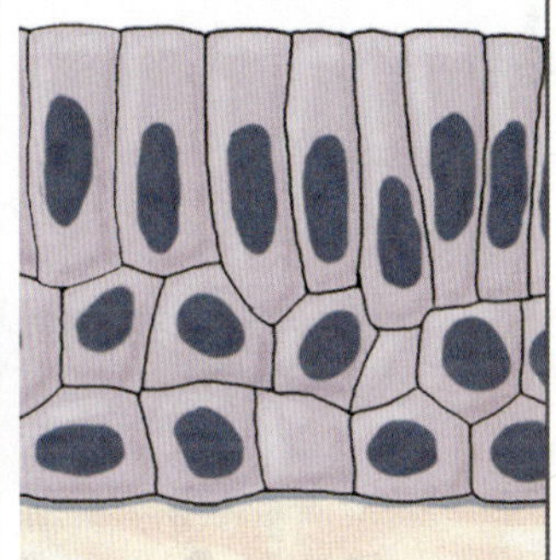 중층원주상피세포

닥막과 가까운 곳에 좁은 따로 밀집되어 있다. 상피의 높이는 두 핵 사이의 거리의 몇 배에 이른다.

상피의 분류 Classification of Epithelia

두 가지의 기본 상피 배열(단층, 중층)과 세 가지의 발생 가능한 모양(편평, 입방, 원주)은 우리가 신체의 거의 모든 상피를 설명할 수 있게 해준다. 우리는 여기서 몇 가지 주요 상피에만 초점을 맞출 것이다.

단층편평상피 Simple Squamous Epithelia

단층편평상피(simple squamous epithelium)는 흡수가 이루어지거나 미끄러운 표면의 마찰을 감소시키는 보호 구역에서 발견된다(그림 4-4a). 예를 들면 콩팥세관의 일부, 허파의 기체 교환 표면, 심장막, 가슴막, 배안의 내면, 혈관 및 심장의 내면 등이 있다.

단층입방상피 Simple Cuboidal Epithelia

단층입방상피(simple cuboidal epithelium)는 제한된 보호를 제공하며 분비 또는 흡수가 일어나는 장소에서 발생한다(그림 4-4b). 이러한 기능은 필요한 기관을 위해 더 많은 공간을 가진 큰 세포에 의해 증가된다. 이자와 침샘에 있는 단층입방상피는 효소와 완충제를 분비하고 이러한 분비물을 배출하는 관을 형성한다. 단층입방상피는 또한 소변 생성과 관련된 콩팥세관의 일부를 형성한다.

단층원주상피 Simple Columnar Epithelia

단층원주상피(simple columnar epithelium)는 약간의 보호를 제공하며 흡수 또는 분비의 영역에서도 발생할 수 있다(그림 4-4c). 이러한 유형의 상피는 위, 소화관 및 일부 배출관을 형성한다.

중층편평상피 Stratified Squamous Epithelia

중층편평상피(stratified squamous epithelium)는 기계적 스트레스가 심

4

그림 4-4 단층상피.

단층편평상피 Simple Squamous Epithelium

위치: 가슴벽, 심장막, 배안의 내면;
심장과 혈관 내벽;
콩팥세관 일부
(콩팥세관고리의 얇은 부분);
각막의 내면;
허파꽈리

기능: 마찰의 감소;
혈관 투과성 조절;
흡수 및 분비의 수행

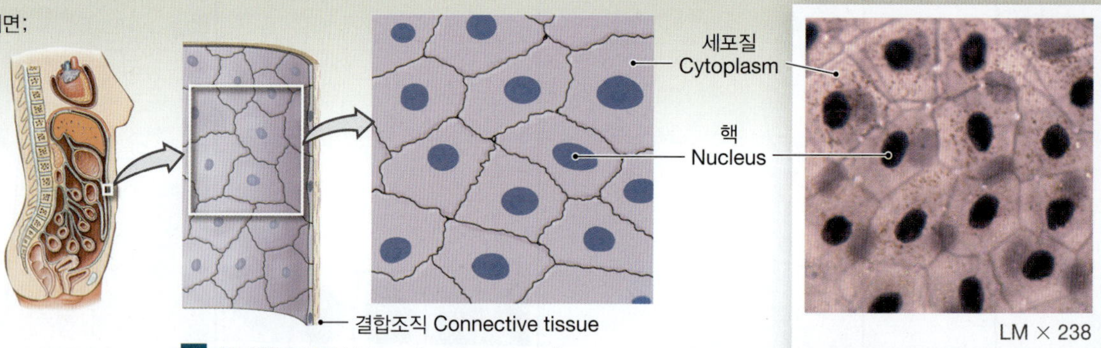

a **복막안의 내면** Lining of peritoneal cavity

단층입방상피 Simple Cuboidal Epithelium

위치: 샘; 관; 콩팥세관; 갑상샘

기능: 약간의 보호, 분비, 흡수작용

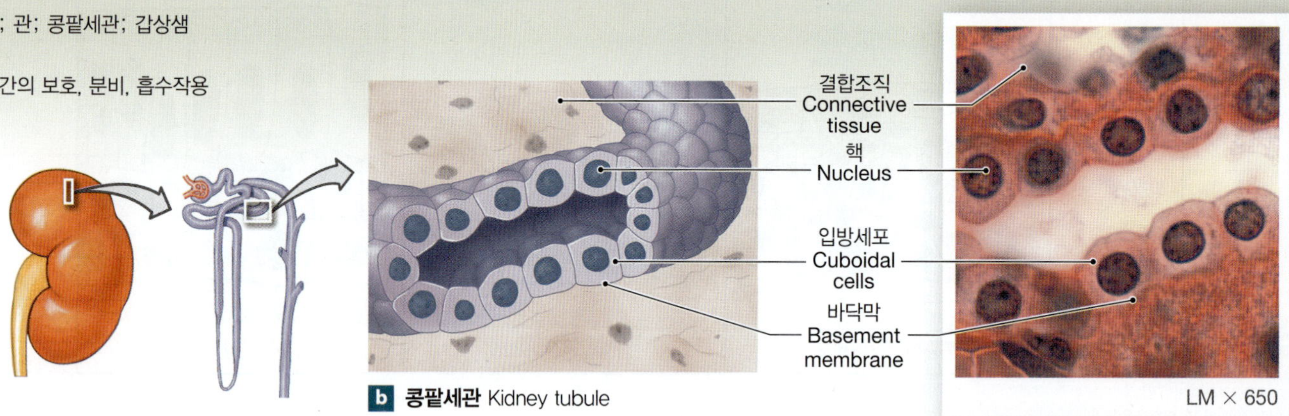

b **콩팥세관** Kidney tubule

단층원주상피 Simple Columnar Epithelium

위치: 위, 창자, 쓸개, 자궁관 및
콩팥의 집합관 내면

기능: 보호, 분비, 흡수

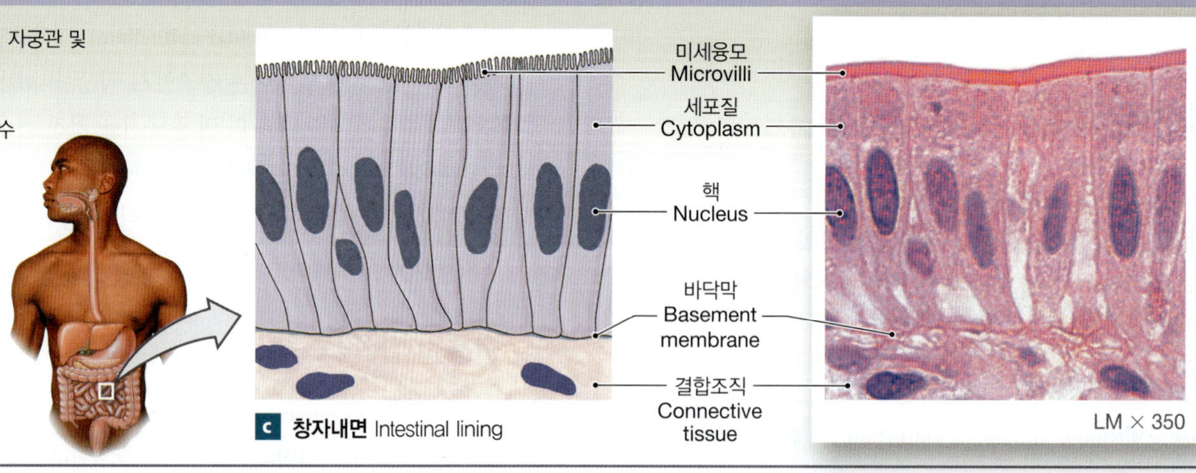

c **창자내면** Intestinal lining

한 곳에서 발견된다. 예를 들면 피부의 표면과 입, 혀, 식도 및 항문의 내면이 있다(**그림 4-5a**).

중층입방상피 Stratified Cuboidal Epithelia

중층입방상피(stratified cuboidal epithelium)는 비교적 드물다. 이것은 땀샘과 젖샘의 큰 관에서 발생한다. (다른 중층상피에서는 나타나지 않는다.)

중층원주상피 Stratified Columnar Epithelia

중층원주상피(stratified columnar epithelium) 또한 비교적 드물다. 인두, 후두덮개, 항문, 요도 및 몇 개의 큰 배설 관을 따라 발견된다. 두 개 이상의 층이 존재하는 경우 표면 세포만 원주형이다. (이 또한 다른 중층상피에서는 나타나지 않는다.)

거짓중층상피 Pseudostratified Epithelia

호흡기의 일부에는 세포 유형의 혼합을 포함하는 주 상피인 **거짓중층원주상피(pseudostratified columnar epithelium)**가 있다. 세포의 핵과 노출된 표면 사이의 거리는 다양하므로, 상피가 층을 이루거나, 중층으로 나타난다(**그림 4-5b**). 그러나 모든 세포들은 바닥막과 접해 있기 때문에 실제로는 단층상피이다.

이 조직의 상피세포는 일반적으로 섬모를 가지고 있다. 거짓중층섬모원주상피는 대부분 코안, 기관 및 기관지, 그리고 남성 생식관을 둘러싸고 있다.

이행상피 Transitional Epithelia

이행상피(transitional epithelium)는 늘어났다 오므라들었다를 반복하는 부위에 분포하는 상피이다. 늘어났을 때 상피의 모양이 변하기 때문에 이행이라고 한다. 이것은 부피의 큰 변화가 일어나는 요관과 방광을 형성한다(**그림 4-5c**). 빈 방광에서는 상피가 층을 이루고, 가장 바깥쪽의 세포는 통통하고 입방의 모양을 보인다. 가득 찬 방광에서는 내벽의 한계까지 소변의 양이 늘어났을 때, 상피가 편평한 것처럼 보인다. 이것은 단층편평상피처럼 보인다.

> **임상노트**
>
> ### 세포 적응 Cellular Adaptation
>
> 세포는 손상으로부터 자신을 보호하기 위해 환경에 적응하거나 변화할 수 있다. **세포 적응**(*cellular adaptation*)이라고 하는 이 과정은 많은 질병의 흔하고 중심적인 측면이다. 세포의 크기를 줄이거나(**위축**, *atrophy*), 크기를 늘리거나(**비대**, *hypertrophy*), 숫자를 늘리거나(**과형성**, *hyperplasia*), 또는 성숙한 세포 유형을 성숙하지 않은 다른 유형(**화생**, *metaplasia*)으로 가역적으로 대체하여 적응할 수 있다.
>
> 화생의 좋은 예는 담배연기에 장기관 노출된 기관지(기도) 조직의 반응이다. 이 과정에서 정상적인 원주섬모상피세포는 중층편평세포로 대체된다. 새로 형성된 대체 세포는 섬모가 없고 점액을 분비하지 않는다. 이로 인해 두 가지의 중요한 폐 보호 기전이 손실된다. 일반적으로 담배연기와 같은 불쾌한 자극이 없어지면 기관지의 이형성은 종종 복구될 수 있다. 이것이 발생하면 정상적인 원주섬모상피는 변성 과정을 통해 변경된 세포를 대체하기 시작한다.
>
> 화생 외에도 담배 연기에 지속적으로 장기간 노출되면 기관지 상피세포의 암성 변형이 발생할 수 있다(**이형성**, *dysplasia*). 기관지(폐)암은 선진국의 주요 건강 문제이다. 폐암은 모든 암 사망의 32%를 차지하지 하며 사망률이 높다.

샘상피 Glandular Epithelia

많은 상피에는 외분비 또는 내분비 분비물을 생성하는 샘세포가 있다. 외분비의 분비물은 외분비샘에 의해 생성되며, 외분비샘은 외부 또는 내부 표면의 **관**(*duct*)을 통해 배출한다. 호르몬은 관이 없는 내분비샘에서 생성되어 혈액 또는 조직액으로 분비된다.

구조에 따라 외분비샘은 홑세포샘(**점액**[*mucous*] 또는 **술잔세포**[*goblet cell*]) 또는 뭇세포샘으로 분류할 수 있다. 가장 단순한 뭇세포외분비샘은 위를 감싸고 자신의 산과 효소로부터 보호하는 점액 분비 세포의 상피와 같은 **분비 세포**(*secretory sheet*)이다. 뭇세포외분비샘은 관의 분지양상과 분비샘의 모양과 분지 양상에 따라 더 분류된다. 또한 외분비샘은 **분비기전**(*mode of secretion*)이나 **분비 유형**(*type of secretion*)에 따라 분류할 수 있다.

분비기전 Mode of Secretion

샘상피세포는 (1) 샘분비, (2) 부분분비, (3) 온분비를 통해 분비물을 방출한다(**그림 4-6**).

샘분비(merocrine secretion)는 세포외배출작용(exocytosis)에 의해 분비된 소포에서 방출된다(**그림 4-6a**). 이것은 외분비의 가장 일반적인 방식이다. 샘분비의 한 산물인 **점액소**(*mucin*)는 물과 혼합되어 **점액(mucus)**을 형성한다. 점액은 효과적인 윤활, 보호 장벽 및 이물질과 미생물에 대한 끈적한 물질이다.

부분분비(apocrine secretion)는 세포질과 분비 물질 모두의 손실을 수반한다(**그림 4-6b**). 세포질의 가장 바깥쪽 부분은 분비되기 전에

그림 4-5 중층상피.

중층편평상피 Stratified Squamous Epithelium

위치: 피부 표면; 입안, 목구멍, 식도, 곧창자, 항문 및 질의 내면

기능: 찰과상, 병원체 및 화학적 공격에 대한 물리적 보호 제공

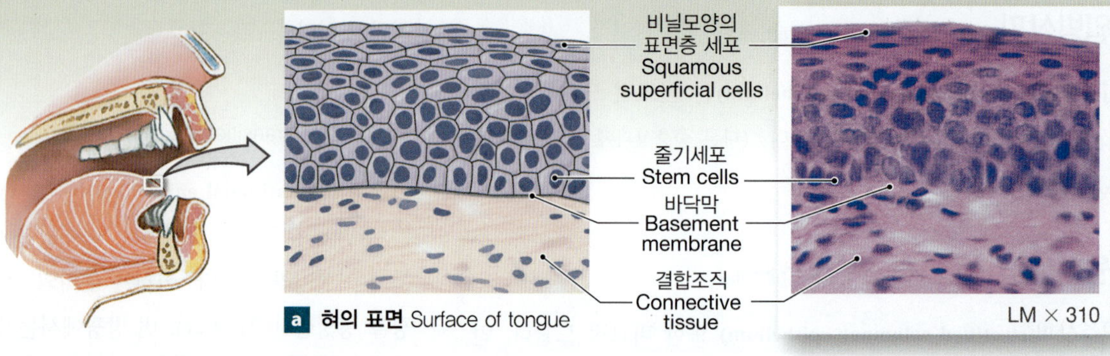

a **혀의 표면** Surface of tongue

거짓중층섬모원주상피 Pseudostratified Ciliated Columnar Epithelium

위치: 코안, 기관 및 기관지의 내면; 남성 생식 기관의 일부

기능: 보호, 분비, 섬모운동에 의한 점액이동

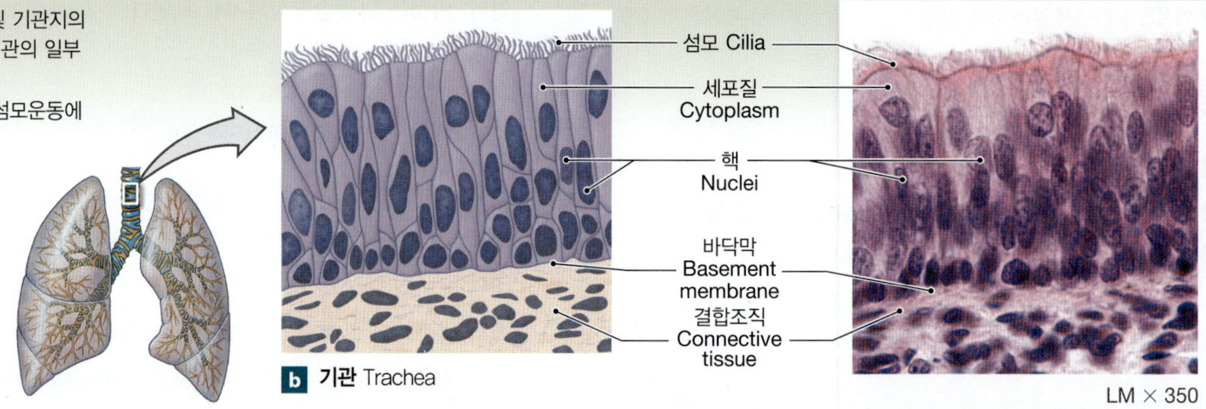

b **기관** Trachea

이행상피 Transitional Epithelium

위치: 방광, 콩팥깔대기, 요관

기능: 팽창시 늘어났다가 원상태로 되돌아감

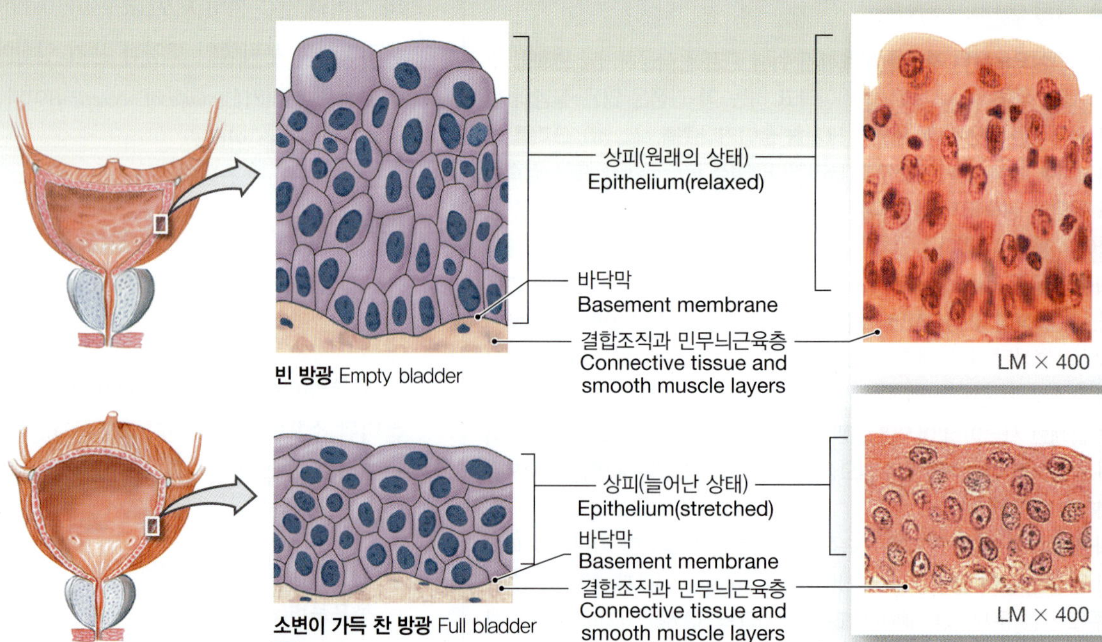

c **방광** Urinary bladder

그림 4-6 샘분비의 방법.

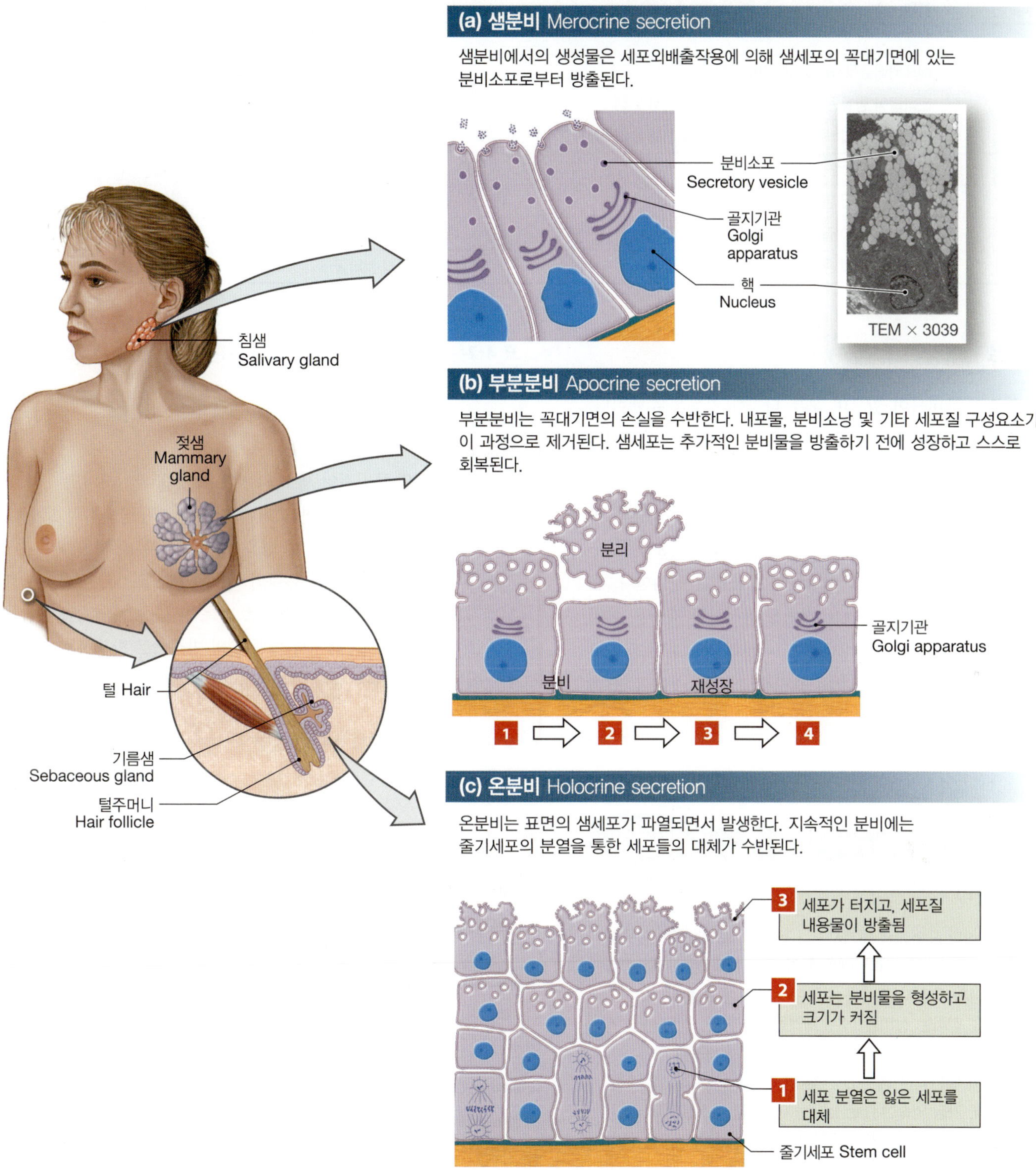

분비소포로 가득 차게 된다. 젖샘에서의 젖의 생산은 샘분비와 부분분비를 모두 포함한다. 샘과 부분 분비는 세포의 손상 없이 분비가 계속될 수 있도록 해준다.

온분비(holocrine secretion)는 다르다. 세포 안에 분비물이 가득 찬 뒤, 세포 전체가 떨어져나가는 분비방식이기 때문이다(그림 4-6c). 털주머니에 붙어 있는 기름샘은 온분비 방식으로 기름 성분을 분비하여 털을 매끄럽게 한다.

표 4-2 외분비샘의 분류

특징	설명	예
분비기전		
샘(Merocrine)	세포외배출작용을 통해 분비 발생	침샘의 침; 소화기 및 호흡기의 점액; 피부의 땀; 젖샘
부분(Apocrine)	분비물이 함유된 세포질의 상실을 통해 분비 발생	젖샘; 겨드랑이의 땀
온(Holocrine)	분비물을 포함하는 전체 세포의 손실을 통해 분비 발생	기름샘의 기름 분비
분비물의 종류		
장액(Serous)	효소를 함유한 맑은 액체	귀밑샘 침 분비물
점액(Mucous)	점도가 높고 미끌미끌한 액체	혀밑샘의 침 분비물
혼합(Mixed)	장액과 점액의 혼합액	턱밑샘의 침 분비물

분비물의 종류 Type of Secretion

여러 종류의 외분비 분비물이 있으며 모두 다양한 기능을 수행한다. 예를 들면 소화관으로 들어가는 효소, 피부의 땀, 젖샘에서 생성되는 젖이 있다.

생성되는 유형 또는 분비물의 유형에 따라 외분비샘은 장액샘, 점액샘 또는 혼합샘으로 분류될 수 있다. 분비물은 다양한 기능을 할 수 있다. **장액샘**(*serous gland*)은 효소를 포함하는 수용액을 분비한다. **점액샘**(*mucous gland*)은 두껍고 미끄러운 점액을 형성하는 점액을 분비한다. **혼합샘**(*mixed gland*)에는 한 가지 유형 이상의 샘세포가 포함되어 있다. 그들은 두 가지의 다른 외분비 분비물, 하나는 장액샘, 다른 하나는 점액샘을 생성할 수 있다.

표 4-2는 분비 방식과 분비 유형에 따른 외분비샘의 분류를 요약한 것이다.

체크포인트

7. 상피세포의 특징적인 세 가지 세포 모양을 확인하시오.
8. 광학현미경을 사용하면 조직이 단순한 편평상피처럼 보인다. 피부 표면의 샘플이 될 수 있을까? 그 이유는 무엇인가?
9. 샘상피의 두 가지 주요 유형의 이름을 쓰시오
10. 기름샘의 분비세포는 분비물로 가득 찬 다음 파열되어 내용물을 방출한다. 기름샘에서 어떤 분비 방식으로 발생하는가?
11. 어떤 유형의 분비샘이 분비물을 세포 외액으로 직접 방출하는가?

책 뒷면에 있는 파란색 정답 탭을 참조.

임상노트

박탈세포진단법 Exfoliative Cytology

박탈세포진단법은 상피 표면에서 벗겨지거나 제거된 세포에 대한 연구이다. 세포는 다양한 이유로 검사된다. 예를 들어, 암을 나타내는 세포 변화를 확인하거나 태아의 유전자 검사를 수행한다. 세포는 호흡기, 소화기, 요로 또는 생식관을 감싸는 상피를 덮는 체액을 수집한다; 심장막안, 복막안 또는 가슴막안의 체액을 제거; 또는 상피 표면에서 세포를 제거.

박탈세포진단법의 일반적인 예는 Dr. George Papanicolaou의 이름을 딴 *Pap test*이다. 가장 익숙한 Pap test는 자궁목암 테스트이다. 이 검사는 질로 투과되는 자궁의 부분인 자궁목의 끝에서 소량의 세포를 긁어내는 것을 포함한다.

양수천자(*amniocentesis*)는 박탈세포진단법과 관련된 또 다른 중요한 검사이다. 이 절차에서는 발육 중인 태아를 둘러싸고 보호하는 **양수**(*amniotic fluid*)인 양수 검체에서 흘린 상피세포를 수집한다. 이러한 세포를 검사하면 태아에게 염색체의 수나 구조에 영향을 주는 **다운 증후군**(*Down's syndrome*)과 같은 유전적 이상이 있는지 확인할 수 있다.

4-4 결합조직은 다른 조직 유형에 대한 보호 구조 뼈대를 제공한다

학습목표 결합조직의 구조와 기능을 비교한다.

결합조직(connective tissue)은 매우 다양한 부위에 분포해 있는 조직이다. 뼈, 혈액 및 지방은 기능과 특성이 매우 다른 서로 친밀한 결합조직이다: (1) 특수세포, (2) 세포외 단백질 섬유, (3) **무형질(ground substance)**로 알려진 유체. 세포외 섬유와 기질은 세포를 둘러싸는 **바탕질(matrix)**을 형성한다. 이 세포외 기질은 결합조직 부피의 대부분을 차지한다. 결합조직은 거의 전부가 세포로 이루어진 방법으로 상피조직과는 다르다.

결합조직은 온몸 곳곳에 분포해 있지만, 외부환경으로는 절대 노출되지 않는다. 결합조직은 많은 혈관이 있다(즉, 혈관이 많음). 또한 통증, 압력, 온도 및 기타 자극을 감지하는 감각 수용체를 포함한다. 결합조직의 기능은 다음과 같다:

그림 4-7 결합조직의 주요 유형.

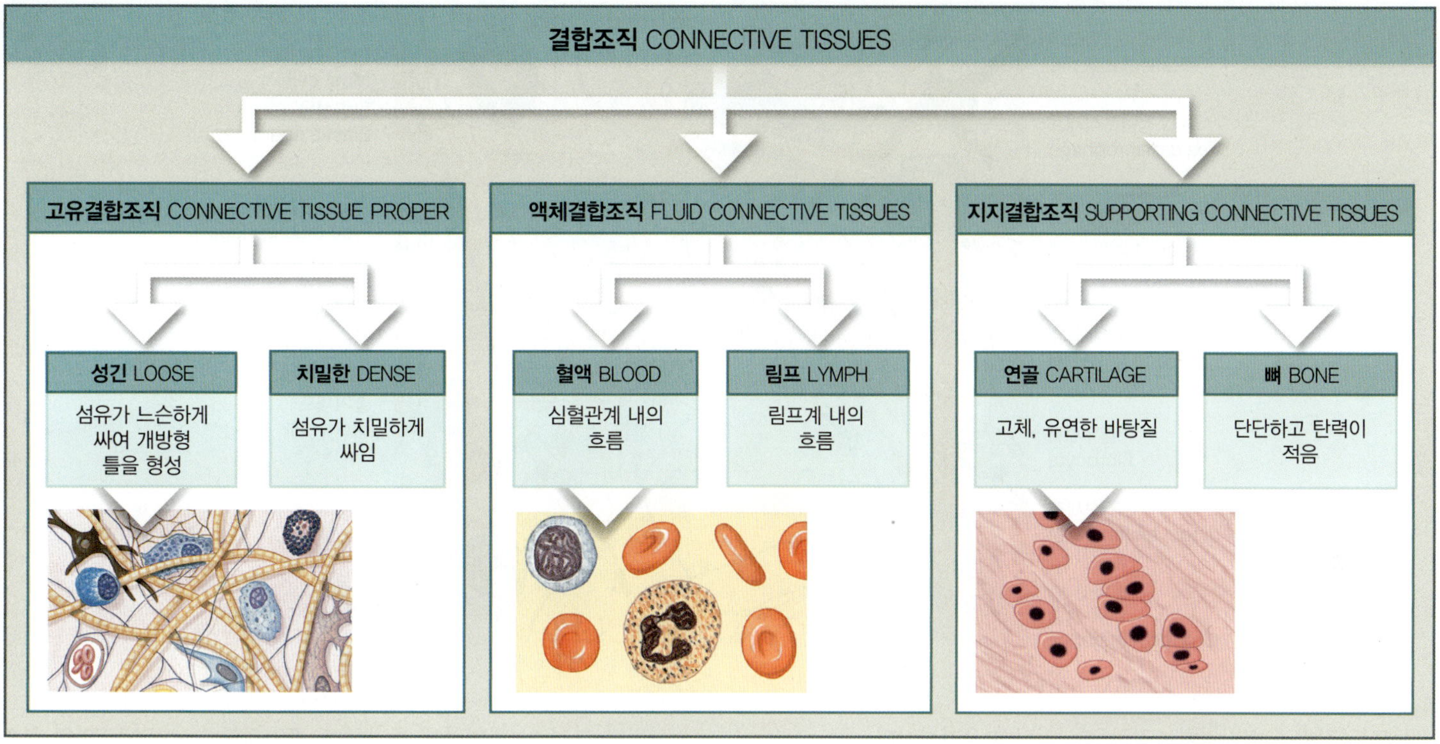

- **지지 및 보호**(***Support and protection***). 결합조직 세포에서 생성된 미네랄과 섬유는 신체의 강한 구조적 틀을 형성하고, 약한 기관을 보호하며, 다른 조직 유형을 둘러 상호연결한다.
- **물질의 운반**(***Transportation of materials***). 액상결합조직은 용해된 물질을 신체의 한 영역에서 다른 영역으로 효율적으로 이동시킨다.
- **에너지 비축량의 저장**(***Storage of energy reserves***). 지방은 필요할 때까지 지방세포하고 불리는 결합조직 세포에 저장된다.
- **신체의 방어**(***Defense of the body***). 특수결합조직 세포는 세포 간 상호작용 및 항체 생성을 통해 미생물의 침입에 반응한다.

물리적 특성에 따라 결합조직은 세 가지 주요 유형으로 분류된다(**그림 4-7**).

1. **고유결합조직(connective tissue proper)**은 세포외 섬유질과 시럽 같은 바탕질을 포함하는 기질 내의 많은 세포 유형으로 구성되어 있다. 그 예로는 피부 밑의 조직, 지방조직 **힘줄**(*tendon*)과 **인대**(*ligament*)가 있다.
2. **액상결합조직(fluid connective tissue)**은 용해된 단백질을 포함하는 유체의 바탕질에 부유하는 독특한 세포집단을 가진다. 두 액상결합조직은 **혈액**(*blood*)과 **림프**(*lymph*)이다.
3. **지지결합조직(supporting connective tissue)**은 고유결합조직보다 덜 다양한 세포 집단이며 치밀한 바탕질과 밀집된 섬유질의 기질을 가지고 있다. 몸에는 두 가지의 지지결합조직이 있다: **연골**(*cartilage*)과 **뼈**(*bone*). 뼈의 섬유질 기질은 뼈의 강도와 강성을 제공하는 미네랄 침전물(주로 칼슘과 염)을 포함하고 있기 때문에 석회화되었다고 말한다.

고유결합조직 Connective Tissue Proper

고유결합조직에는 다양한 세포집단, 세포외 섬유 및 시럽 같은 바탕질이 포함되어 있다(**그림 4-8**). 고유결합조직의 일부 세포는 "영구 거주자"이다. 다른 이들은 손상된 조직의 영역을 보호하고 복구하기 위해 떠나기 때문에 항상 존재하지는 않는다.

고유결합조직의 세포 Cells of Connective Tissue Proper

고유결합조직에는 다음의 네 가지 주요 세포 유형이 포함된다.

- **섬유모세포(fibroblast)**는 결합조직에 항상 존재하는 유일한 세포이다. 그들은 또한 결합조직에서 가장 풍부한 영구적인 또는 고정된 세포이다. 섬유모세포는 결합조직 섬유와 바탕질을 생성한다. **섬유세포(fibrocyte)**는 다음으로 풍부하며 섬유모세포와 구별된다. 섬유

그림 4-8 고유결합조직의 세포 및 섬유. 고유결합조직에서 흔히 발견되는 여러 세포와 섬유들을 나타낸 모식도이다.

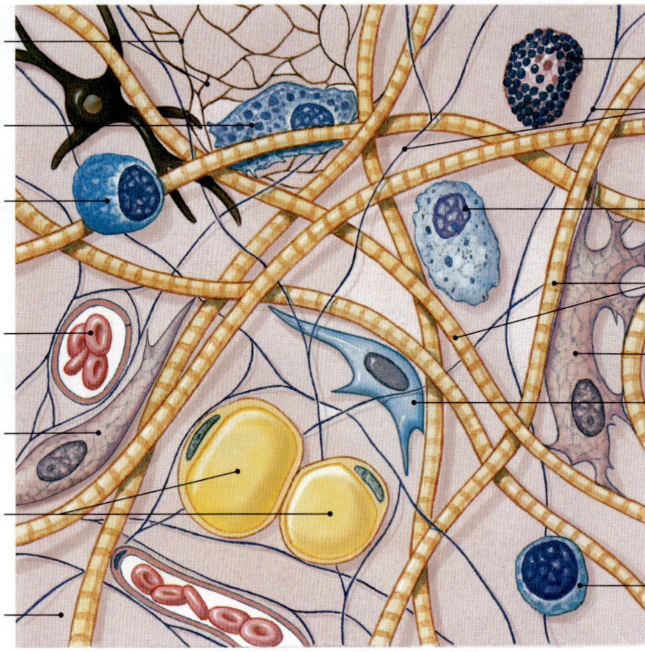

세포는 결합조직의 결합조직섬유를 적절히 유지시킨다.

- **큰포식세포(macrophage)**는 바탕질 전체에 흩어져 있는 큰포식세포이다. 이러한 "거대한 포식자" 세포는 조직에 들어가는 손상된 세포 또는 병원균을 삼키거나 **포식작용**(*phagocytize*)을 한다. 그들은 또한 면역체계를 동원하는 화학물질을 방출하여, 조직방어에 관련된 추가 대식세포 및 기타 세포를 끌어들인다. 결합조직에서 오랜 시간을 보내는 대식세포는 **고정큰포식세포**(*fixed macrophage*)로 알려져 있다. 감염이 발생하면 이동하는 큰포식세포(**자유큰포식세포**라고 함)는 감염된 부위로 모인다.
- **지방세포(adipose cell)** 또는 **지방세포(adipocyte)**라고도 하는 **지방세포(fat cell)**는 고정되어 있는 세포이다. 전형적인 지방세포는 세포의 한쪽으로 핵과 다른 세포 기관을 압착하는 커다란 지질 방울을 포함하고 있다. 지방세포의 수는 결합조직마다 신체의 한 영역에서 다른 영역으로 그리고 개인마다 다르다.
- **비만세포(mast cell)**는 혈관 근체에서 흔히 발견되는 작고 이동성 있는 결합조직 세포이다. 비만세포의 세포질은 **히스타민**(*histamine*)과 **헤파린**(*heparin*)으로 채워진 과립으로 가득 차 있다. 이러한 화학물질은 부상이나 감염 후 신체의 방어 활동을 시작하기 위해 방출된다(이 장의 뒷부분에서 계속 설명할 것이다).

비만세포와 자유대식세포 외에도 식세포 및 항체 생성 백혈구 모두 고유결합조직을 통해 이동할 수 있다. 침입하는 미생물이나 이물질을 파괴하는 단백질의 생성, **항체(antibody)**의 생산과 마찬가지로 조직이 손상되면 그 수가 현저하게 증가한다. **줄기세포**(*stem cell*)는 또한 분열하여 섬유모세포, 대식세포 또는 기타 결합조직세포로 분화하는 딸세포를 생성하여 국소손상에 반응한다.

결합조직섬유 Connective Tissue Fibers

섬유의 세 가지 기본유형(아교, 탄력, 그물)은 섬유 단백질의 단백질 소단위로 형성된다(**그림 4-8**):

1. **아교섬유(collagen fiber)**는 길고, 곧고, 가지가 없다. 강하지만 유연한 이 섬유는 결합조직에서 가장 일반적인 섬유이다.
2. **탄력섬유(elastic fiber)**는 단백질 엘라스틴을 포함한다. 탄력섬유는 가지가 있고 물결 모양이다. 잡아당기면 원래의 길이로 돌아간다.
3. **그물섬유(reticular fiber)**(망상, 그물망)는 아교섬유와 동일한 단백질 소단위로 구성되지만 배열이 다르다. 세 가지 섬유 중 가장 흔하지 않으며, 아교섬유보다 더 얇다. 그물섬유는 다양한 기관에서 분지되고 짜여진 틀을 형성한다.

무형질 Ground Substance

무형질은 세포 사이의 공간을 채우고 결합조직 섬유를 둘러싸고 있다(**그림 4-8**). 정상적인 결합조직에서, 이것은 투명하고 무색이며 메이플 시럽과 유사하다. 밀도가 높다는 일관성은 세균 등의 병원체 움직임을

임상노트

마르팡 증후군 Marfan's Syndrome

마르팡 증후군은 정상 결합조직의 강도와 탄력에 중요한 탄수화물-단백질 복합체인 **피브릴린**(*fibrillin*)의 비정상적으로 약한 형태의 생성에 의해 발생하는 유전 질환이다. 대부분의 기관에 결합조직이 포함되어 있기 때문에 이 결함의 영향은 널리 퍼져 있다. 마르팡 증후군의 가장 눈에 띄는 징후는 뼈대와 관련이 있다. 이 상태를 가진 대부분의 사람은 키가 크고 팔, 다리 및 손가락이 비정상적으로 길다. 마르팡 증후군 환자의 약 90%에 영향을 미치는 가장 심각한 결과는 심혈관계의 구조적 이상이다. 발생 가능한 가장 위험한 것은 대동맥과 같은 주요 동맥벽의 약화된 결합조직이 파열되어 갑작스럽고 치명적인 혈액 손실을 유발할 수 있다는 것이다. 전 세계적으로 마르팡 증후군의 발병률은 약 5,000명 중 1명이다. 대부분의 사례는 장애의 가족력이 있지만 약 4분의 1은 그렇지 않다. 이는 피브릴린 유전자의 새로운 돌연변이로 인한 것이다.

느리게 하여 식세포가 더 쉽게 잡을 수 있도록 한다.

고유결합조직의 유형 Types of Connective Tissue Proper

고유결합조직은 세포, 섬유 및 바탕질의 상대적인 비율을 기준으로 성긴결합조직(*loose onnective tissue*) 또는 치밀결합조직(*dense connective tissue*)으로 분류된다. 성긴(느슨한)결합조직은 신체의 "포장 재료"이다. 그들은 기관 사이의 공간을 채우고 쿠션을 제공하며 상피를 지탱해 준다. 또한 혈관과 신경을 고정하고 지질을 저장하며 물질의 확산 경로를 제공한다. 치밀결합조직은 견고하고 강하며 내구성이 있다. 그들은 긴장과 비틀림에 저항하고 뼈와 근육을 연결한다.

성긴(느슨한)결합조직

성긴(느슨한)결합조직(areolar tissue)(작은 공간)은 성인에서 가장 흔한 결합조직이다(**그림 4-9a**). 광범위한 혈액 공급뿐만 아니라 고유결합조직에서 발견되는 모든 세포와 섬유를 포함한다.

성긴(느슨한)결합조직은 피부를 더 깊은 구조로부터 분리하는 층을 형성한다. 충전제를 제공하는 것 외에도 탄력적인 특성은 상당한 양의 독립적 움직임을 허용한다. 예를 들어, 팔의 피부를 꼬집어도 기본 근육이 손상되지 않는다. 반대로 수축하는 근육은 피부를 당기지 않는다. 근육이 부풀어 오르면 조직이 늘어난다. 이 조직의 충분한 혈액 공급은 방황하는 세포를 조직으로 운반하고 인근 상피 조직의 대사 요구(산소 및 영양소)를 제공한다.

지방조직(adipose tissue) 또는 지방은 많은 수의 fat cell(지방세포) 또는 adipocyte(지방세포)를 포함하는 느슨한 결합조직이다(**그림 4-9b**). 성긴(느슨한)결합조직과 지방조직의 차이는 하나이다. 성긴(느슨한)결합조직은 지방세포가 지배하게 될 때 지방조직이라고 한다. 지방조직은 신체의 충전제 및 충격 흡수의 또 다른 원천이다. 또한 피부를 통한 열 손실을 늦추는 단열재 역할을 하며 에너지를 저장한다.

지방조직은 옆구리(마지막 갈비뼈와 엉덩이 사이), 엉덩이 및 유방의 피부 아래에서 흔히 발생한다. 지방은 눈 뒤의 뼈의 소켓부분을 채우고 콩팥을 둘러싸고 있다. 또한 심장막안 및 배안의 상피 내층 아래에서 흔히 발생한다.

임상노트

무딘 흉부 외상 Blunt Chest Trauma

심장과 큰 혈관은 강한 결합조직에 의해 가슴 내에서 보호된다. 이 조직은 가슴 내에서 심장과 큰 혈관의 제한적 움직임을 허용한다. 대동맥 궁은 다소 움직일 수 있는 반면 하행 대동맥은 사실상 움직이지 않으며, 특히 섬유성 **동맥관 인대**(*ligamentum arteriosum*)가 부착되어 있다. 차량 외상은 종종 갑작스럽고 빠른 감속을 수반하며, 그 동안 심장은 가슴 내에서 계속 앞으로 이동한다. 이것은 대동맥에 큰 스트레스를 줄 수 있으며 일반적을 인대 관절이 부착되는 지점에서 종종 찢어지고 파열된다. 외상성 흉부 대동맥 파열은 매우 높은 사망률을 보인다. 피해자의 80~90%가 현장에서 사망한다.

임상노트

응급의료서비스와 비만 EMS and Obesity

응급의료서비스(EMS)는 강렬하고 흥미롭고 신체적으로 어려운 직업으로 생각된다. 사실, EMS는 단기간의 격렬한 활동으로 얼룩진 꽤 앉아서 하는 직업이다. 이 때문에 EMS 제공자는 체중이 증가할 위험이 있다. 또한 신체적으로 건강하지 않으면 신체 부상의 위험이 있다.

EMS 제공자는 체중을 주의 깊게 모니터링하고 건강한 생활방식을 유지해야 한다. 여기에는 규칙적인 신체 운동, 합리적인 식사, 적절한 휴식(즐거운 일을 하면서 취하는)이 포함되어야 한다. 당신은 최적의 건강을 유지하는 데 필요한 운동을 유지하기 위해서는 직업에만 의존할 수 없다. 소속돼 있는 곳에 진행 중인 건강 프로그램이 없는 경우, 건강 프로그램을 시작하도록 권유하시오. 그 결과 더 건강하고 안전하며 만족스러운 경력을 쌓을 수 있다.

4

그림 4-9 성긴(느슨한)결합조직.

성긴(느슨한)결합조직 Areolar Tissue

위치: 피부의 진피 내부 및 깊숙한 부분과 소화관, 호흡기 및 요로의 상피 내벽; 근육사이; 관절, 혈관 및 신경주변

기능: 충격 흡수; 보호를 제공하지만 독립적인 움직임을 허용; 포식세포는 병원체에 대한 방어를 제공

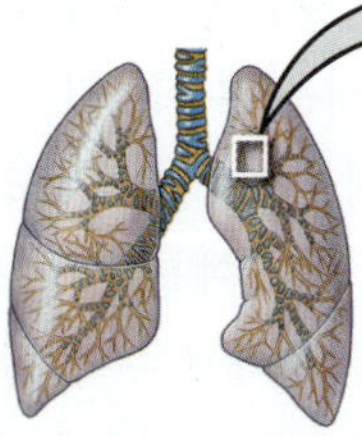

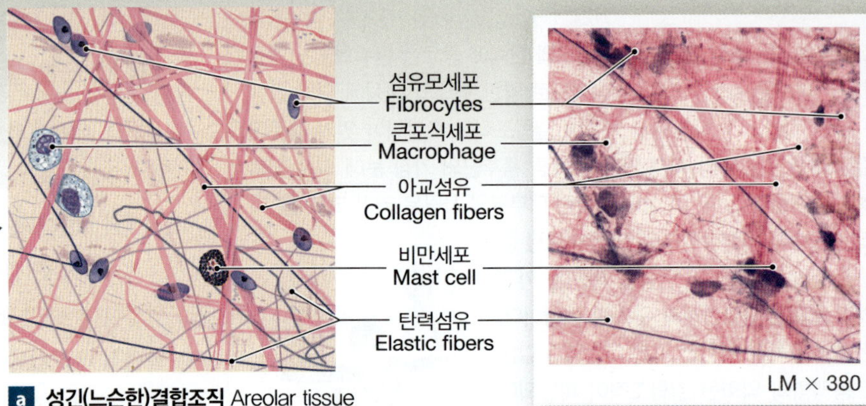

a 성긴(느슨한)결합조직 Areolar tissue

지방조직 Adipose Tissue

위치: 피부 깊숙한 곳, 특히 옆구리, 엉덩이 및 유방; 안구와 콩팥주위

기능: 충격흡수; 열손실 방지; 에너지 저장

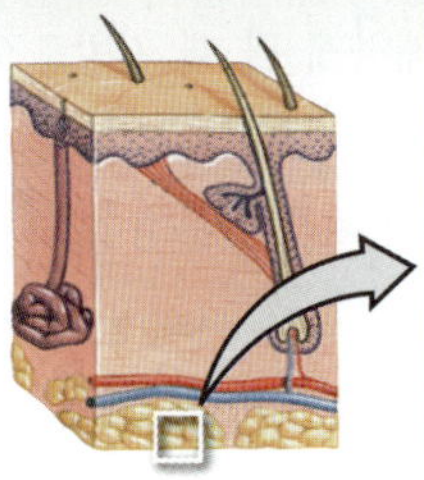

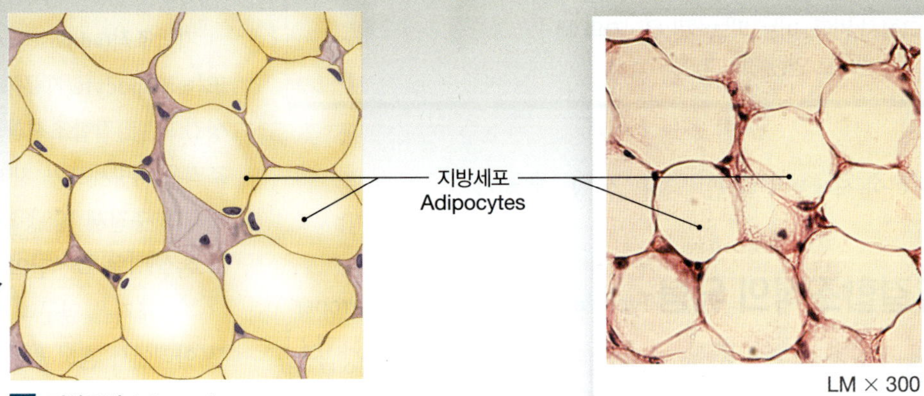

b 지방조직 Adipose tissue

그물조직 Reticular Tissue

위치: 간, 콩팥, 지라, 림프절 및 골수

기능: 구조 지탱

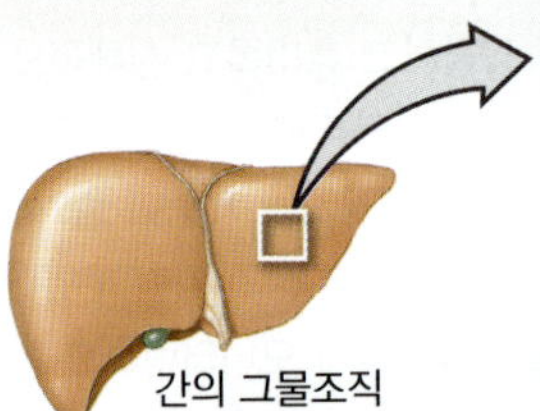

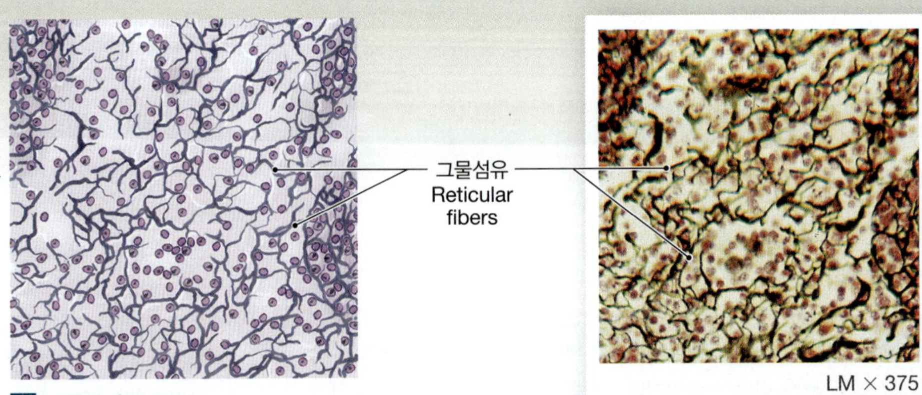

c 그물조직 Reticular tissue

그물조직(reticular tissue)은 그물섬유가 복잡한 그물망을 형성하는 성긴(느슨한)결합조직이다(그림 4-9c). 그물조직은 림프절과 골수 및 지라, 간과 같은 기관에서 기능 세포의 위치를 안정화시킨다. 고정된 큰 포식세포, 섬유모세포 및 섬유세포는 그물섬유와 관련이 있다. 그러나 다른 기능을 가진 특수 세포가 기관을 지배하기 때문에 이러한 세포는 거의 보이지 않는다.

치밀결합조직 Dense Connective Tissues

치밀결합조직(dense connective tissue)은 대부분 아교섬유로 구성된다. 이러한 이유로 섬유(*fibrous*) 또는 콜라겐(*collagenous*) 조직이라고도 한다. 몸에는 두 가지 유형의 치밀결합조직이 있다.

치밀규칙결합조직(dense regular connective tissue)에서 아교섬유는 서로 평행하고 단단히 포장되며 조직에 가해지는 힘에 따라 정렬된다. **힘줄(tendon)**은 뼈대근육을 뼈에 연결하는 치밀규칙결합조직의 선(cord)이다(그림 4-10a). 아교섬유는 힘줄의 길이를 따라 움직이며 수축하는 근육의 당김을 뼈로 전달한다. **인대(ligament)**는 힘줄과 비슷하지만 한 뼈를 다른 뼈에 연결한다. 인대는 종종 탄력섬유와 아교섬유를 포함하므로 적당한 정도의 늘어남을 견딜 수 있다.

대조적으로, **치밀불규칙결합조직(dense irregular connective tissue)**의 섬유는 일관된 패턴 없이 짜여진 그물망을 형성한다(그림 4-10a). 이 조직은 여러 방향에서 스트레스를 받는 부위를 강화하고 지지한다. 치밀불규칙결합조직은 피부에 견고성을 주고 뼈와 연골을 덮는다(관절 제외). 또한 간, 콩팥 및 지라와 같은 내부 장기를 둘러싸고 관절강을 둘러싸는 두꺼운 섬유층 또는 **피막(capsule)**을 형성한다.

액체결합조직 Fluid Connective Tissues

혈액(blood)과 **림프(lymph)**는 바탕질에 구별되는 세포 집단을 포함하는 결합조직이다. 정상적인 상태에서 액체상태의 바탕질에 용해된 단백질은 큰 불용성 섬유를 형성하지 않는다. 혈액에서는 이 바탕질을 **혈장(plasma)**이라고 한다.

단일 세포 유형인 **적혈구(red blood cell)**는 혈액량의 거의 절반을 차지한다. 적혈구는 혈액에서 산소를 운반한다. 혈액에는 또한 면역계의 중요한 세포인 적은 수의 **백혈구(white blood cell)** 및 혈액 응고에서 중요한 역할을 하는 세포 조각인 **혈소판(platelet)**이 포함되어 있다.

이와 함께 혈장, 림프 및 사이질액의 신체 세포 외액의 대부분을 구성한다. 혈장은 심혈관계의 혈관에 국한되어 있으며 심장 수축에 의해 일정한 움직임을 유지한다. 혈액이 모세혈관이라고 불리는 얇은 벽의 혈관 내에서 신체 조직을 통해 흐르면, 물과 작은 용질은 혈장에 신체 세포를 둘러싼 사이질액으로 이동한다. 림프는 사이질액이 작은 통로 또는 **림프관**(*lymphatic vessel*)으로 흘러들어가 결국 심혈관계로 되돌아오면서 형성된다. 그 과정에서 면역계의 세포는 림프의 구성을 모니터링하고 부상 및 감염의 징후에 반응한다. 이 체액의 재순환은 항상성에 필수적이다.

임상노트

지방조직 및 체중조절 Adipose Tissue and Weight Control

지방세포는 대사 활성이 높은 세포이다. 세포안의 지방은 지질은 지속적으로 분해되고 대체되고 있다. 영양분이 부족하면 지방세포가 풍선처럼 수축된다. 이 수축은 체중감량 프로그램 중에 발생한다. 이 세포는 죽지 않고 단지 크기가 줄어들기 때문에, 체중감량은 신체의 같은 부위에서 쉽게 다시 회복될 수 있다.

성인에서는 지방세포가 분열할 수 없다. 그러나 과도한 순환 지질은 결합조직의 줄기세포가 분열하도록 자극할 수 있다. 이 세포는 추가적으로 지방세포로 분화한다. 결과적으로 성근조직 부위는 만성적인 과식 후 지방조직이 될 수 있다. **지방흡입술**(*liposuction*)로 알려진 절차에서는 원하지 않는 지방조직을 외과적으로 제거한다. 지방조직은 줄기세포의 분화를 통해 재생될 수 있기 때문에 지방흡입에 의한 체중감량은 일시적인 효과일 뿐이다.

지지결합조직 Supporting Connective Tissues

연골과 뼈는 신체의 나머지 부분을 지지하는 강력한 뼈대를 제공하기 때문에 지지결합조직이라고 한다. 이러한 결합조직에서 기질에는 수많은 섬유질이 포함되어 있으며 경우에 따라 칼슘염 침전물을 포함한다.

연골 Cartilage

연골(cartilage)의 바탕질은 내장된 섬유를 포함하는 단단한 젤 상태이다. **연골세포(chondrocyte)**는 연골의 바탕질 내에서 발견되는 유일한 세포이다. 그들은 **연골세포방**(*lacunae*)으로 알려진 작은 주머니를 차지한다. 다른 결합조직과 달리 연골은 무혈관이므로 연골세포는 기질을 통한 확산을 통해 영양분을 얻고 노폐물을 제거해야 한다. 이러한 혈액 공급의 부족은 또한 연골의 복구 능력을 제한한다. 연골의 구조는 내부 세포층과 외부 섬유층으로 구성된 **연골막(perichondrium)**에 의해 주변 조직과 덮이고 분리된다.

4

그림 4-10 치밀결합조직.

치밀규칙결합조직 Dense Regular Connective Tissue

위치: 뼈대근육과 뼈대 사이(힘줄); 뼈 사이를 이어지는 인대; 뼈대근육을 둘러싸는 막

기능: 두 근육을 단단히 부착시킴; 근육의 장력 전달; 근육 사이의 마찰을 줄임; 뼈의 움직임 제한

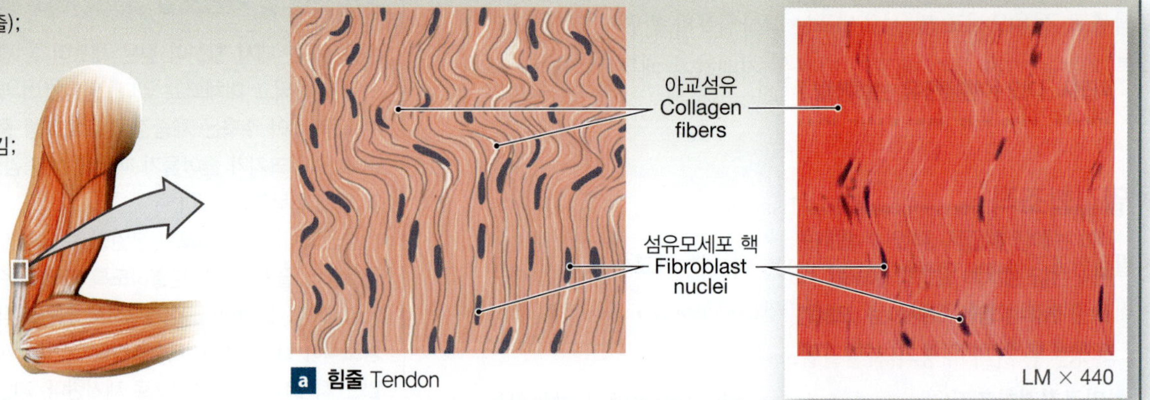

a **힘줄** Tendon

치밀불규칙결합조직 Dense Irregular Connective Tissue

위치: 내장장기의 피막; 뼈막과 연골막; 신경과 근육을 싸는 막; 피부의 진피

기능: 여러 방향의 힘에 견딤; 방광과 같은 기관의 과팽창을 방지하는 데 도움

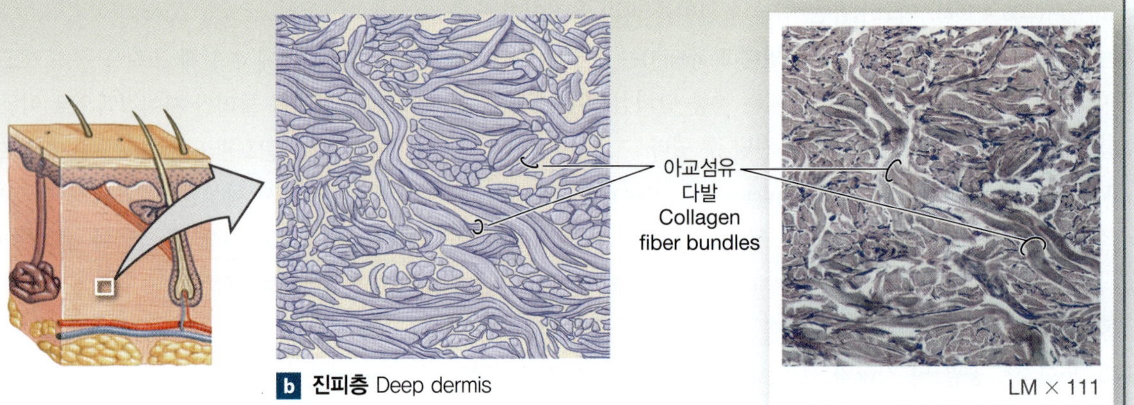

b **진피층** Deep dermis

연골의 세 가지 주요 유형은 유리연골, 탄력연골, 섬유연골이다(그림 4-11).

1. **유리연골(hyaline cartilage)**은 가장 흔한 유형의 연골이다(그림 4-11a). 연골바탕질에는 밀집된 콜라겐 섬유가 포함되어 있어, 유리연골은 거칠지만 다소 유연하다. 이 유형의 연골은 갈비뼈를 복장뼈에 연결하고, 기도의 전도 통로를 지지하고, 관절 내 반대편 뼈의 표면을 덮는다.
2. **탄력연골(elastic cartilage)**에는 탄력과 유연을 만드는 수많은 탄성섬유가 포함되어 있다(그림 4-11b). 탄력연골은 외이의 외피(귀 또는 귓바퀴), 후두덮개, 중이로 가는 기도(이관) 및 후두의 작은 연골(voice box)을 형성한다.
3. **섬유연골(fibrocartilage)**은 무형질이 거의 없고 그 바탕질은 콜라겐 섬유가 지배적이다(그림 4-11c). 이 섬유는 조밀하게 짜여 있어 이 조직을 극도로 경질적이고 단단하게 만든다. 섬유연골은 척추와 척추의 사이, 두덩뼈 사이, 힘줄 주위 및 몇 개의 관절 주위 또는 내부에 있다. 이러한 위치에서 섬유연골은 충격을 흡수하며 뼈와 뼈의 접촉에 의한 손상을 방지한다. 연골은 제대로 치유되지 않으며 무릎과 같은 관절의 손상된 섬유연골은 정상적인 움직임을 방해할 수 있다.

뼈 Bone

우리는 여기서 연골과 뼈의 중요한 차이점에 초점을 맞춘다. 6장에서 **뼈(bone)** 또는 뼈(*osseous*)조직의 자세한 조직학을 살펴볼 것이다. 뼈의 기질의 양은 매우 적다. 뼈의 바탕질은 주로 단단한 칼슘염과 유연한 콜라겐 섬유로 구성된다. 이 조합은 뼈에 정말 놀라운 특성을 부여하여, 뼈를 강하게 하고 산산조각 나는 것에 저항력이 있게 한다.

그림 4-11 **연골의 유형.**

유리연골 Hyaline Cartilage

위치: 갈비뼈 끝과 복장뼈의 사이; 자유롭게 움직일 수 있는 (윤활액이 분비되는) 윤활관절의 뼈 표면을 덮음; 후두, 기관 및 기관지; 코중격의 일부 형성

기능: 단단하면서도 유연한 지지를 제공; 뼈 표면 사이의 마찰 감소

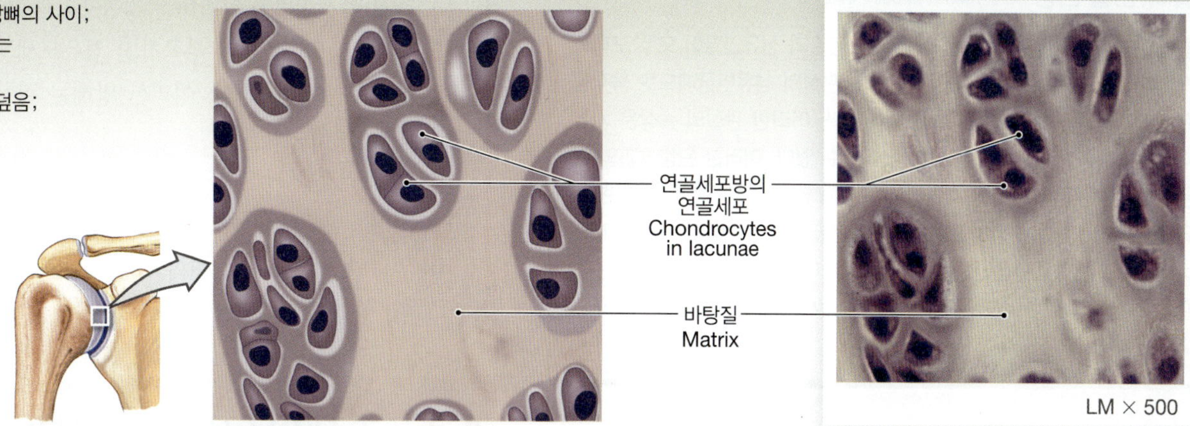

a **유리연골** Hyaline cartilage

탄력연골 Elastic Cartilage

위치: 귓바퀴; 후두개; 귀관; 후두의 쐐기연골

기능: 지지를 제공, 변형이 가해져도 원래의 모양으로 되돌아갈 수 있음

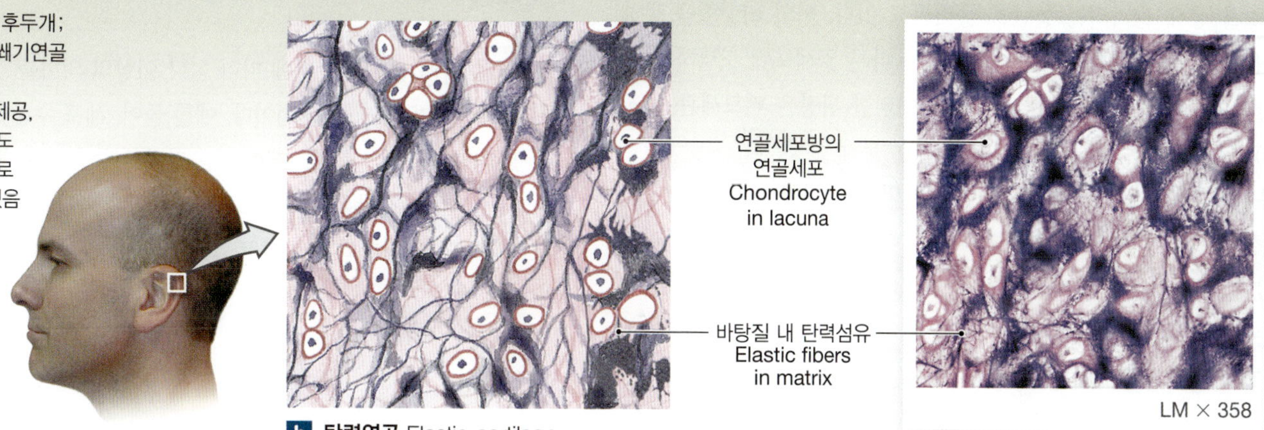

b **탄력연골** Elastic cartilage

섬유연골 Fibrocartilage

위치: 무릎 관절 속; 두덩뼈 사이; 척추사이원반

기능: 압력 지탱; 뼈끼리 직접 맞닿는 것을 방지; 운동범위 제한

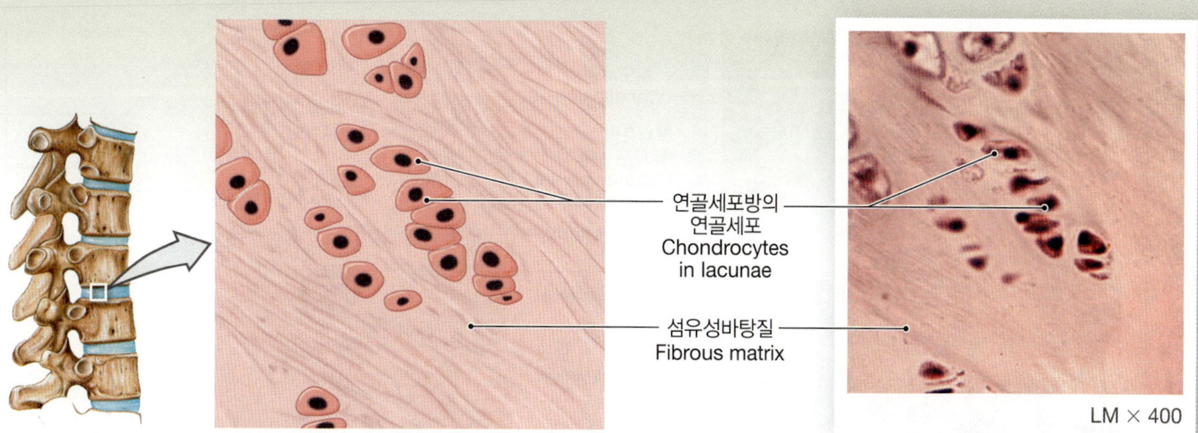

c **섬유연골** Fibrocartilage

4

임상노트

연골과 관절 손상 Cartilages and Joint Injuries

무릎을 포함한 여러 복잡한 관절에는 유리연골과 섬유연골이 모두 포함되어 있다. 유리연골은 뼈의 표면을 덮는다. 관절의 섬유연골패드는 움직임이 진행 중일 때 뼈와 뼈의 접촉을 방지한다. 이러한 관절의 손상은 치유되지 않는 섬유연골의 사이질액을 생성할 수 있다. 이러한 완충효과의 손실은 관절 내 연골에 더 많은 부담을 주고, 더 많은 관절 손상을 유발한다. 결국, 관절의 이동성이 심하게 감소한다. 연골은 무혈관이기 때문에 제대로 치유되지 않는다. 관절연골은 다른 연골보다 훨씬 더 느리게 치유된다. 연골을 복구하기 위한 수술은 일반적으로 일시적이거나 불완전한 복구만을 가져온다.

전체적인 특성에서 뼈는 최고의 철근 콘크리트와 경쟁할 수 있다.

뼈의 일반적인 구성은 **그림 4-12**에 나와 있다. 뼈바탕질의 뼈세포방에는 뼈세포 또는 **뼈세포(osteocyte)**를 포함한다. 뼈세포방은 뼈의 바탕질을 통해 분기되는 혈관을 둘러싸고 있다. 뼈의 바탕질을 통해 확산을 할 수는 없지만 골세포는 혈관과 다른 골세포에 도달하는 세포질의 확장을 통해 영양분을 얻는다. 이러한 확장은 **뼈모세관(canaliculi)**이라고 불리는 뼈바탕질 내의 그물을 통해 실행된다.

유리 연골층이 뼈를 덮는 관절면을 제외하고, 다른 모든 뼈 표면은 섬유질(외부)층 및 세포질(내부)층을 덮는 **뼈막(periosteum)**으로 둘러싸여 있다. 연골과는 달리 뼈는 일생 동안 끊임없이 개조되고 있다. 심각한 손상을 입은 후에도 완전히 복구할 수 있다. **표 4-3**은 연골과 뼈의 유사점과 차이점을 요약한 것이다.

체크포인트

12. 결합조직의 여러 기능을 확인하시오.
13. 세 가지 유형의 결합조직을 나열하시오.
14. 주로 중성지방을 포함하는 결합조직의 유형은 무엇인가?
15. 식단에 비타민 C가 부족하면 섬유모세포가 콜라겐을 생성하는 능력을 방해한다. 이러한 방해는 결합조직에 어떤 영향을 미칠 수 있는가?
16. 유체 기질을 가진 결합조직의 두 가지 유형은 무엇인가?
17. 지지결합조직의 두 가지 유형을 확인하시오.
18. 연골이 뼈보다 더 천천히 치유되는 이유는 무엇인가?

책 뒷면에 있는 파란색 정답 탭을 참조.

4-5 조직막은 네 가지 유형(점막, 장막, 피부막, 윤활막)의 물리적 장벽이다

학습목표 상피와 결합조직으로 이루어진 네 가지 막의 구조와 기능을 설명한다.

일부 해부학적 용어는 문맥에 따라 하나 이상의 의미를 갖는다. 그러한 용어 중 하나가 막(*membrane*)이다. 예를 들어, 세포 수준에 형질막은 이온 및 기타 용질의 통과를 제한하는 지질 이중층이다. 조직막은 물리적 장벽이다. 조직막은 신체의 표면을 덮거나 줄을 이룬다. 각각은 결합조직에 의해 지지되는 상피로 구성된다. 신체에는 점막, 장막, 피부막 및 윤활막의 네 가지 막이 있다(**그림 4-13**).

그림 4-12 뼈. 뼈세포는 혈관을 포함하는 중앙 공간 주변에 무리지어 배열된다. 현미경 사진에서는 뼈부분을 준비하는 과정에서 생성된 뼛조각이 뼈세포방과 중심관을 채워 어둡게 보인다.

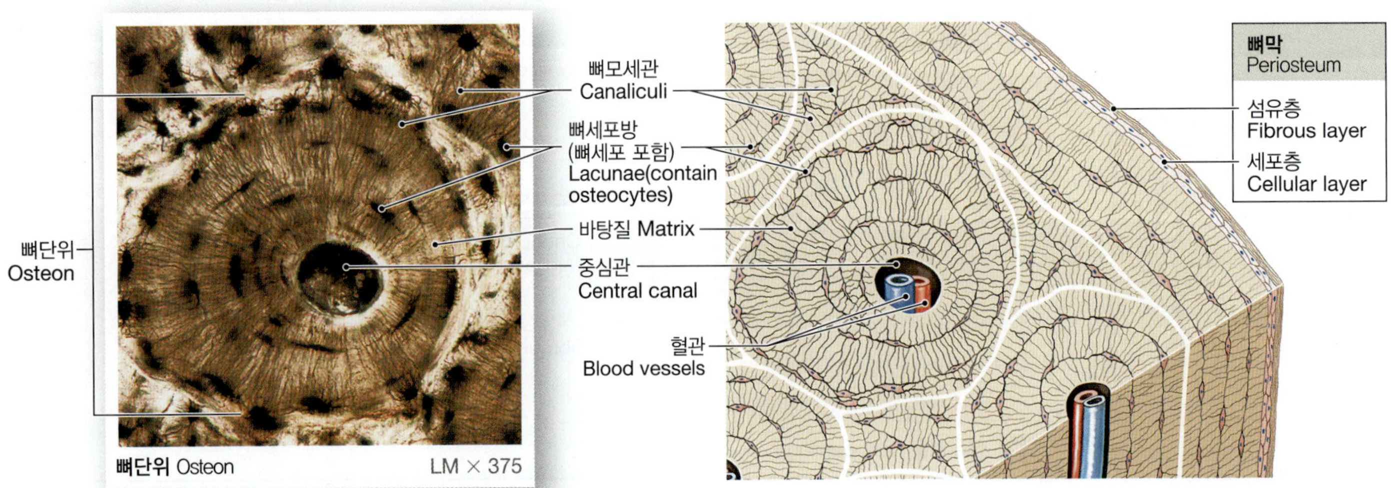

표 4-3 연골과 뼈의 비교

특징	연골	뼈
구조적 특징		
세포(Cells)	연골세포방의 연골세포	뼈세포방의 뼈세포
무형질(Ground substance)	단백질-다당류 겔 및 물	칼슘염 결정체 주위를 둘러싸는 소량의 조직액
섬유(Fibers)	아교, 탄력, 그물섬유(비율은 다양)	아교섬유가 대부분
혈관분포(Vascularity [blood supply])	없음(무혈관)	풍부함
피막(Covering)	연골막	뼈막
강도(Strength)	제한적: 쉽게 구부러지지만 깨지기 어려움	강함: 깨지는 지점에 도달할 때까지 뒤틀림에 저항한다.
기능적 특징		
산소 요구량(Oxygen demands)	적음	많음
영양소 공급(Nutrient delivery)	바탕질을 통한 확산	뼈모세관 속의 세포질돌기와 조직액을 통한 확산
재생 능력(Repair capabilities)	낮음	높음

점막 Mucous Membranes

점막(mucous membrane, mucosae)은 소화기, 호흡기, 생식기 및 요로에 있는 것을 포함하여 외부로 개방되는 통로이자 공간이다(**그림 4-13a**). 상피 표면은 일반적으로 점액세포 또는 다세포 땀샘, 또는 소변이나 정액과 같은 액체에 의해 항상 촉촉하게 유지된다. 점막의 성근조직 부위는 **고유판**(*lamina propria*)이라고 불린다.

많은 점막에는 소화관의 단층원주상피와 같이 흡수 또는 분비의 기능을 가진 단층상피가 포함되어 있다. 그러나 다른 유형의 상피도 포함될 수 있다. 예를 들어 중층편평상피는 입 점막의 일부이다. 또한 대부분의 요로를 따라 있는 점막에는 이행상피가 있다.

장막 Serous Membranes

장막(serous membrane)은 성긴(느슨한)결합조직이 지지하는 단층상피로 구성된다(**그림 4-13b**). 장막은 외부로 열려 있지 않은 몸통의 밀폐된 내부 구멍을 따라 늘어서 있다. 3개의 장막이 있다. **가슴막(pleura)**은 가슴막안을 감싸고 폐를 덮는다. **배막(peritoneum)**은 배안을 감싸고 간과 위와 같은 폐쇄된 기관의 표면을 덮는다. **심장막(pericardium)**은 심장막안을 감싸고 심장을 덮는다.

장막에는 항상 일정하게 접촉하는 **벽쪽**(*parietal*) 및 **내장쪽**(*visceral*) 부분을 가지고 있다. 벽층은 내측표면 공간을 분리한다. 내장쪽은 몸안으로 돌출된 기관의 외부 표면을 덮는다. 예를 들어, 내장쪽 심장막은 심장을 덮고 벽쪽 심장막은 심장막을 둘러싸는 심장막의 내부 표면을 감싸고 있다. 장막의 주요 기능은 기관이 움직이거나 모양이 변할 때 반대쪽 벽쪽과 내장쪽 사이의 마찰을 줄이는 것이다. 마찰은 조직 아래에서 확산되는 장액에 의해 생성되는 수분감 있는 **장액**(*serous fluid*)에 의해 감소된다.

피부막 The Cutaneous Membrane

피부막(cutaneous membrane)은 신체 표면을 덮는 피부이다(**그림 4-13c**). 그것은 중층편평상피와 치밀불규칙결합조직에 의해 강화된 치밀결합조직의 층으로 구성된다. 장막 또는 점막과 달리, 피부막은 두껍고 비교적 방수가 되며 수분이 통과하기 어렵다. (5장에서 피부에 대해 자세히 설명한다.)

윤활막 Synovial Membranes

뼈는 관절(joint) 또는 **관절(articulation)**에서 서로 접해 있다. 자유롭게 움직일 수 있는 관절은 섬유피막으로 둘러싸여 있으며 **윤활막(synovial membrane)**으로 늘어선 관절안을 포함한다(**그림 4-13d**). 다른 세 개의 막과 달리 윤활막은 주로 성긴(느슨한)결합조직과 불완전상피 조직층으로 구성된다.

자유롭게 움직일 수 있는 관절에서 뼈의 표면은 서로 직접 접촉하지 않는다. 그럴 경우, 충격과 마모로 반대편의 표면이 손상되고 부드러운 움직임이 거의 불가능해진다. 대신 뼈의 끝은 유리연골로 덮여 있고 윤활막의 상피로부터 분비된 점도가 높은 **윤활액**(*synovial fluid*)에 의해 분리된다. 윤활액은 관절의 윤활을 돕고 부드러운 움직임을 돕는다.

체크포인트

19. 신체에서 발견되는 네 가지 유형의 조직막을 확인하시오.
20. 혈장(세포)막은 조직막과 어떻게 다른가?

4

그림 4-13 조직막.

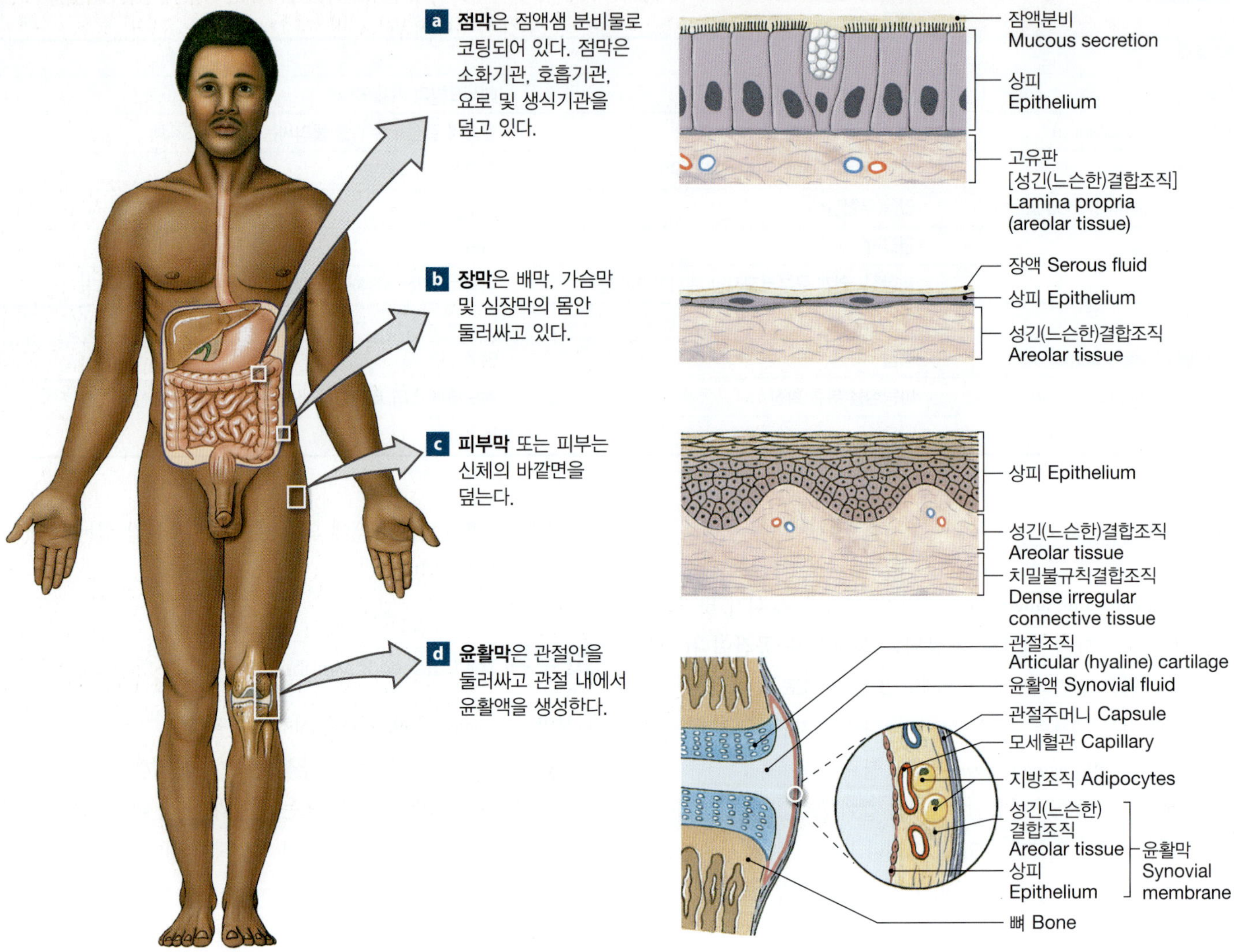

21. 장막에서 생성되는 체액의 기능은 무엇인가?
22. 코안의 내막은 일반적으로 촉촉하고, 수많은 점액세포를 포함하며, 성근조직 층에 놓여 있다. 이것은 어떤 유형의 막인가?

책 뒷면에 있는 파란색 정답 탭을 참조.

4-6 근육조직의 세 가지 유형은 뼈대근육, 심장근육 및 민무늬근육이다

학습목표 세 가지 유형의 근육조직의 특징을 설명한다.

근육조직(muscle tissue)은 수축에 특화되어 있다. 근육세포는 미오신(*myosin*)과 액틴(*actin*)의 단백질 잔섬유 사이의 상호작용으로 인해 수축한다. 이 두 단백질은 많은 세포의 세포뼈대에서 발견되지만, 근육세포에서는 잔섬유가 더 많고 배열되어 있으며, 그들의 상호작용이 전체 세포의 수축을 만든다.

신체의 근육조직에는 세 가지 유형(**뼈대근육**, **심장근육** 및 **민무늬근육**)이 있다(**그림 4-14**). 수축 과정은 모두 동일하지만 액틴과 미오신 잔섬유의 구성은 다르다. 이 논의에서는 구체적인 내용보다는 일반적인 특성에 초점을 맞출 것이다(7장에서 살펴보겠다).

뼈대근육 조직 Skeletal Muscle Tissue

뼈대근육 조직(skeletal muscle tissue)에는 매우 큰 다핵세포(뭇핵세포)가 포함되어 있다(**그림 4-14a**). 뼈대근육 세포는 직경이 100 μm(mm; 1 mm = 0.001 mm = 1/25,000인치)이고 길이는 최대 0.3 m(1피트)이다. 개별적인 근육세포는 상대적으로 길고 가늘기 때문에 일반적으로 **근육섬유**(*muscle fiber*)라고 한다. 뼈대근육 섬유는 나눠지지 않지만 성인의 뼈대근육 조직의 줄기세포분열을 통해 새로운 근육 섬유가 생성된다. 결

그림 4-14 근육조직.

뼈대근육 조직 Skeletal Muscle Tissue

세포는 길고, 원통형이며, 줄무늬가 있고, 다핵이다.

위치: 뼈대근육의 결합조직 및 신경조직

기능: 뼈대의 위치의 이동 또는 안정화; 소화관, 호흡기 및 요로의 입구와 출구의 보호; 열의 발생; 내부장기의 보호

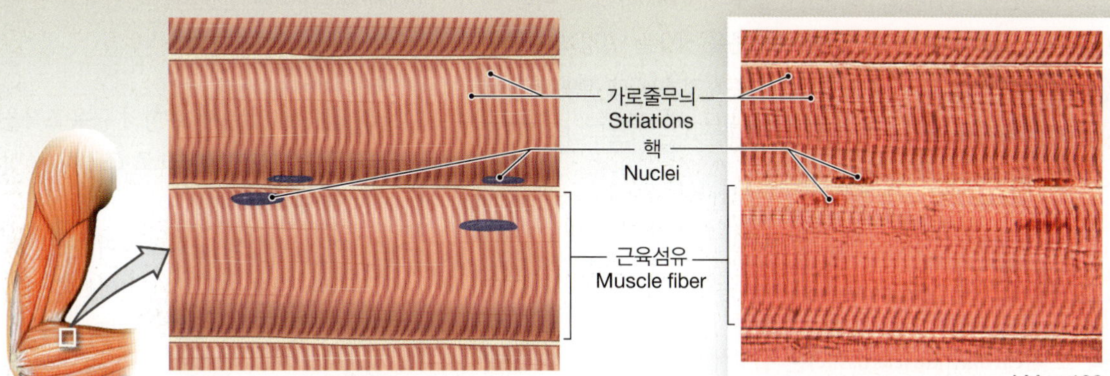

LM × 180

a 뼈대근육(뼈대근) Skeletal muscle

심장근육 조직 Cardiac Muscle Tissue

세포는 짧고, 분지되어 있으며, 줄무늬가 있고, 보통 단일핵을 가지고 있다; 세포는 사이원반을 통해 상호연결된다.

위치: 심장

기능: 혈액 순환; 혈압 유지

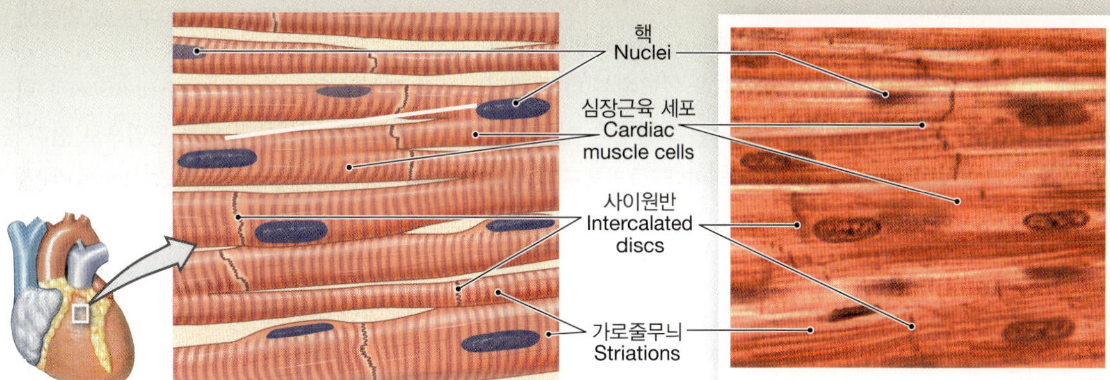

LM × 450

b 심장근육 Cardiac muscle

민무늬근육 조직 Smooth Muscle Tissue

세포는 짧고, 방추형이며, 줄무늬가 없고, 개별세포이며, 중앙핵이 있다.

위치: 혈관의 벽과 소화기, 호흡기, 비뇨기 및 생식기관

기능: 음식과 소변 및 생식 기관 분비물의 이동; 호흡 통로의 직경 제어; 혈관의 직경 조절

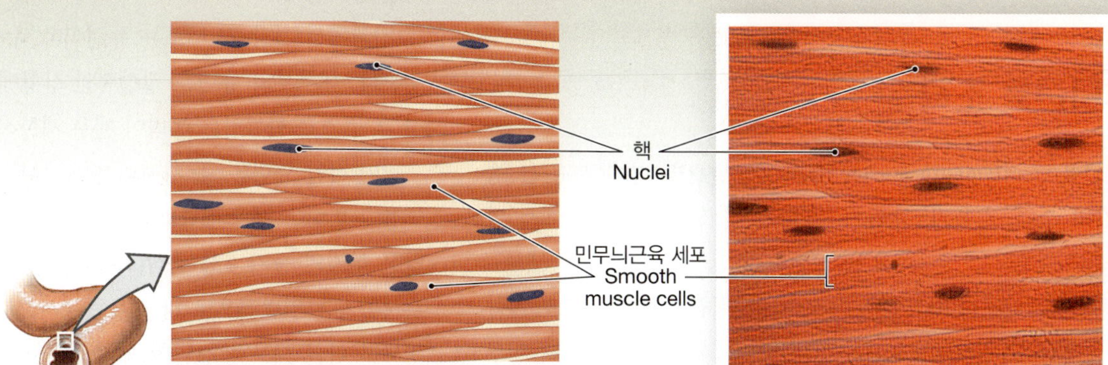

LM × 235

c 민무늬근육 Smooth muscle

과적으로 부상 후 최소한의 부분적인 회복이 있다.

뼈대근육 섬유에서 액틴과 미오신 잔섬유는 세포에 줄무늬 또는 띠 모양을 보이는 반복 패턴으로 조직된다. **줄무늬**(*striation*) 또는 띠는 밝은 현미경 사진으로 쉽게 볼 수 있다. 뼈대근육 섬유는 신경에 자극을 받지 않는 한 일반적으로 수축하지 않는다. 신경계는 그것의 활동에 대한 자발적인 제어를 제공하기 때문에, 뼈대근육은 **가로무늬수의근육**(*striated voluntary muscle*)으로 설명된다.

심장근육 조직 Cardiac Muscle Tissue

심장근육 조직(cardiac muscle tissue)은 심장에서 발견된다. 뼈대근육 조직과 마찬가지로 심장근육 조직은 줄무늬가 있다. 전형적인 심장근육 세포 또는 **심장 세포**(*cardiocyte*)는 뼈대근육 섬유보다 훨씬 작으며 일반적으로 하나의 핵만 가지고 있다(**그림 4-14b**). 심장근육 세포는 분기되고 서로 광범위한 연결을 형성한다. 이 세포들은 틈새이음과 부착반점을 포함하는 특수한 부착면에서 **사이원반(intercalated disc)**에 상호 연결된다. 따라서 심장근육 세포는 심장의 한 영역에서 다른 영역으로 수축하는 자극과 힘을 효율적으로 전달하는 그물망을 형성한다. 심장근육 조직은 자체 회복 능력이 매우 제한적이다. 줄기세포가 부족하다. 일부 심장근육 세포는 심장의 부상 후 분열하지만 복구는 불완전하다.

심장근육 세포는 수축을 시작할 때 신경 활동에 의존하지 않는다. 대신 특수한 **박동조율세포**(*pacemaker cell*)가 규칙적인 수축률을 설정한다. 신경계통은 심박 조율 활동의 속도를 변경할 수 있지만 개별 심장근육 세포에 대한 자발적인 제어를 제공하지는 않는다. 이러한 이유로 심장근육은 **가로무늬불수의근육**(*striated involuntary muscle*)이라고 한다.

민무늬근육 조직 Smooth Muscle Tissue

민무늬근육 조직(smooth muscle tissue)은 혈관벽, 방광과 같은 속빈 장기의 주변, 호흡기, 순환기, 소화기 및 생식기 주변층에서 발견된다.

민무늬근육 세포는 작고 가늘다. 그것은 각 끝의 한 지점으로 가늘어지며 단핵을 가진다(**그림 4-14c**) 뼈대근육 및 심장근육과 달리 민무늬근육 세포에는 줄무늬가 없다. 그 이유는 액틴과 미오신 잔섬유가 세포질 전체에 흩어져 있기 때문이다.

민무늬근육 세포는 분열할 수 있으므로 민무늬근육 조직은 손상 후 재생될 수 있다. 민무늬근육 세포는 스스로 수축하거나 신경 활동에 의해 수축될 수 있다. 신경계는 일반적으로 민무늬근육 수축에 대한 자발적인 제어를 제공하지 않으므로, 민무늬근육은 **민무늬불수의근육**(*nonstriated involuntary muscle*)이라고 한다.

체크포인트

23. 신체에 있는 세 유형의 근육조직을 확인하시오.
24. 근수축을 자발적으로 조절하는 것은 어떤 유형의 근육조직으로 제한되는가?
25. 어떤 유형의 근육조직이 단일 핵이 있으며 뚜렷한 줄무늬가 없는 작고 가늘어지는 세포를 가지고 있는가?

책 뒷면에 있는 파란색 정답 탭을 참조.

4-7 신경조직은 자극에 반응하고 신체 전체에 전기적 자극을 전달한다

학습목표 신경조직의 기본 구조와 역할에 대해 설명한다.

신경조직(*nervous tissue, nerve tissue*)라 하는 **신경조직(neural tissue)**은 신체의 한 영역에서 다른 영역으로 전기 충격을 전파(전달)하는데 특화되어 있다. 대부분의 신경조직(98%)은 신경계의 제어 중추인 뇌와 척수에 집중되어 있다.

신경조직은 두 가지의 기본 유형의 세포를 포함한다: (1) 뉴런 및 (2) 여러 종류의 지지세포 또는 **신경아교(neuroglia)**. 우리의 의식적 그리고 무의식적인 사고 과정은 뇌의 뉴런 간의 의사소통 때문이다. 뉴런은 형질막에 영향을 미치는 전기적 이벤트를 통해 의사소통한다. 신경아교는 신경조직에 대한 물리적 지원을 제공하고, 신경조직액의 화학적 구성을 유지하고, 뉴런에 영양분을 공급하며 감염으로부터 조직을 방어한다.

신체에서 가장 긴 세포는 뉴런이다. 뉴런의 길이가 1 m(39인치)에 이른다. 대부분의 뉴런은 정상적인 상황에서 분열할 수 없으므로, 손상 후 스스로 회복하는 능력이 매우 제한적이다.

일반적인 뉴런은 세 가지의 중요 부분으로 이루어져 있다. (1) 큰 핵을 포함하는 **세포체(cell body)**, (2) **수상돌기(dendrite)**라고 하는 수많은 분지의 돌기, (3) **축삭(axon)**이라고 하는 하나의 돌기(**그림 4-15**). 수상돌기는 일반적으로 다른 뉴런에서 정보를 수신하며, 축삭은 해당 정보를 다른 세포로 전달한다. 축삭은 매우 길고 가느다란 경향이 있기 때문에 **신경섬유**(*nerve fiber*)라고도 한다. 각 축삭은 **축삭종말**(*axon terminal*)에서 끝나며, 여기서 다른 뉴런과 통신한다. (8장에서는 신경조직의 특성에 대해 고려한다)

그림 4-15 신경조직.

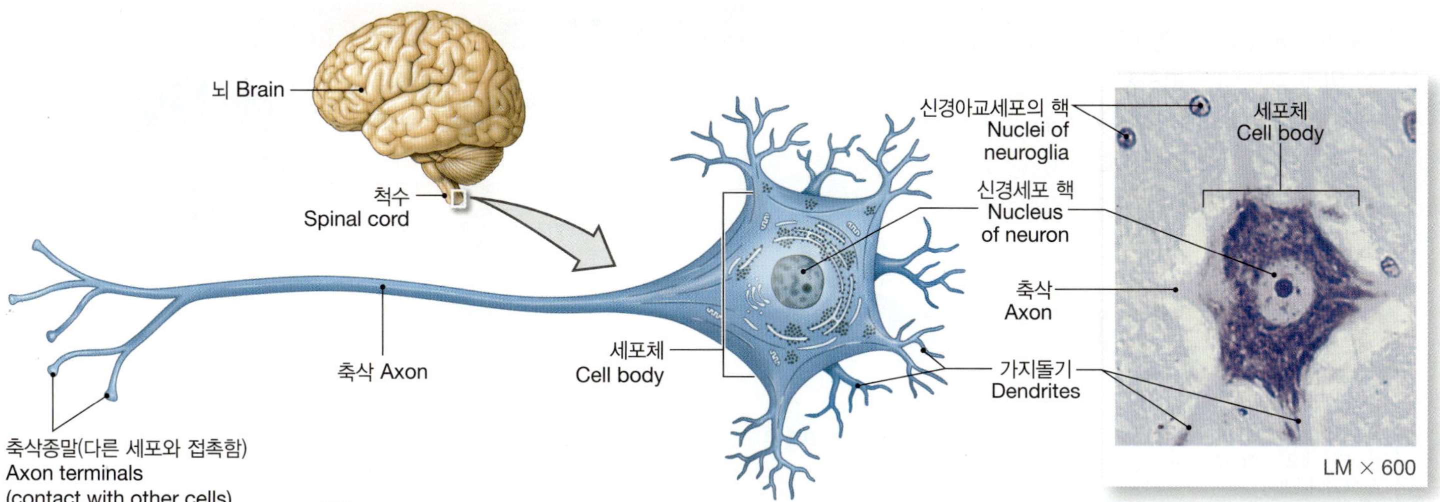

a 뉴런

b 신경 세포체의 현미경 사진

체크포인트

26. 조직에는 몇 cm의 길이를 포함하여 많은 돌기가 있는 불규칙한 모양의 세포가 포함되어 있다. 이것은 아마도 어떤 유형의 세포일까?

27. 왜 뼈대근육 세포와 축삭은 섬유라고도 불리는가?

책 뒷면에 있는 파란색 정답 탭을 참조.

4-8 조직 손상에 대한 반응은 염증과 재생을 포함한다

학습목표 손상이 신체 조직에 미치는 영향을 설명한다.

신체의 다른 조직은 서로 분리되어 있지 않다. 그들은 결합하여 다양한 기능을 가진 장기를 형성한다. 부상은 여러 조직의 유형에 동시에 영향을 미친다. 수리의 과정은 항상성을 회복하기 위해 이러한 조직의 반응에 의존한다.

조직 손상 후 항상성을 회복하는 데는 **염증**과 **재생**이라는 두 가지의 관련된 과정이 포함된다. 첫째, 손상된 세포와 조직의 구성요소 및 모든 위험 미생물이 처리되기까지 그 부위는 주변의 건강한 조직으로부터 격리된다. 여러 다른 조직의 활동을 조정하는 이 단계를 **염증(inflammation)** 또는 **염증 반응**(*inflammatory response*)이라고 한다. 부기, 열(따듯함), 발적, 통증 등 몇 가지의 익숙한 징후와 증상을 나타낸다.

많은 자극은 염증을 일으킬 수 있다. 여기에는 충격과 찰과상, 화학적 자극, **감염**(*infection*, 유해 세균 또는 바이러스와 같은 병원체의 침입 및 존재), 극한의 온도(열이나 추위)가 포함된다. 이러한 자극 중 하나가 세포를 죽이거나, 섬유를 손상시키거나, 조직을 손상시키면, 그들은 비만세포를 자극하여 염증반응을 유발한다. 비만세포는 국소혈관을 확장시키고(직경이 커지도록) 더 투과성을 갖게 하는 화학물질(**히스타민**과 **헤파린**)을 방출한다. 그 결과 손상된 부위로의 혈류가 증가하면 촉감이 붉고 따뜻해지며, 혈장의 확산으로 손상된 부위가 부풀어 오른다. 비만세포에서 방출되는 비정상적인 조직 상태와 화학물질은 또한 통증 감각을 생성하는 감각 신경의 종말을 자극한다. 이러한 국소 순환의 변화는 영양소, 산소, 식세포 백혈구 및 혈액 응고 단백질의 전달을 증가시킨다. 또한 노폐물 및 독소 제거 속도를 높인다. 몇 시간에서 며칠에 걸쳐 조정된 반응은 일반적으로 염증 자극을 제거하는 데 성공한다. (우리는 14장에서 더 자세히 고려할 것이다.)

손상 후 두 번째 단계에서는 손상된 조직을 교체하거나 회복하여 정상적인 기능을 회복한다. 이 복구 과정을 재생이라고 한다. **재생(regeneration)**하는 동안 섬유모세포는 **흉터 조직**(*scar tissue*) 또는 **섬유질 조직**(*fibrous tissue*)으로 알려진 아교섬유의 치밀 조직을 생성한다. 시간이 지남에 따라 흉터 조직은 점차 더 정상적인 모습을 보인다.

각 장기에는 서로 다른 조직 구성이 있으며, 이 조직은 손상 후 재생 능력에 영향을 미친다. 상피조직, 결합조직(연골 제외), 그리고 민무늬근육 조직은 일반적으로 잘 재생된다. 다른 근육조직과 신경조직은 상대적으로 잘 재생되지 않는다.

대부분 상피와 결합조직으로 구성된 피부는 빠르게 재생된다. (5장에서 피부재생에 대하여 알아보겠다.) 대조적으로, 심장의 손상은 더 심각하다. 결합조직은 복구될 수 있지만 손상된 심장근육 세포의 대부분은 섬유결합조직으로만 대체된다. 이러한 정상 조직의 영구적인 대체를 **섬유화(fibrosis)**라고 한다. 섬유증은 부상, 질병 또는 노화에 대한 반응으로 근육 및 기타 조직에서 발생할 수 있다. **집중 조명 그림 4-16**은

집중 조명 그림 4-16 염증과 재생(INFLAMMATION AND REGENERATION)

조직은 분리되어 있지 않고, 다양한 기능을 가진 장기를 형성하기 위해 결합한다. 따라서 모든 부상은 여러 유형의 조직에 동시에 영향을 미친다. 항상성을 유지하려면 조직이 조정된 방식으로 반응해야 한다. 항상성 회복에는 염증과 재생이라는 두 가지 관련 과정이 포함된다.

병원체 및 독소에 대한 노출 Exposure to Pathogens and Toxins

손상된 조직에서는 비정상적인 농도의 병원체, 독소, 노폐물 및 손상된 세포의 화학물질이 포함되어 있다.

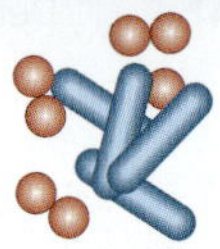

자극

조직이 손상되면 일반적인 방어 기전이 활성화된다.

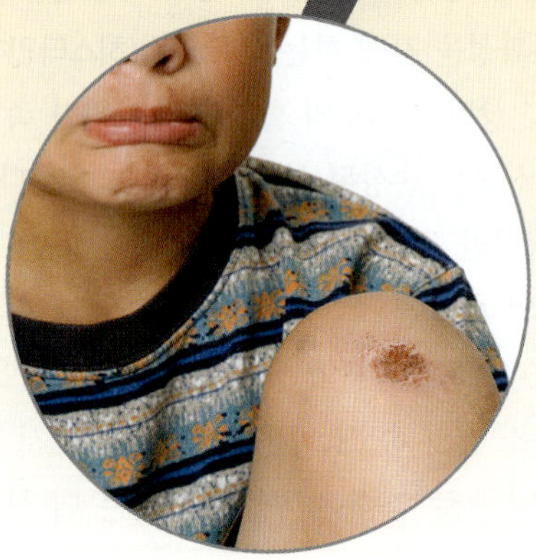

비만세포의 활성화 Mast Cell Activation

부상으로 결합조직이 손상되면 비만세포는 다양한 화학 물질을 방출한다. **비만세포 활성화**라고 하는 이 과정은 염증을 자극한다.

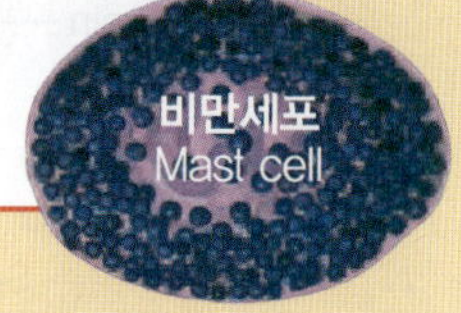

히스타민 Histamine
헤파린 Heparin

염증 INFLAMMATION

염증은 부기, 발적, 열(따뜻함), 통증, 때로는 기능상실 등 여러 가지의 익숙한 손상 징후를 나타낸다. 염증은 조직 내에 유해한 세균과 같은 병원체의 존재로 인해 발생할 수도 있다. 이러한 병원의 침입과 존재는 감염이다.

혈류 증가

방출된 화학물질에 반응하여 혈관이 확장되고, 손상된 조직을 통한 혈류가 증가한다.

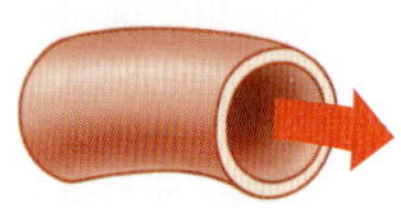

투과성 증가

혈관 확장은 모세혈관 벽의 투과성의 증가를 동반한다. 혈장은 손상된 조직으로 확산되어 그 부위가 부어오른다.

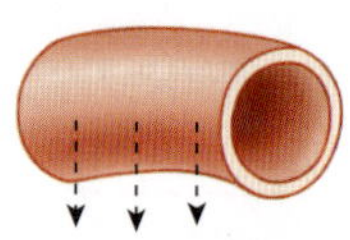

통증

조직 내의 비정상적인 상태와 비만세포에 의해 방출되는 화학 물질은 통증을 유발하는 신경 종말을 자극한다.

국소적인 온도 증가

혈류량과 투과성이 증가하면 조직이 따뜻해지고 붉어진다.

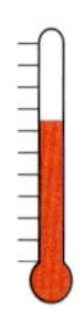

산소 및 영양소 증가

혈관확장, 혈류증가 및 혈관 투과성 증가로 인해 산소와 영양소의 전달이 향상된다.

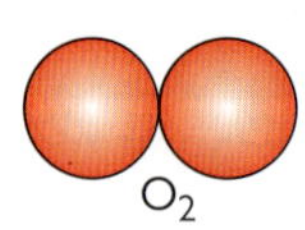

식균작용 증가

조직의 식세포가 활성화되고 조직파편과 병원균을 삼키기 시작한다.

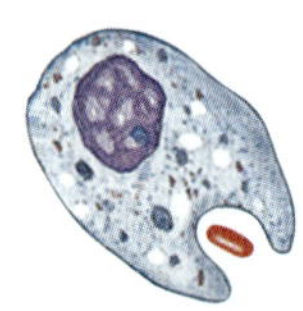

독소 및 노폐물 제거

혈액순환의 강화는 독소와 노폐물을 운반하여 콩팥으로 배설되거나 간으로 전달되어 비활성화된다.

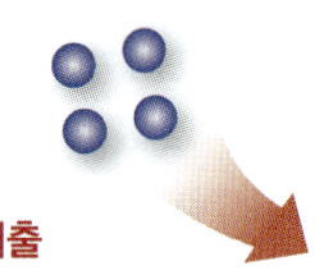

염증이 가라앉음

몇 시간에서 며칠에 걸친 정화 과정은 일반적으로 염증자극을 제거하는 데 성공한다.

재생

재생은 손상된 조직이 안정화되고 염증이 가라앉은 후에 발생하는 복구이다. 섬유모세포는 해당 부위로 이동하여 **흉터 조직**으로 알려진 아교 뼈대를 형성한다. 시간이 지남에 따라 흉터 조직은 일반적으로 "재형성"되고 점차 더 정상적인 모습으로 변한다.

비만세포 활성 억제

부상에 대한 조직의 반응과 조직의 재생 과정을 보여준다.

체크포인트

28. 조직손상에 대한 반응의 두 단계를 확인하시오.
29. 염증과 관련된 징후와 증상은 무엇인가?
30. 섬유화란 무엇인가?

책 뒷면에 있는 파란색 정답 탭을 참조.

4-9 나이가 들어감에 따라 조직 복구가 감소하고 암의 발생률이 증가한다

학습목표 노화가 신체 조직에 미치는 영향을 설명한다.

노화는 조직에 두 가지 중요한 영향을 미친다. 조직 손상을 복구하는 신체 능력이 감소하고 암이 발생할 가능성이 더 높다.

노화 및 조직 구조 Aging and Tissue Structure

조직은 나이가 들수록 변한다. 조직 복구의 속도와 효과가 감소한다. 몸 전체의 유지 보수 및 복구 활동이 느려지고 일반적으로 에너지 소비량이 감소한다. 이러한 변화들은 나이가 들어 감에 따라 발생하는 다양한 호르몬 변화를 반영하며, 종종 신체 활동 감소 및 보다 앉아 있는 생활 방식과 연관된다. 이러한 요인들이 결합하여 많은 조직의 구조와 화학적 구성이 변경된다. 상피는 더 얇아지고 결합조직은 더 약해진다. 사람들은 더 쉽게 멍이 들고 뼈가 부서지기 쉽다. 관절통과 골절은 노인에게 흔하다. 심장근육 섬유와 뉴런은 대체할 수 없으며, 상대적으로 경미한 손상으로 인한 누적 손실은 심혈관 질환이나 정신 기능저하와 같은 주요 건강문제에 기여할 수 있다.

노화의 영향 중 일부는 유전적으로 정해져 있다. 예를 들어, 나이가 들어 감에 따라, 그들의 연골세포는 연골 무형질을 구성하는 젤라틴 화합물의 약간 다른 형태를 만들어 낸다. 이 차이는 아마도 노인들의 연골이 더 얇고 탄력이 덜한 원인일 것이다.

조직 구조의 다른 연령과 관련한 변화에는 여러 가지 원인이 있다. 여성의 나이와 관련된 골밀도 감소는 **골다공증**(*osteoporosis*, 뼈엉성증)이라고 불리는 질환이다. 종종 비활동, 낮은 식이 칼슘 섭취 그리고 순환 에스트로겐(성호르몬) 감소의 조합으로 발생한다. 운동 프로그램, 칼슘 보충제 및 일부의 경우에는 약물이 일반적으로 수년 동안 정상적인 뼈의 구조를 유지할 수 있다.

노화 및 암의 비율 Aging and Cancer Rates

암 발병률은 나이가 들수록 증가하고, 미국 전체 인구의 약 25%가 삶의 어느 시점에서 암에 걸린다. 암 사례의 70~80%는 화학적 노출과 환경적 요인, 또는 이 둘의 일부 조합으로 인한 돌연변이로 인한 것으로 추정되며 이러한 암의 40%는 담배 연기로 인한 것이다. 미국에서는 매년 50만 명 이상이 사람들이 암으로 사망한다. 사망원인으로는 심장병에 이어 두 번째이다.

지식 쌓기

암은 악성세포의 형성과 전이로 이어지는 유전자 돌연변이를 특징으로 하는 질병이라는 것을 기억하시오(**3장: 세포 구조와 기능** 참조). 암세포는 이러한 돌연변이가 정상적인 세포분열 및 성장주기의 조절을 방해할 때 발생한다.

체크포인트

31. 조직 복구 및 구조에 영향을 미치는 일부 연령과 관련한 요인을 확인하시오.

책 뒷면에 있는 파란색 정답 탭을 참조.

관련 임상 용어

유착(adhesions): 수술, 감염, 손상 등으로 인해 섬유조직이 생겨 장막이 유착된 상태.

역형성(anaplasia): 조직 세포의 크기와 모양의 비가역적 변화.

이형성(dysplasia): 조직세포의 정상적인 모양, 크기 및 조직의 변화.

화생(metaplasia): 조직의 특성을 바꾸는 세포의 구조적 변화.

괴사(necrosis): 세포가 손상되거나 사멸된 후에 발생하는 조직의 파괴.

심장막염(pericarditis): 심장막액의 축적(심장막 삼출)으로 이어질 수 있는 심장막 내막의 염증.

복막염(peritonitis): 감염 또는 부상 후 복막의 염증.

가슴막 삼출(pleural effusion): 가슴막의 만성적인 감염 또는 염증의 결과로 가슴막안 액체가 축적되는 현상.

가슴막염(pleuritis (*pleurisy*)): 가슴막안의 염증.

4 복습

요약

4-1 네 가지 조직 유형은 상피, 결합, 근육 및 신경이다 *p. 96*

1. **조직(tissue)**은 비교적 제한된 수의 기능을 수행하도록 구성된 특수 세포 및 세포 산물의 모음이다. 네 가지 **조직 유형(tissue type)**은 상피조직, 결합조직, 근육조직 및 신경조직이다. **조직학(histology)**은 조직에 대한 연구이다(**그림 4-1**).

4-2 상피조직은 신체 표면과 관상장기의 내면을 덮는다 *p. 96*

2. **상피(epithelium)**는 내부 또는 외부 표면을 덮는 장벽을 형성하는 무혈관 층이다. **땀샘(gland)**은 상피에서 파생된 분비 구조이다.
3. 상피는 물리적 보호를 제공하고, 투과성을 제어하고, 감각을 제공하고, 특수한 분비물을 생성한다.
4. **분비샘세포(gland cell)**는 분비물을 생성하는 상피세포이다. **외분비(exocrine)** 분비물은 신체 표면으로 방출된다. 호르몬으로 알려진 **내분비(endocrine)** 분비물은 샘세포에 의해 주변 조직액으로 방출된다.
5. 조직을 구성하는 개별 세포는 **세포 부착 분자**(*cell adhesion molecule, CAM*) 및/또는 프로테올리칸을 통해 또는 **세포이음(cell junction)**이라고 하는 특수한 부착 부위에서 서로 또는 세포외 단백질 섬유에서 연결된다. 세 가지 주요 유형의 세포 접합은 **치밀이음(tight junction)**, **틈새이음(gap junction)** 및 **부착반점(desmosome)**이다(**그림 4-2**).
6. 많은 상피세포에는 흡수 표면적을 증가시키는 미세 융모가 있다. 섬모상피에서 섬모의 조직화된 박동은 상피 표면을 가로질러 물질을 이동시킨다(**그림 4-3**).
7. 각 상피의 바닥면은 **바닥막(basement membrane)**에 연결된다.
8. **줄기세포(stem cell)** 또는 **종자 세포**(*germinative cell*)에 의한 분열은 지속적으로 수명이 짧은 상피세포를 대체한다

4-3 세포 모양과 층수는 상피의 분류를 결정한다 *p. 100*

9. 상피는 세포층의 수와 노출된 세포의 모양에 따라 분류된다(**표 4-1**).
10. **단층상피(simple epithelium)**는 바닥막을 덮는 단일층의 세포를 가지고 있다. **중층상피(stratified epithelium)**는 여러 층을 가지고 있다. **편평상피(squamous epithelium)**에서 세포는 얇고 편평하다. **입방상피(cuboidal epithelium)**의 세포는 작은 상자와 비슷하다. **원주상피(columnar epithelium)**는 더 크고 가늘다(**그림 4-4**; **4-5**).
11. 샘상피세포는 **샘**, **부분** 또는 **온분비** 방식에 의해 분비물을 방출할 수 있다(**그림 4-6**).
12. **샘분비(in merocrine secretion)**(가장 일반적인 분비 방법)에서의 산물은 세포외 분비를 통해 방출된다. **부분분비(apocrine secretion)**는 분비 생성물과 세포질 상실을 포함한다. **온분비(holocrine secretion)**는 세포를 파괴하고, 세포는 마침내 파열하기 전 분비물로 가득 차게 된다.
13. 외분비 분비물은 장액성(물성, 보통 효소 함유), 점액성(두껍고 미끄러운) 또는 혼합(효소 및 윤활제 함유)성이다(**그림 4-2**).

4-4 결합조직은 다른 조직 유형에 대한 보호 구조 뼈대를 제공한다 *p. 106*

14. 모든 **결합조직(connective tissue)**은 특수 세포와 **바탕질(matrix)**, 세포외 단백질 섬유와 **무형질(ground substance)**로 구성된 기질을 가지고 있다.
15. 결합조직은 많은 중요한 기능을 가진 내부 조직이다: 구조적 뼈대를 설정한다; 유체 및 용해물질의 운반; 연약한 장기의 보호; 지지, 둘러쌈, 상호 연결; 에너지의 저장; 미생물로부터의 신체의 보호.
16. **고유결합조직(connective tissue proper)**은 시럽 같은 바탕질로 둘러싸인 다양한 세포집단과 섬유유형을 포함하는 결합조직을 말한다(**그림 4-7**).
17. **액체결합조직(fluid connective tissue)**은 용해된 단백질을 포함하는 유체 바탕질에 부유하는 독특한 세포 집단을 가지고 있다. 두 가지 유형은 **혈액**과 **림프**이다(**그림 4-7**).
18. **지지결합조직(supporting connective tissue)**은 고유결합조직과 밀집된 섬유를 포함하는 치밀기질보다 덜 다양한 세포집단을 가지고 있다. 두 가지 유형의 지지결합조직은 연골과 뼈이다(**그림 4-7**).
19. 고유결합조직에는 섬유질과 점성 바탕질, 그리고 **섬유모세포(fibroblast)**, **섬유세포(fibrocyte)**, **큰포식세포(macrophage)**, **지방세포(fat cell)**, **비만세포(mast cell)** 및 다양한 백혈구를 포함하는 다양한 세포집단이 포함된다(**그림 4-8**).
20. 결합조직에는 **아교섬유(collagen fiber)**, **탄력섬유(elastic fiber)** 및 **그물섬유(reticular fiber)**라는 세 가지 유형의 섬유가 있다.
21. 고유결합조직은 **성긴(느슨한)결합조직**과 **치밀결합조직(loose or dense connective tissue)**으로 분류된다. 성긴(느슨한)결합조직에

는 **성긴(느슨한)결합조직(areolar tissue)**, **지방조직(adipose tissue)** 및 **그물조직(reticular tissue)**이 포함된다(**그림 4-9**).

22. 치밀결합조직 부피의 대부분은 섬유로 구성된다. **치밀규칙결합조직(dense regular connective tissue)**은 **힘줄(tendon)**과 **인대(ligament)**를 형성한다. **치밀불규칙결합조직(dense irregular connective tissue)**은 장기의 공간, 피막, 뼈 및 연골의 외피, 피부의 깊은 진피를 형성한다(**그림 4-10**).

23. **혈액(blood)**과 **림프(lymph)**는 액체 상태의 바탕질에 세포들이 떠 있는 결합조직이다.

24. 혈액에는 **적혈구(red blood cell)**, **백혈구(white blood cell)** 및 **혈소판(platelet)**이 포함되어 있다. 수분이 있는 바탕질을 **혈장(plasma)**이라고 한다.

25. 림프는 심혈관 계통으로 림프를 돌리기 위해 **림프관**(*lymphatic vessel*)으로 사이질액(*interstitial fluid*)이 들어가며 형성된다.

26. 연골과 뼈는 신체의 나머지 부분을 지지하기 때문에 지지 결합조직이라고 한다.

27. **연골(cartilage)**의 기질은 단단한 젤형과 **연골세포(chondrocyte)**라고 불리는 세포로 구성되어 있다. **연골막(perichondrium)**은 주변 조직에서 연골을 분리한다. 세 가지 유형의 연골은 **유리연골(hyaline cartilage)**, **탄력연골(elastic cartilage)**, **섬유연골(fibrocartilage)**이다(**그림 4-11**).

28. 연골세포는 무혈관 바탕질을 통한 확산에 의해 영양분을 얻는다.

29. **뼈(bone)** 또는 **골조직**(*osseous tissue*)은 주로 탄력섬유와 칼슘염으로 구성된 기질을 가지고 있어 독특한 특징을 가진다(**그림 4-12**; **표 4-3**)

30. **뼈세포(osteocyte)**는 영양섭취를 위해 **뼈모세관(canaliculi)**을 통한 확산에 의존한다.

31. 각 뼈는 섬유층과 세포층이 있는 **뼈막(periosteum)**으로 둘러싸여 있다.

4-5 조직막은 네 가지 유형(점막, 장막, 피부막, 윤활막)의 물리적 장벽이다 *p. 114*

32. 막은 벽쪽 또는 장쪽에 형성된다. 상피와 결합조직이 결합하여 다른 구조와 조직을 덮고 보호하는 막을 형성한다(**그림 4-13**).

33. **점막(mucous membrane)**은 외부와 연결하는 통로와 공간을 이룬다. 그 표면은 일반적으로 점액 분비물로 촉촉하게 젖어 있다.

34. **장막(serous membrane)**은 몸통의 밀폐된 안을 감싸고 있다. 그들은 공동의 내부 표면과 공동으로 돌출하는 내장기관의 표면 사이의 마찰을 방지하는 장액이 있다.

35. **피부막(cutaneous membrane)** 또는 피부는 신체 표면을 덮는다. 장막 및 점막과 달리 비교적 두껍고 방수가 되며 일반적으로 건조하다.

36. **윤활막(synovial membrane)**은 관절에 위치한 관절안에서 **윤활액**(*synovial fluid*)을 생성한다. 활액은 관절은 윤활하고 부드러운 움직임을 돕는다.

4-6 근육조직의 세 가지 유형은 뼈대근육, 심장근육 및 민무늬근육이다 *p. 116*

37. **근육조직(muscle tissue)**은 수축에 특화되어 있다(**그림 4-14**).

38. **뼈대근육 조직(skeletal muscle tissue)**은 다핵이며 줄무늬(띠)가 나타나는 큰 세포 또는 근육섬유를 포함한다. 신경계를 통해 뼈대근육 섬유의 수축을 제어할 수 있기 때문에 뼈대근육은 **가로무늬수의근육**(*striated voluntary muscle*)이다.

39. **심장근육 조직(cardiac muscle tissue)**은 심장에서만 발견된다. 신경계는 심장근육 세포에 대한 자발적인 제어를 제공하지 않는다. 따라서 심장근육은 **가로무늬불수의근육**(*striated involuntary muscle*)이다.

40. **민무늬근육 조직(smooth muscle tissue)**은 혈관벽, 속 빈 장기의 주변, 다양한 기관(호흡기, 순환기, 소화기 및 생식기) 주변의 층에서 발견된다. 이것은 **민무늬불수의근육**(*nonstriated involuntary muscle*)으로 분류된다.

4-7 신경조직은 자극에 반응하고 신체 전체에 전기적 자극을 전달한다 *p. 118*

41. **신경조직(neural tissue)**은 신체의 한 영역에서 다른 영역으로 정보를 전달하는 전기 충격을 전파하거나 전달하는 데 특화되어 있다.

42. 신경조직의 세포는 뉴런 또는 신경아교이다. **뉴런(neuron)**은 원형질막에서 전기 충격으로 정보를 전달한다. 여러 종류의 **신경교세포(neuroglia)**는 지원 및 방어의 기능을 모두 제공한다(**그림 4-15**).

43. 전형적인 뉴런은 **세포체(cell body)**, **수상돌기(dendrite)**, **축삭돌기(axon)**를 가지고 있다.

4-8 조직 손상에 대한 반응은 염증과 재생을 포함한다 *p. 120*

44. 모든 부상은 동시에 여러 유형의 조직에 영향을 미치며 조정된 방식으로 대응한다. 항상성은 **염증**과 **재생**의 두 과정을 통해 회복된다

45. **염증(inflammation)** 또는 **염증 반응**(*inflammatory response*)은 손상된 세포, 조직 구성 요소 및 위험 미생물이 파괴되는 동안 손상된 부위를 격리시킨다(**집중 조명 그림 4-16**).

46. **재생(regeneration)**은 정상적인 기능을 복구하는 과정이다(**집중 조명 그림 4-16**).

4-9 나이가 들어감에 따라 조직 복구가 감소하고 암의 발생률이 증가한다 p. 121

47. 조직은 나이에 따라 변화한다. 복구와 유지보수의 효율성이 떨어지고 많은 조직의 구조와 화학적 구성이 변경된다.

48. 암 비율은 나이가 들면서 증가한다. 전체 사례의 약 3/4는 화학물질에 대한 노출이나 담배연기와 같은 기타 환경적 요인에 의한 돌연변이 때문이다.

복습 문제

책 뒷면에 있는 파란색 정답 탭을 참조.

단계 1 사실 및 용어 검토

A열의 각 항목을 B열의 가장 밀접하게 관련된 항목에 맞게 빈칸에 적절한 답을 적으시오.

A열	B열
_____ **1.** 조직학	**a.** 회복 및 재생
_____ **2.** 미세융모	**b.** 인대
_____ **3.** 틈새이음	**c.** 내분비 분비
_____ **4.** 치밀이음	**d.** 흡수 및 분비의 강화
_____ **5.** 줄기세포	**e.** 지방세포
_____ **6.** 샘세포의 파괴	**f.** 온분비
_____ **7.** 호르몬	**g.** 조직 연구
_____ **8.** 지방세포	**h.** 건
_____ **9.** 뼈와 뼈의 부착	**i.** 세포 사이에 물과 용질의 통과를 막음
_____ **10.** 근육과 뼈의 부착	**j.** 이온이 세포에서 세포로 전달되는 것을 허용
_____ **11.** 뼈대근육 조직	**k.** 사이원반
_____ **12.** 심장근육 조직	**L.** 줄무늬, 맘대로(수의)

13. 아래 그림에 표시된 6가지 범주의 상피조직을 구별한다.

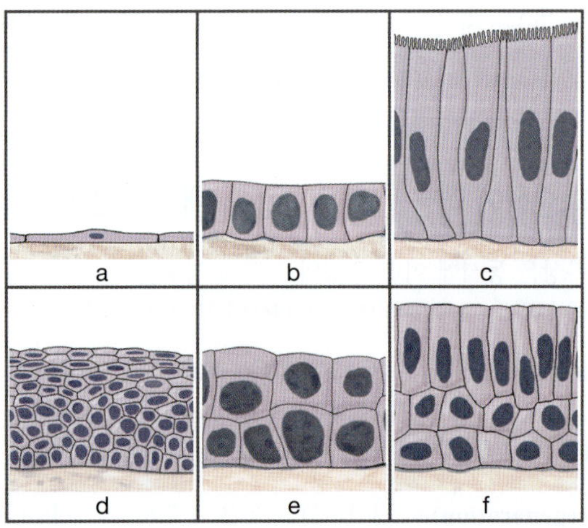

(a) ____________ **(b)** ____________

(c) ____________ **(d)** ____________

(e) ____________ **(f)** ____________

14. 신체에서 발견되는 네 가지 기본 조직 유형은 다음과 같다.
(a) 상피, 결합, 근육, 신경
(b) 단층, 입방, 편평, 중층
(c) 섬유모세포, 지방세포, 멜라닌세포, 중간엽
(d) 림프구, 큰포식세포, 포식세포, 지방세포

15. 피부 최상층 세포들 사이의 가장 풍부한 연결은 다음과 같다.
(a) 중간이음 **(b)** 틈새이음
(c) 부착반점 **(d)** 치밀이음

16. 상피조직을 구성하는 세 가지 세포 모양은 다음과 같다.
(a) 단층, 중층, 이행 **(b)** 단층, 중층, 거짓중층
(c) 육각형, 입방, 구체의 **(d)** 입방, 편평, 원주

17. 소화기관과 호흡기관의 통로를 덮은 점액 분비물은 이 분비로 인해 발생한다.
(a) 부분분비 **(b)** 샘분비
(c) 온분비 **(d)** 내분비

18. 기질은 어떤 유형의 조직의 특징인가?
(a) 상피 **(b)** 신경

(c) 근육 (d) 결합

19. 신체의 세 가지 주요 연골 유형은 다음과 같다.
    (a) 아교, 그물, 탄력 (b) 성긴(느슨한)결합, 지방, 그물
    (c) 유리, 탄력, 섬유 (d) 각질, 그물, 탄력

20. 몸안의 장막의 주요 기능은 다음과 같다.
    (a) 반대 표면 사이의 마찰의 최소화
    (b) 외부로 열린 공간에 줄 세움
    (c) 흡수 및 분비 기능의 수행
    (d) 몸의 표면을 덮음

21. 다핵이며 줄무늬가 있고 자발적으로 움직이는 큰 근육 섬유는
    (a) 심장근육 조직 (b) 뼈대근육 조직
    (c) 민무늬근육 조직 (d) a, b, c 모두 맞음

22. 사이원반과 박동 조율 세포는
    (a) 민무늬근육 세포 (b) 심장근육 조직
    (c) 뼈대근육 조직 (d) 위의 모두

23. 수상돌기, 축삭 및 세포체는 다음에서 발견되는 세포의 특징이다.
    (a) 신경조직 (b) 근육조직
    (c) 결합조직 (d) 상피조직

24. 아래 그림에 표시된 네 종류의 조직막을 확인하시오.

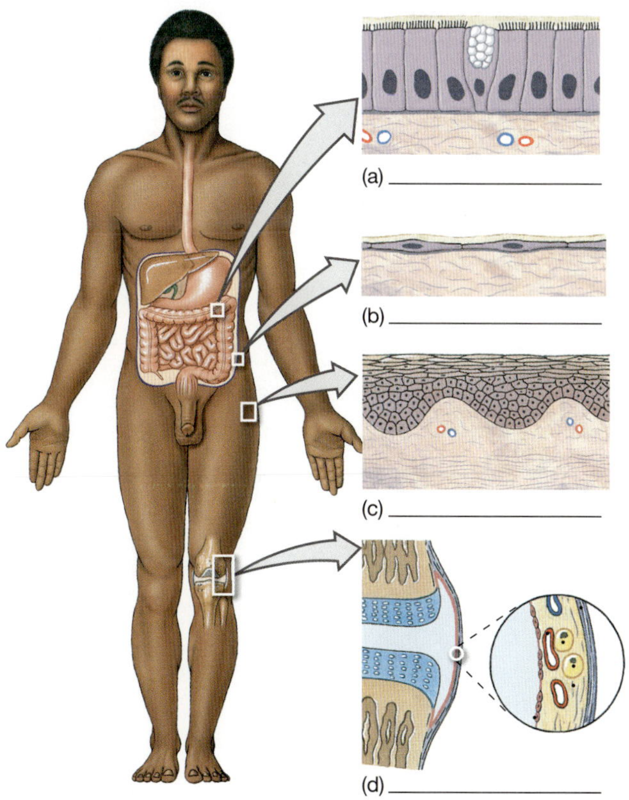

25. 상피조직을 결정하는 두 가지 유형의 층은 무엇인가?

26. 결합조직에서 발견되는 세 가지 기본 구성요소는 무엇인가?

27. 인체에서는 어떤 액체결합조직과 지지결합조직이 발견되는가?

28. 신경조직을 구성하는 두 개의 세포집단은 무엇인가? 각각의 기능은 무엇인가?

단계 2 개념 검토

29. 기계적 스트레스가 심한 신체 표면에서 지배적인 상피는
    (a) 중층편평상피
    (b) 단층입방상피
    (c) 단층원주상피
    (d) 중층입방상피

30. 온분비는 왜 지속적인 세포 분열을 필요로 하는가?

31. 외분비샘과 내분비샘의 차이점은 무엇인가?

32. 소화계의 중요한 구조적 특징은 소화관을 둘러싸고 있는 세포의 노출된 표면 근처에 치밀결합이 있다는 것이다. 이 접합이 왜 그렇게 중요한가?

33. 심한 화상과 찰과상 이후 감염이 항상 심각한 위협이 되는 이유는 무엇인가?

34. 피부막이 장막 및 점막과 다른 점이 무엇인가?

단계 3 비판적 사고 및 임상 적용

35. 생물학 강의에서 너의 파트너가 준비된 두 개의 슬라이드의 제목을 잃어버렸다. 하나는 동물의 창자이며, 다른 하나는 동물의 식도이다. 당신은 그녀가 어떤 슬라이드가 무엇인지 알 수 있도록 도울 수 있는가?

36. 당신은 오직 두 단계로 세 가지 유형의 근육조직을 구별하는 방법을 개발해야 한다. 그 두 단계는 무엇인가?

외피계통
The Integumentary System

5

학습목표

학습목표는 각 장에 대해 학습한 후 무엇을 할 수 있어야 하는지를 알려주는 것이다. 각 절의 학습목표는 다음과 같다.

5-1 표피의 주요 구조적 특징을 설명하고 각각의 기능적 중요성을 기술한다.

5-2 피부색의 개별적인 차이를 설명하고, 햇빛 노출에 대한 멜라닌세포의 반응을 논의한다.

5-3 햇빛과 비타민 D_3 생산의 상호작용을 기술한다.

5-4 진피의 구조와 기능을 기술한다.

5-5 피부밑조직의 구조와 기능을 기술한다.

5-6 털이 자라나는 과정과 털의 짜임새와 색깔을 형태적으로 서술한다.

5-7 피부의 여러 가지 분비샘을 논의하고, 이들의 분비물을 열거한다.

5-8 손톱의 해부학적 구조를 설명하고, 손톱이 어떻게 형성되는지 설명한다.

5-9 피부가 손상에 대해 어떻게 반응하고 스스로 회복되는지 설명한다.

5-10 노화가 피부에 미치는 영향을 요약한다.

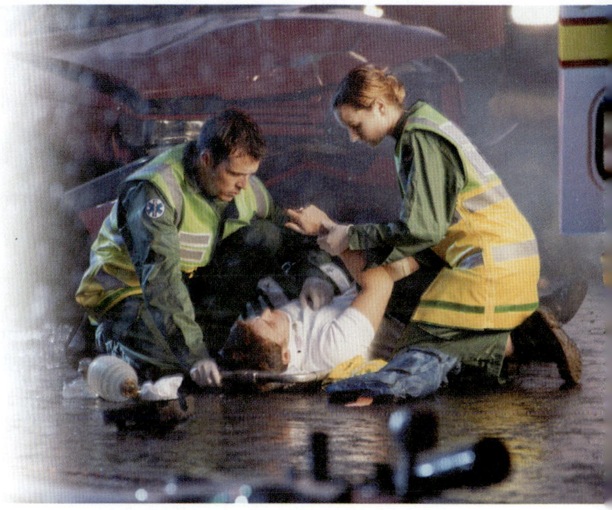

임상노트

집중 조명

5

외피계통 소개

외피계통은 피부, 모발, 손톱, 그리고 다양한 분비샘으로 구성된다. 신체에서 가장 눈에 보이는 기관계통이다. 우리는 외모를 개선하는 데 많은 시간을 할애한다. 얼굴과 손을 씻고, 머리를 빗거나 다듬고, 손톱을 자르는 것, 샤워, 탈취제를 도포하는 것은 피부의 외관이나 특성을 바꾸는 활동들이다. 그리고 피부에 문제가 생기면 그 영향은 즉시 드러난다. 당신은 피부의 경미한 상태나 흠집은 즉시 발견할 수 있지만, 다른 장기의 더 심각한 문제들은 무시한다. 의사들도 피부에 주의를 기울인다. 왜냐하면 피부의 색깔, 유연성, 또는 민감성의 변화들은 다른 신체 계통의 장애에 대한 중요한 단서들이기 때문이다.

외피계통(integumentary system) 또는 단순히 **외피(integument)**는 두 가지 주요 부분을 가진다: 피부막과 부속 구조(**그림 5-1**)이다. **피부막(cutaneous membrane)**, 즉 피부(*skin*)는 표면 상피 또는 **표피(epidermis**; *epi-*, 위)로 구성된 기관이며, **진피(dermis)**의 밑바탕을 이루는 결합조직으로 구성되어 있다. **부속 구조(accessory structure)**는 모발, 외분비샘과 손톱을 포함한다. 부속 구조는 주로 진피에 위치하고 표피를 통해 피부 표면으로 돌출된다.

진피 밑에는 느슨한 결합조직, 즉 **피부밑층(hypodermis** 또는 **subcutaneous layer)**으로 깊은 조직과 장기로부터 외피를 분리한다. 결합조직은 종종 피부계통으로 고려하지 않지만, 진피의 결합조직 섬유가 서로 엮여 있기 때문에 여기서 우리는 결합조직을 포함한다.

외피의 다섯 가지 주요 기능은 다음과 같다.

1. **보호(*Protection*)**: 피부는 덮고, 조직과 기관 밑바탕을 충격, 화학물질, 감염으로부터 보호한다. 또한, 체액의 손실을 방지한다.
2. **체온유지(*Temperature maintenance*)**: 피부는 환경과의 열 교환을 조절하여 정상 체온을 유지한다.
3. **영양소의 합성 및 저장(*Synthesis and storage of nutrients*)**: 표피는 비타민 D_3를 합성하는데, 이는 칼슘 흡수를 돕는 호르몬의 스테로이드 성분이 된다. 진피에 있는 지방조직에는 많은 양의 지질이 저장되어 있다.
4. **감각수용(*Sensory reception*)**: 외피의 수용체는 촉각, 압각, 통각, 온도 자극을 감지하고 정보를 신경계로 중계한다.
5. **배설 및 분비(*Excretion and secretion*):** 피부샘은 염분, 물, 노폐물을 배출한다. 또한 특수한 피부샘인 젖샘(유선)은 젖을 분비한다.

그림 5-1 외피계통의 일반적 구조. 피부 단면 그림은 외피계의 주요 부분들 사이의 관계를 보여준다(**그림 5-8**).

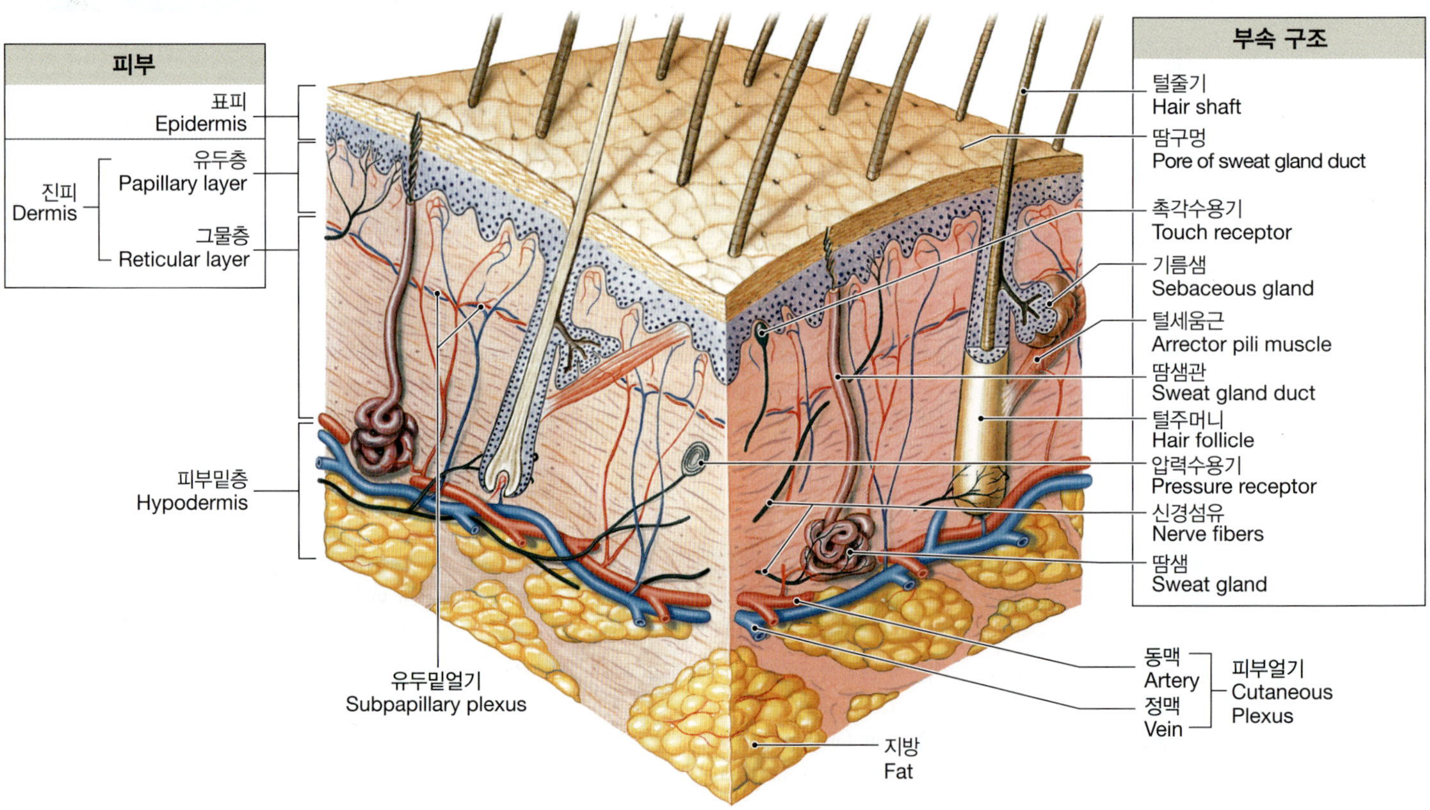

지식 쌓기

지식 쌓기 항목은 여러분이 이미 배운 것을 상기시키고 새로 배우게 될 지식을 준비할 수 있도록 해 줄 것이다.
여러분은 모든 '지식 쌓기' 상자와 페이지를 빠짐없이 읽어 스스로 지식을 쌓고 자신감을 키우기 바란다.

표피는 중층편평상피이며 기계적 스트레스가 심한 곳에서 발견된다는 것을 기억한다(**4장: 생명체의 조직 구성** 참조): 상피는 마모 및 화학 공격에 대한 물리적 보호를 제공하고, 몸 밖의 미생물로부터 우리를 지켜준다.

우리는 이러한 피부의 개별적인 구성요소 및 기능들을 피부의 개별적인 구성요소들을 논의하면서, 보다 충분히 탐구할 것이다. 우리는 피부의 표면층, 즉 표피부터 시작한다.

체크포인트

1. 외피의 다섯 가지 주요 기능을 나열하시오.

책 뒷면에 있는 파란색 정답 탭을 참조.

5-1 표피는 다양한 기능을 가진 여러 층으로 구성되어 있다

학습목표 표피의 주요 구조적 특징을 설명하고, 각각의 기능적 중요성을 기술한다.

다른 모든 상피와 마찬가지로 표피는 혈관이 없다. 이러한 이유로 표피세포는 반드시 표피세포를 밑에서 떠받치는 진피 내의 모세혈관으로부터 영양소와 산소의 확산에 의존해야만 한다. 그 결과, 대사 요구량이 가장 높은 표피세포는 확산 거리가 짧은 바닥막에 가장 가깝게 위치한다. 영양소의 근원에서 멀리 떨어진 바깥 표면 세포는 죽게 된다.

각질형성세포(keratinocyte)는 신체의 가장 풍부한 상피세포이다. 각질세포는 표피를 지배한다. 각질세포들은 여러 개의 세포층을 형성하고 케라틴 단백질을 함유하고 있다. 발과 손의 바닥과 같은 **두꺼운 피부(thick skin)**는 5개의 세포층을 포함한다. 네 개의 층만이 **얇은 피부(thin skin)**를 만들고, 얇은 피부는 신체의 나머지 부분을 덮는다. 얇고 두꺼운 용어는 표피의 상대적인 두께만을 의미하며, 전체 외피의 두께를 의미하는 것은 아니다.

집중 조명 그림 5-4는 두꺼운 피부의 다섯 개의 세포층, 즉 **층(strata)**을 보여주는 것이다. 바닥막에서부터 자유 표면을 향해 지층부터 바닥층(*stratum basale*), 3개의 중간층[가시층(*stratum spinosum*), 과립층(*stratum granulosum*), 투명층(*stratum lucidum*)], 각질층(*stratum corneum*)이다.

임상노트

피부과Dermatology

외피계통은 피부, 모발, 손톱, 다양한 분비샘으로 구성되어 있다. 신체에서 가장 크고 다재다능한 기관 중 하나로서, 항상성 유지에 중요한 역할을 한다. 피부, 모발, 손톱의 질병에 대한 연구와 치료를 **피부과**(*dermatology*)라 부르며, 이러한 장애의 의학 및 외과적 치료를 전문으로 하는 의사를 **피부과 전문의**(*dermatologist*)라 한다. 피부과 전문의는 피부, 모발 및 손톱 상태를 진단하고 치료하며 병변 제거와 같은 사소한 피부 수술을 수행한다. 주로 피부 수술을 수행하는 의사를 **성형외과 의사**(*plastic surgeon*)라 한다. 성형수술에는 재건술과 미용술의 두 가지 일반적인 범주가 있다. 재건 수술은 외상, 종양 및 질병으로 인한 결함을 교정하는 반면, 미용술은 신체 외형을 변화시키는 선택적 수술이다.

외피계통은 신체의 항상성 유지를 위해 필수적이다. 기능은 다음과 같다.

- **보호**(*Protection*). 피부는 미생물과 다른 유해 물질의 유입을 막는 장벽이다. 또한 신체로부터 환경으로 물의 손실을 방지한다.
- **체온 유지**(*Temperature maintenance*). 피부는 환경에 대하여 열 증가 또는 열 손실을 조절함으로써 온도 균형에 중요한 역할을 한다.
- **영양소 저장**(*Nutrient storage*). 피하 조직은 대사와 호르몬 생산에 사용하기 위한 지질의 큰 저장고를 포함한다.
- **감각 수용**(*Sensory reception*). 피부는 방대한 감각섬유와 신경망을 가지며, 이는 촉각, 압각, 통각, 온도를 감지한다.
- **배설과 분비**(*Excretion and secretion*). 피부는 신체가 항상성을 유지하기 위하여 물, 소금, 유기 노폐물을 분비한다. 피부는 비타민 D의 생산을 포함한 중요한 화학물질과 호르몬 합성에 중요하다.

피부는 표피, 진피, 피하조직으로 구성되어 있다. 등 아래쪽이 가장 두껍고 생식기에서 가장 얇다. 피부에 다양한 긴장이 발생하여 절개선 또는 **랭거선**(그림 5-2, 5-3)이라 불리는 패턴이 발생한다. 절개선에 수직인 절개와 상처는 잘 열리고, 절개선과 평행한 절개와 상처는 얇고 눈에 띄지 않는 흉터로 치유되는 경향이 있다.

그림 5-2 절개선 또는 랭거선(Cleavage Line or Langer's Lines). 이러한 선들은 피부의 자연적인 긴장 패턴을 나타낸다. 가능하다면, 외과의사는 상처 가장자리의 긴장이 최소한으로 유지되도록 절개 선을 절단선과 평행하게 만들기 위해 노력한다.

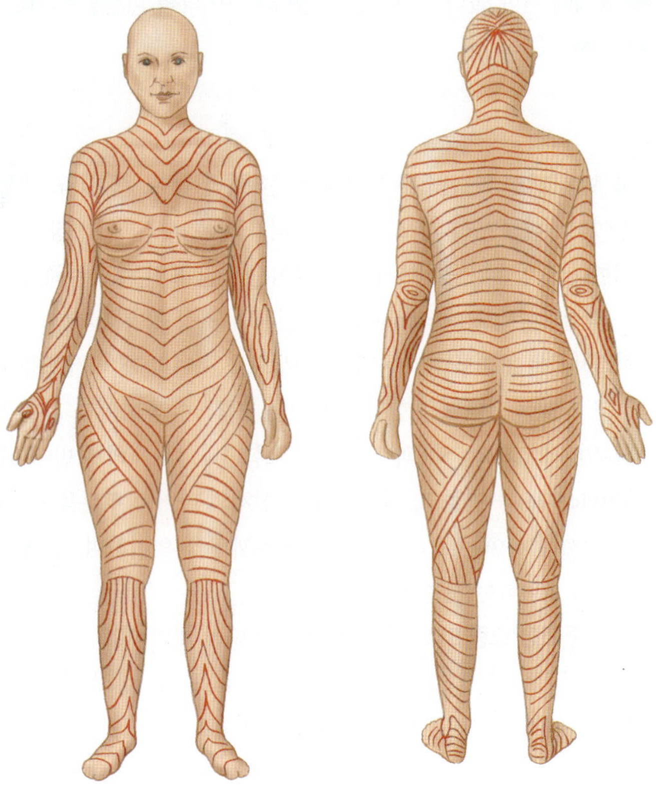

그림 5-3 얼굴의 절개선(Cleavage Line of the Face).

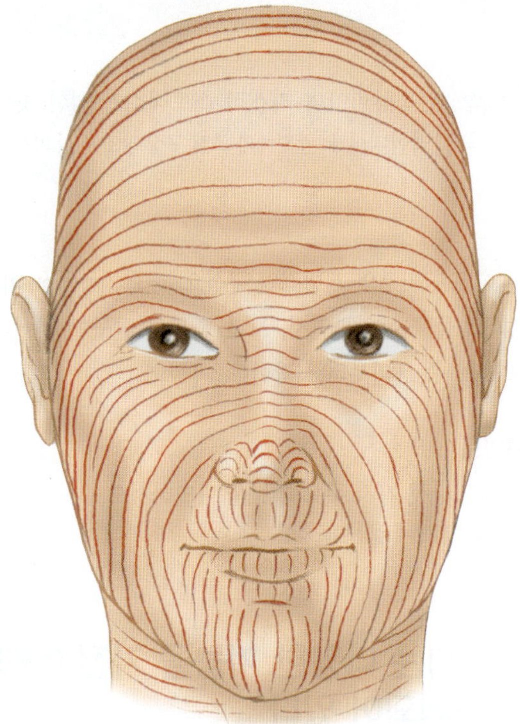

바닥층 Stratum Basale

가장 깊은 표피층은 **바닥층(stratum basale)**, 또는 **종자층**(*stratum germinativum*)이라 불린다. 반부착반점(hemidesmosome)은 이층의 세포를 바닥막에 단단히 부착한다. 바닥막은 진피에 인접한 성긴결합조직으로부터 표피를 분리한다.

바닥층은 **표피 능선(epidermal ridge)**을 형성하며, 이는 진피로 확장된다. 능선 사이, **진피 유두**(*dermal papillae*, 유두 모양의 팽창)라 불리는 진피 돌기는 표피 위(집중 조명 그림 5-4)로 확장된다. 능선과 유두의 조합은 두 지역 사이의 접촉 면적을 증가시키고, 그 사이의 결합을 강화한다. 또한 피부와 표피 사이의 영양소 확산을 위한 사용 가능한 표면적을 증가시킨다.

피부 표면의 윤곽은 작은 원뿔 모양의 꽃이(얇은 피부)부터 손바닥과 발바닥의 두꺼운 피부의 복합적인 나선형까지 다양한 융기 패턴을 따른다. 손바닥과 발바닥의 피상적인 융기(피부 유두를 덮는 것)는 표면적을 증가시키고, 피부의 마찰을 증가시켜서, 안전한 악력을 보장한다. 손가락 끝의 능선 패턴은 지문의 기초이다. 이 능선 모양은 부분적으로 유전자와 부분적으로 자궁 내부의 환경에 의해 결정된다. 즉, 태아 발달 중에 양수, 또 다른 태아(쌍둥이의 경우)와의 접촉이나 자궁벽이 태아의 지문 패턴에 영향을 미친다. 이러한 이유로, 일란성 쌍둥이는 동일한 지문을 가지지 않는다. 당신의 표피 융기 패턴은 독특하며 일생 동안 변하지 않는다.

바닥세포(basal cell) 또는 **종자세포**(*germinative cell*)라 불리는 큰 줄기세포가 바닥층을 지배한다. 바닥세포의 연속적인 분열은 상피 표면에서 손실되거나 흘린 세포를 대체한다. 바닥층에는 **메르켈세포**(*merkel cell*, 촉각에 민감한 특수상피세포)와 **멜라닌세포**(*melanocyte*)도 들어 있는데,

집중 조명 그림 5-4 표피(EPIDERMIS)

표피의 기본 구성

표피는 중층편평상피로 구성되어 있다. 표피는 바닥막에 의해 진피와 분리된다. 바닥층과 진피 아래 맞물림으로 둘 사이의 결합을 강화한다. 표피는 표피 융기를 형성하는데, 융기는 진피까지 확장되고 표피까지 투영되는 진피 유두에 인접해 있다.

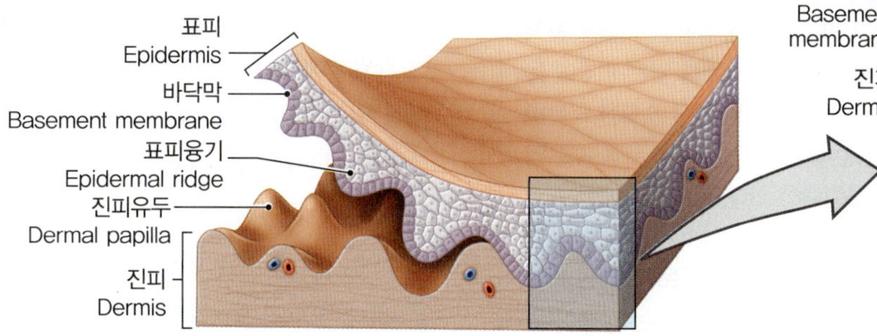

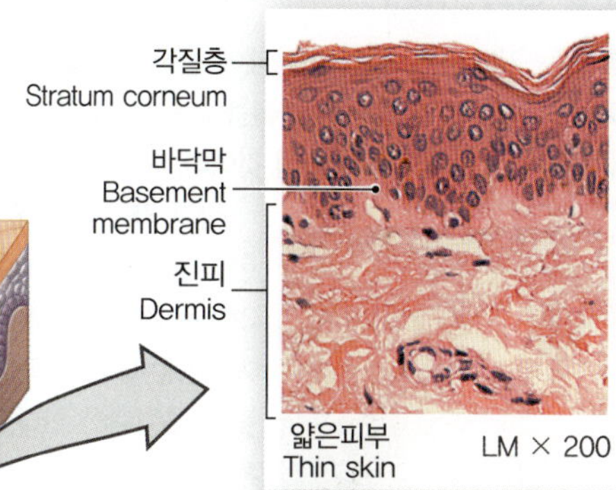

얇은피부 Thin skin LM × 200

얇은피부는 네 개의 층으로 구성되어 있으며 비닐빵 봉지(약 0.8 mm) 두께이다.

표피의 층

표피의 층은 두꺼운 피부의 단면에서 가장 잘 보여준다. **두꺼운 피부**(thick skin)는 5층, 투명층을 포함한다. 두꺼운 피부는 표층(각질층)이 훨씬 두껍기 때문에 일반적인 종이 타월(약 0.5 mm)만큼 두껍다.

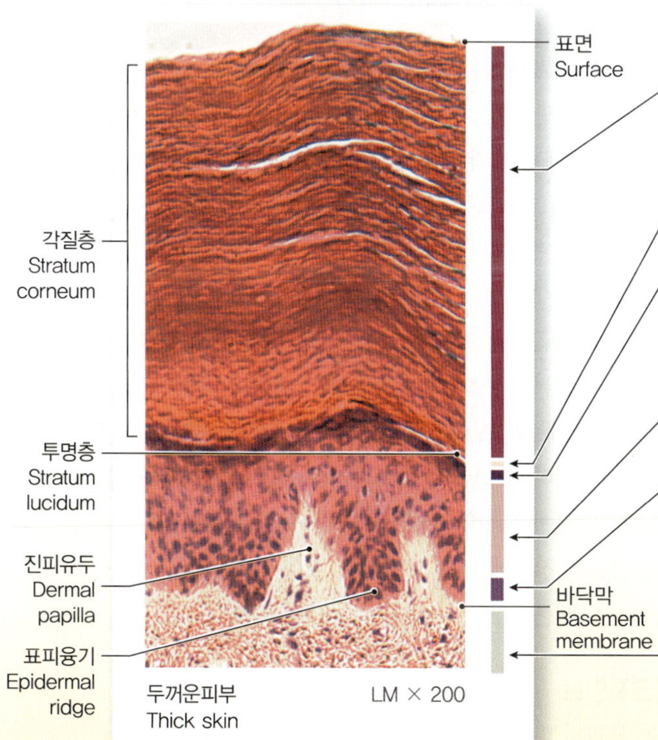

두꺼운피부 Thick skin LM × 200

표피 Epidermis	**특징** Characteristics
각질층 Stratum corneum	• 평평하고, 죽은, 각질세포의 연합의 여러 개 층 • 수분에 잘 견디나, 방수성은 아니다
투명층 Stratum lucidum	• 두꺼운 피부에서만 투명해 보이는 층
과립층 Stratum granulosum	• 각질세포는 케라틴을 생산한다. • 케라틴 섬유는 얇아지고 평평해진다. • 점차적으로 원형질막은 두꺼워지고 소기관은 붕괴하고 세포는 죽는다.
가시층 Stratum spinosum	• 각질세포는 부착반점에 의해 단단히 연결된다.
바닥층 Stratum basale	• 가장 깊은 바닥층 • 바닥막에 부착 • 바닥세포(줄기세포), 멜라닌세포, 촉각세포(메르켈세포)
진피 Dermis	

두꺼운 피부의 표피 융기

지문은 표피 융기 패턴으로 나타난다. 오른쪽 주사 전자 현미경 사진은 손가락 끝의 융기를 보여준다.

두꺼운 피부 Thick skin SEM × 20

임상노트

피부를 통한 약물투여 Drug Administration through the Skin

기름 또는 기타 지질 가용성 용매에 용해된 약물은 표피세포의 원형질막을 가로질러 운반된다. 특히 각질층을 통한 움직임은 느리지만 약물이 조직에 도달하면 순환계에 흡수될 것이다.

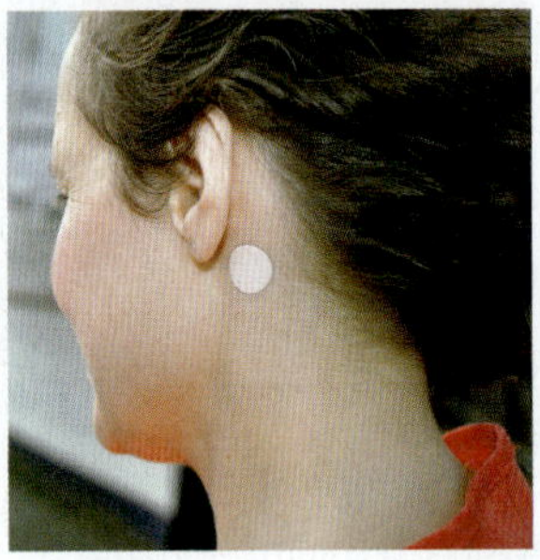

장기 약물 투여에 유용한 기술은 끈적한 약물이 함유된 패치를 얇은 피부에 올려놓는 것이다. 느린 확산 속도를 극복하기 위해, 패치는 극도로 높은 농도의 약물을 포함해야 한다. 이러한 기술은 **경피투여**(*transdermal administration*)라 하며 단일 패치가 며칠 동안 작용하여 매일 약을 먹는 것을 불필요하게 만드는 장점이 있다. 경피적으로 투여되는 두 가지 약물은 다음과 같다.

- 니트로글리세린: 협심증 치료에 사용될 수 있는 니트로글리세린.
- 니코틴: 담배에 있는 중독성 화합물인 니코틴은 담배에 대한 갈망을 억제하기 위한 것이다. 니코틴의 경피 투여량은 작은 통제 단계에서 점차 감소시킨다.

다른 경피투여 절차에는 날카로운 미세 바늘을 포함하는 소위 "활성" 패치와 피부에 짧은 전기 펄스를 사용하는 절차를 포함한다.

이 층의 세포들 사이나 깊숙한 곳에 짜여져 있다. 멜라닌세포는 황적색에서 흑갈색으로 표피를 물들이는 멜라닌을 합성한다.

중간층 Intermediate Strata

중간층의 3층 내의 세포는 피부의 외부 보호 장벽을 형성하기 위해 특화될 때 바닥층으로부터 점진적으로 이동된다. 줄기세포가 분열될 때마다 결과적으로 딸세포 중 하나가 다음 층인 **가시층(stratum spinosum)**으로 들어간다. 가시층에서 계속해서 분열되어 상피의 두께에 추가될 수 있다. 이 층은 부착반점에 의해 함께 고정된 각질세포로 구성되어 있다. 또한 면역 반응에 참여하는 **가지돌기세포**(*dendritic cell*)를 포함하고 있다.

과립층(stratum granulosum)은 가시층으로부터 이동한 세포로 구성되어 있다. 과립층은 분열을 멈추고 **케라틴(keratin)** 단백질을 대량으로 만들기 시작했다. 케라틴은 내구성이 매우 강하고 내수성이 강하다. 인간에게 케라틴은 피부 표면을 코팅할 뿐만 아니라 모발, 굳은살, 손톱의 기본 구조를 형성한다. 다른 여러 동물들에서는 뿔과 발굽, 깃털, 고래수염 판(필터 먹이 고래의 입)과 같은 구조를 형성한다.

손바닥과 발바닥과 같은 두꺼운 피부에서는 과립층을 덮는 **투명층(stratum lucidum)**이 있다. 이 층의 세포는 납작하고, 빽빽하게 포장되어 있으며, 케라틴으로 가득 차 있다.

지식 쌓기

조직을 보호하는 효과적인 장벽을 형성하기 위하여, 피부의 상피세포는 서로 연결하고 몸의 나머지 부분과 연결되어야 한다. 알려진 부착반점과 반부착반점이라는 특수 세포 접합부를 이용하여 연결한다(**4장: 생명체의 조직 구성** 참조). 부착반점은 표피의 서로 다른 층을 형성한 상피세포의 원형질막을 서로 연결시킨다. 반부착반점은 바닥층의 가장 깊은 세포를 세포외기질 바닥막에 단단히 부착한다.

각질층 Stratum Corneum

피부의 노출된 표면에는 **각질층(stratum corneum)**이 있다. 각질층은 보통 15~30층의 편평하고, 케라틴으로 포장된 죽은 상피세포를 포함한다. 이러한 세포는 **각질화(keratinized, cornified)**되었다고 한다. 각질층의 각 층에 있는 죽은 세포는 부착반점에 의해 단단히 연결되어 있다. 결과적으로, 이 세포들은 일반적으로 개별적으로가 아니라 큰 그룹이나 판으로 뭉쳐서 떨어져 나간다.

세포가 바닥층에서 각질층으로 이동하는데 7~10일이 걸린다. 이 기간 동안 세포는 산소와 영양 공급에서 벗어나 케라틴으로 채워져서 죽는다. 죽은 세포는 보통 떨어져 나가거나 씻겨지기 전에 2주 더 각질층에 남아 있다. 표면층이 없어지면서, 새로운 층이 아래층으로부터 도착한다. 따라서 상피와 아래 조직의 더 깊은 층은 죽은, 내구성 및 소모성 세포의 장벽에 의해 보호된다. 보통 각질층의 표면은 상대적으로 건조하기 때문에 많은 미생물이 살기에 적합하지 않다.

체크포인트

2. 표피의 다섯 층을 구별하시오.
3. 비듬은 두피의 피부 외층에서 세포가 과다하게 떨어져서 발생한다. 따라서 비듬은 표피층에서 나온 세포로 구성되어 있나?
4. 일부 범죄자들은 알아볼 수 있는 지문을 남기지 않기 위해 손끝을 사포질한다. 이러한 관행으로 지문을 영구적으로 제거할 수 있을까? 왜 또는 왜 그렇지 않은가?

책 뒷면에 있는 파란색 정답 탭을 참조.

임상노트

케라틴 생산의 장애 Disorders of Keratin Production

케라틴의 과도한 생산을 과다각화증(hyperkeratosis)이라 한다. 굳은살과 티눈은 쉽게 관찰되는 예다. 굳은살은 손의 손바닥, 발바닥, 발뒤꿈치와 같은 이미 두꺼운 피부 부위에 나타나는 두꺼워진 부분을 말한다. 굳은살은 만성적인 마모와 변형에 반응하여 형성된다. 티눈은 발가락 위나 그 사이의 얇은 피부 부위에 형성되는 과도한 케라틴 생산이 편재되어 있는 영역을 말한다.

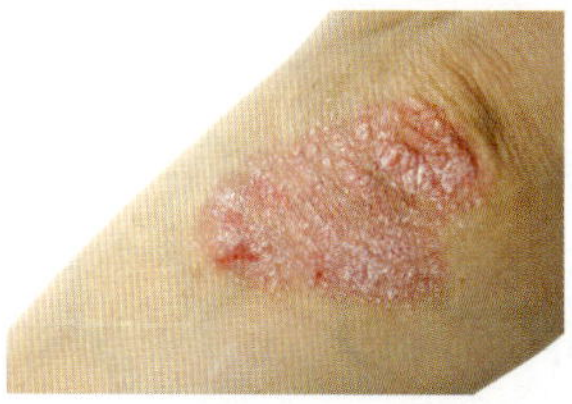

건선(psoriasis)에서 바닥층 부위의 바닥 세포(줄기세포)가 유별나게 증가하여 두피, 팔꿈치, 손바닥, 발바닥, 사타구니 또는 손톱과 같은 특정 부위에서 과각질화를 일으킨다. 보통 개별 줄기세포는 20일마다 한 번씩 분열되지만, 건선에서는 하루 반나절마다 분열될 수 있다. 각질화는 비정상적이며 전형적으로 외부 층이 떨어져 나갈 때까지 불완전하다. 영향을 받은 영역은 계속해서 벗겨지는 방대한 수의 작고 은빛 비늘로 덮여 있는 붉은 바탕 부분을 가지고 있다. 건선은 질환에 대한 유전적 경향을 가진 개인의 20~30%에서 발생한다. 미국 인구의 약 5%가 건선을 갖는다. 스트레스와 불안으로 인해 자주 악화된다. 대부분의 경우는 고통이 없고 통제할 수 있지만 완치되지 않는다.

5-2 피부색에 영향을 미치는 요인은 표피 색소 침착과 피부 순환이다

학습목표 피부색의 개별적인 차이를 설명하고, 햇빛 노출에 대한 멜라닌 세포의 반응을 논의한다.

사람들 사이에서 가장 분명한 차이점 중 하나는 피부색이다. 피부에 다양한 색을 나타내는 것은 무엇일까? 여기서 우리는 표피의 색소와 진피의 혈류가 피부색에 어떻게 영향을 미치는지 살펴본다.

색소의 역할 The Role of Pigmentation

표피에는 카로틴과 멜라닌이라는 두 가지 색소가 다양한 양으로 포함되어 있다. **카로틴(carotene)**은 보통 표피세포에 축적되는 주황색 색소이다. 카로틴은 당근, 호박과 같은 다양한 오렌지색 채소에서 발견된다. 당근을 많이 먹으면 피부가 밝은 사람들의 피부는 오렌지색으로 변할 수 있다. 색 변화는 어두운 사람들의 피부에서는 덜 두드러진다. 카로틴은 상피조직의 정상적인 유지와 눈 속의 광수용체 색소의 합성에 필요한 비타민 A로 전환될 수 있다.

멜라닌(melanin)은 **멜라닌세포(melanocyte)**라 불리는 색소 생성 세포에 의해 만들어진 색소이다. 멜라닌에는 붉은 노란색 형태와 갈색 검은색 형태 두 가지가 있다. 멜라닌세포는 **멜라노솜**(*melanosome*)이라 불리는 세포내 소포 내에 멜라닌을 제조하고 저장한다(**그림 5-5**). 이 소포는 바닥층의 상피세포로 옮겨져 표피 전체를 물들인다. 멜라닌세포 활동은 햇빛 노출에 대한 반응에서 서서히 증가하여 초기 노출 후 약 10일 후 정점을 찍는다. **주근깨**(*freckle*)는 피부가 창백한 사람들의 피부에 나타나는 작은 색소 반점이다. 주근깨는 평균 이상의 멜라닌이 생산된 부분이다. 주근깨는 얼굴과 같이 태양에 노출된 표면에 가장 풍부하게 나타나는 경향이 있다.

그림 5-5 멜라닌세포. 피부가 검은 사람의 표피의 가장 깊은 층에 있는 멜라닌세포의 위치와 방향을 보여준다.

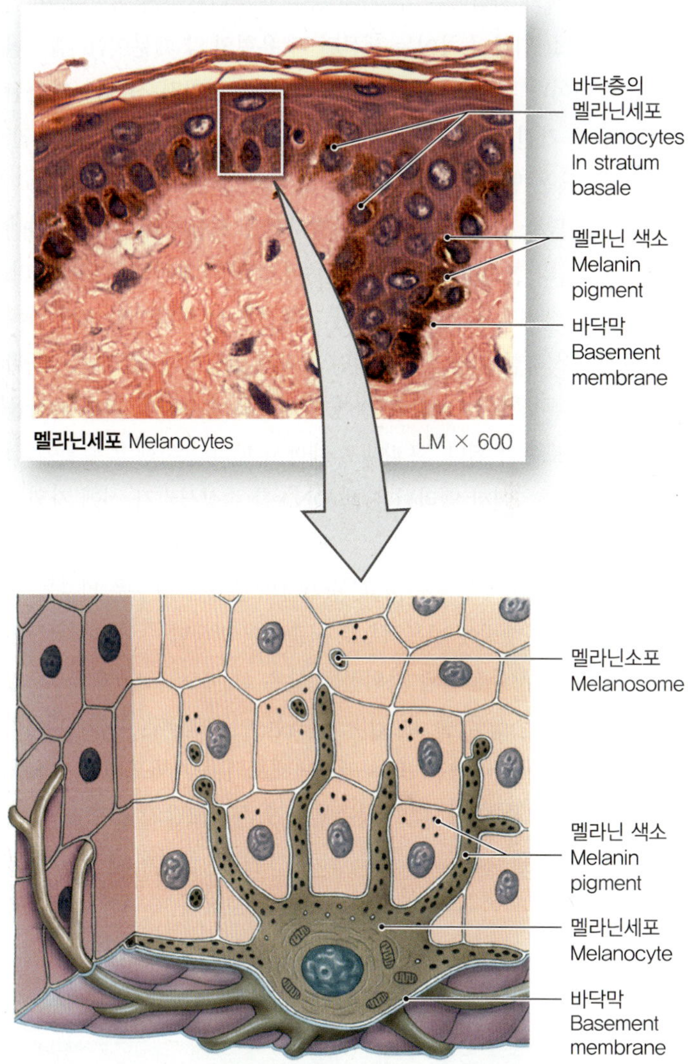

바닥세포에 대한 멜라닌세포의 비율은 신체의 영역에 따라 1 : 4에서 1 : 20 사이이다. 신체의 대부분의 부위를 덮는 피부는 1제곱밀리미터당 약 1,000개의 멜라닌세포를 가지고 있다. 볼과 이마, 유두, 생식기

부위(남성 음낭과 여성의 대음순)는 그 밀도의 약 두 배 정도를 가지고 있다.

모든 피부색의 사람들은 두 가지 종류의 멜라닌을 생산한다. 개인 간의 피부 색소 침착의 차이는 생산된 각 유형의 양 때문이다. 멜라닌 생산의 결핍이나 부재는 **백색증**(*albinism*)으로 알려진 장애로 이어진다. 백색증을 가진 개인은 멜라닌세포의 풍부함과 분포가 정상이지만, 이러한 세포들은 멜라닌을 생산할 수 없다.

태양은 상당한 양의 **자외선(UV) 방사선**을 포함하고 있다. 표피에서 비타민 D_3의 합성을 자극하기 때문에 소량의 자외선은 유익하다. (이 과정은 다음 장에서 논의한다.) 그러나 자외선을 너무 많이 받으면 가벼운 화상이나 심각한 화상의 즉각적인 효과가 발생한다. 멜라닌은 표피와 진피의 깊은 층에 도달하기 전에 자외선을 흡수하여 피부 손상을 예방하는 데 도움이 된다. 표피세포 내에서 멜라닌은 핵막 주위에 집중한다. 핵막 주위에서 멜라닌은 핵 DNA를 손상시키기 전에 자외선을 흡수한다.

멜라닌이 존재함에도 불구하고, 장기간의 손상은 어두운 피부를 가진 개인들에서도 햇빛에 반복적으로 노출되어 발생할 수 있다. 시간이 지남에 따라 피부에 누적된 자외선 손상은 섬유모세포를 해칠 수 있어 진피 유지에 손상을 줄 수 있다. 결과는 이른(조급한) 주름이다. 첨가물에서 피부암은 바닥층 또는 멜라닌세포의 줄기세포에서 염색체 손상으로 발생할 수 있다. 대기 상층부의 오존층 고갈의 주요 결과 중 하나는 악성흑색종(*malignant melanoma*)의 비율이 급격히 증가할 가능성이 높다. 이러한 이유로 야외 활동 중에 보호복과 자외선 차단제를 바름으로 자외선 노출을 제한하는 것이 타당하다.

임상노트

피부색 Skin Color

피부색은 신체 기능의 중요한 지표이며 사람마다 다르다. 피부색의 변화는 종종 전신 질환의 증거다. 피부가 밝은 사람들의 정상적인 피부색은 분홍색으로 적절한 심폐 기능과 혈관의 완전성을 나타낸다. 피부가 검은 사람들은 피부색이 변하는 것을 감지하기 위해 점막(입술 등)을 검사한다. 창백함은 피부를 통한 혈류가 감소하고 빈혈이나 저체온증이나 저혈량증과 같은 조건에서 비롯된다는 것을 나타낸다. 피부의 푸르스름한 변색은 **청색증**(*cyanosis*)이라 불리며, 비산소헤모글로빈의 양이 증가했기 때문이다. 의료 제공자들은 청색증의 존재가 산소 공급이나 관류에 악영향을 미치는 근본적인 문제가 무엇인지 인지해야 한다. **황달**(*jaundice*)이라 불리는 피부의 황색 변색은 피부 조직에 빌리루빈이 축적되기 때문이다. 이것은 간염과 간 기능 장애와 같은 간질환에서 볼 수 있다. 피부에 붉은색이 생기는 것은 일산화탄소 중독 때문일 수 있다. 일산화탄소가 헤모글로빈 분자의 산소를 대체함에 따라 혈액의 붉은색이 향상된다.

진피 순환의 역할 The Role of Dermal Circulation

풍부한 산소를 가진 피는 밝은 빨간색이므로, 진피의 혈관은 보통 피부를 붉게 만들며 밝은 피부의 색을 가진 개인은 붉은색이 가장 선명하다. 만약 그 혈관들이 팽창한다면, 붉은 색조는 훨씬 더 붉게 된다. 예를 들어, 피부가 방열기처럼 작용하고 열을 잃을 수 있도록 표면의 혈관이 팽창하기 때문에 체온이 상승하면 피부가 붉어지고 빨갛게 된다. 당신이 겁을 먹었을 때처럼 혈관이 일시적으로 수축되면 피부는 상대적으로 창백해진다.

순환 공급이 지속적으로 감소하는 동안 피부의 혈액은 주변 조직에 산소를 잃고 더 어두운 붉은색 톤을 띠게 된다. 표면에서 보면 피부는 **청색증(cyanosis)**이라 불리는 푸르스름한 색을 띠게 된다. 피부색이 있는 개인에서 청색증은 입술, 귀 또는 손톱 아래와 같이 얇은 피부 영역에서 가장 뚜렷하다. 청색증은 극심한 추위나 심부전이나 심한 천식과 같은 순환기나 호흡기 질환의 결과일 수 있다.

체크포인트

5. 표피에 있는 두 가지 색소의 이름을 말해보시오.
6. 왜 햇빛이나 햇빛에 노출되면 피부가 어두워지는가?
7. 왜 피부가 밝은 사람의 피부는 더운 날씨에 운동하는 동안 빨갛게 보이는가?

책 뒷면에 있는 파란색 정답 탭을 참조.

5-3 햇빛은 피부에 유익하고 해로운 영향을 미친다

학습목표 햇빛과 비타민 D_3 생산의 상호작용을 기술한다.

이 절에서는 햇빛과 피부세포 사이의 상호작용이 어떻게 정기적으로 중요한 비타민을 생산하는지 간략히 고려하고, 때때로 피부암을 유발할 수 있다.

표피와 비타민 D_3 The Epidermis and Vitamin D_3

많은 양의 햇빛이 상피세포와 더 깊은 조직을 손상시킬 수 있지만 햇빛에 대한 제한적인 노출은 유익하다. 자외선에 노출되면, 가시층과 바닥층의 표피세포는 콜레스테롤 관련 스테로이드를 **비타민 D_3(vitamin D_3)**로 전환시킨다. 다음 단계에서는 간에서 비타민 D_3가 중간 생산물로 변환되며, 콩팥은 이 중간 생산물을 사용하여 칼시트리올(*calcitriol*)이라는 호르몬을 생산한다. 칼시트리올은 소장에서 칼슘과 인의 흡수를 위해 필수적이다. 비타민 D_3의 공급이 부족하면 비정상적으로 약하고 유연한 뼈가 생길 수 있다.

그림 5-6 피부암.

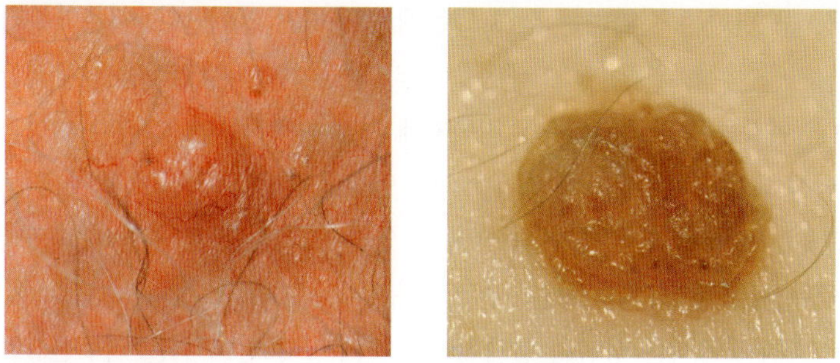

a 바닥세포암종 **b** 흑색종

피부암 Skin Cancers

거의 모든 사람들이 피부에 여러 개의 양성 종양을 가지고 있다. 사마귀는 가장 흔한 예이다. 그러나 피부암은 더 위험하다. 피부암은 암의 가장 흔한 형태이다. 상피조직의 암을 **암종(carcinoma)**이라 한다. 가장 흔한 피부암은 **바닥세포암종(basal cell carcinoma)**으로, 종종 밀랍을 입힌 혹처럼 보인다(**그림 5-6a**). 이 암은 바닥층에서 유래한다. 흔하지 않은 것은 **편평세포암종(squamous cell carcinoma)**이며, 표피세포의 표면층을 더 많이 포함한다. 전이는 암에서 거의 일어나지 않으며, 대부분의 사람들은 이러한 암에서 살아남는다. 일반적인 치료는 종양의 외과적 제거이다.

이러한 흔하고 드물게 생명을 위협하는 암에 비해 **악성흑색종(malignant melanoma)**은 매우 위험하다(**그림 5-6b**). 이러한 조건에서 악성 멜라닌세포는 빠르게 성장하여 림프계를 통해 전이된다. 흑색종은 보통 점에서 시작되지만 몸의 어느 곳에나 나타날 수 있다. 장기 생존에 대한 전망은 상태를 언제 발견되고 치료되는지에 달려 있다. 햇빛(특히 한낮)에서 자외선에 노출되는 것을 피하고 선크림(태닝 오일이 아닌)을 사용하는 것은 세 가지 형태의 암을 대부분 예방할 것이다.

체크포인트

8. 햇빛 노출과 비타민 D_3 합성의 관계를 설명하시오.
9. 가장 흔한 피부암은 무엇인가?

책 뒷면에 있는 파란색 정답 탭을 참조.

5-4 진피는 표피를 밑에서 받쳐주는 조직층이다

학습목표 진피의 구조와 기능을 기술한다.

진피는 표피와 피부밑조직 사이에 있는 층이다. 진피는 두 개의 주요 층을 가지고 있다. 얕은 곳에 있는 유두층(*papillary layer*)과 더 깊은 곳에 있는 그물층(*reticular layer*)(**그림 5-1**).

진피 유두의 이름을 딴 **유두층(papillary layer)**은 표피를 지탱하고 영양을 공급하는 소성결합조직으로 구성되어 있다. 이 부위는 모세혈관, 림프관, 피부 표면을 공급하는 감각 뉴런을 포함하고 있다.

더 깊은 **그물층(reticular layer)**은 탄력 섬유(*elastic fiber*)와 콜라겐 섬유(아교섬유, *collagen fiber*)를 모두 포함하는 밀도가 높은 불규칙한 결합조직의 상호 짜임새 있는 그물로 구성되어 있다. 탄력 섬유는 유연성을 제공하며, 콜라겐 섬유는 유연성을 제한하여 조직의 손상을 방지한다. 콜라겐 섬유 다발은 위의 유두층과 섞여서 이들 층 사이의 경계를 모호하게 한다. 그물층의 콜라겐 섬유는 또한 더 깊은 피하로 확장된다.

단백질 기반 탄력 섬유와 콜라겐 섬유 외에 진피는 적절한 연결 조직의 혼합 세포 개체군을 포함하고 있다. 진피의 지배적인 세포 유형은 섬유모세포이다. 털주머니와 땀샘 등 표피에서 유래한 부속 기관은 진피로 확장된다(**그림 5-1**).

다른 기관계통은 진피와의 연결을 통해 피부와 상호작용한다. 예를 들어, 두 피부층 모두 혈관(심혈관계통), 림프관(림프계통), 신경섬유(신경계통)와 협력한다.

임상노트

피부염 Dermatitis

염증은 병원균과 부상으로부터 몸을 방어하는 데 도움이 되는 복잡한 과정이다. 피부 염증은 감각 수용체가 풍부하기 때문에 매우 고통스러울 수 있다.

피부염(dermatitis)은 주로 진피의 유두층을 포함하는 피부의 염증이다. 염증은 일반적으로 감염에 노출되거나 화학물질, 방사선 또는 기계적 자극에 의한 흠집 피부 부위에서 시작된다. 피부염은 불편함을 유발하지 않을 수도 있고, 짜증나는 가려움증을 일으킬 수도 있다. 때때로 상태는 꽤 고통스러울 수 있고, 염증은 전체 외피에 빠르게 퍼질 수 있다.

피부염은 많은 형태를 가지고 있다. 그 중 일부는 일반적이다.

- 접촉 피부염(contact dermatitis)은 일반적으로 강한 화학 자극제에 반응하여 발생한다. 이는 다른 지역으로 퍼질 수 있는 가려운 발진을 일으킨다. 예로는 덩굴 독이 있다.
- 습진(eczema)은 온도 변화, 곰팡이, 화학 자극제, 기름, 세제 또는 스트레스에 의해 유발될 수 있다. 유전인자, 환경인자 또는 둘 다 발달을 촉진할 수 있다.
- 바닥귀 발진(diaper rash)은 수분, 배설물이나 요로 폐기물로부터 나오는 자극적인 화학물질, 미생물, 종종 곰팡이인 효모 칸디다의 조합으로 인한 국소화된 피부염이다.
- 벌집이라고도 불리는 두드러기(urticaria)는 음식, 약, 곤충에 물린 것, 감염, 스트레스 또는 다른 자극에 대한 광범위한 알레르기 반응이다.

피부를 공급하는 동맥은 피부밑 깊숙이 자리 잡고 있다. 동맥의 가지들은 진피에 두 개의 그물, 즉 **얼기**(*plexus*)를 형성한다. 더 깊은 그물은 진피의 그물층과 함께 피하의 경계를 따라 놓여 있다. 이 그물망을 **피부신경얼기**(*cutaneous plexus*)(**그림 5-1**)라 한다. 이 동맥의 가지들은 피하의 지방조직과 외피조직에 모두 공급한다. 작은 동맥이 표피를 향해 이동함에 따라 가지들은 털주머니, 땀샘, 진피의 다른 구조물들에 공급한다.

유두층에 도달하면 작은 동맥은 **유두밑얼기**(*subpapillary plexus*)(**그림 5-1**)이라 불리는 또 다른 그물을 형성한다. 이 얼기에서 혈관이 나와 표피와 진피가 만나는 경계부위에 모세혈과 고리(capillary loop)를 형성한다. (모세혈관은 가장 작은 혈관이다. 모세혈관은 영양소와 산소가 이산화탄소와 폐기물로 교환되는 곳이다.) 모세혈관은 유두밑얼기의 작은 정맥으로 비운다. 이 작은 정맥들은 차례로 피부신경얼기의 동맥을 동반하는 정맥으로 배수된다. 이 네트워크는 깊은 피하의 더 큰 정맥에 연결된다.

진피의 혈관과 림프관 모두 부위 조직이 부상이나 감염 후 스스로를 방어하고 회복하는 데 도움을 준다. 신경섬유는 혈류를 조절하고, 분비 속도를 조절하며, 진피와 표피의 더 깊은 층의 감각 수용체를 모니터링한다. 이러한 수용체는 촉각, 통각, 압각, 온도 감각을 제공한다. (9장에서 설명할 것이다.)

체크포인트

10. 진피의 위치를 기술하시오.
11. 표피를 공급하는 모세혈관이 어디에 있는가?

책 뒷면에 있는 파란색 정답 탭을 참조.

5-5 피부밑조직은 진피를 더 깊은 층과 연결한다

학습목표 피부밑의 구조와 기능을 기술한다.

피부밑조직(hypodermis)은 진피 깊숙이 자리 잡고 있다(**그림 5-1**). 그물층의 결합조직 섬유가 피부밑의 섬유와 광범위하게 엮이기 때문에 두 가지 사이의 경계는 일반적으로 불분명하다. 피하밑조직은 외피의 일부가 아니지만 뼈대근이나 다른 장기와 같은 밑 부분 조직에 비해 피부의 위치를 안정시키는 동시에 독립적으로 움직일 수 있도록 하는 것이 중요하다.

피부밑조직은 많은 지방세포를 가진 결합조직으로 구성되어 있다. 이 지방세포는 유아와 어린아이들에게 열 손실을 줄이는 데 도움이 되는 젖살(baby fat)을 형성한다. 피부밑지방은 또한 초기의 거칠고 비틀거리는 활동을 위한 에너지 저장과 충격 흡수제 역할을 한다.

우리가 성장하고 성숙함에 따라 피부밑지방의 분포는 변화한다. 가장 큰 변화는 순환하는 성 호르몬에 반응하여 일어난다. 사춘기부터 남자들은 목, 위팔, 등 아래쪽을 따라 엉덩이에 피부밑지방을 축적한다. 여자들은 가슴, 엉덩이, 허벅지에 지방을 축적한다. 그러나 여성과 남성 모두 복부 부위에 지방조직이 엄청난 양을 축적하여 눈에 띄는 "배불뚝이(potbelly)"를 만들어 낼 수 있다. 그러한 복부 지방의 과도한 양은 심혈관 질환과 강하게 관련되어 있다.

피부밑조직은 상당히 탄력적이다. 피부밑 표면 부위는 피부신경얼기의 큰 혈관을 포함하고 있다. 이 부위 아래에서는 피하혈관이 거의 없고 중요한 장기가 없다. 중요한 장기가 없으므로 **피하 주사**(*subcutaneous injection*)를 **피하밑 주사바늘**(*hypodermic needle*)을 사용하여 약물을 투여하는 데 유용한 방법이다.

체크포인트

12. 피부와 피부를 연결하는 조직의 두 용어를 나열하시오.
13. 피부밑조직을 설명하시오.

책 뒷면에 있는 파란색 정답 탭을 참조.

5-6 털은 피부 표면으로 밀려난 죽은 각질화된 세포로 구성되어 있다

학습목표 털이 자라나는 과정과 털의 짜임새와 색깔을 형태적으로 서술한다.

털과 다른 여러 구조물—털주머니, 피지 및 땀샘, 손톱—은 외피의 부속 구조물로 간주한다. 배아 발달 동안, 이러한 구조들은 표피에서 유래한다.

털(hair)은 **털주머니(hair follicle)**(**그림 5-8a**)이라 부르는 기관에서 생산되는 무생물로 각질화된 구조이다. 털은 거의 모든 곳에서 피부 표면 위로 돌출된다. 우리는 발의 옆면과 바닥, 손바닥, 손가락과 발가락의 측면, 입술, 그리고 외부 생식기 부분에는 털이 없다.

털과 털주머니의 구조

The Structure of Hair and Hair Follicles

털주머니는 진피 깊숙이, 보통 피부밑조직까지 도달해 있다(**그림 5-8b**). 털주머니 벽에는 표피에서 발견되는 모든 세포층이 들어 있다. 상피는 모세혈관과 신경을 포함하는 쐐기모양으로 털주머니 밑의 **털유두(hair papilla)** 위에 뚜껑을 형성한다. 털은 털유두를 둘러싼 **털바탕질(hair matrix)**에서 상피 줄기세포의 반복적인 분열에 의해 형성된다. 딸세포

임상노트

피부의 의학적 조건 Medical Conditions of the Skin

많은 질환이 피부에 영향을 미친다. 피부질환은 피부에 국한되거나 다른 신체 기관계통을 포함할 수 있다. 종종 피부 병변은 감염이나 신체의 다른 부위의 문제 때문이기도 하다.

발진 Exanthems

사람을 감염시키는 바이러스의 대부분은 감염 과정에서 특징적인 피부 발진을 유발한다. 발진은 약물, 바이러스 또는 특정 세균에 의해 발생할 수 있는 급성 일반화된 피부 질환이다. 보통, 발진은 반점이나 여드름을 일으키지만, 일부는 소포를 가지게 될 것이다. 어린 시절 바이러스 감염의 대부분은 알아볼 수 있는 바이러스성 발진(**그림 5-7**)으로 특징지어진다. 여기에는 풍진, 홍역, 장미진, 수두 등이 포함된다. 어떤 세균 감염은 발진을 일으킨다. 이 중 가장 흔한 성홍열은 A군 베타용혈성 사슬알균 감염, 보통 인두염에 의해 발생한다. 성홍열의 발진은 사포처럼 느껴지고, 입가에 명백한 점액으로 붉어진다.

많은 바이러스성 발진은 무증상이다. 어떤 것들은 가려움과 고통을 유발할 수 있다. 수두는 실제로 바이러스를 배출할 수 있는 소포를 생성한다. 발진은 특별한 치료가 필요하지 않다. 대신 근본적인 원인이나 환자를 불편하게 만드는 증상에 대한 치료가 이루어진다.

대상포진 Herpes Zoster

대상포진은 감각신경의 피부를 따라 소포들이 생성되는 것을 특징으로 하는 질병이다. 수두와 대상포진을 일으키는 바이러스는 수두-대상포진 바이러스(VZV)이다. 초기 감염 후 VZV를 투여하면, 환자는 수두를 발달시킬 것이다. 이것은 보통 어린 시절에 발생한다. 수두 감염 과정에서 VZV는 감각신경을 위해 신경절에 들어가 평생 동안 신경절에 남아 있다. 나중에 바이러스는 다시 활성화되어 감염된 감각신경을 따라 퍼진다. 스트레스, 질병, 면역억제는 바이러스 재활성화의 원인으로 보이지만, 대부분의 경우 그 원인은 특발성(결정할 수 없음)이다. 처음에 대상포진은 심한 통증을 유발하고, 그 다음 환부에 붉은색이 나타난다. 홍조와 발진은 영향을 받은 신경의 피부에 국한되며 발진은 신체의 중간선을 넘지 않는다. 대상포진 감염은 또한 뇌신경에 영향을 주거나 눈을 포함할 수 있다. 결국, 소포가 생길 것이다. 항바이러스제는 바이러스를 근절하지는 않지만, 감염의 심각성과 발병 기간을 줄이는 데 효과적이며, 이는 몇 주 동안 지속될 수 있다.

그림 5-7 소아 질환과 관련된 발진의 예. (a) 수두 (b) 홍역

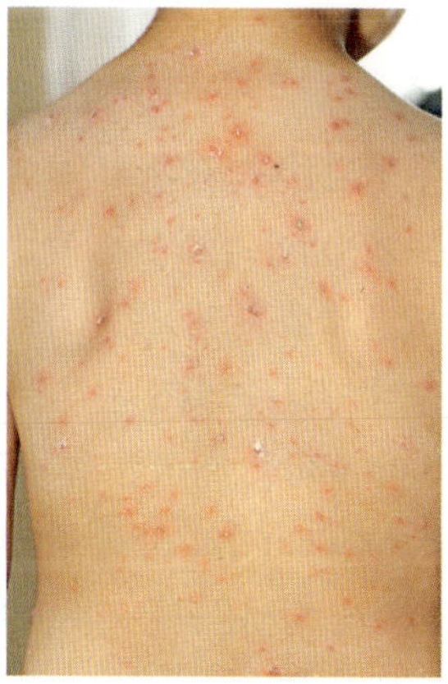

(a)

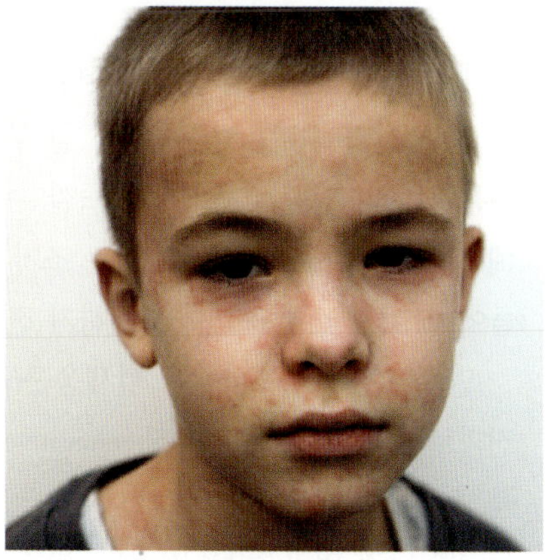

(b)

포도알균화상피부증후군 Staphylococcal Scalded Skin Syndrome

포도알균화상피부증후군(staphylococcal scalded skin syndrome, SSSS)은 5세 미만의 어린이들에게 가장 자주 나타난다. 표피의 과립층 바로 아래의 피부를 분리시키는 독소를 생성하는 II군 포도상알균에 의한 중독에 기인한다. 영향을 받는 피부 부위에는 딱지를 형성하는 결과를 가져온다. 표피용해제인 독소는 보통 피부 이외의 부위에서 생산되어 순환계를 통해 피부로 전달된다.

SSSS는 열, 불쾌, 자극성, 콧물로 시작하며, 그 다음 절묘한 부드러움을 동반하는 전신 홍반과 발적으로 이어진다. 홍반은 손바닥, 발바닥, 점막을 제외하고 얼굴과 몸통에서 퍼져 전신을 덮는다. 48시간 이내에 물집과 수포가 형성될 수 있고 고통은 심해진다. 물집이 터지면서 체액이 손실되어 탈수 현상이 발생한다. 심한 경우에는 전신의 피부에 딱지 형성이 될 수 있다. SSSS의 치료에는 필요한 경우 근본적인 감염을 근절하기 위한 항생제와 필요한 경우 대체 수액이 포함된다. 피부는 심한 화상과 똑같이 치료해야 한다. 피부 손상부위가 큰 아이들은 화상 센터에서 치료하는 것이 가장 좋다.

독성 표피괴사성 표피괴사 Toxic Epidermal Necrolysis

독성 표피괴사성 표피괴사(toxic epidermal necrolysis, TEN)는 포도상알균의 피부확장증후군과 유사하며 심각하고 때로는 치명적인 약물 반응이다. 주로 어른들에게 영향을 미친다. 술폰아미드계, 비스테로이드성 항염증제, 항경련제의 항생제가 TEN 대부분의 경우 원인이다. 피부 발진에 앞서 발열, 권태감, 식욕 부진, 눈꺼풀 점막의 염증이 나타난다. 피부는 붉어지고 매우 부드러워지며 처음에는 겨드랑이와 사타구니에서 이후 신체 표면 위로 뻗어나간다. 물집과 수포 형태, 그리고 표피 전체가 벗겨질지도 모른다. TEN은 표피 밑 물집 형성으로 표피의 전층 괴사(죽음)를 일으킨다. 치료는 화상과 동일하며 심한 경우 화상센터에서 관리하는 것이 가장 좋다.

가 표면을 향해 밀릴 때, 모발은 길어지고 세포는 각질화를 겪고 죽는다. 이러한 현상이 일어나는 지점은 피부 표면의 중간쯤에 있으며, **털뿌리(hair root,** 모발을 피부에 고정시키는 부분) 경계를 표시하며, **털줄기(hair shaft,** 표면에서 보는 부분)(**그림 5-8a**)를 표시한다.

각 털줄기는 죽은 각질화된 세포의 세 층으로 구성된다(**그림 5-8c**). 표면층, 즉 **털껍질(cuticle)**은 겹치는 자갈 모양의 세포층으로 구성된다. 밑바닥 층은 **털겉질(cortex)**이라 부르며, **털속질(medulla)**은 모발의 핵심을 구성한다. 털속질은 유연한 부드러운 케라틴을 함유하고 있다. 피질과 털껍질은 두꺼운 케라틴 층을 함유하고 있어 털이 뻣뻣하다.

털주머니의 활동 수준에 따라 털 성장주기(*hair growth cycle*)에 따라

그림 5-8 **털주머니와 털.**

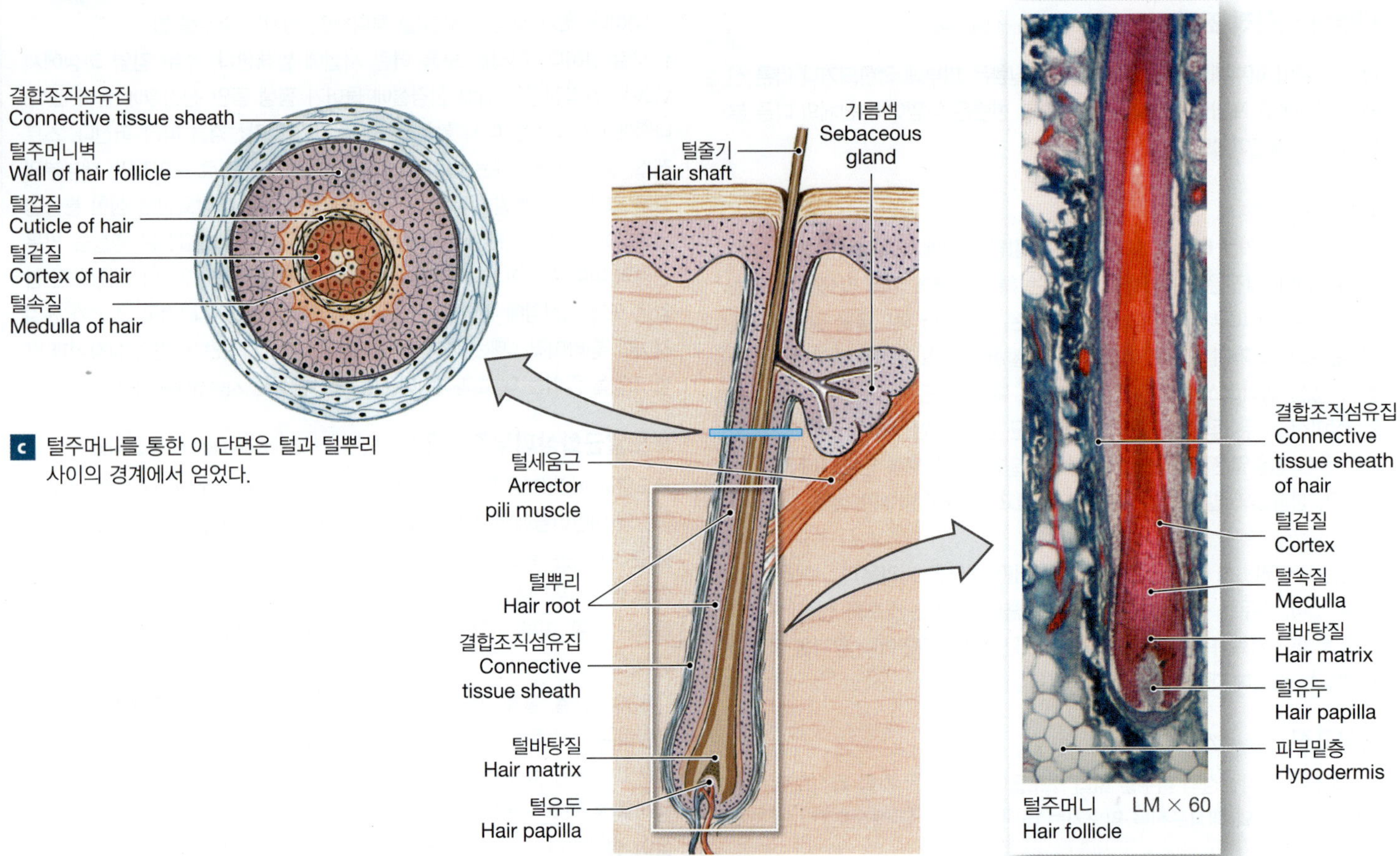

c 털주머니를 통한 이 단면은 털과 털뿌리 사이의 경계에서 얻었다.

a 그림은 털주머니와 털의 세로 단면을 보여준다.

b 두피의 이 부분에서 털주머니가 피부밑층까지 확장된다.

머리카락이 자라서 탈락된다. 일반적으로 두피의 털은 하루에 약 0.3 mm의 비율로 2~5년 동안 자란다. 그 이후 털주머니는 비슷한 기간 동안 활동하지 않게 될 수 있다. 또 다른 성장주기가 시작되면 털주머니는 새로운 모발을 생산하고 오래된 모발은 표면으로 밀려 나와 떨어져 나간다. 성장률과 모발 성장주기의 길이의 변화는 자르지 않은 모발 길이의 개별적 차이를 설명할 수 있다.

모발을 곱슬 또는 곧게 만드는 것은 무엇인가? 이러한 차이는 털줄기의 단면 모양과 털주머니에서 비롯된다. 곱슬머리와 털주머니는 타원형이거나 평평하다. 곧은 머리카락과 털주머니는 둥글다.

털의 기능 Functions of Hair

인체의 250만 개의 털은 중요한 기능을 가지고 있다. 머리에 있는 약 50만 개의 털은 자외선으로부터 두피를 보호하고, 머리에 가벼운 타격을 완화시키고, 머리뼈에 단열재를 제공한다. 콧구멍과 바깥귀길의 입구를 지키는 털은 이물질을 막는 데 도움이 된다. 속눈썹은 눈의 표면에 대해 유사한 기능을 수행한다.

감각 신경섬유는 털주머니의 밑 부분과 관련된다. 결과적으로, 우리는 하나의 털줄기 움직임을 느낄 수 있다. 이러한 민감성은 부상을 예방하는 데 도움이 될 수 있는 조기 경보 시스템을 제공한다. 예를 들어, 모기가 피부 표면에 도달하기 전에 찰싹 때릴 수 있게 된다.

민무늬근육세포 다발은 **털세움근(arrector pili)**을 형성한다. 유두진피로부터 결합조직섬유집(connective tissue sheath)까지 각 털주머니를 중심으로 연장된다(**그림 5-8a**). 자극을 받으면, 털세움근은 털주머니를 잡아당겨 머리카락을 세운다. 수축은 감정 상태(공포나 분노 등)나 추위에 대한 반응으로 "소름(goose bump)"을 발생하게 한다.

털 색깔 Hair Color

털 색깔은 털유두에서 멜라닌세포에 의해 생성된 색소의 종류와 양의 차이에서 비롯된다. 두 가지 다른 형태의 멜라닌은 검은색에서 금발까지 다양한 머리카락 색을 만든다. 이러한 색소의 차이는 유전적으로

임상노트

탈모 Hair Loss

어떤 사람들은 머리카락이 머리 대신 빗에 달라붙는 것을 발견할 때 불안해한다. 평균적으로 우리는 매일 머리에서 50개의 머리카락이 빠지지만, 몇 가지 요인이 이 비율에 영향을 줄 수 있다. 하루에 100개 이상의 모발이 지속적으로 손실되는 것은 일반적인 모발의 순손실이다. 머리카락이 없거나 빠지는 것을 **탈모증**(*alopecia*)이라 한다. 일시적인 탈모 증가는 약물(화학요법제 포함), 방사선, 식이요인, 고열, 스트레스 또는 임신과 관련된 호르몬 요인에서 비롯될 수 있다.

남성에서는 순환성 성호르몬의 수준이 두피에 영향을 미쳐 정상적인 모발에서 미세한 "솜털"로 생산이 전환되어 관자놀이와 정수리(crown)에서 시작된다. 이러한 변화를 **남성형 대머리**(*male pattern baldness*)라 한다. 남성형 대머리의 경우는 **미녹시딜**(*Rogaine*)의 국소적 적용과 같은 약물 치료에 반응한다.

화학요법과 암 치료를 위한 방사선 치료는 암세포와 정상 세포, 특히 털 바탕질 줄기세포가 모두 영향을 받기 때문에 탈모를 일으킬 수 있다. 이러한 탈모는 일반적으로 영구적이지는 않지만 신체의 모든 모발에 영향을 줄 수 있다. 방사선 치료에서는 방사선을 받는 부위의 털만 영향을 받는다. 머리에 방사선 치료를 하면 두피에서 탈모가 발생하는 경우가 많다.

화학요법 중에 투여되는 모든 약이 탈모를 일으키는 것은 아니다. 그러나 탈모가 발생할 때는 흔히 몇 주 안에 시작되며 일반적으로 치료 후 최대 2개월까지 증가한다. 털은 보통 치료가 끝난 후 몇 달 후에 다시 자라기 시작하며, 1년 이내에 완전히 재성장한다. 새로운 털의 색상, 두께 및 질감은 원래 털과 다를 수 있다.

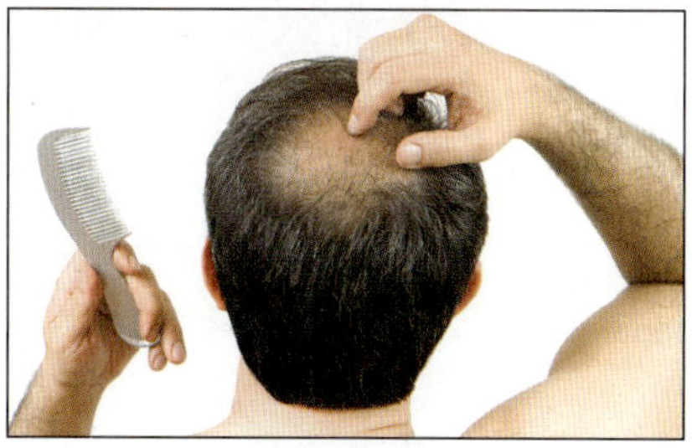

결정되지만 호르몬과 환경적 요인도 털 상태에 영향을 미친다.

털이 희끗희끗해지는 것은 왜일까? 색소 생성이 나이가 들수록 감소하면서 털 빛깔이 옅어진다. 흰 머리카락은 색소의 부족과 털줄기 내 기포의 존재로 인해 발생한다. 흰 머리카락이 증가함에 따라, 머리카락이 희끗희끗해진다. 털 하나하나가 죽어 불활성되기 때문에 색의 변화는 느리게 일어난다. 표백제를 사용하지 않는 한, 모발이 "하룻밤에 하얗게 변하는 것"처럼, 무시무시한 이야기는 불가능하다.

임상노트

털 질병 The Hair in Disease

털은 손바닥, 발바닥 및 성기의 일부를 제외하고 전신을 덮는 촉각 감각기관이다. 다른 신체 기관과 마찬가지로, 털은 질병의 영향을 받을 수 있다. 털의 성장이나 분포의 변화는 진단 과정에 도움이 될 수 있다. 털의 손실은 노화와 함께 발생한다.

보통, 매일 50개의 털이 없어진다. 하루에 100개 이상의 털을 잃는 것(탈모증)은 근본적인 질병을 나타낼 수 있다. 심각한 영양실조와 화학요법은 탈모를 일으킬 수 있다. 암을 치료하는 데 자주 사용되는 화학요법은 세포 성장을 억제한다. 화학요법은 특히 빠르게 분열하고 있는 세포에서 명백하다. 털주머니의 세포는 다른 신체 세포보다 더 빠르게 분열한다. 따라서 탈모는 종종 화학요법으로 인해 발생한다.

털 성장과 분포는 주로 남성 호르몬(안드로겐)에 의해 조절된다. 안드로겐의 증가를 일으키는 질병은 종종 과도한 털 성장(남성형다모증)을 초래한다. 여기에는 특정 종양, 다낭성난소질환, 부신과형성 등이 포함된다. 탈모와 과도한 발모는 근본적인 원인을 결정하기 위해 조사해야 한다.

체크포인트

14. 전형적인 모발 가닥을 묘사해 보시오.
15. 털세움근이 수축할 때 무슨 일이 일어나는가?
16. 팔뚝에 화상을 입으면 표피와 깊은 진피가 파괴되고 치유되면, 손상 부위에서 다시 털이 자랄 것인가?

책 뒷면에 있는 파란색 정답 탭을 참조.

5-7 기름샘과 땀샘은 피부에서 발견되는 외분비샘이다

학습목표 피부의 여러 가지 분비샘을 논의하고, 이들의 분비물을 열거한다.

외피에는 기름샘(*sebaceous gland*)과 땀샘(*sweat gland*)의 두 가지 유형의 외분비샘이 포함되어 있다.

기름샘(피지샘) Sebaceous (Oil) Glands

기름샘(sebaceous gland)은 기름진 지질 분비물을 털주머니로 배출하거나, 경우에 따라 피부로 배출한다(**그림 5-9**). 분비샘 세포는 성숙함에 따라 많은 양의 지질을 생산한다. 지질은 세포의 파열과 사망을 수반하는 과정인 완전분비샘을 통해 방출된다. 머리카락을 끌어올리는 털세움근의 수축은 피지샘을 쥐어짜서 유분 분비물을 털주머니와 주변 피부에 밀어 넣는다. **피지(sebum)**라 불리는 이 분비물은 세균의 성장을 억제하고, 머리카락을 윤활하며, 주변 피부를 좋게 한다. **기름샘주머니**

그림 5-9 기름샘과 털주머니와의 관계.

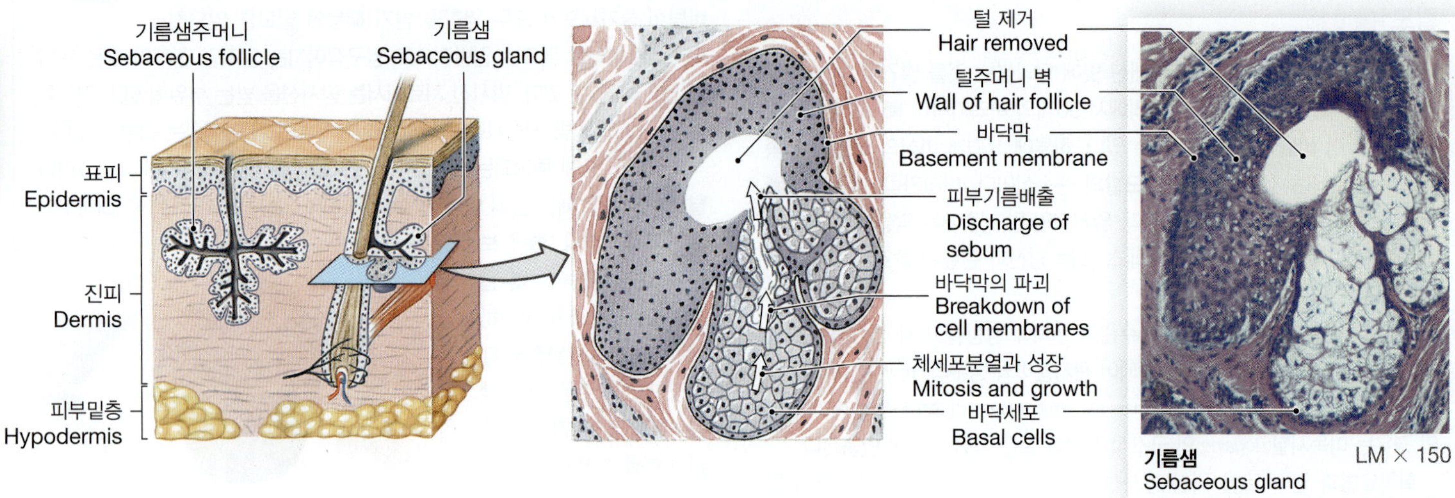

(sebaceous follicles)는 피지를 피부에 직접 배출하는 큰 피지샘이다. 피지샘들은 얼굴, 등, 가슴, 젖꼭지, 그리고 외부 성기에 위치한다.

기름샘은 성호르몬의 농도 변화에 민감하다. 사춘기에 분비가 가속화된다. 이러한 이유로, 큰 피지샘을 가진 개인은 특히 청소년기에 **여드름(acne)**이 생기기 쉽다. 여드름에서는 피지관이 막히고 분비물이 축적되어 염증과 상승된 "뾰루지(pimple)"를 일으킨다. 갇힌 분비물은 세균 감염에 비옥한 환경을 제공한다.

땀샘 Sweat Glands

피부에는 두 가지 종류의 땀샘이 포함되어 있다. 아포크린땀샘(*apocrine sweat gland*)과 에크린땀샘(*merocrine sweat gland*)(그림 5-10).

아포크린땀샘 Apocrine Sweat Glands

아포크린땀샘(apocrine sweat gland)은 겨드랑이, 유두 주변, 두덩뼈 부위의 털주머니로 땀을 분비한다. 아포크린(*apocrine*)이라는 이름은 원래 분비샘 세포들이 부분분비하는 방법을 사용한다고 생각되어 선택되었다. 우리는 아포크린땀샘이 에크린땀샘에 의존한다는 것을 알았지만, 그 이름을 바꾸지 않았다.

사춘기에, 이 분비샘들은 끈적끈적하고 뿌옇고 잠재적으로 악취가 나는 분비물을 방출하기 시작한다. 땀은 세균의 음식 공급원이며, 세균의 냄새를 강화시킨다. 다른 포유류에서는 땀 냄새는 중요한 의사소통 형태이다. 우리의 문화에서는 땀이 어떤 기능을 가졌든 탈취제와 같은 제품으로 냄새를 억제한다. 항발한제와 같은 제품에는 피부와 땀

그림 5-10 땀샘. 에크린땀샘은 피부로 직접 배출한다. 아포크린땀샘은 털주머니로 배출한다.

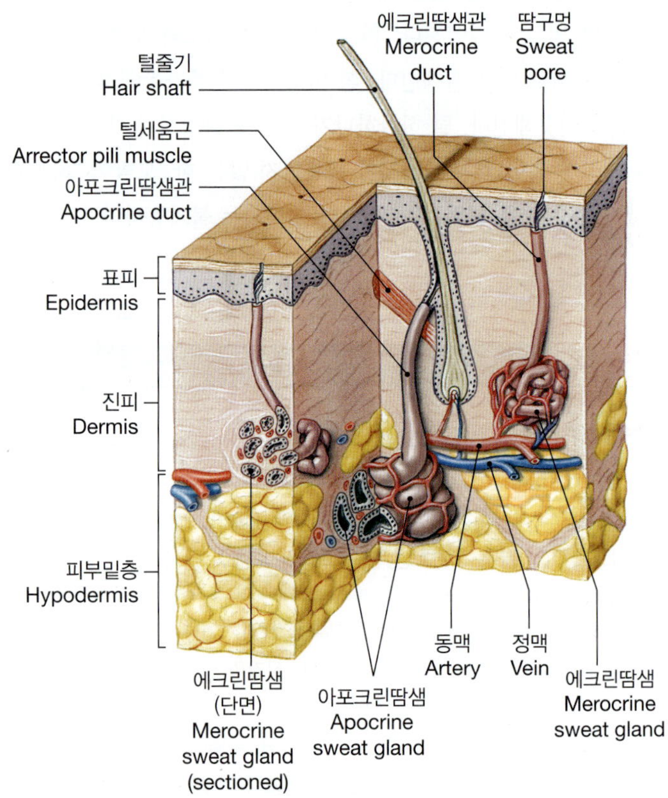

샘 개구부를 수축하는 수렴성 화합물이 포함되어 있어 아포크린땀샘과 에크린땀샘 분비물의 양을 모두 감소시킨다.

에크린땀샘 Merocrine Sweat Glands

에크린땀샘(merocrine sweat gland), 즉 에크린(*eccrine*) 땀샘(*sweat gland*)은 분비물을 피부 표면으로 직접 배출하는 코일관형 샘이다. 에크린땀샘은 아포크린땀샘보다 훨씬 더 많고 널리 분포되어 있다. 성인의 피부에는 200만~500만 개의 에크린 분비샘(eccrine gland)이 들어 있다. 손바닥과 발바닥이 가장 많이 가지고 있다. 손바닥은 제곱센티미터당 약 500개의 분비샘을 가지고 있는 것으로 추산된다.

에크린땀샘에 의해 생성된 땀, 즉 땀은 99%의 물이다. 땀은 또한 전해질(대부분 염화나트륨), 유기 영양소, 요소와 같은 폐기물의 혼합물을 포함하고 있다. 염화나트륨은 땀에 짠맛을 내게 한다.

에크린땀샘 활동과 땀의 주된 기능은 피부 표면과 체온을 낮추는 것이다. 뜨거운 태양 아래서 땀을 흘리고 있을 때, 모든 분비샘이 함께 작용하고 있다. 표피 아래의 혈관이 확장되어 혈액이 붉어지고, 피부가 옅은 색을 띠며 붉어지며, 피부 표면은 따뜻하고 젖어진다. 수분이 증발함에 따라 피부가 식는다. 체온이 정상 이하로 떨어지면 땀이 멎고 피부로의 혈류가 감소한다. 그러고 나서 피부 표면은 식고 건조하여 환경에 거의 열을 방출하지 않는다. (우리는 1장에서 p. 10 열 조절, 즉 온도조절에서 피부의 역할과 음성되먹임을 고려하였다. 17장에서 이 과정을 더 자세히 검토할 것이다.)

발한은 몸에서 물과 전해질을 잃는 결과를 초래한다. 이러한 이유로 정상적인 체온을 유지하기 위한 과도한 땀은 문제를 일으킬 수 있다. 예를 들어, 모든 에크린땀샘이 최대로 작용할 때, 땀은 시간당 약 4 L를 초과할 수 있으며, 위험한 체액과 전해질 손실을 발생시킬 수 있다. 이러한 이유로 마라톤 선수와 다른 지구력 선수들은 규칙적인 간격으로 음료를 마셔야 한다.

땀은 또한 환경적 위험으로부터 보호한다. 땀은 피부와 접촉하는 유해한 화학물질을 희석시키고 표면에서 미생물을 씻어낸다. 항생제 성질을 가진 작은 펩티드인 데르미시딘(*dermicidin*)의 존재는 미생물로부터 추가적인 보호를 제공한다.

피부는 또한 특화된 분비물 분비하는 다른 종류의 변형된 땀샘을 포함한다. 예를 들어, 유방의 젖샘은 구조적으로 아포크린땀샘과 관련이 있지만 모유를 분비한다. 또 다른 예는 외부 귀의 통로에 있는 귀지샘(*ceruminous gland*)이다. 귀지샘 분비는 귀지(*cerumen*)라고 불리는 혼합물을 형성하기 위해 근처의 피지샘과 결합한다.

지식 쌓기

외분비샘은 상피 표면에 산물을 분비한다는 사실을 기억하라(**4장: 생명체의 조직 구성** 참조). 이러한 분비물은 표면(점액 세포)에 직접 도달하거나 피부 표면에 개방된 관을 통해 또는 외부에 연결되는 내부 통로 선상으로 상피에 도달한다.

체크포인트

17. 피부에서 발견되는 두 종류의 외분비샘을 식별하시오.
18. 피지 분비물의 기능은 무엇인가?
19. 방취제는 어떤 종류의 기름샘에서 분비되는 효과를 억제하는 데 사용되는가?

책 뒷면에 있는 파란색 정답 탭을 참조.

5-8 손톱은 손가락과 발가락의 끝을 보호하는 각질화된 표피세포이다

학습목표 손톱의 해부학적 구조를 설명하고, 손톱이 어떻게 형성되는지 설명한다.

손톱(nail)은 손가락과 발가락 끝의 등쪽 표면을 보호한다(**그림 5-11a**).

그림 5-11 손톱의 구조.

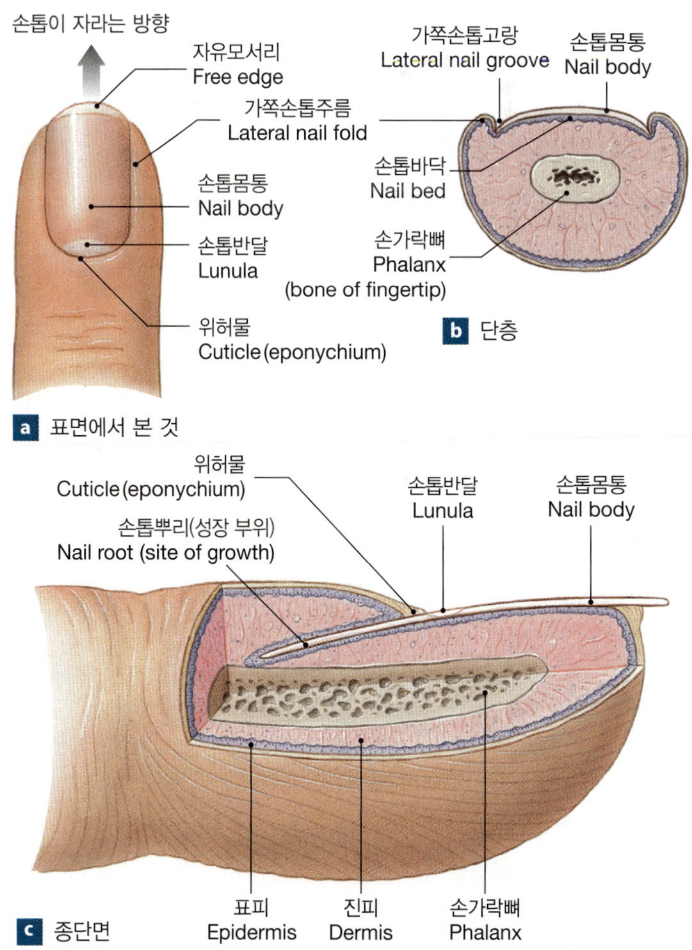

또한 손가락이 기계적 스트레스를 받을 때 손가락이 지나치게 비틀리는 것을 막는다. 예를 들어, 물체를 실행하거나 잡을 때. **손톱몸통(nail body)**은 손톱에서 눈에 보이는 영역으로, 손톱은 죽은 각질화된 세포들로 이루어진 밀도가 높은 덩어리로 구성되어 있다. 손톱몸통은 **손톱바닥(nail bed)**(그림 5-11b)라 불리는 표피 부위를 덮는다. 손톱몸통은 주변 표피 수준 아래에 오목하게 놓여 있으며 **가쪽손톱주름(lateral nail fold)**에 의해 경계가 된다.

손톱은 **손톱뿌리(nail root)**에서 생성되며 표면에서 볼 수 없는 상피 주름이다. 손톱뿌리의 가장 깊은 부분은 손가락 끝의 뼈에 매우 가깝게 놓여 있다. 접힌 각질층의 일부는 뿌리에 가장 가까운 노출된 손톱 위로 뻗어 **위허물(cuticle)** 또는 손톱위허물(*eponychium*)을 형성한다(그림 5-11c). 손톱 밑의 혈관들은 손톱이 분홍색을 띠게 한다. 뿌리 근처에서 이러한 혈관들이 가려져 **손톱반달(lunula)**로 알려진 하얀 반달모양이 관찰된다.

체크포인트

20. 손톱을 단단하게 만드는 물질은?
21. 손톱 성장은 어디서 일어나는가?

책 뒷면에 있는 파란색 정답 탭을 참조.

5-9 상처 후 여러 단계가 외피를 복구하는 데 관여한다

학습목표 피부가 손상에 대해 어떻게 반응하고 스스로 회복되는지 설명한다.

외피계통은 신경계 또는 내분비계를 포함하지 않고 많은 국소적인 영향이나 자극에 직접 독립적으로 반응할 수 있다. 예를 들어, 피부가 기계적 스트레스를 받으면 바닥층의 줄기세포가 더 빠르게 분열되고 상피의 두께가 증가한다. 그래서 육체 노동을 할 때 손바닥에 굳은살이 형성되는 것이다. 국소적 반응의 더 뚜렷한 예는 피부가 손상을 입었을 때 볼 수 있다.

피부손상 복구 Repair of Skin Injuries

피부 줄기세포는 상피조직과 결합조직 모두에 존재하기 때문에, 피부는 상당한 손상 후에도 효과적으로 재생될 수 있다. 바닥층 줄기세포의 분열은 상피세포를 대체한다. 결합조직 줄기세포는 진피에서 잃어버린 세포를 대체하기 위해 분열한다. 이

그림 5-12 피부손상 회복.

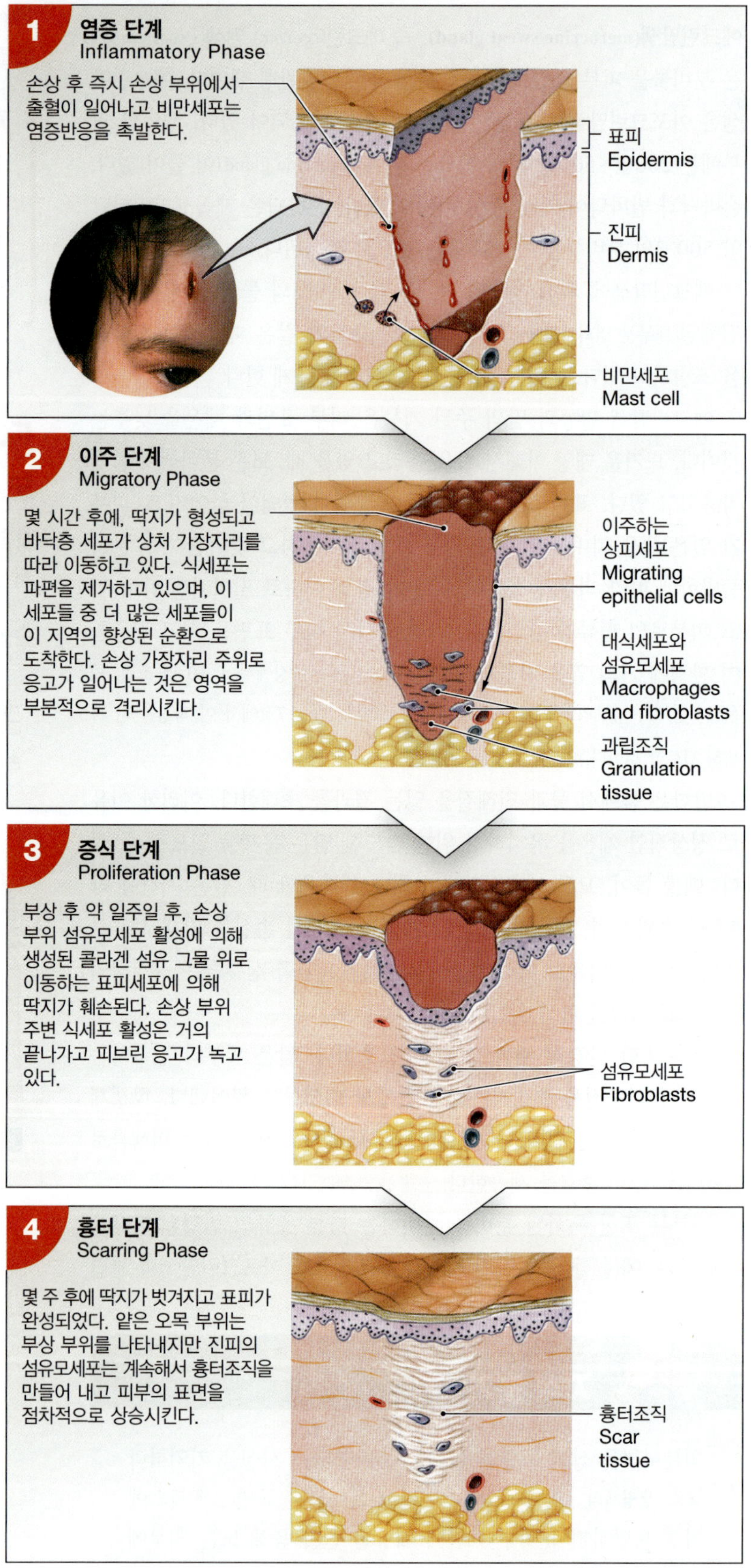

과정은 느릴 수 있다. 큰 표면적이 관련되면 감염과 액체 손실이 수리 과정을 복잡하게 만든다.

피부 회복의 상대적인 속도와 효과는 상처의 유형에 따라 다르다. 가늘고 곧은 절단 또는 **절창**(*incision*)은 비교적 빨리 치유될 수 있다. 훨씬 더 큰 면적을 포함하는 긁힌 자국이나 **찰과상**(*abrasion*)은 더 천천히 치유될 수 있다.

피부는 부상 후 염증 단계, 이주 단계, 증식 단계, 흉터 단계의 네 단계로 재생된다(**그림 5-12**).

손상이 표피와 진피를 통해 확장되었을 때, 일반적으로 출혈이 일어난다. 진피의 비만세포는 **염증 반응**(*inflammation response*)을 유발하여 주변 영역으로의 혈류가 향상되고 포식세포를 끌어들인다**1**.

혈전 또는 **딱지(scab)**는 **이주 단계**(*migratory phase*)의 일부로 표면에 형성된다. 이러한 딱지는 표피의 완전성을 일시적으로 회복시키고 추가 미생물의 진입을 제한한다**2**. 응고 반응 중에 혈액 단백질로부터 형성되는 섬유성 단백질인 **피브린**(*fibrin*)은 불용성 그물구조이다. 바닥층의 세포는 빠르게 분열되어 상처의 측면을 따라 이동하여 누락된 표피세포를 대체하기 시작한다. 한편, 고정 대식세포와 새로 도착한 대식세포는 진피의 손상된 부위를 정찰하고 파편과 병원체를 제거한다.

상처가 넓은 영역을 덮거나 얇은 피부로 덮인 영역을 포함한다면 상피세포가 표면을 덮기 전에 진피 복구가 진행되어야 한다. 섬유모세포와 결합조직 줄기세포는 분열하여 더 깊은 부상 부위를 침범하는 이동세포를 생성한다. 손상된 혈관에 줄지어 있는 상피세포도 분열되기 시작하고 모세혈관이 섬유모세포를 따라가며 순환을 강화한다. 혈전, 섬유모세포 및 광범위한 모세혈관 그물이 모여 있는 것을 **과립 조직(granulation tissue)**이라 한다.

시간이 지남에 따라 응고의 더 깊은 부분이 용해되고 모세혈관의 수가 **증식 단계**(*proliferation phase*)에서 감소한다**3**. 섬유모세포 활성은 진피에 콜라겐 섬유의 광범위한 섬유주를 형성한다. 그러나 이러한 수리는 진피가 비정상적으로 많은 수의 콜라겐 섬유와 상대적으로 적은 혈관을 포함하고 있기 때문에 원래 상태로의 조직을 복원하지 못한다. 심하게 손상을 받은 털주머니, 피지 또는 땀샘, 근육세포 및 신경은 거의 복구되지 않는다. 대신, 섬유조직이 그 자리를 채운다.

흉터 단계(*scar phase*)에서는 다소 유연하지 않고 섬유질이며 비세포 **흉터 조직(scar tissue)**의 형성이 회복 과정을 완료하지만 조직을 원래 상태로 복원하지 못한다**4**. 흉터조직 형성 과정은 매우 다양하다. 예를 들어, 태아에게 수행된 수술 절차는 상처를 남기지 않는다. 일부 성인에서는, 대부분의 경우 피부가 어두운 사람들에서, 흉터조직 형성은

임상노트

피부의 외상 조건 Traumatic Conditions of the Skin

피부층의 외상성 붕괴는 피부 아래 조직을 노출시킨다. 이는 감염, 체액 손실, 고통을 증가시킨다. 피부 외상은 직접 외상(예리하거나 무딘 외상)이나 화상(열적 또는 화학적 외상)에서 발생할 수 있다.

부드러운 조직 손상 Soft-Tissue Wounds

피부층의 붕괴를 초래하는 외상(trauma)을 상처라고 한다. 상처의 분류는 여러 가지가 있다. 여기에는 다음과 같은 것들이 포함된다.

- **찰과상**(abrasion)–피부의 외층이 손상되지만 모든 층이 관통되는 것은 아닌 간단한 긁힘이나 긁힘이다(**그림 5-13**).
- **열상**(laceration)–일반적으로 절단이라고 불리는 열상, 열상은 매끄럽거나 들쭉날쭉할 수 있다(**그림 5-14**). 부드러운 상처는 대개 면도날이나 유리와 같은 날카로운 가장자리에 의해 발생한다. 들쭉날쭉한 상처는 금속과 같은 둔한 물체로 인한 부상일 수 있다. 또한 타격이나 낙상과 같은 둔기에 의한 외상으로도 발생할 수 있다.
- **찔린 상처**(자창, *puncture*)–날카로운 뾰족한 물체가 피부나 다른 조직을 관통할 때 발생한다(**그림 5-15**). 일반적인 원인으로는 손톱, 얼음 따개, 파편, 칼 등이 있다. 관통상과 천공상 두 가지 종류가 있다. 관통된 구멍은 얕거나 깊을 수 있으며 밑부분의 조직과 혈관을 손상시킬 수 있다. 관통된 구멍 상처는 부상 중에 이물질이 상처로 운반되고 표면의 밀봉으로 인해 남아 있기 때문에 감염 발생률이 증가한다. 천공된 구멍은 입구 상처와 출구 상처를 모두 가지고 있다. 종종 출구 상처는 입구 상처보다 더 심각하다. 관통상 상처의 예로는 총상이 있다.
- **박리**(찢김, *avulsion*)–피부와 조직의 피부판이 헐거워지거나 완전히 벗겨지는 부상이다(**그림 5-16**). 찢김은 심각한 조직 결함과 흉터를 유발할 수 있

그림 5-13 얼굴 좌측의 찰과상(An Abrasion of the Left Side of the Face).

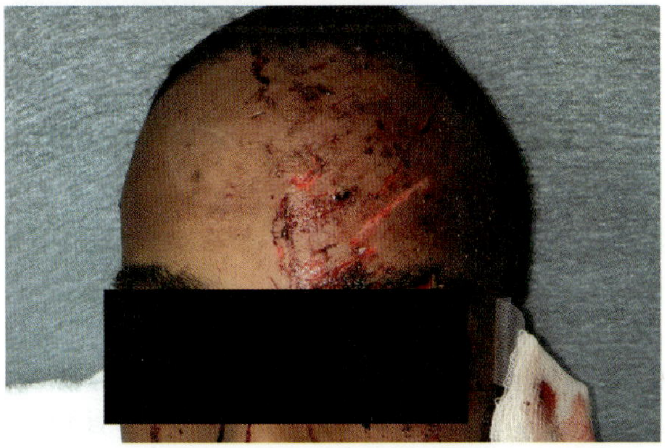

(계속)

그림 5-14 앞머리 부분 톱니모양의 열상(Jagged Laceration of the Forehead).

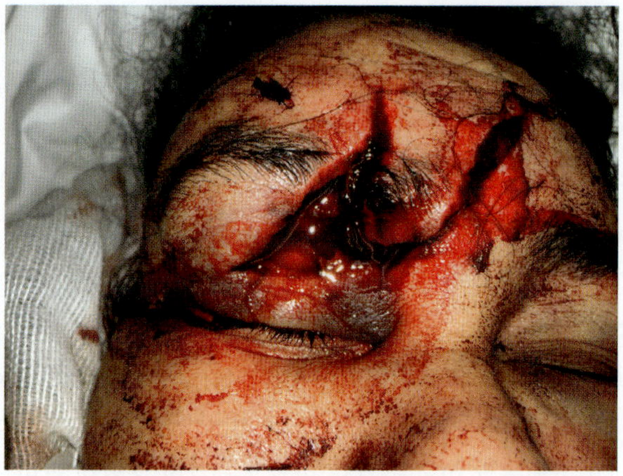

그림 5-15 자창의 예(Examples of Puncture Wounds).
(a) 카펫 섬유가 박힌 손톱 부상. (b) 왼쪽 허벅지의 총상 — 입구 상처는 왼쪽에 있다. 그리고 출구 상처는 오른쪽에 있다.

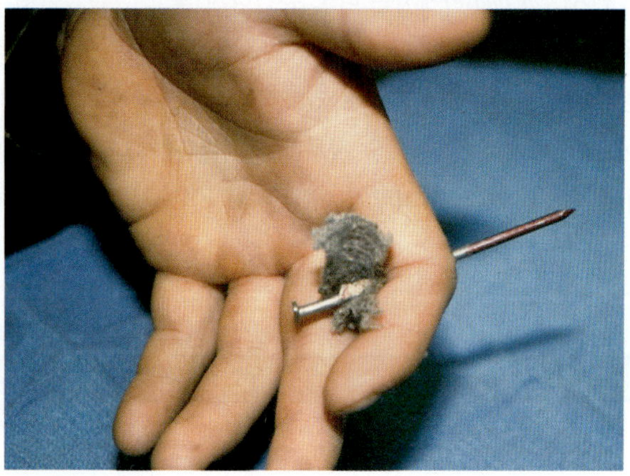

(a)

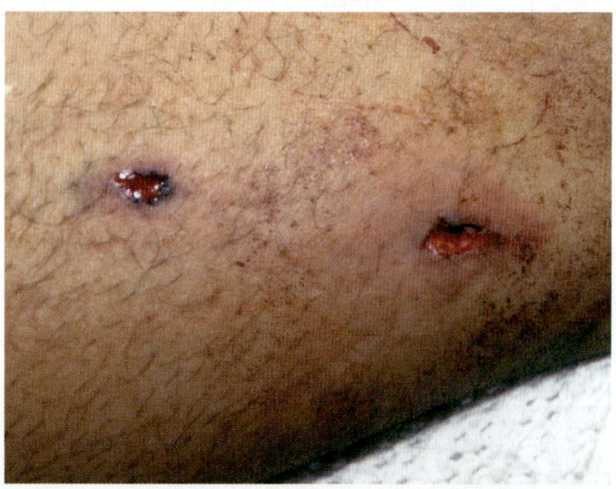

(b)

다. 특별한 유형의 열상은 '장갑 벗는' 박리이다. 이것은 피부, 보통 손의 피부가 장갑처럼 벗겨지는 것과 같은 파괴적인 상처다(**그림 5-17**).

- **절단**(*amputation*) — 팔다리 또는 팔다리의 일부가 완전히 절단되거나 찢어

그림 5-16 찢김, 박리(Avulsion).

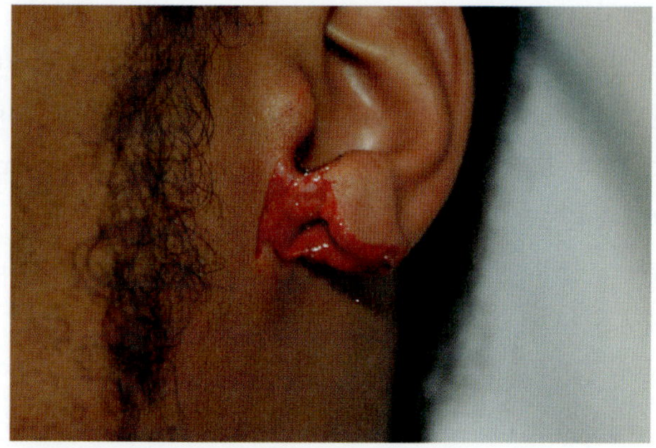

그림 5-17 장갑 벗는 박리(Degloving Injury).

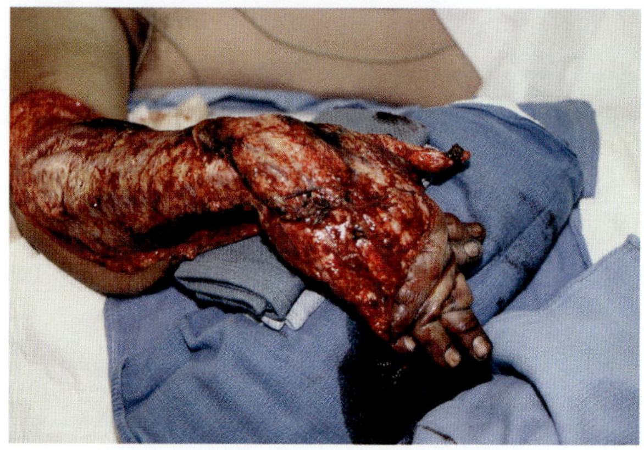

그림 5-18 오른 손의 부분 절단(Partial Amputation of the Right Hand).

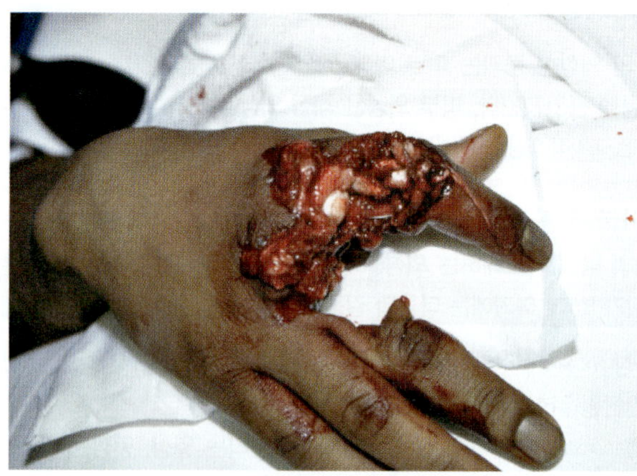

질 때 발생한다(**그림 5-18**). 절단은 종종 기계에 의해 발생하며 생명을 위협할 수 있다. 오늘날, 미세 수술 기술을 사용하여, 절단된 신체 부위는 조직의 상태가 만족스럽다면 재접합할 수 있다.

- **압궤손상**(*crush injury*) — 신체 부위, 보통 팔다리가 기계 부품과 같은 무거운 물체 사이에 끼일 때 발생한다. 혈관, 신경, 뼈에 큰 손상이 있는 경우가 많다.

그림 5-19 절단과 재접합(Amputation and Replantation). **(a)** 트랙터 동력 이륙 장치에 의해 야기된 왼쪽 팔뚝 완전 절단–팔뚝 근육의 수축은 노뼈(요골)와 자뼈(척골)가 노출된다. **(b)** 절단된 손이 EMS 요원에 의해 발견되어 회수됨.

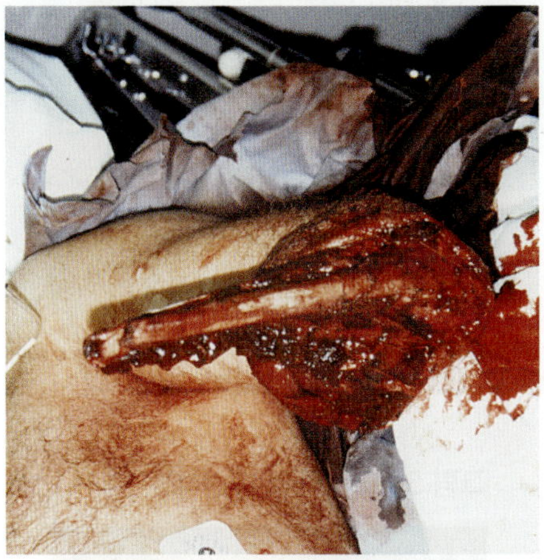

(a)

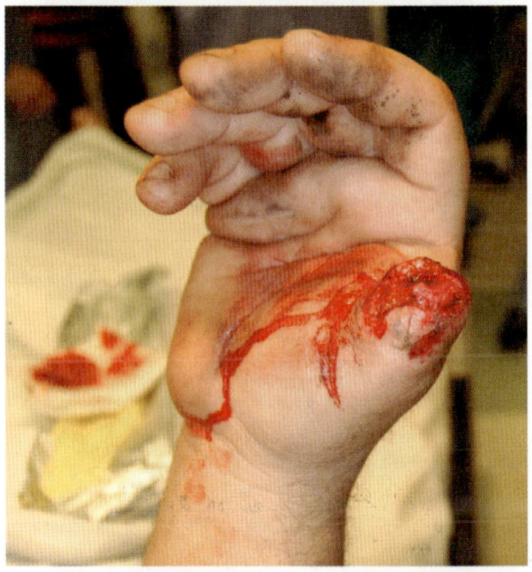

(a)

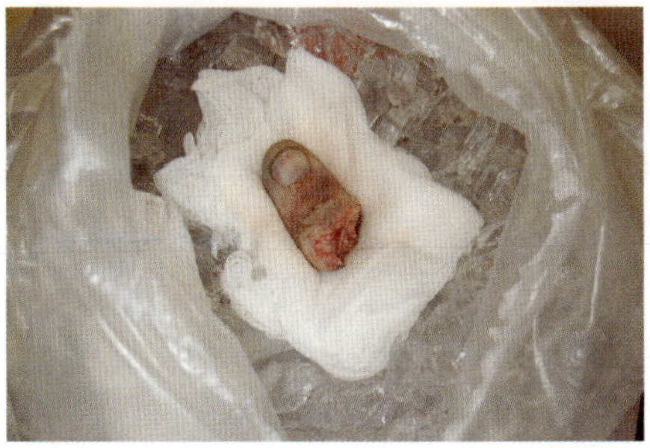

(b)

연조직 부상은 응급 치료에서 흔히 발생한다. 연조직 부상은 종종 기괴하고 다른 병적인 치료 활동으로부터 주의를 딴 데로 돌릴 수 있다. 다행히도, 그들은 거의 생명을 위협하지 않는다. 병원 전 환경에서는 대개 더 이상의 오염을 막기 위해 옷을 입고, 상처 수리나 수술과 같은 결정적인 치료를 병원에서 수행한다.

사지 재접합 Limb Replantation

미세수술 기법의 출현으로 많은 신체 부위를 절단 후 수술적으로 재부착하거나 재접합할 수 있다(**그림 5-19**). 절단된 신체 부위는 응급 상황에서 볼 수 있으며 가능한 경우 환자와 함께 병원에 가야 한다. 절단된 부분이 너무 손상되어 이식할 수 없더라도 조직을 사용하여 상처를 복구할 수 있다.

분리된 신체 부위의 모든 파편(debris)을 살짝 적신 거즈로 덮고 노출된 부위를 청소한 다음 밀봉된 비닐봉지에 넣어야 한다. 밀봉된 비닐봉지는 얼음 몇 조각이 첨가된 식염수에 담근다. 예전의 관행과 마찬가지로 신체 부위를 얼음에 포장하면 세포 수준에서 조직 손상을 일으키고 팔다리 생존에 악영향을 준다. 팔, 손, 발, 다리, 귀, 코, 성기를 포함한 많은 신체 부위가 성공적으로 이식되었다. 이식 가능성이 있는 절단 환자는 미세 수술 이식 기능을 갖춘 의료 센터로 이송해야 한다.

상처에 직접 처치된 재료를 **드레싱**(*dressing*)이라 한다. 이 재료는 멸균 상태이며 출혈을 제어하고 상처를 오염으로부터 보호하도록 설계되었다. 드레싱은 붕대에 의해 제자리에 고정된다. 붕대는 거즈, 탄성 재료, 천, 그리고 많은 다른 재료들로 만들어진다. 때때로 상처는 부목이 필요하다. 특히 골절이 있거나 움직임으로 손상 부위의 상처가 열리는 경우 부목이 필요하다.

손상 및 복구 Injury and Repair

피부는 놀라울 정도로 탄력적인 기관이다. 상당한 손상을 입었더라도 효과적으로 재생할 수 있다. 이것은 상피와 결합조직의 줄기세포 때문이다. 상처 수선율은 상처 크기, 감염, 유체 손실, 혈관 공급 및 전체 환자 상태와 같은 여러 요인과 관련이 있다. 작은 열상은 빠르게 치유될 수 있지만 큰 박리와 화상은 상당히 많은 시간이 걸릴 수 있다.

부상 후 상처의 재생에는 몇 가지 뚜렷한 단계가 필요하다. 상처가 표피를 통해 진피 또는 결합조직으로 확장되면 출혈이 보통 발생한다. 상처 부위의 혈액은 수집되어 응고되고, 심지어는 **딱지**(*scab*)를 형성할 것이다. 이것은 표피의 완전성을 일시적으로 회복시키고 추가 유기체의 진입을 제한하는 역할을 한다. 다음으로 표피의 가장 깊은 층인 종자층의 세포가 급속한 분열을 겪기 시작한다. 이 경우 상처의 측면을 따라 이동하고 잃어버린 표피세포를 대체하려고 시도한다. 청소부 역할을 하는 식균세포가 상처에서 파편을 제거한다. 추가적인 식세포는 순환계를 통해 부상 부위로 운반된다.

상처가 넓거나 깊다면 상피세포를 버리기 전에 진피 수리가 진행되어야 한다. 섬유모세포와 중간엽세포가 분열되기 시작해 상처의 더 깊은 부위를 관통하는 이동세포를 생산한다. 손상된 혈관은 내피세포의 분열을 통해 스스로 회복되기 시작한다. 이 세포들은 섬유모세포를 따라 상처의 더 깊은 부분으로 들어가 혈액 공급을 제공한다. 섬유모세포, 혈전, 발달하는 모세관 그물과 함께 **과립조직**(*granulation tissue*)이라 한다. 궁극적으로 응고물이 용해되고 치유 조직의 필요성이 감소함에 따라 모세혈관의 수가 감소한다. 섬유모세포의 활성은 콜라겐 섬유와 **무형질**(*ground substance*)의 생성을 이끈다.

복구된 상처는 원래의 조직과 다르다. 콜라겐 섬유의 수가 증가하고 흉터 조직을 초래하는 혈관의 수가 감소한다. 이 흉터조직은 상처의 유형과 환자의 나이와 건강에 따라 다르다.

화상 Burns

열, 화학물질, 전기 및 방사선으로 인한 화상 피부 손상을 **화상**(*burn*)이라 한다. 화상은 대개 피부에 영향을 미치지만 피하조직, 근육, 혈관, 신경, 심지어 뼈까지도 영향을 미칠 수 있다(**그림 5-20**).

화상은 깊이에 따라 분류되며 다음과 같은 것을 포함한다.

(계속)

그림 5-20 화상분류 체계.

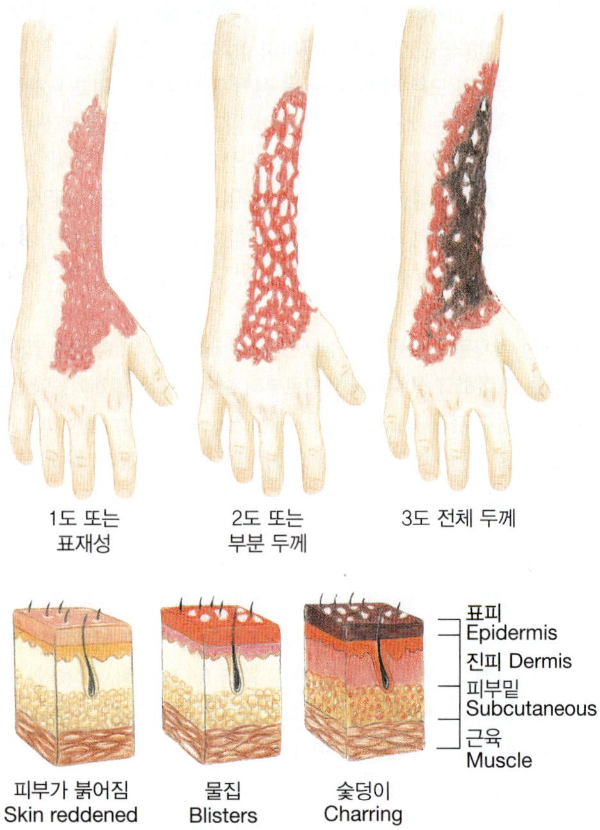

그림 5-21 **1도 화상.** (어떤 영역은 2도 화상도 보인다)

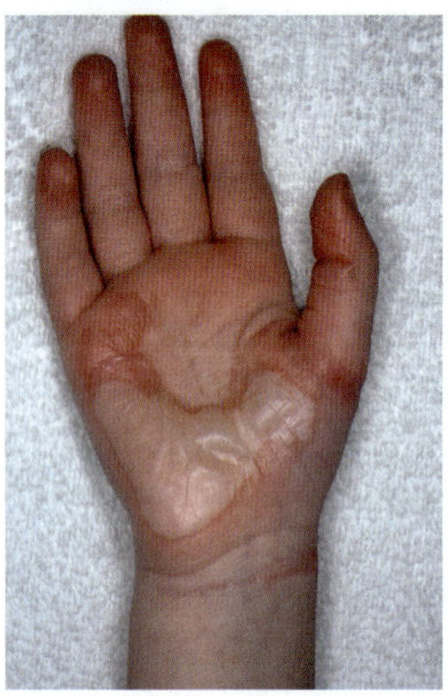

- **1도 화상**(*First-degree burns*)–표면 화상이라고도 하며 표피만을 포함하는 화상이다. 신경섬유가 다치지 않았기에 꽤 고통스러울 수 있다. 예: 일광화상(**그림 5-21**)
- **2도 화상**(*Second-degree burns*)–부분 두께 화상이라고 하며, 표피가 타버리고 진피가 손상된다(**그림 5-22**). 보통 심한 통증과 물집이 생긴다. 물집은 혈장 및 간질액이 피부로 방출되어 최상층을 상승시키므로 발생한다. 예: 열탕화상

그림 5-22 2도 화상.

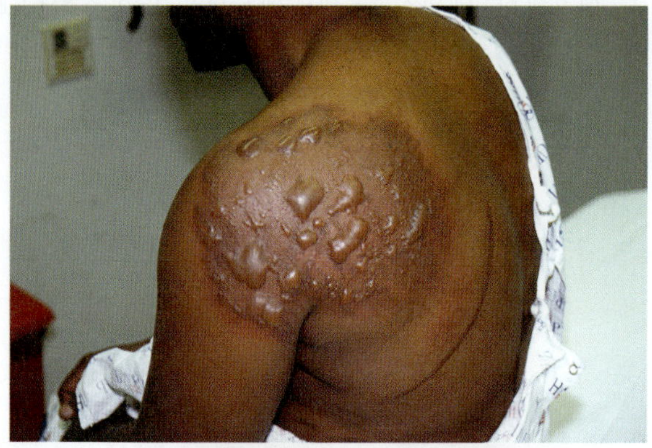

그림 5-23 왼손의 3도 화상.

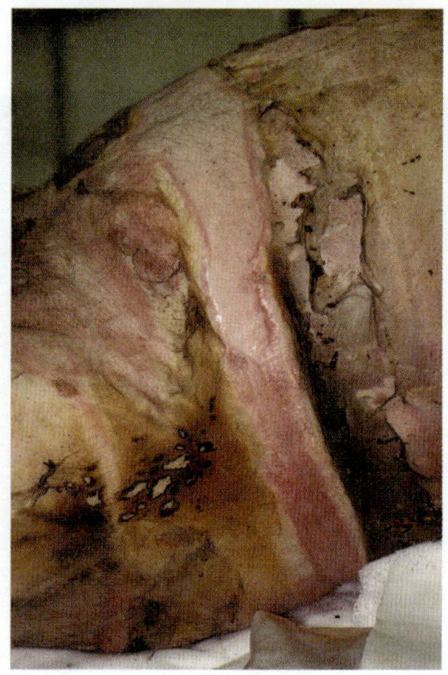

- **3도 화상**(*Third-degree burns*)–전체 두께 화상, 3도 화상은 피부의 모든 층에 손상을 주는 것이 특징이다(**그림 5-23**). 환자는 부상에 의해 피부의 통증섬유가 파괴될 수 있기 때문에 예상만큼 많은 고통을 겪지 않을 수 있다. 3도 화상은 거의 항상 부분 두께 화상을 동반하며 대개 어느 정도의 통증이 존재한다. 3도 화상은 보통 피부 이식이 필요하고 매우 변형된 상태이다.

깊은 화상은 때때로 열에 장기간 노출되고 전기 및 번개 부상을 입는 것으로 인한다. 어떤 경우에는 근육조직과 뼈가 관여할 것이다. 기술적으로 완전 두께 화상으로 간주되지만, 때때로 덜 심각한 부상으로부터 차별화하기 위하여 4도 화상이라 부른다.

화상의 심각성은 다음 요인들을 고려하여 결정된다.

- 신체 영역 화상
- 화상의 깊이
- 화상의 범위
- 화상의 약제 또는 화상의 근원
- 환자의 화상
- 그 밖의 관련 질병 및 부상

그림 5-24 **9의 법칙, 화상의 심각성을 대략적으로 측정할 수 있는 체계.**

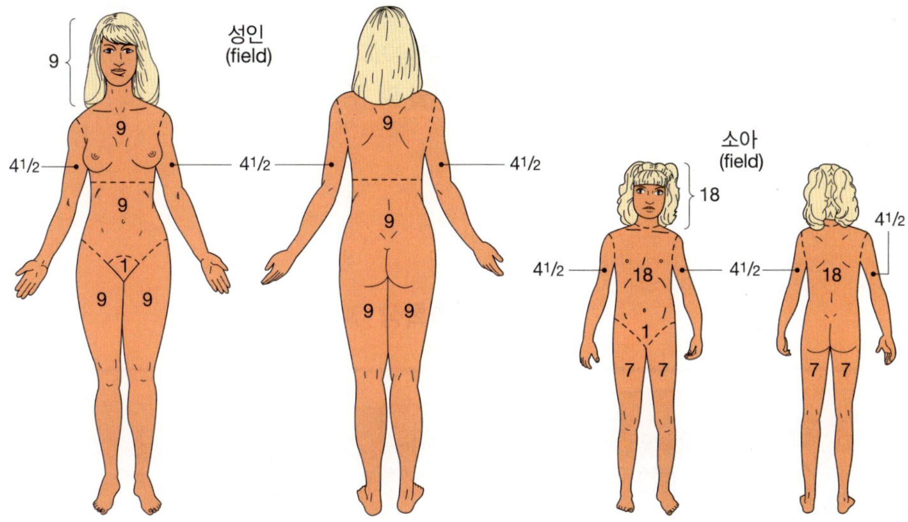

화상의 원인은 중요할 수 있다. 예를 들어, 전기 화상은 피부 손상의 작은 영역만을 유발할 수 있지만, 기초 조직에 막대한 부상을 입힐 수 있다. 화학 화상은 피부에 남아 몇 시간 또는 며칠 동안 계속 타오를 수 있기 때문에 특히 주의해야 한다.

화상의 정도는 광선을 억제하는 데 중요하다. 관련된 신체 **표면적**(body surface area, BSA)의 양은 **9의 규칙**(*rule of nines*, **그림 5-24**)을 사용하여 빠르게 추정할 수 있다. 성인의 경우, 다음 각 영역은 BSA의 9%를 나타낸다: 머리와 목, 각 상지, 가슴, 복부, 상지, 등, 각 하지의 앞쪽 및 각 하지의 뒤쪽. 이 총 99%를 합치면, 나머지 1%의 BSA가 성기 부위에 할당된다. 어린이의 경우 머리는 신체에 비해 비례적으로 크고, 신체 부위는 그에 따라 조정된다. BSA 연소량을 추정하는 또 다른 시스템은 손바닥 방법이다. 환자의 손바닥은 환자의 BSA의 약 1%와 같다. 이를 감안할 때, BSA 연소율은 빠르게 추정할 수 있다. 이 시스템은 특히 작은 화상에 유용하다.

조직 복구가 필요한 것 이상으로 계속될 수 있다. 그 결과 부상 부위에서 시작하여 진피 주위로 자라는 흉터조직의 평평한 덩어리가 된다. **켈로이드(keloid)**라 불리는 이 두꺼운 흉터조직 영역은 반짝반짝 빛나는 부드러운 표피 표면으로 덮여 있다(**그림 5-25**). 켈로이드는 등 윗부분, 어깨, 전측 가슴, 귓불에서 가장 흔하게 발생한다. 그들은 무해하다. 일부 원주민 문화는 의도적으로 신체 장식의 한 형태로 켈로이드를 만든다.

그림 5-25 **켈로이드.** 켈로이드는 섬유성 흉터조직이 자라는 영역이다.

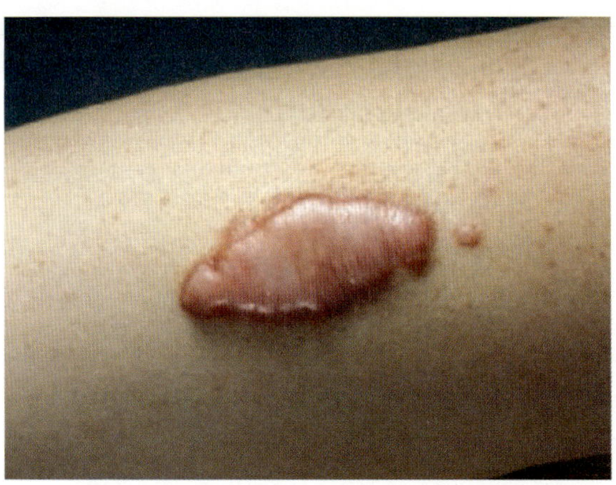

화상의 영향 Effects of Burns

화상은 비교적 흔한 부상이다. 화상은 열, 방사선, 전기 충격 또는 강한 화학물질에 대한 피부 노출로 인해 발생한다. 화상의 심각도는 임상노트: 화상에 자세히 설명된 것처럼 침투 깊이와 영향을 받는 총 면적에 따라 다르다.

화상의 가장 일반적인 분류는 침투 깊이에 기초한다. 영향을 받는 면적이 클수록 통합 기능에 미치는 영향이 크다.

체크포인트

22. 어떤 용어가 피브린 응고, 섬유모세포, 그리고 치유조직에서 모세혈관의 광범위한 네트워크를 결합하는 것을 묘사하는가?

23. 왜 피부가 지속 가능한 손상 후에도 효과적으로 재생될 수 있는가?

책 뒷면에 있는 파란색 정답 탭을 참조.

5-10 노화의 효과는 피부 얇아짐, 주름, 멜라닌세포 활성 감소를 포함한다

학습목표 노화가 피부에 미치는 영향을 요약한다.

노화는 피부계통의 모든 부분에 영향을 끼친다. 주요 연령에 따른 변경 사항은 다음과 같다.

임상노트

화상(BURN)

화상은 열, 마찰, 방사선, 감전 또는 강한 화학물질에 대한 피부 노출로 인한 비교적 일반적인 부상이다. 미국에서는 매년 약 4,000명의 사람들이 화재와 화상으로 사망한다. 임상 환경에서 화상을 평가할 때 두 가지 주요 요인이 결정되어야 한다: 화상의 깊이와 화상을 입은 피부 표면적의 백분율(%)이다.

연소 깊이에 따른 분류

부분층화상 partial-thickness burns

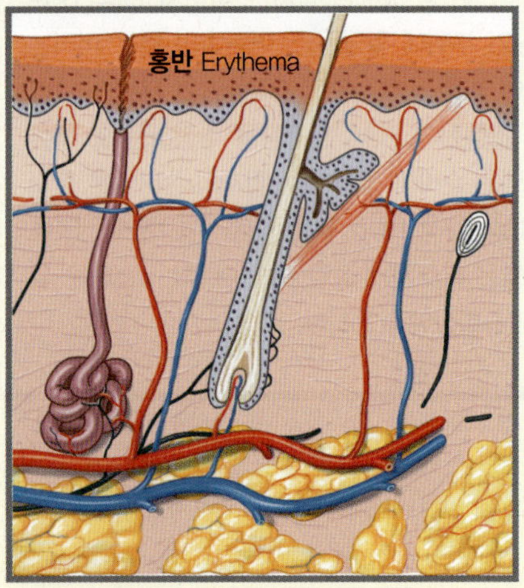

1도 화상(first-degree burn)에서는 표피 표면만 영향을 받는다. 대부분의 햇볕에 타는 것을 포함하는 이런 종류의 화상에서는 피부가 붉어지고 고통스러울 수 있다. **홍반(erythema)**이라는 징후인 붉은색은 햇빛에 손상된 조직의 염증에서 비롯된다.

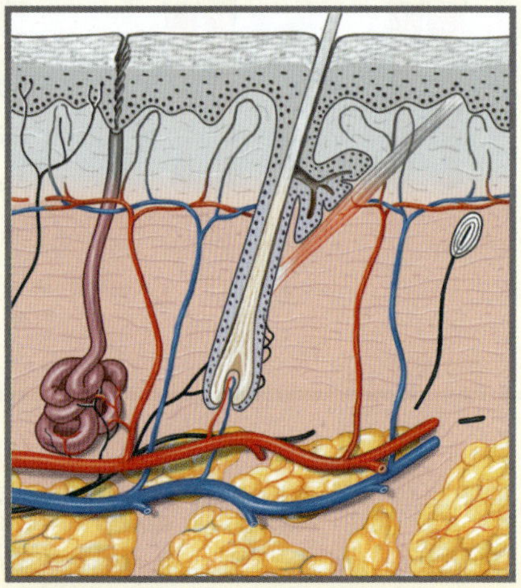

2도 화상(second-degree burn)을 입으면 표피 전체와 아마도 진피 일부가 손상될 것이다. 모낭 및 분비샘과 같은 부속 구조물은 일반적으로 영향을 받지 않지만 물집이 생기고 통증이 발생하며 붓기가 발생한다. 표면에 물집이 터지면 감염이 쉽게 될 수 있다. 치유는 일반적으로 1주에서 2주가 걸리며, 일부 흉터 조직이 형성될 수 있다.

전층화상 full-thickness burns

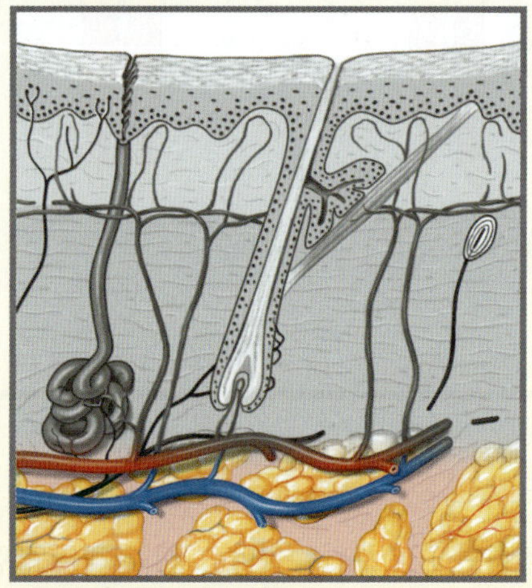

3도 화상(third-degree burns), 즉 앞머리 화상은 표피와 진피를 파괴하여 피하로 확장된다. 붓기는 했지만 감각신경이 파괴되기 때문에 이 화상은 2도 화상보다 덜 고통스럽다. 과립조직이 형성되지 않고 상피세포가 부상을 덮을 수 없기 때문에 광범위한 3도 화상은 스스로 회복할 수 없다. 피부 이식이 보통 필요하다.

표면 연소 면적 추정

화상 면적을 추정하는 간단한 방법은 **9의 규칙(rule of nines)**이다. 성인의 표면적은 9의 배수로 나누어지고 손상된 영역은 총계로 구성된다. 이 규칙은 신체 비율이 다르기 때문에 어린이들을 위해 수정된다.

화상의 깊이는 핀으로 빠르게 평가할 수 있다. 감각의 상실은 전체 두께 화상의 특징이기 때문에 핀에 찔렸을 때 반응이 없다는 것은 3도 손상이 있음을 나타낸다.

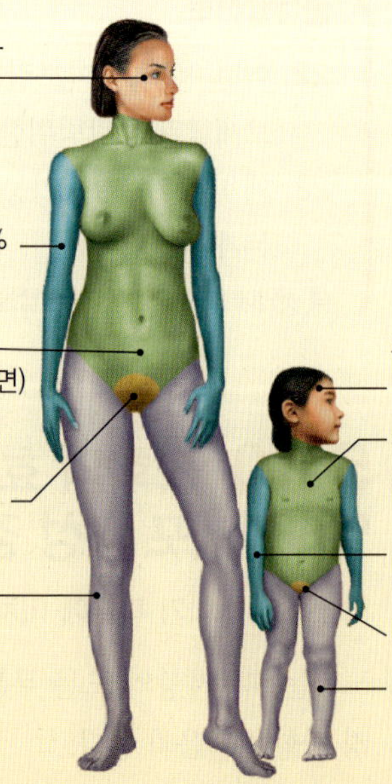

화상과 피부 기능

피부 표면의 20% 이상을 덮는 화상은 피부의 중요한 항상성 기능을 위협한다.

화상으로 영향받는 피부의 기능

- **체액과 전해질 균형**
  화상은 피부가 체액 및 전해질 손실에 대한 장벽의 효과를 잃게 한다. 전체 두께의 화상에서 피부를 통한 체액 손실 속도는 정상 수준의 5배에 달한다.
- **온도조절**
  증가된 체액 손실은 증가된 탈수 냉각을 의미한다. 그 결과 많은 에너지는 허용할 수 있는 한계 내에서 체온을 유지하기 위하여 소비된다.
- **감염으로부터 보호**
  광범위한 세균 감염, 즉 **패혈증(sepsis)**이 화상 피해자의 주요 사망 원인이다.

- **피부 부상 및 감염이 흔해진다.** 줄기세포 활성이 감소함에 따라 표피가 얇아지고, 표피와 진피의 연결이 약해지기 때문에 더 가능성이 높아진다.
- **면역계통의 민감도가 둔해진다.** 피부의 대식세포와 수지상세포의 수는 성숙할 때 보이는 수치의 약 절반으로 감소한다(대략 21세). 이 손실은 피부 손상과 감염을 더욱 촉진시킨다.
- **근육은 약해지고 뼈의 강도는 줄어든다.** 비타민 D_3 생산이 약 75% 감소하여 칼슘과 인산염 흡수가 감소하는 것과 관련이 있다
- **햇빛 노출에 대한 민감도가 증가한다.** 멜라닌 활성이 감소하기 때문에 멜라닌이 적게 생성된다. 피부가 밝은 사람들의 피부는 매우 창백해지고, 햇볕에 타는 것이 더 가능성이 높다.
- **피부는 건조해지고 각질이 자주 일어난다.** 피부의 활동이 감소하여 피지의 생성과 땀이 감소한다.
- **털은 얇아지고 색이 변한다.** 난포는 기능을 멈추거나 더 미세한 털을 만들어 낸다. 멜라닌세포 활동성이 감소하면 이 털은 회색 또는 흰색이다.
- **피부의 처짐과 주름이 발생한다.** 진피는 더 얇아지고, 탄력 섬유 네트워크는 크기가 줄어든다. 따라서 외피는 약해지고 덜 탄력적이 된다. 햇빛에 노출된 지역에서는 처짐과 주름이 가장 눈에 띈다.
- **열을 발산하는 능력이 줄어든다.** 땀샘이 덜 활동적이 되는 것처럼 진피로의 혈액 공급이 감소한다. 이 조합은 노인들이 젊은 사람들보다 체온을 덜 잃게 만든다. 결과적으로 (사우나나 뜨거운 욕조에서처럼) 고온에 과도하게 노출되면 위험할 정도로 높은 체온을 유발할 수 있다.
- **피부 복구가 더 천천히 일어난다.** 예를 들어, 젊은 성인의 감염되지 않은 물집 부위를 수리하는 데 3주에서 4주가 걸린다. 같은 수리가 65~75세 때는 6~8주가 걸릴 수 있다. 반복되는 감염은 회복이 더디기 때문에 발생할 수 있다.

p. 141에 있는 지식 쌓기 그림에서는 피부계통을 복습할 수 있다. 복습은 모든 신체 계통 사이의 상호 연결에 대한 이해를 점진적으로 보여준다. 지금까지는 몸 계통을 단 한 개만 다루었기 때문에 앞으로 다가올 장에서 논의될 몸 계통에 대한 언급은 포함되지 않았다.

체크포인트

24. 나이든 사람들은 어렸을 때처럼 여름 더위를 참지 못하며, 열과 관련된 질병에 더 잘 걸린다. 이러한 변화의 원인은 무엇인가?
25. 왜 머리가 나이와 함께 회색으로 변하거나 흰색으로 변하는가?

책 뒷면에 있는 파란색 정답 탭을 참조.

관련 임상 용어

생검(biopsy): 질병진단을 위해 신체에서 조직을 제거하고 검사하는 것.

해면혈관종(딸기모반, cavernous hemangioma): 피부와 다른 기관에 생길 수 있는 커다란 혈관의 덩어리로 태어나면서부터 피부에 포도주색 반점(port wine stain)으로 나타나며 보통 평생 사라지지 않는다.

병터, 병변(lesion): 부상이나 질병으로 인한 조직 구조의 변화.

가려움증(pruritis): 건선이나 피부염과 같은 피부 조건에서 흔히 볼 수 있는 자극적인 가려움.

궤양(ulcer): 상피의 국소적인 탈락.

건조증(xerosis): "건조한 피부"는 노인과 건조한 기후에 사는 사람들이 흔히 호소하는 신체가 건조해지는 현상.

지식 쌓기

외피계통이 지금까지 제시된 다른 신체 계통과 어떻게 통합되는지 알아보자.

5

외피계통 Integumentary System

외피계통은 인체에 5가지 주요 기능을 수행한다.

- 충격, 화학물질, 감염으로부터 기초 조직과 장기를 덮고 보호한다.
- 환경과의 열 교환을 조절함으로써 체온을 유지한다.
- 칼슘 섭취를 돕는 표피에서 비타민 D_3를 합성하고, 피부에 많은 지질을 저장한다.
- 촉각, 압박, 통각, 온도 감각을 감지한다.
- 소금, 물, 유기성 폐기물을 배설한다.

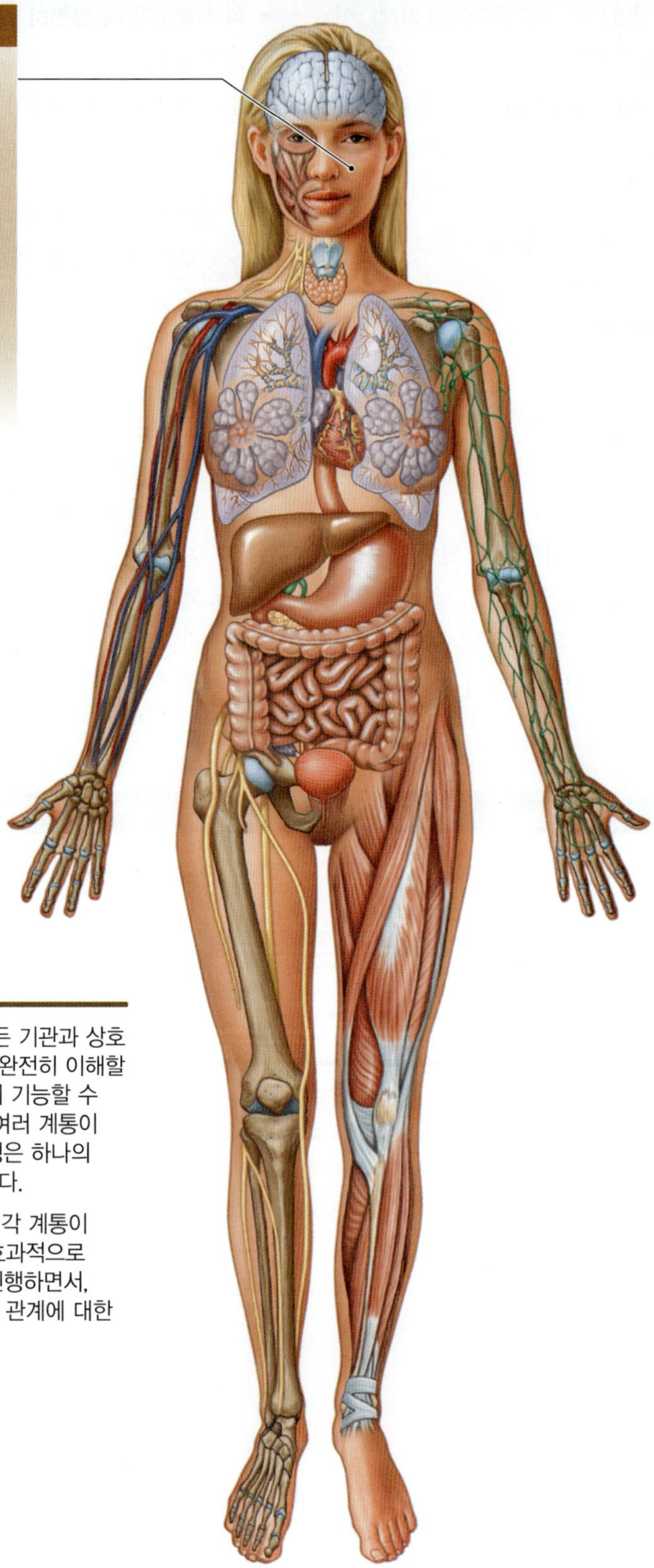

지식 쌓기 그림에 대하여

기관계통, 즉 단순히 신체 계통이 다른 모든 기관과 상호 작용하기 때문에 아무도 고립된 상태에서 완전히 이해할 수 없다. 계통들의 통합은 인체가 원활하게 기능할 수 있게 해주며, 질병이나 부상이 발생할 때 여러 계통이 신체를 치유하는 데 반응하게 한다. 항상성은 하나의 신체로 작동하는 모든 신체 계통에 의존한다.

이 그림은 신체 계통을 하나씩 소개하고 각 계통이 다른 계통들에게 어떻게 영향을 주어 더 효과적으로 기능하는지 보여준다. 장기 계통을 통해 진행하면서, 당신은 다양한 신체 계통들 사이의 기능적 관계에 대한 지식을 쌓게 된다.

5 복습

요약

외피계통 소개 *p. 128*

1. **외피계통(integumentary system)**은 **표피(epidermis)**와 **부속 구조(accessory structure)**를 포함하는 **피부막(cutaneous membrane)**으로 구성된다. 그 아래에는 **피부밑조직(hypodermis** 또는 피하층) (**그림 5-1**).
2. 표피는 **보호, 온도 유지, 영양소의 합성 및 저장, 감각 수용, 배설 및 분비**를 포함한 주요 기능을 가지고 있다.

5-1 표피는 다양한 기능을 가진 여러 층으로 구성되어 있다 *p. 129*

3. **얇은 피부(thin skin)**는 네 겹의 **각질세포(keratinocyte)**로 구성되며 대부분의 신체를 덮는다. 심하게 마모된 신체 표면은 **두꺼운 피부(thick skin)**로 덮여 있다(**집중 조명 그림 5-4**).
4. **바닥세포(basal cell)**에 의한 세포분열은 대부분의 **바닥층(stratum basale)**을 보충하고 많은 표면의 세포를 대체한다. 표피세포가 노화되면서 **가시층(stratum spinosum)**, **과립층(stratum granulosum)**, **투명층(stratum lucidum**, 두껍게 피부) 및 **각질층(stratum corneum)**을 통해 위로 올라간다. 그 과정에서, 많은 양의 **케라틴(keratin)**을 축적한다. 궁극적으로, 세포는 제거되거나 손실된다(**집중 조명 그림 5-4**).
5. **표피융기부(epidermal ridge)**는 진피의 **진피유두(dermal papillae)**와 연합한다. 손과 발의 악력을 향상시키는 손바닥과 발바닥에 표면 능선을 형성하며 지문의 기초가 된다(**집중 조명 그림 5-4**).

5-2 피부색에 영향을 미치는 요인은 표피 색소 침착과 피부 순환이다 *p. 133*

6. 표피의 색은 혈액 공급과 색소 **멜라닌(melanin)**과 **카로틴(carotene)**의 농도의 두 가지 요인에 따라 달라진다. **멜라닌세포(melanocyte)**는 **자외선(UV) 방사선**으로부터 줄기세포를 보호한다(**그림 5-5**).

5-3 햇빛은 피부에 유익하고 해로운 영향을 미친다 *p. 134*

7. 표피세포는 햇빛에 노출되면 **비타민 D_3(vitamin D_3)**를 합성한다.
8. 피부암은 가장 흔한 암 형태이다. **바닥세포암(basal cell carcinoma)**과 **편평세포암(squamous cell carcinoma)**은 **흑색종(melanoma)**만큼 위험하지 않다(**그림 5-6**).

5-4 진피는 표피를 밑에서 받쳐주는 조직층이다 *p. 135*

9. 진피는 **유두층(papillary layer)**과 더 깊은 **그물층(reticular layer)**으로 구성되어 있다.
10. 진피의 유두층에는 혈관, 림프관, 감각신경이 들어 있다. 이 층은 위에 있는 표피를 지지하고 영양을 공급한다. 그물층은 콜라겐과 피부의 장력에 저항하도록 짜여진 탄력 섬유의 그물로 구성되었다.
11. 피부와 소통하는 다른 기관계통(심혈관, 림프관, 신경)의 구성요소는 진피에 있다. 표면으로 올라오는 작은 동맥은 피하부의 표층부 내에 **피부얼기**(*cutaneous plexus*)를 형성한다. **유두밑얼기**(*subpapillary plexus*)는 진피의 유두층의 바닥에 있다.

5-5 피부밑조직은 진피를 더 깊은 층과 연결한다 *p. 136*

12. **피부밑조직(hypodermis)**은 진피를 더 깊은 층과 이어준다.

5-6 털은 피부 표면으로 밀려난 죽은 각질화된 세포로 구성되어 있다 *p.136*

13. **털(hair)**은 **털주머니(hair follicle)**라 부르는 복잡한 기관에서 유래한다. 각 털은 죽은 각질화된 세포로 구성된 **축(shaft)**을 가지고 있다. 털은 **털겉질(cortex)**과 단단한 각질의 바깥쪽 **털껍질(cuticle)**에 의해 둘러싸인 부드러운 각질의 중심 **털속질(medulla)**을 가지고 있다(**그림 5-8**).
14. 각각의 **털세움근(arrector pili)**은 한 개의 머리털을 꼿꼿이 서게 할 수 있다.
15. 머리카락은 털 성장주기에 따라 성장하고 탈락한다. 머리카락 한 가닥은 2~5년 동안 자라다가 털주머니에서 활동이 없는 기간 후에 탈락한다.

5-7 기름샘과 땀샘은 피부에서 발견되는 외분비샘이다 *p. 139*

16. 전형적인 **기름샘(sebaceous gland)**은 왁스 같은 **피지(sebum)**를 털주머니로 배출한다. **기름샘주머니**(*sebaceous follicles*)는 피부에 직접 비우는 기름샘이다(**그림 5-9**).
17. **아포크린땀샘(apocrine sweat gland)**은 냄새나는 분비물을 생성한다; 더 많은 수의 **에크린땀샘(merocrine sweat gland)**은 땀과 물과 같은 분비물을 생성한다(**그림 5-10**).

5-8 손톱은 손가락과 발가락의 끝을 보호하는 각질화된 표피세포이다 *p. 141*

5

18. **손톱(nail)**의 **손톱몸통(nail body)**은 **손톱바닥(nail bed)**을 덮는다. 손톱 생산은 **위허물(cuticle)**로 덮인 **손톱뿌리(nail root)**에서 일어난다(**그림 5-11**).

5-9 상처 후 여러 단계가 외피를 복구하는 데 관여한다 *p. 142*

19. 피부는 상당한 손상 후에도 효과적으로 재생할 수 있다(**그림 5-12**).

20. 화상은 상대적으로 흔하고 표피층의 손상을 특징으로 하는 일반적인 부상이다.

5-10 노화의 효과는 피부 얇아짐, 주름, 멜라닌세포 활성 감소를 포함한다 *p. 147*

21. 노화가 진행되면서 피부는 얇아지고 혈류는 감소하며 세포 활동은 감소하며 수리는 더 느리다.

복습 문제

책 뒷면에 있는 파란색 정답 탭을 참조.

단계 1 사실 및 용어 검토

A열의 각 항목을 B열의 가장 밀접하게 관련된 항목에 맞게 빈칸에 적절한 답을 적으시오.

A열	B열
______ **1.** 피부막	**a.** 털세움근
______ **2.** 카로틴	**b.** 청색증
______ **3.** 멜라닌세포	**c.** 땀(발한)
______ **4.** 바닥층	**d.** 기름
______ **5.** 에크린땀샘	**e.** 납작하고 죽은 세포의 표피층
______ **6.** 각질층	**f.** 피부
______ **7.** 푸르스름한 피부	**g.** 주황-노랑 색소
______ **8.** 기름샘	**h.** 뼈 성장
______ **9.** 민무늬근육	**i.** 색소세포
______ **10.** 비타민 D_3	**j.** 줄기세포를 가진 표피층

11. 피부의 두 가지 주요 요소는
(a) 피부막과 부속 구조
(b) 표피와 피부밑
(c) 털과 손톱
(d) 진피와 피부밑층

12. 털과 손톱의 기본적인 구성요소를 형성하는 섬유 단백질은
(a) 콜라겐
(b) 멜라닌
(c) 엘라스틴
(d) 케라틴

13. 다음의 그림에서 피부막의 다른 부분(a~d) 및 성긴(느슨한)결합조직의 하부층(e)을 식별하시오.

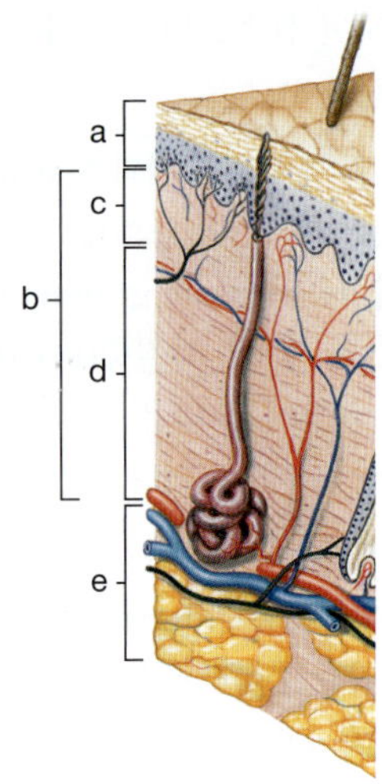

(a) ______________
(b) ______________
(c) ______________
(d) ______________

14. 피부에서 외분비샘의 두 가지 유형은
(a) 에크린땀샘과 땀샘
(b) 기름샘과 땀샘
(c) 아포크린땀샘과 땀샘
(d) 에크린땀샘과 땀샘

15. 피부계통의 부속물을 나열한 것으로 ______를/을 제외한다.
(a) 손톱
(b) 털
(c) 진피유두
(d) 땀샘

16. 겨드랑이에서 털주머니와 소통하는 땀샘으로 냄새나는 분비물을 생산하는 것은
    (a) 아포크린땀샘
    (b) 에크린땀샘
    (c) 기름샘
    (d) a, b 와 c 옳다

17. 노인들이 나이가 들수록 햇볕에 타는 것보다 태양 노출에 더 민감하게 반응하는 이유는?
    (a) 멜라닌세포의 활성이 감소하기 때문이다.
    (b) 비타민 D_3 생산이 감소하기 때문이다.
    (c) 샘 활성이 감소하기 때문이다.
    (d) 피부 두께가 감소하기 때문이다.

18. 털과 털주머니의 서로 다른 부분(a~e)을 식별하시오.

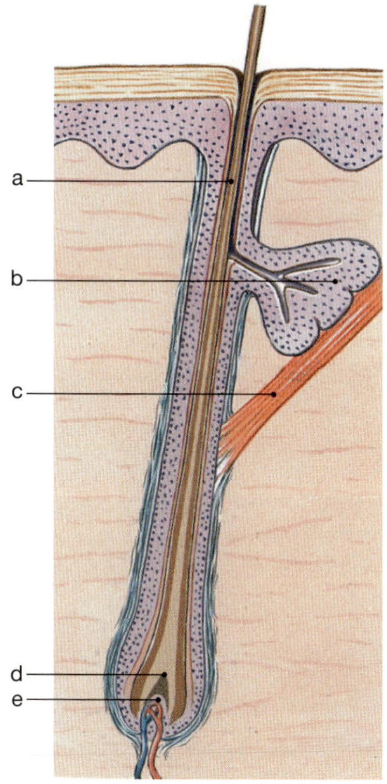

(a) ____________ (b) ____________
(c) ____________ (d) ____________
(e) ____________

19. 표피에서 발견되는 두 가지 피부 색소는 무엇인가?

20. 진피를 구성하는 주요 두 가지의 층은 무엇이고 각 층에서 발견되는 구성요소는 무엇인가?

21. 피부에서 땀샘의 두 그룹이 발생하는가?

단계 2 개념 검토

22. 노인의 경우 진피로의 혈액 공급이 감소되고 땀샘은 덜 활동적이다. 이러한 조합이 가장 크게 영향을 미칠 것은
    (a) 체온조절 능력
    (b) 손상 피부의 낫는 능력
    (c) 손상받은 피부는 쉽다
    (d) 피부의 물리적 특징
    (e) 털 성장

23. 임상 실습에서 약물은 피부를 가로질러 확산에 의해 전달될 수 있다. 이러한 전달 방법을 경피투여라 한다. 경피투여는 수용성 약물보다 지용성 약물이 왜 더 바람직한가?

24. 우리 사회에서는 검게 그을린 몸이 건강과 관련이 있다. 하지만 의학 연구는 끊임없이 태양에 지나치게 노출되는 위험에 대해 경고한다. 황갈색으로 태닝하는 그 이점은 무엇인가?

25. 어떤 문화권에서는, 여성은 밖에 나갈 때 눈을 제외하고, 완전히 보호해야 한다. 이 여성들은 뼈에 문제가 많이 생긴다. 왜?

26. 왜 피하 주사기가 경피투여하는 방법으로 유용한가?

27. 왜 사람이 늙어갈수록 피부가 처지고 주름이 생기는가?

단계 3 비판적 사고 및 임상 적용

28. 새엄마는 6개월 된 아들의 안색이 황색-오렌지색인 것을 알아차린다. 아이가 황달을 앓을지도 모른다는 두려움(적혈구 파괴 과정에서 생산된 빌리루빈에 의한 독성 황색-오렌지 색)으로 소아과 의사에게 데려가서 아이를 진찰하였다. 소아과 의사는 아이가 완벽하게 건강하다고 선언하고 다음과 같은 아이의 식이요법을 충고한다. 왜?

29. 바네사의 80세 할머니가 온도조절기를 약 27℃로 유지하면서, 여전히 스웨터를 집에서 입는다. 바네사가 할머니에게 이유를 물었을 때, 할머니는 여전히 춥다고 말했다. 바네사는 이해할 수 없었다. 당신은 그녀에게 어떻게 설명할 건가?

30. 32세 여성이 3도 화상으로 병원에 입원하였다. 오른쪽 다리 전체와 오른팔 전체에 화상을 입었고 몸통 뒷부분도 화상을 입었다. 화상의 영향을 받은 몸의 비율을 표면적으로 추정하시오.

6

뼈대계통
The Skeletal System

학습목표

학습목표는 각 장에 대해 학습한 후 무엇을 할 수 있어야 하는지를 알려주는 것이다. 각 절의 학습목표는 다음과 같다.

6-1 뼈대계통의 주요 기능을 설명한다.

6-2 뼈를 형태에 따라 분류하고, 치밀뼈와 해면뼈의 구조와 기능을 비교한다.

6-3 막속뼈되기와 연골속뼈되기의 과정을 비교한다.

6-4 뼈대계통의 재형성과 항상성 과정을 설명한다.

6-5 노화가 뼈대계통에 미치는 영향을 요약한다.

6-6 뼈 표지구조를 정의하고 몸통뼈대와 팔다리뼈대의 구성 요소와 기능의 명칭을 기술한다.

6-7 각각의 머리뼈를 구별하여 인지하고, 부위별 척추뼈에 대해 구조와 기능의 차이를 설명하며, 가슴우리의 기능을 설명한다.

6-8 팔이음뼈, 팔뼈, 다리이음뼈, 다리뼈를 구별하여 인지하고, 각각의 기능에 대해 설명한다.

6-9 몸통과 팔다리의 대표적인 관절에서 관절의 구조와 운동 사이의 관계를 설명한다.

6-10 윤활관절의 구조와 기능이 어떻게 뼈대의 움직임을 허용하는지 설명한다.

6-11 대표적인 축관절과 팔다리관절의 관절 구조와 가동성의 관계를 설명한다.

6-12 뼈대계통과 다른 신체계통 간의 상호작용을 설명한다.

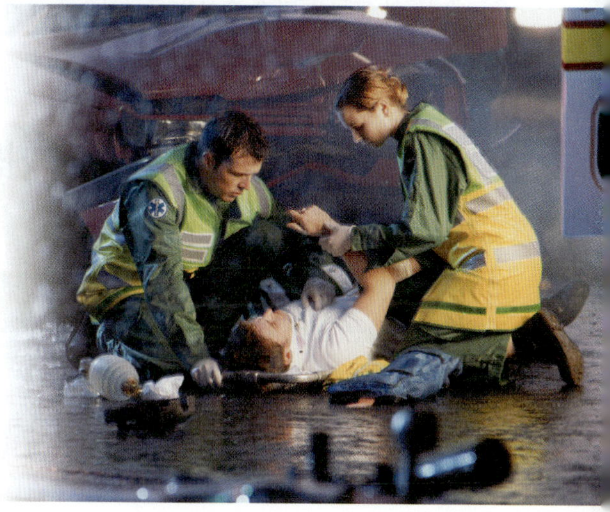

임상노트

골절의 종류 및 치유 과정(Types of Fractures and Steps in Repair), pp. 164~165

뼈엉성증(Osteoporosis), p. 172

엉덩관절의 골절(Hip Fractures), p. 190

류마티즘과 관절염(Rheumatism and Arthritis), p. 195

집중 조명

윤활관절(Synovial Joints), p. 199

뼈대계통 소개

뼈대계통은 많은 기능을 한다. 특히 가장 명확한 기능은 체중을 지지하는 것이다. 이러한 지지는 철근 콘크리트만큼 강하게 유지되지만, 상당히 가벼운 뼈대에 의하여 이루어진다. 그러나 뼈는 콘크리트와 달리, 대사 요구의 변화와 활동 패턴을 충족하기 위해 재형성 및 모양이 변화될 수 있다. 뼈는 근육과 작용하여 신체의 위치를 유지하고 제어하며, 정확한 움직임을 생성한다. 당기는 방향의 뼈대로 근육이 수축하면, 앉거나 서거나 걷거나 달리게 된다.

6

지식 쌓기

뼈는 지지하는 결합조직을 기억하라(**4장: 생명체의 조직 구성** 참조). 뼈대계통의 모든 특징과 속성은 궁극적으로 뼈의 독특하고 끊임없이 변화하는 속성에 달려 있다.

6-1 뼈대계통은 5가지 주요 기능을 한다

학습목표 뼈대계통의 주요 기능을 설명한다.

뼈대계통은 뼈대를 구성하는 뼈와 연골, 관절, 인대 및 뼈를 안정화시키거나 연결하는 기타 결합조직을 포함한다. 뼈대계통에는 5가지 기본 기능이 있다.

1. **지지(*Support*)**. 뼈대계통은 몸 전체에 대한 구조적 지지를 제공한다. 독립된 뼈 또는 뼈 그룹은 물렁조직과 기관의 부착을 위한 틀을 제공한다.
2. **무기질과 지방의 저장(*Storage of minerals and lipids*)**. 뼈의 칼슘염은 체액에서 칼슘과 인산염 이온의 정상적인 농도를 유지하는 귀중한 무기질 저장소 역할을 한다. 또한 뼈는 황색골수로 채워진 영역에 에너지를 저장하기 위해 지질을 저장한다.
3. **혈구 생산(*Blood cell production*)**. 적혈구, 백혈구 및 기타 혈액 요소는 많은 뼈의 내부에 있는 구멍을 채우는 적색골수 내에서 생성된다.
4. **보호(*Protection*)**. 뼈대 구조는 많은 연조직과 기관을 둘러싸고 있다. 갈비뼈는 심장과 허파를 보호하고 머리뼈는 뇌를 감싼다. 척추는 척수의 방패막 역할을 하며, 골반은 소화 기관과 생식 기관을 담고 있다.
5. **지렛대 작용(*Leverage*)**. 많은 뼈는 뼈대근육에 의해 생성되는 힘의 크기(크기)와 방향을 변경하는 지렛대 역할을 한다. 그 결과 나타나는 움직임은 손가락 끝의 섬세한 움직임에서 전신의 위치변화와 같은 강력한 움직임에 이르기까지 다양하다.

체크포인트

1. 뼈대계통의 다섯 가지 주요 기능을 열거하시오.

책 뒷면에 있는 파란색 정답 탭을 참조.

6-2 뼈는 형태와 구조에 따라 분류된다

학습목표 뼈를 형태에 따라 분류하고, 치밀뼈와 해면뼈의 구조와 기능을 비교한다.

뼈 또는 **뼈조직(bone, or osseous tissue)**은 특수화된 세포와 세포외 단백질 섬유 및 기저 물질로 구성된 바탕질을 포함하는 지지 결합조직이다. 뼈의 독특한 질감은 기질 내에 침착된 칼슘염에서 비롯된다. 인산칼슘인 $Ca_3(PO_4)_2$는 뼈 무게의 거의 2/3를 차지한다. 나머지 세 번째는 콜라겐 섬유가 차지한다. 뼈세포 및 기타 세포들은 뼈 질량의 약 2%만 구성한다.

지식 쌓기

염(salt)은 수소 이온(H^+)을 제외한 모든 양이온과, 수산화물 이온(OH^-)을 제외한 모든 음이온으로 구성된 이온성 화합물임을 기억하라(**2장: 화학적 수준에서의 구성** 참조). 인산칼슘 $Ca_3(PO_4)_2$는 칼슘염이다. 양이온은 칼슘 이온(Ca^{2+})이고 음이온은 인산염 이온(PO_4^{3-})이다.

그림 6-1 모양에 따른 뼈의 분류.

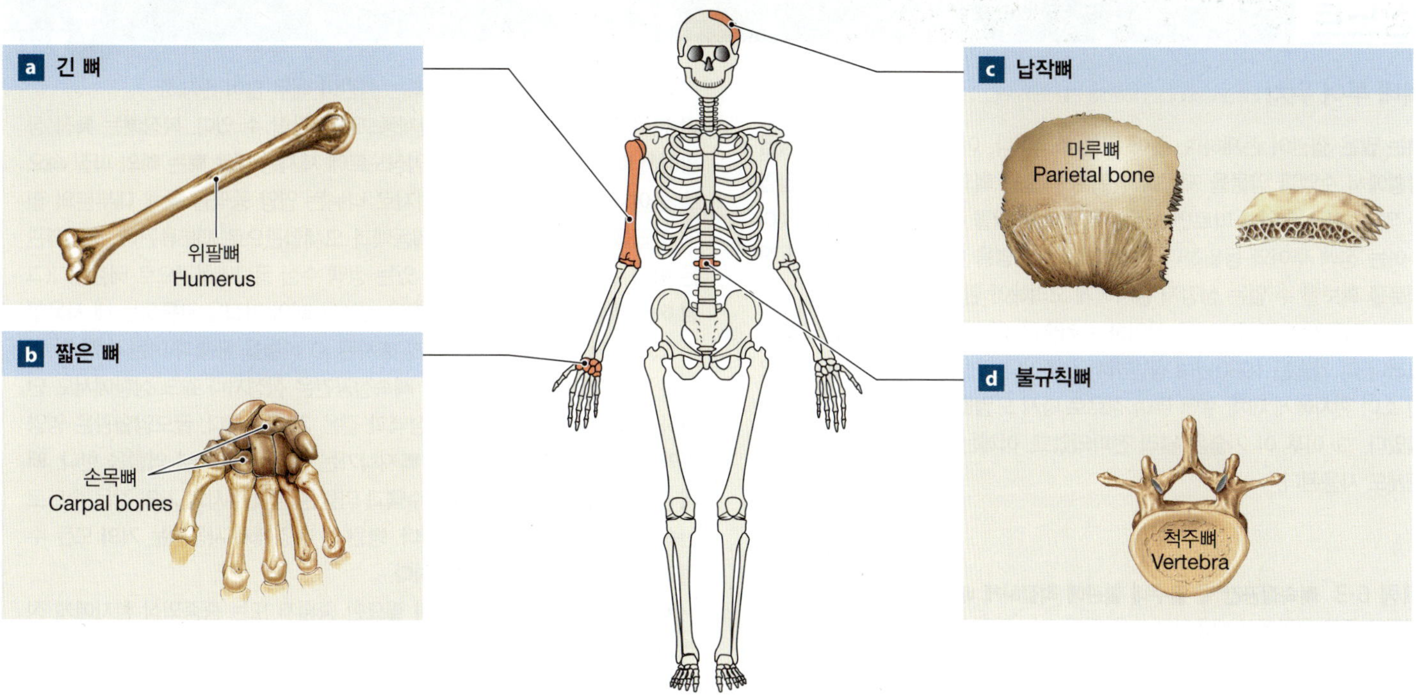

뼈의 육안적 특징 Macroscopic Features of Bone

전형적인 사람의 뼈대는 206개의 주요 뼈로 구성되어 있다. 뼈는 네 가지 일반적인 모양을 이루고 있다: 길고, 짧고, 편평하고, 불규칙하다 (그림 6-1). **긴 뼈(long bone)**는 너비에 비해 길이가 길다. **짧은 뼈(short bone)**는 너비와 길이가 대략적으로 동일하다. 긴 뼈의 예로는 팔뼈(위팔뼈) 및 허벅지뼈(넙다리뼈)와 같은 팔다리뼈가 있다. 짧은 뼈에는 손목뼈(*carpal bone*)와 발목뼈(*tarsal bone*)가 있다. **납작뼈(flat bone)**는 머리뼈의 마루뼈(*parietal bone*), 갈비뼈, 어깨뼈와 같이 얇고 비교적 넓다. **불규칙뼈(irregular bone)**는 정해진 범주에 쉽게 들어 맞지 않는 복잡한 모양을 가지고 있다. 예로는 척주의 척추와 머리뼈를 구성하는 일부 뼈가 있다.

그림 6-2는 위팔뼈가 가지고 있는 긴 뼈의 전형적인 특징을 보여준다. 긴 뼈에는 뼈골수공간 또는 **골수공간(marrow cavity)**이라고 하는 중앙 공간을 둘러싸는 중심축 또는 **뼈몸통(diaphysis)**이 있다. 이 공간에는 부드럽고 지방이 많은 조직인 **골수(bone marrow)**가 있다. 각 끝의 확장된 부분을 **뼈끝(epiphysis)**이라고 한다. 뼈끝은 관절 연골(*articular cartilages*)로 덮여 있다. 긴 뼈의 각 뼈끝은 관절에서 인접한 뼈와 연결된다.

두 가지 유형의 뼈 조직이 그림 6-2에 제시되어 있다. **치밀뼈(compact bone)**는 비교적 치밀하고 단단하다. **해면뼈(spongy bone)** 또는 섬유주 뼈(*trabecular bone*)는 공간으로 분리된 뼈 막대 또는 버팀대의 얽

그림 6-2 긴 뼈의 구조.

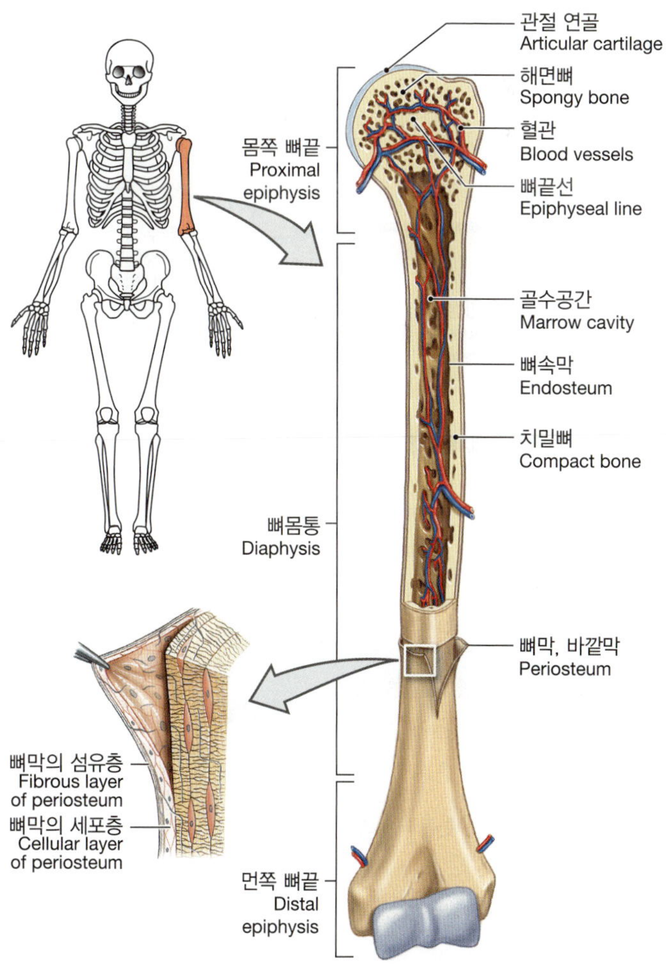

임상노트

뼈내 투여 위치 Intraosseous Needle Placement

뼈는 많은 혈관이 존재하며, 살아 있는 조직이다. 이 특성을 이용하여 응급 상황에서 수액과 약물을 제공하기 위해 바늘을 뼈의 뼈속질공간에 삽입할 수 있다. 최근 문헌에 따르면 심정지 환자에게 약물 투여를 할 때에 뼈내(IO) 투여는 정맥 투여와 동일하다. 뼈내 투여는 생명을 위협하는 경우, 특히 정맥로를 확보할 수 없는 심정지 환자에게 고려해야 한다.

뼈속질공간에 주사바늘을 삽입하는 기술은 이미 1922년에 설명되었다. 그러나 이 기술은 1980년대 중반까지 수액이나 약물 투여가 긴급하게 필요한 소아 환자에게 대체 수액 투여 경로로 다시 도입될 때까지 거의 사용되지 않았다. 그 이후 이 기술은 널리 전파되었고, 이제는 소아뿐만 아니라 성인에게도 사용된다.

그림 6-3 뼈속질공간 및 골수내 혈관에 적절하게 배치된 뼈내 투여용 바늘. 체액은 주로 혈관에서 배출되고 도출 정맥 또는 영양 정맥을 통해 빠져나와 중심 정맥 순환으로 유입된다.

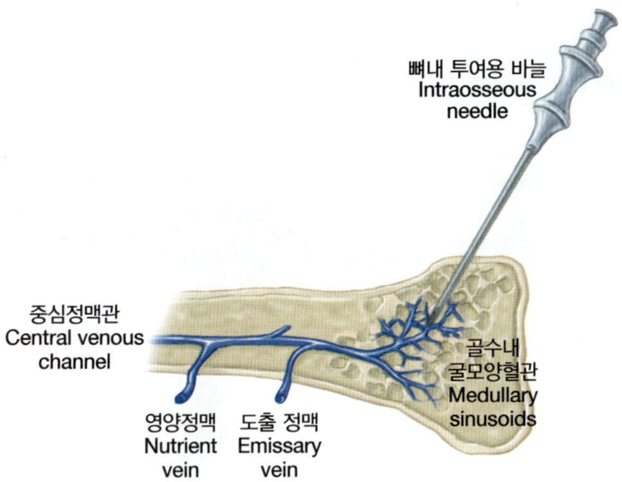

그림 6-4 응급상황에서 뼈내 투여를 위한 특수 뼈내 바늘.

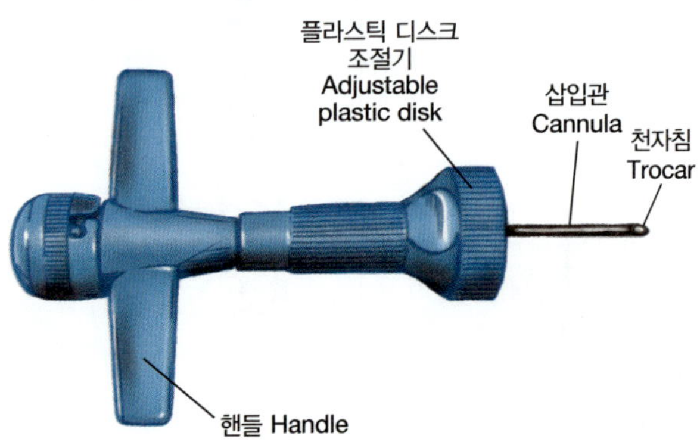

정강뼈와 위팔뼈와 같은 큰 뼈는 혈관이 매우 많이 존재하며 많은 양의 수액을 중앙 순환계통으로 전달할 수 있다. 복장뼈는 특정 상황에서 뼈내 투여에 사용된다. 임상노트에 제시된 대로 뼈는 뼈의 피질 속으로 들어가서 상승가지와 하강가지로 나뉘는 영양 동맥을 통해 대부분의 혈액 공급을 받는다. 이 가지는 세동맥과 모세혈관으로 재분류된다. 모세혈관은 뼈의 수질 공간 전체에 걸쳐 있는 정맥 수질 굴모양혈관으로 배출된다(그림 6-3). 특별히 설계된 뼈내 투여용 바늘은 뼈의 피질을 관통하는 데 사용할 수 있다(그림 6-4~6-7). 적절하게 배치된 IO 바늘을 통해 투여된 수액 및 약물은 굴모양혈관으로 들어간다. 뼈속질공간은 심정지나 쇼크 상황에서도 단단하고 쉽게 파열되지 않으며 정맥과 같은 기능을 한다. 굴모양혈관은 영양 정맥 또는 방출 정맥으로 뼈를 빠져나가는 중심 정맥 채널 역할을 한다. 뼈내 투여용 바늘을 통해 투여된 수액과 약물은 정맥 주사와 거의 같은 속도로 신속하게 중앙 순환계로 유입된다. 병원 전 환경에서 사용되는 거의 모든 수액과 약물은 뼈내 투여가 가능하다.

뼈내 투여는 약물이나 수액이 필요한 중환자 또는 중증외상 환자에게 정맥로를 대신하는 대안을 제공한다. 현재의 외상환자 처치 수행은 제한적 이지만, 외상환자에 대한 수액 투여를 요구하므로, 정맥로를 확보할 수 없는 외상성 심정지 환자에게 뼈내 투여 요법의 확대가 시행되고 있다.

그림 6-5 뼈내 투여 장치. (a) 성인; **(b)** 소아.

(a)

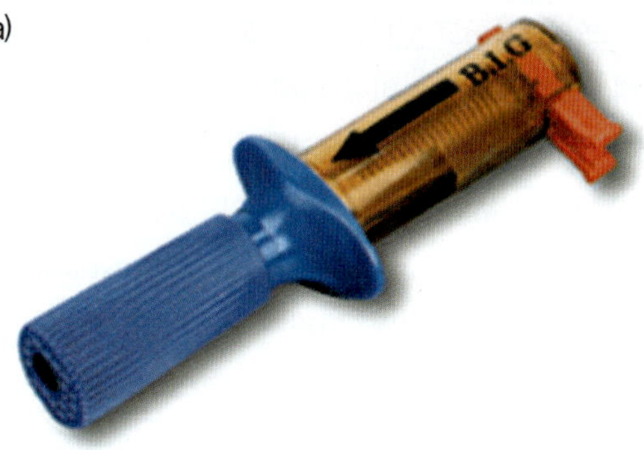

(b)

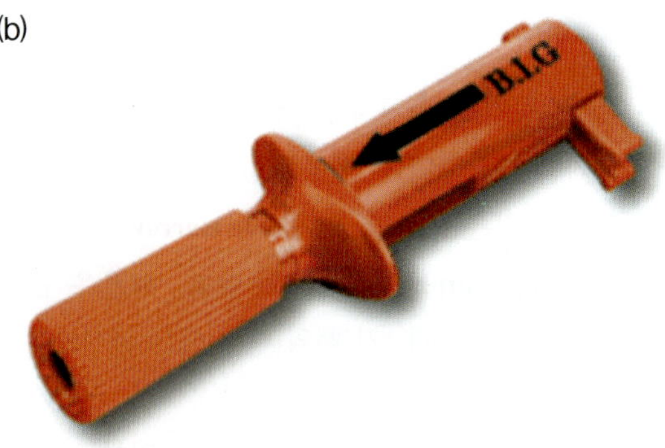

그림 6-6 F.A.S.T.1 복장뼈 뼈내 투여.

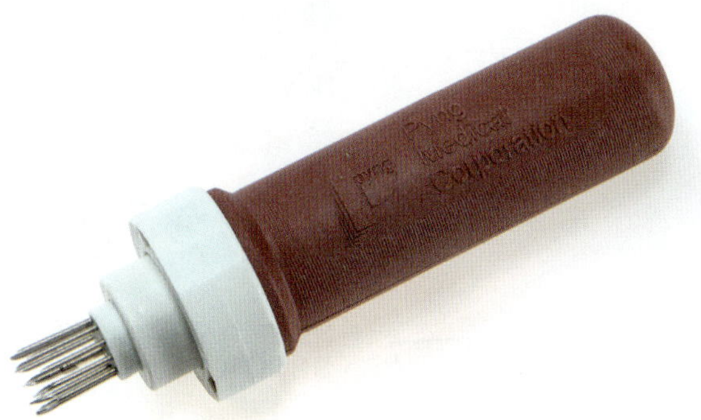

그림 6-7 EZ-IO 장치.

혀 있는 그물망으로 구성된다. 치밀뼈는 골간벽을 형성하고 해면뼈는 뼈끝을 채우고 뼈속질공간을 둘러싸고 있다. 치밀뼈의 얇은 층은 각 뼈끝의 해면뼈를 덮는다.

뼈의 외부 표면은 **뼈막(periosteum)**으로 덮여 있다(그림 6-2). 뼈막은 외부 섬유층과 내부 세포층으로 구성된다. **힘줄**(*tendon*)과 인대(*ligament*)의 섬유는 뼈막의 섬유층의 섬유와 혼합된다. 힘줄은 뼈대근을 뼈에 연결하고 인대는 하나의 뼈를 다른 뼈에 연결한다. 뼈막은 주변 조직에서 뼈를 분리하고 혈관과 신경의 경로를 제공하며 뼈의 성장과 복구에 관여한다.

뼈 내에서 **뼈속막(endosteum)**은 뼈속질공간의 해면뼈와 기타 내부 표면을 덮는다. 뼈속막은 뼈가 성장하는 동안 회복 또는 재형성하는 동안 활성화된다.

뼈의 맨눈해부학적 특징 Microscopic Features of Bone

뼈는 지지하는 결합조직이다. 우리는 4장에서 일반적인 조직학을 살펴보았다. **그림 6-8**은 뼈의 미세한 구조에 대한 자세한 내용을 보여준다. 치밀뼈와 해면뼈는 모두 골소강이라고 하는 작은 주머니에 **뼈세포(osteocyte)**를 포함한다(그림 6-8a,b). **뼈세포방(lacunae)**은 **뼈층판(lamellae)**으로 알려진 석회화된 망 사이 좁은 공간에 형성되어 있다. **뼈세관(canaliculus)**이라고 하는 작은 통로는 그물망을 통해 방출된다. 그들은 빈틈을 가까운 혈관에 연결한다. 뼈세관은 뼈세포의 세포질 확장을 포함한다. 혈액의 영양소와 뼈세포의 폐기물은 이러한 세포를 둘러싸고 있는 세포외액과 세포질 확장을 통해 확산된다.

치밀뼈와 해면뼈 Compact and Spongy Bones

치밀뼈의 기본 기능 단위는 **뼈단위(osteon)** 또는 하버스계통(*Haversian system*)이다(그림 6-8a,b). 뼈단위 안에서 뼈세포는 하나 이상의 혈관을 포함하는 **중심관(central canal)** 또는 하버스관(*Haversian canal*) 주위에 중심이 같은 하나의 층으로 배열된다. 각 뼈단위의 층은 중심관 주위에 일련의 포함된 원기둥 모양의 통로를 형성한다. 중심관은 일반적으로 뼈의 표면과 평행하게 뻗어 있다. **관통관(perforating canal)**은 중심관의 혈관을 뼈막 및 뼈속질공간의 혈관과 연결하는 통로를 제공한다.

해면뼈에는 뼈단위가 없고 판의 배열이 다르다. 그것의 얇은 판은 **뼈잔기둥(trabeculae)**이라고 불리는 막대 또는 판을 형성한다. 얇은 뼈잔기둥의 많은 가지를 뻗음으로 열린 그물망을 만든다. 해면뼈의 빈틈에서 방사되는 소관은 골수와 뼈세포 사이에서 영양분과 폐기물이 확산되는 뼈잔기둥의 노출된 표면에서 끝난다.

치밀뼈 층은 관절연골이 반대 표면을 보호하는 관절주머니(*joint capsule*) 안쪽을 제외한 모든 곳에서 뼈 표면을 덮는다. 치밀뼈는 제한된 방향에서 하중이 가해질 때에 저항력이 작용하는 곳에 위치한다. 예를 들어 팔다리뼈는 양쪽 끝에 가해지는 힘을 견디도록 제작되었다. 뼈단위는 뼈몸통의 긴 축과 평행하기 때문에 양쪽 끝에 힘(큰 것이라도)이 가해지면 팔다리뼈가 구부러지지 않는다. 그러나 뼈몸통 옆쪽에 가해지는 훨씬 작은 힘은 뼈를 부러뜨릴 수 있다.

대조적으로, 해면뼈는 뼈가 심하게 스트레스를 받지 않거나 여러 방향에서 스트레스가 닿는 곳에서 발견된다. 예를 들어, 해면뼈는 외부로부터 오는 힘이 관절을 통해 전달되는 긴 뼈의 뼈끝에 존재한다.

그림 6-8 일반적인 뼈의 미세한 구조.

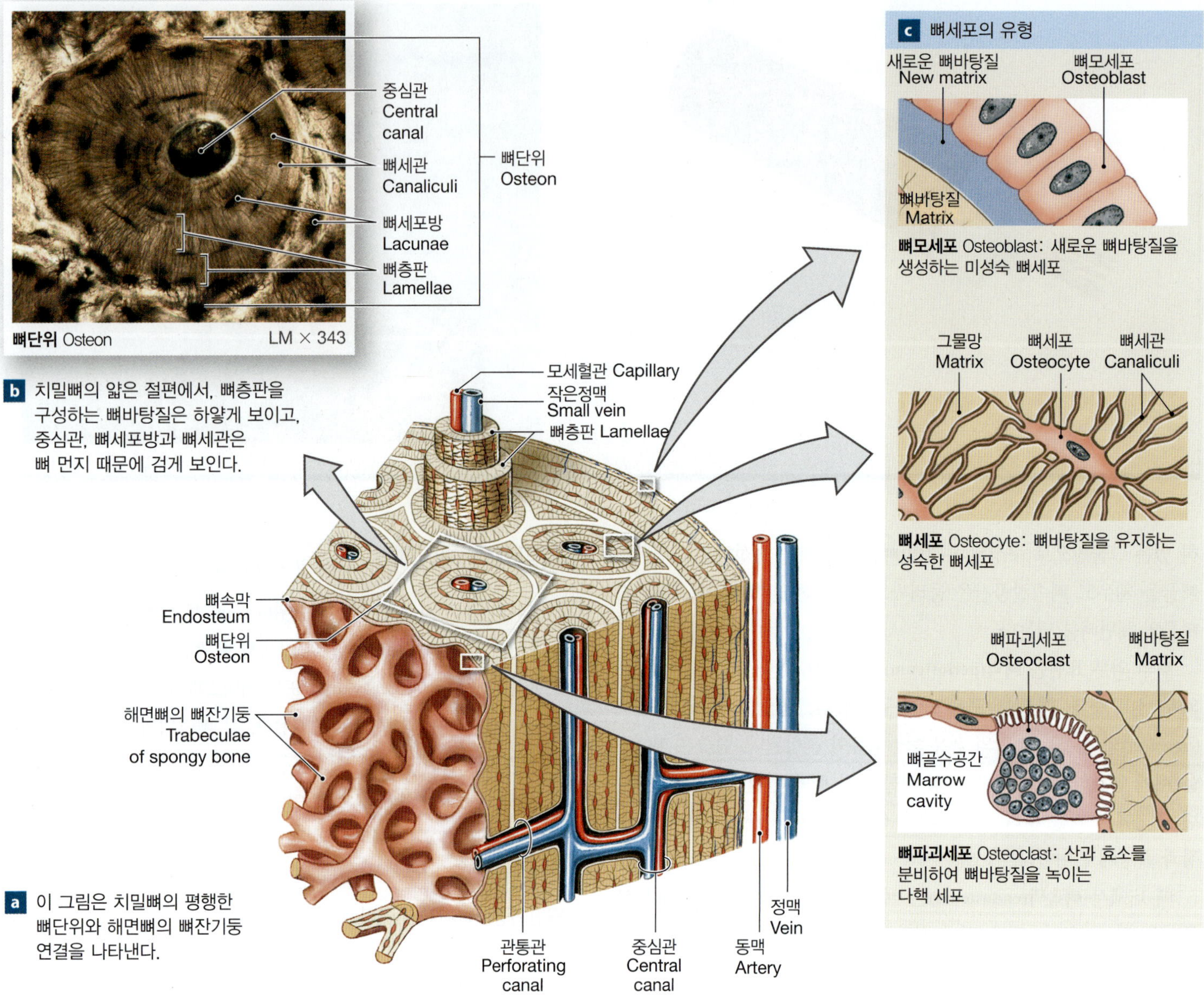

b 치밀뼈의 얇은 절편에서, 뼈층판을 구성하는 뼈바탕질은 하얗게 보이고, 중심관, 뼈세포방과 뼈세관은 뼈 먼지 때문에 검게 보인다.

a 이 그림은 치밀뼈의 평행한 뼈단위와 해면뼈의 뼈잔기둥 연결을 나타낸다.

뼈모세포 Osteoblast: 새로운 뼈바탕질을 생성하는 미성숙 뼈세포

뼈세포 Osteocyte: 뼈바탕질을 유지하는 성숙한 뼈세포

뼈파괴세포 Osteoclast: 산과 효소를 분비하여 뼈바탕질을 녹이는 다핵 세포

또한 치밀뼈보다 훨씬 가볍다. 해면뼈는 뼈의 무게를 줄여 근육이 뼈를 쉽게 움직일 수 있도록 한다. 끝으로 해면뼈의 기둥으로 구성된 그물망은 혈액 세포가 형성되는 적골수의 세포를 지지하고 보호한다.

뼈의 세포 Cells in Bone

뼈세포는 뼈에서 가장 풍부한 세포이지만 다른 유형의 세포도 존재한다(**그림 6-8c**). **뼈모세포**(*osteoblast*) 및 **뼈파괴세포**(*osteoclast*)라고 하는 이러한 세포는 치밀뼈와 해면뼈 모두의 내부 공동을 감싸고 있는 안쪽막 및 뼈막의 세포층과 연관되어 있다. 세 가지 기본 세포 유형은 다음과 같다:

1. **뼈모세포**(전구세포)는 **뼈발생(ossification)**이라고 하는 과정에서 새로운 뼈를 생성한다. 그들은 새로운 뼈 기질을 생성하고 유기바탕질에 칼슘 염의 침착을 촉진한다. 뼈모세포가 석회화된 기질로 완전히 둘러싸이면 뼈세포로 분화된다.
2. **뼈세포(osteocyte)**는 성숙한 뼈세포이다. 뼈세포는 뼈바탕질에서 칼슘염을 재활용하고 치유를 지원하여 정상적인 뼈 구조를 유지한다.
3. **뼈파괴세포(osteoclast)**는 50개 이상의 핵을 가진 거대 세포이다. 산과 효소를 분비하여 뼈바탕질을 용해하고 뼈의 분해 또는 재흡수를

통해 저장된 무기질을 방출한다. 이 과정은 체액의 칼슘 및 인산염 농도를 조절하는 데 도움이 된다. 뼈파괴세포는 뼈바탕질을 제거하고 뼈모세포는 뼈바탕질을 추가한다.

체크포인트

2. 뼈의 네 가지 일반적인 모양을 식별하시오.
3. 콜라겐과 칼슘의 비율이 증가하면 뼈의 강도는 어떤 영향을 받는가?
4. 긴 뼈의 표본은 중심관을 둘러싸고 있는 중심이 같은 막을 보여준다. 뼈몸통에서인가? 아니면 뼈끝에서인가?
5. 성숙한 뼈 세포는 ________, 뼈 형성 세포는 _______, _______는 뼈를 흡수하는 세포로 알려져 있다.
6. 뼈파괴세포의 활동이 뼈의 뼈모세포의 활동을 초과한다면 뼈의 질량은 어떤 영향을 받는가?

책 뒷면에 있는 파란색 정답 탭을 참조.

6-3 뼈발생과 덧붙이성장은 뼈 형성과 크기가 커지는 과정이다

학습목표 막속뼈되기와 연골속뼈되기의 과정을 비교한다.

뼈대의 성장은 신체의 크기와 비율을 결정한다. 배아의 길이가 약 12 mm(0.5인치)인 수정 후 약 6주 동안 뼈대가 형성되기 시작한다. (이때 모든 뼈대 요소는 연골로 이루어져 있다.) 뼈 성장은 청소년기를 통해 계속되며 뼈대의 일부는 일반적으로 약 25세까지 계속 성장한다.

발달하는 동안 뼈는 연골이나 기타 결합조직을 대체한다. 다른 조직을 뼈로 대체하는 과정을 **뼈발생(ossification)**이라고 한다. (석회화[calcification]는 칼슘염의 침전이다. 뼈되기 과정에서 발생하지만 뼈 이외의 조직에서도 발생할 수 있다.) 뼈 형성에는 두 가지 형태가 있다. 막속뼈되기(*intramembranous ossification*)에서 뼈는 결합조직의 시트나 뼈막 안에서 발달한다. 연골속뼈되기(*endochondral ossification*)에서, 뼈는 기존에 있던 연골을 대체한다. **그림 6-9**는 16주 된 태아에서 이 두 과정에 의해 형성된 뼈의 일부를 보여준다.

막속뼈되기 Intramembranous Ossification

막속뼈되기(intramembranous ossification)는 뼈모세포가 배아 또는 태아 섬유 결합조직 내에서 분화할 때 시작된다. 이러한 유형의 뼈되기 진피의 더 깊은 층에서 발생한다. 뼈모세포는 줄기세포가 분비하는 기질의 유기성분이 석회화되면 결합조직 줄기세포와 분화된다. 뼈되기는 먼저 **뼈발생중심(ossification center)**에서 발생한다. 뼈되기가 진행

그림 6-9 16주 된 태아의 뼈 형성.

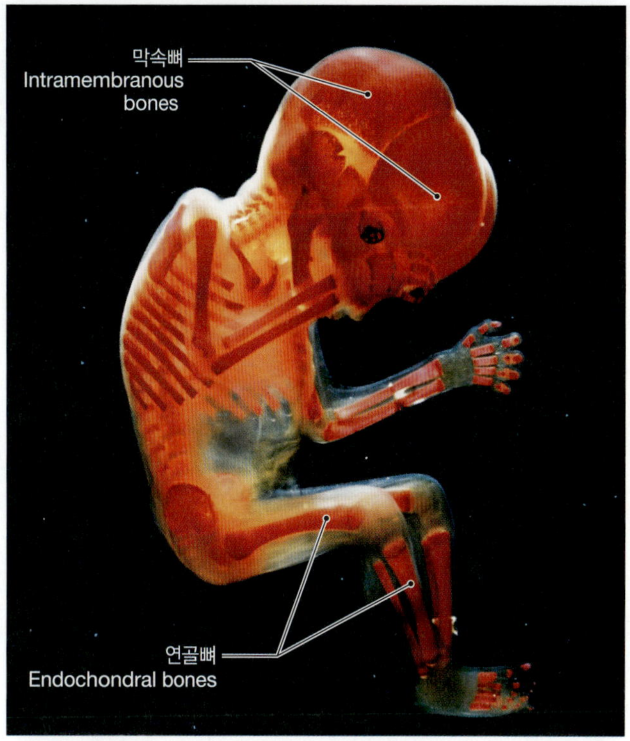

되고 새로운 뼈가 바깥쪽으로 가지를 내면서 일부 뼈모세포는 뼈 주머니 안에 갇혀 뼈세포로 변한다.

뼈의 성장은 능동적인 과정이며 뼈모세포는 산소와 영양분 공급을 필요로 한다. 혈관은 이러한 요구를 충족시키기 위해 해당 부위로 자라기 시작하고 시간이 지남에 따라 발달 중인 뼈 안에 갇히게 된다. 처음에는 막안쪽 뼈가 해면뼈와 비슷하다. 갇힌 혈관 주위의 추가적인 재생은 치밀뼈의 전형적인 형태를 생성할 수 있다. 머리뼈의 편평한 뼈, 아래턱(하악), 빗장뼈(쇄골)가 막속뼈 발생에 의해 형성된다.

연골속뼈되기 Endochondral Ossification

뼈대를 구성하는 대부분의 뼈는 기존 유리연골의 **연골속뼈되기(endochondral ossification)**를 통해 형성된다. 연골이 먼저 발달하여 이후에 형성될 뼈의 축소판 역할을 한다(**그림 6-9**). 배아 6주가 되면 이 연골 모델이 실제 뼈로 대체되기 시작한다. 팔다리 뼈의 성장 및 뼈되기 단계는 **그림 6-10**에 도식화되어 있다.

1. 연골속뼈되기는 성장하는 연골 모형 내의 연골세포가 확대되고 주변 바탕질이 석회화되기 시작하면서 시작된다. 석회화된 바탕질이 영양소의 확산을 늦추기 때문에 연골세포가 죽게 된다.

그림 6-10 **연골뼈되기.**

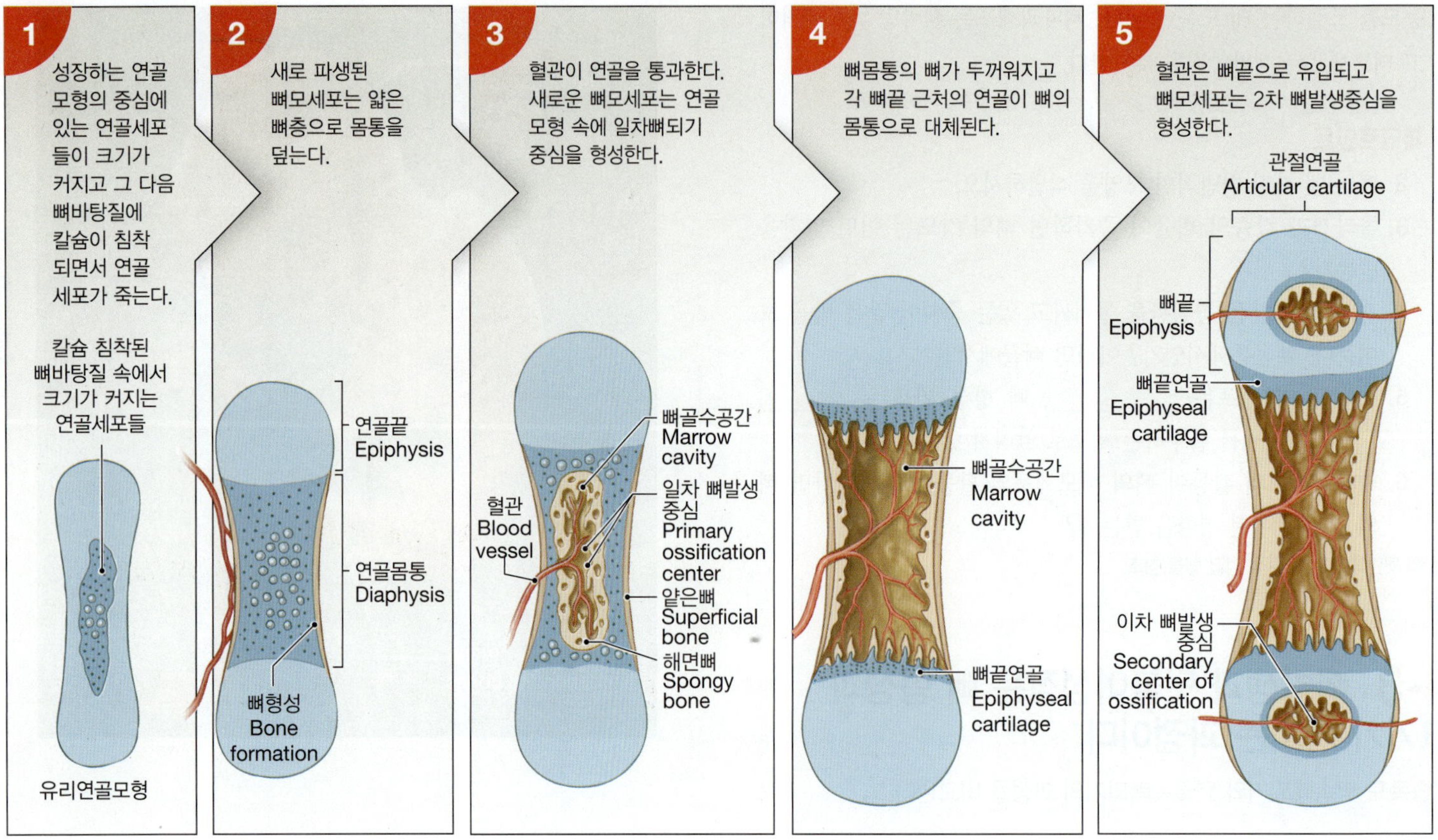

❷ 뼈 형성은 뼈몸통 표면에서 먼저 발생한다. 혈관은 연골의 가장자리 주위에서 자라며 연뼈막의 세포는 뼈모세포로 분화한다. 뼈모세포는 뼈몸통 표면 주위의 겉에 뼈 층을 생성하기 시작한다.

❸ 혈관은 뼈모세포로 분화하는 섬유아세포와 함께 연골의 내부 영역을 침범한다. 새로운 뼈모세포는 **일차 뼈발생중심**(*primary ossification center*)의 뼈몸통 중심 내에서 해면뼈를 형성한다. 뼈 발달은 양쪽 끝으로 진행되어 뼈몸통을 해면뼈로 채운다.

❹ 뼈가 커짐에 따라 뼈파괴세포는 해면뼈의 일부를 분해하여 골수공간을 만든다. 끝에 있는 **뼈끝연골(epiphyseal cartilage)** 또는 **뼈끝판**(*epiphyseal plate*)이 계속 확장되어 발달 중인 뼈의 길이가 늘어난다. 뼈몸통에서 나온 뼈모세포는 뼈끝연골을 지속적으로 침범하지만, 앞으로 나아가는 뼈모세포 앞에 새로운 연골이 지속적으로 추가되기 때문에 뼈가 더 길게 자란다. 이런 상황은 한 사람이 다른 사람보다 앞에서 뛰어가고 있는 한 쌍의 조깅하는 사람(jogger)과 같다. 두 사람이 동일한 속도로 달리는 동안 뒤따라가는 사람은 앞 사람을 절대 따라잡지 못한다.

❺ 뼈끝의 중심이 석회화되기 시작한다. 혈관과 뼈모세포가 이 영역에 들어가면 **이차 뼈되기중심**(*secondary ossification center*)이 형성된다. 뼈끝은 결국 해면뼈로 채워진다. 원래 연골 모형의 얇은 덮개는 **관절연골(articular cartilage)**로 관절강에 노출된 상태로 유지된다. 이 단계에서 뼈몸통의 뼈와 각 뼈끝의 뼈는 뼈끝연골에 의해 여전히 분리되어 있다. 연골의 성장 속도가 뼈모세포의 침윤 속도와 보조를 맞추는 한 뼈끝연골은 계속 남아 있게 되어 뼈의 길이 성장이 지속된다.

사춘기에 성 호르몬 생산이 증가하면 뼈 성장이 빨라진다. 뼈모세포는 뼈끝연골이 확장되는 것보다 더 빨리 뼈를 생성하기 시작한다. 결과적으로 뼈의 양쪽 끝에 있는 뼈끝연골은 사라질 때까지 점점 좁아져서 사라지게 된다. 성인에서 뼈끝연골의 이전 위치는 X-선에서 볼 수 있는 뚜렷한 **뼈끝선(epiphyseal line)**(그림 6-10)으로 표시된다. 뼈끝성장의 끝을 **뼈끝폐쇄**(*epiphyseal closure*)라고 한다.

뼈가 길어지면 직경도 커진다. **덧붙이성장(appositional growth)**이라고 하는 이 확대 과정은 뼈막의 세포가 뼈모세포로 발달하고 추가 뼈바탕질을 생성할 때 발생한다(그림 6-11). 뼈몸통의 외부 표면에 새로운 뼈가 침착되면서 내부 표면이 뼈파괴세포에 의해 침식되고 골수공간이 점차 확대된다.

그림 6-11 뼈의 덧붙이 성장.

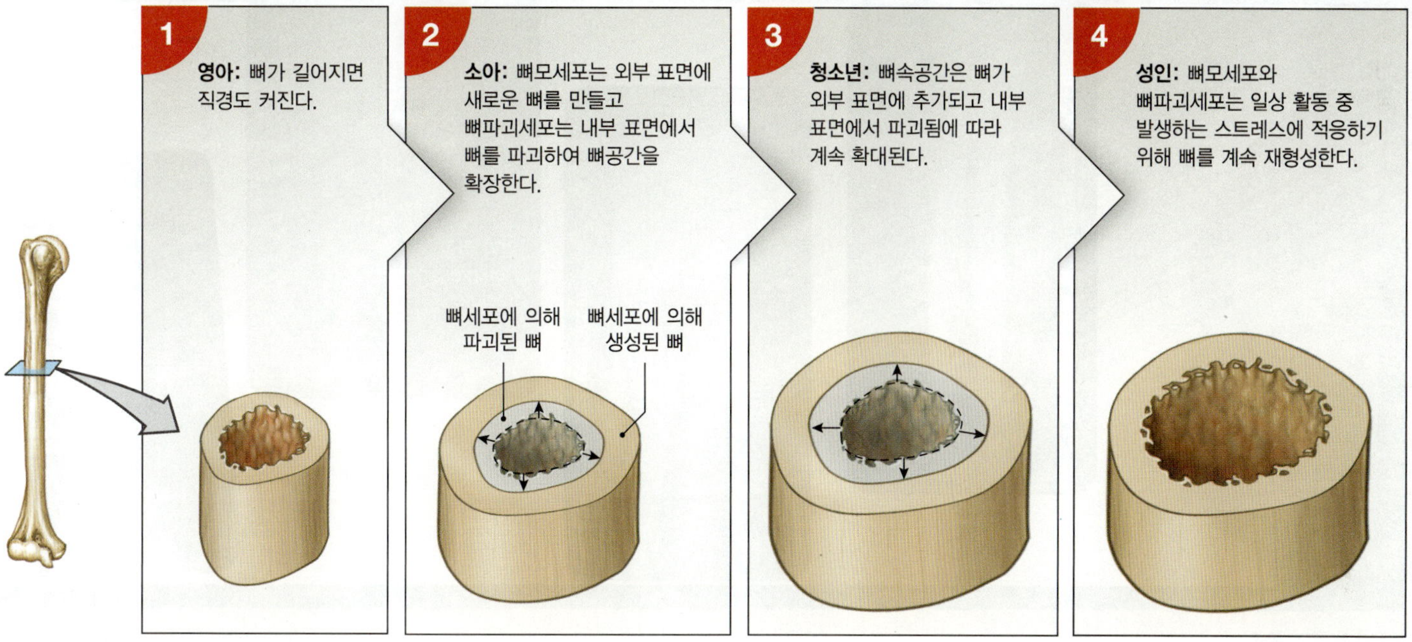

뼈 성장과 신체 비율 Bone Growth and Body Proportions

뼈끝폐쇄의 시기는 뼈와 개인에 따라 다르다. 발가락의 뼈되기는 11세까지 완료될 수 있지만 골반이나 손목의 일부는 25세 때까지 확대될 수 있다. 팔과 다리의 뼈끝연골은 일반적으로 18세(여성) 또는 20세(남성)에 닫힌다. 성 호르몬의 차이는 남성과 여성의 신체 크기와 비율의 차이를 설명한다.

정상적인 뼈 성장을 위한 요구 사항 Requirements for Normal Bone Growth

정상적인 뼈 성장과 유지는 무기질, 특히 칼슘염의 안정적인 공급원에 달려 있다. 태아 발달 동안 이러한 무기질은 모체의 혈류에서 공급받는다. 태아의 필요량이 너무 커서 임신 중에 산모의 뼈대에서는 종종 뼈 질량이 감소된다. 유아기부터 성인기까지 식단은 적절한 양의 칼슘과 인산염을 제공해야 한다. 신체는 또한 이러한 무기질을 흡수하여 뼈 형성 부위로 운반할 수 있어야 한다.

비타민 D_3(*Vitamin* D_3)는 정상적인 칼슘 대사에 중요한 역할을 한다. 이 비타민은 자외선에 노출된 표피 세포에서 합성되거나 식이 보조제에서 얻을 수 있다. 비타민 D_3가 간에서 처리된 후 콩팥은 이 비타민의 유도체를 소화관에서 칼슘과 인산염 이온의 흡수를 자극하는 호르몬인 칼시트리올(*calcitriol*)로 전환한다. 비타민 D_3가 결핍되면 무기질화가 잘 되지 않아 뼈가 연해질 수 있다. 이 장애를 성인의 경우 **골연화증**(*osteomalacia*), 어린이의 경우 **구루병**(*rickets*)이라고 한다. 성장기 어린이의 경우 다리 뼈가 신체의 무게로 인해 옆으로 구부러지면서 영향을 받은 사람이 O형다리(내반슬, bowlegged appearance)로 나타난다.

비타민 A(*Vitamin A*)와 비타민 C(*Vitamin C*)는 또한 정상적인 뼈 성장과 유지에 필수적이다. 예를 들어, 비타민 C 결핍은 **괴혈병**(*scurvy*)을 유발할 수 있다. 이 상태에서 뼈모세포 활동은 감소되고, 뼈는 약하고 부서지기 쉬운 형태가 된다. 다양한 호르몬은 또한 정상적인 뼈대 성장과 발달에 필수적이다. 여기에는 성장 호르몬, 갑상샘 호르몬, 성 호르몬 및 칼슘 대사에 관여하는 호르몬이 포함된다.

체크포인트

7. 막속뼈되기 중에 뼈로 대체되는 조직은 무엇인가?
8. 넙다리뼈에 엑스레이를 사용하여 사람이 키가 완전히 자랐는지 확인하려면 어떻게 해야 하는가?
9. 평균 연령보다 몇 년 늦게 사춘기에 진입하는 아동은 일반적으로 성인 평균보다 키가 더 크다. 왜 그럴까?
10. 임산부에게 뼈가 완전히 형성되었음에도 불구하고 칼슘 보충제를 섭취하고 우유를 마시도록 권장하는 이유는 무엇인가?

책 뒷면에 있는 파란색 정답 탭을 참조.

임상노트

골절의 유형 및 치유 단계(TYPES OF FRACTURES AND STEPS IN REPAIR)

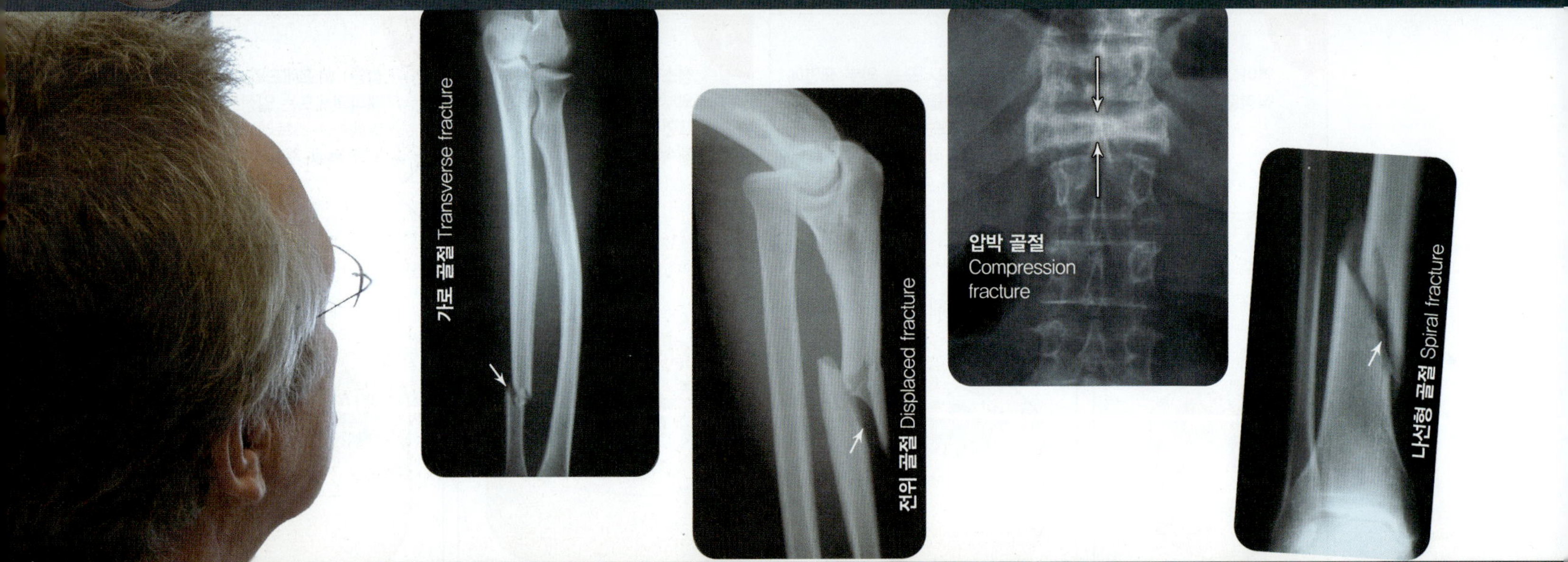

골절의 유형 TYPES OF FRACTURES

골절의 이름은 외관, 위치, 뼈의 균열 또는 골절의 성질에 따라 명명된다. 중요한 유형의 골절을 표시할 수 있는 대표적인 방법은 X-선이다. 가장 일반적인 범주는 폐쇄 골절과 개방 골절이다. **폐쇄**(closed) 또는 단순 골절은 완전히 신체 내부에서 발생한다. 이것은 피부에 손상이 없기 때문에 X-선에서만 볼 수 있다. **개방**(open) 또는 복합 골절은 골절면이 피부를 통해 돌출된다. 환자 평가에서 명백하게 나타나는 이러한 골절은 감염 또는 통제되지 않는 출혈의 가능성으로 인해 폐쇄 골절보다 더 위험하다. 용어가 중복되기 때문에 많은 골절이 하나 이상의 범주에 속한다.

가로골절(transverse fracture)은 뼈의 긴축을 가로지르는 방향으로 뼈를 부러뜨린다.

전위골절(displaced fracture)은 새롭고 비정상적인 뼈의 배열을 생성한다. **전위되지 않은 골절**(nondisplaced fractures)은 부러진 뼈나 파편의 정상적인 정렬을 유지한다.

압박골절(compression fracture)은 추락 시 의자에 착지할 때 발생하는 힘과 같은 극심한 스트레스를 받는 척추에서 발생한다. 압박 골절은 종종 뼈엉성증과 관련이 있다.

정강뼈골절(나선형골절, spiral fracture)에서 관찰되는 바와 같이 뼈의 길이를 따라 확산되는 비틀리는 힘의 저항에 의해 생성된다.

골절의 치유 REPAIR OF A FRACTURE

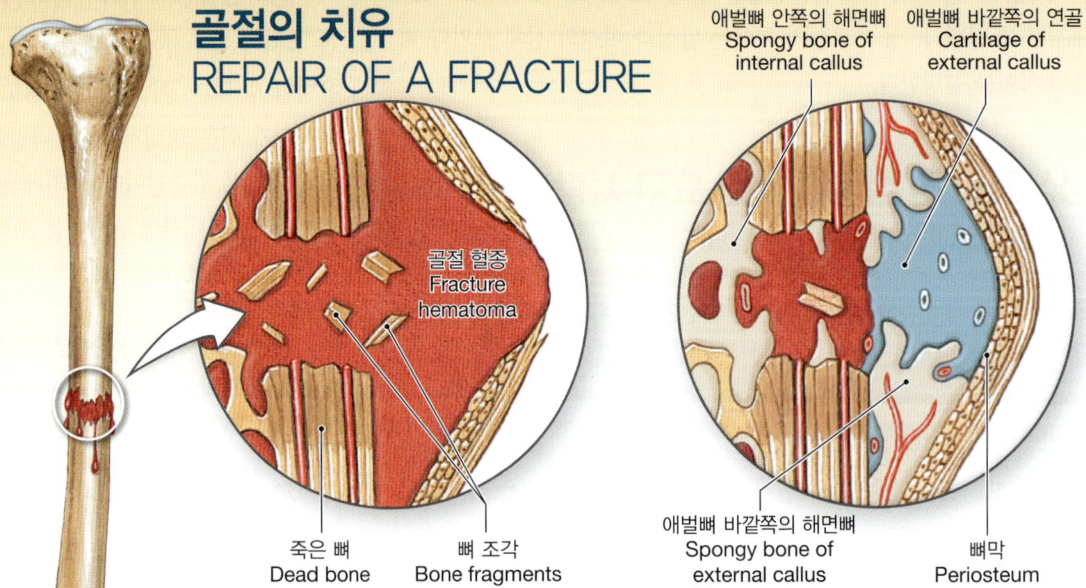

1 골절 혈종 형성.

골절 직후 광범위한 출혈이 발생한다. 큰 혈전 또는 **골절 혈종**(fracture hematoma)은 곧 손상된 혈관을 닫고 손상된 부위에 섬유질 그물망을 남긴다. 혈류 부족은 부분 골세포를 죽이고 영향을 받는 부위를 넓힌다. 죽은 뼈는 곧 뼈몸통을 따라 양쪽 방향으로 확장된다.

2 애벌뼈의 형성.

손상되지 않은 뼈막과 뼈막의 세포는 세포 분열의 빠른 주기를 겪고 딸세포는 골절 영역으로 이동한다. **안쪽에 형성된 애벌뼈**(internal callus)은 골절의 안쪽 가장자리를 결합하는 해면뼈 그물망으로 형성된다. 연골과 뼈의 **외부 애벌뼈**(external callus)가 골절의 외부 가장자리를 둘러싸고 안정화한다.

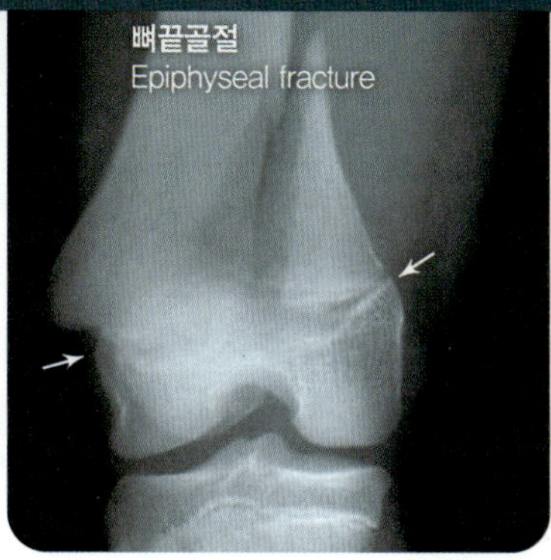

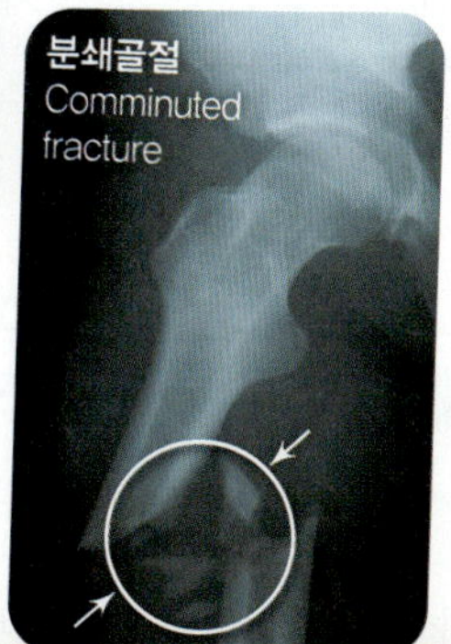

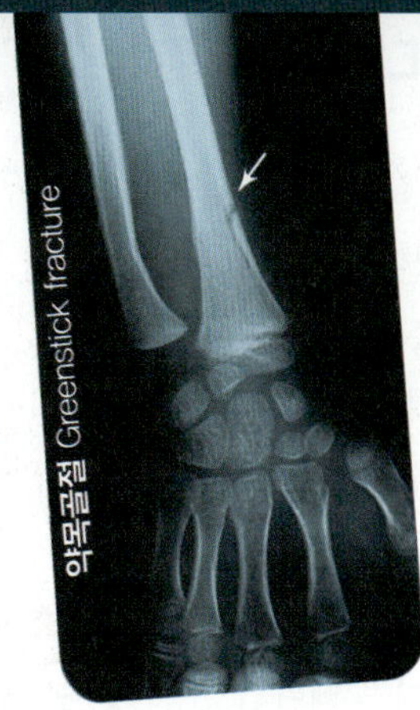

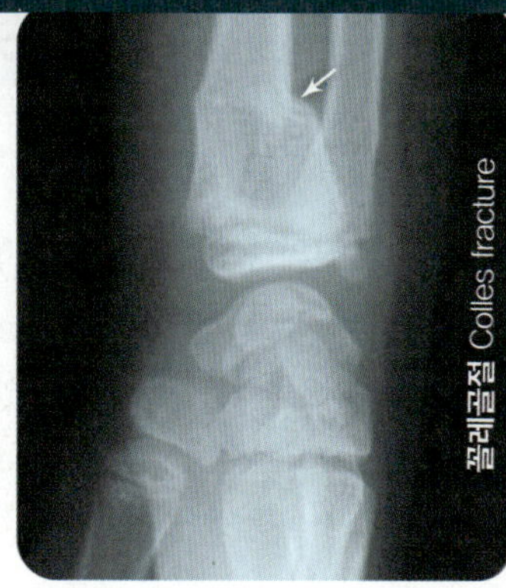

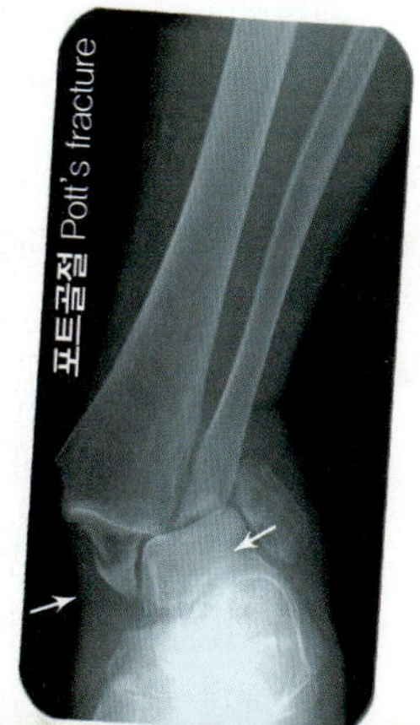

넙다리뼈의 **뼈끝골절**(epiphyseal fracture)은 뼈바탕질이 석회화되고 연골 세포가 죽어가는 곳에서 발생하는 경향이 있다. 이 선을 따르는 깨끗한 가로 골절은 일반적으로 잘 치유된다. 주의 깊게 치료하지 않으면 뼈끝과 뼈끝연골 사이의 골절이 이 부위의 성장을 영구적으로 멈출 수 있다.

넙다리뼈 골절의 **분쇄골절**(comminuted fracture)은 영향을 받은 부위를 여러 개의 뼈 조각으로 산산조각 낸다.

노뼈의 골절과 같은 **약목골절** (생나무골절, greenstick fracture)에서는 뼈몸통의 한쪽만 부러지고 다른 쪽은 구부러진다. 이러한 유형의 골절은 일반적으로 긴 뼈가 아직 완전한 뼈되기가 되지 않은 어린이에게서 발생한다.

먼쪽 노뼈가 파손되는 **꼴레골절**(colles fracture)은 일반적으로 낙상시 완충하기 위해 손을 뻗은 결과이다.

양쪽 복사뼈가 골절되는 **포트골절**(Pott's fracture)은 발목에서 발생하며 먼쪽 정강뼈의 안쪽 복사뼈와 먼쪽 종아리뼈의 바깥쪽 복사뼈 모두에 영향을 미친다.

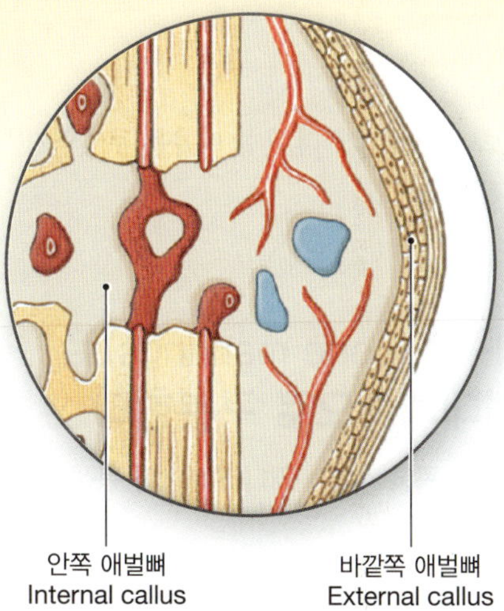

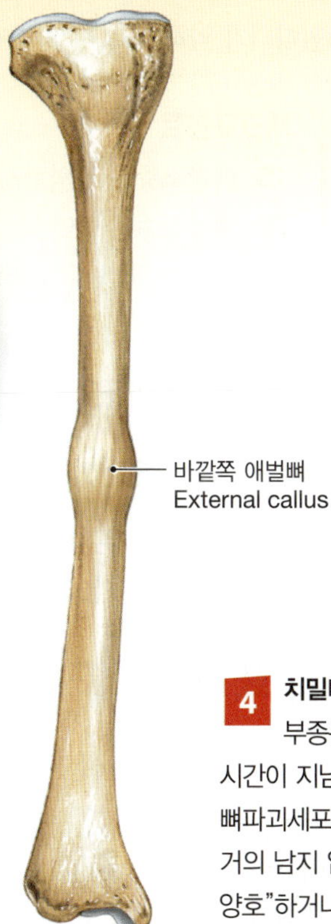

3 해면뼈의 형성. 뼈모세포는 바깥쪽 애벌뼈의 중앙 연골을 해면뼈로 교체한 다음 부러진 끝을 결합한다. 죽은 뼈 조각과 부러진 부분에 가장 가까운 뼈 부위가 흡수되어 교체된다. 이제 애벌뼈의 끝이 제자리에 단단히 고정되어 근육 수축으로 인한 정상적인 스트레스를 견딜 수 있다.

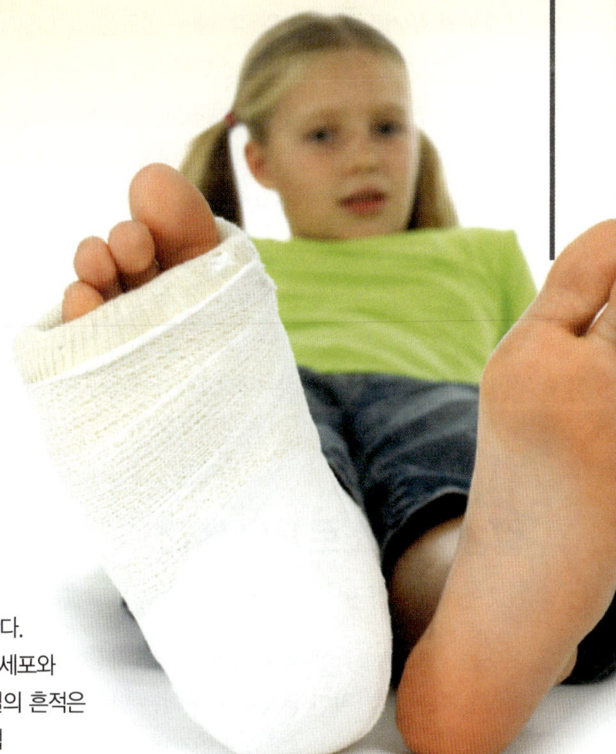

4 치밀뼈의 형성. 부종은 골절의 위치를 표시한다. 시간이 지남에 따라 이 영역은 뼈모세포와 뼈파괴세포에 의해 재형성되며 골절의 흔적은 거의 남지 않는다. 재생이 "새것처럼 양호"하거나 골절부위의 뼈가 정상보다 약간 두껍고 강할 수 있다. 비교 가능한 힘에 대한 저항력 하에서 두 번째 골절은 일반적으로 다른 부위에서 발생한다.

6

6-4 뼈 성장과 발달은 뼈 형성과 흡수 사이의 균형과 칼슘 활용도에 달려 있다

학습목표 뼈대계통의 재형성과 항상성 과정을 설명한다.

재형성(remodeling) 과정은 뼈 기질의 유기 및 무기질 성분을 지속적으로 재활용하고 재생한다. 뼈대의 다섯 가지 주요 기능 중 두 가지인 무기질 지원 및 저장은 이러한 뼈의 동적 특성에 달려 있다. 성인에서 뼈세포는 공간을 둘러싼 기질을 유지하여 칼슘염을 지속적으로 제거하고 대체한다. 그러나 뼈끝연골이 닫힌 후에도 뼈파괴세포와 뼈모세포도 활성 상태를 유지한다. 일반적으로 그들의 활동은 균형을 이루고 있다. 하나의 뼈단위는 뼈모세포의 활동을 통해 형성되고 다른 뼈단위는 뼈파괴세포에 의해 파괴된다.

뼈의 회전율은 상당히 높다. 젊은 성인의 경우 뼈대의 거의 5분의 1이 매년 재활용되고 교체되거나 재형성된다. 모든 뼈의 모든 부분이 영향을 받는 것은 아니다. 예를 들어, 넙다리뼈 머리의 해면뼈는 매년 2~3회 교체될 수 있지만 뼈몸통을 따라 있는 치밀뼈는 거의 변동없이 남아 있다.

뼈 유지에서 재형성의 역할

The Role of Remodeling in Support

규칙적인 무기질 회전율은 각 뼈에 새로운 스트레스에 적응할 수 있는 능력을 제공한다. 심하게 스트레스를 받은 뼈는 더 두꺼워지고 강해지며 표면 융기가 더욱 뚜렷해진다. 일반적인 스트레스를 받지 않는 뼈는 얇고 부서지기 쉽다. 이러한 이유로 규칙적인 운동은 정상적인 뼈 구조를 유지하는 데 중요한 자극이 된다.

짧은 시간 동안 활동하지 않아도 뼈대에서 퇴행성 변화가 발생한다. 예를 들어, 석고붕대(cast)를 한 상태에서 목발을 사용하면 부상당한 다리의 무게는 감소한다. 몇 주 후에 스트레스를 받지 않은 다리는 뼈 질량의 약 1/3이 손실된다. 그러나 뼈는 다시 정상 체중을 싣는 것처럼 빠르게 재건된다.

칼슘 저장소로서의 뼈대

The Skeleton as a Calcium Reserve

뼈대는 인체에서 가장 풍부한 무기질을 저장하고 있다. 특히 인체에서 가장 중요한 무기질인 칼슘의 경우에는 더욱 그렇다. 일반적인 인체에는 1~2 kg의 칼슘이 포함되어 있으며 99%는 뼈대에 축적되어 있다.

체크포인트

11. 뼈의 재형성에 대해 설명하시오.
12. 역도 선수의 팔뼈가 조깅 선수보다 더 두껍고 무거울 것으로 예상하는 이유는 무엇인가?
13. 부갑상샘 호르몬, 칼시트리올, 칼시토닌이 혈중 칼슘 수치에 미치는 일반적인 영향은 무엇인가?
14. 폐쇄골절과 개방골절의 차이점은 무엇인가?

책 뒷면에 있는 파란색 정답 탭을 참조.

6-5 뼈감소증(osteopenia)은 노화된 골격 조직에 광범위한 영향을 미친다

학습목표 노화가 뼈대계통에 미치는 영향을 요약한다.

뼈는 노화의 정상적인 반응의 일부로 얇아지고 상대적으로 약해진다. 부적절한 골화는 **뼈감소증(osteopenia)**이라고 한다. 우리 모두는 나이가 들면서 약간의 뼈감소증이 발생한다.

뼈량 감소는 30~40세 사이에 시작된다. 뼈모세포 활동은 감소하기 시작하는 반면, 뼈파괴세포 활동은 이전 수준에서 계속된다. 감소가 시작되면 여성은 10년마다 뼈대 질량의 약 8%를 잃는다. 남성은 그보다 10년에 약 3%를 적게 잃는다. 뼈대의 모든 부분이 똑같이 영향을 받는 것은 아니다. 뼈끝, 척추 및 턱은 더 많이 잃는다. 그 결과 팔다리가 약해지고 키가 줄어들며 치아가 상실된다.

체크포인트

15. 뼈감소증을 정의하시오.
16. 뼈엉성증이 노인 남성보다 여성에게 더 흔한 이유는 무엇인가?

책 뒷면에 있는 파란색 정답 탭을 참조.

6-6 뼈는 뼈 표지구조(bone markings)로 구별되며 두 개의 뼈대계통으로 구분한다

학습목표 뼈 표지구조를 정의하고 몸통뼈대와 팔다리뼈대의 구성 요소와 기능의 명칭을 기술한다.

뼈 표지구조(표면구조) Bone Markings (Surface Features)

신체의 각 뼈 표면에는 특정 기능과 관련된 특징이 있다. 돌출부는 근육, 힘줄 또는 인대가 부착되고 인접한 뼈가 관절을 이루는 곳에서 형성된다. 뼈의 오목(*depression*), 고랑(*groove*) 및 구멍(*opening*)은 혈관과 신경이 뼈와 평행하여 배열되어 있거나, 뼈를 관통하는 부위를 나타낸

임상노트

뼈대 손상 Skeletal Injuries

뼈대 및 관절 손상에는 삠(염좌), 불완전어긋남(아탈구), 어긋남(탈구) 및 부러짐(골절)의 4가지 일반적인 유형이 있다.

삠 Sprains

삠(*sprain*)은 관절 내에서 하나 이상의 인대가 늘어나거나 찢어지는 손상이다. 이 인대가 찢어지면 관절이 약해진다. 관절에 가해지는 스트레스는 관절을 정상 가동 범위 이상으로 확장하여 인대 손상을 일으킬 수 있다(**그림 6-12**). 손상은 그 부위에 급성 통증을 유발하고, 곧이어 염증과 부종이 뒤따른다. 삠은 다음 기준을 사용하여 중증도에 따라 분류되거나 등급이 매겨진다.

- **I형**(*Grade I*). 경미하고 불완전한 파열. 인대가 아프고 부드럽지만 이완이 없다. 부종과 멍은 일반적으로 최소화된다. 관절이 안정적이다.
- **II형**(*Grade II*). 의미있지만 불완전한 인대의 파열. 이완이 있지만 관절이 더 이상 움직이지 않는 가동범위의 제한이 있다. 부종 및 멍은 중등도에서 중증일 수 있으며 통증 범위는 중등도에서 중증일 수 있다. 관절은 불안정하지만 온전하다.
- **III형**(*Grade III*). 관련된 인대의 완전한 파열 및 전체 기능부전. 관절을 검사하는 동안 인대에 자극을 주면, 가동범위의 제한이 느껴지지 않는다. 통증과 근육 경련은 종종 3형 염좌를 가릴 수 있으므로 진단을 쉽게 놓칠 수 있다. 심한 통증과 경련으로 인해 부상이 골절로 오인될 수 있다. 며칠 후 재평가를 하면 진단을 확인하는 데 도움이 될 수 있다. 관절이 불안정하다.

그림 6-12 일반적인 모음 손상에 따른 II형 발목 삠. 앞목말종아리인대는 완전히 찢어진 것처럼 보이지만 뒤목말종아리인대는 부분적으로만 찢어져 있다. 대부분의 발목 삠은 바깥쪽 인대와 관련이 있다.

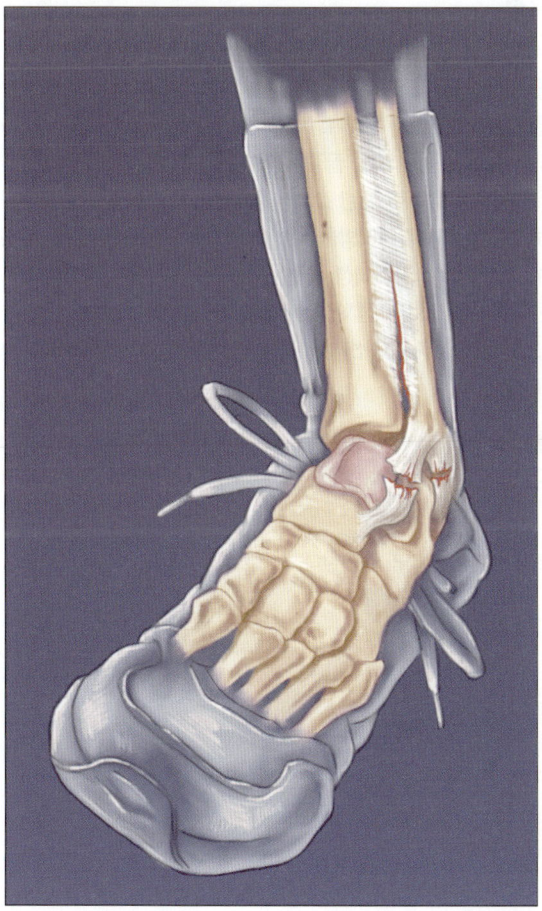

불완전어긋남(아탈구) Subluxation

부분 어긋남라고도 하는 **불완전어긋남**(*subluxation*)은 관절주머니 안에서 뼈 끝이의 부분적으로 어긋나는 것이다. 이는 관절이 인대를 늘리는 스트레스가 적용되면서 관절이 분리될 때 발생한다. 불완전어긋남은 관절의 결합성을 더 크게 감소시킨다는 점에서 삠과 다르다.

어긋남(탈구) Dislocation

어긋남(*dislocation*)은 관절 내의 정상 위치에서 뼈 끝 위치가 완전히 어긋나는 것이다. 관절은 종종 눈에 띄는 기형과 함께 비정상적인 위치에 고정된다(**그림 6-13**). 이 손상은 관절의 뼈가 일반적으로 큰 힘으로 정상적인 운동 범

그림 6-13 무릎의 앞쪽 어긋남. 이 손상은 흔하지는 않지만 무릎을 가로지르는 혈관과 신경에 심각한 위협이 된다. 즉시 정복술을 시행해야 한다.

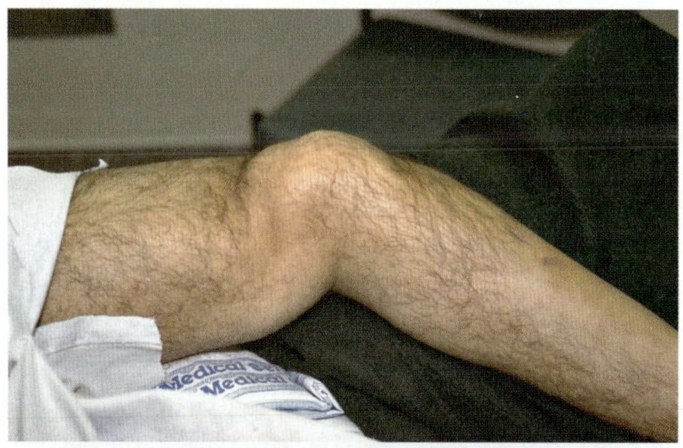

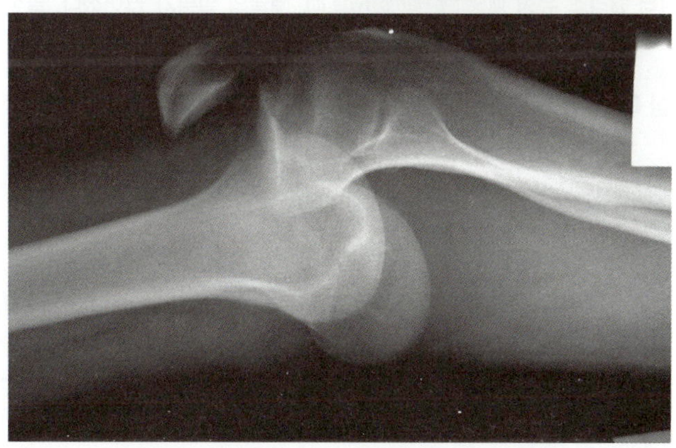

(계속)

위를 넘어 움직일 때 발생한다. 주변 혈관과 신경이 끼이거나 압박되거나 찢어질 위험이 있다. 관절이 변형되거나 정상적인 방식으로 움직이지 않을 때마다 어긋남을 의심해야 한다.

골절 Fracture

골절(*fracture*)은 뼈의 구조적 완전성을 방해하는 손상이다. 대부분의 골절은 건강한 뼈에 대한 심각한 외상의 결과이다. 뼈겉질은 직접적인 타격, 각도(굽힘) 힘, 축방향 하중, 비틀림에 대한 저항 응력 또는 이들의 조합을 비롯한 다양한 힘에 의해 파괴될 수 있다.

골절은 또한 질병이 있거나 비정상인 뼈에서 발생할 수 있다. 이러한 병리학적 과정은 뼈를 약화시켜 정상적인 상황에서는 일반적으로 뼈겉질을 손상시키지 않는 힘에 의해 부러지기 쉽다. 이러한 골절을 병적 골절이라고 하며 비교적 경미한 외상으로 인해 발생할 수 있다. 예를 들어 병리학적 골절은 용해성 전이성(암성) 병변으로 인한 골절, 양성 골낭종으로 인한 골절, 진행성 뼈엉성증 환자의 척추 압박 골절이 있다. 척추 압박 골절은 병적 골절의 가장 흔한 유형이다.

성장판 손상 Growthplate Injuries

골절은 어린이의 뼈끝 성장판과 관련될 수 있다. 뼈끝이라고도 부르는 뼈끝 연골판은 골화된 뼈나 인대보다 약하기 때문에 쉽게 손상된다(**그림 6-14**). 어린이의 성장 중 뼈끝판 손상은 뼈가 새로운 뼈를 생성하는 능력의 전부 또는 일부를 파괴할 수 있으며, 이로 인해 성장이 저해되거나 변형될 수 있다. 성장판 손상으로 인한 성장 장애의 가능성은 아동이 아직 성장하지 않은 나이와 관련이 있다. 따라서 아이가 나이가 많을수록 기형이 발생하는 시간이 감소한다. **살터-해리스 체계**(*Salter-Harris system*)는 종종 성장판 손상을 분류하는 데 사용된다. 분류 번호가 증가함에 따라 성장 장애의 가능성이 증가한다. 예후는 I형 골절에서 가장 좋고 V형 골절에서 가장 나쁘다. 성장판 손상에 대한 살터-해리스 분류는 다음과 같다(**그림 6-15**).

- **살터-해리스 유형 I**(*Salter-Harris Type I*). 골절선은 신체를 관통한다. 뼈의 나머지 부분에서 골단이 분리되는 경우는 거의 없다. X-선상 골절선은 성장판에 가려져 잘 보이지 않는 경우가 많다. 유형 I 손상은 가장 덜 심각한 뼈끝 골절 유형이다.
- **살터-해리스 유형 II**(*Salter-Harris Type II*). 뼈끝 전체와 뼈몸통끝의 일부가 떨어져 나간다. 골절선은 뼈끝 연골판을 통해 뼈몸통끝으로 이어진다.
- **살터-해리스 유형 III**(*Salter-Harris Type III*). 뼈끝의 일부가 끊어졌다. 골절선은 뼈끝 연골판을 통해 뼈끝과 관절로 이어진다.
- **살터-해리스 유형 IV**(*Salter-Harris Type IV*). 뼈끝의 일부와 뼈몸통끝의 일부가 떨어져 나간다. 골절선은 뼈몸통끝, 뼈끝 연골판, 뼈끝을 통해 관절로 이어진다.
- **살터-해리스 유형 V**(*Salter-Harris Type V*). 뼈끝판은 일반적으로 축 방향으로 하중을 받는 유형의 손상 통해 압박받는다. 이러한 손상은 진단하기 어렵고 때로는 성장 장애가 발생할 때 과거 병력을 확인해야 분명하게 진단할 수 있다.

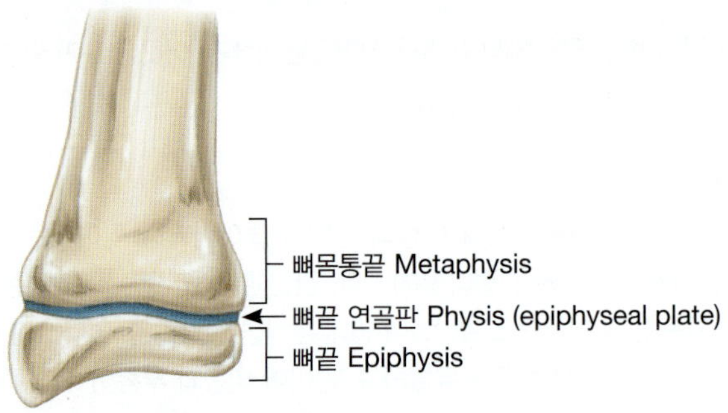

그림 6-14 어린이의 긴 뼈에 있는 성장판. 이 성장판은 뼈끝 또는 뼈끝판이라고도 한다. 뼈끝 연골판에 가까운 뼈 부분은 뼈몸통끝이다. 뼈끝 연골판에서 먼 부분은 뼈끝이다.

골절의 유형

골절을 분류하는 많은 체계들이 있다. 일반적으로 골절은 폐쇄성 골절 또는 개방성 골절로 분류된다. **폐쇄성 골절**(*closed fracture*)의 경우 피부에는 손상이 없고, 골절된 뼈 부위가 외부로 노출되지 않는다. **개방골절**(*open fracture*)의 경우 피부 손상이 동반되며, 골절된 뼈부위가 외부로 노출된다. 이 두 가지의 차이는 응급처치의 중요한 고려사항이 된다. 개방골절은 일반적으로 수술을 요하게 되는데, 감염예방을 위하여 골절부위를 노출시킨 후 오염물질을 제거하고, 세척한다. 폐쇄성 골절은 부목(splint) 적용, 석고붕대로 감는 방법, 또는 다른 방법으로 고정시킬 수 있다(**그림 6-16**).

골절은 또한 방사선 사진(x-선)에서 볼 수 있는 골절선의 방향에 따라 분류된다(**그림 6-17**).

- **약목골절**(생나무골절, *Greenstick fracture*). 약목골절은 대부분의 소아에게서 나타난다. 약목골절은 뼈의 한쪽편은 부러지고 다른 한쪽편은 구부러진다.

그림 6-15 성장판 손상 분류의 살터-해리스 체계. 영구적인 성장판 변형의 가능성은 분류 번호가 증가함에 따라 증가한다.

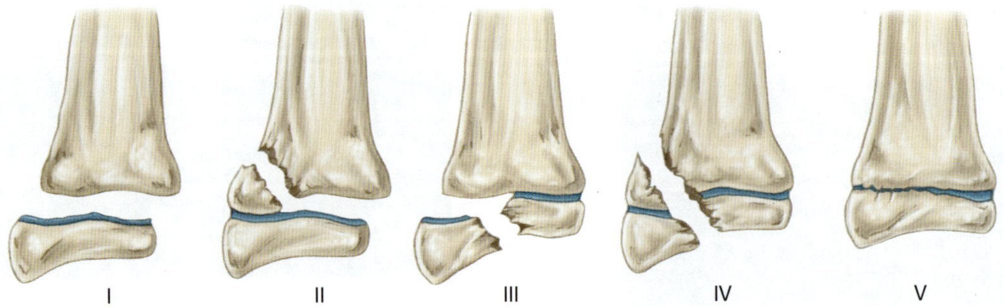

그림 6-16 개방성 골절과 폐쇄성 골절. 복합골절이라고도 불리는 개방골절은 골절된 뼈부위가 외부로 노출된다. 단순골절이라고도 불리는 폐쇄성 골절은 골절된 뼈부위가 외부로 노출되지 않는다.

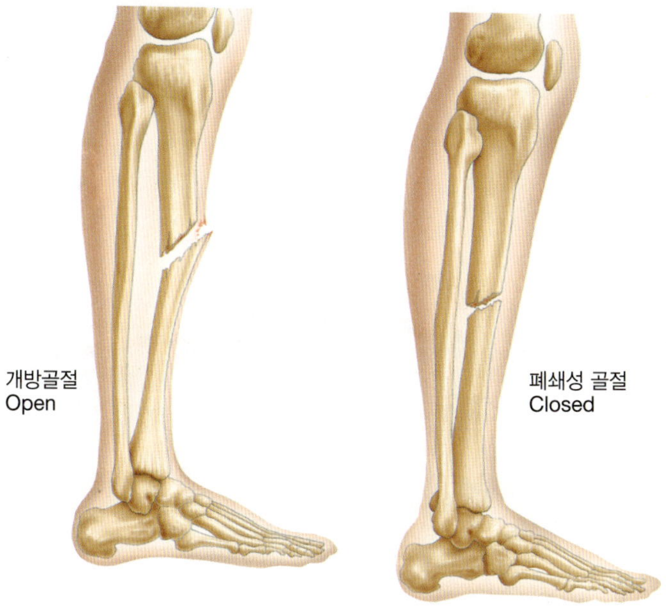

그 이유는 소아의 뼈는 다량의 연골로 구성되어 있기 때문이다.

- **융기골절**(좸쇠골절[*Torus fracture*], 버클골절[Buckle fracture]). 버클골절(돌출골절)은 거의 소아에게만 발생한다. 버클골절(돌출골절)에서는 뼈 자체의 어긋남이 거의 없거나, 전혀없고, 부분적인 버클모양의 뼈 막 부위의 팽창이 있다.
- **가로골절**(*Transverse fracture*). 가로골절은 뼈의 긴 축에 수직으로 골절선이 나타난다.
- **경사골절**(*Oblique fracture*). 경사골절은 뼈의 긴 축 방향으로 비스듬히 뻗어 있는 형태의 골절이다.
- **나선형골절**(*Spiral fracture*). 나선형골절은 회전골절이라고도 부르는데, 긴 뼈에 비틀리는 형태의 힘이 가해질 때에 발생한다.
- **분쇄골절**(*Comminuted fracture*). 분쇄골절은 여러 개의 뼈조각이 발생하는 골절이다.
- **분절골절**(*Segmental fracture*). 분절골절은 뼈의 축을 따라 여러 골절부위가 있는 손상으로, 두 골절부위 사이에 떠다니는 뼈가 존재한다. 분절골절은 종종 분쇄골절로 불리기도 하나 이 둘은 같은 형태의 골절이 아니다.
- **끼임골절**(*Impacted fracture*). 감입골절은 축 방향으로 힘이 가해져서 하나의 골편끝이 다른쪽 골편으로 박히는 손상이다.

특정 유형의 골절 Specific Fractures

몇 가지 특정 유형의 골절은 응급처치에 있어서 매우 중요하다.

팔의 골절 Upper Extremity Fractures

팔의 골절은 흔하게 발생한다. 넘어지는 순간 팔을 뻗어 바닥을 짚을 때에 손목, 팔꿈치, 위팔뼈, 그리고 빗장뼈골절이 발생할 수 있다. 사실, 빗장뼈는 신체에서 가장 자주 골절이 발생하는 뼈이다. 일반적인 아래팔 골절은 **꼴레씨 골절**(*Colles' fracture*)이다(**그림 6-18**). 대개 넘어질 때에 팔을 뻗어 바닥을 짚으면서 발생하게 된다. 디너 포크와 닮은 형태의 변형이 일어난다. 과상골절은 팔꿈치 바로 위, 즉 위팔뼈의 원위부 골절이다. 당김 손상으로 인하여 발생한 골절은 일반적으로 원위부의 후방 전위를 유발한다. 굴곡 손상이

그림 6-17 방사선 사진상 골절선의 모양에 따른 골절 유형.

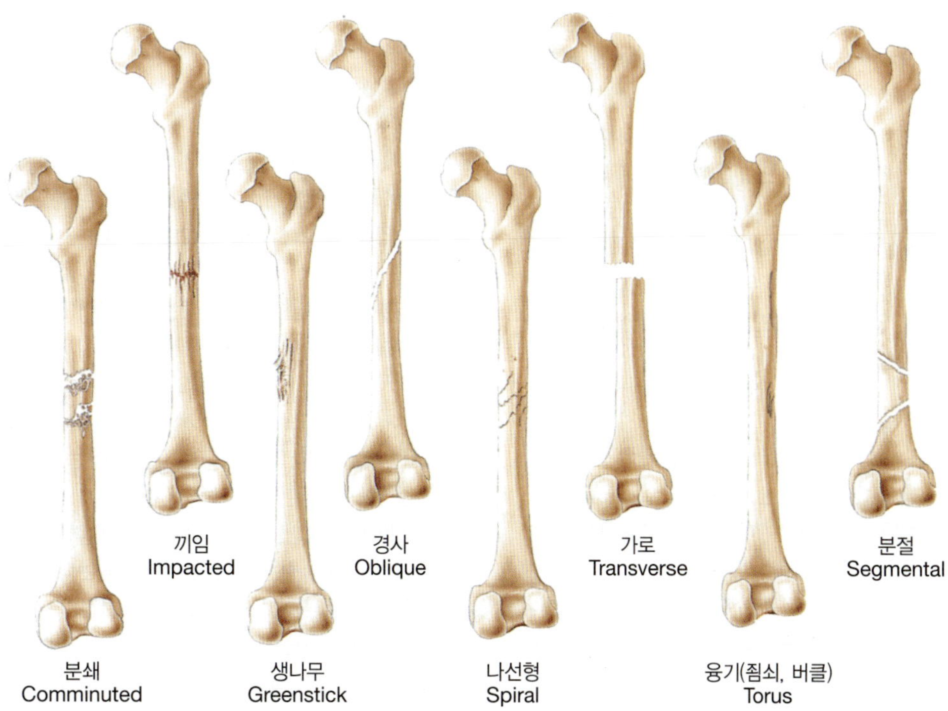

(계속)

그림 6-18 **꼴레씨 골절.** 일반적인 아래팔 골절에서 나타나는 손상 후 손목의 모양은 종종 디너 포크와 닮은 형태를 나타낸다.

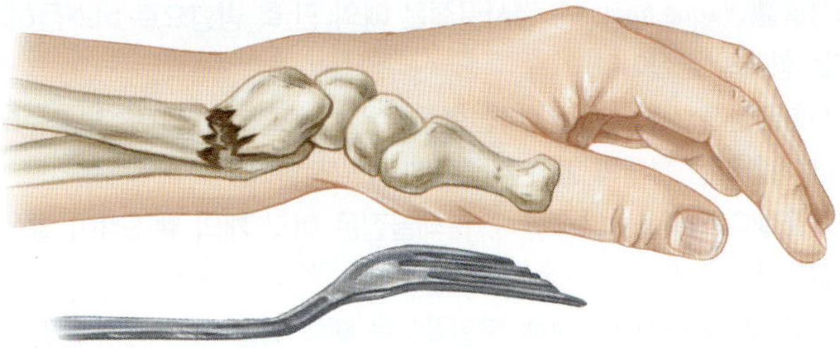

동반되는 골절은 일반적으로 원위부의 전방 전위를 유발한다. 굴곡 손상은 당김 손상보다 훨씬 적게 발생한다. 대부분의 과상 골절은 소아에게서 발생하며, 골절부위 주변의 구조로 인하여 신경 및 혈관손상 등 여러 합병증과 관련이 있다(그림 6-19). 성장판 근처에서 발생하는 과상 골절은 종종 영구적인 기형을 초래하는 성장 이상을 유발할 수 있다. 합병증 발생률이 높기 때문에, 과상 골절은 정형외과 의사에 의하여 즉시 평가와 치료가 되어야 한다.

엉덩관절 골절 Hip Fractures

넙다리뼈는 인체에서 가장 큰 뼈이지만, 특히 노인들에게서 넙다리뼈의 근위부, 즉 엉덩관절의 골절이 자주 나타난다. 엉덩관절은 볼기뼈절구와 몸쪽 넙다리뼈로 구성된 절구관절(ball and socket)로, 소전자에서 2~3인치 아래에 있다. 엉덩관절 골절의 발병률은 나이가 들수록 증가하고 50세가 넘으면 10년 단위로 2배씩 증가한다. 이러한 발병률은 주로 여성이 남성보다 2~3배 높게 나타나는데, 그 이유는 여성은 뼈엉성증으로 인하여 골밀도가 감소되었기 때문이다. 엉덩관절 골절은 일반적으로 위치에 따라 관절주머니 안쪽 또는 관절주머니 바깥쪽으로 분류된다. 관절주머니 안쪽 골절은 넙다리뼈 머리부위에 공급하는 혈관이 손상되는 경우가 많아 넙다리뼈 머리부위의 괴사로 이어질 수 있다. 관절주머니 안쪽의 엉덩관절 골절의 네 가지 유형은 뼈머리, 뼈머리아래, 중간목부위, 아랫목부위(그림 6-20). 피막아래 골절은 피막속 엉덩관절 골절의 가장 흔한 유형이다. 피막바깥 엉덩관절 골절에는 돌기, 돌기사이 및 돌기아래의 세 가지 유형이 있다. 이 중 돌기사이 골절이 가장 흔하다. 도보가 가능한 환자의 모든 엉덩관절 골절은 수술실에서 개방정복술과 내부 고정이 필요하다. 관절주머니안 골절은 일반적으로 전체 엉덩관절을 인공 고관절과 볼기뼈절구로 교체해야 한다. 대부분의 피막바깥 골절은 치유하는 동안 뼈 조각을 함께 고정하기 위해 외과용 핀이나 특수한 핀을 적용하여 안정화할 수 있다. 일반적으로 노인의 고관절 골절을 조기(72시간 미만)에 고정하면 이환율과 사망률이 낮아진다.

얼굴 골절 Facial Fractures

위턱뼈의 골절은 대개 고에너지 손상에 기인한다. 그 결과, 얼굴 골절 환자들은 척추, 가슴, 배 부상과 같은 다른 관련된 손상을 입을 수도 있다. 르포트가 처음으로 설명한 몇 가지 얼굴 골절 패턴 분류가 있다. 그는 자신의 이름을 붙인 얼굴 골절 분류 시스템을 개발하였다(그림 6-21). 르포트 1형 골절은 비공이 위치한 위턱뼈로 제한된다. 또한 르포트 1형 골절은 단단 입천장과 윗니만 부드럽게 흔들리고 움직인다. 르포트 2형 골절은 삼각모양으로 형성된 골절선이 볼의 능선을 가로질러 광대뼈로 확장된다. 골절부위가 움

그림 6-19 **과상 골절.** 과상 골절은 주변에 존재하는 신경조직과 혈관조직 손상의 발생률이 높다. 소아의 경우, 일부 과상 골절은 성장판 손상이 동반될 수 있으며, 영구적인 변형이나 장애를 초래할 수 있다.

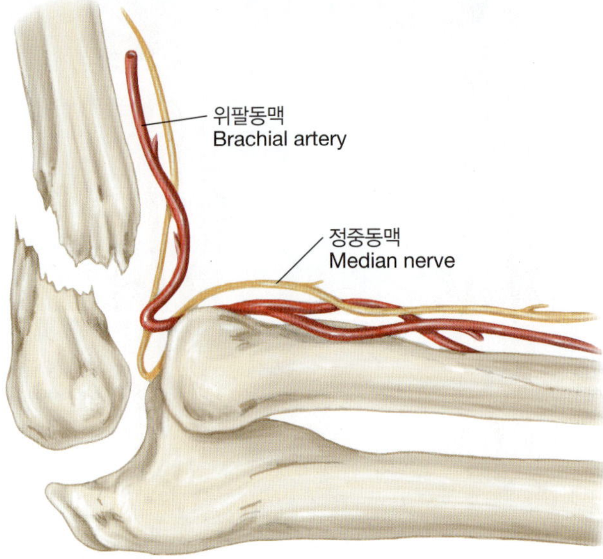

직이면 코는 움직이지만 눈은 움직이지 않는다. 르포트 3형 골절은 얼굴 골격과 머리뼈가 분리된다. 양측의 광대뼈를 모두 포함한 얼굴 전체가 흔들리고, 부드럽게 움직인다. 이 손상은 또한 **머리뼈 표면 분리**(*cranial-facial disjunction*)라고도 불린다. 르포트의 설명에서는 확인되지 않았지만, 르포트 4형 얼굴 골절에 대한 내용이 있다.

골절 처치 Fracture Healing

골절은 세 단계의 치유 과정을 거친다: 염증 단계, 복원 단계, 재형성 단계. 치유의 각 단계는 점차적으로 다음단계와 혼합된다.

골절발생 직후에는 골절선을 넘나드는 미세혈관이 절단되어 다친 뼈끝으로의 혈액 공급이 중단된다. 이후 며칠에 걸쳐 혈액 공급이 중단된 뼈 끝은 괴사하게 된다. 이것은 전형적인 염증 반응을 유발하고 필수 염증 세포가 골절부위로 이동한다. 곧, 과립조직이 손상부위를 채우기 시작한다. 염증 반응 내에는 연골, 콜라겐, 뼈를 형성할 수 있는 세포들이 있다. 이 세 가지 성분이 함께 골절된 뼈 끝을 점차 감싸고 안정시키는 애벌뼈를 형성한다. 뼈 내부와 외부 모두 애벌뼈가 형성된다. 시간이 지남에 따라, 무기질, 특히 칼슘이 축적됨에 따라 애벌뼈는 더 단단해진다. 애벌뼈 아래쪽에 있는, 골절부위 뼈의 괴사된 가장자리는 뼈의 재흡수 기능을 하는 세포인 골 결정체에 의해 제거된다. 마지막으로 치유 단계에 이어 재형성 단계가 시작된다. 재형성 단계에서는 뼈가 원래의 모양과 윤곽을 되찾는 경향이 있다. 이 단계 동안, 애벌뼈 중 과도한 부분이 제거되고 새로운 뼈는 자연적인 긴장선을 따라 형성된다. 재형성은 몇 년 동안 계속될 수 있으며 환자의 나이와 건강, 그리고 원래 골절의 크기와 같은 요인의 영향을 받는다. 일반적으로는 1년 정도 이내에 골절의 모든 흔적이 사라지고 뼈는 완전히 정상으로 보이게 된다. 골절은 소아연령층에서 가장 빨리 치유되고 노인 연령층에서 가장 느리게 치유된다. 예로 단순 손목 골절을 입은 5세 아이는 3주 동안만 석고붕대(cast)를 하

그림 6-20 엉덩이 골절의 유형. 뼈머리아래와 돌기사이가 가장 일반적이다.

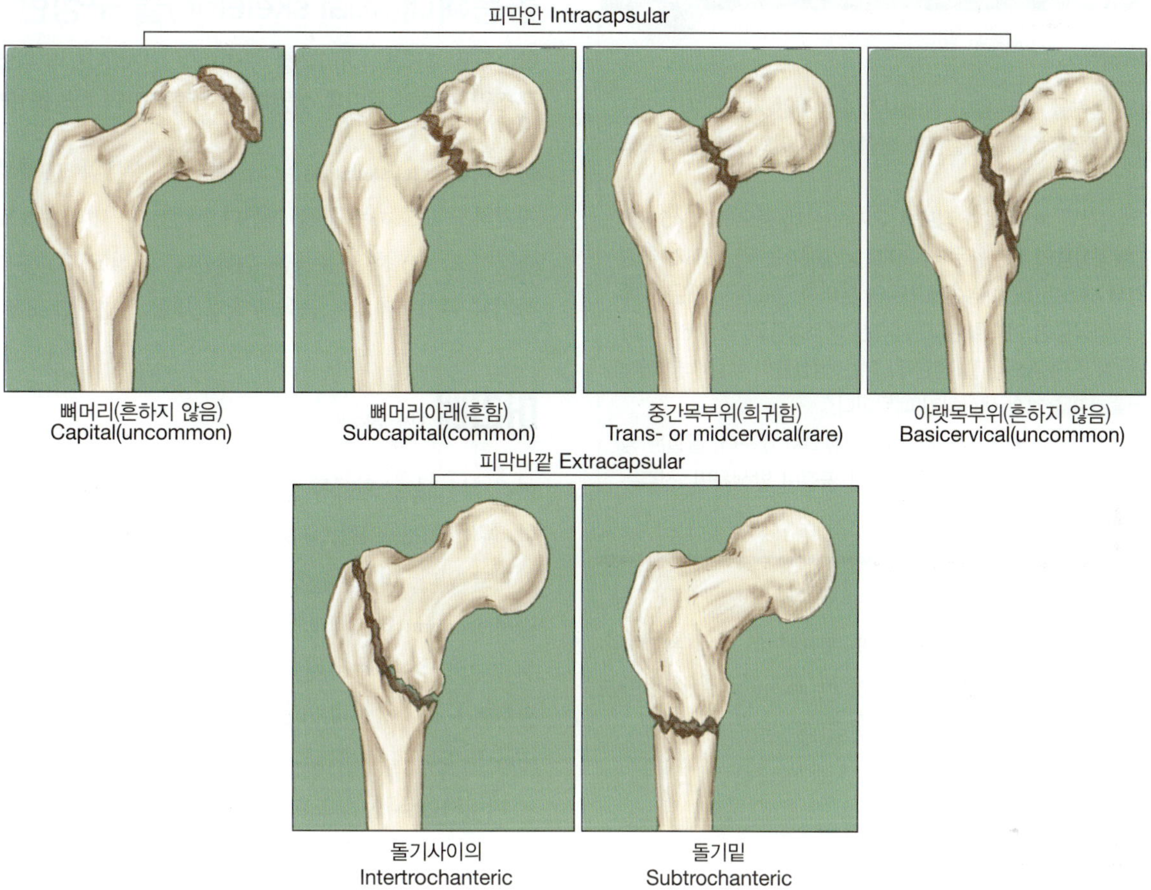

그림 6-21 르포트 얼굴 골절 분류 체계.

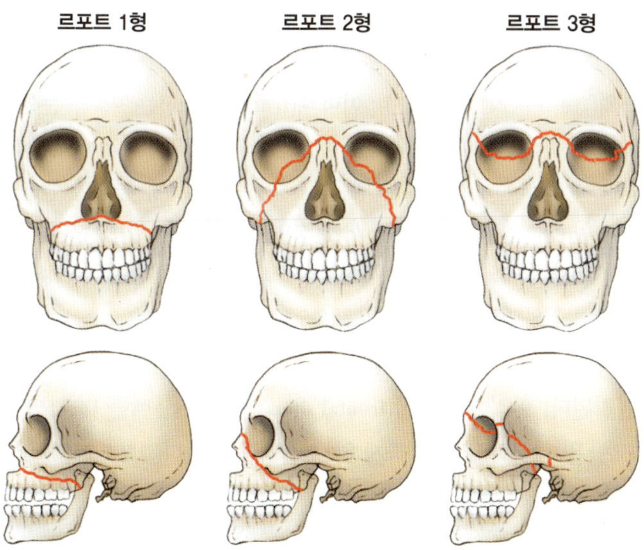

고, 같은 부상을 입은 노인은 6주 이상 석고붕대(cast)를 하게 된다.

칼슘 이온은 많은 생리적 과정에서 중요한 역할을 하므로 칼슘 이온 농도는 반드시 세밀하게 조절되어야 한다. 정상 농도와의 작은 차이도 세포 작동에 영향을 미치게 된다. 그리고 큰 변화는 임상적 위기를 초래할 수 있다.

부갑상선의 **부갑상샘 호르몬**(*parathyroid hormone*)과 콩팥의 칼시트리올은 체액의 칼슘 수치를 증가시키기 위해 함께 작용한다. 또한 체액의 칼슘 수치를 낮추는 갑상샘 호르몬인 **칼시토닌**(*calcitonin*)에 의하여 이와는 반대의 작용이 일어나게 된다. (우리는 호르몬과 그 작용에 대해 10장에서 논의한다.)

칼슘 비축량을 통해서 뼈대는 체액에서 칼슘 동위원소를 유지하는 데 도움을 준다. 이 기능은 뼈대 모양과 강도에 직접적인 영향을 미칠 수 있다. 많은 칼슘 이온들이 뼈에서 방출될 때, 뼈는 약해진다. 칼슘염이 축적되면 뼈는 더 촘촘해지고 견고해진다.

골절의 치유 Repair of Fractures

뼈는 견고함에도 불구하고, 과도한 하중, 갑작스러운 충격 또는 비정상적인 방향으로부터 스트레스를 받으면 갈라지거나 부러지게 된다. 그러한 뼈의 손상을 **골절**(**fracture**)이라고 한다. 대부분의 골절은 혈액공급이 남아 있고 내피와 뇌막의 세포 성분이 생존하는 한 심각한 손상 후에도 치유된다. 치유 과정의 단계는 4개월에서 1년 이상 걸릴 수 있다. 다양한 유형의 골절 및 치유 과정은 임상노트에서 설명한다. pp. 164~165의 골절의 유형 및 치유 단계.

6

임상노트

뼈엉성증 Osteoporosis

뼈엉성증은 뼈의 질량을 너무 많이 감소시켜 정상적인 기능이 저하되는 질환이다. 노화의 "정상적인" 골관절염과 뼈엉성증 사이의 차이는 정도의 문제이다.

성호르몬은 정상적인 뼈의 퇴화 정도를 유지하는 데 중요하다. 45세가 넘은 여성에게 뼈엉성증의 이환율은 약 29%, 남성에게는 약 18%가 추정된다. 여성의 경우 에스트로겐(여성 성호르몬)의 분비가 감소하기 때문에 폐경기 이후에는 뼈엉성증이 가속화된다. 심각한 뼈엉성증의 경우 60세 미만 남성은 60세 미만 여성보다 덜 흔한데, 이는 남성들이 늦은 나이까지 안드로겐(남성 성호르몬)을 계속 생산하기 때문이다.

뼈엉성증이 발생한 뼈는 쉽게 부러지고 잘 치유되지 않는다. 골절은 엉덩이, 손목, 척추에 발생빈도가 높다. 척추뼈에 골절이 발생하면, 척주는 무너지고 척추신경에 압박을 줄 수 있다.

다. 이러한 랜드마크를 **뼈의 표지구조(bone marking)** 또는 **표면구조**(*surface feature*)이라고 한다. **그림 6-22**에는 뼈 표지구조를 설명하는 데 사용되는 가장 일반적인 용어가 나열되어 있다.

뼈대계통의 분류 Skeletal Divisions

뼈대계통은 206개의 개별 뼈와 관련 연골로 구성된다(**그림 6-23**). 몸통뼈대와 팔다리뼈대로 나뉜다(**그림 6-24**).

몸통뼈대(axial skeleton)는 신체의 세로축을 형성한다. 몸통뼈대는 80개의 뼈로 구성되어 있다. 그리고 이것은 네 그룹으로 나눌 수 있다:

1. 머리를 구성하는 **뼈(skull)** 22개(머리뼈 8개, 얼굴뼈 14개).
2. 머리뼈와 관련된 7개의 뼈(6개의 청각 소골[**귀뼈, auditory ossicles**] 및 **목뿔뼈[hyoid bone]**).
3. **가슴우리(thoracic cage)**에 있는 25개의 뼈(24개의 갈비뼈와 복장뼈)
4. **척주(vertebral column)**를 구성하는 26개의 뼈

팔다리뼈대(appendicular skeleton)는 팔다리의 뼈와 몸통에 팔다리를 부착하는 **팔이음부(pectoral girdle)** 및 **다리이음부위(pelvic girdle)**를 포함한다. 모두 합쳐서 126개의 **팔다리뼈대(appendicular skeleton)**가 있다. 이 중 32개는 각 팔에, 31개는 각 다리에 연결되어 있다.

체크포인트

17. 뼈 표지구조를 정의하시오.
18. 몸통뼈대의 뼈를 식별하시오.

책 뒷면에 있는 파란색 정답 탭을 참조.

6-7 머리뼈, 척주 및 가슴우리의 뼈가 몸통뼈대(axial skeleton)를 구성한다

학습목표 각각의 머리뼈를 구별하여 인지하고, 부위별 척추뼈에 대해 구조와 기능의 차이를 설명하며, 가슴우리의 기능을 설명한다.

몸통뼈대(axial skeleton)는 뇌, 척수, 가슴부위 및 배부위의 각 기관을 지지하고 보호하는 틀을 만든다. 또한 (1) 머리, 목 및 몸통의 위치를 조정하고, (2) 호흡 운동을 수행한다; 그리고 (3) 부속 뼈대를 안정화하거나 위치시키기는 근육 부착을 위한 광범위한 표면적을 제공한다.

머리뼈 The Skull

머리뼈는 뇌, 소화계통 및 호흡계통의 입구를 보호한다. 머리뼈는 또한 후각, 미각, 청각, 균형감각, 시각을 관장하는 특별한 감각 기관을 가지고 있다. 머리뼈는 22개의 뼈로 구성되어 있다: 8개의 뼈는 **뇌머리뼈(cranium)**와, 14개의 뼈는 얼굴과 관련되어 있다. 머리뼈와 관련된 7개의 추가 뼈: 6개의 **귓속뼈**(*auditory ossicle*)는 청각에 관여하고, **관자뼈**(*temporal bones*)에 의하여 둘러싸인다; 그리고 **목뿔뼈**(*hyoid bone*)는 두개골의 아래쪽 표면에 인대에 의해 연결된다.

머리뼈는 뇌를 보호하는 공간인 **머리뼈공간(cranial cavity)**을 감싸고 있다. 뇌의 위치를 안정화하는 막은 머리뼈의 내부 표면에 부착된다. 머리뼈의 외부 표면은 눈, 턱 및 머리를 움직이는 근육의 부착을 위한 광범위한 영역을 제공한다.

뇌머리뼈를 구성하는 뼈 The Bones of the Cranium

이마뼈(THE FRONTAL BONE). **이마뼈(frontal bone)**는 이마, **눈확부위(orbit)**의 지붕 또는 눈확부위를 형성한다(**그림 6-25**와 **6-26a**). **눈확위구멍(supraorbital foramen)**의 구멍은 각 눈확부위의 뼈 능선을 관통하여 눈썹과 눈꺼풀을 오가는 혈관과 신경이 주행할 수 있는 위한 통로를 형성한다(**그림 6-25**). (때로는 눈확위구멍이 불완전하고, 혈관은 **눈확위패임**이라고 불리는 눈확의 가장자리에 있는 깊은 홈으로 가로지른다.)

눈확 위쪽의 이마뼈에는 공기가 채워진 공간이 있으며, 이는 코안과 연결된다. 이러한 **이마굴(frontal sinus)**의 특성은 뼈를 더 가볍게 하고, 코안을 깨끗하고, 촉촉하게 하는 점액을 만든다(**그림 6-27b**).

마루뼈(THE PARIETAL BONES). 머리뼈의 양쪽에 형성된 **마루뼈(parietal bone)**는 이마뼈의 뒤쪽에 있다(**그림 6-26a**와 **6-27**). 양쪽의 마루뼈는 함께 머리뼈의 지붕과 위쪽 벽을 형성한다. 마루뼈는 머리뼈의 중간선을 따라 연장되는 **시상봉합(sagittal suture)**을 따라 맞물린다(**그림 6-26a**). 앞쪽에서 볼 때에 두 개의 마루뼈는 **관상봉합(coronal suture)**

그림 6-22 뼈 표지구조의 소개.

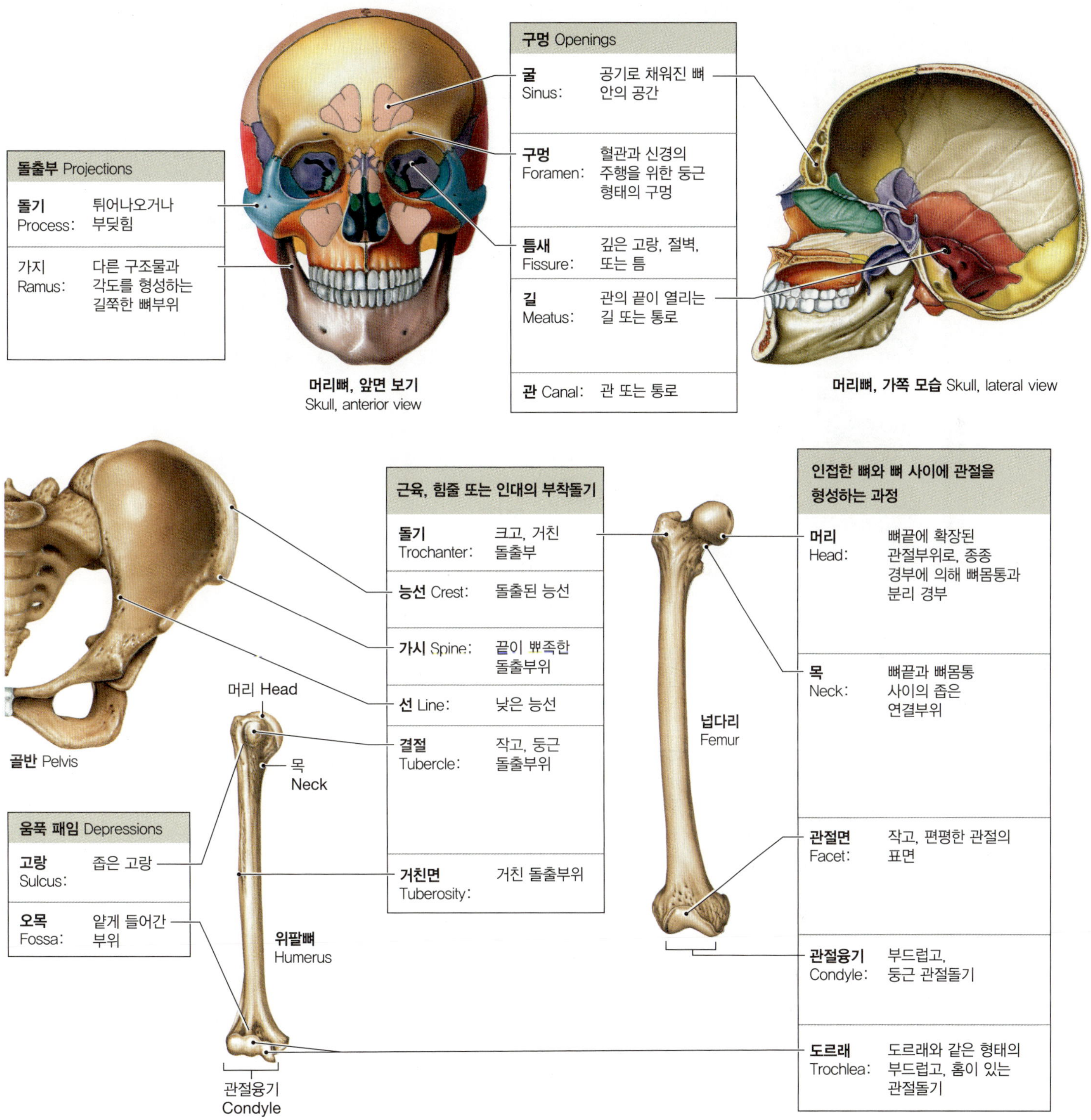

을 따라 이마뼈와 관절한다(그림 6-25).

뒤통수뼈(THE OCCIPITAL BONE). **뒤통수뼈(occipital bone)**는 머리뼈의 뒤쪽과 아래쪽을 형성한다(그림 6-26과 6-26b). 뒤통수뼈는 **시옷봉합(lambdoid suture)**에서 두 개의 마루뼈와 접촉한다. **큰구멍(foramen magnum)**은 척추 기둥으로 둘러싸인 척추관과 두개골 구멍을 연결한다. 이 통로는 뇌와 척수의 연결을 둘러싸고 있다. 대후두공의 양쪽에는 머리뼈와 1번 목뼈 사이를 관절하는 **뒤통수관절융기(occipital condyle)**가 있다.

그림 6-23 뼈대계통.

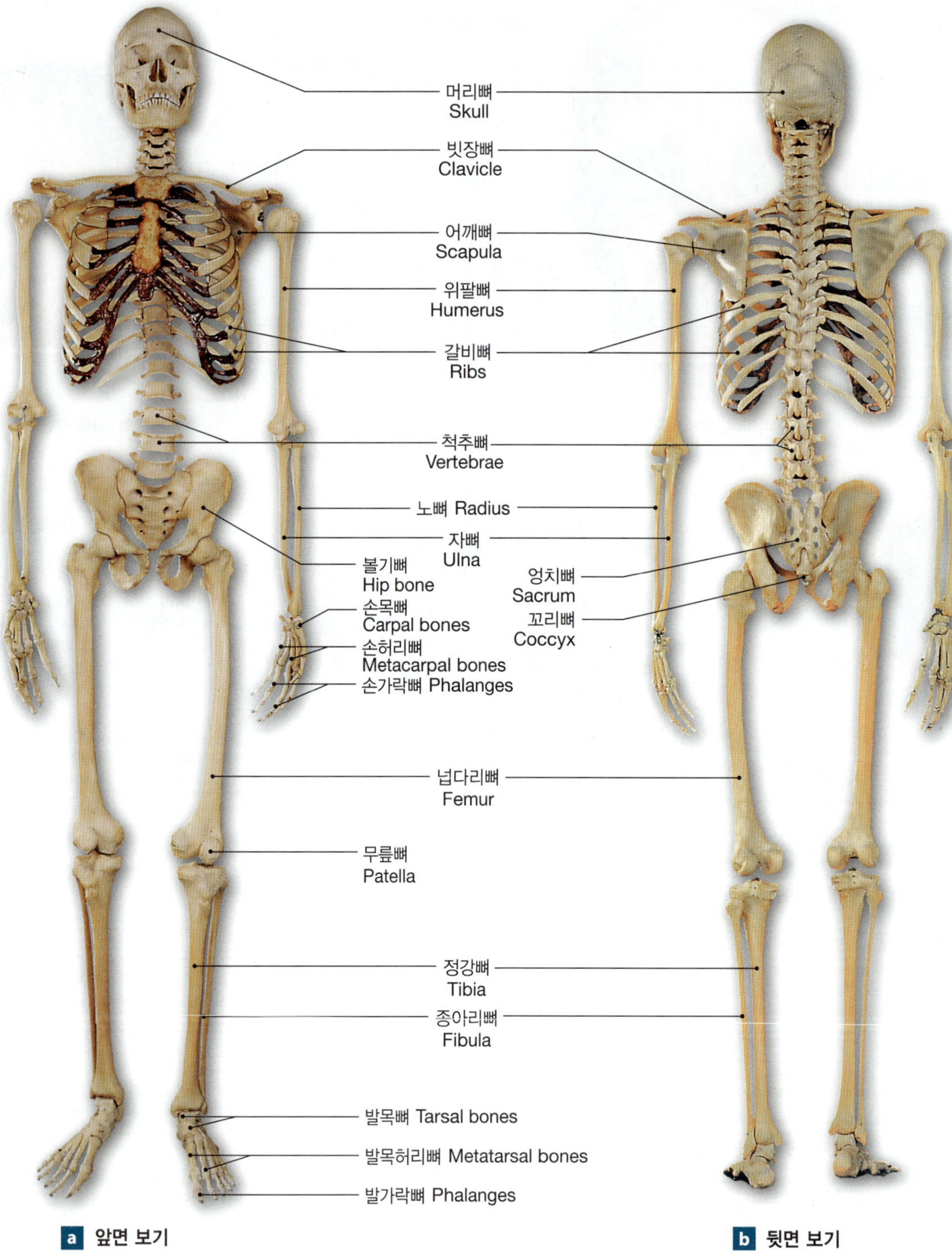

관자뼈(THE TEMPORAL BONES). **관자뼈(temporal bone)**는 머리뼈와 광대뼈활 양쪽의 일부를 형성한다. 관자놀이뼈는 양쪽의 **비늘봉합(squamous suture)**을 따라 양쪽 뼈와 접촉한다(**그림 6-25**).

관자뼈(측두골)는 여러 가지 독특한 표면 특징을 가지고 있다. 그 중 하나인 **바깥귀길(external acoustic meatus)**은 고막으로 이어진다. 고막은 **귓속뼈**(*auditory ossicle*)나 **귀속 뼈**(*ear bone*)를 포함하는 공기로 채워진 공간인 **중간귀**(*middle ear*)와 바깥귀길을 분리한다. (우리는 9장에서 귀의 구조를 살펴볼 것이다.)

바깥귀길의 앞쪽에는 아래턱과의 연결 지점을 표시하는 가로방향 함몰부인 **턱관절오목(mandibular fossa)**이 있다(**그림 6-26b**). 바깥귀길

그림 6-24 몸통뼈대와 팔다리뼈대의 분류.

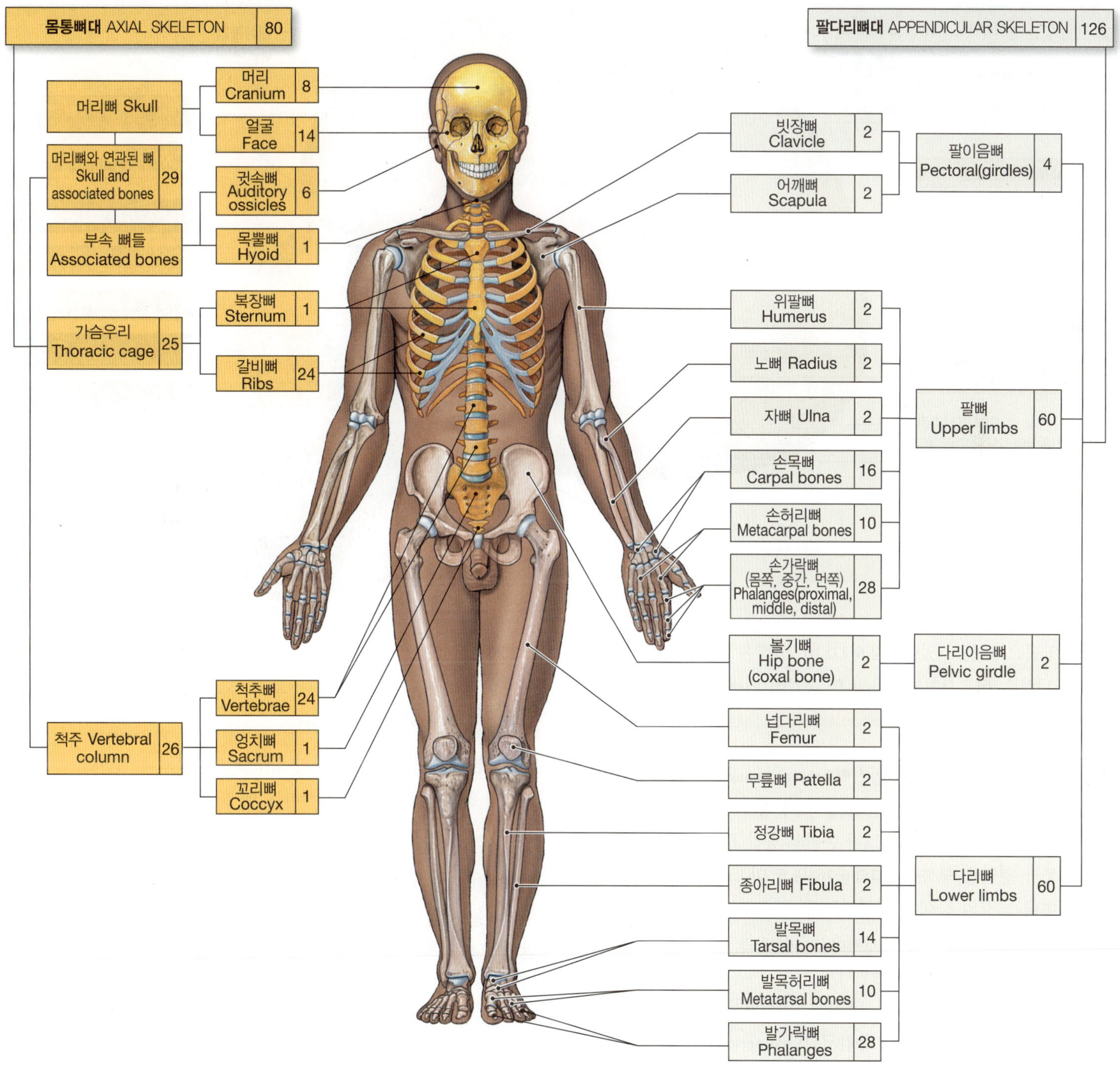

입구 바로 뒤에서 아래로 돌출된 돌출부가 **꼭지돌기(mastoid process)**이다. 머리를 회전시키거나 펴는 근육이 부착되는 부위이다. 꼭지돌기의 기저부 옆쪽은 길고 뾰족한 모양의 **붓돌기(styloid process)**이다. 목뿔뼈를 지지하는 인대는 붓돌기에 부착된다. 또한 혀와 인두와 관련된 근육을 고정시킨다.

나비뼈(THE SPHENOID BONE). **나비뼈(sphenoid bone)**는 머리바닥뼈의 일부를 형성한다(그림 6-27b). 또한 머리뼈와 얼굴뼈를 연결하는 다리 역할을 하며 머리뼈 옆면을 지지한다. 쐐기 모양의 일반적인 모양은 날개를 펼친 거대한 박쥐와 같다(그림 6-27a). 앞쪽(그림 6-26a) 또는 옆쪽(그림 6-25)에서 볼 때 나비뼈는 다른 뼈로 덮여 있다. 이마뼈와 마찬가지로 나비뼈도 나비굴이라고 하는 한 쌍의 **굴(sinus)**을 포함한다(그림 6-27b,c).

나비뼈의 가쪽 날개는 **안장(sella turcica)**이라고 불리는 중앙 함몰

6

그림 6-25 성인의 머리뼈, 부분 1. 가쪽에서 본 성인의 머리뼈.

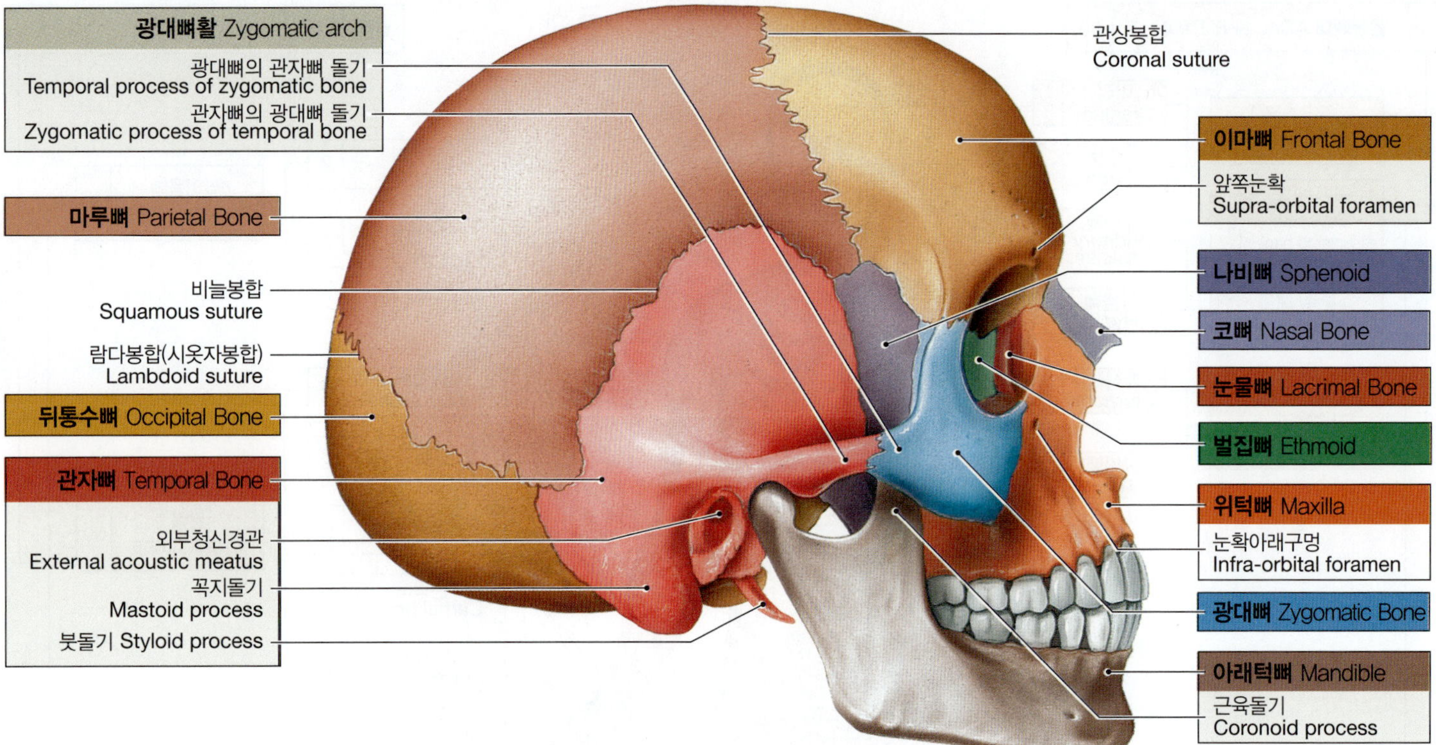

부에서 양쪽으로 뻗어 있다(**그림 6-27a,b**). 안장은 뇌하수체를 감싸고 있는데, 뇌하수체는 신경조직의 좁은 줄기에 의해 뇌의 하층 표면에 연결되어 있다.

벌집뼈(THE ETHMOID BONE). **벌집뼈(ethmoid bone)**는 나비뼈의 앞쪽에 있다. 벌집뼈는 두 개의 벌집 모양의 뼈 덩어리로 이루어져 있다. 머리뼈 바닥의 일부를 형성하고, 각 눈확의 중간 표면을 구성하며, 코안의 지붕과 옆면을 형성한다(**그림 6-26a**와 **6-27b**). **볏돌기(crista galli)** 또는 닭벼슬 모양의 능선이 벌집뼈의 위쪽 표면 위로 돌출된다(**그림 6-27a,b**). 체구멍이 있는 **체판(cribriform plate)**은 후각신경의 통과를 허용하여 냄새 맡는 감각을 제공한다.

벌집뼈의 옆면에는 코안으로 배출되는 **벌집뼈공간(ethmoidal sinus)**이 포함되어 있다. **위코선반**과 **중간코선반(superior** and **middle nasal conchae)**(각각 코선반뼈)이라고 하는 돌기는 코안을 좌우로 나누는 코사이뼈를 향해 코안으로 뻗어 있다(**그림 6-26a** 및 **6-27a,c**). 위쪽 코선반과 가운데 코선반은 아래쪽 코선반과 함께 코안을 통한 공기 흐름을 느리게 하고 코안 안에 머물도록 한다. 이렇게 하면 공기가 호흡기의 섬세한 부분에 도달하기 전에 공기를 정화하고, 습하고, 따뜻하게 할 수 있다. 이 뼈는 또한 공기가 코안의 위쪽에 있는 후각 수용체와 접촉하도록 한다. 벌집뼈의 **수직판(perpendicular plate)**은 볏돌기에서 아래쪽으로 연장되어 코중격을 형성하기 위해 코선반뼈 사이를 통과한다(**그림 6-26a**).

얼굴뼈 The Bones of the Face

얼굴뼈는 소화관과 호흡기관의 입구를 보호하고 지지한다. 그것들은 우리의 표정을 조절하고 저작하는 데 도움이 되는 근육을 부착하는 부위이다. 얼굴뼈 14개 중에는 오로지 아래턱만 움직일 수 있다.

위턱뼈(THE MAXILLAE). **위턱(maxillae)** 또는 위턱뼈(*maxillary bone*)는 아래턱을 제외한 다른 모든 얼굴뼈와 연결된다. 위턱뼈는 가장 큰 얼굴뼈이다. 위턱뼈는 (1) 눈확 가장자리의 바닥과 안쪽 부분을 형성한다(**그림 6-26a**). (2) 코안의 벽; (3) 입천장 또는 입천장뼈(*bony palate*)(**그림 6-27c**). 이 뼈의 **위턱굴(maxillary sinus)**은 코안의 아래쪽 표면을 씻어내는 점액을 생성한다. 이 코곁굴은 매몰된 치아 위의 위턱 부분을 가볍게 한다. 잇몸이나 치아의 감염은 때때로 위턱굴로 퍼져 통증을 증가시키고 치료를 더 복잡하게 만들 수 있다. **눈확아래구멍(infraorbital foramen)**은 얼굴에서 오는 주요 감각 신경의 입구이다(**그림 6-25** 및 **6-26a**).

입천장뼈(THE PALATINE BONES). 한 쌍의 **입천장뼈(palatine bone)**는 입천장(*bony palate*) 또는 입천장(*hard palate*)의 뒤쪽 표면, 즉 "입의 지붕"을 형성한다(**그림 6-26b** 및 **6-27b,c**). 입천장뼈의 수평 부분의 위쪽 표면은 코안 바닥 형성에 관여한다. 입천장뼈의 수직 부분의 위쪽 끝은 각

그림 6-26 성인의 머리뼈 부분 2.

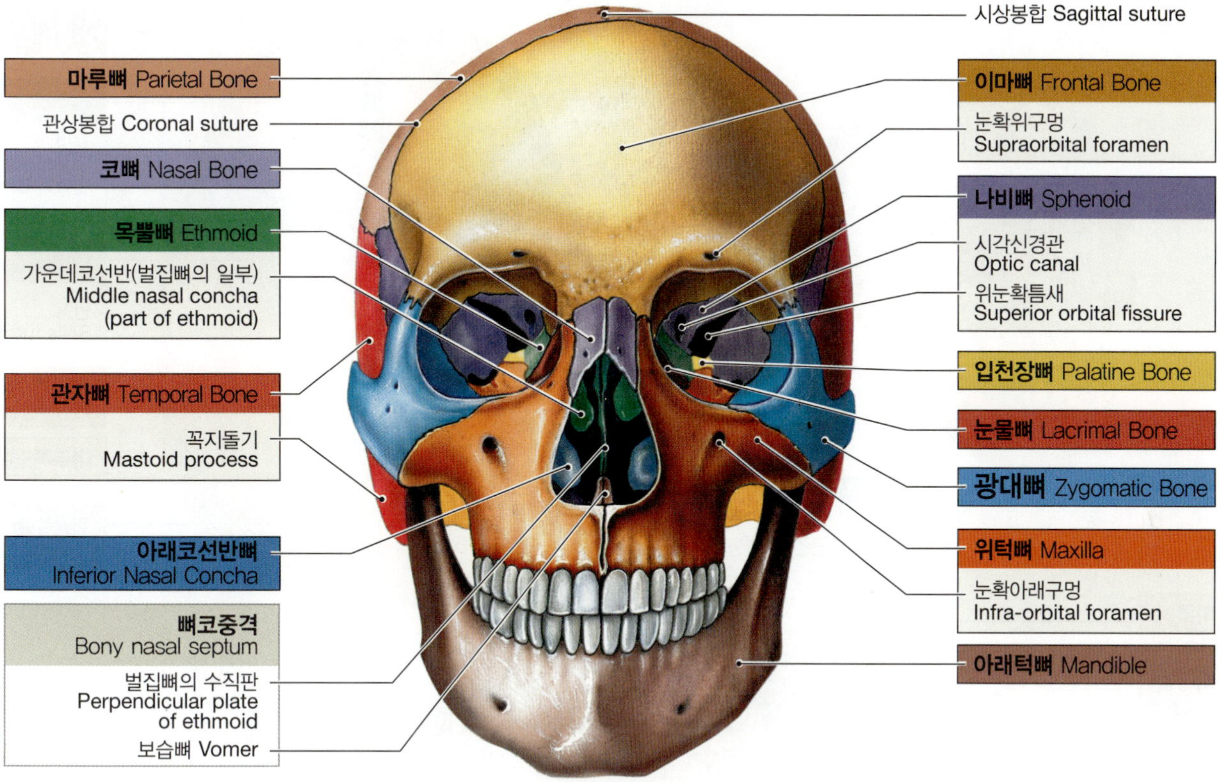

a 앞면 보기

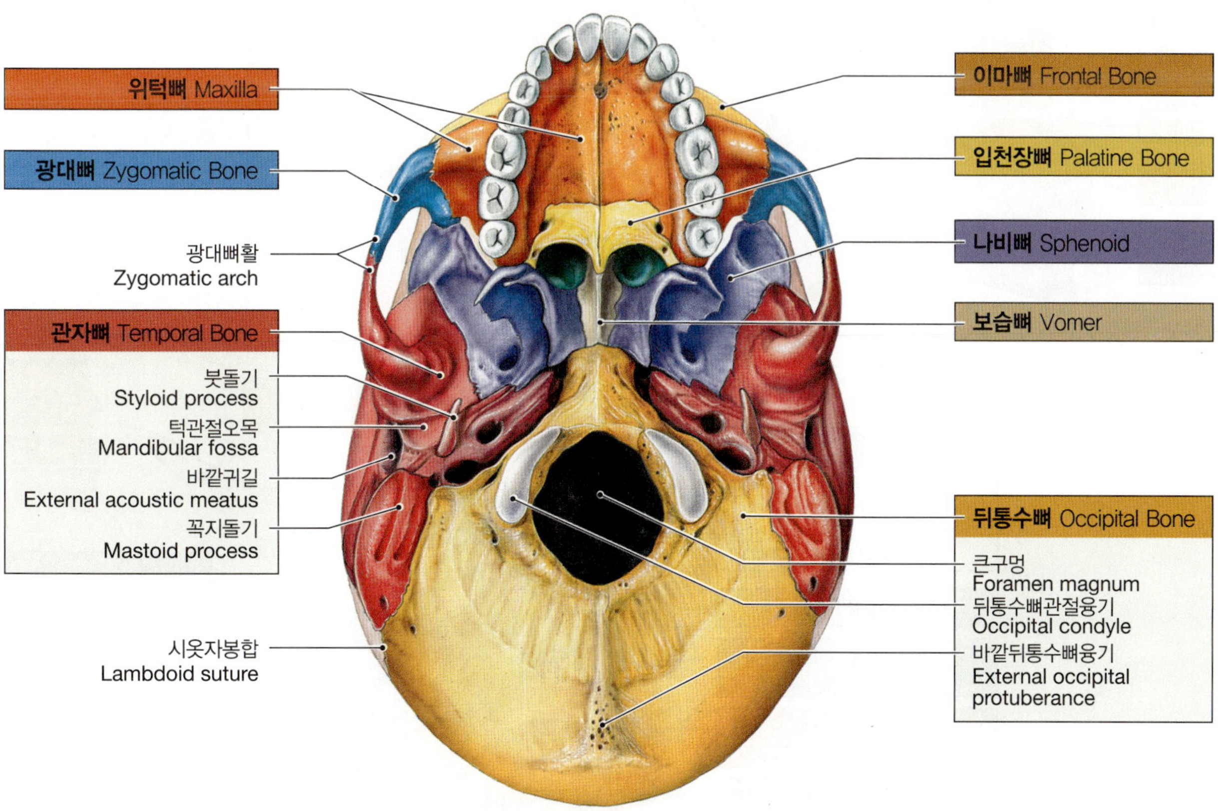

b 아랫면 보기

6

그림 6-27 머리뼈의 전단 해부학.

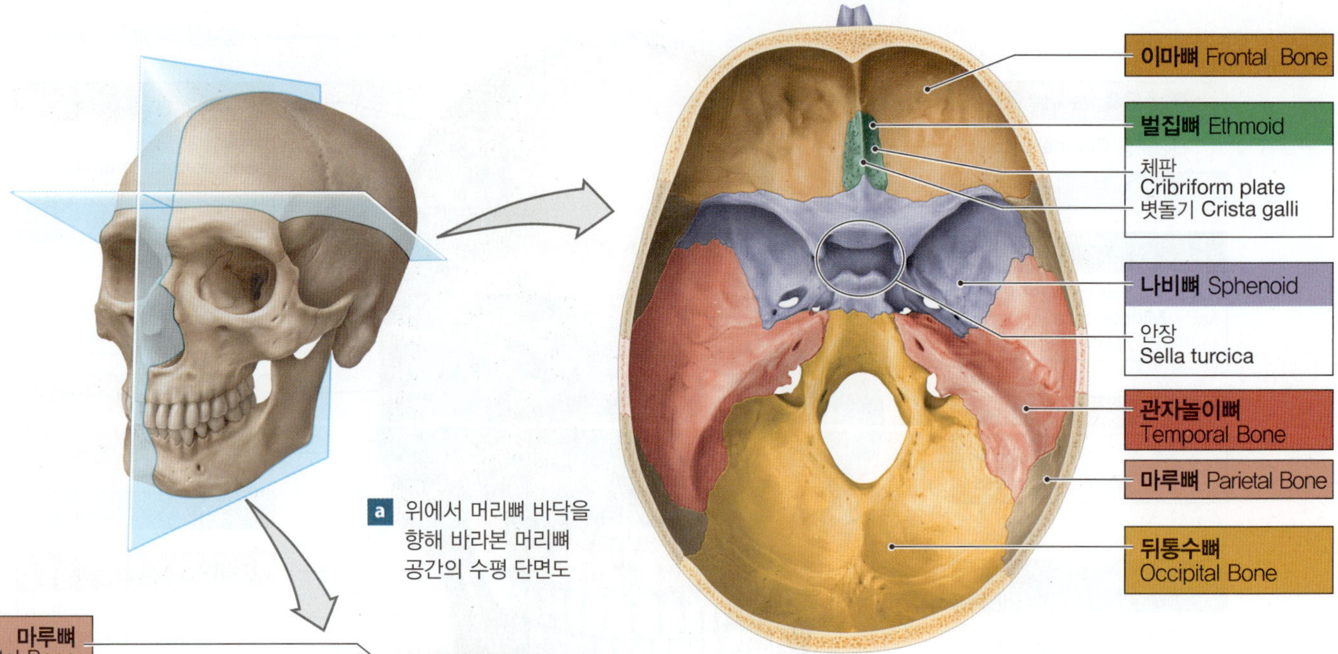

a 위에서 머리뼈 바닥을 향해 바라본 머리뼈 공간의 수평 단면도

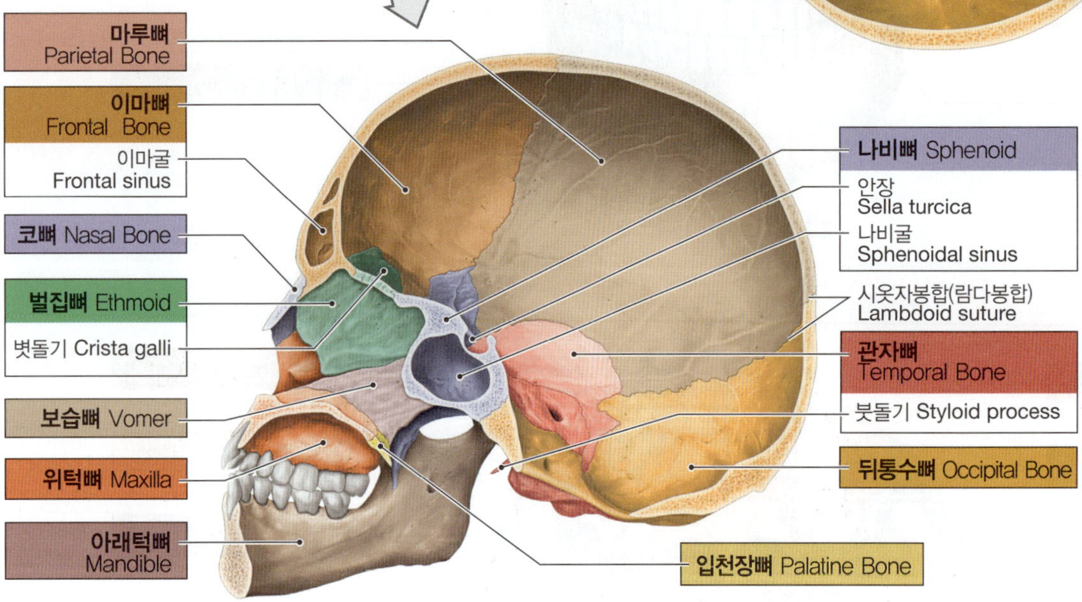

b 시상절단한 머리뼈를 안쪽에서 관찰한 것

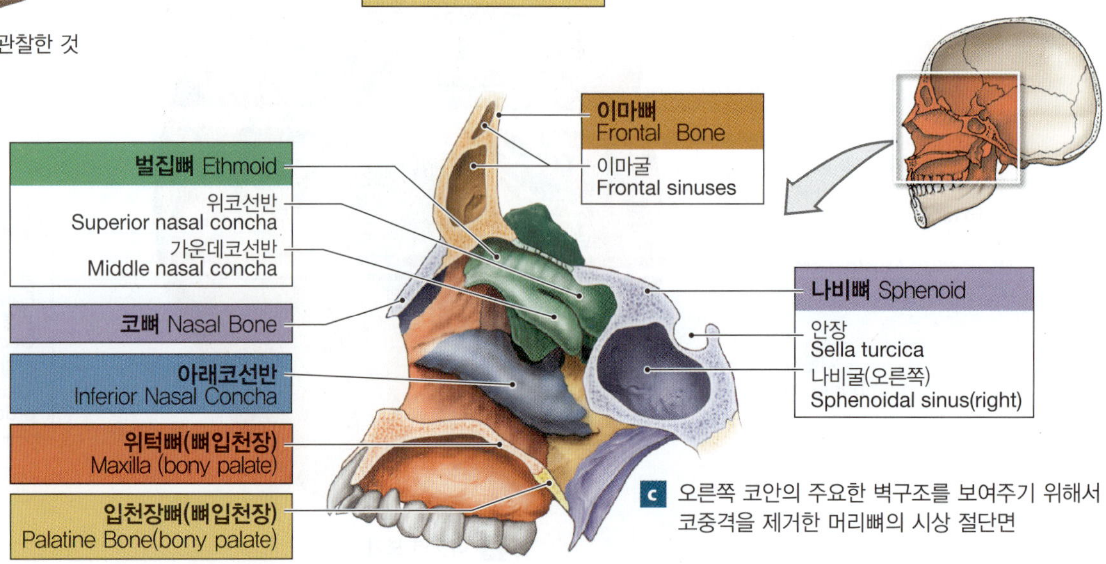

c 오른쪽 코안의 주요한 벽구조를 보여주기 위해서 코중격을 제거한 머리뼈의 시상 절단면

궤도 바닥의 일부를 형성한다.

보습뼈(THE VOMER). **보습뼈(vomer)**의 아래쪽 가장자리는 한 쌍의 입천장뼈와 관절을 이룬다(**그림 6-26b** 및 **6-27b**). 보습뼈는 벌집뼈와 함께 코중격(*nasal septum*)의 일부를 형성하여 이를 지지한다(**그림 6-26a** 및 **6-27b**).

광대뼈(THE ZYGOMATIC BONES). 머리뼈의 양쪽에는 **광대뼈(zygomatic bone)**가 이마뼈 및 위턱뼈와 연결되어 궤도의 측면 벽을 완성한다(**그림 6-25** 및 **6-26a**). 측면 가장자리를 따라 각 광대뼈는 관자뼈에 있는 광대뼈 돌기(*zygomatic process*)를 만나기 위해 가쪽과 뒤쪽으로 구부러진다. 이러한 과정이 함께 **광대뼈(zygomatic arch)** 또는 광대뼈(*cheekbone*)를 형성한다(**그림 6-25**).

코뼈(THE NASAL BONES). **코뼈(nasal bone)**는 눈확 중간에 코의 다리를 형성하며 이마뼈와 위턱뼈와 관절을 이룬다(**그림 6-25** 및 **6-26a**).

눈물뼈(THE LACRIMAL BONES). **눈물뼈(lacrimal bone)**는 안쪽 표면의 궤도 내에 있다. 그리고 이마뼈, 벌집뼈 및 위턱뼈와 연결된다(**그림 6-25** 및 **6-26a**).

아래코선반(THE INFERIOR NASAL CONCHAE). 한 쌍의 **아래코선반(inferior nasal conchae)**은 코안의 양쪽 벽으로부터 시작된다(**그림 6-26a**와 **6-27c**). 그것들은 공기의 흐름을 느리게 하고 흡입된 공기를 코안 윗부분에 위치한 후각 수용기로 보낸다.

코 복합체(THE NASAL COMPLEX). **코 복합체(nasal complex)**는 코안의 상부 및 측벽을 형성하는 뼈와 코안으로 흘러 들어가는 코곁굴을 포함한다.

벌집뼈와 보습뼈는 **비중격(nasal septum)**의 뼈 부분을 형성하며, 이는 코안의 왼쪽 부분과 오른쪽 부분을 분리한다(**그림 6-26a**).

공기로 채워진 이마뼈, 나비뼈, 벌집뼈, 입천장뼈, 위턱뼈를 통틀어 **코곁굴(paranasal sinus)**이라고 한다(**그림 6-28**). (그림에 없는 작은 입천장굴은 나비굴로 열린다.) 이 코곁굴은 머리뼈를 가볍게 하고 점액 상피의 광범위한 영역을 제공한다. 여기서 배출되는 점액 분비물은 코안으로 방출되어 섬모 상피가 점액을 다시 목구멍으로 통과시킨다. 목구멍에서 기침으로 삼키거나 배출된다. 들어오는 공기는 이 넓게 분포하는 점액을 가로질러 흐르면서 가습되고 따뜻해진다. 먼지와 세균은 끈적한 점액에 혼합되어 삼키거나 배출된다. 이 기전은 호흡기의 섬세한 부분을 보호하는 데 도움이 된다.

아래턱뼈(THE MANDIBLE). 넓은 턱은 **아래턱뼈(mandible)**이다. 양쪽에 수직 돌기가 있는 넓은 수평 곡선을 형성한다. 각 수직 돌기 또는 **턱뼈가지(ramus)**에는 두 개의 돌기가 있다. 더 뒤쪽의 **관절돌기(condylar process)**는 아래턱의 관절구에서 끝난다. 이 곡면은 관자뼈의 턱관절융기와 연결되는 곡면이다. 이 관절은 매우 유동적이다. 이러한 유동성의 단점은 턱이 쉽게 탈구된다는 것이다. 앞쪽 **근육돌기(coronoid process)**(**그림 6-25**)는 턱을 닫는 강력한 근육인 관자근(*temporalis muscle*)의 부착점이다.

그림 6-28 코곁굴.

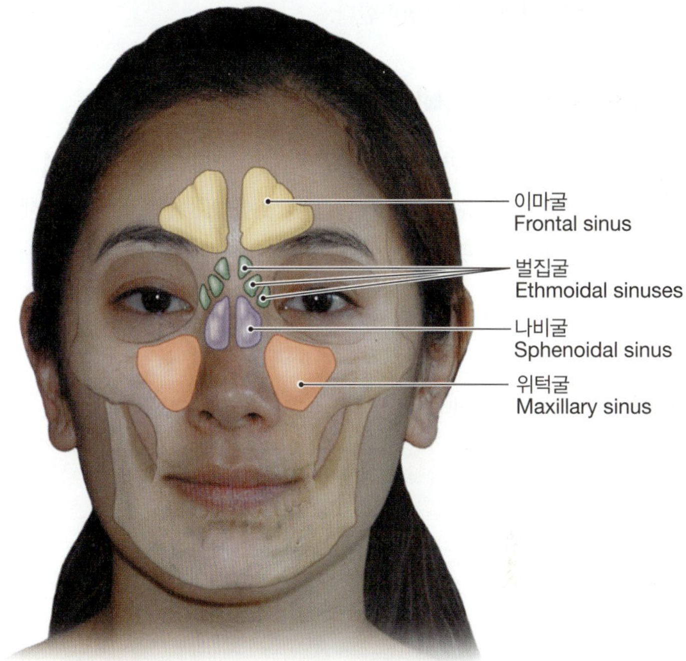

목뿔뼈 The Hyoid Bone

작은 U자형 **목뿔뼈(hyoid bone)**가 머리뼈 아래에 매달려 있다(**그림 6-29**). 인대는 관자뼈의 붓돌기에서 작은 뿔(*lesser horns*)까지 뻗어 있

그림 6-29 목뿔뼈.

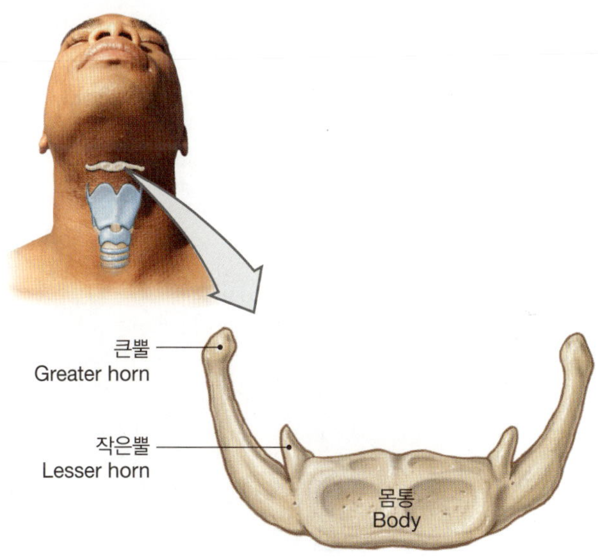

다. 목뿔뼈는 (1) 후두, 혀 및 인두와 관련된 근육의 기반이 된다. 또한 (2) 후두를 지지하고 안정화한다.

영아와 소아의 머리뼈 The Skulls of Infants and Children

다양한 뼈되기 중심이 머리뼈 형성에 관여한다. 발달하는 동안 뼈되기 중심은 뼈로 합성 및 융합되며 그 수가 감소한다. 예를 들어, 나비뼈는 14개의 개별 뼈되기 중심으로 시작한다. 태어날 때 두 개의 이마뼈, 네 개의 뒤통수뼈, 몇 개의 나비뼈와 관자뼈가 있다.

그림 6-30 신생아의 머리뼈.

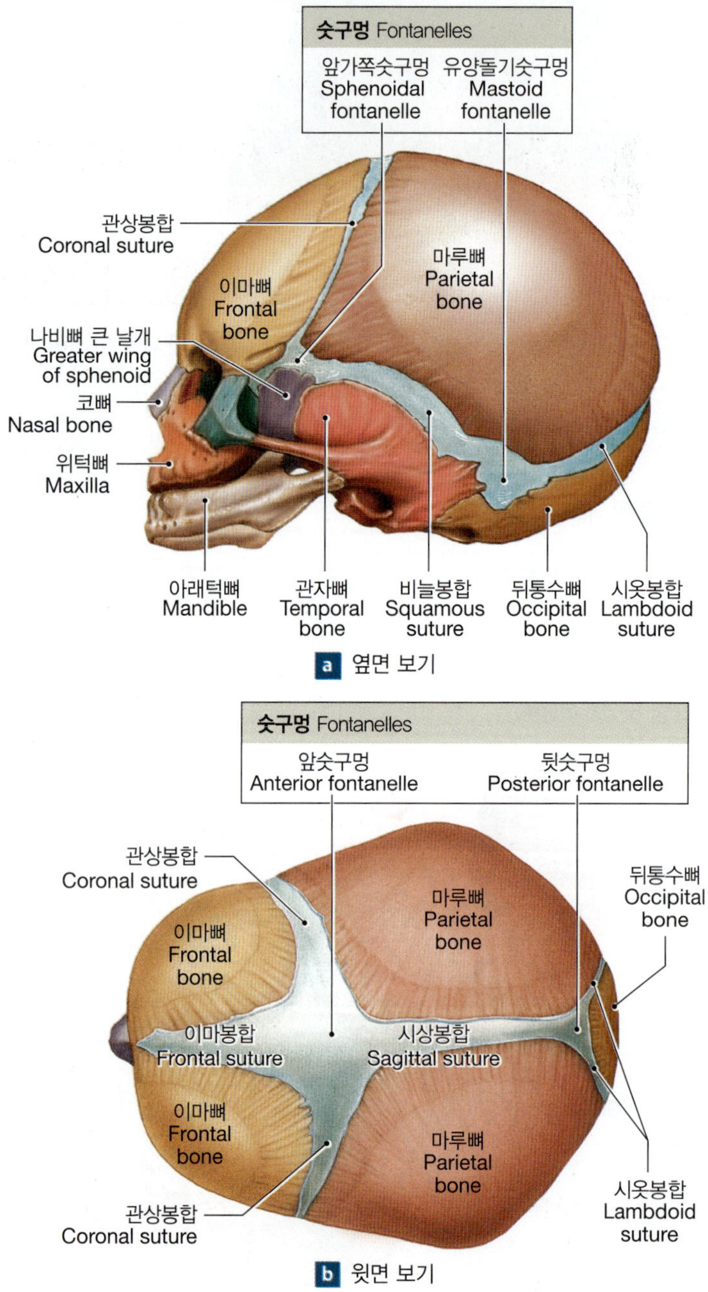

머리뼈는 발달하는 뇌 주위에서 조직된다. 뇌는 태어나기 전에 빠르게 확장되지만 머리뼈의 확장은 그 속도를 따라가지 못한다. 출생 시 머리뼈는 섬유질 결합조직 영역으로 연결된다(**그림 6-30**). 연결부가 매우 유연하여 머리뼈의 손상 없이 변형이 가능하다. 분만과정 중 태아 머리 모양의 변화가 용이하므로, 산도를 따라 태아가 통과할 수 있다. 머리뼈 사이의 가장 큰 섬유질 영역은 **숫구멍(fontanelle)**으로 알려져 있다. 앞쪽 숫구멍은 신생아의 머리뼈 중 "부드러운 영역"이다. 약 4세가 되면 이 부위가 사라지고 머리뼈 성장이 완료된다.

척주와 가슴우리 The Vertebral Column and Thoracic Cage

나머지 몸통뼈대는 척주와 가슴우리로 구성된다. **척주** 또는 **척추(vertebral column**, or **spine)**는 24개의 **척추(vertebrae)**, 엉치뼈(*sacrum*), 꼬리뼈(*coccyx*, *tailbone*) 등 26개의 뼈로 구성된다. 척추는 신체에 지지대를 제공한다. 머리, 목, 몸통의 무게를 지탱하고 궁극적으로 다리를 구성하는 뼈대에 무게를 전달한다. 척추는 또한 척수를 보호하고, 앉거나 서 있을 때 몸을 똑바로 유지하는 데 도움이 된다.

척주는 척추의 구조에 따라 세분화된다(**그림 6-31**). 척주의 **목부위(cervical region)**는 목의 7개의 **목뼈(cervical vertebrae)**(약칭 C_1~C_7)로 구성된다. 목부위는 머리뼈의 뒤통수뼈관절융기 C_1의 관절에서 시작된다. 이 영역은 첫 번째 등뼈와 C_7의 관절까지 아래쪽으로 확장된다. **등부위(thoracic region)**는 12개의 **등뼈(thoracic vertebrae)**(T_1~T_{12})로 구성된다. 각각은 한 쌍 이상의 갈비뼈로 연결된다. **허리부위(lumbar region)**에는 5개의 **허리뼈(lumbar vertebrae)**(L_1~L_5)가 있다. 첫 번째 허리뼈는 T_{12}와 연결되고 다섯 번째 허리뼈는 **엉치뼈(sacrum)**와 연결된다. 엉치뼈는 **엉치부위(sacral region)**의 5개의 초기 척추가 융합하여 형성된 단일 뼈이다. **꼬리부위(coccygeal region)**는 융합된 척추로 구성된 작은 **꼬리뼈(coccyx)**로 구성된다. 성인 척추의 전체 길이는 평균 71 cm(28인치)이다.

척주굽이 Spinal Curvature

우리가 똑바로 서 있어도 척추는 곧고 단단하지 않다. 옆면에서 보면, 4개의 **척주굽이(spinal curves)**를 보여준다(**그림 6-31**). 등뼈(*thoracic*)와 엉치뼈(*sacral curves*)의 뒷굽이는 태어날 때부터 존재하기 때문에 **일차 굽이(primary curves)**라고 한다. 영아의 신체 축의 C자 모양은 기본적으로 형성된 일차 굽이의 결과이다. **이차 굽이(secondary curves)**라고 알려진 목뼈(*cervical*) 및 허리굽이(*lumbar curve*)는 출생 후 몇 달 후에 발생한다. 4개의 척주굽이는 모두 10세에 완전히 발달한다.

척주굽이의 몇 가지 비정상적인 왜곡은 성인이 되기 전에 나타날

그림 6-31 **척주.** 척주의 주요 영역과 4개의 척주굽이가 이 측면도에 표시된다.

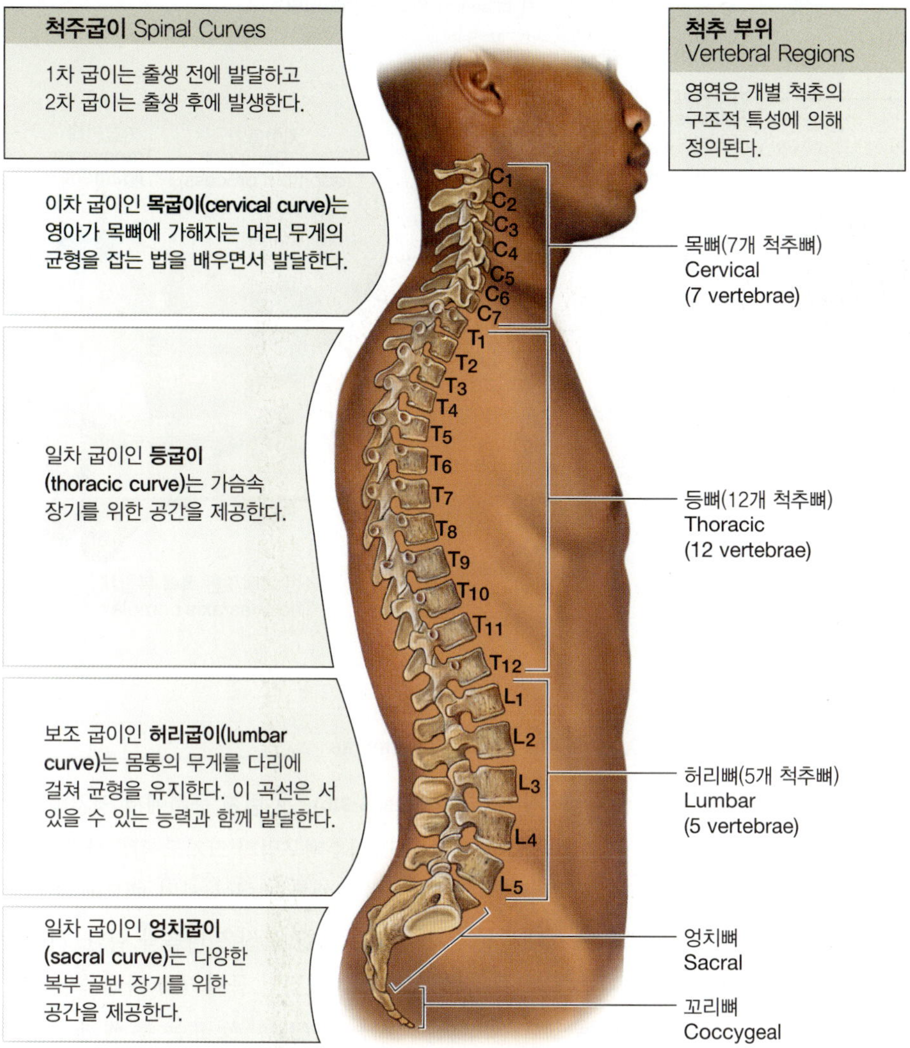

수 있다. 세 가지 예로, (1) **척주뒤굽음증(kyphosis)**(후굴), 이는 과장된 등뼈 뒷굽이가 원인; (2) **척주앞굽음증(lordosis)**(뒤로 전굴), 과장된 요추 만곡; 및 (3) **척주옆굽음증(scoliosis)**(비뚤어진 것), 비정상적인 측면 만곡이 있다.

척추 해부학 Vertebral Anatomy

그림 6-32는 척주의 서로 다른 세 영역의 대표적인 척추뼈를 보여준다. 모든 척추에는 **척추뼈몸통, 척추뼈고리, 관절돌기**가 있다. **척추뼈몸통(vertebral body)**은 더 무겁고 무게를 지탱하는 부분이다. 섬유연골로 이루어진 **척추사이원반(intervertebral disc)**은 척추뼈몸통의 뼈면 사이에 위치하여 척추뼈몸통 끼리의 접촉을 방지한다. 척추사이원반은 척추뼈가 융합된 엉치뼈와 꼬리뼈, 또는 첫 번째와 두 번째 목뼈 사이에는 발견되지 않는다.

척추뼈고리(vertebral arch)는 각 **척추뼈구멍(vertebral foramen)**(복수, 구멍)의 뒤쪽 가장자리를 형성한다. 함께 연속된 척추의 척추뼈구멍은 척수를 둘러싸는 **척주관(vertebral canal)**을 형성한다. 척추뼈고리에는 척추경이라고 하는 벽과 얇은 판이라고 하는 평평한 층으로 형성된 지붕이 있다. **가로돌기**(*transverse process*)는 척추경에서 측방 또는 등측방으로 돌출되며 근육 부착 부위이다. **가시돌기**(*spinous process*) 또는 척추 돌기는 수평판이 함께 융합되는 곳에서 뒤쪽으로 돌출한다. 가시돌기는 등의 정중선을 따라 느낄 수 있는 돌기를 형성한다.

관절돌기(articular process)는 척추경과 수평판 사이의 접합부에서 발생한다. 척추의 각 측면에는 위 및 아래 **관절돌기**(*superior* and *inferior articular process*)가 있다. 연속적인 척추뼈의 관절돌기는 **관절면(articular facets)**에서 서로 접촉한다. 연속적인 척추뼈의 **척추사이구멍**(*intervertebral foramina*) 사이의 틈은 둘러싸인 척수로 또는 그로부터 신경이 지나갈 수 있도록 한다.

척추 사이의 일부 구조적 차이는 기능의 차이를 반영한다.

목뼈 The Cervical Vertebrae

7개의 목뼈는 머리에서 가슴까지 뻗어 있다. 전형적인 목뼈는 **그림 6-33**에 있다. 척추의 몸체는 척추 구멍보다 훨씬 크지 않다.

전형적인 목뼈의 특징은 (1) 타원형의 오목한 척추뼈몸통; (2) 비교적 큰 척추뼈구멍; (3) 일반적으로 끝이 뾰족한 뭉툭한 가시돌기; 및 (4) 횡단 돌기 내의 원형 **가로구멍(transverse foramina)**. 이 구멍은 뇌에 혈액을 공급하는 혈관을 보호한다.

1번, 2번 목뼈는 특수한 움직임을 허용하는 고유한 특성을 가지고 있다. **1번 목뼈(고리뼈, atlas)**(C_1)는 머리를 지탱하고 머리뼈의 뒤통수융기와 연결된다. 그것은 그리스 신화에 따르면 그의 어깨에 세상을 안고 있는 아틀라스의 이름을 따서 명명되었다. 머리뼈의 뒤통수융기와 1번 목뼈 사이의 관절로 인하여 고개를 끄덕일 수 있다("yes"를 표시할 때와 같이). 1번 목뼈는 치아돌기라고 하는 축의 돌출부를 통해 **치아돌기(dens)**라고 부르는 **2번 목뼈(중쇠뼈, axis)**(C_2)과 중쇠관절(pivot joint)을 형성한다. 이 관절은 회전을 허용한다(머리를 "no"로 흔들 때와 같이)(**그림 6-33**).

그림 6-32 목뼈, 등뼈 및 허리뼈 부위의 전형적인 척추.

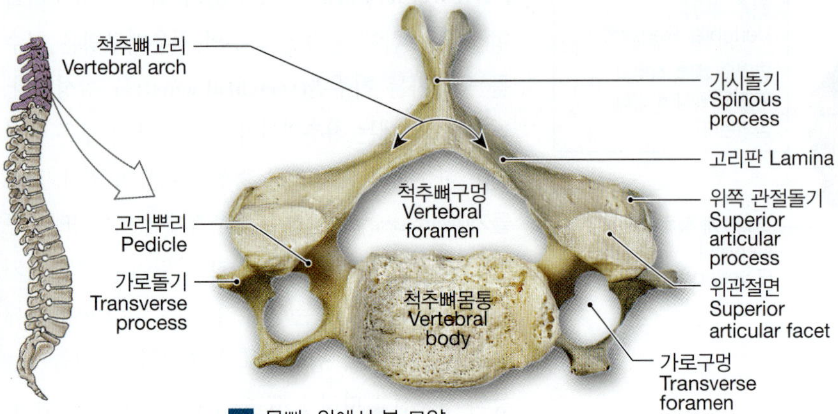

a 목뼈, 위에서 본 모양

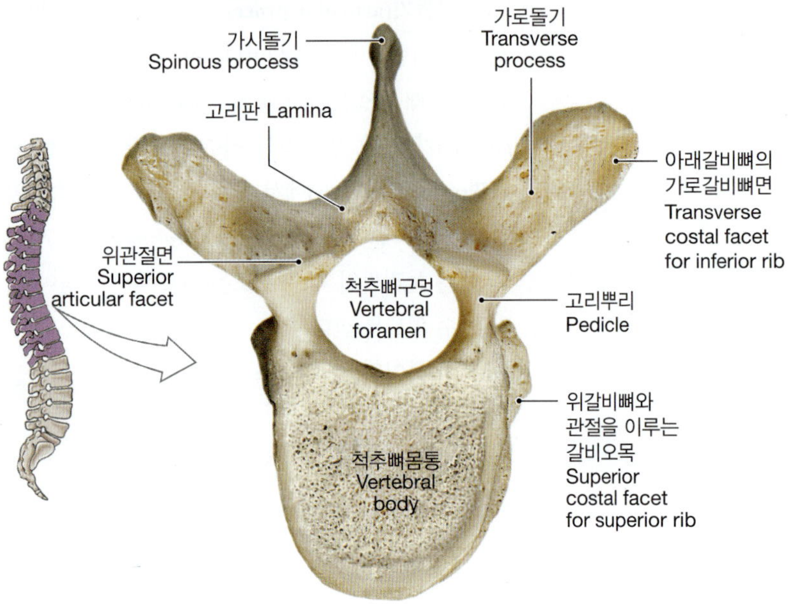

b 등뼈, 위에서 본 모양

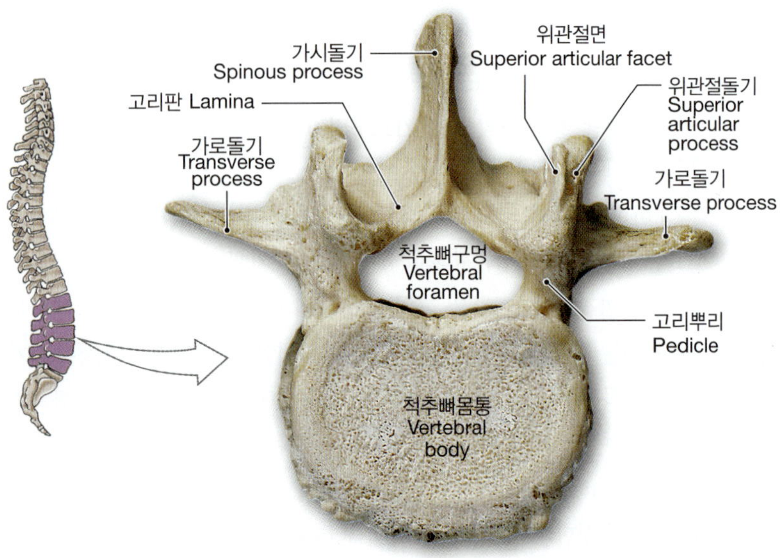

c 허리뼈, 위에서 본 모양

그림 6-33 1번 목뼈와 2번 목뼈. 화살표는 1번 목뼈(C_1)와 2번 목뼈(C_2) 사이의 관절에서 회전 방향을 나타낸다.

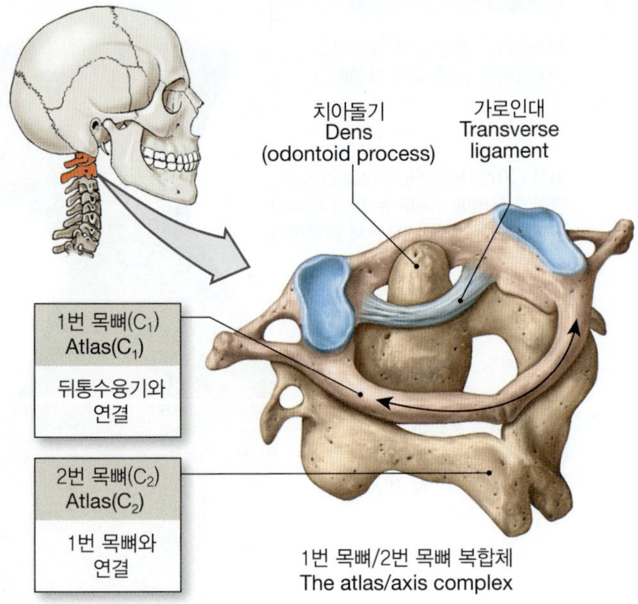

등뼈 The Thoracic Vertebrae

12개의 등뼈가 있다(**그림 6-31b**). 첫 번째 등뼈에서 엉치뼈까지 척수의 직경이 감소하고 척추뼈구멍의 크기도 감소한다. 동시에 척추뼈몸통은 더 많은 무게를 견뎌야 하기 때문에 점차적으로 비대해진다. 등뼈의 독특한 특징은 다음과 같다. (1) 목뼈보다 더 큰 심장 모양의 특징적인 몸체; (2) 아래쪽을 가리키는 크고 가느다란 가시돌기; (3) 한 쌍 또는 두 쌍의 갈비뼈의 머리와 관절을 이루는 몸체(대부분의 경우 가로돌기)의 갈비오목(*costal facets*).

허리뼈 The Lumbar Vertebrae

5개의 허리뼈는 가장 큰 척추이다(**그림 6-32c**). 허리뼈의 독특한 특징은 (1) 등뼈보다 더 두껍고 타원형인 척추뼈몸통; (2) 뒤쪽으로 돌출되어 허리 근육의 부착을 위한 표면을 제공하는 비교적 거대하고 뭉툭한 가시돌기; (3) 갈비뼈에 대한 관절이 없는 칼날 모양의 가로돌기.

이 척추는 체중의 대부분을 지지한다. 체중이 증가함에 따라 척추사이원반은 충격 흡수 장치로서 점점 더 중요해진다. 가장 많은 압력을 받는 허리뼈 척추사이원반은 척추사이원반 중 가장 두껍다.

임상노트

압박골절 Compression Fractures

노화는 거의 모든 신체계통에 영향을 미치며 뼈대계통도 예외는 아니다. 일반적으로 나이가 들면서 **뼈감소증**(*osteopenia*)이라고 하는 과정을 겪으면서 뼈의 양은 손실된다. 그러나 일부 사람들은 뼈엉성증이라는 과정에서 훨씬 더 많은 뼈를 잃게 된다. 심한 뼈엉성증에서는 뼈의 50% 이상이 손실될 수 있다. 이것은 여성 호르몬(에스트로겐) 수치의 감소로 인해 뼈의 양이 감소하는 폐경 후 여성에게 특히 문제가 된다. 이로 인해 뼈가 약해지고 골절이 발생 확률이 높아진다.

척추뼈(척추뼈몸통)의 체중을 지탱하는 부분은 특히 뼈엉성증에 취약하다. 진행성 뼈엉성증의 경우 침대에서 몸을 구르는 것과 같이 비교적 경미한 외상으로 인해 압박 골절이 발생할 수 있다. **압박 골절**(*compression fracture*)은 척추뼈몸통을 붕괴(청량 음료 캔을 부수는 것과 유사)하여 통증, 제한된 움직임 및 키 감소를 초래한다. 다발성 압박 골절이 있는 노인 환자는 실제로 키가 몇 인치 감소할 수 있다.

엉치뼈와 꼬리뼈 The Sacrum and Coccyx

엉치뼈는 5개의 엉치 척추의 융합된 부분으로 구성된다. 생식 기관, 소화 기관 및 배설 기관을 보호한다. 한 쌍의 관절을 통해 몸통뼈대를 부속 뼈대의 골반 거들에 부착한다. 엉치뼈의 넓은 표면적은 근육, 특히 다리 운동에 사용되는 근육의 부착을 위한 넓은 영역을 제공한다 (그림 6-34).

엉치뼈는 삼각형과 비슷하다. 좁은 꼬리 부분을 **엉치뼈끝(apex)**이라고 한다. 넓은 표면이 **엉치뼈바닥(base)**이다. 첫 번째 엉치뼈의 위쪽 관절돌기는 마지막 허리뼈(L_5)와 연결된다. **엉치뼈관(sacral canal)**은 이러한 과정 사이에서 시작하여 엉치뼈의 길이를 연장하는 통로이다. 척수의 척추관을 따라 늘어선 신경과 막은 엉치뼈관으로 계속 이어진다. 그것의 아래쪽 끝인 **엉치뼈 틈새**(*sacral hiatus*)는 결합조직으로 덮여 있다. 바닥의 앞쪽 끝에서 두드러진 돌출부는 **엉치뼈곶(sacral promontory)**이다. 골반 검사, 진통 및 분만 중 여성에게 중요한 랜드마크이다.

엉치뼈 척추는 사춘기 직후 융합을 시작한다. 일반적으로 25~30세에 완전히 융합된다. 융합된 척추돌기는 엉치뼈 중앙을 따라 일련의 돌기를 형성한다. 4쌍의 **엉치뼈구멍(sacral foramina)**이 중앙 엉치뼈 능선(*median sacral crest*)의 양쪽에 열려 있다.

꼬리뼈는 항문 개구부를 닫는 근육의 부착 부위를 제공한다. 3~5개(대부분 4개)의 꼬리뼈의 융합은 성인이 될 때까지 완료되지 않는다. 노인의 경우 꼬리뼈가 엉치뼈와 융합될 수도 있다.

가슴우리 The Thoracic Cage

가슴우리(thoracic cage)는 등뼈, 갈비뼈, 복장뼈로 구성된다(그림 6-35). 가슴우리의 벽을 뼈로 지지한다. 갈비뼈와 복장뼈는 갈비 우리(*rib*

그림 6-34 엉치뼈와 꼬리뼈.

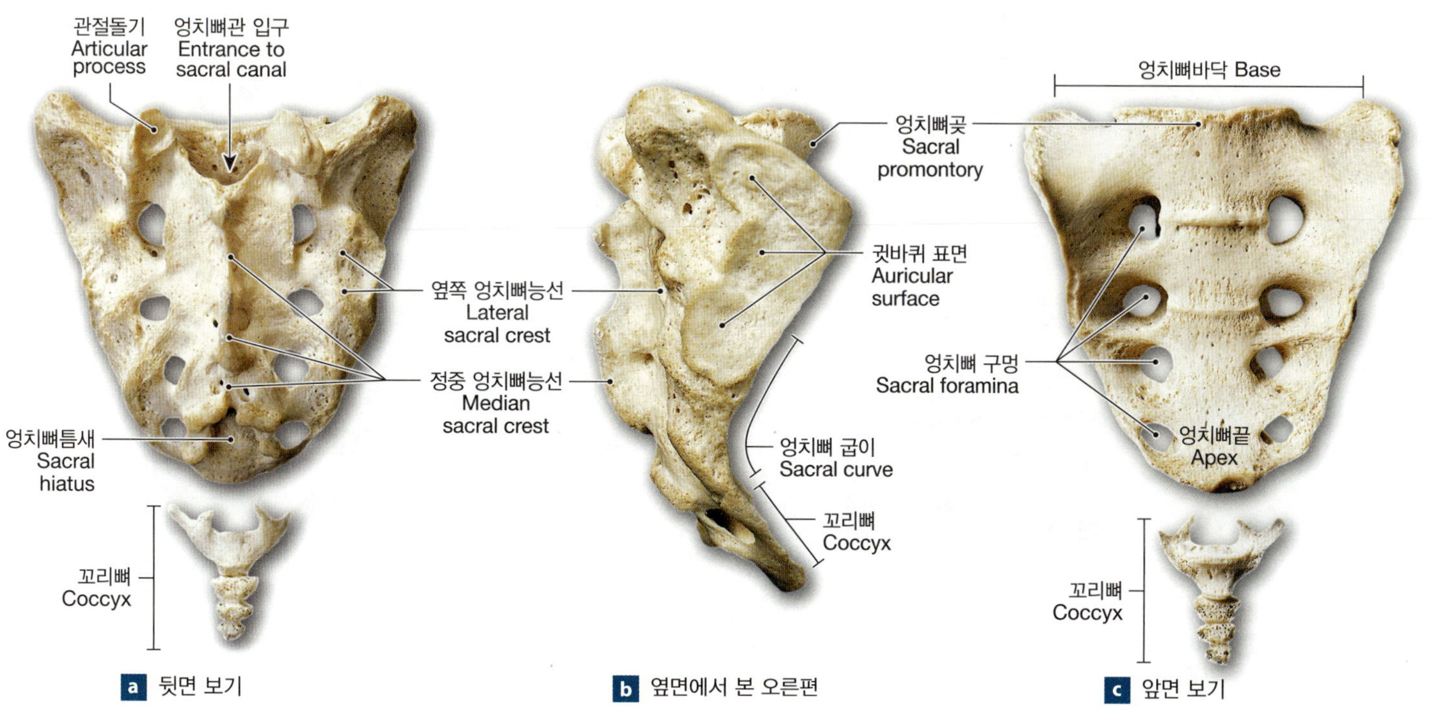

cage)를 형성한다. 가슴우리는 심장, 허파 및 기타 내부 장기를 보호한다. 또한 호흡에 관여하는 근육의 기초 역할을 한다.

갈비뼈(ribs)는 등뼈에서 또는 등뼈 사이에서 시작하여 가슴 공간 벽에서 끝나는 길고 굽은 납작한 뼈이다. 성별에 관계없이 모든 개인에게는 12쌍의 갈비뼈가 있다. 처음 7쌍은 **참갈비뼈(true rib)** 또는 척추뼈 갈비뼈(*vertebrosternal rib*)라고 한다. 이 갈비뼈는 몸의 앞쪽 벽에 도달하고 별도의 연골 확장인 **갈비연골(costal cartilage)**에 의해 복장뼈에 연결된다. 8~12번 갈비뼈는 복장뼈에 직접 부착되지 않기 때문에 **거짓갈비뼈(false rib)**라고 한다. 8~10번 갈비연골은 **척추연골 갈비뼈**(*vertebrochondral rib*)는 복장뼈에 도달하기 전에 7번 갈비뼈의 연골과 융합되어 합쳐진다. 마지막 두 쌍의 갈비뼈(11, 12번)는 복장뼈와 연결되어 있지 않기 때문에 **뜬갈비뼈(floating rib)**라고 한다.

갈비뼈는 팔이음뼈와 몸통의 근육과 개별 갈비뼈 사이의 부착 부위를 제공한다. 복잡한 근육 조직, 척추의 이중 관절(갈비뼈 2~9), 복장뼈와의 유연한 연결로 인해 갈비뼈는 어느 정도 움직일 수 있다. 그것들은 구부러져 있기 때문에 그들의 움직임은 가슴우리의 너비와 깊이에 모두 영향을 주어 체적을 늘리거나 줄인다.

성인 **복장뼈(sternum)**는 세 부분으로 이루어져 있다. 넓은 삼각형의 **복장뼈자루(manubrium)**는 부속기 연골 빗장뼈과 첫 번째 갈비뼈 쌍의 연골과 연결된다. 목아래패임(*jugular notch*)은 복장뼈자루의 상부 표면에 얕은 자국이다. 길쭉한 복장뼈 **몸통(body)**은 가느다란 **칼돌기(xiphoid process)**에서 끝난다.

복장뼈의 뼈되기는 6~10개의 다른 뼈되기중심에서 시작된다. 융합은 최소 25세까지 완료되지 않는다. 칼돌기는 일반적으로 뼈되기와 융합하는 마지막 부분이다. 복장뼈 몸통에 대한 연결은 충격이나 강한 압력에 의해 끊어져 뼈가 간을 찌르며 간에 심각한 손상을 줄 수 있다. 심폐소생술(cardiopulmonary resuscitation, CPR) 교육과정에서 갈비뼈나 칼돌기가 부러지는 것을 방지하기 위해 손의 적절한 위치를 강조한다.

그림 6-35 **가슴우리.**

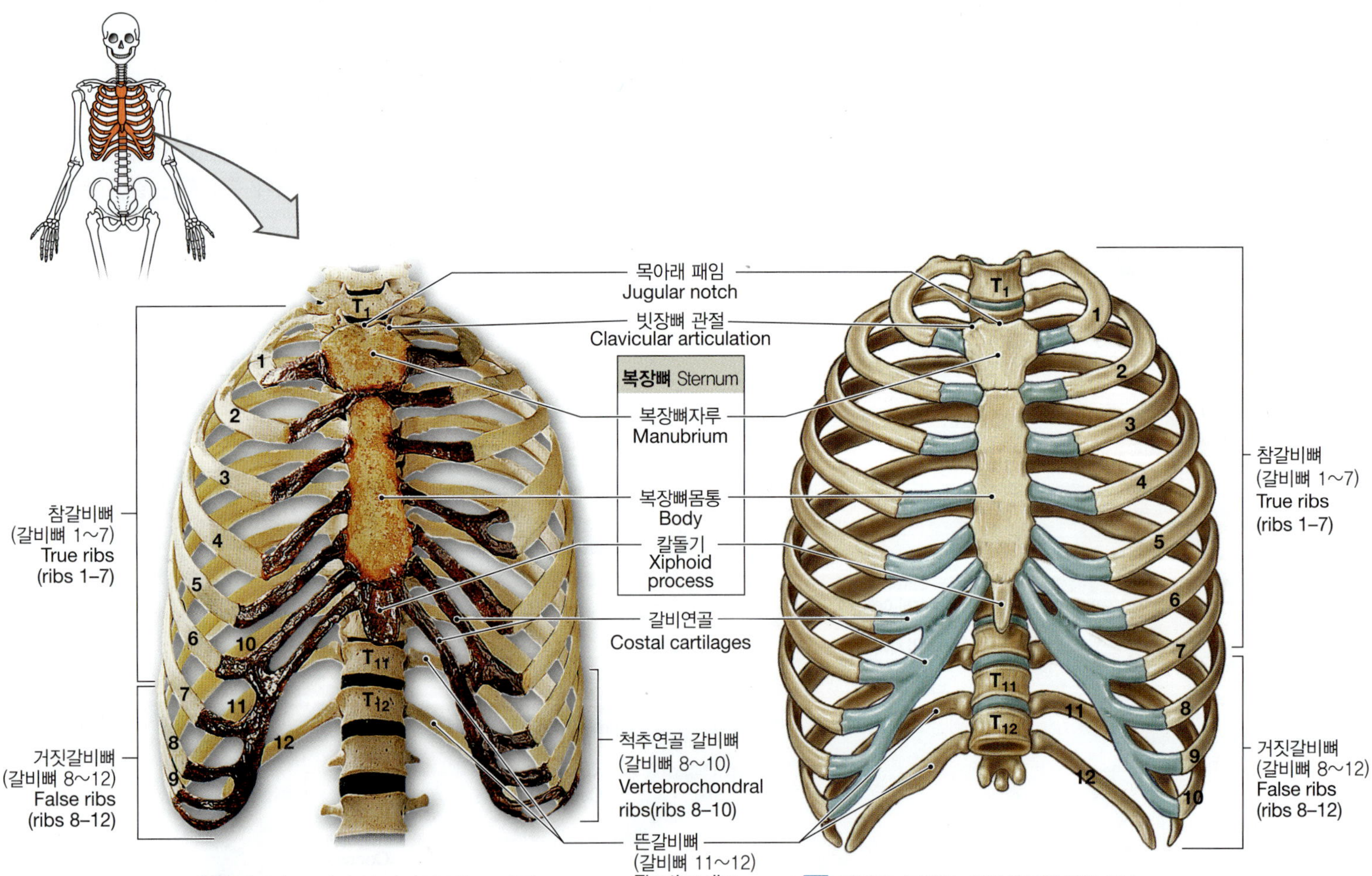

a 갈비뼈, 복장뼈 및 갈비연골을 보여주는 앞면 보기

b 갈비뼈, 복장뼈, 갈비연골의 앞면 모습 (도식으로 표시됨)

체크포인트

19. 꼭지돌기와 붓돌기는 어느 머리뼈 어디에서 발견되는가?
20. 터키안장이라고 하는 함몰부가 있는 뼈는 무엇인가? 이 함몰부의 위치는 무엇인가?
21. 척주와 직접 연결되는 머리뼈는?
22. 야구 연습 중에 공이 케이시 선수의 눈을 맞고 눈확 바로 위와 아래의 뼈가 골절되었다. 어떤 뼈가 부러졌는가?
23. 코곁굴의 기능은 무엇인가?
24. 아래턱뼈의 갈고리돌기 골절이 입을 다물기 어렵게 만드는 이유는 무엇인가?
25. 목뿔뼈 골절로 고통받는 사람에게서 어떤 징후를 볼 수 있는가?
26. Joe는 치아돌기의 바닥에 가는 골절상을 입었다. 어떤 뼈가 부러졌으며 어디에서 찾을 수 있는가?
27. 성인에서는 5개의 큰 척추가 융합해 어떤 단일 구조를 형성하고 있는가?
28. 왜 허리뼈의 척추뼈몸통은 매우 큰가?
29. 참갈비뼈와 거짓갈비뼈의 차이점은 무엇인가?
30. 심폐소생술을 잘못 시행하면 어떤 뼈가 골절될 수 있는가?

책 뒷면에 있는 파란색 정답 탭을 참조.

6-8 팔다리뼈대(appendicular skeleton)는 팔이음뼈(pectoral girdles)와 팔뼈(upper limb bones) 및 다리이음뼈(pelvic girdles)와 다리뼈(lower limb bones)를 구성한다

학습목표 팔이음뼈, 팔뼈, 다리이음뼈, 다리뼈를 구별하여 인지하고, 각각의 기능에 대해 설명한다.

팔다리뼈대는 팔 및 다리의 뼈와 팔다리를 몸통에 연결하는 팔이음뼈와 다리이음뼈가 포함된다.

팔이음뼈 The Pectoral Girdles

각각의 팔은 **팔이음뼈(pectoral girdle)** 또는 어깨띠(*shoulder girdle*)에서 몸통과 연결된다. 팔이음뼈는 두 개의 넓고 평평한 **어깨뼈(scapulae)** 또는 어깨뼈와 두 개의 가늘고 굽은 **빗장뼈(clavicle)**로 구성된다(그림 6-36). 각 빗장뼈는 복장뼈 자루와 연결된다. 이 관절은 팔이음뼈와 몸통뼈대 사이의 유일한 직접 연결 부위이다. 뼈대근은 가슴 우리에 뼈나 인대 연결이 없는 각 어깨뼈를 지지하고 위치를 지정한다.

빗장뼈와 어깨뼈의 움직임은 어깨 관절의 위치를 지정하고 팔 움직임의 기반을 제공한다. 어깨 관절이 제자리에 있으면 팔이음뼈에서 시작되는 근육이 팔을 움직이는 데 도움이 된다. 따라서 어깨뼈와 빗장뼈의 표면은 근육 부착 부위로서 매우 중요하다.

빗장뼈 The Clavicles

각각의 S자형 빗장뼈는 복장끝(*sternal end*)과 어깨뼈봉우리(*acromion*)와 관절을 이룬다(그림 6-36). 빗장뼈의 매끄러운 표면은 피부 바로 아래에 있다. 어깨뼈봉우리 끝의 거친 아래쪽 표면에는 두드러진 선과 결절, 근육과 인대의 부착 부위가 있다.

빗장뼈는 상대적으로 작고 약하기 때문에 골절이 상당히 흔하다. 예를 들어, 단순히 넘어지는 과정에서 팔을 쭉 뻗은 상태에서 손으로 착지하면 빗장뼈가 골절될 수 있다. 다행히 대부분의 빗장뼈 골절은 부목처치 없이 빠르게 치유된다.

어깨뼈 The Scapulae

각 어깨뼈 몸체(*body*)의 앞쪽 표면은 **위모서리, 안쪽모서리, 가쪽모서리(superior, medial,** and **lateral border)**로 둘러싸인 넓은 삼각형을 형성한다(그림 6-37). 어깨뼈 위치시키는 근육은 이 모서리를 따라 부착된다. 세 개의 끝을 위각(*superior angle*), 아래각(*inferior angle*), 가쪽각(*lateral angle*)이라고 한다. 어깨뼈의 옆각 또는 머리는 얕은 컵 모양의

그림 6-36 빗장뼈. 오른쪽 빗장뼈는 위쪽 보기에서 보인다.

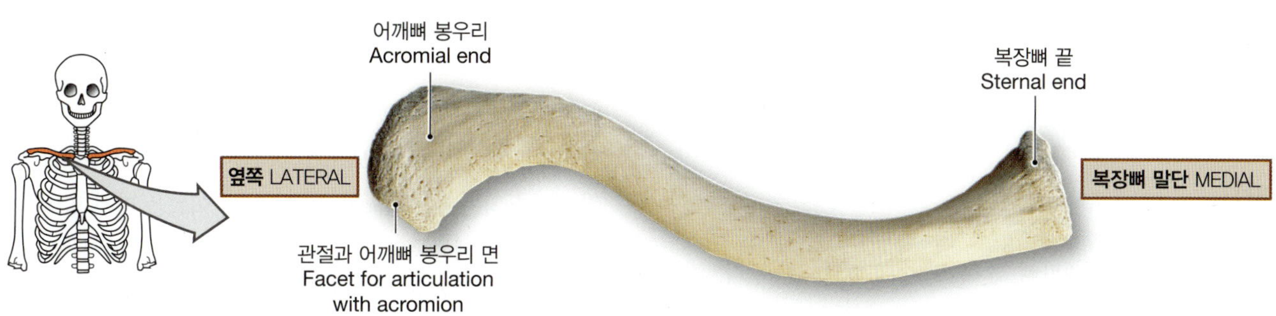

6

그림 6-37 **어깨뼈.** 이 사진은 오른쪽 어깨뼈의 주요 해부학적 부위를 보여준다.

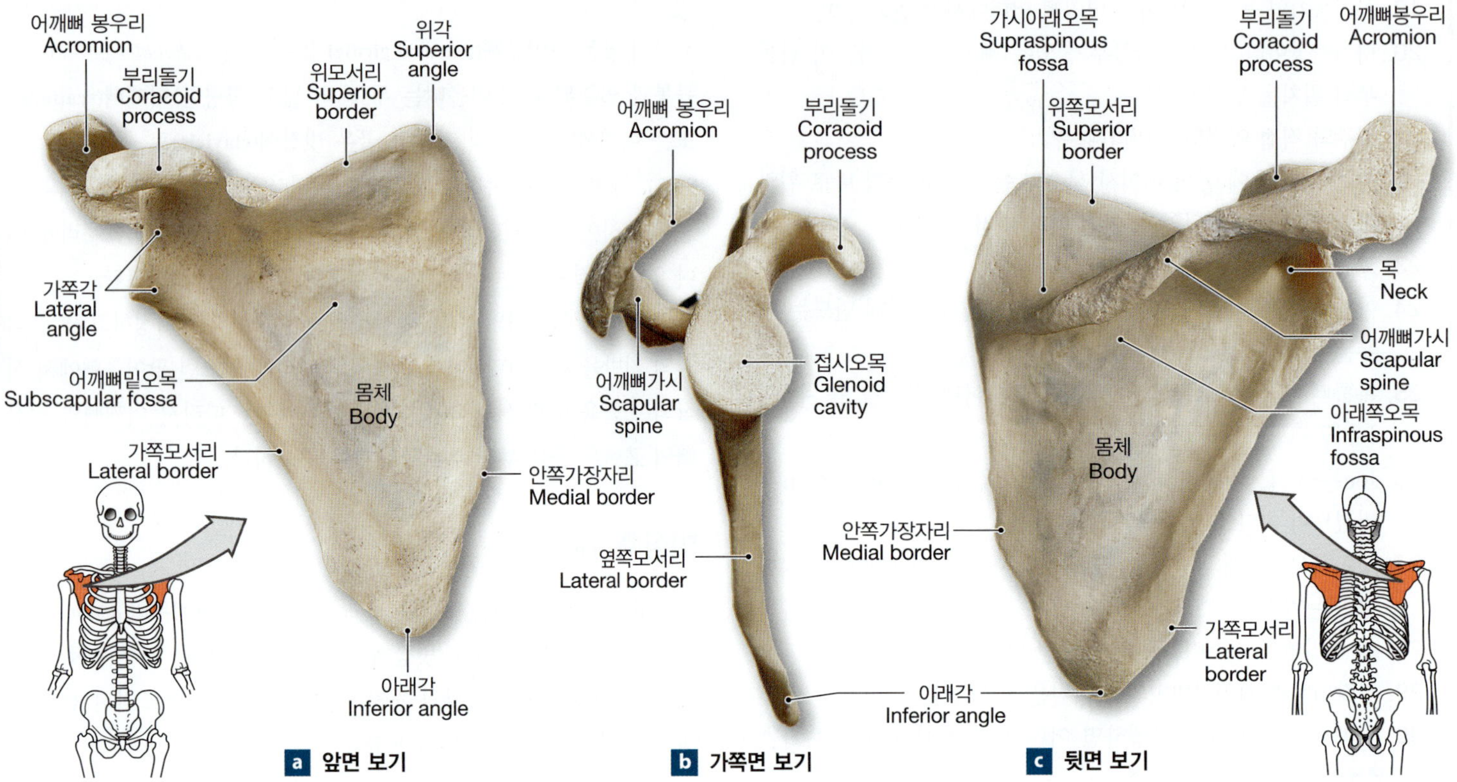

접시오목(관절와, glenoid cavity)을 지지하는 넓은 돌기를 형성한다. 관절오목에서 어깨뼈는 팔의 몸쪽 뼈인 위팔뼈와 어깨관절(*shoulder joint*)을 형성한다. 어깨뼈 몸체 전면의 함몰을 **어깨뼈밑오목(subscapular fossa)**이라고 한다. 어깨밑근(*subscapularis muscle*)은 이곳과 위팔뼈에 붙는다.

그림 6-37b는 어깨뼈의 옆면 보기와 접시오목 위로 뻗어 있는 두 개의 큰 돌기를 보여준다. 더 작은 앞쪽 돌출부는 **부리돌기(coracoid process)**이다. **어깨뼈봉우리(acromion)**는 크고, 뒤쪽돌기 이다. 어깨관절의 위쪽 표면을 따라 손가락을 움직이면 이 돌기를 느낄 것이다. 어깨뼈 봉우리는 빗장뼈의 말단부와 연결된다.

어깨뼈가시(scapular spine)는 어깨뼈의 뒤쪽 표면을 두 영역으로 나눈다(그림 6-37c). 척추보다 위에 있는 영역은 **가시위오목(supraspinous fossa)**이다. 가시위근(*supraspinatus muscle*)이 여기에 붙는다. 척추 아래 영역은 가시아래근(*infraspinatus muscle*)이 부착되는 **가시아래오목(infraspinous fossa)**이다. 두 근육 모두 위팔뼈에 붙어 있다.

상지(팔) The Upper Limb

각 팔의 뼈대는 위팔뼈, 아래팔뼈, 손목 및 손의 뼈로 구성된다. 해부학적으로 팔(*arm*)이라는 용어는 팔다리 전체가 아니라 팔의 몸쪽 부분(어깨에서 팔꿈치까지)만을 나타낸다. 팔 또는 위팔에는 어깨뼈에서 팔꿈치까지 이어지는 단일 뼈인 **위팔뼈(humerus)**가 있다.

위팔뼈 The Humerus

몸쪽끝에서 위팔뼈의 둥근 **머리(head)**는 어깨뼈와 연결된다. 위팔뼈의 두드러진 **큰결절(greater tubercle)**은 뼈머리의 측면 근처에 있는 둥근 돌기이다(그림 6-38). 그것은 어깨의 옆쪽 윤곽을 형성한다. **작은결절(lesser tubercle)**은 더 앞쪽에 위치하며 깊은 결절사이오목(*intertubercular groove*)에 의해 큰 결절과 분리된다. 두 결절에는 근육이 붙어 있고 큰 힘줄이 홈을 따라 뻗어 있다. 해부학적으로 뼈목(*anatomical neck*)은 결절 사이와 뼈머리 표면 아래에 있다. 결절의 먼쪽에서 좁은 위팔뼈 외과목(*surgical neck*)은 뼈가 자라는 부위인 뼈끝연골(*epiphyseal cartilage*)에 해당한다. 위팔뼈 외과 목은 흔한 골절부위이기 때문에 명명되었다.

위팔뼈의 몸쪽 몸통은 단면이 둥글다. 뼈몸통의 옆면 모서리를 따라 이어지는 돌출된 **세모근거친면(삼각근조면, deltoid tuberosity)**은 그것에 부착되는 세모근(*deltoid muscle*)의 이름을 따서 명명되었다.

먼쪽에서 뼈몸통의 뒤쪽 표면은 편평하고 위팔뼈는 양쪽으로 확장되어 넓은 삼각형을 형성한다. **안쪽 및 바깥쪽 위관절융기(medial and**

그림 6-38 **위팔뼈.** 오른쪽 위팔뼈의 주요 해부학적 부위를 보여준다.

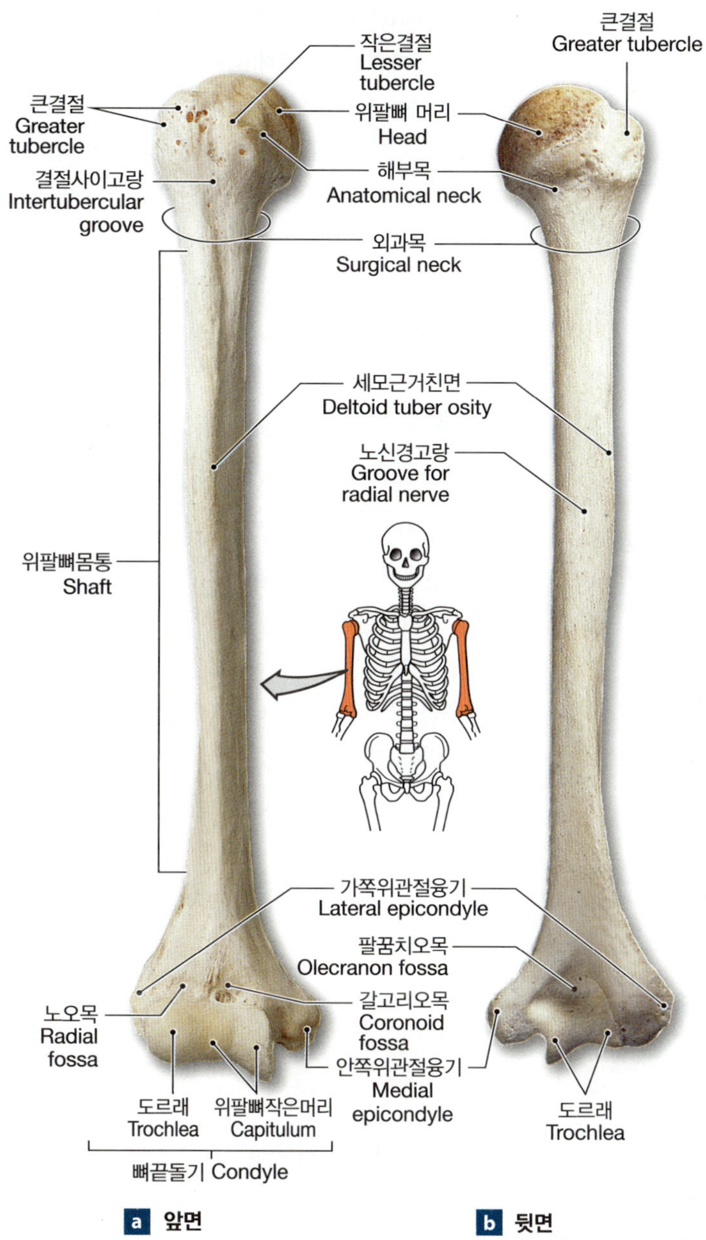

lateral epicondyles)가 양쪽으로 돌출되어 근육 부착을 위한 추가 표면적을 제공한다. 부드러운 **관절융기(condyle)**는 위팔뼈의 아래쪽 표면의 두드러지는 특징이 된다. 관절융기에서 위팔뼈는 팔뚝, **노뼈**(*radius*) 및 **자뼈**(*ulna*)의 뼈와 연결된다.

낮은 능선이 관절융기를 가로질러 두 개의 별개 영역으로 나눈다. **도르래(trochlea)**는 실을 감는 실패나 도르래(도르래) 모양의 큰 내측 부분이다. 도르래는 앞측 표면의 **갈고리오목(coronoid fossa)**의 바닥부분에서 뒤측 표면의 **팔꿈치오목(olecranon fossa)**까지 연장된다. 이 함몰 부위는 팔꿈치가 운동범위의 한계에 도달할 때 자뼈로부터의 돌출을 수용한다. **위팔뼈작은머리(capitulum)**는 관절융기의 옆면 영역을 형성한다. 위팔뼈작은머리에 가까운 얕은 **노오목(radial fossa)**은 인접한 뼈에 있는 작은 돌출을 수용한다.

노뼈와 자뼈 The Radius and Ulna

노뼈와 **자뼈(radius** and **ulna)**는 아래팔의 뼈이다(그림 6-39). 해부학적 위치에서 노뼈는 아래팔의 측면(엄지)을 따라 놓여 있는 반면 자뼈는 팔뚝의 안쪽을 지지한다(그림 6-39a).

자뼈의 **팔꿈치오목(olecranon)**은 팔꿈치의 포인트이다. 앞쪽 표면에서 **도르래패임(trochlear notch)**은 팔꿈치관절에서 도르래와 연결된다. 그림 6-39b는 옆쪽에서 도르래 패임을 보여준다. 팔꿈치머리는 도르래 패임의 위쪽 가장자리를 형성하고 **갈고리돌기(coronoid process)**는 아래쪽 가장자리를 형성한다. 위팔과 아래팔을 일직선으로 완전히 **폄**(*extension*)한 상태에서 팔꿈치머리는 위팔뼈 뒷면의 팔꿈치오목으로 들어간다. 위팔과 아래팔이 V자 형태를 형성하는 **굽힘**(*flexion*) 상태에서 갈고리돌기는 위팔뼈 앞면의 갈고리 오목과 맞물린다.

섬유질 시트 또는 **뼈사이막**(*interosseus membrane*)은 자뼈의 측면 가장자리를 따라 길이방향으로 연결된다. 손목 근처에서 자뼈의 끝은 원반 모양의 머리형태인데, 이 머리의 뒤쪽 가장자리에는 짧은 **붓돌기(styloid process)**가 있다. 자뼈의 먼쪽 끝은 연골 패드에 의해 손목 관절과 분리되어 있으며 노뼈의 큰 먼쪽 부분만 손목관절에 포함된다. 노뼈의 붓돌기는 손목뼈(팔목뼈)의 옆쪽운동을 막아 관절을 안정시킨다. 자뼈 머리의 옆쪽은 **먼쪽 노자관절**(*distal radio-ulnar joint*)에서 노뼈의 말단부와 연결된다.

좁은 목(*neck*)은 노뼈의 머리에서 **노뼈거친면(radial tuberosity)**까지 연장되어 팔 앞쪽 표면의 큰 근육인 **위팔두갈래근**(*biceps brachii*)의 부착부위를 표시한다. 노뼈의 디스크 모양 머리는 팔꿈치관절에서 위팔뼈머리 중 작은머리와 **노뼈패임(radial notch)**에서 자뼈와 연결된다. **노자관절의 몸쪽**(*proximal radioulnar joint*)은 노뼈가 자뼈를 가로질러 회전하도록 하여 **엎침**(*pronation*)으로 알려진 움직임으로 손바닥을 회전시킨다. 아래팔을 해부학적 위치로 되돌리는 반대 운동을 **뒤침**(*supination*)이라고 한다.

손목과 손의 뼈 Bones of the Wrist and Hand

손목, 손바닥, 손가락은 27개의 뼈로 지지된다(그림 6-40). 손목의 8개 **손목뼈(carpal bones)**가 두 줄을 형성한다. 몸쪽 손목뼈에는 4개의 뼈가 있다. (1) **손배뼈**(*scaphoid bone*); (2) **반달뼈**(*lunate bone*); (3) **세모뼈**(*triquetrum bone*); (4) **콩알뼈**(*pisiform bone*). 또한 4개의 먼쪽 손목뼈가 있다. (1) **큰마름뼈**(*trapezium*); (2) **작은마름뼈**(*trapezoid bone*); (3) **알머리뼈**(*capitate bone*); (4) **갈고리뼈**(*hamate bone*). 손목뼈 사이의 관절은

그림 6-39 오른쪽 노뼈와 자뼈.

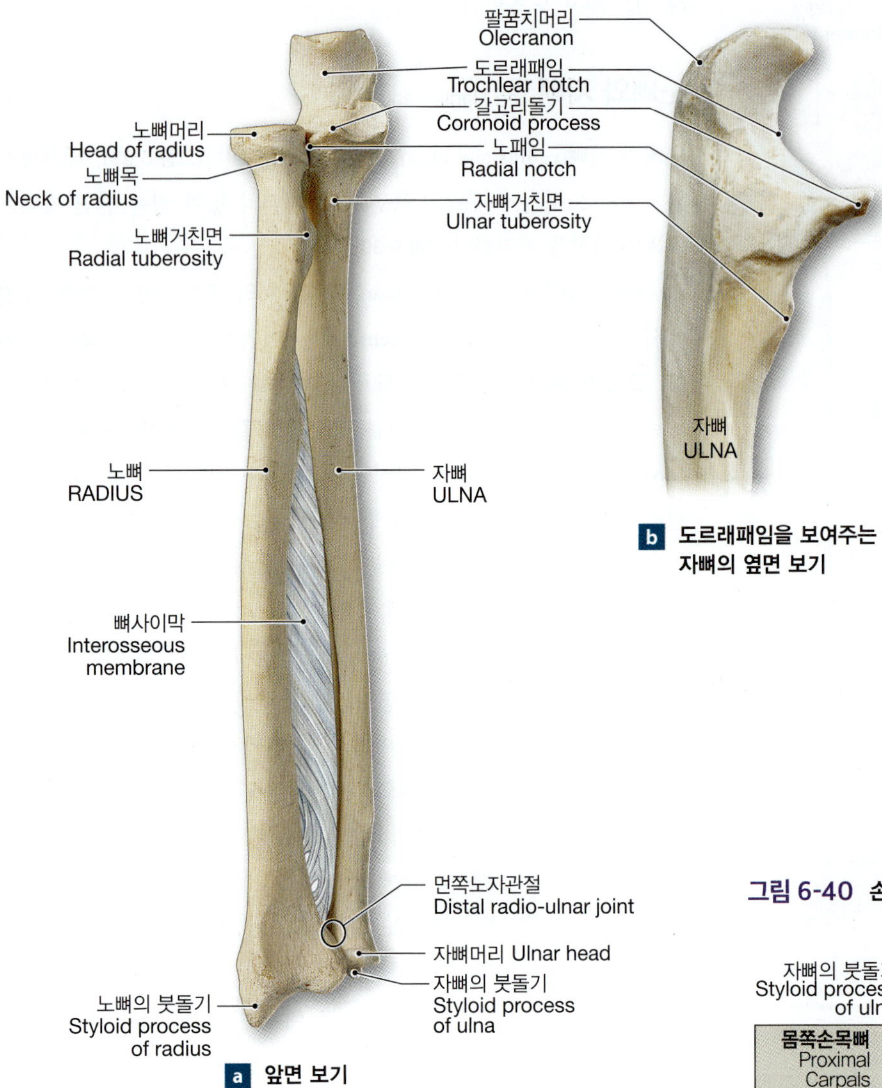

제한된 정도의 미끄러짐과 비틀림을 허용한다.

5개의 **손허리뼈(metacarpal bone)**는 먼쪽 손목뼈과 연결되어 손바닥을 형성한다. 손허리뼈는 차례로 **손가락뼈(phalange)**와 연결된다. 각 손에는 14개의 손가락뼈가 있다. 4개의 손가락에는 각각 3개의 손가락뼈(몸쪽, 중간 및 먼쪽)이 있다. 무지 또는 **엄지손가락(pollex)**에는 두 개의 손가락뼈(몸쪽 및 먼쪽)만 있다.

다리이음뼈 The Pelvic Girdle

다리이음뼈(pelvic girdle)는 넙다리뼈와 연결된다(**그림 6-41**). 체중 부하 및 운동과 관련된 스트레스 때문에 다리이음뼈는 가슴대와 팔의 뼈보다 더 무겁다. 다리이음뼈는 몸통뼈대에 훨씬 더 단단히 부착되어 있다.

다리이음뼈는 두 개의 큰 **엉덩뼈** 또는 **볼기뼈(hip bone**, or **coxal bone)**로 구성된다. 각각의 엉덩뼈는 세 뼈(**엉덩뼈[ilium]**, **궁둥뼈[ischium]**, **두덩뼈[pubis]**)가 융합되어 형성된다(**그림 6-41a,c,d**). 뒤쪽으로, 엉덩뼈는 **엉치엉덩관절(sacroiliac joints)**에서 엉치뼈와 연결된다(**그림 6-41d**). 앞쪽으로 엉덩뼈는 **두덩 결합**(*pubic symphysis*)이라고 하는 관절에서 섬유연골 패드로 연결된다. 양쪽 엉덩관절에서 넙다리뼈의 머리는 **볼기뼈절구(acetabulum)**의 곡면과 연결된다.

엉덩뼈(볼기뼈) The Hip Bone(Coxal Bone)

엉덩뼈는 엉덩관절의 가장 크고 우수한 구성요소이다(**그림 6-41**). 엉덩뼈의 절구 위쪽 부분은 근육, 힘줄 및 인대의 부착을 위한 광범위한 영역을 제공하는 넓고 휘어진면을 형성한다. 엉덩뼈의 위쪽 가장자리인 **엉덩뼈능선(iliac crest)**은 인대와 근육의 부착부위를 표시한다(**그림 6-41b,d**). 볼기뼈절구의 위쪽 및 뒤쪽 가장자리 근처에서 엉덩뼈는 궁둥뼈와 융합된다. 궁둥뼈 결절(*ischial tuberosity*)이라고 하는

그림 6-40 손목과 손의 뼈. 오른손의 손등쪽 보기가 표시됨.

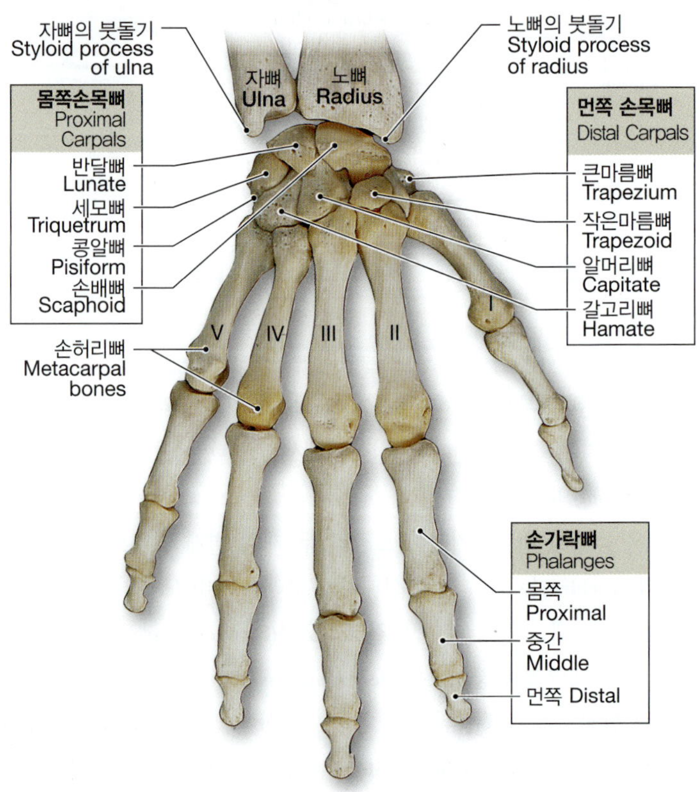

그림 6-41 엉덩뼈와 골반.

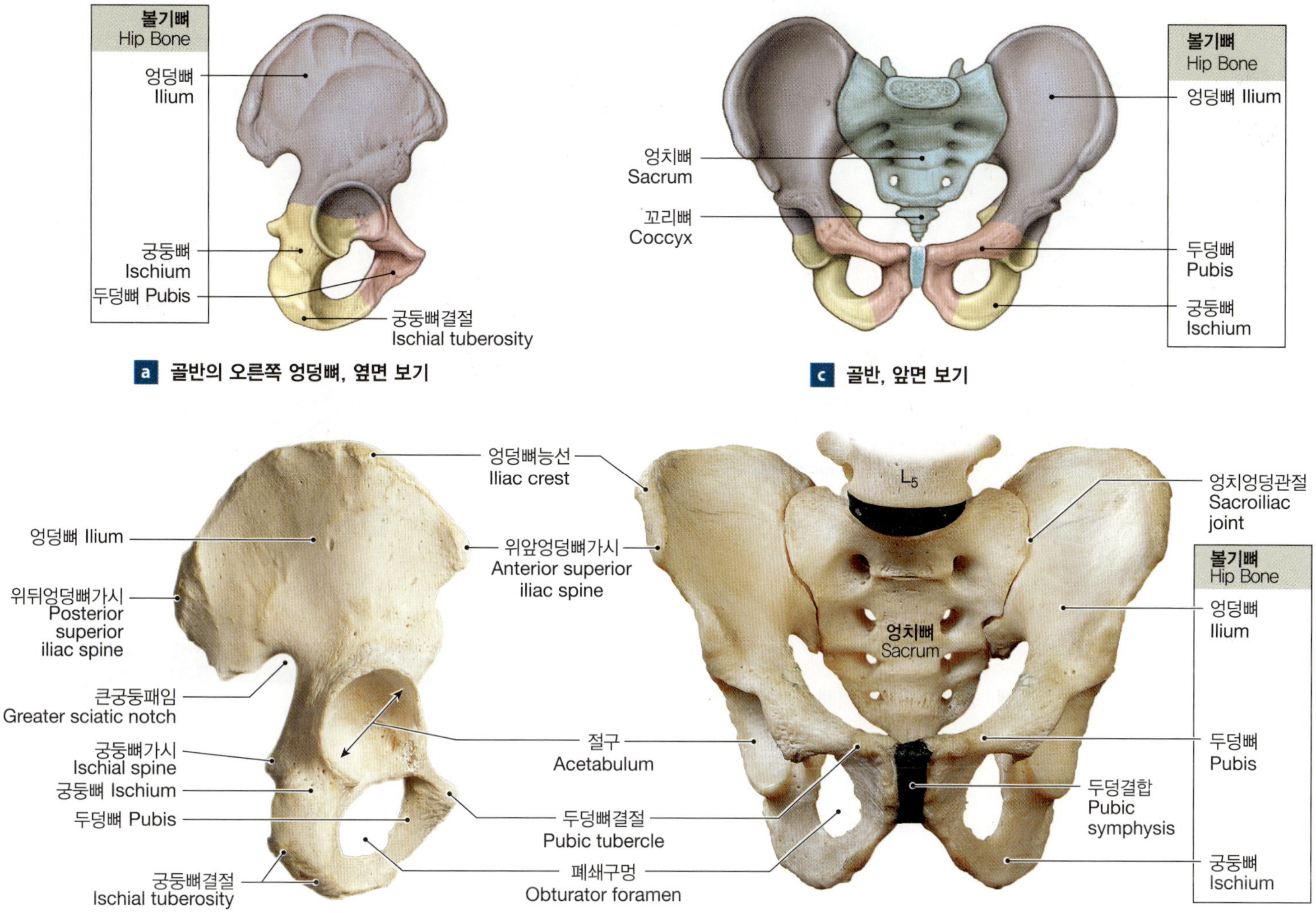

a 골반의 오른쪽 엉덩뼈, 옆면 보기

c 골반, 앞면 보기

b 오른쪽 엉덩뼈, 옆면 보기

d 성인 남성 골반, 앞면 보기

궁둥뼈 뒤쪽 및 바깥쪽 가장자리의 거친 돌출부는 앉을 때 체중을 지지한다.

궁둥뼈의 좁은 가지와 두덩뼈 가지의 융합은 **폐쇄구멍(obturator foramen)**의 둘러싸기를 완료한다. 이 공간은 내부 및 외부 표면이 엉덩이 근육의 부착을 위한 기반을 제공하는 콜라겐 섬유 판막으로 닫혀 있다.

두덩뼈의 앞쪽과 안쪽 표면에는 반대쪽 두덩뼈와의 관절인 **두덩결합(pubic symphysis)**을 표시하는 거친 영역이 있다. 이 관절은 두 두덩뼈 사이의 움직임을 제한한다.

골반 The Pelvis

골반(pelvis)은 두 개의 엉덩관절 뼈인 엉치뼈와 꼬리뼈로 구성된다(그림 6-41c,d). 여기에는 부속 뼈대 및 몸통뼈대의 일부가 포함된다. 광범위한 인대 연결망은 엉치뼈와 엉덩뼈능선, 궁둥뼈 및 두덩뼈를 연결한다. 다른 인대는 엉덩뼈를 뒤쪽 허리뼈에 묶는다. 이러한 상호 연결이 증가함으로 골반의 구조적 안정성을 갖는다.

여성의 골반 모양은 남성과 다소 차이가 있다(그림 6-42). 일부 차이는 신체 크기와 근육량의 변화로 인해 발생한다. 예를 들어, 여성의 경우 골반이 일반적으로 더 부드럽고 가벼우며 덜 두드러지게 나타난다. 다른 차이점은 출산에 대한 적응이다. 여성의 골반은 발달 중인 태아의 무게를 지탱하고 분만 중에 골반 출구를 통해 쉽게 통과하도록 돕는다. **골반 출구**(*pelvic outlet*)는 골반의 아래쪽에 난 구멍이다. 남성에 비해 여성은 상대적으로 넓고 낮은 골반을 가지고 있다. 더 큰 골반 출구; 그리고 더 넓은 **두덩각**(*pubic angle*, 두덩뼈 사이의 각도).

6

그림 6-42 남성과 여성 골반의 해부학적 차이.

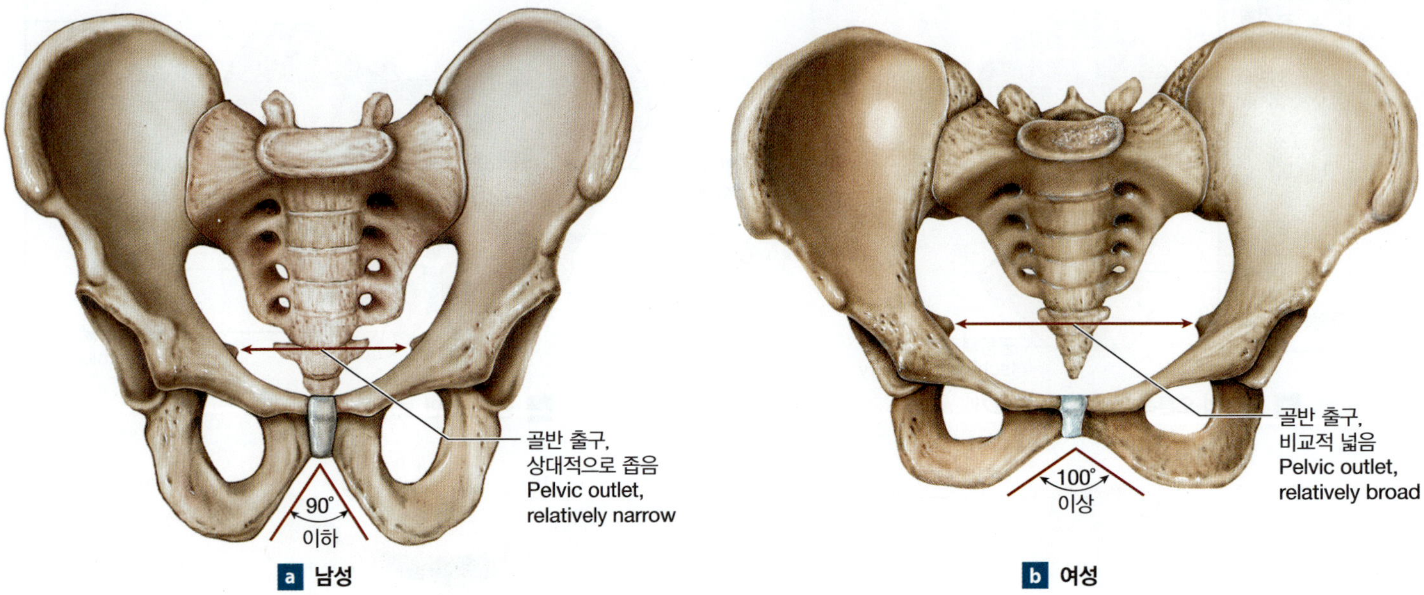

다리 The Lower Limb

각 다리의 뼈대는 넙다리뼈, 무릎뼈, 정강뼈와 종아리뼈, 발목과 발의 뼈로 구성된다.

넙다리뼈 The Femur

넙다리뼈(femur)는 신체에서 가장 길고 무거운 뼈이다(그림 6-43). 넙다리뼈의 둥근 뼈끝 또는 머리는 볼기뼈절구에서 골반과 연결된다. **큰돌기**와 **작은돌기(greater and lesser trochanter)**는 뼈목과 뼈몸통의 연결 부위에서 옆쪽으로 확장되는 크고 거친 돌출부이다. 두 돌기는 큰 힘줄이 넙다리뼈에 부착되는 곳에서 발생한다. 넙다리뼈의 뒤쪽 표면에는 두드러진 돌출선, **거친선(linea aspera)**이 있다. 넙다리뼈의 축을 정중선 쪽으로 당기는 강력한 근육의 부착을 표시한다. 이를 모음(*adduction*)이라고 한다.

넙다리뼈의 몸쪽 뼈몸통은 단면이 둥글다. 먼쪽에서 뼈몸통은 더 납작해지고 두 개의 큰 **위관절융기(epicondyle)**(바깥쪽 및 안쪽[**lateral and medial**])에서 끝난다. 위관절융기의 아래쪽 표면은 **안쪽** 및 **가쪽 관절융기(medial and lateral condyle)**를 형성한다. 그것들은 무릎 관절의 일부를 형성한다.

무릎뼈(patella)는 바깥쪽과 안쪽 융기 사이의 매끄러운 앞쪽 표면 또는 무릎뼈면(*patellar surface*)을 미끄러지듯 움직인다. 무릎뼈는 무릎을 곧게 펴는 근육군인 넙다리네갈래근(*quadriceps femoris*)의 힘줄 내에 형성된다.

임상노트

엉덩관절의 골절 Hip Fractures

노인의 경우 단순 낙상으로 엉덩관절 **골절**이 발생할 수 있다. 이러한 부상은 치명적이다. 대부분의 환자는 구급차를 이용하여 병원으로 이송해야 한다. 대부분의 엉덩관절 골절은 수술적 처치가 필요하다. 넙다리뼈 목 아래에서 발생하는 골절은 종종 고유의 볼-소켓 관절을 유지하는 특수 핀으로 치료할 수 있다. 넙다리뼈 목 위쪽의 골절은 일반적으로 원래의 볼-소켓 관절을 대체하는 보철물이 필요하다. 엉덩관절 골절은 환자가 매우 쇠약해질 수 있으며, 요양서비스를 받게 되는 가장 일반적인 이유 중 하나이다.

정강뼈와 종아리뼈 The Tibia and Fibula

정강뼈(tibia)는 다리의 큰 안쪽 뼈이다(그림 6-44). 넙다리뼈의 가쪽 및 안쪽 관절융기(*lateral and medial condyles*)는 정강뼈의 바깥쪽 및 안쪽 돌기와 연결된다. 무릎뼈 인대(*patellar ligament*)는 무릎뼈를 무릎 관절 바로 아래의 **정강뼈거친면(tibial tuberosity)**에 연결한다.

앞쪽능선(anterior margin)은 앞쪽 정강뼈 표면의 거의 전체 길이에 형성되어 있다. 정강뼈는 말단부에서 발목에 대한 안쪽 지지를 제공하는 큰 돌기인 **가쪽복사(medial malleolus)**(복사뼈)로 확장된다. 정강뼈의 아래쪽 표면은 발목의 몸쪽 뼈와 관절을 형성한다.

가느다란 **종아리뼈(fibula)**는 정강뼈의 옆쪽 경계와 평행하다. 종아리뼈는 정강뼈의 바깥쪽 융기보다 아래쪽의 정강뼈와 연결된다. 종아

그림 6-43 넙다리뼈. 오른쪽 넙다리뼈의 다양한 구조를 표시하고 있다.

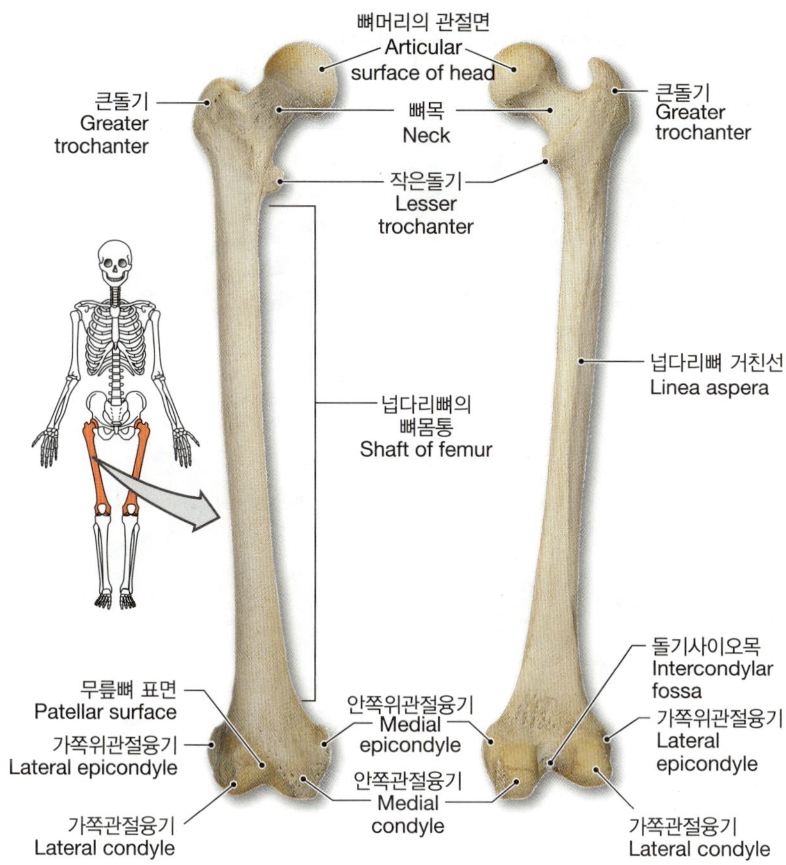

그림 6-44 오른쪽 정강뼈와 종아리뼈. 이 뼈는 앞쪽에서 볼 수 있다.

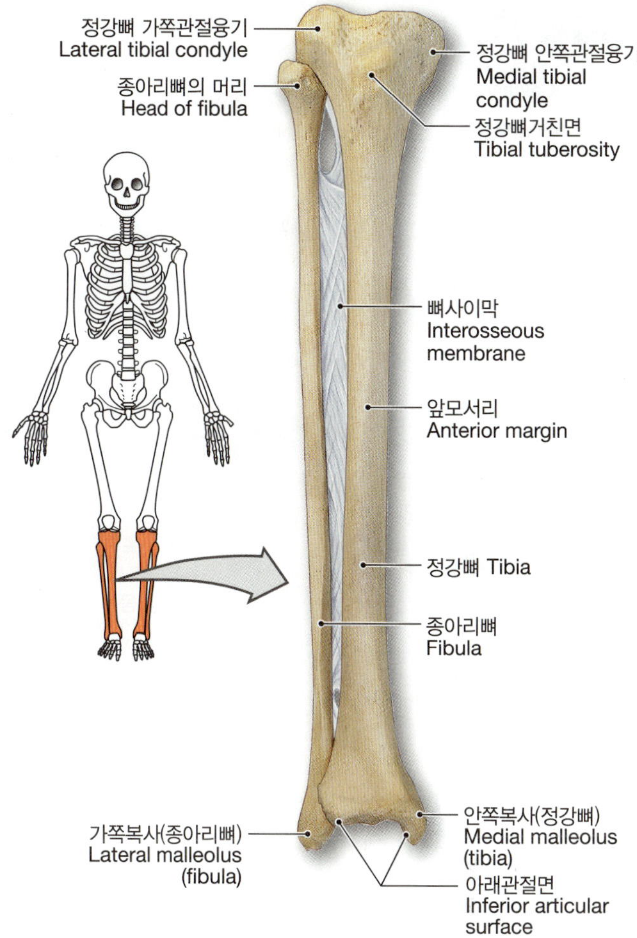

리뼈는 넙다리뼈와 연결되거나 체중을 발목과 발로 전달하는 데 도움이 되지 않는다. 그러나 종아리뼈는 근육 부착을 위한 중요한 표면이며 **가쪽복사뼈(lateral malleolus)**는 발목에 옆쪽 안정성을 제공한다. 두 뼈 사이의 뼈사이막은 상대적인 위치를 안정시키고 근육 부착을 위한 추가 표면적을 제공한다.

발목과 발의 뼈 Bones of the Ankle and Foot

발목 또는 발목뼈(*tarsus*)는 7개의 분리된 **발목뼈(tarsal bones)**를 포함한다(그림 6-45a): (1) 목말뼈(*talus*), (2) 발꿈치뼈(*calcaneus*), (3) 발배뼈(*navicular bone*), (4) 입방뼈(*cuboid bone*), (5~7) 안쪽, 중간 및 바깥쪽 쐐기뼈(*medial, intermediate,* and *lateral cuneiform bones*). **목말뼈(talus)**만이 정강뼈 및 종아리뼈와 연결된다.

정강뼈에서 발가락으로 체중을 전달한다. 정상적으로 서 있을 때 체중의 대부분은 발목뼈를 통해 큰 **발꿈치뼈(calcaneus)**로 이어지며, 지면으로 전달된다(그림 6-45b,c). 발꿈치뼈의 뒤쪽 돌출부는 종아리 근육에서 발생하는 **발꿈치 힘줄**(*calcaneal tendon*) 또는 **아킬레스건**(*Achilles tendon*)의 부착부위이다. 이 근육은 발끝으로 서 있을 때처럼 발꿈치를 들어 올리고 발바닥을 내린다. 나머지 체중은 입방뼈와 쐐기뼈를 통해 발바닥을 지지하는 **발허리뼈(metatarsal bone)**로 전달된다.

발의 발허리뼈와 발가락뼈의 기본 조직은 손의 조직과 유사하다. 발허리뼈는 안쪽에서 바깥쪽으로 로마 숫자 I에서 V로 번호가 매겨지며, 그 양끝단은 발의 볼을 형성한다. 엄지손가락과 마찬가지로 **엄지발가락(hallux)**에는 두 개의 발가락뼈가 있다.

손가락과 마찬가지로 나머지 발가락에는 각 3개의 발가락뼈가 있다. 체중은 발바닥세로활(*longitudinal arch*)을 따라 전달된다(그림 6-45c). 인대들과 힘줄들은 발뒤꿈치뼈를 발허리뼈의 말단 부분에 묶어 이 아치를 유지한다. 그러나 이 아치의 측면 부분은 내측 부분보다 곡률(곡면의 휨 정도)이 적다. 그 이유 중 하나는 중간 부분에 더 많은 탄력이 있기 때문이다. 그 결과 발의 안쪽 발바닥 표면이 지면에서 높게 유지되고 아래쪽 표면에 위치한 근육, 신경 및 혈관이 발허리뼈와 지면 사

그림 6-45 **발목과 발의 뼈.**

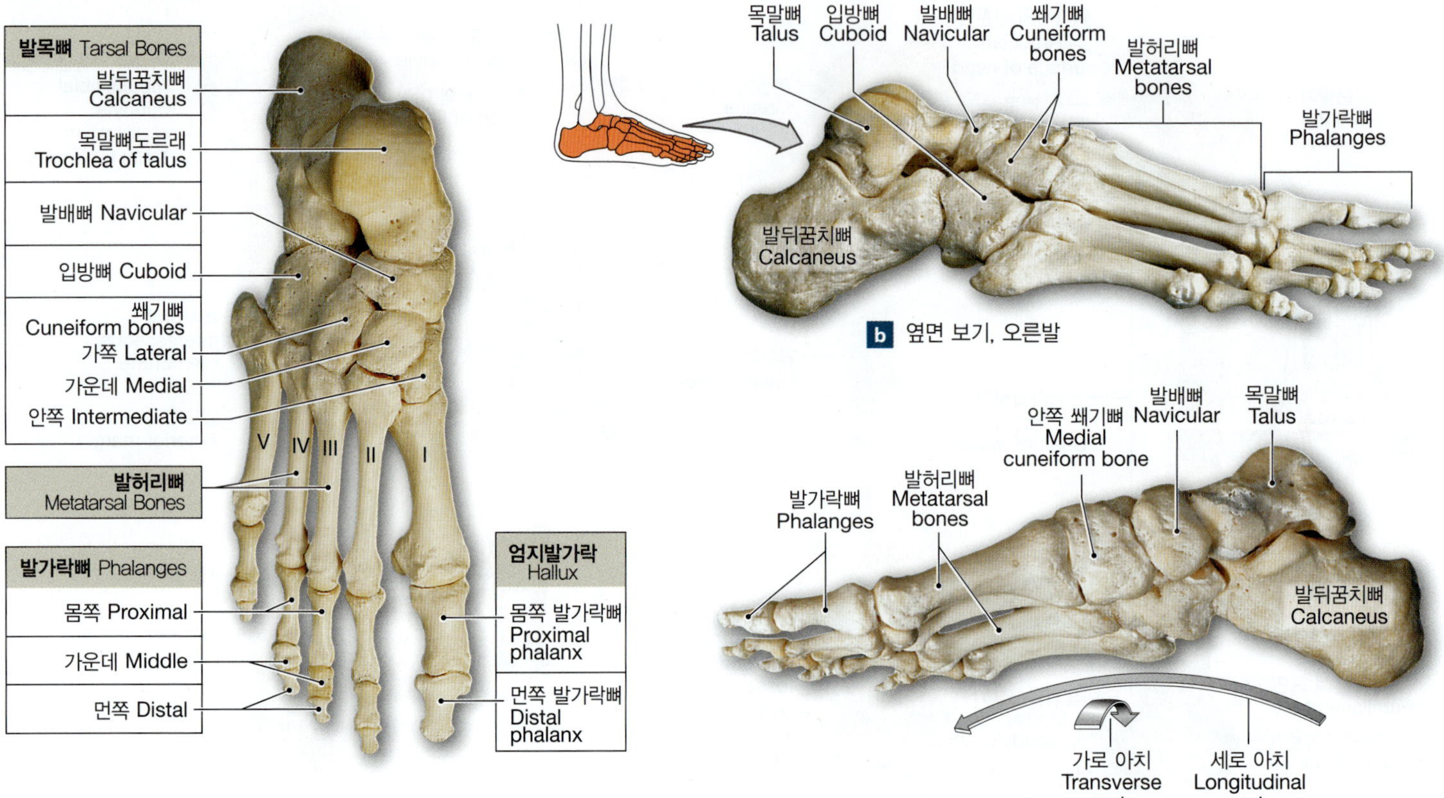

a 위쪽 보기, 오른발

b 옆면 보기, 오른발

c 안쪽 보기, 오른발

이에 압착되지 않는다. 평발(*flatfeet*)로 알려진 상태에서 정상적인 아치는 "소실되거나" 형성되지 않는다. 발바닥가로활(*transverse arch*)은 발의 안쪽에서 바깥쪽 경계로의 곡률 변화 정도를 나타낸다.

체크포인트

31. 부러진 빗장뼈는 어깨뼈의 운동에 어떤 영향을 미치는가?
32. 팔꿈치 양쪽의 둥근 돌기는 어느 뼈의 일부인가?
33. 아래팔뼈의 두 뼈 중 해부학적 위치에서 바깥쪽으로 있는 것은 무엇인가?
34. 엉덩관절을 구성하는 세 개의 뼈는 무엇인가?
35. 종아리뼈는 무릎관절에 포함되지도 않고 체중을 지탱하지도 않는다. 그러나 골절이 되면 보행이 어려워진다. 왜 그런가?
36. 10살 세자르가 집 뒷계단에서 뛰어내리다가 넘어지면서 오른 발꿈치가 지면에 부딪히면서 다리가 부러졌다. 어떤 뼈가 부러졌을 가능성이 가장 높은가?

책 뒷면에 있는 파란색 정답 탭을 참조.

6-9 관절은 운동 범위 또는 해부학적 조직에 따라 분류된다

학습목표 몸통과 팔다리의 대표적인 관절에서 관절의 구조와 운동 사이의 관계를 설명한다.

관절(**joint**, or **articulation**)은 두 개의 뼈가 만나는 곳에 존재한다. 관절의 구조는 발생할 수 있는 운동의 유형을 결정한다. 각 관절은 힘과 필요한 안정성과 움직임 사이의 절충안을 반영한다. 움직임이 필요하지 않거나 움직여서 위험할 수 있을 경우 관절은 매우 강하게 형성될 수 있다. 예를 들어, 머리뼈의 봉합은 여러 개의 뼈가 하나의 뼈인 것처럼 뼈를 강하게 고정한다. 다른 관절에서는 힘보다 움직임이 더 중요하다. 예를 들어, 어깨관절은 관절 구조보다 주변 근육에 의해 더 많이 제한되는 팔 움직임의 범위를 허용한다. 관절 자체가 상대적으로 약해서 어깨 부상은 비교적 흔하다.

관절은 구조나 기능에 따라 분류할 수 있다. 구조적 분류는 해부학을 기반으로 한다. 관절은 **섬유성**, **연골성** 또는 **윤활성**(**fibrous**, **cartilaginous**, or **synovial**)으로 설명된다. 처음 두 가지는 그것들을 함께 묶는 결합조직의 유형을 반영한다. 이러한 관절은 움직임을 허용하지 않거나 약간만 움직인다. 윤활관절은 자유로운 움직임을 허용한다. 그것들은 섬유 조직으로 둘러싸여 있으며 뼈의 끝은 뼈와 뼈의 접촉을 방지하는 연골로 덮여 있다.

우리가 강조할 기능적 분류에서 관절은 **운동 범위**(*range of motion*), 가능한 운동량에 따라 분류된다. 움직일 수 없는 관절은 **못움직관절(synarthrosis)**이다. 약간 움직일 수 있는 관절은 **좀움직임관절(amphiarthrosis)**이다. 자유롭게 움직일 수 있는 관절은 **움직관절(diarthrosis)** 또는 **윤활관절**(*synovial joint*)이다. **표 6-1**은 기능적 분류를 제시하고 이를 구조적 분류 체계와 연관시키고 예를 제시한다.

움직일 수 없는 관절(못움직관절)

Immovable Joints (Synarthroses)

못움직관절에서 뼈의 가장자리는 서로 매우 가깝고 서로 맞물릴 수도 있다. 못움직관절은 섬유성 또는 연골성일 수 있다. 섬유성 못움직관절의 두 가지 예는 머리뼈에서 찾을 수 있다. **봉합(suture)**에서 머리뼈의 각 뼈는 얽혀 있고 조밀한 결합조직에 의해 함께 묶여 있다. **못박이관절(gomphosis)**에서 인대는 뼈 소켓(치조) 내에서 입의 각 치아를 고정한다.

단단한 연골 연결을 **유리연결결합(synchondrosis)**이라고 한다. 첫 번째 갈비뼈 쌍과 복장뼈 사이의 연결은 연골결합이다. 또 다른 예는 성장하는 긴 뼈에서 뼈몸통과 뼈끝을 연결하는 뼈끝연골이다.

> **지식 쌓기**
>
> 윤활막은 자유롭게 움직일 수 있는 관절의 공동을 감싸고 있음을 기억하라(**4장: 생명체의 조직 구성** 참조). 그것이 분비하는 윤활액은 관절의 윤활하고 부드러운 움직임을 허용한다.

6

약간 움직일 수 있는 관절(좀움직임관절)

Slightly Movable Joints (Amphiarthroses)

좀움직임관절은 매우 제한된 움직임을 허용한다. 뼈는 일반적으로 부동결합보다 더 멀리 떨어져 있다. 구조적으로 좀움직임관절은 섬유성 또는 연골성일 수 있다.

인대결합(syndesmosis)은 인대로 연결된 섬유성 관절이다. 다리의 두 뼈인 정강뼈와 종아리뼈 사이의 먼쪽 관절을 하나의 예로 들 수 있다. **인대결합(symphysis)**은 섬유 연골의 넓은 디스크 또는 패드로 분리된 뼈 사이를 연결하는 연골 관절이다. 척추뼈 사이의 관절(척추사이원반에서)과 두 개의 두덩뼈 사이의 관절이 인대결합의 예가 된다.

표 6-1 관절의 기능적 및 구조적 분류

기능적 범주	구조적 범주 및 유형		설명	예시
못움직관절(움직임 없음) (SYNARTHROSIS(NO MOVEMENT))				
	섬유질(Fibrous)	**봉합**(Suture)	섬유질 연결과 맞물린 표면	머리뼈 사이
	섬유질(Fibrous)	**못박이관절** (Gomphosis)	섬유질 연결 및 뼈 삽입 소켓(폐포)	치아와 뼈의 소켓 사이 위턱과 아래턱
	연골 (Cartilaginous)	**연골결합** (Synchondrosis)	연골 다리 또는 판의 삽입	첫 번째 갈비뼈와 복장뼈 사이; 뼈끝연골
좀움직임관절(약간 움직임) (AMPHIARTHROSIS(LITTLE MOVEMENT))				
	섬유질(Fibrous)	**인대결합** (Syndesmosis)	인대 연결	정강뼈와 종아리뼈 사이
	연골 (Cartilaginous)	**섬유연골결합** (Symphysis)	섬유연골 패드에 의한 연결	두 개의 두덩뼈 사이; 척추와 인접한 척추 사이
움직관절(자유 운동) (DIARTHROSIS (FREE MOVEMENT))				
	윤활액 (Synovial)		관절주머니로 둘러싸여 있고 윤활액을 포함하는 복합 관절	양적 분류; 동작 범위로 세분화(**집중 조명 그림 6-50**)

6

자유롭게 움직일 수 있는 관절(움직관절)
Freely Movable Joints (Diarthroses)

움직관절 또는 **윤활관절(synovial joint)**은 넓은 범위의 운동을 허용한다(그림 6-46a).

윤활관절은 일반적으로 팔과 다리와 같은 긴 뼈의 끝에서 발견된다. 정상적인 조건에서 뼈 표면은 특별한 **관절 연골(articular cartilages)**로 덮여 있기 때문에 접촉하지 않는다. 유리질 연골과 유사하지만 관절 연골에는 연뼈막이 없고 다른 연골보다 기질적으로 더 많은 물이 포함되어 있다. 관절은 섬유성 **관절주머니(joint capsule)**로 둘러싸여 있다. 윤활막은 관절안을 둘러싸고 있다. 관절안의 **윤활액(synovial fluid)**은 관절의 움직이는 표면을 윤활하고 마찰을 줄인다.

일부 복잡한 관절에는 반대편의 표면 사이에 추가 패딩이 있다. 무릎의 **반달판(menisci)**을 이러한 충격 흡수 섬유연골 패드의 예로 들 수 있다(그림 6-46b). 이러한 관절에는 관절 연골을 보호하고 포장재 역할을 하는 **지방덩이(fat pad)**도 있다. 뼈가 움직일 때 관절안의 모양이 변하면서 생성된 공간에 지방 패드가 채워진다.

전체 관절을 둘러싸고 있는 관절주머니는 관절 뼈의 뼈막과 연속적이다. 또한 **인대(ligament)**는 관절주머니 외부 또는 내부에서 뼈와 뼈를 연결한다. **윤활주머니(bursa)**는 윤활액을 포함하는 결합조직의 작은 꾸러미이다. 힘줄이나 인대가 다른 조직과 마찰하는 곳에 형성된다. 마찰을 줄이고 완충기 역할을 한다. 윤활주머니는 많은 윤활관절의 특징이 된다. 그들은 또한 힘줄 주변, 뼈를 덮고 있거나 마찰이나 압력에 노출된 다른 결합조직 내에서 발견될 수 있다.

체크포인트

37. 관절의 가동 범위에 따라 분류된 세 가지 유형의 관절에 이름을 붙이고 설명하시오.
38. 신생아에서 머리뼈의 큰 뼈는 섬유질 결합조직으로 연결되지만 나중에는 움직일 수 없는 관절을 형성한다. 구조적으로 어떤 유형의 관절인가?

책 뒷면에 있는 파란색 정답 탭을 참조.

6-10 윤활관절의 구조와 기능은 다양한 골격운동을 가능하게 한다

학습목표 윤활관절의 구조와 기능이 어떻게 뼈대의 움직임을 허용하는지 설명한다.

윤활관절은 우리의 모든 일상적인 움직임에 관여한다. 일상적인 말에서 우리는 "다리를 구부리다" 또는 "팔을 들어 올리다"와 같은 문구를

그림 6-46 윤활관절의 구조.

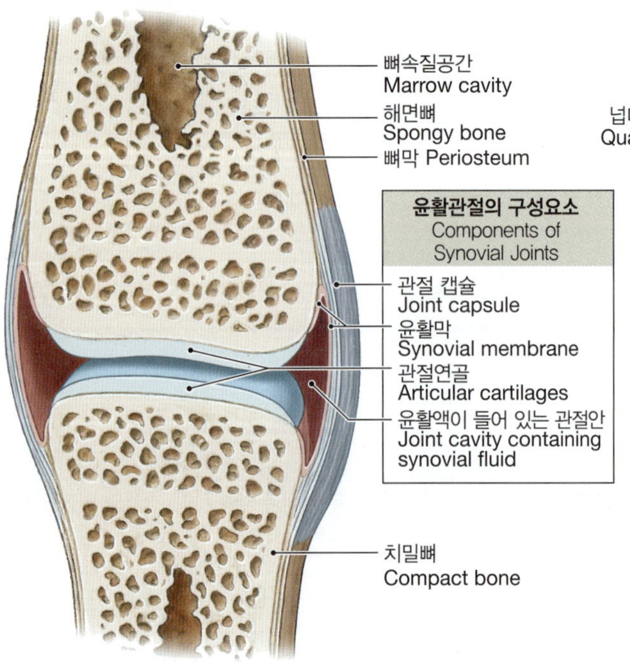

a 윤활관절, 시상 단면

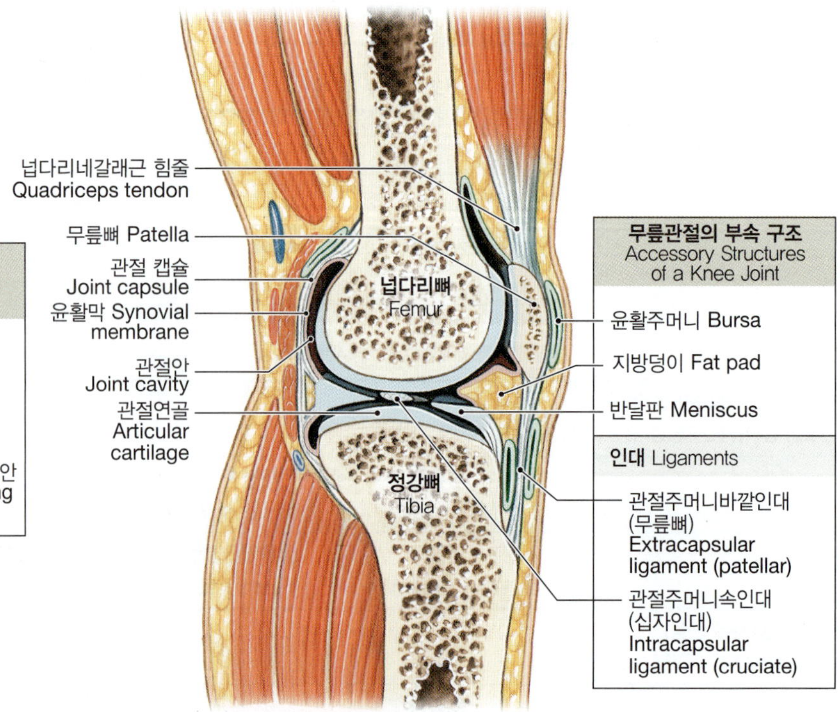

b 무릎관절, 시상 단면

임상노트

류마티즘과 관절염 Rheumatism and Arthritis

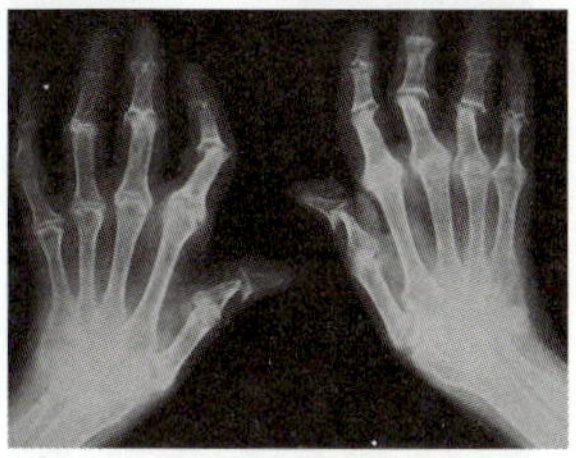

관절에 발생하는 문제는 비교적 특히 노인에게 일반적이다. 류마티즘은 일반적으로 뼈대계통나 근육계 또는 둘 다통증과 뻣뻣함을 나타내는 용어이다. 관절염은 윤활 관절에 영향을 미치는 모든 류마티스 질환을 포함한다. 그것은 항상 관절 연골의 손상을 동반한다. 원인은 박테리아 또는 바이러스 감염, 관절 손상, 대사성 문제 또는 심각한 신체적 스트레스일 수 있다.

골관절염 또는 **퇴행성 관절염**(*degenerative arthritis*)이나 **퇴행성 관절 질환**(*degenerative joint disease*)은 관절염의 가장 흔한 형태이다. 일반적으로 60세 이상의 사람에게 영향을 미친다. 관절 표면의 마모 또는 콜라겐 형성에 영향을 미치는 유전적 요인으로 인해 발생할 수 있다. 미국에서는 60세 이상 여성의 25%와 남성의 15%가 이 질병의 징후를 보인다.

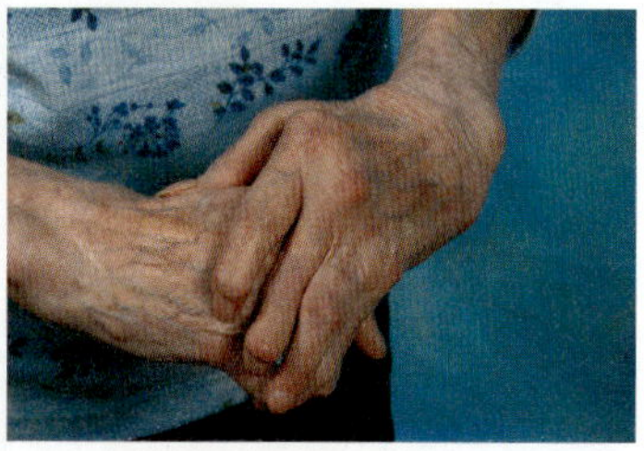

류마티스 관절염은 성인 인구의 약 0.5~1%에게 영향을 미치는 염증성 질환이다. 면역 반응이 실수로 관절 조직을 공격할 때 일부에 발생한다. 알레르기, 세균, 바이러스 및 유전적 요인은 모두 파괴적인 염증에 발생에 기여하는 것으로 제시되었다.

사용하지만 해부학자들은 움직임의 유형과 윤활관절의 유형을 설명하기 위해 더 정확한 언어를 사용한다.

윤활관절의 움직임 유형

Types of Movements at Synovial Joints

미끄럼 Gliding

미끄럼(gliding)에서는 두 개의 반대 표면이 서로에게 미끄러진다. 미끄럼은 관절형 손목뼈와 관절형 발목뼈 사이, 빗장뼈와 복장뼈 사이에서 발생한다. 움직임은 미미하지만 거의 모든 방향에서 발생할 수 있다. 관절주머니와 인대는 일반적으로 회전을 방지한다.

각운동 Angular Movement

각 운동에는 **굽힘, 폄, 모음, 벌림** 및 **휘돌림**이 포함된다. 각 동작에 대한 설명은 해부학적 위치에 있는 개별 운동을 나타낸다.

굽힘(flexion)은 관절 뼈 사이의 각도를 감소시키는 앞뒤 또는 시상면에서의 움직임이다(그림 6-47a). **폄(extension)**은 동일한 평면에서 발생하지만 관절 뼈 사이의 각도를 증가시킨다. 어깨 관절이나 엉덩관절의 굽힘은 팔다리를 앞으로움직인다. 폄은 팔다리를 뒤로 움직인다. 손목 관절의 굽힘은 손을 앞으로 움직이고 폄은 뒤로 움직인다.

굽힘과 폄은 일반적으로 긴 뼈의 움직임을 설명하지만 몸통뼈대의 움직임에도 사용된다. 예를 들어, 머리를 가슴 쪽으로 구부리면 목의 척추간 관절이 구부러진다. 허리를 구부려 발가락에 닿으면 척추 전체를 구부린다. 폄은 이러한 움직임을 반대로 한다. 이러한 예시에서 폄은 신체의 움직임이 해부학적 위치를 지나 계속될 수 있다. 이러한 경우 **젖힘(hyperextension)**이 발생한다. 천장을 바라볼 때 목을 과다하게 편다. 인대, 뼈돌기 또는 연조직은 다른 관절의 젖힘을 방지한다.

벌림(abduction)은 평면의 정면에서 신체의 세로 축에서 멀어지는 움직임이다. 예를 들어, 팔을 옆으로 움직이는 것은 팔다리의 벌림이다(그림 6-47b). 다시 해부학적 위치로 옮기는 것이 **모음(adduction)**이다. 손목의 모음은 손꿈치를 몸쪽으로 움직이고 벌림은 더 먼쪽으로 움직인다. 손가락이나 발가락을 벌리면 그림 6-47c와 같이 가운데 손가락(또는 발가락)에서 멀어지기 때문에 벌림이 된다. 손가락이나 발가락을 모으는 것은 모음이다. 벌림 및 모음은 항상 몸통뼈대의 이동이 아니라 부속기 뼈대의 이동에 적용된다.

휘돌림(circumduction)은 각운동의 또 다른 유형이다. 예를 들어, 칠판에 큰 원을 그릴 때와 같이 팔을 고리 모양으로 움직이는 것이다(그림 6-47d).

회전 Rotation

회전(rotation)은 신체 또는 팔다리의 세로축을 중심으로 도는 것을 포함한다(그림 6-48). 예를 들어, 머리를 돌려 한쪽을 바라보거나 팔을 돌려 전구를 끼울 수 있다.

노뼈와 자뼈 사이의 관절은 자뼈의 앞면을 가로질러 노뼈의 말단부가 돌 수 있도록 한다. 이 회전은 손목과 손을 손바닥이 앞면을 향하다가 손바닥이 뒷면으로 향하도록 이동한다. 이 동작을 **엎침(pronation)**이라고 한다(그림 6-48b). 손바닥을 앞으로 돌리는 반대 동작을 **뒤침(supination)**이라고 한다.

그림 6-47 각 운동. 빨간색 점은 그림에 표시된 움직임과 관련된 관절의 위치를 표시한다.

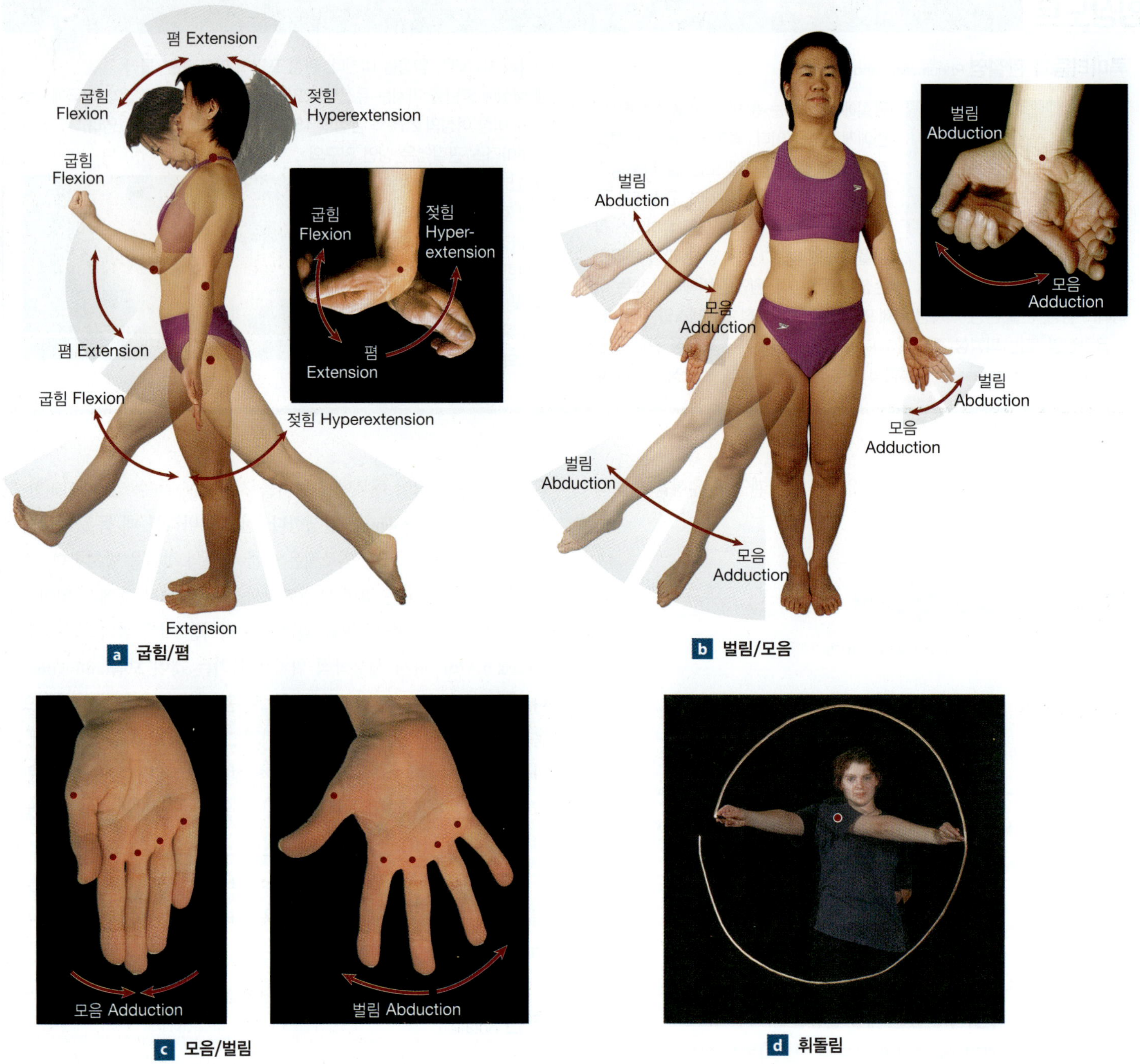

특수 운동 Special Movements

일부 특정 용어는 비정상적이거나 특별한 유형의 움직임을 설명한다 (그림 6-49).

- **안쪽번짐(inversion)**은 발바닥을 안쪽으로 돌리는 발의 비틀림 동작으로 발바닥의 안쪽 가장자리를 들어 올린다. 반대 운동을 **가쪽번짐(eversion)**이라고 한다.
- **발등굽힘(dorsiflexion)**은 발꿈치를 파낼 때와 같이 발목관절의 굴곡과 발바닥이 상승하는 것이다. **발바닥쪽굽힘(plantar flexion)**은 발끝으로 서 있을 때와 같이 발목 관절의 폄과 발뒤꿈치의 상승이다.
- **맞섬(opposition)**은 엄지손가락이 손바닥이나 손가락 끝을 향하여 움직이는 것이다. 물체를 잡을 수 있다. **물러섬(reposition)**은 반대 측에서 엄지손가락을 돌려보낸다.
- **내밈(protraction)**은 수평면에서 신체의 일부를 앞쪽으로 움직일 때

그림 6-48 회전 운동.

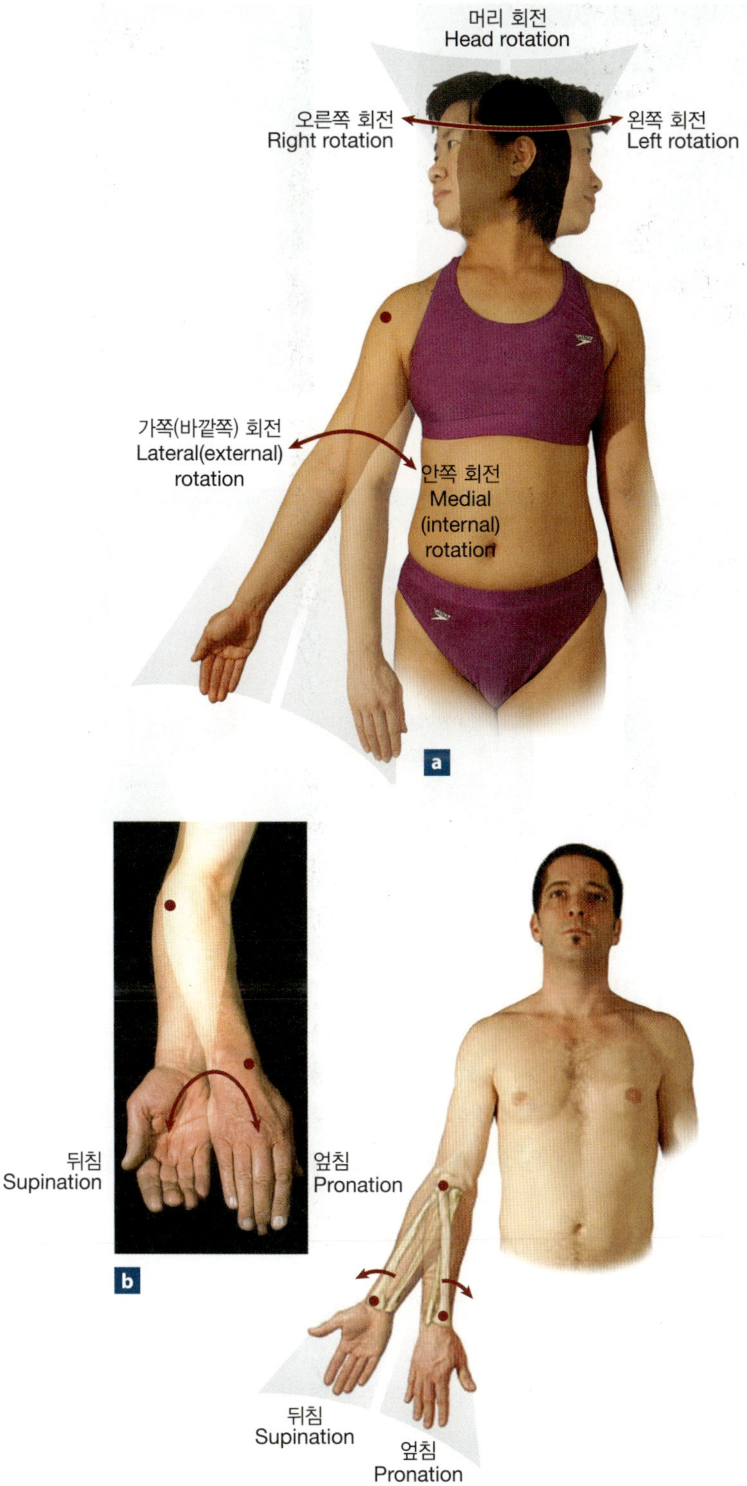

발생한다. **들임(retraction)**은 반대방향 운동이다. 아래 이빨로 윗입술을 잡을 때 턱이 앞으로 나오고 팔을 교차할 때 빗장뼈가 늘어난다.

- **올림**과 **내림(elevation** and **depression)**은 구조물이 위아래 방향으로 움직일 때 각각 일어난다. 입을 벌릴 때 아래턱이 내려오고 닫을 때 아래턱이 올라간다.
- **가쪽굽힘(lateral flexion)**은 척추가 옆으로 구부러질 때 발생한다.

윤활관절의 유형 Types of Synovial Joints

관절면의 모양에 따라 해부학자는 윤활관절을 미끄럼(*gliding*), 접번(*hinge*), 과두(*condylar*), 안장(*saddle*), 피벗(*pivot*) 또는 볼 및 소켓 관절(*ball-and-socket joints*)로 설명한다. 관절의 각 유형별로 다른 유형이며, 다른 가동 범위를 허용한다. **집중 조명 그림 6-50**은 각 관절이 허용하는 움직임의 범주와 유형을 나열한다.

체크포인트

39. 다음 각 동작 유형에 적절한 용어를 지정하시오. (a) 위팔뼈를 신체의 세로축에서 멀리 이동, (b) 손바닥을 앞으로 향하도록 돌리기, (c) 팔꿈치를 구부리기.
40. 경첩관절과 관련된 움직임은 무엇인가?

책 뒷면에 있는 파란색 정답 탭을 참조.

6-11 척추관절과 부속관절은 지지와 가동성의 기능적 차이를 보여준다

학습목표 대표적인 축관절과 팔다리관절의 관절 구조와 가동성의 관계를 설명한다.

이 부분에서는 중요한 기능 원리를 보여주는 관절의 예를 설명한다.

척추사이관절 Intervertebral Articulations

축에서 엉치뼈까지 척추뼈는 두 가지 방식으로 서로 관절을 연결한다. (1) 관절돌기와 관절돌기 사이의 미끄럼관절(움직관절), (2) 척추뼈몸통 사이의 관절(좀움직임관절) (**그림 6-51**). 인접한 척추의 위쪽 관절돌기와 아래쪽 관절돌기 사이의 관절은 척추의 굽힘 및 회전 운동을 하는 동안 작은 움직임을 허용한다. 인접한 척추뼈몸통 사이에는 약간의 미끄럼이 발생한다.

첫 번째 목뼈를 제외하고 척추뼈는 **척추사이원반(intervertebral disc)**이라는 패드에 의해 분리되고 완충된다. 각 척추사이원반은 섬유연골의 단단한 바깥층을 가지고 있다. 그 층의 콜라겐 섬유는 척추사이원반을 인접한 척추에 부착한다. 섬유연골은 부드럽고 탄력 있고 젤라틴 같은 척추사이원반 중심을 둘러싸고 있다. 척추사이원반 중심은

그림 6-49 특별한 움직임.

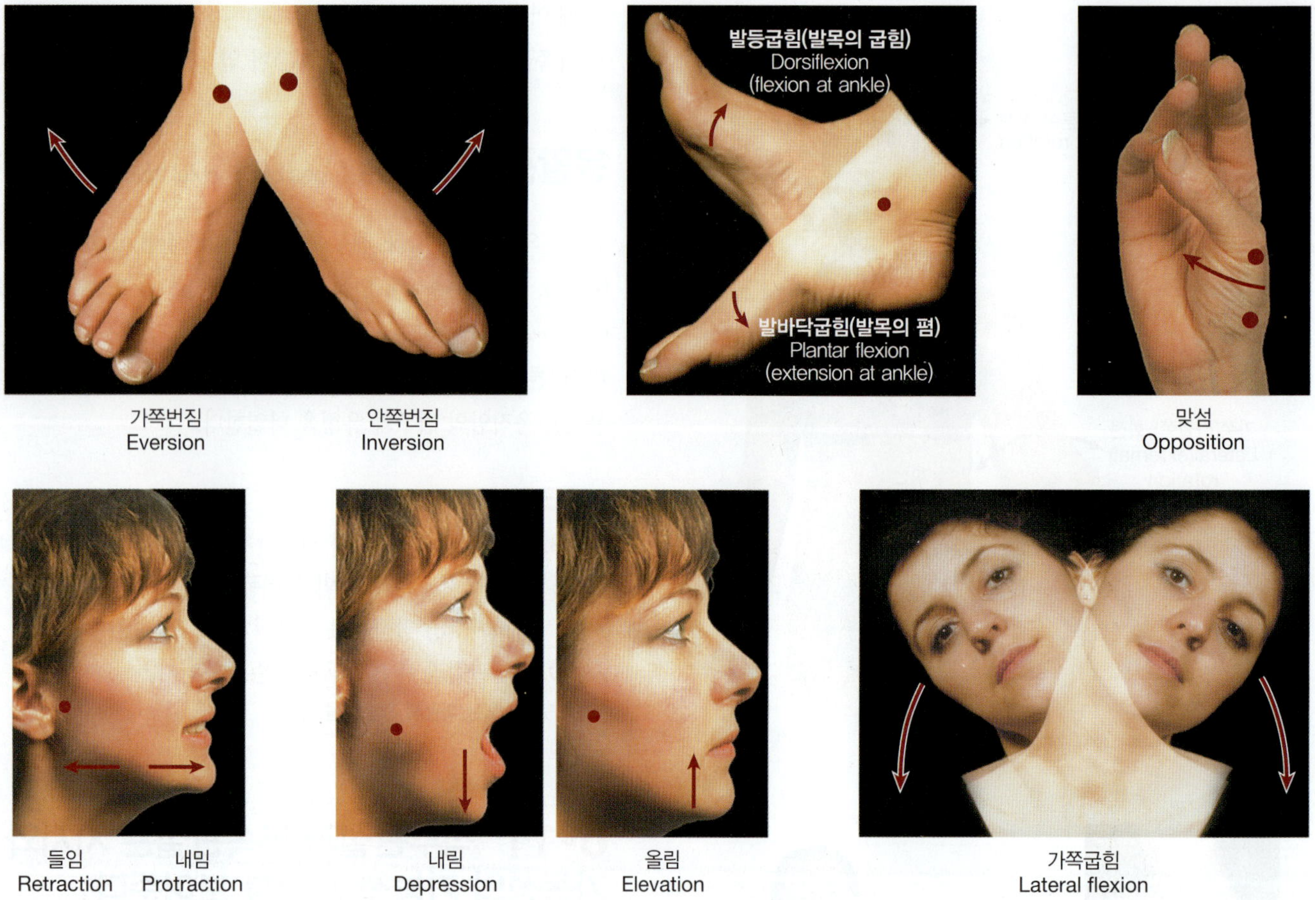

척추사이원반에 탄력을 주고 스트레스를 받을 때 척추사이원반이 압박을 받거나 비틀릴 때 완충기 역할을 한다. 이 탄력성은 척추를 손상시키거나 척수와 뇌를 흔들 수 있는 뼈대 뼈 접촉을 방지한다.

물리으로 성인이 된 직후, 각 척추사이원반 내의 젤라틴 덩어리가 퇴화하기 시작하고 "쿠션" 효과가 감소된다. 같은 기간 동안 바깥쪽 섬유연골은 탄력을 잃는다. 스트레스가 크면 척추사이원반 덩어리가 주변 섬유 연골을 뚫고 척추사이 공간 너머로 돌출될 수 있다. **척추사이원반 탈출증**(*herniated disc*)이라고 하는 이 상태는 척추사이원반 기능을 더욱 감소시킨다. 척추사이원반이 실제로 미끄러지지는 않지만 척추사이원반 탈출증이라는 용어는 종종 이 문제를 설명하는 데 사용된다.

척추사이원반은 개인의 키에 상당한 기여를 한다. 그들은 엉치뼈 위의 척추 길이의 약 1/4을 차지한다. 나이가 들어감에 따라 각 척추사이원반의 수분 함량은 감소한다. 이러한 수분의 손실은 척추가 짧아지게 하여 나이가 들어감에 따라 키가 감소하는 특징을 설명한다.

팔의 관절 Articulations of the Upper Limb

어깨, 팔꿈치 및 손목이 함께 작동하여 정확하고 제어된 움직임을 수행하는 손의 위치를 지정한다. 어깨는 가동성이 뛰어나고, 팔꿈치는 힘이 강하고, 손목은 손바닥과 손가락의 방향을 미세하게 조절한다.

어깨관절 The Shoulder Joint

어깨관절은 신체의 모든 관절의 가장 큰 가동 범위를 허용한다. 가장 많이 탈구되는 관절이기도 하기 때문에 가동성을 얻기 위해서는 안정성을 포기해야 한다는 원리를 보여주고 있다.

어깨 관절은 볼과 소켓 관절이다(**그림 6-52**). 상대적으로 느슨한 관절주머니는 어깨뼈 목에서 위팔뼈까지 뻗어 있다. 무척 큰 이 관절주머니는 광범위한 가동 범위를 허용한다.

어깨의 윤활주머니는 다른 관절과 마찬가지로 큰 근육과 힘줄이 관절주머니를 가로질러 지나가는 마찰을 감소한다. 어깨의 윤활주머니는 특히 크고 많다. 여러 개의 윤활주머니가 어깨뼈의 돌기 및 큰 어깨 근육과 관련되어 있다. 이러한 윤활주머니의 염증(**윤활주머니염**

집중 조명 그림 6-50 윤활관절(SYNOVIAL JOINTS)

윤활관절은 관절면의 모양에 따라 활주, 접번, 과두, 안장, 피벗 또는 볼 및 소켓 관절로 설명한다. 관절의 각 유형별로 다른 유형이며, 다른 가동 범위를 허용한다.

미끄럼관절 Gliding joint

미끄럼관절은 서로 미끄러지는 평평하거나 약간 구부러진 표면을 가지고 있지만 움직임의 양은 매우 미미하다.

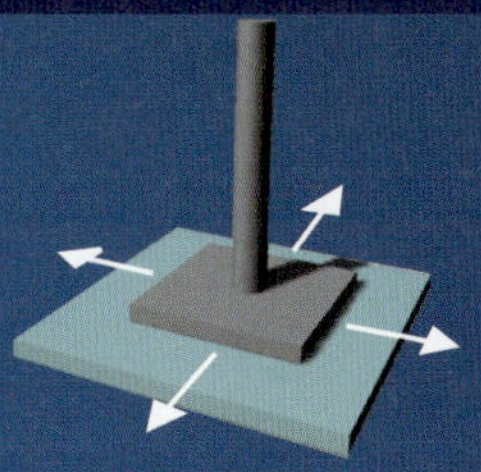

움직임:

단일 평면에서 여러 방향

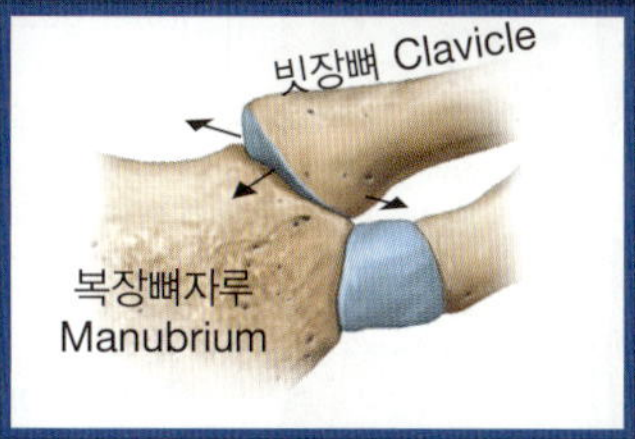

예시:

- 빗장뼈 양쪽 끝의 관절
- 손목뼈, 발목뼈, 인접 척추뼈의 관절면 사이의 관절
- 엉치뼈와 엉덩뼈의 관절

경첩관절 Hinge joint

접번관절은 문을 열고 닫는 것과 같이 단일 평면에서 각 운동을 허용한다.

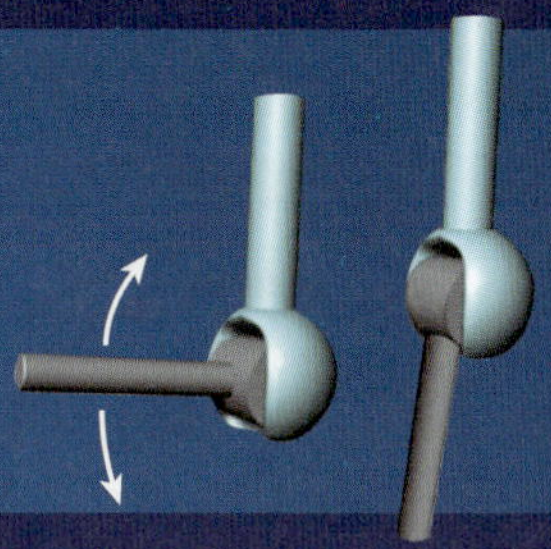

움직임:

단일 평면에서 각 운동

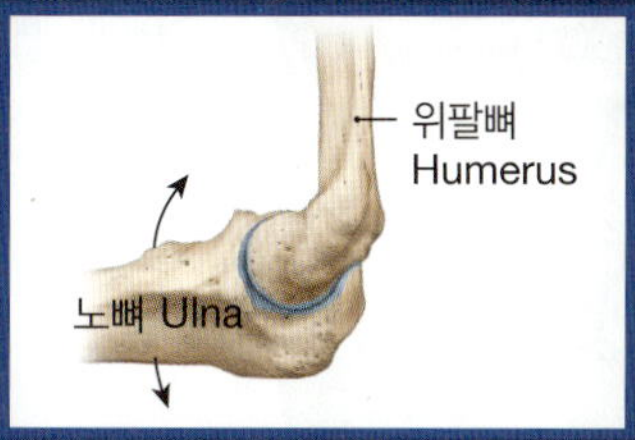

예시:

- 팔꿈치, 무릎, 발목, 손가락 또는 발가락 사이의 관절

융기관절 Condylar joint

융기관절은 반대쪽 표면의 오목한 부위 안에 자리 잡은 타원형 관절면을 가지고 있다.

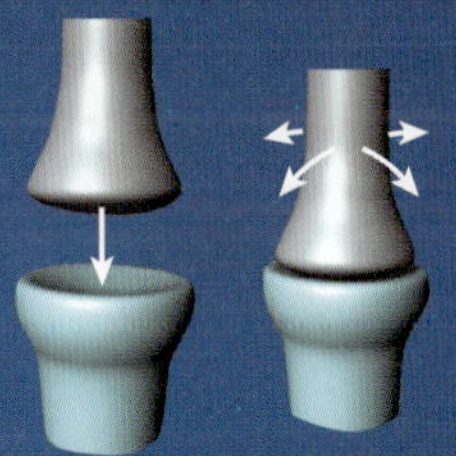

움직임:

두 평면의 각

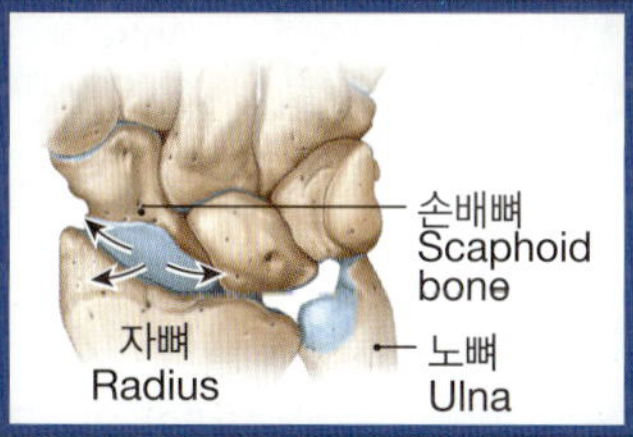

예시:

- 노뼈와 몸쪽 손목 뼈 사이의 관절
- 손허리뼈기 있는 손가락뼈 사이의 관절
- 발가락뼈와 발허리뼈 사이의 관절

안장관절 Saddle joint

안장관절에는 안장을 탄 라이더처럼 서로 맞는 관절면이 있다. 각 면은 한 축을 따라 오목하고 다른 축을 따라 볼록하다.

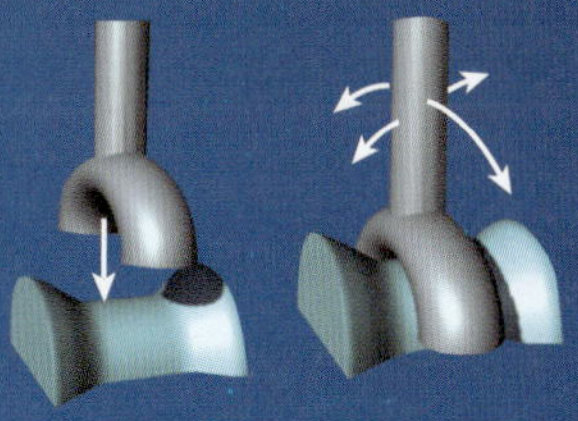

움직임:

두 평면의 각과 휘돌림

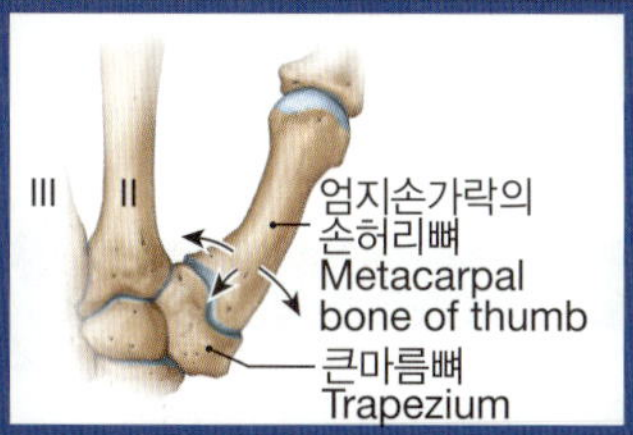

예시:

- 엄지손가락 아래쪽의 손허리관절

중쇠관절 Pivot joint

중쇠관절은 회전만 허용한다.

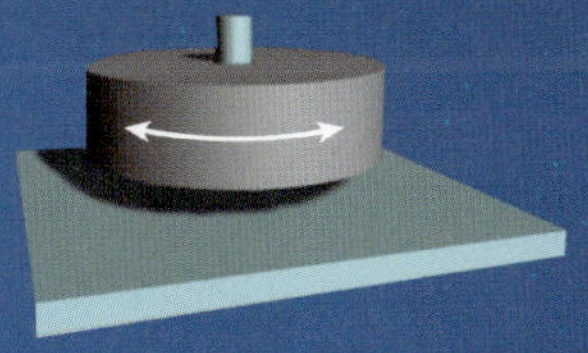

움직임:

단일 평면에서의 회전

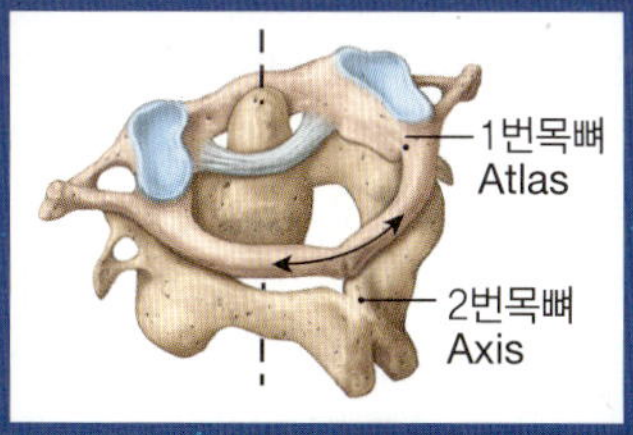

예시:

- 1번목뼈와 2번목뼈 사이의 관절
- 노뼈의 머리와 자뼈의 몸쪽 사이의 관절

절구관절 Ball-and-socket joint

절구관절에서 한 뼈의 둥근 머리는 다른 뼈의 컵 모양 오목한 부분 안에 있다.

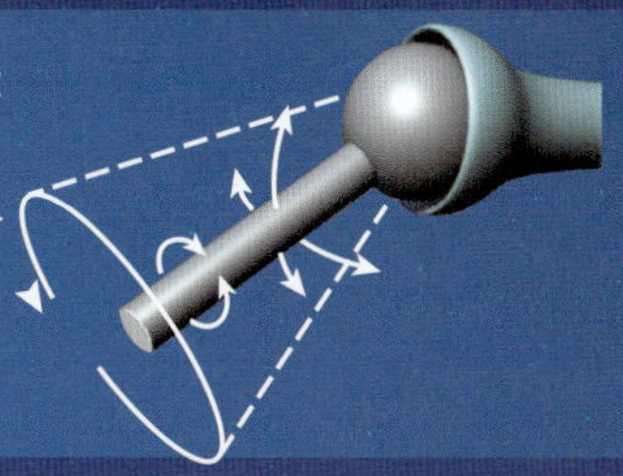

움직임:

각, 회전 및 휘돌림

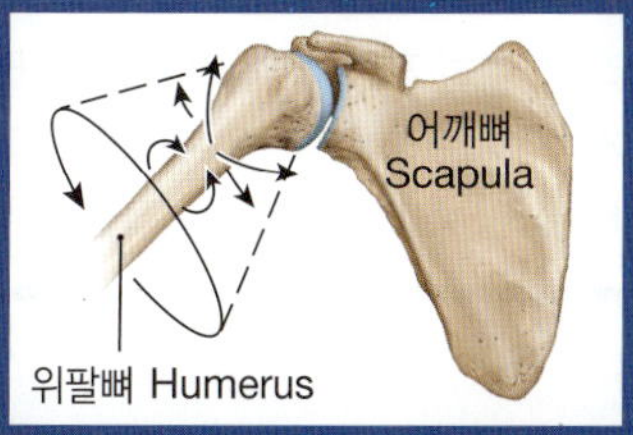

예시:

- 어깨관절과 엉덩관절

6

그림 6-51 척추사이관절.

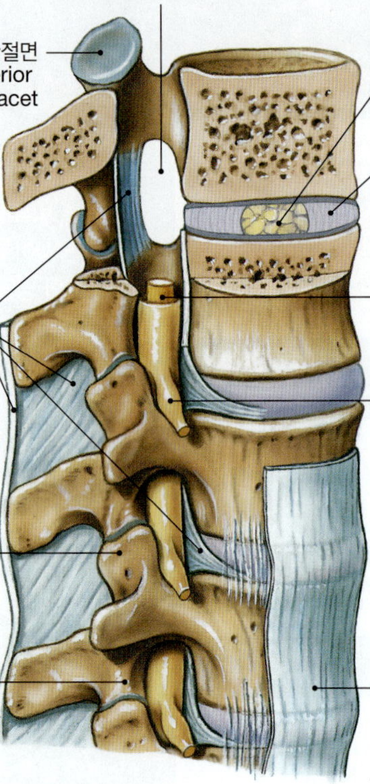

그림 6-52 어깨관절. 오른쪽 어깨관절의 구조는 이 정면 단면도에서 볼 수 있다.

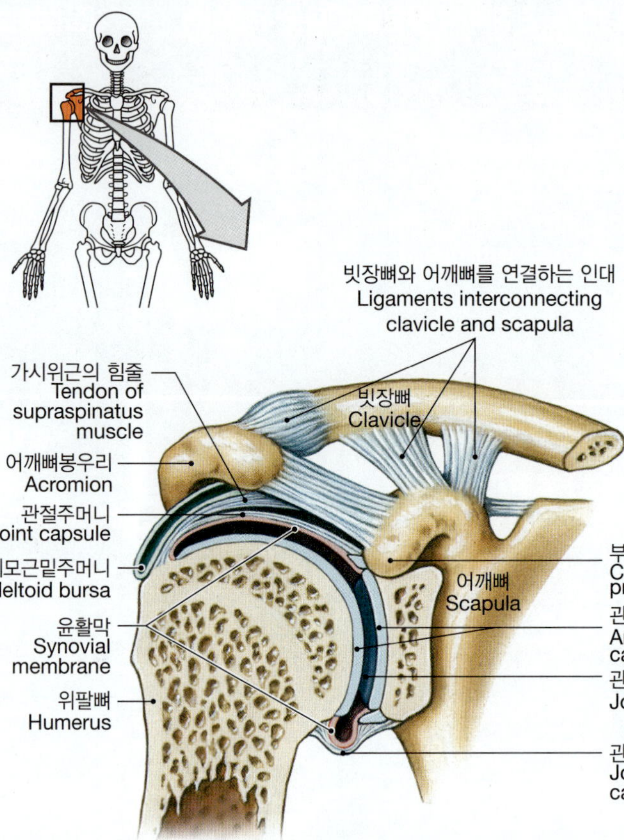

[*bursitis*]이라고 함)은 운동을 제한하고 통증을 유발할 수 있다.

위팔뼈를 움직이는 근육은 어깨 관절의 모든 인대와 관절주머니 섬유를 합친 것보다 어깨 관절을 안정화시키는 데 더 많은 일을 한다. 몸통, 어깨띠, 위팔뼈에서 시작되는 강력한 근육은 관절주머니의 앞, 위, 뒤 표면을 덮는다. 이 근육은 광범위한 운동 범위를 통해 팔을 휘두르는 근육 그룹인 돌림근띠(*rotator cuff*)를 형성한다.

임상노트

탈구 Dislocations

외상으로 인한 관절의 파열 또는 관절의 위치변화를 **탈구**(*dislocation*)라고 한다. 관절이 탈구되기 위해서는 관절주머니와 인대의 연조직이 정상적인 운동 범위를 넘어서 확장되어야 한다. 종종 인대가 찢어져 관절의 뼈가 분리된다. 관련된 연조직 손상으로 인해, 팔다리로 이어지는 신경과 동맥이 관절에 아주 가깝게 지나가고 압박되거나 찢어질 수 있기 때문에 탈구로 인해 영향을 받는 팔다리의 마비가 발생할 수 있다.

탈구는 손가락, 팔꿈치, 어깨, 엉덩이, 무릎 및 발가락에 흔하다. 종종 탈구와 함께 손상을 입을 때에 골절이 발생한다.

척추관절은 탈구의 위험이 있으며, 특히 자동차 및 오토바이 충돌, 스키 손상 및 다이빙 손상과 같은 고에너지 사고에서 탈구의 위험이 있다. 척수 탈구는 탈구가 발생할 때 척수가 손상될 수 있으므로 치명적일 수 있다.

팔꿉관절 The Elbow Joint

팔꿉관절은 위팔뼈와 자뼈 사이, 위팔뼈과 노뼈 사이의 두 가지 관절로 구성된다(**그림 6-53**). 더 크고 강한 관절은 위팔뼈와 자뼈 사이에 있다. 이 경첩관절은 안정성을 제공하고 팔꿈치 관절의 움직임을 제한한다.

팔꿉관절은 (1) 위팔뼈와 자뼈의 뼈 표면이 맞물리고, (2) 관절 피막이 매우 두껍고, (3) 관절주머니가 강한 인대로 강화되어 있기 때문에 매우 안정적이다. 그럼에도 불구하고 심한 충격이나 비정상적인 힘의 작용은 관절을 손상시킬 수 있다. 팔꿈치를 부분적으로 구부린 상태에서 손으로 넘어지면 팔꿈치를 펴는 근육의 수축으로 도르래패임 중앙의 자뼈가 부러질 수 있다.

그림 6-53 **팔꿈치관절.** 이 세로 단면은 오른쪽 팔꿈치관절의 해부학적 구조를 보여준다.

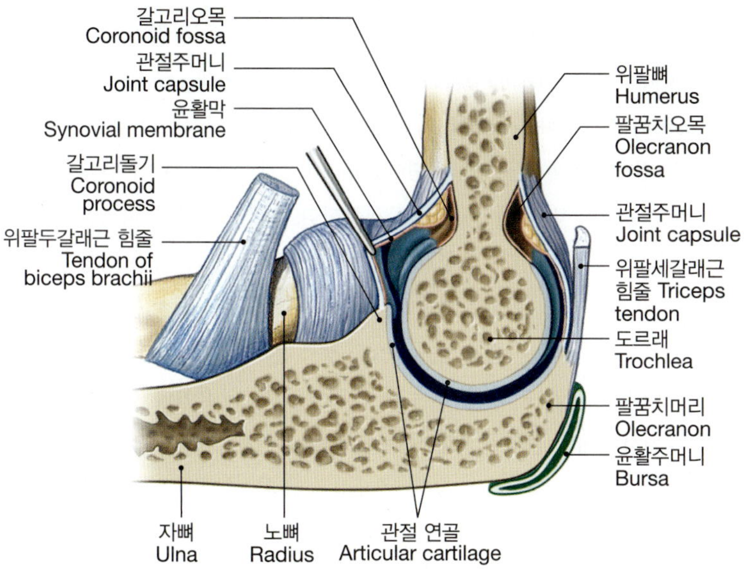

그림 6-54 **엉덩관절.**

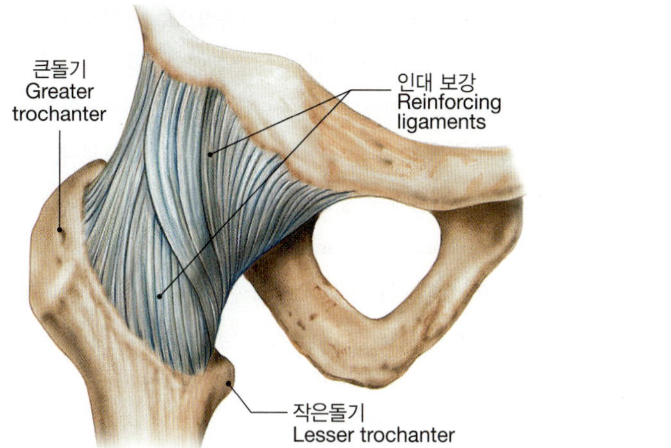

a 엉덩관절은 부분적으로 거대한 관절주머니와 주변 인대로 인해 매우 강하고 안정적이다.

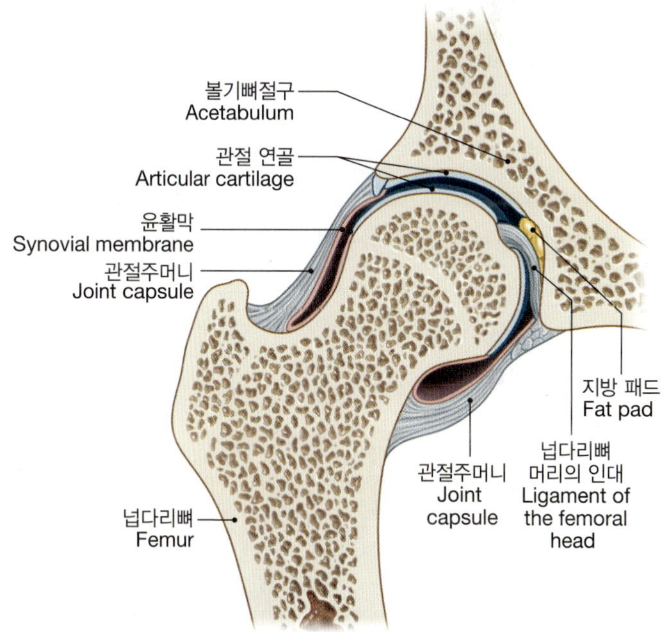

b 오른쪽 엉덩관절의 이 단면도는 관절의 구조와 넙다리뼈 머리 인대의 위치를 보여준다.

다리의 관절 Articulations of the Lower Limb

엉덩관절, 발목 및 발의 관절은 팔의 해당 위치에 비해 견고하고 가동 범위가 더 작다. 무릎은 팔꿈치와 비슷한 운동 범위를 갖지만 팔꿈치보다 훨씬 더 큰 힘을 받는다. 이러한 이유로 덜 안정적이다.

엉덩관절 The Hip Joint

엉덩관절은 절구관절이며, 움직관절이다(**그림 6-54**). 뼈절구의 관절면은 가장자리를 따라 섬유연골 패드, 중앙 부분에서 윤활막으로 덮인 지방덩이 및 중앙, 피막안쪽 인대가 있다. 이 구조적 조합은 압박에 저항하고 충격을 흡수하며 손상 없이 늘어나고 변형된다.

엉덩관절의 관절주머니는 어깨보다 조밀하고 강하다. 그것은 골반대의 옆쪽 및 아래쪽 표면에서 넙다리뼈까지 연장되며 넙다리뼈 머리와 목을 모두 둘러싸고 있다. 이 배열은 뼈머리가 볼기뼈절구에서 멀어지는 것을 방지하는 데 도움이 된다. 3개의 넓은 인대가 관절주머니를 강화하는 반면, 네 번째 인대인 **넙다리뼈머리인대**(*ligament of the femoral head*)는 볼기뼈절구 내부에 있으며 넙다리뼈 머리 중앙에 부착된다. 추가적인 안정화는 대부분의 주변 근육에서 비롯된다.

거의 완전한 형태의 뼈절구와 강력한 관절주머니, 지지 인대 및 근육 패딩의 조합은 이 관절을 매우 안정적인 관절로 만든다. 그러나 이 볼-소켓 조인트는 뼈몸통을 따라 무게 분포에 맞춰 직접 조절되지 않는다. 결과적으로 **엉덩관절 골절**(*hip fracture*, 넙다리뼈 목 또는 머리뼈 위쪽 돌기 사이의 골절)은 실제로 **엉덩관절 탈구**(*hip dislocation*, 관절 표면이 제자리에서 벗어나게 됨)보다 더 일반적이다. 굽힘, 폄, 모음, 벌림 및 회전이 허용되지만 전체 가동 범위는 어깨보다 상당히 작다. 굽힘은 가장 중요한 정상적인 엉덩관절 움직임이며 굽힘의 범위는 주로 주변 근육에 의해 제한된다. 다른 운동 방향은 인대와 관절주머니에 의해 제한된다.

무릎관절 The Knee Joint

엉덩관절은 넙다리뼈에 체중을 전달하고, 무릎 관절에서 넙다리뼈 체중을 정강뼈로 전달한다. 무릎은 접번 관절 역할을 하지만 관절은 팔꿈치나 발목보다 훨씬 더 복잡하다. 넙다리뼈의 뼈끝의 둥근 돌기는 정강뼈의 위쪽을 가로질러 돌기때문에 접촉점이 지속적으로 변경된다.

구조적으로 무릎은 세 개의 개별 관절을 결합한다. 넙다리뼈와 정강뼈 사이에는 2개(안쪽 둥근돌기에서 안쪽 둥근돌기, 바깥쪽 둥근돌기에서 바깥쪽 둥근돌기)와 무릎뼈와 넙다리뼈 사이에 1개가 있다. 하나로 통합된 관절주머니는 없으며 공통된 윤활공간도 없다. 섬유 연골 패드 한 쌍, **안쪽** 및 **가쪽반달(medial** and **lateral meniscus)**, 넙다리뼈 표면과 정강이뼈 표면 사이에 놓여 있다(그림 6-55b). 패드는 쿠션 역할을 하며 넙다리뼈 위치가 변경됨에 따라 관절 표면의 모양과 일치한다. 지방 패드는 관절 가장자리 주위에 패딩을 제공하고 무릎뼈와 다른 조직 사이의 마찰을 줄이는 데 윤활주머니를 돕는다.

인대는 이 관절의 앞쪽, 뒤쪽, 안쪽 및 옆쪽을 안정화한다. 무릎의 완전탈구는 극히 드문 경우이다. 무릎을 펴는 역할을 하는 근육의 힘줄은 관절의 앞쪽 표면을 지난다. 무릎뼈는 이 힘줄 안에 있으며 **무릎인대(patellar ligament)**는 정강뼈 앞쪽 표면에 계속 붙어 있다(그림 6-55). 이 인대는 무릎관절의 앞쪽을 지지한다. 넙다리뼈와 정강뼈 및 종아리뼈의 머리 사이의 뒤쪽 인대는 무릎관절의 뒤쪽을 강화한다. 가쪽곁인대(*lateral collateral ligament*)라고도 하는 **종아리뼈 옆쪽 인대**(*fibular collateral ligament*)는 무릎관절의 바깥쪽 표면을 강화한다. 안쪽곁인대(*medial collateral ligament, MCL*)라고도 하는 **정강뼈 옆쪽 인대**(*tibial collateral ligament*)는 무릎 관절의 안쪽 표면을 강화한다. 함께 완전히 확장된 상태에서 관절을 안정화한다.

관절주머니 안쪽에 추가 인대가 있다(그림 6-55b). 관절 안에서 **앞십자인대**(*anterior cruciate ligament, ACL*)와 **뒤십자인대**(*posterior cruciate ligament*)는 정강뼈를 넙다리뼈에 부착할 때 서로 교차한다. (십자가라는 용어는 십자가를 의미하는 라틴어 단어 *criticalis*에서 파생된다.) 이 인대는 넙다리뼈의 앞쪽 및 뒤쪽 움직임을 제한한다. 앞십자인대의 파열은 일반적인 스포츠 부상이다. 남성보다 여성에게 2~5배 더 자주 영향을 미친다. 앞십자인대 손상은 체중 부하가 확장된 무릎을 비틀어서 자주 발생한다. 이 동작은 축구, 농구, 스키에서 흔히 볼 수 있다. 축구 태클이나 플라잉 하키 퍽과 같이 무릎 측면에 강한 타격이나 힘이 가해지면 앞십자인대와 안쪽곁인대 모두 손상될 수 있다.

체크포인트

41. 테니스 선수나 조깅하는 사람이 어깨세모근밑 주머니의 염증을 일으킬 가능성이 더 높은가? 더 높다면 이유는 무엇인가?
42. 다프네는 팔꿈치를 약간 구부린 채 손바닥을 짚으면서 넘어졌다. 넘어진 후, 그녀는 왼쪽 팔꿈치를 움직일 수 없다. 만약 골절이 발생하였다면, 가장 가능성이 높은 골절부위는 어디인가?
43. 무릎관절의 완전한 탈구발생 빈도가 낮은 이유는 무엇인가?

책 뒷면에 있는 파란색 정답 탭을 참조.

그림 6-55 무릎관절.

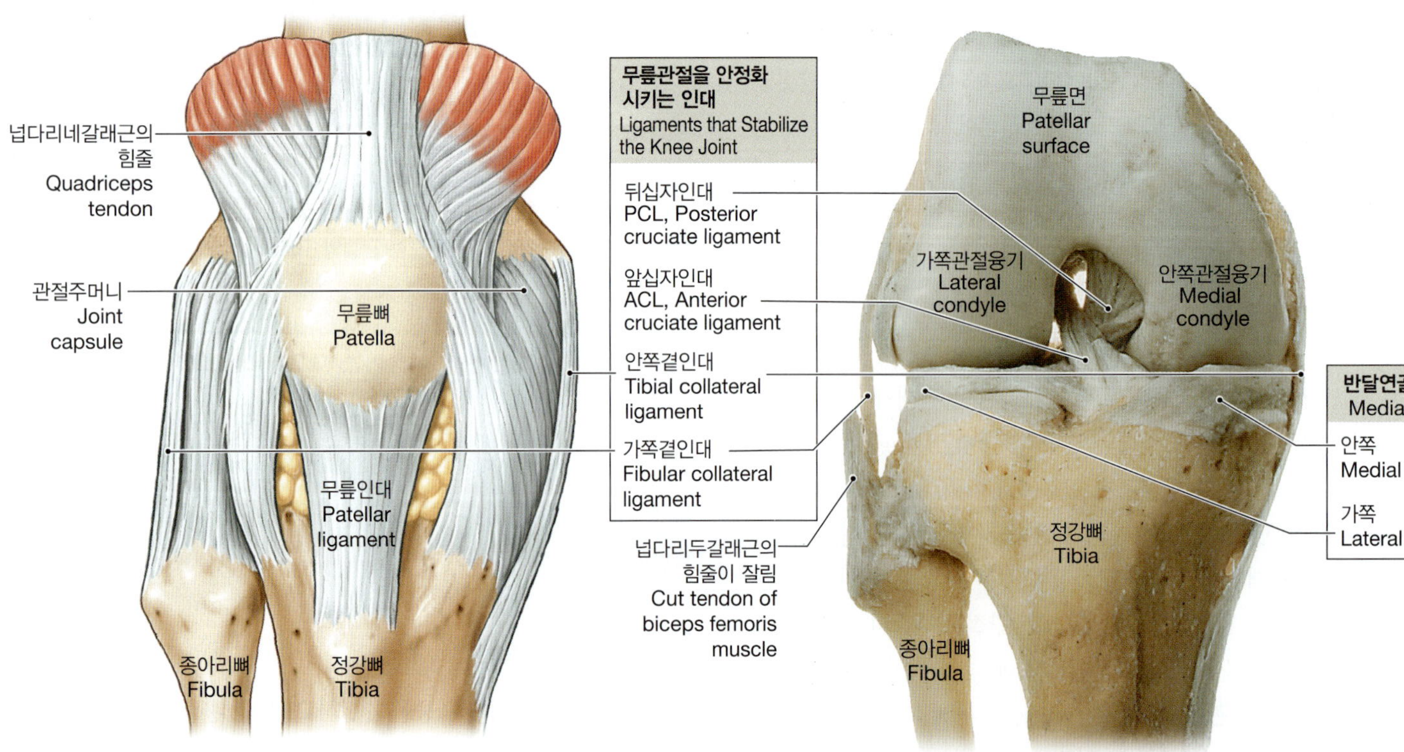

a 무릎관절 얕은층의 구조물을 앞에서 본 모습

b 무릎관절 깊은층의 구조물을 앞에서 본 모습, 굽힘 상태

6-12 뼈대계통은 다른 신체계통을 위한 에너지와 무기질을 지원하고 저장한다

학습목표 뼈대계통과 다른 신체계통 간의 상호작용을 설명한다.

뼈는 비활성인 것처럼 보일 수 있지만, 지금 우리는 뼈가 매우 역동적이라는 것을 알 수 있다. 뼈는 지속적으로 재형성을 하고 있다. 뼈 형성과 뼈 재활용 사이의 균형은 뼈대계통과 다른 신체계통 간의 상호작용을 포함한다. 뼈는 근육의 부착부위를 제공한다. 뼈는 심혈관 및 림프계통과 광범위하게 상호 연결되어 있다. 그것들은 주로 내분비계통에 의한 생리학적 조절이 이루어진다. 소화계통 및 비뇨계통은 뼈 성장을 위한 칼슘과 인산염 무기질을 제공한다.

체크포인트

44. 뼈대계통과 피부계통 사이의 기능적 관계를 설명하시오.

책 뒷면에 있는 파란색 정답 탭을 참조.

지식 쌓기

지금까지 제시된 내용들을 볼 때에 뼈대계통이 다른 신체계통과 어떻게 통합되는가. **p. 204**에서 뼈대계통과 외피계통 사이의 주요 기능적 관계를 검토한다.

6

관련 임상 용어

관절굳음증, 관절강직증(ankylosis): 외상과 관절 내 마찰에 대한 반응으로 관절 뼈 사이의 비정상적인 융합.

관절경 검사(arthroscopy): 육안 검사를 위해 광섬유와 작은 카메라(관절경)가 들어 있는 좁은 관을 관절에 직접 삽입.

거인증(gigantism): 사춘기 이전에 성장 호르몬이 과도하게 생산되어 극도로 키가 큰 상태.

탈구(luxation): 관절면이 강제로 제자리에서 이탈되는 상태.

정형외과학(orthopedics): 뼈와 관절 및 관련 근육, 힘줄, 인대의 장애와 관련된 외과의 한 분야.

골수염(osteomyelitis): 일반적으로 박테리아에 의해 발생하며, 뼈의 통증을 유발하는 감염.

척추갈림증, 이분척추(spina bifida): 발달 중 척추판의 결합 실패로 인한 선천적 결함. 일반적으로 뇌와 척수의 발달 이상과 관련이 있다.

삠, 염좌(sprain): 인대가 일부 콜라겐 섬유가 찢어지는 지점까지 늘어나는 상태. 인대는 기능을 유지하고 관절의 구조는 영향을 받지 않는다.

채찍질손상, 편다손상(whiplash): 갑작스러운 신체의 움직임이 발생하면서 목뼈에 발생하는 손상.

6

지식 쌓기
뼈대계통이 지금까지 제시된 다른 신체 계통과 어떻게 통합되는지 알아보자.

외피계통 Integumentary System

- 피부계통은 체온상승을 예방하고, 칼슘 및 인산염 이온 흡수를 위해 비타민 D_3를 합성하며 기본 뼈와 관절을 보호한다.
- 뼈대계통은 구조적으로 피부를 지지한다.

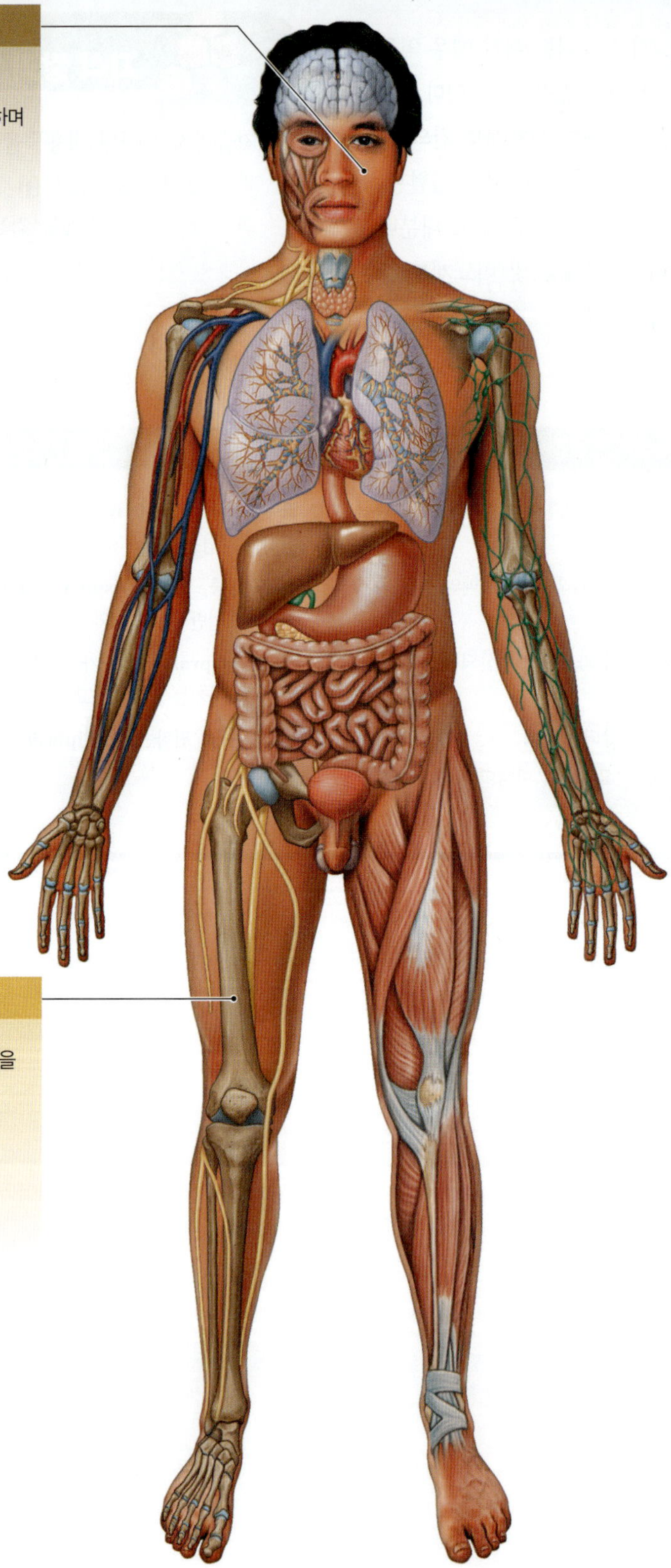

뼈대계통 Skeletal System

뼈대계통은 인체에서 기본적인 다섯 가지 기능을 수행한다.

- 신체를 구조적으로 지지한다.
- 다른 계통의 여러 가지 기능에 필요한 칼슘, 인산염 및 기타 무기질을 저장하고 에너지원으로 지질을 저장한다.
- 적혈구 및 기타 혈액 구성요소를 생성한다.
- 많은 연조직과 기관을 보호한다.
- 뼈대근육에 의한 움직임에 영향을 미친다.

6 복습

요약

뼈대계통 소개 p. 156

1. 뼈대계통의 구성요소는 신체 자세조절을 위한 틀을 제공하는 등 다양한 목적을 가지고 있고, 정확한 움직임이 가능하다.

6-1 뼈대계통은 5가지 주요 기능을 한다 p. 156

2. 뼈대계통에는 뼈대와 연골, 인대 및 뼈를 고정시키거나 서로 연결하는 결합조직이 포함된다. 그 기능에는 구조적 지지, 무기질 및 지질 저장, 혈액 세포 생성, 보호 및 활용이 포함된다.

6-2 뼈는 형태와 구조에 따라 분류된다 p. 156

3. **뼈** 또는 **골조직(bone**, or **osseous tissue)**은 단단한 매트릭스가 있는 지지 결합조직이다.
4. 뼈는 일반적으로 **긴 뼈**, **짧은 뼈**, **납작한 뼈**, **불규칙한 뼈(long bone, short bone, flat bone,** and **irregular bone)**로 분류한다(그림 6-1).
5. 긴 뼈의 특징에는 **뼈몸통(diaphysis)**, 2개의 **뼈끝(epiphysis)**, 중앙 뼈골수공간(*marrow cavity*)을 포함한다(그림 6-2).
6. 뼈 조직의 두 가지 유형은 **치밀뼈(compact bone)**와 **해면뼈(spongy bone)**이다.
7. 뼈는 **뼈막(periosteum)**으로 덮여 있고 **뼈내막(endosteum)**으로 둘러싸여 있다.
8. 두 종류의 뼈 조직 모두 골밀도에 **뼈세포(osteocyte)**가 포함되어 있다. 석회화된 기질의 층은 **소관(canaliculi)**으로 연결된 **얇은판(lamellae)**이다(그림 6-8a,b).
9. 치밀뼈의 기본 기능 단위는 **중심관(central canal)** 주위에 배열된 뼈세포를 포함하는 **뼈단위(osteon)**이다.
10. 해면뼈는 작은 **섬유성 기둥 구조(trabeculae)**를 포함하며, 종종 개방된 그물망 형태로 되어 있다.
11. 치밀뼈는 제한된 방향에서 하중이 가해질 때에 저항력이 작용하는 곳에 위치한다. 해면뼈는 저항력이 적게 작용하거나, 하중이 여러 방향에서 분산되어 가해지는 곳에 위치한다.
12. 뼈세포 이외의 세포도 뼈에 존재한다. **뼈모세포(osteoblast)**는 뼈되기 과정에서 그물망을 합성한다. **뼈파괴세포(osteoclast)**는 **뼈분해**(*osteolysis*) 또는 **재흡수**(*resorption*) 과정을 통해 뼈 그물망을 용해한다(그림 6-8c).

6-3 뼈발생과 덧붙이성장은 뼈 형성과 크기가 커지는 과정이다 p. 161

13. **뼈발생(ossification)**은 다른 조직을 뼈로 변환하는 과정이다.
14. **막속뼈되기(intramembranous ossification)**는 결합조직의 줄기세포가 조골 세포로 분화하여 해면질 또는 치밀한 뼈를 생성 할 때 시작된다(그림 6-10).
15. **연골속뼈되기(endochondral ossification)**는 점차적으로 연골이 뼈로 대체되는 연골 모델의 형성으로 시작된다. 이 과정에서 뼈의 길이도 증가한다(그림 6-9).
16. **덧붙이성장(appositional growth)**을 통해 뼈 직경이 증가한다(그림 6-11).
17. 뼈끝의 폐쇄시기는 뼈와 개인에 따라 다르다.
18. 정상적인 뼈되기에는 무기질, 비타민, 호르몬의 안정적인 공급원이 필요하다.

6-4 뼈 성장과 발달은 뼈 형성과 흡수 사이의 균형과 칼슘 활용도에 달려 있다 p. 166

19. 뼈의 유기물 및 무기물 성분은 **재형성(remodeling)** 과정을 통해 지속적으로 재활용 및 재생된다.
20. 뼈의 모양과 두께는 뼈에 가해지는 압축력을 반영한다. 무기질 회전율은 뼈가 새로운 스트레스에 적응할 수 있도록 한다.
21. 칼슘은 인체에서 가장 풍부한 무기질로 약 99%가 뼈대에 있다. 골격은 칼슘 저장고 역할을 한다.
22. **골절(fracture)**은 뼈가 갈라 지거나 부러지는 것이다. **폐쇄성(closed)** 골절은 피부 내부에서 일어난다. **개방성(open)** 골절은 피부를 통해 뼈조각이 돌출된다. 골절의 복구를 위하여 **골절혈종(fracture hematoma)**, **외부 애벌뼈(external callus)**, **내부 애벌뼈(internal callus)**이 형성된다(임상 메모: 골절 유형 및 복구 단계).

6-5 뼈감소증(osteopenia)은 노화된 골격 조직에 광범위한 영향을 미친다 p. 166

23. 노화가 뼈대에 미치는 영향에는 **뼈감소증(osteopenia)**과 **뼈엉성증(osteoporosis)**이 포함될 수 있다. .

6-6 뼈는 뼈 표지구조(bone markings)로 구별되며 두 개의 뼈대계통으로 구분한다 *p. 166*

24. **뼈 표지구조(bone marking)**는 특정 기능을 가진 골격 표면의 영역이다. 뼈대 표시를 사용하여 특정 골격을 설명하고 식별할 수 있다(그림 6-22).

25. **몸통뼈대(axial skeleton)**는 **머리뼈(skull)**와 관련된 뼈(귓속뼈 또는 **귀 뼈[auditory ossicles]**, **목뿔뼈[hyoid]** 포함)로 세분될 수 있다. 갈비뼈와 **복장뼈(ribs and sternum)** 및 가슴뼈로 구성된 **가슴우리(thoracic cage)**; 및 **척주(vertebral column)**(그림 6-23 및 6-24).

26. **팔다리뼈대(appendicular skeleton)**는 팔다리의 뼈와 **팔이음뼈(pectoral)**, **다리이음뼈(pelvic girdles)**를 포함한다.

6-7 머리뼈, 척주 및 가슴우리의 뼈가 몸통뼈대(axial skeleton)를 구성한다 *p. 172*

27. **머리뼈(cranium)**는 뇌를 둘러싸는 **머리뼈속공간(cranial cavity)**을 둘러싸고 있다.

28. **이마뼈(frontal bone)**는 **눈확(orbit)**의 이마 및 상부 표면을 형성한다(그림 6-25~6-27).

29. **마루뼈(parietal bones)**는 머리뼈의 윗면과 지붕을 형성한다(그림 6-25; 6-26).

30. **뒤통수뼈(occipital bone)**는 **큰구멍(foramen magnum)**을 둘러싸고 나비뼈, 옆머리뼈 및 마루뼈와 연결되어 머리뼈의 뒤쪽을 형성한다(그림 6-25~6-27).

31. **관자뼈(temporal bones)**는 머리뼈의 옆면과 바닥을 형성하고 **비늘봉합(squamous suture)**을 따라 마루뼈와 융합한다(그림 6-25~6-27).

32. **나비뼈(sphenoid bone)**는 머리뼈와 얼굴뼈를 결합하는 다리 역할을 한다(그림 6-25~6-27).

33. **벌집뼈(ethmoid bone)**은 뇌를 안정시키고 코안의 지붕과 측면을 형성한다. **체판(cribriform plate)**은 후각 신경을 위한 천공을 포함하고 있으며 **수직판(perpendicular plate)**은 **코중격**(*nasal septum*)의 일부를 형성한다(그림 6-25~ 6-27).

34. 왼쪽 및 오른쪽의 **위턱(maxillae)** 또는 **위턱뼈**(maxillary bone)는 아래턱뼈(*mandible*)를 제외한 다른 모든 얼굴뼈와 연결된다(그림 6-25~6-27).

35. **입천장뼈(palatine bone)**는 물렁입천장 뒷부분을 형성하고 코구멍 벽과 각 눈확 바닥에 기여한다(그림 6-25~6-27).

36. **보습뼈(vomer)**는 코중격 뼈의 아래쪽 부분을 형성한다(그림 6-25~6-27).

37. **광대뼈(zygomatic bone)**는 얼굴뼈의 곡선을 완성하는 데 도움을 주며 옆머리뼈와 함께 **광대뼈(zygomatic arch)**를 형성한다(그림 6-25~6-27).

38. **코뼈(nasal bone)**는 이마뼈 및 위턱뼈와 연결된다(그림 6-25~ 6-27).

39. **눈물뼈(lacrimal bone)**는 눈확 안쪽 표면에 있다(그림 6-25~6-27).

40. 코안 **내부의 코선반뼈(inferior nasal conchae)**는 유입되는 공기를 늦추는 데 벌집뼈의 **위코선반뼈**와 **가운데선반뼈(superior and middle nasal conchae)**를 돕는다(그림 6-25~6-27).

41. **코 복합체(nasal complex)**는 코안의 위쪽 및 옆쪽벽을 형성하는 뼈와 그로 흘러 들어가는 코곁굴을 포함한다. **비중격(nasal septum)**은 코안을 나눈다. **이마굴, 나비굴, 벌집굴, 입천장** 및 **위턱굴(frontal, sphenoidal, ethmoidal, palatine, and maxillary sinuses)**이 함께 **코곁굴(paranasal sinus)**을 구성한다(그림 6-26~6-28).

42. **아래턱뼈(mandible)**는 턱의 하부에 있는 뼈이다(그림 6-25~6-27).

43. **목뿔뼈(hyoid bone)**는 관자뼈의 붓돌기의 인대에 의해 머리뼈 아래에 매달려 있다(그림 6-29).

44. **숫구멍(fontanelle)**이라고 불리는 섬유 조직 연결은 영아와 어린이의 머리뼈가 계속 성장하도록 한다(그림 6-30).

45. **척추(vertebral column)**는 척추, 엉치뼈 및 꼬리뼈로 구성된다. 7개의 **목뼈(cervical vertebrae)**, 12개의 **등뼈(thoracic vertebrae)**, 5개의 **허리뼈(lumbar vertebrae)**가 있다. **엉치뼈(sacrum)**와 **꼬리뼈(coccyx)**는 척추가 융합하여 구성된다(그림 6-31).

46. 척추에는 균일하지 않은 체중의 분포를 수용하고 신체 축과 일직선을 유지하는 4개의 **척주굽이(spinal curves)**가 있다(그림 6-31).

47. 전형적인 척추에는 **몸통(body)**과 **척추뼈고리(vertebral arch)**이 있다; **관절 돌기(articular processes)**에서 다른 척추 뼈와 연결된다. 인접한 척추는 **척추사이원반(intervertebral disc)**으로 분리된다(그림 6-32).

48. 목뼈는 타원형 몸체와 양쪽에 **가로구멍(transverse foramina)**이 있는 것으로 구분된다(그림 6-32; 6-33).

49. 등뼈는 독특한 심장 모양의 몸체를 가지고 있으며 갈비뼈와 연결되어 있다(그림 6-32).

50. 허리뼈는 가장 무겁고 움직임이 가장 적으며, 가장 큰 압박을 받는다(그림 6-32).

51. 엉치뼈는 생식 기관, 소화 기관 및 배설 기관을 보호한다. **엉치뼈끝(apex)**에서 엉치뼈는 꼬리뼈와 연결된다. **엉치뼈바닥(base)**에서는 가장 아래에 있는 허리뼈와 연결된다(그림 6-34).

52. 가슴 또는 **가슴우리(thoracic cage)**의 뼈대는 등뼈, **갈비뼈(rib)** 및 **가슴뼈(sternum)**로 구성된다. 갈비뼈와 가슴뼈는 가슴우리를 형성한다(그림 6-35).

53. 갈비뼈 1~7번은 **참갈비뼈(true rib)**이다. 갈비뼈 8~12번은 흉골에 직접 연결되어 있지 않으며 **거짓갈비뼈(false rib)**라고 한다. 그들은

두 쌍의 **뜬갈비뼈(floating rib)**를 포함한다. 각 갈비뼈의 중간 끝은 등뼈와 연결된다(그림 6-35).

54. 가슴뼈는 **복장뼈 자루(manubrium)**, **복장뼈 몸통(body)** 및 **칼돌기(xiphoid process)**로 구성된다(그림 6-35).

6-8 팔다리뼈대(appendicular skeleton)는 팔이음뼈(pectoral girdles)와 팔뼈(upper limb bones) 및 다리이음뼈(pelvic girdles)와 다리뼈(lower limb bones)를 구성한다 *p. 185*

55. 각 팔은 **어깨뼈(scapula)**와 **빗장뼈(clavicle)**로 구성된 **팔이음뼈(pectoral girdle)** 또는 어깨띠에서 몸통과 연결된다(그림 6-8; 6-9; 6-35; 6-36).

56. 빗장뼈와 어깨뼈는 어깨 관절을 위치시키고, 팔의 운동을 돕고, 팔의 움직임과 근육 부착을 위한 기반을 제공한다(그림 6-35; 6-36).

57. **부리돌기(coracoid process)**와 **어깨뼈봉우리(acromion)**는 모두 인대와 힘줄에 붙어 있다. **어깨뼈가시(scapular spine)**는 어깨뼈 몸체의 뒤쪽 표면을 가로지른다(그림 6-36).

58. **위팔뼈(humerus)**는 어깨 관절에서 어깨뼈와 연결된다. 위팔뼈의 **큰 결절(greater tubercle)**과 **작은 결절(lesser tubercle)**은 근육 부착을 위한 중요한 부위가 된다. 또 다른 눈에 띄는 주요 부위로는 **세모근거친면(deltoid tuberosity)**, **안쪽(medial)** 및 **바깥쪽 위관절융기(lateral epicondyles)**, **관절 융기(condyle)**가 있다(그림 6-37).

59. 위팔뼈는 먼쪽에서 노뼈 및 자뼈와 연결된다. 안쪽 **도르래(trochlea)**는 **갈고리오목(coronoid fossa)**에서 **팔꿈치오목(olecranon fossa)**까지 연장된다(그림 6-37).

60. **노뼈(radius)**와 **자뼈(ulna)**는 아래팔의 뼈이다. 팔꿈치오목은 팔을 확장하는 동안 **팔꿈치돌기(olecranon process)**를 수용한다. 갈고리오목과 노오목은 자뼈의 **갈고리돌기(coronoid process)**를 수용한다(그림 6-38).

61. 손목의 뼈는 두 줄의 **손목뼈(carpal bone)**를 형성한다. 먼쪽의 손목뼈는 손허리뼈와 연결된다. **손허리뼈(metacarpal bone)**는 손가락뼈와 연결된다. 네 손가락에는 세 개의 **손가락뼈(phalange)**가 있다. **엄지손가락(pollex)** 또는 무지에는 2개만 있다(그림 6-40).

62. **다리이음뼈(pelvic girdle)**는 두 개의 **엉덩뼈(hip bone)**, 또는 **볼기뼈(coxal bone)**로 구성되어 있다.

63. 엉덩관절의 가장 큰 부분인 **엉덩뼈(ilium)**는 **두덩뼈(pubis)**와 융합되고, 이 엉덩뼈는 두덩뼈와 융합된다. **두덩 결합(pubic symphysis)**은 왼쪽과 오른쪽 엉덩뼈의 두덩뼈 사이의 움직임을 제한한다(그림 6-41).

64. **골반(pelvis)**은 엉덩관절, 엉치뼈, 꼬리뼈로 구성된다(그림 6-41; 6-42).

65. **넙다리뼈(femur)** 또는 허벅지뼈는 신체에서 가장 긴 뼈이다. 무릎관절에서 **정강뼈(tibia)**와 연결된다. **무릎뼈(patella)**의 무릎 인대는 **정강뼈거친면(tibial tuberosity)**에 부착된다(그림 6-43; 6-44).

66. 다른 정강뼈의 표식부위로는 **앞모서리(anterior margin)**와 **안쪽복사(medial malleolus)**가 있다. **종아리뼈(fibula)**의 **머리(head)**는 무릎 아래의 정강뼈와 관절하고 **가쪽복사(lateral malleolus)**는 발목을 안정시킨다(그림 6-44).

67. 발목에는 7개의 **발목뼈(tarsal bones)**가 있다.; **목말뼈(talus)**만 정강뼈와 종아리뼈와 연결된다. 정상적으로 서 있을 때 체중의 대부분이 **발꿈치뼈(calcaneus)**로 전달된다. 그리고 나머지 뼈는 **발허리뼈(metatarsal bone)**로 연결된다(그림 6-45).

68. 발의 발허리뼈와 발가락뼈의 기본 조직 패턴은 손의 조직 패턴과 유사하다.

6-9 관절은 운동 범위 또는 해부학적 조직에 따라 분류된다 *p. 192*

69. **관절(articulation)**은 두 개의 뼈가 상호 작용하는 곳에 존재한다. 움직일 수 없는 관절을 **못움직관절(synarthroses)**, 약간 움직일 수 있는 관절을 **좀움직임관절(amphiarthroses)**, 자유롭게 움직일 수 있는 관절을 **움직관절(diarthroses)**이라고 한다(표 6-1).

70. 못움직관절의 예는 머리뼈의 **봉합(suture)**, (치근과 치와의) **못박이관절(gomphosis)**, 그리고 **연골결합(synchondrosis)**이 있다.

71. 좀움직임관절의 예는 **인대결합(syndesmosis)**, **섬유연골결합(symphysis)**이 있다.

72. 관절 또는 **윤활관절(synovial joint)**의 뼈 표면은 **관절연골(articular cartilages)**로 덮여 있고 **윤활액(synovial fluid)**으로 윤활작용이 일어나며, **관절주머니(joint capsule)**로 둘러싸여 있다. 다른 윤활막 구조에는 **반달(menisci)**, **지방덩이(fat pads)**, **윤활주머니(bursae)** 및 다양한 **인대(ligament)**가 있다(그림 6-45).

6-10 윤활관절의 구조와 기능은 다양한 골격운동을 가능하게 한다 *p. 194*

73. 윤활 관절의 움직임을 설명하는 중요한 용어는 **굽힘(flexion)**, **폄(extension)**, **젖힘(hyperextension)**, **벌림(abduction)**, **모음(adduction)**, **휘돌림(circumduction)** 및 **회전(rotation)**이다(그림 6-46; 6-47).

74. 아래팔의 뼈는 **엎침(pronation)**과 **뒤침(supination)**을 가능하게 한다(그림 6-47).

75. 발의 움직임에는 **안쪽번짐(inversion)**과 **가쪽번짐(eversion)**이 있다. 발목은 각각 **발등굽힘(dorsiflexion)**과 **발바닥쪽 굽힘(plantar flexion)**으로 알려진 굽힘과 폄 작용이 각각 나타난다. **반대로(opposition)** 우리가 물건을 잡고 잡을 수 있게 해주는 엄지손가락의 움직임이다. **물러섬(reposition)**은 반대이다(그림 6-48).

76. **내밈(protraction)**은 신체의 일부를 앞으로 이동시키는 것을 포함한다: **들임(retraction)**은 원래대로 이동시키는 것이다. **하강(depression)**과 **상승(elevation)**은 각각의 구조를 위 아래로 움직일 때 발생한다(**그림 6-48**).

77. 윤활 관절의 주요 유형에는 미끄럼 관절, 경첩 관절, 피벗 관절, 과상 관절, 안장 관절 및 볼소켓 관절이 있다(**집중 조명 그림 6-50**).

6-11 척추관절과 부속관절은 지지와 가동성의 기능적 차이를 보여준다 *p. 197*

78. 인접한 척추뼈의 관절돌기는 미끄럼 관절을 형성한다. **섬유연골 관절**(*symphyseal joint*)은 인접한 척추뼈몸통을 연결하고 **척추사이원반(intervertebral disc)**이라고 하는 패드에 의해 분리된다(**그림 6-50**).

79. 어깨 관절은 **관절오목(glenoid cavity)**과 위팔뼈의 머리에 의해 형성된다. 이 볼소켓 관절은 이동성이 매우 높기 때문에 불안정하고 탈구되기 쉽다(**그림 6-50**).

80. 어깨 관절의 윤활주머니는 움직일 때 근육과 힘줄의 마찰을 줄여준다(**그림 6-50**).

81. 팔꿈치 관절은 굽힘과 폄만 가능하다. 광범위한 인대와 관절을 이루고 있는 뼈의 모양 때문에 매우 안정적이다(**그림 6-51**).

82. 엉덩관절은 **뼈절구(acetabulum)**와 넙다리뼈 머리부분의 결합에 의해 형성된다. 이 볼소켓 관절은 굽힘과 폄, 모음과 벌림, 휘돌림과 회전을 가능하게 한다(**그림 6-52**).

83. 무릎 관절은 복잡한 경첩 관절이다. 관절은 굴곡-신전 및 제한된 돌림을 허용한다(**그림 6-53**).

6-12 뼈대계통은 다른 신체계통을 위한 에너지와 무기질을 지원하고 저장한다 *p. 202*

84. 뼈대계통의 성장과 유지는 외피계에 의해 지원된다. 뼈대계통은 또한 근육계, 심혈관계, 림프계, 소화계, 비뇨계 및 내분비계와 상호작용한다.

복습 문제

책 뒷면에 있는 파란색 정답 탭을 참조.

단계 1 사실 및 용어 검토

A열의 각 항목을 B열의 가장 밀접하게 관련된 항목에 맞게 빈칸에 적절한 답을 적으시오.

A열	B열
______ 1. 뼈세포	a. 벌림
______ 2. 뼈몸통	b. 발꿈치뼈
______ 3. 귓속뼈	c. 절구관절
______ 4. 체판	d. 뼈 재흡수 세포
______ 5. 뼈모세포	e. 경첩 관절
______ 6. C_1	f. 축
______ 7. C_2	g. 못움직관절
______ 8. 엉덩이와 어깨	h. 뼈몸통
______ 9. 무릎뼈	i. 성숙 뼈 세포
______ 10. 발꿈치뼈	j. 뼈생성 세포
______ 11. 관절염	k. 1번목뼈
______ 12. 손을 손바닥 앞쪽 위치로 이동	l. 후각신경
______ 13. 뼈파괴세포	m. 귀뼈
______ 14. 팔을 옆으로 들어 올리기	n. 뒤침
______ 15. 팔꿈치와 무릎	o. 무릎뼈

16. 뼈의 지질은 다음의 부위에 예비 에너지를 저장한다.
(a) 적색골수
(b) 황색골수
(c) 뼈세포
(d) 뼈바탕질

17. 두 가지 유형의 뼈 조직은
(a) 치밀뼈와 해면뼈
(b) 조밀뼈와 치밀뼈
(c) 해면뼈와 해면뼈
(d) 이상모두

18. 성숙한 치밀뼈의 기본 기능 단위는 다음과 같다.
(a) 뼈세포방
(b) 뼈세포
(c) 뼈단위
(d) 뼈세관

19. 몸통뼈대는 다음의 뼈로 구성된다.
(a) 팔이음뼈와 다리이음뼈
(b) 머리뼈, 가슴, 척추
(c) 팔, 다리, 손, 발
(d) 팔다리, 가슴, 다리이음뼈

20. 팔다리뼈대는 다음의 뼈로 구성된다.
(a) 팔이음뼈와 다리이음뼈
(b) 머리뼈, 가슴, 척추
(c) 팔, 다리, 손, 발
(d) 팔다리, 팔이음뼈, 다리이음뼈

21. 아래 그림에서 머리뼈와 얼굴뼈를 식별하시오.

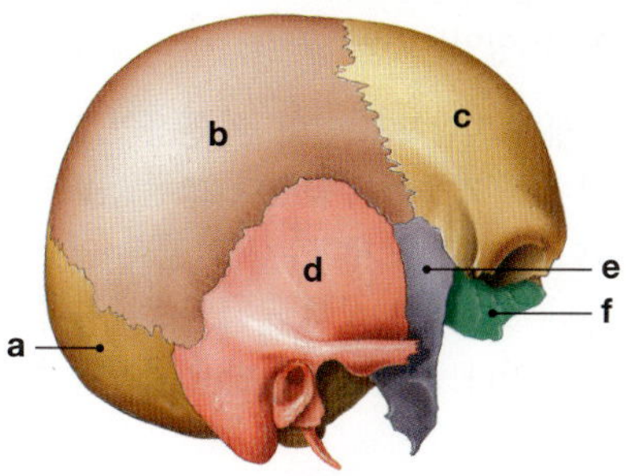

머리뼈
Cranial bones

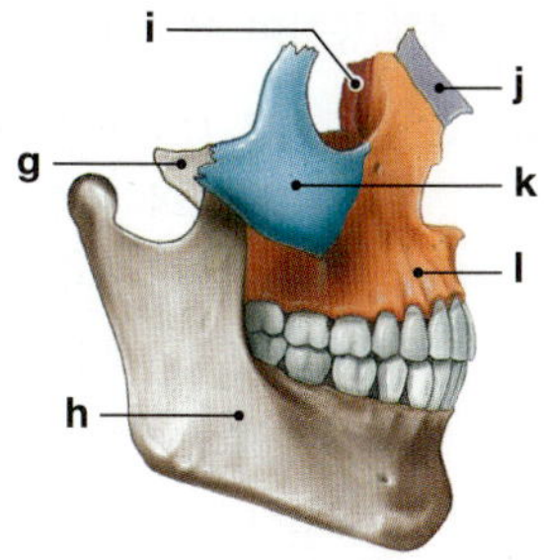

얼굴뼈
Facial bones

(a) ____________ **(b)** ____________
(c) ____________ **(d)** ____________
(e) ____________ **(f)** ____________
(g) ____________ **(h)** ____________
(i) ____________ **(j)** ____________
(k) ____________ **(l)** ____________

22. 다음 보기 중 머리뼈만 포함된 것은?
(a) 이마뼈, 마루뼈, 뒤통수뼈, 나비뼈
(b) 이마뼈, 뒤통수뼈, 광대뼈, 마루뼈
(c) 뒤통수뼈, 나비뼈, 관자뼈, 입천장
(d) 아래턱뼈, 위턱뼈, 코뼈, 광대뼈

23. 다음 중 1쌍으로 구성되지 않은 뼈는?
(a) 보습뼈 **(b)** 위턱뼈
(c) 입천장 **(d)** 코뼈

24. 관절와에서 어깨뼈 몸쪽 끝단과 관절을 이룬다.
(a) 위팔뼈 **(b)** 노뼈
(c) 자뼈 **(d)** 넙다리뼈

25. 해부학적 자세를 취하고 있는 동안 자뼈의 위치는?
(a) 노뼈의 중앙
(b) 노뼈의 옆쪽
(c) 노뼈보다 아래쪽
(d) 노뼈보다 위쪽

26. 다리이음뼈의 각 엉덩관절 뼈는 3개의 융합된 뼈로 구성된다.
(a) 자뼈, 노뼈, 위팔뼈
(b) 엉덩뼈, 궁둥뼈, 두덩뼈
(c) 넙다리뼈, 정강뼈, 종아리뼈
(d) 갈고리뼈, 알머리뼈, 큰마름뼈

27. 일반적으로 긴 뼈의 끝에 위치하는 관절은
(a) 부동연결 **(b)** 좀움직임관절
(c) 운동관절 **(d)** 봉합

28. 윤활관절의 다음 그림에서 구조적 명칭을 명명하라.

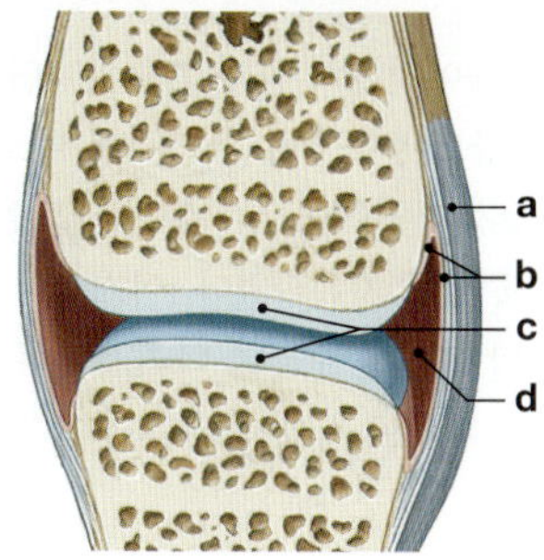

(a) ____________
(b) ____________
(c) ____________
(d) ____________

29. 윤활액의 기능은
(a) 연골 세포에 영양을 공급한다.
(b) 윤활을 제공한다.
(c) 충격을 흡수한다.
(d) 이상 모두 다 맞다.

30. 벌림과 모음은 항상 (　)의 움직임을 가리킨다.
(a) 몸통뼈대 **(b)** 팔다리뼈대
(c) 머리뼈 **(d)** 척주

31. 발끝으로 서는 것을 부르는 말을 (　)이라 한다.
(a) 상승 **(b)** 발등쪽 굽힘
(c) 발바닥쪽 굽힘 **(d)** 들임

32. 막속뼈되기와 연골속뼈되기의 주요 차이점은 무엇인가?

33. 목뿔뼈의 고유한 특징이 신체의 다른 모든 뼈와 다른 점은 무엇인가?

34. 가슴우리가 수행하는 두 가지 주요 기능은 무엇인가?

35. 어깨 관절과 관련된 두 개의 큰 어깨뼈 돌기는 어느 것인가?

단계 2 개념 검토

36. 긴뼈의 축 옆면에 가해지는 힘이나 충격이 축의 긴축을 따라 가해지는 힘보다 더 위험한 이유는?

37. 긴 뼈가 자라는 동안 뼈몸통으로부터 더 멀리 뼈끝까지 힘을 받는가?

38. 왜 척추사이원반 파열은 허리뼈에서 더 흔하고 탈구와 골절은 목뼈에서 더 흔한가?

39. 빗장뼈 손상이 흔한 이유는 무엇인가?

40. 형성된 골반과 골반을 구성하고 있는 뼈대 구조의 차이점은 무엇인가?

41. 관절 연골은 신체의 다른 연골과 어떻게 다른가?

42. '두덩결합은 약간 움직이는 관절이다' 는 어떤 의미인가?

단계 3 비판적 사고 및 임상 적용

43. 10살의 야스민이라는 여자아이가 놀이터에서 놀다가 넘어지면서 오른쪽 다리에 골절이 발생했다. 응급실에서 진료한 의사는 야스민의 부모에게 뼈끝과 뼈끝이 만나는 정강뼈 몸쪽 끝부분이 골절되었다고 말한다. 골절은 적절하게 고정되고 결국 치유되었다. 야스민이 18세 때 일상적인 신체 활동을 하는 동안 그녀의 오른쪽 다리가 왼쪽 다리보다 2 cm 짧다는 것을 알게 된다. 아마도 사고 때문일 것이다. 무엇이 이 차이를 설명할 수 있는가?

44. 테스는 뇌를 둘러싸고 있는 막에 질병이 발생하였다는 진단을 받았다. 의사는 테스의 가족에게 이 질병이 공기 중 바이러스에 의한 것이라고 말한다. 이 바이러스가 어떻게 머리뼈 안으로 들어갈 수 있었는지 설명하여라.

45. 한 고고학자가 발굴 작업을 하던 중 몇 개의 작은 머리뼈를 발견했다. 그녀는 이마뼈, 마루뼈, 뒤통수뼈를 검사하고 이 머리뼈가 아직 1살도 되지 않은 영아의 머리뼈라는 결론을 내렸다. 이 고고학자는 이 뼈를 통하여 어떻게 나이를 알 수 있었는가?

46. 소방관 프랭크가 건물에서 화재를 진압하고 있던 중 천장의 일부가 붕괴되면서, 그의 왼쪽 어깨에 건물 기둥이 부딪쳤다. 그는 동료들에 의해 구조되었지만 어깨가 많이 아파 팔을 제대로 움직일 수 없었고, 특히 앞쪽으로 움직일 수 없었다. 그에게 빗장뼈 골절은 발생하지 않았고, 그의 위팔뼈도 손상되지 않았다. 프랭크에게 발생 가능한 손상은 무엇인가?

47. 에드는 테니스를 치던 중 발목이 돌아가는 손상을 입었다. 부종과 통증을 호소하지만 검사 결과 인대 파열은 없었고, 발목의 해부학적 구조에도 이상이 없다는 의사의 소견을 받았다. 에드의 증상과 징후, 검사 결과를 종합하여 볼 때 에드의 발목에 발생한 문제는 무엇이라 생각할 수 있는가?

근육계통
The Muscular System

7

학습목표

학습목표는 각 장에 대해 학습한 후 무엇을 할 수 있어야 하는지를 알려주는 것이다. 각 절의 학습목표는 다음과 같다.

7-1 뼈대근육조직의 기능을 설명한다.

7-2 근육조직의 구조를 설명한다.

7-3 근육원섬유마디(sarcomere)의 구성요소를 설명한다.

7-4 신경근육이음부에서 시작되는 뼈대근육섬유의 수축과정을 단계별로 설명한다.

7-5 근육 수축 유형들을 설명한다.

7-6 근육 수축에 필요한 에너지의 공급과 소모과정을 설명한다.

7-7 근육섬유의 유형을 분류하고 각각의 기능적인 특징을 설명한다. 유산소지구력과 무산소지구력의 차이를 구분하고 그 의미를 설명한다.

7-8 뼈대근육, 심장근육, 민무늬근육의 구조와 기능 차이를 설명한다.

7-9 위치, 모양, 기능에 따른 근육의 명명법을 설명한다.

7-10 인체의 주요 몸통근육을 나열하고 각 근육의 이는곳, 닿는곳, 작용을 설명한다.

7-11 인체의 주요 팔다리근육을 나열하고 각 근육의 이는곳, 닿는곳, 작용을 설명한다.

7-12 노화에 따른 근육조직의 변화에 대해 설명한다.

7-13 가만히 있을 때와 운동을 할 때, 근육계통과 다른 계통의 기능적 상관관계에 대하여 설명한다.

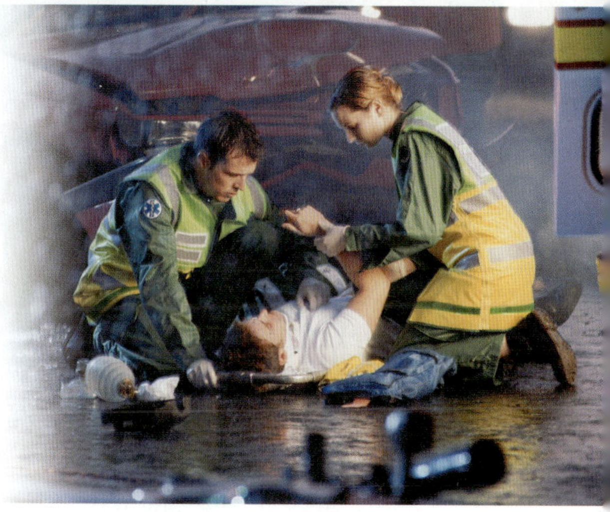

임상노트

집중 조명

근육조직 소개

인체를 구성하는 네 기본조직 중 하나인 근육조직(muscle tissue)은 수축성이 있는 길쭉한 형태의 근육세포로 이루어져 있다. 근육조직의 세 유형—뼈대근육(*skeletal muscle*), 심장근육(*cardiac muscle*), 민무늬근육(*smooth muscle*)—에 대해서는 4장에서 이미 설명하였다. 근육조직 없이는 신체를 움직일 수 없고, 몸안의 각 기관들도 움직이지 못한다. 근육조직이 없다면 앉고, 일어서고, 걷고, 말하고, 물건을 쥐는 등의 모든 동작이 불가능하고, 심장이 박동하지 못해 혈액 순환도 일어나지 않게 된다. 허파로 공기가 드나들거나 소화관을 통해 음식물이 내려가는 것도 불가능하다.

이 단원의 전반부에서는 근육조직 중 가장 많은 부피를 차지하는 뼈대근육조직에 대해 공부하고, 그 다음에 나머지 두 근육조직의 차이점을 비교해 본다. 그러고 나서 근육계통의 육안해부학을 학습하고, 근육과 뼈의 상호작용에 대해 살펴본다.

7

지식 쌓기

뼈대근육은 가로무늬수의근육(striated voluntary muscle)이다(**4장: 생명체의 조직 구성** 참조). 이런 구조적 특징이 나타나는 것은 뼈대근육 세포 안의 액틴잔섬유(actin filament)와 미오신잔섬유(myosin filament)들이 규칙적으로 배열되어 있기 때문이다. 또한 뼈대근육은 신경계통의 작용에 의해 내 맘대로 조절할 수 있는 근육이다.

7-1 뼈대근육은 5가지 중요한 기능을 한다

학습목표 뼈대근육조직의 기능을 설명한다.

뼈대근육(skeletal muscle)은 주로 뼈대근육조직으로 이루어져 있기는 하나 그 안에는 결합조직, 신경, 혈관 등도 포함되어 있다. 뼈대근육은 뼈대를 구성하는 뼈에 직·간접적으로 부착되어 있다. 근육계통(muscular system)은 약 700개의 뼈대근육으로 이루어져 있으며, 그 기능은 다음과 같다.

1. **뼈를 움직인다(*Move the skeleton*)**. 뼈대근육은 힘줄(tendon)을 잡아당겨, 힘줄에 붙어 있는 뼈를 움직인다. 근육의 수축에 의해 팔을 뻗는 것과 같은 단순한 동작이나 수영, 타자치기 등의 복잡한 동작이 일어난다.
2. **자세를 유지한다(*Maintain posture and body position*)**. 근육의 지속적인 수축에 의해 자세가 유지된다. 근육의 지속적인 수축 없이는 똑바로 앉거나 쓰러지지 않고 서 있는 것이 불가능하다.
3. **연조직을 지탱해 준다(*Support soft tissues*)**. 배벽(abdominal wall)이나 골반안(pelvic cavity)의 바닥은 여러 겹의 뼈대근육으로 이루어져 있다. 이런 근육들은 내장기관의 무게를 지탱하고, 손상으로부터 보호한다.
4. **입구와 출구를 막는다(*Guard entrances and exits*)**. 소화관과 요로의 입구와 출구는 뼈대근육으로 둘러싸여 있다. 이런 근육들은 음식물을 삼키거나 배변, 배뇨 시 맘대로 조절을 담당한다.
5. **체온 유지를 돕는다(*Maintain body temperature*)**. 근육이 수축하려면 에너지가 필요한데, 에너지가 소모될 때 그 일부가 열로 변환된다. 따라서 근육이 수축할 때 열이 방출되며, 이 열에 의해 체온이 높아진다.

뼈대근육이 수축하는 기전을 이해하기 위해서는 먼저 그 구조를 알아야 한다. 우선 육안해부학 수준에서 뼈대근육의 구조를 살펴본 다음 세포 수준의 미세구조에 대해 공부한다. 근육의 구성 요소나 특성에 대한 용어에는 sarkos 또는 mys라는 어근이 사용되는 경우가 많다. *Sarkos*는 살, 고기(flesh), *mys*는 근육(muscle)이라는 뜻의 그리스어이다.

체크포인트

1. 뼈대근육의 다섯 가지 주요 기능은 무엇인가?

책 뒷면에 있는 파란색 정답 탭을 참조.

7-2 뼈대근육은 근육조직, 결합조직, 혈관, 신경 등으로 이루어져 있다

학습목표 근육조직의 구조를 설명한다.

그림 7-1은 뼈대근육의 전형적인 구성을 나타낸 모식도이다. 뼈대근육

그림 7-1 뼈대근의 구성.

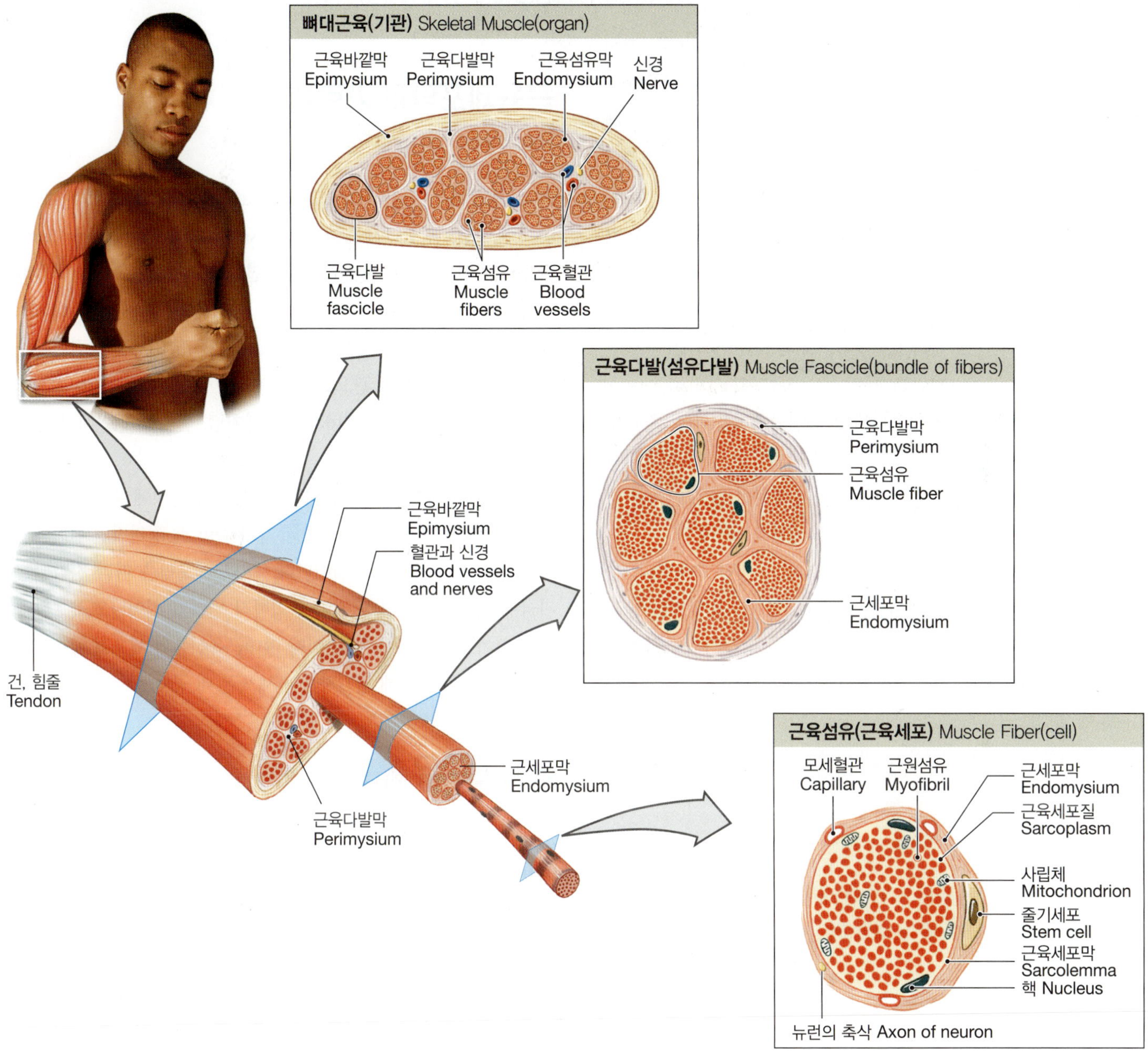

은 뼈대근육조직과 결합조직, 혈관, 신경 등으로 이루어져 있다. 뼈대근육조직에 있는 각각의 세포는 단일 근육 섬유(*fiber*)이다.

결합조직 구성 Connective Tissue Organization

뼈대근육의 결합조직은 근육바깥막, 근육다발막, 근세포막으로 구분된다(**그림 7-1**).

근육 전체를 둘러싸는 결합조직을 **근육바깥막(epimysium)**이라고 한다. 근육바깥막은 주로 아교섬유(collagen fiber)로 이루어져 있으며, 근육과 주위의 다른 구조 사이를 분리해 주는 기능을 한다.

뼈대근육을 여러 개의 **근육다발(fascicle)**, 즉 근육섬유의 다발로 나누어 주는 결합조직을 **근육다발막(perimysium)**이라고 한다. 근육다발막은 아교섬유와 탄력섬유로 이루어져 있으며, 이를 통해 근육다발에 분포하는 혈관과 신경이 뻗어 있다.

근육다발을 구성하는 각각의 뼈대근육섬유들은 **근세포막(endomysium)**으로 둘러싸여 있다. 인접한 근육섬유들은 근세포막에 의해 서로 붙어 있는 상황이 된다. 근육섬유 바로 곁에는 손상 시 재생을 도와주는 줄기세포(stem cell)가 있다. 근세포막에는 뼈대근육섬유에 혈액을 공급하는 모세혈관과 뼈대근육섬유를 수축시키는 신경(축삭)이 포함되어 있다.

근육바깥막, 근육다발막, 근세포막의 결합조직은 근육의 양쪽 끝에서 하나로 합쳐져 **힘줄(tendon)** 또는 **널힘줄(aponeurosis)**을 형성한다. 힘줄은 뼈대근육을 뼈에 부착시켜 주는 결합조직 끈이며, 널힘줄은 뼈대근육과 뼈대근육을 서로 이어주는 넓적한 결합조직 막이다. 힘줄의 아교섬유(collagen fiber)는 뼈막(periosteum)의 아교섬유와 서로 얽혀 단단히 고정되어 있다. 근육 수축에 의해 발생한 장력은 힘줄을 거쳐 뼈에 전달된다.

7

혈관과 신경 Blood Vessels and Nerves

혈관과 신경은 근육바깥막과 근육다발막의 결합조직을 따라 각각의 근육섬유에 분포한다. 근육이 수축하려면 어마어마한 양의 에너지가 필요하다. 뼈대근육에는 많은 혈관이 분포하여 충분한 양의 산소와 영양소를 공급하고, 근육으로부터 나온 대사 노폐물을 제거한다.

뼈대근육은 중추신경계통의 운동명령을 받았을 때만 수축한다. 운동신경세포의 **축삭**[*axon*, 신경섬유(nerve fiber)]은 근육바깥막을 뚫고 들어간 뒤, 근육다발막과 근세포막 안에서 분지하여 각각의 근육섬유에 자극을 전달한다. 뼈대근육은 내 맘대로 수축시키거나 이완시킬 수 있기 때문에 **맘대로근**(수의근육, *voluntary muscle*)이라고도 불린다. 그러나 무의식적인 조절을 받는 뼈대근육도 있다. 예를 들어, **가로막**(*diaphragm*)과 같은 호흡근육은 맘대로 조절 없이도 수축과 이완을 반복한다.

체크포인트

2. 뼈대근육과 관련된 결합조직층에 대해서 설명할 수 있다.
3. 근육에 붙어 있는 힘줄을 절단하면 신체에 움직임에 어떠한 영향을 주는가?

책 뒷면에 있는 파란색 정답 탭을 참조.

7-3 뼈대근육섬유는 독특한 미세구조를 가진 세포이다

학습목표 근육원섬유마디(sarcomere)의 구성 요소를 설명한다.

뼈대근육섬유(skeletal muscle fiber)는 3장에서 설명한 일반 세포와는 전혀 다른 구조로 되어 있다. 우선 크기가 엄청나다. 예를 들어, 다리 근육을 구성하는 뼈대근육섬유의 경우, 지름이 100 μm 정도이고 길이는 근육 전체의 길이와 동일하며 가장 긴 것은 60 cm에 이를 정도로 크다. 또한 뼈대근육섬유는 세포막 바로 밑에 수백 개의 핵이 들어있는 **뭇핵세포**(*multinucleate*)이다. 뼈대근육섬유를 구성하는 각각의 구조에 대해 좀 더 자세히 살펴본다.

근육세포막과 가로세관

The Sarcolemma and Transverse Tubules

뼈대근육섬유의 기본구조는 **그림 7-2a**에 잘 나타나 있다. 뼈대근육섬유의 세포질, 즉 **근육세포질(sarcoplasm)**은 **근육세포막(sarcolemma)**으로 둘러싸여 있다. 근육세포막의 표면 곳곳에는 작은 구멍이 뚫려 있는데, 이 구멍들은 근육세포질 속 **가로세관(transverse tubule, T tubule)**과 이어져 있다. 가로세관은 근육세포질 안에서 복잡한 그물구조를 이루는 가느다란 관으로, 그 안에는 세포외액이 들어 있다. 가로세관은 마치 산을 뚫고 지나가는 터널처럼, 근육세포질 내의 통로 역할을 하는 구조이다.

가로세관은 뼈대근육섬유의 모든 부분이 동시에 수축하게 만드는 중요한 기능을 한다. 뼈대근육섬유가 수축할 때 전기적인 변화와 화학적인 변화가 순차적으로 일어난다. 즉, 근세포막을 따라 전파된 전기자극에 의해 근육세포질 전역에 화학적 변화가 일어나고, 그 결과 수축이 일어나게 되는 것이다. 이때 뼈대근육섬유의 세포질 깊숙이 뻗어 있는 가로세관을 통해 전기자극이 세포질 내 곳곳으로 전달된다.

근육원섬유 Myofibril

뼈대근육섬유 안에서 복잡하게 분지한 가로세관은 **근육원섬유(myofibril)**라는 원통 모양의 구조를 둘러싼다(**그림 7-2a**). 근육원섬유의 지름은 1~2 mm 정도이고, 길이는 뼈대근육섬유의 길이와 같다. 하나의 뼈대근육섬유 안에는 수백 또는 수천 개의 근육원섬유가 들어 있다. 근육원섬유는 **액틴**(*actin*)과 **미오신**(*myosin*)이라는 단백질을 주성분으로 하는 **근육잔섬유(필라멘트, myofilament)**들이 다발을 이룬 구조이다(**그림 7-2a**). 액틴을 주성분으로 하는 근육잔섬유를 **가는근육잔섬유(가는필라멘트, thin filament)**, 미오신을 주성분으로 하는 근육잔섬유를 **굵은근육잔섬유(굵은필라멘트, thick filament)**라고 부른다.

근육원섬유는 뼈대근육섬유의 수축을 일으키는 매우 중요한 구조이다. 근육원섬유는 뼈대근육섬유 양쪽 끝의 근육세포막에 부착되어 있기 때문에, 근육원섬유가 수축하면 뼈대근육섬유의 길이가 짧아지게 된다. 근육원섬유 사이사이에는 사립체(미토콘드리아, mitochondria), 포도당(glucose)의 공급원인 글리코겐(glycogen) 과립 등이 들어 있다. 사립체에서 포도당이 분해되어 근육의 수축에 필요한 ATP 공급이 이루어진다.

그림 7-2 뼈대근육섬유의 구성.

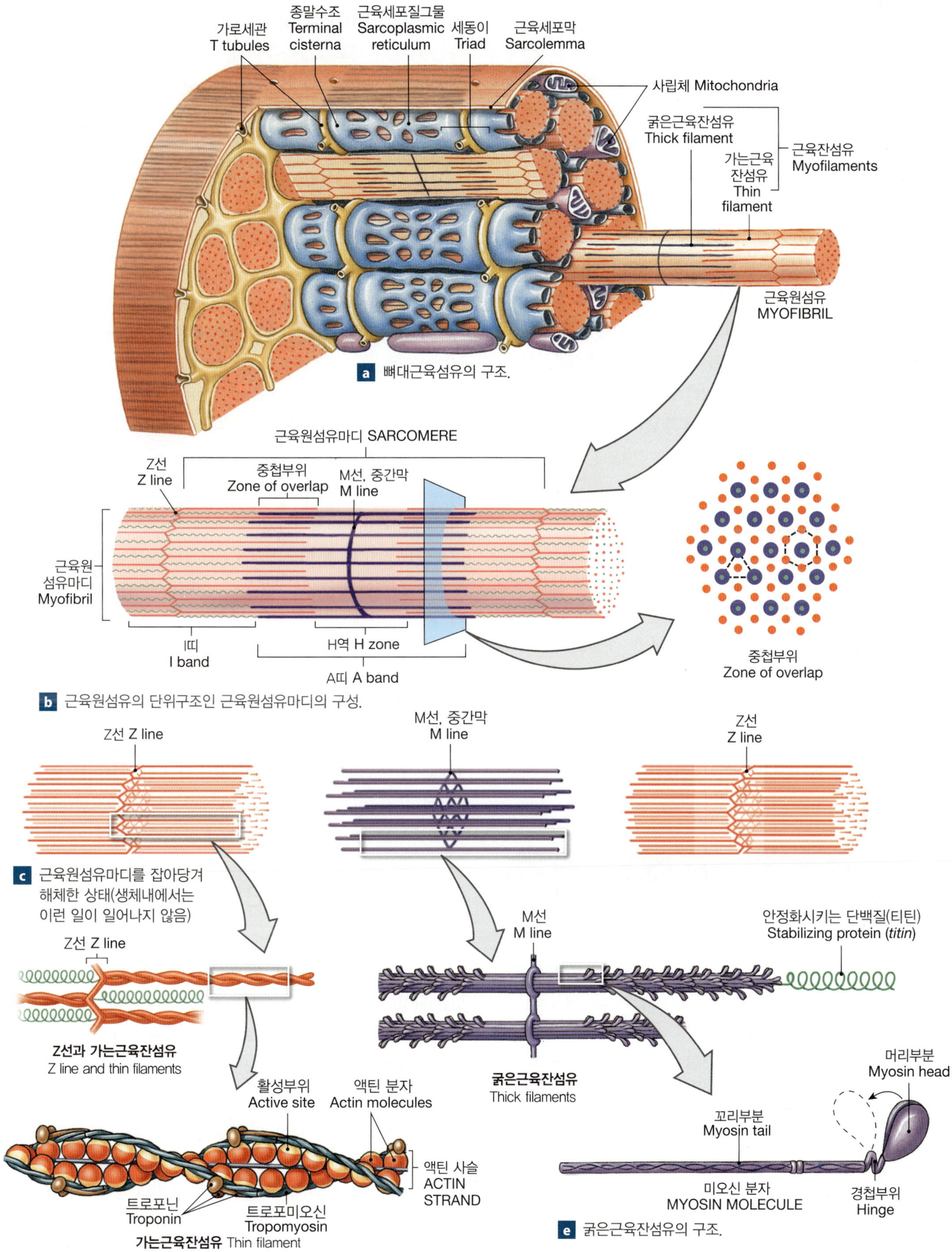

a 뼈대근육섬유의 구조.

b 근육원섬유의 단위구조인 근육원섬유마디의 구성.

c 근육원섬유마디를 잡아당겨 해체한 상태(생체내에서는 이런 일이 일어나지 않음)

d 가는 근육잔섬유의 구조.

e 굵은근육잔섬유의 구조.

7

근육세포질그물 Sarcoplasmic Reticulum

근육세포질그물(sarcoplasmic reticulum, SR)은 특수한 형태의 무과립 속형질그물(**그림 7-2a**)이다. 근육세포질그물은 근육원섬유를 둘러싸는 그물망 형태이며, 가로세관의 막에 밀착되어 있다. 근육세포질그물 중 가로세관에 인접한 부분은 넓게 팽창되어 있는데, 이곳을 **종말수조**(*terminal cistern*)라고 한다. 종말수조는 근육원섬유를 둘러싸는 고리 모양의 구조이다. 2개의 종말수조가 가로세관의 양옆에 배열되어 있으며, 이들을 합쳐 **세동이**(*triad*)라고 부른다.

7

종말수조 안에는 고농도의 칼슘 이온이 저장되어 있다. 우리 몸에 있는 모든 세포들은 세포질 내 칼슘 이온 농도가 매우 낮다. 뼈대근육섬유를 포함한 대부분의 세포들은 세포질 내 칼슘 이온을 세포 밖으로 운반해 내보낸다. 뼈대근육섬유는 이런 작용 외에 근육세포질그물의 종말수조 안으로 칼슘 이온을 능동운반하는 특성이 있다. 종말수조 안에 저장되어 있는 칼슘 이온이 세포질로 방출되면 근육의 수축이 일어난다.

근육원섬유마디 Sarcomere

수많은 근육잔섬유(myofilament)들이 일정한 규칙에 따라 배열되어 **근육원섬유마디(sarcomere)**라는 단위구조를 이룬다(**그림 7-2b**). 근육원섬유(myofibril)는 약 1만 개의 근육원섬유마디가 길게 이어진 구조이다. 근육원섬유마디는 뼈대근육섬유의 기능적인 단위구조이다. 근육원섬유마디를 구성하는 굵은근육잔섬유(thick filament)와 가는근육잔섬유(thin filament) 사이의 상호작용에 의해 근육의 수축이 일어난다.

굵은근육잔섬유와 가는근육잔섬유는 근육원섬유마디 안에서 매우 규칙적인 배열을 이루고 있기 때문에, 근육원섬유마디에는 특징적인 가로줄무늬가 나타난다. 하나의 뼈대근육섬유 안에 들어 있는 모든 근육원섬유들은 세포의 장축을 따라 평행하게 배열되어 있으며, 각 근육원섬유의 근육원섬유마디들은 옆으로 나란히 놓여 있다. 결과적으로, 근육원섬유마디의 가로줄무늬가 뼈대근육섬유 전체에 그대로 나타나게 된다(**그림 7-2a**).

그림 7-2b는 근육원섬유마디의 외형과 내부구조를 나타낸 모식도이다. 근육이 이완 상태일 때 근육원섬유마디의 길이는 2 mm 정도이며, 굵은근육잔섬유와 가는근육잔섬유의 길이는 근육원섬유마디의 길이보다 짧다. 굵은근육잔섬유(보라색)는 근육원섬유마디의 중앙에 놓여 있다. 반면 가는근육잔섬유(붉은색)는 근육원섬유마디의 양쪽 끝 부위에 놓여 있으며, 인접한 근육원섬유마디를 이어주는 **Z선(Z line)**에 부착되어 있다.

굵은근육잔섬유와 가는근육잔섬유의 굵기와 전자밀도 차이에 의해 근육원섬유마디의 가로무늬가 만들어진다. 굵은근육잔섬유가 위치한 곳은 짙게 보이는데, 이 부위를 **A띠(어두운띠, A band)**라고 한다. 인접한 두 A띠 사이의 옅게 보이는 곳은 **I띠(밝은띠, I band)**라고 부른다. I띠 안에는 Z선이 포함되어 있다. (A band는 "dArk", I band는 "lIght"이라고 암기하면 기억하기 좋다.)

가는근육잔섬유는 Z선으로부터 근육원섬유마디의 중앙 쪽으로 뻗어 있으며, 그 끝 부분은 굵은근육잔섬유와 깍지 끼듯이 중첩되어 있다. 또한 Z선에서 뻗어 나와 굵은근육잔섬유에 닿는 티틴이라는 단백질이 있다. 이 단백질은 굵은근육잔섬유와 가는근육잔섬유의 배열을 유지시키는 기능을 한다. 굵은근육잔섬유의 중앙 부위는 또 다른 단백질에 의해 서로 연결되어 있는데, 이 연결 단백질에 의해 **M선(중간막, M line)**이 형성된다. 또한 M선 근처의 약간 밝게 보이는 부분은 **H역(옅은띠, H zone)**라고 부른다. H역은 굵은근육잔섬유로만 이루어져 있다. Z선과 M선의 구조는 **그림 7-2c**에 잘 나타나 있다.

지식 쌓기

칼슘은 사람의 몸에 있는 가장 많은 무기질이다. 칼슘 이온(Ca^{2+})은 근육 수축에 상당한 작용을 하며, 여러 가지 생리적 과정에 중요하다. 피부는 비타민 D_3를 합성하여 칼슘 대사에 중요한 역할을 한다는 것을 기억한다(**5장: 피부계통** 참조). 비타민 D_3는 간에서 변환을 거쳐 콩팥에서 칼시트리올로 전환되는데, 칼시트리올은 작은창자에서 칼슘과 인의 흡수에 필수적인 호르몬이다. 사람의 뼈도 칼슘 대사에 작용을 한다(**6장: 뼈대계통** 참조). 뼈는 체액의 정상 칼슘 농도 유지를 위한 무기질 저장소를 제공한다.

가는근육잔섬유와 굵은근육잔섬유 Thin and Thick Filaments

가는근육잔섬유의 기본구조는 나선형으로 꼬인 두 가닥의 액틴 분자로 이루어져 있다(**그림 7-2d**). 액틴 분자는 미오신과 상호작용을 할 수 있는 **활성부위(active site)**를 갖고 있다. 근육이 이완 상태일 때, 가는근육잔섬유의 활성부위는 **트로포미오신(tropomyosin)**이라는 단백질에 의해 가려져 있다. 트로포미오신은 **트로포닌(troponin)**이라는 단백질에 의해 액틴 분자에 결합해 있다.

굵은근육잔섬유는 미오신 분자로 이루어져 있다. 각각의 미오신 분자는 구형의 머리(*head*)와 긴 꼬리(*tail*) 부분으로 구분된다(**그림 7-2c,e**). 미오신 분자들은 머리부분이 근육원섬유마디의 양쪽 끝을 향하고 꼬리부분이 중앙 쪽을 향하도록 배열되어 있다. 미오신 분자의 머리부분은 굵은근육잔섬유의 표면으로 돌출해 있으며, 근육 수축 시 액틴 분자와 결합한다. 액틴과 미오신의 상호작용이 일어나기 위해서는, 트로포닌이 변형되어 트로포미오신이 움직이고 그 결과 액틴의 활성부위가 노출되어야만 한다.

칼슘 이온은 액틴 분자의 활성부위를 "노출"시켜 수축이 일어나게 하는 "작용"을 한다. 칼슘 이온이 트로포닌에 결합하면 단백질의 구조가 변해, 활성부위를 덮고 있던 트로포미오신의 위치가 옆으로 옮겨진다. 그 결과 액틴과 미오신이 결합할 수 있게 되어 수축이 시작된다. 근육세포질그물의 종말수조는 근육 수축을 일으키는 칼슘 이온의 저장고이다.

근육잔섬유의 미끄럼운동과 연결다리

Sliding Filaments and Cross-Bridges

근육원섬유마디가 수축할 때 I띠(I band)와 H띠(H zone)는 좁아지고 Z선(Z line) 사이는 가까워지며 근육잔섬유의 중첩부위는 넓어지지만, A띠(A band)의 길이는 변하지 않는다(**그림 7-3**). 이런 변화를 종합적으로 분석해 보면, 가는근육잔섬유들이 근육원섬유마디의 중앙을 향해 굵은근육잔섬유 사이사이로 미끄러져 들어가는 것으로 풀이된다. 이와 같은 설명을 **근육잔섬유미끄럼이론**(*sliding filament theory*)이라고 한다.

근육잔섬유의 미끄럼운동이 일어나기 위해서는, 굵은근육잔섬유의 미오신 머리부분과 가는근육잔섬유 활성부위의 결합이 일어나야 한다. 이들 두 구조가 상호작용을 할 때, 미오신 분자의 머리부분을 **연결다리**(**cross-bridge**)라고 부른다. 연결다리가 활성부위에 결합하면, 연결다리가 근육원섬유마디의 중앙 쪽으로 꺾어져(**그림 7-2e**) 가는근육잔섬유를 잡아당기게 된다. 그 후 연결다리는 활성부위와 분리되고 원래의 위치로 되돌아가, 한 손으로 밧줄을 잡아당기는 것과 비슷하게 "결합, 꺾임, 분리, 복귀"의 순환운동을 반복하게 된다.

체크포인트

4. 근육원섬유마디의 기본 구조를 설명할 수 있는가?
5. 광학현미경으로 볼 때 뼈대근육섬유가 줄무늬로 보이는 이유는 무엇인가?
6. 휴식 중인 뼈대근육섬유에서 칼슘 이온의 최대 농도를 예상하는 위치는 어디인가?

책 뒷면에 있는 파란색 정답 탭을 참조.

7

7-4 신경자극이 신경근육이음부를 통해 근육으로 전달된다

학습목표 신경근육이음부에서 시작되는 뼈대근육섬유의 수축과정을 단계별로 설명한다.

뼈대근육섬유는 신경계통의 운동명령을 받아 수축한다. 신경계통과 뼈대근육섬유 사이의 신호전달은 **신경근육이음부**(**neuromuscular junction, NMJ**)라는 특수한 세포사이연결 부위를 통해 일어난다.

그림 7-3 뼈대근육섬유의 수축 시 나타나는 근육원섬유마디의 변화.

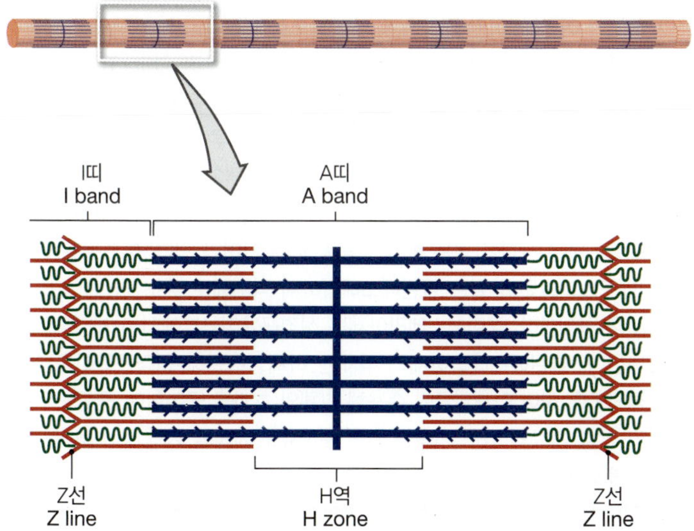

a 이완 상태의 근육원섬유마디에서 관찰되는 A띠, Z선, I띠의 위치와 길이.

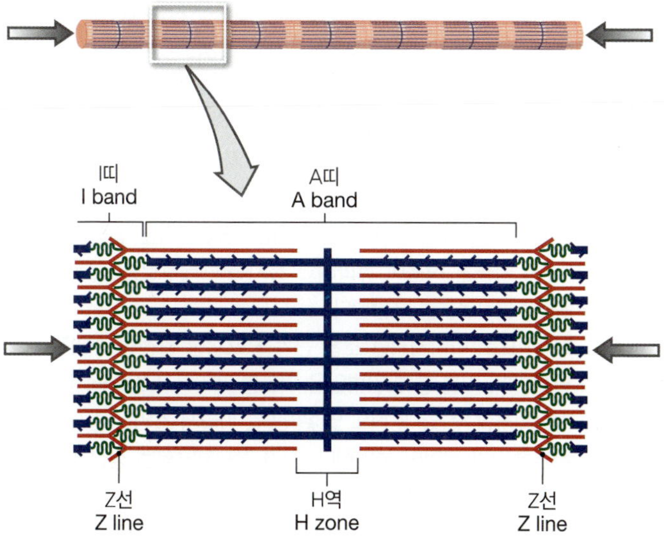

b 수축 시 A띠는 변하지 않고 Z선 사이의 거리가 좁아져 I띠의 길이가 짧아진다.

신경근육이음부 Neuromuscular Junction

모든 뼈대근육섬유는 **운동신경세포**(*motor neuron*)의 지배를 받는다. 운동신경세포의 축삭은 근육다발막 안에서 여러 가닥으로 분지하며, 이들은 각각 **축삭종말(axon terminal)**이라는 팽대부를 이루며 끝난다. 축삭종말은 뼈대근육섬유의 중앙 부위에 닿아 신경근육이음부를 형성한다.

축삭종말의 세포질 안에는 **아세틸콜린(acetylcholine)** 또는 **Ach**를 함유한 소포와 사립체가 들어 있다. 아세틸콜린은 신경세포가 다른 세포에게 신호를 전달할 때 방출하는 화학물질, 즉 **신경전달물질**(*neurotransmitter*)이다. 축삭종말에서 방출된 아세틸콜린은 근육세포막

7

임상노트

신경근육 차단 Neuromuscular Blockade

특정 응급 상황에서 환자를 화학적으로 마비시켜 호흡을 보조하거나 관리하기 위해 기관내삽관을 실시해야 한다. **빠른연속기관내삽관 또는 유도**(*rapid sequence intubation or induction, RSI*)라고 하는 이 절차는 말초신경과 뼈대근육의 연결인 신경근육이음부에 작용하는 약물 사용을 포함한다. 신경 자극은 신경을 따라 이동하고 관련 뼈대근육섬유를 자극(탈분극)하는 화학적 신경전달물질을 방출하여 수축을 일으킨다. 아세틸콜린은 신경근육 접합부의 주요 신경전달물질이다. 그 작용을 차단하면 뼈대근육(수의근육)이 이완된다.

신경근육이음부 차단에 두 가지 방법이 있다. 하나는 아세틸콜린을 대체하는 탈분극제 투여이다. 아세틸콜린과 달리 이러한 탈분극제는 장기간에 걸쳐 작용하여 지속적인 근육 탈분극 및 근육 마비를 유발한다. 자극 효과가 있기 때문에 특히 소아에서 투여 직후 연축(전신적, 비자발적 근육 경련)을 일으키는 경우가 많다. 대표적인 탈분극 신경근 차단제는 숙시닐콜린(아넥틴)이다. RSI에 가장 일반적으로 사용되는 신경근육 차단제이다.

신경근육이음부를 차단하는 다른 방법은 아세틸콜린이 신경 말단으로 재흡수되는 것을 차단하는 약물을 투여하는 것이다. 이것은 신경근 접합부에서 과잉의 아세틸콜린을 생성하고 근육의 자극을 억제한다. 이러한 약물은 영향을 받은 근육섬유를 탈분극시키지 않기 때문에 **비탈분극 차단제**(*nondepolarizing agent*)라고 한다. 이런 약물은 근육 연축을 일으키지 않는다. 이 부류의 약물은 작용이 큐라레와 유사하며 베쿠로늄, 로쿠로늄, 아트라큐리움 및 판쿠로늄을 포함한다.

환자를 화학적으로 마비시키면 호흡 근육을 포함한 완전한 수의적 근육 이완이 발생한다. 이를 통해 간병인은 기도를 제어하고 방해받지 않는 기계적 환기를 제공할 수 있다. 식도 및 위 근육, 따라서 조임근 긴장도 이완되어 구토와 흡인의 위험이 높아진다. 신경근육 차단제는 정신 상태나 통증 감각에 영향을 미치지 않으므로 신경근육 차단제를 투여하기 전에 환자를 진정시키거나 잠들게 해야 한다. 통증이 있거나 예상되는 경우 진통제를 투여해야 한다.

임상노트

신경근육이음부의 신호전달 장애 및 근육 마비

Interference at the NMJ and Muscular Paralysis

어떤 원인으로든 근육세포막의 활동전위 발생이 저해되면 근육의 마비가 일어난다. 두 가지가 주의깊게 살펴볼 내용이다.

보툴리누스중독증(botulism)은 독소가 들어 있는 통조림이나 훈제식품을 섭취했을 때 발생하는 질환이다. 세균에 의해 생성된 이 독소는 축삭종말에서 아세틸콜린이 방출되지 못하게 하여, 목숨이 위태로울 정도의 심한 근육마비를 일으킨다.

중증근육무력증(myasthenia gravis)은 운동종말판의 아세틸콜린 수용체가 줄어들어 서서히 근육마비가 일어나는 질환이다. 면역체계가 오작동하여 아세틸콜린 수용체를 공격하는 것이 그 원인이다. 이 질환의 발병에는 유전적인 요인이 크게 작용한다. 미국에서 이 질환의 유병률은 인구 10만 명당 2~10명 정도이다.

임상노트

중증근무력증 Myasthenia Gravis

중증근무력증(*myasthenia gravis*)은 근육 약화와 피로를 특징으로 하는 자가면역질환이다. 수의근육을 반복적으로 사용할 때 특히 두드러진다. 아세틸콜린 수용체에 대한 항체는 신경근육이음부에서 아세틸콜린 수용체 기능을 손상시켜 다양한 정도의 운동 약화를 유발한다. 근력 약화는 근위 근육에서 가장 두드러지며 일반적으로 휴식을 취하면 완화된다.

중증근무력증의 징후와 증상은 매우 다양할 수 있다. 첫 번째 증상은 일반적으로 눈 근육 약화와 눈꺼풀 처짐이다. 안면 근육은 종종 약해져 근무력증 으르렁거림(myasthenic snarl)으로 알려진 독특한 미소를 유발할 수 있다. 병이 진행됨에 따라 환자는 삼키는 데 문제가 생기고 머리를 똑바로 세우기가 어렵다. 이런 증상은 몸통 근육으로 퍼진다.

중증근무력증 진단은 일반적으로 Tensilon 검사로 한다. Tensilon을 투여하기 전에 환자에게 물고 씹을 수 있는 사과가 주어진다. 그 후, 콜린에스테라제 억제제인 **염화에드로포늄**(*Tensilon*)을 투여한다. 투여 후, 환자에게 사과를 물고 씹어 보라고 한다. Tensilon 투여 후 근력과 사과 섭취 능력의 현저한 증가는 진단을 내리는 데 도움이 된다. 중증 근무력증에서 에드로포늄은 사과를 먹는 환자의 능력에 큰 차이가 있다. 에드로포늄 또는 네오스티그민과 같은 콜린에스테라아제 억제제는 효소 콜린에스테라아제를 억제한다. 콜린에스테라아제는 신경근육이음부에서 아세틸콜린을 분해한다. 콜린에스테라아제의 억제는 아세틸콜린이 신경근육이음부에 축적되도록 하여 아세틸콜린 수용체 항체의 효과를 극복한다. 중증근무력증의 만성 치료의 경우 지속성 콜린 분해효소 제제를 사용하여 뼈대근육 약화를 예방할 수 있다.

지식 쌓기

신경세포는 세포막에 발생한 전기자극을 이용하여 신호를 전달하는데(**4장: 생명체의 조직 구성** 참조), 같은 현상이 뼈대근육섬유의 세포막에도 일어난다. (전기자극에 대한 자세한 내용은 8장에서 자세히 설명함)

임상노트

사후경축 Rigor Mortis

사람이 죽으면, 혈액순환이 멎어 뼈대근육의 산소와 영양소 공급이 중단된다. 사망 후 몇 시간이 지나면, 뼈대근육섬유의 ATP가 고갈되어 근육세포질 내 칼슘 이온이 근육세포질그물 안으로 운반되지 못하게 된다. 이런 상태에서 세포외액의 칼슘 이온이 근육세포질로 유입되거나, 근육세포질그물 안의 칼슘 이온이 새어 나오면 근육의 지속적인 수축이 일어나게 된다. ATP가 없으면 연결다리가 분리되지 못하기 때문에, 근육이 수축 상태로 굳어 있게 된다. 전신의 뼈대근육에 이런 현상이 일어나며, 그 결과 시신이 "나무토막처럼 뻣뻣해진다". 이와 같은 상태를 사후경축이라고 부른다. 사후경축은 자가용해(autolysis) 기전에 의해 용해소체효소(lysosomal enzyme)이 유리되고, 이로 인해 근육잔섬유가 분해될 때까지 지속된다. 사후경축은 사망한 지 2~7시간 후부터 시작하여 1~6일 후에 끝난다. 사후경축의 시작과 종료 시간은 온도 등의 환경 요인에 의해 달라진다.

(sarcolemma)에 변화를 일으켜 뼈대근육섬유의 수축을 유발한다.

축삭종말과 근육세포막 사이에는 **연접틈새(synaptic cleft)**라는 좁은 틈새가 있다. 이 부위의 근육세포막을 **운동종말판(motor end plate)**이라고 하는데, 이곳에는 아세틸콜린과 결합하는 수용체(receptor)가 존재한다. 또한 연접틈새와 운동종말판에는 아세틸콜린을 분해하는 **아세틸콜린에스테라아제(acetylcholinesterase, AChE)**가 들어 있다.

신경세포는 근육세포막에 **활동전위(action potential)**라고 하는 전기자극을 일으킴으로써 뼈대근육세포를 수축시킨다. 이 과정이 **집중 조명 그림 7-4**에 잘 요약되어 있다.

수축주기 The Contraction Cycle

근육세포막에 발생한 활동전위에 의해 근육의 수축이 유발되는 촉발점은 세동이(triad) 부위이다. 여기서 활동전위가 가로세관을 따라 퍼지면 종말수조 안에 저장되어 있던 칼슘 이온이 세포질로 쏟아져 나온다. 그 결과 세포질의 칼슘 이온 농도가 높아지면 근육 수축이 시작된다. 이후 진행되는 근육수축 기전은 **집중 조명 그림 7-5**를 참고한다.

그림 7-6에는 아세틸콜린 방출부터 수축이 종료되어 근육이 이완될 때까지의 전체 과정이 잘 요약되어 있다.

임상노트

파상풍 Tetanus

어른들이 아이에게 녹슨 못을 만지지 못하게 주의 주는 모습을 본 적이 있을 것이다. 이때 걱정의 대상이 되는 것은 녹이나 못 자체가 아니라 *Clostridium tetani*라는 세균인데, 이 세균이 감염되어 일으키는 질환을 파상풍이라고 한다. 같은 용어가 사용되기는 하지만, 파상풍은 신경자극에 대한 근육의 반응을 일컫는 강축(tetanus)과는 아무 관계가 없다. *Clostridium*은 거의 모든 곳에서 발견되는 흔한 세균이지만, 산소가 희박한 곳에서만 활발히 증식하는 특징이 있다. 그렇기 때문에, 칼날에 베여 피가 나는 상처보다 못에 깊숙이 찔리는 경우가 파상풍에 걸릴 위험이 높다.

체내에서 이 세균이 증식하면, 중추신경계통에 영향을 미치는 강력한 독소가 생성된다. 그중에서도 뼈대근육을 지배하는 운동신경세포들이 이 독소에 특히 민감하다. 파상풍독소는 운동신경세포의 활성 조절기전을 억제하여, 전신의 뼈대근육을 지속적으로 강하게 수축시킨다.

파상풍의 잠복기(incubation period, 감염 후 증상이 나타날 때까지의 기간)는 대개 2주 미만이다. 흔히 나타나는 초기 증상은 두통, 근육경직, 삼킴곤란 등이다. 증상 발현 후 조금 지나면 입을 벌리기가 어려워지기 때문에, 파상풍을 "**입벌림장애**(*lockjaw*)"라고 부르기도 한다. 초기 증상 발현 후 2~3일 내에 전신의 근육연축이 나타나, 약 1주일 동안 지속되었다가 점차 완화된다. 이 기간을 지나 살아남은 환자들은 2~4주 뒤 후유증 없이 완쾌된다.

파상풍은 사망률이 40~60%에 이르는 무서운 병이지만, 다행히 예방접종을 통해 발병을 막을 수 있다. 전 세계적으로 매년 약 50만 명의 파상풍 환자가 발생하지만, 그중 미국인은 100명 정도밖에 안 된다. 예방접종 프로그램이 잘 시행되고 있기 때문이다. (처음 예방접종을 한 뒤, 10년마다 추가접종하는 방법이 권장되고 있음.) 예방접종을 하지 않아 파상풍이 발병한 경우에는, **항독소**(antitoxin, *human tetanus immuno globulin*)를 주사하면 심한 증상의 발현을 방지할 수 있다. 하지만 이런 치료방법은 이미 발현된 증상을 완화시키지는 못한다.

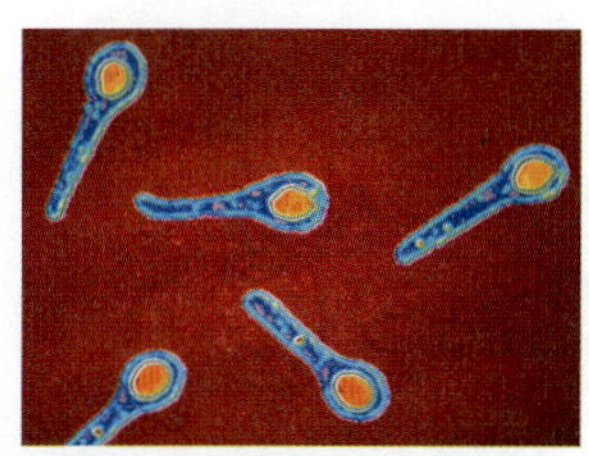

Clostridium tetani

집중 조명 그림 7-4 신경근육이음부의 신호전달 기전(EVENTS AT THE NEUROMUSCULAR JUNCTION)

하나의 축삭이 분지하여 여러 뼈대근육섬유의 수축을 조절한다.
신경근육이음부는 뼈대근육섬유마다 하나씩 존재한다.
신경근육이음부는 축삭종말과 운동종말판으로 이루어져 있다.

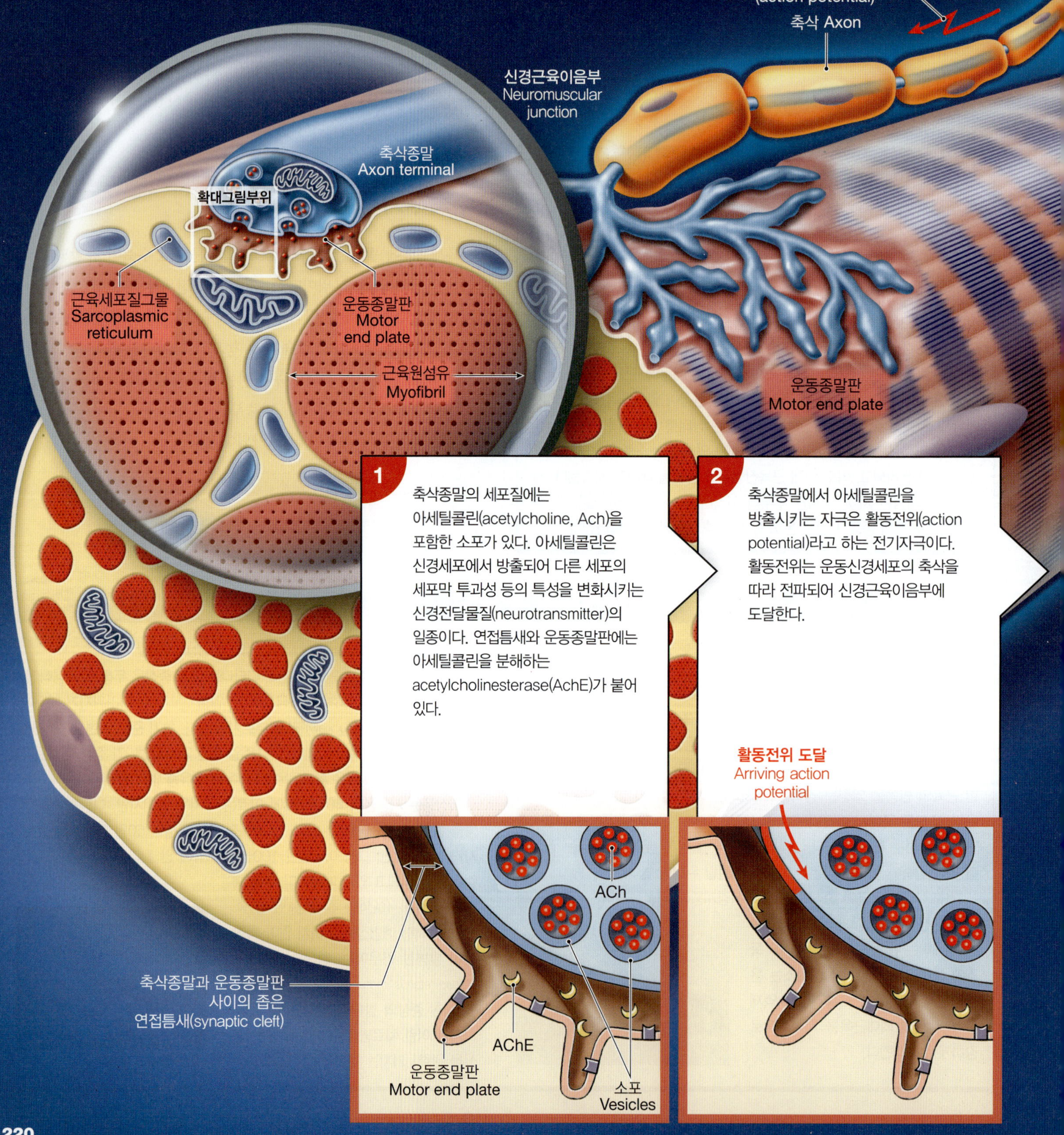

1 축삭종말의 세포질에는 아세틸콜린(acetylcholine, Ach)을 포함한 소포가 있다. 아세틸콜린은 신경세포에서 방출되어 다른 세포의 세포막 투과성 등의 특성을 변화시키는 신경전달물질(neurotransmitter)의 일종이다. 연접틈새와 운동종말판에는 아세틸콜린을 분해하는 acetylcholinesterase(AchE)가 붙어 있다.

2 축삭종말에서 아세틸콜린을 방출시키는 자극은 활동전위(action potential)라고 하는 전기자극이다. 활동전위는 운동신경세포의 축삭을 따라 전파되어 신경근육이음부에 도달한다.

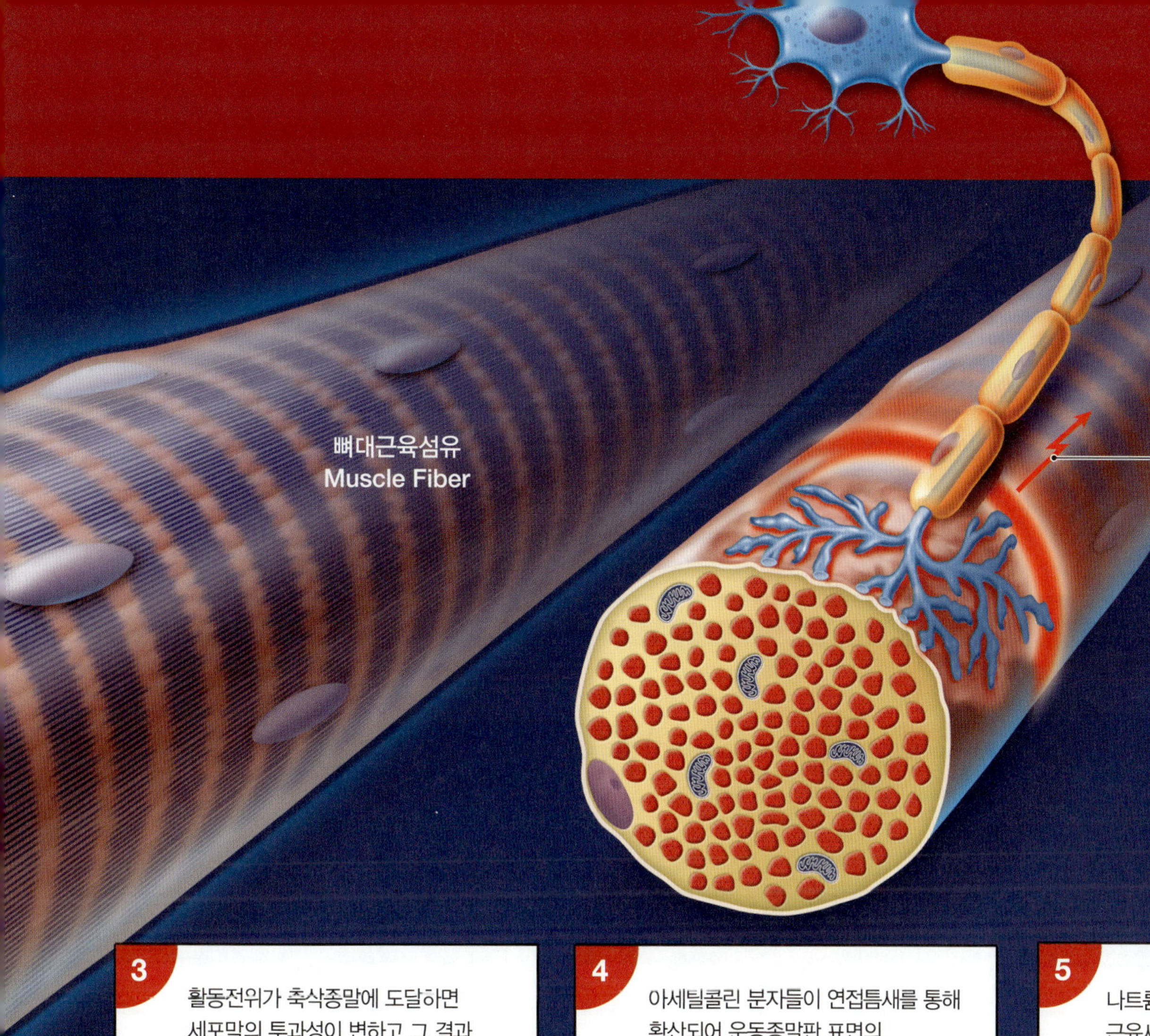

운동종말판에 발생한 활동전위가 근육세포막 전체로 파급된다.

활동전위는 근육세포막 표면에 불꽃이 튀기는 것 같은 전기 현상이기 때문에 활동전위는 순식간에 퍼져 나간다. 하지만 이와 같은 현상은 곧 끝난다. 축삭종말에 활동전위가 연달아 도달하지 않는 한, 방출된 아세틸콜린이 분해되어 더 이상 운동종말판에 자극이 가해지지 않기 때문이다.

3

활동전위가 축삭종말에 도달하면 세포막의 투과성이 변하고 그 결과 아세틸콜린이 세포외배출(exocytosis) 기전에 의해 연접틈새(synaptic cleft)로 방출된다. 세포외배출이란 소포의 막이 세포막에 융합되어 소포내용물이 방출되는 것을 말한다.

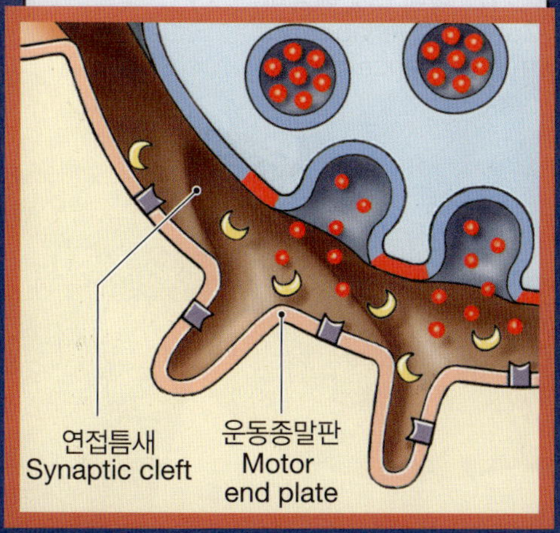

4

아세틸콜린 분자들이 연접틈새를 통해 확산되어 운동종말판 표면의 아세틸콜린수용체에 결합하며, 그 결과 근육세포막의 나트륨 이온 투과성이 변화한다. 나트륨 이온(Na^{+})은 세포외액에 많고 세포내액에는 적기 때문에 대량의 나트륨 이온이 근육세포질 안으로 유입된다.

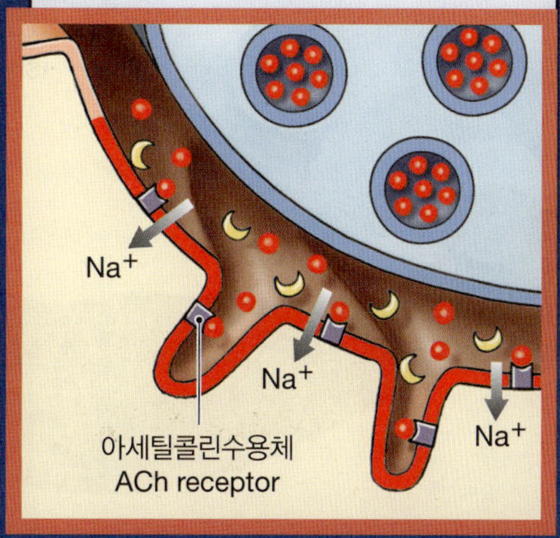

5

나트륨 이온의 급격한 유입으로 인해 근육세포막에 활동전위가 발생한다. 연접틈새와 운동종말판에 존재하는 AchE에 의해 아세틸콜린이 빠른 속도로 분해되어, Ach 수용체가 비활성화된다.

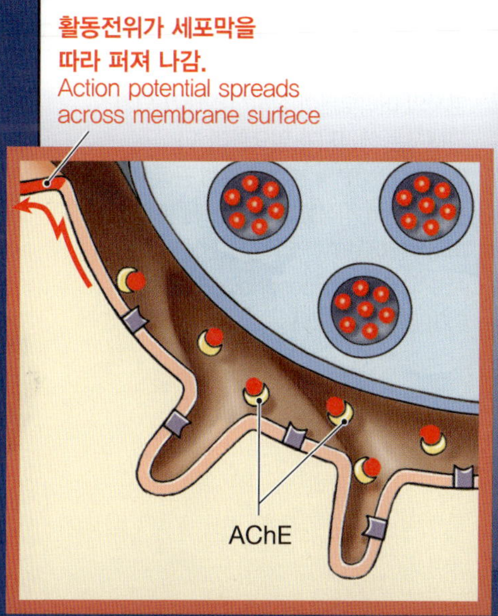

집중 조명 그림 7-5 수축주기(CONTRACTION CYCLE)

1 수축주기 시작

굵은근육잔섬유(thick filament)와 가는근육잔섬유(thin filament)가 서로 중첩된 부위에 칼슘 이온이 도달하면 일련의 연쇄반응이 시작된다.

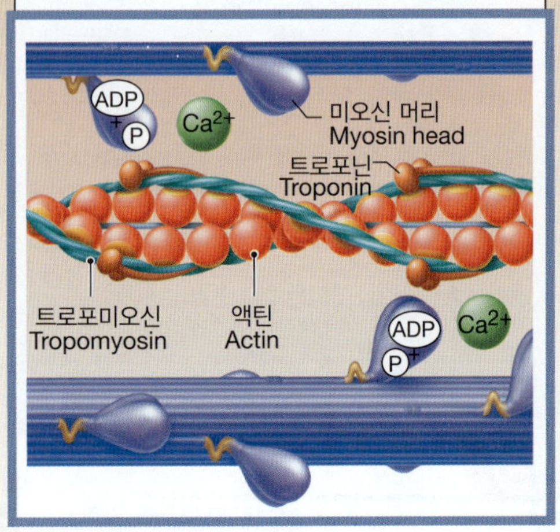

2 활성부위(Active-Site) 노출

트로포닌(troponin)에 칼슘 이온이 결합하면 액틴과 트로포닌-트로포미오신 복합체의 결합이 느슨해져, 가는근육잔섬유의 활성부위가 노출된다

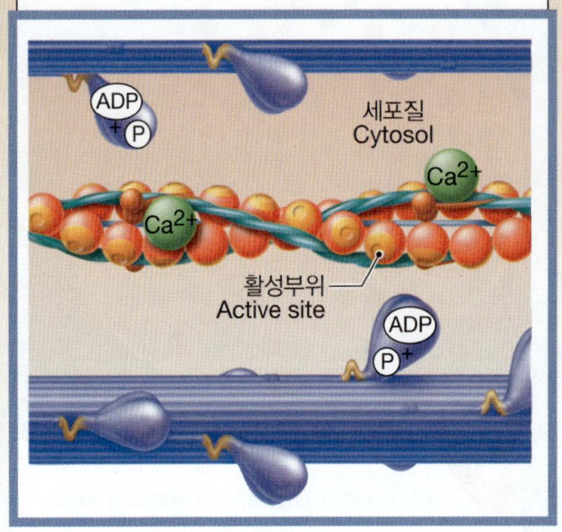

3 연결다리(Cross-Bridge) 형성

가는근육잔섬유의 활성부위가 노출되면 미오신 분자의 머리부분이 활성부위에 결합하여 연결다리를 형성한다.

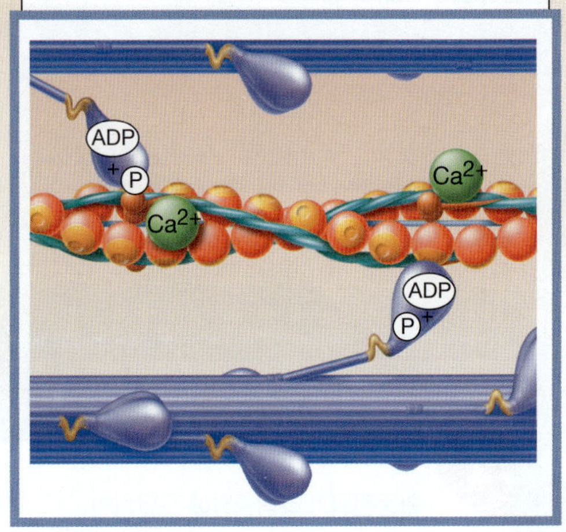

이완 상태의 근육원섬유마디(sarcomere)

근육원섬유마디가 이완 상태일 때, 이미 미오신 분자의 머리부분에는 수축에 사용할 에너지가 저장되어 있다. 미오신 분자의 머리부분은 M선(M line) 반대쪽을 향하고 있다. 이때의 미오신 머리부분은 쥐덫의 스프링을 젖혀 놓은 것 같은 상태이다. 이렇게 미오신 분자의 머리부분이 젖혀진 상태가 되기 위해서는 에너지가 필요한데, 이 에너지는 ATP의 분해를 통해 공급된다. 수축기전이 시작될 때의 미오신 분자 머리부분에는 ATP의 분해 산물인 ADP와 인산염(phosphate, 그림의 P)이 결합되어 있다.

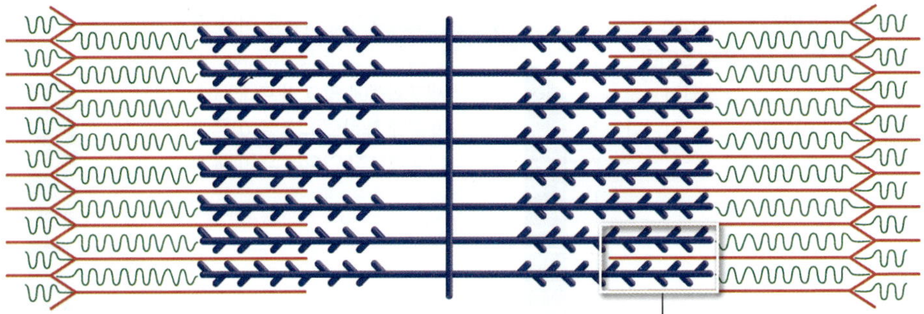

중첩부위(수축기전 확대도에 해당하는 곳)
Zone of Overlap
(shown in sequence above)

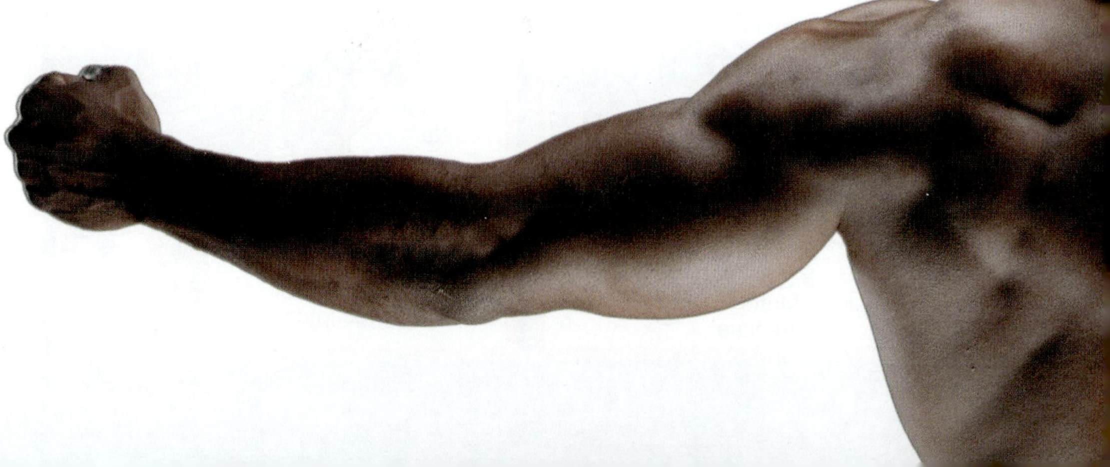

4 Myosin 분자 머리부분의 꺾임

연결다리 활성 후 저장되어 있던 에너지가 사용되면서 미오신 분자의 머리부분이 M선 쪽으로 꺾어진다. 이 움직임을 파워스트록(power stroke)이라고 하며, 이때 결합되어 있던 ADP와 인산염이 떨어져 나온다.

5 연결다리 분리

미오신 분자의 머리부분에 새로운 ATP가 결합하면, 액틴의 활성부위와 미오신 사이의 결합이 분리된다. 이렇게 되면 활성부위가 노출되어 새로운 연결다리를 형성할 수 있는 준비상태가 된다.

6 미오신의 재활성화

미오신 분자의 머리부분에서 ATP가 ADP와 P로 분해되면 미오신이 재활성화된다. 이때 방출된 에너지가 미오신 분자의 머리부분을 젖히는 데 사용된다.

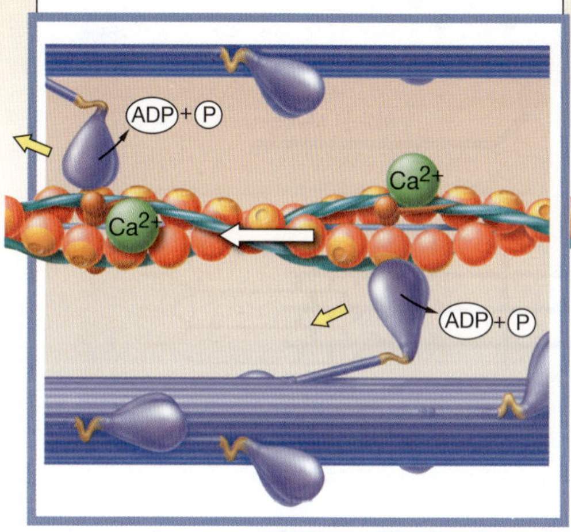

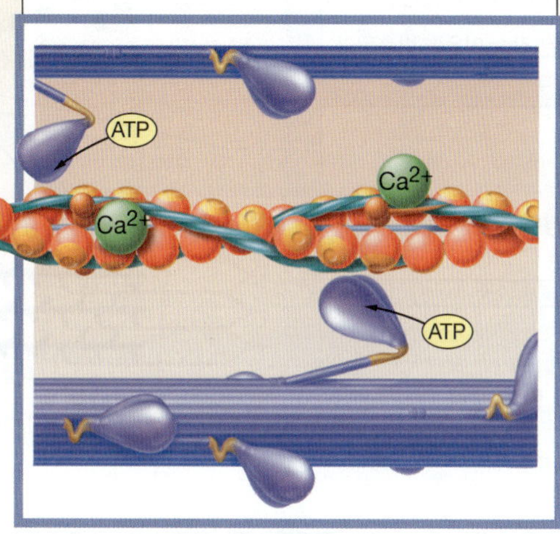

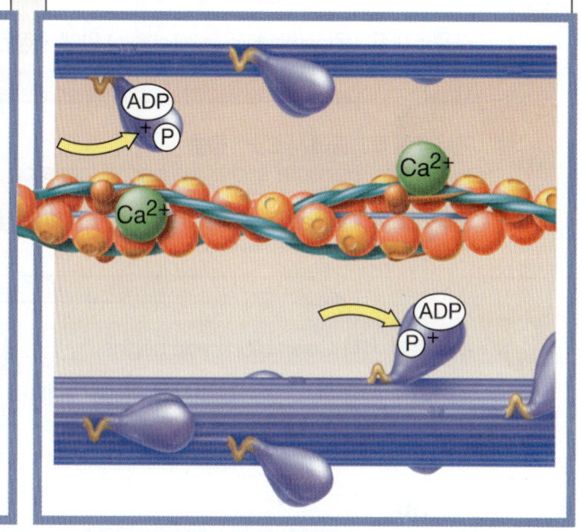

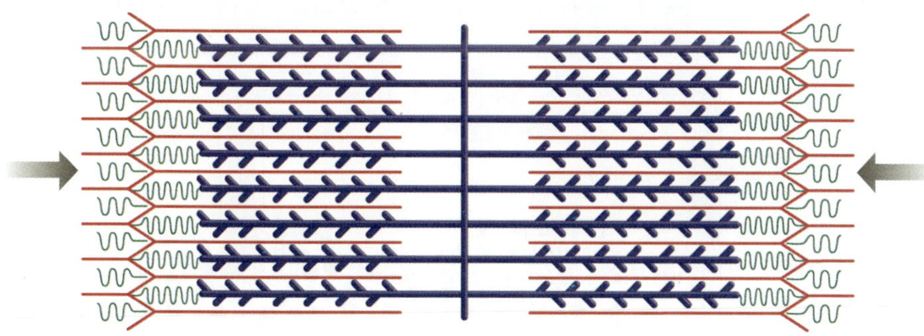

근육원섬유마디의 수축

칼슘 이온 농도가 높고 ATP가 충분하면 위의 수축기전이 1초에 몇 번씩 계속 반복된다. 칼슘 이온 농도가 유지되기 위해서는 활동전위가 가로세관(T tubule)에 연속적으로 파급되어 종말수조(terminal cistern)를 자극해야만 한다. 이런 자극이 사라지면 세포질 내 칼슘 이온이 근육세포질그물(sarcoplasmic reticulum) 안으로 능동운반되어 종말수조 안에 저장된다. 그 결과 트로포닌 분자가 원래 위치로 되돌아가서 트로포미오신이 활성부위를 가려서 더 이상 연결다리가 만들어지지 못하게 된다.

그림 7-6 뼈대근육의 수축과 이완 과정.

수축을 유발하는 과정 Steps that Initiate a Muscle Contraction

1 **ACh 방출** ACh released

신경근육이음부에서 방출된 ACh이 근육세포막에 있는 수용체에 결합한다.

2 **활동전위가 가로세관에 도달** Action potential reaches T tubule

활동전위가 발생하여 근육세포막과 가로세관(T tubule)을 따라 전파된다.

3 **근육세포질그물에서 Ca^{2+} 방출** Sarcoplasmic reticulum releases Ca^{2+} ions

근육세포질그물(sarcoplasmic reticulum) 안에 저장된 칼슘 이온이 방출된다.

4 **근육세포질그물에서 Ca^{2+} 방출**
Active site exposure and cross-bridge formation

근육세포질그물(sarcoplasmic reticulum) 안에 저장된 칼슘 이온이 방출된다.

5 **수축주기 시작** Contraction cycle begins

ATP가 분해될 때 나오는 에너지에 의해 "연결다리 형성, 꺾임, 분리"의 과정이 반복되어 수축이 시작된다.

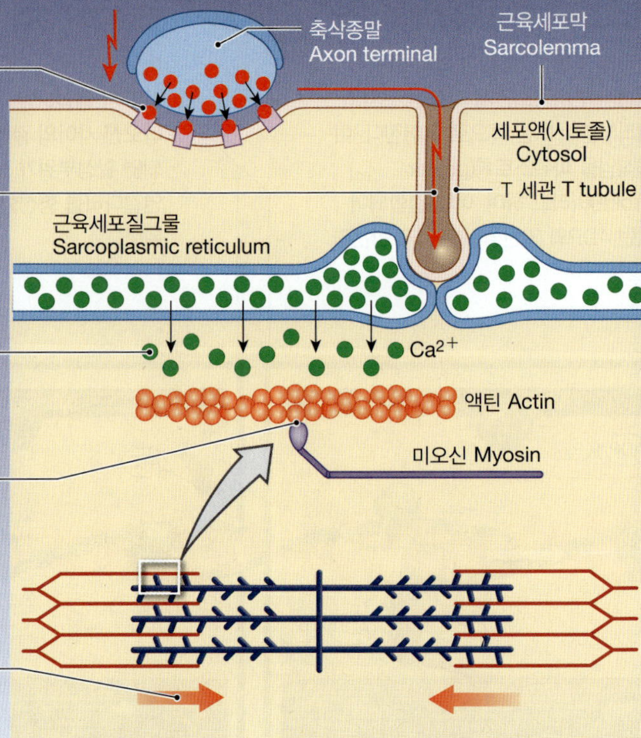

수축이 종료되는 과정 Steps that End a Muscle Contraction

6 **ACh 분해** ACh is broken down

Acetylcholinesterase(AChE)에 의해 ACh이 분해되면 활동전위 발생이 종료된다.

7 **근육세포질그물의 Ca^{2+} 재흡수**
Sarcoplasmic reticulum reabsorbs Ca^{2+} ions

근육세포질그물 안으로 칼슘 이온이 흡수되어 근육세포질 내 칼슘 농도가 낮아진다.

8 **활성부위 숨김 및 연결다리 형성 종료** Active sites covered, and cross–bridge formation ends

칼슘 이온 농도가 평상시 수준으로 떨어지면 트로포미오신의 위치가 원상태로 되돌아가, 가는근육잔섬유의 활성부위가 가려지게 된다.

9 **수축주기 종료** Contraction ends

연결다리가 형성되지 못해 수축이 종료된다.

10 **근육 이완** Muscle relaxation occurs

수동적인 기전에 의해 근육섬유가 길어져 이완 상태의 길이가 된다.

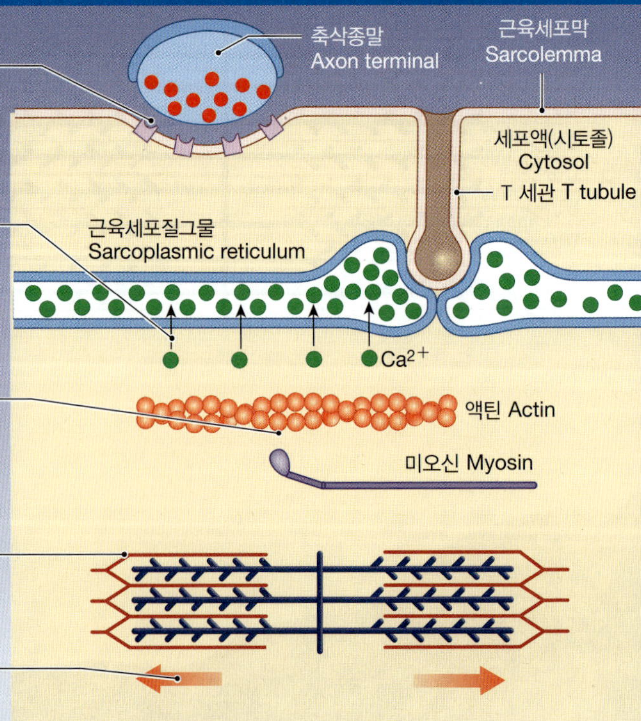

체크포인트

7. 신경근육 이음부에 대해 설명하시오.
8. 아세틸콜린 방출을 차단하는 약물이 근육 수축에 어떤 영향을 주는가?
9. 근육세포막이 갑자기 칼슘 이온에 대한 투과성이 매우 높아지면 휴식 중인 뼈대근육에 어떤 일이 일어나는가?

책 뒷면에 있는 파란색 정답 탭을 참조.

7-5 근육원섬유마디가 짧아져 근육섬유가 수축하면 장력이 발생한다

학습목표 근육 수축의 유형들을 설명한다.

앞에서 뼈대근육섬유의 수축기전에 대해 살펴보았다. 이 단락에서는 뼈대근육섬유들의 협동수축과 그 역학에 대해 공부한다.

근육조직을 구성하는 각각의 근육세포들은 결합조직에 의해 서로 붙어 있다. 근육세포가 수축하면, 결합조직의 아교섬유(collagen fiber)가 당겨져 **장력(tension)**이 발생한다. 장력이란 어떤 물체를 가까이 끌어당기는 힘을 말한다. 그러나 실제로 운동이 일어나려면, 물체에 가해진 장력이 **저항-운동에 맞서는 반대 방향의 힘(resistance)**보다 커야 한다. 저항의 크기는 물체의 무게, 모양, 마찰 등 다양한 요인에 의해 정해진다. 반면, **압력(compression)**은 물체를 멀리 밀어내는 힘이다. 근육세포는 수축(길이가 짧아져 장력을 발생시킴)만 가능할 뿐, 능동적으로 길이가 늘어나 압력을 발생시키지는 못한다.

하나의 뼈대근육섬유에서 발생하는 장력은 꺾임운동이 일어나는 연결다리의 수에 따라 결정된다. 하나의 뼈대근육섬유가 수축할 때, 그 안에 포함된 모든 근육원섬유마디(sarcomere)의 길이가 짧아진다. 수축에 참여하는 근육원섬유마디의 수를 조절하여 장력의 크기를 변화시키는 조절기전은 없다. 뼈대근육섬유는 완전히 수축하거나 완전히 이완되는 두 가지 상태만 가능하다.

그러나 수축 시 발생하는 장력은

1. 수축 시작 시 뼈대근육섬유의 길이(굵은근육잔섬유와 가는근육잔섬유의 중첩 정도)
2. 신경자극의 빈도(근육세포질 내 칼슘 이온 농도와 트로포닌에 결합한 칼슘 이온의 양)에 따라 달라진다.

뼈대근육을 구성하는 뼈대근육섬유들 중 일부가 동시에 수축하면, 그 뼈대근육 전체의 길이가 짧아진다. 뼈대근육이 수축할 때 발생하는 장력은

1. 신경자극의 빈도
2. 수축에 참여하는 뼈대근육섬유의 수에 따라 결정된다.

뼈대근육섬유에 가해진 신경자극의 빈도

Frequency of Muscle Fiber Stimulation

뼈대근육섬유가 한 번의 자극을 받아 수축했다가 이완되는 것을 **단일수축(twitch)**이라고 한다. 단일수축의 길이는 안구근육의 경우 7.5 msec 정도로 짧고, 장딴지에 있는 가자미근(soleus muscle)의 경우 100 msec 정도로 길다. 단일수축 시 발생하는 장력을 기록한 그림을 근육운동도(*myogram*)라고 한다. **그림 7-7**은 장딴지근(*gastrocnemius muscle*)이 40 msec 동안 단일수축할 때 기록한 근육운동도이다.

- 자극을 받았을 때부터 약 2 msec 동안을 **잠복기(latent period)**라고 한다. 이 기간 동안 근육세포막을 따라 활동전위가 파급되어, 근육세포질그물 안의 칼슘 이온이 세포질로 방출된다. 아직 수축이 시작되지 않았기 때문에, 장력도 전혀 발생하지 않는다.
- 장력이 최대치까지 올라가는 시기를 **수축기(contraction phase)**라고 한다. 이 기간 동안 연결다리와 액틴잔섬유(actin filament) 활성부위와 상호작용이 일어난다. 자극을 받은 지 약 15 msec 후에 장력이 최대치에 이른다.
- 장력이 점점 낮아지는 시기를 **이완기(relaxation phase)**라고 한다. 이 기간 동안 근육세포질 내 칼슘 농도가 낮아져 활성부위가 가려지고, 그에 따라 연결다리의 수가 감소한다. 이완기의 길이는 25 msec 정

그림 7-7 단일수축과 그에 따른 장력의 발생.

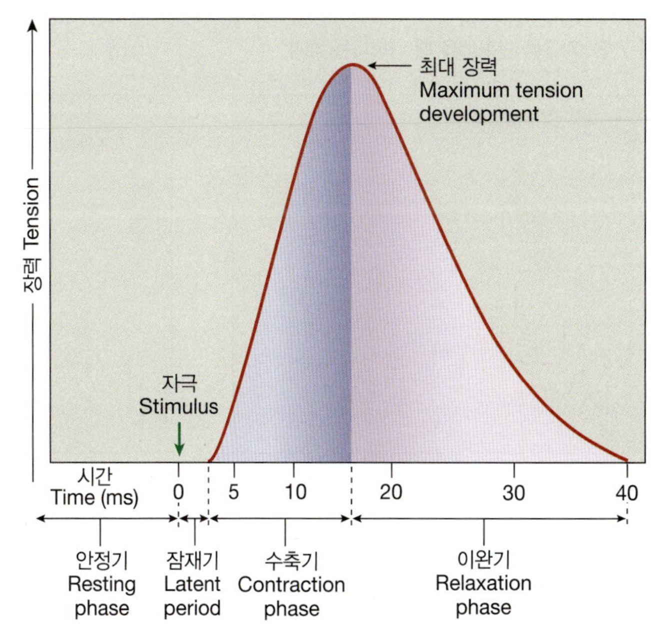

임상노트

근이영양증(근디스트로피, 근육퇴행위축) The Muscular Dystrophies

근육섬유의 구조적 및 기능적 단백질을 코딩하는 유전자의 이상은 집합적으로 **근이영양증**(*muscular dystrophy*)으로 알려진 여러 유전 질환의 원인이 된다. 점진적인 근육 약화 및 악화를 유발하는 이러한 상태는 근육세포막 또는 내부 단백질 구조의 비정상적 결과이다. 가장 잘 알려진 예는 *Duchenne* **근이영양증**으로 대개 3~7세의 남성에서 발생한다.

7

도이다.

단일 자극은 단일 수축을 일으키지만 이런 단일 수축만으로는 아무 일도 할 수 없다. 근육이 움직이기 위해서는, 연속적인 신경자극에 의해 지속적인 수축이 일어나야만 한다.

가중과 불완전강축 Summation and Incomplete Tetanus

이완기가 끝나기 전에 두 번째 신경자극이 가해지면, 첫 번째보다 더 강한 수축이 일어난다. 이렇게 단일수축이 더해져 강한 수축이 일어나는 것을 **가중(summation)**이라고 한다(그림 7-8a). 근육이 이완되기 전에 반복적인 신경자극이 계속 가해지면, 장력이 점점 증가하여 최대치에 이르게 된다(그림 7-8b). 근육의 수축과 이완을 빠르게 반복하면서 장력이 거의 최대치에 다다른 상태를 **불완전강축(incomplete tetanus)**이라고 한다. 대개의 경우, 근육이 수축할 때 수축에 참여하는 뼈대근육섬유들은 대개 불완전강축 상태에 있게 된다.

완전강축 complete tetanus

이완기가 전혀 나타나지 않을 만큼 신경자극의 빈도를 높이면 장력이 최대치에 이르게 되는데, 이 상태를 **완전강축(complete tetanus**, 그림 7-8c)이라고 한다. 너무나도 빨리 발생하여 근육세포질그물 안으로 칼슘 이온이 운반될 사이도 없으며, 그 결과 세포질 내 칼슘 이온 농도가 높게 유지되어 수축이 지속되는 것이다.

활성화된 뼈대근육섬유의 수

Number of Muscle Fibers Activated

뼈대근육의 수축이 일어날 때 발생하는 장력은 다양한 강도로 조절되며, 그 결과 부드러운 운동이 가능해진다. 수축 시 자극을 받는 뼈대근육섬유의 수를 변화시켜 이와 같은 조절이 이루어진다.

일반적으로 뼈대근육은 수천 개의 뼈대근육섬유로 구성되어 있다. 하나의 운동신경세포가 단 하나의 뼈대근육섬유를 지배하는 경우도 있지만, 대부분의 신경세포들은 여러 개의 축삭종말을 내어 수백~수천 개의 뼈대근육섬유를 지배한다. 이 경우, 하나의 운동신경세포와 그 지배를 받는 뼈대근육섬유의 집단을 **운동단위(motor unit)**라고 한다.

운동단위의 크기는 얼마나 세밀한 운동조절이 가능한지를 나타내는 척도가 된다. 극도로 세밀한 조절이 필요한 안구근육의 경우에는 하나의 운동신경세포가 2~3개의 뼈대근육섬유를 지배한다. 반면 이런 세밀한 운동조절이 필요하지 않은 다리근육의 경우에는 약 2천 개의 뼈대근육섬유들이 하나의 운동신경세포로부터 신경자극을 받는다.

뼈대근육 안에는 여러 운동단위에 속한 뼈대근육섬유들이 서로 뒤섞여 있다(그림 7-9). 이와 같은 분포양상 때문에, 자극을 받은 운동단

그림 7-8 자극을 반복했을 때 나타나는 효과.

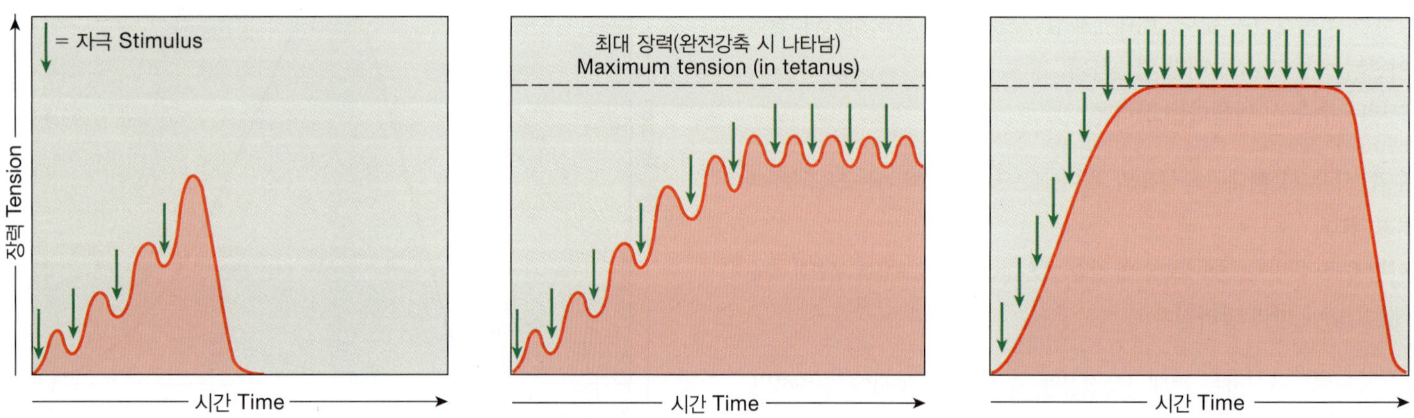

a **가중** Summation.
이완기(relaxation phase)가 끝나기 전에 다시 자극을 가하면 이전보다 더 큰 장력이 발생하는 가중 현상이 나타난다.

b **불완전강축** Incomplete tetanus.
자극의 빈도를 더욱 높이면 불완전강축이 일어난다. 이완기가 매우 짧아서 장력이 높아진 상태가 유지된다.

c **완전강축** Complete tetanus.
이완기가 나타나지 않을 만큼 자극의 빈도가 높아지면 완전강축이 일어나 최대 장력이 발생된다.

그림 7-9 뼈대근육을 구성하는 운동단위들의 배열. 하나의 운동신경세포와 그 지배를 받는 근육섬유들의 집단을 운동단위라고 한다. 근육 안에는 여러 운동단위에 속한 근육섬유들이 뒤섞여 있다. 따라서 어느 운동단위가 수축하더라도 힘줄에 가해지는 장력의 방향은 거의 같다.

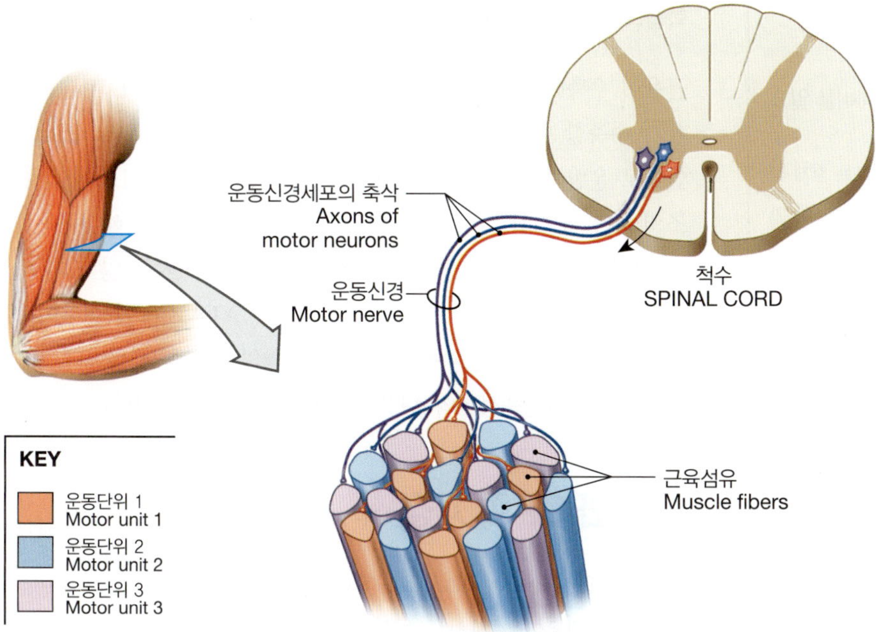

위의 수가 변하더라도 힘줄(tendon)에 가해지는 장력의 방향은 변하지 않는다. 어떤 팔동작을 하려고 마음을 먹으면 척수(spinal cord)의 운동신경세포들 중 일부가 활성화된다. 처음에는 매우 소수의 운동단위가 자극을 받아 수축이 시작되고, 이후 점점 더 많은 수의 운동단위들이 자극을 받게 된다. 이와 같이 신경자극을 받는 운동단위가 점점 많아지는 현상을 **활성운동단위증가(recruitment)**라고 하며, 이를 통해 장력이 서서히 증가하여 부드러운 운동이 이루어지게 된다.

근육 안의 모든 운동단위들이 완전강축(complete tetanus) 상태로 수축할 때, 그 근육의 최대 장력이 발휘된다. 그러나 이와 같은 근육수축은 에너지가 바로 고갈되어 버리기 때문에 오래 지속되지 못한다. 근육이 지속적인 수축을 하고 있을 때, 그 안의 운동단위들은 서로 번갈아 수축하여 실제로는 간간이 휴식을 취하고 있다. 따라서 오랫동안 근육수축을 유지할 경우에는 최대 장력이 발생하지 않는다.

근육긴장도 Muscle Tone

이완 상태의 근육이라 하더라도, 그 안의 여러 운동단위 중 일부는 수축을 하고 있다. 이 운동단위들은 운동을 일으킬 만큼의 장력을 발생시키지는 않지만, 근육을 긴장시키고 단단하게 만드는 역할을 한다. 이와 같은 이완 상태의 장력을 **근육긴장도(muscle tone)**이라고 한다. 근육긴장도가 낮은 뼈대근육은 물렁물렁하고 흐늘흐늘한 반면, 근육긴장도가 높은 뼈대근육은 단단하다. 근육긴장도는 뼈와 관절의 위치를 고정시키는 기능을 한다. 예를 들어 자세와 평형유지에 관여하는 근육들은, 늘 상당수의 운동단위가 자극을 받아 자세유지에 필요한 장력을 발생시키고 있다.

운동신경세포로부터 일정 빈도 이상의 자극을 받지 못하는 뼈대근육은 **위축(atrophy)**이 일어난다. 위축이란 뼈대근육섬유들이 작아지고 힘이 약해지는 것을 말한다. 척수 또는 기타 신경계통의 손상을 입어 근육 마비가 일어난 환자의 경우, 마비된 근육의 크기와 근육긴장도가 점차 줄어든다. 또한 일시적으로 근육을 사용하지 않았을 때도 근육위축이 일어날 수 있다. 예를 들어, 일정 기간 팔에 석고붕대를 감았다가 풀면 반대쪽에 비해 근육이 수척해진다. 가벼운 근육위축은 회복될 수 있는 가역적인 변화이다. 그러나 뼈대근육섬유는 한 번 죽으면 재생되지 않기 때문에, 심한 근육위축은 영구적인 기능장애를 남기게 된다. 따라서 일시적인 운동장애가 있는 환자의 경우 적절한 물리치료를 하는 것이 중요하다.

등장력수축과 등척수축 Isotonic and Isometric Contractions

근육의 수축은 발생되는 장력과 근육의 길이 변화에 따라 등장력수축과 등척수축으로 구분된다. **등장력수축(isotonic contraction)**은 장력에 의해 근육의 길이가 짧아지지만, 수축 기간 동안 일정한 장력이 유지되는 것을 말한다. 책상 위의 물건을 집어 올리거나, 걷고 뛰는 등의 운동이 등장력수축에 의한 것이다.

등척수축(isometric contraction)은 장력이 저항보다 낮아 근육의 길이가 변하지 않는 것을 말한다. 예를 들어, 잠긴 문을 밀거나 자동차를 들어 올리려고 애를 쓸 때 등척수축이 일어난다. 이와 같은 특수상황이 아니더라도, 똑바로 서거나 앉아 있을 때 중력에 대항하는 등척수축이 반사적으로 일어나고 있다.

일상적인 근육의 운동은 등장력수축과 등척수축의 조합에 의해 이루어진다. 앉아서 책을 읽을 때, 척주를 고정시켜 자세를 유지하는 근육들은 등척수축을 하고 있다. 책장을 다음 페이지로 넘길 때는 위팔, 아래팔, 손, 손가락의 근육들이 등장력수축을 한다.

수축이 끝난 후 근육의 길이 회복 Muscle Elongation Following Contraction

앞에서 설명했듯이, 뼈대근육섬유가 길어지는 것은 에너지 소모가 없는 수동적인 과정이다. 수축이 끝난 뒤 뼈대근육섬유는 탄력, 대항근

임상노트

신경 제어 기전의 장애
Interference with Neural Control Mechanisms

근육세포막에서 활동전위 생성을 방해하는 모든 상태는 근육 마비를 일으킬 것이다. 두 가지 예는 주목한다.

보툴리누스(*botulism*) 중독은 독소에 오염된 식품(종종 통조림 또는 훈제 식품) 섭취로 인해 발생한다. 세균인 **클로스트리디움 보툴리눔**(*Clostridium botulinum*)에 의해 생성된 독소는 시냅스 말단에서 ACh의 방출을 방지하여 잠재적으로 치명적인 근육 마비를 유발한다.

중증근무력증에서 볼 수 있는 진행성 근육 마비는 운동종말판에서 ACh 수용체의 손실로 인해 발생한다. 주요 원인은 면역계통에 의한 ACh 수용체에 대한 잘못된 공격이다. 유전적 요인이 이 상태를 발전시키는 데 중요한 역할을 한다.

7

의 수축, 중력에 의해 원래의 길이로 돌아간다.

뼈대근육섬유가 수축하여 근세포막(endomysium), 근육다발막(perimysium), 근육바깥막(epimysium), 힘줄(tendon)의 결합조직섬유를 잡아당기면, 이로부터 탄력이 발생한다. 이 섬유들이 약간의 탄력성을 띠고 있기 때문에, 그 반동력이 뼈대근육섬유 길이 회복을 도와준다.

대항근이 수축하면 더욱 빠른 속도로 근육의 길이가 원상태로 돌아간다. 예를 들어, 팔의 앞쪽에 있는 **위팔두갈래근**(*biceps brachii muscle*)이 수축하면 팔꿉관절이 굽혀지고, 팔 뒤쪽의 **위팔세갈래근**(*triceps brachii muscle*)이 수축하면 팔꿉관절이 펴진다. 위팔두갈래근이 수축할 때 위팔세갈래근은 이완되어 있다. 이 상태에서 위팔두갈래근이 이완되고 위팔세갈래근이 수축하면, 팔꿉관절이 펴지고 위팔두갈래근의 길이가 원상태로 길어진다.

중력도 수축 후 근육의 길이 회복에 도움을 줄 수 있다. 예를 들어, 위팔두갈래근을 완전히 수축시켜 팔꿉이 땅바닥을 향하게 했다고 상상해 보자. 근육이 이완되면 중력에 의해 아래팔이 밑으로 떨어져 위팔두갈래근이 길어지게 된다.

체크포인트

10. 뼈대근육이 발달하는 장력의 양을 결정짓는 요인은 무엇인가?

11. 뼈대근육의 운동 단위는 1,500개의 근섬유를 포함한다. 이 근육이 미세하고 섬세한 움직임에 관련될 것인가, 아니면 강력하고 거친 움직임에 관련될 것인가?

12. 뼈대근육이 단축되지 않고 수축할 수 있는가?

책 뒷면에 있는 파란색 정답 탭을 참조.

7-6 근육활동에 필요한 에너지는 ATP이다

학습목표 근육 수축에 필요한 에너지의 공급과 소모과정을 설명한다.

근육이 수축하기 위해서는 많은 양의 에너지가 필요하다. 뼈대근육섬유가 수축할 때, 칼슘 이온을 근육세포질그물(sarcoplasmic reticulum) 안으로 운반하는 데 소모되는 에너지를 제외하더라도, 1초에 약 600조의 ATP 분자가 소모된다. 수축 시작 전 이완 상태의 뼈대근육섬유에 이렇게 어마어마한 양의 에너지가 저장되어 있지는 않다. 따라서 뼈대근육섬유의 수축이 지속되기 위해서는 ATP 보충이 이루어져야 한다. 뼈대근육섬유는 수축 시 소모량만큼의 ATP를 생성한다. 이 단원에서는 뼈대근육섬유의 ATP 보충기전에 대해 살펴본다.

ATP와 CP의 저장 ATP and CP Reserves

ATP는 세포 내에서 에너지를 운반하는 기능을 하는 물질이지만, 에너지를 오랫동안 저장하는 기능은 없다. 이완 상태의 뼈대근육섬유는 소모량보다 많은 ATP를 생산해 낸다. 이때 ATP는 뼈대근육섬유 내 아미노산으로부터 합성된 크레아틴(creatine)이라는 물질에 에너지를 전달한다. **그림 7-10a**에 표시되어 있는 것과 같이, 크레아틴에 에너지가 전달되면 **크레아틴인산**(**creatine phosphate, CP**)이라는 고에너지 화합물이 만들어진다.

$$\text{ATP} + \text{크레아틴} \rightarrow \text{ATP} + \text{크레아틴인산}$$

수축이 시작되면, 연결다리에서 ATP가 분해되어 ADP와 인산기가 생성된다. Creatine phosphate에 저장되어 있던 에너지는 아래와 같은 화학반응을 통해 ADP를 ATP로 변환시키는 데 사용된다.

$$\text{ADP} + \text{크레아틴인산} \rightarrow \text{ATP} + \text{크레아틴}$$

지식 쌓기

우리 몸에서 가장 중요한 고에너지 화합물은 아데노신삼인산(adenosine triphosphate, ATP) (**2장: 화학적 수준에서의 구성** 참조)이다. ATP는 adenosine monophosphate(AMP)에 2개의 인산기가 고에너지 결합으로 연결되어 만들어진다. 대부분의 세포들은 ATP에서 인산기 하나를 떼어 내 adenosine diphosphate (ADP)를 만들면서 에너지를 얻는다. ADP에 인산기 하나가 붙으면 다시 ATP로 변환될 수 있다.

그림 7-10 근육의 대사.

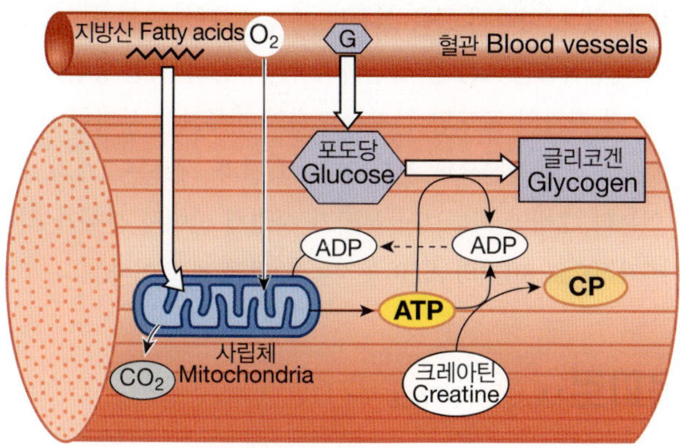

a 휴식 상태의 근육(Resting): 지방산을 분해함. 생성된 ATP는 ATP, CP, 글리코겐 형태로 저장됨.

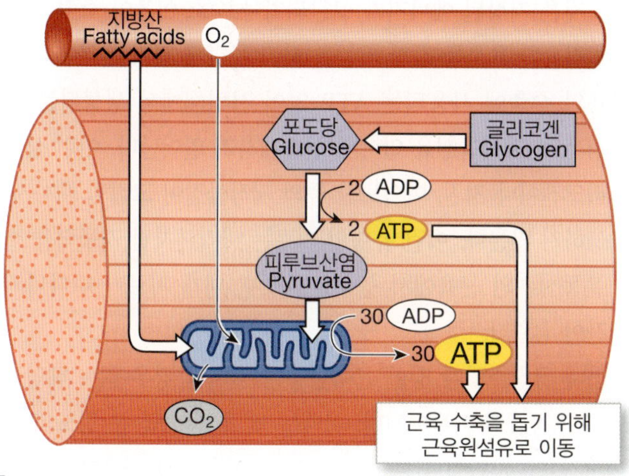

b 가벼운 근육활동(Moderate activity): 포도당과 지방산을 분해함. 생성된 ATP는 수축에 사용됨.

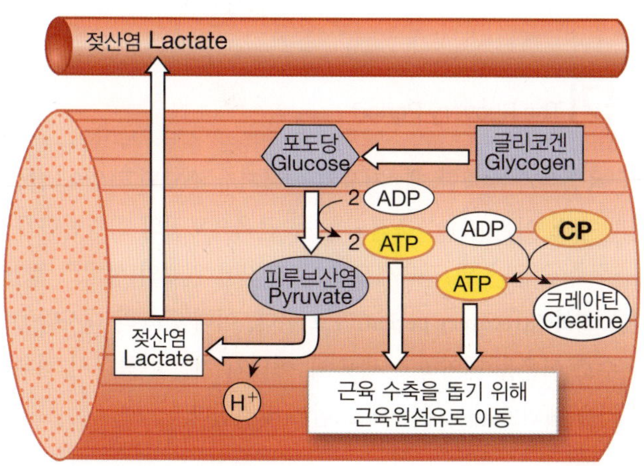

c 최대 근육활동(Peak activity): ATP는 주로 해당작용(glycolysis)을 통해 공급되며, 그 부산물로 젖산염(lactate)과 수소 이온이 생성됨. 전체 ATP 소모량의 약 1/3만이 사립체에서 생성됨 (그림에 표시되어 있지 않음).

이 화학반응은 **크레아틴인산활성효소(creatine phosphokinase, CPK 또는 CK)**라는 효소에 의해 촉매된다. 근육세포가 손상을 입으면, CPK가 혈액으로 흘러 들어간다. 따라서 혈중 CPK 농도는 근육의 손상이 있음을 나타내는 척도가 된다.

이완 상태의 뼈대근육섬유 안에는 ATP의 6배에 달하는 양의 크레아틴인산이 들어 있다. 그러나 뼈대근육섬유의 수축이 지속되면 크레아틴인산 형태로 저장된 에너지는 15초 만에 고갈되어 버린다. 이때부터 뼈대근육섬유는 다른 기전을 사용하여 ADP → ATP 변환을 수행해야 한다.

ATP 생성 ATP Generation

인체의 세포들은 사립체(mitochondria)에서 일어나는 **산소대사**(*aerobic metabolism*, **산소를 필요로 하는 대사과정**)와 세포질에서 일어나는 해당작용(glycolysis)을 통해 ATP를 생성한다. 해당작용은 산소가 필요 없는 **무산소대사(anaerobic metabolism)**이다.

산소대사 Aerobic Metabolism

이완 상태의 근육세포에 필요한 ATP의 95%가 산소대사를 통해 생성된다. 사립체는 세포질로부터 산소, ADP, 인산 이온 및 다양한 유기질을 흡수한다. 여기서 유기질이란 탄수화물, 지질, 단백질이 분해되어 생성된 탄소함유물질을 말한다. 이와 같은 유기질들은 TCA 회로(*TCA cycle, tricarboxylic acid cycle, citric acid cycle, Krebs cycle*)라는 일련의 화학반응을 통해 완전히 분해된다. 그 과정을 간단히 요약해 보면, 탄소 원자와 산소 원자는 이산화탄소(CO_2)가 되고, 수소 원자는 속사립체막(inner mitochondrial membrane)의 호흡효소(respiratory enzyme)에 의해 전자(electron)가 제거된다. 생성된 양성자(proton)와 전자(electron)는 산소와 결합하여 물(H_2O) 분자를 형성한다. 이 과정에서 많은 양의 에너지가 방출되어 ATP 생성에 사용된다. 인체의 세포에서 흔히 사용되는 유기질인 피루브산염(pyruvate, 탄수화물의 분해산물)의 산소대사는 매우 효율적인 과정이어서, 피루브산염 한 분자가 TCA 회로를 통해 분해될 때 ATP 15분자가 생성된다.

이완 상태의 뼈대근육섬유에서는 주로 혈액으로부터 흡수한 지방산(fatty acid)의 산소대사를 통해 ATP 생성이 이루어진다(**그림 7-10a**). 지방산은 순환으로부터 흡수된다. 근육의 수축이 시작되면, 미토콘드리아는 지방산 대신 피루브산염을 분해하게 된다. 이때 피루브산염은 해당작용을 통해 공급된다.

사립체의 최대 ATP 생성량은 산소 공급량에 따라 결정된다. 따라서 뼈대근육섬유의 에너지 소모량이 많아질수록 원활한 산소공급이 중요하다. 그러나 뼈대근육섬유의 에너지 소모량은 최대 120배까지 증가하는 데 반해, 사립체의 산소 소모량과 에너지 생성량은 40배 증가하는 데 그친다. 근육의 운동량이 최고조에 달했을 때, 사립체에서 생성되는 ATP는 필요량의 1/3에 불과하다.

해당작용 Glycolysis

해당작용(glycolysis)은 세포질 내에서 포도당(glucose)이 피루브산염(pyruvate)으로 분해되는 과정이다. 해당작용을 통한 ATP 생성률은 산소대사에 비해 훨씬 낮다. 그러나 이 과정은 산소가 필요 없기 때문에, 산소 공급량이 요구량을 쫓아가지 못할 때 해당작용을 통해 ATP 생성이 가능하다.

해당작용에 사용되는 포도당은 근육세포질(sarcoplasm) 내에 저장된 글리코겐(glycogen)으로부터 생성된다. 글리코겐은 포도당 분자들이 사슬처럼 이어진 다당류(polysaccharide)이다. 대부분의 뼈대근육섬유에는 많은 양의 글리코겐이 비수용성 과립의 형태로 저장되어 있다. 뼈대근육섬유는 ATP와 CP가 고갈되기 시작하면, 글리코겐을 분해하여 포도당을 만들고 이로부터 ATP를 생성한다.

에너지 소모량과 근육활동량

Energy Use and the Level of Muscle Activity

이완 상태의 뼈대근육섬유는 매우 적은 양의 ATP를 소모한다. 필요량보다 많은 산소가 사립체에 공급되어 과량의 ATP가 생성되며, 여분의 ATP는 CP 또는 글리코겐을 만드는 데 사용된다(**그림 7-10a**).

근육의 활동량이 증가하면 그에 따라 ATP 소모량도 많아진다(**그림 7-10b**). 사립체에서 생성되는 ATP의 양이 많아질수록 산소 소모량도 점차 증가한다. 산소 공급이 충분하여 사립체에서 필요한 만큼의 ATP가 생성되는 동안에는, 해당작용을 통한 ATP 생성은 많이 일어나지 않는다.

근육의 활동량이 최고조에 이르면, 사립체에서 충분한 양의 ATP를 생성하는 데 필요한 산소가 뼈대근육섬유 내로 확산되어 들어오지 못하게 된다. 사립체는 ATP 요구량의 1/3 정도만 만들어낼 수 있으며, 이때부터는 해당작용이 ATP의 주 공급원이 된다(**그림 7-10c**). 사립체의 ATP 생성량이 요구량에 미치지 못할 때, 해당작용이라는 무산소대사를 통해 ATP 생성이 이루어지는 것이다.

그러나 이 대사과정에는 약점이 있다. 예를 들면, 해당작용에 의한 피루브산염 생성량이 많아지면, 피루브산염이 **젖산(lactatic acid)**이라는 3개의 탄소 분자로 전환된다. 젖산이 수소 이온과 체내의 젖산염으로 분해되기 때문에 이러한 전환은 문제점이 있다. 수소의 축적은 세포 내에서 pH를 낮게 할 수 있어서 중요한 효소들의 정상 기능을 변화시킬 수 있다. 따라서 근육 섬유는 계속 수축할 수 없다.

또한 해당작용은 ATP를 생산하기 위한 비효율적인 방법이다. 산소가 없을 때 각각의 포도당 분자는 2개의 피루브산 분자를 만드는데, 피루브산 분자는 젖산으로 전환된다. 그 결과, 세포는 2개의 ATP 분자를 얻는다. 2개의 피루브산 분자가 사립체 안에서 분해가 되면, 세포는 추가적으로 30개의 ATP 분자들을 얻게 될 것이다.

근육피로 Muscle Fatigue

아무리 신경자극을 받아도 더 이상 뼈대근육섬유가 수축하지 못하게 됐을 때 근육이 피로해졌다고 말한다. **근육피로(muscle fatigue)**가 발생하는 것은 저장된 에너지가 고갈되거나 수소 이온이 축적되어 근육수축에 필요한 효소들이 제 기능을 하지 못하게 됐기 때문이다.

근육의 수축에 사용되는 ATP 양이 사립체에서 생성되는 양보다 적을 경우, 뼈대근육섬유 안에서 산소대사가 일어난다. 이런 상황에서는 글리코겐이나 지질, 아미노산 등의 저장물질이 고갈될 때까지 피로가 발생하지 않는다. 이런 유형의 피로는 마라톤처럼 지구력을 필요로 하는 운동선수의 근육에서 볼 수 있으며, 대개 피로가 나타나기까지 몇 시간이 걸린다.

그러나 급작스럽게 강한 근육활동이 일어날 경우에는, 해당작용에 의해 ATP 공급이 이루어진다. 이때는 몇 초에서 몇 분 정도의 비교적 짧은 시간 안에 수소 이온이 축적되고 조직의 pH가 낮아져, 근육이 제대로 수축하지 못하게 된다. 100 m 경주와 같은 단거리 육상선수의 근육에서 이런 유형의 근육피로를 볼 수 있다.

회복기 The Reovery Period

뼈대근육섬유가 수축할 때, 저장된 에너지가 소모되고 열이 발산되며 젖산과 수소 이온(H^+)이 축적되는 등 근육세포질의 환경변화가 일어난다. 수축이 끝난 뒤 근육세포질 내 환경이 원래의 상태로 돌아가는 기간을 **회복기(recovery period)**라고 한다. 이때 근육의 대사활동은 젖산과 수소 이온을 제거하고 세포 내 에너지 저장고를 다시 채우며 발생된 열을 체외로 내보내는 데 초점이 맞춰진다.

젖산의 재활용 Lactic Acid Recycling

피루브산이 젖산으로 변환되는 과정은 가역적인 화학반응이다. 회복기 동안 산소 공급만 충분하다면, 젖산은 다시 피루브산으로 변환될 수 있다. 이렇게 생성된 피루브산은 포도당 합성에 사용되거나, 사립

임상노트

가로무늬근융해(횡문근융해) Rhabdomyolysis

오랜 시간 동안 의식이 없거나 움직이지 않는 환자들은 장 시간 누워 있는 경우 근육조직이 분해되는 가로무늬근융해증이 발생할 위험이 있다. 이 병이 발생할 때, 가장 중요하게 보아야 하는 것은 미오글로빈, 근육 효소, 그리고 전해질 같은 수많은 물질이 손상된 근육에서 방출된다. 미오글로빈은 소변에서 농축되어 짙은 적갈색으로 변한다(미오글로빈뇨). 심한 경우, 환자들은 콩팥병에 걸릴 수 있다.

체에서 ATP를 만드는 데 사용된다. 만들어진 ATP는 크레아틴을 크레아틴인산으로 변환시키거나 포도당으로부터 글리코겐을 합성하는 데 사용된다.

회복기 동안 체내에서 사용되는 산소량은 평상시에 비해 높다. 회복기에 근육조직을 원래 상태로 복원하기 위한 추가 산소 소모량을 **산소부채(oxygen debt)**라고 한다. 추가 산소 소모량의 대부분은 간세포(liver cell)와 근육세포에서 사용된다. 간세포에서는 혈액에서 흡수한 젖산을 포도당으로 변환시키는 데 필요한 ATP 생성을 위해 산소가 소모되고, 근육세포에서는 ATP 저장량을 복원하고 크레아틴인산과 글리코겐을 합성하기 위해 산소가 소모된다. 그 밖에 땀샘(sweat gland)의 분비세포 등 다른 세포에서도 산소 소모량과 ATP 생성량이 증가한다. 산소부채가 클 경우 호흡의 빈도와 깊이도 증가한다. 운동을 마친 뒤에도 한동안 가쁜 숨을 쉬는 것은 이와 같은 이유 때문이다.

열 발산 Heat loss

근육이 활동할 때 많은 양의 열이 발생하며 그로 인해 근육세포질, 사이질액, 혈액의 온도가 높아진다. 근육은 체중의 상당 부분을 차지하기 때문에, 근육 수축 시 발생하는 열은 체온 조절에서 매우 중요한 역할을 한다. 예를 들어, 추울 때 몸이 떨리는 것은 근육을 수축시켜 체온을 높이는 일종의 반사작용이다. 뼈대근육이 최대로 수축할 경우

지식 쌓기

외피계통의 주 기능 중 하나가 외부환경과 열을 교환하여 체온을 일정하게 유지시키는 것이다(**5장: 외피계통** 참조). 체온이 높아지면 피부 표면 근처의 혈관이 확장되고 땀 분비가 증가하여 열을 발산한다. 피부의 혈류 증가는 분비된 땀을 데워 증발시켜 체온을 낮추는 작용을 한다.

바로 체온이 올라가며, 그에 따라 피부의 혈류가 증가하여 1장과 5장에서 설명한 기전을 통해 열이 발산된다.

체크포인트

13. 근육세포는 어떻게 지속적으로 ATP를 합성하는가?
14. 근육피로란 무엇인가?
15. 산소 부채에 대해 설명하시오.

책 뒷면에 있는 파란색 정답 탭을 참조.

7-7 근육의 수행능력은 뼈대근육섬유의 유형과 훈련 정도에 따라 달라진다

학습목표 근육섬유의 유형을 분류하고 각각의 기능적인 특징을 설명한다. 유산소지구력과 무산소지구력의 차이를 구분하고 그 의미를 설명한다.

근육의 수행능력은 특정 근육에서 발생되는 최대 장력인 **힘(force)**과 특정 동작을 지속할 수 있는 시간인 **지구력(endurance)**으로 나타낼 수 있다. 뼈대근육의 수행능력은 그 근육을 구성하는 뼈대근육섬유의 유형과 훈련의 양에 의해 결정된다.

뼈대근육섬유의 유형 Types of Skeletal Muscle Fibers

인체의 뼈대근육섬유는 빠른연축근육섬유와 느린연축근육섬유의 두 유형으로 구분된다.

빠른연축근육섬유 Fast Fiber

대부분의 뼈대근육섬유는 신경자극을 받은 뒤 0.01초 이내에 최대 장력을 발휘할 수 있기 때문에 **빠른연축근육섬유(fast fiber)**라고 불린다. 빠른연축근육섬유는 지름이 크고 근육원섬유가 많으며 글리코겐이 풍부한 반면, 사립체는 적은 편이다. 근육섬유가 수축할 때 발생하는 장력은 근육원섬유의 수에 비례하기 때문에, 빠른연축근육섬유는 수축 시 강한 힘을 낸다. 그러나 이와 같은 수축은 빠른 시간 안에 ATP를 소모해 버리는 데다가 ATP를 만드는 사립체도 적기 때문에, 해당작용을 통해 ATP 공급이 이루어져 피로가 빨리 오게 된다.

느린연축근육섬유 Slow Fiber

느린연축근육섬유(slow fiber)는 빠른연축근육섬유에 비해 지름이 절반 정도로 작고, 신경자극 후 최대 장력을 발휘할 때까지 걸리는 시간

은 3배 정도로 길다. 반면, 느린연축근육섬유는 빠른연축근육섬유가 피로해지는 시간보다 훨씬 오랫동안 지속적인 수축이 가능하다. 이런 차이가 생기는 이유는 아래의 세 가지 특징 때문이다.

1. **산소 공급(*Oxygen supply*).** 느린연축근육섬유는 빠른연축근육섬유에 비해 모세혈관 분포가 풍부하여, 훨씬 더 많은 산소를 공급받을 수 있다.
2. **산소 저장(*Oxygen storage*).** 느린연축근육섬유에는 **미오글로빈(myoglobin)**이라는 붉은 색소가 들어 있다. 미오글로빈은 적혈구 안의 산소운반단백질인 혈색소(hemoglobin)와 구조가 비슷한 구형의 단백질이다. 미오글로빈도 산소와 결합하는 특성이 있어서, 느린연축근육섬유는 세포 안에 산소를 저장해 놓았다가 수축할 때 사용할 수 있다.
3. **산소 활용(*Oxygen use*).** 느린연축근육섬유는 빠른연축근육섬유에 비해 더 많은 수의 사립체를 갖고 있다.

7

근육섬유의 분포와 근육의 수행능력

The Distribution of Muscle Fibers and Muscle Performance

뼈대근육마다 빠른연축근육섬유와 느린연축근육섬유의 비율에 큰 차이가 있다. 빠른연축근육섬유가 많은 근육은 흰색을 띠며 흔히 **백색근육(white muscle)**이라 불린다. 닭은 천적으로부터 도망칠 때만 날개를 퍼덕이고 무산소대사(해당작용)를 통해 잠깐 동안 나는 데 필요한 에너지를 얻기 때문에, 가슴근육이 "백색근육"으로 이루어져 있다. 느린연축근육섬유는 많은 혈관이 분포하는 데다가 미오글로빈도 풍부하기 때문에 붉은색을 띤다. 따라서 느린연축근육섬유가 많은 근육은 **적색근육(red muscle)**이라 불린다. 닭은 하루 종일 걸어 다니는데, 이 움직임에 필요한 에너지는 다리의 "적색근육"에서 산소대사를 통해 공급된다.

사람의 근육은 대부분 두 유형의 근육섬유가 섞여 있으며 대체로 분홍색을 띤다. 그러나 짧고 빠른 운동이 필요한 안구근육과 손근육에는 느린연축근육섬유가 없다. 반대로 곧게 선 자세를 유지하기 위해 지속적인 수축을 해야 하는 등근육과 장딴지근육에는 느린연축근육섬유가 많다. 각 근육에 포함된 빠른연축근육섬유와 느린연축근육섬유의 비율은 유전적으로 정해져 있다. 그러나 피로에 대한 빠른연축근육섬유의 내성은 훈련을 통해 강해질 수 있다.

훈련 Physical Conditioning

운동선수들은 훈련을 통해 근육의 힘과 지구력을 향상시키는 데 많은 노력을 기울이고 있다. 실제로, 그 선수의 운동 종목이 산소대사와 무산소대사 중 어느 쪽에 의존하느냐에 따라 훈련 방법이 달라진다.

무산소지구력(anaerobic endurance)은 저장되어 있는 ATP와 CP 그리고 해당작용에 의해 근육의 수축이 지속될 수 있는 시간을 말한다. 무산소지구력을 필요로 하는 운동의 대표적인 예로는 50 m 달리기와 수영, 장대높이뛰기, 역도 등이 있다. 이런 운동을 할 때는 빠른연축근육섬유가 중요한 역할을 한다. 무산소지구력을 향상시키기 위한 훈련은 짧고 강한 동작을 반복하는 방법이 사용된다. 이런 훈련을 하면, 역도선수나 보디빌딩선수처럼 근육이 커지게 된다. 이렇게 근육이 커지는 현상을 **비대(hypertrophy)**라고 한다. 근육섬유의 수는 변하지 않지만, 근육섬유 하나하나의 지름이 굵어져 근육 전체가 커지는 것이다.

유산소지구력(aerobic endurance)은 사립체에서 생산된 ATP에 의해 근육의 수축이 지속될 수 있는 시간을 말한다. 유산소지구력은 산소대사의 유기질(탄수화물, 지질, 아미노산의 분해산물) 공급량에 따라 결정된다. 유산소지구력을 기르는 훈련은 낮은 강도의 운동을 오랫동안 지속하는 방법이 사용된다. 예를 들어 조깅, 장거리 수영 등 최대 장력을 발휘하지 않는 운동들이 이에 해당한다. 이런 운동은 근육을 비대하게 만들지 않는다. 이때 주로 사용되는 에너지원이 포도당이기 때문에, 유산소 지구력이 필요한 운동선수들은 시합 3일 전부터 "고탄수화물식이"를 섭취하여 뼈대근육섬유 안에 에너지원을 비축하곤 한다. 또한 시합 중에도 포도당이 풍부한 "스포츠음료"를 마신다.

체크포인트

16. 단거리 선수가 마라톤 선수보다 먼저 근육피로를 경험하는 이유는?
17. 수영과 역도 중 어떤 활동이 정기적으로 운동을 하는 사람에게 산소부채를 더 많이 발생시키는가?
18. 사이클링이나 장거리 달리기와 같은 지구력 활동에 뛰어난 사람의 큰 다리 근육에서 어떤 종류의 근육 섬유가 지배하는가?

책 뒷면에 있는 파란색 정답 탭을 참조.

7-8 심장근육조직, 민무늬근육조직의 구조와 기능은 뼈대근육조직과 다르다

학습목표 뼈대근육, 심장근육, 민무늬근육의 구조와 기능 차이를 설명한다.

심장근육조직과 민무늬근육조직의 개요는 4장에서 이미 설명했고, 이 단원에서는 두 근육조직의 구조와 기능적 특징에 대해 자세히 살펴본다.

지식 쌓기

심장근육은 액틴잔섬유와 미오신잔섬유가 규칙적인 배열을 이루고 있어서 가로줄무늬가 나타나며 내 맘대로 수축시킬 수 없으므로 가로무늬불수의근육에 속한다(**4장: 생명체의 조직 구성** 참조). 반면, 민무늬근육은 가로줄무늬가 없고 내맘대로 수축시킬 수 없는 민무늬불수의근육이다.

심장근육조직 Cardiac Muscle Tissues

심장근육조직은 심장에만 분포한다. 심장근육세포(cardiac muscle cell)는 뼈대근육섬유에 비해 작으며, 대개 중앙에 하나의 핵을 갖고 있다.

뼈대근육섬유와 마찬가지로, 심장근육세포 안에도 규칙적인 배열의 근육원섬유(myofibril)가 들어 있어서 가로줄무늬가 나타난다. 그러나 두 근육세포는 구조와 기능에서 큰 차이를 보인다. 가장 큰 구조적 차이점을 들자면, 심장근육세포는 양끝이 몇 갈래로 갈라진 경우가 많고, **사이원반(intercalated disc)**을 통해 다른 심장근육세포들과 서로 연결된다는 것이다(**그림 7-11a**). 사이원반에는 틈새이음(gap junction)이 포함되어 있어서, 이를 통해 이온 등의 작은 분자들이 두 세포 사이를 오갈 수 있다. 이는 활동전위를 인접세포로 전달하여, 여러 심장근육세포들이 동시에 수축하게 만드는 역할을 한다. 근육원섬유들도 사이원반에 부착되어 있기 때문에 각 세포의 장력이 효율적으로 "합쳐지게" 된다.

그 밖에도 심장근육과 뼈대근육은 다음과 같은 기능적 차이를 보인다.

- **자율성(*Automaticity*)**. 심장근육조직은 신경자극 없이도 수축할 수 있는데, 이와 같은 특성을 **자율성**(*automaticity*)이라고 한다. 수축 시기는 **박동조율세포(pacemaker cell)**라는 특수한 심장근육세포에 의해 조절된다.
- **수축이 길다(*Longer contractions*)**. 심장근육세포의 수축은 뼈대근육섬유에 비해 10배 정도 길게 지속된다.
- **강축이 없다(*No tetanus*)**. 심장근육세포의 세포막은 뼈대근육섬유와는 다른 특성을 띠고 있어서, 강축(tetanus)이 일어나지 않는다. 심장근육에 강축이 일어나면 혈액을 뿜어내지 못하기 때문에, 이 특성은 중요한 의미를 갖는다.
- **세포외 칼슘 이온(*Extracellular calcium ions*)**. 활동전위가 발생했을 때, 근육세포질그물 안에 저장된 칼슘 이온이 세포질로 방출될 뿐 아니라 세포막의 투과성도 높아져 세포외액의 칼슘 이온이 세포질로 유입된다.
- **산소대사 의존성(*Reliance on aerobic metabolism*)**. 심장근육세포의 지속적인 수축에 필요한 에너지는 산소대사(aerobic metabolism)를 통

그림 7-11 심장근육조직과 민무늬근육조직.

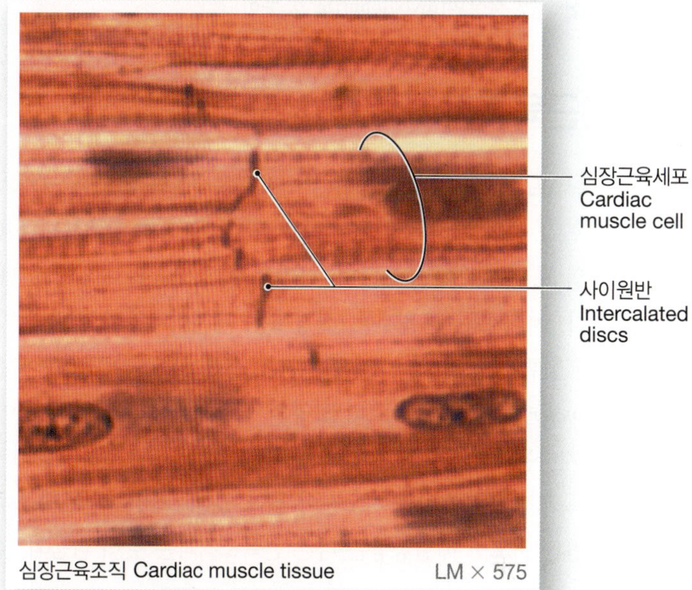

a 심장근육조직의 광학현미경 사진.

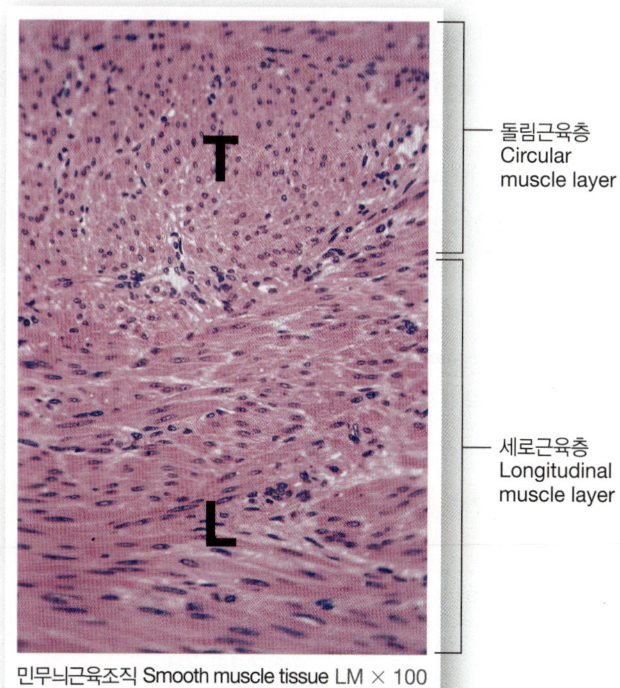

b 여러 내장기관의 벽에는 민무늬근육조직으로 이루어진 층이 있다. 이런 민무늬근육층은 근육세포의 배열방향에 따라 다시 여러 층으로 나누어지기도 한다. 이 광학현미경 사진에서 민무늬근육세포의 세로단면(L)과 가로단면(T)을 관찰할 수 있다.

해 공급된다. 심장근육세포의 세포질에는 많은 수의 사립체가 들어 있으며 산소를 저장함(myoglobin)도 풍부하다.

민무늬근육조직 Smooth Muscle Tissue

민무늬근육세포(smooth muscle cell)는 심장근육세포와 비슷한 크기의 방추형 세포로, 중앙에 하나의 핵이 들어 있다(**그림 7-11b**). 민무늬근육조직은 거의 모든 기관에 분포하며, 다발을 이루거나 판 모양으로 배열되어 있다. 뼈대계통, 근육계통, 신경계통, 내분비계통의 혈관벽 민무늬근육은 혈류를 조절하는 기능을 한다. 소화계통과 비뇨계통에는 조임근(*sphincter*)이라고 하는 고리 모양의 민무늬근육이 발달해 있어서 통로를 지나는 물질의 이동을 조절해 준다.

7

모든 근육조직에는 액틴과 미오신이 들어 있다. 그러나 민무늬근육세포의 액틴과 미오신 배열양상은 다른 근육조직과는 달리 다음과 같은 특징을 보인다.

- **근육원섬유마디가 없다**(***No sarcomeres***). 민무늬근육조직에는 근육원섬유(myofibril), 근육원섬유마디(sarcomere), 가로줄무늬가 없다.
- **굵은근육잔섬유가 흩어져 있다**(***Scattered thick filaments***). 민무늬근육세포의 굵은근육잔섬유(thick filament)는 세포질 안에 흩어져 있으며, 가는근육잔섬유(thin filament)는 세포질과 세포막 곳곳에 고정되어 있다. 가는근육잔섬유들이 고정된 자리가 가지런히 일렬로 배열되어 있지 않기 때문에 수축 시 민무늬근육세포가 나선형으로 비틀리게 된다.
- **이웃세포 결합**(***Cells bound together***). 이웃한 민무늬근육세포들은 가는근육잔섬유 부착지점에서 서로 결합되어 있으며, 이를 통해 각 세포의 수축력이 조직 전체로 전달된다.

민무늬근육조직과 다른 근육조직 사이의 주요 기능적 차이점은 다음과 같다.

- **수축 시작 기전이 다르다**(***Contractions triggered differently***). 칼슘 이온에 의한 수축 시작 기전이 다른 근육조직과 다르다. 또한 수축을 일으키는 칼슘 이온의 대부분이 세포외액으로부터 유입된다.
- **커다란 길이변화를 가진 수축**(***Contractions over a greater range of lengths***). 민무늬근육세포는 가는근육잔섬유와 굵은근육잔섬유의 배열이 규칙적이지 않기 때문에, 수축할 때의 길이 변화가 다른 근육세포에 비해 크다. 방광이나 위처럼 부피변화가 큰 기관 벽에 분포하는 민무늬근육의 경우 이런 특성이 중요한 역할을 한다. 뼈대근육섬유와 마찬가지로 민무늬근육세포도 지속적인 수축이 가능하다.
- **자율성 또는 신경자극과 호르몬 자극**(***Automaticity or neural or hormonal stimulation***). 많은 민무늬근육세포들은 운동신경세포의 지배를 받지 않는다. 민무늬근육세포는 자율적으로 수축하거나(박동조율세포에 반응하여) 환경자극 또는 호르몬자극에 의해 수축한다. 민무늬근육세포가 운동신경세포 지배를 받을 때, 관련된 뉴런은 수의적 조절을 받지 않는다.

뼈대근육조직, 심장근육조직, 민무늬근육조직의 구조적 특징과 기능적 특징이 **표 7-1**에 요약되어 있다.

심근 허혈이 의심될 때, 환자들은 보통 병원에 입원하고, 보통 24시간 이상에 걸쳐 관련된 검사를 수행한다. CK-MB의 단일 샘플링으로 심근 허혈이 검출될 확률은 34%에 불과하다. 그러나 24시간 동안 반복 채혈하여 검사하면 정확도가 90% 이상으로 증가한다.

표 7-1 뼈대, 심장, 민무늬근육조직의 비교

구분	뼈대근육섬유	심장근육세포	민무늬근육세포
근육섬유 크기(직경 × 길이) (Fiber dimensions, diameter × length)	100 μm × up to 60 cm	10~20 μm × 50~100 μm	5~10 μm × 30~200 μm
핵(Nuclei)	근육세포막 근처	보통 1개가 중앙 배치	중앙에 1개
근육잔섬유 구성 (Filament organization)	근육원섬유마디를 형성	근육원섬유마디를 형성	근육세포질 안에 흩어져 있음
제어 기전(Control mechanism)	단일 신경근육이음부를 통해 신경자극을 받음	자발성(박동조율세포의 조절)	자발성, 신경 또는 호르몬의 조절
칼슘 이온 근원(Ca^{2+} Source)	근육세포질그물(SR)에서 시작	세포외액 및 SR(근육세포질그물)에서 방출	세포외액 및 SR(근육세포질그물)에서 방출
수축(Contraction)	빠른 수축, 강축 발생, 빠른 피로	느린 수축, 강축은 발생하지 않음, 피로가 나타나지 않음	느린 수축, 강축이 발생 가능함, 피로가 나타나지 않음
에너지 근원(Energy source)	적당한 수준의 활동에서 유산소 대사, 당분해(최대 활동 중 혐기성)	호기성 대사, 일반적으로 지질 또는 탄수화물을 기질로 사용함	주로 유산소 대사

임상노트

심정지 실험 Laboratory Testing in Heart Attack

심장마비(heart attack)를 진단하는 것은 어렵다. 심장마비(급성심근경색)는 심장근육에 혈액을 공급하는 동맥이 막힐 때 발생한다. 처음에는 동맥에 의해 공급되는 심장근육 부위가 손상되는 **심근 허혈**(*myocardial ischemia*) 상태가 된다. 이 상태가 지속되면 심장근육의 해당 부위가 굳게 되는 심근경색이 진행되며 심하면 사망하게 된다. 이 때문에 응급구조사들은 심장근육의 국소부위가 영구적으로 손상되기 전에 치료를 제공하고 혈류를 회복할 수 있도록 순환처치를 시행하여 관상동맥 증후군에서 벗어나게 해주는 것이다.

심장마비가 발생했는지 여부를 판단하기 위해 몇 가지 진단 도구가 사용된다. 여기에는 심전도(ECG), X선, 임상병리검사 등이 포함된다. 심장근육에 손상을 입힌 후, 그 화학 성분이 혈액순환 과정을 거쳐 혈액 내에 방출된다. 이 화학물질들의 임상병리적 평가를 통해 심장마비의 진단에 도움을 준다. 일반적으로 검사되는 화학물질은 다음과 같다.

- **크레아틴인산화효소**(*Creatine kinase, CK*). 크레아틴인산화효소(CK)는 근육과 뇌 조직에서 발견되는 효소이다. 소스에 따라 CK 구조(동종효소)에 미묘한 차이가 있다. CK-MM은 뼈대근육, CK-BB는 뇌조직, CH-MB는 심장조직에서 나온다. 혈중 CK-MB의 양은 일반적으로 총 CK 값의 2~4%를 초과하지 않는다. CK-MB의 백분율이 상승하면 심근 부상을 나타낸다. CK-MB 수치는 부상 후 4시간에서 6시간 이내에 증가하기 시작하여 18시간에서 24시간 사이에 최고조에 달하며 3~4일 동안 상승 상태를 유지한다.
- **젖산탈수소효소**(*Lactic dehydrogenase, LD 또는 LDH*). LDH는 심장근육, 뼈대근, 간, 적혈구, 신장, 그리고 일부 종양에서 발견된다. 그것은 심근경색의 90% 이상에서 증가한다. 그러나 위의 어떤 장기의 질병이나 용혈성 질환에서도 증가할 수 있다. LDH 동종효소에는 5가지가 있다.
  - LDH1: 심장, 적혈구, 콩팥겉질
  - LDH2: 그물내피계통
  - LDH3: 허파조직
  - LDH4: 태반, 콩팥, 이자
  - LDH5: 뼈대근육, 간

  LDH1/LDH2 비율의 역전 현상은 급성 심근경색의 특징이며, 민감도는 80~85%이다. LDH는 심근경색 후 24시간 이내에 상승하기 시작해 3일 만에 최고조에 달하고 8~9일 만에 정상으로 돌아온다.
- **미오글로빈**(*Myoglobin*). 미오글로빈은 줄무늬 근육에서 발견되며 철분을 함유하고 있다. 그것은 산소를 저장하고 근육에 붉은색을 부여한다. 뼈대근육이나 심장근육의 손상은 미오글로빈을 순환으로 방출한다. 병원 전 환경에서 검사를 수행할 수 있는 미오글로빈 신속 검사 키트를 사용할 수 있다. 미오글로빈은 심근경색 후 빠르게 상승(2시간)하여 6~8시간에 최고점을 찍고 20~36시간 후에 정상으로 돌아온다.
- **트로포닌 I, T, C**(*Troponin I, T, and C.*). 트로포닌은 근섬유의 수축성 단백질이다. 심장 효소 중 하나인 아이소형은 심장 손상에 나타나는 특이성향이 있고 건강한 사람의 혈청에는 나타나지 않는다. 트로포닌 I은 자주 평가되는 형태이다. 조기에 검출될 가능성이 있는 새로운 형태(트로포닌 L)가 있다. 병원 전 환경에서 빠른 검사와 진단을 수행할 수 있게 트로포닌 신속 검사 키트를 사용할 수 있다. 트로포닌은 부상 후 4시간에서 6시간 후에 상승하고 12시간에서 16시간 후에 최고조에 달하며 최대 10일 동안 상승 상태를 유지한다. 심장 효소 검사를 위한 진단 시간을 단축하는 검사키트를 사용하면 고감도 트로포닌 검사를 빠르게 진행할 수 있다.
- **뇌나트륨이뇨펩티드**(*B-natriuretic peptide, BNP*). 뇌나트륨이뇨펩티드(B-natriuretic peptide, BNP)는 심실에 있는 펩타이드로 심실층 압력이 높을 때 증가한다. 울혈성 심부전을 감지하는 데 사용할 수 있다.

체크포인트

19. 사이원반은 심장근육조직의 기능을 어떻게 향상시키는가?
20. 세포외 칼슘 이온은 어떤 유형의 근육조직의 수축에 중요한가?
21. 민무늬근육은 뼈대근육보다 어떻게 넓은 휴식 길이 범위에서 수축할 수 있는가?

책 뒷면에 있는 파란색 정답 탭을 참조.

7-9 뼈대근육의 이름에는 여러 가지 용어들이 쓰인다

학습목표 위치, 모양, 기능에 따른 근육의 명명법을 설명한다.

모든 뼈대근육의 집합체를 **근육계통**(**muscular system**)이라고 부른다(**그림 7-12**). 여기에 속하는 근육은 700개 정도인데, 각 근육의 모양을 보면 그 기능을 짐작할 수 있다. 신체 각 부위를 움직이거나 자세유지에 관여하는 근육들은, 관절을 사이에 두고 그 양쪽에 붙어 뼈대를 움직인다. 연조직을 지지해 주는 근육은 넓적한 판 모양이고, 움직임이 적은 뼈 부위에 붙어 있다. 반면, 관의 입구나 출구를 여닫는 근육은 고리 모양으로 배열되어 있다.

뼈대계통을 몸통뼈대와 팔다리뼈대로 구분하는 것과 마찬가지로, 근육계통도 다음과 같이 구분할 수 있다.

- 몸통뼈대에 부착된 근육을 **몸통근육**(**axial muscle**)이라고 한다. 몸통근육은 머리와 척주의 자세를 유지하고, 갈비뼈를 움직여 호흡을 돕는 작용을 한다. 몸통근육은 팔이음뼈(pectoral girdle), 다리이음뼈(pelvic girdle) 및 팔다리의 움직임에는 관여하지 않는다. 전신의 뼈대근육 중 약 60%가 몸통근육에 속한다.

7

그림 7-12 인체의 주요 뼈대근육.

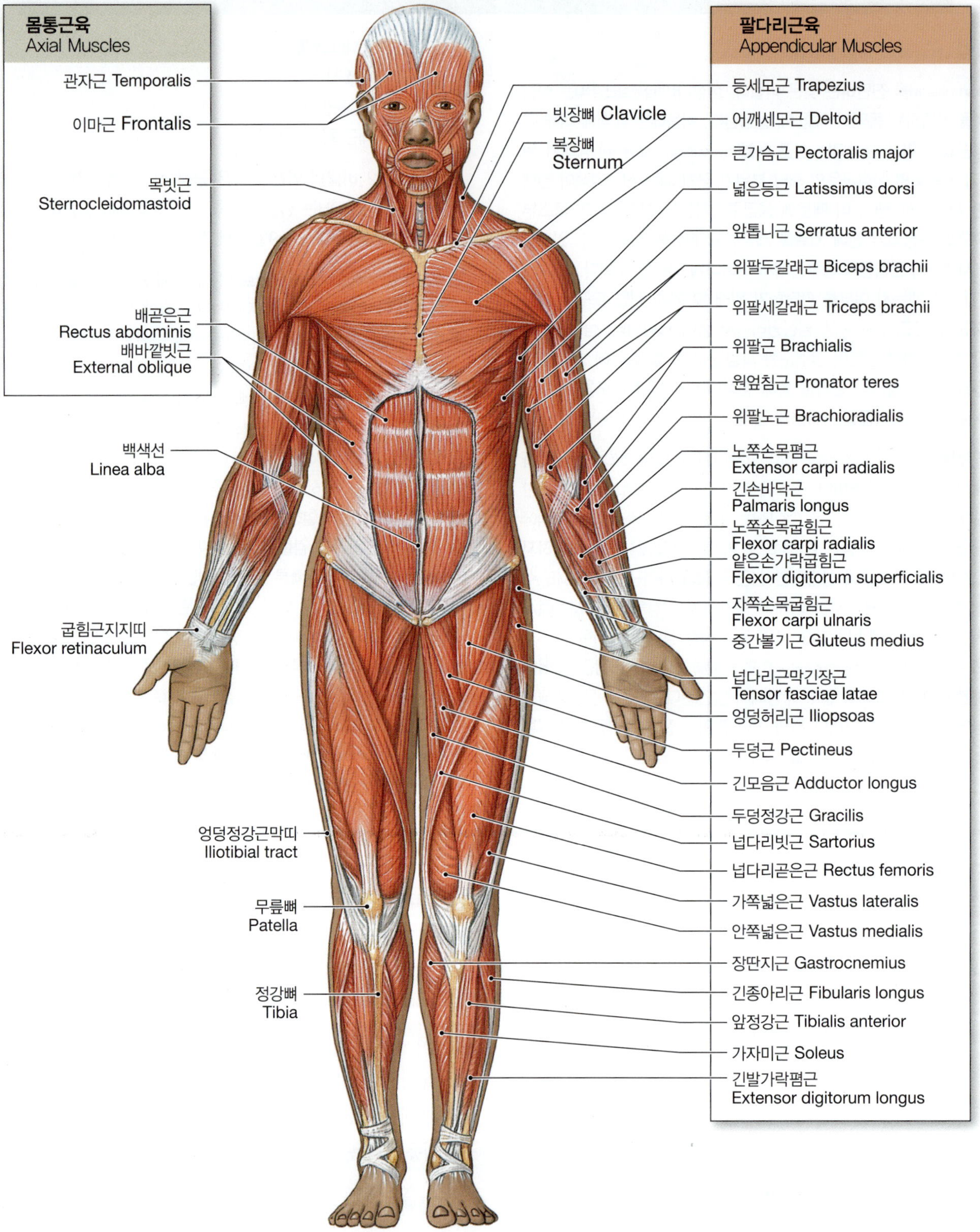

a 앞에서 본 모습

그림 7-12 인체의 주요 뼈대근육. (계속)

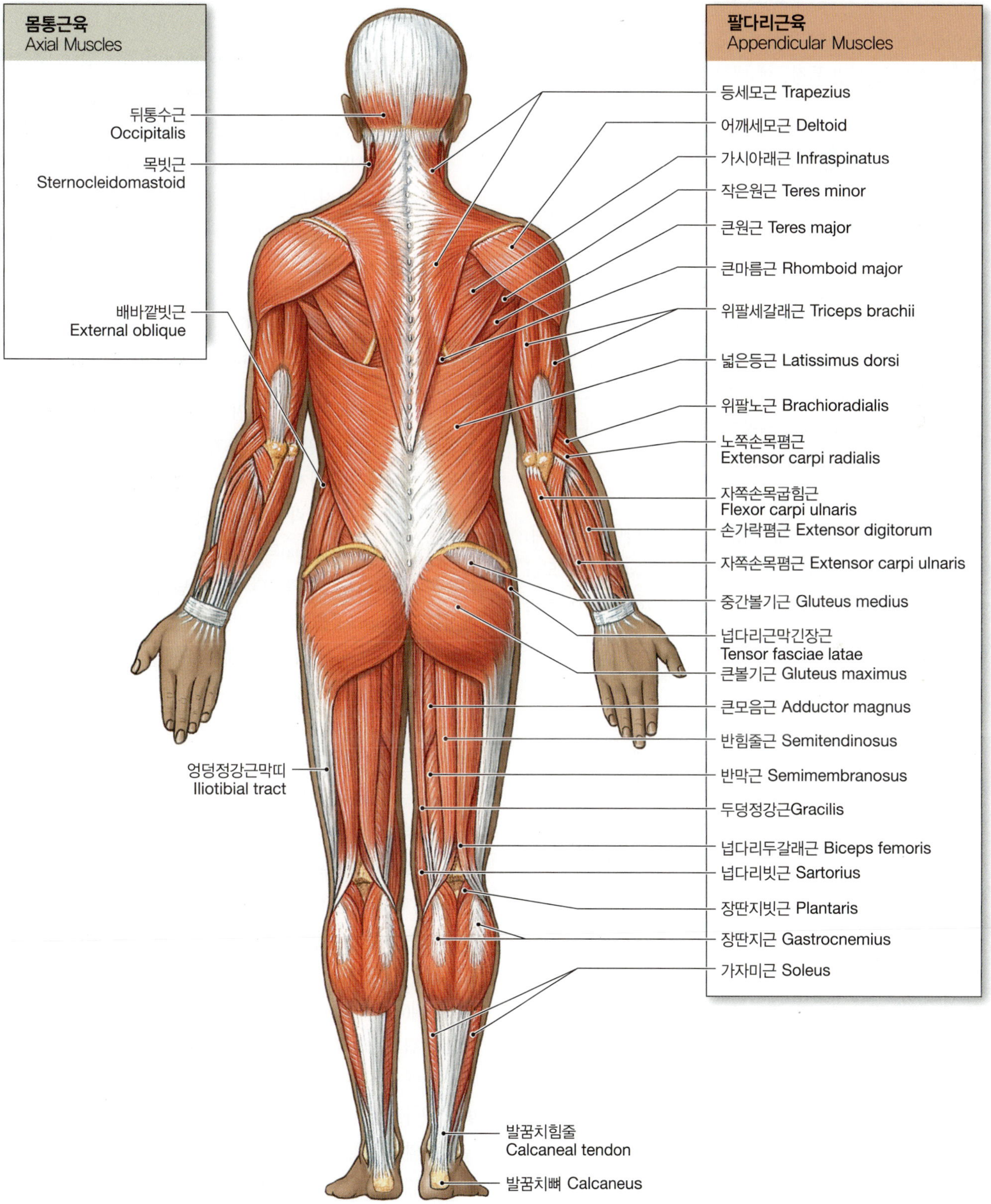

b 뒤에서 본 모습

- 팔다리뼈대를 움직이거나 고정시키는 근육을 **팔다리근육(appendicular muscle)**이라고 한다.

뼈대근육 이름에는 각 근육의 특징(이는곳, 닿는곳, 작용 등)을 일컫는 용어들이 많이 쓰이므로, 이런 특징들에 대해 살펴본다.

이는곳, 닿는곳, 작용 Origins, Insertions, and Actions

7

근육이 시작하는 곳을 **이는곳(origin)**이라 하고, 끝나는 곳을 **닿는곳(insertion)**이라고 한다. 그리고 근육이 수축할 때 일어나는 변화를 **작용(action)**이라 부른다. 일반적으로, 근육이 수축할 때 이는곳은 고정되어 있고 닿는곳이 움직여진다. 예를 들어, 장딴지근(*gastrocnemius muscle*)의 이는곳은 넙다리뼈(femur)의 먼쪽부분이고 닿는곳은 발꿈치뼈(calcaneus)이다. 이 근육이 수축하면 닿는곳이 이는곳 쪽으로 움직여, 발바닥굽힘(*plantar flexion*)이라는 작용이 일어난다. 근육의 이는곳과 닿는곳은 해부학자세(anatomical position)에서 일어나는 움직임을 기준으로 정해진다.

대부분의 뼈대근육은 이는곳과 닿는곳 중 적어도 하나가 뼈이다. 근육이 수축할 때 일어나는 작용은 굽힘(*flexion*), 폄(*extension*), 모음(*adduction*), 벌림(*abduction*), 내밈(*protraction*), 들임(*retraction*), 올림(*elevation*), 내림(*depression*), 돌림(*rotation*), 휘돌림(*circumduction*), 엎침(*pronation*), 뒤침(*supination*), 안쪽번짐(*inversion*), 가쪽번짐(*eversion*) 등으로 구분된다(그림 6-32, 6-33, 6-34).

근육의 작용을 기술하는 방법은 두 가지가 있다. 첫 번째 방법은 움직여지는 뼈를 기준으로 기술하는 것이다. 예를 들어, 위팔두갈래근(*biceps brachii muscle*)은 "아래팔 (forearm)을 굽히는 작용"을 한다. 두 번째 방법은 관절을 기준으로 기술하는 것인데, 운동학 전공자들은 이 방법을 더 많이 사용한다. 이 방법으로 기술해 보면, 위팔두갈래근은 "팔꿉관절(elbow joint)을 굽히는 작용"을 한다. 이 책에서는 두 번째 방법을 주로 사용한다.

근육은 **주작용(primary action)**에 따라 다음과 같이 구분할 수 있다.

- 어떤 움직임을 일으키는 주된 근육을 **작용근(prime mover, agonist)**이라고 한다. 위팔두갈래근은 팔꿉관절을 굽힐 때 작용근이 된다.
- 어떤 근육에 의해 일어나는 운동에 대해 반대 작용을 하는 근육을 **대항근(길항근, antagonist)**이라고 한다. 다른 종류의 운동을 할 때는 대항근이 작용근의 역할을 하기도 한다. 예를 들어, 위팔세갈래근(*triceps brachii muscle*)은 팔꿉관절을 펼 때 작용근의 기능을 한다. 따라서 위팔세갈래근은 위팔두갈래근의 대항근이며, 위팔두갈래근은 위팔세갈래근의 대항근이 된다. 작용근과 대항근은 서로 반대의 작용을 한다. 즉, 둘 중 한 근육이 굽힘근이면 다른 하나는 폄근이 된다.
- 작용근을 돕는 근육을 **협동근(synergist)**라고 한다. 협동근은 작용근의 닿는곳을 함께 당기거나, 작용근의 이는곳을 고정시키는 기능을 한다. 예를 들어, 어깨세모근(*deltoid muscle*)은 팔을 벌리는 작용을 한다. 가시위근(*supraspinatus muscle*)이라는 작은 근육은 어깨세모근이 운동을 시작할 때 도움을 준다. 작용근의 이는곳을 고정시켜, 다른 관절이 움직이지 않게 해 주는 협동근을 **고정근(fixator)**이라고 부르기도 한다.

뼈대근육의 이름 Names of Skeletal Muscles

우리 몸에 있는 모든 근육의 이름을 다 외울 필요는 없지만, 그중 중요한 것들의 이름은 알아둘 필요가 있다. 다행히도, 근육의 이름은 그 근육의 특징에 어울리게 지어져 있다. **표 7-2**는 근육의 명명법을 요약해 놓은 것인데, 이 단락 이후의 내용을 공부할 때 많은 참고가 될 것이다. [넓은목근(platysma)과 가로막(diaphragm)을 제외한 모든 근육의 이름은 "근(*muscle*)"이라는 단어로 끝난다. 하지만 이 책의 그림과 표에서는 "근(*muscle*)"을 생략하고 짧게 줄여 표기하였다.]

어떤 근육의 이름에는 근육섬유의 배열방향이 그리스어나 라틴어로 표시되어 있다. 예를 들어 "*rectus*"는 "straight(곧은)"라는 뜻이며, 곧은근(*rectus muscle*)은 근육섬유들이 몸의 장축에 평행하게 배열된 근육을 뜻한다[예: 배곧은근(*rectus abdominis muscle*)]. 머리에 있는 관자근(*temporalis muscle*)처럼, 근육의 위치가 매우 특징적이어서 그 위치가 곧 근육의 이름이 되는 경우도 있다.

또한 형태학적 특징을 따서 명명한 근육도 있다. 예를 들어, 두갈래근(biceps muscle)은 이는곳의 힘줄이 2개라는 뜻이며, 세갈래근(*triceps muscle*)은 이는곳의 힘줄이 3개라는 뜻이다. **표 7-2**에는 근육의 모양, 길이, 크기, 겉에서 보이는지(*externus*, *superficialis*) 아니면 깊숙이 위치하는지(*internus*, *profundus*) 등에 따른 명명법이 나열되어 있다. 어떤 기관의 위치를 움직이거나 고정시키는 근육을 외인근(*extrinsic muscle*), 기관 안에서 작용하는 근육을 내재근(*intrinsic muscle*)으로 구분하는 방법도 있다.

근육의 이는곳과 닿는곳을 가리키는 용어를 이어 붙여서 만든 근육 이름도 많다. 예를 들어, 복장목뿔근(*sternohyoid muscle*)은 복장뼈(sternum)에서 시작하여 목뿔뼈(hyoid bone)에서 끝난다. 또한 근육의 작용에 따라 이름이 지어진 경우도 있다. 예를 들어, 노쪽손목폄근(*extensor carpi radialis muscle*)은 아래팔의 가쪽, 즉 노뼈(radius) 부위에 위치한

표 7-2 근육의 이름

위치와 근육섬유의 배열방향에 따른 이름	부위에 따른 이름*	형태학적 특징에 따른 이름	작용에 따른 이름
Anterior(앞)	Abdominis(배)	**이는곳**(Origin)	**일반적인 작용**
Externus(바깥)	Anconeus(팔꿉)	Biceps(두갈래)	Abductor(벌림근)
Extrinsic(외인)	Auricularis(귓바퀴)	Triceps(세갈래)	Adductor(모음근)
Inferior(아래)	Brachialis(위팔)	Quadriceps(네갈래)	Depressor(내림근)
Internal(속)	Capitis(머리)	**모양**(Shape)	Extensor(폄근)
Intrinsic(내재)	Carpi(손목)	Deltoid(세모)	Flexor(굽힘근)
Lateral(가쪽)	Cervicis(목)	Orbicularis(돌림)	Levator(올림근)
Medial(안쪽)	Cleido-/-clavius(빗장뼈)	Pectinate(빗살)	Pronator(엎침근)
Oblique(빗)	Costalis(갈비)	Piriformis(조롱박모양)	Supinator(뒤침근)
Posterior(뒤)	Cutaneous(피부)	Platysma(넓은)	Tensor(긴장근)
Profundus(깊은)	Femoris(넙다리뼈)	Pyramidal(피라미드 모양)	**특수한 작용**
Rectus(곧은)	Genio-(턱끝)	Rhomboid(마름모모양)	Buccinator(트럼펫 연주자)
Superficialis(얕은)	Glosso-/Glossal(혀)	Serratus(톱니)	Risorius(웃는 사람)
Superioris(위)	Hallux(엄지발가락)	Splenius(널판)	Sartorius(재봉사 같은)
Transversus(가로)	Ilio-(엉덩뼈)	Teres(원기둥 모양)	
	Inguinal(고샅)	Trapezius(마름모모양)	
	Lumborum(허리부위)	**그 밖의 특징**	
	Nasalis(코)	Alba(백색)	
	Nuchal(목덜미)	Brevis(짧은)	
	Ocular(눈)	Gracilis(얇은)	
	Oris(입)	Lata(넓은)	
	Palpebrae(눈꺼풀)	Latissimus(가장 넓은)	
	Pollicis(엄지손가락)	Longissimus(가장 긴)	
	Popliteus(오금)	Longus(긴)	
	Psoas(허리)	Magnus(큰)	
	Radialis(노뼈)	Major(큰)	
	Scapularis(어깨뼈)	Maximus(가장 큰)	
	Temporalis(관자놀이)	Minimus(가장 작은)	
	Thoracis(가슴부위)	Minor(작은)	
	Tibialis(정강뼈)	Vastus(넓은)	
	Ulnaris(자뼈)		
	Uro(요로)		

* 부위에 관한 용어는 그림 1-6을 참고한다.

근육이며 손목관절(wrist joint, carpal joint)을 펴는 작용을 한다.

체크포인트

22. 뼈대근육의 이름을 지정하는 데 사용되는 설명 정보의 종류를 구분하시오.
23. 위팔두갈래근의 대항근은 어느 근육인가?
24. 긴노쪽손목굽힘근이라는 이름은 이 근육에 대해 무엇을 알려주는가?

책 뒷면에 있는 파란색 정답 탭을 참조.

7-10 머리, 목, 척주, 몸통벽, 골반가로막의 근육을 몸통근육이라고 한다

학습목표 인체의 주요 몸통근육을 나열하고 각 근육의 이는곳, 닿는곳, 작용을 설명한다.

몸통근육은 그 위치와 기능에 따라 다음과 같은 네 무리로 구분된다.

1. **머리와 목의 근육(*Muscles of the head and neck*).** 얼굴표정, 씹기, 삼키기에 관여하는 근육들이 여기에 속한다.
2. **척주의 근육(*Muscles of the spine*).** 머리, 목, 척주의 굽힘근과 폄근이 여기에 속한다.
3. **몸통벽의 근육(*Muscles of the trunk*).** 가슴안(thoracic cavity)과 배골

그림 7-13 머리와 목의 근육.

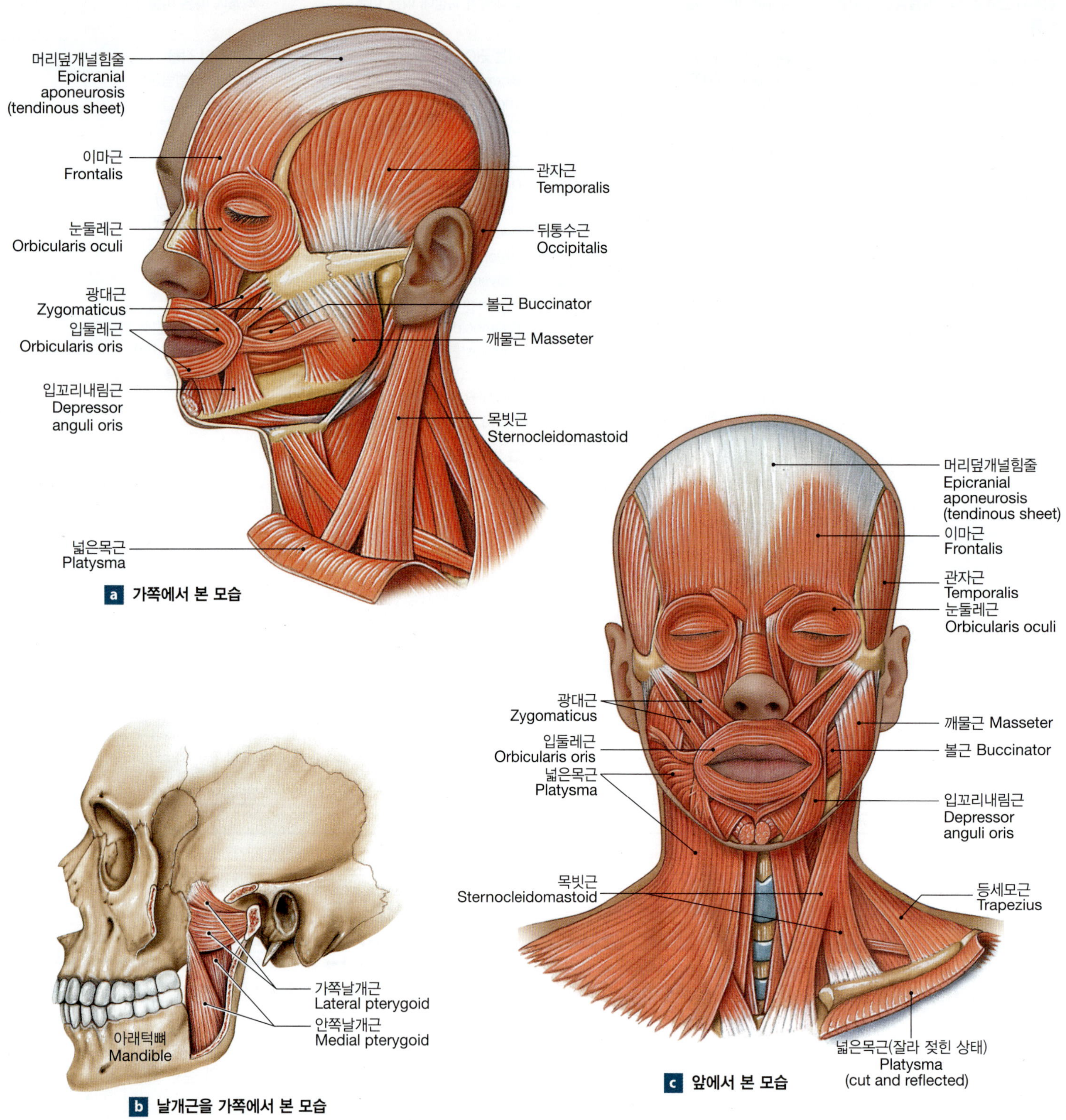

반안(abdominopelvic cavity)의 근육벽을 형성하는 빗근(*oblique*)과 곧은근(*rectus*)이 여기에 속한다.

4. 골반가로막의 근육(*Muscles of the pelvic floor*). 엉치뼈(sacrum)와 다리이음뼈(pelvic girdle) 사이를 연결하여 아래골반문(pelvic outlet)을 막아 주는 샅근육(*muscular perineum*)들이 여기에 속한다.

머리와 목의 근육 Muscles of the Head and Neck

머리와 목의 근육들은 **그림 7-13**과 **그림 7-14**에 표시되어 있으며, 이에 대한 자세한 내용은 **표 7-3**에 정리되어 있다. 얼굴의 근육은 머리뼈(skull)의 표면에서 시작하여 피부의 진피(dermis)에 닿으며, 수축 시 피부가 움직인다.

얼굴근육 중 많은 것들이 입과 관련되어 있다. **입둘레근(orbicularis oris)**은 입을 오므리고, 다른 근육들은 입술이나 입꼬리를 움직이는 작용을 한다. 입 주위의 근육 중 **볼근(buccinator)**은 입술을 오므려 바람을 세게 불 때, 볼이 부풀지 않게 눌러 주는 작용을 한다(*buccinator*는 트럼펫이라는 뜻이다). 또한 볼근은 음식을 씹을 때 볼과 치아 사이의 음식물을 윗니와 아랫니 사이로 밀어 넣어 주는 기능도 한다. 어린 아기의 경우 볼근은 젖을 빨 때 중요한 역할을 한다. 씹는 동작은 **깨물근(masseter)**, **관자근(temporalis)**, **날개근(pterygoid)**의 수축에 의해 일어난다.

눈썹(eyebrow), 눈꺼풀(eyelid), 머리덮개(scalp), 코(nose), 바깥귀(external ear)의 움직임을 조절하는 근육도 있다. **머리덮개(epicranium** 또는 *scalp*)에는 **뒤통수이마근**(*occipitofrontalis muscle*)이 있다. 이 근육의 앞부분을 **이마근**(*frontalis muscle*), 뒷부분을 **뒤통수근(occipitalis muscle)**이라고 하며 두 부분이 **머리덮개널힘줄(epicranial aponeurosis)**이라고 하는 넓적한 힘줄에 의해 이어져 있다. **넓은목근(platysma)**은 목의 앞면을 덮는 근육으로, 목의 뿌리부분에서 시작하여 아래턱뼈(mandible)와 입꼬리에 닿는다.

목의 근육들은 후두를 움직이고 아래턱뼈를 내리며, 입안바닥을 팽팽하게 하고 혀근육과 인두근육의 이는곳을 지탱하는 기능을 한다(그림 7-14). 목의 근육에는 다음과 같은 것들이 있다.

- **턱두힘살근(digastric)**은 2개의 힘살로 이루어진 근육이며, 아래턱뼈를 내려 입을 벌리는 작용을 한다.
- **턱목뿔근(mylohyoid)**은 입안의 바닥을 형성하는 넓적한 근육으로, 혀를 지탱하는 작용을 한다.
- **붓목뿔근(stylohyoid)**은 머리뼈의 붓돌기(styloid process)와 목뿔뼈(hyoid bone)를 연결해 준다.

그림 7-14 목 앞부위의 근육.

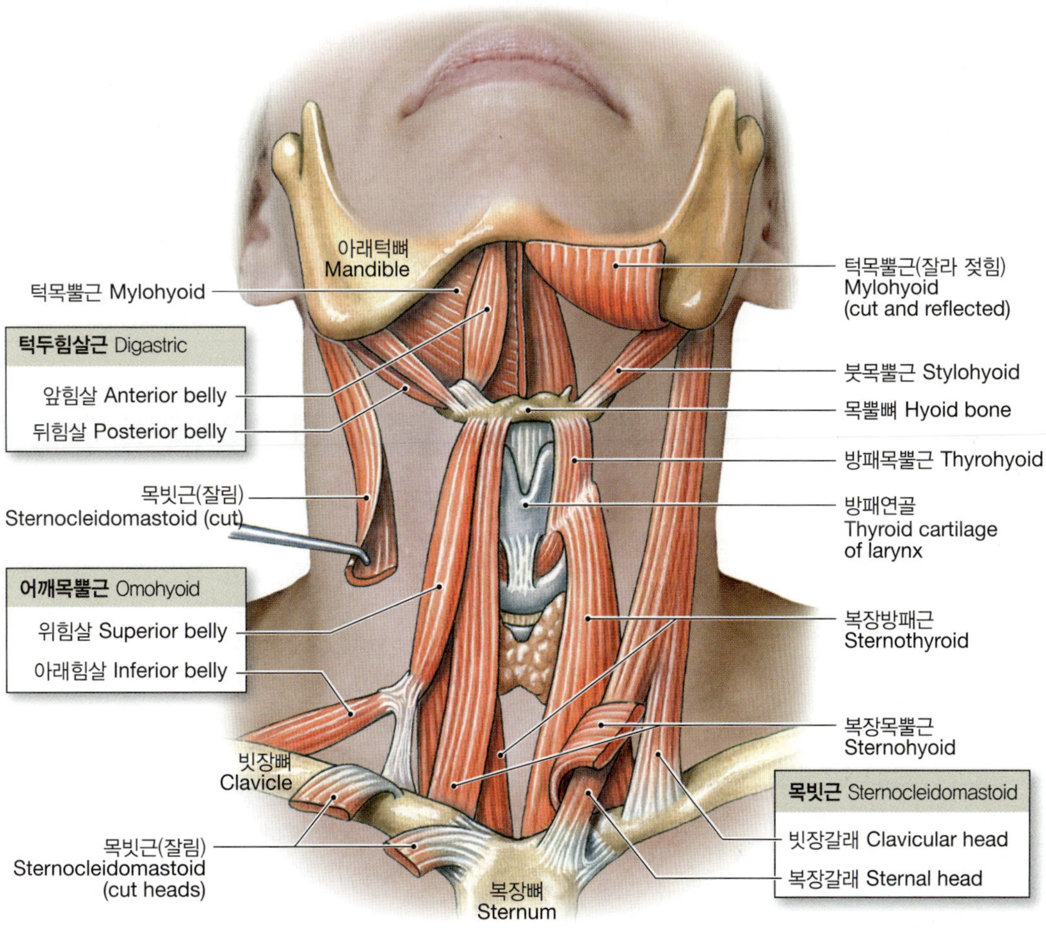

7

표 7-3 머리와 목의 근육

부위/근육	이는곳	닿는곳	작용
입(MOUTH)			
볼근(Buccinator)	위턱뼈와 아래턱뼈	입둘레근의 근육섬유와 섞임	볼을 오목하게 함
입둘레근(Orbicularis oris)	위턱뼈와 아래턱뼈	입술	입술을 오므림
입꼬리내림근 (Depressor anguli oris)	아래턱뼈의 앞가쪽면	입꼬리의 피부	입꼬리를 내림
광대근(Zygomaticus)	광대뼈	입꼬리, 위입술	입꼬리를 위가쪽으로 당김
눈(EYE)			
눈둘레근(Orbicularis oculi)	눈확의 안쪽모서리	눈꺼풀 주위의 피부	눈을 감음
머리덮개(SCALP)			
이마근(Frontalis)	머리덮개널힘줄	눈썹과 콧등의 피부	눈썹을 올리고, 이마를 주름지게 함
뒤통수근(Occipitalis)	뒤통수뼈	머리덮개널힘줄	머리덮개를 당겨 팽팽하게 함
아래턱(LOWER JAW)			
깨물근(Masseter)	광대활	아래턱뼈의 가쪽면	아래턱뼈를 올림
관자근(Temporalis)	머리뼈의 관자선	아래턱뼈의 근육돌기	아래턱뼈를 올림
날개근(Pterygoids)	나비뼈의 아래쪽 돌기	아래턱뼈의 안쪽 표면	아래턱뼈를 올림, 내림, 양옆으 로 움직임
목(NECK)			
넓은목근(Platysma)	큰가슴근과 어깨세모근 부위의 피부밑조직	아래턱뼈과 볼의 피부	목의 피부를 팽팽하게 함, 아래턱뼈를 내림
턱두힘살근(Digastric)	관자뼈의 꼭지부위과 아래턱뼈의 아래면	목뿔뼈	아래턱뼈를 내림, 후두를 올림
턱목뿔근(Mylohyoid)	아래턱뼈의 안쪽면	정중면을 따라 목뿔뼈까지 뻗어 있는 결합조직띠	입안바닥과 목뿔뼈를 올림, 아래턱뼈를 내림
어깨목뿔근(Omohyoid)	어깨뼈의 위모서리	목뿔뼈	목뿔뼈와 후두를 내림
복장목뿔근(Sternohyoid)	빗장뼈과 복장뼈	목뿔뼈	목뿔뼈와 후두를 내림
복장방패근(Sternothyroid)	복장뼈의 뒤면과 첫째갈비뼈	후두의 방패연골	목뿔뼈와 후두를 내림
붓목뿔근(Stylohyoid)	관자뼈의 붓돌기	목뿔뼈	목뿔뼈
목빗근(Sternocleidomastoid)	복장뼈와 빗장뼈의 위모서리	머리뼈의 꼭지부위	양쪽이 함께 수축하면 목을 굽힘, 한쪽만 수축하면 머리를 옆으로 굽히고 얼굴을 반대쪽으로 돌림

임상노트

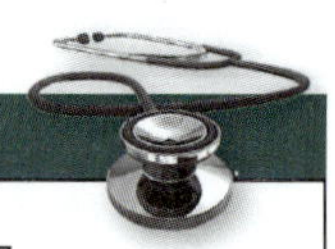

연축기운목(연축사경) Spasmodic Torticollis

연축기운목(*spasmodic torticollis*)은 목근육의 간헐적 또는 연속적 경련으로, 가장 흔하게 발생하는 부위는 **목빗근**(*sternocleidomastoid*)과 **등세모근**(*trapezius*)이다. 일반적으로 한쪽에서 더 뚜렷하여 영향을 받는 근육쪽으로 머리를 돌리거나 기울게 한다. 기운목은 비자발적이며 억제할 수 없다. 환자가 앉거나 서거나 걸을 때 악화되는 경향이 있다. 기운목은 남성보다 여성에게 두 배 더 영향을 준다.

기운목은 경추 근육 긴장이나 경련과 혼동되어서는 안 된다. 기운목은 국소 근긴장이상이라고 하는 질병의 부류에 속한다. 근긴장이상은 근긴장도의 비정상적인 상태이다. 국소 근긴장이상은 신체의 한 부위에 영향을 미친다. 그들은 어린이보다 성인에서 더 자주 발생하고 안정적으로 유지되며 다른 신체 부위로 드물게 퍼진다. 연축기운목은 가장 흔한 국소 근긴장이상이다. 경련성 사경의 원인으로서 추체외로계 반응을 배제하는 것은 항상 중요하다. 많은 항정신병 약물은 특히 고용량 투여 시 기운목을 포함한 국소 근긴장이상을 유발할 수 있다.

일반적으로 "목이 삐근함(crick in the neck)"이라고 하는 단순 목 근육 경련은 과사용, 어색한 자세 또는 비정상적인 자세로 자는 경우가 많다. 경련은 매우 강렬하고 고통스러울 수 있으며 며칠 동안 지속될 수 있다. 초기 "손상"은 영향을 받은 근육이 약간 찢어지거나 늘어나 통증과 경련을 일으킬 수 있다. 대부분의 경우 국소 얼음이나 열, 고정 및 항염증제에 반응한다. 심한 경우 통증 조절을 위해 마약이 필요할 수 있으며 근육 경련을 완화하기 위해 정맥 주사용 디아제팜(Valium)이 필요할 수 있다.

- **목빗근(sternocleidomastoid)**은 빗장뼈(clavicle)와 복장뼈(sternum)에서 시작하여 머리뼈의 꼭지부위(mastoid region)에 닿는다. 머리를 돌리거나 목을 굽히는 작용을 한다.
- **어깨목뿔근(omohyoid)**은 어깨뼈(scapula), 빗장뼈, 첫째갈비뼈, 목뿔뼈에 부착된 근육이다. 이 근육은 위힘살(superior belly)과 아래힘살(inferior belly)로 구성되어 있으며, 두 힘살을 연결하는 힘줄은 빗장뼈와 첫째갈비뼈에 고정되어 있다.

척주의 근육 Muscles of the Spine

척주의 근육들은 등세모근(trapezius muscle), 넓은등근(latissimus dorsi muscle)과 같은 등의 얕은근육으로 덮여 있다(그림 7-12b). 척주의 근육 중 가장 위쪽에 위치한 것은 목 뒷부분의 근육이다. 이들 근육 중 얕은층에 위치한 것을 **머리널판근(splenius capitis)**이라 하고, 깊은층에 위치한 것을 **머리반가시근(semispinalis capitis)**이라고 부른다(그림 7-15; 표 7-4). 좌우 양쪽의 이 근육들이 동시에 수축하면, 목을 펴서 머리를 뒤로 젖히는 작용을 한다. 반면 한쪽의 근육만 수축할 경우에는 목을 옆으로 굽혀 머리를 기울이는 작용을 하게 된다. 머리널판근은 머리뼈의 가쪽 부위에 닿기 때문에 머리를 돌리는 작용도 한다.

척주의 폄근(*spinal extensors*)인 **척주세움근(erector spinae)**은 척주(spine)와 머리를 곧은 자세로 유지시킨다. 척주세움근은 정중면으로부터의 거리에 따라 안쪽의 **가시근(spinalis)**, 중간의 **가장긴근(longissimus)**, 가쪽의 **엉덩갈비근(iliocostalis)**으로 구분한다. 허리부위의 아랫

그림 7-15 척주의 근육.

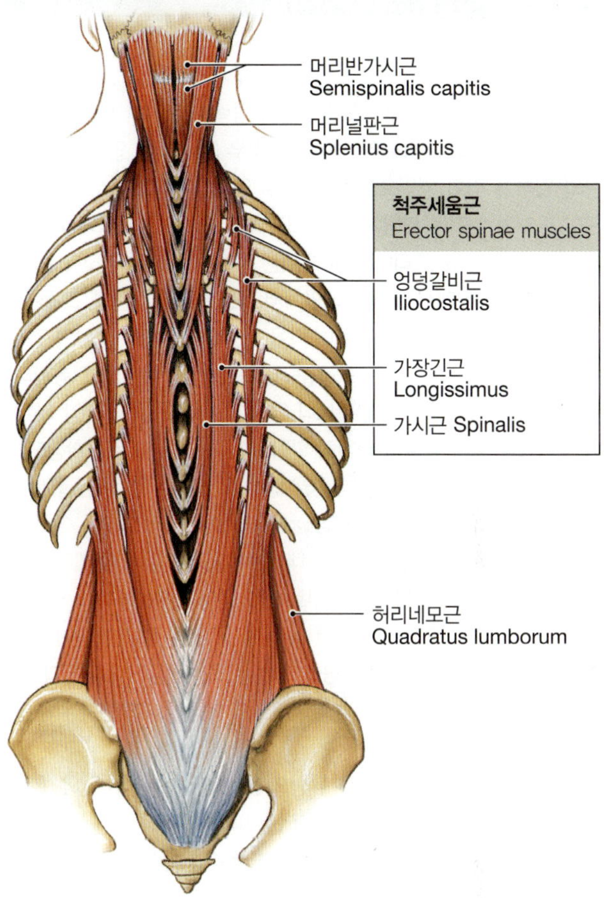

표 7-4 척주의 근육

부위/근육	이는곳	닿는곳	작용
척주의 폄근(SPINAL EXTENSORS)			
머리널판근(Splenius capitis)	하위 목뼈와 상위 등뼈의 가시돌기	꼭지돌기, 머리뼈바닥, 상위 목뼈	양쪽이 함께 수축하면 목을 폄, 한쪽만 수축하면 머리를 돌리고 옆으로 굽힘
머리반가시근(Semispinalis capitis)	하위 목뼈와 상위 등뼈의 가시돌기	머리뼈바닥, 상위 목뼈	양쪽이 함께 수축하면 목을 폄, 한쪽만 수축하면 머리를 옆으로 굽힘
가시근(Spinalis group)	목뼈, 등뼈 및 상위 허리뼈의 가시돌기와 가로돌기	머리뼈바닥과 목뼈, 상위 등뼈의 가시돌기	양쪽이 함께 수축하면 척주를 폄, 한쪽만 수축하면 목을 펴고 옆으로 굽히거나 척주를 돌림
가장긴근(Longissimus group)	하위 목뼈, 등뼈 및 상위 허리뼈의 돌기	관자뼈의 꼭지돌기, 목 뼈의 가로돌기, 갈비뼈 아래면	양쪽이 함께 수축하면 척주를 폄, 한쪽만 수축하면 머리 또는 척주를 돌리고 옆으로 굽힘
엉덩갈비근(Iliocostalis group)	갈비뼈 위면과 엉덩뼈능선	목뼈의 가로돌기와 갈비뼈 아래면	척주를 펴거나 옆으로 굽힘, 갈비뼈를 움직임
척주의 굽힘근(SPINAL FLEXOR)			
허리네모근(Quadratus lumborum)	엉덩뼈능선	열두째갈비뼈, 허리뼈의 가로돌기	양쪽이 함께 수축하면 갈비뼈를 내리고 척주를 굽힘, 한쪽만 수축하면 척주를 옆으로 굽힘

7

임상노트

탈장 Hernia

배근육을 강하게 수축시키면, 배골반안의 압력이 급격히 상승하여 내장기관이 눌리게 된다. 복강 벽에 약점이 있는 경우 이 증가된 압력으로 인해 내장기관의 일부가 약화 영역으로 들어갈 수 있다. 배벽의 약화된 부위에 내장기관이 존재하는 것을 **탈장**(*hernia*)이라고 한다. 탈장은 배벽의 거의 모든 곳에서 발생할 수 있다. 그러나 샅굴 부위는 특히 탈장에 취약하다.

남성의 발달과정에서 고환은 배안에서 음낭으로 내려간다. 그들은 샅굴의 배벽을 통과하고 배벽의 잔재물과 막을 운반한다. 성인 남성의 경우 정자관과 관련 혈관이 고환으로 가는 길에 샅굴의 배벽을 관통한다. 샅굴은 근육질 배벽의 다른 부분보다 약하다. 나이가 들고 복강 내 압력이 증가함에 따라 샅굴이 천천히 확장된다. 때때로 샅굴이 확장되어 복부 내용물의 일부(보통 작은창자의 일부)가 들어갈 수 있다. 샅굴에 복부 내장이 존재하는 것을 **샅굴탈장**(*inguinal hernia*)이라고 한다. 일반적으로 영향을 받은 작은창자는 복부 내 압력이 증가할 때 강제로 샅굴로 들어간다. 압력이 완화되면 복부로 돌아간다. 탈장 부위의 영향을 받은 부분이 **갇히게 되어** 배안으로 돌아갈 수 없는 경우 탈장이 **조여졌다**고 한다. 탈장에 대한 혈액 공급이 손상되면 탈장이 조여진다. 창자 허혈과 괴사가 일어나기 전에 샅굴에서 탈장낭을 제거하기 위해 응급 수술이 필요하다(**그림 7-16**).

샅굴탈장 외에도 몇 가지 다른 유형의 탈장이 발생할 수 있다. 복부 수술을 받은 환자는 절개 부위의 흉터를 따라 배벽이 약할 수 있다. 복강 내 압력이 증가하면 내장 기관이 이러한 약점을 통해 강제로 **절개된 탈장**(*incisional hernia*)을 형성할 수 있다. 이 상황은 비만 환자에게 더 일반적이다. 탈장 형성을 막기 위해 종종 수술용 메쉬 조각을 배벽에 넣어야 한다. 여성은 샅굴 인대 아래의 넙다리고리에서 발생하는 **넙다리탈장**(*femoral hernias*)이 발생하는 경향이 있다. 넙다리탈장의 발병률은 샅굴탈장보다 훨씬 낮다.

가로막의 약화로 인해 복부 내용물의 일부가 가슴안으로 밀려날 수 있다. **틈새탈장**(*hiatal hernia*)은 흔하다. 이들에서 위의 근위 부분은 식도 틈새(식도가 복부로 들어가는 지점)를 통해 위쪽으로 힘을 받는다. 틈새탈장은 일반적으로 식이 요법, 체중 감량 및 약물로 관리된다. 수술은 드물다.

그림 7-16 샅굴탈장. 샅굴탈장은 대개 작은창자의 복부 내장 고리가 약화되고 확장된 고샅으로 들어갈 때 발생한다. 심한 경우 작은창자 고리가 샅굴 안에 갇혀 종종 혈액 공급이 차단될 수 있다. 조여진 샅굴탈장이라고 하는 이 상황은 외과적 응급 상황이다.

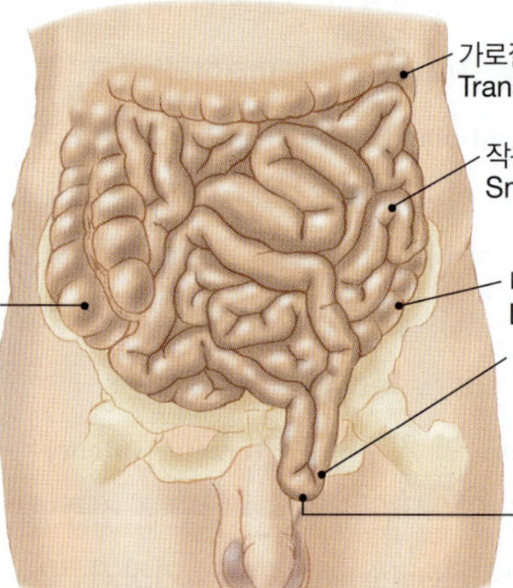

부분과 엉치부위에서는 가장긴근과 엉덩갈비근의 경계가 모호해지기 때문에, 두 근육을 합쳐 천극근(*sacrospinalis muscle*)이라 부르기도 한다. 좌우의 척주세움근이 함께 수축하면 척주가 펴지고, 한쪽만 수축하면 척주가 옆으로 굽혀진다(lateral flexion, 옆굽힘). 가시근의 깊은 곳에는 척추뼈(vertebra)를 서로 연결해 주는 작은 근육들이 들어 있다. 허리부위에는 척주를 굽히고 갈비뼈를 아래로 당기는 커다란 **허리네모근(quadratus lumborum)**이 있다.

척주를 펴는 근육보다 굽히는 근육이 적은데, 이는 여러 몸통 근육들이 척주를 굽히는 작용을 하기 때문이다. 게다가, 우리 몸의 무게중심이 척주보다 앞에 있기 때문에 중력도 척주를 굽히는 작용을 한다.

몸통벽의 근육 The Axial Muscles of the Trunk

가슴안(thoracic cavity)과 배골반안(abdominopelvic cavity)의 벽은 빗근(*oblique muscle*)과 곧은근(*rectus muscle*)으로 이루어져 있다. 가슴벽을 이루는 근육들은 갈비뼈(rib)에 의해 여러 조각으로 나뉘어 있는 반면, 배벽을 이루는 근육들은 넓은 판 모양이다(**그림 7-20**; **표 7-5**). 좌우의 빗근이 함께 수축하면 깊은층의 구조를 내리누르는 작용을 하고, 한쪽만 수축하면 척주를 회전시키는 작용을 한다. 곧은근은 척주를 굽히는 근육이며, 척주세움근의 대항근으로 작용한다.

몸통벽의 근육에는 (1) **바깥갈비사이근(external intercostalis)**과 **속갈비사이근(internal intercostalis)**, (2) 가슴안과 배골반안을 나누어 주는 **가로막(diaphragm)**, (3) **배바깥빗근(external oblique abdominis)**과

지식 쌓기

골반안(pelvic cavity)은 배안(abdominal cavity)의 아래쪽에 있다(**1장: 해부학과 생리학에 대한 소개** 참조). 골반안에는 방광, 생식기관, 큰창자의 끝부분 등이 포함되어 있다.

임상노트

근육뼈대계통 허리 장애 Musculoskeletal Back Disorders

허리통증은 흔히 경험하는 응급 내과질환 중의 하나이다. 실제로 허리통증은 직장 결근의 원인이며 감기 다음으로 많다. 작업 능력 감소의 주요 원인이기도 하다. 인구의 60~90%가 일생 동안 허리통증을 경험한다. 응급의료서비스(EMS)는 육체적으로 힘든 직업이다(**그림 7-17**). EMS 인원은 특히 허리부상에 취약하며 부상 가능성을 최소화하기 위해 예방 조치를 취해야 한다. 필요 시 적절한 들어올리기 기술과 도움 요청이 있다(**그림 7-17**에서 **7-19**까지).

단순한 근육 긴장에서부터 파열된 대동맥류에 이르기까지 허리통증에는 많은 원인들이 있다. 지나치게 가해진 비정상적인 힘 또는 허리근육의 파열이 있을 때 허리근육 긴장이 발생한다(**그림 7-18**). 무거운 짐을 들면, 허리근육에 스트레스를 가하거나 파열하게 할 수 있고 긴장을 가한다. 근육군이 관련된 허리근육 긴장은 초기에 손상부위에 국소적인 출혈을 일으킨다. 그 결과 혈종이 발생한다. 혈종 형성은 종종 통증을 동반한다. 각 수준에서 신경뿌리에 압력이 가해질 수 있다. 신경 뿌리의 자극은 영향을 받은 척수 신경의 분포를 따라 통증을 유발할 수 있다.

척추를 따라 세 겹의 근육이 있으며, 이를 총칭하여 **척추옆근**(*paraspinous muscle*)이라고 한다. 신체검진 중에 촉진되는 표재층은 **척추근**(*spinalis*), **가장긴근**(*longissimus*), **엉덩갈비근**(*illiocostalis*)으로 구성된다. 압통이나 경련은 일반적으로 촉진될 수 있다. 때때로 연축(spasm)은 한쪽으로 국한되어 척추의 명백한 측면 만곡을 볼 수 있다.

허리 근육 긴장은 상당히 고통스러울 수 있다. 환자들이 구급차 들것에 누워 수송을 하기 전에 약을 먹어야 할 정도로 심한 통증을 겪는 경우는 드문 일이 아니다. 허리 근육 긴장의 최종 치료는 영향을 받은 근육을 쉬게 하고 염증을 최소화하는 것이다. 처음에 이것은 얼음과 휴식의 적용을 포함해야 한다. 나중에 영향을 받은 근육에 습열을 가할 수 있다. 항염증제도 도움이 된다. 중등도에서 중증의 통증에는 단기간의 마약성 진통제가 필요할 수 있다. 근육 이완제는 다소 논란의 여지가 있다. 허리근육 긴장의 치료에 있어서 그들의 효과는 환자마다 크게 다르다. 대부분의 근육 이완제는 환자가 수면을 취하는 데 도움이 될 수 있는 진정 부작용이 있다. 물리치료 양식, 정골 요법 또는 카이로프랙틱 조정의 적용은 때때로 급성 통증을 완화하고 회복 기간을 단축하는 데 도움이 될 수 있다.

그림 17-17 응급의료체계의 신체적 요구. 들기, 환자 옮기기, 장비 운반을 정확하게 수행되지 않으면 허리통증손상을 유발할 수 있다.

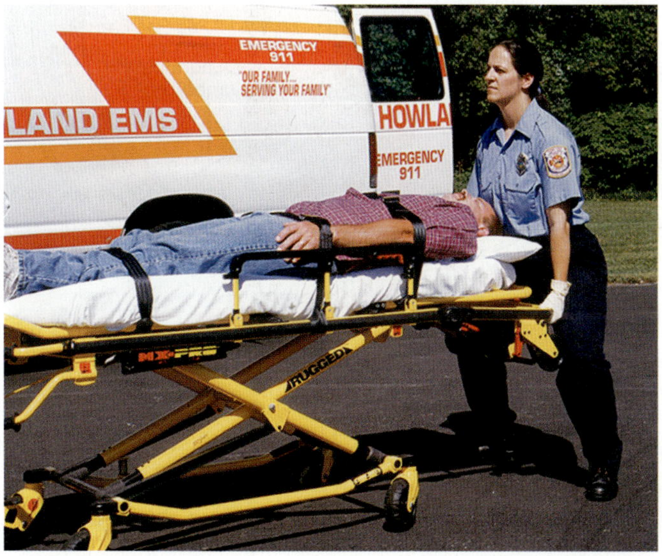

그림 17-18 효과적인 들기 기술. 다리를 사용하여 환자를 들 때, 등의 커다란 척추옆근육이 과도하게 힘을 받지 않는다.

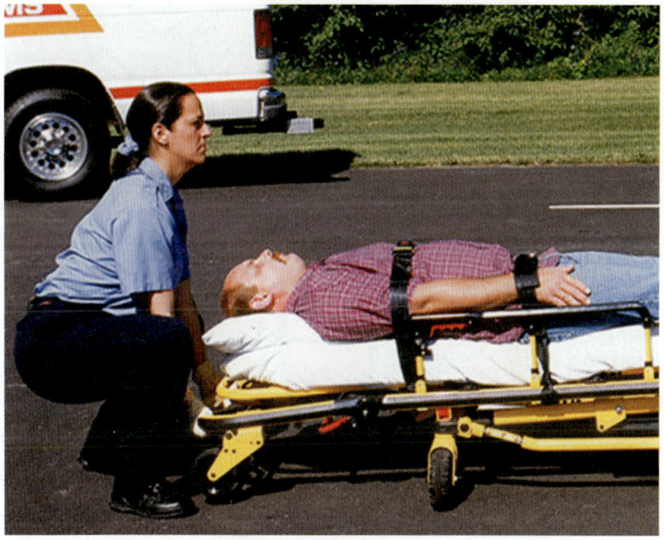

그림 17-19 균형 맞추어 들기. 팀원이 부적절하게 들 때, EMS 요원의 허리근육 긴장이 자주 발생한다. 비틀림, 회전, 기타 움직임은 커다란 허리근육에 무리를 주어서 허리 긴장을 유발할 수 있다.

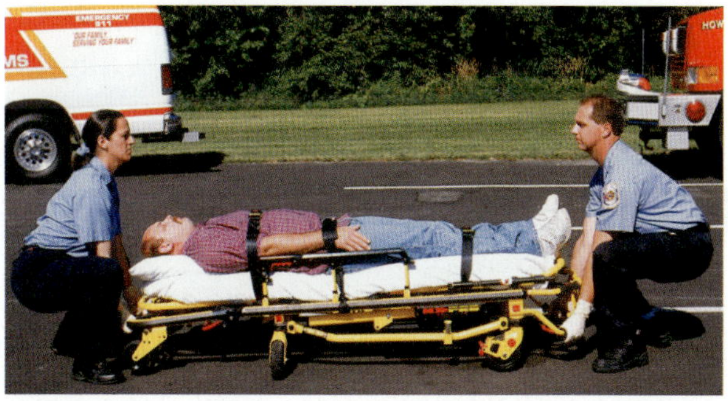

배속빗근(**internal oblique abdominis**), (4) 배가로근(**transversus abdomini**), (5) 배곧은근(**rectus abdominis**), (6) 골반가로막을 구성하는 근육들이 포함된다.

7

그림 7-20 빗근, 곧은근, 가로막.

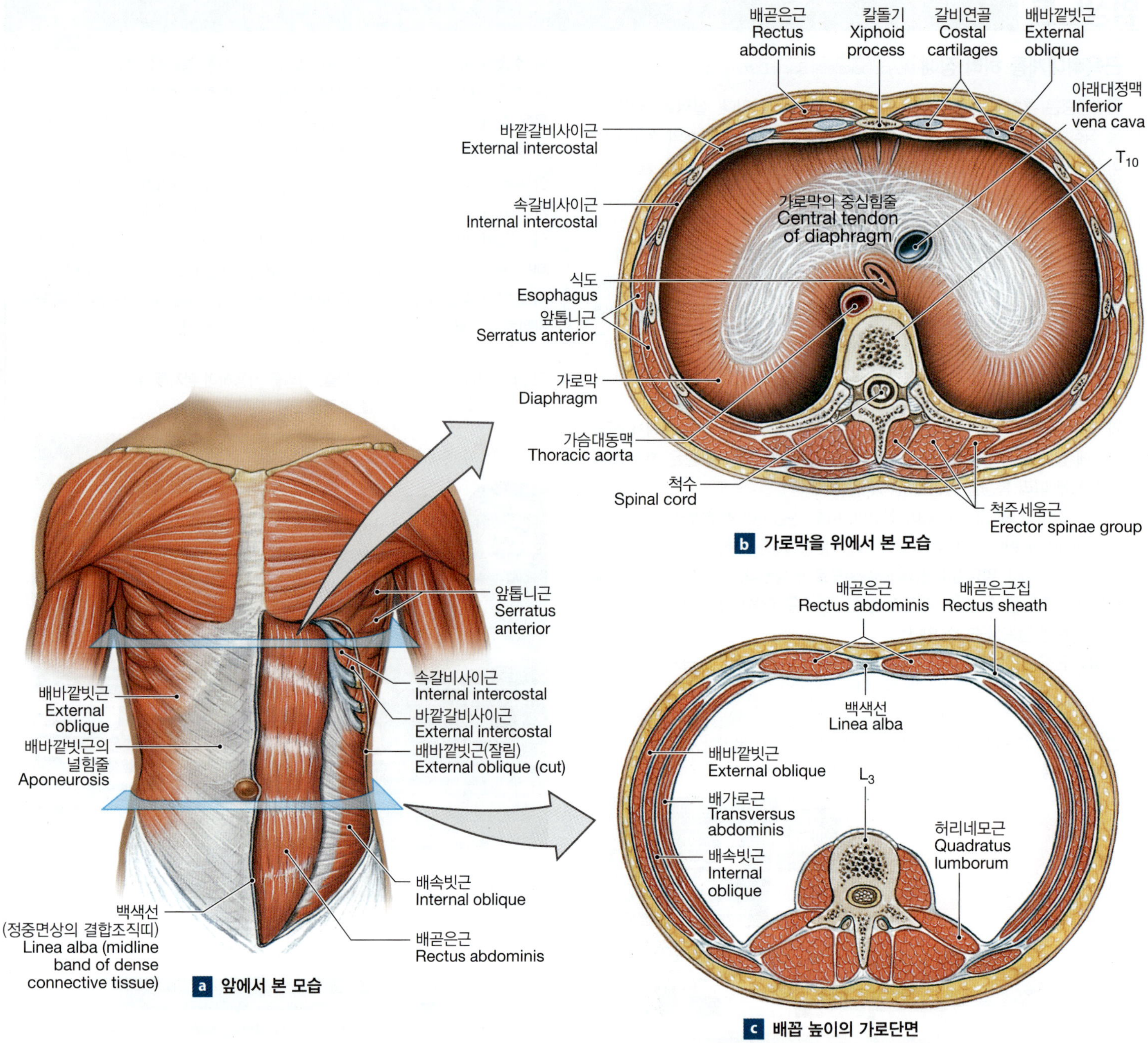

a 앞에서 본 모습

b 가로막을 위에서 본 모습

c 배꼽 높이의 가로단면

골반가로막의 근육 Muscles of the Pelvic Floor

골반안의 바닥을 **샅**(회음, **perineum**)이라고 한다(**그림 7-21**; **표 7-6**). 샅은 엉치뼈, 꼬리뼈와 궁둥뼈, 두덩뼈 사이를 연결해 주는 근육막으로 이루어져 있다. 이 근육은 골반안의 내장기관을 지탱하고, 요도와 항문을 통한 소변과 대변의 이동을 조절한다.

체크포인트

25. 씹기근을 수축하고 이완한다면 무엇을 하는가?
26. 트럼펫 연주자에게 어떤 얼굴 근육이 잘 발달되었는가?
27. 바깥갈비사이근육이 손상되면 어떤 중요한 과정이 방해받는가?
28. 누군가가 당신의 배곧은근을 때린다면 당신의 자세는 어떻게 변할까?

책 뒷면에 있는 파란색 정답 탭을 참조.

표 7-5 몸통벽의 근육

부위/근육	이는곳	닿는곳	작용
가슴부위(THORACIC REGION)			
바깥갈비사이근(External intercostals)	갈비뼈의 아래모서리	아랫분절 갈비뼈의 위모서리	갈비뼈를 올림
속갈비사이근(Internal intercostals)	갈비뼈의 위모서리	윗분절 갈비뼈의 아래모서리	갈비뼈를 내림
가로막(Diaphragm)	칼돌기(xiphoid process), 넷째~열째갈비연골, 허리뼈의 앞면	중심널힘줄(central tendon)	가슴안을 넓힘, 배골반안을 내리누름
배부위(ABDOMINAL REGION)			
배바깥빗근(External oblique)	하위 여덟 개의 갈비뼈	백색선(linea alba), 엉덩뼈 능선(iliac crest)	배를 누름, 갈비뼈를 내림, 척주를 굽히거나 옆굽힘
배속빗근(Internal oblique)	엉덩뼈능선과 주위의 결합조직	하위 갈비뼈, 복장뼈의 칼돌기, 백색선	배를 누름, 갈비뼈를 내림, 척주를 굽히거나 옆굽힘
배가로근(Transversus abdominis)	하위 갈비연골, 엉덩뼈능선, 주위의 결합조직	백색선과 pubis(두덩뼈)	배를 누름
배곧은근(Rectus abdominis)	두덩결합(symphysis pubis) 부위의 두덩뼈(pubis) 위면	다섯째~일곱째 갈비연골의 아래면, 칼돌기	갈비뼈를 내림, 척주를 굽힘

7

표 7-6 골반가로막의 근육

근육	이는곳	닿는곳	작용
얕은층 근육(SUPERFICIAL MUSCLES)			
망울해면체근(Bulbospongiosus)			
남성(Males)	음경뿌리(root of penis), 근육섬유들이 정중면을 가로지름	샅중심체(perineal body)와 샅솔기(perineal raphe)	음경뿌리를 압박하여 단단하게 함, 소변이나 정액을 분출시킴
여성(Females)	음핵다리(crus of clitoris), 근육섬유들이 요도구멍과 질구멍 주위를 둘러쌈	샅중심체	음핵을 압박하여 단단하게 함, 질구멍을 좁힘
궁둥해면체근 (Ischiocavernosus)	궁둥뼈(ischium)의 아래안쪽면	두덩결합(Symphysis pubis)의 음경뿌리 또는 음핵다리 앞부분	음경 또는 음핵을 압박하여 단단하게 함
샅가로근 (Transverse perineal)	궁둥뼈의 아래안쪽면	샅중심체	샅중심체를 고정시킴
깊은층 근육(DEEP MUSCLES)			
바깥요도조임근(External urethral sphincter)			
남성(Males)	궁둥뼈와 두덩뼈의 아래안쪽면	음경뿌리의 정중면 부위, 속층의 근육섬유들이 요도를 둘러쌈	요도를 닫음, 전립샘(prostate)과 망울요도샘(bulbo-urethral gland)을 누름
여성(Females)	궁둥뼈와 두덩뼈의 아래안쪽면	정중면, 속층의 근육섬유들이 요도를 둘러쌈	요도를 닫음, 질(vagina)과 큰질어귀샘(greater vestibular gland)을 누름
바깥항문조임근 (External anal sphincter)	꼬리뼈(coccyx)	항문을 둘러쌈	항문을 닫음
항문올림근(Levator ani)	궁둥뼈가시(ischial spine), 두덩뼈(pubis)	꼬리뼈	골반가로막(pelvic floor)을 팽팽하게 함, 골반의 내장기관을 지탱함, 꼬리뼈를 굽힘, 항문을 올림

그림 7-21 골반가로막의 근육.

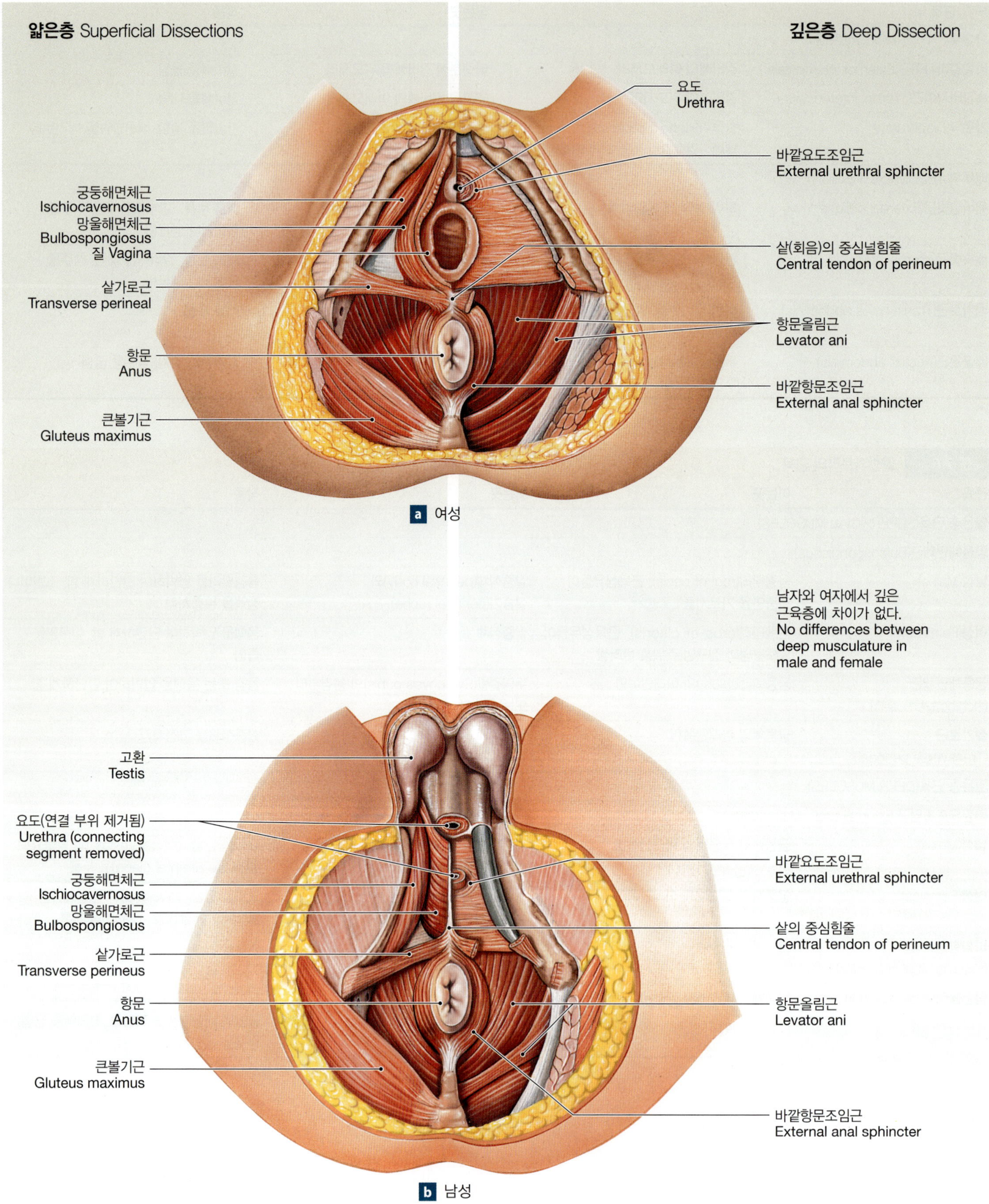

임상노트

근육내 주사 Intramuscular Injections

약물을 주사할 때, 혈관에 직접 주사하는 것보다 연조직에 주사하는 경우가 많다. 이 경우, 한꺼번에 투여한 많은 양의 약물이 서서히 혈액으로 스며들게 된다. 근육내주사(intramuscular injection, IM)는 커다란 뼈대근육의 힘살부위에 약물을 주사하는 방법이다. 이 방법은 **진피내주사**(*intradermal injection*)나 **피부밑주사**(*subcutaneous injection*)에 비해 약물의 흡수가 빠르고 조직 자극이 적다. 한 번에 5 mL의 약물을 투여할 수 있으며, 여러 번 반복하여 주사하는 것도 가능하다.

근육내주사를 할 때 실수로 혈관에 약물을 주입하거나 신경을 찌를 수 있다. 혈관 안으로 갑자기 많은 양의 약물이 들어가면 심각한 부작용이 일어날 수 있으며, 신경이 손상되면 근육의 마비나 감각장애가 발생할 수 있다. 따라서 주사바늘을 찌르는 위치에 주의를 기울여야 한다.

큰 혈관이나 신경이 없는 커다란 근육이 주사하기 좋은 부위이며, 큰볼기근의 위가쪽부분이나 중간볼기근이 가장 많이 이용된다. 그 밖에 어깨세모근의 봉우리(acromion) 가쪽 2.5 cm 부위도 흔히 이용되는 자리이다.

기술적 측면에서, 넓적다리의 가쪽넓은근도 근육이 두껍고 혈관과 신경이 별로 없어서 주사바늘을 찌르기 좋다. 볼기근이나 어깨세모근이 작은 어린아이에게 근육내주사를 할 때 가쪽넓은근이 흔히 이용된다. 또한 노인이나 볼기근과 어깨세모근이 위축된 환자의 경우에게 가쪽넓은근에 근육내주사를 한다.

7-11 팔이음부위, 팔, 다리이음부위, 다리의 근육을 팔다리근육이라고 한다

학습목표 인체의 주요 팔다리근육을 나열하고 각 근육의 이는곳, 닿는곳, 작용을 설명한다.

팔다리근육은 (1) 어깨와 팔의 근육, (2) 다리이음부위와 다리의 근육으로 구분된다. 이들 두 근육무리는 그 기능과 운동범위에서 많은 차이를 보인다. 팔이음뼈(pectoral girdle)와 몸통뼈대를 연결하는 근육들은 팔을 큰 각도로 움직이게 도와주고 충격을 흡수하는 기능을 한다. 예를 들어 조깅을 하면서 손으로 섬세한 동작을 할 수 있는 것은, 몸통뼈대와 팔이음뼈를 연결하는 근육들이 걷거나 뛸 때의 충격을 완화시켜 주기 때문이다. 반면 다리이음뼈(pelvic girdle)는 몸통뼈대에 직접 연결되어 있어서 체중을 다리뼈로 전달해 준다. 몸통뼈대와 다리이음뼈 사이가 근육으로 연결되어 있다면 체중 전달의 효율성이 떨어질 수밖에 없다. 즉, 이곳의 연결은 운동성보다는 튼튼함에 초점이 맞춰져 있는 것이다.

어깨와 팔의 근육 Muscles of the Shoulders and Upper Limbs

팔이음뼈를 움직이는 근육 Muscles that Position the Pectoral Girdle

등세모근(trapezius muscle)은 등과 목의 얕은층에 위치한 커다란 마름모꼴의 근육으로, 위쪽 끝은 머리뼈바닥까지 뻗어 있다(**그림 7-22a**; **표 7-7**). 이 근육은 부위별로 따로따로 수축할 수 있으며, 그에 따라 다양한 작용이 나타난다. 등세모근의 깊은층에는 **마름근(rhomboid muscle)**과 **어깨올림근(levator scapulae)**이 있는데, 두 근육 모두 척추뼈에서 시작하여 어깨뼈(scapula)에 닿는다. 마름근이 수축하면 어깨뼈가 정중면 쪽으로 움직여진다. 어깨올림근은 어깨를 으쓱할 때 어깨뼈를 위로 올리는 작용을 한다.

앞톱니근(serratus anterior)은 여러 갈비뼈의 앞면에서 시작하여(**그림 7-22b**), 어깨뼈의 안쪽모서리에 닿는 근육이다. 앞톱니근이 수축하면 어깨뼈가 가슴벽 쪽으로 당겨진다. **작은가슴근(pectoralis minor)**은 어깨뼈의 부리돌기(coracoid process)에 닿으며, **빗장밑근(subclavius)**은 빗장뼈의 아래모서리에 닿는다. 이들 두 근육은 어깨뼈를 아래로 내리고 앞으로 내미는 작용을 한다.

위팔을 움직이는 근육 Muscles that Move the Arm

위팔을 움직이는 근육(**그림 7-23**; **표 7-8**)들은 그 작용이 비슷한 것끼리 묶어서 기억하는 것이 좋다.

- **어깨세모근(deltoid)**은 팔을 벌릴 때의 주 작용근이다. 팔을 벌리기 시작할 때 **가시위근(supraspinatus)**이 보조적인 작용을 한다.
- **어깨밑근(subscapularis)**, **큰원근(teres major)**, **가시아래근(infraspinatus)**, **작은원근(teres minor)**은 팔을 돌리는 작용을 한다.
- **큰가슴근(pectoralis major)**은 가슴벽에서 시작하여 위팔뼈(humerus)의 큰결절(greater tubercle)에 닿으며, 어깨관절(shoulder joint)을 굽히는 작용을 한다. **넓은등근(latissimus dorsi)**은 등뼈(thoracic vertebra)에서 시작하여 위팔뼈의 결절사이고랑(intertubercular

그림 7-22 팔이음뼈를 움직이는 근육.

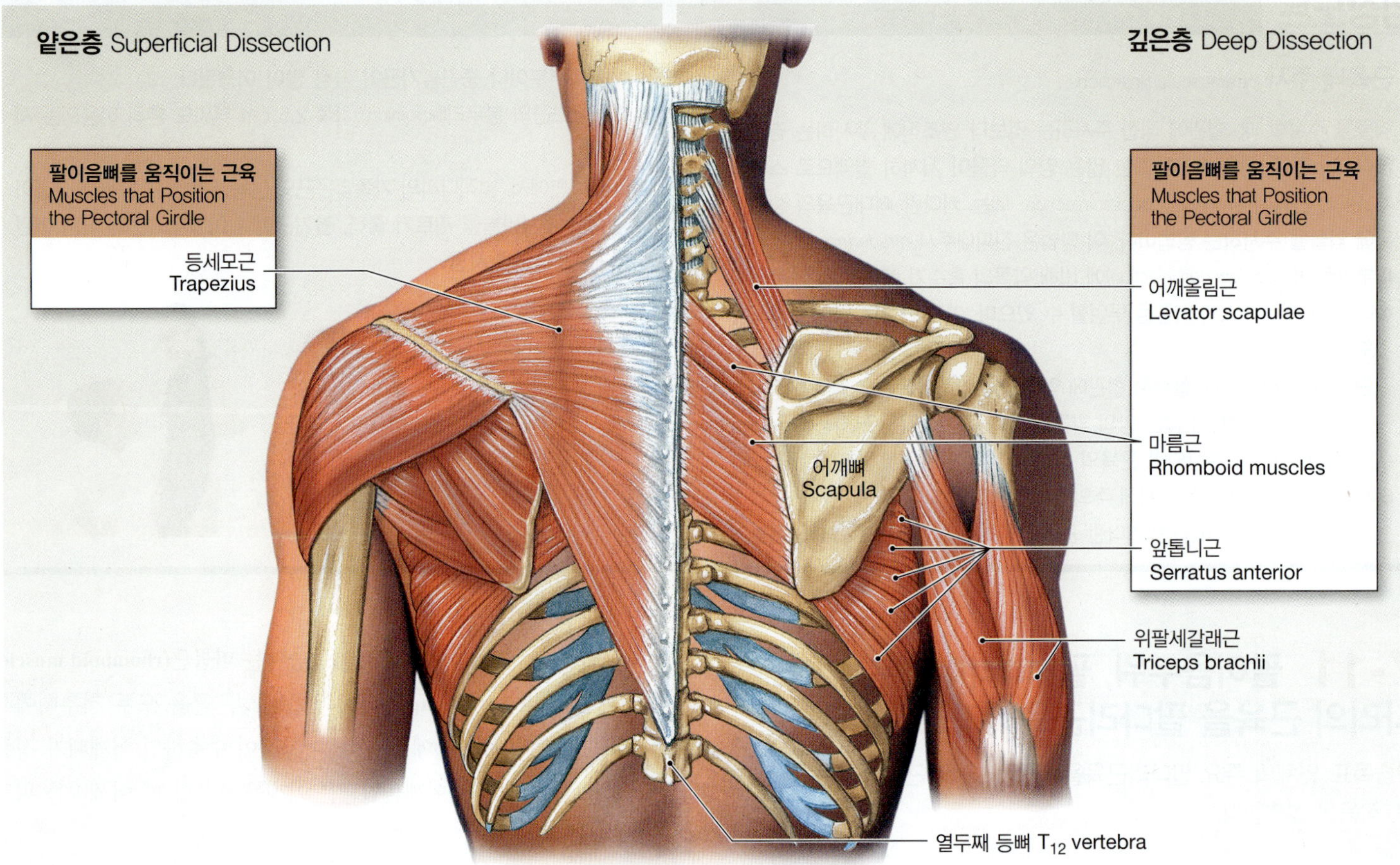

a 뒤에서 본 모습

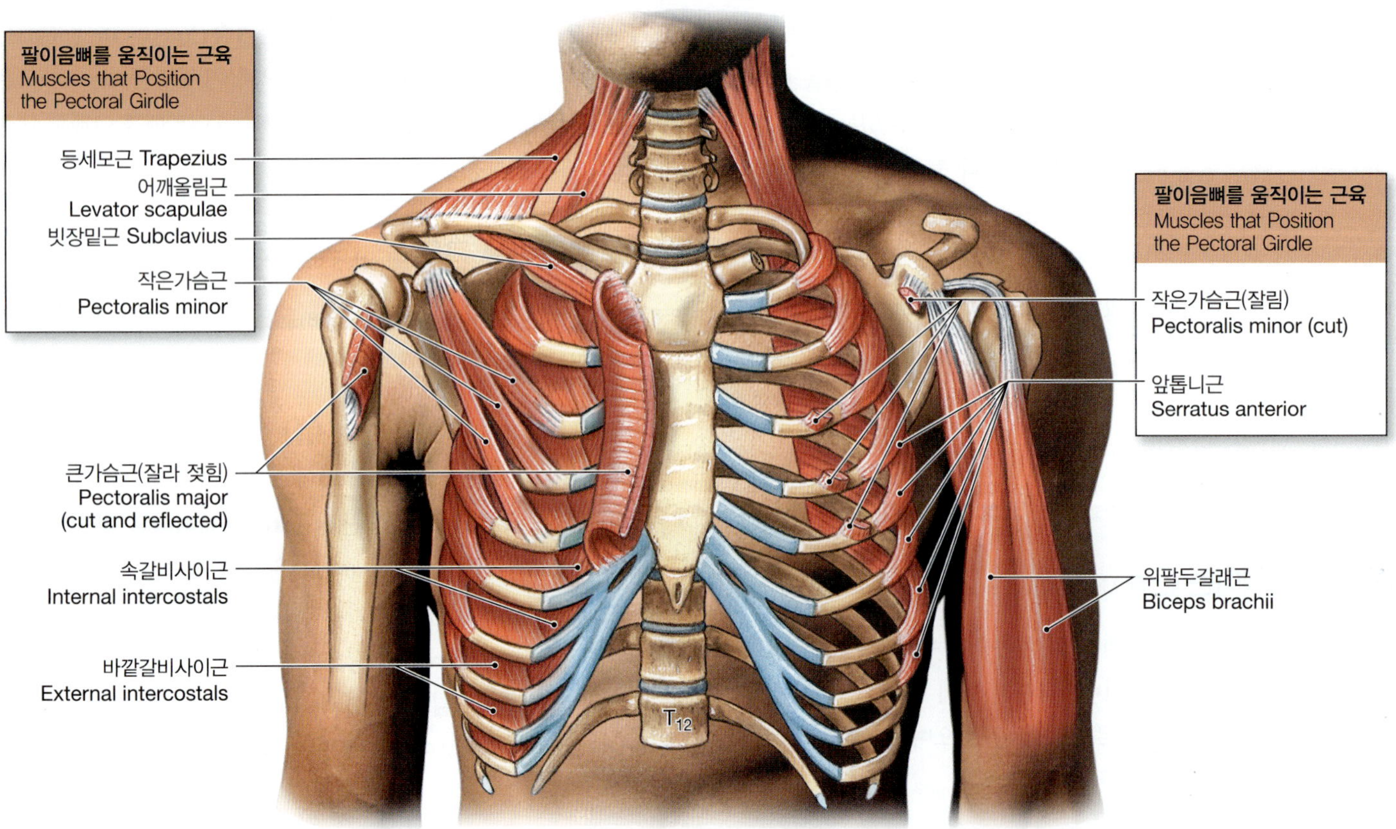

b 앞에서 본 모습

표 7-7	팔이음뼈를 움직이는 근육		
근육	이는곳	닿는곳	작용
어깨올림근(Levator scapulae)	첫째~넷째목뼈의 가로돌기(transverse process)	어깨뼈(scapula)의 안쪽모서리	어깨뼈를 올림
작은가슴근(Pectoralis minor)	셋째~다섯째갈비뼈의 앞면	어깨뼈의 부리돌기(coracoid process)	어깨를 내리고 내밈, 어깨뼈를 가쪽으로 돌림, 어깨뼈가 고정되어 있을 경우 갈비뼈를 올림
마름근(Rhomboid muscle)	하위 목뼈와 상위 등뼈의 가시돌기(spinous process)	어깨뼈의 안쪽모서리	어깨뼈를 모으고 가쪽으로 돌림
앞톱니근(Serratus anterior)	첫째~아홉째갈비뼈의 앞면과 위모서리	어깨뼈 안쪽모서리의 앞면	어깨를 내밈, 어깨뼈를 벌리고 안쪽으로 돌림
빗장밑근(Subclavius)	첫째갈비뼈	빗장뼈(clavicle)	어깨를 내리고 내밈
등세모근(Trapezius)	뒤통수뼈(occipital bone), 등뼈의 가시돌기	빗장뼈, 어깨뼈의 봉우리(acromion)과 어깨뼈가시(scapular spine)	수축이 일어나는 부위와 다른 근육의 상태에 따라 다름, 어깨뼈의 올림 · 모음 · 내림 · 돌림, 빗장뼈의 올림, 목의 폄 또는 젖힘

groove)에 닿으며, 어깨관절을 펴는 작용을 한다. 두 근육이 함께 수축하면 위팔뼈의 모음과 돌림이 일어난다.

이 근육들은 어깨관절의 안정성 유지에 중요한 역할을 한다. 가시위근, 가시아래근, 작은원근, 어깨밑근의 힘줄은 어깨관절의 관절주머니와 합쳐져 관절을 강화시켜 준다. 이 근육들을 한데 묶어 돌림근띠근육(*rotator cuff*)이라고 하는데, 이는 운동을 할 때 손상을 입기 쉬운 부위이다. 야구나 미식축구와 같이 공을 던지는 운동을 하면 돌림근띠근육에 많은 힘이 가해지며, 잘못하면 근육손상(muscle strain, 근육 파열)이나 윤활낭염(*bursitis*) 등이 생길 수 있다.

아래팔과 손목를 움직이는 근육

Muscles that Move the Forearm and Wrist

아래팔과 손목을 움직이는 근육(**그림 7-24**; **표 7-9**)들은 대부분 위팔뼈에서 시작한다. 예외적으로 **위팔세갈래근(triceps brachii)**의 긴갈래(*long head*)와 **위팔두갈래근(biceps brachii)**은 어깨뼈에서 시작하여 아래팔의 뼈에 닿는다. 이들 두 근육은 어깨관절에도 약간의 작용을 나타내기는 하지만, 그보다 팔꿉관절(elbow joint)에 대한 작용이 훨씬 더 크다. 위팔세갈래근은 팔굽혀펴기 등의 운동을 할 때 팔꿉관절을 펴는 작용을 한다. 반면, 위팔두갈래근은 팔꿉관절을 굽히고 아래팔을 뒤치

표 7-8	위팔을 움직이는 근육		
근육	이는곳	닿는곳	작용
부리위팔근(Coracobrachialis)	부리돌기(coracoid process)	위팔뼈(humerus) 몸통의 안쪽모서리	어깨관절의 모음과 굽힘
어깨세모근(Deltoid)	빗장뼈(clavicle), 어깨뼈(scapula)의 봉우리(acromion)와 어깨뼈가시(scapular spine)	위팔뼈의 세모근거친면(deltoid tuberosity)	어깨관절의 벌림
넓은등근(Latissimus dorsi)	하위 등뼈의 가시돌기(spinous process), 갈비뼈, 허리뼈	위팔뼈의 결절사이 고랑(intertubercular groove)	어깨관절의 폄, 모음, 안쪽돌림
큰가슴근(Pectoralis major)	둘째~여섯째갈비연골, 복장뼈 몸통(body of sternum), 빗장뼈	위팔뼈의 큰결절(greater tubercle)	어깨관절의 굽힘, 모음, 안쪽돌림
가시위근(Supraspinatus)*	어깨뼈의 가시위오목(supraspinous fossa)	위팔뼈의 큰결절	어깨관절의 벌림
가시아래근(Infraspinatus)*	어깨뼈의 가시아래오목(infraspinous fossa)	위팔뼈의 큰결절	어깨관절의 가쪽돌림
어깨밑근(Subscapularis)*	어깨뼈의 어깨뼈밑오목(subscapular fossa)	위팔뼈의 작은결절(lesser tubercle)	어깨관절의 안쪽돌림
작은원근(Teres minor)*	어깨뼈의 가쪽모서리	위팔뼈의 큰결절	어깨관절의 가쪽돌림
큰원근(Teres major)	어깨뼈의 아래각	위팔뼈의 결절사이고랑	어깨관절의 모음과 안쪽돌림

* 돌림근띠근육(Rotator cuff muscle)

7

그림 7-23 위팔을 움직이는 근육. 돌림근띠근육에 속하는 근육을 *로 표시하였다.

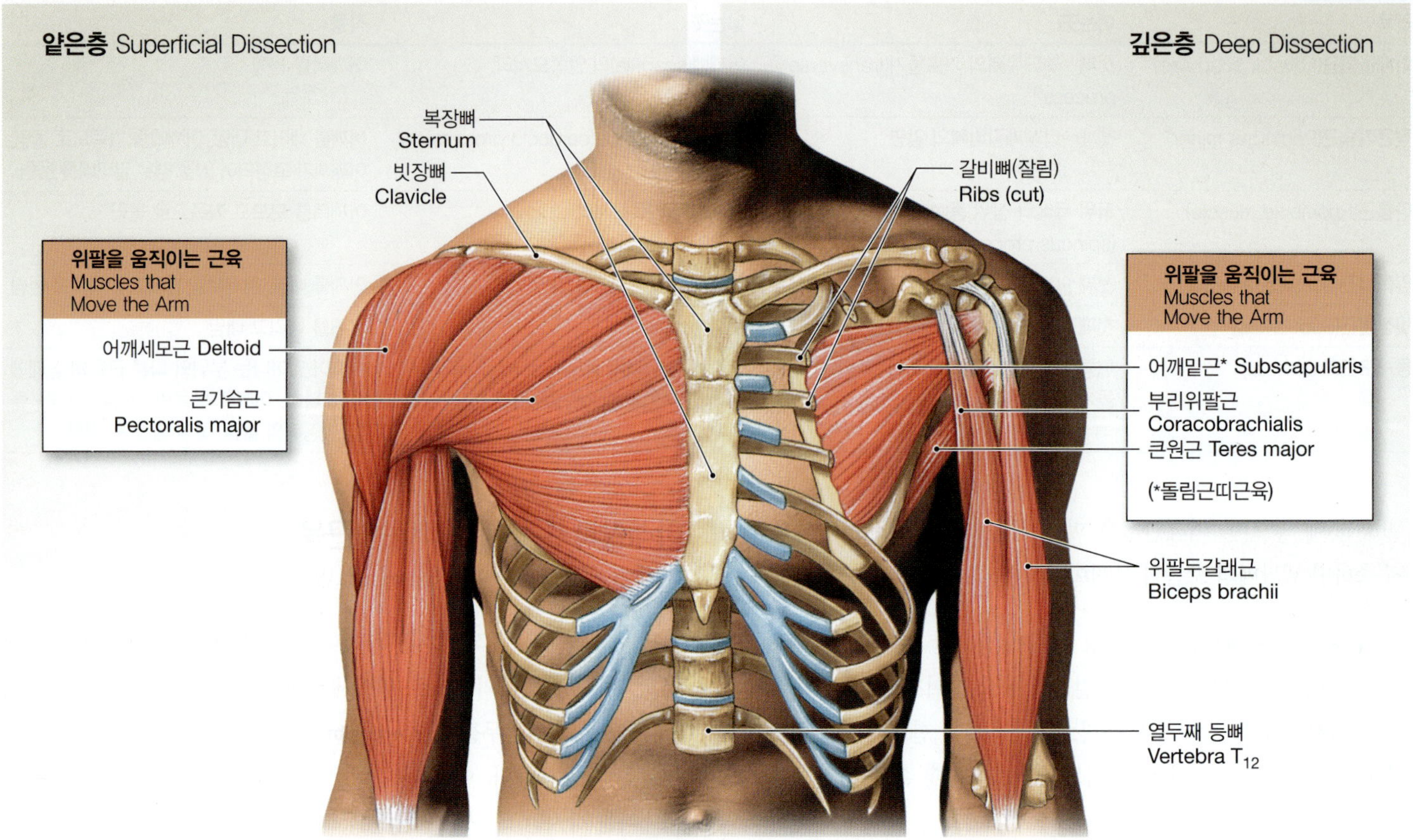

a 앞에서 본 모습

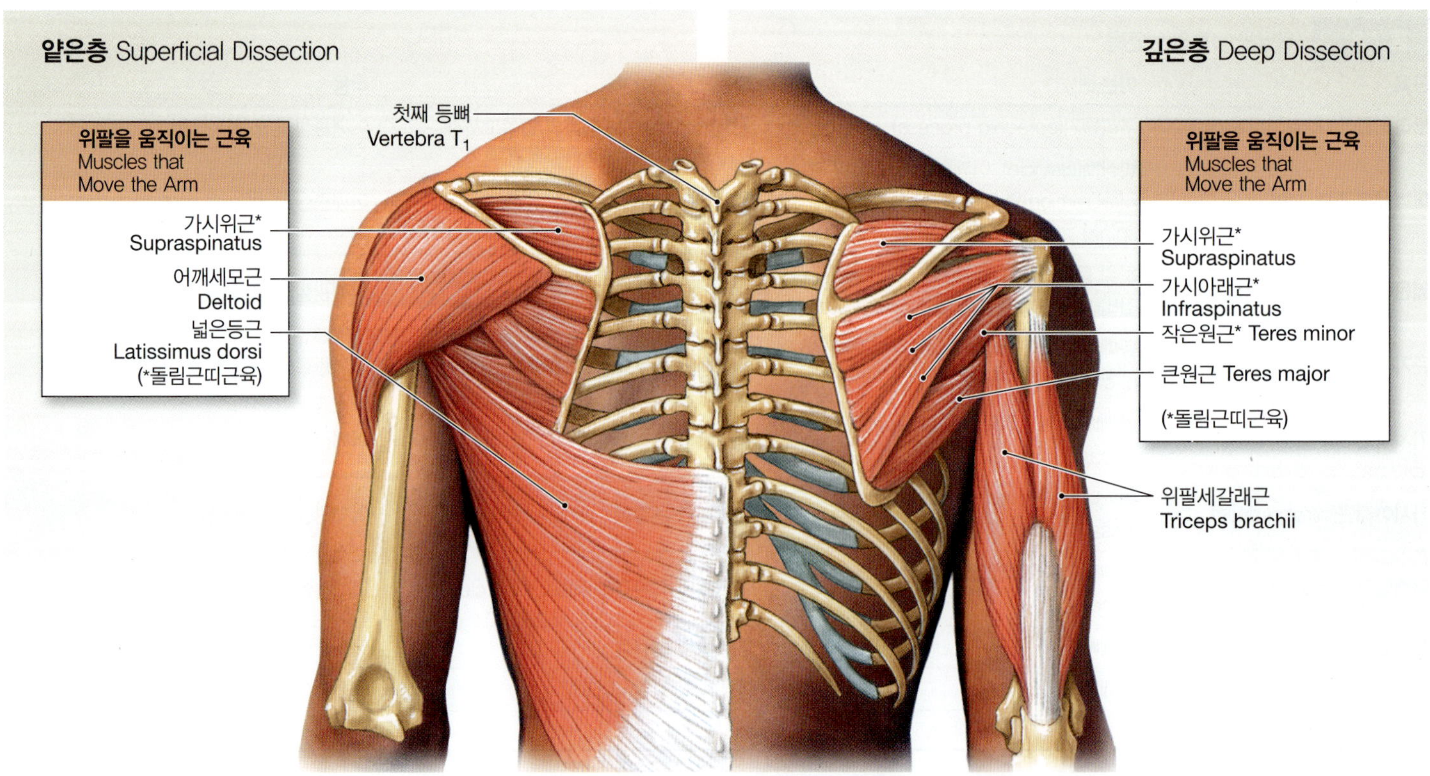

b 뒤에서 본 모습

그림 7-24 아래팔, 손목, 손을 움직이는 근육.

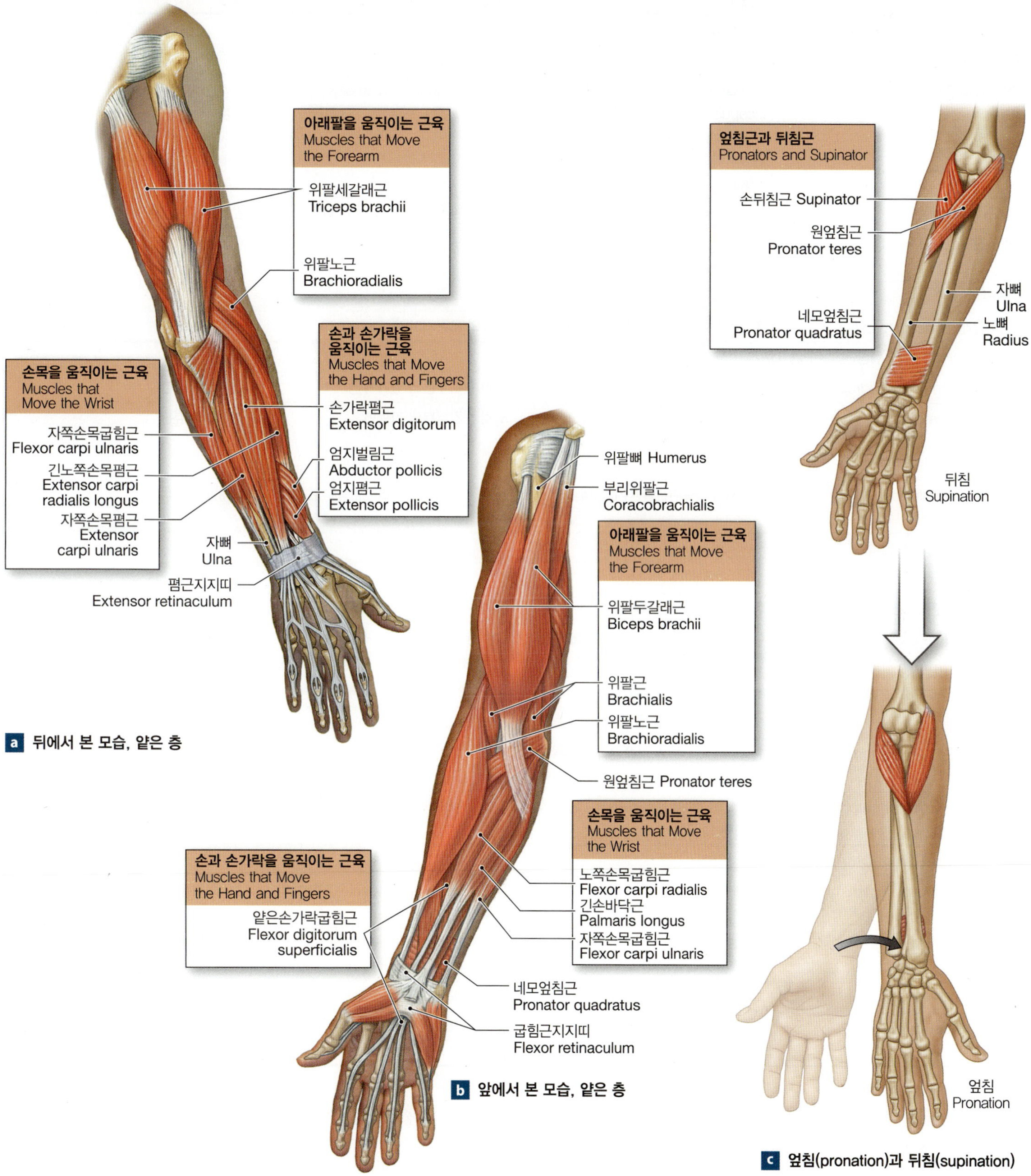

표 7-9 아래팔, 손목, 손을 움직이는 근육

근육	이는곳	닿는곳	작용
팔꿉관절에 작용하는 근육(ACTION AT THE ELBOW)			
굽힘근(*Flexor*)			
위팔두갈래근(Biceps brachii)	**짧은갈래**(*short head*)는 어깨뼈(scapula)의 부리돌기(coracoid process), **긴 갈래**(*long head*)는 어깨뼈의 오목위결절(supraglenoid tubercle)	노뼈거친면(radial tuberosity)	어깨관절과 팔꿉관절의 굽힘, 아래팔의 뒤침
위팔근(Brachialis)	위팔뼈(humerus) 먼쪽부분의 앞면	자뼈거친면(tuberosity of ulna))	팔꿉관절의 굽힘
위팔노근(Brachioradialis)	위팔뼈의 가쪽위관절융기(lateral epicondyle)	노뼈의 붓돌기(styloid process)	팔꿉관절의 굽힘
폄근(*Extensor*)			
위팔세갈래근(Triceps brachii)	위팔뼈 위부분의 뒤가쪽모서리, 어깨뼈	자뼈의 팔꿈치머리(olecranon)	팔꿉관절의 폄
엎침근(PRONATOR) / **뒤침근**(SUPINATOR)			
네모엎침근(Pronator quadrates)	자뼈 먼쪽부분의 안쪽면	노뼈 먼쪽부분의 앞가쪽면	아래팔의 엎침
원엎침근(Pronator teres)	위팔뼈의 안쪽위관절융기(medial epicondyle), 자뼈의 갈고리돌기(coronoid process)	노뼈 중간부분의 가쪽면	아래팔의 엎침
손뒤침근(Supinator)	위팔뼈의 가쪽위관절융기, 자뼈	노뼈의 노뼈거친면보다 먼쪽부분 앞가쪽면	아래팔의 뒤침
손목관절에 작용하는 근육(ACTION AT THE WRIST)			
굽힘근(*Flexor*)			
노쪽손목굽힘근(Flexor carpi radialis)	위팔뼈의 안쪽위관절융기	둘째~셋째손허리뼈바닥	손목관절의 굽힘과 벌림
자쪽손목굽힘근(Flexor carpi ulnaris)	위팔뼈의 안쪽위관절융기와 그에 인접한 자뼈 의 표면	콩알뼈(pisiform), 갈고리뼈(hamate), 다섯째손허리뼈바닥	손목관절의 굽힘과 모음
긴손바닥근(Palmaris longus)	위팔뼈의 안쪽위관절융기	손바닥의 힘줄집	손목관절의 굽힘
폄근(*Extensor*)			
노쪽손목폄근(Extensor carpi radialis)	위팔뼈 먼쪽부분의 가쪽면과 가쪽위관절융기	둘째~셋째손허리뼈바닥	손목관절의 폄과 벌림
자쪽손목폄근(Extensor carpi ulnaris)	위팔뼈의 가쪽위관절융기와 그에 인접한 자뼈 의 표면	다섯째손허리뼈바닥	손목관절의 폄과 모음
손에 작용하는 근육(ACTION AT THE HAND)			
손가락폄근(Extensor digitorum)	위팔뼈의 가쪽위관절융기	둘째~다섯째 phalanges(손가락뼈)의 등쪽면	손가락의 관절과 손목관절의 폄
손가락굽힘근(Flexor digitorum)	위팔뼈의 안쪽위관절융기, 자뼈와 노뼈의 앞면, 자뼈의 뒤안쪽면	둘째~다섯째 끝마디뼈(distal phalanges)	손가락의 관절과 손목관절의 굽힘
엄지벌림근(Abductor pollicis)	자뼈와 노뼈 몸쪽부분의 뒤면	첫째손허리뼈의 가쪽모서리	엄지손가락의 관절과 손목의 벌림
엄지폄근(Extensor pollicis)	노뼈몸통의 먼쪽부분, 뼈사이막(interosseous membrane)	엄지손가락의 손가락뼈바닥	엄지손가락 관절의 폄, 손목의 벌림

는 작용을 한다. 아래팔이 엎쳐진 상태(손바닥이 등쪽을 향함)에서는 위팔두갈래근이 효과적으로 작용하지 못한다. 따라서 아래팔을 뒤친 상태에서 팔꿉관절을 굽혀야 최대의 힘이 발휘되고 알통도 크게 튀어나온다.

그 밖의 중요한 근육들은 다음과 같다.

- **위팔근(brachialis)**과 **위팔노근(brachioradialis)**도 팔꿉관절을 굽히며, 위팔세갈래근의 대항근으로 작용한다.

- **노쪽손목굽힘근(flexor carpi radialis)**, **자쪽손목굽힘근(flexor carpi ulnaris)**, **긴손바닥근(palmaris longus)**은 함께 수축하여 손목을 굽히는 작용을 한다. 이들 근육은 위팔뼈의 서로 다른 부위에서 시작하기 때문에 그 작용도 조금씩 다르다. 노쪽손목굽힘근은 손목관절의 굽힘과 벌림을 일으키고, 자쪽손목굽힘근은 손목관절의 굽힘과 모음을 일으킨다.
- **노쪽손목폄근(extensor carpi radialis)**과 **자쪽손목폄근(extensor carpi ulnaris)**도 비슷한 관계이다. 노쪽손목폄근은 손목관절의 폄과 벌림을, 자쪽손목폄근은 손목관절의 폄과 모음을 일으킨다.
- **엎침근(pronator)**과 **뒤침근(supinator)**은 노뼈를 몸쪽에서 회전하여 자뼈와 먼쪽 관절을 이룬다. 엎침근과 뒤침근은 팔꿉관절을 굽히거나 펴지 않는다.

손과 손가락을 움직이는 근육 Muscles that Move the Hand and Fingers

아래팔의 근육은 손가락의 관절을 굽히거나 펴는 작용을 한다(**표 7-9**). 이 근육들은 손에 이르기 전에 힘줄이 되어 손목부위를 지나간다. 이 근육들은 비교적 크게 발달해 있으며, 손목과 손의 다양한 움직임을 만들어 낸다. 손목부위에는 **폄근지지띠**(*extensor retinaculum*)과 **굽힘근지지띠**(*flexor retinaculum*)이 있어서 각각 폄근의 힘줄과 굽힘근의 힘줄들을 붙잡는다. 이 힘줄들이 손목의 앞면과 뒷면을 지날 때, **윤활힘줄집**(*synovial sheath tendon*)이라고 하는 관 모양의 주머니가 힘줄 주위를 둘러싸 마찰을 줄인다.

지지띠나 힘줄집에 염증이 생기면, 운동범위가 제한되고 손바닥에 분포하는 **정중신경**(*median nerve*)이 자극을 받아 만성통증이 생기거나 손근육의 힘이 약해지게 된다. 이런 질환을 **손목굴증후군(carpal tunnel syndrome)**이라고 한다. 대개 손과 손목을 많이 움직이는 사람에게 이런 병이 잘 생긴다. 손의 섬세한 움직임은 손목뼈(carpal bone)와 손허리뼈(metacarpal bone)에서 시작하는 작은 **내재근육들**(*intrinsic muscles*)이 담당하고 있다. 손가락뼈(phalanges)에서 시작하는 근육은 없다. 따라서 손가락뼈 사이의 관절 주위에는 근육의 힘살은 없고 힘줄만 있다.

체크포인트

29. 어깨를 으쓱하는데 사용되는 근육은 무엇인가?
30. 야구에서 투수들이 종종 돌림근띠 손상을 입는다. 이러한 손상에 관련된 근육은 무엇인가?
31. 자쪽손목굽힘근 손상은 어떤 두 가지 운동을 못하게 하는가?

책 뒷면에 있는 파란색 정답 탭을 참조.

골반과 다리의 근육 Muscles of the Pelvis and Lower Limbs

골반과 다리의 근육은 (1) 엉덩관절(hip joint)에 작용하여 넓적다리(thigh)를 움직이는 근육, (2) 무릎관절(knee joint)에 작용하여 종아리(leg)를 움직이는 근육, (3) 발(foot)의 여러 관절에 작용하여 발목(ankle)과 발가락(toe)을 움직이는 근육으로 구분된다.

넓적다리를 움직이는 근육 Muscles that Move the Thigh

넓적다리를 움직이는 근육들은 **그림 7-25**와 **표 7-10**에 정리되어 있다.

- **볼기근(gluteal muscle)**은 엉덩뼈(ilium)의 가쪽면을 덮고 있다(**그림 7-25a,b**). **큰볼기근(gluteus maximus)**은 볼기근 중 가장 크고 뒤쪽에 위치하며 엉덩관절의 폄, 돌림, 벌림을 일으킨다.
- 넓적다리의 모음을 담당하는 근육에는 **큰모음근(adductor magnus)**, **짧은모음근(adductor brevis)**, **긴모음근(adductor longus)**, **두덩근(pectineus)**, **두덩정강근(gracilis)**이 있다(**그림 7-25c**). 사타구니를 무리하게 벌려 통증이 생겼다면, 이들 모음근 중 하나가 찢기거나 파열된 것이다.
- 가장 큰 엉덩관절 굽힘근은 **엉덩허리근(iliopsoas)**이다(**그림 7-25c**). 엉덩허리근은 실제로 두 개의 근육, 즉 **큰허리근(psoas major)**과 **엉덩근(iliacus)**이다. 이 근육들은 넙다리뼈의 작은돌기에 공통적으로 닿는다.

종아리를 움직이는 근육 Muscles that Move the Leg

다리 근육의 배열 양상은 팔근육과 비슷하다. 폄근은 다리의 앞가쪽 부위에 놓여 있고, 굽힘근은 뒤안쪽 부위에 놓여 있다(**그림 7-26**).

- 무릎 굽힘근은 넙다리뒤근육(*hamstring*)이라고 하는 세 개의 근육을 포함한다. 무릎 굽힘근은 **넙다리두갈래근(biceps femoris)**, **반막근(semimembranosus)**, **반힘줄근(semitendinosus)**, **넙다리빗근(sartorius)**이 있다. 넙다리빗근은 엉덩관절과 무릎관절을 가로지른다. 넙다리빗근은 다리를 교차할 때, 무릎관절에서 굽힘작용, 엉덩관절에서 가쪽돌림작용을 한다. 넙다리뒤근육 당김은 넙다리뒤근육의 긴장이 가해지는 흔한 운동 손상이다.
- 무릎관절을 펴는 근육들(*knee extensors*)을 한데 묶어 **넙다리네갈래근(quadriceps femoris)**이라고 부른다. 넙다리네갈래근은 **넙다리곧은근(rectus femoris)**, 3개의 **넓은근(vastus)**으로 이루어져 있다. 넙다리네갈래근은 무릎뼈(patella)에 닿으며, 무릎뼈는 다시 무릎인대(patellar ligament)를 통해 정강뼈거친면(tibial tuberosity)에 붙는다(**그림 7-26b**). (중간넓은근은 넙다리네갈래근의 다른 부분에 가려져 있기 때문에

그림 7-25 **넓적다리를 움직이는 근육.**

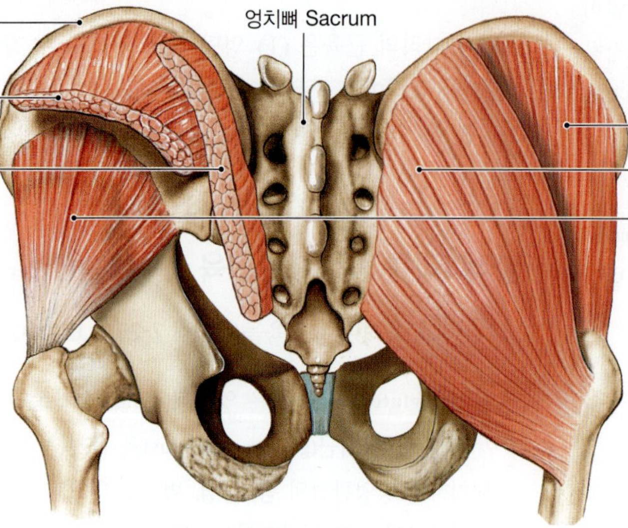

a **볼기부위를 뒤에서 본 모습**

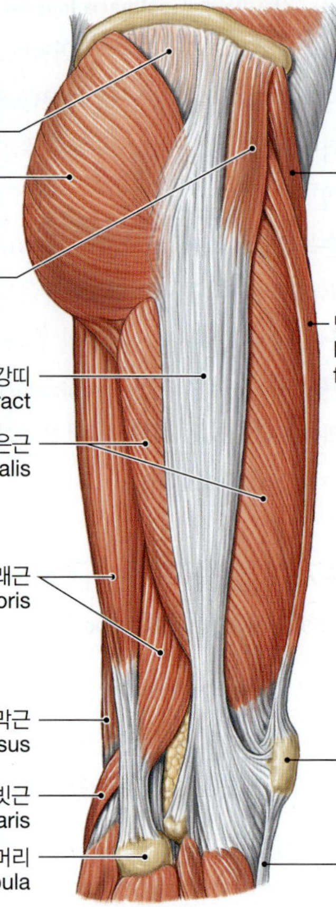

b **가쪽에서 본 모습**

그림 7-26에 표시되어 있지 않음.)

- 똑바로 서서 정강뼈(tibia)를 약간 가쪽으로 돌리면, 무릎관절이 펴진 채로 잠겨 고정된다. 이런 현상은 힘들이지 않고 오래 서 있는 데 도움을 준다. **오금근(popliteus)**은 가쪽으로 회전된 정강뼈를 원래 위치로 되돌려, 무릎관절을 굽힐 수 있게 한다(그림 7-26a).

종아리를 움직이는 근육들은 **표 7-11**에 정리되어 있다.

발과 발가락을 움직이는 근육
Muscles that Move the Foot and Toes

발과 발가락을 움직이는 근육들은 **그림 7-27**와 **표 7-12**에 정리되어 있다. 발목관절을 움직이는 근육의 대부분은 걷거나 뛸 때 중요한 동작인 발바닥굽힘(plantar flexion)을 일으킨다.

- 커다란 **장딴지근(gastrocnemius)**의 깊은층에는 **가자미근(soleus)**이 있다. 두 근육의 힘줄은 하나로 합쳐져 **발꿈치힘줄(calcaneal tendon)** 또는 아킬레스힘줄(*Achilles tendon*)이 된다.
- 깊은**종아리근**(deep **fibularis muscle**) 또는 종아리근(*peroneus muscle*)은 발의 가쪽번짐(eversion)과 발목의 발바닥굽힘(plantar flexion)을 일으킨다. 셋째종아리근(third fibularis muscle)은 가쪽번짐(eversion)과 발목의 발등굽힘(dorsiflexion)을 일으킨다.
- **정강근(tibialis muscle)**은 발의 안쪽번짐(inversion)을 일으킨다. 커다

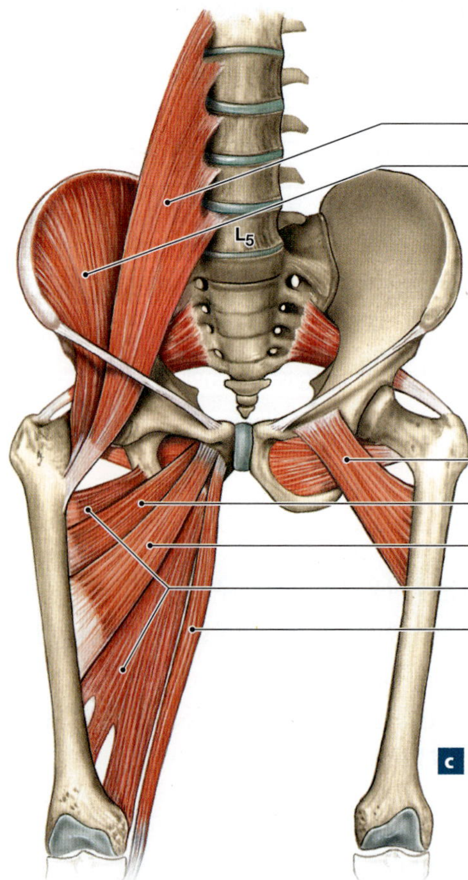

c **엉덩허리근과 모음근을 앞에서 본 모습**

표 7-10 넓적다리를 움직이는 근육

근육	이는곳	닿는곳	작용
볼기근(GLUTEAL GROUP)			
큰볼기근(Gluteus maximus)	엉덩뼈능선(Iliac crest), 엉치뼈(sacrum), 꼬리뼈(coccyx)	엉덩정강띠(Iliotibial tract)와 넙다리 뼈(femur)의 볼기근거친면(gluteal tuberosity)	엉덩관절의 폄과 가쪽돌림
중간볼기근(Gluteus medius)	엉덩뼈능선의 앞부분, 엉덩뼈의 가쪽면	넙다리뼈의 큰돌기(greater trochanter)	엉덩관절의 벌림과 안쪽돌림
작은볼기근(Gluteus minimus)	엉덩뼈의 가쪽면	넙다리뼈의 큰돌기	엉덩관절의 벌림과 안쪽돌림
넙다리근막긴장근(Tensor fasciae latae)	엉덩뼈능선과 엉덩뼈가시(iliac spine)	넙다리근막	엉덩관절의 굽힘과 안쪽돌림, 무릎의 가쪽면을 지지해 주는 넙다리근막을 팽팽하게 함
모음근(ADDUCTOR GROUP)			
짧은모음근(Adductor brevis)	두덩뼈아래가지(Inferior ramus of pubis)	넙다리뼈의 거친선(linea aspera)	엉덩관절의 모음, 굽힘, 안쪽돌림
긴모음근(Adductor longus)	두덩뼈아래가지(짧은모음근보다 앞쪽)	넙다리뼈의 거친선	엉덩관절의 모음, 굽힘, 안쪽돌림
큰모음근(Adductor magnus)	두덩뼈아래가지(짧은모음근보다 뒤쪽)	넙다리뼈의 거친선	엉덩관절의 모음, 근육의 위부분은 엉덩관절의 굽힘, 아래부분은 엉덩관절의 폄
두덩근(Pectineus)	두덩뼈위가지(Superior ramus of pubis)	넙다리뼈의 작은돌기(lesser trochanter) 아랫부분	엉덩관절의 모음, 굽힘, 안쪽돌림
두덩정강근(Gracilis)	두덩뼈아래가지(Inferior ramus of pubis)	정강뼈(Tibia)의 안쪽관절 융기(medial condyle) 아랫부분 안쪽면	무릎관절의 굽힘, 엉덩관절의 모음과 안쪽 돌림
엉덩허리근(LIOPSOAS GROUP)			
엉덩근(Iliacus)	엉덩뼈의 안쪽면	넙다리뼈의 작은돌기 아래부분(힘줄이 큰허리근의 힘줄과 합쳐짐	엉덩관절의 굽힘
큰허리근(Psoas major)	열두째등뼈와 허리뼈의 앞면과 가로돌기(transverse process)	넙다리뼈의 작은돌기(엉덩근과 함께)	엉덩관절의 굽힘, 허리부위 척추사이결합의 굽힘

표 7-11 종아리를 움직이는 근육

근육	이는곳	닿는곳	작용
굽힘근(FLEXORS)			
넙다리두갈래근(Biceps femoris)*	궁둥뼈결절(ischial tuberosity), 넙다리뼈(femur)의 거친선 (linea aspera)	종아리뼈머리(head of fibula), 정강뼈(tibia)의 가쪽관절융기(lateral condyle)	무릎관절의 굽힘, 엉덩관절의 폄과 가쪽 돌림
반막근(Semimembranosus)*	궁둥뼈결절	정강뼈의 안쪽관절융기(medial condyle 뒤면	무릎관절의 굽힘, 엉덩관절의 폄과 안쪽 돌림
반힘줄근(Semitendinosus)*	궁둥뼈결절	정강뼈의 몸쪽부분의 안쪽면	무릎관절의 굽힘, 엉덩관절의 폄과 안쪽 돌림
넙다리빗근(Sartorius)	위앞엉덩뼈가시(anterior superior iliac spine)	정강뼈거친면(tibial tuberosity) 근처의 정강뼈 안쪽면	무릎관절의 굽힘, 엉덩관절의 굽힘과 가쪽 돌림
오금근(Popliteus)	넙다리뼈의 가쪽관절융기(lateral condyle)	정강뼈 몸쪽부분의 뒤면	정강뼈의 안쪽돌림(또는 넙다리뼈의 가쪽 돌림), 무릎관절의 굽힘
폄근(EXTENSORS)			
넙다리곧은근(Rectus femoris)	아래앞엉덩뼈가시(anterior inferior iliac spine), 엉덩뼈의 절구모서리(acetabular margin) 윗부분	정강뼈거친면, 무릎인대(patellar ligament)를 통해 부착됨	무릎관절의 폄, 엉덩관절의 굽힘
중간넓은근(Vastus intermedius)	넙다리뼈 거친선의 앞가쪽면	정강뼈거친면, 무릎인대를 통해 부착됨	무릎관절의 폄
가쪽넓은근(Vastus lateralis)	넙다리뼈 큰돌기의 아래앞부분과 거친선	정강뼈거친면, 무릎인대를 통해 부착됨	무릎관절의 폄
안쪽넓은근(Vastus medialis)	넙다리뼈의 거친선	정강뼈거친면, 무릎인대를 통해 부착됨	무릎관절의 폄

* 넙다리뒤근육(Hamstring muscle)

7

그림 7-26 종아리를 움직이는 근육. 세 개의 근육들은 *으로 표시한 넙다리뒤근육(hamstrings)이다.

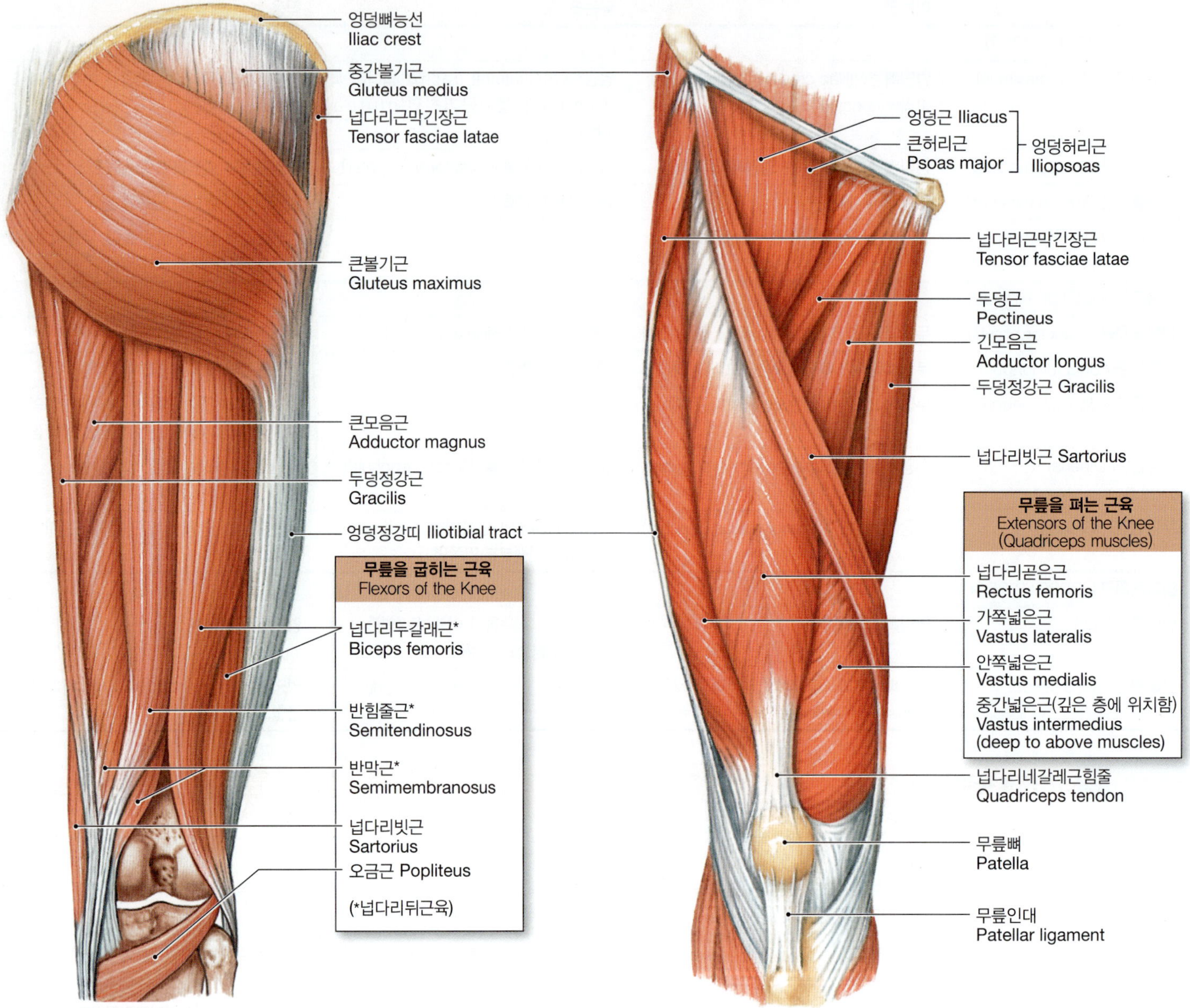

a **볼기부위와 넙적다리부위, 뒤에서 본 모습**

b **넙적다리부위, 앞에서 본 모습**

란 **앞정강근(tibialis anterior)**은 발목관절을 발등쪽으로 굽혀, 장딴지근의 대항근으로 작용한다.

정강뼈(tibia)와 종아리뼈(fibula)에서 발가락을 움직이는 여러 근육이 시작한다. 이들 근육의 힘줄은 윤활힘줄집(synovial tendon sheath)으로 둘러싸여 발목관절 주위를 지난다. 힘줄집 바깥에는 **지지띠**(*retinaculum*)라고 하는 섬유띠가 있어서 힘줄이 들뜨지 않게 붙잡는다. 발목뼈(tarsal bone)와 발허리뼈(metatarsal bone)에서도 발가락을 움직이는 작은 근육들이 일어난다.

체크포인트

32. 운동선수가 "넙다리뒤근육 당김(pulled hamstring)"을 겪는다고 자주 듣는다. 이것은 무엇을 의미하는가?
33. 찢어진 아킬레스힘줄이 발의 움직임에 어떤 영향을 주는가?
34. 다리의 근육을 구성하는 세 가지 기능적 그룹은 무엇인가?
35. 엉덩관절과 무릎관절을 가로지르는 다리의 근육은 무엇인가?

책 뒷면에 있는 파란색 정답 탭을 참조.

그림 7-27 발과 발가락을 움직이는 근육.

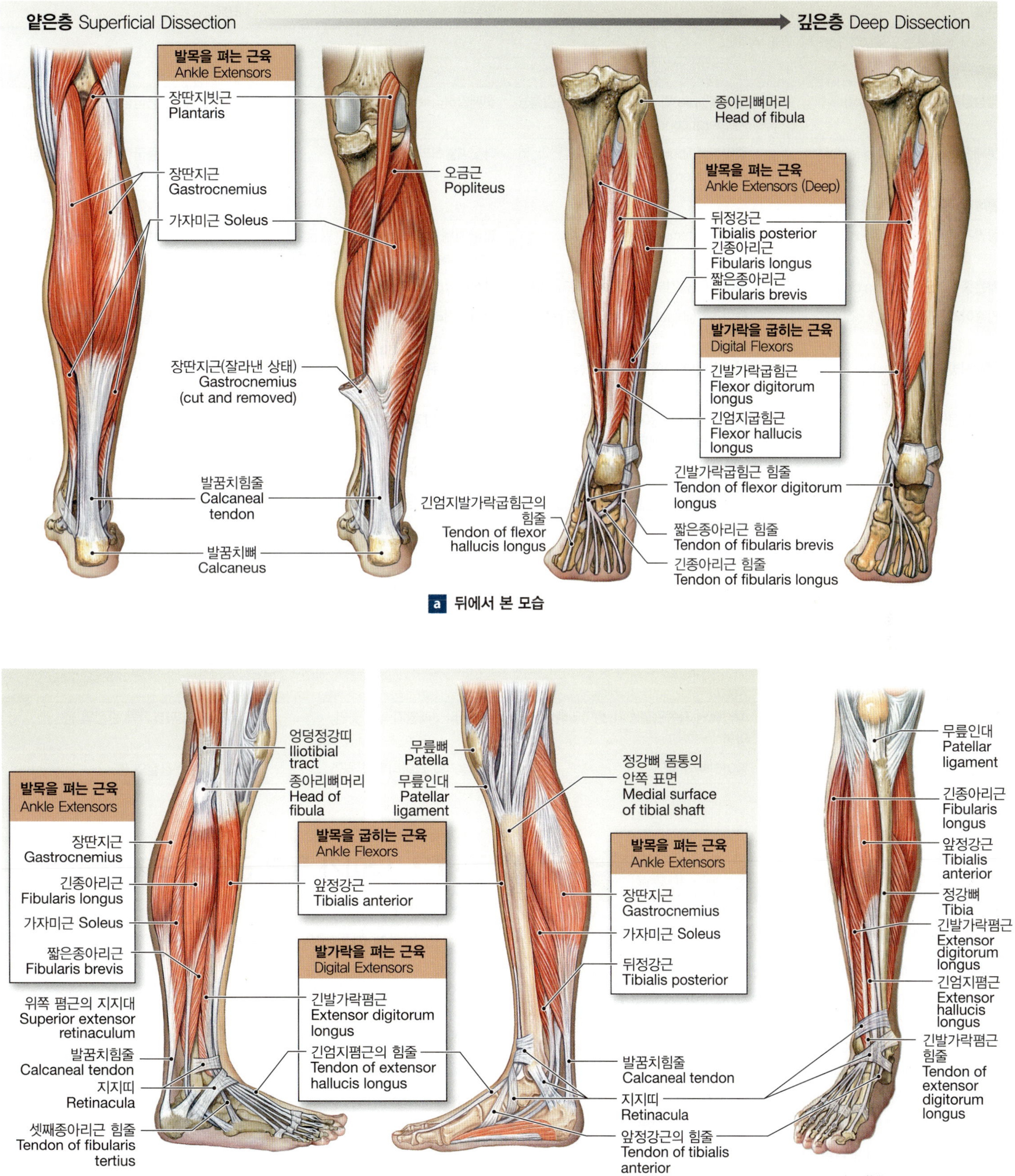

b 가쪽에서 본 모습

c 안쪽에서 본 모습

d 앞에서 본 모습

표 7-12 발과 발가락을 움직이는 근육

근육	이는곳	닿는곳	작용
발목에 작용하는 근육(ACTION AT THE ANKLE)			
발등굽힘근(*Dorsiflexor*)			
앞정강근(Tibialis anterior)	정강뼈(tibia)의 몸쪽부분과 가쪽관절융기(lateral condyle)	첫째발허리뼈바닥	발목관절의 발등굽힘, 발의 안쪽번짐
셋째종아리근(Fibularis tertius)	종아리뼈(fibula) 먼쪽부분의 앞면과 뼈사이막(interosseous membrane)	다섯째발허리뼈의 등쪽면	발목관절의 발등굽힘, 발의 가쪽번짐
발바닥굽힘근(*Plantar flexor*)			
장딴지근(Gastrocnemius)	넙다리뼈(femur)의 관절융기	발꿈치뼈(calcaneus), 발꿈치힘줄(calcaneal tendon)을 통해 부착됨	발목관절의 발바닥굽힘, 발의 안쪽번짐과 모음, 무릎관절의 굽힘
짧은종아리근(Fibularis brevis)	종아리뼈 중간부분의 가쪽모서리	다섯째발허리뼈바닥	발의 가쪽번짐, 발목관절의 발바닥굽힘
긴종아리근(Fibularis longus)	종아리뼈(fibula), 정강뼈의 가쪽관절융기	첫째발허리뼈바닥, 안쪽쐐기뼈(medial cuneiform bone)	발의 가쪽번짐, 발목관절의 발바닥굽힘
장딴지빗근(Plantaris)	넙다리뼈의 가쪽관절융기위능선(lateral supracondylar ridge)	발꿈치뼈 뒤부분	발목관절의 발바닥굽힘, 무릎관절의 굽힘
가자미근(Soleus)	종아리뼈머리, 종아리뼈 몸쪽부분 및 그에 인접한 정강뼈몸통	발꿈치뼈, 발꿈치힘줄을 통해 부착됨	발목관절의 발바닥굽힘, 발의 모음
뒤정강근(Tibialis posterior)	뼈사이막 및 그에 인접한 정강뼈몸통과 종아리뼈몸통	발목뼈와 발허리뼈	발의 모음과 안쪽번짐, 발목관절의 발바닥굽힘
발가락에 작용하는 근육(ACTION AT THE TOES)			
굽힘근(*Flexor*)			
긴발가락굽힘근(Flexor digitorum longus)	정강뼈의 뒤안쪽면	둘째~다섯째발가락뼈의 아래면	둘째~다섯째발가락 관절의 굽힘
긴엄지굽힘근(Flexor hallucis longus)	종아리뼈의 뒤면	엄지발가락 끝마디뼈의 아래면	엄지발가락 관절의 굽힘, 발목의 발바닥굽힘을 도움
폄근(*Extensor*)			
긴발가락폄근(Extensor digitorum longus)	정강뼈의 가쪽관절융기, 종아리뼈의 앞면	둘째~다섯째발가락의 윗면	둘째~다섯째발가락 관절의 폄
긴엄지폄근(Extensor hallucis longus)	종아리뼈의 앞면	엄지발가락 끝마디뼈의 윗면	엄지발가락 관절의 폄

임상노트

섬유근육통 Fibromyalgia

섬유근육통(*fibromyalgia*)은 근육계통의 만성 염증성 질환이다. 미국 류마티스 학회(American Academy of Rheumatology)는 18개의 특정 압통점 중 11개가 있을 때 섬유근육통으로 분류하였다. 증상이 3개월 이상 지속되는 회복되지 않는 수면, 근육 경직, 전신 통증이 있는 경우이다. 또한 통증과 경직은 다른 기전으로 설명될 수 없다. 섬유근육통은 매우 소모적이 될 수 있다. 섬유근육통은 대개 40세 미만의 여성에게 많고, 만성 피로와 관련이 있다. 섬유근육통과 관련된 많은 문제는 우울증과 같은 다른 상태에서 기인할 수 있다. 그러나 압통점의 존재는 섬유근육통의 진단 열쇠이다.

7-12 나이가 들면 근육의 크기와 힘이 줄어든다

학습목표 노화에 따른 근육조직의 변화에 대해 설명한다.

노화에 따른 근육계통의 변화를 요약하면 다음과 같다.

1. **뼈대근육섬유의 지름이 작아진다(*Skeletal muscle fibers become smaller in diameter*).** 크기가 줄어든다는 것은 근육원섬유의 수가 감소함을 의미한다. 게다가 뼈대근육섬유 내의 ATP, CP, 글리코겐, 미오글로빈 양도 줄어든다. 그 결과 근육의 수축력과 지구력이 감퇴되고 피로가 빨리 오게 된다. 심장의 기능도 나이가 들수록 저하되기 때문에 운동 시 근육에 공급되는 혈류량 증가도 젊은 사람만

못하다.

2. **뼈대근육의 탄력성이 낮아진다(*Skeletal muscles become less elastic*).** 나이가 들수록 뼈대근육 안의 섬유조직이 많아진다. 이와 같이 섬유화(*fibrosis*)가 진행되면 근육의 유연성이 떨어지고, 아교섬유에 의해 근육의 움직임과 혈액순환이 제한을 받게 된다.
3. **운동에 대한 내성이 약해진다(*Tolerance for exercise decreases*).** 근육의 피로가 빨리 나타나는데다가, 체온조절능력(1장, 5장 참조)이 감퇴되기 때문이다. 65세 이상의 노인들은 근육 수축 시 발생된 열을 젊은이처럼 효율적으로 발산하지 못하기 때문에 체온이 과열되기 쉽다.
4. **근육 손상 시 재생능력이 떨어진다(*The ability to recover from muscular injuries decreases*).** 근육은 재생능력이 거의 없기 때문에, 손상을 입으면 흉터조직이 생기게 된다.

근육 수행능력의 감퇴 비율은 운동량이나 생활습관과는 상관없이 모든 사람에게 동일한 정도로 나타난다. 따라서 노년에 좋은 체형을 유지하기 위해서는 젊었을 때 매우 좋은 몸매를 만들어 놓아야 한다. 규칙적인 운동은 체중조절과 뼈 강화에 도움이 될 뿐 아니라 노후의 윤택한 삶에도 큰 도움이 된다. 격렬한 운동보다는 규칙적인 운동을 하는 것이 훨씬 중요하다. 나이가 들어서 격렬한 운동을 하면 오히려 힘줄, 뼈, 관절 등에 손상을 입을 수 있다.

체크포인트

36. 뼈대근육조직에 대한 일반적인 연령 관련 영향을 설명하시오.

책 뒷면에 있는 파란색 정답 탭을 참조.

7-13 운동은 여러 몸계통에서 반응을 생성한다

학습목표 가만히 있을 때와 운동을 할 때, 근육계통과 다른 계통의 기능적 상관관계에 대하여 설명한다.

평상시에도 근육계통은 다른 기관계통과 상호작용을 하고 있다.

근육계통이 효율적으로 기능을 하고 항상성을 유지하기 위해서는 다른 여러 계통의 도움이 필요하다. 운동을 할 때 일어나는 신체변화를 생각해 보면 쉽게 이해할 수 있을 것이다. 근육 수축 시 일어나는 다른 계통의 반응을 요약하면 다음과 같다.

지식 쌓기

근육계통과 기타 계통의 기능적 유관성에 이와 같은 상호작용이 잘 요약되어 있다.

- **근육계통(*Muscular system*).** 근육은 수축 시 산소를 소모하고 이산화탄소와 열을 발생시킨다.
- **심혈관계통(*Cardiovascular system*).** 활동 중인 근육과 피부의 혈관이 확장되고 심장박동이 빨라진다. 이와 같은 반응은 산소 공급과 이산화탄소 제거를 촉진시키고, 열을 피부로 전달하여 체외로 발산시키는 데 도움을 준다.
- **호흡계통(*Respiratory system*).** 운동 시 호흡의 빈도와 깊이가 증가한다. 허파로 드나드는 공기의 흐름이 빨라짐과 동시에 허파의 혈액순환도 증가한다.
- **외피계통(*Integumentary system*).** 혈관이 확장되고 땀 분비가 증가한다. 그 결과 피부 표면의 수분이 증발하여, 근육 수축 시 발생한 열을 발산한다.
- **신경계통 및 내분비계통(*Nervous and endocrine systems*).** 다른 계통의 반응, 즉 심장박동수, 호흡수, 땀샘의 활성, 저장된 에너지의 방출 등을 조절한다.

체크포인트

37. 근육계통은 몸에서 어떠한 중요 기능을 수행하는가?
38. 심혈관계통, 호흡계통, 외피계통에 대한 운동의 생리학적 효과를 확인한다. 이런 생리적 효과와 신경계통 및 내분비계통 사이의 관계는 무엇인가?

책 뒷면에 있는 파란색 정답 탭을 참조.

지식 쌓기
근육계통이 지금까지 제시된 다른 신체 계통과 어떻게 통합되는지 알아보자.

7

외피계통 Integumentary System

- 외피계통은 열을 발산한다. 칼슘과 인산염의 흡수를 위해 비타민 D_3를 합성한다. 근육을 보호한다.
- 근육계통은 얼굴의 피부를 잡아당겨 표정을 짓게 한다.

뼈대계통 Skeletal System

- 뼈대계통은 체액의 칼슘과 인산염 농도를 일정하게 유지시키는 데 필요한 저장고 역할을 한다. 뼈대근육을 지탱해 준다. 뼈대근육의 부착점을 제공한다.
- 근육계통은 뼈대의 움직임과 지지를 제공한다; 뼈와 관절을 안정시킨다; 수축하는 뼈대근육의 힘줄이 가하는 스트레스는 정상적인 뼈 구조와 질량을 유지하는 데 도움이 된다.

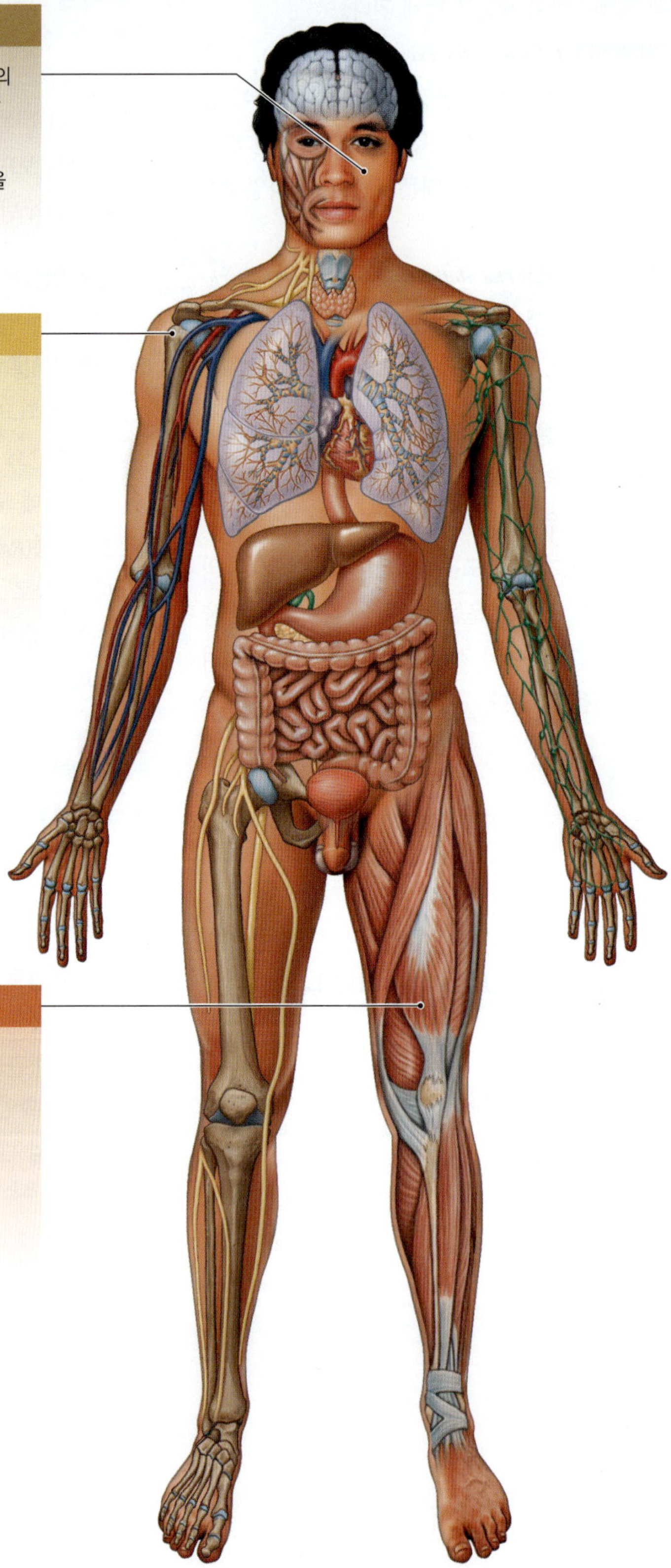

근육계통 Muscular System

근육계통은 인체에 대해 5가지 주요 기능을 수행한다.
- 뼈대 운동을 생성한다.
- 자세와 신체 위치를 유지하는 데 도움이 된다.
- 연조직을 지지한다.
- 신체의 입구와 출구를 보호한다.
- 체온을 유지에 도움이 된다.

관련 임상 용어

구획증후군(compartment syndrome): 치밀결합조직 사이막으로 나뉜 팔다리 근육의 구획에 고인 혈액이나 액체 때문에 허혈(ischemia)이 발생한 상태.

허혈(ischemia): 혈관이 좁아졌거나 또는 다른 원인으로 인해 신체 일부에 혈액 공급이 부족한 상태.

근육경련(muscle cramp): 통증을 동반한 근육의 지속성 불수의적 수축.

근육디스트로피(muscular dystrophy): 근육이 점점 쇠약해지고 황폐해지는 유전질환. 유병률이 가장 높은 뒤시엔느 근육디스트로피(*Duchenne muscular dystrophy*)는 3~7세 남자 어린이에게 잘 생긴다.

근육통(myalgia): 근육의 통증. 다양한 질환과 감염에서 흔히 나타나는 증상이다.

근종(myoma): 근육조직에 발생한 양성종양.

근육염(myositis): 근육조직의 염증.

회색질척수염(polio): 운동신경세포가 파괴되어 운동단위의 위축과 마비가 일어나는 바이러스 감염 질환.

육종(sarcoma): 중배엽에서 기원한 조직(근육, 뼈, 결합조직 등)에서 발생한 악성종양.

힘줄염(건염, tendinitis): 힘줄 주위의 결합조직에 발생한 염증.

7

7 복습

요약

근육조직 소개 *p. 212*

1. 근육 조직의 세 가지 유형은 **뼈대근육**(*skeletal muscle*), **심장근육**(*cardiac muscle*), **민무늬근육**(*smooth muscle*)이다. 근육계통은 맘대로 조절될 수 있는 몸의 모든 뼈대근육을 포함한다.

7-1 뼈대근육은 5가지 중요한 기능을 한다 *p. 212*

2. **뼈대근육**은 뼈에 직접적, 간접적으로 부착된다. 뼈대근육은 (1) 뼈대의 움직임을 생성하고, (2) 자세와 신체 위치를 유지하고, (3) 연조직을 지지하고, (4) 입구와 출구를 보호하고, (5) 체온을 유지한다.

7-2 뼈대근육은 근육조직, 결합조직, 혈관, 신경 등으로 이루어져 있다 *p. 212*

3. 각각의 근섬유는 **근내막(endomysium)**으로 둘러싸여 있다. 근섬유다발은 **근육다발막(perimysium)**으로 둘러싸여 있고 전체 근육은 **근육바깥막(epimysium)**으로 덮여 있다. 근육의 끝에는 **건(tendon)**이나 **널힘줄(건막, aponeurosis)**이 있다(**그림 7-1**).

7-3 뼈대근육섬유는 독특한 미세구조를 가진 세포이다 *p. 214*

4. 근육 세포는 다른 세포의 평활한 소포체와 유사한 **근육세포막(sarcolemma)**, **근육세포질(sarcoplasm)** 및 **근육세포질그물(sarcoplasmic reticulum)**을 가지고 있다. **가로세관(T tubule)**과 **근원섬유(myofibril)**는 수축에 역할을 한다. 근원섬유의 필라멘트는 **근육원섬유마디(sarcomere)**라고 하는 반복되는 기능 단위로 구성된다(**그림 7-2a~c**).

5. **근섬유(myofilament)**는 **가는근육잔섬유(thin filament**, 액틴)와 **굵은근육잔섬유(thick filament**, 미오신)로 구성된다(**그림 7-2d,e**).

6. 근섬유가 수축 및 단축됨에 따라 인접한 근절의 **Z선(Z lines)**은 가는 필라멘트가 두꺼운 필라멘트를 지나 미끄러짐에 따라 서로 더 가깝게 이동한다(**그림 7-3**).

7. 근절 수축에 대한 설명은 **근육잔섬유미끄럼이론**(*sliding filament theory*)이다. 이 과정은 가는근육잔섬유트의 **활성부위(active site)**와 굵은근육잔섬유의 **연결다리(cross-bridge)**를 포함한다. 휴식 시 필요한 상호작용은 가는근육잔섬유의 **트로포미오신(tropomyosin)**과 **트로포닌(troponin)** 단백질에 의해 방지된다.

7-4 신경자극이 신경근육이음부를 통해 근육으로 전달된다 *p. 217*

8. 근육 기능의 신경 조절은 근초의 전기적 활동을 수축의 시작과 연결한다.

9. 뉴런은 **신경근육이음부(neuromuscular junction, NMJ)**에서 근섬유의 활동을 제어한다(**집중 조명 그림 7-4**).

10. **활동전위(action potential)**가 축삭 말단에 도달하면 아세틸콜린이 시냅스 틈으로 방출된다. ACh가 운동 종판의 수용체에 결합하면 근초에서 활동전위가 생성된다. 횡단 세뇨관을 따라 활동전위가 통과하면 근형질 세망의 말단 수조에서 칼슘 이온이 방출된다(**집중 조명 그림 7-4**).

11. 수축은 "연결, 회전, 분리 및 반환"의 반복 주기를 포함한다. 그것은 칼슘 이온이 근형질 세망에 의해 방출될 때 시작된다. 칼슘 이온은 트로포닌에 결합하여 위치를 변경하고 트로포미오신을 액틴의 활성 부위에서 멀어지게 한다. 액틴에 대한 미오신 머리의 연결다리 결합이 발생할 수 있다. 바인딩 후 각 미오신 머리는 바닥부에서 회전하여 액틴 필라멘트를 근절의 중심 쪽으로 당긴다(**집중 조명 그림 7-5**).

12. 아세틸콜린(Ach) 방출에서 수축 및 이완이 끝날 때까지 수축 과정의 요약이 **그림 7-6**에 나와 있다.

7-5 근육원섬유마디가 짧아져 근육섬유가 수축하면 장력이 발생한다 *p. 225*

7

13. 근섬유에 의해 생성되는 장력의 양은 형성된 연결다리의 수에 따라 다르다.

14. 활성화된 근육 섬유의 수와 자극 속도는 모두 뼈대근육의 장력을 제어한다.

15. 근섬유 **연축(twitch)**은 단일 자극에 의해 생성되는 수축과 이완의 주기이다(**그림 7-7**).

16. 이완 단계가 끝나기 전에 반복된 자극은 연축을 가중할 수 있다[**가중(summation)**으로 알려짐]. 결과는 **불완전 강축(incomplete tetanus**, 근육이 완전히 이완되지 않기 때문에 긴장이 최고조에 달함) 또는 **완전 강축(complete tetanus**, 이완 단계가 완전히 제거됨)일 수 있다(**그림 7-8**).

17. 근육 **운동 단위(motor unit)**의 수와 크기는 근육 움직임이 얼마나 정확하게 제어되는지를 보여준다(**그림 7-9**).

18. 근육 긴장은 관련된 운동 단위의 수를 증가시켜 증가한다. 이 과정을 **활성운동단위증가(recruitment)**라고 한다.

19. 안정시 **근육긴장(muscle tone)**은 뼈와 관절을 안정시킨다. 불충분한 자극은 근육 **위축(atrophy)**을 일으킨다.

20. 정상적인 활동은 **등장력수축(isotonic contraction**, 근육의 장력이 짧아져도 일정하게 유지됨)과 **등척수축(isometric contraction**, 근육의 장력은 증가하지만 길이는 일정함)을 포함한다.

21. 근섬유의 신장은 수동적이다. 신장은 탄성력, 반대 근육의 수축 또는 중력의 영향으로 인해 발생할 수 있다.

7-6 근육활동에 필요한 에너지는 ATP이다 *p. 228*

22. 근육 수축은 ATP로부터 많은 양의 에너지를 필요로 한다.

23. ATP는 에너지 저장 분자가 아니라 에너지 전달 분자이다. **크레아틴인산(creatine phosphate, CP)**은 저장된 에너지를 방출하여 ADP를 ATP로 전환할 수 있다. 휴식하는 근육세포에는 ATP보다 몇 배나 많은 CP를 갖는다(**그림 7-10a**).

24. 휴식 또는 중간 수준의 활동에서 사립체의 호기성 대사는 근육 수축을 지원하는 데 필요한 대부분의 ATP를 제공할 수 있다.

25. 근섬유에 ATP와 CP가 부족하면 효소가 글리코겐 분자를 분해하여 **해당작용(glycolysis)**에 의해 분해될 수 있는 포도당을 방출할 수 있다(**그림 7-10b**).

26. 최대 활성 수준에서 세포는 ATP를 생성하기 위해 해당과정의 **무산소(anaerobic)** 과정에 크게 의존한다. 사립체는 기존 ATP 요구량을 충족하기에 충분한 산소를 얻을 수 없기 때문이다(**그림 7-10c**).

27. **근육피로(muscle fatigue)**는 **젖산(lactic acid)**의 축적 및 해리, 에너지 자원 부족 또는 기타 요인으로 인한 pH 저하로 인해 근육이 더 이상 수축할 수 없을 때 발생한다.

28. **회복기(recovery period)**는 근육 활동 기간 후에 시작되어 근육 내부의 상태가 운동 전 수준으로 돌아올 때까지 계속된다. **산소부채**(*oxygen debt*)는 정상 상태를 회복하는 데 사용되는 산소의 양이다.

7-7 근육의 수행능력은 뼈대근육섬유의 유형과 훈련 정도에 따라 달라진다 *p. 231*

29. 근육의 수행능력은 **힘(force**, 특정 근육이나 근육군에 의해 생성되는 최대 장력)과 **지구력(endurance**, 근육활동의 지속시간)의 관점에서 고려될 수 있다.

30. 사람의 뼈대근육섬유는 **빠른연축근육섬유(fast fiber)**와 **느린연축근육섬유(slow fiber)**이다.

31. 빠른연축근육섬유는 직경이 크고, 촘촘하게 채워진 근원섬유, 다량의 글리코겐 매장량, 적은 사립체를 포함한다. 그들은 상대적으로 짧은 기간의 빠르고 강력한 수축을 생성한다.

32. 느린연축근육섬유는 직경이 더 작고 자극 후 수축하는 데 3배의 시간이 걸린다. 광범위한 모세관 공급, 풍부한 사립체 및 고농축 **미오글로빈(myoglobin)**으로 인해 장기간 수축할 수 있다.

33. **혐기성 지구력(anaerobic endurance)**은 근육이 혐기성으로 지속적이고 강력한 수축을 지원할 수 있는 시간이다. 무산소지구력을 개발하기 위한 훈련은 자극받은 근육 **비대(hypertrophy)**로 이어질 수 있다.

34. **유산소지구력(aerobic endurance)**은 사립체 활동의 지원을 받는 동안 근육이 계속 수축할 수 있는 시간이다.

7-8 심장근육조직, 민무늬근육조직의 구조와 기능은 뼈대근육조직과 다르다 *p. 232*

35. 심장근육세포는 뼈대근육섬유와 달리 크기가 더 작고 일반적으로 단일 중심 핵이 있으며 최고 수준에서 수축할 때 유산소 대사에 더 크게 의존하며 **사이원반(intercalated disc)**이 있다(**그림 7-11a**; **표 7-1**).

36. 심장근육세포는 **자율성**(*automaticity*)을 가지며 수축을 위해 신경 자극을 필요로 하지 않는다. 심장근육 수축은 뼈대근육보다 오래 지속되며 심장 근육은 강축을 겪지 않는다.

37. 민무늬근은 뼈대근육 세포보다 더 넓은 길이 범위에서 수축할 수 있

는 줄무늬가 없는 불수의근육 조직이다(그림 7-11b; 표 7-1).

38. 많은 민무늬근 세포는 운동 뉴런과 직접적인 연결이 부족하다. 신경지배를 받지 않는다면 자발적인 통제를 받지 않는다.

7-9 뼈대근육의 이름에는 여러 가지 용어들이 쓰인다 *p. 235*

39. **근육계통(muscular system)**은 약 700개의 뼈대근육을 포함하며 자발적으로 조절할 수 있다(그림 7-12).

40. **몸통근육(axial muscle)**은 몸통뼈대에서 발생한다. 몸통근육은 머리와 척추의 위치를 잡고 흉곽을 움직이다. **팔다리근육(appendicular muscle)**은 팔다리뼈대의 구성 요소를 안정시키거나 움직이게 한다.

41. 각 근육은 **이는곳(origin)**, **닿는곳(insertion)**, **주작용(primary action)**으로 구분된다. 근육은 주작용에 따라 **작용근(prime mover, agonist)** 또는 **협동근(synergist)**, **대항근(길항근, antagonist)**으로 구분될 수 있다.

42. 근육의 이름은 종종 근육의 위치, 다발 방향 또는 기능에 대한 단서를 제공한다(표 7-2).

7-10 머리, 목, 척주, 몸통벽, 골반가로막의 근육을 몸통근육이라고 한다 *p. 239*

43. 몸통근육은 위치 및/또는 기능에 따라 (a) 머리와 목, (b) 척주, (c) 몸통, (d) 골반가로막 근육의 네 그룹으로 나뉜다.

44. 머리 근육은 **이마근(frontalis)**, **입둘레근(orbicularis oris)**, **볼근(buccinator)**, **씹기근(masseter)**, **관자근(temporalis)**, **날개근(pterygoid)**을 포함한다(그림 7-13; 표 7-3).

45. 목 근육은 **넓은목근(platysma)**, **두힘살근(digastric)**, **턱목뿔근(mylohyoid)**, **붓목뿔근(stylohyoid)**, **어깨목뿔근(omohyoid)**, **목빗근(sternocleidomastoid)**이 포함된다(그림 7-13, 7-14; 표 7-3).

46. **머리널판근(splenius capitis)**과 **머리반가시근(semispinalis capitis)**은 척주의 가장 위에 있는 근육이다. 척주의 폄근인 **척주세움근**(척주기립근, **erector spinae**)은 **가시근(spinalis)**, **가장긴근(longissimus)**, **엉덩갈비근(iliocostalis)**으로 분류될 수 있다. 하부 허리와 엉치 부위에서 가장긴근과 엉덩갈비근은 **엉치가시근**(*sacrospinalis*)이라고 한다(그림 7-16; 표 7-4).

47. 몸통의 근육에는 **빗근(obliques muscle)**과 **곧은근(rectus muscle)**이 있다. 가슴 부위 근육은 **갈비사이근(intercostal muscle)**과 **가로근(transversus muscle)**이 있다. 호흡에 중요한 것은 **가로막(diaphragm)**이다(그림 7-20; 표 7-5).

48. 골반가로막의 근육을 **회음(샅, perineum)**이라고 한다. 이 근육은 골반안의 기관을 지지하고 요도와 항문을 통한 물질의 이동을 제어한다(그림 7-21; 표 7-6).

7-11 팔이음부위, 팔, 다리이음부위, 다리의 근육을 팔다리근육이라고 한다 *p. 249*

49. **등세모근(trapezius)**과 목빗근(sternocleidomastoid)은 함께 어깨, 머리, 목의 위치에 영향을 준다. 어깨뼈에 닿는 근육은 **마름근(rhomboid)**, **어깨올림근(levator scapulae)**, **앞톱니근(serratus anterior)**, **작은가슴근(pectoralis minor)**이 있다(그림 7-22; 표 7-7).

50. **어깨세모근(deltoid)**, **가시위근(supraspinatus)**은 어깨에서 팔을 벌리게 한다. **어깨밑근(subscapularis)**, **큰원근(teres major)**, **가시아래근(infraspinatus)**, **작은원근(teres minor)**은 어깨에서 팔을 회전시킨다(그림 7-23; 표 7-8).

51. **큰가슴근(pectoralis major)**은 어깨관절을 고정시키고, **넓은등근(latissimus dorsi)**은 어깨관절을 편다. 이 두 근육은 어깨관절에서 팔을 모으고, 어깨관절에서 팔을 회전시킨다(그림 7-23; 표 7-8).

52. **위팔두갈래근(biceps brachii)**과 **위팔세갈래근(triceps brachii)**의 주요 작용은 팔꿉관절에 영향을 준다. **위팔근(brachialis)**과 **위팔노근(brachioradialis)**은 팔꿈치를 굽힌다. **노쪽손목굽힘근(flexor carpi radialis)**, **자쪽손목굽힘근(flexor carpi ulnaris)**, **긴손바닥근(palmaris longus)**은 손목관절을 굽힌다. 이 근육들은 **노쪽손목폄힘근(extensor carpi radialis)**, **자쪽손목폄힘근(extensor carpi ulnaris)**과 반대로 작용한다. **엎침근(pronator)**은 아래팔을 내전시키고, **뒤침근(supinator)**의 대항근이다. 뒤침근과 위팔두갈래근(biceps brachii)은 엎침근의 반대작용을 한다(그림 7-24; 표 7-9).

53. **엉덩근육(*gluteal muscle*)**은 엉덩뼈의 가쪽 표면을 덮는다. 엉덩근육은 폄, 벌림(외전), 엉덩관절의 회전을 하게 한다(그림 7-25a,b; 표 7-10).

54. 넓적다리의 모음근(adductor)은 엉덩관절을 가로질러 작동한다. 이 근육에는 **큰모음근(adductor magnus)**, **짧은모음근(adductor brevis)**, **긴모음근(adductor longus)**, **두덩근(pectineus)**, **두덩정강근(gracilis)**이 포함된다(그림 7-25c; 표 7-10).

55. **큰허리근(psoas major)**과 **엉덩근(iliacus)**이 합쳐져 엉덩관절의 강력한 굽힘근인 **엉덩허리근(iliopsoas)**을 형성한다(그림 7-25c; 표 7-10).

56. 무릎의 굽힘근은 넙다리뒤근육(hamstring)인 **넙다리두갈래근(biceps femoris)**, **반막근(semimembranosus)**, **반힘줄근(semitendinosus)**과 **넙다리빗근(sartorius)**이다. **오금근(popliteus)**은 무릎의 잠금을 해제(unlocking)하여 굽힘을 돕는다(그림 7-26; 표 7-11).

57. 무릎 폄근은 **넙다리네갈래근(uqadriceps femoris)**으로 알려져 있다. 이 근육군은 3개의 **넓은근(vastus muscle)**과 **넙다리곧은근(rectus femoris)**이 있다(그림 7-26; 표 7-11).

58. **장딴지근(gastrocnemius)**과 **가자미근(soleus)**은 발바닥굽힘(발목폄)을 한다. 한 쌍의 **종아리근육(fibularis muscle)**은 바깥번짐

(eversion)과 발바닥굽힘(plantar flexion)을 하고, 세 번째 종아리근육은 발등굽힘(dorsiflexion), 즉 발목굽힘(ankle flexion)을 한다. **앞정강근(tibialis anterior)**은 발등굽힘(dorsiflexion)을 한다(**그림 7-27; 표 7-12**).

59. 발가락근육(phalange)은 발목뼈(tarsal bone)와 발허리뼈(metatarsal bone)에서 시작하는 근육들에 의해 조절된다(**표 7-12**).

7-12 나이가 들면 근육의 크기와 힘이 줄어든다 *p. 260*

60. 노화는 모든 근육 조직의 크기, 탄력 및 힘을 감소시킨다. 운동 내성과 근육 부상으로부터 회복하는 능력은 모두 나이가 들면서 감소한다.

7-13 운동은 여러 몸계통에서 반응을 생성한다 *p. 261*

61. 운동은 근육계통, 심혈관계통, 호흡계통, 외피계통, 신경계통, 내분비계통을 통합한다.

복습 문제

책 뒷면에 있는 파란색 정답 탭을 참조.

7

단계 1 사실 및 용어 검토

A열의 각 항목을 B열의 가장 밀접하게 관련된 항목에 맞게 빈칸에 적절한 답을 적으시오.

A열	B열
_____ **1.** 근육바깥막(Epimysium)	**a.** 이완근육긴장(Resting muscle tension)
_____ **2.** 근육다발(Fascicle)	**b.** 수축단위(Contractile units)
_____ **3.** 근세포막(Endomysium)	**c.** 가는근육잔섬유(Thin filaments)
_____ **4.** 운동종말판(Motor end plate)	**d.** 근육섬유를 둘러싼다(Surounds muscle fiber)
_____ **5.** 가로세관(Transverse tubule)	**e.** 근육이 커짐(Muscle enlargement)
_____ **6.** 액틴(Actin)	**f.** 근육을 둘러싼다(Surrounds muscle)
_____ **7.** 미오신(Myosin)	**g.** 느린연축근육섬유(Slow fibers)
_____ **8.** 무릎폄근(Extensors of the knee)	**h.** 굵은근육잔섬유(Thick filaments)
_____ **9.** 근육원섬유마디(Sarcomeres)	**i.** 근육섬유다발(Bundle of muscle fibers)
_____ **10.** 트로포미오신(Tropomyosin)	**j.** 넙다리뒤근육(Hamstring muscles)
_____ **11.** 활성운동단위증가(Recruitment)	**k.** 액틴의 활성부위를 덮는다(Covers active sites on actin)
_____ **12.** 근육긴장(Muscle tone)	**l.** 활동전위를 전달한다(Transmits action potentials)
_____ **13.** 백색근육(White muscles)	**m.** 빠른연축근육섬유(Fast fibers)
_____ **14.** 종아리굽힘근(Flexors of the leg)	**n.** 네갈래근(Quadriceps muscles)
_____ **15.** 적색근육(Red muscles)	**o.** 뭇운동단위(Multiple motor units)
_____ **16.** 비대(Hypertrophy)	**p.** Ach 수용체를 갖는다(Contains Ach receptors)

17. 아래 그림의 구조명칭을 적으시오.

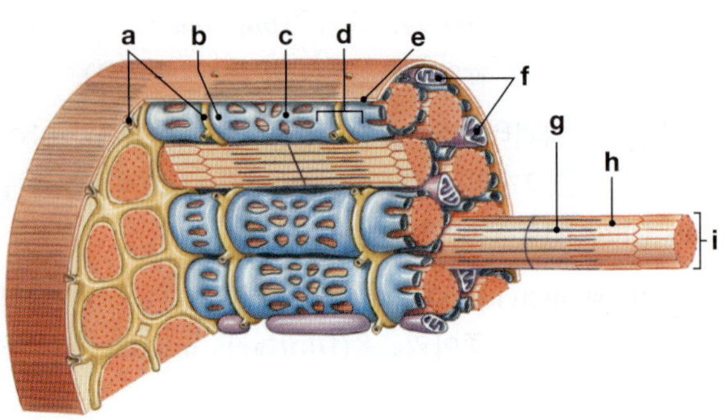

(a) ____________ **(b)** ____________
(c) ____________ **(d)** ____________
(e) ____________ **(f)** ____________
(g) ____________ **(h)** ____________
(i) ____________

18. 뼈대근육은 ________을 갖는다.
(a) 결합조직 **(b)** 혈관과 신경
(c) 뼈대근육조직 **(d)** a, b, c 모두

19. 팔을 움직이는 깊은층의 뒷면에서 볼 때 돌림근띠(rotator cuff)의 3개 근육 명칭은?

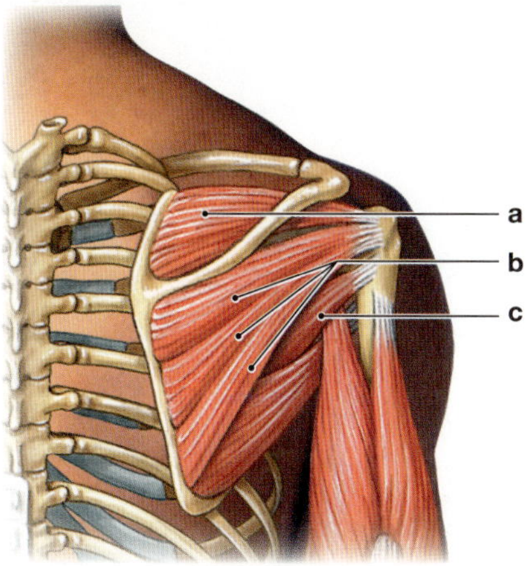

(a) ____________
(b) ____________
(c) ____________

20. 수축 과정에 관련된 6가지 단계는 무엇인가?

21. 휴식 중인 뼈대근육세포에서 발견되는 에너지 저장 형태는 무엇인가?

22. 근육세포의 포도당으로부터 ATP를 생성하는데 사용되는 2가지 과정은 무엇인가?

단계 2 개념 검토

23. 느린연축근육섬유(slow fibers)가 없는 몸의 부위는 ________ 이다.
    (a) 등과 종아리 근육
    (b) 눈과 손
    (c) 가슴과 배
    (d) a, b, c 모두

24. 신경근육이음부에서 일어나는 기본 연쇄 과정을 설명하시오.

25. 뭇핵(다중핵) 세포가 뼈대근육세포에서 중요한 이유는 무엇인가?

26. 척주의 근육들은 뒤로 폄근이 많고 앞으로 굽힘근은 적다. 그 이유는 무엇인가?

27. 배뇨와 배변의 수의적 조절이 가능한 이유는 어떤 구조적 특징 때문인가?

28. 넙다리뒤근육(hamstrings)이 손상될 때 어떤 종류의 운동이 영향을 받는가?

단계 3 비판적 사고 및 임상 적용

29. 많은 강력한 살충제들은 아세틸콜린에스터라제 효소의 작용을 방해하는 유기인산화합물이라는 독소를 가지고 있다. Terry는 유기인산화합물을 함유한 살충제를 사용하고 있고, 매우 부주의하다. 테리는 장갑과 마스크 착용을 하지 않아서 유기인산화합물이 다량으로 피부로 흡수되거나 흡입되고 있다. 테리가 유기인산화합물 중독이라는 것을 어떤 징후로 예상할 수 있는가?

30. 살해된 희생자의 사망 시간은 몸의 유연성 또는 몸의 뻣뻣해짐에 의해 추정되는 시간이다. 이런 추정이 가능한 이유를 설명하시오.

31. Makani는 넙다리네갈래근육들을 강화하는데 관심을 갖고 있다. Makani가 목표를 달성하기 위해 어떤 운동을 하도록 권장할 수 있는가?

8

신경계통
The Nervous System

학습목표

학습목표는 각 장에 대해 학습한 후 무엇을 할 수 있어야 하는지를 알려주는 것이다. 각 절의 학습목표는 다음과 같다.

8-1 신경계통을 구조와 기능을 기준으로 구분하고 기술한다.

8-2 신경세포(뉴런)와 신경아교세포의 구조 및 기능의 차이를 설명한다.

8-3 활동전위가 어떻게 생성되고 유지되는지를 설명한다.

8-4 연접의 구조를 설명하고 시냅스에서 신경자극전도 과정을 설명한다.

8-5 중추신경계통을 둘러싸고 있는 세 층의 뇌척수막(meningeal)에 대해 설명한다.

8-6 척수에서 회백질과 백색질의 분포를 설명하고 확인한다.

8-7 뇌의 주요 영역을 명명하고, 각 위치와 기능을 설명한다.

8-8 뇌신경(cranial nerve)들의 명칭을 제시하고 각각의 주요 기능을 설명하며, 척수신경들이 분포하는 양상을 이들이 신경지배하는 부위와 결부시켜 설명한다.

8-9 반사활의 각 단계를 설명한다.

8-10 주요 감각경로와 운동경로를 식별하고, 뇌가 신체의 다른 부위에서 발생하는 감각을 어떻게 구별할 수 있는지를 설명한다.

8-11 자율신경계통의 교감신경계통과 부교감신경계통의 구조와 기능을 설명한다.

8-12 신경계통에 대한 노화의 영향을 요약한다.

8-13 신경계통과 기타 인체 계통 사이에 일어나는 상호작용의 예를 몇 가지 제시한다.

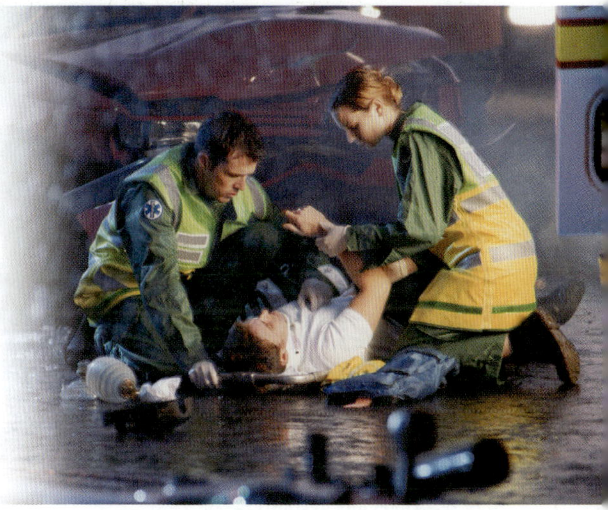

임상노트

집중 조명

신경계통 소개

우리의 신체는 외부환경의 변화에 따른 항상성(homeostsis) 유지를 위해 두 개의 기관계통, 즉 **신경계통**(*nervous system*)과 **내분비계통**(*endocrine system*)은 서로 상호작용을 한다. 신경계통은 자극에 빨리 반응하고, 내분비계통은 느리지만 오래 지속된다. 예를 들면, 신경계통은 책을 볼 때 눈을 움직이고, 몸의 자세를 유지한다. 동시에 내분비계통은 매일 필요한 에너지를 유지하고, 성장 및 성숙과 같은 오랜 기간이 필요한 과정에 관여한다. (내분비계통은 10장을 참고한다.)

신경계통은 복잡한 기관계통이다. 예를 들면, 여러분이 신경계통 단어를 의식적으로 읽고 생각한다면, 무의식 수준에서는 더 많은 일들이 일어나고 있다는 것이다. 즉, 당신의 신경계통은 외부환경과 내부환경을 관리하고, 항상성 유지를 위해 필요한 일들을 하고 있다. 그러나 얼마의 시간 후, 당신이 잠을 자고 있다면 당신의 신경계통의 패턴은 달라질 것이다. 이러한 신경계통의 패턴 변화는 신경의 전기적 자극에 의한 것으로 매우 빠르게 일어난다.

이 장은 신경계통의 구조와 기능에 대해 공부를 하고자 하며, 신경계통은 크게 **중추신경계통**(CNS)과 **말초신경계통**(PNS)으로 세분화된다.

지식 쌓기

신경계통은 자극에 즉시 반응한다(**1장 해부학과 생리학에 대한 소개**)는 것을 기억하자. 즉시 반응함으로써 다른 기관계통과 상호작용을 한다. 또한 내·외부 환경에 대한 감각정보를 전달하고 처리한다.

8

8-1 신경계통은 구조와 기능을 기준으로 구분할 수 있다

학습목표 신경계통을 구조와 기능을 기준으로 구분하고 기술한다.

신경계통(nervous system)은 세 가지 주요 기능을 수행한다. (1) 신체의 내·외부환경 조절, (2) 감각정보 통합, (3) 다른 기관계통의 맘대로 및 제대로 반응의 상호조절 작용.

신경계통은 해부학적으로 크게 두 가지로 세분화된다. **중추신경계통(CNS)**은 **뇌**(*brain*)와 **척수**(*spinal cord*)로 구성되며, 감각신경에서 운동신경까지 조절한다. 중추신경계통은 지능, 기억 및 감정과 같은 고차원적 기능을 담당한다. **말초신경계통(PNS)**은 중추신경계통을 제외한 모든 신경계통을 포함하며, 중추신경계통과 신체의 다른 기관 간의 신호를 전달한다.

그림 8-1은 중추신경계통과 말초신경계통의 기능적 관련성에 대한 것이다. 말초신경계통은 기능에 따라 두 개의 갈래, 즉 들신경부분과 날신경부분으로 나뉜다. **들신경부분(afferent division)**은 신체의 다양한 **수용기**(**receptor**, 내·외부 환경의 변경을 감지 또는 특정한 자극에 반응하는 감각기관 및 단순한 감각신경종말)에서 감지된 감각정보를 중추신경계통으로 전달한다. **날신경부분(efferent division)**은 중추신경계통에서 근육과 샘으로 명령을 전달하여 신체반응을 유발한다. 신경계통에서 명령에 반응하는 기관과 조직을 **효과기(effector)**라고 한다.

날신경부분은 몸신경계통과 자율신경계통으로 나뉜다. **몸신경계통 (somatic nervous system, SNS)**는 근수축을 조절한다. **맘대로**(수의적, *voluntary*) 수축은 물을 들어 입으로 가져갈 때와 같이 의식적 수준에서 조절한다. **제대로**(불수의적, *involuntary*) 수축은 뜨거운 스토브에 손이 닿았을 때, 고통을 느끼기 전에 즉시 손을 치우는 것과 같은 무의식적 수준에서 단순 또는 복합적으로 조절한다. 이를 **반사**(*reflex*)라고 한다.

자율신경계통(autonomic nervous system, ANS) 또는 내장운동신경계통(*viceral motor system*)은 무의식수준에서 민무늬근육, 심장근육, 샘으로 신호를 전달한다. 자율신경계통은 **교감신경계통**(*sympathetic*)과 **부교감신경계통**(*parasympathetic*)으로 나뉘며, 길항작용을 한다. 예를 들면, 교감신경계통은 심장속도를 빠르게 하지만, 부교감신경계통은 느리게 한다.

체크포인트

1. 신경계통을 두 개의 해부학적 갈래(계통)로 설명하시오.
2. 말초신경계통의 두 개의 기능적 갈래(계통)를 구분하고, 주요 기능을 설명하시오.
3. 말초신경계통의 들신경부분 손상 시 발생할 수 있는 결과는?

책 뒷면에 있는 파란색 정답 탭을 참조.

그림 8-1 신경계통의 전반적 기능을 정리한 그림.

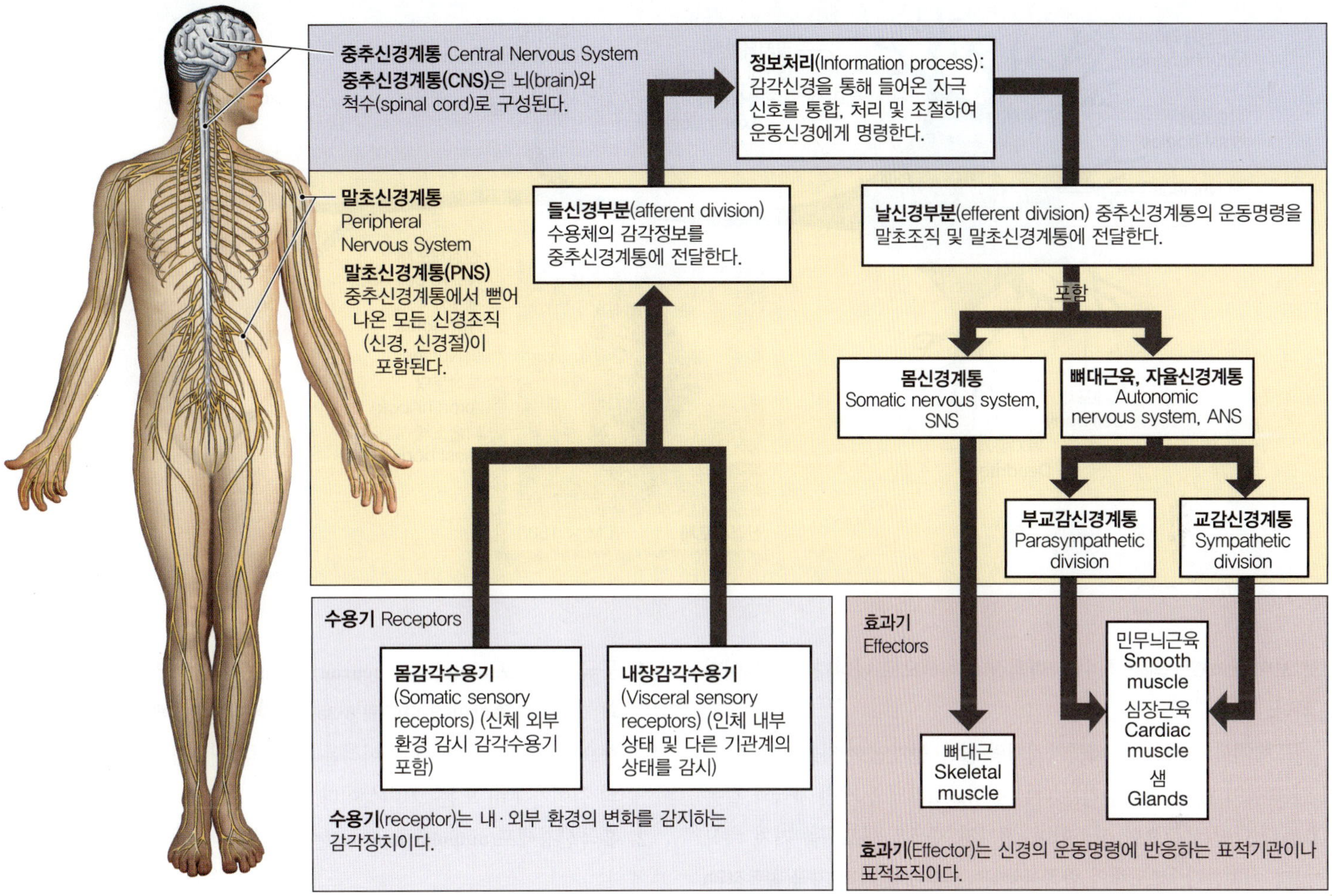

8

8-2 신경세포(뉴런)는 세포 간 의사소통을 담당하며, 신경아교세포의 지지를 받는다

학습목표 신경세포(뉴런)와 신경아교세포의 구조 및 기능의 차이를 설명한다.

신경계통은 신체의 모든 신경조직이 포함된다. 신경조직(4장에서 소개된)은 신경세포(*neuron*)와 신경아교세포(*neurogalia*)로 구분한다. **신경세포(neuron)**는 신경계통의 기본적인 기능적 단위이다. 모든 신경기능은 하나의 세포와 나머지 다른 세포들과 함께 신경세포의 의사소통에 관여한다. **신경아교세포(neurogalia)**는 신경세포의 외부환경 조절, 지지 및 포식세포와 같은 방어역할을 한다. 신경아교세포는 크기가 아주 작고, 신경세포에 비해 수가 훨씬 많다. 신경세포와 달리, 신경아교세포는 세포분열 능력을 갖는다.

신경세포 Neurons

신경세포의 일반적 구조 Thd General Structure of Neurons

모든 신경세포는 다양한 형태의 공통적인 구조적 특징이 있다. 중추신경계통의 가장 일반적인 구조인 뭇극신경세포(*multipolar neuron*)는 (1) 세포체(cell body), (2) 세포체에서 여러 개 뻗어 나온 돌기로 신호를 전달받는 **가지돌기(dendrites)**, (3) 세포체에서 받은 신경신호를 멀리까지 전달하는 긴 축삭(axon), (4) 축삭의 먼 쪽 끝부분인 **축삭종말(axon terminal)**로 이루어져 있다(그림 8-2).

세포체(cell body)는 크고 둥근 핵이 있고, 핵 안에는 핵소체가 있다. 세포체 내의 세포질에는 에너지를 생성하고, 유기물을 합성하는 세포소기관들이 있다. 세포질에는 ATP 생성에 관여하는 미토콘드리아(사립체), 단백질 합성에 필요한 리보소체와 과립세포질그물(RER)도 많다. 신경세포의 과립세포질그물과 리보소체의 어둡게 염색된 부분은 **니슬소체(Nissl body)**라고 한다. 니슬소체는 신경세포체가 포함된 부분이 회색

그림 8-2 전형적인 뉴런의 해부학적 구조. 신경세포의 네 부분(세포체, 가지돌기, 축삭, 축삭말단)의 상호관련성은 아래 그림의 뭇극신경세포에 나타나 있다.

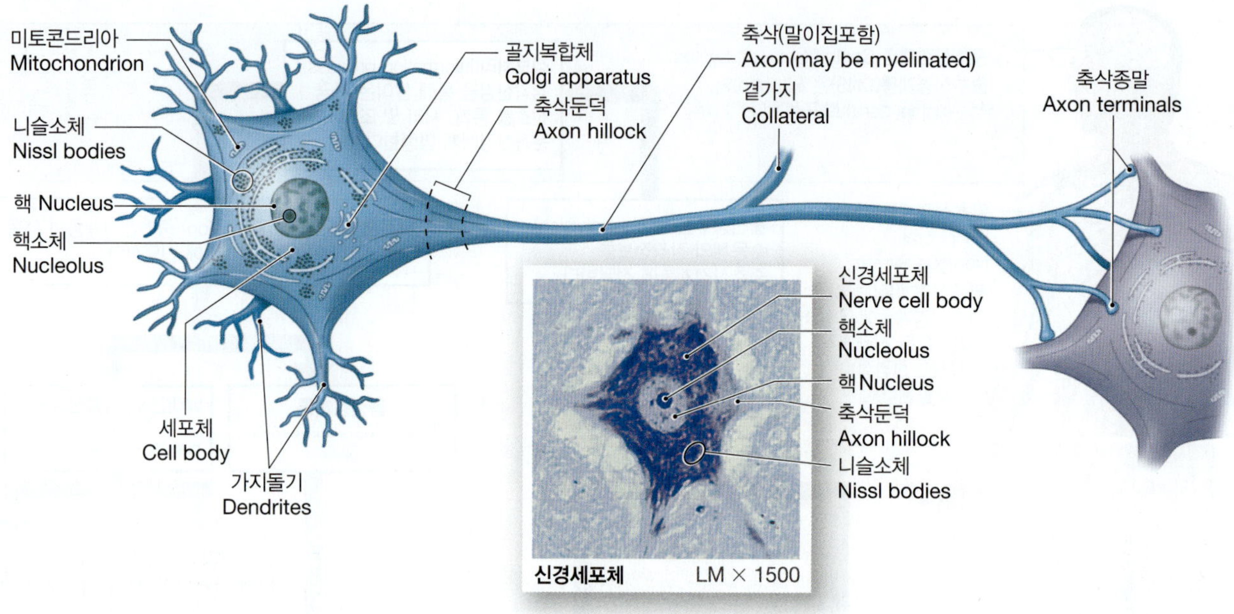

으로 보이게 하고, 뇌와 척수의 회백질이 회색으로 나타나는 이유이기도 하다.

세포체에서 뻗어 나온 나뭇가지처럼 많은 돌기인 가지돌기와 한 개의 긴 축삭이 있다. 가지돌기는 다른 신경으로부터 전기적 자극과 같은 신호를 전달받는 주요한 장소이며, 전기적 자극은 세포체를 거쳐 축삭을 따라 이동한다. 세포체의 한쪽 두꺼운 부분에 전기적 자극(**활동전위**)이 시작되는 장소를 **축삭둔덕(axon hillock)**이라고 한다. 축삭은 신경세포체에서 뻗어 나온 긴 돌기로 끝에 몇 개의 축삭곁가지가 있고, 그 끝부위에 축삭종말(시냅스말단 혹은 연접단추)이 있다. 축삭종말은 **시냅스(synapse)**의 한 부분이며, 다른 신경세포와 연결이 되어 있다.

대부분의 신경세포는 유사분열 동안 체세포 이동에 관여하는 중심체 및 세포소기관이 없다. 따라서 중추신경계통은 분리될 수 없으므로, 손상 또는 질병으로 신경세포가 죽을 경우 다시 생성될 수 없다. 즉, 신경모세포는 성인 신경계통에 존재하지만, 활성화되지 않는다. 예외로, 후각수용체의 재건(수복)은 뇌의 기억저장을 담당하는 해마(*hippocampus*)에서 후각기능을 유지한다. 신경모세포를 활성화시키는 연구는 외상, 질병 및 노화에 따른 신경세포 손상을 예방하고 회복시킬 수 있다.

신경세포의 구조적 분류 Structural Classification of Neurons

많은 신경세포는 형태가 다양하며, 가지돌기, 세포체 및 축삭이 서로 연결되어 있고, 3가지 형태로 분류한다(**그림 8-3**).

1. **뭇극신경세포(multipolar neuron)**는 세포체에 여러 개의 가지돌기와 한 개의 축삭이 있다(**그림 8-3a**). 중추신경계통에서 가장 흔한 유형으로 뼈대근 및 샘에 관여하는 운동신경세포가 대표적이다. 축삭의 길이가 1 m 또는 그 이상이다.
2. **홑극신경세포(unipolar neuron)**는 세포체에서 나온 하나의 돌기로

그림 8-3 신경세포의 형태적 분류. 각 신경세포의 크기를 측정할 수 있을 정도로 나타나 있지는 않지만, 두극신경세포는 홑극신경세포 및 뭇극신경세포에 비해 몇 배 상당히 작다. 화살표는 활동전압의 방향이다.

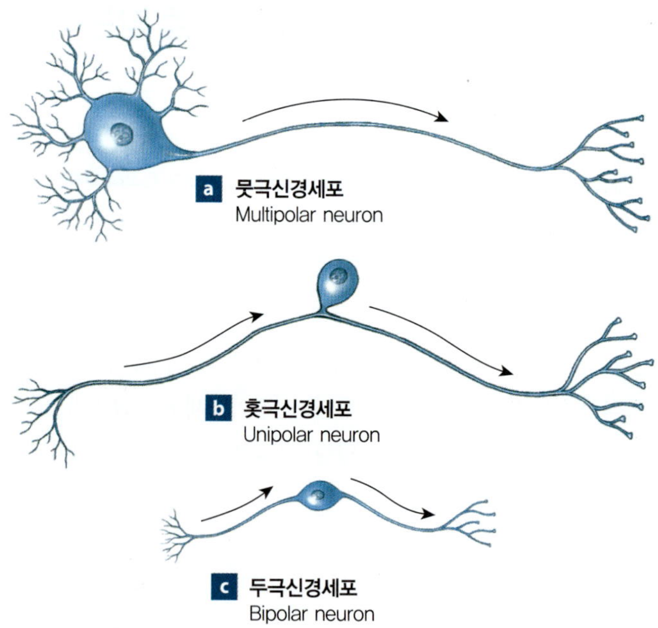

세포체에서 약간 떨어진 곳에서 T자 모양의 가지를 낸다(그림 8-3b). 대부분의 다른 신경섬유는 가지돌기에서 세포체로 신호를 전달하고, 세포체에서 축삭으로 신호를 전달하는 과정이다. 그러나 홑극신경세포의 경우, 돌기에서 분지한 말초돌기와 중추돌기가 신경자극을 생성하여 전달하고, 말이집으로 싸인 경우도 많으므로 축삭으로 분류된다. 말초신경계통(PNS)의 감각신경세포들이 대부분 해당된다.

3. **두극신경세포(bipolar neuron)**는 세포체에서 두 개의 돌기가 뻗어 나오는데, 그 중 하나는 축삭이고, 하나는 가지돌기이다(그림 8-3c). 두극세포는 크기가 작고 수가 많지 않다. 일부 눈, 코, 귀와 같은 특수감각기관에 국한되어 분포한다.

신경세포의 기능적 분류 Functional Classification of Neurons

기능적 관점에서 신경세포는 (1) 감각신경세포(*sensory neouron*), (2) 운동신경세포(*motor neuron*) 및 (3) 사이신경세포(*interneuron*)로 분류된다.

감각신경세포(Sensory neurons). **감각신경세포(sensory neuron)** 또는 들신경세포(*afferent neuron*)는 내·외부 환경의 변화를 감지하는 기능이 있으며, 감각수용기에서 발생한 신경자극을 중추신경계통(CNS)으로 전달한다(뇌 또는 척수). 대부분의 감각신경세포는 홑극신경세포이고, 일부 후각상피 및 망막은 두극신경세포이다.

몸감각수용기(somatic sensory receptor)는 두 형태로 나뉘며, 외부 환경 또는 신체의 자세를 감지한다.

1. **외수용기(external receptor)**는 외부 환경에서 촉각, 압각, 통각 및 온도감각과 복합적 미각, 시각, 후각, 평형감각 및 청각에 대한 정보를 제공한다.
2. **고유감각기(proprioceptor)**는 뼈대근 및 관절의 자세와 움직임을 감지한다. **내장수용기(visceral receptor)** 또는 **내수용기(internal receptor)**는 소화계통, 호흡계통, 심혈관계통, 비뇨계통 및 생식계통의 활동을 모니터한다. 팽창, 깊은 압력 및 통증에 대한 감각을 제공한다.

운동신경세포(Motor neurons). **운동신경세포(motor neouron)** 또는 날신경세포(*efferent neurons*)는 중추신경계통의 신경자극을 근육이나 샘으로 전달한다. 즉, 운동신경세포의 신경자극을 받은 근육이나 샘과 같은 말초신경세포를 **효과기**(*effector*)라고 한다. 예를 들면, 신경신호를 받아 수축하는 뼈대근육을 효과기라고 한다. 운동신경세포의 대부분은 뭇극신경세포이다. 운동신경세포는 두 형태로 나뉘며, **몸운동신경세포(somatic motor neouron)**는 뼈대근육에 분포하고, **내장운동신경세포(viceral motor neouron)**는 심장근, 민무늬근 및 샘에 분포한다.

사이신경세포(Interneuron). **사이신경세포(interneuron)** 또는 연합신경세포(*association neouron*)는 중추신경계통의 많은 곳에서 분포하며, 사이(*inter*, between)는 다른 신경세포와의 사이를 의미한다. 다른 여러 감각신경세포로부터 신경자극을 받아 운동기능을 통합 수행한다. (자극에 대한 반응이 복잡할 수록 많은 수의 사이신경세포가 관여한다. 사이신경세포는 기억, 계획 및 학습과 같은 고등기능의 역할을 한다.)

신경아교세포 Neuroglia

신경계통의 약 1/2 정도 차지할 정도로 풍부하고, 종류가 다양하다. 중추신경계통 및 말초신경계통에 존재하며, 중추신경계통에 존재하는 네 가지 형태의 신경아교세포는 아래와 같다(그림 8-4).

1. **별아교세포(astrocyte)**는 신경아교세포 중 가장 흔한 유형이며, 별 모양과 유사하다. 별아교세포의 돌기 중 일부인 혈관돌기(feet)는 중추신경계통의 모세혈관 바깥면을 완전히 감싸고, 별아교세포의 혈관돌기까지 더해져 **혈액-뇌장벽**(*blood-brain barrier*)을 형성하여 혈액순환 시 여러 물질들이 뇌 신경조직으로 흡수되는 것을 통제하여 신경세포를 보호한다. 또한 호르몬 및 아미노산과 같은 화학물질을 분비하여 신경세포 조직 간의 연결을 조절하여 발생을 도우며, 신경조직 지지 및 손상된 신경세포 수복에 관여한다.
2. **희소돌기아교세포(oligodendrocyte)**는 낙지와 비슷한 모양으로 작고 둥근 세포체와 가느다란 돌기가 있다. 각각의 돌기는 축삭의 일부 구간을 여러 겹으로 감싸고, 이렇게 만들어진 구조를 **말이집(myelin)**이라고 한다. 말이집은 절연역할을 하여, 전기적 신호(활동전위)가 축삭을 통해 이동 시 도약전도를 하여 이동 속도를 빠르게 한다. 말이집 사이에 틈을 **마디(node)** 또는 말이집마디(*node of Ranvier*)라고 한다.
   말이집의 주성분은 지질로 반짝거리는 흰색으로 보이고 중추신경계통이 **백색질(white matter)**이다. 모든 축삭이 말이집으로 싸인 것은 아니며, 말이집이 없는 단순한 신경집세포에 싸여 있는 것을 **민말이집(unmyelin)**이라고 하며 **회백질(gray matter)**이다.
3. **미세아교세포(microglia)**는 중추신경계통의 아교세포들 중 가장 적은 유형이다. 단핵구에서 유래된 백혈구의 모세포에서 분화된 큰포식세포로 세포 노폐물과 병원체를 처리하는 면역에 관여한다.
4. **뇌실막세포(ependymal cell)**는 뇌척수액이 존재하는 뇌의 뇌실(*ventricle*)과 척수의 **중심관**(*central canal*)을 덮는 단층입방상피세포이다. 이러한 상피세포는 **뇌실막세포(ependyma)**라고 한다. 다른 상피세포와 달리 바닥막이 없고, 뇌척수액을 생성하고, 뇌실막세포의 섬모는 뇌척수액의 순환을 돕는다.

그림 8-4 중추신경계통의 신경아교세포. 중추신경계통의 신경조직에서 신경아교세포와 신경세포와의 관계를 보여준다.

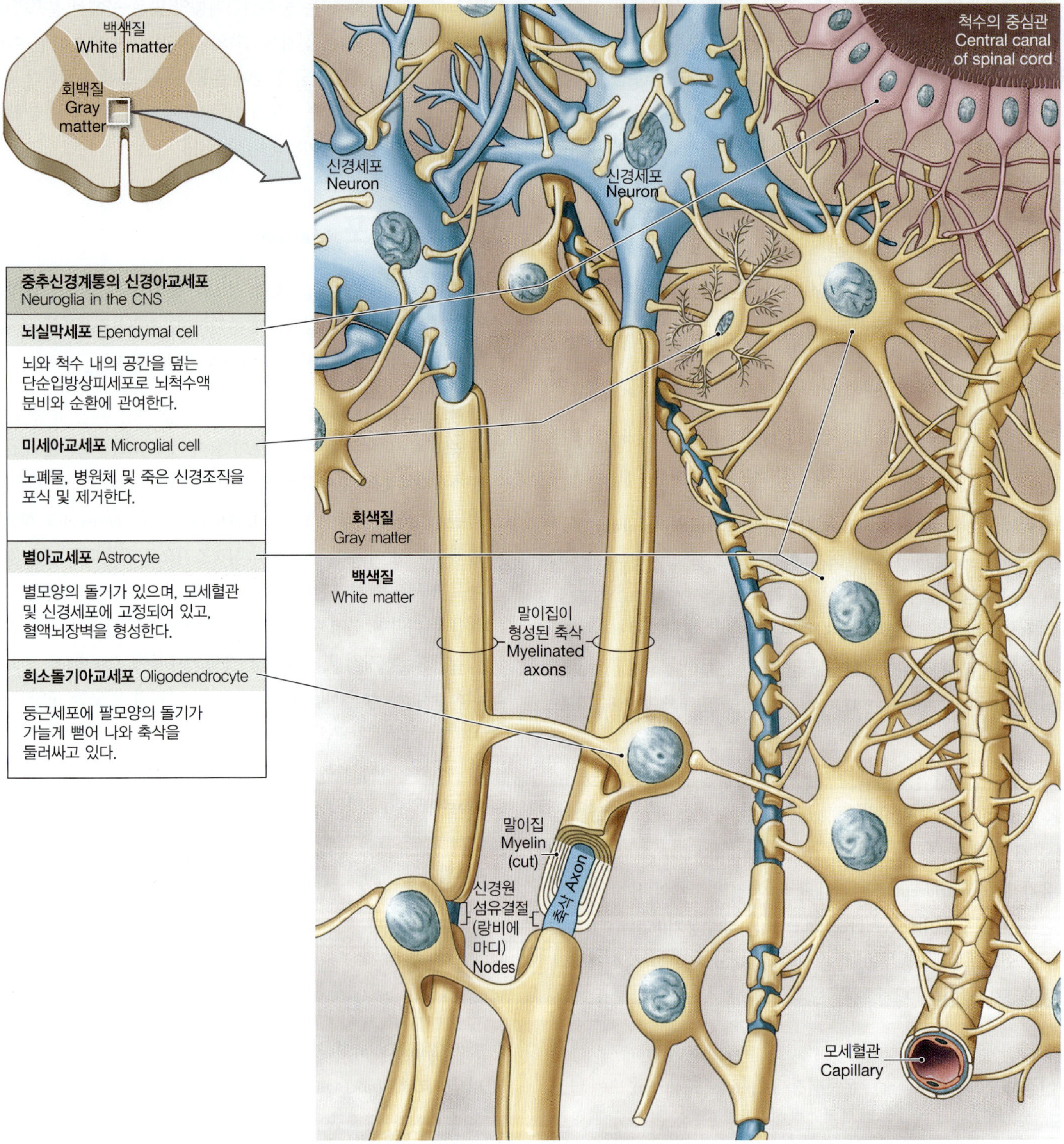

말초신경계통은 **위성세포(satellite cell)**와 **신경집세포(슈반세포, schwann cell)**의 두 가지 형태의 신경아교세포가 있다. 위성세포는 신경세포체 주위를 둘러싸는 납작한 세포로 중추신경계통의 별아교세포처럼 세포체 주위에 전기적 절연을 만들고, 신경세포의 화학적 환경을 조성한다. 다른 신경아교세포는 슈반세포이다(**그림 8-5a**).

신경집세포는 중추신경계통의 축삭을 둘러싸고 있다. 말초신경에서 축삭을 둘러싸고 있는 슈반세포를 **신경집세포**(*neurilemma*)라고 한다. 대부분의 중추신경계통에서는 한 개의 희소돌기아교세포가 여러

그림 8-5 말초신경의 신경집세포(Schwann cell)와 축삭.

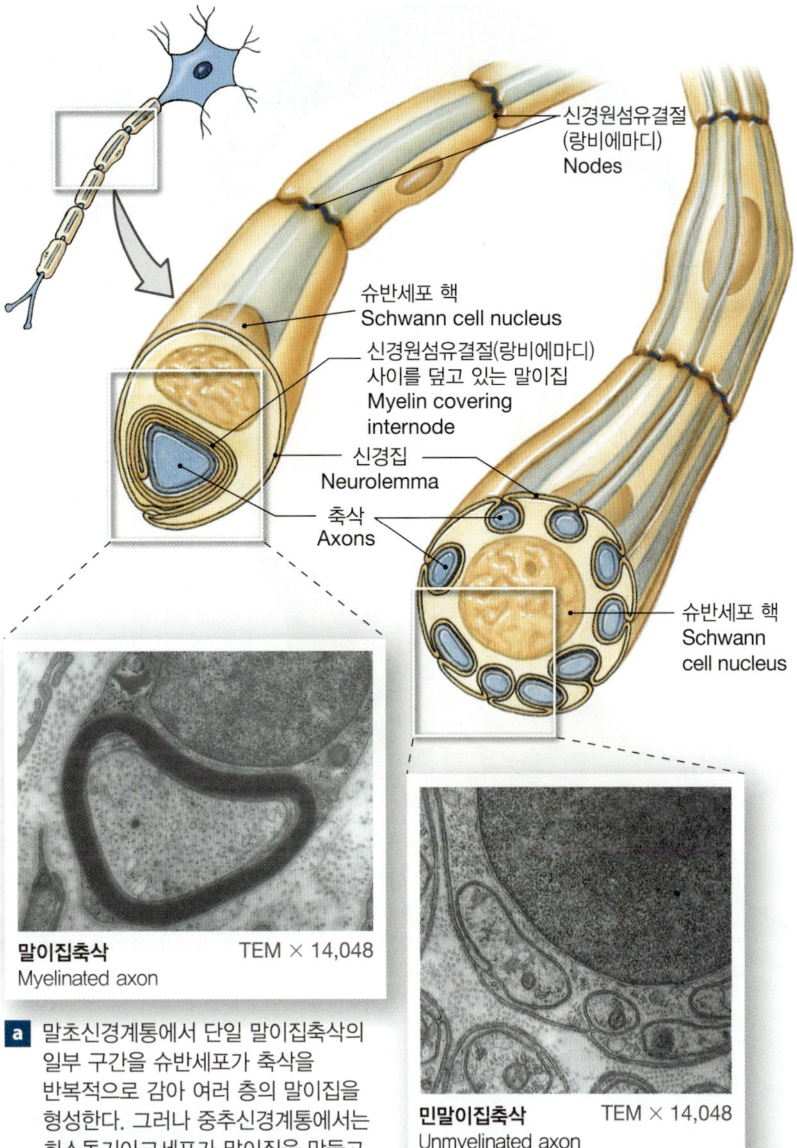

a 말초신경계통에서 단일 말이집축삭의 일부 구간을 슈반세포가 축삭을 반복적으로 감아 여러 층의 말이집을 형성한다. 그러나 중추신경계통에서는 희소돌기아교세포가 말이집을 만들고, 여러 축삭의 일부 구간을 감싼다.

b 민말이집축삭은 말이집없이 단순한 하나의 슈반세포(신경집세포)에 싸여 있다.

축삭의 일부 구간을 감싸는 말이집을 형성하지만, 말초신경계통의 신경집세포는 하나의 축삭에 말이집을 형성한다(**그림 8-5a**). 그러나 모든 축삭이 말이집에 싸인 것은 아니며, 말이집이 없는 단순한 신경집세포에 둘러싸여 있기도 한다(**그림 8-5b**).

신경계통의 신경세포 구성
Organization of Neurons in the Nervous System

중추신경계통과 말초신경계통에서 신경세포체와 축삭의 해부학적 구조에 따른 용어는 **그림 8-6**에 있다. 각 용어에 대한 설명은 아래와 같다.

말초신경계통:

- 신경세포체의 집단은 **신경절(ganglia**, 단수는 ganglion)에 존재하며, 위성세포에 둘러싸여 있다.
- 백색질은 **신경들(nerves)**이 모인 축삭다발이 있는 바깥쪽 부위로, 척수신경은 척수와 뇌신경은 뇌와 연결되어 있다. 상행로와 하행로가 혼재하므로 감각신경섬유와 운동신경섬유가 함께 들어 있는 경우가 많다.

그림 8-6 신경계통의 구조와 체계.

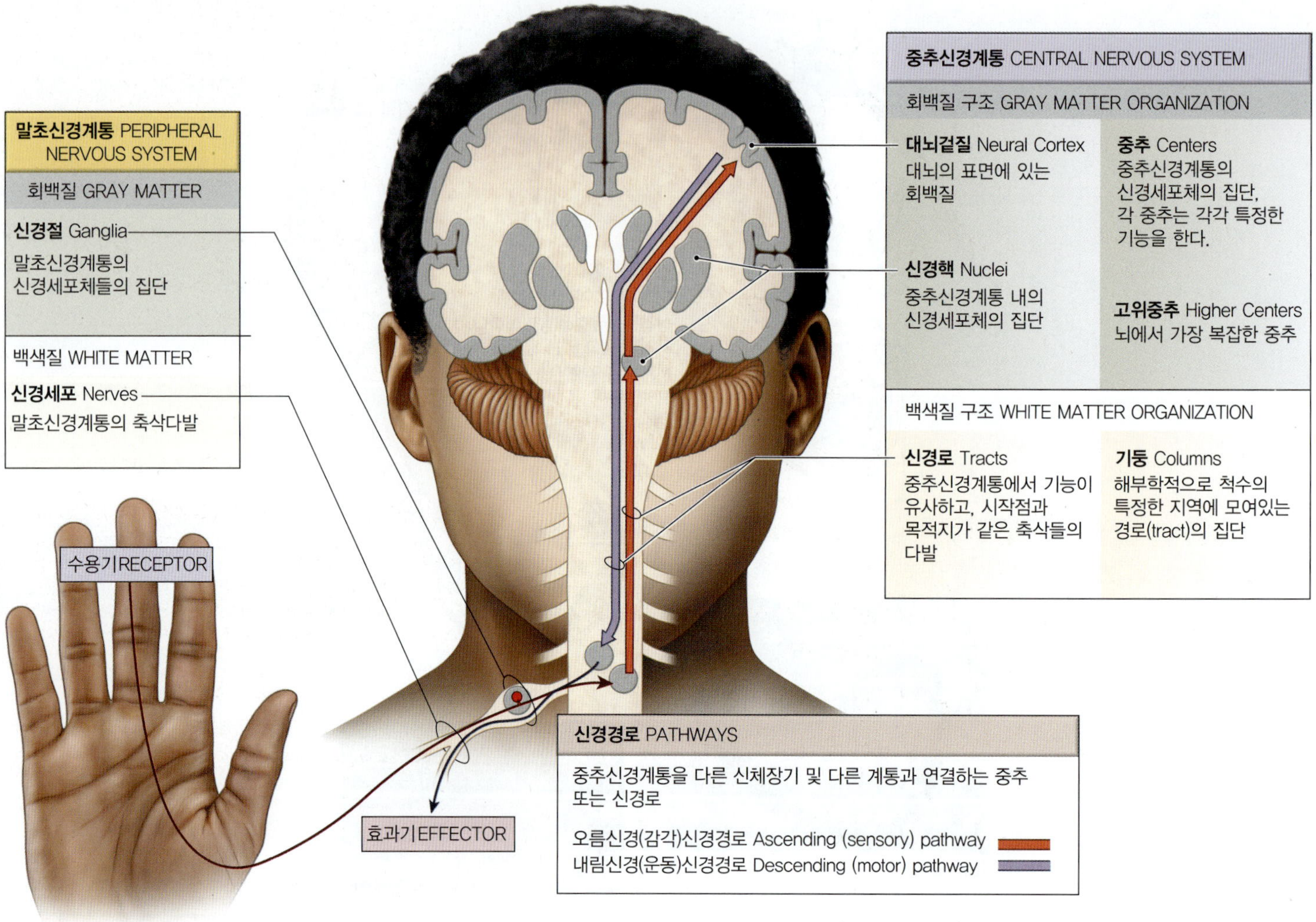

중추신경계통:

- 어떤 일반적인 기능을 가진 중추신경계통의 신경세포체의 그룹을 **중추(center)**하고 하며, 중추신경계통 내에 명확한 해부학적 경계를 지는 신경세포체의 집합체를 **핵(nucleus)**이라고 한다. 뇌는 회색질의 두꺼운 표면층으로 덮여 있으며, 이를 **겉질(nerural cortex)**이라고 한다. **고위중추**(*higher center*)는 가장 복잡한 통합중추, 핵 및 대뇌겉질을 의미한다.
- 중추신경계통의 백색질에서 기능이 유사하고, 시작점과 목적지가 같은 축삭의 다발을 **신경로(tract)**라고 하고, 척수에서 특정 부위에 모여 있는 신경로들의 집단을 **기둥(column)**이라고 한다.
- **신경로(pathway)**는 회색질과 백색질 모두 연결되어 중추신경계통을 통해 몸의 말초신경과 서로 소통하고 있다. 신경계통 신경로는 **감각신경로**(**sensory pathway**, 오름신경로)와 **운동신경로**(**motor pathway**, 내림신경로)가 있다. 감각신경로는 감각수용기의 정보를 척수를 지나 뇌로 올라가서 전달되므로 오름신경로라고 한다. 운동신경로는 뇌에서의 운동정보를 척수를 지나 근육 및 샘으로 전달되어 내려오

임상노트

말이집탈락 질환 Demyelination Disorders

말이집탈락(**demyelination**)은 중추신경계통(CNS) 또는 말초신경계통(PNS)에서 축삭은 유지한 채 말이집만 파괴되는 진행성 질환으로 감각장애 또는 운동장애로 몸의 일부가 감각이 없거나 마비가 발생된다. 대표적인 질환은 **다발경화증**(**multiple sclerosis**) 또는 **MS**이다. 희소돌기아교세포가 파괴되어 중추신경계통 내 말이집이 탈락되어, 이는 신경자극 시 축삭의 전도장애가 발생되어 감작장애과 운동조절장애가 발생된다. 가장 흔한 증상은 시력장애 및 언어, 균형과 운종조화 장애이며, 그 외 **중금속중독**, **샤르코-마리-투스질환**(*Charcot-Marie-Tooth disease*) 및 **길랭바레 증후군**(*Guillain-Barré syndrome*)이 있다.

기 때문에 내림신경로라고 한다.

체크포인트

4. 신경세포의 구성과 구조에 대해 설명하시오.
5. 샘플 조직을 확인한 결과 홑극신경세포로 확인되었다. 홑극신경세포는 감각신경세포 또는 운동신경세포 중 어느 신경과 더 유사한가?
6. 중추신경계통의 신경아교세포에 대해 설명하시오.
7. 중추신경계통의 감염 시 뇌조직에서 그 수가 증가되는 신경아교세포는?
8. 말초신경계통에서 신경세포체는 _____________에 존재하며, ____________세포라고 하는 신경아교세포로 둘러싸여 있다.

책 뒷면에 있는 파란색 정답 탭을 참조.

8-3 신경세포에서 형질막의 전기전위는 활동전위를 발생한다

학습목표 활동전위가 어떻게 생성되고 유지되는지를 설명한다.

신경계통의 감각, 통합 및 운동기능은 항상 끊임없이 변화한다. 신경세포와 다른 세포 사이의 모든 정보교환은 빠른 속도의 전기적 일련의 과정을 통해 형질막에서 일어난다.

막전위 The Membrane Potential

모든 살아 있는 세포는 전기를 띠는 세포막(형질막)이 존재한다. 따라서 신경계통이 신체기능을 통합하고 조절하는 기능은 신경세포에 의한 전기작용의 전달에 의존한다. 신경세포의 기능은 신경세포의 세포질과 신경세포 바깥 사이질액에 포함된 물질의 분포에 의존한다. 신경세포를 포함해 모든 세포는 세포막 안팎에서 양전하와 음전하의 전체 수가 다르기 때문에 세포막의 안쪽은 상대적으로 음전하를 띠며 바깥쪽은 상대적을 양전하를 띤다. 세포막을 사이에 둔 이러한 전하의 상태적인 차이를 **막전위(membrane potential)** 또는 막분리 전위(*transmembrane potential*)라고 한다.

전압의 측정 단위는 **볼트**(V) 및 **밀리볼트**(mV)이며 1 V는 1,000 mV이다. 자동차는 12 V 배터리이며, 인체의 세포막의 전압은 밀리볼트를 사용한다. 세포막의 안정상태 막전위를 **안정막전위(resting membrane potential)**라고 한다. 신경세포의 안정막적위는 −70 mV이고, 값이 음수인 이유는 세포외액의 전압에 비해 세포내액의 전압이 상태적으로 음전하를 띠기 때문이다. 즉, 신경세포가 안정화되었을 때는 안쪽보다 바깥쪽에 양이온이 많다.

막전위에 영향을 미치는 요인
Factors Responsible for the Membrane Potential

막전위에 영향을 미치는 요인은 전기기울기의 차이 및 세포내·외물질의 화학농도기울기 차이다. 예를 들면, 음전하를 띠는 인산 이온, 단백질 및 칼륨 이온은 세포내액에 많고, 나트륨 이온과 염소 이온은 세포외액에서 많다. 세포막의 선택적 투과성은 세포내·외의 물질에 따라서 다르며, 단백질은 크기가 커서 막을 통과하지 못하고 세포질 안에 남는다. 신경세포에서는 세포막 통해 다양한 물질을 운반하기 위해 수송단백질 및 다양한 통로가 이용된다. 신경세포는 다음과 같은 통로의 주요 유형이 있다.

- **샐틈 통로**(*leak channel*)는 항상 열려 있다.
- **관문 통로**(*gated channel*)는 평소에는 닫혀 있다가 신경전달물질의 결합에 의한 반응 또는 세포막의 전압변화에 의해 열린다.

세포막의 누출경로(칼륨과 나트륨)에 의한 화학농도기울기는 물질이 골고루 분포되어 있지 않다는 것을 의미하고, 신경세포의 바깥쪽보다 안쪽에서 칼륨 이온 농도가 높고, 나트륨 이온 농도는 안쪽보다 바깥쪽에서 높다. 그러나 칼륨 통로를 통한 칼륨 이온은 나트륨 통로를 통한 나트륨 이온보다 확산을 통한 세포막의 투과성이 높으므로, 세포 밖으로 나가는 칼륨 이온은 세포 내로 들어오는 나트륨 이온보다 더 많다.

이로 인해 세포막 바깥쪽의 양이온은 칼륨 양이온에 의해 상쇄되는 동시에 세포막 안쪽의 음이온은 나트륨 이온을 안쪽으로 끌어당긴다. 그러나 칼륨 이온은 전기기울기에 비해 화학농도기울기에 더 큰 영향을 받으므로 세포 밖으로 나간다.

세포막의 막전위를 유지하기 위해 화학농도기울기와 전기기울기에 의해 나트륨 이온의 세포 안으로 이끌리는 힘과 세포 밖으로 나가는 칼륨 이온 농도기울기의 균형을 이룬다. 이때, 수송 단백질과 나트륨-칼륨 펌프에 의해, 세포 안을 들어오는 칼륨 이온 2개가 들어올 때 나트륨 이온은 3개 나간다. 칼륨 이온의 이동으로 형성된 전위는 −90 mV인데, 실제 정상 안정막전압은 −70 mV이다. 그 이유는 나트륨 이온이 신경세포 안으로 이동했기 때문이다. 그 결과, 세포막의 안쪽은 음전하의 단백질에 의해 음전하가 된다. **그림 8-7**은 세포막의 안정막전압을 나타낸 것이다.

막전위의 변화 Changes in the Membrane Potential

신경세포가 자극을 받으면 (1) 나트륨 이온과 칼륨 이온의 투과성 (2) 나트륨과 칼륨펌프의 작용에 의해 안정막전압이 변한다. 안정막전압의 변화에 영향을 줄 수 있는 요인은 특정 화학물질, 물리적 압력, 온

8

그림 8-7 안정막전압.

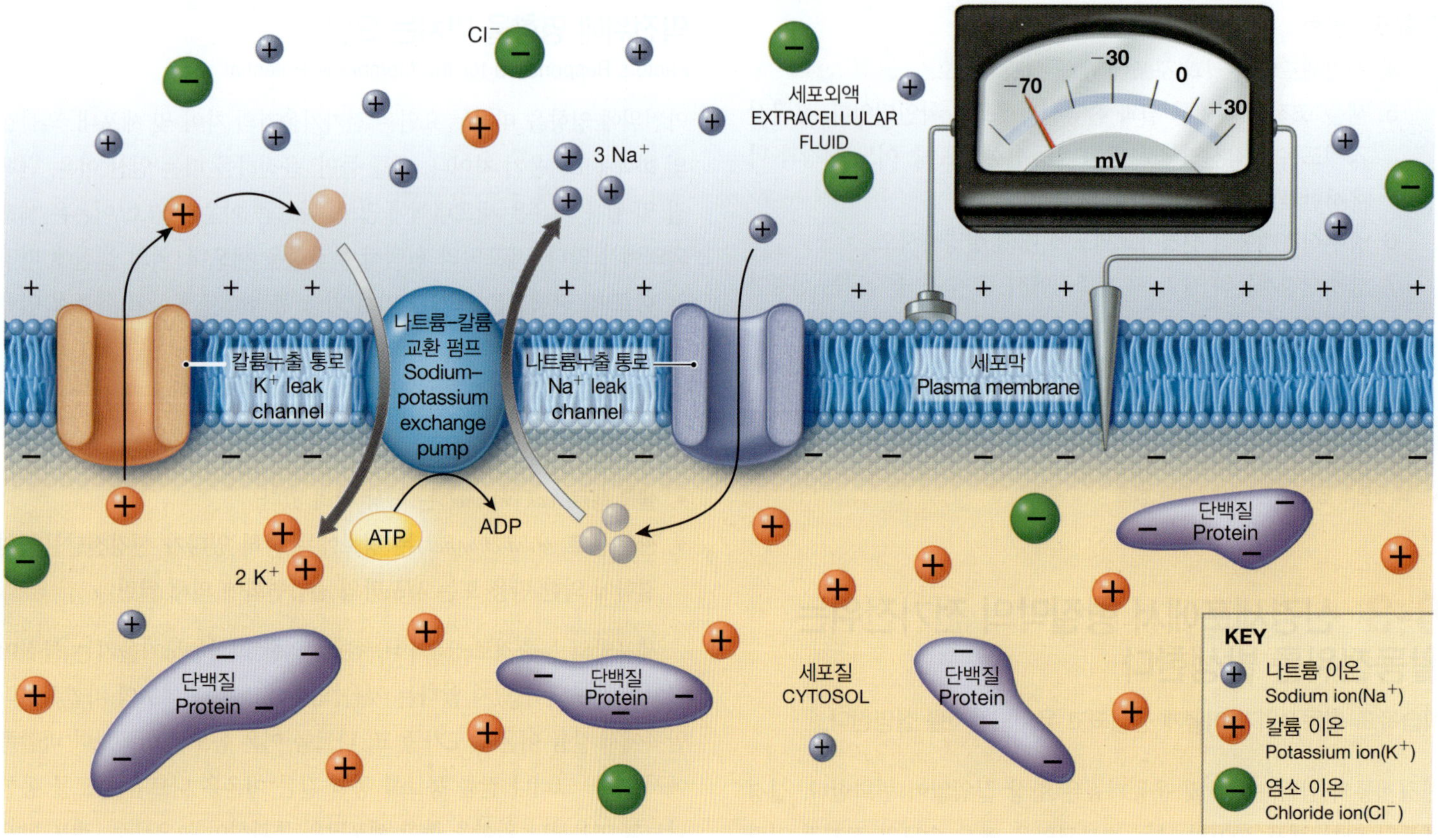

8

도변화 또는 세포외액의 이온 농도의 변화이다. 안정압전압의 변화는 세포에 즉시 나타나며, 뼈대근 섬유의 근속막의 투과성 변화는 근수축을 유발한다.

탈분극(depolarization)은 세포 안쪽이 안정막전압보다 더 양전하를 띠게 될 때 발생한다. 자극에 의해 안정막전압의 이온 통로가 열리면서, 이동하는 이온의 유형과 방향에 따라 막전위가 변화한다. 예를 들면, 나트륨 통로가 열리면서 세포 안쪽으로 나트륨 이온이 들어오면서, 세포 안쪽은 양전하를 띠어 전압이 0 mV까지 변한다.

과분극(hyperpolarization)은 세포 안쪽이 더 음전하를 띠게 될 때 발생한다. 칼륨 이온 통로가 열리면서 칼륨 이온이 세포 바깥쪽으로 나가서 막전위는 −70mV에서 −80 mV로 변하게 된다.

전압의 변화는 국소적인 **다단계전위(graded potential)** 또는 전파되는 활동전위(action potential)의 형태로 일어난다. 단계전위는 **국소전위**(*local potential*)라고도 하며, 화학작동 통로가 열림으로써 신경세포의 일부 수용구역(가지돌기와 세포체)에서 일어난다. 화학작동 통로는 일시적으로 열려 소량의 특정한 이온이 세포막을 통해 이동한다. 이온이 세포막을 따라 움직일 때 국소전류가 발생하며, 열리는 통로가 많을수록 전류가 크다. 그러나 이온이 세포막을 따라 흐르면서 저항이 발생한다. 즉, 양이온 통로가 열리고 나트륨 이온이 세포 안쪽으로 들어와서 탈분극이 발생되지만, 세포질 내의 물질에 의해 저항을 겪는다. 이로 인해 나트륨 이온의 국소전류가 멀리 이동하면서 강도가 약해져서 사라져 버린다. 즉, 변화의 정도는 자극의 규모에 따라 달라지며, 전위의 강도는 거리가 멀어지면 감소한다.

다단계전위는 일부 특정 부위, 예를 들면 샘세포의 샘분비를 촉진시킬 수 있으나, 뼈대근섬유 또는 신경세포처럼 넓은 부위에 영향을 미칠 수 없다. 따라서 다단계전위는 자극을 받은 일부분에만 크기가 다른 상태로 발생되고, 짧은 거리 밖에 **활동전압**이 전도되지 않는다.

활동전위(action potential)는 자극을 받아 **흥분된 세포**(*excitable cell*)의 막전위가 변화되어 전파된 것이다. **흥분된 세포막**(*excitable membrane*)은 활동전위를 전파하고, 막전위의 변화에 따라 **전압작동 통로**(*voltage-gated channel*)가 열리고 닫힌다. 뼈대근섬유, 심근세포 및 신경세포의 축삭은 전압의 변화에 반응하여 전압작동 통로가 열리고 닫힌다.

뼈대근섬유의 경우 활동전위는 근신경연접에서 시작하여 중심관의 T세관을 포함하여 전체 세포막을 따라 전도된다. 이러한 이온의 변화는 근육수축을 발생시킨다.

축삭의 경우 시작구역인 축삭둔덕에서 발생한 활동전위는 축삭을

지식 쌓기

운동신경의 하나의 축삭은 여러 개의 뼈대근섬유를 조절한다 (**7장: 근육계통** 참조). 각 축삭의 축삭말단은 신경근육이음부까지 뻗어 있다. 하나의 뼈대근섬유는 하나의 신경근육이음부가 있다. 운동단위는 하나의 운동신경이고, 모든 근육섬유가 운동신경을 구성한다.

따라 축삭말단까지 전도된 후 연접까지 전달한다. 활동전위의 전파를 신경세포의 활동전위를 **신경자극(nerve impulse)**이라고 한다. (12장에서 심근세포의 활동전위에 대해 학습하였다.)

활동전위는 전압관문 나트륨 통로(voltage-gated sodium channel)와 전압관문 칼륨 통로(voltage-gated potassium channel)가 열리고 닫히면서 발생된다. 활동전위의 시작구역, 즉 부분적 탈분극의 시작은 방아쇠 원리와 같다. 총의 방아쇠에 충분히 압력을 가하면 탄실이 발사되고, 충분한 압력이 가해지지 않으면 총알이 발사되지 않는다. 또한 필요한 압력보다 더 큰 압력으로 방아쇠를 당기거나 천천히 또는 갑자기 방아쇠를 당겨도 총알의 속도는 같다. 활동전위는 탈분극이 일어날 수 있도록, 즉 전압작동 통로가 열리는 데 필요한 최소한의 전압의 변화를 **문턱(threshold)**이라고 한다.

어떤 자극이 일단 문턱까지 도달하면 크기가 같은 활동전위가 발생되지만, 문턱에 도달하지 못하는 자극은 전혀 활동전위가 발생되지 않는데 이를 **실무율(all-or-none principle)**이라고 한다. "문턱에 도달한 자극" 또는 "문턱에 도달하지 못한 자극"의 원리는 모든 고흥분성 세포막에 적용된다.

활동전위의 생성 The Generation of an Action Potential

활동전위가 어떻게 생성되는지 알아본다. 활동전위는 흥분성이 높은 축삭막 중 첫 부분인 **시작분절**(*initial segment*)이 탈분극되어 문턱값에 도달한다. 활동전위가 생성되는 과정은 다단계 탈분극(graded depolarization)이 일어나서 문턱값에 도달하는 단계(−70 mV에서부터 −60 mV까지)에서 시작하여 안정막전위(−70 mV)로 돌아가는 단계로 끝난다. 각 단계들은 **집중 조명 그림 8-8**에 설명했다.

불응기(refractory period)는 신경세포가 활동전위를 생성하는 동안 문턱 이상의 자극이 주어져도 그 다음 활동전위가 일어나지 않거나, 활동전위를 생성하는데 평소보다 더 큰 자극이 필요하다. 이 기간 동안 흥분한 세포막은 다시 안정막(resting potential)으로 회복하여 **재분극**(*repolarization*)한 후 다른 자극에 반응할 준비를 한다. 불응기는 절대불응기와 상대불응기가 있다. 불응기는 흥분성 막에서 생성되는 활동전위의 속도에 따른다. (활동전위의 최대속도는 500-1000/sec이다.) 즉, 절대불응기는 활동전위 직후 아무리 강한 자극에도 그 다음 활성전위가 개시되지 않는 기간이다. 전압관문나트륨 통로가 열렸다가 닫혀 비활성상태가 되어 막전위가 재분극을 통해 거의 안정막으로 돌아가기 전까지 비활성 상태를 유지한다.

상대불응기는 절대불응기 직후에 나타난다. 그 전의 자극보다 큰 자극이 있어야 축삭에서 활동전위가 개시된다. 이 시간 동안 전압관문 나트륨 통로는 안정상태로 돌아갔고, 재분극이 일어나는 동안 전압관문칼륨 통로가 더 오래 열려 있어 신경세포가 과분극상태가 된다.

활동전위의 전파 Propagation of an Action Potential

활동전위는 신경세포의 축삭둔덕, 즉 시작구역에서 발생하며 축삭을 따라 전파된다. 다단계전위와 달리 거리와 관계없이 크기가 일정하며, 세포막 전체에 전기적으로 전도된다. 말이집 축삭과 민말이집 축삭에 따라 흐르는 활동전위의 전파의 과정은 **집중 조명 그림 8-9**(p. 282)를 참조한다.

활동전위는 축삭의 시작분절에서 시작된다. 문턱에서 막전위의 내부는 음전하가 아닌 양전하를 띤다(**1**). 전압관문나트륨 통로가 열려서 신경세포의 내부가 상대적으로 양전하를 띨 만큼 충분한 나트륨이 유입된다(**2**). 나트륨 이온의 국소전류는 세포막을 따라 인접한 영역으로 흐르며, 인접한 영역의 전압관문나트륨 통로도 열려 탈분극이 일어난다. (축삭둔덕은 전압관문나트륨 통로가 없으므로 활동전위에 반응하지 않는다.) 이 과정이 연쇄적으로 (**3**과 **4**)에서 일어난다.

연속전파(continuous conduction)는 국소전류가 전도될 때 활동전위는 축삭을 따라 일정 방향으로 흐르며, 활동전위가 지나온 축삭의 일부분은 불응기이므로 활동전위가 반대방향으로 흐르지는 않는다. 실제로, 활동전위가 가장 가까운 바로 옆 부분의 세포막에 도달하는 활동전위 전파를 연속전파(continuous propagation)라고 한다. 연속전파는

임상노트

해산물의 신경독소 Neurotoxins in Seafood

신경세포에 직접적 영향을 미치는 신경독이 포함된 해산물 섭취는 잠재적으로 치명적인 독성의 헝데이다. 일부 물고기의 **테토로도독신**(*TTX*), 조개류의 **살시톡신**(*SSX*) 및 육류의 **시구아톡신**(*CTX*)과 같은 신경독은 나트륨통로 작용을 방해한다. 따라서 운동신경세포는 기능을 하지 못하고, 호흡근의 마비로 죽음이 초래된다.

집중 조명 그림 8-8 활동전위의 생성(THE GENERATION OF AN ACTION POTENTIAL)

신경세포는 가지돌기와 세포체에서 자극의 정보를 받아 다음 신경세포의 축삭말단에 정보를 전달한다. 두 신경세포 말단은 서로 떨어져 있어 있어서 정보전달 시 활동전위가 발생된다.

활동전위(action potentials)는 신경세포의 시작분절에서 발생하여 축삭 전체를 흥분시키는 변화된 막전위이다. 활동전위는 전압관문 통로가 중요한 역할을 한다.

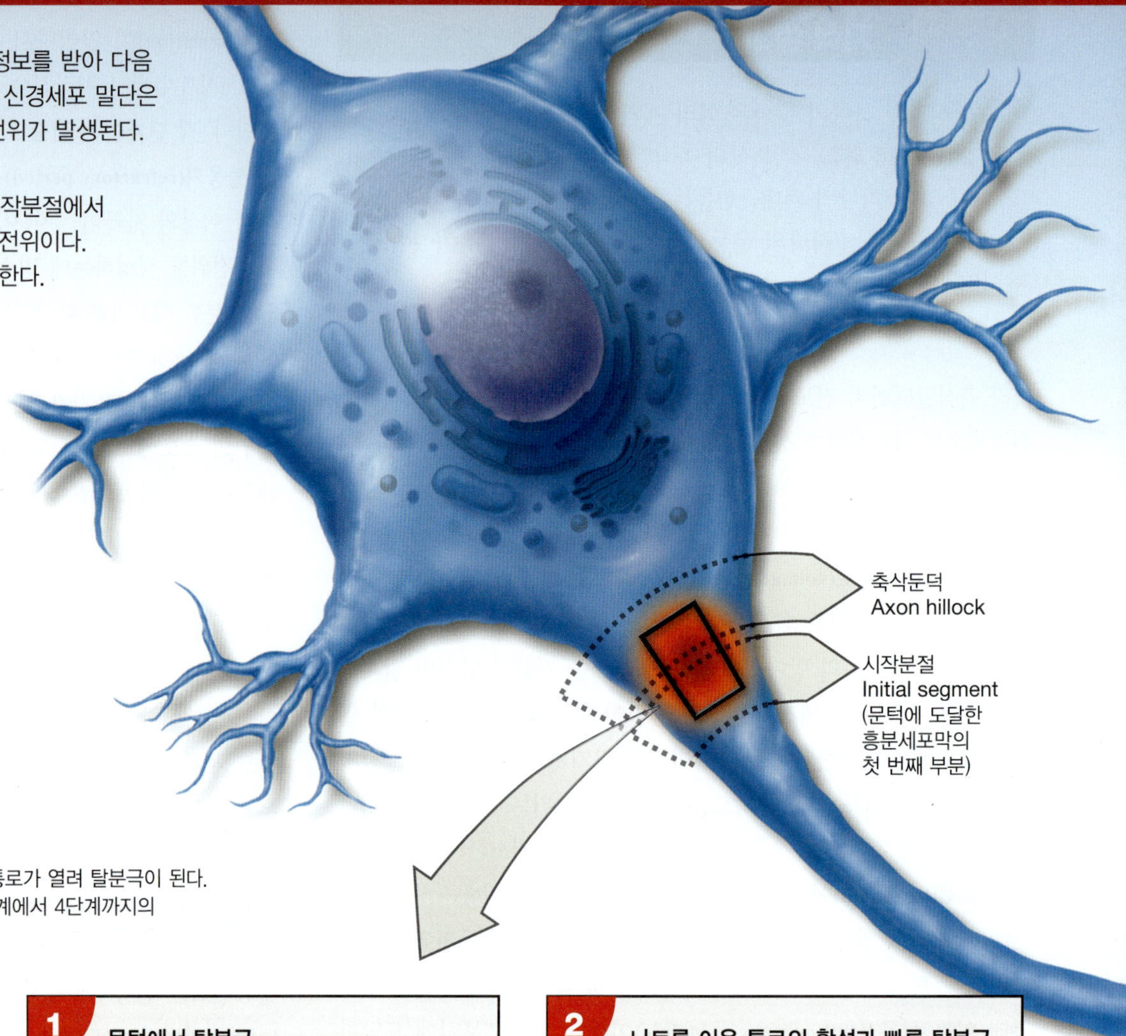

축삭에서 활동전압의 생성 단계.

1단계는 축삭둔덕에서 화학물질 관문나트륨 이온 통로가 열려 탈분극이 된다. 막전위의 변화를 나타내는 그래프의 선 색깔을 1단계에서 4단계까지의 축삭의 세포막 색깔과 동일하게 나타내었다.

안정막전위
Resting Potential

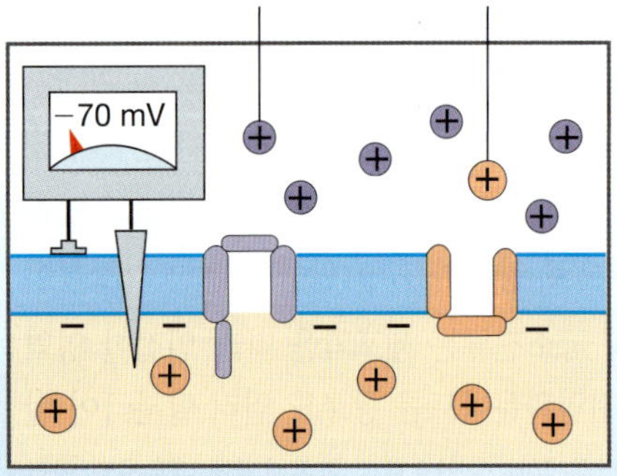

축삭의 세포막은 전압관문나트륨 통로와 전압관문칼륨 통로가 있으며, 안정막 전위일 때 세포막의 이 이온 통로들은 닫혀 있다.

1 문턱에서 탈분극
Depolarization to Threshold

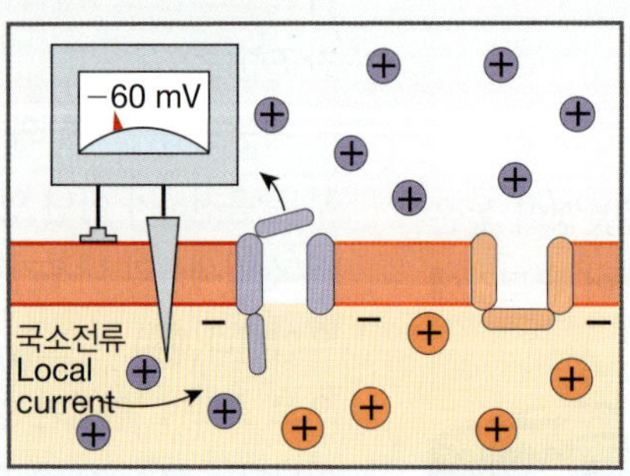

자극에 의해 활동전위가 발생하면 전압관문나트륨 통로가 열리도록 촉발된다. 이때 이 이온 통로는 문턱에서 열린다.

2 나트륨 이온 통로의 활성과 빠른 탈분극
Activation of Sodium Channels and Rapid Depolarization

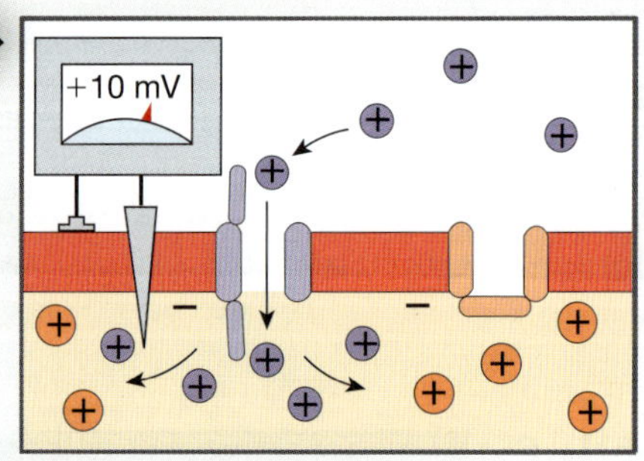

전압관문나트륨 통로가 열리면서 나트륨 이온은 재빨리 세포질 내로 유입되고 탈분극이 일어난다. 축삭의 세포막 내부는 양전하를 띠고, 막전위는 +10 mV에서 양성전위를 보인다.

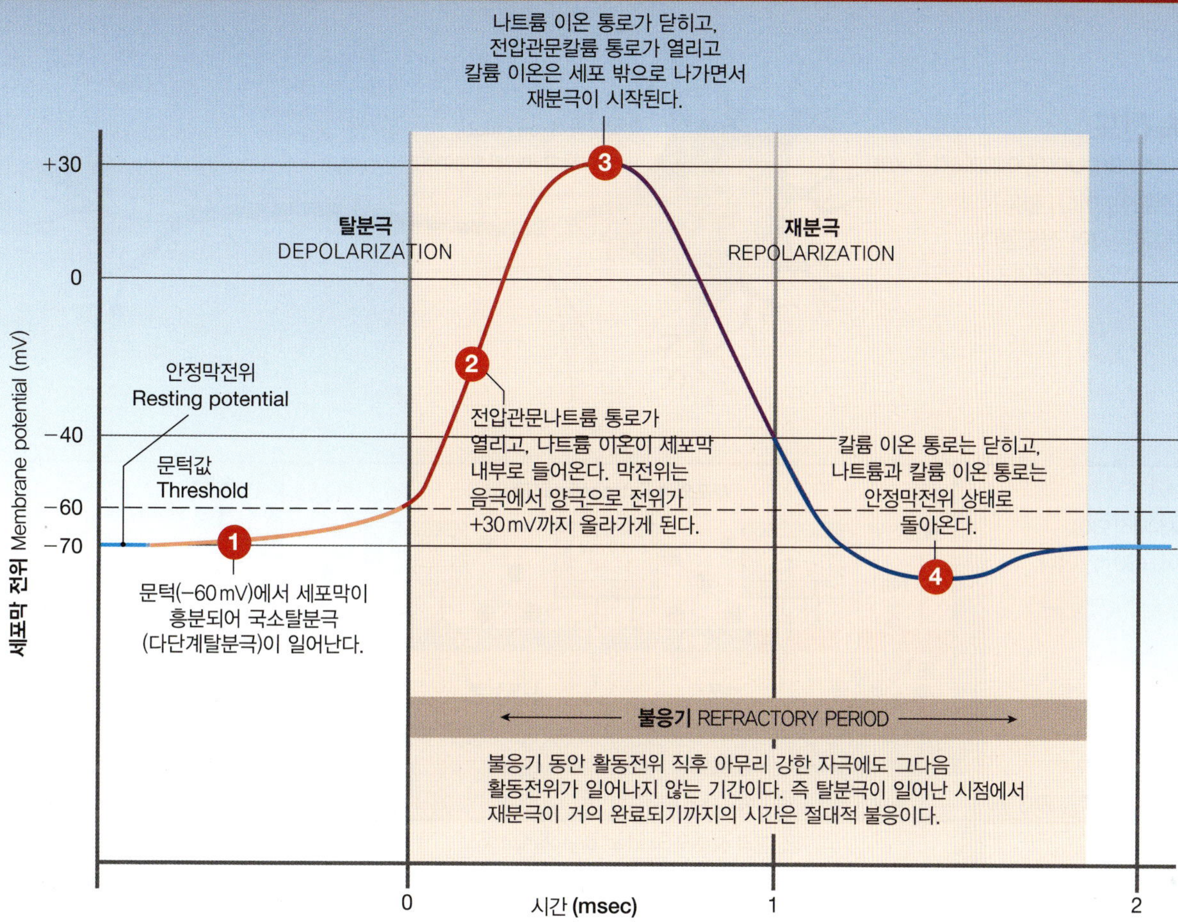

활동전위 발생 동안 각 부분에서 막전위의 변화.
각 그래프의 숫자는 아래의 1단계에서 4단계까지의 설명과 일치한다.

3 나트륨 통로 불활성화 및 칼륨 통로 활성화

Inactivation of Sodium Channels and Activation of Potassium Channels

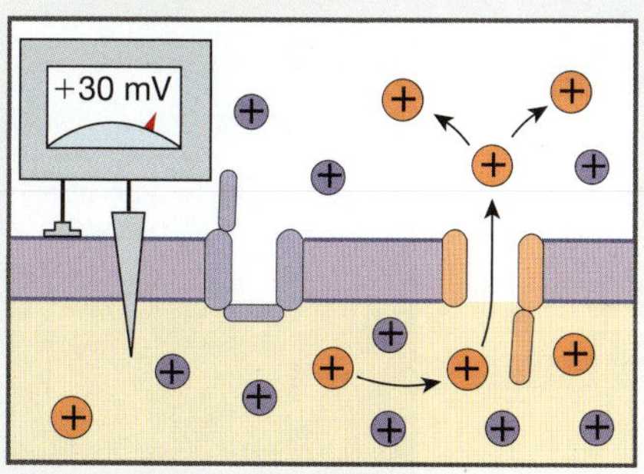

막전위가 +30 mV로 양극으로 도달할 때, 전압관문나트륨 통로는 닫힌다. 이때, 전압관문칼륨 통로가 열리고, 칼륨 이온은 세포 밖으로 나가 세포질로 들어가고, 전압이 양극에서 음극으로 역전되어 재분극이 시작된다.

4 칼륨 통로의 닫힘

Closing of Potassium Channels

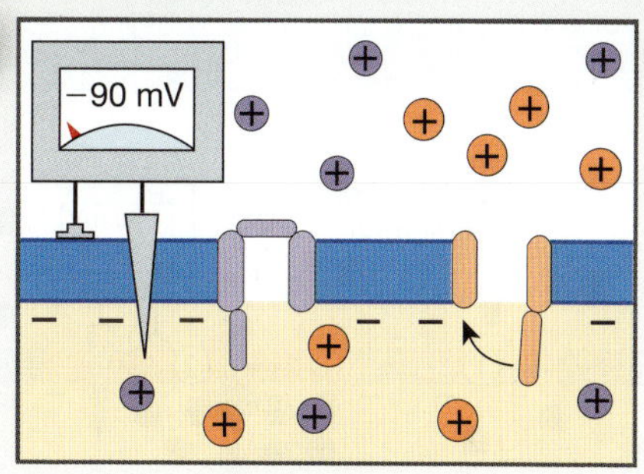

전압관문나트륨 통로는 세포막이 문턱에서 재분극되기 전까지 불활성화 상태이다. 전압관문칼륨 통로는 세포막이 정상 안정막전위(약 270 mV)에 도달할 때 닫히기 시작한다. 통로가 모두 닫힐 때까지, 칼륨 이온은 계속해서 세포 밖으로 방출된다. 이로 인해 잠깐 동안 과분극이 일어난다.

안정막전위로 회복

Return to Resting Potential

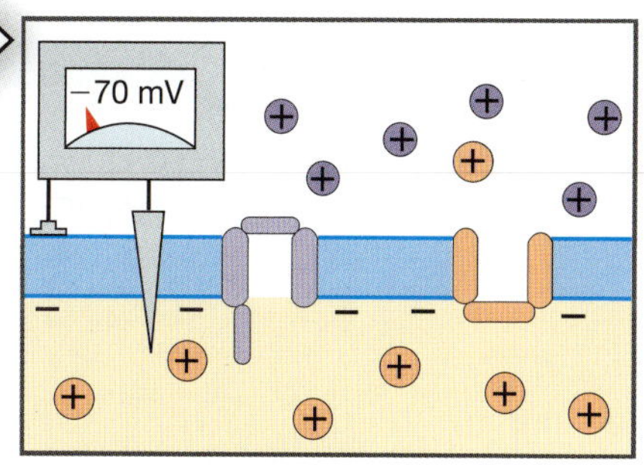

전압관문칼륨 통로가 닫힘에 따라 막전위가 정상 안정막전위 수준으로 돌아온다. 이제 활동전위가 끝나고 막을 다시 한번 안정막전위가 된다.

집중 조명 그림 8-9 활동전위의 전도(PROPAGATION OF AN ACTION POTENTIAL)

민말이집 축삭의 연속전도

Continuous Propagation along an Unmyelinated Axon

민말이집 축삭에서 활동전위는 연속전도이다. 활동전위는 축삭의 세포막에 인접한 구역이 탈분극되어 전도된다. 이 과정은 연쇄반응처럼 그 다음 축삭으로 반응이 이어진다.

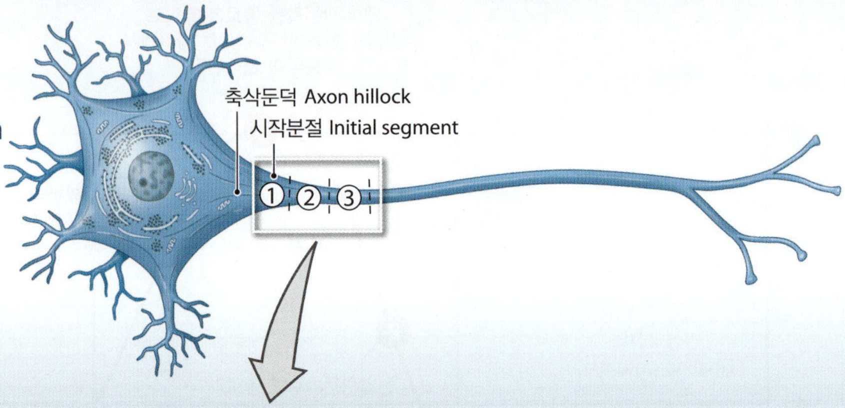

1 활동전위는 시작분절 ①에서 시작되어 막전위는 탈분극이 시작되어 +30 mV이다.

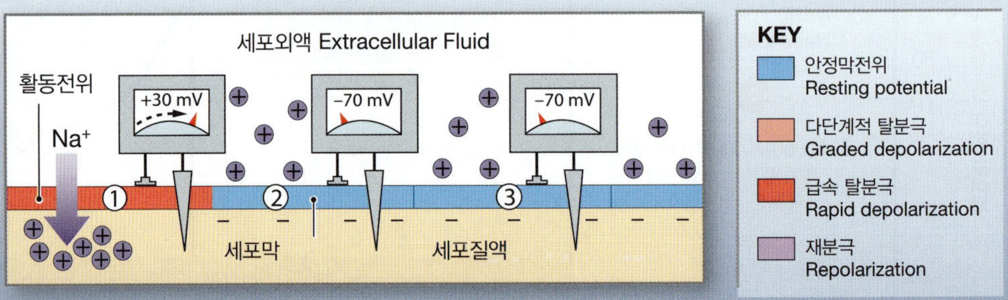

2 전압관문나트륨 통로가 열리고, 시작분절 ①로 나트륨 이온이 유입될 때, 시작분절 ②에서 다단계전위가 재빨리 문턱까지 도달한다.

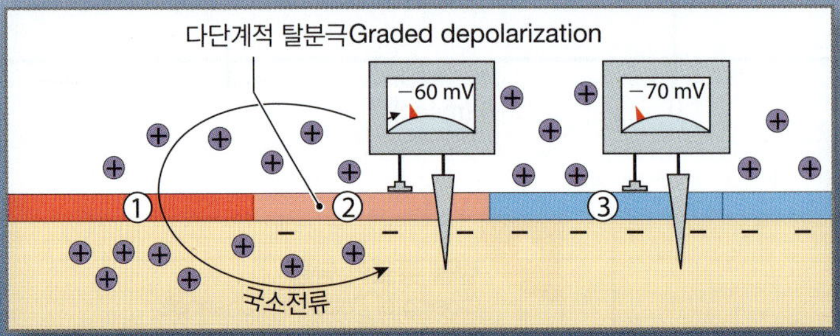

3 시작분절 ①에서 재분극하는 동안 활동전위가 시작분절 ②에서 발생한다.

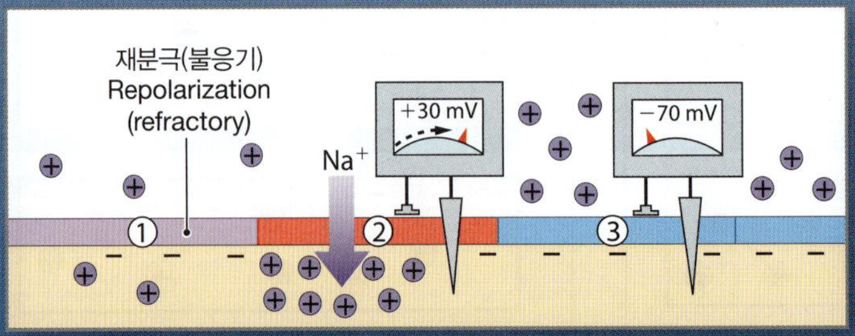

4 시작분절 ②로 나트륨 이온이 유입될 때, 시작분절 ③에서 다단계전위가 재빨리 문턱까지 도달하고, 이 순환은 반복된다.

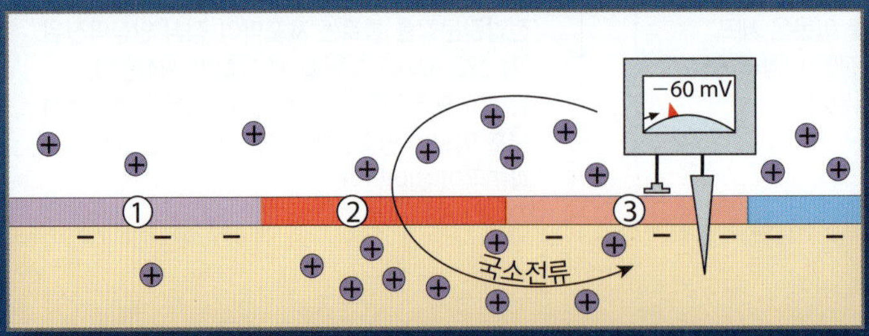

단계적 탈분극

Saltatory Propagation along a Myelinated Axon

축삭의 세포막에 말이집은 이온 이동을 제약하므로
활동전위는 전도 동안 신경원섬유결절 사이를
"점프(도약)"한다. 따라서 축삭의 전도가 빠르다.

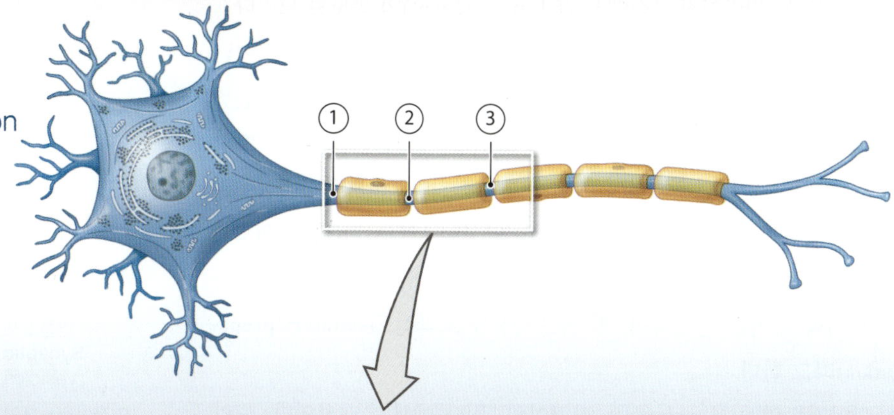

1 시작분절 ①에서 활동전위가 일어난다.

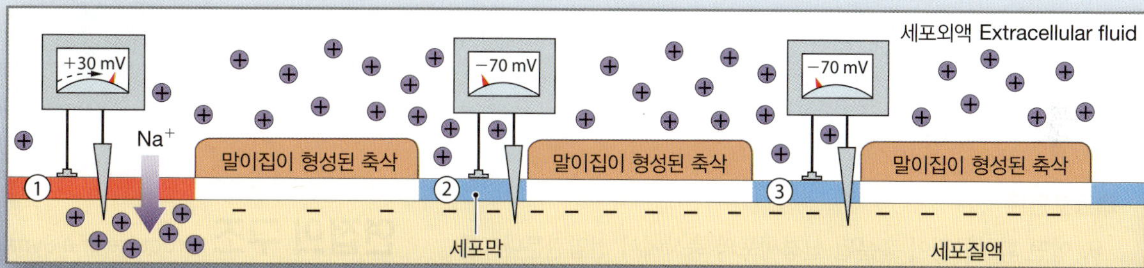

2 국소전류에 의해 다단계 탈분극이 발생하여 바로 다음의 말이집마디의 축삭 세포막이 문턱값에 도달한다.

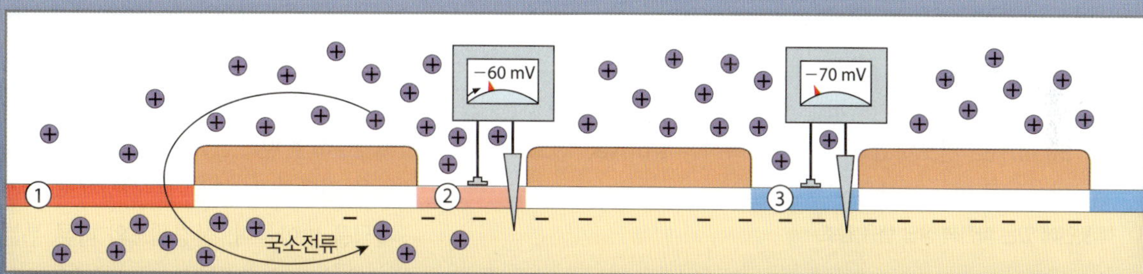

3 활동전위가 ② 말이집마디에서 일어난다.

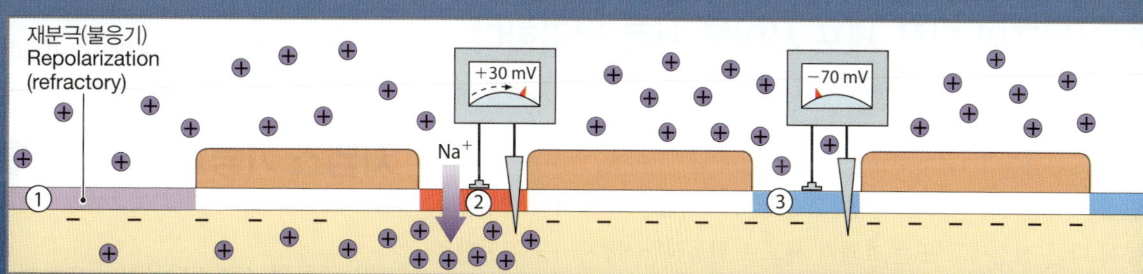

4 국소전류에 의해 다단계 탈분극이 발생하여 바로 다음의 ③ 말이집마디의 축삭 막전위가 문턱값에 도달한다.

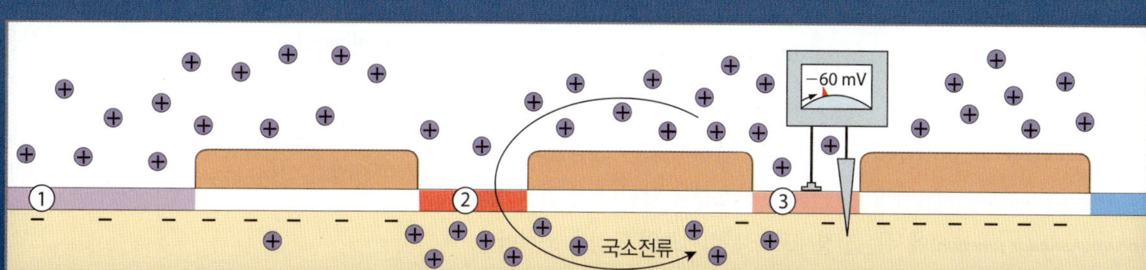

목적지로 성인이 걸을 때 작은 "어린이 걸음걸이"로 걷는 것으로 비유된다. 이 전도는 민말이집 축삭에서 약 1 m/sec(2 mph)의 속도로 느리다.

도약전도(saltatory conduction)는 말이집이 형성된 축삭에서 일어난다. 절연기능을 하는 지질성분의 말이집이 있는 부분에서는 활동전위가 발생하지 않고 말이집마디(node of Ranvier)에서만 전파된다. 따라서 한 곳의 신경원섬유결절에서 생긴 활동전위가 다음 신경원섬유결절로 징검다리를 건너뛰듯이 전도되는 양상이 나타난다(**집중 조명 그림 8-9**). 즉, 활동전위는 작은 단계의 연속적인 과정이기보다는 말이집마디 사이와 사이를 점프하며, 이 점프과정을 **도약전도(saltatory propagation)**라고 한다.

도약전도의 이름 *saltare*는 라틴어의 "뛰다"에서 유래하였다. 도약전도는 신경자극이 축삭을 따라서 약 18~140 m/sec(40~300 mph)의 빠른 속도로 전도한다. 이러한 빠른 도약전도는 성인이 목적지로 가는 도중에 물웅덩이를 점프하는 것에 비유된다.

8

체크포인트

9. 어떤 화학물질이 흥분된 신경세포의 축삭에서 전압관문나트륨 통로를 막을 경우 탈분극에 어떠한 영향을 미치는가?
10. 세포 바깥쪽의 칼륨 이온을 감소시키는 것은 신경세포의 막전위에 어떠한 영향을 미치는가?
11. 활동전위의 생성과 전파에 관련된 단계를 나열하시오.
12. 두 개의 축삭을 전파속도를 측정하였다. 한 축삭은 활동전위를 50 m/sec 전도하였고, 다른 한 축삭은 1 m/sec 전도하였다. 말이집이 있는 축삭은 어느 것인가?

책 뒷면에 있는 파란색 정답 탭을 참조.

8-4 연접(synapse)은 신경세포 사이 또는 신경세포와 다른 세포 사이를 서로 연결한다

학습목표 연접의 구조를 설명하고 시냅스에서 신경자극전도 과정을 설명한다.

연접은 신경세포가 다른 신경세포가 만나는 지점으로, 축삭이 연접을 통해 다른 신경세포 또는 효과기 세포로 활동전위(신경자극)를 전달한다. 대부분의 연접은 화학연접으로 축삭말단에서 **신경전달물질(neurotransmitter)**이 분비된다.

중추신경의 연접은 가지돌기와 세포체 또는 축삭을 통해 신경자극을 받아들인다. 신경세포와 다른 세포 사이의 연접을 **신경효과기이음부(neuroeffector junction)**라고 한다. 신경세포는 신경근육이음부(*neuromuscular junction*)에 있는 근육에 신호를 전달한다. 신경샘이음부(*neuroglandular junction*)에서는 신경세포가 분비세포의 활성을 조절한다.

그림 8-10 연접의 구조. 뉴런 사이에 전형적인 연접 구조.

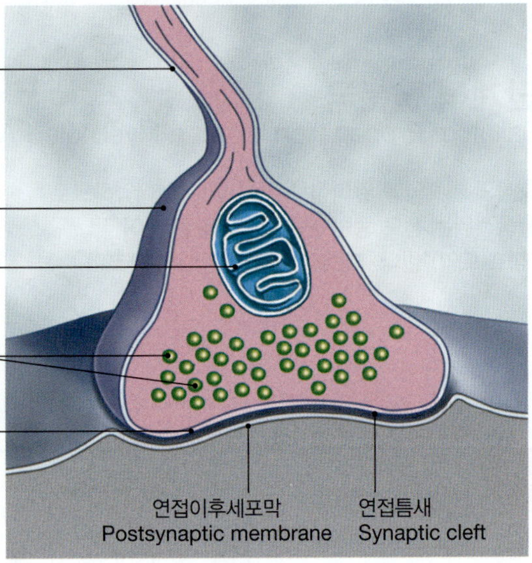

연접의 구조 Structure of a Synapse

신경세포와 다른 세포 간의 신호전달은 연접을 통해 한쪽 방향으로 진행된다. 두 개의 신경세포 사이에 서로 마주한 연접은 **연접이전신경세포(presynaptic neuron)**와 **연접이후신경세포(postsynaptic neuron)**의 세포막과 그 사이에 위치한 좁은 **연접틈새(synaptic cleft)**로 이루어져 있다(**그림 8-10**). 연접이전신경세포는 축삭을 통해 연접 쪽으로 신경자극을 전달하고, 연접이후신경세포는 가지돌기와 세포체를 통해 신경자극을 받아들여, 신경세포와 다른 부분으로 자극을 전달한다.

각 축삭의 종말에는 신경전달물질을 포함하고 있는 연접소포가 있다. 신경자극이 축삭의 종말단추에 전달되면 연접소포 내의 신경전달물질은 연접틈새로 분비된다. 그 다음에 연접틈새에서 신경전달물질은 확산되어 연접이후세포의 세포막의 수용체에 결합한다.

시냅스 기능과 신경전달물질 Synaptic Function and Neurotransmitters

많은 종류의 신경전달물질이 있으며, 신경전달물질 중 **아세틸콜린(acetylcholine, ACh)**을 신경전달물질로 사용하는 연접은 **콜린성(cholinergic)**이라고 한다. 이러한 연접은 중추신경계통의 안쪽·바깥쪽에 널리 퍼져 있다. 신경근육이음부(7장에서 설명했듯이)가 대표적 예이다. **그림 8-11**은 활동전위가 연접이전신경세포에 도달했을 때 콜린성 연접에서 일어나는 주요 과정을 나타낸다.

그림 8-11 콜린성 연접에서 일련의 과정.

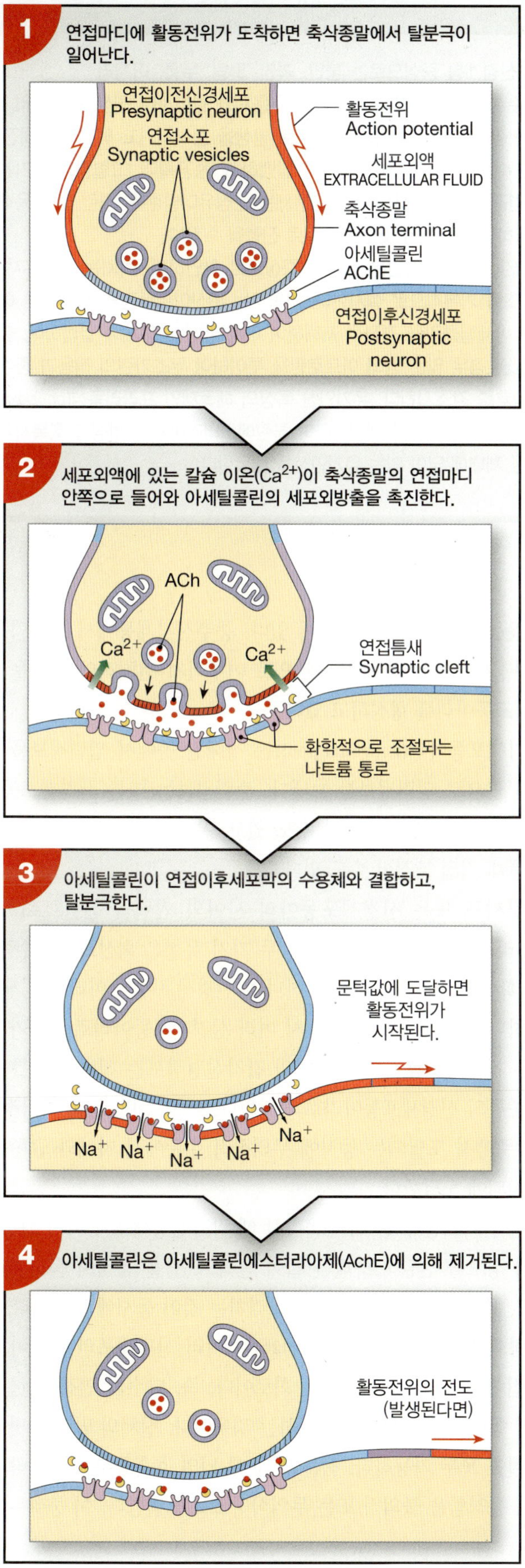

1. **축삭종말에 활동전위가 도달하고 탈분극이 일어난다.**
2. **축삭종말은 신경전달물질인 아세틸콜린을 분비한다.** 즉, 연접이전신경세포의 세포막에 활동전위가 도착하여 탈분극이 되면, 전압관문 칼슘 통로가 열리도록 촉발된다. 칼슘이 연접마디 안으로 들어와 연접소포에서 세포외방출을 통해 신경전달물질이 분비되도록 한다. 능동수송 과정으로 세포질 내의 칼슘을 제거하게 되면, 아세틸콜린 분비는 재빨리 멈춘다.
3. **아세틸콜린은 수용체와 결합하고, 연접이후신경세포는 탈분극한다.** 즉, 아세틸콜린이 연접이전신경세포에서 분비되면 화학작동 양이온 통로와 결합한다. 이때, 나가는 칼륨 이온보다 들어오는 나트륨 이온이 많아 내부가 상대적으로 양전하를 띠는 문턱값까지 도달하여 탈분극이 된다.
4. **아세틸콜린(Ach)은 아세틸콜린에스터라아제(AchE)에 의해 제거된다.** 연접이후세포막에서 신경전달물질와 수용체의 결합은 일시적으로 일어난다. 아세틸콜린에스터라아제가 연접틈새 및 연접이후세포막에 분비되어 아세틸콜린을 신속히 콜린과 아세트산염으로 분해한다.

8

또 다른 일반적인 신경전달물질로는 **노르에피네프린(norepinephrine)** 또는 NE이다. 뇌와 자율신경계통의 일부에서 중요하게 사용되며, 신경전달물질을 노르아드레날린(*noradrenaline*)으로 이용하는 연접을 **아드레날린성(adrenergic)**이라고 한다.

중추신경계통의 신경전달물질은 **도파민(dopamine)**, **감마아미노부티르산(GABA)**, **세로토닌(serotonin)**이 있다. 잘 알려지지 않은 적어도 50종류 이상의 신경전달물질이 있다. 가스형태의 두 종류의 신경전달물질로는 산화질소(NO)와 일산화탄소(CO)가 있다.

임상노트

신경전달물질 Neurotransmitters

신경세포 간에 또는 신경세포와 기관 간에 존재하는 물리적인 연결고리는 없지만, 신경세포 사이에 공간, 즉 **연접**(*synapse*)이 존재하여 신경자극에 의해 특수한 화학물질인 **신경전달물질**(*neurotransmitter*)이 신경세포 간에 또는 신경세포와 표적기관에 전달된다.

자율신경계통의 대표적인 신경전달물질은 **아세틸콜린**(*acetylcholine*)과 **노르에프네프린**(*norepinephrine*)이다. 아세틸콜린은 교감신경의 연접이전신경부와 부교감신경의 연접이전 및 이후신경부의 신경전달물질이다. 노르에프네프린은 교감신경 연접이후신경부의 신경전달물질이다. 아세틸콜린을 신경전달물질로 사용하는 연접을 **콜린성 연접**(*cholinergic synapse*)라고 하며, 노르에프네프린을 신경전달물질로 사용하는 연접을 **아드레날린성 연접**(*adrenergic synapse*)이라고 한다.

임상노트

유기인산 독성 Organophosphate Poisoning

유기인산은 농업에서 널리 사용되는 살충제로, 디아지논(diasinon), 오르텐(orthene), 말라치온(malathion), 파라치온(parathion) 등이 있다. 제2차 세계대전 이래 유기인산은 화학무기제로 사용해왔고, 1995년 일본 지하철에서 유기인산사린의 테러로 이용되었다. 유기인산 독성의 잠재성은 상당히 다양하다.

유기인산의 주요 작용은 신경계통의 아세틸콜린에스터라아제(cholinesterase)를 불활성화시킨다. 이는 신경연접과 신경근육연접부에 아세틸콜린의 축적을 야기시켜 아세틸콜린 수용체의 과잉자극을 초래하여, 마비를 일으킨다.

유기인산은 콜린에스터라아제에 비가역적으로 결합하여 비활성화시킨다. 유기인산은 피부 또는 호흡기계를 통해 들어올 수 있으며, 급성 전신성 유기인산 독성은 무스카린 수용체, 니코틴 수용체 및 몸운동징후과 같이 다양한 중추신경계통에 영향을 미친다.

중추신경계통 증상으로는 불안, 과민, 떨림, 두통, 어지러움, 혼수 및 발작이 있다. 무스카린 수용체와 결합하여 침샘, 눈물분비, 땀, 요실금, 설사, 위장관계 질환 및 구토 발생을 증가시키고 맥박이 느려진다. 니코틴 수용체와 결합하여 피부가 창백하고, 동공확대, 고혈압을 야기시킨다. 신경근육연접부에서 니코틴수용체는 근섬유다발수축, 경련 및 근육쇠약을 유발하여 신체마비 및 반사소실로 진행될 수 있다.

유기인산독성의 진단은 징후와 증상으로 확인하며, 처치는 기도유지 및 호흡보조를 기본적으로 실시한다. 약물로는 황산아트로핀을 투여하며, 아트로핀은 아세틸콜린을 경쟁적 저해하여 아세틸콜린수용체에 결합하며, 심각한 독성인 경우 많은 양의 아트로핀을 투여하여 무스카린의 작용과 중추신경계 징후를 감소시킨다. 유기인산 독성의 해독제인 **프라리독심**(*pralidoxime*)은 콜린에스터라아제를 재생산하여 콜린에스터라아제의 활성을 회복시켜준다. 또한 체내에 남아 있는 유기인산을 해독한다.

8

연접에서 분비되는 신경전달물질은 흥분성 신경전달물질과 억제성 신경전달물질이 있다. 아세틸콜린과 노르에피네프린은 연접이후 신경세포를 탈분극시키는 흥분성이며, **모노아민산화효소**(*monoamine oxidase*)에 의해 분해된다. 도파민, GABA 및 세로토닌은 연접이후 신경세포를 과분극시켜 흥분이 더욱 어려워지는 억제성 신경전달물질이다.

대부분의 약물은 수용체를 활성화시키거나, 신경전달물질과 반응하여 신경계통에 영향을 미치고, 인지력, 운동조절 및 감정상태에 복합적으로 영향을 미칠 수 있다.

연접후신경세포에 활동전위가 발생 여부는 자극에 따른 탈분극과 과분극 사이의 균형에 의한 것이다. 만약 10 정도 자극의 탈분극이 일어날 수 있는 활동전위가 발생되었다면, 10 정도의 흥분성 신경전달물질이 신경연접에 분비되었다는 것을 의미한다. 이와 동시에, 10 정도의 억제성 신경전달물질이 분비되었다면, 흥분성과 억제성의 효과는 모두 없어져, 활동전위는 발생하지 않는다.

신경세포의 활동은 흥분성과 억제성의 균형에 의한 것이며, 상호작용이 아주 복잡하게 연결되어 있다. 세포체와 가지돌기의 연접은 아주 많은 다른 신경세포와 연결되어 있으며, 흥분성 신경전달물질 또는 억제성 신경전달물질이 필요에 따라 분비된다.

신경세포동아리 Neuronal pools

인체는 약 10억 개의 감각신경세포, 20억 개의 사이신경세포 및 50만 개의 운동신경세포로 구성되어 있다. 중추신경계통에서 수십억 개의 사이신경세포들은 복잡한 패턴으로 이루어져 전체적인 기능을 하는 신경세포동아리를 형성하고 있다.

신경세포동아리(neuronal pool)는 정해진 곳에서 입력정보를 받아 정해진 곳으로 입력정보를 보낸다. 출력정보는 다른 신경세포동아리의 활동을 흥분 또는 억제할 수도 있고, 운동신경세포 또는 말초감각기를 통해 직접 조절할 수도 있다.

신경세포 또는 신경세포동아리 사이의 연결을 **신경회로**(*neural circuit*)라고 한다. 가장 일반적인 두 가지 유형은 **확산회로**와 **수렴회로**이다. **확산회로(divergence)**는 하나의 신경세포에서 여러 신경세포로 또는 하나의 신경세포동아리에서 여러 신경세포동아리로 정보가 퍼져 나가는 것이다(**그림 8-12a**). 하나의 감각신경정보는 척수와 뇌를 통해 여러 종류의 신경세포동아리로 전달한다. 예를 들면, 눈의 시각정보가 의식수준에서 도달되는 동시에 무의식적 수준에서 자세와 균형을 조절하는 뇌에 도달한다.

또한 날카로운 물건 위에 올라갈 때 감각신경세포가 여러 신경세포 무리에 정보를 전달하여 발을 들어 올리고, 팔을 움직여 몸의 하중을 줄이고, 통증을 느껴 "아야"라고 소리치는 것이 동시에 발생한다.

수렴회로(**convergence**, **그림 8-12b**)는 여러 신경세포의 자극이 하나의 연접이후신경세포로 모이는 회로이다. 즉, 다수의 연접이전신경세포들이 하나의 신경세포를 연접하는 경우이다. 신체의 맘대로 및 제대로 조절이 모두 가능하다. 책을 읽을 때 뇌의 호흡중추는 가로막과 갈비뼈의 움직임을 불의적 또는 무의식적으로 조절한다. 이 중추는 호흡

그림 8-12 신경세포동아리의 두 가지 대표적 유형.

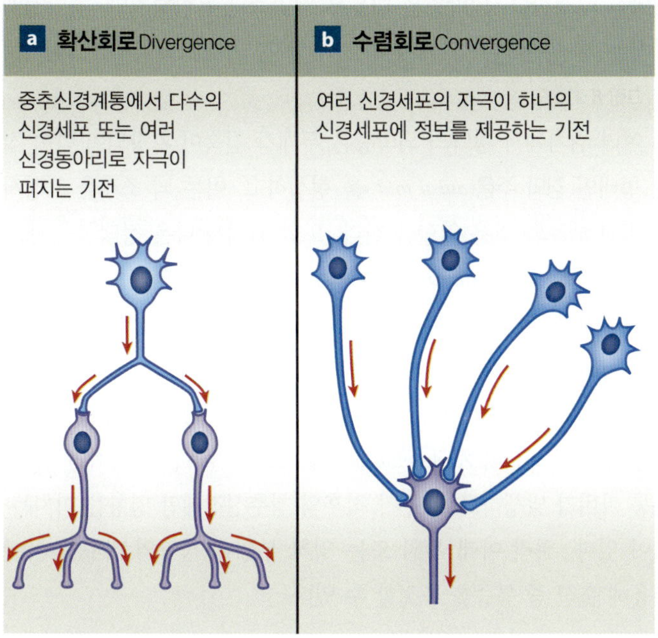

근육을 조절하는 척수의 운동신경세포를 필요에 따라서 자극 또는 억제시킨다. 이와 같은 신경세포들의 움직임은 당신이 깊은 호흡을 하고, 잠시 멈출 때는 맘대로 또는 의식적으로 조절된다.

체크포인트

13. 연접의 일반적인 구조를 설명하시오.
14. 콜린성 연접에서 칼슘 통로의 차단되면 연접의 기능에 미치는 영향은 무엇인가?
15. 신경회로 중 같은 운동신경세포에서 의식적 및 무의식적 조절이 가능한 신경회로는 무엇인가?

책 뒷면에 있는 파란색 정답 탭을 참조.

8-5 뇌와 척수는 수막이라는 세 층의 막으로 둘러싸여 있다

학습목표 중추신경계통을 둘러싸고 있는 세 층의 뇌척수막(meningeal)에 대해 설명한다.

중추신경계통(CNS)은 뇌와 척수로 구성된다. 중추신경계통의 신경조직은 대사율이 높고, 풍부한 영양소 및 지속적인 산소공급이 필요하다. 또한 복합적인 활동을 하는데 방해되는 혈액과는 분리되어 있어야 하며, 주변의 뼈는 조직 손상으로부터 보호한다.

수막(meninges)은 뇌와 척수를 둘러싸고 있는 세 층의 결합조직으로(그림 8-13) 조직의 안정화 및 충격을 흡수하는 보호역할을 하며, 세 층의 수막의 혈관은 뇌와 척수에 산소와 영양소를 공급한다. 뇌를 둘

그림 8-13 뇌와 척수의 수막.

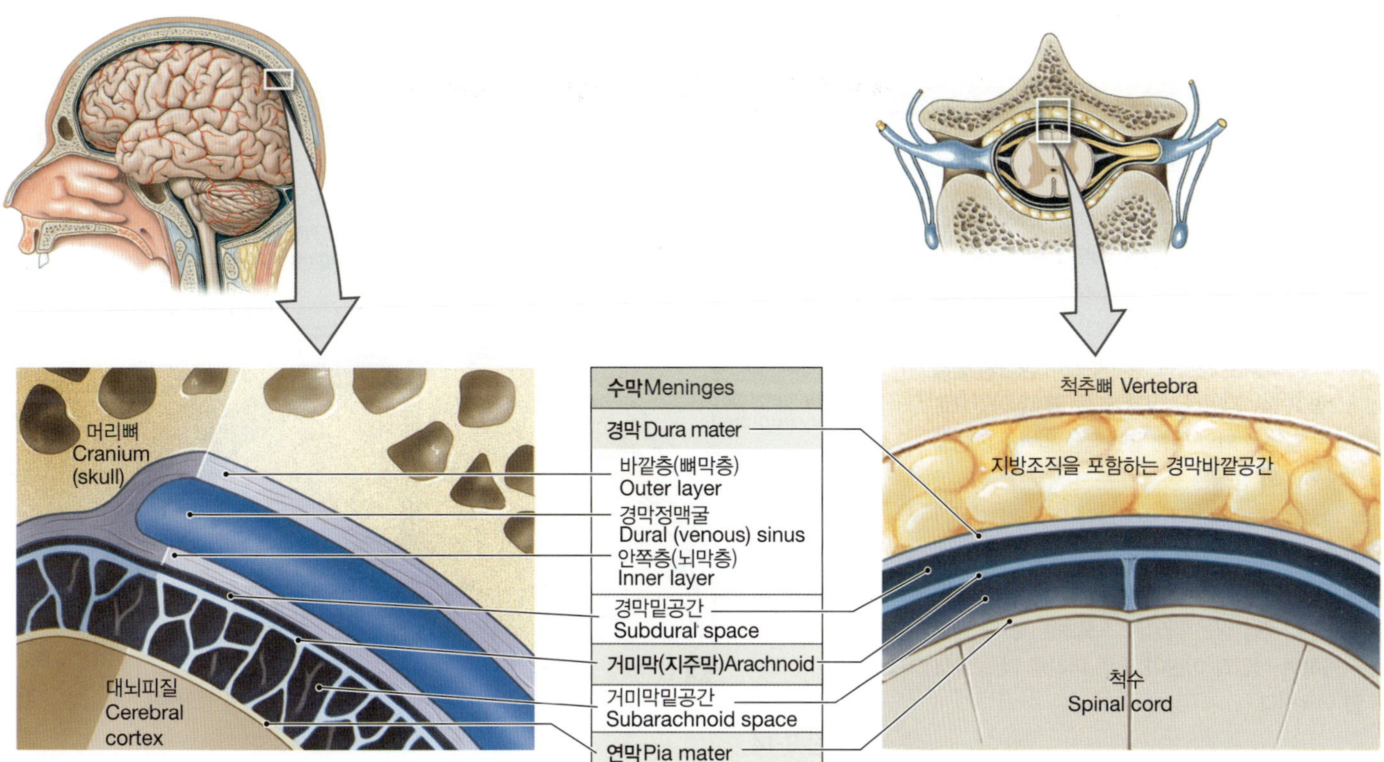

a 뇌막(cranial meninges)의 위치와 구조

b 척수수막(spinal meninges)의 위치와 구조

8

임상노트

경막바깥혈종 Epidural hematoma

혈액이 혈관 밖으로 나와 혈관 밖에 고이는 혈액을 혈종(hematoma)이라고 한다. 뇌의 경막바깥공간에 출혈이 생겨 혈액이 고이는 것을 **경막바깥혈종**(*epidural hematoma*)이라고 하며, 일반적으로 머리 외상으로 인한 동맥 열상으로 인해 발생한다. 혈종이 뇌에서 급속히 팽창하여 이웃한 뇌조직 압박이 원인이다. 치료 방법은 뇌의 압력을 완화하기 위해 머리뼈에 구멍을 뚫어 혈종을 제거한다. 일반적으로 신경외과 의사가 수행하지만, 신경외과 의사가 없는 경우 응급의학과 의사가 수술해야 될 수도 있다.

러싸고 있는 **뇌막**(*cranial meninge*)과 척수를 둘러싸고 있는 **척수막**(*spinal meninge*)은 서로 연결되어 있다. 수막은 머리 및 척수신경의 구멍으로 연결되어 척추사이구멍까지 연결되어 있는 머리신경을 보호하고, 말초신경을 둘러싸는 결합조직이다.

8

뇌척수막은 경막(*dura mater*), 거미막(*arachnoid mater*) 및 연막(*pia mater*)으로 이루어진다.

경막 The Dura Mater

질긴 섬유질 **경막**(**dura mater**, 경막, 단단한 물질, 어머니)은 중추신경계통의 뇌의 가장 바깥쪽에 두 개의 섬유층으로 구성되어 있다. 뇌막층은 거미막 바로 위에 있고, 뼈막층은 뇌막층 위에 머리뼈 안쪽 표면에서 뼈막을 구성한다. 뇌막층은 대부분 뼈막층과 융합하지만, 경막정맥굴에서는 두 층이 분리되어 혈액으로 찬 공간으로 뇌에서 혈액을 보낸다(**그림 8-13a**).

여러 위치에서 경막의 뇌막층은 두개강 깊숙이 확장되어 막이 접혀진 형태인 **경막 주름**(*dural fold*)을 형성하고, 이는 뇌 조직을 고정시키는 안전 벨트와 같은 역할을 한다. 또한 뇌에서 나온 정맥혈을 내보내는 큰 혈관인 **경막굴**(*dural sinus*)이 두 층 사이에 있다.

척수에서 경막의 바깥층은 뼈에 융합되지 않고, **경막바깥공간**(**epidural space**)은 척수의 경막과 척추관 벽 사이에 있고, 성긴조직, 혈관 및 지방 조직이 포함된다(**그림 8-13b**). 경막바깥공간에 마취제를 주입하면 경막의 **바깥막 차단**(*epidural block*)으로 알려진 일시적인 감각 및 운동 마비가 발생하므로, 주사 직후의 척추신경에만 영향을 미치는 이점이 있다. 허리 아래 부위 또는 엉치 부위에 경막의 바깥막 차단을 이용해 출산 중 통증을 조절할 수 있다.

거미막 The Arachnoid

좁은 **경막밑공간**(**subdural space**)은 경막과 뇌막층의 두 번째 층인 **거미막**(지주막, **arachnoid**) 사이의 잠재적 공간으로 적은 양의 림프액이 존재하고 마찰을 감소시킨다. 거미막은 편평상피세포층으로 이루어져 있고, 콜라겐섬유와 탄력섬유로 이루어진 거미막기둥이라는 섬세한

임상노트

경막바깥출혈 및 경막밑출혈 Epidural and Subdural Hemorrhages

심한 머리손상은 대뇌 혈관을 손상시키고 머리공간으로 출혈을 일으킬 수 있는데, 외부 압력에 의해 경막과 머리뼈 사이에 혈액이 고인 상태를 **경막바깥출혈**(*epidural hemorrhage*)이라고 한다. **경막밑출혈**(*subdural hemorrhage*)은 경막과 거미막 사이 공간의 출혈이다(**그림 8-14**). 경막바깥공간 또는 경막밑공간으로 들어가는 혈액은 뇌의 주변 연조직을 압박하고 변형시킨다. 징후와 증상은 동맥 또는 정맥 손상 여부에 따라 다르며, 정맥압보다 동맥압이 더 높기 때문에 동맥 출혈은 신경조직의 심각한 변형을 유발할 수 있다. 자전거 타기, 오토바이 타기, 스키 타기, 스케이트보드 타기와 같은 다양한 스포츠를 할 때 헬멧을 착용하여 성인과 어린이 모두 머리를 더 보호해야 할 이유이다.

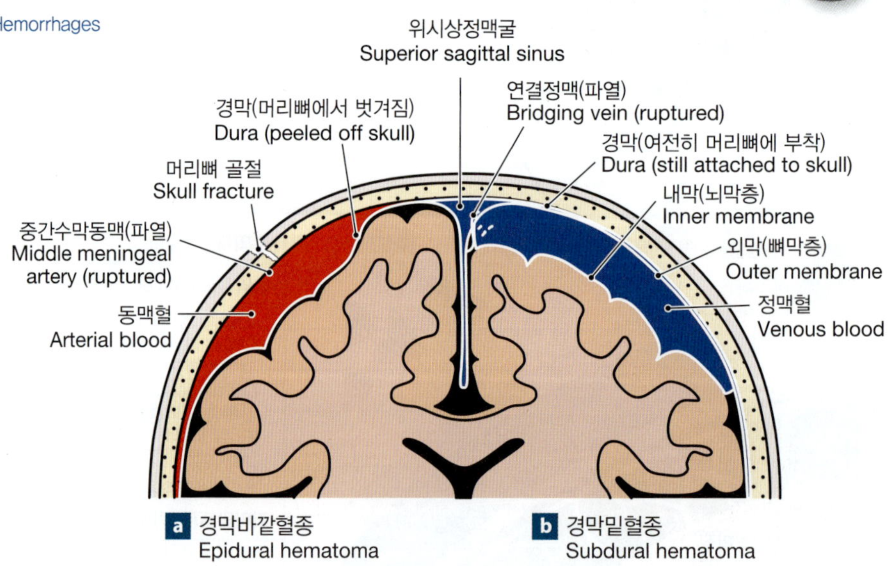

그림 8-14

임상노트

신경계통 감염 Nervous System Infection

신경계통 감염은 생명에 위협적일 수 있다. 가장 흔한 신경계통 감염은 수막염(meningitis)으로, 바이러스, 세균, 곰팡이, 기생충 및 프리온이 원인이 된다. 그 외에 중추신경계통(CNS) 감염은 뇌염과 뇌농양이 있고, 중추신경계통 감염은 질병의 기간에 따라 급성, 아급성 또는 만성으로 분류된다.

수막염 Meningitis

수막염은 뇌막에 감염으로, 세균성 수막염은 원인균이 지주막밑공간에 침입하여 시작되는 의학적 응급 상황이다. 세 가지 주요 원인균은 **폐렴구균**(*Streptococcus pneumoniae*), **인플루엔자균**(*Haemophilus influenzae, type b*) 및 수막염균(*Neisseria meningitidis*)이다. 이 원인균들은 상부 기도를 통해 지주막밑공간으로 들어가 감염과 염증을 유발한다. 수막염의 징후와 증상은 발열, 두통, 정신상태 변화, 광공포증 및 목의 뻣뻣함(수막의 통증이 뒷목에 나타날 수 있음) 이다. 수막증(meningismus)은 목을 가슴 쪽으로 구부릴 때 엉덩관절과 무릎관절이 저절로 굽혀지는 **브루진스키 징후**(*Brudzinski sign*)가 나타난다. 또한 대퇴부를 90도 구부렸다가 무릎을 펼 때 종아리 근육에 통증 또는 경련이 있어 무릎을 펴지 못하는 **커니히 징후**(*Kernig sign*)가 나타난다. 브루진스키 징후와 커니히 징후는 세균성 수막염 환자의 약 50%에서 나타나며 수막염의 진단은 병력, 신체검진 및 허리뼈 천자(척추 천자)이다.

허리뼈 천자는 허리뼈 3번과 4번 사이에서 **뇌척수액**(*CSF*)을 채취한다(**그림 8-15**). 환자는 앉거나 옆으로 누운 자세를 취하고, 피부를 소독 후 멸균 척추 바늘을 서서히 찔러 경막을 뚫고, 지주막밑공간까지 천천히 삽입하여, 뇌척수액의 압력을 측정하고 약 3~4 ml의 뇌척수액을 채취한다. 일반적으로 뇌척수액은 투명하며 세포가 없으나, 수막염에서는 백혈구(혈구증가증)와 세균이 존재하여 세균성 수막염은 치명적일 수 있다.

진단 후 의심되는 즉시 항생제를 투여한다. 성인은 수막염균(*N. meningitidis*)과 폐렴구균(*S. pneumoniae*)이 가장 흔한 원인균이다. 인플루엔자균(*H. influenzae*) 에 의한 발병률은 백신 도입으로 꾸준히 감소하고 있다.

수막구균증(meningicoccemia)으로 불리는 수막염균(*N. meningitidis*) 감염은 특히 심각하다. 수막구균증 환자와 밀접 접촉한 응급요원은 예방 항생제가 필요할 수 있다.

그림 8-15 허리천자를 위한 척추 및 척수의 단면. 성인의 척수는 보통 L1 척추뼈에서 끝이 나므로 바늘이 척수에 꽂히지 않도록 반드시 L1 아랫부분에 허리천자를 한다.

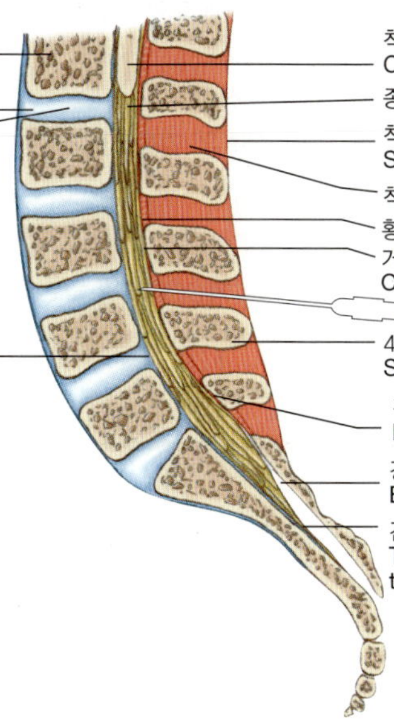

바이러스성 뇌막염 Viral Meningitis

바이러스성 뇌막염의 징후와 증상은 일반적으로 세균에 의한 감염보다 덜 심각하다. 뇌척수액(CSF)에 백혈구가 있지만, 감염균을 확인하거나 배양할 수 없다. 따라서 바이러스성 수막염을 종종 무균성 수막염이라고 한다. 바이러스성 뇌막염은 종종 겨울에 발생하며 발병은 흔하지 않으며, 치료는 가능하다.

비정상적인 형태의 수막염 Unusual Forms of Meningitis

바이러스 및 세균성 수막염이 가장 흔하지만 다른 유형의 수막염도 생명을 위협할 수 있다. 에이즈 환자, 장기 이식 환자, 암 화학요법 치료 환자와 같이 면역계통이 무너진 환자가 일부 감염률이 증가하고 있다. 원인 인자는 전염성이 없으며 인체의 정상균총의 일부이나, 약물 또는 질병으로 면역계통이 억제된 환자의 경우 감염을 일으킬 수 있어 이러한 유형의 수막염을 **기회감염**(*opportunistic infections*)이라고 한다.

진균성 수막염은 흔하지 않으며, 발병한다면 만성적인 경향이 있다. 치료는 어렵고 항진균제로 장기간의 치료가 필요하며, AIDS 환자 또는 면역력이 저하된 환자에게서 가장 흔하게 나타난다.

결핵성 뇌막염은 주로 AIDS 환자에서 많이 발생하며, 증상은 두통, 미열, 메스꺼움, 구토, 과민 반응, 수면 곤란 및 피로 등이 있다. 질병이 진행됨에 따라 혼돈, 뻣뻣한 목, 행동 변화 및 발작이 발생할 수 있고, 중증일 경우에도 치료가 적절한 때에 시작되면 회복률은 90%에 가깝다.

때때로 수막염은 아메바속, 특히 네글레리아(Naegleria) 감염으로 인해 발생하며, 호수, 수영장, 온천 및 냉난방 장치와 같이 담수와 염(해)수 모두에서 발견된다. 물속에서 수영하거나 물에 노출된 사람이 네글레이아를 물과 함께 흡입하여 비강에서 후각신경조직으로 침범하여 감염된다. 2~15일의 잠복기 후에 환자는 고열, 심한 두통, 메스꺼움, 구토 및 수막증이 발생하며, 발작과 혼수상태로 빠르게 진행되어 대부분 환자는 일주일 이내에 사망한다. 단 4명의 생존자가 보고되고 있다.

기생충 뇌감염 Parasitic Brain Infections

촌충은 조충(flatworm, tapeworm)이라고 하기도 한다. 가장 일반적 촌충은 돼지촌충(*Taenia solium*)으로, 개발도상국에서 심각하며 미국에서 중미 및 중동에서 온 이민자와 방문객에게서 가끔 발생한다. 돼지촌충의 유충 단계는 낭미충증(cysticercosis)이라는 질환을 유발할 수 있어 심각하고 종종 치명적일 수 있다.

돼지촌충의 낭미충(*Taenia cyst*)은 피하조직, 눈, 뇌 및 심장으로 들어가 발작과 뇌수종을 유발할 수 있고, 낭미충증은 최근 중미에서 온 이민자들의 새

(계속)

그림 8-16 정맥 마취주사의 이차적인 대뇌 농양. 세균이 뇌에 침입하여 농양이 형성된다.

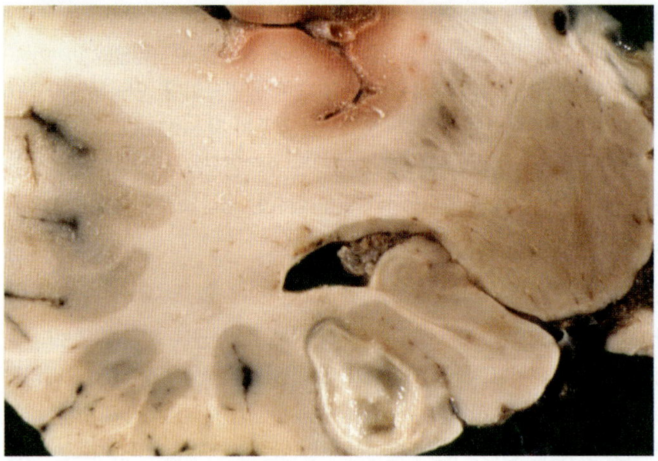

로운 발작의 가능한 원인이기도 하다. 뇌의 컴퓨터 단층촬영과 대변에서 낭미충 채취하여 확인할 수 있고, 기생충은 약물 치료를 적절히 하면 일반적으로 효과가 있다.

뇌농양 Brain Abscess

뇌농양은 뇌 또는 척수의 실질 조직 내에 국소적으로 고름이 모인 것이다(**그림 8-16**). 30~40세 남성에게 가장 자주 발생하며, 개방된 외상이나 신경외과적 시술에 의한 감염 또는 가운데귀 또는 코에서 감염 또는 신체의 다른 곳에서 퍼진 농양에 의해 발생된다. AIDS 환자는 특히 원생동물인 톡소플라스마(*Toxoplasma gondii*)로 인해 뇌농양이 쉽게 발생될 수 있고, 뇌농양 치료는 일반적으로 외과적 배액이 필요하다.

뇌염 Encephalitis

뇌염은 뇌 실질의 염증성 질환을 총칭하며, 바이러스에 의한 급성 감염으로 중추신경계통과 관련이 있다. 뇌염은 모기의 바이러스에 인해 여름에 발생할 수 있고, 원인 바이러스는 동부 말 뇌염(Eastern equine encephalitis), 서부 말 뇌염(*Western equine encephalitis*), 세인트루이스 뇌염(*St. Louis encephalitis*) 및 캘리포니아 뇌염(*California encephalitis*)이 있다. 뇌염은 광견병(rabies) 또는 단핵구증(mononucleosis)과 같은 다른 인체 시스템에 영향을 미치는 바이러스성 질환의 합병증으로 발생할 수도 있다. 뇌염은 AIDS 환자에서도 발생되며, 뇌염의 일반적인 원인 바이러스는 **헤르페스 바이러스**(*herpes virus*)와 **거대세포 바이러스**(*cytomegalo virus*)이다. 뇌염의 가장 흔한 징후와 증상은 두통과 발열이며, 심한 경우 섬망, 혼돈, 발작 및 무의식이 발생할 수 있다. 유행성 뇌염은 치료 가능하며 AIDS 환자의 바이러스성 기회 감염은 항바이러스 약물로 치료될 수 있다.

프리온 질병 Prion Diseases

최근까지 과학자들은 질병을 야기시킬 수 있는 가장 작은 입자는 바이러스라고 생각했으나, 연구자들은 단백질만으로 질병을 전파 할 수 있음을 입증했다. 프리온(prion)이라고 하는 단백질 입자는 **해면상 뇌병증**(*spongiform encephalopathies*)의 원인물질로 확인되었다. 이 질환은 뇌의 피질과 소뇌에 큰 액포를 발생시켜 중추신경계통 기능을 악화시키며, 전통적인 살균방법으로 프리온을 제거할 수 없으며, 프리온 질병 발생이 가능한 상태로 오랜 기간 동안 남아 있다.

과거에는 프리온 병이 드물었으나, 유럽에서 광우병이 발생함에 따라 이에 대한 관심이 집중되고 있다. **소해면상뇌병증**(*bovine spongiform encephalonpathy, BSE*)으로도 알려진 광우병은 영국에서 처음 나타났으며 유럽 일부 지역으로 퍼졌다. 소해면상뇌병증은 소 사료를 통해 전염되며, 가축 산업에서 가축 사료에 다른 가축의 부산물을 포함시키는 것은 흔한 일이다. 즉, 감염된 소의 일부분을 갈아서 소 사료에 섞어 상업 사육장의 소에게 먹인 것이다. 오염된 사료를 먹은 일부 소에서는 소해면상뇌병증이 발생했다.

프리온에 의해 사람에게 발생한 질병으로 가장 흔한 질병은 **크로이츠펠트-야콥병**(*Creutzfeldt-Jakob disease, CJD*)이다. 소해면상뇌병증이 발생하기 전에 크로이츠펠트-야콥병의 발병률은 연간 백만 명당 1명에 불과했으나, 소해면상뇌병증 발생 이후 증가했으며, 이는 소해면상뇌병증과 크로이츠펠트-야콥병 사이에 직접적인 연결이 있는 것으로 보인다.

크로이츠펠트-야콥병의 초기 증상은 기억상실, 행동변화, 행동의 부조화 및 시각 장애이며, 그 다음에 급속한 진행성 치매, 제대로 경련 및 진행성 운동기능 장애가 나타난다. 증상이 시작된 후 사망까지 크로이츠펠트-야콥병의 기간은 일반적으로 1년 미만으로 사망의 원인은 일반적으로 이차성 폐렴이며, 치료법은 없다.

흥미로운 프리온 질병 중 두 가지는 **치명적 가족성 불면증**(*fetal familial insomnia, FFI*)과 **쿠루**(*kuru*)이다. 치명적 가족성 불면증은 불면증상이 지속되는 유전질환의 하나로 치료할 수 없는 불면증, 자율신경계통 기능 장애, 그리고 결국 사망에 이른다. 이는 시상의 중증의 선택적 위축과 관련이 있다. 쿠루병(Kuru)은 뉴기니(New Guinea)의 포레(Fore) 고원의 고립된 부족에서만 발생하며, 이 부족에서는 죽은 친척의 뇌를 제거하여 죽은 친척을 기리는 종교 의식의 뇌의 일부로 먹었다. 부족 구성원은 뇌를 옅은 회색이 될 때까지 갈아서 가열하여 수프로 먹었다. 이 질병은 임상적으로 크로이츠펠트-야콥병과 유사하며 일부 과학자들은 뇌 조직이 매우 전염성이 있으며, 그 원인은 수프로 섭취하면서 프리온도 함께 전파되었을 것이라고 추측했다. 식인 풍습을 줄이기 위한 뉴기니 정부의 노력으로 쿠루병의 발병률이 급격히 감소했으며, 현재 이 질병은 거의 사라졌다.

그물이 일부를 이루고 있다. 거미막의 바로 아래 심부에 **거미막밑공간(subarachnoid space)**에는 **뇌척수액**(*CSF*)이 있다. 뇌척수액은 뇌의 충격에 대한 완충역할을 하며 산소, 영양소, 화학전령물질 및 노폐물을 운반한다.

연막 The Pia Mater

거미막밑공간은 거미막과 가장 안쪽의 뇌막층인 **연막(pia mater)** 사이에 있다. 거미막잔기둥은 거미막에서 그 아래의 연막에 이르는 거미막밑공간(subarachnoid space)으로 뻗어 있고, 거미막잔기둥과 척수액은 거미막밑공간에서 뇌동맥과 뇌정맥을 지탱한다. 연막은 얇고 섬세한 뇌의 연막에는 혈관이 매우 잘 발달되어 있으며, 굵은 혈관들이 뇌의 표면에서 가지를 분지해 겉질 중 얇은 층에 혈액을 공급한다. 1.4 kg의 뇌는 28 kg의 뼈대근만큼 많은 산소를 사용한다.

경막바깥혈종과 경막밑혈종 비교

체크포인트

16. 중추신경계통을 둘러싸고 있는 세 가지 뇌막층을 설명할 수 있다.

책 뒷면에 있는 파란색 정답 탭을 참조.

8-6 척수는 회백질이 백색질에 둘러싸여 있으며 31쌍의 척수신경과 연결되어 있다

학습목표 척수에서 회백질과 백색질의 분포를 설명하고 확인한다.

척수는 뇌로 전달되는 감각정보과 뇌에서 나오는 운동정보를 전달하는 주요 통로이다. 또한 척수는 자체적으로 정보를 통합하며, 통증회피(중단까지)에서, 앉기, 서기, 걷기 및 달리기까지 **척추 반사**(*spinal reflex*)와 같은 복잡한 반사 패턴에 이르는 자동운동 반응을 조절한다.

육안해부학 Gross Anatomy

성인의 척수(**그림 8-17a**)는 길이가 약 45 cm이고 최대 직경은 약 1.4 cm이다. 척수의 직경은 엉치뼈로 내려갈수록 좁아지지만, 팔다리 감각 및 운동 조절과 관련된 영역은 예외이다. 목 팽대(*cervical enlargement*)는 어깨와 팔을 지배하는 신경세포가 분포하고, 허리 팽대(*lumbar enlargement*)는 골반 부위와 다리를 지배하는 신경세포가 분포한다. 척수의 가느다란 끝인 척수원뿔(conus medullaris)은 척수가 완전히 끝나는 첫 번째 허리뼈 높이에 있으며, 그 아래(두 번째 허리뼈)에서 다섯 번째 엉치뼈까지 척추관의 공간을 차지하며 뻗어 나온 신경뿌리(축삭무리)를 총칭하여 말총(cauda equira)이라고 한다. 말총 속에 종말끈(filum terminale)은 꼬리뼈에 붙어 있는 섬유조직으로 척수원뿔이 꼬리뼈에 고정되도록 돕는다.

척수의 **중심관(central canal)**은 뇌척수액이 있다(**그림 8-17b**). 척수의 가로단면을 보면 원통형에 가까우면서도 앞뒤로 조금 납작하다. 겉면에는 세로 방향으로 난 두 개의 패임이 있는데 뒷면 안쪽의 좁은 틈 형태인 것을 **뒤정중앙고랑**(*posterior median sulcus*)이라고 하고, 앞면에 있는 좀 더 뚜렷하고 넓은 홈을 **앞정중틈새**(*anterior median fissure*)라고 한다.

척수에서는 31쌍의 척수신경이 나오며 이 신경들은 중추신경계통과 근육, 수용기 및 샘조직을 연결한다. 척수신경은 8쌍의 목신경(C_1-C_8), 12쌍의 가슴신경(T_1-T_{12}), 5쌍의 허리신경(L_1-L_5), 5쌍의 엉치신경(S_1-S_5), 1쌍의 꼬리신경(Co_1)으로 구성된다(**그림 8-17c**). 각 척수신경 쌍은 영어 약자와 숫자로 구분한다(**그림 8-17a,c**).

척수의 회백질 중심부에 척수의 뒤가쪽면을 향하는 두 개의 **뒤뿌리신경절(dorsal root ganglia)** (**그림 8-17b**), 감각신경세포의 축삭과 사이신경세포의 세포체가 있다. **뒤뿌리(dorsal root)**는 뒤뿔로 들어가 감각신경세포를 포함한다. 척수의 회백질 중심부의 앞가쪽면을 향하는 두 개의 **앞뿌리(ventral root)**는 앞뿔로 들어가 뼈대근육을 지배하는 몸운동신경세포가 있다. 앞뿌리는 **척수사이구멍**(*inververtebral foramen*)을 지나면서 같은 높이의 뒤뿌리와 합쳐져 **척수신경(spinal nerve)**이 된다.

따라서 척수신경은 감각과 운동축삭을 모두 가진 혼합신경(*mixed nerve*)이다. 척수신경은 척추사이구멍을 통해 척주관을 빠져나온다. 척수 회백질의 오른쪽과 왼쪽은 회백질맞교차로 연결되어 있고, 맞교차의 중간은 척추중심관(vertebral canal)이 있다.

척수의 각 부분이 척추뼈의 각 부분에 그대로 해당되지 않는다. 척수는 약 4세까지 성장하지만 척추뼈는 계속 성장하여 결과적으로 뒤뿌리와 앞뿌리가 점차 더 길어져 성인의 척수의 길이는 척주관보다 짧아진다. 이는 엉치뼈 S_1-S_5의 척수가 척추 T_{12}-L_1과에 해당되는 이유이다(**그림 8-17c**).

성인 척수는 첫 번째 또는 두 번째 허리뼈까지 성장하며, 척수원뿔 아래에 있는 척수에서 아래로 뻗어 나온 척수신경의 축삭들이 각 척추사이구멍으로 나가기 전에 신경뿌리를 **말총**(*cauda equina*)이라고 한다. 이 신경뿌리는 말 그대로 말의 꼬리처럼 생겨서 이런 이름을 붙였다.

단면해부학 Sectional Anatomy

앞정중틈새와 뒤정중고랑은 척수의 왼쪽과 오른쪽을 나눈다(**그림 8-18**). 척수는 중앙에 H 모양 또는 나비 모양의 회색질과 바깥쪽을 둘러싸고 있는 백색질로 나뉜다. 회백질의 돌기부분을 **뿔(horn)**이라고

8

그림 8-17 척수의 육안해부학.

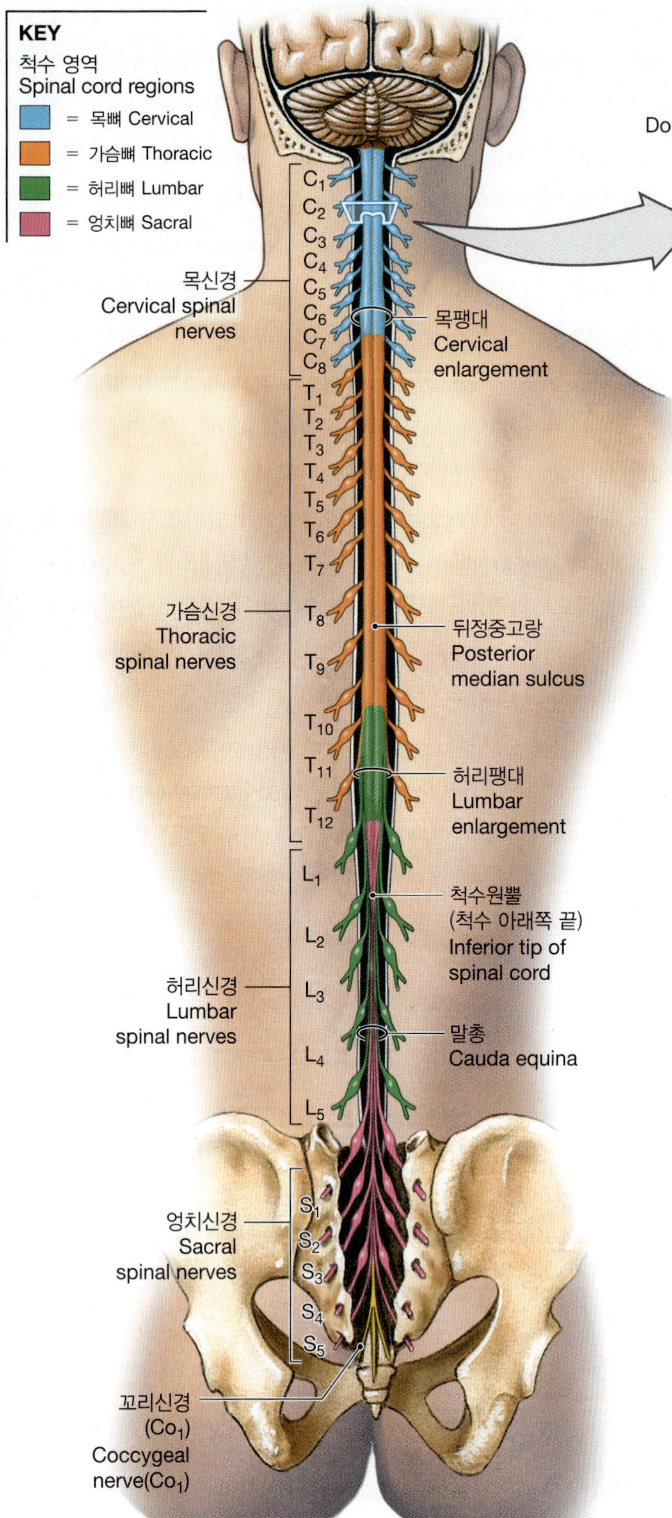

a 성인의 척수신경

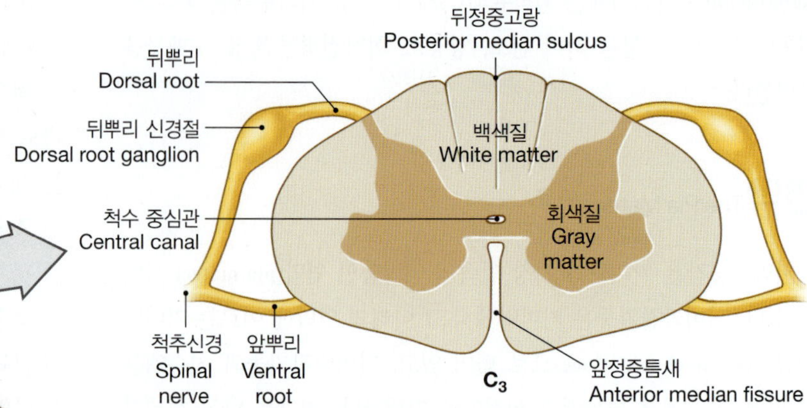

b 척수 목부분의 가로단면에는 일부 특징과 회백질과 백색질이 나타나 있다.

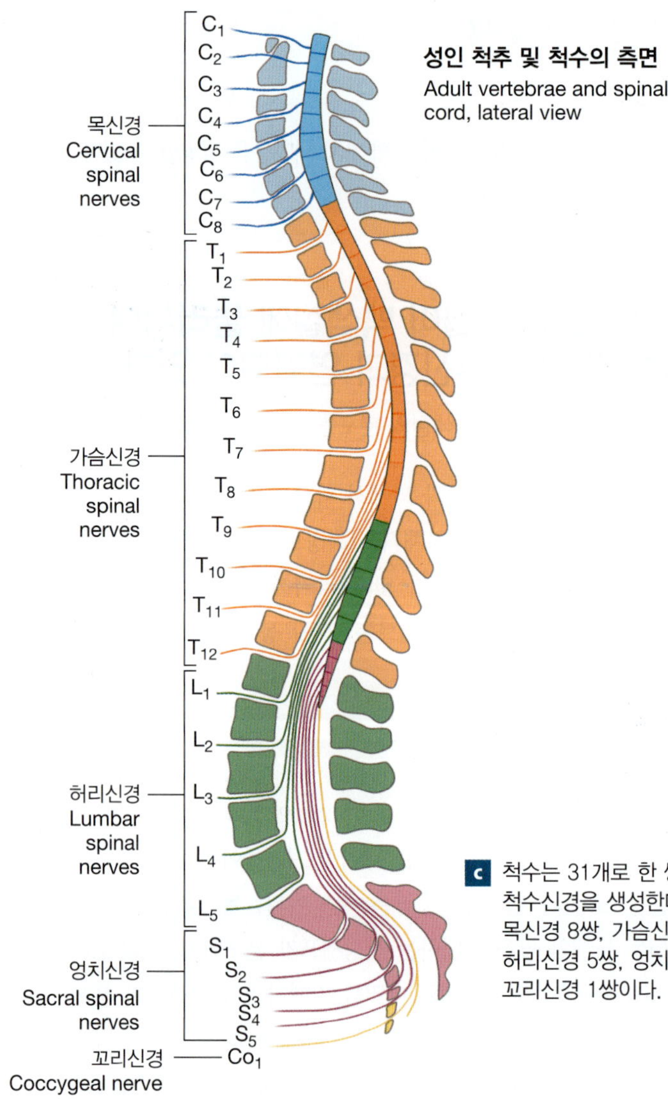

c 척수는 31개로 한 쌍의 척수신경을 생성한다. 목신경 8쌍, 가슴신경 12쌍, 허리신경 5쌍, 엉치신경 5쌍, 꼬리신경 1쌍이다.

그림 8-18 척수의 가로단면 해부.

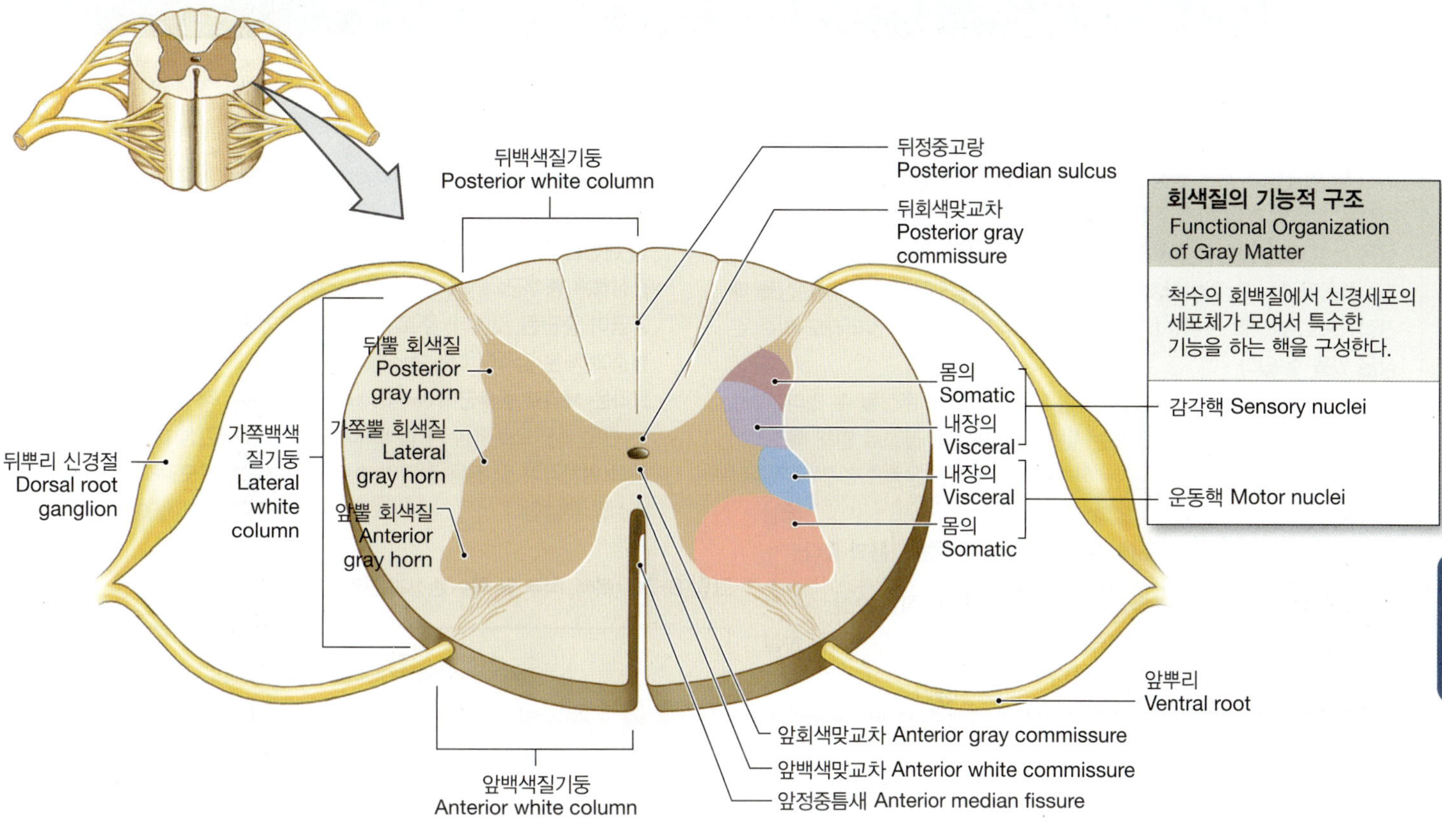

a 가로단면도의 왼쪽 절반은 백색질에서 중요한 해부학적 지표인 세 개의 기둥을 나타낸다. 오른쪽 절반에서 회백질의 앞쪽, 가쪽 및 뒤쪽 뿔에서 특수한 핵을 구성한다.

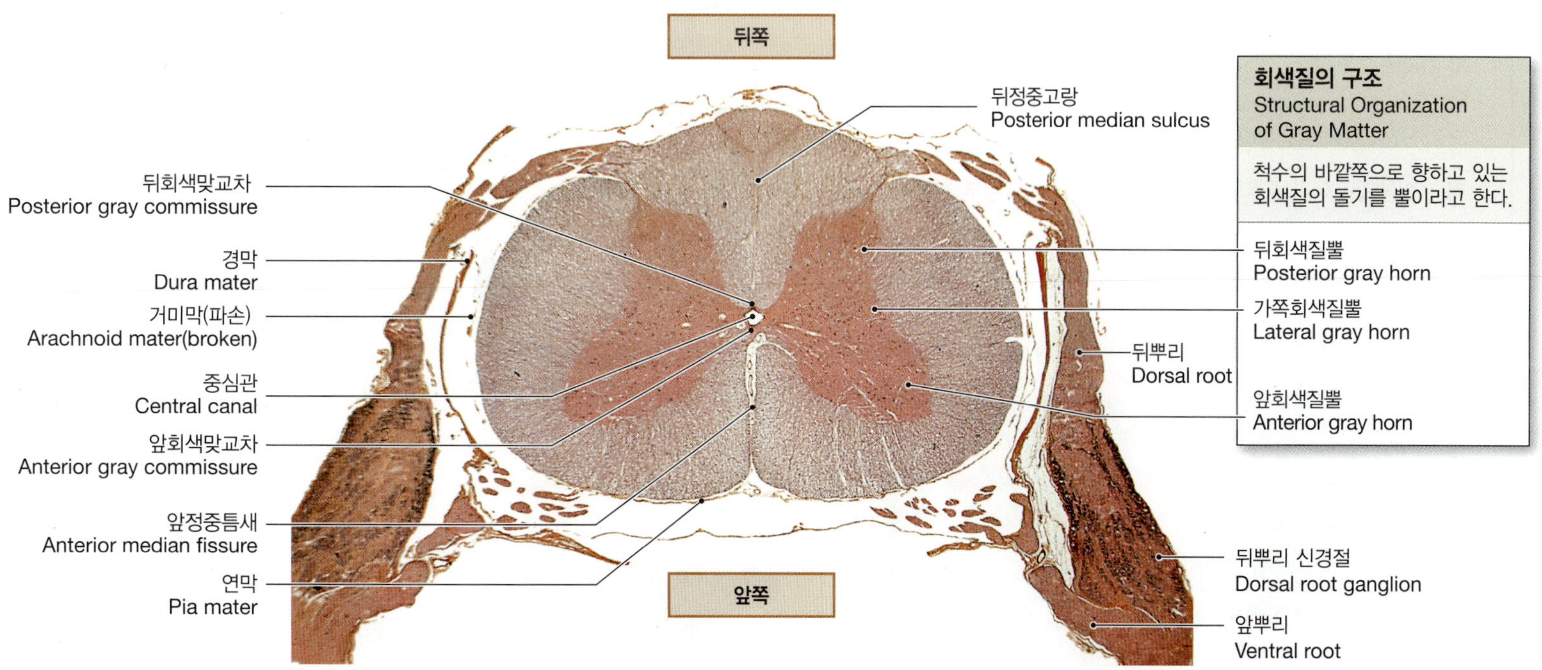

b 척수 가로절단면의 조직학적 구조(현미경 사진).

임상노트

척수 손상 Spinal Cord Injuries

척수는 척추에 의해 보호된다(**그림 8-19**). 척수 손상은 일반적으로 굽힘, 폄, 회전 및 옆굽힘과 같은 정상적인 동작이 과도하게 진행될 때 발생한다. 손상 기전은 척추의 축을 따라 전달되는 힘, 즉 축 하중 및 변형이다. 즉, 척추 손상은 둔상 또는 관통외상에 의해 직접적으로 발생하거나 팽창하는 종괴(부종 또는 혈종)가 척수를 압박하거나 혈액공급이 차단됨으로써 척수가 손상될 때 간접적으로 발생할 수 있다(**그림 8-20**). 척추가 손상되지 않더라도 척수 손상은 있을 수 있다.

척추의 뼈, 인대 및 관절은 과다굽힘 또는 젖힘으로 손상될 수 있다. 특히, 목뼈와 허리뼈에서 자주 골절 또는 탈구가 발생된다. 골절로 인해 뼈조각이 척수를 손상시킬 수 있고, 탈구는 척추의 비정상적인 운동으로 인해 척수를 압박하거나 심지어 골절될 수 있다.

척수 손상의 정도는 중증도에 따라 다양하며, 분류는 다음과 같다.

- **척수 뇌진탕**(*cord concussion*). 척수 관련 기능의 일시적인 손실.
- **척수 타박상**(*cord contusion*). 부종 및 척수 관련 기능의 일시적인 손실을 초래하는 신경조직의 타박상.
- **척수압박**(*cord compression*). 척수에 압력이 가해져 허혈이 발생한 경우로 척수의 감압수술은 영구적인 손상을 방지한다.
- **척수열상**(*cord laceration*). 뼈 조각 또는 엇밀림힘에 의해 신경조직이 찢어지는 경우 약한 손상은 가역적이나 척추(척수관)가 손상되면 비가역적 손상이 발생할 수 있다.
- **완전 가로절단**(*complete transection*). 영구적인 기능 상실을 유발하는 척수 손상이다.
- **불완전 가로절단**(*incomplete transection*). 척수의 일부가 절단되지만 일부 기관은 보존된다.
- **척수출혈**(*cord hemorrhage*). 부상에 따른 혈관손상으로 출혈이 이차적으로 신경조직에 발생한다.

척수 손상으로 여러 증후군이 발생할 수 있고, 이는 일부 척수신경로는 파괴되지만, 나머지 일부는 보존되는 부분적인 척수 손상으로 인해 발생한다. 관련 증후군은 다음과 같다.

- **앞척수증후군**(*anterior-cord syndrome*). 종종 목뼈의 과다굽힘으로 척수 앞부분의 압박으로 인한 것이다. 통증과 온도 감각의 상실과 함께 병변 아래의 완전한 마비를 유발한다. 따라서 떨림감과 약한 촉각 정도를 느낀다.
- **중심척수 증후군**(*central-cord syndrome*). 과다폄 손상으로 척수로의 혈액공급이 중단된 것이다. 주로 다리보다 팔에 더 큰 사지마비를 유발한다. 통증과 체온 감각이 다소 상실될 수 있다.
- **브라운-세카르 증후군**(*Brown-Séquard syndrome*). 척수 절반의 가로절단 또는 한쪽 측면으로 척수가 압박되어 나타난다. 경련성 마비와 손상을 받은 쪽의 위치감각 및 진동 감각의 손실과 반대쪽의 온도감각 및 통증 감각의 손실을 유발한다.

그림 8-19 **몸쪽척수의 척추의 신경뿌리와 주요 구조의 실물표본.**

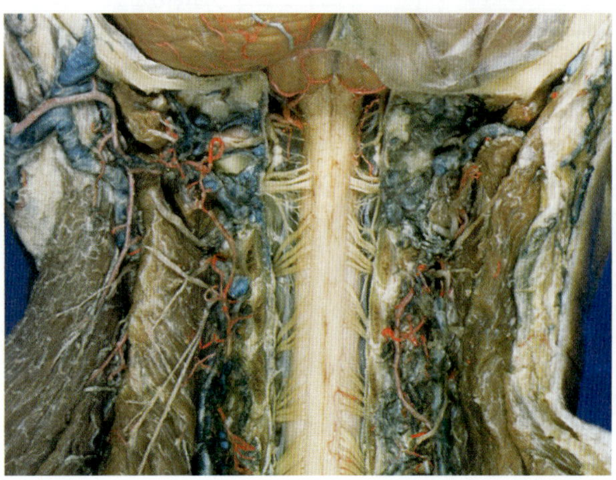

그림 8-20 **목뼈, 척추 및 척수 손상과 관련된 기전.**

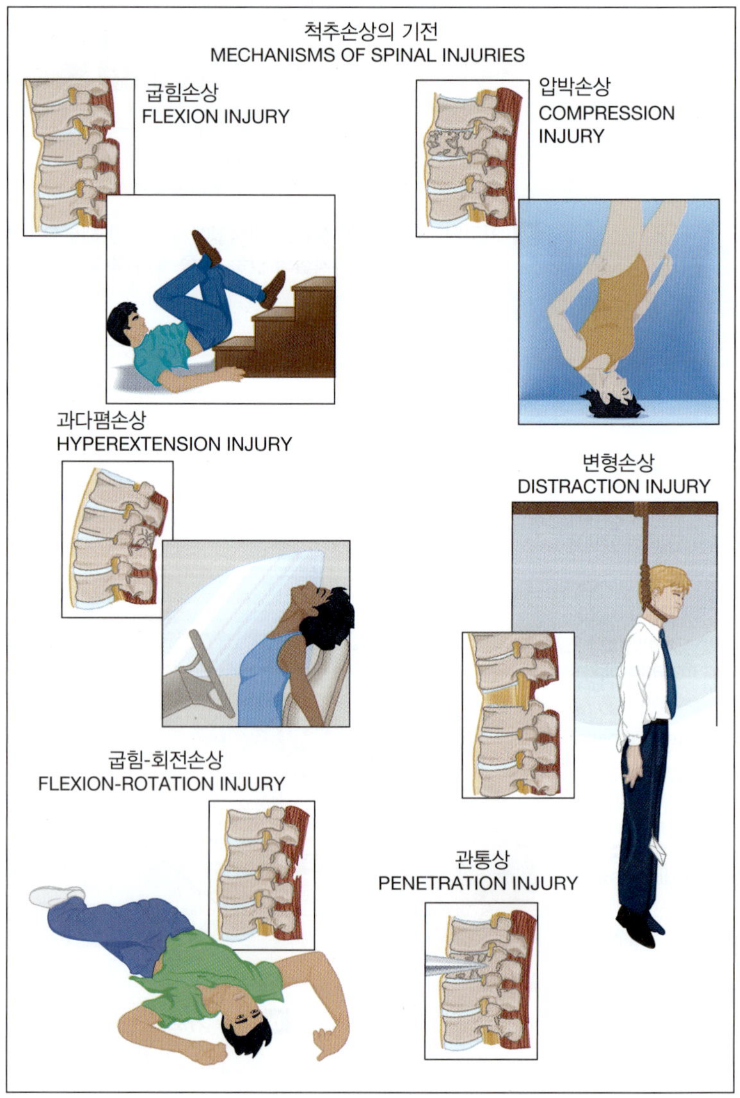

- **말총 증후군**(*cauda equina syndrome*). 척추사이원반 탈출증 및 허리뼈 골절에 인한 말총 손상이 원인이다. 다리의 쇠약감과 감각 상실, 엉덩신경통, 장 또는 방광 기능 장애를 일으킬 수 있다.
- **척수 쇼크**(*sponal shock*). 6번째 가슴뼈(T_6) 또는 그 아래로 부분적 또는 완전한 척수 손상이 원인이다. 손상부위 아래에서 반사, 감각 및 이완 마비의 상실을 유발한다. 또한 방광근 이완, 직장 괄약근 긴장도 상실, 서맥 및 저혈압이 나타난다.

중추신경계통 조직은 재생될 수 없기 때문에 척수 손상은 일반적으로 영구적 손상이다. 적절한 시기에 적절한 치료를 받으면 고용량의 코르티코스테로이드를 투여함으로써 손상을 최소화할 수 있다. 이는 손상으로 인한 염증을 억제하고 부종으로 인한 2차 부상을 방지한다.

신경 성장 및 재생을 생화학으로 조절하는 중요한 연구가 진행되고 있다. 또한 전자 장치와 컴퓨터가 특정 근육과 근육계를 자극하는 데 사용되고 있어, 척수손상 환자들이 짧은 거리를 걸을 수 있도록 한다.

한다. 회색질은 가지돌지, 신경세포의 세포체, 신경아교세포 및 민말이집축삭으로 이루어져 있고, 백색질은 뇌와 척수 사이를 오가는 말이집축삭으로 이루어져 있다.

그림 8-18a는 회백질에서 같은 기능을 하는 신경세포가 모인 부분이 존재하는 신경핵(nucleus)에 대한 설명이다. **뒤뿔**(*posterior horn*)은 감각신경핵이 있고, **앞뿔**(*anterior horn*)의 몸운동신경핵은 뼈대근의 운동 조절에 관여한다. **가쪽뿔**(*lateral gray horn*)의 내장신경운동핵은 민무늬근, 심장근육 및 땀샘을 제어한다.

회색맞교차(*gray commissure*)는 좁은 중심관을 둘러싸는 수평방향의 회백질로 민말이집축삭으로 이루어져 있고 왼·오른 뿔이 소통하는 경로이다.

척수의 백색질은 회백질보다 바깥쪽에 있다. 척수 양쪽의 백색질은 척수 위, 아래를 지나며 중추신경계통 수준의 소통을 길을 제공하는 축삭다발인 **기둥(column)**으로 이루어져 있다. 세 기둥(**그림 8-18a**)은 척수 양쪽의 **뒤기둥**(*posterior column*)은 뒤정중고랑과 뒤뿔 사이의 백색질 부분을 말하며, **앞기둥**(*anterior column*)은 앞뿔과 앞정중틈새 사이의 백색질 부분이고, 척수의 양가쪽 부분의 백색질을 **가쪽기둥**(*lateral column*)이라고 한다.

각 기둥은 신경로(tract)라고 하는 하위분지로 구성된다. 각 기둥은 **오름신경로(ascending tract)**와 **내림신경로(descending tract)**가 모두 있어 운동축삭과 감각축삭 모두 존재한다. 그러나 각 신경로는 척수에서 뇌로 가는 오름신경로인 감각신경정보 또는 뇌에서 척수로 가는 내림신경로인 운동신경정보 중 한 가지만을 전도한다.

체크포인트

17. 척추신경의 어느 뿌리가 손상되었을 때 운동기능을 방해하는가?

18. 소아마비 환자가 다리 기능이 손상되었다. 소아마비 바이러스에 감염된 운동신경세포는 척수의 어느 부위인가?

19. 척추신경을 혼합신경이라고 하는 이유는 무엇인가?

책 뒷면에 있는 파란색 정답 탭을 참조.

8-7 뇌는 각각 특정 기능을 가진 몇 가지 주요 구획으로 나뉜다

학습목표 뇌의 주요 영역을 명명하고, 각 위치와 기능을 설명한다.

뇌는 척수보다 훨씬 더 복잡하며, 자극에 대한 반응도 더 다양하다. 뇌에는 수백 개의 신경세포동아리(neuronal pool)로 구성된 대략 200억 개의 신경세포(neuron)가 있다. 우리의 모든 행동과 우리가 존재하는 모든 것이 뇌 활동의 결과이다.

8

성인의 뇌는 인체의 신경조직의 약 97%를 차지하고, '일반적인' 성인 뇌의 무게는 1.4 kg, 부피는 1200 cc이다. 뇌 크기는 개인마다 상당히 다르나, 남성의 뇌는 여성에 비해 평균적 신체 크기가 크므로 평균적으로 여성의 뇌보다 약 10% 더 크다. 뇌의 크기와 지능 사이에는 상관관계가 없으며, 가장 작은 뇌인 750 cc에서 가장 큰 뇌인 2100 cc까지는 기능적으로 정상이다.

뇌의 주요 부위 The Major Regoins of the Brian

성인의 뇌에는 (1) 대뇌(*cerebrum*), (2) 사이뇌(*diencephalon*), (3) 중간뇌(*midbrain*), (4) 다리뇌(*pons*), (5) 숨뇌(*medulla oblongata*), (6) 소뇌(*cerebellum*) 등 6개의 주요 영역이 있다. 각 주요 표시점은 **그림 8-21**에 표시하였다.

성인의 뇌는 **대뇌(cerebrum)**에 의해 크기가 결정된다. 대뇌는 왼쪽 및 오른쪽 **대뇌반구(cerebral hemisphere)**로 구성되며(**그림 8-21a**), 의식적 사고, 감각, 지적 기능, 기억 저장 및 처리 및 복잡한 운동에 관여한다.

속이 빈 **사이뇌(diencephalon)**는 대뇌반구의 아래 사이에 낀 앞뇌의 일부이다(**그림 8-21c**). 사이뇌의 가장 큰 부분을 차지하는 것은 **시상(thalamus)**으로 후각을 제외하고 모든 의식적 감각에서 나오는 감각신호가 시상에 모여 최소 한 번은 연접한다. **시상하부(hypothalamus**, 아래: *hypo***)**는 사이뇌의 앞 아래쪽에 있다. 감정, 자율 기능 및 호르몬 생산과 관련한 주요 역할을 한다. 좁은 줄기 모양의 깔대기가 시상하부

그림 8-21 뇌.

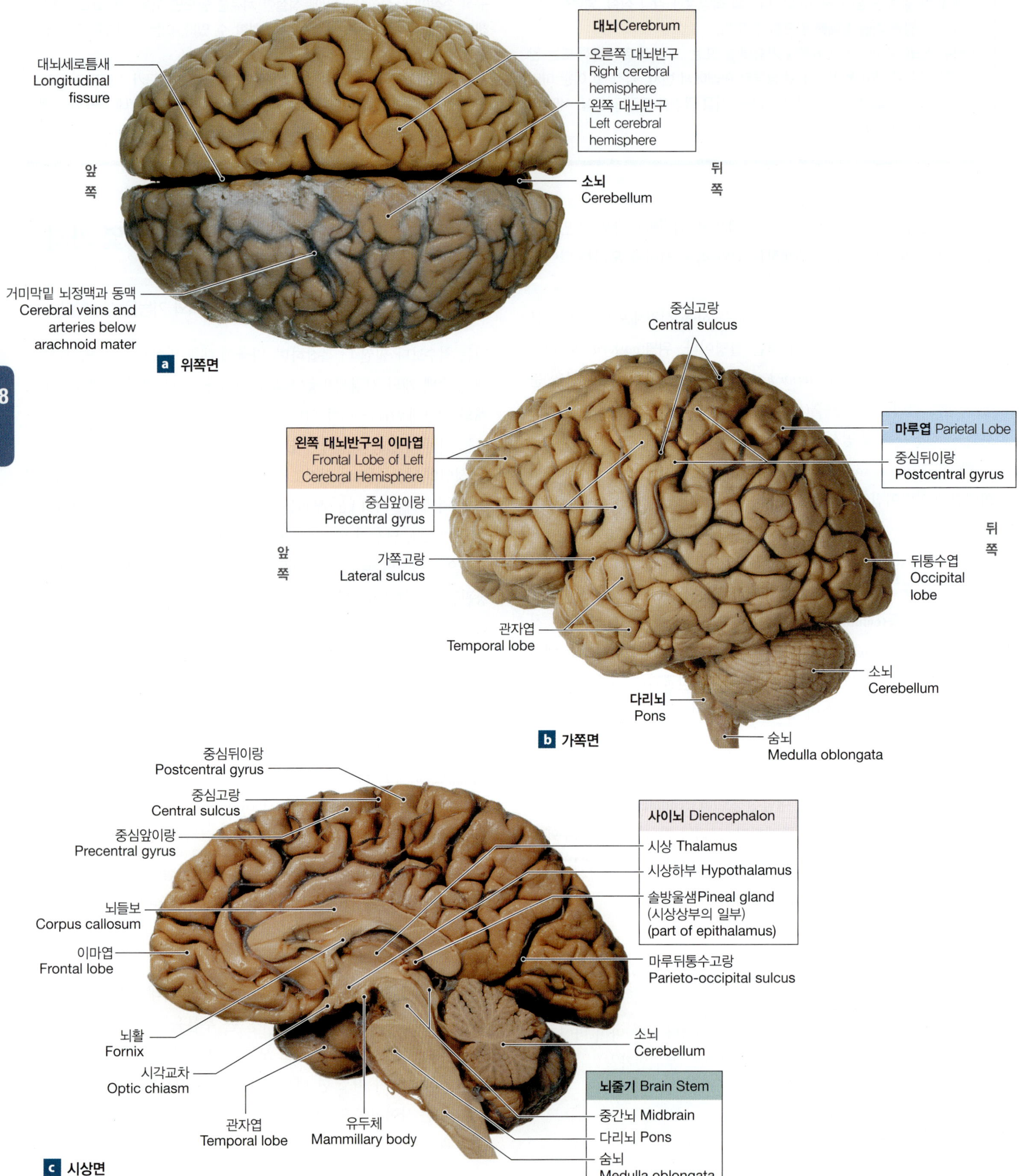
대뇌세로틈새
Longitudinal fissure
앞쪽
대뇌Cerebrum
오른쪽 대뇌반구
Right cerebral hemisphere
왼쪽 대뇌반구
Left cerebral hemisphere
소뇌
Cerebellum
뒤쪽
거미막밑 뇌정맥과 동맥
Cerebral veins and arteries below arachnoid mater
a 위쪽면
중심고랑
Central sulcus
왼쪽 대뇌반구의 이마엽
Frontal Lobe of Left Cerebral Hemisphere
중심앞이랑
Precentral gyrus
마루엽 Parietal Lobe
중심뒤이랑
Postcentral gyrus
앞쪽
뒤쪽
가쪽고랑
Lateral sulcus
뒤통수엽
Occipital lobe
관자엽
Temporal lobe
소뇌
Cerebellum
다리뇌
Pons
숨뇌
Medulla oblongata
b 가쪽면
중심뒤이랑
Postcentral gyrus
중심고랑
Central sulcus
중심앞이랑
Precentral gyrus
사이뇌 Diencephalon
시상 Thalamus
시상하부 Hypothalamus
솔방울샘Pineal gland
(시상상부의 일부)
(part of epithalamus)
뇌들보
Corpus callosum
이마엽
Frontal lobe
마루뒤통수고랑
Parieto-occipital sulcus
뇌활
Fornix
소뇌
Cerebellum
시각교차
Optic chiasm
뇌줄기 Brain Stem
중간뇌 Midbrain
다리뇌 Pons
숨뇌
Medulla oblongata
관자엽
Temporal lobe
유두체
Mammillary body
c 시상면

8

아래로 뻗어 뇌하수체에 연결되어 있다. 뇌하수체는 신경계통과 내분비계 사이의 주요 연결고리이다(10장에서 논의할 것이다). **시상상부(epithalamus)**의 뒷부분에는 **솔방울샘**(*pineal gland*)이 있다.

뇌줄기(brain stem)는 중간뇌, 다리뇌 및 숨뇌를 척수와 연결한다(그림 8-21c). 뇌줄기는 대뇌와 척수를 연결하는 모든 경로의 양방향 통로가 된다.

중뇌핵(midbrain) 또는 **중뇌**(*mesencephalon*)는 시각 및 청각 정보를 처리하고 제대로 운동 반응 및 의식 유지에 관여한다.

다리뇌(pons)는 소뇌를 뇌줄기에 연결한다(*pons*는 다리를 의미)−뇌와 척수를 연결하는 운동 및 감각신경로가 있고, 다리뇌의 아랫부분의 위올리브핵은 몸 및 내장 운동조절에 관여한다. 또한 숨뇌와 연결되어 있다.

숨뇌(medulla oblongata)는 뇌줄기의 가장 아래쪽에 있으며 아래로는 척수와 연결되어 있다. 감각정보를 시상 및 뇌줄기에 전달하며, 생명유지에 필요한 기능을 조절하는 자율신경중추로 심박수, 혈압, 호흡 및 소화 활동과 같은 자율 기능을 조절한다.

뇌의 대부분을 차지하는 대뇌반구와 뇌에서 두 번째로 큰 소뇌의 **반구(cerebellum)**는 뇌줄기의 대부분을 덮는다(그림 8-21b). 축삭의 다른 다발들은 대뇌겉질을 사이뇌, 뇌줄기 및 소뇌 및 척수와 연결한다.

뇌실 The Ventricles of thd Brian

뇌와 척수는 뇌척수액으로 채워진 내부 공간이 있고, 뇌실막세포로 덮여 있다. 뇌에 있는 공간 또는 확장된 부분을 **뇌실(ventricle)**이라고 하며, 4개의 뇌실이 있다(그림 8-22). 각 대뇌 반구에는 활모양의 두 개의 **가쪽뇌실(lateral ventricle)**과 사이뇌의 작은 공간인 **셋째뇌실(third ventricle)** 및 다리뇌/숨뇌 및 소뇌 사이에 넷째뇌실이 있다. 가쪽뇌실은 직접 연결되어 있지 않고, **뇌실사이구멍**(*interventricular foramen*)을 통해 셋째뇌실과 연결되어 있다. 좁은 관인 **대뇌수도관**(*cerebral aqueduct*)은 셋째뇌실과 **넷째뇌실(fourth ventricle)**을 연결한다. 넷째뇌실은 아래쪽 끝에서 좁아지고 척수의 중심관과 이어진다.

뇌척수액 Cerebrospinal Fluid

뇌척수액(cerebrospinal fluid 또는 CSF)은 뇌실과 거미막밑공간을 순환하는 무색의 맑은 액체이다. 뇌척수액은 다음과 같은 중요한 기능을 가지고 있다.

- 보호(*cushioning*) 외상에서 뇌와 척수에 대한 완충작용을 한다.
- 부력(*supporting brain*). 뇌는 뇌척수액에 안에 떠 있어서 뇌무게의 95%를 지지하여 뇌 자체의 무게에 의해 손상받지 않고 상당한 크기를 유지할 수 있다. 인간의 뇌 무게는 공기 중에서 약 1400 g이

8

그림 8-22 뇌실. 뇌가 투명하다면 볼 수 있는 뇌실의 범위와 개요.

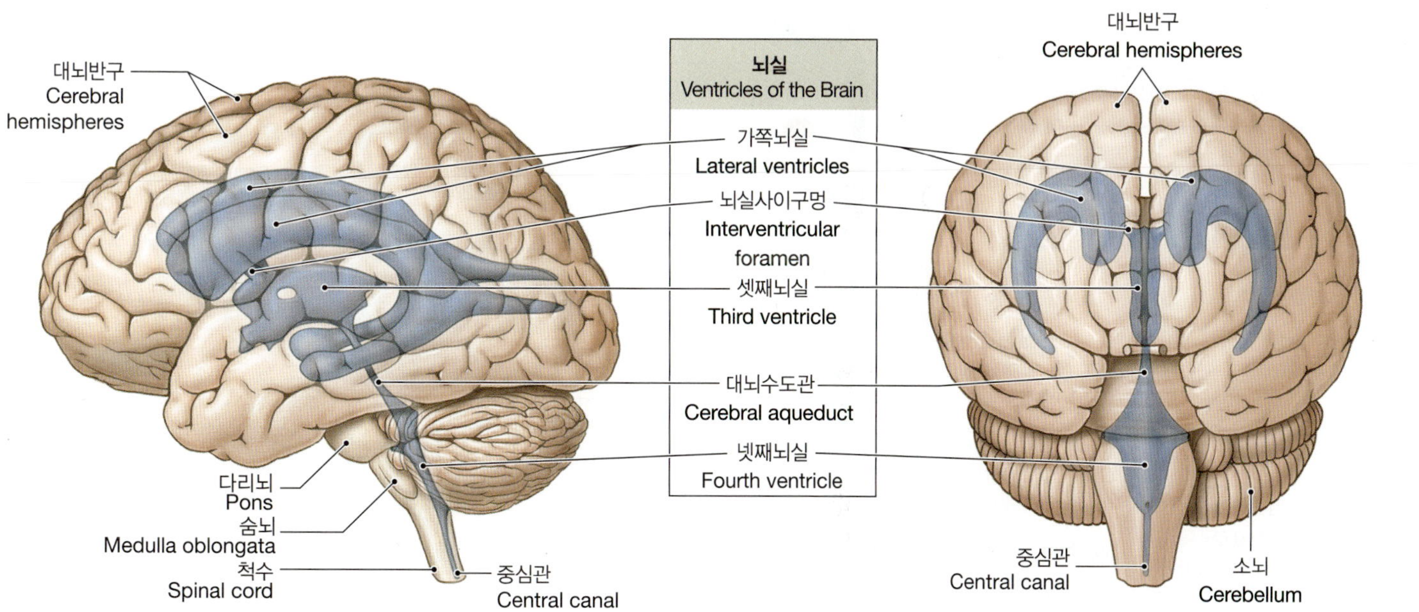

a 뇌실의 가쪽면

b 뇌실의 앞쪽면뇌실의 앞쪽면

지만 뇌척수액 내에서는 약 50 g에 불과하다.

- **환경적 안정성**(*environmental stability*). 영양분 및 화학 메신저 이동 및 노폐물 제거에 관여한다. 뇌척수액은 뇌척수액이 생성되는 맥락얼기(*choroid plexus*)를 제외하고, 뇌실막을 자유롭게 이동한다. 뇌척수액 안의 화학물질은 중추신경계통의 신경세포와 신경아교세포를 둘러싸는 사이질액으로 서로 이동 가능하여 화학적 변화로부터 신경조직을 보호한다.

따라서 중추신경계통의 기능적 문제는 뇌척수액의 구성 변화를 일으킬 수 있다. **허리천자**(*lumbar puncture*) 또는 **척수천자**(*spinal tap*)를 통해 얻은 뇌척수액의 샘플은 신경계통의 손상, 감염 또는 질병에 대한 유용한 임상 정보를 제공한다.

뇌척수액은 각 뇌실에 있는 **맥락얼기(choroid plexus)**에서 생성된다. 맥락얼기는 한층의 뇌실막세포와 연막의 내부에 있는 모세혈관으로 구성된다(**그림 8-23a**). 맥락얼기는 약 500 mL/일의 속도로 뇌척수

그림 8-23 뇌척수액의 형성과 순환.

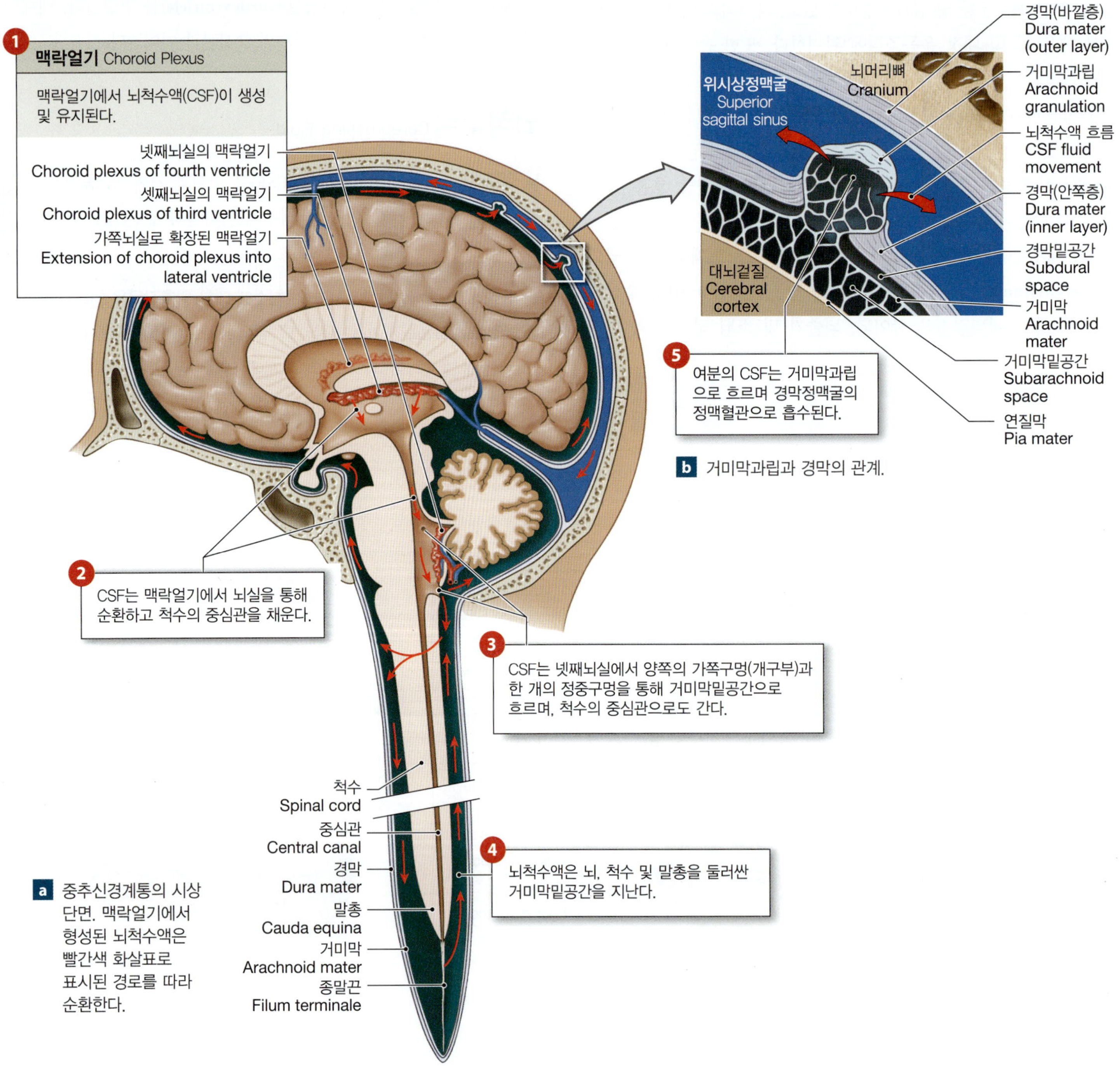

a 중추신경계통의 시상 단면. 맥락얼기에서 형성된 뇌척수액은 빨간색 화살표로 표시된 경로를 따라 순환한다.

b 거미막과립과 경막의 관계.

액을 생성하지만, 같은 비율로 지속적으로 재흡수되어 상시에 뇌척수액의 부피는 약 150 mL이다. 이는 뇌척수액이 약 8시간마다 순환되는 것을 의미하며, 이러한 빠른 순환에도 불구하고 뇌척수액 안의 구성물질은 정밀하게 조절된다. 뇌척수액의 제거율은 일반적으로 생성률과 서로 균형을 맞추며, 균형이 깨어지면 다양한 임상 문제가 나타날 수 있다.

뇌척수액이 생성되는 곳과 중추신경계통 주변을 순환하는 뇌척수액의 순환 경로 및 정맥 순환으로 흡수에 대한 것은 **그림 8-23a**에 있다. 맥락얼기에서 형성된 뇌척수액은 다른 뇌실을 순환하며 척수의 중심관을 채운다(①)과 (②). 뇌척수액은 넷째뇌실(③)의 한 쌍의 **가쪽구멍**(*aperture*) 또는 안쪽 구멍을 통해 거미막밑공간(subarachnoid space)으로 들어간다. 뇌척수액은 뇌, 척수 및 말총(cauda equina)을 둘러싼 거미막밑공간을 지나면서 노폐물을 제거하고 뇌와 척수에 부력을 제공하고, 뇌척수액은 척수의 중심관으로도 간다(④). 대뇌반구에서 거미막에서 손가락과 같이 생긴 돌출부가 경막을 관통하여 경막의 뇌막층과 뼈막층의 사이가 분리되어 위시상정맥굴을 형성한다. 이때, 관통한 돌출부인 거미막융모(**그림 8-23b**)가 모이면 **거미막과립(arachnoid granulation)**이 된다. 잉여의 뇌척수액은 거미막융모를 지나 위시상정맥굴(*superior sagittal sinus*)을 통해 뇌정맥으로 나간다(⑤).

대뇌 The Cerebrum

대뇌(cerebrum)는 뇌의 가장 큰 영역으로 의식적인 사고와 지적 기능이 시작되는 장소이다. 대뇌의 대부분은 감각신경세포에서 정보를 받아 운동신경세포의 자발적 또는 비자발적 운동 조절에 관여한다. 일반적으로 우리는 위의 조절에 대해서는 인식하고 있으나, 대부분 감각처리 과정과 모든 내장 운동(자율) 조절은 뇌의 다른 장소에서 발생하며 일반적으로 우리는 의식하지 못한다.

대뇌는 회색질(gray matter)과 백색질(white matter)로 나뉜다. **대뇌겉질(cerebral cortex)**로 알려진 바깥층은 회색질이며, 안쪽은 백색질이다. 백색질 속에 명확한 회백질의 구역은 **바닥핵**(*basal nuclei*)이라고 한다.

대뇌반구의 구조 Structure of the Cerebral Hemispheres

대뇌겉질은 약 1~4.5 mm 두께 층으로 양쪽의 대뇌 반구를 덮고 있다(**그림 8-25**). 대뇌겉질은 주름이 있으며, 주름의 융기 부분을 **이랑(gyri)**이라고 하고, 주변의 이랑 사이는 **얕은 고랑(sulci)** 또는 **패임(fissure)**이라고 한다. 이랑은 대뇌겉질의 많은 부분을 한정된 머리뼈 공간에 포함시키고, 대뇌겉질의 표면적을 증가시킴으로써 신경세포

8

임상노트

물뇌증 Hydrocephalus

물뇌증(*hydrocephalus*)은 뇌실 내 뇌척수액(CSF)이 비정상적인으로 많은 병적 상태로, CSF의 생성량과 흡수량의 불균형으로 인해 발생한다. CSF가 축적되면 뇌실이 비대해지고 머리내압이 증가한다(**그림 8-24**).

물뇌증은 선천적이거나 후천적일 수 있다. 선천성 물뇌증의 원인은 복잡한 환경적 요인과 유전적 요인 간의 상호 작용이다. 후천성 물뇌증은 뇌실내 출혈, 수막염, 두부 외상, 종양 및 낭종으로 인해 발생할 수 있다. 선천적 물뇌증은 1000명 중 약 2명에서 발생하는 것으로 알려져 있고, 성인 발병 물뇌증 및 후천성 물뇌증의 발생률은 알지 못한다.

물뇌증의 증상은 연령, 질병 진행, CSF 내성의 개인차에 따라 다르다. 유아기에 물뇌증의 가장 명백한 징후는 머리둘레의 급격한 증가이다. 노인과 성인의 증상은 구토를 동반한 두통, 메스꺼움, 유두 부종(시신경의 일부인 시신경 디스크의 부종), 눈꺼풀처짐(일몰이라고 함), 불균형, 부조화, 보행장애, 요실금, 발달지연 또 장애(어린이의 경우), 무기력, 졸음, 과민성 또는 기타 기억 상실을 포함한 성격 또는 인지의 변화이다.

물뇌증은 임상 신경학적 평가와 초음파 촬영, 컴퓨터 단층촬영, 자기공명영상 또는 압력 모니터링 기술과 같은 두개골 영상 기술을 사용하여 진단된다.

물뇌증을 예방하거나 치료하는 알려진 방법은 없고, 효과적인 치료법은 두개내압을 감소시키기 위해 뇌에 단락(shunt)을 외과적으로 삽입하여 체액을 배출하는 것이다.

그림 8-24 물뇌증이 있는 영아의 전형적인 모습.

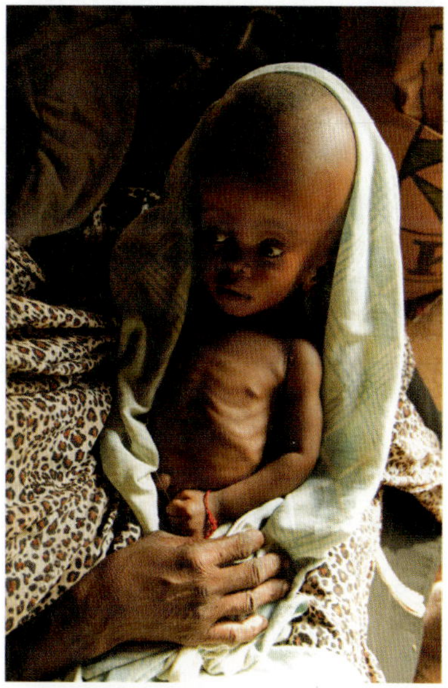

그림 8-25 대뇌반구의 운동영역과 감각영역. 왼쪽 대뇌반구 겉질의 주요 해부학적 영역을 구분하였다. 색깔별 영역은 대뇌겉질의 다양한 운동, 감각 및 연합구역을 나타낸다. (가쪽고랑에 깊이 들어간 부분은 대뇌섬이다.)

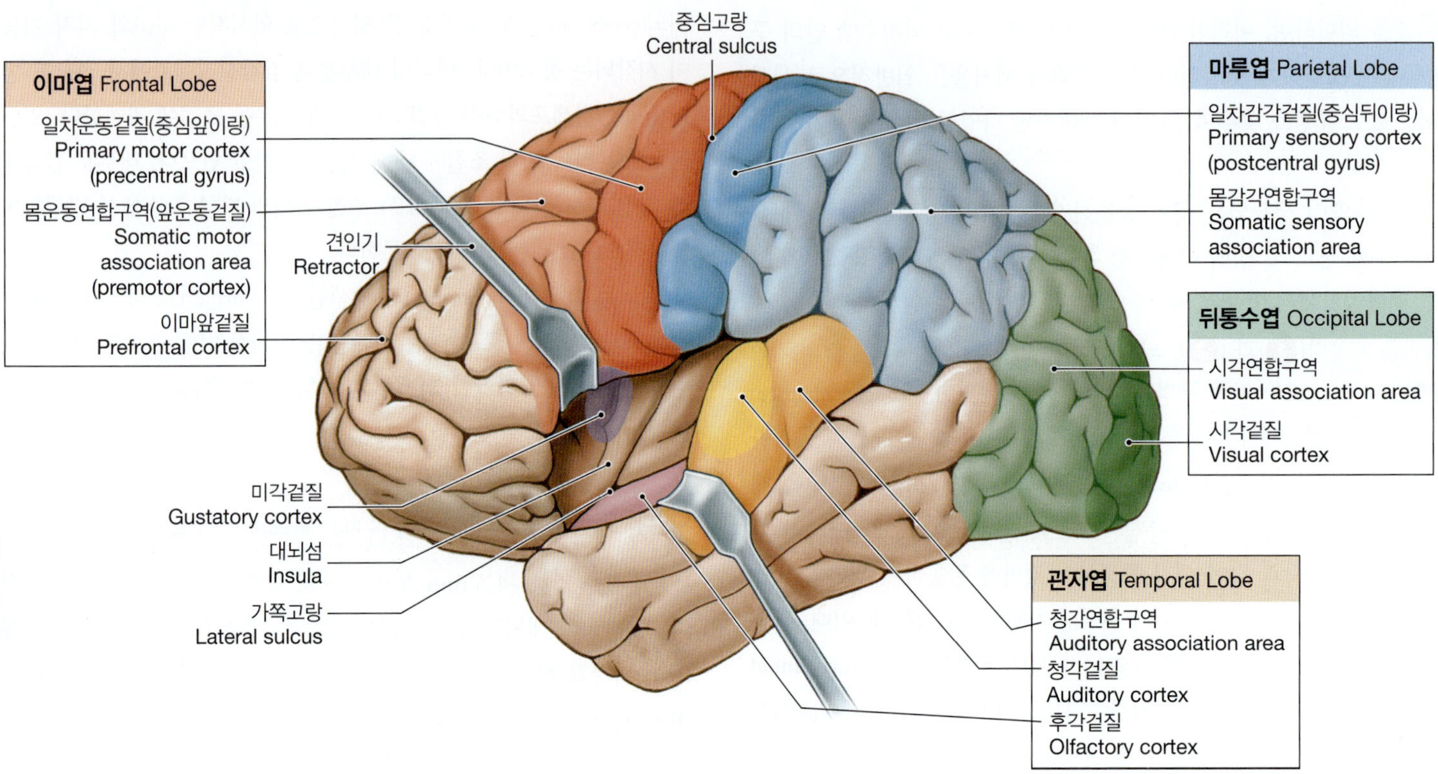

수를 증가시키게 된다. 대뇌 반구는 이랑이 있어 총 표면적은 대략 2200 cm^2이다.

대뇌는 왼쪽과 오른쪽 두 개의 대뇌반구로 구성되어 있다. 양쪽의 대뇌반구는 정중시상면을 따라 있는 깊은 **대뇌세로틈새(longitudinal fissure)**에 의해 나누어진다(그림 8-21a). 각 대뇌반구는 머리뼈 위에 있는 뼈의 이름을 따라서 영역 또는 **엽(lobe)**을 정의하여 나눈다(그림 8-21b 및 8-25). 각 대뇌반구에서 **중심고랑(central sulcus)**은 **이마엽(frontal lobe)**과 **마루엽(parietal lobe)**의 경계가 된다. 이마엽의 아래쪽 경계는 이마엽/마루엽을 **관자엽(temporal lobe)**과 구분하는 깊은 고랑인 **가쪽고랑(lateral sulcus)**이다. 가쪽고랑의 속에 들어 있는 작은 신경덩어리를 **섬엽(insula)**이라고 하며, 관자엽과 겹쳐서 있어 관자엽을 벌리면 관찰할 수 있다(그림 8-25). 마루엽의 앞쪽 경계는 중심고랑이며 뒤쪽은 상대적으로 불명확한 **마루엽-뒤통수고랑(parieto-occipital sulcus)**이다(그림 8-21c).

일반적으로 왼쪽·오른쪽 대뇌반구는 각각 몸의 서로 반대편에서 감각정보를 받고 운동명령을 내보낸다. 오른대뇌반구는 몸의 왼쪽부분을 통제하고 왼대뇌반구는 몸의 오른쪽 부분을 통제한다.

대뇌겉질의 운동영역 및 감각영역
Motor and Sensory Areas of the Cortex

대뇌겉질의 주요 운동영역 및 감각영역은 그림 8-25에 있다. 중심고랑은 겉질의 운동영역과 감각영역을 나눈다. 이마엽의 주요 해부학적 구조는 중심고랑 바로 앞에 있는 **중심앞이랑(precentral gyrus)**이다. 이 부분은 **일차운동겉질(primary motor cortex)**로 뇌신경 또는 척수신경에 운동명령을 내보내기 위해 뇌줄기에 운동신섬유를 내리는 영역들로 구성되어 있다.

마루엽의 해부학적 중요 부위는 중심고랑 바로 뒤에 있는 **중심뒤이랑(postcentral gyrus)**이다. 이 부분은 **일차감각겉질(primary sensory cortex)**로 촉각, 압각, 통각 및 온도의 수용체로부터 몸감각 정보를 받는다. 우리는 시상핵이 정보를 일차감각겉질에 전달할 때만 이러한 감각을 인식한다.

시각, 미각, 청각 및 후각의 감각은 대뇌겉질의 각 영역에 도달한다. 뒤통수엽은 **시각겉질(visual cortex)**에서 시각 정보를 받고, 이마엽(대뇌섬엽)(olfactory cortex)의 **미각겉질(gustatory cortex)**은 미각 정보를 받는다. 관자엽의 **청각겉질(auditory cortex)**과 **후각겉질(olfactory cortex)**은 각각 청각과 후각에 대한 정보를 받는다.

연합구역 Associatoins Areas

일차운동겉질과 일차감각겉질은 입력된 정보를 해석하거나 운동반응을 조절하는 근처의 **연합구역(association area)**에 연결된다.

몸감각연합구역(somatic sensory association area)은 일차감각겉질의 활동을 조절하므로 모기가 팔에 앉는 것 같은 가벼운 감각도 인지할 수 있다. 후각, 시각 및 청각의 특수감각은 감각겉질의 분리된 영역으로 들어간다. 각각 전담 연합구역이 있다.

몸운동연합구역(somatic motor association area) 또는 **앞운동겉질(premotor cortex)**은 학습된 움직임을 조절하는 역할을 한다. 유리를 집거나 유형의 선을 따라가는 행동과 같은 자발적인 움직임을 수행할 때, 앞운동겉질의 일차운동겉질로 명령이 전달된다.

운동영역과 감각관련 영역 사이의 기능적 차이는 국부적인 뇌손상이 발생한 후에 가장 분명히 나타난다. 예를 들어, 앞운동겉질의 손상은 쓰인 글자와 단어를 이해할 수 있지만 인쇄된 페이지의 선을 따라갈 수 없기 때문에 읽을 수 없다. 반대로, **시각연합구역(visual association area)**이 손상된 사람은 인쇄된 페이지의 선을 따라갈 수 있지만 글자의 의미를 파악할 수 없다.

대뇌겉질의 연결 Cortical Connections

중심백색질은 대뇌겉질의 회백질 속에 말이집을 지닌 축삭으로 이루어져 대뇌겉질과 상호연결된다. 대부분은 축삭이 모인 신경로(tract)라는 다발로 이루어져 있다. 연합신경로 중 짧은 연합신경로는 활꼴섬유로 이루어져 있으며, 동일한 엽 근처의 이랑을 연결한다. 긴연합신경로는 세로다발이라고 하며 대뇌반구의 서로 다른 엽에 있는 이랑을 연결한다. 맞교차신경로는 맞교차라는 축삭다리가 왼·오른대뇌반구 사이에 뻗어 있다. 왼·오른대뇌반구을 연결하는 돌출된 맞교차신경로에는 큰 C자 모양의 **뇌들보(corpus callosum)**가 있다(**그림 8-21c**). 축삭의 다른 다발들은 대뇌겉질을 사이뇌, 뇌줄기, 소뇌 및 척수와 연결한다.

대뇌정보처리중추 Cerebral Processing Centers

다른 연합구역에는 "고차원" 연합중추(high-order integrative center)가 있다. 이 중추는 매우 복잡한 운동 활동을 지시하고 복잡한 분석 기능을 수행한다. 연합중추가 양쪽 대뇌반구 모두에서 발견될 수 있지만, 많은 부분이 편측화되어 있으며 주로 왼쪽 또는 오른쪽 반구로 제한된다(**그림 8-26**). 편측화된 연합중추는 말하기, 쓰기, 수학적 계산 및 공간 관계 이해와 같은 복잡한 절차와 관련된 것이다.

일반이해영역(The GENERAL INTERPRETIVE AREA). **일반이해영역(general interpretive area)** 또는 **베르니케영역**(*Wernicke's area*)은 모든 감각과 연관된 영역에서 정보를 받는다. 감각정보를 통합하고 복잡한 시각영역 및 청각영역의 기억을 조절하여 성격에 필수적인 역할을 한다. 이 중추는 가쪽고랑 바로 뒤에 왼쪽반구에만 존재하고, 이 영역의 손상은 단어가 하나하나는 이해되더라도 읽거나 들은 것을 이해하는 능력에 영향을 미친다. 예를 들어, 일반이해영역이 손상된 경우 단어 인식은 청각연합구역에서 발생하기 때문에 '앉다'와 '여기'라는 각 단어의 의미는 여전히 이해할 수 있다. 그러나 당신은 전체 문장의 뜻은 '이리 와서 앉으세요'의 전체 문장은 이해하지 못할 것이다.

말하기 중추(SPEECH CENTER). 일반 이해영역의 일부 신경세포는 **말하기 중추(speech center,** *Broca's area*)에 연결된다. 이 중추는 일반 이해영역인 베르니케영역과 같은 대뇌반구의 이마앞겉질의 경계에 위치한다. 말하기 중추는 정상적인 말하기에 필요한 호흡 및 발성 패턴을 조절한다. 말하기 중추가 손상된 사람은 소리를 낼 수 있지만 말은 할 수 없다.

말하기 중추의 운동 실행은 청각 연관 영역의 피드백에 의해 조정되며, 이 중추의 손상은 다양한 언어 운동 관련 문제를 일으킬 수 있다. 즉, 어떤 단어를 사용해야 할지 정확히 알고 있지만 말하기가 어렵거나, 끊임없이 말하지만 잘못된 단어를 사용하는 경우이다.

이마앞겉질(THE PREFRONTAL CORTEX). 이마엽의 **이마앞겉질(prefrontal cortex, 그림 8-26)**은 대뇌겉질의 연합구역에서 정보를 통합하여 사건이나 행동의 결과를 예측하는 것과 같은 추상적인 지적 기능을 수행한다. 이 영역이 손상되면 사건 간의 시간 관계를 추정하는 데 문제가 발생한다. "얼마 전에 이런 일이 일어났습니까?"와 같은 질문 또는 "먼저 무슨 일이 있었나요?"에 대답하기 어려워진다.

이마앞겉질은 다른 겉질영역 및 뇌의 일부와 연결되어 있다. 진행 중인 사건을 해석하고 미래의 상황이나 결과에 대한 예측을 할 때 앞이마겉질에서 좌절감, 긴장감 및 불안감이 생성된다. 이마앞겉질과 다른 뇌 영역 사이의 연결이 끊어지면 긴장, 좌절 및 불안이 제거된다. 1900년대 초 **이마앞엽 절개술**이라는 다소 과감한 시술은 특히 폭력적 또는 반사회적 행동과 관련된 다양한 정신 질환을 "치료"하는 데 사용되었다.

대뇌반구의 편측화 Hemispheric Lateraization

왼·오른대뇌반구는 반대쪽 반구에서 수행하지 않는 특정 기능을 담당하며(**그림 8-26**), 특정한 일에 전문화된 현상을 **반구의 편측화**(*hemispheric lateralization*)라고 한다. 대부분의 경우 왼쪽 반구는 일반적인 이해 및

8

8

그림 8-26 반구의 편측화. 왼쪽 대뇌반구와 오른쪽 대뇌반구는 기능적 차이가 있다.

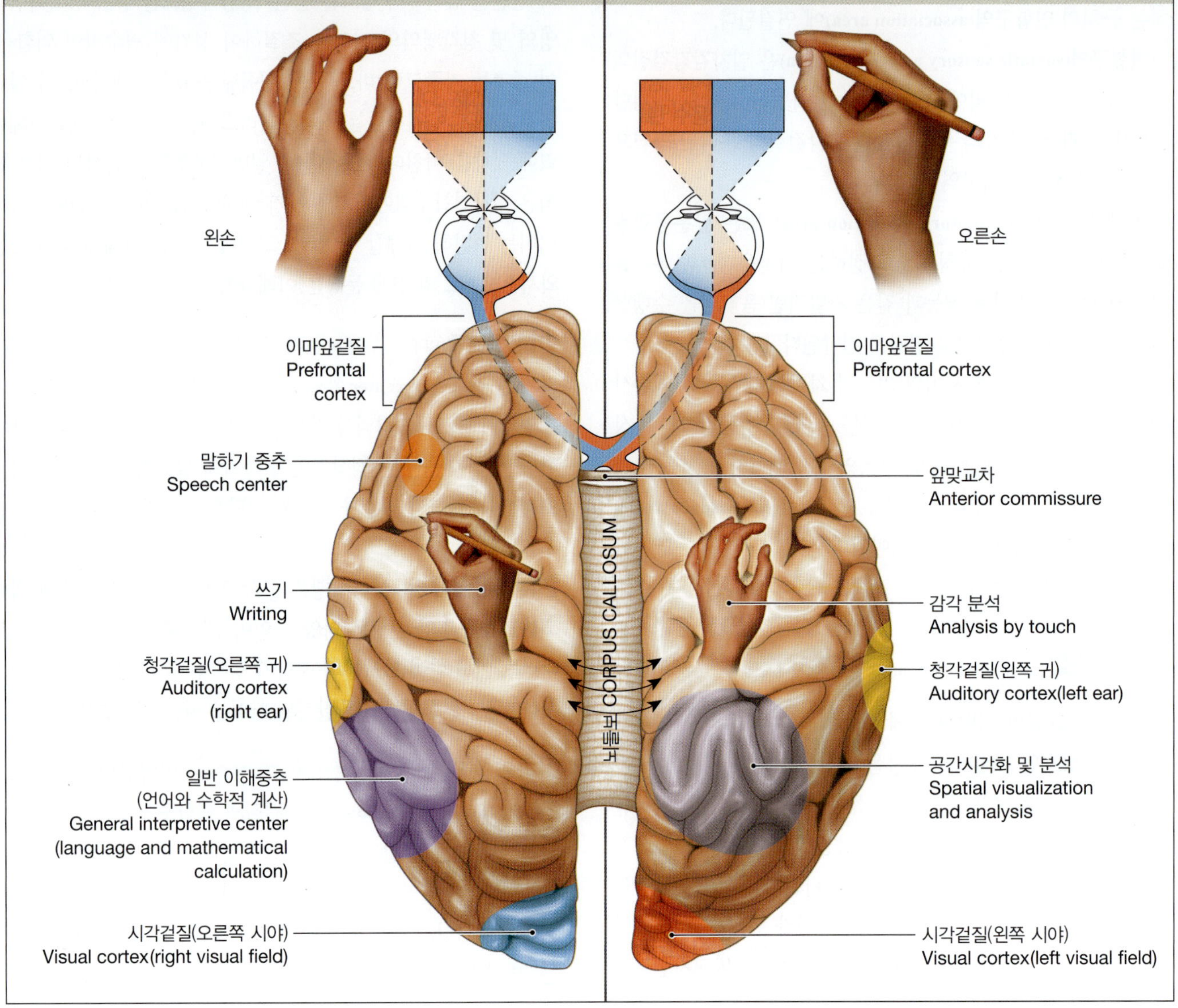

언어 중추를 포함하며 언어 관련 기술(읽기, 쓰기 및 말하기)을 담당한다. 또한 손 운동조절에 관여하는 앞운동겉질은 왼손잡이보다 오른손잡이의 왼쪽이 더 크다. 왼쪽 반구는 수학적 계산 및 논리적 의사 결정과 같은 분석 작업을 수행하는 데도 중요하다. 이러한 이유로 왼쪽 반구를 지배적 반구 또는 분류 반구(categorical hemisphere)라고 한다.

오른쪽 반구 또는 **표상반구**(*representational hemisphere*)는 공간 관계 및 분석과 관련이 있다. 감각정보를 분석하고 인체의 감각기관을 감각 환경과 연관시킨다. 이 반구의 인식중추는 촉각, 냄새, 시각 또는 맛으로 익숙한 물체의 식별이 가능하다. 오른쪽 반구는 얼굴을 인식하고 3차원 관계를 이해하는 데 중요한 역할을 한다. 대화에서 감정적인 미묘한 차이를 분석하는 데도 중요하다. 예를 들어, 위협을 하는 말투의 "길이 막혔어(Get lost)!"와 질문의 "길을 잃었어(Get lost?)"를 같은 단어이지만, 미묘한 감정을 구분한다.

흥미롭게도 손재주와 감각/공간 능력 사이에는 연관성이 있을 수 있다. 특이하게도 많은 뮤지션과 아티스트가 왼손잡이다. 이들의 복잡한 활동은 일차운동겉질과 오른쪽 대뇌반구의 연합구역이 관여하며, 공간 시각화(spatial visualization) 감정이 관련된 연합구역 근처에 있다.

반구의 편측화는 두 반구가 서로 독립적으로 기능한다는 것을 의미하는 것은 아니다. 백색질에 있는 뇌들보는 감각정보와 운동명령을 포함하여 왼·오른 대뇌반구를 연결한다. 뇌들보에는 2억 개가 넘는 축삭이 있으며, 초당 약 40억 개의 자극을 전달한다.

뇌파도 The Electroencephalogram

뇌파도(electroencephalogram)는 뇌의 전기적 활동 및 뇌 기능을 파악하기 위한 진단검사이다. 뇌파도는 뇌수술 받은 환자의 일차감각겉질과 일차운동겉질을 직접 자극한 뇌파의 양상이다. 대뇌 일부 영역의 국소적 뇌손상 또는 뇌졸중은 행동의 변화로 나타난다. 뇌의 전기적 활동은 양전자 방출 단층촬영 검사 또는 연속 자기공명영상 촬영과 같은 비침습적 방법으로 검사를 할 수 있다.

일반적으로 뇌활동을 평가하기 위해 뇌의 전기적 변화를 확인하며, 신경의 기능은 신경세포 원형질막의 전기적 자극에 따라 달라진다. 뇌에는 수십억 개의 신경세포가 존재하며, 뇌 또는 머리뼈의 외부 표면에 전극을 배치하여 전기장을 생성함으로써 뇌의 전기적 변화를 측정할 수 있다. 핵과 겉질 영역의 자극 여부에 따라 전기적 활동이 지속적으로 변한다.

뇌파도(electroencephalogram, EEG)는 시간 경과에 따른 뇌의 전기적 활동에 대한 기록이다. 이러한 전기적 양상을 **뇌파**라고 하며, 개인의 의식 수준과 관련이 있다. 뇌전도는 뇌장애와 관련한 유용한 진단 정보를 제공할 수 있고, 네 가지 유형의 뇌파 양상은 **그림 8-27**에 있다.

기억 Memory

마지막으로 읽은 문장의 주제는 무엇입니까? 사회 보장 번호는 무엇입니까? 뚜껑을 돌려서 여는 용기를 어떻게 여나요? 이러한 질문에 답하기 위해 경험을 통해 수집된 기억, 저장된 정보에 접근한다. **사실기억(fact memory)**은 신호등의 정지 색상과 같은 특정 정보 조각이다. **기술기억(skill memory)**은 학습된 행동으로 예를 들어 성냥으로 불을 밝히는 방법 또는 원반을 던지는 방법을 기억하는 것이다. 반복으로 기술기억이 무의식 수준으로 통합된다. 그 예로 복잡한 운동패턴이 필요한 스키나 바이올린 연주이다. 식사와 같은 설정된 행동과 관련된 기술기억은 뇌줄기의 적절한 부분에 저장되고, 복잡한 기술기억은 소뇌와 대뇌겉질의 운동패턴을 통합한다.

기억은 지속 기간에 따라 분류된다. **단기기억(short-term memory)**은 지속시간이 짧지만, 지속되는 동안 정보를 즉시 기억할 수 있다. 사람의 이름이나 전화번호와 같은 용량이 적은 정보가 해당된다. 전화번호 또는 기타 정보와 같은 단기기억을 반복하면 원래의 단기기억이

그림 8-27 뇌파.

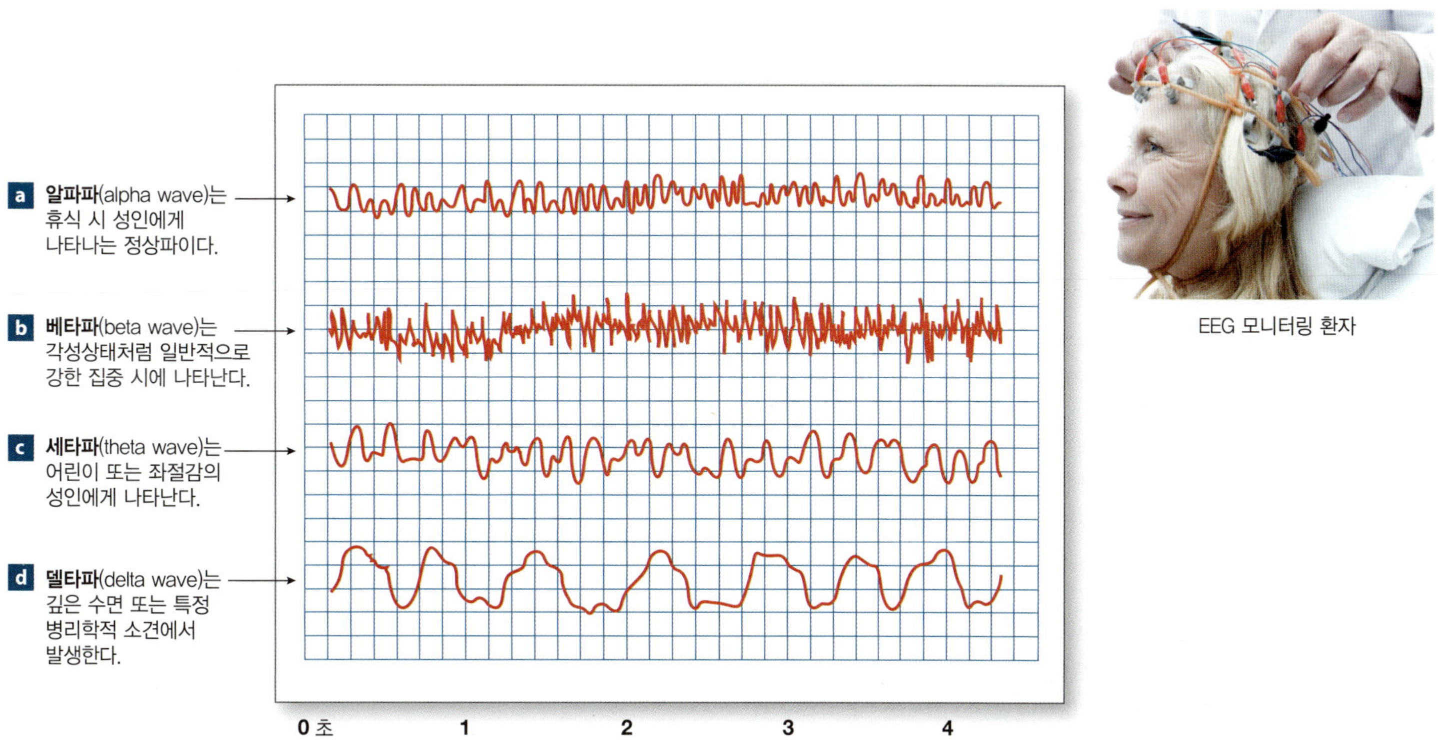

임상노트

실어증(언어상실증)과 읽기장애 Aphasia and Dyslexia

실어증은 말하거나 글을 읽는데 장애이다. **완전실어증**(*global aphasia*)은 일반 이해영역 또는 관련 감각영역의 광범위한 손상에 의해 발생한다. 즉, 다른 사람과 대화, 읽기, 이해 또는 인지를 할 수 없다. 완전실어증은 말하기 및 언어 영역을 포함한 넓은 대뇌겉질영역에 영향을 미치는 심한 뇌졸중 또는 종양을 동반하는 경우가 많다. **부종**(비정상적인 체액 축적) 또는 출혈에 의한 뇌 손상은 회복은 가능하지만, 기간이 수개월 또는 수년이 걸린다. 실어증의 심화 정도가 경미할수록 완전실어증이 나타나지 않고 경미한 뇌졸중이 동반된다. 이 경우, 말과 글을 이해할 수 있고 완전히 회복할 수 있다.

읽기장애(dyslexia)는 선천적으로 단어를 읽고 이해하는 데 문제가 있는 학습장애다. 발달성 읽기장애는 어린이에게 영향을 미치며, 미국 어린이의 약 15%를 차지한다. 다른 지적기능은 정상이거나 정상 이상일 수 있지만 읽기장애는 읽기와 쓰기에 어려움이 있다. 따라서 글을 쓰면 글자가 삐뚤삐뚤하고 철자순서가 틀리거나 완전히 역순일 수도 있다. 최근 보고에 따르면 일부 읽기장애는 뇌들보를 통한 왼·오른대뇌반구의 정보교환의 문제, 즉 시각 또는 청각 정보의 처리, 분류 및 통합문제인 분리증후군(disconnection syndrome)의 한 형태라고도 한다.

8

강화되고 장기기억으로의 전환된다. **장기기억(long-term memories)**은 오랜 기간 동안 또는 어떤 경우에는 평생 동안 남기도 한다. 단기기억에서 장기기억으로의 변환을 **기억 공고화**(*memory consolidation*)라고 한다. 이를 위해 둘레계통의 해마와 편도핵이 제 기능을 해야 한다. 해마는 단기기억에 필요하고, 편도핵에서 시상하부로 연결은 기억을 특정감정과 연관 지을 수 있다. 일부 장기기억은 시간이 지남에 따라 사라지고 기억하기 위해 상당한 노력이 필요할 수 있다. 다른 장기기억은 당신의 이름이나 몸의 윤곽처럼 자신의 의식의 일부가 될 수 있다.

대부분의 의식적 운동 및 감각 기억와 같은 장기기억은 대뇌겉질의

임상노트

발작 Seizures

발작(*seizure*)은 뇌 신경세포의 비정상적인 전기신호로 인한 신경기능의 이상 상태를 말한다. 뇌 신경세포의 비정상적 전기신호 발생에 따라 환자는 발작이라는 임상상황을 경험하게 된다. **뇌전증**(간질, *epilepsy*)은 환자가 재발 발작을 겪는 임상 증후군이다. 한 번 혹은 그 이상의 발작이 발생하면 대뇌 신경세포의 기능 이상을 생각해 볼 수 있다. 환자의 발작 원인을 확인할 수 없는 경우를 **일차성**(*primary*) 또는 **특발성**(*idiopathic*) 발작이라고 한다. 뇌종양이나 뇌 외상과 같은 식별 가능한 상태로 인해 발생하는 발작을 **이차 발작**(*secondary seizure*)이라고 한다.

발작은 흔히 발생되며 EMS가 호출되는 빈번한 이유이기도 하다. 대부분은 1분 이내로 지속되며, 일정한 시간 내에 스스로 회복(self-limited, 자기한정)되게 된다. 발작은 관련된 뇌의 영역에 따라 전신 발작 또는 부분 발작으로 분류될 수 있다. 전신 발작은 전체 대뇌겉질을 포함하며 일반적으로 의식상실로 시작된다. 이것이 유일한 증상이거나 근육운동 활동이 수반될 수 있다. **전신강직간대발작**(*generalized tonic-clonic seizure*)이 가장 흔하며, 매우 심한 발작의 형태를 가진다. **종종 대발작**(*grand mal seizure*)이라고 불리는 전신강직간대발작은 환자가 뻣뻣해지고 바닥에 쓰러지기도 한다. 그 다음에는 뼈대근의 수축과 이완이 교대로 이어진다. 요실금 및 대변실금이 흔히 나타난다. 발작은 보통 6~90초 동안 지속되며, 발작이 끝나면 환자는 이완되거나 의식을 잃게 된다. 환자는 발작 후 최대 1시간 동안 혼미를 겪게 된다(**발작후 혼미**, *postictal confusion*). 일반적으로 피로가 나타나며, 발작 후 몇 시간 동안 지속될 수 있다.

소발작(*absence seizure, petit mal seizure*)은 매우 짧고 종종 몇 초만 지속된다. 소발작은 환자가 자세 긴장도를 잃지 않고 갑자기 의식을 잃는 전신 발작이다. 이러한 발작은 순식간에 끝이 나고 환자는 활동을 재개한다. 종종 환자와 주변사람들은 무슨 일이 일어났는지 알지 못한다.

국소 발작(*focal seizure*)은 대뇌겉질의 일부분에 국한된 전기신호 이상으로 발생되며, 종종 뇌의 병변으로 인한 이차 발작이다. 국소 발작의 효과(증상)는 관련된 뇌의 부분에 따라 다르다. 발작의 초점이 운동겉질에 있는 경우, 연관된 단일 사지에 강직 또는 간대근육 수축이 발생할 수 있다. 감각 환각은 감각겉질과 관련이 있음을 암시한다. 번쩍이는 불빛과 같은 시각적 증상은 뒤통수엽(후두엽)과 연관이 있음을 암시한다. 관자엽(측두엽)에 국한된 국소 발작은 생각이나 행동을 변화시킬 수 있다. 일반적으로 정신운동발작이라고도 하며 정신질환으로 잘못 진단할 수 있다.

대부분의 발작 장애는 약물로 조절할 수 있다. 최근 사용되고 있는 항경련제들은 부작용이 적고 매우 효과적이다. 실제로 응급 상황에서 보이는 대부분의 발작은 환자가 약을 복용하지 않거나 부적절하게 복용하기 때문에 발생한다.

연합구역에 저장된다. 예를 들어, 시각기억은 시각 연합구역에 저장되고 자발적 운동활동의 기억은 앞운동겉질에 보관된다. 뒤통수엽과 관자엽의 일부 영역은 얼굴, 음성 및 단어의 기억을 유지한다.

기억상실(amnesia)은 기억의 전체 또는 일부를 잃어버리는 것이다. 기억상실의 원인은 정신적인 충격에서부터 뇌의 직접적인 손상까지 다양하다. 그 유형은 손상받은 뇌 영역에 따라 다르다. 예를 들어, 청각 관련 영역이 손상되면 소리를 기억하기 어려울 수 있고, 시상 및 둘레계통의 구조, 특히 해마의 손상은 기억저장 및 기억 공고화 과정에 영향을 미친다.

바닥핵 The Basal Nuclei

대뇌겉질이 신호를 받아 의식수준에서 활동하는 동안 대뇌, 사이뇌 및 뇌줄기의 다른 중추는 감각정보를 전달하고 운동명령을 조절한다. 무의식 수준에서 발생하는 이러한 활동의 대부분은 **바닥핵(basal nuclei)** 또는 **대뇌핵**(*cerebral nuclei*)이 관여한다. 바닥핵은 각 대뇌반구의 백색질로 둘러싸인 가쪽뇌실 아래에 있는 회색질 덩어리이다(그림 8-28).

꼬리핵(caudate nucleus)은 가쪽뇌실의 곡선을 따르는 거대한 머리와 가늘고 굽은 꼬리를 가지고 있다. 꼬리핵의 머리는 **렌즈핵(lentiform nucleus**, 렌즈 모양)의 앞쪽에 있다. 렌즈핵은 안쪽 **창백핵(globus pallidus)**과 가쪽 **조가비핵(putamen)**으로 구성된다. 꼬리핵과 렌즈핵은 함께 줄무니체(striated body)라고도 한다. 꼬리핵과 렌즈핵 아래에 또 다른 핵인 **편도(amygdaloid**, 아몬드) 또는 **편도체**가 있다. 둘레계통(*limbic system*)의 구성 요소이며 다음 절에서 설명을 하고자 한다.

바닥핵은 뼈대근육의 무의식적 조절과 학습된 운동 양상의 조정에 관여한다. 바닥핵은 뼈대근육 운동에 관여하는 것이 아니라 운동 시 운동의 양상과 리듬을 만들어낸다. 예를 들어, 바닥핵은 걸을 때 "걷기 시작"을 결정한 시간과 "걷기 중지" 명령을 내리는 시간 사이에 팔과 다리의 반복적 운동의 양상 및 리듬을 조절한다.

둘레계통(변연계) The Limbic System

둘레계통(limbic system)은 후각겉질, 몇 가지의 바닥핵, 대뇌이랑, 그리고 대뇌와 사이뇌 사이의 경계에 위치하는 신경로들을 포함하고 있다(그림 8-29). 둘레계통은 해부학적 기준에 의한 것이 아니라 기능적 그룹을 말한다. 둘레계통의 기능은 (1) 감정 상태를 확립하고 (2) 대뇌겉질의 의식적, 지적 기능을 뇌줄기의 무의식적인 자율신경기능과 연결시키며, (3) 장기기억의 저장 및 기억의 인출을 돕는 역할을 한다. 요컨대, 대뇌겉질의 감각겉질과 운동겉질 및 연합영역은 복잡한 작업을 수행할 수 있게 해주지만, 대부분의 경우 이러한 작업을 원하게 만드는 것은 둘레계통이다.

그림 8-28 바닥핵.

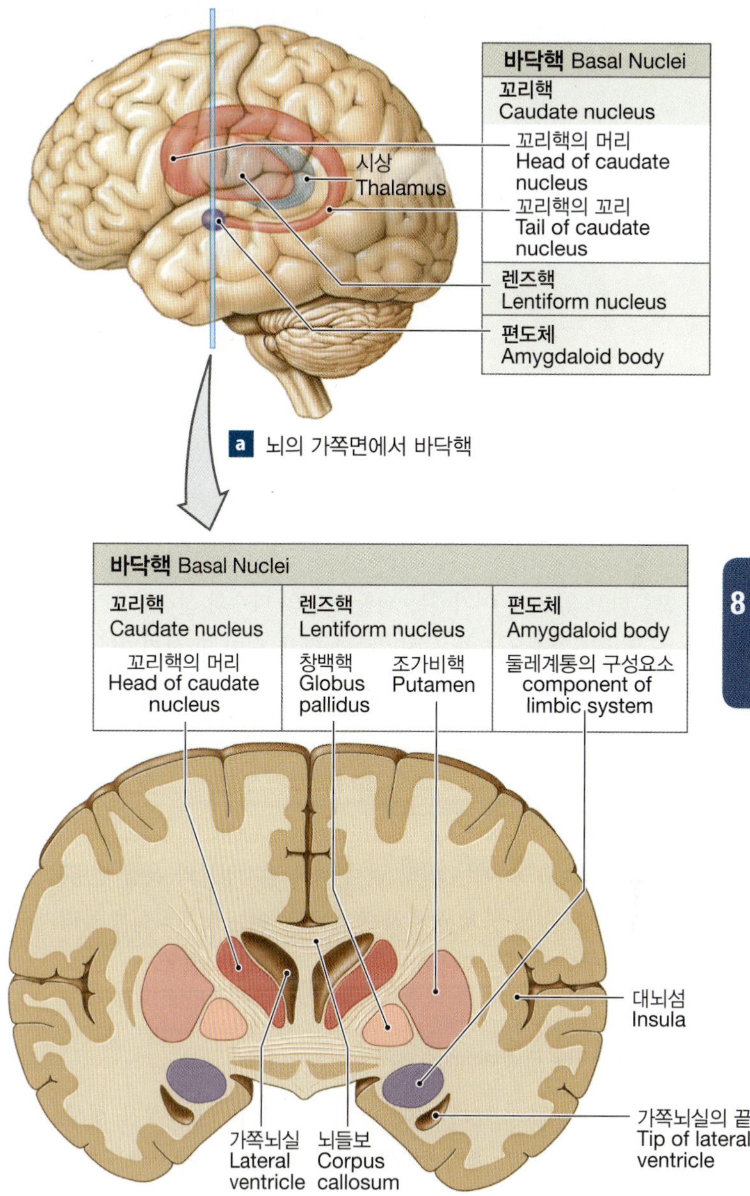

a 뇌의 가쪽면에서 바닥핵

b 이마 단면

편도체는 둘레계통, 대뇌 및 다양한 감각계를 연결한다. 이 핵은 심박수를 조절하고, 두려움과 불안에 반응하고, "투쟁과 도피" 반응을 조절하고, 감정을 특정 기억과 연결하는 역할을 한다.

또 다른 핵인 **해마(hippocampus)**는 학습 및 장기 기억 저장에 중요하다. 알츠하이머병의 해마 손상은 기억 저장 및 기억 인출에 장애가 일어난다. **뇌활(fornix)**은 해마와 시상하부를 연결하는 백색질 신경로이다(그림 8-21c, 8-29).

둘레계통에는 (1) 분노, 공포, 성적 흥분과 같은 정서적 상태와 (2) 의식적으로 활성화될 수 있는 반사운동을 제어하는 시상하부 중추도 포함된다. 예를 들어, 둘레계통은 시상하부의 **유두체**(*mammillary body*)

그림 8-29 둘레계통(둘레계통). 둘레계통을 3차원으로 재구성한 그림으로 주요 구성요소 간의 관계를 보여준다.

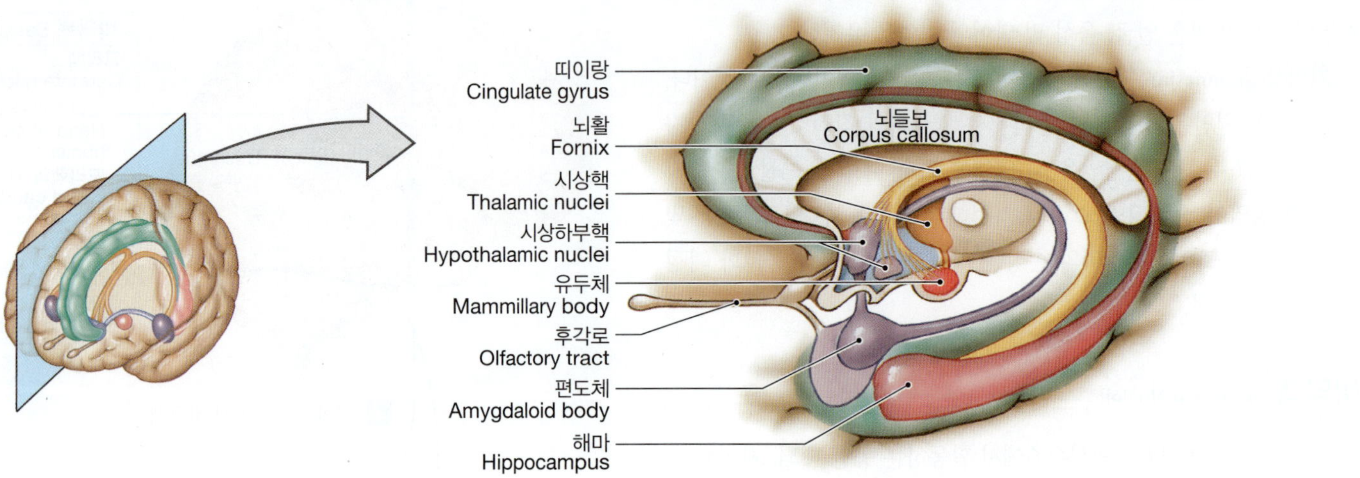

8

를 포함하고 있으며, 여기에는 뇌활 말단의 다수의 신경섬유가 분포한다. 유두체 신경핵은 후각을 처리하고 씹기, 핥기 및 삼키기와 같은 식사와 관련된 반사운동을 제어한다.

사이뇌(간뇌) The Diencephalon

간뇌(**그림 8-21c, 8-30**)에는 의식 및 무의식 감각정보와 운동 명령을 통합하는 정보교환 및 중계 중추가 포함된다. 이는 셋째뇌실을 둘러싸고 있으며, 시상상부, 시상, 시상하부 등으로 구성되어 있다.

시상상부 The Epithalamus

시상상부는 셋째뇌실보다 위에 위치하며 사이뇌의 지붕을 형성한다. 앞부분에는 광범위한 맥락얼기를 형성하고 있다. 뒷부분에는 멜라토닌(*melatonin*)이라는 호르몬을 분비하는 **솔방울샘(pineal gland)**(송과체, **그림 8-30b**)이 있다. 여러 가지 기능들 중에서 멜라토닌은 낮과 밤의 주기를 조절하는 중요한 기능을 가지고 있다.

시상 The Thalamus

왼쪽 시상과 오른쪽 시상은 셋째뇌실에 의해 분리되어 있다. 왼쪽·오른쪽 각 시상은 둥근 회색질 덩이의 시상핵으로 되어 있다. 시상(**그림 8-21c, 8-30**)은 후각을 제외한 모든 오름감각정보가 우리의 의식적 인지(대뇌겉질)에 도달하기 전에 거치는 마지막 중계지점이다. 시상은 도달된 일부의 감각정보만 일차 감각겉질에 전달하는 필터 역할을 한다. 나머지 정보들은 바닥핵과 뇌줄기 중추들에 중계된다. 시상은 또한 맘대로운동(수의운동, 자발운동), 제대로운동(불수의운동) 명령을 조정하는 역할도 한다.

시상하부 The Hypothalmus

시상하부는 시상의 아랫부분으로 셋째뇌실보다 아래의 좌우에 위치한다(**그림 8-21c**). 시상 하부는 둘레계통과 관련된 중추 외에도 조절중추, 통합중추들을 포함하고 있다. 시상하부의 다양한 기능은 다음과 같다.

1. 분노, 즐거움, 통증 및 성욕과 관련된 뼈대근 수축의 잠재 의식적 조절
2. 다리뇌와 숨뇌에 있는 자율신경중추의 작용(심박수, 혈압, 호흡 및 소화 기능과 같은)을 조절
3. 신경계통과 내분비계통의 활동 조정
4. 항이뇨호르몬(*antidiuretic hormone, ADH*)과 옥시토신(*oxytocin*)을 포함한 다양한 호르몬 분비
5. 배고픔, 갈증과 관련된 행동 "욕구"를 만들어 냄
6. 맘대로(수의, 자발) 기능 및 자율 기능 조정
7. 체온을 정상으로 조절
8. 하루 주기에 따라 활동을 조정

중간뇌(중뇌) The Midbrain

중간뇌(**그림 8-30**)는 여러 가지 신경핵들과 오름신경섬유 및 내림신경섬유 다발들을 포함하고 있다. 중간뇌에는 둔덕(작은언덕, 단수 *colliculus*, 복수 *colliculi*)라 불리는 시각과 청각 정보처리와 관련된 감각핵이 두 쌍 있다. 그 중에 위둔덕(*superior colliculus*)은 밝은 빛 같은 시각적 자극에 반응하여 눈, 머리, 목 반사운동을 조절한다. 아래둔덕(*inferior*

그림 8-30 사이뇌와 뇌줄기.

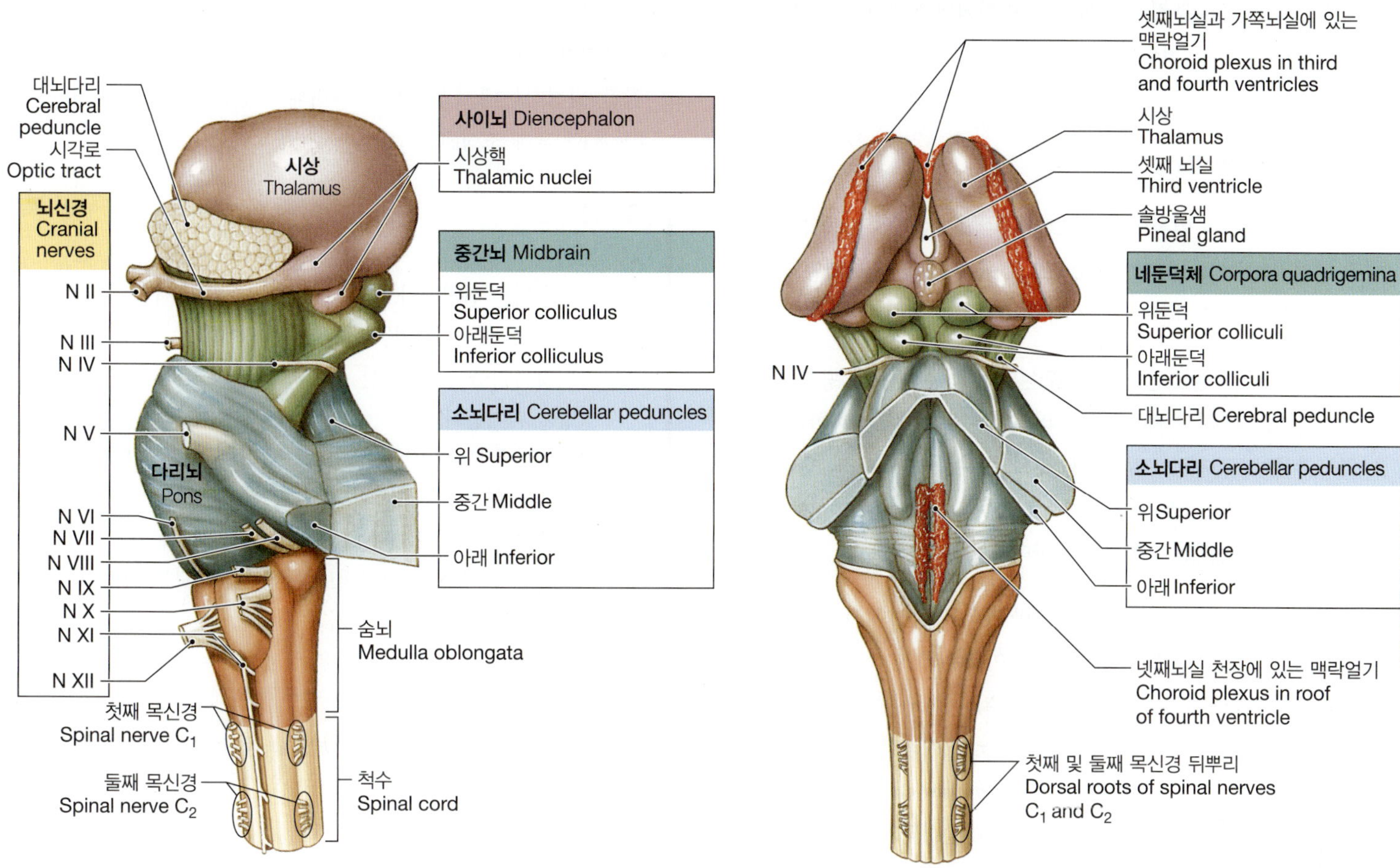

a 옆에서 본 그림 **b** 뒤에서 본 그림

colliculus)은 시끄러운 소음과 같은 청각 자극에 반응하여 머리, 목 및 몸통의 반사운동을 조절한다.

중간뇌는 안구운동 조절에 관여하는 두 개의 뇌신경(N III, N IV)의 운동핵을 포함한다. 중간뇌의 앞가쪽면을 지나는 내림신경섬유다발들은 **대뇌다리(cerebral peduncle)**를 이룬다. 이 내림신경섬유들 중 일부는 다리뇌를 통과해서 소뇌로 들어간다. 나머지 내림신경섬유들은 각 대뇌반구의 일차운동겉질에서 시작된 수의운동 명령을 전달한다.

또한 중간뇌는 뇌줄기의 가장 중요한 구성요소 중 하나이며, 여러 가지 제대로 기능(불수의 기능)을 조절하는 **그물체(reticular formation,** 망상체)의 총괄본부이다. 그물체는 전체 뇌줄기에 걸쳐 있는 상호 연결된 신경핵들의 신경망이다. 중간뇌 그물체는 **그물활성화 계통**(*reticular activating system, RAS*)을 포함하고 있다. 그물활성화 계통에서 출력된 정보는 대뇌겉질의 활동에 직접 영향을 미친다. RAS가 비활성화되면 우리도 활발히 활동하지 않게 된다. RAS가 자극을 받으면 우리도 집중 또는 각성 상태가 된다.

대뇌와 소뇌의 정보를 통합하는 중간뇌의 핵 중 일부는 근육긴장도와 자세를 유지를 제어한다. 그 외에 중뇌의 핵은 바닥핵의 운동명령을 조절하는 데에도 중요한 역할을 한다. 예를 들어, 도파민이라는 신경전달물질을 분비하여 바닥핵의 작용을 억제하는 **흑색질**(*substantia nigra*)이 있다. 만일 흑색질이 손상되거나 그 신경세포의 도파민 분비가 줄어들게 되면 바닥핵이 더 활발하게 작용한다. 그 결과 근육긴장도가 점진적으로 증가하여 **파킨슨병**(*Parkinson's disease*) 증상이 나타난다. 파킨슨병 환자는 수의운동의 시작에 어려움이 있는데, 그 반대작용을 하는 대항근들이 이완되지 않기 때문이다. 파킨슨병 환자의 경우 수의운동을 시작하려면 대항근들보다 강한 힘을 가해야 한다. 일단 운동이 진행되면 모든 측면에 걸쳐 노력과 집중을 통해 수의운동을 조절해야 한다.

다리뇌 The Pons

다리뇌(**그림 8-28a**)는 소뇌를 중간뇌, 사이뇌, 대뇌, 척수와 연결한다. 다리뇌 내의 한 그룹의 신경핵에는 네 가지 뇌신경(N V-N VIII)에 대한 감각핵과 운동핵들을 포함하고 있다. 다른 신경핵 집단은 호흡 속도와 깊이의 제대로 조절에 관여한다. 다리뇌를 통과하는 신경로들은 소뇌를 뇌줄기, 대뇌, 척수에 연결한다.

소뇌 The Cerebellum

소뇌(그림 8-21b, c)는 일종의 자동조절중추이다. 소뇌는 대뇌와 마찬가지로 백색질과 이를 덮고 있는 **소뇌겉질**(*cerebellar cortex*)라는 회색질 층으로 구성된다. 소뇌는 다음 두 가지 중요한 기능이 있다.

1. **신체의 자세근육을 조정해서 바로잡는다.** 소뇌는 균형과 평형을 유지하기 위해 신속하고 자동적으로 바로잡는 운동을 조직화한다.
2. **의식 수준 및 잠재의식 수준에서 조절되는 운동을 프로그래밍하고 미세하게 조절한다.** 소뇌는 자전거를 타거나 피아노를 연주하는 것 같은 학습된 운동패턴을 정교하게 한다.

8

이러한 기능은 소뇌가 대뇌겉질, 바닥핵, 뇌줄기에서 운동경로를 따라 활동을 조절함으로써 간접적으로 이루어진다. 소뇌는 운동명령을 고유수용정보(위치감각, 자세감각, 고유감각)와 비교한 후 움직임을 부드럽게 만드는 데 필요한 조정을 한다. 소뇌와 이러한 다른 영역을 연결하는 신경로 집단을 **소뇌다리(cerebellar peduncle)**라 한다(그림 8-30).

소뇌는 외상이나 뇌졸중으로 영구적으로 손상되거나, 알코올과 같은 약물에 의해 일시적으로 영향을 받을 수 있다. 이러한 변화는 **실조**(*ataxia*)라는 균형 및 협동운동 장애를 일으킬 수 있다.

숨뇌(연수) Medulla Oblongata

숨뇌(그림 8-28)는 뇌와 척수를 연결한다. 숨뇌는 매우 번잡한 곳으로, 뇌와 척수 사이의 모든 정보 교환은 숨뇌를 통해 올라가거나 내려가는 신경로를 거쳐 진행된다. 이 신경로는 중계역이나 처리중추 역할을 하는 숨뇌의 감각핵이나 운동핵에서 종종 연접을 형성한다. 이 신경핵들 외에도 숨뇌에는 다섯 가지 뇌신경(N VIII~N XII)과 관련된 감각핵과 운동핵들이 포함되어 있다.

숨뇌 그물체에는 생명 기능에 중요한 자율신경기능을 조절하는 신경핵들과 중추들이 포함되어 있다. 이들 **반사중추**(*reflex center*)는 뇌신경, 대뇌겉질과 뇌줄기로부터 정보를 입력받는다. 이 반사중추의 출력은 심혈관계통과 호흡계통의 작용을 제어하거나 조정한다.

- **심혈관중추(cardiovascular center)**는 심박수, 심장의 수축강도, 말초조직으로 흐르는 혈액 순환을 조절한다. 기능적으로 심장혈관중추는 심장박동수를 조절하는 **심장중추**(*cardiac center*)와 말초혈관에서의 혈액 순환을 조절하는 **혈관운동중추**(*vasomotor center*)로 세분화된다.
- **호흡주기중추(respiratory rhythmicity center)**는 호흡운동의 기본리듬을 설정하는데, 그 작용은 다리뇌에 있는 **호흡중추**(*respiratory center*)에 의해 조정된다.

체크포인트

20. 뇌의 6개 영역의 주요 기능을 한 가지씩 설명하시오.
22. 뇌하수체는 신경계와 내분비계를 연결한다. 사이뇌는 어느 부위에 연결되어 있는가?
22. 거미막과립을 통한 확산 감소가 뇌실의 뇌척수액 양에 어떤 영향을 미치는가?
23. Mary는 두부손상으로 일차운동겉질 손상을 입었다. 대뇌의 어느 부위인가?
24. 대뇌 관자엽 손상은 어떤 감각에 영향을 미치는가?
25. 시상은 어떤 유형의 감각정보를 제외하고 모든 감각정보를 대뇌겉질에 중계역할을 하는가?
26. 체온의 변화는 뇌의 어느 부위를 자극하는가?
27. 숨뇌(연수)는 뇌의 가장 작은 영역 중 하나이다. 대뇌에서 작은 손상은 눈에 띄지 않을 수 있는데, 숨뇌에서는 작은 손상이 사망을 일으킬 수 있는 이유는 무엇인가?

책 뒷면에 있는 파란색 정답 탭을 참조.

8-8 말초신경계통(PNS)은 중추신경계통(CNS)을 인체의 내부 및 외부 환경과 연결한다

학습목표 뇌신경(cranial nerve)들의 명칭을 제시하고 각각의 주요 기능을 설명하며, 척수신경들이 분포하는 양상을 이들이 신경지배하는 부위와 결부시켜 설명한다.

말초신경계통(peripheral nervous system, PNS)은 중추신경계통(central nervous system, CNS)의 신경세포를 나머지 인체 계통에 연결한다. 모든 감각정보와 운동명령은 PNS의 축삭(axon)들을 통해 전달된다(그림 8-1). 이 축삭들은 모여서 다발을 이룬 후 결합조직에 둘러싸여 **말초신경(peripheral nerve)**을 형성하는데, 이를 단순히 신경이라 부르기도 한다. 뇌신경은 뇌에서 시작되고, 척수신경은 척수에 연결되어 있다. PNS는 자율신경계통의 감각신경세포 및 운동신경세포의 세포체와 축삭도 포함하고 있다. PNS의 신경세포체들이 모여서 **신경절(ganglion,** 복수형 *ganglia*)이라 불리는 덩어리 구조를 형성한다(그림 8-6).

뇌신경 The Cranial Nerve

12쌍의 **뇌신경(cranial nerve)**은 뇌에 연결되어 있다(그림 8-31). 각각의 뇌신경은 형태나 기능에 따라 이름이 정해진다. 또한 각 뇌신경은 "nerve"를 뜻하는 글자 N과 로마 숫자(뇌의 세로축을 따라 위에서부터 순서대로)로 표시한다. 예를 들어 N I은 첫 번째 쌍의 뇌신경인 후각신경을 나타낸다.

뇌신경의 분포와 기능 Distribution and Function of Cranial Nerves

각 뇌신경은 기능적으로 감각신경이나 운동신경이나 혼합신경(감각 및 운동신경)으로 분류된다. 그러나 상당수 뇌신경은 부차적 기능도 갖고 있다. 예를 들어, 몇몇 뇌신경(N III, N VII, N IX, N X)은 PNS 신경절로 전달하는 자율신경섬유를 가지고 있는데, 이는 척수에 배열되어 있는 자율신경절에 전달될 자율신경섬유를 척수신경이 포함하고 있는 것과 유사하다. 다음으로 우리는 뇌신경들의 분포와 기능을 살펴보려고 한다.

별다른 노력 없이 뇌신경의 이름과 순서와 기능을 암기할 수 있는 사람은 거의 없다. 많은 사람들이 뇌신경의 영어 이름의 첫 글자를 따서 문장을 만들어 기억하기도 한다. 니모닉 문구(mnemonic phrases)라고도 하며 "Oh, Once One Takes The Anatomy Final, Very Good Vacations Are Heavenly"가 예이다.

후각신경(OLFACTORY NERVE; N I). 첫째 뇌신경 쌍인 후각신경은 대뇌에 연결되어 있는 유일한 뇌신경이다. (나머지 뇌신경은 사이뇌나 뇌줄기의 신경핵에서 시작하거나 끝난다.) 이 신경은 특수감각인 후각정보를 전달한다. 후각신경은 코안 중 윗부분(상부 비강)의 상피에서 시작되며, 벌집뼈의 체판(cribriform plate)을 관통하여 뇌의 **후각망울**(*olfactory bulb*)에서 연접한다. 후각망울에서 시작된 연접이후신경세포(postsynaptic neuron)의 축삭은 **후각로**(*olfactory tract*)를 이룬 후 대뇌의 후각중추로 전달된다.

시각신경(시신경, OPTIC NERVE; N II). **시각신경(optic nerve)** 눈에서 얻은 시각정보를 뇌로 전달한다. 이 신경은 눈확에 있는 **시신경구멍(optic foramina)**을 통과한 후 **시각교차(optic chiasm)**에서 반대쪽 시각신경과 만난다(그림 8-31a,b). 이어서 시각신경은 **시각로**(*optic tract*)를 통해 오른쪽과 왼쪽의 시상신경핵으로 전달된다.

눈돌림신경(OCULOMOTOR NERVE, N III). 중간뇌에는 셋째와 넷째 뇌신경을 제어하는 운동핵이 있다. 각 **안구운동신경(oculomotor nerve)**은 여섯 개의 바깥기원 안구근육 중 네 개(위곧은근, 안쪽곧은근, 아래곧은근, 아래빗근)를 신경지배한다. [기관의 위치를 유지하거나 안정시키기 위하여 기관 바깥에 위치하는 근육을 바깥기원근육(외인근육, extrinsic muscle이라 한다.] 이 신경에는 자율신경섬유도 포함되어 있는데, 이 신경섬유는 눈으로 들어오는 빛의 양을 조절하거나 수정체의 모양을 조절하는 안구속근육에 전달된다. [전체가 기관 내에 위치한 근육을 안구속근육(자체기원근육, intrinsic muscle)이라 한다]

도르래신경(TROCHLEAR NERVE; N IV). **도르래신경(trochlear nerve)**은 뇌신경 중에 가장 가는 신경으로, 눈의 위빗근신경을 지배한다. 이 신경을 제어하는 운동핵은 중간뇌에 있다. *Trochlear*라는 이름은 도르래(*trochlea*)에서 유래했는데, 도르래는 섬유연골로 이루어진 고리 모양의 구조로, 위빗근 힘줄이 도르래 속을 통과한 후 방향을 바꾸어 안구에 부착된다(그림 9-9a).

삼차신경 (TRIGEMINAL NERVE; N V). 다리뇌에는 다섯째 뇌신경과 관련된 신경핵을 포함하고 있다. **삼차신경(trigeminal nerve)**은 가장 큰 뇌신경이다. 삼차신경은 머리와 얼굴의 감각정보를 전달하고 관자근과 깨물근 등 씹기근육의 운동을 제어한다.

삼차신경은 크게 세 개의 주요한 가지로 구성되어 있다. 셋 중 **눈신경**(*ophthalmic branch*)은 눈, 코안과 코곁굴의 점막, 이마와 눈썹, 눈꺼풀과 코의 피부로부터 얻어진 감각 정보를 전달한다. **위턱신경**(*maxillary branch*)은 아래눈꺼풀과 코안과 코곁굴의 점막, 위입술, 볼, 윗니와 그 주위 잇몸, 입천장, 인두 중 일부에서 기원한 감각정보를 전달한다. **아래턱 신경**(*mandibular branch*)은 세 가지 중에 가장 큰 신경이다. 아래턱신경은 관자놀이, 아랫니와 그 주위 잇몸, 침샘(salivary gland), 혀 중 앞부분에서 시작된 감각정보를 전달한다. 아래턱신경은 씹기근육(관자근, 깨물근, 날개근)의 운동도 조절한다.

갓돌림신경(ABDUCENS NERVE; N VI). **갓돌림신경(외전신경, abducens nerve)**은 여섯 가지 안구근육 중에서 가쪽곧은근만을 신경지배한다. 갓돌림신경의 운동핵은 다리뇌에 있다. 이 신경은 다리뇌와 숨뇌 사이에서 나오고, 눈돌림신경 및 도르래신경과 함께 눈확으로 들어간다. 갓돌림(*abducens*)이란 이름은 갓돌림신경이 지배하는 가쪽곧은근의 작용인 벌림(abduction)에서 기원한다. 벌림은 눈을 몸의 정중선에서부터 가쪽으로 회전하는 운동이다.

얼굴신경(안면신경, FACIAL NERVE; N VII). **얼굴신경(facial nerve)**은 얼굴의 혼합신경이다. 얼굴신경의 감각뿌리 및 운동뿌리는 다리뇌의 측면에서 나온다. 감각신경섬유는 안면근육의 고유감각수용기를 모니터링하고, 얼굴표면의 깊은 압력감각을 받으며, 혀의 앞 2/3 부분에 있는 수용기로부터 미각정보를 얻는다. 운동신경섬유는 얼굴과 머리덮개와 귀 근처에 위치한 얕은 근육(표재성 근육)들을 조절하여 얼굴에 표정을

그림 8-31 뇌신경.

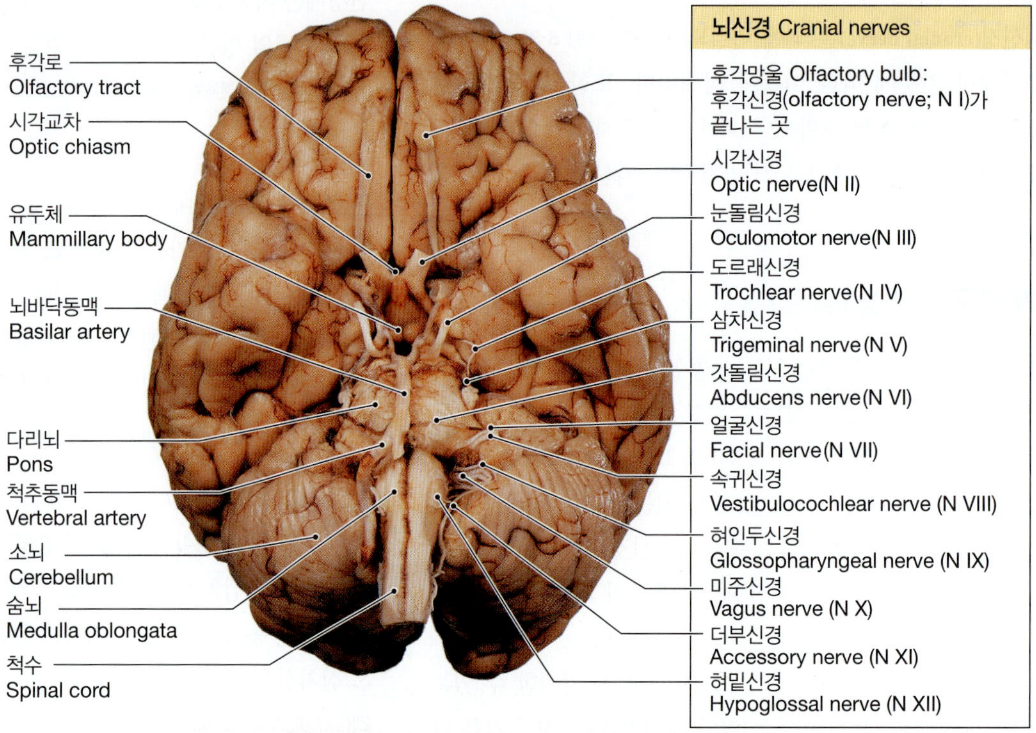

a 뇌를 아래쪽에서 촬영한 사진

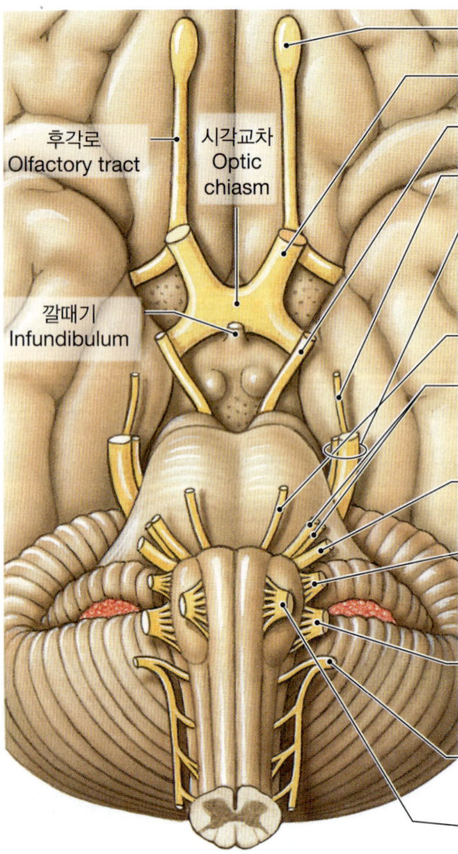

b 12쌍의 뇌신경이 뇌에 부착된 상을 도식화한 것

뇌신경	기능	신경분포/신경지배
후각망울(N Ⅰ)	특수감각	후각상피(Olfactory epithelium)
시각신경(N Ⅱ)	특수감각	눈의 망막
눈돌림신경(N Ⅲ)	운동	눈의 아래곧은근, 안쪽곧은근, 위곧은근, 아래빗근, 안구속근육
도르래신경(N Ⅳ)	운동	눈의 위빗근
삼차신경(N Ⅴ)	혼합	감각: 눈확 속 구조들, 코안, 이마 피부, 눈꺼풀, 눈썹, 코, 입술, 잇몸, 치아; 볼, 입천장, 인두, 혀 운동: 씹기근육(관자근, 깨물근, 날개근)
갓돌림신경(N Ⅵ)	운동	눈의 가쪽곧은근
얼굴신경(N Ⅶ)	혼합	감각: 혀의 앞 2/3에 있는 미각수용기 운동: 얼굴표정근육, 눈물샘, 침샘(턱밑샘과 혀밑샘)
속귀신경(N Ⅷ)	특수감각	달팽이관(청각수용기) 안뜰(움직임과 평형 수용기)
혀인두신경(N Ⅸ)	혼합	감각: 혀의 뒤 1/3에 있는 미각수용기: 인두와 입천장(일부); 혈압, pH, 산소, 이산화탄소 수용기 운동: 인두근육, 침샘(귀밑샘)
미주신경(N Ⅹ)	혼합	감각: 인두, 귓바퀴와 바깥귀길, 가슴안과 배골반안의 내장 운동: 입천장근육과 인두근육, 가슴안과 배골반안의 내장
더부신경(N Ⅺ)	운동	입천장, 인두, 후두의 수의근(미주신경에 포함되어 분포): 목빗근과 등세모근
혀밑신경(N Ⅻ)	운동	혀근육

만들어 낸다. 얼굴신경은 눈물샘과 침샘 분비를 조절하는 자율신경섬유(부교감신경)를 포함한다.

속귀신경(VESTIBULOCOCHLEAR NERVE, N VIII). **속귀신경(vestibulocochlear nerve)**은 속귀에 있는 감각수용기들로부터 정보를 받는다. 속귀신경의 신경핵들은 다리뇌와 숨뇌에 포함되어 있다. 속귀신경은 다음 두 부분 구성된다. 즉 (1) 속귀 중에서 평형감각을 담당하는 부분인 안뜰(전정, *vestibule*)에서 기원하는 **안뜰신경(전정신경, vestibular nerve)**과 (2) 속귀 중에서 청각을 담당하는 부분인 달팽이관(cochlear duct)의 수용기에서 얻어진 정보를 전달하는 **달팽이신경(cochlear nerve)**으로 나뉜다.

혀인두신경(GLOSSOPHARYNGEAL NERVE; N IX). **혀인두신경(glossopharyngeal nerve)**은 혀와 인두에 분포하는 혼합신경이다. 혀인두신경에 연결된 감각핵과 운동핵은 숨뇌에 포함되어 있다. 이 신경의 감각신경성 부분은 혀의 뒤 1/3 부분에서 시작된 미각을 전달한다. 이 신경은 또한 주요 혈관에서 혈압과 녹아 있는 이산화탄소 등의 용존가스 농도를 모니터링한다. 혀인두신경 중 운동신경성 부분은 음식을 삼킬 때 작용하는 인두근육을 조절한다. 또한 대표적인 침샘인 귀밑샘을 조절하는 자율신경섬유(부교감신경)도 포함되어 있다.

미주신경(VAGUS NERVE; N X). **미주신경(vagus nerve)**의 *vagus*는 방랑을 뜻한다. 미주신경은 귓바퀴와 바깥귀길, 가로막, 인두의 미각수용기에서 얻어진 감각정보와 식도, 기도 및 큰창자 등의 배의 소화관에 있는 내장감각수용기에서 출발한 감각정보를 전달한다. 미주신경에 연결된 감각핵과 운동핵은 숨뇌에 위치한다. 미주신경이 전달하는 감각정보는 자율신경이 내장 기능을 조절하는 데 필수적이다. 하지만 우리는 이 감각을 인지하지 못하는데, 이는 이 감각은 대부분이 대뇌겉질까지 전달되지 않기 때문이다. 미주신경의 운동신경성 부분은 물렁입천장(연구개)과 인두와 식도의 뼈대근육을 제어하고, 심장근육, 식도, 위, 창자와 쓸개의 민무늬근 및 샘들에 영향을 미친다.

더부신경(ACCESSORY NERVE; N XI). **더부신경(accessory nerve)**은 목과 등의 일부 근육을 지배하는 운동신경이다. 이 신경은 다른 일반적 뇌신경과 달리 운동신경섬유가 척수의 첫째~다섯째 목분절 회색질과 숨뇌에서 시작된다. 모든 운동신경섬유들은 머리뼈 안에서 잠시 결합되어 N XI을 이룬 후 머리뼈 밖으로 나오며, 이어서 두 갈래로 나누어진다. 둘 중에 속가지는 미주신경에 연결되고, 결국 삼킴 작용에 관여하는 물렁입천장 및 인두의 맘대로근(수의근)과 성대를 조절해서 발성이 일어나게 하는 후두의 근육을 신경지배한다. 더부신경 바깥가지는 각각 목과 등에 있는 목빗근과 등세모근을 조절한다.

혀밑신경(HYPOGLOSSAL NERVE; N XII). **혀밑신경(hypoglossal nerve)**은 혀를 구성하는 뼈대근의 수의운동을 조절한다. 혀밑신경의 운동핵은 숨뇌에 위치한다.

전체 뇌신경의 분포(신경지배 구조)와 기능은 **그림 8-31b**에 요약되어 있다.

척수신경 The Spinal Nerves

31쌍의 **척수신경(spinal nerve)**은 어느 척수분절에서 기원하는가 따라 몇 가지 그룹으로 분류된다(**그림 8-32**). 척수신경은 목신경 8쌍(C_1-C_8), 가슴신경 12쌍(T_1-T_{12}), 허리신경 5쌍(L_1-L_5) 엉치신경 5쌍(S_1-S_5), 꼬리신경 1쌍(Co_1)을 포함하고 있다.

각 척수신경 쌍은 **피부분절(dermatome)**이라 불리는 인체 표면의 특정 영역을 모니터링한다(**그림 8-33**). 척수신경이나 척수신경절의 손상 또는 감염은 피부 해당 영역의 감각 상실을 일으키기 때문에 피부분절은 임상적으로 매우 중요하다. 예를 들어, 척수신경절이 수두대상포진 바이러스에 감염되어 대상포진(*shingles*)이 발생하면 환자는 해당 감각신경이 분포하는 영역에서 통증과 발진이 수반된다.

신경얼기 Nerve Plexus

태아 발생 과정에서 일반적으로 뼈대근은 융합되어 더 큰 근육을 형성하는데, 그 결과로 척수신경들에서 비롯된 축삭들로 구성된 신경이 이 근육을 신경지배하게 된다. 이러한 척수 신경 혼합물 줄기는 **신경얼기(nerve plexus)**라 불리는 그물 모양의 구조에서 시작된다. 네 가지 척수신경얼기와 주요 말초신경의 분포 양상을 **그림 8-32**에 나타내었다.

목신경얼기(cervical plexus)는 목근육들을 신경지배하며, 가슴안까지 이어져서 가장 중요한 호흡근육인 가로막을 신경지배한다. **팔신경얼기(brachial plexus)**는 팔이음부위와 팔을 신경지배한다. **허리신경얼기(lumbar plexus)**와 **엉치신경얼기(sacral plexus)**는 다리이음부위와 다리를 신경지배한다. 마지막 두 신경얼기를 합쳐서 허리엉치신경얼기(*lumbosacral plexus*)라 부르기도 한다.

신경얼기에서 시작되는 신경들에는 운동신경섬유뿐만 아니라 감각신경섬유도 포함하고 있다. 말초신경병증(*peripheral neuropathy*)라고도 알려진 말초신경마비(*peripheral nerve palsy*)는 신경이 외상을 입거나 압박을 받음으로 인해 그 신경이 담당하는 부위에서 감각이나 운동기능이 국소적 소실 나타낸다. 팔다리가 저릴 때 누구나 경미한 일시적 마비현상을 경험한 적이 있을 것이다.

8

그림 8-32 말초신경과 신경얼기.

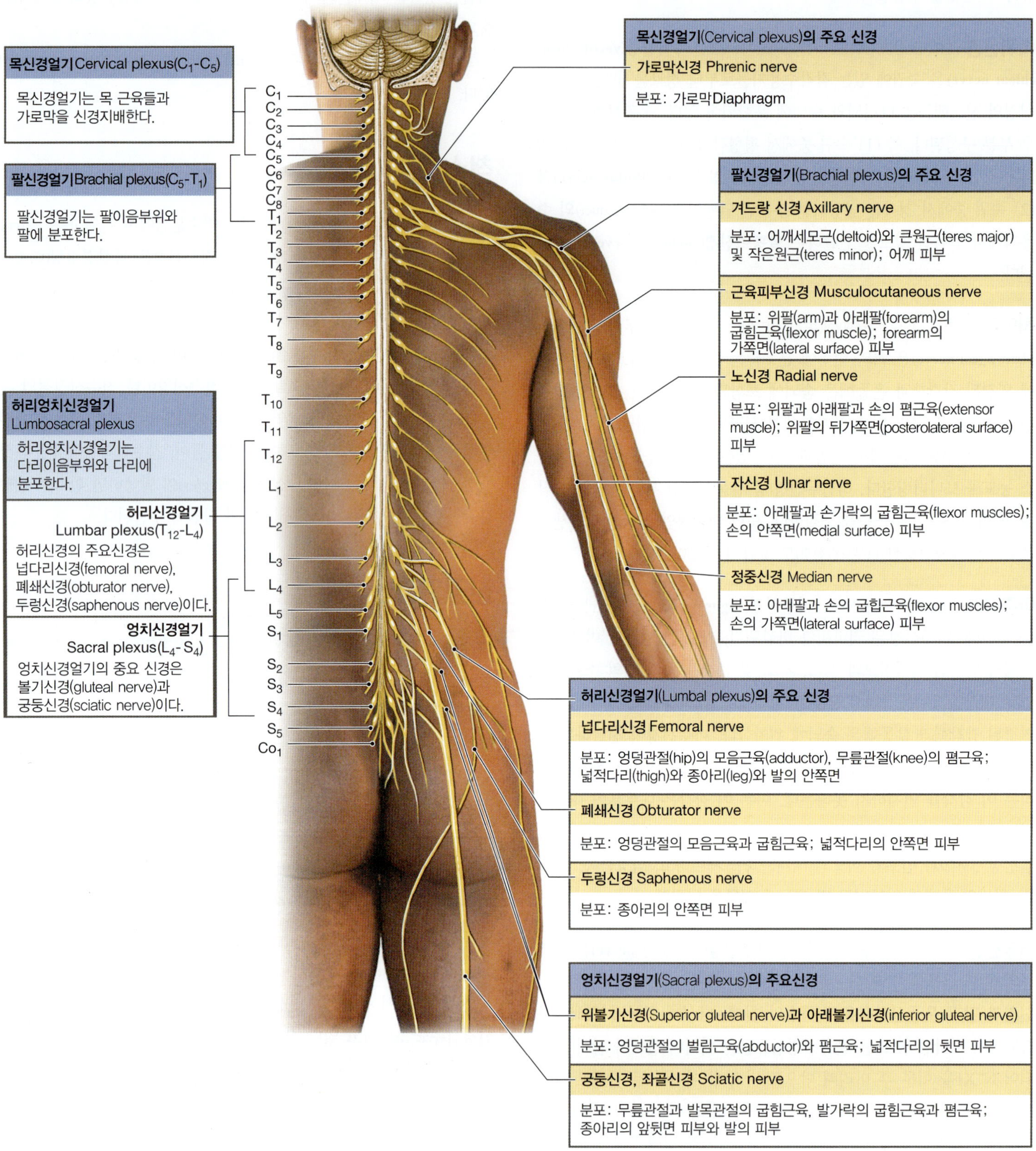

그림 8-33 **피부분절.** 인체의 앞면과 뒷면 표시한 피부표면의 피부분절. 얼굴은 척수신경이 아닌 뇌신경(삼차신경)이 담당한다.

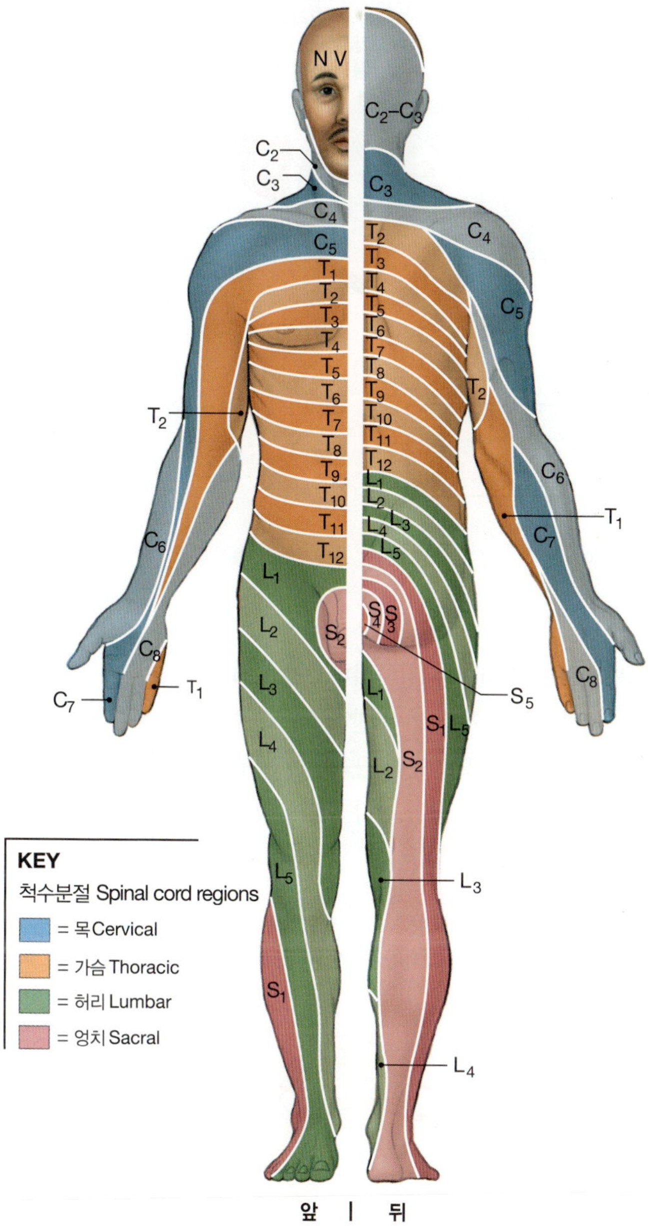

체크포인트

28. 갓돌림신경(N VI) 손상과 관련된 징후는 무엇인가?
29. John은 혀를 움직이는 데 어려움을 겪고 있다. 그의 담당의사는 뇌신경에 대한 압박 때문이라고 말한다. 어떤 뇌신경이 관련되어 있는가?
30. 호흡 능력에 영향을 미치는 신경얼기는?

책 뒷면에 있는 파란색 정답 탭을 참조.

8-9 반사(reflex)는 자극에 대한 빠르고 자동적인 반응이다

학습목표 반사활의 각 단계를 설명한다.

중추신경계통과 말초신경계통을 따로 공부할 수는 있지만, 두 신경계통은 함께 작용한다. CNS와 PNS가 상호작용하는 방식을 공부하려면 자극에 대한 단순반사부터 공부해야 한다. **반사(reflex)**는 특정 자극에 대한 빠른 자동반응이다. 반사는 기관이나 기관계통의 기능을 재빨리 조정해서 항상성을 유지하는 데 기여한다. 그 반응은 거의 변동성이 없이 일정하게 이루어진다. 특정 반사가 활성화될 때마다 대개 동일한 운동반응이 일어난다.

단순반사 Simple Reflex

반사는 말초수용기에서부터 CNS로 정보를 전달하는 감각신경섬유와 운동명령을 말초 효과기에 전달하는 운동신경섬유를 포함하고 있다. 한 반사를 구성하는 회로를 **반사활(reflex arc)**이라 한다. 반사활은 수용기에서 시작해서 근육섬유나 샘세포 같은 효과기에서 끝난다. **그림 8-34**는 반사활의 작용이 일어나는 다섯 단계를 도식으로 나타낸 그림이다. 즉 (1) 자극의 도달과 수용기 활성화, (2) 감각신경세포의 활성화, (3) 사이신경세포의 정보 처리, (4) 운동신경세포의 활성화, (5) 말초효과기의 반응 등 다섯 단계를 수행한다.

반사는 대개 처음 가해졌던 자극을 없애거나 반대로 작동한다. **그림 8-34**에는 근육이 수축해서 통증 자극에서 멀어지도록 손을 빼고 있다. 따라서 이 반사활은 음성되먹임(*negative feedback*)의 예라고 할 수 있다. 이 반사는 잠재적으로 유해한 내부환경 또는 외부환경 변화에 대해 반대로 작용하여 항상성을 유지하는 데 중요한 역할을 한다.

단순반사활의 감각신경세포는 운동신경세포와 직접 연접하는데, 운동신경세포가 정보처리 기능을 수행한다. 이러한 반사를 **단일연접반사(monosynaptic reflex)**라 부른다. 단일연접반사는 단지 하나의 연접이므로 신경계통에서 가장 빠르고 정형화된 운동반응을 조절한다. 그 가장 널리 알려진 예가 늘림반사이다.

늘림반사(stretch reflex)(뻗침반사, 신장반사)는 뼈대근의 길이를 자동 조절한다. 늘림반사의 감각수용기는 **근육방추(muscle spindle)**이다. 근육방추는 뼈대근 전체에 분포되어 있으며 특수하게 변형된 가느다란 뼈대근섬유들이 다발을 구성하고 있다. 자극(근육 길이의 늘림)은 감각신경세포를 활성화시키며, 이는 자극에 대응하는 즉각적인 운동반응(늘어난 근육의 수축)을 유발하게 한다.

늘림반사(뻗침반사)는 정상적인 자세와 균형을 유지하고 근육긴장도

그림 8-34 **반사활의 진행 단계.**

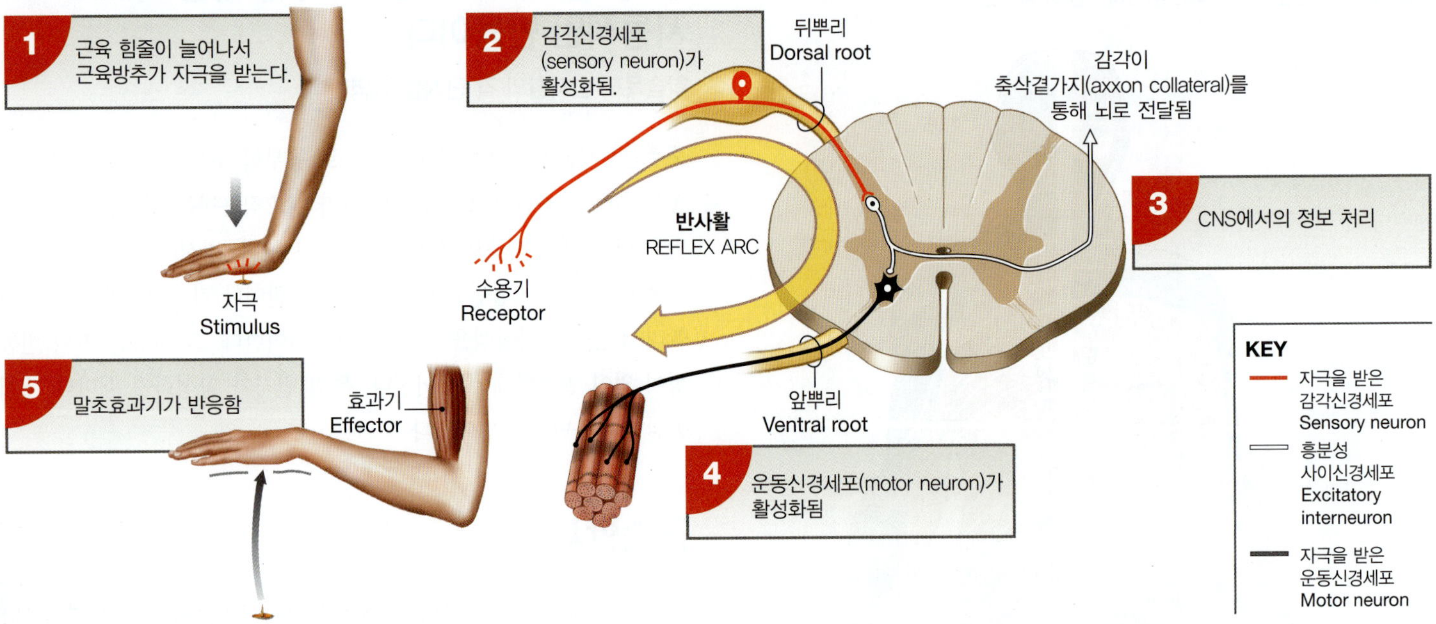

를 자동으로 바로잡는 데 중요한 역할을 한다. 의료인이라면 환자의 늘림반사의 민감도를 활용하여, 척수, 말초신경, 근육의 전반적 상태를 평가할 수 있어야 한다. 예를 들어, **무릎반사**(*knee jerk reflex*, **patellar reflex**)는 무릎인대를 가볍게 두드림으로써 넙다리네갈래근에 있는 근육방추를 신장시키는 검사이다(**그림 8-35**). 살짝만 자극을 가해도 넙다리네갈래근이 저항 없이 반사적으로 수축해서 차는 듯한 동작이 나타난다. 이 수축으로 인해 근육방추가 원래 길이보다 짧아지면 감각신경종말이 압박을 받아 감각신경이 억제되고, 종아리가 원래 자세

그림 8-35 **늘림반사(뻗침반사, 신장반사).** 무릎반사는 무릎을 곧게 펴는 근육의 신장수용기(muscle spindle, 근육방추)의 조절을 받는 늘림반사의 일종이다. 반사망치로 무릎인대를 두드리면 근육방추가 늘어난다. 근육방추가 늘어나면 근육방추에 분포하는 감각신경세포의 작용이 갑자기 활발해지고, 이 감각신경세포의 축삭은 척수에 있는 운동신경세포와 연접한다. 척수 운동신경세포가 활성화되면 즉각적인 근육 수축과 무릎을 펴는 반사가 일어난다.

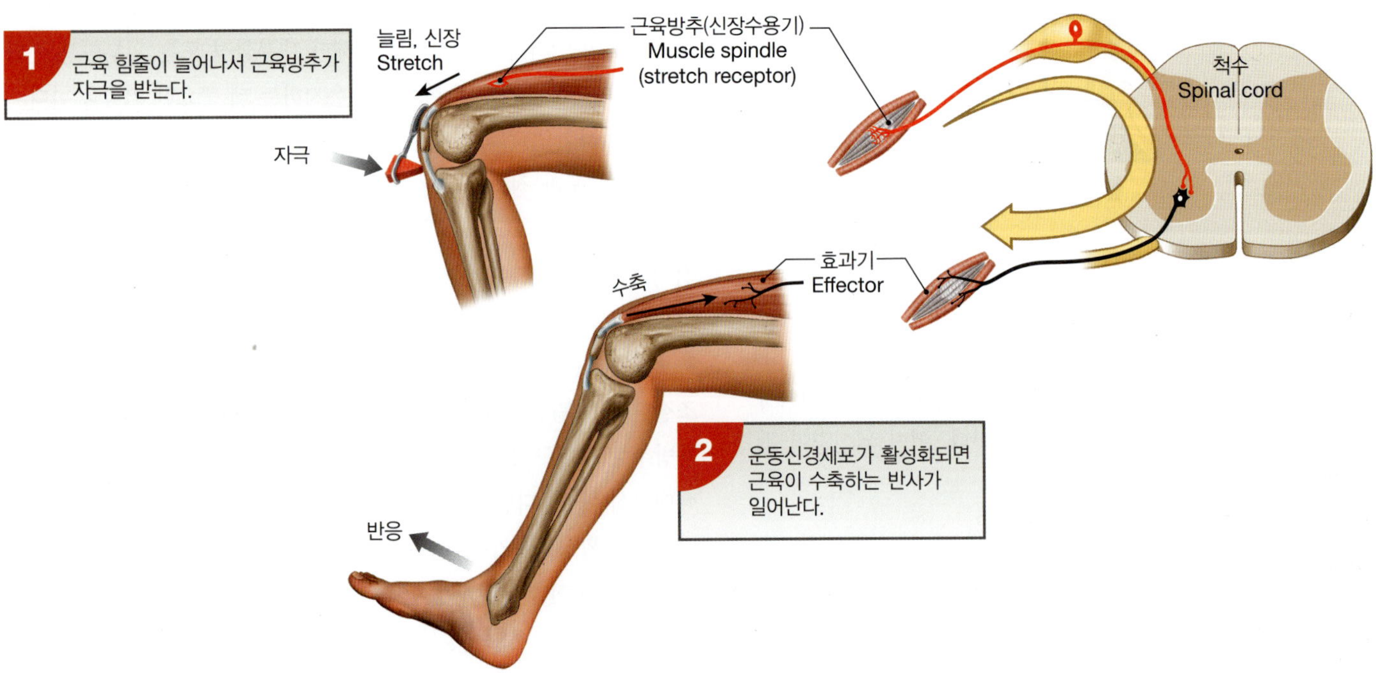

그림 8-36 회피반사의 일종인 굽힘근반사.

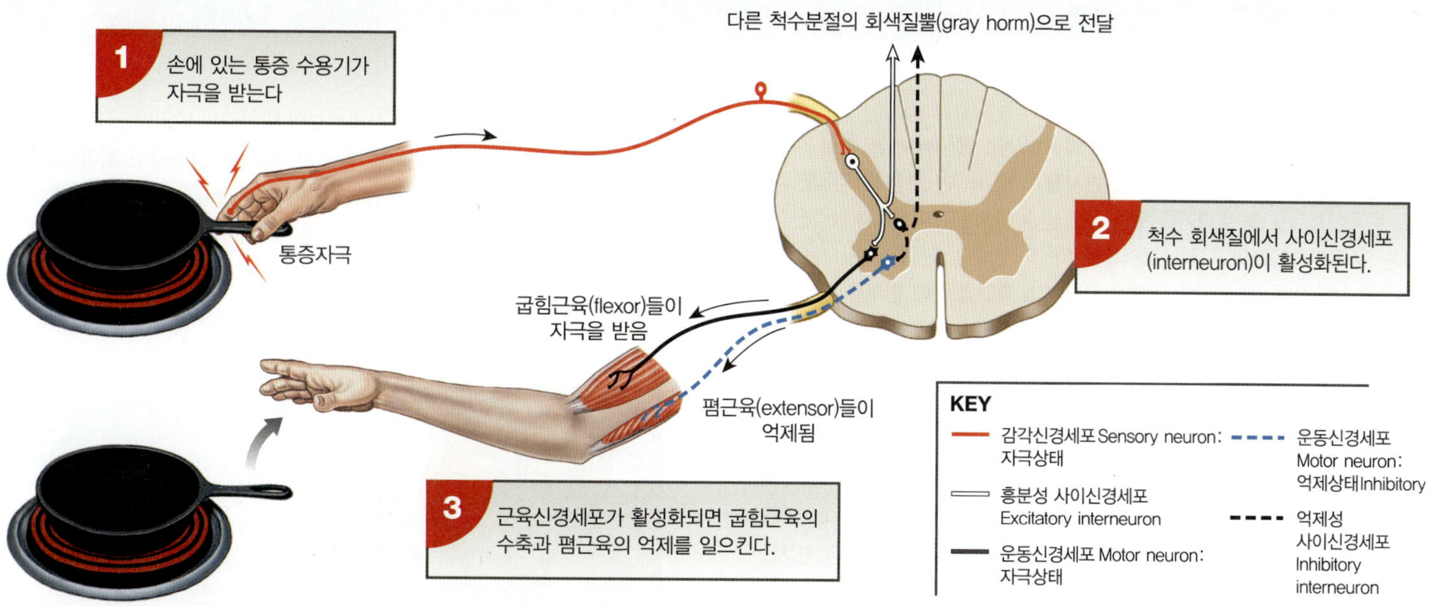

로 돌아간다.

복잡반사 Complex Reflex

대부분의 척수반사에는 감각신경세포(들신경세포)와 운동신경세포(날신경세포) 사이에 하나 이상의 사이신경세포가 포함되어 있다(**그림 8-34**). 이러한 **다연접반사(polysynaptic reflex**, 다시냅스반사)는 연접을 여러 차례 거치기 때문에 자극과 반응 사이의 더 긴 지연 시간이 생긴다. 하지만 그 사이신경세포들이 여러 근육집단을 동시에 제어할 수 있기 때문에 훨씬 더 다양한 반응을 생성할 수 있다.

회피반사(withdrawal reflex)가 일어나면 자극을 받았던 신체 부분이 자극원으로부터 멀리 떨어지게 된다. 통증자극은 가장 강력한 회피반사를 유발하지만, 이러한 회피반사는 촉각수용기나 압력수용기를 자극해도 일으킬 수 있다. **굽힘근반사(flexor reflex)**는 팔다리 근육에 영향을 미치는 회피반사이다. 실수로 뜨거운 냄비나 난로를 손으로 잡게 되면 즉각적인 굽힘근반사가 일어난다(**그림 8-36**). 손에 있는 통증수용기가 자극을 받으면 그 감각신경세포가 척수의 사이신경세포를 활성화시키고, 이 사이신경세포는 척수의 앞회색질뿔에 있는 운동신경세포를 자극한다. 결과적으로 굽힘근육이 수축하여 손을 난로나 냄비에서 급히 떼게 된다. 이 반사반응이 일어나는 동시에 통증 감각이 뇌로 올라간다.

특정 근육이 수축하면 그 반대작용을 하는 대항근은 늘어난다. 예를 들어, 팔꿉관절을 굽히는 굽힘근육의 대항근은 이 관절을 곧게 펴는 폄근육이다. 여기에는 잠재적 문제가 있을 수 있다. 즉 굽힘근육이 수축하면 폄근육의 늘림반사가 촉발되어 폄근육이 수축하게 되는데, 그렇게 되면 굽힘근육의 운동이 저항을 받게 된다. 이때 척수의 사이신경세포가 **상반억제(reciprocal inhibition)** 작용을 통해 두 근육이 경쟁하지 않도록 예방한다. 이렇게 한 운동신경세포 집단이 자극을 받으면, 그 대항근을 지배하는 운동신경세포 집단은 억제된다.

척수반사의 통합과 조절
Integration and Control of Spinal Reflexes

반사는 자동적으로 일어나기는 하지만 뇌의 고위중추가 반사반응에 영향을 준다. 고위중추들은 반사에 관여하는 사이신경세포나 운동신경세포를 촉진하거나 억제함으로써 반사반응에 영향을 미친다. 그렇게 되면 반사의 민감성이 변화될 수 있다. 반사와 관련된 운동신경세포를 촉진하는 것을 **강화**(*reinforcement*)라 한다. 예를 들어, 젠드라식 수기(Jendrassik maneuver)는 무릎반사를 더 명확하게 나타내고자 할 때 사용하는 방법이다. 피검사자가 두 손을 서로 갈고리 걸 듯 고정하고 손가락 깍지를 낀 상태에서, 잡은 두 손을 서로 반대 방향으로 당기려고 힘을 쓰는 동안에 검사자가 피검사자의 무릎인대를 가볍게 두드린다. 이렇게 무릎반사를 강화하면 발이 씰룩거리는 정도가 아니라 뻥차는 정도로 큰 반사가 일어난다. 이 수기는 피검사자의 주의를 돌리는 방법으로, 설사 피검사자가 이 수기가 집중을 방해하고 있음을 깨닫게 되더라도 이 방법을 쓰면 여전히 더 큰 반사반응을 생성한다.

임상노트

반사신경 Reflexes

반사 검사는 유용한 신체검사 도구가 될 수 있다. **반사**(*reflex*)는 특정 자극에 의해 촉발되는 자동운동 반응이다. **반사활**(*reflex arc*)은 수용체, 감각신경세포, 운동신경세포 및 효과기를 포함한다. 단순 반사활(반사궁)에서 감각신경세포는 운동신경세포와 직접 상호작용한다. 이 단순한 단일연접반사는 매우 빠르게 작동한다. 열과 같은 유해한 자극에 노출되었을 때 환부를 떼어내 신체 일부를 부상으로부터 보호한다. 단일연접반사의 가장 좋은 예는 뼈대근 길이의 자동 조절을 제공하는 신장반사(stretch reflex)이다.

신장반사는 반사 망치로 근육의 일부를 두드려 평가할 수 있다. 해머 탭의 짧은 자극은 영향을 받은 근육에 눈에 띄는 수축을 가져온다. 이 반응은 반사로 간주되며 일반적으로 0~4등급으로 등급이 매겨진다. **표 8-1**은 반사 등급 척도를 보여준다. 신체 한쪽의 반사는 일반적으로 신체 다른 쪽의 해당 반사와 비교하게 된다. 반사신경의 비대칭은 이상을 나타낼 수 있다. 반사신경 검사는 해당 척추 부분에 대한 정보를 제공한다. 가장 일반적으로 검사되는 네 가지 반사는 발목반사, 이두근 반사, 슬개골 반사 및 복부 반사이다. 발목반사는 천골 척추 분절 S_1 및 S_2를 평가한다. 이두근 반사는 척추신경 C_5와 C_6을 평가한다. 슬개골 반사는 척추신경 L_2, L_3와 L_4를 평가할 수 있다. 복부 반사는 배꼽을 자극 쪽으로 이동시키는 복부 근육의 수축운동이다. 배꼽 위의 복부 부분은 흉추 분절 T_8, T_9, T_{10}에 해당하며, 배꼽 아래의 복부 부분은 흉추 분절 T_{10}, T_{11} 및 T_{12}에 해당한다(**그림 8-37**).

저반사 또는 무반사는 뼈대근, 등 또는 복부 신경근, 척추신경, 척수 또는 뇌에 대한 일시적 또는 영구적 손상 때문일 수 있다. 과반사는 일반적으로 더 고위중추 또는 내림신경로에 영향을 미치는 질병으로 인해 발생한다. 특정 환자의 경우 반사 해머로 힘줄을 두드리면 지속적인 수축 또는 여러 번의 연속적인 수축(clonus 간대라고 함)이 발생할 수 있다.

심한 척추손상 후 발생하는 뚜렷한 유형의 과반사에서 척수의 운동신경세포 또는 뇌의 고위중추와의 연결이 소실된다. 부상 후 처음에는 척추 쇼크로 알려진 무반사의 기간이 있다. 반사신경이 돌아오면 가벼운 자극에도 과장된 반응으로 반응한다.

발바닥의 측면을 따라 발바닥을 쓰다듬으면 발가락의 발바닥 굴곡을 유발해야 한다(**그림 8-38**). 엄지발가락 배측 굴곡과 다른 발가락이 튀어나오면 중추신경계통 병변을 나타낸다. **바빈스키 반응**(*Babinski response*)으로 알려진 이 반사는 모든 중병 또는 중상을 입은 환자에서 평가되어야 한다.

표 8-1 반사척도

등급	설명
0	응답 없음
+	감소, 정상 이하
++	평균, 정상
+++	평상시보다 빠르게
++++	간대와 관련된 과잉 활동

그림 8-37 복부 반사. 복부의 피부를 부드럽게 쓰다듬으면 밑에 있는 근육이 수축되고 배꼽이 자극 위치로 이동한다.

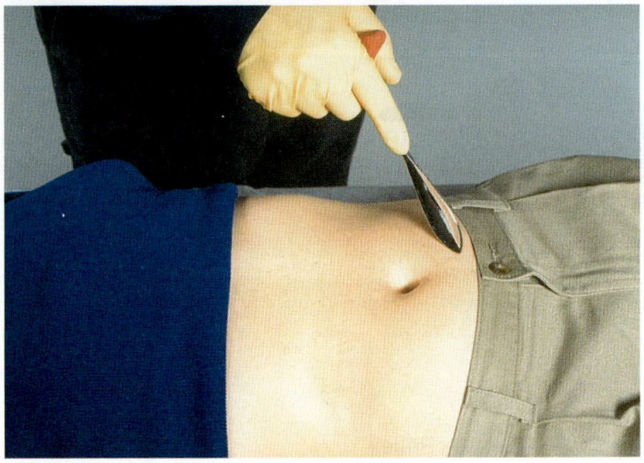

그림 8-38 발바닥 반사. 발바닥 표면의 측면을 쓰다듬으면 발가락의 발바닥 굴곡이 일어난다. 엄지발가락의 배측 굴곡과 자극 후 다른 발가락의 부채꼴 펴짐은 바빈스키 반사 양성반응이며 이는 뇌의 고위중추에 문제가 있음을 시사한다.

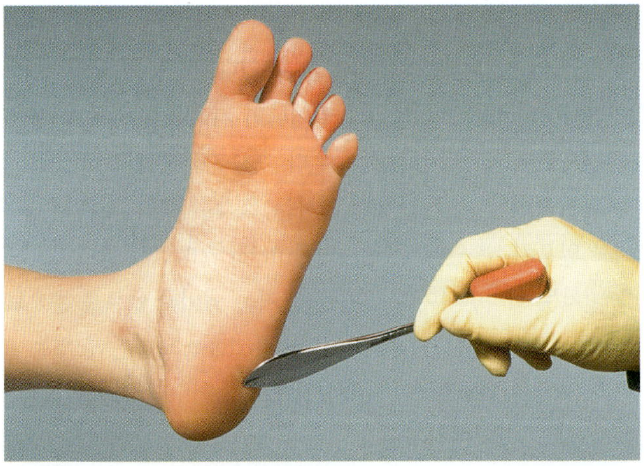

한편 척수반사를 억제하는 내림신경섬유도 있다. 영아의 발바닥 중 옆면을 가볍게 긁으면 다섯 발가락이 부챗살처럼 펼쳐지는 소위 **바빈스키 징후(Babinski sign)**, 즉 양성 바빈스키 반사(*positive Babinski reflex*)가 일어난다. 이 반응은 아이가 자라면서 내림신경섬유의 억제성 연접이 발달하면서 사라지기 때문에, 성인의 경우 동일한 자극을 받으면 약 1초 뒤에 다섯 발가락이 굽혀지는 **발바닥반사(plantar reflex)**, 즉 음성 바빈스키 반사(*negative Babinski reflex*)가 나타난다. 그런데 성인도 뇌의 고위중추나 내림신경로가 손상되면 바빈스키 징후가 다시 나타날 수 있다. 따라서 임상의사들은 환자의 CNS가 손상되었다는 의심이 들면 이 반사를 자주 검사해야 한다.

척수반사는 특정 외부 자극에 반응에 의해 촉발되는 일관되고 정형화된 운동 패턴을 나타낸다. 그러나 뇌의 고위중추에 의해 필요에 따라 이와 동일한 패턴의 운동반응이 나타날 수 있다. 기존에 형성된 운동 패턴을 이용하면 상대적으로 적은 수의 내림신경섬유로도 복잡한 운동 기능을 제어할 수 있다. 예를 들어, 걷고, 달리고, 높이 뛰는 운동 패턴은 척수에 있는 신경세포군에 의해 일차적으로 조절된다. 뇌에서 시작된 내림신경섬유들은 이미 확립된 운동 패턴을 촉진 또는 억제하거나 미세하게 조정한다.

체크포인트

31. 반사를 정의하시오.
32. 의사가 척수, 말초신경 및 근육의 일반적인 상태를 검사하기 위해 사용하는 보편적 반사작용은 무엇인가?
33. 복합반사가 단순반사보다 더 복잡한 반응을 생성하는 이유가 무엇인가?
34. Tom은 소파를 들다가 등을 다친 뒤 양성 바빈스키 반사를 보이고 있다. Tom의 부상은 뇌신경계통의 어느 영역의 이상을 의미하는가?

책 뒷면에 있는 파란색 정답 탭을 참조.

지식 쌓기

감각수용기는 진피와 깊은 표피층에 존재한다는 것을 상기하라(**5장: 외피계통** 참조). 진피에 분포하는 신경섬유들은 감각수용기들을 모니터링하는데, 이 수용기에서 촉각, 통증감각, 압력감각, 온도감각이 시작된다.

8-10 감각정보와 운동명령은 서로 다른 경로를 통해 전달된다

학습목표 주요 감각경로와 운동경로를 식별하고, 뇌가 신체의 다른 부위에서 발생하는 감각을 어떻게 구별할 수 있는지를 설명한다.

CNS, PNS, 기관 및 기관계통 간의 정보교환은 감각과 운동 정보를 전달하는 경로, 신경로, 신경핵을 통해서 일어난다. 척수에서 감각을 전달하는 오름신경로와 운동명령을 하달하는 내림신경로의 이름은 축삭이 출발하는 곳과 도착하는 곳에 따라 정해진다. 이름이 척수(*spino-*)로 시작하는 신경로는 척수에서 시작해서 뇌에서 끝나므로 감각정보를 전달한다. 이름이 척수로(*-spinal* tract)로 끝나면 신경로의 축삭은 고위중추에서 시작하여 척수에서 끝나며 운동명령을 내린다. 신경로의 이름 중 나머지는 연관되는 뇌의 신경핵이나 대뇌겉질 영역을 나타낸다.

표 8-2에 주요 감각경로 및 운동경로와 그 기능을 예시하였다.

표 8-2 감각경로와 운동경로

경로	기능
감각경로	
뒤백색질기둥경로(Posterior column pathway)	인체의 매우 세밀한 위치의 미세촉각, 압력감각, 진동감각, 고유감각을 일차감각겉질에 전달한다.
척수시상로(Spinothalamic pathway)	인체의 불명확한 위치의 촉각, 압력감각, 통증, 온도감각을 일차감각겉질에 전달한다.
척수소뇌로(Spinocerebellar pathway)	근육 뼈, 관절의 위치와 관련된 고유감각 정보를 소뇌겉질에 전달한다
운동경로	
겉질척수로(Corticospinal pathway)	인체 전체 뼈대근의 수의조절명령(맘대로조절명령)을 전달한다.
안쪽뇌줄기경로 및 가쪽뇌줄기경로(Medial and lateral pathways)	뼈대근의 긴장을 잠재의식 수준(불수의적)에서 제어하고, 평형감각과 갑작스럽거나 강한시각 및 청각자극에 대한 뼈대근의 반사 반응을 조절한다

8

감각경로 Sensory Pathways

감각수용기는 몸속이나 외부 환경의 상태를 모니터링한다. 감각수용기에 수집된 정보는 들신경심유인 감각신경섬유를 통해 활동전위의 형태로 CNS에 도달한다. 이렇게 도달한 정보를 **감각(sensation)**이라고 한다. CNS에 도달한 감각은 대부분이 척수나 뇌줄기의 감각경로를 따라 중추들에서 처리된다. CNS에 도달하는 정보 중에서 약 1%만 대뇌겉질에 도달해서 의식에 인지된다. 예를 들어, 우리는 일반적으로 우리가 입고 있는 옷을 감지하거나 느끼지 못하며, 자동차 엔진의 윙윙거리는 소리를 듣지 못하는 경우가 많다.

뒤백색질기둥경로 The Posterior Column Pathway

8

오름감각경로의 대표적 예가 **뒤백색질기둥경로(posterior column pathway)**이다(그림 8-39). 이 감각경로는 매우 정확한 위치의 미세촉각, 압력감각, 진동감각, 위치감각(고유감각) 등을 대뇌겉질에 전달한다. 그 과정에서 정보는 한 신경세포에서 다른 신경세포로 전달된다. 감각정보는 감각신경세포의 축삭을 따라 이동하여 척수신경의 뒤뿌리를 거쳐 CNS(척수)에 도달한다(❶ 그림 8-39). 이 축삭은 척수에 진입한 후에 뒤백색질기둥경로를 통해 위로 올라간다. 그리고 숨뇌의 감각핵에서 연접한다. 이 감각핵을 이루는 신경세포(이 경로 중 둘째 신경세포)의 축삭은 숨뇌에서 교차하여 반대편으로 옮긴 뒤 계속 위로 올라가서 시상에 도달한다(❷). 시상에서 연접 부위의 위치는 감각이 시작된 신체 부위에 따라 다르다. 이어서 시상에 있는 신경세포(셋째 신경세포)는 감각정보를 일차감각겉질 중 적절한 영역으로 중계한다(❸).

감각정보는 일차감각겉질 중 특정 위치에 도달한다. 예를 들어, 발가락의 감각정보는 일차감각겉질 중 한쪽 끝에 도달하고, 머리에서 시작된 감각정보는 그 반대쪽 끝에 도달하게 된다. 그 결과로 일차감각겉질에는 **감각축소인간**(*sensory homunculus*, 작은 인간)이라고 하는 미니어처 맵(우리 몸을 축소한 약도)을 포함하고 있다. 이 약도는 특정 신체부위를 담당하는 일차감각겉질의 면적을 나타내는 것이 아니라, 해당영역에 포함된 감각수용기의 수에 비례하기 때문에 실제 신체 비율과 달리 왜곡되어 있다. 달리 말하자면, 촉각수용기가 드문드문 분포한 등에서 시작된 감각을 분석하는 데 필요한 대뇌겉질 신경세포보다 미각과 촉각 수용기가 매우 조밀하게 분포한 혀에서 시작된 감각을 처리하는 데 필요한 대뇌겉질 신경세포가 훨씬 많다는 뜻이다.

그림 8-39 뒤백색질기둥경로. 뒤백색질기둥경로는 미세촉각, 압력, 진동감각, 고유감각 등을 반대쪽 대뇌반구의 일차감각겉질에 전달한다. (명확한 설명을 위해 이 그림에는 신체의 오른쪽에서 시작된 감각의 경로만 나타냈다.)

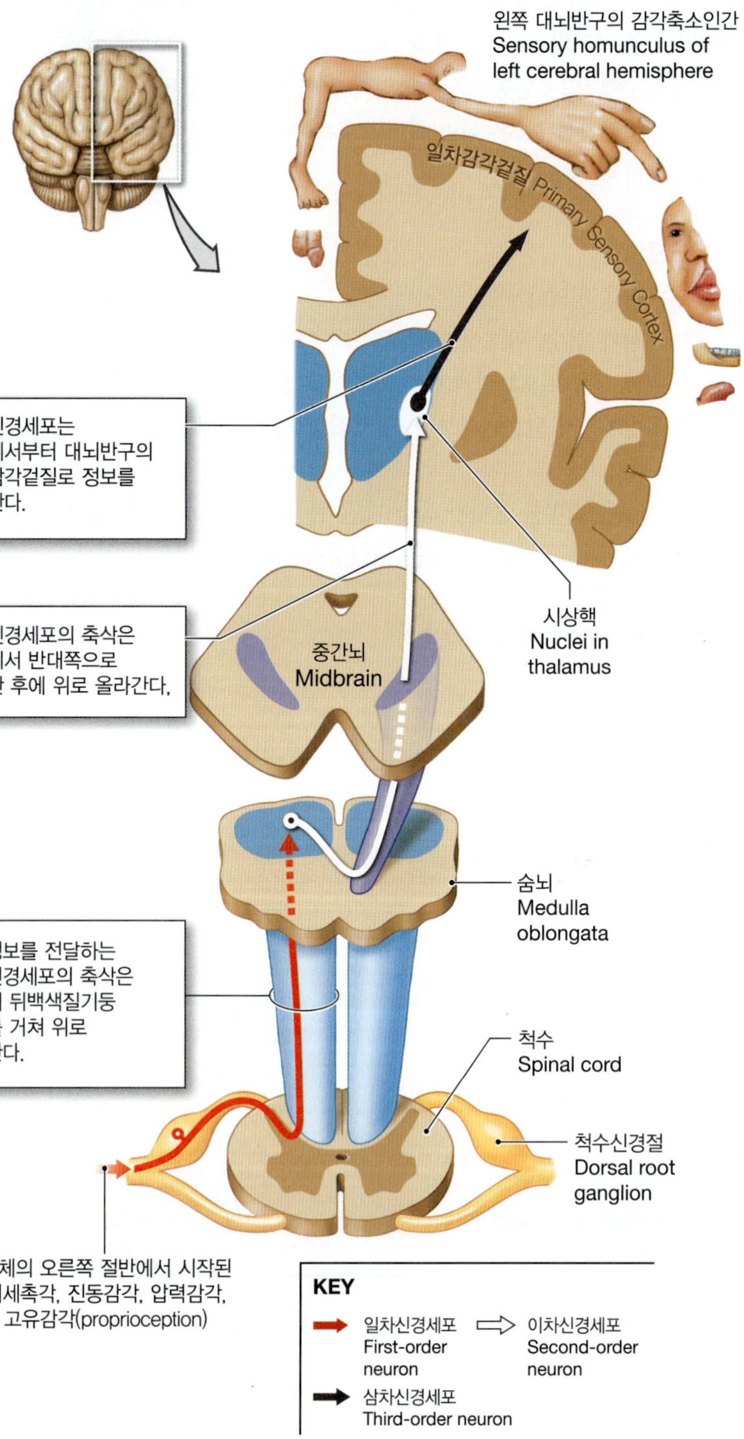

운동경로 Motor Pathways

감각계통의 정보에 반응하여 CNS는 PNS의 날신경계통(운동신경계통)인 **몸신경계통**(*somatic nervous system, SNS*)과 **자율신경계통**(*autonomic nervous system, ANS*)에 운동명령을 내린다(**그림 8-1**). 우리 의도대로 조절하는 SNS는 뼈대근이 수축하도록 지시하는 몸운동 명령을 내린다. ANS의 운동명령은 우리가 의식하지 못하는 상태에서 발생된다. ANS의 운동명령은 민무늬근, 심장근, 샘 등을 조절한다.

뼈대근을 조절하는 세 가지의 운동경로로 겉질척수로(corticospinal tract), 안쪽뇌줄기경로(medial pathway), 가쪽뇌줄기경로(lateral pathway)가 있다. 겉질척수로는 뼈대근을 의식 수준에서 맘대로 조절한다. 안쪽뇌줄기경로, 가쪽뇌줄기경로는 보다 잠재의식 수준(불수의적)에서 간접적으로 조절한다. **표 8-2**는 이 운동경로들 중 몇 가지 예와 그 기능을 나열한 것이다. 운동경로는 겉질척수로부터 공부하기로 하자.

겉질척수로 Corticospinal Pathway

겉질척수로(corticospinal pathway)는 피라미드로, 추체로라고도 불리며, 뼈대근을 의식수준에서 맘대로 조절한다. **그림 8-40**은 신체의 오른쪽 절반의 수의조절 운동경로를 나타낸 것이다. 감각축소인간과 마찬가지로 한 신체 부위를 담당하는 일차운동겉질의 면적은 그 신체 부위의 크기와 일치하지 않는다. 대신에 그 신체 부위에 존재하는 운동단위(motor unit)의 수가 일차운동겉질의 면적을 반영한다. 예를 들어 **운동축소인간**(*motor homunculus*)의 손은 매우 크게 표현되어 있다. 이렇게 크게 표현된 이유는 우리의 일상에서 글을 쓰고, 물건을 잡고, 도구를 다루는 데 많은 수의 운동단위가 사용되기 때문이다.

겉질척수로는 대뇌겉질에 있는 세모꼴의 **피라미드세포**(*pyramidal cell*)에서 시작된다. 위운동신경세포(upper motor neuron)에 속하는 이 세포의 축삭은 뇌줄기와 척수로 전달된 후 그곳에서 아래운동신경세포(lower motor neuron)와 연접한다(**그림 8-40** **1**). 겉질척수로의 거의 모든 축삭들은 결국 몸의 반대쪽으로 교차한 후에 운동신경세포에 연접한다(**2**). 결과적으로 오른쪽 대뇌반구는 신체의 왼쪽 부분을 제어하고, 왼쪽 대뇌반구는 오른쪽 신체를 제어하게 된다.

그림 8-40 겉질척수로. 겉질척수로는 일차운동겉질에서 시작된다. 일차운동겉질에 있는 피라미드세포의 축삭이 내려와 뇌줄기나 척수에 있는 운동핵에 도달한다. 대부분은 피라미드세포의 축삭은 숨뇌에서 반대쪽으로 교차한 후 가쪽겉질척수로나 앞겉질척수로가 되어 척수로 내려간다.

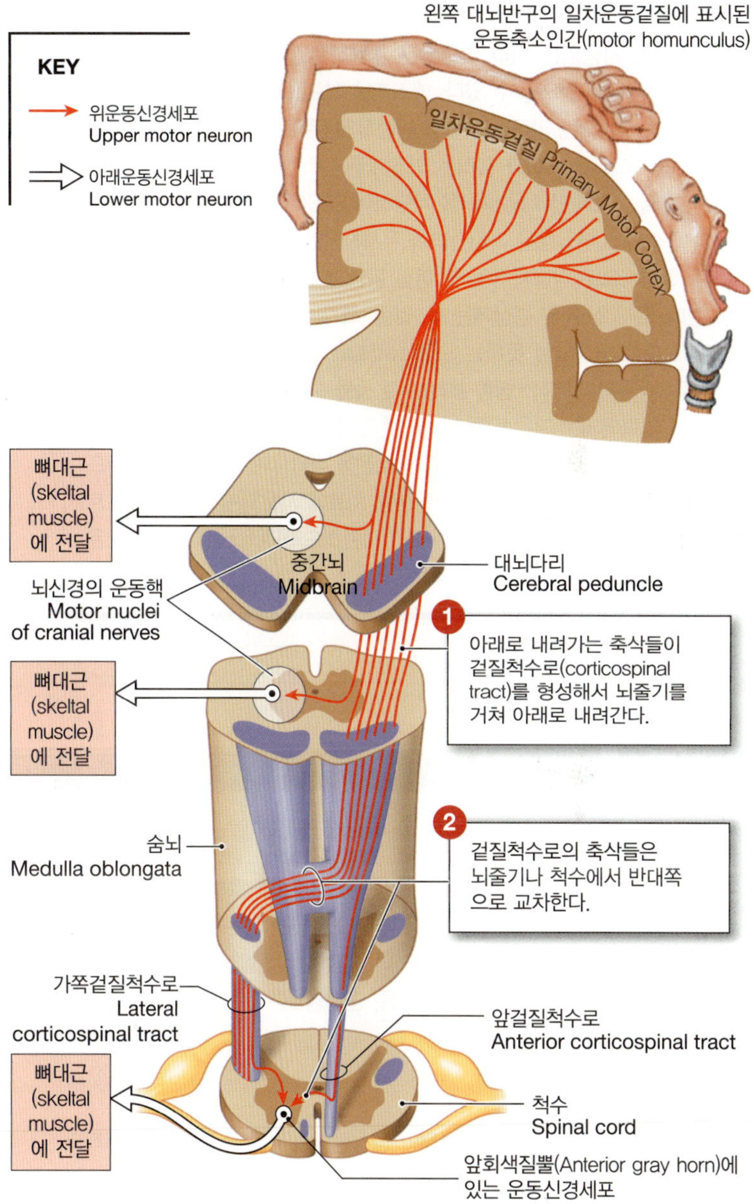

안쪽뇌줄기경로와 가쪽뇌줄기경로 The Medial and Lateral Pathways

안쪽뇌줄기경로(medial pathway)와 **가쪽뇌줄기경로(lateral pathway)**는 목과 몸통과 팔다리 뼈대근의 근육긴장도와 운동을 잠재의식 수준에서 제대로(불수의적으로) 조절한다. 또한 학습된 운동 패턴과 기타 수의 운동들을 조정한다(**표 8-2**). 이 두 경로를 합쳐서 **피라미드바깥길**(*extrapyramidal system*, 추체외로)이라고도 부르는데, 이는 이 두 운동경로가 피라미드로인 겉질척수로의 곁을 따라서 독립적으로 작용한다고 생각했기 때문이다. 현재 우리는 이 세 운동경로가 모두 통합되어 작용함으로써 신체의 운동 기능이 조절된다는 사실을 알고 있다.

안쪽뇌줄기경로와 가쪽뇌줄기경로를 이루는 구성요소들은 뇌 전체

임상노트

추체바깥길(추체외로, 피라미드바깥길) 운동증후군
Extrapyramidal Motor Syndromes

응급의학에 사용되는 여러 약물들은 **추체바깥길**(*extrapyramidal system, EPS*)에 부작용을 일으킬 수 있다. 메스꺼움 치료, 구토 치료 및 급성 정신병 치료에 사용되는 약물들이 가장 빈번하게 문제가 된다. 대부분은 **페노티아진**(*phenothiazines*)이라 불리는 약물계열에 속한다. 이 약물은 뇌의 신경전달물질인 **도파민**(*dopamine*)을 차단하여 EPS에 영향을 준다.

약물의 EPS 부작용은 파킨슨병과 유사하지만 파킨슨병과 달리 가역적이다. 일반적으로 약물처치의 첫 며칠 동안 발견되며 불안으로 오진되기도 한다. EPS 징후 및 증상에는 목, 얼굴, 혀 및 등의 근육경련(*dystonia*, 근긴장이상)으로 안절부절 못하는 느낌(*akathisia*, 좌불안석증); 발을 끌며 걷는 걸음걸이; 사지의 경직; 침을 흘리는 것 등을 포함한다. 이러한 증상은 환자와 그 가족에게는 매우 당황스러울 수 있다.

8

치료에 따라 대개는 증상의 즉각적 호전을 나타내며, 때로는 매우 두드러진 효과를 가져오기도 한다. 파킨슨병 치료에 사용되는 약물인 벤즈트로핀(benztropine)이나 항히스타민제인 디펜히드라민(diphenhydramine)은 추체바깥길 증후군에 매우 효과적이다.

임상노트

뇌성마비 Cerebral Palsy

뇌성마비라는 용어는 영아나 소아 때 나타나서 평생 동안 지속되는 맘대로운동(수의운동; 말하기, 운동, 균형, 자세 등을 포함하는) 수행에 지장을 초래하는 여러 가지 장애를 의미한다. 그 원인은 조산 또는 심한 난산과 관련된 외상, 임산부의 알코올 등의 약물 복용, 감염, 유전자 결함으로 인한 태아의 운동경로 발생 오류 등이 될 수 있다. 분만 과정에 생긴 문제는 태반의 혈액순환이나 산소 공급이 압박을 받거나 차단으로 인해 발생된다. 만약 태아 혈액의 산소 농도가 단 5~10분간이라도 심하게 낮아지면, CNS의 기능이 영구적으로 손상될 수 있다. 이때 대뇌겉질, 소뇌, 바닥핵, 해마, 시상이 손상될 가능성이 크다. 따라서 운동 기능, 자세 및 균형, 기억, 말하기, 학습능력 등에 장애가 나타날 수 있다.

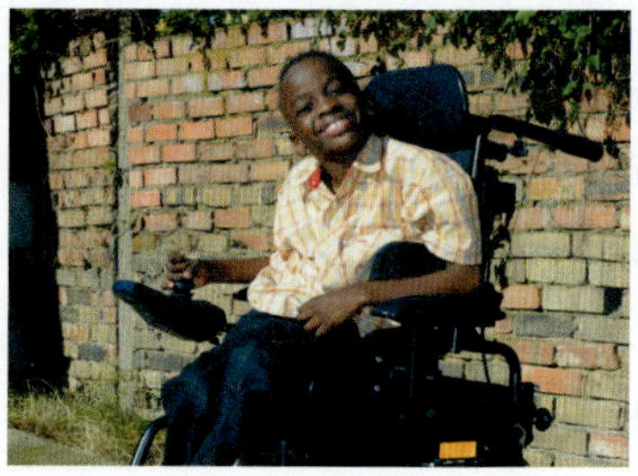

임상노트

두통 Headache

두통(*headache*)은 흔하게 호소하는 증상이며 일반적으로 양성 증상(benign symptom)이다. 그러나 뇌수막염, 뇌종양 및 조절되지 않는 고혈압과 같은 심각한 질병 과정과 관련되어 있기도 하다. 몇몇 **양성원발성두통증후군**(*benign primary headache syndromes*)에는 편두통, 군발성두통 및 긴장성두통이 포함된다.

편두통 Migraine Headache

편두통(*migraine headache*)은 일반적인 양성원발성두통증후군이다. 일반적으로 십대 초반에 시작되며 남성보다 여성에서 더 흔하다. 편두통은 일련의 반응을 일으키는 특정한 유발인자에 의해 발생하는 것으로 보인다. 이 복잡한 일련의 반응에는 신경계통, 혈관, 호르몬 및 신경전달물질 같은 구성요소들이 포함된다. 편두통의 단계는 다음과 같다: (1) 외부요인에 의해 시작된 초기유발 단계; (2) 대뇌겉질에서 신경세포의 활동이 억제되고 혈류가 감소되는 전조(aura) 단계; (3) 세로토닌 및 히스타민을 포함하여 혈관에 영향을 미치는 화학물질의 방출 단계; 그리고 (4) 제5뇌신경(삼차신경)의 신경섬유 활성화로 경막동맥확장을 유발하는 단계. 이러한 혈관확장은 전형적인 편두통을 유발한다.

편두통은 일반적으로 고전적인 편두통 또는 일반적인 편두통으로 분류된다. 고전적인 편두통은 종종 혈류 감소가 천천히 확대됨으로써 전조(aura)가 나타난다. 이러한 전조는 환자마다 다르지만 일반적으로 흐린 시력과 번쩍이는 빛(암점)을 포함한다. 일부 환자는 이상한 맛이나 냄새가 난다고 한다. 전조는 항상 두통이 시작되기 전에 발생한다. 일반적인 편두통에서 두통은 전조 없이 진행된다.

편두통은 일반적으로 천천히 발생하며 4~72시간 동안 지속된다. 일반적으로 머리 한쪽에 위치하며 혈관이 뛰게 된다(맥동). 신체활동은 일반적으로 편두통을 악화시키며, 환자가 움직이지 않게 눕혀야 한다. 메스꺼움과 구토가 매우 흔하게 나타난다. 빛(광선 공포증)과 소리에 대한 민감성(음성 공포증)은 일반적으로 편두통과 함께 동반된다. 드물게 (복잡편두통) 편두통은 전신 실명, 신체 한쪽의 쇠약 또는 마비, 언어 장애를 유발하기도 한다.

편두통은 사람들이 응급실을 찾는 일반적인 이유이기도 하다. 편두통의 발생기전에 대한 이해가 향상되어, 일정한 시간 내에 투여하면 실질적으로 두통을 멈출 수 있는 여러 약물이 개발되어 있다. 이러한 약물은 전조증상이나 두통이 발생한 후 가능한 한 빨리 투여하면 가장 효과적이다. 두통이 발생하면 메스꺼움, 구토 및 통증에 대한 약물이 때로는 필요하기도 하다.

군발성 두통 Cluster headache

군발성 두통(*custer headache*)은 안와, 이마 또는 관자놀이에 매우 심한 편측 통증이 특징이다. 이러한 두통은 일반적으로 남성에서 발생하며 일반적으로 20세 이후에 발병한다. 군발성 두통의 통증은 대개 너무 심해서 환자가 가만히 누워 있을 수 없다. 일반적으로 그들은 서성거리고, 가만히 있지 못한다. 때로는 눈물이 나거나 감염된 쪽의 결막이 충혈된다. 두통은 보통 15분에서 180분까지 지속되며 일반적으로 몇 주 동안 얼굴의 같은 쪽에서 매일 발생하는 "군집"에서 나타난다. 산소치료는 최대 70%의 환자에게 효과적인 치료법이며, 편두통 용도로 개발된 일부 약물은 군발성 두통에도 효과적인 것으로 입증되었다.

긴장성 두통 Tension Headache

긴장성 두통(*tension headache*)은 인구의 40~60%에서 발생하는 일반적인 유형의 두통이다. 평균 발병 연령은 25~30세이다. 긴장성 두통은 일반적으로 머리 양쪽에 나타나며, 맥동이 없다. 편두통과 달리 긴장성 두통은 메스꺼움 및 구토와 관련이 없으며 신체활동으로 악화되지 않는다. 치료는 증상 완화를 목표로 한다.

에 분산되어 있다. 이 구성요소들에는 뇌줄기(중간뇌, 다리뇌, 숨뇌)의 신경핵, 시상의 중계핵, 대뇌의 바닥핵, 소뇌 등이 포함된다. 이 중에서 바닥핵이나 소뇌에서 시작되는 정보가 가장 높은 수준의 조절 명령이다. 예를 들어, 이 정보들은 (1) 가쪽뇌줄기경로나 안쪽뇌줄기경로의 다른 신경핵을 자극 또는 억제하거나, (2) 일차운동겉질에 있는 피라미드세포의 작용을 촉진하거나 억제한다. 또한 안쪽뇌줄기경로 및 가쪽뇌줄기경로에 있는 위운동신경세포에서 비롯된 축삭들은 척수의 아래운동신경세포와 연접하는데, 이 아래운동신경세포는 겉질척수로가 연접하는 바로 동일한 그 운동신경세포이다.

체크포인트

35. 척수에 대한 압박으로, Jill은 다리에 촉각이나 압각을 느낄 수 없게 되었다. 신경절이전신경세포는 어떤 감각경로가 압박받고 있는가?
36. 오른쪽 대뇌반구의 일차운동겉질은 인체의 어느 쪽 운동기능을 조절하는가?
37. 운동겉질의 상부부분에 대한 손상은 인체의 어느 부분의 근육을 조절하는 능력에 영향을 미치는가?

책 뒷면에 있는 파란색 정답 탭을 참조.

8-11 자율신경계통은 교감신경계통과 부교감신경계통으로 구성되며, 신체 기능의 무의식적 조절에 관여한다

학습목표 자율신경계통의 교감신경계통과 부교감신경계통의 구조와 기능을 설명한다.

우리의 의식적 감각, 계획 및 반응 등은 신경계통 활동의 극히 일부에 불과하다. 실제적으로 표현한다면 의식수준에서 일어나는 신경작용은 우리의 즉각적인 또는 장기적인 생존과 별 관련이 없다. 오히려 **자율신경계통(ANS)**이 훨씬 더 중요한 조정작용을 한다. ANS가 없다면 간단한 수면도 생명을 위협하는 일이 될 수 있다.

ANS와 SNS(몸운동신경계통)은 모두 PNS(말초신경계통)의 날신경계통의 구성 요소임을 상기해야 한다. 따라서 두 신경계통은 말초에 있는 효과기들에 운동명령을 전달한다. 그러나 두 신경계통 사이에는 명확한 구조적 차이가 있다(**그림 8-41**). SNS의 아래운동신경세포는 뼈대근을 직접 조절한다(**그림 8-41a**). 하지만 ANS에서는 항상 두 번째 운동신경세포가 항상 CNS와 말초 효과기 사이에 놓여 있다(**그림 8-41b**). 이제 ANS를 살펴보도록 하자.

CNS 내에 있는 ANS의 운동신경세포를 **신경절이전신경세포(preganglionic neuron)**라고 한다. 이 신경세포에서 시작된 축삭인 **신경절이전섬유**(*preganglionic fiber*)는 CNS 밖에 있는 자율신경절(autonomic ganglia)에 전달된다. 이 신경절에서는 신경절이전신경세포의 축삭들이 두 번째 운동신경세포인 **신경절신경세포(ganglionic neuron)**, 일명 신경절이후신경세포(postganglionic neuron)와 연접한다. 이 신경절신경세포의 축삭은 **신경절이후섬유(postganglionic fiber)**이다. 이 신경섬유들은 신경절을 나와 심장근, 민무늬근, 샘 및 경우에 따라서는 지방세포(adipocyte)를 자극한다.

ANS는 교감신경계통과 부교감신경계통의 두 부분으로 이루어져 있다. **교감신경계통(sympathetic division)**에서는 신경절이전섬유들이 가슴척수와 허리척수에서 시작된 후에 척수 근처에 있는 신경절들과 연접한다(**그림 8-42**). 교감신경계통은 신경절이전섬유가 짧고 신경절이후섬유는 길다. 교감신경계통은 조직의 대사를 촉진하고, 각성도를 높이며 신체로 하여금 응급상황에 대비하게 만들기 때문에 종종 "투쟁과 도피" 시스템이라 한다.

ANS 중 **부교감신경계통(parasympathetic division)**은 신경절이전섬유들이 뇌줄기나 엉치척수에서 시작된다(**그림 8-42**). 이 신경섬유들은 표적 기관 근처에 있는 **종말신경절**(*terminal ganglia*)이나 표적기관에 포함되어 있는 **벽속신경절**(*intramural ganglia*)의 신경세포와 연접한다. 부교감신경계통은 신경절이전섬유가 길고 신경절이후섬유는 짧다. 부교감신경계통은 "휴식 및 안정" 시스템 또는 "휴식과 소화" 시스템이라 하는데, 그 이유는 이 계통은 에너지를 보존하고 소화 등과 같이 휴식 기간에 일어나는 활동을 촉진하기 때문이다.

그림 8-41 몸신경계통과 자율신경계통의 구성.

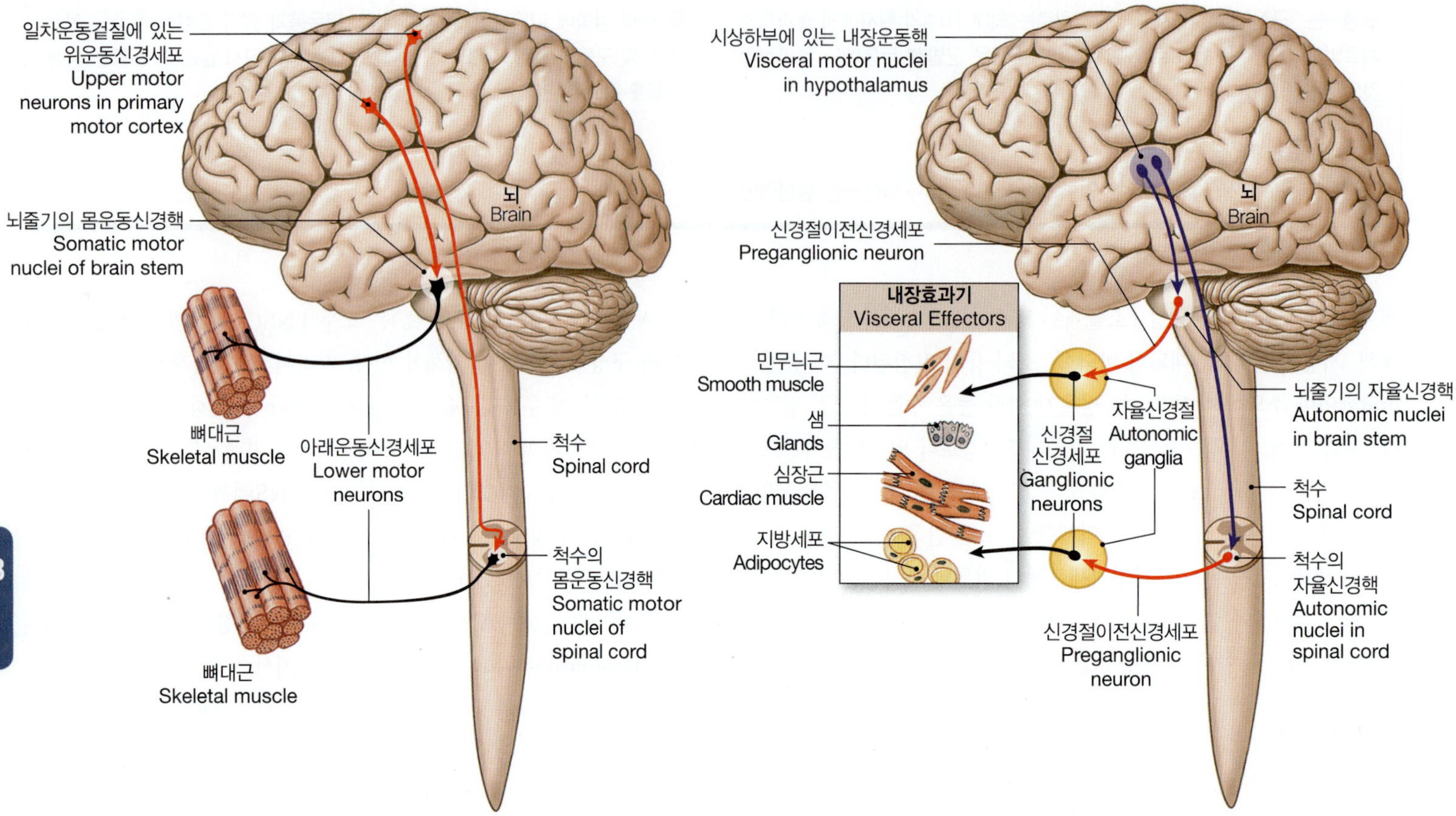

a **몸신경계통** Somatic nervous system

b **자율신경계통** Autonomic nervous system

교감신경계통과 부교감신경계통은 모두 신경절이후섬유에서 특정한 신경전달물질을 방출하여 표적기관에 영향을 미친다. 그 결과는 신경전달물질과 결합하는 막수용체의 반응에 따라 자극(흥분)이거나 억제가 될 수 있다. 몇 가지 일반적인 반응양상은 기억을 해 둘 필요가 있다.

- 자율신경계통의 모든 신경절이전신경섬유는 콜린성이다. 즉 이 신경섬유들은 축삭종말(말단)에서 아세틸콜린(acetylcholine, ACh)을 분비한다. 그 작용은 항상 흥분성이다.
- 신경절이후부교감신경섬유도 항상 콜린성이다. 그러나 그 작용은 표적세포 수용체의 특성에 따라 흥분성이거나 억제성이 된다.
- 신경절이후교감신경섬유는 대부분 노르에피네프린(norepinephrine, NE)을 분비한다. NE를 분비하는 신경세포는 **아드레날린성** 신경세포라 한다. NE의 작용은 일반적으로 흥분성이다.

교감신경계통 The Sympathetic Division

ANS 중 교감신경계통(**그림 8-42**)의 구성 요소는 다음과 같다.

- **신경절이전신경세포(*preganglionic neuron*)는 척수 중 T_1-L_2 분절에 위치한다.** 이 신경세포들의 세포체는 가쪽회색질뿔(lateral gray horn)에서 발견된다. 이 신경세포의 축삭은 짧고, 해당 척수분절의 앞뿌리(ventral root)로 들어간다.
- **신경절신경세포(*ganglionic neuron*)은 척주 근처에 위치한 신경절에 존재한다.** 교감신경절은 두 가지 유형이 있다. 척주의 좌우 양옆에서 쌍으로 **교감신경줄기신경절**(*sympathetic chain ganglia*)이 존재한다. 이들은 몸통벽이나 가슴안(흉강)에 들어 있는 효과기를 조절하는 신경세포들 포함되어 있다. 반면 **곁신경절**(척주앞신경절, *collateral ganglia*)은 쌍을 이루지 않으며 척주 기둥 앞쪽에 있다. 곁신경절에는 배골반안(골반강, abdominopelvic cavity)에 있는 조직이나 기관을 자극하는 신경절신경세포들이 모여 있다.
- **부신속질(*adrenal medulla*).** 왼쪽·오른쪽 각 부신의 중심 부분을 **부신속질(adrenal medulla, suprarenal medulla)**이라 한다. 부신속질은 일종의 변형된 교감신경절이다. 부신속질에 있는 신경절신경세포는 축삭이 매우 짧다.

그림 8-42 교감신경계통. 교감신경섬유의 분포는 신체의 좌우에서 동일하다. 이 그림에서는 명확히 설명하기 위해서 몸구조에 분포하는 교감신경섬유는 왼쪽에 표시하였고, 내장에 분포하는 교감신경섬유는 오른쪽에 표시했다.

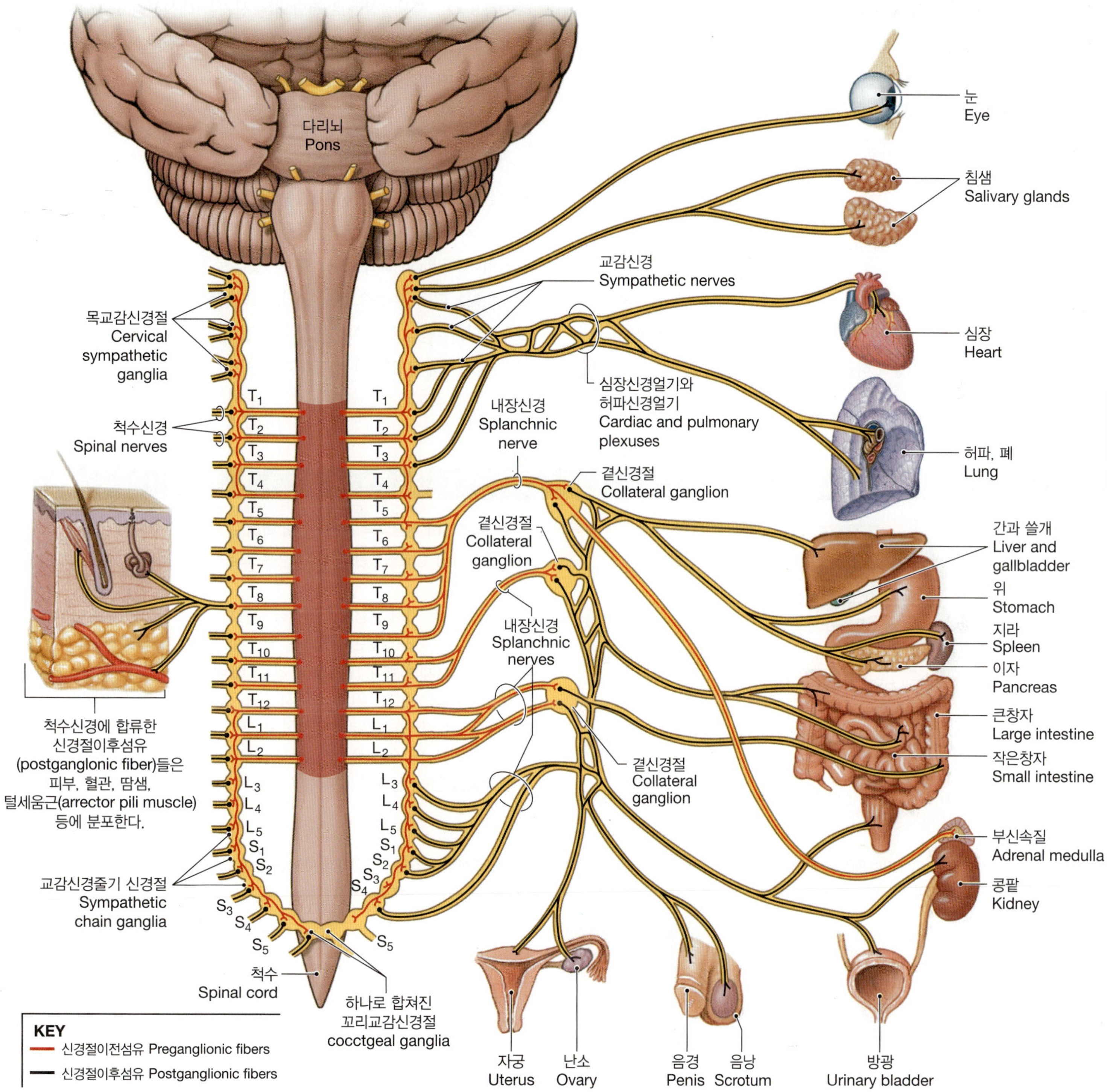

교감신경계통의 구성 Organization of the Sympathetic Division

그림 8-42는 교감신경계통의 신경분포 양상을 도표로 나타낸 것이다. 교감신경의 분포 양상은 신체의 왼쪽·오른쪽이 동일하다는 것을 기억하라.

교감신경줄기(SYMPATHETIC CHAIN, SYMPATHETIC TRUNK). T_1에서 L_2까지 척수분절에서 시작된 신경절이전교감신경섬유(sympathetic preganglionic fiber)들은 각 척수신경의 앞뿌리(ventral root)에 연결되어 있다. 이어서 이 신경섬유들 모두는 척수신경에서 빠져나와서 교감신경줄기 신경절로 들어간다(**그림 8-42**). 이 신경섬유들은 광범위하게 갈려져서 한 신경절이전섬유가 약 20개 이상의 신경절신경세포와 연접하게 된다. 최종적으로 몸통벽에 운동명령을 전달할 신경절이전섬유는 교감신경줄기신경절에 연접하고, 이어서 신경절이후섬유(postganglionic fiber)가 척수신경에 재합류한 후 몸통벽에 연결되어 분포한다. 가슴안(흉강, thoracic cavity)에 전달되는 경우에도 교감신경줄기신경절에서 연접이 일어나지만 신경절이후섬유들은 척수신경에 재합류하지 않고 별도의 신경을 형성한 후에 표적기관에 직접 전달된다.

결신경절(척주앞신경절, COLLATERAL GANGLIA). 배나 골반의 조직과 기관은 척수 중 아래쪽 가슴분절과 위쪽 허리분절에서 시작된 신경절이전교감신경섬유들이 신경분포하는데, 이 신경절이전섬유들은 교감신경줄기신경절에서 연접하지 않고 그냥 통과한다. 대신에 이 신경섬유는 쌍을 이루지 않는 세 개의 **결신경절(collateral ganglia)**에서 연접한다(**그림 8-42**). 결신경절들로 전달되는 신경을 **내장신경**(*splanchnic nerve*)라 한다. 결신경절에서 시작된 신경절이후섬유들은 골반안(abdominopelvic cavity)에 있는 여러 기관을 자극한다.

부신속질(부신수질, ADRENAL MEDUUA). 좌우 각 부신으로 들어가는 신경절이전섬유들은 부신의 중심부인 부신속질로 진행한다. 그리고 이 신경섬유들은 내분비 기능이 있는 변형된 신경세포와 연접한다. 이 세포들은 자극을 받으면 신경전달물질인 에피네프린(epinephrine, E)과 노르에피네프린(norepinephrine, NE)을 혈류로 방출한다. 그리고 E와 NE는 혈류를 따라 온몸으로 운반되고, 다양한 세포들에서 대사 변화를 일으킨다. 일반적으로 이 신경전달물질의 작용은 신경절이후교감신경섬유가 자극해서 일어나는 작용과 유사하다.

임상노트

교감신경계통 Sympathetic Nervous System

교감신경계통의 자극은 최종적으로 신경절이후교감신경섬유에서 노르에피네프린을 방출한다. 노르에피네프린은 연접 틈새(간극)를 가로질러 연접(시냅스)후신경 또는 표적기관의 아드레날린 수용체와 상호작용한다. 수용체와 상호작용을 하고 난 후에, 노르에피네프린은 재사용을 위해 연접전신경세포에 의해 전체적으로 흡수되거나 연접 내의 효소 시스템에 의해 분해된다. 이러한 효소 시스템 중 가장 일반적인 두 가지는 **모노아민산화효소**(*monoamine oxidase, MAO*)와 **카테콜-*O*-메틸트랜스퍼라제**(*catechol-O-methyltrans-ferase, COMT*)이다(**그림 8-43**).

교감신경계통의 자극은 또한 부신속질에서 에피네프린과 노르에피네프린을 방출한다. 이 호르몬은 표적기관의 막에 있는 다른 아드레날린 수용체와 상호작용한다. 이 작용은 교감신경 반응의 크기를 효과적으로 증폭시킨다.

잘 알려진 두 가지 유형의 교감신경 수용체는 아드레날린 수용체와 도파민 수용체이다. 아드레날린 수용체는 일반적으로 네 가지 유형으로 나뉜다 이 4개의 수용체는 알파 1(α_1), 알파 2(α_2), 베타(β_1) 및 베타 2(β_2)이다. α_1 수용체는 말초혈관 수축, 경미한 기관지 수축 및 대사 자극을 유발한다. α_2 수용체는 교감신경작용접합부의 연접전 표면에서 발견된다. α_2 수용체의 자극은 억제성이다. 이 수용체는 연접에서 노르에피네프린의 과다 방출을 방지하는 역할을 한다. 연접의 노르에피네프린 수치가 충분히 높아지면 α_2 수용

그림 8-43 노르에피네프린의 신경신호 전달. 노르에피네프린은 신경절이후교감신경계의 신경전달물질이다. 이들은 수용체와 상호작용 후 연접전막으로 재흡수되어 모노아민산화 효소(MAO) 또는 카테콜-O-메틸트랜스퍼라제(COMT)에 의해 분해된다.

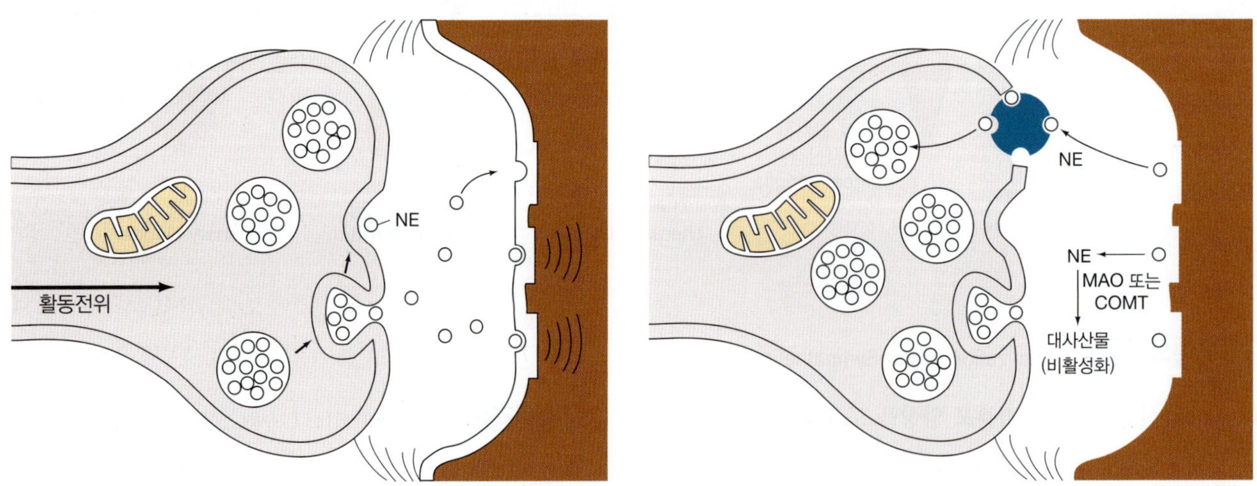

표 8-3	아드레날린성 및 도파민성 수용체의 주요 작용 및 위치	
수용체	자극에 대한 반응	위치
알파 1(α_1)	수축 수축 동공산대 사정	세동맥 정맥 눈 음경
알파 2(α_2)	연접 전 말단의 억제 *	
베타 1(β_1)	심박수 증가 전도도 증가 자동능 향상 수축성 증가 레닌 방출	심장 콩팥
베타 2(β_2)	기관지 확장 확장 수축 억제 떨림	허파 세동맥 자궁 뼈대근
도파민성	혈관 확장(혈류 증가)	콩팥, 심장, 뇌

* α_2 아드레날린 수용체의 자극은 연접(시냅스)전 말단에서 노르에피네프린의 지속적인 방출을 억제한다. 그것은 연접에서 아드레날린 반응을 제한하는 피드백 메커니즘이다. 이 수용체에는 다른 확인된 말초신경 작용은 없다.

체가 자극되고 노르에피네프린 방출이 억제된다. β_1 수용체의 자극은 심박수, 심장 수축력, 심장 자동성 및 전도를 증가시킨다. β_2 수용체의 자극은 혈관 확장과 기관지 확장을 유발한다.

완전히 밝혀지지는 않았지만 도파민성 수용체는 콩팥, 심장동맥 및 대뇌동맥의 확장을 유발하는 것이 분명하다. 이것은 심한 스트레스 기간 동안 주요 장기의 순환을 유지하는 데 도움이 된다. **표 8-3**은 각 수용체의 핵심위치와 주요 작용을 설명한다.

교감신경계통의 전반적 기능

General Functions of the Sympathetic Division

교감신경계통은 조직의 신진 대사를 촉진하고, 각성도를 높이며, 갑작스럽고 격렬한 신체 활동에 대비하게 한다. 척수신경에 재합류해서 분포하는 교감신경은 땀샘을 자극하고, 추위나 공포에 수축하는 털세움근(arrector pili muscle)을 자극하고, 피부와 몸통벽에 흐르는 혈액을 감소시키며, 뼈대근으로 혈류를 증가시키며, 지방조직에 저장된 지질을 방출하고, 동공을 확대시킨다. 가슴안에 분포하는 교감신경이 활성화되면 심장박동수가 상승하고, 심장 수축력이 증가하며, 기도가 확장된다.

곁신경절에서 시작된 신경절이후섬유들은 내장(소화관 등)으로 전달될 혈류를 감소시키는데 이는 내장이 단기생존(급한생존문제)에 중요한 영향을 미치지 않기 때문이다. 이 신경섬유들은 이 내장들의 에너지 사용도 줄인다. 그 밖에 이 신경섬유들은 저장된 예비 에너지가 방출되도록 자극한다.

부신속질에서 E와 NE가 분비되면 신경절이후교감신경섬유가 분포하지 않는 세포들에까지 교감신경 활성화의 효과가 넓혀질 수 있다. 게다가 그 효과는 직접적인 교감신경 분포에 의해 생성되는 것보다 훨씬 오래 지속된다.

부교감신경계통 The Parasympathetic Division

ANS 중 부교감신경계통(**그림 8-42**)은 다음 구조들을 포함하고 있다.

- **뇌줄기, 척수의 엉치분절에 존재하는 신경절이전신경세포.** 중간뇌, 다리뇌 그리고 숨뇌에는 네 가지 뇌신경 III, VII, IX 및 X에 연결된 부교감신경핵들이 포함되어 있다. 나머지 부교감신경핵들은 S_2-S_4 척수분절의 가쪽회색질뿔에 위치한 엉치분절이다.
- **표적기관 내부나 근처에 위치한 말초신경절에 있는 신경절신경세포.** 부교감신경계통의 신경절이전섬유들은 교감신경계통처럼 광범위하게 퍼져 있지 않다. 이러한 이유로 인해 부교감신경계통의 자극 효과는 교감신경계통에 비해 국소적이고 명확하다.

부교감신경계통의 구성 Organization of the Parasympathetic Division

그림 8-44는 부교감신경계통이 분포하는 양상을 도식화한 것이다. 뇌에서 시작된 신경절이전섬유는 뇌신경 중 III(눈돌림신경), VII(얼굴신경), IX(혀인두신경), X(미주신경)에 포함되어 전달된다. 이 신경섬유들은 말초조직에 위치한 종말신경절에서 연접한다. 이어서 짧은 신경절이

그림 8-44 부교감신경계통. 부교감신경섬유의 분포는 신체의 좌우가 모두 동일하다.

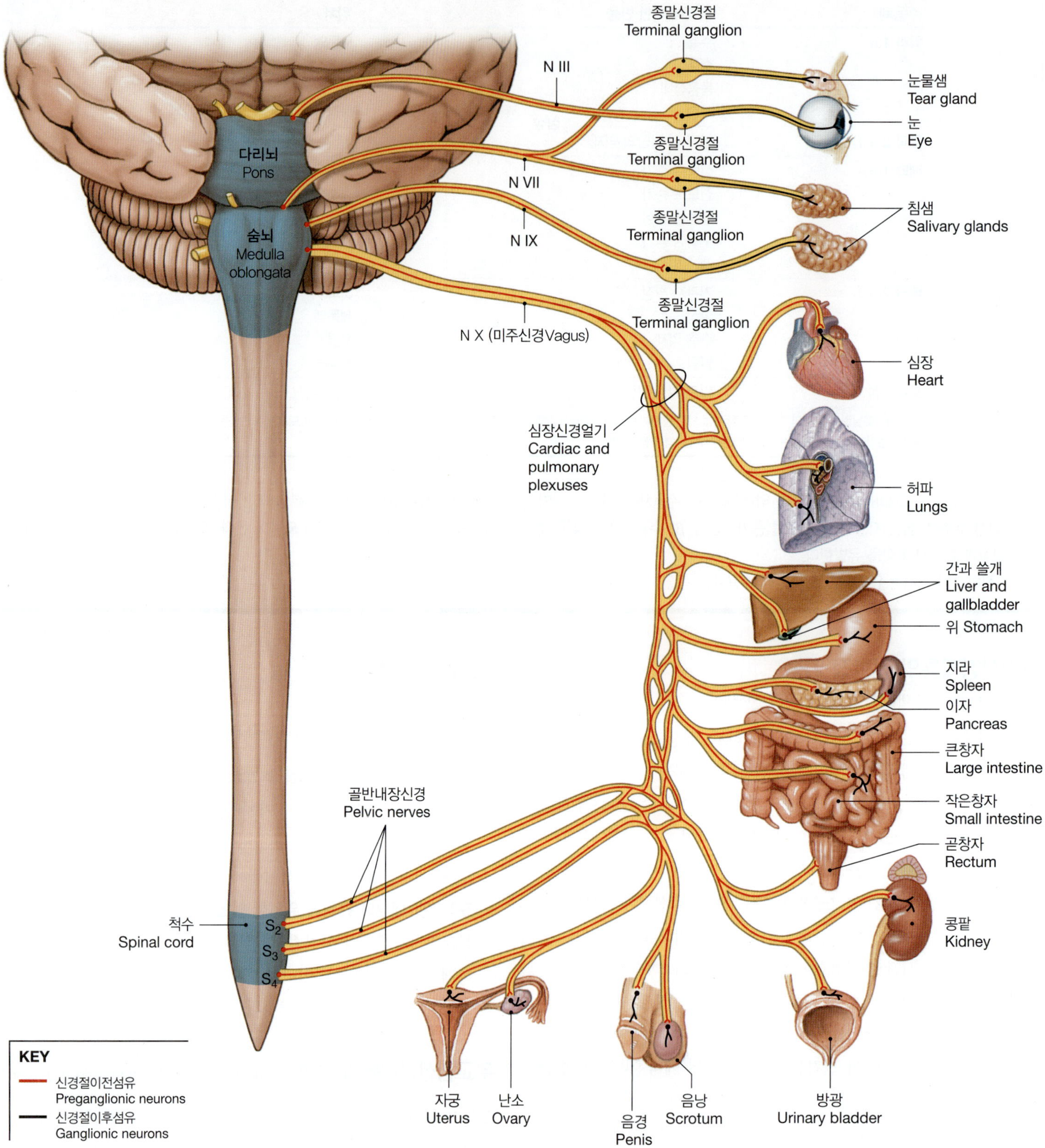

임상노트

부교감신경계통 Parasympathetic Nervous System

아세틸콜린은 신경근 접합부에 존재하며, 몸신경계통과 부교감신경계통의 신경전달물질이다. 아세틸콜린은 작용 시간이 매우 짧다. 방출 후 1초 이내에 **아세틸콜린에스터라제**(*acetylcholinesterase*)라고 하는 효소에 의해 비활성화된다. 일반적으로 **콜린에스터라제**(*cholinesterase*)라고 불리는 아세틸콜린에스터라제는 아세틸콜린을 **아세트산**(*acetic acid*)과 **콜린**(*choline*)으로 분해한다. 이 두 물질은 연접전신경세포에 의해 재흡수되고 향후 사용을 위해 재활용된다(**그림 8-45**).

부교감신경계통에는 **니코틴**(*nicotinic*)과 **무스카린**(*muscarinic*)의 두 가지 유형의 아세틸콜린 수용체가 있다. 이러한 수용체를 이해하면 많은 응급 약물의 기능을 이해하는 데 크게 도움이 된다. **니코틴**$_N$(신경세포) 수용체는 부교감신경계통과 교감신경계통의 모든 자율 신경절에서 발견되며, 여기서 아세틸콜린은 신경전달물질로 작용한다. **니코틴**$_M$(근육) 수용체는 신경근접합부에서 발견되며 몸신경계 기능의 일부로 근육 수축의 출발점이다. 무스카린 수용체는 신체의 많은 기관에서 발견되며 주로 부교감신경계통 반응을 촉진하는 역할을 한다. **표 8-4**는 무스카린 수용체의 위치와 작용을 요약한 것이다. 니코틴 및 무스카린 수용체는 모두 아세틸콜린에 특이적이기 때문에 총괄적으로 콜린성 수용체라고 한다.

표 8-4 무스카린 수용체의 위치와 효과

기관	기능	위치
심장	심박수 감소 전도율 감소	굴심방결절 방실결절
세동맥	확장 확장 확장	심장동맥 피부와 점막 대뇌
위장관	이완 증가 타액 분비 증가 분비 증가	조임근 운동성 침샘 외분비샘
폐	기관지 수축 점액 생성 증가	기관지 민무늬근 기관지샘
쓸개	수축	
방광	이완 수축	요로 조임근 방광 배뇨근
간	글리코겐 합성	
눈물샘	분비물 (눈물 분비 증가)	눈
눈	근거리 초점을 위한 섬모근 수축 수축	섬모체근 동공
음경	발기	

그림 8-45 아세틸콜린의 신경신호 전달. 아세틸콜린은 부교감신경계통, 교감신경계통의 신경절과 몸신경계통의 신경전달물질이다. 아세틸콜린은 아세틸콜린에스터라제에 의해 아세트산과 콜린으로 곧바로 분해되며 이러한 성분은 연접전 막으로 흡수된다.

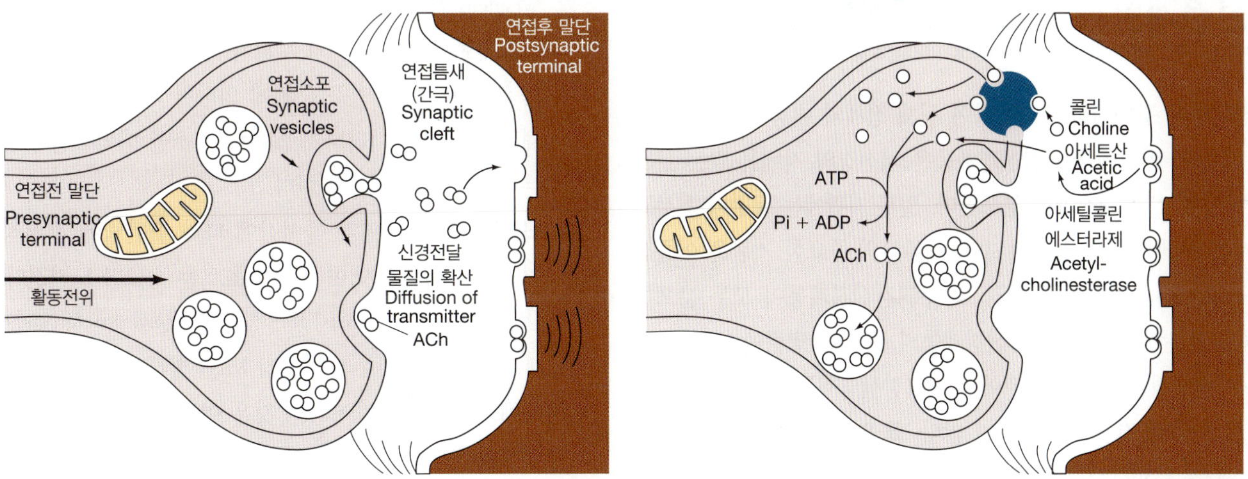

후섬유들이 시작되어 결국 표적기관에 도달하게 된다. 미주신경은 가슴안과 배골반안 기관에 있는 신경절들에 신경절이전부교감신경섬유를 전달한다. 이 신경절 중 일부는 대장의 끝 부분까지 전달된다. 미주신경은 전체 부교감신경섬유들 중 약 75%를 제공하며, 가슴안과 배골반안 대부분의 기관에 전달된다.

엉치척수에서 시작된 신경절이전부교감신경섬유들은 척수신경에 합류하지 않고 대신에 **골반내장신경(pelvic nerves)**을 형성한다. 이 신경들은 콩팥과 방광, 큰창자 중 마지막 일부분, 생식기관 등에 있는 벽속신경절(intramural ganglion)을 자극한다.

부교감신경계통의 전반적 기능
General Functions of the Parasympathetic Division

부교감신경계통의 기능은 이완과 휴식, 음식물 소화와 에너지 흡수가 중점을 이룬다. 예를 들어, 부교감신경은 동공을 축소시키고, 소화샘의 분비를 증가시키며, 소화관 민무늬근의 활동을 증가시키고, 배변과 배뇨를 자극하며, 기도를 수축시키고, 심장박동수를 줄이며, 심장의 수축력을 감소시킨다. 부교감신경계통은 **합성대사계통**(*anabolic system*, 동화작용)이라 하는데, 부교감신경계통의 자극은 혈액 내 영양소 함량을 전반적으로 증가시키기 때문이다. 이에 반응하여 몸 전체의 세포는 영양소를 흡수하고 성장, 세포분열 및 에너지 저장에 사용한다. 부교감신경계통 자극 효과는 일반적으로 짧은 시간 동안 지속되며 특정 기관과 부위에 한정되어 있다.

교감신경계통과 부교감신경계통의 관계
Relationships between the Sympathetic and Parasympathetic Divisions

교감신경계통은 광범위하게 작용하여 신체 전체의 내장 및 몸 구조에 영향을 미친다. 반면에 부교감신경계통은 뇌신경의 지배를 받는 부위나 배골반안에 있는 내장에만 분포한다. 일부 기관에는 교감이나 부교감신경계통 중에 하나만 분포하지만, 대부분의 중요한 기관은 **이중신경분포(dual innervation)**, 즉 교감 및 부교감신경계통이 모두 분포한다. 이들 기관은 교감 및 부교감신경계통의 두 가지 명령을 받게 된다. 이 경우 이중신경분포가 된 기관에서는 교감신경계통과 부교감신경계통이 서로 반대로 작용하는 경우가 많다. **표 8-5**는 몇몇 대표적 기관에 대한 교감, 부교감신경계통의 단일 또는 이중신경분포의 담당작용을 제시하고 있다.

체크포인트

38. 열심히 걸어가는 Megan은 갑자기 사나운 개와 마주치게 된다. 개를 피해 달릴 때 발생하는 생리적 변화를 담당 부위는 ANS의 어느 부분인가?
39. ANS의 부교감신경계통을 때로 합성대사계통(anabolic system, 동화작용)이라고 하는 이유는 무엇인가?
40. 교감신경계통의 자극 소실은 폐의 호흡에 어떤 영향을 미치는가?
41. 이뿌리관 시술을 받을 예정으로 매우 불안한 환자에게 어떤 생리적 변화가 나타날 수 있는가?

책 뒷면에 있는 파란색 정답 탭을 참조.

8-12 노화는 신경계통에 다양한 구조적 및 기능적 변화를 일으킨다

학습목표 신경계통에 대한 노화의 영향을 요약한다.

연령에 따른 신경계통의 구조 및 기능의 변화는 약 30세경에 시작되어 나이가 들수록 변화가 누적되어 커진다. 65세 이상 노인 중 85% 가량은 상대적으로 정상적인 삶을 영위하지만, 정신적 능력과 CNS 기능에 눈에 띄는 변화가 나타난다. 나이가 들면서 나타나는 구조적 변화 중에 흔한 것은 다음과 같다.

- **뇌의 크기와 무게 감소.** 이 변화의 주된 원인은 대뇌겉질의 부피 감소이다. 노인의 뇌는 젊은 성인에 비해 좁은 이랑(gyrus)과 넓은 고랑(sulcus)을 가지고 있다.
- **신경세포 수의 감소.** 뇌 부피가 감소는 대뇌겉질 신경세포의 소실과 관련이 있다. 연구 근거에 의하면 뇌줄기의 신경핵에서는 신경세포의 소실이 나타나지 않거나 최소한 대뇌겉질과 동일한 정도로는 소실되지 않는다고 한다.
- **뇌혈류 감소.** 나이가 들어감에 따라 혈관벽에 점진적으로 축적된 지방으로 인해 혈액이 동맥을 흐르는 속도가 느려진다. (이 과정을 죽상경화증[*atherosclerosis*] 또는 동맥경화증[*arteriosclerosis*]이라 하며, 몸 전체 동맥에서 일어날 수 있다. 13장 참조.) 혈류가 감소한다고 해서 반드시 뇌에 큰 문제가 일어나는 것은 아니지만 뇌졸중(stroke)이 일어날 위험성이 높아진다.
- **뇌의 연접(*synapse*) 체계의 변화.** 가지돌기(dendrite)의 분지 횟수와 연결의 감소가 나타난다. 형성되었던 연접의 일부가 사라지고 신경전달물질 생산이 감소한다.
- **CNS 신경세포의 세포내 변화와 세포외 변화.** 뇌에 있는 상당수 신경세포들 속에 명백한 기능이 없는 비정상 물질(색소나 비정상 단백질)이 축적된

표 8-5 자율신경계통 중 교감신경계통과 부교감신경계통이 인체구조에 미치는 영향

구조	교감신경계통의 작용	부교감신경계통의 작용
눈(EYE)		
	동공(pupil) 확대	동공 수축
	먼 곳에 초점 맞춤	가까운 곳에 초점 맞춤
눈물샘(Lacrimal gland)	없음(신경분포 없음)	눈물 분비
피부(SKIN)		
땀샘(Sweat gland)	땀 분비 증가	없음(신경분포 없음)
털세움근(Arrector pili muscle)	수축, 털 세움(소름)	없음(신경분포 없음)
심장혈관계통(CARDIOVASCULAR SYSTEM)		
혈관(Blood vessels)	혈관수축(vasoconstriction)과 혈관확장(vasoditation)	없음(신경분포 없음)
심장(Heart)	심장박동수 증가, 수축력 상승, 혈압상승	심장박동수 감소, 수축력 저하, 혈압 저하
부신(ADRENAL GLAND)		
	부신 속질이 에피네프린(epinephrine) 및 노르에피네프린(norepinephrine) 분비	없음(신경분포 없음)
호흡계통(RESPIRATORY SYSTEM)		
기도(Airway)	지름 증가	지름 감소
호흡수(Respiratory rate)	증가	감소
소화계통(DIGESTIVE SYSTEM)		
전반적 활동 수준	활동 감소	활동 증가
간 (Liver)	글리코겐(glycogen) 분해, 포도당(glucose) 합성 및 방출	글리코겐 합성
뼈대근(SKELETAL MUSCLE)		
	수축력 상승, 글리코겐 분해	없음(신경분포 없음)
지방조직(ADIPOSE TISSUE)		
	지질(lipid) 분해, 지방산(fatty acid) 유리	없음(신경분포 없음)
비뇨계통(URINARY SYSTEM)		
콩팥(Kidney)	소변 생산 감소	소변 생산 증가
방광(Urinary bladder)	조임근(sphincter) 수축, 방광 이완	방광이 수축하고 조임근이 이완되어 소변 배출
생식계통(REPRODUCTIVE SYSTEM)		
	샘 분비 증가; 남성은 사정(ejaculation)	남성 음경(penis)나 여성 음핵(clitoris) 발기

다. 단백질이 세포 밖에 축적되어 플라크(plaque)가 생기기도 한다. 이러한 변화는 노화 중인 모든 뇌에서 일어나는 것으로 보인다. 하지만 지나치게 많은 플라크는 환자의 이상 증상과 관련이 있는 것으로 보인다.

이상의 구조적 변화는 신경기능 장애와 관련이 있다. 단기기억을 장기기억으로 변환하는 기억 공고화(memory consolidation) 과정이 더 어려워지는 경우가 많아진다. 그 밖의 기억, 특히 최근에 일어났던 일에 대한 기억도 생각해내기가 어려워진다. 노인의 감각계통(특히 청각, 평형감각, 시각, 후각, 미각)은 예민도가 무뎌지게 된다. 노인의 경우 빛은 더 밝고, 소리는 더 크고, 냄새는 더 강해야 인지하기 쉽게 된다. 반응속도가 느려지고, 반사(심지어 일부회피반사를 포함)가 약해지거나 사라지게 된다. 정교한 운동 조절이 힘들어지므로 정해진 한 동작을 수행하는 데 걸리는 시간이 20년 전에 비해 길어진다.

고령 인구의 약 85%는 이러한 변화가 사람답게 살아가는 데 큰 지장을 초래하지는 않는다. 그러나 이유는 알 수 없지만 상당수 노인들이 점점 더 심해지는 CNS의 변화로 인해 정상적 생활을 할 수 없게 된다. 이 변화에는 기억 소실, 최근 소식들을 다시 생각해 내기 어려움, 정서적 장애 등이 포함되는데, 이러한 변화들은 한꺼번에 치매 형

임상노트

알츠하이머병 Alzheimer's Disease

알츠하이머병은 고차대뇌기능 상실을 특징으로 하는 진행형 장애이다. 이 병은 노인 치매의 가장 흔한 원인이다. 그 징후와 증상은 50~60세 이후에 나타날 수 있지만, 때로는 더 젊은 사람들에게서 일어나기도 한다. 미국에서 65세 이상의 약 11%, 85세 이상의 약 38%인 약 520만 명이 어떤 형태이든 알츠하이머병을 앓고 있는 것으로 추정된다. 이 질병으로 인해 미국에서만 매년 약 10만 명이 사망한다. 더구나 이 병은 환자의 가까운 가족 구성원들의 감정에 악영향을 미칠 수 있다.

전형적인 유형의 알츠하이머병 환자는 의식이 점차 저하된다. 환자는 기억, 말하고 읽는 능력, 감정 조절 능력 등을 잃어버린다. 상실된 기억이 점점 더 늘어날수록 문제는 더욱 심각해진다. 환자는 친척을 몰라보고, 집 주소와 전화기 사용법을 잊기도 한다. 기억이 상실되면 지적 기능과 운동능력이 모두에 영향을 미친다. 중증 알츠하이머병 환자는 가장 단순한 운동 과제조차 수행하는 데 어려움을 겪게 된다. 알츠하이머병을 완치할 치료법은 없다. 몇 가지 약물과 보조제가 많은 환자에서 병의 진행 속도를 늦춘다.

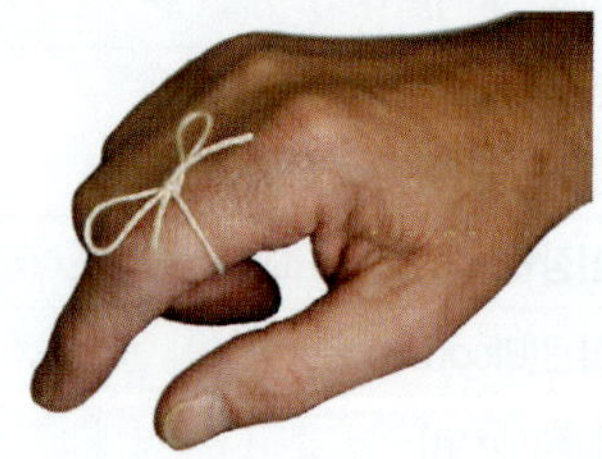

8

태로 나타나는 경우가 자주 있다. **치매(dementia)**는 정신 기능이 쇠퇴하는 현상으로, 기억과 공간지남력(spatial orientation)과 언어와 성격에 기능 저하가 특징적이다.

치매의 가장 흔한 원인은 알츠하이머병(*Alzheimer's disease*)이다(임상노트 참조).

체크포인트

42. 노화와 관련된 뇌의 감소 또는 수축의 주요 원인은 무엇인가?

책 뒷면에 있는 파란색 정답 탭을 참조.

임상노트

뇌졸중 Stroke

이전에 *cerebrovascular accident*로 불렸던 **뇌졸중**(*stroke*)은 뇌조직의 손상 또는 괴사를 설명하는 일반적인 용어다. 뇌졸중은 일반적으로 뇌의 특정 부위에 혈액 공급이 중단되어 발생한다. *Brain attack*이라는 용어는 뇌졸중의 생리기전과 심장 마비의 생리기전을 비교하기 위해 사용된다. 뇌졸중은 세 번째로 흔한 사망 원인이자 장애의 주요 원인이다.

뇌졸중은 뇌의 특정 부위로 가는 혈류의 흐름 장애로 발생한다. 뇌졸중의 두 가지 일반적인 범주는 허혈성 및 출혈성이다. 허혈성 뇌졸중은 뇌의 일부에 혈관이 막혀서 발생한다. 출혈성 뇌졸중은 뇌의 일부에 혈관이 파열되어 발생한다(**그림 8-46**). 뇌졸중의 약 80~85%는 허혈성이고 15~20%는 출혈성이다.

그림 8-46 뇌의 한쪽 반구에 상당한 손상을 받은 대규모 출혈성 뇌졸중의 사후 검체 사진.

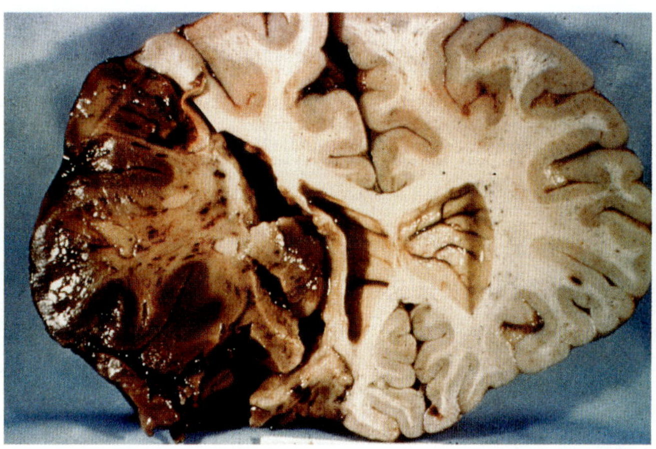

허혈성 뇌졸중(ischemic stroke)은 보통 혈전성 및 색전성의 두 가지 범주로 나누어진다. **혈전성 뇌졸중**(*thrombotic stroke*)에서는 막힌 부위에 혈전이 형성된다. 흔히 동맥은 동맥경화증으로 인해 좁아지거나 불규칙하게 되어 혈전형성을 촉진한다. 색전성 뇌졸중에서 혈전은 신체의 다른 곳, 일반적으로 심장 또는 대혈관에서 형성되고 순환계를 통해 이동하여 궁극적으로 대뇌동맥에 머물러 폐색을 유발한다. 혈전성 뇌졸중과 달리 색전성 뇌졸중은 상대적으로 질병이나 협착이 없는 혈관에서 발생하는 경향이 있다.

출혈성 뇌졸중(hemorrhagic stroke) 허혈성 뇌졸중보다 젊은 환자에서 발생하는 경향이 있다. 대부분의 출혈성 뇌졸중은 뇌 구성물 내에서 발생한다(뇌내 출혈)(**그림 8-47**). 그러나 일부 출혈성 뇌졸중은 거미막밑공간(지주막하공간)으로의 출혈(거미막밑출혈)을 유발한다. **거미막밑출혈**(*subarachnoid hemorrhage*)의 경우, 높은 혈압상태에서 갑작스런 혈액 방출과 그에 따른 두개 내압(ICP) 상승으로 인해 직접 세포손상이 발생한다. 대부분의 거미막밑출혈은 **딸기동맥류**(*berry aneurysms*, 낭성동맥류)의 파열로 인한 것이다. 딸기동맥류는 뇌 동맥벽이 약해져서 주머니 모양으로 늘어진 것이다. 이것은 일반적으로 선천적이며 혈관이 약화된 영역에서 생성된다. 딸기동맥류 파열 또는 출혈은 20세에서 50세 사이의 환자에서 발생률이 높다.

뇌졸중의 징후와 증상은 손상받은 뇌의 부위에 따라 다르다. 작은 뇌혈관

그림 8-47 가쪽뇌실(뇌실주위출혈, periventricular hemorrhage)에 인접한 조직의 출혈성 뇌졸중 사진이다.

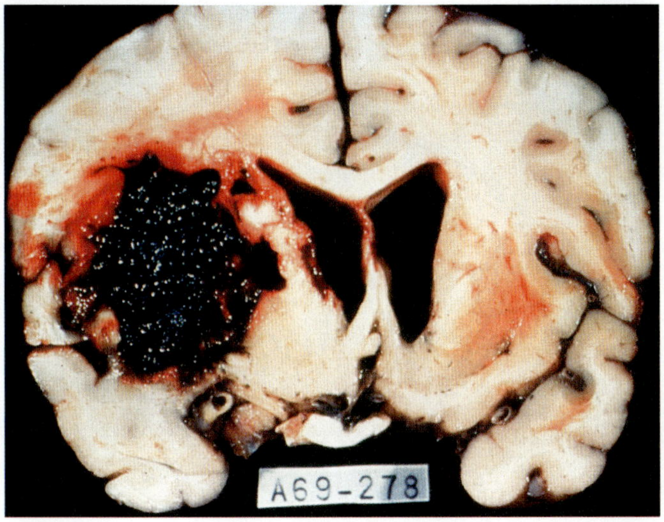

중 하나가 막히면 증상이 최소화될 수 있다. 더 큰 대뇌혈관이 막히면 치명적인 증상과 심지어 사망까지 이를 수 있다. 뇌로의 혈액 공급은 앞순환(전방순환) 및 뒤순환(후방순환)이라는 두 가지 경로를 거친다. **앞순환**(*anterior circulation*)은 목동맥에 의해 공급되며 뇌의 80%에 혈액을 공급한다. **뒤순환**(*posterior circulation*)은 척추동맥에서 혈액을 공급받는다. 뒤순환은 뇌 혈액의 20%만 제공하지만 운동, 감각 및 정상적인 의식에 필수적인 뇌줄기와 같은 중요한 구조물에 혈액을 공급한다.

뇌의 각 반구가 신체의 반대편을 제어하기 때문에 뇌졸중이 일어난 부위의 반대편의 신체 쪽, 즉 오른쪽 뇌 뇌졸중의 경우 왼쪽 신체에서 무기력과 감각 상실이 나타난다. 뇌의 한쪽이 기능이 우세하게 발달한 우성(우세)대뇌반구가 영향을 받으면 말하기 능력이 상실될 수 있다(**실어증**, *aphasia*). 오른손잡이와 왼손잡이의 최대 80% 이상이 왼쪽반구에 언어중추가 발달하여 왼쪽 반구가 우세반구이다.

뇌졸중 진단은 병력, 신체검사 및 컴퓨터단층촬영(CT)을 기반으로 한다. CT를 사용하면 출혈성 뇌졸중을 쉽게 식별할 수 있다. 허혈성 뇌졸중은 급성기에 진단하기가 더 어렵다. 시간이 지남에 따라 흉터조직이 손상을 받은 뇌 부분을 대체하고 허혈성 병변이 더 잘 나타나게 된다.

뇌졸중 치료는 지난 10년 동안 많은 변화가 있었다. 보통 3시간 이내 허혈성 뇌졸중 환자의 경우 혈전용해요법을 고려해 볼 수 있다. **조직플라스미노겐 활성화제**(*tissue plasminogen activator, tPA*)와 같은 혈전용해제를 사용해 볼 수 있으며, 이는 허혈을 유발하는 혈전을 용해시킬 수 있다. 적절한 시간 내에 손상받은 뇌 영역으로 혈류가 회복되면, 환자는 영구적인 부상을 피할 수 있다. 이러한 이유 때문에 사람들이 뇌졸중의 징후와 증상을 조기에 인지하고, 환자를 적절한 치료시설로 데려갈 수 있도록 "brain attack"라는 개념을 알리도록 하고 있다.

일과성 허혈발작 Transient Ischemic Attack

몇몇 환자들은 뇌졸중과 유사한 증상이 나타나고 나서 저절로 증상이 해소되기도 한다. 이것을 **일과성 허혈발작**(*transient ischemic attack, TIA*)이라고 하며 흔히 본격적인 뇌졸중의 전조증상으로 알려져 있다. 대부분의 TIA 증상은 몇 시간 내에 해결되지만, 일부는 24시간 이상 지속되는 경우도 있다. TIA가 발생하면 원인을 파악하기 위한 세부적인 검사가 필요하다.

8

임상노트

신경학적 외상 Neurologic Trauma

신경계는 뼈구조에 의해 잘 보호되기는 하지만 뇌와 척수는 손상되기 쉽다. 신경계 손상은 45세 미만의 주요 사망 원인이며, 약 절반은 두부 외상으로 인한 것이다. **외상성 뇌손상**(*traumatic brain injury*)은 치명적일 수 있으며 영구적인 장애를 유발할 수 있다. 어린이와 노인은 내재된 해부학적 및 생리적 요인으로 인해 위험이 증가하지만, 젊은 남성 성인은 신경학적 외상의 위험이 가장 크다.

신경학적 외상은 일반적으로 관통외상 또는 둔기외상으로 분류된다. **둔기외상**(*blunt trauma*)이 더 흔하며 자동차 충돌(motor vehicle collisions, MVC), 폭행 및 스포츠 부상 등으로 인해 발생한다. **관통외상**(*penetrating trauma*)은 대부분 총상이나 자상으로 인해 발생한다. 신경학적 외상은 1차 또는 2차 손상으로 설명될 수 있다. **1차 손상**(*primary injury*)의 신경세포 손상이 충격 즉시 발생한다. **2차 손상**(*secondary injury*)의 신경세포 손상은 사고 후 몇 분에서 며칠 사이에 발생하며, 뇌부종, 산소부족 또는 부적절한 관류와 같은 간접적인 원인으로 인해 발생한다.

둔기(무딘)외상 Blunt Trauma

둔기(무딘)외상은 힘의 위치에 따라 국소손상이나 광범위손상을 일으킬 수 있다. **국소손상**(*focal injury*)은 뇌의 특정 위치에서 발생하는 반면, **광범위손상**(*diffuse injury*)은 포괄적인 부위에서 발생한다. 머리외상은 임팩트 지점 바로 아래(타격손상, *coup injury*) 또는 뇌의 반대편(맞충격[대응충격]손상, *contrecoup injury*)에 손상을 일으킬 수 있다. 맞충격손상은 뇌가 충격부위에서 강하게 밀려 뒤로 움직여서, 부상 반대쪽 머리뼈 내부에 영향을 미친다. 맞충격손상은 머리 앞뒤뿐만 아니라 머리 오른쪽 왼쪽 측면 외상으로도 발생할 수 있다(**그림 8-48**).

광범위손상 Diffuse Injuries

머리에 충격이 가해지는 동안 엇갈림(전단력), 찢김 또는 늘어나는 힘이 신경섬유에 가해져서 축삭이 손상된다. **광범위축삭손상**(*diffuse axonal injury, DAI*)은 경증에서 중증까지 다양하다. 뇌진탕은 경증에서 중등도의 DAI 형태로 나타나며, 둔기(무딘)머리외상의 가장 일반적 증상이다. 뇌진탕은 뚜렷한 해부학

(계속)

그림 8-48 둔기외상 후 타격손상과 맞충격손상.

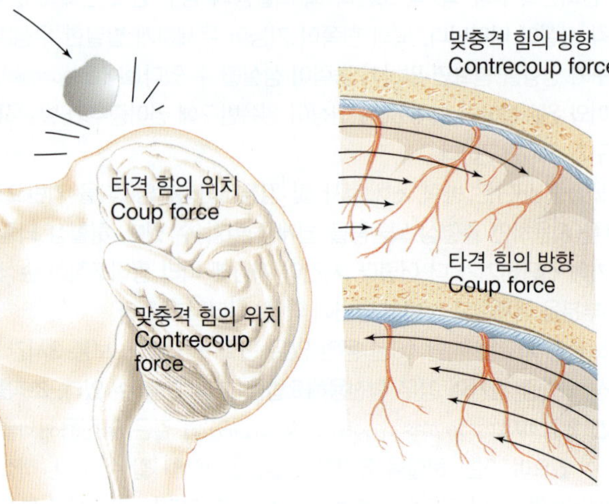

8

적 손상이 없고, 신경세포기능장애가 있다. 뇌진탕은 혼돈, 지남력장애나 사건기억상실의 일과성삽화(에피소드)를 특징으로 하며, 빠르게 정상으로 복귀한다. 일시적인 의식 상실이 발생할 수 있다. 일반적으로 영구적인 신경학적 손상은 없다.

손상 후 뇌조직에 멍(타박상)이 생기면 중등도 DAI로 볼 수 있다. 대뇌겉질 또는 그물활성계(망상활성계)가 손상을 받으면 환자는 의식을 잃을 수 있다. 이 손상은 경미한 뇌진탕보다 더 심하며 단기 및 장기 징후와 증상을 모두 유발할 수 있다. 즉각적인 의식상실과 지속적 혼돈, 집중력 저하, 지남력장애 및 기억상실 등이 발생한다.

심각한 DAI는 대뇌반구에서 뇌줄기로 연결된 많은 축삭의 물리적 손상으로 인해 발생한다. 이 손상은 일반적으로 혼수상태를 유발하고 두개내압을 증가시킨다. 상당수의 환자는 심각한 DAI 상태에서 생명을 유지하지 못하며, 살아남은 환자는 일반적으로 어느 정도의 영구적인 신경학적 장애가 남는다.

국소손상 Focal Injuries

국소손상은 뇌의 특정 위치에서 발생하며 타박상과 머리속 출혈이 나타난다. 이 **대뇌타박상**(*cerebral contusion*)은 충격 위치에서 뇌내 구성물로 모세혈관 출혈이 발생하게 된다. 충격 위치에 따라 혼돈과 기타 유형의 신경학적 결함을 유발할 수 있다. 예를 들어, 이마엽 손상은 성격변화를 초래할 수 있다.

둔기(무딘)외상은 뇌의 여러 위치에서 출혈을 일으킬 수 있다. 경막과 두개골 내부 표면 사이의 출혈은 **경막바깥혈종**(*epidural hematoma*)이다(**그림 8-49**). 이것은 일반적으로 머리뼈 골절로 인한 중간 뇌막(수막)동맥 손상으로 인해 발생한다. 출혈은 동맥이기 때문에 경막바깥혈종이 빠르게 발생하고 신속하게 치료하지 않으면 뇌줄기 탈출을 유발할 수 있다. 경막바깥혈종의 전형적인 병력은 환자가 둔기(무딘)외상 후 즉각적인 의식상실을 경험하는 것이다. 그런 다음 환자는 깨어나고 혈종 팽창에 의해 다시 의식을 잃기 전에 의식이 **뚜렷한 시기**(*lucent period*)가 있다. 그러나 이 전형적 증후군은 경질막바깥혈종 환자의 약 20%에서만 발생한다. 치료는 가능한 한 빠르게 신경외과적 수술을 통한 혈종을 제거하는 것이다. 드물게 신경외과 치료를 할 수 없는 경우 응급의사가 뇌줄기 탈출을 방지하기 위해 혈종 위의 머리뼈에 구멍을 뚫어야 할 수도 있다.

그림 8-49 경막바깥혈종. 출혈은 일반적으로 동맥 출혈로 인해 발생하며 경과가 빠르게 나타난다.

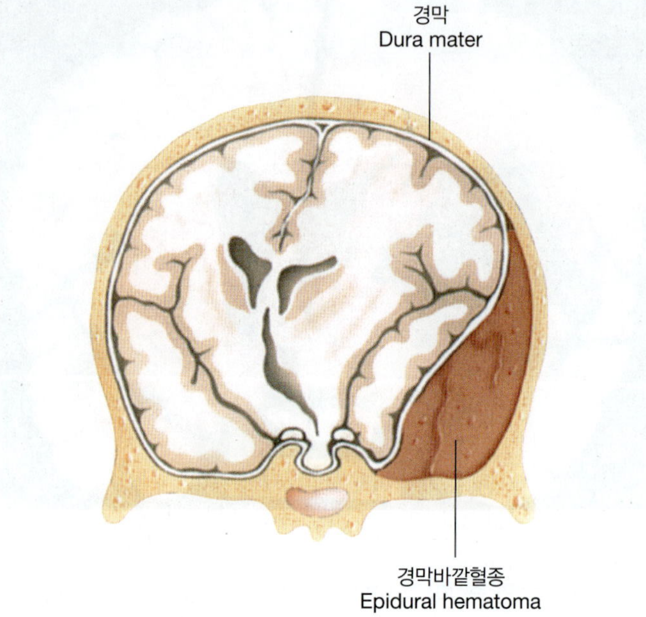

경막아래나 거미막밑 공간 내의 출혈은 **경막밑혈종**(*subdural hematoma*)이라 한다. 이러한 유형의 출혈은 매우 느리게 진행되며 일반적으로 경막정맥굴의 연결정맥과 같은 정맥혈관의 파열로 인해 발생한다. 경막밑혈종은 혈종이 크지 않으면 일반적으로 초기 징후와 증상을 거의 나타나지 않는다(**그림 8-50**). 경막밑혈종의 치료는 그 손상의 정도에 따라 다르다. 소량의 혈종은 며칠에 걸쳐 재흡수되는지 관찰해 볼 수 있다. 큰 혈종은 외과적 감압이 필요

그림 8-50 경막밑혈종. 출혈은 일반적으로 정맥에서 나타나며, 경막바깥혈종보다 경과가 훨씬 느리게 진행된다.

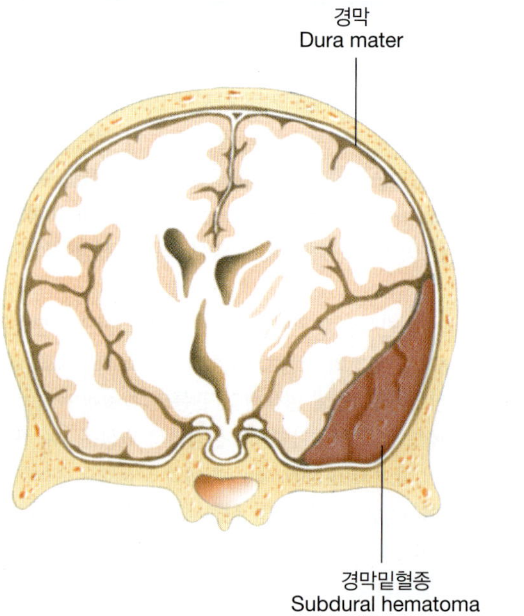

할 수 있다. 경막밑혈종과 관련 뇌 손상이 흔하게 나타난다.

뇌내출혈(*intracerebral hemorrhage, ICH*)은 뇌의 구성물 내 혈관이 파열되어 발생한다. 혈액 손실은 일반적으로 미미하지만 손상은 크다. 뇌의 염증과 부종을 유발하게 된다. ICH의 징후와 증상은 뇌의 관련 부위에 따라 뇌졸중과 유사하게 나타난다. 치료는 2차 손상을 최소화하기 위해 ICP를 제어하는 것이다.

관통외상 Penetrating Trauma

뇌나 척수의 관통외상은 매우 치명적이다. 관통상은 일반적으로 총상이나 찔린 상처 또는 교통사고(motor vehicle crash, MVC) 현장의 날카로운 물체로 인해 발생한다. 종종 관통하는 물체가 머리에 들어가면 머리뼈가 골절되고 뼈 조각이 뇌의 구조물로 이송되기도 한다. 관통 손상은 또한 진입 중에 혈관을 뚫어서 출혈을 유발할 수 있다. 뇌가 외부 환경에 노출됨에 따라 감염 가능성이 존재하게 된다.

관통하는 물체의 속도와 에너지는 부상의 정도에 중요한 영향을 미친다. 찌르는 상처는 일반적으로 속도가 낮고 에너지가 낮다. 이로 인한 피해는 주로 진입 지점으로 한정된다. 소구경 총알은 머리뼈에 들어간 후 나올 수 있는 에너지가 충분하지 않을 수 있다. 대신에 총알이 머리뼈에 들어간 후 반대쪽에 있는 머리뼈의 내부 표면을 치고 뇌 전체에 튕겨져서 종종 심각한 조직 손상을 유발하게 된다. 고에너지 대구경 총알은 일반적으로 두개골을 관통하고 빠져나가기에 충분한 에너지를 가지고 있다. 이 관통하는 총알은 에너지 매우 높기 때문에 심각한 뇌 손상을 발생시키고, 출구상처로 머리뼈의 상당 부분이 파괴된다(**그림 8-51**). 머리뼈안압력(ICP)의 증가는 일반적으로 개방상처인 관통외상에서는 문제가 되지 않는다. 관통상은 종종 치명적 손상을 일으킨다. 생존자는 심각한 영구적인 신경학적 손상을 입는다.

그림 8-51 **고속, 고에너지 총격을 받은 뇌의 거대한 총상 통로를 보여주는 사후 검체.**

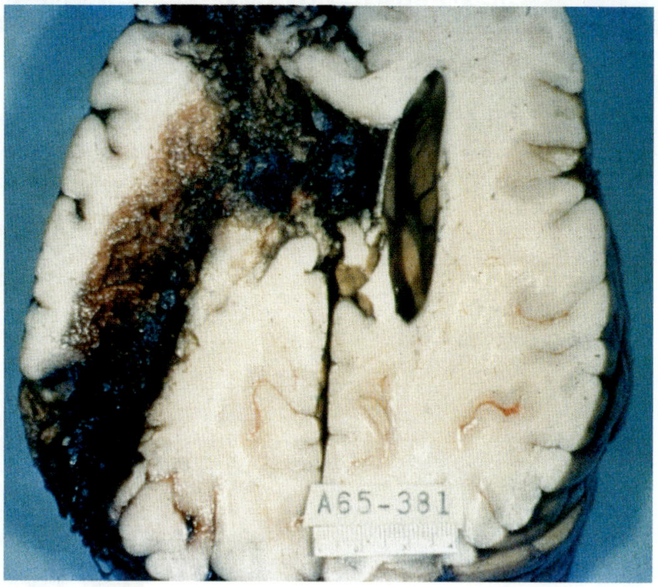

8-13 신경계통은 다른 인체계통과 밀접하게 통합되어 있다

학습목표 신경계통과 기타 인체 계통 사이에 일어나는 상호작용의 예를 몇 가지 제시한다.

신경계통은 다른 모든 기관계통들을 모니터하고 그 작용들을 조정해서 바로잡도록 명령을 내보낸다.

p. 297에 있는 "지식 쌓기: 신경계통은 지금까지 공부한 인체의 다른 기관계통들과 어떤 방식으로 통합되는가?"를 공부하면 신경계통과 외피계통, 뼈대계통, 근육계통 사이의 중요한 기능적 관계를 복습할 수 있다.

체크포인트

43. 신경계통과 지금까지 공부한 다른 신체계통 사이의 관련성을 확인해보자.

책 뒷면에 있는 파란색 정답 탭을 참조.

지식 쌓기

신경계통이 지금까지 제시된 다른 신체 계통과 어떻게 통합되는지 알아보자.

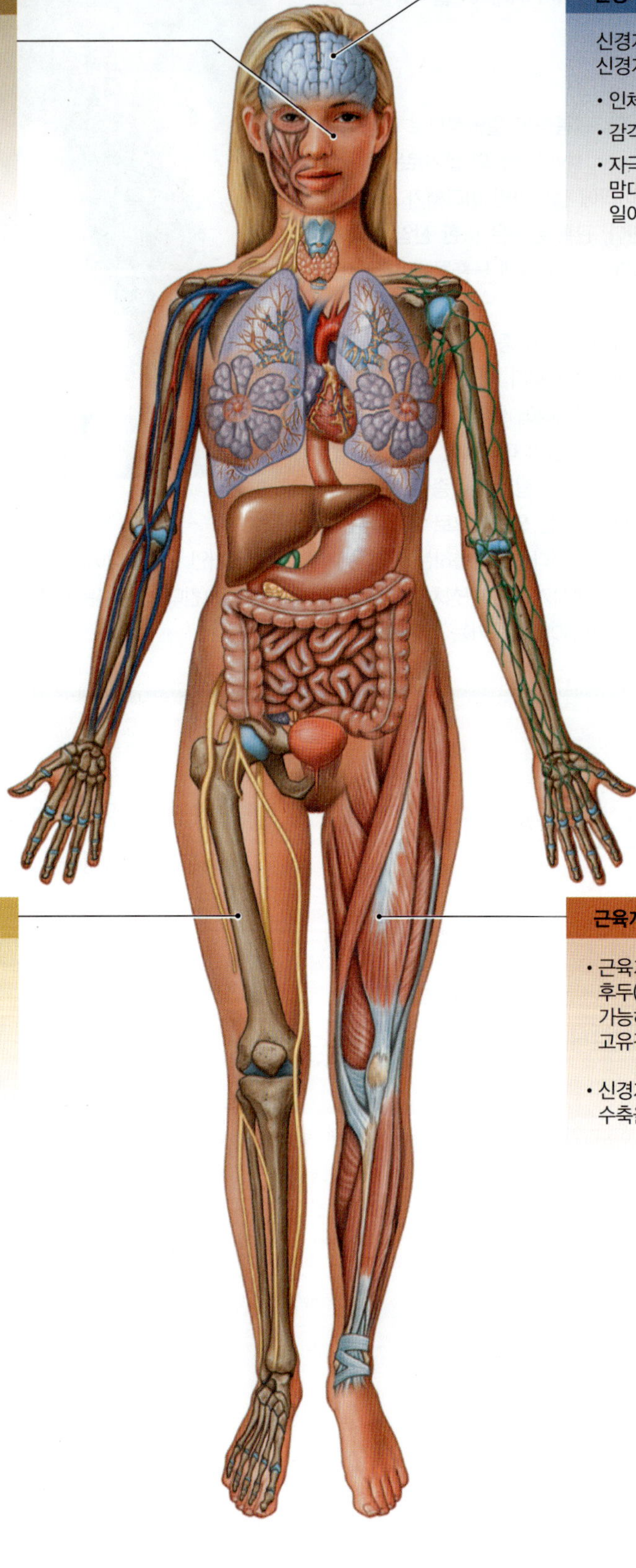

외피계통 Integumentary System

- 외피계통은 촉각, 압력감각, 통증, 진동감각, 온도감각 등을 제공한다; 모발은 뇌와 머리뼈의 보호 및 보온에 기여한다; 말초신경을 보호한다.
- 신경계통은 털세움근(erector pili muscle)의 수축과 땀 분비를 조절한다.

신경계통 Nervous System

신경계통은 인체에서 가장 복잡한 기관계이다. 신경계통은 다음과 같은 기능을 한다.

- 인체의 내부환경과 외부환경을 모니터링한다.
- 감각정보를 통합한다.
- 자극을 받은 즉시 다른 기관계통들의 맘대로반응과 제대로반응을 조정하여 반응이 일어나도록 지휘한다.

뼈대계통 Skeletal System

- 뼈대계통은 신경기능에 필요한 칼슘을 제공하고 뇌와 척수를 보호한다.
- 신경계통은 뼈대근의 수축을 조절하여 뼈를 두껍게 만들고 유지한다.

근육계통 Muscular System

- 근육계통은 얼굴근육으로 감정상태를 표현하며, 후두(larynx)의 자체근육들이 의사소통을 가능하게 하고, 근육방추(muscle spindle)가 고유감각(proprioception)을 제공한다.
- 신경계통은 뼈대근의 맘대로 수축과 제대로 수축을 조절한다.

관련 임상 용어

근육축위축가쪽경화증(amyotrophic lateral sclerosis, ALS): 척수와 뇌줄기 및 대뇌반구에 있는 운동신경세포에 영향을 미치는 진행성 퇴행성 질환; 흔히 루게릭병(Lou Gehrig's disease)으로 알려져 있다.

뇌혈관사고 또는 **뇌졸중(cerebrovascular accident[CVA],** *stroke*): 뇌의 일부분에 혈액 공급 차단되는 질환이다.

디프테리아(diphtheria): 기도에 세균이 감염되어 발생하는 질병. 이 세균의 독소는 신경집세포(Schwann cell)를 손상시켜 말초신경계통에서 말이집탈락(demyelination)을 유발한다.

한센병(나병, Hansen's disease, *leprosy*): 피부의 감각신경에서 감염이 시작되어 동일 부위의 운동마비로 진행되는 세균 감염의 일종이다.

헌팅턴병(Huntington's disease): 정신 능력의 점진적 저하와 운동 장애가 일어나는 특징적 유전질환이다.

수막염, 뇌척수막염(meningitis): 척수 및/또는 뇌[의 뇌척수막(meninges)]에서 일어난 염증으로, 척수에서는 **척수막염**(*spinal meningitis*), 뇌에서는 **뇌수막염**(*cerebral meningitis*)이라 한다. 일반적으로 세균이나 바이러스에 의해 발생한다.

척수조영술(myelography): 방사선 비투과성 조영제를 뇌척수액에 주입하여 척수와 말총(cauda equina)의 X선 영상을 촬영하는 진단법이다.

신경학(neurology): 신경계통과 그 질환을 연구하는 의학의 한 분야.

신경독(neurotoxin): 활동전위의 생성과 전도를 방해하여 신경계통의 정상 기능에 장애를 초래하는 화합물이다. 그 예로는 복어독인 **테트로도톡신**(*tetrodotoxin, TTX*), **색시톡신**(*saxitoxin, STX*), **마비성 패류중독**(*paralytic shellfish poisoning, PSP*), **시구안톡신**(*ciguatoxin, CTX*) 등이 있다.

감각이상(paresthesia): 일반적으로 따끔거리거나 찌릿하다고 묘사되며, 일시적 마비 후에 감각이 돌아올 때 나타나는 비정상적 저린 감각을 말한다.

궁둥신경통, 좌골신경통(sciatica): 궁둥신경의 뿌리들이 눌림으로 인해 일어나는 통증을 말한다.

대상포진(shingles): 수두대상포진 바이러스(varicella-zoster virus)에 의해 척수신경절의 신경세포가 감염되어 발생하는 질환이다. 주요 증상은 침범된 척수신경의 감각분포영역을 따라 나타나는 고통스러운 발진이다.

척수쇼크(spinal shock): 척수에 심각한 손상이 발생한 후 감각과 운동기능이 저하된 기간.

8

8 복습

요약

신경계통 소개 *p. 270*

1. 신경계통과 내분비계통 두 기관계는 인체 전체 기관계통의 활동을 조정한다. 신경계는 자극에 대해 신속하지만 짧은 반응을 제공한다. 내분비 시스템은 대사작용을 조정하고 장기적인 변화를 지시한다.

8-1 신경계통은 구조와 기능을 기준으로 구분할 수 있다 *p. 270*

2. **신경계(nervous system)**는 인체의 모든 신경조직을 포함한다. 주요 해부학적 부분으로는 **중추신경계통(central nervous system, CNS)** (뇌와 척수)와 **말초신경계통(peripheral nervous system, PNS)**(CNS 외부의 모든 신경조직)가 있다.

3. 기능적으로 PNS는 감각정보를 CNS로 가져오는 **들신경부분(afferent division)**과 근육과 샘에 운동 명령을 전달하는 **날신경부분(efferent division)**로 나눌 수 있다. 들신경부분에는 **몸신경계통(somatic nervous system, SNS)**(뼈대근육 수축에 대한 맘대로 제어)과 **자율신경계통(autonomic nervous system, ANS)**(평활근, 심장 근육 및 샘활동의 자동적, 제대로 조절)이 포함된다(**그림 8-1**).

8-2 신경세포(뉴런)는 세포 간 의사소통을 담당하며, 신경아교세포의 지지를 받는다 *p. 271*

4. 신경조직에는 두 가지 유형의 세포가 있다. 정보전달 및 처리를 담당하는 **신경세포(neuron)**가 있으며, 또 하나의 세포는 **신경아교세포(neuroglia)** 또는 **신경교세포**(*glial cell*)라 하고 신경세포 주변의 환경을 조절하며, 신경세포에 지원 체계를 제공하고 식세포 역할을 한다.

5. **감각신경세포(sensory neuron)**는 PNS의 들신경부분을 형성하고 CNS에 정보를 전달합니다. **운동신경세포(motor neuron)**는 말초조직, 기관 또는 기관계통의 활동을 자극하거나 수정한다. **사이신경세포(interneurons[association neuron]**, 연관신경세포)는 감각신경세포와 운동신경세포 사이에 위치한다. 사이신경세포는 감각신경세포의 입력을 분석하고 운동신경세포의 출력을 조정한다.

6. 전형적인 신경세포에는 세포체, **축삭(axon)**, 여러 가지 **가지돌기(dendrite**, 수상돌기), 축삭종말이 있다(**그림 8-2**).

7. 신경세포는 **단극(unipolar)**, **양극(bipolar)** 또는 **다극(multipolar)**으로 되어 있다(**그림 8-3**).

8. CNS의 네 가지 유형의 신경아교세포는 (1) 가장 크고, 수가 가장 많으며, 혈뇌장벽(blood-brain barrier, BBB)을 지지하는 **별아교세포(astrocyte**, 성상세포); (2) CNS 축삭의 **말이집형성(myelination**, 수초화)을 담당하는 **희돌기아교세포(oligodendrocyte)**; (3) 백혈구에서 유래 된 식세포인 **미세아교세포(microglia)**; 및 (4) 뇌척수액(*cerebrospinal fluid*, CSF)과 관련된 기능을 가진 **뇌실막세포(ependymal cell**, 상의세포)가 있다(**그림 8-4**).

9. PNS의 신경세포체는 **신경절(ganglia**, 단수: *ganglion*)로 이루어져 있다. 이들 축삭은 말이집으로 에워싸여 있으며, **신경집세포(Schwann cell)**는 이들 축삭을 모두 포함하고 있다(**그림 8-5**).

10. CNS에서 특정 기능을 공유하는 신경세포체 집단을 **중추(center)**라고 한다. 구분이 되는 해부학적 경계가 있는 중추를 **신경핵(nucleus)**이라고 한다. 대뇌 표면의 영역은 **신경겉질(neural cortex)**이라고 하는 두꺼운 회색질 층으로 덮여 있다. CNS의 백색질에는 시작점과 도착점이 같고 및 그 기능도 동일한 축삭 또는 **신경관(tract)**의 다발이 포함되어 있다. 척수의 관은 **기둥**(*column*, 섬유단)이라고 하는 더 큰 그룹을 형성한다(**그림 8-6**).

11. **감각(오름)신경경로(sensory**[*ascending*] **pathway)**는 말초감각 수용체에서 뇌의 정보처리 센터로 정보를 전달한다. **운동(내림)신경경로(motor**[*descending*] **pathway)**는 운동제어를 담당하는 CNS 중추에서 관련 뼈대근육까지 연결되어 있다(**그림 8-6**).

8-3 신경세포에서, 형질막의 전기전위는 활동전위를 발생한다 *p. 277*

12. 자극을 받지 않은 신경세포의 **안정막전위(resting membrane potential** or **resting potential)**는 나트륨-칼륨 교환펌프에서 나트륨 이온 유입 속도와 칼륨 이온의 유출 속도가 평형을 이룰 때 안정하게 된다. 이 균형에 영향을 미치는 모든 자극은 세포의 안정막전위를 변화시킨다(**그림 8-7**).

13. **활동전위(action potential)**는 막전위가 **문턱값(threshold)**을 넘어 탈분극될 때 나타난다. 활동전위는 다음의 단계를 거치는데, 먼저 막전위가 탈분극되어 문턱값(약 −60 mV)까지 도달하면 전압관문 나트륨 이온 통로가 열리고 나트륨 유입으로 막전위가 양전위로 상승(약 +30 mV)하게 된다. 막전위가 정점에 이르면 전압관문 나트륨 이온 통로의 폐쇄와 함께 전압관문 칼륨 이온 통로가 열리면서 재분극이 시작된다. 칼륨의 세포외 유출과 함께 막전위가 하강하여 안정막전위(−70 mV)에 도달하면 칼륨 이온 통로가 닫히기 시작하는데, 과분극 과정(−90mV)을 거쳐 최종적으로 안정막전위(−70mV)로 복귀한다 (**집중 조명 그림 8-8**).

14. **연속전도(continuous propagation)**에서 활동전위는 일련의 작은 단계로 전체 흥분성 막 표면을 따라 퍼진다. **도약전도(saltatory propagation)**는 나트륨 전파 동안 활동전위는 중간에 있는 말이집 표면을 건너뛰고 마디에서 마디로 도약하는 것처럼 보인다(**집중 조명 그림 8-9**).

8-4 연접(synapse)은 신경세포 사이 또는 신경세포와 다른 세포 사이를 서로 연결한다 *p. 284*

15. **연접(synapse)**은 **신경전달물질(neurotransmitter)**이라고 하는 화학물질의 방출을 통해 신경세포가 다른 세포와 소통하는 부위다. 신경세포가 다른 세포 유형과 정보를 교환하는 연접은 **신경효과기이음부(neuroeffector junction)**이다.

16. 신경세포의 정보교환은 **연접이전신경세포(presynaptic neuron)**에서 **연접이후신경세포(postsynaptic neuron)**로 **연접틈새(synaptic cleft)**를 가로질러 이동한다(**그림 8-10**).

17. **콜린성 연접(cholinergic synapse)**에서는 신경전달물질 **아세틸콜린(acetylcholine, ACh)**을 방출한다. ACh는 효소 **아세틸콜린에스터라제(acetylcholinesterase, AChE)**에 의해 연접틈새에서 분해된다(**그림 8-11**).

18. 약 200억 개의 사이신경세포는 **신경세포동아리(neuronal pool)**(특정 기능을 가진 상호 연결된 신경세포 그룹)으로 구성된다. **퍼짐(divergence**, 발산)은 하나의 신경세포에서 여러 신경세포로 또는 하나의 신경세포집단에서 여러 집단으로 정보가 확산되는 것이다. **모임(convergence**, 수렴)에서는 여러 신경세포는 동일한 연접후신경세포에서 연접을 이룬다(**그림 8-12**).

8-5 뇌와 척수는 수막이라는 세 층의 막으로 둘러싸여 있다 *p. 287*

19. CNS는 **척수**(*spinal cord*)와 **뇌**(*brain*)로 구성된다.

20. 특수한 덮개 막인 **뇌척수막(meninge)**은 척수와 예민한 뇌를 보호하고 지지한다. **뇌수막**(경막, 거미막 및 연막[*cranial meninges* dura mater, arachnoid, and pia mater])은 척수의 **척수수막**(*spinal meninges*)과 연결되어 있다(**그림 8-13**).

21. **경막(dura mater)**은 뇌와 척수를 둘러싸고 있다. **경막바깥공간(epidural space)**은 척수경막과 척추관 벽을 분리한다. 거미막 층의 거미막밑공간에는 뇌척수액(CSF)이 포함되어 있으며, **뇌척수액(cerebrospinal fluid, CSF)**은 용존가스(산소, 이산화탄소 등-역자주), 영양소, 화학메신저(신경전달물질 등−역자주) 및 세포대사산물(폐기물)에 대한 흡수와 확산의 매질 역할을 한다. **연막(pia mater)**은 뇌실질의 신경조직에 연결되어 있다.

8-6 척수는 회백질이 백색질에 둘러싸여 있으며 31쌍의 척수신경과 연결되어 있다 *p. 291*

22. 척수는 뇌에 정보를 전달하는 것 외에도 정보를 자체적으로 통합하고 처리한다.

23. 척수에는 31개의 분절이 있으며, 각 분절은 한 쌍의 **뒤뿌리신경절(dorsal root ganglia)**과 **뒤뿌리(dorsal root)** 그리고 한 쌍의 **앞뿌리(ventral root)**와 연결되어 있다(**그림 8-15; 8-17b**).

24. 백색질은 말이집 및 민말이집 축삭을 포함한다. 회색질은 신경세포와 신경아교세포의 세포체를 포함한다. 척수의 외부 표면을 향한 회색물질의 돌출 부위를 **돌기(horn, 뿔)**라고 한다(그림 8-17a).

8-7 뇌는 각각 특정 기능을 가진 몇 가지 주요 구획으로 나뉜다 *p. 295*

25. 성인 뇌에는 대뇌, 사이뇌, 중간뇌, 다리뇌, 숨뇌, 소뇌의 6개 영역이 있다(그림 8-21).

26. 뇌는 중앙에 통로가 있으며, 이는 확장되어 **뇌실(ventricle)**이라고 하는 4개의 방을 형성한다. 뇌척수액(CSF)은 뇌실의 맥락얼기와 척수의 중심관에서 생성되어, CNS를 둘러싸는 척수막의 거미막밑공간으로 지속적으로 순환한다(그림 8-22; 8-23).

27. 의식적 사고, 지적기능, 기억 및 복잡한 불수의운동(제대로운동) 패턴은 **소뇌(cerebrum)**에 의해 조절된다(그림 8-21).

28. 대뇌의 겉질 표면에는 능선처럼 융기된 **이랑(gyri)**이 있는데, 이들은 얕게 움푹 들어간 **고랑(sulci)**과 더 깊게 패인 홈으로 분리되는 **틈새(fissure)**에 의해 나뉘어져 있다. 또한 대뇌의 **세로틈새(longitudinal fissure)**가 대뇌를 가운데로 가로질러 **대뇌반구(cerebral hemisphere)**를 양쪽으로 구분하고 있다. **중심고랑(central sulcus)**은 **이마엽(frontal lobe)**과 **마루엽(parietal lobe)** 사이의 경계가 된다. 다른 고랑인 수평방향의 가쪽고랑(lateral sulcus)은 **관자엽(temporal lobe)**과 **뒤통수엽(occipital lobe)**의 경계를 형성한다(그림 8-21; 8-25).

29. 각 대뇌반구는 감각정보를 수신하고 신체의 반대쪽에 관련된 운동명령을 내려 보낸다. **중심앞이랑(precentral gyrus)**의 **일차운동겉질(primary motor cortex)**은 수의운동을 명령한다. **중심뒤이랑(postcentral gyrus)**의 **일차감각겉질(primary sensory cortex)**은 촉각, 압력, 통증 및 온도 수용체로부터 체세포 감각정보를 받는다. **시각연합영역(visual association area)** 및 **운동앞겉질**(운동연합영역, **premotor cortex**, motor association area)과 같은 **연합영역(association area)**은 감각정보를 받아들이고 운동반응을 조정하는 능력을 제어한다(그림 8-25).

30. 왼쪽 대뇌반구는 일반적으로 **절대대뇌반구**(*categorical* [unconditional] *hemisphere*, 우성대뇌반구)로, 수리, 논리 등 분석능력 및 음성중추, 언어기반기술(읽기, 쓰기, 말하기)을 담당한다. 오른쪽 대뇌반구 또는 **표상반구**(*representational hemisphere*)는 공간위치관계 및 공간분석과 관련이 있다(그림 8-26).

31. **뇌파도(electroencephalogram, EEG)**는 **뇌파(brain wave)**를 기록한 것이다(그림 8-27).

32. **기저핵(basal nuclei)**은 중앙 백색질 내에 있으며 학습된 운동 패턴 및 기타 신체운동 활동의 조정을 돕는다(그림 8-28).

33. **둘레계통(limbic system)**은 구조적 영역이 아니라, 기능으로 분류한 그룹이다. 둘레계통 중 **해마**(*hippocampus*)는 기억과 학습능력 등과 관련이 있으며, **유두체**(*mammillary body*)는 식사와 관련된 반사운동(씹기, 삼키기 등)을 제어한다. 둘레계통의 기능은 감정 상태를 조절하고, 대뇌겉질의 의식적, 지적 기능을 뇌줄기의 무의식적이고 자율신경 기능과 연결하고, 장기기억저장 및 검색을 돕는 것을 포함한다(그림 8-29).

34. **사이뇌(diencephalon)**는 의식 및 무의식의 감각정보와 운동명령 경로를 통합하는 데 필요한 정보교환 및 중계중추 역할을 한다. 사이뇌는 **솔방울샘**(*pineal gland*)과 **맥락얼기**(*choroid plexus*, 뇌척수액을 생성하는 혈관 네트워크)를 포함하는 **시상상부(epithalamus)**, **시상(thalamus)** 및 **시상하부(hypothalamus)**로 구성되어 있다(그림 8-21c, 8-30).

35. 시상은 후각을 제외한 모든 오름감각정보가 대뇌겉질에 도달하기 전 마지막으로 거치는 중계 지점이다. 도달하는 감각정보의 작은 부분만이 대뇌겉질로 전달된다. 나머지는 바닥핵과 뇌줄기의 중추에 전달된다(그림 8-21c; 8-30).

36. 시상하부는 중요한 조절중추와 통합중추를 포함하고 있다. 시상하부는 감정과 행동욕구를 조절하고, 신경계 및 내분비계통의 활동을 조정하고, 호르몬을 분비하고, 맘대로 기능 및 자율기능을 조정하고, 체온을 조절할 수 있다.

37. **뇌줄기(brain stem)**는 세 영역 구성되어 있다. (1) **중간뇌(midbrain)**는 시각 및 청각 정보를 처리하고, 제대로 몸운동반응을 생성하며, 대뇌겉질의 활동에 직접 영향을 미치는 **그물활성화계통**(*reticular activating system, RAS*)을 포함하고 있다. (2) **다리뇌(pons)**는 소뇌를 뇌줄기에 연결하고 몸운동과 및 내장운동의 조절에 관여한다. (3) **숨뇌(medulla oblongata)**는 뇌와 척수를 연결하며, 감각정보를 전달하고, 자율신경 기능을 조절한다(그림 8-21c; 8-30).

38. **소뇌(cerebellum)**는 신체의 자세근육을 조절하고, 맘대로, 제대로 움직임을 정교하게 조정한다. **소뇌다리(cerebellar peduncles)**는 소뇌와 뇌줄기, 대뇌 및 척수를 연결하는 신경로 집단을 말한다(그림 8-21; 8-30).

39. 숨뇌는 뇌와 척수를 연결한다. 숨뇌는 척수와 뇌줄기의 감각, 운동정보를 대뇌겉질로 전달한다. **심장혈관중추(cardiovascular center)**와 **호흡주기중추(respiratory rhythmicity center)**를 포함한 반사중추는 하나 이상의 말초신경계통의 활동을 제어하거나 조정한다(그림 8-30).

8-8 말초신경계통(PNS)은 중추신경계통(CNS)을 인체의 내부 및 외부 환경과 연결한다 *p. 308*

40. **말초신경계통(peripheral nervous system, PNS)**은 중추신경계통(CNS)을 인체의 나머지 부분과 연결한다. 모든 감각정보와 운동명령은 PNS의 축삭에 의해 전달된다. 감각 및 운동 축삭은 신경세포체, **신경절**(*ganglia*)과 함께 **말초신경(peripheral nerve)**의 다발을 이룬다.

41. PNS에는 뇌신경과 척수신경이 포함된다.

42. 척수가 아닌 뇌에 연결되는 12쌍의 **뇌신경(cranial nerve)**이 있다(**그림 8-31**).

43. **후각신경(olfactory nerve, N I)**은 냄새에 대한 감각정보를 전달한다.

44. **시각신경(optic nerve, N II)**은 눈의 특정 감각 수용체로부터 시각정보를 전달한다.

45. **눈돌림신경(oculomotor nerve, N III)**은 안구를 움직이는 6개의 근육 중 4개를 신경조절한다.

46. 가장 작은 뇌신경인 **도르래신경(trochlear nerve, N IV)**은 눈의 위빗근신경을 지배한다.

47. 가장 큰 뇌신경인 **삼차신경(trigeminal nerve, N V)**은 눈신경과 위턱신경 및 아래턱신경에 신경가지가 있는 혼합신경이다.

48. **갓돌림신경(abducens nerve, N VI)**은 여섯번째 안구근육인 가쪽곧은근을 신경지배 한다.

49. **얼굴신경(facial nerve, N VII)**은 두피와 얼굴의 근육을 지배하는 혼합신경이다. 얼굴신경은 얼굴에 압력감각을 보내고, 혀에서 미각정보를 받는다.

50. **속귀신경(vestibulocochlear nerve, N VIII)**은 균형, 위치 및 운동감각을 모니터링하는 안뜰신경과 청각수용체를 모니터링하는 달팽이신경을 포함한다.

51. **혀인두신경(glossopharyngeal nerve, N IX)**은 혀와 인두를 자극하고 음식물의 삼킴을 조절하는 혼합신경이다.

52. **미주신경(vagus nerve, N X)**은 내장기능의 자율적 조절에 필수적인 혼합 신경이며 다양한 운동 구성요소를 가지고 있다.

53. **더부신경(accessory nerve, N XI)**의 속가지는 물렁입천장과 인두의 삼킴 근육을 맘대로 지배하고, 바깥가지는 팔이음뼈(빗장뼈, 어깨뼈)와 관련된 목빗근과 등세모근육을 조절한다.

54. **혀밑신경(hypoglossal nerve, N XII)**은 혀근육의 맘대로운동을 제어한다.

55. **척수신경(spinal nerve)**은 31쌍이 있다: 목신경 8쌍, 가슴신경 12쌍, 허리신경 5쌍, 엉치신경 5쌍, 꼬리신경 1쌍이 있으며, 각 신경은 **피부분절(dermatome)**로 알려진 신체 표면의 해당영역을 모니터링한다(**그림 8-32; 8-33**).

56. **신경얼기(nerve plexus)**는 복잡하고 잘 엮어진 신경망이다. 신경얼기는 크게 4개로 구분되는데, **목신경얼기(cervical plexus)**, **팔신경얼기(brachial plexus)**, **허리신경얼기(lumbar plexus)**, **엉치신경얼기(sacral plexus)**로 이루어져 있다. 후자의 두 개 얼기를 합쳐서 허리엉치신경얼기(*lumbosacral plexus*)라고도 한다(**그림 8-32**).

8-9 반사(reflex)는 자극에 대한 빠르고 자동적인 반응이다 *p. 313*

57. **반사(reflex)**는 특정 자극에 대한 자동적 제대로 운동반응이다.

58. **반사활(reflex arc)**은 단일반사의 "회로연결장치"이다. 반사활의 작용에는 5단계가 포함 된다: (1) 자극의 도달과 수용기 활성화, (2) 감각신경세포의 활성화, (3) 사이신경세포의 정보 처리, (4) 운동신경세포의 활성화, (5) 말초효과기의 반응(**그림 8-34**).

59. **단연접반사(monosynaptic reflex)**는 가장 단순한 반사활로, 감각신경세포가 처리중추 역할을 하는 운동신경세포에 직접 연접한다. **늘림(stretch reflex)**는 뼈대근 길이와 근 긴장도를 자동으로 조절하는 단일연접반사이다. 관련된 감각수용체는 **근육방추(muscle spindles)**이다(**그림 8-35**).

60. **다연접반사(polysynaptic reflexes)**는 감각들신경세포와 운동들신경신경세포 사이에 적어도 하나의 사이신경세포를 갖고 있으며, 단일연접반사보다 자극과 반응 사이에 지연시간이 더 길다. 다연접반사는 또한 더 복잡한 반응을 생성할 수 있다. **굽힘근반사(flexor reflex)**는 사지근육에 영향을 미치는 회피반사이다(**그림 8-36**).

61. 뇌는 척수에 기반한 반사운동 패턴을 촉진하거나 억제할 수 있다.

8-10 감각정보와 운동명령은 서로 다른 경로를 통해 전달된다 *p. 317*

62. CNS와 PNS 간의 필수적인 정보교환은 감각정보의 인지와 운동명령을 전달하는 경로를 통해 이루어진다(**표 8-2**).

63. **감각정보(sensation)**는 들신경섬유의 활동전위의 형태로 유입된다. **척수뒤기둥경로(posterior column pathway)**를 통해 미세한 촉각, 압각, 진동 및 고유감각을 전달한다. 이 축삭은 척수뒤기둥 통로를 통해 올라가고, 숨뇌의 신경세포와 연접한다. 이 축은 반대쪽으로 교차하여 시상으로 이동한다. 시상에서는 관련된 신체 부위에 따라 감각을 분류하여 일차감각겉질의 특정 부위로 보낸다(**그림 8-39; 표 8-2**).

64. **겉질척수로(corticospinal pathway)**는 뼈대근을 의식수준에서 수의적(맘대로)으로 조절하는 경로이다. **안쪽뇌줄기경로(medial pathway)**와 **가쪽뇌줄기경로(lateral pathway)**는 일반적 뼈대근운동을 잠재의식 수준에서 제대로(수의적으로) 조절한다(**그림 8-40; 표 8-2**).

8-11 자율신경계통은 교감신경계통과 부교감신경계통으로 구성되며, 신체 기능의 무의식적 조절에 관여한다 *p. 321*

65. 자율신경계통(ANS)은 심혈관, 호흡, 소화, 배설 및 생식 기능을 조절한다.

66. CNS의 **신경절이전신경세포(preganglionic neuron)**의 축삭은 CNS 밖의 **자율신경절(autonomic ganglia)**에 있는 **신경절신경세포(ganglionic neurons)**, 즉 신경절이후신경세포(postganglionic

neuron)와 연접한다. 신경절이후신경세포의 축삭은 심장근, 민무늬근, 땀샘, 경우에 따라서는 지방세포를 자극한다(**그림 8-41b**).

67. 가슴분절과 허리분절의 신경절이전신경섬유는 ANS의 **교감신경(sympathetic division)**의 "투쟁과 도피(fight or flight)" 반응을 형성한다. 뇌분절과 엉치분절에서 시작되는 신경절이전섬유는 **부교감신경(parasympathetic division)**의 "휴식과 안정" 또는 "휴식과 소화")반응을 형성한다.

68. 교감신경계통은 T_1과 L_2 분절 사이의 신경절이전신경세포, 척주 근처 신경절의 신경절 신경세포, 부신의 특수한 신경세포로 구성된다. 교감신경절은 쌍을 이룬 **교감신경줄기신경절(sympathetic chain ganglia)**과 쌍을 이루지 않는 **곁신경절(collateral ganglia)**이 있다(**그림 8-42**).

69. 부신으로 들어가는 신경절이전섬유는 **부신속질(adrenal medulae)** 내에서 연접을 형성한다. 교감신경이 활성화되는 동안 이 내분비기관은 에피네프린(E)과 노르에피네프린(NE)을 혈류로 방출한다.

70. 응급상황에서는 전체 교감신경계통이 반응하여 각성, 에너지 생성, 심혈관계통과 호흡계통 활동의 증가, 근 긴장도 상승을 유발한다.

71. 부교감신경계통은 뇌줄기와 척수의 엉치분절에 있는 신경절이전신경세포, 그리고 표적기관내부 또는 옆에 위치한 말초신경절의 신경절신경세포를 포함한다. 엉치분절에서 기시하는 신경절이전섬유는 **골반신경(pelvic nerve)**을 형성한다(**그림 8-44**).

72. 부교감신경계통에 의해 일어나는 효과는 이완, 식품의 소화 및 에너지 흡수에 중심이 되어 있으며, 일반적으로 단순하며, 특정 영역에 한정되어 있다.

73. 교감신경계통은 광범위한 영향을 미치며 신체 전체의 내장 및 몸 구조에 도달하게 된다. 부교감신경계통은 뇌신경의 지배를 받는 부위나 배골반강안에 있는 내장 구조만을 자극한다. **이중신경분포(dual innervation)**를 가진 기관은 교감신경계통, 부교감신경계통 모두에 의해 조절된다(**표 8-5**).

8-12 노화는 신경계통에 다양한 구조적 및 기능적 변화를 일으킨다 *p. 328*

74. 연령에 다른 신경계의 변화로는 뇌 크기와 무게의 감소, 신경세포 수 감소, 뇌로의 혈류 감소, 뇌의 연접 조직 변화, CNS의 세포내 및 세포외 변화가 포함된다. 고령 인구의 약 85%는 이러한 변화가 어떠한 기능을 수행하는 데 있어서 심각한 문제가 되지는 않는다.

8-13 신경계통은 다른 인체계통과 밀접하게 통합되어 있다 *p. 333*

75. 신경계통은 다른 모든 기관계통들을 모니터링하고 그 작용을 조정하는 명령을 내보낸다.

8

복습 문제

책 뒷면에 있는 파란색 정답 탭을 참조.

단계 1 사실 및 용어 검토

A열의 각 항목을 B열의 가장 밀접하게 관련된 항목에 맞게 빈칸에 적절한 답을 적으시오.

A열

_____ **1.** 신경아교세포(Neuroglia)
_____ **2.** 자율신경계통(Autonomic nervous system)
_____ **3.** 감각신경세포(Sensory neurons)
_____ **4.** 이중신경분포(이중신경지배)(Dual innervation)
_____ **5.** 신경절(Ganglia)
_____ **6.** 희소돌기아교세포(Oligodendrocytes)
_____ **7.** 오름길(상행로)(Ascending tracts)
_____ **8.** 내림길(하행로)(Descending tracts)
_____ **9.** 도약전도(Saltatory propagation)
_____ **10.** 연속전도(Continuous propagation)
_____ **11.** 경막(Dura mater)
_____ **12.** 단일연접 반사(Monosynaptic reflex)

B열

a. CNS 축삭을 둘러싸고 있는 말이집
b. 감각정보를 뇌로 전달
c. 민말이집 축삭을 따라 발생
d. 뇌와 척수의 가장 바깥막
e. 뇌척수액 CSF 생산
f. 버팀세포, 지지세포
g. 민무늬근 및 심장근육, 땀샘 및 지방 세포를 조절
h. 말이집축삭을 따라 발생
i. 신경계통과 내분비계통 사이의 연결
j. 척수에 운동명령 전달
k. PNS의 날신경
l. 뼈대근육 수축 조절

_____ 13. 교감신경(Sympathetic division)

_____ 14. 소뇌(Cerebellum)

_____ 15. 몸신경계통(체신경계)(Somatic nervous system)

_____ 16. 시상하부(Hypothalamus)

_____ 17. 숨뇌(연수)(Medulla oblongata)

_____ 18. 맥락얼기(Choroid plexus)

_____ 19. 부교감신경(Parasympathetic division)

_____ 20. 운동신경세포(Motor neurons)

m. 신경세포체의 덩어리

n. 뇌를 척수에 연결

o. 늘림반사(뻗침반사)

p. PNS의 들신경

q. 근긴장도 및 자세유지

r. "휴식과 소화" 담당

s. 반대로 작용(두 신경이 상반된 작용)

t. "투쟁과 도피" 담당

21. 다음 신경세포 각각의 구조를 명명하시오.

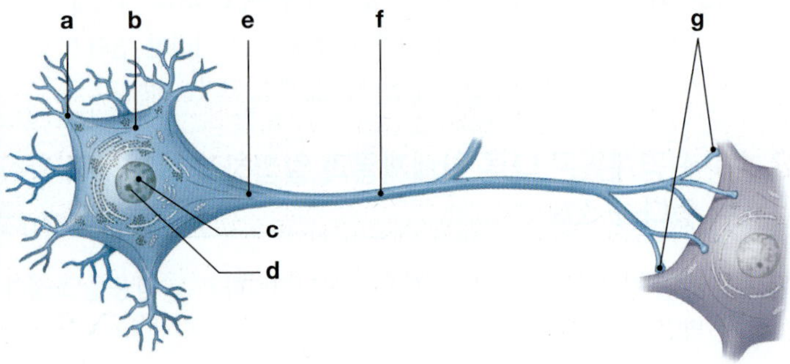

(a) ____________ **(b)** ____________
(c) ____________ **(d)** ____________
(e) ____________ **(f)** ____________
(g) ____________

22. 신경계의 반응은 어떻게 조절되는가?
(a) 자극에 대한 상대적으로 느리지만 오래 지속적
(b) 자극에 대한 신속하고 오래 지속적
(c) 자극에 대한 신속하지만 짧게
(d) 자극에 대한 상대적으로 느리고 단기적으로

23. 뼈대근을 조절하는 모든 운동 신경세포는?
(a) 뭇극신경세포
(b) 말이집두극신경세포
(c) 홑극 민말이집감각신경세포.
(d) 고유감각수용체

24. 안정막 전압에서 신경세포막의 탈분극으로 변화시 막전위는?
(a) 0 mV.
(b) −70 mV.
(c) −90 mV.
(d) a, b 및 c가 모두 맞다.

25. 다음 그림에서 뇌의 6가지 주요 영역을 명명하시오.

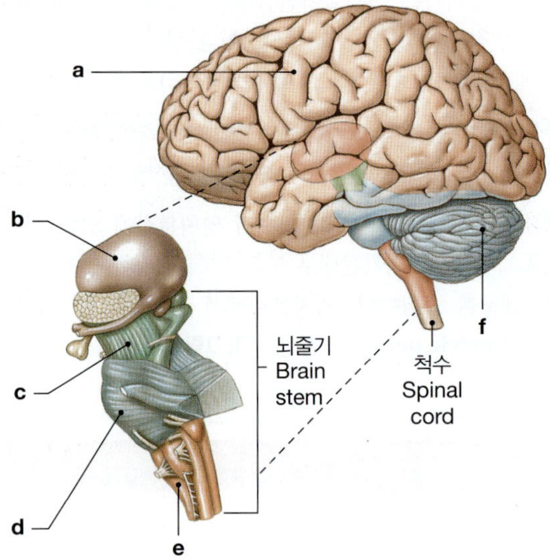

(a) ____________ **(b)** ____________
(c) ____________ **(d)** ____________
(e) ____________ **(f)** ____________
(g) ____________

26. 대뇌반구와 뇌줄기 구성요소 사이의 구조적 및 기능적 연결을 담당하는 부위는?
(a) 대뇌겉질
(b) 숨뇌
(c) 중간뇌
(d) 사이뇌

27. 뇌실은 무엇으로 채워져 있는가?
(a) 혈액
(b) 뇌척수액
(c) 공기
(d) 신경조직

28. 읽기, 쓰기 및 말하기를 담당하는 부위는?
(a) 오른쪽 대뇌반구
(b) 왼쪽 대뇌반구
(c) 이마옆앞겉질
(d) 중심뒤이랑

29. 정서적 상태 또는 충동적 행동과 관련된 기능을 수행하는 부위는?
(a) 둘레계통(둘레계통)
(b) 솔방울샘(송과체)
(c) 유두체
(d) 시상

30. 일차감각겉질과 연결된 오름감각정보가 최종전달되는 부위는?
(a) 시상하부
(b) 시상
(c) 척수
(d) 숨뇌

31. 척수신경을 혼합신경이라고 하는 이유는?
(a) 한 쌍의 뒤뿌리신경절과 연관되어 있기 때문
(b) 척추사이구멍 빠져나가기 때문
(c) 감각신경섬유와 운동신경섬유를 포함하고 있기 때문
(d) 한 쌍의 뒤뿌리와 뒤뿌리신경절과 연관되어 있기 때문

32. 중추신경계통과 어디에 있는 말초효과기 사이에 항상 연접이 있는가?
(a) 자율신경계통(ANS)
(b) 교감신경계통(SNS)
(c) 반사궁
(d) a, b 및 c 모두

33. 부교감신경의 약 75%는 어디에서 시작하는가?
(a) 골반신경
(b) 궁둥신경
(c) 혀인두신경
(d) 미주신경

34. 활동전위의 실무율(all or none 법칙)을 설명하시오.

35. 니모닉 기억력증진법(연상기호코드) "Oh, Once One Takes The Anatomy Final, Very Good Vacations Are Heavenly"을 활용하여 12쌍의 뇌신경을 나열하시오.

36. 척수에서 교감신경절 이전섬유와 부교감신경절 이전섬유의 시작부분은 어떻게 다른가?

단계 2 개념 검토

37. 단계전위(국소전위)는
(a) 자극 지점으로부터 거리가 멀수록 감소한다.
(b) 국소전류로 지속시간이 짧다.
(c) 탈분극 또는 과분극이 포함될 수 있다.
(d) a, b 및 c 모두

38. 신경세포(neuron)막의 안쪽의 막전위가 양전하에서 음전하로 띠게 된다면?
(a) 탈분극 **(b)** 문턱
(c) 과분극 **(d)** 활동전위

39. 호흡계통과 심장 활동과 관련된 뇌의 주요 부분은 어디인가?

40. 단일연접반사의 반응시간이 다연접반사의 반응시간보다 훨씬 빠른 이유는 무엇인가?

41. 각성상태, 대사율, 소화/비뇨기능, 저장된 에너지의 사용, 호흡수, 심박수/혈압 및 땀샘 활동에 대한 자율신경계통의 교감 및 부교감 신경계통의 일반적인 작용을 비교하시오.

단계 3 비판적 사고 및 임상 적용

42. 중추신경계에서 중심소체가 없는 신경세포는 세포분열을 할 수 없는데, 이로 인해 뇌암에 걸리는 이유는?

43. 경찰이 술에 취한 상태에서 운전 혐의로 Bill의 차를 세웠다. 경찰관은 Bill에게 길에서 노란색 선을 걷도록 요청한 다음 집게손가락 끝을 코끝에 대라고 요청한다. 이러한 활동은 뇌의 어느 부분을 테스트하고자 하는 것인가? 이러한 테스트를 통해 Bill의 음주수준(sobriety)을 어떻게 나타낼 수 있을까?

44. 일부 심각한 위궤양의 경우, 위로 이어지는 미주신경(N X)의 가지를 외과적으로 절제할 수 있다. 이 수술로 궤양을 어떻게 제어할 수 있는가?

45. 목발을 부적절하게 사용하면 팔의 폄(신전)근육 반응 소실과 손목처짐을 특징으로 하는 목발마비가 발생할 수 있다. 어떤 신경이 관련되어 있는가?

46. 축구경기에서 Ramon은 심한 태클을 당해 왼쪽 다리에 부상을 입었다. 일어나려고 할 때 그는 왼쪽 엉덩이를 구부리거나 무릎을 뻗을 수 없다는 것을 알게 되었다. 어떤 신경이 손상되었으며, 이 손상이 왼쪽 다리의 감각 지각에 어떤 영향을 주었는가?

8

9

일반 및 특수 감각
The General and Special Senses

학습목표

학습목표는 각 장에 대해 학습한 후 무엇을 할 수 있어야 하는지를 알려주는 것이다. 각 절의 학습목표는 다음과 같다.

9-1 일반감각과 특수감각을 받아들이는 감각수용기의 기본 개념을 설명한다.

9-2 일반감각수용기를 열거하고 그 기능을 설명한다.

9-3 후각수용기의 구조와 기능을 설명한다.

9-4 미각수용기의 구조와 기능을 설명한다.

9-5 눈의 구조와 기능을 설명한다.

9-6 시각 영상을 감지하고 색을 구분하는 기전, 시각정보를 처리하는 중추신경계통의 기능을 설명한다.

9-7 바깥귀, 가운데귀, 속귀의 구조와 감각수용기, 청각과 평형감각의 감지 과정을 설명한다.

9-8 노화가 후각, 미각, 시각, 평형 및 청각에 미치는 영향을 설명한다.

임상노트

백내장(Cataracts), p. 360
시력(Visual Acuity), p. 364
야맹증(Night Blindness), p. 366
난청(Hearing Deficits), p. 377

집중 조명

굴절 문제(Refractive Problems), p. 363

일반 및 특수 감각 소개

주변에 대한 우리의 지식은 감각 수용체를 자극하는 특성으로 제한된다. 우리는 그것을 깨닫지 못할 수도 있지만 환경에 대한 우리의 모습은 불완전하다. 곤충은 사람에게 보이지 않는 색을 감지하여 꽃을 향해 날아간다. 우리가 감지할 수 없는 소리와 냄새는 돌고래, 개, 고양이에게 주변 환경에 대한 중요한 정보를 제공한다. 또한 있지 않은 것을 있는 것처럼 착각하는 경우도 많다. 팔다리를 잃은 환자가 그 부위에 헛통증(phantom pain)을 느끼고 간질발작(epileptic seizure) 환자가 헛것을 보고 듣거나 냄새를 느끼곤 한다. 이 장에서는 신체와 환경에 대한 정보를 제공하는 "일반 감각"과 후각, 미각, 시각, 평형(균형) 및 청각의 "특수 감각"에 대해 논의한다.

지식 쌓기

우리가 인지하는 것은 신경계의 상태에 따라 다르다. 교감신경계는 "투쟁 또는 도피"를 담당하는 신경계통이다(8장: **신경계통** 참조). 교감신경이 활성화하는 동안 경계의 증가 상태를 경험한다. 즉, 감각 정보에 대한 인식이 높아진다.

9

9-1 감각수용기는 우리의 내부와 외부 환경을 신경계통과 연결한다

학습목표 일반감각과 특수감각을 받아들이는 감각수용기의 기본 개념을 설명한다.

모든 감각 정보는 감각수용기에 의해 수집된다. **감각수용기(sensory receptor)**는 신체 내부 또는 외부의 상태를 모니터링하는 특수 세포 또는 세포 과정(확장)이다.

가장 단순한 수용체는 신경세포의 축삭이다. 이 축삭의 끝이 여러 갈래로 분지하는 것을 **자유신경종말(free nerve ending)**이라고 한다. 자유신경종말은 풀뿌리가 토양으로 확장되는 방식으로 조직을 통해 확장된다. 그들은 많은 유형의 자극에 민감하다. 결과적으로 자유신경종말은 수용체 특이성이 낮다. 예를 들어, 피부에서 끝나는 주어진 자유신경은 화학물질, 압력, 열 또는 상처에 대한 반응으로 통증 감각을 제공할 수 있다.

다른 수용체는 한 종류의 자극에 민감하다. 예를 들어, 촉각수용체는 압력에 매우 민감하지만 화학적 자극에는 민감하지 않다. 미각 수용체는 용해된 화학물질에는 민감하지만 압력에는 민감하지 않다. 눈의 시각 수용체와 같은 가장 복잡한 수용체는 부속 세포와 결합조직층에 의해 보호되며, 이 세포는 빛을 제외한 어떤 자극에도 거의 노출되지 않으므로 매우 구체적인 정보를 제공한다.

단일 수용체 세포에 의해 모니터링하는 영역은 **감수영역**(*receptive field*)이다(**그림 9-1**). 충분히 강한 자극이 수용장에 도달할 때마다 CNS는 "수용체 X에 도달하는 자극" 정보를 받는다. 수용분야가 클수록 자극을 국소화하는 능력이 떨어진다. 예를 들어, 일반적인 신체 표면의 터치 수용체는 직경 7 cm(2.75인치)의 수용분야를 가질 수 있다. 결과적으로 정확한 지점이 아닌 일반적인 영역에만 영향을 미치는 가벼운 터치를 설명할 수 있다. 혀나 손가락 끝에서 수용분야는 직경이 1 mm 미만이고, 이러한 영역에서 자극의 위치를 매우 정확하게 파악할 수 있다.

모든 감각 정보는 감각(구심성)섬유에서 활동전위의 형태로 CNS에 도착한다. 일반적으로 자극이 강할수록 활동 전위의 빈도가 높아지며, 도착하는 정보는 **감각(sensation)**이라고 한다.

감각 정보가 CNS에 도착하면 자극의 위치와 특성에 따라 발송된다. 예를 들어, 촉각, 압력, 통증, 온도 및 미각은 일차 감각 겉질에 도달한다. 시각, 청각 및 후각수용체의 정보는 각각 겉질의 시각, 청각

그림 9-1 감각수용기와 감수영역. 감각수용기는 자신의 감수영역으로 들어오는 자극을 감지한다.

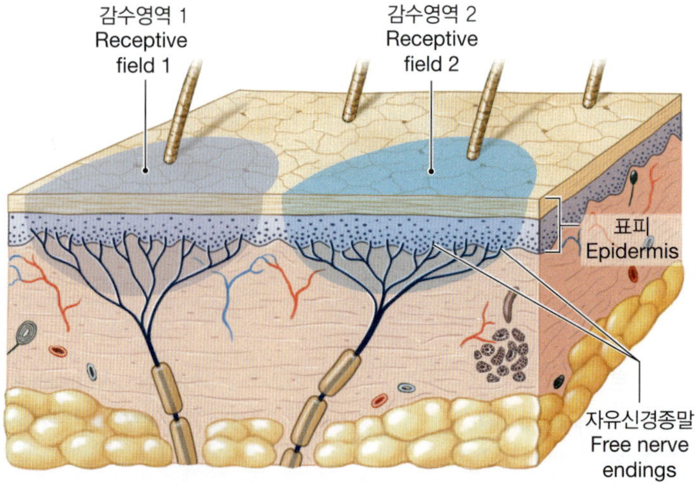

및 후각 영역에 도달하며, **지각(perception)**은 감각에 대한 의식적인 인식이다.

중추신경계통은 자극받은 뇌 영역을 기준으로 감각 정보의 본질을 전적으로 해석한다. CNS는 "진실" 감각과 "거짓" 감각의 차이를 구분할 수 없다. 예를 들어, 눈을 문지르면 빛의 섬광을 볼 수 있으며, 자극은 시각적인 것이 아니라 물리적인 것이지만 시신경을 따른 모든 활동은 시각 겉질로 전달되어 시각적 인식으로 경험된다.

적응(adaptation)은 지속적인 자극이 있을 때 감도가 감소하는 것이다. 익숙한 예는 뜨거운 목욕을 하거나 차가운 호수에 뛰어드는 것으로 순식간에 온도는 처음처럼 극심해 보이지 않는다. 적응은 대뇌 피질에 도착하는 정보의 양을 줄이고, 대부분의 감각 정보는 척수 또는 뇌간을 따라 중앙으로 전달되어 금단 반사와 같은 비자발적 반사를 유발할 수 있다. 구심성 섬유가 제공하는 정보의 약 1%만이 대뇌 겉질과 우리의 의식적인 인식에 도달한다.

그러나 더 높은 중심으로부터의 출력은 수용체 감도를 증가시키거나 감각 경로를 따라 전달을 촉진할 수 있다. 예를 들어, 주의 집중을 돕는 중뇌의 **그물체 활성화 계통**(*reticular activating system*)은 도달하는 감각에 대한 인식을 높이거나 낮출 수 있다. 이 감도 조정은 의식적 또는 무의식적인 방향에서 발생할 수 있다. 우리가 "주의 깊게 들으면" 청각 자극에 대한 민감성과 인식이 높아진다. 그 반대는 시끄러운 공장에 들어가거나 붐비는 도시 거리를 따라 걸을 때 발생하며, 여기에서 높은 수준의 배경 소음을 자동으로 "조정"한다.

일반감각(general sense)에는 온도, 통증, 촉각, 압력, 진동 및 **고유감각(proprioception)**(신체 위치)이 포함된다. 일반적인 감각에 대한 수용체는 몸 전체에서 발생한다. **특별감각(special sense)**은 냄새 또는 **후각(olfaction)**, 맛보기 또는 **미각(gustation)**, 시각, 균형 또는 **평형(equilibrium)**, 청각이다. 이 다섯 가지 특별한 감각에 대한 수용체는 머리에 국한되어 있고 눈이나 귀와 같은 감각 기관과 같은 특정 구조 내에 집중되어 있다. 이 장에서는 일반적인 감각과 특수 감각을 모두 탐구한다.

체크포인트

1. 적응이란 무엇인가?
2. 수용기 A는 직경 2.5 cm의 원형 수용장을 가지고 있다. 수용기 B는 직경 7.0 cm의 원형 수용장을 가지고 있다. 더 정확한 감각 정보를 제공하는 수용기는 무엇인가?
3. 다섯 가지 특별한 감각을 나열하시오.

책 뒷면에 있는 파란색 정답 탭을 참조.

9-2 일반감각수용기는 자극의 종류에 따라 분류된다

학습목표 일반감각수용기를 열거하고 그 기능을 설명한다.

일반감각을 받아들이는 감각수용기는 몸 전체에 분포되어 있다. 구조가 비교적 간단다며, 우리는 그 자극의 성질에 따라 네 가지 유형으로 분류한다: **통각수용기**(*nociceptor*)(통증); **온도수용기**(*thermoreceptor*)(온도); **기계수용기**(*mechanoreceptor*)(물리적 변화); 및 **화학수용기**(*chemoreceptor*)(화학 농도).

통증 Pain

통증수용체 또는 **통각수용기(nociceptor)**는 자유신경종말이다. 그것은 특히 피부의 표면 부분, 관절 주머니, 뼈를 덮고 있는 뼈막 내, 혈관 벽 주변에서 흔하다. 다른 심부 조직과 대부분의 내장 기관에는 통각수용체가 거의 없으며, 통각수용기는 큰 수용 영역을 가지고 있다(**그림 9-1**). 결과적으로 고통스러운 감각의 정확한 원인을 결정하는 것은 종종 어려움이 있다.

통각수용기는 (1) 극한의 온도, (2) 기계적 손상 또는 (3) 손상된 세포에서 방출되는 것과 같은 용해된 화학물질에 민감할 수 있다. 이러한 소스에 의한 매우 강한 자극은 통각수용기를 자극할 수 있다. 따라서 열, 깊은 상처 또는 염증성 화학물질로 인한 매우 고통스러운 감각을 묘사하는 사람들은 "화상"과 같은 유사한 설명 용어를 사용한다.

한 부위의 통증수용체가 자극을 받으면 두 가지 유형의 축삭돌기가 고통스러운 감각을 전달한다. 수초 섬유는 매우 국소적인 **빠른 통증(fast pain)**(또는 *prickling pain*, 또는 따끔거림) 감각을 전달한다. 예를 들면, 주사 또는 깊은 베임으로 인한 통증이다. 이러한 감각은 CNS에 매우 빠르게 도달하여 종종 체세포 반사를 유발하며, 또한 일차 감각 겉질로 전달되어 의식적인 주의를 받는다. 느리고 수초화되지 않은 섬유는 **느린 통증(slow pain)** 또는 **화끈거리고 쑤시는 듯한 통증**(*burning and aching pain*)의 감각을 전달한다. 빠른 통증 감각과 달리 느린 통증 감각은 관련된 일반적인 영역만 식별할 수 있게 한다.

내장 기관의 통증 감각은 종종 신체 표면에서 발생하는 것으로 인식되며, 일반적으로 동일한 척추신경에 의해 신경이 작용하는 부위에서 발생한다. 실제로 자극되지 않은 신체 부위에서 오는 통증을 **연관통증(referred pain)**이라고 한다. 연관통증을 담당하는 정확한 과정은 아직 명확하지 않지만 몇 가지 임상 사례가 **그림 9-2**에 나와 있다. 예를 들어, 심장 통증은 종종 윗 가슴과 왼팔의 피부에서 발생하는 것으

그림 9-2 연관통증. 내장기관에서 일어난 통증이 같은 분절의 척수신경이 분포하는 체표면의 통증으로 느껴지는 것을 연관통증이라고 한다. 연관통증이 나타나는 부위와 그 통증의 실제 유발점에 해당하는 기관을 짝지어 표시하였다.

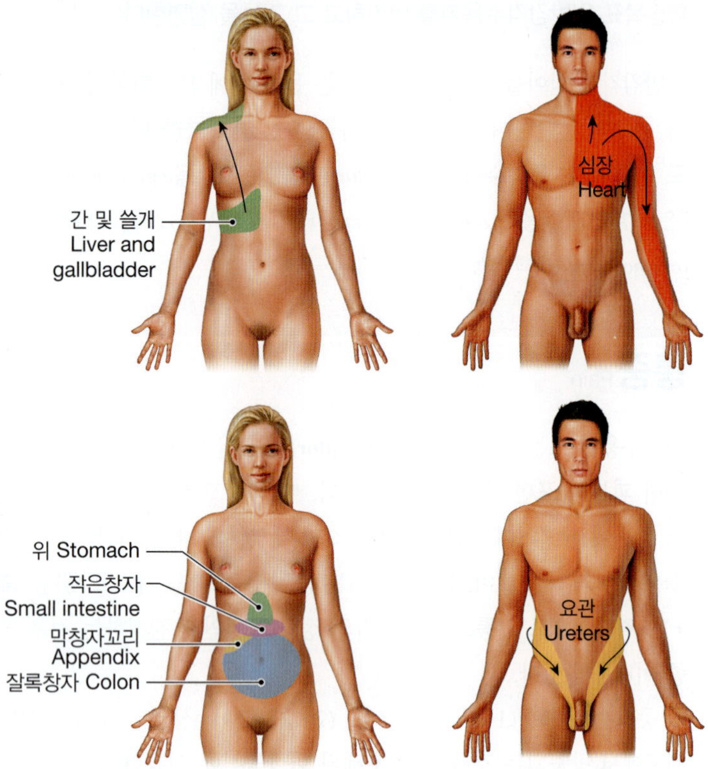

로 인식된다.

통각수용기는 고통스러운 자극이 남아 있는 한 계속 반응한다. 그러나 통증에 대한 인식은 시간이 지남에 따라 감소할 수 있으며, 이 효과는 시상, 그물체, 뇌줄기 및 척수의 중심 억제 때문이다.

온도 Temperature

온도수용체 또는 **온도수용기(thermoreceptor)**는 진피, 뼈대근육, 간 및 시상 하부에 위치한 자유신경종말이다. 냉각수용기는 따뜻한 수용체보다 3~4배 더 흔하다. 따뜻하고 차가운 온도수용기 사이에 알려진 구조적 차이는 없다.

온도 감각은 통증 감각을 전달하는 동일한 경로를 따라 전달된다. 그들은 그물체, 시상 및 (적은 정도로) 일차 감각 겉질로 보내진다. 온도수용기는 온도가 변할 때 매우 활동적이지만 안정된 온도에 빠르게 적응한다. 더운 여름날 냉방 시설이 갖추어진 교실이나 상쾌한 가을 저녁 따뜻한 강의실에 들어가면 처음에는 기온이 극단적으로 보일 수 있다. 그런 다음 적응이 진행됨에 따라 빠르게 적응한다.

촉각, 압각, 위치 감각 Touch, Pressure, and Position

기계수용기(mechanoreceptors)는 잡아당기거나 늘릴 때, 비틀림과 같은 자극에 민감하다. 이러한 자극에 대한 반응으로 수용체 세포의 원형질막이 왜곡되면 기계적으로 조절된 이온 채널이 열리거나 닫힌다. 기계 수용체에는 (1) **촉각수용기**(*tactile receptor*)(접촉), (2) **압력수용기**(*baroreceptor*)(압력) 및 (3) **고유감각수용기**(*proprioceptor*)(위치)의 세 가지 종류가 있다.

임상노트

통증 Pain

통증은 의학에서 중요한 증상이다. 실제로 병원 응급실에 오는 사람들 60% 이상이 통증 때문에 내원한다. 그럼에도 불구하고 불충분한 진통은 특히 어린이의 응급 치료에서 계속 문제가 되고 있다. 응급 통증 관리에는 가능한 경우 통증 완화와 관련 불안 관리가 포함되어야 한다. 이는 환자의 기도, 활력 징후 및 정신 상태를 지속적으로 모니터링하면서 제공되어야 한다.

통증 반응의 병태 생리학은 매우 복잡하며, 통증의 말초 및 중앙 매개자가 있다. 통각수용기와 자유신경종말이 말초 조직에 원래의 유해한 자극을 등록하고 이를 중추신경계로 전달할 때 말초 통증 계통이 활성화된다. 흥분성 아미노산 글루타메이트와 신경 펩티드 **뉴로키닌-A**(*neurokinin-A*), **칼시토닌 관련 펩티드**(*calcitonin gene-related peptide*) 및 **물질 P**(*substance P*)를 포함한 여러 신경전달물질이 통증 반응에 관여한다. 통증 신호는 척수의 등쪽 뿔에 통합되며, 이것은 시상 하부, 시상, 둘레계통, 그물체 활성화 계통을 포함한 뇌의 더 높은 중심으로 전달된다. 이러한 센터는 통증 정보를 통합하고 전달하여 통증을 감지하고 인식할 수 있도록 한다. 통증의 해석, 식별 및 국소화도 이러한 부위에서 발생한다.

통증은 주관적이기 때문에 종종 평가하기가 어렵다. 응급 상황에서는 환자의 통증 정도를 판단하기 위해 통증 척도를 사용하는 것이 일반적이다. 가장 많이 사용되는 통증 척도는 환자에게 0에서 10까지의 숫자 척도로 통증을 평가하도록 요청하는 것이다. 0은 통증이 없음을 나타내고 10은 최악의 통증을 나타낸다. 약물 및 기타 치료의 효과를 확인하기 위해 통증 척도 등급을 모니터링할 수 있다.

진통제는 통증 완화에 도움이 되는 약물이며, 말초 통증 매개체, 중추 통증 매개체 또는 둘 다에 작용할 수 있다. 비스테로이드성 항염증제(nonsteroidal anti-inflammatory, NSAID)는 일반적으로 경증에서 중등도의 통증에 사용된다. NSAID는 주로 말초 통증 매개체에 작용하며 아스피린, 이부프로펜, 나프록센, 케토프로펜 등을 포함한다. 이 약물은 조직 손상 부위에서 생성되는 프로스타글란딘과 같은 염증 매개체의 수준을 감소시킨다. 말초 작용을 하기 때문에 진정이나 호흡 억제를 일으키지 않으며 장이나 방광 기능을 방해하지 않는다. 아세트아미노펜(acetaminophen, Tylenol)은 또한 말초 작용 진통제이다. 그러나 NSAID와 달리 항염증 특성이 없으며 혈소판 응집에 영향을 미치지 않는다(아스피린과 마찬가지로). 대부분의 말초 작용 진통제는 경구 또는 국소 적용으로 투여해야 한다. 예외는 케토로락(ketorolac, Toradol)으로 근육 내 또는 정맥 주사로 사용할 수 있다.

중등도에서 심한 통증은 일반적으로 아편 유사 진통제가 필요하다. 오피오이드 진통제는 모르핀, 코데인, 하이드로모르폰, 메페리딘, 펜타닐 등을 포함한다. 비경구(소화계 외부)로 투여할 때 가장 효과적이며, 오피오이드 주사의 일반적인 경로는 피하, 근육 내 및 정맥 주사이다. 엔돌핀과 엔케팔린으로 불리는 여러 오피오이드는 체내에서 자연적으로 발생하며, 이 물질들은 천연 진통제 역할을 한다. 아편제 약물은 엔돌핀 및 엔케팔린과 동일한 수용체에 작용한다. 아편 수용체의 다양한 모양은 해당 아편/아편 유사체 분자의 적합성에 영향을 미친다. mu(μ) 수용체라고 하는 주요 오피오이드 수용체는 진통, 행복감 및 호흡 억제를 유발하고, mu 수용체는 mu-1 및 mu-2로 더 분류될 수 있다. Mu-1(μ1) 수용체는 진통을 일으키는 반면, mu-2(μ2) 수용체는 변비, 행복감, 신체 의존 및 호흡 억제를 유발한다. 중앙 통증 반응에 관여하는 다른 수용체로는 델타, 시그마, 카파 및 입실론 수용체가 있다. 델타(δ) 수용체는 또한 진통을 생성하고, 시그마(ζ) 수용체는 호흡기 및 혈관 운동 활동뿐만 아니라 환각 및 불쾌감을 자극한다. 카파(κ) 수용체는 척추 진통, 진정 및 동공 수축에 영향을 미치며, 마지막으로 엡실론(ε) 수용체는 진통을 생성한다. 모르핀 및 기타 아편 유도체는 mu 및 kappa 수용체에 대한 친화성을 가지고 있다.

말초 작용 및 중앙 작용 진통제는 종종 매우 효과적인 통증 조절을 제공하기 위해 혼합된다. 일반적으로 이들은 오피오이드와 아세트아미노펜 또는 오피오이드와 이부프로펜의 조합이다. 또한 72시간에 걸쳐 표준량의 아편 유사 진통제를 전달하는 지연 방출 약물 또는 피부 패치로 장기 통증 제어를 제공할 수 있다. 환자의 편안함과 통증 조절은 응급 치료의 중요한 측면이며, 응급 인원은 환자의 통증 정도를 평가하고 가능한 경우 신속하게 적절한 진통을 제공해야 한다.

촉각수용기 Tactile Receptors

촉각수용기(tactile receptors)는 촉각, 압력 및 진동의 감각을 제공한다. 이러한 감각의 차이는 모호하다. 터치는 또한 압력을 나타내며 진동은 진동하는 촉각/압각 자극이다. **미세촉각수용기(fine touch and pressure receptor)**는 정확한 위치, 모양, 크기, 질감 및 움직임을 포함하여 자극원에 대한 자세한 정보를 제공하며 **일반촉각수용기(crude touch and pressure receptor)**는 감수영역이 넓어서 위치 등의 세밀한 정보를 감지하지 못한다.

촉각수용기는 단순한 자유신경종말에서부터 보조세포와 결합조직이 가미된 복잡한 신경종말에 이르기까지 그 구조가 다양하다. **그림 9-3**은 피부에 있는 6가지 유형의 촉각수용기를 보여준다.

1. 접촉과 압력에 민감한 자유신경말단은 표피 세포 사이에 위치한다. 이러한 수용체와 온도 또는 통증 감각을 제공하는 자유신경종말 사이에는 구조적 차이가 없다.
2. 모발이 있는 곳마다 **털주머니종말(root hair plexus)**의 신경말단이 체표면의 비틀림과 움직임을 모니터링한다.
3. **촉각원반**(*tactile disc*) 또는 **메르켈판**(*Merkel disc*)은 미세촉각수용기이다. 털이 없는 피부는 가장 깊은 표피층인 바닥층에 큰 상피세포(메르켈 세포)를 포함한다. 단일 감각 뉴런의 수상돌기는 이러한 세포 그룹과 밀접하게 접촉하며, 외부 자극에 눌리게 되면 메르켈 세포는 뉴런을 자극하는 화학물질을 방출한다.
4. **촉각소체(tactile corpuscle)** 또는 **마이스너소체**(*Meissner corpuscle*)는 미세한 촉감과 압각, 저주파 진동 감각을 감지한다. 눈꺼풀, 입술, 손가락 끝, 젖꼭지 및 외부 생식기에 풍부하며, 섬유질 주머니가 진피 내의 소체를 둘러싸고 고정한다.
5. **층판소체(lamellated corpuscle)** 또는 **파치니소체**(*pacinian corpuscle*)는 강한 압각과 고주파 진동 감각을 감지한다. 신경종말 주위를 콜라겐 섬유와 특수한 섬유모세포들이 동심원상으로 둘러싸고 있는 커다란 감각수용기이다. 이러한 수용체는 손가락, 가슴 및 외부 생식기의 피부에서 흔하며, 그들은 또한 관절주머니, 장간막, 이자, 요도와 방광의 벽에도 존재한다.
6. **루피니소체(Ruffini corpuscle)**는 또한 피부의 압력과 비틀림에 민감하지만 진피의 그물(깊은) 층에 있으며, 주변 진피의 콜라겐 섬유와 연속적인 콜라겐 섬유가 감각수용기 안으로 뻗어 들어와 있다.

촉각 감각은 뒤기둥과 척수시상로를 통해 이동한다. 감염, 질환, 감각 신경 또는 신경로의 손상은 촉각 감각에 대한 민감도를 변경할 수 있다. 촉각 반응의 위치는 진단적 의미가 있을 수 있는데, 예를 들어 피부 분절에 따른 감각 상실은 영향을 받은 척추신경 또는 신경을 찾아낼 수 있다.

압력수용기 Baroreceptors

압력수용기(baroreceptor)는 기관의 압력 변화를 감지한다. 그들은 자율 활동의 규제에 필수적인 정보를 제공하며, 압력수용기는 혈관이나 호흡기, 소화기 또는 요로의 일부와 같이 확장할 수 있는 기관 벽의 탄성 조직 내에서 분기되는 자유신경종말로 구성된다. 압력이 변하면 탄성 벽이 팽창하거나 반동되며, 이 움직임은 자유신경종말을 뒤틀리

그림 9-3 피부의 촉각수용기.

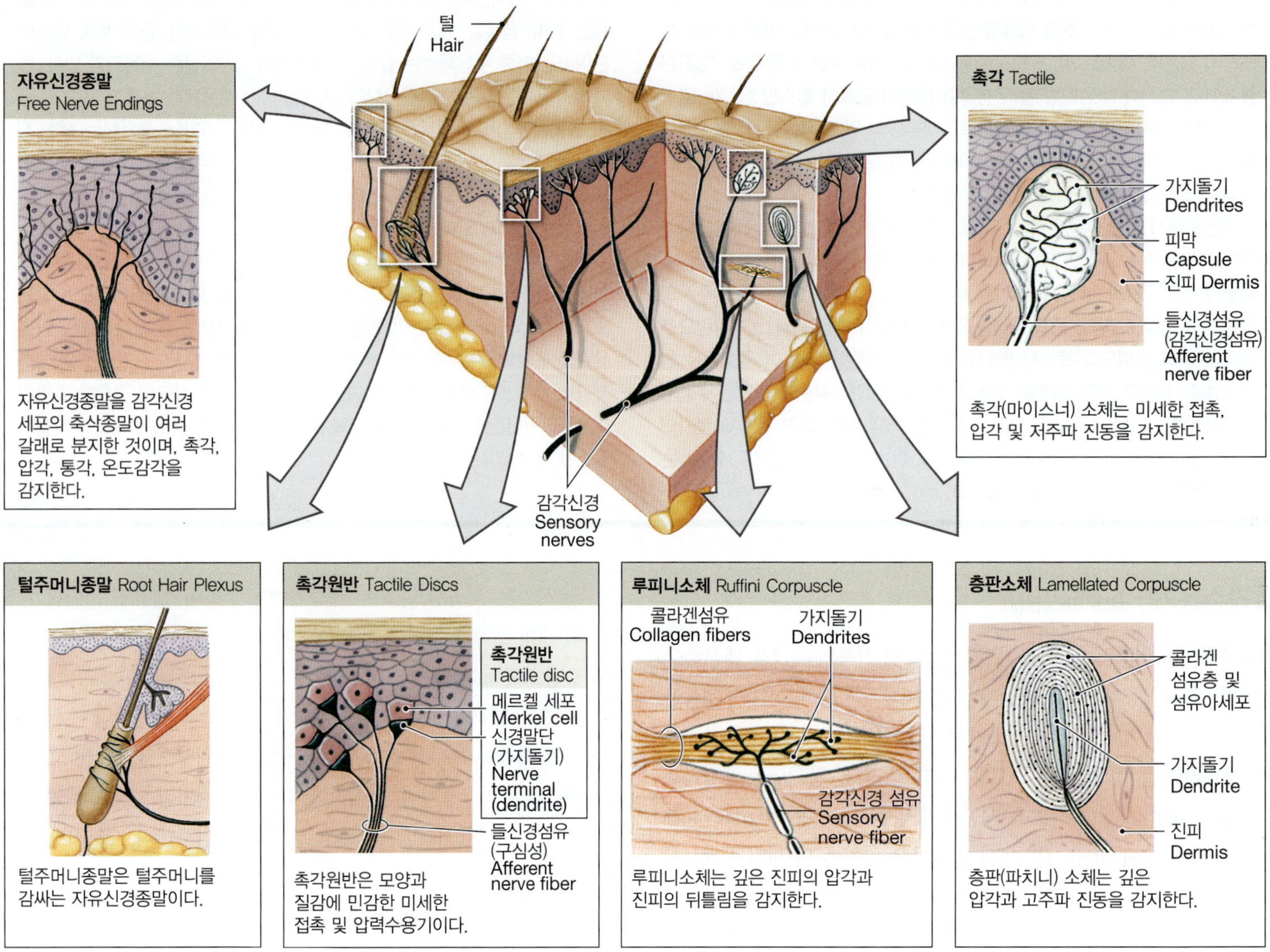

게 하여 활동전위 발생빈도에 변화가 일어난다. 압력수용기는 압력 변화에 즉시 반응하지만 빠르게 적응하고 구심성 섬유를 따라 출력이 점차 정상으로 돌아간다.

그림 9-4는 주요 압력수용기의 위치를 보여주고 자율 신경계통에 대한 기능을 요약한다. **목동맥**(*carotid sinus*)의 목동맥팽대(carotid sinus)와 대동맥(aorta)의 **대동맥굴**(*aortic sinus*)에는 혈압을 감지하는 압력수용기가 있다. 이 정보는 심장 기능을 조절하고 중요한 조직으로의 혈류를 조절하는 데 중요한 역할을 한다. 허파의 압력수용기는 허파 확장 정도를 모니터링한다. 이 정보는 호흡 속도를 설정하는 뇌의 호흡 리듬 센터로 전달된다. 소화관 및 요로의 압력수용기는 소화관을 따라 물질을 이동시키는 작용, 배변 및 배뇨를 포함하여 다양한 내장 반사를 유발한다.

고유감각수용기 Proprioceptors

고유감각수용기(proprioceptor)는 관절의 위치, 힘줄과 인대에 가해진 장력, 근육 수축 상태를 감지한다. 관절주머니의 **자유신경종말**(*free nerve ending*)은 관절의 압력, 장력 및 움직임을 감지하며, **골지 힘줄 기관**(*Golgi tendon organ*)은 뼈대근과 힘줄 사이에 있고 근육 수축 중 힘줄의 긴장을 감지한다. **근육 방추들**(*muscle spindles*)은 뼈대근의 길이를 감지하고 신장 반사를 유발한다.

고유감각수용기는 지속적인 자극에 적응하지 않는다. 각 수용체는 지속적으로 정보를 CNS로 보내고, 이 정보의 대부분은 무의식적으로 처리되며, 그 중 극히 일부만이 의식에 도달한다. 신체 위치에 대한 감각은 이러한 세 가지 유형의 고유감각수용기와 속귀(내이) 수용체의 정보를 통합한 결과이다.

그림 9-4 **압력수용기에 의한 자율 신경 조절.** 여러 부위의 압력수용기는 혈압, 호흡, 소화, 배뇨, 배변을 포함한 다양한 자율 신경활성의 조절에 필수적인 정보를 감지한다.

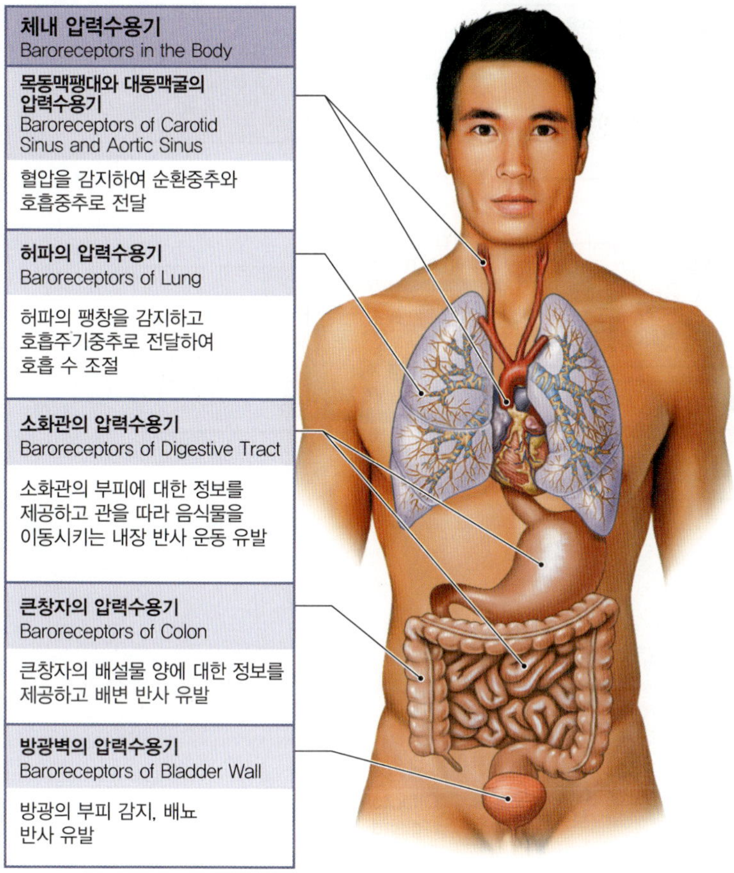

화학자극의 감지 Chemical Detection

화학수용기(chemoreceptor)는 특정 화학물질 또는 화합물 농도의 작은 변화를 감지할 수 있다. 체액에 용해된 수용성 및 지용성 물질(사이질액, 혈장 및 뇌척수액)에만 반응하며, 적응은 일반적으로 자극 후 몇 초 만에 적응이 일어난다. 뇌 또는 척수를 통해 전달되는 화학자극 중 가장 잘 알려진 것이 미각과 후각이다. 일반 감각의 화학 수용체는 호흡 및 심혈관 기능의 자율 제어를 다루는 뇌줄기 센터로 정보를 보낸다.

주요 화학수용기의 분포위치는 **그림 9-5**에 나와 있다. 뇌의 호흡기 중심에 있는 신경세포는 뇌척수액의 수소 이온농도(pH)와 이산화탄소 분자의 농도에 반응하고, 화학수용기는 목 양쪽의 속목동맥의 이는곳 근처의 **목동맥토리(carotid body)**와 대동맥활의 주요 가지 사이의 **대동맥토리(aortic body)**에 있다. 이 수용기는 동맥혈의 pH, 이산화탄소 및 산소 수준을 감지한다. 목동맥토리와 대동맥토리의 정보를 받아들인 구심성 섬유는 뇌신경 IX(혀인두) 및 X(미주) 신경을 통해 호흡중추에 도달한다.

지식 쌓기

척수에는 감각 정보를 전달하는 별도의 경로가 있음을 상기하자(**8장: 신경계통** 참조). 감각 경로와 이들이 뇌에 전달하는 감각의 예:

- 뒤기둥 경로(매우 국부적인 미세 접촉, 압력, 진동 및 고유감각)
- 척수시상로(부적절한 국소 접촉, 압력, 통증 및 온도)
- 척수소뇌로(근육, 뼈, 관절의 위치에 관한 고유수용 정보).

체크포인트

4. 일반적인 감각수용기의 네 가지 유형을 나열하고 각 유형을 자극하는 자극의 본질을 확인하시오.
5. 기계수용기의 세 가지 부류를 확인하시오.
6. 다리의 고유감각수용기 정보가 CNS에 도달하지 못하도록 차단되면 어떻게 되나?

책 뒷면에 있는 파란색 정답 탭을 참조.

9-3 후각은 화학적 자극을 받아들이는 후각수용기에 의해 감지된다

학습목표 후각수용기의 구조와 기능을 설명한다.

냄새 또는 후각은 쌍을 이룬 **후각 기관(olfactory organ)**에 의해 제공된다. 후각 기관은 코중격 좌우의 코안 천장 양쪽에 있다(**그림 9-6a**). 각 후각 기관은 **후각수용기세포(olfactory receptor cell)**, 버팀세포 및 바닥세포(*basal cell*, 줄기세포)를 포함하는 **후각 상피(olfactory epithelium)**로 구성된다(**그림 9-6b**). 고유판(*lamina propria*)은 큰 **후각샘(olfactory gland)**이 있는 성긴결합조직으로 구성된다. 이들의 분비물은 수분을 흡수하고 상피를 덮는 색소 점액을 형성하며, 점액은 후각 기관의 표면을 통과하는 연속적인 흐름으로 생성된다. 잠재적으로 위험하거나 압도적인 자극이 축적되는 것을 방지하며, 또한 해당 부위를 촉촉하게 유지하고 먼지나 기타 이물질이 없도록 한다.

코를 통해 숨을 들이쉬면 공기가 코안 내에서 소용돌이 기류가 발생한다. 정상적인 이완된 흡입은 흡입된 공기의 약 2%를 후각 기관으로 운반하며, 반복적으로 냄새를 맡으면 후각 상피를 가로지르는 공기의 흐름이 증가하여 수용기의 자극이 강화된다. 그러나 위에 있는 점액으로 확산될 수 있는 화합물 분자만이 후각수용기를 자극할 수 있다. 이러한 화합물은 어느 정도 "휘발성"으로 공기 중에서 쉽게 증발

그림 9-5 화학수용기의 위치와 기능. 화학수용기는 CNS(숨뇌의 앞가쪽부위)와 대동맥토리와 목동맥토리에 있다. 이 수용기는 호흡기 및 심혈관 기능의 자율 조절에 관여한다.

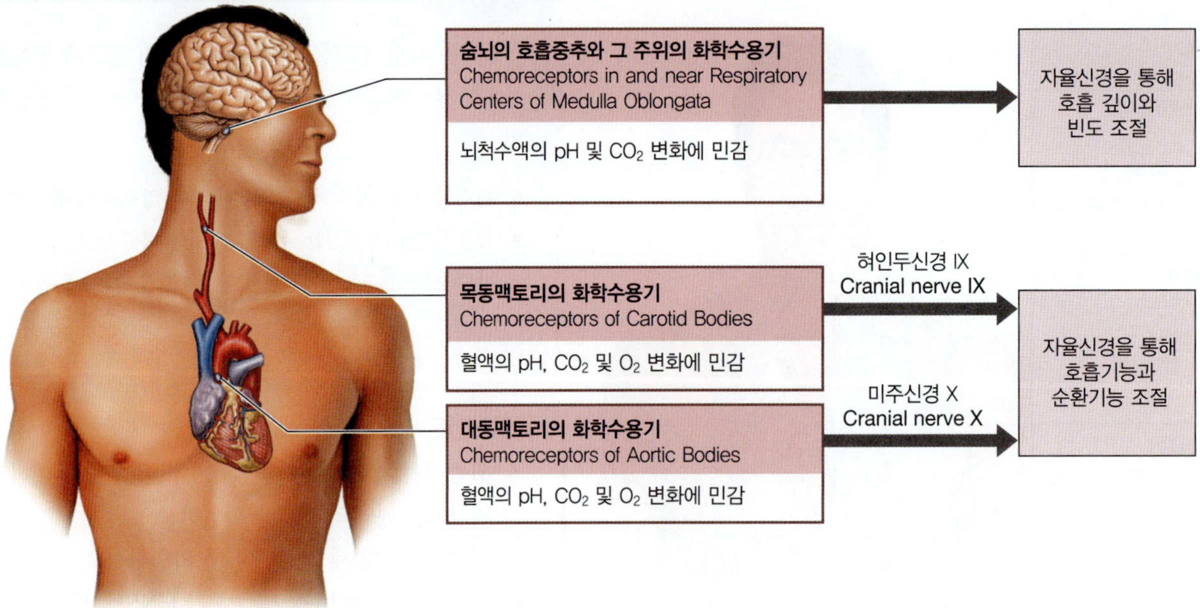

그림 9-6 후각 기관.

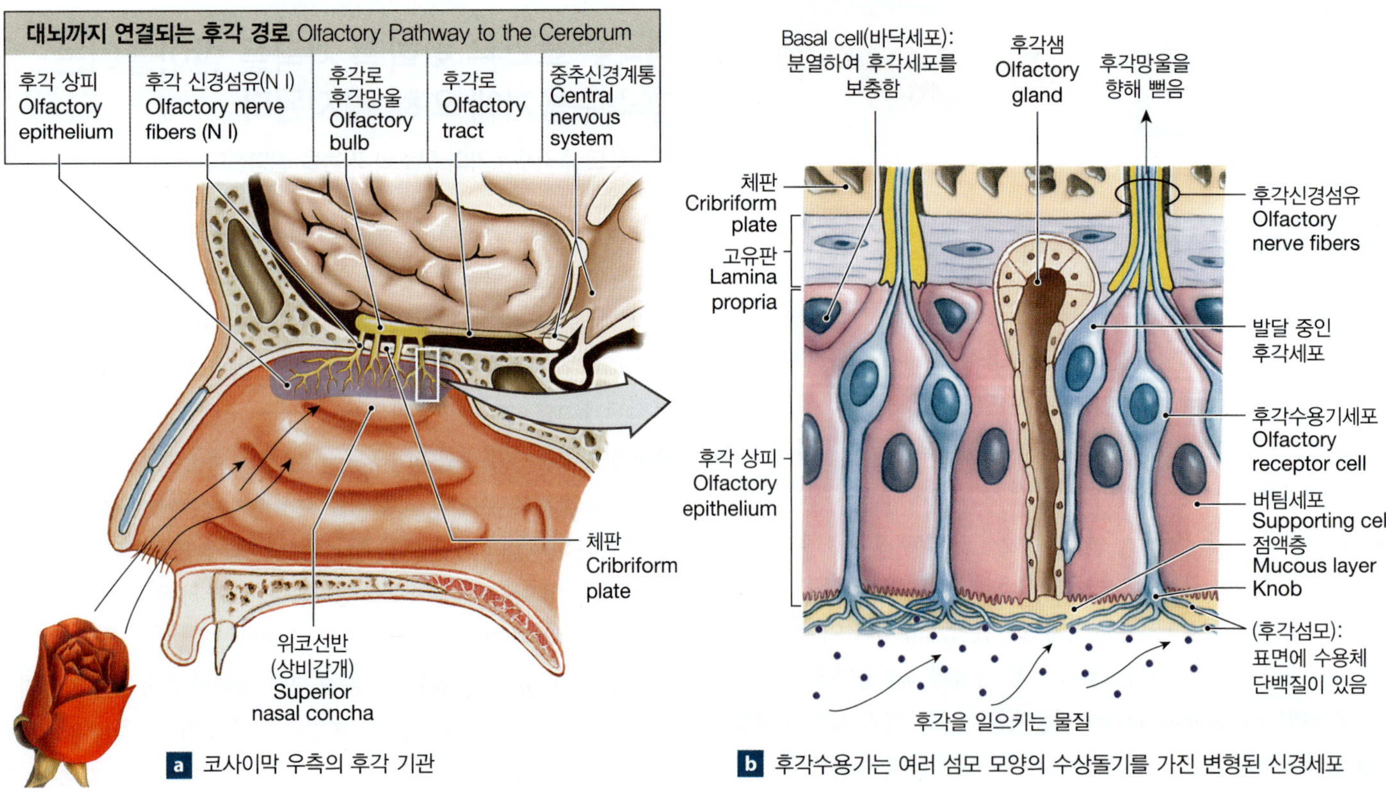

a 코사이막 우측의 후각 기관

b 후각수용기는 여러 섬모 모양의 수상돌기를 가진 변형된 신경세포

한다. 우리는 모든 공기 중 화학물질에 반응하지 않으며, 예를 들어 산소와 이산화탄소와 같은 가스와 독성 가스인 일산화탄소는 무취이다.

후각세포는 특수하게 변형된 신경세포이다. 후각세포의 끝부위는 상피 표면으로 돌출해 있으며, 이곳으로부터 약 20개의 섬모가 나와 점액 속으로 뻗는다. 이 섬모의 표면에는 수많은 종류의 **후각자극제결합단백질**(*odorant-binding protein*)이 존재하는데, 여기에 화학물질이 결합하면 후각이 감지된다.

방향제(*odorant*)는 후각수용기를 자극하는 화학물질이다. 냄새의 결합은 수용체 원형질막의 투과성을 변화시켜 활동전위를 생성하며, 이 정보는 중추신경계로 전달된다. CNS는 수용체 활동의 특정 패턴을 기반으로 냄새를 해석한다.

약 1천만~2천만 개의 후각수용기 세포가 약 5 cm^2(0.8 $in.^2$) 영역에 들어 있다. 노출된 수상돌기의 표면적을 고려하면 실제 감각 영역은 전체 신체 표면의 영역에 접근한다. 그러나 우리의 후각 감각은 개, 고양이 또는 물고기의 감각과 비교할 수 없는데 밀수된 마약이나 폭발물을 킁킁거리는 독일 셰퍼드의 후각수용기 표면은 사람과 비교할 때 72배 더 크다.

후각 경로 The Olfactory Pathways

후각 상피에서 나온 수많은 축삭은 대뇌의 **후각망울(olfactory bulbs)**에 도달하기 위해 벌집뼈(사골)의 체판을 관통하는 20개 이상의 다발로 수집된다. 거기에서 첫 번째 시냅스가 발생하며, 이 번들은 후각 뇌신경 (I)의 구성 요소이다. 각 후각망울을 떠난 축삭은 후각을 따라 이동하여 대뇌, 시상 하부 및 둘레계통의 일부의 후각 겉질에 도달한다.

후각 자극은 대뇌 겉질에 직접 도달하는 유일한 유형의 감각 정보이다. 후각을 전달하는 신경섬유들이 둘레계통과 시상하부로도 연결되기 때문에 냄새에 의해 감정이나 행동변화가 나타날 수 있다. 냄새는 기억에도 많은 영향을 미친다. 향수 산업은 이러한 연결의 실제적인 의미를 이해하고 성적 반응을 유발하는 냄새를 개발하기 위해 막대한 비용을 쏟아붓고 있다.

체크포인트

7. 후각을 정의하시오.
8. 반복적인 냄새 맡는 행동이 희미한 냄새를 식별하는 데 어떻게 도움이 되는가?

책 뒷면에 있는 파란색 정답 탭을 참조.

9-4 미각은 화학적 자극을 받아들이는 미각수용기에 의해 감지된다

학습목표 미각수용기의 구조와 기능을 설명한다.

미각은 우리가 먹고 마시는 음식과 액체에 대한 정보를 제공하며, **미각수용기(taste receptor** 또는 *gustatory receptor*)는 혀의 표면과 인두와 후두의 인접한 부분에 분포되어 있다(**그림 9-7**). 가장 중요한 미각수용기는 혀에 있고, 우리가 성인이 될 때까지 인두와 후두에 있는 것들은 기능적 의미가 크지 않다.

미각수용기와 특화된 상피세포는 **맛봉오리(taste bud)**라고 하는 감각 구조를 형성한다. 맛봉오리는 씹는 기계적 스트레스로부터 잘 보호되며, **유두(papilla**; 유두 모양의 마운드)라고 하는 상피돌기의 측면을 따라 놓여 있다. 가장 많은 수의 맛봉오리는 혀의 바닥을 가리키는 V를 형성하는 큰 **성곽유두**(*circumvallate papilla*)에 맛봉오리가 가장 많다.

맛봉오리에는 가느다란 감각수용기 세포와 바닥세포(줄기세포)가 있다. 바닥세포는 지속적으로 분열하여 기저, 과도기 및 성숙 단계에서 성숙하는 딸세포를 생성한다. 성숙한 세포는 **미각수용기세포(gustatory receptor cell)** 또는 미각 세포라고 한다.

각 미각세포는 때때로 **미각털**(*taste hair*)이라고도 하며 미세 융모를 좁은 구멍인 **미각 구멍(taste pore)**을 통해 주변 체액으로 확장한다. 미각을 받아들이는 과정은 후각의 과정과 비슷해 보이며, 미각털과 접촉하는 용해된 화학물질은 미각 세포의 막 전위 변화를 자극하여 감각 신경세포의 활동전위를 유도한다.

단맛, 짠맛, 신맛, 쓴맛의 네 가지 **주요 미각(primary taste sensation)**이 있다. 혀의 장축을 따라 미각에 대한 민감도의 차이에 대한 몇 가지 증거가 있으며, 앞쪽은 짠맛과 뒤쪽의 신맛에 가장 민감하다(**그림 9-7a**). 그러나 맛봉오리의 구조에는 차이가 없으며, 또한 혀의 모든 부분에 있는 맛봉오리는 네 가지 주요 미각을 모두 제공한다.

두 가지 부가적인 맛, 우마미와 물이 인간에게서 발견되었다. **우마미(umami)**는 쇠고기 육수, 닭고기 육수, 파마산 치즈의 풍미에 걸맞은 즐거운 맛이다. 대부분의 사람들은 물에 향이 없다고 말하지만 **물수용기(water receptor)**는 특히 인두에 존재한다. 그들의 감각 출력은 시상하부에서 처리되며 수분 균형 및 혈액량 조절과 관련된 여러 기관계통에 영향을 미친다.

수용기 자극에 대한 문턱은 각각의 주요 미각 감각에 따라 다르다. 또한 미각수용기는 유쾌한 자극보다는 불쾌한 자극에 가장 쉽게 반응한다. 예를 들어, 우리는 단맛이나 짠 화학물질보다 신맛이 나는 산에 훨씬 더 민감하고, 산보다 쓴 화합물에 훨씬 더 민감하다. 산은 입과

9

그림 9-7 미각수용기.

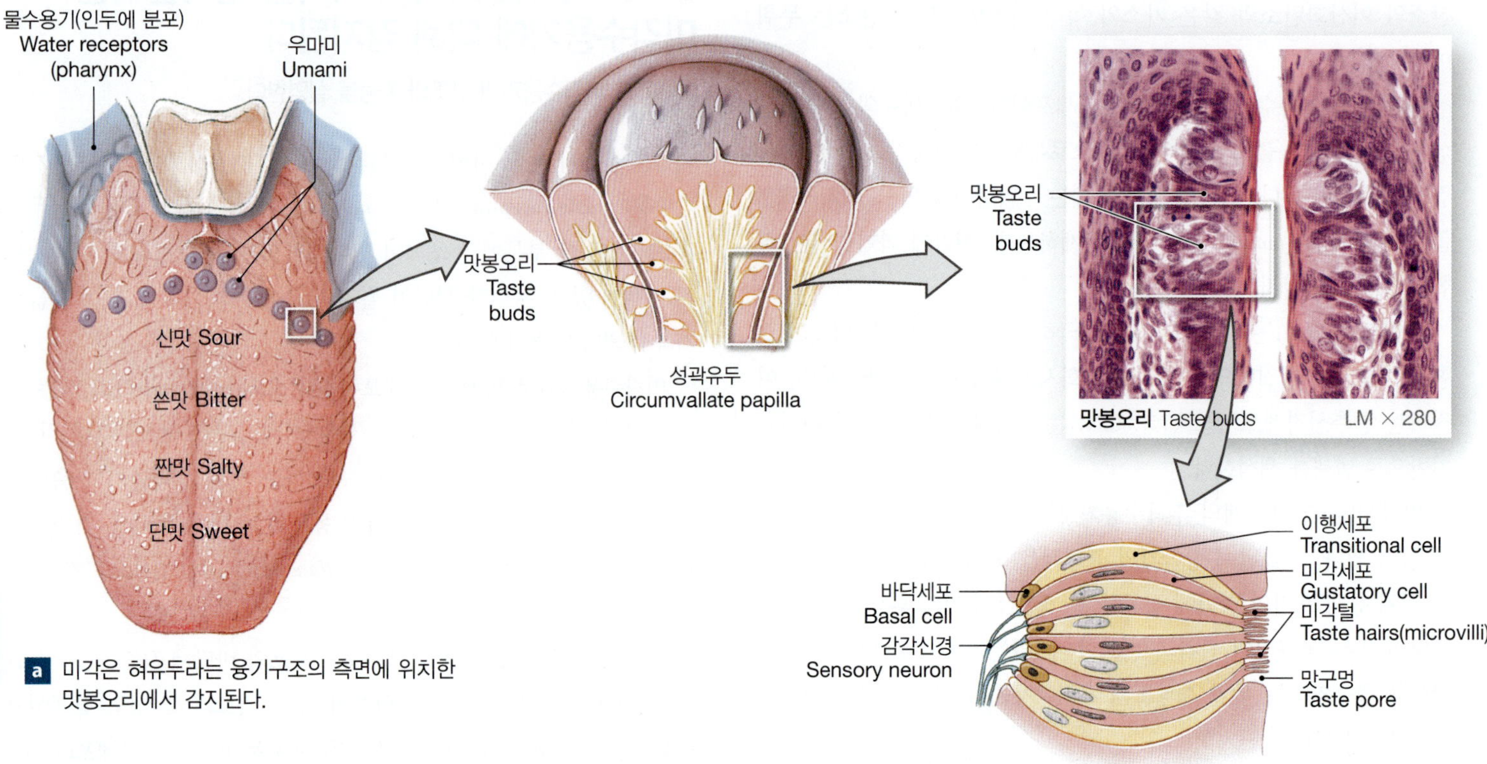

a 미각은 혀유두라는 융기구조의 측면에 위치한 맛봉오리에서 감지된다.

b 미각세포, 버팀세포 및 바닥세포를 보여주는 맛봉오리 구조의 모식도.

인두의 점막을 손상시킬 수 있고 생물학적 독소 중 상당수가 쓴맛을 낸다.

미각 경로 The Taste Pathways

맛봉오리는 뇌신경 VII(얼굴), IX(혀인두) 및 X(미주)에 의해 감지된다. 이러한 뇌신경의 감각 구심성 섬유는 숨뇌의 신경핵에 연접하며, 여기에서 연접이후신경은 촉각, 압각 및 고유 감각에 대한 감각 정보를 전달하는 신경섬유들과 함께 위로 올라간다. 이 신경섬유들은 시상의 신경세포에 연접하여, 여기서부터 미각겉질로 정보가 전달된다.

맛봉오리에서 받은 정보가 다른 감각 데이터와 결합되어 미각에 대한 맛으로 인지된다. "후추" 또는 "매운"과 같은 맛 관련 감각과 함께 음식의 질감에 대한 정보는 뇌신경 V(삼차)의 감각 구심성에 의해 제공된다. 후각 정보는 또한 미각 인식에서 압도적인 역할을 한다.

맛(*flavor*)과 냄새의 조합은 특정 음식과 음료의 풍미 또는 독특한 성질을 제공한다. 후각 기관이 완전히 기능할 때 "맛"에 수천 배 더 민감하며, 반대로 감기에 걸리거나 코가 막히면 공기 중의 화학물질들이 후각수용기에 도달할 수 없다. 맛봉오리가 정상적으로 반응하더라도 맛이 잘 느껴지지 않게 된다.

체크포인트

9. 미각을 정의하시오.
10. 혀의 표면을 완전히 말리고 그 위에 소금이나 설탕 결정을 올려놓으면 맛을 볼 수 없다. 왜 그럴까?

책 뒷면에 있는 파란색 정답 탭을 참조.

9-5 내부 눈 구조는 시력에 기여하고 부속기관 눈 구조는 보호 기능을 제공한다

학습목표 눈의 구조와 기능을 설명한다.

우리는 다른 어떤 특별한 의미보다 시각에 더 의존한다. 우리의 눈에는 시각 수용체가 있으며, 눈은 빛뿐만 아니라 상세한 이미지도 감지할 수 있는 정교한 구조로 되어 있다. 우리는 눈을 보호, 윤활 작용을 하는 부속 구조(*accessory structure*)을 학습한다.

눈의 부속 구조 The Accessory Structures of the Eye

눈의 **부속 구조(accessory structure)**에는 다음이 포함된다.

1. 눈꺼풀과 그 안의 외분비샘;
2. 눈의 표면 상피(그림 9-8a);
3. 눈물의 생성, 분비 및 제거와 관련된 구조(그림 9-8b);
4. 안구 근육(그림 9-9).

그림 9-8 눈의 부속 구조.

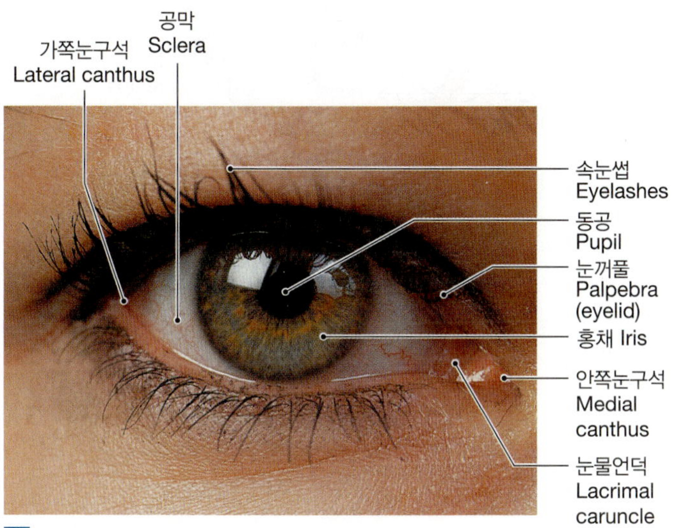

a 부속 구조들의 표면구조

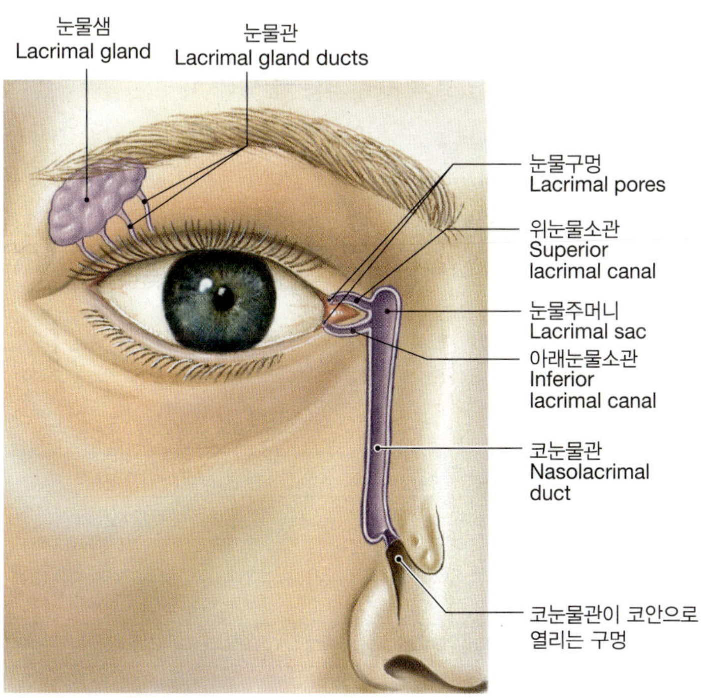

b 눈물기관의 상세 구조

눈꺼풀(eyelids, palpebrae)은 피부의 연속구조로 자동차 앞유리의 와이퍼와 같은 기능을 한다. 눈꺼풀을 깜박거리면 안구의 표면이 촉촉해지고 먼지가 제거된다. 위쪽 눈꺼풀과 아래쪽 눈꺼풀은 **안쪽눈구석**(내안각, **medial canthus**)과 **가쪽눈구석**(외안각, **lateral canthus**)에서 연결된다(그림 9-8a). 속눈썹은 빳빳한 털이 나 있어서, 먼지나 곤충 등이 안구 표면에 닿지 않게 차단한다.

여러 유형의 외분비샘이 눈과 눈의 구조를 보호하며, 큰 기름샘은 다른 털과 마찬가지로 속눈썹 털주머니에도 커다란 기름샘이 있다. 눈꺼풀 안쪽 가장자리를 따라 변형된 **눈꺼풀판샘**(*tarsal gland*)은 눈꺼풀이 서로 달라붙지 않도록 지질 성분을 분비한다. 안쪽눈구석에는 **눈물언덕(lacrimal caruncle)**이라고 불리는 연조직 덩어리가 있으며, 점도 높은 분비물을 내는 샘이 있다. 자고 난 뒤 발견되는 거친 침전물에 더해지는 두꺼운 분비물을 생성하는 땀샘이 포함되어 있다. 이러한 다양한 땀샘은 때때로 세균에 감염되는데, 속눈썹 중 하나의 기름샘, 눈꺼풀판샘 또는 속눈썹 사이의 땀샘 중 하나에 감염되면 **다래끼(stye)**라고 알려진 고통스러운 국소 부종이 생긴다.

눈꺼풀의 안쪽 표면과 눈의 바깥 쪽 흰색 표면은 **결막(conjunctiva)**이라고 하는 얇고 투명한 점막으로 덮여 있다(그림 9-10). 결막은 눈의 바깥쪽 섬유층의 투명한 부분인 **각막(cornea)** 가장자리까지 확장되며, 각막은 결막과 이어지는 섬세한 **각막 상피**(*corneal epithelium*)로 덮여 있다. 결막에는 많은 자유신경종말이 포함되어 있으며 매우 민감하다. **결막염(conjunctivitis)** 또는 분홍색 눈의 고통스러운 상태는 결막 표면의 손상과 자극으로 인해 발생하고, 가장 분명한 징후인 발적은 결막 상피 아래의 혈관 확장 때문이다.

지속적인 눈물 흐름은 안구 표면을 촉촉하고 깨끗하게 유지하고, 눈물은 마찰을 줄이고 잔해물을 제거하며 세균 감염을 예방하며 결막 상피에 영양분과 산소를 공급한다. **눈물 기관(lacrimal apparatus)**은 눈물을 생성, 분비 및 제거한다(그림 9-8b). 안구의 상부 및 측면은 **눈물샘(lacrimal gland)**으로 눈꺼풀과 눈 사이의 주머니에 비어 있는 12개 이상의 관이 있다. 아몬드 크기 정도의 이 샘은 궤도 바로 안쪽 앞쪽 뼈의 함몰부에 자리 잡고 있다. 눈물샘은 일반적으로 주요 성분과 대부분의 눈물량을 제공한다. 묽은 약 알칼리성 분비물에는 세균을 공격하는 효소인 **용균효소**(라이소자임, *lysozyme*)도 포함되어 있고, 눈물샘, 부속샘 및 눈꺼풀판샘의 분비물 혼합물은 윤활을 돕고 증발을 늦추는 표면적인 "기름막"을 형성한다.

깜박임은 눈 표면을 가로 질러 안쪽 눈구석으로 눈물이 스며들고, 두 개의 작은 구멍이 눈물을 **눈물관(lacrimal canal)**으로 향하게 하며, 눈물주머니에서 끝나는 통로이다(그림 9-8b). 이 주머니에서 **코눈물관(nasolacrimal duct)**은 눈물을 코안으로 운반한다.

그림 9-9 외인성 눈 근육.

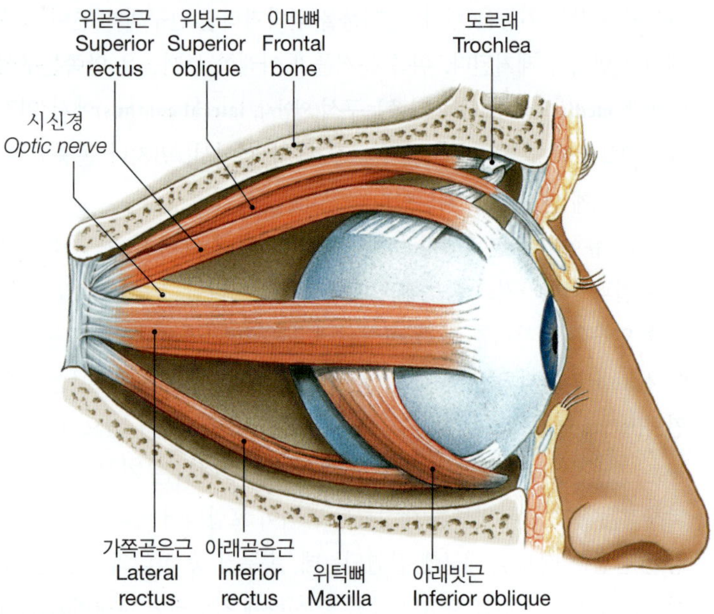

a 오른쪽 눈의 가쪽모습

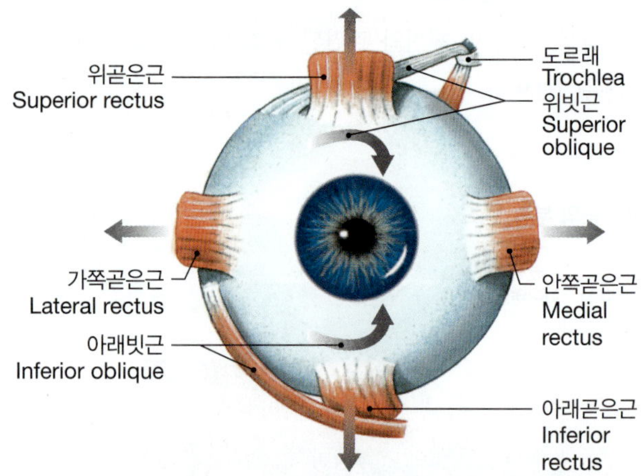

b 오른쪽 눈의 앞모습

9

6개의 **외인성 안구 근육(extrinsic eye muscle)** 또는 안구 운동 근육(*oculomotor muscle*)은 눈확 표면에서 시작되어 눈의 위치를 제어한다(**그림 9-9** 및 **표 9-1**). 이 근육은 **아래곧은근(inferior rectus)**, **안쪽곧은근(medial rectus)**, **위곧은근(superior rectus)**, **바깥쪽곧은근(lateral rectus)**, **아래빗근(inferior oblique)**, **위빗근(superior oblique)**이다.

지식 쌓기

뼈대근의 시작점을 이는곳, 끝나는 곳을 닿는곳이라고 한다. 뼈대근은 이는곳과 닿는곳의 위치에 따라 수축시 특정운동을 일으킨다(**7장: 근육계통** 참조). 일반적으로 근육의 이는곳은 고정되어 있으며 닿는곳이 움직인다.

눈 The Eye

눈은 정교한 감각 기관이며 어떤 비싼 카메라보다 다재다능하고 적응력이 뛰어나면서도 작고 내구성이 뛰어나다. 눈은 구형이고 지름은 거의 2.5 cm(1인치)이며 무게는 약 8 g(0.28 oz)이다. 안구는 안구 근육, 눈물샘, 눈과 눈확 및 안면의 인접 영역을 돕는 다양한 뇌신경 및 혈관과 눈확 내 공간을 공유한다. **눈확지방**(*orbital fat*) 덩어리가 눈을 보호하고 단열시킨다(**그림 9-10c**).

안구는 속이 비어 있고 액체로 가득 차 있다. 내부는 앞쪽과 뒤쪽의 두 개의 구멍으로 나눌 수 있다(**그림 9-10b**). 더 작은 **앞공간(anterior cavity)**은 앞방(*anterior chamber*)과 뒷방(*posterior chamber*)으로 세분화된다(**그림 9-10c**). 방수라고 하는 맑은 물의 많은 액체가 앞공간을 채운다. 큰 **뒤공간(posterior cavity)** 또는 유리체방(*vitreous chamber*)에

표 9-1 **외인성 눈 근육**(그림 9-9 참조)

근육	이는곳	닿는곳	동작	신경지배
아래곧은근(Inferior rectus)	시각신경관 주변의 나비뼈	안구의 아래면	동공이 아래로 향함	동안신경(N III)
안쪽곧은근(Medial rectus)	시각신경관 주변의 나비뼈	안구 안쪽면	동공이 안쪽을 향함	동안신경(N III)
위곧은근(Superior rectus)	시각신경관 주변의 나비뼈	안구의 윗면	동공이 위쪽을 향함	동안신경(N III)
가쪽곧은근(Lateral rectus)	시각신경관 주변의 나비뼈	안구의 가쪽면	동공이 가쪽을 향함	갓돌림신경(N VI)
아래빗근(Inferior oblique)	눈확 앞부분의 위턱뼈	안구의 아래가쪽면	안구를 회전시키고, 동공이 위가쪽을 향하게 함	동안신경(N III)
위빗근(Superior oblique)	시각신경관 주변의 나비뼈	안구의 위가쪽면	안구를 회전시키고, 동공이 아래가쪽을 향하게 함	도르래신경(N IV)

그림 9-10 안구의 단면 구조.

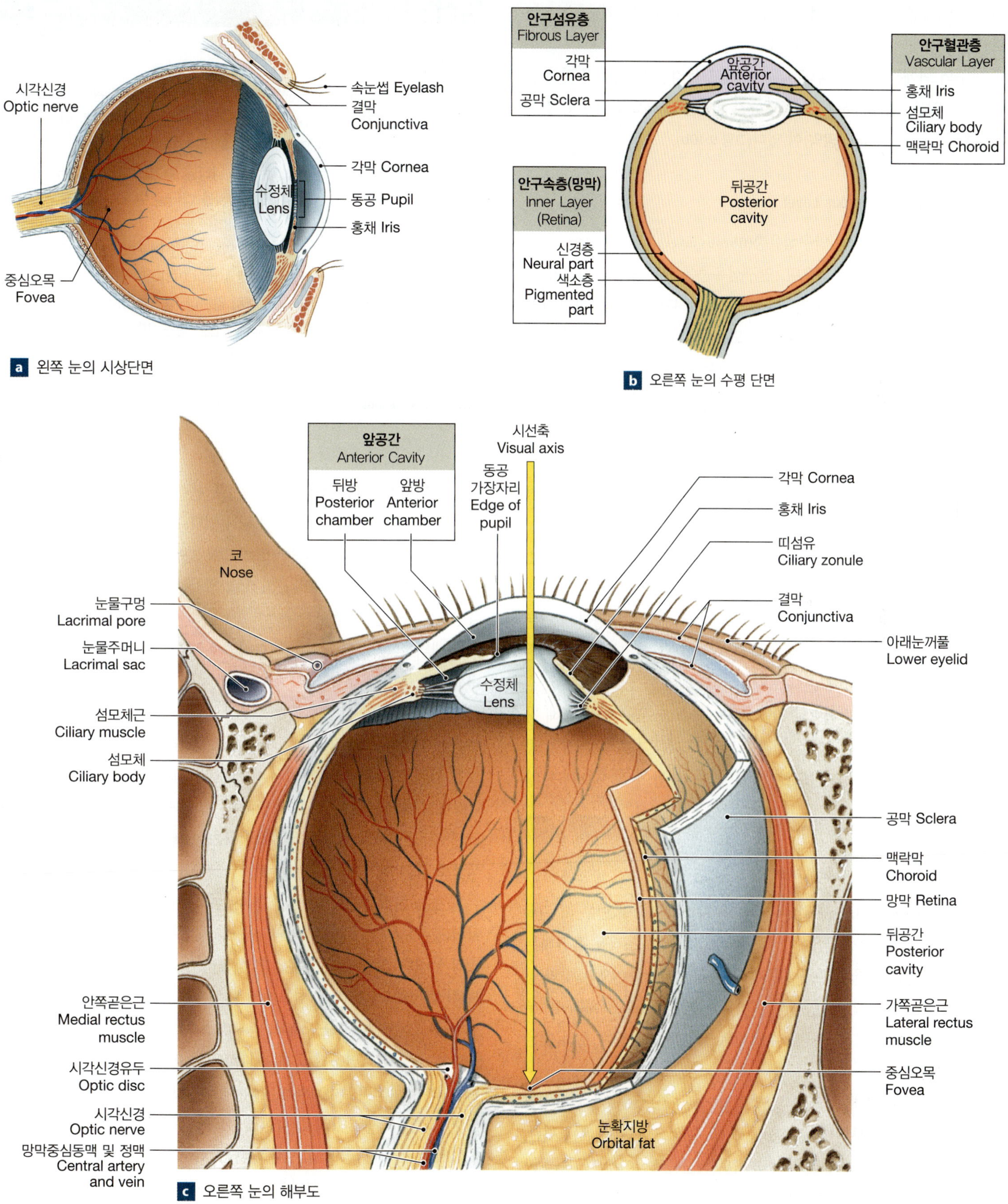

는 **유리체**(*vitreous body*)라고 하는 젤라틴 물질이 포함되어 있으며, 유리체의 액체성분은 **유리체액**(*vitreous humor*)이다. 유리체와 방수는 눈 모양을 안정시키는 데 도움이 준다.

안구의 벽에는 이전에 **튜닉**(*tunics*)이라고 불리는 세 개의 뚜렷한 층이 있다. 외부 **섬유층**(*fibrous layer*), 중간 **혈관층**(*vascular layer*) 및 깊은 **내부층**(*inner layer*, *retina* **망막**)이 있다(**그림 9-10b**).

안구섬유층 The Fibrous Layer

안구의 가장 바깥쪽 층인 **안구섬유층(fibrous layer)**은 **공막**(*sclera*)과 **각막**(*cornea*)으로 구성하고 있으며, 안구섬유층은 (1) 기계적 지지와 물리적 보호를 제공한다. (2) 안구 근육의 부착 부위 역할을 하며, (3) 초점을 맺도록 도와준다. **공막(sclera)** 또는 "눈의 흰자위"는 콜라겐 섬유가 주성분인 치밀결합조직의 층이다(**그림 9-10c**). 공막 뒷부분은 두껍고 앞쪽은 상대적으로 얇다. 6개의 안구 근육이 공막에 부착된다.

공막의 표면에는 작은 혈관과 신경이 있는데, 이들은 공막을 뚫고 들어가 안구 속 구조에 분포한다. 그러나 눈의 앞쪽 표면에서는 이러한 혈관이 결막 아래에 있으며, 이 혈관은 매우 가늘어 육안으로 잘 보이지 않으며, 따라서 공막은 콜라겐 섬유의 흰색을 띠게 된다.

각막은 공막과 연속적이며, 공막과 달리 각막의 콜라겐 섬유는 빛이 산란되지 않고 통과하여 투명하게 보인다. 각막에는 혈관이 없고, 상피세포는 표면을 가로 질러 흐르는 눈물에서 산소와 영양분을 얻는다. 각막은 자체 복구 능력이 매우 제한되어 있으므로 심각한 시력 손실을 방지하기 위해 각막 손상을 즉시 치료해야 한다. 각막 흉터 후 시력을 회복하려면 일반적으로 **각막 이식**(*corneal transplant*)을 통해 각막을 이식해야 한다. 각막에는 혈관이 없어서 다른 사람의 조직을 공격하는 백혈구가 접근하지 못하기 때문에 거부반응이 잘 일어나지 않는다.

안구혈관층 The Vascular Layer

안구혈관층(vascular layer)에는 수많은 혈관, 림프관 및 **안구 속 근육**(*intrinsic eye muscle*)이 있다. 이 중간층은 (1) 눈의 조직을 공급하는 혈관과 림프관을 위한 경로를 제공한다. (2) 눈으로 들어오는 빛의 양을 조절한다. (3) 눈의 방 안에서 순환하는 **방수**(*aqueous humor*)를 분비하고 재흡수한다. 그리고 (4) 수정체의 모양을 조절하여 초점 맺는 것을 도와준다.

안구혈관층은 **홍채**, **섬모체** 및 **맥락막**(*choroid*)으로 구성된다(**그림 9-10b**). **홍채(iris)**는 투명한 각막을 통해 볼 수 있으며, 홍채에는 혈관, 색소 세포, 성긴 결합조직 및 두 층의 민무늬근육조직이 있다. **동공 근육**(*pupillary muscle*)이 수축하면 홍채의 중앙 구멍 또는 **동공(pupil)**의 직경이 변하게 된다. 동공 근육에는 방사형 **확장기**(*dilators*) 및 동심원 **수축기**(*constrictors*)의 두 가지 유형이 있다. 자율 신경계는 두 근육 그룹을 모두 제어한다. 예를 들어, 희미한 빛에 반응하여 교감신경을 활성화하면 동공이 확장되거나 커지고, 밝은 빛에 반응하여 부교감신경 활성화는 동공을 수축시킨다.

홍채의 색은 어떻게 결정되는가? 우리의 유전자는 홍채의 앞면과 내부에 있는 멜라닌 세포의 수와 홍채의 뒤쪽 표면에 있는 색소 상피의 멜라닌 과립의 존재에 영향을 준다. (이 색소 상피는 내부층 또는 망막의 일부이다.) 홍채에 멜라닌 세포가 거의 포함되어 있지 않으면 빛이 홍채를 통과하여 색소 상피에서 반사된다. 그러면 홍채가 파란색으로 나타나고, 녹색, 갈색 및 매우 어두운 갈색 눈의 홍채에는 멜라닌 세포 수가 증가한다. 백색증 환자의 홍채는 매우 옅은 회색 또는 청회색으로 보인다.

홍채는 바깥 쪽 가장자리를 따라 **섬모체(ciliary body)**의 앞쪽과 이어진다. 섬모체는 각막과 공막 사이의 접합부 깊이에서 시작되며, 내층의 두꺼운 신경 부분의 앞쪽 가장자리를 표시하는 부채꼴 테두리까지 확장된다(**그림 9-10c**). 섬모체의 대부분은 눈 안쪽으로 돌출하는 민무늬근 고리인 **섬모체근**(*ciliary muscle*)으로 구성된다. 홍채의 뒤쪽에 있는 섬모체의 표면은 **섬모체돌기**(*ciliary processes*)라고 하는 주름으로 되어 있다. **섬모띠섬유(ciliary zonule)**(**현수 인대**, *suspensory ligament*)는 수정체를 섬모체돌기에 부착하는 섬유 고리이다. 결합조직 섬유는 수정체를 홍채 뒤쪽에 고정하고 동공 중앙에 위치한다. 결과적으로 동공을 통과하는 빛은 **시선축**(*visual axis*)을 따라 수정체의 중심을 통

임상노트

동공부동증 Anisocoria

동공부동(*anisocoria*) 또는 불균등 동공은 항상 응급환자의 관심사이다. 동공 수축은 **눈돌림신경**(*oculomotor nerve, CN III*)에 의해 제어되며, 뇌의 확장 병변은 신경을 압박하고 영향을 받은 쪽에 동공 확장을 일으킬 수 있다. 외상 환자에서 이것은 두개 내 손상을 나타낼 수 있으며, 의료 환자의 경우 동공부동증은 두개 내 출혈 또는 종양을 나타낼 수 있다. 이 때문에 동공부동증의 존재는 추가 조사가 필요하다.

동공부동증은 정상적으로 보일 수 있다. 일반 인구의 20%는 동공부동증을 가지고 있다. 차이는 일반적으로 1 mm 이하이며 다른 소견(눈꺼풀 처짐 또는 안구 외 근육 마비 등)을 동반하지 않는다. 동공부동증은 같은 사람에서 매일 다를 수 있으며, 충혈 완화제와 같은 많은 약물로 유발할 수 있다. 필요한 경우 운전 면허증과 같은 오래된 사진을 통해 오래되었는지 새로 발생한 것인지 확인할 수 있다.

과한다.

맥락막은 섬모체 뒤쪽의 섬유층과 내부층을 분리하는 혈관층이다(그림 9-10c). 맥락막에는 산소와 영양소를 내부층으로 전달하는 모세관 연결고리가 있다.

안구속층 The Inner Layer

안구속층(inner layer) 또는 **망막(retina)**은 눈의 가장 안쪽 층으로 **색소 부분**(*pigmented part*)이라고 하는 얇은 외층과 **신경 부분**(*neural part*)이라고 하는 두꺼운 내층으로 구성된다(그림 9-10b). 색소 부분은 신경 부분을 통과하는 빛을 흡수하여 빛이 반사되어 시각적인 "반사"를 생성하는 것을 방지한다. 신경 부분에는

1. 빛에 반응하는 광수용체,
2. 시각 정보의 예비 처리 및 통합을 수행하는 버팀세포 및 신경세포,
3. 안구속층에 분포하는 혈관.

망막의 두 층은 일반적으로 매우 가깝지만 단단히 결합되어 있지는 않으며, 색소 부분은 섬모체와 홍채 위로 계속된다. 신경 부분은 섬모체까지만 앞쪽으로 확장되어 후방 및 측면 경계에 국한되어 있다.

망막의 조직(ORGANIZATION OF THE RETINA). 망막의 신경 부분은 여러 층의 세포를 포함한다(그림 9-11a). 망막 색소 부분의 벽에 가장 가까운 가장 바깥쪽 층에는 빛을 감지하는 세포인 **광수용체(photoreceptor)**가 포함되어 있고, 눈에는 막대와 원뿔의 두 가지 주요 유형의 빛 수용체가 있다.

막대세포(간상체, rod)는 빛의 색상을 구별하지 않으며, 빛에 민감한 수용체는 우리가 희미한 방, 황혼 또는 창백한 달빛에서 볼 수 있게 한다.

원뿔세포(추체, cone)는 색각을 제공한다. 세 가지 유형의 원뿔이 있으며, 각 유형에는 빨간색, 녹색 및 파란색의 다른 시각색소가 포함되어 있다. 이러한 원뿔 유형의 다양한 조합의 자극은 서로 다른 색상의 인식을 제공하고, 원뿔은 막대보다 더 선명한 이미지를 제공하지만 더 밝은 빛이 필요하다. 일몰을 볼 때 원뿔 기반 시력(풀 컬러의 선명한 이미지)에서 막대 기반 시력(흑백의 덜 뚜렷한 이미지)으로 시력이 바뀌는 것을 알 수 있다.

세 번째 광수용기세포는 **광수용신경절세포**(*intrinsically photosensitive retinal ganglion cell*)로 비이미지 형성 세포는 빛의 밝기에 반응하며 신체의 24시간 일주기 리듬(생물학적 시계)에 영향을 미친다.

막대세포와 원뿔세포는 망막에 고르게 분포되어 있지 않다. 망막을 컵으로 생각하면 약 1억 2,500만 개의 막대세포가 측면에서 발견되고 약 6백만 개의 원뿔세포가 있다. 이러한 원뿔세포의 대부분은 각막과 수정체를 통과한 후 시각적 이미지가 도착하는 영역에 집중되어 있다. **황반(macula**; 반점)으로 알려진 이 영역에는 막대세포가 없으며(그림 9-11c), 원뿔세포의 가장 높은 농도는 **중심오목(fovea** 또는 *fovea centralis*)이라고 하는 영역의 황반 중심에서 발견된다. 중심오목은 색각의 중심이며 가장 선명한 시력정보가 얻어지는 부분이다. 그 물체의 중심에서 수정체 중심을 통해 중심오목까지 그려진 가상의 선은 눈의 **시선축 (visual axis)**이다(그림 9-10c).

이와 같은 광수용체세포의 분포양상이 시각정보 처리과정에 영향을 줄 수 있다. 낮에는 원뿔세포를 자극하기에 충분한 빛이 있을 때 아주 좋은 이미지를 볼 수 있으나, 매우 희미한 조명에서는 원뿔세포가 작동하지 않는다. 그렇기 때문에 똑바로 응시하면 희미한 별을 볼 수 없다. 하지만 별을 똑바로 쳐다보지 않고 옆을 쳐다보면 아주 선명하게 볼 수 있다. 시선을 이동하면 별의 이미지가 중심오목에서 원뿔세포를 자극하기에 충분한 빛을 제공하지 않는 망막의 측면으로 이동하여 더 민감한 막대세포를 자극한다.

막대세포와 원뿔세포는 약 6백만 개의 **두극신경세포(bipolar cell)**와 연접한다(그림 9-11a). 차례로 두극신경세포는 뒤공간에 인접한 **신경절세포(ganglion cell)** 층 내에서 시냅스를 형성하고, 신경절 세포의 축삭돌기는 감각 정보를 뇌에 전달한다.

수평신경세포(*horizontal cell*)와 **무축삭세포**(*amacrine cell*)는 광수용체와 신경절세포 간의 통신을 조절하여 망막의 감도를 조절할 수 있다. 이 효과는 텔레비전의 명암대비를 조정하는 것과 비슷하고, 이 세포는 어둡거나 밝은 환경에 대한 눈의 조정에 중요한 역할을 한다.

시각신경원반(THE OPTIC DISC). 약 1백만 개의 신경절세포에서 나온 축삭돌기는 중심오목의 중간에 있는 원형 영역인 **시각신경원반(optic disc)**에 모인다. 시신경은 시신경(N II)의 시작지점으로(그림 9-11b), 이 시점에서 축삭이 돌고 눈의 벽을 관통하여 사이뇌(diencephalon)로 진행한다. 망막에 공급하는 혈관은 시신경의 중심을 통과하여 시각신경원반을 통해 망막으로 들어간다(그림 9-11b,c). 시각신경원반에는 광수용체 또는 기타 망막 구조가 없으며, 이 영역을 비추는 빛이 눈에 띄지 않게 되기 때문에 일반적으로 **맹점(blind spot)**이라고 한다.

그렇지만 시야에 공백이 없는 이유는 무엇인가? 응시하고 있는 물체가 이동하면 눈도 자동으로 움직여 추적하기 때문에, 보통 맹점의 존재를 느끼지 못한다. 그림 9-12와 같은 방법을 사용하면 맹점의 위치를 확인할 수 있다.

9

그림 9-11 **망막조직.**

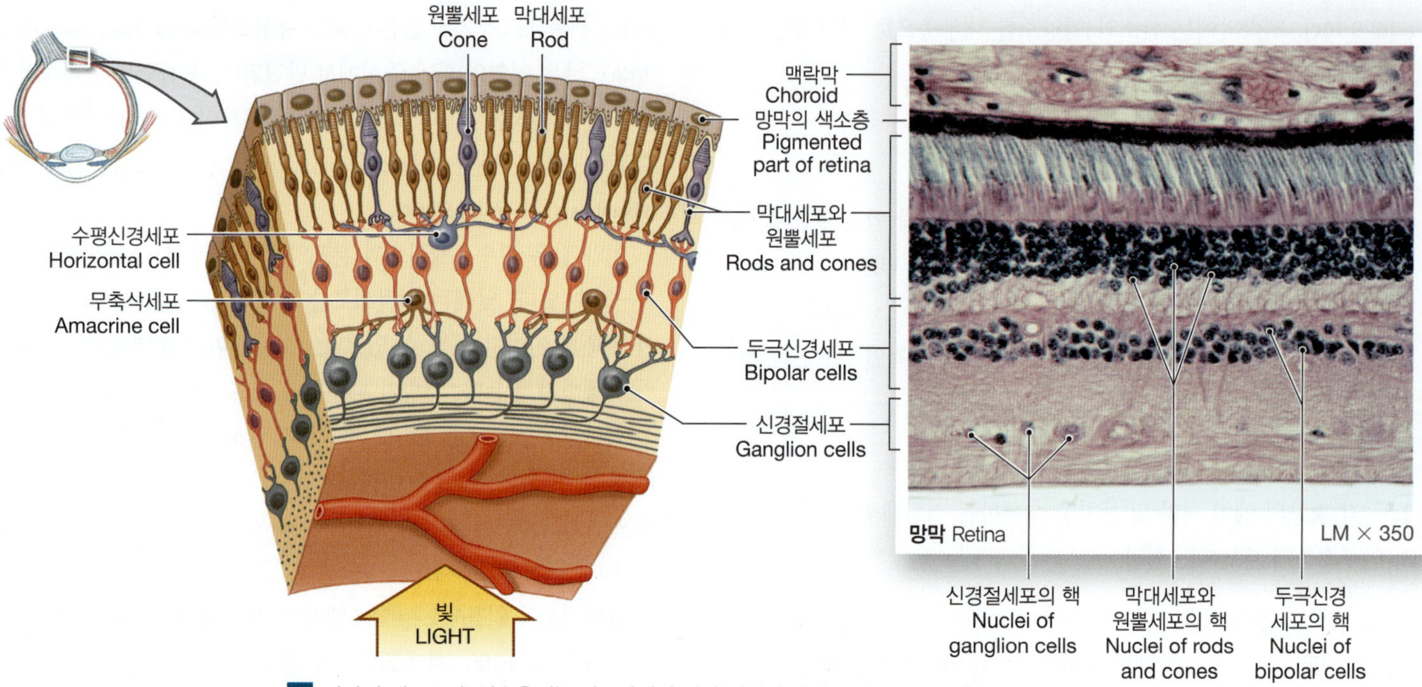

a 망막의 세포조직. 광수용체는 뒤공간에서 멀리 떨어져 맥락막 가까이 위치한다.

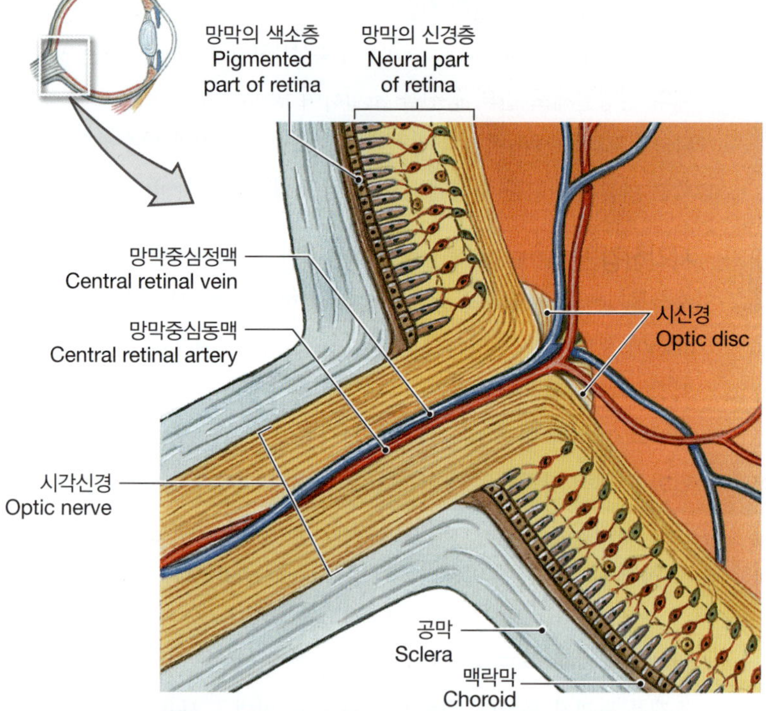

b 시각신경원반의 단면을 나타낸 모식도.

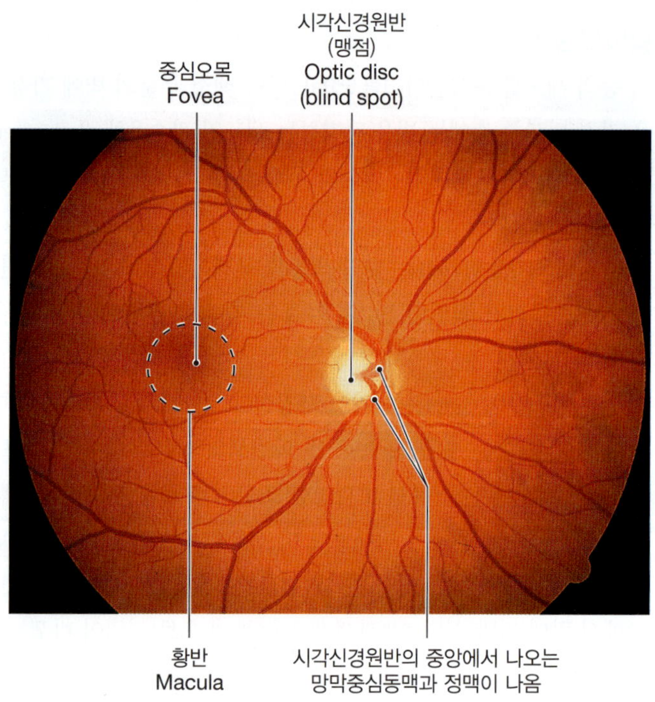

c 동공을 통해 본 망막 사진.

안구의 방 The Chambers of the Eye

섬모체와 수정체는 눈의 내부를 작은 앞공간과 큰 뒤공간 또는 유리체방으로 나뉜다(**그림 9-13**). 앞공간은 다시 각막과 홍채 사이의 **앞방(anterior chamber)**과 홍채와 섬모체·수정체 사이의 **뒤방(posterior chamber)**으로 구분된다.

앞방과 뒤방은 **방수(aqueous humor)**라는 액체로 채워져 있다. 방수

그림 9-12 **맹점의 존재 확인**. 왼쪽 눈을 감고 오른쪽 눈으로 십자가 표시를 바라보고 시야의 중앙에 유지한다. 눈에서 5~6 cm 거리에서 시작하여 점차 거리를 늘리고, 시각신경원반의 맹점에서 점이 사라진다. 왼쪽 눈의 사각 지대를 확인하려면 오른쪽 눈을 감고 점을 응시하며 반복한다.

는 뒤방에서 생성되어 동공을 통해 앞방으로 순환한다. 뒤공간은 미량의 방수와 **유리체(vitreous body)**라고 하는 젤리 같은 물질로 채워져 있다. 유리체는 안구의 형태를 유지하고, 망막은 맥락막에 밀착시키는 작용을 한다.

방수(AQUEOUS HUMOR). 방수는 섬모체 돌기의 상피세포에 의해 생성되어 뒤방으로 분비된다(**그림 9-13**). 이 액체가 가하는 압력은 눈의 모양을 유지하는 데 도움이 되며, 방수의 순환은 영양분과 노폐물을 운반한다. 홍채 가장자리 근처의 앞방에서 방수는 **공막 정맥굴(scleral venous sinus)**(쉴렘관, *canal of Schlemm*)로 들어간다. 이 통로는 공막의 정맥으로 비워지고 방수를 정맥으로 되돌린다.

정상적인 순환을 방해하고 방수의 재흡수는 눈 내부의 압력을 증가시키는데, **녹내장(glaucoma)**이라고 하는 이 상태를 치료하지 않고 방치하면 결국 망막과 시각신경원반이 손상되어 시력을 잃게 된다.

수정체 The Lens

수정체(렌즈, **lens**)는 각막 뒤쪽에 있으며 맥락막의 섬모체에서 발생하는 띠섬유(zonula fiber)에 의해 제자리에 고정된다. 수정체의 주요 기능은 광수용체에 시각적 이미지의 초점을 맞추는 것이고, 수정체는 모양을 변경하여 초점을 맞춘다.

수정체의 구조(THE STRUCTURE OF THE LENS). 투명한 수정체는 치밀한 섬유질 주머니에 싸인 동심 세포층으로 구성된다. 수정체 내부를 구성하는 세포에는 세포소기관이 없고 투명한 단백질로 가득 차 있으며, 주머니에는 외부 힘이 없을 때 수정체를 수축하여 구형으로 만드는 많은 탄성 섬유가 포함되어 있다. 그러나 섬모체띠섬유의 장력은 수축을 압도하고 수정체를 납작한 타원형으로 당길 수 있다.

빛의 굴절 및 수용(LIGHT REFRACTION AND ACCOMMODATION). 눈은 종종 카메라와 비교되며, 유용한 정보를 제공하려면 카메라 렌즈처럼 눈의 수정체가 도착하는 이미지에 초점을 맞춰야 한다. "초점"이라는 것은 물체에서 들어오는 빛의 광선이 망막의 민감한 표면(또는 디지털 카메라에 빛을 전자적으로 기록하는 반도체 장치)에 부딪혀 선명한 투영점을 형성하는 것을 의미한다. 광선이 완벽하게 초점이 맞지 않으면 이미지가 흐릿해지고, 초점은 일반적으로 빛이 각막을 먼저 통과한 다음 수

9

그림 9-13 **방수의 순환**. 섬모체에서 분비되는 수액은 공막 정맥동을 통해 재흡수되기 전에 뒷방과 앞방을 통해 순환한다.

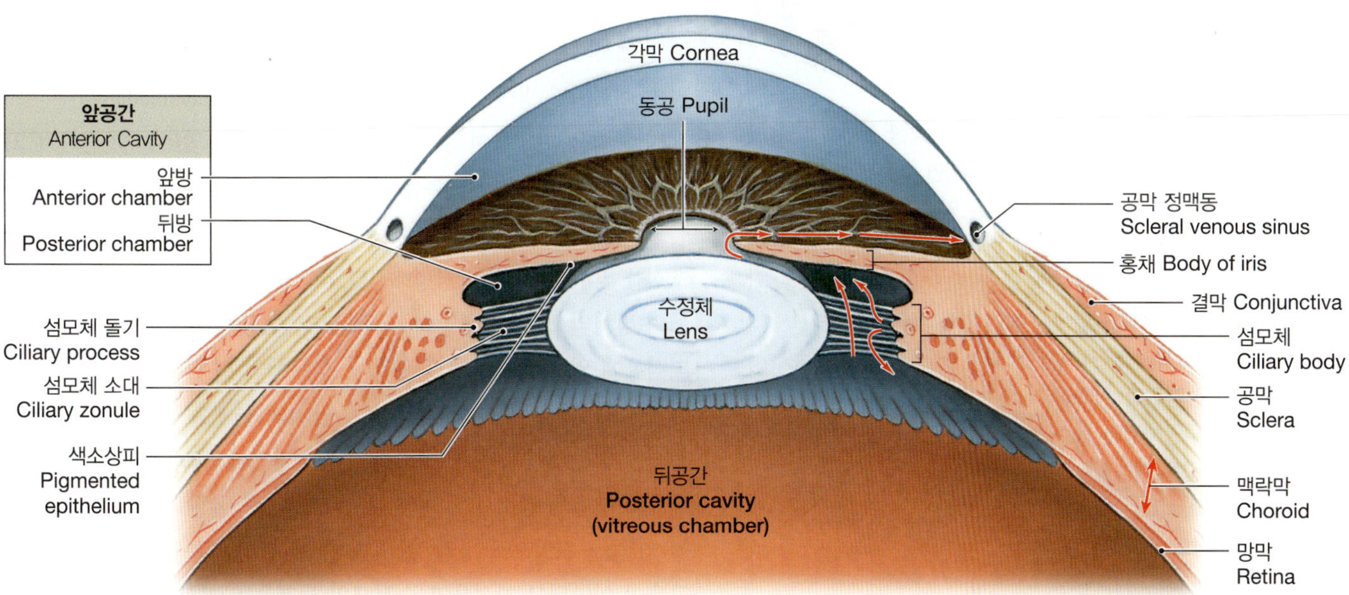

임상노트

전방출혈 Hyphema

눈의 둔탁한 외상은 홍채 내의 혈관 중 하나를 파열시켜 혈액이 눈의 전방으로 들어가게 한다. **전방출혈**(*hyphema*)이라고 하는 전방의 혈액은 심각한 응급 상황이다(그림 9-14). 방에 있는 혈액의 양은 현미경에서 혈액이 전방 전체를 채우는 전방출혈까지 다양하다. 환자의 최대 1/3이 3~5일 이내에 재출혈을 겪게 되며 이러한 재출혈은 종종 원래의 출혈보다 악화된다. 전방출혈의 합병증에는 시력 저하, 이차 녹내장 및 각막 염색이 포함된다.

전방출혈의 치료에는 전방의 압력을 낮추는 약물과 항염증제 사용이 포함되며, 일부 환자는 혈전 제거 및 재출혈을 방지하기 위해 최대 5일 동안 입원하고 완전한 침상 안정을 필요로 한다. 전방출혈을 앓는 환자는 부상을 즉시 인식하고 안과 치료를 받을 때 최상의 결과를 얻을 수 있다.

그림 9-14 **전방출혈**. 전방출혈은 전방에 혈액이 존재하는 것으로, 방의 혈액 수준을 확인한다. 전방출혈은 시력을 위협하는 응급 상황일 수 있다.

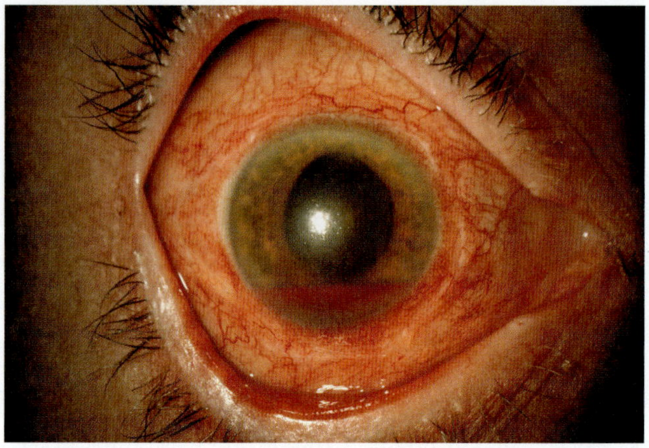

9

정체를 통과하기 때문에 두 단계로 이루어진다.

빛은 한 매체에서 밀도가 다른 매체로 통과할 때 **굴절되거나(refracted)** 구부러진다. 사람의 눈에서 가장 많은 양의 굴절(굽힘)은 빛이 공기에서 물의 밀도에 가까운 각막으로 통과할 때 발생한 후 빛이 상대적으로 치밀한 수정체에 들어오면 수정체는 물체에서 광선이 수렴되는 지점인 특정 **초점(focal point)**으로 광선을 집중시키는 데 필요한 추가 굴절을 제공한다(그림 9-15a). 수정체 중앙과 초점 사이의 거리가 수정체의 **초점 거리(focal distance)**이다.

두 가지 요소가 초점 거리를 결정한다:

1. 수정체에서 물체까지의 거리(*The distance of the object from the lens*). 물체가 수정체에 가까울수록 초점 거리가 길어진다(그림 9-15a,b).
2. 수정체의 모양(*The shape of the lens*). 수정체가 둥글수록 굴절이 더 많이 발생한다. 둥근 수정체는 평평한 수정체보다 초점 거리가 짧다(그림 9-15b,c).

눈에서 수정체는 초점 거리를 일정하게 유지하기 위해 모양을 변경하여 이미지가 망막에 초점을 유지한다. **조절(accommodation)**은 수정체의 모양을 변경하여 망막에 이미지의 초점을 맞추는 과정이며(그림 9-15d,e), 수용하는 동안 수정체는 더 둥글게 되어 주변 물체의 이미지를 망막에 집중시킨다. 수정체는 망막에서 멀리 있는 물체의 이미지에 초점을 맞추기 위해 더 평평해진다.

수정체의 모양은 어떻게 바뀌는가? 수정체는 섬모체에서 시작된 띠섬유에 의해 제자리에 고정된다. 섬모체의 민무늬근 섬유는 수정체를 둘러싸고 조임근처럼 작용하고, 근처의 물체를 볼 때 섬모근이 수축하고 섬모체가 수정체 쪽으로 이동한다(그림 9-15d). 이 움직임은 띠섬유의 장력을 감소시켜 탄성 주머니가 더 큰 굴절력(굽힘)으로 수정체를 더 둥근 모양으로 당길 수 있게 한다. 멀리 있는 물체를 볼 때 섬모근육이 이완되고 띠섬유가 수정체의 둘레를 당겨서 수정체가 더 평평

임상노트

백내장 Cataracts

수정체의 투명도는 구조적 특성과 생화학적 특성의 정확한 조합을 유지하는 투명한 단백질에 따라 달라진다. 그 균형이 깨지면 수정체는 백내장으로 알려진 상태인 투명도를 잃게 된다. 백내장은 약물 반응, 부상 또는 햇빛이나 기타 출처의 자외선으로 인해 발생할 수 있다. 그러나 노인성 백내장은 노화의 자연스러운 결과이며 가장 흔한 형태이며, 시간이 지남에 따라 수정체는 탄력이 떨어지고 황색을 띠며 결국 투명도를 잃기 시작한다. 수정체가 불투명해지거나 "흐려짐"에 따라 개인은 더 밝은 독서등이 필요하며 시각적 선명도가 사라진다. 수정체가 완전히 불투명해지면 광수용기가 정상이더라도 사람은 기능적으로 시력을 잃게 된다. 외과적 치료는 수정체를 제거하고 인공 대체물로 교체하는 것이다.

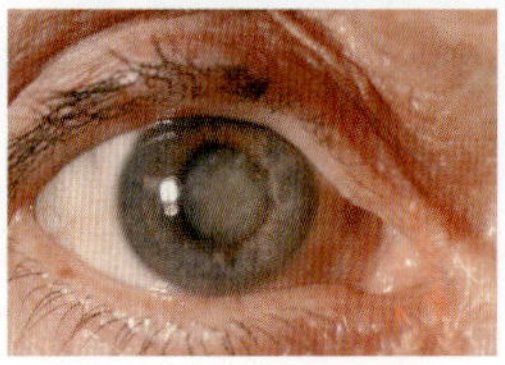

그림 9-15 초점, 초점 거리 및 시각적 조정. 수정체는 특정 초점을 향해 빛을 굴절시키며, 수정체 중앙에서 그 지점까지의 거리가 수정체의 초점 거리이다.

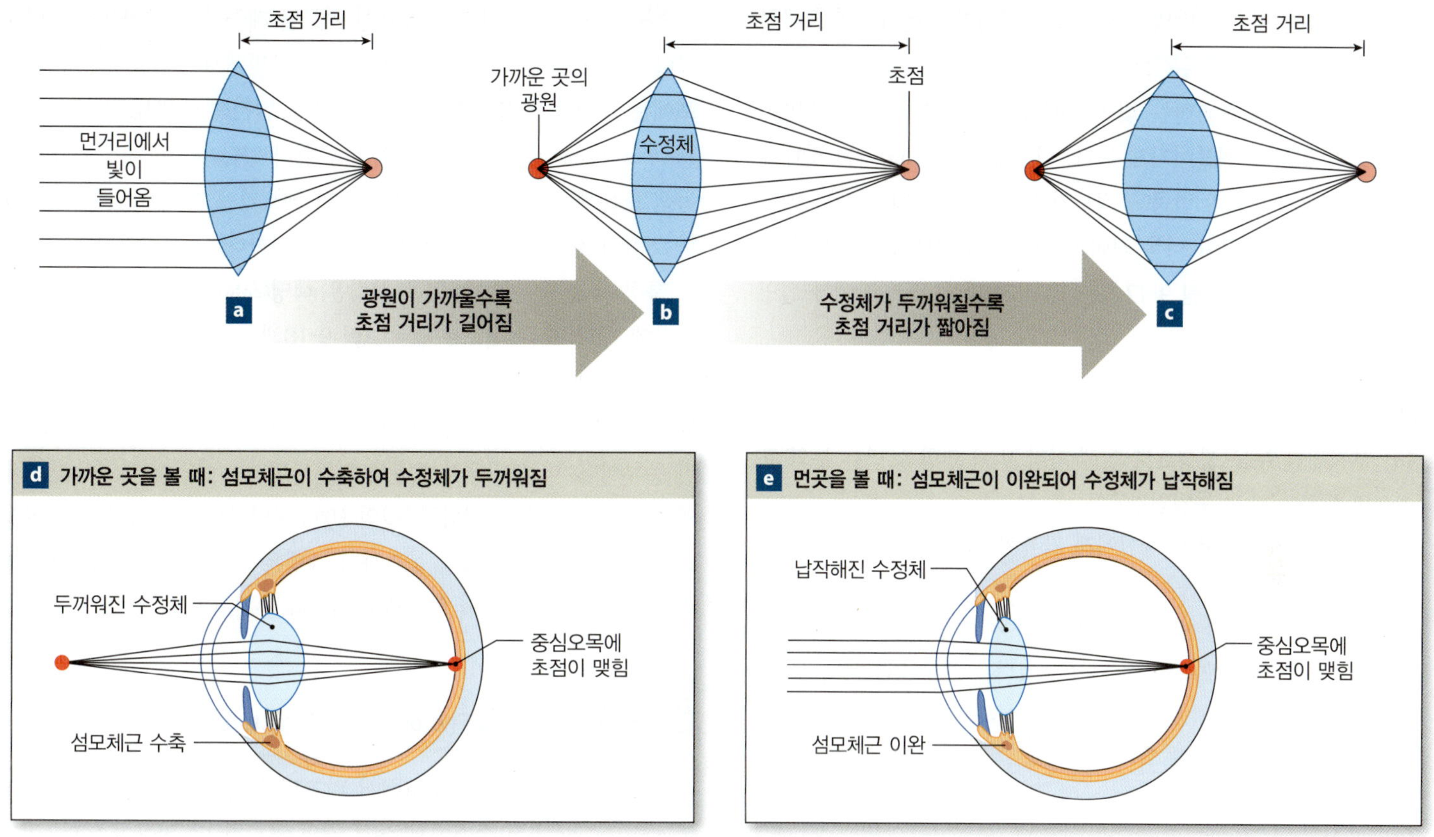

해진다(**그림 9-15e**).

영상의 형성(IMAGE FORMATION). 망막에 도달하는 물체의 이미지는 원본의 축소형이며 상하좌우가 뒤집힌다. 우리가 의식하지 못하는 사이에, 뇌에서 영상을 다시 뒤집어 원래대로 인식한다. 반전은 우리가 보는 물체가 실제로 많은 수의 개별 빛 포인트를 가진 복잡한 광원이기 때문에 발생하며, 각 지점의 빛은 망막에 집중된다.

그림 9-16a는 전신주를 바라보고 있는 눈을 통한 시상 단면으로 망막에 형성된 이미지가 왜 거꾸로 되어 있는지 보여준다. 극 위의 빛은 망막의 아래쪽 표면에 집중되고, 극 아래의 빛은 망막의 윗면에 집중된다.

그림 9-16b는 울타리를 바라보고 있는 눈을 통한 수평 단면으로

그림 9-16 영상의 형성. (이 그림은 비율대로 그려지지 않았으며, 실제로 중심오목은 망막의 작은 영역을 차지하고 투사된 이미지는 매우 작다. 여기에서는 광선의 교차가 수정체에 표시되지만 실제로는 중심오목에 매우 가깝게 발생한다.)

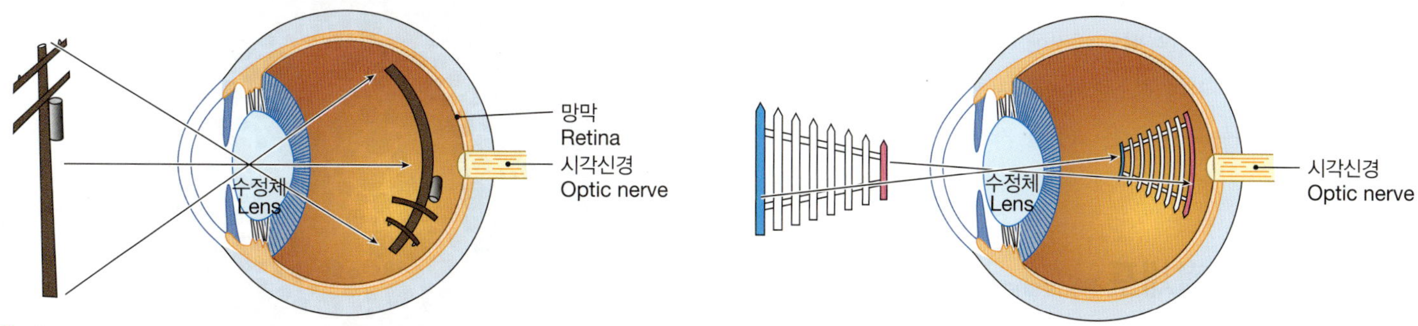

a 사물의 영상이 위아래가 뒤집혀 망막에 투영된다.

b 사물의 영상이 좌우가 뒤집혀 망막에 투영된다(물론 위아래도 뒤집힌다).

망막에 형성된 이미지가 왜 거꾸로 되어 있는지 보여준다. 울타리의 왼쪽에서 나오는 빛은 망막의 오른쪽으로 떨어지고 울타리의 오른쪽에서 나오는 빛은 망막의 왼쪽에 투영된다.

각막과 수정체를 통과하는 빛이 제대로 굴절되지 않으면 망막에 맺힌 사물의 영상이 뒤틀어지게 된다. **난시(astigmatism)**라는 상태에서는 각막이나 수정체의 만곡도 정도가 다르고, 경미한 난시는 매우 흔하다. 영상의 뒤틀림이 너무 작아서 사람들이 상태를 인식하지 못할 수 있다. **집중 조명 그림 9-17**에는 몇 가지 다른 조절 장애가 설명되어 있다.

체크포인트

11. 부적절한 눈물 생성으로 인해 가장 먼저 영향을 받는 눈의 표면 보조 구조는 무엇인가?
12. 수정체가 더 둥글면 자신에게 가까이 있는 물체나 멀리 있는 물체를 보고 있는가?
13. 마리아가 희미한 방에 들어가면 사용 가능한 빛의 대부분이 그녀의 눈 중심오목에 집중된다. 그녀는 매우 명확하게 볼 수 있는가?

책 뒷면에 있는 파란색 정답 탭을 참조.

9

9-6 광수용기세포는 빛에 반응하여 시각 생리에 필수적인 전기 신호로 바꾼다

학습목표 시각 영상을 감지하고 색을 구분하는 기전, 시각정보를 처리하는 중추신경계통의 기능을 설명한다.

망막의 막대세포와 원뿔세포는 광선의 기본단위인 **광자**(*photons*)를 감지하기 때문에 **광수용기**(*photoreceptors*)라고 한다. 빛은 특성 파장(파장 피크 사이의 거리)을 가진 파동으로 이동하는 복사 에너지의 한 형태이다. 우리의 눈은 **가시광선(visible light)**(700~400 nm)의 스펙트럼을 구성하는 파장에 민감하다. 무지개에서 볼 수 있듯이 ROY G. BIV (*R*ed, *O*range, *Y*ellow, *G*reen, *B*lue, *I*ndigo, *V*iolet)라는 약어로 이 스펙트럼을 기억해야 한다. 색상은 빛의 파장에 따라 다르며, 적색광의 광자는 가장 긴 파장을 가지며 최소한의 에너지를 전달하고, 스펙트럼의 보라색 부분의 광자는 가장 짧은 파장을 가지며 가장 많은 에너지를 전달한다.

막대세포와 원뿔세포 Rods and Cones

막대세포는 파장에 관계없이 CNS에 광자의 유무에 대한 정보를 제공한다. 이러한 이유로 그것은 빛의 색상을 구별하지 않는다. 그러나 이는 매우 민감하고 어두운 조건에서 볼 수 있게 한다.

원뿔세포는 광자의 파장에 대한 정보를 제공한다. 원뿔세포는 막대보다 덜 민감하기 때문에 상대적으로 밝은 빛에서만 기능하며, 원뿔세포에는 **파란색 원뿔세포, 녹색 원뿔세포, 빨간색 원뿔세포**(*blue cone*, *green cone*, and *red cone*)의 세 가지 유형이 있다. 각 유형에는 파란색, 녹색 또는 빨간색 파장의 빛에 민감한 색소가 포함되어 있으며, 다양한 조합의 자극은 우리의 색상 인식을 설명한다.

특정 색을 구분할 수 없는 사람은 **색맹(color blindness)**이라 한다. 색각에 대한 표준 테스트에는 **그림 9-18**과 같은 복잡한 이미지에서 숫자나 문자를 선택하는 것이 포함되고, 색맹은 하나 이상의 종류의 원뿔세포가 없거나 작동하지 않을 때 발생한다. 적록 색맹이 가장 흔한 종류이다. 이 상태에서 빨간색 원뿔세포가 누락되어 개인이 빨간색과 녹색을 구분할 수 없다. 남성의 10%가 약간의 색맹이 있지만 여성의 발병률은 약 0.67%에 불과하며 색맹은 극히 드물다. 300,000명 중 1명만이 어떤 종류의 원뿔세포 색소를 가지고 있지 않다.

광수용기 구조 Photoreceptor Structure

시세포의 구조는 **그림 9-19a**에서 비교된다. 광수용기의 **바깥쪽 부분**(*outer segment*)에는 수백에서 수천 개의 평평한 막 원반이 있다. **막대세포와 원뿔세포**(*rod* and *cone*)라는 이름은 바깥쪽 부분의 모양을 나타내며, 광수용기의 **내부 부분**(*inner segment*)은 전형적인 세포 소기관을 포함하고 다른 세포와 연접을 형성한다. 어둠 속에서 각 광수용기는 지속적으로 신경전달물질을 방출한다. 광자의 도착은 수용체의 막 전

그림 9-18 색각에 대한 표준 테스트. 하나 이상의 원뿔세포 집단이 부족한 개인은 패턴 이미지(숫자 12)를 구별할 수 없다.

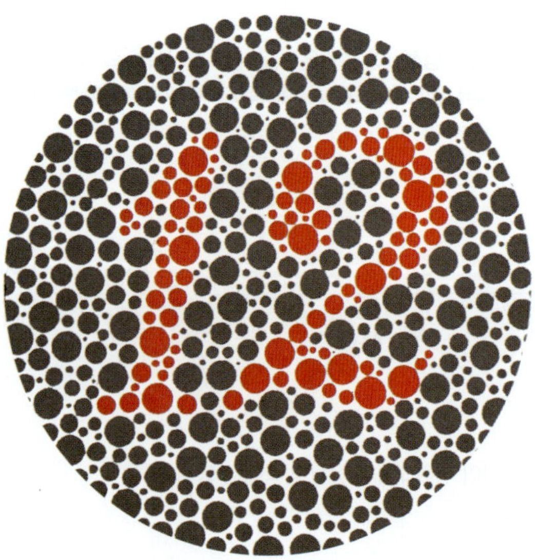

집중 조명 그림 9-17 굴절 문제(REFRACTIVE PROBLEMS)

카메라는 수정체를 필름이나 반도체 장치 쪽으로 또는 멀리 이동하여 이미지의 초점을 맞춘다. 이 방법은 수정체에서 황반까지의 거리가 변할 수 없기 때문에 우리 눈에는 효과가 없다. 초점 거리를 일정하게 유지하기 위해 수정체의 모양을 변경하여 망막에 이미지의 초점을 맞춘다.

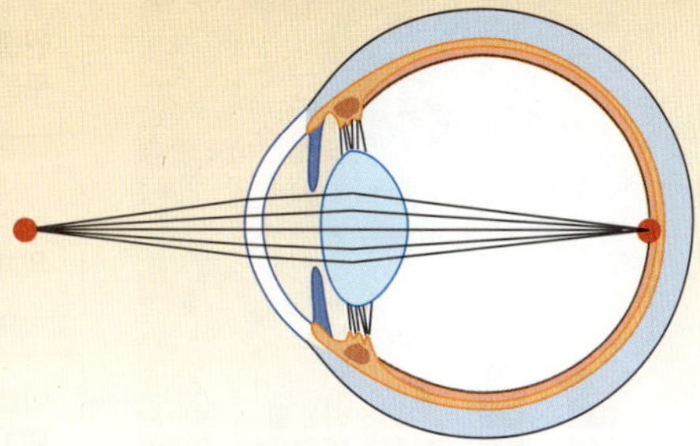

안구의 수정체는 위치가 고정되어 있고, 수정체의 모양이 변하여 초점 거리가 조절된다.

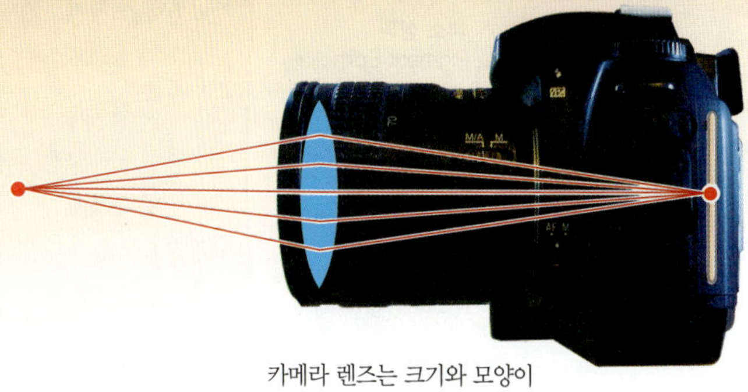

카메라 렌즈는 크기와 모양이 고정되어 있으며 필름이나 반도체 장치까지의 거리를 달리하여 초점을 맞춘다.

정시 Emmetropia(정상 시력)

건강한 눈에서 섬모근이 이완되고 수정체가 납작해지면 먼 이미지가 망막 표면에 초점을 맞춘다. 이 상태를 **정시**라고 한다.

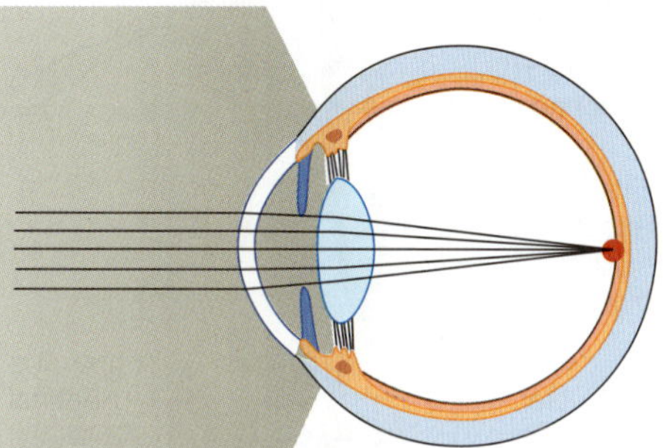

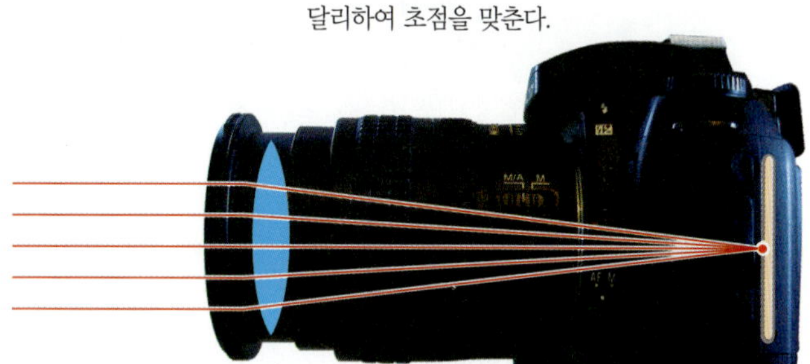

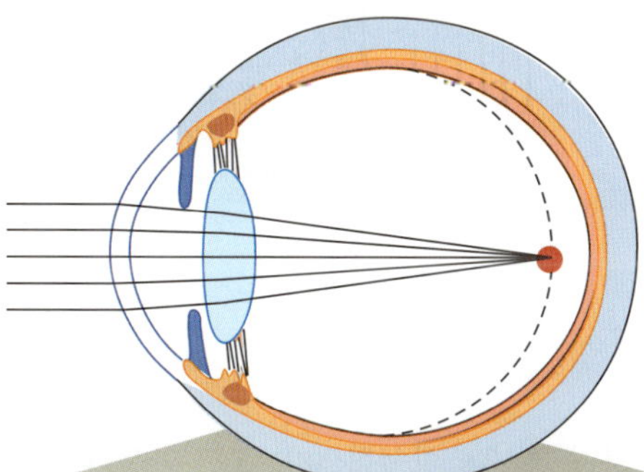

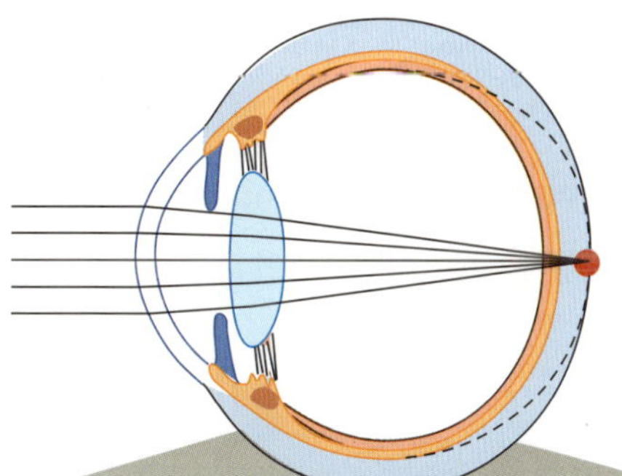

근시 Myopia(nearsightedness)

안구가 너무 깊거나 수정체의 안정된 곡률이 너무 크면 먼 물체의 이미지가 망막 앞에 투사된다. 멀리 있는 물체가 흐릿하고 초점이 맞지 않는 것처럼 보일 것이다. 수정체가 망막에 이미지의 초점을 맞추기 위해 필요에 따라 둥글게 할 수 있기 때문에 근거리 시력은 정상이다.

원시 Hyperopia(farsightedness)

안구가 너무 얕거나 수정체가 너무 납작하면 원시가 발생한다. 섬모근은 먼 물체라도 망막에 초점을 맞추기 위해 수축해야 한다. 그리고 가까운 거리에서 수정체는 이미지를 망막에 초점을 맞추기에 충분한 굴절을 제공할 수 없다. 노안이라고 하는 원시의 한 형태인 수정체의 탄력성이 상실되면서 노인들은 원시가 된다.

퍼짐, 오목 렌즈로 근시 교정

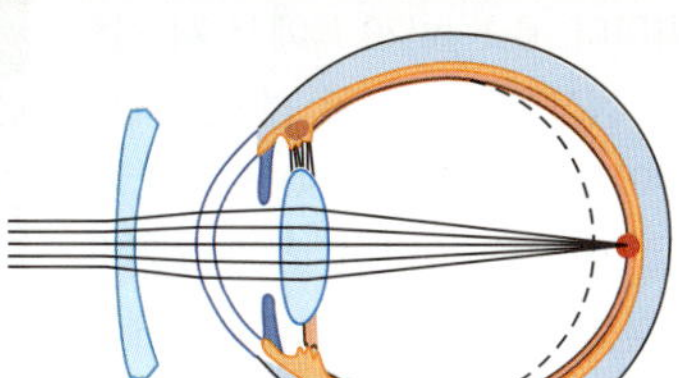

오목 렌즈

모음, 볼록 렌즈로 원시 수정

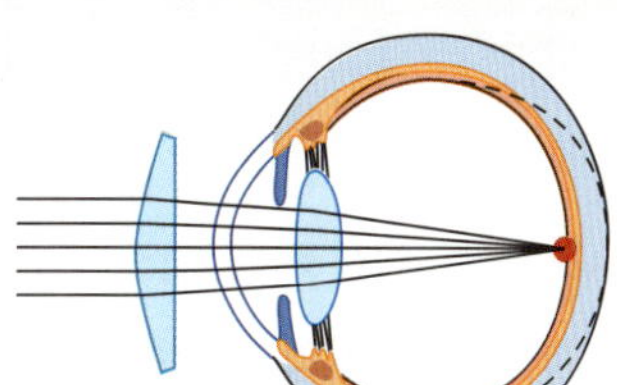

볼록 렌즈

수술 교정 Surgical Correction

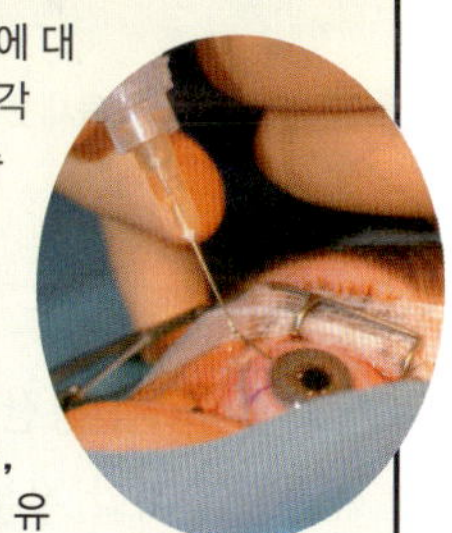

근시 및 원시 교정에 대한 다양한 성공은 각막을 재형성하는 수술에 의해 달성되었다. **굴절교정레이저 각막절제술**(photorefractive **keratectomy**, PRK)에서 컴퓨터 유도 레이저는 정확한 사양에 따라 각막을 형성한다. 전체 절차는 1분 이내에 완료될 수 있으며, PRK의 변형을 **라식**(*laser-assisted in-situ keratomileusis, LASIK*)이라고 한다. 이 절차에서 각막의 내부층이 재형성된 다음 원래 외부 각막 상피의 피판으로 다시 덮는다. 약 70%의 라식 환자가 정상 시력을 얻었으며 라식은 가장 일반적인 굴절 수술 형태가 되었다.

수술 후에도 많은 환자에게 여전히 모니터링이 필요하며 즉각적인 시각 문제와 장기적인 시각 문제가 발생할 수 있다.

그림 9-19 막대세포와 원뿔세포의 구조.

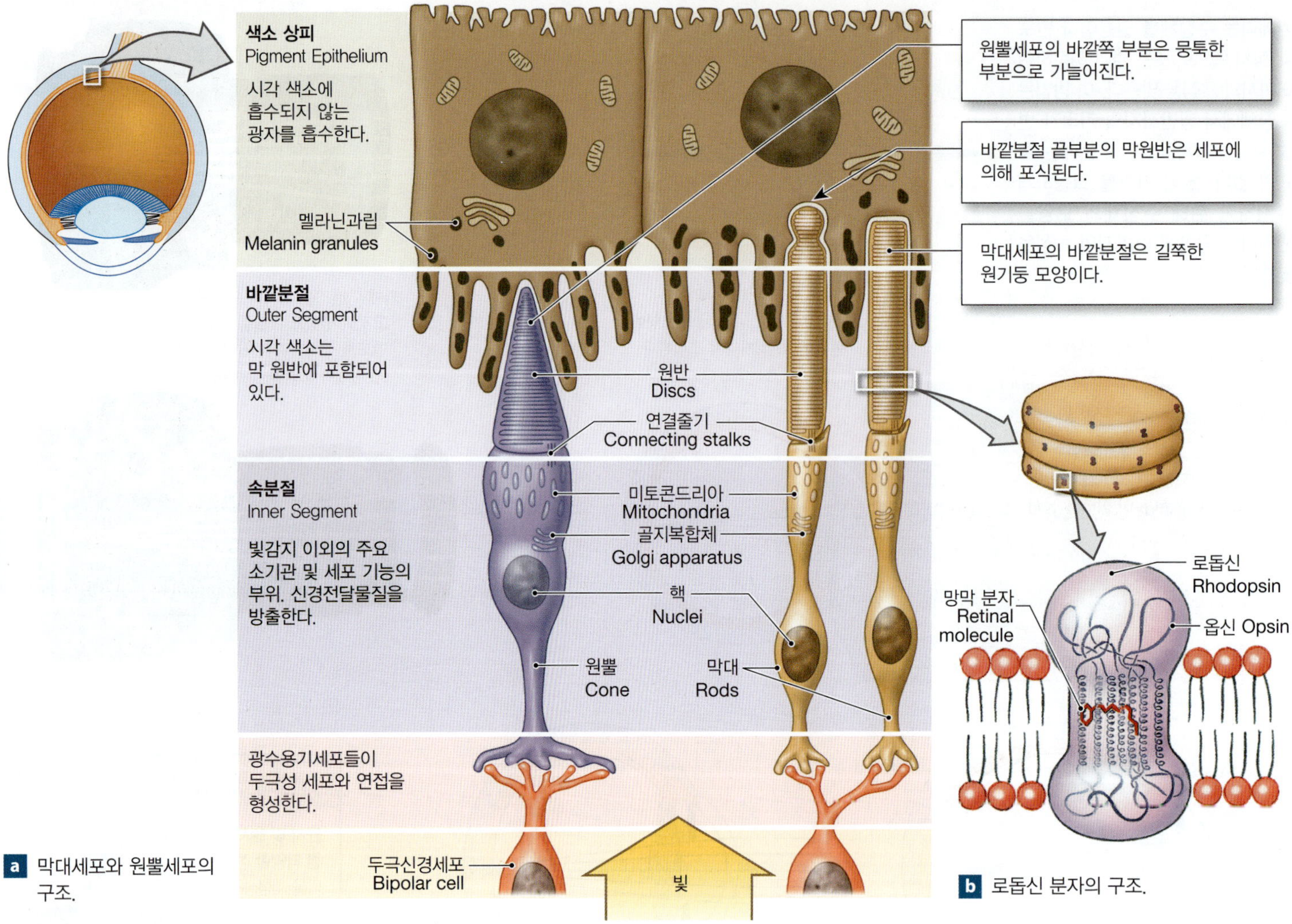

a 막대세포와 원뿔세포의 구조.

b 로돕신 분자의 구조.

위를 변경하고 신경전달물질 방출 속도를 변경한다.

시세포의 바깥 부분의 원반에는 **시각색소(visual pigments)**라고 불리는 특수 유기 화합물이 포함되어 있는데 시각색소는 화합물 **로돕신(rhodopsin)**에서 파생되며, 로돕신은 색소 **망막(retinal)**에 결합된 단백질인 **옵신(opsin)**으로 구성된다(그림 9-19b). 레티날은 **비타민 A(vitamin A)**에서 합성되며, 레티날은 막대세포와 원뿔세포 모두에서 동일하지만 막대세포와 세 가지 유형의 원뿔세포(빨간색, 파란색 및 녹색) 각각에서 다른 형태의 옵신이 발견된다.

빛감지 Photoreception

빛감지(*photoreception*) 과정은 빛의 감지로, 시각색소에 의한 광자의 흡수는 첫 번째 핵심 단계이다. 빛 수용은 광자가 광수용기의 바깥쪽 부분에 있는 로돕신 분자에 부딪힐 때 시작된다. 광자가 흡수되면 망막 구성 요소의 모양이 변하면 옵신이 활성화된다. 옵신 활성화는 신경전달물질 방출 속도를 변경하는 일련의 효소 반응을 시작한다. 이

임상노트

시력 Visual Acuity

시력은 얼마나 잘 보는가 또는 "정상적인" 사람의 시력을 기준으로 평가된다. 시력이 20/20인 사람은 "정상적인" 사람처럼 명확하게 6.1 m(20 ft) 거리에서 세부 사항을 볼 수 있다. 20/15 등급의 시력은 평균보다 나은 시력이다. 6.1 m(20 ft)에서 사람은 4.6 m(15 ft) 거리에서만 "정상적인" 눈으로 선명한 세부 사항을 볼 수 있기 때문이다. 반대로, 20/30 시력을 가진 사람은 "정상" 시력을 가진 사람이 9.1 m(30 ft) 거리에서 알아낼 수 있는 세부 사항을 식별하기 위해 물체에서 6.1 m(20 ft) 떨어져 있어야 한다.

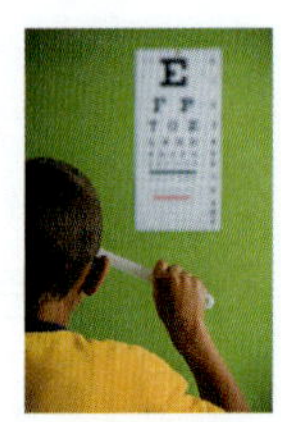

임상노트

조절 장애 Accommodation Problems

정상 눈에서 섬모 근육이 이완되고 수정체가 편평해지면 원거리 영상이 **정시**(*emmetropia*, 적절한 측정)라고 하는 상태인 망막 표면(**그림 9-20a**)에 초점이 맞춰진다. 그러나 수정체 또는 각막 모양의 불규칙성은 굴절과 결과적으로 시각적 이미지의 선명도에 영향을 미칠 수 있다. 난시라고 하는 상태는 일반적으로 안경이나 특수 콘택트수정체로 교정할 수 있다.

그림 9-20은 또한 두 가지 일반적인 조절 장애를 보여준다. 안구가 너무 깊으면 멀리 있는 물체의 이미지가 망막 앞에 형성되고 영상이 흐릿하고 초점이 맞지 않는다(**그림 9-20b**). 수정체가 망막에 영상의 초점을 맞출 수 있을 만큼 충분히 반올림할 수 있기 때문에 근거리에서의 시력은 정상이다. 결과적으로 그러한 사람들은 "근시(near-sighted)"라고 하며, 그들의 상태는 좀 더 공식적으로 **근시**(*myopia*)라고 부른다. 근시는 눈앞에 오목 렌즈를 배치하여 교정할 수 있다(**그림 9-20c**).

안구가 너무 얕으면 **원시**(*hyperopia*)가 발생한다(**그림 9-20d**). 섬모근은 멀리 있는 물체라도 망막에 초점을 맞추기 위해 수축해야 하며, 가까운 거리에서는 수정체가 충분한 굴절을 제공할 수 없다. 멀리 있는 물체를 가장 명확하게 볼 수 있기 때문에 "원시"라고 하며, 노년층은 수정체가 탄력을 잃기 때문에 원시가 된다. 이러한 형태의 원시를 **노안**(*presbyopia*)이라고 하고, 원시는 눈앞에 모음 수정체(수렴 수정체)를 배치하여 치료할 수 있다(**그림 9-20e**).

근시 및 원시 교정은 굴절력을 변경하기 위해 각막을 외과적으로 재형성함으로써 성공하였다. **방사상각막절개술**(부챗살각막절개술, *radial keratotomy*)에서는 여러 개의 각막 절개가 표면을 평평하게 만드는데. 일부 흉터와 국소 각막 쇠약이 발생할 수 있으며 환자의 3분의 2만이 결과에 만족한다. **빛 굴절 각막 절제술**(*photorefractive keratectomy, PRK*)이라는 새로운 시술에서는 컴퓨터 유도 레이저가 각막을 정확한 사양으로 성형한다. 조직은 각막 두께의 약 10% 이상 10~20 μm 깊이까지만 제거되고, 전체 절차는 1분 이내에 완료될 수 있다. 매년 미국 약 100,000명의 사람들이 각막 상처에서 PRK 시술을 받는 경우는 드물다; 그러나 많은 사람들이 여전히 독서용 안경을 필요로 하며 즉각적이고 장기적인 시각 문제가 발생할 수 있다.

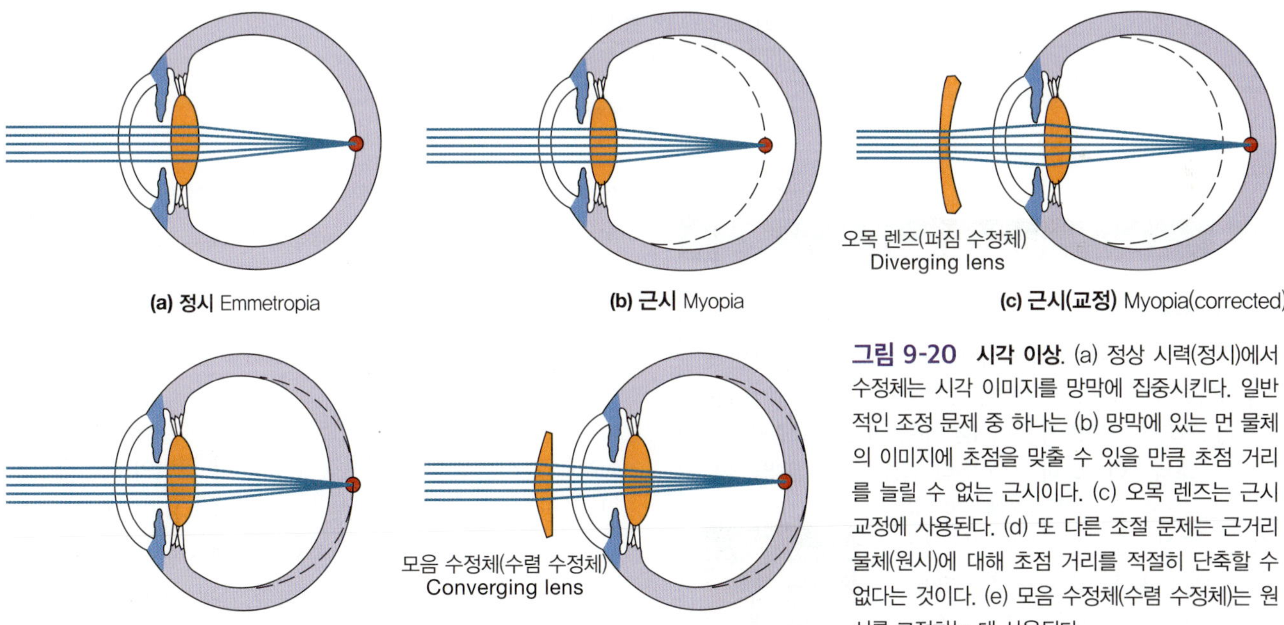

(a) 정시 Emmetropia **(b) 근시** Myopia **(c) 근시(교정)** Myopia(corrected) **(d) 원시** Hyperopia **(e) 원시(교정)** Hyperopia (corrected)

그림 9-20 시각 이상. (a) 정상 시력(정시)에서 수정체는 시각 이미지를 망막에 집중시킨다. 일반적인 조정 문제 중 하나는 (b) 망막에 있는 먼 물체의 이미지에 초점을 맞출 수 있을 만큼 초점 거리를 늘릴 수 없는 근시이다. (c) 오목 렌즈는 근시 교정에 사용된다. (d) 또 다른 조절 문제는 근거리 물체(원시)에 대해 초점 거리를 적절히 단축할 수 없다는 것이다. (e) 모음 수정체(수렴 수정체)는 원시를 교정하는 데 사용된다.

변화는 빛이 망막의 특정 위치에서 광수용기를 비췄다는 신호이다.

망막의 모양이 변한 직후, 로돕신 분자는 **표백(bleaching)**으로 알려진 과정인 망막과 옵신으로 분해되기 시작한다(**그림 9-21**). 망막은 옵신과 재결합하기 전에 이전 모양으로 다시 전환되어야 하며, 이 변환은 ATP 형태의 에너지를 사용하며 시간이 걸린다. 표백은 카메라 플래시 이후에 남아 있는 시각적 인상에 기여하는데, 빛에 강하게 노출된 후 광수용기는 로돕신 분자가 재생될 때까지 추가 자극에 반응할 수 없다. 결과적으로 잔상이 망막에 남아 있다.

그림 9-21 표백과 시각색소의 재형성.

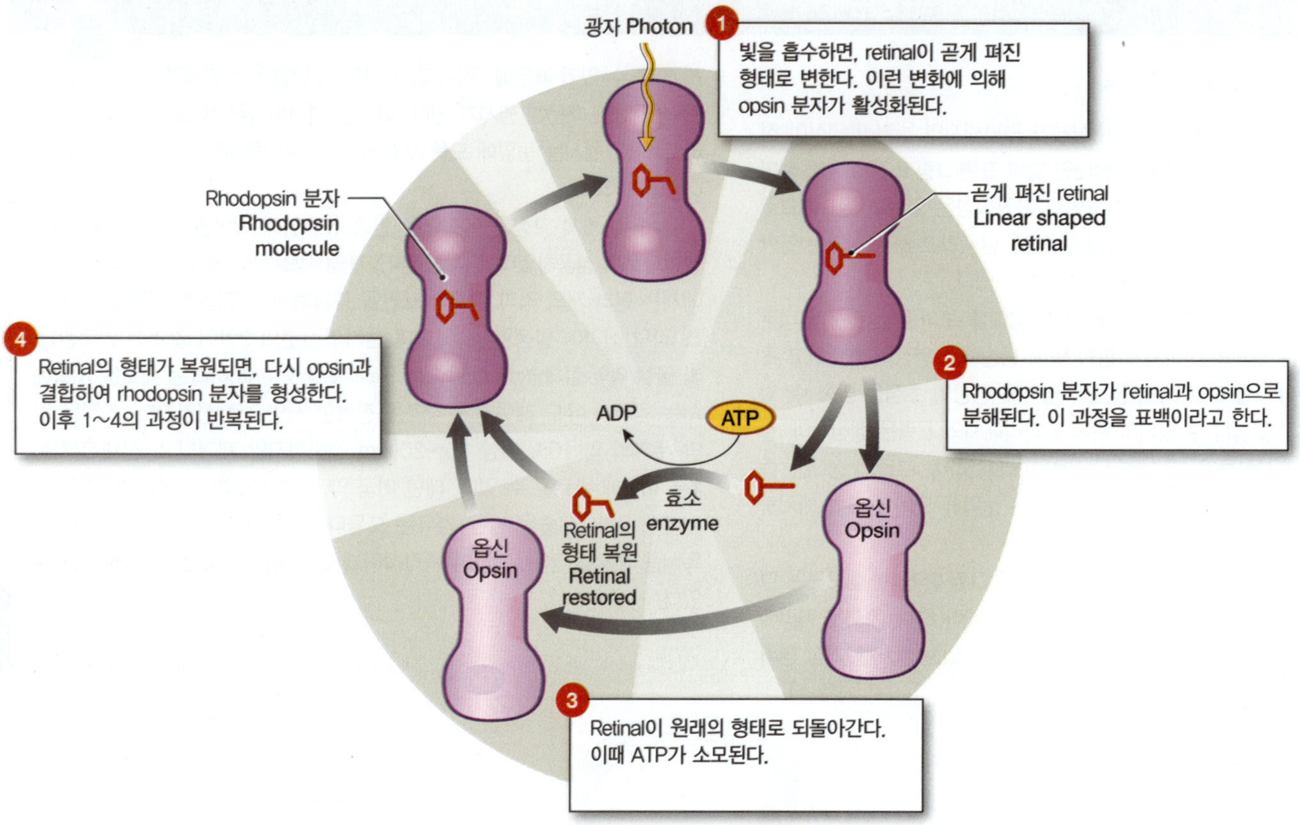

임상노트

야맹증 Night Blindness

광수용기의 시각 색소는 비타민 A에서 합성된다. 신체에는 몇 달 동안 비타민 A 저장량이 포함되어 있으며 상당한 양이 망막 색소 부분의 세포에 저장된다. 식이 공급원이 부적절하면 이러한 비축량이 점차 고갈되고 광수용기의 시각 색소의 양이 감소하기 시작한다. 일광 시력이 영향을 받는데, 낮에는 일반적으로 빛이 원뿔세포에 남아 있는 시각적 색소를 자극할 만큼 충분히 밝다. 결과적으로 어두운 빛이 막대세포를 활성화할 수 없는 밤에 문제가 먼저 드러난다. 야맹증으로 알려진 이 상태는 비타민 A를 투여하여 치료할 수 있다. 신체는 많은 채소의 카로틴 색소를 비타민 A로 전환할 수 있으며, 특히 당근은 좋은 카로틴 공급원으로, 시력에 좋다는 옛 어른들의 이야기도 이에 근거한다.

시각적 경로 The Visual Pathways

시각 경로는 광수용기에서 시작하여 대뇌 반구의 시각 겉질에서 끝난다. 조사한 다른 감각 경로에서, 최대 하나의 시냅스가 수용체와 CNS에 정보를 전달하는 감각 뉴런 사이에 놓여 있다. 시각 경로에서 메시지는 두 개의 시냅스(광수용기에서 양극 세포로, 양극 세포에서 신경절 세포로)를 교차해야 한다. 그래야만 뇌를 향해 움직인다. 모든 신경절 세포의 축삭돌기는 시신경 원반에 수렴하여 눈의 벽을 관통하고 시신경(N II)인 사이뇌를 향해 진행한다.

각 눈에서 하나씩 두 개의 시신경이 시각교차에서 만난다(**그림 9-22**). 그 시점부터 각 시신경 섬유의 약 절반이 시신경 내에서 뇌의 같은 쪽에 있는 시상 핵을 향해 진행한다. 나머지 절반은 건너편에 있는 시상핵에 도달한다. 이 시상핵은 중계소 역할을 한다. 그들은 시각 정보를 뇌간의 반사 센터와 대뇌 겉질에 전달하고, 위둔덕(*superior colliculi*)(뇌간에 있는 중뇌 핵)에 의해 수신된 시각 정보는 눈의 움직임을 제어하는 동공과 반사의 수축 또는 확장을 제어한다.

시각의 감각은 대뇌의 시각 겉질에 도달하는 정보의 통합에서 발생하며, 각 뒤통수엽의 시각 겉질에는 전체 시야에 대한 감각지도가 포함되어 있다. 일차 감각 겉질과 마찬가지로 지도는 감각 분야 내의 상대적 영역을 복제하지 않는다. 예를 들어, 중심오목에 할당된 영역은 지도가 비례적으로 정확할 경우 계산한 값의 약 35배를 차지한다.

뇌줄기의 많은 중추는 시상핵 또는 시신경의 담보로부터 시각 정보를 받는다. 예를 들어, 일부 시상하부에서 시상핵 및 시냅스를 우회한

그림 9-22 시각적 경로. 시신경 교차에서 신경 섬유의 부분적인 교차가 발생한다. 결과적으로 각 반구는 그쪽 망막의 측면 절반과 반대쪽 망막의 중간 절반에서 시각 정보를 수신하며, 대뇌의 시각적 연관 영역은 이 정보를 통합하여 전체 시야의 합성 사진을 개발한다.

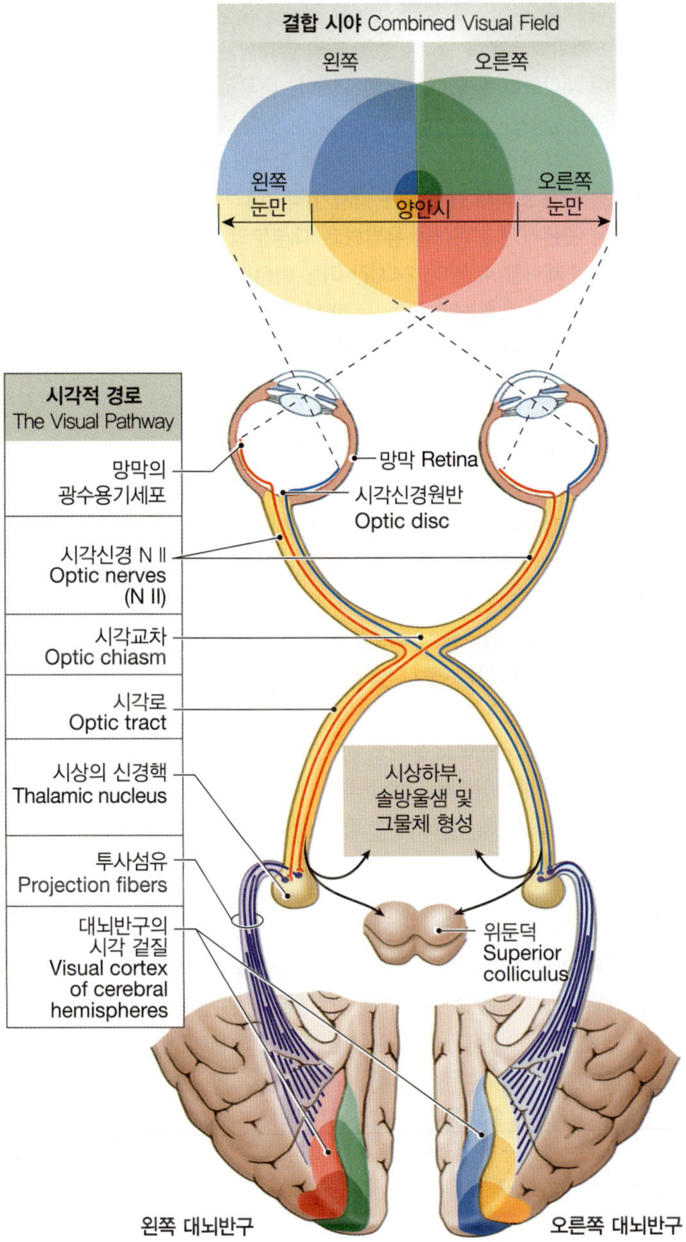

다. 솔방울샘에서 시각적 입력은 낮-밤 주기와 관련된 내장 활동의 일일 패턴을 설정한다. 이 **하루주기**(*circadian rhythm*)는 대사율, 내분비 기능, 혈압, 소화 활동, 수면-각성주기 및 기타 과정에 영향을 준다.

실명(*blindness*)이라는 용어는 눈이나 시신경 경로의 손상으로 인해 시력이 완전히 사라짐을 의미한다. 실명의 일반적인 원인으로는 당뇨병, 백내장, 녹내장, 각막 흉터, 망막 박리, 외상 및 유전적 요인이 있다.

체크포인트

14. 눈의 원뿔세포 없이 태어난 경우에도 볼 수 있는가?

15. 비타민 A가 부족한 식단이 시력에 어떤 영향을 미칠 수 있나?

책 뒷면에 있는 파란색 정답 탭을 참조.

9-7 속귀에서 평형 감각이 감지되며, 청각은 음파의 감지 및 해석을 포함한다

학습목표 바깥귀, 가운데귀, 속귀의 구조와 감각수용기, 청각과 평형감각의 감지 과정을 설명한다.

머리뼈의 관자뼈 속에 위치한 수용체 복합체인 **속귀**(내이, *internal ear*)는 우리에게 평형과 청각에 대한 특별한 감각을 제공한다. **평형**(*equilibrium*)은 중력, 선형 가속도 및 회전을 모니터링하여 공간에서 신체의 위치를 알려준다. **청각**(*hearing*)은 우리가 음파를 감지하고 해석 할 수 있게 한다.

9

이러한 감각의 기본 수용 과정은 동일하다. 수용체—**털세포**(*hair cells*)—는 기계수용기이다. 속귀의 복잡한 구조와 부속 구조의 다른 배열은 털세포가 다른 자극에 반응하고 두 감각에 대한 입력을 제공할 수 있도록 한다.

귀의 해부학 Anatomy of the Ear

귀는 바깥귀, 가운데귀 및 속귀의 세 가지 해부학적 영역으로 나뉜다(**그림 9-26**). **바깥귀**(외이, *external ear*)는 귀에서 보이는 부분으로 음파를 수집하여 관자뼈의 두꺼워진 부분에 위치한 방인 **가운데귀**(중이, *middle ear*) 쪽으로 향한다. 가운데귀의 구조는 음파를 수집 및 증폭하여 속귀의 적절한 부분으로 전달하고, **속귀**(내이, *internal ear*)에는 청각과 평형을 위한 감각 기관이 있다.

바깥귀(외이) The External Ear

바깥귀(외이, **external ear**)는 이도(*auditory canal*) 또는 **바깥귀길**(**external acoustic meatus**)이라고 불리는 통로를 둘러싸고 있는 **두꺼운**(**auricle**) 연골성 **귓바퀴**(*pinna*)를 포함한다. 귓바퀴는 근관의 개방을 보호하고 방향 감도를 제공한다. 머리 뒤에서 나오는 소리는 귀에 의해 차단되지만 측면이나 앞쪽에서 나오는 소리는 수집되어 바깥귀길로 전달된다. (손으로 귀를 움켜쥐고 희미한 소리를 더 선명하게 들으면 효과가 더욱 커진다.)

외부 음향 길을 따라 있는 **귀지샘**(**ceruminous gland**)은 귀지

임상노트

눈 응급상황 Eye Emergencies

시각은 우리의 가장 중요한 감각 중 하나이다. 눈은 시각의 주요 감각 기관이며 눈과 관련된 응급상황은 시력을 위협할 수 있다. 이 때문에 응급 안구 질환 및 응급상황에 대한 상세한 평가와 치료가 필수적이다. 안과 의사와 검안사의 두 가지 유형의 의사가 눈 질환 치료를 전문으로 한다. 안과 의사는 의과 대학을 졸업하고 안과 레지던트를 마친 의사(M.D. 또는 D.O.)이다. 그들은 안과 질환의 의학적 및 외과적 관리를 전문으로 한다. **검안사**(*ophthalmologists*)는 4년 동안 검안 학교를 수료한 검안사(O.D.)이다. 그들은 주로 굴절 검사를 수행하고 안경과 콘택트수정체를 처방하고, 수술을 하지 않으며 많은 주에서 약물을 처방하지 않는다.

결막 손상 Conjunctival Injuries

급성 안구 통증 또는 적목 현상은 안구 응급 환자의 가장 흔한 초기 증상이다. 눈의 손상은 흔하며, 가장 눈에 띄는 눈 손상 중 하나는 결막하 출혈이다. 외상은 결막 내의 연약한 혈관을 파열시킬 수 있다. 출혈은 눈의 흰자위에서 발생하기 때문에 분명하며, 외상 외에도 재채기, 기침, 구토 및 긴장은 결막하 출혈을 유발할 수 있다. 고혈압은 또한 결막 출혈을 유발할 수 있다. 대부분의 경우 특정 원인을 식별할 수 없다. 결막하 출혈은 통증이 없고 시력에 영향을 주지 않으며 일반적으로 치료가 필요하지 않으며 1~2주 이내에 완전히 해결된다. 또한 흔한 결막 찰과상은 2~3일 이내에 완전히 치유된다(**그림 9-23**).

각막 손상 Corneal Injuries

외상은 각막의 찰과상을 일으킬 수 있다. 외상 외에도 콘택트수정체 착용으로 인해 각막 찰과상이 발생할 수 있다. 통증, 발적, 찢어짐 및 빛 과민성은 일반적으로 각막 찰과상을 동반한다. 환자의 불편함으로 인해 각막 찰과상을 평가하는 것은 어려우며, 종종 이러한 환자들은 이물질이 눈에 박혀 있는 것처럼 느끼고 감지된 이물질을 제거하려고 시도하여 찰과상을 악화시키는 경우가 많다. 일반적으로 한두 방울의 국소 안과 마취제를 사용하면 신속한 통증 완화를 통해 적절한 검사를 수행할 수 있다. 확대하면 일반적으로 각막의 결함을 볼 수 있고, 각막 찰과상은 눈을 플루오레세인으로 염색하여 시각화할 수 있다. 손상된 각막은 플루오레세인을 흡수하고 자외선 아래에서 검사하면 손상을 분명히 알 수 있다. 각막 찰과상은 보통 며칠 안에 치유되며, 치료에는 진통제와 항생제 점적제 또는 연고가 포함된다.

먼지 또는 금속 조각과 같은 작은 입자가 각막에 박힐 수 있다. 이러한 각막 이물질은 근본적인 찰과상을 유발하고, 대부분의 이물질은 표면에 있으며 응급실에서 제거할 수 있다. 24시간 이상 박혀 있는 금속성 이물질 주위에 녹 고리가 생길 수 있는데, 녹을 제거하지 않으면 영구적으로 각막에 상처를 입힐 수 있다. 각막의 이물질을 제거한 후 다른 이물질이 없는지 확인하기 위해 눈꺼풀을 뒤집는 것이 중요하다.

그림 9-23 결막 찰과상. 결막 이물질과 찰과상이 큰 결막하 출혈을 일으킨다.

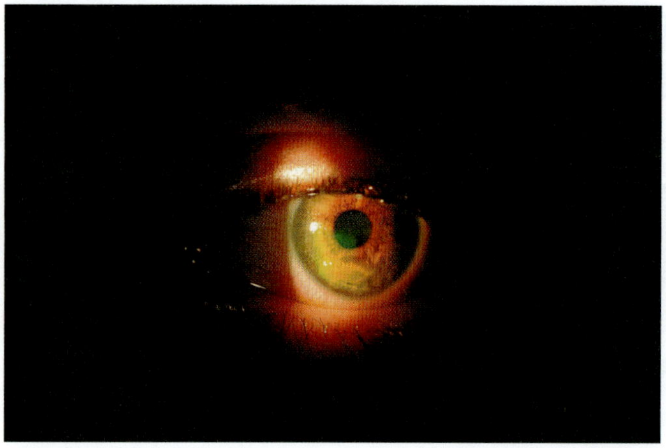

눈의 둔상 Blunt Eye Trauma

눈에 둔상은 눈꺼풀과 눈확 주위 조직의 부종을 유발할 수 있다. 눈에 직접 타격을 입히면 전방으로 출혈하는 **전방출혈**(*hyphema*)이 발생할 수 있다. 전방출혈은 영구적인 실명을 초래할 수 있는 심각한 손상이며 항상 안과 의사의 평가를 받아야 한다. 전방출혈은 눈의 압력을 증가시키고 영구적인 손상을 일으킬 수 있으며, 안압을 낮추려면 환자의 머리를 들어야 한다. 자연적인 재출혈은 전방출혈에서 드물지 않다.

눈의 둔상은 때때로 눈확 벽이나 벽의 골절인 파열 골절을 초래할 수 있다. 가장 빈번하게 상악동에서 눈확의 하벽이 골절된다. 경우에 따라 아래곧은근이 골절에 갇혀 눈이 위쪽으로 움직이는 것을 방해할 수 있다. 환자는 상향 시선에서 복시를 볼 수 있으며, 파열 골절은 외과적 치료가 필요하다(**그림 9-24**).

눈의 관통상 Penetrating Eye Injury

안구를 관통하거나 파열시키는 모든 손상은 매우 심각하다. 일반적인 원인에는 BB 펠릿, 잔디 깎는 기계 발사체, 망치질로 인한 입자, 그라인드 손상, 칼 상처 및 총상이 포함된다. 모든 관통 손상은 눈에 들어갈 가능성이 있다. 안구의 파열이 의심되는 경우 보호막을 즉시 영향을 받은 눈 위에 놓고 환자는 손상을 악화시키지 않도록 침착하게 유지해야 한다(**그림 9-25**).

화학적 손상 Chemical Injuries

눈의 화학적 손상은 흔하다. 화학적 손상의 심각성은 관련된 화학물질과 직접적으로 관련이 있으며, 화학적 손상 후 즉시 문제가 되는 물질을 제거하기 위해 10분 동안 많은 양의 물로 눈을 세척해야 한다(화학물질이 알칼리인 경우 눈물의 pH가 정상으로 돌아올 때까지 더 오래 세척한다). 그 후, 가능한 플루오레세인 염색을 포함하여 감염된 눈에 대한 상세한 검사를 수행하여 조직 손상의 심각성을 확인해야 한다.

자외선 각막염 Ultraviolet Keratitis

자외선 각막염(*ultraviolet keratitis*)은 용접, 태닝 조명 또는 밝은 눈에 노출된 후 6~12시간 후에 발생하는 심한 통증, 찢어짐, 빛 민감성 및 이물감이 있다. 종종 환자는 심한 눈의 통증과 눈물로 깨며, 이 손상은 극도로 고통스러

그림 9-24 **오른쪽 눈의 외상.** 상부 눈꺼풀 열상과 같은 심각한 외상은 파열 골절과 같은 다른 손상에 대한 자세한 검사가 필요하다.

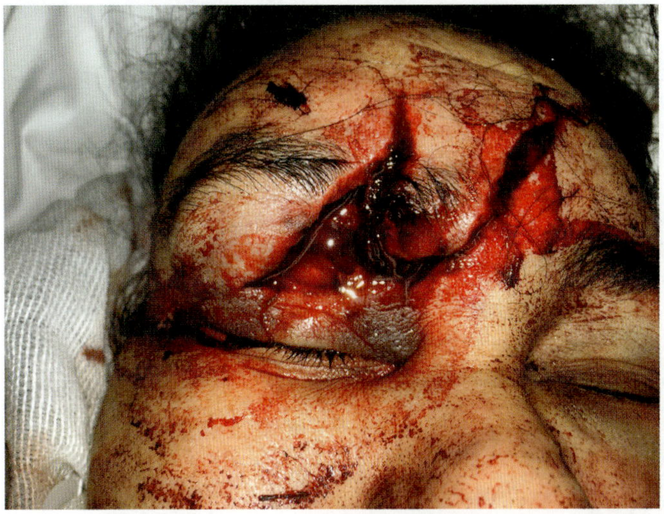

그림 9-25 **오른쪽 눈의 적출을 초래하는 안면 둔상.** 안구를 조심스럽게 보호하고 환자를 안과 수술이 가능한 시설로 이송해야 한다.

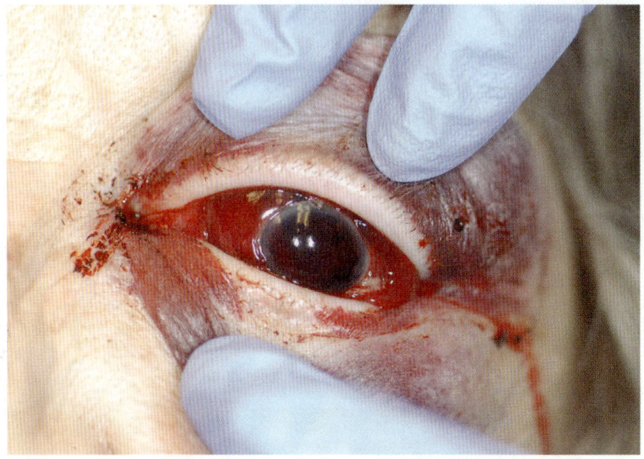

울 수 있지만 국소 마취제에 쉽게 반응한다. 일반적으로 24~48시간 내에 해결된다.

급성 녹내장 Acute Glaucoma

방수가 슐렘관에 들어가지 않으면 녹내장이 발생한다. 배액이 되지 않는다면, 방수 생성은 계속되고 안압이 상승하기 시작하며, 이것이 진행됨에 따라 눈 안의 연조직이 뒤틀린다. **급성 폐쇄 녹내장**(*acute angle-closure glaucoma*)은 심각한 의학적 응급상황이다. 환자는 종종 흐린 시력, 눈의 통증, 두통, 빈번한 메스꺼움 및 구토를 호소할 것이다. 일반적으로 녹내장의 병력이 없으며, 급성 폐쇄 녹내장은 입원과 안압을 감소시키는 약물 치료가 필요하다.

9

(*cerumen*)라고 하는 밀랍 물질을 분비한다. 이물질 및 곤충의 침입을 방지하며, 길에는 작고 바깥쪽으로 튀어나온 모가 많이 늘어서 있다. 파편을 가두어 뿌리 털 신경총을 통해 촉각을 제공한다. 귀지는 또한 미생물의 성장을 늦추고 감염 가능성을 줄인다.

외부 음향 소도는 **고막(tympanic membrane)**에서 끝난다. 이 얇은 반투명 시트는 바깥귀와 가운데귀를 분리한다(그림 9-26).

가운데귀(중이) The Middle Ear

가운데귀(middle ear)는 공기로 채워진 고막 안쪽의 공간으로, **고실**(*tympanic cavity*)이라고 불린다. 가운데귀는 **코인두**(*nasopharynx*)로 알려진 영역인 인두의 상부 부분 및 관자뼈의 꼭지돌기의 **벌집**(*air cell*)과 통한다.

코인두와의 연결은 **귀인두관(auditory tube)**이며, **인두관**(*pharyngotympanic tube*) 또는 **유스타키오관**(*Eustachian tube*)이라고도 한다(그림 9-27). 청각 튜브는 고막 양쪽의 압력을 균등하게 한다. 불행히도, 미생물이 코인두에서 가운데귀로 이동하여 **중이염**(*otitis media*)으로 알려진 불쾌한 가운데귀 감염을 유발할 수도 있다.

귀속뼈(이소골)(THE AUDITORY OSSICLES). 가운데귀에는 세 개의 작은 귀 뼈가 있으며 총칭하여 **귀속뼈**(이소골, **auditory ossicle**)라고 한다. 이 귀 뼈는 고막을 속귀의 수용체 복합체와 연결한다(그림 9-27). 세 개의 청각 뼈는 망치, 모루, 등자뼈이다. **망치뼈(malleus**, hammer)는 고막 내부 표면의 세 지점에서 부착되고, 중간 뼈인 **모루뼈(incus**, anvil)는 망치를 안쪽 뼈인 **등자뼈(stapes**, stirrup)에 연결한다. 등자뼈의 바닥은 안뜰창(난원창)을 거의 완전히 채운다. **안뜰창**(*oval window*)은 속귀를 둘러싸고 있는 관자뼈의 막으로 덮인 작은 구멍이다.

고막의 진동은 도달하는 소리 에너지를 청각 귀속뼈의 기계적 움직임으로 변환한다. 귀속뼈는 고막에 적용된 힘을 모으고 타원형 창에 초점을 맞추는 레버 역할을 한다. 고막은 안뜰창의 섬세한 막보다 크고 무겁기 때문에 움직임의 양이 현저하게 증가한다.

이러한 움직임의 증폭은 매우 희미한 소리를 들을 수 있게 한다. 그러나 매우 큰 소음에 노출될 때도 문제가 될 수 있다. 가운데귀에서는 두 개의 작은 근육이 시끄러운 조건에서 격렬한 움직임으로부터 고막과 귀속뼈를 보호한다. **고막긴장 근육**(*tensor tympani muscle*)은 망치를 당기는데, 이 작용은 고막의 강성을 증가시키고 가능한 움직임의 양을 줄인다. **등자뼈 근육**(*stapedius muscle*)은 등자뼈를 당겨 안뜰창에

그림 9-26 귀의 해부학. 귀의 세 영역(외부, 중간 및 내부)을 구분하는 경계는 점선으로 표시하였다.

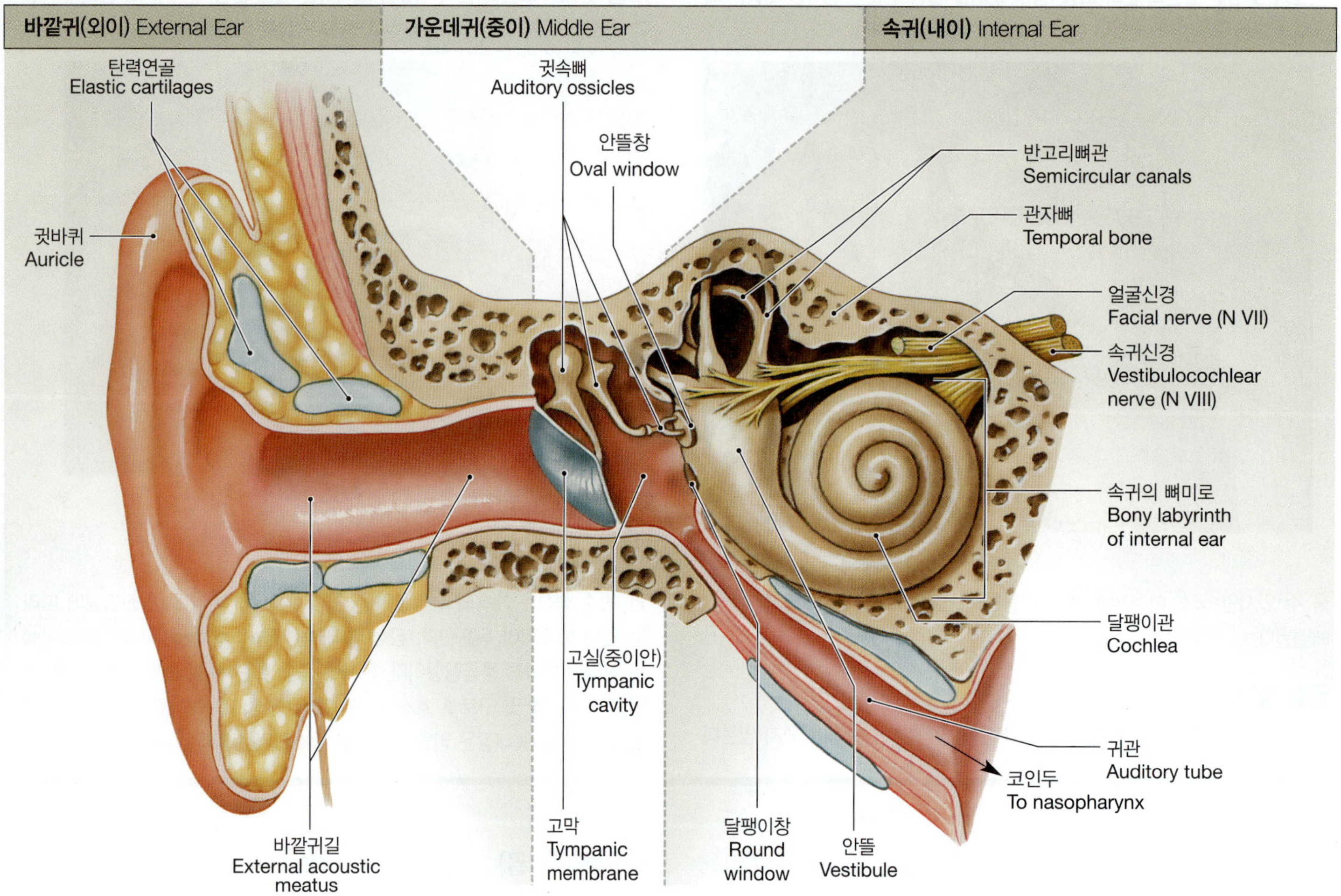

서 움직임을 줄인다.

속귀(내이) The Internal Ear

속귀(internal ear) 내의 수용체(그림 9-26 및 9-28)는 평형과 청각을 제공한다. 이 수용체는 외벽이 주변 관자뼈와 융합되는 **뼈미로(bony labyrinth)**에 의해 보호된다. 뼈미로는 뼈미로의 윤곽을 따르는 튜브 및 방 모음인 **막미로(membranous labyrinth)**(미로증, *labyrinthos*, 그물관)를 둘러싸고 보호한다. 이 튜브와 방은 **내림프(endolymph)**라고 하는 액체로 채워져 있으며, 수용체는 막미로 안에 있다. 뼈와 막미로 사이에는 또 다른 유체인 **외림프(perilymph)**가 흐른다(그림 9-28a).

뼈미로는 세 가지 주요 부분으로 구성된다(그림 9-28b):

1. **안뜰(*Vestibule*)**. **안뜰(vestibule)**에는 한 쌍의 막성 주머니, **주머니(saccule)** 및 **타원주머니(utricle)**가 포함된다. 이 주머니의 수용체는 중력과 선형 가속의 감각을 제공한다.
2. **반고리뼈관(*Semicircular canal*)**. **반고리뼈관(semicircular canals)**은 가느다란 **반고리관(semicircular ducts)**을 둘러싸고 있다. 반고리관의 수용체는 머리의 회전에 의해 자극을 받으며, 안뜰과 반고리뼈관의 조합은 안뜰 내의 유체로 채워진 방이 반고리뼈관과 연속적이기 때문에 **안뜰 복합체(vestibular complex)**라고 한다.
3. **달팽이관(*Cochlea*)**. 뼈가 있는 나선형 모양의 **달팽이관(cochlea**; *cochlea*, snail shell)은 막미로의 **달팽이관(cochlear duct)**을 포함한다. 달팽이관의 수용체는 청각을 제공하며 관은 외림프가 채워진 한 쌍의 방 사이에 끼워져 있다. 달팽이 껍질처럼 복잡한 전체가 뼈 중심으로 나선을 이룬다.

뼈미로의 벽은 달팽이관 바닥 근처의 두 개의 작은 영역을 제외하고 모든 곳에서 치밀한 뼈이다. **달팽이창(round window)**은 달팽이관 뼈의 구멍이다. 얇은 막이 구멍을 가로질러 공기가 채워진 가운데귀에서 달팽이관의 외림프를 분리한다. **안뜰창(oval window)**을 가로지르는 막은 등자뼈 바닥에 단단히 부착되어 있다. 소리가 고막을 진동시킬

그림 9-27 가운데귀(중이).

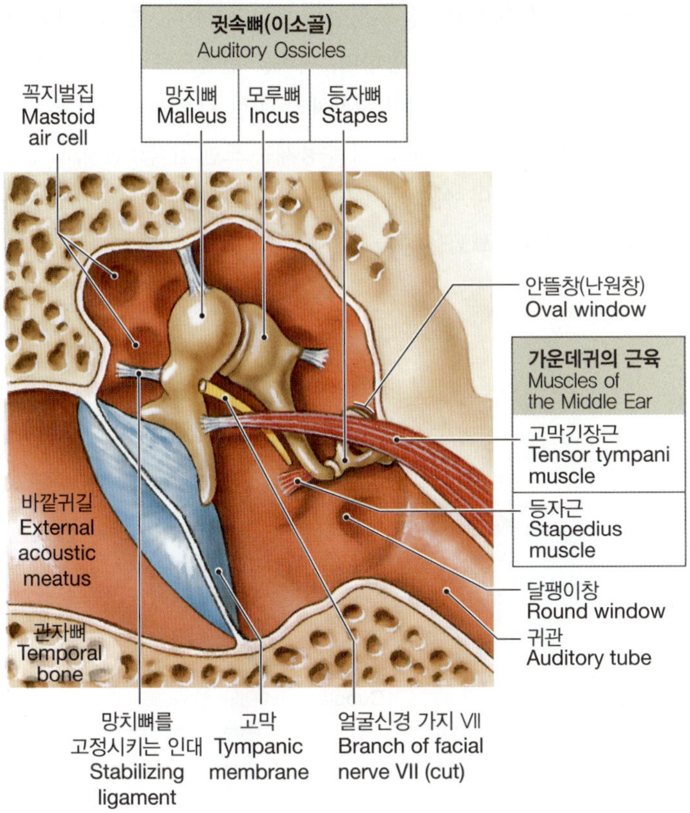

때, 움직임은 등자뼈와 안뜰창에 대한 망치뼈와 모루뼈를 통해 수행된다. 등자뼈의 움직임은 궁극적으로 달팽이관의 수용체를 자극하는 사건으로 이어지고 소리를 듣는다.

내부 귀의 수신 기능(RECEPTOR FUNCTION IN THE INTERNAL EAR). 속귀의 수용체를 **털세포(hair cells)**라고 한다. 대표적인 털세포가 **그림 9-29c**에 나와 있다. 위치에 관계없이 털세포는 항상 버팀세포로 둘러싸여 있으며 감각 뉴런의 수상돌기에 의해 모니터링한다. 각 털세포는 소량의 신경전달물질을 지속적으로 방출하여 감각 뉴런과 통신하며, 털세포의 자유 표면은 **고정섬모**(*stereocilia*)라고 하는 80~100개의 긴 미세 융모를 지원한다. 털세포는 이러한 고정 섬모를 적극적으로 움직이지 않는다. 대신, 어떤 외부 힘으로 인해 고정 섬모가 구부러질 때, 그들의 움직임은 세포 표면을 뒤틀리게 하고 신경전달물질 방출 속도를 변경한다. 한 방향으로 고정 섬모의 변위는 털세포를 자극하고 신경전달물질 방출을 증가시킨다. 반대 방향의 변위는 털세포를 억제하고 신경전달물질 방출을 감소시킨다.

평형 Equilibrium

평형에는 두 가지가 있다.

그림 9-28 속귀(내이).

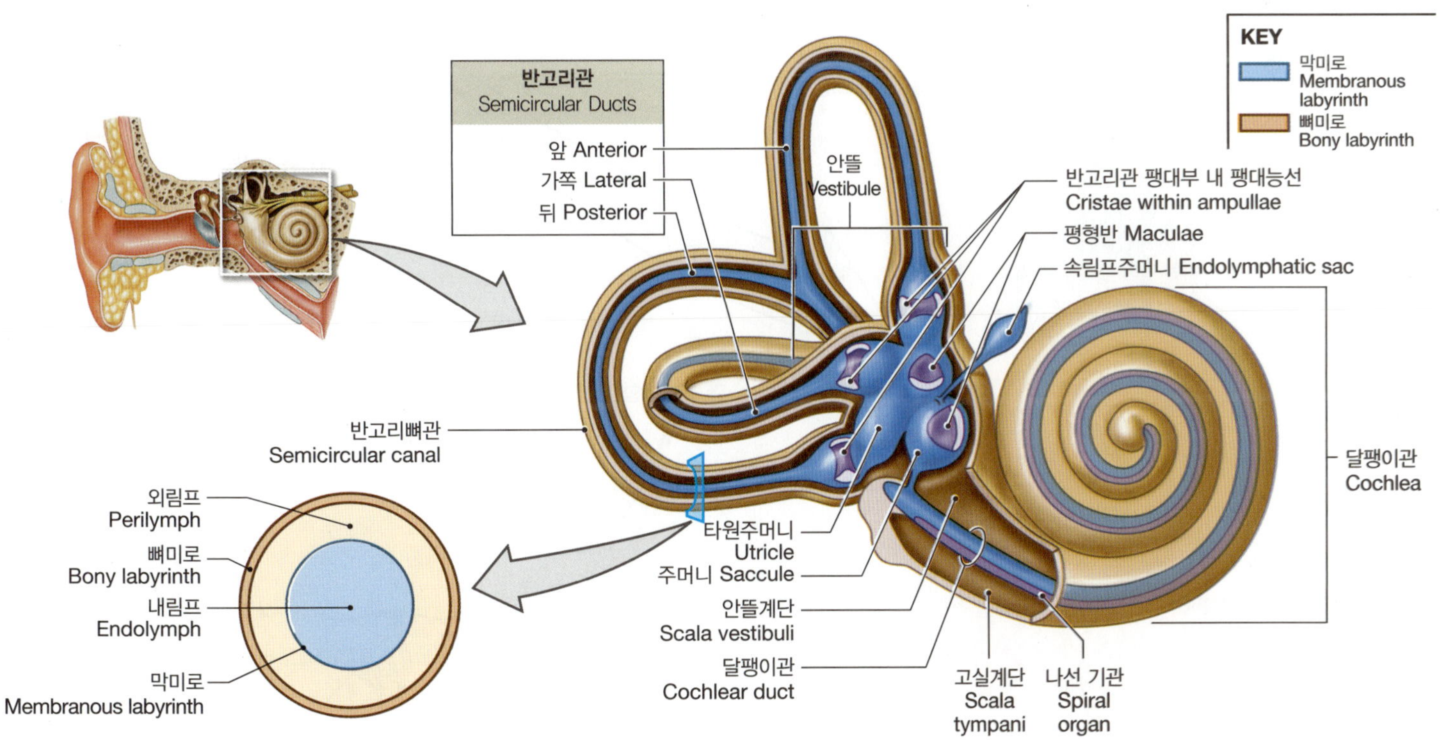

a 반고리뼈관 중 하나를 통과하는 단면으로 뼈와 막미로의 관계, 외림프와 내림프의 위치를 보여줌.

b 뼈와 막미로. 감각수용기(팽대능선, 평형반, 나선기관)를 포함하는 막미로의 영역은 자주색으로 표시됨.

9

1. 머리와 몸이 갑자기 움직일 때 균형을 유지하는 데 도움이 되는 **동적 평형(dynamic equilibrium)**, 그리고
2. **정적 평형(static equilibrium)**, 신체가 움직이지 않을 때 자세와 안정성을 유지한다.

안뜰 복합체의 털세포는 모든 평형 감각을 제공한다. 반고리뼈관은 동적 평형을 모니터링한다. 그들은 머리의 회전 운동에 대한 정보를 제공하는데, 예를 들어 머리를 왼쪽으로 돌리면 반고리뼈관의 수용체가 움직임이 얼마나 빠르고 어느 방향으로 진행되는지 알려준다.

주머니와 타원주머니는 정적 평형을 모니터링한다. 중력에 대한 머리의 위치에 대한 정보를 제공하며, 머리를 한쪽으로 기울인 상태로 서 있는 경우 주머니와 주머니 수용체가 관련 각도와 머리가 앞뒤로 기울어졌는지 여부를 보고한다. 이 수용체는 또한 갑작스런 속도 변화에 의해 자극을 받는다. 예를 들어, 자동차가 가속할 때 이러한 수용체는 속도가 빨라지는 느낌을 준다.

그림 9-29 반고리뼈관.

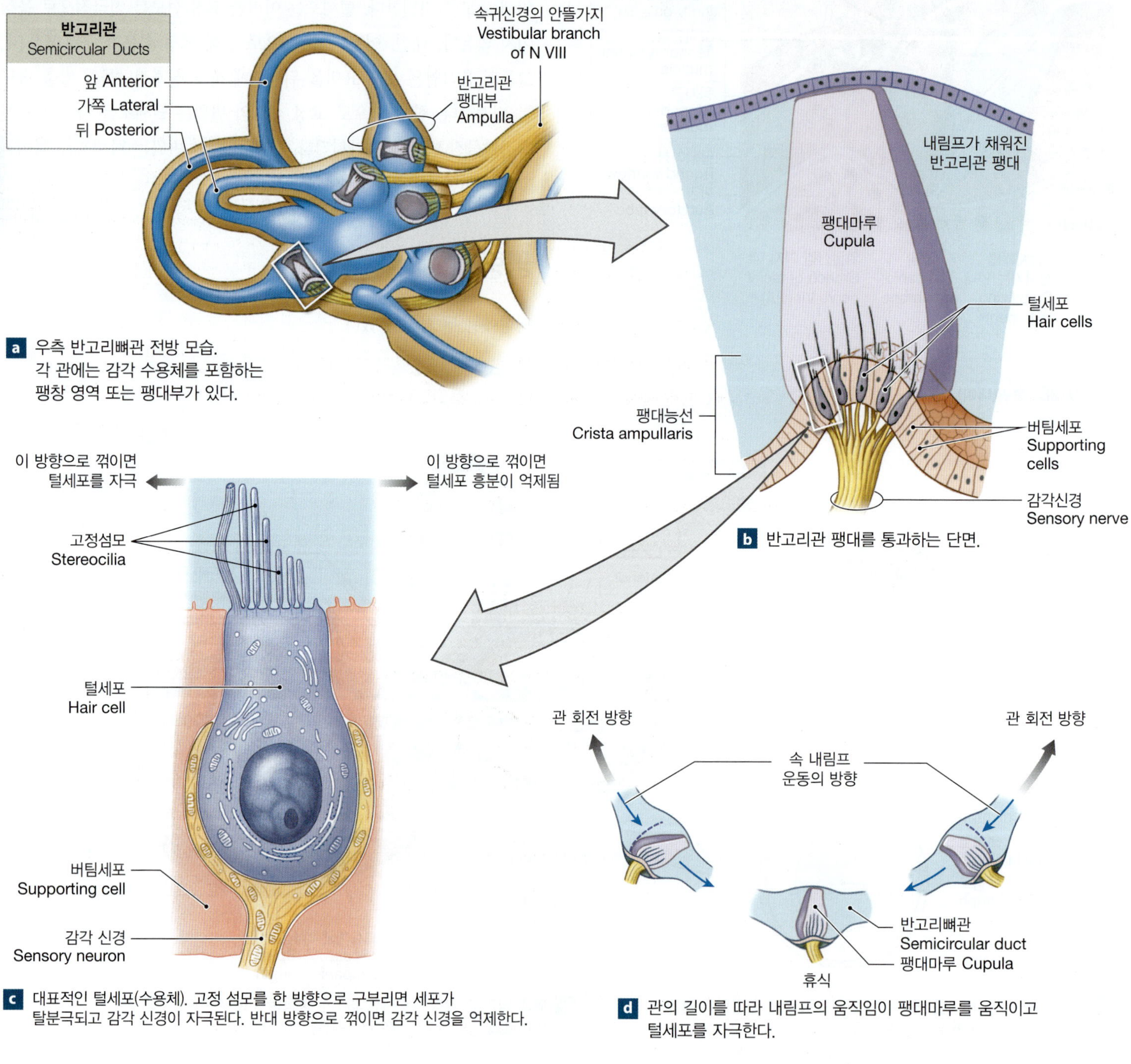

a 우측 반고리뼈관 전방 모습. 각 관에는 감각 수용체를 포함하는 팽창 영역 또는 팽대부가 있다.

b 반고리관 팽대를 통과하는 단면.

c 대표적인 털세포(수용체). 고정 섬모를 한 방향으로 구부리면 세포가 탈분극되고 감각 신경이 자극된다. 반대 방향으로 꺾이면 감각 신경을 억제한다.

d 관의 길이를 따라 내림프의 움직임이 팽대마루를 움직이고 털세포를 자극한다.

반고리뼈관: 회전 운동 The Semicircular Ducts: Rotational Motion

반고리뼈관의 감각 수용체는 머리의 회전 운동에 반응한다. 이 털세포는 움직임 중에 활동하지만 몸이 움직이지 않을 때는 조용하다. **앞, 뒤, 옆 반고리뼈관(anterior, posterior, and lateral semicircular duct)**은 타원주머니와 연속적이다(그림 9-29a). 각 반고리뼈관에는 감각 수용체를 포함하는 영역인 반고리관 **팽대부(ampulla)**가 있다(그림 9-29a). 팽대부의 벽에 부착된 털세포는 반고리관 **팽대능선(crista ampullaris)** 또는 **융기**(*crista*)된 구조를 형성한다(그림 9-29b). 털세포의 고정 섬모는 팽대부를 거의 채우는 **팽대마루(cupula)**라고 하는 젤라틴 구조에 박혀 있다. 머리가 반고리뼈관의 평면에서 회전하면 내림프의 움직임이 구조를 밀고 털세포를 자극한다(그림 9-29d).

각 반고리뼈관은 가능한 세 가지 회전 운동 중 하나에 반응한다. 꼭대기를 회전하면 수용체를 자극하기 위해 내림프는 관의 축을 따라 흐른다. 이러한 흐름은 해당 평면에 회전이 있을 때만 발생한다. 머리를 "아니오"로 흔드는 것처럼 수평 회전은 측면 반고리뼈관의 털세포를 자극하고, "예"라고 끄덕이면 전방관의 수용체가 흥분되고 머리를 좌우로 기울이면 후방관의 수용체가 활성화된다. 반고리뼈관을 모니터링하는 3개의 평면은 주변의 3차원에 해당한다. 관은 가장 복잡한 움직임에 대한 정확한 정보를 제공한다.

안뜰: 중력과 선형 가속

The Vestibule: Gravity and Linear Acceleration

타원주머니 및 주머니의 수용체는 중력 및 선형 가속에 반응한다. 중력에 반응하여 상하에 관한 정보를 제공한다. 타원주머니 수용기는 수평 가속에 민감하며, 주머니 수용체는 수직 가속에 민감하다. 타원주머니 및 주머니의 털세포는 타원형 **평형반(macula)**에 모여 있다(그림 9-30a). 평형반의 털세포 과정은 표면에 치밀하게 채워진 탄산칼슘 결정의 얇은 층을 포함하는 젤라틴 이석막에 묻혀 있다. 이러한 탄산칼슘 결정을 **평형모래(이석, otoliths)**이라고 한다(그림 9-30b). 머리가 정상적인 직립 위치에 있을 때 타원주머니의 황반은 수평으로, 주머니에서는 수직으로 향한다. 머리가 기울어지면 평형모래의 중력이 무게를 옆으로 이동시켜 고정 섬모를 꺾이게 한다. 수용체 활동의 변화는 머리가 더 이상 수평이 아님을 CNS에 알려준다(그림 9-30c).

평형모래는 비교적 밀도가 높고 무겁고 평형반 털세포의 감각 과정

9

그림 9-30 타원형 주머니와 주머니.

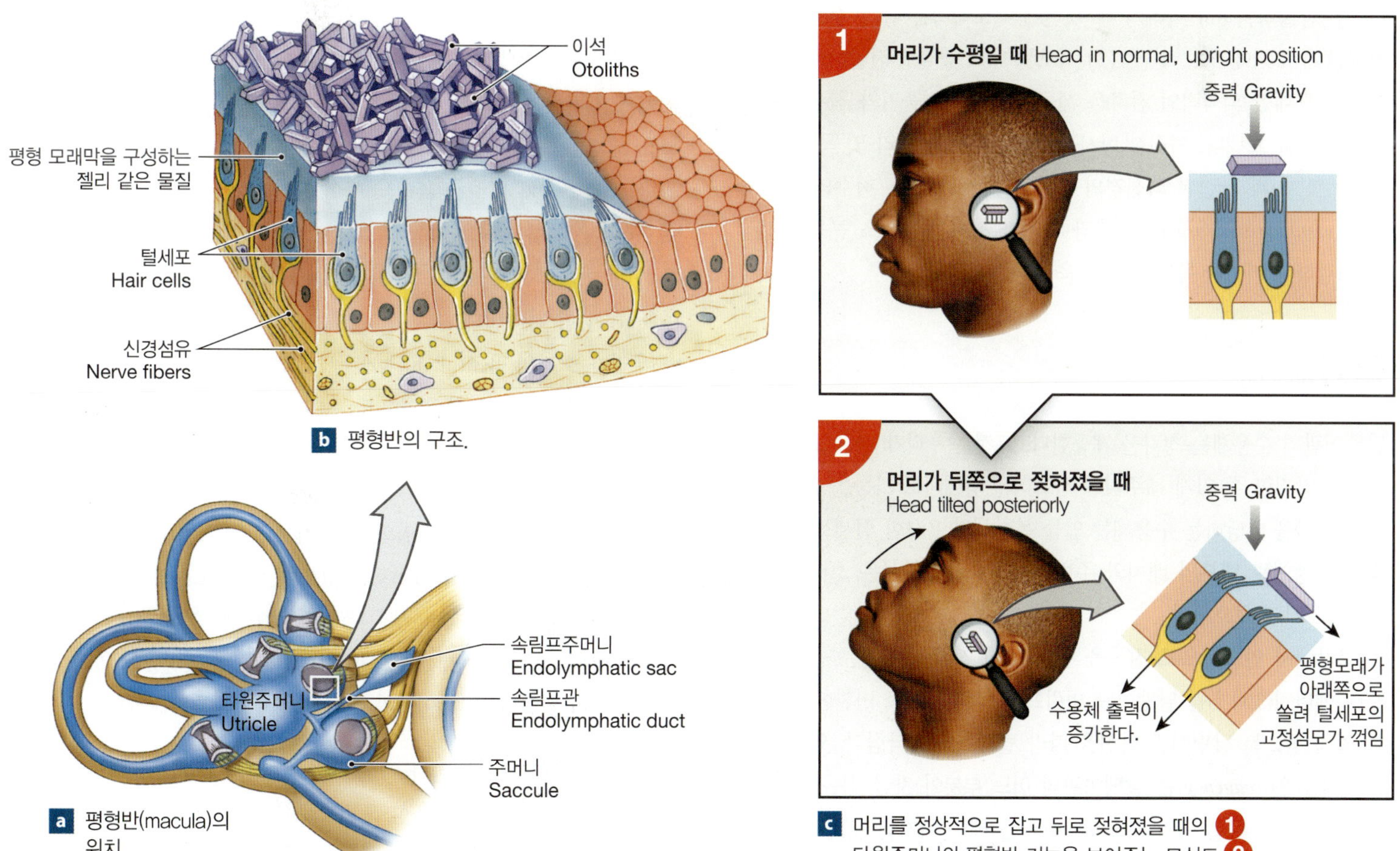

b 평형반의 구조.

a 평형반(macula)의 위치.

c 머리를 정상적으로 잡고 뒤로 젖혀졌을 때의 ❶ 타원주머니의 평형반 기능을 보여주는 모식도 ❷

에 의해서만 신체의 나머지 부분과 연결된다. 따라서 나머지 신체가 갑작스럽게 움직일 때마다 이석 결정은 늦어진다. 예를 들어, 엘리베이터가 아래쪽으로 시작하는 즉시 알 수 있다. 주머니 안의 이석이 위쪽으로 이동하여 수용체 세포의 고정 섬모를 구부리기 때문이다. 엘리베이터가 일정한 속도에 도달하면 엘리베이터가 브레이크를 멈출 때까지 더 이상 움직임을 인식하지 못한다. 몸이 느려지면 주머니의 이석이 감각모를 아래쪽으로 구부리고 중력이 증가하는 것을 느끼게 된다.

비슷한 과정이 갑자기 가속되는 자동차의 선형 가속에 대한 우리의 인식을 설명한다. 주머니 이석은 뒤처져 감각모를 구부리고 감각 뉴런의 활동을 변화시킨다. 턱을 들어 올리고 중력이 이석을 뒤로 당길 때 비슷한 이석의 움직임이 일어난다. 시각 정보를 기반으로 뇌는 도달하는 감각이 가속 또는 머리 위치의 변화를 나타내는지 여부를 결정한다.

9

평형 감각 경로 Pathways for Equilibrium Sensations

감각 뉴런은 안뜰과 반고리뼈관의 털세포를 모니터링한다(**그림 9-29c**). 이 뉴런 섬유는 속귀신경(vestibulocochlear cranial nerve, VIII)의 **안뜰가지(vestibular branch)**를 형성한다. 이 섬유는 다리뇌와 숨뇌 사이의 경계에 위치한 **안뜰핵**(*vestibular nuclei*)의 뉴런에서 시냅스를 형성한다. 두 안뜰핵은 (1) 머리의 각 측면에서 도착하는 감각 정보를 통합한다. (2) 소뇌에 정보 전달; (3) 정보를 대뇌 겉질로 전달하여 위치와 움직임에 대한 의식적인 감각을 제공한다. (4) 뇌줄기와 척수의 운동핵에 명령을 보낸다. 이러한 반사 운동 명령은 눈, 머리 및 목 운동(III, IV, VI 및 XI)과 관련된 뇌신경의 운동 핵에 배포된다. 척수의 **안뜰 척수로**(*vestibulospinal tracts*)를 따라 내려가는 지시는 말초 근육의 긴장을 조절하여 머리나 목의 반사적 움직임을 보완한다.

듣기 Hearing

달팽이관의 수용체는 청각을 제공한다. 그것은 우리가 가장 조용한 속삭임을 감지할 수 있게 해주지만 시끄러운 방에서도 기능을 유지한다. 청각 감각을 담당하는 수용체는 안뜰 복합체와 유사한 털세포이다. 그러나 달팽이관 내부의 배치와 주변 부속 구조의 구성은 소리 이외의 자극으로부터 보호한다.

고막에서 안뜰창으로 진동을 전달할 때 청각 귀속뼈는 공기 중의 소리 에너지(압력파)를 달팽이관 외림프의 압력 펄스로 변환한다. 이러한 압력 펄스는 달팽이관 나선을 따라 털세포를 자극한다. 인지된 소리의 **주파수**(*frequency*)는 달팽이관의 어느 부분이 자극되는지에 따라 결정되고 지각된 소리의 **강도**(*intensity*)는 해당 위치에서 얼마나 많은 털세포가 자극되는지에 따라 결정된다.

달팽이관 The Cochlear Duct

단면도에서 달팽이관 또는 계단 매체는 외림프로 채워진 한 쌍의 방 또는 **중간계단(scala media)** 사이에 있다: **안뜰계단(scala vestibuli)** 또는 안뜰관과 **고실계단(scala tympani)** 또는 **고막관**(*tympanic duct*)(**그림 9-31a**). 뼈미로는 안뜰창(계단 전정의 바닥부)과 달팽이창(계단 고막의 바닥부)을 제외한 모든 곳에서 이러한 관의 외부 표면을 감싸고 있다. 이 두 개의 계단 또는 관은 달팽이관 나선의 끝에서 서로 연결되어 있기 때문에 실제로 하나의 길고 연속적인 외림프가 채워진 방을 형성한다.

나선 기관(THE SPIRAL ORGAN). 달팽이관의 털세포는 **나선 기관(spiral organ)**(*organ of Corti*, 코르티 기관)에 있다(**그림 9-31b**). 이 감각 구조는 **바닥막(basilar membrane)**에 위치하며, 이는 달팽이관을 기본 고실계단에서 분리하는 막이다. 털세포는 일련의 세로 줄로 배열되어 있으며, 고정 섬모가 위에 있는 **덮개막(tectorial membrane)**과 접촉한다. 이 막은 달팽이관의 내벽에 단단히 부착되어 있고, 바닥막의 일부가(외림프의 압력파에 반응하여) 위아래로 튀어 오르면 털세포의 고정 섬모가 막에 밀려서 꺾이게 된다.

청각 과정 The Hearing Process

청각은 소리의 인식이지만, 소리는 무엇인가? 그것은 공기 또는 물과 같은 매체를 통해 전달되는 압력 파동으로 구성된다. 공기에서 각 압력파는 공기 분자가 함께 붐비는 영역과 더 멀리 떨어져 있는 인접 영역으로 구성된다. 물리학자들은 파동보다는 **주기(cycle)**라는 용어를 사용하며 초당주기(cps) 또는 **헤르츠(hertz, Hz)**는 소리의 **주파수(frequency)**를 나타낸다.

우리가 소리의 **음조(pitch**; 높거나 낮은 정도)로 인식하는 것은 그 주파수에 대한 우리의 감각 반응이다. 고주파(고음)의 소리는 15,000 Hz 이상의 주파수를 가질 수 있고, 저주파(저음)의 사운드는 100 Hz 이하의 주파수를 가질 수 있다.

사운드의 에너지 또는 파워의 양은 강도 또는 볼륨(라우드니스)을 결정한다. 강도는 **데시벨(decibel)**로 보고되며, 다른 소리와 그 강도의 예로는 부드러운 속삭임(30데시벨), 냉장고(50데시벨), 가스 잔디 깎는 기계(90데시벨), 체인톱(100데시벨), 제트 비행기(140데시벨) 등이 있다.

청력은 **그림 9-32**와 같이 6가지 기본 단계로 나눌 수 있다.

1 **음파가 고막에 도달한다(*Sound waves arrive at the tympanic membrane*)**. 그들은 외부 음향 도관으로 들어가 고막을 향해 이동한

그림 9-31 달팽이관과 나선 기관.

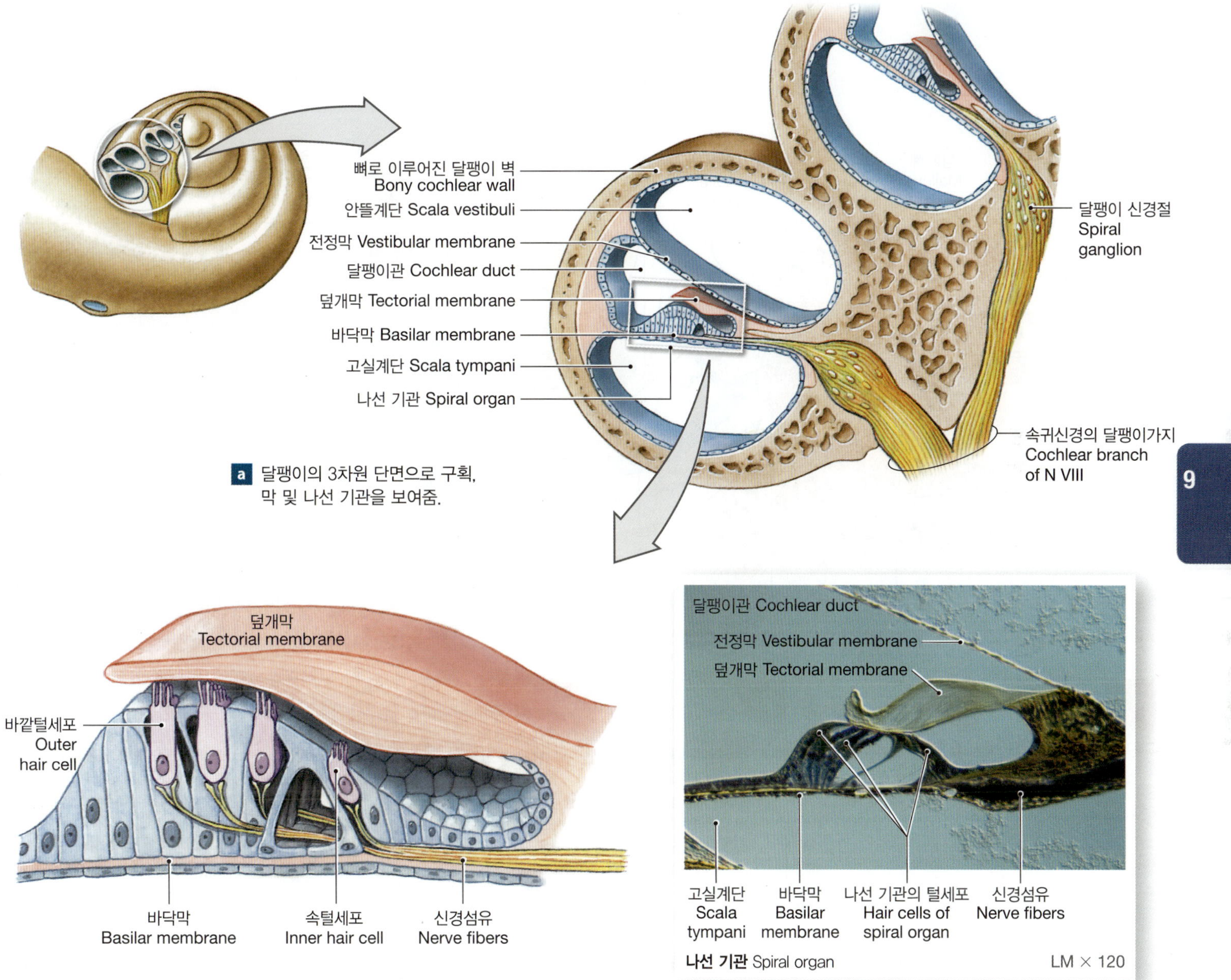

a 달팽이의 3차원 단면으로 구획, 막 및 나선 기관을 보여줌.

b 나선 기관의 수용체 털세포 복합체의 도식 및 단면도.

다. 머리의 측면에 접근하는 음파는 그 측면의 고막에 직접 접근하고, 다른 방향에서 전달되는 소리는 모서리를 따라 구부러지거나 귀 또는 기타 신체조직을 통과해야 한다.

2 **고막의 진동은 귓속뼈를 움직이게 한다**(***Movement of the tympanic membrane causes displace- ment of the auditory ossicles***). 고막은 소리 수집을 위한 표면을 제공하고, 약 20~20,000 Hz의 주파수를 가진 음파로 진동한다. 고막이 진동하면 망치뼈, 모루뼈, 등자뼈도 진동한다.

3 **안뜰창에 닿아 있는 등자뼈의 움직임에 의해 안뜰계단 속의 바깥림프에 진동이 일어난다**(***The movement of the stapes at the oval win- dow estab- lishes pressure waves in the perilymph of the scala vestibuli***). 등자뼈가 움직일 때 안뜰계단의 외림프에 압력을 가한다. 달팽이관의 나머지 부분이 뼈로 덮여 있기 때문에 안뜰창에 가해지는 압력은 달팽이창에서만 완화될 수 있다. 등자뼈가 안쪽으로 움직이면 달팽이창을 가로지르는 막이 바깥쪽으로 부풀어 오른다. 등자뼈가 안팎으로 움직이면서 고막에서 소리의 주파수로 진동하면서 외림프 내에 압력파를 생성한다.

4 **진동파가 고실계단의 달팽이창을 향해 진행할 때 바닥막이 움직인**

그림 9-32 **소리와 청각**. 소리의 수신과 듣는 과정의 단계.

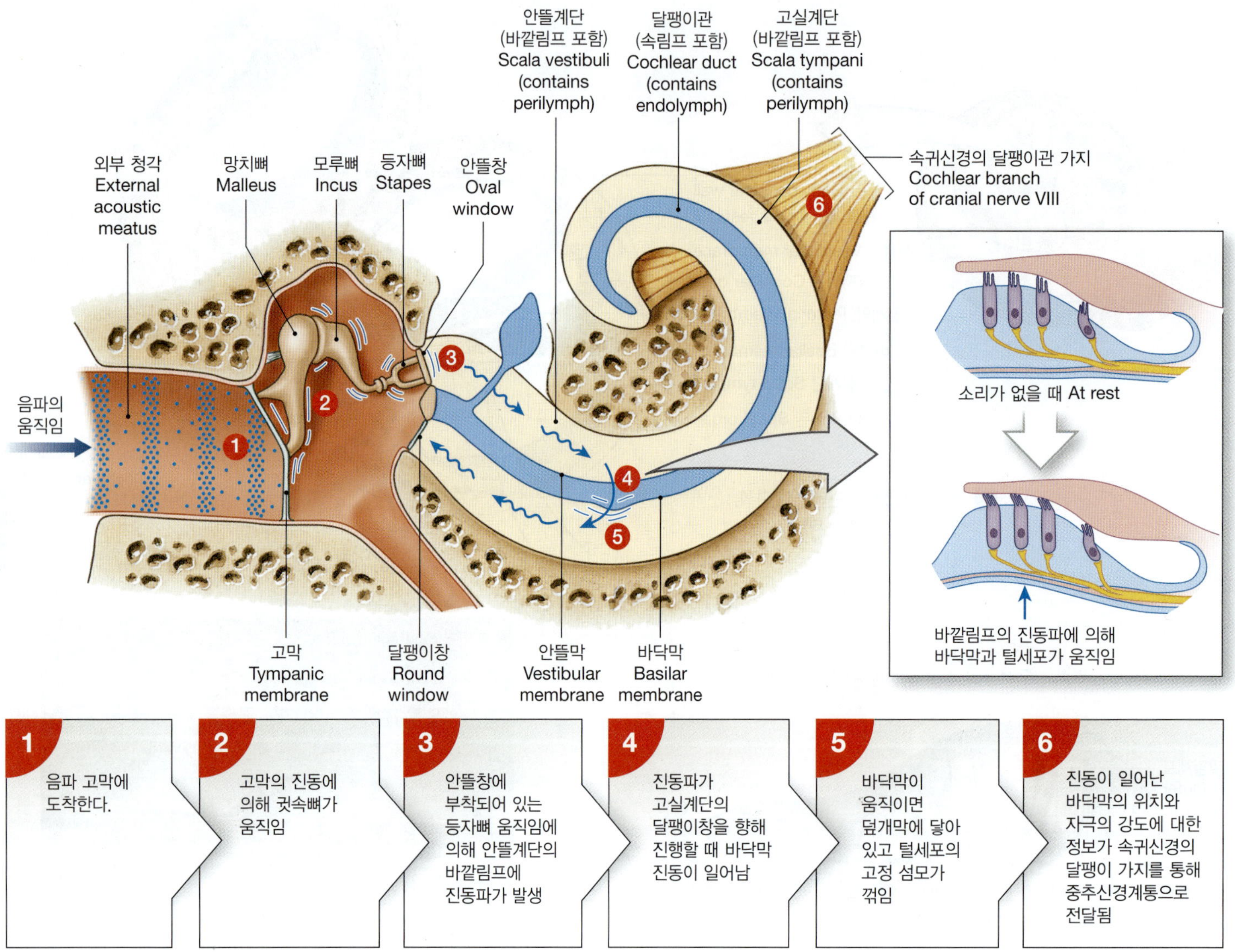

다(*The pressure waves distort the basilar membrane on their way to the round window of the scala tympani*). 바깥림프의 진동파는 바닥막에서 움직임을 유발하는데, 바닥막은 길이 전체에 걸쳐 동일한 구조를 갖지 않는다. 안뜰창 근처에서 좁고 뻣뻣하며, 터널 끝에서 더 넓고 유연하다. 결과적으로 최대 자극 위치는 소리의 주파수에 따라 달라지는데 고주파 음은 안뜰창 근처의 바닥막을 진동시킨다. 사운드의 주파수가 낮을수록 안뜰창에서 멀어질수록 최대 왜곡 영역이 된다. 주어진 위치에서 실제 이동 범위(range)는 등자뼈가 가하는 힘의 양에 따라 다르다. 소리가 클수록 바닥막이 더 많이 움직인다.

5 **바닥막의 진동에 의해 덮개막에 닿아 있는 털세포의 진동이 일어난다**(*Vibration of the basilar membrane causes hair cells to vibrate against the tectorial membrane*). 영향을 받은 바닥막 부위의 진동은 털세포를 막에 밀착시킨다. 털세포의 변위는 신경전달물질을 방출하고 감각 뉴런을 자극한다. 모세포는 여러 줄로 배열되어 있고, 매우 부드러운 소리는 한 줄의 일부에 있는 몇 개의 털세포만 자극할 수 있다. 소리의 볼륨이 증가함에 따라 이러한 털세포가 더 활성화될 뿐만 아니라 처음에는 같은 줄에서 다음으로 인접한 줄로 추가 털세포가 자극된다. 이러한 방식으로 나선 기관의 주어진 영역에서 반응하는 털세포의 수는 소리의 강도에 대한 정보를 제공한다.

6 **자극위치와 강도가 속귀신경의 달팽이 가지를 통해 중추신경계통으로 전달된다**(*Information about the region and intensity of stimulation is relayed to the CNS over the cochlear branch of cranial nerve*

VIII). 달팽이관 털세포를 모니터링하는 감각 뉴런의 세포체는 달팽이 신경절(*spiral ganglion*)에서 뼈달팽이관의 중심에 있다(**그림 9-31a**). 이들의 구심성 섬유(축삭)는 속귀신경(N VIII)의 **달팽이 가지(cochlear branch)**를 형성하는데, 그것은 뇌의 다른 센터로의 분배를 위해 수질 직사각형의 달팽이관 핵으로 정보를 전달한다.

청각 경로 Auditory Pathways

숨뇌에서 감각 뉴런의 섬유는 그 쪽의 달팽이관 핵에서 시냅스를 이룬다(**그림 9-33**). 거기에서 정보는 중뇌의 두 아래둔덕(*inferior colliculi*)으로 올라가며, 중뇌 처리 센터는 머리, 얼굴 및 몸통의 뼈대근을 포함하는 청각 반사를 포함하여 음향 자극에 대한 여러 반응을 조정한다. 예를 들어, 이러한 반사신경은 자동으로 머리와 눈을 시끄러운 소음의 원인을 향해 돌린다.

대뇌 겉질과 의식적 인식에 도달하기 전에, 상승하는 청각 감각은 시상에서 시냅스를 형성한다. 시상 섬유는 정보를 측두엽의 청각 겉질로 전달하고, 실제로 청각 겉질에는 나선 기관의 지도가 포함되어 있다. 고주파 소리는 겉질의 한 부분을 활성화하고 저주파 소리는 다른 부분에 영향을 미친다.

하나의 달팽이관에서 나오는 대부분의 청각 정보는 뇌의 반대쪽에 있는 대뇌 반구의 청각 복합체에 투영된다. 그러나 각 청각 겉질은 또한 그 쪽의 달팽이관으로부터 정보를 받는다. 이러한 상호 연결을 통해 왼쪽/오른쪽 사운드를 현지화할 수 있다.

청각 겉질이 손상된 개인은 소리에 반응하고 정상적인 음향 반사를 가지지만 소리를 해석하고 그 패턴을 인식하는 것이 어렵거나 불가능하다는 것을 알게 된다. 인접한 연관 영역의 손상은 톤과 패턴을 감지하는 능력에 영향을 주지 않지만 그 의미를 이해하지 못하게 한다.

청각 민감도 Auditory Sensitivity

우리의 청력은 주목할 만하지만 시스템의 절대적인 민감도를 평가하기는 어렵다. 가장 부드러운 가청 사운드에서 가장 크게 견딜 수 있는 폭발까지의 범위는 전력이 1조 배 증가했다. 수용체 과정은 매우 민감하여 등자뼈를 제거하면 이론적으로는 안뜰창에서 튀는 공기 분자를 들을 수 있다. 신체의 움직임과 내부 장기가 삐걱거리는 소리, 신음 소리, 쿵 소리 및 적응에 의해 조정되는 기타 소리를 생성하기 때문에 우리는 완전한 청각 잠재력을 활용하지 않는다. 다른 환경 소음이 사라지면 적응 수준이 떨어지고 시스템이 점점 더 민감해진다. 조용한 방에서 휴식을 취하면 청각 시스템이 낮은 수준의 배경 소음에 적응함에 따라 심장 박동이 점점 커지는 것처럼 보인다.

임상노트

난청 Hearing Deficits

미국에서만 6백만 명이 넘는 사람들이 적어도 부분적인 청력 장애를 가지고 있다. 전도성 난청(전음 난청)은 고막에서 안뜰창으로의 정상적인 진동 전달을 차단하는 바깥귀 또는 가운데귀의 상태로 인해 발생한다. 축적된 왁스 또는 갇힌 물에 의해 막힌 외부 음향 소도는 일시적인 청력 손실을 유발할 수 있다. 고막의 흉터 또는 천공 및 하나 이상의 청각 귀속뼈의 고정은 전도성 난청의 더 심각한 원인이다.

신경 난청에서 문제는 달팽이관 내부 또는 청각 경로의 어딘가에 있다. 진동은 안뜰창에 도달하여 외림프로 들어가지만 수용체가 응답하지 않거나 응답이 CNS 목적지에 도달할 수 없다. 예를 들어, 매우 큰(고강도) 소리는 털세포 표면에서 고정 섬모를 파괴하여 신경 난청을 유발할 수 있다. (위험할 정도로 시끄러운 소음에 반응하는 데서 고막 및 등자뼈근의 반사 수축은 0.1초 이내에 발생하지만 충분히 빠르지 않을 수 있다.) 아미노글리코시드 항생제(**네오마이신**[*neomycin*] 또는 **젠타마이신**[*gentamicin*])와 같은 약물이 내림프로 확산될 수 있어 털세포를 죽인다. 털세포와 감각신경도 세균 감염에 의해 손상될 수 있다. 이러한 이유로 약물 치료의 잠재적인 부작용은 감염 정도와 균형을 이루어야 한다.

음성 난청에는 다양한 치료 옵션을 사용할 수 있다. 신경 난청에 대한 치료 옵션은 상대적으로 제한적이다. 조기 진단은 이러한 문제 중 많은 부분이 점진적으로 악화되기 때문에 성공적인 치료의 지름길이다.

체크포인트

16. 달팽이창이 외림프의 압력이 증가해도 튀어나오지 않으면 소리 지각에 어떤 영향을 미칠까?

17. 나선 기관의 털세포에서 고정 섬모가 손실되면 청력에 어떤 영향을 미칠까?

책 뒷면에 있는 파란색 정답 탭을 참조.

9-8 노화는 특별한 감각의 현저한 감소를 동반한다

학습목표 노화가 후각, 미각, 시각, 평형 및 청각에 미치는 영향을 설명한다.

일반적으로 뉴런 교체가 부족하면 나이가 들면서 감각 기능이 필연적으로 감소한다. 자극 강도의 증가는 이러한 기능 저하의 일부를 보상할 수 있지만 감각 활동전위를 수행하는 축삭의 손실은 그렇게 쉽게 보상할 수 없다. 다음으로 노화가 다양한 특별한 감각을 갖는 것을 고려한다.

그림 9-33 청각 감각을 위한 경로.

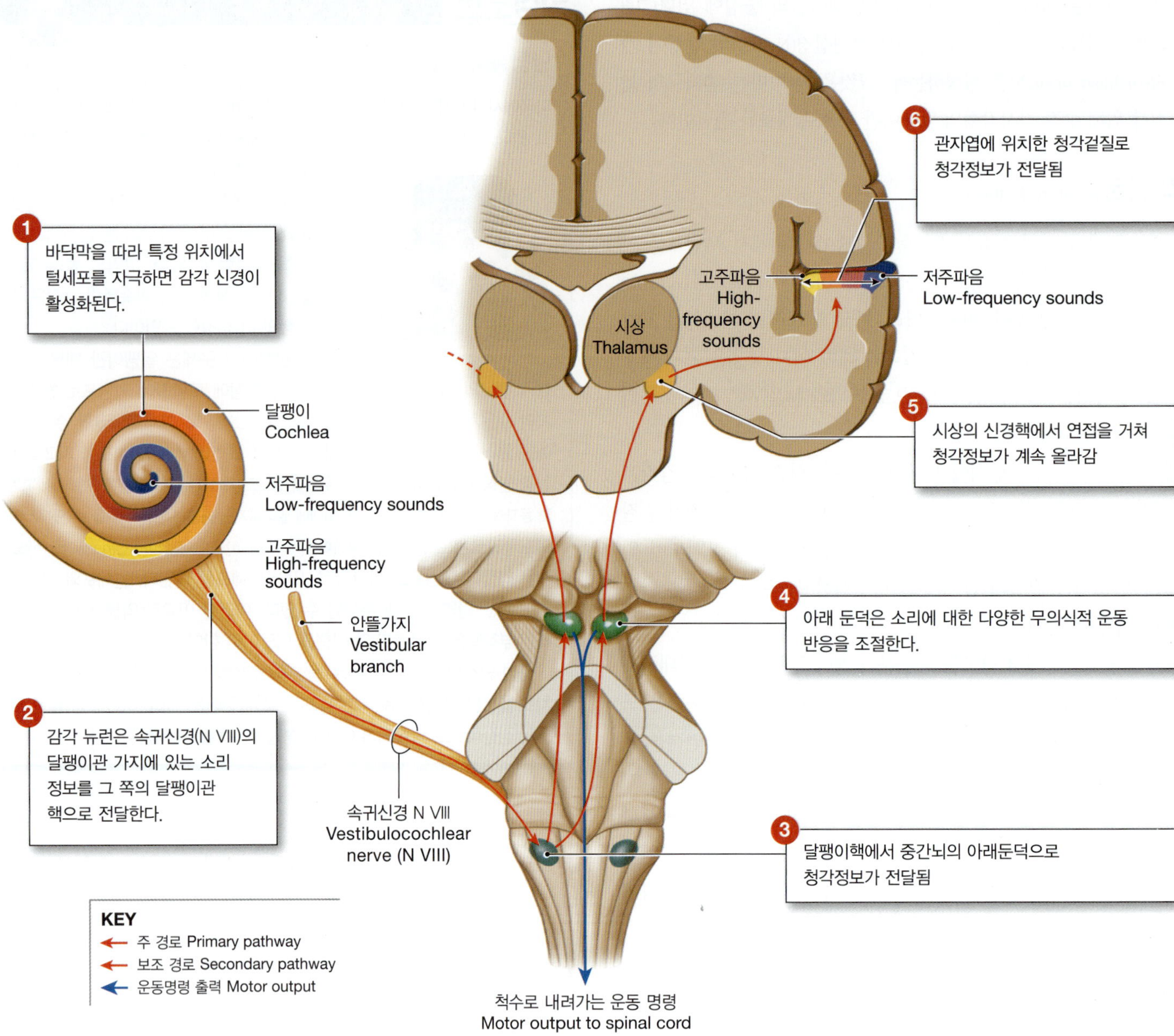

9

냄새와 노화 Smell and Aging

다른 신경세포와 달리 후각세포는 지속적으로 후각 상피의 줄기세포의 분열로 대체된다. 이 과정에도 불구하고 후각세포 수는 나이가 들면서 감소하고 민감도가 낮아진다. 따라서 노인이 되면 옅은 냄새를 잘 맡지 못한다. 할머니들이 향수를 잔뜩 뿌리거나, 할아버지들이 냄새가 강한 로션을 즐겨 쓰는 것은 이 때문이다.

맛과 노화 Taste and Aging

나이가 들어감에 따라 점막이 얇아지고 맛봉오리의 수와 민감도가 감소하여 미각 능력이 저하된다. 우리는 10,000개 이상의 맛봉오리를 가지고 태어나지만 그 수는 50세가 되면 극적으로 감소하기 시작한다. 또한 노화가 진행되는 경우 후각수용체 세포의 수가 감소한다. 결과적으로 많은 노인들이 음식이 부드럽고 식욕을 돋우는 것을 느끼지만 아이들은 같은 음식이 너무 맵다고 생각한다.

시력과 노화 Vision and Aging

다양한 시력 장애는 정상적인 노화와 관련이 있다. 가장 흔한 것은 수정체와 망막의 신경 부분이다. 나이가 들면 수정체는 탄력을 잃고 뻣뻣해진다. 그 결과, 근접 물체를 보는 것이 더 어려워지고 노인들은 노안이라고 하는 상태인 **노안**(*presbyopia*)이 된다. 예를 들어, **근거리 시야**(*near point of vision*)로 알려진 명확한 시야의 내부 한계는 어린이의 경우 7~9 cm(2.8~3.5인치)에서 청년의 경우 15~20 cm(5.9~7.9인치)로 변경된다. 60세가 되면 일반적으로 83 cm(32.7인치)에 도달한다. 앞서 언급했듯이 노화는 **노년 백내장**(*senile cataracts*)으로 알려진 수정체 투명도 손실의 가장 흔한 원인이다. 또한 나이가 들어감에 따라 점진적으로 간체가 손실된다. 이러한 손실은 60세 이상의 개인이 40세 이상의 개인보다 독서에 거의 두 배의 빛이 필요한 이유를 설명한다.

50세 이상의 실명의 주요 원인은 **황반변성**(*macular degeneration*)으로 그 상태는 망막에서 혈관의 성장과 증식을 포함한다. 이러한 비정상적인 혈관에서 혈액이 누출되면 망막 흉터가 생기고 광수용기세포가 파괴된다. 혈관 증식은 가장 선명한 시야와 상관관계가 있는 망막 영역인 황반에서 시작된다. 원뿔세포가 파괴되어 색각과 중심시야가 영향을 받는다.

균형과 노화 Equilibrium and Aging

균형 또는 균형 문제는 나이가 들면서 증가한다. 60세 이상의 사람들에게 중요한 건강 문제가 감소하고 있다. 낙상은 고관절 골절의 95% 이상을 유발하고, 고관절 골절 후 합병증은 치명적일 수 있다. 고관절 골절 환자의 20%가 손상 후 1년 이내에 사망하는 것으로 추정된다. 균형은 안뜰 복합체(안뜰 및 반고리뼈관)와 시각 및 고유감각수용기의 감각 입력에 의존한다. 약 55세부터 안뜰 복합체의 신경세포 수가 감소하며, 어떤 원인으로든 안뜰 복합체가 손상되면 현기증과 균형 문제가 발생할 수 있다. 그러나 점차 노화와 관련된 안뜰 신경세포의 소실로 인한 균형 문제는 현기증을 동반하지 않는다.

청각과 노화 Hearing and Aging

청각은 일반적으로 다른 감각보다 노화의 영향을 덜 받는다. 그러나 고막이 일부 탄력성을 잃기 때문에 고음 소리를 듣기가 더 어려워진다. 노화와 함께 발생하는 점진적인 청력 상실을 **노년 난청**(*presbycusis*)이라고 한다.

9

체크포인트

18. 주어진 음식이 어린이에게는 너무 매운맛이 있고 노인에게는 너무 단조로운 음식이 될 수 있나?

19. 나이가 들어감에 따라 가까운 물체를 보는 데 점점 더 어려워지는 이유를 설명하시오.

책 뒷면에 있는 파란색 정답 탭을 참조.

관련 임상 용어

진통제(analgesic): 촉감이나 압력과 같은 다른 자극에 대한 민감성을 제거하지 않고 통증을 완화하는 약물.

마취(anesthesia): 감각의 전체 또는 부분 상실.

메니에르병(Ménière's disease): 높은 유체 압력이 막성 미궁의 벽을 파열시켜 급성 현기증(부적절한 움직임 감각)과 부적절한 청각 감각을 유발하는 질환.

눈떨림, 안진(nystagmus): 뇌간 또는 속귀가 손상된 후 나타날 수 있는 비정상적인 안구 운동.

안과학(ophthalmology): 눈과 그 질병에 대한 연구.

색소 망막염(retinitis pigmentosa): 광수용기의 점진적인 악화를 특징으로 하는 유전성 망막 병증(다음 용어 참조) 그룹으로 결국 실명을 초래함.

망막병증(retinopathy): 망막의 질병 또는 장애.

암점(scotomas): 시야의 비정상적인 사각 지대(즉, 시신경 원반에 의해 발생하지 않는 사각 지대).

스넬렌시력표(Snellen chart): 시력을 측정하는 데 사용되는 눈금 유형 크기의 블록 글자로 인쇄된 차트.

사시(strabismus): 눈이 서로 정렬되는 편차. 한쪽 또는 양쪽 눈이 안쪽 또는 바깥쪽으로 향함.

동반감각(감각이상, **synesthesia**): 감각신경 메시지가 뇌의 잘못된 중심에 연결되는 비정상적인 상태. 예를 들어, 물체를 만지면 소리를 인지할 수 있고 톤을 들으면 색상을 시각화할 수 있음.

9 복습

요약

9-1 감각수용기는 우리의 내부와 외부 환경을 신경계통과 연결한다 *p. 344*

1. 일반적인 **감각(general sense)**은 온도, 통증, 촉감, 압력, 진동, 고유감각이다. 이러한 감각에 대한 수용체는 몸 전체에 분포되어 있다. **특수 감각(special sense)**(냄새, 미각, 시각, 균형 및 청각)을 위한 수용체는 특수 영역 또는 감각 기관에 있다.
2. 감각수용기(*sensory receptor*)는 자극을 받으면 CNS에 감각을 보내는 특수 세포이다. 가장 단순한 수용체는 **자유신경종말(free nerve ending)**이며, 가장 복잡한 것은 특정 유형의 자극을 제외한 모든 수용체를 분리하는 특수한 부속 구조를 가지고 있다.
3. 각 수용체 세포는 **감수영역**(*receptive field*)을 모니터링한다(**그림 9-1**).
4. 감각 정보는 감각(afferent) 섬유에서 활동전위의 형태로 전달된다. 일반적으로 자극이 클수록 활동전위의 빈도가 커지며, CNS는 자극된 뇌 영역을 기반으로 도달하는 감각 정보의 특성을 해석한다.
5. **적응(adaptation)**(일정한 자극이 있을 때 민감도 감소)은 수용체 민감도의 변화 또는 감각 경로를 따른 억제를 포함한다.

9-2 일반감각수용기는 자극의 종류에 따라 분류된다 *p. 345*

6. **통각수용기(nociceptor)**는 일반적으로 조직 손상과 관련된 다양한 자극에 반응한다. 두 가지 유형의 고통스러운 감각은 **빠른 통증(fast pain)** 또는 찌르는 듯한 통증(*pricklin pain*)과 **느린 통증(slow pain)** 또는 작열감과 쑤시는 통증(*burning and aching pain*)이다.
7. 실제로 자극되지 않은 신체 부위의 통증을 **연관통증(referred pain)**이라고 한다(**그림 9-2**).
8. **온도수용기(thermoreceptor)**는 온도 변화에 반응한다.
9. **기계수용기(mechanoreceptor)**는 원형질막의 물리적 비틀림, 접촉 또는 압력에 반응한다. **촉각수용기(tactile receptor)**는 접촉, 압력 및 진동에 반응하며, **압력수용기(baroreceptor)**는 혈관벽, 소화관 및 요로, 허파의 압력 변화에 반응한다. **고유감각수용기(proprioceptor)**는 관절과 근육의 위치에 반응한다.
10. **미세촉각수용기(fine touch and pressure receptor)**는 자극원에 대한 자세한 정보를 제공하고, **일반촉각수용기(crude touch and pressure receptor)**는 잘 국한되지 않는다. 중요한 촉각수용기에는 털주머니종말(*root hair plexus*), 촉각원반(*tactile disc*), 촉각(마이스너)소체(*tactile[Meissner's] corpuscle*), 층판(파치니)소체(*lamellated[pacinian] corpuscle*) 및 루피니소체(*Ruffini corpuscle*)가 포함된다(**그림 9-3**).
11. 주요 동맥과 정맥의 벽에 있는 압력수용체는 혈압의 변화에 반응하고 소화관을 따라 있는 것은 소화의 반사 활동을 조정하는 데 도움이 된다(**그림 9-4**).
12. 고유감각수용기는 관절의 위치, 힘줄과 인대에 가해진 장력, 근육 수축 상태를 모니터링한다. 고유감각수용기에는 골지건 기관 및 근육방추가 포함된다.
13. 일반적으로 **화학수용체(chemoreceptor)**는 주변 체액에 용해된 수용성 및 지용성 물질에 반응한다. 체액의 화학적 조성을 감시한다(**그림 9-5**).

9-3 후각은 화학적 자극을 받아들이는 후각수용기에 의해 감지된다 *p. 349*

14. **후각 기관(olfactory organ)**은 **후각수용세포(olfactory receptor cell)**(위 점액에 용해 된 화학물질에 민감한 뉴런), 버팀세포 및 바닥세포(*basal cell*)(줄기세포)를 포함하는 **후각 상피(olfactory epithelium)**로 구성된다. 표면은 **후각샘(olfactory gland)**의 분비물로 차 있다(**그림 9-6**).
15. 후각수용기는 변형된 신경세포이다.
16. 후각계통은 광범위한 둘레계통과 시상하부와 연결된다.

9-4 미각은 화학적 자극을 받아들이는 미각수용기에 의해 감지된다 *p. 351*

17. **미각(미각)수용기(taste[gustatory] receptor)**는 **맛봉오리(taste bud)**에 모여 있다. 각 맛봉오리에는 **미각수용기세포(gustatory receptor cell)**가 포함되어 있어 좁은 **맛구멍(taste pore)**을 통해 미각모를 확장한다(**그림 9-7**).
18. 맛봉오리는 혀의 상부 표면에 있는 **유두(papillae)**, 상피돌기와 관련이 있다(**그림 9-7**).
19. **주된 미각(primary taste sensations)**은 단맛, 짠맛, 신맛, 쓴맛이다. 우마미와 물에 대한 수용체도 있다(**그림 9-7**).
20. 맛봉오리는 숨뇌의 신경핵에 연접하여 뇌신경에 의해 정보가 전달된다.

9-5 내부 눈 구조는 시력에 기여하고 부속기관 눈 구조는 보호 기능을 제공한다 *p. 352*

21. 눈의 **부속 구조(accessory structure)**에는 눈꺼풀 및 관련 외분비샘, 눈의 표재성 상피, 눈물의 생성 및 제거와 관련된 구조, 외인성 눈 근육이 포함된다.

22. **결막(conjunctiva)**이라 불리는 상피는 투명한 **각막(cornea)**을 제외하고 눈의 노출된 표면의 대부분을 덮고 있다.

23. **눈물샘(lacrimal gland)**의 분비물은 결막을 씻어 내고 **리소자임(lysozyme)**(세균을 공격하는 효소)을 포함한다. 눈물은 **눈물샘(lacrimal canal)**, **눈물주머니(lacrimal sac)**, **코눈물관(nasolacrimal duct)**을 통과한 후 코안에 도달한다(**그림 9-8**).

24. 6개의 **외인성 안구 근육(extrinsic eye muscle)**은 외부 안구 운동을 제어한다: **아래곧은근**과 **위곧은근(inferior** and **superior rectus)**, **바깥쪽** 및 **안쪽곧은근(lateral** and **medial rectus)**, **위경사근** 및 **아래경사근(superior** and **inferior obliques)**(**그림 9-9**; **표 9-1**).

25. 눈에는 3개의 층이 있다: 외부 섬유층, 혈관층 및 더 깊은 내부층. 대부분의 안구 표면은 **공막(sclera)**(조밀한 섬유질 결합조직)으로 덮여 있으며, 이는 각막과 연속적이고, 둘 다 **섬유층(fibrous layer)**의 일부이다(**그림 9-10**).

26. **혈관층(vascular layer)**은 **홍채(iris)**, **섬모체(ciliary body)** 및 **맥락막(choroid)**을 포함한다. 홍채는 눈의 앞쪽과 뒤쪽 방 사이의 경계를 형성하고, 홍채는 눈으로 들어오는 빛의 양을 조절한다. 섬모체는 섬모근(*ciliary muscle*)과 **수정체(lens)**의 **섬모띠(ciliary zonule**[현수 인대, *suspensory ligament*])에 부착되는 **섬모체돌기**(*ciliary processes*)를 포함한다(**그림 9-10**).

27. **내부층(inner layer)** 또는 **망막(retina)**은 외부 **색소 부분**(*pigmented part*)과 내부 **신경 부분**(*neural part*)으로 구성된다. 신경 부분에는 두 가지 유형의 이미지 형성 **광수용기(photoreceptors)**, **막대세포**와 **원뿔세포(rods** and **cones)**, 관련 신경세포가 포함되어 있다(**그림 9-10, 9-11**).

28. 원뿔세포는 **황반(macula)**의 중심에 있는 **중심오목(fovea)**(가장 선명한 시력 부위)에 밀집되어 있다(**그림 9-11**).

29. 광수용기에서 정보는 **두극신경세포(bipolar cell)**로 전달된 다음 **신경절 세포(ganglion cell)**로, 시신경에 의해 뇌로 전달된다. 수평세포와 무축삭세포는 다른 망막 구성 요소 간에 전달되는 신호를 수정한다(**그림 9-11**).

30. 섬모체와 수정체는 눈의 내부를 큰 **뒤공간(posterior cavity)**과 작은 **앞공간(anterior cavity)**으로 나뉜다. 앞공간은 각막과 홍채 사이의 **앞방(anterior chamber)**과 홍채와 섬모체·수정체 사이의 **뒤방(posterior chamber)**으로 구분된다. 뒤공간은 안구의 형태를 유지하고 망막을 맥락막에 밀착시키는 작용을 하는 젤리 같은 **유리체**(*vitreous body*)로 채워져 있다(**그림 9-13**).

31. **방수(aqueous humor)**는 안구 내에서 순환하고 **공막 정맥동(scleral venous sinus)**(슐렘관, canal of Schlemm)을 통해 앞방 벽과 공막 정맥으로 확산된 후 순환으로 다시 들어간다(**그림 9-13**).

32. 띠섬유에 의해 제자리에 고정된 수정체는 망막 수용체에 시각적 이미지를 집중시킨다. 빛은 각막과 수정체를 통과할 때 굴절(구부러짐)된다. **조절(accommodation)**하는 동안 수정체의 모양이 변경되어 망막에 이미지가 초점을 맞춘다(**그림 9-14, 9-15, 집중 조명 그림 9-16**).

9-6 광수용기세포는 빛에 반응하여 시각 생리에 필수적인 전기 신호로 바꾼다 *p. 362*

33. 빛은 특징적인 파장을 가진 파동으로 방사된다. **광자**(*photon*)는 가시광선의 단일 에너지 패킷이다. 막대는 에너지 함량(파장)에 관계없이 거의 모든 광자에 반응한다. 원뿔은 파장 감도의 특징적인 범위를 가지며 색각을 제공한다. **색맹(color blindness)**은 특정 색상을 감지 할 수 없는 것이다(**그림 9-17, 9-18**).

34. 각각의 광수용기에는 **시각적 색소(visual pigment)**를 포함하는 막 **원반(disc)**이 있는 바깥분절이 있다. 빛은 **로돕신(rhodopsin)**의 유도체인 시각 색소에 흡수된다(**옵신[opsin]**과 **비타민 A[vitamin A]**에서 합성된 **레티날[retinal]** 색소). 광수용기는 신경전달물질 방출 속도를 변화시켜 두극성 세포의 활동을 변화시켜 빛에 반응한다(**그림 9-18, 9-19**).

35. 시각 정보는 광수용기에서 두극성 세포, 망막 내의 신경절세포로 전달된다. 신경절세포의 축삭돌기는 시신경원반에서 수렴하여 눈을 시신경으로 남겨둔다. 부분 교차는 정보가 뇌의 각 측면에 있는 시상의 핵에 도달하기 전에 시각교차에서 발생한다. 이러한 핵에서 시각 정보는 시야의 감각지도를 포함하는 뒤통수엽의 시각 겉질로 전달된다(**그림 9-20**).

9-7 속귀에서 평형 감각이 감지되며, 청각은 음파의 감지 및 해석을 포함한다 *p. 367*

36. 평형 감각(**동적 평형[dynamic equilibrium]** 및 **정적 평형[static equilibrium]**)과 청각은 **속귀(internal ear)**의 수용기에 의해 제공된다. 그 방과 관에는 유체 **내림프(endolymph)**가 있다. **뼈미로(bony labyrinth)**는 **막미로(membranous labyrinth)**를 둘러싸고 보호하며 그 사이의 공간에는 유체 **외림프(perilymph)**가 있다. 뼈미로는 **안뜰(vestibule)**, **반고리뼈관(semicircular canals)**(안뜰과 반고리뼈관의 수용체가 평형 감각을 제공함) 및 **달팽이(cochlea)**(수용기가 청각을 제공하는 곳)로 구성된다. **바깥귀(external ear)**와 **가운데귀(middle ear)**의 구조와 공기 공간은 소리를 포착하여 달팽이관으로 전달하는 데 도움이 된다(**그림 9-26~28**).

37. **바깥귀(auricle**[*pinna*])는 **고막(tympanic membrane**[*eardrum*])에서 끝나는 **바깥귀길(external acoustic meatus)**의 입구를 둘러싸는 귀를 포함한다(**그림 9-26, 9-27**).

38. 가운데귀는 **귀관(auditory tube**, 인두관 또는 유스타키오관 [*pharyngotympanic tube* or *Eustachian tube*])에 의해 코인두와 연결된다. 가운데귀는 **귓속뼈(auditory ossicles)**를 둘러싸고 보호한다(그림 9-26, 9-27).

39. 안뜰은 한 쌍의 **막 주머니**와 **타원 주머니(saccule** and **utricle)**를 포함하며, 그 수용체는 중력 감각과 선형 가속도(정적 평형)를 제공한다. 반고리뼈관은 수용체가 회전 감각(동적 평형)을 제공하는 **반고리뼈관(semicircular ducts)**을 포함한다. **달팽이관(cochlear duct)**은 막미로의 길쭉한 부분인 달팽이관을 포함하며, 수용체는 청각을 제공한다(그림 9-28).

40. 속귀의 기본 수용체는 표면이 **고정섬모**(*stereocilia*)를 지원하는 **털세포(hair cells)**이다. 털세포는 기계적 자극의 방향과 강도에 대한 정보를 제공한다(그림 9-29c).

41. 앞, 뒤 및 옆 **반고리뼈관(anterior**, **posterior**, and **lateral semicircular ducts)**에 부착한다. 각 반고리뼈관에는 감각 기관인 **팽대능선(crista ampullaris)**이 있다. 털세포의 고정 섬모는 내림프가 관의 축을 따라 흐를 때 왜곡되는 젤라틴 덩어리인 **팽대마루(cupula)**와 접촉한다(그림 9-29a,b,d).

42. 주머니와 타원주머니에서, 털세포는 **평형반(maculae)** 내에 모여 있는데, 그곳에서 고정 섬모는 **평형모래(이석, otoliths)**(탄산칼슘 결정)으로 덮인 젤라틴 이석막과 접촉한다. 머리가 기울어지면 이석이 이동하고 털이 꺾이면 CNS에 신호를 보낸다(그림 9-30).

43. 안뜰 수용체는 축삭돌기가 속귀신경(VIII)의 **안뜰 가지(vestibular branch)**를 형성하는 감각 신경을 활성화한다.

44. **달팽이관(cochlear duct)**은 **안뜰계단(scala vestibuli)**(*vestibular duct*)과 **고막계단(scala tympani)**(고막관, *tympanic duct*) 사이에 있다. 털세포는 **나선 기관(spiral organ**[코르티 기관, *organ of Corti*]) 내에 있다(그림 9-31).

45. 음파는 진동하는 고막을 향해 이동한다. 귓속뼈는 증폭되어 속귀에 진동을 전달하며, 안뜰창에서의 움직임은 안뜰계단의 바깥림프에 압력을 가한다(그림 9-31, 9-32).

46. 압력파는 **바닥막(basilar membrane)**을 움직여서 나선 기관(코르티 기관)의 털세포를 **덮개막(tectorial membrane)**에 대고 밀어낸다(그림 9-31).

47. 감각 신경은 달팽이관의 **달팽이신경절(spiral ganglion)**에 있다. 감각 신경의 구심성 섬유는 속귀신경(VIII)의 **달팽이관 가지(cochlear branch)**를 형성하여 각각의 왼쪽 또는 오른쪽 달팽이관 핵에서 연접을 형성한다(그림 9-33).

9-8 노화는 특별한 감각의 현저한 감소를 동반한다 *p. 377*

48. 노화의 일환으로 (1) 후각 및 미각 민감도의 점진적인 감소, (2) 눈의 노안(*presbyopia*) 및 백내장 형성, (3) 평형 또는 균형 문제로 이어질 수 있다. 낙상 및 엉덩관절 골절 및 (4) 점진적인 청력 상실(노년난청, *presbycusis*).

복습 문제

책 뒷면에 있는 파란색 정답 탭을 참조.

단계 1 사실 및 용어 검토

A열의 각 항목을 B열의 가장 밀접하게 관련된 항목에 맞게 빈칸에 적절한 답을 적으시오.

A열	B열
______ **1.** 근시(Myopia)	**a.** 통각수용기(Pain receptors)
______ **2.** 섬유층(Fibrous layer)	**b.** 온도수용기(Temperature receptors)
______ **3.** 통각수용기(Nociceptors)	**c.** 공막과 각막(Sclera and cornea)
______ **4.** 고유감각수용기(Proprioceptors)	**d.** 회전 운동(Rotational movements)
______ **5.** 원뿔세포(추체, Cones)	**e.** 관절 위치 정보 제공(Provide information on joint position)
______ **6.** 조절(Accommodation)	**f.** 색각(Color vision)
______ **7.** 고막(Tympanic membrane)	**g.** 가장 선명한 시야(Site of sharpest vision)
______ **8.** 열수용기(Thermoreceptors)	**h.** 희미한 빛에서 활동(Active in dim light)
______ **9.** 막대세포(간상체, Rods)	**i.** 고막(Eardrum)
______ **10.** 후각(Olfaction)	**j.** 망막 이미지에 초점을 맞추기 위해 수정체 모양 변경(Change in lens shape to focus retinal image)

9

_____ 11. 중심오목(Fovea)

_____ 12. 원시(Hyperopia)

_____ 13. 황반(Maculae)

_____ 14. 반고리뼈관(Semicircular ducts)

k. 근시(Nearsighted)

l. 원시(Farsighted)

m. 후각(Sense of smell)

n. 중력 및 가속 수용기(Gravity and acceleration receptors)

15. 오른쪽 눈의 다음 수평 부분에 있는 구조를 확인한다.

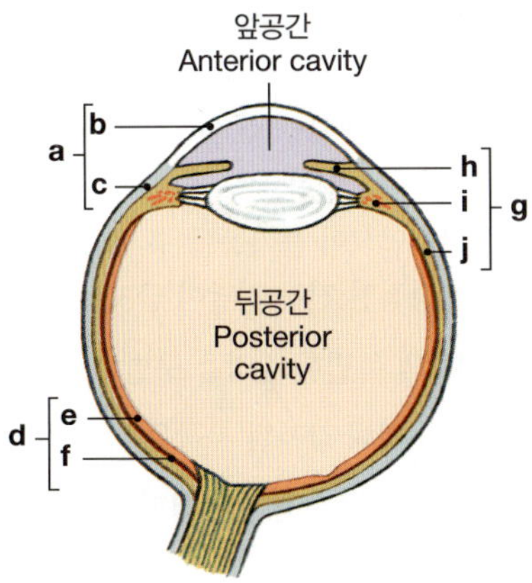

(a) __________ **(b)** __________

(c) __________ **(d)** __________

(e) __________ **(f)** __________

(g) __________ **(h)** __________

(i) __________ **(j)** __________

16. 자극의 특성에 관계없이 감각 정보는 다음과 같은 형태로 중추신경계통에 전송되어야 한다.
(a) 수지상 과정
(b) 활동전위
(c) 신경전달물질 분자
(d) 발생기 전압

17. 일정한 자극이 있을 때 민감도의 감소를 호출한다.
(a) 변환 **(b)** 감각 코딩
(c) 라인 라벨링 **(d)** 적응

18. 혈관벽과 소화 기관, 생식 기관, 요로의 압력 변화를 감지하는 기계수용기는 다음과 같다.
(a) 촉각수용기
(b) 압력수용기
(c) 고유감각수용기
(d) 자유신경종말

19. 관절의 위치와 근육 수축 상태를 모니터링하는 고유감각수용기의 예는 다음과 같다.
(a) 층판 및 촉각소체
(b) 목동맥팽대 및 대동맥굴
(c) 촉각원반 및 루피니소체
(d) 골지건 기관 및 근육 방추

20. 코안의 휘발성 화합물 분자 자극
(a) 미각세포
(b) 후각수용기
(c) 간상세포
(d) 촉각수용기

21. 미각 수용체는 다음과 같이 알려져 있다.
(a) 촉각원반
(b) 미각수용기
(c) 털세포
(d) 후각수용기

22. 눈물 기관에 의해 생성되는 눈물의 기능은 다음과 같다.
(a) 유지 결막 표면이 촉촉하고 깨끗하다.
(b) 마찰을 줄이고 눈의 파편을 제거한다.
(c) 결막 상피에 영양분과 산소를 제공한다.
(d) a, b, c가 정확하다.

23. 안구의 구조를 지지하는 데 도움이 되는 두꺼운 젤 같은 물질은
(a) 유리체 **(b)** 방수
(c) 꼭대기(마루) **(d)** 바깥림프

24. 공막은 다음의 일부로 간주된다.
(a) 혈관층
(b) 섬유층
(c) 내부층
(d) a, b, c가 정확하다.

25. 일몰 시 시각 시스템은
(a) 중심오목 비전
(b) 막대세포 기반 비전
(c) 황반 시력
(d) 원뿔세포 기반 비전

26. 망치뼈, 모루뼈, 등자뼈는 작은 귓속뼈이다.
(a) 외부 귀
(b) 중간 귀
(c) 내부 귀
(d) 막미로

27. 타원주머니 수용체는 다음과 같은 감각을 제공한다.
(a) 균형과 평형
(b) 청력
(c) 진동
(d) 중력 및 선형 가속도

28. 다음 그림에서 바깥귀, 가운데귀 및 속귀의 구조를 확인하시오.

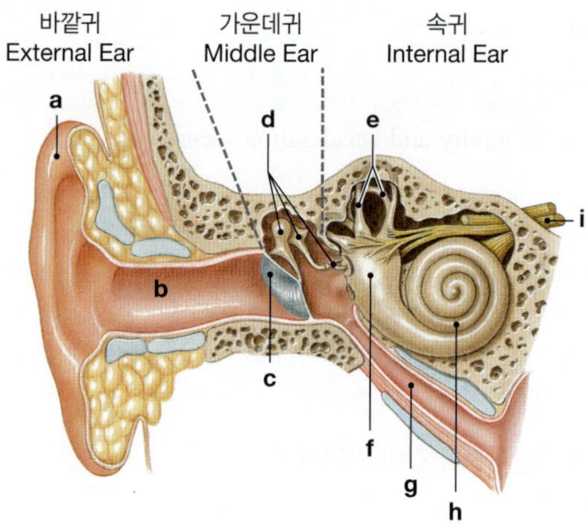

(a) ______________ **(b)** ______________
(c) ______________ **(d)** ______________
(e) ______________ **(f)** ______________
(g) ______________ **(h)** ______________
(i) ______________

9

29. 나선 기관은 속귀 내에 위치

(a) 타원주머니 **(b)** 뼈미로
(c) 안뜰 **(d)** 달팽이관

30. 세포막의 잡아당김, 압박, 시끄러움 또는 기타 비틀림에 반응하는 세 가지 유형의 기계수용기는 무엇인가?

31. 피부에서 발견되는 6가지 유형의 촉각수용기와 그 민감성을 확인한다.

32. **(a)** 눈의 섬유층을 구성하는 구조는 무엇인가?
(b) 섬유층의 기능은 무엇인가?

33. 눈의 혈관층에는 어떤 구조가 있는가?

34. 청력 과정에는 어떤 여섯 가지 기본 단계가 포함되는가?

단계 2 개념 검토

35. CNS는 전적으로 감각 정보를 해석한다.
(a) 활동전위의 강도
(b) 활동전위의 수
(c) 자극된 뇌영역
(d) a, b, c가 정확하다.

36. 청각 겉질이 손상되면 개인은 소리에 반응하고 정상적인 음향 반사를 보이지만
(a) 사운드는 청각신경을 생성할 수 있다.
(b) 청각 골편을 고정할 수 있다.
(c) 음성 해석 및 패턴 인식이 불가능할 수 있다.
(d) 안뜰창으로의 정상적인 진동 전달이 금지된다.

37. 일반적인 감각과 인체의 특별한 감각을 구별하시오.

38. CNS는 감각 수용체에 의해 감지된 자극을 어떤 형태로 받는가?

39. 속눈썹의 피지선이나 눈꺼풀판샘이 감염되면 나타나는 일반적인 결과는 무엇인가?

40. Jane은 시력 검사를 위해 검안사와 약속을 잡는다. 시력에 대한 그녀의 테스트 결과는 20/15로 보고된다. 이 테스트 결과는 무엇을 의미하는가? 20/20 등급이 더 좋거나 나쁜가?

단계 3 비판적 사고 및 임상 적용

41. 당신은 공원에서 10.7 m(35 ft) 떨어진 사슴을 보고 있다. 친구가 어깨를 두드려 질문을 한다. 0.6 m(2 ft) 떨어진 친구를 바라보면 눈이 어떤 변화를 겪게 될까?

42. 7월 4일 불꽃놀이 행사에 참석한 Millie는 정상적인 대화를 듣기가 어려우며 귀가 계속 울린다. 청력 문제의 원인은 무엇인가?

43. 20층에서 1층까지 급행 엘리베이터를 탄 후에 몇 초 동안은 분명히 멈춰 섰음에도 불구하고 하강하는 것처럼 느껴진다. 그 이유는 무엇인가?

10

내분비계통
The Endocrine System

학습목표

학습목표는 각 장에 대해 학습한 후 무엇을 할 수 있어야 하는지를 알려주는 것이다. 각 절의 학습목표는 다음과 같다.

10-1 항상성에서 세포간의 소통과 내분비계통과 신경계통에서의 역할을 설명한다.

10-2 호르몬의 주요 구조적 분류와 일반적인 역할과 표적조직에서의 역할을 설명한다.

10-3 뇌하수체의 위치, 호르몬, 기능에 대해 설명한다.

10-4 갑상샘의 위치, 호르몬, 기능에 대해 설명한다.

10-5 부갑상샘의 위치, 호르몬, 기능에 대해 설명한다.

10-6 부신의 위치, 호르몬, 기능에 대해 설명한다.

10-7 솔방울샘의 위치와 생산되는 호르몬의 기능을 설명한다.

10-8 이자의 위치, 호르몬, 기능에 대해 설명한다.

10-9 콩팥, 심장, 가슴샘, 고환, 난소, 지방조직에서 생산되는 호르몬의 기능을 설명한다.

10-10 생리적 반응이 조화롭게 일어나기 위해 호르몬이 어떻게 대처하는지, 또 노화가 내분비계통에 어떤 영향을 주는지 서술한다.

10-11 내분비계통과 다른 인체 계통 간의 상호작용의 예시를 제시한다.

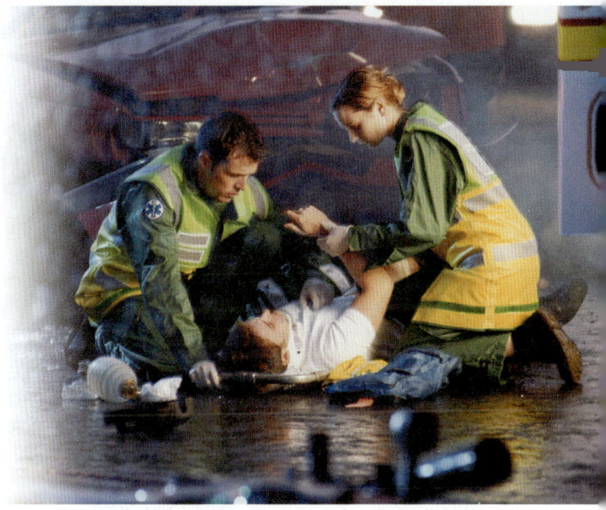

임상노트

집중 조명

내분비계통 소개

인체는 30여 개의 화학전령물질인 호르몬이 존재한다. 이 호르몬은 수면, 체온, 배고픔, 스트레스 조절 등을 조절한다. 이는 신경계통과 함께 내분비계통에서 만들어지고, 우리 인체를 조절한다. 이 장에서는 내분비계통의 조성과 역할에 대해 공부한다. 또한 신경계통과 내분비계통의 상호작용에 대해서도 살펴본다.

지식 쌓기

내분비계통이 직접적으로 다른 계통의 활동에 장기적으로 영향을 미친다(**1장: 해부학과 생리학에 대한 소개** 참조). 내분비계통과 신경계통은 모두 환경의 변화에 따른 항상성을 유지하는 데 역할을 수행하고 있다. 신경계통은 자극에 비교적 빨리 대응하고, 내분비계통은 보다 더 느리지만, 길게 대응하고 있다.

10-1 세포간의 소통을 통한 항상성의 유지

학습목표 항상성에서 세포간의 소통과 내분비계통과 신경계통에서의 역할을 설명한다.

10

항상성을 유지하기 위해, 인체의 모든 세포는 인접해 있거나, 멀리 떨어진 세포와 조직과 소통하여야 한다. 이 소통의 대부분은 화학적인 전령물질을 통해서 가능하다. 각각의 세포는 지속적으로 세포외액으로 화학물질을 분비함으로 인접한 세포와 조직에 "이야기"하고 있다. 이 화학물질들은 이웃세포에 어떤 상황에서 무엇을 해야 하는지 전달한다. 결국, 조직기능은 지역적인 수준에서 상호작용한다.

세포간의 소통은 더 멀리 떨어진 곳에서도 일어난다. 이것은 신경계통과 내분비계통의 상호협력에 의해서 일어난다. 신경계통은 인체에서 고속력의 "메시지"를 한곳에서 다른 곳으로 전달하는 이동 통신회사와 같은 기능을 수행한다. 그 자원과 표적은 꽤 구체적이고 그 효과는 짧게 생존한다. 이 소통의 방법은 위험상황을 처리하는 데 이상적이다. 만약 고속도의 버스에 접촉사고가 발생한 위험한 상황이라면, 신경계통이 안전하게 피할 수 있도록 직접 작용할 것이다.

그러나 많은 생존 과정에서는 장기간의 세포간 소통이 필요하다. 내분비계통은 **호르몬**(*hormone*)이라는 화학전령물질을 제공하고, 세포간의 정보를 전달한다. 이 소통에서 호르몬은 메시지의 역할을 수행하고, 심장계통은 이메일의 역할을 수행한다. 호르몬은 혈액으로 분비되고, 온몸을 순환한다. 각각의 호르몬은 **표적세포(target cell)**가 있고, 이 특별한 세포는 호르몬에 작용하는 수용체를 통하여 호르몬의 정보를 읽는다. 그러나 호르몬은 대량 발송되는 광고우편과도 같아서, 필요한 수용체가 없더라도 인체가 호르몬에 노출될 수 있다. 어떤 상황에서나 각각의 세포는 아주 소량의 호르몬에도 반응할 수 있다. 그 세포가 가진 수용체가 부족하다면, 다른 호르몬은 무시된다.

하나의 호르몬은 표적세포가 인체에 어느 곳에나 존재할 수 있기 때문에, 많은 조직과 기관의 대사활동을 동시에 변경시킬 수 있다. 그 효과는 천천히 나타날 수도 있지만, 종종 며칠간 지속된다. 이 지속성이 상호협력하는 세포, 조직, 기관의 활동을 효과적으로 지속할 수 있게 한다. 예를 들어, 순환하는 호르몬은 전 생애에 걸쳐 하루 24시간 동안 체액을 일정하게 유지하게 하고, 전해질과 유기영양소를 유지할 수 있도록 한다.

세포는 적합한 수용체가 존재하는 한, 동시에 몇몇 다른 호르몬들에 반응할 수 있다. 그 결과 세포작용의 변화가 가능하다. 순환하는 호르몬의 양과 질의 점진적인 변화는 물리적인 구조와 생리학적인 능력의 변화를 일으킨다. 배아, 태아의 발달, 성장, 사춘기 변화가 그 예이다.

시야를 넓혀서, 신경계통과 내분비계통의 차이점은 비교적 명확하다. 이 차이점은 두 가지 계통으로 분류하는 기초가 된다. 하지만 더 세밀하게 살펴볼 때, 이 두 가지 계통의 공통점을 발견하게 된다.

- 두 계통 모두 표적세포의 특이한 수용체에 부착되는 화학물질의 분비에 의존한다.
- 두 계통은 다양한 화학전령물질을 공유한다. 예를 들면, 노르에피네프린과 에피네프린은 혈액으로 분비될 때는 **호르몬**이고, 연접부위에서 분비될 때는 **신경전달물질**(*neurotransmitter*)이다.
- 두 계통은 음성되먹임 과정에 의해 조절된다.
- 두 계통은 공통의 세포, 조직, 기관, 계통의 활동 조절을 통한 항상성을 유지한다.

체크포인트

1. 신경계통과 내분비계통의 공통점 4가지를 나열하시오.

책 뒷면에 있는 파란색 정답 탭을 참조.

10-2 내분비계통은 호르몬이 수용체에 결합함으로 생리학적으로 조절된다

학습목표 호르몬의 주요 구조적 분류와 일반적인 역할과 표적조직에서의 역할을 설명한다.

내분비계통(endocrine system)은 모든 인체의 내분비세포와 조직을 포함한다. **내분비세포(endocrine cell)**는 분비샘으로 세포외액으로 물질을 분비한다(4장 참조). 이것이 상피세포로 물질을 분비하는 외분비세포와 다른 점이다. 이 화학물질은 내분비세포에서 분비되어 **프로스타글란딘**(*prostaglandin*)과 같은 **국소 호르몬**(*local hormone*)과 같이 인접한 세포에 영향을 미칠 뿐만 아니라, 온몸을 통해 여러 세포에 영향을 미친다. **호르몬(hormone)**은 화학전령물질로 한 조직에서 분비되어 혈액을 통해 이동되고 다른 조직의 표적세포에 다다르게 된다.

내분비계통의 조직과 기관, 그리고 그곳에서 생산되는 주요 호르몬들은 **그림 10-1**에 소개되고 있다. 뇌하수체와 같은 몇몇 기관은 내분비의 주된 기능을 수행하는 기관이다. 이자와 같은 다른 기관은 내분비 기능 이외의 다른 기능도 수행하고 있다.

호르몬의 구조 The Structure of Hormones

호르몬은 화학적 구조에 따라 3가지 타입으로 구분된다.

1. **아미노산 유도체(*Amino acid derivatives*).** 아미노산(아미노산, 단백질의 기본구조로 2장에 소개됨)과 비슷한 구조를 가지는 비교적 작은 분자 호르몬으로 에피네프린(*epinephrine*), 노르에피네프린(*norepinephrine*), 갑상샘 호르몬(*thyroid hormone*), 멜라토닌(*melatonin*)이 여기에 속한다.
2. **펩타이드 호르몬(*Peptide hormones*). 펩타이드 호르몬(peptide hormones)**은 아미노산의 사슬로 구성되고, 항이뇨호르몬(*antidiuretic hormone, ADH*)와 옥시토신과 같은 짧은 사슬 폴리펩타이드로부터 성장 호르몬(*growth hormone, GH*), 프로락틴(*prolactin*)과 같은 작은 단백질까지 다양하다. 이는 호르몬의 대부분을 구성하고 있고, 시상하부, 뇌하수체, 심장, 콩팥, 가슴샘, 소화기관, 이자에 의해 분비되는 모든 호르몬이 여기에 속한다.
3. **지질 유도체(*Lipid derivatives*).** 지질 호르몬에는 스테로이도 호르몬과 아이코사노이드, 두 가지 종류가 있다. **스테로이드 호르몬(steroid hormone)**은 콜레스테롤(2장에 소개된 지질)과 비슷한 구조의 호르몬이다. 스테로이드 호르몬은 생식기관과 부신에서 분비되고, 물에 녹지 않으며, 혈액의 특이적인 수송 단백질에 결합한다. **아이코사노이드(eicosanoid)**는 20-탄소 지방산 아라키돈산(*arachidonic acid*)으로부터 유래된 지방산의 일종이다. 아이코사노이드는 인접 세포 활동을 조절하고, 세포외액에서 혈액 응고과 같은 효소 작용에 영향을 준다. **프로스타글란딘(prostaglandin)**이 여기에 속한다.

지식 쌓기

지질은 지방산, 지방, 스테로이드, 인지질로 구분된다(**2장: 화학적 수준에서의 구성** 참조). 지방산은 탄소 원자에 수소 원자와 카르복실기(—COOH)가 결합한 긴 사슬이다. 지방산 중 카르복실기만 물에 녹는다. 스테로이드는 4개의 연결된 탄소 원자로 구성된 큰 분자이다. 이는 기본구조에 붙어 있는 탄소사슬과는 다르다.

10

호르몬 작용 Hormone Action

단백질은 모든 세포 구조와 기능을 결정한다. 구조 단백질은 세포에게 일반적인 형태와 내부구조, 세포의 대사에 관여하는 효소를 제공한다. 호르몬은 다양한 표적세포에서 구조 단백질과 중요한 효소들의 종류(*type*), 활성(*activitie*), 위치(*location*), 분량(*quantity*)을 바꾸어서 역할을 수행한다.

무엇이 호르몬과 표적세포 간의 친밀도를 결정하는 것인가? 특정 표적세포의 수용체의 존재 또는 부재가 호르몬과 표적세포 간의 친밀도를 결정한다(**그림 10-2**). 호르몬에 의한 세포 활동의 변화는 표적세포의 세포막이나 세포내부의 수용체의 존재유무에 따라 달라진다(**그림 10-3**).

호르몬과 세포막 수용체 Hormones and Plasma Membrane Receptors

에피네프린, 노르에피네프린, 펩타이드 호르몬, 아이코사노이드의 수용체는 그 표적세포의 세포막에 존재한다(**그림 10-3a**). 그러나 세포막 수용체(막 수용체)에 작용하는 호르몬은 표적세포 안에서 직접적으로

그림 10-1 내분비계통의 기관과 조직.

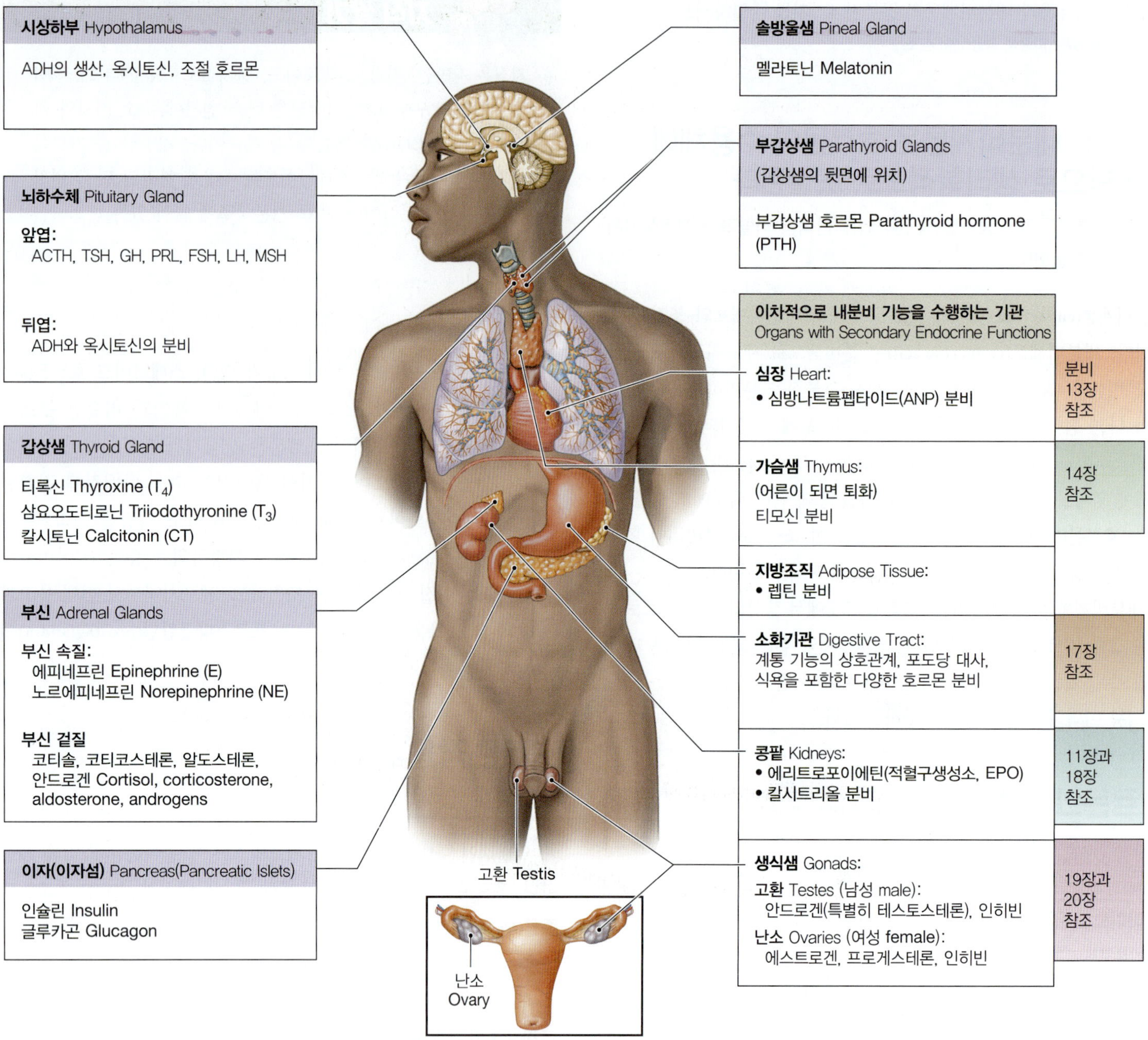

영향을 줄 수 없다. 호르몬과 세포 사이의 소통은 일차, 이차 전령물질을 모두 사용한다. **일차 전령물질(first messenger)**은 세포막 표면의 수용체에 작용하는 호르몬이다. **이차 전령물질(second messenger)**은 호르몬-수용체 상호작용에 대한 중개자 역할을 하는 분자이다.

일차 전령물질과 이차 전령물질 사이의 연결은 대개 세포막에서 수용체와 결합된 효소 복합체인 **G 단백질(G protein)**이다. G 단백질은 호르몬이 막 표면에서 수용체에 작용할 때 활성화된다. 이 작용은 세포에서 이차 전령물질을 활성화시킨다. 이차 전령물질은 세포 내에서 효소를 활성화시키거나 억제시킨다. 이는 세포의 대사활동에 변화를 일으킨다. (대략 80%의 처방약이 G 단백질과 결합한 수용체에 작용한다.)

몇몇 호르몬이 막 수용체에 작용할 때, 수천 개의 이차 전령물질이 세포 내에서 형성된다. 이 과정을 증폭(*amplification*)이라고 하고, 표적세포에서 호르몬의 영향이 증폭된다.

가장 중요한 이차 전령물질 중의 하나가 **사이클릭-AMP(cyclic-AMP, cAMP)**이다(그림 10-3a). G 단백질의 활성에 의해 **아데닐산 고리화효소(adenylate cyclase)**가 활성화되고 이로 인해 cAMP가 형성된다. 아데닐산 고리화효소는 ATP를 고리모양의 cAMP로 변환시키고, cAMP는 키나아제를 활성화시킴으로 이차 전령물질로서의 역할

그림 10-2 **호르몬 반응에서 표적세포의 수용체의 역할.** 표적세포에 영향을 주는 호르몬에서, 세포는 수용체를 가지고, 이 수용체에 호르몬이 반응하고 세포 활동의 변화가 시작된다. 호르몬은 근육조직에는 수용체가 존재하므로, 신경조직에는 영향을 주지 않지만, 뼈대근에는 영향을 준다.

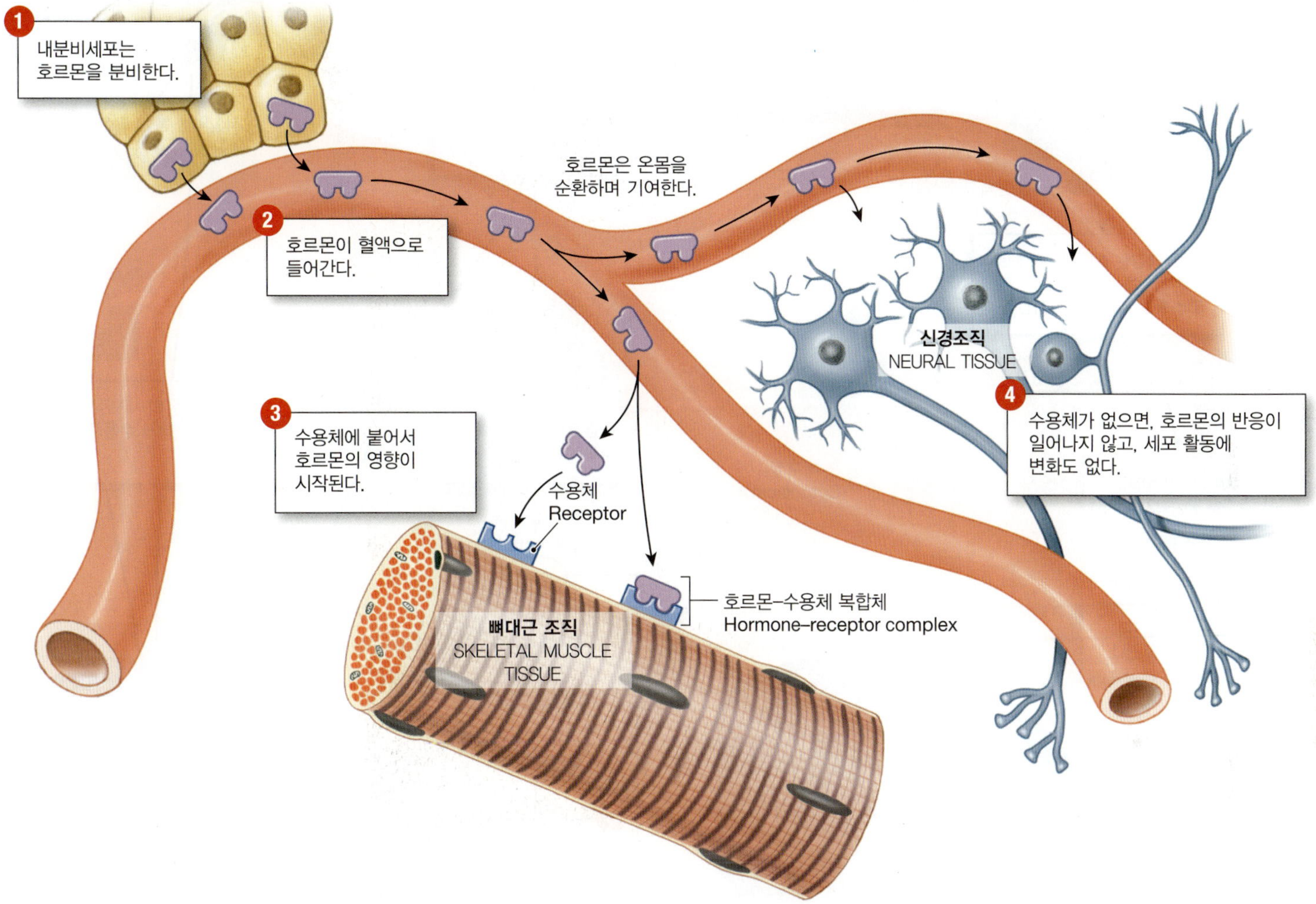

을 수행한다. 키나아제는 고열량의 인산기에 부착되서 인산화(*phosphorylation*) 과정에서 다른 분자로 변화시키는 효소이다.

일반적으로, cAMP는 단백질을 인산화시키는 키나아제를 활성화시킨다. 표적세포에서의 역할은 영향을 받은 단백질에 따라 달라진다. 예를 들어, 어떤 막 단백질의 인산화는 이온 통로를 개시한다. 세포질에서 많은 효소가 인산화에 의해 활성화된다. 결과적으로, 한 호르몬은 한 표적세포에서 한 역할을 수행하고, 다른 표적조직에는 꽤 다른 영향을 준다.

cAMP의 영향은 **포스포디에스테라아제**(*phosphodiesterase, PDE*)라는 cAMP를 AMP로 변환시켜서 불활성화시키는 효소의 작용으로 인해 매우 짧게 존재한다. 드물게는 G 단백질의 활성이 PDE 활성을 자극하여, cAMP 농도를 낮아지게 한다. cAMP의 감소는 인산화 없이 효소가 불활성화된다는 점에서 세포에서 억제효과를 지닌다.

사이클릭-AMP는 가장 대표적인 이차 전령물질이지만, 그 외 많은 이차 전령물질들이 존재한다. 중요한 예로는 **칼슘 이온**(*calcium ion*)과 고열량 복합체인 **구아노신 트리포스페이트**(*guanosine triphosphate*)인 **사이클릭-GMP**(*cyclic-GMP*)이다.

호르몬과 세포내 수용체 Hormones and Intracellular Receptors

갑상샘 호르몬과 스테로이드 호르몬은 세포 내에서 수용체와 작용하기 전 세포막을 통과한다(**그림 10-3b**). 갑상샘 호르몬은 수송체에 의한 방법으로 세포막을 먼저 통과한다. 세포 내에서 갑상샘 호르몬은 핵 또는 미토콘드리아의 수용체에 작용한다. 핵에서 **호르몬-수용체 복합체**(*hormone-receptor complexes*)는 특정 유전자를 활성화시키거나 mRNA 전사율을 변화시킨다. 결과적으로, 대사 활동의 증가는 세포질 내의 효소의 수나 환경을 변화시킨다. 갑상샘 호르몬은 미토콘드리아에 작용하여 ATP 생산을 증가시킨다.

스테로이드 호르몬은 세포막의 지질부분을 통해 빠르게 확산되어

그림 10-3 호르몬 작용의 과정.

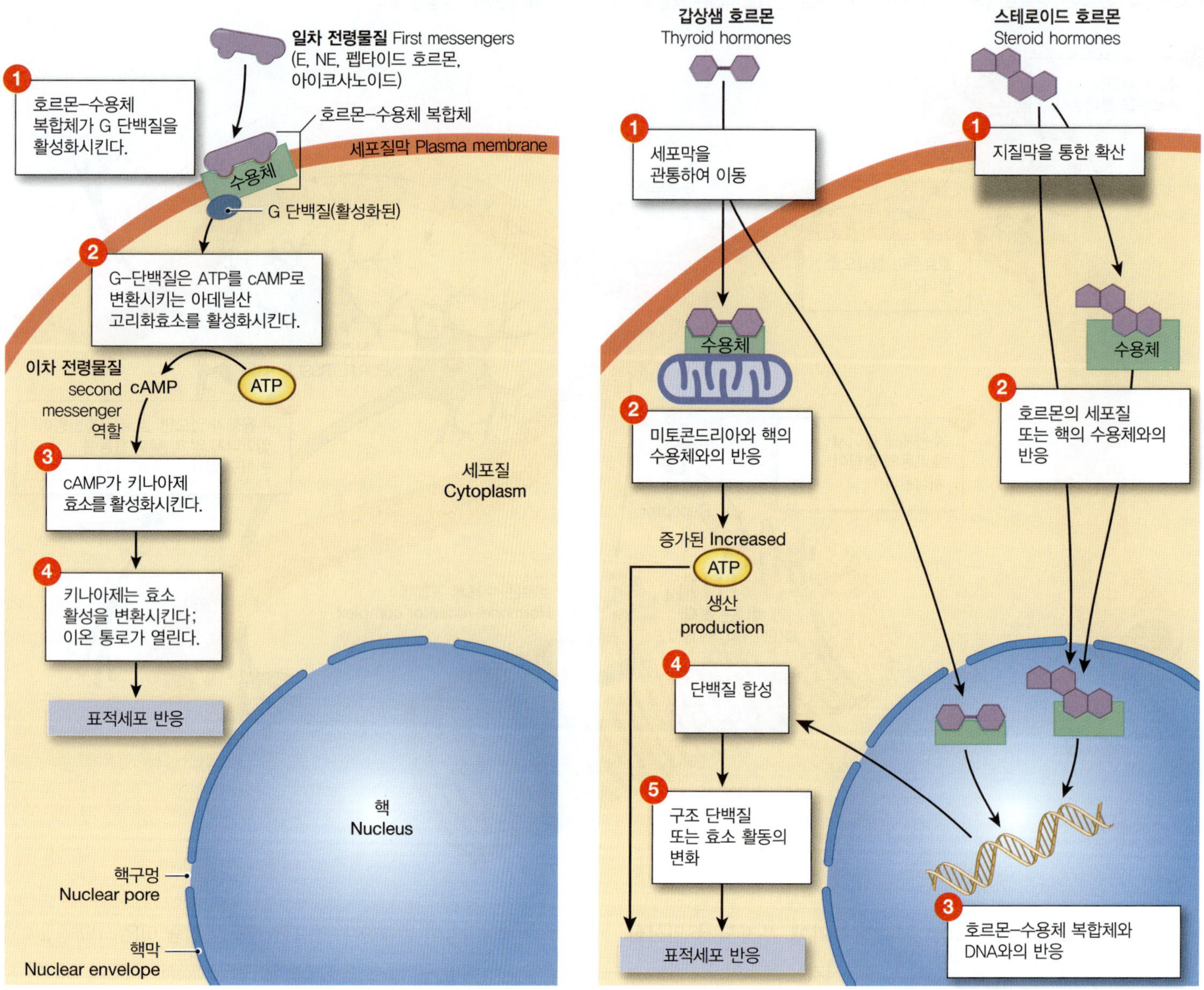

a 에피네프린(E), 노르에피네프린(NE), 펩타이드 호르몬, 아이코사노이드와 같은 비스테로이드 호르몬은 막수용체에 작용하고 G 단백질을 활성화시킨다. 표적세포에 cAMP와 같은 이차 전달물질을 통하여 영향을 미친다. 이차 전달물질은 세포에 존재하는 효소의 활동을 변화시킨다.

b 갑상샘 호르몬은 표적세포의 세포막을 관통하여 이동하고 핵 또는 미토콘드리아의 수용체에 반응한다. 스테로이드 호르몬은 표적세포 속으로 확산하여 이동하고 세포질 또는 핵의 수용체에 반응한다. 핵에서 스테로이드, 갑상샘 호르몬 모두 호르몬-수용체 복합체를 형성하여 직접 유전자 활동과 단백질 합성에 영향을 미친다. 갑상샘 호르몬은 세포에서 ATP 생산율을 증가시킨다.

10

세포질이나 핵의 세포내 수용체에 작용한다. 호르몬-수용체 복합체는 특성 유전자를 활성화시키거나 비활성화시킨다. 이 과정을 통해, 스테로이드 호르몬은 핵에서 DNA 전사율을 변화시킨다. 이 방법으로, 단백질 합성의 유형과 세포에서의 구조와 기능이 변화된다. 예를 들어, 성호르몬인 테스토스테론은 뼈대근에서 근육 크기와 강도를 증가시키는 효소와 단백질의 생산을 자극한다.

호르몬의 분비와 분배

The Secretion and Distribution of Hormones

호르몬은 모세혈관이 풍부한 곳으로 분비된다. 호르몬은 재빨리 혈액으로 들어가서 온몸으로 분배된다. 혈액에서 호르몬은 자유롭게 순환하거나 특정 수송 단백질의 도움으로 이동한다. 자유롭게 순환하는 호르몬은 한 시간 이하, 때로는 2분 정도로 짧게 기능을 수행하고, 다음

임상노트

내분비계통 응급Endocrine Emergencies

내분비계통 응급상황의 징후(그림 10-4)는 대부분 생산저하의 징후(부적절한 호르몬 효과) 또는 생산과다의 징후(호르몬 효과의 과다) 이 두 가지 기본적인 분류 중의 하나에 속하게 된다. 관찰된 징후는 비정상적인 호르몬 생산(저하 또는 과다)에 의한 것이거나 비정상적인 세포의 민감성에 의한 것이다. 이 징후는 정상적인 상태에서 "조용하게" 역할을 수행하는 호르몬의 중요성을 깨닫게 해준다.

과 같을 때 불활성화된다. (1) 혈관 밖으로 확산하여 표적세포의 수용체에 작용하였을 때, (2) 간이나 콩팥 세포에 의해 흡수되고 파괴되었을 때, (3) 원형질이나 체내사이액에서 효소에 의해 파괴되었을 때.

스테로이드 호르몬과 갑상샘 호르몬은 대부분 모두 특정 수송 단백질의 도움으로 이동하므로, 길게 순환한다. 자유 순환하는 몇몇 호르몬과 수송 단백질의 도움을 받는 호르몬 간의 평형상태를 유지한다. 자유 순환하는 호르몬은 파괴되고, 수송 단백질의 도움을 받는 호르몬의 분비에 의해 교체되기도 한다.

내분비계통 활동의 조절The Control of Endocrine Activity

내분비계통 활동(특이적인 호르몬 분비)은 음성되먹임에 의해 조절된다. 이는 호르몬의 직·간접적인 효과가 자극의 강도를 줄이고, 그 자극이 호르몬의 생산을 유도한다.

간단히, 내분비계통의 활동은 **체액**("액체") **자극**—세포외액 조성의 변화에 의해 조절된다. 예를 들어, 혈액 내 칼슘 수치는 **부갑상샘호르몬**(*parathyroid hormone, PTH*), **칼시토닌**(*calcitonin*) 이 두 가지 호르몬에 의해 조절된다. 혈액 내 칼슘 수치가 감소하면, PTH가 분비되고 표적세포의 반응으로 혈액 내 칼슘 수치가 증가한다. 그때, 칼시토닌이 분비되고, 표적세포의 반응으로 혈액 내 칼슘 수치는 감소한다.

내분비계통 활동은 **호르몬 자극**(*hormonal stimuli*)—순환하는 호르몬의 수치 변화에 의해서도 조절된다. 이 조절에는 여러 단계와 두 가지 이상의 호르몬들이 작용한다.

마지막으로, 내분비계통 조절은 **신경 자극**(*neural stimuli*)에 의해서 조절된다. 신경샘 접합에 신경전달물질이 도달하면 자극이 시작된다. 내분비계통 활동의 중요한 예는 시상하부의 활동을 포함한 신경학적 자극과 관련되어 있다.

시상하부는 최상위 단계의 내분비계통 조절기관으로 신경계통과 내분비계통 사이에서 중요한 역할을 수행한다. 시상하부는 내분비 조절 중추로서의 기능을 수행하며 신경계와 내분비계통을 다음의 3가지 방법으로 조절한다(그림 10-4).

1. **시상하부는 일반적인 순환으로 직접적으로 두 가지 호르몬을 분비한다**(*The hypothalamus secretes two hormones directly into the general circulation*). 시상하부에 존재하는 신경세포는 ADH와 옥시토신, 이 두 가지 호르몬을 합성하고, 뇌하수체의 뒤엽으로 수송한다. 뇌하수체 뒤엽에서 혈액으로 분비되고 인체 전체에 분배된다.
2. **시상하부는 두 개의 조절호르몬을 분비한다**(*The hypothalamus secretes two classes of regula-tory hormones*). **조절호르몬**(**regulatory hormones**)은 뇌하수체의 앞엽에서 내분비계통 세포를 조절한다. **분비호르몬**(**releasing hormones, RH**)은 한 가지 또는 그 이상의 호르몬을 뇌하수체 앞엽에서 분비하고 합성을 촉진시킨다. **억제 호르몬**(**inhibiting hormones, IH**)은 뇌하수체 호르몬의 분비와 합성을 억제한다. 이 호르몬은 뇌하수체 앞엽에서 분비되고 다른 내분비샘을 조절한다.
3. **시상하부는 교감신경이 부신 속질에서 호르몬을 생산하도록 조절한다**(*The hypothalamus controls sympathetic output to the adrenal medullae*). 시상하부는 부신 속질의 교감신경계의 작용을 통해 내분비세포를 조절하는 자율신경계를 가지고 있다. 교감신경계가 활성화되면, 부신 속질은 혈액으로 호르몬을 분비한다.

10

체크포인트

2. 호르몬을 정의하시오.
3. 각각의 세포의 호르몬에 대한 민감성을 판단하는 첫 번째 요소는 무엇인가?
4. cAMP를 통한 세포의 작용을 야기하는 호르몬의 활동에 영향을 미치는 아데닐산 고리화효소를 억제하는 분자는 어떻게 작용하는가?
5. 왜 cAMP는 이차 전령물질로 설명되는가?
6. 호르몬 분비를 조절하는 3가지 종류의 자극은 무엇인가?

책 뒷면에 있는 파란색 정답 탭을 참조.

10-3 두 개의 엽으로 이루어진 뇌하수체는 9가지 펩타이드 호르몬을 분비하는 내분비 기관이다

학습목표 뇌하수체의 위치, 호르몬, 기능에 대해 설명한다.

뇌하수체(**pituitary gland** 또는 **hypophysis**)는 작은 타원형의 샘으로 안장(sella turcica) 안에 있고, 머리뼈의 나비뼈 안 깊숙한 곳에 존재한다(그림

그림 10-4 내분비 기능에 대한 시상하부의 조절작용.

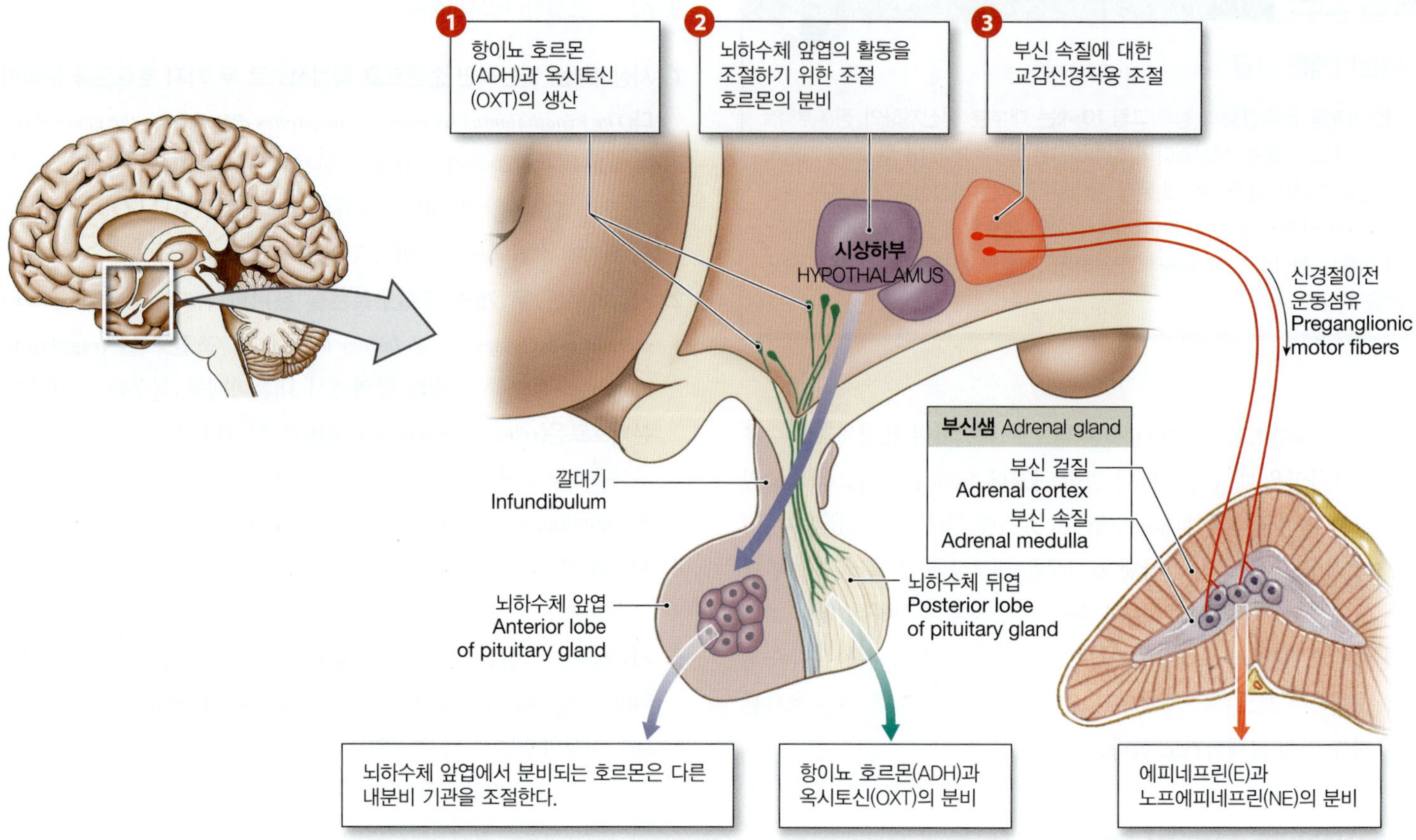

10-5). 시상하부 아래에 위치하고, **누두(infundibulum)**로 연결되어 있다. 뇌하수체는 복합적인 구조로 앞엽과 뒤엽으로 구분된다. 9가지 중요한 펩타이드 호르몬을 분비한다. 7가지는 앞엽에서 분비하고, 2가지는 뒤엽에서 분비한다. 9가지 모두 막 수용체에 작용하고, cAMP를 이차 전령물질로 이용한다.

뇌하수체 앞엽 The Anterior Lobe of the Pituitary Gland

뇌하수체 **앞엽(anterior lobe)**은 수많은 모세혈관그물에 둘러싸여 있는 내분비기관이다. 호르몬은 모세혈관을 통해 혈액으로 분비된다. 이 모세혈관그물은 **뇌하수체문맥계통**(*hypophyseal portal system*)이다.

뇌하수체문맥계통 The hypophyseal Portal System

시상하부는 조절 호르몬을 뇌하수체 앞엽으로 분비하여 호르몬 생산을 조절한다. 이 호르몬은 뇌하수체문맥계통 주변의 시상하부의 신경세포에 의해 분비된다. 이곳에서 호르몬은 투과성이 높은 모세혈관그물에 합류한다. 시상하부를 떠나기 전, 이 모세혈관그물은 앞엽으로 내려가는 조금 큰 혈관을 형성하고, 두 번째 모세혈관그물을 형성한다 (그림 10-6).

그림 10-6의 순환도를 참고하여, 하나의 모세혈관으로부터 다른 모세혈관으로의 혈액 흐름을 살펴보면, 혈액은 심장으로부터 작은 동맥을 통해 모세혈관그물로 흐르고, 큰 정맥을 통해 심장으로 돌아온다. 시상하부와 앞엽 사이와 같은 두 개의 모세혈관그물을 연결하는 혈관을 **문맥**(*portal vessel*)이라고 부른다. 문맥은 정맥의 구조와 같아서 운반 **정맥**(*portal vein*)이라고도 부른다. 이 전체 복합체를 **문맥계(portal system)**라고 한다.

모든 혈액은 일반적인 순환으로 돌아오기 전, 운반 혈관을 통해 표적세포에 도달한다. 뇌하수체와 관련된 운반 시스템을 **뇌하수체문맥계(hypophyseal portal system)**라고 부른다.

앞엽에서의 시상하부 조절작용 Hypothalamic Control of the Anterior Lobe

조절 호르몬은 시상하부에서 분비되고 뇌하수체문맥계를 통해 앞엽으로 전달된다. 뇌하수체 앞엽의 내분비세포는 분비호르몬(RH), 억제호르몬(IH) 또는 이 두 가지의 조합에 의해 조절된다.

음성되먹임이 시상하부에서 분비된 조절 호르몬의 적정비율을 조

그림 10-5 뇌하수체의 해부학적 위치.

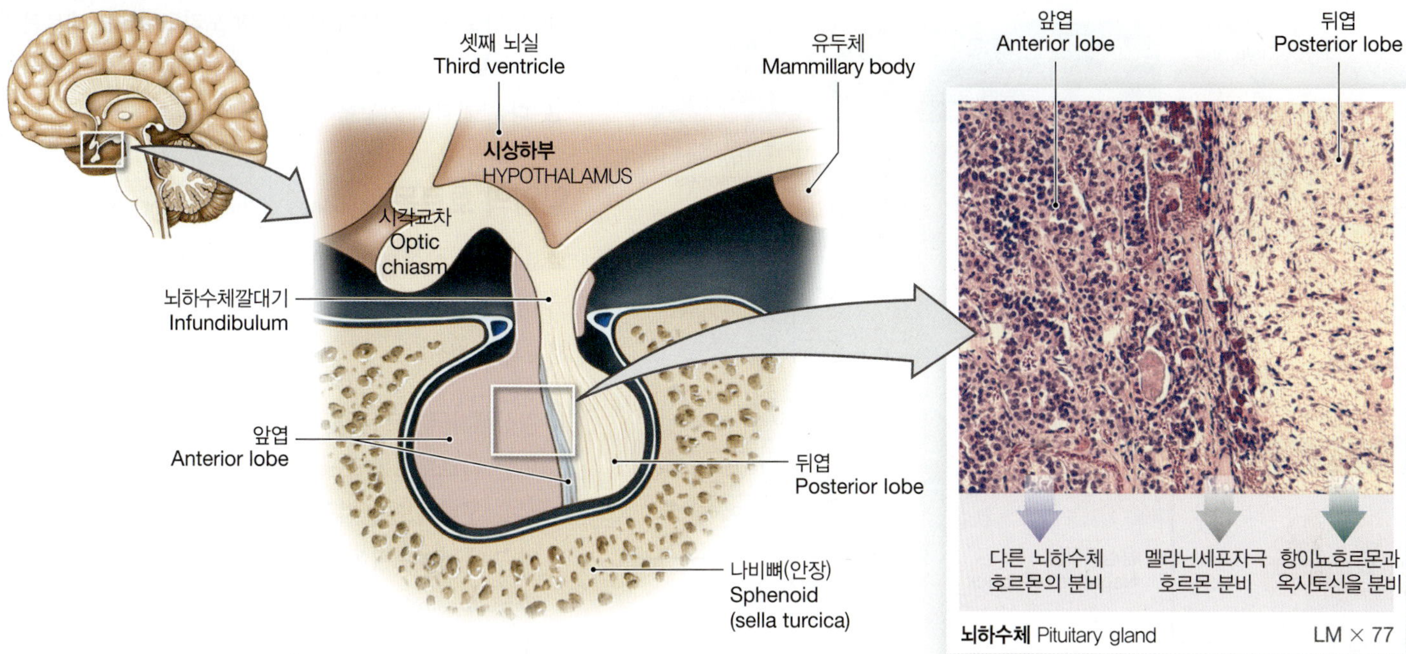

a 시상하부와 뇌하수체의 관계

b 뇌하수체 앞엽과 뒤엽의 조직학

그림 10-6 뇌하수체문맥계통과 혈액공급.

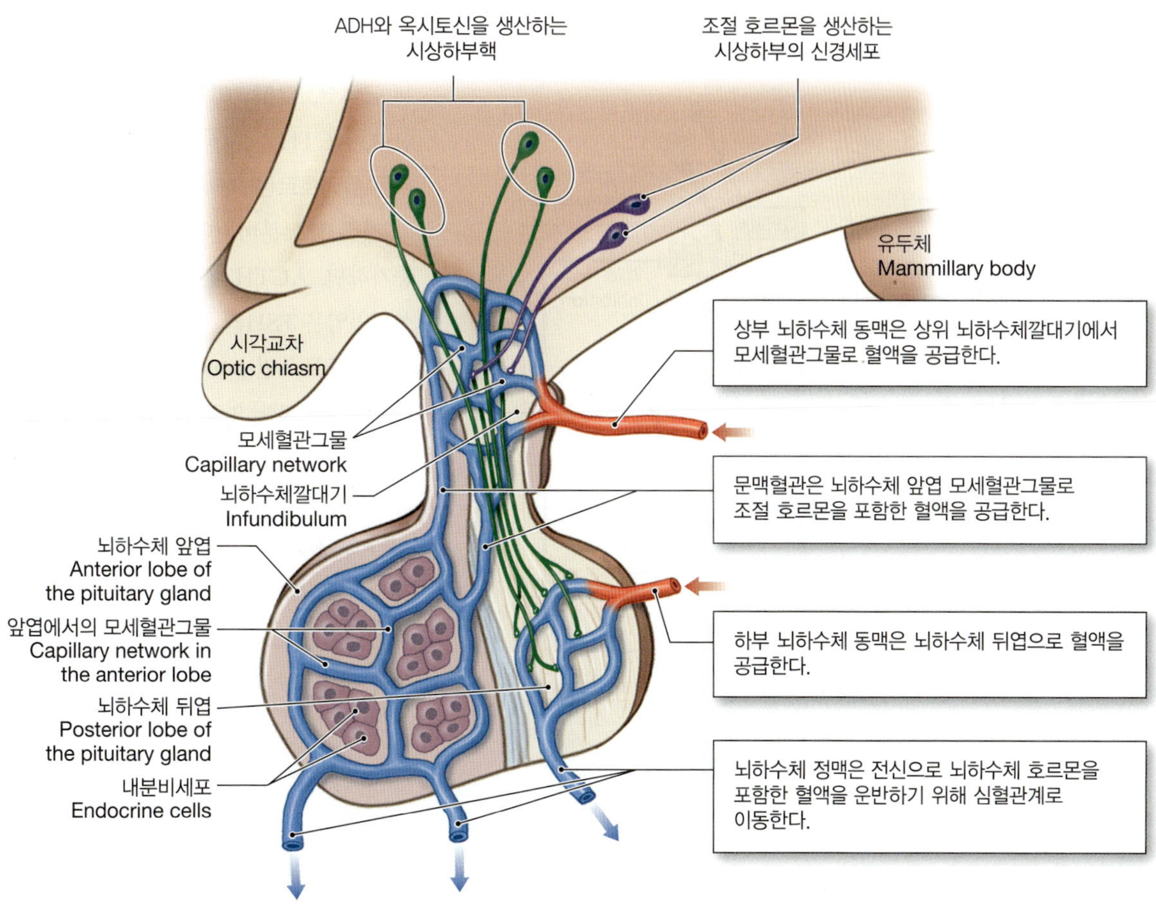

그림 10-7 내분비 작용의 음성되먹임 조절.

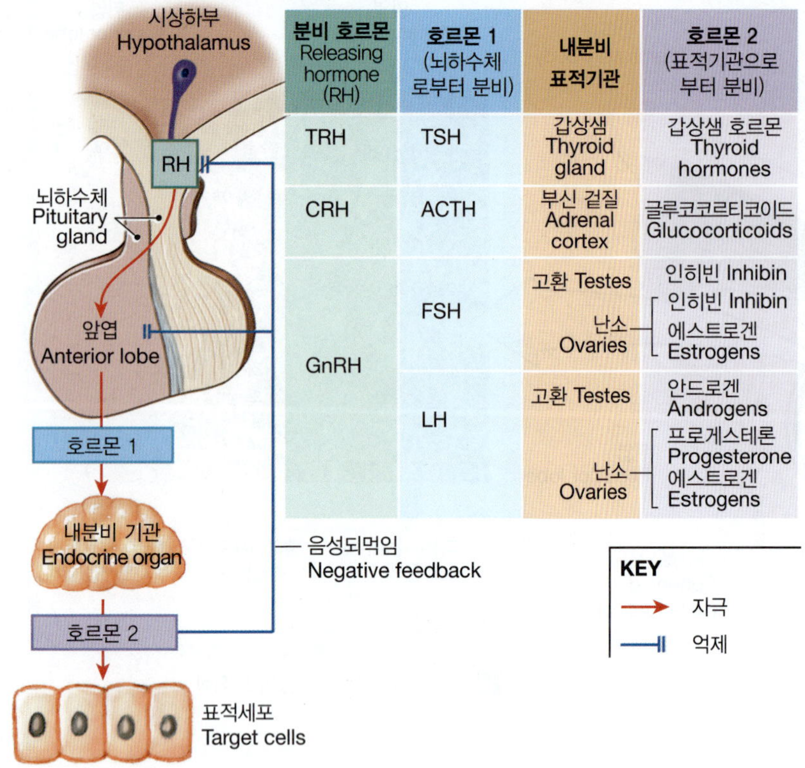

a 다양한 내분비 기관이 관련된 조절기전. 시상하부는 분비 호르몬(RH)을 생산하여 다른 샘에 의한 호르몬의 생산을 자극한다; 이는 음성되먹임에 의해 조절된다.

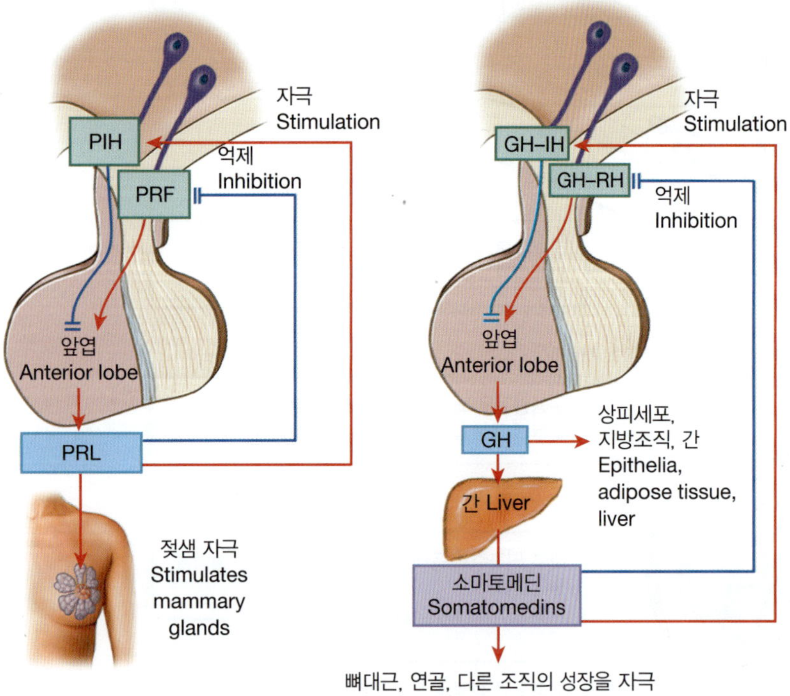

b 다양한 이론들. 왼쪽: 앞엽에서의 프로락틴(PRL) 생산의 조절. 이 경우, 시상하부는 분비와 억제 호르몬을 모두 생산한다; 하나가 자극되면 다른 하나는 억제된다. 오른쪽: 앞엽에서의 성장 호르몬(GH) 생산의 조절; GH-RH 분비가 억제되면, GH-IH 분비가 촉진된다.

절한다. 기본적인 조절 양상은 **그림 10-7**에 설명되어 있다. 뇌하수체 호르몬에 대해 살펴보려고 한다. 대부분의 조절 호르몬은 자극호르몬이고, 다른 내분비 샘을 자극하고, 다른 기관의 기능을 지지한다.

앞엽의 호르몬 Hormones of the Anterior Lobe

뇌하수체의 앞엽은 7가지 호르몬을 생산한다. 첫 번째 4가지 호르몬은 다른 내분비샘으로 하여금 호르몬을 생산하도록 조절한다.

1. **갑상샘자극호르몬(thyroid-stimulating hormone, TSH)**, 또는 티로트로핀(*thyrotropin*)은 갑상샘이 갑상샘 호르몬을 분비하도록 자극하는 호르몬이다. TSH는 시상하부에서 분비된 **갑상샘자극호르몬 유리호르몬**(*thyrotropinreleasing hormone, TRH*)에 반응하여 유리된다. 갑상샘 호르몬의 농도가 증가하면, TRH와 TSH의 생산이 감소한다(**그림 10-7a**).
2. **부신겉질자극성호르몬(adrenocorticotropic hormone, ACTH)**, 또는 **코르티코트로핀**(*corticotropin*)은 부신 겉질(*adrenal cortex*)에서 스테로이드 호르몬의 분비를 자극하는 호르몬이다. ACTH는 포도당 대사에 영향을 주는 **글루코코르티코이드**(*glucocorticoids*)의 생산을 자극한다. ACTH는 시상하부에서 분비된 **부신겉질자극호르몬 유리호르몬**(*corticotropin-releasing hormone, CRH*)의 자극으로 분비된다. 글루코코르티코이드의 농도가 증가하면, ACTH와 CRH의 생산이 감소된다. 이 음성되먹임은 TSH의 경우와 비슷하다(**그림 10-7a**).

   고나도트로핀(gonadotropin)은 여성과 남성의 생식기관(남성의 고환, 여성의 난소—호르몬뿐만 아니라 생식세포 생산)의 활성을 조절한다. 고나도트로핀의 생산은 시상하부로부터 **고나도트로핀-유리 호르몬**(*gonadotropin-releasing hormone, GnRH*)의 유리에 의해 자극된다. 비정상적인 고나도트로핀의 생산 저하는 **생식샘 기능저하증**(*hypogonadism*)을 일으킨다. 이 상황의 어린이는 성적 성숙 과정을 거치지 못한다. 어른의 경우는 남성의 경우 정자, 여성의 경우 난자의 기능이 생산되지 못한다. 앞엽은 난포자극호르몬(FSH), 황체형성호르몬(LH) 이 두 가지 고나도트로핀을 생산한다.
3. **FSH**는 여성의 난포와 난자 성숙을 촉진시키고, 황체

형성호르몬과 함께 난소에서 에스트로겐이 분비되는 것을 자극한다. 남성의 FSH는 고환에서 정자의 생산을 돕는다. 펩타이드호르몬인 **인히빈**(*inhibin*)은 고환과 난소에서 분비되어 TSH의 경우와 비슷하게 음성되먹임으로 FSH와 GnRH의 분비를 억제한다(**그림 10-7a**).

4. **LH**는 여성 생식세포 형성인 **배란**(*ovulation*)을 촉진시킨다. LH는 난소에서 임신을 가능하게 하도록 준비하는 호르몬인 에스트로겐과 **프로게스테론**(*progesterone*)의 분비를 촉진시킨다. 남성의 LH는 고환의 사이질세포에서 성 호르몬을 생산하도록 촉진하는 **사이질세포 자극 호르몬**(*interstitial cell-stimulating hormone*)이다. 남성 성 호르몬은 **안드로겐(androgen)**이다. 가장 중요한 성호르몬이 **테스토스테론**(*testosterone*)이다. LH 생산은 FSH 생산과 마찬가지로 시상하부에서 분비되는 GnRHdp 의해서 자극된다. 에스트로겐, 프로게스테론, 안드로겐은 GnRH 생산을 억제한다(**그림 10-7a**).
5. **프로락틴(prolactin)**, 또는 **PRL**은 젖샘 분비를 자극하는 호르몬이다. 임신기간과 수유기간 동안 PRL은 젖샘에서 모유 생산을 자극한다. 남성에서 프로락틴의 영향은 많이 알려지지 않았지만, 안드로겐 생산의 조절을 돕는 역할을 한다. PRL 생산은 시상하부에서 분비되는 프로락틴-분비 인자(PRF)에 의해 자극된다. 순환하는 PRL은 시상하부에서 분비되는 프로락틴-억제 호르몬을 자극하고, 이는 PRF의 분비를 억제한다. 이 조절 작용은 **그림 10-7b**에서 설명되고 있다.
6. **GH**, **사람 성장 호르몬**(*human growth hormone*, hGH) 또는 **소마토트로핀**(*somatotropin*)은 세포 성장을 자극하고, 단백질 합성을 조절한다. 뼈대근 세포와 연골세포는 특별히 GH에 민감하다. 그러나 거의 모든 조직은 어느 정도 반응한다.

GH는 직접, 간접적으로 성장을 자극한다. 간접적으로 촉진하는 방법은 간세포가 **소마토메딘(somatomedin)** 또는 **인슐린 유사 성장인자**(*insulinlike growth factors*)를 합성하고 분비함으로 GH에 반응하는 것이다. 이 펩타이드 호르몬은 다양한 세포막 수용체에 작용한다. 소마토메딘은 아미노산이 새로운 단백질과 결합하면 증가한다. 이 효과는 GH가 분비된 이후에 즉시 일어난다. 식사 후에 혈당과 아미노산이 농도가 증가되었을 때, 이 작용이 중요하다.

직접적으로 촉진하는 방법은 보다 선택적이다. 이는 저장된 에너지를 동원하는 역할을 한다. 혈당과 아미노산 농도가 정상적으로 돌아온 후에야 활성이 나타난다.

- 상피세포와 결합조직에서 GH는 줄기세포 분열과 딸세포 분화를 자극한다. (소마토메딘이 그 이후 이 딸세포의 성장을 자극한다.)
- 지방세포에서 GH는 저장된 지방의 분해를 자극하고 지방산을 혈액으로 분비시킨다. 많은 조직이 포도당 분해를 멈추고 지방산 분해를 시작하여 ATP를 생산한다. 이 과정이 포도당 보존 효과이다.
- 간에서 GH는 글리코겐의 분해를 자극하고 혈액으로 포도당의 분비를 촉진한다. 대부분의 조직이 지방산의 대사에 관여하고 있으므로 혈당 농도가 정상보다 높아진다.

GH 생산은 시상하부에서 분비되는 **성장 호르몬-유리 호르몬**(*growth hormone–releasing hormone, GH-RH*)과 **성장 호르몬-억제 호르몬**(*growth hormone–inhibiting hormone, GH-IH*)에 의해 조절된다. 소마토메딘은 GH-IH를 자극하고 GH-RH를 억제한다. 이 조절작용은 **그림 10-7b**에서 설명되어 있다.

7. **멜라닌세포자극호르몬(melanocyte-stimulating hormone, MSH)**은 피부의 멜라닌세포를 자극하여 멜라닌의 생성을 증가시킨다. MSH는 어류, 양서류, 파충류, 영장류보다는 포유류에서 피부와 머리털의 색을 조절하는 중요한 역할을 한다. 사람에게 MSH이 생산은 태양에 노출된 피부에서 나타난다. 성인의 뇌하수체 MSH 생산 세포는 기능을 수행하지 않고, 순환하는 혈액에 MSH가 존재하지 않는다. 하지만 사람의 뇌하수체는 (1) 태아기, (2) 영유아기, (3) 임신한 여성, (4) 질병상황에서 MSH를 분비한다. MSH의 기능은 잘 알려지지 않았다. MSH의 합성은 피부를 어둡게 하고, MSH는 햇빛 없이 피부를 그을리는 "썬텐" 방법으로 제안되고 있다.

뇌하수체 뒤엽 The Posterior Lobe of the Pituitary Gland

뇌하수체의 **뒤엽(posterior lobe)**에는 두 가지 다른 종류의 시상하부 신경세포로부터 오는 축삭이 존재한다. 한 종류는 ADH를 합성하고, 다른 종류는 옥시토신을 합성한다. 이 호르몬은 깔대기에서부터 뒤엽으로 뻗어 있는 축삭을 따라 운반된다(**그림 10-6**).

ADH는 **바소프레신**(*vasopressin*)으로 체액이 부족할 때 분비된다. 혈액내 전해질의 농도가 증가(삼투 농도의 증가)되거나 혈액 부피 감소 또는 혈압이 떨어졌을 때 분비가 촉진된다. 시상하부의 **삼투수용체**(*osmoreceptors*)에서 삼투 농도가 증가되었음을 감지하고, 시상하부 신경세포를 자극하여 ADH를 분비하게 한다.

이뇨(*diuresis*)는 소변의 증가를 나타내고, ADH의 주된 기능은 소변량을 감소시키는 것이다. 소화기관으로 흡수된 수분이 재흡수되고 용질의 농도가 감소하게 된다. ADH는 **혈관 수축**(*vasoconstriction*)을 일으켜서 혈압을 상승시킨다. 알코올은 ADH 분비를 억제한다. 이는 알코올 음료를 마실 때 소변의 양이 증가하는 이유이다.

여성에게 **옥시토신(oxytocin)**, **OXT**는 자궁벽 민무늬근육 수축을

10

자극하고 분만을 촉진한다. 만삭이 될 때까지 자궁근육은 옥시토신에 민감하지 않지만, 분만 시에 민감해진다. 옥시토신에 의한 자궁 근육의 자극은 분만을 돕는다(20장 참조).

옥시토신은 젖샘에서 모유분비를 촉진한다. 분만 이후, 옥시토신은 젖샘의 관과 분비세포를 둘러싼 수축성 세포의 수축을 촉진한다. "젖 분출반사"에서 옥시토신은 젖먹이에 반응하여 분비되고 유방으로부터 모유의 분비를 촉진한다.

성적 활동에서 옥시토신의 기능은 아직 불명확하지만, 남성 여성 모두에서 성적 흥분과 오르가즘의 절정에서 순환하는 옥시토신이 증가되어 있다고 알려져 있다. 남성에게 옥시토신은 전립샘의 정관 벽에서 민무늬근의 수축을 촉진시키고, 사정 이전 남성 생식기관으로 다른 샘의 분비물이나 정자, 전립샘 분비물의 분출인 **사정**(*emission*)에서 중요한 역할을 수행한다. 여성의 경우, 성행위 중 분비된 옥시토신은 자궁과 질의 민무늬근 수축을 자극하고 자궁관으로 정자의 이동을 촉진시킨다.

그림 10-8과 **표 10-1**에서 뇌하수체 호르몬에 대하여 설명하고 있다.

체크포인트

7. 만약 탈수증상이 나타난다면, 뇌하수체 뒤엽에서의 ADH 분비는 어떻게 되겠는가?
8. 혈액 내 소마토메딘이 증가하면, 어떤 뇌하수체 호르몬이 증가하겠는가?
9. 어떤 효과가 뇌하수체에서 ACTH를 분비시키고, 부신 겉질에서 코티솔 분비를 증가시키는가?

책 뒷면에 있는 파란색 정답 탭을 참조.

그림 10-8 뇌하수체 호르몬과 그 표적기관.

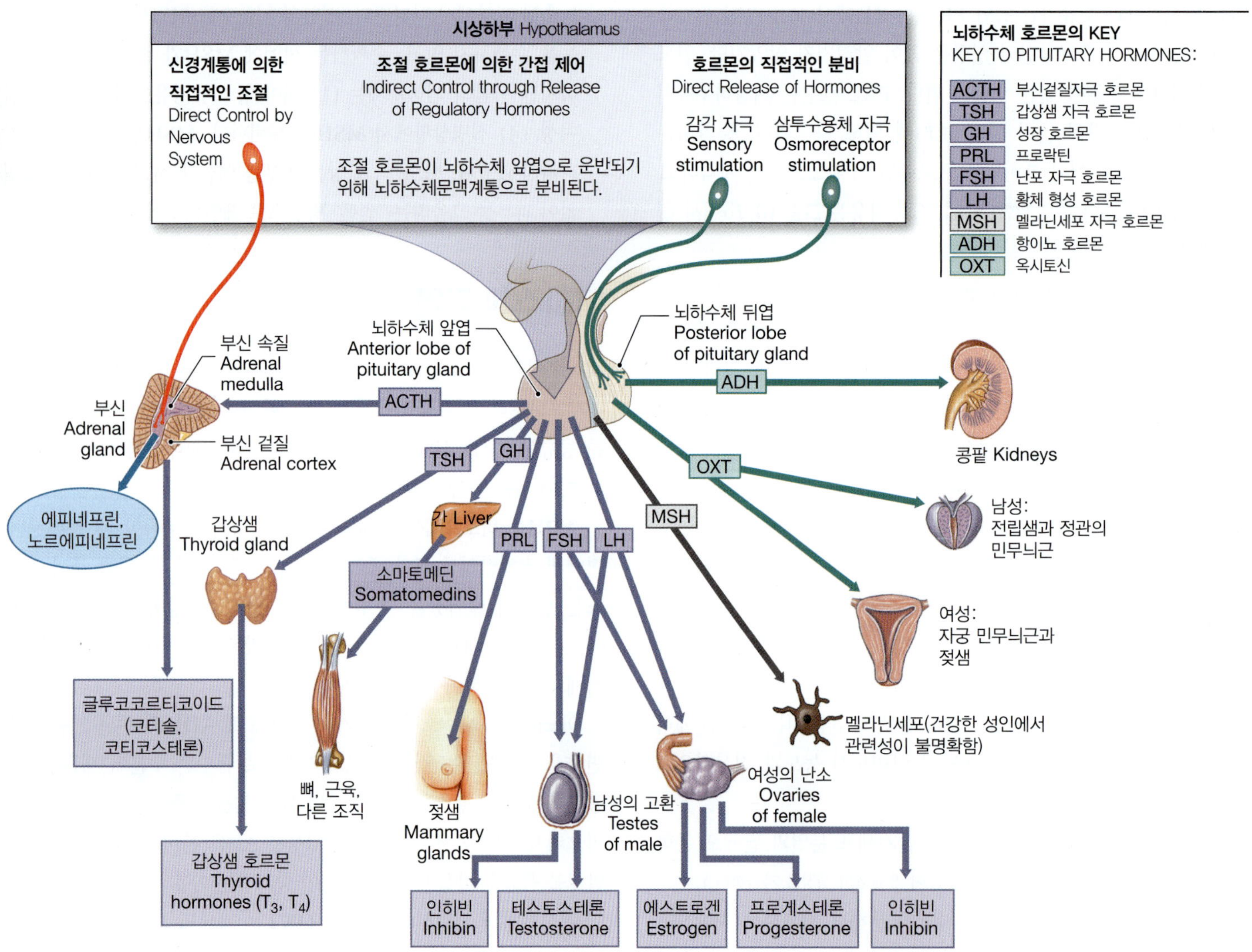

임상노트

바소프레신 Vasopressin

항이뇨호르몬(*Antidiuretic hormone, ADH*), **바소프레신**(*vasopressin*)은 뇌하수체 후엽에서 분비되는 호르몬이다. 이는 콩팥에서 수분의 분비를 감소시키고, 말초혈관의 수축을 야기한다. 이러한 기전으로 혈압을 증가시킨다.

바소프레신 농도가 필요한 ADH의 효과보다 더 높게 존재하면, 혈관 수축의 특성이 증가하게 된다. 이럴 경우, 바소프레신은 질병의 치료제로 사용된다. 부작용은 메스꺼움, 위장경련, 대변 충동, 기관지 수축, 피부 창백함이 있다. 여성에게 자궁수축도 일어날 수 있다.

10-4 갑상샘은 후두 앞쪽에 존재하고 호르몬 합성을 위해 요오드를 필요로 한다

학습목표 갑상샘의 위치, 호르몬, 기능에 대해 설명한다.

갑상샘(thyroid gland)은 기도 앞쪽, 갑상연골(*thyroid cartilage*) 아래, 후두 표면의 앞쪽에 위치한다(**그림 10-9a**). 갑상샘의 두 엽은 갑상샘 잘룩(*isthmus*)에 의해 연결된다. 많은 양의 혈액으로 인해 갑상샘은 암적색을 띠고 있다.

임상노트

요붕증 Diabetes Insipidus

당뇨병은 여러 증상이 나타나는 질병으로, 다뇨가 특징적이다. 대부분 내분비계통의 장애로 인해 발생하지만, 콩팥의 물리적인 손상에 의해 발생하기도 한다. 가장 중요한 두 가지는 진성 당뇨병과 요붕증이다(당뇨병은 p. 410에서 설명되어 있다).

요붕증은 뇌하수체 뒤엽이 적정량의 ADH를 분비하지 못하거나, 콩팥이 ADH에 반응하지 못할 때, 나타난다. 콩팥에서 수분조절이 실패하고, 소변으로 많은 양의 수분이 분비된다. 결과적으로 갈증을 느끼게 되지만, 인체는 수분을 재흡수하지 못한다. 경증에서는 수분과 전해질을 공급해주는 것 외에 별다른 치료가 필요하지 않지만, 중증의 경우 체액손실이 하루에 10리터까지 이를 수 있고, 치료받지 않으면, 치명적인 탈수가 일어날 수 있다.

갑상샘 소포와 갑상샘 호르몬

Thyroid Follicles and Thyroid Hormones

갑상샘은 단층입방상피가 연결된 **갑상샘 소포(thyroid follicles)**로 이루어져 있다(**그림 10-9b,c**). 각각의 소포 사이의 공간은 단백질과 갑상샘 호르몬을 포함하는 콜로이드(*colloid*)로 이루어져 있다. 모세혈관그물

표 10-1 뇌하수체 호르몬

뇌하수체 엽/호르몬(Pituitary Lobe/Hormones)	**표적세포**(Target)	**호르몬 효과**(Hormonal Effects)
앞엽(ANTERIOR LOBE)		
갑상샘 자극 호르몬(Thyroid-stimulating hormone, TSH)	갑상샘	갑상샘 호르몬 분비
부신겉질자극호르몬 (Adrenocorticotropic hormone, ACTH)	부신 겉질	글루코코르티코이드(코티솔, 코티코스테론) 분비
생식샘 호르몬(*Gonadotropins*):		
난포 자극 호르몬(Follicle-stimulating hormone, FSH)	난소의 난포세포	에스트로겐 분비, 난포 발달
	고환의 버팀세포	정자 성숙
황체 형성 호르몬(Luteinizing hormone, LH)	난소의 난포세포	배란, 황체 형성, 프로게스테론 분비
	고환의 사이질세포	테스토스테론 분비
프로락틴(Prolactin, PRL)	젖샘	모유 생산
성장 호르몬(Growth hormones, GH)	**모든 세포**(All cells)	**성장, 단백질 합성, 지방의 동원과 분해대사**
멜라닌세포 자극 호르몬 (Melanocyte-stimulating hormone, MSH)	피부의 멜라닌세포	표피에서 멜라닌 합성 증가
뒤엽(POSTERIOR LOBE)		
항이뇨호르몬(Antidiuretic hormone, ADH)	콩팥	수분재흡수, 혈액량 증가, 혈압 상승
옥시토신(Oxytocin, OXT)	자궁, 젖샘(여성)	분만시 자궁수축, 모유분비
	정관, 전립샘(남성)	정관과 전립샘의 수축

그림 10-9 갑상샘.

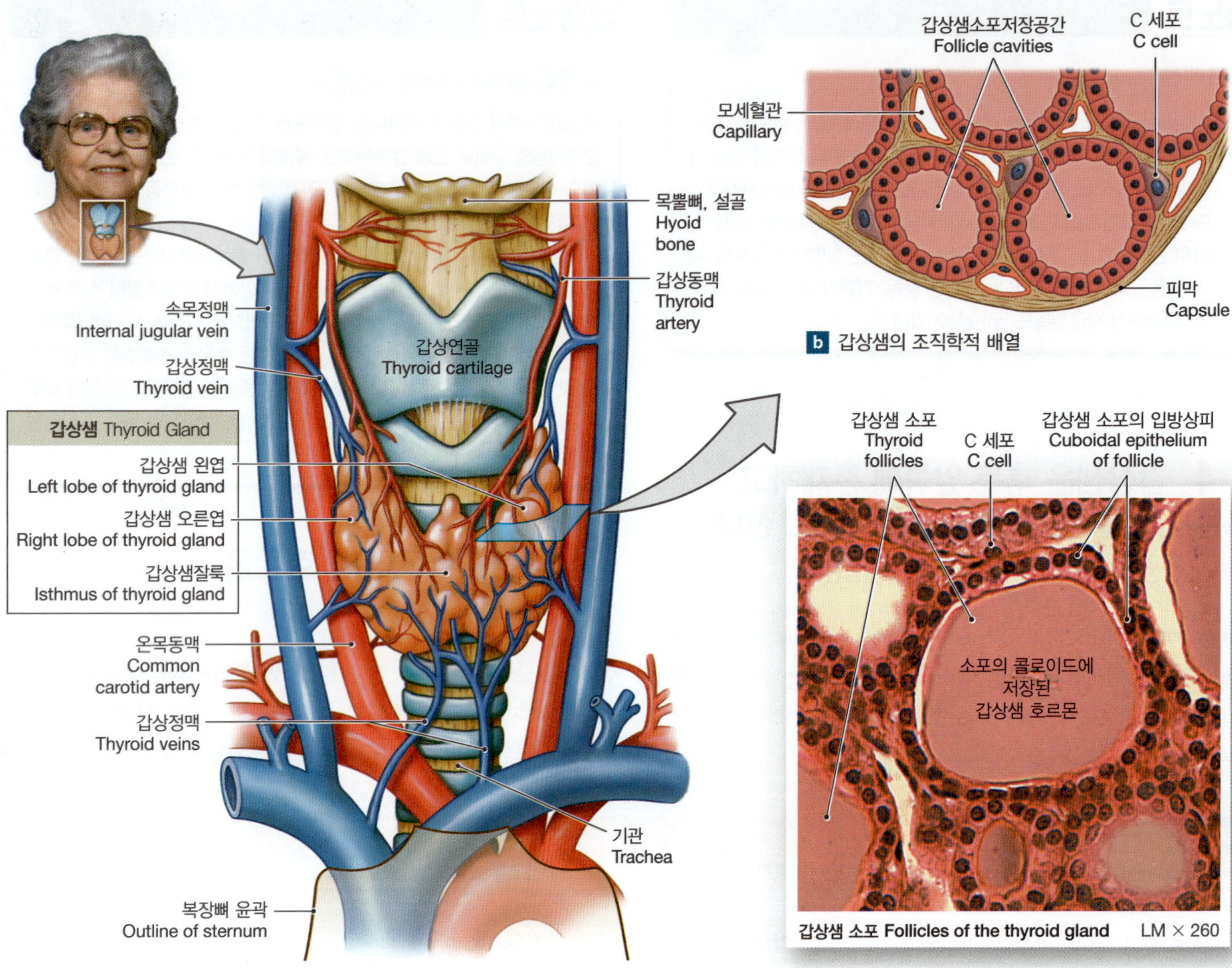

b 갑상샘의 조직학적 배열

a 갑상샘의 해부학적 위치

c 갑상샘의 조직학적 세부사항

은 각각 소포를 둘러싸고 있다. 이들은 영양소와 조절 호르몬을 샘세포로 운반하고 분비물과 대사물질을 취한다.

갑상샘 호르몬은 소포 상피세포에서 성숙하고, 소포 공간에 저장된다. 뇌하수체 앞엽에서 분비된 TSH의 자극으로 상피세포가 소포 공간으로부터 호르몬은 제거하고 혈액으로 분비시킨다. 그러나 대부분의 분비된 갑상샘 호르몬은 혈액에서 원형질 단백질에 반응하여 불활성화 상태이다. 단백질과 반응하지 않은 극소량의 호르몬이 인체 조직의 표적세포로 이동한다. 단백질과 반응하지 않은 호르몬의 농도가 감소함에 따라, 원형질 단백질은 추가로 단백질과 반응하는 호르몬을 분비한다. 단백질과 반응하는 호르몬은 상당량이 보존된다. 실제로 혈액 내에는 일주일 분량 이상의 갑상샘 호르몬이 존재한다.

갑상샘 호르몬은 요오드 원자가 부착할 수 있는 아미노산 티로신의 분자로부터 파생된다. **티록신(thyroxine)** 호르몬은 요오드 4개의 원자를 포함한다. 이것은 **사요오드티로닌**(*tetraiodothyronine*), 또는 **T4**이다. 티록신은 갑상샘에서 분비되는 호르몬의 대략 90%를 차지한다. **삼요오드티로닌(triiodothyronine)**, 또는 **T3**는 3개의 요오드 원자를 가진다.

갑상샘 호르몬은 인체 대부분의 세포에 영향을 준다. 세포 내에서, 갑상샘 호르몬은 미토콘드리아와 핵의 수용체에 반응한다(그림 10-3b). 갑상샘 호르몬이 미토콘드리아에 부착되면, ATP 생산이 증가된다. 핵에서의 갑상샘 호르몬과 수용체의 복합체는 해당작용과 에너지 생산에 관련된 효소의 합성에 관여하는 유전자를 활성화시킨다. 그 결과, 세포에서 대사율과 산소 소비가 증가한다. 세포가 더 많은 에너지를 소모하므로, 이 효과를 갑상샘 호르몬의 **열생산 효과(calorigenic**

그림 10-10 칼슘 이온 농도의 항상성 조절.

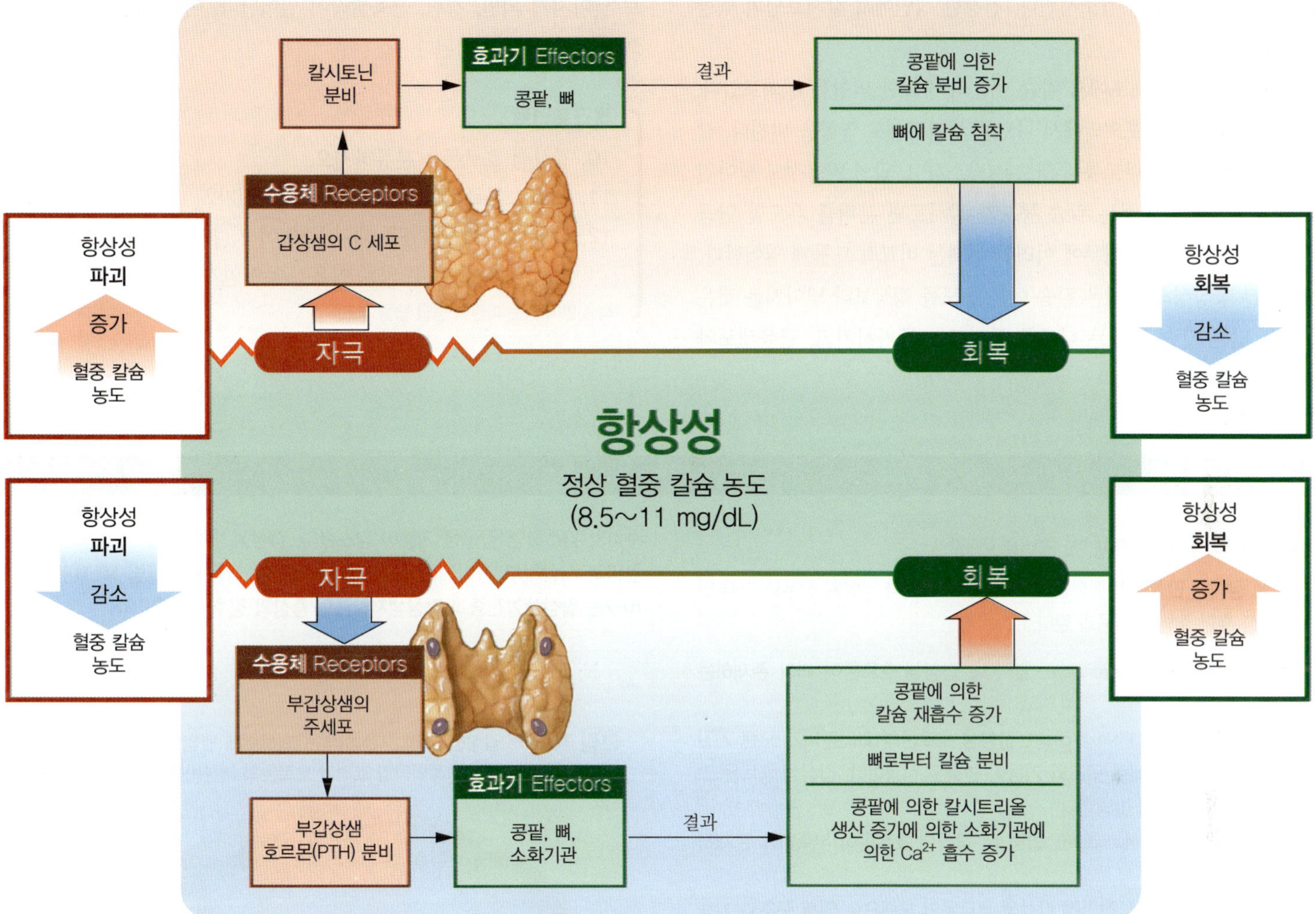

effect)라고 한다. 대사율이 증가하면 더 많은 열이 생성되어 체온이 상승한다. 성장기 어린이에게 갑상샘 호르몬은 뼈대, 근육, 신경계통의 발달에 필수적이다.

갑상샘 호르몬이 정상적으로 생산되면 세포 대사율이 유지된다. 갑상샘 호르몬은 뼈대, 근육, 간, 심장, 콩팥을 포함하는 조직, 장기에 일차적으로 영향을 미친다. 갑상샘 호르몬의 분비 과다 또는 저하는 많은 대사 문제를 야기한다. 부적절한 요오드 섭취가 갑상샘 호르몬의 합성 불능을 초래한다. 이 상황에서 TSH 자극이 계속되면, 갑상샘 소포가 기능불능의 분비로 인해 팽대해진다. 그 결과 갑상샘이 비대해지거나, **갑상샘종**(*goiter*)이 생긴다. 갑상샘종은 사이즈가 다양하다. 큰 갑상샘종은 숨쉬기와 삼키기를 방해한다. 이것은 미국에 사는 전형적인 미국인들은 요오드 섭취가 일일 요구량의 3배 이상 공급되기 때문에 발생하지 않는다. 조리 과정에서 요오드화 소금을 사용함으로 인해 과도하게 섭취하게 된다.

갑상샘의 C 세포와 칼시토닌

The C Cells of the Thyroid Gland and Calcitonin

C 세포(**C cell**), **소포곁세포**(parafollicular cells)는 소포세포와 기저막 사이에 위치하는 내분비세포이다(**그림 10-9b,c**). C 세포는 **칼시토닌**(**calcitonin**)을 생산한다. 칼시토닌은 체액의 칼슘 이온을 조절한다.

칼시토닌 분비의 조절은 시상하부 또는 뇌하수체에 의해 이루어진다. **그림 10-10**에서 보듯이, 혈액의 칼슘 이온 농도가 증가하면 C 세포는 칼시토닌을 분비한다. 표적조직은 뼈와 콩팥이다. 칼시토닌은 뼈로부터 칼슘의 분비를 감소시키는 파골세포를 억제하고 콩팥에서 칼슘 분비를 촉진한다. 혈액 내 칼슘 농도가 감소되면 C 세포의 역할이 "제거"된다.

칼시토닌은 유년기에 가장 중요한 역할을 한다. 칼시토닌은 뼈의 성장과 뼈대에서 칼슘 축적을 자극한다. 이는 산모의 뼈대가 칼슘 이온을 흡수하여 태아를 성장시키는 임신후기 기간과 장기간의 기아상태에서 골부피 저하를 감소시킨다. 건강한 성인에서 칼시토닌의 역할은 명확하지 않다.

근육세포와 신경세포에서 칼슘 이온의 중요한 역할을 살펴보았다. 칼슘 이온 농도는 세포외막에서 나트륨 투과도에도 영향을 미친다. 칼슘 농도가 증가하면 나트륨 투과도는 감소하고, 막의 반응성도 낮아진다. 정상적인 상황에서는 칼슘 농도가 칼시토닌 분비를 유도할 만큼 충분히 증가하지 않기 때문에 이러한 문제는 비교적 드물게 일어난다.

대부분 항상성의 적정은 칼슘 이온 농도를 정상보다 낮아지는 것은 막는다. 낮은 칼슘 농도는 나트륨 투과도를 증가시키고, 근육세포와 신경세포가 극도로 흥분되기 때문에 위험하다. 만약 칼슘 농도가 극도로 낮아지게 되면, 경련, 근육발작이 일어난다. 이런 현상은 부갑상샘의 작용에 의해 방지된다.

체크포인트

10. 갑상샘 호르몬을 분류하시오.
11. 요오드 부족의 증상과 징후는 무엇인가?
12. 갑상샘이 제거되었을 때, 일주일이 지나서도 갑상샘 호르몬 저하의 징후를 볼 수 없는 이유는 무엇인가?

책 뒷면에 있는 파란색 정답 탭을 참조.

임상노트

10

갑상샘 장애 Disorders of the Thyroid Gland

갑상샘 장애는 만성적인 질환일 경우가 많다. 그러나 급성일 경우도 가끔 있다. 가장 흔한 질병은 다음과 같다.

- **갑상샘항진증**(*Hyperthyroidism*). 혈액 내 갑상샘 호르몬이 과다 존재하는 경우.
- **갑상샘 중독발작**(*Thyrotoxic crisis*). 갑상샘 호르몬의 과다분비가 오랜 기간 인체에 노출된 상태로 구조와 기능이 변화된 상황이다. 갑상샘 중독은 그레이브스병에 의해 발병한다.
- **갑상샘저하증**(*Hypothyroidism*). 혈액 내 갑상샘 호르몬이 부족하게 존재하는 경우.
- **점액수종**(*Myxedema*). 장기간 갑상샘 호르몬의 부족으로 인해 구조와 기능이 변화된 상황이다.

갑상샘의 기능 이상을 초래하는 위험요소는 다음과 같다:

- 여성
- 노화
- 개인적인 병력
  - 갑상샘종
  - 수술이나 갑상샘에 영향을 미치는 방사선치료
  - 당뇨병, 백반증, 악성빈혈, 백색털증 등의 자가면역질환
  - 리튬 또는 요오드를 함유하는 화합물의 사용
- 가족 병력:
  - 갑상샘 질병
  - 악성빈혈
  - 당뇨병
  - 1차 부신기능부전증

갑상샘은 뇌하수체 앞엽에서 분비되는 갑상샘자극호르몬(TSH)에 의해 조절된다. 뇌하수체 앞엽은 시상하부에서 분비되는 갑상샘자극호르몬 유리호르몬에 의해 조절된다. TSH 수치가 증가하면 갑상샘 기능이 증가하고, TSH 수치가 감소하면 갑상샘 기능이 감소한다. 갑상샘, 뇌하수체 앞엽과 시상하부 사이에는 음성되먹임 기전이 작용한다(**그림 10-11**). **표 10-2**는 갑상샘항진증과 갑상샘저하증의 증상과 징후의 비교이다.

그림 10-11 갑상샘 고리. 시상하부는 뇌하수체 앞엽을 조절하고, 이는 갑상샘을 조절한다. 음성되먹임 고리가 호르몬의 과분비를 막는다.

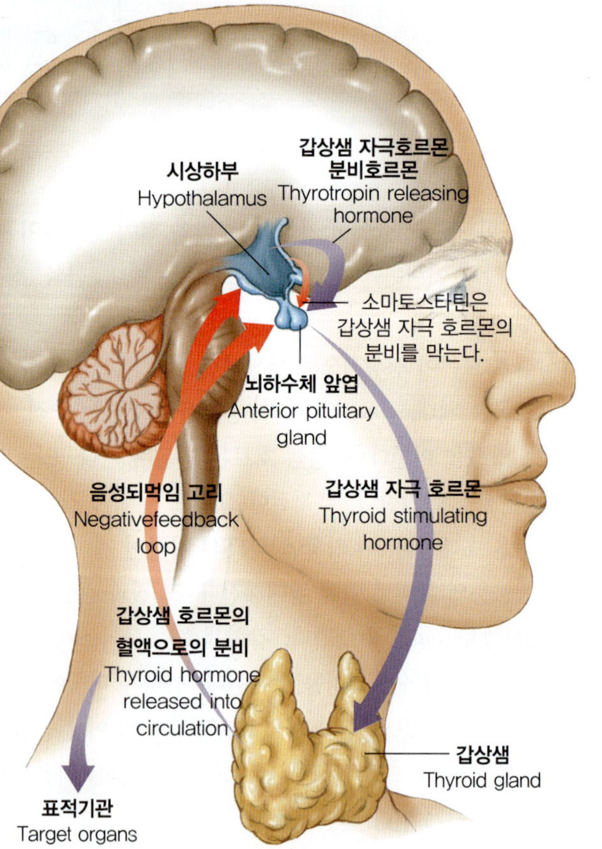

그레이브스병 Graves' Disease

그레이브스병은 순환하는 갑상샘 호르몬의 과다로 발생한다. 그레이브스병 환자의 대략 15%가 이 질병을 앓고 있는 가까운 친척이 있고, 이는 유전적 성향이 강한 질병임을 암시한다. 그레이브스병은 20~30대 젊은 성인에게 있어서, 남성보다 여성에서 대략 6배 높은 발병률을 보이고 있다.

그레이브스병은 자가면역질환이다. 갑상샘을 자극하는 자가항체가 갑상샘 호르몬의 과다 분비를 촉진한다(그림 10-12). 갑상샘 호르몬의 과다 분비와 자가항체 그 자체로 인해서도 기관의 기능이 변화한다.

그레이브스병의 증상 및 징후는 불안, 정서적 불안정, 불면증, 더위를 못 참고, 식욕은 증가하는데, 체중은 감소하며, 연약함, 호흡 곤란, 빠른맥 혹은 심장질환 병력이 없는 경우의 원발성 심방세동이 있다. 심혈관계의 징후가 노년층에 더 잘 나타나는 것에 반해, 신경계통의 징후는 젊은이의 경우 보다 잘 나타난다. 갑상샘 조직이 자가항체에 과다 노출되면, 갑상샘이 비대해지는 갑상샘종이 발생하지만, 눈확 조직이 갑상샘을 자극하는 자가항체에 과다 노출되면, 안구돌출증이 발생한다.

심장 장애는 그레이브스병에 의해 발생할 수 있는 갑상샘중독증을 일으키는 응급상황이다. 프로프라놀롤과 같은 β-아드레날린성 억제제가 심장 스트레스를 감소시키지만, 이 약제는 심장결손이나 천식의 병력이 없는 환자에게만 사용할 수 있다. 덱사메타손과 같은 글루코코르티코이드 치료는 순환하는 T_4의 수치를 빠른 시간 안에 감소시킬 수 있다.

표 10-2 갑상샘 질병의 주요 증상과 징후

갑상샘저하증(Hypothyroidism)	갑상샘항진증(Hyperthyroidism)
피로	피로
체중 증가	체중 감소
추위 못견딤	더위 못견딤
피부 건조	축축한 피부(다한증)
머리카락 건조 또는 감소	부드럽고 양호한 머리카락
우울증	신경예민
치매	불면증
	진전
근육경련과 근육통	근육약화
	호흡곤란
느린맥	빠른맥
	촉진
변비	과배변
불임	
부종	
월경 불규칙(생리통 증가)	월경 불규칙(생리통 증가)

참고문헌: "American Thyroid Association Guidelines for Detection of Thyroid Dysfunction." *Archives of Internal Medicine* 160 (2000): 1573-75.

그림 10-12 그레이브스병. 갑상샘항진증은 순환하는 갑상샘 호르몬의 증가로 발생한다.

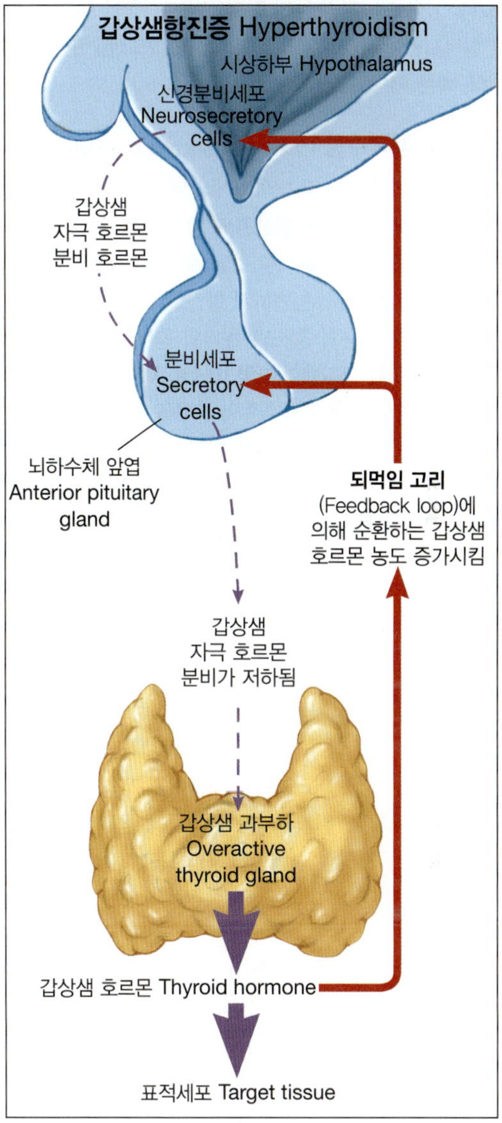

갑상샘 중독발작 Thyrotoxic Crisis (Thyroid Storm)

갑상샘 중독발작은 48시간 내에 치료받지 않으면 치명적인, 생명을 위협하는 응급상황이다. 외상이나 감염 등의 생리학적 스트레스와 관련되어 있고, 정신적인 스트레스와는 가끔 관련이 있기도 하다. 갑상샘 지능저하증으로 인한 갑상샘 호르몬의 과다복용에 의해서 발생할 수도 있다.

갑상샘 중독발작의 기전은 불명확하다. 갑상샘 호르몬 수치의 급성 증가가 원인이 될 증거도 불명확하다. 대부분의 경우 갑상샘 중독발작은 혈액 내에서 단백질에 반응하고 있던 갑상샘 호르몬이 자유 호르몬의 상태로 변환하면서 발생한다. 자유 호르몬의 갑작스런 증가가 갑상샘을 자극하기 때문에 발병한다.

갑상샘 중독발작의 증상 및 징후는 극도의 대사과다, 자율신경계통의 반응증가이다. 고열, 자극 감수성, 섬망, 혼수, 빠른맥, 저혈압, 구토, 설사 등이

(계속)

있다. 미열과 무기력 등의 경증도 존재한다.

갑상샘 중독발작의 증상 및 징후가 나타나면, 현장에서는 산소요법, 환기보조, 체액보충, 심장 모니터링 등의 지지요법에 중점을 두고 치료에 임한다. 이송시간이 길어지면, 글루코코르티코이드와 β-아드레날린성 억제제가 도움을 줄 수 있다. 빠른 이송이 최적의 치료이다.

갑상샘저하증과 점액수종 Hypothyroidism and Myxedema

갑상샘저하증은 선천적이거나 후천적이거나 남녀 모두에게 영향을 미친다. 최근 중년 여성의 갑상샘저하증 발생률의 증가는 실제 발생률이 증가했을 수도 있지만, 진단기술의 발전에 의한 것일 수도 있다. 중년과 노년층에서의 점액수종 환자는 응급상황에서 빈번하게 발견할 수 있다.

갑상샘저하증은 대사작용의 감소와 초기의 경우, 기관의 기능저하, 감염 등에 대한 반응의 저하를 나타낸다(그림 10-13). 시간이 지남에 따라, 치료받지 않은 심한 갑상샘저하증은 점액수종의 징후를 보인다. 이는 심장과 같은 다른 조직과 피부의 결합조직의 비대를 나타낸다. 점액수종 환자는 체온저하, 호흡저하가 동반되면 치명적일 수 있는 **점액수종성** 혼수(*myxedema coma*)라 불리는 혼미상태를 나타낸다. 점액수종성 혼수를 촉진시키는 요소는 감염, 트라우마, 추위, 알코올이나 다른 약물로 인한 CNS 억제제에 노출된 경우이다.

갑상샘저하증의 초기 징후는 감지하기 어렵다. 징후는 느려진 정신상태, 피로와 같이 약한 반응이다. 갑상샘저하증과 점액수종 환자 모두 무기력, 추위를 못견딤, 변비, 정신적인 기능감소, 식욕은 저하되는데 체중은 증가하는 상태를 보인다. 또한 깊은 힘줄 반사의 이완 단계가 느려진다. 점액수종은 무감각하고, 부어 있는 얼굴, 머리카락이 가늘어지고, 창백해지며, 혀가 비대해지고, 피부가 차가워지고, 밀가루반죽 같아진다. 점액수종성 혼수는 구별하기 쉽지 않다. 갑상샘저하증의 병력을 기억하고, 점액수종의 신체특성을 살펴보아야 한다. 저체온증(24℃ 이하), 낮은 진폭의 느린맥, 이산화탄소 보유 등이 발견되기도 한다.

이 증상과 징후를 보이면, 점액수종의 가능성을 염두에 두어야 한다. 나이, 죽경화증 및 점액부종 비대의 조합으로 인한 심부전은 빈번하게 일어나므로 ABC를 유지하고 심장 및 허파의 상태를 면밀하게 모니터링하여야 한다. 대부분 점액수종성 혼수 환자는 기도삽관과 환기보조를 필요로 한다. 심장 부정맥과 혈관 확장에 따른 심혈관 붕괴의 위험이 있기 때문에, 적극적인 재가열은 금기이다. IV 요법이 중요하지만, 체액과 전해질의 불균형과 심장 기능 손상이 주로 나타나기 때문에 체액공급을 제한해야 한다. IV 요법은 적절한 실습 과정 이후에 시행되어야 하고, 적절한 치료기관으로의 신속한 이송이 무엇보다 중요하다.

그림 10-13 갑상샘저하증. 갑상샘 기능저하증은 순환하는 갑상샘 호르몬의 농도 저하로 발생한다.

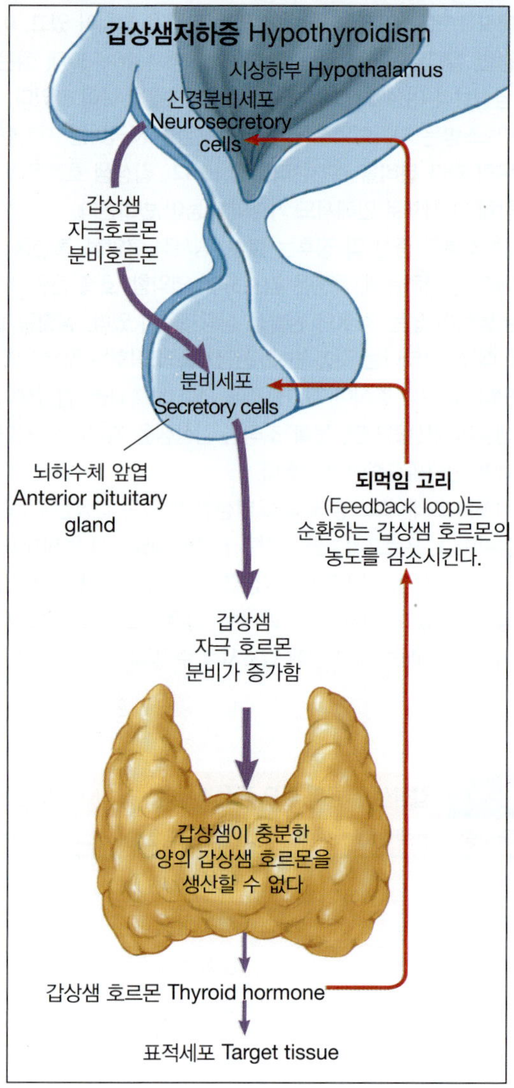

10-5 갑상샘 뒷면에 부착된 4개의 부갑상샘은 혈액내 칼슘 농도를 증가시키기 위해 부갑상샘 호르몬을 분비한다

학습목표 부갑상샘의 위치, 호르몬, 기능에 대해 설명한다.

부갑상샘(parathyroid glands)의 두 쌍은 갑상샘의 뒷면에 부착되어 있다(그림 10-14). 결합조직 섬유가 각각의 부갑상샘을 갑상샘의 세포로부터 나누어놓는다. 부갑상샘은 적어도 두 가지 세포 구조를 가지고 있다. **부갑상샘 세포(주세포, parathyroid [chief] cells)**는 PTH를 생산한다. 다른 세포의 기능은 불명확하다.

갑상샘의 C 세포와 같이, 부갑상샘 세포(주세포)는 순환하는 칼슘 농도를 모니터링한다. 칼슘 농도가 정상 이하로 떨어지면, 주세포는 **PTH**, 파라토르몬(*parathormone*)을 분비한다(그림 10-10). PTH는 칼시토닌과 표적세포가 같지만, 정반대의 효과를 나타낸다. PTH는 뼈파

그림 10-14 부갑상샘 호르몬.

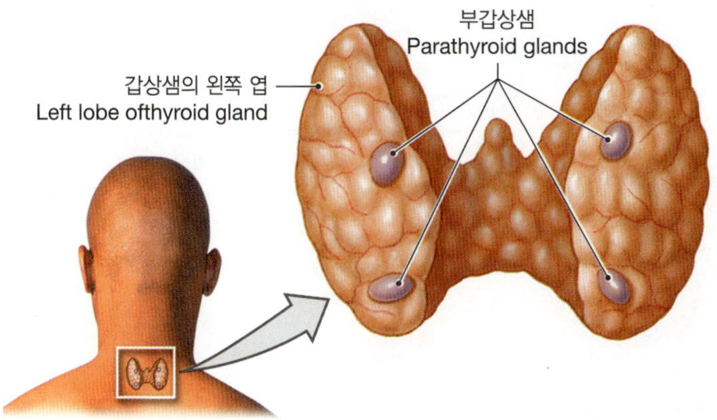

괴세포를 자극하고, 뼈모세포(osteoblast)의 뼈대 형성 기능을 억제시키고, 칼슘 이온의 소변 분비를 감소시킨다. PTH는 콩팥이 칼시트리올(*calcitriol*)을 생성해서 분비하도록 자극한다. 이 호르몬은 소화기관의 Ca^{2+}와 PO_4^{3-} 흡수를 촉진시킨다.

갑상샘과 부갑상샘의 호르몬과 관련된 정보는 **표 10-3**을 참고하기 바란다.

체크포인트

13. 부갑상샘에서 분비되는 호르몬을 분류하시오.

14. 부갑상샘이 제거되면 어떤 중요한 전해질의 혈액 농도가 감소하는가?

책 뒷면에 있는 파란색 정답 탭을 참조.

10-6 부신은 겉질과 속질이 있고, 양쪽의 콩팥 모자 같은 모양으로 여러 호르몬을 분비한다

학습목표 부신의 위치, 호르몬, 기능에 대해 설명한다.

노란색을 띠는 피라미드 모양의 **부신(adrenal gland)**은 콩팥 양쪽의 위에 존재한다(**그림 10-15a**). 각각의 부신은 바깥쪽의 부신 겉질(*adrenal cortex*) 안쪽의 부신 수질(*adrenal medulla*)의 두 부분으로 나누어지고, 각각 기능적으로 분리된다(**그림 10-15b**).

부신 겉질 The Adrenal Cortex

노란색을 띠는 **부신 겉질(adrenal cortex)**은 콜레스테롤과 다양한 지방산과 같은 지질을 저장한다. 부신 겉질은 24개 이상의 호르몬(**코르티코스테로이드, corticosteroids**)을 생산한다. 혈액에서 수송 단백질에 반응한다. 코르티코스테로이드는 필수적인 호르몬이다. 만약 부신샘이 제거되면, 코르티코스테로이드를 주입하지 않은 한 개체는 더 이상 생존할 수 없다. 이 호르몬은 서로 다른 많은 조직에서 대사작용에 영향을 미친다. 그래서 생산과다 또는 생산저하는 심각한 문제를 야기한다.

부신 겉질의 3부분에서 각각의 코르티코스테로이드를 합성한다(**그림 10-15c**). 바깥쪽의 **토리층**(*zona glomerulosa*)에서는 **광물코르티코이드**(*mineralocorticoids*)를 생산하고, 중간층의 **다발층**(*zona fasciculate*)에서는 글루코코르티코이드를 생산하고, 안쪽 **그물층**(*zona reticularis*)에서는 안드로겐(*androgens*)을 생산한다.

10

광물코르티코이드 Mineralocorticoids (MCs)

광물코르티코이드는 체액의 전해질 조성에 영향을 미친다. **알도스테론(aldosterone)**은 부신 겉질의 대표적인 광물코르티코이드이다. 이것은 분비되는 체액의 이온조성을 조절하는 표적세포에 의해 나트륨이온의 보존과 칼륨 이온의 제거를 자극한다.

알도스테론은 소변, 땀, 침, 소화액의 나트륨 이온의 손실을 막아서 나트륨을 유지시킨다. 나트륨 이온의 유지는 칼륨 이온의 손실을 일으킨다. 나트륨 이온의 재흡수는 콩팥, 땀샘, 침샘, 이자에서 수분의 삼투성 재흡수를 야기한다. 알도스테론은 또한 혀의 염분 수용체의 민감도를 증가시켜서 염분이 많은 음식을 더 많이 섭취하게 한다.

혈액내 나트륨 조성, 혈액의 부피, 혈압의 감소 또는 혈액내 칼륨 농도의 증가로 인해 알도스테론이 분비된다. 알도스테론은 또한 안지오텐신 II(*angiotensin II*)에 의해 분비된다. 이 장의 후반부에서 알도스

표 10-3 갑상샘 호르몬과 부갑상샘 호르몬

샘/세포(Gland/Cells)	호르몬(Hormone(s))	표적세포(Targets)	호르몬 효과(Hormonal Effects)
갑상샘(THYROID)			
소포상피(Follicular epithelium)	티록신(T_4), 삼요오드티로닌(T_3)	대부분 세포	에너지 사용 증가, 산소 소비, 성장, 발육
C 세포(C cells)	칼시토닌(CT)	뼈, 콩팥	체액에서의 칼슘 이온 농도 감소(그림 10-10 참조)
부갑상샘(PARATHYROIDS)			
주세포(Chief cells)	부갑상샘 호르몬(PTH)	뼈, 콩팥	체액에서의 칼슘 이온 농도 증가(그림 10-10 참조)

그림 10-15 부신과 부신호르몬.

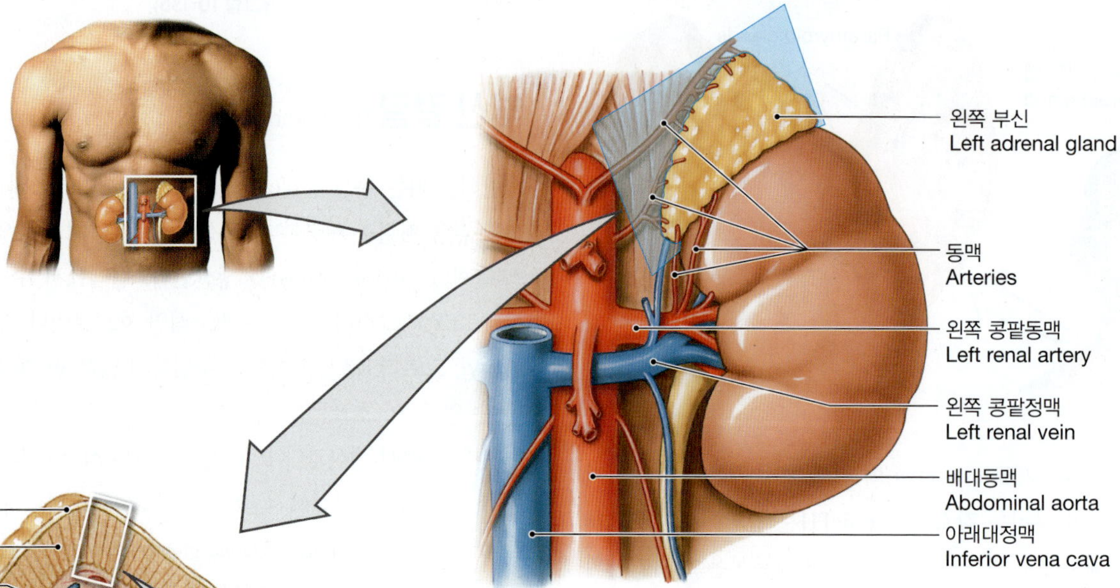

a 왼쪽 콩팥과 부신의 대략적인 위치

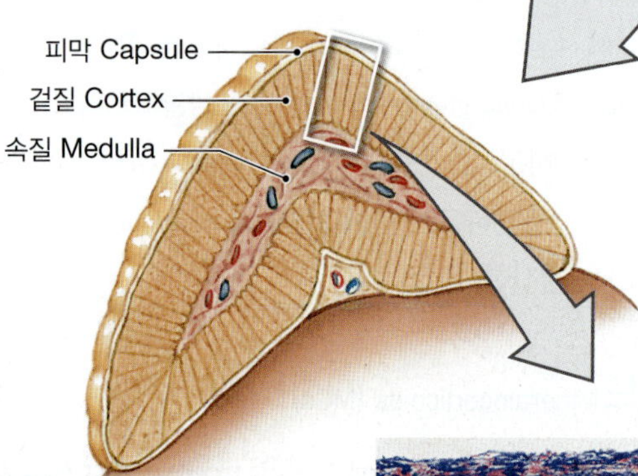

b 부신의 단면

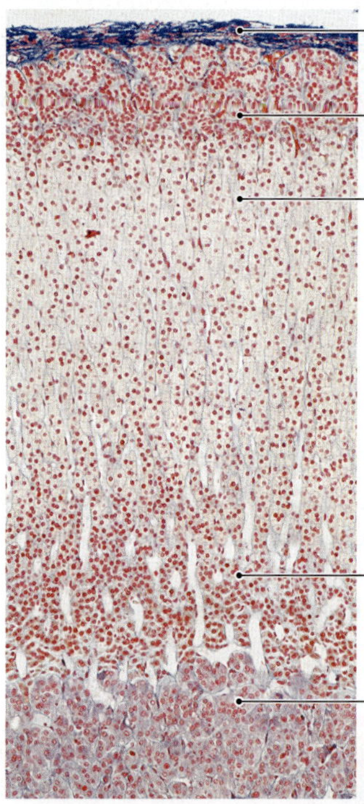

부신 Adrenal gland LM × 70

부신호르몬 The Adrenal Hormones

위치/지역	호르몬	표적세포	효과
부신 피막			
부신 겉질 도리층 Zona glomerulosa	**광물코르티코이드,** 주로 알도스테론	콩팥	Na^+의 재흡수 증가, 콩팥에 의한 수분 재흡수 증가; 소변 중의 K^+ 감소
다발층 Zona fasciculata	**글루코코르티코이드;** (코티솔 [하이드로코티손], 코티코스테론)	대부분 세포	뼈대근으로부터 아미노산 유리, 지방조직으로부터 지질 유리; 간의 포도당과 글리코겐의 합성 촉진; 지방 사용 촉진; 항염증 효과
그물층 Zona reticularis	**안드로겐**	대부분 세포	사춘기 이전의 소년, 소녀의 음모 발달 촉진
부신 속질	**에피네프린** (E, 아드레날린) **노르에피네프린** (NE, 노르아드레날린)	대부분 세포	심장활동 증가, 혈압 증가, 글리코겐 분해 증가, 혈당 증가; 지방조직으로부터의 지방 유리

c 부신의 주요 영역과 층 및 생성된 호르몬

테론에 대해 더 학습할 것이다.

글루코코르티코이드 Glucocorticoids

글루코코르티코이드(glucocorticoid)는 스테로이드 호르몬으로 포도당 대사에 관여한다. 3가지 중요한 글루코코르티코이드는 **코티솔(cortisol)**, **코르티코스테론(corticosterone)**, **코티손(cortisone)**이다.

ACTH는 글루코코르티코이드의 분비를 자극하고, 음성되먹임 기전에 의해 조절된다(그림 10-7a). 글루코코르티코이드는 간에서 포도당 합성률과 글리코겐 형성률을 증가시킨다. 뼈대근과 지방조직이 혈액으로의 아미노산과 지방산의 분비에 각각 반응한다. 간에서 아미노산으로 포도당이 합성되고 다른 조직에서 포도당 대신 지방산의 분해가 일어난다. 이 과정은 혈당을 증가시키는 **포도당 보존 효과**(*glucose-sparing effect*)의 다른 예이다.

글루코코르티코이드는 **항염증**(*anti-inflammatory*) 효과를 나타낸다. 이는 백혈구와 면역계통의 다른 조성의 활동을 억제한다. "스테로이드의 크림"은 종종 알레르기 반응을 조절하는 데 이용된다. 글루코코르티코이드의 주입은 심각한 알레르기 반응을 조절하는 데 사용된다. 부정적인 면으로는 글루코코르티코이드의 감염 물질에 대한 면역 방어를 억제하고 상처 치유를 지연시킨다. 이 이유로 국소의 스테로이드는 개방 상처에 사용되지 않는다.

안드로겐 Androgens

부신 겉질은 작은 양의 **안드로겐(androgens)**을 생산하고, 남성의 고환에서 많은 양의 성 호르몬이 생산된다. 혈액에서 안드로겐의 일부가 에스트로겐으로 변환된다. 부신 안드로겐은 사춘기 이전 소녀, 소년의 치골의 털 성숙을 자극한다. 부신 안드로겐은 성인 남성에게는 중요하지 않다. 성인 여성에서는 근육과 혈구 형성에 기여하고, 성적 충동을 갖게 한다.

부신 속질 The Adrenal Medulla

부신 속질(adrenal medulla)은 이 부분에 혈관이 많이 존재하기 때문에, 회백색이거나 핑크 빛을 띤다. 교감신경절에서 발견되는 것과 같은 크고 둥근 세포로 이루어져 있다. 이 세포들은 교감신경절 이전 섬유에 의해 자극된다. 부신 속질의 분비작용은 교감신경에 의해 조절된다.

부신 속질은 **에피네프린(epinephrine[또는 아드레날린])**, **노르에피네프린(norepinephrine[또는 노르아드레날린])** 이 두 가지 분비세포로 구성된다(그림 10-5c). 이 호르몬은 느리게 지속적으로 분비되지만, 교감신경계의 자극은 빠르게 나타난다.

에피네프린은 속질에서 75~80%가 분비되고 나머지는 노르에피네프린이 분비된다. 에피네프린과 노르에피네프린의 수용체는 뼈대근섬유, 지방세포, 간세포, 심장근육섬유에서 발견된다. 뼈대근에서 이 호르몬은 ATP를 공급하는 포도당의 분해를 촉진하고, 글리코겐의 보유를 촉진한다. 이는 근육의 힘과 지속력을 증가시킨다. 지방조직에서 축적된 지방이 지방산으로 분해된다. 간에서 글리코겐 분자는 포도당으로 변환된다. 지방산과 포도당은 이후 혈액으로 분비되어 말초조직에서 사용된다. 심장은 부신 속질 호르몬에 반응하여 심장 수축력과 수축 속도가 증가한다.

이러한 에피네프린과 노르에피네프린 분비에 의한 대사작용의 변화는 부신 자극 이후 30초 후에 최고조에 달하고, 몇 분간 유지된다. 그 결과, 부신 속질의 자극에 의한 효과는 교감신경계통 활성화로 인한 다른 결과보다 오래 지속된다.

10

임상노트

부신 장애 Disorders of the Adrenal Glands

부신 겉질의 장애 두 가지는 쿠싱 증후군과 애디슨병이다. 이는 외상과 응급 상황에 놓일 수 있는 질병이다. 쿠싱 증후군은 부신 겉질의 활동 과다로 인해 발생하고, 애디슨병은 부신 겉질의 활동 부족으로 인해 발생한다.

쿠싱 증후군 Hyperadrenalism (Cushing's Syndrome)

쿠싱 증후군은 비교적 자주 볼 수 있는 부신샘의 장애이다. 중년층에게 주로 발병하고 남성보다 여성에게 잘 발병한다. 이는 부신 겉질에서 또는 뇌하수체 앞엽에서의 장애로 인한 코티솔, 글루쿠코르티코이드의 과다분비에 의해 발생한다. 프레드니손과 같은 글루코코르티코이드의 치료로 인해 발생할 수도 있다. 암이나 류마티즘 등의 내분비 이외의 질병의 치료를 위한 최근의 스테로이드 치료 병력 유무에 주의해야 한다.

과도한 글루코코르티코이드에 장기간 노출되었을 때 여러 가지 변화를 겪을 수 있다. 코티솔은 인슐린에 길항적이다. 단백질 이화작용과 함께 포도당 신생이 두드러진다. 죽경화증, 고콜레스테롤혈증 등의 지방대사도 변화한다. 시간이 경과함에 따라, 당뇨병이 발전할 수도 있다. 코티솔의 무기질코르티코이드 활동은 나트륨의 잔류와 혈액 용적을 증가시킨다. 카테콜아민에 대한 혈관 민감성이 증가하고, 이는 고혈압을 일으킨다. 콩팥에서의 칼륨의 손실은 저칼륨혈증을 일으킨다. 코티솔의 항염증 면역억제 특성은 감염에 취약하게 만든다.

(계속)

그림 10-16 쿠싱 증후군 환자의 얼굴모습.

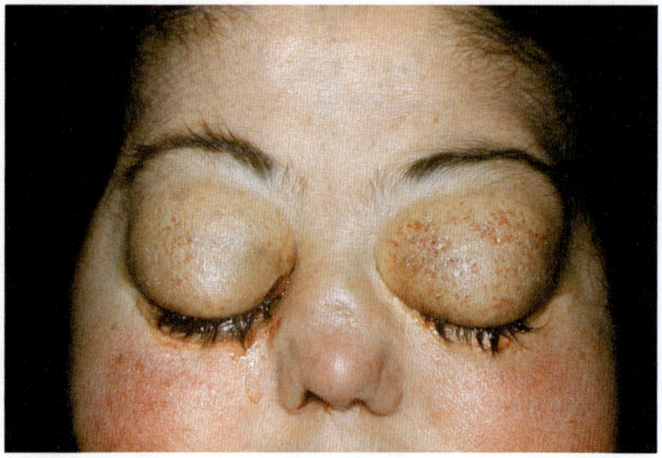

원인과 상관없이, 부신과다증의 증상 및 징후는 동일하다. 초기 증상은 몸통, 목가 얼굴 쪽의 체중증가이다. "달덩이 얼굴"이 나타난다(그림 10-16). 물소혹(buffalo hump)은 같은 위 등쪽의 지방의 축적으로 나타난다. 피부 변화는 초기증상이다. 피부가 거의 투명하게 얇아지고, 쉽게 멍이 들고, 작은 상처에도 치유가 지연되고, 여성의 얼굴 털이 발달하는(다모증) 등이 있다. 기분의 변화, 기억력과 집중력의 저하도 흔하게 나타난다.

10

급성 부신과다증의 환자를 잘 찾아볼 수 없을지라도, 쿠싱 증후군의 증상과 징후를 보이는 환자는 자주 접할 수 있다. 이 환자들은 고혈압과 뇌졸중 등의 심혈관 질병을 가지게 될 확률이 높다. 환자의 피부가 연약하고, 감염에 저항성이 낮기 때문에, IV 요법 시에 주의를 요한다. 기록지에 쿠싱 증후군의 자세한 징후를 기록하고 병원 관계자에게 전달해야 한다.

부신 저하증(애디슨병) Adrenal Insufficiency (Addison's Disease)

애디슨병은 부신겉질의 파괴로 인해 발생한다. 애디슨병은 결핵과 같은 이전의 주된 원인이 줄어듦에 따라 발생률이 감소하였다. 최근, 애디슨병의 90% 이상이 자가면역질환에 의한 것이다. 자가면역질환인 그레이브스병에서처럼, 유전이 중요한 역할을 한다. 애디슨병 환자들은 다른 자가면역질환 환자보다 더 많은 경우 유전적이다.

부신 겉질의 파괴가 3종류의 호르몬(글루코코르티코이드, 광물코르티코이드, 안드로겐)의 생산 저하로 이어진다. 광물코르티코이드의 저하는 수분과 전해질 불균형을 초래한다. 소변에서 나트륨 분비 증가는 혈액 용적을 감소시키고, 칼륨 보존은 ECG 변화와 고혈륨혈증을 초래한다. 부신 저하의 많은 경우, 프레드니손과 같은 부신 기능을 억제할 수 있는 스테로이드 치료로 인해 발생한다. 이 약물의 갑작스러운 중단은 애디슨병이나 심혈관 협착을 동반하는 애디슨병적 위기상황을 촉진시킬 수 있다.

애디슨병은 코르티코스테로이드 저하 반응: 나약함, 피로, 식욕감소, 체중감소와 관련되어 있다. 햇빛에 노출된 부분의 피부와 점액질막의 과색소침착이 일어난다.

감염이나 외상 같은 급성 스트레스 상황은 저혈압과 전해질 불균형이 일어나는 애디슨병적 위기상황으로 이어질 수 있다. 많은 환자들에게 설사나 구토와 같은 위장관계 문제가 나타나고 이는 전해질 불균형, 혈액 용적의 저하, 고혈압, 심장부정맥을 더 심화시킨다. 생명을 위협할 수 있는 이러한 징후들에 주목하여야 한다. 만약 과거 일차적인 애디슨병이나 약물치료로 인한 이차적인 애디슨병의 병력이 있는 경우, 설명되지 않는 심혈관계 협착이 가능한 원인을 기록하여야 한다.

환자는 애디슨병의 병력이나 애디슨병을 의심할 만한 증상 및 징후를 보일 것이다. 응급처치로 ABC를 유지하고 혈당수치뿐만 아니라, 심장과 산소 상태를 면밀히 모니터링해야 한다. 저혈당증은 그 자체로 위협적이다. 혈당 수치를 측정하고, 혈당 수치가 50 mg/dL 미만인 환자 또는 정신 상태의 변화를 보이는 환자에게는 50% 포도당 25~50 g을 투여해야 한다. 전해질 불균형과 관련된 부정맥을 확인하기 위해서 기준선 12-유도 ECG를 준비한다. 적극적으로 수액을 공급한다. 환자의 상태에 따른 의료지시나 지역의 프로토콜을 따른다. 신속한 이송이 가장 중요한 치료이다.

체크포인트

15. 부신의 두 부분을 설명하고 각각에서 분비되는 호르몬을 나열하시오.

16. 코티솔의 증가가 혈당에 미치는 영향은 무엇인가?

책 뒷면에 있는 파란색 정답 탭을 참조.

10-7 셋째 뇌실에 붙어 있는 솔방울샘은 멜라토닌을 분비한다

학습목표 솔방울샘의 위치와 생산되는 호르몬의 기능을 설명한다.

솔방울샘(pineal gland)은 셋째 뇌실의 바닥 뒤쪽에 위치한다. 신경세포, 신경아교세포, 분비세포로 구성되고 **멜라토닌(melatonin)**을 합성한다. 시각 경로를 구성하는 축삭돌기 가지가 솔방울샘으로 들어가서 멜라토닌 합성률에 영향을 미친다. 낮에는 합성률이 낮아지고, 밤에는 높아진다.

멜라토닌의 기능은 다음과 같다.

- **생식기능 억제*(Inhibit reproductive function)***. 포유류의 일부에서 멜라토닌은 정자, 난자, 생식기계의 성숙을 지연시킨다. 사람에게 이 영향은 아직 불명확하다. 멜라토닌이 사람의 성적 성숙에 영향을 미칠 수도 있다는 증거가 존재한다. 예를 들면, 사춘기 시기에는 혈액내 멜라토닌이 감소되어 있고, 솔방울샘의 종양으로 인한 멜라토닌 생산의 저하가 어린이의 성조숙증을 유발한다.
- **자유라디칼에 의한 손상에 대한 보호*(Protect against damage by free radicals)***. 멜라토닌은 매우 효과적인 항산화제이다. 질산, 과산화수

소와 같은 **자유라디칼**(*free radicals*)로부터 CNS를 보호한다. (자유라디칼은 불안정한 원자를 포함하는 반응성이 높은 물질이다.)

- **낮-밤의 행동주기 확립(*Establish day-night cycles of activity*).** 멜라토닌의 주기적인 활동으로 솔방울샘은 활동 **하루주기 리듬**(*circadian rhythms*)—낮-밤의 패턴에 따른 생리학적인 과정의 일정한 변화—의 유지에 관여할지도 모른다고 알려져 있다. 밤에 멜라토닌 분비가 증가함으로 **계절 정동 장애**(*seasonal affective disorder*)의 원인으로 알려져 있다. 이는 햇빛이 부족한 고위도에 거주하는 사람에게 겨울에 발생한다. 이는 환경이나 식습관, 수면 패턴에 따라 달라진다.

체크포인트

17. 빛의 증가가 어떤 호르몬의 생산을 억제하는가?
18. 멜라토닌의 3가지 기능을 나열하시오.

책 뒷면에 있는 파란색 정답 탭을 참조.

10-8 이자의 내분비샘에서 인슐린과 글루카곤이 생성되고 이는 혈당을 조절한다

학습목표 이자의 위치, 호르몬, 기능에 대해 설명한다.

이자(pancreas)는 위와 소장의 앞부분 사이의 J자 모양의 고리에 위치한다(그림 10-17). 이자는 가느다랗고 색이 옅으며 결절성의 장기이다(그림 10-17a). 외분비샘, 내분비샘의 기능을 모두 가지고 있다. 이자는 일차적으로 소화 효소를 생산하고 분비하는 외분비 조직이다(16장 외분비샘 이자[exocrine pancrease] 참조).

내분비샘(endocrine pancreas)으로의 이자세포는 **이자섬(pancreatic islets)** 또는 **랑게르한스섬**(*islets of Langerhans*)이 있다. 이 섬은 외분비세포 사이에 흩어져 있고(그림 10-17b), 전체 이자세포의 단지 1% 정도에 해당한다. 각각의 섬에는 다양한 종류의 세포가 있고, 두 가지 가장 중요한 세포가 알파, 베타 세포이다. **알파세포(alpha cells)**에서 혈당 수치를 증가시키는 **글루카곤(glucagon)**이 생산되고, **베타세포(beta cells)**에서 혈당 수치를 감소시키는 **인슐린(insulin)**이 생산된다. 글루카곤과 인슐린은 PTH와 칼시토닌이 혈액 내 칼슘 수치를 조절하는 것과 같이 혈당 수치를 조절한다.

그림 10-18은 호르몬에 의한 혈당 조절에 대해 설명해주고 있다. 포도당은 인체의 대부분 세포에서 주된 에너지원이다. 정상 상태에서는 신경세포의 유일한 에너지원이다. 정상 상태에서 혈당 수치가 증가하면, 베타세포가 인슐린을 분비한다. 인슐린은 포도당을 표적세포의 세포막을 통과해 이동시킨다. 대부분 세포의 세포막에는 인슐린 수용체가 존재한다. (1) 포도당 이외의 다른 영양분 대사기능이 없는 신경세포와 적혈구세포, (2) 포도당 재흡수가 일어나는 콩팥 관의 상피세포, (3) 포도당이 공급되는 장의 상피세포가 예외의 경우이다.

포도당이 풍부할 때, 모든 세포는 아미노산, 지질보다 포도당을 에너지원으로 사용한다. 포도당이 분해되면 ATP가 생성되고 이는 단백질 생성과 에너지 보존을 증가시키는 것에 사용된다. 인슐린은 아미노산 흡수와 단백질 합성을 자극한다. 이 효과는 아미노산의 포도당으로의 전환을 막음으로 포도당 수치를 유지하는 데 도움을 준다. 인슐린은 지방세포를 자극하여 트리글리세리드의 합성과 저장의 속도를 증가시킨다. 간과 뼈대근 섬유에서 인슐린은 글리코겐 형성 속도를 증가시킨다.

요약하면, 포도당이 증가하면 이자에서 인슐린이 분비되고, 인슐린은 포도당이 성장을 지지하고, 탄수화물, 지질의 유지를 돕는다. 포도당 사용의 증가는 혈당을 감소시킨다(그림 10-18).

10

그림 10-17 내분비 이자샘.

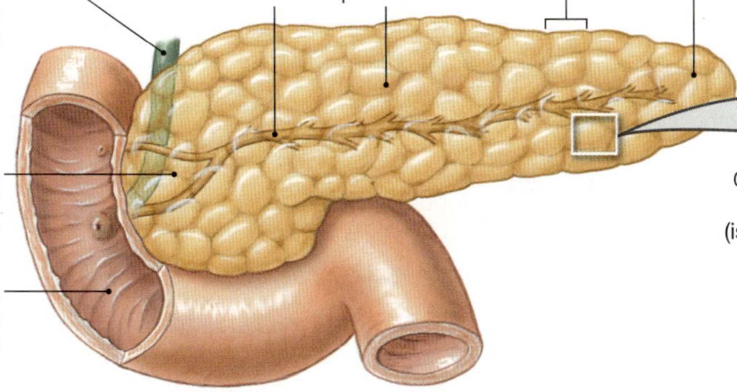

a 이자의 육안해부학

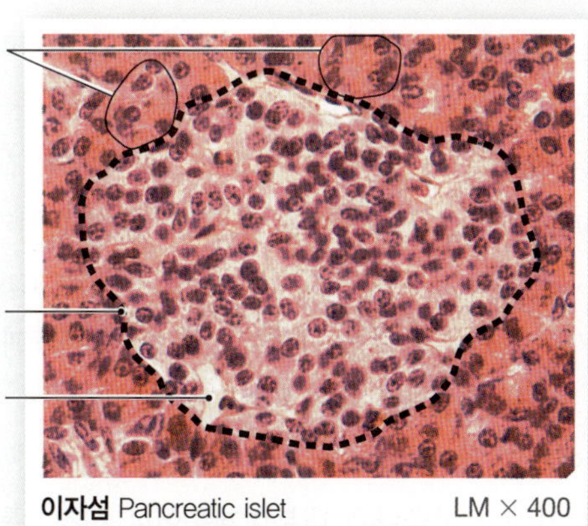

b 외분비세포에 둘러싸인 이자섬

그림 10-18 혈당 농도의 조절.

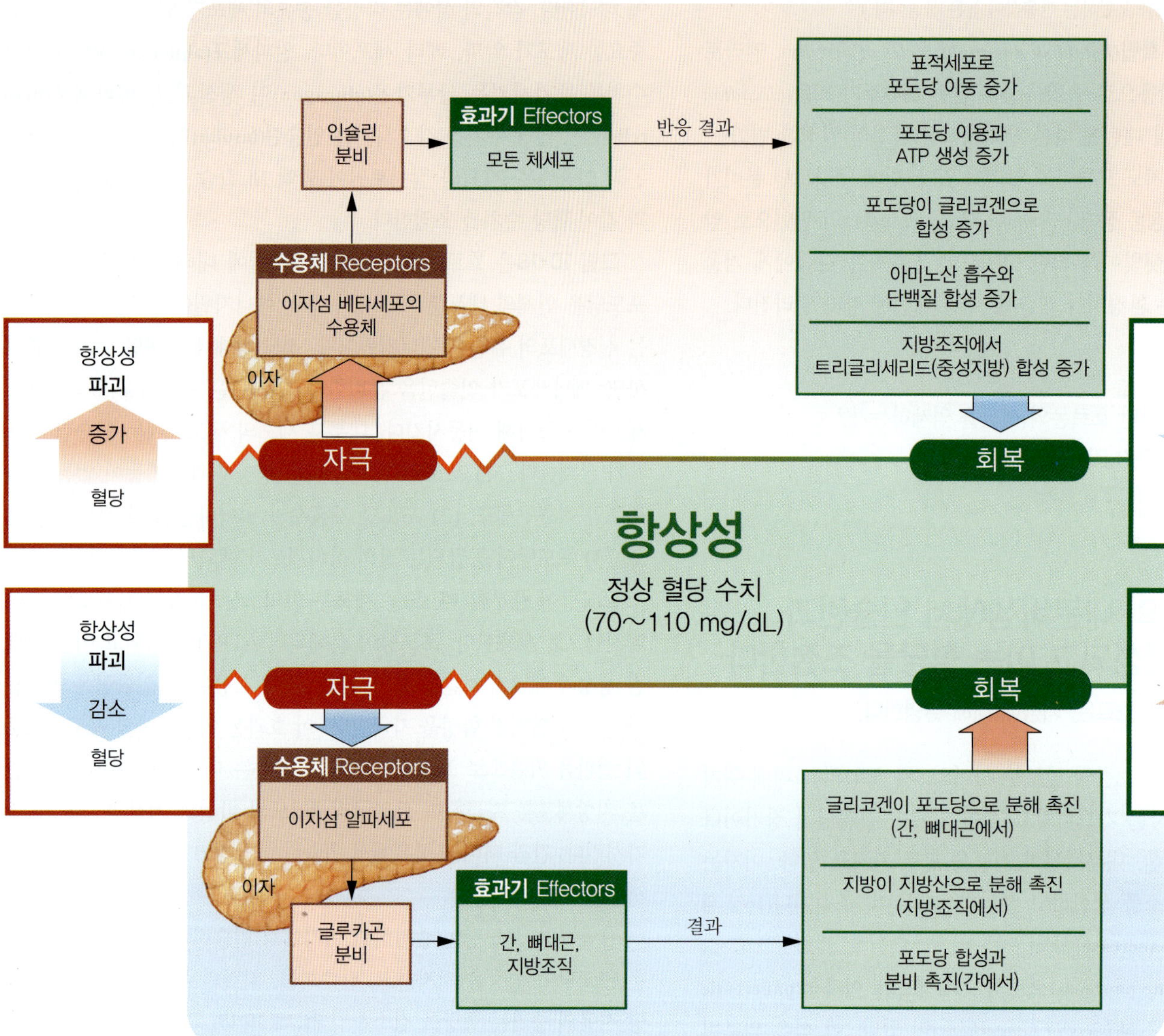

10

포도당이 정상 수준보다 감소하면, 알파세포가 글루카곤을 분비한다. 뼈대근과 간세포는 글리코겐을 포도당으로 분해하고, 포도당은 뼈대근섬유에서 에너지원으로 사용될 뿐만 아니라 간세포에 의해 혈액으로 분비된다. 지방조직은 트리글리세리드를 지방산으로 분해하고 다른 조직이 사용하도록 혈액으로 분비한다. 간세포는 혈액으로부터 아미노산을 공급받고 이를 포도당으로 전환시키고, 포도당을 혈액으로 분비한다. 그 결과, 혈당 농도가 증가된다(**그림 10-18**). 인슐린과 글루카곤은 모두 혈당을 안정화시키고 신경조직과 다른 조직 간의 제한된 포도당 공급에서의 경쟁을 막는다.

이자의 알파, 베타 세포는 혈당 농도에 민감하게 반응한다. 그래서 글루카곤과 인슐린은 내분비계통이나 신경계통의 지시 없이 분비될 수 있다. 랑게르한스섬 세포들이 혈당 농도 변화에 매우 민감하기 때문에, 혈당 농도에 영향을 미치는 어떤 호르몬이라도 간접적으로 인슐린과 글루카곤의 생산에 영향을 미친다. 인슐린과 글루카곤의 생산은 자율신경계의 영향을 받는다. 부교감신경의 자극은 인슐린 분비를 촉진시킨다. 교감신경의 자극은 인슐린 분비를 억제하고 글루카곤의 분비를 촉진시킨다.

당뇨병 Diabetes Mellitus

포도당이 소화기관에서 흡수되거나, 간에 의해 성숙되고 분비되면, 포도당이 혈액 내로 들어가서 순환하게 되면 체내에 그대로 남아 있는 포도당은 거의 없다. 포도당은 콩팥에서 여과되지만, 모든 양이 재흡수되기 때문에, 소변 내에 포도당은 거의 없다. 그러나 당뇨병 환자에

지식 쌓기

포도당($C_6H_{12}O_6$)은 우리 몸에서 가장 중요한 "연료"이다(**2장: 화학적 수준에서의 구성** 참조). 탄수화물은 가장 중요한 에너지원이고 우리 인체 조직은 그 대부분을 분해한다. 탄수화물의 주요 요소는 단당류, 이당류, 다당류이다. 포도당과 다른 단당류, 이당류는 물에 쉽게 용해된다. 다당류는 가장 큰 탄수화물 분자이다. 글리코겐은 포도당이 얽혀 있는 다당류이다. 글리코겐은 물이나 체액에 용해되지 않는다. 간과 근육세포에서 글리코겐을 생성하고 저장한다.

게 있어서 포도당 대사의 실패로 인해, 혈액과 소변의 포도당이 증가한다. 당뇨병은 1형 **당뇨병**(소아당뇨병, *Type 1 diabetes*)과 2형 **당뇨병**(*Type 2 diabetes*)으로 분류된다. 이 질병은 p. 413 임상노트: 당뇨병에서 다룬다.

체크포인트

19. 이자섬의 중요한 2가지 세포를 설명하고 각각에서 생성되는 호르몬을 설명하시오.
20. 어떤 이자 호르몬이 뼈대근과 간세포에서 포도당을 글리코겐으로 변환시키는가?
21. 글루카곤의 증가가 간에 저장된 글리코겐의 양에 미치는 영향은 무엇인가?

책 뒷면에 있는 파란색 정답 탭을 참조.

10-9 많은 기관이 부수적으로 내분비 기능을 가진다

학습목표 콩팥, 심장, 가슴샘, 고환, 난소, 지방조직에서 생산되는 호르몬의 기능을 설명한다.

우리 인체의 많은 기관이 이차적으로 내분비의 기능을 가지고 있다. 예를 들면, 창자(소화계통), 콩팥(비뇨계통), 심장(심혈관계통), 가슴샘(림프계통), 생식샘-남성의 고환, 여성의 난소(생식계통)이 있다. 지방조직도 내분비의 기능이 있지만, 아직 명확하게 밝혀지지 않았다.

창자 The Intestines

창자는 영양분을 흡수하는 기관이다. 또한 창자는 소화기계통의 활동에 필요한 다양한 호르몬을 분비한다. 부분적으로는 호르몬이 소화 과정을 조절하지만, 자율신경계통이 소화활동의 전반에 영향을 미친다. (16장에 이 호르몬에 대해서 살펴볼 것이다.).

콩팥 The Kidneys

콩팥은 스테로이드 호르몬인 **칼시트리올**(*calcitriol*), 펩타이드 호르몬인 **에리트로포이에틴**(*erythropoietin*), 효소인 **레닌**(*renin*)을 분비한다. 칼시트리올은 칼슘 이온의 항상성 유지에 중요한 역할을 하고, 에리트로포이에틴과 레닌은 혈압과 혈액부피의 조절에 영향을 미친다.

콩팥은 PTH에 의해 **칼시트리올(calcitriol)**을 분비한다. 칼시트리올 합성은 섭취하거나 피부에서 합성된 비타민 D_3에 영향을 받는다. 간은 비타민 D_3를 흡수하고, 중개물질로 변환시켜 혈액으로 분비시키고 이는 콩팥에 의해 흡수된다. 칼시토닌은 칼슘과 인산 이온의 위장관 흡수를 자극한다.

에리트로포이에틴(erythropoietin, EPO)은 콩팥 조직에서의 산소가 낮아지면 콩팥에서 분비된다. **EPO**는 적색골수를 자극해서 적혈구를 생산하게 한다. 증가된 적혈구는 혈액 용적을 증가시킨다. 적혈구는 산소를 수송하기 때문에 적혈구의 증가는 말초 조직으로의 산소 운반을 향상시킨다. (11장에서 EPO에 대해서 다시 살펴볼 것이다.)

레닌(renin)은 혈액 용적, 혈압이 감소하면, 콩팥세포에서 분비된다. 먼저, 혈액에서 레닌이 효소 사슬의 반응(**레닌-안지오텐신-알도스테론 시스템**, *renin-angiotensin-aldosterone system*[*RAAS*])을 시작한다. RAAS는 **안지오텐신 II(angiotensin II)**을 형성하고 안지오텐신 II는 알도스테론(부신 겉질에 의한)과 ADH(뇌하수체 뒤엽에 의한)의 분비를 자극한다. 이 작용은 콩팥에서 염분과 수분의 분비를 억제한다. 안지오텐신 II는 갈증을 촉진하고 혈압을 증가시킨다. 레닌이 안지오텐신 II의 형성에 중요한 역할을 수행하기 때문에, 많은 생리학적, 내분비학적인 문헌이 레닌을 호르몬으로 분류한다(**레닌-안지오텐신-알도스테론 시스템**에 대해서는 13장과 18장에서 다시 살펴볼 것이다.).

10

심장 The Heart

심장의 내분비세포는 오른 심방벽에 있는 심장근육세포이다; 오른 심방(*right atrium*)은 대정맥으로부터 혈액을 받아들인다. 혈액 용적이 너무 커지면 이 심장 근육이 신장하고 **심방나트륨이뇨펩티드(atrial natriuretic peptide, ANP)**의 분비를 자극한다.

일반적으로 ANP의 영향은 안지오텐신 II의 영향에 길항적이다. ANP는 콩팥에서 나트륨 이온과 수분의 분비를 촉진시키고, 레닌,

임상노트

당뇨병 Diabetes Mellitus

당뇨병은 인체의 부적절한 인슐린 활동으로 인해 발생한다. 인슐린은 혈당 조절을 위해 필수적인 물질이다. 포도당은 모든 세포에서 중요하지만, 특히 뇌 세포에서 필수적이다. 포도당은 뇌 세포가 에너지원으로 사용하는 단 하나의 물질이다. 인슐린은 글리코겐, 단백질, 지방으로 에너지를 저장하는 것을 가능하게 한다.

당뇨병은 예전부터 지금까지 심각한 질병이다. 8백만 명 이상의 미국인들이 당뇨병 진단을 받았고 미국의 건강 전문가들은 그와 비슷한 숫자의 진단받지 않은 당뇨병 환자가 있을 것이라고 추정한다. 고대 그리스 의사들에 의해 이름이 붙여졌다. 소변량이 많아져서 벌이나 다른 곤충을 끌어들인다는 의미로 **디아베티스**(*diabetes*, "흡입", 또는 "통과"의 의미), 소변에 당이 존재한다는 **멜리투스**(*mellitus*, "달콤한 꿀" 의미)라 불리어졌다.

당뇨병은 1형 당뇨병과 2형 당뇨병으로 분류된다. 또한 일차, 이차 당뇨병으로 분류되기도 한다. 이차 당뇨병은 전체 당뇨병의 1% 정도 차지하고, 원인이 불명확하다. 원인은 약물, 감염, 유전 질환, 다른 내분비 장애, 면역 관련 질병 등으로 다양하다. 임신성 당뇨병은 임신기간 동안 발생하고, 전체 임산부의 4% 정도를 차지한다. 태아의 심장, 신경계통의 장애를 막기 위해서 철저한 혈당 관리가 필수적이다. 임신성 당뇨병을 치료하지 않으면, 거대아를 출산할 수 있다. 임신성 당뇨병은 경구용 저혈당 약물이 태반 장벽을 넘어 태아 발달에 악영향을 미치기 때문에, 인슐린으로 치료해야 한다.

10

1형 당뇨병 Type I Diabetes Mellitus

1형 당뇨병은 이자의 베타세포의 파괴로 인한 인슐린 저하로 발생한다. 1형 당뇨병은 평균 나이가 소아일 때 발병하기 때문에, 소아 당뇨병으로 불린다. **인슐린 의존 당뇨병**(*insulin-dependent diabetes mellitus*)이라는 용어도 혈당 관리를 위해 매일 인슐린 주사를 맞아야 하기 때문에 붙여졌다. 2형 당뇨병보다는 드문 케이스이다. 당뇨병은 미국에서 꾸준히 10대 사망원인으로 꼽히고, 당뇨병과 관련된 사망사례는 대부분 1형 당뇨병에 의한 사망이다.

유전은 1형 당뇨병으로 발전할 가능성을 가늠하는 데 중요한 요소이다. 비록 1형 당뇨병의 원인은 바이러스 감염, 베타세포를 공격하는 자가항체의 생산, 유전적인 베타세포의 악화 등의 가능성은 있지만 불명확하다. 이것과 상관없이, 즉각적인 원인은 이자 랑게르한스섬의 베타세포의 파괴이다.

치료되지 않은 1형 당뇨병은 인슐린 부족으로 혈당이 증가하고 세포는 순환하는 포도당을 저장할 수 없다. 300~500 mg/dL의 고혈당증은 흔하지 않다. 포도당이 소변으로 분비됨에 따라, 많은 양의 물이 삼투성 이뇨현상으로 분비된다. 지방산을 일차적인 에너지원으로 사용하려는 변화로 지방 대사가 중요해진다. 총체적으로 이 병태생리학적인 변화는 다갈, 다뇨, 식욕증가, 나약함, 체중감소로 이어진다. 지방 대사의 결과 케토산증(DKA)이 발생하고, 당뇨병성 케톤산증으로 이어질 수 있고, 이는 응급상황이다.

1형 당뇨병의 치료는 인슐린 주사이다. 철저한 혈당 관리로 장기간 지속되는 당뇨병의 질환을 최소화할 수 있다. 이를 위해 개인별 매일의 삶의 활동에 맞춰진 인슐린 용량을 처방받아야 한다. 짧은 또는 중간 정도 용량을 자주 투여하는 것이 한 번 총량을 투여하는 것보다 철저하게 혈당 수치를 조절할 수 있다. 24시간 주기로 인슐린 펌프를 사용하여 천천히 주입되는 방법도 권장된다.

2형 당뇨병 Type II Diabetes Mellitus

2형 당뇨병은 성인 당뇨병, 인슐린 비의존성 당뇨병으로, 인슐린에 대한 반응에 문제가 발생하여 인슐린 생산의 완만한 저하를 나타낸다. 2형 당뇨병 환자는 1형 당뇨병이 완만한 인슐린 저항성을 동반한 심각한 인슐린 분비 이상인 것에 반해, 완만한 인슐린 결핍을 동반한 심각한 인슐린 저항성을 가지게 된다.

유전은 2형 당뇨병으로 발전할 가능성을 가늠하는 데 중요한 요소이다. 비만인 사람이 2형 당뇨병으로 발전할 가능성이 높은 것으로 보아, 비만은 이 질병이 발전에 중요한 역할을 할 것이라 사료된다. 체중 증가는 세포당 인슐린 수용체의 수를 감소시키고, 이는 지방세포가 인슐린에 대한 반응성이 약해진다는 의미이다. 2형 당뇨병은 1형 당뇨병보다 흔하고, 덜 심각하다. 전체 당뇨병의 90% 정도 차지한다. 2형 당뇨병의 위험인자는 다음과 같다.

- 당뇨병 가족력(부모, 형제·자매가 당뇨병 환자인 경우)
- 비만(적정한 체중보다 20% 이상, 체질량지수 27 kg/m^2 이상)
- 당뇨병 고위험 인종(아프리칸, 히스페닉, 본토 미국인, 아시안, 태평양 섬 인종)
- 45세 이상 나이
- 공복 혈당 장애 또는 당내성 장애 과거병력
- 고혈압(140/90 mmHg 이상)
- 고지혈증(HDL 콜레스테롤 35 mg/dL(0.90 mmol/L) 이하 또는 트리글리세리드 250 mg/dL(2.82 mmol/L) 이상 또는 두 경우 모두)
- 임신성 당뇨병 병력 또는 9 lb(4.1 kg) 이상 신생아 출산 경험

2형 당뇨병은 일반적으로 1형 당뇨병보다 고혈당 수준이 낮고, 대사 장애의 주요 징후가 적다. 예를 들어, 제한된 포도당 사용은 지방이 주요 에너지원으로 전환되는 것을 막기에 충분하다. 그래서 당뇨병성 케톤산증(DKA)은 2형 당뇨병 환자에게는 드물다. 하지만 비케톤성 고삼투압 혼수는 발생할 수 있고, 이는 응급상황이다.

2형 당뇨병의 치료는 1형 당뇨병의 치료보다 덜 심각하다. 초기 치료는 체중 조절을 위한 식이요법과 운동처방이다. 비약물적 치료가 혈당수치를 정상수치로 낮추기에 부족한 상황에서는 저혈당 약물 섭취가 처방된다. 이 약은 베타세포에서 인슐린 분비를 자극하고, 각 세포의 인슐린 수용체의 수를 증가시킨다. 하지만 어떠한 경우라도, 혈당조절을 위해 인슐린을 투여해야 할 수도 있다.

당뇨병 합병증에 의한 응급상황 Emergency Complications of Diabetes

당뇨병 합병증에 의한 응급상황은 즉각적인 치료를 요하는 경우가 있다. 저혈당증(인슐린 쇼크), 케톤산증(당뇨병 혼수), 비케톤성 삼투성 혼수가 그 경우이다.

저혈당증(인슐린 쇼크) Hypoglycemia (Insulin Shock)

저혈당증 또는 혈당저하는 응급상황이다. 인슐린을 너무 많이 주사했거나, 인슐린 용량에 비해 음식물 섭취가 너무 적었을 경우, 과도한 신체운동, 혈

당의 소진 등의 원인으로 발생한다. 저혈당증 상태에서 뇌세포가 포도당의 결핍으로 영구적으로 죽거나 손상받을 수 있다. 뇌세포가 지방을 에너지원으로 사용할지라도, 이 전환에는 시간이 필요하고, 이미 받은 손상은 지방대사로 전환되었을지라도 회복되지 않는다. 이 때문에 저혈당증의 치료는 매우 다급하게 이루어져야 한다.

저혈당증, 인슐린 쇼크는 인슐린 과다와 혈당 저하를 나타낸다. 혈당 저하와 상관없이, 인슐린은 남아 있는 모든 혈당을 세포로 운반한다. 인슐린 과다로 인해, 글루카곤은 혈당을 상승시키는 것에 비효과적이다. 이 상황이 지속되면, 포도당의 거의 반 정도가 콩팥에서의 포도당신생에 의해서 생성되고, 이는 에피네프린에 의해서 자극된다. 콩팥 기능 이상을 함께 겪고 있는 당뇨병 환자는 콩팥에서 포도당신생의 결핍으로 저혈당증이 예상된다.

저혈당증의 증상 및 징후는 다양하다. 정신상태의 변화가 가장 중요하다. 혈당이 떨어지면서, 환자는 부적절하게 화를 내고 기괴한 행동을 보인다. 때때로, 환자는 오토바이 사고나 기괴한 행동으로 경찰서에 구금되기도 한다. 신체적인 징후는 발한과 빠른맥이 있다. 혈당이 심각하게 낮게 떨어지면, 환자는 저혈당성 발작이나 혼수상태가 될 수 있다. DKA 경우와 달리, 저혈당증은 매우 빠르게 진행된다. 정신상태의 변화가 경고없이 일어난다. 항상 기괴한 행동을 하는 환자를 만나면 저혈당증을 염두에 두어야 한다. 저혈당증은 CVA(저혈당성 편마비)와 같은 증상을 보인다. 이는 왜 혈당 평가가 뇌졸중의 치료에 필수적으로 먼저 시행되어야 하는지 보여준다.

저혈당증이 의심되는 경우에는 초기 평가를 빠르게 수행한다. 메딕얼러트 브가셀릿 같은 의료장비를 찾는다. 가능하다면, 혈당을 체크한다. 아주 긴급한 상황이므로, 대부분의 응급구조사는 혈액 샘플을 수집하고, 혈당이 60 mg/dL 이하이면 덱스트로스 용액을 IV 주입한다(**그림 10-19**). 만약 환자가 의식이 있고, 삼킬 수 있다면, 포도당 공급을 위해서 오렌지 주스, 설탕이 들어간 간단한 드링크, 시판되는 포도당 페이스트를 섭취하게 한다.

IV가 준비되지 않으면, 글루카곤을 근육 주사한다. 늦게 작용하고 적정한 수준의 저장된 글리코겐이 있을 때만 효과가 있을 것이다. 글루카곤은 투여 전에 즉시 재구성해야 한다.

그림 10-19 포도당 정맥주입. 저혈당증 의심 환자는 반드시 뇌세포가 손상되기 전에 포도당을 공급받아야 한다.

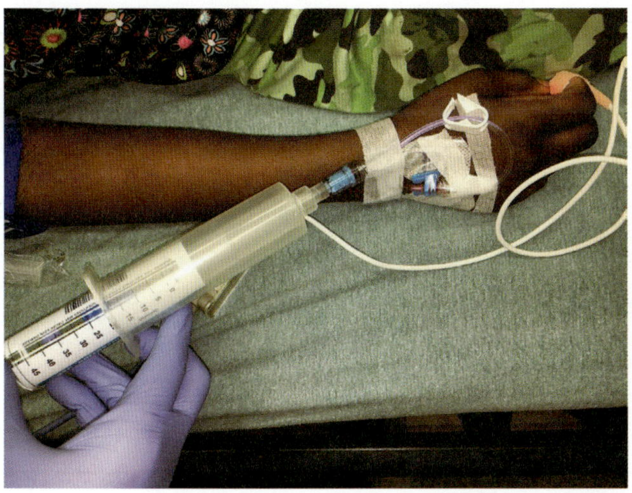

당뇨병성 케톤산증(당뇨병 혼수) Diabetic Ketoacidosis (Diabetic coma)

DKA는 심각하고, 1형 당뇨병과 관련되어 발병하며, 생명을 위협한다. 인슐린이 결핍되고, 글루카곤이 증가하고 스트레스 호르몬 활동이 발생할 때 나타난다. 환자가 인슐린 주사를 맞지 않았거나, 수술, 심근경색, 심각한 감염으로 있는 스트레스 상황일 때 나타나는 심한 당뇨병의 초기 증상으로 나타날 수도 있다.

DKA는 케토시스와 같은 생리학적 기전을 가진다. DKA의 초기 단계는 인슐린 부족으로 인해 심각한 고혈당이 발생한다. 인체의 세포는 포도당을 정상적인 대사 과정에서 사용하지 못한다. 세포내 포도당의 감소로 인해 발현되는 포도당신생은 혈당을 더 늘어나게 한다. 소변으로의 지속적인 포도당 분비는 삼투성 이뇨로 수분의 손실을 야기하고 심각한 탈수현상이 나타난다.

인체가 지방 대사에 기반한 상황으로 변경됨에 따라, 혈액내 케톤이 증가한다. 케톤 부하는 산증을 나타낸다. pH가 7.4에서 6.9로 감소하고, 환자는 치료받지 않으면 수시간 안에 사망한다. DKA를 임상적으로 명백하게 구분하는데 12시간에서 24시간이 소요된다. 초기 단계에서 삼투성 이뇨로 인한 소변량이 증가하고, 건조하고 따듯한 점막과 피부가 나타난다. 개개인은 불쾌감과 함께 과도한 허기와 갈증을 느낀다. 인체 용적의 감소는 빠른맥과 쇠약을 유발한다.

케톤산증이 발전함에 따라, 쿠스마울 호흡—깊고 빠른 호흡이 나타난다. 산증의 보상기전으로 이산화탄소를 배출한다. 허파를 통해 배출된 혈액 내의 아세톤으로 인해 호흡에서 과일향 또는 아세톤 향이 한다. 혈액은 고혈당과 산성을 띠고, 다양한 전해질 불균형 상태에 놓인다. 중탄산염(HCO_3^-)의 감소는 쿠스마울 호흡에 의한 산-염기 완충의 손실에 의한 것이다. 이뇨로 인해 이차적으로 칼륨이 감소하여 심장 부정맥이나 사망의 위험이 증가하는 저칼륨혈증이 나타난다. 시간이 지남에 따라, 정신 기능이 떨어지고, 혼수가 나타난다. 열은 케톤산증의 증상이 아니다. 만약 열이 있다면 이는 감염의 징후이다.

DKA를 겪고 있는 환자의 치료는 정신적인 손상이나 의식상실 환자의 경우와 같다. 달콤한, 과일향의 케톤이 호흡에서 발견된다. 가능하다면, 혈당을 측정한다. 케톤산증 환자가 혈당이 300 mg/dL를 넘기는 힘들다. DKA의 병원전 처치는 기도유지, 탈수를 막기 위한 체액보충이다. 종종 DKA 환자는 수 리터의 등장성 용액을 필요로 할 것이다. 확실한 치료는 인슐린 주사와 전해질 결핍의 정상화이다.

비케톤성 고삼투성 혼수 Nonketotic Hyperosmolar Coma

비케톤성 고삼투성 혼수(NKHC)는 2형 당뇨병과 관련된 심각한 합병증이다. 인슐린과 글루카곤의 활동이 모두 존재한다. 다음의 두 가지 상황이 발생하면 NKHC로 발전한다. 지속적인 고혈당증은 삼투성 이뇨를 일으키고 현저한 탈수상황이 된다. 수분의 섭취는 체액 손실을 대체하기에는 역부족이다. 콩팥 또는 복막 투석, 고삼투성 영양 보조제, 감염, 특정 약물이 NKHC로 발전하게 한다.

고혈당증이 지속됨에 따라, 포도당은 소변으로 배출되고 이는 삼투성 이뇨와 탈수로 이어진다. 고혈당증의 수치(1000 mg/dL 이상)는 DKA에서의 수치보다 더 높게 나타난다. 인슐린 활동은 케톤체의 생성을 막기에는 역부족이다. 증상과 징후는 체액의 보충이 부족해지는 것이다.

(계속)

10

사망률은 케톤산증보다 40~70%로 NKHC 혼수가 더 높다. 높은 사망률은 케톤산증 환자나 가족, 의료진들이 주의를 기울이고 있는 초기 증상과 징후가 나타나지 않기 때문이다.

NKHC의 발병은 케톤산증보다 느리고, 수일에 걸쳐 발전된다. 초기 징후는 다갈과 다뇨이다. 이후의 신체 용적이 감소하므로 환자가 침대에서 나올 때 기립성 저혈압이 나타나고, 건조한 피부와 점막이 나타나고, 빠른맥이 나타난다. 환자는 무기력, 혼란, 심한 혼수 상태에 빠질 수 있다. 쿠스마울 호흡은 케톤산증이 없기 때문에 거의 나타나지 않는다.

정신적인 손상이나 의식상실 환자의 경우와 같이 병원전 처치는 필수적이다. 현장에서는 DKA와 NKHC의 구분이 힘들다. 따라서 두 경우 모두 병원전 처치는 같고, 빠른 이송이 필요하다.

임상노트

나트륨이뇨펩티드 Natriuretic Peptides

나트륨이뇨펩티드는 레닌-안지오텐신 시스템의 영향을 방해하는 자연적으로 발생하는 물질 그룹이다. 이는 혈관을 확장시키고, 콩팥을 자극해서 나트륨(나트륨 이뇨)과 수분 손실을 증가시킨다. 이는 혈압을 감소시키고, 나트륨과 수분 손실을 촉진하므로 울혈성 심부전 관리에 효과적이다.

나트륨이뇨펩티드는 3가지로 분류한다.

- **심방나트륨이뇨펩티드**(*Atrial natriuretic peptide, ANP*). ANP는 심방에서 만들어지고, 심장이 내분비 기능을 가진다는 것을 나타낸다.
- **뇌나트륨이뇨펩티드**(*Brain natriuretic peptide, BNP*). BNP는 심실에서 합성되지만 돼지의 뇌에서 처음 분리되었기 때문에 BNP로 이름 지어졌다.
- **C-타입나트륨이뇨펩티드**(*C-type natriuretic peptide, CNP*). CNP는 뇌에서 생성된다.

ANP와 BNP는 모두 각각 심방과 심실의 스트레칭에 대한 반응으로 분비된다. 이는 혈관 확장을 유발하고, 부신 겉질로부터 알도스테론의 분비를 억제한다. ANP와 BNP 모두 나트륨 이뇨를 일으키고 혈관내 부피 감소를 일으킨다. CNP의 생리학적인 영향은 ANP와 BNP와는 다르다. CNP는 저혈압 효과가 있지만, 직접적인 이뇨나 나트륨 이뇨 작용은 나타나지 않는다.

응급상황에서는 혈액에서 BNP가 측정되고, BNP의 증가는 울혈성 심부전을 암시한다. BNP 수치가 높을수록 심장부전이 심해진다.

ADH, 알도스테론의 분비를 억제한다. ANP의 분비로 혈액 용적과 혈압이 감소한다. (13장에서 ANP의 혈압과 혈액 용적의 조절에 대해 더 살펴볼 것이다.)

가슴샘 The Thymus

가슴샘(thymus)은 복장뼈 깊은 곳에 있는 **세로칸**(*mediastinum*)에 위치한다. 신생아의 가슴샘은 비교적 비대하고, 종종 목의 아랫부분부터 심장의 윗부분까지에 이른다. 성장함에 따라 가슴샘이 천천히 자라고, 사춘기 이전에 40 g 정도의 무게에 달한다. 사춘기 이후에는 크기가 점차 감소한다. 50세경에는 가슴샘의 무게는 12 g 이하가 된다.

가슴샘은 면역기능에 중요한 여러 호르몬을 생산한다. 이들은 모두 **티모신(thymosin)**이라고 명명한다. 나이가 들어감에 따라 가슴샘의 크기와 호르몬의 분비 능력이 감소하기 때문에 어른일수록 질병에 민감해진다. (가슴샘의 구조와 티모신의 기능은 14장에서 살펴볼 것이다.)

생식샘 The Gonads

고환과 난소의 생식호르몬에 대한 정보는 **표 10-4**에 설명되어 있다.

표 10-4 생식계통의 호르몬

구조/세포(Structure/Cells)	**호르몬**(Hormone)	**일차 표적세포**(Primary Target)	**효과**(Effects)
고환(TESTES)			
사이질세포(Interstitial cells)	안드로겐	대부분 세포	정자의 기능적인 성숙 도움, 뼈대근에서 단백질 합성 도움. 남성의 이차성징 발현과 관련 행동 도움.
버팀세포(Nurse cells)	인히빈	뇌하수체 앞엽	FSH의 분비 억제
난소(OVARIES)			
난포세포(Follicular cells)	에스트로겐	대부분 세포	난포 성숙, 여성 이차성징 발현과 관련 행동 도움.
	인히빈	뇌하수체 앞엽	FSH의 분비 억제
황체(Corpus luteum)	프로게스테론	자궁, 젖샘	수정란의 착상을 위한 자궁 준비; 분비기능을 위한 젖샘 준비

임상노트

당뇨병(DIABETES MELLITUS)

치료되지 않은 당뇨병은 몸 전체의 대사 활동을 파괴한다. 급성 기아상태에서 주변으로부터 포도당 흡수가 불가능할 때, 지질과 단백질조차도 파괴될 수 있는 에너지 위기를 포함한 많은 임상적인 문제가 발생한다. 혈관구조의 비정상적인 변화도 위험하다. 미국에서 약 2,580만 명이 당뇨병 환자이다.

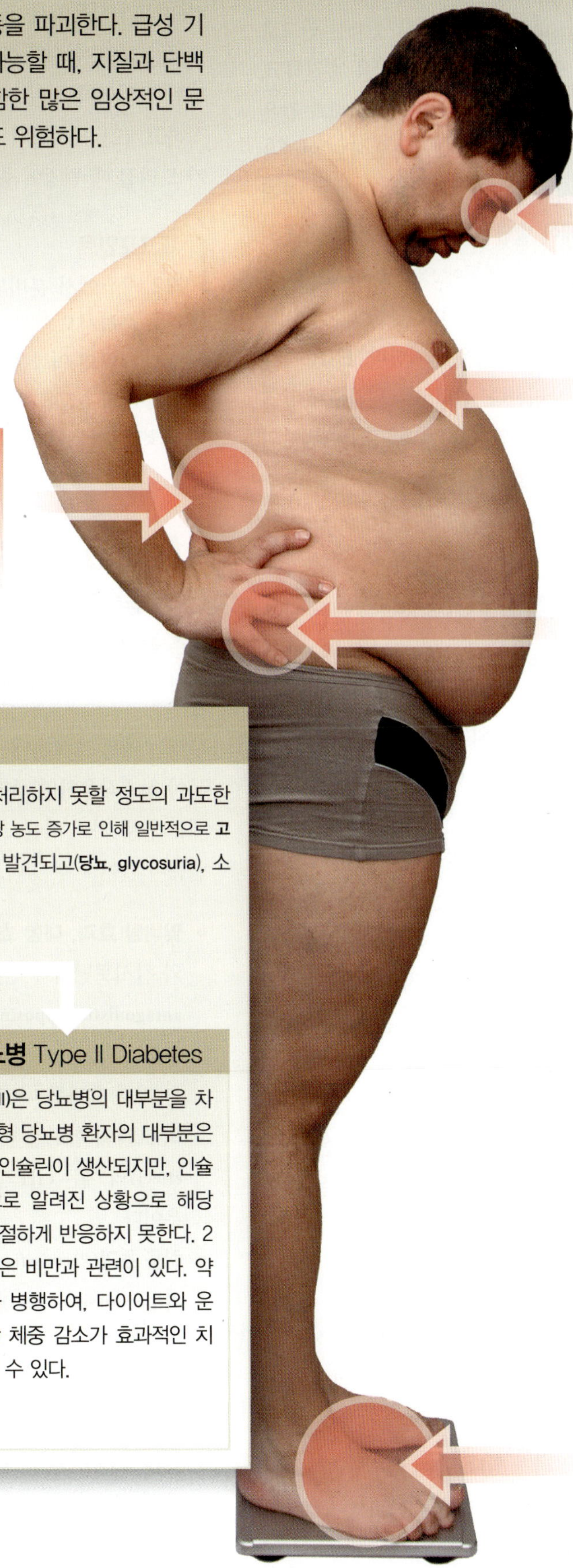

망막 손상 Retinal Damage

망막에서의 출혈과 모세혈관 증식이 부분적으로 또는 완전한 시각장애를 일으킬 수 있다. 이 상황을 **당뇨병성 망막증**(diabetic retinopathy)이라고 한다.

초기 심장마비 Early Heart Attacks

심혈관의 퇴행성 손상이 초기 심장마비를 일으킬 수 있다. 특정 연령대에서 정상인에 비해 당뇨병 환자에게 심장마비가 3배에서 5배가량 증가한다.

콩팥 퇴행 Kidney Degeneration

당뇨병성 콩팥증(diabetic nephropathy)이라고 하는 콩팥의 퇴행성 변화가 콩팥의 퇴행을 일으킨다.

말초 신경 문제 Peripheral Nerve Problems

신경조직으로의 비정상적인 혈액 흐름은 자율신경계 기능이상 등의 말초신경과 관련된 다양한 신경학적 문제를 일으킬 수 있다. 이 장애를 **당뇨병성 신경증**(diabetic neuropathies)이라고 한다.

당뇨병 Diabetes Mellitus

당뇨병(diabetes Mellitus)은 콩팥의 재흡수 과정에서 처리하지 못할 정도의 과도한 포도당 농도의 증가를 보인다. (혈액 내 비정상적인 포도당 농도 증가로 인해 일반적으로 **고혈당증**[hyperglycemia]이라고 불린다.) 포도당이 소변에서 발견되고(**당뇨**, glycosuria), 소변량이 증가한다(**다뇨**, polyuria).

두 가지 타입으로 나누어진다.

1형 당뇨병 Type I Diabetes

1형(Type I)은 이자섬 베타세포에서의 인슐린의 부적절한 생산에 의해 나타난다. 1형 당뇨병 환자는 생존을 위해 인슐린이 필요하고, 매일 주사, 또는 인슐린 펌프와 같은 장치를 통한 지속적인 인슐린 공급이 필요하다. 1형 당뇨병은 전체 당뇨병의 약 5% 정도를 차지하고, 어린이와 젊은이들에게 대개 발병한다.

2형 당뇨병 Type II Diabetes

2형(Type II)은 당뇨병의 대부분을 차지한다. 2형 당뇨병 환자의 대부분은 정상적인 인슐린이 생산되지만, 인슐린 저항으로 알려진 상황으로 해당 조직이 적절하게 반응하지 못한다. 2형 당뇨병은 비만과 관련이 있다. 약물 섭취와 병행하여, 다이어트와 운동을 통한 체중 감소가 효과적인 치료 방법일 수 있다.

말초 조직 손상 Peripheral Tissue Damage

수족의 먼 부분으로의 혈액 흐름이 감소하고, 그 결과 말초 조직이 손상된다. 예를 들어, 발로의 혈액 흐름이 감소하면 조직 괴사, 궤양, 감염, 발가락 손상, 한쪽 또는 양쪽 발의 주요 부분의 손상을 초래한다.

고환 The Testes

남성의 고환의 **사이세포(interstitial cell)**에서 스테로이드 호르몬인 안드로겐이 생성된다. **테스토스테론(testosterone)**은 가장 중요한 안드로겐이다. 테스토스테론은 기능적인 생식세포(정자)의 생성을 촉진하고, 남성 생식기관의 분비샘을 유지시키고, 수염과 체지방의 분배과 같은 이차성징을 결정한다. 테스토스테론은 인체의 대사작용에도 영향을 미친다. 테스토스테론은 단백질 합성과 근육 성장을 자극시키고, 공격적인 행동 반응에 영향을 미친다. 배아 발달 과정에서 테스토스테론의 생성은 남성 생식기관, 외부 생식기, 성적 행동에 영향을 미치는 시상하부 핵을 포함하는 CNS 구조의 발달에 영향을 미친다.

고환의 **버팀세포**(*nurse cells*)는 정자의 형성을 지지한다. FSH 자극으로 버팀세포는 **인히빈(inhibin)**을 분비한다. 인히빈은 뇌하수체 앞엽에서 FSH의 분비를 억제한다. 성인의 경우, 인히빈과 FSH는 정자의 생성을 정상 수준으로 유지하기 위해 상호작용한다.

난소 The Ovaries

10

난소에서 여성 성 세포(**난모세포**, *oocytes*)는 FSH의 자극을 받는 **난포(follicles)**라고 하는 특별한 구조에서 성숙된다. (난모세포는 미성숙한 난자, 난세포이다. 수정을 할 때, 난모세포는 **난자**[*ovum*]가 되기 위해 성숙된다.) 난모세포를 둘러싸고 있는 난포세포는 난세포의 성숙을 지지하고, 자궁내막의 성장을 자극하는 스테로이드 호르몬인 **에스트로겐(estrogen)**을 생산한다. FSH의 자극으로 난포세포는 남성에서와 비슷한 작용으로 음성되먹임을 통해 FSH 분비를 억제하는 인히빈을 분비한다.

배란기에는 난소에서 성숙한 난포가 난모세포를 분비한다. 남겨진 난포세포는 에스트로겐과 프로게스테론을 분비하는 **황체(corpus luteum)**를 형성한다. **프로게스테론(progesterone)**은 자궁관을 통해 수정란의 움직임을 촉진시키고, 수정란이 도착할 자궁을 준비시킨다. 다른 호르몬의 도움을 받아, 프로게스테론은 젖샘을 자극한다.

안드로겐, 에스트로겐, 프로게스테론의 생산은 뇌하수체 앞엽에 의해 분비된 조절 호르몬에 의해 조절된다. 임신기간 동안, 태반은 난소, 뇌하수체와 함께 정상적인 태아의 성장과 분만 과정을 촉진하는 내분비 기관의 기능을 담당한다.

지방조직 Adipose Tissue

지방조직은 성긴 결합 조직이다(4장 참조). 지방조직은 여러 기능을 수행하는 펩타이드 호르몬인 **렙틴(leptin)**을 생산한다. 식욕의 조절을 음성되먹임 기능을 수행하는 것으로 알려져 있다. 음식 섭취할 때, 지방조직은 포도당과 지질을 흡수하고, 저장을 위한 트리글리세리드(지방)를 합성한다. 동시에, 렙틴은 혈액으로 분비된다. 렙틴은 감정과 식욕 조절 기능을 가진 시상하부에서 신경세포에 반응한다. 그 결과는 포만감(포식)과 식욕억제이다.

정상적인 수준의 GnRH 및 성선 자극 호르몬 합성이 일어나려면 렙틴이 있어야 한다. 이것은 왜 (1) 날씬한 소녀가 사춘기가 늦게 시작하고, (2) 체지방의 증가는 생식력의 향상시키고, (3) 체지방 대사가 느려질 때 월경이 중단되는지를 설명해준다.

체크포인트

22. 콩팥에서 분비되는 두 가지 호르몬을 기술하고, 그 기능을 기술하시오.

23. 레닌의 역할을 기술하시오.

24. 지방조직에서 분비되는 호르몬을 기술하시오.

책 뒷면의 파란색 답변 탭을 참조.

10-10 호르몬은 상호작용하는 생리학적 반응을 생산한다

학습목표 생리적 반응이 조화롭게 일어나기 위해 호르몬이 어떻게 대처하는지, 또 노화가 내분비계통에 어떤 영향을 주는지 서술한다.

우리는 개별 호르몬에 관해 공부하지만, 세포외액에는 여러 가지 호르몬이 상호작용하며 존재한다. 이 농도는 매일, 매 시간마다 변화한다. 세포가 두 가지 다른 호르몬으로부터 동시간에 명령을 받으면, 4가지 반응이 일어날 수 있다.

- **맞버팀 효과, 대항 효과**(*Antagonistic effects*). 두 가지 호르몬이 PTH와 칼시토닌이나 인슐린과 글루카곤과 같이 **맞버팀 효과(대항 효과, antagonistic [opposing] effect)**를 나타낼 때이다.
- **상승 효과**(*Synergistic effects*). 두 호르몬이 한 가지 호르몬에 의해서 한 가지 효과를 나타날 때 보다 증폭된 효과를 나타낸다. 종종 각각의 효과의 합보다 더 큰 결과를 나타낸다. 이 **상승 효과 (synergistic effect)**의 예는 GH의 포도당 보존 효과와 글루코코르티코이드의 경우이다.
- **허용 효과**(*Permissive effects*). 호르몬은 다른 호르몬에 대해 **허용 효과(permissive effect)**를 나타낼 수 있다. 이 경우는, 한 호르몬이 그 효과를 나타낼 때 다른 호르몬이 반드시 존재해야만 가능하다. 그 예로, 에피네프린은 갑상샘 호르몬이 정상 농도로 존재하지 않으면, 에너지 축적에 영향을 미치지 않는다.
- **통합 효과**(*Integrative effects*). 호르몬은 조직과 기관에서 다르지만 상호보완적인 결과를 만들어낸다. 이 **통합 효과(integrative effects)**

는 다양한 생리학적 시스템의 활동을 상호보완적으로 유지하는 데 중요하다. 칼시트리올과 PTH의 다른 역할은 칼슘 대사에 영향을 미치는 것이 그 예이다.

다음 부분은 어떻게 호르몬이 정상적인 성장과 스트레스에 대한 반응과 행동의 변화, 노화의 작용에 어떻게 서로 영향을 미치고 조절하는지에 대해서 알아보기로 한다. 더 자세한 논의는 심혈관 기능, 대사 작용, 분비, 생식을 다루는 장에서 진행될 것이다.

호르몬과 성장 Hormones and Growth

인체가 정상적으로 성장하려면 몇몇 내분비 기관의 상호협력이 필요하다. 6개의 호르몬—GH, 갑상샘 호르몬, 인슐린, PTH, 칼시토닌, 생식호르몬—은 특히 매우 중요하다. 다른 호르몬도 성장률과 패턴에 이차적인 효과를 가진다.

- ***GH***. 단백질 합성과 세포 성장에 있어서 GH의 효과는 성장기 어린이에게 가장 명백하다. GH는 뼈대, 근육 발달을 돕는다. 성인의 경우, GH는 정상적인 혈당 수치 유지와 지방조직에서 지질의 축적을 돕는다. 하지만 GH는 일차적인 호르몬이 아니다. 성인의 경우, GH가 결핍되어 있지만, 티록신, 인슐린, 글루코코르티코이드의 수치가 정상이면, 생리학적인 문제는 발생하지 않는다.
- **갑상샘호르몬(*Thyroid hormones*)**. 적정한 수준의 갑상샘 호르몬은 정상적인 성장에 필수적이다. 태아성숙기나 생후 1년 동안 이 호르몬이 결핍되면, 신경계통이 정상적으로 성장하지 못하고 성장이 지연된다. 사춘기 이전까지 티록신 농도가 결핍되면, 정상적인 뼈대 발달이 이루어지지 않는다.
- **인슐린(*Insulin*)**. 성장하는 세포는 에너지와 영양분의 적절한 공급이 필요하다. 인슐린이 없으면, 포도당과 아미노산의 세포막 통과가 멈추거나 많이 감소한다.
- **부갑상샘 호르몬과 칼시트리올(*Parathyroid hormone and calcitriol*)**. PTH와 칼시트리올은 뼈의 형성을 위한 칼슘 흡수를 돕는다. 이 두 호르몬의 적정농도로 존재하지 않으면, 뼈는 증식하지만 광물화되지 않고, 약하고, 유연해질 것이다. 예를 들어, 구루병은 성장기 어린이에게 비타민 D_3의 부족으로 인한 칼시트리올의 부적절한 생성으로 발생한다. 그 결과 하지 뼈가 너무 약해져서 체중을 받는 부분의 아래로 구부러진다.
- **생식 호르몬(*Reproductive hormones*)**. 성 호르몬(남성의 안드로겐, 여성의 에스트로겐)의 존재 또는 부재는 골아세포의 활동과 특별한 세포의 성장률에 영향을 미친다. 안드로겐과 에스트로겐은 표적세포에서 세포 성장과 증식을 자극한다. 성별에 따라 뼈대비율, 이차성징의 차이를 나타낸다.

임상노트

호르몬과 운동기록 Hormones and Athletic Performance

국제 올림픽 연맹, 미국 올림픽 연맹, 국립 대학 운동선수 연합, 메이저리그 야구, 국립 축구 리그에서 운동의 효과를 증진시키기 위한 호르몬의 사용을 금지하고 있다. 미국 의학 협회와 미국 대학 스포츠 의학에서도 호르몬의 사용을 비난한다. 그러나 상당수의 아마추어나 프로 운동선수들이 이 위험한 시도를 계속하고 있다. 테스토스테론 합성 물질이 가장 빈번하게 사용되지만, 운동선수들은 테스토스테론, 성장 호르몬, 에리트로포이에틴(EPO)과 여러 가지 합성 호르몬의 복합제를 사용하기도 한다.

아마추어나 프로 운동선수들의 **신진대사 스테로이드**(*anabolic steroids*)나 안드로겐의 사용은 빈번해지고 있다. 근육량, 인내력, 경쟁심의 증가를 위해 스테로이드를 사용한다. **안드로스테네디온**(*androstenedione*)과 같은 스테로이드는 인체에서 테스토스테론으로 바뀐다. 그들은 스테로이드가 신체에서 만들어진 화합물이라 안전하고 건강에 좋다는 근거 없는 의견을 믿고 이 스테로이드를 사용한다. 실제로는 자연적인 또는 합성된 안드로겐의 사용은 심각하게 건강을 위협한다. 안드로겐은 다음과 같은 복잡한 상황을 야기한다. (1) 뼈끝 연골의 조기폐쇄; (2) 간 기능장애(황달과 간 종양); (3) 남성의 전립샘 비대, 요관 파열, 고환 위축, 불임; (4) 여성의 월경 불규칙, 체모 분포의 변화. 심장 마비와 관련된 심장기능 손상, 뇌졸중이 나타난다. 결국 안드로겐 남용은 면역기능의 전반적인 저하를 초래한다.

사이클이나 마라톤 선수와 같이 인내심을 요하고, 혈액내 산소를 운반하는 적혈구의 수를 늘려야 하는 운동선수들이 EPO를 사용한다. 혈액 내의 산소는 증가하지만, 혈액의 점성이 높아진다. 이러한 이유로 심장은 끈적끈적한 혈액을 혈관으로 배출하기 위해 더 노력해야 한다. 이 노력은 젊은 사람과 건강한 사람에게서도 심부전과 뇌졸중을 일으킬 수 있다.

안드로겐과 EPO의 영향은 비교적 잘 알려져 있다. 약물 테스트는 아마추어나 프로 운동선수들에게 널리 이용되고 있다. 이에 선수들은 잘 검출되지 않는 약물을 찾아서 사용하고, 이로 인해 이 약물의 효과를 예측하기 어렵다.

호르몬과 스트레스 Hormones and Stress

신체적이거나 감정적인 조건이 **스트레스(stress)**로 작용해 항상성을 유지하기 어렵게 한다. 스트레스는 (1) 질병과 손상 등의 신체적 조건; (2) 우울하거나 화나는 감정적 조건, (3) 극도의 더위와 추위와 같은 환경적인 조건, (4) 기아와 같은 대사 조건에 의해 발생한다. 많은 스트레스는 항상성의 유지를 방해한다. 예를 들어, 체온의 감소는 정상 체온으로 회복되도록 떨리거나, 혈액 순환이 변한다.

또한 인체는 스트레스에 대한 일반적인 반응을 보이면서, 다른 특별한 반응을 수행한다. 다양한 스트레스 유발 인자는 동일한 기본 패턴의 호르몬 및 생리학적 조정을 생성한다. 이것은 **스트레스 반응(stress response)**으로 알려진, **전신순응증후군(general adaptation syndrome, GAS)**을 부분적으로 반응한다. GAS는 세 가지 단계를 거친다: **경보기**(*alarm phase*), **저항기**(*resistance phase*), **탈진기**(*exhaustion phase*). 이 단계는 **집중 조명 그림 10-20**에서 설명하고 있다.

호르몬과 행동 Hormones and Behavior

시상하부가 많은 내분비의 기능을 조절하는 것을 이미 살펴보았다. 시상하부의 신경세포는 또한 많은 순환하는 호르몬의 수치를 모니터링한다. 우리가 어떻게 행동하고 반응하는지에 영향을 미치는 뇌의 다른 부분도 호르몬의 자극에 꽤 민감하게 반응한다.

개개인의 내분비샘의 분비과다나 분비저하에 대한 특정 호르몬에 대한 행동학적인 효과는 충분히 밝혀져 있다. 하지만 순환하는 호르몬의 정상적인 변화조차도 행동학적인 변화를 초래할 수도 있다. **성조숙증**(*precocious puberty*)의 경우, 성 호르몬이 부적절한 시기, 약 5~6세 정도로 어린 시기에 생산될 수 있다. 이 영향을 받은 아동은 이차성징이 발달할 뿐만 아니라 행동도 변화한다. "착한 어린이"의 행동이 사라지고, 성호르몬에 의한 CNS의 반응으로 공격적이고 확신에 찬 행동을 보인다. 정상적인 십대들에게 이러한 행동은 환경의 자극에 반응하는 자연적인 현상이지만, 생리학적인 근거도 가지고 있다. 성인의 경우, 호르몬이 CNS에 미치는 변화는 지적 능력, 기억력, 학습과 감정의 수준에 영향을 미칠 수 있다.

호르몬과 노화 Hormones and Aging

내분비계통은 연령의 변화에 따라 비교적 적은 변화를 겪는다. 예외적으로 가장 확연한 감소를 보이는 호르몬은 생식 호르몬이다. (뼈대계통에서의 호르몬의 변화는 6장을 참고하고, 20장에서 계속 살펴볼 것이다.)

혈액와 조직에서 TSH, 갑상샘 호르몬, ADH, PTH, 프로락틴, 글

임상노트

스트레스에 대한 생리학적인 반응 The Physiologic Response to Stress

EMS는 본질적으로 스트레스에 많이 노출되는 직업이다. 스트레스는 **항상성**(*homeostasis*)을 위협하는 인체의 상황을 말한다. **스트레스**(*stress*)라는 말은 "고난 또는 긴장", 또는 "자극에 대한 신체적 또는 감정적 반응"을 뜻한다. 스트레스에 대한 반응은 사람마다 다양하다. 자극이 되는 스트레스, 사건에 대한 인식, 삶의 전반적인 상황, 개인적인 모방기술에 대한 이전의 노출에 영향을 받는다.

스트레스에의 적응은 동적이고 진화하는 과정이다. 인체는 스트레스에 대해 일반적으로 생리학적으로 반응한다. 모든 스트레스는 같은 양상의 호르몬과 생리학적인 적정을 가진다. 스트레스 반응은 **전신순응증후군**(*general adaptation syndrome*)이라 불리고, 이는 3가지 단계가 있다: **경보기**, **저항기**, **탈진기**(**집중 조명 그림 10-20**). 마지막에는 휴식과 회복의 기간이 있다.

- **1단계**(*Stage I*): **경보기**(*Alarm*). 경보기는 "싸우거나 날거나" 반응이다. 실제적인 사건이거나 상상 속의 사건이거나 관계없이 신체적으로 위협에 대한 빠른 방어기전을 준비하는 단계이다. 시상하부의 조절에 의한 자율신경계의 작용으로 호르몬이 유리되기 시작한다. 부신 속질로부터 분비된 **에피네프린**(*epinephrine*)과 **노르에피네프린**(*norepinephrine*)은 심박동과 혈압을 증가시키고, 동공을 확대시키고, 혈당을 증가시키고 소화력을 떨어뜨리고 기관지를 확장시킨다. 뇌하수체는 **아드레노코티코트로픽 호르몬**(*adrenocorticotropic hormones*)을 분비시키고 이는 부신 겉질을 자극한다.
- **2단계**(*Stage II*): **저항기**(*resistance*). 스트레스가 몇 시간보다 더 지속될 때, 저항기로 들어간다. 이 단계에서는 다른 호르몬도 작용하지만, 글루코코르티코이드가 지배적으로 작용한다. 글루코코르티코이드, 에피네프린, 성장호르몬, 갑상샘 호르몬의 증가로 에너지 요구가 증가하게 된다. 이는 고혈당 상태를 유지하여 지방과 단백질의 에너지원으로의 변환, 뇌 및 신경 조직의 포도당 보존, 간에서의 포도당 합성 및 유리를 촉진한다. 이 단계에서 개개인은 스트레스에 대처하기 위해 노력한다. 시간이 지남에 따라, 스트레스에 대한 민감도가 떨어지고, 적응하게 된다. 이 단계의 후반으로 갈수록, 혈압, 심박수와 같은 생리학적인 평가는 정상으로 돌아올 수도 있다.
- **3단계**(*stage III*): **탈진기**(*exhaustion*). 저항기가 끝나고, 항상성 조절 기전이 파괴되고 탈진기가 시작된다. 같은 스트레스에 대한 지속적인 노출은 저항력과 적응력의 한계에 도달하게 한다. 모든 스트레스에 대한 저항력이 감소하고 신체적, 심리적 질병에 대한 감수성이 증가하게 된다. 건강을 회복하기 위한 휴식과 회복의 기간이 필수적이다. 그렇지 않으면, 인체의 기관에 이상이 생기기 시작한다.

집중 조명 그림 10-20 전신순응증후군(THE GENERAL ADAPTATION SYNDROME)

경보기 "싸우거나 날거나" Alarm Phase ("Fight or Flight") 경보 ALARM

경보기(alarm phase)는 스트레스나 위험에 대한 즉각적인 반응이다. 주요 호르몬은 에피네프린이고 이는 교감신경계의 작용으로 분비된다.

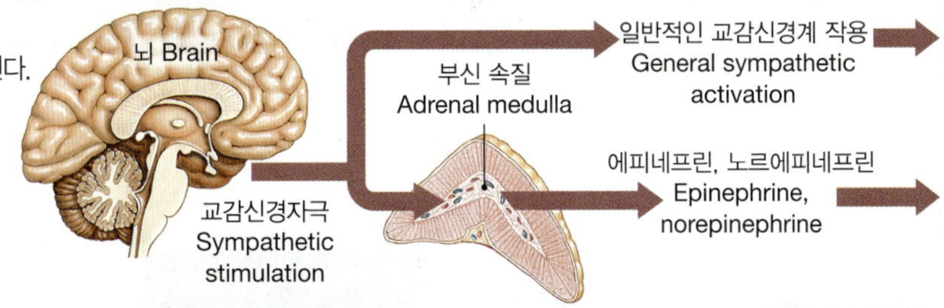

위험에 대한 즉각적인 단기 반응
Immediate Short-Term Responses to Crises

- 정신적인 각성상태 증가
- 모든 세포에 의한 에너지 사용 증가
- 글리코겐과 지질 저장의 활용
- 순환의 변화
- 소화활동과 소변생성 감소
- 땀샘 분비 증가
- 심박동률과 호흡률의 증가

저항기 Resistance Phase 저항 RESISTANCE

저항기(resistance phase)는 스트레스가 몇 시간보다 더 지속될 때 시작한다. 글루코코르티코이드(GCs)가 주요 호르몬이다. GCs와 다른 호르몬은 포도당이 아닌 다른 에너지원을 이용한 대사작용으로의 변환을 유도하여 신경조직의 활동을 돕는다.

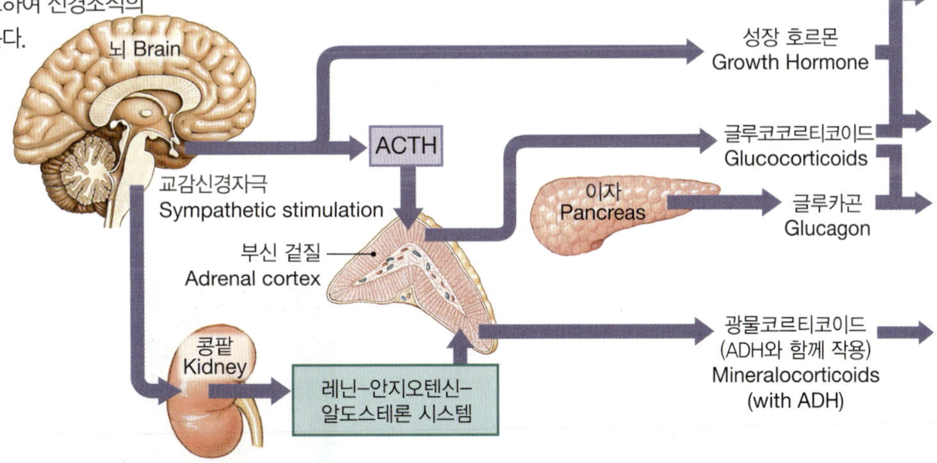

장기 대사작용 적정
Long-Term Metabolic Adjustments

- 저장된 에너지의 활용: 지방조직으로부터의 지질 분비; 근육, 뼈대로부터의 아미노산 분비
- 포도당 보존: 말초 조직(신경조직 제외)은 지질을 이용하여 에너지를 얻는다
- 혈당 농도 증가: 간은 탄수화물, 아미노산, 지질로부터 포도당을 합성한다.
- 혈액용적 유지: 염분과 수분의 보존, K^+와 H^+의 손실

탈진기 Exhaustion Phase 탈진 EXHAUSTION

탈진기에서 인체의 지질을 통한 에너지 사용은 몇 주 또는 몇 달 정도 가능하다. 저항기가 지나면, 항상성 조절이 파괴되고 **탈진기**(exhaustion phase)가 시작된다. 즉각적인 교정 활동이 일어나지 않으면, 뒤이어 일어나는 기관 손상은 치명적이다.

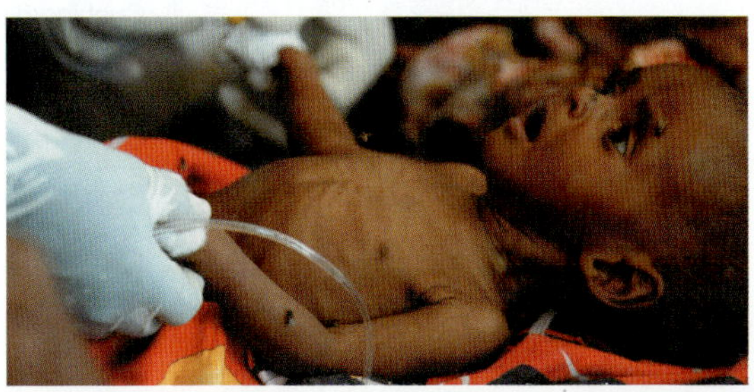

생체 시스템의 파괴
Collapse of Vital Systems

- 비축된 지질의 고갈
- 누적된 생체 조직의 구조적 기능적 손실
- 글루코코르티코이드 생성 불능
- 전해질 균형 파괴

임상노트

내분비 장애(ENDOCRINE DISORDERS)

내분비 장애는 호르몬 기능저하와 호르몬 기능항진에 의해 발생한다. 증상과 징후는 비정상적인 호르몬 생산(분비저하 또는 분비과다) 또는 비정상적인 표적세포 민감성에 의해 나타난다. 몇몇 중요한 내분비 장애의 특징적인 양상을 아래 표에서 설명한다.

몇몇 중요한 내분비 장애의 개요 An Overview of Some Important Endocrine Disorders

호르몬 Hormone	생산 저하 또는 조직 민감도 저하의 결과	주요 증상과 징후	생산 과다 또는 조직 민감도 과다의 결과	주요 증상과 징후
성장 호르몬 Growth hormone (GH)	뇌하수체 성장 부족	성장 지연, 비정상적인 지방 분배, 식후 혈당 저하	거인증, 말단비대증 Gigantism, acromegaly	과도한 성장
티록신 Thyroxine (T_4), 삼요오드티록신 Triiodothyroxine(T_3)	선천성 갑상샘저하증, 갑상샘저하증, 점액부종	대사율 저하, 체온저하, 육체적 정신적 발달저하	갑상샘항진증, 그레이브스병 Hyperthyroidism, Graves disease	대사율 상승, 체온상승
인슐린 Insulin	당뇨병(1형) Diabetes mellitus (Type 1)	혈당상승, 손상된 포도당 이용, 당뇨	인슐린 생산 과다 Excess insulin production	혈당 감소, 혼수 가능성
글루코코르티코이드 예:코티솔 Glucocorticoids Example: cortisol	애디슨병 Addison disease	스트레스 저항능력 저하, 저장된 에너지 사용능력 저하, 정상 혈당수치 유지능력 저하	쿠싱병 Cushing disease	조직 단백질과 저장된 지질의 과다 손실, 손상된 포도당 대사
에스트로겐(여성) Estrogens (females)	생식샘 기능저하증 Hypogonadism	불임, 이차성징 발현 결핍	조숙한 사춘기 Precocious puberty	성적 성숙의 조숙과 관련된 행동의 변화
안드로겐(남성) Androgens (males)	생식샘 기능저하증 Hypogonadism	불임, 이차성징 발현 결핍	조숙한 사춘기 Precocious puberty	성적 성숙의 조숙과 관련된 행동의 변화

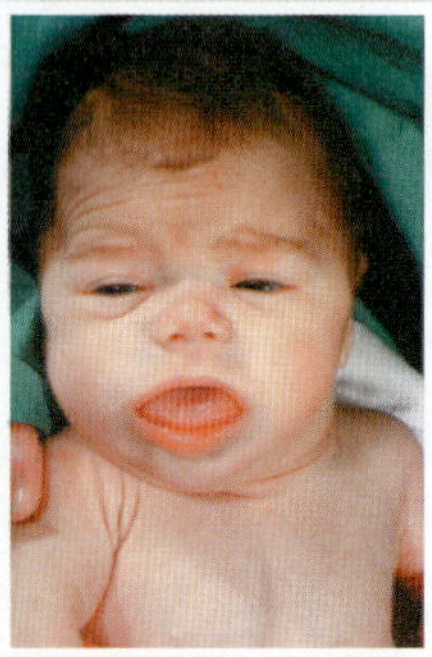

선천성 갑상샘저하증(Congenital hypothyroidism)은 임신기간 중 부족한 갑상샘 호르몬에 의해 발생한다.

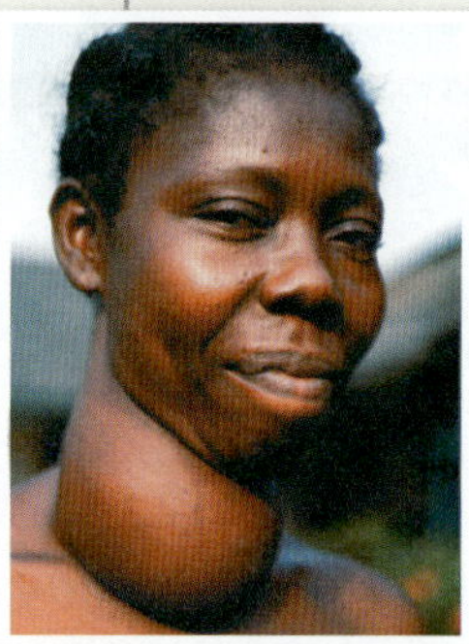

갑상샘종(goiter), 또는 갑상샘비대증은 성인의 불충분한 요오드 섭취에 의한 갑상샘 분비저하와 관련이 있다.

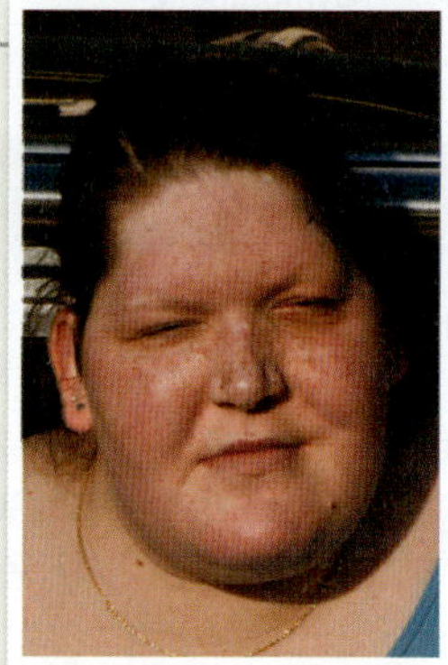

말단비대(Acromegaly)는 뼈끝 연골이 대부분 융합된 사춘기 이후 성장 호르몬의 과다 생성에 의해 나타난다. 뼈모양이 변하고 뼈대의 연골주위가 비대해진다. 일반적인 얼굴 모습과 비대해진 아래턱의 모습.

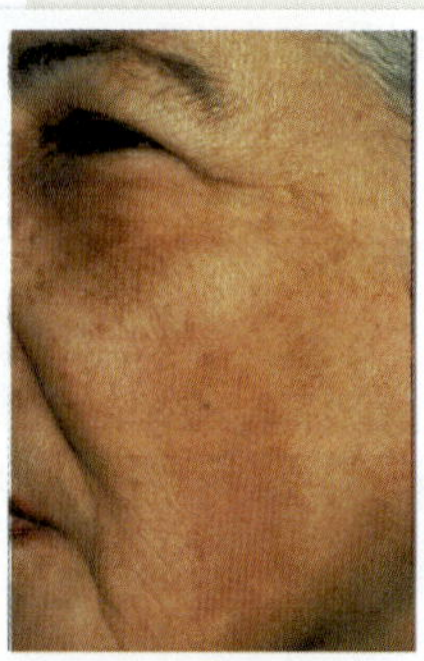

애디슨병(Addison disease)은 글루코코르티코이드의 분비저하에 의해 발생한다. MSH와 구조적으로 비슷한 ACTH에 의해 자극을 받은 멜라닌세포에 의해서 색소침착이 일어난다.

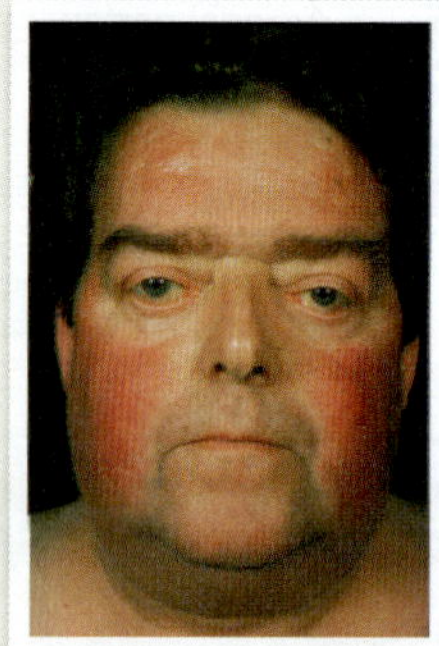

쿠싱병(Cushing disease)은 글루코코르티코이드의 과다분비에 의해서 발생한다. 저장된 지질이 에너지원으로 이용되고 지방조직이 뺨과 목 기저부에 축적된다.

루코코르티코이드 등의 다른 호르몬의 농도는 나이가 들어감에 따라 변하지 않는다. 순환하는 호르몬은 정상적인 한계 안에서 남겨질 것이다. 하지만 내분비 조직은 자극에 덜 민감하게 된다. 예를 들어, 노인의 경우 탄수화물이 풍부한 식사 이후에 GH와 인슐린이 적게 분비된다. GH와 다른 자극 호르몬의 수치 감소는 인체 전반의 조직에 영향을 미친다. 이 호르몬의 변화는 이전 장에서 살펴본 것처럼, 골밀도와 근육량의 감소와 관련이 있다.

마지막으로, 말초 조직에서 연령과 관련되는 변화는 몇몇 호르몬에 대한 반응이 감소되는 것이다. 글루코코르티코이드와 ADH에 대한 민감도가 감소된다.

체크포인트

25. 인슐린은 혈당수치를 감소시키고 글루카곤은 혈당수치를 증가시킨다. 이것은 호르몬 작용의 어떤 분류의 예인가?
26. 어떤 호르몬이 부족하면 뼈의 형성이 억제되는가?
27. 전신순응증후군(GAS)의 저항 단계에서 지배적인 역할을 하는 호르몬은 무엇이고, 작용 방법은 무엇인가?

책 뒷면에 있는 파란색 정답 탭을 참조.

10-11 내분비계통과 다른 인체 계통 간의 상호작용

학습목표 내분비계통과 다른 인체 계통 간의 상호작용의 예시를 제시한다.

내분비계통은 장기간의 조절과 인체기능에 영향을 주는 항상성의 조정에 영향을 미친다. 모든 계통과 작용하여, 내분비계통은 대사율과 포도당, 트리글리세리드, 아미노산 등의 기질의 사용을 조절한다. 또한, 성장과 발달도 조절한다.

지식 쌓기: 내분비계통이 다른 신체 계통과 상호작용하는 방법으로 내분비계통과 외피, 뼈대, 근육 및 신경계통 간의 주요 기능적인 관계를 p. 374에서 제시하였다.

체크포인트

28. 다른 인체 계통의 기능에서 내분비계통의 일반적인 역할을 기술하시오.
29. 내분비계통과 근육계통 사이의 기능적인 관계를 기술하시오.

책 뒷면에 있는 파란색 정답 탭을 참조.

관련 임상 용어

부신 절제술(adrenalectomy): 부신샘의 수술적 제거.

내분비학(endocrinology): 호르몬과 호르몬을 분비하는 조직과 샘 그리고 그들의 생리학적 역할과 관련된 질병에 대한 학문.

하시모토병(Hashimoto's disease): 만성 림프구성 갑상샘염으로도 알려진 장애로, 면역체계가 갑상샘을 공격하게 되는 질병. 미국에서 갑상샘 기능 저하를 일으키는 가장 흔한 질병이다.

저칼슘 경련(hypocalcemic tetany): 얼굴과 상지에 영향을 미치는 근육 경련; 체액의 칼슘 이온 농도 저하로 인해 발생한다.

뇌하수체 절제술(hypophysectomy): 뇌하수체의 수술적 제거.

점액 수종(myxedema): 성인의 피하 부종, 탈모, 피부 건조, 체온 저하, 근육 약화 및 반사 지연을 포함하는 갑상샘 호르몬의 분비 저하의 영향.

외상후 스트레스 장애(posttraumatic stress disorder, PTSD): 생명을 위협하는 상황이나 끔찍한 사건에 노출된 이후 발생하는 일반적인 불안 장애.

갑상샘 절제술(thyroidectomy): 갑상샘의 부분 또는 전체의 수술적 제거.

갑상샘 중독증(thyrotoxicosis): 갑상샘 호르몬의 과다 분비로 인한 상태. 증상 및 징후는 대사율, 혈압 및 심박 수의 증가, 흥분성 및 정서적 불안정, 에너지 보존량의 감소 등이 있다.

지식 쌓기
내분비계통이 지금까지 제시된 다른 신체 계통과 어떻게 통합되는지 알아보자.

외피계통 Integumentary System

- 외피계통은 피상적인 내분비 기관을 보호한다; 표피는 비타민 D_3를 합성한다
- 내분비계통은 피지샘 활동을 자극하고, 털 성장, 지방 분배와 아포크린 땀샘 활동에 영향을 주는 성호르몬을 분비한다; 젖샘 발달을 자극하는 PRL; 피부 혈류를 변경시키는 부신 호르몬; 멜라닌세포 활동을 자극하는 MSH

뼈대계통 Skeletal System

- 뼈대계통은 뇌, 가슴, 골반안 등의 내분비 기관을 보호한다.
- 내분비계통은 몇몇 호르몬의 작용으로 뼈대의 성장을 조절한다; 부갑상샘 호르몬과 칼시토닌에 의한 칼슘 항상성 조절; 성 호르몬에 의한 성장 과속화와 사춘기의 뼈끝연골 융합 과속화, 성인기의 골량 유지를 돕는다.

10

근육계통 Muscular System

- 근육계통은 내분비 기관을 보호한다.
- 내분비계통은 근육대사, 에너지 생성, 성장을 조절하는 호르몬을 분비한다; 체액의 칼슘, 인산 농도 조절; 뼈대근 성장 과속화

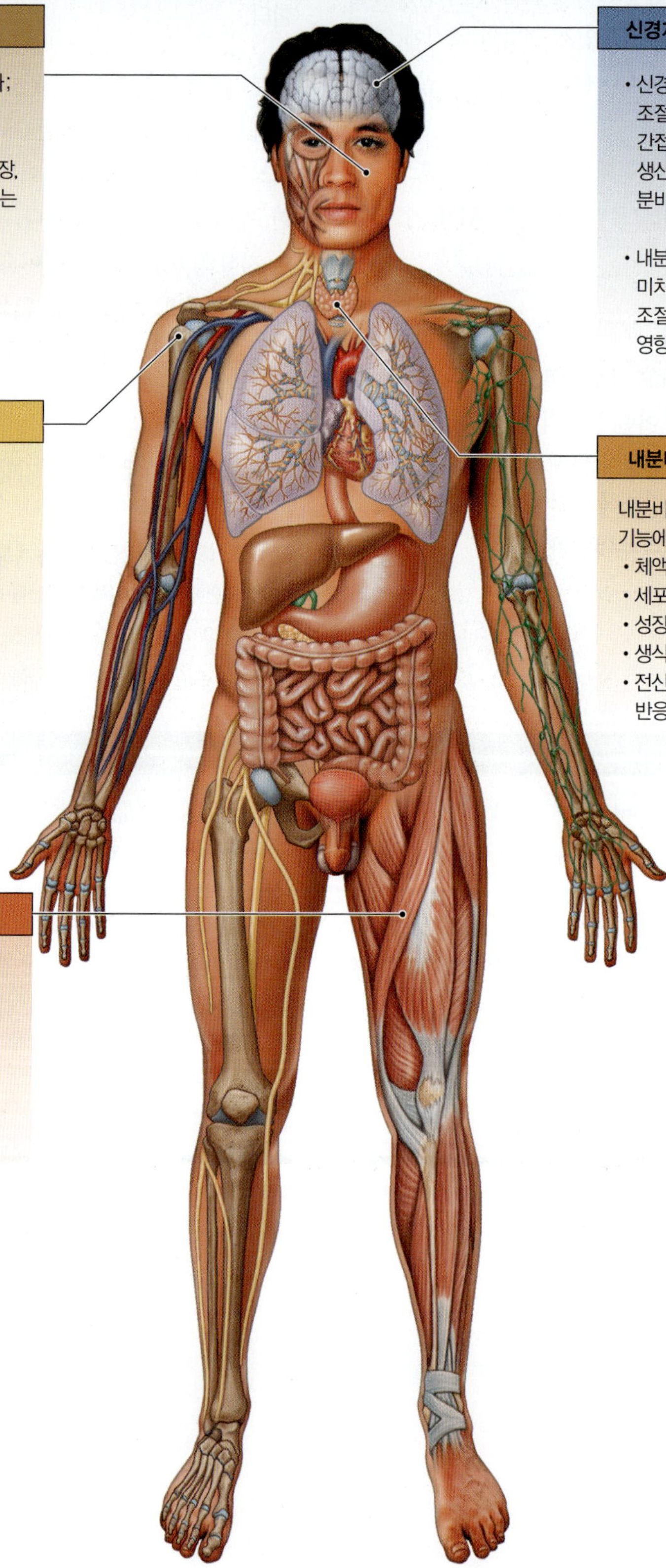

신경계통 Nervous System

- 신경계통은 뇌하수체 분비를 직접적으로 조절하고, 다른 내분비 기관의 분비를 간접적으로 조절하는 시상하부 호르몬을 생산한다; 부신 속질 조절; ADH와 옥시토신 분비
- 내분비계통은 신경 대사와 뇌 성장에 영향을 미치는 호르몬을 분비한다; 체액과 전해질 균형 조절은 돕는 호르몬; CNS 발달과 행동에 영향을 미치는 생식 호르몬

내분비계통 Endocrine System

내분비계통은 장기간 조절 작용을 하고, 인체 기능에 영향을 미치는 항상성 과정을 조절한다.

- 체액과 전해질 균형을 조절한다.
- 세포와 조직 대사를 조절한다.
- 성장과 발달을 조절한다.
- 생식 기능을 조절한다.
- 전신순응증후군(GAS)을 통한 스트레스 자극에 반응한다.

10 복습

요약

10-1 세포간의 소통을 통한 항상성의 유지 p. 386

1. 일반적으로, 신경계통이 단기간의 "위기 대처"를 수행한다면, 내분비계통은 장기간의 대사작용을 조절한다. 내분비세포는 **호르몬(hormone)**을 분비하고, 이는 다양한 조직과 기관의 대사작용을 조절한다(**그림 10-1**).

10-2 내분비계통은 호르몬이 수용체에 결합함으로 생리학적으로 조절된다 p. 387

2. 호르몬의 세 가지 타입은 화학적 구조를 기반으로 한다: 아미노산 유도체, 펩타이드 호르몬, 지질 유도체.
3. 아미노산 유도체(*amino acid derivatives*)는 구조적으로 아미노산과 비슷하다; 에피네프린(*epinephrine*), 노르에피네프린(*norepinephrine*), 갑상샘 호르몬(*thyroid hormone*), 멜라토닌(*melatonin*)이 여기에 속한다.
4. **펩타이드 호르몬(peptide hormone)**은 아미노산의 사슬이다.
5. 지질 유도체(*lipid derivatives*)는 두 가지로 다시 분류된다: 콜레스테롤과 구조적으로 비슷한 지질인 **스테로이드 호르몬(steroid hormone)**과 **프로스타글린딘(prostaglandin)**과 같은 지방산 기반의 **아이코사노이드(eicosanoid)**.
6. 호르몬은 **표적세포(target cell)**(특정 호르몬에 민감한 말초세포)의 활동을 조절하는 역할을 수행한다(**그림 10-2**).
7. 아미노산 유도체, 펩타이드 호르몬, 지질 유도체 호르몬의 수용체는 표적세포의 세포막에 존재한다. 이 경우, 호르몬은 **일차 전령물질(first messenger)**로 작용하고, 이는 세포질에서 **이차 전령물질(second messenger)**의 형성을 야기한다. 갑상샘과 스테로이드 호르몬은 세포막을 통과하여 세포질이나 핵의 세포내 수용체에 반응한다. 갑상샘 호르몬은 ATP 생산을 증가시키는 미토콘드리아에도 반응한다(**그림 10-3**).
8. 호르몬은 자유롭게 순환할 수도 있고, 수송 단백질에 의해 운반될 수도 있다. 자유 순환하는 호르몬은 혈액에서 빠르게 제거된다.
9. 대부분 내분비계통이 직접적인 조절은 세포외액의 변화에 따른 내분비세포의 음성되먹임에 의한다.
10. 시상하부는 신경계통과 내분비계통의 활동을 3가지 방법으로 조절한다: (1) 뇌하수체의 뒤엽에서 혈액으로 두 가지 호르몬을 합성해서 분비시킨다; (2) 뇌하수체 앞엽에서 내분비세포의 활동을 조절하는 **조절호르몬(regulatory hormone)**을 분비한다; (3) 부신 속질의 내분비세포를 직접 조절한다(**그림 10-4**).

10-3 두 개의 엽으로 이루어진 뇌하수체는 9가지 펩타이드 호르몬을 분비하는 내분비 기관이다 p. 391

11. **뇌하수체(pituitary gland)**는 9가지 중요한 펩타이드 호르몬을 분비한다; 모두 막 수용체에 반응하고 대부분 사이클릭-AMP를 이차 전령물질로 이용한다(**그림 10-5**).
12. 시상하부의 신경세포는 주변의 세포사이액으로 조절인자를 분비하고 이는 모세혈관으로 쉽게 들어간다.
13. **뇌하수체문맥계통(hypophyseal portal system)**은 문맥(*portal vessel*)에 들어가는 모든 혈액은 일반적인 순환으로 들어가기 전에 뇌하수체 앞엽에서 표적세포에 도달하는 것이다(**그림 10-6**).
14. 시상하부의 조절 호르몬의 분비율은 음성되먹임에 의해 조절된다(**그림 10-7**).
15. 뇌하수체 **앞엽(anterior lobe)**의 7가지 호르몬은 다음과 같다. (1) **갑상샘자극호르몬(thyroid–stimulating hormone, TSH)**, 갑상샘 호르몬의 분비를 촉진시킨다. (2) **부신겉질자극호르몬(adrenocorticotropic hormone, ACTH)**, 부신에서 글루코코르티코이드의 분비를 촉진시킨다. (3) **난포자극호르몬(follicle–stimulating hormone, FSH)**, 여성의 난자 성숙과 에스트로겐 분비를 촉진시키고, 남성의 정자 생성을 촉진시킨다. (4) **황체형성호르몬(luteinizing hormone, LH)**, 배란을 유도하고, 여성의 프로게스테론 생성과 남성의 **안드로겐(androgen)** 생성을 유도한다. (5) **프로락틴(prolactin, PRL)**, 젖샘의 성숙과 모유 생성을 촉진시킨다. (6) **성장호르몬(growth hormone, GH)**, 세포 성장과 간으로부터 소마토메딘의 분비를 촉진시킨다. (7) **멜라닌자극호르몬(melanocyte-stimulating hormone, MSH)**, 태아성숙기, 영유아기, 임신기간, 또는 특정 질환 시에 분비된다. MSH는 멜라닌의 생성을 촉진시킨다.
16. 뇌하수체 **뒤엽(posterior lobe)**은 시상하부 신경세포의 축삭을 가지고 있고 이는 **항이뇨호르몬(antiuretic hormone, ADH)**과 **옥시토신(oxytocin, OXT)**을 생성한다. ADH는 콩팥에서 수분 분비를 감소시킨다. 여성에서 옥시토신은 자궁 민무늬근과 젖샘의 수축성 세포를 자극한다. 남성에서 옥시토신은 정관과 전립샘의 민무늬근의 수축을 자극한다(**그림 10-8**; **표 10-1**).

10-4 갑상샘은 후두 앞쪽에 존재하고 호르몬 합성을 위해 요오드를 필요로 한다 *p. 397*

17. **갑상샘(thyroid gland)**은 후두의 **갑상연골(thyroid cartilage)** 주변에 위치하고 두 개의 엽으로 구성되어 있다(**그림 10-9**).

18. 갑상샘은 수많은 **갑상샘 소포(thyroid follicles)**로 이루어져 있고, 이는 **티록신(thyroxine, T_4)**, **삼요오드티로닌(triiodothyronine, T_3)** 등의 여러 호르몬을 분비한다(**표 10-3**).

19. 갑상샘 호르몬은 **열량 생산적 효과(calorigenic effect)**를 나타내고, 이는 추위에 적응하도록 돕는다.

20. 소포의 **C 세포(C cells)**는 **칼시토닌(calcitonin, CT)**을 생성하고, 이는 체액의 칼슘 이온 농도를 감소시킨다(**표 10-3**).

10-5 갑상샘 뒷면에 부착된 4개의 부갑상샘은 혈액내 칼슘 농도를 증가시키기 위해 부갑상샘 호르몬을 분비한다 *p. 402*

21. 4개의 **부갑상샘(parathyroid gland)**은 갑상샘의 뒷면에 부착되어 있다. 부갑상샘의 **으뜸세포(chief cell)**는 칼슘이온의 농도가 정상수준 이하로 떨어지면, **부갑상샘호르몬(parathyroid hormone, PTH)**을 생성한다. 주세포와 갑상샘의 C 세포는 비교적 좁은 한계 안에서 칼슘 수치를 유지시킨다(**그림 10-10, 10-14; 표 10-3**).

10-6 부신은 겉질과 속질이 있고, 양쪽의 콩팥 모자 같은 모양으로 여러 호르몬을 분비한다 *p. 403*

22. **부신(adrenal gland)**은 양쪽 콩팥의 윗부분에 위치하고, 섬유질의 캡슐에 둘러싸여 있다. 이는 부신 겉질과 속질로 나누어진다(**그림 10-15**).

23. **부신 겉질(adrenal cortex)**은 스테로이드 호르몬인 **코티코스테로이드(corticosteroids)**를 생성한다. 겉질은 3가지 호르몬을 생산한다. (1) **글루코코르티코이드(glucocorticoids)**—**코티솔(cortisol)**, **코르티코스테론(corticosterone)**, **코티손(cortisone)**은 ACTH에 반응하여 포도당 대사에 영향을 미친다. (2) **광물코르티코이드(mineralocorticoids)**—**알도스테론(aldosterone)**은 안지오텐신 II(*angiotensin II*)에 반응하여, 콩팥, 땀샘, 소화관, 침샘에서 나트륨과 수분의 분비를 억제한다. (3) 안드로겐이 있다(**그림 10-15**).

24. **부신 속질(adrenal medulla)**은 **에피네프린(epinephrine)**과 **노르에피네프린(norepinephrine)**을 생산한다(**그림 10-15**).

10-7 셋째 뇌실에 붙어 있는 솔방울샘은 멜라토닌을 분비한다 *p. 406*

25. **솔방울샘(pineal gland)**은 **멜라토닌(melatonin)**을 합성한다. 멜라토닌은 (1) 정자, 난자, 생식기관의 성숙을 지연시키고, (2) 자유라디칼로부터 신경조직을 보호하고, (3) 하루주기 리듬을 확립하는 역할을 수행한다.

10-8 이자의 내분비샘에서 인슐린과 글루카곤이 생성되고 이는 혈당을 조절한다 *p. 407*

26. **이자(pancrea)**는 외분비세포와 내분비세포를 모두 가진다. **외분비 이자(exocrine pancreas)**는 소화관에 소화효소를 분비한다. 내분비계통으로의 이자는 **이자섬(pancreatic islet)**(랑게르한스섬)의 알파세포(**글루카곤[glucagon]**을 생성)와 **베타세포(beta cell)**(**인슐린**[insulin] 생성)를 포함한다(**그림 10-17**).

27. 인슐린은 포도당 활용률을 증가시켜서 혈당을 감소시킨다. 글루카곤은 간에서 포도당 합성과 글리코겐 분해율을 증가시켜서 혈당을 증가시킨다(**그림 10-18**).

10-9 많은 기관이 부수적으로 내분비 기능을 가진다 *p. 409*

28. 창자는 소화활동을 위해 호르몬을 분비한다.

29. 콩팥의 내분비세포는 칼슘 대사와 혈액 용적과 혈압을 유지하는데 중요한 역할을 하는 두 가지 호르몬과 효소를 생산한다.

30. **칼시트리올(calcitriol)**은 소화관을 따라 칼슘과 인산 이온 흡수를 자극한다.

31. **에리트로포이에틴(erythropoietin, EPO)**은 적색골수에서 적혈구 생성을 자극한다.

32. **레닌(renin)** 활동은 부신 겉질에서 알도스테론의 생성을 자극하는 호르몬인 **안지오텐신 II(angiotensin II)**의 형성을 유도한다.

33. 심장의 근육세포는 혈액용적이나 혈압이 증가하면, **심방 나트륨 펩티드(atrial natriuretic peptide, ANP)**를 생산한다.

34. **가슴샘(thymus)**은 면역 반응에 중요한 역할을 수행하는 **티모신(thymosins)**이라는 호르몬을 생산한다.

35. 남성의 고환 **사이세포(interstitial cell)**는 안드로겐과 **인히빈(inhibin)**을 생산한다. 안드로겐 테스토스테론은 남성의 가장 중요한 성 호르몬이다(**그림 10-4**).

36. 여성의 난모세포(미성숙 난모)는 **난포(follicle)**에서 성숙한다. 난모세포 주변의 난포세포는 **에스트로겐(estrogen)**과 인히빈을 생산한다. 배란 이후, 이 세포는 **황체(corpus luteum)**로 다시 재조직되고 에스토로겐과 **프로게스테론(progesterone)**을 분비한다. 임신시, 태반은 내분비 기관으로 기능을 수행한다(**그림 10-4**).

37. 지방조직은 식욕조절에서 음성되먹임을 수행하는 **렙틴(leptin)**을 분비한다.

10-10 호르몬은 상호작용하는 생리학적 반응을 생산한다 *p. 414*

38. 내분비계통의 호르몬은 상호작용하는 기능을 수행한다. (1) **맞버팀, 대항(antagonistic)** 효과, (2) **상승(synergistic)** 효과, (3) **허용(permissive)** 효과, (4) **통합(integrative)** 효과, 호르몬은 다르지만 통합적인 결과를 생성한다.

10

39. 여러 내분비 기관의 상호작용함으로 정상적인 성장이 가능해진다. 6가지 호르몬은 특히 중요하다: 성장 호르몬, 갑상샘 호르몬, 인슐린, 부갑상샘 호르몬, 칼시트리올, 생식샘 호르몬.

40. **스트레스(stress)**가 항상성을 유지할 수 없게 한다. 인체는 **전신순응증후군(general adaptation syndrome, GAS)**을 통해 여러 스트레스 유발 인자에 반응한다. GAS는 3가지 단계로 나누어진다: (1) **경보기(alarm phase)**, ANA의 교감신경계의 지배를 받는다. (2) **저항기(resistance phase)**, 글루코코르티코이드에 의해 지배를 받는다. (3) **탈진기(exhaustion phase)**, 하나 또는 여러 기관계의 항상성 조절의 실패를 야기한다(**집중 조명 그림 10-20**).

41. 여러 호르몬은 신경계통의 가능에 영향을 받고, 감정적, 행동학적인 상황에 따라 변한다.

42. 내분비계통은 나이가 들어감에 따라 몇몇 기능적인 변화를 겪는다. 가장 극변하는 내분비계통의 변화는 생식 호르몬의 농도가 감소하는 것이다.

10-11 내분비계통과 다른 인체 계통 간의 상호작용 *p. 419*

43. 내분비계통은 대사율과 기질의 사용, 성장과 성숙을 조절함으로, 다른 기관계에 영향을 미친다.

복습 문제

책 뒷면에 있는 파란색 정답 탭을 참조.

단계 1 사실 및 용어 검토

A열의 각 항목을 B열의 가장 밀접하게 관련된 항목에 맞게 빈칸에 적절한 답을 적으시오.

A열	B열
_____ 1. 갑상샘	a. 랑게르한스섬
_____ 2. 솔방울샘	b. 성인이 되면 위축
_____ 3. 다뇨증	c. 심방나트륨이뇨펩티드
_____ 4. 부갑상샘	d. 세포 성장과 단백질 합성 촉진
_____ 5. 가슴샘	e. 멜라토닌
_____ 6. 부신 겉질	f. 하수체
_____ 7. 심장	g. 과도한 소변 생성
_____ 8. 내분비샘 이자	h. 칼시토닌
_____ 9. 생식샘 자극 호르몬	i. 조절 호르몬 분비
_____ 10. 시상하부	j. FSH, LH
_____ 11. 뇌하수체	k. 안드로겐, 광물코르티코이드, 글루코코르티코이드 분비
_____ 12. 성장 호르몬	l. 칼슘 저하로 인한 촉진

13. 내분비샘과 조직을 분류하시오.

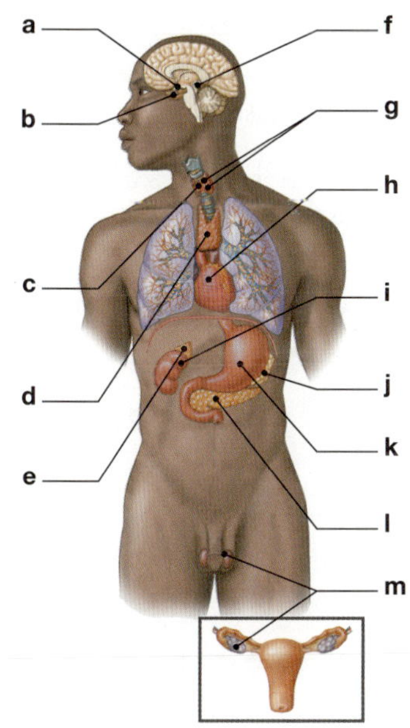

(a) ________ (b) ________
(c) ________ (d) ________
(e) ________ (f) ________
(g) ________ (h) ________
(i) ________ (j) ________
(k) ________ (l) ________
(m) ________

10

14. 부신겉질자극호르몬(ACTH)은 무엇의 분비를 촉진하는가?
(a) 시상하부에 의한 갑상샘 호르몬
(b) 부신에 의한 생식샘 자극 호르몬
(c) 시상하부에 의한 소마토트로핀
(d) 부신에 의한 스테로이드 호르몬

15. 남성의 FSH 생산 무엇을 지지하는가?
(a) 버팀세포를 자극하여 정자의 성숙
(b) 근육과 힘의 발달
(c) 남성 호르몬의 생성
(d) 성욕의 증가

16. 여성에서 배란을 유도하고 프로게스테론의 난소 분비를 촉진시키는 것은?
(a) 사이질세포 자극 호르몬
(b) 에스트라디올
(c) 황체형성호르몬
(d) 프로락틴

17. 뇌하수체 뒤엽에서 분비되는 2가지 호르몬은?
(a) 소마토트로핀과 생식샘 자극 호르몬
(b) 에스트로겐과 프로게스테론
(c) 성장 호르몬과 프로락틴
(d) 항이뇨호르몬과 옥시토신

10

18. 항이뇨호르몬(ADH)의 일차적인 기능은?
(a) 콩팥에서 수분 손실량을 증가시킨다.
(b) 콩팥에서 수분 손실량을 감소시킨다.
(c) 혈압 감소를 위해 말초 혈관을 확장시킨다.
(d) 소화관을 따라 흡수를 증가시킨다.

19. 정상적인 갑상샘 기능을 위해 필요한 요소는?
(a) 마그네슘
(b) 칼슘
(c) 칼륨
(d) 요오드

20. 나트륨 이온과 수분의 재흡수로 인한 소변의 체액 손실을 감소는 무엇에 의한 작용인가?
(a) 인슐린
(b) 칼시토닌
(c) 알도스테론
(d) 코티손

21. 부신 속질은 어떤 호르몬을 생산하는가?
(a) 코티솔과 코티손
(b) 에피네프린과 노르에피네프린
(c) 코티코스테론과 테스토스테론
(d) 안드로겐과 프로게스테론

22. 뇌하수체 앞엽에서 분비되는 7가지 호르몬은 무엇인가?

23. 칼시토닌과 부갑상샘 호르몬이 혈액 내 칼슘수치에 미치는 영향은 무엇인가?

24. (a) 스트레스에 대한 신체의 반응을 구성하는 전신순응증후군(GAS)의 3단계는 무엇인가? (b) 첫 번째 2단계에서 내분비샘 호르몬의 분비의 역할은 각각 무엇인가?

단계 2 개념 검토

25. 신경계통과 내분비계통이 표적세포와 상호작용하는 가장 일차적인 차이점은 무엇인가?

26. 호르몬이 어떤 방법으로 표적세포의 활동을 조절하는가?

27. 세포가 두 가지 다른 호르몬으로부터 동시에 명령을 전달받았을 때, 가능한 결과는 무엇인가?

28. 포스포디에스터라아제의 활동을 차단하면 cAMP 이차 전령물질 체계에 의한 호르몬의 자극에 대응하는 세포는 어떤 영향을 받을까?

단계 3 비판적 사고 및 임상 적용

29. Roger는 극심한 갈증을 호소한다. 그는 매일 많은 양의 물을 마시고 소변량도 많다. 이 증상과 징후로 알 수 있는 2가지 장애를 기술하시오. 로저가 가지고 있는 질병이 무엇인지 판별할 수 있는 테스트는 무엇인가?

30. Julie는 임산부이지만 산전돌봄을 받지 않고 있다. 그녀는 대부분 패스트푸드로 부실한 식사를 많이 한다. 그녀는 우유를 마시지 않고, 대신 콜라를 마신다. 이 상황이 줄리의 부갑상샘 호르몬의 수치에 어떤 영향을 미칠까?

11

심혈관계통: 혈액
The Cardiovascular System: Blood

학습목표

학습목표는 각 장에 대해 학습한 후 무엇을 할 수 있어야 하는지를 알려주는 것이다. 각 절의 학습목표는 다음과 같다.

11-1 혈액의 주요 성분과 기능들을 설명하고, 혈액의 물리적 특징에 대해 나열한다.

11-2 혈장의 구성과 기능을 설명한다.

11-3 적혈구의 특징과 기능을 나열하고, 혈색소의 구조와 기능을 설명하며, 적혈구 성분이 어떻게 재순환되는지를 설명하고, 적혈구 생성을 설명한다.

11-4 사람의 혈액형을 결정하는 요소들에 대해 토론하고 혈액형이 왜 중요한지 설명한다.

11-5 다양한 백혈구를 구조와 기능에 따라 분류하고 백혈구 생성을 조절하는 요인에 대해 논의한다.

11-6 혈소판의 구조, 기능 및 생성을 설명한다.

11-7 상처로 인한 혈액손실을 조절하는 과정을 설명한다.

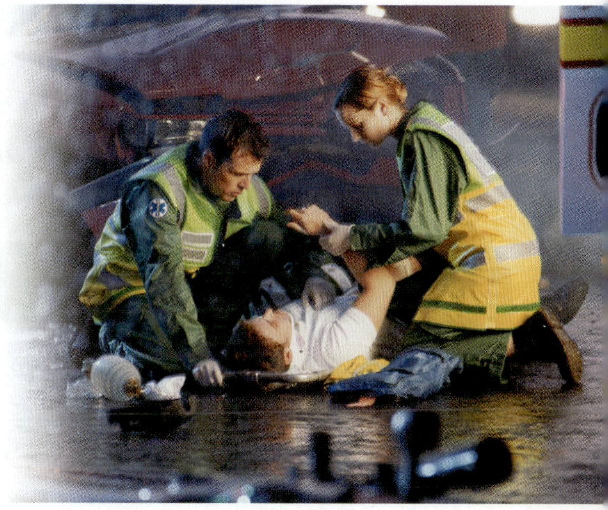

임상노트

이상 혈색소(Abnormal Hemoglobin), p. 432

신생아 용혈병(Hemolytic Disease of the Newborn), p. 439

지혈 장애(Abnormal Hemostasis), p. 446

집중 조명

온혈액의 구성(The Composition of Whole Blood), pp. 428-429

심혈관계통 소개

우리의 신체는 외부 환경과 끊임없이 화학물질을 교환한다. 소화벽의 내벽은 영양분을 흡수하고, 가스는 허파의 얇은 상피를 가로질러 이동하며, 노폐물은 대변과 소변으로 배출된다. 이러한 화학적 교환들은 내부 수송 네트워크인 **심혈관계통(cardiovascular system)**으로 인해 모든 세포, 장기, 조직에 빠르게 영향을 미친다.

우리는 이 심혈관계통을 자동차의 냉각시스템에 비교를 해볼 수 있다. 두 시스템 모두 펌프(심장 vs 물), 액체(혈액 vs 물)를 순환시키며 또한 두 시스템 모두 유연한 관(혈관 vs 라디에이터 호스)을 통해 액체를 운반한다는 공통점을 가지고 있다. 물론 심혈관계통이 훨씬 더 복잡하지만 두 시스템 모두 액체의 손실, 펌프의 고장, 배관의 손상으로 인해 기능장애가 발생할 수 있다. 심혈관계통은 인체 내에서 처음으로 작동하는 첫 번째 장기시스템이다. 심장은 태아의 첫 3주가 끝날 때쯤에 뛰기 시작하는데 그 시기 때에는 다른 장기들은 거의 만들어지지 않았을 때이다.

크기가 작은 배아의 노출된 표면에서 확산이 빠르게 잘 이루어지기 때문에 심혈관계통이 필요하지 않다. 그러나 배아의 길이가 어느 정도 커지면 배아의 확산이 조직을 발달시키기에 충분하지 않고 느려지며 그 단계에서 심혈관계통이 산소, 영양소, 노폐물을 운반하기 위한 역할을 하기 시작한다. 심장이 뛰기 시작하면 혈액이 순환하기 시작하고 그로 인해 배아는 모체의 혈류에서 전달되는 영양분을 더 효율적으로 사용할 수 있게 되며 배아의 크기 역시 그 다음 주에는 두 배로 증가하여 커지게 된다.

우리는 이 장에서 혈액 순환에 대해 이야기하고자 한다. (12장에서는 심장에 대해, 그리고 13장에서는 혈관에 대해 설명한다. 14장에서는 심혈관계통과 밀접하게 연결된 면역계통인 림프계통에 대해 이야기한다.)

지식 쌓기

4장: 생명체의 조직 구성에서 보았듯이 혈액은 액체 결합조직(fluid connective tissue)이다. 모든 결합조직과 마찬가지로 혈액에도 세 가지의 성분이 존재한다. (1) 특화된 세포, (2) 세포외 단백질 섬유, (3) 세포간 물질. 세포외 섬유와 세포간 물질은 세포를 둘러싸고 있는 무형질을 형성한다. 혈액의 무형질은 액체이며, 물로 구성된 바탕질은 혈장이다. 혈장 단백질은 용해되기 때문에 보통 불용성 섬유질을 포함하지 않는다.

11

11-1 혈액에는 몇 가지 중요한 기능과 특별한 신체적 특성이 있다.

학습목표 혈액의 주요 성분과 기능들을 설명하고, 혈액의 물리적 특징에 대해 나열한다.

신체에서 순환하는 체액은 **혈액(blood)**으로, 액체로 된 바탕질(fluid matrix)을 가진 특수 결합조직이라 할 수 있다. 혈액에는 다섯 가지 주요 기능이 있다:

1. **용해기체, 영양소, 호르몬, 대사 노폐물 운반(Transporting dissolved gases, nutrients, hormones, and metabolic wastes)**. 혈액은 산소를 허파에서 신체조직으로, 이산화탄소를 신체조직에서 허파로 운반한다. 또 소화관에서 흡수하거나 지방조직 또는 간에서 저장되었다가 방출되는 영양분을 분배하며, 내분비샘에서 분비되는 호르몬을 표적 기관 쪽으로 운반하는 역할을 한다. 또한 활성 세포에 의해 생성된 노폐물을 콩팥으로 운반하고 배설한다.
2. **사이질액의 pH 및 이온조성 조절(Regulating the pH and ion composition of inter-stitial fluids)**. 혈액에서 체액과 혈액 사이의 확산은 칼슘이나 칼륨과 같은 이온의 국소적 결핍이나 과잉을 제거한다. 또한 활성 조직에 의해 생성된 산(예: 뼈대근에 의해 생성된 젖산)을 흡수하고 중화시킨다.
3. **상처 부위에서의 체액 손실 제한(Restricting fluid losses at injury sites)**. 혈액에는 혈관벽이 파손되었을 때 반응하는 효소와 인자가 있어 혈관벽 파손 시 혈액 응고(*blood clotting*) 과정을 시작하게 하며 이렇게 만들어진 혈액 응고는 추가적인 체액손실을 막는 일시적인 패치 역할을 한다.
4. **독소와 병원균으로부터 보호(Defending against toxins and pathogens)**. 혈액은 감염과 싸우거나 이물질을 제거하는 역할을 가진 백혈구(WBC)를 운반한다. 또한 침입하는 유기체나 외부 화학물질을 공격하는 특수 단백질인 항체(*antibodies*)를 전달하는 역할도 한다.

5. **체온 안정화(Stabilizing body temperature).** 혈액은 뼈대근의 활성화로 생성된 열을 흡수하여 다른 조직으로 전달한다. 체온이 높으면 외부환경에 의해 열 소실이 발생할 수 있도록 혈액을 피부표면으로 흐르게 한다. 반대로 체온이 너무 낮으면 진피 혈관을 수축시켜 뇌와 온도에 민감한 다른 기관의 체온이 유지될 수 있도록 한다.

혈액 구성 Composition of Blood

집중 조명 그림 11-1(pp. 432~433)은 혈장(*plasma*)과 혈구 성분(*formed element*)으로 구성된 온혈액에 대해 설명한다. 온혈액의 구성요소들은 분석 또는 임상 목적으로 분리되거나 **분획(fractionated)**될 수 있다.

정맥, 모세혈관, 동맥 등 온혈액에는 동일한 기본 물리적 특성이 있다.

- **온도(*Temperature*).** 혈액의 온도는 대략 38℃(100.4℉)이며 정상체온보다 조금 높은 온도를 가지고 있다.
- **점도(*Viscosity*).** 혈액은 물보다 점성이 5배 더 강하여 물보다 더 끈적거리고, 응집력이 있으며 저항력이 강하다. 높은 점도는 혈장내 용해된 단백질, 형성된 원소 및 물 분자 간의 상호작용에 의해 발생한다.
- **pH(*pH*).** 혈액은 약 알칼리성이며 pH는 7.35~7.45(평균 7.4) 사이이다.

채혈 및 혈액 분석 Blood Collection and Analysis

신선 온혈액은 보통 팔꿈치 앞쪽 표면의 팔오금중간정맥과 같은 표면에 있는 정맥에서 채혈된다. 이 절차를 **정맥천자(venipuncture)**라 부른다. (1) 표면에 있는 정맥은 쉽게 찾을 수 있고, (2) 정맥의 벽이 같은 크기의 동맥벽보다 얇으며, (3) 정맥내 혈압이 상대적으로 낮아 주사바늘에 의한 상처가 빠르게 지혈되기 때문에 일반적인 혈액 채취기법으로 쓰이며, 가장 기본적인 임상 절차로 정맥혈을 검사하는 편이다. 말초 모세혈관에서 나온 혈액은 손가락 끝, 귓불 또는 영아의 경우 엄지발가락이나 발꿈치에 바늘로 찔러 채취할 수 있다. 현미경 슬라이드에 모세혈관 혈액 한 방울을 떨어뜨려 **혈액도말표본**(*blood smear*)을 준비한다. 그런 다음 혈액도말을 특수 염료로 염색하여 다양한 유형의 요소들을 볼 수 있다.

허파에서 가스교환의 효율성을 평가하기 위해 **동맥천자(arterial puncture)** 또는 "동맥채혈기구(arterial stick)"가 필요할 수 있다. 동맥채혈은 일반적으로 손목의 노동맥이나 팔꿈치의 위팔동맥(상완동맥)에서 채취한다.

체크포인트

1. 혈액의 5가지 주요 기능을 나열하시오.
2. 온혈액을 구성하는 두 가지의 요소는 무엇인가?
3. 혈액 샘플 채취를 위한 일반적인 기법은 무엇인가?

책 뒷면에 있는 파란색 정답 탭을 참조.

11-2 혈액의 액체 부분인 혈장에는 상당한 양의 혈장 단백질이 포함되어 있다

학습목표 혈장의 구성과 기능을 설명한다.

혈장과 사이질액은 체내 세포외액의 대부분을 차지한다. 그 중 혈장은 온혈액의 약 55%를 차지한다. **집중 조명 그림 11-1**에서 보는 바와 같이 혈장의 성분은 혈장 단백질(7%), 기타 용질(1%), 물(92%)로 구성되어 있다.

혈장 단백질 Plasma Proteins

혈장 단백질은 용해되어 있다. 세 가지 주요 유형으로는 **알부민**(*albumins*), **글로불린**(*globulins*), **피브리노겐**(*fibrinogen*)으로 이들은 혈장 단백질의 99% 이상을 구성한다.

알부민은 혈장 단백질의 대부분을 구성하며 혈장 삼투압 유지에 중요한 역할을 한다. 글로불린은 혈장에서 두 번째로 풍부한 단백질이며 이 글로불린에는 항체와 운반 단백질이 있다. 항체는 이종 단백질과 병원균을 공격한다. 운반 단백질은 콩팥에서 손실될 수 있거나 물에 대한 용해도가 매우 낮은 작은 이온, 호르몬 또는 기타 분자와 결합한다. 그 예로 갑상샘 호르몬과 결합하고 운반하는 **티록신(갑상샘) 결합글로불린**(*thyroid-binding globulin*)이 있다.

알부민과 글로불린은 모두 중성지방, 지방산, 또는 콜레스테롤과 같은 지질과 결합할 수 있다. 이러한 지질 자체는 수용성이 아니지만 단백질-지질 조합은 혈장에서 쉽게 용해된다. 심혈관계통은 이런 방법으로 불용성 지질들을 말초조직 쪽으로 운반하며, 지질운반에 관여하는 글로불린은 **지질단백질**(*lipoproteins*)이라고 불린다.

혈장 단백질의 세 번째 유형인 피브리노겐은 혈액 응고 기능을 한다. 특정 조건에서 피브리노겐 분자는 큰 불용성 **섬유소(fibrin)** 가닥을 형성하기 위해 상호작용하는데 이 가닥들은 혈액 응고에 대한 기본 뼈대를 제공하는 불용성 섬유들을 형성한다. 혈액샘플 채혈 후 응고방지를 위한 조치를 취하지 않았을 경우 피브리노겐(가용성 단백질)이

집중 조명 그림 11-1 온혈액의 구성(THE COMPOSITION OF WHOLE BLOOD)

액체 결합조직
A Fluid Connective Tissue

혈액은 액체 결합조직이다. 이것은 **혈장**(plasma)이라 하는 기질과 혈중 유형 성분으로 구성되어 있다. **온혈액**(전혈, whole blood)이라는 용어는 혈장과 혈구 성분을 합한 것이다. 성인 남성의 경우 5~6리터(5.3~6.4 quarts)의 온혈액을 가지고 있으며, 성인 여성의 경우 4~5리터(4.2~5.3 quarts)의 온혈액을 가지고 있다. 혈액량의 성별 차이는 주로 평균 신체크기의 차이를 반영한다.

혈장 PLASMA

혈액의 기질인 혈장은 온혈액 부피의 약 55%를 차지한다. 많은 측면에서 혈장의 구성은 사이질액과 유사한데 그 이유는 물, 이온 및 작은 용질이 존재하기 때문이다. 그리고 모세혈관벽을 가로질러 혈장과 사이질액 사이에서 지속적으로 물질을 교환된다. 혈장과 사이질액의 주요 차이점은 (1) 산소와 이산화탄소의 수치(조직 세포의' 호흡활동으로 인해), (2) 녹아 있는 단백질의 농도와 종류(혈장 단백질이 모세혈관 벽을 통과하기에 너무 크기 때문)이다.

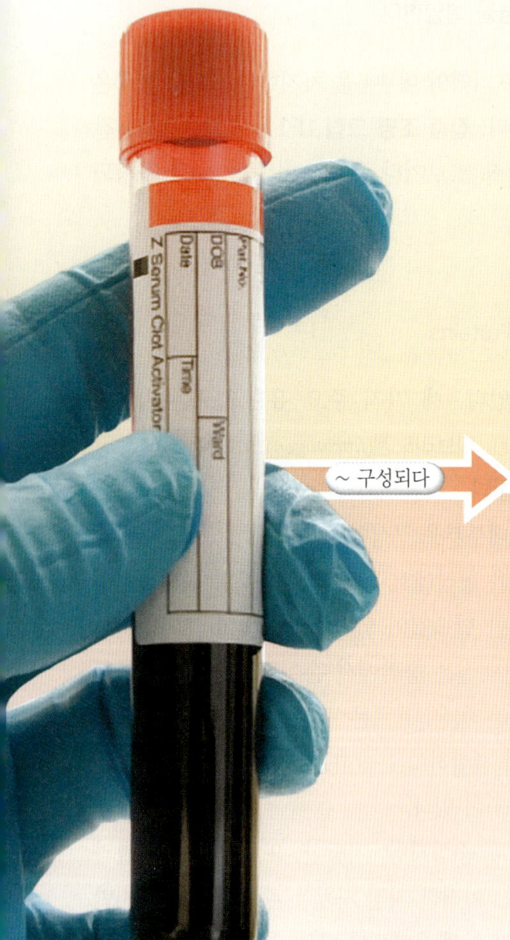

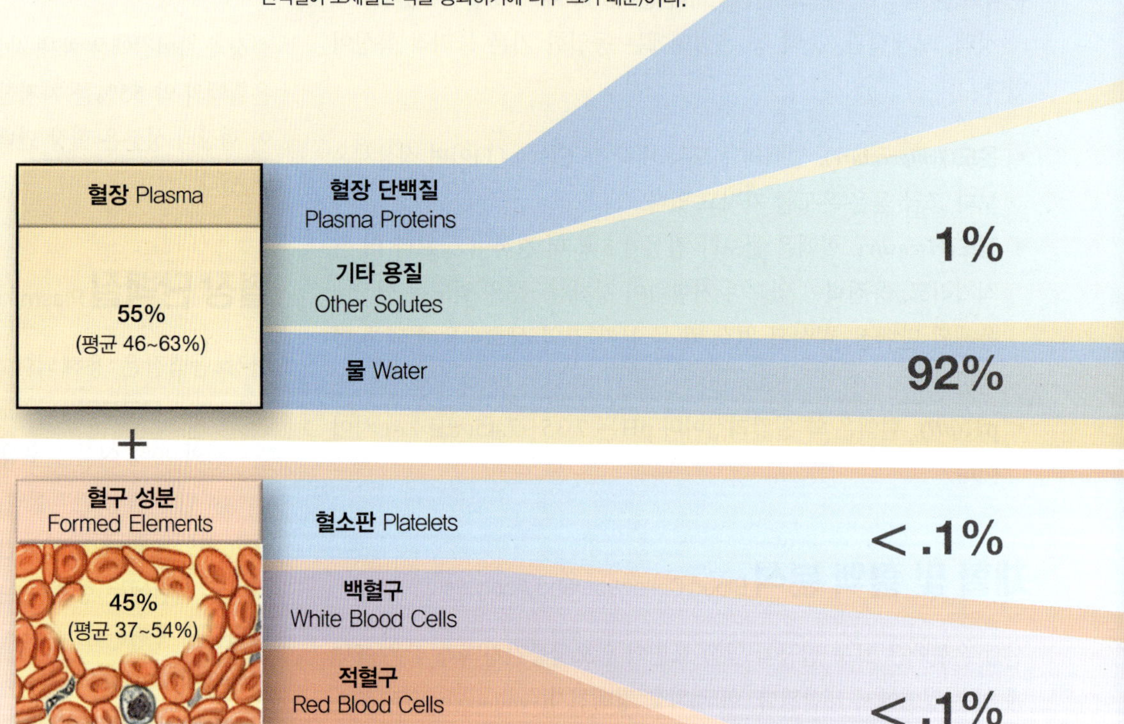

혈구 성분은 혈장에 부유하는 혈액세포 및 세포 단편조각으로 온혈액 부피의 약 45%를 차지한다. 형성요소는 세 가지 형태가 있다: 혈소판, 백혈구 및 적혈구. 혈구 성분은 **조혈**(hemopoiesis, hematopoiesis)이라고도 하는 조혈 과정을 통해 생성되며 골수줄기세포와 림프줄기세포가 생산을 담당한다.

적혈구용적률(hematocrit)은 혈구 성분이 기여하는 온혈액의 백분율이다. **정상적혈구 용적**(packed cell volume, PCV)은 성인 남성의 경우 46, 성인 여성의 경우 42이다. 적혈구용적률의 성별 차이는 주로 안드로겐 (남성 호르몬)이 적혈구 생성을 자극하는 반면, 에스트로겐(여성 호르몬)은 하지 않아 발생한다.

혈구 성분 FORMED ELEMENTS

혈장 단백질 Plasma Proteins

혈장 단백질은 느슨한 결합조직이나 연골과 같은 결합조직의 불용성 섬유 대신에 단백질이 용해되어 있다. 평균적으로 혈장 100 mL당 단백질 함량은 7.6 g으로 이는 사이질액 농도의 거의 5배에 달한다. 대부분의 혈액 단백질은 원형의 모양을 가지고 있어 모세혈관벽을 통과하지 못하므로 대부분 혈액에 머문다. 간은 혈장 단백질의 90% 이상을 합성하고 방출하며 여기에는 모든 알부민, 피브리노겐, 대부분의 글로불린이 포함된다.

알부민(albumins)은 혈장 단백질의 약 60%를 구성하며 혈장삼투압에 주요한 역할을 담당한다.

글로불린(globulins)은 혈장 단백질의 약 35%를 차지하며 주요 혈장글로불린에는 항체 및 운반 글로불린이 포함된다. **면역글로불린**(immunoglobulins)이라고도 하는 **항체**(antibodies)는 이질 단백질과 병원체를 공격하며 **운반 글로불린**(transport globulins)은 작은 이온, 호르몬 및 기타 화합물과 결합한다.

응고 역할을 하는 **섬유소원, 피브리노겐**(fibrinogen)은 일반적으로 혈장 단백질의 4%를 차지한다. 특정 조건에서 피브리노겐 분자는 상호작용을 하여 혈전의 기본 뼈대를 형성하는 큰 불용성 **섬유소, 피브린**(fibrin) 가닥을 형성한다.

혈장에는 농도가 매우 다양한 효소와 호르몬도 포함되어 있다.

기타 용질 Other Solutes

기타 용질은 일반적으로 사이질액과 유사한 농도를 가지고 있다. 그러나 혈액은 운반매체이기 때문에 동맥혈과 정맥혈 간에 영양소 및 노폐물 농도에 차이가 있을 수 있다.

유기 영양소 (Organic Nutrients): 유기 영양소는 ATP 생산, 성장 및 세포유지에 사용된다. 이 범주에는 지질(지방산, 콜레스테롤, 글리세리드), 탄수화물(주로 포도당), 아미노산, 비타민이 포함된다.

전해질(Electrolytes): 정상적인 세포외 이온 조성은 세포활동에 필수적이다. 혈장의 주요 전해질은 Na^+, K^+, Ca^{2+}, Mg^{2+}, Cl^-, HCO_3^-, HPO_4^-, SO_4^{2-}이다.

유기 폐기물(Organic Wastes): 폐기물은 분해 또는 배설장소로 운반된다. 유기 폐기물의 예로는 요소, 요산, 크레아티닌, 빌리루빈, 암모늄 이온이 있다.

혈소판 Platelets

혈소판은 응고에 중요한 효소 및 기타 물질을 포함하고 있는 작은 막으로 결합되어 있다.

백혈구 White Blood Cells

백혈구(WBCs) 또는 **leukocytes**는 신체의 방어기전에 참여한다. 백혈구에는 5가지 종류가 있으며 이 장의 뒷부분에서 그 기능에 대해 설명한다.

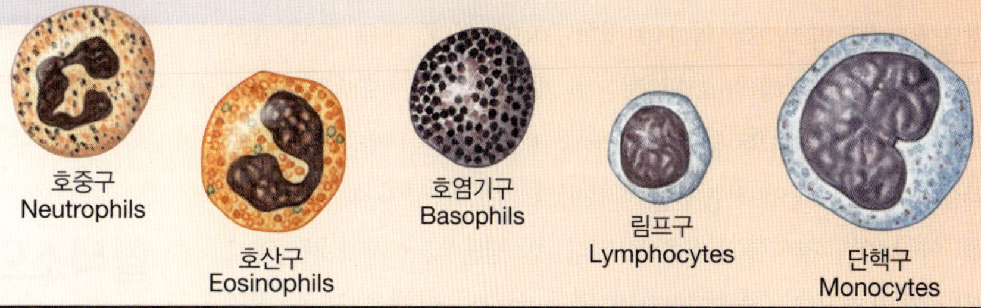

적혈구 Red Blood Cells

적혈구(RBCs), 또는 erythrocytes는 가장 풍부한 혈액세포이다. 이 특수화된 세포는 혈액내 산소 운반에 필수적이다.

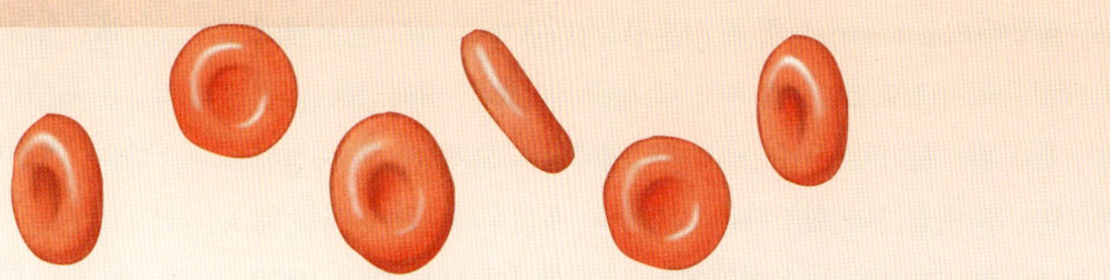

피브린(불용성 단백질)으로 변환하게 되고 이 변환은 응고된 단백질을 제거하여 **혈청(serum)**을 남기게 된다.

간은 모든 알부민, 피브리노겐 및 대부분의 글로불린을 포함하여 혈장 단백질의 90% 이상을 합성한다. 이러한 이유로 간질환은 혈액의 구성과 기능적 특성에 영향을 미칠 수 있다. 예를 들어, 일부 간질환은 응고에 관여하는 피브리노겐 및 기타 혈장 단백질의 부적절한 합성으로 이어져 조절되지 않는 출혈을 유발할 수 있다.

체크포인트

4. 혈장 단백질의 세 가지 주요 유형을 나열하시오.

5. 혈장 단백질의 양이 감소하면 어떤 영향을 미치는가?

책 뒷면에 있는 파란색 정답 탭을 참조.

11-3 적혈구 생성(erythropoiesis)에 의해 형성된 적혈구에는 재순환되는 혈색소가 포함되어 있다

학습목표 적혈구의 특성과 기능을 나열하고, 혈색소의 구조와 기능을 설명하며, 적혈구 성분이 어떻게 재순환되는지를 설명하고, 적혈구 생성을 설명한다.

11

적혈구(RBCs) 또는 **erythrocytes**는 형성된 요소의 99.9%를 차지한다. RBC는 산소와 이산화탄소를 결합하고 운반하는 붉은 색소 **혈색소**(*hemoglobin*)을 함유하고 있기 때문에 온혈액을 짙은 붉은색으로 만든다.

풍부한 적혈구 Abundance of Red Blood Cells

인체내 모든 세포의 약 3분의 1이 적혈구(RBC)이다. 표준 혈액 검사는 온혈액의 마이크로리터(μL)당 적혈구 개수를 **적혈구 수**(*RBC count*)로 산정한다. 성인 남성의 경우 온혈액 중 1 μL 또는 1입방 밀리미터(mm^3)는 약 540만 개의 적혈구를 함유하고 있으며 성인 여성의 경우 1 μL는 약 480만 리터를 함유하고 있다. 한 방울의 온혈액에는 약 2억 6천만 개의 RBC가 들어 있으며 평균 성인의 혈액은 25조 개의 RBC를 가지고 있다.

적혈구용적률(*hematocrit*)은 혈구 성분인 적혈구가 차지하는 온혈액 부피의 백분율이다(**집중 조명 그림 11-1**). 적혈구용적률은 혈액샘플을 원심분리기에서 회전시켜 모든 요소가 현탁액에서 나오게 한 후 측정된다. 원심분리 후 백혈구와 혈소판은 적혈구의 두꺼운 층 위에 매우 **얇은 층**(*buffy coat*)을 형성한다. 온혈액에는 각 백혈구에 대해 대략 1000개의 적혈구가 포함되어 있기 때문에 적혈구용적률은 적혈구의 양과 거의 비슷하며, 적혈구용적률 값은 **적혈구의 부피**(*volume of packed red cells*) 또는 단순적 **혈구침층용적**(*PCV*)이라고 명칭하기도 한다.

적혈구용적률에 영향을 미칠 수 있는 여러 요소들이 있다. 예를 들어, 탈수 상태(혈장 부피가 감소할 때) 또는 **적혈구생성인자**(*erythropoietin, EPO*) 자극 후에는 적혈구용적률이 증가한다. 적혈구용적률은 내부 출혈이나 적혈구 형성에 문제가 있을 때 감소한다. 따라서 적혈구용적률만으로는 구체적인 진단을 할 수 없으나 적혈구용적률의 변화는 보다 구체적인 검사가 필요하다는 것을 시사한다.

적혈구의 구조 Structure of RBCs

적혈구는 혈류 내에서 산소와 이산화탄소를 운반하는 데 특화되어 있다. **그림 11-2**에서 볼 수 있듯이 적혈구는 얇은 중앙 영역과 두꺼운 외부 영역이 있는 중앙 양면이 오목한 원반 형태이다. 이 특이한 모양은 적혈구의 기능에 두 가지 중요한 영향을 미친다: (1) 각각의 적혈구에 상대적으로 큰 표면적 대 부피비율을 제공하여 세포질과 주변 혈장 사이의 확산 속도를 증가시킨다. (2) 모양을 구부릴 수 있어 좁은 모세혈관을 통과할 수 있도록 한다.

적혈구는 3장에서 이야기했던 "전형적인 세포"와 매우 다르다. 적혈구가 형성되는 동안 핵, 리보솜 및 미토콘드리아를 포함한 대부분의 세포소기관이 소실되고 세포뼈대만을 유지한다. 핵이나 리보솜이 없으면 적혈구를 수리하기 위해 구조 단백질이나 효소를 분할하거나 합성할수 없기 때문에 수명이 약 120일 정도로 비교적 짧다.

세포소기관이 적고 단백질을 합성할 수 없어서 에너지 요구량이 낮다. 미토콘드리아가 없으면 적혈구는 주변혈장에서 흡수된 포도당에 의존하여 혐기성 대사를 통해 필요한 에너지를 얻는다. 이러한 특성으로 인해 적혈구는 에너지 사용측면에서 상대적으로 비효율적이지만 적혈구와 결합된 산소가 세포질의 미토콘드리아에게 빼앗기지 않고 말초조직으로 운반되도록 한다.

혈색소의 구조 및 기능 Hemoglobin Structure and Function

성숙한 적혈구는 다량의 운반 단백질을 가지고 있는 세포막으로 구성된다. **혈색소(hemoglobin, Hb; Hgb)**는 적혈구 세포내 단백질의 95% 이상을 차지하며, 산소와 이산화탄소를 운반하는 세포의 능력을 가지고 있다.

혈색소 분자는 복잡한 사분위 구조를 가진 단백질이다. 혈색소 분

그림 11-2 적혈구의 해부학.

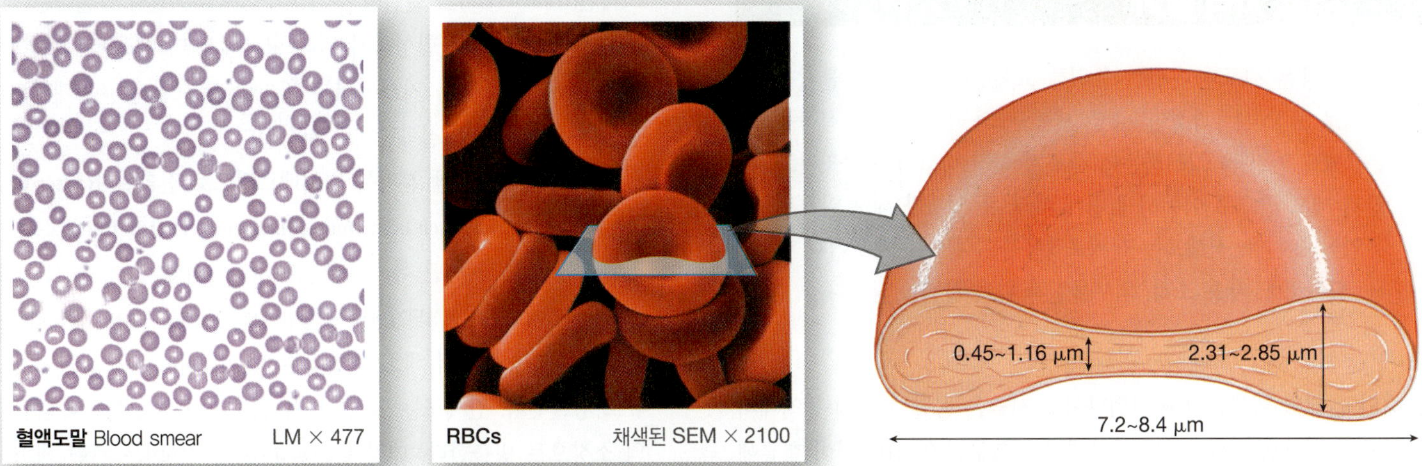

a 표준 혈액도말에서 볼 때 적혈구는 슬라이스 표면에서 편평해지기 때문에 2차원적으로 나타난다.

b 적혈구의 3차원적 모양이다.

c 성숙한 적혈구의 단면으로 치수에 대한 정상범위를 보여준다.

자는 두 쌍으로 배열된 4개의 구상 단백질 소단위로 구성되어 있으며 각 쌍의 구성원은 조금 다른 폴리펩타이드 사슬로 구성되어 있다. 4개의 구상 소단위는 각각 **헴(heme)**이라고 하는 유기안료의 단일 분자를 가지고 있다. 헴 분자는 산소 분자와 상호작용할 수 있도록 철 이온을 보유하고 있으나 철-산소 상호작용은 매우 약하기 때문에 이 둘은 쉽게 분리된다. 산소가 결합된 혈색소를 함유한 적혈구는 혈액을 밝은 붉은색으로 만든다. 산소가 혈색소에 결합되지 않은 경우 적혈구는 암적색에 가까운 짙은 붉은색을 나타낸다.

각 적혈구에 결합된 산소의 양은 주변 혈장의 조건에 따라 다르다. 혈장에 산소가 풍부하면 혈색소 분자는 모든 헴 분자가 채워질 때까지 산소를 얻는다. 혈장의 산소 수준이 감소함에 따라 혈장 이산화탄소 수준은 상승하며 헴 분자는 산소를 방출하고 각 혈색소 분자의 글로빈 부분은 헴에 산소가 결합하는 것처럼 이산화탄소 분자와 결합하기 시작한다.

적혈구는 순환하면서 다양한 농도의 산소와 이산화탄소에 노출된다. 허파 확산은 산소를 혈장으로 가져오고, 이산화탄소를 제거하며 적혈구의 혈색소 분자는 산소를 흡수하고 이산화탄소를 방출한다. 그리고 말초조직에서 활성 세포는 산소를 소비하고 이산화탄소를 생성한다. 혈액이 허파에서 나와 신체로 순환하면 이 상황이 역전되어 산소는 혈장 밖으로 확산되고 이산화탄소는 혈장 안으로 확산된다. 이러한 조건에서 혈색소는 결합된 산소를 방출하고 이산화탄소와 결합한다.

조직 산소 수준이 정상 범위 내로 유지될 때 정상적인 활동이 가능하다. 적혈구용적률이 낮거나 적혈구의 혈색소 함량이 감소된 혈액은 산소운반능력이 감소하는데 이를 **빈혈(anemia)**이라고 한다. 빈혈의 증상으로는 조기 근육피로, 쇠약 및 전반적인 에너지 부족이 있다.

적혈구 수명 및 순환 RBC Life Span and Circulation

적혈구는 심각한 스트레스에 노출된다. 심장에서 말초조직을 거쳐 심장으로 돌아오는 데는 1분이 채 걸리지 않는데 이때 적혈구는 혈관에 가해지는 힘에 의해 혈관벽에 부딪히고 다른 적혈구와 충돌하기도 하고, 작은 모세혈관을 지나가기 위해 압착되기도 한다. 이러한 일로 인한 모든 마모와 손상은 자체적인 수리능력이 없어 세포막이 파열되거나 다른 손상이 유발한다.

지라, 간 또는 적색골수의 식세포가 손상을 감지하고 적혈구를 제거하지만 파괴되는 적혈구와 새로운 적혈구가 비슷한 비율로 교체되어 순환하기 때문에 적혈구 제거는 일반적으로는 눈에 띄지 않는 편이다. 순환하는 적혈구의 약 1%가 매일 교체되고 매 초 약 300만 개의 새로운 적혈구가 순환한다.

혈색소의 재순환 Hemoglobin Recycling

혈색소를 포함한 적혈구 대부분의 성분은 재활용된다. 간, 지라, 적색골수에 있는 큰포식세포는 이러한 성분을 재활용하는 역할을 한다. 이 식세포는 적혈구를 삼키고, 파열되거나 **용혈**되는 적혈구에서 혈색소 분자를 감지하여 제거한다. 혈색소는 적혈구 내부에서만 손상되지 않은 상태로 남아 있을 수 있는데 **용혈**(*hemolysis*)에 의해 방출된 혈색소가 식균되지 않으면 재활용되지 않는다. 이럴 경우 혈색소는 혈액에서

지식 쌓기

포식작용은 세포를 운반하기 위해 고체형태의 세포외 물질을 소포로 포장하는 과정이다(**3장: 세포 구조와 기능** 참조). 포식작용은 "세포 먹기"라고도 하는데 세포질 확장이 입자를 둘러싸고 삼켜 세포 안으로 이동하게 함에 따라 큰 입자가 세포 안으로 유입되게 한다. 식세포는 식세포작용을 수행하는 세포이며 세균, 바이러스, 세포 조각, 외부물질과 같은 물질을 삼킨다.

분해되고 개별 혈색소의 폴리펩타이드 사슬은 콩팥에 의해 혈액에서 걸러지고 소변으로 유실되지만 다행히 적혈구의 약 10%만이 혈류에서 용혈을 겪는다. 많은 수의 적혈구가 혈류에서 분해되면 소변이 붉거나 갈색으로 변할 수 있으며 이를 **혈색소뇨증(hemoglobinuria)**라고 한다.

혈색소의 재활용과 적혈구의 회전율은 **그림 11-3**에 나와 있다. 대식세포가 적혈구를 삼키고 분해하면 혈색소 분자의 각 부분은 서로 다른 운명을 갖게 된다.

11

1. **각 혈색소 분자의 4개 구상 단백질은 구성 성분인 아미노산으로 분해된다(The four globular proteins of each hemoglobin mol-ecule are broken apart into their component amino acids)**. 아미노산은 세포에 의해 대사되거나 다른 세포가 이를 사용할 수 있도록 하기 위해 혈류로 방출된다.
2. **철은 헴 분자에서 추출된다(Iron is extracted from heme molecules)**. 대식세포에 저장되거나 혈류로 방출되어 혈장운반 단백질인 **트랜스페린(transferrin)**과 결합할 수 있다. 적색골수에서 발달하는 적혈구는 혈색소 분자를 합성하기 위해 혈류에서 아미노산과 트랜스페린을 사용한다. 간과 지라에서는 과다한 트랜스페린이 제거되며, 철분은 특수 단백질-철복합체로 저장된다.
3. **철이 제거된 후 각 헴 분자는 빌리베르딘으로 전환된다(After being stripped of its iron, each heme molecule is converted to biliverdin)**. 빌리베르딘은 녹색을 띤 유기화합물이다(심한 타박상은 혈액으로 채워진 조직에 빌리베르딘이 형성되기 때문에 일반적으로 녹색을 띤다). 빌리베르딘은 황색을 띤 주황색 색소인 **빌리루빈(bilirubin)**으로 전환되어 혈류로 방출된다. 간세포는 빌리루빈을 흡수하여 일반적으로 담즙 내의 소장으로 방출한다. 대장에 도달하는 빌리루빈은 관련 색소 분자로 전환되는데 이를 **우로빌린**(*urobilins*) 및 **스테르코빌린**(*stercobilins*)이라고 한다. 일부는 혈류로 흡수되어 소변으로 배출되며, 빌리루빈에서 추출된 색소는 소변의 노란색과 대변의 갈색을 생성한다.

쓸개관이 막혔거나(예: 쓸개돌에 의해) 간이 빌리루빈을 흡수하거나 배출할 수 없는 경우, 혈류에서 빌리루빈 수치가 상승한다. 그러면 빌리루빈은 말초조직으로 확산되어 **황달(jaundice)**이라는 징후(노란 피부와 눈)가 발생한다.

용혈 또는 포식 작용 후 개별 적혈구의 구성요소를 재활용하는 것은 매우 효율적인 과정이다. 예를 들어 매일 약 26 mg의 철이 혈색소 분자에 통합되지만 1~2 mg의 식이철분 공급은 대변과 소변에서 빠져나가는 철의 양을 보충하는데 문제가 없을 정도이다.

임상노트

이상 혈색소 Abnormal Hemoglobin

이상 혈색소는 몇 가지 유전적 질환을 특징으로 한다. 가장 잘 알려진 것 중 두 가지는 **지중해빈혈**(*thalassemia*)과 **겸상적혈구빈혈**(낫적혈구빈혈, *SCA*)이다.

다양한 형태의 지중해빈혈은 혈색소를 구성하는 구상 단백질을 적절하게 생성하지 못해서 발생한다. 이로 인해 적혈구 생산 속도가 느려지게 되고 혈액의 산소운반능력이 감소하게 되면서 성장과 발달에 문제가 생긴다. 심한 지중해빈혈을 가진 사람은 적절한 수의 적혈구를 유지하기 위해 혈액성분을 자주 **수혈**(*transfusions*) 받아야 한다.

SCA는 혈색소 분자의 구상 단백질 두 가지 유형 중 아미노산 서열에 영향을 미치는 돌연변이로 인해 발생한다. 혈액에 산소가 풍부하면 혈색소 분자와 이들을 운반하는 적혈구는 정상적으로 보이지만 결함이 있는 혈색소가 결합된 산소를 포기하면 근처의 혈색소 분자가 상호작용하여 세포가 뻣뻣해지고 구부러진다. 이는 세포를 더 연약하게 만들고 쉽게 손상시킨다. 적혈구는 겸상(낫)이 생기면 모세혈관에 달라붙을 수도 있는데 결과적으로 혈류를 차단하게 하고 주변 조직들은 산소결핍 상태가 된다.

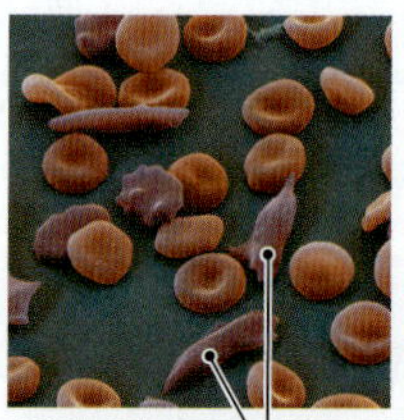

적혈구의 낫혈구화
Sickling in Red Blood Cells

그림 11-3 **혈색소의 재순환.**

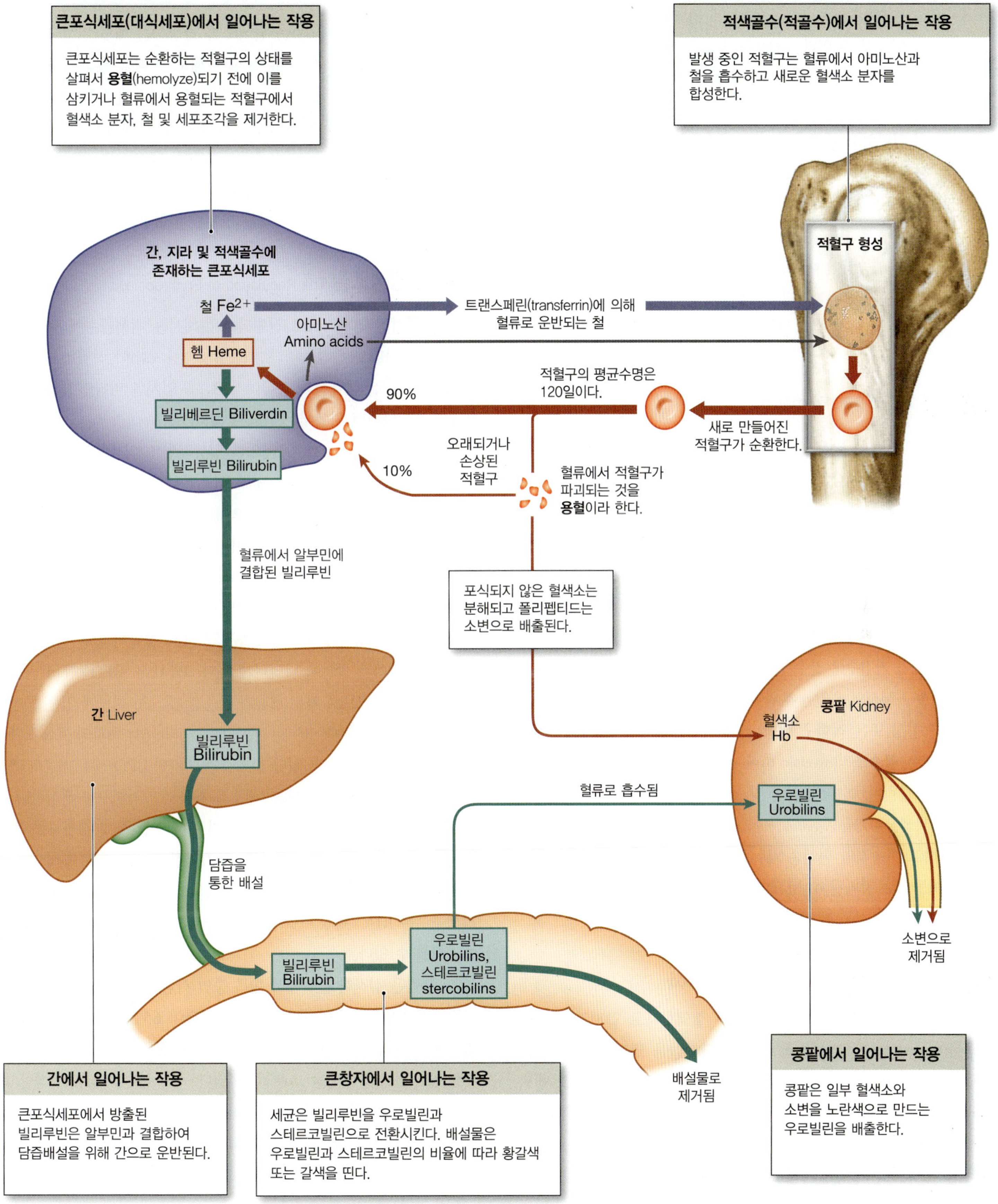

성별 및 철 보유량 Gender and Iron Reserves

철 흡수 또는 대사 장애는 적혈구 형성에 영향을 미치므로 심각한 임상 문제들을 일으킬 수 있다. 여성의 철 보유량은 남성보다 적기 때문에 특히 식사를 통한 철분 공급이 중요하다. 정상적인 사람의 몸에는 약 3.5 g의 철(이온형태의 철)이 있으며 그 중 2.5 g은 순환하는 적혈구의 혈색소와 결합하고 나머지는 간과 적색골수에 저장된다. 여성의 경우 체내 총 철분함량은 평균 2.4 g이며 적혈구는 약 1.9 g이다. 따라서 여성의 철 보유량은 일반 남성의 절반인 0.5 g에 불과하다. 철분의 식이 공급이 불충분하면 혈색소 생성이 느려지고 **철 결핍성 빈혈**(*iron-deficiency anemia*) 증상이 나타난다.

간과 심장 근육조직에 너무 많은 철분이 축적되면 문제가 발생할 수 있다. 심장근육세포의 과도한 철분 함유는 심장질환과 관련이 있다.

적혈구 생성 RBC Formation

배아기의 혈액세포는 발생 3주부터 반복적으로 분열하면서 수가 급격히 증가한다. 배아막 중의 하나인 난황주머니의 혈관은 발달 첫 8주 동안 혈액이 형성되는 주요 부위이며 다른 장기 형성과 마찬가지로 배아혈구세포의 일부가 혈류에서 나와 간, 지라, 가슴샘 및 골수로 이동한다. 이 배아세포는 줄기세포로 분화하여 분열하고 혈구세포를 생성한다.

11

발생 2~5개월부터 간, 지라는 조혈(혈액 세포 형성 및 분화)의 주요 부위이다. 뼈대가 커질수록 골수가 점점 더 중요해진다. 성인의 경우 적색골수는 적혈구 생성의 유일한 부위이자 백혈구 생성의 주요 부위이다.

적혈구 형성 또는 **적혈구 생성(erythropoiesis)**은 **적색골수**(*red bone marrow*) 또는 **골수조직(myeloid tissue)**에서만 발생한다. 이 조직은 척추, 가슴뼈, 갈비뼈, 어깨뼈, 골반 및 몸쪽 팔다리뼈에 있다. 다른 골수 영역에는 **황색골수**(황골수, *yellow bone marrow*)로 알려진 지방조직이 있다. 심각하고 지속적인 혈액손실과 같은 극단적인 자극 발생 시 황골수는 적색골수로 전환될 수 있으며 이 변화는 적혈구 형성 속도를 증가시킨다.

적혈구 성숙 단계 Stages in RBC Maturation

적혈구는 일련의 단계를 거쳐 성숙하며 혈액학자로 알려진 **혈액전문의들(hematologists)**이 이러한 주요 단계들을 명명하였다. 모든 혈구 성분과 마찬가지로 적혈구는 적색골수에서 **혈구모세포(hemocytoblasts)** 또는 **조혈줄기세포(hematopoietic stem cells)**의 분열로 인해 생성된다(그림 11-4). 궁극적으로 적혈구가 되는 세포를 생성하면서 혈구모세포는 **골수줄기세포(myeloid stem cells)**를 생성한다. 이러한 세포 중 일부는 일련의 단계를 거쳐 성숙한 적혈구가 된다(그림 11-4 왼쪽 참조)

적혈모구(erythroblasts)는 혈색소를 합성하는 매우 미성숙한 적혈구이다. 약 4일간의 분화 후 각 적아세포는 핵을 잃고 **그물적혈구(reticulocyte)**가 되며 단백질을 합성하는 적색골수에서 2~3일이 더 지나면 이 그물적혈구가 혈류로 들어가게 된다. 이때에도 혈액도말표본검사에서 RNA와만 결합하는 것을 검출할 수 있으며 일반적으로 망상적혈구는 순환적혈구의 약 0.8%를 차지한다. 순환 24시간 후에 망상적혈구는 성숙을 완료하고 다른 성숙한 적혈구와 유사해진다.

적혈구 생성조절 The Regulation of Erythropoiesis

적혈구 생성이 정상적으로 진행되기 위해서는 적색골수에 단백질 합성을 위한 아미노산, 철, 비타민(B_6, B_{12}, 엽산 포함)이 적절히 공급되어야 한다. 우리는 유제품과 육류에서 B_{12}를 얻지만 **비타민 B_{12}(vitamin B_{12})**를 흡수하려면 위에서 생성되는 **내인인자**(*intrinsic factor*)가 필요하다. 식단에서 비타민 B_{12}가 없으면 정상적인 줄기세포분열이 일어날 수 없고 **악성빈혈**(*pernicious anemia*)을 초래하게 한다.

적혈구 생성은 EPO 호르몬에 의해 직접 자극받게 되고 티록신, 안드로겐 및 성장 호르몬을 비롯한 여러 호르몬에 의해 간접적으로 자극받게 된다. **적혈구생성자극호르몬**(*erythropoiesis-stimulating hormone*)이라고도 하는 **EPO**는 콩팥과 간에서 생성된다. 조직의 낮은 산소 수준을 **저산소증(hypoxia)**라고 하는데 말초조직 특히 콩팥이 낮은 산소농도에 노출되면 EPO가 혈장에 나타나게 된다(그림 11-5). EPO는 (1) 빈혈이 있을 때, (2) 콩팥으로 가는 혈류가 감소할 때, (3) 허파에 있는 공기의 산소함량이 감소할 때(질병이나 높은 고도로 인해), (4) 허파의 호흡표면이 손상되었을 때 발생한다. 일단 혈류로 들어가면 EPO(적혈구생성자극호르몬)는 적색골수로 이동하여 줄기세포를 자극하고 적혈구를 생성한다.

EPO에는 두 가지 주요 효과가 있다. (1) 적혈구 및 적혈구를 생성하는 줄기세포에 증가된 세포 분열을 자극한다. (2) 주로 혈색소 합성 속도를 높여 적혈구의 성숙 속도를 높인다. EPO 자극이 최대가 되면 적색골수는 RBC 형성 속도를 초당 약 3천만 개의 세포로 10배까지 증가시킬 수 있다.

이 능력은 심각한 출혈에서 회복 중인 사람에게 중요하지만 건강한 사람에게 EPO를 투여하면 적혈구용적률이 65 이상으로 올라갈 수 있으며 결과적으로 혈액점도가 증가하면 심장의 부하가 증가하여 심부전으로 인한 돌연사를 초래할 수 있다. 운동선수가 성능 향상을 목적으로 근육으로의 산소전달을 개선하기 위해 조기에 RBC를 제거하였다가 재주입하는 **혈액도핑**(*blood doping*)에서도 유사한 위험이 발생할 수 있다.

그림 11-4 적혈구, 혈소판 및 백혈구의 기원과 분화. 혈구분열은 골수줄기세포 또는 림프줄기세포를 생성한다. 림프줄기세포는 다양한 림프구를 생산하며 골수줄기세포는 다른 종류의 요소를 생성하기 위해 분열하는 전구세포를 생성한다. EPO 및 집락 자극인자(CSFs)의 표적도 표시된다.

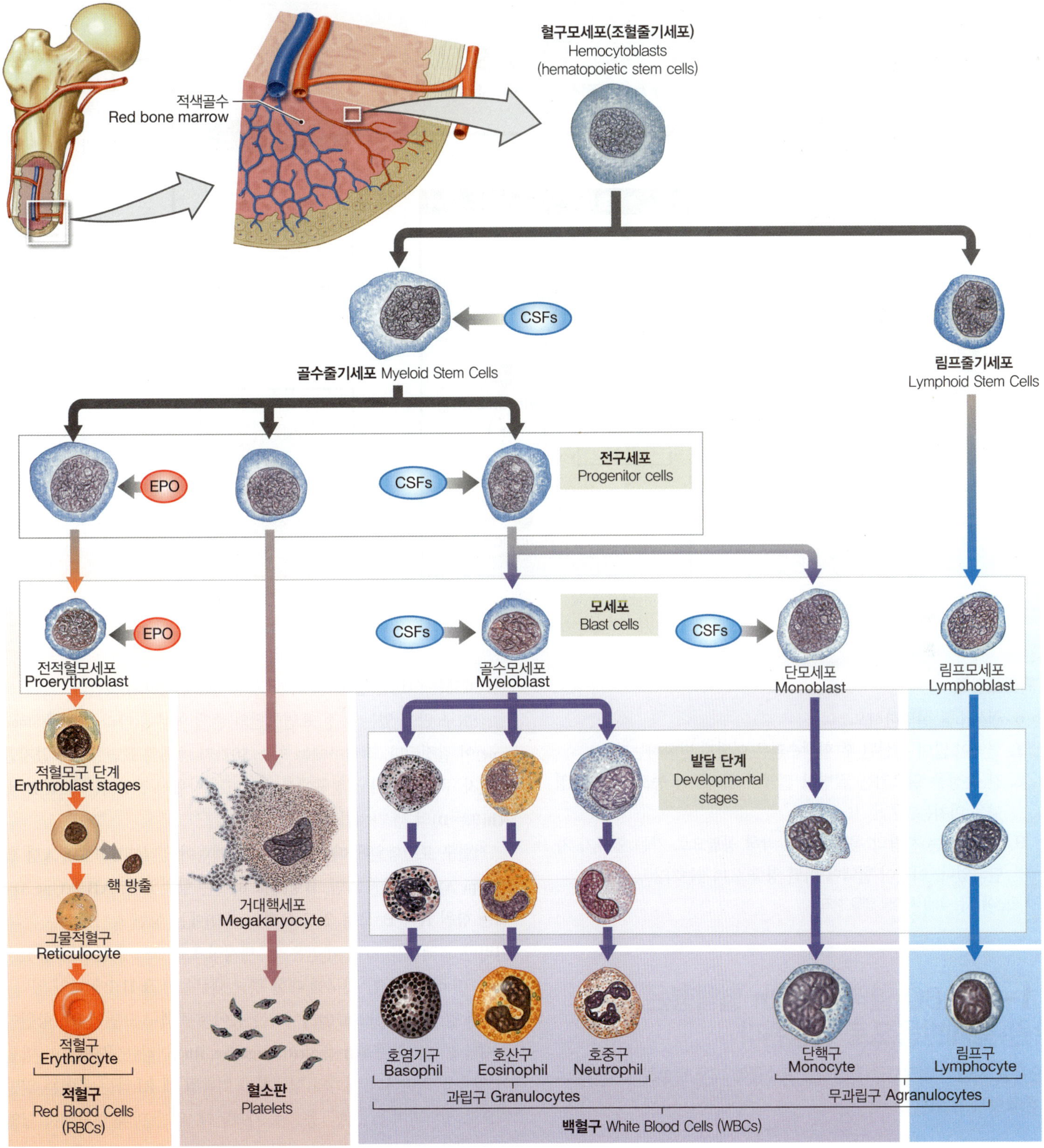

11

그림 11-5 적혈구 생성 자극에서 EPO의 역할. 산소를 방출하지 않는 조직(특히 콩팥)은 적혈구생성촉진인자(EPO)를 방출한다. EPO는 줄기세포의 분열과 적혈구의 성숙을 촉진한다. 그러면 더 많은 적혈구가 순환계에 들어가 말초조직으로의 산소전달을 개선한다.

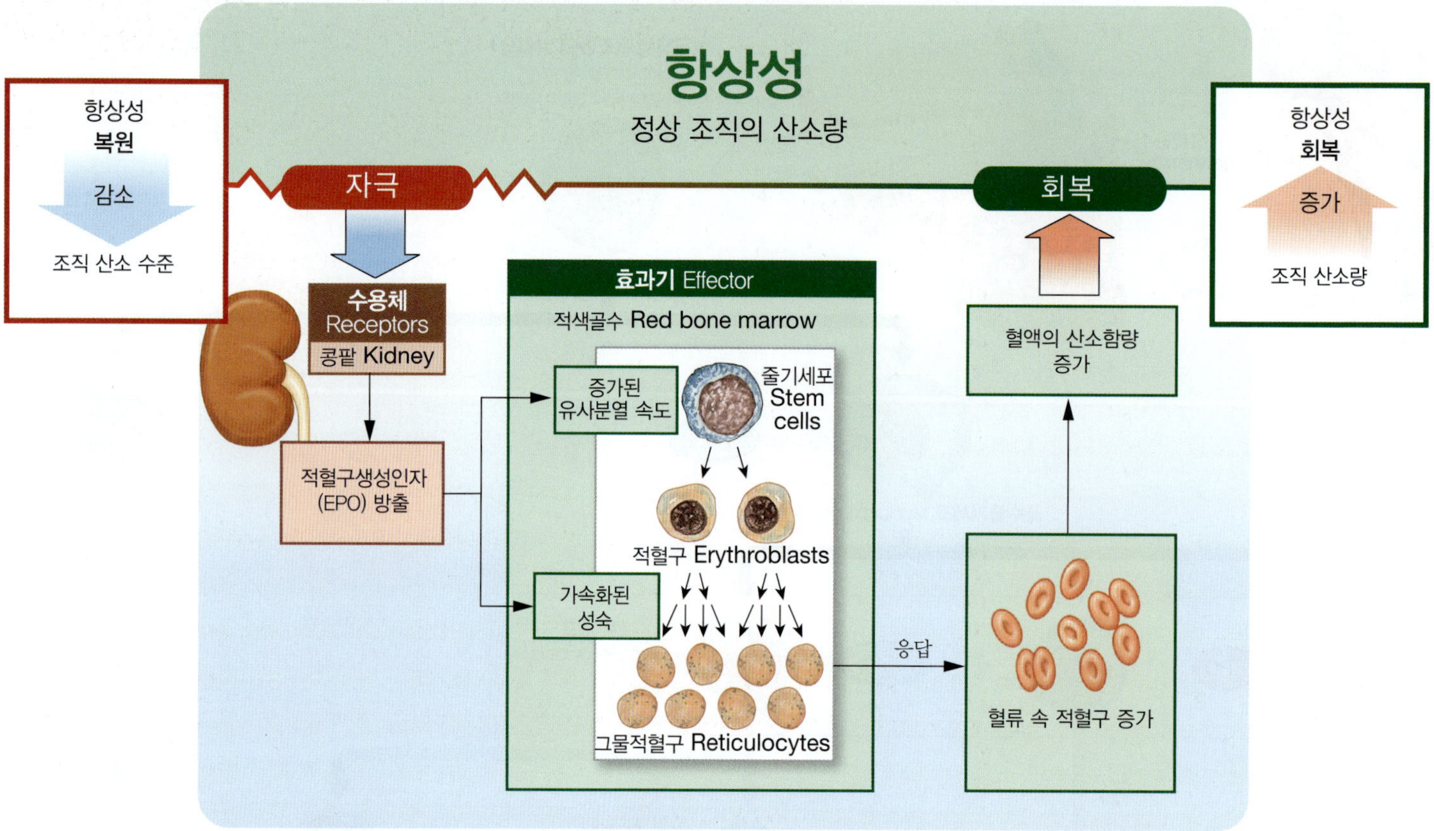

체크포인트

6. 혈색소를 설명하시오.
7. 혈액이 많이 손실된 후 혈액순환은 어떻게 변화하는가?
8. 간 손상을 일으키는 질병이 혈액내 빌리루빈 농도에 어떤 영향을 미치는가?
9. Keith라는 사람의 콩팥동맥이 막혀 콩팥으로 가는 혈류가 차단되었다. 이것이 혈액에 어떤 영향을 미치는가?

책 뒷면에 있는 파란색 정답 탭을 참조.

11-4 ABO 혈액형과 Rh 혈액형은 항원-항체반응으로 결정된다

학습목표 사람의 혈액형을 결정하는 요소들에 대해 토론하고 혈액형이 왜 중요한지 설명한다.

항원(*antigens*)은 면역반응(*immune response*)이라 불리는 보호방어 과정을 촉발시킬 수 있는 물질(대부분 단백질)이다. 모든 세포의 세포막에는 면역방어가 "정상"이라고 인식할 수 있는 물질인 표면항원이 있다. 즉 면역체계는 이러한 물질을 "외부"로 공격하지 않고 무시한다.

적혈구 막에 있는 특정 표면항원의 존재 여부에 따라 **혈액형(blood type)**이 결정된다. 적혈구에는 최소 50가지 종류의 표면항원이 있지만 유전자 구성에 따라 적혈구에서 발생하는 항원이 결정되는데 **A**, **B** 및 **Rh**(또는 **D**)의 세 가지가 특히 중요하다.

적혈구 표면항원에 따라 4가지의 혈액형이 있다(**그림 11-6a**). **A형 혈액(type A)**에는 항원 A만, **B형(type B)**에는 항원 B만, **AB형(type AB)**에는 항원 A와 B 모두 있고 **O형(type O)**에는 항원 A, B 모두 없다. 이러한 혈액형을 가진 개인은 전 세계적으로 고르게 분포되어 있지 않다. 미국의 다양한 인구에 대한 평균 백분율이 **표 11-1**에 나와 있다.

Rh 양성(Rh positive, Rh^+)이라는 용어는 적혈구 표면에 Rh 항원이 존재함을 의미하며 **Rh 음성(Rh negative, Rh^-)**이라는 용어는 이 항원이 없음을 의미하며 개인의 혈액형이 기록될 때 Rh라는 용어는 일반적으로 생략되며 O^-, A^+ 등으로 기록된다. 일반 미국 인구에서 혈액형은 대략 다음과 같이 분포한다: O^+ 38%, A^+ 34%, B^+ 9%, O^- 7%, A^- 6%, AB^+ 3%, B^- 2%, AB^- 1%.

앞에서 언급했듯이 면역계통은 자신과 동일한 혈액형의 적혈구에

그림 11-6 혈액형과 교차반응.

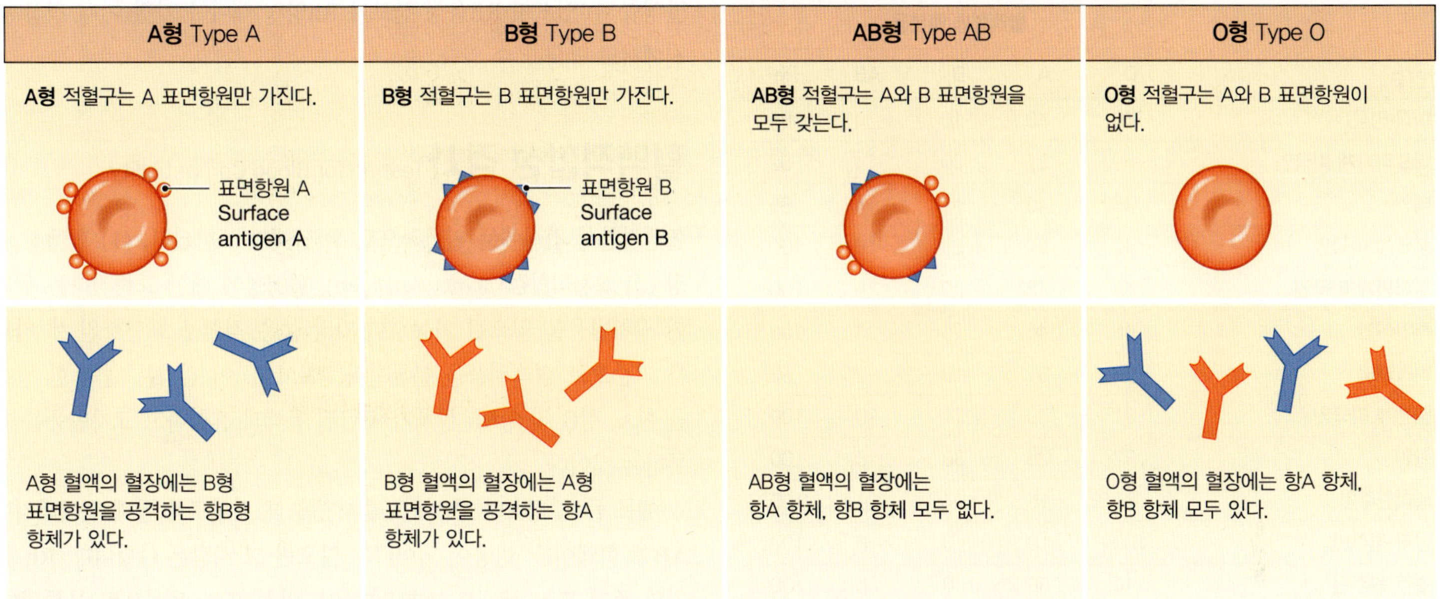

a 혈액형은 적혈구 표면에 있는 표면항원(응집원)의 존재에 따라 다르다. 혈장에는 외부 표면항원과 반응하는 항체(응집소)가 포함되어 있다.

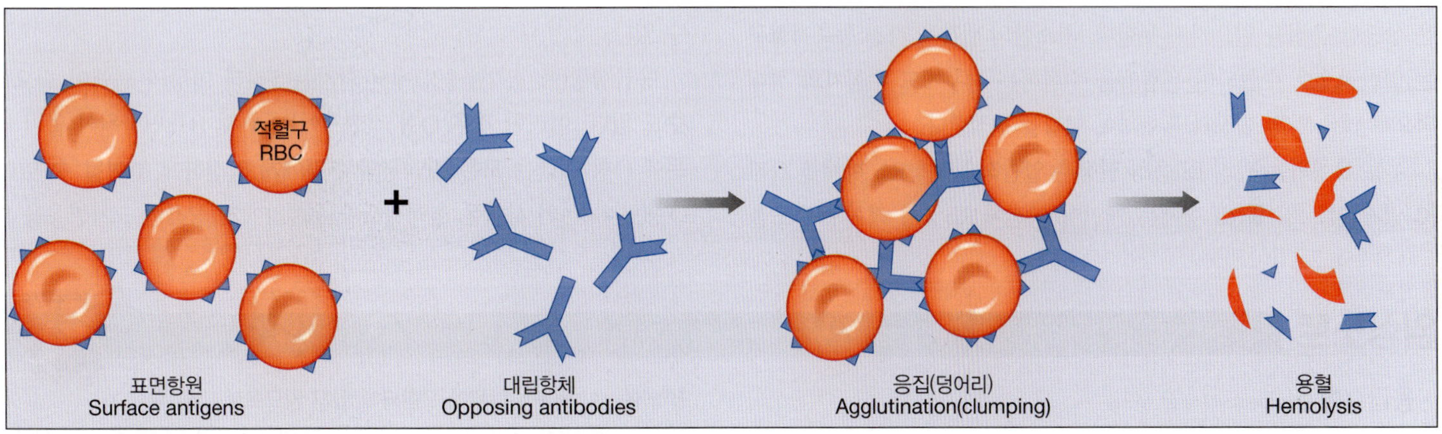

b 교차반응에서 항체는 표면항원과 반응하여 적혈구의 응집 및 용혈을 유발한다. 예를 들어 항B 항체는 B 표면항원을 만나면 B 표면항원을 가진 적혈구가 서로 붙어, 덩어리를 형성한 후 파괴된다.

있으며 응집물질이라고도 불리는 **표면항원**(응집원, *agglutinogens*)을 무시한다. 그러나 혈장에는 다른 혈액형의 적혈구에 있는 표면항원을 공격하는 **항체**(응집소, *agglutinins*)가 포함되어 있다(**그림 11-6a**). 즉, A형 혈액형의 혈장에는 순환항체인 항B 항체가 있어 B형 표면항원을 공격하게 된다. B형 혈액형의 혈장에는 A형 표면항원을 공격하는 항A 항체가 있고 마찬가지로 AB형 혈액형의 혈장에는 A 또는 B 표면항원에 대한 항체가 없다. O형 혈액형의 혈장에는 항A 항체와 항B 항체가 모두 있다.

이러한 항체를 기반으로 수혈 전에 기증자와 수혜자의 혈액형을 식별해야 하는데 이는 개인이 다른 혈액형의 혈액을 받으면 수혜자의 혈장에 있는 항체가 기증된 적혈구의 특정 항원과 만나 **교차반응(cross reaction)**이 발생하기 때문이다(**그림 11-6b**). 초기에는 항원과 항체가 결합하여 외부 적혈구가 뭉쳐지게 되는데 이를 **응집(agglutination)**이라고 한다. 그러면 적혈구가 분해되거나 **용혈**(*hemolyze*)될 수 있다. 항체의 공격을 받는 적혈구의 덩어리와 조각은 혈전을 형성하여 콩팥, 허파, 심장 또는 뇌의 작은 혈관을 막아 조직을 손상시키거나 파괴할 수 있는데 이러한 교차반응 또는 **수혈반응**(*transfusion reactions*)은 기증자와 수혈자의 혈액형이 일치하도록 하여 피할 수 있다.

기증자의 세포에 있는 표면항원은 기증자의 혈장에 있는 항체보다 호환성을 결정하는 데 더 중요하다. 많은 양의 온혈액이나 혈장이 전

표 11-1 혈액형 분포 차이

인구	혈액형별 백분율				
	O	A	B	AB	Rh^+
미국(평균)	46	40	10	4	85
아프리카계 미국인	49	27	20	4	92
백인	45	40	11	4	85
중국계 미국인	42	27	25	6	100
필리핀계 미국인	44	22	29	6	100
하와이안	46	46	5	3	100
히스패닉	57	31	10	2	92
일본계 미국인	31	39	21	10	100
한인	32	28	30	10	100
북미원주민	79	16	4	<1	100
남미 원주민	100	0	0	0	100
호주 원주민	44	56	0	0	100

달되지 않는 한 기증자의 혈장과 수혜자의 혈액세포 사이의 교차반응은 상당한 응집을 일으키지 못한다. 최소한의 혈장을 가진 농축적혈구는 일반적으로 수혈되며 온혈액을 수혈하는 경우에도 수혈자의 상대적으로 많은 양의 혈장과 혼합하여 혈장을 희석한다.

A형, B형과는 달리 Rh음성 혈장은 일반적으로 항Rh 항체를 가지고 있지 않는다. 항Rh 항체는 개인이 이전에 Rh양성 적혈구에 노출되어 민감해진 경우에만 존재한다. 이러한 노출은 수혈 중에 우연히 발생할 수 있으며 Rh음성 산모가 Rh양성 태아를 가졌을 때 정상 임신에서도 발생할 수 있다.

혈액적합성 검사 Testing for Blood Compatibility

혈액적합성 검사에는 일반적으로 두 단계가 포함된다: (1) 혈액형 결정 (2) **교차적합검사**(*cross-match test*). 혈액형에 대한 표준검사는 위험한 교차반응을 일으킬 가능성이 가장 높은 적혈구 표면항원 세 가지를 기준으로 혈액샘플을 분류한다(**그림 11-7**). 이 검사는 혈액 한 방울을 항A, 항B 및 항Rh 항체가 포함된 용액과 혼합하고 교차반응을 기록하는 것이다.

예를 들어, 항A와 항B에 노출시켰을 때 적혈구와 함께 덩어리지면 AB형 혈액이다. 반응이 일어나지 않으면 그 사람은 O형이다. Rh 항원의 존재 또는 부재도 기록되며 Rh 양성 또는 음성으로 분류된다. 가장 흔한 유형인 O형 양성의 적혈구에는 표면항원 A와 B가 없지만 Rh 항원은 있다. 기증자와 수혜자의 표준혈액형은 몇 분 안에 확인할 수 있다.

응급상황(예: 심각한 총상)에서 환자는 5리터 이상의 혈액이 필요할 수도 있다. 이러한 경우 O형 적혈구에는 A 및 B표면항원이 없기 때문에 O형 혈액은 모든 혈액형의 환자에게 안전하게 투여될 수 있다. O형(특히 O^-)의 사람은 혈액세포가 수혜자에게 심각한 교차반응을 일

임상노트

응급수혈 Emergency Transfusions

혈액은 귀중하므로 가장 많은 사람들에게 가장 큰 혜택을 줄 수 있도록 활용되어야 한다. 온혈액의 단위는 약 450 ml의 혈액이며 약 65 g의 혈색소로 구성되어 있다. 현재 의료계에서는 온혈액을 투여하는 것이 드물며 대신 혈액을 다양한 요소로 분리하여 필요에 따라 필요한 요소들을 투여한다. 온혈액에서 추출한 요소에는 적혈구(*packed RBCs*, 농축적혈구), **혈소판**(*platelets*), **과립구**(*granulocytes*) 및 혈장(신선냉동혈장, *fresh frozen plasma*)이 있다. 환자는 필요한 혈액성분만 받는다. 예를 들어, 지속적인 출혈이 있는 환자는 농축적혈구와 정질액을 투여하고 혈소판 장애가 있는 환자는 혈소판 수혈을 받게 된다.

용혈성 수혈반응(*hemolytic transfusion reaction*)을 방지하기 위해 기증자와 수혈자의 혈액 적합성을 검사해야 하며 이를 위해 주요 항원(AB 및 Rh)에 대해 검사한다. 또한 '사소한 항원 적합성'을 검사한다. 수혈을 위한 혈액제제의 분석은 시간이 많이 걸리는 **타이핑**(*typing*)과 **교차매칭**(*crossmatching*)으로 하는데 응급상황에서는 혈액형과 교차검사를 기다릴 시간이 없을 수도 있다. 이러한 상황에서는 O형 음성 혈액이 안전하게 투여될 수 있다. 이 O형 혈액에는 A, B, Rh 항원이 포함되어 있지 않으므로 다른 환자에게 용혈반응을 일으키지 않으며 이러한 이유로 O형 혈액형을 가진 사람을 **보편적 기증자**(*universal donors*, 만능공혈자)라고 부른다.

혈액형이 AB형인 사람을 **보편적 수혜자**(*universal recipients*, 만능수혈자)라고 한다. AB형은 적혈구에 A 항원과 B 항원이 모두 있으므로 A 항원과 B 항원에 대한 혈중 항A, B 항체가 없다. 그러므로 응급상황에서는 어떤 종류의 혈액도 받을 수 있다.

응급상황에서 시간이 허락한다면 혈액의 유형을 확인하고 교차적합검사를 할 때까지 기다리는 것이 좋다. 충분한 시간이 없을 경우 환자에게 **특정 유형의 혈액**(*type-specific blood*)을 제공할 수 있다. 특정 유형의 혈액은 주요 항원(ABO 및 Rh)에 대해 검사가 완료된 상태(대교차시험)이나 작은 항원에 대해서는 검사되지 않은 상태(소교차시험)이다. 마지막으로 위급한 상황에서는 타이핑과 교차적합검사가 완료될 때까지 환자에게 교차되지 않는 O형 혈액을 제공할 수 있다.

혈소판은 소량의 혈액 항원도 포함되어 있지 않으며 ABO형과 Rh 유형이 동일하다. 이들은 신체에 의해 빠르게 파괴되므로 자주 투여되어야 한다.

임상노트

신생아 용혈병 Hemolytic Disease of the Newborn

양쪽 부모의 유전자가 자녀의 적혈구 표면항원을 결정하기 때문에 자녀의 혈액형은 부모의 혈액형과 다를 수 있다. 임신 중에는 태아와 산모의 순환계가 밀접하게 얽혀 있으며, 산모의 항체가 태반을 가로질러 태아적혈구를 공격하고 파괴할 수도 있다. 이러한 결과로 생긴 질환을 신생아의 용혈병이라 한다(Hemolytic Disease of the Newborn, HDN). 일부는 매우 위험하고 또 다른 일부는 감지되지 않을 정도로 경미하다.

HDN은 일반적으로 임신 중에 발생한다. 태반과 자궁에서 출혈이 발생하면 Rh^- 모체가 Rh^+ 태아의 항원에 노출되게 되는데 이는 산모에게 항Rh 항체 생산을 유발시킬 수 있다. Rh^+인 첫째 태아는 분만 후까지 많은 양의 항체가 생성되지 않기 때문에 영향을 받지 않는다. 그러나 민감해진 Rh^- 산모는 두 번째 Rh^+ 태아에 반응하여 대량의 항Rh 항체를 생산한다. 이 항체들은 태아의 적혈구를 공격하여 위험한 빈혈을 일으킨다.

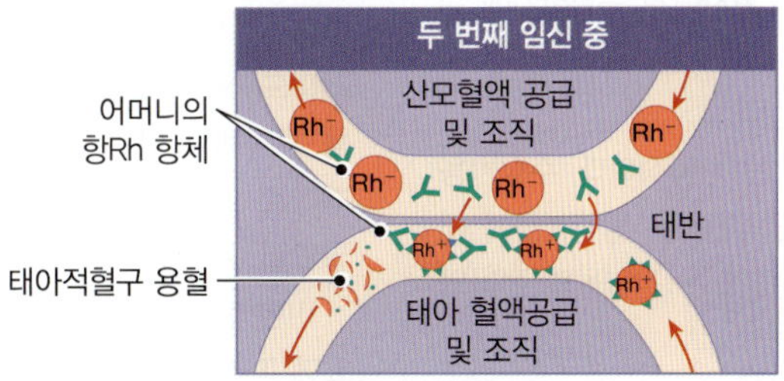

다행히 산모의 항Rh 항체 생성을 막을 수 있는데 임신 26~28주, 분만 중, 분만 후에 산모에게 항체(RhoGAM이라고 부르는 항체)를 투여함으로써 가능해진다. 이 항체는 모체의 면역반응을 자극하기 전에 태반을 통과하는 태아의 적혈구를 파괴한다.

으킬 가능성이 없기 때문에 때때로 **보편적 기증자**(*universal donors*, 만능공혈자)라고 부른다. AB형은 기증된 적혈구를 공격하는 항A, 항B 항체가 없기 때문에 **보편적 수혜자**(*universal recipients*, 만능수혈자)라고도 불렸다. 하지만 이 용어는 신뢰할 수 있는 혈액공급과 빠른 적합성 검사를 통해 일반적으로 AB형 수혜자에게 AB형 혈액을 제공할 수 있기 때문에 더 이상 많이 사용되고 있지는 않고 있다.

그리고 적어도 48개의 다른 가능한 항원이 존재하기 때문에 O형 혈액에서도 교차반응이 발생할 수 있다. 시간과 장비가 있다면 완전한 호환성을 보장하기 위한 추가 테스트를 진행한다. **교차적합검사(cross-match testing)**를 할 때에는 통제된 조건에서 기증자의 적혈구를 수용자의 혈장샘플에 노출시킨다. 호환성 문제를 피하는 또 다른 방법은 손실된 혈액을 교차반응을 유발할 수 있는 표면항원이 없는 합성혈액 대체물로 대체하는 것이다.

혈액형은 유전되기 때문에 혈액검사는 친자 감정과 범죄수사에도 사용된다. 그러한 검사의 결과는 특정인이 특정 자녀의 아버지가 아니거나 특정 범죄에 대해 유죄가 아님을 증명할 수 있을 뿐이다. 예를 들어, AB형 혈액을 가진 성인이 O형 혈액을 가진 유아의 부모가 되는 것은 불가능하다.

그림 11-7 혈액형 검사. 4명의 혈액 검체에 대한 검사 결과이다. 혈액방울은 표면항원 A, B, Rh(D)에 대한 항체가 포함된 용액과 혼합된다. 검체에 해당 표면항원이 포함된 경우 뭉침이 발생한다. 검사 결과에 해당하는 혈액형이 오른쪽에 나와 있다.

항A Anti-A	항B Anti-B	항Rh Anti-Rh	혈액형 Blood type
			A^+
			B^+
			AB^+
			O^-

체크포인트

10. 어떤 혈액형이 AB형 혈액을 가진 사람에게 안전하게 수혈을 해줄 수 있는가?
11. A형 혈액형이 B형 혈액형의 혈액을 안전히 받을 수 없는 이유는 무엇인가?

책 뒷면에 있는 파란색 정답 탭을 참조.

11-5 다양한 유형의 백혈구가 신체방어에 기여한다

학습목표 다양한 백혈구를 구조와 기능에 따라 분류하고 백혈구 생성을 조절하는 요인에 대해 논의한다.

WBC라고도 하는 **백혈구(leukocytes)**는 크기가 더 크고 핵 및 기타 소기관이 있으며 혈색소의 유무로 적혈구와 구별될 수 있다. 백혈구는 병원체의 침입으로부터 신체를 보호하는 데 도움이 되며, 또한 독소,

임상노트

수혈반응 Blood Transfusion Reactions

인간의 적혈구 막에는 수백 가지의 서로 다른 항원 구조가 있다. 수혈을 시작하기 전에 혈액제제가 수혜자와 일치하는지 확인하기 위해 세심한 주의를 기울인다. 모든 혈액제품은 ABO 혈액형 및 Rh 항원의 존재 여부와 여러 경미한 항원을 확인하기 위해 검사된다. 검사를 거쳐 환자에게 수혈하기에 적합한 것으로 간주되는 혈액을 교차일치라고 한다. 이는 해당 혈액제제가 수혈반응을 일으킬 가능성이 가장 낮다는 것을 의미한다.

수혈반응은 매우 빠르게 나타날 수 있으며 때로는 치명적이다. 수혈반응은 일반적으로 면역 또는 비면역으로 분류된다. 면역반응은 혈액성분에 대한 항체매개반응이다. 비면역반응에는 순환 과부하 또는 감염원의 전파와 같은 합병증이 있다.

일반적인 유형의 수혈반응은 적혈구 항체가 순환계 내에서 적혈구를 용해(파괴)하는 용혈반응이다. 이것은 세포의 내용물이 순환계로 유출되도록 한다. 혈색소는 소변에 축적되어 콩팥기능에 악영향을 미칠 수 있다. 용혈반응이 있는 환자는 종종 홍조, 주입부위의 통증, 흉부 또는 요통, 안절부절, 불안, 메스꺼움 또는 설사를 호소하며 그 중 발열과 오한은 흔한 소견이다. 쇼크 및 신부전도 발생할 수 있다. 용혈성 수혈반응의 치료는 수혈의 종료 및 제거부터 시작해야 하며, 반응의 원인을 확인하기 위해 검사실로 반환해야 한다. 적절한 콩팥 기능을 유지하기 위해 수액을 투여해야 하며 경우에 따라 콩팥기능을 유지하고 체액 과부하를 방지하기 위해 푸로세미드(라식스)와 같은 이뇨제 또는 만니톨(오스모트롤)과 같은 삼투성 이뇨제를 투여해야 할 수도 있다. 정맥내 항히스타민제와 코르티코스테로이드가 때때로 필요하기도 하며 진통제 및 항염증제는 통증, 발열 및 오한치료에 필요할 수 있다.

비면역 수혈반응은 근본적인 문제를 치료하여 관리된다. 순환과부하는 필요에 따라 체액 제한 및 이뇨제로 치료되고 감염은 존재하는 감염유형에 따라 치료된다.

폐기물 및 비정상적이거나 손상된 세포를 제거하는 역할을 한다.

전통적으로 백혈구는 염색 후 모양에 따라 (1) **과립구**(*granulocytes*, 염색된 과립이 풍부함) (2) **무과립구**(*agranulocytes*, 염색된 과립이 거의 없음)로 나눌 수 있다. 이는 편리하지만 다소 오해의 소지가 있다. 실제로 과립구의 과립은 분비 소포와 용해소체이다. 무과립구에는 소포와 리소좀도 포함되어 있지만 아주 작아서 광학현미경으로 보기 어렵다.

순환혈액의 일반적인 백혈구는 **그림 11-8**에 나와 있다. **호중구**, **호산구** 및 **호염기구**(*neutrophils*, *eosinophils*, and *basophils*)는 과립구이며 **단핵구**와 **림프구**(*monocytes* and *lymphocytes*)는 무과립구이다.

일반적인 혈액 1마이크로리터에는 5,000~10,000개의 백혈구가 포함되어 있는 반면, 적혈구는 420만~630만 개가 있다. 신체 대부분의 백혈구는 결합조직이나 림프계의 기관에 있고 순환하는 순환 백혈구는 전체 백혈구 중 작은 비율을 차지한다.

백혈구 순환 및 이동 WBC Circulation and Movement

적혈구와 달리 백혈구는 수명 중 짧은 기간 동안만 순환한다. 백혈구는 신체의 느슨하고 조밀한 결합조직을 통해 이동하며 혈류를 사용하여 한 기관에서 다른 기관으로 이동하고, 침입 또는 부상부위로 신속하게 이동한다. 백혈구는 주변 조직손상의 화학적 징후를 감지할 수 있다. 문제가 감지되면 혈류를 떠나 손상된 부위로 들어간다.

순환하는 백혈구에는 4가지 특성이 있다.

1. **아메바운동이 가능하다**(*All are capable of amoeboid movement*). **아메바운동**(*amoeboid movement*)은 운동성을 가진 가느다란 세포 과정으로, 활공하는 운동이다. 이러한 운동성은 백혈구가 혈관벽을 따라 그리고 주변조직을 통해 이동할 수 있게 해준다.
2. **혈관 밖으로 나갈 수 있다**(*All can migrate out of the bloodstream*). 백혈구는 모세관 벽의 인접한 상피세포 사이를 비집고 들어가 주변 조직으로 들어갈 수 있다. 이 과정을 **혈구누출(diapedesis)**이라고 한다.
3. **특정한 화학적 자극에 이끌린다**(*All are attracted to specific chemical stimuli*). **양성 주화성(positive chemotaxis)**이라고도 하는 이 특성은 백혈구를 침입하는 병원체, 손상된 조직 및 기타 활성 백혈구 쪽으로 안내한다.
4. **호중구, 호산구 및 단핵구는 포식작용을 할 수 있다**(*Neutrophils, eosinophils, and monocytes are capable of phagocytosis*). 이 세포는 병원체, 세포파편 또는 기타물질을 삼킬 수 있다. 호중구 및 호산구는 결합조직의 큰포식세포와 **마이크로파지**(*microphages*)와 구별된다. 큰포식세포는 원래 단핵구로부터 유래된 세포로, 단핵구가 혈관 밖으로 나와 포식능력이 활발해진 형태이다.

백혈구의 종류 Types of WBCs

호중구, 호산구, 호염기구 및 단핵구는 신체의 **비특이적 방어**(*nonspecific defenses*)의 일부이다. 다양한 자극이 방어를 활성화시키며 위협을 주

그림 11-8 백혈구.

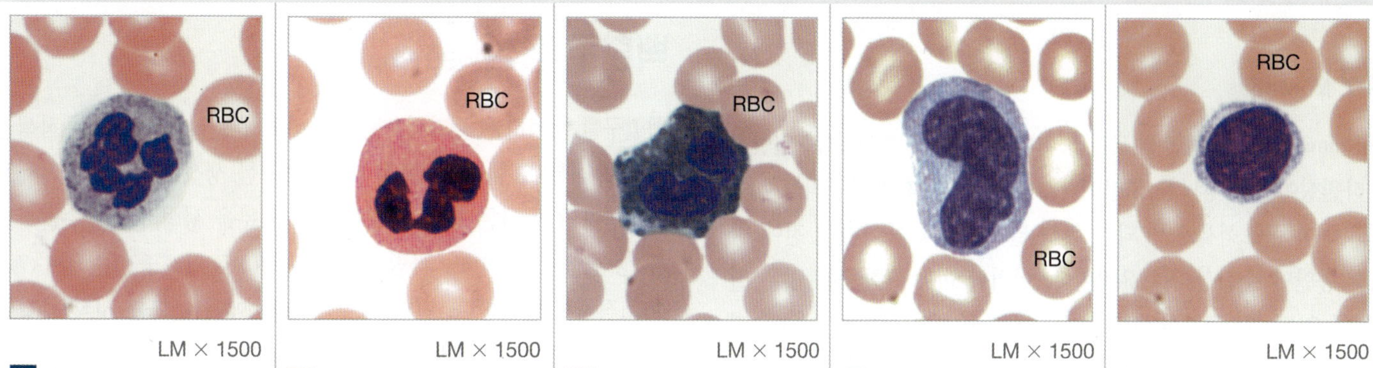

a 호중구 Neutrophil **b** 호산구 Eosinophil **c** 호염기구 Basophil **d** 단핵구 Monocyte **e** 림프구 Lymphocyte

지식 쌓기

결합조직의 기능으로 신체방어가 있다(**4장: 생명체의 조직 구성** 참조). 결합조직은 고정(상주) 및 자유(이동) 큰포식세포 또는 "대식성" 세포를 포함한다. 자유대식세포 외에도 다른 식세포 및 항체생성 백혈구는 적절한 결합조직을 통해 이동한다. 항체생성과 마찬가지로 조직이 손상되면 그 수가 증가한다. 항체는 침입한 미생물이나 이물질을 파괴하는 단백질이다.

는 물질, 위협을 주지 않는 물질을 구별 없이 방어한다.

대조적으로 림프구는 특정 유형의 침입 병원체 또는 이질 단백질에 대한 반격을 일으키는 **특정 방어**를 담당한다. 14장에서 **특이적 방어**(*specific defenses*)와 비특이적 방어에 대해 논의하므로 참고하기 바란다.

호중구 Neutrophils

순환하는 백혈구의 약 50~70%는 **호중구(neutrophils)**이다. 호중구는 과립이 화학적으로 중성이어서 산성 또는 염기성 염료로 염색하기 어렵다. 성숙한 호중구는 매우 조밀하고 뒤틀린 핵을 가지고 있으며 끈에 구슬을 닮은 2~5개의 로브가 있다(**그림 11-8a**).

호중구는 일반적으로 손상부위에 가장 먼저 도착하는 백혈구이며 매우 활동적인 식세포로 세균을 공격하고 소화하는 데 특화되어 있다. 대부분의 호중구는 수명이 짧으며 혈류에서 약 10시간 동안만 생존하는데 잔해나 병원체를 적극적으로 삼킬 때 30분 이하가 될 수 있다. 호중구는 1~24개의 세균을 삼킨 후에 죽지만 분해된 호중구는 다른 호중구를 그 자리로 끌어들이는 화학물질을 방출한다. 죽은 호중구, 세포파편 및 기타 폐기물의 혼합물은 감염된 상처의 **고름**(*pus*)을 형성한다.

호산구 Eosinophils

호산구(eosinophils)에는 적색염료인 에오신으로 어둡게 염색되는 과립이 있다. 일반적으로 순환백혈구의 2~4%를 나타내며 호중구와 크기가 비슷하다. 그들의 짙은 붉은색 과립과 2엽형 핵으로 인해 쉽게 식별할 수 있다(**그림 11-8b**). 호산구는 항체로 코팅된 물체를 공격하며 항체로 표시된 세균, 원생동물 또는 세포잔해를 삼키지만 주요 공격방식은 독성 화합물을 세포 밖으로 유출시켜 공격한다. 이러한 화합물에는 산화질소 및 세포독성 효소가 포함된다. 또한 호산구는 기생충 감염이나 알레르기 반응 동안 그 수가 급격히 증가하며 손상부위에 유인되어 비만세포와 호중구에 의해 생성되는 염증을 감소시키는 효소를 방출한다. 이러한 방식으로 염증이 주변조직으로 퍼지는 것을 제어하는 데 도움을 준다.

호염기구 Basophils

호염기구(basophils)에는 염기성 염료로 어둡게 염색되는 수많은 과립이 있다. 표준 혈액도말에서 과립은 짙은 자주색 또는 파란색이다(**그림 11-8c**). 호염기구는 호중구 또는 호산구보다 다소 작으며 상대적으로 드물고 순환하는 백혈구의 1% 미만을 차지한다. 호염기구는 손상부위로 이동하고 모세관 벽을 가로질러 손상된 조직으로 이동한 뒤 과립을 사이질액으로 방출한다. 과립에는 혈액응고를 방지하는 화학물질인 **헤파린**(*heparin*)과 혈관을 확장시키는 **히스타민**(*histamine*)이 포함되어 있다. 이 화학물질은 비만세포에 의해 시작된 국소 염증을 향상시킨다. 자극된 호염기구에 의해 방출되는 다른 화학물질은 호산구와 다른 호염기구를 모이게 한다.

단핵구 Monocytes

단핵구(monocytes)는 적혈구 크기의 거의 두 배이며 핵이 크고 일반적으로 타원형이거나 강낭콩 모양이다(**그림 11-8d**). 순환백혈구의 2~8%를 차지하며 큰포식세포가 되기 위해 말초조직에 들어가기 전에 약 24시간 동안만 순환상태를 유지한다. 이러한 이동 단핵구는 많은 결합조직에 있는 **고정큰포식세포**(*fixed macrophages*)와 구별하기 위해 **자유큰포식세포**(*free macrophages*)라고 한다. 그들은 공격적인 포식세포이며 종종 자신보다 크거나 큰 물건을 삼키려고 한다. 활성 단핵구는 호중구, 추가 단핵구 및 기타 포식세포를 유인 및 자극하고 섬유모세포를 해당영역으로 끌어들이는 화학물질을 방출한다. 그런 다음 섬유모세포는 손상 부위를 에워싸서 흉터 조직을 생성하기 시작한다.

림프구 Lymphocytes

전형적인 림프구(lymphocytes)는 적혈구보다 약간 크며 세포질의 얇은 후광으로 둘러싸인 비교적 큰 핵을 가지고 있다(**그림 11-8e**). 림프구는 혈액내 백혈구의 20~40%를 차지하며 말초조직을 통해 혈류로 계속 이동한다. 순환림프구는 전체 백혈구의 매우 작은 부분을 나타낸다. 대부분의 림프구는 결합조직과 림프계통의 기관에 있으며 신체와 조직을 보호하지만 포식작용에 의존하지는 않는다. 어떤 종류의 림프구는 외부 세포와 비정상적인 체세포를 직접 공격하고 또 다른 림프구들은 항체를 순환계로 분비한다(순환항체). 항체는 신체의 먼 부분에 있는 외부세포나 단백질을 공격할 수 있다.

백혈구의 다양성 및 차이점

The Differential Count and Changes in WBC Abundance

감염, 염증 및 알레르기 반응을 포함한 다양한 장애는 순환하는 백혈구 개체군의 특징적인 변화를 일으킨다. 혈액도말을 검사하여 백혈구의 **감별계수(differential count)**를 얻을 수 있으며 100개의 백혈구 샘플에서 각 유형의 세포수를 확인할 수 있다.

각 백혈구 유형에 대한 정상적인 수치는 **표 11-2**에 나와 있다. **백혈구감소증(leukopenia)**이라는 용어는 백혈구 수가 감소했음을 의미하고 **백혈구증가증(leukocytosis)**은 과도한 수의 백혈구를 의미한다. 감염 중에는 약간의 백혈구 증가가 정상이다. 극단적인 백혈구증가증(WBC 수 100,000/μL 이상)은 일반적으로 암인 **백혈병(leukemia)**의 일부 형태를 나타낸다. 많은 유형의 백혈병 중 일부만이 백혈구 증가를 특징으로 한다. 다른 징후는 비정상적이거나 미성숙한 백혈구의 존재이다.

백혈구 형성 WBC Formation

백혈구를 생성하는 줄기세포는 혈구세포의 분열에서 나오는 적색골수에서 유래한다. 혈구모세포는 (1) 림프구를 생성하는 림프줄기세포를 생성한다. (2) 다른 모든 유형의 혈구 성분을 생성하는 골수줄기세포를 생성한다(**그림 11-4**). 과립구(호염기구, 호산구 및 호중구)는 골수(적색골수)조직에서 발달한다. 단핵구는 적색골수에서 분화를 시작하고 혈류로 들어가 말초조직에서 자유큰포식세포가 된다.

이러한 각 세포 유형은 일련의 특징적인 발달 단계를 거치며 림프구 생성 과정을 **림프구 생성(lymphopoiesis)**이라고 한다. 림프구 생성을 담당하는 많은 **림프줄기세포(lymphatic tissues)**는 적색골수에서 가슴샘, 지라 및 림프절을 포함한 말초 림프조직으로 이동한다. 결과적으로 림프구는 적혈구뿐만 아니라 이들 기관에서도 생성된다.

다양한 호르몬이 백혈구 집단의 조절에 관여한다. **집락 자극인자**(*colony-stimulating factors, CSFs*)라고 하는 호르몬은 림프구 이외의 백혈구를 조절한다. 4개의 CSF가 있으며 각각의 단일 줄기세포 또는 줄기세포의 그룹을 표적으로 한다(**그림 11-4**). 어른으로 성장하기 전에 가슴샘의 호르몬(티모신)은 림프구인 **T세포**(*T cells*)의 분화를 촉진한다. 성인의 림프구 생성은 이종 단백질, 세포 및 독소와 같은 항원에 노출되어 조절된다. 항원이 나타나면 림프구 생산이 증가한다(제거 과정은 14장에서 설명한다.)

체크포인트

12. 5가지 유형의 백혈구를 식별하시오.
13. 감염된 상처에서 발견할 수 있는 가장 많은 수의 백혈구 유형은 무엇인가?
14. 바이러스와 싸우기 위해 순환항체를 생산하는 세포는 어떤 유형인가?
15. 호염기구는 부상에 어떻게 반응하는가?

책 뒷면에 있는 파란색 정답 탭을 참조.

11-6 원반모양의 혈소판은 거대핵세포로부터 만들어지며 혈액의 응고에 관여한다

학습목표 혈소판의 구조, 기능 및 생성을 설명한다.

혈소판(platelets)은 혈구 성분 중 하나이다. 포유류가 아닌 척추동물의

표 11-2 혈액을 구성하는 혈구 성분

	세포	수치(μL당 평균 수치)	기능	비고
	**적혈구** (RED BLOOD CELLS)	520만(범위: 440만~630만)	허파에서 조직으로 산소를 운반하고 조직에서 허파로 이산화탄소를 운반	혈류에 남아 있다; 120일의 평균수명; 아미노산과 철 재사용; 적색골수에서 생성
	백혈구 (WHITE BLOOD CELLS)	7000(범위: 5000~10,000)		
	**호중구**(Neutrophils)	4150(범위: 1800~7300) 차등계수: 50~70% 식세포	조직의 병원체 또는 파편을 삼키고 세포독성 효소 및 화학물질을 방출	몇 시간 후 조직으로 이동한다. 조직 활동에 따라 몇 분에서 며칠 동안 생존한다; 적색골수에서 생성
	**호산구**(Eosinophils)	165(범위 0~700) 차등계수: 2~4%	포식세포: 항체표지 물질을 삼키고 세포독성 효소를 방출하고 염증을 감소; 알레르기 및 기생충 상황에서 증가	몇 시간 후 조직으로 이동한다. 조직 활동에 따라 몇 분에서 며칠 동안 생존한다; 적색골수에서 생성
	**호염기구**(Basophils)	44(범위: 0~150) 차등계수: 1%	손상된 조직에 들어가 염증을 촉진하는 히스타민 및 기타 화학물질을 방출	생존시간 불명; 염증생성에서 조직의 비만세포를 돕는다; 적색골수에서 생성
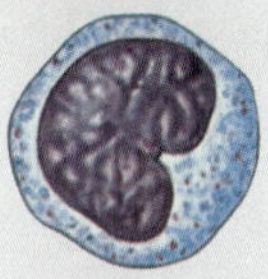	**단핵구**(Monocytes)	456(범위: 200~950) 차등계수: 2~8%	조직에 들어가 큰포식세포가 된다. 병원체나 파편을 삼킴.	1~2일 후 조직으로 이동한다; 몇 달 이상 생존; 주로 적색골수에서 생성
	**림프구**(Lymphocytes)	2185(범위: 1500~4000) 차등계수: 20~40%	특정 병원체나 독소에 대한 방어를 제공하는 림프계의 세포	몇 달에서 수십 년 동안 생존한다; 혈액에서 조직으로 그리고 등으로 순환한다; 적색골수와 림프조직에서 생성
	**혈소판**(PLATELETS)	350,000 (범위: 150,000~500,000)	지혈: 함께 덩어리지고 혈관벽에 달라붙음(혈소판단계); 응고 단계의 고유 경로 활성화	혈류 또는 혈관기관(예: 지라)에 남아 있다; 7~12일 동안 온전한 상태를 유지한다; 적색골수의 거대핵세포에서 생성

혈액에서 볼 수 있는 혈소판은 **thrombocytes**라고 하는 유핵세포이다. 사람의 혈구 성분은 개별세포가 아니므로 **혈소판**(*platelets*)이라는 용어는 우리의 혈액을 언급할 때 사용되기도 한다.

적색골수에는 거대핵세포라고 하는 큰 핵을 가진 **거대핵세포(megakaryocytes)**가 있다(**그림 11-4**). 거대핵세포는 작은 막으로 둘러싸인 소포로 세포질을 지속적으로 방출하는데 이 소포는 혈류로 들어가는 혈소판이다. 혈소판은 응고 과정을 시작하고 손상된 혈관을 닫는데 도움이 된다. 이는 다음 장에서 자세히 설명하는 **혈관응고계통**(*clotting system*)에서 중요한 역할을 한다.

혈소판은 지속적으로 교체되며 각 혈소판은 포식세포에 의해 제거되기 전에 9~12일 동안 순환한다. 순환혈액 1마이크로리터에는 150,000~500,000개의 혈소판이 들어 있다. 평균농도는 350,000/μL이다. 체내 혈소판의 약 1/3은 혈류가 아니라 지라 및 기타 혈액이 풍부한 기관에 있으며 이 예비 혈소판은 심각한 출혈 시 사용된다.

비정상적으로 낮은 혈소판의 수(80,000/μL 이하)는 **혈소판감소증**(*thrombocytopenia*)으로 알려져 있으며 일반적으로 과도한 혈소판 파괴 또는 부적절한 혈소판 생성으로 인해 발생한다. 임상징후에는 소화관을 따라 피부 내에서, 그리고 때때로 CNS 내부에서 출혈이 있다. **혈소판증가증**(*thrombocytosis*)에서 혈소판 수는 1,000,000/μL를 초과할 수 있다. 혈소판증가증은 일반적으로 감염, 염증 또는 암에 대한 반응으로 가속화된 혈소판 형성으로 인해 발생한다.

체크포인트

16. Platelets과 thrombocytes의 차이점을 설명하시오.

17. 혈소판의 주요 기능을 나열하시오.

책 뒷면에 있는 파란색 정답 탭을 참조.

11-7 지혈은 혈관연축, 혈소판 마개형성 및 혈액응고를 거친다

학습목표 상처로 인한 혈액손실을 조절하는 과정을 설명한다.

출혈을 멈춘다는 의미인 **지혈(hemostasis)**은 손상된 혈관 벽에 작용해 혈액손실을 막고 그와 동시에 조직재건을 위한 뼈대를 형성한다.

지혈 단계 Phases of Hemostasis

지혈에는 혈관 단계, 혈소판 단계 및 응고 단계의 세 가지 중첩 단계가 있다. 실제로 지혈은 복잡한 연속 단계, 즉 연쇄반응이다. 많은 일이 한 번에 발생하고 모두 어느 정도 상호작용한다.

1. **혈관 단계(The Vascular Phase)**. 혈관벽에는 민무늬근과 **내피(endothelium)**로 알려진 단순편평상피가 있다. 혈관벽이 파괴되면 혈관벽의 민무늬근 섬유수축이 유발되어 혈관직경이 감소한다(그림 11-9 ①). 혈관연축(*vascular spasm*)이라고 하는 이 국소수축은 작은 혈관벽을 통한 혈액손실을 늦추거나 심지어 출혈을 멈출 수도 있다. 혈관연축은 약 30분 동안 지속되며 이 기간을 지혈의 **혈관 단계(vascular phase)**라고 한다. 손상부위의 내피세포막도 끈적하게 되며 작은 동맥이나 정맥의 파열은 파열 부위에 내피세포가 부착되어 부분적으로 출혈을 막을 수도 있다. 작은 모세혈관에서는 세포가 서로 달라붙어 구멍이 완전히 막힐 수 있다.
2. **혈소판 단계(The Platelet Phase)**. 혈소판은 손상 후 15초 이내에 끈적한 내피표면과 노출된 콜라겐 섬유에 부착되기 시작한다(그림 11-9 ②). 이 부착물은 지혈의 **혈소판 단계(platelet phase)**의 시작을 표시한다. 혈소판은 또한 서로 달라붙어 **혈소판 마개**(*platelet plug*)라고 하는 덩어리를 형성한다. 손상이 심하지 않거나 작은 혈관에서 발생하는 경우 혈소판 마개가 혈관벽의 파손을 막을 수 있다.
3. **응고 단계(The coagulation phase)**. **응고 단계**는 혈관이 손상된 후

그림 11-9 지혈의 혈관, 혈소판 및 응고 단계.

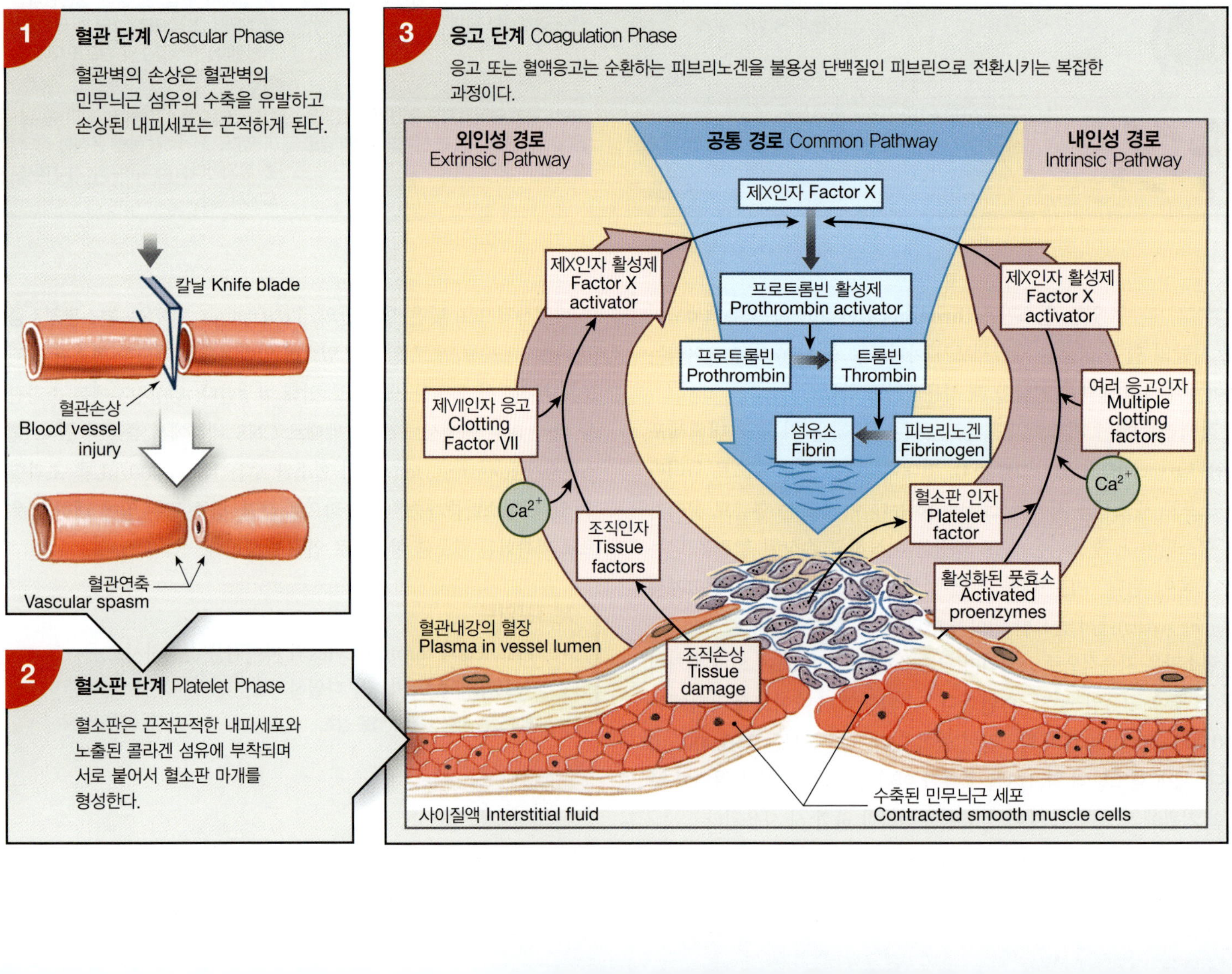

그림 11-10 피떡(혈전)의 구조.

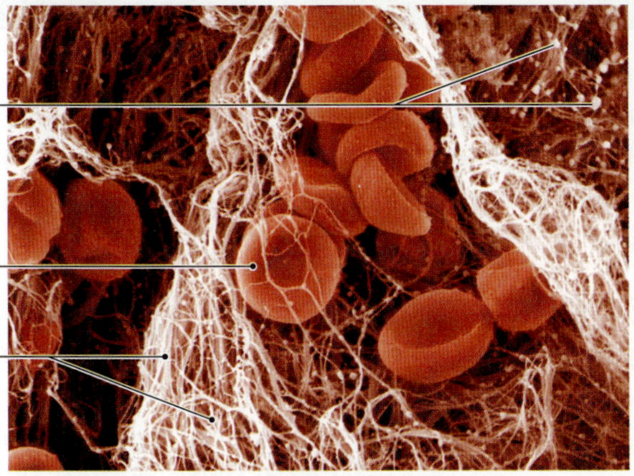

피떡에는 섬유소얼기에 갇힌 적혈구가 있다 SEM × 1850
Blood clot containing trapped RBCs

30초 이상이 지나야 시작된다(그림 11-9). **응고(coagulation)** 또는 혈액응고(*blood clotting*)는 순환하는 피브리노겐을 불용성 단백질 피브린으로 전환시키는 복잡한 단계를 가지고 있다. 섬유소얼기가 커짐에 따라 혈액세포와 추가혈소판이 섬유 엉킴 안에 갇혀 **혈전(blood clot)**을 형성하게 되고 혈관의 손상된 부분을 효과적으로 지혈하게 된다(그림 11-10).

임상노트

아스피린 Aspirin

일반적으로 **아스피린**(*aspirin*)이라고 불리는 아세틸살리실산은 1899년에 도입되었다. 100년이 지난 지금 아스피린은 의학에서뿐만 아니라 응급의학에서도 중요한 약물로 남아 경미한 통증에 대한 진통제, 해열제 및 항염증제로 널리 사용되었다. 아스피린은 종종 혈전이나 혈전 발생의 전조가 되는 혈소판의 응집을 억제한다. 따라서 심장마비를 예방하기 위해 장기간 저용량으로 사용된다.

장기간 저용량 아스피린 사용은 혈소판에서 트롬복산 A_2의 형성을 비가역적으로 차단하여 혈소판 응집에 대한 억제 효과를 생성한다. 이 특성으로 인해 아스피린은 심장 마비 및 뇌졸중의 발병률을 줄이는 데 유용하다. 미국심장협회(American Heart Association)는 금기가 아닌 경우 심근경색, 불안정형 협심증, 허혈성 뇌졸중 또는 일과성 허혈 발작의 징후 및 증상이 있는 환자에게 아스피린 사용을 권장한다. 이 권장 사항은 아스피린이 심장 마비, 재발성 협심증으로 인한 입원, 2차 뇌졸중 등과 같은 사건의 재발을 예방하는 데 도움이 된다는 임상 시험의 건전한 증거를 기반으로 하고 있다(2차 예방). 연구에 따르면 아스피린은 또한 고위험군(일차 예방)에서 위와 같은 문제가 발생하는 것을 예방하는 데 도움이 된다.

아스피린의 병원 전 투여는 생명을 구할 수 있다고 보고 있다. 그러나 여러 연구에 따르면 병원 전 환경에서 여전히 제대로 사용되지 않고 있다고 이야기하고 있으므로 구급대원은 흉통이 있는 환자와 뇌졸중 또는 일과성 허혈발작증상이 있는 환자에게 아스피린을 고려해야 한다.

응고 과정 The Clotting Process

혈장에 칼슘 이온과 11가지 혈장 단백질이 포함된 **응고인자(clotting factors)**가 포함되어 있지 않으면 정상적인 혈액응고가 일어날 수 없다. 이 단백질들 중 다수는 **풋효소**(*proenzymes*, 비활성 효소)이며 활성효소로 전환되면 응고반응에서 필수반응을 지시한다. 간은 순환하는 대부분의 응고 단백질을 합성한다.

응고 단계에서 응고 단백질은 순서대로 상호작용하는데 하나의 단백질은 연쇄반응 또는 계산식으로 두 번째 단백질 등을 활성화하는 효소로 변환된다. 혈전은 외부, 내인 및 **공통 경로**(*extrinsic*, *intrinsic*, and *common pathways*)의 계단식 결과로 형성된다(그림 11-9 3). 외인성 경로는 혈관벽에서 혈류 바깥으로 시작되며 본질적인 경로는 혈류에서 시작된다. 이 두 경로는 간에 의해 생성된 응고 단백질인 제X인자의 활성화를 통해 공통 경로에서 결합한다.

외인성, 내인성 및 공통 경로

The Extrinsic, Intrinsic, and Common Pathways

혈관이 손상되면 외인성 및 내인성 경로가 모두 활성화된다. 응고는 더 짧고 빠른 외인성 경로에 의해 시작된다. 더 느린 경로는 초기 응고를 강화하여 응고효과를 더 크고 더 효과적으로 만든다.

외인성 경로(extrinsic pathway)는 손상된 내피세포 또는 말초조직이 **조직인자(tissue factor)**라는 당단백질을 방출할 때 시작된다. 손상이 클수록 더 많은 조직인자가 방출되고 더 빠른 응고가 발생한다. 그런 다음 조직인자는 칼슘 이온 및 다른 응고 단백질(제VII인자)과 결합하여 제X인자를 활성화할 수 있는 효소를 형성한다.

내인성 경로(intrinsic pathway)는 손상부위에서 콜라겐 섬유에 노출된 단백질 풋효소의 활성화로 시작된다. 이 경로는 혈소판 응집에 의해 방출되는 **혈소판 인자**(*platelet factor*)의 도움으로 진행된다. 혈소판은 또한 고유 경로의 반응을 가속화하는 다양한 다른 요인을 방출한다. 또한 활성화된 응고단백질이 결합하여 제X인자를 활성화할 수 있는 효소를 형성한다.

공통 경로(common pathway)는 두 경로 중 하나의 효소가 제X인자를 활성화할 때 시작된다. 그런 다음 제X인자는 **프로트롬빈 활성화제(prothrombin activator)**라고 하는 복합체를 활성화한다. 이 복합체는 프로효소 **프로트롬빈(prothrombin)**을 효소 **트롬빈(thrombin)**으로 전

11

임상노트

지혈 장애 Abnormal Hemostasis

지혈은 일련의 복잡한 사건을 수반하며, 개별 응고인자에 영향을 미치는 장애는 전체 과정을 방해할 수 있다. 결과적으로 많은 임상 상태를 관리하려면 응고 과정을 제어해야 한다.

과도한 응고 Excessive Coagulation

응고 과정이 잘 조절되지 않으면 부상부위가 아니라 순환계통에 혈전이 형성된다. 이 혈전은 플라스민이 소화하거나 작은 혈관에 박힐 때까지 아래 방향으로 이동한다. 표류하는 혈액응고물은 일종의 색전으로 혈류 내의 비정상적인 덩어리이다. (다른 일반적인 색전은 표류하는 기포와 지방 덩어리이다.) 색전이 혈관을 막으면 막힌 부위의 아래로의 순환을 차단하여 영향을 받는 조직을 괴사하게 한다. 이를 **색전증**이라고 한다.

동맥계의 색전은 뇌의 모세혈관에서 뇌졸중으로 알려진 조직손상을 일으킬 수 있다. 정맥계의 색전은 허파의 모세혈관을 막을 가능성이 있으며 이를 **폐색전증**(*pulmonary embolism*)이라고 한다.

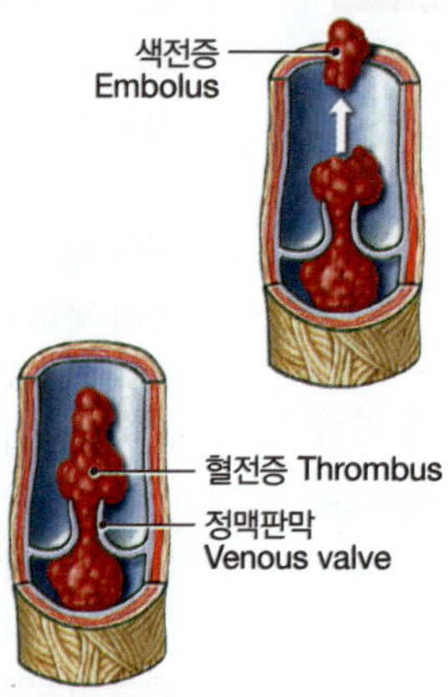

혈전(*thrombus*)은 혈관벽의 내부표면에 부착된 혈액응고물이다. 혈소판이 손상되지 않은 혈관의 벽에 달라붙을 때 형성되기 시작한다. 종종 혈소판은 내피세포와 민무늬근 세포에 다량의 지질이 포함되어 있는 **플라크**(*plaques*)라고 하는 거친 부위에 달라붙는다. 혈전은 점차 확대되어 혈관안(또는 내강)으로 돌출되며 혈관직경을 감소시킨다. 결국 혈관이 완전히 막히거나 혈전의 큰 덩어리가 떨어져 나와 똑같이 위험한 색전이 생길 수 있다.

이러한 상태의 예방에는 일반적으로 혈류를 증가시키고 혈액이 고이는 것을 줄이는 운동과 "혈액 희석제"를 복용하는 것이다.

응고 장애 Inadequate Coagulation

혈우병(*hemophilia*)은 응고인자의 부적절한 생산을 특징으로 하는 유전질환이다. 10,000명 중 약 1명만이 혈우병을 앓고 있다. 남성은 환자의 80~90%를 차지한다. 혈우병의 경우 단일 응고인자(대부분 내인성 응고경로에서 제VIII인자)의 생성이 부적절하다. 상태의 심각성은 과소생산의 정도에 따라 다르다. 심한 경우 광범위한 출혈이 관절과 근육주변에서 자발적으로 발생한다.

응고인자의 수혈은 혈우병의 영향을 줄이거나 조절할 수 있지만 적절한 양의 응고인자를 얻으려면 많은 사람의 혈장샘플이 필요하며 이 절차는 비용이 많이 든다. 또한 간염이나 AIDS와 같은 혈액매개 감염의 위험을 증가시킨다. 제 VIII인자를 제조하는데 유전자 분할 기술이 사용되며 다른 응고인자를 합성하는 방법이 개발됨에 따라 다양한 형태의 혈우병 치료가 더 안전하고 저렴해질 것이다.

환하고 그 후 트롬빈은 피브리노겐을 피브린으로 전환하여 응고 과정을 완료한다.

공통 경로에서 형성된 트롬빈은 응고형성 속도를 증가시키는 역할을 한다. 트롬빈은 혈소판에 의한 조직인자 형성과 혈소판 인자 방출을 자극한다. 이는 외인성 경로와 내인성 경로 모두를 더욱 자극하고, 응고 과정을 가속화하는데 이러한 응고 과정 속도는 중상 후 출혈을 줄이는 데 매우 중요할 수 있다.

칼슘 이온과 단일 비타민인 **비타민 K(vitamin K)**는 응고 과정의 거의 모든 측면에 영향을 미친다. 세 가지 경로(내인성, 외인성, 공통) 모두 칼슘 이온의 존재를 필요로 하므로 혈장 칼슘농도를 낮추는 모든 장애는 혈액 응고도 손상시킨다. 간이 4가지 응고인자(프로트롬빈 포함)를 합성하려면 적절한 양의 비타민 K가 있어야 한다. 이러한 이유로 비타민 K의 결핍은 공통 경로의 붕괴를 초래하고 응고 시스템을 비활성화한다. 우리는 식단에서 일일 비타민 K 요구량의 약 절반을 얻으며 대장의 세균은 나머지 절반을 생성한다.

응고 수축 및 제거 Clot Retraction and Removal

섬유소얼기가 나타나면 혈소판과 적혈구가 섬유소 가닥에 달라붙는다. **혈전 수축(clot retraction)** 동안 혈소판은 수축하여 혈관의 찢어진 가장 자리를 서로 더 가깝게 당긴다. 이 과정은 또한 손상된 부위의 크기를 줄여 해당부위의 섬유아세포, 민무늬근 세포 및 내피세포가 복구를 완료하는 것을 더 쉽게 만든다.

지혈이 진행됨에 따라 혈전은 **섬유소용해(fibrinolysis)**라는 과정을 통해 점차 용해된다. 이 과정은 두 개의 효소가 전구효소 **플라스미노겐(plasminogen)**을 활성화할 때 시작된다. 이 효소는 공통 경로에 의해 생성되는 트롬빈과 손상부위의 손상된 조직에서 방출되는 **조직 플라스미노겐 활성화제(tissue plasminogen activator, t-PA)**이다. 플라스미노겐이 활성화되면 **플라스민(plasmin)**이라는 효소가 생성되어 섬유소 가닥을 소화하고 혈전을 분해하기 시작한다.

임상노트

혈액은행 및 수혈 Blood Banking and Transfusion

미국에서는 매년 약 1,390만 단위의 온혈액이 기증되고 약 450만 명의 환자에게 수혈된다(**그림 11-11**). 일반적으로 **온혈액**(*whole blood*)이라고 하는 기증된 각 혈액 단위는 여러 구성요소로 나누어지며, 각 구성요소는 일반적으로 특정 필요에 따라 개인에게 수혈된다. 온혈액의 구성요소에는 적혈구, 혈장, 혈소판, 백혈구 및 혈장 유도체가 포함된다.

적혈구 Red Blood Cells

적혈구는 온혈액에서 가장 잘 알려진 성분이다. RBC라고도 하는 **적혈구**(*erythrocytes*)에는 산소를 운반하는 혈색소가 들어 있다. 평균수명이 약 120일인 적혈구는 신체에서 지속적으로 생성 및 분해되고 궁극적으로 지라에서 제거된다. 종종 *packed cell*이라고도 불리는 적혈구 수혈은 급성 실혈 및 빈혈 치료에 사용된다.

혈장 Plasma

혈장은 적혈구, 백혈구 및 혈소판이 부유하는 혈액의 액체부분이다. 90%가 물인 단백질-염 용액이다. 혈장에는 혈액의 주요 단백질인 **알부민**(*albumin*)이 포함되어 있다. 또한 응고 시스템의 일부인 **피브리노겐**(*fibrinogen*) 및 기타 단백질과 감염을 막는 항체를 포함하는 **글로불린**(*globulins*)을 포함한다. 혈장은 출혈장애가 있는 환자에게 투여된다.

저온침전인 AHF(*cryoprecipitate AHF*)는 제VIII인자, 피브리노겐, 폰빌레브란트인자 및 제 VIII인자를 비롯한 특성 응고인자를 포함하는 혈장의 일부이다. 저온침전된 AHF는 혈장을 동결한 다음 천천히 해동하여 혈장에서 제거한다. 특정 인자 농축물을 사용할 수 없는 경우에만 사용되며 혈우병 및 폰빌레브란트병 환자의 출혈을 조절하는 데 도움이 된다.

혈소판 Platelets

Platelets이라고도 하는 **혈소판**(*thrombocytes*)은 혈관내벽에 달라붙어 응고과정을 돕는 작은 혈액성분이다. 혈소판은 골수에서 생성되며 지라에서 제거되기 전까지 평균 9~10일 동안 순환계에서 생존할 수 있다. 수혈용 혈소판 단위는 원심분리기를 사용하여 혈장에서 혈소판을 분리하여 준비한다. 혈소판은 또한 환자에게서 혈액을 채취하고 혈소판을 제거한 다음 다른 혈액 성분을 환자에게 돌려주는 절차인 성분 헌혈을 통해 얻을 수 있다. 혈소판은 혈소판감소증 또는 혈소판 기능 이상과 관련된 상태를 치료하는 데 사용된다.

백혈구 White Blood Cells

WBC라고도 하는 **백혈구**(*leukocytes*)는 박테리아, 바이러스, 곰팡이 및 기생충과 같은 이물질의 침입으로부터 신체를 보호하는 역할을 한다. 대부분의 백혈구는 골수에서 생성된다. 이전에 본문에서 자세히 설명한 여러 유형의 백혈구가 있다. 백혈구는 채혈 후 24시간 이내에 사용해야 한다. 항생제 치료에 반응하지 않는 감염에 가장 자주 사용된다. 그러나 백혈구 수혈의 효과는 아직 명확하지 않다.

그림 11-11 현대 혈액은행. 현대 혈액은행 기술은 수혈을 안전한 절차로 만들었다. 수혈팩은 폐기해야 하기 전에 최대 42일 동안 보관할 수 있다.

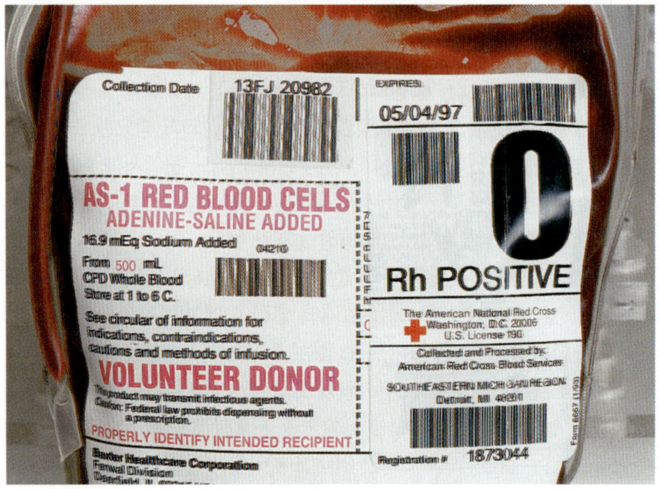

혈장유도체 Plasma Derivatives

혈장유도체는 **분획**(*fractionation*)으로 알려진 과정을 통해 많은 기증자들에서 준비된 특정 혈장 단백질의 농축물이다. 일반적으로 HIV와 B형, C형 간염을 포함한 특정 바이러스를 죽이는 용매세제로 열처리되거나 세척된다. 혈장유도체에는 다음이 포함된다.

- 제VIII인자 농축액
- 제IX인자 농축액
- 항억제제 응고 복합체
- 알부민
- 면역글로불린(Rh면역글로불린 포함)
- 항트롬빈 III 농축액
- 알파1 단백질 분해효소 억제제 복합체

수혈은 동종 또는 자가수혈일 수 있다. **동종**(*allogenic*) 수혈에서 혈액은 기증자가 아닌 다른 사람에게 수혈된다. 자가 수혈에서 헌혈자와 수혈자는 동일한 사람이다. 가장 일반적인 자가 기증은 대기 수술 중 기증자에게 다시 수혈하기 위해 수술 전 혈액을 기증하는 것이다. 혈액은 최대 42일 동안 액체형태로 저장할 수 있다. 수술 전 자가 기증은 기증 회복에 필요한 시간으로 인해 수술 후 72시간 이내에 허용되지 않는다.

11

임상노트

헤파린 및 섬유소 용해요법 Heparin and Fibrinolytic Therapy

혈전의 국부적 형성(혈전)은 신체의 복구 및 치유반응의 정상적인 부분이다. 생리적으로 발생한 혈전은 미시적 또는 거시적 혈관손상으로 인한 출혈을 제한하는 역할을 한다. 생리적 혈전은 생리적 항응고 및 생리적 섬유소 용해로 균형을 이룬다. 정상적인 상황에서 생리적 혈전은 부상의 즉각적인 반응으로 국한되고 중요한 혈류를 방해하지 않는다. 특정 병리학적 조건은 혈전형성을 유발할 수 있다. 또한 정상적인 혈관으로 확장되어 중요한 조직으로의 혈류를 방해할 수 있다. 비정상 혈전은 신체의 어느 곳에서나 발생할 수 있지만 급성 관상동맥증후군, 심부정맥 혈전증, 폐색전증, 급성 비출혈 뇌졸중 또는 말초동맥 폐색을 유발할 때 특히 문제가 된다.

관상동맥의 혈전은 심근일부로의 혈액공급을 방해하여 급성관상동맥 증후군을 유발한다. 마찬가지로 뇌혈관 내에 혈전이 형성되면 뇌졸중이 발생할 수 있다. 혈관이 막힌 후 돌이킬 수 없는 조직손상이 발생할 때까지의 시간은 짧다. 급성 심근경색증의 경우 가장 효과적인 치료를 위해서 6시간 이내에 치료를 받아야한다. 비출혈성 뇌졸중을 치료하기 위해 섬유소 용해제를 투여하는 경우 일반적으로 3시간 이내에 투여해야 한다.

비정상 혈전증에 대한 치료는 3가지 범주로 나눌 수 있는 약물을 사용한다. 첫 번째는 문제가 되는 혈전(혈전용해)을 분해하는 섬유소용해제이다. 다른 하나는 혈전형성을 방지하는 데 도움이 되는 항응고제이다. 마지막으로 혈소판응집을 억제하는 항혈소판제는 혈전형성을 예방하는데 도움이 된다. 세 가지 범주 모두 응급 의료에서 필수적인 역할을 한다.

- **섬유소 용해요법**(*Fibrinolytic therapy*). 섬유소용해제는 미리 형성된 동맥 및 정맥혈전을 용해하고 영향을 받은 조직으로의 혈류를 회복시킬 수 있다. 이들은 세균(streptokinase) 또는 재조합DNA기술(tissue plasminogen activator, tPA)에서 파생된다. 섬유소 용해요법의 효과는 전신에 영향을 미치기 때문에 합병증, 특히 출혈이 발생할 수 있다. 위험성 보다 이점이 더 높은지 확인하기 위해 섬유소 용해요법을 받기 전에 환자를 주의 깊게 선별해야 한다.
- **항응고요법**(*Anticoagulation therapy*). 항응고제는 혈전형성을 억제하는 약물로 이미 형성된 혈전에는 영향을 미치지 않는다. 이 약물은 혈전형성 위험이 높거나 혈전 제거 후 환자에게 투여된다. 헤파린과 와파린(쿠마딘)이 가장 자주 사용된다. 헤파린은 주사로 투여해야하고 와파린은 경구투여해야 한다. 최근에 투여가 훨씬 쉽고 빈번한 혈액검사가 필요하지 않는 새로운 형태의 헤파린이 만들어졌다. 저분자량 헤파린이라고 하는 약제에는 에녹사파린, 달테파린, 아르데파린이 포함된다. 이러한 약물은 하루에 한번 또는 두 번 투여할 수 있으며 이 약제를 투여 받는 환자는 외래에서 치료할 수 있다.
- **항혈소판 요법**(*Antiplatelet therapy*). 항응고제 및 섬유소 용해제 외에도 여러 다른 약제가 혈전증 예방에 도움이 된다. 의료요법의 주류인 아스피린은 혈소판 기능과 응집을 억제하며 이 것은 저렴하고 매우 효과적이다. 새로운 종류의 항혈소판제는 아데노신 이인산(ADP)억제제로 아스피린과 다른 메커니즘을 가지고 있는 혈소판 응집의 강력한 억제제이다. 이클래스의 약물에는 다음이 포함된다.; abciximab (Reopro), eptifibatide (Integrilin), and tirofibin (Aggrastat).

이러한 약제는 급성관상동맥 증후군의 치료에 점점 더 자주 사용된다. 심부정맥혈전증, 폐색전증 및 말초동맥 폐색을 포함한 다른 혈전성 질환은 이러한 새로운 치료법의 이점을 얻는다. 보다 안전하고 투여하기 쉬운 약물의 개발로 병원 전 진료에서 섬유소 용해제 및 항응고제의 사용이 증가하고 있다.

체크포인트

18. 적색골수에 정상보다 적은 수의 거대핵세포가 있을 때 어떤 신체 과정이 손상될 것으로 예상하는가?

19. 응고 단백질 상호작용의 두 가지 대체 경로는 응고 또는 혈액응고를 유발한다. 각 경로는 어떻게 시작되는가?

20. 비타민 K 결핍이 혈액응고에 미치는 영향은 무엇인가?

책 뒷면에 있는 파란색 정답 탭을 참조.

관련 임상 용어

혈액은행(blood bank): 혈액을 수집, 입력, 구성요소로 분리, 저장 및 수혈준비를 하는 장소.

혈액질환(dyscrasia): 특히 혈액의 비정상적인 상태.

반상출혈(ecchymosis): 파열된 혈관에서 조직으로 혈액이 빠져나가 피부가 변색되는 것.

혈액학(hematology): 혈액과 그 장애에 대한 연구.

혈뇨(hematuria): 소변에 적혈구가 있는 것.

이종골수이식(heterologous marrow transplant): 암 치료 중에 파괴된 골수를 대체하기 위해 한 개인에게서 다른 개인에게 골수를 이식하는 것.

혈량과다(hypervolemic): 과도한 혈액량.

혈량저하(hypovolemic): 혈액량이 적은 상태.

정상혈량(normovolemic): 혈액량이 정상인 상태.

정맥절개술(phlebotomy): 정맥에서 혈액을 빼내는 과정.

적혈구 증가증(polycythemia): 혈액내 적혈구 수 증가. 징후는 높은 적혈구용적률과 높은 혈색소 농도를 포함한다.

패혈증(septicemia): 세균과 세균 독소가 혈류를 통해 몸 전체에 분포하는 위험한 상태.

11 복습

요약

심혈관계통 소개 *p. 426*

1. **심혈관계통(cardiovascular system)**은 영양소, 노폐물, 호흡가스, 세포의 체내이동을 빠르게 한다.

11-1 혈액에는 몇 가지 중요한 기능과 특별한 신체적 특성이 있다 *p. 430*

2. **혈액(blood)**은 특수한 액체 결합조직이다. 그 기능에는 (1) 용해된 가스, 영양소, 호르몬 및 대사 폐기물을 운반; (2) 사이질액의 pH 및 이온조성 조절; (3) 부상부위의 체액손실 제한; (4) 병원체와 독소에 대한 방어; (5) 열을 흡수하고 재분배하여 체온을 조절한다.

3. 혈액에는 **혈장(plasma)**과 **혈구 성분(formed elements)**인 **적혈구, 백혈구 및 혈소판(elements—red blood cells (RBCs), white blood cells (WBCs),** and **platelets.)**이 포함되어 있다. 혈장 및 혈구 성분은 온혈액을 구성하며 분석 또는 임상목적으로 **분획(fractionated)**될 수 있다. 혈구 성분은 혈액부피의 약 45%를 차지한다 (**집중 조명 그림 11-1**).

4. **조혈(hemopoiesis**, or **hematopoiesis)**은 형성된 모든 요소가 생성되는 과정이다. **골수줄기세포**(*lymphoid stem cells*)와 **림프줄기세포**(*lymphoid stem cells*)는 분열하여 세 가지 유형의 혈구 성분을 모두 형성한다.

11-2 혈액의 액체 부분인 혈장에는 상당한 양의 혈장 단백질이 포함되어 있다 *p. 427*

5. 혈장은 혈액량의 약 55%를 차지한다. 혈장의 대략 92%는 물이다 (**집중 조명 그림 11-1**).

6. 사이질액과 비교하여 혈장은 용존산소농도가 더 높고 용존 단백질이 더 많다. 혈장단백질의 세 가지는 **알부민, 글로불린** 및 **피브리노겐**(*albumins, globulins, fibrinogen*)이다

7. 알부민은 혈장 단백질의 약 60%를 구성한다. **글로불린(globulins)**은 혈장 단백질의 약 35%를 구성한다. 여기에는 이질 단백질(foreign proteins)과 병원체를 공격하는 **항체(antibodies)(immunoglobulins, 면역글로불린)**와 이온, 호르몬 및 기타 화합물에 결합하는 **운반 단백질(transport proteins)**이 있다. 응고반응에서 가용성 **피브리노겐(fibrinogen)**은 불용성 **피브린(fibrin)**으로 전환된다. 혈장에서 응고단백질을 제거하면 **혈청(serum)**이 남는다.

11-3 적혈구 생성(erythropoiesis)에 의해 형성된 적혈구에는 재순환되는 혈색소가 포함되어 있다 *p. 430*

8. **적혈구(erythrocytes, RBCs)**는 혈액량의 절반보다 약간 적으며 구성요소의 99.9%를 차지한다. **적혈구용적률(hematocrit)** 값은 온혈액 내에서 혈구 성분(적혈구)의 백분율이다(**집중 조명 그림 11-1**).

9. 적혈구는 혈류 내에서 산소와 이산화탄소를 운반한다. 표면적 대 부피비율이 큰 세포이며 많은 소기관이 부족하고 일반적으로 혈류에서 120일 후에 퇴화한다(**그림 11-2**).

10. **혈색소(hemoglobin, Hb)**는 적혈구 단백질의 95% 이상을 차지한다. 혈색소는 4개의 소단위체로 구성된 구상 단백질이다. 각 소단위는 헴의 단일 분자를 포함한다. 각 **헴(heme)**에는 산소 분자를 가역

11

적으로 결합할 수 있는 철 원자가 있다. 식세포는 손상되거나 죽은 적혈구에서 혈색소를 재활용한다(**그림 11-4**).

11. **적혈구 생성(erythropoiesis)**은 주로 **성인의 적색골수(red bone marrow)(myeloid tissue, 골수조직)**에서 발생한다. 적혈구 생성은 **적혈구 생성 자극호르몬(erythropoietin, EPO)** 또는 적혈구 생성 자극호르몬의 자극으로 증가한다. EPO 방출은 말초조직 특히 콩팥이 낮은 산소농도에 노출될 때 발생한다. 적혈구 발생의 단계에는 **적혈모구(erythroblasts)**와 **그물적혈구(reticulocytes)**가 포함된다(**그림 11-4, 11-5**).

11-4 ABO 혈액형과 Rh 혈액형은 항원-항체반응으로 결정된다 *p. 436*

12. 혈액형은 적혈구의 세포막에 있는 3가지 **특정 표면항원(surface antigens)**(*agglutinogens*, **응집원**)인 항원 A,B 및 Rh(D)의 존재 여부에 따라 결정된다. 일부 혈액형의 개인 혈장에 있는 항체(*agglutinins*, **응집소**)는 다른 혈액형의 적혈구에 있는 표면항원과 반응할 수 있다. 항Rh 항체는 Rh 음성 개체가 Rh 표면항원에 감작된 후에만 합성된다(**그림 11-6, 11-7; 표 11-1**).

11-5 다양한 유형의 백혈구가 신체방어에 기여한다 *p. 439*

13. **백혈구**(white blood cell, WBC) 또는 **leukocyte**는 병원체로부터 신체를 방어하고 독소, 폐기물 및 비정상적이거나 손상된 세포를 제거한다.
14. 백혈구는 아메바 운동, **혈구누출(diapedesis**, 혈관벽을 통해 이동할 수 있는 능력) 및 **양성 주화성(positive chemotaxis**, 특정 화학물질에 대한 매력)을 나타낸다. 일부 백혈구는 식세포이다.
15. 과립구(*granulocyte*, 과립백혈구)는 **호중구**, **호산구** 및 **호염기구**이다. 순환하는 백혈구의 약 50~70%는 이동성이 높은 식세포인 **호중구(neutrophil)**이다. 비율을 덜 차지하는 **호산구(eosinophil)**는 순환하는 항체와 반응한 이물질에 끌리는 식세포이다. 주요 공격방식은 독성 화학물의 엑소시토시스(exocytosis)이다. 비교적 드문 **호염기구(basophils)**는 손상된 조직으로 이동하여 히스타민과 헤파린을 방출하여 염증반응을 돕는다(**그림 11-8; 표 11-2**).
16. 무과립구(*agranulocyte*, 무과립백혈구)는 **단핵구**와 **림프구**이다. 말초조직으로 이동하는 **단핵구(monocyte)**는 자유대식세포가 된다. 대부분의 **림프구(lymphocyte)**는 **림프계통(lymphatic system)**의 조직과 기관에 있으며 신체의 특정 방어기능을 한다. 다양한 종류의 림프구가 외부 세포를 직접 공격하고 항체를 생성하며 비정상적인 신체 세포를 파괴한다(**그림 11-8; 표 11-2**).
17. 과립구와 단핵구는 적혈구 골수의 **골수줄기세포(myeloid stem-cell)**에 의해 생성된다. **림프구 생성(lymphopoiesis)**을 담당하는 **림프줄기세포(lymphoid stem cell)**도 골수에서 유래하지만 많은 수가 림프조직으로 이동한다(**그림 11-4**).
18. 다양한 호르몬이 백혈구 개체군을 조절하는 데 관여한다. **집락 자극 인자**(*Colony-stimulating factors*, *CSFs*)는 림프구 이외의 백혈구 집단을 조절하는 호르몬이다(**그림 11-4**).

11-6 원반모양의 혈소판은 거대핵세포로부터 만들어지며 혈액의 응고에 관여한다 *p. 442*

19. 적색골수의 **거대핵세포(megakaryocyte)**는 순환혈액으로 세포질(혈소판)을 방출한다. 혈소판은 응고 과정에 필수적이다(**그림 11-4; 표 11-2**).

11-7 지혈은 혈관연축, 혈소판 마개형성 및 혈액응고를 거친다 *p. 444*

20. **지혈(hemostasis)**은 손상된 혈관벽을 통한 혈액손실을 방지한다.
21. 지혈의 초기 단계인 **혈관 단계(vascular phase)**는 손상부위의 혈관 경련으로 인해 혈관벽이 국부적으로 수축되는 시기이다. **혈소판 단계(platelet phase)**는 혈소판이 손상된 표면에 달라붙는 시기이며 지혈의 세 번째 단계는 **응고 단계(coagulation phase)**이다(**그림 11-9**).
22. 응고 단계는 혈소판과 내피세포에서 방출된 인자가 **응고인자(clotting factors)**와 상호작용(**외인성 경로[extrinsic pathway]**, **내인성 경로[intrinsic pathway]** 또는 **공통 경로[common pathway]**)하여 **혈전(blood clot)**을 형성할 때 발생한다.
23. **혈전이 수축(clot retraction)**하는 동안 혈소판도 수축하여 손상된 혈관의 찢어진 가장자리를 서로 더 가깝게 당긴다. **섬유소용해(fibrinolysis)**를 하는 동안 혈전은 순환하는 **플라스미노겐(plasminogen)**의 활성형인 **플라스민(plasmin)**의 작용에 의해 서서히 용해된다.

복습 문제

책 뒷면에 있는 파란색 정답 탭을 참조.

단계 1 사실 및 용어 검토

A열의 각 항목을 B열의 가장 밀접하게 관련된 항목에 맞게 빈칸에 적절한 답을 적으시오.

A열	B열
_____ 1. 사이질액	a. 혈구모세포
_____ 2. 조혈	b. 증가된 백혈구 수
_____ 3. 줄기세포	c. 응집원
_____ 4. 저산소증	d. 호중구
_____ 5. 표면항원	e. 백혈구 이동
_____ 6. 항체	f. 세포외액
_____ 7. 혈구누출	g. 단핵구
_____ 8. 백혈구 감소증	h. 낮은 백혈구 수
_____ 9. 무과립구	I. 낮은 혈소판 수
_____ 10. 백혈구 증가증	j. 응집소
_____ 11. 과립구	k. 혈구형성 과정
_____ 12. 혈소판 감소증	l. 낮은 산소농도

13. 혈액 온도는 대략 _________이고, 혈액 pH의 평균은 __________.
(a) 98.6℉, 7.0 **(b)** 104℉, 7.8
(c) 100.4℉, 7.4 **(d)** 96.8℉, 7.0

14. 혈장은 온혈액 부피의 약 ________%를 차지하고, 물은 혈장부피의 _______%를 차지한다.
(a) 55, 92 **(b)** 25, 55
(b) 92, 55 **(d)** 35, 72

15. 다음 현미경 사진에서 5가지 유형의 백혈구를 식별하시오.

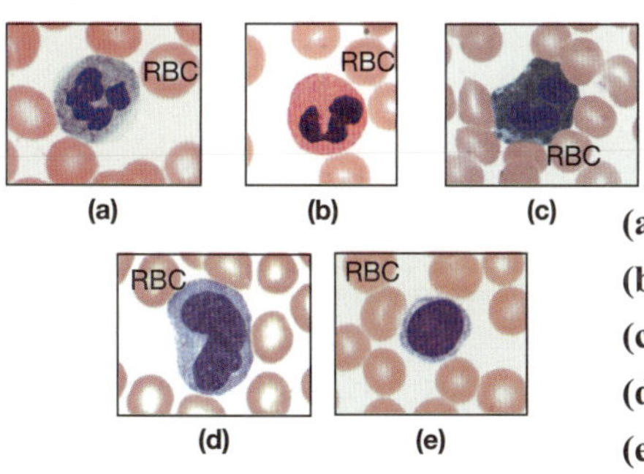

(a) ___________
(b) ___________
(c) ___________
(d) ___________
(e) ___________

16. 혈액의 혈구 성분은 다음과 같다.
(a) 혈장, 피브린, 혈청
(b) 알부민, 글로불린, 피브리노겐
(c) 백혈구, 적혈구, 혈소판
(d) 모두 맞음

17. 응고 단백질이 혈장에서 제거되면 _________이 남는다.
(a) 피브리노겐(fibrinogen) **(b)** 피브린(fibrin)
(c) 혈청(serum) **(d)** 헴(heme)

18. 성인에서 유일한 적혈구 생성부위이자 백혈구 생성의 주요 부위는?
(a) 간 **(b)** 지라
(c) 가슴샘 **(d)** 적색골수

19. 온혈구 계산에서 가장 많은 백혈구는?
(a) 호중구(neutrophils) **(b)** 호염기구(basophils)
(c) 림프구(lymphocytes) **(d)** 단핵구(monocytes)

20. 림프구 형성 과정을 담당하는 줄기세포는?
(a) 가슴샘과 지라 **(b)** 림프절
(c) 적색골수 **(d)** 모두 맞음

21. 지혈 과정의 첫 번째 단계는?
(a) 응고 **(b)** 혈소판 단계
(c) 섬유소 분해 **(d)** 혈관연축

22. 피브리노겐이 피브린으로 전환되는 복잡한 단계의 순서는?
(a) 섬유소 용해 **(b)** 응고
(c) 수축 **(d)** 혈소판 단계

23. 혈장 단백질의 세 가지 주요 유형의 이름과 기능을 작성하시오.

24. 다음 혈액형 각각에 대해 혈장에는 어떤 유형의 항체가 포함되어 있는가?
(a) A형 **(b)** B형
(c) AB형 **(d)** O형

25. 백혈구의 4가지 특성이 조직 감염 또는 손상에 대한 반응에 어떤 영향을 미치는가?

26. 공통 경로가 시작되려면 내인성 또는 외인성 경로의 어떤 기여가 필요한가?

27. 혈전과 색전을 구별하라.

단계 2 개념 검토

28. 탈수는 어떤 결과가 나타나는가?
(a) 적혈구용적률을 증가시킨다.
(b) 적혈구용적률을 감소시킨다.
(c) 적혈구용적률에 영향을 미치지 않는다.
(d) 혈장부피를 증가시킨다.

29. Erythropoietin은 어떤 방법으로 적혈구 형성을 직접 자극하는가?
(a) 적혈구에서 유사분열의 속도 증가

11

(b) 적혈구 성숙 가속화
(c) 혈색소 합성 속도 가속화
(d) 모두 맞음

30. 혈액형이 A형인 사람은 무엇을 가지고 있는가?
(a) 혈장내 항A 항체
(b) 혈장내 항B 항체
(c) 적혈구에 있는 A항원
(d) 적혈구에 있는 항B 항체

31. 신생아 용혈병은 어떨 때 발생할 수 있는가?
(a) 어머니는 Rh 양성이고 아버지는 Rh 음성이다.
(b) 아버지와 어머니 모두 Rh 음성이다.
(c) 아버지와 어머니 모두 Rh 양성이다.
(d) Rh 음성의 여성이 Rh 양성의 태아를 낳을 때이다.

32. 적혈구는 일반적인 체세포와 어떻게 다른가?

단계 3 비판적 사고 및 임상 적용

33. 1 pint의 혈액을 기증한 후 혈구 성분 중 어떤 것이 증가할 것으로 예상하는가?

34. 콩팥질환이 있는 사람들이 빈혈이 생기는 이유는 무엇인가?

35. 단핵구증 질환에서 포식세포 및 기타 세포의 수가 많아지기 때문에 지라가 커진다. 이 질병의 일반적인 징후와 증상으로는 창백한 안색, 피곤함, 때때로 침대에서 일어날 수 없을 정도로 부족한 에너지를 들 수 있다. 이러한 각 징후와 증상의 원인은 무엇인가?

12 심혈관계통: 심장
The Cardiovascular System: The Heart

학습목표

학습목표는 각 장에 대해 학습한 후 무엇을 할 수 있어야 하는지를 알려주는 것이다. 각 절의 학습목표는 다음과 같다.

12-1 심장의 구조, 즉 심장의 혈액공급과 심장막을 설명하고, 심장을 통과하는 혈류를 순서대로 그리며, 주요 혈관, 심장의 방실과 심장판막을 구분한다.

12-2 심장근육의 활동전위 발생 과정과 심장의 전도계통을 설명하고 정상 심전도에 기록된 전기적 변화를 구분한다.

12-3 심장 주기를 설명하고, 이와 관련된 심장음을 설명한다.

12-4 심박출량을 정의하고, 심박수와 심박출량에 영향을 미치는 요인, 다양한 신체 활동에 따라 심박출량이 어떻게 변화하는지 설명한다.

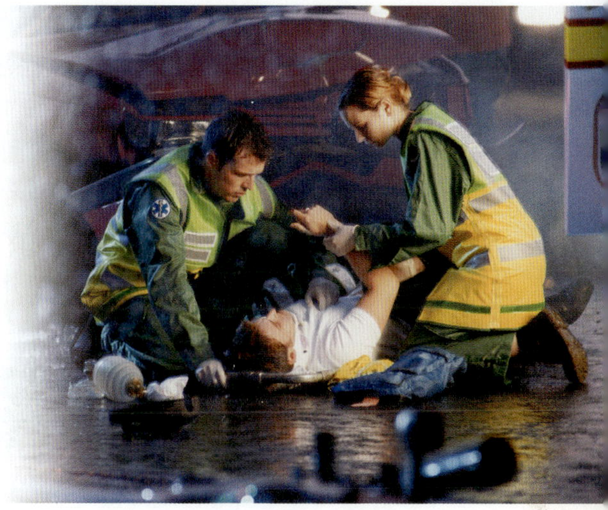

임상노트

심장판막질환(Valvular Heart Disease), p. 461
심박출량에 영향을 주는 비정상적인 상태 (Abnormal Conditions Affecting Cardiac Output), p. 476

집중 조명

심장: 내부 구조와 혈류(The Heart: Internal Anatomy and Blood Flow), p. 459

심혈관계통에서 심장의 역할

우리 몸의 세포는 산소, 영양분, 그리고 노폐물 처리를 위해 주변의 사이질액에 의존한다. 사이질액은 말초 조직과 순환하는 혈액 사이에서 지속적인 교환을 통해 안정적으로 유지된다. 혈액의 움직임이 멈추면 혈액에 공급되는 산소와 영양분이 빠르게 고갈된다. 노폐물을 흡수하는 능력은 곧 포화되어 호르몬이나 백혈구 모두 제 위치까지 운반하지 못하게 된다. 따라서 모든 심혈관 기능은 궁극적으로 심장에 달려있다. 이 근육 기관은 매일 약 10만 번 정도 뛰며, 약 8천리터의 혈액을 펌핑하여 약 208리터 드럼 40개 또는 약 8,044리터 크기의 우유 상자를 채울 수 있다. 엄청난 작업량에도 불구하고 심장은 주먹만 한 크기의 작은 기관이다. 혈액은 심장과 말초 조직 사이를 확장시키는 혈관 구조물을 통해 흐른다. 그 혈관은 두 개의 순환 통로로 구성되어 있다. **허파순환(pulmonary circuit)**은 허파의 가스 교환 표면으로 혈액을 운반하고, **온몸순환(systemic circuit)**은 신체의 나머지 부분으로 혈액을 운반한다(**그림 12-1**). 각 순환은 심장에서 시작하고 끝나며 혈액은 차례로 심장을 통과한다. 따라서 온몸순환에서 심장으로 돌아가는 혈액은 온몸순환에 다시 들어가기 전에 허파순환을 거쳐야 한다.

동맥(arteries) 또는 날(*efferent*) 혈관은 심장에서 혈액을 운반한다. **정맥(veins)** 또는 들(*afferent*) 혈관은 혈액을 심장으로 되돌려보낸다. **모세혈관(capillaries)**은 가장 작은 동맥과 가장 작은 정맥 사이에 있는 작고 얇은 벽의 혈관이다. 그 얇은 벽은 혈액과 주변 조직 사이에서 영양분, 용해된 가스 및 폐기물의 교환을 가능하게 한다.

심장에는 4개의 방이 있으며, 두 개씩 각 통로와 연결되어 있다. **오른심방(right atrium**, *atria*)은 온몸순환을 통해 혈액을 받아 **오른심실(right ventricle)**로 보낸 다음 혈액을 허파순환계로 혈액을 공급한다. **왼심방(left atrium)**은 허파순환계에서 혈액을 공급받아 **왼심실(left ventricle)**로 전달하여 온몸순환을 한다. 심장이 뛰면 두 개의 심방이 먼저 수축한 다음 심실이 수축한다. 두 심실은 동시에 수축하고, 동일한 양의 혈액을 허파순환과 온몸순환계로 혈액을 전달한다.

우리는 심장이 안정적으로 기능을 할 수 있도록 하는 구조적 특징을 살펴보는 것으로 이 장을 시작한다. 그런 다음 우리는 끊임없이 변화하는 신체의 요구를 충족시키기 위해 심장의 활동을 조절하는 생리학적 과정을 살펴본다.

지식 쌓기

우리가 인체 조직의 다양한 관계를 알아봤을 때 심혈관계통은 **'1장: 해부학과 생리학에 대한 소개'**에서 보았듯이 그 중 하나의 기관이다. 수축 단백질과 원자가 모여 화학물질을 구성하고 그 단백질을 포함하는 심장세포로 구성된 심장조직은 조직 수준이며, 심장조직과 그 외 다른 조직으로 이루어진 심장은 기관 수준이다. 심장, 혈액, 혈관은 계통 수준이다.

12-1 심장은 방이 네 개인 기관으로 심장동맥이 혈액을 공급하고, 산소가 적은 혈액을 허파로 뿜어내며 산소가 풍부한 혈액을 온몸으로 뿜어낸다

학습목표 심장의 구조, 즉 심장의 혈액공급과 심장막을 설명하고, 심장을 통과하는 혈류를 순서대로 그리며, 주요 혈관, 심장의 방실과 심장판막을 구분한다.

심장은 가슴뼈 바로 뒤에 있는 앞가슴벽 근처에 위치해 있다(**그림 12-2a**). 가슴세로칸(*mediastinum*)의 앞쪽 부분, 두 가슴막안 사이의 결합 조직에 위치하고 있다(**그림 1-10c**). 또한 가슴세로칸은 대혈관(*great vessels*, 신체에서 가장 큰 동맥과 정맥), 가슴샘, 식도 및 기관을 포함하고 있다.

심장은 **심장막안(pericardial cavity)**으로 둘러싸여 있다. 심장막안 내벽은 **심장막(pericardium)**이라 불리는 장막이다. 심장과 심낭 사이의 관계를 시각화하기 위해 큰 풍선의 중앙에 주먹을 밀어 넣는 것으로 상상한다(**그림 12-2b**). 풍선이 저절로 접히는 손목이 심장의 **바닥(base)**에 해당한다(**그림 12-2a**). 풍선 내부의 공기가 차 있는 부분이 심낭에 해당한다.

심장막(*pericardial sac*)은 가슴세로칸에서 심장과 혈관의 위치를 안정화시키는 콜라겐 섬유의 조밀한 구조물이다. 심장막은 내장쪽 심장막과 벽쪽 심장막으로 나눌 수 있다. **내장쪽 심장막(visceral pericardium)** 또는 **심장바깥막(epicardium)**은 심장의 외부 표면을 덮고 있다. **벽쪽 심장막(parietal pericardium)**은 심장주머니의 내부표면을 감싸고 있다(**그림 12-2b**). 체벽면과 내장면 사이의 공간은 심장막안이다. 일반적으로 심장막에서 분비되는 소량의 심장막액(*pericardial fluid*)을 포함

그림 12-1 심혈관계통 개요. 심장의 펌프작용에 의해 분출되는 혈액은 허파와 온몸으로 흐른다. 각 순환은 동맥, 정맥, 모세혈관을 포함하여 심장에서 시작하고 끝난다.

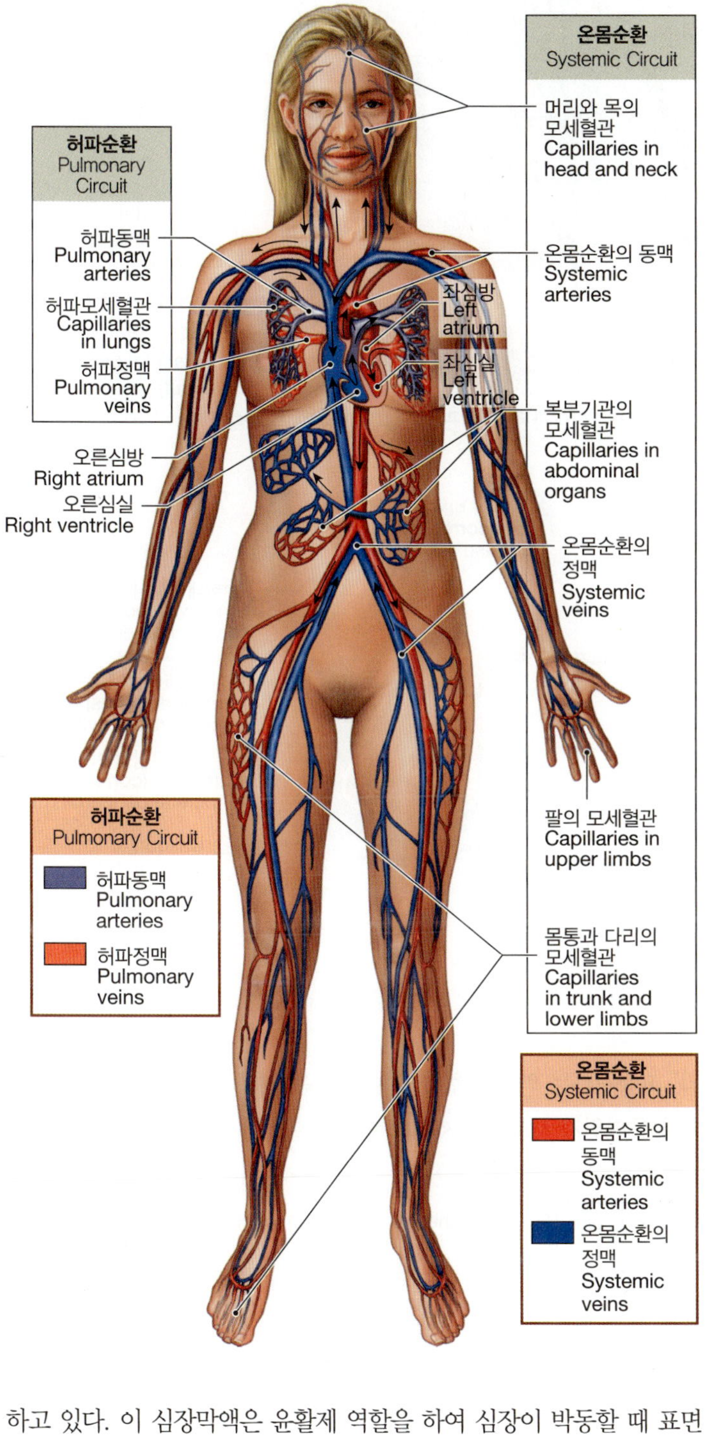

하고 있다. 이 심장막액은 윤활제 역할을 하여 심장이 박동할 때 표면 사이의 마찰을 줄이면서 윤활유 역할을 한다.

심장 표면해부학 The Surface Anatomy of the Heart

심장은 여러 특징이 있는 4개의 방으로 분류되어 있다(그림 12-3a,b,c). 두 개의 심방은 상대적으로 얇은 근육벽을 가지고 있으며 확장성이 좋다. 혈액이 채워지지 않을 때는 각 심방의 바깥 부분은 울퉁불퉁하고 주름진 판으로 수축되어 있고, **심방귀(auricle,** *auris*)라는 돌출부가 있다. 깊은 홈인 **방실사이고랑(coronary sulcus)**은 심방과 심실 사이의 경계를 표시하고, 아래에 있는 더 얕은 홈인 **앞심실사이고랑(anterior interventricular sulcus)** 및 **뒤심실사이고랑(posterior interventricular sulcus)**은 왼심실과 오른심실 사이의 경계를 표시한다. 이 세 개의 고랑은 대부분 지방으로 구성되어 있고, 지방 외에도 심장 근육과 혈액을 운반하는 주요 동맥과 정맥이 있다.

큰 혈관은 심장의 윗부분과 연결되어 있다. 심장의 아래쪽 뾰족한 끝은 **심장끝(apex)**이라고 하는데, 일반적으로 심장바닥에서 정점까지 약 12.5 cm(5인치)정도 된다(그림 12-2a). 심장은 신체의 세로축과 비스듬히 위치하며, 왼쪽으로 약간 회전되어 전방 표면은 주로 오른심방과 오른심실로 구성되어 있다(그림 12-3a,b,d). 왼심실 벽은 심장의 기저부와 정점 사이의 후방 표면의 많은 부분을 차지한다(그림 12-3b).

심장의 벽 The Heart Wall

심장 벽은 3개의 뚜렷한 층을 가지고 있다: 심장바깥막, 심장근육층, 심장속막(그림 12-4a). **심장바깥막(epicardium)**은 심장의 외부 표면을 덮고 있는 내장쪽 심장막이다. 이 막은 노출된 상피와 심장근육에 부착된 조직의 밑에 있는 층으로 구성되어 있다. **심장근육(myocardium)**은 심장 근육 조직, 혈관 및 신경을 포함한다. 심장근육의 조직은 8자 모양의 패턴으로 심방을 감싸고 심실 벽으로 나선형으로 둘러싸는 띠를 형성하고 있다(그림 12-4b). 이러한 배열은 수축력을 증가시켜 심장 펌프 효율을 높일 수 있다. 심장판막을 포함한 심장의 내부 표면은 **심장속막(endocardium)**으로 덮여 있으며, 심장속막은 편평상피와 유륜 조직으로 덮여 있다. 심혈관계통의 편평상피 내벽을 **내피**(*endothelium*)라고 하는데, 심장의 내피는 주변 큰 혈관의 내피와 연결되어 있다.

심장근육세포 Cardiac Muscle Cells

대표적인 심장근육세포는 **그림 12-4c,d**에 나와 있다. 이 세포는 뼈대근 섬유보다 작고, 단일 핵을 가지고 있으며, 뼈대근 섬유와 마찬가지로 각 심장근육세포에는 근섬유를 포함하고 있다. 심장근육세포는 수축에 필요한 에너지를 전적으로 유산소 대사에 의존한다. 많은 미토콘드리아와 미오글로빈은 수축에 필요한 에너지를 제공하고, 에너지의 저장은 글리코겐과 지질로 저장된다.

각 심장근육세포는 **사이원반(intercalated disc)** 부위에서 다른 근육세포와 연결된다. 이 부위에서 인접한 세포들과 맞물린 막은 데스모솜

그림 12-2 **가슴안에서 심장의 위치.**

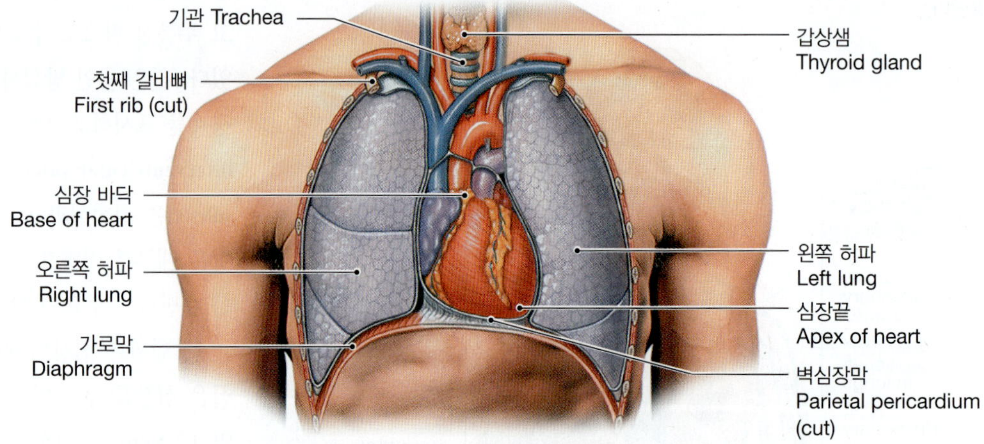

a 허파와 가로막을 기준으로 심장과 주요 혈관의 위치를 보여주는 가슴 전면

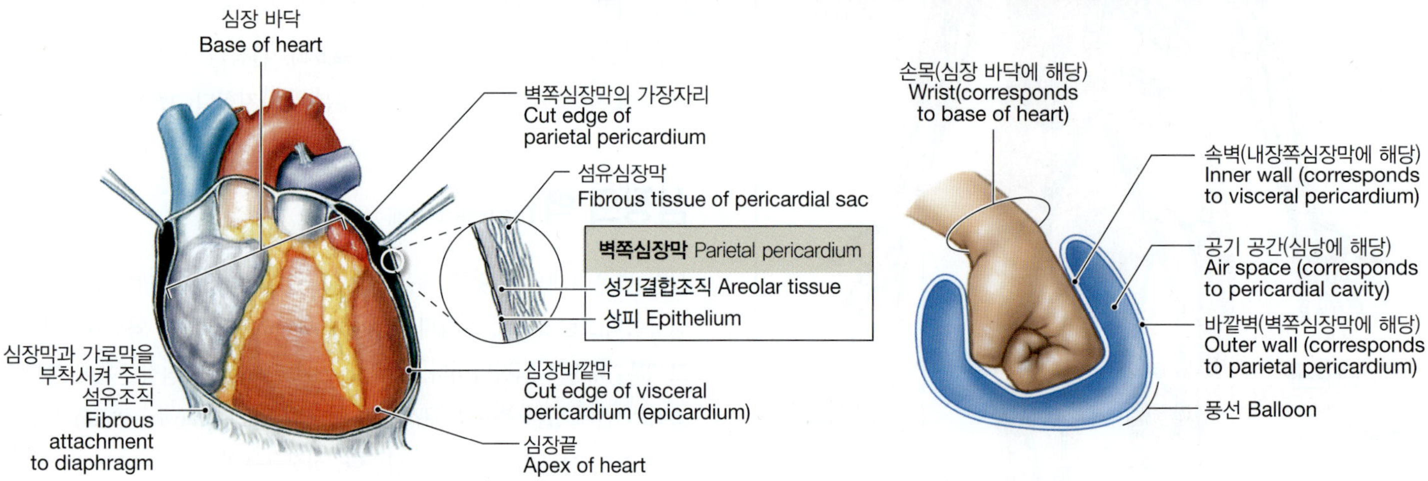

b 심장을 둘러싸고 있는 심장막안은 내장쪽심장막과 벽쪽심장막으로 이루어져 있다. 심장막안은 풍선이 주먹을 둘러싸고 있는 것처럼 심장을 둘러싼다.

12

(desmosome)에 의해 고정되고 틈새이음(gap junction)으로 연결된다. 데스모솜은 세포에서 세포로 수축의 힘을 전달하는 것을 도와 "세포끼리" 고정시키는 역할을 한다. 틈새이음은 이온과 소분자의 이동을 도와 활동전위가 세포에서 세포로 빠르게 이동할 수 있도록 한다.

임상노트

샤가스병 Chagas' Disease

중남미의 많은 지역에서 심장병은 사망의 가장 큰 원인이다. 그러나 미국이나 캐나다와 달리, 이 지역에서 나타나는 심장병 중 하나인 샤가스병은 기생충인 트리파노소마 크루지(*Trypanosoma cruzi*)에 감염되어 발생한다. 1,600만 명이 넘는 사람들을 감염시키는 것으로 알려진, 이 질병은 "키스벌레"로 알려진 곤충의 교상을 통해 전염된다. 초기 징후와 증상은 경미하지만, 10~20년 후에 환자는 심장 비대와 부정맥이 발생하고 결국 심부전으로 사망한다.

심장의 결합조직 Connective Tissue in the Heart

심장의 결합조직은 풍부한 콜라겐과 각 심근세포를 감싸고 인접한 세포를 묶는 탄력 섬유를 포함한다. 이 섬유는 (1) 심근의 심장근육 섬유, 혈관 및 신경을 지탱하고, (2) 심장의 힘을 더하며, 과도한 팽창을 방지한다. (3) 수축 후 심장이 정상으로 돌아오도록 도와준다. 결합조직은 또한 **심장 뼈대**(*cardiac skeleton*)를 형성한다.

내부 구조와 조직 Internal Anatomy and Organization

심장의 4개의 방은 **집중 조명 그림 12-5**에 단면도로 나와 있다. 두 개

그림 12-3 심장의 위치와 구조.

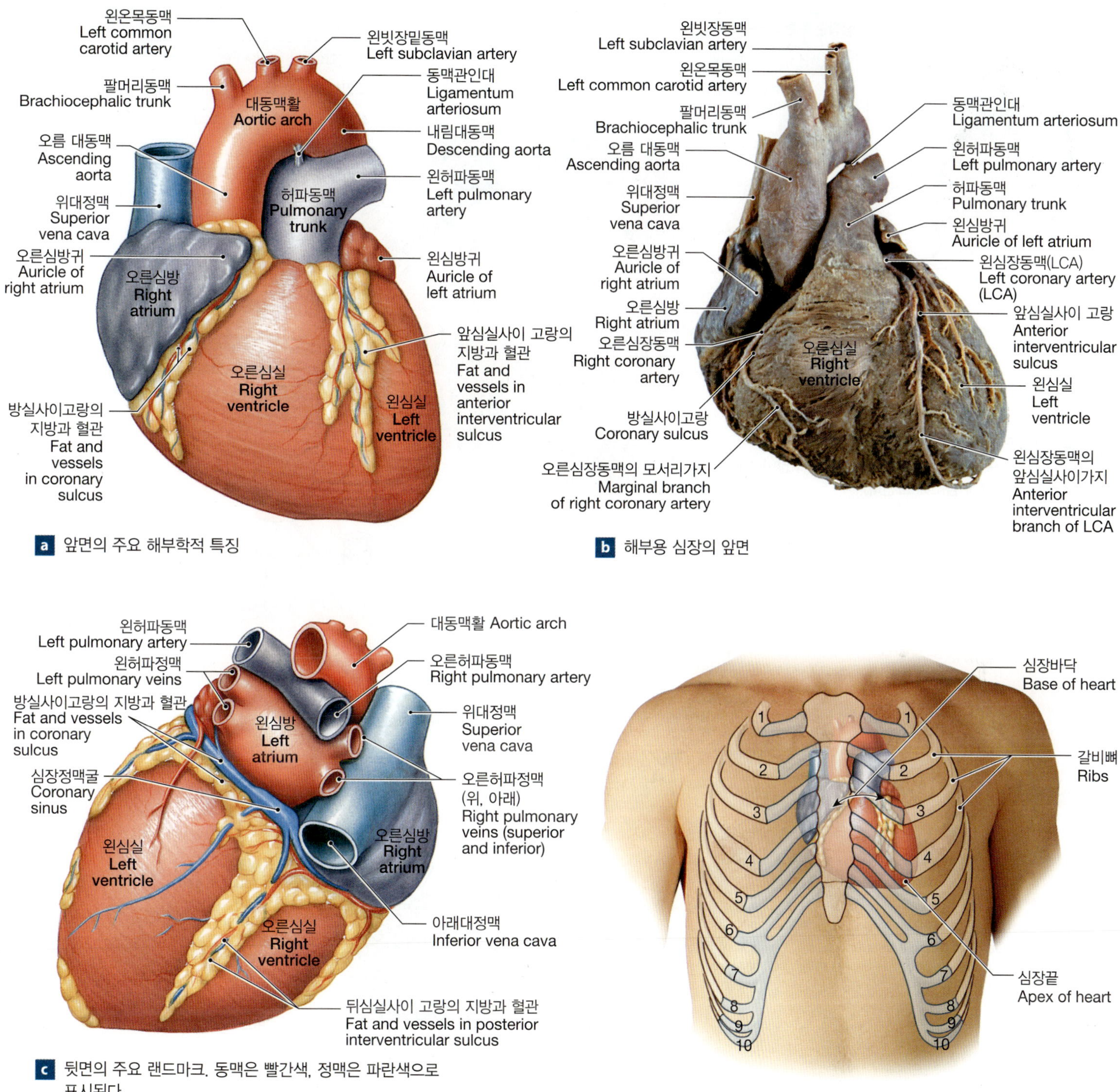

a 앞면의 주요 해부학적 특징

b 해부용 심장의 앞면

c 뒷면의 주요 랜드마크. 동맥은 빨간색, 정맥은 파란색으로 표시된다.

d 갈비뼈를 기준으로 한 심장위치

의 심방은 **심방사이막(interatrial septum)**에 의해 분리된다. 두 개의 심실은 **심실사이막(interventricular septum)**에 의해 분리되어 있다. **방실판막(atrioventricular valve)**은 심방과 심실 사이의 위치하며, 일방향 판막으로 심실에서 심방으로의 혈액 역류를 방지한다.

오른심방은 두 개의 큰 정맥인 **위대정맥**(*venae cavae*)과 아래대정맥과 작은 정맥인 심장정맥굴을 통해 온몸순환으로부터 혈액을 받는다 (집중 조명 그림 12-5). **위대정맥(superior vena cava)**은 머리, 목, 상지 및 가슴에서 혈액을 전달받고, **아래대정맥(inferior vena cava)**은 몸통, 내

그림 12-4 심장벽 및 심장근육조직.

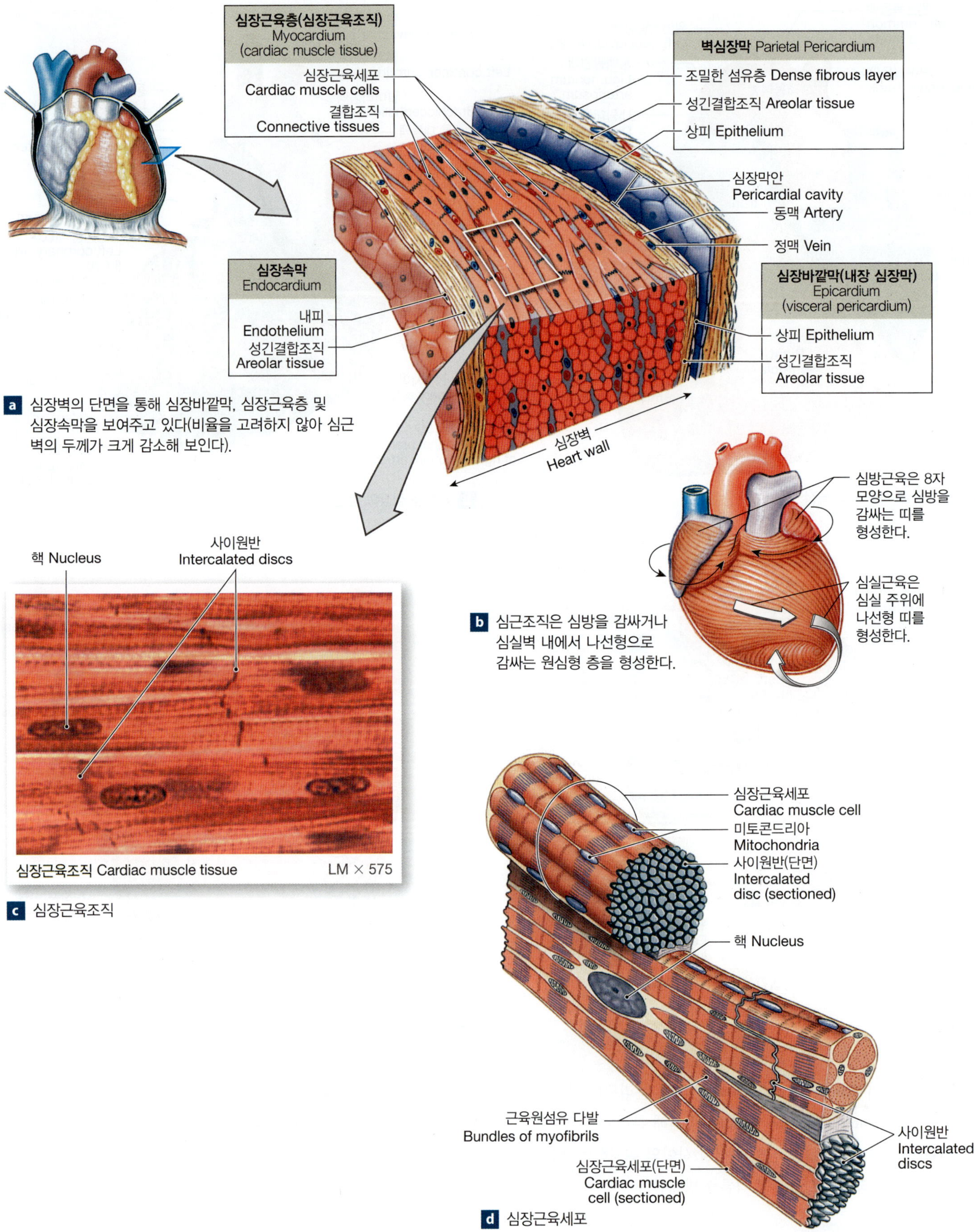

a 심장벽의 단면을 통해 심장바깥막, 심장근육층 및 심장속막을 보여주고 있다(비율을 고려하지 않아 심근벽의 두께가 크게 감소해 보인다).

b 심근조직은 심방을 감싸거나 심실벽 내에서 나선형으로 감싸는 원심형 층을 형성한다.

c 심장근육조직

d 심장근육세포

집중 조명 그림 12-5 심장: 내부 구조와 혈류(THE HEART: INTERNAL ANATOMY AND BLOOD FLOW)

심장을 나눈 이 단면은 심장의 내부 표지물과 심방, 심실 및 혈관을 통한 혈류의 경로(화살표로 표시)를 보여준다. 빨간색 화살표는 산소화된 혈액을 나타내고, 파란색 화살표는 탈산화된 혈액을 나타낸다.

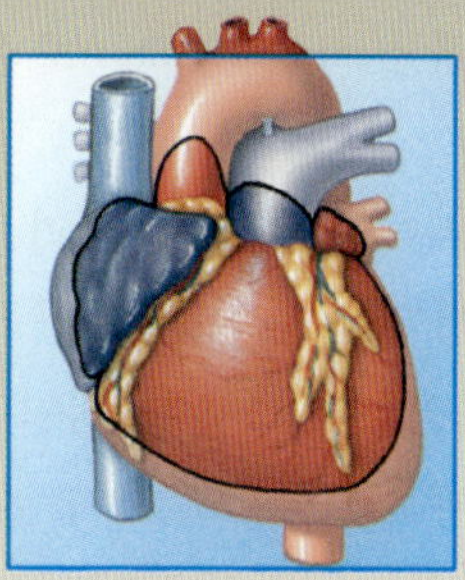

오른심방은 오른심실과, 왼심방은 왼심실과 연결된다. 심방은 **심방사이막**(interatrial septum)에 의해 분리되며 심실은 훨씬 더 두꺼운 **심실사이막**(interventricular septum)에 의해 분리되어 있다. 각 사이막은 근육으로 이루어져 있으며, 섬유조직인 방실 밸브는 심방과 심실 사이의 개구부로 확장된다. 이 판막들은 혈액이 심방에서 심실로 한 방향으로만 흐르도록 한다.

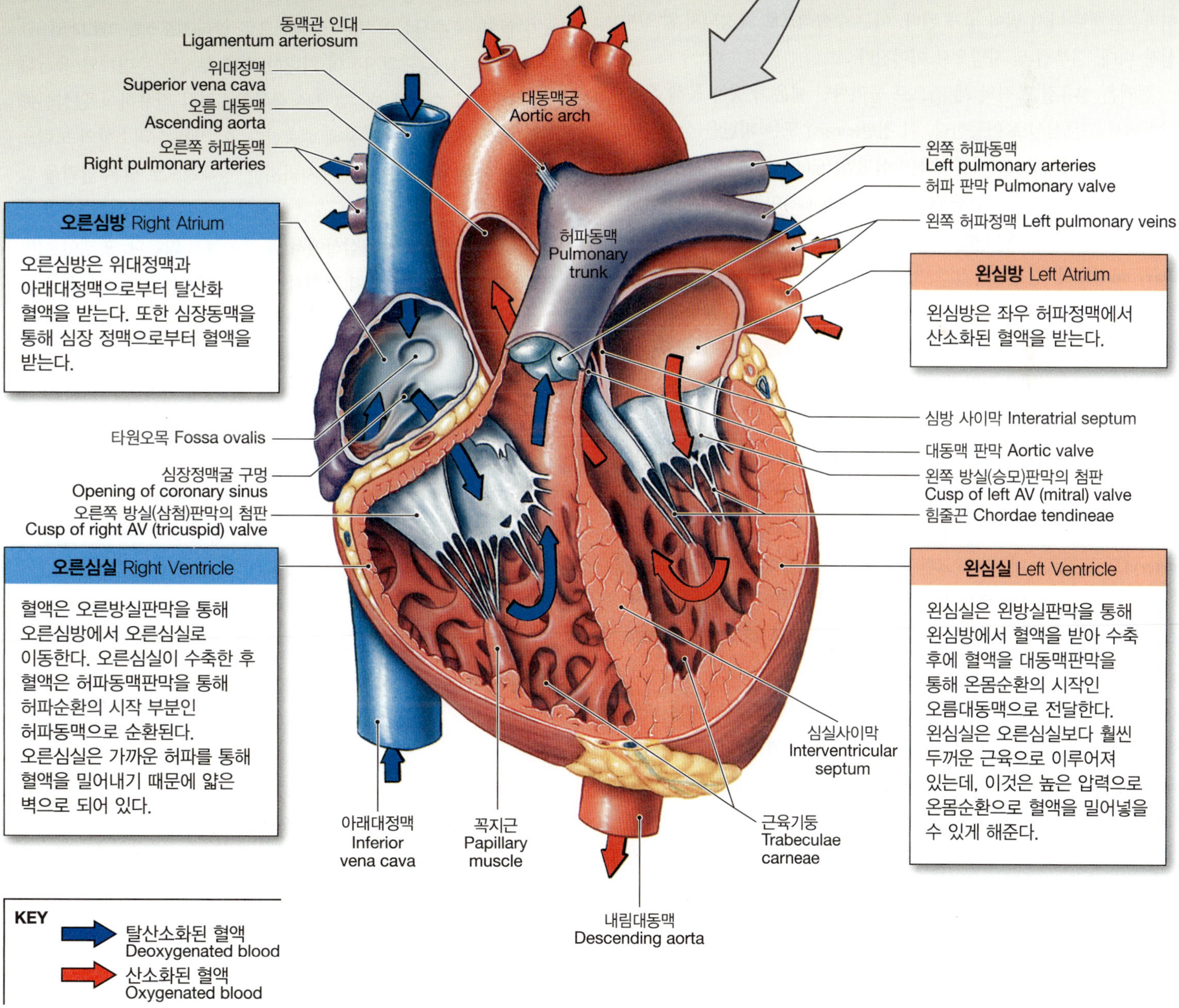

오른심방 Right Atrium

오른심방은 위대정맥과 아래대정맥으로부터 탈산화 혈액을 받는다. 또한 심장동맥을 통해 심장 정맥으로부터 혈액을 받는다.

왼심방 Left Atrium

왼심방은 좌우 허파정맥에서 산소화된 혈액을 받는다.

오른심실 Right Ventricle

혈액은 오른방실판막을 통해 오른심방에서 오른심실로 이동한다. 오른심실이 수축한 후 혈액은 허파동맥판막을 통해 허파순환의 시작 부분인 허파동맥으로 순환된다. 오른심실은 가까운 허파를 통해 혈액을 밀어내기 때문에 얇은 벽으로 되어 있다.

왼심실 Left Ventricle

왼심실은 왼방실판막을 통해 왼심방에서 혈액을 받아 수축 후에 혈액을 대동맥판막을 통해 온몸순환의 시작인 오름대동맥으로 전달한다. 왼심실은 오른심실보다 훨씬 두꺼운 근육으로 이루어져 있는데, 이것은 높은 압력으로 온몸순환으로 혈액을 밀어넣을 수 있게 해준다.

장, 하지의 나머지 부분에서 혈액을 전달받는다. **대정맥**(*cardiac veins*)은 탈산소화된 혈액을 **심장정맥굴(coronary sinus)**로 흘러들어온 후 오른심방으로 전달해준다.

심장정맥굴의 구멍은 심방사이막이 뒤 가장자리 근처에 위치하고 있다. 배아 발달 5주부터 출생까지 타원형 구멍인 **타원구멍**(*foramen ovale*)이 심방사이막을 관통해 있는데, 출생 전, 타원구멍은 허파가 발달하는 동안 혈액이 오른심방에서 왼심방으로 흐를 수 있도록 하고(**그림 13-21** 참조), 태어나면서 타원구멍은 닫히게 된다. 타원구멍은 첫 해 안에 영구적으로 봉쇄되며, **타원오목**(*fossa ovalis*)이라고 불리는 작은 함몰부가 성인의 심장에 남아 있다(**집중 조명 그림 12-5**). 때때로 타원구멍이 출생 후에도 열려 있는데, 이러한 경우 왼심방의 수축은 혈액을 허파순환계로 다시 밀어 넣게 된다. 이는 수술적으로 교정되지 않으면 심장 비대, 심부전 및 사망으로 이어진다.

혈액은 섬유질 조직의 세 겹으로 둘러싸인 넓은 구멍을 통해 오른심방에서 오른심실로 이동한다. 이 **첨판(cusps)** 또는 피판을 **삼첨판막(tricuspid valve)**이라고 하며 **오른방실판막(right AV valve)**이다(**집중 조명 그림 12-5**). 이 첨판은 **힘줄끈(chordae tendineae)**이라고 하는 단단한 결합조직 섬유로 고정되어 있고, 심실의 내면에는 **꼭지근(유두근, papillary muscle)**에 연결되어 있으며, 원뿔 모양의 돌기로 되어 있다. 이 근육의 수축은 힘줄끈을 긴장시켜 혈액이 오른심방으로 역류하는 것을 방지한다. 오른심실과 왼심실의 내부 표면에는 융기된 **근육기둥**(*trabeculae carneus*)이 있다.

12

오른심실에서 나온 혈액은 허파순환의 시작인 **허파동맥(pulmonary trunk)**으로 흐른다. **허파동맥 판막(pulmonary valve)** 또는 허파반달판(*pulmonary semilunar valve*)은 수출성 동맥의 입구를 보호한다. 일단 허파동맥에 들어가면 혈액은 **왼·오른 허파동맥(left and right pulmonary artery)**으로 흐르는데, 가스 교환이 일어나는 모세혈관에 공급하기 전에 허파 안에서 반복적으로 분기한다. 이러한 흐름이 모세혈관으로부터 산소화된 혈액이 왼심방으로 전달되어 **왼·오른 허파정맥(left and right pulmonary vein)**으로 이동한다.

허파동맥은 **동맥 인대**(*ligamentum arteriosum*)라고 불리는 섬유 띠에 의해 **대동맥궁(aortic arch)**에 부착되어 있다(**집중 조명 그림 12-5**). 허파순환과 온몸순환계를 연결했던 중요한 태아 혈관의 잔여물이다.

오른심방과 마찬가지로 왼심방에는 심방귀와 판막, **왼방실판막(left AV valve)** 또는 **이첨판(bicuspid)**이 있다. 이첨판이라는 이름에서 알 수 있듯이 왼쪽 방실판막에는 3개가 아닌 2개의 첨판으로 되어 있고, 이 판막을 **승모판막(mitral valve)**이라고 부른다.

왼심실의 내부 조직은 오른심실과 유사하고, 한 쌍의 꼭지근은 이 첨판의 힘줄을 지지하고 있다. 근육기둥은 왼심실의 내부 표면에 융기되어 있고, 혈액은 **대동맥 판막(aortic valve)** 또는 반달판막(*aortic semilunar valve*)을 통해 온몸순환의 시작인 **오름대동맥(ascending aorta)**으로 흐른다.

왼심실과 오른심실의 구조적 차이

Structural Differences between the Left and Right Ventricles

각 심방의 기능은 심장으로 되돌아오는 혈액을 모아 심실로 전달하는 것이다. 두 심방의 역할을 매우 유사하지만, 왼심실과 오른심실에는 큰 차이가 있다.

허파는 심장에 가깝고 허파동맥과 정맥은 비교적 짧다. 이러한 이유로 오른심실은 일반적으로 허파순환을 위해 혈액을 강하게 밀어낼 필요가 없고, 오른심실의 벽은 상대적으로 얇다(**집중 조명 그림 12-5**). 단면도에서 오른심실은 왼심실의 거대한 벽에 부착된 주머니와 유사하다. 오른심실이 수축할 때, 그것은 풀무펌프처럼 작용하여 왼심실에 혈액을 짜서 허파반달판을 통해 배출한다. 이 작용은 최소한의 노력으로 혈액을 매우 효율적으로 이동시키지만, 상대적으로 낮은 압력을 발생시킨다.

유사한 펌프역할로는 왼심실에서 잘 작동하지 않는다. 혈액이 허파순환계보다 4~6배의 압력이 가해져야 한다. 왼심실은 매우 두꺼운 근육벽을 가지고 있으며 단면이 둥글다. 이 심실이 수축하면 짧아지고 좁아져서 (1) 심장 바닥과 심장 끝 사이의 거리가 줄어들고, (2) 심실의 지름이 감소한다(이 효과는 치약 튜브의 끝을 동시에 쥐어짜고 말아 올리는 것과 유사하다). 이것은 대동맥 판막을 열고 혈액을 오른 대동맥으로 배출하기에 충분한 압력이 생성된다.

왼심실이 강력하게 수축하면서 오른심실 공간쪽으로 부풀어 오른다. 이것은 오른심실에서 혈액을 내보내는 데 도움이 된다. 왼심실이 허파순환계를 통해 혈액을 밀어내는 데 도움이 되기 때문에 오른심실에 문제가 있어도 큰 문제가 되지 않을 수 있다.

심장판막 The Heart Valves

우리가 본 것처럼, 심장은 수축할 때 혈액의 역류를 막는 두 쌍의 일방향 판막을 가지고 있다.

방실판막(THE ATRIOVENTRICULAR VALVES). 방실판막은 심실에서 심방으로 혈액이 역류하는 것을 방지한다. 힘줄끈과 꼭지근은 방실판막의 정상적인 기능에 중요한 역할을 한다. 심실이 이완되면 힘줄끈이 느슨해지고 방실판막은 심방에서 심실로 흐르는 혈액의 흐름에 아무런 저항을 하지 않는다(**그림 12-6a**). 심실이 수축하면 심방으로 이동하는 혈액이 판막을 흔들면서 닫히게 된다(**그림 12-6b**). 심실이 수축하는

임상노트

승모판 탈출증 Mitral Valve Prolapse

판막 모양의 경미한 이상은 비교적 흔하다. 예를 들어, 14~30세 사이의 약 10%가 **승모판 탈출증**(*mitral valve prolapse*)을 가지고 있다. 이 경우 왼방실판막(승모판)이 제대로 닫히지 않으며, 비정상적으로 긴(또는 짧은) 힘줄끈이나 꼭지근의 기능 장애로 인해 발생할 수 있다. 판막이 완벽하게 작동하지 않기 때문에 왼심실의 수축 중에 약간의 역류가 발생하기도 한다. 승모판 탈출증이 있는 대부분은 증상이 거의 없다. 그들은 순환 장애를 인지하지 못한 채 정상적이고 건강한 삶을 살고 있다.

동안 꼭지근과 힘줄끈은 판막이 심방쪽으로 흔들리는 것을 방지하고, 이 작용은 심실이 수축할 때마다 혈액이 심방으로 **역류(regurgitation)**하는 것을 방지한다. 보통 사람에게서 소량의 역류가 발생할 수 있는데, 이렇게 소용돌이치는 혈액을 **심장 잡음**(*heart murmur*)이라고 하며 부드러우면서도 독특한 소리를 낸다.

반달판막(THE SEMILUNAR VALVES). 허파동맥과 대동맥의 반달판은 허파동맥과 오름대동맥에서 각각 오른심실과 왼심실로 혈액이 역류하는 것을 방지한다. 방실판막과 달리 반달판막은 동맥벽이 수축하지 않고 교두의 상대적 위치가 안정적이기 때문에 근육 보강이 필요하지 않다. 반달판막이 닫히면 각 판막에 있는 3개의 대칭적인 교두가 삼각대 다리처럼 서로를 지지하여 혈액이 심실로 역류하는 것을 방지한다(**그림 12-6a**).

오름대동맥 기저부의 주머니 모양의 확장은 대동맥 반달판의 각 교두 옆에서 발생한다. **대동맥동(aortic sinuses)**이라고 하는 이 주머니는 판막이 열릴 때 교두가 대동맥 벽에 달라붙는 것을 방지한다(**그림 12-6b**). 오른쪽과 왼쪽 **심장동맥**(*right and left coronary arteries*)은 대동맥동 부위에서 시작된다.

임상노트

심장판막질환 Valvular Heart Disease

판막 모양의 경미한 이상은 비교적 흔하다. 예를 들어, 14~30세 중 약 10%가 승모판 탈출증을 가지고 있다. 이 경우 왼방실판막(승모판)이 제대로 닫히지 않는다. 원인은 비정상적으로 긴(또는 짧은) 힘줄끈이나 유두근의 기능 장애로 발생한다. 판막이 완벽하게 작동하지 않기 때문에 좌심실이 수축할 때 약간의 역류가 발생하기도 한다. 승모판 탈출증이 있는 대부분 사람들은 증상이 거의 없으며, 순환 장애를 인지하지 못하고 정상적이며 건강한 삶을 살고 있다.

심각한 판막 문제는 펌핑 효율을 감소시키기 때문에 매우 위험하다. 심장이 적절한 순환 흐름을 유지할 수 없을 정도로 판막 기능이 저하되면 판막 심장 질환의 증상이 나타난다. 선천적 결함이 원인일 수 있지만 많은 경우에 **심장염**(*carditis*)에 의해 발생한다. 심한 경우 손상된 판막을 인공판막으로 교체하는 것이 유일한 방법일 수 있다. 심장염의 비교적 흔한 원인 중 하나는 연쇄상구균 감염에 대한 염증성 자가면역 반응인 류마티스열인데, 이것은 어린이에게 자주 발생한다.

심장 뼈대 The Cardiac Skeleton of the Heart

심장 뼈대(cardiac skeleteon) 또는 **섬유질 뼈대**(*fibrous skeleton*)는 심장에서 혈액을 운반하는 큰 혈관인 **허파동맥**(*pulmonary trunk*) 및 **대동맥**(*aorta*)의 시작부분과 각 심장판막을 둘러싸는 단단하고 탄력있는 결합조직의 조밀한 띠로 구성되어 있다(**그림 12-6**). 심장 뼈대는 심장판막의 위치를 안정화하고 심방과 심실 근육조직을 물리적으로 분리해준다. 이러한 분리는 심방 수축에 대한 심실 수축의 타이밍을 정확하게 제어할 수 있음을 의미하기 때문에 정상적인 심장 기능에 중요할 역할을 한다.

심장의 혈액공급 The Blood Supply to the Heart

심장은 지속적으로 작동하므로 심장근육세포에는 안정적으로 산소와 영양소 공급이 필요하다. **심장동맥순환(coronary circulation)**은 심장의 근육조직에 혈액을 공급한다(**그림 12-7**). 격한 운동 중에는 심장의 산소 요구량이 상당히 증가하는데, 휴식시에 비해 9배까지 증가할 수 있다.

왼쪽 및 오른쪽 **심장동맥(coronary artery)**은 대동맥 시작부분의 대동맥굴에서 일어난다(**그림 12-7a**). 이곳의 혈압은 온몸순환계에서 가장 높다. 이 높은 압력은 심장근육의 요구도를 충족시키기 위해 지속적인 혈액 순환을 보장해준다. 오른 심장동맥은 오른심방과 양쪽 심실의 일부에 혈액을 공급하며, 왼쪽 심장동맥은 왼심방, 왼심실, 심실사이막에 혈액을 공급한다.

각 심장동맥은 두 개의 가지로 나뉘고, 오른심장동맥은 **모서리동맥**(*marginal*)과 **뒤심실사이**(*posterior interventricular*)동맥으로 나뉘어 오른심실과 왼심실에 위치한다. 왼심장동맥은 **휘돌이동맥**(*circumflex*)과 **앞심실사이가지**(*anterior interventricular*)로 나뉘며, 앞심실사이동맥은 뒤심실사이동맥과 연속되는 작은 줄기로 혈액을 공급한다. 동맥 사이의 이러한 상호 연결을 **문합(anastomoses**, *anastomosis*)이라고 하며, 동맥은 이러한 방식으로 서로 연결되어 있기 때문에 혈액 공급이 심장 근육에 도달하기 위한 대체 경로가 존재한다.

큰심장정맥(great cardiac vein)과 **중간심장정맥(middle cardiac vein)**은 심장 모세혈관에서 혈액을 운반한다. 이것은 심장동맥 고랑의 뒤쪽 부분에 있는 크고 얇은 벽의 정맥인 **심장정맥굴(coronary sinus)**로 흘러 들어간다. 심장정맥굴은 방실사이고랑 뒷부분에 위치한 벽이 얇고 직경이 큰 정맥으로, 오른심방의 아래대정맥 구멍 부근으로 열린

그림 12-6 심장판막. 빨간색(산화) 혈액과 파란색(탈산화) 혈액 화살표는 심실 안팎의 혈류를 나타낸다. 얇은 빨간색 화살표는 혈류 이동, 녹색 화살표는 심실 수축을 의미한다.

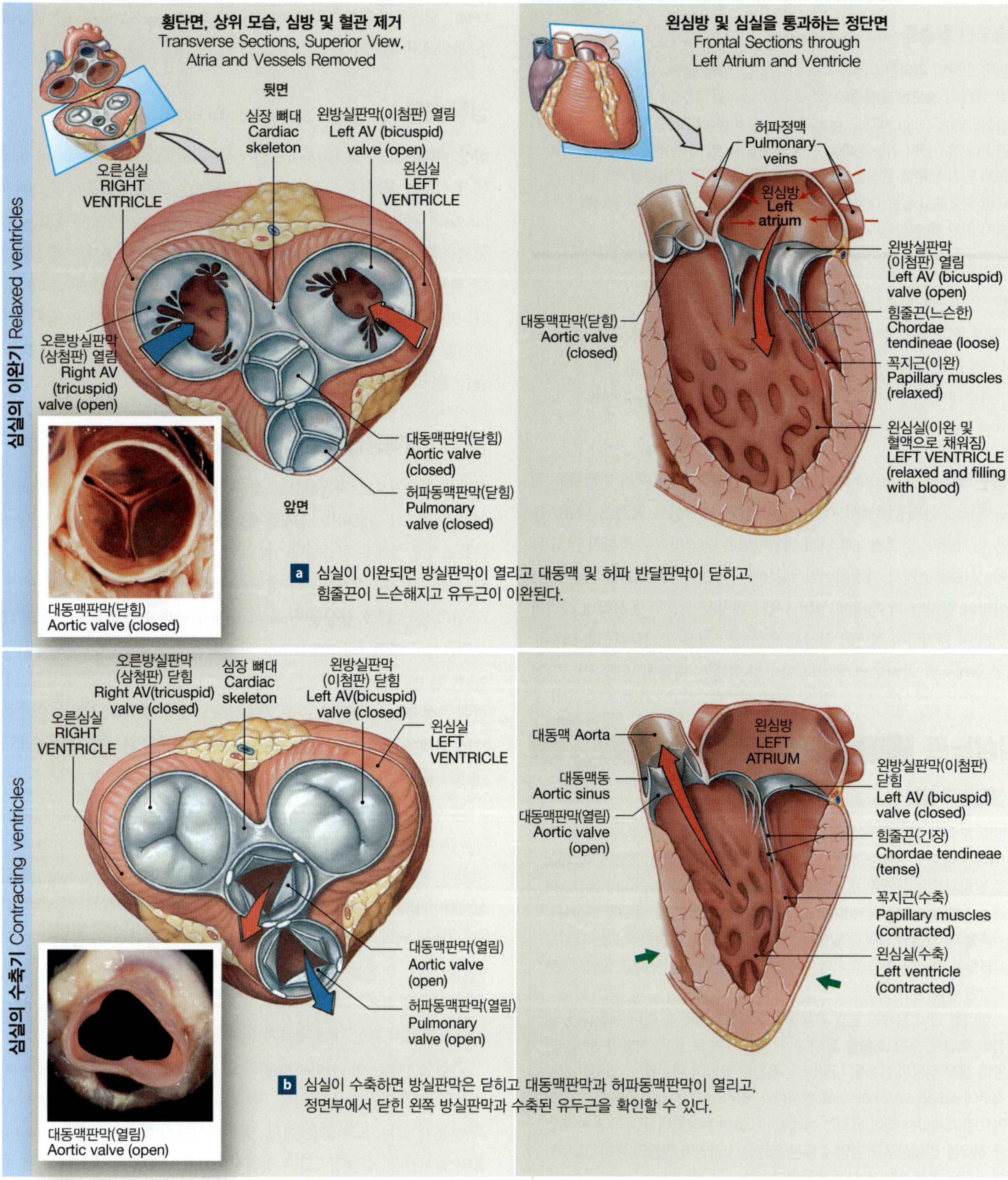

a 심실이 이완되면 방실판막이 열리고 대동맥 및 허파 반달판막이 닫히고, 힘줄끈이 느슨해지고 유두근이 이완된다.

b 심실이 수축하면 방실판막은 닫히고 대동맥판막과 허파동맥판막이 열리고, 정면부에서 닫힌 왼쪽 방실판막과 수축된 유두근을 확인할 수 있다.

그림 12-7 심장동맥 순환.

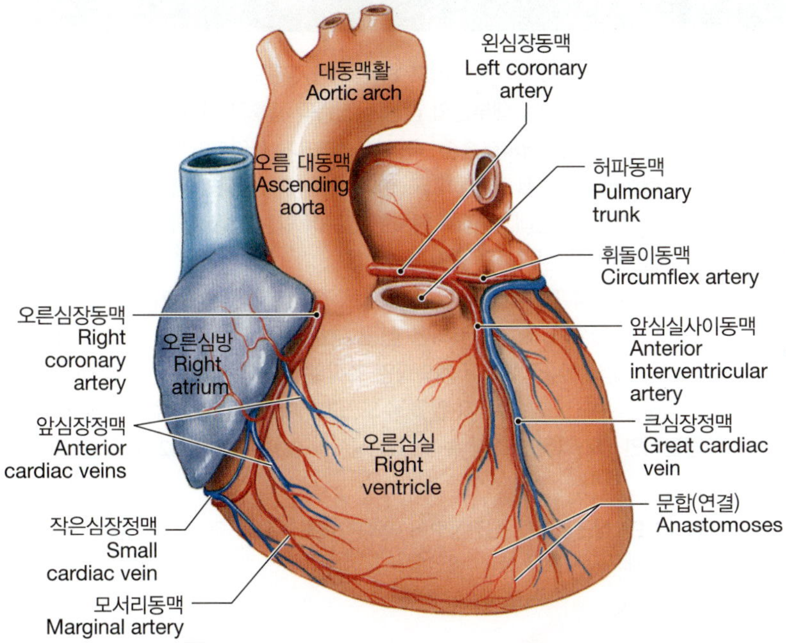

a 심장 전면부에 혈액을 공급하고 배출하는 심장혈관

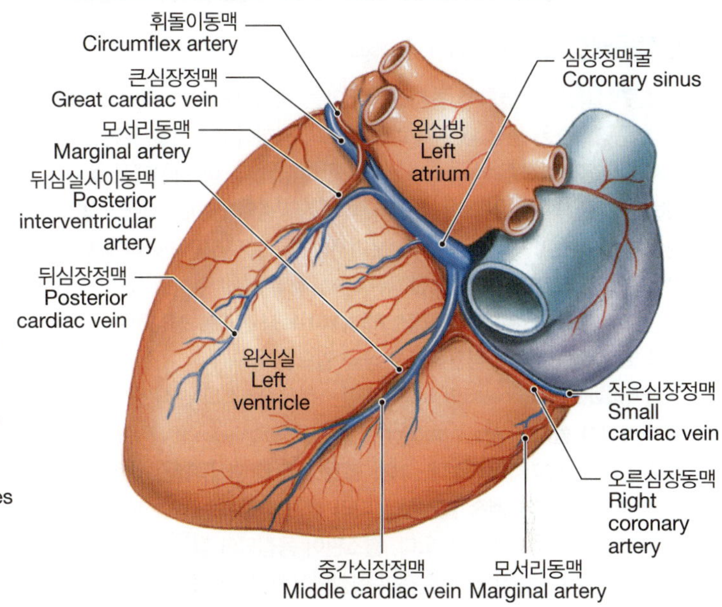

b 심장의 뒤 표면에 혈액을 공급하고 배출하는 심장혈관

다(**집중 조명 그림 12-5**).

혈류차단으로 인한 죽은 조직이 있는 부위를 **경색(infarct)**이라고 한다. **심근경색(myocardial infarction)** 또는 **심장마비**(*heart attack*)는 심장동맥의 순환이 차단되고, 심근세포는 산소 부족으로 죽는다. 심장마비는 심장동맥의 벽에 지방이 쌓이는 것이 특징인 심각한 **심장동맥질환**(*coronary artery disease*)에서 가장 자주 발생한다.

체크포인트

1. 오른심실의 반달판막 손상은 어느 혈관으로의 혈류에 영향을 미치는가?
2. 방실판막이 심방으로 흔들리는 것을 방지하는 것은 무엇인가?
3. 왼심실이 오른심실보다 근육층이 두꺼운 이유는 무엇인가?

책 뒷면에 있는 파란색 정답 탭을 참조.

12-2 수축세포와 전도계통의 활동으로 심장박동이 생기고, 심전도는 이러한 과정의 전기적인 변화를 기록한다

학습목표 심장근육의 활동전위 발생 과정과 심장의 전도계통을 설명하고 정상 심전도에 기록된 전기적 변화를 구분한다.

한 번의 **심장박동(heartbeat)**이 심장(심방과 심실)을 조화롭게 수축시켜야 정상적인 시간에 올바른 방향으로 혈액이 흐른다. 심장이 박동할 때마다 심장근육세포의 수축이 심방에서 일어난 다음 심실에서 발생해야 한다. 두 가지 유형의 심장근육세포가 정상적인 심장박동에 관여한다. 첫 번째로 **수축세포**(*contractile cells*)는 혈액을 이동시킬 만큼 강력한 수축을 해야 하며, 두 번째는 **전도계통**(*conducting system*)의 특수화된 근육세포가 수축 활동을 제어하고 조정해야 한다.

12

수축세포 Contractile Cells

수축세포는 심장근육조직의 대부분 형성하고 있다. 심근세포와 뼈대근 섬유 모두에서 활동전위는 근섬유들 사이에 Ca^{2+}이 유입되고 트로포닌에 결합되어 수축에 관여한다. 그러나 뼈대근과 심장근육세포는 활동전위의 지속시간, Ca^{2+}의 유입량에 따라 수축 지속 시간에 차이가 있다.

심장근육세포에서는 어떤 일이 발생할까? 심근세포의 안정막전압은 약 −90 mV인데, 활동전위는 심근세포의 역치가 약 −75 mV에 도달할 때 시작된다. 막전위가 문턱 이상으로 상승하면 활동전위는 세 가지 단계로 진행된다(**그림 12-15a**):

1. **빠른 탈분극(*Rapid depolarization*).** 막전위가 문턱값에 도달하면, 전압작동 나트륨 통로가 열리고, 이 통로를 통한 나트륨의 유입은 근육형질막(SR)을 빠르게 탈분극시킨다. 나트륨 통로는 막전위가 +20~+30 mV 될 때 닫힌다.

임상노트

심장동맥질환 Coronary Artery Disease

심장동맥질환의 생물학적 초기진행 단계는 **죽경화증**(atherosclerosis)의 발병이다. 죽경화증은 동맥 내 지방과 섬유소의 침착이 동맥벽을 두꺼워지고 경화시키는 **동맥경화증**(arteriosclerosis)의 한 형태이다. 이 과정에서 초기에 발생하는 것은 내피 손상이며, 혈관 내벽에 지방층이 생기는 일련의 병리학적 현상이 뒤따른다. 이 병변은 대부분의 사람들, 심지어 어린아이에게도 나타날 수 있다. **저밀도 지질단백질**(low-density lipoprotein) 수치를 낮추는 치료로 호전될 수 있으나, 일단 형성되면 지방층이 독성 산소를 생성하고 염증성 변화를 일으켜 동맥벽에 점진적인 손상을 일으킨다.

동맥경화(atherogenesis)의 다음 단계는 섬유질조직과 손상된 민무늬근 세포에 **섬유성 플라크**(fibrous plaque) 또는 **섬유종**(fibroadenoma)이 침착하는 것이다. 이것은 내피 기능 장애, 기저 혈관 조직의 괴사, 혈관 내안의 협착을 유발한다. 플라크가 계속 발달함에 따라 혈관벽의 지속적인 괴사 때문에 궤양이 발생하거나 파열될 수 있다. 혈소판이 응집되어 혈관 표면에 달라붙어 응고를 촉진하고 심한 경우 혈전이 형성되어 혈관 내강을 완전히 막고 조직 허혈과 경색을 유발할 수 있다.

죽경화증의 진행 속도는 연령, 성별, 흡연여부, 당뇨병, 비만, 고혈압 등의 **위험요소**(risk factors)에 의해 크게 영향을 받을 수 있다. 죽경화증은 다양한 증상을 나타내는 질환이다. 대부분 심장마비와 심근경색증은 수십 년에 걸친 죽경화 동맥 질환의 종착점이다(**그림 12-8**). 진행 속도는 심근경색이나 돌연사가 발생하는 연령의 주요 결정 요인이며, 젊은 사람에게는 위험요소에 대한 관리를 통해 호전시킬 수 있다. 위험요소의 관리방법으로는 운동, 금연, 식이요법, 혈압조절, 약물 복용 등이 있다. 동맥경화성 심장질환은 지속적인 건강을 유지하기 위해 관리해야 하는 질병이다.

급성 심장동맥 증후군 Acute Coronary Syndrome

급성 심근경색증(AMI)에 대한 지식과 치료는 지난 10년 동안 극적으로 발전했다. 우리는 이제 급성 심근경생증과 불안정형 협심증이 **급성 심장동맥 증후군**(acute coronary syndrome)이라고 하는 임상 질환의 한 요소라는 것을 알고 있다. 대부분의 급성 심장동맥 증후군 환자는 동맥경화성 심장동맥질환을 앓고 있다. 종종, 죽종성 플라크가 파열되어 동맥을 막거나 혈전이 형성되어 혈류를 차단하기도 한다. 허파색의 정도와 기간에 따라 경색의 유형이 결정되는데, 측면에 위치한 혈관이 막힌 말단조직에 혈액을 공급하면 심근경색의 심각성을 줄일 수 있다.

처음 심장동맥 폐색 후에 영향을 받은 심근조직은 허혈이 된다(**그림 12-9~12-11**). 혈류가 제때 회복되면 심근 허혈은 영구적인 근육 손상 없이 해결된다. 그러나 심근 허혈이 계속되면 조직 손상이 시작되는데, 혈류 회복으로 되돌릴 수도 있고 그렇지 않을 수도 있다. 마지막으로 혈류가 오랜 시간 중단되면 비가역적인 조직 손상(심근경색증)이 발생한다(**그림 12-12**).

그림 12-8 심정지. 급성 심근경색증과 심정지는 수십 년에 걸친 죽경화 동맥 질환의 종착점인 경우가 많다.

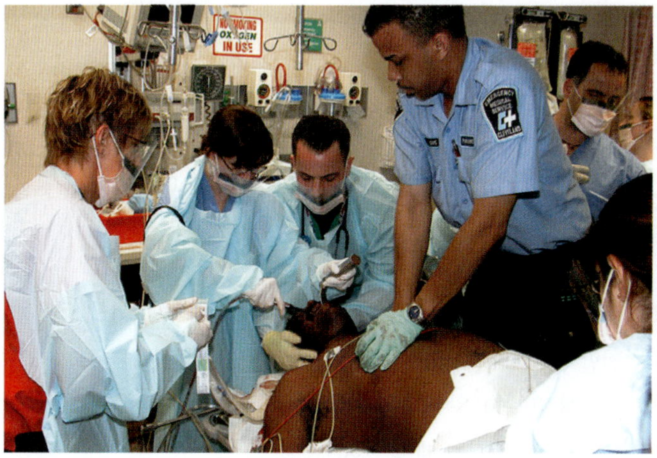

그림 12-9 심근경색증. 심장동맥이 막히면 해당 동맥이 공급하는 심근 조직이 손상되고 괴사된다.

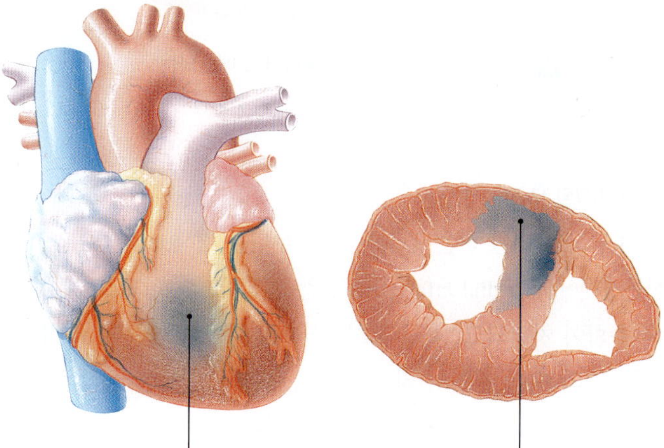

그림 12-10 심장 기능을 보여주는 심장의 핵의학 스캔. 핵의학 기술은 심장의 관류와 기능에 대한 상세한 검사를 가능하게 한다.

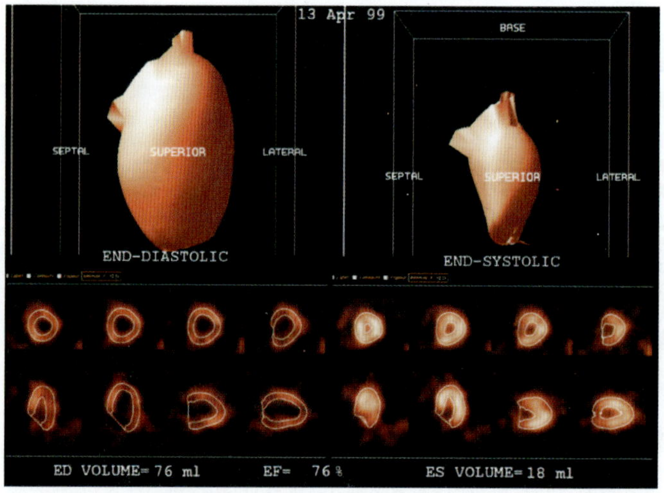

12

그림 12-11 심장동맥조영술.

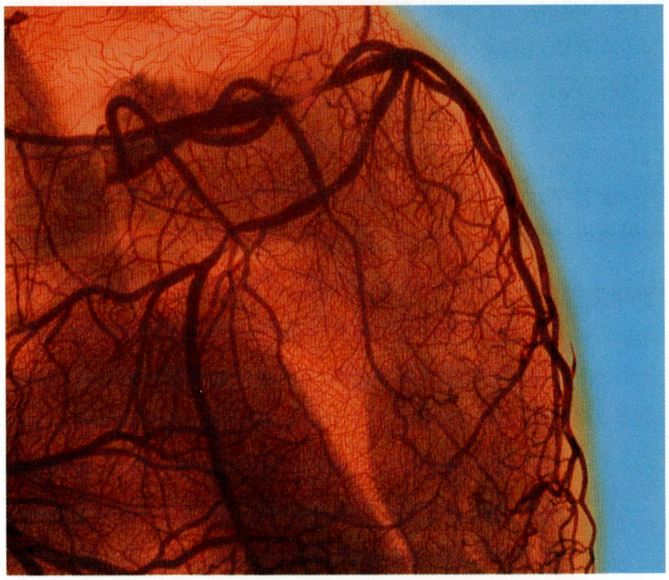

그림 12-12 진행 중인 심근경색증. 병변의 가운데가 괴사된 경색 부분이고, 그 주변부위는 회복 가능한 손상 부분이 있다. 병변 주변에는 실제 조직 손상이 발생하지 않은 허혈 부위도 있다.

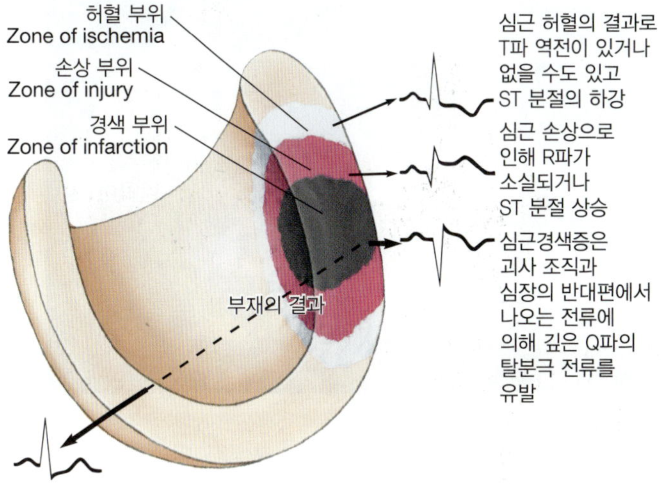

급성 심장동맥 증후군의 증상 및 징후는 심장동맥 폐쇄 및 관련 근육 손상 및 괴사에 의한 것으로 가슴 통증, 호흡곤란, 발한, 메스꺼움, 구토 및 현기증이 있다.

급성 심근경색으로 사망하는 모든 환자의 절반은 보통 병원에 도착하기 전에 사망한다. 이러한 환자의 대부분은 심장의 전기적 활동이 **불규칙한 부정맥**(*dysrhythmias*)이 발생하며, 그 중 일부는 굉장히 치명적일 수 있다. 심근 허혈 및 돌연사와 관련된 일반적인 부정맥은 **심실 세동**(*ventricular fibrillation*) 또는 **심실 빈맥**(*ventricular tachycardia*)이다. 심실 세동에서는 조직화된 전기적 활동이 발생하지 않으며 심장 근육의 단순한 떨림이 발생한다(**그림 12-13**). 따라서 심근 수축이 일어나지 않는다. 심실 세동은 전기 충격을 빠르게 적용하는 제세동을 통해 효과적인 치료를 할 수 있다(**그림 12-14**). 제세동은 심장의 불규칙한 전기적 활동을 멈추고 심장의 정상적인 박동조율기가 조절을 재개할 수 있도록 한다. 제세동기의 기술은 크게 발전하였는데, 휴대용 제세동기는 완전히 자동화되어 쉽게 사용할 수 있다. 심폐소생술과 기본적인 소생술을 배우는 사람들은 이제 자동 제세동기 사용에 대한 교육을 받는다.

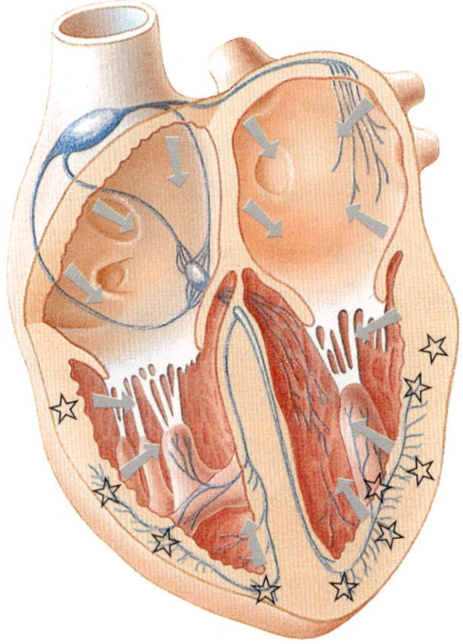

그림 12-13 심실세동의 생리학 및 심전도. 심실세동은 심장 전체의 세포가 정상적으로 기능하지 않아 심장의 펌프작용을 상실하는 치명적인 부정맥이다.

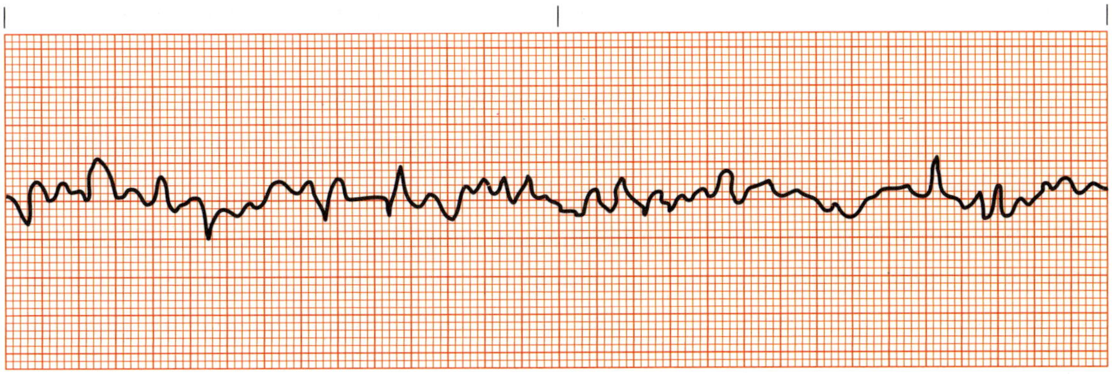

(계속)

그림 12-14 EMS 제공 제세동. 제세동은 심실 세동이나 심실 빈맥으로 인해 급사 및 급성 심장동맥 증후군의 치료에 생명을 구할 수 있다.

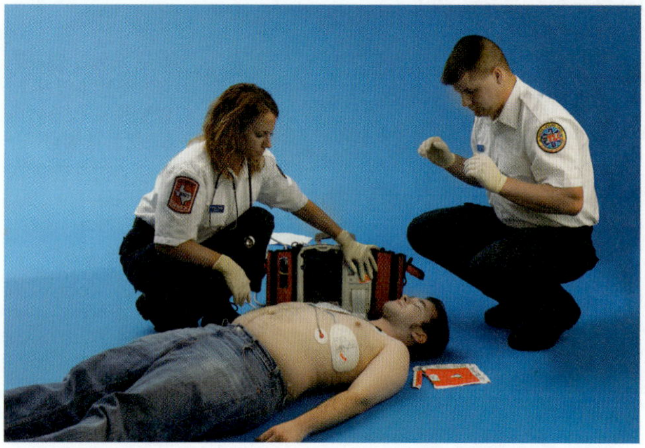

재관류 Reperfusion

지난 10년 동안 응급의학의 가장 중요한 발전 중 하나는 폐색된 동맥을 통해 혈류를 회복시키는 과정인 재관류 요법의 개발이다. 이것은 약물 또는 수술, 혹은 둘 다 시행할 수 있다. 초기에는 급성 심근경색으로 한정되었지만, 현재는 선별된 뇌졸중 환자 및 폐색전증 환자의 치료에 사용되고 있다.

12-리드 심전도(ECG)는 급성 심장동맥 증후군을 진단하는 주요 도구이며, 치료를 위해 환자를 세 그룹 중 하나로 계층화하거나 분류하는 데 사용된다.

1. ST 분절 상승 또는 새로운 좌각차단(LBBB)
2. ST 분절 하강(>1 mm) 또는 T파 역위
3. 비진단 또는 정상 ECG

12

급성 심장동맥 증후군의 징후와 증상이 있고 고위험 ECG 변화(ST 분절 상승 또는 새로운 좌각차단)가 있는 환자는 혈전용해 요법을 고려해야 한다. 선별 기준을 충족하고 증상이 나타난지 6시간 이내인 환자는 혈전용해 요법을 받아야 한다. 혈전용해제는 지역에 따라 지침사항이 다르고, 약물에 관계없이 환자는 머리뼈내출혈과 같은 이상반응 발생에 대해 모니터링해야 한다. 혈전용해제 외에도 환자는 일반적으로 아스피린, 헤파린, 베타차단제 및 니트로글리세린을 투여받는다. 치료는 환자의 전반적인 상태에 대한 평가를 기반으로 한다.

급성 심장동맥 증후군의 증상과 징후가 있고 명백한 중등도위험의 심전도 변화(ST 분절 하강 또는 T파 역위)가 있는 환자는 심근 허혈을 의심하여 헤파린, 아스피린, 베타차단제 및 니트로글리세린으로 치료해야 한다. 이 환자군의 일부는 당단백질 IIb/IIIa 억제제 적응증에 해당하며, 아스피린과 헤파린의 약물 이상의 이점을 제공해준다. 일반적으로 사용되는 약물은 abciximab(ReoPro), 경구투여 약물은 Aggrastat과 Integrilin을 일반적으로 사용한다.

마지막으로, 급성 심장동맥 증후군과 일치하는 증상 및 징후는 있지만 입증 가능한 ECG 변화가 없거나 ECG가 정상인 환자는 아스피린과 기타 적절한 치료를 받아야 한다. 급성 심장동맥 증후군의 고위험도 분류는 환자가 가능한 빨리 최적의 치료를 받을 수 있도록 설계되었다.

혈관재순환 Revascularization

혈전용해 요법 이후 또는 혈전용해 요법이 지시되지 않았거나 효과가 없는 경우 심장동맥 혈관조영술 및 가능한 중재 요법을 시행해야 한다. 대부분 응급 심혈관 카테터 삽입술이 혈전용해 요법보다 우수하며, 혈관 폐색의 정도와 크기를 포함하여 심장동맥을 시각화할 수 있다.

심장동맥조영술을 위한 검사실에서 혈관 성형에 적합한 동맥경화성 병변과 폐색이 있는 환자를 치료할 수 있다. **경피경관 심장동맥 성형술**(*percutaneous transluminal coronary angioplasty*)이라고 하는 이 과정에는 문제가 있는 동맥에 작은 카테터를 삽입하는 과정이 포함된다. 팽창되지 않은 풍선 카테터를 병변 부위에 삽입한 다음 팽창시켜 혈관 내강의 크기를 증가시키고, 풍선 카테터가 적절하지 않다면 금속 스텐트를 사용할 수 있는데, 압축되어 있는 금속 스텐트 삽입 후 풀리면서 혈류의 흐름을 회복시킨다. 염증 및 죽종성 플라크를 분해하는 레이저 등의 다른 기술도 종종 사용된다.

일부 환자는 중증 및 미만성 동맥경화성 심장동맥질환을 앓고 있다. 그들은 혈관성형술이 불가능한 다수 병변 부위를 보인다. 이 환자들은 **심장동맥 우회술**(*coronary artery bypass grafting, CABG*)을 고려할 수 있는데, 이것은 복장뼈를 절개하여 심정지를 시키고 우회 펌프를 사용해야 하는 방법이다. 다리의 내측면을 통해 우회 이식을 위한 정맥의 일부를 추출하여, 이식이 준비되면 대동맥판막 바로 위에 있는 대동맥에 연결하고 말단부는 폐색 부위의 심장동맥에 부착된다. 일부 환자는 여러 개의 이식이 필요로 하며, 4~5개의 이식은 드문 일이 아니다. 젊은 환자의 경우 속가슴동맥과 같은 흉부의 동맥을 사용하여 혈액을 공급하기도 한다. 새로운 기술은 수술 절차를 손쉽게 만들어 환자의 입원 및 회복기간을 단축시킬 수 있다. "키홀 수술"에서는 여러 작은 절개를 통해 카메라와 필요한 수술도구가 삽입되고 심장이 계속 뛰는 동안 수술이 진행되기 때문에 "오프 펌프" 수술이라고도 불린다. 이 수술은 환자의 통증을 크게 줄이고 환자가 두 개의 큰 절개 대신 여러 개의 작은 절개를 하기 때문에 회복기간을 단축시킬 수 있다.

② **정점지속(*The plateau*).** K^+ 통로가 닫히기 전 세포 외로 유출되면서 부분적으로 재분극이 발생한다. 그 이후 칼슘 통로가 열리고 세포 밖에 있는 칼슘 이온이 세포 내로 들어온다. 칼슘 통로는 상대적으로 긴 시간(약 175 ms) 열린 상태로 유지되고, 양전하(Ca^{2+})의 유입과 K^+의 유출 감소는 재분극을 지연시키고 막전위를 장기간 0 mV에 가깝게 유지시킨다. 활동전위의 이 기간을 **정점지속**(*plateau*)이라고 하며, 세포 밖 칼슘 이온은 재분극을 지연시킬 뿐만 아니라 수축을 시작하게 한다. 세포내 농도의 증가는 또한 근육형질막(SR)의 저장물로부터 Ca^{2+}의 방출을 유발하여 수축을 지속하게 만든다.

③ **재분극(*Repolarization*).** 정점지속 동안 칼슘 통로가 닫히기 시작하고 칼륨 통로가 열리기 시작한다. 이러한 변화로 칼륨 이온(K^+)의 세포밖 유출의 증가로 막전압이 안정막전압까지 급속히 재분극되는 시기를 말한다.

그림 12-15 뼈대근과 심장근육의 활동전위와 근육세포 수축.

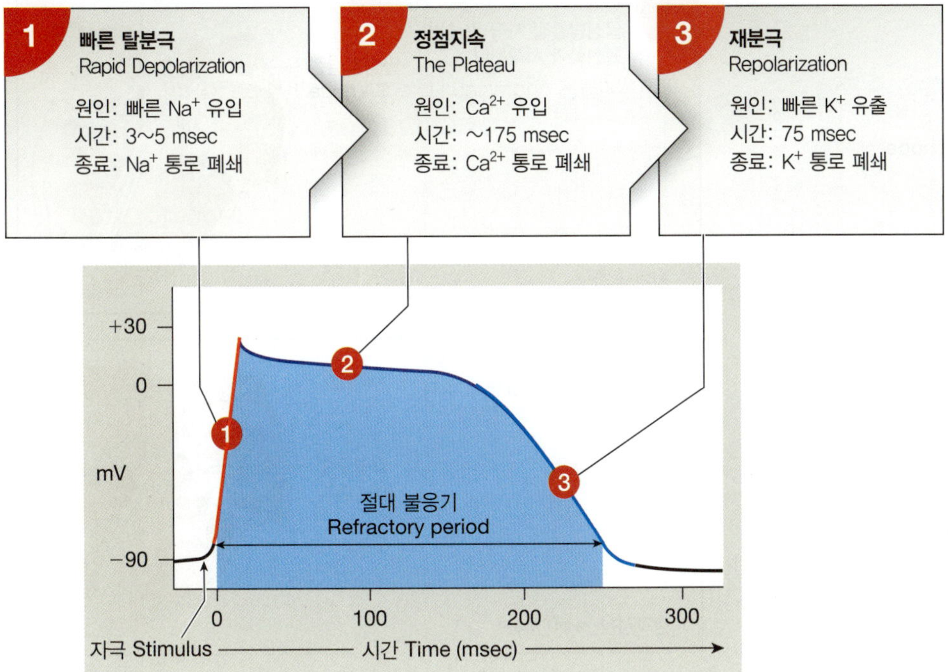

a 심실근육세포의 전형적인 활동전위 곡선

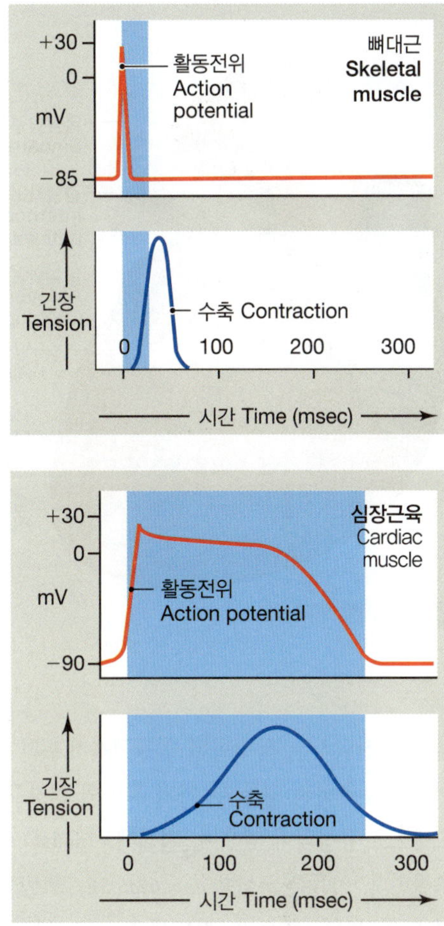

b 뼈대근(위)과 심장근육(아래)의 활동전위 및 단일수축. 음영 부분은 불응기를 나타낸다.

12

대조적으로, 뼈대근 섬유에서 빠른 탈분극(10 msec) 후, 즉시 재분극으로 이어진다. 이 짧은 활동전위는 수축이 시작되면서 끝나게 된다(**그림 12-15b, 상단**). 수축은 매우 짧고 근육형질막(SR)에서 유출된 Ca^{2+}을 회수함에 따라 끝나게 된다.

심장근육세포에서는 Ca^{2+}가 전체에 걸쳐 세포 안으로 지속적으로 유입되기 때문에 활동전위가 길어진다(**그림 12-15b, 하단**). 결과적으로, 근육 수축 기간이 계속되고, 칼슘 통로가 닫히면서 세포내 칼슘 이온은 근소포체에 의해 흡수되거나 세포 밖으로 유출되어 근육세포가 이완된다.

심장근육세포의 완전한 탈분극-재분극 과정 또는 활동전위는 250~300 msec 동안 지속되며, 이는 뼈대근 섬유에서 활동전위의 25~30배 더 지속된다(**그림 12-15b**). 이 막은 재분극될 때까지 더 이상의 자극에 반응할 수 없기 때문에 심장근육세포막의 불응 기간은 비교적 길다. 이러한 이유로 정상적인 심장근육세포는 분당 최대 200회의 수축 속도로 제한되어 있다.

뼈대근 섬유에서는 근섬유가 최고 장력을 발휘하고 이완되기 전 불응기가 끝난다. 그 결과 긴장성 **강축**(*tetanus*)이라고 불리는 상태가 발생할 수 있다. 하지만 심장근육세포에서는 불응기는 이완이 시작될 때까지 계속 진행되기 때문에, 긴장성 강축은 자극의 빈도와 강도에 상관없이 정상적인 심장근육세포에서는 일어나지 않으며, 강축이 심장의 혈액 펌프 기능을 방해할 수 없다.

전도계통 The Conducting System

뼈대근과 달리 심장근육조직은 신경이나 호르몬의 자극 없이 스스로 수축한다. 이것을 **자동성**(*automaticity*) 또는 **자동 리듬성**(*autorhythmicity*)이라고 하며, 민무늬근 조직의 특징(7장에서 논의)이기도 하다.

심장의 정상적인 패턴에서 수축은 정확한 순서를 따른다. 심방이 먼저 수축하고 그 다음에 심실이 수축하는데, 심장의 **전도계통(conducting system)**은 심장의 수축을 조절한다. 이 체계는 전기 자극을 시

그림 12-16 심장의 전도계통.

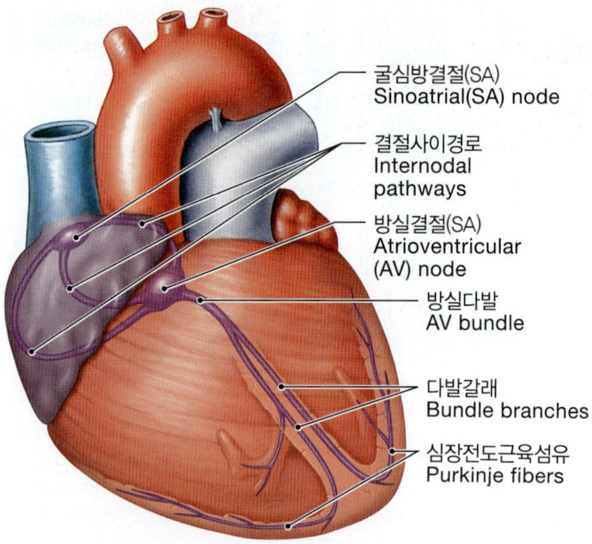

a 전도계통의 구성요소

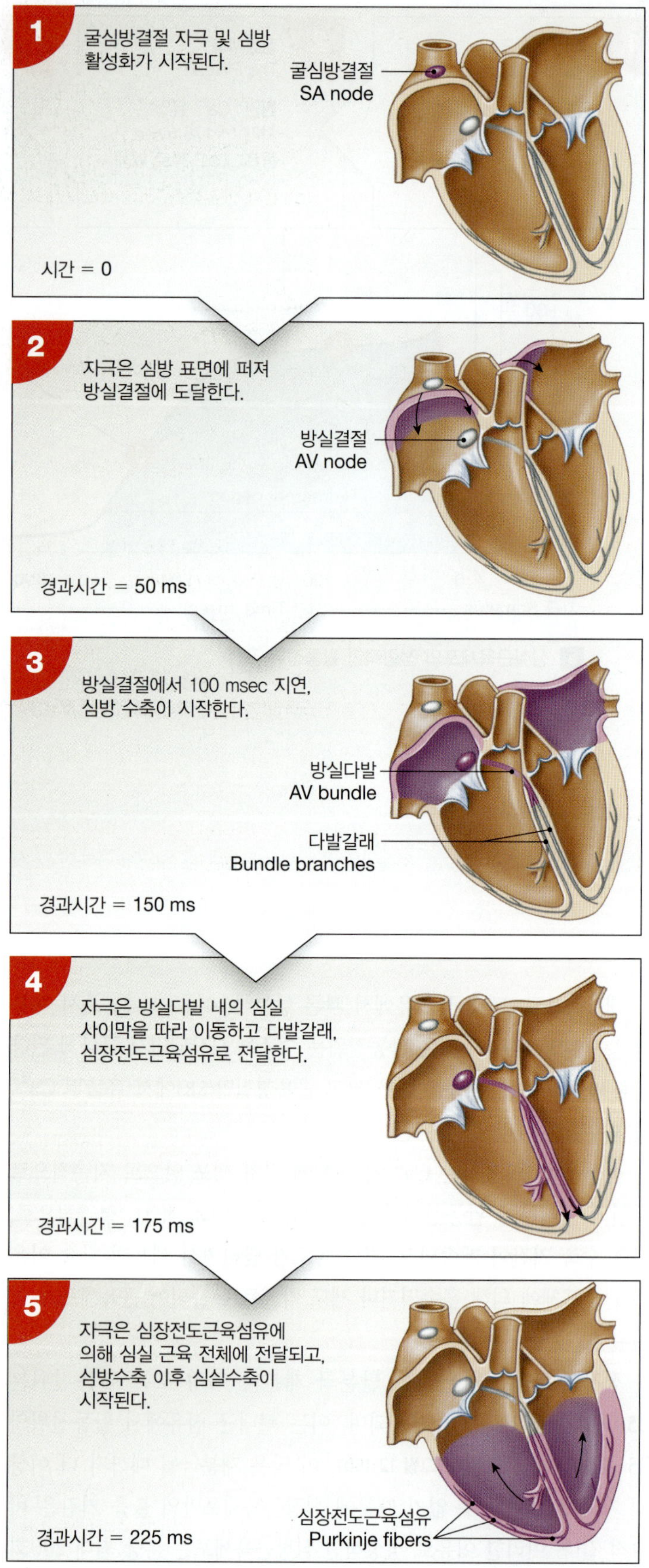

b 심장수축을 위한 자극은 일련의 단계(1~5)를 거치면서 진행된다.

12

작하고 전달하는 특수화된 심장근육세포의 집합체이다(**그림 12-16a**). 이것은 수축하지 않는 두 가지 유형의 심장근육세포인 **결절세포**와 **전도세포**로 구성되어 있으며, **결절세포(nodal cells)**는 심장 수축 속도를 조절한다. 이들은 **굴심방**(*sinoatrial, SA*) 및 **방실**(*atrioventricular, AV*) 결절에 위치하고 있으며, **전도세포(conducting cell)**는 두 결절을 상호 연결하고 수축성 자극을 심근 전체에 전달해준다. 심실의 전도세포는 **방실다발**(*AV bundle*), **다발갈래**(*bundle branch*), **심장전도근육섬유**(*Purkinje fiber*)로 구성되어 있다.

결절세포는 원형질막이 자발적으로 탈분극되고 일정한 간격으로 활동전위를 생성하기 때문에 특이하다. 결절세포는 서로 전기적으로 연결되어 있고 전도세포와 심장근육세포와 연결되어 있어, 활동전위가 결절세포에서 시작되면 빠르게 전도가 진행된다. 이러한 전도가 모든 심장근육조직에 도달하여 수축을 유발시키며, 심박수를 결정한다.

모든 결절세포가 같은 속도로 탈분극하는 것은 아니다. 정상 수축 속도는 **심장박동 조율기(pacemaker) 세포**, 즉 역치에 먼저 도달하는 결절세포에 의해 결정된다. **심장박동 조율기**(*cardiac pacemaker*) 세포는 **굴심방결절(sinoatrial node, SA node)**에 위치하며, 이는 위대정맥 입구 부근 오른심방 후벽에 있다(**그림 12-16a**). 심장박동 조율세포는 신속하고 자발적으로 탈분극하여 분당 70~80개의 활동전위를 생성하며, 이로 인해 심박수는 분당 70~80회가 된다.

수축에 대한 자극이 굴심방결절에 생성되면, 심방이 수축한 후 심실의 위쪽에서 아래로 향해 퍼지는 자극과 함께 수축한다. 이런 식으로 심실이 수축하면서 혈액이 심장 기저부로 내려가 대동맥과 허파동맥으로 들어간다.

굴심방결절은 심방벽의 세포를 전도하여 더 큰 **방실결절(atrioventricular node)**의 세포에 전기를 전달하게 된다(**그림 12-16a**). 방실결절세포는 자발적으로 탈분극하지만 분당 40~60개의 활동전위만 생성한다. 방실결절세포가 자발적으로 탈분극되기 전에 굴심방결절에서 생성된 활동전위에 의해 자극된다. 그러나 방실결절이 이 활동전위를 받지 못하면 심장박동 조율기가 되어 분당 40~60회로 심박동이 뛰게 된다.

방실결절은 오른심방의 심장정맥굴 앞에 위치하며, 활동전위는 **방실다발(AV bundle**, *bundle of His*)로 이동한다. 이 방실다발 세포는 양쪽으로 두 개의 다발갈래를 내어 **왼·오른갈래(left and right bundle branch)**로 퍼진다. 이 가지는 심장의 꼭대기까지 뻗어 있고, 왼심실과 오른심실의 내면을 가로질러 뻗치고, **심장전도근육섬유(Purkinje fiber**, *Purkinje cell*)로 전달된다.

굴심방결절에서 시작되어 심장을 통과하는 자극 경로는 **그림 12-16b**에 나와 있다. 심방의 수축은 굴심방결절에서 시작된다(**그림 12-16b ①**). 전도 경로를 통해 굴심방결절에서 방실결절로 이동하는 데 대략 50 msec의 시간이 걸린다. 그 과정에서 전도세포는 수축 자극을 오른심방과 왼심방의 세포로 전달하고 활동전위는 세포 간 접촉을 통해 심방 표면을 가로질러 퍼지게 된다(**그림 12-16b ②**). 이 자극은 방실다발을 제외한 모든 곳에서 심실과 심방을 전기적으로 분리하기 때문에 심방에만 영향을 미친다.

방실결절에서 전도가 100 msec(0.1초) 정도 느려지는데, 이는 심방수축을 끝낸 뒤에 심실수축을 하면서 혈액이 심방에서 심실로 충분히 이동할 수 있는 시간적 여유를 제공한다(**그림 12-16b ③**). 일단 자극이 방실다발로 들어가면 심실사이막, 다발갈래를 따라 심장전도근육섬유로 전달된다(**그림 12-16b ④**). 75 msec(0.075초) 이내에 수축을 시작하는 자극이 모든 심실근육세포에 도달한다(**그림 12-16b ⑤**).

비정상적인 심장박동 조율은 많은 문제를 일으킬 수 있다. **서맥(bradycardia**, *brady*)은 심장박동이 정상(60회)보다 느린 상태, **빈맥(tachycardia**, *tachy*)은 정상 심박수(100회)보다 빠른 상태이다. 어떤 경우에는 비정상적인 전도세포 또는 심실근육세포가 빠르게 활동전위를 생성하기 시작하여 굴심방결절 또는 방실결절의 활동전위를 무시할 수 있다. 이러한 비정상적인 신호를 **이소성 심장박동조율기(ectopic pacemaker)**라고 한다. 활동전위는 전도계통을 완전히 우회하여 심실 수축 시기를 방해할 수 있으며, 이러한 상태는 일반적으로 **심전도**(*electrocardiogram*)를 통해 진단되며, 다음에 논의한다.

심전도는 신체 표면의 각 위치에 부착된 전극을 통해 얻은 정보를 종합하여 나타내는데, 임상의는 심전도를 통해 특정 결절, 전도 및 수축 요소에 대해 평가할 수 있다. 예를 들어, 심장마비로 심장의 일부가

12

임상노트

제세동 Defibrillation

제세동은 심실 세동이나 무맥성 심실 빈맥과 같은 생명을 위협하는 부정맥을 치료하는 데 사용된다. 제세동이란 심근을 탈분극시키기에 충분한 전기 에너지를 심장에 전달하는 것과 동시에 심장에 최소한의 전기 손상을 일으키는 것이다. 이것은 심장 내의 심장박동 조율 세포가 정상적인 역할을 할 수 있도록 도와주지만, 에너지 또는 전류를 너무 낮게 쇼크를 준다면 부정맥이 끝나지 않을 것이다. 반대로 에너지 또는 전류가 너무 높으면 심장에 대한 기능적 및 구조적 손상이 발생할 수도 있다.

처음 개발되었을 때 제세동기는 표준 전류로 작동하는 매우 큰 장비였다. 이러한 구형 장비는 교류(AC)를 사용했으며 병원 내 사용으로 제한되어 있었다. 1970년대에는 병원 전 환경에서 사용할 수 있는 휴대용 제세동기가 개발되었고, 이 장비는 직류(DC)를 사용했지만 매우 무겁고 부피가 커서 무게가 40파운드(18 kg) 이상인 경우가 많았다(**그림 12-17**). 배터리도 제한적이어서 사용 후 바로 재충전이 필요하였지만, 현재는 노트북 크기의 제세동기를 사용하며, 대부분 완전히 자동화되어 있어 비의료인도 사용할 수 있다(**그림 12-18**).

또한 생명을 위협하는 부정맥의 위험이 있는 환자에게 영구적으로 이식할 수 있는 제세동기도 개발하였다. **이식형 자동 제세동기**(*implanted automatic cardioverter-defibrillator, IACD*)라고 하는 이러한 장치는 심장 돌연사에 대한 선택적 치료법이 되었다. 이 장치로 인해 연간 사망률 30~45%에서 연간 2% 미만으로 줄었으며, 이식형 자동 제세동기는 맥박 발생기, 전극감지 시스템, 심장 리듬을 분석하고 제세동을 유발하는 회로, 전원 공급 장치 등으로 구성되어 있으며 약 8년 정도 사용할 수 있다.

오늘날 제세동기는 자동 제세동기(AED), 반자동 제세동기(SAED), 수동 제세동기 세 가지 유형으로 나뉜다. 자동형 장비는 전극을 적용하고 전원을 켜기만 하면 되고, 반자동 장비는 사용자가 장비의 지시에 따라 전기 충격을 전달하기 위해 버튼을 눌러야 한다. 이러한 자동형 장비는 최초반응자와 비의료인이 사용하도록 설계되었다. 대부분의 항공사는 3시간 이상 비행에 자동 제세동기를 휴대하도록 되어 있고, 머지 않아 모든 대형 여객기에 이러한 장비가 탑재될 것이다. 수동형 장비는 교육을 받은 의료진이 사용하도록 설계되어 있는데, 일반적으로 지속적인 심장 모니터링,

(계속)

그림 12-17 초기 휴대용 제세동기. 제세동기와 EMS 기술은 크게 발전했다. 이 사진은 1975년 무게가 거의 40파운드(18 kg)에 달하는 휴대용 제세동기/모니터이며, 화면 하단에 있는 큰 장치는 전화기로 가동되도록 개조된 'Motorola Apcor' 라디오이다.

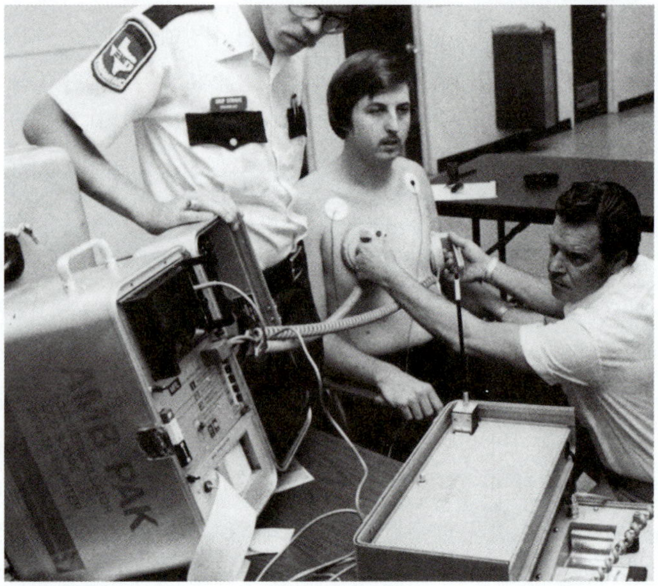

그림 12-18 현대식 제세동기. 제세동기는 아래의 사진과 같이 소형이며 완전히 자동화되었다.

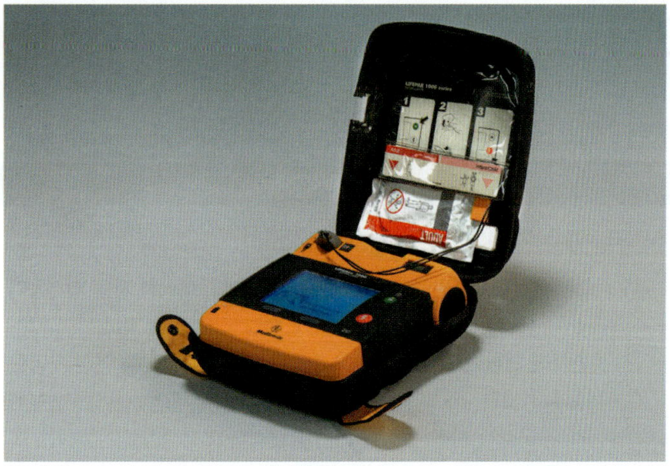

동시성 심장율동전환, 기록 및 심장박동조율 등을 포함하여 다른 기능들도 있다. 현대식 장비를 사용하면 12리드 심전도 기록 및 모니터링을 할 수 있고, 또한 심전도의 판독을 제공하는 진단 모듈도 포함되어 있다.

세동하는 심장을 회복시키는 방법은 심근으로 전달되는 전류에 의존적이다. 현대식 제세동기는 직류를 사용하고 사용자가 작동시킬 때 에너지가 충전된다. 심근으로 전류의 전달을 방해하는 요인에는 흉벽에 의한 저항과 제세동기 내부의 에너지 손실이 있다. 심근에 전달되는 전류는 제세동기에 의해 전달되는 에너지, 임피던스, 전류 흐름의 지속 시간에 의해 결정된다.

그림 12-19 제세동기 파형의 예. 위쪽이 단상파형이고 아래쪽이 이상파형이다. 이상파형에서 전류는 에너지 전달의 첫 번째 부분에서는 양의 방향으로 이동한 다음 음의 방향으로 이동한다.

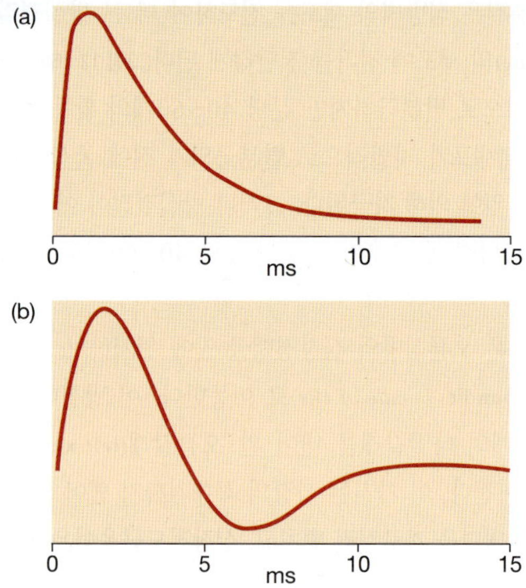

에너지 = 전류 × 임피던스 × 지속 시간
(줄 = 암페어 × 옴 × 초)

전류 또는 지속 시간이 증가하면 에너지가 증가한다. 경흉부 임피던스(전류 흐름에 대한 저항)가 증가하면 전달되는 전류가 감소한다.

현대식 제세동기는 에너지 또는 전류를 파형으로 전달한다. 에너지 수준은 장치 유형과 사용하는 파형 유형에 따라 다른데, 현대의 제세동기는 단상파와 이상파형 두 가지 유형의 파형을 사용한다(**그림 12-19**). 수년 동안 표준 파형은 단상파였고, 한 방향으로만 전류를 전달하였다. 이와 대조적으로 이상파형은 양의 방향으로 흐르는 전류를 전달한 후, 음의 방향으로도 전류를 전달한다. 이상파형은 이식형 제세동기가 있는 환자에서 우수한 것으로 입증되었지만, 연구에서는 이상파형이 체표형 제세동기에서 이점을 제공하는 하는지는 입증되지 않았다. 단상파형 제세동기에 대한 권장 에너지는 200 J에서 시작하여 두 번째 쇼크 시 300 J로 증량하고 세 번째 이후 쇼크 시 360 J이 권장된다. 이상파형 제세동기의 권장 에너지는 명확하게 설정되어 있지 않다.

많은 종류의 수동 제세동기/환자감시장치는 동시성 심장율동전환을 시행할 수 있다. 이 기능은 환자의 심전도를 모니터링하고 QRS 복합체를 표시하여 심장 주기의 정확한 시간에 쇼크를 주어 심장을 탈분극시킨다. 쇼크는 탈분극에 필요한 에너지만을 사용하기 때문에 현저히 적은 편이며, 심장의 전기적 현상은 신체 표면에 부착한 전극에 의해 감지될 정도로 강력한데, 이러한 기록을 **ECG** 또는 **EKG**라고 하는 **심전도(electrocardiogram)**이다. 심장이 박동할 때마다 탈분극의 파동이 심방을 통해 퍼지고 방실결절에서 지연되고, 심실사이막을 따라 전달되며 심근을 통해 바닥으로 퍼져 나간다.

손상되면 심전도는 비정상적인 전도 패턴을 보여준다.

심전도의 모양은 모니터링 전극 또는 리드(*leads*)의 부착 위치에 따라 다르다. 표준 리드 중 하나의 리드를 사용하여 분석한 심전도의 중요한 특징은 **그림 12-20**에 나와 있다:

- **P파(P wave)**는 심방의 탈분극을 동반한다. 심방은 P파가 시작된 후 약 25 msec 후에 수축하기 시작한다.
- 심실이 탈분극되면서 **QRS 복합체(QRS complex)**가 나타난다. 이 전기 신호는 심실 근육의 질량이 심방보다 훨씬 크기 때문에 상대적으로 강하다. 심실은 R파가 정점에 도달한 직후 수축을 시작한다.
- **T파(T wave)**는 심실 재분극을 나타낸다. 심방 재분극은 심실이 탈분극하는 동안 발생하고 QRS 복합체와 겹치기 때문에 명확하게 보이지 않는다.

심전도 분석에는 전압 변화의 크기를 측정하고 다양한 구성 요소의 시간적 관계를 포함한다. 일반적으로 P파와 QRS 복합체 동안 발생하는 탈분극 정도에 초점을 맞추는데, 예를 들어 정상적인 전기 신호보다 작다는 것은 심장근육 수축이 감소했다는 것을 의미할 수 있다. 대조적으로 지나치게 강한 탈분극은 심장근육의 수축성이 커졌다는 것을 의미할 수 있다.

파형 사이의 시간은 **분절**(*segment*) 및 **간격**(*interval*)을 의미한다. 분절은 일반적으로 한 파형의 끝에서 다른 파형의 시작까지를 의미하고,

그림 12-20 심전도.

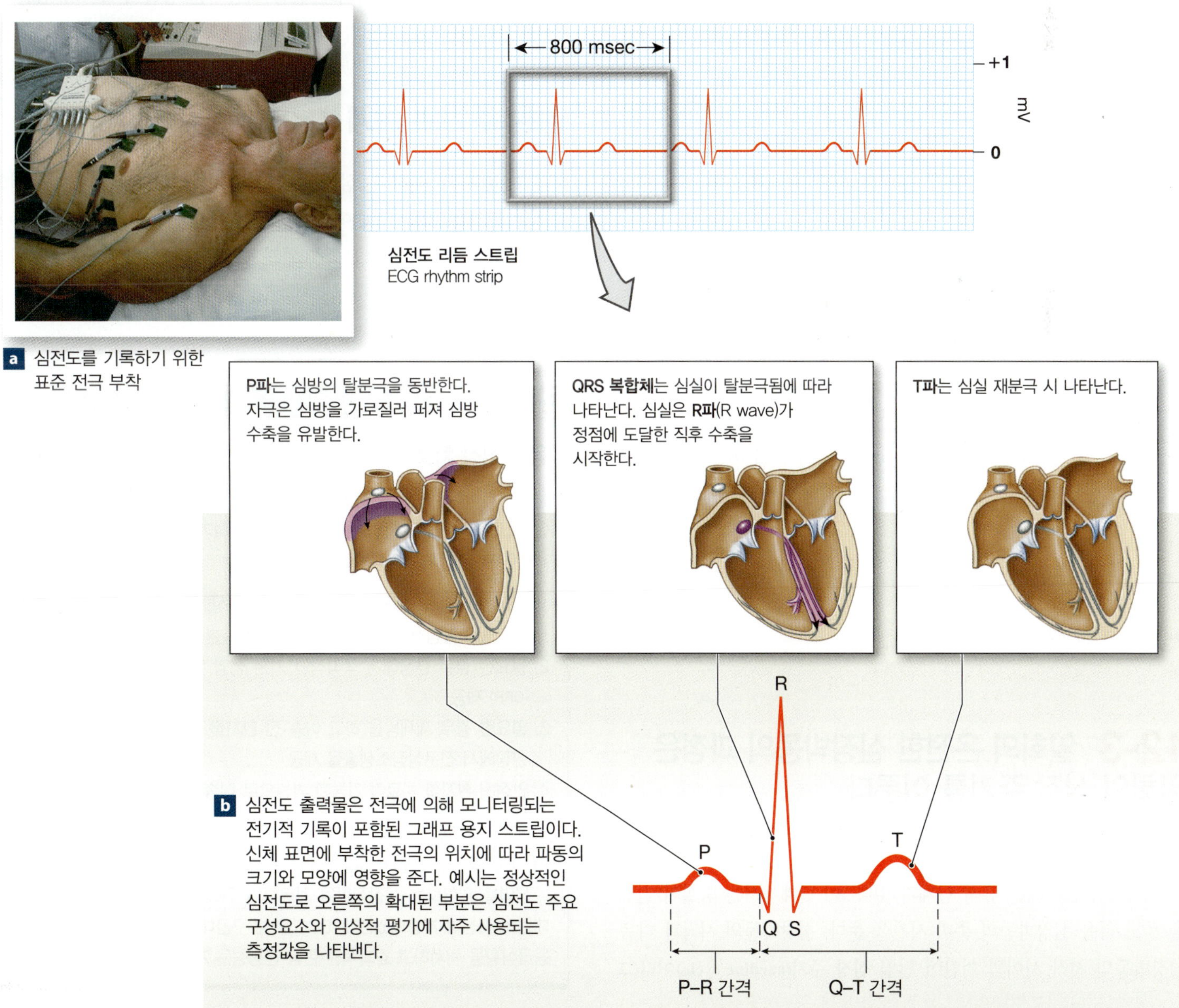

a 심전도를 기록하기 위한 표준 전극 부착

b 심전도 출력물은 전극에 의해 모니터링되는 전기적 기록이 포함된 그래프 용지 스트립이다. 신체 표면에 부착한 전극의 위치에 따라 파동의 크기와 모양에 영향을 준다. 예시는 정상적인 심전도로 오른쪽의 확대된 부분은 심전도 주요 구성요소와 임상적 평가에 자주 사용되는 측정값을 나타낸다.

12

간격은 더 가변적이지만 적어도 하나 이상의 파형을 포함한다. 일반적으로 사용되는 분절 및 간격은 **그림 12-20b**에 표시되어 있는데, 그 이름들은 다소 오해의 소지가 있을 수 있다. 예를 들어:

- **P-R 간격(P-R interval)**은 심방 탈분극의 시작에서 R파가 아닌 QRS 복합체의 시작(심실 탈분극)까지를 의미하는데, 비정상적인 심전도에서는 R파에서의 정점을 찾기 어려울 수 있기 때문이다. P-R 간격을 200 msec 이상으로 길다면 전도 경로 또는 방실결절의 문제가 있음을 의미한다.
- **Q-T 간격(Q-T interval)**은 심실이 탈분극과 재분극의 단일 주기를 거치는 데 필요한 시간을 나타낸다. 일반적으로 Q파보다는 P-R 구간의 끝에서 측정된다. Q-T 간격은 전해질 장애, 약물, 전도 문제, **심장동맥 허혈**(*coronary ischemia*) 또는 심근 손상으로 인해 길어질 수 있다. 경고 없이 돌연사를 일으킬 수 있는 선천성 심장질환도 Q-T 간격 연장이 나타날 수 있다.

심전도 분석은 심장 활동의 비정상적인 패턴인 **부정맥(cardiac arrhythmias)**을 감지하고 진단하는 데 유용하다. 일시적인 부정맥은 위험하지 않으며 인구의 약 5%가 매일 몇 차례의 비정상적인 심장박동을 경험한다고 한다. 부정맥이 심장의 펌핑 효율을 감소시키면 임상적 문제가 나타난다. 심각한 부정맥은 심근손상, 심박 조율기 또는 전도 경로 손상, 약물 중독, 세포외액의 전해질 불균형으로 나타날 수 있다.

체크포인트

4. 심장근육이 강직 경련(뼈대근처럼)이 발생하지 않는다는 것은 심장 기능에 어떤 영향을 미치는가?
5. 굴심방결절이 기능하지 않으면 심박수에 어떤 영향을 주는가?
6. 심방의 자극이 심실로 전달되기 전 방실결절에서 지연되는 것이 왜 중요한가?
7. 심전도에서 QRS 복합체의 크기를 증가시키는 원인은 무엇이 있는가?

책 뒷면에 있는 파란색 정답 탭을 참조.

12-3 일회의 온전한 심장박동의 과정은 일회의 심장 주기를 이룬다

학습목표 심장 주기를 설명하고, 이와 관련된 심장음을 설명한다.

각 심장박동에는 짧은 휴식 단계가 있다. 이 단계에서는 방실이 긴장을 풀고 다음 심장박동의 준비 시간을 준다. 심장박동의 시작과 다음 심장박동의 시작 사이의 기간이 단일 **심장 주기(cardiac cycle)**이다(**그림 12-21**). 이 주기는 수축과 이완을 번갈아 가며 진행되는 것을 포함한다. 심장 주기는 두 단계로 나눌 수 있는데, **수축기(systole)** 동안 방실의 혈액을 인접한 방실 또는 동맥으로 전달한다. 수축기 다음 **이완기(diastole)** 동안 방실은 혈액으로 채워지고 다음 심장 주기를 준비한다. 혈류는 압력이 높은 곳에서 낮은 곳으로 이동하며, 심장 주기 동안 각 방실 내의 압력은 수축기 동안 상승하고 이완기 동안 감소한다. 방실의 압력이 증가하면 혈액이 압력이 더 낮은 다른 방실로 흐르는데, 방실판막과 반달판막은 심장 주기 동안에 혈액이 한 방향으로 흐르도록 한다.

심박 조율 및 전도계통은 일반적으로 심방 수축기와 심실 수축기 사이에 필요한 시간을 제공한다. 심방과 심실이 동시에 수축하면 방실판막이 닫히기 때문에 혈액이 심방 밖으로 나올 수 없다. 정상적인 심장 주기에서는 심방 수축기와 심방 이완기는 심실 수축기와 심실 이완기와 약간의 시간 차이가 있다.

심장 주기의 단계 Phases of the Cardiac Cycle

심방 수축기 및 이완기, 심실 수축기 및 이완기에 대한 심장 주기의 단계는 75 bpm의 심박수에 대해 **그림 12-21**에 나와 있다. 심장 주기가 시작되면 4개의 방이 모두 이완되고 심방은 혈액으로, 심실은 일부분 혈액으로 채워진다.

임상노트

응급 심장 치료 Emergency Cardiac Care

응급 심장 치료(ECC)는 심혈관, 뇌혈관 및 호흡기 계통에 영향을 미치는 갑작스럽고 생명을 위협하는 요소들을 해결하기 위해 설계된 포괄적인 시스템이며, 구체적으로 다음이 포함된다.

1. 심장마비 및 뇌졸중의 조기 경고 징후 인식, 합병증 예방 노력, 환자 안정, EMS 활성화 및 모니터링 장비의 신속한 사용 가능 여부.
2. 필요한 경우 현장에서 즉각적인 기본 생명 유지술(BLS) 및 심폐소생술(CPR) 제공.
3. 필요한 경우 제세동을 하고 이송 전 환자를 안정시키기 위해 신속하게 현장에서 전문심장소생술을 제공.
4. 안정된 환자를 치료가 가능한 병원으로 이송.

ECC 시스템의 핵심은 응급 의료상황을 인지하고 EMS를 호출하고 초기 CPR 및 기본 응급처치를 제공하는 최초 반응자에 있다.

생명을 위협하는 심장질환을 치료하기 위해 병원 전 전문처치와 구급대원의 지침이 개발되었는데, ECC 외에 구급대원이 외상 및 모든 유형의 응급상황을 처치하고 효과적인 현장 안정성을 제공한다.

그림 12-21 **심장 주기.** 가는 검은색 화살표는 혈류를 나타내고 녹색 화살표는 수축을 의미한다. 그림의 주기는 75 bpm의 심박수 기준.

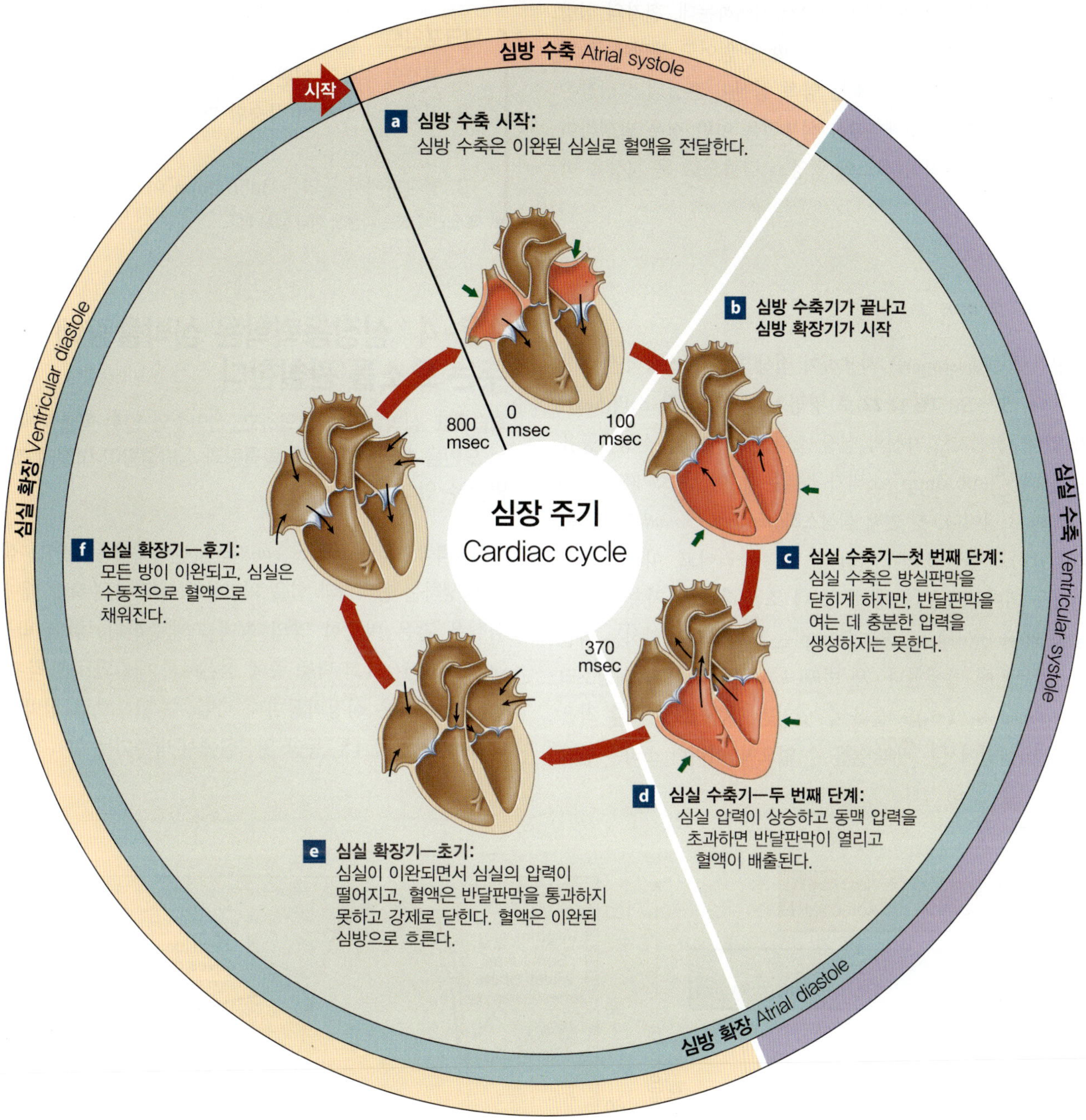

심장 주기는 심방수축 단계부터 시작되는데, 이 단계에서는 심방이 수축하여 심실을 혈액으로 완전히 채우게 된다(**그림 12-21a**). 심방 수축은 100 msec 동안 지속된다. 심방 수축이 끝나면 심방 확장기와 심실 수축기가 시작된다(**그림 12-21b**). 심실의 압력이 심방의 압력보다 높아지면 방실판막이 닫히게 된다(**그림 12-21c**). 그러나 심실 압력이 동맥 압력을 초과할 때까지 혈액이 동맥계로 이동할 수 없고, 압력이 초과하면 혈액은 반달판막을 열고 대동맥과 허파동맥으로 흘러 들어간다(**그림 12-21d**). 이 단계는 심실 수축기 동안 지속되며, 성인의 경우 약 270 msec 동안 진행된다.

그 후 심장은 심실 확장기에 들어간다. 이 단계는 530 msec(심방이 수축할 때 100 msec, 나머지 430 msec) 동안 지속된다(**그림 12-21e**). 심실 확장기가 시작되면 심실 압력이 급격히 감소하면서 동맥계의 압력 아래로 떨어지면 반달판막이 닫히게 된다. 심실 압력이 지속적으로 감소하면서 심방 압력 이하로 떨어지면 방실판막이 열리고 혈액은 심방에서 심실로 흐르게 된다. 이때 심방과 심실 모두 이완되며 혈액은 주요 정맥에서 이완된 심방을 통해 심실로 흐르게 된다(**그림 12-21f**).

심방 수축이 시작할 때쯤 심실은 대략 70%가 채워진다. 심방 수축은 실제로 심실 용적을 채우는 데 미미하게 기여하는데, 환자의 심방이 심한 손상을 받게 되어 더 이상 기능을 할 수 없어도 생명에 큰 지장이 없는 이유다. 반대로 한쪽 또는 양쪽 심실이 손상되면 심장은 적절한 혈류를 유지할 수 없게 된다. 심부전은 이런 경우 발생하며 심장이 약해지고 말초조직이 산소와 영양소 결핍으로 큰 지장을 받게 된다.

심장음 Heart Sounds

임상의는 **청진기(stethoscope)**를 사용하여 정상 혹은 비정상적인 심장 소리를 듣는다. S_1~S_4(**그림 12-22**)로 명명된 4개의 **심장 소리(heart sounds)**가 있다. 청진기로 자신의 심장 소리를 들어보면, 심장박동을 동반하는 친숙한 "lubb-dupp" 소리가 들리는데, 이 두 소리(S_1 및 S_2)는 심장판막의 소리이다. **첫 번째 심장소리**(*first heart sound*, "lubb")는 방실판막이 닫히고 반달판막이 열릴 때 나는 소리이고, 이것은 심실 수축의 시작을 의미하고 두 번째 소리보다 조금 더 오래 지속된다. **두 번째 심장 소리**(*second heart sound*), "dupp"은 반달판막이 닫히는 심실 확장기가 시작될 때 발생한다. **세 번째**(*third*) **및 네 번째 심장소리**(*fourth heart sound*, S_3 및 S_4)도 들을 수 있지만 일반적으로 매우 작은 편이다. 건강한 성인에서는 거의 들을 수 없으며, 이러한 소리는 판막 작용보다는 심방 수축 및 심실로 흐르는 혈액과 관련이 있다.

체크포인트

8. 심장의 수축과 이완에 대한 주기에 대해 설명하시오.
9. 왼심실의 압력이 상승할 때 심장은 항상 혈액을 펌프질하는가? 설명하시오.
10. 청진기에서 들리는 "lubb-dupp"이 들리는 이유는 무엇인가?

책 뒷면에 있는 파란색 정답 탭을 참조.

12-4 심장동력학은 심박출량에 영향을 주는 요소를 관찰한다

학습목표 심박출량을 정의하고, 심박수와 일회 박출량에 영향을 미치는 요인을 설명하고, 일회 박출량과 심박출량이 어떻게 조절되는지 설명할 수 있다.

심장동력학(*heart dynamics, cardiodynamics*)이라는 용어는 심장 수축 중에 발생하는 움직임과 힘을 의미한다. 심장이 수축할 때마다 두 개의 심실은 같은 비슷한 양의 혈액을 배출한다. **일회 박출량(stroke volume, SV)**은 1회 박동 중에 심실에서 배출되는 혈액이 양이며, 한 번의 박출량은 심장박동마다 다를 수 있으므로 **심박출량(cardiac output, CO)**, 즉 1분 동안 왼심실에서 박출되는 혈액의 양을 더 의미

12

그림 12-22 심장소리.

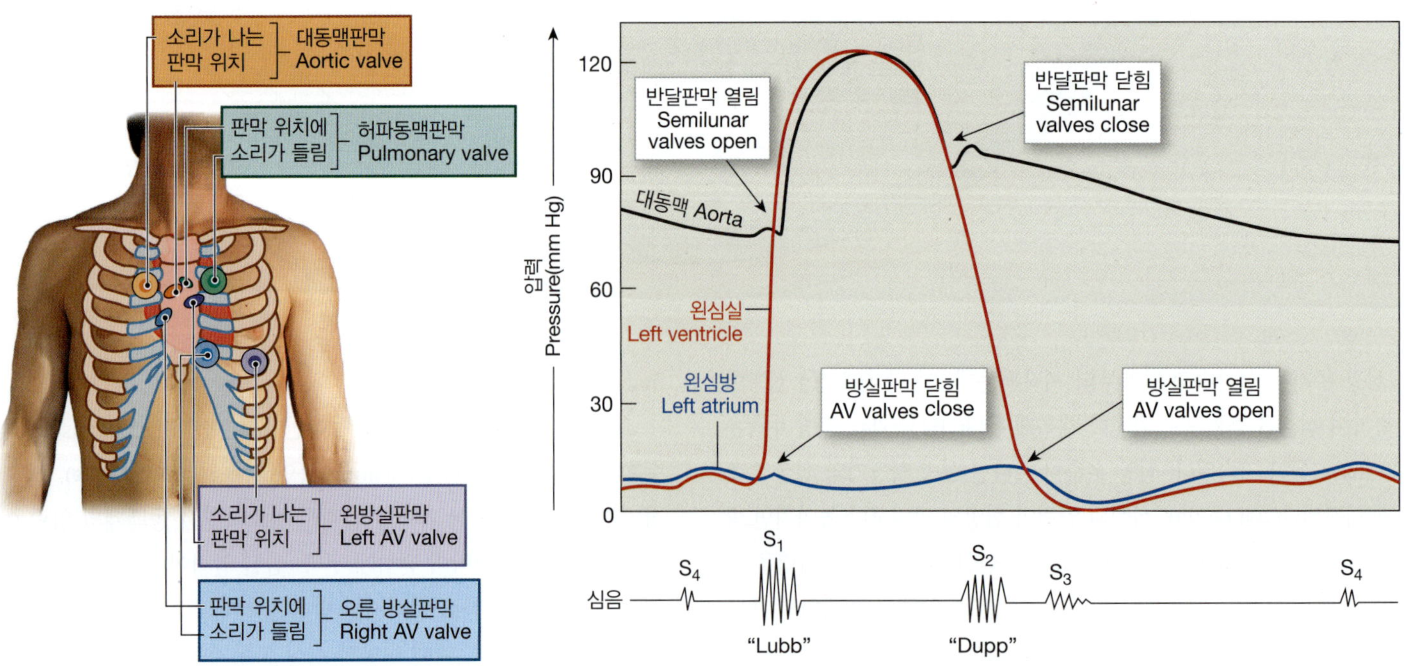

a 각 판막에서 생성되는 다양한 소리를 듣기 위한 청진기의 위치

b 심장 주기 동안 발생하는 단계와 심음과의 관계

임상노트

무딘 심근손상 Blunt Myocardial Injury

심근의 무딘 외상은 타박상에서 진탕증에 이르는 부상까지 초래할 수 있다. 심근 타박상은 가슴 전면부의 둔상으로 인해 심장에 충격을 전달하여 발생하며, 가장 흔한 원인은 자동차 사고로 핸들에 부딪히면서 발생한다. 이것은 국소적인 심근 부종, 간질성 출혈, 때때로 심장속막하 출혈을 유발할 수 있다. 가장 빈번하게 손상을 받는 부분은 전방 오른심실벽, 심실사이막, 왼심실 전면과 꼭대기 부분이다.

심근 타박상은 일반적으로 협심증에서 나타나는 것과 유사한 흉통을 유발한다. 리듬 및 전도 장애와 관련된 빈맥도 종종 나타내며, 심각한 손상은 심박출량 감소로 이어질 수 있다. 심근 타박상은 손상된 심근에 대한 리드의 ST 분절 상승과 같은 심전도 이상을 나타낼 수 있다. 어떤 경우에는 심장효소 수치 상승을 보이며, 심근 타박상을 입은 대부분의 환자는 3주에서 6주 사이에 회복된다.

심근진탕 Commotio Cordis

심근진탕(*myocardial concussion*)은 흔히 *'Commotio Cordis'*라고 불리며 뚜렷한 손상이 발견되지 않는 심근의 손상이다. 그러나 환자는 심실세동과 같은 생명을 위협하는 리듬 장애를 일으키고 사망할 수 있다. 심근진탕은 일반적으로 가슴에 직접적인 힘이 가해지면 발생하며, 종종 스포츠 활동 중 경미한 타격에도 발생한다. **심근진탕**(*commotio cordis*)과 관련된 스포츠는 가라데, 하키, 소프트볼, 야구가 있는데, 5~18세 사이의 젊은 남성 선수가 손상 위험에 노출되어 있다. 동물 연구에서 충격과 동시에 심실세동이 발생하였다고 한다. 흉부 충격이 심장 주기 중 T파의 정점 직전인 재분극 시기에 가해지면 심실세동 발생 가능성이 높으며, 성공적인 소생을 위해서 신속한 제세동, 심폐소생술을 시행해야 한다. **심근진탕**은 극히 드문 사망원인이지만, 운동선수의 개인적, 생리학적 심혈관 질병 발생 가능성보다 높기 때문에 보호 패드와 같은 안전 장비를 착용해야 한다.

있게 생각한다. 심박출량은 말초조직을 통한 혈류 지표를 제공하고 항상성을 유지하려면 적절한 혈류가 필요하다.

심박출량은 심박수(HR)에 평균 일회 박출량(SV)을 곱하여 계산할 수 있다.

CO	=	HR	×	SV
심박출량 (mL/min)		심박동수 (beats/min)		일회 박출량 (mL/beat)

예를 들어, 심박수가 분당 75회이고 일회 박출량이 80 mL인 경우 심박출량은 다음과 같다.

$$\begin{aligned} CO &= 75\ \text{beats/min} \times 80\ \text{mL/beat} \\ &= 6000\ \text{mL/min}\ (6\ \text{L/min}) \end{aligned}$$

이 값은 1분당 평균 성인의 총 혈액량과 동일한 심박출량을 나타낸다. 그러나 정상적인 심장은 수축률과 일회 박출량을 모두 증가시킬 수 있기 때문에 심박출량은 매우 가변적이며, 필요한 경우 정상 심장의 일회 박출량은 거의 두 배가 될 수 있고, 심박수는 250%까지 증가할 수 있다. 둘 다 함께 증가하면 심박출량이 500~700%, 분당 최대 30리터까지 증가할 수 있다.

심박출량은 말초조직이 적절한 혈액 공급을 받을 수 있도록 정밀하게 조절되는데, 심박출량을 조절하는 요인은 심박수와 일회 박출량에 동시에 영향을 미친다. 이러한 일차요인에는 **혈액량 반사**(*blood volume reflexes*), **자율신경**(*autonomic innervation*), **호르몬**(*hormones*)이 포함되고 이차요인에는 다양한 약물, 세포외액의 이온 농도 및 체온이 포함된다(임상 노트 '심박출량에 영향을 미치는 비정상적인 상태' 참고).

혈액량 반사 Blood Volume Reflexes

심장근육 수축은 능동적인 과정이지만, 이완은 완전히 수동적이다. 심장근육을 수축하기 전의 길이로 되돌리는 데 필요한 힘은 심장 뼈대의 탄력성에 도움을 받아 심장에서 분출되는 혈액에서 나오는데, 그 결과 심장에 들어가는 혈액량과 수축 중에 배출되는 혈액량 사이에는 직접적인 관계가 있다.

두 개의 심장 반사는 혈액량의 변화에 반응한다. 이 중 하나는 오른심방에서 발생하며 심박수에 영향을 주고, 다른 하나는 일회 박출량에 영향을 미치는 심실 반사이다. **심방 반사**(**atrial reflex**, *Bainbridge reflex*)는 **정맥 환류**(**venous return**)의 증가, 즉 심장으로의 정맥 혈액 흐름에 따라 심박수를 조절한다. 정맥 환류는 심박출량, 말초 순환 및 대정맥을 통한 혈류 속도에 영향을 미치는 다른 요인의 변화에 따라 달라진다. 심방 반사는 어떻게 작동하는가? 혈액의 유입은 오른심방벽의 신축성 수용체를 자극하여 교감신경 활동의 증가를 통해 심박수의 반사적인 증가를 일으킨다. 교감신경 자극의 결과로 굴심방결절은 더 빨리 탈분극하며 심박수가 증가한다.

각 심장박동으로 심실에서 박출되는 혈액량(일회 박출량)은 정맥 환류뿐만 아니라 혈액이 심실로 유입하는 심실 확장기 **충만기**(**filling time**)에 의해서도 결정되는데, 주로 심박수에 영향을 받는다. 심박수가 빠르면 빠를수록 충전 시간이 짧아지기 때문이다.

정상적인 활동 내에서 심실로 들어가는 혈액량이 많을수록 수축이 강해지고 일회 박출량이 커진다. 휴식 시 정맥 환류는 비교적 낮고 그다지 늘지 않는데, 그 결과 심실은 거의 힘을 발휘하지 않고 일회 박

12

임상노트

심박출량에 영향을 주는 비정상적인 상태
Abnormal Conditions Affecting Cardiac Output

굴심방결절은 심장 수축의 기본 리듬이지만, 다양한 약물, 세포 밖 이온 농도의 비정상적인 변화 및 체온 변화가 리듬을 바꿀 수 있다. 카페인과 니코틴을 포함한 여러 약물에는 심박수를 증가시키는 자극 효과가 있다. 카페인은 전도계통에 직접 작용하고, 굴심방결절의 탈분극 속도를 증가시키고, 니코틴은 심장을 자극하는 교감신경 활동에 직접 자극한다.

이온 농도의 비정상적인 변화는 일회 박출량과 심박수에 영향을 주어 심박출량에 영향을 줄 수 있다. 세포 밖 칼슘 이온 농도의 변화는 주로 심장 수축의 강도와 지속 시간에 영향을 미치므로 일회 박출량에도 영향을 준다. 칼슘 농도가 높은 상태를 고칼슘혈증이라고 하는데, 이러한 상태에서는 심장근육세포가 극도로 흥분되어 수축력이 강해지고 시간이 연장되고, 심한 경우 심장은 치명적인 수축 상태에 빠지게 된다. 칼슘 수치가 비정상적으로 낮은 상태를 저칼슘혈증이라고 하며, 수축이 매우 약해지고 완전히 멈출 수도 있다.

비정상적인 세포 밖 칼륨 이온 농도는 심박수에 영향을 줄 수 있다. 굴심방결절의 안정막 전위를 변화시킴으로써 영향을 주며, 고칼륨혈증에서는 심장 수축이 약해지고 불규칙하게 만든다. 저칼륨혈증에서는 칼륨 수치가 비정상적으로 낮아져 심박수를 느리게 한다.

체온 변화는 몸 전체의 대사 작용에도 영향을 미치는데, 예를 들어 체온이 낮아지면 굴심방결절의 탈분극 속도를 늦추고, 심박수를 낮추며, 심장 수축의 강도를 감소시킨다(심장 수술 중 심장의 박동을 멈추기 위해 의도적으로 사용되어짐). 체온이 상승하면 심박수와 수축력이 증가하는데, 열이 날 때 심장이 뛰고 두근거리는 것을 느끼는 이유다.

출량은 적어진다. 정맥 환류가 갑자기 증가하면(즉, 더 많은 혈액이 심장으로 유입된 경우) 어떻게 되는가? 심근은 더 늘어나고 심실은 수축 시 큰 힘을 만들어 일회 박출량이 증가하게 된다.

"더 들어오면 더 나간다"라는 이러한 원리는 **프랭크-스탈링 법칙(Frank-Starling principle)**이라고 알려져 있다. 이러한 관계를 처음 증명한 생리학자의 이름을 따서 명명되었고, 왼·오른 심실의 혈액이 다양한 조건에서 균형을 이루고 있다는 것이다.

자율신경 분포 Autonomic Innervation

앞서 언급했듯이, 굴심방결절의 심장박동 조율기는 기본 심박수를 조절한다. 그러나 자율신경계가 이 심박수에 영향을 줄 수 있다. 자율신경계통의 교감신경 및 부교감신경 모두 심장에 영향을 미친다(**그림 12-23**). 신경절이후섬유는 목신경절과 상위가슴신경절에 위치한 신경

지식 쌓기

자율신경계는 말초신경계에서 분지되는 것을 기억하라. 중추신경계에서는 심장 근육, 민무늬근 및 분비샘으로 운동 명령을 전달한다(**8장: 신경계통** 참조). 자율신경계의 운동 명령은 의식적 인식 밖에서 발생한다. 자율신경계의 운동 뉴런은 신경절이전 뉴런으로 알려져 있는데, 그 축삭은 말초신경계 신경절의 뉴런에서 시냅스를 형성한다. 신경절 신경세포의 축삭은 신경절이후섬유라고 불리고 자율신경계는 교감신경과 부교감신경을 포함하며, 일반적으로 서로 반대 작용을 한다.

그림 12-23 심장의 자율신경 분포.

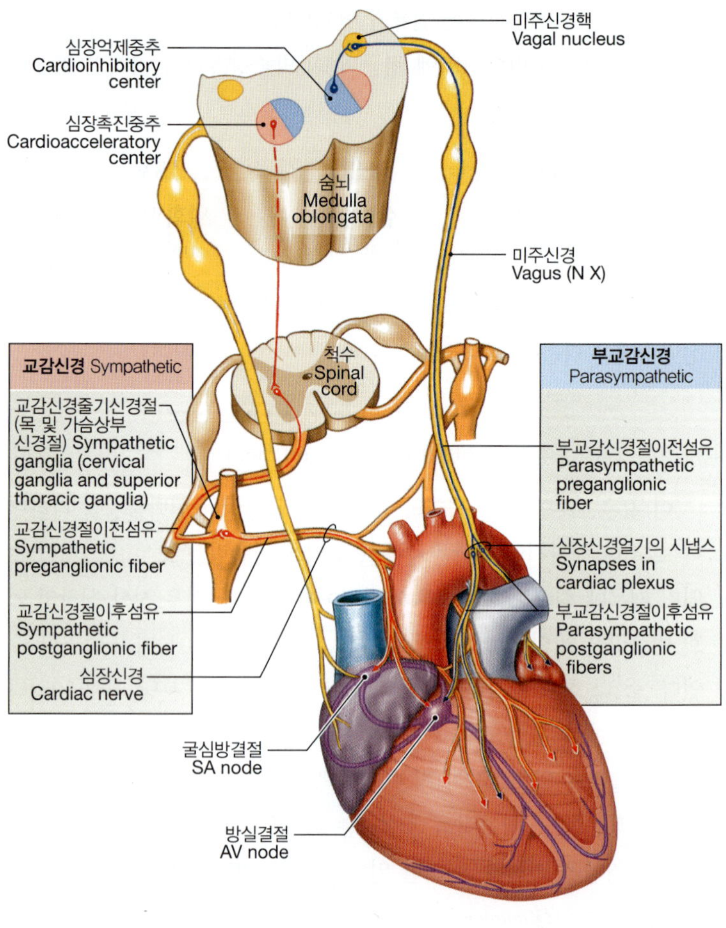

세포체로부터 전달받고, 미주신경은 부교감신경 절전섬유를 심장 근처의 신경절로 전달한다. 이 두 자율신경계통 갈래는 굴심방결절과 방실결절뿐만 아니라, 심방의 심장근세포에도 분포한다. 또한 심실의 심장근세포에도 분포하는데 교감신경섬유가 부교감신경에 비해 매우 많다.

심장박동수에 대한 자율신경 작용 Autonomic Effects on Heart Rate

심장박동수(심박수)에 대한 자율신경 효과는 주로 아세틸콜린과 노르에피네프린이 굴심방결절에 영향을 준다. 부교감신경에서 방출되는 아세틸콜린은 심박수를 낮추고, 교감신경에서 방출되는 노르에피네프린은 심박수를 증가시킨다. 심박수의 지속적인 상승은 교감신경이 활성화되어 있는 동안 부신속질에서 에프네프린과 노르에피네프린 방출에 따라 발생할 수 있다.

일회 박출량에 대한 자율신경 작용 Autonomic Effects on Stroke Volume

자율신경계의 노르에피네프린, 에피네프린 및 아세틸콜린이 또한 수축성(*contractility*)에도 영향을 주어 일회 박출량에 영향을 준다. 자율신경계에 노르에피네프린과 에피네프린, 아세틸콜린의 작용은 다음과 같다:

- **노르에피네프린과 에피네프린은 수축력을 향상시킨다(*NE and E increase contractility*).** 심근의 시냅스에서 노르에피네프린의 교감신경 방출과 부신수질에 노르에피네프린과 에피네프린의 방출은 심장근육세포 대사를 자극한다. 이러한 자극은 심실 수축의 힘을 높여 일회 박출량을 증가시킨다.
- **아세틸콜린은 수축력을 감소시킨다(*ACh decreases contractility*).** 아세틸콜린은 심장 수축의 힘을 감소시키는 효과를 나타낸다. 수축력의 가장 큰 감소는 심방에서 발생하는데, 이는 부교감신경 분포가 심실에서 상대적으로 제한되기 때문이다. 결과적으로 일회 박출량의 감소로 이어진다.

두 자율신경계는 일반적으로 일정한 수준에서 활성화되어 결절과 심근 모두에서 아세틸콜린과 노르에피네프린을 방출한다. 따라서 미주신경을 억제하면 심박수가 증가하고 교감신경 차단제는 심박수를 낮추게 한다. 이 중 신경분포와 자율신경 조절을 통해 자율신경계는 심혈관 기능을 섬세하게 조절할 수 있다.

자율신경의 조절 The Coordination of Autonomic Activity

숨뇌의 심장 조절 중추에는 자율신경계가 위치하고 있다. 이것은 교감신경과 부교감신경을 포함한다. **심장촉진중추(cardioacceleratory center)**는 심박수를 증가시키는 교감신경을 제어하고, 인접한 **심장억제중추(cardioinhibitory center)**는 심박수를 느리게 하는 부교감신경을 제어한다(**그림 12-23**). 심혈관 계통은 미주신경과 심장신경얼기의 교감신경을 수반하는 내장 감각 섬유를 통해 심장 중추로 자극을 전달한다.

심장 중추는 혈압과 산소, 이산화탄소 농도 변화에도 반응하는데, 이러한 변화는 혀인두 및 미주신경의 지배를 받는 압력수용기와 화학수용체에 의해 감시된다. 혈압이나 산소 농도가 감소하거나 이산화탄소 수치의 증가는 일반적으로 말초조직의 산소 요구량이 증가했음을 의미한다. 그러면 심장 중추는 심박출량의 증가를 요구하여 심장은 빠르게 박동한다.

임상노트

심장 이식 The Denervated Heart

심장 이식은 이제 꽤 흔한 편이다. 이식된 심장은 15~20년 동안 적절한 관리가 필요하고, 신경이 제거된 상태라는 것을 기억해야 한다. 즉, 기증자에게서 심장을 제거하면 심장을 조절하는 자율신경도 절단되어 수혜자에게 이식할 때 다시 부착할 수 없다. 따라서 소수의 환자에서 시간이 지남에 따라 일부 신경 조절 기능이 발달한다는 증거가 있지만 이식된 심장에 대한 신경 조절은 거의 이루어지지 않는다.

이식된 심장에서 안정 시 심박수는 심장의 본래 심장박동 조율과 호르몬의 영향을 받아 자율신경계에 의해 조절되는데, 이러한 조절을 통해 심장이 적절한 속도로 기능하고 유지하도록 해준다. 부교감신경계는 휴식기에 주요 조절 요인이며, 이식 후 초기에는 약물(칼슘 통로 차단제) 또는 심장박동 조율기를 통해 조절을 뒷받침해주어야 한다. 나중에는 내인성 카테콜아민이 안정 시 심박수를 지원해준다.

이식된 심장의 경우 부교감신경 억제의 상실로 인해 안정 시 심박수가 정상보다 빠른 편이며, 운동 시 느린 심박수 상승, 운동이 끝난 후에는 심박수가 느리게 회복된다. 심박수의 증가와 관련된 메커니즘은 말초 신경계로부터 카테콜아민의 방출이 있다.

지식 쌓기

숨뇌는 척수에 붙어 있는 뇌의 한 부분이라는 것을 기억하라(**8장: 신경계통** 참조). 그 역할 중 하나는 감각 정보를 시상 및 다른 뇌간 중추에 전달하는 것이다. 또한 심장박동수, 혈압, 호흡, 소화 활동과 같은 자율 기능을 조절하는 주요 중추를 포함한다.

임상노트

세포 밖 이온과 체온, 심박출량 Extracellular Ions, Temperature, and Cardiac Output

세포 밖 칼슘 이온 농도의 변화는 심장 수축 강도와 시간에 영향을 주어 일회 박출량도 변화시킨다. 칼슘 농도가 상승하면(**고칼슘혈증**, *hypercalcemia*) 심장근육세포가 극도로 흥분되고 수축이 강해지며 시간이 연장된다. 심한 경우 심장은 치명적인 긴 수축 상태에 빠지게 된다. 칼슘 수치가 비정상적으로 낮으면(**저칼슘혈증**, *hypocalcemia*) 수축이 약해지고 완전히 멈출 수 있다.

비정상적인 세포 밖 칼륨 이온 농도는 굴심방결절의 휴지 전위를 변화시켜 심박수에 영향을 준다. 칼륨 농도가 높으면(**고칼륨혈증**, *hyperkalemia*) 심장 수축이 약해지고 불규칙해지고, 비정상적으로 낮으면(**저칼륨혈증**, *hypokalemia*) 심박수가 감소한다.

체온 변화는 몸 전체의 대사 활동에 영향을 미친다. 체온이 낮아지면 굴심방결절의 탈분극 속도를 늦추고, 심박수가 느려지며, 심장 수축의 강도를 감소시킨다. 체온이 올라가면 심박수와 수축력이 증가하여 열이 날 때 심장이 뛰고 두근거리는 것이 그 이유이다.

감각정보에 반응하여 자동 조절을 하는 것 외에도, 심장 중추는 특히 시상하부에 의해 영향을 받을 수 있다. 이러한 이유로 감정 상태의 변화(예: 분노, 공포, 각성)는 심박수에 즉각적인 영향을 미친다.

호르몬 Hormones

부신수질에서 분비되는 에피네프린과 노르에피네프린은 심박수와 수축력을 증가시키는 작용을 한다는 것을 기억하라. 갑상샘 호르몬과 글루카곤도 또한 심박수와 수축력을 증가시키는 작용을 한다. 합성 약물이 나오기 전 글루카곤은 심장 기능을 자극하는 데 사용했던 약물이다.

심장의 수축력에 영향을 미치는 다양한 약물들은 심장 관련 응급상황에 사용되거나 치료를 위해 개발되었다. 디지탈리스(*digitalis*) 및 관련 약물은 심장근육세포 내 칼슘 농도를 증가시킴으로써 수축력을 증가시키고, 고혈압 치료에 사용되는 많은 약물들은 수축력을 감소시키는 작용을 한다.

체크포인트

11. 심박출량을 정의하시오.
12. 만약 숨뇌의 심장억제중추가 손상되었다면 자율신경계의 어느 부분에 영향을 미치며, 심장에 어떤 영향을 미칠 것인가?
13. 심장의 아세틸콜린 수용체를 자극하는 것은 심박출량에 어떤 영향을 미치는가?
14. 정맥 환류량이 증가하면 일회 박출량에 어떤 영향을 미치는가?
15. 심장이 너무 빨리 뛰면 어떤 문제가 생기는가?

책 뒷면에 있는 파란색 정답 탭을 참조.

관련 임상 용어

협심증(angina pectoris): 심장에 과부하(힘든 작업, 스트레스 등)가 발생하면 일시적인 허혈(국소적인 혈액 공급 감소)로 인한 심한 흉통.

풍선 확장술(balloon angioplasty): 팽창식의 카테터를 사용하여 좁아진 심장동맥의 혈관을 확장시키는 시술.

심장눌림증(cardiac tamponade): 심장막 자극과 염증으로 인해 발생하는 질환으로 심낭에 체액이 모여 심장의 움직임과 심박출량이 제한되는 상태.

심장학(cardiology): 심장의 기능 및 질병에 대한 연구.

심장동맥 조영술(coronary arteriography): 카테터를 통해 심장동맥 중 하나에 불투과성 성분을 주입 후 심장동맥 순환의 X선 이미지를 생성.

심장동맥 우회 이식술(CABG, coronary artery bypass graft): 신체의 다른 부위의 혈관을 이용하여 폐색된 심장동맥을 대신하여 순환시키는 것.

심장동맥 혈전증(coronary thrombosis): 심장동맥에 혈전에 의해 순환 장애를 일으켜 심장마비를 일으킬 수 있음.

제세동기(defibrillator): 심장의 세동을 제거하고 정상적인 심장 리듬을 회복하기 위해 사용하는 장비.

심장초음파검사(echocardiography): 심장과 대혈관 혈류의 초음파 검사.

심장 전도 차단(heart block): 전도 장애(물리적 손상, 허혈, 감염 등)는 심장의 정상 리듬을 방해.

심막염(pericarditis): 심장막의 염증.

12 복습

요약

심혈관계통에서 심장의 역할 p. 454

1. 심혈관 계통은 **허파순환(pulmonary circuit**, 허파로 혈액을 전달)과 **온몸순환(systemic circuit**, 신체의 나머지 부분으로 전달)으로 나눌 수 있다. **동맥(artery)**은 심장에서 혈액을 전달하고, **정맥(vein)**은 혈액을 심장으로 되돌리는 역할을 한다. **모세혈관(capillary)**은 가장 작은 동맥과 가장 작은 정맥 사이에 있는 작은 혈관이다(**그림 12-1**).

2. 심장은 **오른심방(right atrium)**, **오른심실(right ventricle)**, **왼심방(left atrium)**, **왼심실(left ventricle)**로 4개의 방을 가지고 있다.

12-1 심장은 방이 네 개인 기관으로 심장동맥이 혈액을 공급하고, 산소가 적은 혈액을 허파로 뿜어내며 산소가 풍부한 혈액을 온몸으로 뿜어낸다 p. 454

3. 심장 주변에는 **심장막안(pericardial cavity)**이 있고 **심장막(pericardium)**으로 둘러 싸여있다. **내장쪽 심장막(visceral pericardium)**(**심장바깥막, epicardium**)은 심장의 외부 표면을 덮고, **벽쪽 심장막(parietal pericardium)**은 심장막안 내부 표면에 형성되어 있다(**그림 12-2**).

4. 깊은 홈인 **방실사이고랑(coronary sulcus)**은 심방과 심실 사이의 경계를 나타내고, **앞**과 **뒤쪽의 심실 간 고랑(anterior** and **posterior interventricular sulci)**은 왼심실과 오른심실 사이의 경계를 표시한다(**그림 12-3**).

5. 심장의 대부분은 **근육층(myocardium)**으로 구성되어 있다. **심장내막(endocardium)**은 심장의 안쪽 표면을 덮고 있으며, **심장바깥막(epicardium)**은 외부 표면을 덮고 있다(**그림 12-4a,b**).

6. **심장근육세포(cardiac muscle cells)**는 세포에서 세포로 수축력을 전달하며 활동전위를 전달하는 **사이원반(intercalated discs)**에 의해 상호 연결되어 있다.

7. 심방은 **심방사이막(interatrial septum)**에 의해 분리되고, 심실은 **심실사이액(interventricular septum)**에 의해 분리되어 있다. 오른심방은 두 개의 큰 정맥[**위대정맥(superior vena cava)**과 **아래대정맥(inferior vena cava)**]을 통해 온몸순환으로부터 혈액을 전달받는다(**집중 조명 그림 12-5**).

8. 혈액은 **오른방실판막[right atrioventricular(AV) valve]**(**삼첨판, tricuspid valve**)을 통해 오른심방에서 오른심실로 흐르고, 이 판막은 **힘줄끈(chordae tendineae)**에 연결되고, 힘줄끈은 **꼭지근(papillary muscle)**과 연결되어 있다(**집중 조명 그림 12-5**).

9. 오른심실에서 나온 혈액은 **허파반달판(pulmonary semilunar valve)**을 거쳐 **허파동맥(pulmonary trunk)**으로 들어간다. 허파동맥은 **왼허파동맥**과 **오른허파동맥(left** and **right pulmonary artery)**으로 나뉘고, **왼·오른 허파정맥(left** and **right pulmonary vein)**은 산소가 함유된 혈액을 왼심방으로 되돌려 보낸다. 왼심방에서 나온 혈액은 **왼방실판막**을 통해 왼심실로 들어가고, 왼심실에서 나온 혈액은 **반달판막(aortic semilunar valve)**을 거쳐 **대동맥(aorta)**을 통해 온몸순환으로 들어간다(**집중 조명 그림 12-5**).

10. 심실 간의 해부학적 차이는 심실에 대한 기능적 요구를 반영하여, 오른심실의 벽은 비교적 얇은편이고, 왼심실은 두꺼운 근육으로 형성되어 있다.

11. 판막은 일반적으로 한 방향으로만 혈액이 흘러 혈액의 **역류(regurgitation)**를 방지한다(**그림 12-6**).

12. 심장과 **심장 뼈대(cardiac skeleton)**은 결합조직으로 구성되어 심장의 수축세포와 판막을 지지하고 있다(**그림 12-6**).

13. **심장동맥 순환(coronary circulation)**은 심장근육세포의 높은 산소 요구량을 충족시켜준다. 두 개의 심장동맥은 대동맥 기저부에서 시작되는데, 동맥의 **문합(anastomoses)**은 일정하게 혈액 공급을 해주고 **대정맥** 및 **중심 정맥(great** and **middle cardiac vein)**은 심장동맥 모세혈관으로부터 **심장정맥굴(coronary sinus)**로 혈액을 운반한다(**그림 12-7**).

12-2 수축세포와 전도계통의 활동으로 심장박동이 생기고, 심전도는 이러한 과정의 전기적인 변화를 기록한다 p. 463

14. 정상적인 심장박동에 관여하는 세포는 두 부류의 심장세포인 **수축성 세포**와 전도계통 세포이다.

15. 심장근육세포는 불응 기간이 길기 때문에 빠른 자극은 강축보다 경련을 유발할 수 있다(**그림 12-15**).

16. 전도계통에는 **결절세포(nodal cell)**와 **전도세포(conducting cell)**를 포함하고 있다. 전도계통은 심장 내에서 전기 자극을 시작하고 전달하는데, **심장박동 조율세포(pacemaker cell)**는 심장 수축 속도를 결정하고 전도세포는 수축 자극을 심근에 전달하는 역할을 한다.

17. 뼈대근과 달리 심장 근육은 신경이나 호르몬 자극 없이 수축한다. **굴심방결절[sinoatrial(SA) node]**의 박동조율기(*cardiac pacemaker*)

12

는 수축 속도를 조절하고, 굴심방결절 자극이 **방실결절[atrioventricular (AV) node]**로 이동한 후, **다발갈래(bundle branch)**로 나뉜다. 이후 **심장전도근육섬유(Purkinje fibers)**로 전달되어 심근으로 전달한다(그림 12-16).

18. 심장의 전기적 활동을 기록하는 것은 **심전도(electrocardiogram) (ECG or KEG)**이다. 심전도의 중요한 지표는 **P파**(심방 탈분극), **QRS 복합체**(심실 탈분극) 및 **T파**(심실 재분극)가 있다(그림 12-20).

12-3 일회의 온전한 심장박동의 과정은 일회의 심장 주기를 이룬다 *p. 472*

19. **심장 주기(cardiac cycle)**는 **수축기(systole)**와 **이완기(diastole)**로 구성되고 두 심실은 동시에 수축하고 적당한 양의 혈액을 배출한다(그림 12-21).

20. 심장판막이 닫히고 심장을 통한 혈액의 흐름이 특징적인 **심장 소리(heart sounds)**를 유발한다(그림 12-22).

12-4 심장동력학은 심박출량에 영향을 주는 요소를 관찰한다 *p. 474*

21. 심장동력학(*heart dynamics, cardiodynamics*)은 심장이 수축하는 동안 발생하는 움직임과 힘을 나타낸다. 단일 박동 동안 심실이 배출하는 혈액의 양은 **일회 박출량(stroke volume, SV)**이라고 하며, 1분마다 왼심실에서 분출하는 혈액의 양을 **심박출량(cardiac output, CO)**이라고 한다.

22. 심박출량에 영향을 미치는 요인은 혈액량 반사, 자율신경, 호르몬이다.

23. 혈액량 반사는 심장으로 들어가는 혈액의 양인 **정맥 환류(venous return)**의 변화에 따라 조절된다. **심방 반사(atrial reflex)**는 혈액이 들어갈 때 심방벽이 확장하고 심장 박동을 가속화한다. 심실 벽이 확장될수록 심실 수축이 더 강력해지고 일회 박출량이 증가한다 **(Frank-Starling 원리)**.

24. 기본 심박수는 심장박동 조율에 의해 조절되지만, 자율신경에 의해 변화될 수 있다(그림 12-23).

25. 부교감신경에서 분비하는 아세틸콜린(ACh)은 심박수와 일회 박출량을 낮추고, 교감신경에서 분비하는 노르에피네프린(NE)은 심박수와 일회 박출량을 증가시킨다.

26. 교감신경 활성화 때, 부신속질에서 분비되는 에피네프린과 노르에피네프린은 심박수와 일회 박출량 모두 증가시킨다. 갑상선 호르몬과 글루카곤도 또한 심박출량을 증가시키는 작용을 한다.

27. 숨뇌의 **심장촉진중추(cardioacceleratory center)**는 교감신경을 활성화시키고, **심장억제중추(cardioinhibitory center)**는 부교감신경 활성화를 담당하고 있다. 이러한 교감 및 부교감신경은 상위 중추와 혈압, 산소 농도의 감소, 이산화탄소 농도의 증가를 감시하는 수용체로부터 자극을 전달받는다.

12

복습 문제

책 뒷면에 있는 파란색 정답 탭을 참조.

단계 1 사실 및 용어 검토

A열의 각 항목을 B열의 가장 밀접하게 관련된 항목에 맞게 빈칸에 적절한 답을 적으시오.

A열	B열
______ **1.** 심장바깥막	**a.** 심장마비
______ **2.** 오른 방실판막	**b.** 심장박동 조율기
______ **3.** 왼 방실판막	**c.** 빠른맥
______ **4.** 문합(연결)	**d.** 맥박수: 일회 박출량
______ **5.** 심근경색	**e.** 삼첨판막
______ **6.** 굴심방결절	**f.** 느린맥
______ **7.** 수축기	**g.** 승모판
______ **8.** 이완기	**h.** 동맥 간 상호 연결
______ **9.** 심박출량	**i.** 내측 심낭
______ **10.** 느린 맥박수	**j.** 증가된 정맥 환류량
______ **11.** 빠른 맥박수	**k.** 심방 수축
______ **12.** 심방반사	**l.** 심방 이완

13. 다음 심장의 표면 구조에 대해서 쓰시오.

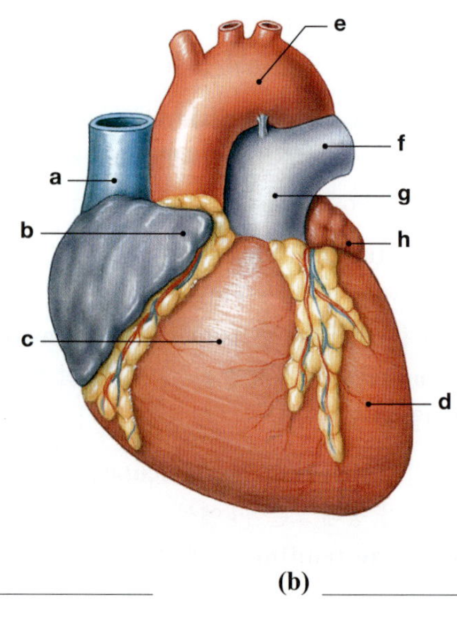

(a) ____________ **(b)** ____________

(c) ______________ (d) ______________
(e) ______________ (f) ______________
(g) ______________ (h) ______________

14. 심장으로의 혈액 공급은
(a) 온몸순환 (b) 허파순환
(c) 심장동맥순환 (d) 심장동맥 계통

15. 심장 기능의 자율 중추계는 다음 위치에 있다.
(a) 심근조직 (b) 숨뇌
(c) 대뇌피질 (d) a, b, c 모두 맞음

16. 심장의 판막을 덮고 있는 편평상피를 이것이라고 한다.
(a) 심장바깥막 (b) 심장속막
(c) 심장근육층 (d) 내피층

17. 허파가 발달하는 동안 오른심방에서 왼심방으로 혈류는 이 구조물을 통해서 이동한다.
(a) 타원구멍 (b) 심방사이막
(c) 심장정맥굴 (d) 타원오목

18. 다음 심장 단면도의 구조에 대해 쓰세요.

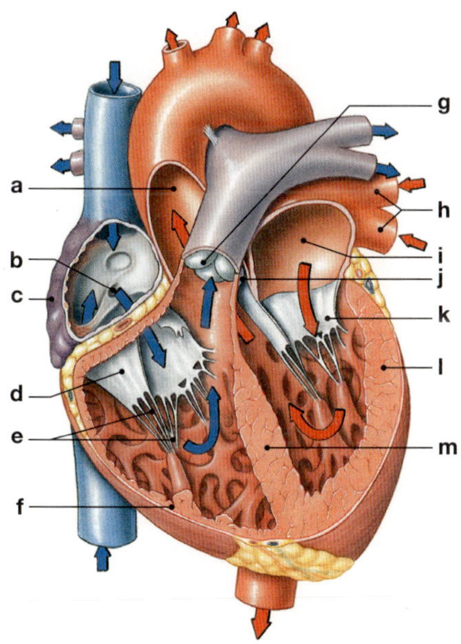

(a) ______________ (b) ______________
(c) ______________ (d) ______________
(e) ______________ (f) ______________
(g) ______________ (h) ______________
(i) ______________ (j) ______________
(k) ______________ (l) ______________
(m) ______________

19. 혈액은 왼심실에서 이곳을 통해 분출된다.
(a) 대동맥 반달판막 (b) 허파동맥 반달판막
(c) 승모판막 (d) 삼첨판막

20. 심전도 상 QRS복합체는 다음과 같은 경우 생긴다.
(a) 심방 탈분극 (b) 심실 탈분극
(c) 심실 재분극 (d) 심방 재분극

21. 이완기 동안 심장의 방들은
(a) 압력이 급격히 증가한다.
(b) 혈액을 인접한 방실로 밀어 넣는다.
(c) 이완되면서 혈액으로 채워진다.
(d) 약 120 mmHg의 압력에 도달한다.

22. 방실판막의 힘줄끈과 유두근은 어떤 역할을 하는가?

23. 심장판막은 어떤 것이 있으며, 각각의 기능은 무엇인가?

24. 심장의 전도계통을 통한 활동전위에 대해 설명하라.

25. (a) 심장 주기란 무엇인가? (b) 심장 주기의 단계와 그 과정을 설명하라.

단계 2 개념 검토

26. 강직 경련은 정상적인 심장 근육세포에서 일어나지 않는 이유는?
(a) 심장 근육 조직은 스스로 수축한다.
(b) 신경이나 호르몬 자극이 없다.
(c) 근육세포가 이완될 때까지 불응기가 지속된다.
(d) 근육세포가 최고 장력에 도달하기 전에 불응기가 끝난다.

27. 심장에서 나오는 혈액의 양은 이것에 의해 달라진다
(a) 심실 확장기 말 확장된 정도
(b) 심실의 수축성
(c) 혈액을 배출하는 압력
(d) a, b, c 모두 맞음

28. 심박출량은 무한정 증가할 수 없는데 그 이유는
(a) 심박수가 증가할수록 혈액이 채워지는 시간이 짧아진다.
(b) 심장의 중추가 심박수를 조정한다.
(c) 탈분극 속도가 감소한다.
(d) 심장박동 조율기 원형질막을 둘러싸고 있는 이온의 농도가 감소한다.

29. 심장의 4개의 방과 온몸순환 및 허파순환에 대해 설명하라.

30. 심장소리의 발생 기전과 임상적 의미는 무엇인가?

31. (a) 교감신경 자극은 심장에 어떤 영향을 주는가? (b) 부교감신경 자극은 심장에 어떤 영향을 주는가?

단계 3 비판적 사고 및 임상 적용

32. 환자의 심전도가 2개의 P파 뒤에 정상적인 QRS 복합체와 T파가 나타나는데 이러한 비정상적인 심전도의 원인은 무엇인가?

33. 두 사람의 심박수와 일회 박출량은 다음과 같다(1시간 동안 안정적)
A: 심박수 75 bpm, 일회 박출량 60 ml

B: 심박수 90 bpm, 일회 박출량 95 ml
A와 B중 어느 사람의 정맥 환류량이 더 많을까? 심실 확장 시간(혈액이 채워지는) 시간이 더 긴 사람은 누구인가?

34. Karen은 심장근육세포의 칼슘 통로를 차단하는 약물인 베라파밀을 복용하고 있다. 이 약물은 Karen의 일회 박출량에 어떤 영향을 미치는가?

심혈관계통: 혈관과 순환 The Cardiovascular System: Blood Vessels and Circulation

13

학습목표

학습목표는 각 장에 대해 학습한 후 무엇을 할 수 있어야 하는지를 알려주는 것이다. 각 절의 학습목표는 다음과 같다.

13-1 혈관을 그 구조와 기능에 따라 유형별로 구분한다.

13-2 혈관의 혈류가 조절되는 과정을 설명하고, 모세혈관과 사이질 공간 사이에서 체액 이동 기전을 논의한다.

13-3 조직에서 혈액 흐름과 압력을 조절하기 위해 상호작용하는 조절 과정을 설명하고, 조직으로 흐르는 혈류를 조절하기 위해 심장중추, 혈관중추, 호흡중추의 활동이 어떻게 조화를 이루는지 설명한다.

13-4 운동과 출혈로 인한 신체의 변화에 항상성을 유지하기 위해 심혈관계통이 어떻게 반응하는지 설명한다.

13-5 허파와 온몸순환에서 세 가지 일반적 기능의 유형을 설명한다.

13-6 허파순환의 주요 동맥과 정맥을 확인한다.

13-7 온몸순환의 주요 동맥과 정맥을 확인한다.

13-8 태아순환과 성인순환 사이의 차이를 확인하고, 출생으로 일어나는 혈류의 변화를 설명한다.

13-9 노화가 심혈관계통에 미치는 영향을 설명한다.

13-10 심혈관계통과 다른 계통 사이의 상호작용 예를 제시한다.

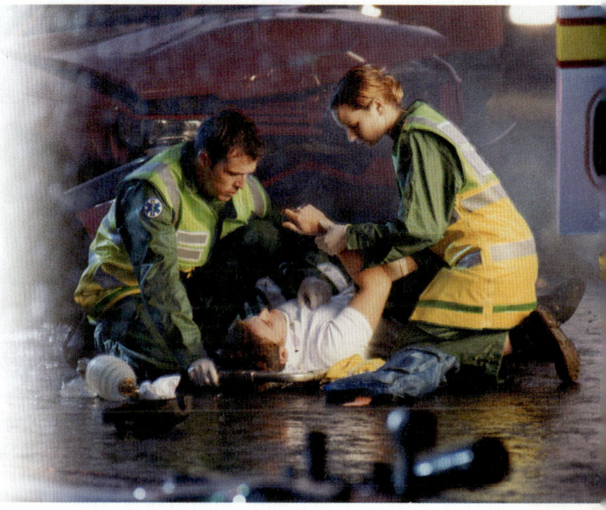

임상노트

동맥경화증(Arteriosclerosis), p. 487
고혈압(Hypertension), p. 490
모세혈관 생리학(Capillary Physiology), p. 493
활력징후(Vital Signs), p. 495
운동, 심혈관계통 단련, 건강(Exercise, Cardiovascular Fitness, and Health), p. 501
쇼크(Shock), p. 502
급성 허파색전증(Acute Pulmonary Embolism), p. 504
동맥류(Aneurysm), p. 505
급성 동맥폐색(Acute Arterial Occlusion), p. 511
혈관염(Vasculitis), p. 512
말초혈관질환(Peripheral Vascular Conditions), p. 516
혈관손상(Vascular Trauma), p. 520

집중 조명

온몸순환의 주요 혈관(Major Vessels of the Systemic Circuit), pp. 508~509

혈관과 순환의 소개

앞의 두 장(11장, 12장)에서 혈액의 구성요소와 펌프작용으로 혈액 이동을 유지하는 심장의 구조 및 기능을 알아봤다. 이제 혈액을 말초조직으로 이동시키는 혈관에 대해, 그리고 혈액과 사이질액 사이에서의 물질교환 특성에 대해 살펴보자.

이 장에서 먼저, 동맥, 모세혈관, 정맥의 구조를 살펴보고, 다음으로 그 혈관들의 기능, 심혈관계통 조절의 기본 원리에 대해 설명하고, 인체의 주요 혈관 분포에 대해 살펴보자.

지식 쌓기

5장: 외피계통에서 보았듯이, 피부 표면인 표피(epidermis)는 혈관이 없어서 진피(dermis)의 모세혈관을 통해 영양소, 기체, 노폐물을 교환한다. 피부에 혈액을 공급하는 동맥은 진피에서 두 개의 혈관망을 형성하는데, 하나는 깊은 피부얼기(deep cutaneous plexus)와 다른 하나는 얕은 유두밑얼기(superficial subpapillary plexus)이다. 표피세포는 유두밑얼기로부터 뻗어 나온 모세혈관 고리(loop)와 연결되어 확산을 통해 물질이 교환된다. 이 모세혈관의 혈액은 유두밑얼기의 작은 정맥을 거쳐 피부얼기의 정맥으로 배출된다.

13-1 동맥, 소동맥, 모세혈관, 소정맥, 정맥은 크기, 구조, 기능이 다르다

학습목표 혈관을 그 구조와 기능에 따라 유형별로 구분을 한다.

13

온몸을 순환하는 혈액은 심장으로부터 혈관을 통해 조직으로 이동하고, 다시 혈관을 통해 심장으로 되돌아온다. 심장의 혈액은 오른심실에서 시작하는 허파동맥과 왼심실에서 시작하는 대동맥을 통해 나간다. 이들 혈관은 안쪽 지름(내경)이 2.5 cm(1인치)이다. 이 혈관들은 계속해서 분지하여 인체 기관에 혈액을 공급하는 주요 **동맥(artery)**을 형성한다. 이들 기관 내에서 더 분지하는 혈관들은 수억 개의 작은 동맥 혹은 **세동맥(arteriole)**을 형성하여 100억 개가 넘는 **모세혈관(capillary)**에 혈액을 보낸다. 한 개의 적혈구가 겨우 지나갈 정도의 크기인 모세혈관은 방대하게 연결되어 그물망을 형성하고 있다. 성인의 모든 모세혈관을 한 줄로 배열하면 그 연결 길이가 25,000마일(40,000 km) 이상으로, 지구 한 바퀴를 돌 만한 길이이다.

심혈관계통의 주요 기능은 모세혈관 수준에서 일어난다. 혈액과 사이질액 사이에서 일어나는 화학물질과 가스교환은 모세혈관벽을 통해 발생한다. 조직세포들은 모세혈관의 확산을 통해 영양소와 산소를 얻고, 이산화탄소와 요소 등의 노폐물을 제거한다.

모세혈관망을 나온 혈액은 처음 정맥계에서 가장 작은 **세정맥(venule)**으로 들어가고, 이렇게 가는 혈관들은 모여서 작은 **정맥(vein)**을 형성하고, 이후 중형정맥과 대형정맥을 거쳐 대정맥(온몸순환) 혹은 허파정맥(허파순환)에 다다른다(**그림 12-1**).

혈관벽의 구조 The Structure of Vessel Walls

동맥과 정맥의 혈관벽은 세 층의 서로 다른 조직으로 구성되어 있다(**그림 13-1**).

1. **속막(tunica intima** 혹은 *tunica interna***)**은 혈관의 가장 속층이다. 이는 바닥막(basement membrane)을 구성하는 내피(endothelium)와 이것을 둘러싸고 있는 탄력섬유의 결합조직층으로 되어 있다.
2. **중간막(tunica media)**은 중간층으로 아교질(collagen)과 탄력섬유로 구성된 성긴결합조직의 민무늬근육 판(sheet)이다. 아교섬유는 중간막을 속막과 바깥막에 결합시킨다. 이 민무늬근육이 수축하면 혈관 안쪽둘레가 줄고, 확장하면 혈관 안쪽둘레가 늘어난다.
3. **바깥막(tunica externa** 혹은 *tunica adventitia***)**은 혈관 주위를 둘러싸는 결합조직층을 형성한다. 바깥막의 아교섬유는 주변에 있는 아교섬유와 서로 얽혀 혈관의 위치를 고정하여 안정되게 한다.

같은 부위에 혈액을 공급하는 동맥과 정맥은 서로 나란히 주행한다(**그림 13-1**). 그림의 단면을 보면 동맥은 정맥보다 벽이 더 두꺼움을 명확히 알 수 있다. 동맥의 두꺼운 중간막은 정맥의 그것보다 더욱 많은 탄력섬유와 민무늬근을 가지고 있다. 탄력섬유는 심장이 혈액을 동맥망(network)으로 밀어낼 때 심장에서 발생하는 압력을 동맥혈관이 견딜 수 있게 한다. 민무늬근은 혈관 안쪽둘레를 능동적으로 조절한다. 동맥의 민무늬근육은 자율신경의 교감신경 영역에 의해 조절된다. 자극되면 혈관벽의 민무늬근은 수축하여 동맥이 수축하는 **혈관수축(vasocontriction)**이라는 것이 일어나고, 민무늬근이 확장되면 동맥 안

그림 13-1 전형적인 동맥과 정맥의 비교. 일반적으로 혈관의 크기가 같은 동맥과 정맥 중에서 동맥이 정맥보다 벽은 더 두껍고 속공간(lumen)은 더 작다.

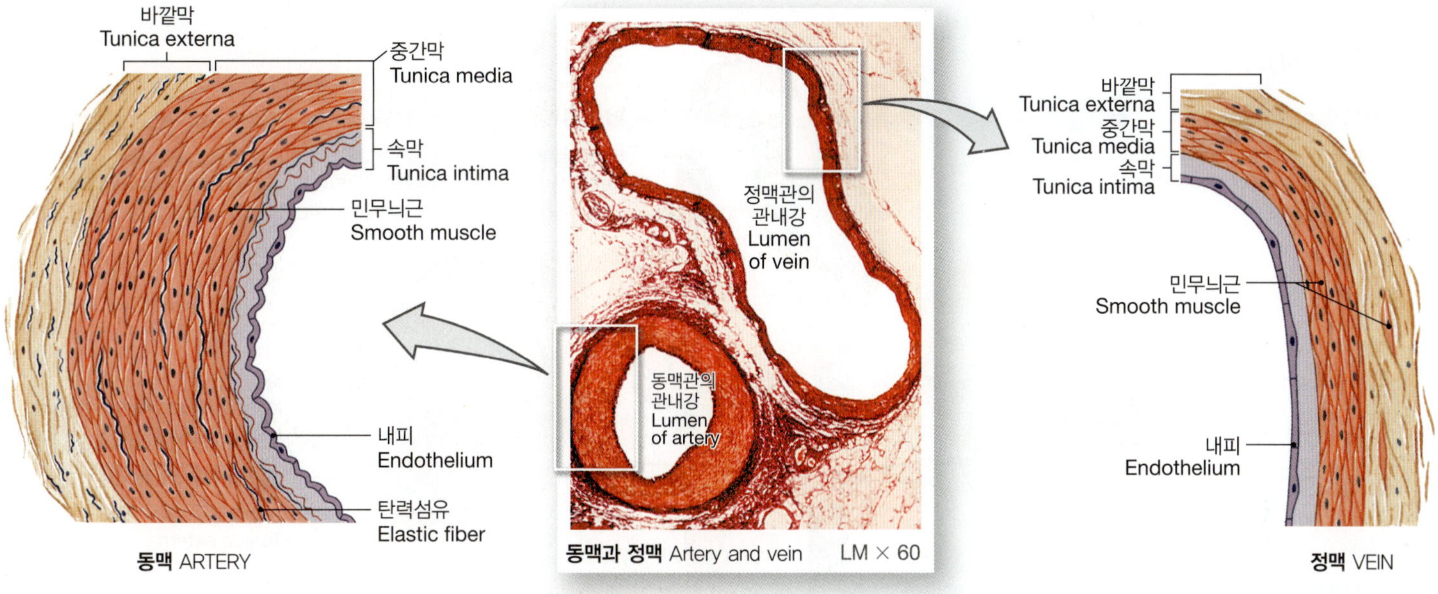

쪽둘레와 관내강(속공간, lumen)이 넓어지는 소위 **혈관확장(vasodilaton)**이라는 것이 일어난다.

동맥 Arteries

심장으로부터 나온 혈액은 탄력형동맥, 근육형동맥, 세동맥을 통해 모세혈관으로 이동한다(**그림 13-2**).

탄력형동맥(elastic artery)은 안쪽둘레가 최대 2.5 cm(1인치)의 크고 아주 탄력적인 혈관이며, 허파동맥, 대동맥 및 그 주요 동맥 가지들은 탄력형동맥이다. 탄력형동맥의 벽은 민무늬근육보다 탄력섬유가 더 많은 중간막을 형성하여, 심장주기에 따라 혈압이 급격히 변화하지 않도록 완충하는 역할을 한다. 심실의 수축기에 온몸으로 밀어내는 혈액이 더 많아지기 때문에 혈압은 가파르게 올라가며, 이 때 탄력형동맥은 늘어나고, 지름이 커진다. 심실의 확장기에 탄력섬유는 원래 지름으로 되돌아가면서 동맥혈압은 내려간다. 결과적으로, 심실의 수축기에 동맥이 확장되어 압력증가를 완화시키고, 심실의 확장기에 동맥은 원래 크기로 되돌아가 압력 감소를 줄여준다. 동맥이 탄력적 관이 아닌 단단한 파이프라면, 수축기에 동맥 압력은 더욱 올라가고, 확장기에는 압력이 더욱 낮아지게 될 것이다.

근육형동맥(muscular artery)은 **중형동맥**(*medium-sized artery*) 혹은 뼈대근과 내부기관에 혈액을 분배한다 해서 **분배동맥**(*distribution artery*)이라고도 한다. 전형적인 근육형동맥의 안쪽 지름은 약 0.4 cm (0.16인치)로, 목에 있는 바깥목동맥이 대표적인 예이다. 근육형동맥 역시 중간막이 더 두꺼우며 탄력형동맥의 그것보다 민무늬근 분포가 더 많고, 탄력섬유가 더 적게 분포한다(**그림 13-2**).

세동맥은 안쪽지름이 30 μm(0.03 mm)로 근육형동맥에 비해 아주 작으며, 세동맥의 중간막은 한두 층의 민무늬근 세포를 구성한다. 좀 더 작은 근육형동맥과 세동맥은 낮은 산소 수준일 때, 혹은 교감신경계, 내분비계의 자극과 같은 조직의 국소적 상황에 따라 그 안쪽 지름이 변화한다. 안쪽 둘레의 이러한 변화는 혈압과 그 조직으로 흐르는 혈류 속도를 조절하게 된다.

모세혈관 Capillaries

심혈관계통을 생각하면 우선적으로 심장 혹은 그것에 부착되어 있는 큰 혈관들을 떠올리지만, 현미경으로만 볼 수 있는 모세혈관이 대부분의 조직에 분포하여 실질적인 순환계의 일을 한다. 이는 모세혈관만이 혈액과 주변 사이질액 사이의 물질교환을 할 수 있는 유일한 혈관이기 때문이다. 모세혈관벽은 비교적 얇아서 확산거리가 짧고 물질교환이 빠르게 이루어지는 데다가 둘레가 작기 때문에 혈류가 느려져 모세혈관벽을 가로질러 물질이 확산하거나 능동 수송할 수 있도록 하는 시간을 허용한다.

전형적인 모세혈관은 바닥막으로 둘러싸인 단층의 내피세포를 구성하며(**그림 13-2**), 바깥막도 중간막도 없고, 평균적인 안쪽 둘레가

그림 13-2 다양한 혈관의 유형별 구조. 혈관의 유형별로 혈관의 안과 밖 둘레, 벽 두께가 서로 다르다. 모세혈관벽은 단지 하나의 세포 두께인 내피(endothelium)와 바닥막으로 구성되어 있다.

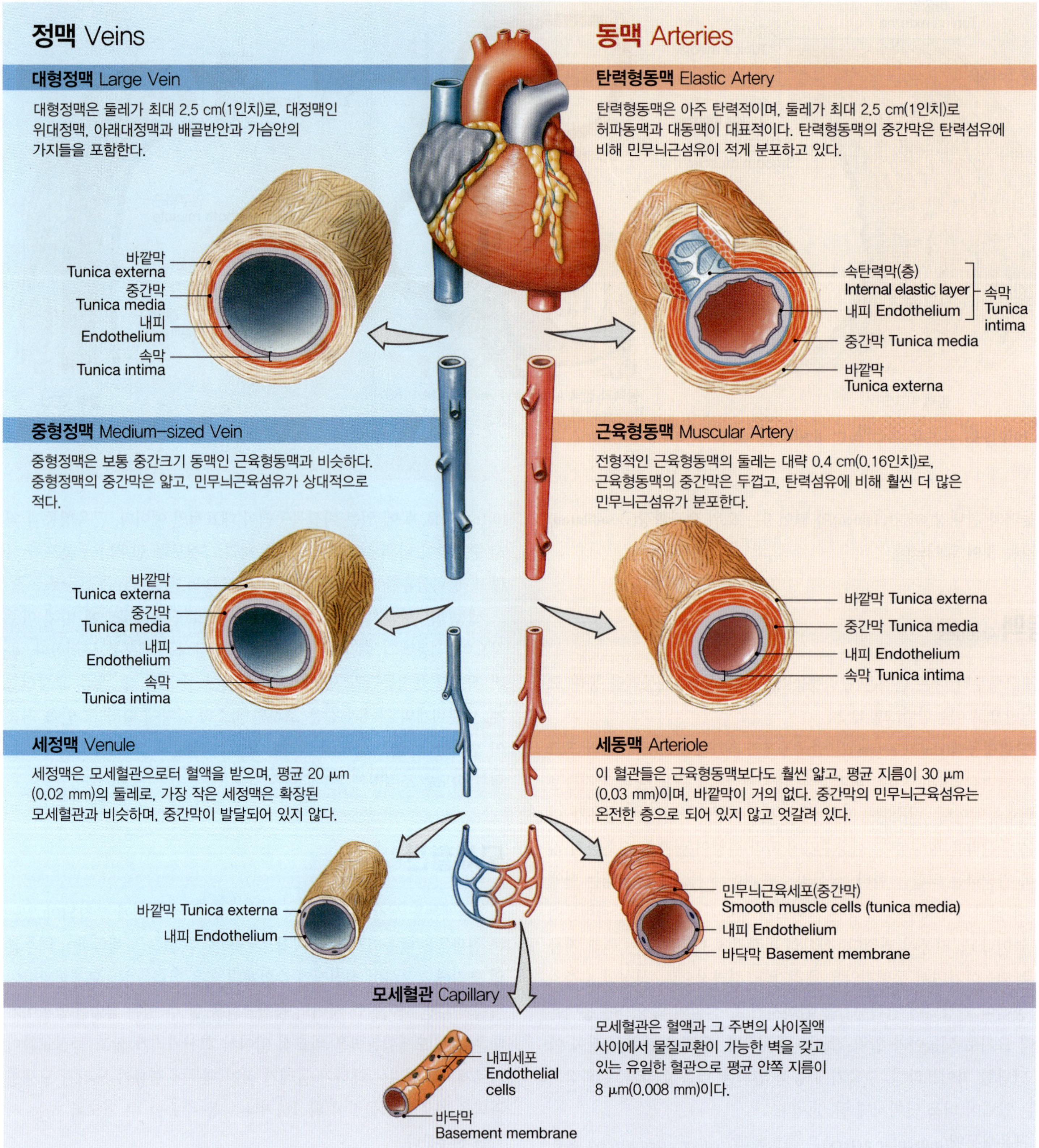

13

임상노트

동맥경화증 Arteriosclerosis

동맥경화증은 동맥의 벽이 두꺼워지고 단단해지는 현상으로 많은 사람들은 이것을 “동맥의 딱딱해짐”로 알고 있으며, 미국 전체 사망자 중 약 절반을 차지한다. 동맥경화의 영향은 다양하여 심장혈관의 동맥경화는 **심장동맥질환**(*coronary artery disease*)을 일으킨다. 뇌에 혈액을 공급하는 동맥의 경화증(arteriosclerosis)은 뇌졸중을 일으킬 수 있다.

동맥경화증은 두 형태로 나눌 수 있다.

1. 국소 석회화(focal calcification)는 중간막에 있는 민무늬근의 점진적 퇴화에 따른 칼슘염의 침착이다. 국소 석회화는 노화 과정의 일부이기도 하고, 동맥경화증 관련으로도 발생한다.
2. 죽상경화증(atherosclerosis)은 내피의 손상으로 인해 혈관의 중간막에 지질이 침착되며, 동맥경화증의 가장 흔한 형태이다.

많은 요인들이 죽상경화증의 발달에 기여하며, 기여 요인 중 하나가 혈중 지질 수준이다. 죽상경화증은 혈중 지질 수준, 특히 콜레스테롤을 많이 함유한 혈액에서 발달한다. 콜레스테롤은 **지질단백**(*lipoprotein*)이라 하는 단백질-지질 복합체로 말초조직으로 운반된다(다양한 유형의 지단백은 17장에서 토의하겠다). 콜레스테롤이 많은 지단백이 장기간 순환기관에 남아 있게 되면, 순환하고 있던 단핵구(monocyte)가 혈류에서 제거하기 시작한다. 결국, 단핵구는 지방방울(lipid droplet)로 채워지며 이러한 단핵구를 거품세포(foam cell)라 하는데, 이것들이 혈관의 내피에 붙는다. 그 뒤 혈관속막 부위의 민무늬근육세포들을 분열하도록 자극하는 성장인자(growth factor)를 방출하여 혈관벽이 점점 두꺼워지고 딱딱해지게 된다.

한편, 다른 단핵구들이 손상 부위로 침투하여 내피세포 사이로 이동하고, 이런 변화가 일어나면 단핵구, 민무늬근섬유와 내피세포까지도 지질을 포식(phagocytosis)하기 시작한다. 그 결과로 지방 덩어리 조직인 죽상경화성 판(atherosclerotic plaque)이 생겨 관내강(lumen)으로 돌출하게 된다. 이 시점에서 판은 비교적 단순한 구조로써 적절한 식이조절로 회복될 수 있다는 증거가 있다.

만일 병적 상태가 지속되면, 내피세포는 포식한 지방세포로 부풀게 되어 내피세포를 따라 틈이 생기게 된다. 혈소판은 노출된 아교섬유에 달라붙기 시작하고, 이 혈소판은 서로 응집하고 엉겨 붙게 되어 국소적 피덩이(blood clot, 혈병)가 형성되어 혈류 흐름을 더욱 제한하게 된다. 이제 이러한 판의 구조는 상대적으로 복잡해지고, 판의 성장은 멈출 수 있으나 구조적으로 영구적 변화를 보이게 된다. 전형적인 판이 그림 b와 c이고, 정상적인 동맥이 a에 나타나 있다.

고령 남자의 경우, 아주 쉽게 죽상경화 판이 형성되는 것으로 보아 나이, 성별, 높은 콜레스테롤 수준이 주요 위험인자라 할 수 있고, 그 외에 고혈압, 흡연, 당뇨, 비만, 스트레스 등도 위험인자에 속한다.

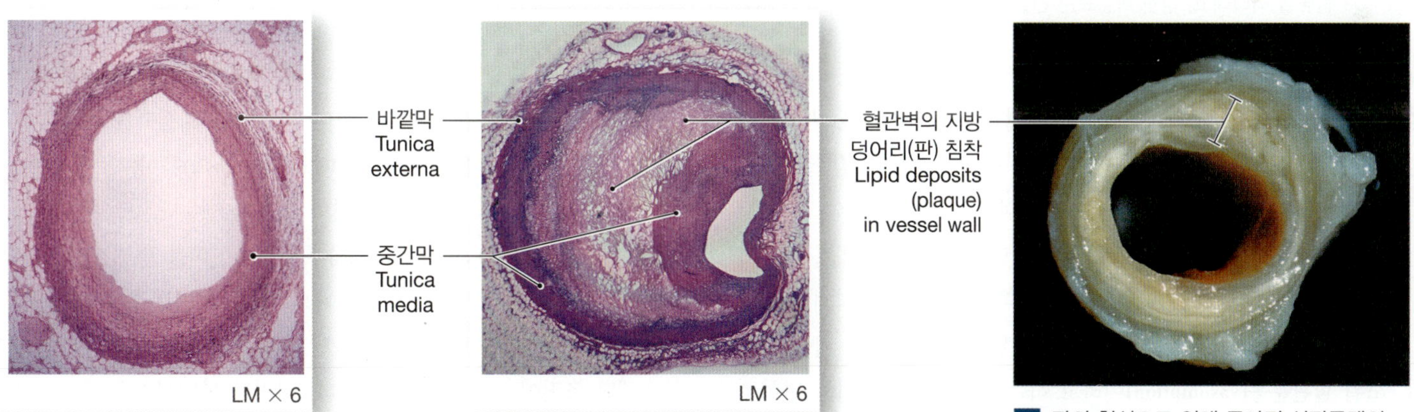

a 정상 심장동맥

b 큰 판의 가로 단면

c 판의 형성으로 인해 좁아진 심장동맥의 단면

8 μm(0.008 mm)로 적혈구와 매우 비슷한 크기이다. 내피세포는 인체 거의 모든 부분의 모세혈관 속면을 완전히 덮고 있으며, 대부분의 물질들이 내피세포를 통과하거나 인접한 내피세포와의 틈새로 확산하여 모세혈관을 드나든다. 물, 작은 (수용성) 물질, 지용성 물질은 쉽게 주변 사이질액으로 확산한다. 일부 영역(특히, 뇌의 맥락얼기와 시상하부, 콩팥의 여과부위)에 있는 내피세포는 작은 구멍이 있어 단백질을 포함한 다소 큰 물질들이 통과하는 것을 허용한다.

모세혈관은 개별적 단위로 기능하지 않고, 대신 **모세혈관계(capillary bed)**라 하는 그물 모양의 상호 연결에 의해 그 기능을 수행한다(그림 13-3). 하나의 세동맥은 보통 수십 개의 모세혈관으로 분지했다가, 차례로 정맥계의 가장 작은 혈관인 여러 개의 **세정맥**(*venule*)으로 모인다. 각각의 모세혈관 입구에는 민무늬근으로 이뤄진 **모세혈관이전조**

그림 13-3 모세혈관계의 구성.

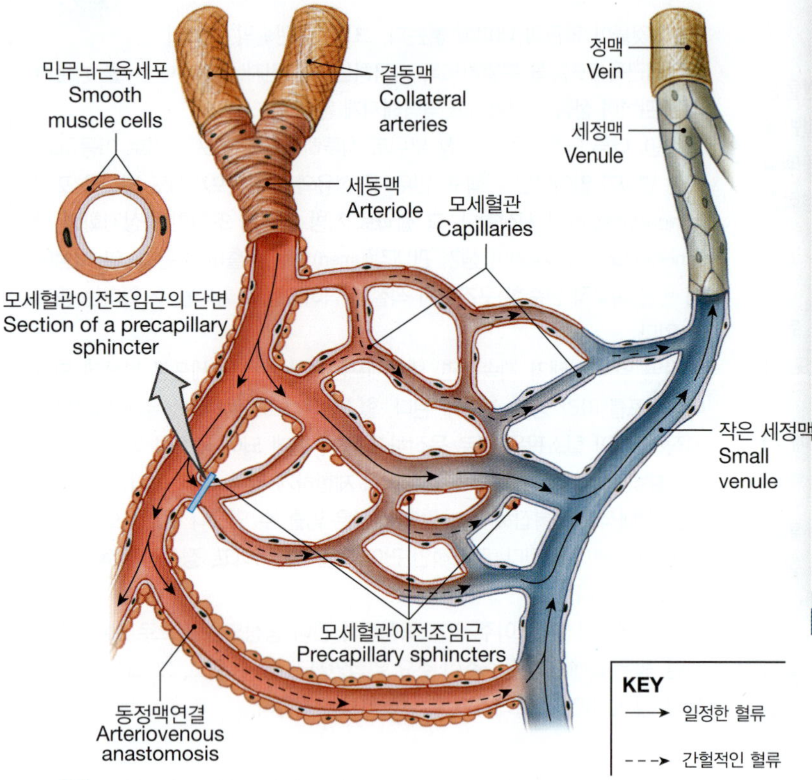

a 전형적인 모세혈관계의 특징. 직선 화살표는 일정한 혈류를 나타내고, 점선 화살표는 간헐적인 혈류를 나타낸다.

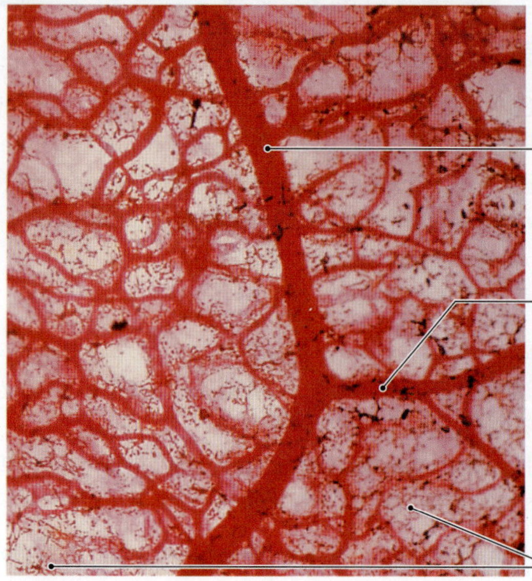

모세혈관계 Capillary bed LM × 125

b 이 현미경 사진은 다수의 모세혈관계를 보여준다.

13

임근(precapillary sphincter)이 있어 모세혈관을 보호하는데, 민무늬근 섬유가 수축하면 모세혈관 입구의 둘레가 좁아져 혈류를 감소시키고, 확장되면 입구가 넓어져 혈류를 증가시킨다.

혈액은 세동맥에서 세정맥으로 늘 일정한 속도로 흐르지만, 모세혈관의 혈류는 각 단위 모세혈관마다 많이 다를 수 있다. 각각의 모세혈관이전조임근은 분당 약 12회의 수축과 이완을 하는 주기적 활동을 한다. 소위 **혈관운동(vasomotion)**이라고 하는 주기적 모세혈관의 변화로 인해, 모세혈관의 혈류는 지속적으로 일정하기보다는 간헐적으로 더 흐르게 된다. 모세혈관에 진입한 혈액은 한 경로를 통해 세정맥에 도달하기도 하지만 꽤 많은 갈래로 펼쳐 흘러서 세정맥에 도달하기도 한다.

이 과정은 조직 수준에서 민무늬근섬유가 사이질액의 화학물질 농도와 용해 가스에 대한 국소적 변화에 반응하여 조절된다. 그 예로, 조직내 산소가 감소하면 모세혈관이전조임근은 확장하여 해당 조직 영역으로의 혈류를 증가시키는데 이러한 조직수준에서의 조절을 **자동조절**(*autoregulation*)이라고 한다.

때때로 두 개의 혈관이 서로 이어지는 **연결(anastomosis, 문합)**이 되어 일반적 순환 경로를 대신할 수 있는 샛길이 생긴다. 어떤 조건에서, 혈액은 모세혈관을 완전히 우회하여 세동맥과 세정맥을 직접 연결하는 혈관인 **동정맥연결(arteriovenous anastomosis)**을 통해 이동한다(**그림 13-3a**). 또 다른 경우에, 여러 개의 동맥이 세동맥으로 분지되기 전에 **동맥연결(arterial anastomosis)**을 형성하여, 이를 통해 단일 모세혈관계에 혈액을 공급한다. 만일, 하나의 동맥이 압박 혹은 차단되더라도, 다른 동맥이 모세혈관계로 혈액을 지속적으로 전달할 수 있게 되고, 해당 조직이 손상되지 않게 한다. 이러한 동맥연결은 뇌와 심장순환뿐만 아니라 그 밖의 곳에도 많이 분포하고 있다.

정맥 Veins

정맥은 모든 조직, 기관으로부터 혈액을 받아 다시 심장으로 되돌려 보낸다. 정맥은 그 안쪽둘레에 기초하여 분류되는 것으로, **세정맥(venule)**은 가장 작은 혈관으로 안쪽 둘레가 20 μm(0.02 mm)이고 보통 50 μm(0.05 mm)보다는 작고 중간막이 없으며 확장된 모세혈관과 유사하다(**그림 13-2**).

중형정맥(mediumsized vein)은 안쪽 둘레가 2~9 mm(0.08~0.35인

그림 13-4 정맥계의 판막 기능. 중형정맥 벽에 있는 판막은 혈액의 역류를 방지한다. 주변의 뼈대근이 수축하여 정맥의 압력이 생기고, 이는 정맥혈류를 유지하는 데 기여한다.

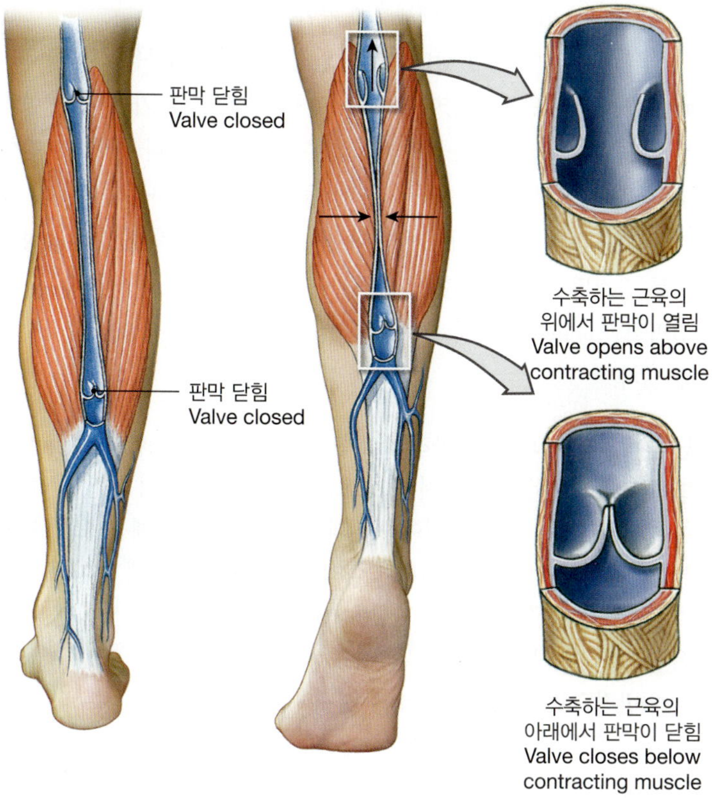

치)로 근육형동맥과 크기가 비슷하다. 중형정맥의 중간막은 여러 층의 민무늬근육으로 되어 있고 바깥막은 상대적으로 두꺼우며 긴 다발의 탄력섬유와 아교섬유로 이뤄져 있다.

대형정맥(large vein)은 두 개의 대정맥(위, 아래)과 배골반안과 가슴안의 가지를 포함하며, 이 혈관의 중간막은 얇고, 탄력섬유와 아교섬유가 섞여 있는 두꺼운 바깥막에 의해 둘러싸여 있다.

정맥은 혈관 내 압력이 낮기 때문에 상대적으로 벽이 얇으며, 세정맥과 중형정맥의 혈압은 중력을 견딜 만큼도 안되는 압력을 갖고 있다. 사지의 중형정맥에는 혈관벽으로부터 빠져나온, 즉 속막 내피가 접혀서 형성된 **판막(valve)**이 있어 심장의 판막처럼 혈액의 역류를 방지한다(**그림 13-4**). 판막이 정상적으로 작용하는 한, 신체활동 중에 혈관이 압박되어 혈액을 심장으로 밀어 올려 **정맥 환류**(*venous return*)를 촉진시킨다. 그러나 판막 부위의 정맥벽이 약해지거나 혹은 늘어나고 뒤틀리게 되면, 판막이 정상적으로 작동하지 못해 정맥에 혈액이 정체되고 혈관은 팽창하게 된다. 이 결과로 넓적다리와 종아리에 생기는 얕은(superficial) **정맥류**(*varicose vein*) 같이 약간의 불편함과 미용상의 문제가 발생할 수도 있고, 주변 조직이 뒤틀려 항문관 속면의 정맥이 붓는 **치핵**(*hemorrhoid*) 같이 고통스럽게 될 수 있다.

체크포인트

1. 혈관의 일반적인 5 분류를 목록화하시오.
2. 조직의 단면을 보면, 중간막에 민무늬근육이 거의 없는 여러 개의 작고 얇은 벽으로 된 혈관이 있다. 어떤 유형의 혈관인가?
3. 모세혈관이전조임근의 확장은 조직으로 혈액이 흐를 때 어떤 영향을 미치나?
4. 왜 동맥에선 보이지 않는 판막이 정맥에서는 보이나?

책 뒷면에 있는 파란색 정답 탭을 참조.

13-2 압력과 저항은 혈류량을 결정하고, 모세혈관 교환에 영향을 준다

학습목표 혈관의 혈류가 조절되는 과정을 설명하고, 모세혈관과 사이질 공간 사이에서 체액 이동 기전을 논의한다.

심혈관계통의 구성요소인 혈액, 심장, 혈관의 주요 기능은 인체의 조직과 기관에서 모세혈관을 지나는 혈류를 적절하게 유지하는 것이다. 정상적인 상황에서 혈류는 심박출량과 같아서 심박출량이 상승하면 모세혈관을 흐르는 혈류도 증가하고, 심박출량이 감소하면 모세혈관 혈류도 감소한다. 혈류와 관련된 두 요인인 **압력**(*pressure*)과 **저항**(*resistance*)이 모세혈관으로 흐르는 혈류에 어떻게 영향을 주는지 다음에서 살펴본다.

혈류에 영향을 주는 요인 Factors Affecting Blood Flow

인체의 혈액이 지속적으로 흐르도록 하려면 심장은 허파와 온몸으로 순환하는 혈류의 저항을 극복할 수 있는 충분한 압력이 만들어져야 한다. 압력과 저항은 둘 다 조직으로 가는 혈류에 영향을 주지만 둘은 서로 반대의 효과를 보인다. 일반적으로 혈류와 압력은 비례하여 압력이 증가하면 혈류도 증가하고 혈류와 저항은 반비례하여 저항이 증가하면 혈류는 감소한다.

압력 Pressure

혈액과 같은 액체들은 압축될 수 없다는 이유로, 액체에 압력이 가해지면 그 압력이 모든 방향으로 전도되는 유체 압력 혹은 정수압이 발생한다. 압력의 차이가 생기면, 액체는 높은 압력 부위에서 낮은 압력 부위로 흐른다. 유체의 속도는 두 압력의 차이에 비례하여, 압력 차이가 크면 클수록 그 속도는 더 빨라진다.

혈관의 한 쪽 끝과 다른 쪽 끝의 압력 차이인 **압력 기울기**(*pressure*

gradient)는 절대압력(압력의 크기)보다 더 중요하다. 가장 큰 압력 기울기는 온몸순환이 시작되는 대동맥의 바닥부(혈액이 왼심실을 떠나는 곳)와 오른심방 입구(혈액이 심장으로 되돌아오는 곳)에서 볼 수 있다. 이 압력의 차이, 즉 **순환압**(*circulatory pressure*) 은 평균 약 100 mmHg(밀리미터 머큐리, 압력의 표준단위)이며, 혈액을 세동맥을 통해 모세혈관으로 밀어 넣으려면 이 정도의 높은 순환압이 필요하다.

순환압은 (1) 일반적으로 팔에서 측정하며, **혈압(blood pressure)**이라고 불리는 **동맥압**(*arterial pressure*), (2) **모세혈관압**(*capillary pressure*), (3) **정맥압**(*venous pressure*)의 세 구성요소로 나누며, 각각의 구성요소에 대해 살펴본다.

저항 Resistance

저항(*resistance*)은 움직임에 저항하는 힘으로, 심혈관계에서 저항은 혈액의 이동을 방해하는 힘이다. 혈류가 유지되기 위해서는 순환압이 전체 심혈관계통의 저항인 **총말초저항(total peripheral resistance)**을 이겨낼 만큼 충분히 높아야 한다. 심혈관계통에서 가장 큰 압력 감소가 일어나는 곳은 동맥계로 약 65 mmHg의 감소를 보이며, 이는 세동맥의 높은 저항으로 인한 것이다. 이러한 동맥계의 저항을 **말초저항(peripheral resistance)**이라 하고, **혈관저항**(*vascular resistance*), **점성**(*viscosity*), **난류**(**와류**, *turbulence*)가 말초저항의 유발 원인이다.

혈관저항(VASCULAR RESISTANCE). **혈관저항(vascular resistance)**은 혈류에 대한 혈관의 저항으로, 말초저항을 결정하는 가장 큰 구성요소다. 혈관저항의 가장 중요한 요인은 혈액과 혈관벽 사이의 마찰이다. 마찰의 총량은 혈관의 길이와 지름에 따라 달라져, 혈관 길이가 증가하면, 길어진 혈관에 닿는 혈액의 표면적이 더 커지기 때문에 마찰은 증가하게 된다. 또한 혈관 지름이 감소하면 마찰이 증가하는데, 작은 지름의 혈관에서 혈류는 혈관벽에 닿는 마찰이 증가함에 의해 느려지기 때문이다. 일반적으로 혈관 길이는 변할 수 없기 때문에 혈관저항은 혈관 둘레의 변화에 의해 조절되고, 그렇기에 혈관벽의 민무늬근 수축과 이완으로 혈관저항을 조절하는 것이다.

대부분의 혈관저항은 근육이 아주 잘 발달되어 있는 세동맥에서 일어나는데, 예컨대 세동맥은 안쪽 둘레가 30 μm이며, 이중 민무늬근 두께가 20 μm에 다다르며, 민무늬근 수축의 자극과 억제에 관여하는 국소적 자극, 신경의 자극, 호르몬의 자극이 이러한 혈관 둘레를 조절하게 된다. 둘레의 작은 변화에도 저항은 매우 크게 변화되는 것이다.

점성(VISCOSITY). **점성(viscosity)**은 액체의 분자와 부유물질들이 상호작용하여 발생되는 저항으로 혈류를 방해하게 된다. 물 같은 액체의 점성은 낮아, 낮은 압력에서도 혈액이 잘 흐르나, 조청(molasses)과 같은 끈적끈적한 액체는 압력이 높아야만 흐를 수 있다. 온혈액(whole blood)의 점성은 물보다 약 다섯 배 정도 점성이 더 높다. 이 점성은 혈액 내의 혈장 단백질과 혈액세포에 기인한다.

혈액의 점성이 정상 상태에서는 안정적이나 적혈구용적률(hematocrit)이나 혈장 단백질 양에 영향을 미치는 장애(질환)가 생기면 혈액 점도가 변하여 말초저항을 증가 혹은 감소시키게 된다. 예컨대, **빈혈(anemia)**은 혈색소나 적혈구 혹은 이 둘을 모두 생산하는데 문제가 생겨 적혈구용적률이 낮아지게 되어, 산소 운반 능력과 혈액의 점성이 모두 감소된다. 간에서 혈장 단백질을 정상보다 적게 생산하는 단백결핍질환(protein deficiency disease)이 생겨도 혈액 점성을 감소시킬 수 있다.

난류(TURBULENCE). 일반적으로 혈액은 혈관을 부드럽게 흐르는데, 혈관벽 근처에서 가장 천천히 흐르고, 혈관벽 중앙에서 가장 빨리 흐른다. 높은 혈류 속도, 손상이나 질환의 경과로 불규칙해진 표면, 혈관 둘레의 갑작스런 변화는 이러한 혈액의 부드러운 흐름에 영향을 미쳐 소용돌이치게 된다. 이러한 **난류(turbulence)**라는 것이 발생하면, 저항은 커지고 혈류는 느려지게 된다.

일반적으로 난류는 심장의 방 사이에서 그리고 심장으로부터 대동맥과 허파동맥으로 혈액이 흐를 때 일어나, 혈류 저항을 증가시킬 뿐만 아니라 청진기로도 이따금씩 들리는 **세 번째/네 번째 심장음**(*third and fourth heart sounds*)을 만들기도 한다. 심장 판막의 손상 혹은 어긋난 상태에서의 난류로 인해 **심잡음**(*heart murmur*)이 들리는 것이다.

임상노트

고혈압 Hypertension

혈압의 지속적인 상승을 **고혈압**(*hypertension*)이라 하며, 미국내 고혈압 환자는 대략 5천만 명으로, 2회 이상의 확장기 혈압을 측정한 평균이 90 mmHg 이상이거나, 2회 이상의 수축기 혈압을 측정한 평균이 130 mmHg 이상인 경우 고혈압으로 진단한다.

혈압은 심박출량과 말초혈관저항이며, 심박출량과 말초저항 혹은 둘 다 증가하면 혈압을 증가시킨다. 고혈압의 특이적 원인은 밝혀진 바 없으나, 유전적 요인과 환경적 요인이 모두 고혈압 발달에 영향을 주는 것으로 보인다.

만성적인 고혈압은 전신의 혈관벽을 손상시키고, 특히 동맥과 세동맥이 이렇게 오랫동안 혈관수축과 고압력을 유지하면, 혈관을 두껍게 하고 스트레스에 견디기 위해 단단해진다.

고혈압의 치료는 그 중증도에 따라 다른데, 운동, 식이요법, 체중조절, 약물치료는 혈압을 조절하고 장기적인 합병증을 줄여 주게 된다.

압력과 저항의 상호작용

The Interplay between Pressure and Resistance

혈압은 신경과 호르몬의 조절을 통해 비교적 일정하게 유지되어 특정 기관을 관류하는데 혈류 속도를 정확히 조절하게 된다. 일례로 운동 중 활동 근육에 혈액을 공급하는 동맥의 말초저항이 낮아져 혈류가 증가하는 것을 들을 수 있다(7장). 말초저항을 변화시키는 세 요인 중에 신경계와 내분비계에 의해 조절될 수 있는 것은 단지 혈관저항뿐이며 다른 두 개(점성과 난류)는 비교적 일정하다.

온몸순환의 혈압

Cardiovascular Pressures within the Systemic Circuit

온몸순환에서 혈압은 혈류의 각 부위에 따라 달라서, 대동맥에서 평균 120 mmHg로 가장 높고, 대정맥에서 약 2 mmHg로 가장 낮다(**그림 13-5**). 다음에서 우선 동맥계통의 압력을 살펴본 이후, 모세혈관압이 혈류와 조직 사이에서 물질교환에 영향을 미치는지 알아보고, 정맥계의 압력을 설명한다.

혈압(동맥압) Blood Pressure (Arterial Pressure)

크고 작은 동맥의 압력은 심실 수축기에 올라가고 심실 확장기에 내려가는 변화를 보이는 것으로(**그림 13-5**), **수축기압(systolic pressure)**은

그림 13-5 온몸순환의 압력. 온몸순환에서 정상적으로 순환압력이 내려가는 것과 세동맥에서 맥압이 사라지는 것을 확인한다.

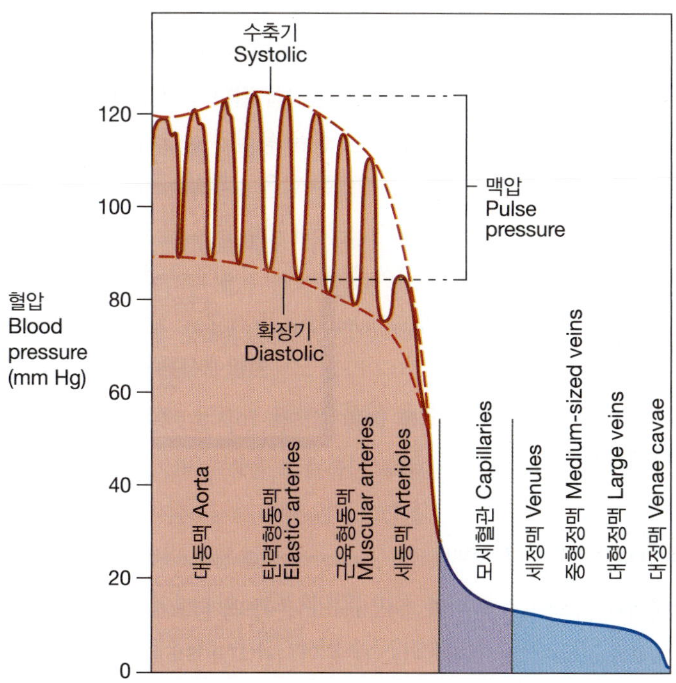

지식 쌓기

확산은 **'3장: 세포 구조와 기능'**에서 본 것처럼 수동적 운반 과정임을 상기한다. 수동적 운반은 세포의 에너지 소비 없이, 이온이나 분자가 이동하는 과정이다. 삼투(osmosis)는 선택적 투과막 사이에서 용질의 농도가 다른 두 용액의 물이 확산하여 통과하는 것을 의미하는 용어이다. 삼투가 일어나면, 물은 용질의 농도가 더 높은 용액으로 이동한다.

심실이 수축하는 동안 측정된 최고혈압이고, **확장기압(diastolic pressure)**은 심실 확장말기의 최저혈압이다. 혈압을 기록할 때, "120/80"(120에 80으로 읽음)과 같이 사선으로 수축기 및 확장기 혈압을 표기한다. **맥박(pulse)**은 매 심장박동마다 일어나는 율동적 압력의 진동(oscillation)이며 수축기압과 확장기압의 차이를 **맥압(pulse pressure)**이라고 한다.

앞에서 설명했듯이, 평균압력은 혈액과 혈관벽 사이의 마찰로 인해 감소되므로, 맥압은 심장으로부터 거리가 늘어날수록 감소하게 된다. 또한 동맥이 단단한 파이프가 아니라 탄성이 있는 관이기에 맥압이 줄어들게 된다. 공기가 풍선으로 들어오면 풍선이 확장되듯이 동맥의 탄력성은 수축기에 들어온 혈액에 의해 혈관확장을 일으킨다. 확장기가 시작되면 혈압이 떨어지고 동맥은 원래 크기로 되돌아간다. 대동맥 판막은 심장으로의 역류를 억제하기 때문에 원래 크기로 돌아온 동맥은 혈액을 말초 부위로 밀어내게 된다. 이러한 **탄력반동**(*elastic rebound*)이라는 효과는 심장 가까운 곳에서 가장 크고 동맥으로 갈수록 줄어든다.

혈액이 모세혈관이전조임근에 도달하면, 압력의 진동은 사라지고 혈압은 약 35 mmHg가 된다(**그림 13-5**). 모세혈관으로 혈액이 흐르는 동안 점차 압력은 떨어져 정맥계의 시작 부위 압력은 약 18 mmHg가 된다.

모세혈관의 압력과 물질교환

Capillary Pressures and Capillary Exchange

모세혈관내 혈액 압력인 **모세혈관압(capillary pressure)**은 동맥에서 동맥벽에 저항해서 혈액을 밀어내듯이, 모세혈관벽에 저항하여 혈액을 밀어낸다. 모세혈관벽이 다른 혈관벽과 다른 것은 작은 이온, 영양소, 유기 노폐물, 용해 가스, 물 등이 투과된다는 것이다. 이 물질들의 대부분은 모세혈관으로 다시 재흡수되고, 나머지 약 3.6리터의 물과 용질은 말초조직을 통해 **림프관(lymphatic vessel)**으로 들어간 후, 혈류로

그림 13-6 모세혈관벽에 작용하는 힘. 모세혈관과 인접한 세동맥 부위에서 모세혈관정수압은 혈액삼투압보다 커서 체액이 모세혈관에서 밖으로 이동하며(여과), 세정맥 인접부위에서는 모세혈관정수압이 혈액삼투압보다 낮아서 체액이 모세혈관으로 유입된다(재흡수).

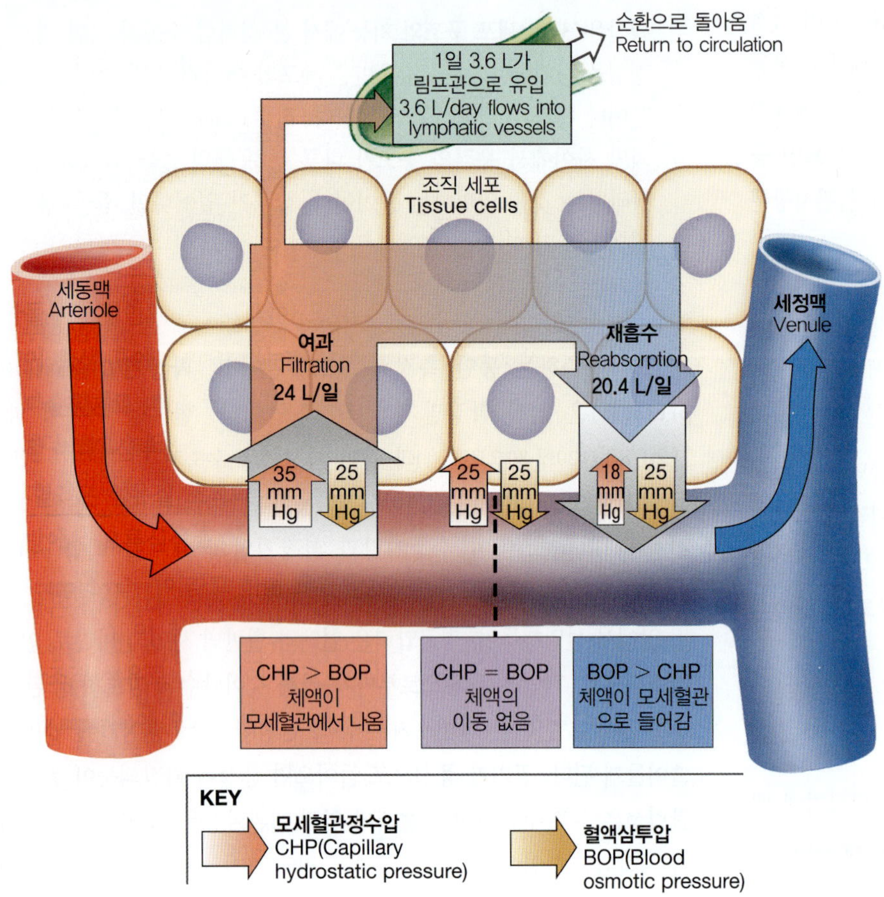

다시 들어온다(림프관의 체액은 다시 혈류로 복귀함)(**그림 13-6**).

인체조직으로 물과 용질을 지속적으로 이동·교환하여 다시 혈류로 되돌리는 모세혈관은 다음 네 가지 기능을 한다.

1. **소통**(*Communication*). 인체에서 세포바깥액(extracellular fluid)의 대부분을 차지하고 있는 혈장과 사이질액 사이의 지속적 소통을 유지한다.
2. **분배**(*Distribution*). 조직으로 영양소, 호르몬, 용해 가스를 빠르게 분배한다.
3. **이동**(*Transports*). 모세혈관벽을 통과하지 못하는 용해되지 않은 지질과 조직 단백질의 이동을 돕는다.
4. **방어**(*Defense*). 질병에 대해 면역기능을 담당하는 림프조직과 기관으로 세균 독소와 그 밖의 화학적 자극제를 보낸다.

모세혈관을 통한 혈장과 사이질액의 교환은 항상성에 중요한 역할을 하며, 가장 중요한 과정은 모세혈관벽을 통해 물질이 확산, 여과, 재흡수 과정을 거쳐 이동하는 것이다.

확산(*diffusion*)은 이온이나 분자가 높은 농도의 구역에서 낮은 농도의 구역으로 이동하는 것으로, 용질 분자는 그것들 사이에서의 농도 기울기에 의해 모세혈관 내피세포를 가로질러 확산하려 한다. 이온, 포도당, 아미노산, 요소와 같은 유기 분자 등의 수용성 물질은 인접한 내피세포 사이의 작은 공간을 통해 확산되지만, 혈장 단백질 같은 큰 수용성 물질은 정상적인 경우 혈관 밖으로 나갈 수 없고, 스테로이드, 지방산, 용해된 가스를 포함하는 지용성 물질은 세포막 지질을 통과하여 내피세포를 가로질러 확산된다.

여과(*filtration*)는 용액이 구멍이 있는 막을 통과하면서 용질을 걸러내는 과정으로, 막의 구멍을 통과하기에 너무 큰 물질은 용액에서 걸러지게 된다. 여과를 이끄는 힘은 정수압이며, 앞서 본 것처럼, 정수압은 압력이 더 높은 곳에서 낮은 곳으로 물 분자를 밀어내다. 결국, 물 분자는 정수(유체)압 혹은 삼투압의 작용에 의해 이동한다.

모세혈관 여과(*capillary filtration*)에서 물과 작은 용질은 모세혈관벽을 지나 사이질액으로 이동하고, 큰 용질과 부유 단백질은 혈류에 남게 된다(**그림 13-6**). **모세혈관 정수압**(*capillary hydrostatic pressure, CHP*)은 세동맥의 끝에서 가장 높고(35 mmHg), 정맥의 끝에서 가장 낮다(18 mmHg). 결과적으로, 여과는 CHP가 가장 높은 모세혈관의 시작부위에서 가장 잘 되고, 모세혈관을 따라 정맥으로 갈수록 낮아지는 경향을 보이게 된다.

재흡수(*reabsorption*)는 삼투로 인해서 발생하며, **삼투**(*osmosis*)는 선택적 투과성 막을 통해 물이 확산하는 것을 말한다. 서로 다른 용질농도의 용액이 투과성 막에 직면하면, 물은 용질의 농도가 더 높은 용액으로 이동하고, 이때 이 물이 움직이는 힘을 **삼투압**(*osmotic pressure*)이라고 한다. 혈액은 사이질액보다 용해된 단백질이 더 많기 때문에 혈액 삼투압은 더 높고, 이 때문에 물이 사이질액에서 혈액으로 이동하게 되는 것이다. 혈액 삼투압(25 mmHg)은 모세혈관 전체 길이에 따라 일정하므로, 모세혈관 정수압(CHP)은 모세혈관에서 물을 밀어내려 하고, 혈액 삼투압(BOP)은 물을 재흡수하려 하거나, 물이 못 나가도록 한다(**그림 13-6**).

정맥압 Venous Pressure

정맥계가 시작되는 부위 압력(18 mmHg)은 동맥계가 시작되는 부위 압력(100 mmHg)에 비해 단지 1/5 수준이지만(**그림 13-5**), 혈액은 동맥계

임상노트

모세혈관 생리학 Capillary Physiology

출혈 사고(accident) 환자나 사막에 내버려진 사람의 모세혈관 수준에서는 어떤 일이 일어날까? 두 경우 모두 혈액량 감소로 인한 혈압감소가 일어나지만, 두 번째 경우, 수분 소실에 의해 혈액이 더욱 농축되어, 혈액량 감소가 혈액 삼투압을 증가시키게 된다. 이 두 경우 모두 사이질액의 수분이 혈류로 이동하게 되어 혈액량이 증가하는, **체액 회수**(*recall of fluid*)가 일어난다.

앞 내용의 반대 상황인 부종은 조직에 사이질액이 비정상적으로 축적되는 것으로, 예컨대 국소적 부종은 종종 타박상 발생 주위에서 일어나는데, 다친 부위의 모세혈관이 손상되어 혈장 단백질이 사이질액으로 새 나가게 되어, 혈액 삼투압을 감소시키고 조직 삼투압을 증가시킨다. 이때 더 많은 물이 조직으로 이동하여 부종이 발생하는데, 이러한 부종은 **울혈성심장기능상실**(*congestive heart failure, CHF*)에서 종종 일어나며, 이는 종종 동맥계, 정맥계 혹은 이 둘 다의 압력이 증가하여 심각한 부종을 일으키게 된다.

심장기능상실은 심박출량이 인체의 순환 요구를 쫓아가지 못하는 것으로, 울혈성 심장기능상실의 경우, 왼심실이 오른심실의 기능을 더 이상 따라가지 못하여, 왼심실의 혈류가 허파정맥순환 쪽으로 역류되어 허파의 울혈을 야기하게 된다. 이러한 상황에서 오른심실은 더 힘들게 일해야만 허파동맥압의 압력을 높여 허파를 통해 약해져 있는 왼심실로 혈액을 밀어넣을 수 있게 된다. 허파혈관의 혈압이 높아지면 허파에 체액이 축적되는 **허파부종**(*pulmonary edema*)을 야기한다.

만큼의 복잡한 정맥그물을 지나서 심장으로 돌아간다. 정맥압은 낮아서 정맥 저항이 작으므로, 혈액이 정맥계통으로 들어오게 되면 압력은 매우 서서히 감소한다.

혈액이 정맥계를 통해 심장을 향해 이동하면서, 정맥은 점점 더 넓어지고, 저항은 더욱 낮아지며, 혈류 속도는 빨라진다. 오른심방 입구 압력은 일정하지 않고 변동이 있긴 하지만, 평균 약 2 mmHg이다. 이는 정맥계를 통해 혈액을 밀어내는 힘은 16 mmHg(세정맥에서 18 mmHg − 대정맥에서 2 mmHg = 16 mmHg)에 불과하다는 것이고, 이에 비해 동맥계를 따라 작용하는 압력은 65 mmHg(대동맥에서 100 mmHg − 모세혈관에서 35 mmHg = 65 mmHg)임을 의미한다.

사람이 누워 있을 때, 16 mmHg의 압력 차이는 정맥의 흐름을 충분히 유지시킬 수 있으나, 서 있게 되면, 심장보다 낮은 부위의 정맥혈은 중력을 이겨내고 아래대정맥으로 올라가야 한다. 다음의 두 요인은 정맥혈액이 중력을 이겨내고 심장으로 이동하도록 도와준다.

1. **근육압박**(***Muscular compression***). 정맥혈 부근의 뼈대근이 수축하여 정맥을 압박함으로써 혈액을 심장으로 올린다. 중형정맥의 판막은 혈류가 한 방향으로만 흐르도록 한다(**그림 13-4**).
2. **호흡펌프**(***Respiratory pump***). 숨을 들이쉬면 가슴안은 확장되고 그 압력은 감소되어, 공기가 허파로 들어오게 된다. 동시에, 배안과 하체의 보다 작은 정맥들로부터 아래대정맥과 오른심방으로 혈액을 끌어올리는 정맥 환류를 증가시킨다. 숨을 내쉬는 동안, 가슴안 압력 상승으로 허파로부터 공기를 밖으로 내보내는 힘이 증가하고, 대정맥을 압박하여 혈액을 오른심방으로 밀어 넣는다.

운동하는 동안 위 두 요인은 서로 협력하여 정맥 환류와 심박출량을 최대 수준까지 끌어올린다. 그러나 무릎을 고정한 채 다리 근육을 움직이지 않는 선 자세로 있게 되면, 이 두 요인은 더 이상 작동하지 않아 정맥 환류가 줄어들어 심박출량이 떨어지게 된다. 이는 차례로 뇌로의 혈액공급이 감소되어, 때때로 의식이 소실되는 **실신**(*fainting*)을 유발하기도 하여 허탈(collapse)에 빠지게 되는데, 이때 일단 몸을 평평하게 눕히게 되면 정맥 환류와 심박출량이 다시 정상으로 돌아온다.

심혈관계통의 기능을 조절하는 기전은 다음과 같다(**그림 13-8**).

체크포인트

5. 총말초저항에 기여하는 요인을 확인하시오.
6. 건강인에서, 대동맥과 아래대정맥 중 혈압이 더 높은 곳은 어디이며, 이에 대해 설명하시오.
7. 뜨거운 태양 아래에서 서 있는 동안, Sally가 어지럼을 느끼면서 실신했다면, 무슨 일이 일어났는지 설명하시오.

책 뒷면에 있는 파란색 정답 탭을 참조.

13-3 심혈관계통 조절은 자동조절, 신경기전, 내분비 반응과 연관되어 있다

학습목표 조직에서 혈액 흐름과 압력을 조절하기 위해 상호작용하는 조절 과정을 설명하고, 조직으로 흐르는 혈류를 조절하기 위해 심장 중추, 혈관중추, 호흡중추의 활동이 어떻게 조화를 이루는지 설명한다.

항상성은 이른바 **조직 관류**(*tissue perfusion*)라고도 하는 조직의 혈류가 인체조직 및 세포에서 요구하는 산소와 영양소를 충족시키도록 심혈관계 활동을 조절하는 것이다. 조직 혈류에 영향을 미치는 요인들은 (1) 심박출량, (2) 말초저항 (3) 혈압으로, 심박출량은 12장에서 설명했고, 이 장의 앞 부분에서 말초저항과 압력에 대해 살펴보았다.

대부분의 세포는 모세혈관에 더 가까이 있으면서 세포 집단이 활성화되면, 그 부위의 모세혈관 순환을 증가시켜 세포가 요구하는 산소와 영양소를 전달하고, 그것들이 만들어 낸 노폐물과 이산화탄소를 운반한다. 심혈관계통 조절의 목적은 이러한 혈류 변화를 (1) 적절한 시기에, (2) 해당 부위에서, (3) 필수 기관에서 혈압과 혈류가 큰 변화 없이 진행되도록 하는 것이다.

심혈관계통의 기능을 조절하는 과정은 다음과 같다.

- **자동조절(*Autoregulation*)**. 조직의 상태가 변화하게 되면 모세혈관이전조임근에 직접적으로 작용하여 말초저항을 변화시켜 모세혈관계의 혈액 흐름에 국소적 변화를 주게 된다. 이러한 자동조절은 즉각적이고 국소적인 항상성 조절을 일으킨다. 만일 자동조절이 조직을 정상화시키지 못하면 바로 신경적·내분비 과정이 활성화된다.
- **신경 기전(*Neural process*)**. 신경계통의 신경 기전은 특정 부위에서 동맥압이나 혈액 가스 수준의 변화에 반응하는 것으로, 이러한 변화를 통해 자율신경계가 심박출량과 말초저항을 조절하여 혈류를 적절하게 유지하게 된다.
- **내분비 기전(*Endocrine process*)**. 내분비계통은 호르몬을 분비하여 심혈관계통 수행력의 단기적 조절을 촉진시키고, 장기적인 변화도 관장한다.

심혈관계통의 단기적 반응은 심박출량과 말초저항을 조절하여 조직으로 가는 혈류와 혈압을 안정화시키는 것이며, 장기적 조절은 심박출량과 가스교환(활동조직에 산소를 공급하고 활동조직으로부터 이산화탄소를 배출하는 것)에 영향을 미치는 혈액량을 변화시키는 것이다.

혈압과 혈류 감소에 대한 보상을 조절하는 관계에 대해 **그림 13-8**에서 확인할 수 있다.

13

조직 내 혈류의 자동조절

Autoregulation of Blood Flow within Tissues

휴식상태에서는 정상적으로 심박출량이 안정적으로 유지되며, 국소혈류를 통제하는 모세혈관이전조임근은 각 조직의 말초저항을 조절한다.

모세혈관이전조임근의 민무늬근육은 산소와 이산화탄소의 수준 혹은 특정 화학물질의 접근과 변화가 일어나면, 그러한 국소적 환경 변화에 대해 반응한다. 예를 들어, 산소가 풍부하면, 모세혈관의 민무늬근육세포는 수축하고, 혈류를 천천히 흐르게 한다. 세포가 산소를 사용함에 따라, 조직으로 공급되는 산소는 줄고, 이산화탄소의 수준은 늘어나고, pH 수준은 낮아진다. 이러한 화학적 변화는 모세혈관이전조임근의 민무늬근육세포에 신호를 보내 모세혈관이전조임근을 확장시키고 혈류를 증가시킨다. 이와 비슷하게 화학물질과 같은 것들에 관련된 변화는 모세혈관이전조임근의 확장을 유발하여 혈류를 증가시킬 수 있다. 이러한 유발 요인에는 염증 과정에서 손상부위에 히스타민이 나타나는 것과 모세혈관벽에 높은 비틀림 힘(전단력, shear force)의 작용으로 자극된 모세혈관 내피세포의 산화 질소 방출을 포함한다.

모세혈관이전조임근의 이완을 촉진하는 요인을 **혈관확장제(vasodilator)**라 하며, 거꾸로 수축을 유발하는 요인을 **혈관수축제(vasoconstrictor)**라고 한다. 이 두 요인은 단일 모세혈관계의 혈류를 서로 통제를 하는데, 이 두 요인의 농도가 높아지면, 세동맥에 영향을 미쳐 자극 부위의 모든 모세혈관계로 흐르는 혈류를 증가시키거나 감소시킨다. 인체의 한 부위로 가는 혈류가 크게 변화하면 곧바로 다른 부위로의 순환에 직접적인 영향을 미친다. 이러한 경우 종종 신경적 반응을 유발한다.

혈압과 혈류의 신경 조절

Neural Control of Blood Pressure and Blood Flow

신경계통은 심박출량과 말초저항을 조절하여 주요 조직과 기관에 적정 혈류를 유지시킨다. 이러한 조절활동은 숨뇌의 **심혈관중추**(*cardiovascular center*)가 책임지고 있으며, **심장중추**(*cardiac center*)와 **혈관운동중추**(*vasomotor center*)가 있다. 12장에서 설명한 것과 같이, 심장중추는 교감신경 지배(innervation)를 통해 심박출량을 증가시키는 **심장촉진중추**(*cardioacceleration center*)와 (12장에 언급된 대로) 부교감신경 지배를 통해 심박출량을 감소시키는 **심장억제중추**(*cardiacinhibitory center*)가 있다.

숨뇌의 혈관운동중추는 주로 교감신경지배에 의해 세동맥의 둘레를 통제하는데, 혈관운동중추가 억제되면 말초저항을 감소시키는 혈관이완(세동맥 확장)이 일어나고, 혈관운동주추가 자극되면 혈관수축(말초세동맥의 수축)이 일어난다. 매우 강한 자극이 일어나면 말초정맥의 **정맥수축(vasoconstriction)**을 일으키고, 이 두 가지 수축은 모두 말초저항을 증가시킨다.

심혈관중추(*cardiovascular center*)는 특히 동맥혈의 혈압, pH, 용해가스 농도를 감시하여 각 조직에서 요구하는 변화를 감지한다. **압력수용기 반사**(*baroreceptor reflex*)는 혈압 변화에 반응을 하고, **화학수용기 반사**(*chemoreceptor*)는 화학물질 구성성분의 변화에 대해 반응한다. 이 반사들은 음성되먹임 기전(negative feedback)에 의해 조절되는데, 비정상 상태로 인해 수용기가 활성화되면, 자극을 중화시켜 정상 상태로 되돌리게 된다.

압력수용기 반사 Baroreceptor Reflexes

압력수용기는 확장될 수 있는 기관의 벽에서 그 벽이 늘어나는 정도를 감시한다. 이 중 심혈관계통 조절과 관련된 압력수용기는 (1) 목의

임상노트

활력징후 Vital Signs

활력징후는 인체 내부에서 일어나는 상황을 외부에서 확인할 수 있는 지표들로, 혈압(BP), 심박수, 호흡수, 체온을 포함한다. 이 측정 값들은 환자의 상태에 대해 많은 정보를 제공하며, 자주 측정되어야 한다.

맥박수(*pulse rate*)는 분당 심장이 뛰는 회수로 측정되며, 맥박은 인체의 표면과 뼈와 뼈 사이 관절을 이루는 동맥에서 가장 잘 측정된다. 맥박을 결정하는 가장 흔한 위치는 그림 13-7a에 설명하였으며, 맥박수를 측정하기 위해, 적절한 위치를 찾고 맥박을 촉지한다. 그런 다음 1분 동안 발생한 맥의 박동 수를 세거나, 혹은 30초 동안의 박동수를 세고 2를 곱해도 된다. 정확성을 보장하기 위해서는 30초보다도 적은 간격으로 측정하는 것은 권장하지 않는다.

호흡수(*respiratory rate*)는 1분 동안 호흡한 횟수를 측정하는 것으로, 호흡수를 측정하기 위해 환자를 안정된 자세를 취하게 한다. 환자가 안정되어 있는 동안 1분간의 호흡수를 세는데, 이때 주변에서 환자를 지켜보고 있다고 느끼게 된다면 안정된 호흡에 영향을 미치므로, 환자의 주의를 분산시키는 것이 최선이다. 숙련된 의료인은 종종 환자의 손목을 잡고 맥박을 측정하는데, 이는 환자가 맥박이 측정되고 있다고 생각하는 동안 호흡수를 측정하는 것이다.

혈압(*BP*)은 심장에 의해 박출되는 혈액량(심박출량)과 말초혈관저항의 기능으로써, 혈압을 결정하기 위해, **혈압계**(*sphygmomanometer*)**의 커프**(*cuff*)를 팔꿈치 위 3~4 cm 부위 팔에 감고(그림 13-7b), 청진기(stethoscope)를 위팔동맥 위에 놓는다. 혈압커프는 위팔동맥을 차단하여 혈액 흐름을 막는 지점에서 약 30 mmHg 가까이 더 부풀린 뒤, 커프를 풀어 압력을 서서히 낮춘다. 커프의 압력이 수축기 압력 아래로 떨어졌을 때, 동맥으로 다시 혈액이 흐르게 되고, 이때 **코로트코프 음**(*Korotkoff sound*)이 들린다. 압력이 떨어지면, 혈관은 더 길게 열려 있게 되고 이러한 상황은 동맥에서 들리는 소리를 변화시킨다. 커프 압력이 확장기 압력 아래로 떨어지면 혈액 흐름이 지속되고 코로트코프 음이 완전히 사라진다.

체온(*temperature*)은 응급의료상황(EMS)에서 자주 측정되지 않았지만, 전자체온계 사용 이후 이를 간단한 절차로 만들었다. 체온은 입 안(혀 아래), 직장, 귀(고막)에서 측정되며, 정상적 체온은 섭씨 37도(화씨 98.6도)이다.

그림 13-7 맥박과 혈압의 측정. (a) 여러 부위의 압력점(pressure point)은 맥박을 감시하거나 말초 출혈을 억제하는 데 사용될 수 있으며, **(b)** 혈압계와 청진기는 개인의 혈압을 측정하는 데 사용된다.

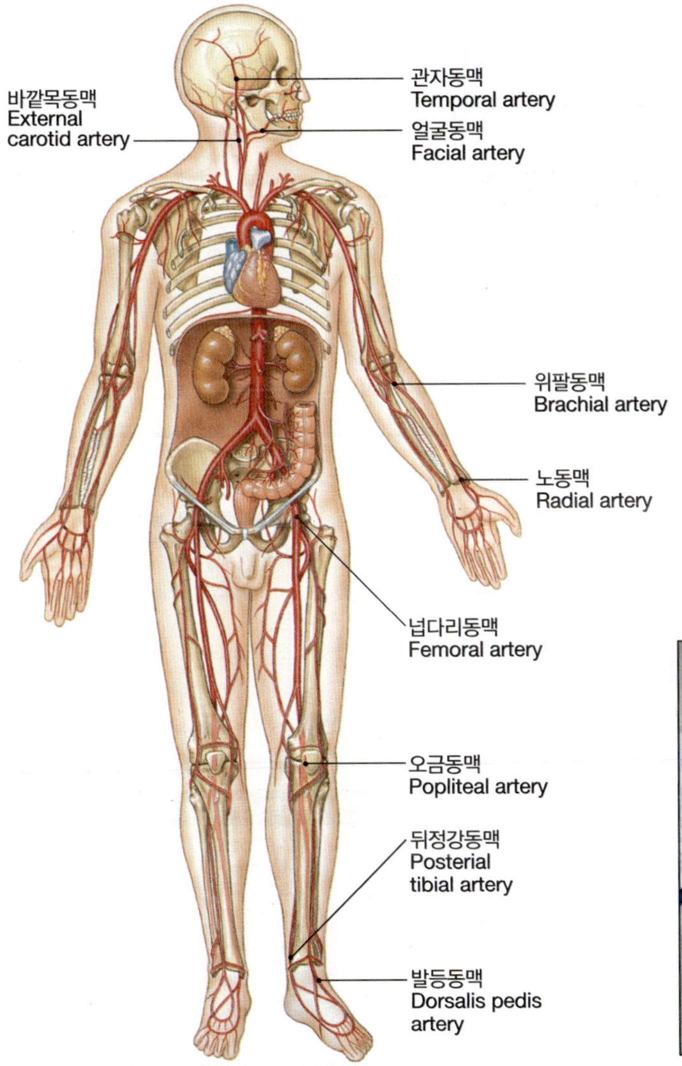

(a)

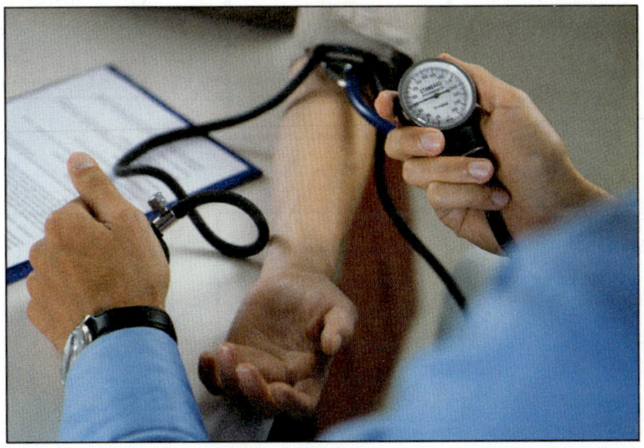

(b)

그림 13-8 단기와 장기 심혈관계통 반응.

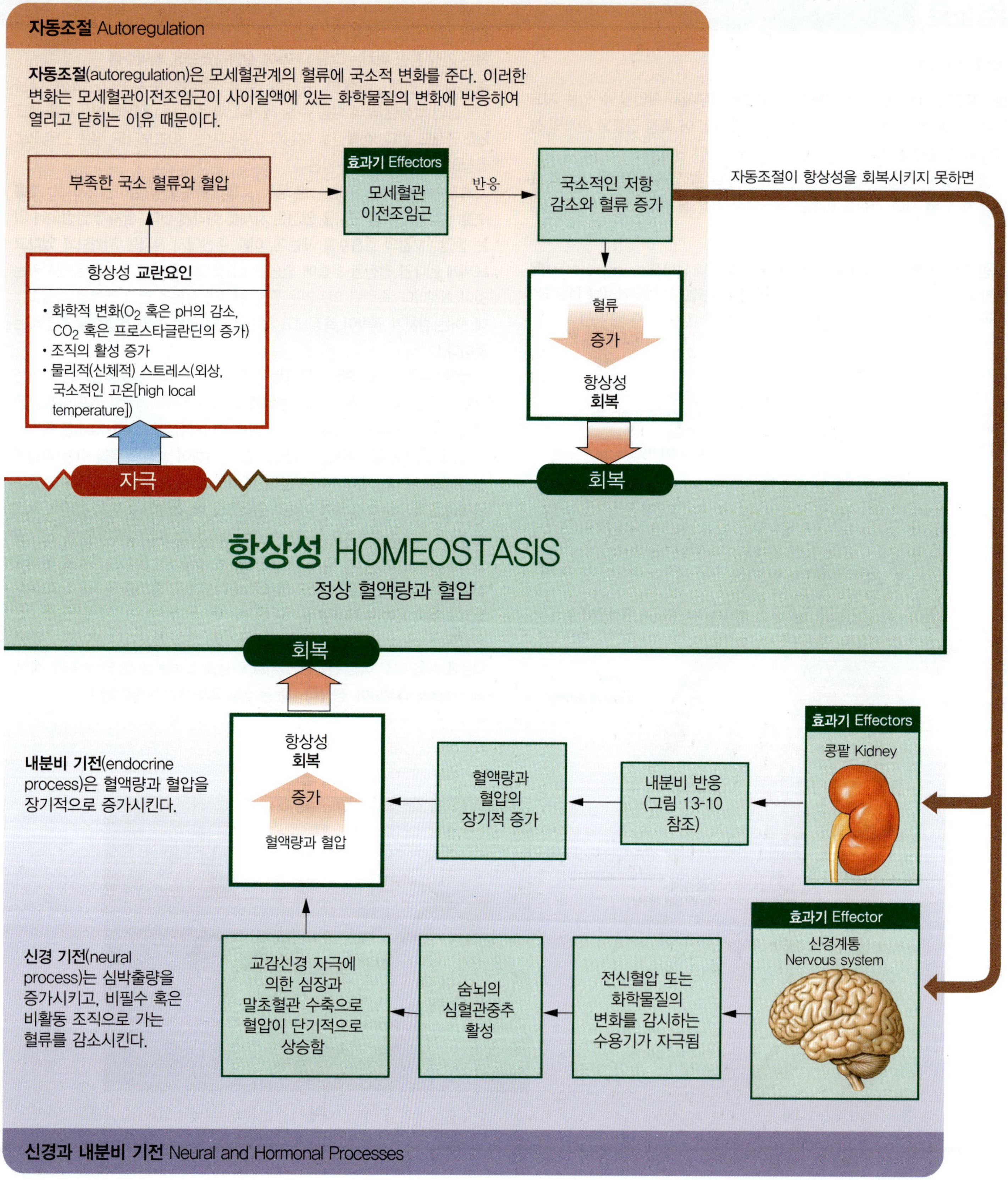

13

속목동맥 바닥부의 확장된 부위인 **목동맥팽대(carotid sinus)**와(그림 13-19a) (2) 심장에 인접한 대동맥 벽의 주머니인 **대동맥활(aortic arch)**(그림 12-6b)의 벽과 (3) 오른심방의 벽에서 볼 수 있다. 이들 수용기는 **압력수용기 반사(baroreceptor reflex)**라고 하는 자율반사를 통해, 심박출량과 말초저항을 조절하여 동맥압을 정상 수준으로 유지한다.

대동맥 압력수용기는 오름대동맥의 압력 감시를 통해 그 압력 변화에 반응하여 **대동맥반사**(*aortic reflex*)를 일으켜 온몸 순환의 적정 혈류를 유지시킨다. 목동맥팽대의 압력수용기는 뇌로 가는 혈류 유지를 위한 반사를 일으키며, 이 수용기는 뇌로 가는 혈류를 적절하게 유지해야 하는 관계로 극도로 민감하게 작동한다. 이들 두 압력수용기는 대동맥과 목동맥에서 혈류의 변화에 의해 작동하는 것으로 그림 13-9에 도식화하였다.

혈압이 올라가면, 압력수용기는 자극이 증가되어 숨뇌의 심혈관중추를 활성화시킨다. 더 특별히, 심장촉진중추를 억제하고, 심장억제중추를 자극하며, 혈관운동중추도 억제하여(그림 13-9), 다음의 두 가지 효과를 보인다.

1. **심박출량의 감소**(***A decrease in cardiac output***). 심장억제중추의 명령에 따라, 미주신경은 굴심방결절(SA node)에서 아세틸콜린을 방출한다. 이러한 부교감신경의 자극은 심장의 박동수와 수축력을 감소시킨다.
2. **폭넓은 말초혈관의 확장**(***Widespread peripheral vasodilation***). 혈관운동중추의 억제는 인체 전반의 말초 세동맥 확장을 유발한다.

이러한 심박출량 감소와 말초저항 감소의 상호작용은 혈압을 더욱 떨어뜨린다.

한편, 혈압이 정상수준 이하로 떨어지면, 압력수용기의 자극은 감소되어(그림 13-9), 혈압을 높이는 다음의 두 가지 주요 효과가 일어난다.

1. **심박출량의 증가**(***An increase in cardiac output***). 압력수용기 활성도가 떨어지면, 심장촉진중추가 자극되고, 심장억제중추는 억제되며, 혈관운동중추를 자극한다. 혈관촉진중추는 굴심방결절, 방실결절, 심근 전반의 교감신경을 자극하고, 이러한 교감신경의 자극은 심박수와 1회 박출량을 증가시켜, 결과적으로, 심박출량을 급격히 증가시킨다.
2. **폭넓은 말초혈관의 수축**(***A widespread peripheral vasoconstriction***). 교감운동신경에 의해 전달된 혈관운동의 활성화는 빠르게 혈관을 수축시킨다. 이 변화는 말초저항을 증가시킨다.

이렇게 증가된 심박출량과 말초저항은 함께 혈압을 올리는 작용을 하게 된다.

심방 압력수용기(*atrial baroreceptor*)는 온몸순환의 끝부위인 대정맥과 오른심방에서 혈압을 감시한다. **심방반사**(*atrial reflex*)는 오른심방 벽의 신장에 반응하는데, 심장은 정상적으로 혈액이 오른심방에 도달하는 속도와 같은 정도로 대동맥으로 혈액을 박출시킨다. 따라서 오른심방의 혈압이 증가한다는 것은 혈액이 심장에서 박출되어 나가는 속도보다 심장으로 들어오는 속도가 더 빠르다는 것을 의미한다. 심방압력수용기는 심장촉진중추를 자극하여 정맥혈 정체가 제거될 때까지 심박출량을 증가시켜 심방압력이 정상으로 되돌아 오도록 한다.

화학수용기 반사 Chemoreceptor Reflexes

화학수용기 반사(chemoreceptor reflex)는 혈액과 뇌척수액(CSF), 이산화탄소, 산소, 혹은 pH 변화에 반응한다(그림 13-10). 화학수용기는 감각신경세포로, 목 부분의 목동맥팽대 근처에 있는 **목동맥토리(carotid body)**, 대동맥활 근처에 있는 **대동맥토리(aortic body)**가 있다. 이 수용기들은 동맥혈의 화학적 구성을 감시하고, 숨뇌 표면에 있는 다른 화학수용기들은 뇌척수액의 구성물질을 감시한다.

화학수용기는 pH, 혈장 O_2의 감소, 혹은 CO_2 증가에 의해 활성화되고, 이러한 변화는 심장촉진중추와 혈관운동중추를 자극하여 동맥압을 올리고 말초조직으로 흐르는 혈류를 증가시키게 된다. 또한 화학수용기의 활성은 숨뇌의 호흡중추에도 영향으로 주어, 결과적으로 호흡수 증가와 동반하는 혈류 증가 및 혈압 상승을 일으킨다. 심혈관계통과 호흡 활동의 상호작용은 매우 중요한 것이, 증가하는 조직혈류에 충분한 산소를 갖고 있어야만 유용하게 사용될 수 있기 때문이다. 더욱이, 호흡수가 증가하면 호흡펌프작용이 활성화되어 정맥 환류가 더욱 빨라진다.

13

호르몬과 순환조절

Hormones and Cardiovascular Regulation

내분비계통은 단기적 및 장기적으로 심혈관계통 활동을 조절하는데, 단기적으로 부신속질에서 나온 에피네프린(E)과 노르에피네프린(NE)은 심박출량과 말초혈관수축을 자극하고, 장기적으로 항이뇨호르몬(ADH), 안지오텐신 II, 적혈구생성인자(erythropoietin, EPO), 심방나트륨이뇨펩티드(atrial natriuretic peptide, ANP) 등 다양한 호르몬이 관여한다(10장에 소개). 이들 호르몬이 혈압과 혈량을 어떻게 조절하는지는 그림 13-11에서 보여준다.

그림 13-9 목동맥팽대와 대동맥궁의 압력수용기 반사.

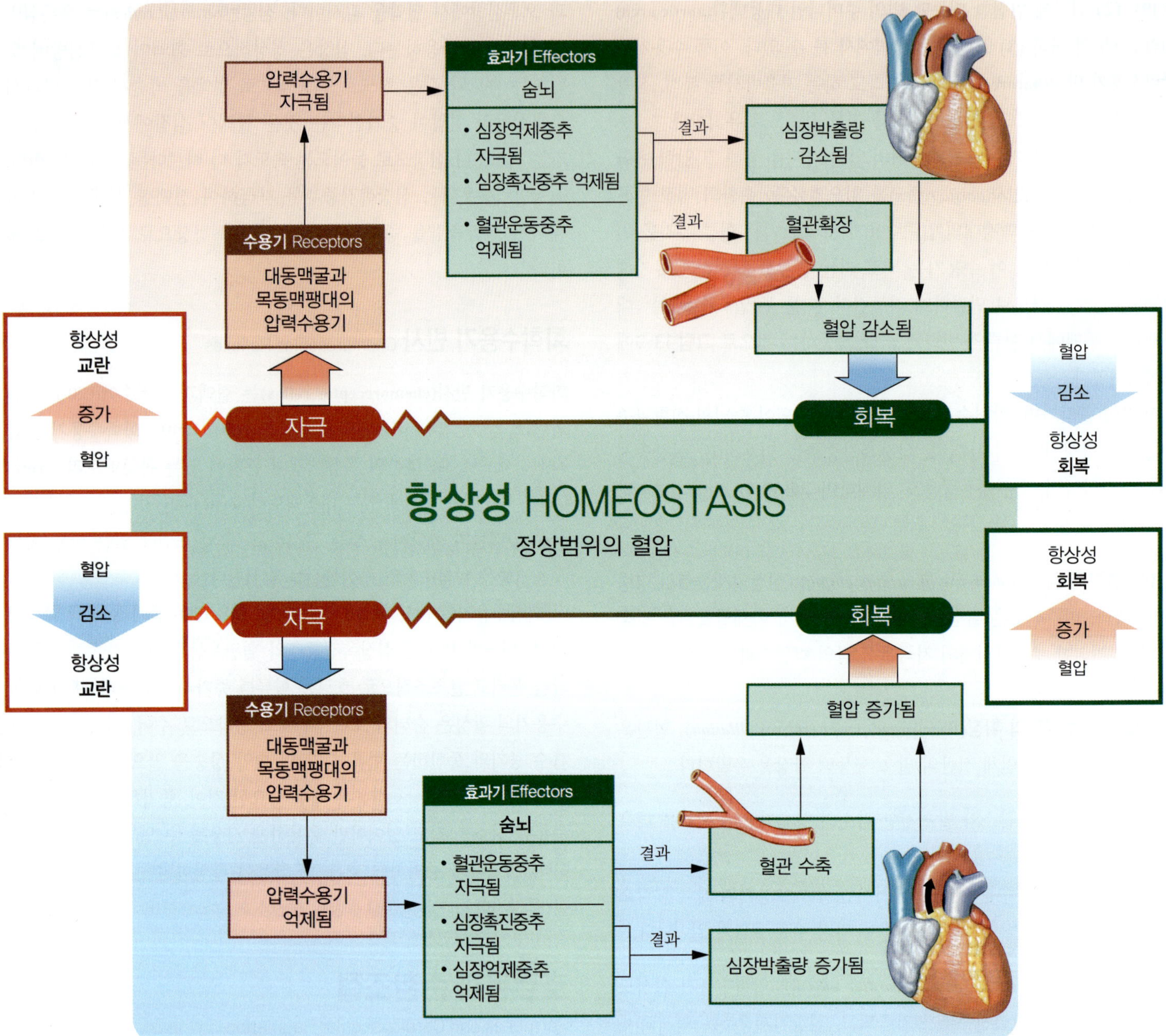

항이뇨호르몬 Antidiuretic Hormone

항이뇨호르몬은 혈량 감소, 혈장 삼투농도 증가, 혹은 안지오텐신 II의 출현에 반응하여 뇌하수체뒤엽에서 방출된다(그림 13-11). 항이뇨호르몬은 혈압을 즉각적으로 높이는 효과가 있고, 콩팥에서 수분을 머물게 하여 혈액량이 감소되지 않게 한다.

안지오텐신 II Angiotensin II

혈압이 떨어지는 것에 반응하여 콩팥의 특수 세포에 의해 레닌(renin) 효소를 분비하면 혈액에서 안지오텐신 II가 형성된다(그림 13-11). 레닌은 궁극적으로 **안지오텐시노겐**(*angiotensinogen*)이라고 하는 불활성 혈장 단백질을 안지오텐신 II로 전환시키며, 안지오텐신 II는 심박출량을 증가시키고, 세동맥 수축을 촉발하여 즉각적으로 전신 혈압을 상승시키게 된다. 이 호르몬은 또한 뇌하수체를 자극하여 항이뇨호르몬을

그림 13-10 화학수용기 반사.

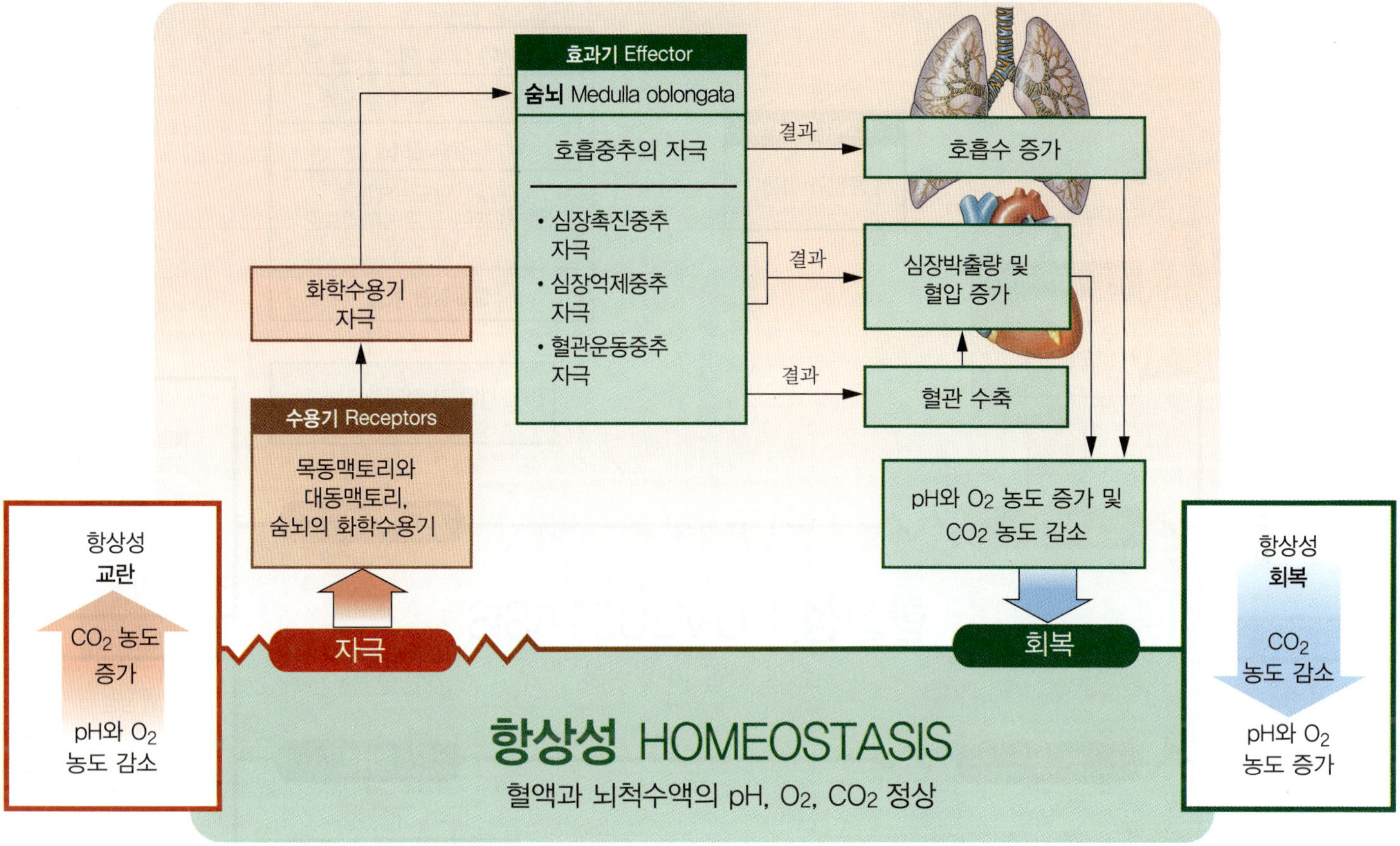

분비하고, 부신겉질을 자극하여 알도스테론(aldosterone)을 분비한다.

항이뇨호르몬과 알도스테론은 상호보완적으로 작용하는 것이, 항이뇨호르몬은 콩팥에서 물을 보존하고, 알도스테론은 콩팥에서 나트륨을 보존하고 칼륨을 배설한다. 또한 안지오텐신 II는 갈증을 일으키고, 항이뇨호르몬과 알도스테론이 더 이상 수분 손실이 일어나지 않게 하여 혈액량을 증가시킨다.

적혈구생성인자 Erythropoietin

혈압이 떨어지고 혈중 산소 농도가 비정상적으로 낮아지면 콩팥에서 적혈구생성인자가 방출되어(**그림 13-11**), 적혈구 세포 생산을 자극하여, 그 결과로 혈량이 증가하고, 혈액의 산소 운반 능력을 개선시킨다.

심방나트륨이뇨펩티드 Atrial Natriuretic Peptide

오른심방 벽의 특수한 심근세포가 생산하는 심방나트륨이뇨펩티드는 앞의 세 호르몬과 대조적으로, 혈압이 증가하면 방출되는데(**그림 13-11**), 이 세포들이 초과하는 정맥 환류로 인해 확장되면, 심방나트륨이뇨펩티드가 생성되어 다음 기전에 의해 혈류와 혈압을 감소시킨다. (1) 콩팥에서 나트륨 이온 소실의 증가, (2) 소변 배설 증가를 통해 수분 소실 촉진, (3) 갈증 감소, (4) 항이뇨호르몬, 알도스테론, 에피네프린, 노르에피네프린의 방출 차단, (5) 말초혈관 확장. 이렇게 혈량과 혈압을 낮춰 심방벽의 자극이 사라지면, 더 이상의 심방나트륨이뇨펩티드의 생산은 중단된다.

체크포인트

8. 혈관확장제와 혈관수축의 작용을 설명하시오.
9. 온목동맥에 약간의 압력을 가하면 심박수에 어떤 영향을 미칠까?
10. 콩팥동맥의 혈관 수축이 혈압과 혈량 변화에 어떤 영향을 미치나?

책 뒷면에 있는 파란색 정답 탭을 참조.

그림 13-11 혈압과 혈액량의 호르몬 조절.

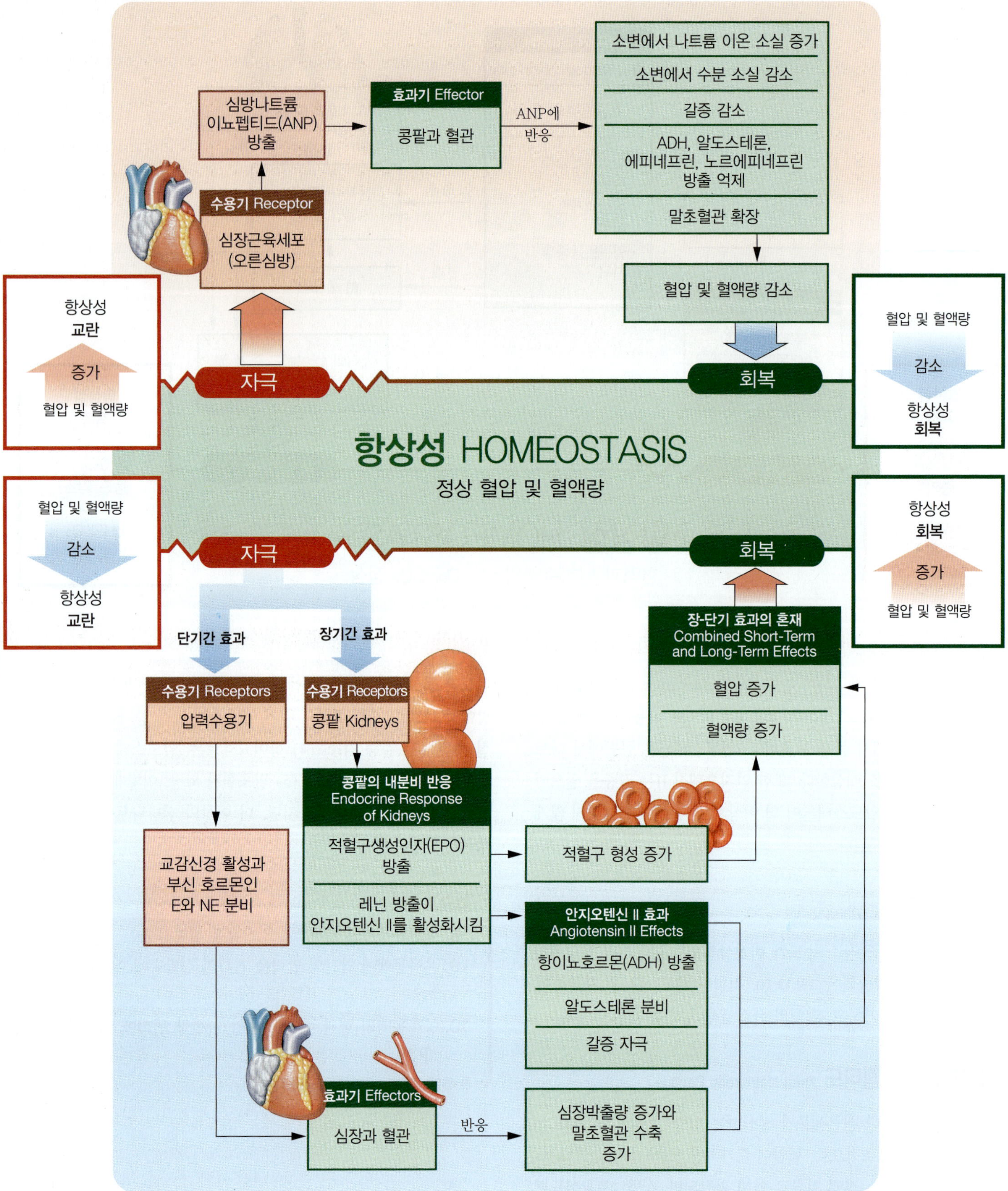

13-4 심혈관계통은 생리적 스트레스에 적응한다

학습목표 운동과 출혈로 인한 신체의 변화에 항상성을 유지하기 위해 심혈관계통이 어떻게 반응하는지 설명한다.

우리의 일상생활에서 심혈관계통의 구성요소인 혈액, 심장, 혈관은 통합적으로 함께 작동한다. 이 절에서는 이 심혈관계통이 일반적인 스트레스로 작용하는 운동과 혈액소실에 반응하여 어떻게 항상성을 유지하는지 알아본다. 또한 주요 심혈관계통 질환인 쇼크와 관련된 생리적 기전도 살펴본다.

운동과 심혈관계통 Exercise and the Cardiovascular System

안정시, 심박출량은 분당 약 5.8리터 정도인데, 운동 중에는 심박출량과 혈액 분배 양상이 급격히 변화하면서, 운동시작 시 관련된 여러가지 변화가 일어난다.

- 뼈대근에서 산소 소모율이 증가하면서 **혈관확장이 광범위하게 진행된다.** 말초저항은 작아져 모세혈관으로 흐르는 혈류가 증가하고, 정맥계의 혈류 속도 또한 빨라진다.
- 뼈대근이 말초정맥을 따라 혈액을 압박하여 **정맥 환류를 증가시키며,** 호흡수가 빨라지면서 호흡펌프 작용에 의해 혈액을 대정맥으로 끌어올린다.
- (1) 프랭크 스탈링(Frank-Starling) 원리에 의한 정맥 환류가 증가하고, (2) 심방 반사(atrial reflex)에 의한 심방확장에 반응하여 **심박출량이 증가한다.** 운동에 의해 증가된 산소요구량에 맞춰 심박출량을 증가시켜 보조를 맞추고, 또한 말초저항이 감소되는 만큼이 심박출량 증가로 보상되어 동맥압은 유지된다.

이러한 조절은 정맥 되먹임(feedback)에 의한 것으로 안정 수준의 약 두 배까지 심박출량을 점진적으로 증가시킨다. 이러한 증가는 뼈대근, 심장근, 피부로의 혈류를 보다 빠르게 흐르게 하여 약간 힘든 정도의 운동에서도 혈류 분배 양상에는 변화를 보이지 않게 된다.

보다 높은 강도의 운동에서는 심장 및 혈관운동 중추에 의한 교감신경계 활성 외에도 다른 생리학적 조절이 일어난다. 심박출량은 최고치인 분당 20~25리터까지 증가하고, 혈압도 증가하며, 운동하는 뼈대근육으로 혈류를 증가시키기 위해 소화계통 같은 "비필수"기관으로의 혈류를 크게 제한하는 혈류 분배 양상이 바뀌게 된다. 최대수준으로 운동하게 되면 혈류는 근본적으로 뼈대근, 허파, 심장 사이를 흐르고, 대부분의 다른 조직으로 가는 혈류는 감소한다. 체온이 지속적으로 상승하기 때문에 이로 인한 피부로의 혈류는 증가하나, 뇌로의 혈류는 운동에 영향을 받지 않고 일정량으로 유지한다.

임상노트

운동, 심혈관계통 단련, 건강
Exercise, Cardiovascular Fitness, and Health

심혈관계통 기능은 훈련으로 크게 개선되는데, 잘 훈련된 선수는 비운동자에 비해 심장과 1회박출량이 더 크다. 이러한 기능적 변화는 매우 중요한 것이, 심박출량은 1회박출량에 심박수를 곱한 값과 같아서, 보다 큰 1회박출량을 가진 자는 보다 낮은 심박수를 보인다. 전문 운동선수의 안정시 심박수는 비운동자가 갖는 분당박동수 약 80 bpm(beat per minute)에 비해 32 bpm 정도 낮은 심박수로도 말초조직으로 정상적인 혈류를 유지할 수 있다. 그리고 운동선수의 심박출량은 비운동자에 비해 50% 더 높게 증가할 수 있다.

비 훈련자가 규칙적인 운동을 하면 여전히 몇 가지 이로운 효과를 보인다. 예를 들어 주당 8 km(5마일)의 조깅과 같이 많지 않은 일상의 운동으로도 혈중 총콜레스테롤 수준을 낮출 수 있다. 높은 콜레스테롤은 심혈관계질환과 뇌졸중을 일으키는 죽상경화증(atherosclerosis)의 주요 위험요인이다. 부가적으로 규칙적 운동, 균형 잡힌 식단, 체중조절, 금연 등의 건강한 생활습관은 스트레스를 감소시키고, 혈압을 보다 낮게 유지하며 죽상경화판의 형성을 늦춘다. 대규모의 통계적 연구에 의하면 규칙적이고 적당한 운동은 심장마비 발생을 거의 반으로 줄일 수 있다고 보고하고 있다.

출혈의 심혈관계통 반응 The Cardiovascular Response to Hemorrhage

출혈이 일어나면 인체는 어떻게 반응할까? 11장에서 논의한 혈관벽 손상으로 국소적 심혈관계통이 어떻게 반응하는지 상기해 보자. 상당량의 혈액 소실과 떨어지는 혈압을 응고 반응으로 막지 못하면 전신 심혈관계는 이를 조정하기 시작하여, 즉각적이고 단기적 목표인 적정 혈압과 말초 혈류를 유지하고, 장기적 목표인 정상 혈액량을 회복하는 것이다(**그림 13-11**의 아래쪽 중간).

단기적인 혈압 상승 The Short-Term Elevation of Blood Pressure

혈압의 단기적 반응은 혈압이 떨어지자마자 바로 일어나는데, 혈압저하로 목동맥과 대동맥의 반사가 일어나고 이 반응으로 심박출량 증가

임상노트

쇼크 Shock

쇼크(저관류, hypoperfusion)는 부적절한 조직 관류 상태로 종종 많은 질병과 손상 과정의 마지막 반응이다. 쇼크가 일어나면, 인체조직에 산소와 필수 영양소가 부족해지고, 동시에 이산화탄소와 다른 노폐물이 축적된다. 쇼크의 원인이 무엇이던 간에 부적절한 펌프 기능(심장성 쇼크, cardiogenic shock), 부적절한 혈류(저혈량성 쇼크, hypovolemic shock) 혹은 부적절한 혈관(container; 신경성 쇼크, neurogenic shock)의 세 가지 생리학적 문제 중 하나로부터 발생한다.

심장성 쇼크(*cardiogenic shock*)는 심장의 효과적 펌프 기능 상실로 일어나며 심장마비 혹은 울혈성심부전(congestive heart failure)의 합병증으로 발생한다. **저혈량성 쇼크**(*hypovolemic shock*)는 혈관으로부터 혈액 혹은 혈장의 소실로 발생하고, 신경성 쇼크는 말초혈관벽의 자동조절 기능이 소실되어 말초혈관저항이 감소되고 혈관이 확장되는 결과를 초래한다. 신경성 쇼크는 척수 손상으로 신경 섬유가 끊어졌을 때 볼 수 있다. 심한 말초혈관 확장과 모세혈관으로부터 혈장 소실을 야기하는 히스타민과 다른 화학적 매개체에 의한 심한 알레르기 반응(**아나필락틱 쇼크**, *anaphylactic shock*)으로 일어나기도 한다. 그러므로 아나필락틱 쇼크는 혈량 소실과 말초혈관 확장의 문제를 모두 포함한다. 신경학적 쇼크의 또 다른 형태인 **패혈성 쇼크**(*septic shock*)는 심각한 세균 감염으로 발생하며, 이는 세균이 강력한 **내독소**(*endotoxin*)를 뿜어내고, 이로 인해 심각한 말초혈관의 확장으로 쇼크에 이르는 것이다.

쇼크의 증상과 징후는 종종 미묘하기도 한데, 변화하는 정신상태, 창백하고 차갑고 축축한 피부, 메스꺼움 및 구토, 맥박 증가, 호흡수 증가, 혈압 하강 등을 포함하며 이중 혈압 하강은 늦게 나타나는 신호로 간주된다. 쇼크에 대한 최선의 치료는 쇼크가 확인되고 혈압 하강이 일어나기 전에 즉시 응급처지가 제공되는 것이다.

와 말초혈관 수축이 발생한다. 헌혈을 하게 되면 보통 500 mL를 채집하게 되는데 이는 대략 전체 혈량의 10% 정도가 된다. 이 만큼이 소실되는 초기에는 심박출량이 떨어지지만, 혈관운동중추가 빠르게 정맥을 수축하여 소화기관에서 천천히 흘러 간으로 배출된 큰 **정맥저장**(*venous reservoir*) 혈액을 동원하여 정맥 환류를 촉진하고 심박출량을 정상수준으로 회복시킨다(**그림 13-11**). 이러한 정맥 보상은 전체 혈량의 15~20% 소실 후에도 동맥압과 말초혈류를 정상으로 회복시킬 수 있다.

이보다 더 많은 출혈이 일어나면, 심박출량은 심박수 증가에 의해 유지되는데, 보통 180~200의 박동수까지도 증가하게 된다. 교감신경계의 활성은 혈압을 올리는 근육형동맥과 세동맥을 수축시키고, 부신속질에서 에피네프린(E)과 노르에피네프린(NE) 분비를 촉진하며, 동시에 뇌하수체뒤엽에서 항이뇨호르몬(ADH)을 분비하고, 떨어지는 혈압에 반응하여 콩팥에서 레닌을 방출시키며 이 효소는 차례로 안지오텐신 II를 활성화시킨다. 에피네프린과 노르에피네프린은 심박출량을 증가시키고, 여기에 항이뇨호르몬과 안지오텐신 II가 더해지면 강력한 혈관수축을 일으켜 혈압을 올리고 말초혈류를 개선시킨다.

장기간 혈액량의 회복

The Long-Term Restoration of Blood Volume

심각한 출혈 후에는 혈량이 정상수준으로 돌아오는데 여러 날이 걸리게 된다. 단기 반응으로 정상 심박출량과 혈압을 유지할 수 없을 때, 모세혈관의 압력 감소로 인해 사이질 공간으로부터 **체액 회수**(*recall of fluid*) 가 촉발된다. 이 기간 동안 항이뇨호로몬과 알도스테론은 콩팥에서 체액이 여과되지 않게 하고 재흡수를 촉진하여 더 이상의 혈량 감소가 일어나지 않도록 한다. 또한 갈증을 증가시켜 추가적인 수분섭취를 통해 소화계로 흡수되도록 하여 혈액량이 증가되고 모세혈관에서 "빌려온" 사이질액을 적극적으로 대체한다. 적혈구생성인자는 골수로부터 적혈구 성숙 과정을 자극하여 혈액량을 증가시키고 산소가 말초조직으로 운반되는 것을 향상시킨다.

체크포인트

11. 운동하는 동안 혈압이 증가하는 이유는?
12. 출혈로 인한 심혈관계통의 즉각적이고 장기적 문제를 설명하시오.
13. 혈액량의 장기적 회복을 위한 알도스테론과 항이뇨호르몬의 역할을 설명하시오.

책 뒷면에 있는 파란색 정답 탭을 참조.

13-5 심혈관계통의 허파와 온몸순환은 세 가지의 일반적 기능 유형을 보인다

학습목표 허파와 온몸순환에서 세 가지 일반적 기능의 유형을 설명한다.

심혈관계통은 **허파순환(pulmonary circuit)**과 **온몸순환(systemic circuit)**으로 나뉜다. 허파순환은 심장과 허파 사이에서 혈액을 운반하는 동맥과 정맥으로 구성되어 있으며, 오른심실에서 시작하여 왼심방에서 끝난다. 온몸순환은 산화된(oxygenated) 혈액과 영양소를 모든 기관과 조직에 운반하는 동맥과 탈산화된(deoxygenated) 혈액을 심장으로 되돌리는 정맥으로 구성되어 있고, 왼심실에서 시작하여 오른심방에서 끝난다. **그림 13-12**에 허파순환과 온몸순환의 주요 순환 경로가 요약되어 있다.

다음에서 살펴보게 될 두 순환 혈관의 일반적인 기능 유형은 주목할 만한 가치가 있다.

그림 13-12 순환의 유형 개관. RA는 오른심방, LA는 왼심방을 나타낸다.

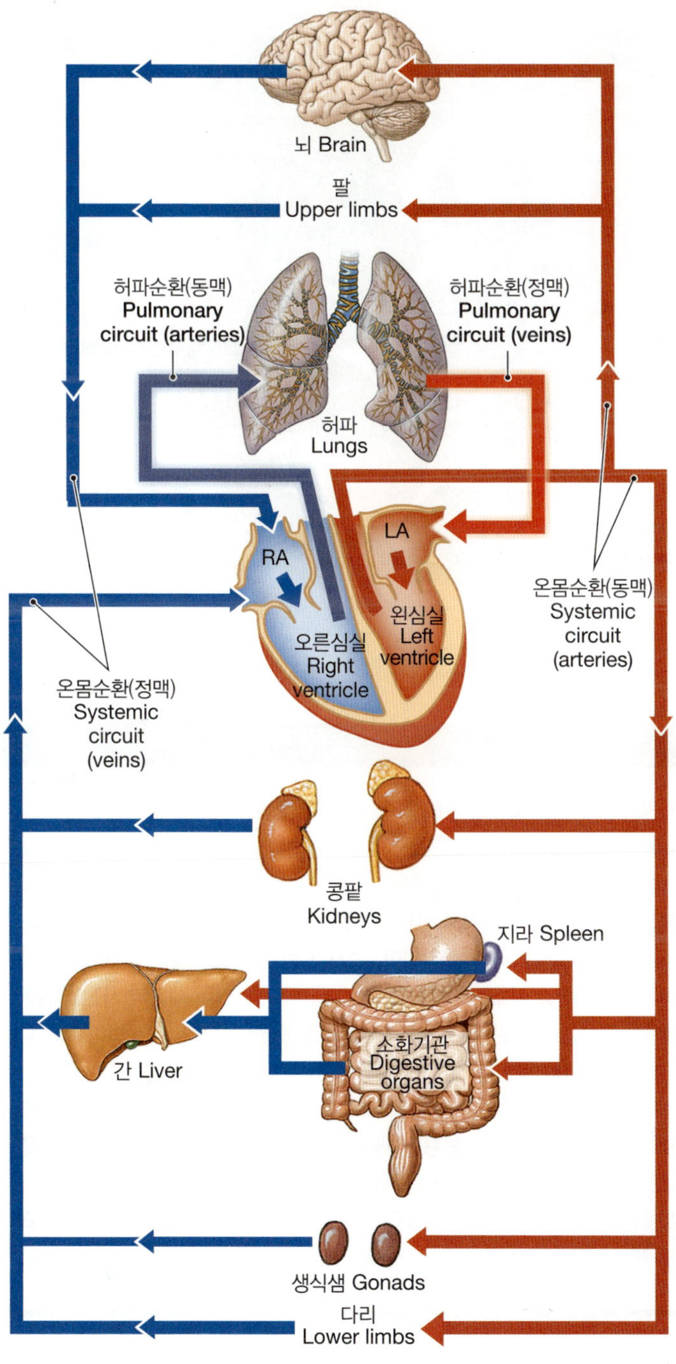

1. 인체의 오른쪽과 왼쪽에 있는 동맥과 정맥의 분포는 일반적으로 동일하다(심장 주변의 심방과 심실에 연결된 큰혈관 부위는 예외임). 예를 들어, 왼쪽과 오른쪽 빗장밑동맥(*left* and *right subclavian artery*), 겨드랑동맥(*axillary artery*), 위팔동맥(*brachial artery*), 노동맥(*radial artery*)은 왼쪽과 오른쪽 빗장밑정맥(*left* and *right subclavian vein*), 겨드랑정맥(*axillary vein*), 위팔정맥(*brachial vein*), 노정맥(*radial vein*)과 나란하다.
2. 하나의 혈관이 특정의 해부학적 경계를 지나면서 여러 이름으로 변화되는데, 예를 들어 바깥엉덩동맥(*external iliac artery*)은 몸통을 지나 넓적다리로 들어가면서 넙다리동맥(*femoral artery*)이 된다.
3. 조직과 기관은 보통 여러 동맥과 정맥이 혈액을 공급하는데, 종종 인접하는 동맥과 정맥 사이에서 연결(문합, anastomoses)을 형성하여 단일 혈관이 일시적으로 혹은 영구적으로 폐쇄(*occlusion* , blockage)되는 영향을 줄일 수 있게 된다.

체크포인트

14. 심혈관계통의 두 가지 순환계를 확인하시오.
15. 인체 혈관의 세 가지 일반적 기능의 유형을 확인하시오.

책 뒷면에 있는 파란색 정답 탭을 참조.

13

13-6 허파순환에서 산소가 소모된 혈액은 동맥을 통해 허파로 들어가고, 산소가 풍부한 혈액은 정맥을 통해 허파에서 나온다

학습목표 허파순환의 주요 동맥과 정맥을 확인한다.

말초모세혈관계에서 산소를 방출하고 이산화탄소를 흡수한 혈액은 오른심방을 통해 오른심실로 이어져 허파순환의 시작부위인 **허파 동맥(pulmonary trunk**, 보통 몇몇의 큰 동맥을 *trunk*라 함)으로 진입한다(**그림 13-13**). 허파에서 산소가 보충되고 이산화탄소가 방출되면, 산소화된 혈액은 전신순환을 통해 조직에 분배하기 위해 심장으로 돌아간다.

허파순환은 온몸 순환에 비해 매우 짧다. 허파동맥의 시작부터 허파까지의 거리는 단지 15 cm(6인치) 정도이다.

허파동맥순환은 온몸 순환과는 다르게 탈산소화된 혈액을 운반한다(그런 이유로, 색깔로 표식이 된 모식도에서도 허파동맥순환의 표식을 온몸정맥 순환의 색과 같은 파란색으로 한다.). 허파동맥은 심장의 위모서리 위에서 굽어져 **왼쪽**과 **오른쪽 허파동맥(left** and **right pulmonary arteries)**으로 갈라지고, 이들 큰 동맥은 허파로 들어가 반복적으로 계속 가지를 내

그림 13-13 **허파순환.**

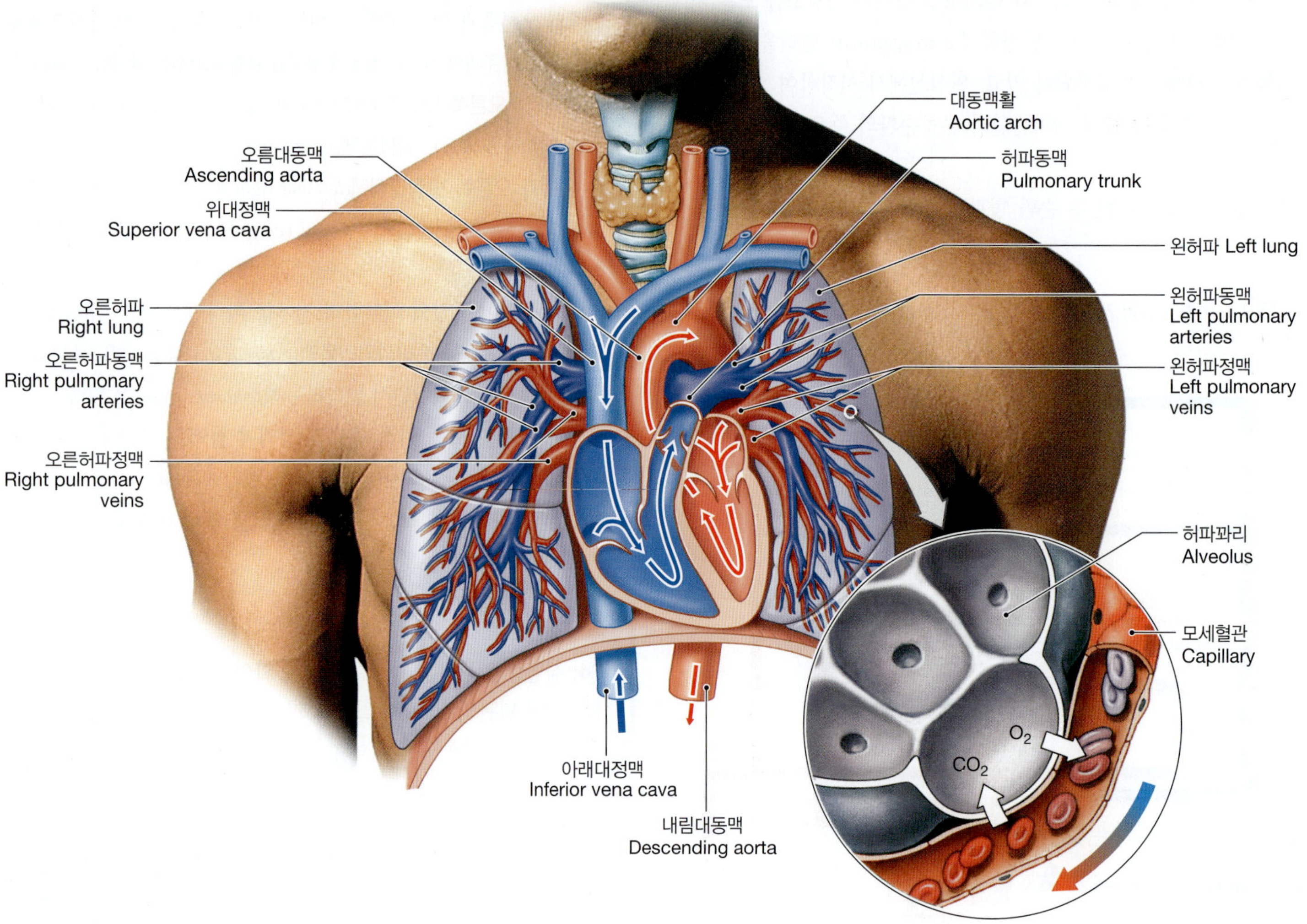

임상노트

급성 허파색전증 Acute Pulmonary Embolism

급성 허파색전증(PE)은 허파동맥에 혈전(blood clot)이나 다른 입자들이 들어가 혈류를 차단하여 발생한다. 허파색전은 공기, 지방, 양수(amniotic fluid), 혈전으로 형성될 수 있으며, 환자가 혈전에 걸리기 쉬운 요인들에는 장시간 고정된 자세, 혈전 정맥염(정맥내 염증 및 혈전), 특정 약물 복용, 심방세동이 있다. 비행기나 자동차로 오랜 기간 여행하면 허파색전증의 유발 가능성이 높아진다.

허파색전증으로 허파혈관의 흐름이 막히게 되면, 오른심장은 허파동맥이 좁아져 증가된 저항에 맞서는 펌핑을 해야 하며, 이는 순차적으로 허파모세혈관의 압력을 증가시킨다(**그림 13-11**). 막힌 혈관으로 공급되는 허파 영역은 그 기능을 중단하면서 가스교환이 감소된다. 그 영향을 받는 허파의 부피가 커질수록 가스교환의 문제는 더욱 커진다.

허파색전증의 증상과 징후는 폐색 정도에 따라 달라지며, 급성 허파색전증 환자는 가슴통증과 연관이 있을 수도 없을 수도 있는, 말로 설명할 수 없는 심한 호흡곤란이 갑자기 발병하는 것으로 보고되고 있다. 급성 허파색전증의 증상과 징후는 미묘하여 쉽게 놓칠 수 있다. 진단은 여러 영상 기술을 이용하게 되며, 자주 이용되는 검사는 환기/관류 검사(ventilation/perfusion scan; V/Q scan)이며, 환자가 방사성 물질을 흡입하도록 하고 방사성 물질을 정맥계로 주사한다. 환자 허파에 대한 두 세트의 사진을 얻게 되는데, 하나는 호흡관나무(respiratory tree)를 통한 허파 환기를 보여주며, 다른 하나는 허파순환계의 허파 관류를 보여준다.

허파색전증의 치료는 그것의 크기에 따라 다양한데, 작은 것에서 중간 크기의 색전을 가진 환자는 보통 병원에서 혈액 희석제(thinner) 처치를 하여 면밀히 관찰하고, 현저한 저산소증(hypoxia)과 저혈압을 보이는 큰 색전 환자는 혈전용해요법(thrombolytic therapy)이 필요하다. 아주 심한 경우, 영향을 미친 허파동맥에 카테터를 삽입하고 혈전용해제를 영향받은 혈관에 직접 주사한다.

어 보다 더 작은 동맥으로 갈라진다.

가장 작은 가지인 허파세동맥(*pulmonary arteriole*)은 **허파꽈리(alveoli)**라고 하는 작은 공기주머니를 둘러싼 모세혈관망에 혈액을 공급한다. 허파꽈리벽은 충분히 얇아서 들숨공기와 모세혈관 혈액에서 가스교환이 가능하다.

허파꽈리 모세혈관(*alvelolar capillary*)을 통해 산소화된 혈액이 세정맥으로 들어가고, 세정맥이 순차적으로 모아져서 큰 혈관인 **허파정맥(pulmonary vein)**을 형성한다. 두 허파에서 각 두 개씩 총 4개의 정맥은 왼심방으로 들어가면서 허파순환을 끝낸다.

체크포인트

16. 허파로 들어오고 나가는 혈관에는 어떤 것들이 있는지, 그리고 그 혈관들 중 산소화된 혈액의 혈관과 탈산소화된 혈액의 주요 혈관은 무엇인지 확인하시오.
17. 오른심실에서 시작하여 왼심방에 이르기까지 허파를 통한 혈액의 이동경로를 순차적으로 추적하시오.

책 뒷면에 있는 파란색 정답 탭을 참조.

13-7 온몸순환은 왼심실로 나가 허파의 가스교환 표면을 제외한 모든 조직에 산화된 혈액을 전달하고 탈산화된 혈액을 오른심방으로 운반한다

학습목표 온몸순환의 주요 동맥과 정맥을 확인한다.

온몸순환은 허파순환에 의해 전달되는 혈액을 제외한 인체 모든 부위의 모세혈관계에 혈액을 공급한다. 왼심실에서 시작하여 오른심방에서 끝나는 온몸순환은 매 순간 전체 혈액량의 84%를 차지하는데, **집중 조명 그림 13-17**에서 온몸순환의 동맥과 정맥계의 개요를 보여준다.

온몸 동맥 Systemic Arteries

집중 조명 그림 13-17a는 주요 온몸 동맥의 위치를 보여준다.

임상노트

동맥류 Aneurysm

동맥류(*aneurysm*)는 약해진 혈관벽이 부풀어 오르면서 파열될 위험이 있으며, 뇌, 동맥, 심장에서 동맥류의 파열은 빠르게 생명의 위협이 될 수 있다. 다음은 여러 유형의 동맥류들이다.

- 죽상경화성
- 박리성
- 감염성
- 선청성
- 외상성

그림 13-14 정상 동맥. 최소 한도의 죽상경화증 변화를 들어내기 위해 열어놓은 대동맥의 사후 표본(post-mortem specimen).

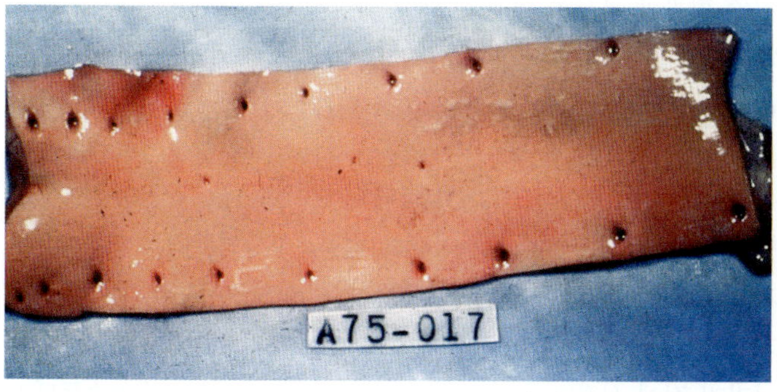

대부분의 동맥류는 죽상경화증(atherosclerosis)으로 인해 발생하며, 인체의 다른 어떤 혈관들보다도 더 높은 혈압을 견뎌야 하는 대동맥을 포함한다(**그림 13-14, 13-15**). 또한 동맥류는 보통 서서히 진행되어, 결국 대동맥 속막(*tunica intima*)이 찢겨져 그 벽 틈새로 혈액이 파도처럼 밀려든다. 감염성 동맥류의 가장 흔한 원인으로 매독(syphilis)과 연관되어 있으나 미국에서는 드물게 발병한다. 선천성 동맥류는 결합조직에 영향을 미치는 유전성 질환으로, 여기에는 마르팡 증후군(Marfan's syndrome)과 같은 여러 질병 상태에서 발생할 수 있다. 대동맥류는 혈관벽 안의 결합조직에서 생기

그림 13-15 죽상경화성 변화. 난류 혈류와 현저한 혈류 저항을 유발하는 중형동맥에서 두드러진 죽상경화증.

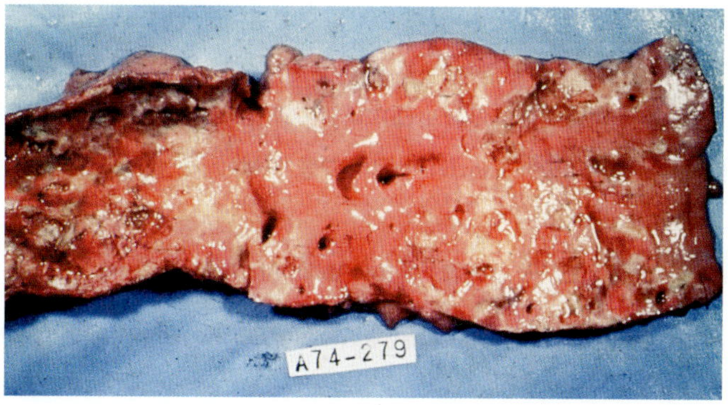

13

(계속)

기 때문에 마르팡 증후군 환자에서 발생하며, 이 질환에 노출되면 대개 아주 어린 나이에 대동맥의 파열이 자연발생적으로 일어나기 때문에 사망으로 이어질 수 있다. 대동맥류는 가슴 혹은 배 부위에서 발생할 수 있는데, 가슴 대동맥류는 일반적으로 대동맥 활(arch) 부위를 포함하며, 이 경우 주변 구조물을 파고들어(eroding) 증상을 일으킨다. 보통 가슴 대동맥류의 파열은 매우 치명적인 결과를 초래한다.

복부 대동맥류 Abdominal Aortic Aneurysm

복부 대동맥류는 일반적으로 죽상경화증에 의해 일어나고, 대부분 대동맥, 콩팥동맥 아래, 온엉덩동맥의 분지 위에서 흔히 발생하며(**그림 13-16**), 여성보다 남성에서 10배 더 흔하며, 60~70세에서 가장 많이 발생한다. 복부대동맥류의 많은 경우가 신체 검사 혹은 진단 영상(X-ray, 초음파)으로 발견되며, 둘레가 5 cm 미만의 비절단성 대동맥류는 일반적으로 관찰대상이 되고, 보다 큰 동맥류 혹은 빠르게 팽창하는 동맥류는 외과적 치료가 필요하다.

복부 대동맥류의 증상과 징후는

- 복통
- 등과 옆구리 통증
- 저혈압
- 혈액의 복막뒤 누출로 인한 배변 충동

대동맥류의 파열이나 누출은 외과적 응급상황으로, 이 상태로 의심되는 환자는 즉시 복구와 이식을 위한 수술을 해야 하며, 이때 대량 수혈을 하는 것이 일반적이다.

박리성 동맥류 Dissecting Aneurysm

13

일부 동맥류는 혈관벽 안에서 박리되기 시작한다. 대부분의 박리성 대동맥은 혈종을 초래할 수 있는 대동맥 속막의 민무늬근육과 탄성조직에서 퇴행성 변화를 일으키고 이는 결과적으로 동맥류를 유발하게 된다. 실제 박리는 종종 고혈압과 일부분 노화와 관련된 결합조직의 퇴행성질환인 **낭성중간막괴사**(*cystic medial necrosis*)로 인한 것이다. 영향을 미치는 요인들 중 고혈압은 75~85%의 증례에서 나타난다. 비록 젊은사람, 특히 임산부에서도 발생할 수 있지만 40~50대 이상의 연령대에서 더 자주 발생하며, 가족력에 의한 발생 경향도 있다.

박리성 대동맥류의 67%는 오름대동맥을 포함하고, 일단, 박리가 시작되면, 복부 대동맥뿐만 아니라 심장동맥, 대동맥판막, 빗장밑동맥, 목동맥을 포함하는 분지 혈관까지로 확장될 수 있다. 동맥류는 언제든 파열될 수 있으며, 보통 사망을 초래하는 심장막안 혹은 가슴막안으로 파열이 일어난다.

그림 13-16 복부 대동맥류. 대부분의 복부 대동맥류는 콩팥동맥 분지 수준 아래에서 발생하고, 엉덩동맥의 분지 아래까지 확장된다. 파열은 급격한 출혈을 일으켜 응급 수술 없이는 빠르게 치명적으로 치닫을 수 있다.

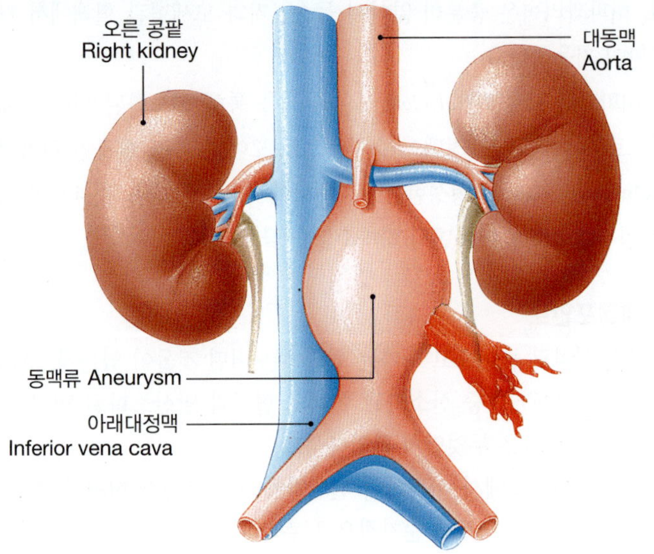

오름대동맥 The Ascending Aorta

온몸순환을 시작하는 처음 동맥이자 가장 큰 동맥인 대동맥은 왼심실의 대동맥판막에서 시작하는 **오름대동맥(ascending aorta)**으로부터 출발한다. 이어 대동맥판막 바닥 근처에서 시작되는 **왼쪽·오른쪽 심장동맥**(*left* and *right coronary artery*)(**그림 12-7**)이 있으며, 심장의 위에서 오름대동맥이 **대동맥활(aortic arch)**까지 올라가서 가로질러 굽어지면서 **내림대동맥(descending aorta)**이 된다(**그림 13-14**).

대동맥활의 동맥 Arteries of the Aortic Arch

세 개의 탄력형동맥인 **팔머리동맥(brachiocephalic trunk)**, **왼온목동맥(left common carotid artery)**, **왼빗장밑동맥(left subclavian artery)**은 대동맥활을 따라 시작하여 머리, 목, 어깨, 위팔로 혈액을 전달한다(**그림 13-18, 13-19**). 팔머리동맥은 조금 올라가 **오른온목동맥(right common carotid artery)**과 **오른빗장밑동맥(right subclavian artery)**으로 갈라진다. 유의할 것은 대동맥활로부터 하나의 팔머리동맥과 왼온목동맥, 그리고 왼빗장밑동맥이 각각 일어난다는 것이다. 그러나 말초의 분포는 왼쪽 혈관과 오른쪽 혈관이 서로 대칭을 이루고 있다. 주요 동맥들의 대부분은 몸의 양쪽에서 각각 쌍을 이루고 있기 때문에 이어지는 설명에서는 오른(*right*)과 왼(*left*) 용어를 사용하지 않고 각 쌍의 한 쪽 동맥만 사용될 것이다.

빗장밑동맥(THE SUBCLAVIAN ARTERIES). 빗장밑동맥은 팔, 가슴벽, 어깨, 등, 중추신경계에 혈액을 공급한다. 빗장밑동맥은 가슴안을 떠나기 전에 세 개의 동맥이 일어난다(**그림 13-18**). 빗장밑동맥은 가슴안을 나가기 전에 심장막과 가슴 앞벽에 혈액을 공급하는 **속가슴동맥(internal thoracic artery)**, 뇌와 척수에 공급하는 **척추동맥(vertebral artery)**,

그림 13-18 가슴과 팔의 동맥.

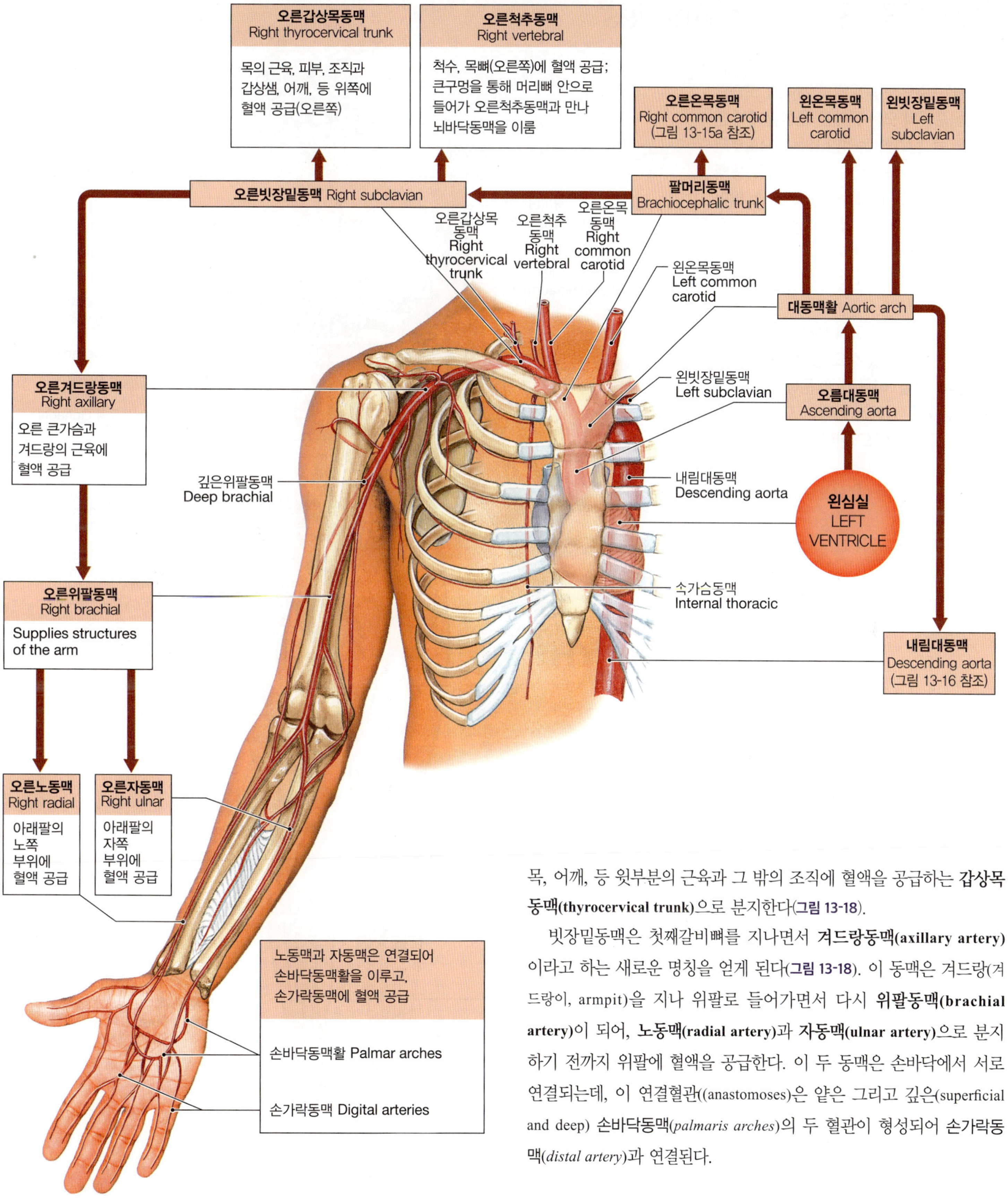

목, 어깨, 등 윗부분의 근육과 그 밖의 조직에 혈액을 공급하는 **갑상목동맥(thyrocervical trunk)**으로 분지한다(그림 13-18).

빗장밑동맥은 첫째갈비뼈를 지나면서 **겨드랑동맥(axillary artery)**이라고 하는 새로운 명칭을 얻게 된다(그림 13-18). 이 동맥은 겨드랑(겨드랑이, armpit)을 지나 위팔로 들어가면서 다시 **위팔동맥(brachial artery)**이 되어, **노동맥(radial artery)**과 **자동맥(ulnar artery)**으로 분지하기 전까지 위팔에 혈액을 공급한다. 이 두 동맥은 손바닥에서 서로 연결되는데, 이 연결혈관((anastomoses)은 얕은 그리고 깊은(superficial and deep) 손바닥동맥(*palmaris arches*)의 두 혈관이 형성되어 손가락동맥(*distal artery*)과 연결된다.

집중 조명 그림 13-17 온몸순환의 주요 혈관(MAJOR VESSELS OF THE SYSTEMIC CIRCUIT)

온몸 동맥 Systemic Arteries

이 그림은 주요 온몸동맥의 개략적 모습으로, 온몸순환의 모든 동맥은 왼심실에서 뻗어 나온 큰 탄력형 동맥인 대동맥으로부터 시작된다. 몇 개의 큰 동맥(artery)은 **동맥**(*trunk*)라고 하고, **갑상목**(*thyrocervical*), **팔머리**(*brachiocephalic*), **복강**(*celiac*) **동맥**을 포함한다. (관련된 또 다른 예는 그림 13-12 허파순환의 **허파동맥**[*pulmonary trunk*]이다.)

그림이 덜 복잡하게 하기 위해 "동맥"의 용어를 모두 생략하고, 주요 동맥의 대부분은 양쪽에서 쌍을 이루기 때문에 "오른'과 "왼"의 용어는 양쪽의 동맥이 모두 표기될 때만 구분을 위해 표기한다.

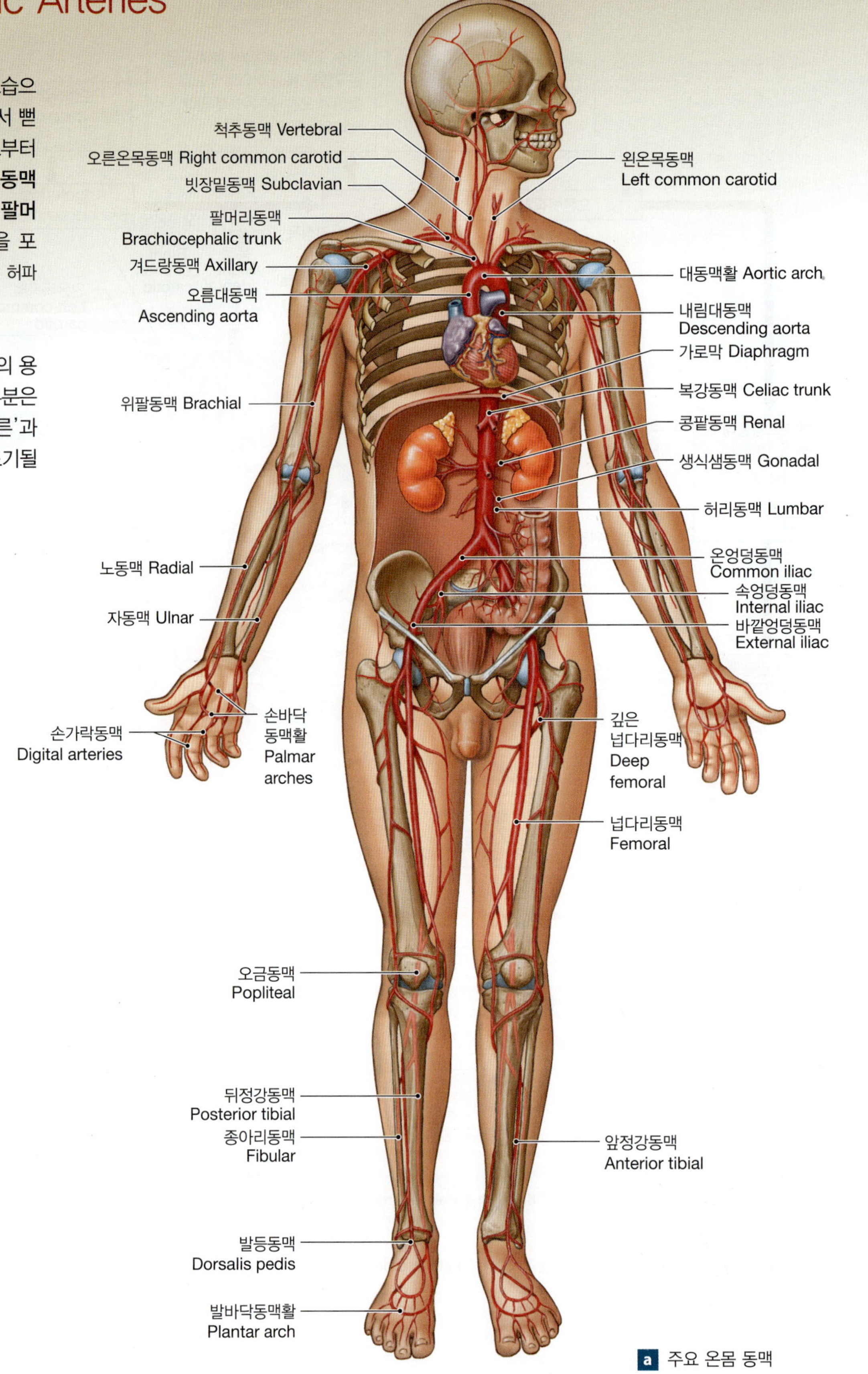

KEY
- 동맥 Arteries
- 얕은정맥 Superficial veins
- 깊은정맥 Deep veins

a 주요 온몸 동맥

온몸 정맥 Systemic Veins

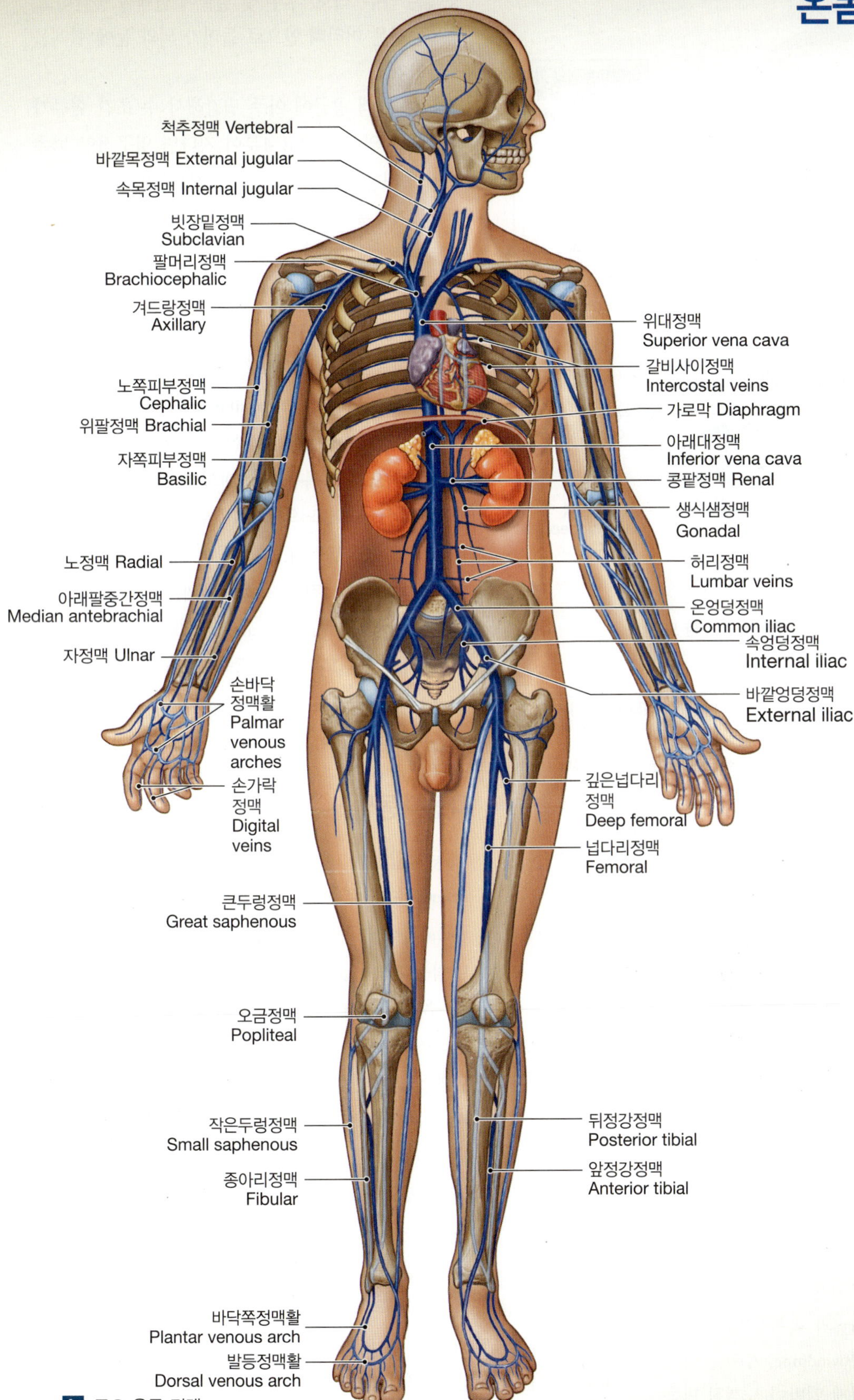

b 주요 온몸 정맥

이 그림은 주요 온몸 정맥의 개략적 모습으로, 온몸순환 정맥이 두 개의 큰 정맥으로 합쳐진다. 머리, 가슴, 팔로부터 오는 혈액은 위대정맥(superior vena cave)으로 모이고, 가로막 아래의 모든 정맥혈로부터 오는 혈액은 아래대정맥(inferior vena cave)으로 모임을 인식한다.

그림을 덜 복잡하게 하기 위해 "정맥"의 용어가 모두 생략하고, 동맥과 정맥 모두 그 분포 기관이나 부위의 이름을 같이 사용한다. 양쪽의 정맥이 모두 표기될 때만 "오른"과 "왼"을 구분하여 표기한다.

온몸 정맥과 온몸 동맥의 큰 차이점은 목과 팔다리의 주요 정맥이 이중으로 분배되어 있다는 것인데, 목과 팔다리의 동맥은 피부의 깊은 곳에 위치하고 있어 뼈에 의해, 그리고 연조직에 둘러싸여 보호된다. 대조적으로 목과 팔의 정맥은 하나는 얕은 층이고 또 하나는 깊은 층의 말초정맥으로 되어 있어 체온조절이 쉽도록 이중 정맥 구조로 되어 있다. 더운 날씨에 정맥혈은 얕은 정맥으로 흘러 열이 쉽게 손실되도록 하고, 추운 환경에서는 깊은 정맥으로 흐르게 하여 열 손실을 최소화한다.

그림 13-19 목, 머리, 뇌의 동맥.

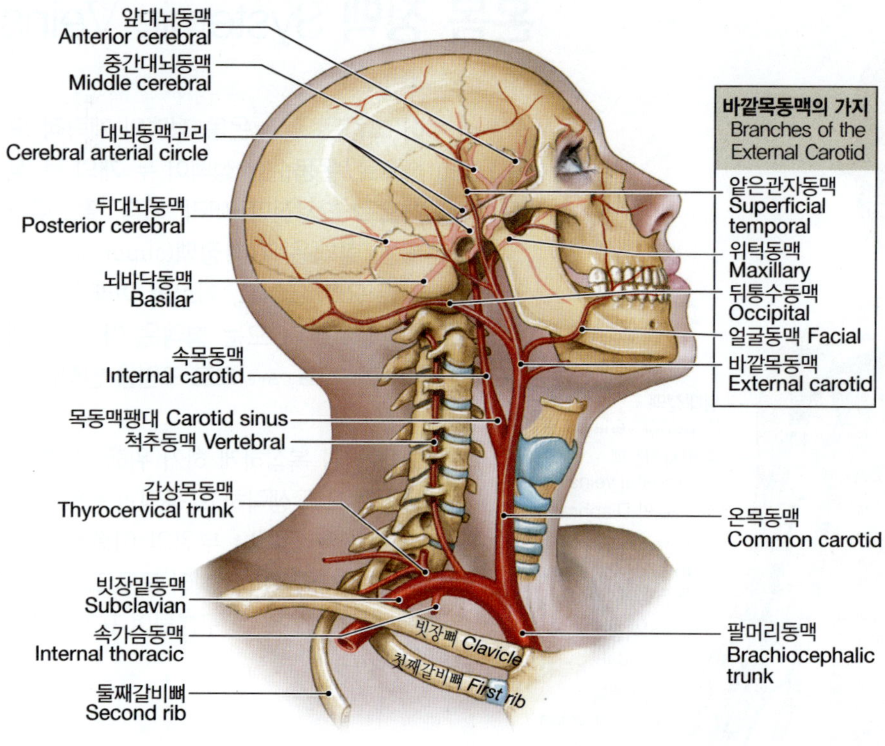

a 목과 머리 표면에 혈액을 공급하는 동맥의 일반적인 순환 모습

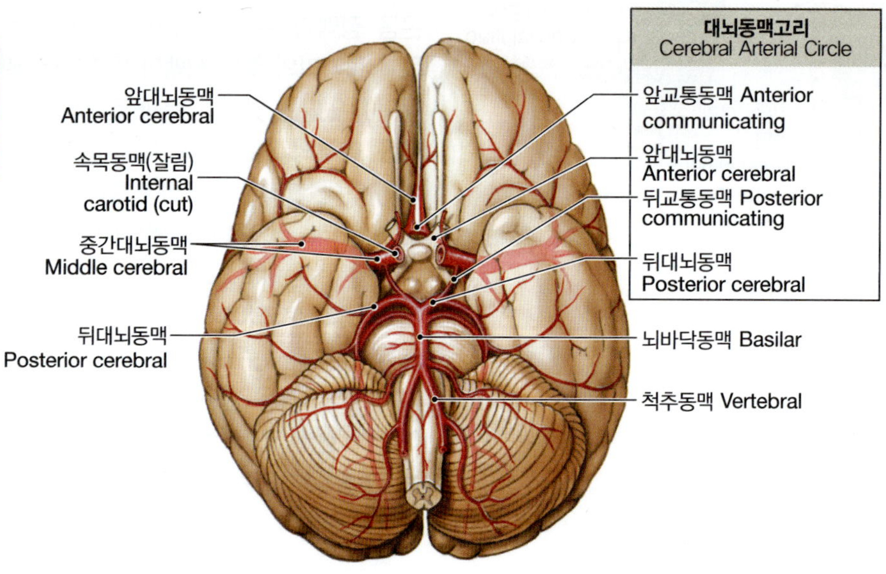

b 뇌의 동맥

목동맥과 뇌의 혈액공급(THE CAROTID ARTERY AND THE BLOOD SUPPLY TO THE BRAIN). 온목동맥은 목 조직의 깊은 부위에서 올라간다. 온목동맥은 각각 **바깥목동맥(external carotid artery)**과 **속목동맥(internal carotid artery)**으로 나눠진다(그림 13-19a). 숨통(windpipe, 기관)을 따라 양쪽으로 있는 바깥목동맥은 일반적으로, 강하게 맥박이 느껴질 만큼 지그시 눌러보면 그 동맥 위치를 알 수 있다. 바깥목동맥은 인두, 식도, 후두 및 얼굴에 혈액을 공급하고, 속목동맥은 머리뼈 안으로 들어가 뇌와 눈에 혈액을 공급한다.

뇌는 혈액 공급에 아주 민감해서 수 초간 혈류가 중단되면 의식을 잃고 4분이 지나면 영구적인 뇌손상을 초래한다. 그러나 혈액은 척추동맥과 속목동맥의 두 경로를 통해 공급되기 때문에 이러한 순환위기는 드물다.

척추동맥은 목뼈의 가로구멍 속으로 올라가 머리뼈 큰구멍을 통과하여 머리뼈 속에서 좌우의 두 척추동맥이 합쳐져 뇌의 배쪽면(ventral surface)을 따라 위치하면서 **뇌바닥동맥(basilar artery)**을 이룬다. 이 동맥은 그림 13-19b에 제시한 혈관들을 분지한다.

정상적으로 속목동맥은 대뇌의 앞쪽 절반가량에 혈액을 공급하고, 뇌의 나머지 부분은 척추동맥을 통해 혈액을 공급받는다. 그러나 이러한 순환형태는 쉽게 바뀔 수 있는 것이, 속목동맥과 뇌바닥동맥은 뇌하수체의 깔대기(infundibulum, stalk, 줄기)를 에워싸면서 서로 연결되어, **대뇌동맥고리(cerebral arterial circle)** 혹은 윌리스 고리(*circle of Willis*)이라 명명하는 고리모양의 연결혈관을 이루고 있기 때문이다.

내림대동맥 The Descending Aorta

대동맥활에서 계속되는 **내림대동맥(descending artery)**은 가로막에서 그 위쪽의 **가슴대동맥(thoracic aorta)**과 아래쪽의 **복부대동맥(abdominal aorta)**으로 나눠진다(그림 13-20). 가슴대동맥은 가슴세로칸 속으로 주행하여 갈비사이동맥(intercostal artery)으로 분지하여 이를 통해 척주(vertebral column)와 몸통벽에 혈액을 공급한다. 가슴대동맥은 가스교환이 일어나지 않는 허파조직과 식도, 심장막, 그리고 다른 가슴세로칸 구조물에 혈액을 공급하는 동맥들을 분지하다. 가로막 부위에 있는 **가로막동맥(phrenic artery)**은 가슴안과 배골반안(thoracic and abdominopelvic cavity)을 구분하는 근육형 가로막에 혈액을 공급한다.

배대동맥은 모든 배골반의 기관과 구조물에 혈액을 전달한다(그림 13-20). **복강동맥(celiac trunk)**, **위창자간막동맥(superior mesenteric artery)**, **아래창자간막동맥(inferior mesenteric artery)**은 배대동맥의 앞

임상노트

급성 동맥폐색 Acute Arterial Occlusion

급성 동맥폐색은 외상, 혈전증, 종양, 색전, 혹은 특발성 원인(idiopathic means)에 의해 동맥혈의 흐름이 갑자기 막히는 것이다. 색전은 주로 급성 동맥폐색의 가장 흔한 원인으로, 좌심실 혈전, 심방세동에 의한 2차적 심방혈전, 혹은 배대동맥의 죽상경화로 인한 혈전에서 보이는 것처럼 심장벽 색전으로 발생할 수 있다. 동맥폐색은 대부분 복부와 하지에서 발생하는 것이 가장 일반적이다.

급성 동맥폐색은 일반적으로 혈전을 외과적으로 제거하는 색전 절제술로 치료한다. 이 과정에서 풍선 카테터 혹은 그와 유사한 장치는 폐색된 동맥의 먼쪽에 삽입 후 풍선을 부풀려 카테터를 뺀 뒤에 색전을 혈관 내강에서 제거한다.

면에서 나온다. 이들 세 혈관은 소화기에 혈액을 공급한다. 복강동맥은 간, 이자, 위, 자라에 혈액을 공급하는 가지를 낸다. 간은 온간동맥의 가지인 **고유간동맥**(*hepatic artery proper*)에 의해 혈액을 공급받는다. 위창자간막동맥은 이자, 작은창자와 대부분의 큰창자에 혈액을 공급한다. 아래창자간막동맥은 큰창자의 나머지 부분과 곧창자에 혈액을 공급한다.

위창자간막동맥과 아래창자간막동맥에서 나온 **생식샘동맥(gonadal artery)**을 남자에서는 **고환동맥**(*testicular artery*), 여자에서는 **난소동맥**(*ovarian artery*)이라고 한다. **부신동맥(adrenal artery)**과 **콩팥동맥(renal artery)**은 배대동맥의 측면을 따라 나와 복막 아래를 지나 부신과 콩팥으로 주행한다. 작은 **허리동맥(lumbar artery)**은 대동맥의 뒷면에서 시작하여, 척수와 배벽에 혈액을 공급한다.

배대동맥은 L_4 척추뼈 높이 인근에서 갈라져 한 쌍의 근육형 동맥

그림 13-20 몸통의 주요 동맥.

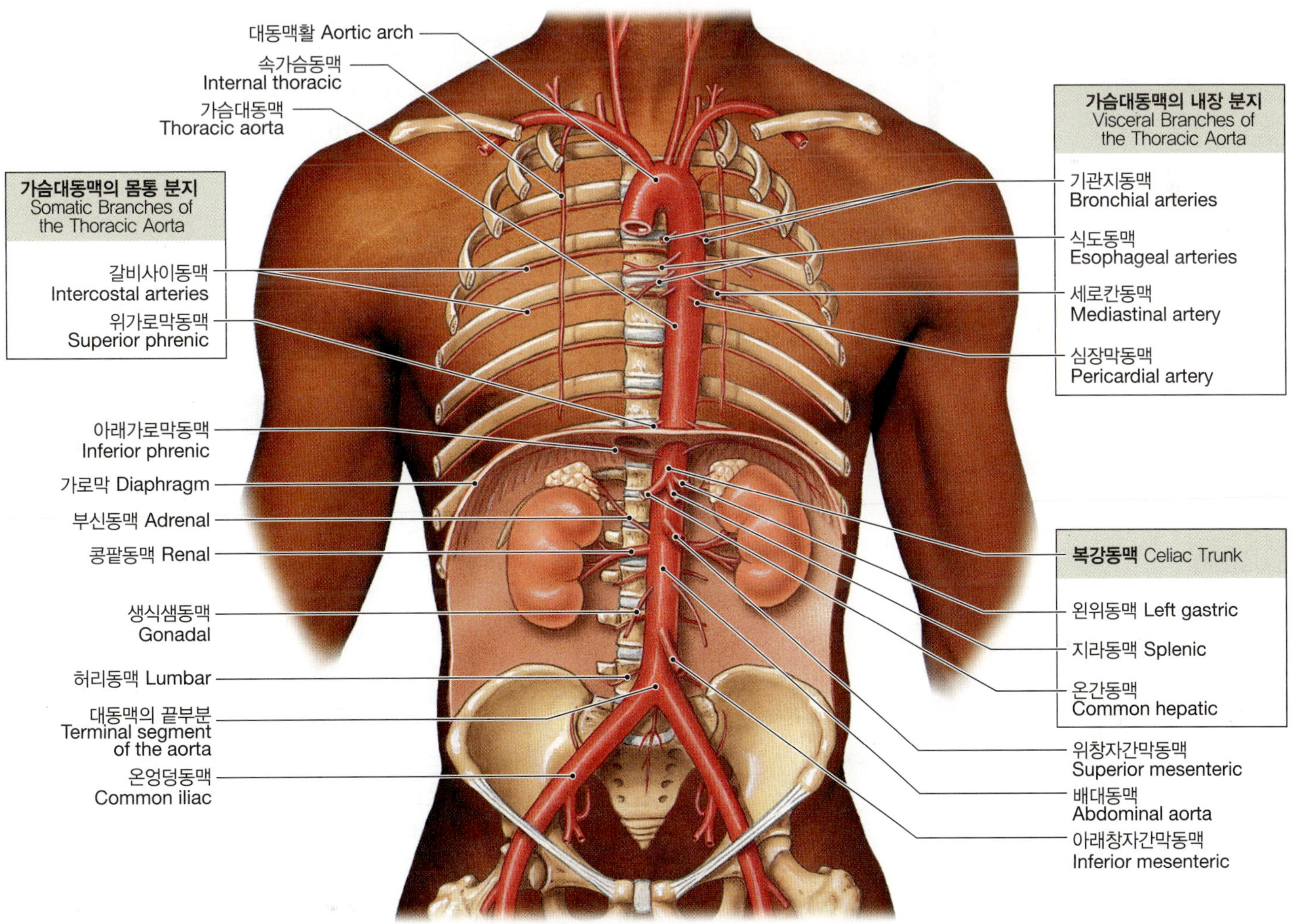

a 가슴과 배의 장기가 대부분 제거된 그림 설명

13

그림 13-20 몸통의 주요 동맥. (계속)

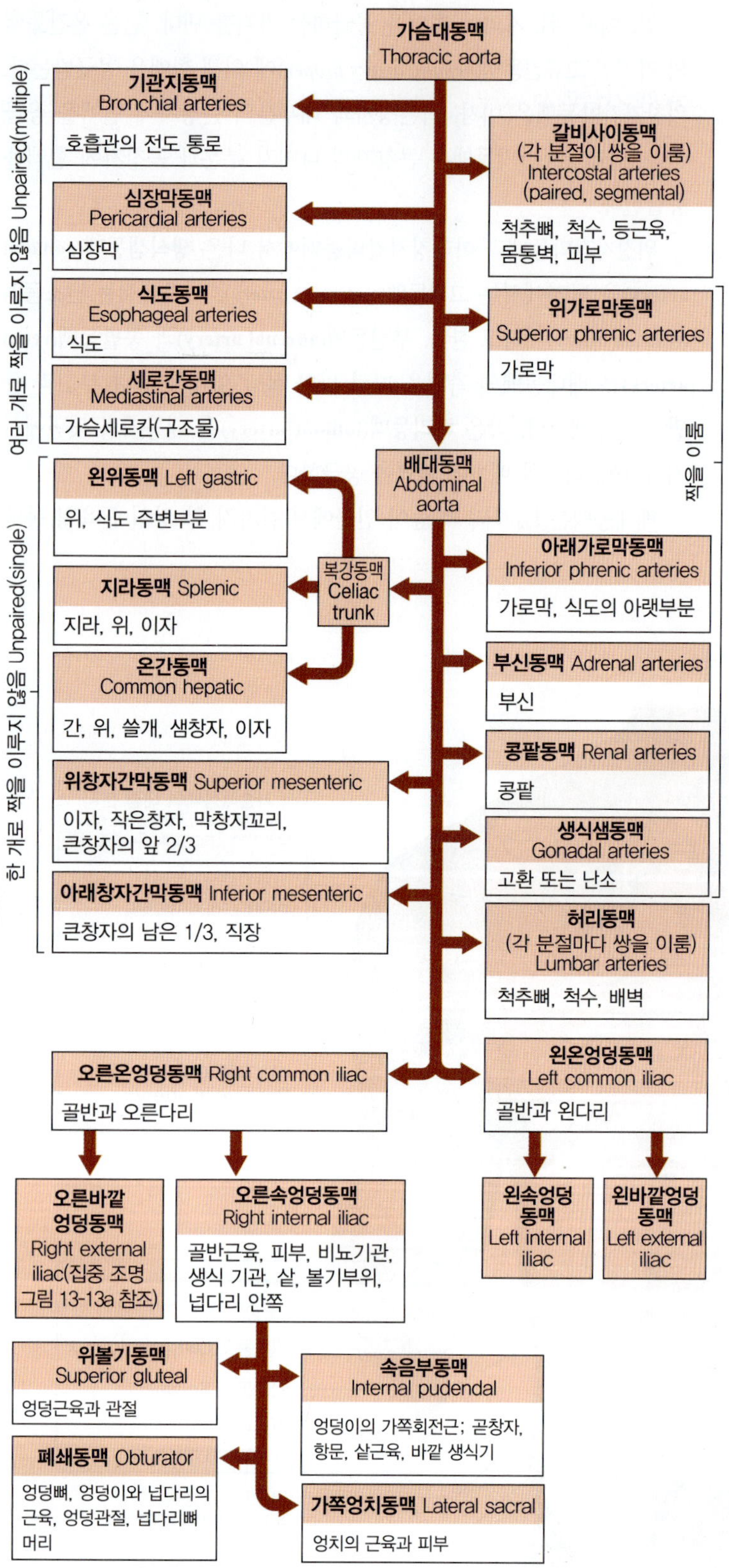

b 몸통의 주요 동맥을 설명하는 그림

을 형성한다. 이들 두 **온엉덩동맥(common iliac artery)**은 골반과 하지로 혈액을 운반한다(**집중 조명 그림 13-17a**). 각각의 온엉덩동맥은 엉덩뼈의 속면을 따라 이동하면서, 다시 둘로 갈라져 골반의 더 작은 동맥으로 혈액을 공급하는 **속엉덩동맥(internal iliac artery)**과 하지로 들어가는 **바깥엉덩동맥(external iliac artery)**을 이룬다.

바깥엉덩동맥은 일단 넙다리에서 갈라져 **넙다리동맥(femoral artery)**과 **깊은넙다리동맥(deep femoral artery)**을 형성한다. 넙다리동맥은 무릎 뒤에서 **오금동맥(popliteal artery)**이 되고, 곧바로 갈라져 **앞정강동맥(anterior tibial artery)**, **뒤정강동맥(posterior tibial artery)**, **종아리동맥(fibular artery)**이 된다.

앞정강동맥은 발목에서 발등동맥(*dorsalis pedis artery*)이 되고, 뒤정강동맥은 둘로 갈라진다. 이들 세 동맥은 두 개의 연결로를 형성하는데 이 연결로는 발 위면의 발등동맥활(*dorsal arch*)과 발아래면의 발바닥동맥활(*plantar arch*)을 형성한다.

온몸 정맥 Systemic Veins

인체의 각 조직과 기관으로부터 나온 혈액은 위대정맥과 아래대정맥을 통해 우심방으로 배출되는 정맥혈관망에 의해 심장으로 되돌아간다. **집중 조명 그림 13-17b**는 정맥계의 주요 혈관을 보여준다. 서로 쌍을 이루는 동맥과 정맥은 자주 나란히 주행하고 많은 경우에서 서로 비교되는 이름을 갖는다. 예를 들어, 겨드랑동맥은 겨드랑정맥과 나란히 있을 뿐 아니라, 해당 동맥과 정맥에 분포하는 같은 이름의 말초신경과 함께 주행하기도 한다.

임상노트

혈관염 Vasculitis

혈관염은 혈관에 염증이 생기는 것이다. 대부분의 혈관염은 다양한 류마티스 질환 및 증후군으로부터 비롯된다. 염증 과정은 보통 분절적이고, 근육형 동맥의 중막(tunica media) 내 염증이 내부 탄성층(elastic lamina)을 파괴하게 된다. 혈관의 협착과 비대(비후)가 발생하고, 혈관벽이 파열되어 섬유소와 적혈구가 주변 조직으로 누출되기 쉽다. 이것은 잠재적으로 부분적 혹은 전체적인 혈관폐색과 연속해서 괴사로 이어질 수 있다.

레이노현상(*Raynaud's phenomenon*)은 손가락이나 발가락의 일시적 허혈이 특정적인 일종의 혈관염으로, 말초 부위를 창백하게 하고, 청색증과 통증을 보인다. 레이노이드의 치료는 환자를 안심시키고, 따뜻한 옷을 입게 하고, 장갑을 끼게 하는 것이 포함된다. 심한 경우에는 혈관을 확장시키는 약물(칼슘 통로 차단제)이 사용된다.

위대정맥 The Superior Vena Cava

위대정맥(superior vena cava, SVC)은 머리와 목(그림 13-21) 그리고 팔, 어깨, 가슴(그림 13-22)의 두 구역에서 혈액을 받는다.

머리와 목에서 오는 정맥환류(VENOUS RETURN FROM THE HEAD AND NECK). 뇌신경 조직에 있는 작은 정맥들은 **경막정맥굴(dural sinus)**이라 하는 얇은 벽 통로 그물로 비워지게 된다. 가장 큰 **위시상정맥굴(superior sagittal sinus)**은 대뇌반구 사이를 따라 경질막 주름 속에 위치한다. 뇌를 떠난 대부분의 혈액은 경막정맥굴 중 하나를 통과하면서 머리뼈를 나와 **속목정맥(internal jugular vein)** 중 하나를 지난다. 이 속목정맥은 목에서 온목동맥과 나란히 내려간다.

보다 얕은 곳에 있는 **바깥목정맥(external jugular vein)**은 머리, 목의 표면으로부터 혈액을 받는다. 이 정맥은 피부 바로 밑을 지나기에 목정맥박동(*jugular venous pulse*)이 때때로 목의 바닥부위에서 감지되기도 한다. **척추정맥(vertebral vein)**은 목의 척수와 머리뼈 뒷면의 혈액을 받아 척추동맥과 나란히 목뼈의 가로구멍 속으로 내려간다.

팔과 가슴에서 오는 정맥환류(VENOUS RETURN FROM THE UPPER LIMBS AND CHEST). 상체의 주요 정맥은 **그림 13-22**에 묘사하였고, 위대정맥의 지류정맥을 나타내는 순서도는 **그림 13-22**에 있다. 손바닥에 있는 정맥 혈관망은 손가락정맥으로부터 혈액을 받고, 이것은 **노쪽피부정맥(cephalic vein)**과 **자쪽피부정맥(basilica vein)**으로 이어진다. 얕은 **팔오금중간정맥(median cubital vein)**은 노쪽피부정맥에서 나와서 안쪽으로 비스듬한 각으로 자쪽피부정맥과 연결된다. (정맥혈 채취는 전형적으로 팔오금중간정맥에서 한다.) 아래팔의 깊은 정맥은 **노정맥(radial vein)**과 **자정맥(ulnar vein)**으로 구성되며, 이 정맥들은 합쳐져서 **위팔정맥(brachial vein)**이 된다. 위팔정맥은 몸통 쪽으로 계속 올라가다가 자쪽피부정맥과 만나, **겨드랑정맥(axillary vein)**을 이루어 겨드랑으로 들어간다. 노쪽피부정맥은 어깨부위에서 겨드랑정맥으로 흐

그림 13-21 머리와 목의 주요 정맥. 머리와 목의 얕은 부분, 깊은 부분 및 뇌의 정맥흐름.

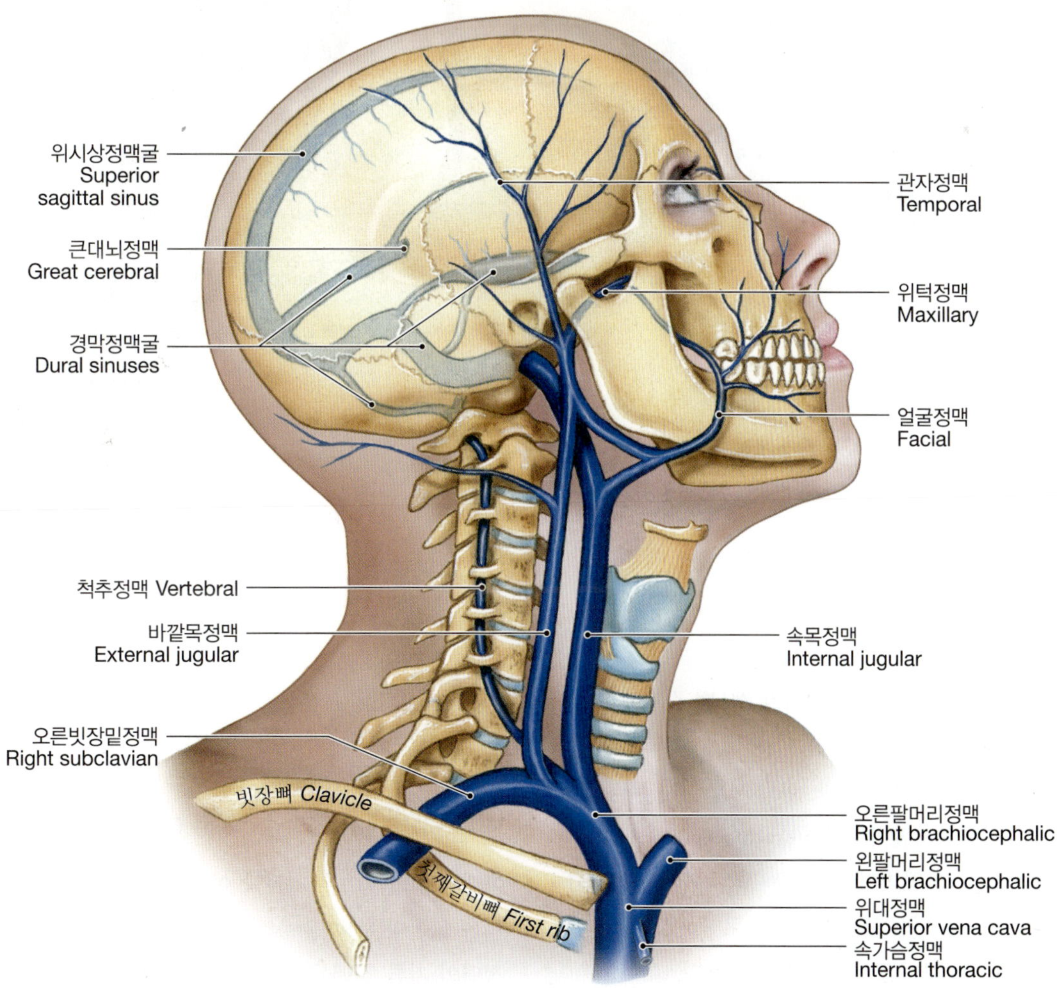

13

그림 13-22 배와 가슴의 정맥 흐름.

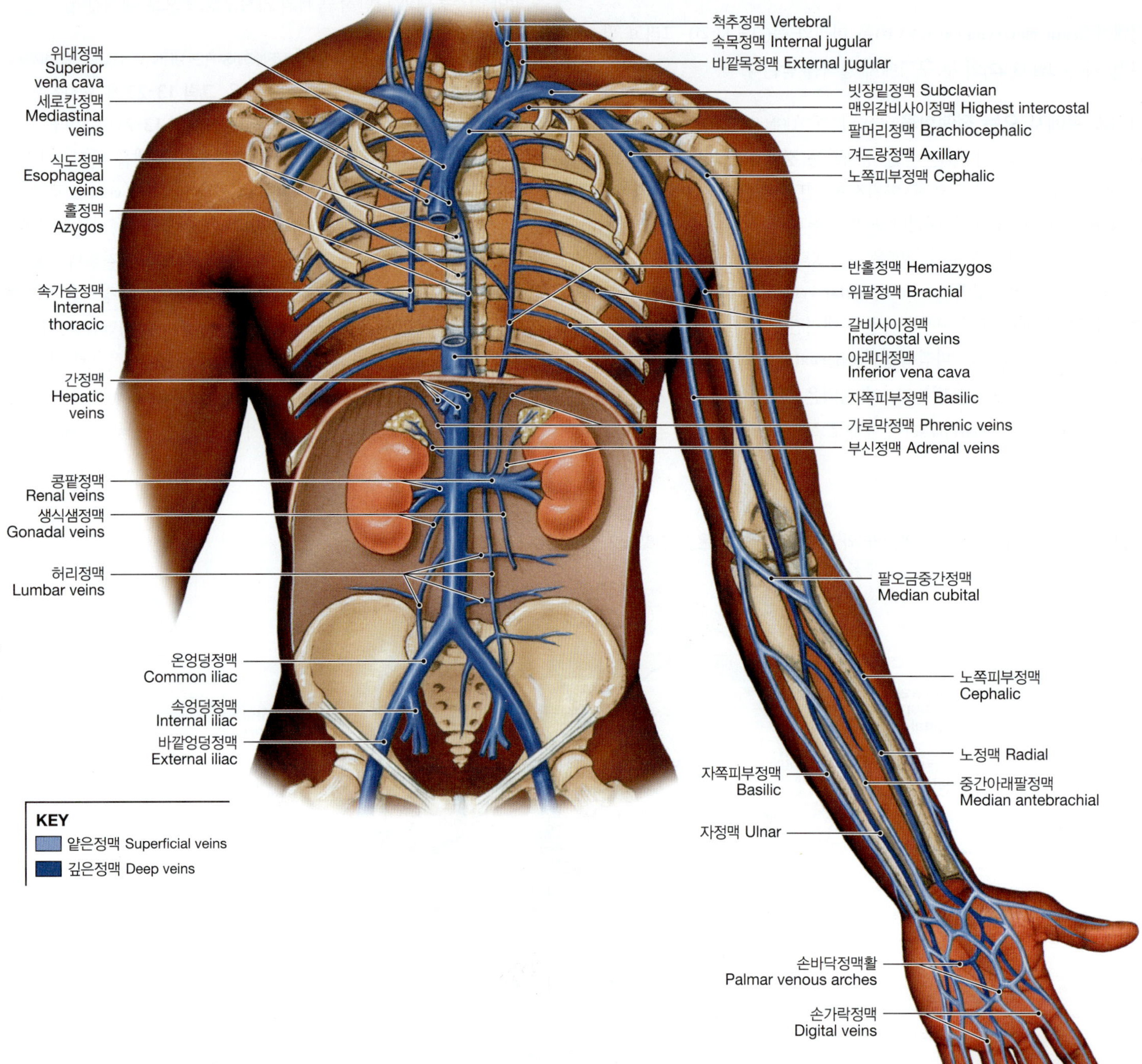

른다.

그런 다음 겨드랑정맥은 몸통으로 계속 가다가 제1번 갈비뼈 수준에서 **빗장밑정맥(subclavian vein)**이 되고, 가슴안을 짧게 주행한 후 같은 쪽의 바깥목정맥과 속목정맥과 합류한다. 이렇게 합쳐져 무명정맥(*innominate vein*)이라고도 불리는 **팔머리정맥(brachiocephalic vein)**이 생성된다. 심장 인근에서 좌우의 팔머리정맥(몸통의 각 측면으로부터 하나씩)은 합쳐져 위대정맥(SVC)을 만들고 오른심방으로 들어가기 전에 **홀정맥(azygos vein)**을 통해 가슴벽으로부터 혈액을 받는다.

아래대정맥 The Inferior Vena Cava

아래대정맥(IVC)은 가로막 아래의 기관으로부터 오는 대부분의 정맥혈을 모은다(홀정맥을 통해 소량의 정맥혈이 위대정맥으로 들어간다.). 아래대정맥의 지류 정맥들의 순서도는 **그림 13-23**에 제시하고, 복부의 정맥

그림 13-23 위대정맥과 아래대정맥의 지류 순서도.

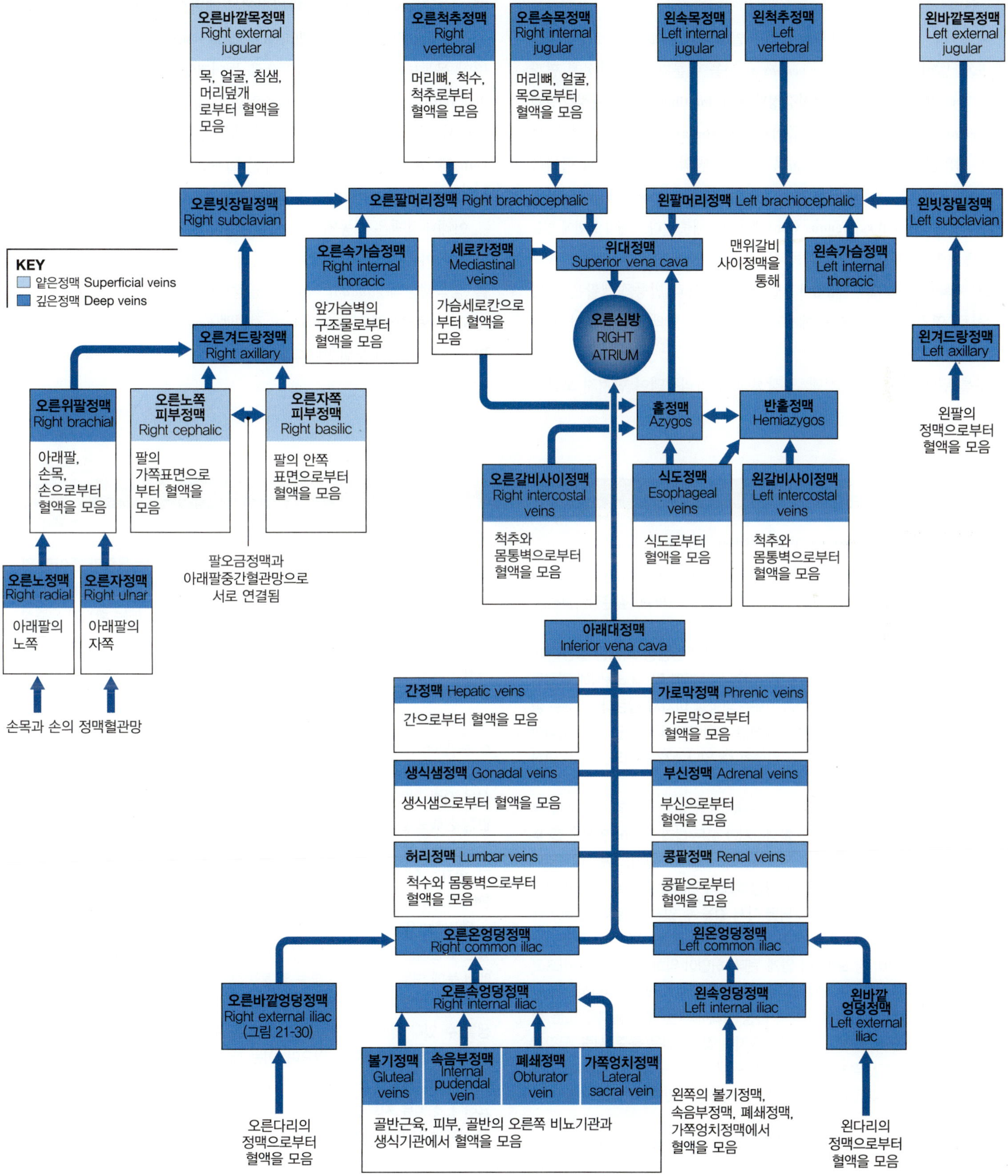

13

은 **그림 13-22**에 제시하였다. 다리정맥은 **집중 조명 그림 13-17b**를 참고한다.

발바닥의 모세혈관을 나간 혈액은 발바닥정맥(*plantar vein*) 혈관망에 모여 발바닥정맥활(*plantar venous arch*)을 이룬다. 발바닥정맥 혈관망은 다리의 깊은 혈관인 **앞정강정맥(anterior tibial vein)**, **뒤정강정맥(posterior tibial vein)**, 그리고 **종아리정맥(fibular vein)**으로 혈액을 보낸다. 발등정맥활(*dorsal venous arch*)은 발 윗면의 모세혈관에서 혈액을 받아서, 발의 얕은정맥인 두 개의 **큰두렁정맥(great saphenous vein)**과 **작은두렁정맥(small saphenous vein)**에 의해 배출된다. (제일 표면에 있는 가장 큰 정맥인 큰두렁정맥은 심장동맥우회술[*coronary bypass surgery*]의 수술에서 우회혈관으로 자주 사용한다.) 발바닥정맥활과 발등정맥활은 폭넓게 서로 연결되어, 얕은 층에서 깊은 층으로 혈액 이동을 쉽게 할 수 있다.

무릎 뒤에서 작은두렁정맥, 정강정맥, 종아리정맥이 합쳐져 **오금정맥(popliteal vein)**을 이룬다. 오금정맥이 넙다리에 도달하면 **넙다리정맥(femoral vein)**이 된다. 넙다리정맥이 배벽으로 들어가기 전까지는 큰두렁정맥과 **깊은넙다리정맥(deep femoral vein)**으로 합류하고, 넙다리정맥이 몸통벽을 지나 배골반안으로 들어가면서 **바깥엉덩정맥(external iliac vein)**이 된다. 이 바깥엉덩정맥혈은 엉덩뼈의 안쪽으로 흘러 들어가면서, 골반기관에서 배출되는 혈액을 받는 **속엉덩정맥(internal iliac vein)**과 합쳐진다. 이렇게 합쳐진 혈관은 **온엉덩정맥(common iliac vein)**을 이루고, 반대쪽의 온엉덩정맥과 만나 아래대정맥을 형성한다.

아래대정맥은 대동맥처럼 배골반안의 뒤 편에 있고, 심장으로 올라가면서 여러 허리정맥으로부터 혈액을 받는다. 또 아래대정맥은 혈액을 생식샘정맥(*gonadal vein*), 콩팥정맥(*renal vein*), 부신정맥(*adrenal vein*), 가로막정맥(*phrenic vein*), 간정맥(*hephatic vein*)으로부터 혈액을 받아 오른심방에 도달한다(**그림 13-22**).

임상노트

말초혈관질환 Peripheral Vascular Conditions

많은 말초혈관질환은 생명을 위협하는 것으로 간주되지 않지만 병원 전 처치가 필요할 수 있다. 말초동맥 죽상경화증, 간헐적 파행, 깊은정맥혈전증, 정맥류 등이 여기 포함된다.

말초동맥 죽상경화증은 중형동맥과 큰 동맥의 진행형 퇴행성 질환이다. 그것은 대동맥과 그 가지, 위팔과 넙다리의 말초동맥 및 대뇌동맥에 영향을 미친다. 알 수 없는 이유로 심장동맥에는 영향을 미치지 않는다. 이것은 종종 당뇨병과 관련된 점진적이고 진행성인 질환이다. 극단적인 경우 심각한 동맥기능 부전으로 궤양과 괴저가 발생할 수 있다. 말초동맥의 폐색은 만성 및 급성 허혈을 유발한다.

만성적이 되면, 간헐적 파행(운동하는 근육의 혈류 감소)은 운동 시 통증을 유발한다. 종아리에서 가장 흔하게 발생하지만 모든 다리 근육에 영향을 줄 수 있다. 휴식은 처음에 이 통증을 완화시킨다. 간헐적 파행이 있는 대부분의 환자는 다리 통증이 발생하기 전에 일정 정도의 거리를 걸을 수 있다고 보고한다. 휴식을 취하고 통증이 해소되면 다시 걸을 수 있지만 질병이 진행됨에 따라 휴식을 취해도 통증이 발생하기 시작한다. 사지는 일반적으로 정상으로 보이지만 맥박이 감소하거나 없게 된다. 허혈이 악화되면 사지가 아프고 차가워지며 무감각해지고 궤양, 괴저, 괴사가 나타날 수 있다. 일반적으로 부종은 보이지 않는다. 간헐적 파행의 급성 상태에서는 색전, 동맥류 또는 혈전증으로 인한 동맥 폐색이 발생한다. 환자는 갑작스러운 통증, 시림, 무감각 및 창백을 경험한다. 맥박은 폐색된 먼 쪽 부위에서 느껴지지 않는다. 급성 폐색는 운동 및 감각 결손과 함께 심각한 허혈을 유발할 수 있고 부종이 나타나지는 않는다.

깊은정맥혈전증은 정맥의 혈액 덩어리이다. 빗장밑정맥이 때때로 관련되어 있기는 하지만 넙다리와 종아리의 더 큰 정맥에서 가장 흔하게 발생한다. 영향을 미칠 수 있는 요인은 최근 외상, 활동 부족, 임신 또는 정맥류의 병력을 포함한다. 환자는 점진적으로 증가하는 통증과 종아리 압통을 자주 호소한다. 종종 다리와 발은 폐색된 정맥 배액으로 인해 붓는다. 다리 거상으로 징후와 증상이 완화될 수 있다. 어떤 경우에는 환자가 무증상일 수 있다. 종아리와 넙다리를 부드럽게 촉진하면 압통이 나타나며 때로는 탯줄 모양의 정맥 응고를 보일 수 있다. 발등굽힘은 무릎 뒤의 불편함인 **호만징후**(*Homan's sign*)를 유발할 수 있다. 이것은 깊은정맥혈전증과 관련이 있다. 피부가 따뜻하고 붉을 수 있다. 깊은정맥혈전증은 전통적으로 혈액 희석제(헤파린)로 치료하고 영향을 받은 다리를 올린 상태로 입원한다. 헤파린은 지속적으로 정맥주사로 투여해야 하며, 적절한 투여를 위해 환자의 응고 양상을 자주 확인해야 한다. 많은 경우에 환자는 7~10일 동안 완전한 침상 안정 상태로 입원한다. 주기적인 피하주사로 투여할 수 있는 저분자 헤파린(Lovenox)의 개발로 깊은정맥혈전증 환자를 외래환자로 치료할 수 있게 되었다. 환자는 집에서 약물을 자가 투여하고 영향을 받은 사지를 높게 유지하게 한다.

정맥류는 일반적으로 하지의 얕은 정맥이 확장되어 있다. 영향을 미칠 수 있는 요인에는 임신, 비만 및 유전이 포함된다. 징후와 증상에는 다리 정맥에서 눈에 띄는 팽대, 하지 부종 및 불편감(특히 하루 일과가 끝날 때), 다리와 발목의 피부색 및 촉감의 변화가 포함된다. 만성이 되면 정맥 정체 궤양이 발생할 수 있다. 정맥 울혈성 궤양은 파열될 수 있지만 일반적으로, 직접적인 압박은 출혈을 억제할 수 있으며, 이는 때때로 중요하다. 정맥 정체 궤양은 일반적으로 치유가 느리고 추가 합병증을 예방하기 위해 적절한 관리가 필요하다. 정맥류 치료는 주로 지지 스타킹을 사용한다. 레이저 요법과 경화제를 사용한 정맥주사는 다리의 미용적 외관을 개선하는 데 도움이 된다.

간문맥계통 The Hepatic Portal System

앞에서 나온 정맥들의 목록을 보면 간을 제외한 소화기관을 나타내는 이름이 없음을 알게 된다. 이는 복강동맥, 위창자간막동맥, 아래창자간막동맥과 연결된 모세혈관으로부터 나온 혈액이 직접 아래대정맥으로 흐르는 것이 아니라, **간문맥계통**(**hepatic portal system**, *porta* [문])을 통해 간으로 흐르기 때문이다. 두 모세혈관계를 연결하는 혈관을 **문맥**(*portal vein*)이라고 하고, 이렇게 형성된 혈관망을 **문맥계통**(*portal system*)이라고 한다.

간문맥의 혈액은 다른 정맥계통의 혈액과 구성성분이 아주 다른데, 이는 소화기를 통해 흡수된 고농도의 포도당, 아미노산, 다양한 노폐물과 때론 독성성분을 포함하고 있기 때문이다. 문맥계통은 한 모세혈관에서 다른 모세혈관으로 혈액을 이동시키기 때문에 일반 순환계통의 혈액과 직접적으로 섞이지 않는다. 간문맥계통은 이 혼합물질이 섞여있는 혈액을 저장, 대사전환, 분비하기 위해 직접 간으로 전달한다. 이 과정을 통해 간은 순환하는 혈액에서 영양소의 농도를 조절하게 된다.

그림 13-24는 간문맥계통의 해부학을 보여주고 있다. 이 계통은 소화기관의 모세혈관에서 시작한다. 큰창자의 아래 부위를 따라서 분포하는 모세혈관의 혈액은 **아래창자간막정맥**(**inferior mesenteric vein**)으로 들어간다. 아래창자간막정맥이 간으로 들어가는 중에 지라, 위의 가쪽 모서리, 이자에서 온 정맥이 합류된 **지라정맥**(**splenic vein**)으로 합류한다. 또한, **위창자간막정맥**(**superior mesenteric vein**)도 지라정맥 가지 중 하나와 연결(문합, anastomosis)하여 위의 가쪽경계면의 혈액을 배출한다. 위창자간막정맥도 전체 작은창자와 큰창자의 2/3 부분에서

그림 13-24 간문맥계통.

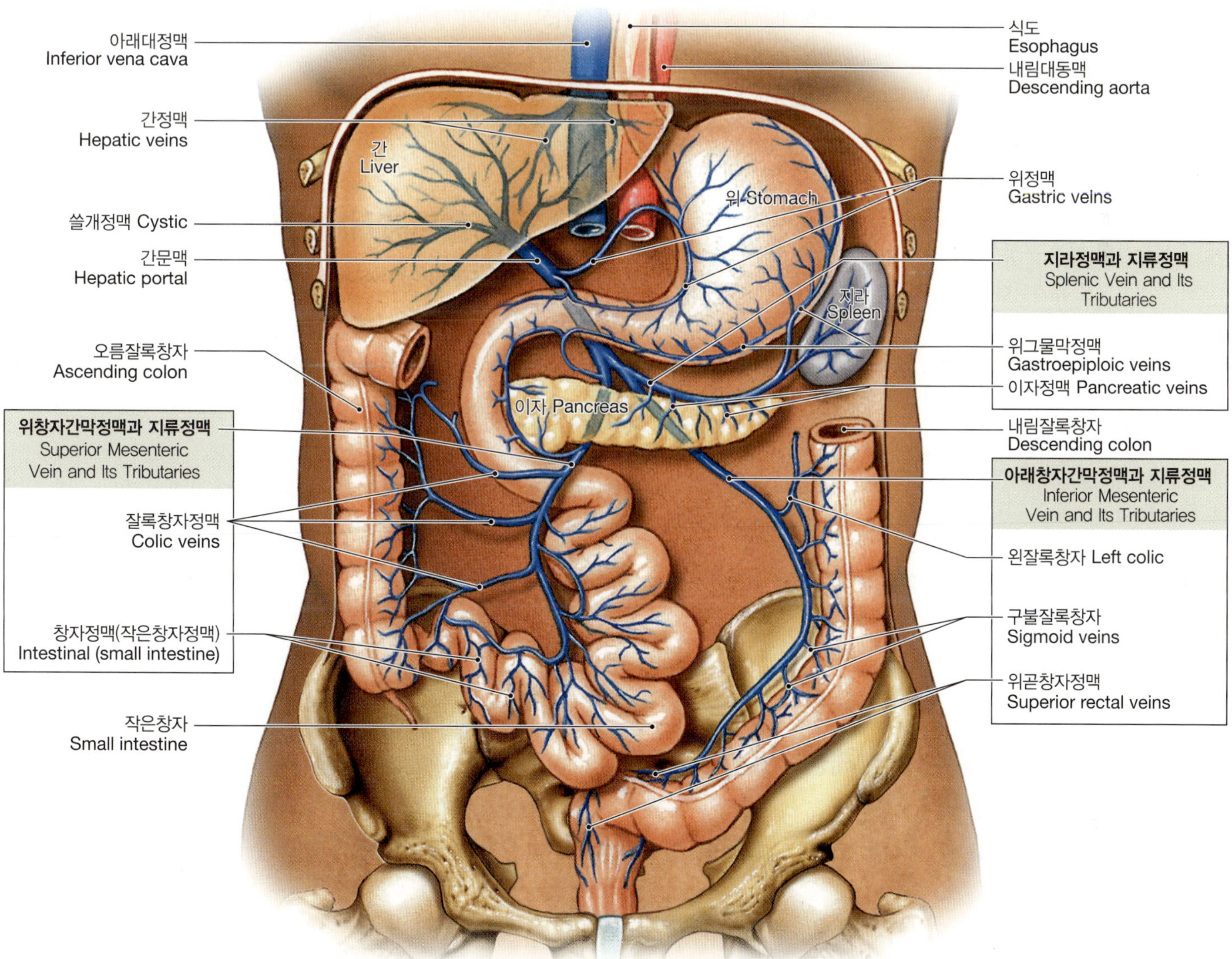

지식 쌓기

시상하부는 조절호르몬 분비를 통해 뇌하수체앞엽에서 생산하는 호르몬을 조절한다는 것을 기억한다(**10장: 내분비계통** 참조). 이들 조절호르몬은 먼저 시상하부와 깔대기(infundibulum) 사이 부착 부위의 모세혈관망으로 들어간다. 이 모세혈관은 합쳐져 앞엽으로 내려가면서 문맥이라 하는 약간 더 큰 혈관을 형성하고, 다시 앞엽으로 내려간 다음 또 다른 모세혈관그물망을 형성한다. 이 문맥과 두 개의 모세혈관망이 함께 문맥계통을 구성한다. 문맥계통은 문맥혈관으로 들어간 혈액이 온몸순환하기 전에 특정 표적세포에 도달하도록 한다. 문맥계통은 그 목적기관의 이름으로 명명된다.

혈액을 모은다. 지라정맥은 합쳐져 **간문맥(hepatic portal vein)**을 형성하고, 이 두 혈관 중 위창자간막정맥이 정상적으로 혈액량이 더 많고, 대부분의 영양소를 전달한다. 간문맥은 올라가면서 **위정맥(gastric vein)**으로부터 위의 안쪽 면의 혈액을 받고, **쓸개정맥(cystic vein)**으로부터 쓸개의 혈액을 받는다.

혈액은 간모세혈관을 통과하여 간정맥으로 모이고, 아래대정맥으로 비워진다. 소화계통의 혈액은 심장으로 들어가기 전 간으로 가기 때문에, 온몸순환의 혈액 구성은 소화작용이 활발하게 진행되는 중에도 비교적 안정적으로 유지된다.

13

체크포인트

18. 대동맥활의 어떤 가지가 차단되었을 때, 왼 팔로의 혈류가 방해되는가?
19. 온목동맥이 압박되면 왜 의식을 잃게 될까?
20. 자동차 사고를 당한 그레이스는 복강동맥이 파열되었다. 이 손상으로 어떤 기관이 가장 직접적으로 영향을 받을까?
21. 목과 팔다리의 주요 동맥과 정맥의 일반적 분배를 설명하시오. 이 분배가 주는 기능적 이점은 무엇인가?

책 뒷면에 있는 파란색 정답 탭을 참조.

13-8 태아와 산모의 심혈관계통 변형은 출산까지 물질 교환을 촉진한다

학습목표 태아순환과 성인순환 사이의 차이를 확인하고, 출생으로 일어나는 혈류의 변화를 설명한다.

태아와 성인의 심혈관계통은 호흡과 영양을 지원하는 방식이 서로 다른 중요한 차이가 있다. 배아(embryonic)의 허파는 쭈그러든 상태로 있어 호흡기능을 하지 않으며, 배아의 소화기도 소화를 위해 아무것도 하지 않는다. 배아의 모든 영양과 호흡 요구는 모체와 태아의 순환계가 맞닿아 있는 자궁벽 속 태반(*placenta*)이라고 하는 구조물을 통한 확산에 의해 공급된다.

태반의 혈액 공급 Placental Blood Supply

그림 13-25a에 9개월의 만삭 태아의 순환을 나타내었다. 태아에서 산소가 사용된 혈액은 한 쌍의 **배꼽동맥(umbilical artery)**을 통해 태반으로 흘러 들어온다. 태아의 배꼽동맥은 탯줄로 들어오기 전에 속엉덩동맥에서 갈라진 것이다. 태반에서 태아 혈액의 CO_2와 노폐물이 제거되고, 산소와 영양소를 공급받게 된다. 태반으로부터 산소를 채운 혈액은 단일의 **배꼽정맥(umbilical vein)**을 지나 발생 중인 간에 도달한다. 배꼽정맥에서 들어온 혈액의 일부는 모세혈관망을 통해 간으로 흘러 들어가고, 나머지 혈액과 간정맥으로부터 나온 혈액은 **정맥관(ductus venosus)**으로 모여 아래대정맥에 도달한다. 출생으로 태반의 연결이 끊기게 되면 탯줄을 통한 혈류는 차단되고 이와 관련된 혈관들은 곧 퇴화된다.

심장과 큰 혈관에서의 태아 순환

Fetal Circulation in the Heart and Great Vessels

순환발생의 가장 흥미로운 면 중 하나는 배아 혹은 태아와 유아가 다르다는 것이다. 배아기와 태아기 동안에, 허파는 쭈그러져 있지만, 분만 바로 직후, 신생아는 태반을 통하지 않고 호흡을 통해 산소를 받아들여야 한다.

태아의 초기에 심방사이막과 심실사이막이 발생하지만, 심방 사이의 막은 출생시까지 불완전한 상태이다. 심방사이 열린 구멍(*interatrial opening*)인 **타원구멍(foramen ovale)**은 판막의 역할을 하는 긴 덮개(flap)이다. 혈액은 오른심방에서 왼심방으로 자유롭게 흐르지만 역류가 발생하면 이 덮개가 닫혀 두 방을 분리한다. 이러한 이유로, 오른심방으로 들어간 혈액은 허파순환을 하지 않고 우회할 수 있다. 또 허파동맥과 대동맥 사이에 짧고 근육형 혈관인 **동맥관(ductus arterious)**이 있어 허파순환을 우회하는 또 하나의 짧은 순환을 하게 된다.

허파가 쭈그러져 있으면 허파의 모세혈관은 눌려서 허파로 흐르는 혈류가 거의 없다. 확장기 동안 혈액은 오른심방으로 들어가서 오른심실로 흐르는 한편 타원구멍을 통해서도 왼심방으로 간다. 오른심방에 도달한 혈액의 25%가 이렇게 하여 허파순환을 우회하게 된다. 또한

그림 13-25 **태아순환.**

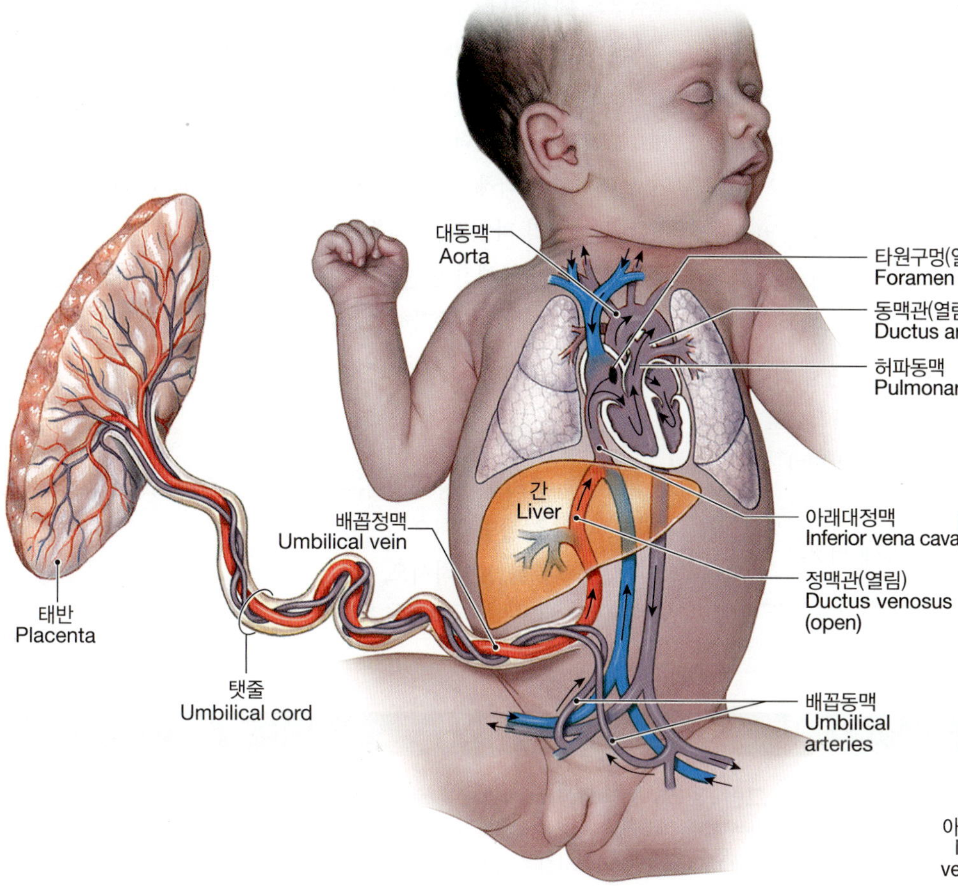

a 만삭태아에서 태반을 통한 혈액 흐름(출생전)

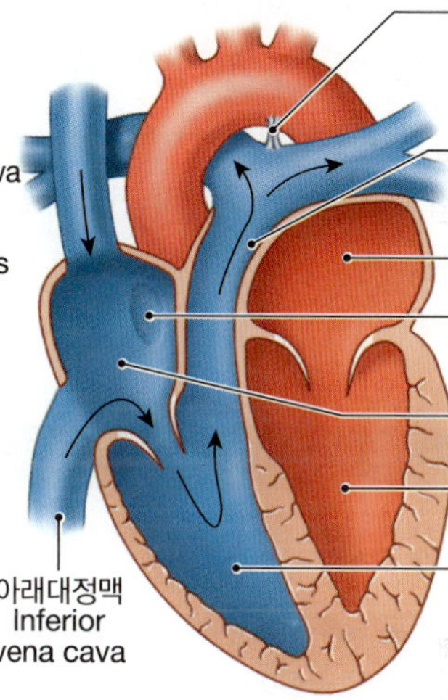

b 출생후 신생아 심장의 혈액 흐름

오른심실을 나간 90% 이상의 혈액은 허파로 가기보다 동맥관을 지나 온몸순환을 하게 된다.

출생 시 순환의 변화 Circulatory Changes at Birth

순환계통은 출생으로 극적인 변화를 일으키게 되는데, 신생아가 처음 숨을 쉬면서 허파는 확장되고 허파혈관으로 혈액흐름도 많아지게 된다. 수초 안에 동맥관의 민무늬근은 수축하면서, 허파동맥과 대동맥이 서로 분리되어, 이로 인해 혈류는 허파순환을 하기 시작한다. 다시 왼심방의 압력이 높아지면서, 판막의 덮개(valvular flap)가 타원구멍을 닫는다(**그림 13-25b**). 성인의 심방사이에 타원오목(fossa ovalis)이라 하는 얕은 함몰 부분이 있다(**집중 조명 그림 12-5**). 또 동맥관이었던 것은 섬유끈이 동맥관인대(*ligamentum arteriosum*)로 남게 된다.

출생과 동시에 혹은 약간 지나서도 적절한 순환이 이뤄지지 않으면, 심장이 온몸순환을 통해 적정량의 산소화된 혈액을 공급하기 위해 과도한 수축을 하게 되는 문제가 발생하게 된다. 치료는 타원구멍이나 동맥관, 또는 이 둘 모두 닫는 수술을 하는 것이다. 다른 유형의 선천성 심장결함은 비정상적인 심장 발생이나 심장과 주요 동정맥 사이의 부적절한 연결로 인해 발생한다.

체크포인트

22. 태반을 통해 혈액이 드나드는 세 개의 혈관 이름은?
23. 탯줄로부터 받은 혈액 샘플은 고농도의 산소, 영양소와 저농도의 이산화탄소과 노폐물을 함유한다. 이 혈액 샘플은 배꼽동맥 혹은 배꼽정맥 중 어느 혈관에서 얻어진 것인지 설명하시오.
24. 태아순환에서 출생으로 기능이 멈추는 구조물들의 이름은? 그리고 그것들은 어떻게 되는가?

책 뒷면에 있는 파란색 정답 탭을 참조.

13-9 노화는 혈액, 심장, 혈관에 영향을 미친다

학습목표 노화가 심혈관계통에 미치는 영향을 설명한다.

노화에 따라 심혈관계통의 기능은 점차 쇠퇴한다. 그 주요 변화는 혈액, 심장, 혈관 모두에서 영향을 미친다.

노화와 연관된 혈액의 변화(***age-related changes in blood***)는 (1) 적혈구용적률(hematocrit)이 감소하고, (2) **혈전**(*thrombus*)이라고 하는 순환하지 않는 핏덩이의 형성으로 인해 말초정맥의 좁아짐이나 막힘이 발생하고, 심장을 지나면서 작은동맥(주로 허파에 있는)에 박히면서 **허파색전증**(*pulmonary embolism*)을 야기하고, (3) 정맥판막이 효과적으로 작동하지 못해 다리 정맥에서 혈액이 정체되는 일이 일어나게 된다.

노화와 연관된 심장의 변화(***age-related changes in the heart***)는 (1) 최대심박출량이 감소하고, (2) 결절과 전도세포의 활성에 변화를 보이고, (3) 심장 뼈대의 탄력성이 감소하고, (4) 심장순환을 제한할 수 있는 죽상경화(atherosclerosis)가 진행되며, (5) 손상된 심근세포가 흉터조직으로 대체된다.

노화와 연관된 혈관의 변화(***age-related changes in blood vessels***)는 일반적으로 동맥벽이 두꺼워지고 거칠어지는 죽상경화와 관련이 있다. 예를 들어, (1) 비탄력적인 동맥은 급격한 혈관압력 증가에 견디는 힘이 떨어지면서 약해진 혈관이 확장되는 **동맥류**(*aneurysm*)를 야기하게 된다. 동맥류가 파열되면, 뇌졸중, 심근경색, 혹은 대량 출혈을 일으킬 수 있으며, (2) 약해진 혈관벽에 칼슘염이 침착할 수 있어, 뇌졸중이나 심근경색증의 위험이 증가하며, (3) 중간막에 지질이 쌓여 죽상경화판을 형성할 수 있으며, (4) 죽상경화판에 혈전이 생길 수 있다.

체크포인트

25. 노화에 의해 영향을 미치는 심혈관계통 구성요소들을 확인하시오.
26. 혈전을 설명하시오.
27. 동맥류를 설명하시오.

책 뒷면에 있는 파란색 정답 탭을 참조.

임상노트

혈관손상 Vascular Trauma

혈관계가 손상되면 동맥에 의해 인체 부위로 공급되는 혈류가 제한될 수 있으며, 또 일부의 골절이나 탈구는 그 주변의 동맥까지 침범하여 혈류를 차단할 수 있고, 그 손상된 사지가 정상적 해부학적 자리로 되돌아갔을 때 비로소 혈류가 회복된다. 어떤 혈관 구조이던 손상될 수 있다. 중형 동맥 혹은 정맥의 찢김(열상, laceration)은 생명을 위협하는 출혈을 야기할 수 있다. 만일 칼 같은 것에 의해 혈관이 명확히 잘리면, 혈관벽의 근육은 수축하여 혈관 내강이 오그라들고, 손상된 혈관의 끝이 주변 연부조직으로 끌려들어가게 된다. 근육이 상처로부터 뒤로 당겨져 근육이 두꺼워지고, 혈관 내강이 더 좁아져서 결국 혈류가 차단되게 된다. 이것은 연속해서 혈액 손실률을 줄이고 인체의 혈액응고 기전을 작동시키게 된다. 따라서 명확한 열상과 절단은 심하게 출혈이 일어나지 않지만, 그렇지 않고 불분명한 혈관 열상에서는 근육 수축이 상처를 더욱 벌려 혈류 손실이 더 증가될 수 있다(**그림 13-26**).

외상성동맥류 혹은 대동맥 파열

Traumatic Aneurysm or Rupture of the Aorta

대동맥의 동맥류나 파열은 무딘(blunt) 손상이나 관통상에 의해 발생하는 생명을 치명적으로 위협하는 손상이다. 대동맥은 무딘 외상으로 가장 흔하게 손상되고, 85~95%의 전체 사망률을 보이고 있으며, 모든 흉부 외상 사망의 15%도 무딘손상에 의해 발생한다. 동맥류와 파열은 일반적으로 고속의 자동차 충돌(측면 충돌이 가장 흔함)과 관계가 있으며, 일부에서는 높은 곳에서 떨어지는 낙상과 관련이 있다. 이들 희생자는 심근파열과는 달리, 최대 20% 정도가 초기 손상

그림 13-26 동맥 열상. **(a)** 명확한 가로열상은 출혈이 서서히 일어나게 하는 혈관 경련과 수축이 발생하고, **(b)** 세로열상에서 근육섬유는 실제로 상처가 열려 있게 하여 출혈을 악화시킬 수 있다.

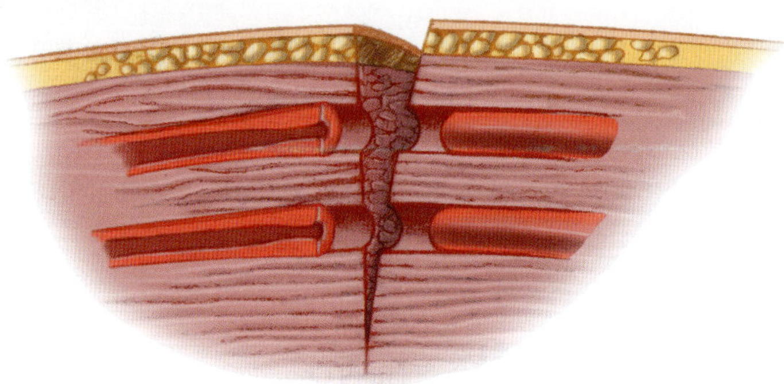

a 명확한 가로열상은 혈관이 수축되고, 혈관벽이 두꺼워진다.

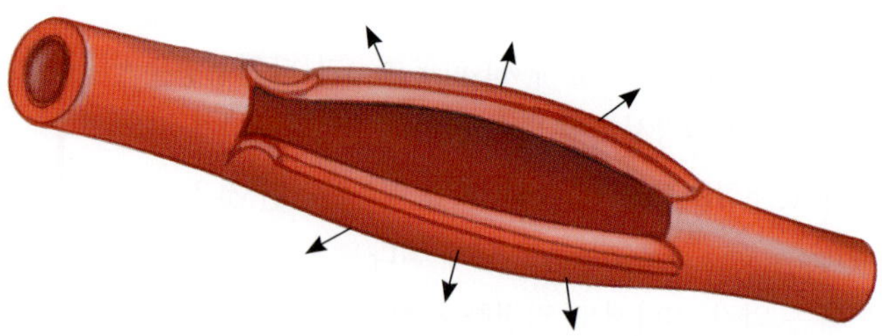

b 세로열상은 손상된 혈관부위의 개방을 야기한다.

과 동맥류로부터 생존하게 된다. 초기 생존자의 약 30%는 치료받지 않으면 6시간 이내에 사망하게 되고, 24시간이 지나면 50%로 증가하고, 일주일 사이에 70% 아래까지 늘어나게 된다. 최초 사고에서 생존하여 현장에서 살아남은 이들 생존자는 그들의 잠재적 손상을 인식하고 빠르게 구조, 조치(packaging)하여 외상센터로 이송함으로써 가장 큰 이점을 얻게 된다.

대동맥은 왼심실로부터 온몸으로 혈액을 박출하는 크고 높은 압력을 보이는 혈관이다. 대동맥은 가슴 공간을 지날 때, 대동맥이 심장과 연결되는 대동맥 고리(annulus), 동맥관인대와 연결되어 있는 대동맥 잘룩(isthmus), 대동맥이 가슴부위를 빠져나가는 가로막의 이 세 부위에서 상대적으로 고정된다. 이로 인해 대동맥은 가슴에 전달되는 심한 감속에 의해 이차적인 전단력을 경험하게 된다. 외상성 박리성대동맥류는 내림대동맥에서 가장 흔히 발생하며, 드물게 오름대동맥에서도 발생한다. 심한 감속으로 발생한 전단력은 특히, 근육층(중막, *tunica media*)으로부터 그 안쪽 표면(내막, *tunica intima*)을 분리한다. 이는 혈액이 그 분리된 층 사이 영역으로 들어갈 수 있게 하고, 혈액이 진입한 혈관은 큰 압력 아래 놓이게 되어 부풀어 오른 내관처럼 대동맥을 분리하기 시작한다(**그림 13-27**). 이렇게 된 동맥은 외과적 수술을 하지 않으면 파열될 가능성이 커지게 된다.

대동맥파열 환자는 심한 저혈압에 빠지고, 즉시 모든 활력징후를 잃게 되고, 바로 수술받지 않으면 사망하게 된다. 박리성대동맥류는 다소 천천히 진행되지만 동맥류는 언제든 파열될 수 있다. 이러한 환자는 높은 곳에서 떨어졌던 병력 혹은 자동차의 심한 충격 및 감속의 병력이 있을 수 있다. 측면 충돌은 특히, 대동맥류를 일으키는 높은 위험요인이다. 이 환자는 등쪽으로 퍼지는 심한 찢김의 가슴통을 호소할 수 있고, 왼쪽 오른쪽 팔에서 맥박이 감소되거나 다리에서 맥박 강도가 감소될 수 있다. 동맥관인대 인근의 대동맥에 있는 교감신경섬유의 늘어남에 의한 고혈압이 유발될 수도 있고, 혈액 누출과 저혈량으로 인해 혈압이 떨어질 수도 있다. 혈액이 심장을 빠져나와 파괴된 혈관을 지날 때 발생하는, 난류(turbulence)는 수축기 잡음을 심하게 할 수 있다.

다른 혈관 손상 Other Vascular Injuries

가슴외상으로 손상될 수 있는 다른 가슴혈관 구조는 허파동맥과 대정맥이다. 이 혈관들이 손상되고 그로 인해 출혈이 일어나면, 심각한 혈액가슴증이 일어날 수 있고, 저혈압과 호흡부전을 유발할 수 있다. 또한 혈액이 가슴세로칸으로 흘러들 수 있어, 대정맥, 식도, 심장을 압박하게 된다. 관통하는 외상은 허파동맥과 대정맥 손상을 야기하는 주요 원인이 된다. 허파동맥과 대정맥 손상 환자는 가슴 가운데에 관통상이 있거나 가슴 가운데를 침범하는 그 밖의 부위에서 일어날 수 있다. 이러한 손상은 초기에 저혈량, 쇼크 증상과 징후가 함께 나타나고 더 진행되면서 혈액가슴증 혹은 가슴세로칸에서 혈액삼출(hemomediastinum)의 증상과 징후가 나타난다.

그림 13-27 가슴 대동맥류의 다른 유형들. (a) 박리성동맥류(dissecting aneurysm)는 오름대동맥의 대동맥 판막 부위에서부터 바깥엉덩동맥의 아래까지 확장한다. **(b)** 오름대동맥에 국한된 박리성대동맥류(마르팡[Marfan's] 증후군에서 보임). **(c1)** 왼빗장밑동맥의 먼쪽에서 시작된 박리성 가슴대동맥류. 이 병변의 국소적인 특징으로 인해 외과적 절개로 쉽게 접근할 수 있다. **(c2)** 왼빗장밑동맥의 먼쪽에서 시작된 박리성대동맥이 단지 배대동맥까지만 확장하는 것으로 부분적 절제만 가능하다.

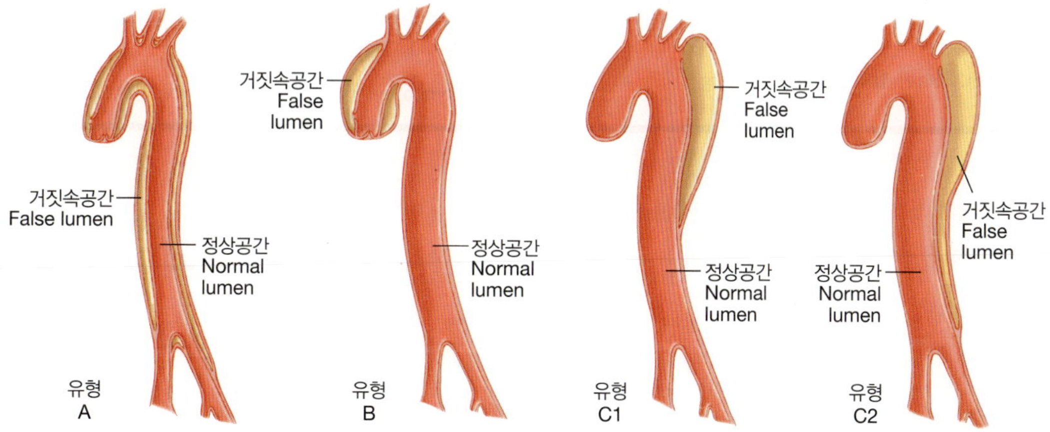

13

13-10 심혈관계통은 구조적으로나 기능적으로 다른 모든 계통과 연결되어 있다

학습목표 심혈관계통과 다른 계통 사이의 상호작용 예를 제시한다.

이 장의 혈관 분포 부분에서는 심혈관계통과 다른 기관계 사이의 구조적 연결을 보여주었다. 심혈관계통은 기능적으로 다른 기관계에 산소, 호르몬, 영양소, 백혈구를 제공하고 이산화탄소와 노폐물을 제거한다. 또한 순환하는 혈액은 열을 인체조직에 전달한다.

체크포인트

28. 심혈관계통은 모든 다른 계통에 무엇을 제공하는지 설명하시오.

29. 뼈대계통과 심혈관계통 사이에는 어떤 상호 관계가 있는가?

책 뒷면에 있는 파란색 정답 탭을 참조.

지식 쌓기

p. 523에서 **심혈관계통**이 지금까지 제시된 다른 신체 계통과 어떻게 통합되는지 심혈관계통과 외피계통, 뼈대계통, 근육계통, 신경계통, 내분비계통의 기능적 관계를 통해 검토한다.

관련 임상 용어

혈관조영술(*angiogram*): 환자의 혈류에 염료를 주입하여 방사선 상으로 볼 수 있게 된 혈관의 사진.

깊은 정맥혈전증(deep vein thrombosis, DVT): 주로 다리에서 볼 수 있는 주요 정맥의 핏덩이. 오랜 기간 비행과 같은 오랜기간의 비활동 후 주로 발생하며, 혈전이 떨어져 나가 색전처럼 허파로 이동하여 호흡곤란 혹은 호흡부전을 유발할 수 있다.

고혈압(hypertension): 비정상적으로 높은 혈압; 일반적으로 성인에서 140/90보다 높은 혈압으로 정의한다.

혈액량 과다의(hypervolemic): 과다한 혈액량을 보이는.

혈액량 저하의(hypovolemic): 혈액량이 저하된.

정상압의(normotensive): 정상혈압을 보이는.

기립성 저혈압(orthostatic hypotension): 서 있는 상태에서의 저혈압으로 종종 현기증, 혹은 실신을 동반함; 뇌로의 적절한 혈류를 유지하는 혈압 증가 조절 과정 실패로 일어남.

정맥염(phlebitis): 정맥의 염증.

레이노현상(Raynaud's phenomenon): 온도변화나 정서적 스트레스로 인해 손가락이나 발가락이 변색되는 상태.

실신(syncope): 갑작스런 혈압의 저하로 인한 일시적 의식 소실: 기절.

13

지식 쌓기

심혈관계통이 지금까지 제시된 다른 신체 계통과 어떻게 통합되는지 알아보자.

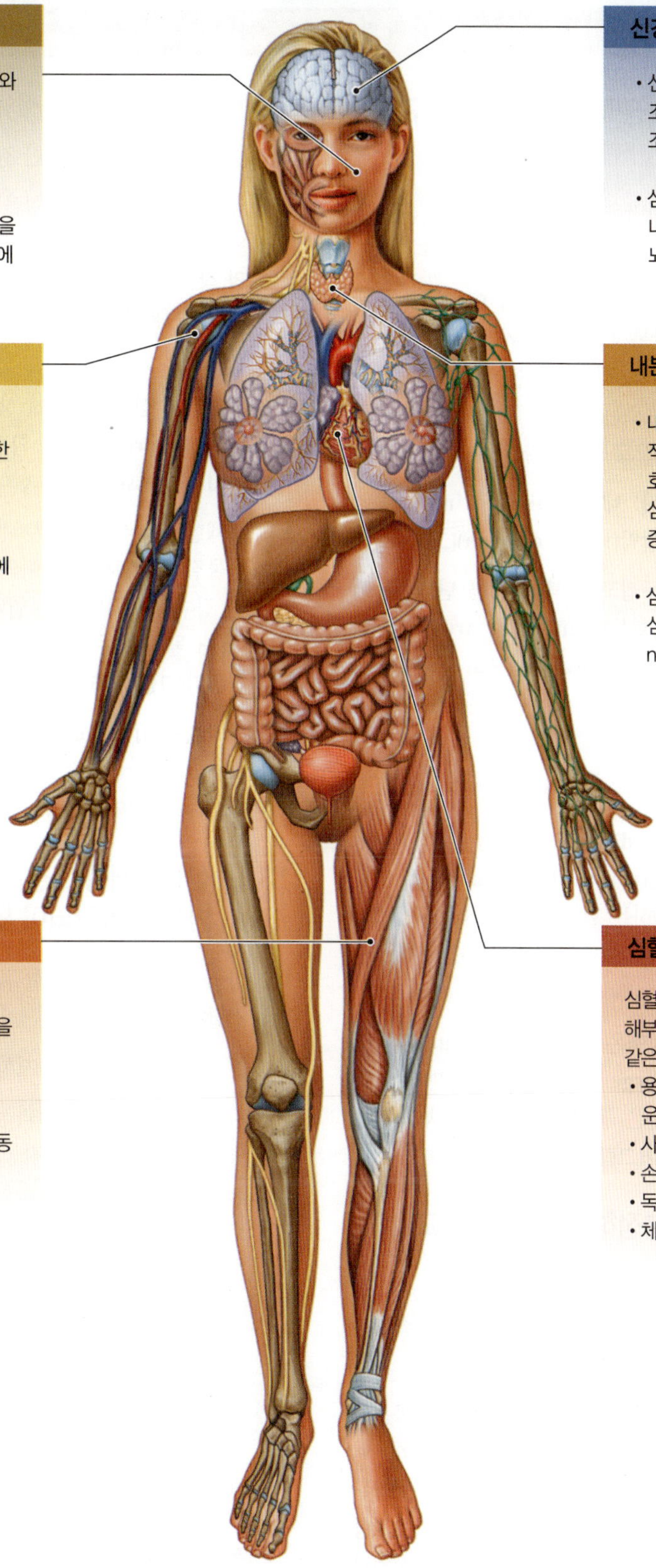

외피계통 Integumentary System

- 외피계통은 비만세포(mast cell)가 있어 혈류와 모세혈관 투과성에 대한 국소적 변화를 유발한다.
- 심혈관계통은 면역계통의 세포를 손상부위로 전달한다. 혈액응고 반응은 갈라진 피부 표면을 메운다. 감염부위로부터 독성을 내보낸다. 몸에 열을 제공한다.

뼈대계통 Skeletal System

- 뼈대계통은 정상적인 심장근 수축을 위해 필요한 칼슘을 제공한다. 적색골수에서 발달한 혈액세포를 보호한다.
- 심혈관계통은 칼슘과 인을 이동시켜 뼈에 저장한다. 적혈구생성인자(EPO)를 적색골수에 전달하고 부갑상샘호르몬과 칼시토닌을 뼈모세포와 뼈파괴세포에 보낸다.

근육계통 Muscular System

- 근육계통은 근육 수축을 통해 정맥순환을 돕는다. 얕은 혈관, 특히 목과 팔다리의 혈관을 보호한다.
- 심혈관계통은 산소와 영양소를 전달하고 이산화탄소, 젖산을 제거하고, 뼈대근육의 활동 중 발생하는 열을 제거한다.

신경계통 Nervous System

- 신경계통은 말초조직에서 순환 형태를 조정한다. 심박수를 변화시키고 혈압을 조절한다. 항이뇨호르몬(ADH)을 방출한다.
- 심혈관계통에는 혈액뇌장벽을 유지하도록 내피세포가 있는 모세혈관이 있고, 뇌척수액(CSF)의 생성을 돕는다.

내분비계통 Endocrine System

- 내분비계통은 적혈구 생산을 조절하는 적혈구생성인자(EPO)를 생성한다. 여러 호르몬들이 혈압을 증가시키고, 에피네프린은 심근을 자극하여 심박수와 심근 수축력을 증가시킨다.
- 심혈관계통은 호르몬을 전신으로 분배한다. 심장은 심방나트륨이뇨펩티드(atrial natriuretic peptide, ANP)를 분비한다.

심혈관계통 Cardiovascular System

심혈관계통과 다른 계통 사이에는 광범위한 해부학적 연결을 해 주는 혈관이 있어 다음과 같은 일을 한다.

- 용해된 기체, 영양소, 호르몬, 대사산물을 운반한다.
- 사이질액의 pH, 이온 구성을 조절한다.
- 손상부위에 체액 손실을 막는다.
- 독성과 병원체에 대항한다.
- 체온을 유지한다.

13

13 복습

요약

13-1 동맥, 소동맥, 모세혈관, 소정맥, 정맥은 크기, 구조, 기능이 다르다 *p. 484*

1. 혈류는 동맥, 모세혈관, 정맥의 혈관망을 통해 흐른다. 모든 화학물질과 가스교환은 **모세혈관(capillary)** 벽을 가로질러 발생한다.
2. **동맥(artery)**과 **정맥(vein)**은 심장이 내보낸 혈액을 이용하여 인체 내 분배계통을 형성한다. 동맥은 반복적으로 크기가 점점 줄어드는 분지를 내어 **세동맥(arteriole)**이 되고, 세동맥의 혈액이 모세혈관망으로 들어간다. 모세혈관으로부터 흐르는 혈액은 큰 **정맥(vein)**으로 들어가기 전에 작은 **세정맥(venule)**으로 들어간다.
3. 동맥과 정맥의 벽은 세 층을 이룬다: **내막(tunica intima)**, **중막(tunica media)** 및 가장 가쪽의 **바깥막(tunica externa)**(**그림 13-1**)
4. 일반적으로 동맥벽은 정맥벽보다 두껍고, 동맥계는 큰 **탄력형동맥(elastic artery)**, 중간 크기의 **근육형동맥(muscular artery)** 그리고 보다 작은 세동맥을 포함한다. 혈액이 모세혈관으로 들어가면서 혈관의 개수는 증가하고, 혈관의 둘레는 줄어들며, 혈관 벽은 더 얇아진다(**그림 13-2**).
5. 모세혈관은 혈액과 사이질액을 교환할 수 있는 유일한 혈관이다.
6. 모세혈관은 **모세혈관계(capillary bed)**라고도 불리는 서로 연결된 망을 형성한다. **모세혈관이전조임근(precapillary sphincter**, 민무늬근육의 띠)은 각 모세혈관으로 향하는 혈류를 조절한다. 모세혈관의 혈류는 **혈관운동(vasomotion)**이 일어나면서 변화하게 된다(**그림 13-3**).
7. 모세혈관으로부터 혈액을 모은 세정맥은 **중형 정맥(medium- sized vein)**으로 합쳐지고, 이후 **대정맥(large vein)**이 된다. 동맥계는 혈압이 높은 계통이고, 정맥에서 혈압은 훨씬 낮아진다. 정맥에 있는 **판막(valve)**은 혈액의 역류를 막는다(**그림 13-4**).

13-2 압력과 저항은 혈류량을 결정하고, 모세혈관 교환에 영향을 준다 *p. 489*

8. 혈액은 압력이 더 높은 곳에서 더 낮은 곳으로 흐른다. 혈류 속도는 압력차이(압력 경사)에 비례한다.
9. 순환이 일어나기 위해서는 **순환압력**(*circulatory pressure*, 온몸순환을 할 수 있는 압력경사)이 **총말초저항**(*total peripheral resistance*, 전체 심혈관계통의 혈관저항)보다 커야 한다. 혈액이 말초 모세혈관으로 흐르기 위해서는 **혈압(blood pressure**, 동맥압)이 **말초저항(peripheral resistance**, 동맥계의 저항)보다 더 커야 한다. 신경과 호르몬의 조절 과정이 혈압을 조절한다.
10. 말초저항의 가장 중요한 결정요인은 세동맥의 둘레이다.
11. 높은 동맥압은 말초저항을 극복하여 말초조직을 통한 혈류를 유지한다. 정상적으로 **모세혈관압(capillary pressure)**은 낮고 모세혈관압의 작은 변화가 혈류 안팎으로의 체액이동 속도를 결정한다. 정상적으로 정맥압은 낮고, 정맥환류를 결정하며, 심박출량과 말초 혈류에 영향을 미친다.
12. 동맥압은 심실수축기에 상승하고 심실확장기에 하강한다. **수축기압(systolic pressure)**과 **확장기압(diastolic pressure)**의 차이를 **맥압(pulse pressure)**이라 한다(**그림 13-5**).
13. 모세혈관에서, 용질 분자는 모세혈관벽을 가로질러 확산되고, 수용성물질은 내피세포 사이의 작은 틈새를 통해 확산된다. 물은 모세혈관 정수압(CHP) 혹은 혈액 삼투압(BOP)에 의해 이끌려 이동하고, 이 때 물의 이동방향은 이들 두 상반된 압력 사이의 균형에 의해 결정된다(**그림 13-6**).
14. 판막, **근육압박(muscular compression**, 수축), **호흡펌프(respiratory pump)**는 상대적으로 낮은 정맥압이 혈액을 심장으로 밀어 올리는데 도움이 된다(**그림 13-4**).

13-3 심혈관계통 조절은 자동조절, 신경 기전, 내분비 반응과 연관되어 있다 *p. 493*

15. 항상성 과정은 조직 혈류(조직관류)를 통해 적정 산소와 영양소를 전달하도록 한다.
16. 혈류는 심박출량, 말초저항 및 혈압에 따라 달라진다.
17. 자동조절, 신경적 조절과정, 내분비 과정의 통합적 조절이 심혈관 기능에 영향을 미친다. 자동조절은 사이질액의 화학 변화에 반응하여 모세혈관계의 혈류 형태를 변경하는 국소적 요인들을 포함한다. 신경적 과정은 동맥압 혹은 혈액가스 수준이 변화하여 반응하게 되고, 호르몬의 과정은 단기조정(심박출량과 말초저항의 변화)과 장기조정(심박출량과 가스운반에 영향을 미치는 혈량의 변화) 모두를 도울 수 있다(**그림 13-7**).
18. 말초저항은 모세혈관이전조임근의 이완과 수축에 의해 조직에서 조정된다.
19. **압력수용기 반사(baroreceptor reflexe)**는 그 벽이 확장될 수 있어 벽이 늘어난 정도를 감시한다. 압력수용기는 **대동맥활(aortic arch)**, **목동맥팽대(carotid sinus)**, 오른심방에 위치한다(**그림 13-9**).

20. **화학수용기 반사(chemoreceptor reflex)**는 혈액과 뇌척수액의 산소, 이산화탄소, pH 수준의 변화에 반응한다. 교감신경 활성화는 **심장촉진중추**(*cardioacceleratory center*)와 **혈관운동중추**(*vasomotor center*)의 자극을 이끌고, 부교감신경의 활성은 **심장억제중추**(*cardioinhibitory center*)를 자극한다(**그림 13-10**).

21. 심박출량과 말초저항의 단기간 내분비 조절은 부신속질로부터 나오는 에피네프린과 노르에피네프린에 의해 활성화된다. 혈압과 혈량의 장기간 조절에 관여하는 호르몬은 항이뇨호르몬(ADH), 안지오텐신 II, 적혈구생성인자(EPO), 심방나트륨이뇨펩티드(ANP)이다(**그림 13-11**).

22. ANP 방출은 혈압이 높아지면 자극된다. ANP는 나트륨과 체액 배출을 촉진하고, 혈압을 낮추고, 갈증을 억제하며, 말초저항을 낮춰준다(**그림 13-11**).

13-4 심혈관계통은 생리적 스트레스에 적응한다 *p. 501*

23. 운동 중 뼈대근육으로의 혈류는 "비필수" 기관으로의 순환을 줄이고 심박출량을 증가시킨다. 심혈관계통 활동력은 훈련으로 증가되어, 선수들은 비선수들보다 더 큰 1회박출량, 더 낮은 안정시 심박수, 더 큰 심장 예비력을 갖는다.

24. 혈액소실은 심박출량, 말초의 혈관수축을 증가시키며, 체액 보유와 적혈구 생성을 촉진하는 호르몬 분비를 촉진시킨다.

13-5 심혈관계통의 허파와 온몸순환은 세 가지의 일반적 기능 유형을 보인다 *p. 502*

25. 동맥과 정맥의 말초 분포는 심장 근처를 제외하고 인체의 좌우에서 일반적으로 같은 형태이다(**그림 13-12**).

13-6 허파순환에서 산소가 소모된 혈액은 동맥을 통해 허파로 들어가고, 산소가 풍부한 혈액은 정맥을 통해 허파에서 나온다 *p. 503*

26. **허파순환(pulmonary circuit)**은 **허파동맥(pulmonary trunk)**, **왼쪽**과 **오른쪽**의 **허파동맥(pulmonary artery)**, 그리고 왼심방으로 비워지는 **허파정맥(pulmonary vein)**을 포함한다(**그림 13-12; 13-13**).

13-7 온몸순환은 왼심실로 나가 허파의 가스교환 표면을 제외한 모든 조직에 산화된 혈액을 전달하고 탈산화된 혈액을 오른심방으로 운반한다 *p. 505*

27. **온몸순환(systemic circuit)**의 **오름대동맥(ascending aorta)** 시작 부위에서 심장순환이 일어난다. **대동맥활(aortic arch)**은 **내림대동맥(descending aorta)**과 교통한다(**집중 조명 그림 13-17a, 13-18, 13-19**).

28. 목과 팔다리의 동맥은 피부 아래 깊은 곳에 있다. 대조적으로 두 종류의 말초정맥은 하나는 얕은 곳에서, 또 하나는 깊은 곳에서 일어난다. 이러한 이중 정맥 배액은 체온을 유지하기 위해 중요하다(**집중 조명 그림 13-17b**).

29. **위대정맥(superior vena cava, SVC)**은 머리, 목, 가슴, 어깨, 팔의 혈액을 받는다(**집중 조명 그림 13-17b; 그림 13-18, 그림 13-19**).

30. **아래대정맥(inferior vena cava, IVC)**은 가로막보다 아래의 기관에서 오는 대부분의 혈액을 모은다(**그림 13-23**).

31. **간문맥계(hepatic portal system)**는 혈액이 심장으로 되돌려 지기 전에 다른 소화기관으로부터 간으로 혈액을 보낸다(**그림 13-24**).

13-8 태아와 산모의 심혈관계통 변형은 출산까지 물질 교환을 촉진한다 *p. 518*

32. 태반은 두 **배꼽동맥(umbilical artery)**으로부터 오는 탈산소화된 혈액을 받는다. 산소화된 혈액은 간에 있는 **정맥관(ductus venosus)**으로 전달하는 하나의 **배꼽정맥(umbilical vein)**을 통해 태아로 되돌아온다(**그림 13-25a**).

33. 분만 전 혈액은 허파순환을 우회하여, (1) 오른심방에서 왼심방으로 **타원구멍(foramen ovale)**을 통해 이동하며 (2) 허파동맥에서 대동맥활로 **동맥관(ductus arteriosus)**을 통해 이동한다.

13-9 노화는 혈액, 심장, 혈관에 영향을 미친다 *p. 520*

34. 혈액의 노화관련 변화에는 (1) 적혈구용적률 감소, (2) **혈전**(*thrombus*, 정체된 핏덩이)에 의한 말초정맥 수축 혹은 차단, (3) 판막의 효율적 작용의 상실로 다리혈관의 혈액 정체를 포함한다.

35. 심장의 노화관련 변화는 (1) 최대심박출량 감소, (2) 결절 및 전도세포 활동의 변화, (3) 심장뼈대의 탄력성 감소, (4) 심장동맥의 순환을 제한하는 진행형 죽상경화증, (5) 손상된 심근세포가 흉터조직으로 대체되는 것을 포함한다.

36. 혈관의 노화 관련 변화는 종종 동맥경화증과 관련하여 다음이 포함된다. (1) 동맥벽이 약해져 잠재적 **동맥류**(*aneurysm*)의 형성, (2) 약해진 혈관벽에 칼슘염이 침착되어 뇌졸중이나 심근경색의 위험 증가, (3) 죽상경화의 판을 형성하는 혈관중간막에 지질의 축적, (4) 죽상경화판에서 혈전의 형성.

13-10 심혈관계통은 구조적으로나 기능적으로 다른 모든 계통과 연결되어 있다 *p. 522*

37. 심혈관계통은 모든 인체 계통에 산소, 영양소, 호르몬을 전달하고 이산화탄소와 노폐물을 제거하는 혈관으로 구성된다.

복습 문제

책 뒷면에 있는 파란색 정답 탭을 참조.

단계 1 사실 및 용어 검토

A열의 각 항목을 B열의 가장 밀접하게 관련된 항목에 맞게 빈칸에 적절한 답을 적으시오.

A열	B열
______ **1.** 확장기 혈압	**a.** 간을 빠져나감
______ **2.** 세동맥	**b.** 인체에서 가장 큰 얕은 정맥
______ **3.** 간정맥	**c.** 대동맥굴과 목동맥팽대
______ **4.** 콩팥정맥	**d.** 최소 혈압
______ **5.** 대동맥	**e.** 다리에 혈액을 공급함
______ **6.** 모세혈관이전조임근	**f.** 골반에 혈액을 공급함
______ **7.** 숨뇌	**g.** 최고 혈압
______ **8.** 속엉덩동맥	**h.** 혈관운동
______ **9.** 바깥엉덩동맥	**i.** 인체에서 가장 큰 동맥
______ **10.** 압력수용기	**j.** 콩팥을 빠져나감
______ **11.** 수축기 혈압	**k.** 혈관운동중추를 포함함
______ **12.** 두렁정맥	**l.** 가장 작은 동맥 혈관

13. 다음 그림에서 주요 동맥들을 확인하기.

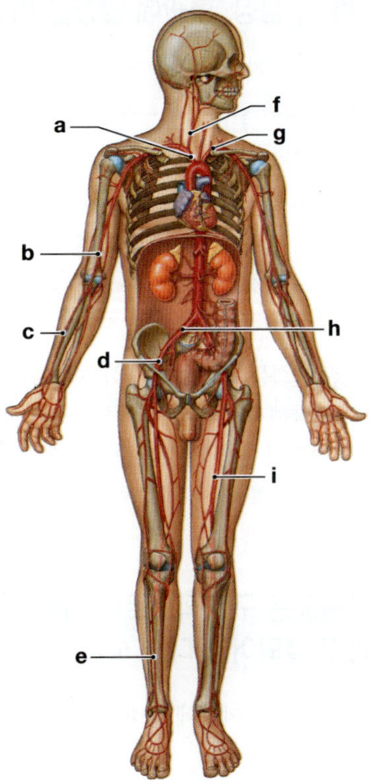

(a) ____________ **(b)** ____________

(c) ____________ **(d)** ____________

(e) ____________ **(f)** ____________

(g) ____________ **(h)** ____________

(i) ____________

14. 심장으로부터 혈액을 내보내는 혈관을 무엇이라 하나?

(a) 정맥 **(b)** 세동맥

(c) 세정맥 **(d)** 동맥

15. 수축력과 탄력성의 속성을 제공하는 세동맥의 층은?

(a) 혈관바깥막(tunica adventitia)

(b) 혈관중막(tunica media)

(c) 혈관속막(tunica intima)

(d) 혈관외막(tunica externa)

16. 혈액과 인체 세포 사이에서 양쪽 방향의 물질교환을 하는 것은?

(a) 세동맥

(b) 모세혈관

(c) 세정맥

(d) a, b, c 모두 옳음

17. 모든 조직과 기관으로부터 혈액을 모아 다시 심장으로 그 혈액을 되돌리는 혈관은?

(a) 정맥 **(b)** 동맥

(c) 모세혈관 **(d)** 세동맥

13

18. 정맥 안의 혈액이 심장으로부터 멀어지지 않도록 하는 것은 무엇이 있기 때문인가?
(a) 혈액저장소 **(b)** 근육벽
(c) 핏덩이 **(d)** 판막

19. 혈관의 저항 중 가장 중요한 요소는?
(a) 혈액의 점성
(b) 혈액과 혈관벽 사이의 마찰력
(c) 혈관의 불규칙한 표면에 의해 발생하는 난류
(d) 혈관의 길이

20. 120/80이라는 혈압측정 값에서 120________을 나타내고 80은 ________을 나타낸다.
(a) 확장기혈압; 수축기혈압
(b) 맥압; 평균동맥압
(c) 수축기혈압; 확장기혈압
(d) 평균동맥압; 맥압

21. 모세혈관을 따라 ________은(는) 동맥 말단에서 우세하여, 체액은 _______(으)로 이동하고, ________은(는) 정맥 말단에서 우세하여, 체액은 _______(으)로 이동한다.
(a) 삼투, 안; 여과, 밖 **(b)** 여과, 밖; 삼투, 안
(c) 여과, 안; 삼투, 밖 **(d)** 삼투, 밖; 여과, 안

22. 혈액을 심장쪽으로 밀어내는데 상대적으로 낮은 정맥압을 돕는 두 가지 요인은?
(a) 심실수축 및 판막폐쇄 **(b)** 중력 및 혈관운동
(c) 근육압박과 호흡펌프 **(d)** 심방과 심실의 수축

23. 다음 그림에서 주요 정맥들을 확인하기.

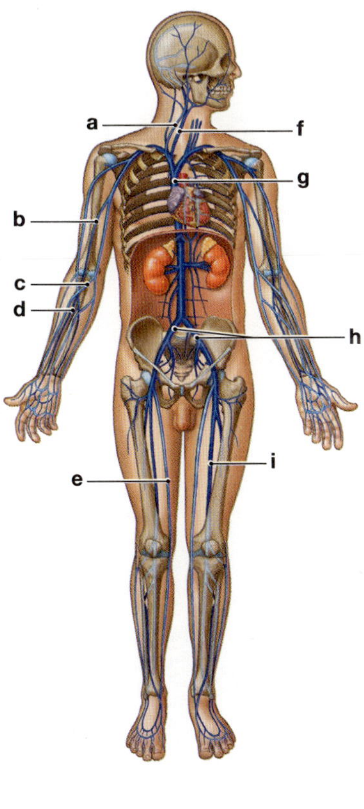

(a) ______________ **(b)** ______________
(c) ______________ **(d)** ______________
(e) ______________ **(f)** ______________
(g) ______________ **(h)** ______________
(i) ______________

24. 허파순환을 하는 동맥은 무엇을 운반한다는 측면에서 온몸순환을 하는 동맥과 다른가?
(a) 산소와 영양소
(b) 탈산소화된 혈액
(c) 산소화된 혈액
(d) 산소, 이산화탄소, 영양소

25. 팔머리동맥의 분지에 의해서 형성된 두 동맥은?
(a) 대동맥과 속목동맥
(b) 겨드랑동맥과 위팔동맥
(c) 바깥목동맥과 속목동맥
(d) 온목동맥과 빗장밑동맥

26. 내장기관으로 혈액을 공급하는데, 짝을 이루지 않는 동맥에 포함되는 것은?
(a) 부신동맥, 콩팥동맥, 허리동맥
(b) 엉덩동맥, 생식샘동맥, 대퇴동맥
(c) 복강동맥, 위와 아래 창자간막동맥
(d) a, b, c 모두 옳음

27. 일반적으로 손목에서 맥박을 느끼는 동맥은 무엇인가?
(a) 자동맥 **(b)** 노동맥
(c) 종아리뼈동맥 **(d)** 발등동맥

28. 뇌의 경막정맥굴을 배액하는 정맥은 무엇인가?
(a) 머리정맥 **(b)** 큰두렁정맥
(c) 속목정맥 **(d)** 위대정맥

29. 가로막 아래에서 대부분의 정맥 혈액을 모으는 정맥은?
(a) 위대정맥 **(b)** 큰두렁정맥
(c) 아래대정맥 **(d)** 홀정맥

30. (a) 동맥 끝에 있는 체액이 모세혈관으로부터 나와 사이질액으로 들어가게 하는 주요 힘은 무엇인가? (b) 정맥끝에서 체액이 사이질액으로부터 나와 모세혈관으로 이동하게 하는 힘은 무엇인가?

31. 상승된 혈압으로 압력수용기 반응이 유발될 때 나타나는 두 가지 효과는 무엇인가?

32. 목동맥토리와 대동맥토리에 있는 화학수용기의 활동에 영향을 미치는 요인은 무엇인가?

33. 태어나면서 일어나는 심혈관계통의 변화는 무엇인가?

34. 혈액, 심장, 혈관의 노화 관련 변화는 무엇인가?

13

단계 2 개념 검토

35. 탈수가 발생하면?
- **(a)** 콩팥에서 수분 재흡수를 가속화한다.
- **(b)** 체액은 사이질액에서 재흡수된다.
- **(c)** 혈액 삼투압이 증가한다.
- **(d)** a, b, c 모두 옳다.

36. 조직에서 CO_2 수준이 증가되면 촉진되는 것은?
- **(a)** 모세혈관이전조임근의 수축
- **(b)** 혈액 pH의 증가
- **(c)** 모세혈관이전조임근의 이완
- **(d)** 조직으로 흐르는 혈액의 감소

37. ADH 호르몬 수준이 올라가고, 안지오텐신 II가 증가하면?
- **(a)** 말초혈관 이완이 증가한다.
- **(b)** 말초혈관 수축이 증가한다.
- **(c)** 말초혈류가 증가한다.
- **(d)** 정맥 환류가 증가한다.

38. 동맥과 정맥 사이의 해부학적 차이를 그것들의 기능과 연관 지어 보시오.

39. 모세혈관은 물질의 확산을 허용하지만 동맥과 정맥은 그렇지 않은 이유는 무엇인가?

40. 뇌로 가는 혈류는 왜 상대적으로 지속적이고 일정할까?

41. 사고 희생자는 다음과 같은 증상과 징후를 보인다; 저혈압, 창백하고 차갑고, 축축한 피부, 착란, 지남력 상실. 그녀의 상태를 확인하고, 왜 이러한 증상과 징후가 일어나는지 설명하시오.

단계 3 비판적 사고 및 임상 적용

42. Bob은 더운 날 밖에 앉아 땀을 뻘뻘 흘리고 있다. Bob의 친구 Mary는 혈압 측정을 연습하고 싶어했고 Bob은 환자 역할을 해 주기로 한다. Mary는 Bob이 쉬고 있고 땀으로 인해 체액이 손실되었음에도 불구하고 혈압이 상승한 것을 확인한다(그녀는 체액이 손실되면 혈액량과 혈압이 낮아져야 한다고 생각하고 있다.) Mary는 Bob의 혈압이 낮지 않고 대신 높은 이유를 묻는다. 그녀에게 무엇을 말해야 할까?

43. 알레르기가 있는 사람은 증상 완화를 위해 항히스타민제와 충혈제거제를 자주 복용한다(이러한 약물은 교감신경 자극의 효능을 보임). 약물의 상표에는 고혈압 치료를 받는 사람이 이러한 약물을 복용해서는 안 된다고 경고한다. 왜 일까?

44. Gina는 알람시계 소리에 갑자기 잠에서 깬다. 그녀는 수업에 늦었다는 것을 알아차리고 자리에서 벌떡 일어나려는데, 머리가 멍해지며 다시 침대에 쓰러진다. 왜 이런 일이 발생했을까? 이런 일이 항상 일어나는 것이 아닌 이유가 뭘까?

14 림프계통과 면역
The Lymphatic System and Immunity

학습목표

학습목표는 각 장에 대해 학습한 후 무엇을 할 수 있어야 하는지를 알려주는 것이다. 각 절의 학습목표는 다음과 같다.

14-1 비특이면역과 특이면역을 설명한다.

14-2 림프계통의 주요 성분을 열거하고, 각각의 기능을 설명한다.

14-3 몸의 비특이면역을 열거하고, 각각이 어떻게 작용하는지 설명한다.

14-4 특이방어, 면역의 형태 및 특성을 설명한다. 세포매개면역과 항체매개면역을 설명한다.

14-5 T세포의 종류 및 면역작용에서 역할을 설명한다.

14-6 B세포 감작, 활성화 및 분화의 과정을 설명하고, 항체의 구조와 기능을 설명한다. 항원 노출에 대한 일차 및 이차 면역 반응을 설명한다.

14-7 면역장애와 알레르기를 설명하고, 면역기능에 대한 스트레스의 영향을 설명한다.

14-8 림프계통과 면역 반응에서 노화의 영향을 설명한다.

14-9 림프계통과 다른 몸계통의 상호작용을 예를 들어 설명한다.

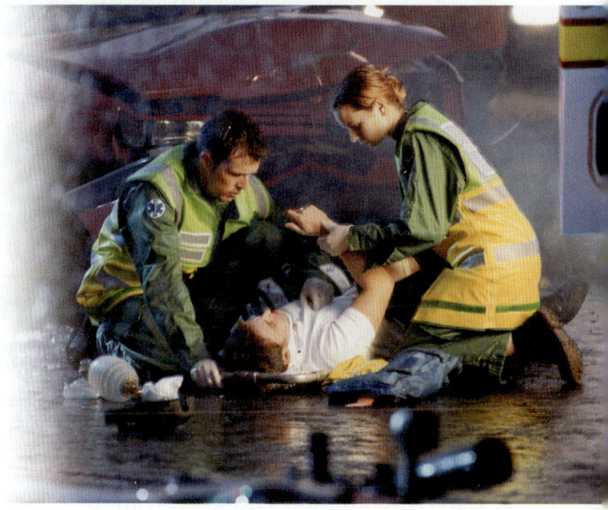

임상노트

림프절 비대("Swollen Gland"), p. 537
지라 손상(Injury to the Spleen), p. 539
열(Fever), p. 542
면역학(Immunology), p. 548
후천면역결핍증후군(Acquired Immune Deficiency Syndrome, AIDS), p. 552
스트레스와 면역 반응(Stress and the Immune Response), p. 556
면역 반응 조작(Manipulating the Immune Response), p. 557

집중 조명

림프구의 유래와 분포(Origin and Distribution of Lymphocytes), p. 535

림프계통과 면역 소개

우리는 완전하고 안전한 세상에 살고 있지 않다. 외부환경은 독성화학물질, 외부의 열, 방사선, 무겁거나 날카로운 물질과 같은 다양한 물리적 위험을 가지고 있으며, 충돌, 베임, 뼈의 골절, 화상을 포함한 여러 가지 손상을 가져올 수 있다. 설상가상으로, 몸속으로 침입하였을 때 가장 중요한 몇 가지의 사람 질병을 일으키는 많은 종류의 미생물이 이 세계에 가득 차 있다. 암과 같이 내부에서 일어나는 과정은 극단적이며 치명적인 위험을 줄 수 있다.

우리 건강은 여러 **기관**(*organ*)과 **계통**(*system*)의 협동작용에 의해 유지되고 있다. 이와 같은 협동작용의 중추적인 위치에 **림프계통**(*lymphatic system*)이 있다. 이 단원에서는 림프계통의 구조를 알아보고, 림프계통과 다른 계통의 상호작용을 학습하고자 한다.

지식 쌓기

1장: 해부학과 생리학에 대한 소개에서 공부했듯이 림프계통이 감염과 질병에 대항하고, 혈류로 조직액을 되돌린다는 것을 기억한다. 림프혈관에 의해 운반된 조직액(사이질액)을 림프라고 한다. 림프는 액체 결합조직이라는 것을 기억한다. 심혈관계통을 따라서, 림프는 손상과 면역에 대한 징후를 감시한다. 이런 액체의 재순환은 항상성에 필수적이다.

14-1 해부학적 장벽과 방어기전은 비특이방어(nonspecific defense)를 구성하고, 림프구는 특이방어(specific defense)를 제공한다

학습목표 비특이면역과 특이면역을 설명한다.

사람에게 병을 일으키는 바이러스, 세균, 곰팡이, 기생충으로 구성되는 여러 가지 미생물은 **병원체(pathogen)**이라고 불린다. 병원체마다 다양한 방식으로 생존하고, 각기 독특한 방식으로 우리 몸과 반응한다. 예를 들어, 바이러스는 오랫동안 세포 안에 머물러 있으면서, 결국에는 그 세포를 파괴한다. (바이러스는 핵산과 단백질로만 이루어져 있고 그 밖의 세포 구조는 결여되어 있으며, 살아 있는 세포 안에서만 복제 가능하다.) 많은 세균들은 사이질액(interstitial fluid) 내에서 증식하며, 회충과 같은 큰 기생충은 내부장기를 뚫고 파고들기도 한다. 미생물이 충분하지 않는다 하더라도, 치명적인 암을 일으킬 가능성을 가진 병원성 세포로 인해 우리는 항상 위험에 처해 있다.

림프계통(lymphatic system)은 몸을 방어하는 데 필요한 세포, 조직, 기관을 포함한다. 림프계통의 일차 세포는 **림프구**(*lymphocyte*)이다. **면역(immunity)**은 감염과 질병에 대항하는 능력이다. 독립적으로 작용하거나 또는 함께 면역을 제공하는 두 종류의 방어체계가 우리 몸에 있다. 이런 형태의 방어체계는 **비특이방어**[*innate(nonspecific) defense*]와 **특이방어**[*adaptive(specific) defense*]이다.

몸은 감염성 병원체의 침입을 막아주고, 병원체 침입에 공격하는 해부학적 방어기전을 갖는다. 이런 방어를 **비특이적**(*innate*)이라고 하는데, 우리가 태어날 때 비특이면역을 가지기 때문이며, 비특이방어는 개개의 위협을 구분하지 못하기 때문이다.

대조적으로, 림프구는 특정 위협에 반응한다. 세균이 말초조직에 침입하면, 림프구는 특정 세균에 대한 방어태세를 갖춘다. 이런 이유로, 우리는 림프구가 특이면역을 제공한다고 말한다. 특정 항원에 대한 방어가 **면역 반응(immune response)**이다.

면역생성에 관련하는 모든 세포와 조직은 면역계통의 일부분이며, 면역계통은 림프계통뿐만 아니라, 피부계통, 심혈관계통, 호흡계통, 소화계통과 기타 계통을 포함한다.

다음의 내용에서 우리는 림프계통의 구성을 확인한다. 그 다음에 몸의 비특이방어를 배울 것이다. 마지막으로, 림프계통이 어떻게 감염과 질병에 대항하는 다른 계통의 세포와 조직과 상호작용하는지 배울 것이다.

체크포인트

1. 병원체를 정의하시오.
2. 비특이방어와 특이방어의 차이를 설명하시오.

책 뒷면에 있는 파란색 정답 탭을 참조.

14-2 몸방어에서 림프혈관, 림프구, 림프조직, 림프기관의 기능

학습목표 림프계통의 주요 성분을 열거하고, 각각의 기능을 설명한다.

약간 낯선 기관계통 중 하나인 림프계통은 다음과 같은 4가지 성분으로 구성되어 있다.

1. **관(*Vessel*)**. **림프관(lymphatic vessel, lymphatics)**은 말초 조직에서 시작되어 정맥으로 연결된다.
2. **액체(*Fluid*)**. **림프(lymph)**라고 하는 액체가 림프관을 통해 흐른다. 림프는 혈장(plasma)과 비슷하지만 부유 단백질 농도가 훨씬 더 낮다.
3. **림프구(*Lymphocyte*)**. **림프구**는 특이방어 기능을 수행하는 특화된 세포이다.
4. **림프조직(*Lymphoid tissue*)**과 **림프기관(*lymphoid organ*)**. 성긴결합조직과 림프구가 모여 **림프소절**(*lymphoid nodule*)을 이루고 있는 것을 림프조직이라고 부른다. 편도(Tonsil)가 그 대표적인 예이다. **림프기관**은 수많은 림프구로 이루어져 있는 복잡한 구조물이며, 림프관에 연결되어 있다. 림프절(lymph node), 지라(spleen), 가슴샘(thymus) 등이 림프기관에 속한 구조이다.

그림 14-1 림프계통(Lymphatic System)에 속한 구조.

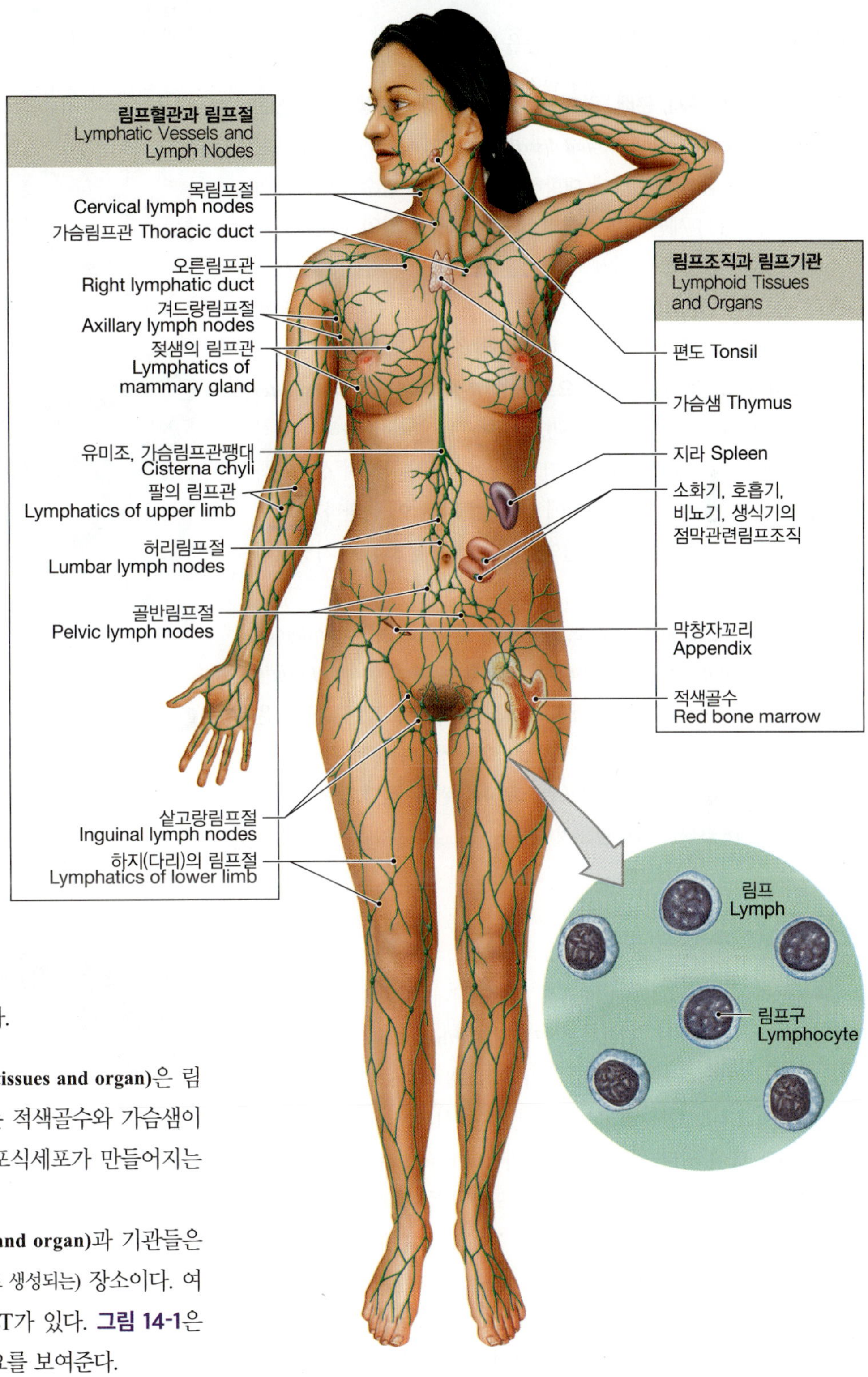

일차 림프조직과 기관들(primary lymphoid tissues and organ)은 림프구가 만들어져 성숙하는 장소이다. 여기에는 적색골수와 가슴샘이 있다. 적색골수는 기타 방어세포, 단핵구, 큰포식세포가 만들어지는 장소라는 것을 기억한다.

이차 림프조직(secondary lymphoid tissues and organ)과 기관들은 림프구가 활성화되어 모이는(같은 세포가 다량으로 생성되는) 장소이다. 여기에는 막창자꼬리, 지라, 림프절, 편도, MALT가 있다. **그림 14-1**은 림프계통의 일차 림프혈관, 조직, 기관들의 개요를 보여준다.

림프계통의 기능 Functions of the Lymphatic System

림프계통은 아래와 같은 일차적인 기능을 갖는다.

- **림프구의 생산, 유지, 분배. 림프구는 적색골수와 가슴샘에서 생산된다**(***Production, maintenance, and distribution of lymphocytes***). 림프구는 우리 몸이 감염과 질병에 대항하여 싸우는 데 필수적인 세포이다. 림프구는 (1) 세균이나 바이러스 등의 병원체 침입, (2) 바이러스에 감염된 세포 또는 암세포와 같은 비정상적인 세포, (3) 세균에서 생산된 이종 단백질 등에 반응한다. 림프구는 이런 위협을 제거하거나 물리 화학작용을 통해 해롭지 않은 상태로 변화시킨다.
- **말초조직의 조직액을 순환계통으로 운반**(***Return of fluid and solutes from peripheral tissues to the blood***). 림프계통을 통해 순환하는 조직액은 혈액량을 일정하게 유지시키고, 사이질액의 국소적 성분변화를 막아 준다. 하루 약 3.6리터에 달하는 조직액이 순환하기 때문에, 주요 림프관이 찢어지면 혈액량이 급격히 감소하여 치명적인 결과가 나타날 수 있다.
- **조직에서 생성된 호르몬, 영양소, 노폐물을 혈액으로 운반**(***Distribution of hormones, nutrients, and waste products from their tissues of origin to the general circulation***). 혈액으로 직접 들어갈 수 없는 물질들은 림프관을 통해 운반된다. 예를 들어, 소화관에서 흡수된 지방은 모세혈관으로 흡수되지 않고, 림프관으로 흡수된 후 정맥으로 운반된다(이 과정은 16장에서 자세히 다룰 것이다).

림프관 Lymphatic Vessels

14

림프관(lymphatic vessel, lymphatics)은 말초조직에서 정맥계통으로 림프를 운반한다. 가장 작은 림프관인 **모세림프관(lymphatic capillary)**은 말초조직에서 막힌 주머니 형태로 시작된다(**그림 14-2a**). 모세림프관의 속면은 내피(endothelium)라고 하는 단순편평상피(simple squamous epithelium)로 덮여 있다. 이 상피에는 바닥막(basement membrane)이 없어서 조직액, 용질, 바이러스, 세균, 세포파편 등이 모세림프관으로 흘러들어갈 수 있다. 내피세포들은 서로 조금씩 겹쳐져 있는데, 이는 림프가 세포사이공간으로 새어 나오는 것을 방지하는 판막의 역할을 한다.

모세림프관의 림프는 더 큰 규모의 림프관을 통해 몸통 쪽으로 흘러들어 간다. 림프관의 벽은 정맥과 비슷한 층 구조로 이루어져 있으며, 판막(valve)도 발달되어 있다(**그림 14-2b**). 림프관은 압력이 매우 낮기 때문에, 림프 순환에 있어서 판막이 매우 중요한 기능을 한다.

림프관은 결국 림프관(lymphatic duct)이라고 하는 두 개의 큰 관으로 연결된다(**그림 14-3**). 아랫배, 골반, 다리, 머리, 목, 가슴 왼부분에서 오는 림프는 **가슴림프관(thoracic duct**, 흉관)으로 흘러들어간다. 가슴림프관은 왼속목정맥(left internal jugular vein)과 왼빗장밑정맥(left subclavian vein)의 이음부 근처로 연결된다. 가슴림프관의 아래부분은 **유미조(cisterna chyli**, 가슴림프관팽대)라고 하는 팽창된 주머니 같은 방이다. 크기가 작은 **오른림프관(right lymphatic duct)**는 오른상반신(가로막보다 위쪽)의 림프를 운반하며, 오른속목정맥과 오른빗장밑정맥의 이음

그림 14-2 모세림프관.

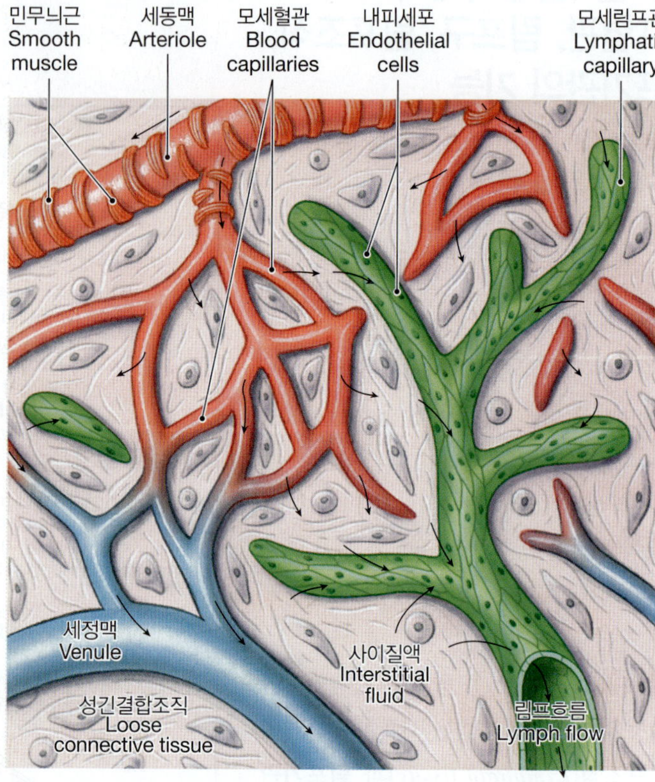

a 모세혈관과 모세림프관에 의해 만들어진 얽혀진 그물조직. 화살표는 사이질액과 림프가 움직이는 방향을 나타낸다.

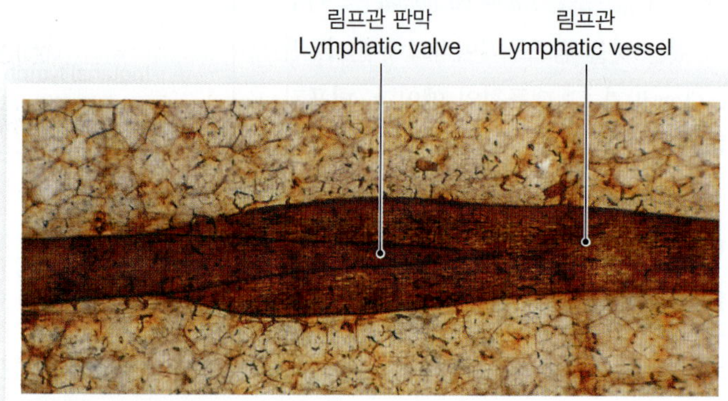

림프관과 림프관 판막 Lymphatic vessel and valve LM × 43

b 정맥과 마찬가지로, 일부 림프관에는 판막이 발달되어 있다.

그림 14-3 림프관와 정맥계통.

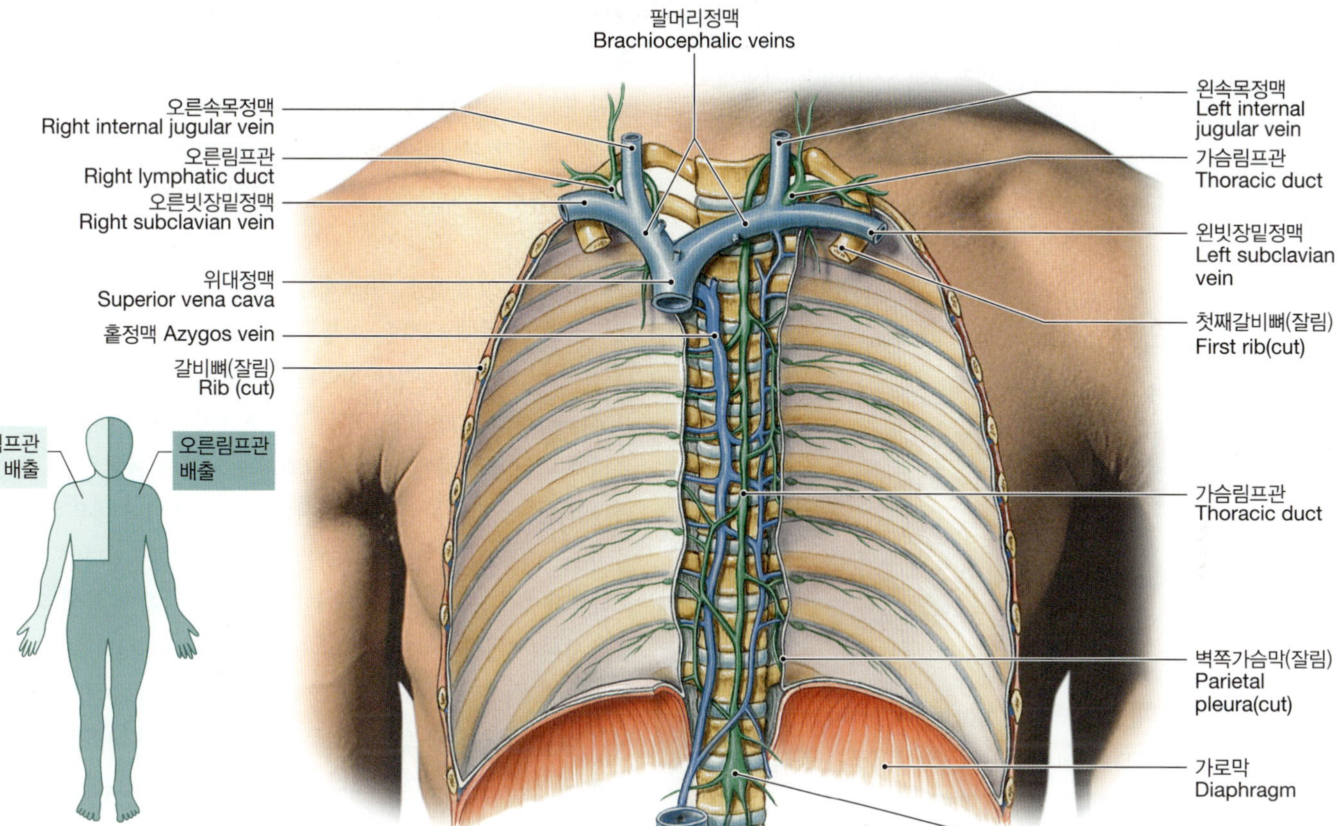

a 가슴림프관은 가로막 아래의 조직에서 유래하는 림프와 왼팔의 림프를 운반한다. 오른림프관은 가로막 위 오른쪽 상반신의 림프를 운반한다.

b 가슴림프관은 왼빗장밑정맥으로 림프를 운반한다. 오른림프관은 오른빗장밑정맥으로 림프를 운반한다.

부로 연결된다.

팔다리의 림프 배출이 막히면, 사이질액이 축적되어 팔다리의 조직이 부을 수 있다. 이와 같은 상황을 **림프부종(lymphedema)**이라고 한다.

림프구 Lymphocytes

림프구는 순환하는 백혈구의 약 20~40%를 차지한다. 그러나 순환하는 림프구는 우리 몸 안의 전체 림프구 중 일부에 불과하다. 체내 림프구 수는 약 1조(10^{12})개에 달하고 이 세포들을 합친 무게는 1 kg이 넘는데, 그 대부분은 림프기관이나 다른 조직에 분포하고 있다. 혈류는 림프구를 이곳 저곳으로 빠르게 운반하는 통로일 뿐이다.

순환하는 림프구의 종류 Types of Circulating Lymphocytes

혈액을 따라 순환하는 림프구는 T세포, B세포, 자연세포독성세포의 3종류로 구분된다. 각 림프구의 기능은 다음과 같다.

T세포(T cell). 순환하는 림프구의 약 80%가 T세포이다. **"T"**는 가슴샘(thymus)에서 분화된 세포라는 뜻이다. **세포독성T세포**(*cytotoxic T cell*)는 이종세포나 바이러스에 감염된 세포를 직접 공격하는 **세포매개면역**(*cell-mediated immunity, cellular immunity*)을 담당한다. **도움T세포**(*helper T cell*)는 T세포와 B세포를 자극하여 활성화시킨다. **조절T세포**(*regulatory T cell*)는 T세포와 B세포를 억제하여 면역 반응을 조절한다. **기억T세포**(*memory T cell*)는 마주치거나 목표로 했던 비정상 또는 이물질에 반응한다.

B세포(B cell). **B세포**는 순환하는 림프구의 10~15%를 차지한다. B세포는 **형질세포(plasma cell)**로 분화하여 **항체(antibody**, immunoglobulin 면역글로불린)라는 수용성 단백질을 생산한다. B세포는 **항체매개면역**(*antibody-mediated immunity*)을 담당한다. 항체가 체액 내에서 작용하기 때문에, 항체매개면역을 **체액면역**(*humoral immunity*)이라고 부르기도 한다. 항체는 **항원(antigens)**이라고 하는 특이적 화학물질과 결합한다. 대부분의 항원은 병원체, 병원체 산물의 일부, 기타 이종 화합물이

14

다. 항원항체복합체의 형성은 일련의 반응을 통해 표적 성분 또는 미생물을 파괴한다.

자연세포독성세포(NK cell). 순환하는 림프구의 5~10%는 **자연세포독성세포(natural killer cell)**이다. 자연세포독성세포는 이종세포, 바이러스에 감염된 세포, 정상 조직에 있는 암세포를 공격한다. 자연세포독성세포는 말초조직을 지속적으로 감시하고 있는데, 이 기능을 **면역감시**(*immunological surveillance*)라고 한다.

림프구의 기원과 순환 The Origin and Circulation of Lymphocytes

혈액, 골수, 지라, 가슴샘, 말초림프조직의 림프구는 한 자리에 머물러 있는 것이 아니라, 온몸을 돌아다니는 세포이다. 림프구는 한 부위의 조직 내에서 돌아다니다가, 혈관이나 림프관으로 들어가 이를 통해 다른 곳으로 이동한다. 일반적으로, 림프구는 수명이 긴 편이다. 약 80%의 림프구가 4년간 생존하고, 어떤 림프구는 20년 이상 생존한다. 일생 동안, 골수와 림프조직에 있는 줄기세포의 분화를 통해 림프구 수가 일정하게 유지된다.

림프구의 생산과 분화, 즉 **림프구형성(lymphopoiesis)**은 골수와 가슴샘에서 일어난다(**집중 조명 그림 14-4**). B세포와 T세포는 분화가 진행되는 동안 특이항원에 반응하는 능력을 얻게 된다. 마찬가지로, 자연세포독성세포는 비정상 세포를 인식하는 능력을 갖게 된다.

적색골수의 **혈구모세포**(*hemocytoblast*)로부터 두 종류의 림프줄기세포(lymphoid stem cell)가 만들어진다. 하나는 적색골수에 남아 B세포와 자연세포독성세포로 분화한다. 또 다른 하나는 가슴샘으로 이동한다. 이 세포들은 가슴샘호르몬(통칭 **티모신**, *thymosin*)의 자극을 받아 세포분열을 거듭하다가, 결국 많은 수의 T세포로 분화한다. 이런 T세포는 몸의 건강한 세포와 세포산물과 반응하지 않는 선택적 과정을 거친다(B세포도 같은 결과를 보이며 적색골수에서 선택적 과정을 거친다). 성숙하여, 세 가지 종류의 림프구는 혈류로 들어가서 림프조직, 지라와 같은 림프기관을 포함한 말초조직으로 이동한다.

14

적색골수에서 이동한 T세포와 B세포는 세포분열 능력이 있어서 같은 종류의 딸세포를 만드는 능력이 있다. 예를 들어, B세포가 분열하면 T세포나 자연세포독성세포가 아니라 같은 B세포를 만든다. 우리 몸 안에는 세포수 증식이 주기능인 림프구가 있는데, 면역 반응 시 이런 세포들이 매우 중요한 역할을 한다.

림프조직 Lymphoid Tissues

림프조직(lymphoid tissue)은 성긴결합조직과 림프구로 구성되어 있다. **림프소절(lymphoid nodule)**은 섬유피막으로 둘러싸여 있지 않은 림프조직 덩어리이다. 림프소절은 림프구 수에 따라 수시로 커졌다 작아졌다 하는 구조이다. 큰 림프소절의 중앙에는 옅게 염색되어 보이는 **종자중심**(*germinal center*)이 발달되어 있는데, 이곳에서 림프구의 활발한 분열이 일어난다. 한 개의 소절은 지름이 약 1밀리미터 정도 된다. 그 경계가 분명하지 않아서 섬유성 피막이 둘러싸지 않는다. 그 결과, 소절의 크기는 존재하는 림프구의 수에 따라 커지거나 작아질 수 있다.

소화계통, 호흡계통, 비뇨계통, 생식계통은 외부환경에 노출되어 있어서 우리 몸에 해로운 미생물과 독소가 체내로 들어오는 통로가 된다. 이런 계통의 상피는 **점막관련 림프조직(mucosa-associated lymphoid tissue, MALT)**이라고 하는 림프조직 무리에 의해 보호된다. 우리가 먹는 음식물에도 이종 단백질과 세균이 들어 있기 때문에 소화관의 림프조직과 림프소절은 신체 방어에 있어서 매우 중요한 역할을 한다. 예를 들면, **편도(tonsil)**는 인두 벽에 있는 커다란 림프소절로 소화관과 호흡관의 입구를 방어한다(**그림 14-5**). 우리 몸에는 5개의 편도가 있다: 1개의 **인두편도**(*pharyngeal tonsil*, 아데노이드 *adenoid*), 2개의 **목구멍편도**(*palatine tonsil*), 2개의 **혀편도**(*lingual tonsil*)가 있다. 작은창자의 상피 밑에는 림프소절이 무리지어 이루어진 **무리림프소절**(*Peyer patch*)이 있다. MALT의 또 다른 예로, 작은창자와 큰창자 이음부 근처의 **막창자꼬리**(*appendix* 또는 *vermiform*) 근처에 있는 막힌 주머니이다. 막창자꼬리벽은 서로 연결된 림프소절 무리를 가지고 있다.

림프소절에 분포하는 림프구들이 항상 세균이나 바이러스 침입을 막을 수 있는 것은 아니다. 병원체가 림프소절 안으로 침입해 들어와 자리를 잡으면, 감염에 대한 염증 반응이 일어난다. 흔히 알고 있는 두 가지 예를 들어보자. 첫 번째가 편도염(tonsillitis)인데, 편도 특히 인두편도에 염증이 생기는 것이다. 두 번째가 막창자꼬리의 림프소절 염증, 즉 **막창자꼬리염**(*appendicitis*, 충수염)이다.

림프기관 Lymphoid Organs

림프기관은 섬유결합조직 피막으로 둘러싸인 림프조직 덩어리이다. 우리 몸의 주요 림프기관에는 **림프절**(*lymph node*), **가슴샘**(*thymus*), **지라**(*spleen*)가 있다.

림프절 Lymph Nodes

림프절(lymph node)는 섬유피막으로 둘러싸인 작은 콩알 모양의 림프기관으로, 지름이 1~25 mm 정도이다. 림프절의 대부분이 목, 겨드랑, 살고랑에 위치하는데, 이 부분은 세균과 기타 침입자에 대항하여 몸을 방어한다. **그림 14-1**은 몸의 림프절 분포에 대한 전체적인

집중 조명 그림 14-4 림프구의 유래와 분포(Origin and Distribution of Lymphocytes)

림프구생성(lymphopoiesis)은 적색골수, 가슴샘, 말초림프조직에서 이루어진다. 셋 중에서, 적색골수는 정상 림프구 수 유지에 일차적 역할을 한다. 적색골수(적색골수)의 혈구모줄기세포는 두 가지 경로를 가는 림프줄기세포를 만든다.

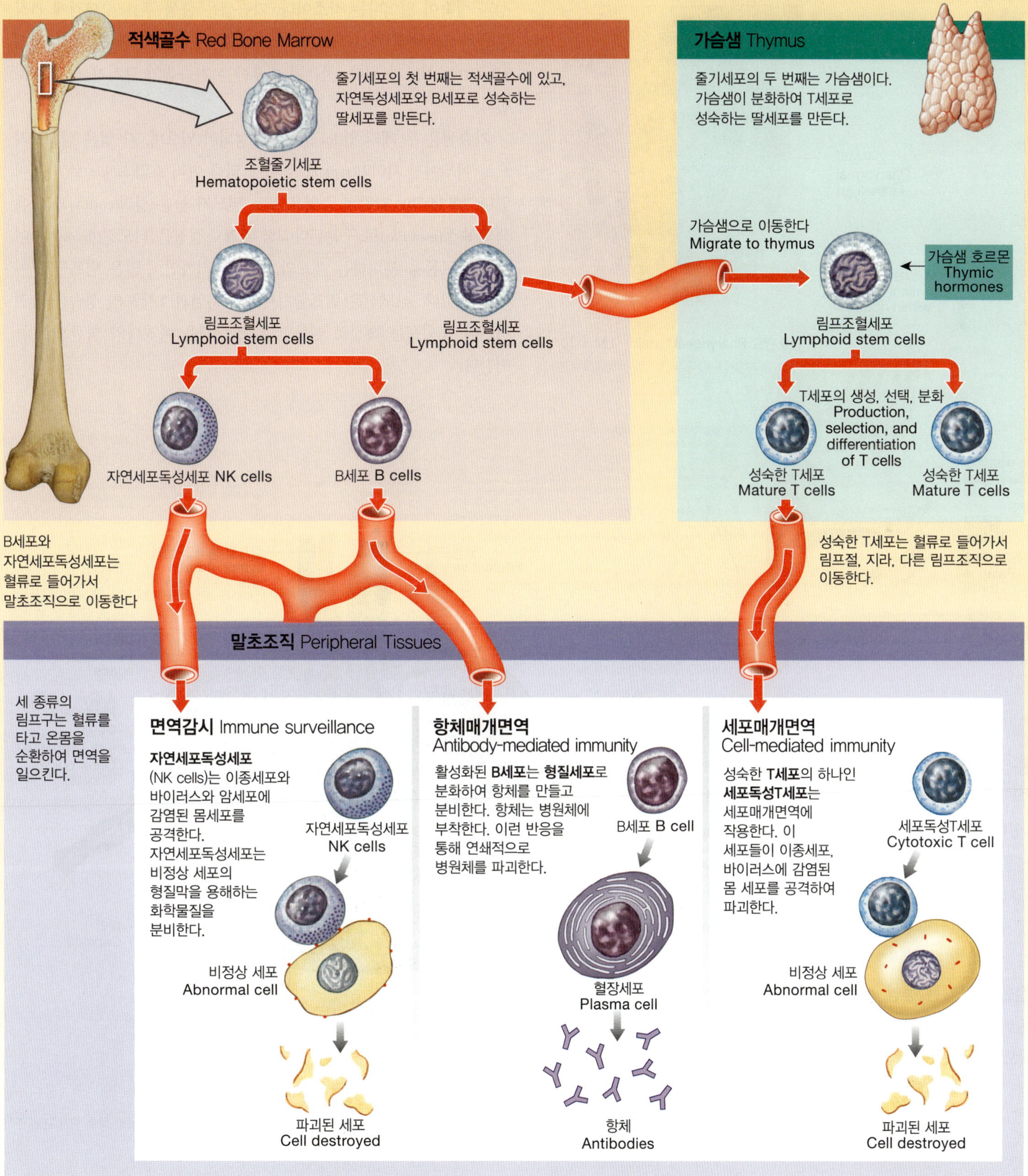

그림 14-5 편도. 편도는 인두 벽에 있는 림프소절이다. 우리 몸에는 좌우 한 쌍의 목구멍편도(palatine tonsil)와 혀편도(lingual tonsil), 그리고 그 위쪽에 하나의 인두편도(pharyngeal tonsil, adenoids 아데노이드)가 있다. 각 편도에는 림프구 분열이 일어나는 종자중심(germinal center)이 발달되어 있다.

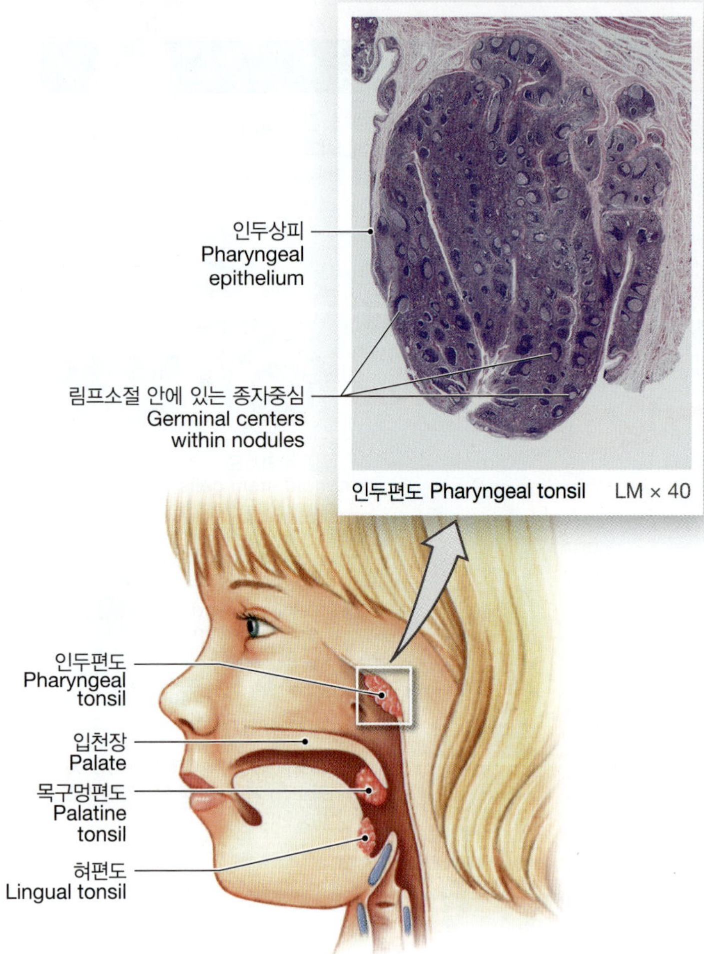

14

내용을 보여준다.

두 종류의 림프혈관은 각각의 림프절과 연결되어 있다(**그림 14-6**). 림프는 들림프관(*afferent lymphatic*)을 통해 림프절로 들어가고, 날림프관(*efferent lymphatic*)을 통해 림프절 밖으로 흘러 나와 정맥계통으로 운반된다. 정맥계통에 도달하기 전에, 림프절에서 림프가 깨끗하게 걸러진다. 림프가 림프절을 지나가는 동안, 림프 내에 존재하는 항원의 99%가 제거된다. 항원이 감지되어 제거될 때, T세포와 B세포가 자극을 받아 면역 반응이 일어난다.

가슴샘(흉선) Thymus

가슴샘(thymus)은 복장뼈(sternum, 흉골) 뒤쪽의 가슴세로칸(mediastinum, 종격)에 위치한 분홍색 기관으로(**그림 14-7a**), T세포의 생성과 성숙이 일어나는 장소이다. 가슴샘은 출생 후 1~2년경에 가장 발달하고(체중과의 상대적인 비가 가장 큼), 사춘기 때 최대로 커져 30~40 g 정도가 된다. 사춘기 이후에는 가슴샘의 크기가 점차 감소한다.

가슴샘은 두 개의 엽(lobe)으로 구성되어 있으며, 각 엽은 섬유조직으로 이루어진 사이막(*septum*, 중격)에 의해 여러 소엽(*lobule*)로 나뉘어 있다(**그림 14-7b**). 각각의 소엽은 세포 밀도가 높은 겉질(cortex)과 옅은 색의 속질(*medulla*)로 구분된다(**그림 14-7c**). 겉질은 티모신(thymosin)이라는 호르몬을 분비하는 세포와, 이에 둘러싸인 수많은 림프구로 이루어져 있다. 티모신은 림프줄기세포의 분열과 T세포의 성숙을 촉진시킨다. T세포는 속질로 이동한 뒤 가슴샘을 빠져나와 혈관으로 들어간다.

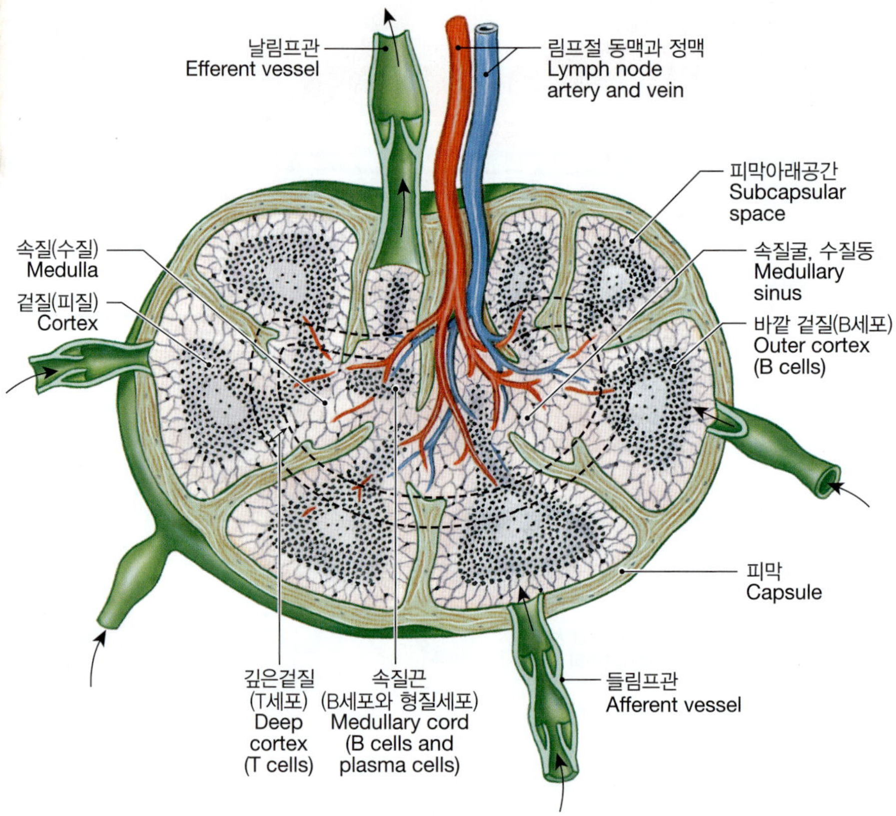

그림 14-6 림프절의 구조. 화살표는 림프가 흐르는 방향을 나타낸다. 겉질과 속질의 성숙 B세포와 T세포는 림프의 항원을 제거하고 면역 반응을 일으킨다.

그림 14-7 가슴샘.

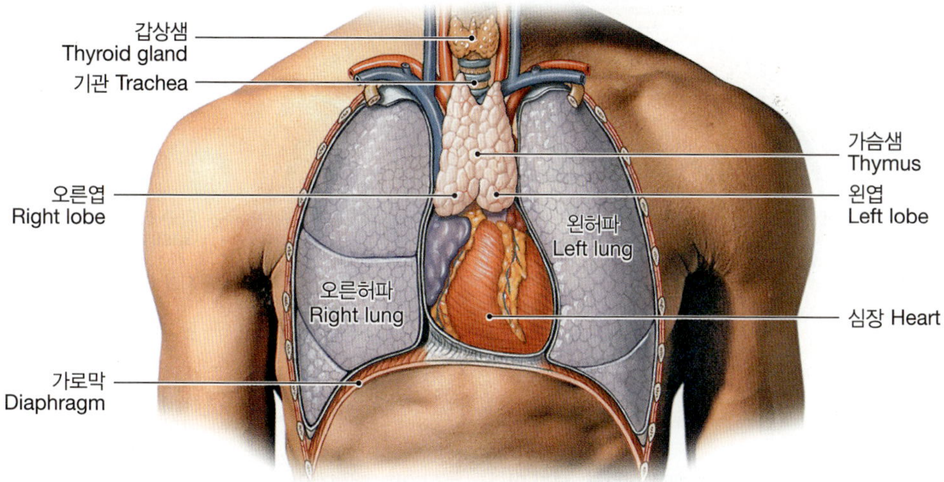

a 가슴샘의 위치를 보여주는 그림이다. 가슴의 다른 기관과의 위치관계에 주목한다.

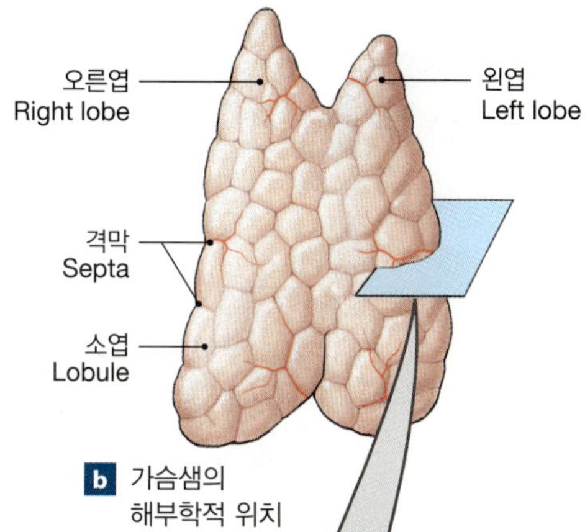

b 가슴샘의 해부학적 위치

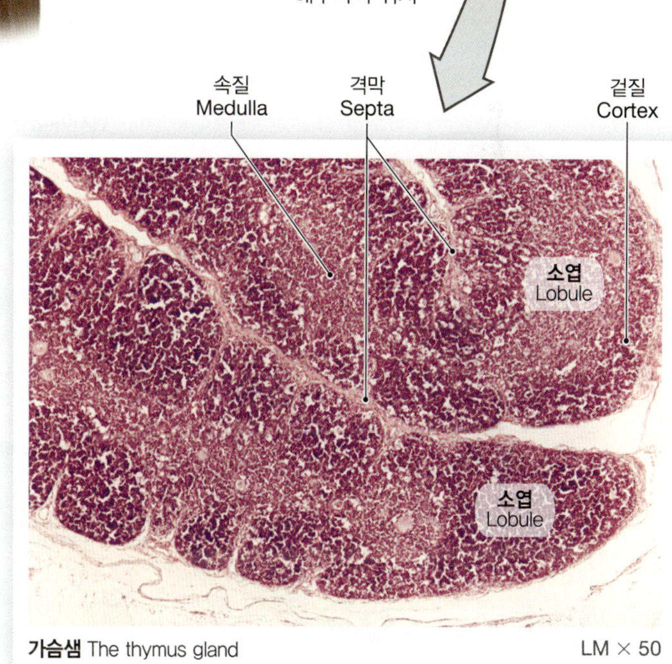

가슴샘 The thymus gland LM × 50

c 섬유성 격막이 가슴샘 조직을 서로 연결되어 있는 림프소절과 비슷한 소엽으로 나눈다.

임상노트

림프절 비대 "Swollen Gland"

림프절을 **림프샘**(*lymph gland*, 임파선)이라고 부르기도 한다. 대개 조직의 염증이나 감염 시 림프절 비대가 일어난다. 림프절이 만성적으로 과도하게 커진 상태를 **림프절병증**(*lymphadenopathy*)이라고 한다. 림프절병증은 세균 감염, 바이러스 감염, 내분비 질환 또는 암으로 인해 발생될 수 있다.

모세림프관은 암세포가 쉽게 뚫고 들어갈 수 있는 구조로 되어 있기 때문에, 암세포는 림프관을 따라 퍼져 림프절에 침범하는 경우가 많다. 따라서 비대해진 림프절을 검사하면 암세포의 특성과 분포에 대한 정보를 알 수 있고, 적절한 치료 방법의 선택에도 도움을 얻을 수 있다.

림프구 또는 림프줄기세포에서 발생한 종양은 림프종(lymphoma)이라고 하며, 림프계통 암의 중요한 군이다.

지라(비장) Spleen

성인의 **지라(spleen)**는 길이 약 12 cm, 무게 약 160 g에 이르는 우리 몸에서 가장 큰 림프기관이다. 지라의 주요 기능은 림프절과 비슷하지만, 림프 대신 혈액을 거르는 것이 차이점이다. 지라는 비정상적인 혈액세포와 성분들을 제거하고, 혈액을 따라 순환하는 항원에 대항하여 B세포와 T세포의 면역 반응을 일으킨다. 또한 지라는 파괴된 적혈구로부터 철을 재생하여 저장한다.

지라는 위(stomach), 왼쪽 콩팥(kidney) 및 가로막(diaphragm) 사이에 위치한다. 지라는 장간막의 넓은 부분에 의해 위의 옆에 붙어 있다(그림 14-8a). 지라혈관(지라동맥과 지라정맥)과 림프혈관은 위와 콩팥과 접하는 면 사이의 경계에 있는 고랑인 문(*hilum*)에서 지라와 연결된다(그림 14-8b). 맨눈 해부에서, 지라는 혈액을 함유하기 때문에 정상적으로 짙은 붉은색으로 보인다. 지라는 적혈구를 다량 함유한 **적색속질**(*red pulp*)과 림프조직으로 이루어진 **백색속질**(*white pulp*)로 구성되어 있다(그림 14-8c).

지라동맥은 지라의 피막을 따라 주행하면서 많은 가지를 내는데, 이 동맥가지들은 피막을 벗어나 지라 속으로 들어가면서 백색속질로 둘러싸이게 된다. 혈액은 모세혈관을 지나 적색속질의 그물조직[reticular fiber(그물섬유)가 그물처럼 얽힌 구조]으로 흘러나온 뒤, 다시 지라굴(splenic sinus; 속면이 큰포식세포로 덮인 작은 혈관)로 들어가서 정맥(*venous*

그림 14-8 지라.

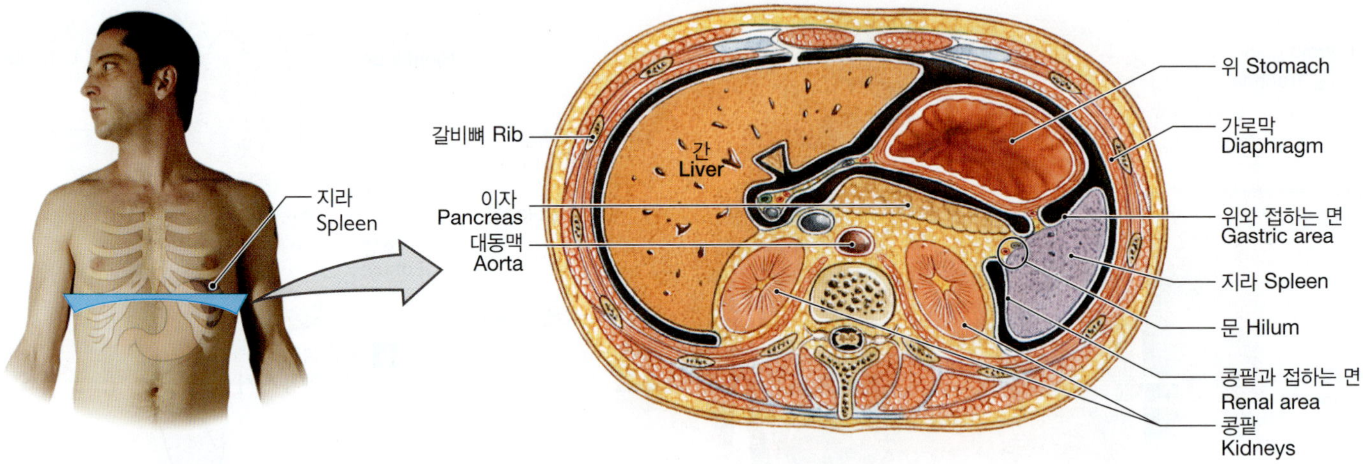

a 몸통의 가로단면의 아래쪽 면으로, 복강 안으로 뻗어 있는 전형적인 지라의 위치이다. 지라의 모양은 주위 기관들 사이의 공간에 알맞은 모양으로 되어 있다.

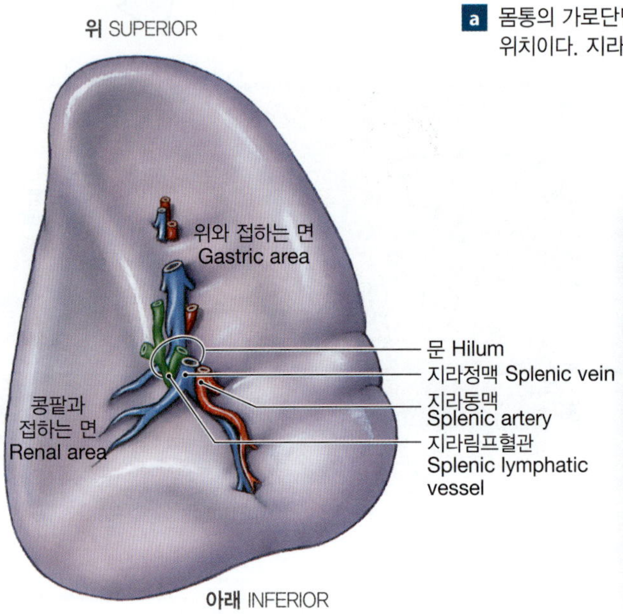

b 지라 뒷면의 해부학적 위치

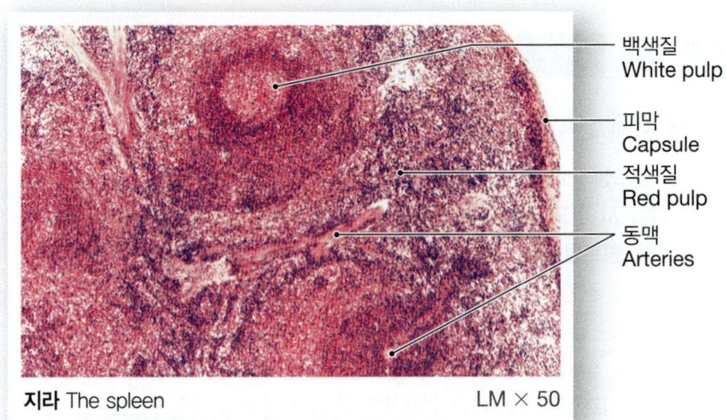

c 지라의 조직학. 백색속질은 림프절과 비슷하며, 림프구가 매우 많이 있다. 적색속질은 많은 적혈구를 갖고 있다.

14

sinusoid)을 따라 흐른다. 혈액이 지라를 통과할 때, 손상되었거나 감염된 세포들은 큰포식세포에 의해 잡아먹혀 제거된다. 또한 혈관 주위에 림프구가 모여 있기 때문에, 미생물이나 비정상적인 항원이 있을 때 면역 반응이 일어날 수 있다.

방어기전에 있어서 림프계통의 역할

Roles of the Lymphatic System in Body Defenses

우리 몸은 많은 방어기전을 가지고 있다. 방어기전은 저항(*resistance*)을 제공하는데, 저항은 면역을 유지하는 자연 또는 후천적 능력이다. 몸의 방어기전은 두 가지 범주로 구분된다.

1. **비특이방어**[***innate(nonspecific) defense***]는 위협이 되는 물질 각각을 구별하지 않는 방어기전이다. 이런 방어기전은 출생 때부터 존재하며 물리적 장벽(*physical barrier*), 포식세포(*phagocytic cell*), 면역감시(*immunological surveillance*), 인터페론(*interferon*), 도움체(*complement*), 염증(*inflammation*), 열(*fever*) 등이 여기에 속한다. 이런 기전에 의한 우리 몸의 방어 능력을 **비특이내성(nonspecific resistance)**이라고 한다.
2. **특이방어**[***adaptive(specific) defense***]는 특정 위협에 대항하여 우리 몸을 보호하는 기전이다. 한 가지 특이방어기전은 한 가지 세균에만 대항하고, 다른 세균이나 바이러스 감염에는 반응하지 않는다. 특이방어는 출생 후 환경 위험요소나 감염원에 노출되었을 때 생겨난

임상노트

지라 손상 Injury to the Spleen

왼쪽 배부위에 충격이 가해지면, 지라를 압박하여 손상을 줄 수 있다. 이런 손상은 축구, 하키, 스키, 썰매타기 등과 같이 접촉하는 운동에서 알려진 위험이다. 외관상 작은 타격도 지라의 피막(capsule)을 파열시킬 수 있다. 그 결과 심각한 내출혈이 일어나 순환 쇼크를 일으킬 수 있다. 지라는 감염, 염증, 암세포에 의한 침범으로 손상받을 수 있다.

손상의 정도에 따라, 파열된 지라의 치료 조건은 즉각적인 수술에서부터 병원에 입원하여 휴식 취하기, 필요 시 수혈에 이르기까지 다양할 수 있다. 지라는 외과적으로 복구하기가 매우 어렵다. 그 이유는 지라가 비교적 부서지기 쉽기 때문이다(봉합은 출혈을 멈출게 할 만큼 단단해지기 전까지 쉽게 찢어진다). 그러나 파열된 지라의 수술은 일부분을 제거하고 봉합하거나 아니면 **지라절제**(*splenectomy*)라고 하는 완전 절제를 할 수 있다. 지라가 없는 사람은 어려움 없이 살아가지만, 정상적인 지라를 가진 사람보다 세균 감염 위험이 더 크다.

다. 특이방어는 림프구의 작용에 의해 일어난다. B세포와 T세포의 특이방어에 의한 우리 몸의 방어 능력을 면역(immunity) 또는 **특이내성(specific resistance)**이라고 부른다.

비특이방어와 특이방어는 어느 하나만 선택적으로 일어나는 것이 아니며, 감염과 질병에 대항하기 위해서는 두 기전이 모두 필요하다.

체크포인트

3. 림프계통의 구성요소들을 열거하시오.
4. 가슴림프관 폐쇄는 림프의 흐름에 어떤 영향을 주는가?
5. 가슴샘이 가슴샘호르몬을 생산하지 못한다면, 림프구의 어떤 세포가 영향을 받는가?
6. 몇 가지 감염에서 왜 림프절이 커지는가?

책 뒷면에 있는 파란색 정답 탭을 참조.

14-3 비특이 반응은 감염 위협에 관계없이 특이적으로 반응한다

학습목표 몸의 비특이면역을 열거하고, 각각이 어떻게 작용하는지 설명한다.

비특이방어는 우리 몸속으로 미생물 또는 다른 환경 요인이 들어오는 것을 막고, 이들이 체내에서 확산되는 것을 제한해 준다. 7가지의 비특이방어가 **그림 14-9**에 요약되어 있다.

물리적 장벽 Physical Barrier

물리적 장벽은 유해한 미생물이나 물질이 우리 몸 안으로 들어오지 못하게 막아 준다. 이물질이나 병원체가 감염 또는 질병을 일으키려면, 상피를 뚫고 체내 조직으로 들어와야만 한다. 피부의 상피는 각질(keratin, 케라틴)로 덮여 있고, 여러 층의 세포가 결합체(desmosome)로 단단히 결합되어 있다. 이와 같은 물리적 장벽에 의해 피부 밑의 조직들이 보호를 받고 있다.

이외에도 물리적 장벽은 특수 부속구조와 분비기능을 갖는다: 물리적 장벽은 대부분의 상피를 보호한다. 대부분의 신체 표면(특히 두피)에서 발견되는 털(hair)은 기계적 마찰을 방지하고, 유해물질이나 곤충의 접촉을 막아 준다. 표피는 또한 기름샘(sebaceous gland)과 땀샘(sweat gland)의 분비물로 덮여 있다. 이런 분비물은 상피 표면으로 분비되어 미생물과 화학물질을 씻어내는 작용을 한다. 분비물 안에는 살균 화학물질, **파괴효소**(*lysozyme* 리소자임), 항체 등의 물질이 포함되어 있다.

소화기, 호흡기, 비뇨기, 생식기의 관을 구성하는 상피는 더 정교하고 방어 능력이 뛰어나다. 소화관의 속면은 점액으로 덮여 보호를 받고, 위에서는 병원체를 파괴하는 강산이 분비된다. 호흡관의 속면은 한 방향으로 흐르는 점액에 의해 깨끗하게 유지되고, 비뇨관은 소변에 의해 씻겨지며, 생식관은 분비물에 의해 보호를 받고 있다. 이런 분비물에 효소, 항체, 산성 pH 등이 더해져 방어기전을 보강해 준다.

포식세포 Phagocyte

포식세포(phagocyte)는 고형물질을 둘러싸서 잡아먹는 세포임을 기억한다. 말초조직의 포식세포는 세포파편을 제거하고, 이물질과 병원체의 침입에 반응한다. 포식세포들은 방어체계의 "제1선"을 구축하고 있으며, 림프구가 반응하기 전에 미생물을 공격하여 제거한다. 우리 몸의 포식세포는 작은포식세포와 큰포식세포의 두 종류로 구분된다.

작은포식세포(microphage)는 혈액을 따라 순환하는 호중구(neutrophil)과 호산구(eosinophil)이다. 작은 포식세포는 혈관 밖으로 나와 손상 또는 감염이 있는 말초조직으로 이동한다. 11장에서 언급했듯이, 호중구는 수가 많고 운동성이 있어서 체내로 침입한 세균과 세포파편을 빠른 속도로 잡아먹어 없애 준다. 비교적 수가 적은 호산구는 항체와 결합한 이물질이나 병원체를 잡아먹는다.

우리 몸에는 몇 종류의 **큰포식세포(macrophage**, 대식세포)가 있는데, 이들은 모두 혈액세포의 일종인 단핵구(monocyte)로부터 유래된 크고 활동적인 포식세포이다. 우리 몸의 거의 모든 조직에는 상주하거나 떠돌아다니는 큰포식세포가 분포한다. 온몸에 흩어져 있는 포식세포들

14

그림 14-9 몸의 비특이방어. 비특이방어는 병원체의 종류에 상관없이 체내로 침입하는 여러 병원체를 막거나 파괴한다.

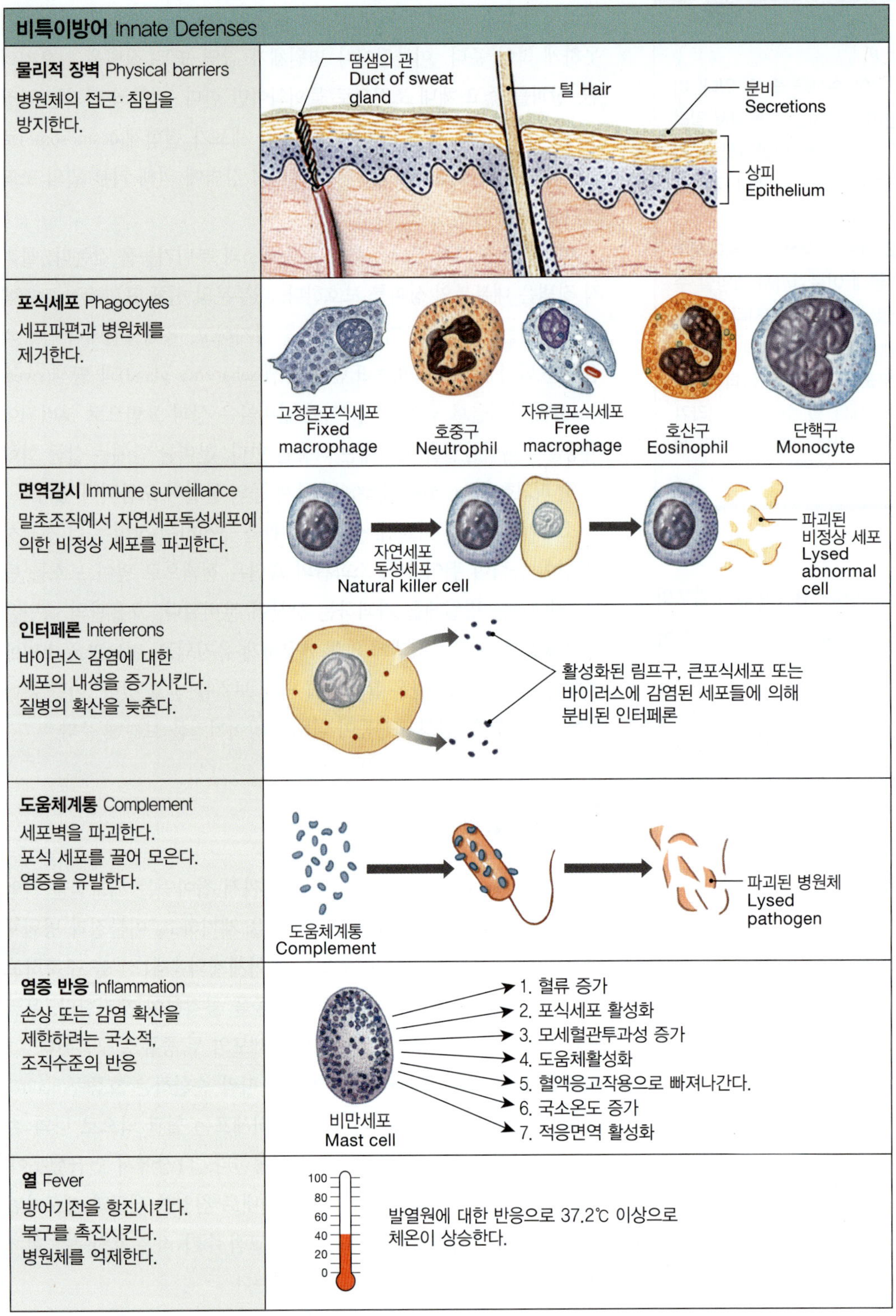

을 한데 묶어서 **단핵구-큰포식세포계통(monocyte-macrophage system)** 또는 **그물내피계통**(*reticuloendothelial system*)이라고 부른다. 몇몇 기관에 상주하는 큰포식세포는 특별한 이름을 갖고 있다. 예를 들어 중추신경계통의 큰포식세포는 **미세아교세포**(*microglia*), 간의 혈관 주위에 있는 큰포식세포는 **별큰포식세포**(*Kupffer cell*)이라고 부른다.

포식세포마다 잡아먹는 대상은 다르지만, 포식의 기전은 대체로 비슷하다. 운동성이 있는 큰포식세포와 작은포식세포는 포식작용 이외에도 많은 기능적 특징을 갖고 있다. 큰포식세포와 작은포식세포 모두 내피세포 사이를 통해 모세림프관 밖으로 빠져나가는데, 이 과정을 **유주**(*emigration*) 또는 **혈구누출**(*diapedesis*)이라고 한다. 또한 이 세포들은 조직액의 화학물질 농도차에 순응 또는 역행하여 이동하는 특징, 즉 **화학물질쏠림성(chemotaxis**, 화학주성) 현상을 보인다. 포식세포는 다른 세포나 병원체에 의해 분비된 화학물질에 매우 민감하다.

면역감시

Immunological Surveillance

우리 몸의 면역기전은 자신의 정상 세포에 대해서는 반응하지 않고, 비정상적인 세포를 공격하여 파괴한다. 정상 조직을 지속적으로 감시하는 것을 **면역감시(immunological surveillance)**라고 하는데, 이 기전은 주로 림프구의 일종인 자연세포독성세포[NK cell(natural killer cell)]에 의해 일어난다. 비정상 세포의 세포막에는 대개 정상 세포에는 없는 항원이 있다. 자연세포독성세포는 그런 항원을 감지하여 비정상 세포를 찾아낸다. 자연세포독성세포는 다른 종류의 림프구에 비해 표적에 대한 특이성이 높지 않다. 세균, 암세포, 바이러스 감염 세포의 항원에 노출된 자연세포독성세포는 **퍼포린**(*perforin*)이라는 단백질을 분비하고, 퍼포린은 세포막에 큰 구멍을 만들어 세포를 죽인다.

14

자연세포독성세포는 비정상 세포를 발견했을 때 T세포나 B세포보다 빠른 속도로 반응한다. 비정상 세포를 죽이면 세균 또는 바이러스 감염을 늦출 수 있고, 암세포가 다른 조직으로 퍼지기 전에 제거할 수 있다. 안타깝게도, 몇몇 암세포는 **면역회피**(*immunological escape*)라는 기전을 통해 면역감시체계를 피해 간다. 일단 면역회피가 일어나면, 암세포는 자연세포독성세포의 방해를 받지 않고 증식하여 퍼져나간다.

인터페론 Interferon

인터페론(interferon)은 활성림프구, 큰포식세포, 그리고 바이러스에 감염된 세포에 의해 분비되는 작은 단백질이다. 인터페론의 자극을 받은 정상 세포는 세포 내 바이러스 증식을 방해하는 **항바이러스 단백질**(*antiviral protein*)을 생산한다. 인터페론은 바이러스 감염의 확산을 늦출 뿐 아니라, 큰포식세포와 자연세포독성세포의 활동을 촉진시킨다. 조직세포에서 분비되어 국소적인 조절작용을 하는 화학물질을 **시토카인(cytokine)**이라고 하는데, 인터페론도 시토카인의 한 종류이다. 대부분의 시토카인은 한 부위의 조직 안에서 작용하지만, 방어 기능을 하는 세포에서 분비된 시토카인은 호르몬처럼 온몸의 세포와 조직 활동에 영향을 미치기도 한다. 시토카인에 의한 특이방어 조절기전은 이 장의 후반부에서 설명한다.

도움체계통(보체계통) Complement System

우리 몸에는 30종류의 도움체 단백질로 이루어진 **도움체계통(complement system)**이 있다. **도움체**(*complement*, 보체)라는 용어는 항체의 작용을 도와준다는 뜻에서 붙여진 이름이다. 도움체 단백질은 응고기전과 비슷하게 일련의 연쇄 반응을 일으킨다. 도움체 단백질이 세균의 세포벽 또는 그에 부착된 항체 분자에 결합하면 이 연쇄 반응이 시작된다. 결합된 도움체 단백질은 일련의 다른 도움체 단백질과 상호작용한다. 도움체가 활성화되면 (1) 포식세포가 몰려들고, (2) 포식작용이 촉진되며, (3) 세포막이 파괴되고, (4) 염증이 유발된다.

염증 Inflammation

손상에 대한 조직의 국소적인 반응을 **염증(inflammation)** 또는 **염증 반응**(*inflammatory response*)이라고 한다. 염증은 국소적인 부기, 발적, 열, 그리고 통증을 유발한다. 세포를 죽이거나 성긴결합조직을 손상시키는 모든 자극이 염증을 일으킬 수 있다. 결합조직에 분포하는 비만세포(*ast cell*)가 이런 과정의 중심축으로 작용한다.

염증의 목적은 다음과 같다.

- 일시적으로 손상 부위를 복구하고 병원체의 침입을 막는다.
- 손상 부위로부터 병원체가 퍼져나가는 것을 지연시킨다.
- 여러 방어기전을 동원하여 병원체에 대항하게 하고, 조직의 영구적인 복구를 돕는다. 이런 과정을 **재생**(*egeneration*)이라고 한다.

비만세포는 염증에 핵심 역할을 한다(비만세포는 작고 움직이는 결합조직이라는 것을 기억하자. 비만세포는 종종 혈관 주변에서 발견된다). **그림 14-10**은 피부의 염증 반응 과정을 요약한 것이다. 물리적 손상이나 감염에 취약한 조직에서 비슷한 과정이 일어난다.

기계자극이나 화학자극에 의해 비만세포가 활성화되면, **히스타민**(*histamine*)과 **헤파린**(*heparin*)이라는 화학물질이 사이질액으로 분비되어 염증 반응을 일으킨다. 이런 화학물질은 염증 과정을 일으킨다. 히스타민은 모세혈관의 투과성을 높이고 그 부위의 혈액순환을 항진시킨다. 혈관의 투과성 증가로 인해, 응고인자와 도움체 단백질이 혈관 밖으로 빠져나온다. 비정상 세포와 비만세포에서 분비된 화학물질에 의해 감각신경이 자극을 받으면 통증이 유발된다.

혈류증가는 염증 부위를 붉게 하고 그 부위의 온도를 올린다. 이런 변화는 효소 반응비율을 증가시켜 포식세포 활동을 촉진시킨다. 국소 부위 온도 증가는 침입한 병원체의 이종 단백질이나 효소를 변성시킬 수 있다.

혈관 투과성 증가는 응고 요인과 도움체 단백질이 혈류를 타고 손상 부위로 가게 한다. 헤파린으로 인해, 응고는 실제 손상 부위에서 일어나지 않는다. 그러나 응고는 손상 부위 주변에서 일어난다. 응고는 손상 부위를 고립시켜, 화학물질이나 병원체가 건강한 조직으로 퍼져나가는 것을 늦춘다. 이와 동시에, 히스타민 분비는 특이 면역을 활성화하고, 손상 조직의 복구를 하는 일련의 반응을 촉진시킨다.

손상 후, 조직의 복구가 일어나기에 앞서 파괴적인 과정이 먼저 진행된다. 이와 같이 세포의 손상에 의해 일어나는 조직 파괴를 **괴사(necrosis)**라고 한다. 손상을 받은 지 몇 시간 후 용해소체효소(lysosomal enzyme)에 의해 괴사가 시작된다. 용해소체효소에 의해 손상 세포가 자가용해된 뒤, 여기서 유리되어 나온 소화효소에 의해 주위 조직이 분해된다.

염증이 진행되면 세포파편, 죽은 세포, 죽어가는 세포 등이 손상 부위에 쌓이게 되는데, 이런 농축된 혼합체를 **고름(pus**, 농)이라고 한다. 갇힌 공간 안에 고름이 축적된 것을 **고름집(abscess**, 농양)이라고 부른다.

그림 14-10 염증 과정.

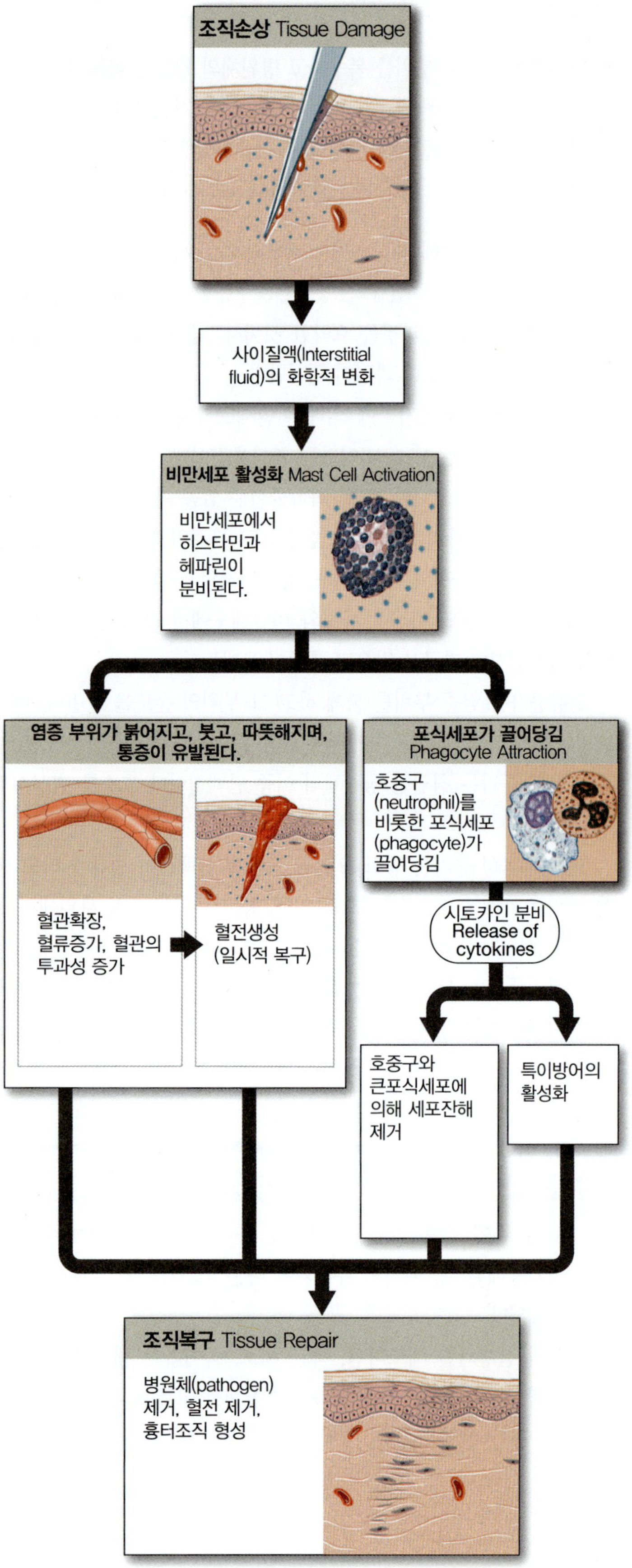

열 Fever

열(fever)은 체온이 37.2℃보다 높게 올라간 상태를 말한다. 시상하부(hypothalamus)는 체온을 조절하는 신경핵을 포함하고 있어서, 우리 몸의 체온조절장치 역할을 한다. 시상하부의 체온조절장치에 영향을 미쳐 체온을 상승시키는 혈액 내 단백질을 **발열원(pyrogen)**이라고 한다. 병원체, 세균독소, 항원항체복합체는 직접 발열원으로 작용하거나 큰포식세포를 자극하여 발열원이 분비되도록 할 수 있다.

어느 정도의 열은 우리에게 이로울 수 있다. 체온이 높아지면 대사율이 항진되어, 세포의 움직임이 빨라지고(포식작용 촉진) 효소 반응이 촉진된다. 그러나 40℃ 이상의 고열은 여러 생리작용에 장애를 일으킬 수 있다. 고열로 인해 욕지기(nausea), 지남력 장애, 환각, 경련과 같은 중추신경계통의 문제가 일어날 수 있다.

체크포인트

7. 몸의 비특이방어를 열거하시오.
8. 적색골수에서 단핵구를 만드는 세포의 수가 감소할 때 어떤 세포가 영향을 받는가?
9. 몸에서 인터페론이 급증하면 어떤 종류의 감염인가?
10. 몸의 발열원의 효과는 무엇인가?

책 뒷면에 있는 파란색 정답 탭을 참조.

임상노트

열 Fever

열은 감염 질환에 대한 정상 반응이라는 것을 기억한다는 것이 중요하다. 열은 정상 체온보다 1도 이상으로 정의한다. 경미한 열이나 단기간 체온 상승은 사소한 감염에서 흔하다. 39.4℃(103℉) 이상의 고열은 잠재적으로 위험한 감염을 의미할 수 있다. 부모를 두렵게 할지라도, 열은 실제로 좋은 일이 될 수 있다. 열은 감염과 싸우는 몸의 방식의 일부라는 것을 기억하는 것이 중요하다. 따라서 모든 열을 치료할 필요는 없다. 고열은 어린이들을 불안하게 하고, 탈수와 같은 문제를 더 악화시킬 수 있다. 고열이 있는 일부 어린이들은 열성경련을 보인다. 부모들에게 이런 열성경련은 두려운 것이며, 열성경련은 대부분 자가제한적이며, 영구적 손상을 일으키지 않는다.

어린이가 열성경련을 일으키거나 매우 불안해한다면, 이부프로펜 또는 아세트아미노펜과 같은 해열제로 치료할 수 있다. 아스피린을 절대 투여해서는 안 된다. (알코올이 없는) 미지근한 물에 스폰지로 문질러 어린이의 열을 떨어뜨리는 데 도움이 될 수 있다. 스폰지를 사용할 때, 어린이가 너무 차갑게 되지 않도록 확인한다; 너무 차게 하면, 오한을 일으켜서 몸의 냉각기전에 방해가 될 수 있다. 병원 전 상황에서 열의 치료는 논란이 있다. 이런 측면에서 항상 지역 지침을 따른다.

14-4 면역(특이방어)은 특정 위협에 반응하며 세포매개 또는 항체매개면역이다

학습목표 특이방어, 면역의 형태 및 특성을 설명한다. 세포매개면역과 항체매개면역을 설명한다.

특이방어(면역)는 특정 항원에 반응하는 T세포와 B세포의 협동작용에 의해 일어난다.

- **T세포(*T cell*)**는 비정상 세포 또는 살아 있는 세포 안의 병원체에 대한 방어작용을 한다. 이런 과정을 **세포매개면역(cell-mediated immunity)** 또는 세포면역(*cellular immunity*)이라고 한다.
- **B세포(*B cell*)**는 체액 내 항원과 병원체에 대한 방어를 담당하는데, 이 과정은 **항체매개면역(antibody-mediated immunity)** 또는 체액면역(*humoral immunity*)이라고 부른다.

다양한 상황에서 역할을 하기 때문에 두 종류의 면역은 매우 중요하다. 활성T세포는 용해상태에서 있는 항원과 반응하지 않는다. 항체(활성B세포에 의해 생성된)는 세포로 들어가기 위해 세포막을 통과할 수 없다. T세포와 B세포 중 어느 것이 관여하든지 간에, 면역은 언제 어떻게 일어나는가에 따라 몇 종류로 구분된다(그림 14-11).

면역의 종류 Forms of Immunity

면역은 선천면역과 후천면역으로 구분된다(그림 14-11). **선천면역[innate (nonspecific) immunity]**은 유전적으로 정해져 있으며, 항원에 노출된 적이 없어도 태어날 때부터 가지고 있는 방어 능력이다. 예를 들어, 금붕어의 병이 사람에게 전염되지 않는 것이 바로 선천면역 때문이다. 반면 **후천면역[adaptive(specific) immunity]**은 출생 시에는 없다가 능동적 또는 수동적인 기전에 의해 생겨나는 방어 능력이다. 그 대신에, 후천면역은 특정 항원에 노출될 때 작용한다. 후천면역은 능동적 또는 수동적으로 나타날 수 있다. 면역의 이런 형태는 자연 후천면역 또는 인공 유도면역으로 나눌 수 있다.

그림 14-11 면역의 종류.

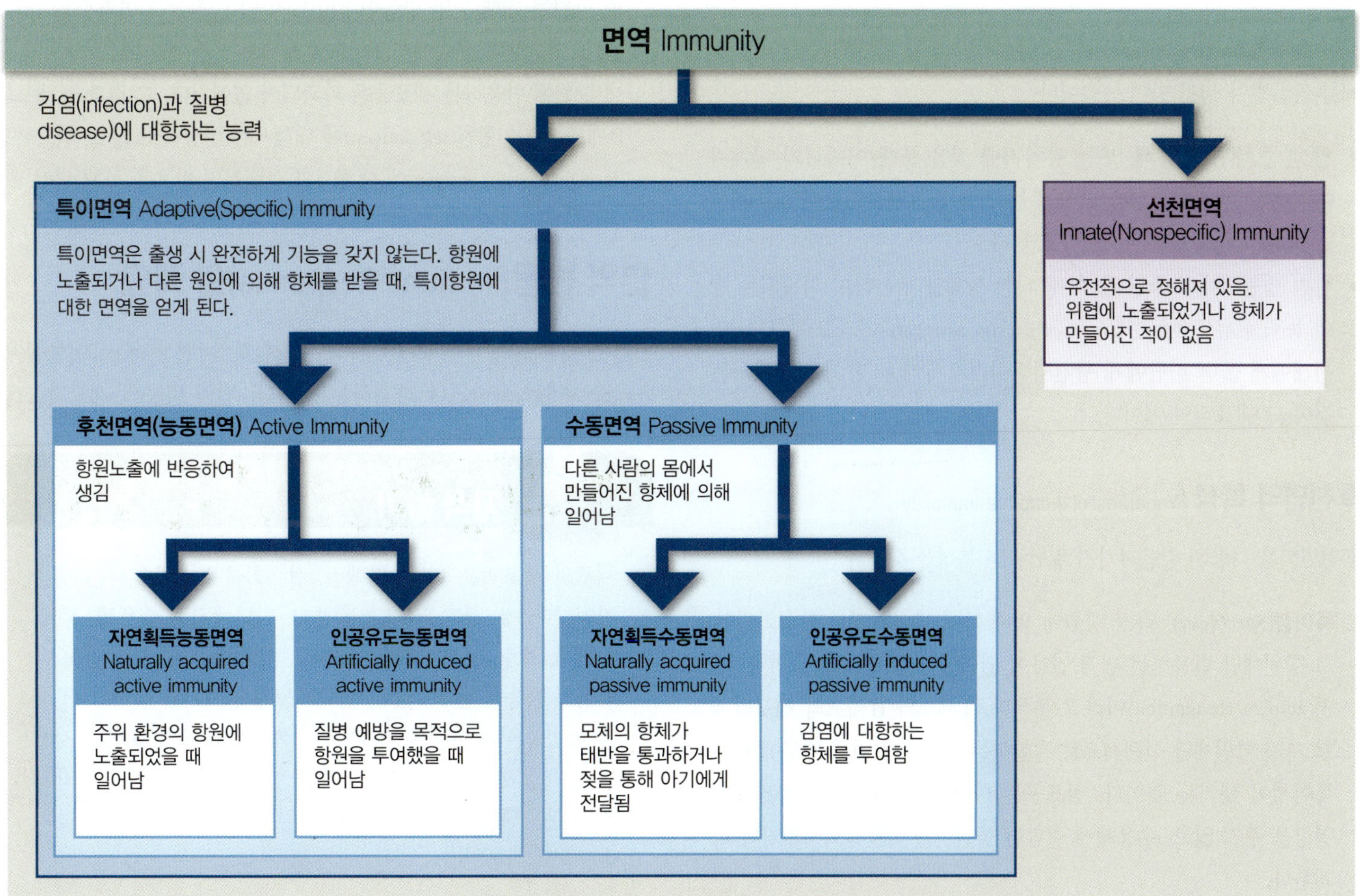

14

능동면역(active immunity)은 항원에 노출된 후 면역 반응을 통해 생겨난다. 우리 몸의 면역계통은 수많은 항원에 대항하는 능력을 가지고 있지만, 림프구가 특정 항원에 노출되어야만 그에 대한 적절한 방어가 작동된다. 능동면역은 주위 환경의 항원에 노출된 경우(자연획득능동면역)와 일부러 체내에 항원을 집어 넣은 경우(유도능동면역)로 구분할 수 있다.

- **자연획득능동면역**(*naturally acquired active immunity*)은 대개 출생 후 생겨나며, 이후 "새로운" 병원체나 항원에 노출되면서 점차 강화된다. 이 과정은 마치 아이가 말을 배우는 과정(처음에는 몇 가지 기본 단어밖에 사용할 줄 모르다가 필요에 따라 새로운 단어를 배워나감)과 비슷하다.
- **유도능동면역**(*artificially induced active immunity*)은 인위적으로 항체 생성을 자극하여 향후 같은 병원체에 노출되었을 때 이를 극복할 수 있게 하는 것이다. 질병을 예방하기 위한 **예방접종**(*immunization, vaccination*)의 기본원리가 바로 이에 해당한다. 면역 반응을 유발하도록 고안된 물질을 **백신(vaccine)**이라고 한다. 백신은 죽었거나 비활성화된 병원체, 또는 병원체에서 추출한 항원으로 되어 있다. 백신의 투여 방법은 경구투여, 근육내주사, 피부밑주사 등 다양하다.

수동면역(passive immunity)은 다른 사람의 몸 안에서 만들어진 항체를 공급받아 생긴 방어 능력이다.

- 임신 중 태반을 통해, 또는 유아기에 젖을 통해 어머니의 항체가 아기에게 전해져 감염을 막아 주는 것을 **자연획득수동면역**(*naturally acquired passive immunity*)이라고 한다.
- 반면 병원체에 노출된 후 이에 대한 항체를 투여하여 획득되는 방어 능력을 **유도수동면역**(*induced passive immunity*)이라고 부른다. 미친개에게 물린 사람에게 광견병바이러스에 대한 항체를 주사하는 것이 그 대표적인 예이다.

후천면역 특성 Properties of Adaptive Immunity

후천면역은 다음과 같은 4가지 일반적인 특성을 갖는다.

1. **특이성(*Specificity*)**. 특정 항원에 의해 특이 방어기전이 활성화되어, 그 항원에만 반응하는 면역 반응이 일어난다. 이런 과정을 항원 인지(antigen recognition)이라고 부른다. T세포와 B세포의 세포막에 한 가지 항원에만 선택적으로 결합하는 수용체가 있기 때문에 이런 **특이성**이 생기는 것이다. 림프구는 다른 항원이나 정상 조직에는 영향을 주지 않고, 수용체에 결합한 항원만을 비활성화시키거나 파괴한다.
2. **다양성(*Versatility*)**. 일생 동안 우리는 무수히 많은 항원에 접하게 된다. 우리 몸의 면역계통은 앞으로 어떤 항원을 접하게 될지 예측하지 못하기 때문에, 언제 어떤 항원에 노출되더라도 맞서 싸울 준비가 되어 있어야만 한다. 우리 몸에는 수백만 가지 종류의 림프구가 있는데, 각기 항원에 결합하는 수용체가 다르고 만들어내는 항체의 구조도 다르다. 따라서 어떤 항원에 노출되면 그에 대항하는 특이 반응이 일어나는 것이다.
3. **기억(*Memory*)**. 면역계통은 한 번 만난 항원을 "기억"한다. 면역**기억**(immunologic **memory**)의 결과, 같은 항원에 두 번째 노출되었을 때의 면역 반응은 이전보다 더 강하고 오래 지속된다. 항원에 처음 노출되면, 그 항원을 인지한 림프구가 세포분열을 거듭하여, 두 종류의 세포를 만들어낸다. 한 종류의 세포들은 즉시 항원을 공격하고, 나머지 한 종류의 세포들은 향후 같은 항원에 다시 노출될 때까지 비활성 상태로 남아 있는다. 이 비활성 상태의 세포(**memory cell, 기억세포**)들은 한 번 노출되었던 항원을 "기억"하고 있다가, 그 항원을 다시 만나면 빠르고 강력한 면역 반응을 일으킨다.
4. **관용(*Tolerance*)**. 이종세포와 이물질은 면역 반응의 공격을 받지만, 모든 항원에 대해서는 면역 반응이 일어나지 않는다. 이와 같이 어떤 항원에 대해 면역 반응이 일어나지 않는 현상을 면역**관용**이라고 한다. 가슴샘과 골수에서 T세포와 B세포가 분화할 때, 정상적인 체내 항원에 반응하는 세포들은 파괴되어 없어진다. 그 결과, T세포와 B세포는 **자기항원**(*self* antigen)에 대해서는 반응하지 않고, **이종항원** [foreign(*nonself*) antigen]에 대해서만 선택적인 반응을 하게 된다.

면역 반응(Immune Response)의 개요

면역 반응(*immune response*)의 목적은 병원체, 비정상 세포, 이물질(예: 독소)을 비활성화하거나 파괴하는 것이다. 면역 반응의 개요가 **그림**

지식 쌓기

세포의 세포막은 지방, 단백질, 탄수화물을 함유한다는 것을 기억한다(**3장: 세포 구조와 기능** 참조). 막단백질은 수용체, 통로, 운반체, 효소, 고정 단백질(anchors), 인지자(identifiers), 인식 단백질로 기능을 할 수 있고, 면역계통에서 자기와 비자기, 정상과 비정상을 구분할 수 있다. 탄수화물은 세포막 표면의 지방과 단백질과 결합된 복합 분자를 형성한다. 당단백질이라고 하는 분자의 탄수화물 부분은 항원과 같은 세포외 화합물의 수용체로 작용한다.

그림 14-12 면역 반응의 개요.

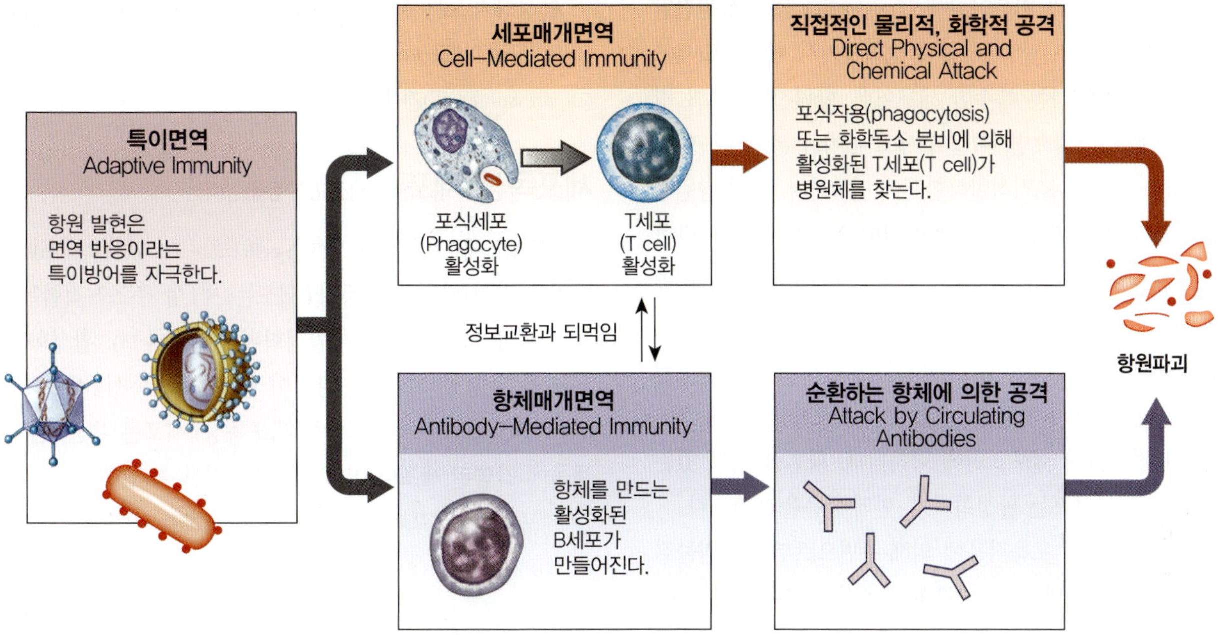

14-12에 정리되어 있다. 항원에 의해 면역 반응이 일어날 때, 대개 T세포가 먼저 활성화되고 그 다음에 B세포의 활성화가 일어난다. 일반적으로 T세포는 항원을 잡아먹은 포식세포에 의해 활성화된다. (때때로 비정상 세포에 의해 T세포가 활성화되기도 한다.) 활성 T세포는 항원을 공격하고 B세포를 자극하여 활성화시킨다. 활성 B세포는 항체를 만드는 세포로 분화된다. 생성된 항체는 혈액과 림프를 통해 온몸을 순환하면서 항원을 공격한다.

체크포인트

11. 세포매개면역과 항체매개(체액)면역의 차이를 설명하시오.
12. 두 종류의 능동면역과 두 종류의 수동면역을 구분하시오.
13. 특이면역의 네 가지 특성을 열거하시오.

책 뒷면에 있는 파란색 정답 탭을 참조.

14-5 T세포는 면역 반응의 시작과 조절 역할을 한다

학습목표 T세포의 종류 및 면역작용에서 역할을 설명한다.

면역 반응이 시작되려면, T세포가 항원에 노출되어 활성화되어야 한다. 그러나 T세포의 활성화는 림프구와 항원의 직접적인 상호작용에 의해 일어나는 것이 아니다. 즉 조직 내에 이물질이나 병원체가 있는 것만으로는 면역 반응이 일어나지 않는다.

항원 발현 Antigen Presentation

T세포는 다른 세포의 세포막 수용체에 결합한 항원을 인지한다. 이러한 과정을 **항원 발현(antigen presentation)**이라고 한다. 항원에 결합하는 세포막 수용체의 구조는 유전적으로 정해져 있어서 사람마다 다르다. 이와 같은 세포막 수용체를 **주조직적합복합체**(*major histocompatibility complex, MHC*)라고 한다. MHC는 두 종류로 구분된다. 제1형 주조직적합복합체(Class I MHC)에 결합되어 있는 항원은 "나는 비정상 세포이니, 나를 죽여 달라"는 뜻의 신호가 된다. 제2형 주조직적합복합체(Class II MHC)에 결합되어 있는 항원은 "이 항원은 위험하니 제거해 달라"는 뜻의 신호이다.

핵을 가진 모든 세포의 표면에는 제1형 주조직적합복합체 단백질이 있다. 제1형 주조직적합복합체에는, 세포 내에서 생성되어 세포막으로 운반된 작은 펩티드 분자들이 결합되어 있다. 세포가 건강하고 펩티드가 정상인 경우에는, T세포의 반응이 일어나지 않는다. 그러나 비정상적인 이종펩티드, 바이러스나 세균의 펩티드가 제1형 주조직적합복합체에 결합되어 있으면, T세포가 활성화되어 이 세포를 파괴한다. 이식에 대한 거부 반응이 일어나는 것도 바로 이 때문이다. 바이러스나 세균의 경우에도, 감염된 세포 표면의 제1형 주조직적합복합체에 결합되어 있는 세균 바이러스항원에 의해 T세포의 활성화가 일어날 수 있다. 이런 항원에 의해 활성화된 T세포는 감염 세포를 파괴한다.

제2형 주조직적합복합체 단백질은 림프구와 **항원전달세포**(*antigen-presenting cell, APC*)라고 하는 포식세포의 세포막에 존재한다. 큰포식

14

세포(결합조직의 자유큰포식세포와 고정큰포식세포), 간의 별큰포식세포(Kupffer cell), 중추신경계통의 미세아교세포(microglia) 등이 **항원전달세포**에 속한다. 항원전달세포는 T세포를 활성화시켜서 이종세포(세균)와 이종단백질을 공격하게 하는 특수한 세포이다. 항원전달세포가 병원체나 이종 단백질을 잡아먹으면, 이들이 세포 내에서 분해되어 항원조각이 세포 표면의 제2형 주조직적합복합체에 결합한다. 이런 항원전달세포의 세포막에 접촉한 T세포는 활성화되어 면역 반응을 시작한다. 항원전달세포는 피부, 림프절, 지라의 **수지상세포(dendritic cell)**에 존재한다.

포식세포의 항원전달세포(phagocytic APCs)는 병원체 또는 이종항원을 삼켜 파괴한다. 이종항원의 파편들은 제2형 주조직적합복합체(Class II MHC) 단백질과 결합하여 세포표면에 나타난다. 항원을 갖고 있는 항원전달세포와 노출된 T세포는 활성화되어, 면역 반응을 일으킨다.

수지상세포는 포식작용과 포음작용에 의해 주변으로부터 항원물질을 제거한다. 수지상세포의 세포막은 제2형 주조직적합복합체 단백질(class II MHC proteins)에 결합하여 항원을 발현한다. 수지상세포는 이종 항원과 같이 림프구로 가득 찬 림프절로 간다는 사실이 중요한다. 이런 방식으로, 수지상세포는 포식세포와 다르며, 감염 부위에 멀리 이동하지 않는다.

T세포 활성화 T Cell Activation

T세포는 어떻게 항원을 인식하는가? 불활성화 T세포는 제1형 또는 제2형 주조직적합복합체 단백질과 결합할 수 있는 수용체를 가지고 있다. 수용체는 또한 특정 표적 항원의 결합 부위를 갖는다. T세포는 항원을 감지하도록 되어 있어서 결합이 일어난다. 이런 과정은 **항원 인식(antigen recognition)**이라고 하는데, T세포가 적절한 표적을 찾아 인식하기 때문이다.

14

T세포가 Class I 또는 주조직적합복합체 단백질(Class II MHC protein)이 T세포의 세포막에 있는 단백질의 종류에 의존한다. 세포막 단백질은 **CD 표지자[CD(cluster of differentiation) marker]**로 알려진 단백질의 큰 군의 하나이다. 두 종류의 중요한 CD 표지자는 CD8과 CD4이다. CD8 T세포는 제1형 주조직적합복합체 단백질 항원과 반응하며, T세포는 제2형 주조직적합복합체 단백질 항원과 반응한다.

활성화가 일어나기 위해서, T세포는 두 번째 결합 부위에서 자극하는 세포에 결합해야 한다. 이런 결합은 다른 막단백질 사이에서 일어나며, 각각은 세포 형태(항원전달세포 또는 T세포)에 특이적이다. 이러한 공동자극은 항원 인식이 일어났음을 확인시킨다. 항원 인식은 정상(자기) 조직을 잘못 공격하는 T세포로부터 막아준다. 공동자극은 T세포가 활성화될 것임을 결정한다.

활성 T세포는 분열 및 분화 과정을 거쳐 **세포독성T세포**(*cytotoxic T cell*), **도움T세포**(*helper T cell*), **기억T세포**(*memory T cell*), **억제T세포**(*suppressor T cell*)가 된다.

세포독성T세포 Cytotoxic T Cell

세포독성T세포[cytotoxic T(T_C) cell(*killer T cell*)**]**는 세포매개면역을 담당하는 세포이다. 세포독성T세포는 제1형 주조직적합복합체에 결합한 항원에 노출되었을 때 활성화된다(**그림 14-13**). 활성화된 세포는 세포분열 과정을 거쳐 더 활성이 높은 세포독성T세포와 기억T세포(memory T cell)가 된다. 활성 세포독성T세포는 세균, 곰팡이 및 원생동물에 감염된 세포나 이식된 이종조직을 공격한다.

세포독성T세포가 표적세포를 파괴하는 방법은 다음과 같다(**그림 14-13**).

- 퍼포린(*perforin*)을 분비하여 표적세포의 세포막에 구멍을 낸다.
- 시토카인(*cytokine*)을 분비하여 **세포자멸사**(*apoptosis*) 유발 유전자를 활성화시킨다.
- 림프독소(*lymphotoxin*)를 분비하여 표적세포의 대사장애를 유발한다.

도움T세포 Helper T Cell

도움T세포[helper T(T_H) cell]는 CD4 표지자(CD4 marker)를 가지고 있으며, 항원전달세포에 있는 Class II MHC에 결합된 항원에 노출되어 활성화된다. 활성화되자마자, 도움T세포는 활성화된 도움T세포와 기억 T_H 세포를 만들기 위해 분열한다. 여러 가지 시토카인을 분비하여 두 가지 기능을 수행한다. 도움T세포는 특이방어와 비특이방어를 조절하고, 세포매개면역과 항체매개면역을 촉진시킨다. 도움T세포는 항원전달세포의 제2형 주조직적합복합체에 결합한 항원에 노출되었을 때 활성화된다. 활성 도움T세포는 분열하여 기억T세포와 더 활동적인 도움T세포를 만들어낸다. 활성 도움T세포의 기능에 대해서는 B세포 활성화 절에서 자세히 설명한다.

기억T세포 Memory T Cell

이미 설명한 바와 같이, 활성화된 세포독성T세포와 도움T세포의 일부는 **기억T세포(memory T cell)**로 분화한다. 기억T세포는 "예비 상태"의 세포이다. 같은 항원에 다시 노출되면, 기억T세포들은 곧바로 세포독성T세포와 도움T세포로 분화하여 빠르고 강력한 면역 반응을 일으킨다.

그림 14-13 항원 인식과 세포독성T세포의 활성화.

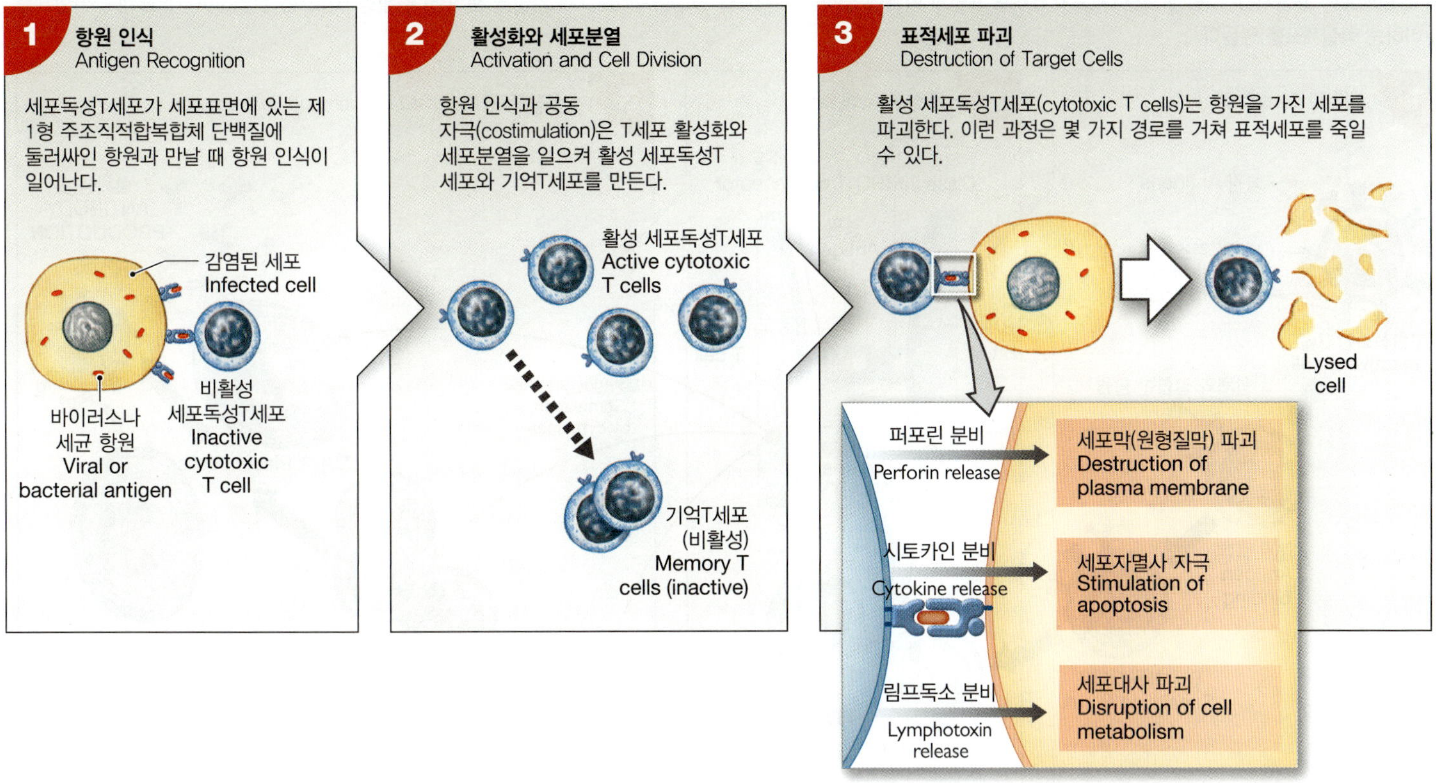

억제T세포 Suppressor T Cell

억제T세포(suppressor T cell)는 CD8 표지자(CD8 marker)를 가지고 있으며, Class I MHC 단백질에 결합된 항원노출에 의해 활성화된다. 활성화된 억제T세포는 억제인자(*suppression factor*)라는 일종의 시토카인을 분비하여 다른 T세포와 B세포의 반응을 억제한다. 억제T세포는 다른 T세포보다 늦게 활성화되기 때문에, 이와 같은 억제작용은 약간의 시간차를 두고 뒤늦게 일어난다. 따라서 억제T세포는 초기 면역 반응이 끝난 후에 작용한다. 억제T세포는 면역 반응이 너무 심하게 일어나는 것을 제한해 주는 "브레이크" 역할을 한다.

체크포인트

14. T세포의 네 종류를 설명하시오.
15. 세포질 안에서 비정상적인 펩티드가 있을 때 어떻게 면역 반응을 시작할 수 있나?
16. 세포독성T세포 수가 감소하면 어떤 종류의 면역에 영향을 주는가?
17. 제1형 주조직적합복합체 단백질과 제2형 주조직적합복합체 단백질은 어디에서 발견되는가?

책 뒷면에 있는 파란색 정답 탭을 참조.

14-6 B세포는 특정 항체를 만들어 항원에 반응한다

학습목표 B세포 감작, 활성화 및 분화의 과정을 설명하고, 항체의 구조와 기능을 설명한다. 항원 노출에 대한 일차 및 이차 면역 반응을 설명한다.

B세포는 일련의 과정을 통해 항체를 만들어, 화학적인 방법으로 항원을 공격하는 세포이다. 항원노출에 대한 B세포 반응에는 3가지가 있다: 민감화(sensitization), 활성화(activation), 분열(division)과 항체생성세포로 분화(differentiation)한다(그림 14-14).

B세포의 민감화와 활성화

B Cell Sensitization and Activation

우리 몸에는 수백만 가지 종류의 B세포가 있다. B세포의 세포막 표면에는 항체가 붙어 있다. 사이질액에 항원이 나타나면, 이 항원은 그에 상응하는 항체에 결합한다. 항원은 세포내이입(endocytosis)에 의해 B세포 안으로 들어간 뒤, 제2형 주조직적합복합체(Class II MHC) 단백질에 결합하여 다시 세포 표면으로 운반된다. 이렇게 된 상태의 B세

그림 14-14 항원노출에 대한 B세포 반응. B세포가 항원에 노출된다. 항원이 B세포 세포막(원형질막)에 결합하면 B세포는 항원을 세포막에 있는 제2형 주조직적합복합체 단백질에 표출시킨다. 활성 도움T세포가 B세포 표면의 항원에 접하면, B세포를 활성화시키는 시토카인을 분비한다. 활성 B세포는 분열하여 기억B세포와 항체를 분비하는 형질세포를 만든다.

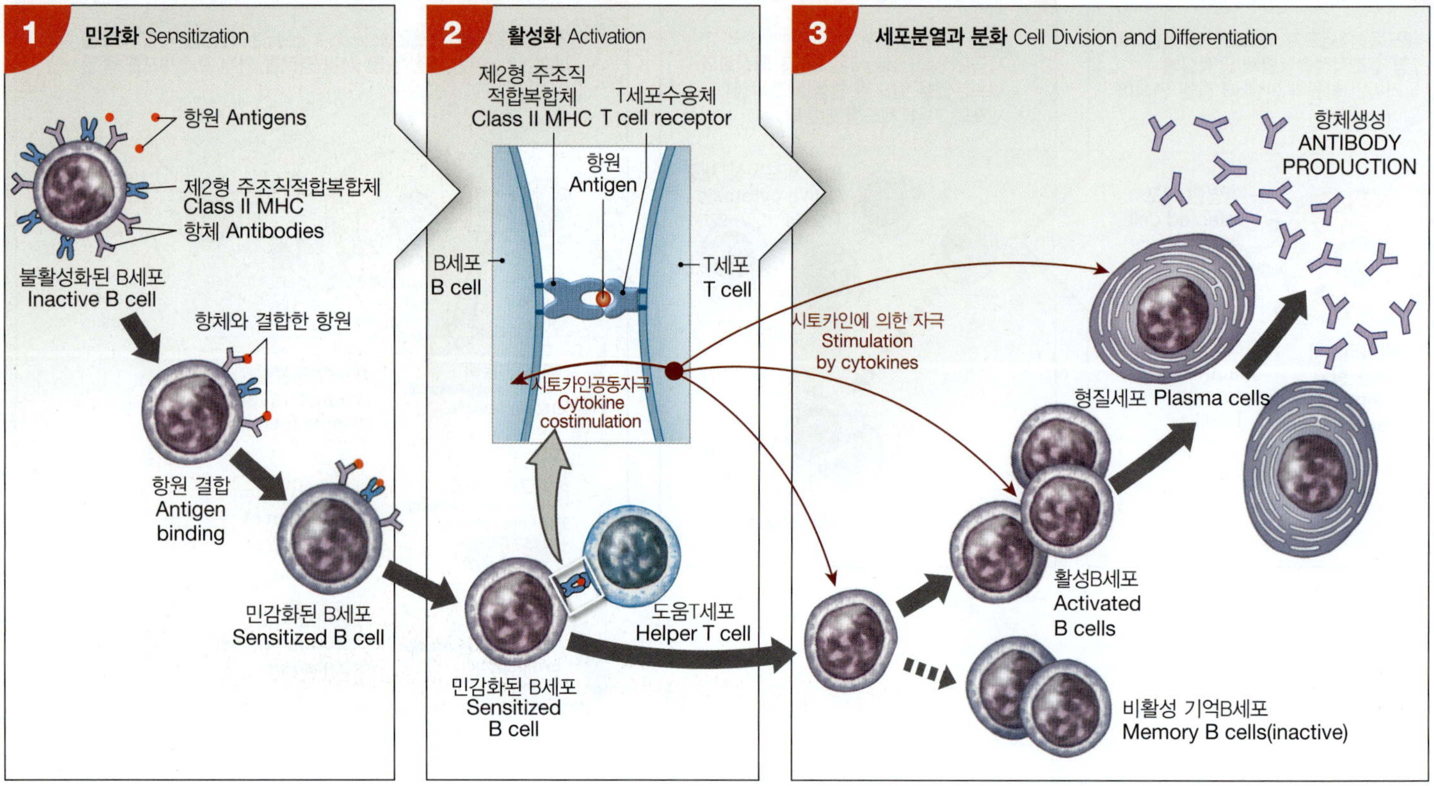

임상노트

면역학 Immunology

개요 Overview

14

면역계통은 질병과 싸우는 데 관련된 중요한 몸계통이다. 면역계통 기능의 많은 부분이 림프계통에 있는데, 림프계통은 림프혈관, 림프, 림프기관들로 구성된다. 면역계통의 일차 기능은 림프구(백혈구)의 생산, 유지, 분포이다; 말초혈관으로부터 혈액으로 체액과 용질을 회수한다; 시작하는 조직으로부터 전신순환까지 호르몬, 영양소, 노폐물을 운반한다. 면역은 몸의 중요한 방어기전의 하나이다. 면역은 T세포와 B세포의 협동작용에 의해 이루어지며, 이 세포들은 특정 항원의 존재에 반응한다. T세포는 세포면역을 제공하는 반면에 B세포는 체액면역을 제공한다.

면역계통 질환의 전문의사들을 **알레르기전문의**(*allergists*) 또는 **면역학전문의**(*immunologists*)라고 한다. 그 의사들은 일반내과 또는 소아과에서 수련받으며, 알레르기학과 면역학에 대해 더 수련을 받는다. 면역학자들은 과학자이며(Ph.D., M.D., 또는 D.O.) 면역학을 전공한다. 아주 밀접하게 관련된 분야는 감염질환이다. 감염질환 과정은 거의 언제나 몸의 면역계통을 포함하고 있으며, 감염질환 전문가들은 항상 면역계통 문제들을 다룬다. 면역학자들과 마찬가지로, 감염질환 전문가들은 처음에는 일반내과와 소아과에서 수련을 받고, 그 다음에 감염질환 분야에서 임상강사로 근무한다.

면역 Immunity

특이 반응을 가진 감염과 싸우는 몸방어의 능력을 **면역**(*Immunity*)이라고 한다. 면역 반응은 침입한 물질이나 병원체에 의해 활성화된 다음에 일어나는 일련의 복잡한 연쇄 반응이다. 면역의 목표는 병원체, 비정상 세포, 독소와 같은 이종 분자를 파괴하거나 불활성화시키는 것이다. 몸은 세포면역과 체액면역의 두 가지 기전을 통해 면역을 완수한다. 세포면역은 면역계통의 특수화된 세포에 의해 이물질에 직접 공격을 가한다. 물리적으로 포식된 이런 세포들은 침입자들을 불활성화시키거나 파괴한다. 체액면역은 훨씬 더 복잡하다. 체액면역은 기본적으로 침입자에 화학적 공격을 가한다. 이런 공격의 중요한 화학물질은 **항체**(*antibody*) 또는 **면역글로불린**(*immunoglobulins, Igs*)이라고 한다. B세포라고 하는 면역계통의 특수화된 세포에 의해 만들어진 화학물질의 유일한 물질이다. 5가지의 항체가 있다; IgA, IgD, IgE, IgG, IgM이다.

체액면역 반응은 몸이 항원에 노출되면서 시작한다. 항원은 면역 반응을 유발할 수 있는 물질이다. **항원**(*antigen*)에 노출된 후, 면역계통 세포에서 항체가 분비되고, 면역계통의 다른 세포에 의해 몸으로부터 제거를 촉진하기 위해 이물질에 달라붙는다.

몸이 항원에 노출되거나 또는 노출되지 않는 것에 따라 특정 항원에 다르게 반응한다. 항원에 대한 초기 반응을 **일차 반응**(*primary response*)이라고 한다. 새로운 항원에 노출된 후, 면역계통의 세포와 체액성분은 반응하는 데 며칠이 걸린다. IgG와 IgM과 같은 항체는 항원과 싸우는데 도움을 주기 위해 가장 먼저 분비된다.

동시에, 면역계통의 다른 성분들은 항원에 특이한 항체를 만들기 시작한다. 이런 세포들은 특정 항원에 대한 기억을 한다. 몸이 같은 항원에 다시 노출되면, 면역계통은 더 빠르게 반응한다. 이것을 **이차 반응**(*secondary response*)이라고 한다. 이차 반응의 하나로, 침입한 항원에 특이적인 항체가 분비된다. 항원-특이 항체는 일차 반응 동안 분비된 일반적인 항체보다 침입한 항원 제거를 촉진하는 데 훨씬 더 효과적이다.

면역은 자연적(선천적) 또는 후천적일 수 있다. **자연면역**(*natural immunity*)은 **선천적 면역**(*innate immunity*)이라고도 하며, 유전적으로 미리 정해졌다. 자연면역은 출생 시 존재하며, 특정 항원에 미리 노출되는 것과 관련이 없다. 모든 사람들은 선천적 면역을 가지고 태어난다. **후천면역**(*acquired immunity*)은 오랜 시간을 두고 생기며, 항원 노출에 의해 일어난다. 몸에 노출된 항원에 특이적인 항체를 면역계통이 생산하는 것은 사람을 보호하며, 같은 항원에 계속 노출되면, 활발한 면역 반응을 일으킬 것이다. 자연획득면역은 정상적으로 출생 후 생기며, 일생 동안 병원체와 항원에 노출되면서 계속 증가한다. 예를 들면, 18개월에 어린이가 수두에 감염된다. 감염 후, 어린이의 면역계통은 수두바이러스에 특이한 항체를 만든다. 수두바이러스에 반복 노출되면, 대개 또 다른 감염을 일으키지 않을 것이다. 실제로, 감염에 대한 평생 면역을 만드는 것은 수두에 노출된 환자에서 흔하다.

유도능동면역(*induced active immunity*)은 **인공후천면역**(*artificially acquired immunity*)이라고도 하며, 미래의 언젠가 있을 항원 노출로부터 보호하기 위해 고안되었다(**표 14-1**). 유도능동면역은 예방접종을 통해 이루어지며, 위험한 병원체로부터 보호한다. 예방접종에서, 항원은 면역 반응을 일으키기 위해 몸 안으로 주입된다. 그 결과, 항원에 특이한 항체가 만들어지고, 미래의 감염에 대항하는 보호기능을 제공한다. 대부분의 예방접종은 특정 바이러스나 세균의 항원 단백질을 함유한다. 병원체에 사람이 노출되면, 면역 반응은 활발하게 일어나며, 감염 발생을 막는 데 충분하게 될 것이다.

흔히 사용되는 백신의 예는 DPT(디프테리아, 백일해, 파상풍) 백신이다. 이 백신은 디프테리아, 백일해, 파상풍을 유발하는 세균의 항원 단백질을 함유한다. DPT는 첫 5년 동안에 몇 차례 접종하는데, 세 가지 세균으로부터의 감염을 막는다. 몇 가지 예방접종은 평생면역을 제공하지만, 다른 예방접종들은 지속적인 방어를 위해, 추가 접종을 정기적으로 받아야 한다.

후천면역은 능동 또는 수동면역이 될 수 있다. 능동면역은 항원 노출 후 생기며, 항원에 특이한 항체가 만들어진다. 대부분의 예방접종은 능동면역이다. 그러나 능동면역은 사람이 특이 항체를 만드는 데 시간이 걸린다. 어떤 경우에서는, 능동면역이 효과를 보일 때까지 방어를 위해 항체를 주사할 필요가 있다. 수동면역은 항체 유도를 위해 이루어진다. 두 종류의 수동면역이 있다. 자연수동면역은 태아감염을 막기 위해 어머니로부터 아기에게 항체가 태반장벽을 통과할 때 이루어진다. 유도수동면역은 감염과 싸우거나 질병을 예방하기 위해 개인에게 항체를 주사하는 것이다.

능동면역과 수동면역의 임상적인 사용은 파상풍 예방을 위해 사용되는 예방접종이다. 선진국 국민들은 일생 동안 몇 종류의 파상풍 예방접종을 받는다. 그들은 파상풍 항체를 가지고 있으므로 파상풍 추가접종만 필요하다. 그러나 어떤 종류의 파상풍 예방접종을 받지 않은 사람들도 있다. 파상풍이 우려되는 상처로 치료가 필요한 사람들은 상처 치료와 함께 파상풍 예방접종을 받아야 한다. 수동면역 또는 능동면역을 동시에 받는 것이 최선이다. 즉각적인 방어를 위해서 환자는 파상풍 특이항체(파상풍면역글로불린, TIG, Hypertet) 주사를 맞아야 한다. 그 다음에, 환자는 파상풍 예방접종(Td 또는 Dt)을 받는다. TIG는 몸의 면역계통이 예방접종에 반응할 수 있고 파상풍 특이 항체를 만들 수 있을 때까지 수동면역을 제공한다. TIG는 환자 예방접종이 완전히 완료될 때까지 정기적인 추가 접종으로 해야 한다.

예방접종 Immunization

예방접종은 특정 조건 하에서 항원을 주입하여 면역 반응을 만들거나 몸 안의 감염과 싸울 수 있는 항체를 제공하는 과정이다. 능동예방접종은 **백신**(*vaccine*) 주사를 통해 특정 항체를 만드는 면역계통을 유발하는 과정이다. 백신은 특정 병원체로부터 유래한 항원의 산물이다(**표 14-1**). 백신은 입 또는 주사로 제공될 수 있다. 대부분의 백신은 병원체를 함유하고 있다. 백신은 병원체이거나 병원체의 항원 단백질을 함유한다. 몇 가지 백신은 살아 있는 병원체를 가지고 있고 어떤 백신은 죽은 병원체의 성분을 갖는다. 살아 있는 병원체가 사용되면 **약독화**(*attenuated*)라고 하는데, 실제 감염을 유발하는 기회를 줄이는 것이다. 약독화에도 불구하고, 몇 가지 백신은 가벼운 징후 또는 증상을 유발하는 병원체를 충분히 가질 수 있다. 이런 것과 관계없이, 심각한 병을 일으킬 위험은 예방접종을 하지 못해 병에 걸리는 것과 비교한다면 아주 낮다.

불활성화(*inactivated*) 또는 사백신은 세균 세포벽 또는 바이러스 단백질 외피로 구성된다. 이런 백신들은 아주 가벼운 증상을 일으킬 수 없다. 그러나 백신은 살아 있는 약독화 백신만한 강한 면역 반응을 유도하지 않는다. 몇 가지 약독화 백신은 오래 지속되는 면역을 유도하지 않지만 보호 수준에서 항체가를 유지하기 위해서 정기적인 추가 접종을 필요로 한다.

백신 주사는 항원 또는 백신에 함유된 항원에 특이적인 항체를 만드는 면역계통을 유발시킨다. 이것은 능동면역이며, 방어하는 항체의 역가는 효과가 나타나려면 수주일 걸린다. 몇 가지 예에서, 즉각적인 방어는 항체 주사로 나타날 수 있다. 이런 과정을 **수동면역**(*passive immunization*)이라고 하며, 특정 감염에서만 효과가 있다. 항체 제조는 일반적일 수 있으며, 특정 질병에서 특이적일 수 있다.

특이항체 생산은 파상풍, 광견병, 디프테리아, 다른 방법으로 치료할 수 없는 간염과 같은 생명을 위협하는 질환에 우선적으로 한정되어 있다. 대체적으로, 특이수동면역은 매우 비싸다. 일반적인 수동면역은 혈액 공여자로부터 얻어진 다양한 항체 주사를 포함하고 있다. 감마글로불린과 관련하여, 이런 면역은 면역계통이 백신 주사에 반응할 때까지 제한적인 방어를 제공할 수 있다.

많은 백신들이 개발 중에 있다. 위험성이 있는 질병에 대해 응급의료종사자들은 예방접종을 받는 것이 중요하다. 가장 중요한 질병은 B형 간염이다. B형 간염 백신은 효과가 있으며, 가능한 한 빨리 접종해야 한다. 6개월 동안 세 번의 예방접종이 필요하다. B형 간염 백신은 현재 가장 중요한 소아예방접종 프로그램 중 하나이다.

인플루엔자 백신은 질병 예방에 중요하다. 그러나 인플루엔자 백신은 해마다 접종을 해야 한다. 인플루엔자 백신은 다양한 표면 항원 단백질을 가지고 있기 때문에, 역학자들은 어느 종류의 인플루엔자가 다음 해에 유행할지 예측을 해야만 한다. 역학자들의 예측은 대개 정확하지만, 어느 경우에는 부정확한 예측으로 인해 다른 종류의 인플루엔자가 유행하기도 한다.

14

지식 쌓기

혈액의 혈장 단백질은 알부민, 글로불린, 피브리노겐이 있다는 것을 기억한다(**11장: 심혈관계통: 혈액** 참조). 글로불린은 혈장 단백질의 3분의 1을 구성하며, 면역글로불린이라고 하는 항체를 가지고 있으며, 단백질을 운반한다.

포를 **민감화(sensitization)**되었다고 말한다.

민감화된 B세포(sensitized B cell)는 이제 "준비" 단계에 있다. 민감화된 B세포(Sensitized B cell)는 같은 항원에 활성화된 도움T세포로부터 "OK"라는 신호가 올 때까지 활성화되지 않는다. T세포의 공동자극과 마찬가지로, 활성화된 도움T세포에 대한 요구는 "안전"장치로 작용하여, 부적절한 B세포 활성화를 방지한다.

활성화된 도움T세포는 민감화된 B세포의 주조직적합복합체(MHC) 단백질 항원 복합체에 부착하여 시토카인을 분비한다. 시토카인은 몇 가지 효과를 가지는데, B세포 활성화, B세포 분열 자극, 형질세포로 분화하는 B세포 촉진이다.

그림 14-14에서 보듯이, 활성 B세포는 분열을 거듭하여 **형질세포(plasma cell)**과 **기억B세포(memory B cell)**로 분화한다. 형질세포는 세포 표면의 항체와 표적항원이 같은 항체를 대량생산하여 분비한다. 기억B세포는, 기억T세포와 비슷하게, 대기 상태로 남아 있다가 같은 항원에 다시 노출되었을 때 형질세포로 분화하여 항체를 생산한다.

항체의 구조 Antibody Structure

항체 분자는 나란히 배열된 두 쌍의 폴리펩타이드사슬—한 쌍의 긴 **무거운 사슬**(*heavy chain*, 중쇄)과 한 쌍의 짧은 **가벼운 사슬**(*light chain*, 경쇄)—로 이루어져 있다(**그림 14-15a**). 무거운 사슬과 가벼운 사슬은 각각 **불변분절**(*constant segment*)와 **가변분절**(*variable segment*)로 구성되어 있다. 무거운 사슬의 불변분절이 항체 분자의 기본 틀을 구성한다. B세포에서 생성되는 불변분절의 종류는 5가지이다. (다음 절에서 설명할 항체 분류의 바탕이 된다.)

항체 분자의 특이성은 무거운 사슬과 가벼운 사슬의 가변분절 구조에 달려 있다. 두 가변분절의 끝부분이 **항원 결합 부위(antigen binding site)**이다. 가변분절의 아미노산 서열 차이에 따라 항원 결합 부위의 미세한 형태가 달라진다. 항원 결합 부위의 다양한 형태에 의해 각각의 B세포에서 만들진 항체들이 특이성을 띠게 되는 것이다. 정상 성인에는 약 10조 개의 B세포가 있으며, 이로부터 1억 가지 종류의 항체가 만들어진다고 한다.

항체 분자가 특정 항원과 결합하면, **항원항체복합체(antigen-antibody complex)**가 형성된다. 항체가 항원의 전체 구조와 결합하는 것은 아니다. 항체는 **항원결정기**(*antigenic determinant*)라고 하는 항원 표면

그림 14-15 항체의 구조.

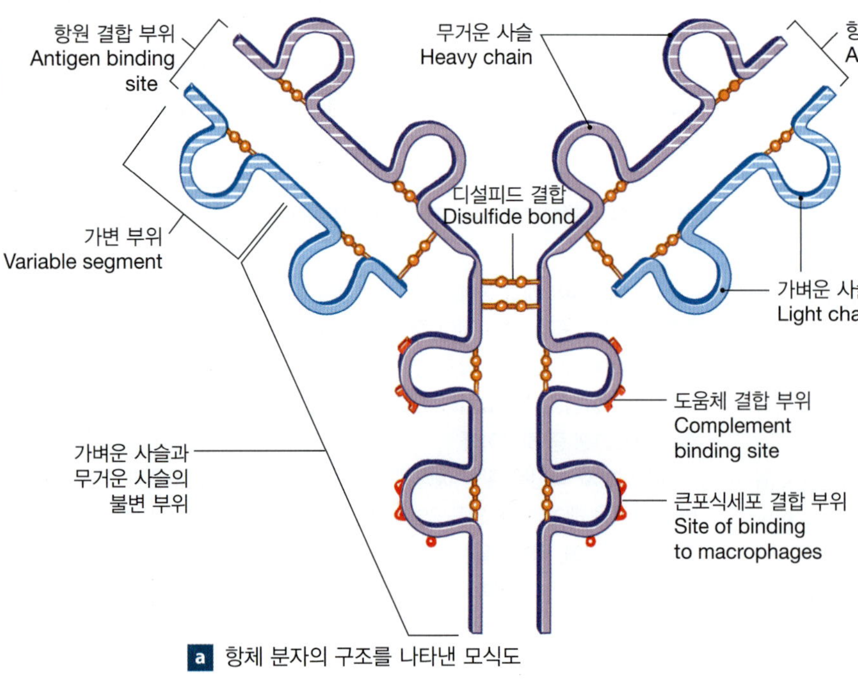

a 항체 분자의 구조를 나타낸 모식도

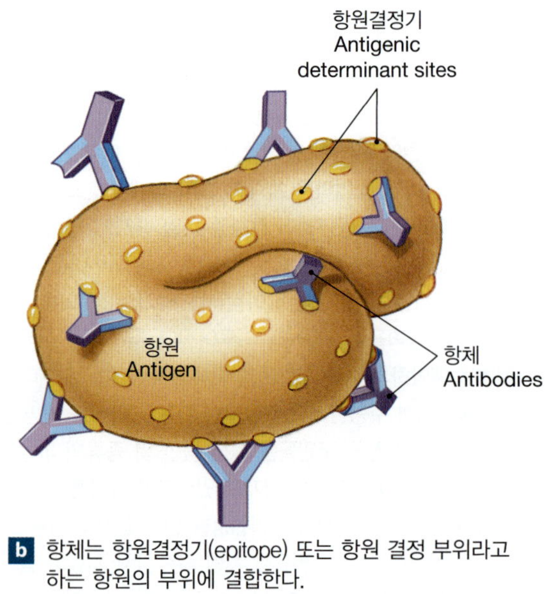

b 항체는 항원결정기(epitope) 또는 항원 결정 부위라고 하는 항원의 부위에 결합한다.

의 특정 부위에 결합한다(그림 14-15b). 항체 분자의 가변분절과 항원결정기 사이의 입체적인 "맞물림"에 의해 항원항체 결합의 특이성이 결정된다. 항원결정기가 2개 이상이어서 각각 항체 분자의 두 항원 결합 부위에 결합하는 항원을 **완전항원**(*complete antigen*)이라고 한다. B세포가 완전항원에 노출되면 민감화가 일어나게 된다. 주위 환경에 존재하는 대부분의 항원에는 여러 개의 항원결정기가 있으며, 미생물에도 수천 개의 항원결정기가 있다.

항체, 즉 **면역글로불린(immunoglobulin, Ig)**은 *IgG, IgM, IgA, IgE, IgD*의 5종류로 구분된다(표 14-1). IgG는 가장 흔한 유형의 항체이며 수많은 바이러스, 세균 및 세균독소에 대한 방어를 담당한다. IgG는 태반을 통과하여 태아에게 수동면역을 제공하기도 한다. IgM은 세균을 공격하고, 11장에서 설명한 부적합 혈액형 사이의 교차반응을 일으키는 항체이다. IgA는 점액, 눈물, 침 등의 분비액에 존재하며, 병원체가 체내로 들어오기 전에 공격한다. 항원과 결합한 호염기구(IgE는 basophil)와 비만세포(mast cell)를 자극하여 염증 유발 화학물질을 분비하게 한다. IgD는 B세포에 부착되어 있으며, B세포의 활성화에 관여한다.

항체의 기능 Antibody Function

항체의 기능은 항원을 제거하는 것이다. 항원항체복합체가 형성된 뒤, 다음과 같은 방법으로 제거된다.

1. **중화(*Neutralization*)**. 바이러스나 세균독소에 항체가 결합하여, 이들이 세포에 부착하지 못하게 만든다. 이 기전을 **중화(neutralization)**라 한다.
2. **침전과 응집(*Precipitation and agglutination*)**. 수많은 항원이 밀집되어 있을 경우, 하나의 항체 분자가 두 항원의 항원결정기에 결합하여 커다란 복합체를 만들 수 있다. 이런 방법으로, 항체는 항원과 결합하여 커다란 복합체를 만들 수 있다. 항원이 수용성 분자(예: 세균독소)일 때, 복합체는 너무나 커서 용액상태로 있을 수 없다. 그 결과 불용성 복합체가 체액으로 흘러들어가서, **침전(precipitation)**이라는 과정으로 간다. 큰 복합체 형성은 **응집(agglutinaion)**이라고 한다. 부적합 혈액형이 섞일 때 일어나는 적혈구 응집도 같은 반응이다.
3. **도움체 활성화(*Activation of complement*)**. 항원과 결합한 항체 분자는 형태가 변하여, 불변분절의 도움체 결합 부위가 노출된다(그림 14-15a). 이곳에 도움체 분자가 결합하면, 도움체계통이 활성화되어 항원을 파괴한다.
4. **포식세포 유인(*Attraction of phagocytes*)**. 항원항체복합체는 호산구, 중성구(호중구), 큰포식세포를 끌어들인다. 이 세포들은 병원체를 잡아먹고, 이종세포 또는 비정상 세포를 파괴한다.
5. **포식작용 증강(*Enhancement of phagocytosis*)**. 병원체에 항체와 도움체 단백질이 결합하면 포식작용이 더 잘 일어나게 된다. 이런 작용을 옵소닌화(*opsonization*)라고 하며, 이에 관여하는 항체는 옵소닌(opsonin)이라고 부른다.
6. **염증 촉진(*Stimulation of inflammation*)**. 항체는 호염기구와 비만세포를 자극하여 염증을 유발할 수 있다. 염증은 비특이방어기전을 작동시키고, 감염이 다른 조직으로 퍼지는 것을 늦춰 준다.

표 14-1 항체의 종류

종류	기능	특징
IgG	바이러스, 세균, 세균독소에 대한 방어를 담당한다.	가장 흔한(80%) 항체이며, 몇 가지 아종으로 세분된다. 태반을 통과하여 태아에게 수동면역을 제공한다. Rh 음성 모체에서 생성된 항 Rh 항체는 IgG이기 때문에 태반을 통과할 수 있다. 이 항체가 태아의 Rh 양성 적혈구를 공격하면 **신생아용혈질환**(*hemolytic disease of newborn*)이 일어난다.
IgM	항A항체와 항B항체는 부적합 혈액형 사이의 교차 반응을 일으킨다. IgG에 공격받지 않는 세균을 공격한다.	항원 침입 시 가장 먼저 분비되는 항체이다. IgG 생산이 증가하면 IgM은 점차 줄어든다.
IgA	병원체가 체내로 침입하기 전에 공격한다.	눈물, 점액, 침 등의 분비물에서 발견된다.
IgE	항원 노출 시 염증을 유발한다.	비만세포나 호염기구의 표면에 결합하여 히스타민 등의 염증 유발 화학물질을 분비시킨다. 알레르기 반응에도 관여한다.
IgD	세포외액의 항원을 B세포에 결합시킨다.	B세포의 활성화에 기여한다.

항원 노출에 대한 일차 반응과 이차 반응

Primary and Secondary Responses to Antigen Exposure

어떤 항원에 처음 노출되었을 때 일어나는 면역계통의 반응을 **일차 반응(primary response)**이라고 한다. 같은 항원에 다시 노출되면, 더 강력한 **이차 반응(secondary response)**이 유발된다. 이차 반응은 항원의 침입에 대해 미리 준비를 갖추고 있는 수많은 기억세포에 의해 일어난다.

항원에 의해 B세포가 활성화되고 이것이 다시 형질세포로 분화해야 하기 때문에, 일차 반응이 일어나는 데에는 어느 정도의 시간이 필요하다(**그림 14-16**). 형질세포가 항체를 분비하기 시작하면서, 혈중 항체 농도는 서서히 증가하여 항원에 노출된 지 1~2주 후 최고치에 달한다. 초기에는 IgM이 생성되다가, 그 뒤에 IgG가 만들어진다. 더 이상 항원에 노출되지 않을 경우, 항체 농도는 점차 낮아지게 된다.

기억B세포는 형질세포로 분화하지 않고 대기 상태로 남아 있다가 같은 항원에 다시 노출되면 즉시 반응하여, 분열 분화 과정을 거쳐 형질세포가 되어 다량의 항체를 분비한다. 이것이 바로 이차 반응이다.

이차 반응은 일차 반응보다 몇 배나 더 많은 양의 IgG를 즉각적으로 만들어낸다. 이차 반응은 일차 반응보다 훨씬 빠르고 강력하다. 비교적 낮은 농도의 항원에 의해서도 수많은 기억세포가 활성화되어, 다량의 항체를 분비하는 형질세포로 분화하기 때문이다. 기억세포의 수명이 20년 이상이기 때문에, 첫 번째 노출 후 몇 년이 지난 뒤에도 이차 반응이 일어날 수 있다.

그림 14-16 일차 면역 반응와 이차 면역 반응. 일차 반응은 항체 농도가 최고치에 이르기까지 약 2주가 소요되며, 항체 농도가 오랫동안 유지되지 않는다. 이차 반응은 일차 반응보다 훨씬 많은 양의 항체가 빠르게 생성되는 것이 특징이다. 이차 반응에 의해 만들어진 항체는 오랫동안 높은 농도로 유지된다.

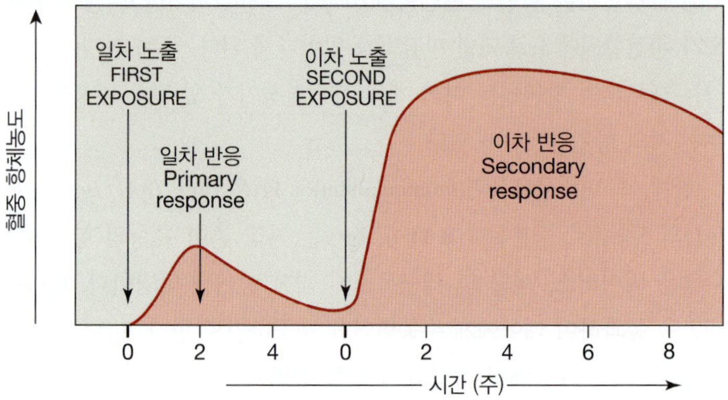

임상노트

후천면역결핍증후군 Acquired Immune Deficiency Syndrome, AIDS

후천면역결핍증후군은 사람면역결핍바이러스(human immunodeficiency virus, HIV)에 의해 일어난다. HIV는 **레트로바이러스**(*retrovirus*)의 일종으로, DNA가 아닌 RNA에 유전정보를 담고 있다. HIV는 수용체매개세포내이입(receptor-mediated endocytosis)에 의해 사람의 백혈구 안으로 들어간다. HIV는 도움T세포의 막단백질인 CD4 분자에 결합한다. 일부 항원제공세포들도 HIV에 감염될 수 있지만, 임상적인 문제를 일으키는 것은 도움T세포의 감염이다.

HIV에 감염된 세포는 결국 감염으로 인해 죽게 된다. 도움T세포가 파괴되어 그 수가 점차 줄어들면 면역 반응에 심각한 문제가 발생된다. 도움T세포가 세포매개면역과 항체매개면역을 조절하는 중추적인 역할을 하기 때문이다. 설상가상으로 억제T세포는 바이러스에 큰 영향을 받지 않아서, 시간이 지날수록 억제인자가 많아져 정상적인 면역 반응을 저해한다. 결국, 체액 내 항체 농도가 낮아지고 세포매개 면역이 약해져서 다양한 미생물의 침입에 대항할 방어 능력이 없어진다. 면역 기능이 너무 심하게 약해지기 때문에, 인체에 유해하지 않은 미생물조차도 치명적인 **기회감염**(*opportunistic infection*)을 일으키게 된다. 면역감시 또한 저하되어 암의 위험도 증가한다.

HIV는 감염자의 체액 접촉을 통해 감염된다. 모든 체액에 바이러스가 존재하지만 대개는 혈액, 정액, 질 분비물을 통해 전염된다. 대부분의 AIDS 환자는 HIV 감염자(임상증상이 나타나지 않은 보균자 포함)와의 성접촉을 통해 감염된 것이다. 그 다음으로는, 오염된 주사 바늘을 함께 사용하는 마약중독자들이 AIDS 환자의 많은 수를 차지하고 있다. 오염된 혈액이나 혈액제제 수혈을 통해 HIV에 감염된 사람은 그다지 많지 않다. AIDS 환자인 어머니에게서 태어난 AIDS 유아의 수도 점차 늘어나고 있다.

공중보건 분야에 있어서, AIDS는 유병률이 매우 높은 심각한 문제이다. 미국질병통제예방센터의 통계 자료에 의하면, 미국에서 HIV 감염자는 120만 명 이상이다. 게다가 감염 사실을 모르는 사람은 7명 중 1명이다.

AIDS를 예방하기 위한 가장 좋은 방법은 무분별한 성접촉을 자제하고 주사바늘을 공유하지 않는 것이다. 모든 형태의 성교를 통해 바이러스가 전파될 수 있다. 자연라텍스(고무)나 합성유지(폴리우레탄) 재질의 콘돔을 사용하면 HIV와 다른 바이러스성 성매개질환을 막을 수 있다. 양피지 재질의 콘돔은 피임 효과는 있지만, 바이러스 전파는 막지 못한다.

AIDS의 임상증상은 감염된 지 5~10년 후에 나타난다. 초기에는 림프절병증(lymphadenopathy)와 만성적인 감염(심각하지 않음)이 주 증상이다. 잘 알려진 바와 같이, AIDS는 치명적인 질환이며 대부분의 감염자들은 결국 이 병으로 인해 죽게 된다. (극히 소수의 사람들만이 수년간 뚜렷한 증상 없이 견뎌낸다.)

많은 노력에도 불구하고, 바이러스 노출 시 HIV 감염을 방지하는 백신은 아직 개발되지 않고 있다. HIV 전파를 막기 위한 노력이 계속되고 있는 가운데 AIDS 환자의 생존율도 꾸준히 증가하고 있다. 병의 진행을 늦추는 신약이 개발되었고, 이차 감염을 막는 항생제 치료가 발달되었기 때문이다. 더 좋은 치료 방법이 개발될 때까지, 이런 방법으로 생명을 연장시키고 있는 것이다.

느린 일차 반응은 빠르고 강력한 이차 반응에 비해 방어 능력이 떨어진다. 예방접종(immunization)은 인위적으로 기억B세포를 생성시켜서, 이차 반응에 의해 질병을 방지하는 매우 효과적인 방법이다.

면역 반응 요약 Summary of the Immune Response

몸에 이종 항원이 생긴 후 기본 세포와 화학 반응의 상호작용을 현재 학습하고 있다. **표 14-2**는 조직 방어에 관여하는 세포를 정리하였다. **그림 14-17**은 면역 반응과 비특이면역의 연관성에 대한 전체 개요를 보여준다.

면역계통의 호르몬 Hormones of the Immune System

특이방어와 비특이방어 기전은 물리적 상호작용과 화학전령물질에 의해 조절된다. 물리적 상호작용의 예로는, 항원전달세포의 세포막에 항원이 표출되는 것을 들 수 있다. 화학전령물질의 예로는, 활성 도움T세포와 다른 면역세포에 의한 시토카인 분비를 들 수 있다.

면역 반응에 관여하는 시토카인은 분비세포를 기준으로 분류된다. 즉 림프구에서 분비되는 것은 **림포카인**(*lymphokine*)이라 하고 활성 큰포식세포와 다른 항원전달세포에서 분비되는 것들은 **모노카인**(*monokine*)이라고 부른다. (이렇게 분류했다고 해서, 세포마다 다른 종류의 시토카인을 분비한다는 뜻은 아니다. 림프구, 큰포식세포, 그리고 비특이방어와 조직복구에 관여하는 여러 세포에서 같은 화학전령물질이 분비되곤 한다.) 시토카인의 흔한 형태는 **인터루킨**(*interleukin*), **인터페론**(*interferons*), **종양괴사인자**(*tumor necrosis factor*), **큰포식세포조절자**(*phagocyte regulator*), **집락자극인자**(*colony-stimulating factor*) 등이다.

인터루킨(interleukin, IL)은 면역계통에서 가장 다양하고 중요한 화학전령물질이다. 인터루킨은 큰포식세포 표면의 항원에 대한 T세포 민감성을 높이고, B세포의 활성과 항체 생성을 촉진시키며, 염증이나 발열과 같은 비특이방어를 강화시키는 등의 다양한 작용을 한다. 일부 인터루킨은 면역 기능을 억제하여 면역 반응의 기간을 단축시키기도 한다.

인터페론(interferon)은 주위 세포들의 바이러스 저항력을 높여 감염의 전파를 늦춰 준다. 또한 자연세포독성세포와 큰포식세포를 끌어들이고 자극하는 작용도 한다. 몇 가지 암의 치료에 인터페론이 사용되곤 한다.

종양괴사인자(tumor necrosis factor, TNF)는 암의 성장을 늦추고 일부 암세포를 죽인다. 또한 호중구, 호산구, 호염기구의 생성을 자극하고, 호산구의 활성을 높이며, 열이 나게 하고, 인터루킨에 대한 T세포의 민감도를 증가시킨다.

포식세포조절인자(phagocytic regulator)는 포식세포의 활성을 조절함으로써 특이방어와 비특이방어를 제어하는 시토카인이다. 큰포식세포와 작은포식세포를 끌어들이는 화학주성인자들이 여기에 속한다.

집락자극인자(colony-stimulating factor, CSF)는 활성 T세포, 단핵

표 14-2 조직방어에 관여하는 세포들

세포	기능
중성구(Neutrophils, 호중구)	포식작용; 염증자극
호산구(Eosinophils)	항원-항체 복합체 포식작용; 염증 억제; 알레르기 반응 참여
비만세포와 호염기구(Mast cells and basophils)	히스타민, 헤파린, 프로스타글란딘 분비에 의한 염증 반응 자극 및 조절
항원발현세포(ANTIGEN-PRESENTING CELLS)	
큰포식세포(Macrophage, 자유포식세포, 고정포식세포, 쿠퍼세포, microglia)	포식작용; 항원 과정; Class II MHC 단백질에 의한 항원 발현; 인터루킨과 인터페론과 같은 시토카인 분비
수지상세포(Dendritic cells)	포식작용과 포음작용; 항원과정; Class II MHC 단백질에 의한 항원 발현
림프구(LYMPHOCYTES)	
자연세포독성세포(NK cells)	비정상 항원을 가진 형질막 파괴
세포독성 T세포(Cytotoxic T cells, T_C)	Class II MHC 단백질에 결합된 형질막 용해; 퍼포린 분비; 림포톡신과 시토카인 분비
도움T세포(Helper T cells, T_H)	세포매개면역과 항체매개면역을 자극하는 시토카인 분비; 감작된 B세포 활성화; 감염 부위에 큰포식세포를 끌어들여 비특이방어를 활성화시킴
B세포(B cells)	항체를 분비하여 항체매개면역을 제공하는 형질세포로 분화
억제T세포(Suppressor T cells)	면역 반응을 억제하는 억제물질 분비
기억세포(Memory cells, T_C, T_H, B)	T세포와 B세포 활성화할 때 생산됨; 항원이 다시 들어올 때까지 조직에 남아 있음

14

그림 14-17 면역 반응과 비특이 반응과의 관련성 요약.

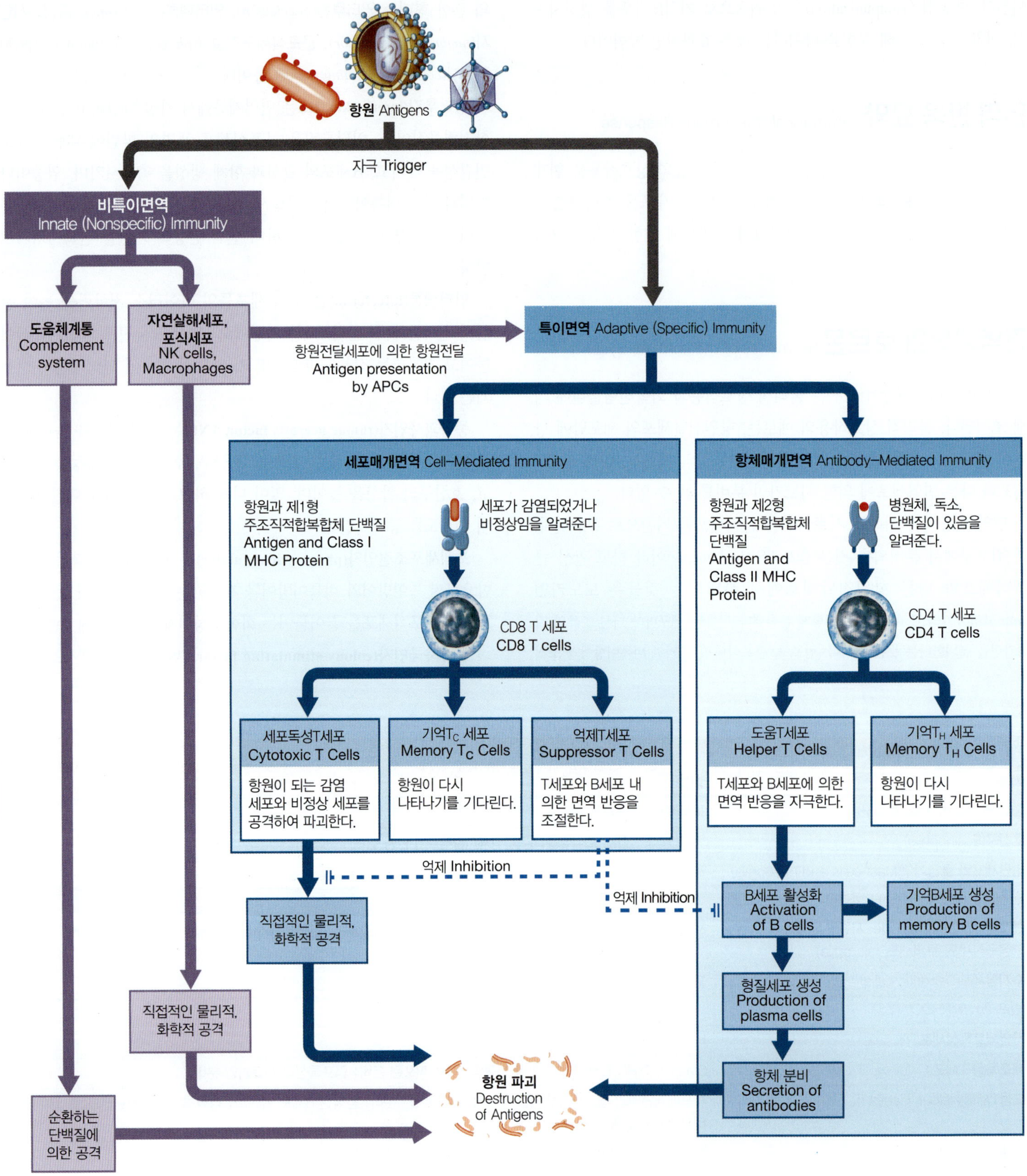

구-큰포식세포계통의 세포, 내피세포, 섬유모세포 등의 다양한 세포에서 분비된다. 집락자극인자는 골수에서 혈액세포 생성을 촉진시키고, 림프조직(기관)에서 림프구 생성을 촉진시킨다.

체크포인트

18. 민감화(감작)를 정의하시오.
19. 항체구조를 설명하시오.
20. 림프는 증가된 혈장을 갖는다. 혈액 내에서 항체수가 증가하는지, 감소하는지 어떻게 기대하는가? 그 이유는 무엇인가?
21. 일차 반응 또는 이차 반응이 특정 항원에 대해 기억 B세포 감소로 더 영향을 받는가?

책 뒷면에 있는 파란색 정답 탭을 참조.

14-7 비정상적인 면역 반응은 면역질환을 일으킨다

학습목표 면역장애와 알레르기를 설명하고, 면역기능에 대한 스트레스의 영향을 설명한다.

항원노출 후 정상 면역 반응을 일으키는 능력을 **면역능력**(*immunological competence*)이라고 한다. 우리는 면역 반응의 개요 및 비특이방어와의 상호작용에 대해 논의하였다. 다음의 내용에서 면역 반응이 꼭 있어야 할 상황에 제대로 작용하지 않을 때 일어나는 질환을 알게 될 것이다.

면역 반응은 너무나도 복잡하기 때문에, 잘못될 수 있는 가능성이 높다. 실제로, 면역 기능의 장애로 인해 다양한 질환이 일어난다. 이와 같은 질환들은 크게 **자가면역질환**(*autoimmune disorder*), **면역결핍질환**(*immunodeficiency disease*), **알레르기**(*allergy*, 과민반응)의 3종류로 구분된다. 면역결핍질환과 자가면역질환은 면역계통의 기능장애가 확실하게 밝혀진 질환이며, 그 발생빈도는 드문 편이다. 알레르기는 대체로 큰 위험을 수반하지는 않지만, 다른 면역질환보다 훨씬 흔히 일어난다.

자가면역질환 Autoimmune Disorder

자신의 정상 세포와 조직에 대해 면역 반응이 일어나는 것을 **자가면역질환(autoimmune disorder)**이라고 한다. 일반적으로, 면역계통은 자신의 몸에 정상적으로 존재하는 항원(self antigen, 자기항원)에 대해서는 반응하지 않는다. 항원 인지 과정에 문제가 생기면, 불필요하게 B세포가 활성화되어 자신의 세포와 조직에 대한 항체를 만들 수 있다. 이렇게 "잘못 만들어진" 항체를 **자가항체(autoantibody)**라고 부른다. 이런 일이 일어나면, 공격을 받는 항원이 무엇인지에 따라 다양한 병이 일어나게 된다. 예를 들어 자가항체가 관절 주위의 결합조직을 공격하면 **류마티스관절염**(*rheumatoid arthritis*)이 발생한다. 1형 당뇨병(Type 1 diabetes)은 이자섬(pancreatic islet) 세포를 공격하는 자가 항체에 의해 발생한다.

많은 자가면역질환이 잘못된 항원 인지 과정에 의해 일어난다. 한 가지 예를 들면, 홍역바이러스나 인플루엔자바이러스의 단백질은 신경계통에 있는 미엘린(myelin)과 비슷한 아미노산 서열로 이루어져 있다. 예방접종이나 바이러스 감염 시 이런 바이러스에 대한 항체가 만들어져서, 말이집(myelin sheath)을 공격하면 신경학적 합병증을 일으키게 된다. 이런 경우는 **다발성경화증**(*multiple sclerosis*)과 비슷한 기전이다.

원인은 밝혀져 있지 않지만, 비정상 MHC 단백질을 가진 사람에서 자가면역질환이 많이 발생된다. 50가지 이상의 자가면역질환이 MHC 구조의 변이와 연관되어 있다. 건선(psoriasis), 류마티스관절염(rheumatoid arthritis), 중증근육무력증(myasthenia gravis), 발작수면(narcolepsy), 그레이브스병(Graves disease), 애디슨병(Addison disease), 악성빈혈(pernicious anemia), 전신홍반루푸스(systemic lupus erythematosus), 만성간염(chronic hepatitis) 등이 그 대표적인 예이다.

면역결핍질환 Immunodeficiency Disease

면역계통이 정상적으로 발달되지 않았거나 어떤 이유로 면역 반응이 차단된 상태를 **면역결핍질환(immunodeficiency disease)**이라고 한다. **중증복합면역결핍질환(severe combined immunodeficiency disease, SCID)**을 가지고 태어난 사람은 세포매개면역과 항체매개면역이 제대로 발달되어 있지 않다. 이런 아이는 면역 반응이 전혀 일어나지 않아서, 가벼운 감염에도 목숨을 잃을 수 있다. 이런 환자를 완전히 격리시켜 감염으로 보호하는 것은 엄청난 비용이 들 뿐 아니라 정상적인 생활도 불가능하다. 중증복합면역결핍질환의 일부 유형에 대한 치료 방법으로 유전자짜깁기[bone marrow transplant(골수이식)와 gene-splicing] 기술이 사용되기도 한다.

면역결핍질환의 일종인 AIDS(p. 493)는 주로 도움T세포를 공격하는 바이러스 감염에 의해 일어난다. T세포의 수가 줄어들어, 정상적인 면역 반응이 불가능해진다.

알레르기(과민반응) Allergy

항원에 대해 지나치게 강한 면역 반응이 일어나는 것을 **알레르기(allergy)**라고 한다. 백혈구의 활성이나 항체의 농도가 갑작스럽게 증가하면, 원치 않는 부작용이 생길 수 있다. 항원이나 항원항체복합체

14

임상노트

스트레스와 면역 반응 Stress and the Immune Response

인터루킨-1은 면역 반응 시 가장 먼저 분비되는 시토카인(cytokine) 중 하나이다. 염증을 유발하며, **인터루킨-1**은 뇌하수체 앞엽(anterior pituitary gland)에 작용하여 부신겉질자극호르몬(adrenocorticotropic hormone, ACTH)의 생성을 촉진시킨다. 그 결과 부신겉질에서 글루코코르티코이드(glucocorticoid) 분비가 증가된다. 글루코코르티코이드의 항염증작용은 면역 반응의 강도를 조절하는 데 도움이 될 수 있다. 단기간에, 그런 억제작용은 위험하지 않다.

만성 스트레스는 면역계통을 억제하여 건강에 심각한 위협이 될 수 있다. **스트레스 반응**(*stress response*)의 저항기 때, 글루코코르티코이드를 장기간 사용하면, 면역 반응을 억제하여 질병에 대한 저항을 떨어뜨릴 수 있다. 어떻게 이런 반응이 일어나는가? 글루코코르티코이드는 선천 특이 방어의 효율성을 변화시킨다. 그 결과는 다양하다. 염증 저하, 큰포식세포수와 활동 저하, 인터루킨 생산 감소로 림프구 반응을 떨어뜨린다.

혈액으로 들어온 알레르기항원에 의해 온몸의 비만세포가 활성화되어 일어나는 즉시과민을 **아나필락시스**(**anaphylaxis**)라고 한다. 몇 분 이내에 다양한 증상과 징후가 나타난다. 모세혈관의 투과성이 증가되어, 진피가 붓고 피부 표면에 **두드러기**(*hives*)가 생긴다. 호흡관을 둘러싸는 민무늬근의 수축으로 인해, 기도가 좁아져 호흡이 어려워진다. 심한 경우에는, 온몸의 말초혈관이 확장되어 혈압이 크게 떨어지고 결국에는 순환허탈(circulatory collapse)에 빠지게 된다. 이런 반응을 **아나필락시스쇼크**(**anaphylactic shock**)라고 부른다. 히스타민의 작용을 억제하는 **항히스타민제**(**antihistamine**)를 투여하면, 즉시과민의 여러 증상과 징후를 막을 수 있다.

에 의해 심한 염증 반응이 일어날 때, 호중구 또는 세포독성T세포가 정상 세포를 파괴할 수 있다. 알레르기 반응을 유발하는 항원을 **알레르기항원**(**allergen**)이라고 부르기도 한다.

알레르기는 즉시과민(*immediate hypersensitivity, Type I*), 세포독성 반응(*cytotoxic reaction, Type II*), 면역복합체매개질환(*immune complex mediated disorder, Type III*), 지연과민(*delayed hypersensitivity, Type IV*)의 4유형으로 구분된다. 그 중 즉시과민이 가장 흔한 형태이다. 부적합 혈액형 수혈로 인한 교차 반응은 세포독성과민의 대표적인 예이다. p. 392 면역복합체매개질환은 혈중 항원항체복합체가 포식세포에 의해 빨리 제거되지 못할 때 생긴다. 항원항체복합체는 주로 혈관과 콩팥에 염증과 조직 손상을 일으킨다. 지연과민은 덩굴옻나무나 떡갈나무 접촉 후 생기는 가려운 발진처럼, 항원에 노출된 지 2~3일 후 생기는 염증 반응이다. 덩굴옻나무(poison ivy)와 옻나무(poison oak)와 접촉 후 발생하는 가려운 발진이 그 예가 된다.

14

즉각과민(**immediate hypersensitivity**)의 경우, 항원에 대해 빠르고 심한 면역 반응이 일어난다. 한 가지 흔한 형태인, 알레르기비염(allergic rhinitis)은 건초열(hay fever)과 환경 알레르기를 포함한다. 미국 인구의 15% 정도가 앓고 있는 환경알레르기 등이 여기에 속한다. 알레르기항원에 처음 노출되었을 때, B세포가 민감화되어 다량의 IgE 항체가 생성된다. B세포의 활성화, 형질세포로의 분화, 그리고 항체 생성에 어느 정도의 시간이 소요되기 때문에, 첫 노출 시에는 알레르기 반응이 일어나지 않는다. 이때 생성된 IgE는 온몸 곳곳의 호염기구와 비만세포 표면에 부착된다. 이후 같은 항원에 다시 노출되면 호염기구와 비만세포가 활성화되어 히스타민(histamine), 헤파린(heparin), 시토카인(cytokine), 프로스타글란딘(prostaglandin) 등의 화학물질을 주위 조직으로 분비한다. 그 결과 조직에 갑작스러운 염증이 일어나는 것이다.

즉시과민의 심한 정도는 개인의 민감성과 과민반응이 일어나는 부위에 따라 매우 다양하다. 알레르기항원이 신체 표면에 노출된 경우에는, 대개 그 부위에 국한된 반응이 나타난다. 그러나 알레르기항원이 혈액으로 들어오면, 치명적인 반응이 일어날 수 있다.

체크포인트

22. 어떤 상황에서 자가면역질환이 발생하는가?
23. 증가된 스트레스가 어떻게 면역 반응의 효과를 감소시키는가?

책 뒷면에 있는 파란색 정답 탭을 참조.

14-8 면역 반응은 노화가 진행됨에 따라 감소한다

학습목표 림프계통과 면역 반응에서 노화의 영향을 설명한다.

나이가 들수록, 면역계통의 질병 대항 능력은 점차 떨어진다. 항원에 대한 T세포의 반응이 감소하기 때문에, 감염 시 이전보다 적은 수의 세포독성T세포가 활성화된다. 이런 현상은 가슴샘의 위축, 혈중 가슴샘호르몬의 농도 저하와 관련이 있다. 도움T세포의 수도 줄어들기 때문에, B세포의 반응도 감소되어 항원 노출 시 항체 생성 속도가 느려진다. 이런 변화들이 합쳐져, 바이러스와 세균의 감염에 대한 내성이 떨어지게 된다. 그렇기 때문에, 노인들에게 독감(인플루엔자) 등의 바이러스질환에 대한 예방접종이 권장되는 것이다.

임상노트

면역 반응 조작 Manipulating the Immune Response

면역계통에 대한 지식이 쌓여감에 따라 혁신적인 다양한 치료 방법이 등장하고 있다. 실험실에서 유전적으로 동일한 세포를 배양하여, 이로부터 **단클론항체**(*monoclonal antibody*)를 대량생산할 수 있다. 이런 단클론항체를 이용하여, 다양한 질환의 환자에게 수동면역을 부여하는 것이 가능하다. 단클론항체는 불순물(impurity)이 없기 때문에, 단클론항체 투여는 다른 원인에 의한 항체가 가져오는 해로운 부작용을 일으키지 않는다. 화학요법을 위한 약물에 결합된 항체는 표적 암세포에 이런 약물을 운반하는 데에도 사용되고 있다.

유전공학은 활발한 면역을 촉진시킬 수 있다. 그 중 한 가지가 유전자 접합기술(gene-splicing technigues)이다. 바이러스나 세균의 항원 단백질을 암호화하는 유전자가 동정되고 분리되어서 실험실에서 성장할 수 있는 해가 없는(무해한) 세균에 삽입된다. 그 결과, 클론은 일차 면역 반응을 자극하는 데 사용될 수 있는 다량의 순수한 항원을 만들 것이다. 간염백신은 이런 방법으로 개발되었다. 앞으로 말라리아나 AIDS 백신 개발에 비슷한 방법이 성공적으로 이루어질 수 있다.

노인에서 암 발생이 증가하는 것도, 면역감시가 저하되어 암 세포가 효과적으로 제거되지 못하기 때문이다. 그 결과, 암세포는 효과적으로 제거되지 않는다.

체크포인트

24. 왜 노인들이 바이러스나 세균감염에 더 취약한가?

25. 노인들에서 암발생 증가는 무엇으로 설명할 수 있는가?

책 뒷면에 있는 파란색 정답 탭을 참조.

14-9 모든 몸계통에 대해 림프계통은 감염에 대항하고 순환으로 조직액을 되돌려 보낸다

학습목표 림프계통과 다른 몸계통의 상호작용을 예를 들어 설명한다.

전자의 경우, 가슴샘호르몬(thymic hormone)과 시토카인은 시상하부의 TRH 생성을 자극하여 뇌하수체에서 TSH가 많이 분비되게 한다. 그

임상노트

알레르기 Allergies

알레르기 반응(*allergic reaction*)은 이물질에 대한 면역계통의 과도한 반응이다. 알레르기 반응은 경미한 피부 발진에서부터 몸전체를 침범하는 심각한, 생명을 위협하는 반응까지 있다. 알레르기 반응의 가장 심각한 형태를 아나필락시스라고 한다. 아나필락시스는 즉각적인 확인과 치료를 필요로 하는 생명을 위협하는 응급상황이다.

다른 몸계통이 영향을 받는다고 할지라도, 면역계통은 알레르기 반응에 관련된 중요한 몸계통이다. 이런 계통에는 심장혈관계통, 호흡계통, 위장관계통, 신경계통이 포함된다.

민감화(*sensitization*)라고 하는 개인의 첫 노출은 면역 반응을 일으킨다. 계속된 노출은 훨씬 더 강한 이차 반응을 일으킨다. 특정 항원에 대해 어떤 사람은 과민상태(지나치게 민감한 상태)가 된다. **과민반응**(*hypersensitivity*)은 특정 항원에 대한 예기지 않은 과장된 반응이다. 많은 경우에서, 과민반응은 **알레르기**(*allergy*)라는 용어와 비슷하게 사용된다. 과민반응에는 지연 반응과 즉시형 반응의 두 가지가 있다.

지연 과민반응 Delayed hypersensitivity

지연 과민반응은 세포면역에서 기인하기 때문에 항체를 포함하지 않는다. 지연 과민반응은 노출 후 수 시간에서 수 일에 걸쳐 나타나며, 정상인에서 발생하는 알레르기의 하나이다. 지연 과민반응은 가장 흔하게 피부 발진이 나타나며, 특정 약물과 화학물질 노출이 주요 원인이다. 옻나무(poison ivy)와 관련된 발진은 지연 과민반응의 예가 된다(**그림 14-18**).

즉시형 과민반응 Immediate hypersensitivity

우리가 알레르기라는 말을 사용할 때, 대체적으로 즉시형 과민반응을 말하고 있다. 즉시형 과민반응의 예는 건초열(hay fever), 약물 알레르기(drug allergies), 식품 알레르기(food allergies), 습진과 천식이다. 어떤 사람들은 알레르기를 일으키는 성향을 갖는다. 이러한 알레르기 성향은 대개 유전적이어서, 부모에서 어린이에게 전달되며, 다량의 IgE 항체가 존재한다. IgE 항체 분비를 유발하는 항원을 **알레르기원**(*allergen*)이라고 한다. 흔한 알레르기원은 다음과 같다.

- 약물
- 식품과 식품 첨가물
- 동물
- 곤충(벌목, *Hymenoptera*, 벌)과 곤충의 일부
- 곰팡이
- 방사선 조영제

알레르기원은 구강 섭취, 흡입, 국소적 흡수, 주사, 독물주입을 통해 몸으로 들어온다. 아나필락시스 반응의 대부분은 주사 또는 독물주입에서 시작한다.

페니실린 주사는 치명적인 아나필락시스 반응의 가장 흔한 원인이다. 곤충 물림은 치명적인 아나필락시스 반응의 두 번째 흔한 원인이다. 가장 흔하고 많은 공격 곤충은 **벌목**(*hymenoptera*)이다. 벌목에는 세 가지 과(family)가 있다; **불개미**(*Formicoidea*), 장수말벌(wasp), 말벌(yellow jackets), **말벌**(hornets, *Vespidae*); **꿀벌**(honey bees, *Apoidea*). 이런 곤충의 독은 거의 비슷한 성분이 들어 있고, 각각은 독특하다.

(계속)

그림 14-18 독이 있는 식물. 옻나무(*Toxicodendron*) 속의 식물들은 세포 매개면역 반응과 발진을 유발하는 자극적인 수지인 우루시올(urushiol)을 함유한다. 여기에는 **(a)** 옻나무(poison ivy), **(b)** 옻나무(poison sumac), **(c)** 옻독(poison oak)이 있다.

특정 알레르기원에 몸이 노출된 후, 다량의 IgE 항체가 분비된다. 이런 항체들은 면역 반응을 돕는 화학물질을 함유하는 면역계통의 특수화된 세포인 호염기구와 비만세포의 막에 부착한다. 알레르기원이 호염기구와 비만세포에 부착된 IgE 항체에 결합한다. 호염기구와 비만세포는 히스타민, 헤파린, 기타 물질들을 주변 조직으로 분비한다. 히스타민과 기타 물질들은 호염기구와 비만세포 안에서 발견되는 과립에 저장되어 있다. (이러한 이유로, 호염기구와 비만세포는 **과립구**라고 불린다.) 세포로부터 이런 물질들을 분비하는 과정을 **탈과립**(degranulation)이라고 하며, 탈과립은 우리가 알레르기 반응이라고 부르게 되는 것이며, 반응 범위가 아주 경미한 것에서부터 매우 심각한 것까지 있다.

알레르기 반응의 중요한 화학적 매개자는 **히스타민**인데, 몸에 있는 특수화된 히스타민 수용체를 활성화시키는 강력한 물질이다. 히스타민은 기관지수축, 장운동 증가, 혈관확장, 혈관투과성 증가를 유발한다. 따라서 심각한 알레르기 반응과 아나필락시스의 흔한 증상은 혈관신경 부종, 머리, 목, 얼굴과 상기도를 포함한 피부의 부종이다(**그림 14-19**).

히스타민 수용체는 두 종류가 있다. H_1 수용체는 자극받았을 때, 기관지수축과 장수축을 유발한다. H_2 수용체는 말초혈관 확장과 위산 분비를 유발한다. 히스타민 분비의 목표는 항원에 대한 몸 노출을 최소화하는 것이다. 기관지수축은 호흡계통을 통해 항원이 들어갈 가능성을 줄여준다. 반면에 위산 생산 증가는 섭취된 항원을 파괴하고, 장운동 증가는 위장관을 통해 항원이 빠르게 움직이게 하여 항원이 몸으로 최소로 흡수되게 하여 준다. 혈관확장과 모세혈관 투과성은 알레르기원이 가장 위험성이 큰 순환계통으로부터 제거되는 데 도움을 준다.

그림 14-19 혈관신경 부종의 예. (a) 얼굴과 입술의 부종은 심할 수 있다. **(b)** 혀의 심한 부종은 더 심해져서 기도를 막을 수 있다.

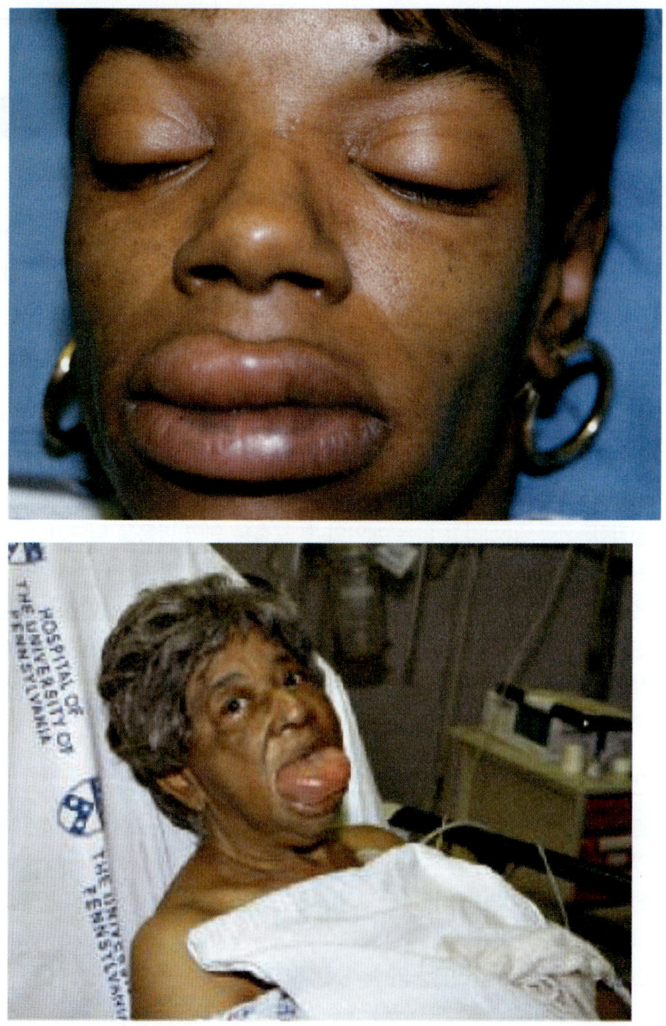

결과, 면역 반응이 일어날 때 혈중 갑상샘호르몬이 증가하여 세포와 조직의 대사가 항진된다.

두 번째 관심사인 신경계통은 면역 반응의 민감성을 조절할 수 있다. 예를 들면, PNS(말초신경계통)는 림프절, 지라, 피부, 기타 항원전달 세포의 수지상세포에 분포한다. 신경말단은 국소적 면역 반응을 높이는 신경전달물질을 분비한다. 이러한 이유로, 건선(*psoriasis*)과 같은 피부질환은 스트레스를 받을 때 악화된다. 면역 반응의 갑작스러운 저하는 정신적 스트레스 후에 발생할 수 있다는 것이 알려져 있다.

체크포인트

26. 모든 몸계통에 대한 림프계통의 역할을 확인하시오.

27. 심장혈관계통은 어떻게 몸의 비특이방어와 특이방어를 돕는가?

책 뒷면에 있는 파란색 정답 탭을 참조.

지식 쌓기

림프계통과 다른 기관계통의 상호작용이 **p. 561**에 정리되어 있다. 그 중 면역계통과 피부, 뼈대, 근육, 신경, 내분비, 순환계통의 상호작용에 대해서는 최근 활발한 연구가 진행되고 있다. 현재 림프계통에 대한 집중적 연구는 두 가지의 관련성에 초점을 맞추고 있다. 하나는 면역 반응과 내분비계통에 관련된 세포 사이의 관련성이고, 또 하나는 이런 세포들과 신경계통 사이의 관련성이다.

임상노트

아나필락시스 Anaphylaxis

알레르기 반응의 가장 심각한 것이 아나필락시스이다. 특정 알레르기원이 주사되어 순환으로 갈 때, 아나필락시스가 발생한다. 따라서 아나필락시스는 약물 및 진단제 주사, 벌쏘임 후 가장 흔하다(**표 14-3**). 알레르기원이 순환으로 들어가서 몸으로 빠르게 분포한다. 알레르기원은 호염기구와 비만세포와 반응하여 아나필락시스와 관련된 히스타민과 기타 물질들이 대량으로 분비된다. 아나필락시스에 영향받는 중요한 몸계통은 심장혈관계통, 호흡계통, 위장관계통, 피부계통이다. 히스타민은 광범위한 말초혈관확장과 모세혈관 투과성을 증가시킨다. 그 결과, 모세혈관 투과성 증가는 순환계통으로 다량의 혈장 손실을 유발한다. 아나필락시스를 겪는 사람은 순환계통 쇼크로 사망할 수 있다.

표 14-3	아나필락시스를 일으킬 수 있는 물질들
항생제와 기타 약물들	
이종 단백질(예: 말혈청, 스트렙토키나제)	
식품(견과류, 계란, 새우)	
알레르기원 추출물(알레르기 주사)	
말벌 물림(벌, 말벌)	
호르몬(인슐린)	
혈액산물	
아스피린	
비스테로이드성 항염증 약물(NSAIDS), 방부제(아황산제)	
방사선 조영제	
덱스트란	

호염기구와 비만세포로부터 분비되는 물질은 **아나필락시스 지연반응물질**(*slow-reacting substance of anaphylaxis, SRS-A*)이라고 한다. 이런 물질들은 기관지 민무늬근육 경축으로 천식과 비슷한 상황을 유발하여 질식을 일으킨다. SRS-A는 호흡계통에서 히스타민의 효과를 더 증가시킨다.

아나필락시스의 징후와 증상은 알레르기원 노출 후 30~60초 이내에 시작한다. 소수의 환자에서, 1시간 이상이 지나서 증상이 나타날 수 있다. 아나필락시스의 징후와 증상은 심각하게 다양할 수 있다. 반응의 중증도는 시작 속도에 비례한다: 빠르게 진행하면 더욱 심각해진다. 아나필락시스 환자는 죽을 것 같은 느낌을 경험한다. 얼굴, 목의 혈관신경부종에 더해서 후두부종은 흔한 합병증이며 기도를 막을 수 있다. 처음에, 환자는 호흡이 빨라진다. 나중에는, 하기도 부종과 기관지연축이 발생하고, 퇴축, 부속 근육 사용, 계속되는 날숨의 증상이 나타나면서 호흡이 힘들어지게 될 것이다.

호흡계통은 아나필락시스 반응에 깊게 관여한다. 환자는 처음에 호흡곤란이 될 것이다. 시간이 지나면, 하기도 부종과 기관지연축이 발생하여 퇴축, 보조근육 사용, 연장된 호기가 나타나면서 환자는 호흡이 힘들어질 것이다. 기관지연축과 세기관지 부종으로 쌕쌕거림이 발생하고 청진기 없이도 소리가 뚜렷하게 들리게 될 수 있다. 결국, 아나필락시스는 공기운동 감소와 저환기를 보여 뚜렷한 폐음 소실을 유발한다.

피부소견은 심각한 알레르기 반응과 아나필락시스로 인해 초기에 나타난다. 전반적으로, 작은 발진이 몸 전체에 나타나게 될 것이다. 히스타민이 분비되면, 모세혈관으로부터 체액이 빠져나가 두드러기를 유발한다. **두드러기**(*urticaria, hives*)는 몸 전체에서 생기고 사라지면서 붉게 피부에 돋는 팽진과 발적 반응이다(**그림 14-20**). 심장혈관 허탈과 호흡곤란이 발생하면 환자는 발한상태가 된다. 치료하지 않으면, 청색증과 창백한 상태로 발전한다.

(계속)

그림 14-20 팔의 두드러기.

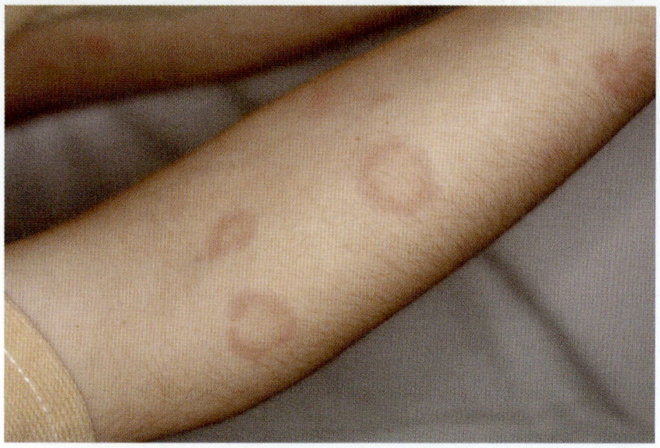

위장관계통에 대한 히스타민 영향이 뚜렷해진다. 처음에, 환자는 위장관 운동 증가로 복부에 복명이 들리게 된다. 나중에는, 알레르기원에 대해 몸이 제거하려는 반응을 할 때, 오심, 구토, 경련, 설사가 발생한다.

아나필락시스의 응급치료는 심전도, 맥박산소측정기를 포함한 모든 장비들을 사용하여 관찰하는 것이다. 환자에게 기관내삽관이 된다면, 호기말 이산화탄소 측정을 한다. 아나필락시스가 진행되면, 호기말 이산화탄소분압이 증가하여 호흡성산증과 대사성산증이 되어 이산화탄소 증가를 제거하여야 한다. 고농도 산소와 정맥내 수액 투여를 시작해야 한다. 아나필락시스의 응급약물은 산소, 에피네프린, 항히스타민, 코르티코스테로이드, 혈압상승제이다. 때때로, 알부테롤과 같은 흡입베타작용제가 필요할 수 있다. 그 중에서도, 에피네프린이 첫 번째 약물이다.

심각한 알레르기 반응이나 아나필락시스는 환자에게 끔찍한 경험이다. 의사가 치료하는 대부분의 환자에게 아나필락시스보다 더 심한 알레르기 반응은 없을 것이다. 아나필락시스 반응과 비교하여 알레르기 반응은 경미한 징후와 증상으로 시작할 것이고 환자는 정상 정신 상태이다. 경미한(비아나필락시스) 알레르기 반응의 흔한 증상은 가려움증, 발진, 두드러기이다. 가려움증과 두드러기가 아닌 발진을 가진 환자는 항히스타민만으로도 치료할 수 있다. 항히스타민과 같이, 에피네프린은 두드러기 치료에 필요하다.

저혈압과 호흡기 문제를 동반하지 않는 경미한 알레르기 반응은 피하 또는 근육내 주사로 에피네프린 1:1,000 주사로 충분히 치료할 수 있다.

관련 임상 용어

동종이식(allograft): 같은 종 사이의 수여자와 공여자 사이의 이식.

자가이식(autograft): 같은 사람에서 이루어지는 조직 이식.

골수이식(bone marrow transplantation): 방사선치료 또는 화학치료 후 수여자의 파괴된 골수를 공여자로부터 주입하는 것.

이식편대 숙주 질병(graft-versus-host disease, GVH): 골수와 같은 수여자의 T세포가 수여자의 조직을 공격할 때 나타나는 결과.

14

면역학(immunology): 면역계통의 구조와 기능을 연구하는 학문.

면역억제(immunosuppression): 면역계통의 민감성을 감소시킴.

림프종(lymphomas): 비정상적인 림프구 또는 림프줄기세포로 구성된 암; 호지킨림프종(*Hodgkin's lymphoma*), 비호지킨림프종(*non-Hodgkin's lymphoma*).

단핵구증(mononucleosis): *Epstein–Barr virus(EBV)*에 의해 발생하는 질병; 징후와 증상은 지라비대, 발열, 따끔한 목, 림프절의 광범위한 비대, 순환하는 바이러스 항체 존재.

지라비대(splenomegaly): 지라의 비대.

전신홍반루푸스(systemic lupus erythematosus, SLE): 항원 인식 과정이 파괴되어 나타나는 자가면역질환으로, 건강한 세포와 조직을 파괴하는 항체가 생성된다.

편도절제술(tonsillectomy): 감염된 편도를 절제함.

편도선염(tonsillitis): 감염에 반응하여 생기는 편도의 염증; 징후와 증상으로 따끔한 목, 고열, 백혈구증가증이 있다.

이종이식(xenograft): 서로 다른 종 사이의 조직 이식.

지식 쌓기

림프계통이 지금까지 제시된 다른 신체 계통과 어떻게 통합되는지 알아보자.

외피계통 Integumentary System

- 외피계통은 병원체를 막는 물리적 장벽을 형성한다. 진피의 큰포식세포는 감염에 대항하고 항원을 전달하여 면역 반응을 일으킨다. 비만세포는 염증을 유발하고 림프계통의 세포들을 불러모은다.
- 림프계통은 IgA를 생산하여 피부 표면으로 분비한다.

뼈대계통 Skeletal System

- 뼈대계통은 골수에서 림프구와 기타 면역세포 생성을 돕는다.
- 림프계통은 손상 후 뼈의 복구를 돕는다. 큰포식세포들이 융합하여 뼈파괴세포가 된다.

근육계통 Muscular System

- 근육계통은 얕은림프절과 배골반안의 림프관을 보호한다. 근육의 수축으로 인해 림프의 순환이 촉진된다.
- 림프계통은 손상 후 복구를 돕는다.

림프계통 Lymphatic System

림프계통은 모든 몸계통에 대해 특이면역을 제공한다. 림프계통은

- 림프구 생성, 유지, 운반을 한다.
- 체액과 용질을 말초혈액으로부터 혈액으로 되돌려 보낸다.
- 조직으로부터 순환계통으로 호르몬, 영양분, 노폐물을 운반한다.

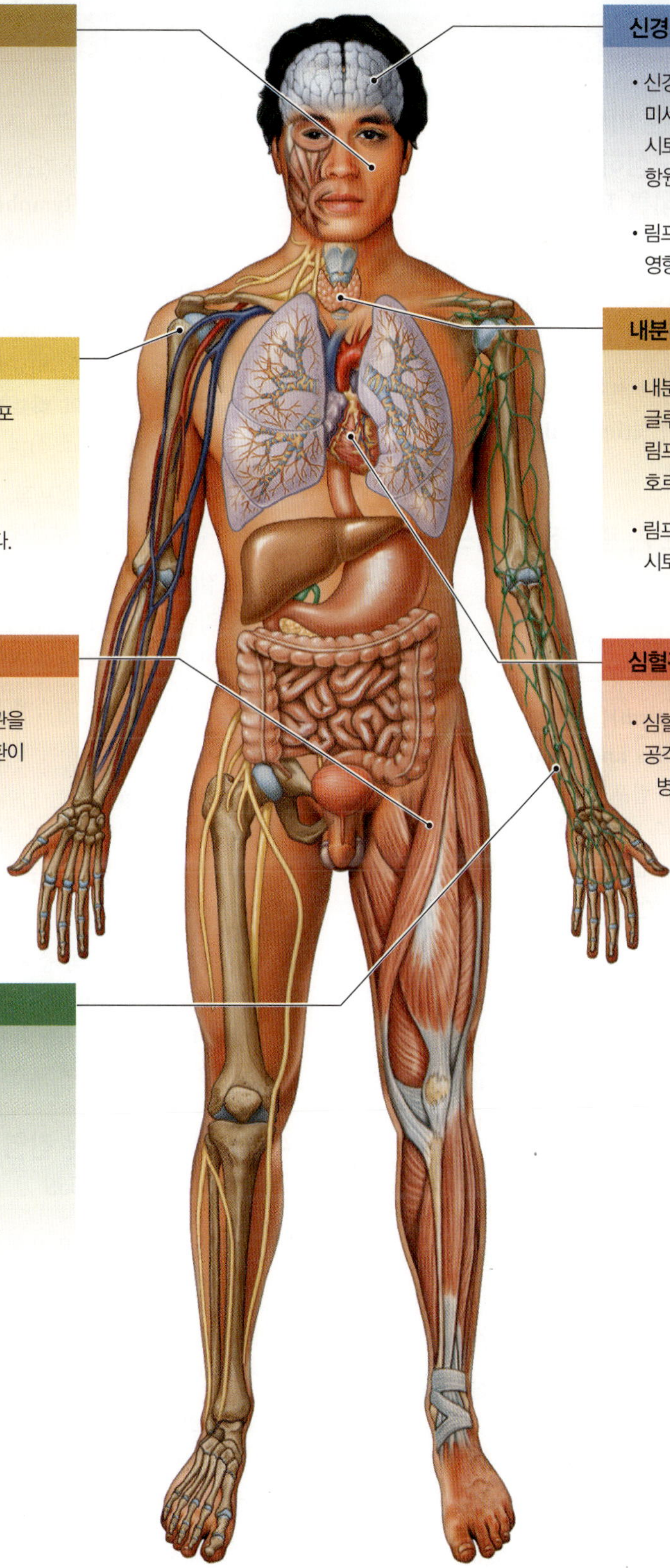

신경계통 Nervous System

- 신경계통은 특이면역을 자극하는 항원전달 미세아교세포를 가지고 있다; 아교세포는 시토카인을 분비한다; 신경자극은 항원전달세포를 자극한다.
- 림프계통은 시상하부에서 CRH와 TRH 생성에 영향을 주는 시토카인을 생성한다.

내분비계통 Endocrine System

- 내분비계통은 항염증효과를 갖는 글루코코르티코이드를 생성한다; 티모신은 림프구의 생성과 성숙을 촉진시킨다; 여러 가지 호르몬이 면역계통에 영향을 준다.
- 림프계통은 가슴샘에서 티모신을 분비하게 한다; 시토카인은 온몸 세포에 영향을 준다.

심혈관계통 Cardiovascular System

- 심혈관계통은 백혈구를 운반한다; 병원체를 공격하는 항체를 운반한다; 응고기전에 의해 병원체의 확산을 막는다; 적색골수에서 과립구와 림프구를 생성한다.
- 림프계통은 순환계통의 감염에 대항한다; 조직액을 순환계통으로 돌려 보낸다.

14

14 복습

요약

14-1 해부학적 장벽과 방어기전은 비특이방어(nonspecific defense)를 구성하고, 림프구는 특이방어(specific defense)를 제공한다 p. 530

1. **림프계통(lymphatic system)**의 세포, 조직, 기관들은 다양한 **병원체(pathogens)** 또는 질병을 유발하는 유기체에 대항하여 몸방어에 중요한 역할을 한다.
2. 림프계통의 일차 세포인 림프구는 몸의 특정 위협에 대한 **면역 반응(immune response)**의 중심이다. **면역(immunity)**은 감염과 질병에 저항하는 능력이다.

14-2 몸방어에서 림프혈관, 림프구, 림프조직, 림프기관의 기능 p. 531

3. 림프계통은 **림프관(lymphatic vessels)**이라고 하는 **림프혈관(lymphatics)** 그물을 포함한다. 림프계통은 낮은 농도의 단백질을 함유한 혈장 비슷한 액체인 **림프(lymph)**를 운반한다. **일차 림프조직과 기관(primary lymphoid tissues and organs)**들은 림프구가 형성되어 성숙하는 장소이다. **이차 림프조직과 기관(secondary lymphoid tissues and organs)**들은 림프구가 활성화되고 모이는 장소이다. **림프조직(lymphoid tissues)**과 **림프기관(lymphoid organs)**은 림프혈관에 연결되어 있다(**그림 14-1**).
4. 림프계통은 림프구(침입병원체, 비정상 세포, 이종단백질을 공격하는 세포)를 생산하고, 유지하고, 배분한다.
5. 림프는 **림프모세혈관(lymphatic capillaries)**에서 기원하는 림프관의 연결을 따라서 흐른다. 림프혈관은 **가슴림프관(thoracic duct)**과 **오른림프관(right lymphatic duct)**으로 빠져나간다(**그림 14-1~14-3**).
6. 림프구의 세 가지 종류는 **T세포**(가슴샘에서 유래하는), **B세포**(골수에서 유래하는), **자연세포독성세포[natural killer(NK) cells]**이다.
7. 세포독성T세포는 이종 세포 또는 바이러스에 감염된 몸의 세포들을 공격한다; 세포독성 T세포는 세포매개면역을 제공한다. 조절T세포(도움T세포와 억제T세포)는 면역계통을 조절하고 관리한다.
8. B세포는 **혈장세포(plasma cells)**로 분화하여 특정 화학유발자 또는 **항원(antigens)**과 반응하는 항체를 생성하고 분비한다. 체액의 항체는 **면역글로불린(immunoglobulins)**이라고 한다. B세포는 **항체매개면역 또는 체액면역**에 필수적이다.
9. 자연세포독성세포는 이종 세포, 바이러스에 감염된 정상세포, 암세포를 공격한다. 자연세포독성세포는 **면역감시**라고 하는 감시기능을 제공한다.
10. 림프구는 림프조직과 기관을 통해 혈액으로 들어가거나 나가면서 이동한다. **림프구형성(lymphopoiesis**, 림프구 생산과 발생)은 적색골수, 가슴샘, 말초림프조직에서 있다(**집중 조명 그림 14-4**).
11. **림프조직(lymphoid tissues)**은 림프구가 많은 성긴결합조직이다. **점막관련림프조직(mucosa-associated lymphoid tissue, MALT)**은 소화관, 호흡기관, 비뇨기관, 생식기관의 상피를 보호한다. **편도(tonsils)**는 인두벽의 **림프결절(lymphoid nodules**, 촘촘하게 모인 림프구를 가진 림프조직)의 집합체이다(**그림 14-5**).
12. 중요한 림프기관은 **림프절**, **가슴샘**, **지라**이다. 림프조직과 기관은 병원체 침입에 취약한 부분에 존재한다.
13. **림프절(lymph nodes)**은 림프구를 갖는 림프조직의 피막으로 싸인 덩어리이다. 림프절은 정맥계통으로 가기 전에, 림프를 감시하고 여과하여 항원을 제거하고 면역 반응을 일으킨다(**그림 14-6**).
14. **가슴샘(thymus)**은 가슴뼈(흉골) 뒤에 있다. T세포는 가슴샘에서 성숙한다(**그림 14-7**).
15. 성인의 **지라(spleen)**는 몸에서 가장 큰 림프조직 덩어리이다. **적색속질**은 다량의 적혈구를 가지며, **백색속질**은 림프결절과 비슷하다. 지라는 항원과 손상된 혈구를 순환으로부터 제거하고 면역 반응을 일으키며, 순환하는 적혈구에 철분을 저장한다(**그림 14-8**).
16. 림프계통은 몸방어의 중요한 부분으로 다음과 같이 부류된다. (1) **비특이면역[innate(nonspecific) immunity]**은 특별한 구분없이 위협으로부터 보호한다. (2) **특이면역[adaptive(specific) immunity]**은 특정 위협에 대항하여 보호한다.

14-3 비특이 반응은 감염 위협에 관계없이 특이적으로 반응한다 p. 539

17. **비특이(innate)**면역은 위협의 접근을 막고 침입을 못하게 하거나 또는 생물 위험과 무생물 위험의 전파를 제한한다(**그림 14-9**).
18. 물리적 장벽은 피부, 점막, 털, 상피, 피부계통과 소화계통의 여러 가지 분비물이다.
19. **포식세포(phagocytes)**는 **작은포식세포(microphages**, 호중구와 호산구), **큰포식세포(macrophages**, 단핵구-큰포식세포 계통의 세포들)를 포함한다.
20. 포식세포는 **혈구누출**(*diapedesis*)에 의해 세포들 사이를 이동하고, **주화성**(화학적 자극에 대한 민감성과 방향성)을 보인다.

21. **면역감시(immune surveillance)**는 정상세포 표면의 비정상적인 항원에 예민한 자연세포독성세포에 의해 정상 조직을 항상 감시한다. 자연세포독성세포는 바이러스감염세포와 암특이표면항원을 보이는 암세포를 모두 죽인다.

22. 바이러스감염세포에서 분비되는 작은 단백질인 **인터페론(interferons)**은 다른 세포 안에서 바이러스 증식을 방해하는 항바이러스 단백질의 생성을 자극한다. 인터페론은 **시토카인**이라고 하며, 국소 활동을 조정하는 조직 세포에 의해 분비되는 화학적 전달자이다.

23. 적어도 30가지의 **도움체 단백질**이 **도움체계통(complement system)**을 구성하고 있다. 이런 단백질은 표적세포막을 파괴하는 연쇄 반응 속에서 서로 작용하며, 염증을 자극하여, 포식세포를 끌어당겨 포식작용을 활성화시킨다.

24. **염증(inflammation)**은 조직 손상에 대한 비특이 반응이다(**그림 14-10**).

25. **발열(fever**, 37.2℃ 또는 99℉보다 높은 체온)은 병원체를 억제하고 대사과정을 촉진시킬 수 있다. **발열원(pyrogens)**은 몸의 온도조절을 다시 설정하여 체온을 높일 수 있다.

14-4 면역(특이방어)은 특정 위협에 반응하며 세포매개 또는 항체매개면역이다 p. 543

26. **특이(adaptive)**면역은 T세포와 B세포에 의해 제공된다. T세포는 세포매개면역을 제공한다; B세포는 항체매개면역을 제공한다.

27. 면역의 형태는 **비특이면역**[**innate (nonspecific) immunity**, 유전적으로 결정되거나 출생 시 존재하는 면역] 또는 **특이면역**[**adaptive (specific) immunity**, 항원에 노출되거나 항체 형성에 의해 이루어지는 면역]이다. 두 가지 형태의 특이면역은 **능동면역(active immunity**, 항원 노출 후 만들어진다)과 **수동면역(passive immunity**, 다른 원인으로부터 항체가 전달되어 만들어지는 면역)이다(**그림 14-11**).

28. 특이면역은 네 가지 일반적 특성을 갖는다; **특이성(specificity**, T세포와 B세포막 수용체는 특정 항원만 결합한다); **다양성(versatility**, 면역계통은 상응하는 항원에만 반응한다); **기억성(memory**, 기억세포는 면역계통이 전에 노출된 항원만 기억하게 한다); **관용성 (tolerance**, 정상 몸세포와 같은 몇 가지 항원을 무시하는 면역 반응의 능력)이다.

29. **면역 반응(immune response)**의 목적은 병원체, 비상세포, 이종 분자를 불활성화 또는 파괴하는 것이다. 면역 반응은 항원이 있으면 자극을 받으며, 세포매개와 항체매개방어를 포함하고 있다(**그림 14-12**).

14-5 T세포는 면역 반응의 시작과 조절 역할을 한다 p. 545

30. 항원-MHC 단백질 조합이 핵을 가진 세포 또는 **항원발현세포 (antigen-presenting cell, APC)**에 있을 때 **항원발현(antigen presentation)**이 일어난다. 이종 항원은 대개 포식세포 또는 수지상세포에 의해 진행되어야 하고, T세포를 활성화할 수 있기 전에 MHC **단백질**에 결합된 형질막 안으로 들어가야 한다.

31. T세포는 **항원 인식(antigen recognition)**이라고 하는 과정에 있는 Class I과 Class II MHC 단백질에 결합된 항원과 반응한다. 활성화된 T세포는 **세포독성T세포, 기억T세포, 억제T세포, 도움T세포**로 분화할 수 있다.

32. 세포매개면역은 Class II MHC에 결합하는 항원에 의해 **CD8** T세포의 활성화로 나타난다. 활성화된 T세포는 **세포독성T세포 (cytotoxic T cells)**와 **기억T세포(memory T cells)**로 되기 위해 분화한다. 활성화된 기억T세포는 관련된 특정 항원에 노출되어 반응하기 위해 예비로 남아 있는다(**그림 14-13**).

33. **억제T세포(suppressor T cells)** 또한 CD8 T세포이다. 억제 T세포는 B세포와 다른 T세포의 반응을 억제한다.

34. **CD4** 표지자를 갖는 T세포는 Class II MHC 단백질에 의해 발현되는 항원에 반응한다. 활성화된 **도움T세포(helper T cells)**는 특이방어와 비특이방어 조절을 돕는 시토카인을 분비하고, 세포매개와 항체매개 면역을 조절한다.

14-6 B세포는 특정 항체를 만들어 항원에 반응한다 p. 547

35. B세포는 항체매개면역에 필요하다. B세포는 같은 항원에 민감한 도움 T세포에 의해 활성화되기 전까지 특정 항원에 민감화(감작)가 이루어져야 한다.

36. 활성화된 B세포는 분열하여 형질세포와 **기억B세포(memory B cells)**를 만든다. 형질세포는 항체를 만든다(**그림 14-14**).

37. 항체 분자는 불변분절과 가변분절을 갖는 폴리펩타이드사슬의 평행한 두 쌍으로 구성된다(**그림 14-15**).

38. 항체 분자와 항원의 결합은 **항원항체 복합체(antigen-antibody complex)**를 만든다. 항체는 특정 **항원결정기**와 결합한다.

39. 체액에는 5가지 항체가 있다; (1) **면역글로불린 G(immunoglobulin G, IgG)**는 바이러스, 세균, 세균 독소에 저항하는데 필요하다; (2) **IgM**은 항원에 반응하여 처음 분비되는 항체이다; (3) **IgA**는 샘분비에 존재한다; (4) **IgE**는 국소 염증을 자극하는 화학물질분비를 유발한다; (5) **IgD**는 B세포 표면에 존재한다(**표 14-1**).

40. **중화(neutralization)**, **침강(precipitation)**, **응집(agglutination)**, 도움체 활성화, 포식세포 유인, 포식작용 촉진, 염증 자극을 통해서 항체는 항원을 제거할 수 있다.

41. 첫 항원 노출 후 형질세포에 의해 만들어지는 항체는 **일차 반응 (primary response)**의 결과이다. 최대 항체가는 같은 항원에 다시 노출된 후 **이차 반응(secondary response)** 동안에 나타난다(**그림 14-16**).

42. 시토카인은 면역계통에 의해 조절되는 화학전달자이다. **인터루킨 (interleukins)**은 항원에 대한 T세포 민감성을 증가시킨다; B세포

활성을 촉진한다; 형질세포 생성과 항체 형성을 한다; 비특이방어를 촉진시킨다.

43. 인터페론은 감염세포 주위세포를 바이러스 가염에 저항하도록 바이러스 전파를 느리게 한다.

44. **종양괴사인자(tumor necrosis factor, TNF)**는 종양 성장을 느리게 하며 종양세포를 죽인다.

45. 몇 가지 **포식작용 조절자(phagocytic regulators)**는 특이방어와 비특이방어를 관장하는 포식세포 활성을 조절한다.

46. 몸의 비특이방어와 특이방어는 이종 항원을 제거하기 위해 협력한다 (**표 14-2**; **그림 14-17**).

14-7 비정상적인 면역 반응은 면역질환을 일으킨다 *p. 555*

47. **자가면역질환(autoimmune disorders)**은 정상 몸세포와 조직을 잘못 인식하는 면역 반응이 있을 때 나타난다.

48. **면역결핍질환(immunodeficiency disease)**에서, 면역계통은 정상적으로 일어나지 않거나 또는 면역 반응이 방해받는다.

49. 알레르기는 **알레르기원(allergens**, 알레르기 반응을 일으키는 항원)에 대해 부적절한 또는 과도한 면역 반응이다. 네 가지 형태의 알레르기가 있는데, 즉시형 과민반응(*Type I*), 세포독성 반응(*Type II*), 면역복합체질환(*Type III*), 지연형 과민반응(*Type IV*)이다.

14-8 면역 반응은 노화가 진행됨에 따라 감소한다 *p. 556*

50. 나이가 들면, 면역계통은 질병에 대항하기에 덜 효과적이다.

14-9 모든 몸계통에 대해, 림프계통은 감염에 대항하고 순환으로 조직액을 되돌려 보낸다 *p. 557*

51. 림프계통은 신경계통과 내분비계통과 광범위한 상호작용을 갖는다.

복습 문제

책 뒷면에 있는 파란색 정답 탭을 참조.

단계 1 사실 및 용어 검토

A열의 각 항목을 B열의 가장 밀접하게 관련된 항목에 맞게 빈칸에 적절한 답을 적으시오.

A열	B열
_____ **1.** 체액면역(Humoral immunity)	**a.** 열을 유발한다
_____ **2.** 림프종(Lymphoma)	**b.** 순환 단백질로 구성된다
_____ **3.** 보체계통(Complement system)	**c.** 중추신경계통의 큰포식세포
_____ **4.** 작은포식세포(Microphage)	**d.** 단핵구
_____ **5.** 큰포식세포(Macrophage)	**e.** 유전적으로 예정된 세포 죽음
_____ **6.** 미세아교세포(Microglia)	**f.** 항체를 전달한다
_____ **7.** 인테페론(Interferon)	**g.** 호중구, 호산구
_____ **8.** 발열원(Pyrogens)	**h.** 항체를 분비한다
_____ **9.** 선천면역(Innate immunity)	**i.** 출생시 존재한다
_____ **10.** 능동면역(Active immunity)	**j.** 시토카인
_____ **11.** 수동면역(Passive immunity)	**k.** 림프계통의 암
_____ **12.** 세포자멸사(Apoptosis)	**l.** 항원에 노출

14

13. 아래 그림에서 면역계통의 구조물들을 확인한다.

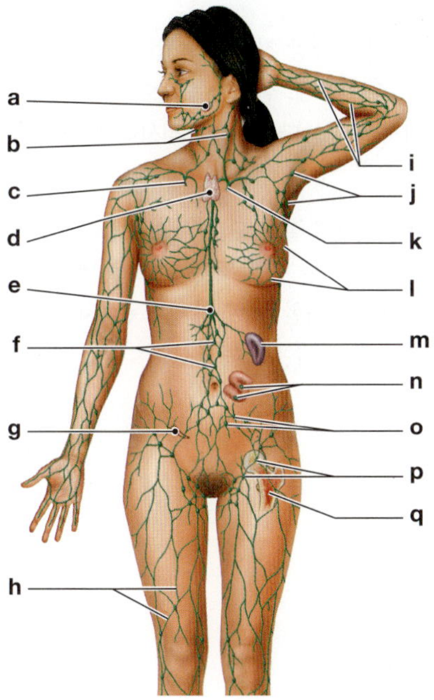

(a) ______________ (b) ______________
(c) ______________ (d) ______________
(e) ______________ (f) ______________
(g) ______________ (h) ______________
(i) ______________ (j) ______________
(k) ______________ (l) ______________
(m) ______________ (n) ______________
(o) ______________ (p) ______________
(q) ______________

14. 하복부, 골반, 하지로부터 모아진 림프는 _______에 의해 운반된다.
(a) 오른림프관 (b) 샅고랑 림프관
(c) 가슴림프관 (d) 대동맥

15. 세포매개면역을 제공하는 데 필요한 림프구는 _________이다.
(a) 큰포식세포 (b) B세포
(c) 혈장세포 (d) 세포독성T세포

16. B세포는 ________에 필요하다.
(a) 세포매개면역 (b) 면역감시
(c) 항체매개면역 (d) a, b, c 모두 옳다.

17. 모든 종류의 림프구를 만드는 림프계통줄기세포는 _______에 있다.
(a) 혈류 (b) 가슴샘
(c) 적색골수 (d) 지라

18. 림프혈관은 _______를/을 제외하고 몸의 모든 곳에서 발견된다.
(a) 하지 (b) 중추신경계통
(c) 머리와 목 부분 (d) 손과 발

19. 몸의 가장 큰 림프조직이 모여 있는 곳은 _________이다.
(a) 성인의 지라 (b) 성인의 가슴샘
(c) 골수 (d) 편도

20. 손상되거나 결함이 있는 적혈구는 _________에 의해 순환으로부터 제거된다.
(a) 가슴샘 (b) 림프절
(c) 지라 (d) 편도

21. 포식세포는 인접한 내피세포들 사이에 압착되어 모세혈관벽을 통해 이동하는데, 이 과정은 _______이다.
(a) 혈구누출 (b) 주화성
(c) 부착 (d) 천공

22. 퍼포린은 ________의 작용과 관련 있는 파괴적 단백질이다.
(a) T세포 (b) B세포
(c) 큰포식세포 (d) 혈장세포

23. 보체 활성화는 __________.
(a) 염증을 자극한다.
(b) 포식세포를 끌어들인다.
(c) 포식작용을 증가시킨다.
(d) a, b, c 모두 옳다.

24. 염증은 _________.
(a) 손상부위에서 일시적인 수복을 돕는다.
(b) 병원체 전파를 느리게 한다.
(c) 영구적인 수복을 촉진시킨다.
(d) a, b, c 모두 옳다.

25. CD4 표지자는 _________와 관련이 있다.
(a) 세포독성세포
(b) 억제세포
(c) 도움 T세포
(d) a, b, c 모두 옳다.

26. 림프가 심장혈관계통의 정맥으로 되돌아오는데 필요한 두 개의 큰 집합림프혈관은 무엇인가? 각각의 림프혈관이 담당하는 곳은 어디인가?

27. 다음의 기능을 열거하시오.
(a) 세포독성 T세포 (b) 도움 T세포
(c) 억제 T세포 (d) 혈장세포
(e) 자연살해세포 (f) 인터페론
(g) T세포 (h) B세포
(i) 인터루킨

단계 2 개념 검토

28. 선천면역과 비교할 때, 적응면역은 ___________
(a) 서로 다른 위협을 구별하지 않는다.
(b) 출생 시 항상 존재한다.

14

(c) 개인의 위협에 대항하여 보호를 제공한다.
(d) 몸의 병원체 진입을 막는다.

29. T세포와 B세포는 _______에 의해서만 활성화될 수 있다.
(a) 병원성 미생물
(b) 인터루킨, 인터페론, 집락자극인자
(c) 바이러스, 세균 세포, 암 세포에 감염된 세포
(d) 형질막 위의 특정 부위에서 특정 항원 노출

30. 적응면역의 일반적인 특성들을 열거하고 설명하시오.

31. 항원-항체 복합체의 형성은 어떤 방식으로 항원 제거를 하는가?

32. 보체계통 활성화의 효과는 무엇인가?

단계 3 비판적 사고 및 임상 적용

33. 실비아의 할아버지는 폐암 진단을 받았다. 의사가 몸의 인접 부위의 림프절 몇 개를 생검할 때, 실비아는 할아버지의 폐암 발생 후 왜 그렇게 하는지 의문을 갖는다. 당신이 의사라면 실비아에게 어떻게 말하겠는가?

34. 홍역에 노출되어 홍역에 걸릴 수 있다는 것을 Ted는 알고 있다. 의사가 채혈하여 항체검사를 위해 검사실로 보냈다. 검사 결과, 풍진(German measles)에 대한 IgM 항체가 증가하였고 IgG 항체는 거의 없었다. Ted는 그 병에 걸렸는가?

15

호흡계통
The Respiratory System

학습목표

학습목표는 각 장에 대해 학습한 후 무엇을 할 수 있어야 하는지를 알려주는 것이다. 각 절의 학습목표는 다음과 같다.

15-1 호흡계통의 주요 기능, 먼지, 병원체 등의 유해물질에 대한 기체 교환면 보호 기전을 설명한다.

15-2 허파로 공기를 전달하는 구조를 식별하고, 그들의 기능을 설명한다.

15-3 허파꽈리의 구조와 허파의 겉모습을 설명한다.

15-4 외호흡과 내호흡의 과정을 설명한다.

15-5 공기가 허파로 운반되는 기전과 호흡근육의 작용을 설명한다.

15-6 허파와 혈액 사이의 기체 교환 원리를 설명한다.

15-7 혈액에서 산소와 이산화탄소가 어떻게 운반되는지 설명한다.

15-8 호흡 수에 영향을 미치는 요인을 나열하고, 호흡을 조절하는 반사작용을 설명한다.

15-9 노화에 따른 호흡계통의 변화를 설명한다.

15-10 호흡계통와 다른 신체 계통 사이의 상호작용에 대한 예를 들어본다.

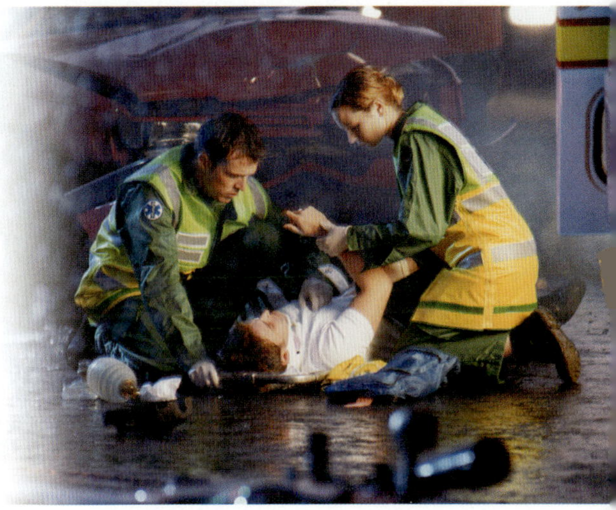

임상노트

집중 조명

호흡계통 소개

호흡이라고 하면, 허파로 공기가 들락날락하는 것을 연상하기 쉽지만, 사실 호흡계통이 하는 일은 그렇게 단순한 것이 아니다. 살아 있는 모든 세포는 생명유지, 성장, 방어, 생식 등의 활동을 위해 에너지가 필요하다. 인체를 구성하는 세포들은 산소를 소모하는 산소대사를 통해 에너지를 생산하고, 그 부산물로 이산화탄소를 만들어낸다. 호흡계통은 신체의 세포에 산소를 공급하고 이산화탄소를 제거하는 방법을 제공한다. 이러한 가스의 교환은 **허파꽈리**(**alveoli**, *alveolus*)라고 하는 공기로 채워진 주머니에서 허파 내에서 이루어진다. 허파꽈리의 기체 교환 표면은 비교적 정교하다. 공기와 혈액 사이에 빠른 확산이 일어나려면 이러한 표면이 매우 얇아야 한다. 심혈관계는 간질액과 허파의 교환 표면을 연결한다. 순환하는 혈액은 허파에서 말초 조직으로 산소를 운반한다. 혈액은 또한 조직에서 생성된 이산화탄소를 받아들이고 운반하여 허파로 전달한다.

우리는 호흡계통을 설명할 때 외부의 공기가 허파꽈리로 이동하는 것부터 시작한다. 다음으로 호흡의 역학, 즉 어떻게 호흡 근육들이 작용해서 공기를 허파로 가져오는지 생각한다. 그런 다음 호흡의 생리학을 살펴본다. 이 주제는 호흡의 과정, 공기와 혈액, 혈액과 조직 사이의 기체 교환 및 기체 운반 과정을 포함한다.

지식 쌓기

호흡계통은 공기와 혈류 사이에서 기체 교환이 일어나는 허파로 공기를 전달한다는 점을 기억한다(**1장: 해부학과 생리학에 대한 소개** 참조). 호흡계통은 또한 의사소통을 위한 목소리를 만드는 기능을 한다.

15-1 호흡계통은 전도 부분과 호흡 부분으로 구성되며, 여러 가지 중요한 기능을 한다

학습목표 호흡계통의 주요 기능, 먼지, 병원체 등의 유해물질에 대한 기체교환면 보호 기전을 설명한다.

호흡계통(**respiratory system**)은 물리적으로 공기를 허파 안팎으로 이동시키고 기체 교환과 관련된 구조로 구성된다.

호흡계통의 기능 Functions of the Respiratory System

15

호흡계통에는 5가지 기본 기능이 있다.

1. 넓은 면적의 기체 교환면을 통해 공기와 혈액의 기체를 교환한다.
2. 호흡 통로를 따라 허파의 기체 교환 표면으로 공기를 이동한다.
3. 탈수, 온도 변화 및 병원체 침입으로부터 호흡기 표면을 보호한다.
4. 말하기, 노래 부르기 및 기타 형태의 의사소통을 위한 소리를 만들어낸다.
5. 코안의 후각 수용체의 후각에 도움을 준다.

호흡계통의 구조 Structures of the Respiratory System

해부학적 구조에 따라 호흡계통을 상부와 하부로 나눌 수 있다. **상부 호흡계통**(**upper respiratory system**)은 코, 코안, 코곁굴 및 인두로 구성된다. 이러한 구조는 유입되는 공기를 여과, 가열 및 가습하는 최초의 역할을 하여 보다 섬세한 하부 호흡계통 표면을 보호한다. **하부 호흡계통**(**lower respiratory system**)은 후두(voice box)를 포함한다. 기관(windpipe); 기관지; 세기관지(air-conducting passageways)와 허파꽈리(gas-exchange surfaces)를 포함하는 허파(**그림 15-1**).

기도(**숨길, respiratory tract**)라는 용어는 허파의 기체 교환 표면으로 공기를 운반하는 통로를 말한다. 기능적 측면에서 기도를 상부 **전도 부분**(*conducting portion*)과 하부 **호흡 부분**(*respiratory portion*)으로 나눌 수 있다. 상부 전도 부분은 코안 입구에서 시작하여 인두, 후두, 기관, 기관지 및 더 큰 세기관지로 연결된다. 하부 호흡 부분은 가장 작고 가장 섬세한 세기관지와 허파 내의 허파꽈리를 포함한다.

허파에 공기를 전달하는 것 외에도 기도 공기를 걸러내고 따뜻하게 하며 가습한다. 이런 식으로 먼지입자(debris), 병원체 및 극단적인 환경으로부터 허파꽈리를 보호한다. 흡입된 공기가 허파꽈리에 도달할 때쯤이면 대부분의 이물질과 병원균이 제거된다. 또한 습도와 온도도 적정수준을 유지하는데, 이 "조절 과정"은 호흡기 점막 때문에 가능하다.

호흡기 점막(**respiratory mucosa**)은 기도의 전도 부분을 따라 늘어

그림 15-1 호흡계통의 구조.

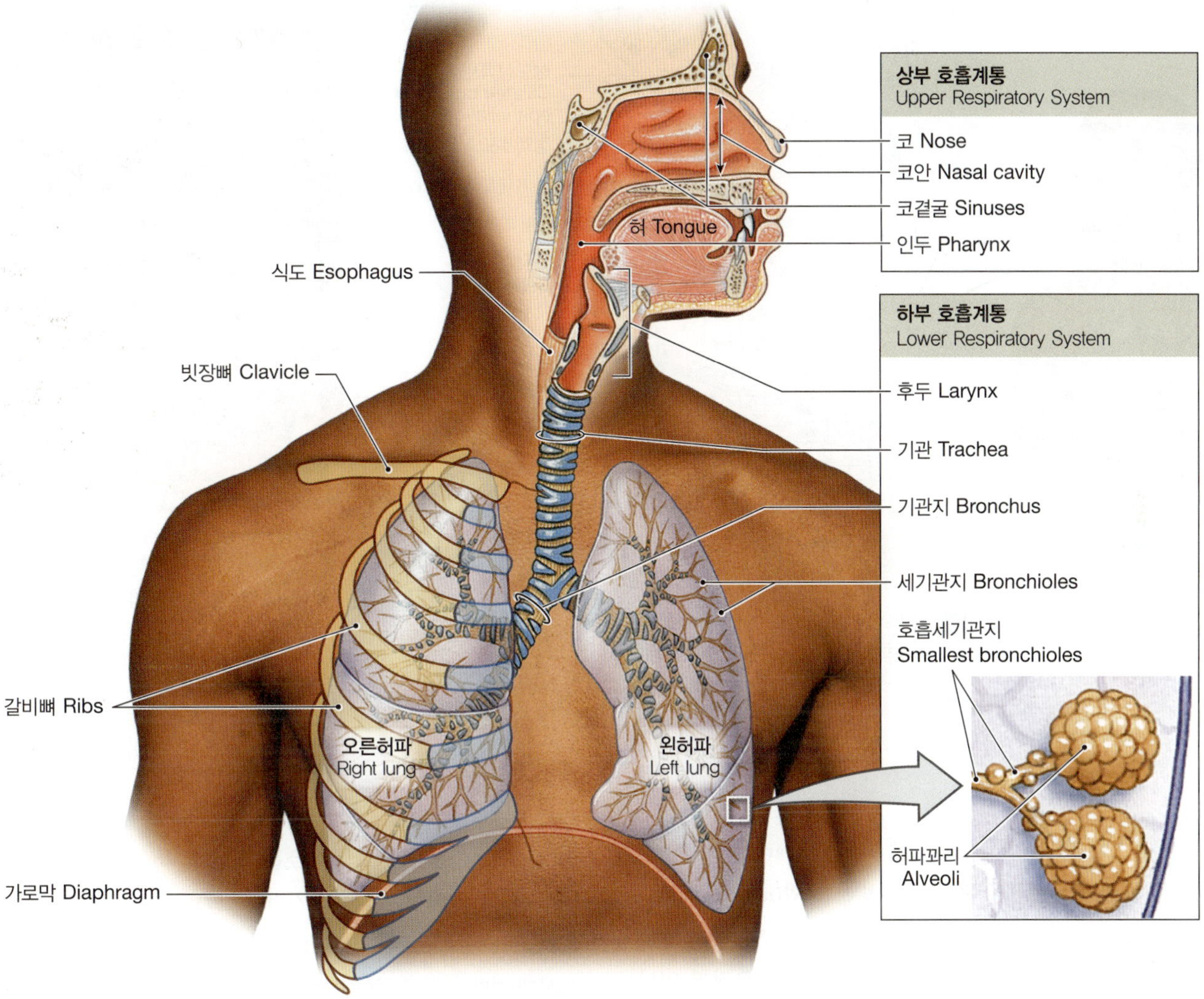

서 있다. 점막은 4장에서 소개한 4가지 유형의 막 중 하나인 점막임을 기억해야 한다. 호흡기 점막의 **호흡기 상피**(*respiratory epithelium*)는 많은 점액 세포를 포함하는 섬모 원주 상피이다. 호흡기 점막에 있는 호흡기 상피는 많은 점액 세포를 포함하는 고유판(lamina propria)이다. 고유판은 유륜층 아래에서 상피를 지지한다. 고유판은 상피 표면으로 분비하는 점액선을 포함한다(**그림 15-2**).

흡입된 공기가 이물질이나 병원균으로 오염되면 호흡기의 교환 표면이 심하게 손상될 수 있다. 섬모 상피와 점액을 생성하는 점액 세포 및 점액선은 이러한 손상을 방지한다. 점액은 코안에서 기관지로 이어지는 호흡기의 노출된 표면을 씻어낸다. 섬모는 점액과 갇힌 이물질 또는 미생물을 인두 쪽으로 쓸어낸다. 이 과정을 점액 또는 점액섬모 에스컬레이터라고 부르기도 한다. 그런 다음 이물질과 미생물은 위로로 삼켜져 위산과 효소에 의해 파괴된다.

체크포인트

1. 호흡계통의 5가지 기능을 알아보시오.
2. 호흡계통의 해부학적 두 부분을 나열해 보시오.
3. 기도의 전도 부분을 둘러싸고 있는 막은 무엇인가?

책 뒷면에 있는 파란색 정답 탭을 참조.

15-2 코, 인두, 후두, 기관, 기관지, 세기관지는 허파로 공기를 전달한다

학습목표 허파로 공기를 전달하는 구조를 식별하고 그 기능을 설명한다.

기도의 전도 부분은 코안 입구에서 시작된다. 그런 다음 인두, 후두, 기관, 기관지 및 큰 세기관지를 통해 계속된다.

그림 15-2 호흡기 점막.

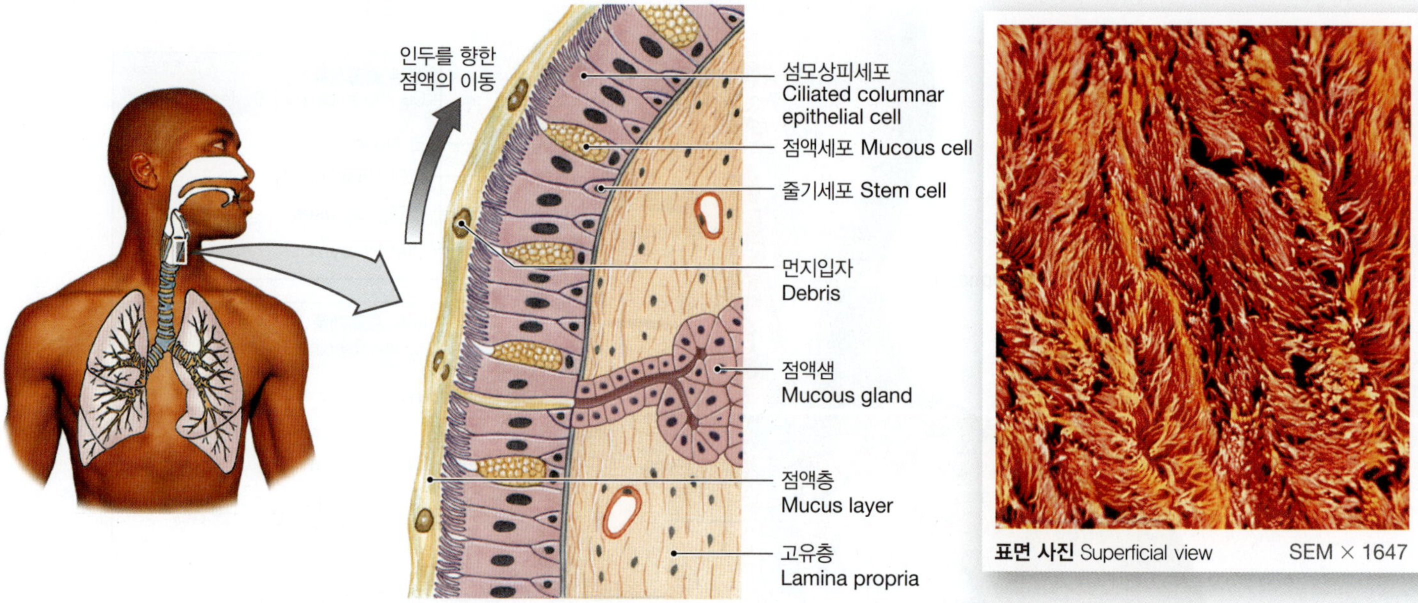

a 기관의 호흡 상피의 개략도. 화살표는 인두 아래로 이동하는 점액의 방향을 나타낸다.

b 상피의 표면. 상피 세포의 섬모는 양탄자의 털처럼 두툼한 층을 이룬다. 이 섬모의 움직임은 상피 표면을 가로질러 점액을 운반한다.

코 The Nose

코 공기는 일반적으로 한 쌍의 **외부 콧구멍(external nares)** 또는 **콧구멍(nostrils)**을 통해 호흡기로 들어간다. 콧구멍은 **코안(nasal cavity)**으로 열린다(**그림 15-3**). **코안뜰(nasal vestibule)**은 코의 유연한 조직으로 둘러싸인 공간이다. 안뜰 상피의 거친 털은 콧구멍을 가로질러 뻗어 있다. 이 털은 모래, 먼지, 심지어 곤충과 같은 큰 공기 중 입자로부터 코안을 보호한다.

윗턱뼈, 코뼈, 이마뼈, 벌집뼈, 나비뼈는 코안의 옆벽과 윗벽을 형성한다(**그림 6-27**). **코중격**(*nasal septum*)은 코안을 왼쪽 오른쪽으로 나누고, 코중격의 앞쪽 부분은 유리질 연골로 이루어져 있다. 뒷부분은 보습뼈와 벌집뼈의 일부를 포함한다(**그림 6-26**). 입천장과 위턱뼈에 의해 형성되는 뼈로 이뤄진 **단단한 입천장(hard palate)**은 코안의 바닥을 형성하고 입안과 코안을 분리한다(**그림 15-3**). 살로 이뤄진 **부드러운 입천장(soft palate)**이 단단한 입천장 뒤쪽으로 뻗어 있으며 **코인두(nasopharynx)** 아래, 후두인두 상부에 있다. 코안은 **내부 콧구멍(internal nares)**에서 코인두로 열린다.

상, 중, 하 **코선반**(*nasal conchae*)은 코안의 측벽에서 코중격 쪽으로 돌출되어 있다(**그림 15-3**). 코 입구에서 내부 콧구멍으로 흐르는 공기는 인접한 코선반 사이의 좁은 틈으로 흐른다. 공기가 급류 위로 흐르는 물처럼 소용돌이치며 작은 공기 중 입자가 코안 내벽을 덮고 있는 점액에 달라붙는다. 소용돌이는 여과를 촉진하는것 외에도 유입되는 공기를 데우고 가습을 가능하게 한다.

앞서 언급했듯이 코안은 **호흡기 점막**(*respiratory mucosa*)에서 생성되는 점액에 의해 씻겨내려간다. 코안의 호흡기 표면은 또한 **코곁굴**(*paranasal sinuses*)(이마굴, 나비굴, 벌집굴, 위턱굴)에서 생성된 점액과 코눈물관(**그림 9-8b**)을 통해 흐르는 눈물에 의해 청소된다(**그림 6-28**). 유독한 증기, 많은 양의 먼지와 이물질, 알레르기원 또는 병원체에 노출되면 일반적으로 점액 생성이 급격히 증가한다. 결과적으로 "콧물"이 발생한다.

인두 The Pharynx

인두(pharynx) 또는 인후는 소화 및 호흡계통이 공유하는 공간이다. 인두는 내부 콧구멍과 후두 및 식도로 이어지는 입구 사이로 확장된다. 인두는 코인두, 입인두, 후두인두의 세 부분으로 나뉜다(**그림 15-3**).

코인두(nasopharynx)는 내부 콧구멍에 의해 코안과 연결되고 연구개의 뒤쪽 가장자리까지 확장된다. 코인두는 전형적인 섬모상피로 둘러싸여 있고, 후벽과 **귀관**(*auditory tubes*) 입구쪽에 있는 **인두 편도**(*pharyngeal tonsil*)를 포함한다.

입인두(oropharynx)는 목뿔뼈 수준에서 물렁입천장과 혀의 기저부 사이로 확장된다. 구개 편도는 입인두의 측벽에 있다. 좁은 **후두인두**

그림 15-3 코, 코안 및 인두. 코중격이 제거된 시상 단면에서 볼 수 있는 코안 및 인두의 구조.

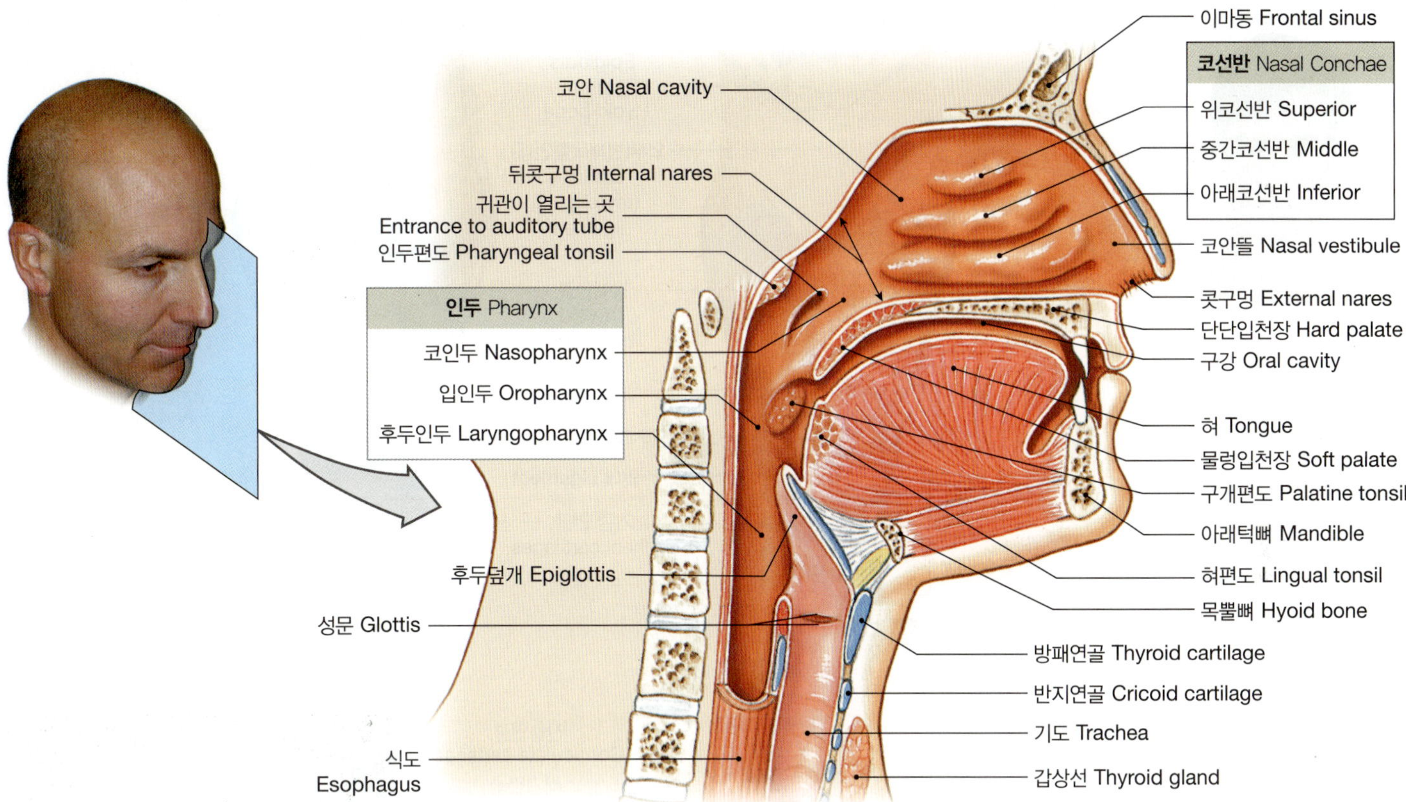

(laryngopharynx)는 목뿔뼈 높이와 식도 입구 사이에 있다. 소화관으로 들어가는 물질은 입인두와 후두인두를 모두 통과한다. 입인두와 후두인두 모두 찰과상, 화학적 공격 및 병원체의 침입에 저항할 수 있는 중층편평 상피로 둘러싸여 있다.

임상노트

낭성 섬유증 Cystic Fibrosis

낭성 섬유증(CF)은 호흡기 점막의 결함으로 인한 유전질환이다. 감염된 호흡기 점막에 있는 점액세포는 기도의 섬모에 의해 운반될 수 없는 조밀하고 점성인 점액을 생성한다. 점액의 움직임이 멈추면 점액이 작은 호흡 통로를 차단한다. 막힌 기도는 호흡을 어렵게 만들고, 정상적인 호흡 방어가 불가능해지면 세균 감염이 자주 발생한다. 1950년대와 1960년대까지 낭성 섬유증을 가진 어린이는 초등학교에 입학할 정도까지 살았고, 현대 기술과 치료 방법은 많은 낭성 섬유증 환자의 수명을 30~40대까지 생존율을 향상시켰다. 사망은 일반적으로 허파의 세균 감염 및 관련 심부전으로 인해 발생한다.

낭성 섬유증은 북유럽인에게 치명적인 유전병이며, 2,500명 중 1명의 비율로 발생한다. 남부 유럽 혈통의 사람들, 유대인 및 아프리카계 미국인에서는 덜 빈번하고, 7번 염색체의 결함 유전자로 인해 발생한다.

후두 The Larynx

흡입된 공기는 인두를 지나 성문의 좁은 구멍을 통해 후두로 들어간다(**그림 15-3**). 성문은 후두의 음성 장치 또는 "소리 상자" 이다. **후두(larynx)**는 성문을 둘러싸고 보호하는 연골성 관(tube)이다. 후두는 9개의 연골로 구성되고 인대, 뼈대근 또는 둘 다에 의해 고정된다. 가장 큰 3개의 연골은 **후두덮개**, **방패연골**, **반지연골**이다(**그림 15-4a,b**).

후두덮개(epiglottis)는 구둣주걱 모양으로 성문 위에 돌출되어 덮개를 형성한다. 삼키는 동안 후두가 올라가고 탄성 후두덮개가 성문 위로 접혀 액체나 고체 음식이 기도로 들어가는 것을 방지한다.

만곡된 **방패(thyroid, 방패 모양)연골**은 후두의 전면과 측면의 대부분을 형성한다. 이 연골의 앞쪽 표면에 있는 돌출된 능선이 "아담의 사과"를 형성한다. 갑상 연골 아래에는 **반지연골(cricoid cartilage; 고리 모양)**이 있으며, 이 연골은 후두의 후방을 지지한다. 방패연골과 반지연골은 성문과 기관 입구를 보호한다. 후두의 넓은 표면은 중요한 후두 근육과 인대의 부착 부위이다.

후두에는 반지연골에 의해 지지되는 3쌍의 더 작은 **모뿔연골**(*arytenoid*), **잔뿔연골**(*corniculate*), **쐐기연골**(*cuneiform cartilages*)도 있다. 방패연골과 이 작은 연골 사이에는 접힌 상피로 둘러싸인 두 쌍의

15

그림 15-4 후두와 성대의 해부학.

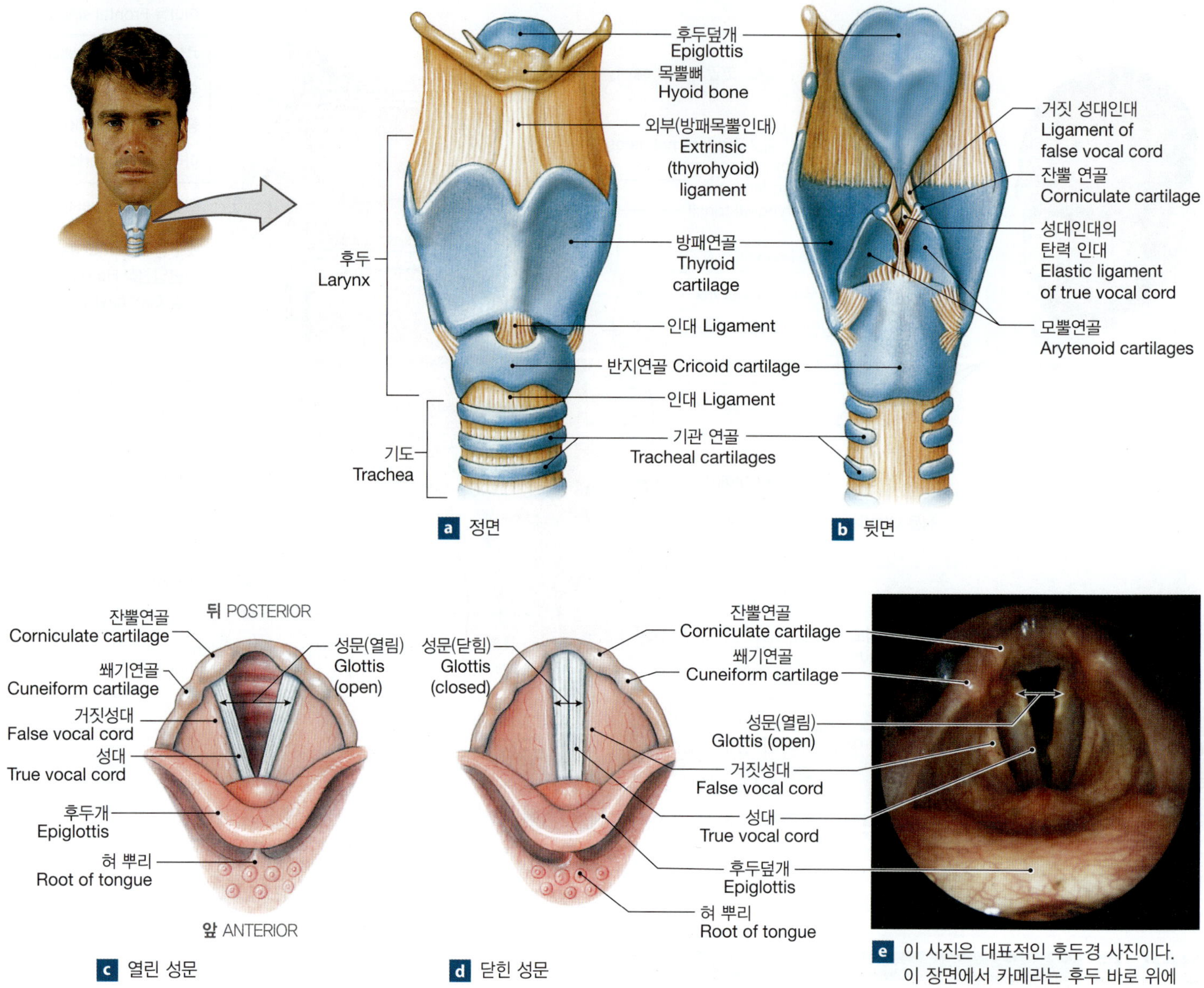

e 이 사진은 대표적인 후두경 사진이다. 이 장면에서 카메라는 후두 바로 위에 있는 입인두 내에 위치한다.

인대가 후두를 가로질러 뻗어 있다. 위쪽 한 쌍의 인대는 **거짓성대(false vocal cords)**라고 하는데, 이것은 상대적으로 탄력성이 떨어진다. 거짓성대는 이물질이 열린 성문으로 들어가는 것을 방지하고 아래에 있는 더 섬세한 주름 쌍인 **성대(true vocal cords)**를 보호한다. 성대는 방패연골과 모뿔연골 사이에 뻗어 있는 탄성 인대를 포함한다(**그림 15-4b**). 탄력 있는 성대는 소리를 만드는 것에 관여한다. 성대 또는 **성문(glottis)**은 성대와 그 사이의 공간으로 구성된다(**그림 15-4c,d,e**).

성대에 닿는 음식이나 액체는 **기침 반사**(*coughing reflex*)를 유발한다. 기침할 때 가슴과 복부 근육이 수축하여 허파를 압박하는 동안 성문이 닫힌 상태를 유지한다. 성문이 갑자기 열리면 기관을 통한 공기가 강하게 분사되어 성문 입구를 차단하고 있던 물질을 배출한다.

성대 및 소리 생성 The Vocal Cords and Sound Production

어떻게 소리를 만들어 낼까? 열린 성문을 통과하는 공기는 성대를 진동시켜 음파를 생성한다. 소리의 음색은 진동하는 하프 현의 지름, 길이, 장력에 따라 달라지는 것과 같이 진동하는 성대의 지름, 길이, 장력에 따라 달라진다. 짧고 가는 현은 빠르게 진동하여 고음을 생성하고, 길고 두꺼운 현은 더 느리게 진동하여 낮은 음조를 생성한다. 성대의 지름과 길이는 후두의 크기와 직접적인 관련이 있다. 아이들은 가늘고 짧은 성대가 있는 작은 후두를 가지고 있어 목소리가 높은 경향이 있다. 사춘기에 남성의 후두는 여성의 후두보다 더 커지고, 성인 남성의 성대는 굵고 길기 때문에 성인 여성보다 낮은 음을 생성한다. 성대의 장력은 후두의 작은 내재 뼈대근에 의해 조절된다. 이 근육은 모뿔연골의 위치를 바꾼다. 성대의 긴장이 증가하면 음색이가 높아지고, 장력이 감소하면 음색 이가 낮아진다.

목소리의 독특한 소리는 후두에서 생성되는 소리로만 결정되지 않고, 인두, 입안, 코안 및 코곁굴에서 추가 증폭 및 공명이 발생한다. 최종 생성된 정확한 말은 혀, 입술 및 뺨의 움직임에 가장 크게 영향을 받는다.

기관 The Trachea

기관(trachea) 또는 기도(*windpipe*)는 단단하고 유연한 관이다. 직경이 약 2.5cm(1인치)이고 길이가 약 11cm(4.25인치)이다(**그림 15-5a**). 기관은 후두의 반지연골에 부착되는 여섯 번째 목뼈 높이에서 시작된다. 기관은 다섯 번째 등뼈 수준의 세로칸에서 끝나며, 여기서 오른쪽 및 왼쪽으로 분기되어 1차 기관지를 형성한다.

기관에는 15~20개의 **기관연골(tracheal cartilages)**이 있어 기관 벽을 강화하고 기도를 보호한다. 또한 호흡계의 압력 변화에 따른 기관의 붕괴 또는 과팽창을 방지한다.

각 기관연골은 C자 모양이고, "C"의 열린 부분은 뒤쪽 즉 식도를 향한다(**그림 15-5b**). 연골이 연속적이지 않기 때문에 기관 후벽이 쉽게 뒤틀려 많은 양의 음식물이 식도를 따라 지나갈 수 있다. 각 기관연골의 끝은 탄성 인대와 민무늬근 띠인 **기관근육**(*trachealis muscle*)으로 연결된다. 기관의 직경은 자율 통제 하에 있는 이 민무늬근의 수축에 의해 조정된다. 교감신경 자극은 기관의 직경을 증가시켜 호흡 통로를 따라 많은 양의 공기를 더 쉽게 이동시킨다.

응급 상황에서 구조 요원이 기관에 호흡관을 삽입하는 것이 일반적이다(기관내 삽관). 실수로 튜브를 너무 깊이 삽입하면 튜브 끝이 오른쪽 일차 기관지로 들어갈 수 있다. 이로 인해 오른쪽 허파만 환기되어 저산소증이 발생할 수 있다. 기관지 삽관은 왼쪽 가슴의 호흡음 부재, 순응도 감소, 그리고 저산소증을 초래할 수 있는데, 양쪽 가슴의 호흡음이 돌아올 때까지 튜브를 빼기만 하면 상황을 해결할 수 있다. 기관지 내 삽관이 제자리를 이탈하지 않도록 튜브 위치를 자주 재평가하는 것이 중요하다.

기관지 The Bronchi

기관은 세로칸 내에서 **오른쪽** 및 **왼쪽 일차 기관지(right and left primary bronchi)**로 분기이다(**그림 15-5a**). 일차 기관지의 벽은 섬모 상피와 C자 모양의 연골 고리를 포함하여 기관의 벽과 유사하다. 오른쪽 일차 기관지는 오른쪽 허파에 공급하고 왼쪽은 왼쪽 허파에 공급한다. 오른쪽 일차 기관지는 직경이 더 크고 더 가파른 각도로 허파를 향해 내려간다. 이러한 이유로 기관으로 들어오는 대부분의 이물질은 왼쪽이 아닌 오른쪽 일차 기관지로 이동한다.

임상노트

기관지 각 Bronchial Angles

기관을 오른쪽과 왼쪽 기본 기관지로 나누는 것은 용골(carina)에서 시작한다. **오른쪽 일차 기관지**(*right primary bronchus*)는 **왼쪽 일차 기관지**(*left primary bronchus*)보다 기관에서 덜 급하게 구부러진다. 이 때문에 부주의하게 호흡기로 들어온 이물질은 보통 오른쪽 일차 기관지와 오른쪽 허파로 들어간다. 흡인된 이물질은 공기가 허파로 들어가지만 빠져나가지 못하게 하는 단방향 밸브 역할을 할 수 있다. 이로 인해 허파가 과도하게 확장되어 결국 기흉을 유발할 수 있다.

일차 기관지와 그 가지가 **기관지나무**(*bronchial tree*)를 형성한다. **그림 15-6a**는 왼쪽 일차 기관지가 허파로 들어갈 때의 분기 패턴을 보여준다.(명확성을 위해 가지 수를 줄였다.) 각 일차 기관지는 해당 허파의 엽으로 들어가는 이차 기관지를 생성한다. 각 허파에서 **이차기관지(secondary bronchi)**는 9~10개의 삼차 기관지로 나누어진다. 각 **삼차기관지(tertiary bronchi)**는 기관지허파분절(*bronchopulmonary segment*)이라고 하는 허파의 특정 영역에 공기를 공급하며, 여기서 더 작은 기관지로 반복적으로 나누어진다.

이차 기관지의 연골은 상대적으로 거대하지만 기관지 나무의 가지를 따라갈수록 연골이 작아진다. 통로의 직경이 약 1 mm(0.04인치)로 좁아지면 연골이 완전히 사라지는데, 이 좁은 통로를 **세기관지(bronchiole)**라고 한다.

세기관지의 벽은 민무늬근 조직에 의해 지배되며, 그 활동은 자율신경계에 의해 조절된다. 세동맥이 심혈관계에서 기능하는 것처럼 세기관지는 호흡계통에서 기능한다. 세동맥 직경의 변화로 모세혈관 그물로의 혈류를 조절하는 것처럼 세기관지 직경의 변화는 공기 흐름에 대한 저항과 허파의 공기 공급를 조절한다. 교감신경 활성화는 세기관지벽의 민무늬근을 이완시켜 **기관지가 확장**(*bronchodilation*)되고 기도 직경의 늘어난다. 부교감신경 자극은 이러한 민무늬근의 수축과 **기관지 수축**(*bronchoconstriction*)을 유발하여 기도 직경이 줄어든다. 극심한 기관지 수축은 통로를 거의 완전히 차단하여 호흡을 어렵게 하거나 불가능하게 할 수 있다. 이런 반응은 **천식**(*asthma*) 발작이나 세기관지의 염증에 대한 알레르기 반응 중에 발생할 수 있다.

그림 15-5 기관의 해부학.

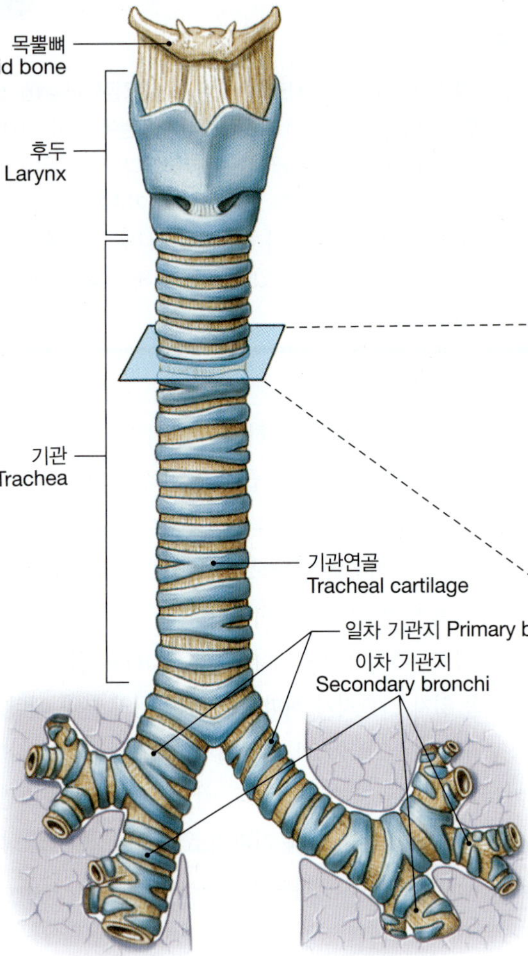

a 부분적인 단면을 보여주 전면 도식.

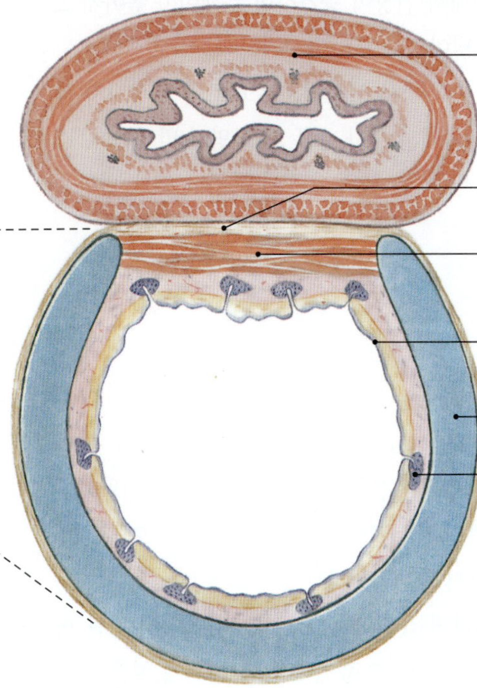

b 기관과 식도의 황단면.

임상노트

15

기관 폐쇄 Airway Obstruction

우리가 숨을 쉴 때 가끔 이물질이 있다. 이 과정을 **흡인**(*aspiration*)이라고 한다. 기침은 일반적으로 후두나 기관에 걸린 물체를 배출한다. 환자가 말하거나 소리를 낼 수 있으면 기도가 아직 열려 있으므로 응급상황으로 처리할 피로는 없다. 환자가 숨을 쉬거나 말할 수 없다면 생명에 대한 즉각적인 위협이 존재한다.

하임리히(*Heimlich*)**법** 또는 **복부밀쳐올리기**를 사용해 구조자는 가로막 바로 아래 복부를 압박한다. 이 동작은 가로막을 상승시켜 막힌 이물질을 제거하기에 충분한 압력을 생성할 수 있다. 내부 장기의 손상을 방지하기 위해 적절한 조작을 수행해야 한다. 미국 적십자사, 지역 소방서 및 기타 자선 단체와 같은 조직은 하임리히(Heimlich)법을 적절하게 수행하기 위해 간단한 훈련을 주기적으로 실시한다.

만약 폐쇄가 성문 주위의 후두덮개 또는 조직의 부종으로 인한 경우 전문 자격을 갖춘 구조자가 성문을 통해 구부러진 관을 삽입하여 공기가 통하도록 한다. 이 절차를 삽관이라고 한다. 기관이 계속 폐쇄되어 있다면 기관절개술을 시행 할 수 있다. 이 절차는 앞쪽 기관 벽을 절개하여 튜브를 삽입하는 것이다. 삽입된 튜브는 후두를 우회하여 공기가 기관으로 직접 흐르도록 한다.

그림 15-6 기관지 나무와 허파의 소엽.

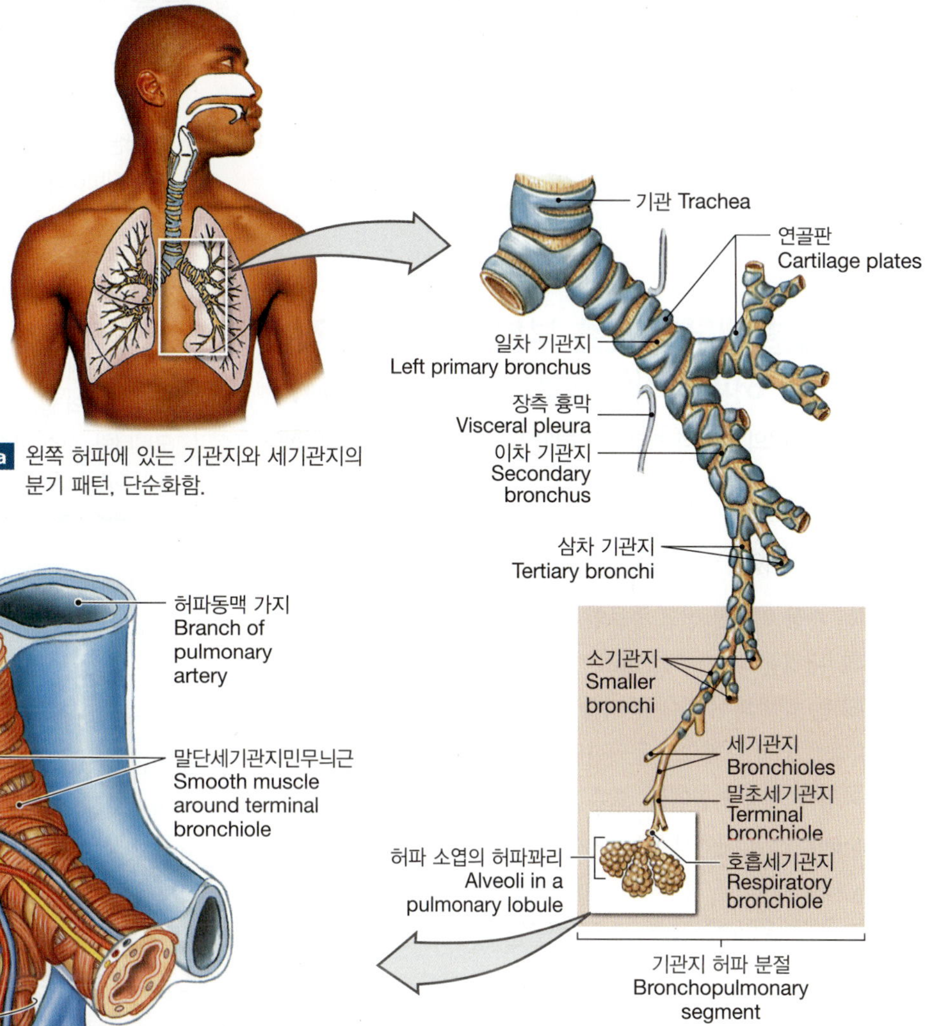

a 왼쪽 허파에 있는 기관지와 세기관지의 분기 패턴, 단순화함.

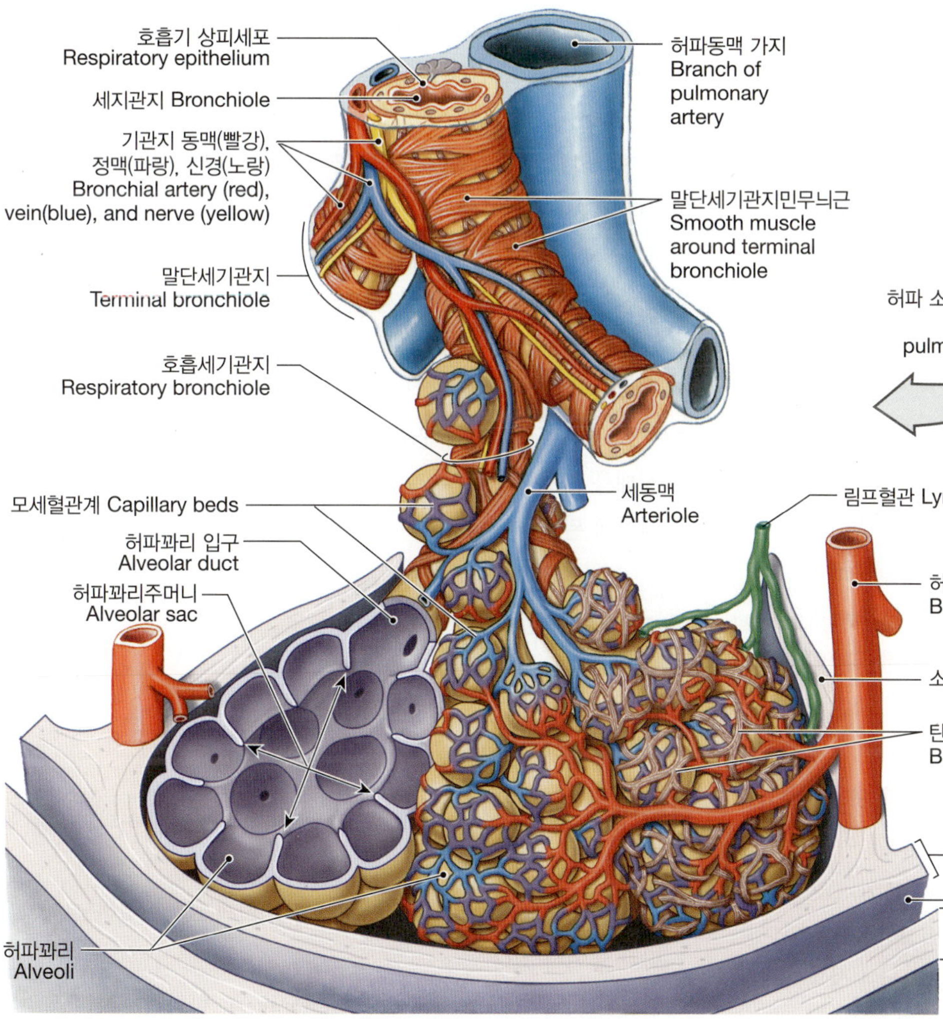

b 기관지 허파 분절의 일부인 단일 허파 소엽의 구조.

15

체크포인트

4. 코안 표면은 어떤 물질이나 액체로 세척되는가?
5. 인두를 통로로 사용하는 두 가지 신체 계통은 무엇인가?
6. 성대의 장력이 증가하면 목소리의 높낮이는 어떻게 되는가?
7. 기관벽이 완전한 원형 연골보다 C자형 연골일 때 기능적 이점은 무엇인가?

책 뒷면에 있는 파란색 정답 탭을 참조.

15-3 호흡계통의 호흡 부분은 허파 속 작은 세기관지와 허파꽈리(폐포)로 이루어져 있다.

학습목표 허파꽈리의 기능적 해부학과 허파의 표면적 해부학을 설명한다.

세기관지 The Bronchioles

세기관지는 가장 미세한 전도 통로인 말단 세기관지로 더 분지한다. 이 가는 관의 내경은 0.3~0.5 mm이고, 각 말단 **세기관지**(*terminal bronchioles*)는 허파의 소엽에 공기를 공급한다. **허파 소엽(pulmonary lobule)**은 결합 조직 구획으로 둘러싸인 허파 조직의 한 부분이다. 허파동맥, 허파정맥 가지가 혈액을, 호흡 통로가 공기를 각 소엽에 공급한다(**그림 15-6b**). 소엽 내에서 말단 세기관지는 여러 개의 **호흡 세기관지**(*respiratory bronchioles*)를 형성하기 위해 나눠진다. 이 통로는 기관지 나무의 가장 가는 가지이다. 호흡 세기관지들은 허파의 기체 교환 표면에 공기를 전달한다.

허파꽈리관과 허파꽈리 The Alveolar Ducts and Alveoli

호흡 세기관지는 **허파꽈리관(alveolar duct)**이라고 하는 통로로 열린다(**그림 15-7a**). 이 관은 허파의 교환 표면인 여러 개별 허파꽈리에 연결된 공통 방(chamber)으로 연결된다. 각 허파에는 약 1억 5천만 개의 허파꽈리가 있다. 허파꽈리는 허파가 열려 있게 해서 스펀지 같은 모양을 한다(**그림 15-7b**).

15

우리의 신진대사를 충족하려면 허파의 허파꽈리 교환 표면이 매우 커야 하는데, 이는 약 140제곱미터(테니스 코트의 약 1/2)에 이른다. 허파꽈리 상피는 주로 단순한 편평상피로 구성된다(**그림 15-7c**). I형 허파세포(*type I pneumocytes*)라고 하는 편평상피세포는 비정상적으로 얇다. 떠돌아다니는 **허파꽈리 큰포식세포(alveolar macrophage)**는 상피를 순찰한다. 그들은 허파꽈리 표면에 도달한 모든 입자를 탐식한다.

허파꽈리의 편평세포 사이에 흩어져 있는 것은 큰 **중격세포(septal cells)** 또는 II형 허파꽈리세포(*type II pneumocytes*)이다. 중격세포는 **표면활성제(surfactant)**라고 하는 유성 분비물을 생성한다. 중격세포는 허파꽈리 표면에 표면활성제를 분비하여 물로 된 얇은 막 위의 표면을 덮는다.

표면활성제는 허파꽈리를 열어두는 데 중요한 역할을 하는데, 허파꽈리 표면을 덮는 액체의 표면 장력을 감소시킨다. 2장에서 표면 장력은 공기-물 경계에서 물 분자 사이의 인력으로 인해 발생한다는 내용을 학습하였다. 표면활성제가 없으면 표면 장력이 얇은 허파꽈리 벽을 무너뜨릴 것이다. 표면활성제 수준이 부적절할 때(외상 또는 유전적 기형의 결과로), 각 흡입은 허파꽈리가 완전히 열릴 만큼 충분히 강력해야 한다. **호흡곤란 증후군(respiratory distress syndrome)**이라고 하는 이 상태를 가진 환자는 수축된 허파를 계속 부풀리기 위한 노력으로 곧 지치게 된다.

호흡막 The Respiratory Membrane

기체 교환은 허파꽈리의 **호흡막(respiratory membrane)**을 가로질러 일어난다. 호흡막에는 3개의 층이 있다(**그림 15-7d**).

1. **허파꽈리 상피**(***Aveolar epithelium***). 편평상피세포는 허파꽈리를 둘러싸고 있습니다.
2. **모세혈관 내피**(***Capillary endothelium***). 내피세포는 인접한 모세관을 따라 늘어서 있다.
3. **융합된 바닥막**(***Fused basement membranes***). 바닥막은 허파꽈리와 내피 세포 사이에 있다.

호흡막에서 허파꽈리의 공기와 혈액이 분리된 거리는 매우 짧다.

임상노트

세기관지염 및 호흡기 세포융합 바이러스 감염
Bronchiolitis and Respiratory Synctial Virus Infections

더 작은 기도의 감염인 **세기관지염**(*bronchiolitis*)은 2세 미만의 어린이에게 흔한 질병이다. 세기관지염의 대부분의 경우는 **호흡기 세포융합 바이러스**(*respiratory syncytial virus, RSV*)에 의해 유발된다. 이 바이러스는 한겨울에 자주 유행병으로 발생하며, 주로 생후 2개월에서 6개월 사이의 어린이에게 주로 영향을 미친다. 전형적으로 RSV에 감염된 어린이는 콧물, 미열, 식욕 감퇴가 발생한다. 그래서 호흡할 때 호흡수와 깊이가 증가한다. 질병이 진행됨에 따라 종종 산소 포화도가 떨어지고, 쌕쌕거리는 소리가 나고, 허파 내부의 공기가 갇히게 되어 가슴이 과팽창하게 된다. 치료에는 집중 모니터링, 산소 보충, 기관지 확장제, 때때로 환기 보조가 있다. 일반적으로 소아는 감염 후 평생 면역이 된다.

그림 15-7 허파꽈리 조직.

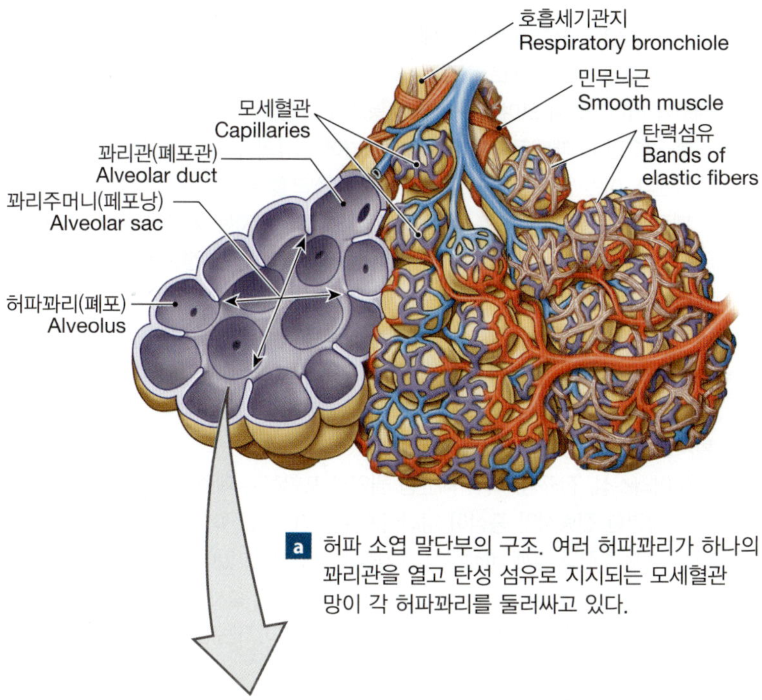

a 허파 소엽 말단부의 구조. 여러 허파꽈리가 하나의 꽈리관을 열고 탄성 섬유로 지지되는 모세혈관 망이 각 허파꽈리를 둘러싸고 있다.

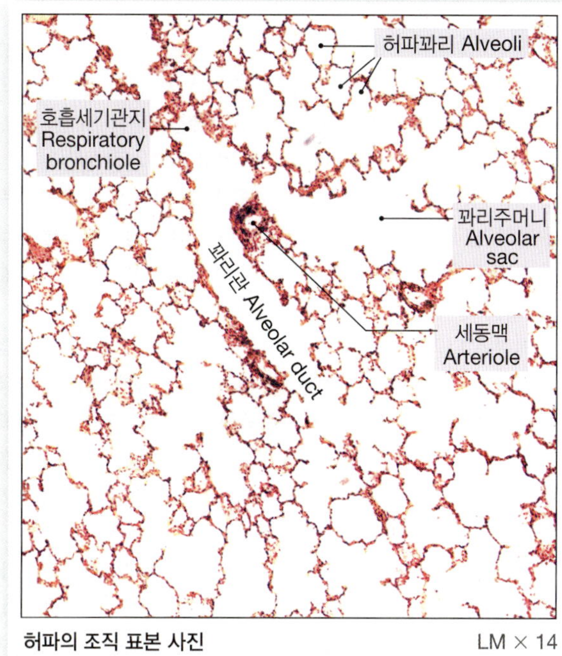

b 허파 조직의 저배율 광학현미경 사진.

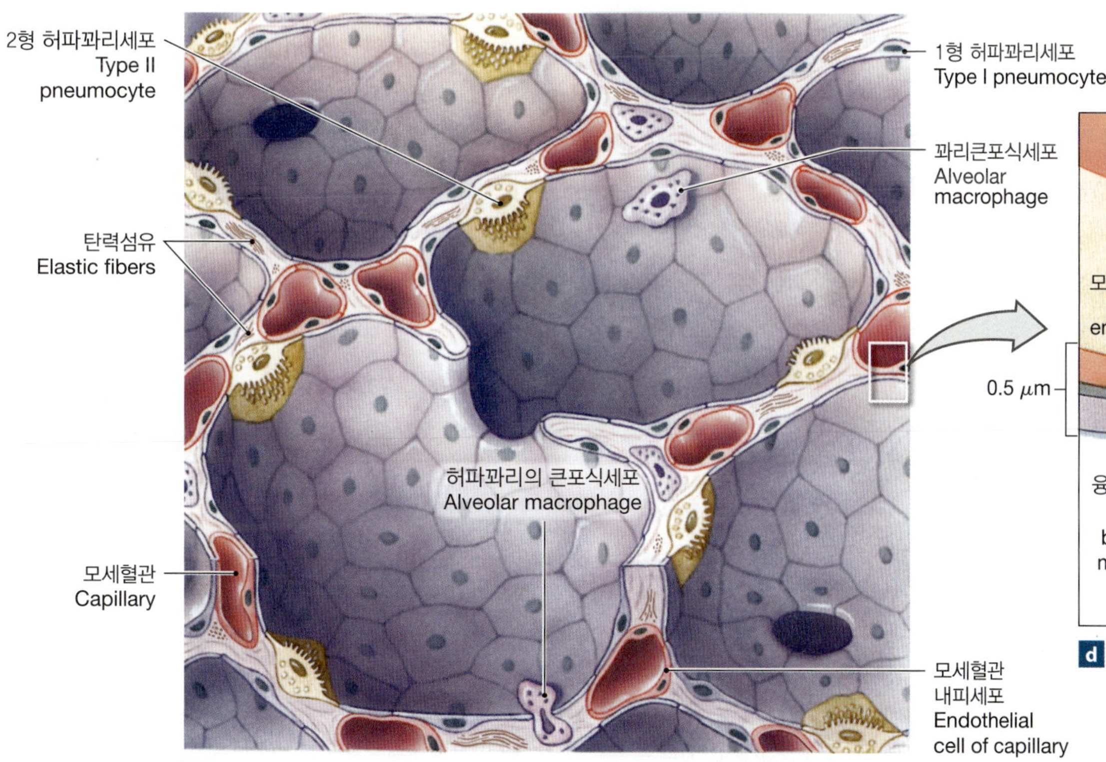

c 허파꽈리 구조의 도식적 보기. 단일 모세관은 동시에 여러 허파꽈리와 기체 교환에 관여할 수 있다.

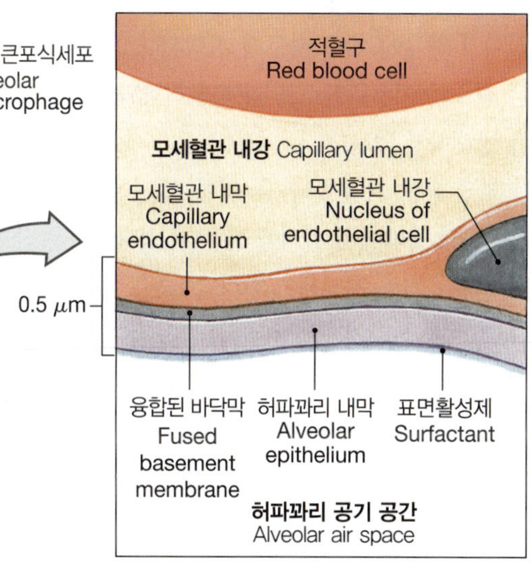

d 허파꽈리 상피세포, 모세혈관 내피세포 및 융합된 바닥막으로 구성된 호흡막.

15

임상노트

폐렴 Pneumonia

폐렴은 허파의 감염으로 특히 고령자와 인체 면역 결핍 바이러스(HIV)에 감염된 사람들에게 흔한 의료문제이다. 사실, 폐렴은 두 환자 그룹의 주요 사망 원인 중 하나이며 미국에서 다섯 번째 주요 사망 원인이다.

HIV 감염 환자와 면역억제 요법을 받고 있는 환자(암 환자)는 폐렴에 걸릴 위험이 높다. 또한 아주 어리거나 아주 나이가 많은 사람들은 비효율적인 보호 기제로 인해 폐렴에 걸릴 위험이 더 높다. 다른 위험 요소에는 알코올 중독, 흡연 및 추운 온도에 대한 노출 등이 있다.

폐렴은 다양한 감염원이 허파를 침범하여 발생하는 관련 호흡기 질환의 집합체이다. 적절하게 점액을 생성하는 것과 세균 침입으로부터 신체를 보호하는 호흡기 섬모의 작용이 중요하다는 것을 기억해야 한다. 어떤 환자가 위험에 처해 있는지 고려할 때, 공통된 개념은 점액 생성에 문제가 있는지, 섬모의 작용에 문제가 있지, 혹은 둘 다에 문제가 있는지를 생각해야 한다.

세균 및 바이러스 폐렴이 가장 자주 발생하지만, 진균 및 기타 형태의 폐렴도 발생한다. 보다 특이한 형태의 폐렴은 현재 또는 최근에 병원 입원을 통해 다양한 미생물에 노출된 환자에게서 나타나는데, 이것을 **병원획득**(*hospital-acquired pneumonia*) **폐렴**이라고 한다. 병원 밖 환경에서 발생하는 폐렴은 **지역사회 획득 폐렴**(*community-acquired pneumonia*)으로 설명한다. 감염은 허파의 한 부분에서 시작하여 종종 인근 허파꽈리로 퍼진다. 감염은 결국 허파 전체로 퍼질 수 있다. 질병이 진행됨에 따라 체액과 염증세포가 허파꽈리에 모여서 허파꽈리 붕괴가 발생할 수 있다. 폐렴은 주로 환기를 일으킨다. 때때로 감염은 허파를 넘어 혈류와 신체의 더 먼 부위까지 확장된다. 이런 염증의 전신 확산은 패혈성 쇼크를 유발할 수 있다.

폐렴 환자는 일반적으로 아픈 것처럼 보인다. 환자는 최근에 흔히 "침대 떨림"으로 묘사되는 열과 오한을 경험을 것이고, 대부분 전신의 힘이 없고, 불편한 상태이다. 환자는 깊고 분비물이 많은 기침을 호소하는 경향이 있으며 종종 혈액 줄무늬가 있는 노란색에서 갈색 가래를 배출할 수 있다. 폐렴은 많은 경우에는 흉막성 흉통과 연관되므로 특히 열이나 오한이 동반되는 흉통을 호소하는 환자는 폐렴을 고려해야 한다. 허파의 하엽을 침범한 폐렴 환자는 상복부 통증만 호소할 수 있다.

바이러스성, 진균성, 희귀 세균성 원인을 포함하는 폐렴의 형태에서는 위에서 설명한 전형적인 증상이 나타나지 않는다. 대신, 이 환자들은 덜 두드러진 허파 소견과 함께 비생산적인 기침을 호소할 수 있다. 두통, 권태감, 피로, 근육통, 인후통 등의 전신증상과 메스꺼움, 구토, 설사 등의 복통이 더 두드러진다. 발열과 오한이 세균성 폐렴만큼 인상적이지는 않다.

총 거리는 0.1 μm만큼 작을 수도 있지만 평균은 약 0.5 μm이다. 호흡막을 통한 확산은 거리가 짧고 산소와 이산화탄소 분자가 작고 지용성이기 때문에 매우 빠르게 진행된다. 상피 및 내피 세포의 원형질막은 산소와 이산화탄소가 혈액과 허파꽈리 공기 사이에서 이동하는 것을 방해하지 않는다.

호흡계통 기체 교환을 위한 표면은 **허파순환**(**폐순환**, *pulmonary circuit*)의 동맥에서 혈액을 받는다. 허파동맥은 산소가 없는 혈액을 운반한다는 것을 기억해야 한다. 그들은 기관지와 그 가지를 따라 소엽으로 허파와 가지에 들어간다. 세동맥은 각 소엽으로 들어가고, 모세혈관망은 허파꽈리 상피 바로 아래에 있는 각 허파꽈리를 둘러싸고 있다. 기체 교환이 일어난 후, 허파꽈리 모세혈관에서 나온 산소가 풍부한 혈액은 허파의 세정맥을 통과해 허파정맥으로 들어가 좌심방으로 전달된다.

기체 교환에 참여하는 것 외에도 허파꽈리 모세혈관의 내피세포는 **안지오텐신 전환효소**(*angiotensin-converting enzyme, ACE*)의 주요 공급원이다. ACE는 순환하는 안지오텐신 I을 안지오텐신 II로 전환한다. 안지오텐신 II는 혈액량과 혈압을 조절하는 데 중요한 역할을 한다.

허파의 공기를 전도하는 조직은 자체적으로 필요한 산소와 영양소를 어떻게 얻을까? 영양소는 가슴부위 대동맥에서 분기되는 기관지동맥에 의해 공급되는 모세혈관을 통해 공급받는다. 이 기관지 모세혈관에서 나온 정맥혈은 전신 순환계나 허파 순환계를 통해 심장으로 되돌아간다. 이 정맥혈의 대부분은 허파정맥으로 흘러들어가 허파정맥에서 심장으로 되돌아오는 산소화된 동맥혈을 희석시킨다.

허파 순환의 혈압은 보통 비교적 낮다. 허파동맥 수축기 혈압은 30 mmHg 이하로 낮아서 허파동맥은 작은 혈전, 지방 덩어리 또는 기포에 의해 쉽게 막힐 수 있다. 심장에서 박출되는 모든 혈액이 허파로 들어오기 때문에 혈액에 떠다니는 덩어리가 있으면 즉시 문제를

임상노트

허파색전증 Pulmonary Embolism

허파색전증(*pulmonary embolism*)은 진단이 극히 어렵지만 흔하고 잠재적으로 치명적인 질병이다. 일반적으로 다리나 골반의 큰 정맥에서 발생한다. **심부 정맥 혈전증**(*deep venous thrombosis, DVT*)이라고 하는 다리의 혈전은 일반적으로 몇 분에서 몇 시간에 걸쳐 발생한다. 입원이나 장거리 비행기 또는 자동차를 타는 것과 같은 장기간 움직이지 않는 자세는 DVT 발병의 위험 요소로 확인되었다. 결과적으로 혈전 떨어져 나와 순환계를 통해 이동하여 허파순환계로 들어간다. 혈전이 자신보다 작은 혈관에 도달하면 혈전이 혈관에 박혀 허파로의 혈류가 제한되고 산소 공급이 감소한다. 큰 혈전은 허파의 상당 부분을 막을 수 있으며 빠르게 죽음에 이르게 할 수 있다.

그림 15-8 허파의 전체 구조.

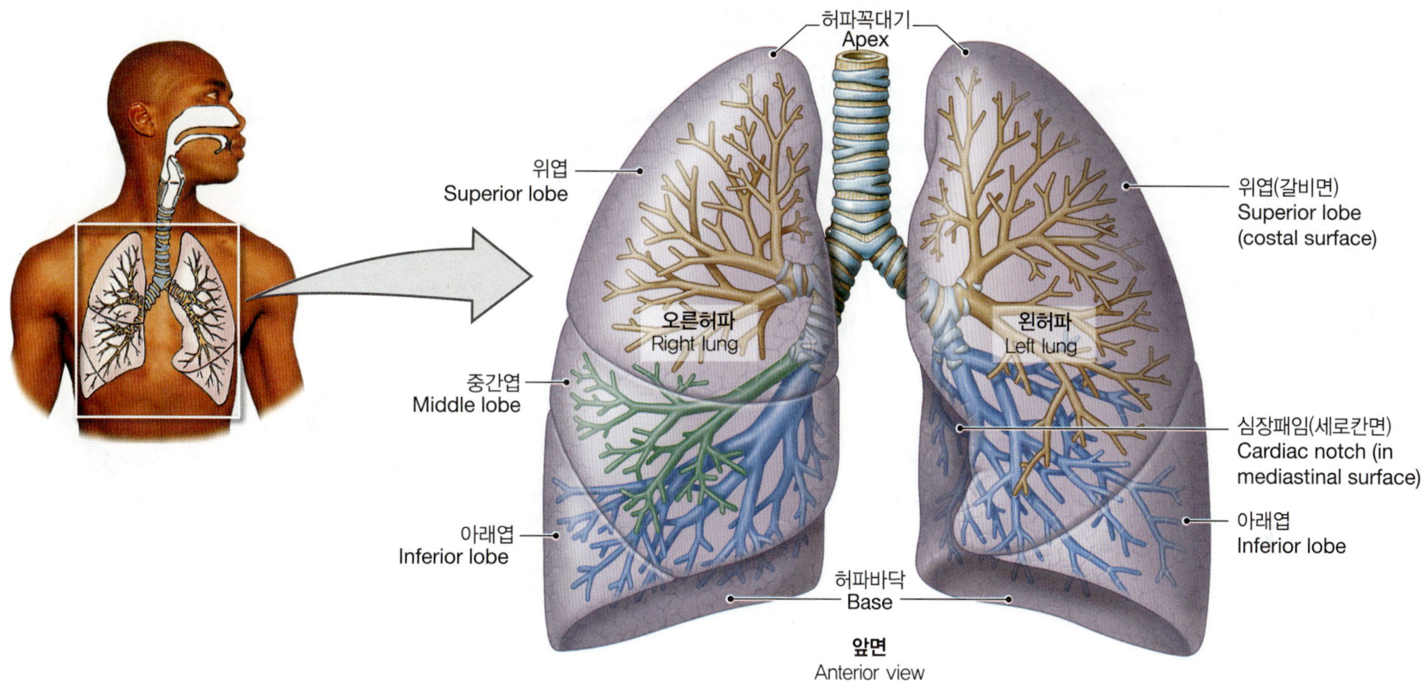

일으킬 수 있다. 허파동맥의 한 가지가 막히면 소엽 또는 허파꽈리 그룹으로 가는 혈류가 중단된다. 이 상태를 **허파색전증(pulmonary embolism)**이라고 한다.

허파 The Lungs

두 개의 허파와 기관지의 가지가 그림 15-8에 나와 있다. 두 개의 **허파(lung)**는 각각 깊은 틈으로 구분되는 뚜렷한 **엽(lobe)**을 가지고 있다. 오른쪽 허파에는 3개의 엽(*superior, middle, and inferior*)이 있고, 왼쪽 허파에는 2개(*superior, and inferior*)가 있다. 둥그스름한 허파꼭대기(apex)는 첫째 갈비뼈 위로 솟아 목의 뿌리 부분에 위치하며, 오목한 허파바닥(base)은 가로막의 윗면에 놓여 있다. 각 허파는 가슴우리 내부의 가슴벽의 만곡의 형태를 따른다. 양쪽 허파의 **가슴세로칸면**(*mediastinal surfaces*)에는 큰 혈관이 통과하고 심장에 의해 움푹 들어간 자국이 있다. 정면에서 보면 오른쪽 허파의 안쪽 가장자리가 수직선을 형성하지만 왼쪽 허파의 안쪽 가장자리는 심장패임으로 움푹 들어가 있다. **심장패임**(*cardiac notch*)은 신체의 정중선 왼쪽에 있는 심장막을 위한 공간을 제공한다.

각 허파의 실제 부피의 대부분은 공기로 채워진 통로와 허파꽈리로 구성되어 있기 때문에 허파는 스펀지 같이 가볍다. 풍부한 탄성 섬유로 인해 허파는 부피의 큰 변화를 견딜 수 있다.

가슴막안(흉막강) The Pleural Cavities

기슴안은 넓은 원뿔 모양이다. 가슴안의 벽은 갈비뼈로 구성된다. 가슴안의 바닥은 근육질 가로막이다. 가슴안 내에서 각 허파는 하나의 가슴막안으로 둘러싸여 있다. 각 가슴막안은 **가슴막(흉막, pleura)**이라고 하는 장막으로 둘러싸여 있다. **벽쪽가슴막**(*parietal pleura*)은 가슴벽의 내부 표면을 덮고 가로막과 세로칸 위로 펼쳐진다. **내장쪽가슴막**(*visceral pleura*)은 허파의 외부 표면을 덮고 엽과 엽 사이 틈으로 뻗어 있다(그림 15-9). 두 개의 가슴막안은 세로칸에 의해 분리된다.

벽쪽가슴막과 내장쪽가슴막은 일반적으로 밀접하게 접촉해 있기 때문에 각 가슴막안은 실제로 열린 공간이 아니라 잠재적인 공간이다. 두 층 모두 소량의 **가슴막액**(*pleural fluid*)을 분비한다. 이 미끄러운 액체는 호흡할 때 가슴막 표면 사이의 마찰을 줄여준다. 가슴막액은 때때로 갈비뼈 사이에 긴 바늘을 삽입하여 진단 목적으로 채취한다. 이 절차를 **가슴천자**(*thoracentesis*)라고 한다. 체취한 체액에서 세균, 혈액 세포 및 기타 비정상 성분을 검사한다.

가슴벽 손상이 벽쪽가슴막을 관통하거나 허파꽈리를 손상시키면 내장쪽가슴막을 통해 가슴막안으로 공기가 들어갈 수 있다. **공기가슴증(기흉, pneumothorax)**이라고 하는 이 상태는 벽쪽가슴막과 내장쪽가슴막이 가슴막액에 의해 붙어 있을 수 없게 되어 허파의 탄성 섬유에 의해 허파가 움츠러들게 한다. 이러한 결과로 허탈된 허파 또는 **무기폐(atelectasis)**가 된다. 치료는 손상된 부위를 밀봉하기 전에 가능한 한

그림 15-9 가슴안의 해부학적 관계.

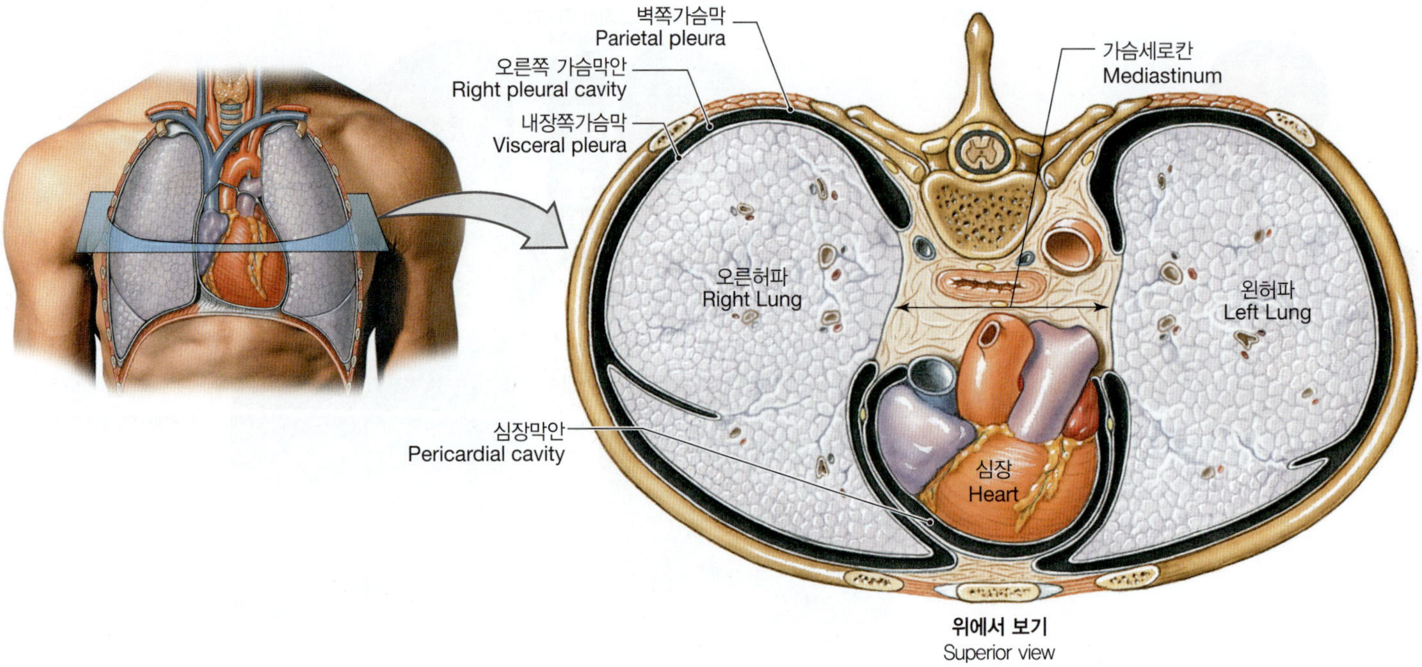

임상노트

결핵 Tuberculosis

결핵(tuberculosis) 또는 TB는 다른 기관도 침범할 수 있지만 허파의 세균 감염으로 인해 발생한다. 결핵균인 *Mycobacterium tuberculosis*는 호흡 통로, 간질 공간, 허파꽈리, 또는 이 세 가지 모두에 감염될수 있다. 징후와 증상은 다양하지만 일반적으로 발열, 식은땀, 피로, 체중 감소를 동반한 기침 및 흉통을 포함한다.

결핵은 전 세계적으로 중요한 건강 문제이다. 1900년에는 당시 "폐결핵"으로 알려진 결핵이 주요 사망 원인이었다. 오늘날에도 가장 흔하고 심각한 전염병 중 하나로 남아 있다. 세계 인구의 약 3분의 1이 결핵에 감염되어 있다. 세계보건기구(WHO)에 따르면 2013년에 900만 명이 결핵 진단을 받았고 150만 명이 이 질병으로 사망했다. AIDS와 같은 다른 치명적인 전염병과 달리 결핵은 일상적인 접촉을 통해 전염된다. 기침, 재채기 또는 말하기를 통해 감염된 개인은 다른 사람들이 흡입할 수 있는 작은 비말로 세균을 공기 중으로 보낼 수 있다.

결핵 치료는 세균이 느리게 성장하고 뼈, 림프계 및 뇌막과 같은 다양한 조직으로 퍼질 수 있기 때문에 복잡하다. 세균은 표준 항생제에 대한 내성이 생길 수 있어 장기간의 치료가 필요하다. 그 결과 여러 항생제를 6~9개월에 걸쳐 투여한다. 환자가 완전하게 치료될 때까지 결핵 약물을 복용하는 것이 중요하다. 너무 빨리 중단하면 아직 살아 있는 세균이 두 가지 이상의 항생제에 내성을 갖게 되어 결핵 치료가 더 어려워질 수 있다.

15

많은 공기를 제거하는 것이다. 이 절차는 가슴막액이 벽쪽가슴막과 내장쪽가슴막이 다시 붙게 하여 허파를 다시 부풀린다. 가슴막안에 혈액이 축적되면 허파 용적도 감소할 수 있는데, 이 상태를 **혈흉(혈액가슴, hemothorax)**이라고 한다.

체크포인트

8. 공기가 성문에서 호흡막으로 흐르는 경로를 확인하시오.
9. 표면활성제가 생성되지 않으면 허파꽈리는 어떻게 되는가?
10. 가슴막 표면의 기능은 무엇인가?

책 뒷면에 있는 파란색 정답 탭을 참조.

15-4 외호흡과 내호흡으로 신체 내에서 기체 교환이 가능하다

학습목표 외호흡과 내호흡의 과정을 설명한다.

호흡(*respiration*)이란 용어는 일반적으로 외호흡(*external respiration*)과 내호흡(*internal respiration*) 두 과정을 포함한다. **외호흡(external respiration)**은 신체의 사이질액과 외부 환경 사이의 산소와 이산화탄소 교환과 관련된 모든 과정을 포함한다. 그 목적과 호흡계의 주요 기능은 다양한 조건에서 세포의 호흡 요구를 충족시키는 것이다. **내호흡(internal respiration)**은 세포의 산소 흡수와 이산화탄소를 방출하는 것이다. (우리는 17장에서 산소 사용과 이산화탄소 방출과 관련된 세포 경로에 대해 학습한다.)

외호흡에는 세 단계가 있다.

1. **허파 환기**(*pulmonary ventilation*) 또는 호흡은 공기가 허파 안팎으로 물리적으로 움직이는 것이다.
2. **가스 확산**(*gas diffusion*)은 두 곳에서 발생하는데, 하나는 허파꽈리 내 공기와 허파꽈리 모세혈관 사이의 호흡막을 통해, 다른 하나는 혈액과 다른 조직 사이의 모세혈관 벽을 통해 발생한다.
3. **산소와 이산화탄소의 운반**(*transport of oxygen and carbon dioxide*)은 허파꽈리 모세혈관과 다른 조직의 모세혈관층 사이에서 일어나는데, 이 단계는 혈류가 있어 가능하다.

이러한 과정에 이상이 발생하면 궁극적으로 간질액의 가스 농도에 영향을 미쳐, 결과적으로 세포 활동이 영향을 받는다. 산소 농도가 감

임상노트

긴장성 기흉과 가슴 감압 Tension Pneumothorax and Chest Decompression

특정 흉부 응급 상황에서 응급처치요원이 가슴을 감압하면 생명을 구할 수 있다. 가슴막 감압이 필요한 가장 흔한 상태는 **긴장성 기흉**(*tension pneumothorax*)이다. 긴장성 기흉의 경우 허파 중 하나에서 누출 또는 파열이 발생한다. 가슴막안으로 공기가 새기 시작하고 가슴부위를 빠져나갈 길이 없기 때문에 공기가 쌓이기 시작한다. 결국, 영향을 받은 허파를 압박하기 시작하여 환기가 감소하고 관류가 감소한다. 치료하지 않고 진행하게 되면 팽창하는 공기 덩어리가 세로칸을 부상당한 쪽 반대로 밀기 시작할 것이다. 이는 심실 충만을 감소시켜 심박출량을 감소시킬 수 있다. 지속적인 악화를 방지하기 위해 응급처치요원은 가슴부위의 압력을 환경의 압력과 동일하게 해야 한다. 이것은 압축된 공기를 제거하고, 허파를 재팽창시키며, 가슴세로칸을 정상 위치로 되돌려 놓을 것이다.

가슴부위를 감압하는 가장 간단한 방법은 가슴벽을 통해 가슴막안으로 바늘을 삽입하는 것이다. 이 절차는 중간 겨드랑이 라인의 다섯 번째 갈비사이 공간 또는 빗장뼈 중앙 라인에서 두 번째 갈비뼈 공간에서 가장 안전하다. 갈비사이 신경혈관 다발은 각 갈비뼈 바로 아래와 약간 뒤에 있다는 것을 기억해야 한다. 갈비사이 동맥이나 정맥의 우발적인 천자는 심각한 출혈을 유발할 수 있으며, 갈비사이 신경의 천자 또는 열상은 그것이 공급하는 피부절에 통증이나 감각 상실을 유발할 수 있다. 이 때문에 갈비뼈를 촉지하여 갈비뼈 위쪽 경계를 따라 바늘을 삽입하는 것이 중요하다. 이러한 경고는 특히 가슴관(흉관)을 삽입할 때 중요하다. 절개 및 튜브 삽입은 갈비뼈의 상부 표면을 가로질러 진행되어야 한다(**그림 15-10**).

또한 가슴막 통증 섬유는 내장쪽가슴막이 아니라 벽쪽가슴막에 있다는 것을 기억해야 한다. 환자는 바늘이 가슴벽을 빠져나갈 때 가장 고통을 경험할 것이다. 가슴관과 같은 더 큰 관을 삽입할 때 환자가 가능한 한 편안하도록 벽쪽가슴막에 적절한 양의 국소 마취제를 주입하는 것이 중요하다.

그림 15-10

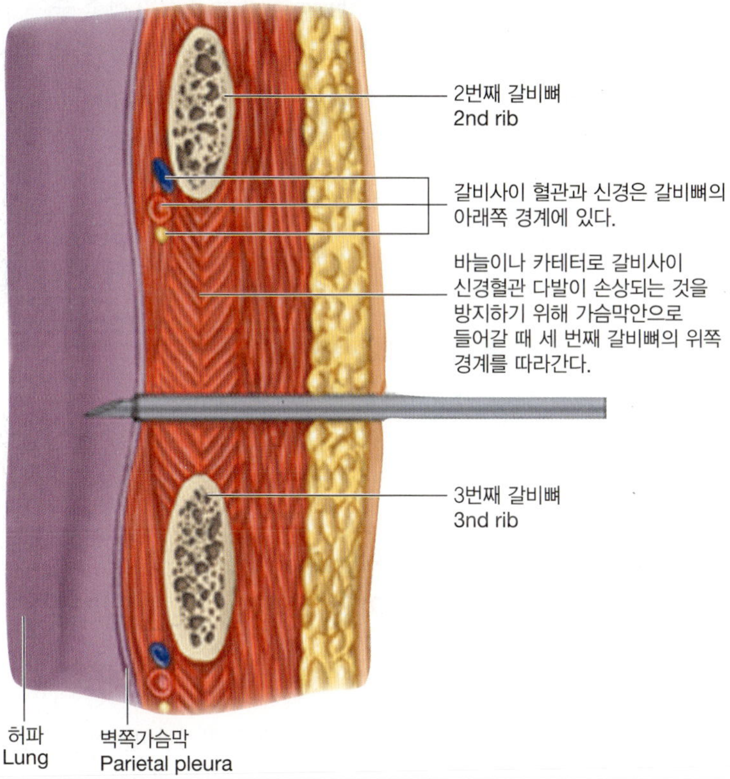

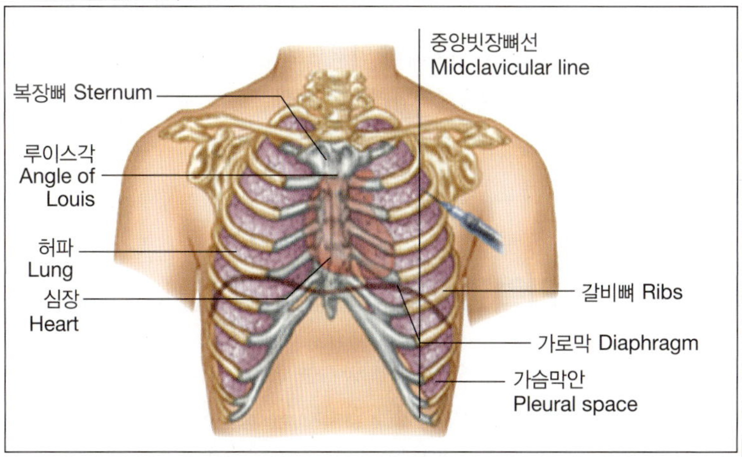

지식 쌓기

미토콘드리아는 세포가 생존하는 데 필요한 에너지의 약 95%를 생산한다는 것을 기억하시오(**3장: 세포 구조 및 기능** 참조). 미토콘드리아 활동의 주요 반응은 산소를 소비하고 이산화탄소를 생성하는 것이다. 미토콘드리아 에너지 생산 과정은 호기성(aero-, 공기+bios, 생명) 대사 또는 **세포 호흡**(*cellular respiration*)으로 알려져 있다. 이러한 유형의 호흡은 외부 호흡 및 내부 호흡과 다르다.

소하면 조직은 산소 부족하여 **저산소증(hypoxia)** 또는 조직의 산소 수준이 낮아진다. 이런 상황은 영향을 받는 조직의 신진 대사 활동에 심각한 제한을 준다. 산소 공급이 완전히 차단되면 **무산소증(anoxia)** 또는 산소 부족이 발생한다. 무산소증으로 인해 세포는 매우 빠르게 죽게 되는데, 뇌졸중과 심장마비로 인한 손상의 대부분은 국소적인 무산소증으로 인해 발생한다.

체크포인트

11. 외호흡과 내호흡을 정의하시오.
12. 외호흡과 관련된 단계별 이름을 말해보시오.

책 뒷면에 있는 파란색 정답 탭을 참조.

15-5 허파환기(대기와 허파 사이의 공기 교환)에는 압력 변화와 근육 운동이 포함된다

학습목표 공기가 허파로 운반되는 기전과 호흡근육의 작용을 설명한다.

15

허파 환기(pulmonary ventilation)는 호흡 기관으로 공기가 들어오고 나가는 물리적인 움직임이다. 그것의 주요 기능은 적절한 **허파꽈리 환기(alveolar ventilation)**, 즉 허파꽈리 안팎으로 공기의 이동을 유지하는 것이다. 허파꽈리 환기는 허파꽈리에 이산화탄소가 축적되는 것을 방지한다. 또한 혈류에 의해 흡수될 수 있도록 산소를 지속적으로 공급한다.

허파로 가는 압력과 기류 Pressure and Airflow to the Lungs

텔레비전 일기예보에서 알 수 있듯이 공기는 고기압에서 저기압으로 흐른다. 이러한 고압과 저압의 차이를 **압력차**(*pressure gradient*)라고 한다. 기압경도는 대기 바람의 이동과 허파 안팎으로의 공기 이동(허파

임상노트

담배 남용 Tobacco Abuse

담배 흡연과 담배 제품의 남용은 호흡기 및 심혈관 질환 발병의 중요한 위험 요소이다. 항상 환자에게 담배와 담배 사용에 대해 질문해야 한다. 환자들은 일반적으로 그것을 축소해서 보고할 것이다. 담배 사용에 대한 더 나은 정보들은 환자의 배우자나 다른 가족에게서 얻을 수 있다.

환자의 흡연 이력은 일반적으로 팩/년 단위로 보고한다. 가능하면 하루에 피우는 담배갑(20개비/갑)의 수와 환자가 흡연한 기간을 확인해야 한다. 하루에 피운 갑의 수에 연수를 곱한다. 예를 들어, 15년 동안 하루에 두 갑을 흡연한 사람은 연간 30갑의 흡연 이력이 있는 것이다. 폐기종, 만성 기관지염 및 폐암과 같은 흡연과 관련된 의학적 문제는 일반적으로 환자가 20갑/년 병력을 초과한 후에 시작되지만 이는 상당히 다를 수 있다. 이것은 병력의 중요한 부분이며 환자의 상태가 허용하는 경우 결정해야 한다.

환기)에 모두 적용된다. 폐쇄되고 유연한 용기(예: 허파)에서 가스(예: 공기)에 대한 압력은 용기의 부피를 늘리거나 줄여서 변경할 수 있다. 용기(허파)의 부피가 증가함에 따라 압력이 가스(공기)의 양이 감소한다. 부피가 감소함에 따라 압력이 증가한다.

허파의 부피는 가슴안의 부피에 따라 다르다. 벽쪽가슴막과 내장쪽가슴막 사이의 얇은 가슴막액으로 된 막이 벽쪽가슴막과 내장쪽가슴막을 분리한다. 두 막은 서로 미끄러질 수 있지만 그 유체막에 의해 함께 움직인다. 매끄러운 표면에 젖은 유리를 놓은 것과 같은 원리라고 볼 수 있다. 유리를 쉽게 밀 수 있지만 들어 올리려고 할 때 이 유체 결합에서 상당한 저항을 느낀다. 벽쪽가슴막과 허파를 덮고 있는 내장쪽가슴막 사이에는 유사한 결합이 존재한다. 이 결합으로 인해 각 허파의 표면은 가슴의 내벽과 가로막의 상부 표면에 달라붙어 있다. 따라서 가슴안의 팽창이나 수축은 허파의 부피에 직접적인 영향을 미친다.

집중 조명 그림 15-12에서 볼 수 있듯이 가슴안 용적의 변화는 가로막과 가슴우리의 움직임으로 인해 발생한다.

- **가로막(*Diaphragm*)**. 가로막은 가슴안의 바닥을 형성한다. 이완되면 가로막은 돔 모양이다. 가슴안으로 위쪽으로 돌출되어 허파를 압박한다. 가로막이 수축하면 편평해져서 가슴안의 부피가 증가하고 허파가 확장된다. 가로막이 이완되면 원래 위치로 돌아가 가슴안의 부피가 감소한다.
- **가슴우리(*Rib cage*)**. 가슴우리를 높이면 갈비뼈와 척추뼈가 관절을 이루는 방식 때문에 가슴안의 부피가 증가한다. 가슴우리를 낮추면 가슴안의 부피가 감소한다. 바깥갈비사이근과 부속 근육(예: 목빗근)

임상노트

호흡계통 중재 Respiratory System Interventions

호흡계통 응급상황을 관리하기 위해 몇 가지 응급중재가 사용된다. 근본적인 문제가 해결될 때까지 실제로 환자의 호흡을 대신해야 하는 경우가 종종 있다. 이것은 장치를 사용하여 환자에게 공급되어야 하는 공기를 공급하는 기계적 환기이다. 처음에는 적절한 호흡을 제공할 수 있는 일반적인 응급장비인 백-밸브-마스크(BVM)로 이 작업을 수행한다. 다만, 장기간에 걸쳐 호흡이 필요한 경우에는 기계식 인공호흡기를 사용한다.

기계적 환기 Mechanical Ventilation

장기간 환기가 필요한 환자는 일반적으로 기계식 인공호흡기를 사용한다. 기계식 인공호흡기는 호흡부전 환자에게 인공호흡기를 제공하는 장치이다.

기계식 인공호흡기는 **압력 순환식**(*pressure-cycled*), **부피 순환식**(*volume-cycled*) 또는 **시간 순환식**(*time-cycled*)으로 분류할 수 있다. 압력 순환식 인공호흡기에서는 사전 설정된 압력 한계에 도달하면 들숨 단계가 종료된다. 이러한 유형의 인공호흡기는 환자의 기도 순응도가 일정하게 유지되면 잘 작동한다. 기도 순응도는 공기 흐름에 대한 호흡계통의 저항이다. 기도 저항이 클수록 순응도가 낮아진다. 반대로 기도 저항이 적을수록 기도 순응도가 높아진다. 응급 상황에서 환자의 기도 순응도는 바뀔 수 있다. 기도 저항의 증가 또는 기도 순응도의 감소는 일회 호흡량의 감소를 유발할 수 있다. 심한 경우 호흡곤란으로 이어질 수 있다. 이 때문에 대부분의 압력 순환식 인공호흡기는 부피 순환식 인공호흡기로 교체되었다. 그럼에도 불구하고 압력 순환식 인공호흡기는 몇 가지 뚜렷한 장점이 있다. 첫째, 더 컴팩트하고 전력이 필요 없이 압축 가스로 구동될 수 있다. 따라서 구급차 및 헬리콥터 사용에 적합하다.

부피 순환식 인공호흡기는 사전 설정된 일회 호흡량에 도달하면 들숨이 종료된다. 공기는 일반적으로 압축 가능한 바람통에 의해 전달된다. 대부분의 부피 순환식 호흡기는 외부 전원에 의해 전원이 공급된다.

시간 순환식 인공호흡기의 경우 미리 설정된 시간이 만료되면 들숨이 종료되고 날숨이 시작된다. 시간 순환식 인공호흡기는 환자의 기도 순응도의 변화에도 불구하고 상당히 일정한 일회 호흡량을 전달한다는 점에서 부피 순환식 인공호흡기와 같다. 2차 압력 한계가 조정되면 압력 순환식 인공호흡기로도 작동할 수 있다. 시간 순환식 인공호흡기가 점점 인기를 얻고 있다.

인공호흡기 설정 Ventilator Settings

중요한 인공호흡기 매개변수는 대부분의 기계식 인공호흡기에서 제어할 수 있다. 여기에는 호흡수, 일회 호흡량, 들숨 산소 농도, 날숨말 양압(PEEP) 및 환기 모드가 포함된다. **호흡수**(*respiratory rate*)는 분당 인공호흡 횟수, **일회 호흡량**(*tidal volume*)은 각 환기 주기 동안 전달되는 공기의 양이다. 일회 호흡량은 일반적으로 초기에 이상적인 체중 킬로그램당 10~15 ml로 설정된다. 들숨 산소 농도 또는 FiO_2도 설정할 수 있다. 이것은 일반적으로 백분율 또는 소수로 표시된다(예: FiO_2 0.5 = 50% 들숨 산소 농도 또는 FiO_2 1.0 = 100% 들숨 산소 농도). *PEEP*는 날숨이 끝날 때 기도 내의 압력이다. PEEP는 일반적으로 물의 센티미터(cm/H_2O)로 표시되며 환자의 필요에 맞게 조정할 수 있다. 정상적인 PEEP 범위는 0 cm/H_2O~2 cm/H_2O이다. PEEP를 높이면 날숨 중에 허파꽈리를 열어 두어 산소 공급이 향상된다. 또한 붕괴된 허파꽈리를 다시 확장하는 데 도움이 되며, 이는 차례로 단락을 줄이고 PaO_2를 개선하는 데 도움이 된다.

마지막으로 대부분의 인공호흡기에서 인공호흡 모드를 설정할 수 있다. 다음과 같은 몇 가지 인공호흡기 모드가 있다.

- **제어된 기계적 환기**(*CMV*). 일반적으로 환자가 무호흡 상태인 상황에서 사용된다. CMV 모드에서 환자는 작업자가 설정한 속도로 인공호흡이 된다. 환자는 기계 호흡 사이에 숨을 쉴 수 없다.
- **보조 제어 모드 환기**(*ACMV*). ACMV를 사용하여 작업자는 환자에게 인공호흡해야 하는 최소 비율을 설정한다. 환자가 호흡 노력을 기울이지 않으면 규정된 호흡 횟수만 전달된다. 환자가 호흡을 시도하면 기계는 설정된 일회 호흡량과 동일한 일회 호흡량으로 추가 호흡을 제공한다. 인공호흡을 시작하는 데 필요한 음압의 양은 작업자가 조정할 수 있다.
- **간헐적 강제 환기**(*IMV*). ACMV와 마찬가지로 IMV를 사용하면 환자가 인공호흡기에 설정된 것보다 더 빠른 속도로 호흡할 수 있다. 그러나 기계는 환자 생성 환기에 대한 지원을 제공하지 않으며 환자는 자체 생성된 일회 호흡량만 받는다. 이를 통해 의료진은 환자의 기본 호흡 노력의 속도와 깊이를 결정할 수 있다.
- **동기화된 간헐적 강제 환기**(*SIMV*). IMV의 문제점은 환자가 자발적 들숨을 완료한 것처럼 인공호흡기가 때때로 인공호흡을 제공한다는 것이다. 이 때문에 SIMV가 개발되었다. SIMV를 사용하는 경우 모드는 인공호흡기가 환자의 자발적 호흡 주기 사이에 일시 중지되거나 자발적 호흡 시작과 일치하도록 기계 호흡 시간을 측정한다는 점을 제외하고는 IMV와 동일하다.
- **압력 지원 환기**(*PSV*). PSV 모드는 간헐적 양압 호흡 기계에서 사용되는 기본 모드이다. 환자가 호흡을 시작하면 들숨 유량이 최고 수준의 25% 아래로 떨어질 때까지 기계가 일정한 들숨 압력을 전달한다. 따라서 환자가 속도를 결정하고 일회 호흡량은 환자의 기도 순응도에 따라 달라진다. PSV는 일반적으로 인공호흡기에서 환자를 떼어낼 때 사용된다.

병원 전 기계 환기 Prehospital Mechanical Ventilation

병원 전 치료에 사용하기 위해 여러 기계식 인공호흡기가 개발되었다. 이들 중 대부분은 압력 순환식이며 압축 산소에 의해 구동된다. 대부분의 장치에서 호흡수와 V_T를 조정할 수 있다. 일부 장치의 경우 들숨 대 날숨 비율을 소아 환자에 맞게 조정할 수 있다. **자동 수송**(*automatic transport*) 인공호흡기라고도 하는 병원 전 기계식 인공호흡기는 병원 간 수송, 특히 중환자 병원 간 수송을 제공하는 EMS 장치에서 흔히 볼 수 있다(**그림 15-11**). 기계식 인공호흡기에 지나치게 의존하지 않는 것이 중요하다. BVM 장치는 호흡 부전의 경우 즉시 사용할 수 있어야 한다.

15

기계적 환기의 합병증 Complications of Mechanical Ventilation

기계적 환기는 안전하고 효과적이다. 그러나 특히 장기간의 기계적 환기 및 PEEP 사용 시 여러 합병증이 발생할 수 있다. 인공호흡기 치료의 비교적 흔한 합병증은 압력 외상이다. 기흉은 압력 외상의 가장 흔한 형태이고, 일반적으로 기흉은 단순하지만 인공호흡기에 의한 기흉을 인지하고 치료하지 못

(계속)

그림 15-11 병원 전 기계식 인공호흡기. 새로운 기술을 통해 병원 밖 환경에서 사용할 수 있는 소형 휴대용 인공호흡기가 개발되었다. 이 장치를 사용하면 여러 환기 매개변수를 선택할 수 있다.

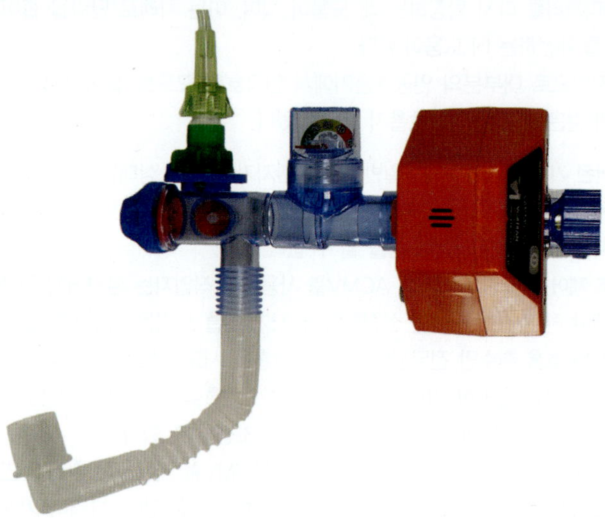

하면 긴장성 기흉과 심혈관 허탈을 유발할 수 있다. 압력 외상의 흔하지 않은 합병증은 기복증(pneumoperitoneum) 이다. 이것은 종종 파열된 복부 점막으로 오인되어 불필요한 수술을 초래할 수 있다. 기계적 환기의 다른 합병증으로는 심박출량 감소, 폐렴 및 산소 독성이 있다.

날숨끝 양압 Positive End-Expiratory Pressure

PEEP 또는 지속적인 기도 양압(CPAP)은 손실된 허파 용적을 회복하고 산소 공급을 증가시키는 데 사용할 수 있다. PEEP 또는 CPAP는 감소된 폐순응도가 적절한 일회 호흡량을 방해하거나 100% 산소 공급에도 불구하고 저산소혈증이 존재하는 경우에 고려해야 한다.

PEEP 및 CPAP는 일반적으로 물의 센티미터(cm/H_2O)로 측정된다. 처음에는 2.5~5.0 cm/H_2O의 PEEP를 시도해야 한다. 이것은 천천히 10~15 cm/H_2O로 증가될 수 있다. 12~15 cm/H_2O보다 큰 PEEP는 일반적으로 심박출량에 영향을 미친다. 20 cm/H_2O보다 큰 PEEP 압력은 PEEP의 이점이 위험을 능가하지 않는 지점까지 심실 충만에 영향을 미친다. 높은 수준의 PEEP는 가슴안 내 압력을 증가시켜 심장으로의 정맥 환류를 감소시킨다. 이것은 심실 충만을 감소시키고 궁극적으로 심박출량을 감소시킨다. 따라서 PEEP는 두부 손상이 있는 환자에게 주의해서 사용해야 한다. 증가된 가슴 부위 압력은 뇌로부터의 정맥 복귀를 방해하고 두개내 압력을 효과적으로 증가시키기 때문이다.

꼭 맞는 안면 마스크를 통해 CPAP를 전달할 수 있는 장치를 사용할 수 있다. 이들은 처음에 폐쇄성 수면 무호흡증의 치료를 위해 개발되었다. 그러나 CPAP의 사용은 산소 공급을 강화하고 많은 경우 기관 내 삽관의 필요성을 예방할 수 있음이 밝혀졌다. CPAP 장치가 보다 컴팩트해짐에 따라 병원 전 진료에서 사용 빈도가 증가하고 있다.

은 가슴우리를 들어 올린다. 속갈비사이근 및 기타 보조 근육(예: 배곧은근 및 기타 배부위 근육)은 가슴우리를 내린다.

호흡을 시작할 때 허파 내부와 외부의 압력은 동일하다. 이때 공기의 움직임은 없다(**집중 조명 그림 15-12**). 가로막과 호흡근육들이 수축하여 가슴안을 확장하면 허파가 확장된다. 결과적으로 허파 내부의 압력이 감소하여 허파 내부의 압력(P_{inside})이 외부의 대기압($P_{outside}$)보다 낮기 때문에 공기가 호흡통로로 들어간다(**집중 조명 그림 15-12**).

15

숨을 내쉴 때 갈비뼈가 아래쪽으로 움직임이고 가로막의 위쪽 움직여 과정을 역전시켜 허파의 부피를 줄인다. 허파 내부의 압력은 대기압보다 높아져 결과적으로 공기가 허파 밖으로 이동한다(**집중 조명 그림 15-12**).

순응 Compliance

허파의 **순응도(compliance)**는 허파가 얼마나 쉽게 늘어나거나 확장되는가이다. 순응도가 높을수록 허파를 채우고 비우기가 더 쉽다. 순응도가 낮을수록 허파를 채우고 비우는 데 필요한 힘이 커진다.

다양한 장애가 순응도에 영향을 미친다. 예를 들어, **폐기종**(*emphysema*)에서와 같이 허파꽈리 손상으로 인한 지지 결합 조직의 손실과 함께 순응도가 증가한다. **호흡곤란 증후군**(*respiratory distress syndrome*)에서처럼 날숨 시 허파꽈리가 붕괴되는 것을 방지하기 위해 표면활성제 생성이 너무 낮으면 순응도가 감소한다. 갈비뼈나 척주의 관절에 영향을 미치는 관절염이나 기타 골격 장애로 인해 가슴우리의 움직임이 제한되는 경우에도 순응도가 감소한다.

쉬고 있을 때 허파호흡과 관련된 근육 활동은 휴식 에너지 요구량의 3~5%를 차지한다. 순응도가 감소하면 에너지 수요가 크게 증가한다. 숨을 계속 쉬려고 하는 것만으로도 지칠 수 있다.

호흡 방식 Modes of Breathing

들이쉬거나 내쉬어야 할 공기의 양에 따라 다양한 호흡근육이 작용한다. 호흡 운동은 안정 호흡과 강제 호흡으로 분류된다.

안정 호흡(*quiet breathing*)에서 들숨은 근육 수축을 수반하지만 날숨은 수동적이다. 흡입은 1차 호흡 근육인 가로막과 바깥갈비사이근의 수축을 포함한다. 가로막 수축은 일반적으로 정상적인 조용한 호흡에서 공기 움직임의 약 75%를 차지한다. 바깥갈비사이근은 나머지 25%를 차지한다. 그러나 이러한 백분율은 변경될 수 있다. 예를 들

집중 조명 그림 15-12 허파 환기(PULMONARY VENTILATION)

허파 환기(pulmonary ventilation) 또는 호흡은 공기가 호흡기로 들어오고 나가는 것으로, 허파의 부피를 변화시켜 발생한다. 허파 용적의 변화는 뼈대근의 수축을 통해 발생한다. 가장 중요한 호흡 근육은 가로막과 바깥갈비사이근이다.

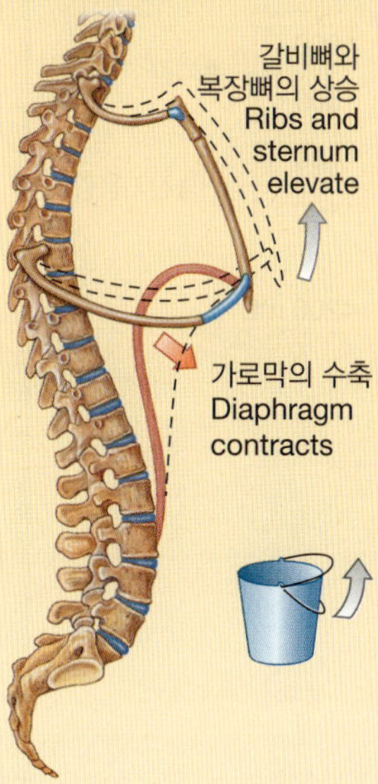

가로막이 내려가거나 갈비뼈가 올라감에 따라 가슴안의 부피가 증가하고 공기가 허파로 이동한다. 갈비뼈가 들어올려질 때 바깥쪽으로 움직이는 것은 양동이 손잡이를 위로 휘두를 때와 비슷하다.

안정시 AT REST

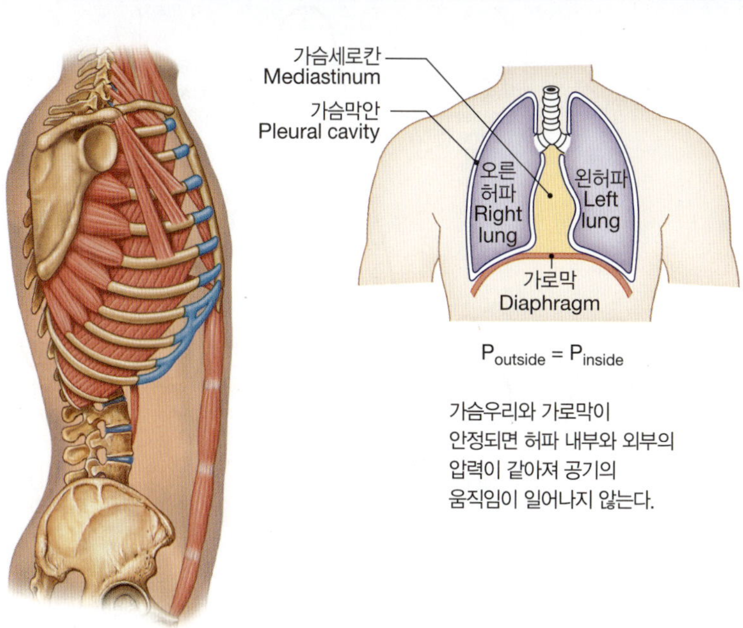

$P_{outside} = P_{inside}$

가슴우리와 가로막이 안정되면 허파 내부와 외부의 압력이 같아져 공기의 움직임이 일어나지 않는다.

들숨 INHALATION

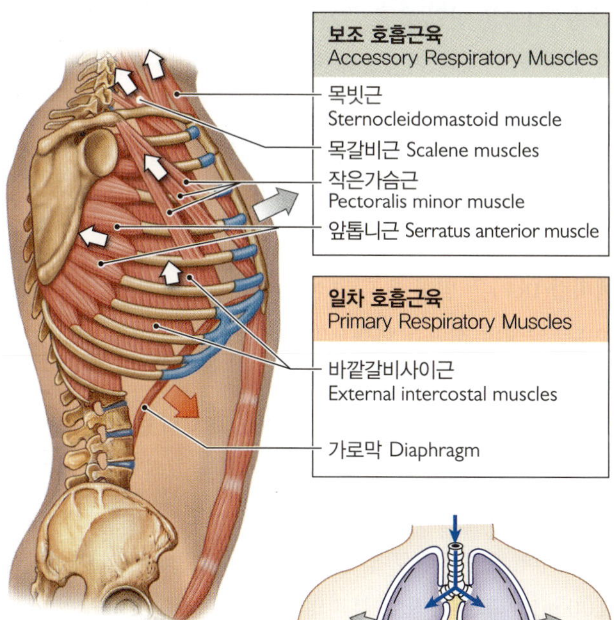

갈비뼈의 상승과 가로막의 수축은 가슴안의 부피를 증가시킨다. 허파 내부의 압력이 감소하고 공기가 흘러 들어온다.

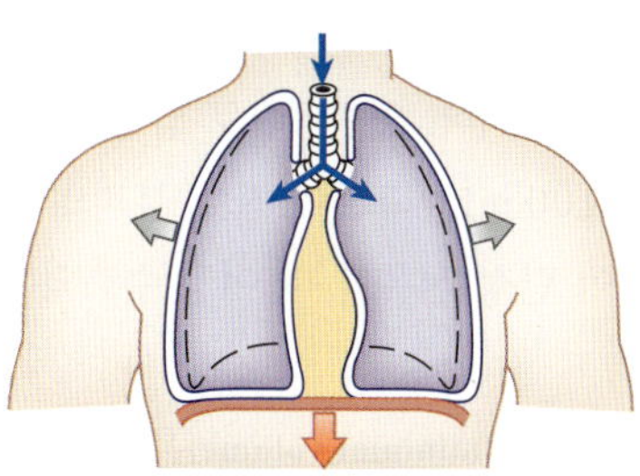

가슴안 용적 증가
Thoracic cavity volume increases

$P_{outside} > P_{inside}$

날숨 EXHALATION

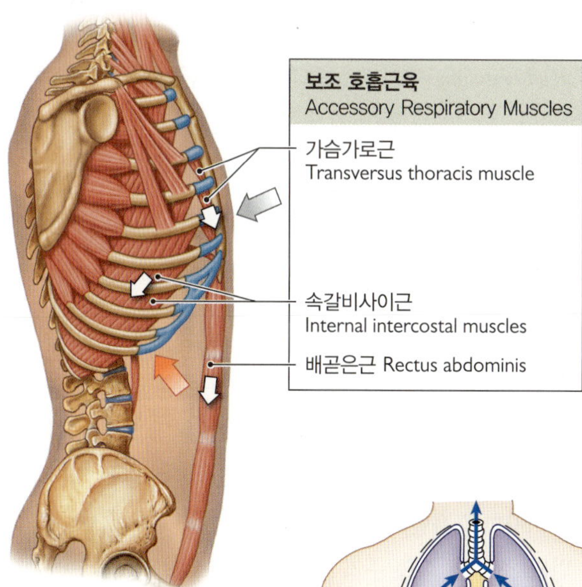

갈비뼈가 원래 위치로 돌아가고 가로막이 이완되면 가슴안의 부피가 감소한다. 허파 내부의 압력이 증가하고 공기가 밖으로 나온다.

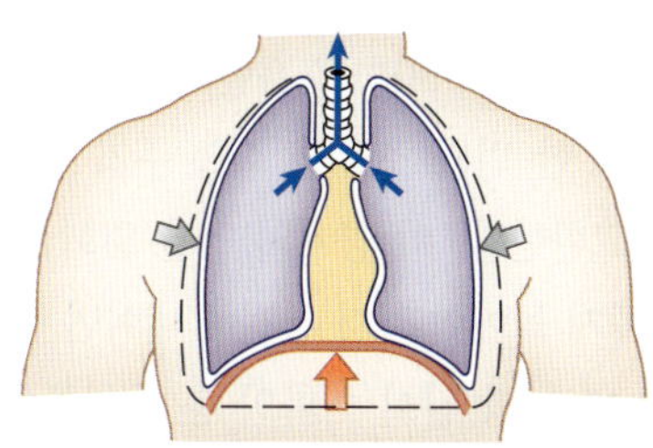

가슴안 용적 감소
Thoracic cavity volume decreases

$P_{outside} < P_{inside}$

그림 15-13 허파 용적 및 용량. 빨간색 선은 호흡하는 동안 허파 내 공기의 양을 나타낸다.

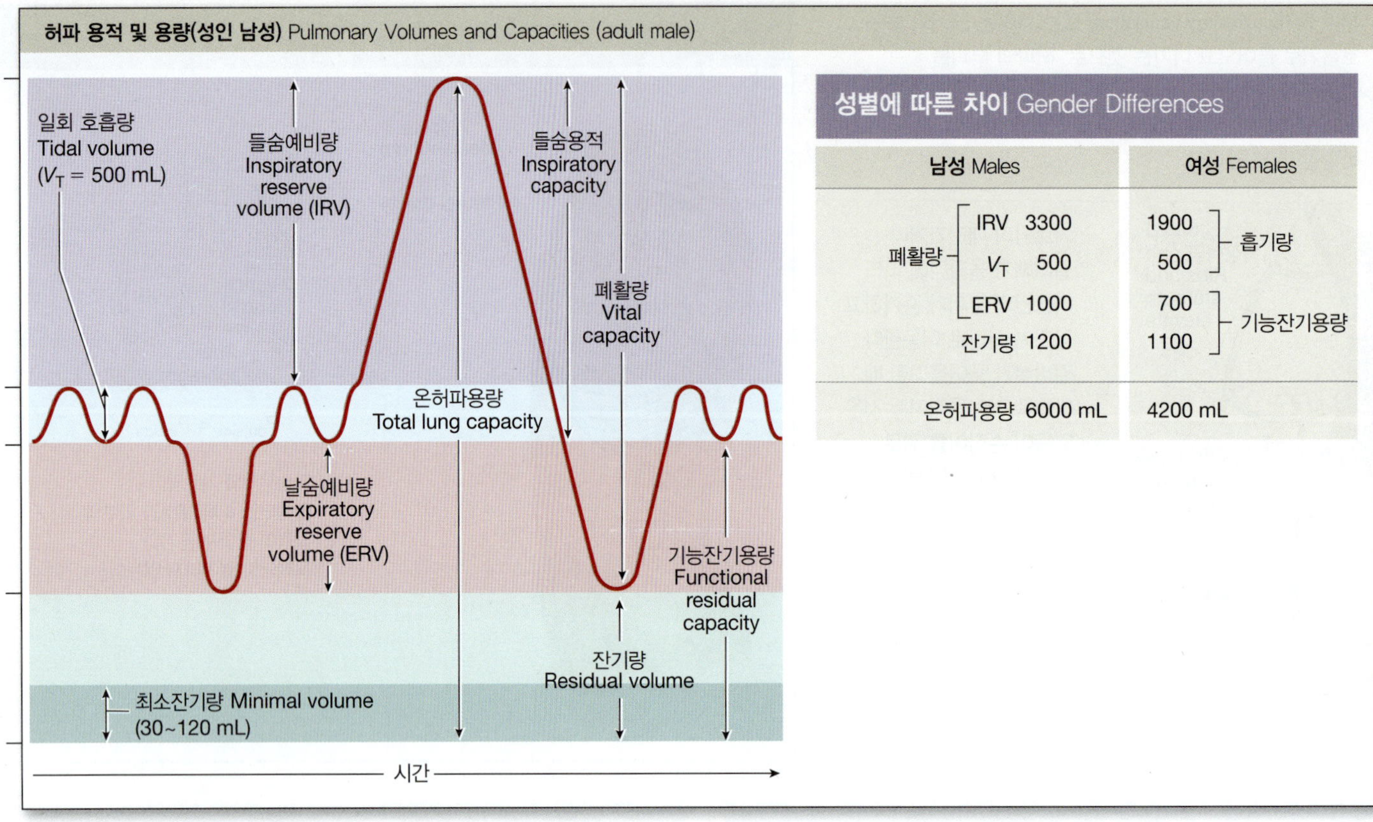

어, 임산부는 자궁이 팽창하고 복부 장기가 가로막에 가해짐에 따라 갈비뼈의 움직임에 점점 더 의존하게 된다.

강제 호흡(*forced breathing*)에서는 들숨과 날숨이 근육의 수축에 의해 모두 활성화된다. 흡입하는 동안 강제 호흡에는 보조 호흡 근육이 포함된다. 날숨 동안 속갈비사이근과 배 근육이 사용된다.

허파 용적 및 용량 Lung Volumes and Capacities

15

단일 호흡 또는 **호흡 주기(respiratory cycle)**는 들숨(*inspiration*)과 날숨(*expiration*)으로 구성된다. **호흡수(respiratory rate)**는 분당 호흡 수를 말한다. 휴식을 취하는 정상 성인의 경우 이 속도는 분당 12~18회이고, 아이들은 더 빠르게 호흡한다. 예를 들어, 1~5세 어린이는 일반적으로 분당 약 20~30회 호흡한다.

우리는 한 번의 조용한 호흡 주기 동안 허파에 있는 공기의 작은 비율만 교환한다. 이 공기의 양을 일회 호흡량(*tidal volume*)이라고 하며, 더 세게 들이쉬고 더 완전히 내쉬면 증가할 수 있다.

그림 15-13과 같이 허파의 총 부피를 일련의 부피(*volumes*)와 용량(*capacities*)(각각 다양한 부피의 합)으로 나눌 수 있다.

- **일회 호흡량(V_T)**은 단일 호흡 주기 동안 허파로 들어오거나 나가는 공기의 양이다. 남성과 여성 모두 평균 약 500 mL이다.
- **날숨예비량(ERV)**은 정상적이고 조용한 호흡 주기가 끝날 때 자발적으로 배출할 수 있는 공기의 양이다. 부속 근육을 최대한 사용하면 남성은 약 1,000 mL의 공기를 배출할 수 있다. 여성 ERV는 평균 700 mL이다.
- **들숨예비량(IRV)**은 일회 호흡량 이상으로 들이마실 수 있는 공기의 양이다. 남성의 허파가 여성보다 크기 때문에 남성의 IRV는 평균 3,300 mL인 반면 여성은 1,900 mL이다.
- **폐활량(vital capacity)**은 일회 호흡량, ERV, IRV의 합이다. 한 번의 호흡 주기에서 호흡기로 들어오고 나갈 수 있는 최대 공기량이다.
- **잔기량(residual volume)**은 최대로 내쉰 후에도 허파에 남아 있는 공기의 양이다. 일반적으로 남성의 경우 약 1,200 mL, 여성의 경우 1,100 mL이고, 이 잔여 부피의 대부분은 허파가 가슴벽에 고정되어 탄성 섬유가 더 이상 수축되는 것을 방지하기 때문에 존재한다.
- **최소잔기량(minimal volume)**은 허파가 허용될 경우 허파에 남아 있을 공기의 양이다. 최소 부피 범위는 30~120 mL이다. 그러나 최소한의 부피에서도 허파에 약간의 공기가 남아 있는데, 이는 허파

꽈리 표면을 코팅하는 표면활성제가 허파꽈리의 붕괴를 방지하기 때문이다.

흡입된 모든 공기가 허파 내의 허파꽈리 교환 표면에 도달하는 것은 아니다. 일반적인 흡입은 약 500 mL의 공기를 호흡기로 가져온다. 처음 350 mL는 전도 통로를 따라 이동하여 허파꽈리 공간으로 들어가지만 마지막 150 mL는 전도 통로보다 더 멀리 가지 않으며 혈액과의 기체 교환에 참여하지 않는다. 이러한 통로의 총 부피(150 mL)를 허파의 해부학적 죽은 공간(*anatomic dead space*)이라고 한다.

체크포인트

13. 규정 준수를 정의하고 규정 준수에 영향을 미치는 몇 가지 요소를 식별하시오.

14. 일회 호흡량이란 무엇인가?

15. 마크는 왼쪽 가슴벽을 뚫는 갈비뼈 골절이 있었다. 결과적으로 그의 왼쪽 허파에 어떤 일이 일어날 것으로 예상하는가?

16. 폐렴에서 체액은 허파의 허파꽈리에 축적된다. 이 축적이 폐활량에 어떤 영향을 미치는가?

책 뒷면에 있는 파란색 정답 탭을 참조.

15-6 기체 교환은 기체의 분압 차이에 따른 확산에 의해 일어난다

학습목표 허파와 혈액 사이의 기체 교환 원리를 설명한다.

허파환기 중에는 허파꽈리에 산소가 공급되고 혈류에서 이산화탄소가 제거된다. 외부 환경과의 기체 교환의 실제 과정은 호흡막을 가로질러 혈액과 허파꽈리 공기 사이에서 발생한다. 이 과정은 (1) 관련된 기체의 분압과 (2) 기체와 액체 사이의 분자 확산에 따라 달라진다.

혼합 기체와 분압 Mixed Gases and Partial Pressures

우리가 호흡하는 공기는 기체의 혼합물이다. 질소 분자(N_2)가 가장 풍부하여 대기 기체 분자의 약 78.6%를 차지한다. 산소 분자(O_2)는 두 번째로 풍부하여, 공기의 약 20.9%를 구성한다. 나머지 0.5%의 대부분은 물 분자로 구성되어 있다. 이산화탄소(CO_2)는 0.04%에 불과하다.

해수면 높이의 기압은 약 760 mmHg이다. 공기 중의 각 가스는 상대적인 양에 비례하여 총 대기압에 기여한다. 단일 기체가 기여하는 압력은 해당 기체의 **분압(partial pressure)**이며 P로 약칭된다. 함께 추가된 모든 분압은 기체 혼합물이 가하는 총 압력과 같다. 대기의 경우 이 관계는 다음과 같이 요약될 수 있다.

$$P_{N_2} + P_{O_2} + P_{H_2O} + P_{CO_2} = 760\ \text{mmHg}$$

공기 중 각 기체의 개별 백분율을 알고 있기 때문에 각 기체의 부분압을 쉽게 계산할 수 있다. 예를 들어, 산소 분압은 760 mmHg의 20.9% 또는 약 159 mmHg이다. 다른 대기 기체의 분압은 **표 15-1**에 나열되어 있다.

이 값은 각 기체의 분압이 허파꽈리 공기와 혈류 사이의 확산 속도를 결정하기 때문에 중요하다. 산소의 분압은 용액에 들어가는 산소의 양을 결정하지만 질소나 이산화탄소의 확산 속도에는 영향을 미치지 않는다.

> **임상노트**
>
> **허파 기능 검사** Pulmonary Function Tests
>
> 특히 폐쇄성 폐질환에서 허파 기능의 효율성은 **맥박 산소 측정기**(*pulse oximeter*) 및 **최대 날숨 유량**(*PEFR*) 테스트를 통해 신속하게 결정할 수 있다. 맥박 산소 측정기는 산소로 포화된 혈색소의 양을 측정하는 전자 장치이다. 이 장치는 작고 사용하기 쉽고 매우 정확하다. PEFR은 **Wright 피크 날숨 유량계**(*Wright peak expiratory flow meter*)로 측정한다. 환자는 심호흡을 하고 Wright 측정기에 바람을 불어 넣는데, 이것을 두 번 반복하고 가장 높은 값을 기록한다. 정상적인 성인 PEFR은 분당 400에서 600리터까지 다양하다. 판독값이 400 미만이면 어느 정도 공기 흐름이 차단되었음을 나타낸다. 개선 정도를 결정하기 위해 치료 전반에 걸쳐 피크 유량 테스트를 반복해야 한다.

표 15-1 공기의 분압(mm Hg) 및 기체 함량(%)

부위	질소(N_2)	산소(O_2)	이산화탄소(CO_2)	수증기(H_2O)
들이마신 공기(습도가 낮음)	597 (78.6%)	159 (20.9%)	0.3 (0.04%)	3.7 (0.5%)
허파꽈리공기(습도가 높음)	573 (75.4%)	100 (13.2%)	40 (5.2%)	47 (6.2%)
내쉰 공기(습도가 높음)	569 (74.8%)	116 (15.3%)	28 (3.7%)	47 (6.2%)

임상노트

만성 호흡기 질환 Chronic Respiratory System Diseases

호흡계통에서 많은 문제가 발생할 수 있다. 이들 중 다수는 몇 주 또는 몇 달에 걸쳐 발전할 수 있는 반면, 나머지는 몇 시간에 걸쳐 발전할 수 있다. 다음 논의에서는 응급 상황에서 볼 수 있는 보다 일반적인 유형의 호흡기 문제에 대해 자세히 설명한다.

폐쇄성 폐질환 Obstructive Lung Disease

폐쇄성 폐질환은 우리 사회에 널리 퍼져 있다. 병원 전 진료에서 접하게 되는 가장 흔한 폐쇄성 폐질환은 천식, 폐기종 및 만성 기관지염이다(마지막 두 가지는 종종 만성 폐쇄성 폐질환 또는 COPD로 함께 논의됨). 천식은 미국 인구의 4~5%를 차지하며 COPD는 모든 성인의 25%에서 발견된다. 만성 기관지염만 해도 성인 남성 5명 중 1명이 영향을 받는다. COPD 환자는 진단 후 10년 이내에 50%의 사망률을 보인다.

천식에는 유전적 소인이 있을 수 있지만, COPD는 흡연과 환경 독소에 의해 직접적으로 유발되는 것으로 알려져 있다. 다른 요인들은 이미 폐쇄성 기도 질환이 있는 환자의 증상을 촉진한다. 내재적 요인에는 스트레스, 상부 호흡기 감염 및 운동이 포함된다. 외부 요인에는 담배 연기, 약물, 직업상의 위험(화학적 흄, 먼지 등), 음식, 동물의 비듬, 먼지, 곰팡이와 같은 알레르기가 포함된다.

비정상적인 환기는 모든 폐쇄성 폐질환의 공통적인 특징이다. 이 비정상적인 환기는 여러 가지 변화가 일어나는 세기관지에서 주로 발생하는 폐쇄의 결과이다. 이러한 변화 중 하나는 베타-아드레날린 수용체 자극에 의해 역전될 수 있는 기관지 경련(지속적인 민무늬근 수축)이다. 이를 위해 terbutaline, albuterol, epinephrine과 같은 약제가 사용된다. 호흡 기관지를 따라 늘어선 잔세포에 의한 점액 생성 증가도 폐쇄에 기여한다. 이러한 상황은 많은 환자에서 섬모가 파괴되어 과도한 점액이 잘 제거되지 않아 악화될 수 있다. 마지막으로, 기관지의 염증은 체액과 염증 세포의 축적을 초래한다. 근본 원인에 따라 기관지 폐쇄의 일부 요소는 가역적이지만 다른 요소는 그렇지 않다.

들숨 중에 세기관지는 자연적으로 팽창하여 공기가 허파꽈리로 유입되도록 한다. 환자가 숨을 내쉬기 시작하면 세기관지가 수축한다. 이러한 자연적 수축이 발생하면(기저한 기관지 경련, 점액 생성 증가 및 폐쇄성 기도 질환 환자의 염증에 더하여) 폐쇄성 먼부위에 상당한 공기 가두기가 발생하는데 이것은 폐쇄성 허파 질환의 특징 중 하나이다.

15

폐기종 Emphysema

폐기종은 말단 세기관지에서 원위부 허파꽈리 벽의 파괴로 인해 발생한다. 여성보다 남성에게 더 흔하다. 우리 사회에서 폐기종에 기여하는 주요 요인은 흡연이다. 환경 독소에 대한 상당한 노출은 또 다른 기여 요인이다.

연기와 같은 유해 물질에 지속적인 노출은 허파꽈리 벽의 점진적인 파괴를 초래한다. 이 과정은 허파꽈리막 표면적을 감소시켜 기체 교환에 사용할 수 있는 면적을 줄인다. 호흡막의 점진적인 손실은 허파 조직에 대한 공기의 비율을 증가시켜 결과적으로 확산장애가 발생한다. 또한 폐의 허파 모세혈관 수가 감소하여 허파 혈류에 대한 저항이 증가하며, 이 상태는 궁극적으로 폐고혈압을 유발하고, 이는 차례로 우심부전, 폐성심부전 및 사망으로 이어질 수 있다.

폐기종은 또한 작은 세기관지의 벽을 약화시킨다. 허파꽈리와 작은 세기관지의 벽이 파괴되면 허파는 반동 능력을 상실하고 공기는 폐에 갇히게 된다. 따라서 잔류 용적은 증가하지만 폐활량은 비교적 정상으로 유지된다. 파괴된 허파 조직(수포라고 함)은 허파꽈리 붕괴를 초래한다. 이 효과를 상쇄하기 위해 환자는 오므린 입술을 통해 호흡하는 경향이 있다. 이것은 날숨말 양압과 유사한 지속적인 양압을 생성하고 허파꽈리 붕괴를 방지한다.

질병이 진행됨에 따라 PaO_2가 더 감소하여 적혈구 생성이 증가하고 적혈구 증가증(적혈구 과잉으로 인해 적혈구 용적률이 비정상적으로 높음)이 발생할 수 있다. $PaCO_2$는 또한 증가하고 만성적으로 상승하여 신체가 호흡을 조절하기 위해 저산소 충동에 의존하게 된다. 마지막으로, 폐기종은 비가역적인 기도 폐쇄를 특징으로 한다는 것을 기억해야 한다.

폐기종 환자는 폐렴과 같은 급성 호흡기 감염과 심장 부정맥에 더 취약하다. 만성 폐기종 환자는 궁극적으로 기관지 확장제, 코르티코스테로이드, 그리고 마지막 단계에서는 산소 보충에 의존하게 된다.

만성 기관지염 Chronic Bronchitis

만성 기관지염은 호흡계통의 잔(점액 분비) 세포 수의 증가로 인해 발생한다. 다량의 가래를 생산하는 것이 특징이다. 이것은 종종 담배 연기에 장기간 노출된 후에 발생한다.

폐기종과 달리 만성 기관지염에서는 허파꽈리가 심하게 영향을 받지 않고 확산이 정상으로 유지된다. 허파꽈리 환기가 저하되어 궁극적으로 저산소증과 고탄소혈증을 초래하기 때문에 기체 교환이 감소한다. 저산소증은 적혈구 생성을 증가시킬 수 있으며, 이는 차례로 적혈구 증가증을 유발할 수 있다(폐기종에서 발생하는 것처럼). 증가된 $PaCO_2$ 수준은 과민성, 졸음, 지적 능력 감소, 두통 및 성격 변화를 유발할 수 있다. 생리학적으로 증가된 $PaCO_2$는 폐혈관수축을 일으켜 폐고혈압을 일으키고 결국 폐성심(cor pulmonale)을 유발한다. 폐기종과 달리 폐활량은 감소하지만 잔량은 정상이거나 감소한다.

천식 Asthma

천식은 많은 사람들에게 영향을 미치는 흔한 호흡기 질환이다. 다른 호흡기 질환으로 인한 사망은 꾸준히 감소하고 있지만 천식으로 인한 사망은 지난 10년 동안 크게 증가했다. 증가된 천식 사망의 대부분은 45세 이상의 환자에서 발생했다. 또한 흑인 천식 환자의 사망률은 백인 천식 환자보다 2배 더 높다. 천식을 앓는 환자의 약 50%가 병원에 도착하기 전에 사망한다. 따라서 EMS 요원은 천식 발작으로 고통받는 환자를 치료하기 위해 자주 출동한다. 즉각적인 인식과 그에 따른 적절한 치료는 환자의 상태를 크게 개선하고 생존 가능성을 높일 수 있다.

천식은 기도의 만성 염증성 질환이다. 민감한 개인에서 이 염증은 일반적으로 광범위하지만 다양한 기류 폐쇄와 관련된 증상을 유발한다. 기류 차단 외에도 기도가 과민해진다. 기류 폐쇄 및 과민 반응은 종종 치료로 가역적이다. 이러한 조건은 자발적으로 역전될 수도 있다.

천식은 다양한 요인 중 하나에 의해 유발될 수 있다. 일반적으로 유발인자 또는 유발인자라고 하는 이러한 요인은 개인마다 다르다. 알레르기가 있는 사람의 경우 환경 알레르기 항원이 염증의 주요 원인이다. 이러한 현상은 실내와 실외 모두에서 발생할 수 있다. 알레르기 항원 외에도 천식은 찬 공기, 운동, 음식, 자극제, 스트레스 및 특정 약물에 의해 유발될 수 있다. 종종 특정 유발요인을 구분 할 수 없다. 외적 요인은 주로 어린이에게 영향을 미치는 경향이 있는 반면, 내적 요인은 성인에서 천식을 유발한다.

문제가 되는 방아쇠에 노출된 후 몇 분 이내에 2단계 반응이 발생한다. 반응의 첫 번째 단계는 히스타민과 같은 화학 매개체의 방출을 특징으로 한다. 이러한 매개체는 기관지 민무늬근의 수축과 기관지주위 모세혈관에서 체액 누출을 유발한다. 이는 기관지 수축과 기관지 부종을 초래하고, 이 두 가지 요인은 날숨 기류를 상당히 감소시키고 전형적인 천식 발작을 일으킬 수 있다.

종종 천식 발작은 1~2시간 내에 저절로 해결되거나 알부테롤과 같은 흡입성 기관지 확장제를 사용하여 중단될 수 있다. 그러나 방아쇠에 노출되면 6~8시간 이내에 두 번째 반응이 발생한다. 이 후기 단계는 면역계의 세포(호산구, 호중구 및 림프구)가 호흡기 점막을 침범할 때 세기관지의 염증이 특징이다. 이것은 추가적인 부종과 세기관지의 부종을 유발하고 날숨 기류의 추가 감소를 초래한다.

2단계 반응은 일반적으로 메타프로테레놀이나 알부테롤과 같은 흡입 베타 작용제에 반응하지 않는다. 대신 코르티코스테로이드와 같은 항염증제가 종종 필요하다. 급성 천식 발작에서 볼 수 있는 심각한 염증 변화는 몇 시간 또는 며칠에 걸쳐 발생하지 않는다는 것을 알고 있는 것이 중요하다. 염증은 종종 실제 천식 발작이 시작되기 며칠 또는 몇 주 전에 시작된다. 많은 천식 환자들은 EMS를 부르기 전에 기다릴 것이다. 천식 발작의 시작부터 치료까지의 시간 간격이 길수록 기관지 확장제가 효과가 있을 가능성은 낮아진다. 종종 장기간의 천식 발작 후에 환자는 피로해질 수 있다. 피곤한 환자는 빠르게 호흡 부전이 발생할 수 있으며 이후에는 삽관과 기계적 환기가 필요하다. 천식 환자에게 기도와 호흡 지원을 제공할 수 있도록 항상 준비해야 한다.

천식지속상태 Status Asthmaticus

천식지속상태는 기관지 확장제를 반복적으로 투여해도 중단될 수 없는 심각하고 장기간의 천식 발작이다. 즉각적인 인식, 치료 및 이송이 필요한 심각한 의학적 응급 상황이다. 천식 상태를 자주 앓는 환자는 계속되는 공기 포획으로 인해 가슴이 크게 팽창한다. 호흡음과 종종 쌕쌕거림이 없을 수 있다. 환자는 일반적으로 기진맥진하고 심하게 산성이며 탈수 상태이다. 천식지속상태의 관리는 기본적으로 천식과 동일하다. 호흡 정지가 임박했음을 인식하고 기관 삽관에 대비해야 한다. 도중에 적극적인 치료를 계속하면서 환자를 즉시 이송해야 한다.

허파꽈리의 공기와 대기

Alveolar Air versus Atmospheric Air

공기가 호흡기에 들어가자마자 그 특성이 변하기 시작한다. 예를 들어, 코안을 통과할 때 흡입된 공기는 더 따뜻해지고 더 습해진다(수증기의 양이 증가함). 허파꽈리에 도달하면 들어오는 공기가 이전 호흡 주기 후에 허파꽈리에 남아 있던 공기와 혼합된다. 따라서 생성된 허파꽈리 가스 혼합물은 대기보다 더 많은 이산화탄소와 더 적은 산소를 포함한다.

앞에서 언급했듯이 마지막 150 mL의 흡입된 공기(일회 호흡량의 약 30%)는 허파의 해부학적 사강인 전도 통로보다 더 멀리 가지 않는다. 다음 날숨 동안, 빠져나가는 허파꽈리 공기는 사강의 공기와 혼합되어 대기 및 허파꽈리 샘플과 다른 또 다른 혼합물을 생성한다. 대기(흡입) 공기와 허파꽈리 공기의 조성 차이도 **표 15-1**에 나와 있다.

임상노트

감압병 Decompression Sickness

감압병은 대기압의 급격하게 감소할 때 발생하는 고통스러운 상태이다. 질소는 공기의 높은 분압으로 인해 발생하는 문제의 원인이 되는 가스이다. 압력이 떨어지면 용액에서 질소가 빠져나와 탄산음료 캔을 열 때 거품이 생기는 것과 같이 거품이 생긴다. 기포는 관절안, 혈류 및 뇌척수액에서 형성될 수 있다. 감압병이 있는 사람은 일반적으로 영향을 받는 관절의 통증 때문에 몸을 웅크린다. 이러한 반응으로 일반적인 이름을 **굽힘**(*the bends*)이라 한다. 감압병은 잠수하는 동안 정상보다 높은 압력에서 공기를 호흡한 후 너무 빨리 수면으로 돌아온 스쿠버 다이버에게 가장 자주 영향을 미친다. 그것은 또한 갑작스런 기내 압력의 감소를 겪는 항공기 탑승객에게서 발생할 수 있다.

허파순환, 온몸순환의 혈액내 기체 분압

Partial Pressures in the Pulmonary and Systemic Circuits

그림 15-14는 허파 및 온몸 순환에서 산소와 이산화탄소의 분압을 보여준다. 허파동맥에 의해 전달되는 탈산소 혈액은 허파꽈리 공기보다 PO_2가 낮고 PCO_2가 높다(**그림 15-14a**). 허파꽈리 공기와 허파(허파꽈리) 모세혈관 사이의 확산은 혈액의 PO_2를 높이고 PCO_2를 낮춘다. 혈액이 허파정맥으로 들어갈 때까지 허파꽈리 공기와 평형에 도달했다. 혈액은 약 100 mmHg의 PO_2와 약 40 mmHg의 PCO_2로 허파꽈리를 떠난다.

이 혈액이 허파정맥으로 들어갈 때 기도 주위의 모세혈관을 통해 흐르는 혈액과 혼합된다. 전도 통로를 떠나는 혈액은 상대적으로 적은 양의 산소를 운반한다. 그 결과, 허파정맥의 혼합 혈액 내 산소 분압은 95 mmHg로 떨어진다. 이것은 온몸 순환으로 들어가는 혈액이다.

정상적인 사이질액의 PO_2는 40 mmHg이고 PCO_2는 45 mmHg이

임상노트

상기도 감염 Upper Respiratory Infection(URI)

환자가 의사의 진료를 받는 가장 흔한 감염은 상기도와 호흡기를 침범하는 감염이다. 이러한 상태가 생명을 위협하는 경우는 드물지만 **상기도 감염**(*URI*)은 기존의 많은 폐질환을 악화시키거나 직접적인 허파 감염으로 이어질 수 있다. 상기도 감염의 확산에 대한 최선의 방어는 손을 잘 씻고 기침과 재채기를 할 때 입을 가리는 것과 같은 일반적인 위생을 실천하는 것이다. 이러한 세부 사항에 주의하는 것은 기저 폐질환이 있는 환자 또는 면역 억제 환자(HIV 감염, 암)를 돌볼 때 중요하다. URI가 이러한 집단에서 더 심하기 때문이다. 이러한 감염이 만연하기 때문에 완전한 보호는 불가능하다.

상기도는 코와 입에서 시작하여 인두를 통과하고 후두에서 끝난다는 것을 기억해야 한다. 다른 관련 구조는 코곁굴 및 인두와 중이를 연결하는 유스타키오관이다. 또한 인두(구개, 인두 및 설편도)에서 발견되는 여러 림프 조직 집합이 항체를 생성하고 면역 보호 기능을 제공한다.

바이러스는 대부분의 URI를 유발한다. 다양한 세균이 상기도 감염을 일으킬 수도 있다. 가장 중요한 것은 "패혈성 인두염"의 원인 유기체이며 URI의 최대 30%를 차지하는 **그룹 A 사슬알균**(*group A streptococcus*)이다. 이 세균은 코곁굴염과 중이염과도 관련이 있다. 인두염(인두의 염증)이 있는 환자의 최대 50%는 바이러스 또는 세균 원인이 없는 것으로 밝혀졌다. 다행히 대부분의 URI는 증상이 며칠 지나면 해결되는 자가 제한적인 질병이다.

다. 그 결과 모세혈관 분압이 인접한 조직의 압력과 같아질 때까지 산소가 모세혈관 밖으로 확산되고 이산화탄소가 내부로 확산된다(**그림 15-14b**). 이 혈액은 다시 허파의 모세혈관으로 운반되어, 조직에 빼앗긴 산소를 공급받고, 이산화탄소를 방출한다.

상기도 감염(URI)의 주요 증상은 주로 영향을 받는 상기도 부분에 따라 다르다. URI가 있는 환자는 종종 발열, 오한, 근육통(근육통) 및 피로와 같은 증상을 동반한다. 대부분의 상부 호흡기 감염은 증상 없이 치료된다. 아세트아미노펜 또는 이부프로펜은 발열, 두통 및 근육통에 처방된다. 환자가 충분한 수분을 섭취하도록 독려하고, 염수 가글은 목이 불편할 때 사용할 수 있다. 충혈 완화제와 항히스타민제를 사용하여 점액 분비를 줄일 수 있다. URI의 세균성 원인으로 항생제 치료를 받고 있는 환자에게 이러한 약제를 계속 사용하도록 권장한다.

체크포인트

17. 참 또는 거짓: 혼합 기체의 각 기체는 상대적 존재비와 동일한 부분 압력을 가한다.
18. 공기가 코안을 통과할 때 공기는 어떻게 되는가?
19. 허파꽈리 공기와 대기의 산소 및 이산화탄소 함량을 비교해 보시오.

책 뒷면에 있는 파란색 정답 탭을 참조.

15

15-7 대부분의 O_2는 혈색소(Hb)와 결합하여 운반되고 CO_2는 혈장에 용해되거나 Hb에 결합되거나 중탄산염 이온으로 운반된다

학습목표 혈액에서 산소와 이산화탄소가 어떻게 운반되는지 설명한다.

산소와 이산화탄소는 혈장에서 제한된 용해도(용해 능력)를 가지고 있다. 이러한 한계는 말초 조직이 혈장으로 흡수 및 수송할 수 있는 것보다 더 많은 산소를 필요로 하고 더 많은 이산화탄소를 생성하기 때문에 문제가 된다. 적혈구(RBC)가 이 문제를 해결한다. 적혈구는 플라즈마에서 용존 산소와 이산화탄소 분자를 흡수하여 결합하거나(산소의 경우) 용해성 화합물을 제조하는 데 사용한다(이산화탄소의 경우). 이러한 반응은 혈장에서 용해된 기체를 제거한다. 결과적으로 이러한 기체는 계속해서 혈액으로 확산되어 평형을 이루지는 못한다.

이러한 반응에서 중요한 것은 **일시적**(*temporary*)이고 **완전히 가역적**(*completely reversible*)이라는 것이다. 혈장 산소 또는 이산화탄소 농도가 높을 때 적혈구는 과잉 분자를 제거한다. 혈장 농도가 떨어지면 RBC는 저장된 비축량을 방출한다.

산소 운반 Oxygen Transport

동맥혈 산소의 약 1.5%만이 용액의 산소 분자로 구성된다. 나머지 산소 분자는 **혈색소**(*Hb*) 분자에 결합된다. 혈색소 분자는 4개의 구형 단백질 소단위로 구성되어 있음을 기억해야 한다. 각 소단위는 중심 철 이온을 가진 헴 단위를 포함한다. 각 철 이온은 하나의 산소 분자와 결합한다. 따라서 혈색소 분자는 4개의 산소 분자와 결합할 수 있다. 이 결합은 다음과 같이 요약할 수 있는 가역적 반응을 통해 발생한다.

혈색소에 의해 결합된(또는 방출되는) 산소의 양은 주로 주변의 PO_2에 따라 다르다. 조직의 산소 함량이 낮을수록 국소 모세혈관을 통과하는 혈색소 분자에 의해 더 많은 산소가 방출된다. 예를 들어, 비활성 조직은 산소 요구량이 적고 국소 PO_2는 약 40 mmHg이다. 이러한 조건에서 통과하는 혈색소는 저장된 산소의 약 25%를 방출한다. 대조적으로, 활성 조직의 국부 PO_2가 15~20 mmHg(정상 조직의 약 절반)로 감소하면 통과하는 혈색소는 저장된 산소의 최대 80%를 방출한다.

그림 15-14 호흡 과정과 호흡 중의 분압의 개요.

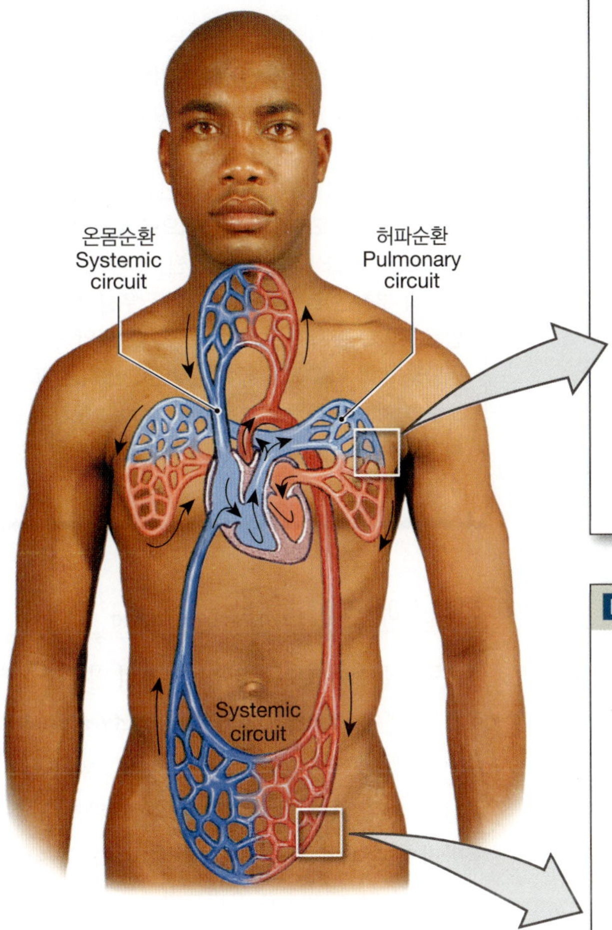

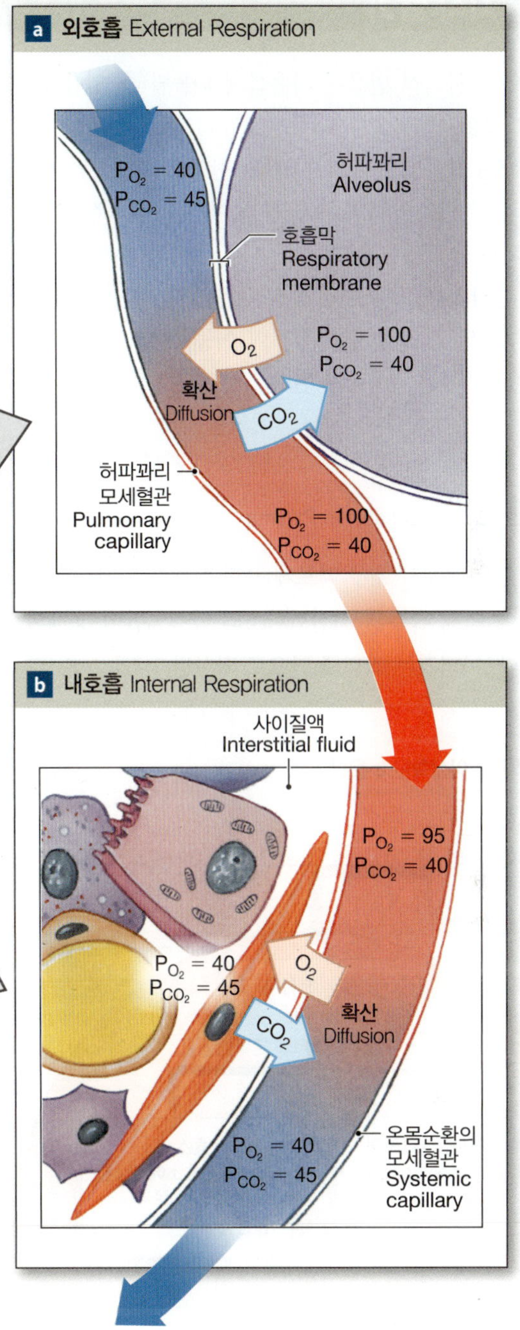

실제적으로 이것은 활성 조직이 비활성 조직보다 대략 3배 많은 산소를 받는다는 것을 의미한다.

혈색소가 방출하는 산소의 양은 pH와 온도의 영향도 받는다. 활성 조직은 간질액의 pH를 낮추는 산을 생성한다. pH가 떨어지면 혈색소 분자는 결합된 산소 분자를 더 쉽게 방출한다. 혈색소는 또한 체온이 상승할 때 더 많은 산소를 방출한다.

세 가지 요소(pH 및 온도) 모두 최대 활동을 하는데 중요하다. 뼈대근이 열심히 일하면 온도가 올라가고 국소 pH가 감소한다. 이 조합은 해당 영역으로 들어가는 혈색소가 활성 근육 섬유에서 사용하기 위해 훨씬 더 많은 산소를 방출하도록 한다. 이 자동 조정이 없으면 조직의 산소 수준이 즉시 매우 낮은 수준으로 떨어지고 활동이 종료된다.

이산화탄소 운반 Carbon Dioxide Transport

이산화탄소는 말초 조직에서 호기성 대사에 의해 생성된다. 이산화탄소는 혈류에서 세 가지 다른 방식으로 운반된다. 혈액에 들어간 후 CO_2 분자는 (1) 혈장에 용해되거나, (2) 적혈구 내의 혈색소와 결합하거나, (3) 중탄산염 이온으로 전환된다(그림 15-15). 세 가지 과정 모두 완전히 가역적이어서 이산화탄소가 신체 조직에서 흡수되어 허파꽈리로 전달된다.

15

지식 쌓기

많은 중요한 생물학적 반응은 자유롭게 되돌릴 수 있음을 기억해야 한다(**2장: 화학적 수준에서의 구성** 참조). 가역적 반응은 동시에 발생하는 합성과 분해의 두 가지 반응으로 구성된다. 평형 상태에서 두 반응의 속도는 균형을 이룬다. 결과적으로 분자가 합성되는 속도만큼 비슷한 또 다른 분자도 분해된다. 하나 이상의 분자의 농도가 변경되면 이 평형이 깨진다. 이러한 변화가 일어나면 가역 반응의 평형이 이동하여 더 많은 합성이나 더 많은 분해가 일어나게 된다.

혈장에 의한 운반 Transport in Plasma

이산화탄소는 혈장 내에서 매우 빠르게 포화 상태가 된다. 결과적으로 말초 모세혈관에 의해 흡수된 이산화탄소의 약 7%만이 용해된 기체 분자로 운반된다. 나머지는 적혈구 안으로 확산된다.

그림 15-15 혈액 내 이산화탄소 운반.

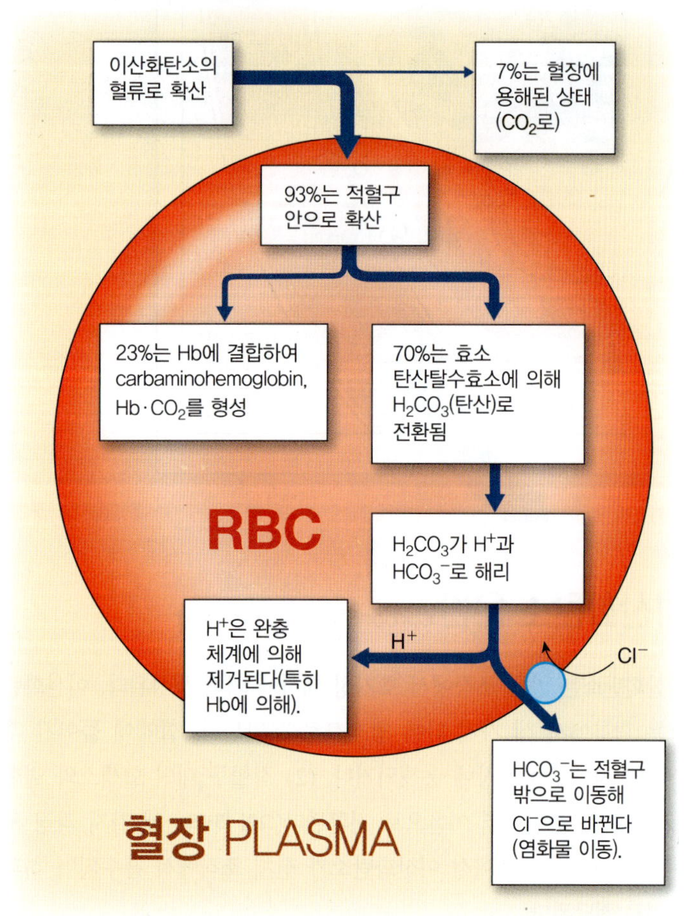

임상노트

일산화탄소 중독 Carbon Monoxide Poisoning

잠긴 차고 안에서 차 안에서 죽는 살인 피해자는 미스터리 이야기에서 흔히 볼 수 있다. 현실에서는 매년 겨울 난로나 난방 시설로 인해 온 가족이 사망한다. 사망 원인은 일산화탄소(CO) 중독이다. 자동차 및 기타 석유 연소 엔진, 오일 램프 및 연료 연소 공간 히터의 배기가스에는 무취 가스인 CO가 포함되어 있다. CO는 헴 단위의 결합 부위에 대해 O_2 분자와 경쟁하는데, 불행히도 CO가 일반적으로 우세하다. 매우 낮은 부분 압력에서도 산소보다 혈색소에 대해 훨씬 더 강한 친화력(끌어당김)을 갖는다. CO 분자의 부착은 본질적으로 그 헴 단위를 호흡 목적으로 사용할 수 없게 만든다. CO 분자가 흡입된 공기의 0.1%만 구성한다면 충분한 혈색소가 영향을 받아 의료 지원 없이는 생존이 불가능하다. 치료에는 (1) 추가 CO 노출 방지; (2) 충분히 높은 분압에서 O_2 분자가 혈색소에서 CO와 "부딪치기" 때문에 순수한 산소를 투여한다. 필요한 경우 (3) 적합한 적혈구를 수혈한다.

혈색소에 결합 Hemoglobin Binding

적혈구에 들어가면 이산화탄소 분자의 일부는 혈색소 분자의 단백질 "글로빈" 부분에 결합되어 **카바미노혈색소(carbaminohemoglobin)**를 형성한다. 이러한 결합은 헴 단위에 대한 산소의 결합을 방해하지 않는다. 이러한 이유로 혈색소는 산소와 이산화탄소를 동시에 운반할 수 있다. 일반적으로 말초 조직에서 혈액으로 들어가는 이산화탄소의 약 23%는 카르바미노혈색소로 운반된다.

탄산의 형성과 해리 Carbonic Acid Formation and Dissociation

혈액에 의해 흡수된 이산화탄소 분자의 약 70%는 궁극적으로 중탄산염 이온(HCO_3^-)으로 혈장에서 운반된다. 중탄산염 이온은 이산화탄소에서 직접 형성되지 않는다. 첫째, 적혈구의 이산화탄소는 **탄산탈수효소**(*carbonic anhydrase*)에 의해 탄산(H_2CO_3)으로 전환된다. 각 탄산 분자는 즉시 수소 이온과 중탄산염 이온으로 해리된다. 반응은 다음과 같이 요약될 수 있다.

반응은 매우 빠르게 일어나며 완전히 가역적이다. 형성된 탄산의 대부분은 즉시 수소 이온과 중탄산염으로 해리되기 때문에 중간 단계를 무시하고 반응을 다음과 같이 요약한다.

말초 모세혈관에서 이 반응은 많은 수의 이산화탄소 분자를 빠르게 묶는다. 이 반응의 평형은 오른쪽으로 이동하는데, 그 이유는 이산화탄소가 사이질액 밖으로 계속 확산되고 수소 이온과 중탄산염 이온이 지속적으로 제거되기 때문이다. 수소 이온은 어디로 가는 것인가? 대

15

부분의 수소 이온은 혈색소 분자에 결합한다. 이 결합은 적혈구로부터의 방출과 혈장 pH의 저하를 방지 한다. 중탄산염 이온은 주변 혈장으로 확산된다. 중탄산염 이온의 출구는 혈장에서 염화물 이온의 입구와 일치하여 한 음이온을 다른 음이온으로 교환한다. 이러한 염화물 이온의 RBC로의 대량 이동은 **염소 이동**(*chloride shift*)으로 알려져 있다.

정맥혈이 허파꽈리에 도달하면 이산화탄소가 혈장 밖으로 확산되고 PCO_2가 감소한다. 적혈구에서 이산화탄소 수송과 관련된 모든 반응은 가역적임을 기억해야 한다. 따라서 이산화탄소가 적혈구 밖으로 확산되면 **그림 15-15**에 표시된 과정이 반대 방향으로 진행된다. 수소 이온은 혈색소 분자에서 분리된다. 중탄산염 이온은 혈장에서 RBC의 세포질로 확산된다. 그곳에서 중탄산염 이온은 물과 CO_2로 전환된다.

그림 15-16은 호흡계와 심혈관계 사이에서 산소와 이산화탄소가 운반되고 교환되는 과정을 요약한 것이다.

체크포인트

20. 이산화탄소가 혈류에서 운반되는 세 가지 방법을 설명하시오.
21. 운동할 때 혈색소는 근육이 쉬고 있을 때보다 활성 뼈대근에 더 많은 산소를 방출하는 이유는 무엇인가?
22. 기관이 막히면 혈액 pH에 어떤 영향을 주는지 설명하시오.

책 뒷면에 있는 파란색 정답 탭을 참조.

그림 15-16 기체 운반과 교환 요약. 허파꽈리로부터 산소를 가지고 말초 조직으로의 전달하고, 말초 조직으로부터 이산화탄소를 가지고 허파꽈리로 전달하는 과정이다.

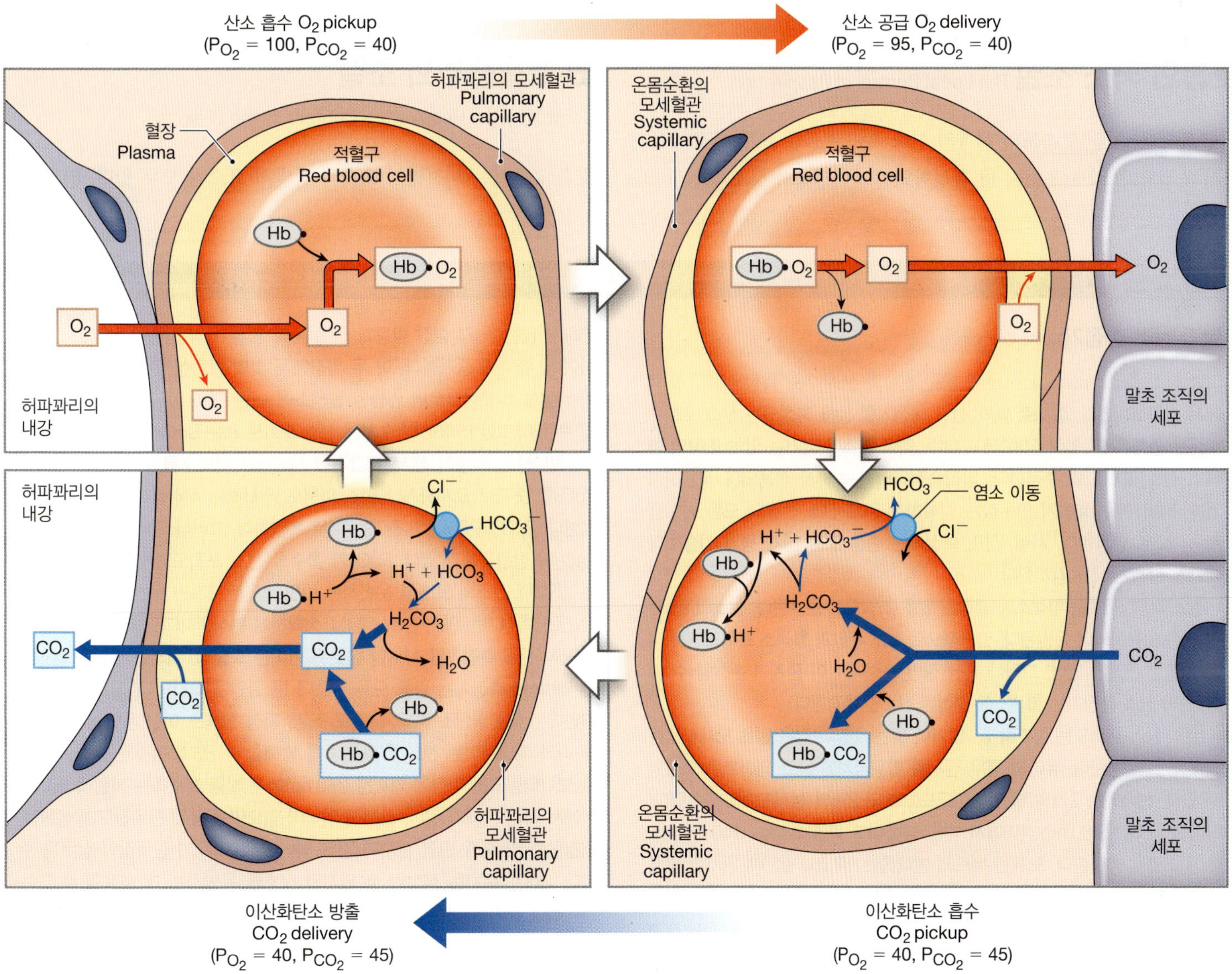

15

15-8 호흡은 숨뇌와 다리뇌의 신경세포 작용과 반사에 의해 조절된다

학습목표 호흡 수에 영향을 미치는 요인을 나열하고, 호흡을 조절하는 반사작용을 설명한다.

세포는 사이질액에서 지속적으로 산소를 흡수하고 이산화탄소를 생성한다. 정상적인 조건에서 세포의 흡수 및 생성 속도는 모세혈관에서의 전달 및 제거 속도와 일치한다. 게다가, 그 비율은 허파에서의 산소 흡수 및 이산화탄소 제거의 비율과 동일하다. 이러한 비율이 균형을 이루지 못하면 심혈관 및 호흡계통의 활동을 조정해야 한다. 항상성 과정을 통해 평형을 유지한다. 여기에는 (1) 국부적으로 조절되는 혈류 및 산소 전달의 변화, (2) 뇌의 호흡 중추의 조절 하에 있는 호흡의 깊이와 속도의 변화가 포함된다.

호흡의 국소 조절 The Local Control of Respiration

각 조직의 산소 전달 속도와 허파의 산소 흡수 효율은 모두 국소 수준에서 조절된다. 말초 조직이 더 활성화되면 사이질액의 산소분압은 떨어지고 호흡은 상승한다. 이러한 변화는 조직의 분압과 도착하는 혈액 사이의 차이를 증가시켜 더 많은 산소가 전달되고 더 많은 이산화탄소가 제거된다. 또한 해당 부위의 세동맥 벽에 있는 민무늬근이 이완되면 혈류가 증가한다.

국소적으로 허파꽈리의 혈류가 증가하거나 환기량이 많아지면 기체 운반의 효율이 높아진다. 예를 들어, 혈액이 허파꽈리 모세혈관으로 흐르면 PO_2가 상대적으로 높은 허파소엽으로 향하게 되고, 이것은 국소가 PO_2가 낮은 허파꽈리 모세혈관이전조임근이 수축하기 때문에 발생한다. (이 반응은 말초 조직에서 보이는 반응과 반대이다.) 또한 허파에서 세기관지 벽의 민무늬근은 포함된 공기의 PCO_2에 민감하다. PCO_2가 증가하면 세기관지가 확장되고 PCO_2가 감소하면 세기관지가 수축한다. 결과적으로 들이마신 공기는 PCO_2가 높은 허파소엽으로 향하게 된다.

뇌 호흡중추의 조절

Control by the Respiratory Centers of the Brain

호흡 조절에는 비자발적 요소와 자발적 요소가 모두 있다. 뇌의 불수

임상노트

맥박 산소 측정기 Pulse Oximetry

맥박 산소 측정기(*pulse oximetry*)를 통한 신체의 산소 수준 측정은 응급 의료에서 보편화되었다. 실제로 맥박 산소 측정기를 통해 측정되는 산소 포화도 수준은 종종 "제5 활력 징후"라고 한다. 맥박 산소 측정기는 말초 조직의 혈색소 산소 포화도를 측정한다. 비침습적이며 신속하게 적용되며 작동하기 쉽다. 맥박 산소 측정기 판독값은 정확하고 말초 산소 전달의 모든 변화를 지속적으로 반영한다. 사실, 산소 측정기는 종종 표준 신체 평가 기술보다 빠르게 산소 문제를 감지한다.

산소의 약 98%는 혈색소에 결합된 말초 조직으로 운반된다. 산소의 2%만이 혈장에 용해되어 운반된다. 일반적으로 산소 분압과 혈색소 포화도 사이에는 일정한 관계가 있다. 그러나 특정 질병 과정에서 이 관계가 손상될 수 있다. 맥박 산소 측정기는 혈색소에 결합된 산소만 측정한다.

말초 산소 포화도는 손가락 끝, 발가락 또는 귓불과 같은 말초 모세혈관층 위에 놓고 측정한다. 유아의 경우 센서를 발뒤꿈치에 놓고 테이프로 고정할 수 있다. 센서에는 2개의 발광 다이오드(LED)와 2개의 센서(광검출기)가 있다. 하나의 LED는 660 nm(적색)에서 빛을 방출하고 다른 하나는 940 nm(적외선)에서 빛을 방출한다. 모세관 베드의 반대쪽(손가락 끝과 같은)에 위치한 광검출기는 모세관 베드를 통해 전달되는 빛의 양을 감지한다. 하나는 옥시혈색소(산소가 결합된 혈색소)에 의해 흡수되고 다른 하나는 환원된 혈색소(산소가 결합되지 않은 혈색소)에 의해 흡수되기 때문에 두 가지 파장이 사용되었다. 이러한 물질에 의해 흡수되는 빛의 양은 시간에 따라 일정하며 심장 주기 동안 변하지 않는다. 각 심장 박동과 함께 동맥 혈류가 약간 증가하여 빛 흡수가 증가한다. 이 두 파장에서 빛의 박동성 흡수와 기준선 흡수의 비율을 비교함으로써 환원된 혈색소에 대한 산소 혈색소의 비율을 계산할 수 있다(**그림 15-16**). 이 수치는 산소 포화도 또는 SpO_2이다.

맥박 산소 측정기 센서가 감지한 SpO_2와 맥박수를 표시한다. 그들은 SpO_2를 숫자로 표시하거나 펄스 파형도 표시하는 시각적 디스플레이로 표시한다. SpO_2와 PaO_2의 관계는 매우 복잡하다. 그러나 SpO_2는 일반적으로 PaO_2와 상관관계가 있다. PaO_2가 클수록 산소 포화도가 높아진다. 혈색소는 혈액 내 산소의 98%를 운반하는 반면, 혈장은 2%만 운반하기 때문에 맥박 산소 측정기는 말초 산소 전달을 정확하게 분석한다(**그림 15-16**).

맥박 산소 측정기를 사용한 잘못된 판독은 드물다. 이러한 상황이 발생하면 맥박산소측정기는 종종 오류 신호나 빈 화면을 나타낸다. 잘못된 판독의 원인에는 일산화탄소 중독, 고강도 조명, 특정 혈색소 이상 등이 있다. 경우에 따라 매니큐어는 산소 측정 기능을 방해할 수 있다. 이것은 산소 측정기로 모니터링되는 파장에 가까운 960 nm에서 빛을 흡수하는 파란색 매니큐어에서 특히 문제가 된다. 사지에 맥박이 없으면 잘못된 판독값도 발생한다. 저혈량증 및 중증 빈혈 환자의 경우 맥박 산소 측정기 판독값이 잘못될 수 있다. SpO_2 수치는 정상일 수 있지만 산소를 운반하는 데 사용할 수 있는 혈색소의 총량은 너무 현저하게 감소하여 환자가 세포 수준에서 저산소 상태를 유지할 수 있다.

임상노트

동맥혈 가스 측정 Arterial Blood Gas Measurements

호흡 기체의 분압은 **동맥혈 가스**(*ABG*) 측정으로 결정할 수 있다. 이를 위해 노동맥, 위팔동맥 또는 넙다리동맥에서 동맥혈을 채취한다. 샘플을 즉시 혈액 가스 기계에 넣고 측정한다. 대부분의 혈액 가스 기계는 산소 분압(PO_2), 이산화탄소 분압(PCO_2), pH, 중탄산염 수준(HCO_3^-) 및 혈색소(Hg) 측정값을 제공한다. 이러한 매개변수는 환기 및 산소 공급의 효율성에 대한 많은 정보를 제공하고 산염기 이상을 쉽게 감지한다. 동맥혈 가스 측정은 대부분 심각한 호흡기 질환 치료에 필수적인 방법이다.

의적 호흡 중추(수질과 뇌교)는 호흡 근육을 조절하고 빈도(호흡수)와 호흡 깊이를 조절한다. 이 센터는 허파 및 호흡기의 다른 부분은 물론 다양한 기타 부위에서 도달하는 감각 정보에 반응한다. 자발적인 호흡 조절은 호흡 중추 또는 호흡 근육을 조절하는 운동 뉴런의 출력에 영향을 미치는 대뇌 겉질의 활동을 반영한다.

호흡 중추(respiratory center)는 다리뇌와 숨뇌에 있는 세 쌍의 핵이다. 숨뇌의 짝을 이루는 **호흡 리듬 중추(respiratory rhythmicity center)**는 호흡 속도를 설정하는 데 중요한 역할을 한다. 각 중추는 들숨 중추를 포함하는 **등쪽의 들숨 중추**(*DRG*)와 날숨 중추를 포함하는 **배쪽의 날숨 중추**(*VRG*)로 세분될 수 있다. 날숨 중추는 다리뇌의 호흡 중심을 구성하는 두 쌍의 핵에 의해 조정된다. 다리뇌의 중심은 감각 자극, 감정 상태 또는 언어 패턴에 반응하여 호흡수와 호흡 깊이를 조정한다.

호흡 리듬 센터의 활동

The Activities of the Respiratory Rhythmicity Centers

들숨과 날숨에 관여하는 뉴런 사이에서 **상호 억제**(*reciprocal inhibition*)가 일어난다. 들숨 뉴런이 활성화되면 날숨 뉴런이 억제되고 그 반대의 경우도 마찬가지이다. 이 그룹 간의 상호 작용 패턴은 편안한 호흡과 강제 호흡에서 다르다.

DRG(dorsal respiratory group)의 들숨 중추는 모든 호흡 주기에서 기능하다. 그것은 들숨 근육을 조절하는 뉴런을 포함하는데, 그 근육은 바깥갈비사이근과 가로막이다. 편안한 호흡 동안 뉴런은 2초 동안 들숨 근육의 자극을 점진적으로 증가시킨다. 그런 다음 들숨 중추는 다음 3초 동안 침묵한다. 비활동 기간 동안 들숨 근육이 이완되고 수동적 날숨이 발생한다. 들숨 중추는 감각 또는 조절 자극이 없을 때도 이 기본 리듬을 유지한다.

VRG(ventral respiratory group)는 강제 호흡 중에만 작동하며, 활동적인 날숨에 관여하는 보조 호흡 근육을 조절하는 뉴런을 포함하는 날숨 중추를 가지고 있다. VGR의 들숨중추에는 숨을 크게 들이쉬게 하는 신경세포가 들어 있다. 편안한 호흡과 강제 호흡 동안의 들숨 중심과 날숨 중심 사이의 관계는 **그림 15-17**에 도식화되어 있다.

신경 조직의 대사 또는 화학적 활동을 변경하는 모든 요인이 호흡기 센터의 성능에 영향을 미칠 수 있다. 예를 들어, 체온 상승이나 CNS 각성제(암페타민 또는 카페인 등)는 호흡 수를 증가시킨다. 반대로 체온 감소 또는 CNS 억제제(예: 바르비투르산염 또는 아편제)는 호흡수를 감소시킨다. 물리적 또는 화학적 자극에 의해 유발되는 반사도 호흡 활동에 강한 영향을 미친다.

임상노트

저산소 드라이브 Hypoxic Drive

호흡 운영(*respiratory drive*)은 주로 혈액 내 이산화탄소(PCO_2)의 양에 의해 제어된다. PCO_2의 증가는 호흡을 자극하고 PCO_2의 감소는 호흡을 억제한다. 폐기종이나 만성 기관지염과 같은 만성 폐쇄성 폐질환에서는 혈액 내 이산화탄소 수치가 점차 증가한다(고탄산혈증). 질병이 진행됨에 따라 화학 수용체는 만성 고탄산혈증에 익숙해지고, 신체는 호흡을 조절하기 위해 PCO_2 수준 대신 산소 수준(PO_2)에 의존하기 시작한다. 저산소 드라이브라고 하는 이 변화는 진행성 및 중증 질환에서만 발생하는데, 응급 치료의 일상적인 부분인 산소 투여가 이러한 환자에게 PO_2 수준을 증가시켜 호흡을 억제할 수 있다. 심한 경우, 높은 수준의 보충 산소를 투여하면 호흡 정지가 발생할 수 있다.

호흡의 반사 조절 The Reflex Control of Respiration

정상적인 호흡은 의식적인 제어 없이 자동으로 발생한다(**그림 15-17**). 호흡 중추의 활동은 기계수용기(신장 및 압력 수용체와 같은)와 화학수용기의 감각 정보에 의해 수정된다. 이러한 수용체의 정보는 호흡 패턴을 변경한다. 유도된 변화를 **호흡 반사**(*respiratory reflexes*)라고 한다.

15

기계수용기 반사 Mechanoreceptor Reflexes

기계수용기는 허파용적의 변화 또는 동맥혈압의 변화에 반응한다. 호흡기능과 관련이 있는 압력수용기에 대해서는 9장에서 설명하였다.

팽창 반사(inflation reflex)는 강제 호흡 동안 허파가 과도하게 팽창하는 것을 방지한다. 관련된 기계수용기는 허파가 확장될 때 자극되는 신장수용기이다. 허파에서 시작한 감각 섬유는 미주 신경을 통해 호흡 리듬 중심에 도달한다. 허파의 부피가 증가함에 따라 DRG 들숨 중추는 점차적으로 억제되고 VRG 날숨 중추는 자극된다. 따라서 허파가

그림 15-17 호흡의 기본 조절 기전.

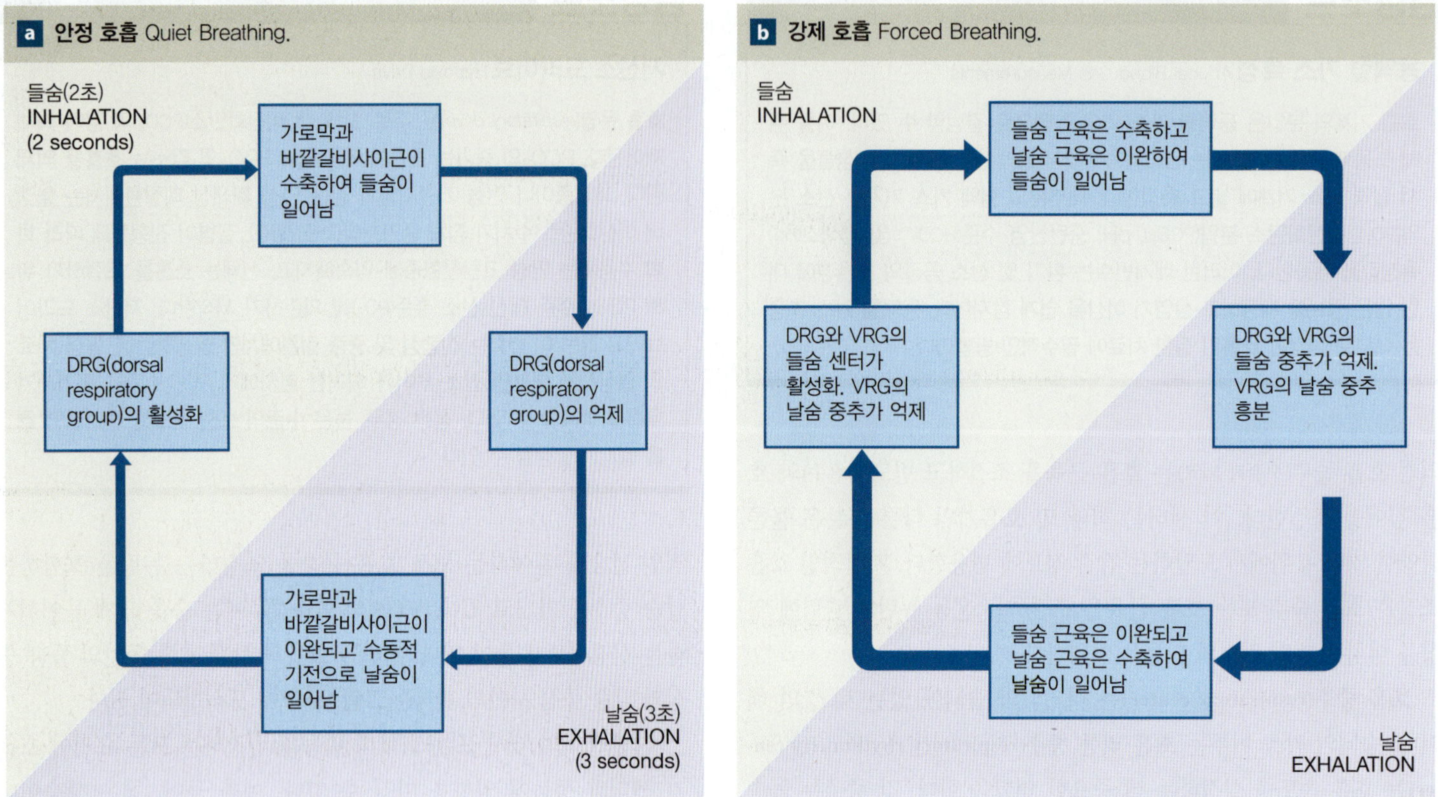

최대 용적에 가까워지면 들숨이 멈추고 능동적 날숨이 시작된다.

수축 반사(deflation reflex)는 일반적으로 강제 날숨 중에만 작동한다. 이 반사는 허파가 수축할 때 날숨 중추를 억제하고 들숨 중추를 자극한다. 허파의 부피가 작을수록 날숨 중추의 억제가 커지고, 마침내 날숨이 멈추고 들숨이 시작된다.

팽창 반사와 수축 반사는 안정 호흡에는 관여하지 않지만 격렬한 운동 중 강제 들숨과 날숨을 조절하는 데 중요하다. 팽창 반사와 수축 반사를 1865년 생리학자들의 이름을 따서 **헤링-브로이어 반사** (*Hering-Breuer reflex*)라고 한다.

15

목동맥 팽대와 대동맥굴의 압력수용기가 전신 혈압에 영향을 미친다는 점을 기억해야 한다(13장에 설명됨). 이 압력수용기의 미치는 영향은 호흡 중추에도 영향을 준다. 혈압이 떨어지면 호흡 수가 증가하고, 혈압이 상승하면 호흡 수가 감소한다. 이러한 조정은 혀인두(NIX) 및 미주신경(NX)의 감각 신경섬유에 의한 호흡 중추의 자극 또는 억제로 인해 발생한다.

화학수용기 반사 Chemoreceptor Reflexes

화학수용기는 혈액과 뇌척수액의 화학적 변화에 반응한다. 그들의 자극은 호흡의 깊이와 속도를 증가시킨다. 목동맥토리(목동맥팽대 근처) 및 대동맥토리(대동맥활 근처)의 화학수용체는 동맥혈의 pH, PCO_2 및 PO_2에 민감하다. 숨뇌의 수용체는 뇌척수액의 pH와 PCO_2에 반응한다.

이산화탄소 수준은 산소 수준보다 호흡 활동에 훨씬 더 강력한 영향을 미친다. 그 이유는 동맥 PCO_2의 상대적으로 작은 증가가 CO_2 수용체를 자극하지만 동맥 PO_2는 일반적으로 산소 수용체를 활성화할 만큼 충분히 감소하지 않기 때문이다. 이러한 이유로 이산화탄소 수준은 정상적인 조건에서 호흡 활동을 조절하는 역할을 한다. 그러나 동맥 PO_2가 떨어지면 두 가지 유형의 수용체가 함께 작동한다. 이산화탄소는 산소 소비 중에 발생하므로 O_2 농도가 급격히 떨어지면 일반적으로 CO_2 수준이 증가한다. 이러한 이유로 "파란색이 될 때까지" 숨을 참을 수 없다. PCO_2가 위험 수준으로 올라가면 숨을 쉬어야 한다.

이산화탄소와 산소 수용체 사이의 협력은 비정상적인 상황에서만 무너진다. 예를 들어, 심호흡을 하면 평소보다 더 오래 숨을 참을 수 있다. 그러나 이러한 관행은 매우 위험하다. 위험은 증가된 능력이 여분의 산소 때문이 아니라 이산화탄소의 손실 때문에 발생한다. PCO_2가 충분히 감소하면 숨 참기 능력이 증가하여 숨을 들이쉬고 싶은 충동을 느끼지도 못한 채 뇌의 산소 결핍으로 인해 의식을 잃을 수 있다.

임상노트

카프노그래피 Capnography

날숨말 이산화탄소(ETCO$_2$) 모니터링은 날숨에서 이산화탄소(CO_2) 수준을 측정하는 비침습적 방법이다. 날숨된 CO_2 측정을 기록하거나 표시하는 것을 카프노그래피라고 한다.

다양한 용어가 카프노그래피에 적용되었으며, 이에 대한 검토는 이 섹션의 자료를 이해하는 데 도움이 될 수 있다. 이러한 용어에는 다음이 포함된다.

- *Capnometry*. Capnometry는 날숨의 CO_2를 측정하는 것이다. 일반적으로 CO_2의 분압(Torr 또는 mmHg) 또는 존재하는 CO_2의 백분율을 숫자로 표시한다.
- **카프노그래피**. 카프노그래피는 시간 경과에 따른 capnometry 판독값을 그래픽으로 기록하거나 표시하는 것이다.
- **카프노그래프**. 카프노그래프는 날숨의 CO_2 수준을 측정하는 장치이다.
- **카프노그램**. 카프노그램은 날숨의 CO_2 파형을 시각적으로 나타낸 것이다.
- *ETCO$_2$*. ET CO_2는 날숨 종료 시의 CO_2 농도 측정값(최대 CO_2)이다.
- *PETCO$_2$*. PETCO$_2$는 혼합 기체 용액에서 날숨말 CO_2의 분압력이다.
- *PaCO$_2$*. PaCO$_2$는 동맥혈의 CO_2 분압을 나타낸다.

CO_2는 신진대사의 정상적인 최종 산물이며 정맥을 통해 심장의 오른쪽으로 운반된다. 그런 다음 우심실에서 허파동맥으로 박출되어 결국 허파 모세혈관으로 들어간다. 그곳에서 허파꽈리로 확산되고 날숨을 통해 몸에서 제거된다. 순환이 정상일 때 ETCO$_2$ 수준은 환기에 따라 변하며 동맥계의 이산화탄소 분압(PaCO$_2$)에 대한 신뢰할 수 있는 추정치이다. 정상적인 ETCO$_2$는 PaCO$_2$보다 1~2 mm 또는 약 5% 적다. 정상적인 PETCO$_2$는 약 38 mmHg(0.05×760 mmHg = 38 mmHg)이다. 쇼크나 심정지와 같이 관류가 감소하면 ETCO$_2$ 수치는 환기가 아니라 허파 혈류와 심박출량을 반영한다.

감소된 ETCO$_2$ 수치는 쇼크, 심장 마비, 폐색전증, 기관지 경련 및 불완전한 기도 폐쇄(예: 점액 막힘)에서 찾을 수 있다. 증가된 ETCO$_2$ 수준은 저환기, 호흡 억제 및 고열에서 발견된다. Capnometry는 ETCO$_2$ 수준의 비침습적 측정을 제공하고 의료인에게 전신 대사, 순환 및 환기 상태에 대한 정보를 제공한다(**그림 15-18**). 카프노그래피의 사용은 수술실, 응급실, 병원 전 환경에서 보편화되었다(**그림 15-19**).

병원 전 진료에 처음 도입되었을 때 ETCO$_2$ 모니터링은 기관 내 적절한 기관 내 튜브 배치를 확인하기 위해 독점적으로 사용되었다. 삽관 후 적절한 CO_2 수준의 존재는 날숨된 CO_2의 존재를 통해 튜브가 기관에 있음을 확인한다. CO_2는 비색 또는 적외선 장치를 사용해서도 측정할 수 있다.

비색 장치 Colorimentric Devices

비색 장치는 플라스틱 챔버 안에 들어 있는 pH에 민감한 화학물질을 함유한 종이가 들어 있는 일회용 ETCO$_2$ 검출기이다. 이것은 환자와 환기 장치 사이의 기도에 위치하여 종이가 CO_2에 노출되면 수소 이온(H^+)이 발생하여 종이의 색이 변색한다. 색상은 호흡과 호흡 사이에 변할 수 있다. 장치의 색상 눈금을 통해 ETCO$_2$ 수준을 추정한다. 비색 장치는 과잉탄산 또는 과소산탄(CO_2 수준 증가 또는 감소)을 감지할 수 없다. 위 내용물이나 산성 약물(예: 기관 내 에피네프린)이 장치의 종이에 닿으면 후속 판독 값이 신뢰할 수 없을 수 있다.

그림 15-18 연속 파형 카프노그래피.

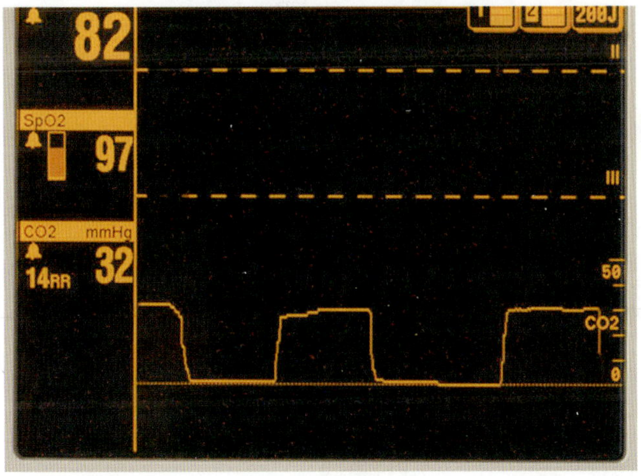

그림 15-19 정상 카프노그램. AB = **단계** I: 늦은 들숨, 조기 날숨(CO_2 없음). BC = **단계** II: 날숨 가스에서 CO_2의 출현. CD = **단계** III: 안정기(일정한 CO_2). D = 최고점(ETCO$_2$). DE = **단계** IV: 들숨 중 급속 하강. EA = 호흡 정지.

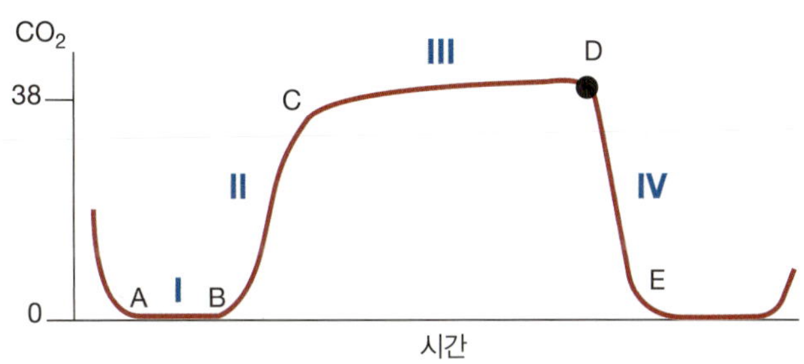

15

CO_2 수준을 모니터링하는 화학수용체도 pH에 민감하다. 혈액이나 뇌척수액의 pH에 영향을 미치는 모든 상태는 호흡 기능에 영향을 미친다. 예를 들어, 운동 후 젖산 수치의 상승은 호흡 활동을 자극하는 데 도움이 되는 pH를 떨어뜨린다.

고위 중추에 의한 조절 Control by Higher Centers

다리뇌의 호흡 중추에 미치는 영향과 호흡 근육의 직접적인 제어를 통해 상위 센터는 호흡에 영향을 준다. 예를 들어, 자발적으로 호흡 근육의 수축을 억제하거나 과장할 수 있다. 이 컨트롤은 말하거나 노래

집중 조명 그림 15-20 호흡 조절(THE CONTROL OF RESPIRATION)

호흡 중추와 반사 조절 Respiratory Centers and Reflex Controls

호흡 조절에는 여러 수준의 규제가 포함된다. 대부분의 규제 활동은 우리가 인지하지 못하는 범위에서 발생한다. 이 그림은 다리뇌와 숨뇌의 주요 호흡 센터와 호흡의 반사 제어에 중요한 기타 요인 사이의 위치와 관계를 보여준다. 호흡 근육을 의식적으로 제어하는 경로는 표시되지 않는다.

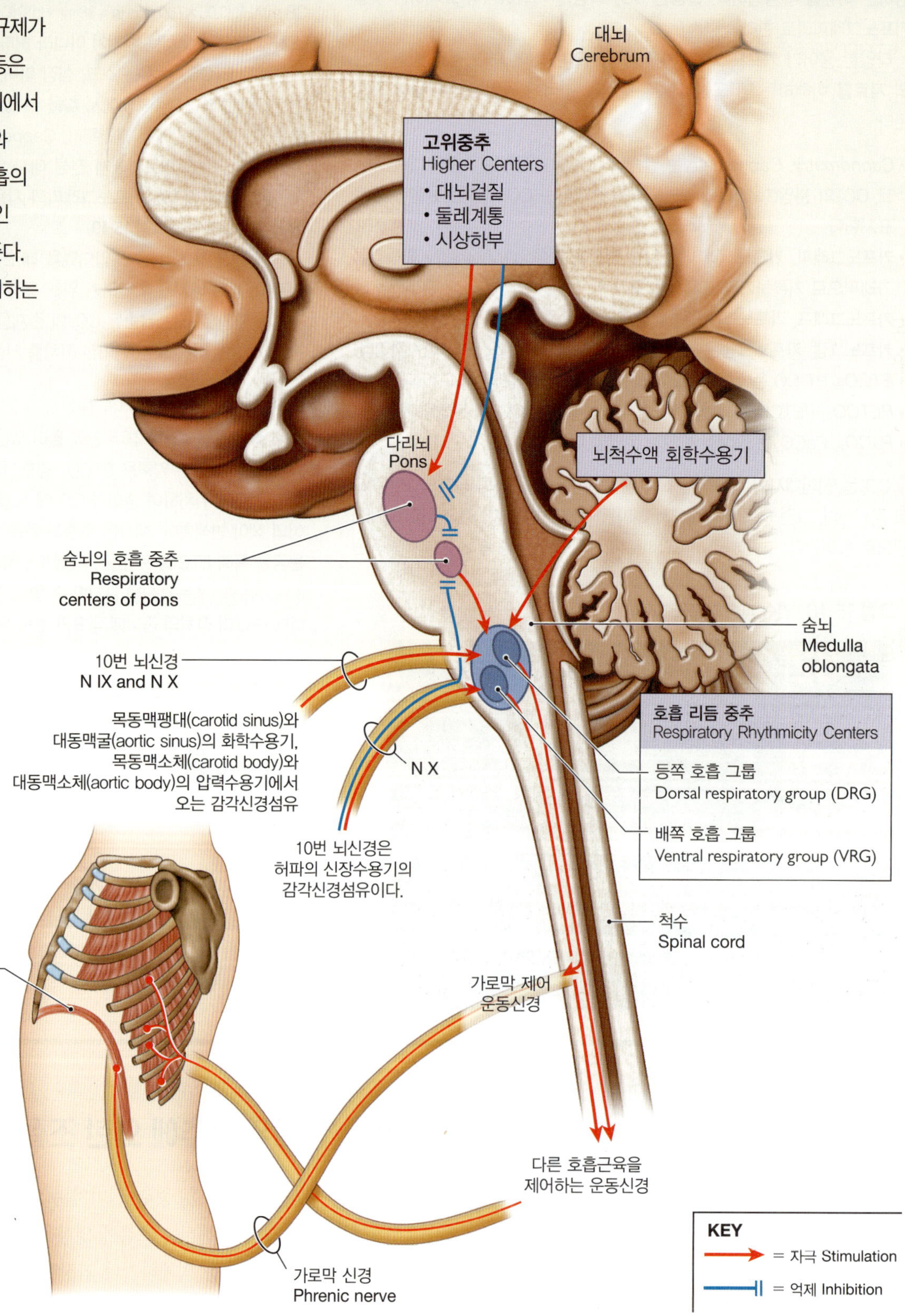

할 때 필요하다. 분노, 섭식 또는 성적 흥분과 관련된 중추의 활성화에 따라 호흡의 깊이와 속도도 변한다. 둘레계통에 의해 지시되는 이러한 변화는 비자발적 수준에서 발생한다. **집중 조명 그림 15-20**은 호흡 조절과 관련된 요소를 요약한 것이다.

출생 시 호흡 변화 Respiratory Changes at Birth

태아와 신생아의 호흡계통은 몇 가지 중요한 면에서 다르다. 분만 전 허파혈관이 무너져 허파동맥 저항이 높다. 가슴우리가 압축되고 허파와 전도 통로에는 소량의 액체만 포함되어 있고 공기는 없다.

신생아는 태어날 때 가로막과 바깥갈비사이근의 강력한 수축을 통해 진정으로 영웅적인 첫 호흡을 한다. 흡입된 공기는 표면 장력을 극복하고 기관지와 대부분의 허파꽈리를 팽창시키기에 충분한 힘으로 기도로 들어간다. 공기를 허파로 끌어들이는 압력의 동일한 강하는 혈액을 허파순환으로 끌어당긴다. 가슴우리가 이전의 완전히 압축된 상태로 돌아가지 않기 때문에 이어지는 날숨은 허파를 완전히 비우지 못한다. 연골과 결합 조직은 전도성 통로를 열어두고 허파꽈리 표면을 덮는 표면활성제는 붕괴를 방지하여 다음 호흡이 허파꽈리의 팽창을 완료한다.

병리학자는 때때로 이러한 신체적 변화를 사용하여 신생아가 분만 전 사망했는지 또는 출산 직후 사망했는지 확인한다. 첫 번째 호흡 전에 허파는 양수로 완전히 채워지고 추출된 허파는 물에 넣으면 가라앉게 된다. 영아가 처음 숨을 들이마신 후에는 허파가 허파에도 물에 떠 있을 수 있을 만큼 충분한 공기가 들어 있다.

체크포인트

23. 말초 화학수용체는 산소 수준보다 이산화탄소 수준에 더 민감한 이유는 무엇인가?
24. 격렬한 운동은 어떤 호흡 반사를 자극하는가?
25. 리틀 쟈니는 어머니에게 그가 파랗게 질려서 죽을 때까지 숨을 참겠다고 말한다. 그녀는 걱정해야 할까?

책 뒷면에 있는 파란색 정답 탭을 참조.

15-9 노화에 따른 호흡 기능 저하

학습목표 노화에 따른 호흡계통의 변화를 설명한다.

많은 요인들이 상호 작용하여 노인의 호흡계통을 덜 효율적으로 만든다. 다음은 두 가지 예이다.

1. 여러 가지 변화로 인해 가슴의 움직임이 제한된다. 여기에는 갈비뼈 관절의 관절염 변화, 갈비연골의 유연성 감소, 연령 관련 근육

임상노트

폐기종 및 폐암 Emphysema and Lung Cancer

폐기종과 폐암은 비교적 흔한 두 가지 질환이다. 둘 다 종종 담배 흡연과 관련이 있다. 폐기종(emphysema)은 만성 진행성 질환이다. 숨이 가쁘고 신체 활동을 견디지 못하는 것이 특징이고, 근본적인 문제는 허파꽈리 표면의 파괴와 기체 교환을 위한 부적절한 표면적이다. 본질적으로 호흡기 세기관지와 허파꽈리는 더 이상 기능하지 않는다. 허파꽈리는 점차 확장되고 인접한 허파꽈리는 합쳐져 허파꽈리 모세관 네트워크가 없는 섬유 조직에 의해 지지되는 더 큰 공기 공간을 형성한다. 결합 조직이 제거됨에 따라 순응도가 증가하여 공기가 이전보다 더 쉽게 허파 안팎으로 이동한다. 그러나 호흡 표면적의 손실은 산소 흡수를 제한하므로 사람은 숨이 가빠진다.

폐기종은 담배 연기와 같은 미세 입자나 독성 증기가 포함된 공기를 호흡하는 것과 관련이 있다. 유전적 요인은 또한 개인이 이 상태에 걸리기 쉽게 만든다. 어느 정도의 폐기종은 노화의 정상적인 결과인데, 성인 남성의 66%와 성인 여성의 25%로 추정되는 허파에서 폐기종의 확인된다.

폐암 또는 **기관지폐암**(*bronchopulmonary carcinoma*)은 기관지 또는 허파꽈리에서 발생하는 공격적인 악성 부류인데, 이러한 암은 전도 통로, 점액선 또는 허파꽈리를 따라 늘어선 상피세포에 영향을 미친다. 징후와 증상은 일반적으로 종양이 기류를 제한하거나 인접 구조를 압박할 때까지 나타나지 않는다. 흉통, 숨가쁨, 기침 또는 쌕쌕거림, 체중 감소가 일반적이다. 치료 프로그램은 종양의 세포 조직과 전이(암 세포 이동)가 발생했는지 여부에 따라 다르다. 수술, 방사선 요법 또는 화학 요법이 포함될 수 있다.

CDC에 따르면 더 많은 사람들이 다른 유형의 암보다 폐암으로 사망한다. 2011년에 폐암은 미국에서 110,322명의 남성과 97,017명의 여성에게 영향을 미쳤다. 또한 남성과 여성 모두에서 새로운 암 사례의 14%와 모든 암 사망의 27%를 차지했다.

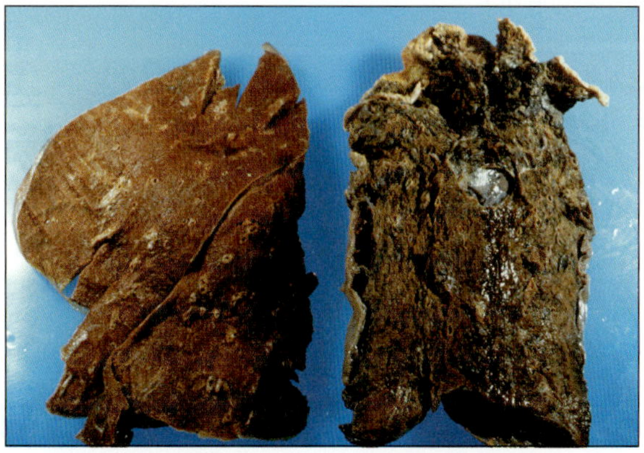

건강한 허파 흡연자의 허파

지식 쌓기

호흡계통이 지금까지 제시된 다른 신체 계통과 어떻게 통합되는지 알아보자.

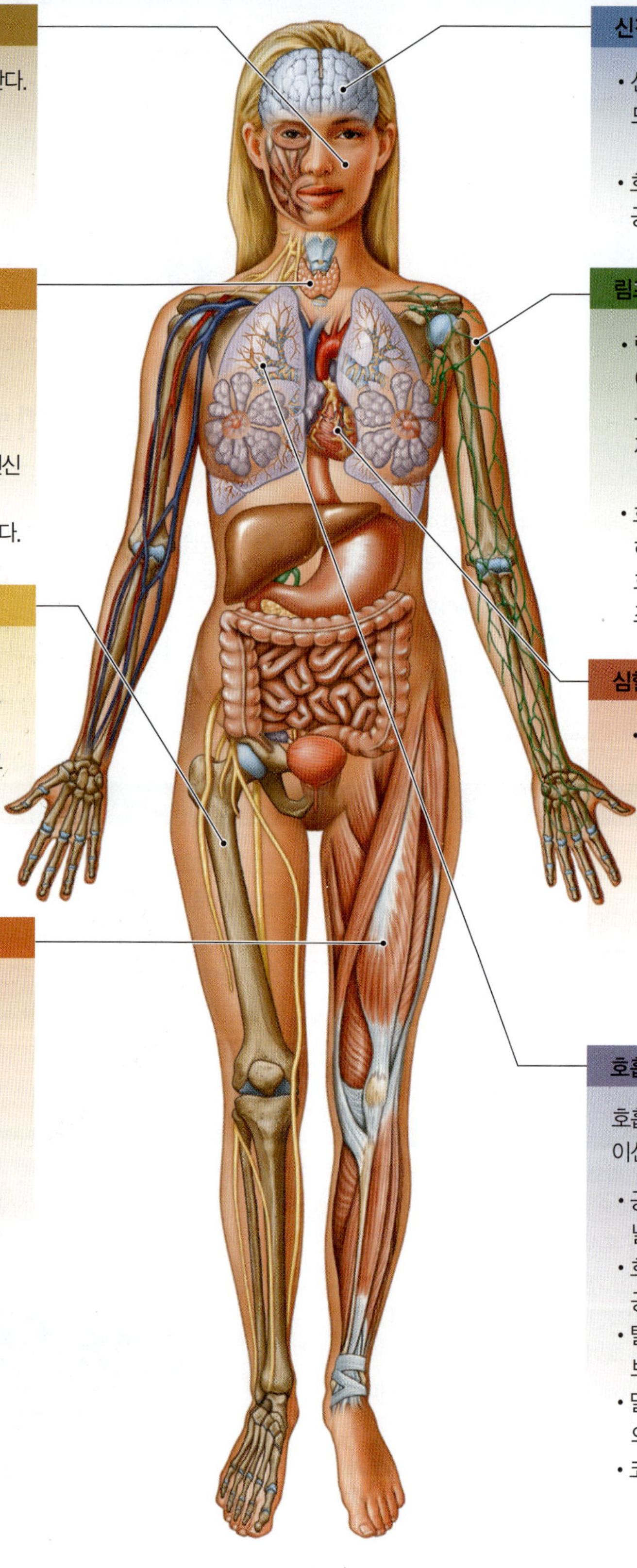

외피계통 Integumentary System

- 외피계통은 상부 호흡기의 일부를 보호한다. 코털은 외부 콧구멍 진입을 방어한다.
- 호흡계통은 조직에 영양을 공급하고 이산화탄소를 제거와 산소를 제공한다.

내분비계통 Endocrine System

- 내분비계통은 에피네프린과 노르에피네프린을 생성하여 호흡 활동을 자극하고 호흡 통로를 확장한다.
- 호흡계통은 허파의 모세혈관에서 안지오텐신 전환 효소(ACE)를 생성한다. ACE는 안지오텐신 I을 안지오텐신 II로 전환시킨다.

뼈대계통 Skeletal System

- 뼈대계통은 축 분할로 허파를 보호한다; 호흡에서 가슴우리의 움직임이 중요하다.
- 호흡계통은 뼈대 구조에 산소를 공급하고 이산화탄소를 제거한다.

근육계통 Muscular System

- 근육계통은 호흡기관 입구를 통제한다. 내인성 후두 근육은 후두를 통한 기류를 제어하고 소리를 생성한다. 호흡 근육은 가슴안의 부피를 변화시켜 공기가 허파 안팎으로 이동한다.
- 호흡계통은 근육 수축에 필요한 산소를 공급하고 활성 근육에서 생성된 이산화탄소를 제거한다.

신경계통 Nervous System

- 신경계통은 호흡량과 혈액 가스 수준을 모니터링한다; 호흡의 속도와 깊이를 조절
- 호흡계통은 신경 활동에 필요한 산소를 공급하고 이산화탄소를 제거한다.

림프계통 Lymphatic System

- 림프계통은 기도 입구의 편도선 감염을 예방한다; 림프절은 허파에서 림프유출을 모니터링하고 감염이 발생할 때 특정 방어를 제공한다.
- 호흡계통에는 비특이적 방어를 제공하는 허파꽈리 큰포식세포가 있다; 상부 호흡계통의 점막은 병원체를 가두고 깊은 조직을 보호한다.

심혈관계통 Cardiovascular System

- 심혈관계통은 허파와 말초 조직 사이에서 산소와 이산화탄소를 운반하는 적혈구를 순환시킨다.
- 호흡계통은 심장 근육 수축에 필요한 산소를 제공한다; 중탄산염 이온은 혈액의 완충 능력에 기여한다. ACE에 의한 안지오텐신 II의 활성화는 혈압과 혈액량의 조절에 중요하다.

호흡계통 Respiratory System

호흡계통은 세포에 산소를 공급하고 이산화탄소를 제거한다:

- 공기와 순환 혈액 사이의 기체 교환을 위한 넓은 영역 제공
- 호흡 통로를 따라 허파의 기체 교환 표면으로 공기를 이동
- 탈수, 온도 변화로부터 호흡기 표면을 보호하고 침입하는 병원체로부터 보호.
- 말하기, 노래 부르기 및 기타 형태의 의사소통을 위한 소리 생성
- 코안의 후각 수용체에 의한 후각에 도움

15

약화가 포함된다. (이러한 제한이 조직이 나이가 들어 탄력 조직 감소로 허파의 순응도가 증가는 순응을 상쇄한다.) 또한 가슴부위 움직임의 경직과 감소는 허파호흡과 허파활량을 제한하고, 이러한 변화는 나이가 들어감에 따라 운동 수행과 능력의 저하에 기여한다.

2. 50세 이상의 사람들에게 어느 정도의 폐기종은 정상이다. 허파기종의 정도는 담배 연기 및 기타 호흡기 자극제에 노출된 정도에 따라 크게 달라진다. 다양한 기간 동안 흡연을 한 사람들과 비흡연자를 비교한 연구는 흡연이 호흡 기능에 미치는 부정적인 영향을 분명히 보여준다.

체크포인트

26. 호흡계통의 효율성을 감소시키기 위해 결합되는 두 가지 연령 관련 변화를 설명하시오.

책 뒷면에 있는 파란색 정답 탭을 참조.

15-10 호흡계통은 다른 기관계통에 산소를 공급하고 이산화탄소를 제거한다

학습목표 호흡계통과 다른 신체 계통 사이의 상호작용에 대한 예를 들어본다.

지식 쌓기 참조: 호흡계통이 지금까지 제시된 다른 신체 계통과 통합되는 방법을 참조하시오. 그것은 이 계통과 외피, 뼈대, 근육, 신경, 내분비, 심혈관 및 림프계통 사이의 주요 기능적 관계를 검토한다. 호흡계통은 심혈관계통과 많은 구조적 및 기능적 연결을 가지고 있다는 점에 유의해야 한다.

체크포인트

27. 호흡계통이 지금까지 제시된 다른 모든 기관계에 제공하는 핵심 기능을 식별하시오.
28. 신경계통과 호흡계통의 기능을 어떻게 지원하는가?

책 뒷면에 있는 파란색 정답 탭을 참조.

관련 임상 용어

무호흡(apnea): 호흡이 멈추는 것.

질식(asphyxia): 질식을 초래하는 산소-이산화탄소 교환 부전.

천식(asthma): 비정상적으로 민감하고 자극받은 기도 전도를 특징으로 하는 급성 호흡기 장애.

기관지염(bronchitis): 기관지 내막의 염증.

심폐 소생술(cardiopulmonary resuscitation, CPR): 가슴우리(흉곽, rib cage) 압박, 입대입 인공호흡을 통해 심혈관계통과 호흡계통의 기능을 회복시키는 처치법.

만성 폐쇄 폐질환(chronic obstructive pulmonary disease, COPD): 기관지의 일시적 또는 영구적인 폐질환을 설명하는 일반 용어. 만성 기관지염과 만성 기도 폐쇄가 특징.

호흡곤란(dyspnea): 힘들거나 힘든 호흡.

코출혈(epistaxis): 코피.

고탄산혈증(hypercapnia): 혈액 내 이산화탄소 농도가 비정상적으로 높은 상태.

저탄산혈증(hypocapnia): 혈액 내 이산화탄소 농도가 비정상적으로 낮은 상태.

인플루엔자(influenza): 기도의 인플루엔자 바이러스 감염증.

가슴막염(pleurisy): 가슴막의 염증 및 과도한 양의 가슴막액 분비.

객담(sputum): 종종 감염의 결과로 호흡기에서 뱉어낸 타액과 점액 혼합물.

15 복습

15

요약

호흡계통 소개 *p. 568*

1. 기능을 계속하려면 신체 세포가 산소를 얻고 이산화탄소를 제거해야 한다. 이러한 과정은 허파의 공기로 채워진 주머니인 허파꽈리에서 발생한다.

15-1 호흡계통은 전도 부분과 호흡 부분으로 구성되며, 여러 가지 중요한 기능을 한다 *p. 568*

2. **호흡계통(respiratory system)**의 기능은 다음을 포함한다. (1) 공기와 순환 혈액 사이의 기체 교환을 위한 영역 제공, (2) 교환 표면으로 또는 교환 표면으로부터 공기 이동, (3) 탈수, 온도 변화 및 병원체로부터 교환 표면을 보호한다, (4) 말하는 소리를 내는 것; 및 (5) 후각(후각) 수용체의 자극을 돕는다.

3. 호흡계통은 코, 코안, 코곁굴, 인두로 구성된 **상부 호흡계통(upper respiratory system)**과 허파의 후두, 기관, 기관지, 세기관지 및 허파꽈리를 포함하는 **하부 호흡계통(lower respiratory system)**을 포함한다(**그림 15-1**).

4. **호흡기(respiratory tract)**는 허파꽈리로 공기를 운반하는 전도 통로로 구성한다.

5. **호흡기 점막(respiratory mucosa**, 호흡 상피 및 고유판 밑에 있는 유륜 조직)은 기도의 전도성 부분을 따라 정렬된다(**그림 15-2**).

15-2 코, 인두, 후두, 기관, 기관지, 세기관지는 허파로 공기를 전달한다 *p. 569*

6. 공기는 일반적으로 **코안(nasal cavity)**으로 열리는 **외부 콧구멍(external nares)**을 통해 호흡기로 들어간다. **코 전정(nasal vestibule**, 입구)에 있는 털이 큰 입자를 차단한다(**그림 15-3**).

7. **단단입천장(hard palate)**은 입안과 코안을 분리한다. **물렁입천장(soft palate)**은 상위 코인두를 나머지 인두와 분리하고, **내부 콧구멍(internal nares)**은 코안과 코인두를 연결한다(**그림 15-3**).

8. **인두(pharynx)**는 소화계통과 호흡계통이 공유하는 공간이다.

9. 흡입된 공기는 성문을 통해 허파로 전달된다. **후두(larynx)**는 성문 또는 "소리 상자"를 둘러싸고 보호한다. **후두덮개(epiglottis)**는 인두로 돌출되어 있다. **성문(glottis)**에는 **성대(true vocal cords)**와 그 사이의 공간이 포함된다. 성문을 통과하는 날숨은 실제 성대를 진동시켜 소리를 생성한다(**그림 15-4**).

10. **기관(trachea)**의 벽("기관")에는 기도를 보호하는 C자 모양의 기관 연골이 있다. 뒤쪽 기관 벽은 많은 양의 음식이 식도를 따라 지나갈 수 있도록 도와준다(**그림 15-5**).

11. 기관은 가슴세로칸 내에서 분기되어 **오른쪽** 및 **왼쪽 일차 기관지(right** and **left primary bronchi)**를 형성한다(**그림 15-5**).

12. 1차 기관지, **2차 기관지(secondary bronchi)** 및 그 가지가 기관지 나무(*bronchial tree*)를 형성한다. **3차 기관지(tertiary bronchi)**는 허파 내에서 분지됨에 따라 벽에 있는 연골의 양이 감소하고 민무늬근의 양이 증가한다(**그림 15-6a**).

15-3 호흡계통의 호흡 부분은 허파 속 작은 세기관지와 허파꽈리(폐포)로 이루어져 있다 *p. 576*

15

13. 각 말단 **세기관지(bronchiole)**는 단일 **허파소엽(lobule)**으로 공기를 전달한다. 소엽 내에서 말단 세기관지는 **호흡 세기관지**(*respiratory bronchioles*)로 분기된다(**그림 15-6b**).

14. 호흡 세기관지는 **허파꽈리관(alveolar ducts)**으로 열리고 **허파꽈리 주머니(alveolar sacs)**에서 끝난다. 많은 허파꽈리가 각 허파꽈리주머니(폐포낭)에서 서로 연결되어 있다(**그림 15-7a,b**).

15. **호흡막(respiratory membrane)**은 (1) 단순 편평 허파꽈리 상피, (2) 모세혈관 내피, (3) 융합된 바닥막으로 구성된다. 허파꽈리 편평세포는 I형 허파꽈리세포(*type I pneumocytes*)라고도 한다. **중격세포(septal cells**, 유형 II 허파꽈리)는 허파꽈리가 붕괴되는 것을 방지하는 유성 분비물인 **표면활성제(surfactant)**를 생성한다. **허파꽈리 큰포식세포(alveolar macrophages)**는 이물질을 삼킨다(**그림 15-7c,d**).

16. **허파(lungs)**는 5개의 **엽(lobes)**으로 구성되어, 3개는 오른허파에, 2개는 왼허파에 있다(**그림 15-8**).

17. 각 허파는 **가슴막**(장막, **pleura**)으로 둘러싸인 단일 가슴막안으로 둘러싸여 있다(**그림 15-9**).

15-4 외호흡과 내호흡으로 신체 내에서 기체 교환이 가능하다 *p. 580*

18. 호흡(*respiration*)은 두 가지 통합 과정을 포함한다. **외호흡(external respiration**, 간질액과 외부 환경 사이의 산소와 이산화탄소 교환)과 **내호흡(internal respiration**, 간질액과 세포 사이의 산소와 이산화탄소 교환)이다. 산소 함량이 감소하면 영향을 받는 조직이 **저산소증(hypoxia)**으로 고통받는다. 산소 공급이 완전히 차단되면 **무산소증(anoxia)**에 의한 조직괴사가 발생한다.

19. 외부 호흡에는 **허파환기**(*pulmonary ventilation*) 또는 호흡(허파 안팎으로 공기의 이동)이 포함된다. 허파꽈리와 순환 혈액 사이, 그리고 혈액과 사이질액 사이의 **기체 확산**(*gas diffusion*); 그리고 혈류에 의한 다른 조직의 모세혈관과 모세혈관층 사이의 **산소와 이산화탄소 이동**.

15-5 허파환기(대기와 허파 사이의 공기 교환)에는 압력 변화와 근육 운동이 포함된다 *p. 582*

20. 단일 호흡 또는 **호흡 주기(respiratory cycle)**는 들숨(*inspiration*)과 날숨(*expiration*)으로 구성된다.

21. 기도 내부의 압력과 대기압의 차이가 기류의 방향을 결정한다(**집중 조명 그림 15-12**).

22. 1차 호흡 근육(가로막과 바깥갈비사이근)은 날숨이 수동적인 조용한 호흡에 관여한다. 보조 호흡 근육은 날숨이 활성인 강제 호흡의 활성 들숨 및 날숨 동작 중에 활성화된다(**집중 조명 그림 15-12**).

23. **폐활량(vital capacity)**에는 **일회 호흡량(tidal volume)**과 **날숨 예비량(expiratory reserve volume)** 및 **들숨 예비량(inspiratory reserve volume)**이 포함된다. 최대 날숨이 끝날 때 허파에 남아 있는 공기가 **잔기량(residual volume)**이다(**그림 15-13**).

15-6 기체 교환은 기체의 분압 차이에 따른 확산에 의해 일어난다 *p. 587*

24. 혼합 기체에서 개별 기체는 혼합물 내 존재비에 비례하는 압력을 가한다. 단일 가스에 의해 기여되는 압력은 **분압(partial pressure)**이다.

25. 허파꽈리 공기와 대기는 조성이 다르다. 기체 교환은 호흡막을 통해 효율적으로 발생한다(**그림 15-14**; **표 15-1**).

15-7 대부분의 O_2는 혈색소(Hb)와 결합하여 운반되고, CO_2는 혈장에 용해되거나 Hb에 결합되거나 중탄산염 이온으로 운반된다 *p. 590*

26. 말초 모세혈관으로 들어가는 혈액은 산소를 전달하고 이산화탄소를 흡수한다. 혈액 내 산소와 이산화탄소의 수송에는 완전히 가역적인 반응이 포함한다.

27. 일반적으로 신체에 존재하는 산소 압력 범위에 걸쳐 혈장의 작은 변화는 혈색소에 의해 결합되거나 방출되는 산소의 양에 큰 변화를 초래할 것이다.

28. 말초 조직의 호기성 대사는 이산화탄소를 생성한다. 혈액으로 운반되는 CO_2의 약 7%가 혈장에 용해된다. 또 다른 23%는 적혈구에서 **카르바미노혈색소(carbaminohemoglobin)**로 결합된다. 70%는 탄산으로 전환되어 수소 이온과 중탄산염 이온으로 분해된다. 중탄산염 이온은 적혈구를 빠져나와 혈장으로 들어간다(**그림 15-15; 15-16**).

15-8 호흡은 숨뇌와 다리뇌의 신경세포 작용과 반사에 의해 조절된다 *p. 594*

29. 산소 요구량의 대규모 변화는 심혈관 및 호흡기 반응의 통합을 필요로 하다.

30. 허파꽈리 모세혈관으로 이어지는 세동맥은 산소가 낮으면 수축하고 세기관지는 이산화탄소가 높을 때 확장된다.

31. **호흡 중추(respiratory centers)**에는 다리뇌와 숨뇌의 망상 형성에 세 쌍의 핵이 있다. 이 핵은 호흡 근육을 조절하고 호흡수와 호흡 깊이를 조절한다. 연수(medulla oblongata)에 있는 짝을 이루는 **호흡 리듬 센터(respiratory rhythmicity centers)**는 호흡의 기본 속도를 설정한다. 각 센터에는 **들숨 센터**가 있는 **등쪽 들숨 중추**(*DRG*)와 **날숨 센터**가 있는 **배쪽 날숨 중추**(*VRG*)가 있다(**그림 15-17; 집중 조명 그림 15-20**).

32. **팽창 반사(inflation reflex)**는 강제 호흡 중 허파의 과도한 팽창을 방지한다. **수축 반사(deflation reflex)**는 허파가 수축할 때 흡입을 자극한다. 화학수용기 반사는 혈액과 뇌척수액의 pH, PCO_2, PO_2 변화에 반응한다(**집중 조명 그림 15-20**).

33. 의식 및 무의식적 사고 과정은 호흡 중추 또는 호흡 근육을 제어하는 운동 뉴런에 영향을 주어 호흡에 영향을 줄 수 있다.

34. 분만 전에 태아의 허파는 체액으로 채워져 허탈된다. 첫 번째 호흡 후, 허파꽈리는 일반적으로 개인의 일생 동안 부풀려진 상태를 유지한다.

15-9 노화에 따른 호흡 기능 저하 *p. 599*

35. 호흡계통은 일반적으로 노인에서 덜 효율적이기 때문에 (1) 가슴우리의 움직임이 관절염 변화, 갈비연골의 유연성 감소, 노화 관련 근력 약화, 허파 환기 및 폐활량 저하로 인해 제한된다. 허파; (2) 어느 정도의 폐기종은 노인에게 정상이다.

15-10 호흡계통은 다른 기관계통에 산소를 공급하고 이산화탄소를 제거한다 *p. 601*

36. 호흡계통은 심혈관계통과 해부학적, 생리학적으로 광범위하게 연결되어 있다.

복습 문제

책 뒷면에 있는 파란색 정답 탭을 참조.

단계 1 사실 및 용어 검토

A열의 각 항목을 B열의 가장 밀접하게 관련된 항목에 맞게 빈칸에 적절한 답을 적으시오.

A열	B열
______ **1.** 코인두(Nasopharynx)	**a.** 조직에 O_2 공급 없음
______ **2.** 후두인두(Laryngopharynx)	**b.** 허파꽈리 큰포식세포
______ **3.** 방패연골(Thyroid cartilage)	**c.** 분비물 생성
______ **4.** 중격 세포(Septal cells)	**d.** 가슴부위 체벽의 내면을 덮는다.
______ **5.** 먼지 세포(Dust cells)	**e.** 조직액의 낮은 O_2 함량
______ **6.** 벽쪽 가슴막(Parietal pleura)	**f.** 인두의 하부
______ **7.** 내장쪽 가슴막(Visceral pleura)	**g.** 자극
______ **8.** 저산소증(Hypoxia)	**h.** 인두의 윗 부분
______ **9.** 무산소증(Anoxia)	**i.** 아담의 사과

_____ **10.** 허탈된 폐(Collapsed lung)	**j.** 허파의 외부 표면을 덮음
_____ **11.** 들숨(Inhalation)	**k.** 날숨
_____ **12.** 날숨(Exhalation)	**l.** 무기폐

13. 다음 그림에서 호흡기의 구조를 확인하시오.

(a) ______________
(b) ______________
(c) ______________
(d) ______________
(e) ______________
(f) ______________
(g) ______________
(h) ______________
(i) ______________

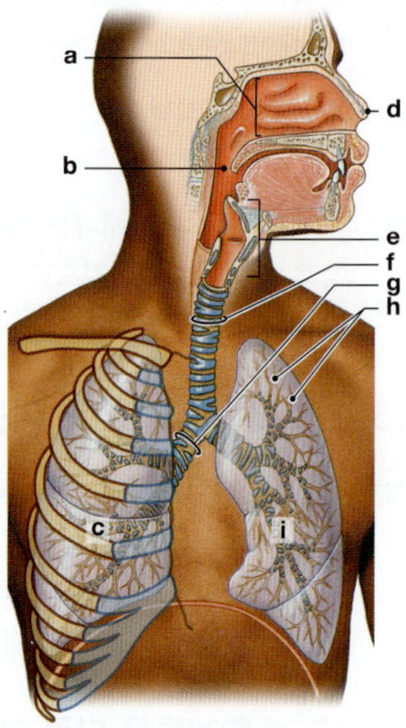

14. 다음 그림에서 산소와 이산화탄소의 확산 방향을 나타내기 위해 그림의 위쪽과 아래쪽에 분홍색과 하늘색 화살표를 표시하시오.

(a) ______________
(b) ______________
(c) ______________
(d) ______________
(e) ______________

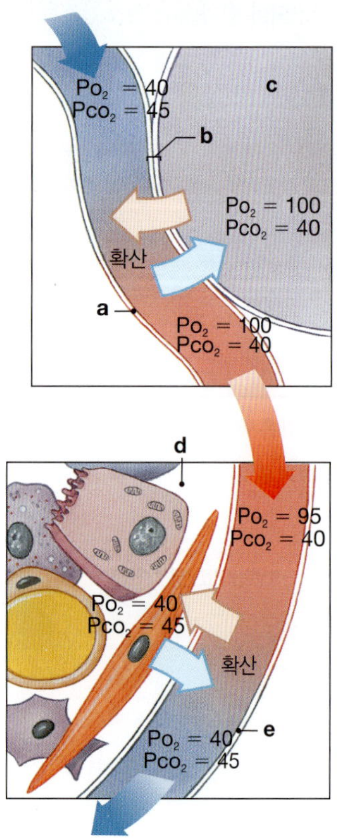

15. 삼키는 동안 액체 또는 고체 음식이 호흡기관으로 들어가는 것을 방지하는 구조는 무엇인가?

(a) 성문 **(b)** 모뿔연골
(c) 후두덮개 **(d)** 방패연골

16. 단일 호흡 주기 동안 허파 안팎으로 이동하는 공기의 양은 무엇인가?

(a) 호흡수 **(b)** 일회 호흡량
(c) 잔기량 **(d)** 들숨 능력

단계 2 개념 검토

17. 가로막이 수축할 때 긴장되고 하방으로 움직여서

(a) 가슴안의 부피 증가
(b) 가슴안의 부피 감소
(c) 배골반안의 내용물에 대한 압력 감소
(d) 가슴안의 압력 증가

18. 호흡막에서의 기체 교환이 효율적이기 때문에

(a) 부분 압력의 차이가 크다.
(b) 기체는 지용성이다.
(c) 전체 표면적이 크다.
(d) b, c가 정답

19. 하기도에서 연골의 감소와 민무늬근의 증가의 기능적 의미는 무엇인가?

20. 입으로 숨쉬는 것보다 코안으로 숨쉬는 것이 더 좋은 이유는 무엇인가?

21. "세기관지는 호흡계통이고, 세동맥은 심혈관계통이다."라는 문장을 어떻게 설명할 것인가?

단계 3 비판적 사고 및 임상 적용

22. 빈혈이 있는 사람은 혈액에 충분한 산소가 공급되지 않더라도 일반적으로 호흡수나 일회 호흡량이 증가하지 않는 이유는 무엇인가?

23. 친구 집에서 겨울밤을 보낸다. 친구의 집은 꽤 오래되었고 열기구에는 가습기가 없다. 아침에 일어나면 상당한 양의 코막힘이 있고 감기에 걸릴지도 모른다고 생각한다. 스팀 샤워를 하고 아침 식사로 주스를 마신 후 코막힘이 사라진다. 그 이유를 설명해 보시오.

16

소화계통
The Digestive System

학습목표

학습목표는 각 장에 대해 학습한 후 무엇을 할 수 있어야 하는지를 알려주는 것이다. 각 절의 학습목표는 다음과 같다.

16-1 소화계통을 구성하는 기관을 나열하고 주요 기능을 설명한다.

16-2 입안의 구조를 설명하고 입안에 있는 주요 구조들의 기능을 설명한다.

16-3 인두와 식도의 구조, 기능을 설명하고 음식물을 삼키는 과정을 단계별로 설명한다.

16-4 위의 구조, 미세구조, 소화, 흡수기능을 설명한다.

16-5 작은창자의 구조, 미세구조, 주요 기능, 분비조절 기전을 설명한다.

16-6 이자, 간, 쓸개의 구조, 기능, 조절 기전을 설명한다.

16-7 큰창자의 구조, 부위별 특징, 흡수기능을 설명한다.

16-8 우리 몸에 필요한 영양소를 열거하고, 각 영양소의 화학적 소화 과정과 흡수 기전을 설명한다.

16-9 노화가 소화계통에 미치는 영향을 설명한다.

16-10 소화계통과 다른 계통 간의 상호작용에 대해 설명한다.

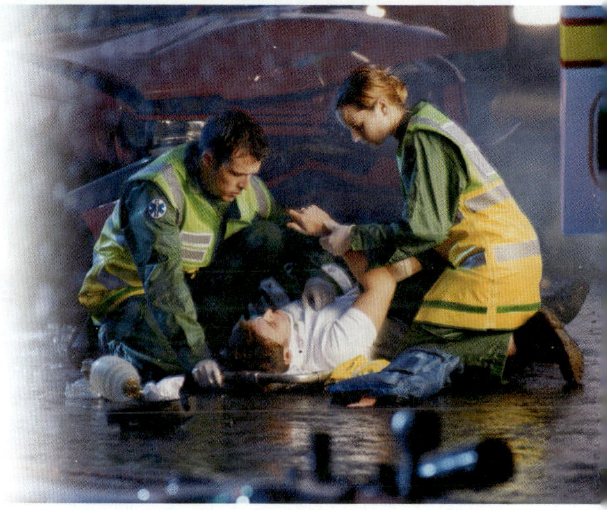

임상노트

위염과 소화성 궤양(Gastritis and Peptic Ulcers), p. 619
위암(Stomach Cancer), p. 619
구토(Vomiting), p. 623
이자염(Pancreatitis), p. 626
간 이식술(Liver Transplant), p. 631
대장암(Colorectal Cancer), p. 637
곁주머니증(게실증, Diverticulosis), p. 638
설사와 변비(Diarrhea and Constipation), p. 638
젖당못견딤증(Lactose Intolerance), p. 641

집중 조명

위의 활성 조절(Regulation of Gastric Activity), p. 618
소화 과정에서 일어나는 화학적 변화(Chemical Events in Digestion), p. 640

소화계통 소개

소화계통은 정상 기능을 하는 동안은 별 관심의 대상이 되지 않는다. 그래도 우리 몸의 소화 기관은 계속해서 활동하고 있다. 우리는 우리 몸의 소화 기관에 대해 일상생활에서 이런 표현들을 한다. "배고파", "먹고 싶어" 또는 "삼키기 어려워" 등으로 표현하며, 소화 기관에 조금이라도 문제가 생기면 즉각적으로 문제를 해결하기 위해 노력한다. 이러한 이유로 텔레비전 프로그램에는 치약, 구강 세정제, 식이 보조제, 제산제 및 완화제 등의 광고가 넘쳐 난다.

모든 살아 있는 유기체는 생명을 유지하기 위해 영양분을 얻어야 하며 영양분은 필수 화합물을 합성하는 원료 역할을 한다(합성대사). 또한 세포가 에너지를 공급받기 위해서는 분해과정을 통한 지속적인 기능이 필요하다(분해대사).

이 장에서는 소화관과 소화계통의 부속샘인 간과 이자, 소화 과정에 대한 구조와 기능에 대해 알아보고자 한다.

지식 쌓기

음식의 흡수와 필요한 영양소의 소화 과정을 확인한다(**1장: 해부학과 생리학에 대한 소개** 참조). 음식을 포함한 영양소는 생명 유지를 위해 필요하다. 영양소는 탄수화물, 단백질, 지방, 비타민, 미네랄 및 물을 포함한다.

16-1 소화계통—소화관과 부속 기관—을 통해 다양한 음식물 처리 기능을 수행한다

학습목표 소화계통을 구성하는 기관을 나열하고 주요 기능을 설명한다.

우리 몸의 소화 기관은 신체의 모든 세포 기능을 유지하고 세포 성장 및 손상된 세포의 회복에도 필요하다. 호흡계통과 심혈관계통과 상호 작용하여 에너지를 사용하는 데 필요한 산소를 공급한다(이화작용).

소화계통(digestive system)은 근육 관 형태로 **소화관(digestive tract)**과 **부속 기관(accessory organ)**으로 구성되어 있으며 이 관을 **위창자길**(*GI*) 또는 **소화관**(*alimentary canal*)이라고 한다. 소화계통은 입에서 시작하여 인두(목구멍), 식도, 위, 작은창자, 큰창자, 곧창자, 항문으로 연결되어 있다. 소화관은 부위별 유사한 기능을 가지고 있으나 조직학적으로 차이가 있다.

부속 기관으로 치아, 혀가 있으며 물질을 분비하는 부속샘으로 침샘, 간, 이자가 있다. 쓸개는 간에서 분비된 물질을 소화관으로 연결해 주는 기능을 가지고 있다. 주요 소화계통의 구성은 **그림 16-1**과 같다.

소화계통의 기능 Functions of the Digestive System

소화 기능은 6가지가 있다.

1. **섭취(ingestion)**: 소화관의 첫 번째 관문으로 입안으로 음식물이 들어간다.
2. **기계적 소화작용(mechanical processing)**은 음식물이 입안으로 들어오면 부피가 큰 음식물의 경우 소화관의 표면적을 증가시켜 효소작용에 더 취약하므로 혀와 치아에 의해 음식물을 분쇄 및 절단하여 물리적 작용에에 의해 음식물을 더 작게 만들어 준다. 이 음식물은 위와 창자의 연동운동에 의해 소화액과 잘 혼합하여 화학적 소화작용을 진행한다.
3. **소화(digestion)**는 물리적 작용과 화학적 작용에 의해 더 작아진 음식물은 소화관 상피에 있는 혈관을 통해 흡수될 수 있도록 한다.
4. **분비(secretion)**는 침, 간, 이자 및 소화관 상피에서 분비되는 물, 산, 소화효소 물질은 흡수와 완충액 작용을 한다.
5. **흡수(absorption)**는 전해질(무기질 이온), 비타민 및 물 등 영양 물질은 작은 유기 분자로 분해되어 소화관 상피를 통해 사이질액으로 운반된다.
6. **배설(excretion)**은 몸에서 흡수되지 않은 물질을 배출하는 과정을 말한다. 소화관 내에서 분비된 물질과 흡수되지 않는 음식물은 **배변**(*defecation*) 과정을 통해 우리 몸 밖으로 **대변**(*feces*)을 배출한다.

소화관 내벽은 방어 역할을 한다. 주변 조직을 (1) 산과 소화효소로부터 보호하는 효과, (2) 상처나 물리적 자극으로부터 보호, (3) 음식물에 포함된 세균을 소화관에 존재하게 한다. 소화관 상피는 세균 공격에 대비하여 비특이적인 물질을 분비한다. 세균이 바닥조직에 도달하면 큰포식세포와 면역세포가 세균을 공격한다.

그림 16-1 소화계통의 구성요소.

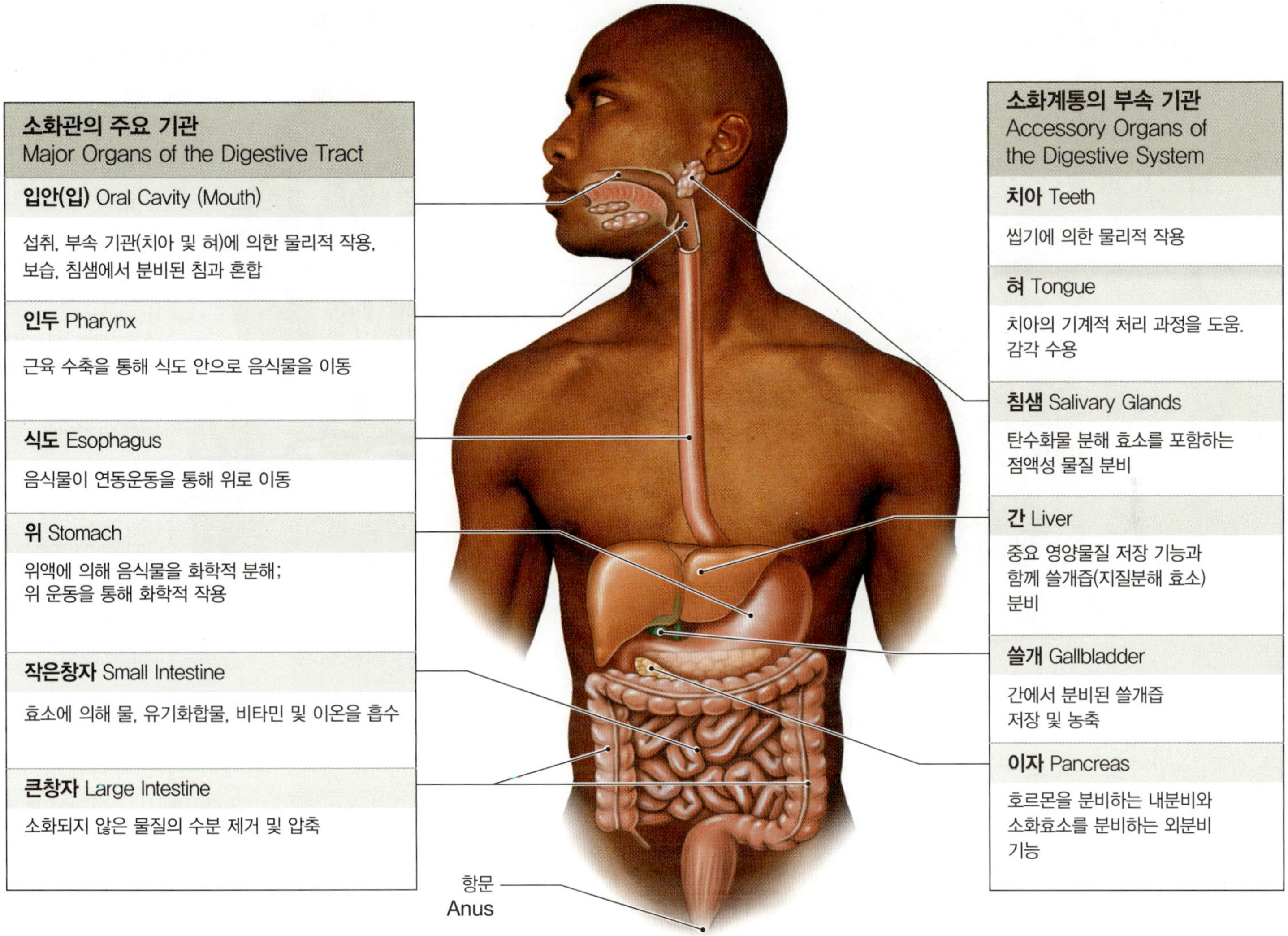

소화관의 조직학적 구성

Histological Organization of the Digestive Tract

소화관은 점막, 점막밑층, 바깥근육층, 장막의 4개 층이 있다(**그림 16-2**).

점막 The Mucosa

소화관의 가장 안쪽에 **점막(mucosa)**층이 있다. 점막은 상피 및 성긴결합조직 밑에 있는 층으로 점액성 물질을 분비하는 샘들이 분포하는 고유판(*lamina propria*)이다. 점막은 소화관 전체에 분포하며 가로 돌림주름(*circular folds*) 형태를 가지고 있다. 주름은 흡수할 수 있는 표면적을 증가시킨다. 작은창자에서 점막은 손가락 모양이며 이를 융모(털수룩한 머리털)라 하며 이 융모(*villi*)는 표면적을 증가시켜 흡수면적을 늘려주는 역할을 한다.

입안, 인두, 식도, 항문(물리적 작용이 가장 심함)의 조직학적 상피 모양은 중층편평상피이다. 나머지 소화관은 단순원주상피이며, 종종 다양한 유형의 분비세포가 포함되어 있다. 고유층, 점막밑층, 부속 분비 기관 안에서 분비된 물질은 상피로 열리는 관을 통하여 상피 표면으로 물질을 운반한다.

소화관의 거의 대부분은 민무늬근과 탄력섬유의 좁은 띠의 점막을 포함하고 있다. 돌림주름과 융모는 **점막근육판**(*muscularis mucosa*)의 근수축에 의해 움직임이 일어난다(**그림 16-2**).

점막밑층 The Submucosa

점막밑층(submucosa)은 점막근육판 바깥의 성긴결합조직이다. 점막밑층은 많은 혈관과 림프관을 포함하고 있다. 바깥쪽 가장자리에는 감각신경세포, 부교감 운동신경을 포함한 신경섬유들이 포함되어 있다. 이

16

그림 16-2 소화관의 구조. 소화관의 전형적인 모식도. 이 그림은 전형적인 작은창자의 모식도다. 소화관의 벽은 4층으로 구성되어 있다. 층: 점막, 점막밑, 근육, 장막.

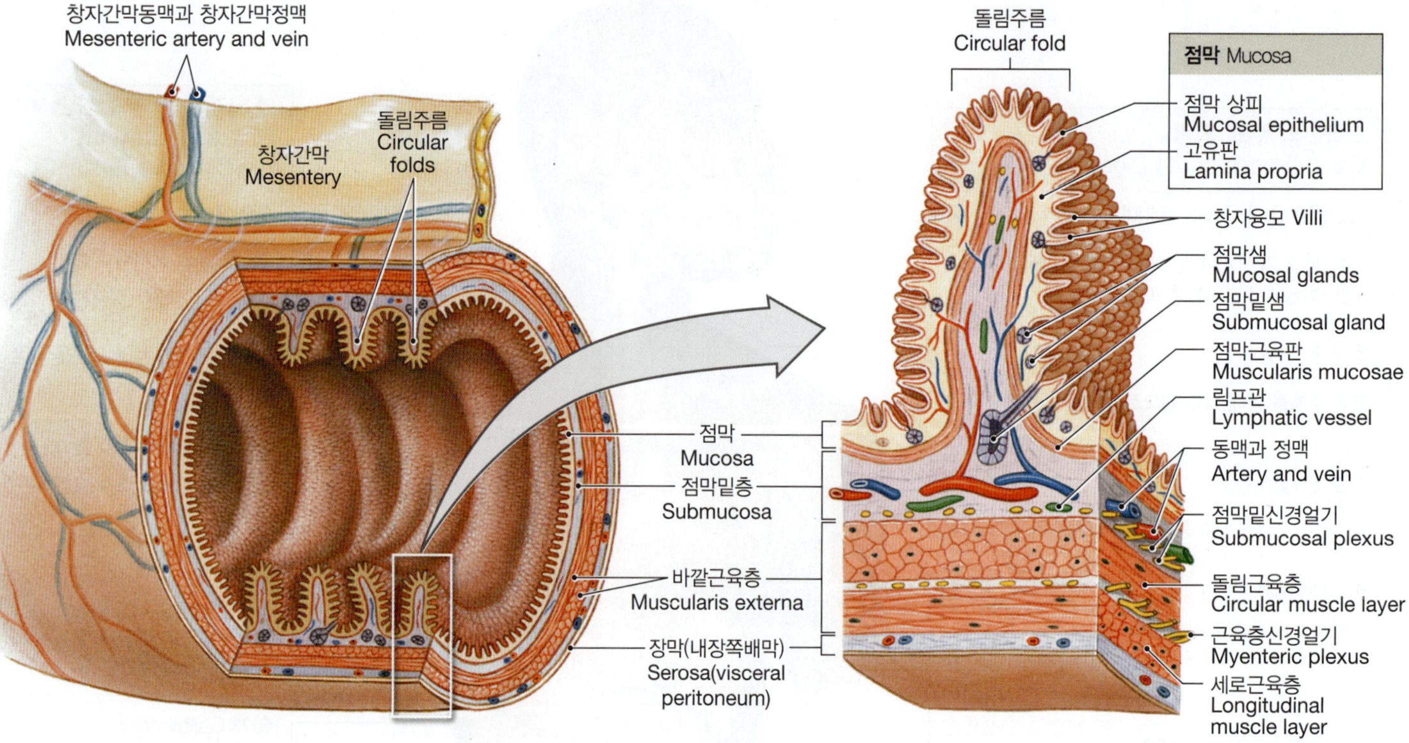

신경섬유들을 **점막밑 신경얼기**(*submucosal plexus*)라고 한다. 이 신경얼기는 점막근육판의 민무늬근육 수축과 소화관에서 분비하는 분비물질을 조절하는 데 관여한다.

바깥근육층 The Muscularis Externa

바깥근육층(muscularis externa)은 안의 돌림근육층과 바깥 긴세로 근육층을 포함한 민무늬근육세포의 띠 모양이다(**그림 16-2**). 이 근육층의 수축에 의해 소화관의 음식물을 서로 섞어주며 이동할 수 있도록 해준다. 돌림층과 긴세로층의 민무늬근육은 서로 다른 **근육층신경얼기**(*myenteric plexus*)의 지배를 받는다. 근육층신경얼기는 부교감신경절, 감각신경세포, 사이신경세포 및 교감신경절 이후 신경섬유를 포함하고 있다. 부교감신경의 자극은 근육의 긴장과 활동을 증가시킨다. 교감신경 자극은 근육 활동 억제와 이완을 촉진시킨다.

16

장막 The Serosa

장막(serosa)은 소화관를 둘러싸고 있으며 바깥층을 덮고 있다. 장막은 우리 몸을 기준으로 **벽쪽 복막**(*parietal peritoneum*)과 **내장쪽 복막**(배막, *visceral peritoneum*)으로 구성되어 있다. 배 공간 안에서 소화관의 일부가 **창자간막(mesenteries)**에 의해 연결되어 있다. 창자간막은 두 겹의 장막으로 구성되며, 이에 의한 내장쪽 복막과 벽쪽 복막이 이어져 있다. 창자간막에 있는 두 겹의 성긴결합조직 사이로 소화관에 필요한 혈관, 신경, 림프관이 주행하고 있다. 또한 창자간막은 부착된 장기를 안정적으로 지지해주어 우리 몸이 갑자기 움직일 때나 소화관이 운동 중에 꼬이지 않도록 안정적으로 지지해 주는 역할을 가지고 있다.

입안, 인두, 식도에는 바깥 근육을 덮고 있는 장막이 없다. 대신, 바깥면은 치밀한 섬유조직으로 둘러싸여 있으며, 이에 의한 소화관과 주위구조가 단단히 결합되어 있다. 이와 같은 섬유조직층을 **바깥막**(*adventitia*)이라고 한다.

지식 쌓기

민무늬근육은 우리 몸의 장기의 형성이나 장기간 결합, 조직 주변의 형성 등 거의 모든 장기에서 확인할 수 있다(**7장: 근육계통** 참조). 민무늬근육세포는 뼈대나 심장근육보다 더 넓은 범위로 분포되어 있다. 민무늬근육은 부피 면적의 변화가 큰 위가 같은 장기에 더 유용하게 작용한다. 대부분의 민무늬근육은 운동신경세포에 의해 자극되지 않는다. 대신 환경에 대한 반응이나 호르몬의 자극에 의해 자동으로 조절된다(자율 조절 세포처럼).

음식물의 이동 The Movement of Digestive Materials

소화관의 근육층은 민무늬근육 조직으로 다음과 같이 구성되어 있다. 민무늬근육의 **박동조율세포**(*pacesetter cell*)는 소화관의 근육 수축과 파동을 유발하여 율동적인 움직임을 유발한다. 조절된 수축에 의해 소화관 벽은 두 가지 과정에서 중요한 역할을 한다: **연동운동(꿈틀운동)**과 **분절운동**. 연동운동은 소화관의 음식물을 이동시키는 역할을 한다. 분절운동은 소화액과 음식물의 혼합해 주는 역할을 한다.

소화관을 따라 이동하는 근육 수축에 의해 **연동운동(꿈틀운동, peristalsis)**이 일어나며 연동운동에 의해 소화관에 있는 물질을 이동시킨다(**그림 16-3**). 연동운동 과정을 통해 돌림근육은 처음에 물질 뒤에서 수축한다. 그런 다음 긴세로근육이 수축하여 소화관이 짧아지는 과정을 통해 음식덩이(*bolus*)를 이동시킨다. 돌림근육의 수축을 통해 원하는 방향으로 물질을 이동시키는 과정을 반복하여 소화관에서 물질을 이동시킨다.

작은창자 부위에서 음식물을 섞어주고 분해하여 **분절운동(segmentation)**을 통해 음식물을 이동시켜준다. 시간이 지남에 따라, 이 작용은 내용물을 창자 분비물과 완전히 섞어준다. 분절운동은 정해져 있는 방향이 없기 때문에 일정한 방향으로 음식물을 이동시키지는 못한다.

체크포인트

1. 소화계통의 장기를 확인하시오.
2. 소화계통의 6가지 주요 기능을 나열하고 정의하시오.
3. 창자간막의 기능을 설명하시오.
4. 소화관의 층을 표면에서 안까지 명칭을 확인하시오.
5. 소화관에서 내용물을 한 장소에서 다른 장소로 이동하는 데 더 효율적인 것은 연동운동과 분절운동 중 어느 쪽인가?

책 뒷면에 있는 파란색 정답 탭을 참조.

임상노트

복수 Ascites

배막 내막은 지속적으로 배막액을 생성하여 서로 다른 벽쪽과 내장쪽 표면을 부드럽게 한다. 매일 약 7리터의 체액이 분비되고 재흡수되지만, 항상 배막 내의 공간의 표면적은 작게 유지한다. 간질환, 콩팥질환 및 심부전을 포함한 여러 조건은 가슴공간으로 체액 이동 속도를 증가시킬 수 있다. 결과적으로 체액이 축적되면 **복수**(*ascites*)라는 특징적인 배부위 부종이 발생한다. 축적된 체액에 의한 내부 장기의 변형은 속쓰림, 소화불량, 허리통증과 같은 증상이 유발될 수 있다.

그림 16-3 연동운동. 소화관의 장축을 따라 물질을 이동시킨다.

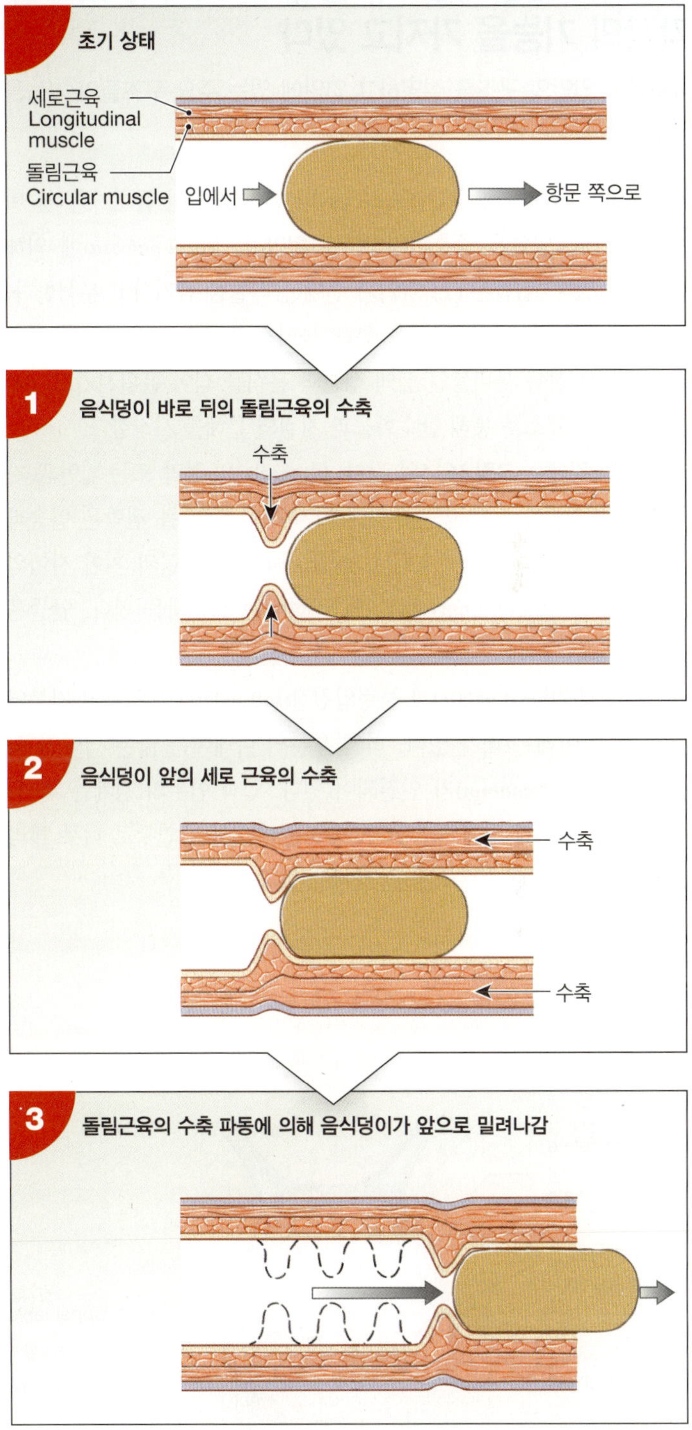

16-2 입안에는 혀, 침샘 및 치아가 있으며 각각의 기능을 가지고 있다

학습목표 입안의 구조를 설명하고 입안에 있는 주요 구조들의 기능을 설명한다.

입안(oral cavity)과 **볼 공간(buccal cavity)**은 음식물이 들어가는 첫 번째 구조이다. 입안은 중층편평상피로 **입안 점막**(*oral mucosa*)에 의해 정렬되어 있다. 입안은 (1) 삼키기 전에 음식물을 감지하고 분석한다; (2) 음식물을 치아, 혀, 미각을 통해 물리적 작용으로 음식물을 잘게 부순다; (3) 침샘 분비물인 점액 성분과 음식을 섞어 윤활시키고; (4) 침샘에 있는 효소를 통해 탄수화물과 지질의 분해를 시작한다.

입안의 경계는 **그림 16-4**와 같다. 볼(*cheeks*)의 점막 또는 입안의 가쪽면 벽은 지방층과 깨물근에 의해 지지되며, 또한 볼 점막은 입술과 **입술 가장자리(labia)**와 연속된다. **안뜰(vestibule)**은 볼과 치아 사이의 공간을 말하며 **잇몸(gingivae)**과 입안 점막은 분홍색을 띤다. 안뜰은 위턱과 아래턱, 치아 사이의 표면을 덮고 있다.

단단입천장(hard palate)과 **물렁입천장(soft palate)**은 입안의 지붕역할을 한다. 아래는 혀가 있다. 혀 앞부분의 아래에는 얇은 점막인 **혀주름띠(lingual frenulum)**가 연결되어 있다. 입과 인두의 경계는 혀 뒤쪽과 목젖(*uvula*)에 의해 구분된다. 목젖은 음식물이 인두로 너무 빨리 들어가는 것을 막아주는 기능을 가지고 있다.

혀 The Tongue

혀(tongue)는 근육의 움직임을 통해 입안에서 음식물을 이동시키고 입안으로 음식물을 가져오도록 한다. 혀의 주요 기능은 (1) 음식물이 잘게 부서지는 기계적인 작용을 돕고, (2) 씹는 것을 돕고 음식물을 삼킬 수 있도록 도와주는 기능, (3) 촉각, 온각, 미각의 수용체에 의해 감각을 분석하는 기능을 가지고 있다. 혀 아래의 작은 분비샘들은 혀 지질 분해효소를 분비한다. 이 효소는 입안에서 지질분해를 시작한다. 혀의 대부분은 입안에 있지만 혀의 뒷부분은 입인두까지 연결되어 있다. 혀 밑부분에 두드러진 한 쌍의 **혀편도**(*lingual tonsils*)는 감염을 막아주는 림프소절(lymphoid nodule)이 모여 있는 곳이다.

침샘 Salivary Glands

세 쌍의 침샘은 입안으로 분비된다(**그림 16-5**). 양쪽에, 커다란 **귀밑샘(parotid salivary gland)**은 아래턱뼈의 가쪽면과 뒷면의 피부 안쪽에 있다. **귀밑샘관(parotid duct)**은 두 번째 위 어금니 위치에서 입안뜰 부위로 열려 있다. **혀밑샘(sublingual salivary gland)**은 입안 바닥의 점막 아래에 위치해 있다. 많은 귀밑샘관들은 혀 주름띠 주변에 열려 있다. **턱밑샘(submandibular salivary gland)**은 아래턱뼈 안쪽, 입안 아래쪽에 열려 있다. 침샘관은 혀 주름띠 양쪽 가장자리와 치아 위쪽에서 입

그림 16-4 입안.

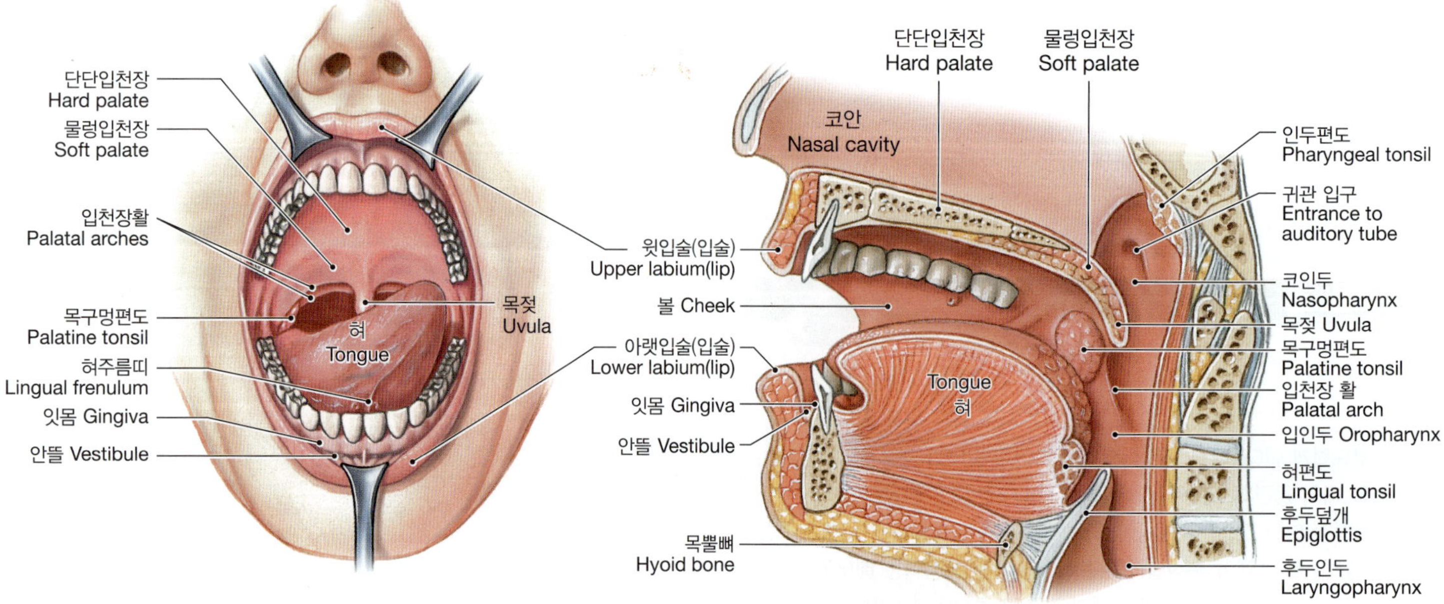

a 입을 벌리고 앞에서 본 모습

b 입안 공간의 시상면

그림 16-5 침샘. 왼쪽 머리의 가쪽면에서 침샘과 관의 위치를 자세히 보여주기 위해 왼쪽 아래턱뼈 몸통과 가지를 제거하였다.

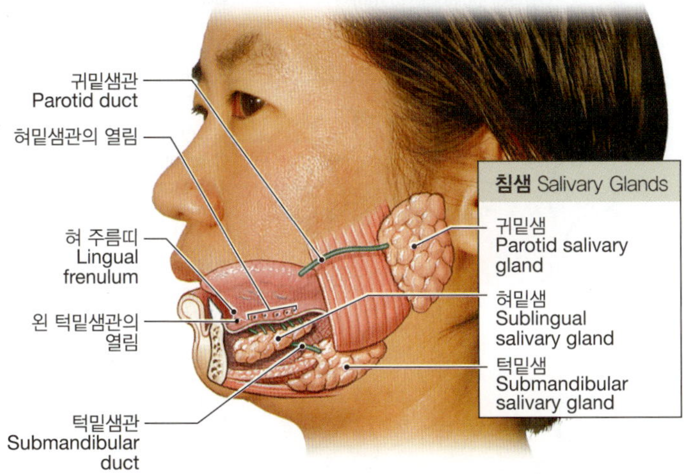

으로 열려 있다.

침샘은 하루에 1~1.5리터의 침을 생산한다. 침의 성분을 보면 침은 99.4%의 물과 **점액소**(*mucins*), 이온, 완충제, 노폐물, 대사산물, 효소 등으로 구성되어 있다. 점액소는 물을 흡수하고 점액을 형성하는 당단백질이다. 침 속의 완충제는 입 안의 산도를 7에 가깝게 유지시켜 준다. 완충제는 세균에 의해 생산되는 산의 축적을 막는 역할을 한다. 음식을 먹을 때는 다량의 침이 생산되어 윤활제 역할과 화학물질을 녹여 미각을 자극한다. 점액성 물질은 마찰을 줄이고 삼킴을 원활하게 해준다.

지속적인 침 분비는 입 안을 씻어주고 깨끗하게 해준다. 침에는 항체(IgA)와 **라이소자임**(*lysozyme*)이 있어 입안 세균 개체 수를 조절하는 기능을 가지고 있다. 방사선, 정서적 고통, 특정 약물, 수면 또는 기타 요인에 의해 침 분비의 감소 또는 손실의 원인이 되며 세균 개체 수가 폭발적으로 증가될 수 있다. 이러한 원인에 의해 반복적인 감염과 치아와 잇몸이 점진적으로 부식된다.

침샘은 각각 조금씩 다른 종류의 침을 생산한다. 귀밑샘은 녹말(다당류)이 소화관에서 흡수될 수 있도록 더 작은 분자로 분해시키는 효소인 **침샘 아밀라제(salivary amylase)**가 풍부한 침을 생성한다. 턱밑샘과 혀밑샘에서 나오는 침은 효소는 적지만 완충제와 점액이 많은 침을 생성한다.

음식물을 섭취하는 동안 세 개의 침샘은 모두 분비 속도를 증가시킨다. 침 생산량은 분당 약 7 mL 정도이며 전체 약 70%는 턱밑샘에 의해 생성된다. 침 분비는 자율신경계에 의해 조절된다.

임상노트

침샘 장애 Salivary Gland Disorders

침샘 장애는 보통 해당 분비샘의 통증과 붓기를 유발한다. 침샘 감염의 가장 흔한 질환으로 바이러스성 또는 세균성 질환일 수 있다. 유행성 귀밑샘염은 가장 흔한 바이러스성 감염이며 주로 어린이에게 발생한다. 세균 감염은 탈수 또는 면역력이 떨어진 환자에게 자주 발생하며 침 분비 억제가 동반된다. 침샘에 돌이 생길 수 있고, 침샘 관을 통한 침의 흐름을 차단할 수 있어 해당 분비샘이 커지는 것을 확인할 수 있다. 치료법으로는 레몬이 첨가된 사탕을 이용하여 침의 분비량을 증가시키는 방법이 있다.

치아 Teeth

혀의 움직임은 음식물을 반대쪽의 **치아(teeth)**로 이동시키는 역할을 한다. **씹기(mastication)**는 치아 표면을 서로 강하게 부딪쳐서 고기의 질긴 결합조직과 채소의 섬유질을 잘게 잘라준다. 또한 치아는 음식물과 침이 잘 섞이게 도와준다.

그림 16-6a는 치아의 잘린 단면을 보여준다. 치아의 **치아목(neck)**은 **치아뿌리(root)**와 **치아머리(crown)**의 경계역할을 한다. 치아머리는 잇몸 밖으로 돌출된 부분을 말한다. **사기질(enamel)**이 치아머리를 덮고 있다. 사기질은 인산칼슘의 결정체를 함유하고 있어 생물학적으로 가장 단단하게 만들어진 물질이다. 충분한 양의 칼슘, 인산염, 비타민 D_3는 사기질 층을 코팅하는 데 필수적인 영양소이다.

대부분의 치아는 뼈와 유사한 미네랄 성분인 **상아질(dentin)**로 구성되어 있다. 상아질은 세포를 포함하지 않는다는 점에서 뼈와 다르다. 대신, 세포질 과정에 있어 **치수공간(pulp cavity)** 중심 안에서 세포로부터 상아질 성분으로 대체된다. 치아 뿌리에 있는 1~4개의 좁은 **치아뿌리관(root canals)**을 통하여 혈관과 신경이 치아 공간으로 들어온다. 각 치아의 뿌리는 **잇몸뼈**(*tooth socket*) 사이 또는 **이틀돌기**(치아확, *alveolus*) 사이에 위치한다. **치주 인대(periodontal ligament)**의 콜라겐 섬유는 치아 뿌리의 상아질에서 뼈 주변까지 연결되어 있다. **시멘트질(cementum)**층은 잇몸뼈와 상아질 사이에 위치하며 상아질을 보호하고 치주 인대를 단단히 고정시켜 주는 기능을 가지고 있다. 치아가 잇몸 표면 사이에 상피세포가 존재하여 치아를 고정하고 시멘트질 내로 세균이나 이물질이 침식하는 것을 예방한다.

충치는 일반적으로 입안에서 서식하는 세균작용에 의해 발생한다. 치아 표면에 있는 세균은 음식물의 입자를 축적시켜 **치태**(*dental plaque*)이라는 견고한 퇴적물을 만들어 낸다. 시간이 지나면서 이 유기물은 석회화되어 단단한 층인 **치석**(*tartar*)이 형성되고 이러한 단단한 **치석**(*dental calculus*) 제거는 어려울 수 있다.

그림 16-6 치아: 치아의 구조 및 부위 명칭.

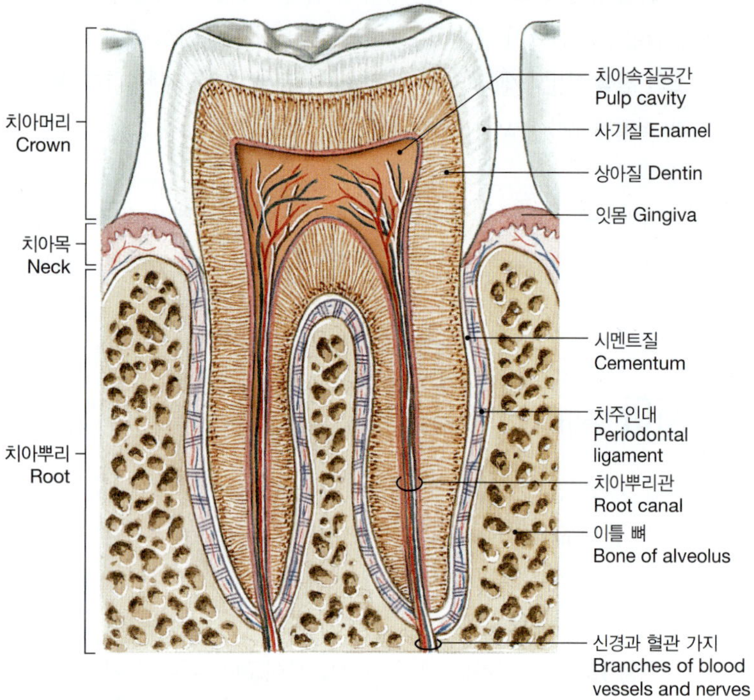

a 성인치아의 단면 모식도

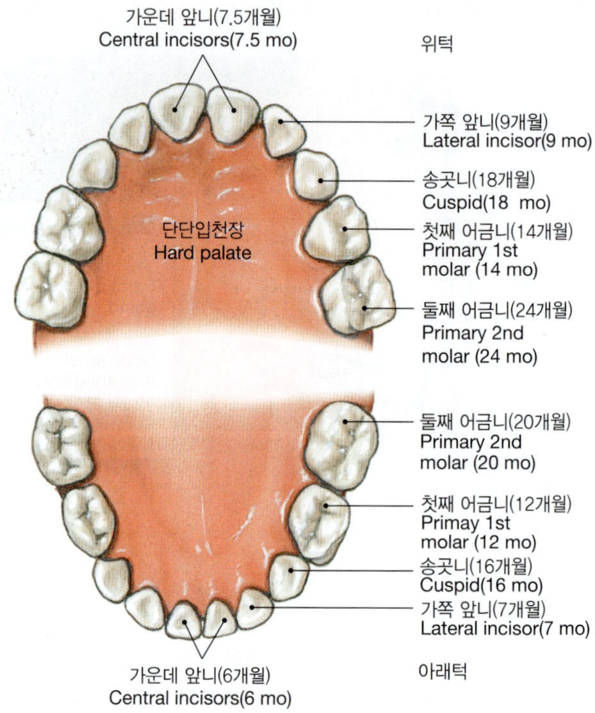

b 젖니(탈락치아): 생후 수개월부터 발생

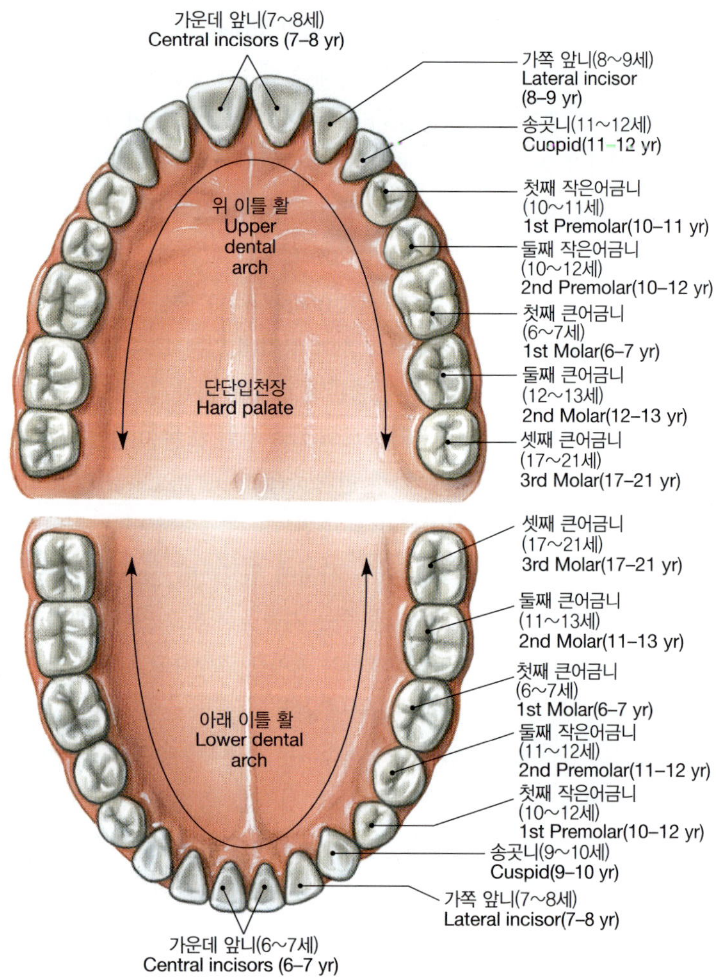

c 간니: 성장기 나이로부터 발생

치아의 유형 Types of Teeth

간니는 **그림 16-6c**와 같다. 네 종류의 치아는 각각의 기능이 있다. **앞니(incisors)**는 입 앞쪽에 있는 칼날 모양의 치아이다. 당근의 끝을 자를 때 유용하다. **송곳니(cuspids)**는 날카로운 원뿔형 모양으로 위 가장자리와 끝이 뾰족하다. 송곳니는 찢거나 날카롭게 자를 때 사용된다. 치아의 앞니는 질긴 샐러리를 조각내고 송곳니는 날카롭게 자르는 기능을 한다. **작은어금니(bicuspids**, *premolars*)와 **큰어금니(molars)**는 치아관이 평평하고 능선을 가지고 있다. 작은어금니와 큰어금니는 단단한 견과류나 고기 조각을 으깨는 데 사용된다.

치아 교체 Dental Succession

치아 형성은 크게 2종류로 발생한다. 가장 먼저 발생하는 것은 **젖니(유치, deciduous teeth)** 또는 **유치**(*primary teeth*, *milk teeth*, *baby teeth*)라고 한다. 대부분의 아이들은 20개의 탈락 치아를 가지고 있다. 이러한 치아는 나중에 다양한 음식을 더 잘게 자를 수 있는 **간니**(**영구치, secondary dentition**, *permanent dentition*)(**그림 16-6c**)로 대체된다.

간니로 교체되면서 탈락 치아의 치주 인대와 뿌리가 부식된다. 탈락 치아는 빠지거나 간니가 **이돋이(eruption)**됨에 따라 젖니가 밀

16

려나서 빠지게 된다. 성인 턱뼈는 더 큰 20개 이상의 치아를 수용할 수 있다. 성장하면서 위턱과 아래턱의 좌우에 추가로 3개의 치아가 나타나 영구치의 개수는 32개로 늘어난다. 마지막으로 돋아나는 치아는 **셋째 어금니**(*third molars*) 또는 **사랑니**(*wisdom teeth*, 지치)라고 한다. 셋째 어금니가 발생하면서 조직을 뚫고 발달하여 **매복치아**(*impacted teeth*)라고 부른다. 조직 손상으로 염증이 생기지 않도록 셋째 어금니를 수술로 제거할 수 있다.

체크포인트

6. 입안과 관련된 구조물의 이름을 붙이시오.
7. 입안은 어떤 종류의 상피로 구성되어 있는가?
8. 귀밑샘의 손상으로 인해 어떤 영양소의 소화에 영향을 미칠 수 있는가?
9. 어떤 종류의 치아가 가공되지 않은 채소를 자르는 데 유용한가?

책 뒷면에 있는 파란색 정답 탭을 참조.

16-3 인두는 입안과 식도를 이어주는 통로이다

학습목표 인두와 식도의 구조, 기능을 설명하고 음식물을 삼키는 과정을 단계별로 설명한다.

인두 The Pharynx

인두(pharynx) 또는 목구멍은 고체 음식, 액체, 공기를 위한 일반적인 통로 역할을 한다. (인두의 세 가지 주요 부분은 15장에서 논의되었다.) 음식은 일반적으로 식도로 넘어가는 과정에 입인두와 후두인두를 통과한다. 인두의 두 영역 모두 입안과 유사한 중층편평상피를 가지고 있다. 바닥 고유층에는 점액샘과 인두, 입천장, 혀편도를 포함하고 있다. 인두 근육은 입안 및 식도의 근육과 협력하여 삼키는 과정에 관여한다. 삼키는 동안 근육 수축으로 인해 음식물이 식도 안으로 밀려 들어간다.

식도 The Esophagus

식도(esophagus)(**그림 16-1**)는 위에 고체와 액체 음식을 전달하는 근육으로 이루어진 관이다. 식도 길이는 약 25 cm, 직경은 약 2 cm이다. 인두에서 시작하여 목의 기관 뒤쪽으로 이동하여 가슴공간의 세로칸을 통과한다. 그런 다음 식도 가로막의 구멍인 **식도구멍**(*esophageal hiatus*)을 통해 배골반 공간으로 들어가서 음식은 위로 들어간다. **가로막 탈장**(*diaphragmatic hernia, hiatal hernia*)에서는 배 장기가 식도 좁은 구멍을 통해 가슴공간으로 올라온다.

식도에는 온도와 화학적 공격에 저항할 수 있는 중층편평상피로 구성되어 있다. 식도 점액샘의 분비물은 상피세포를 윤활시켜 삼키는 동안 음식물이 달라붙는 것을 막아준다. 식도 위쪽 1/3 근육은 뼈대근육이며 아래쪽 1/3은 민무늬근육으로 구성되어 있다. 그리고 중간 1/3 근육은 뼈대근육과 민무늬근육이 혼합되어 있다.

식도의 돌림근육은 위쪽에 **상부 식도조임근**(*upper esophageal sphincter*)과 아래쪽에 **하부 식도조임근**(*lower esophageal sphincter*)으로 구성되어 있다. 아래 식도 괄약근은 일반적으로 수축 상태를 유지하며, 이 상태는 위의 내용물이 식도로 역류하는 것을 방지하는 기능을 가지고 있다.

삼키기 Swallowing

삼키기 또는 **연하과정(deglutition)**은 자발적으로 시작할 수 있지만 시작되면 자동으로 진행되는 복잡한 과정이다. 음식을 먹거나 마실 때 삼키는 것을 의식적으로 통제할 수 있지만, 잠재의식 수준에서도 통제된다. 음식을 삼키려면 적절한 질감과 일관성이 있어야하며 일단 음식이 치아에 의해 잘게 부서지고 침에 의해 적셔지고, 미각 수용체에 의해 혀는 삼킬 수 있는 작은 **음식덩이(bolus)**를 압축하기 시작한다.

임상노트

삼켜진 이물질 Swallowed Foreign Bodies

삼켜진 이물질은 사람들이 응급 치료를 찾는 일반적인 이유이다. 이물질을 섭취한 약 80%은 어린이에게서 발생한다. 성인의 틀니는 두 번째로 많이 삼킨 이물질 유형이다. 의치가 있으면 음식을 얼마나 잘 씹는지 판단할 수 없다.

삼켜진 이물질은 대부분 자연적으로 통과한다. 그러나 10~20%는 의학적 개입이 필요하다. 물체가 위의 들문을 통과하여 위장 내로 들어가면 일반적으로 추가 사고 없이 통과한다. 그러나 식도에 머물러 있는 물체는 일반적으로 개입이 필요하다.

바륨과 식도 X-선은 식도에 이물질이 있는지 확인하는 진단에 도움을 줄 수 있다. 또는 광섬유 내시경으로 직접 검사하여 진단을 확인할 수 있다.

존재하는 이물질의 유형에 따라 치료가 결정된다. 민무늬근을 이완시키고 식도조임근 압력을 낮추는 약물 투여 후에 음식물이 식도를 통과한다. 여기에는 글루카곤, 니페디핀 및 니트로글리세린이 포함되며, 날카로운 물체는 외과적 제거가 필요할 수 있다. 삼킨 배터리는 배터리 내 알칼리성 물질이 식도 점막을 빠르게 태워 천공을 유발할 수 있으므로 응급상황이다.

그림 16-7 삼킴 과정. 삼킴 과정의 기반은 일련의 X-선에서, 삼키는 단계와 입에서 위까지 조영제의 움직임을 보여준다.

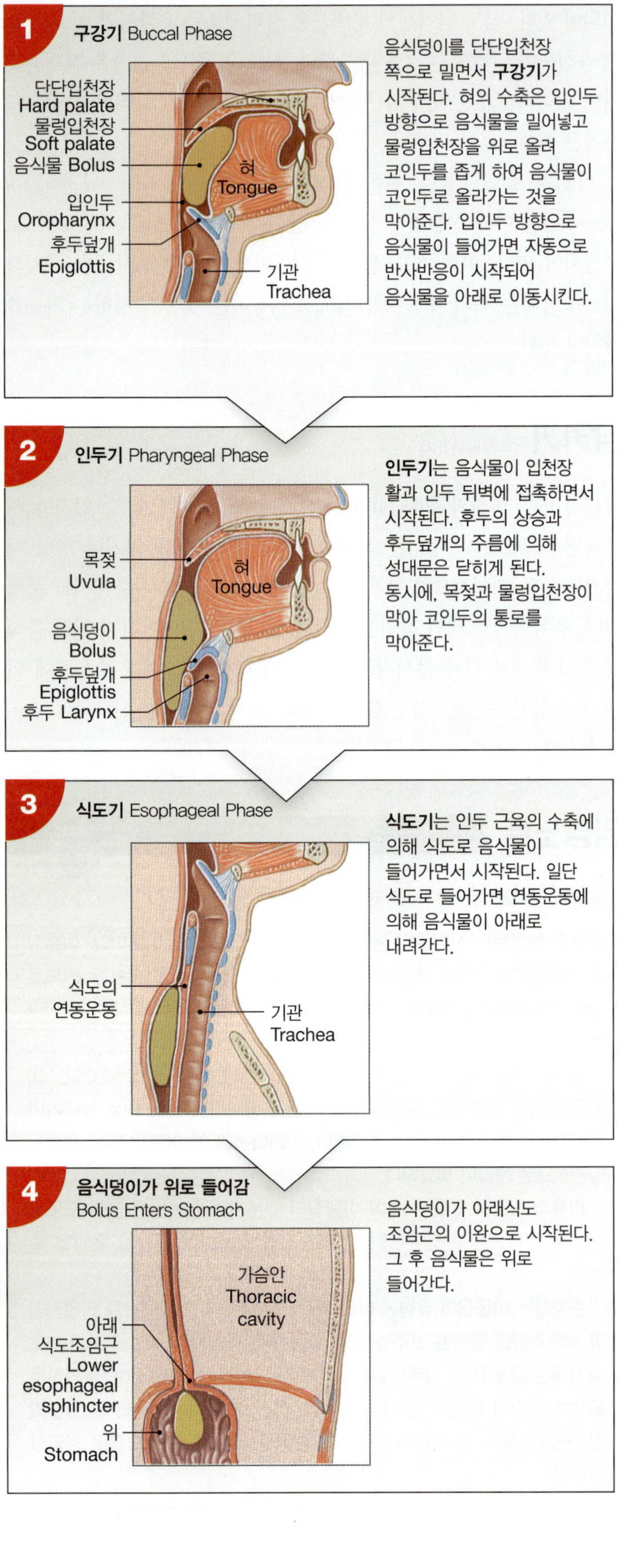

삼키는 과정을 세 단계로 나눌 수 있다. 볼, 인두 및 식도 단계는 **그림 16-7**에 자세히 설명되어 있다. 볼 단계는 우리가 의식적으로 통제할 수 있는 유일한 삼킴 단계이다. 무의식적인 **삼킴 반사 작용**(*swallowing reflex*)은 입천장 활과 목젖의 촉각 수용체가 음식물에 의해 자극받았을 때 유발된다.

체크포인트

10. 인두의 기능을 설명하시오.
11. 물렁입천장와 후두가 상승하면 성대문이 닫힐 때 어떤 과정이 일어나는가?

책 뒷면에 있는 파란색 정답 탭을 참조.

16-4 J자 모양의 위는 식도에서 음식덩이를 받아 화학적, 기계적 소화를 돕는다

학습목표 위의 구조, 미세구조, 소화, 흡수기능을 설명한다.

위(stomach)는 네 가지 주요 기능을 가지고 있다. (1) 섭취한 음식물 저장, (2) 섭취한 음식물의 기계적 분해, (3) 산과 효소작용을 통한 음식물의 화화적 분해, (4) 작은창자에서 비타민 B_{12}의 흡수에 필요한 화합물인 **내인인자**(*intrinsic factor*)의 생성 기능을 가지고 있다. 위에서 섭취한 음식물은 위샘 분비물과 혼합된다. 그 결과 **미즙(chyme)**으로 점성이 있고 산성이 높은 죽같은 혼합물이 만들어진다.

위는 근육성 장기로 J자 모양의 기관이다. 위는 네 개의 주요 영역이 있다(**그림 16-8a**). 식도는 위의 **들문(cardia)**과 연결된다. 들문을 지나는 수평면보다 위로 솟은 부분을 **위바닥(fundus)**이라 하며, 위바닥과 J자 곡선 사이의 넓은 부분을 **몸통(body)**이라고 한다. **날문(pylorus)**은 J인 말단 부분에 위치하여 위와 작은창자를 연결한다. **날문조임근(pyloric sphincter)**은 위와 작은창자 사이의 물질 이동을 조절한다.

위의 표면적은 음식물이 들어가는 동안 증가하다가 작은창자로 들어가면 감소한다. 위가 이완될 때 점막의 세로 주름인 **위점막주름(rugae)**이 두드러지게 나타난다. 이러한 일시적인 특징으로 인해 위 내막이 확장되며 위가 팽창하면서 위주름은 최대 높이에서 거의 사라질 때까지 점차 평평해진다(2013년에 세운 세계 기록으로 10분에 빵이 포함된 핫도그를 69개 먹었다.). 위가 비었을 때에는 위는 좁고 제한된 내강을 가진 근육질의 관과 같다. 위가 완전히 확장되면, 1~1.5리터의 음식물을 저장할 수 있다.

소화관의 다른 부위의 근육층이 2층에 비해 위의 근육은 3층을 가지고 있다. 세로층, 돌림층, 안쪽 **빗층**(*oblique layer*)을 가지고 있다. 위

그림 16-8 위의 구조.

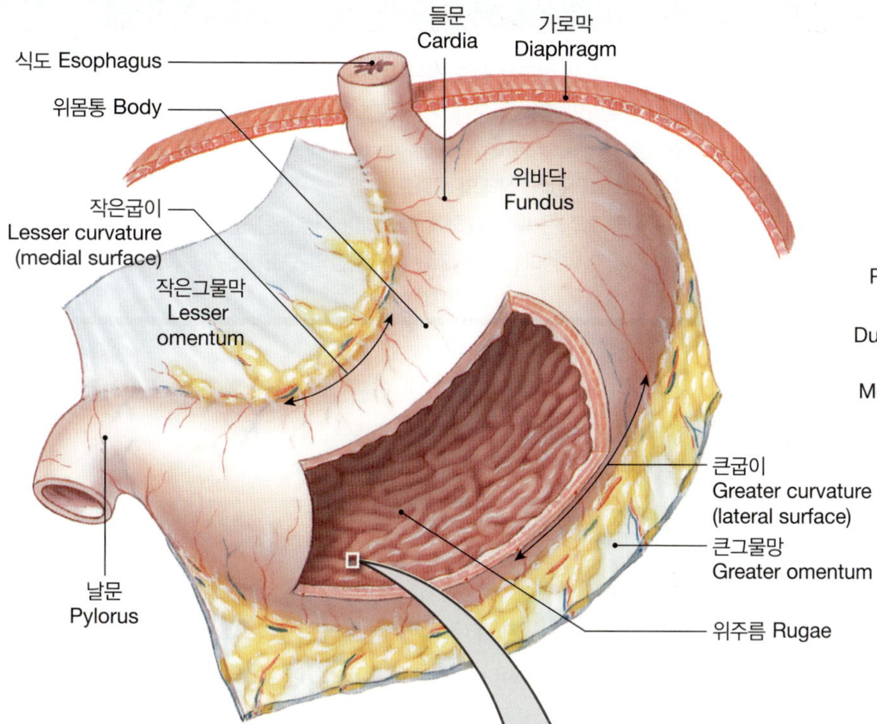

a 위 바깥면의 주요 구조

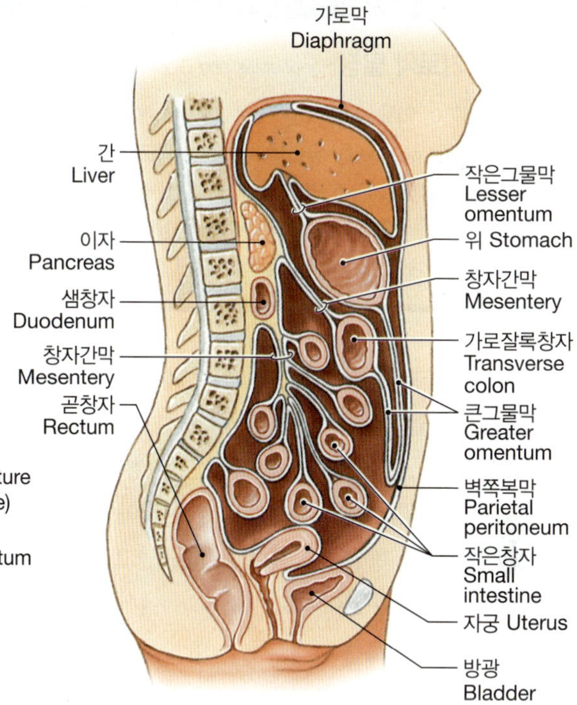

b 복막안 내에서 위는 큰그물막과 작은그물막에 의해 매달려 있다.

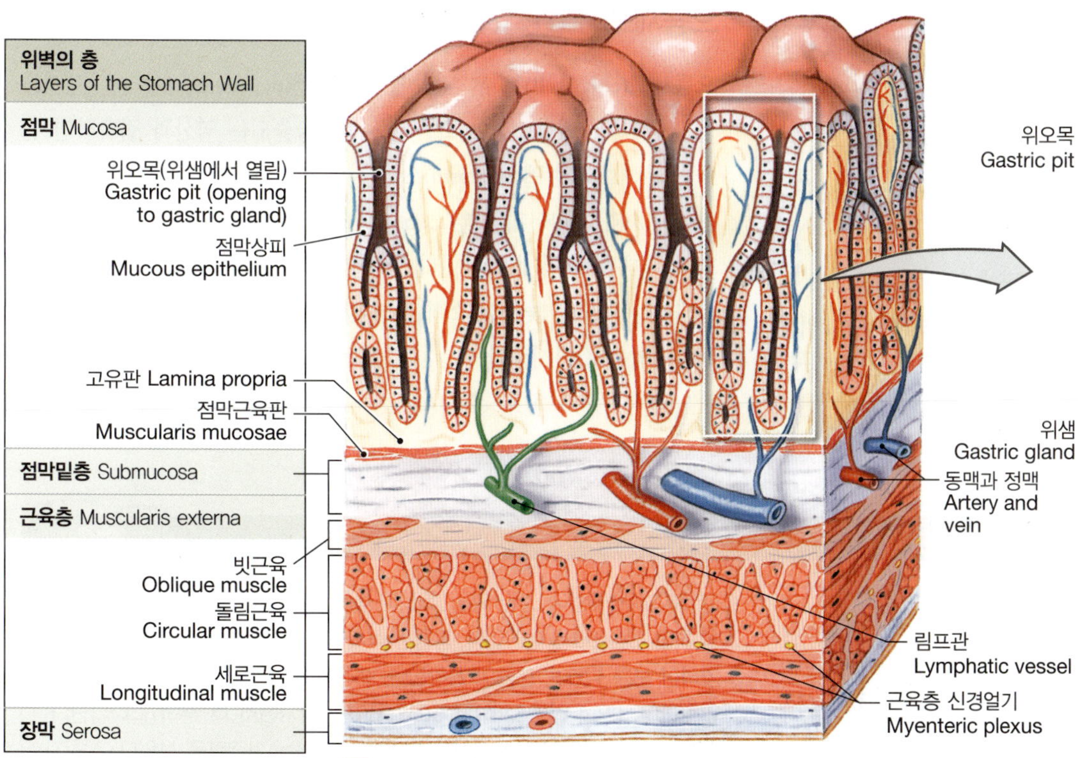

c 위벽 구성의 모식도

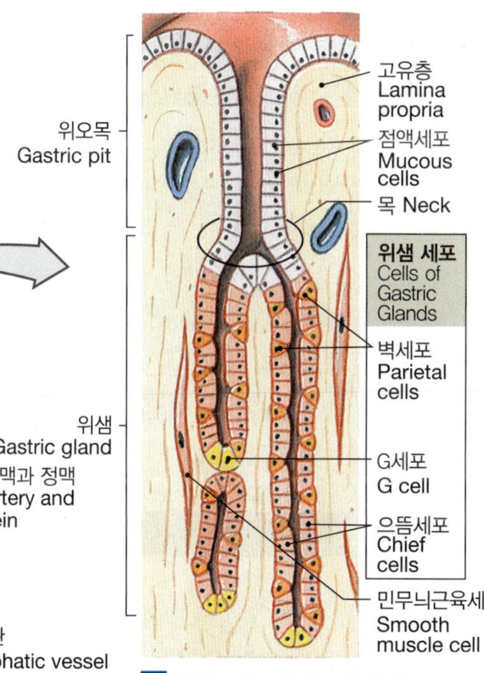

d 벽세포와 으뜸세포의 위치

16

임상노트

식도염 및 가로막 탈장 Esophagitis and Diaphragmatic (Hiatal) Hernias

아래식도조임근이 약해지거나 이완되면 강한 위산이 아래 식도로 유입되면서 식도에 **식도염**(*esophagitis*)을 유발할 수 있다. 식도 상피는 산과 효소에 대한 방어력이 거의 없어 그 결과 염증, 상피 침식 및 심한 불편감이 발생한다. 가끔 위에서 역류 현상이 발생하면 "속쓰림" 증상이 나타난다. 이러한 속쓰림 문제는 제산제를 생산하고 수백만 달러의 관련 산업에 영향을 준다.

식도와 주요 혈관은 **식도 작은 구멍**(*esophageal hiatus*)이라고 하는 가로막의 구멍을 통해 가슴공간에서 배골반 공간으로 연결된다. **가로막 탈장**(*diaphragmatic hernia, hiatal*)에서는 배안 장기가 식도 작은 구멍을 통해 가슴공간으로 올라간다. 상태의 중증도는 탈장 기관의 위치와 크기에 따라 다르다. 작은 구멍 탈장은 매우 흔하게 유발되며 대부분은 눈으로 확인할 수 없다. 임상적 문제가 발생하면 배 장기는 가슴공간의 구조 또는 장기에 압력을 가한다.

의 근육층은 위벽을 강화시키고 미즙을 형성하는 데 필수적인 음식물을 섞어주는 기능을 가지고 있다.

위 바깥 표면을 덮고 있는 내장 복막은 한 쌍의 창자간막으로 연결되어 있다. **큰그물막(greater omentum)**은 큰굽이(*greater curvature*) 아래에서 큰 주머니를 형성하여 복부 내장을 덮고 있으며, **작은그물막(lesser omentum)**은 작은굽이(*lesser curvature*)에서 간으로 연결된다.

위벽 The Gastric Wall

위는 점액세포가 지배하는 단층원주상피에 의해 일렬로 정렬되어 있다. 이 점액 상피(*mucous epithelium*)는 산, 효소 및 연마 물질로부터 상피세포를 보호하는 알칼리성 점액을 분비한다. **위오목(gastric pit)**이라고 하는 얕은 함몰 부위가 위 표면으로 열려 있다(**그림 16-8c**). 각 위오목의 바닥 또는 목(*neck*)의 점액 세포는 활발하게 분열되어 미즙으로 배출되는 점액상피의 표면세포를 대체한다. 위 상피세포의 수명은 일반적으로 3일에서 7일이다.

위의 위바닥과 몸통에서 각각의 위오목은 밑에 있는 고유층으로 깊숙이 뻗어 있는 **위샘(gastric gland)**과 연결되어 있다(**그림 16-8d**). 위샘은 벽세포(*parietal cell*)와 으뜸세포(*chief cell*)인 두 종류의 분비세포로 분류된다. 하루 약 1500 mL의 **위액(gastric juice)**을 분비한다.

위 아래에 있는 위날문 내 위샘에서도 위 활동을 조절하는 데 관여하는 내분비세포를 포함하고 있다.

벽세포 Parietal Cells

벽세포(parietal cell)는 내인인자와 염산을 분비하며 **내인인자(intrinsic factor)**는 작은창자의 점막에서 비타민 B_{12}의 흡수를 돕는다(11장 참조). 염산은 위 내용물을 1.5~2.0의 pH로 유지한다. 위액의 산도는 미생물을 죽이고, 육류의 결합조직과 식물세포를 분해하고 으뜸세포가 분비하는 효소를 활성화시킨다.

으뜸세포 Chief Cells

으뜸세포(chief cell)는 위 내막에 **펩시노겐(pepsinogen)**이라는 단백질을 분비한다. 펩시노겐이 으뜸세포에서 방출되는 염산과 접촉하면 단백질 분해효소인 **펩신(pepsin)**으로 전환된다. 신생아의 경우 위에서 레닌(*rennin*)과 리파아제(*gastric lipase*)가 생성된다. 이 효소는 우유를 소화하는 데 중요하게 작용한다. 레닌은 우유 단백질을 응고시켜 위를 통과하는 속도를 늦추어 소화에 더 많은 시간이 필요하다. 리파아제는 우유지방을 소화시킨다.

임상노트

16

소화성 궤양 Peptic Ulcers

소화성 궤양은 위산에 의한 침식이다(**그림 16-9**). 소화성 궤양은 위의 어느 곳에서나 발생할 수 있다. 위장관 부분을 기반으로 용어가 만들어졌다. 샘창자궤양은 샘창자 가까운 쪽에서 가장 많이 발생한다. 위궤양은 위에서만 발생한다. 전체적으로 소화성 궤양은 여성보다 남성에게서 4배, 샘창자 궤양은 위궤양보다 2~3배 더 자주 발생한다. 현재 통계는 소화성 궤양의 수를 4~5백만 명으로 보고 있으며, 매년 약 500,000명의 새로운 환자가 발생하고 있다. 위 궤양에 걸릴 가능성이 더 높은 환자는 신체활동을 하고 있는 50세 이상이다. 통증은 식사 후나 배가 부른 상태에서 주로 증가하며 보통 밤에는 통증이 사라진다. 샘창자 궤양은 높은 스트레스를 받는 임원이나 경영주인 25세에서 50세 사이의 환자에서 더 흔하게 나타난다. 유전적 소인을 암시하는 샘창자 궤양에 대해서는 가족력을 보인다. 샘창자 궤양 환자는 보통 밤에 또는 위가 비어 있을 때 통증이 나타난다.

비스테로이드성 소염제(아스피린, 모트린, 애드빌, 나프로신), 산 자극제품(알코올, 니코틴) 또는 헬리코박터균은 소화성 궤양의 가장 흔한 원인이다. 음식물

그림 16-9 소화성 궤양의 형태.

소화성 궤양은 위 또는 샘창자 점막에 생기는 침식이다. 장기의 벽을 통해 완전히 침식할 수 있고, 천공과 생명을 위협하는 출혈이 초래될 수 있다.

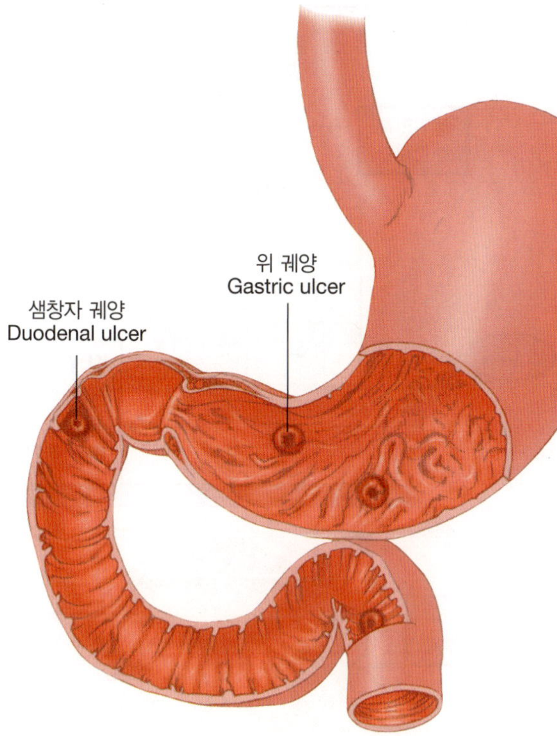

을 분해하기 위해 위는 염산을 분비한다. 이 분비를 조절하는 효소 중 하나는 펩시노겐이다. 염산은 펩시노겐을 활성 상태인 펩신으로 전환하는 데 도움을 준다. 이들 사이에서 펩신과 염산의 소화효소는 위장관의 점막 내벽에 큰 자극을 준다. 점막 분비물은 이러한 자극으로부터 위 점막을 보호해준다. 그러나 비스테로이드성 소염제, 산 자극제 또는 헬리코박터균이 장벽을 손상시키면 점막은 강산 액체에 노출되어 소화성 궤양이 발생된다. 국소적으로 작용하는 중요한 호르몬인 프로스타글란딘은 위 점막을 통한 혈액의 흐름에 대한 자극을 감소시켜 더 이상의 추가 손상을 방지한다.

최근 위 궤양과 샘창자 궤양의 80% 이상에서 헬리코박터균이 나타난다는 사실이 밝혀지면서 의사들은 단순히 증상을 치료하는 것이 아니라 제산제와 항생제로 그 원인을 제거하여 질병을 치료할 수 있게 되었다.

이자관의 막힘은 샘창자 궤양을 유발할 수 있다. 미즙이 위에서 날문조임근을 통하여 샘창자로 이동함에 따라 이자는 미즙의 산성수소 이온을 중화시키는 중탄산염 이온이 함유된 알칼리성 용액을 분비한다. 그러나 이자관이 막히면 미즙이 장 전체에 궤양을 유발할 수 있다. 샘창자 궤양의 또 다른 원인으로는 졸링거-엘리스 증후군인데, 이 증후군은 산을 분비하는 종양이 궤양을 유발한다.

급성, 중증의 통증은 아마도 궤양이 배막공간에서 파열되었기 때문일 것이다. 궤양의 위치에 따라 환자는 토혈이 있거나 혈변이 있을 수 있다. 점막 자극으로 인한 메스꺼움과 구토가 유발될 수 있다. 궤양이 큰 혈관 부위에 침식되면 대량 출혈이 유발될 수 있고, 육안 검사에서 출혈의 징후와 함께 심한 통증, 창백, 차갑고 축축한 피부, 빈맥, 혈압 감소, 정신상태 변화와 같은 혈역학적 불안전한 징후를 보일 수 있다. 대부분의 환자는 통증을 줄이기 위해 가만히 누워 있을 것이다. 이전 궤양 치료로 인한 수술 흉터가 있을 수 있으며, 장음은 일반적으로 없을 것이다.

위의 활성 조절 The Regulation of Gastric Activity

위 점막에 의한 산과 효소의 생산은 (1) 중추신경계(CNS)에 의해 조절될 수 있다. (2) 위벽의 반사 신경에 의해 조절되고, (3) 소화관의 호르몬에 의해 조절된다. 위 분비물의 조절은 세 가지 중복 단계로 진행된다. 그들은 부위에 따라: 머리 단계, 위 단계, 장 단계로 나누어진다 (**집중 조명 그림 16-10**).

1. **뇌 조절기**(*Cephalic phase*). 위 분비물의 **뇌 조절기(cephalic phase)**는 음식을 감지하거나 생각할 때 시작된다(❶ **집중 조명 그림 16-10**). 이 단계는 위가 음식을 받을 수 있도록 준비한다. 대뇌피질과 시상하부를 포함한 중추신경계통의 다른 영역에 의해 지시된다. 신경 전달은 자율신경계통의 부교감신경을 통해 진행된다. 미주신경은 위의 점막밑 신경얼기를 자극한다. 그런 다음 신경절 뒤 부교감 신경섬유는 위의 점액세포, 벽세포, 으뜸세포, 내분비세포를 자극시킨다.

2. **위 조절기**(*Gastric phase*). **위 조절기(gastric phase)**는 음식이 위에 도착할 때 시작된다(❷ **집중 조명 그림 16-10**). 위벽에 있는 압력수용기와 점막의 화학수용체의 자극은 점막밑 신경얼기와 근육 신경얼기에 의해 조절되는 국소 반사를 유발한다. 근육 신경얼기는 위벽 바깥쪽에 있는 근육질의 혼합된 파동을 자극한다. 점막밑 신경얼기는 벽세포와 으뜸세포를 자극한다. 또한 날문 내의 위샘에 있는 **G 세포(G cells)**를 자극하여 **가스트린(gastrin)** 호르몬을 혈류로 방출한다. 단백질, 소량의 알코올 및 카페인은 화학수용체를 자극하기 때문에 위 분비를 촉진하는 강력한 자극제이다. 벽세포와 으뜸세포 모두 분비 활동을 가속화함으로 가스트린 호르몬의 영향을 받는다. 벽세포에 대한 효과가 가장 뚜렷하게 나타나며 위액의 산도가 급격히 떨어진다. 이 단계는 산과 효소가 섭취한 음식물을 처리하는 동안 몇 시간 동안 유지될 수 있다.

이 기간 동안, 위 활동은 위 수축을 자극하는데, 이는 섭취된 물질과 위 분비물을 섞어서 미즙을 형성한다. 미즙형태가 되면 위의 길이는 줄어들기 시작한다. 날문이 수축할 때마다 소량의 미즙은

16

집중 조명 그림 16-10 위의 활성 조절(REGULATION OF GASTRIC ACTIVITY)

위 활동은 중추신경계, 소화관 벽 안의 반사작용, 그리고 소화관의 호르몬에 의해 조절된다. 위 분비 조절은 조절부위 위치에 따라 이름이 붙여진 3가지 중첩 단계로 진행된다.

1 뇌 조절기 CEPHALIC PHASE

위액 분비의 **뇌 조절기**(cephalic phase)는 음식이 들어오거나, 냄새를 맡거나, 맛을 보거나, 생각할 때 시작된다. 이 단계는 자율신경계통 중 부교감신경에 의해 자극을 받는다. 위가 음식을 받을 수 있도록 준비하며, 자극에 반응하여, 위액의 생산 속도는 약 500 mL/h 또는 시간당 약 2컵 정도를 분비한다. 이 단계는 일반적으로 몇 분 동안만 지속된다.

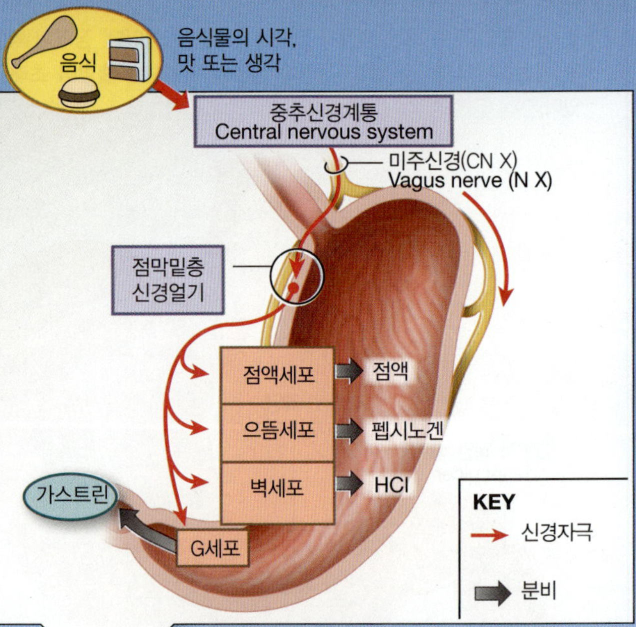

2 위 조절기 GASTRIC PHASE

위 조절기(gastric phase)는 음식물이 위에 도착했을 때 시작된다. 위장의 위벽에 있는 신장수용기(stretch receptor)와 점막에 있는 화학수용기의 자극은 점막밑층과 근육층 신경얼기의 국소반사를 유발한다. 이로 인해 근육의 파동이 외부로 섞이고, 위샘의 세포에서 점액, 펩시노겐, HCl이 분비된다.

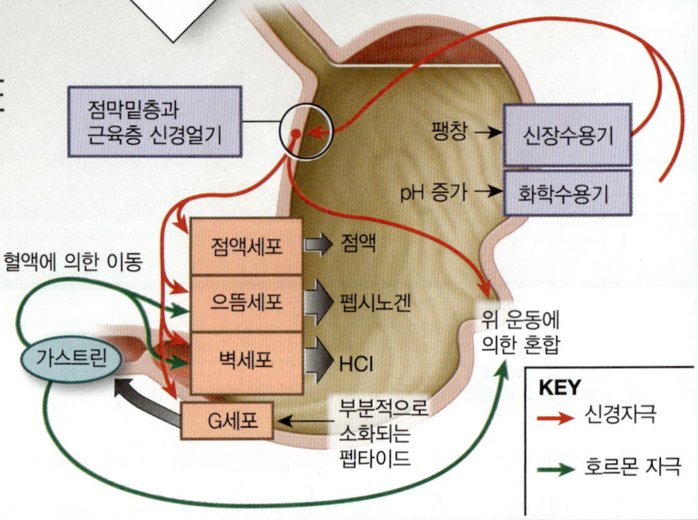

3 창자 조절기 INTESTINAL PHASE

위 분비물의 **창자 조절기**(intestinal phase)는 미즙이 작은창자의 샘창자에 처음 들어올 때 시작된다. 창자 단계의 기능은 작은창자의 분비, 소화 및 흡수 기능이 효율적으로 진행될 수 있도록 위가 비워지는 속도를 조절한다.

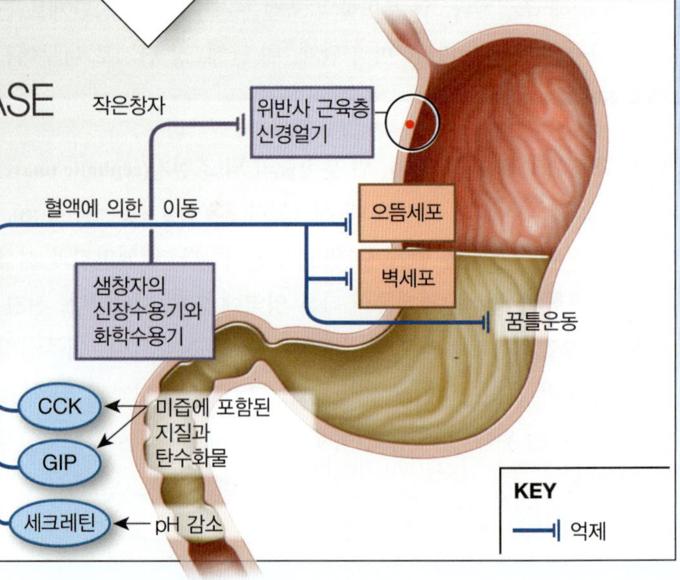

샘창자(*duodenum*)는 위에서 가장 가까운 작은창자의 일부이다. 위로부터 받은 미즙이 된 음식물을 감시하기 때문에 소화 조절에 중요한 역할을 한다. 샘창자는 작은창자의 아래 부위를 보호하기 위해 위액과 부속샘의 활동을 조절한다.

임상노트

위염과 소화성 궤양 Gastritis and Peptic Ulcers

위 점막의 염증을 위염이라고 한다. 알코올과 아스피린을 포함한 약물을 복용 후 발생할 수 있다. 위염은 흡연, 심각한 정서적 또는 육체적 스트레스, 위벽의 세균 감염, 강한 산성 또는 알칼리성 화학물질의 섭취와도 관련이 있다.

위염은 궤양으로 진행될 수 있다. 소화에 필요한 산성물질과 효소가 위 내벽이나 작은창자의 샘창자 부위를 자극시킬 때 소화성 궤양이 생길 수 있다. 위궤양 또는 샘창자궤양이라는 용어는 특정 부위를 명명한 것이다. 소화성 궤양은 산을 과도하게 생성하거나 알칼리성 점액을 부적절하게 생산하여 산성으로부터 상피를 보호하지 못해 유발된다. 현재 헬리코박터 세균에 의한 감염이 소화성 궤양의 80% 이상을 차지하는 것으로 알려져 있다. 궤양 치료는 위산 생성을 억제하는 시메티딘을 사용하거나, 위나선균(헬리코박터) 감염의 경우 항생제와 함께 사용한다.

임상노트

위암 Stomach Cancer

위암은 가장 흔하며 치명적인 암 중의 하나이다. 대표적인 식단으로 절임 음식을 많이 섭취하는 일본과 한국에서 발병률이 더 높다. 징후와 증상이 위궤양과 비슷할 수 있어 초기에는 증상이 보고되지 않을 수 있다. 진단은 보통 다양하게 나타날 수 있는 위 팽만으로 위의 X-선 검사를 포함하여 진행한다.

위암의 치료는 **위 절제술**(*gastrectomy*)로 위의 일부 또는 전체를 수술을 통해 절제하는 것을 포함한다. 수술로 인한 내인인자의 부족은 다량의 비타민 B_{12} 섭취를 통해 해결할 수 있다.

날문 조임근을 통해 작은창자로 들어간다.

3. **창자 조절기(*Intestinal phase*)**. 위 분비의 **창자 조절기(intestinal phase)**는 미즙이 작은창자의 샘창자로 처음 진입할 때 시작된다(3 집중 조명 그림 16-10). 이 단계에 대한 대부분의 조절(신경 또는 내분비)은 억제작용이다. 위를 비우는 속도를 조절하여 작은창자의 모든 기능이 효율적으로 진행될 수 있도록 한다. 예를 들어, 미즙의 움직임은 위벽의 압력수용체의 자극을 일시적으로 감소시키고 작은창자의 벽에서는 자극을 증가시킨다. 이는 작은창자위반사(*enterogastric reflex*) 작용을 일으킨다. 이 반사작용은 일시적으로 위 호르몬 생성과 위 운동의 신경 자극과 미즙의 추가 이동을 억제한다. 이와 동시에 미즙의 유입은 장내 호르몬인 세크레틴(*secretin*), 콜레시스토키닌(*CCK*), 포도당-인슐린 자극 펩티드(*GIP*)의 방출을 자극한다. 결과적으로 위 활동이 감소하면 작은창자에 도달하는 위액에 적응할 시간을 갖게 된다.

위 활동을 억제하는 억제 반사작용은 작은창자의 가까운 쪽에 음식물이 너무 꽉 차거나, 산성이 너무 높거나, 미즙에 의해 지나치게 자극되거나, 소화가 된 단백질, 탄수화물, 지질로 채워질 때 자극을 받는다.

일반적으로 미즙은 위가 팽창되고 식사에 단백질이 상대적으로 적게 들어 있을 때 가장 빠른 속도로 작은창자로 이동한다. 소량의 단백질과 다량의 탄수화물(밥이나 파스타 등), 와인(알코올), 식후 커피(카페인)가 포함된 식사는 위에서 작은창자의 이동이 매우 빠르게 진행된다. 그 이유는 알코올과 카페인 둘 다 위 분비와 운동성을 자극하기 때문이다.

위에서의 소화 Digestion in the Stomach

위는 펩신에 의해 단백질의 초기 소화를 수행한다. 다양한 단계를 통해 침의 아밀라아제에 의한 탄수화물 소화와 침의 리파아제에 의한 지질 소화를 가능하게 한다. 이 효소들은 위 내용물의 pH가 4.5 이하로 떨어질 때까지 계속 작용하며 보통 식사 후 1~2시간 동안 활동한다.

위 내용물이 유동적으로 변하고 pH가 2.0에 가까워질수록 펩신 활성은 증가한다. 단백질 분해 작업이 시작되며 단백질 소화는 위에서 완성되지 않는다. 왜냐하면 시간이 한정되어 있고 펩신이 특정 단백질만을 소화하기 때문이다. 게다가 펩신은 일반적으로 미즙이 작은창자로 들어가기 전에 복잡한 단백질을 더 작은 펩타이드와 폴리펩타이드 사슬로 분해한다.

소화는 위에서 일어나지만 영양소는 그곳에서 흡수되지 않는다. 4가지 그 이유가 있다. (1) 상피세포가 알칼리성 점액으로 덮여 있고 미즙에 직접 노출되어 있지 않으며, (2) 상피세포는 작은창자에 있는 세포에서 발견되는 전문적인 운반 과정이 부족하며, (3) 위벽은 물에 불 침투성이며, (4) 소화는 미즙에 도달할 때까지 완료되지 않는다. 이 단계에서 대부분의 탄수화물, 지질, 단백질은 부분적으로만 분해된다.

체크포인트

12. 위의 네 가지 주요 부위의 이름을 말하시오.
13. 위 안의 낮은 pH의 중요성에 대해 논의하시오.
14. 만성 위 궤양을 앓고 있는 사람의 경우, 왜 위 운동에 관여하는 미주신경 가지를 잘라내려고 하는가?

책 뒷면에 있는 파란색 정답 탭을 참조.

16-5 작은창자는 영양소를 소화시키고 흡수한다

학습목표 작은창자의 구조, 미세구조, 주요 기능, 분비조절 기전을 설명한다.

작은창자(small intestine)는 영양소를 소화하고 흡수하는 중요한 역할을 한다. 90% 영양 흡수가 이루어진다(나머지는 대부분 큰창자에서 이루어진다).

작은창자의 길이는 약 6 m이다. 직경은 위와 가까운 곳에서는 약 4 cm, 큰창자의 접합부는 약 2.5 cm로 다양하다. 샘창자, 빈창자 및 돌창자로 세 부분으로 나누어진다(**그림 16-11a**).

1. **샘창자(duodenum)**는 길이가 약 25 cm로 위에서 가장 가까운 부분이다. 작은창자의 일부는 "소화효소와 섞이는 부분"이 있다. 샘창자는 위에서 내려오는 미즙을 이자와 간에서 분비하는 소화효소와 섞이는 부분이다. 샘창자는 위와 이자를 둘러싸는 C자 형태로 휘어져 있다. 몸쪽 2.5 cm를 제외하고 나머지는 배막공간 밖에 있다(**그림 16-8b**). 복막공간 뒤쪽에 위치한 장기를 **복막뒤기관(retroperitoneal organ)**이라고 한다.
2. 샘창자와 **빈창자(jejunum)** 사이의 경계는 갑작스런 굽이에 의해 나누어진다. 이 부위에서 작은창자는 배안으로 다시 들어가고, 장간막과 연결된 빈창자의 길이는 약 2.5 m이다. 화학적 소화와 영양소 흡수의 대부분은 빈창자에서 일어난다. 체중 조절에 대한 과감한 접근 방법 중 하나는 빈창자의 상당 부분을 제거하는 수술이다.
3. 작은창자의 마지막 부분은 **돌창자(ileum)**이다. 작은창자 중 가장 길며 길이는 약 3.5 m이며 **돌막창자판막**(*ileocecal valve*)에서 끝난다. 이 조임근은 돌창자의 물질의 흐름을 제어하고 큰창자의 첫 번째 부분인 **막창자**(*cecum*)와 연결되어 있다.

작은창자는 배공간의 많은 부분을 채우고 있다. 등쪽에 부착된 장간막에 의해 장기의 위치가 안정화되며, 몸통 벽(**그림 16-8b**), 혈관, 림프관 및 신경은 결합조직에 의해 연결되어 있다.

창자벽 The Intestinal Wall

창자벽은 다음과 같은 일련의 가로 주름이 있다. 원형 또는 **돌림주름 (circular folds**, *plicae circulares*)이 있으며(**그림 16-11b**) 이는 창자벽의 특징이다. 작은창자가 채워지더라도 돌림주름은 완전히 사라지지 않는다.

작은창자 점막은 **융모(villi)**라고 하는 손가락 모양으로 융기된 창자융모이다(**그림 16-12b**). 이러한 구조는 미세융모가 깔린 단순원주상피로 덮여 있다(**그림 16-12c**). 상피에서 나오는 미세융모는 붓의 털를 닮았으며, 이 세포들은 **솔가장자리**(*brush border*)를 가지고 있다(**그림**

그림 16-11 작은창자의 각 부분.

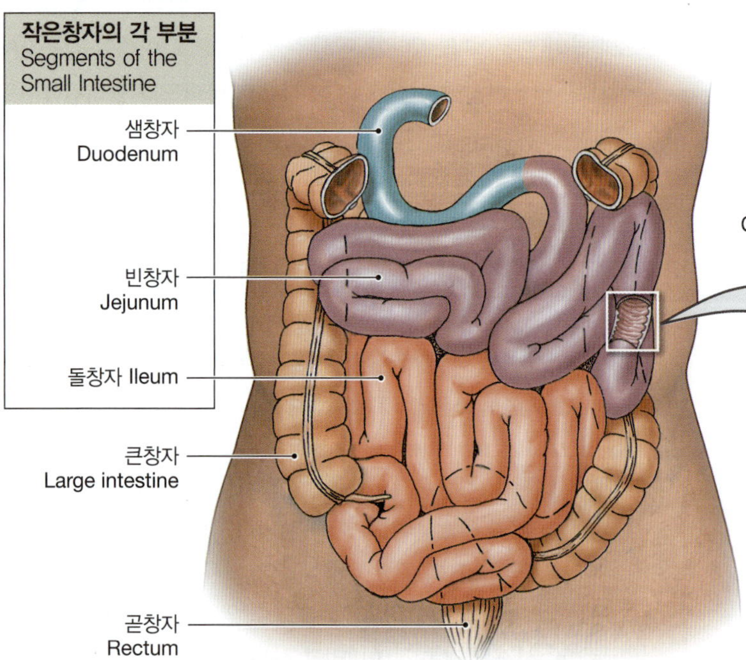

a 배골반공간 안의 작은창자는 샘창자, 빈창자, 돌창자 부분으로 나뉜다.

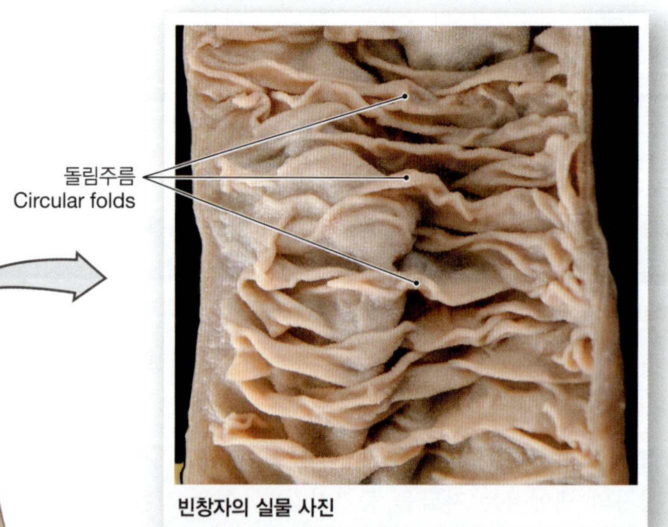

b 빈창자를 절개하여 펼친 모습

임상노트

상부 위장관 출혈 Upper Gastrointestinal Bleeding

상부 위장관(GI) 출혈은 출혈로 정의될 수 있다. 트라이츠(Treitz) 인대에 근접한 위장관 내에서, 샘창자 접합부를 지지한다. 작은창자의 처음 두 부분(샘창자와 빈창자)에서 만난다.

상부 위장관 출혈은 300,000건 이상의 입원치료와 연간. 사망률은 지난 몇 년 동안 약 10%로 유지되고 있다. 많은 요인이 있지만 상부 위장관 출혈은 높은 사망률에 기여한다. 첫째, 민간요법과 일반 의약품으로 증상을 치료하는 환자의 수가 급격히 증가하고 있다. 이들 환자 중 상당수는 궤양성 병변으로 인한 대규모 출혈 등 질병에 중대한 손상을 입었을 때만 진료를 받는다. 둘째, 전체 인구의 연령이 증가하고 있다. 그만큼 노화로 인해 질병 가능성이 크며, 고혈압, 죽경화증, 당뇨병 및 약물 남용과 같은 상부 위장관 출혈의 영향에 더 취약하게 만든다. 인구 사망률은 60세 이상에서 가장 높다. 이 분야의 예방전략 중 하나는 특히 노인 환자들에게서 이러한 공존하는 문제를 확인하고 그에 따라 치료하는 것이다. 특히, 담배나 알코올 사용, 또는 둘 다 사용 시 신체 검진이 필요하다.

상부 위장관 출혈의 6가지 주요 원인은 빈도 순으로 소화성 궤양 질환, 위염, 정맥류 파열, 말로리-바이스 증후군(식도열상, 일반적으로 구토에 의한 이차적 손상), 식도염 및 샘창자염이다. 소화성 궤양 질환의 설명으로 상부 위장관 출혈의 50%, 위염은 추가로 25%를 차지한다. 전체적으로 위 내벽의 자극이나 침식은 상부 위장관 출혈의 75% 이상을 유발한다. 대부분 상부 위장관 출혈은 만성적인 자극이나 염증으로 최소한의 불편함과 경미한 출혈이 유발된다. 의사는 외래환자 기준으로 이러한 상태를 관리할 수 있지만 소화성 궤양이 침식될 경우, 식도가 열상된 경우, 위 점막 말로리-바이스 증후군, 또는 정맥류(종종 알코올성 간 손상에 의한 이차손상)가 파열되면 급성으로 발병하여 통제하기 어려운 출혈로 인해 생명을 위협할 수 있다.

상부 위장관 출혈에서 다음과 같은 증상이 나타날 수 있다. 대부분의 환자의 경우 타는 듯한 느낌이나 통증, 배탈, 가스통증 또는 위배사분면의 찢어지는 통증에 이르기까지 다양한 복부 불편함을 호소할 수 있다. 혈액은 위장계통을 자극하기 때문에 대부분 메스꺼움과 구토가 발생된다. 출혈이 있는 경우 상부 위장관 환자는 토혈 또는 하부 위장관을 통과하는 경우 검게 변한 혈변을 보일 수 있다. 혈변으로 인식되려면 약 150 cc의 혈액이 위장관으로 배출되어 5~8시간 동안 그곳에 머물러야 한다. 구토의 혈액은 밝은 빨간색이거나 커피 찌꺼기처럼 보일 수 있다.

상부 위장관 출혈은 적거나 많은 양의 혈액이 지속적으로 유발될 수 있다. 위협적인 식도 정맥류가 파열되거나 식도의 위벽이 찢어진 경우 많은 양의 피를 토할 수 있다. 이러한 출혈은 다음과 같은 증상이 나타날 수 있다. 변화를 포함한 쇼크의 전형적인 징후와 빈맥, 말초 혈관 수축, 발한(창백하고 차갑고 축축한 피부를 생성하는 땀) 및 혈역학적 불안정 등 전형적인 충격 징후와 증상이 유발될 수 있다. 충격 외에도 구토 자체가 기도를 손상시킬 수 있고, 호흡 장애, 염증, 궁극적으로 호흡 정지를 초래할 수 있다.

자주 사용되는 임상 지표로는 기립성 저혈압(10 mmHg 혈압 변화 또는 심박수 20 bpm 변화 환자가 앙와위에서 서 있을 때)이 있는지 확인한다. 이는 저혈압에 의한 순환량 감소를 나타낸다. 위와 같은 증상이 나타나기 전에 약 15%의 보상작용이 나타난다. 이는 수축기 혈압이 10 mmHg 떨어지거나 심박수가 20 bpm 이상 증가하는 환자는 적극적인 수액 공급이 필요하다.

16-12d).

작은창자는 부드러운 단순 관으로 벽면의 대략 흡수 면적은 3300 cm^2이다. 대신 점막에는 약 800개의 돌림주름이 있어 표면적을 넓히고 각 미세융모는 상피세포로 덮여 있다. 미세융모는 약 2백만 cm^2 또는 2200 ft^2의 총면적을 증가시킨다.

각 융모는 점막밑에 모세혈관 그물망이 있다(그림 16-12c). 이 모세혈관에 흡수된 영양분을 간문맥 순환으로 운반하여 간에 전달한다. 모세혈관 이외에도 각 융모에는 신경 종말과 **암죽관(lacteal)**이라고 하는 림프 모세혈관이 있다. 암죽관은 모세혈관에 들어갈 수 없는 물질을 운반한다. 예를 들면, 지방산이 너무 커서 혈류로 확산될 수 없는 단백질 지질을 운반시킨다. 이러한 방법을 **암죽미립**(*chylomicrons*)이라고 부르며, 가슴관을 통해 정맥으로 순환된다. 림프계통의 암죽관은 지질이 다량 함유된 창백하고 유백색을 보인다.

창자 내막으로 유입되는 가장 중요한 효소는 미세융모에서 생산한다. 솔가장자리에 접촉한 음식물은 효소에 의해 분해된다. 분해되지 않은 음식물은 상피세포에서 흡수한다. 이 세포들이 떨어져 나가면 세포 내 효소와 솔가장자리 효소를 모두 방출하면서 창자 내에서 음식물이 분해된다.

융모 바닥부분에는 **창자샘**(*intestinal gland*)으로 들어가는 입구가 있다(그림 16-12b). 창자 바닥부분 안의 줄기세포 분비샘은 창자내 상피세포를 보충하기 위해 계속해서 분열한다. 다른 세포들은 **창자액**(*intestinal juice*)을 분비한다. 창자 내 분비샘 외에도 **샘창자샘**(*duodenal gland*) 또는 **점막밑샘**(*submucosal gland*)에서는 미즙의 산을 완충하는 데 도움이 되는 알칼리성 점액을 분비한다. 또한 분비샘은 다음 장에서 설명하는 창자 내 호르몬을 생성하는 내분비세포를 포함하고 있다.

창자 운동 Intestinal Movements

미즙은 샘창자에 들어간 후 근육 수축의 연동운동을 통해 빈창자 쪽으로 천천히 이동한다. 이러한 운동은 중추신경 조절을 받지 않는 국

그림 16-12 창자벽.

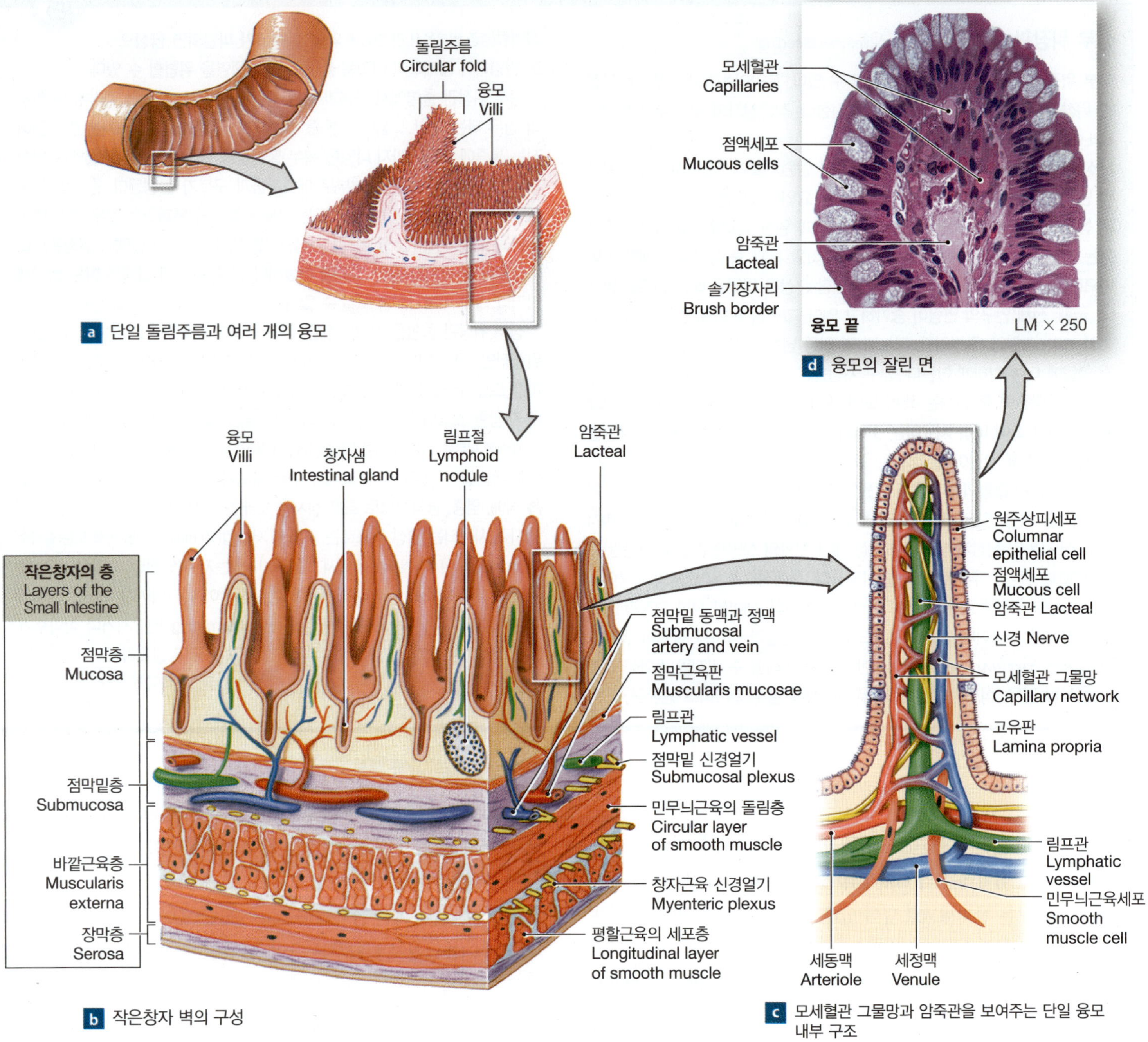

16

소 반사에 의해 이루어진다. 근육 수축은 자극 부위에서 몇 센티미터 이내로 제한된다.

보다 정교한 반사작용은 작은창자 전체 길이를 따라 움직임을 조절한다. 위는 팽창되고 **위장관 반사운동**(*gastroenteric reflex*)이 시작된다. 이 반사운동은 샘 분비 및 연동운동 속도를 증가시킨다. 모든 창자 내에서 연동운동을 증가시켜 작은창자의 길이에 따라 물질을 이동시켜 샘창자를 비운다.

위돌창자반사(*gastroileal reflex*)는 가스트린 호르몬에 의해 조절된다. 음식물이 들어오면 위에서 시작하여 가스트린 호르몬이 방출되고 돌막창자 판막을 이완시킨다. 판막이 이완되면 음식물을 돌창자에서 막창자 쪽으로 밀어낸다. 섭취한 음식물은 샘창자에서 돌창자 끝까지 이동하는데 약 5시간 정도 걸린다. 그래서 아침 식사 후에 샘창자로 들어간 음식물은 점심시간 동안 작은창자를 모두 통과할 수 있다.

창자 내 분비액 Intestinal Secretions

매일 약 1.8리터의 **창자액(intestinal juice)**이 창자 내 공간으로 들어간다. 창자액은 창자 내용물을 촉촉하게 하고 산을 완충하는 데 도움을 주며 소화효소와 소화 생성물을 용액에 보관한다. 이 창자액은 대부분은 삼투압에 의해 이동하며, 물이 밖으로 흐르기 때문이다. 점막의 촉각 및 신축성 수용체의 활성화에 의해 자극되어 창자에 분비된다.

창자벽 호르몬 및 중추신경계 조절에 의해 반응한다. 소화관과 창자 내 분비물은 샘창자가 미즙을 받는 창자 내 첫 번째 부분이기 때문에 호르몬 및 신경 조절 과정의 초점이 된다. 이곳에서 적절한 효소가 추가되어 미즙의 산 함량을 중화시켜야 된다. 샘창자샘은 위산과 효소로부터 샘창자 상피를 보호한다. 미주신경에 의한 국소자극과 부교감신경 자극에 의해 분비물을 증가시킨다.

샘창자샘은 부교감신경섬유의 자극을 받아 위점막의 뇌 조절기(cephalic phase), 즉 미즙이 작은창자로 배출되기 훨씬 전에 이미 분비를 시작한다. 반대로 교감신경이 흥분하면 샘창자의 분비 활성이 억제되어 샘창자의 상태가 미즙을 받아들이기에 적합하지 않게 된다. 만성 스트레스 등의 요인으로 교감신경이 항진되었을 때 샘창자 궤양이 잘 생기는 것도 이 때문이다.

창자 내 호르몬 Intestinal Hormones

샘창자 내분비세포는 위, 샘창자, 이자, 간의 분비 활동을 조절하는 다양한 펩타이드 호르몬을 생성한다. 위 활동을 조절하는 호르몬에 대해 알아보았다(**집중 조명 그림 16-10**).

가스트린(gastrin)은 불완전하게 소화된 단백질의 다량에 반응하여 샘창자 세포에 의해 분비된다. 가스트린은 위 운동량을 증가시키고 산과 효소의 생성을 촉진한다(위에서도 가스트린이 분비된다).

세크레틴(secretin)은 위로부터 산성 미즙이 도착할 때 샘창자의 pH가 떨어질 때 분비된다. 세크레틴의 주된 효과는 간과 이자에 의한 완충제로 쓸개즙의 분비를 증가시킨다.

콜레시스토키닌(cholecystokinin, CCK)이 분비된다. 미즙이 샘창자에 도착했을 때 지질과 부분적으로 소화된 단백질을 포함하고 있다. CCK 또한 이자와 쓸개즙에 관여한다. 이자에서 CCK가 모든 종류의 소화효소의 생산과 분비를 촉진한다. 쓸개에서 **쓸개즙**(*bile*)이 샘창자로 배출된다. 고농도의 세크레틴이나 CCK가 있으면 위 운동과 분비 속도도 떨어진다.

위억제펩티드(GIP)는 지질과 탄수화물(특히 포도당)이 작은창자에 들어갈 때 방출된다. GIP는 위 활동을 억제하고 이자섬에서 인슐린의 방출을 유발한다.

임상노트

구토 Vomiting

구토(*vomiting*)는 위와 창자의 내용물이 입을 통해 강제로 비워지는 것을 말한다. 구토 반사를 자극할 수 있는 몇 가지 요인이 있다. 국소적으로 위나 샘창자의 팽창은 구토를 유발할 수 있다. 전신적 수준에서 구토는 신경전달물질인 세로토닌에 의한 **화학수용체 구역**(*chemoreceptor trigger zone*)의 활성화로 인해 발생할 수 있다. 세로토닌은 창자 내벽의 세포와 뇌간의 신경세포에서 분비되어 구토중추를 자극한다.

메스꺼움과 구역질은 보통 구토 전에 일어난다. 메스꺼움이란 의학적 조건에서 볼 수 있는 주관적인 감각, 침의 증가와 심박수의 증가가 종종 나타난다. 구역질은 배 근육의 수축과 위 내용물이 식도로 이동하는 것을 포함하지만 입으로 이동하는 것은 아니다.

구토는 보통 구역질 뒤에 나타난다. 샘창자, 위, 식도에 있는 음식물이 반대로 올라온다. 배 근육의 수축과 함께 위 내용물이 강제로 비워지는 결과를 낳는다. 구토를 완화시키 데 도움이 될 수 있는 약물은 화학수용체를 억제하는 세로토닌 수용체를 차단하는 약물을 사용할 수 있다.

주요 위장관 호르몬의 기능은 **표 16-1**에 요약되어 있다. 이들의 상호작용은 **그림 16-13**에 도표화되어 있다.

작은창자에서의 소화 Digestion in the Small Intestine

위에서 음식은 위액과 섞이게 되고 산(HCL)과 단백질 분해효소(펩신)에 노출된다. 대부분의 중요한 소화 과정은 작은창자에서 완성되는데, 소화의 최종 산물인 단순 당, 지방산, 아미노산의 대부분은 수분과 함께 흡수된다. 하지만 작은창자는 음식에서 발견되는 복잡한 물질을 분해하는 데 필요한 효소 몇 개만 생산한다. 간과 이자는 대부분의 효소와 완충제 역할을 한다. 다음 내용에서 설명한다.

체크포인트

15. 어떤 돌림근육이 위에서 작은창자로 가는 미즙의 흐름을 조절하는가?
16. 가까운 부분에서 먼 부분까지 작은창자를 세 부위로 나누어 부위명칭을 붙이시오.
17. 작은창자는 영양소의 흡수를 위해 어떻게 적응하는가?

책 뒷면에 있는 파란색 정답 탭을 참조.

표 16-1 중요한 위 분비 호르몬과 일차적인 효과

호르몬	자극	기관	작용기관	효과
가스트린(Gastrin)	미주신경 자극 및 위 내 음식물 유입	위	위	산과 효소의 생성을 촉진하고 운동성 활성화
	소화되지 않은 단백질을 다량 함유한 미즙 유입	샘창자	위	산과 효소의 생성을 촉진하고 운동성 활성화
세크레틴(Secretin)	샘창자 내로 미즙 유입	샘창자	이자	알칼리 완충제 생산 촉진
			위	위 분비 및 운동 억제
			간	쓸개즙 분비량 증가
콜레시스토키닌 (Cholecystokinin, CCK)	지질과 부분적으로 소화된 단백질이 함유된 미즙 유입	샘창자	이자	이자효소 생성 촉진
			쓸개	쓸개 수축 촉진
			샘창자	쓸개관 바닥에서 괄약근 이완
			위	위 분비 및 운동 억제
			중추신경계통	배고픔 감소
위억제펩티드 (Gastric inhibitory peptide, GIP)	다량의 지질과 포도당을 함유한 미즙 유입	샘창자	이자	이자섬에서 인슐린 분비 촉진
			위	위 분비 및 운동 억제

그림 16-13 주요 소화관 호르몬의 활동. 가스트린, GIP, 세크레틴, CCK의 주요 작용 표시.

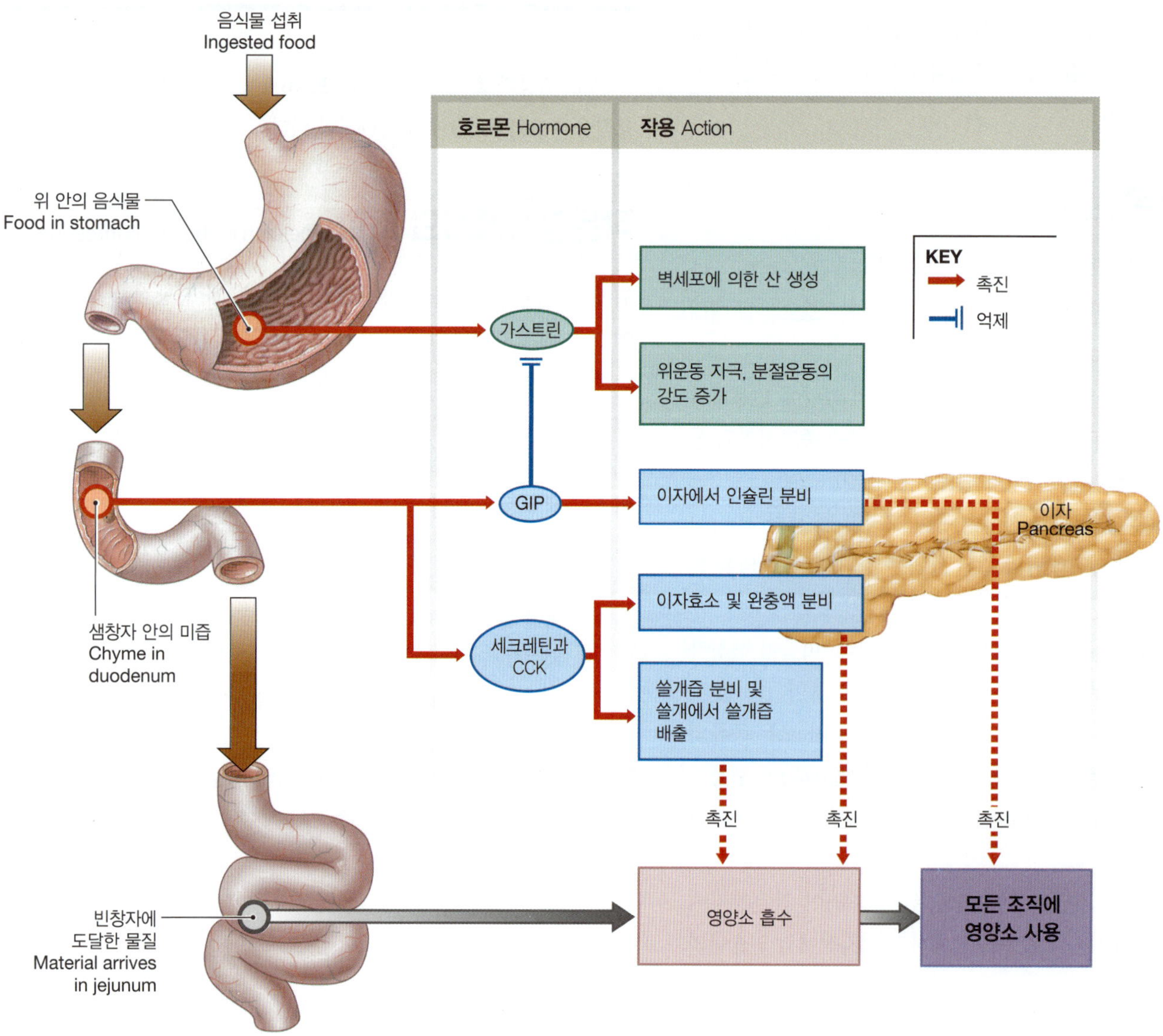

16

16-6 이자, 간, 쓸개는 작은창자의 소화 과정을 돕는다

학습목표 이자, 간, 쓸개의 구조, 기능, 조절 기전을 설명한다.

이자는 완충작용으로 미즙을 중화시키는 소화효소를 제공한다. 간은 쓸개(*bile*)에 저장된 용액으로, 나중에 작은창자로 배출하기 위해 분비된다. 쓸개는 지질의 소화 및 흡수를 돕는 화합물인 완충제와 쓸개염(*bile salts*)을 함유하고 있다.

이자 The Pancreas

이자(pancreas)는 위 뒤쪽 방향에 있다. 샘창자에서 지라 가쪽 방향으로 연결되어 있다(**그림 16-14a**). 이자는 약 15 cm이고, 무게는 약 80 g이다. 이자 표면은 뭉툭한 질감을 가지고 있으며, 조직이 부드럽고 쉽게 찢어진다. 샘창자처럼 이자는 앞 표면만 배막으로 덮여 있다(**그림 16-8b**).

이자의 조직학적 구조 Histological Organization of the Pancreas

이자는 내분비와 외분비 두 가지 뚜렷한 기능을 가지고 있다. 제10장 내용 참조. 이자에는 인슐린과 글루카곤 호르몬을 분비하는 **이자섬(pancreatic islets)**이라 불리는 내분비세포의 집합체가 포함되어 있다. 하지만 이 세포들은 이자세포 전체의 약 1퍼센트만을 차지한다. 외분비세포와 관련된 관이 나머지를 차지한다. 이자는 주로 소화효소, 물, 그리고 **이자액(pancreatic juice)**이라고 불리는 완충제의 혼합물을 생산하는 외분비 기관이다.

이자 전체에 분비하는 수많은 관은 **이자꽈리(pancreatic acini)**라고 불리는 주머니에서 끝난다(**그림 16-14b**). 이자외분비세포(*acinar cell*)는 소화효소를 분비한다. 관에 줄지어 있는 상피세포는 화학물질로 산을

그림 16-14 이자.

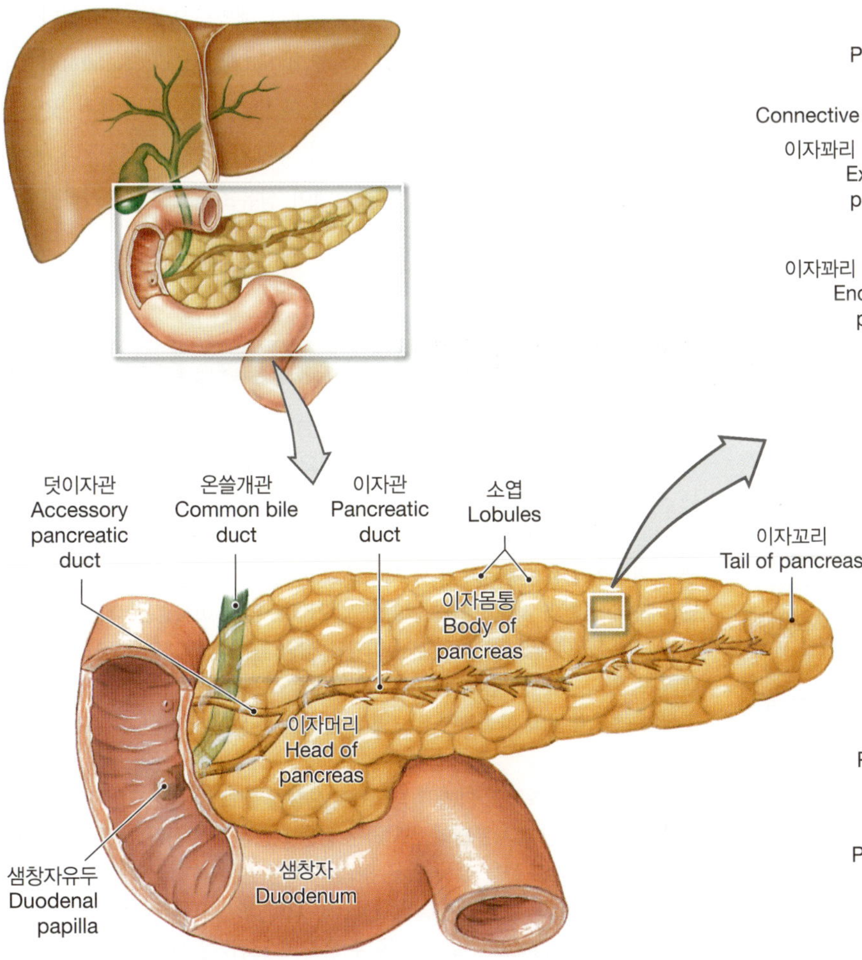

a 이자의 전체적인 해부학 구조로 이자의 머리는 샘창자의 C자형 곡선으로 들어가며, 위의 날문에서 시작된다.

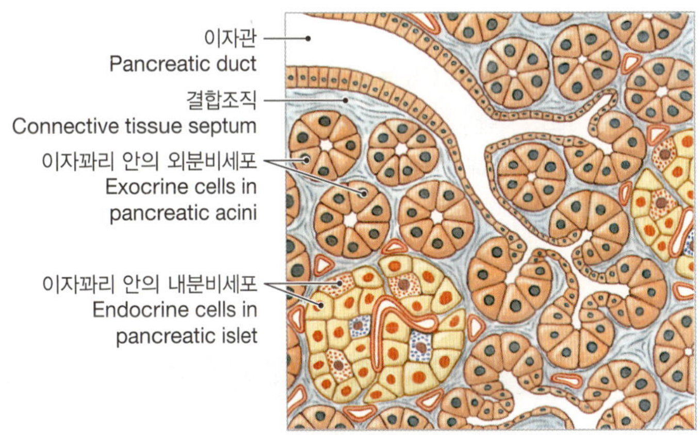

b 이자의 세포조직도

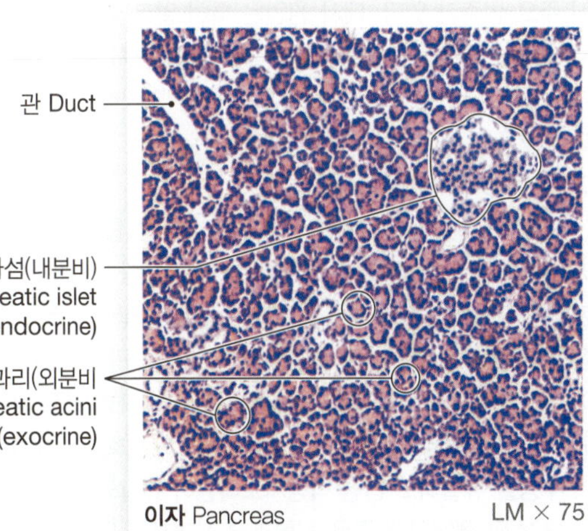

c 현미경을 이용한 이자의 세포조직

중화시키고 희석시키는 완충제와 물을 분비한다. 더 작은 관이 모여 더 큰 관을 형성하고, 이 관은 **이자관(pancreatic duct)**을 형성하며, 이 관들은 생산된 물질을 샘창자로 운반한다. 이자관은 간과 쓸개의 온쓸개관(*common bile duct*)으로 샘창자 벽을 관통한다.

이자 효소는 대부분의 소화작용을 작은창자에서 한다. 이 소화효소들은 정해진 목표에 따라 광범위하게 분류된다. **탄수화물(carbohydrases)**은 당과 녹말을 소화하며, **지질분해효소(lipases)**는 지질을 분해하고, **핵산분해효소(nucleases)**는 핵산을 분해하고, **단백질분해효소(proteases)**는 단백질을 분해한다.

이자 분비액의 조절 The Control of Pancreatic Secretion

이자는 매일 약 1000 mL의 이자액을 분비한다. 분비물은 주로 샘창자 호르몬에 의해 조절된다.

샘창자는 산성 미즙이 도착하면 세크레틴을 분비한다. 위에서부터 이 호르몬은 이자의 pH가 7.5에서 8.8 사이인 수분이 많고 알칼리성 액체를 분비하도록 자극한다. 다른 성분으로는 미즙의 pH를 증가시키는 중탄산나트륨(*sodium bicarbonate*)으로 완충제를 함유하고 있다.

다른 샘창자 호르몬인 CCK는 이자 효소의 생성과 분비를 촉진한다. 구체적인 효소는 탄수화물을 분해하는 **이자 아밀라제(pancreatic amylase)**, **이자 지질분해효소(pancreatic lipase)**, 핵산분해효소, 여러 단백질 분해효소이다.

단백질 분해효소는 전체 이자 효소 생산의 약 70%를 차지한다. 가장 풍부한 단백질은 **트립신(trypsin)**, **키모트립신(chymotrypsin)**, **카르복시펩티다아제(carboxypeptidase)**이다. 이 물질들은 복잡한 단백질을 짧은 펩타이드 사슬과 아미노산의 혼합물로 분해한다.

이자 효소는 매우 강력하여 이자세포는 비활동적인 전구효소(*proenzymes*)로서 분비하여 스스로를 보호하며, 작은창자에 도달한 후에 활성화된다.

간 The Liver

간(liver)은 단단하고 적갈색으로 우리 몸의 가장 큰 내장기관이다. 간은 우리 몸에서 다양한 역할을 하는 장기 중 하나이며 몸 안의 신진대사 조절의 중심 역할을 한다. 간의 무게는 약 1.5 kg이고 총 체중의 약 2.5%를 차지한다. 대부분의 간은 오른쪽 갈비뼈 연골아래와 위 배 공간 부위에 위치해 있다.

간의 해부학적 구조 Anatomy of the Liver

간은 질긴 섬유조직피막에 싸여 있고 내장 배막층으로 덮여 있다. 간은 네 개의 엽으로 **오른엽(right lobe)**, **왼(left)엽**, **꼬리(caudate)엽**, **네모엽(quadrate lobe)**으로 나뉜다(그림 16-15). 앞쪽 표면에서 낫인대(*falciform ligament*)는 왼쪽과 오른쪽 엽 사이의 경계를 나타낸다. 낫인대의 두꺼운 뒷 여백은 태아 배꼽정맥이 섬유조직으로 퇴화한 간원인대(*round ligament*)이다.

임상노트

이자염 Pancreatitis

이자염은 이자의 염증이다. 이자염에는 대사, 기계적, 혈관 및 감염의 네 가지 주요 범주가 있다. 대사 원인은 특히 알코올 중독이 전체 사례의 80%를 차지한다. 이자염은 알코올 중독 발생률이 높기 때문에 미국에서 흔하며, 쓸개관 돌증이나 혈청 지방 상승으로 인한 기계적 폐색 사례는 9%를 차지한다. 전반적으로 급성 이자염의 사망률은 높다. 주로 패혈증과 쇼크가 수반되어 30~40%에 가깝다.

본문에서 논의된 바와 같이, 이자는 위와 접합부 근처에 있는 바터 팽대부에서 샘창자로 비워지는 소화효소를 생성한다. 이자의 다른 기능은 내분비 기능이다. 랑게르한스섬은 글루카곤, 인슐린 및 소마토스타틴을 순환계로 직접 분비한다. 때때로 온쓸개관을 떠나는 쓸개관 돌증이 바터 팽대부를 막아 이자관이 막힐 수 있다. 이 방해물은 이자 소화효소를 이자관과 이자 자체로 되돌린다. 소화효소는 이자에 영향을 준다. 소화효소가 이자에 염증을 일으켜 부종을 유발하고 급성 막창자꼬리염이 유발되어 혈액의 흐름을 감소시킨다. 감소된 혈액의 흐름은 허혈과 조직괴사를 일으킨다. 이 과정은 발병 속도가 빠르기 때문에 급성 이자염이라고 불린다.

만성 이자염은 소포 조직 파괴로 인해 발생한다. 이것은 만성 알코올 섭취, 약물 독성, 허혈 및 전염병으로 인해 발생된다. 알코올 섭취는 소포 조직에서 혈소판 혈전 형성 및 침착되며 혈전은 이자에서 나오는 효소 흐름을 방해한다. 바터 팽대부로부터 다시 이자로 돌아온다. 바터 팽대부는 소화효소가 활성화되어 이자 자체를 소화시키기 시작한다. 이 자가소화는 이자에 병변과 지방조직의 변화를 일으킨다. 만성 이자염은 내분비조직과 외분비조직에 영향을 미치면서 이자의 상당 부분이 파괴되는 결과를 초래할 수 있다. 이러한 경우 환자는 소화효소를 복용해야 할 수 있다. 내분비조직의 상당 부분이 파괴되면 당뇨병이 발생할 수 있어 인슐린이 필요할 수 있다.

조직 파괴가 계속되면 병변이 침식되어 출혈을 일으킬 수 있으며, 보통 상복부 또는 좌측 상부 사분면에 위치하는 심한 복통을 유발한다. 통증은 종종 등까지 전이되며 조절을 위해 많은 양의 마약성 진통제가 필요할 수 있다. 환자는 대량 출혈이 발생하면 발한, 빈맥 및 저혈압이 나타나며 심한 통증을 호소할 수 있다. 강제로 구토가 있을 수 있으며 코위장관 튜브를 삽입할 수 있다. 이자염에서 회복하려면 알코올 섭취를 중단해야 한다.

그림 16-15 간의 해부학적 구조.

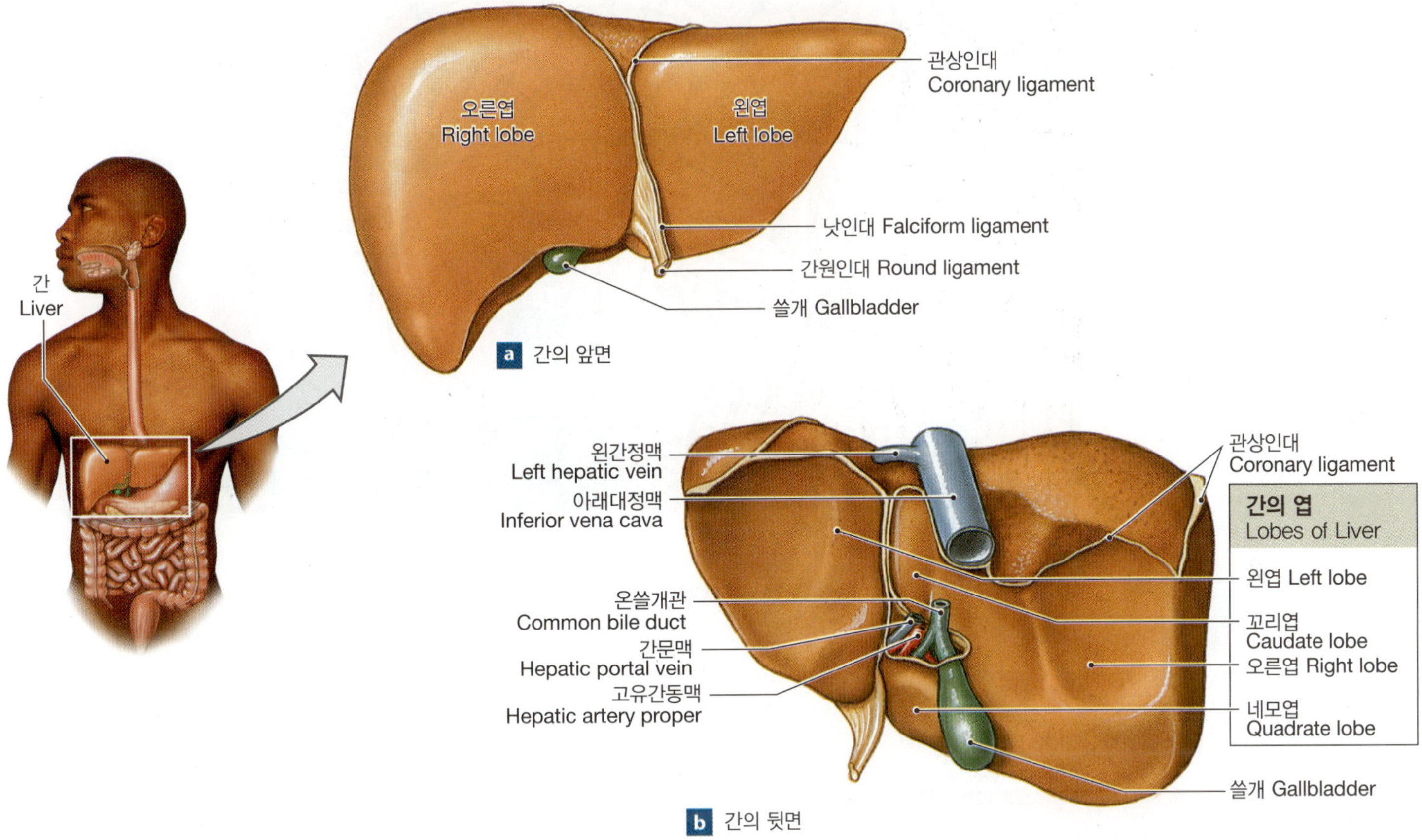

간 오른쪽 엽 아래 움푹 들어간 곳에 **쓸개**(*gallbladder*)가 있다. 쓸개는 쓸개즙이 작은창자로 배출되기 전에 쓸개즙을 저장하고 농축하는 근육성 주머니이다. 쓸개와 관련된 구조물은 뒷부분에서 다시 설명할 것이다.

13장에서 간 순환에 대해 설명하였다. 간으로 공급되는 혈액의 약 1/3은 간동맥에서 나오는 동맥혈액이다. 나머지는 식도, 위, 작은창자의 대부분과 큰창자의 모세혈관에서 시작되는 간문맥의 정맥혈액이다. **간세포(hepatocyte)**는 선택적 흡수 및 분비에 의해 영양소를 저장 또는 순환하며 조절한다. 간에서 나오는 혈액은 간정맥을 통해 온몸순환을 통해 순환된다.

간의 조직학적 구조 Histological Organization of the Liver

간엽은 결합조직에 의해 간의 기본 기능 단위로 약 100,000개의 **간소엽(liver lobule)**으로 나뉜다. 각 소엽의 직경은 약 1 mm이다. 전형적인 간 소엽의 조직학적 구조는 **그림 16-16**에 나와 있다.

소엽의 간세포는 바퀴의 살처럼 배열 된 일련의 불규칙한 판을 형성한다. "판"은 단 하나의 셀 두께이며, 노출된 간세포 표면은 미세융모로 덮여 있다. 소엽 내에서 **간굴모세혈관**(*sinusoids*)이라고 불리는 특수하고 투과성이 높은 모세 혈관은 **중심정맥**(*central vein*)으로 비워지는 인접한 판 사이의 통로를 형성한다.

간굴모세혈관은 혈액과 사이질액 사이의 혈장 단백질만큼 물과 용액의 자유로운 교환을 가능하게 한다. 간굴모세혈관 내벽은 많은 수의 포식세포인 **쿠퍼세포**(*Kupffer cells*)를 포함한다. 이 세포들은 단핵세포-큰포식세포 계통의 일부이며, 병원균, 세포 잔해, 손상된 혈액 세포를 포식하는 기능을 가지고 있다.

혈액은 간문맥과 고유간동맥의 가지로부터 간굴모세혈관으로 들어간다. 이 두 개의 가지와 쓸개관의 작은 가지가 각각 소엽의 여섯 모서리에서 **문맥구역**(*portal area*) 또는 **간세동이**(*portal triad*)를 형성한다(**그림 16-16a**). 혈액이 간굴모세혈관을 통해 흐르면서 간세포는 혈장에서 용액을 흡수하고 혈장 단백질과 같은 물질을 분비한다. 그러고 나서 혈액은 굴모세혈관을 떠나 간소엽의 **중심정맥(central vein)**으로 들어간다. 모든 간소엽의 중심정맥은 궁극적으로 아래대정맥으로 비워지는 간정맥을 형성하기 위해 합쳐진다. 간질환(간염의 다양한 형태 포함)과 알코올 중독 등 질환은 간조직의 퇴행성 변화와 혈액 공급 감소로 이어질 수 있다.

간세포는 또한 **쓸개즙(bile)**이라고 불리는 액체를 분비한다. 쓸개즙

그림 16-16 간의 조직학.

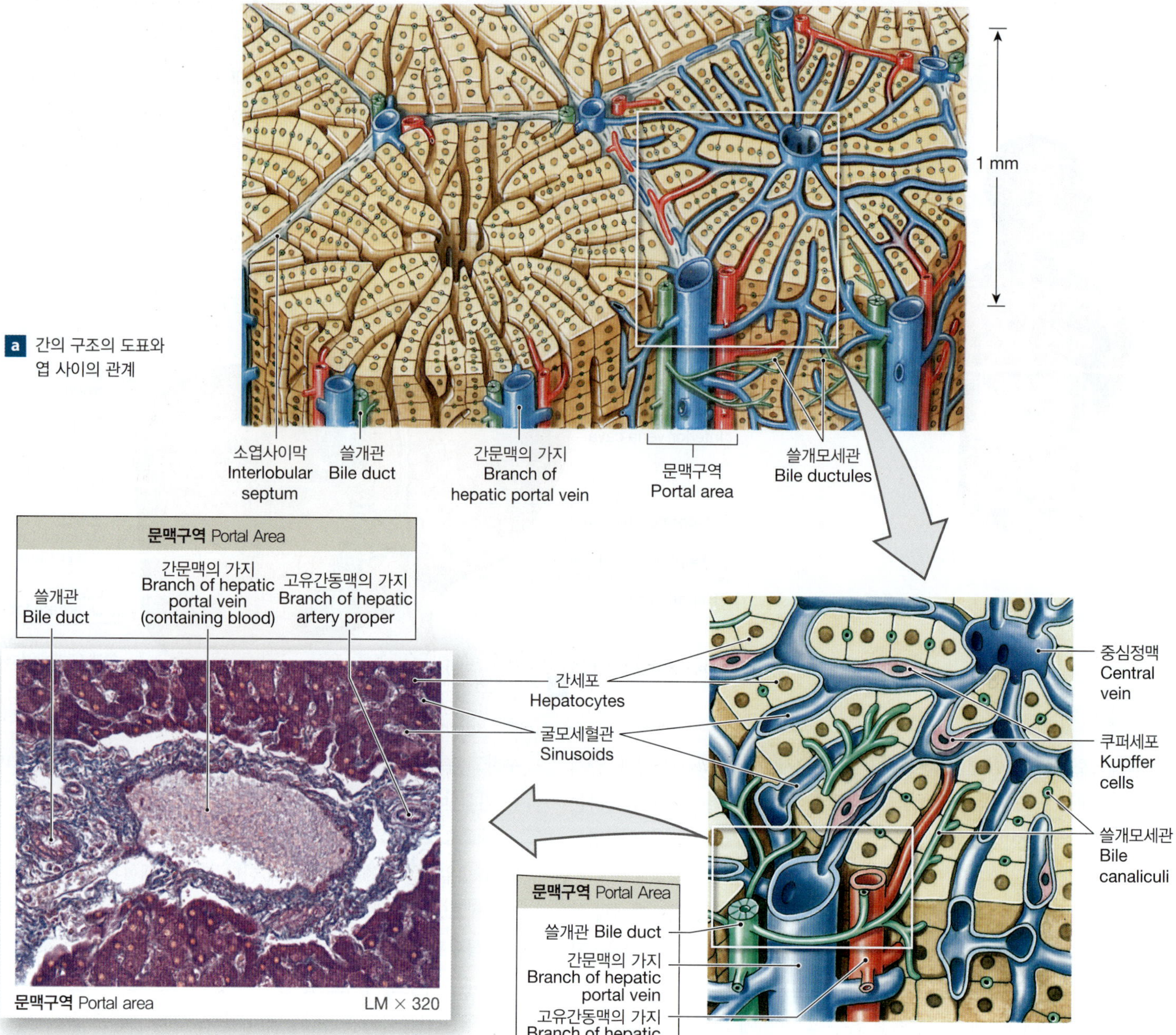

a 간의 구조의 도표와 엽 사이의 관계

b 단일 간소엽과 세포 구성요소

c 문맥구역 내의 혈관 및 관을 보여주는 횡단면

16

은 인접한 간세포 사이에 있는 **쓸개모세관(bile canaliculi)**이라고 불리는 좁은 그물망으로 방출된다(**그림 16-16b**). 이 세관은 중심정맥으로부터 바깥쪽으로 뻗어 있으며, 쓸개즙이 간 내에 있는 더 큰 쓸개모세관의 그물망으로 전달되어 결국 일반적인 **온간관(common hepatic duct)**(**그림 16-17a**)을 통해 간에서 나가게 된다. 온간관 안의 쓸개즙은 샘창자로 나가는 **온쓸개관(common bile duct)**으로 흘러들어가거나 쓸개로 이어지는 **쓸개주머니관(cystic duct)**으로 들어갈 수 있다.

간 기능 Liver Functions

간에는 200개가 넘는 기능을 가지고 있다. 간은 크게 (1) **대사 조절**(*metabolic regulation*), (2) **혈액학적 조절**(*hematological regulation*), (3) **쓸개즙 생산**(*bile production*)의 세 가지 일반적인 역할로 나뉜다. 여기에서는 개요에 대해 알아본다.

대사 조절(METABOLIC REGULATION). 간은 순환하는 혈액의 구성을 조절하는 데 관여하는 주요 기관이다. 소화관의 흡수 영역을 벗어나는

그림 16-17 쓸개.

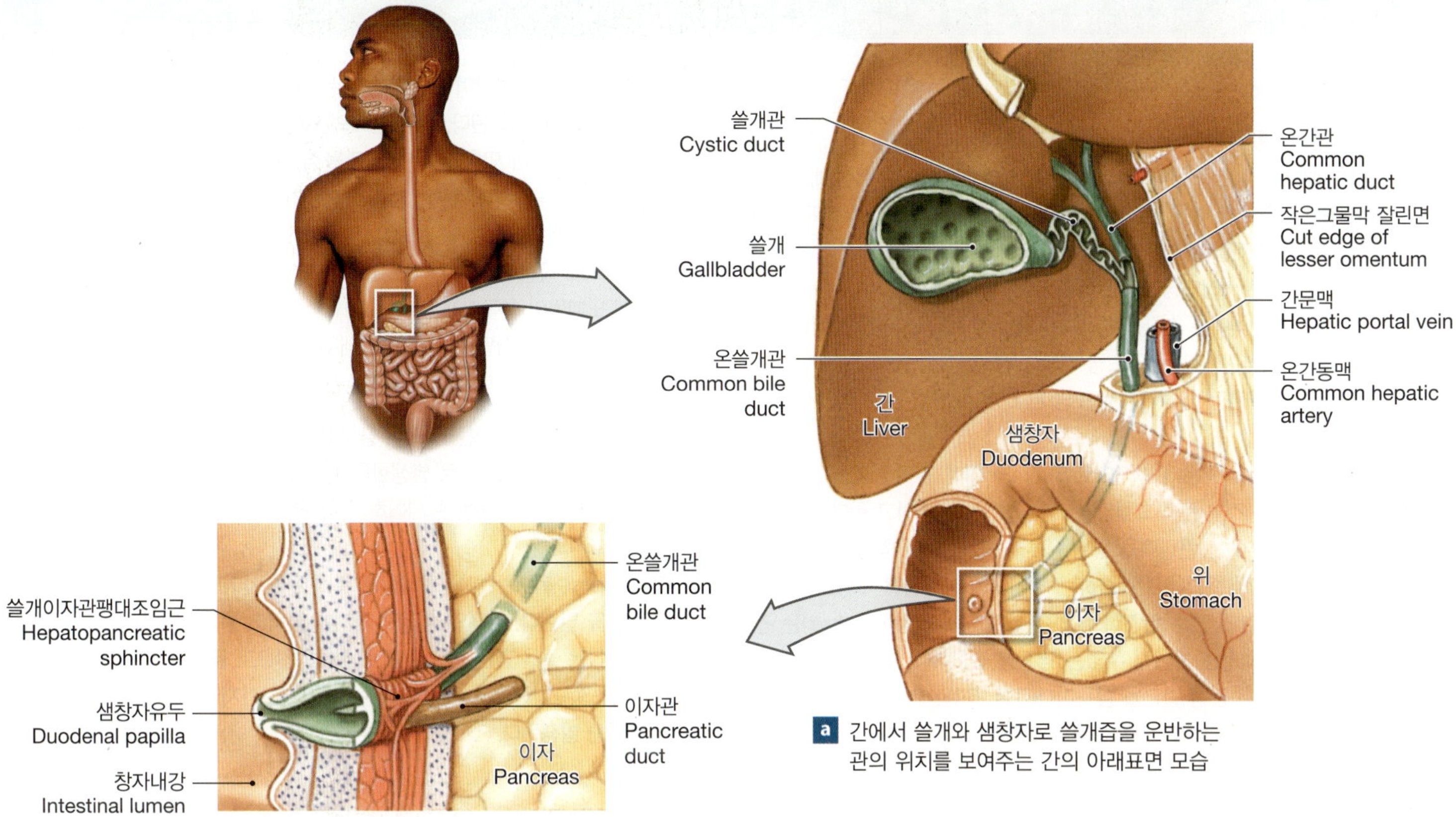

a 간에서 쓸개와 샘창자로 쓸개즙을 운반하는 관의 위치를 보여주는 간의 아래표면 모습

b 샘창자 부분의 단면으로 샘창자유두의 개구부 및 쓸개이자관팽대조임근의 위치 모습

모든 혈액은 일반 혈액순환에 도달하기 전에 간을 통해 흐른다. 이러한 이유로, 간세포는 (1) 흡수된 영양소 또는 독소가 신체의 나머지 부분에 도달하기 전에 혈액에서 추출하고, (2) 순환하는 유기 영양소 수준을 모니터링 및 조정하기에 좋은 위치에 있다. 간은 과도한 영양분을 제거하고 저장한다. 저장된 영양소를 이용하거나 필요한 화합물을 합성하여 영양 결핍을 교정한다. 예를 들어, 혈당 수치가 상승하면 간은 포도당을 제거하고 저장 화합물인 글리코겐을 합성한다. 혈당 수치가 떨어지면 간은 저장된 글리코겐을 분해하고 포도당을 순환계로 방출한다. 간은 또한 순환하는 독소와 대사성 노폐물을 제거하여 비활성화하거나 배설시킨다. 또한 지용성 비타민(A, D, E, K)을 흡수하고 저장한다.

혈액 조절(HEMATOLOGICAL REGULATION). 간은 신체에서 가장 큰 혈액 저장소이다. 심장 박출량의 약 25%를 받는다. 혈액이 간을 통과할 때 별큰포식세포(Kupffer cell)는 노화되거나 손상된 적혈구, 잔해 및 병원균을 제거한다. 별큰포식세포는 면역 반응을 자극할 수 있는 항원을 나타내는 세포이다. 마찬가지로 중요한 것은 간세포가 혈장 단백질을 합성한다는 것이다. 이 분자들은 혈액의 삼투농도를 결정하고 영양분을 운반하며 응고 및 도움체(complement)로 작용한다.

쓸개즙 생산과 역할(THE PRODUCTION AND ROLE OF BILE). 쓸개즙은 간에서 합성되어 샘창자 안 공간으로 들어간다. 쓸개즙은 대부분 물, 이온, 빌리루빈(*bilirubin*, 헤모글로빈에서 유래된 색소), 콜레스테롤 그리고 **쓸개즙염(bile salts)**으로 알려진 다양한 지질로 구성되어 있다. 쓸개즙

임상노트

간농양 Hepatic Abscesses

간은 농양이 발생하는 가장 흔한 장기이다. 간농양은 특히 선진국에서 흔치 않다. 발생하는 경우 대부분 기생충 감염으로 인해 발생된다. 엔타메바 히스톨리티카(*Entamoeba histolytica*)는 개발도상국에서 빈번히 발생한다. 아메바성 간농양 환자의 약 절반이 무증상이며, 나머지 절반은 미열, 메스꺼움, 구토, 설사 및 복통이 유발된다. 농양은 육안 검사에서 "엔초이 페이스트"처럼 보인다. 진단은 일반적으로 대변 검사를 통해 기생충을 확인하여 진단하고 있다.

미국에서 간농양은 대개 외과적 절차의 결과로 특히 쓸개관과 쓸개를 포함한다. 주요 치료법은 농양의 배액이다. 이는 개방 수술 배양 또는 카테터 삽입을 통해 농양을 제거할 수 있다.

16

임상노트

문맥 고혈압 Portal Hypertension

간문맥은 순환계통의 특수 구성요소이다. 지라, 위, 이자, 쓸개 및 내장의 정맥은 다른 배부위 기관의 정맥과 마찬가지로 아래대정맥으로 직접 배출되지 않는다. 대신 간으로 혈액을 전달하는 문맥으로 배출된다. 간에서는 문맥 순환의 혈액이 간 모세혈관의 동맥혈과 혼합되어 결국 간정맥을 통해 간에서 배출된다. 간정맥은 아래대정맥으로 배출된다.

간문맥계통의 혈액에는 소화관에 흡수된 물질이 포함되어 있다. 간문맥을 통해 간으로 들어가는 혈액은 포도당, 아미노산 및 지질 등의 농도가 높다. 간문맥을 통해 들어가는 혈액에서 포도당이나 아미노산과 같은 영양소의 농도를 조절한다.

간문맥계통 내의 압력은 일반적으로 3 mmHg이다. 문맥압이 10 mmHg 이상으로 증가하는 것을 **문맥 고혈압**(*portal hypertension*)이라고 한다. 문맥 고혈압은 간문맥계통 또는 큰정맥을 통한 혈류를 방해하거나 방해하는 장애로 인해 발생된다. 폐색은 간에서 배출하는 간정맥에서 발생할 수 있다. 문맥 고혈압의 가장 흔한 원인은 간경화로 인한 폐색이다. **간경화**(*crrhosis*)는 간 구조와 기능을 방해하는 돌이킬 수없는 염증성 질환이다. 미국에서 간경화의 가장 흔한 원인은 만성 알코올 남용이다(**그림 16-18**). 만성 감염성 간염은 또한 문맥 고혈압을 초래하여 간경화를 유발할 수 있다.

간문맥계통 내의 압력이 증가하면 간문맥과 전신 정맥 사이의 측부 혈관이 이완된다. 전신 정맥의 혈압은 간문맥계통의 혈압보다 많이 낮아진다. 혈액이 막힌 간문맥 혈관을 우회하도록 하여 측부 정맥은 식도, 전 복벽 및 곧창자에서 발생한다. 높은 압력과 증가된 혈류가 간정맥을 통해 간문맥에서 전신 정맥순환으로 전달된다. 전신순환으로 전환되는 혈액은 일반적으로 독성 대사성 노폐물이 제거되는 간을 우회하여 그 결과 전신순환에서 노폐물이 축적되게 된다.

장기간의 문맥 고혈압은 치료하기 매우 어려운 수많은 문제를 초래한다. 다음과 같은 내용이 포함된다.

- **정맥류**(*Varices*). 정맥류는 구불 구불하고 팽창된 측부정맥으로, 장기간 증가된 문맥압에 이차적으로 발생한다. 정맥류는 하부 식도, 상부 위 및 곧창자에서 발생된다. 이들은 제어하기 어려울 수 있는 출혈이 발생되기 쉽다(**그림 16-19**).
- **복수**(*Ascites*). 복수는 벽쪽과 내장쪽 복막(배막) 사이의 공간에 체액이 축적되는 것을 말한다. 문맥의 장간막 가지에 압력이 증가하여 발생된다. 정맥 내 정수압은 물을 혈관 밖으로 내보내 배공간으로 들어가게 한다.
- **지라비대**(*Splenomegaly*). 지라비대는 문맥의 한 가지인 지라정맥의 압력 증가로 인해 발생된다.

그림 16-18 사후에 채취한 검체를 비교한 (a) 정상 간과 (b) 간경화 간. 간경화 간은 정상 간보다 작고 불규칙하다.

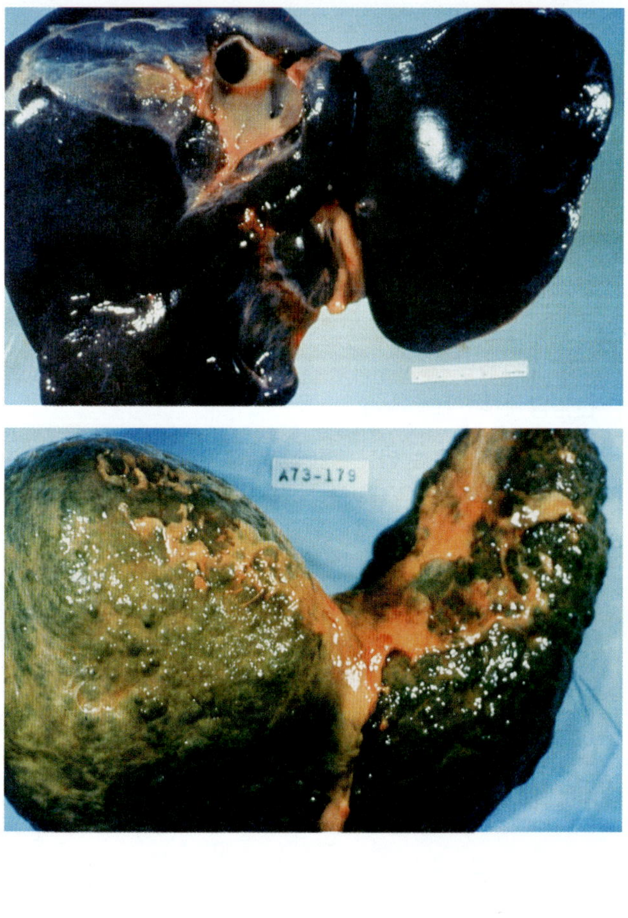

그림 16-19 알코올성 간경화에 이차적인 문맥 고혈압 환자의 식도 변화.

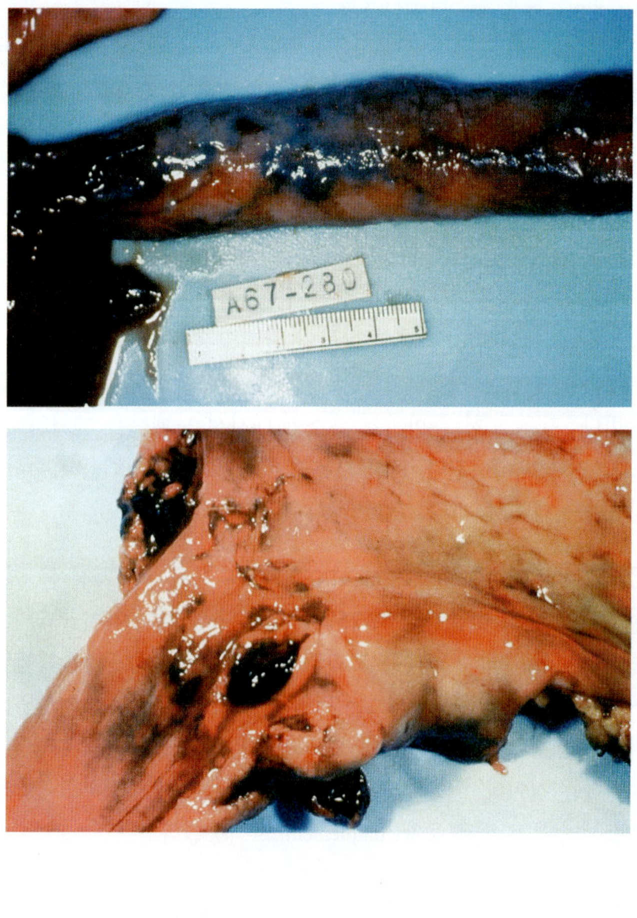

- **간성 뇌병증**(*Hepatic encephalopathy*). 간성 뇌병증은 혼돈, 졸음 및 무의식과 같은 중추신경계 장애가 특징이다. 간성 뇌병증은 혈액, 특히 암모니아에서 대사성 노폐물의 양이 증가하여 발생된다.

문맥 고혈압은 수년에 걸쳐 발생된다. 가장 흔한 임상 증상은 식도 정맥류 출혈로 인한 혈액 구토이며 느리고 만성 정맥류 출혈은 빈혈이나 혈변을 유발할 수 있다. 식도 정맥류의 파열은 통증이 없으며 통제하기 어렵고 종종 치명적일 수 있는 대규모 출혈을 유발할 수 있다. 정맥류 출혈은 때때로 출혈성 정맥류에 경화제를 주입하거나 광케이블을 식도위샘창자 후두경으로 출혈 부위를 묶어 제어할 수 있다. 셍스타켄-블랙모어(Sengstaken-Blakemore) 관을 삽입하면 때때로 대량 출혈을 조절할 수 있다. 이것은 끝부분에 원형의 팽대부가 있고 원통형 풍선으로 먼부위의 식도에 삽입되어 풍선처럼 부풀어 오른다. 풍선과 원형의 팽대부의 팽창은 출혈하는 정맥류를 압박하여 출혈을 늦추거나 멈추게 한다. 불행히도 셍스타켄-블랙모어 관 사용은 잠재적으로 치명적일 수 있는 수많은 합병증을 가지고 있다. 이 때문에 최후의 수단으로 사용하는 경우를 제외하고는 거의 사용되지 않는다.

문맥 고혈압에 대한 실행 가능한 치료 옵션은 매우 제한적이다. 문동정맥 문합을 수술적으로 진행하면 문맥압을 감소시킬 수 있다. 그러나 간으로 가는 혈류 감소로 인해 간부전이나 뇌병증을 유발할 수 있다. 선별된 사례에서 간 이식은 질병이 너무 진행되지 않았을 경우 치료가 가능하다. 전반적으로 문맥 고혈압에 대한 효과적이고 확실한 치료법은 없다.

임상노트

간 이식술 Liver Transplant

간 이식(*liver transplantation*)은 선천적으로 병에 걸린 간을 뇌사 기증자의 간으로 대체하는 것이다. 이 수술은 간부전으로 사망했을 환자가 비교적 완전하고 정상적인 삶을 살 수 있도록 해준다. 기증자는 수용자에게 면역 반응을 유도할 수 있는 여러 조직 항원 검사가 포함된다. 이 때문에 기증자와 수혜자는 조직 항원 호환성을 확인해야 한다. 검사 결과의 일치는 **장기 거부반응**(*organ rejection*)을 줄일 수 있다. 간 이식을 받은 환자는 **면역 억제제**(*immunosuppressive drugs*)를 투여받게 되며 평생 동안 그대로 유지해야 된다.

원인에 관계없이 **완전한 간부전**(*fulminate liver failure*) 환자는 적절한 장기 기증자를 찾을 수없는 경우 몇 시간 또는 며칠 내에 사망할 수 있다. 극단적인 상황에서는 인간 기증자가 이용 가능해질 때까지 하등 동물에서 나온 간을 일시적으로 사용할 수 있다.

드물게는 살아 있는 기증자로부터 간조직을 이식받을 수 있다. 절차가 기술적으로 더 복잡하고 두 번째 환자를 위험에 빠뜨리지만 적절한 기증자를 찾을 수 없을 때에 시행되고 있는 방법이다. 기증자로부터 간엽을 채취하여 수혜자에게 이식된다. 간은 재생된다는 점에서 독특하다. 따라서 살아 있는 기증자의 수술에서 간은 6~8주 내에 기증자와 수혜자 모두에서 정상적인 크기로 자랄 것이다.

표 16-2 간 주요 기능

소화와 대사 기능
쓸개즙의 합성 및 분비
글리코겐 및 지질 저장
포도당, 아미노산, 지방산의 정상 혈중 유지
영양소 유형의 합성 및 상호 변환(예: 아미노산의 전이 또는 탄수화물을 지방으로 전환)
콜레스테롤을 합성하고 운반 단백질에 붙여 혈액으로 내보냄
독소 해독
철분 저장
지용성 비타민 저장
기타 주요 기능
혈장 단백질의 합성
혈액응고 인자의 합성
안지오텐시노겐의 합성
손상된 적혈구의 포식기능(별큰포식세포가 제거)
혈액 저장(인체에서 가장 큰 혈액 저장소)
혈중 호르몬(인슐린, 에피네프린)과 면역글로불린의 흡수 및 분해
지용성 의약품의 흡수 및 불활성화

의 물과 이온은 작은창자로 들어갈 때 미즙의 산을 희석하고 완충하는 역할을 한다. 쓸개즙염은 간에서 콜레스테롤로부터 합성되며 그들은 지질의 정상적인 소화 및 흡수에 필요하다.

대부분의 식이성 지방은 수용성이 아니다. 위에서 기계적으로 가공하면 다양한 지질을 포함하는 큰 방울을 생성된다. 이자 리파아제는 지용성이 아니며 방울 표면에서만 지질과 상호작용할 수 있다. 큰 방울은 작은 방울에 비해 표면적과 부피관계가 낮다. 결과적으로 더 큰 방울이 소화효소로부터 더 많은 지질을 분리하고 보호된다. 쓸개즙염은 **유화(emulsification)**라는 과정을 통해 방울을 분해한다. 이 과정은 쓸개즙염의 표면 코팅으로 작은 방울을 생성하며 작은 물방울의 형성은 효소 공격에 사용할 수 있는 총 표면적을 증가시킨다. 또한 쓸개즙염 층은 이자의 지질 소화효소와 간의 상호작용을 돕는다(지질 소화 후 쓸개즙으로 돌아간다.).

표 16-2는 간의 주요 기능을 요약한 것이다.

쓸개 The Gallbladder

쓸개(gallbladder)는 쓸개즙이 작은창자로 배설되기 전에 쓸개즙을 저

임상노트

간염 Hepatitis

간염(*hepatitis*)은 간의 염증이며 전염성 및 비감염성 원인 모두에서 발생할 수 있다. 약물, 독소, 화학물질 및 자가면역장애는 **비감염성 간염**(*noninfectious hepatitis*)을 유발할 수 있다. **전염성 간염**(*infectious hepatitis*)은 바이러스, 세균, 진균 및 기생충 감염으로 인해 발생할 수 있다. 감염성 간염 사례의 대부분은 바이러스성이다(**그림 16-20**).

여러 바이러스가 간염의 원인으로 확인되었으며, A형 간염바이러스(HAV), B형 간염바이러스(HBV), C형 간염바이러스(HCV), D형 간염바이러스(HDV), E형 간염바이러스(HEV), F형 간염바이러스(HFV), G형 간염바이러스(HGV)가 있다. A형 간염, B형 간염 및 C형 간염바이러스는 미국에서 급성 바이러스성간염 사례의 90% 이상을 차지하고 있다. 병원 근무자는 체액 노출 위험이 증가하기 때문에 B형 간염 및 C형 간염바이러스 노출 위험이 특히 높다. A형 간염, B형 간염, C형 간염 및 D형 간염바이러스는 미국에서 흔한 간염바이러스이다.

간염바이러스는 간세포를 공격하고 파괴하여 간 기능을 손상시킨다. 간염은 급성 또는 만성일 수 있다. 모든 간염바이러스는 급성 감염을 일으킬 수 있다. 심각한 감염은 무증상에서 극심한 간부전까지 다양하게 나타난다. A형 간염 및 E형 간염에 걸린 환자는 일반적으로 만성 감염이 발생하지 않는다. 그러나 감염된 환자가 B형 간염의 경우 C형 간염, D형 간염 및 G형 간염이 만성 활동성 간염으로 발전할 위험이 더 높다. 만성 활동성 간염은 진행성이다. 간 기능 저하와 결국 간경변으로 이어지며 많은 환자들이 간암에 걸릴 가능성이 높다. 만성 활동성 간염과 관련된 합병증에는 문맥 고혈압, 복수, 결국에는 간성 뇌병증(CNS 기능장애)이 포함된다. 간부전이 진행됨에 따라 독성 대사성 노폐물은 간에서 효과적으로 제거되지 못하고 혈액에 축적되기 시작한다. 이러한 노폐물 중 더 중요한 것은 암모니아다. 혈청 암모니아의 증가는 방향 감각 상실, 혼란, 졸음 및 결국 무의식을 초래하는 간성 뇌병증을 유발할 수 있다. 간성 뇌병증이 악화됨에 따라 환자는 손을 들어 올릴 때 손이 무의식적으로 "떨리는" 증상이 나타날 수 있다.

그림 16-20 간염에 의한 염증이 진행된 간. 간염은 간기능부전으로 이어질 수 있고, 어떤 종류는 간경변과 간암을 일으키는 만성감염으로 이어질 수 있다.

감염성 간염의 징후와 증상은 관련된 간염의 유형에 따라 다르다. 일반적으로 환자는 미열, 식욕 부진 및 불쾌감이 발생하며 피부, 공막 및 점막은 체내 빌리루빈 축적으로 인해 황달이 나타날 수 있다. 더 심한 경우 환자는 심한 메스꺼움과 구토를 일으킬 수 있으며, 이는 빈맥, 건성 점액에 의해 나타나는 탈수로 이어질 수 있다. 간이 넓게 비대 해지고 촉진되기 쉽다.

관련된 바이러스에 따라 몇 가지 다른 유형의 감염성 바이러스 간염이 있다. 여기에는 다음 내용이 포함된다.

- **A형 간염**(*Hepatitis A*). 종종 **전염성 간염**(*infectious hepatitis*)이라고 불리는 A형 간염은 미국에서 바이러스성 간염의 주요 원인이다. 배설물에 의해 오염된 음식, 물, 우유 및 조개류 또는 종종 배설물이나 구강 경로를 통해 전염된다. 잠복기는 일반적으로 2~6주이며 A형 간염은 종종 식당과 같은 지역사회가 원인일 수 있는 전염병에서 자주 발생한다. A형 간염은 보통 가벼운 자가 제한적인 질병이다. A형 간염바이러스 감염은 평생 면역을 가지고 있으며 A형 간염바이러스에 의한 만성 감염은 발생하지 않는다. 위험이 높은 사람들을 위해 백신을 사용할 수 있다.
- **B형 간염**(*Hepatitis B*). **혈청간염**(*serum hepatitis*)이라고도 하는 B형 간염은 전 세계적으로 간염의 주요 원인이 된다. B형 간염은 혈액 또는 기타 신체 분비물과 점막을 통해 전염된다. 타액, 혈청 및 정액은 모두 감염성이 있는 것으로 입증되었다. 또한 B형 간염바이러스는 감염된 산모에서 태아에게 주산기에 전염될 수 있다. B형 간염의 잠복기는 A형 간염보다 상당히 길며 1~6개월이다. B형 간염은 심각한 감염이며 만성 감염으로 발전될 수 있다. 만성 B형 간염은 간의 간경변과 결국 간암으로 이어질 수 있으며 B형 간염에 대한 백신이 유효하므로 병원 종사자에게 투여해야 한다.
- **C형 간염**(*Hepatitis C*). 이전에는 A형이 아닌 B형 간염으로 불렸던 C형 간염은 심각한 감염이며 미국에서 만성 바이러스성 간염의 가장 흔한 원인이 되고 있다. 병원 종사자에게 감염된 혈액이나 체액에 노출되어 C형 간염 감염 위험이 증가되고 있다. 잠복기는 1~6개월까지 다양하며 C형 간염의 징후와 증상은 B형 간염과 유사하다. C형 간염바이러스 감염자의 약 80%가 만성 C형 간염바이러스 감염으로 발전된다. 만성 C형 간염 감염은 미국에서 간 이식의 주요 원인이 되고 있으며 C형 간염이나 사후 노출 후 예방에 대한 효과적인 백신은 없다.
- **D형 간염**(*Hepatitis D*). 델타 간염이라고도 하는 D형 간염은 독특한 유형의 간염이다. 복제하기 위해서는 B형 간염 바이러스가 있어야 한다. 따라서 D형 간염은 종종 B형 간염의 동시 감염 또는 중복 감염으로 간주된다. D형 간염의 전염은 B형 간염의 전염과 유사하다. B형 간염과 D형 간염을 모두 가진 환자는 증상이 더 빠르게 진행되는 경향을 보이고 있다. B형 간염 단독 환자보다 D형 간염은 만성 감염을 일으킬 수 있는 경향이 더 높다. D형 간염 백신은 아직 구할 수 없다.
- **E형 간염**(*Hepatitis E*). E형 간염은 A형 간염과 유사하며 대변을 통해 전염된다. E형 간염의 잠복기는 2~9주이다. A형 간염과 마찬가지로 이 질병은 일반적으로 자가 제한적인 질병이며 만성 감염으로 진행되지 않는다. E형 간염은 전 세계적으로 가장 흔한 간염 원인이지만 미국에서는 거의

볼 수 없다. E형 간염에 대한 백신은 아직 구할 수 없다.

- **F형 간염**(*Hepatitis F*). F형 간염은 대변을 통해 전염되는 또 다른 간염 바이러스로 제안된다. 프랑스에서는 소수의 사례가 보고되었다. 감염에 대해서는 알려진 바가 거의 없다.
- **G형 간염**(*Hepatitis B*). G형 간염 바이러스는 1996년에 확인되었으며 급성 및 만성 간질환과 관련이 있다. 발병률은 모든 급성 바이러스성 간염 사례의 약 0.3%이며 G형 간염바이러스의 전염은 혈액을 매개로 한다. 만성 감염은 흔하며 감염자의 90~100%에서 발생한다. 간염에 대해 알아야 할 것이 많다. G형 간염에 대한 백신은 없다.

장하고 농축하는 속이 빈 배 모양의 기관이다. 이 근육 주머니는 간 오른엽의 뒤쪽 표면에 위치해 있다(**그림 16-17a**). 쓸개관은 쓸개에서 온간관과 결합하여 온쓸개관을 형성하는 지점까지 이어져 있다. 온쓸개관과 이자관은 **샘창자유두**(*duodenal papilla*)에서 샘창자로 들어가는 통로를 연결하고 공유한다(**그림 16-17b**). **쓸개이자관팽대조임근(hepatopancreatic sphincter)**은 그들의 공유 통로를 둘러싸고 있다.

쓸개의 주요 기능은 **쓸개즙 저장**(*bile storage*)이다. 쓸개즙은 매일 약 1리터씩 지속적으로 분비된다. 그러나 장 호르몬 CCK의 자극에 의해서만 샘창자로 방출된다. 쓸개이자관팽대조임근은 폐쇄된 상태로 유지되기 때문에 온간관 내에 남겨진 쓸개즙은 온쓸개관을 통해 샘창자로 이동할 수 없다. 대신, 그것은 쓸개관으로 들어가 쓸개 안에 보관된다. 미즙이 샘창자에 들어갈 때마다 CCK가 방출된다. 그것의 존재는 쓸개이자관팽대조임근을 이완시키고 쓸개즙을 작은창자로 밀어 넣는 쓸개 벽 내의 수축을 자극한다. 미즙에 많은 양의 지질이 포함되어 있으면 분비되는 CCK의 양도 증가된다.

쓸개의 또 다른 기능은 **쓸개즙의 조성을 변화**(*bile modification*)시키는 것이다. 용량이 가득 차면 쓸개에는 40~70 mL의 쓸개즙이 들어 있다. 쓸개즙의 구성은 쓸개에 남아 있기 때문에 점차적으로 변하게 되며, 물이 흡수되고 쓸개즙염과 쓸개즙의 다른 성분이 점점 더 농축된다. 쓸개즙염이 너무 농축되면 침전되어 **쓸개돌**(담석, *gallstone*)을 형성하여 다양한 원인이 될 수 있다.

체크포인트

18. 고지방 식사는 혈액 속의 콜레스테롤 수치를 높이거나 낮출 수 있는가?
19. 어떤 영양소의 소화가 외분비 이자에게 가장 많은 손상을 줄 수 있는가?

책 뒷면에 있는 파란색 정답 탭을 참조.

임상노트

담도성 통증과 쓸개염 Biliary Colic and Cholecystitis

쓸개염은 쓸개의 염증이다. 쓸개염 사례의 90%를 유발하는 담석증은 미국 성인 인구의 약 15%에서 발생하며 매년 백만 건 이상의 새로운 사례가 진단되고 있다. 쓸개돌에는 콜레스테롤 기반과 빌리루빈 기반의 두 가지 유형이 있다. 콜레스테롤 기반 결석은 훨씬 더 흔하며 특정 위험 항목과 관련이 있다: 비만, 중년여성, 둘 이상의 자녀 출산.

급성 쓸개염의 확실한 치료에는 항생제 치료, 복강경 수술, 돌파쇄술, 그리고 다른 한 쪽이 침습적이지 않으면 수술을 포함하고 있다. 치료법이 성공적이지 못하다가 복강경 수술의 등장으로 사망률은 1% 미만으로 떨어졌으며 전체 질병률은 약 6%에 이른다.

쓸개돌로 인한 쓸개염은 만성적이거나 급성일 수 있다(**그림 16-21**). 간은 몸에서 콜레스테롤을 제거하는 주요 매개체인 쓸개즙을 생성한다. 쓸개즙은 온쓸개관을 따라 이동하여 오디 조임근이 있는 작은창자로 비워진다. 오디 조임근은 미즙이 날문 조임근을 통해 위에서 빠져나갈 때 열린다. 오디 조임근이 닫히면 쓸개즙의 흐름이 쓸개관을 통해 쓸개로 되돌아가고 쓸개즙은 오디 조임근이 다시 열릴 때까지 쓸개에 남아 있다.

쓸개즙은 빌리루빈, 콜레스테롤, 또는 빌리루빈과 콜레스테롤에 기초한 돌과 같은 질량의 과포화 및 결석이 될 수 있다. 이 결석은 쓸개관을 따라 내

그림 16-21 쓸개염. 쓸개는 오른쪽 위배부위 사분면의 간 바로 아래에 있다. 쓸개돌은 쓸개관 또는 온쓸개관으로 들어갈 수 있고 그 이후에는 관을 부분적으로 또는 완전히 막을 수 있다.

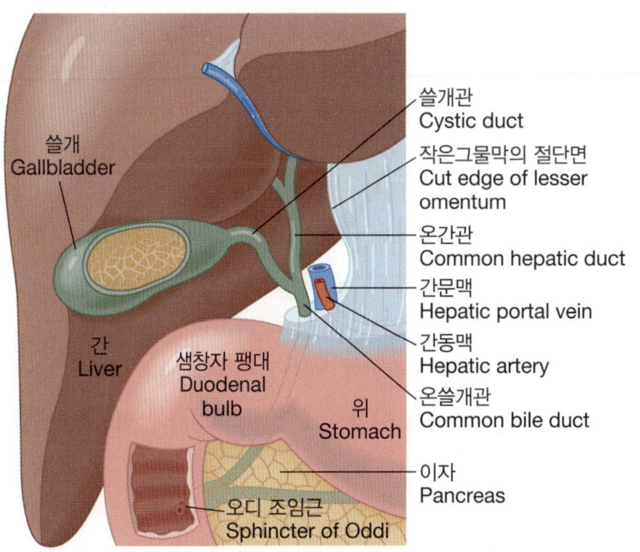

(계속)

려가서 온쓸개관에 자주 들어온다. 쓸개즙의 흐름을 방해하면 쓸개염과 자극이 발생한다. 쓸개염은 이후 쓸개를 둘러싸고 있는 점막을 공격하여 상피 조직을 손상시킨다. 프로스타글란딘(prostaglandins)도 분비돼 상피 벽을 더욱 자극하며 자극이 계속되면 염증이 증가된다. 이것은 관내 압력을 증가시키고 궁극적으로 상피로 가는 혈류를 감소시킨다.

쓸개염의 다른 원인으로는 무결석 쓸개염과 세균 감염에 의한 만성 염증이 있다. 무결석 쓸개염은 보통 화상, 패혈증, 당뇨병, 다발성 장기부전으로 인해 발생한다. 세균 감염에 의한 만성 쓸개염은 쓸개염과 유사한 염증 과정을 보인다.

쓸개에 염증이 생기면 보통 오른쪽 위 사분면에 급성 통증이 유발된다. 이 염증은 오른쪽 어깨의 통증과 함께 가로막의 자극을 유발할 수 있다. 쓸개돌이 쓸개관에 박혀 있으면 관의 팽창과 수축으로 인해 통증이 복통이 될 수 있다. 종종 통증은 쓸개에서 쓸개즙이 2차 방출되기 때문에 지방 함량이 높은 식사 후에 발생될 수 있다. 오른쪽 갈비뼈 아래부위는 복부 근육 경련으로 인해 아플 수 있다. 쓸개의 상피가 침식되어 환자는 극심한 통증이 유발되며 통증으로 인한 교감신경 자극에 의해 창백하고 차갑고 축축한 피부를 유발할 수 있다. 배막염이 발생하면 염증이 있는 배막으로 가는 혈류량이 증가하여 피부가 따뜻해질 수 있다. 쓸개관 연축으로 인해 메스꺼움과 구토가 유발되며 많은 환자들에게서 특징적인 머피의 징후라고 하는 오른쪽 갈비연골 아래에 압통이 유발된다.

16-7 큰창자는 크게 세 부분으로 나누어진다

학습목표 큰창자의 구조, 부위별 특징, 흡수기능을 설명한다.

말굽 모양의 **큰창자(large intestine)**는 돌창자의 끝에서 시작하여 항문에서 끝난다. 큰창자는 위와 간보다 아래로 누워 있으며 작은창자를 완벽하게 막아주고 있다(그림 16-22). 큰창자의 주요 기능은 (1) 물의 재흡수 및 장내 내용물을 대변으로 압축, (2) 세균 작용에 의해 제거되는 중요한 비타민의 흡수, (3) 배변 전 대변 물질의 저장 기능을 가지고 있다.

*Large bowel*이라고도 하는 큰창자의 평균 길이가 약 1.5 m이고 너비가 7.5 cm이다. 세 부분으로 나눌 수 있다: (1) 첫 번째 부분인 주머니 모양의 막창자; (2) 가장 긴 부분인 잘록창자; (3) 큰창자의 마지막 부분인 곧창자로 길이는 약 15 cm로 소화관의 마지막 부분이다.

막창자 The Cecum

돌창자에서 도착한 물질은 먼저 팽창된 주머니인 **막창자(cecum)**로 들어간다. 이곳에서 압축이 시작되며 근육 조임근인 **돌막창자판막(ileocecal valve)**은 돌창자와 막창자 사이를 연결해주고 있다.

16

가늘고 속이 빈 **막창자꼬리(appendix,** *vermiform***)**는 막창자 뒤 중간 표면을 따라 부착되어 있다. 막창자는 일반적으로 약 9 cm 길이이지만 크기와 모양은 매우 다양하다. 막창자의 벽은 림프결절이 많이 분포하며 림프계통의 기능을 담당하고 있다. 막창자에 염증은 **막창자꼬리염**(*appendicitis*)으로 알려져 있다.

잘록창자 The Colon

잘록창자(colon)는 작은창자보다 직경이 크고 벽이 얇다. 잘록창자의 주요 특징은 융모가 적으며 점액세포가 풍부하다는 것이다. 잘록창자의 가장 눈에 띄는 외부 특징은 주머니 또는 **잘록창자 팽대(haustra)**가 존재한다는 것이다. 잘록창자 팽대는 큰창자를 확장시키고 늘릴 수 있다(그림 16-22a). 세 개의 세로 민무늬근 띠인 **잘록창자 띠(teniae coli)**는 장간막 바로 아래의 잘록창자 외부 표면을 따라 움직인다. 이 띠 안의 근육 수축은 잘록창자 팽대를 만든다.

잘록창자는 4개의 구역으로 나눌 수 있다. 올라가는 **오름잘록창자(ascending colon)**는 돌창자 판막에서 시작된다. 간 아래 가장자리에 도달할 때까지 배막 공간의 오른쪽을 따라 올라간 후 수평으로 회전하여 **가로잘록창자(transverse colon)**가 된다. 가로잘록창자는 왼쪽으로 계속되며 위아래를 지나간다. 지라 근처에서 **내림잘록창자(descending colon)**를 형성하기 위해 아래 방향으로 돌아 내려온다. 내려가는 잘록창자는 S자 모양의 **구불잘록창자(sigmoid colon)**를 형성할 때가지 왼쪽으로 계속 내려온다. 구불잘록창자는 곧창자로 연결된다.

곧창자 The Rectum

곧창자(rectum)는 소화관의 마지막으로 길이는 약 15 cm이다(그림 16-22c). 대변의 임시 저장을 위해 확장이 가능한 기관이다. 곧창자 마지막 부분인 **항문관(anal canal)**에는 항문 기둥(*anal columns*)이라고 하는 작은 세로 주름이 있다. 이 기둥의 먼 부위의 가장자리는 곧창자의 원주상피와 입안에서 발견되는 중층편평상피 사이의 경계를 표시하는 가로 주름으로 연결되어 있다. 항문관의 출구인 **항문(anus)**에 매우 가까우면 표피가 각질화되고 피부 표면의 표피와 동일하게 되어 있다.

그림 16-22 큰창자.

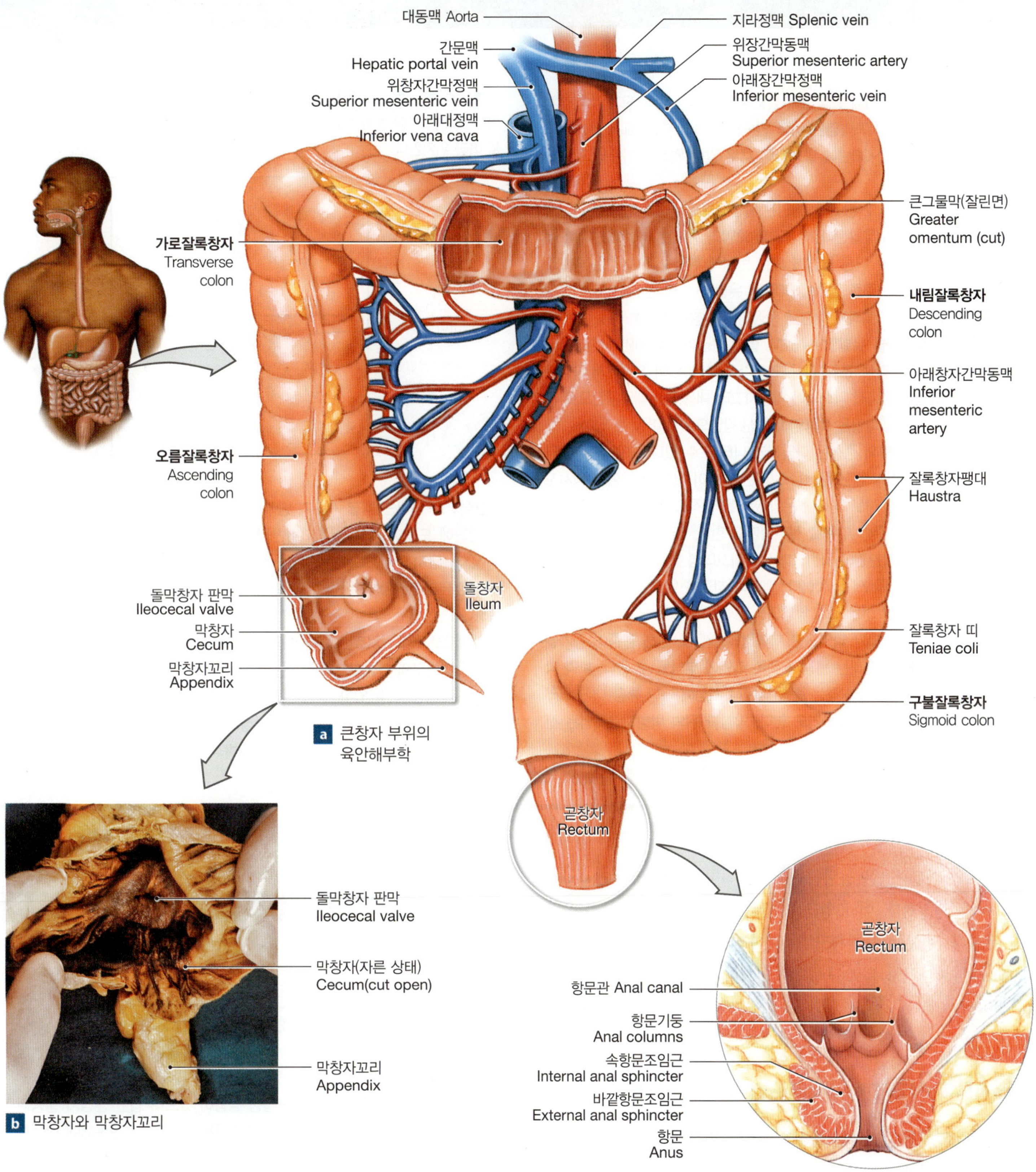

a 큰창자 부위의 육안해부학

b 막창자와 막창자꼬리

c 곧창자와 항문

임상노트

막창자꼬리염 Appendicitis

막창자꼬리염은 작은창자와 큰창자의 접합부에 위치한 벌레 모양의 막창자꼬리의 염증이다. 막창자꼬리염은 미국 인구의 약 10~20%에서 발생한다. 최대 발병률은 생후 2~30년에 발생하며 너무 많은 연령에서는 비교적 드물게 나타난다.

급성 막창자꼬리염의 가장 흔한 원인은 일반적으로 배설물에 의한 막창자의 내강의 막힘에 의해 유발된다. 막창자의 모양과 위치는 특히 대변이나 음식물 입자, 종양과 같은 다른 물질에 의한 방해에 취약하다. 이것은 림프조직에 염증을 일으키고 종종 점막에 궤양을 유발하는 세균감염으로 이어질 수 있다. 염증은 막창자꼬리의 내경을 확장시켜 막창자꼬리 동맥을 통한 혈류를 차단하고 혈전증을 유발할 수 있다. 혈액 공급이 차단되면 막창자꼬리는 허혈 상태가 되고 경색, 조직 괴사, 괴저가 뒤따른다. 이 시점에서 막창자꼬리의 벽은 파열 지점까지 악화되어 막창자꼬리 내용물이 배안공간으로 나오게 된다. 막창자꼬리 파열은 복막염과 전신 감염으로 이어질 수 있다.

막창자꼬리염의 징후와 증상은 다양하게 나타날 수 있다. 고령 환자와 당뇨병 환자는 전형적이지 않은 증상을 보이는 경향이 있다. 처음에 막창자꼬리염 환자는 메스꺼움, 구토 및 저체온과 관련된 갑작스럽고 심한 복통이 유발된다. 종종 통증은 주변 부위로 전이되기도 한다. 질병이 진행됨에 따라 통증은 오른쪽 아래 사분면에 국한되며 막창자꼬리염 통증의 일반적인 위치는 맥버니 지점(McBurney's point)이다. 맥버니 지점은 앞엉덩능선에서 배꼽까지 직선을 따라 가상 선을 긋고 앞엉덩능선에서 약 1.5~2인치 위에 있다(**그림 16-23**). 막창자꼬리가 파열되면 복막염의 발달로 인해 통증이 증가될 수 있다. 때때로 막창자꼬리는 큰창자 뒤쪽 측면에 부착될 수 있다. 후막 막창자꼬리염이라고 하는 이 상태는 종종 맥버니 지점에 대한 통증 대신 허리 통증이나 옆구리 통증을 유발하기도 한다. 막창자 뒤의 막창자꼬리염은 진단하기가 더 어려울 수 있다.

막창자꼬리염의 진단은 종종 병력 및 신체 검진을 바탕으로 할 수 있다.

그림 16-23 맥버니 지점. 맥버니의 지점은 오른쪽 앞 엉덩능선과 배꼽 사이에 그려진 가상 선을 따라 오른쪽 앞 엉덩능선에서 약 1½~2인치 위쪽 선을 따라 위치한다.

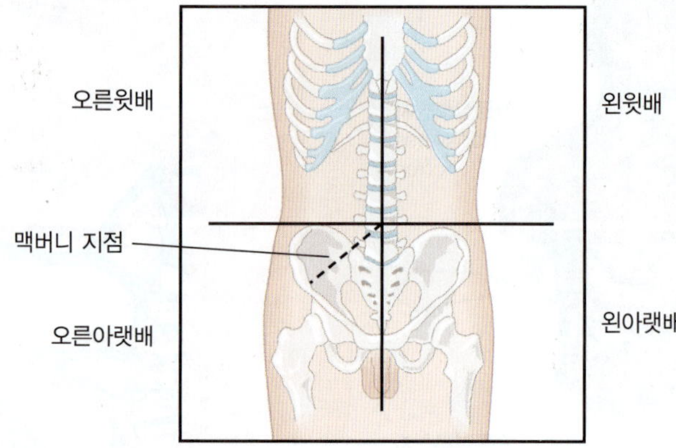

일반적으로 환자는 백혈구 수가 증가하며 불확실한 경우 복부 초음파 검사가 진단에 도움이 될 수 있다. 일반적으로 초음파 검사에서는 막창자를 볼 수 없다. 단지 눈에 보이는 증상을 가지고 급성 막창자꼬리염을 암시한다. 복부 컴퓨터 단층촬영은 급성 막창자꼬리염의 진단을 확인하는 데 매우 유용하다

막창자꼬리염의 치료는 외과 수술을 통해 막창자꼬리를 제거하는 것이다. 오늘날 대부분의 막창자꼬리 절제는 통증과 회복 시간을 현저하게 줄여주는 복강경을 사용할 수 있다. 막창자꼬리염 수술은 막창자꼬리 파열을 예방하기 위해 신속하게 이루어져야 한다. 막창자꼬리 파열이 발생하면 환자는 종종 세균성 복막염으로 발전될 수 있다. 일반적으로 장기 입원과 정맥 항생제 치료가 필요하다.

이 부위의 바깥근육은 돌림근육층으로 **속항문조임근(internal anal sphincter)**을 형성한다. 이 조임근은 민무늬근세포로 자발적으로 움직이지 못한다. 항문을 둘러싸고 있는 **바깥항문조임근(external anal sphincter)**은 뼈대근 섬유로 구성되어 있으며 자발적인 움직임이 가능하다.

16

큰창자의 기능 The Functions of the Large Intestine

큰창자의 주요 기능은 다양한 물질을 흡수하고 배설물을 제거하기 위해 준비하는 것이다.

임상노트

치질(치핵) Hemorrhoids

곧창자(*rectum*)는 **내치질**과 **외치질 정맥**(*internal* and *external hemorrhoidal veins*)에 의해 빠져나간다. 이러한 정맥의 부종을 **치질**(*hemorrhoids*)이라고 한다. **내치질**(*internal hemorrhoids*)은 무증상이거나 곧창자 통증, 가려움증 또는 배변 시 밝은 빨간색 출혈을 유발할 수 있다. **외치질**(*external hemorrhoids*)은 특히 들어 올려지는 혈전성 경향이 있으며 심한 곧창자 통증과 압박이 유발된다. 내치질은 일반적으로 곧창자 크림과 진통제에 반응한다. 외치질은 혈전성 치질의 배액을 필요로 하며 일반적으로 즉각적인 완화를 제공한다.

큰창자의 흡수 Absorption in the Large Intestine

물의 재흡수는 큰창자의 중요한 기능이다. 매일 약 1500 mL의 수분이 잘록창자로 들어가지만 약 200 mL의 수분이 대변으로 배출된다. 우리의 소화가 얼마나 효율적인지 알아보려면 배변의 평균 구성을 알아보면 된다. 75%의 물, 5%의 세균, 나머지는 소화 불가능한 물질, 소량의 무기물질 및 장 상피세포 잔해의 혼합물이다.

물을 재흡수하는 것 외에도 큰창자는 다양한 다른 물질을 흡수한다. 예를 들어, 담즙염 및 비타민과 같은 유용한 화합물, 빌리루빈에서 분해된 물질, 세균 작용에 의해 생성되는 다양한 독소가 있다.

쓸개즙염(BILE SALTS). 큰창자으로 들어가는 대부분의 쓸개즙염은 막창자에서 빠르게 흡수된다. 그런 다음 쓸개즙 분비를 위해 간으로 운반된다.

비타민(VITAMINS). **비타민(vitamin)**은 많은 대사 반응에 필수적인 지방 및 탄수화물과 관련된 유기 분자이다. 많은 효소는 기질이 결합하기 전에 보조인자(*cofactor*)라고 하는 추가 이온 또는 분자의 결합을 필요로 한다. 보조효소(*coenzymes*)는 보조인자 역할을 하는 비단백질 분자이며 많은 비타민이 필수 코엔자임이다.

대장 내에 존재하는 세균은 우리의 식단을 보충하는 세 가지 비타민을 생성한다.

- 비타민 K(*Vitamin K*)는 프로트롬빈 등 4가지 응고인자를 합성하기 위해 간이 필요로 하는 지용성 비타민이다.
- 포도당 대사에 중요한 수용성 비타민인 비오틴(*Biotin*).
- **비타민(*vitamin*)** B_5(판토텐산)는 스테로이드 호르몬과 일부 신경전달 물질 제조에 필요한 수용성 비타민이다.

비타민 K의 결핍은 혈액 응고 장애로 이어진다. 장내 박테리아는 매일 비타민 K 요구량의 약 절반을 생산한다. 장내 세균이 식단의 부족을 보충할 만큼 충분히 생산하기 때문에 유아기 이후에는 비오틴이나 비타민 B_5의 결핍은 극히 드물다.

임상노트

대장암 Colorectal Cancer

대장암은 남성과 여성 모두에게 비교적 흔하다. 대장암이 암 관련 사망의 3대 원인(지난 2015년 49,700명 예상 대장암 사망)이지만, 사망률은 지난 20년 동안 감소해 왔다. 최선의 방어는 조기 발견과 신속한 치료로 보인다. 간단한 선별 검사에는 정기적인 신체검사의 일환으로 대변 샘플의 혈액 검사를 포함한다.

유기노폐물(ORGANIC WASTES). 큰창자에서 세균은 빌리루빈을 다른 생산물로 변환한다. 이들 중 일부는 혈류로 흡수되어 소변으로 배설되어 노란색을 낸다. 다른 이들은 큰창자에 남아 있다. 산소에 노출되면, 대변에 갈색의 색을 주는 색소로 변형된다(헴의 분해와 쓸개즙에 포함된 빌리루빈이 배출되는 과정은 11장에서 논의되었다.).

독소(TOXINS). 세균 작용은 배설물에 남아 있는 펩타이드를 분해한다. 이 작용은 (1) 암모니아, (2) 대변 냄새를 담당하는 화합물을 포함하는 질소, (3) 황화수소(H_2S)를 생성한다. "상한 계란" 냄새, 암모니아와 다른 많은 독소들은 큰창자의 상피를 가로지르며 간문맥 순환으로 흡수된다. 간은 이러한 독소를 제거하고 콩팥를 통해 배설되는 비교적 비독성 화합물로 처리한다.

장 효소는 소화가 안 되는 탄수화물을 변화시키지 않는다. 그들은 온전한 상태로 큰창자에 도착한 후 다당류 분자들은 상주하는 세균을 위한 영양 공급원이 된다. 이 세균들의 대사활동은 장내 가스를 생성한다. 많은 양의 소화불량의 탄수화물을 포함한 식사는 세균 가스 생산을 자극한다.

큰창자의 운동 Movements of the Large Intestine

위장과 위장의 반사작용은 우리가 먹는 동안 물질을 체내로 이동시킨다. 막창자에서 가로잘록창자로의 이동은 매우 느려서 물을 재흡수하는데 몇 시간이 걸린다. 집단운동(*mass movements*)이라고 불리는 강력한 연동 수축이 하루에 몇 번 발생한다. 그들은 가로잘록창자에서 나머지 큰창자를 통해 물질을 이동한다. 정상적인 자극은 위와 샘창자 팽창이다. 신경지배는 장신경얼기에 있다. 수축은 대변을 곧창자로 강제로 밀어 내고 배변하려는 의식적인 충동을 일으킨다.

배변 Defecation

곧창자는 일반적으로 강력한 연동 수축이 구불잘록창자에서 대변을 빼낼 때까지 비어 있다. 곧창자 벽의 팽창은 **배변반사(defecation reflex)**를 유발하며 이 반사에는 두 가지 긍정적인 되돌림 고리가 포함된다.

1. 더 짧은 되돌림 고리에서 곧창자 벽의 긴장 수용체는 구불잘록창자 및 곧창자에서 일련의 증가된 국소 연동 수축을 자극한다. 수축은 대변을 항문 쪽으로 이동시키고 곧창자의 팽창을 증가시킨다.
2. 곧창자 벽의 긴장 수용체는 또한 엉치 척수의 부교감 운동신경을 자극한다. 이 신경은 내림잘록창자와 구불잘록창자에서 증가된 연동운동을 자극하여 대변을 곧창자 쪽으로 밀어내어 팽창을 더욱 증가시킨다.

임상노트

결주머니증(게실증) Diverticulosis

곁주머니증은 일반적으로 구불잘록창자에 있는 장점막의 **곁주머니**(*diverticula*)라 부르는 주머니가 있다. 이 주머니들은 배변 중 압력에 의해 바깥쪽으로 가게 되며 만약 주머니가 약한 근육을 뚫고 나간다면 감염되고 염증이 생길 수 있는 공간을 형성한다. 이 염증은 통증을 유발하고 간혹 출혈을 일으키는데, 이는 **곁주머니염**(게실염, *diverticulitis*)으로 알려진 질환이다. 잘록창자의 다른 부분의 염증은 **큰창자염**(*colitis*)이라고 불린다.

대변이 항문관을 통과하려면 속항문조임근이 이완되어야 하지만 이완되면 바깥항문조임근이 자동으로 수축된다. 따라서 실제 배설물을 방출하려면 바깥항문조임을 자발적으로 이완시킬 수 있는 의식적인 노력이 필요하다. 의식적인 명령이 없으면 추가 곧창자 확장이 배변 반사를 다시 시작할 때까지 연동 수축이 중단된다.

또한 다른 의식적인 행동들은 복부의 압력을 증가시키고 대변 물질을 곧창자 밖으로 나오게 하는 데 도움을 줄 수 있다. 이러한 작용에는 닫힌 항문으로 억지로 숨을 내쉬려고 하여 배 근육을 팽팽하게 하거나 배 압력을 높이는 것이 포함된다. 이러한 압력은 또한 혈액을 항문관의 고유판과 점막밑 정맥으로 밀어 넣어 이완되게 된다. 힘을 주어 배변을 보는 반복적인 자극은 이 정맥들을 영구적으로 확장시켜 **치핵**(*hemorrhoids*)을 만들 수 있다.

체크포인트

20. 잘록창자의 4부위를 설명하시오.

21. 큰창자와 작은창자의 구조적인 차이는 무엇인가?

22. 돌막창자 판막이 좁아지면 어떤 두 기관 사이에서 미즙의 움직임이 방해되는가?

책 뒷면에 있는 파란색 정답 탭을 참조.

16-8 소화는 영양소의 흡수와 사용을 가능하게 하는 음식물의 화학적 변화이다

16

학습목표 우리 몸에 필요한 영양소를 열거하고, 각 영양소의 화학적 소화 과정과 흡수 기전을 설명한다.

균형 잡힌 식단에는 항상성을 유지하는 데 필요한 모든 성분이 포함되어 있다. 이러한 성분에는 탄수화물, 단백질, 지방, 물, 전해질(미네랄) 및 비타민의 6가지 영양소가 포함된다. 소화계통은 각각 다르게 처리한다. 큰 유기 분자는 흡수가 일어나기 전에 소화를 통해 분해되어야 하며 물, 전해질 및 비타민은 분해 없이 흡수될 수 있지만 특별한 수송 과정이 포함될 수 있다.

임상노트

설사와 변비 Diarrhea and Constipation

설사는 개인이 물을 많이 배출하는 배변을 자주 할 때 발생한다. 큰창자의 점막이 정상적인 흡수 수준을 유지할 수 없을 때 설사가 발생한다. 큰창자나 작은창자의 세균, 바이러스 또는 원생동물 감염은 며칠 동안 지속되는 급성 설사 증세를 일으킬 수 있다. 심한 설사는 누적된 액체와 전해질 손실로 인해 생명을 위협한다.

변비는 드물게 배변하는 것으로, 일반적으로 건조하고 딱딱한 대변을 포함한다. 잘록창자를 통해 장의 움직임 너무 천천히 진행되어 과도한 수분 재흡수는 변비를 유발한다. 변비는 대개 대변 연화제인 콜레이스, 설사제, 또는 배변을 촉진하는 **하제**(*cathartics*)를 경구 투여하여 치료될 수 있다. 이 화합물들은 대변으로 물의 이동을 촉진하거나, 대변의 부피를 더하거나, 연동운동을 활성화하여 잘록창자의 내벽을 자극한다.

과민성 대장 증후군(*irritable bowel syndrome*)은 설사, 변비 두 가지 모두를 포함한 질환이다.

지식 쌓기

분해 반응이 분자를 더 작은 조각으로 분해한다는 것을 기억해야 한다(**2장: 화학적 수준에서의 구성** 참조). 물과 관련된 분해 반응은 신체의 복잡한 분자를 분해하는 데 중요하다. 물 분자를 첨가함으로써 복잡한 분자의 화학적 결합 중 하나를 깨는 것을 가수분해라고 한다. 물 분자의 구성요소는 결과적으로 물질을 추가적으로 분해한다.

영양소의 처리와 흡수

The Processing and Absorption of Nutrients

음식에는 큰 유기 분자가 포함되어 있다. 그들 중 많은 것들이 불용성이다. 소화계통은 먼저 섭취한 물질의 물리적 작용을 통해 분해한 다음 구성요소 분자를 더 작은 조각으로 분해한다. 이 분해는 혈류로 방출될 수 있는 작은 유기 분자를 만들며 세포에 흡수되면 ATP를 생성하거나 복잡한 탄수화물, 단백질 및 지방 등을 생성하는 데 사용된다.

음식은 보통 단순한 분자의 복잡한 사슬이다. 전형적인 음식물의 탄수화물에서, 기본 분자는 단순당이다. 단백질에서 구성요소는 아미

임상노트

결주머니염 Diverticulitis

곁주머니염은 곁주머니증의 비교적 흔한 합병증이다. 곁주머니증은 장에 존재하는 것이 특징인 질환으로, 장의 가장 바깥쪽 층인 근육질을 통과하는 점막 및 점막밑 조직의 작은 돌출부이다. 잘록창자의 곁주머니는 미국과 같은 선진국에서 훨씬 더 흔하며 나이가 들어감에 따라 유병률이 현저하게 증가한다. 60세 이상의 환자의 절반 이상에서 발병하며, 곁주머니염은 감염으로 인한 곁주머니의 염증이다. 곁주머니증과는 달리 증상이 나타나며 환자는 왼쪽 아래 통증을 호소한다(대부분의 곁주머니가 구불잘록창자에 있기 때문에); 검진 결과는 발열과 백혈구 수치가 증가할 것이다.

후천성 곁주머니의 병인 요인으로는 두 가지가 있다. 첫째, 대변은 큰창자를 천천히 통과하는데 이는 선진국에서 흔히 볼 수 있는 상대적으로 낮은 섬유질 식단과 관련된다. 잘록창자는 내부의 내용물에 대한 압력을 높여 배설물을 앞으로 밀어서 부피의 움직임을 증가시키는 근육 수축에 반응한다. 둘째, 잘록창자 조직의 가장 바깥쪽 층은 서로를 감싸고 있는 섬유성 근육성 띠로 구성되어 있다. 그중에는 잘록창자 띠라는 근육이 있다. 신경과 혈관은 잘록창자 띠 내의 작은 구멍을 통해 잘록창자로 들어간다. 이러한 구멍은 나이가 들어감에 따라 약해지고 근육 수축의 압력이 증가하면 조직의 내부 층인 점막과 점막밑층이 구멍을 통해 탈출하여 곁주머니를 형성할 수 있다(**그림 16-24**).

이 곁주머니는 일반적으로 해바라기 씨, 팝콘 조각, 오크라 씨, 참깨 등을 포함하여 소량의 배설물을 가두어 놓는다. 갇힌 배설물은 이런 식물 이외에도 세균이 증식하여 감염을 일으킬 수 있다. 곁주머니에 염증이 생기고 곁주머니염을 유발하면 심각한 문제가 될 수 있다. 곁주머니염에 이차적인 합병증으로는 출혈 가능성이 있거나 천공으로 인해 감염된 배설물이 배 공간으로 흘러들어가 복막염을 일으킬 수 있다.

그림 16-24 곁주머니. 잘록창자 벽 밖으로 나오는 곁주머니는 감염(곁주머니염) 또는 출혈(곁주머니증)이 있을 수 있다.

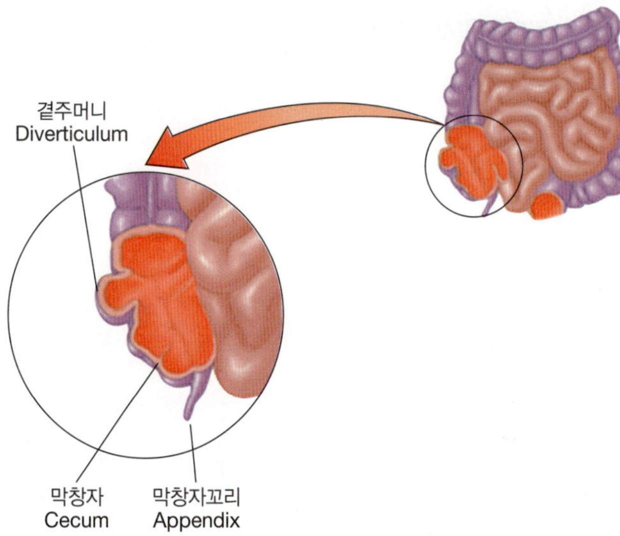

곁주머니염의 가장 흔한 증상은 미열, 메스꺼움 및 구토, 촉진 시 압통과 관련된 복통이 유발된다. 구불잘록창자에서 보고된 사례가 95%에 달하기 때문에 통증은 일반적으로 왼쪽 아래에 국한된다. 따라서 곁주머니염은 종종 **왼쪽 막창자꼬리염**(*left-sided appendicitis*)이라고 한다. 곁주머니에서 출혈이 심하게 시작되면 위장관 출혈과 관련된 일반적인 징후 및 증상이 나타날 수 있다: 차갑고 축축한 피부, 빈맥 및 발한. 그리고 곁주머니 출혈은 곧창자에 가깝기 때문에 밝은 선홍색 피가 섞인 혈변이 유발될 수 있다. 환자는 배변 후에도 곧창자에 배설물이 남아 있다는 인식으로 불편감을 호소할 수 있다.

노산이고, 지방에서는 보통 지방산이다. 소화효소는 가수분해(*hydrolysis*)라고 불리는 과정에서 구성하는 분자들 사이의 화학적 결합을 깨뜨린다. (탄수화물, 지방, 단백질의 가수분해는 2장에서 자세히 설명하였다.)

소화효소는 역할이 다르다. 탄수화물은 당과 당 사이의 결합을 깨뜨린다. 리파아제는 지방산과 글리세리드를 분리한다. 단백질 분해효소들은 아미노산 사이의 연결고리를 분리한다. 각각의 특정한 효소들은 더 선별적이며, 특정 분자 사이의 결합을 깨뜨릴 수 있다. 예를 들어, 주어진 탄수화물은 두 개의 포도당 분자를 연결하는 결합을 제외한 모든 결합을 무시할 수 있다. **집중 조명 그림 16-25**는 탄수화물, 지방, 단백질 소화에서 일어나는 화학적 사건들을 요약한 것이다. **표 16-3**은 주요 소화효소와 그 기능을 설명하였다.

탄수화물 소화 및 흡수 Carbohydrate Digestion and Absorption

탄수화물 소화는 침 아밀라아제의 작용을 통해 저작하는 동안 입에서 시작된다. 이 효소는 복합 탄수화물을 더 작은 조각으로 분해하여 주로 이당류와 삼당류로 구성된 혼합물을 생성한다. 침 아밀라아제는 위산이 비활성화되기 전에 한두 시간 식사하는 동안 녹말과 글리코겐을 계속 소화한다. 샘창자에서 이자 아밀라아제의 작용은 나머지 복합 탄수화물을 분해한다.

장내 미세융모 표면에 있는 솔가장자리 효소는 이당류와 삼당류를 단당류로 분해한다. 장내 상피는 확산 또는 수송과 같은 운반체 매개 수송 과정을 통해 생성된 단당류를 흡수한다. 예를 들어, 포도당 흡수는 나트륨 이온과 함께 공동수송을 통해 이루어진다(나트륨 이온은 나트륨-칼륨 교환 펌프에 의해 배출된다.).

장내 세포에 들어가는 단당류는 세포질을 통해 확산되고 촉진된 확

16

집중 조명 그림 16-25
소화 과정에서 일어나는 화학적 변화(CHEMICAL EVENTS IN DIGESTION)

전형적인 식사는 탄수화물, 단백질, 지질, 물, 미네랄, 비타민을 포함한다. 소화계통은 각 성분을 다르게 분해하며, 큰 유기 분자들은 흡수되기 전에 소화에 의해 분해되어야 한다. 물, 미네랄, 비타민은 처리 없이 흡수될 수 있지만, 특별한 운송과정이 필요할 수 있다.

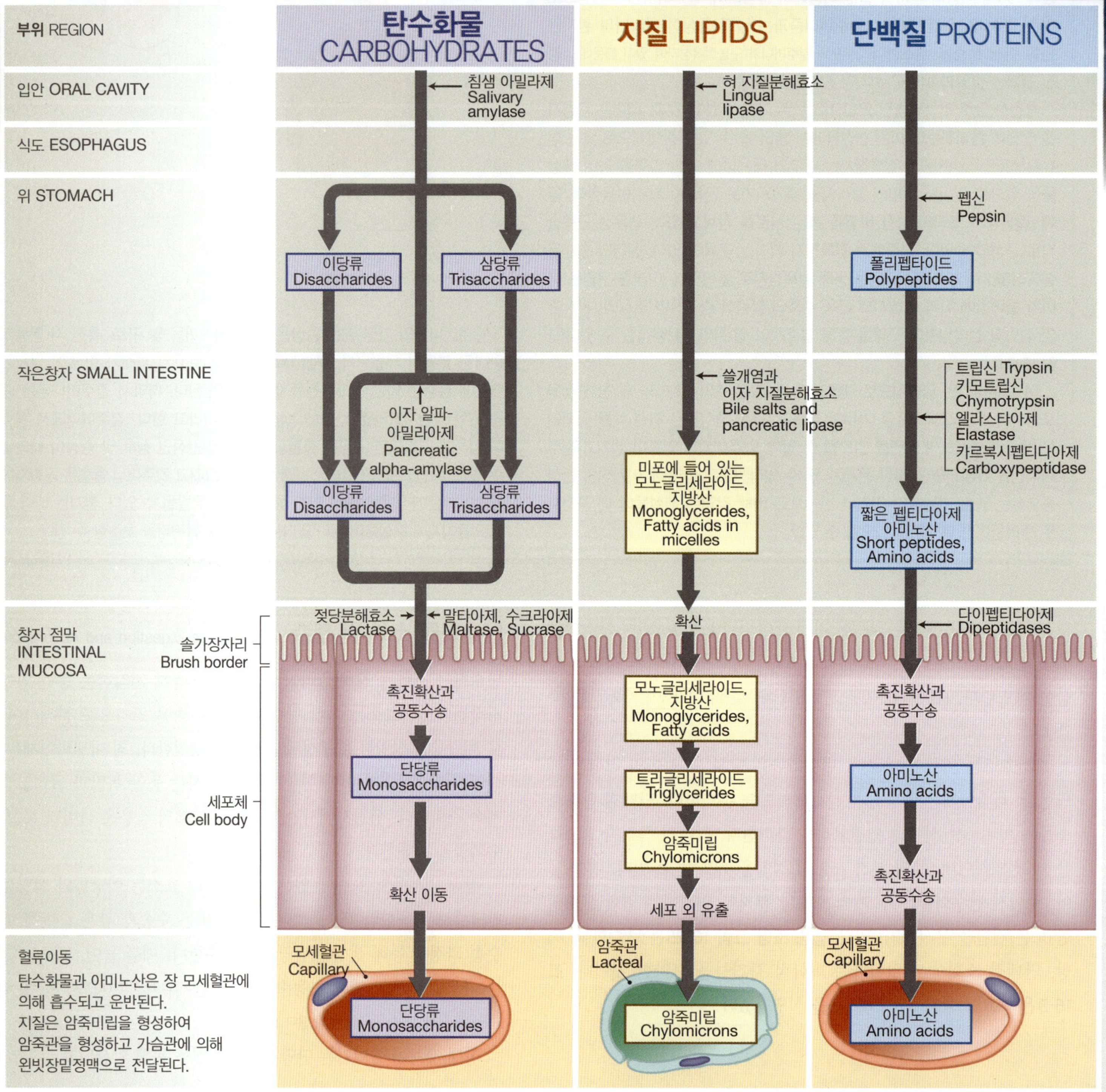

표 16-3	소화효소와 그들의 기능		
효소	**생산장기**	**작용 물질**	**생산**
탄수화물분해효소(CARBOHYDRASES)			
아밀라아제(Amylase)	침샘, 이자	복잡한 구조의 탄수화물	이당류와 삼당류
말타아제, 수크라아제, 락타아제 (Maltase, sucrase, lactase)	작은창자	말타아제, 수크라아제, 락타아제	단당류
지질분해효소(LIPASES)			
혀 리파아제(Lingual lipase)	혀밑샘	트리글리세리드	지방산과 모노글리세라이드
이자 리파아제(Pancreatic lipase)	이자	트리글리세리드	지방산과 모노글리세라이드
단백질분해효소(PROTEASES)			
펩신(Pepsin)	위	단백질, 폴리펩타이드	짧은 폴리펩타이드
트립신, 키모트립신, 카르복시펩티다아제 (Trypsin, hymotrypsin, carboxypeptidase)	이자	단백질, 폴리펩타이드	짧은 펩티드 사슬
펩티다아제(Peptidases)	작은창자	디펩타이드, 트리펩타이드	아미노산
뉴클레아제(NUCLEASES)			
	이자	핵산	염기와 다당류

산에 의해 바닥막을 통과하여 간질액으로 들어간다. 그런 다음 간문맥과 간으로 전달하기 위해 장내 모세혈관으로 들어간다.

지질의 소화 및 흡수 Lipid Digestion and Absorption

지질 소화는 침의 분비샘에서 나오는 침 리파아제와 이자에서 나오는 이자 리파아제를 포함한다. 지방, 혹은 트리글리세리드는 가장 풍부한 음식물의 지질이다. (트리글리세라이드 분자는 글리세롤의 단일 분자에 부착된 3개의 지방산으로 구성된다.) 트리글리세리드와 다른 식이성 지방은 상대적으로 위의 상태에 영향을 받지 않고 큰 지질 방울의 형태로 샘창자에 들어간다.

쓸개즙염은 이 방울들을 이자 리파아제의 분해로 더 효율적으로 흡수될 있는 작은 방울로 유화시킨다. 이 효소는 트리글리세리드를 분해하여 지방산과 모노글리세리드로 분해한다. 결과적인 혼합물은 쓸개즙염과 상호작용하여 **미포(micelles)**라 불리는 작은 지질-쓸개즙염 복합체를 형성한다. 입자가 장내 상피와 접촉하면 지질은 혈장 막을 통과하여 세포질로 들어간다. 장내 세포는 도달하는 지방산과 모노글리세리드로부터 새로운 트리글리세리드를 생산한다. 그러고 나서 그것들은 단백질과 함께 코팅된다. 이 단계에서 **암죽미립(chylomicron)** 형태가 된다. 암죽미립은 세포사이질액 안에서 세포 밖으로 수송된다. 거기서부터, 그들은 가까운 암죽관 내피세포 사이의 큰 틈을 통해 장내 암죽관으로 들어간다. 암죽관에서 림프관을 따라 가슴관을 통과한 후 왼빗장밑정맥을 통해 혈류로 들어간다.

임상노트

젖당못견딤증 Lactose Intolerance

젖당은 우유의 주요 탄수화물이다. 락타아제 효소는 유당을 분해하며 이 효소는 신생아와 유아기에 중요한 역할을 한다. 만약 장 점막이 락타아제 효소 분비를 멈추면 **젖당못견딤증**(*lactose intolerance*)이 유발된다. 우유나 다른 유제품을 포함한 식사 후에 아랫배 통증, 가스, 설사, 그리고 구토 등을 유발할 수 있다.

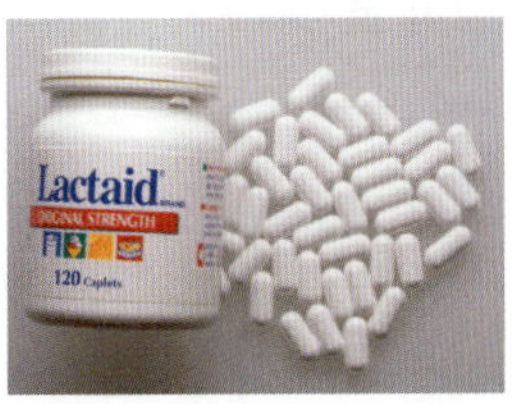

단백질 소화 및 흡수 Protein Digestion and Absorption

단백질은 매우 복잡한 구조를 가지고 있으므로 단백질 소화는 복잡하고 시간이 많이 소요된다. 단백질 분해는 먼저 단백질 분해효소가 단백질 분자를 분해할 수 있도록 식품의 구조를 잘게 잘라야 한다. 이 단계는 염산(HCl)의 작용으로 씹기를 통해 입안에서 기계적 작용과 위에서의 화학적 작용이 진행된다.

섭취한 음식이 강산성 환경에 노출되면 식물의 세포벽과 동물 결합조직이 파괴된다. 또한 산은 대부분의 병원균을 사멸시킨다. 위의 산성 성분은 위의 주요 세포에서 분비되는 단백질 분해효소인 펩신의 활동을 위한 환경을 제공한다. 펩신은 단백질 소화를 완료하지 못하지만 상대적으로 거대한 미즙 단백질을 더 작은 폴리펩타이드 조각으로 분해시킨다.

미즙이 샘창자에 들어가고 완충액이 pH를 증가시키면 이자 단백질 분해효소가 작동하기 시작한다. 트립신, 키모트립신 및 카르복시펩티다아제는 각각 다른 아미노산 사이의 펩타이드 결합을 끊고 이 효소는 짧은 펩타이드 사슬과 개별 아미노산의 혼합물로 분리한다. 펩티다아제(*peptidase*)는 장내 미세융모 표면의 효소이며 그들은 펩타이드 사슬을 개별 아미노산으로 분해한다.

장내 상피세포는 촉진된 확산과 동시 수송을 통해 아미노산을 흡수한다. 세포의 내부 바닥 표면에 있는 운반 단백질은 흡수된 아미노산을 세포 간질액으로 방출한다. 사이질액 내에서 대부분의 아미노산은 모세혈관으로 확산된다.

물과 전해질 흡수 Water and Electrolyte Absorption

매일 약 2000 mL의 물이 음식이나 음료를 통해 소화관으로 들어간다. 침, 위, 장, 이자 및 쓸개 분비물은 약 7000 mL가 추가된다. 총 9000 mL 중 배설물에서 약 150 mL만 배출된다. 수분의 보존은 삼투압 경사도에 따라 수동적으로 이루어진다. 삼투에서 물은 항상 상대적으로 높은 농도의 용질을 포함하는 용액으로 흘러 들어가는 경향이 있음을 기억한다.

장내 상피세포는 용해된 영양소와 이온을 지속적으로 흡수하며 이러한 활동은 장 내용물의 용질 농도를 점진적으로 낮춰준다. 장내 용질 농도가 감소함에 따라 물이 주변 조직으로 이동하여 용질을 따라 삼투 평형을 유지하고 나트륨 및 염소 이온의 흡수는 물의 이동을 촉진하는 가장 중요한 요소이다. 소량으로 흡수되는 다른 이온은 칼슘, 칼륨, 마그네슘, 요오드, 중탄산염 및 철이다. 칼슘 흡수는 호르몬 조절에 의해 이루어지며 부갑상샘 호르몬과 칼시트리올이 필요하다. 다른 이온의 흡수 또는 배설을 관리하는 규제 과정은 잘 알려져 있지 않다.

비타민 흡수 Absorption of Vitamins

비타민은 매우 적은 양으로 우리 몸에 필요한 필수 유기화합물이다. 비타민에는 지용성 비타민과 수용성 비타민의 두 가지 주요 비타민으로 나뉘어진다.

지용성 비타민(fat-soluble vitamin)—비타민 A, D, E, K—네 가지는 음식물 지질과 혼합된 지방 방울로 샘창자로 들어간다. 비타민은 미소결정 입자가 형성될 때 지질과 연관되며 지용성 비타민은 지질 소화 산물과 함께 미소결정 입자로 흡수된다. 비타민 K는 또한 잘록창자에 상주하는 세균의 작용에 의해 생성된다.

아홉 가지 **수용성 비타민(water-soluble vitamin)**에는 우유와 육류에서 흔히 볼 수 있는 비타민 B와 감귤류에서 발견되는 비타민 C가 있다. 비타민 B_{12} 하나를 제외한 모든 것들은 소화기상피에 쉽게 흡수되며 비타민 B_{12}는 위의 벽세포에서 분비되는 단백질인 내인인자에 결합되어 있지 않으면 장 점막에 흡수될 수 없다. 장내 세균은 여러 가지 수용성 비타민의 중요한 공급원이다(비타민과 미네랄의 기능을 17장에서 다시 알아본다.).

임상노트

비타민은 약물일까? Emergency Vitamins?

비타민은 일반적으로 응급 약물로 생각하지 않는다. 그러나 두 가지 비타민은 응급 및 중환자 치료에서 중요한 역할을 한다: 비타민 B_1과 K.

일반적으로 **티아민**(*thiamine*)이라고 하는 **비타민 B_1**(*Vitamin B_1*)은 신체의 많은 생화학시스템에서 중요한 역할을 한다. 크렙스주기의 첫 번째 단계를 위한 코엔자임이며 여러 다른 대사 과정에서 중요한 역할을 한다. 티아민 결핍은 일반적으로 만성 알코올 중독자에게 나타나며 정신상태 및 기타 다른 문제를 일으킬 수 있다. 이 때문에 티아민의 투여는 종종 정신 상태가 변경된 환자의 응급 치료로 사용된다.

비타민 K(*Vitamin K*)는 혈액 응고에 필요하다. 결핍은 만성 간질환에서 발생할 수 있으며 출혈을 유발한다. 비타민 K 투여는 응고 시스템을 자극하여 혈액 응고를 유발하며 미국은 병원에서 태어난 모든 아기가 근육 내 비타민 K를 투여하여 예방차원으로 치료를 받는다.

체크포인트

23. 어떤 식품 성분이 암죽관의 암죽미립 수를 증가시키는가?

24. 위를 제거하면 어떤 비타민의 흡수가 되지 않나?

25. 설사는 잠재적으로 생명을 위협하지만 변비는 그렇지 않은 이유는 무엇인가?

책 뒷면에 있는 파란색 정답 탭을 참조.

16-9 나이와 관련된 많은 변화들이 소화 및 흡수에 영향을 준다

학습목표 노화가 소화계통에 미치는 영향을 설명한다.

정상적인 소화와 흡수는 노인에게서도 일어난다. 그러나 소화계통의 많은 변화는 다른 계통에서 이미 설명한 노화 관련 변화와 유사하다.

- **상피 줄기세포의 분열이 감소한다**(***The division rate of epithelial stem cells declines***). 소화기 상피는 마모, 산 또는 효소에 의해 손상되기 쉽다. 이러한 이유로 소화성 궤양이 발생할 가능성이 높아지며 입, 식도 및 항문 안에서 중층상피가 얇아지고 더 손상받기 쉽다
- **민무늬근육이 감소한다**(***Smooth muscle tone decreases***). 위장관 운동

성이 감소하고 연동 수축이 약해진다. 이 변화는 장 운동 속도를 늦추고 변비를 촉진하며 잘록창자 벽에 있는 주머니의 처짐과 염증이 발생할 수 있다. 압축 된 대변을 제거하기 위한 수축은 혈관의 탄력이 떨어진 벽에 자극을 주어 치질을 유발할 수 있다. 근육 조임근의 약화는 식도 역류 및 빈번한 "속쓰림"을 유발할 수 있다.

- **다양한 손상이 영향을 미친다(*The effects of cumulative damage become apparent*).** 한 예로 충치 또는 잇몸의 염증으로 인한 치아의 점진적인 손실이 유발된다. 다양한 손상은 내부 장기도 포함될 수 있다. 소화관에 흡수된 알코올 및 기타 유해한 화학물질과 같은 독소는 처리를 위해 간으로 운반되나 간세포는 이러한 독성 화합물에 면역이 없다. 만성 노출은 간경변 또는 기타 간질환으로 이어질 수 있다.
- **암 발생률이 증가된다(*Cancer rates increase*).** 암은 줄기세포가 분열하여 상피세포 집단을 유지하는 기관에서 가장 흔하다. 대장암과 위암의 비율은 나이가 들면서 증가하며 구강암, 식도암 및 인두암은 흡연하는 노인에게 특히 발병률이 높다.
- **탈수는 노인에게 흔하다(*Dehydration is common among the elderly*).** 그 이유는 삼투수용체 민감도가 나이가 들면서 감소하기 때문이다.
- **다른 계통의 변화는 소화계통에 직접 또는 간접적인 영향을 미친다(*Changes in other systems have direct or indirect effects on the digestive system*).** 예를 들어, 뼈의 골량과 칼슘의 감소는 이틀돌기의 침식과 궁극적인 치아 손실에 영향을 준다. 나이가 들면서 후각과 미각 민감도가 낮아지면 전신에 영향을 미치는 식이 변화를 초래할 수도 있다.

임상노트

흡수장애 증후군 Malabsorption Syndromes

흡수장애(*malabsorption*)는 비정상적으로 영양 흡수를 하지 못하는 장애이다. 이 장애는 한 가지 또는 여러 가지 영양소의 흡수에 영향을 미칠 수 있고 특정 효소를 생산할 수 없는 유전적 요인은 또 다른 흡수장애를 유발한다. **젖당못견딤증**(*lactose intolerance*)은 좋은 예이다.

모든 종류의 화합물의 흡수에 어려움은 부속샘이나 장내 점막의 손상으로 인해 발생할 수 있다. 부속 기관이 정상적으로 기능하지만 분비물이 샘창자에 도달할 수 없는 경우는 **쓸개관 폐쇄**(*biliary obstruction*) 또는 **이자관 폐쇄**(*pancreatic obstruction*)이다. 또는 관은 열려 있지만 분비하는 샘 세포가 손상되어 정상적인 분비 활동을 못할 수 있다. 이 두 가지 예, **이자염**(*pancreatitis*)과 **간경변**(*cirrhosis*)에 대해서는 앞에서 설명하였다.

완전히 기능하는 효소가 안에 있더라도 점막이 제대로 기능하지 않으면 흡수가 일어나지 않는다. 허혈, 방사선 노출, 독성 화합물 또는 감염으로 인한 점막 손상은 흡수에 영향을 미치고 결과적으로 영양소와 체액 저장량을 고갈시킨다.

임상노트

복통 Abdominal Pain

복통(*abdominal pain*)은 사람들이 응급실을 찾는 가장 빈번한 이유 중 하나이다. 복통의 원인은 규명하기 어려울 수 있다. 염증, 확장, 또는 장기로의 혈액 공급의 중단은 척추와 뇌로 통증 신호를 전달하고 위, 쓸개, 작은창자, 큰창자와 같은 유강 장기는 분산되고 국소적이지 않은 통증을 호소하는 경향이 있다. 그러나 간, 이자, 콩팥과 같은 실질 장기로 인한 통증은 더 국소적인 경향을 가지고 있다. 마지막으로, 폐렴과 같은 신체의 다른 부분의 문제에서도 복통이 유발될 수 있다. 이것을 **연관통**(*referred pain*)이라고 하며 진단하는 데 더 어려움이 클 수 있다. 복통을 호소하는 환자의 정확한 원인진단은 의료진에게 어려움을 줄 수 있다. 체계적인 접근과 복부 질환에 대한 병리학 지식은 원인을 식별하는 데 도움이 될 것이다.

체크포인트

26. 노화와 함께 발생하는 일반적인 소화계통의 변화를 확인하시오.

책 뒷면에 있는 파란색 정답 탭을 참조.

16-10 소화계통은 다른 신체 계통과 광범위하게 통합되어 있다

학습목표 소화계통과 다른 계통 간의 상호작용에 대해 설명한다.

소화계통은 기능적으로 다른 계통과 연결되어 있다. 신경, 심혈관, 내분비 및 림프계와 광범위한 해부학적 연결을 가지고 있다. 또한 소화관은 다양한 호르몬을 생산하는 내분비 기관이라는 것을 확인했다.

지식 쌓기 참조: 소화계통이 지금까지 제시된 다른 신체 계통과 어떻게 통합되는지 p. 644에 나와 있다. 그것은 소화계통과 피부, 뼈대, 근육, 신경, 내분비, 심혈관, 림프 및 호흡 계통 사이의 주요 기능 관계를 보여준다. 소화계통은 심혈관계통과 광범위한 구조적 및 기능적 연결을 가지고 있다는 점을 기억하자.

체크포인트

27. 지금까지 제시된 소화계통과 다른 계통 간의 기능적 관계를 확인하시오.
28. 심혈관계통과 관련된 소화계통의 기능을 나열하시오.

책 뒷면에 있는 파란색 정답 탭을 참조.

지식 쌓기
소화계통이 지금까지 제시된 다른 신체 계통과 어떻게 통합되는지 알아보자.

외피계통 Integumentary System

- 칼슘과 인의 흡수에 필요한 비타민 D_3 제공한다.
- 소화계통은 피부아래 지방세포에 의해 저장되는 지질을 제공한다.

뼈대계통 Skeletal System

- 뼈대계통은 소화관의 일부를 지지 및 보호하며, 치아는 음식물의 기계적 작용에 사용된다.
- 뼈 바탕질 안에서 사용하기 위한 칼슘과 인산염 이온를 소화계통에서 흡수; 황색골수에서 저장하기 위한 지질을 제공한다.

심혈관계통 Cardiovascular System

- 심혈관계통은 소화관의 호르몬을 분배; 영양소, 물, 이온들을 흡수된 장소에서 운반; 영양소와 독소를 간으로 전달한다.
- 소화계통은 정상적인 혈액량을 유지하기 위해 액체를 흡수; 비타민 K 흡수; 간에서 헴 분비(빌리루빈으로), 혈액 응고 단백질을 합성한다.

호흡계통 Respiratory System

- 호흡계통은 호흡근의 수축으로 가슴 및 배 압력을 증가시켜 배변에 도움을 준다.
- 소화계통은 제한된 흡기와 호기를 통해 가로막에 반대하여 소화기관으로 압력을 생성한다.

16

근육계통 Muscular System

- 근육계통은 배 공간 내의 소화기관을 보호하고 지지하며, 소화관의 입구와 출구를 제어한다.
- 소화계통은 혈당 및 지방산 수치를 조절하고 활성근육에서 나온 젖산을 간에서 대사한다.

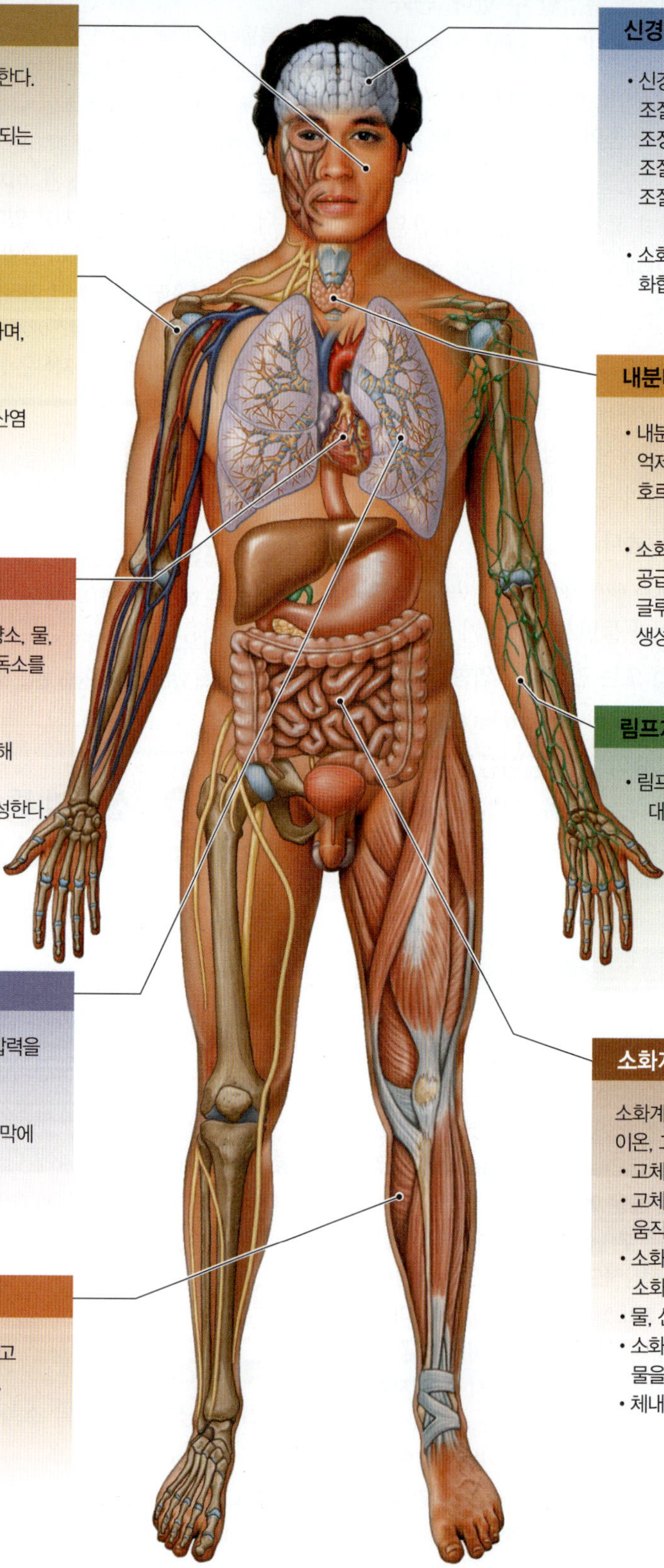

신경계통 Nervous System

- 신경계통은 자율계통과 함께 움직임과 분비를 조절; 반사작용은 소화관을 따라 물질들의 통로를 조정; 뼈대근육에 대한 조절은 섭취와 배변을 조절; 시상하부는 배고픔, 포화, 그리고 먹는 것을 조절한다.
- 소화계통은 신경전달물질 합성에 필수적인 화합물을 제공한다.

내분비계통 Endocrine System

- 내분비계통은 조임근의 수축과 소화 활동을 억제하는 에피네프린과 노르에피네프린을 생성; 호르몬은 소화관을 따라 활동을 조정한다.
- 소화계통은 내분비세포에 영양분과 기질을 공급하고, 이자의 내분비세포는 인슐린과 글루카곤을 분비하며, 간은 안지오텐시노겐을 생성한다.

림프계통 Lymphatic System

- 림프계통은 소화관에서 흡수된 감염과 독소에 대한 방어; 림프관은 흡수된 지질들을 혈액으로 운반하여 순환시킨다.
- 소화계통은 병원균에 대한 선천적(비특이적) 방어를 제공하는 산과 효소를 분비한다.

소화계통 Digestive System

소화계통은 모든 세포에 필요한 유기물, 비타민, 이온, 그리고 물을 공급한다. 그것은:

- 고체 및 액체 물질을 체내로 섭취
- 고체 물질을 기계적으로 처리하여 소화관의 움직임 및 화학적 파괴를 용이하게 함
- 소화관에서 음식물을 더 작은 조각으로 소화(화학적으로 분해)
- 물, 산, 효소 및 완충액을 소화관에 분비
- 소화 상피에 걸쳐 작은 유기 분자, 이온, 비타민 및 물을 흡수
- 체내에서 축적된 노폐물 배출

관련 임상 용어

이완불능증(achalasia): 식도하부 조임근의 수축으로 인해 위에 도달하지 못할 때 나타나는 질환이다.

쓸개염(cholecystitis): 쓸개돌에 의한 쓸개관 또는 온쓸개관이 막힘으로 인한 쓸개의 염증이다.

담석증(cholelithiasis): 쓸개에 쓸개돌이 있는 증상이다.

잘록창자절제술(colectomy): 잘록창자의 전부 또는 일부를 제거하는 방법이다.

대장내시경(colonoscope): 길고 유연한 관형 광섬유 기기를 이용하여 큰창자 내부를 검사한다.

잘록창자창냄술(colostomy): 잘록창자절제술 후 절단된 잘록창자 끝을 체벽에 개구하여 부착하는 방법이다.

식도염(esophagitis): 식도의 염증이다.

위장염(gastroenteritis): 위와 장 내에 염증이 있으며, 구토와 설사가 특징이며 세균 독소, 바이러스 감염 또는 다양한 독극물로 인해 발생한다.

위장병학(gastroenterology): 소화계통의 질병과 장애에 대해 연구하는 학문.

염증창자질환(궤양성 대장염, (inflammatory bowel disease, ulcerative colitis): 소화관의 만성 염증으로 가장 일반적으로 잘록창자에 영향을 미친다.

복강경검사(laparoscopy): 내장, 조직 채취 및 제한된 수술 절차를 직접 시각화할 수 있도록 유연한 광섬유 기기를 이용하여 복벽을 통해 시행한다.

간 생검(liver biopsy): 앞 복벽을 통해 긴 바늘을 삽입하여 간 조직을 직접 채취한다.

천공성 궤양(perforated ulcer): 위산이 소화관 벽을 통해 침식되어 내용물이 배 공간 안으로 들어가는 위험한 궤양이다.

치주질환(periodontal disease): 세균의 활동을 통해 생성된 산들에 의한 치주인대의 침식으로 인해 치조 내의 치아가 흔들리는 현상을 말한다.

복막염(peritonitis): 배막 안의 염증.

폴립(polyps): 점막으로부터 튀어나온 돌기 및 작은 덩어리로 일반적으로 양성이다.

16 복습

요약

16-1 소화계통—소화관과 부속 기관—을 통해 다양한 음식물 처리 기능을 수행한다 p. 606

1. 소화계통은 근육의 **소화관(digestive tract)**과 다양한 **부속 기관(accessory organs)**으로 구성되어 있다(**그림 16-1**).
2. 소화관에는 입안, 인두, 식도, 위, 작은창자, 큰창자, 곧창자 및 항문이 포함되며, 부속 기관에는 치아, 혀, 침샘, 간, 이자 및 쓸개가 포함된다(**그림 16-1**).
3. 소화 기능에는 **섭취(ingestion)**, **기계적 작용(mechanical processing)**, **소화(digestion)**, **분비(secretion)**, **흡수(absorption)** 및 **배설(excretion)**이 포함된다.
4. 상피와 결합조직 아래 **고유층**(*lamina propria*)은 소화관의 **점막(mucosa)**을 형성한다. 더 깊이 이동하면 **점막밑(submucosa)**, **바깥근육(muscularis externa)**과 치밀 결합조직의 층인 **바깥막**(*adventitia*)이 있다. 배막 공간 안의 내장은 바깥근육층의 **장막(serosa)**에 덮여 있다(**그림 16-2**).
5. **창자간막(mesenteries)**은 두 겹의 장막으로 소화관의 일부를 붙잡아 주고 있다.
6. 바깥근육인 민무늬근의 신경자극은 자발적으로 조절할 수 없다.
7. 바깥근육은 **연동운동(peristalsis)**의 수축을 통해 음식물을 소화관으로 이동시킨다. 소화물질은 작은창자 부위에서 뒤틀리는 **분절(segmentation)**운동이 일어난다(**그림 16-3**).

16-2 입안에는 혀, 침샘 및 치아가 있으며 각각의 기능을 가지고 있다 p. 610

8. **입안(oral cavity)**의 기능은 (1) 음식물의 감각 분석, (2) 치아, 혀 및 입천장 표면에 의한 기계적 처리, (3) 점액 및 침 분비물과 혼합하여 음식물 윤활, (4) 탄수화물 및 지질의 소화를 제한한다.
9. **볼 공간(buccal cavity)** 또는 입안은 입안점막으로 둘러싸여 있다. **단단입천장(hard palate)**과 **물렁입천장(soft palate)**은 지붕을 형성하고 혀는 바닥을 형성한다(**그림 16-4**).
10. **혀(tongue)**의 주요 기능에는 (1) 기계적 처리, (2) 씹고 삼키는데 도움을 주는 작용, (3) 촉각, 온도감각, 미각을 감지한다.
11. **귀밑샘(parotid)**, **혀밑샘(sublingual)** 및 **턱밑샘(submandibular salivary glands)**은 분비물을 입안으로 배출한다. 침은 입을 윤활하고, 화학물질을 용해하고, 입안을 깨끗하게 하여 세균을 제어하는 데 도움이 된다(**그림 16-5**).
12. **치아(teeth)**의 반대쪽 표면에 접촉하여 **씹기(mastication)**를 발생한

다. **치주 인대(periodontal ligament)**는 각 치아를 이틀돌기에 고정시키며, **상아질(dentin)**은 치아의 기본 구조를 형성한다. 치아머리는 **법랑질(enamel)**로 덮여 있고, **뿌리(root)**는 **시멘트질(cementum)**로 덮여 있다(그림 16-6a).

13. 20개의 1차 치아 또는 **젖니(deciduous teeth)**는 성장을 통해 32개의 **간니(secondary dentition)**로 대체된다(그림 16-6b,c).

16-3 인두는 입안과 식도를 이어주는 통로이다 *p. 613*

14. **인두(pharynx)**는 고체 음식, 액체 및 공기를 위한 일반적인 통로 역할을 한다. 삼키는 동안 인두 근육 수축은 식도를 따라 위로 음식물을 밀어 넣는다.

15. **식도(esophagus)**는 가로막의 구멍인 **식도 틈새**(*esophageal hiatus*)를 통해 인두에서 위로 고체와 액체를 운반한다.

16. **삼킴(deglutition)**(연하) 작용은 **구강기(buccal)**, **인두기(pharyngeal)**, **식도기(esophageal phases)**로 나눌 수 있다. 연하는 한 번 삼킬 수 있는 **음식물(bolus)**의 압출, 인두로 이동, 후두의 상승, 후두덮개의 뒤로 접힘, 성대문의 닫힘에 의해 시작된다. 연동운동은 **식도 아래 조임**(*lower esophageal sphincter*)의 수축에 의해 음식물을 식도 아래쪽으로 이동시킨다(그림 16-7).

16-4 J자 모양의 위는 식도에서 음식덩이를 받아 화학적, 기계적 소화를 돕는다 *p. 614*

17. **위(stomach)**는 네 가지 주요 기능을 가지고 있다: (1) 섭취 한 음식의 저장, (2) 음식의 기계적 분해, (3) 산과 효소에 의한 화학적 작용, (4) 내인인자의 생성이다. **미즙(chyme)**은 위와 침 분비물이 음식과 혼합되어 위에서 형성된다.

18. 위의 네 부위는 **들문(cardia)**, **바닥(fundus)**, **몸통(body)**, **날문(pylorus)**이다. **날문 조임근(pyloric sphincter)**은 위에서 나가는 음식물을 막아준다. 이완된 상태에서 위 내벽에는 수많은 **주름(rugae)**이 있다(그림 16-8).

19. **위샘(gastric glands)** 안에서 **벽세포(parietal cells)**에서는 **내인인자(intrinsic factor)**와 염산을 분비한다. **으뜸세포(chief cells)**는 **펩시노겐(pepsinogen)**을 분비하며 위 안의 산은 효소 **펩신(pepsin)**으로 전환된다. 위샘 **G세포(G cells)**는 **가스트린(gastrin)** 호르몬을 분비한다.

16

20. 위 분비물에는 (1) 위가 섭취된 물질을 받도록 준비하는 **뇌 조절기(cephalic phase)**, (2) 위에 음식물이 도착하는 것으로 시작되는 **위 조절기(gastric phase)**, (3) 위 배출 속도를 제어하는 **창자 조절기(intestinal phase)**로 나누어져 있다(집중 조명 그림 16-10).

16-5 작은창자는 영양소를 소화시키고 흡수한다 *p. 620*

21. **작은창자(small intestine)**는 **샘창자(duodenum)**, **빈창자(jejunum)**, **돌창자(ileum)**로 구성되어 있다. 조임근인 **돌막창자 판막**(*ileocecal valve*)에 의해 작은창자와 큰창자의 경계를 만들어준다(그림 16-11).

22. 장내 점막에는 **가로 돌림주름(circular folds)**과 **융모(villi)**라고 하는 작은 돌기가 있다. 두 구조 모두 흡수를 위해 표면적을 증가시킨다. 각 융모에는 **암죽관(lacteal)**이라고 하는 림프모세혈관이 있다(그림 16-12).

23. 작은창자의 바깥근육에 있는 민무늬근세포는 자극 없이 주기적으로 수축하여 관을 따라 물질을 천천히 이동시키는 짧은 국소 연동운동이 만들어진다. 더 광범위한 연동운동은 **위장**(*gastroenteric*)과 **위돌창자 반사**(*gastroileal reflexes*)에 의해 일어난다.

24. 장내 샘은 **장액(intestinal juice)**, 점액 및 호르몬을 분비한다. 장액은 미즙을 촉촉하게 하고, 산을 완충하며 소화효소와 소화 생성물을 용해시킨다.

25. 장내 호르몬에는 **가스트린(gastrin)**, **세크레틴(secretin)**, **콜레시스토키닌(cholecystokinin, CCK)** 및 **위억제펩티드(gastric inhibitory peptide, GIP)**가 포함된다(그림 16-13; 표 16-1).

26. 중요한 소화 및 흡수 기능의 대부분은 작은창자에서 일어난다. 소화효소와 완충액은 이자와 간에서 생성된다.

16-6 이자, 간, 쓸개는 작은창자의 소화 과정을 돕는다 *p. 625*

27. **이자관(pancreatic duct)**은 샘창자 벽을 관통하여 **이자(pancreas)**의 분비물을 전달한다(그림 16-14a).

28. **이자꽈리(pancreatic acini)**에서 끝나기 전에 외분비샘 관은 반복으로 나뉘어진다(그림 16-14b,c).

29. 이자는 내분비 기능(인슐린과 글루카곤을 혈액으로 분비)과 외분비 기능(물, 이온 및 소화효소를 작은창자로 분비)을 모두 가지고 있다. 이자효소에는 **탄수화물분해효소(carbohydrases)**, **지질분해효소(lipases)**, **핵산분해효소(nucleases)** 및 **단백질분해효소(proteases)**가 포함된다.

30. 이자 외분비세포는 샘창자의 호르몬 지시에 반응하여 수분이 많은 **이자액(pancreatic juice)**을 생성한다. 미즙이 작은창자에 도착하면 세크레틴과 CCK가 방출된다.

31. 세크레틴의 방출은 미즙의 pH를 증가시키는 완충액(주로 중탄산나트륨)을 포함하며 이자 생성물 촉진에 관여한다. CCK는 이자를 자극하여 **이자 아밀라아제(pancreatic amylase)**, **이자 지질분해효소(pancreatic lipase)**, 핵산분해효소 및 여러 단백질 분해효소, 특히 **트립신(trypsin)**, **키모트립신(chymotrypsin)** 및 **카르복시펩티다아제(carboxypeptidase)**를 생성하고 분비한다.

32. 신체에서 가장 큰 내장 기관인 **간(liver)**은 200가지 이상의 기능을 수행하고 있다.

33. 간은 크기가 다른 4개의 엽으로 구성되어 있다: **왼(left)엽**, **오른**

(right)엽, 꼬리(caudate)엽 및 네모엽(quadrate lobes)(그림 16-15).

34. **간 소엽(liver lobule)**은 장기의 기본 기능단위이다. 혈액은 간동맥 및 간문맥의 가지에 의해 소엽에 공급되며 소엽 내에서 혈액은 **간문맥**(*sinusoids*)을 통해 **간세포**(*hepatocytes*)를 지나 **중심 정맥(central vein)**으로 흐른다. **쓸개모세관(bile canaliculi)**은 쓸개즙을 중심정맥에서 쓸개관 쪽으로 운반한다(그림 16-16).

35. 각 소엽의 쓸개관은 합해져서 **온간관(common hepatic duct)**이 되며 **쓸개관(cystic duct)**과 만나 **온쓸개관(common bile duct)**으로 샘창자와 결합하여 비워진다(그림 16-17a).

36. 간은 대사 및 혈액학적 조절을 수행하고 **쓸개즙(bile)**을 생성한다(표 16-2).

37. **쓸개(gallbladder)**는 쓸개즙을 저장하고 농축하여 샘창자에 방출한다. 콜레시스토키닌(CCK)에 의한 자극은 **쓸개이자관팽대조임근(hepatopancreatic sphincter)**을 이완시켜 쓸개즙이 샘창자로 들어가게 한다(그림 16-17b).

16-7 큰창자는 크게 세 부분으로 나누어진다 *p. 634*

38. **큰창자(large intestine)**의 주요 기능은 (1) 물을 재흡수하고 대변을 압축하고, (2) 세균에 의해 만든 비타민을 흡수하고, (3) 배변 전에 대변을 저장하는 것이다. 큰창자는 막창자, 잘록창자와 곧창자 세 부분으로 구성된다(그림 16-22a).

39. **막창자(cecum)**는 돌창자로부터 받은 배설물을 수집 및 저장하고 압축과정을 시작한다. **막창자꼬리(appendix)**는 림프조직을 포함하며 림프계의 일부이다. 이것은 막창자에 붙어 있다.

40. **잘록창자(colon)**는 작은창자보다 직경이 크고 벽이 얇다. 그것은 **잘록창자 팽대(haustra)**와 **잘록창자 띠(teniae coli)**(근육의 3개의 세로 띠)를 가지고 있다.

41. **곧창자(rectum)**는 **항문관(anal canal)**에서 끝나며 **항문(anus)**으로 이어진다(그림 16-22b).

42. 큰창자는 물과 **비타민**(*vitamins*), **쓸개염**(*bile salts*), **유기폐기물**(*organic wastes*) 및 **독소**(*toxins*)와 같은 기타 물질을 재흡수하고 큰창자에 서식하는 세균은 장내 가스 또는 **이자염**(*flatus*)의 원인이 된다.

43. 위와 샘창자의 확장은 가로잘록창자에서 곧창자로 물질의 연동운동 또는 배설물 **덩어리의 이동**(*mass movements*)을 자극한다. 근육 조임근은 배설물이 항문으로 통과하는 것을 제어한다. 곧창자 벽의 팽창은 **배변반사**(*defecation reflex*)를 유발하며 정상적인 상황에서는 **바깥항문조임근(external anal sphincter)**이 자발적으로 이완되지 않으면 대변이 방출되지 않는다.

16-8 소화는 영양소의 흡수와 사용을 가능하게 하는 음식물의 화학적 변화이다 *p. 638*

44. 소화계통은 먼저 섭취한 물질의 물리적 구조를 분해한 다음 소화효소는 **가수분해**(*hydrolysis*)라는 과정을 통해 물질을 더 작은 조각으로 분해한다(집중 조명 그림 16-25; 표 16-3).

45. 아밀라제는 복합 탄수화물을 **이당류**(*disaccharides*)와 **삼당류**(*trisaccharides*)로 분해한다. 상피 표면의 효소는 이러한 분자를 **단당류**(*monosaccharides*)로 분해하여 촉진되고 확산한 후 수송을 통해 장내 상피에 흡수된다(집중 조명 그림 16-25).

46. **트리글리세라이드**(*triglycerides*)는 쓸개염과 상호작용하여 **미포(micelles)**를 형성하는 지질 방울로 유화된다. 이자 리파아제의 작용으로 인해 지방산과 모노글리세라이드는 장내 상피를 가로 질러 미소결정 입자로 확산된다. 장내 세포는 새로운 트리글리세리드를 합성한다. 이들은 림프계통을 통해 일반 순환으로 이동하기 위해 간질액으로 방출되는 **킬로미크론(chylomicrons)**으로 포장된다(집중 조명 그림 16-25).

47. 단백질 소화는 위의 낮은 pH와 효소 펩신, 작은창자의 다양한 이자 프로테아제를 포함한다. 펩티다제는 장내 상피에 의해 흡수되어 간질액으로 방출되는 아미노산을 활성화시킨다(집중 조명 그림 16-25).

48. 약 2000 mL의 물이 매일 섭취되고, 소화 분비물은 또 다른 7,000 mL를 제공한다. 약 150 mL의 물을 제외한 모든 물은 삼투현상을 통해 재흡수된다.

49. 다양한 과정을 통해 이온을 이동(나트륨, 칼슘, 염화물, 중탄산염 등)시킨다.

50. **지용성 비타민(fat-soluble vitamins)**은 지방 방울 안에 들어 있고 지질 소화의 생성물과 함께 흡수된다. **수용성 비타민(water-soluble vitamins)**(B_{12} 제외)은 소화 상피에 쉽게 흡수된다.

16-9 나이와 관련된 많은 변화들이 소화 및 흡수에 영향을 준다 *p. 642*

51. 나이와 관련된 소화계통의 변화로는 상피 줄기세포 분열 감소로 인해 상피가 얇아지고 약해지며, 근육량 감소로 수축력이 떨어져 복합적인 손상에 영향을 주며, 암 발생 증가, 탈수 증가 등이 있다.

16-10 소화계통은 다른 신체 계통과 광범위하게 통합되어 있다 *p. 643*

52. 소화계통은 신경, 심혈관, 내분비 및 림프계와 광범위한 구조 및 기능적 연결을 가지고 있다.

복습 문제

책 뒷면에 있는 파란색 정답 탭을 참조.

단계 1 사실 및 용어 검토

A열의 각 항목을 B열의 가장 밀접하게 관련된 항목에 맞게 빈칸에 적절한 답을 적으시오.

A열	B열
_____ **1.** 날문 조임근(Pyloric sphincter)	**a.** 이중 장액막 층
_____ **2.** 간세포(Liver cells)	**b.** 소화관을 따라 물질 이동
_____ **3.** 내인인자(Intrinsic factor)	**c.** 샘창자로 가는 미즙의 흐름 조절
_____ **4.** 창자간막(Mesentery)	**d.** 소화관의 근육 활동 증가
_____ **5.** 으뜸세포(Chief cells)	**e.** 녹말 소화
_____ **6.** 입천장(Palate)	**f.** 소화관의 근육 활동 억제
_____ **7.** 벽세포(Parietal cells)	**g.** 비타민 B_{12} 흡수 도움
_____ **8.** 부교감신경 자극(Parasympathetic stimulation)	**h.** 입안 지붕
_____ **9.** 교감신경 자극(Sympathetic stimulation)	**i.** 펩시노겐
_____ **10.** 연동운동(Peristalsis)	**j.** 염산 생성
_____ **11.** 쓸개즙(Bile salts)	**k.** 간세포
_____ **12.** 침아밀라제(Salivary amylase)	**l.** 지방의 유화작용

13. 큰 분자의 기본 구성요소로의 효소분해를 무엇이라 하는가?
(a) 흡수
(b) 분비
(c) 기계적 작용
(d) 화학적 작용

14. 소화기관의 활동은 다음의 무엇에 의해 조절되는가?
(a) 호르몬 과정
(b) 국소 과정
(c) 신경 과정
(d) a, b, c 다 맞음

15. 체벽의 안쪽 표면을 이루는 복막의 층은?
(a) 내장 복막
(b) 벽측 복막
(c) 큰 그물망
(d) 작은 그물망

16

16. 위장의 단백질 소화는 주로 무엇에 의해 이루어지는가?
(a) 간세포
(b) 벽세포
(c) 으뜸세포
(d) 술잔세포

17. 다음 그림에서 소화계통의 구조에 맞은 명칭을 쓰시오.

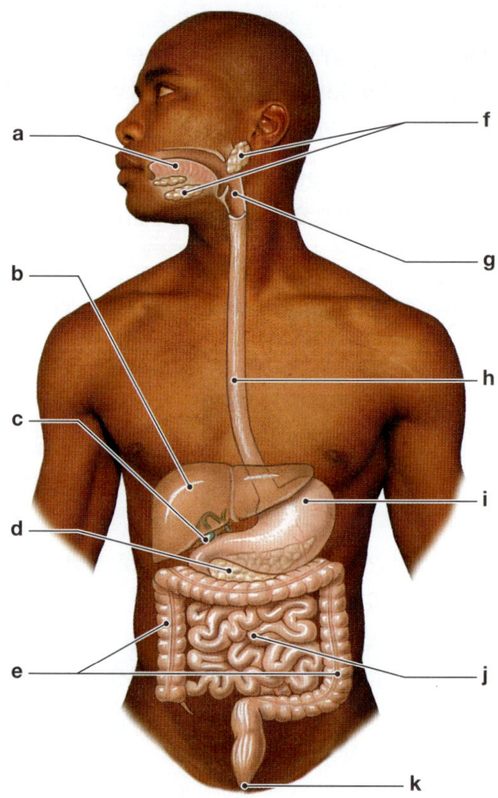

(a) ______________ (b) ______________
(c) ______________ (d) ______________
(e) ______________ (f) ______________
(g) ______________ (h) ______________
(i) ______________ (j) ______________
(k) ______________

18. 위의 영양소 소화와 흡수에 가장 중요한 역할을 하는 부분은?
(a) 큰창자 **(b)** 작은창자
(c) 위 **(d)** 막창자와 잘록창자

19. 이자 효소의 분비 및 생산을 자극하는 샘창자 호르몬은?
(a) 펩시노겐 **(b)** 가스트린
(c) 세크레틴 **(d)** 콜레시스토키닌

20. 간에서 제공하는 필수 기능으로 옳은 것은?
(a) 대사 조절 **(b)** 혈액학적 조절
(c) 쓸개즙 생산 **(d)** a, b, c 다 맞음

21. 다음 그림에서 소화관의 4개 층에 명칭을 작성하시오.

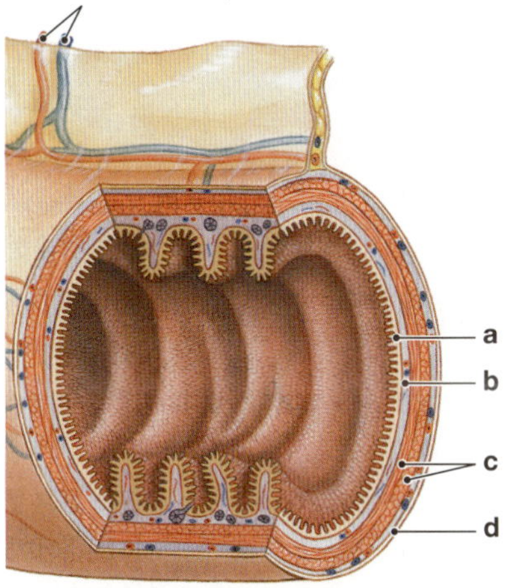

(a) ______________
(b) ______________
(c) ______________
(d) ______________

22. 쓸개에서 샘창자로 쓸개즙 방출은 어느 자극에서만 유발되는가?
(a) 콜레시스토키닌
(b) 세크레틴
(c) 가스트린
(d) 펩시노겐

23. 큰창자의 주요 기능으로 옳은 것은?
(a) 물의 재흡수 및 대변 압축
(b) 세균 작용에 의해 생성된 비타민의 흡수
(c) 배변 전 배설물 보관
(d) a, b, c 다 맞음

24. 곧창자로 비워지는 잘록창자 부위는?
(a) 오름잘록창자 **(b)** 내림잘록창자
(c) 가로잘록창자 **(d)** 구불잘록창자

25. 주요 소화 기능은 무엇인가?

26. 소화관 점막의 가로(원형) 또는 세로 주름의 기능은 무엇인가?

27. 얕은 층(내강에서 가장 가까운 안쪽 층)에서 깊은 층(가장 바깥쪽 층)까지 진행하는 소화관의 층을 설명하시오.

28. 입안(볼)의 주요 기능 네 가지는 무엇인가?

29. 네 가지 유형의 치아는 각각 입안에서 어떤 기능을 하나?

30. 작은창자의 어떤 세 부위가 음식의 소화와 흡수에 관여하는가?

31. 이자, 간, 쓸개의 주요 소화 기능은 무엇인가?

32. 큰창자의 주요 세 가지 기능은 무엇인가?

33. 소화계통에서 나이와 관련된 여섯 가지 어떤 변화가 발생하나?

단계 2 개념 검토

34. 개인적으로 혀주름띠가 너무 제한적이라면?
(a) 음식을 맛보기가 어렵다.
(b) 제대로 삼킬 수 없다.
(c) 혀의 움직임을 제어할 수 없다.
(d) 정상적으로 먹거나 말할 수 없다.

35. 분비의 위 단계는 다음의 어디에서 시작되는가?
(a) 위의 팽창
(b) 위 내용물의 pH 증가
(c) 위장에 소화되지 않은 물질의 존재
(d) a, b, c 다 맞음

36. 샘창자의 pH 감소는 어떤 분비에 의해 이루어지는가?
(a) 세크레틴 **(b)** 콜레시스토키닌
(c) 가스트린 **(d)** a, b, c 다 맞음

37. 연동운동과 분절운동의 결과가 어떻게 다른지 설명하시오.

38. 위는 어떻게 소화과정을 촉진하고 돕는가?

39. 위 분비물이 3단계로 발생하는 동안 어떤 일들이 일어나는지 설명하시오.

단계 3 비판적 사고 및 임상 적용

40. 담석증 환자 중에는 이자염이 있는 사람도 있다. 어떻게 이런 일이 일어날 수 있는지 설명하시오.

41. Barb는 크론병을 앓고 있는데, 크론병은 유전적인 근거가 있다고 생각되지만, 실제 원인은 아직 밝혀지지 않았다. 병이 악화되면 복통, 체중감소, 빈혈 등이 나타난다. 장의 어느 부분이 관여되어 있으며, 그녀의 징후와 증상의 원인은 무엇인가?

16

17

대사와 에너지학
Metabolism and Energetics

학습목표

학습목표는 각 장에 대해 학습한 후 무엇을 할 수 있어야 하는지를 알려주는 것이다. 각 절의 학습목표는 다음과 같다.

17-1 대사와 에너지를 정의하고, 세포가 새로운 유기화합물을 합성해야 하는 이유를 설명한다.

17-2 해당작용, 구연산 회로, 전자전달계의 기본 단계 설명하고, 해당작용과 세포호흡의 에너지 에너지를 얻는 과정을 요약한다.

17-3 지질 대사와 관련된 경로를 설명하고, 지질 운반 및 분배 과정을 요약한다.

17-4 단백질 대사와 에너지원으로서 단백질의 사용에 대해 설명한다.

17-5 핵산 대사와 에너지원으로서 핵산의 제한적인 사용에 대해 논의한다.

17-6 무엇이 균형 잡힌 식단을 구성하는지, 왜 그러한 식단이 중요한지 설명한다.

17-7 대사율을 정의하고, 개인의 BMR을 결정하는 것과 관련된 요소들을 설명 후, 일정한 체온을 유지하는 항상성 과정에 대해 논의한다.

17-8 나이에 따른 영양 요구량의 변화를 설명한다.

영양(Nutrition)과 대사(Metabolism) 소개

당신이 식사로부터 얻는 영양소의 양과 종류는 매우 다양하다. 우리 몸은 탄수화물이나 지질과 같은 영양소가 풍부할 때 에너지 비축량을 증가시키고, 영양분이 부족할 때 비축해 둔 에너지를 동원한다. 내분비와 신경계는 신체 조직의 대사 활동을 조정하고 조직화한다. 또한 이러한 에너지 비축량의 저장 및 동원을 제어한다. 이 장에서, 영양소가 몸 안에 들어오면 어떤 일이 일어나는지를 설명한다.

지식 쌓기

음식은 보통 단순한 분자들이 서로 얽힌 복잡한 사슬이라는 것을 떠올려라. (**16장: 소화계통** 참조) 전형적인 식이 탄수화물에서 기본 분자는 단당류이다. 단백질 구성요소는 아미노산이며, 지질의 구성요소는 지방산이다. 탄수화물 분해 효소(carbohydrase), 프로테아제, 리파아제와 같은 소화효소는 가수분해 과정에서 복잡한 음식 분자의 화학적 결합을 파괴한다.

17-1 물질대사는 신체의 모든 화학반응을 가리키며, 에너지학은 에너지의 흐름과 변화를 가리킨다

학습목표 물질대사와 에너지학을 정의하고, 세포가 새로운 유기화합물을 합성해야 하는 이유를 설명한다.

세포는 에너지를 얻기 위해 유기 분자를 분해하는 화학 공장으로 비유할 수 있다. 세포는 이 에너지를 신체의 가장 중요한 고에너지 화합물인 아데노신삼인산(ATP, 이하 ATP)을 생성하는 데 사용한다. 사립체 내의 화학반응은 전형적인 세포가 필요로 하는 에너지의 대부분을 제공한다. 에너지를 생산하기 위해서, 인체의 세포들은 반드시 산소와 영양분을 얻어야 한다. 허파는 산소를 흡수하고, 소화관은 영양분을 흡수한다. **영양소(nutrient)**는 물, 비타민, 무기질, 탄수화물, 지질, 단백질과 같은 필수 물질을 포함한다. 심혈관계는 산소와 영양소를 몸 전체의 세포에 공급한다.

사립체는 세포 성장, 세포 분열, 수축, 분비, 그리고 다른 기능을 위한 에너지를 제공하기 위해 유기 영양소를 분해한다. 각각의 세포 조직은 서로 다른 세포군을 포함하기 때문에, 성긴결합조직(loose connective tissue)과 심장 근육과 같은 서로 다른 두 조직의 에너지 및 영양 요구 사항은 상당히 다를 수 있다.

신체의 물질대사는 세포, 조직, 그리고 장기가 활동 수준을 바꿀 때 변화가 필요하다. 우리의 에너지 및 영양 요구 사항은 순간마다(휴식 대 활동), 시간마다(잠자는 시간 대 깨어 있는 시간), 그리고 해마다(어린이 대 성인) 달라질 수 있다. 에너지 필요 사항을 이해하는 것은 **에너지학(energetics)**의 일부이며, 에너지의 흐름과 한 형태에서 다른 형태로의 변화에 대한 연구이다.

대사(metabolism)는 신체의 모든 화학반응을 말한다. 세포 대사(*cellular metabolism*)는 세포 내의 화학반응을 말한다. 세포 대사는 세포의 항상성을 유지하고, 세포가 필수적인 기능을 수행하는 데 필요한 에너지를 제공한다. **그림 17-1**은 세포 대사에 관련된 과정의 개요를 제공한다. 아미노산, 지질, 그리고 단당류는 세포막을 가로질러 세포질에 이미 존재하는 다른 영양소들과 결합한다. 세포의 모든 대사작용은 유기 구성요소들의 영양소(*nutrient pool*)에 의존한다.

유기 분자의 분해는 **분해대사(이화작용, catabolism)**라고 불린다. 이 과정은 ATP 또는 다른 고에너지 화합물을 합성하는데 사용될 수 있는 에너지를 방출한다. 분해대사는 일련의 단계로 진행된다. 일반적으로, 첫 단계는 효소가 큰 유기 분자를 작은 조각으로 분해하는 세포질에서 일어난다. 탄수화물은 짧은 탄소 사슬로 분해된다. 트리글리세리드(triglyceride)는 지방산과 글리세롤로 나뉘고, 단백질은 개별적인 아미노산으로 분해된다.

이러한 준비 과정에서 ATP를 비롯한 작은 분자들이 형성된다. 그러나 추가적인 분해대사 반응은 사립체가 흡수하고 처리할 수 있는 더 작은 유기 분자를 만들어낸다. 사립체 활동은 상당한 양의 에너지를 방출한다. 사립체 효소가 이 분자들의 공유 결합을 파괴하면서, 방출된 에너지의 약 40%를 포획한다. 포획된 에너지는 아데노신이인산(ADP)을 아데노신삼인산(ATP)로 변환하는 데 사용된다. 나머지 에너지는 세포 내부와 주변 조직을 따뜻하게 하는 열로 빠져나간다.

합성대사(동화작용, anabolism)는 새로운 유기 분자의 합성이다. 합성대사는 새로운 화학 결합의 형성에 관여한다. 사립체에 의해 생성된 ATP는 합성대사와 다른 세포 기능을 지원하는 에너지를 제공한다.

그림 17-1 세포 대사. 세포는 사이질액(interstitial fluid)으로부터 유기 분자를 얻고 사립체에서 분자를 분해하여 ATP를 생산한다. 분해대사를 통해 방출되는 에너지의 약 40%만이 ATP에 저장되고, 나머지는 열로 사라진다. 분해대사에 의해 생성된 ATP는 합성대사를 포함한, 모든 중요한 세포 활동에 에너지를 공급한다.

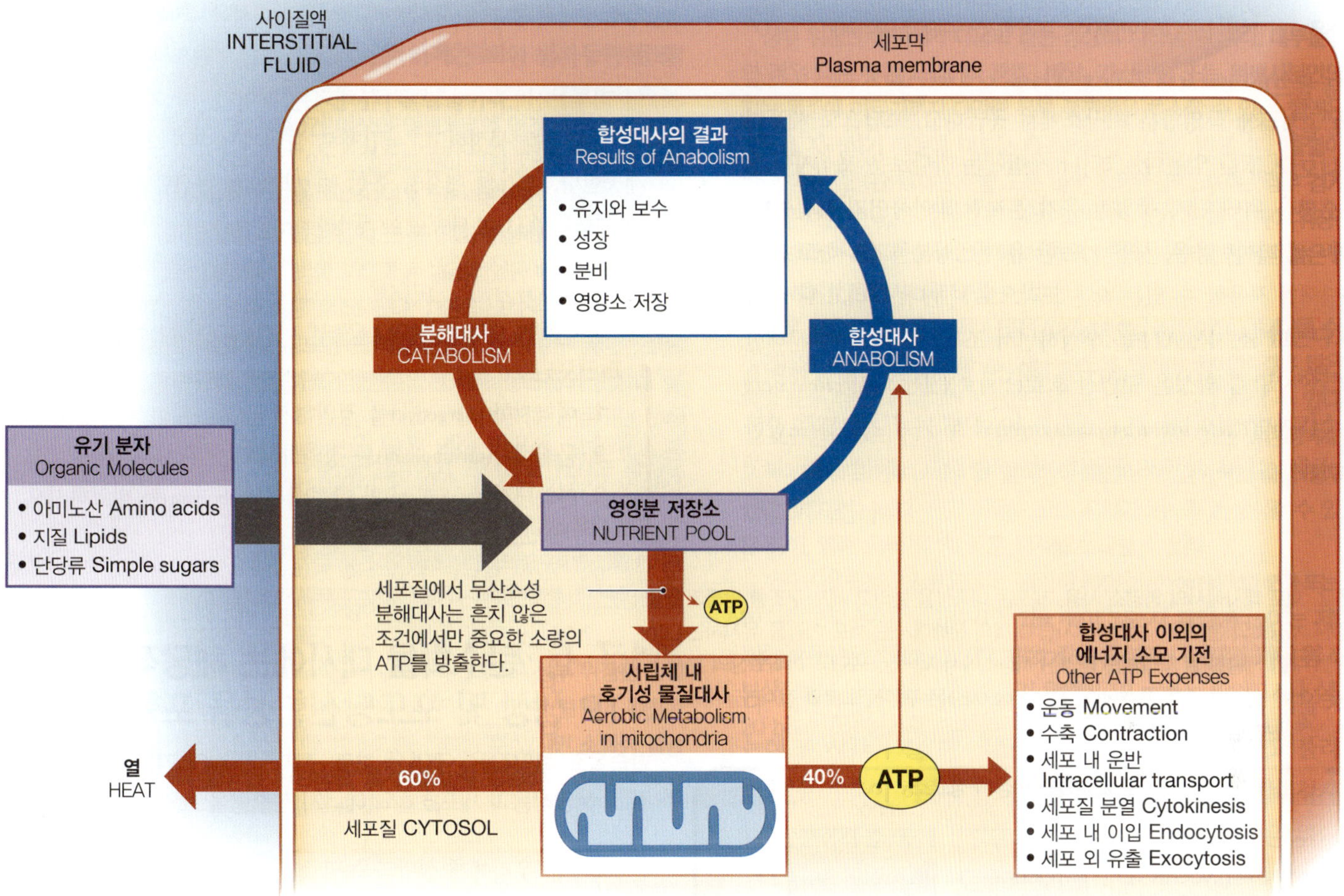

섬모나 세포 이동, 수축, 능동수송, 세포 분열과 같은 이러한 기능들은 세포마다 다르다. 예를 들면, 근육 섬유는 수축을 위한 에너지를 제공하기 위해 ATP가 필요하고, 샘세포는 분비물을 합성하고 운반하기 위해 ATP가 필요하다.

세포는 다음의 네 가지 기본적인 이유로 새로운 유기 성분을 합성한다.

1. **구조적 유지와 손상된 부분 수리(*To carry out structural maintenance and repairs*).** 대부분 세포의 구조는 영구적이지 않고 임시적이다. 세포의 제거와 교체는 **물질대사 전환(metabolic turnover)** 과정의 일부이다.
2. **세포 성장 지원(*To support growth*).** 세포분열을 준비하는 세포들의 크기를 증가시키고, 여분의 단백질과 세포소기관을 합성한다.
3. **분비물 생산(*To produce secretions*).** 분비 세포들은 생산물을 합성해서 세포사이액으로 전달해야 한다.
4. **영양분 저장(*To store nutrient reserves*).** 대부분의 세포는 "비 오는 날"에 대비한다. 응급상황, 극단적인 활동 또는 혈류에서의 불충분한 영양 공급을 대비하기 위해 영양분을 준비한다. 세포는 필요에 따라 동원될 수 있는 형태로 영양분을 저장하여 비상상황에 대비한다. 예를 들어, 근육 세포는 글리코겐의 형태로 포도당을 저장하고, 지방세포(adipocytes)는 트리글리세리드에 지방산을 저장한다. 간세포는 글리코겐과 트리글리세리드를 모두 저장한다.

영양분 저장소는 분해대사와 합성대사를 위한 유기 분자의 공급자이다(그림 17-1). 세포는 새로운 화합물을 만드는 데 필요한 물질을 보존하고, 나머지는 분해하는 경향이 있다. 세포는 지속적으로 세포막, 세포소기관, 효소, 그리고 단백질 구조를 교체한다. 이러한 합성대사 활동은 지질보다 더 많은 아미노산을 필요로 하고, 탄수화물은 거의 필요로 하지 않는다. 그러나 에너지를 방출하는 분해대사는 이러한 유기 분자들을 역순으로 처리하는 경향이 있다. 일반적으로, 과도한 탄수화물, 지질, 아미노산을 가진 세포가 에너지를 필요로 할 때, 가장 먼저 탄수화물을 분해한다. 지질은 에너지원으로 두 번째로 분해되고, 아미노산은 다른 에너지원이 있다면 좀처럼 분해되지 않는다.

사립체는 세포의 활동에 쓰이는 에너지의 대부분을 제공한다. 사실상, 세포는 사립체를 영양분 저장소에서 공급하고, 보답으로 세포가 필요로 하는 ATP를 얻는다. 그러나 사립체는 까다로운 포식자이다. 에너지 생산을 위해 단지 특정한 유기 분자만 받아들이기 때문이다. 세포질에서의 화학반응은, 사용 가능한 유기 영양분을 섭취하고 그것들을 사립체가 사용할 수 있는 작은 조각으로 나눈다. 그리고 나서 사립체는 이산화탄소, 물, ATP를 생성하면서 조각들을 더 작게 분해한다. 이러한 사립체 활성은 **구연산 회로**(삼카르복실산 회로, *citric acid cycle*)와 **전자전달계**(*electron transport system*)의 두 가지 경로를 포함한다(**그림 17-2**).

그림 17-2 세포 대사에서의 영양소 사용. 세포는 비축량을 늘리고 세포 구조를 만들기 위해 영양분 저장소의 분자를 사용한다. 사립체 내의 분해대사는 세포 기능을 유지하는 데 필요한 ATP를 제공한다. 사립체는 영양분 저장소에서 지방산, 포도당, 아미노산의 분해로 생성된 작은 탄소 사슬을 흡수한다. 작은 탄소 사슬은 구연산 회로와 전자전달계에 의해서 더 작은 분자로 분해된다.

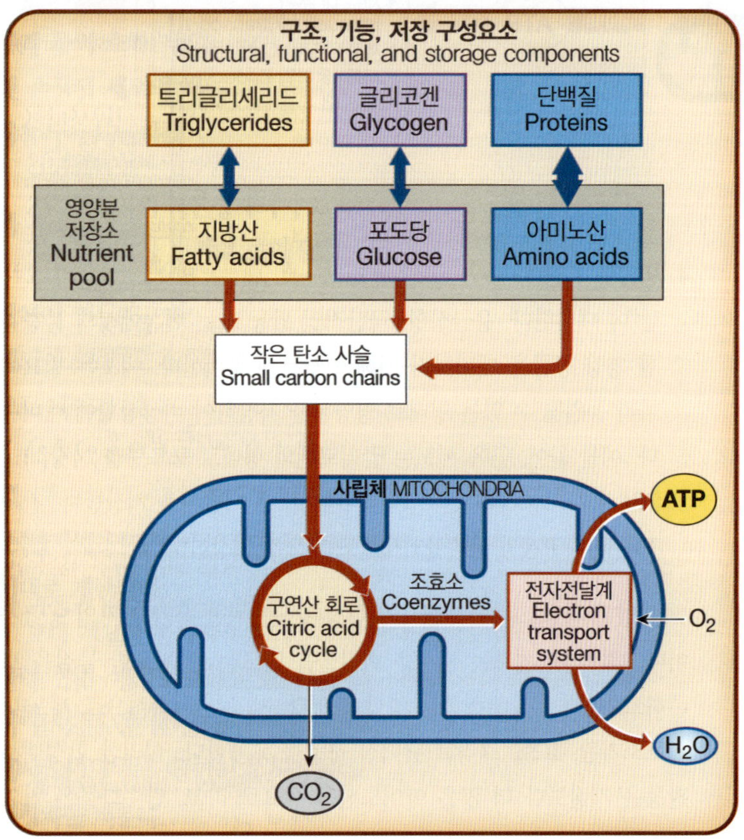

지식 쌓기

체내 세포들이 세포질에서 혐기성(산소가 필요 없는) 물질대사를, 사립체에서 호기성(산소가 필요한) 물질대사를 통해 ATP를 생성한다는 것을 떠올려라(**7장: 근육계통** 참조). 해당작용은 포도당이 피루브산(pyruvate)으로 분해되는 것이다. 이 과정은 적은 양의 ATP를 생성하고, 사립체로 들어가는 피루브산 분자를 제공한다. 호기성 대사를 통한 피루브산의 완전한 분해는 체내 세포의 ATP의 대부분을 생성한다.

체크포인트

1. 에너지학(energetics)을 정의하시오.
2. 물질대사(metabolism)를 정의하시오.
3. 분해대사(catabolism)와 합성대사(anabolism)를 비교하시오.

책 뒷면에 있는 파란색 정답 탭을 참조.

17-2 탄수화물 대사에는 해당작용, ATP 생성 및 포도당신합성을 포함한다

학습목표 해당작용, 구연산 회로, 전자전달계의 기본 단계를 설명하고, 해당작용과 세포호흡의 에너지 산출량을 요약한다.

탄수화물은 우리에게 설탕과 녹말로 가장 잘 알려져 있다. 탄수화물은 세포 활동에 있어 중요한 에너지원이다. 대부분의 세포는 탄수화물, 특히 포도당을 분해하여 ATP와 다른 고에너지 화합물을 생산한다. 탄수화물의 화학반응을 다음과 같이 요약할 수 있다.

$$\underset{\text{포도당}}{C_6H_{12}O_6} + \underset{\text{산소}}{6O_2} \longrightarrow \underset{\text{이산화탄소}}{6CO_2} + \underset{\text{물}}{6H_2O}$$

이 전체적인 반응을 **세포 호흡(cellular respiration)**이라 부른다. 포도당의 분해는 일련의 작은 단계로 발생한다. 몇 가지 단계는 아데노신이인산(ADP)을 아데노신삼인산(ATP)으로 전환시키는 데 도움을 주는 충분한 에너지를 방출한다. 포도당 한 분자의 완전한 분해대사는 일반적인 세포에 30~32개의 ATP 분자를 제공한다.

대부분의 ATP 생산은 사립체 내부에서 일어나지만, 첫 단계는 세포질에서 발생한다. **해당작용**(*glycolysis*)이란, 사립체가 포도당을 흡수하고, 사용할 수 있는 더 작은 분자로 분해하는 것을 말한다(7장 참조). 해당작용은 산소가 필요 없기 때문에 **혐기성**(*anaerobic*)이라 한다. 그 다음 단계는 사립체 내부에서 일어난다. 이 반응들은 산소를 소모하기 때문에 **호기성**(*aerobic*)'이라 한다. ATP 생성을 담당하는 사립체 활동은 **호기성 대사**(**aerobic metabolism**)라 말한다. (세포 호흡과 호기성 물질대사라는 용어는 종종 상호 호환 가능한 것으로 간주하지만, 세포 호흡은 혐기성 반응과 호기성 반응을 모두 포함한다.)

해당작용 Glycolysis

해당작용(**glycolysis**, a loosening)은 포도당이 **피루브산**(*pyruvic acid*)으로 분해되는 과정이다. 이 과정에서 일련의 효소 단계는 6탄소 포도당 분자($C_6H_{12}O_6$)를 두 개의 3탄소 피루브산 분자($CH_3-CO-COOH$)로 분해한다. 세포 내부의 정상적인 pH에서, 각 피루브산 분자는 수소 이온을 잃고 음전하 이온($CH_3-CO-COO^-$)으로 존재한다. 이 이온화된 형태를 **피루브산**(**pyruvate**)이라 한다.

해당작용은 (1) 포도당 분자, (2) 적절한 세포질 효소, (3) ATP 및 ADP, (4) **NAD**(**n**icotinamide **a**denine **d**inucleotide), 수소 원자를 제거하는 조효소를 필요로 한다. 조효소(*coenzymes*)는 보통 비타민에서 파생된 유기 분자이며, 효소 반응이 일어나기 위해 존재해야 한다. 이 네 가지 요소 중 하나라도 빠지면, 해당작용은 일어나지 않는다.

해당작용의 기본 과정이 **그림 17-3**에 요약되어 있다. 이 반응 과정에서, 2개의 피루브산으로 전환된 각 포도당 분자가 순이익으로서 2

그림 17-3 해당작용. 세포의 세포질 내에서, 해당작용은 6탄소 포도당 분자를 2개의 3탄소 피루브산으로 분해하는 일련의 효소 단계를 포함한다. 각 포도당 분자는 2개의 피루브산 분자로 전환되어 2개의 ATP분자 순이익을 생산한다.

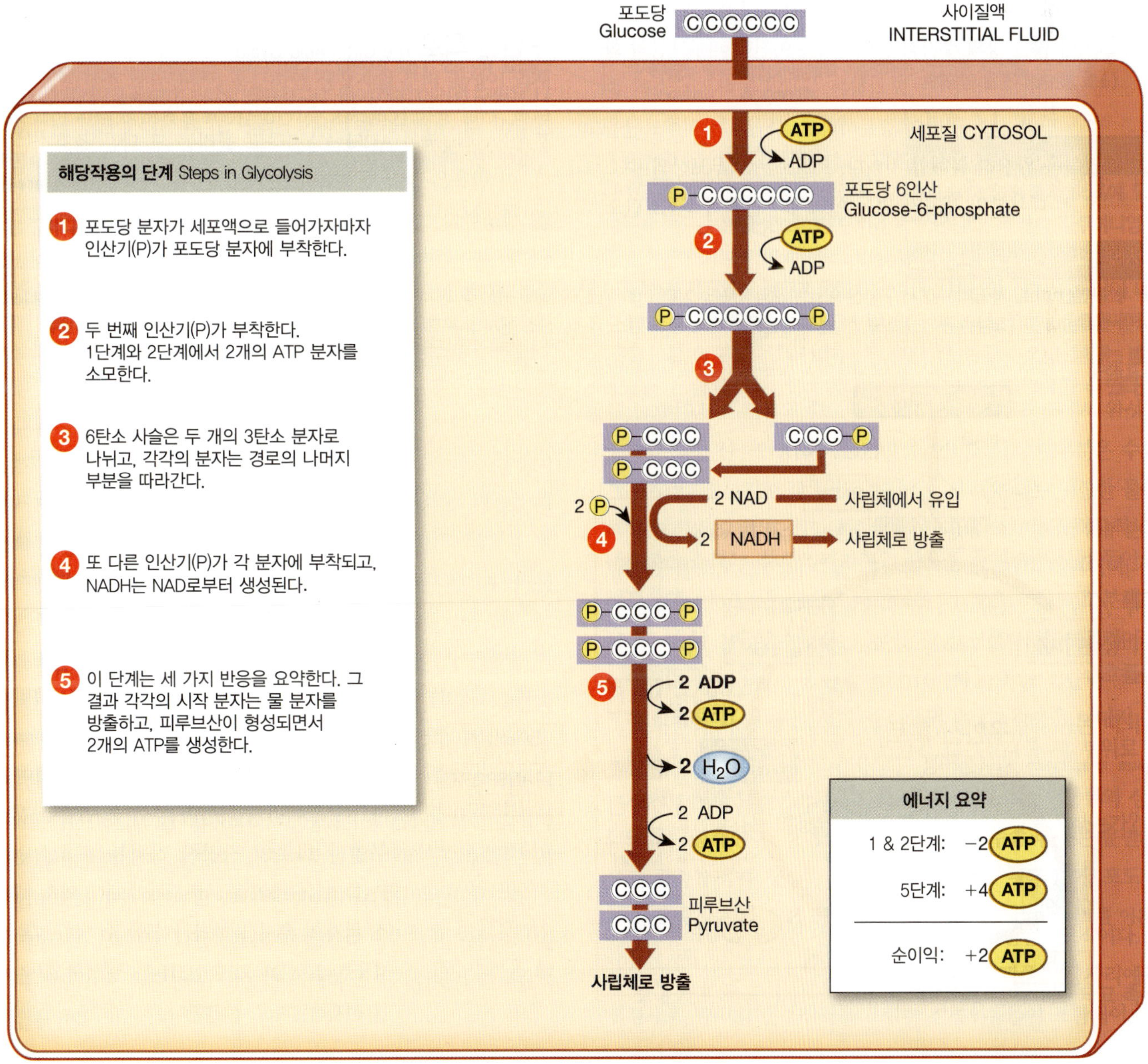

개의 ATP 분자를 생산한다. 또한 다른 고에너지 화합물인 두 개의 NADH 분자도 생성한다.

적혈구와 같은, 몇몇 고도로 특화된 세포들은 사립체가 부족하기에 해당작용에서 모든 ATP를 끌어온다. 뼈대근 섬유는 활동적인 수축 기간 동안, 에너지 생산을 위해 해당작용에 의존한다. 대부분의 세포는 해당작용에서 유일하게 제공되는 적은 양의 ATP를 사용하여 저산소증(낮은 산소 수준)의 짧은 기간 동안 생존할 수 있다. 그러나 산소가 손쉽게 이용 가능할 때, 사립체 활동이 필요한 ATP 세포의 대부분을 제공한다.

사립체 내 에너지 생산

Energy Production within Mitochondria

해당작용은 세포에 대해 즉각적으로 두 개의 ATP 분자 순이익을 만들어낸다. 그러나 많은 양의 추가적인 에너지는 여전히 피루브산의 화학 결합에 저장된다. 그 에너지를 포착하는 세포의 능력은 산소의 존재에 달려 있다. 만약 산소 공급이 충분하다면, 사립체는 피루브산을 흡수하고 그것들을 완전히 분해할 것이다. 조효소는 피루브산의 수소 원자를 제거하고, 대부분의 세포가 얻는 에너지의 근원이 된다. 탄소와 산소 원자는 제거되고 이산화탄소로 방출된다.

우리는 이중 세포막이 사립체를 둘러싸고 있는 것을 기억해야 한다. 외부막은 이온과 피루브산과 같은 작은 유기 분자가 투과할 수 있는 성질을 가진다. 이러한 물질들은 외부막과 내부막 사이의 막간 공간으로 쉽게 들어갈 수 있다. 내부막의 운반 단백질은 막간 공간으로부터 사립체 기질로 피루브산을 운반한다.

일단 사립체 안으로 들어가면, 각 피루브산 분자는 **구연산 회로(citric acid cycle)**라는, 일련의 효소 반응을 유도하는 반응에 참여한다(**그림 17-4**). 이 반응 과정은 또한 **트리카르복실산**(*tricarboxylic acid, TCA*) **회로**(*cycle*) 및 **크렙스 회로**(*Krebs cycle*)라고 한다. 일반적으로 구연산 회로라는 용어를 사용하는데, 이는 구연산이 결합조직의 첫 번째 기본 물질이기 때문이다. 구연산 회로의 역할은 유기 분자로부터 수소 원자를 제거하고, 조효소로 옮기는 것이다.

구연산 회로 The Citric Acid Cycle

사립체에서 피루브산 분자는 복합반응에 참여하는데, 이는 NAD 및 **조효소**(*coenzyme*) A(또는 *CoA*)라고 불리는 또 다른 조효소를 포함한다. 이 반응은 각각 이산화탄소, NADH 및 **아세틸-CoA(acetyl-CoA)**를 생성한다. 아세틸-CoA는 조효소 A에 결합된 2탄소 아세틸기(*acetyl group*) (CH_3CO)로 구성된다. 아세틸기가 CoA에서 4탄소 분자로 전달되면, **구연산**이라는 6탄소 분자가 생성된다.

그림 17-4 구연산 회로. 사립체 내에서 구연산 회로는 해당작용(및 기타 이화 경로)에 의해 생성된 피루브산 분자를 분해한다. 이 그림은 구연산 회로 한 번의 완전한 회전을 통해 탄소, 수소, 산소 원자의 분포를 보여준다.

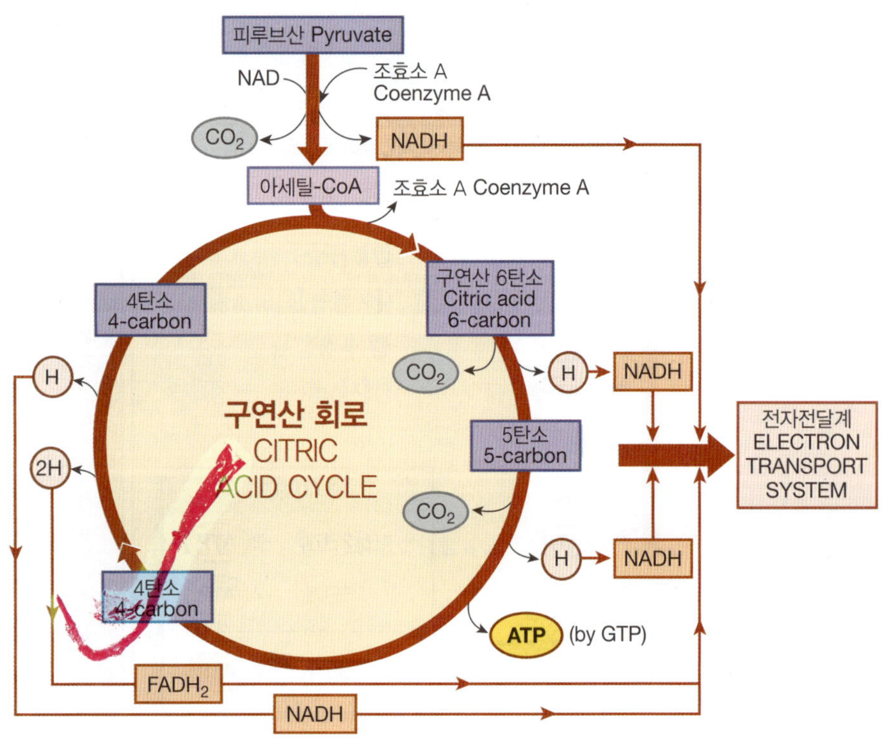

구연산이 생성되면, CoA가 방출되어 다른 아세틸기와 결합한다. 구연산 회로의 완전한 회전은 추가된 두 개의 탄소 원자를 제거하며, 초기 4탄소 분자를 다시 만들어낸다. [이것이 이 반응 과정을 회로(*cycle*)라 부르는 이유이다.] 제거된 두 개의 탄소 원자는 대사 폐기물인 이산화탄소 두 분자의 일부가 되며, 아세틸기의 수소 원자는 조효소에 의해 제거된다.

구연산 회로가 한 번 회전하면, 즉각적으로 *GTP*(구아노신삼인산, *guanosine triphosphate*)의 단일 분자를 만들어내며, 이는 유일한 이점이기도 하다. 이 고에너지 화합물은 쉽게 ATP로 전환된다. 구연산 회로의 진정한 가치는 조효소 NAD와 **FAD**(**f**lavine **a**denine **d**inucleotide)에 의해 제거된 수소 원자의 운명을 따라가면 알 수 있다. 두 개의 조효소는 NADH와 $FADH_2$를 형성하고 수소 원자를 전자전달계로 전달한다.

17

전자전달계 The Electron Transport System

전자전달계(electron transport system, 이하 **ETS)**은 사립체 내부막에 내장된다(**집중 조명 그림 17-5**). ETS는 4개의 세포호흡 단백질 복합체(I~IV), **조효소**(*coenzyme*) Q, 일련의 **시토크롬**(*cytochrome*) 분자(*b*, *c*, *a* 및 *a*3)로 이루어진 전자전달계로 구성된다. 시토크롬은 철분을 함유한 혈색소 색소를 가진 단백질이다. ETS는 ATP를 직접 생산하지 않지만, ATP 생산에 필요한 조건을 만든다.

구연산 회로의 수소 원자는 ETS로 온전하게 들어가지 않고, 고에너지 전자만 ETS로 들어간다. 그들의 양성자는 사립체 기질로 방출된다. ETS를 따라 이동하는 전자들은, 조효소 Q와 시토크롬 분자의 전자 전달 사슬을 따라 통과할 때 에너지를 방출한다.

그림 17-5의 빨간색 선은 전자의 경로와 목적지를 보여준다. NADH로부터 나온 것들은 세포호흡 단백질 복합체 I에서 조효소 Q로 간다. $FADH_2$의 전자는 세포호흡 단백질 복합체 II의 ETS로 들어가 조효소 Q로 전달된다. 결과적으로, NADH에 의해 운반된 전자는 $FADH_2$에 의해 운반된 전자보다 더 높은 에너지 수준에서 ETS로 들어간다. 두 경로의 전자는 전자전달사슬의 첫 번째 시토크롬(*b*)을 포함한 세포호흡 단백질 복합체 III에서 조효소 Q를 전달받는다. 세포호흡 단백질 복합체 IV 내에서, 시토크롬 *c*가 전자들을 추가적인 시토크롬으로 운반한다.

각 단계에서 방출되는 에너지는 세포호흡 단백질 복합체 I, III 및 IV에서 수소 이온 펌프를 구동한다. 이 펌프는 수소 이온을 사립체 기질에서 외부막과 내부막 사이의 공간(두 사립체 막 사이)으로 이동시킨다. 이 펌프질은 내부 막을 가로질러 수소 이온의 큰 농도경사를 생성하고, ADP를 ATP로 변환하는 에너지를 제공한다.

농도경사가 있음에도, 수소 이온은 지질이 용해되지 않기 때문에 기질로 확산될 수 없다. 하지만 내부막의 수소 이온 채널은 H^+가 기질에 진입할 수 있게 한다. 이러한 이온 채널과 결합된 단백질은 ATP 신타아제(*ATP synthase*)라고 불리는 막 효소를 구성한다. 지나가는 수소 이온의 운동에너지는 ADP에 인산기를 부착하여 ATP를 형성하는 데 사용된다. 이 전반적인 과정은 **화학삼투작용(chemiosmosis)**이라고 불리며, ATP의 화학적 형성과 막을 통한 운반을 연결하는 용어이다. ETS의 끝에서 산소 원자는 세포호흡 단백질 복합체 IV로부터 두 개의 전자를 받아들이고, 두 개의 수소 이온과 결합하여 물 분자를 형성한다.

전자전달계는 ATP를 생성하는 가장 중요한 과정이다. 우리의 세포를 살아 있게 하는 데 필요한 ATP의 95%를 공급하기 때문이다. 사립체 활동의 속도를 멈추거나 늦추는 것은 세포를 죽일 것이다. 만약 세포의 산소 공급이 끊긴다면, ETS가 전자를 따라 통과할 수 없기 때문에 사립체 ATP 생산이 중단될 것이다. 사슬의 마지막 반응이 멈추면, 마치 색이 바랜 다리에 멈춰 있는 차량 행렬처럼 ETS 전체가 정지한다. ETS가 멈추면, NADH와 $FADH_2$는 수소 원자를 떨어뜨릴 수 없기 때문에 구연산 회로 또한 활동을 중단한다. 영향을 받은 세포는 에너지 부족으로 빠르게 죽는다. 만약 많은 세포들이 영향을 받는다면, 사람은 죽을지도 모른다.

해당작용과 세포호흡의 에너지 생산

Energy Yield of Glycolysis and Cellular Respiration

대부분의 세포에서, ATP를 생성하는 주요 방법은 포도당으로 시작해서 이산화탄소와 물로 끝나는 완전한 반응 경로이다. **그림 17-6**은 에너지 획득과 관련한 과정을 요약한다.

- 세포질에서 해당작용이 진행되는 동안, 세포는 피루브산으로 분해된 각 포도당 분자에 대하여 2개의 ATP 분자와 2개의 NADH 분자를 얻는다.
- 사립체 내에서, 각 포도당 분자로부터 파생된 2개의 피루브산 분자는 구연산 회로에서 완전히 분해된다. ATP 분자를 생성하는, 구연산 회로 2회전은 두 개의 추가 ATP 분자를 제공한다. 추가로 8개의 NADH와 2개의 $FADH_2$도 형성된다.
- 분해된 포도당의 각 분자에 대해, 총 10개의 NADH와 2개의 $FADH_2$는 내부 사립체 막의 전자전달계에 고에너지 전자를 전달한다. 전체적으로, 각 NADH는 2.5 ATP를 생성하며, 각 $FADH_2$는 1.5 ATP를 생성한다. 따라서 10개의 NADH는 25 ATP를 생성하며, 2개의 $FADH_2$는 3 ATP를 생성하니, 총 28 ATP를 생성한다. 해당작용에서 생성된 두 개의 ATP와, 구연산 회로로부터 생성된 두 개의 ATP를 더하면 총 32개의 ATP 분자가 생성된다. 이 총합은 세포가 해당작용 동안 형성된 두 개의 NADH로부터 사립체로 수소 원자를 운반하는 데 에너지를 소비하지 않는다고 가정한다. 서로 다른 운반 과정의 에너지 요구량이 다르기 때문에, 2개의 NADH를 운반하는 데 최대 2개의 ATP가 사용되는 것으로 추정한다. 이 2개의 ATP를 빼면 최소 총 30ATP가 남는다.

처리된 각 포도당 분자를 종합하면, 일반적인 세포는 30~32분자의 ATP를 얻는다. 그들 중 두 가지를 제외한 모든 것은 사립체 내에서 생산된다.

집중 조명 그림 17-5 전자전달계와 ATP 형성(Electron Transport System and ATP Formation)

유산소 ATP 생성의 마지막 단계는 NADH와 $FADH_2$에 의해 운반되는 고에너지 전자로부터 ATP 분자로 에너지를 전달하는 것이다. 이러한 에너지 전달은 **전자전달계(ETS)**에서 발생하며, 전자전달계는 사립체 내막에 위치한다.

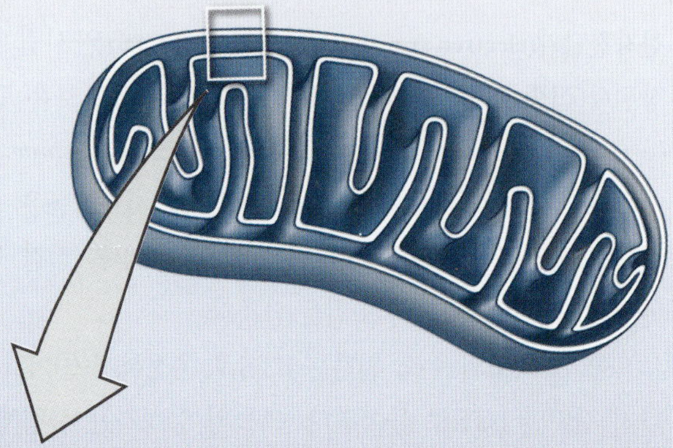

ETS는 4개의 세포호흡 복합체(I~IV), 조효소 Q, 시토크롬 분자의 전자전달계(*b*, *c*, a_3)로 구성된다. 시토크롬 c(*Cyt c*)를 제외하고, 이러한 분자들은 세포호흡 복합체 III 및 IV와 관련이 있다. NADH와 $FADH_2$에 의해 전달되는 수소 원자는 먼저 전자(e^-)와 양성자(H^+)로 분할된다. 고에너지 전자는 단백질 복합체를 따라 전달되고, 에너지가 일련의 작은 단계로 방출된다. 이 에너지는 H^+을 막간 공간으로 펌핑하는 데 사용된다. 그 결과 내막을 가로지르는 H^+ 농도 기울기가 발생한다. 이 H^+ 기울기는 ATP 신타아제를 통해 ATP를 생성하는 데 사용된다. 화살촉이 있는 빨간색 선은 전자의 경로와 목적지를 나타낸다.

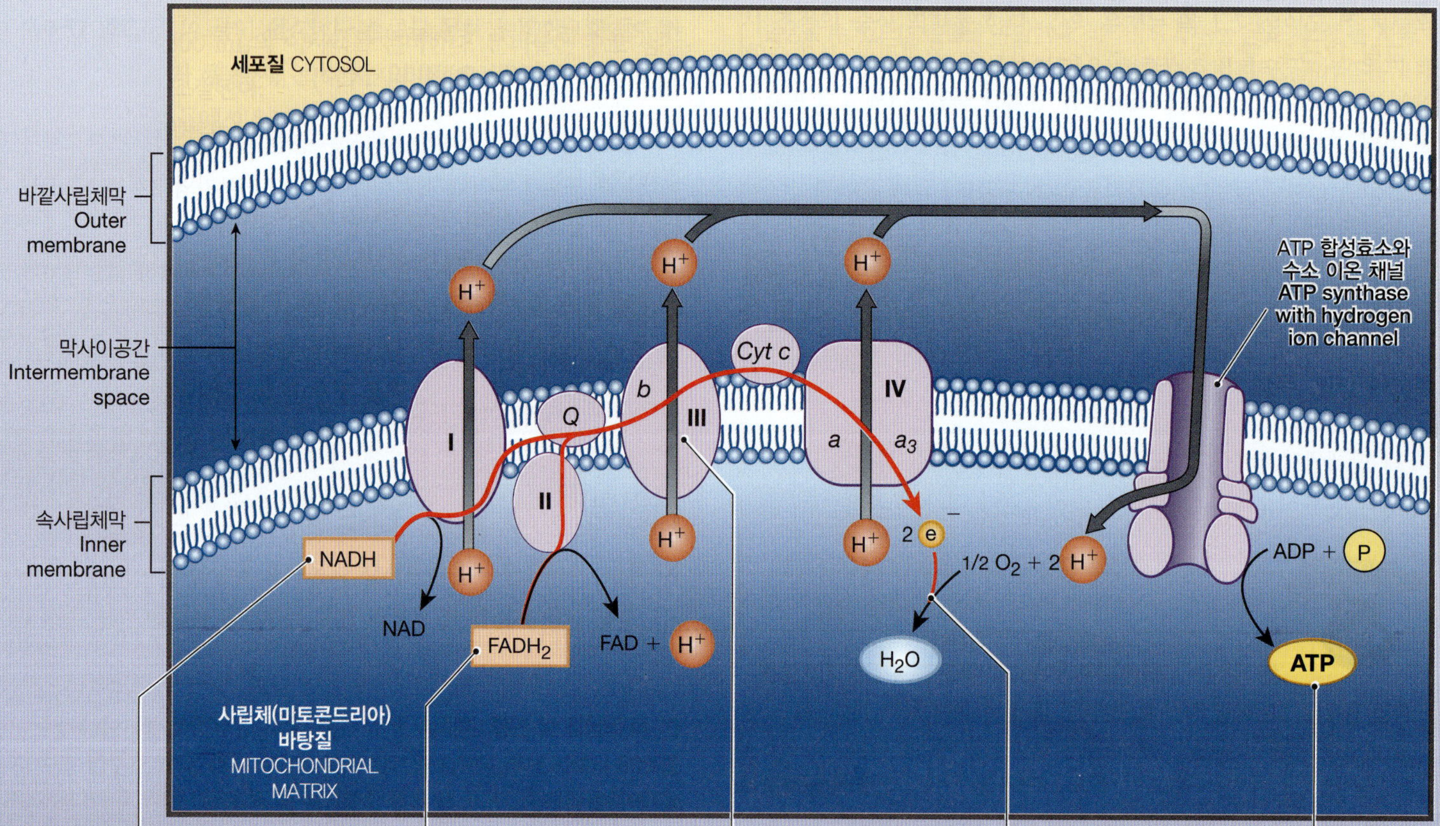

1 NADH의 전자는 세포호흡 복합체 I에서 조효소 Q로 전달된다. 전자에 의해 방출되는 에너지는 H^+을 기질에서 막사이 공간으로 펌프질하는 데 사용된다.

2 $FADH_2$로부터 나온 전자는 세포호흡 복합체 II로 전달되고, 그 다음 조효소 Q로 직접 전달된다.

3 전자는 조효소 Q에서 세포호흡 복합체 III로 전달된다. 더 많은 전자 에너지가 방출되고 H^+를 막사이 공간으로 펌프질하기 위해 사용된다.

4 세포호흡 복합체 IV로 전달되는 전자는 남아 있는 에너지를 방출하여 H^+를 막사이공간으로 펌프질한다. 전자들은 사립체 기질로 방출되고 산소, H^+와 결합하여 물 분자를 형성한다.

5 H^+은 수소 이온 채널을 통과하여 기질로 들어간다. 이 움직임은 ATP 신타아제 복합체가 ADP와 P를 ATP로 결합시키는 에너지를 제공한다.

그림 17-6 유산소 대사의 에너지 생산 요약. 해당작용에 의해 분해되는 각 포도당 분자는, 오직 두 개의 ATP(순) 분자를 생성한다. 그러나 해당작용, 아세틸-CoA의 형성, 구연산 회로 모두가 조효소 분자(NADH 또는 $FADH_2$ 분자)를 생성한다. 조효소로부터 나온 전자가 전자전달계를 통과할 때, 많은 ATP 분자가 추가로 생성된다. 구연산 회로도 두 개의 ATP 분자를 생성한다.

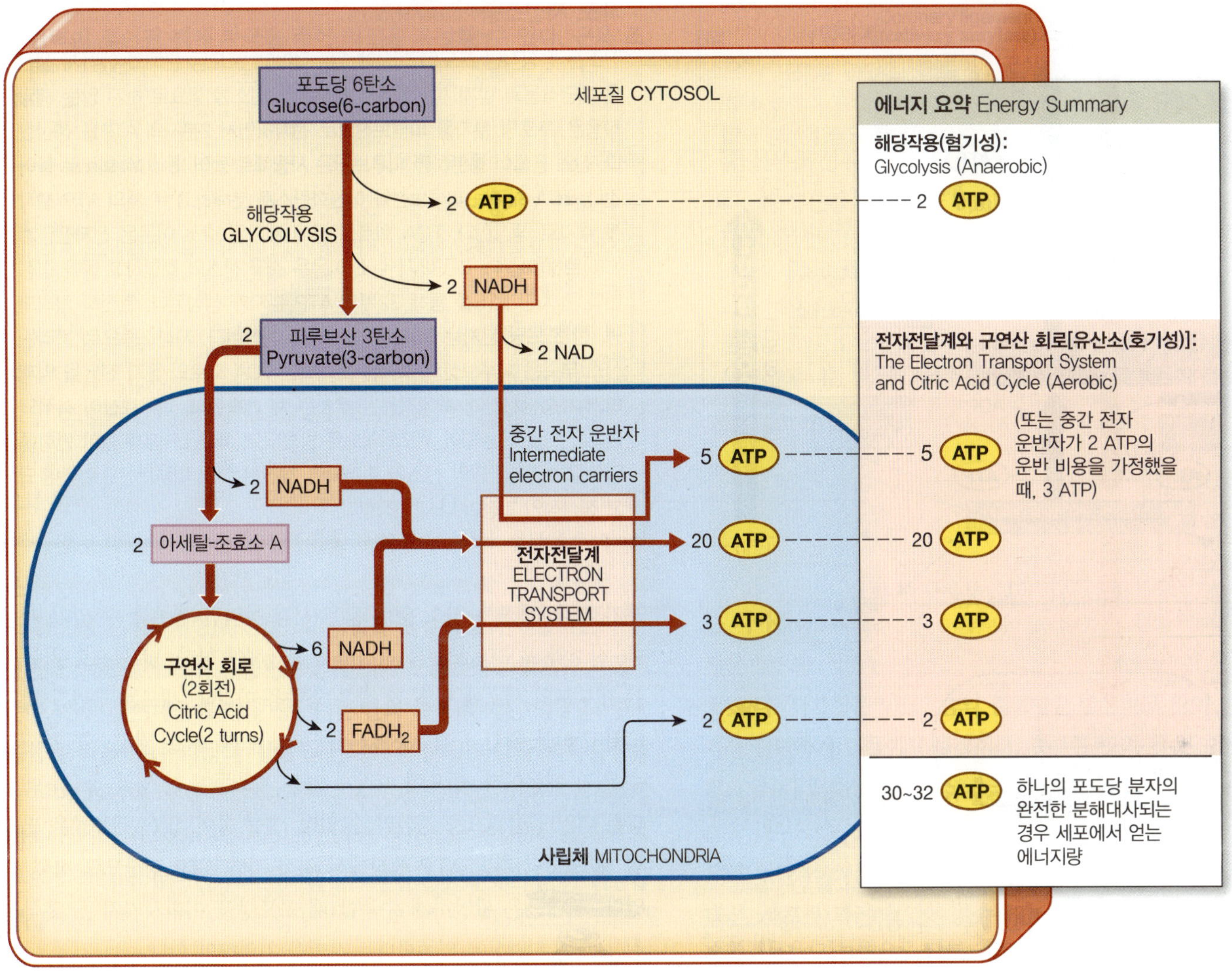

포도당신합성 Gluconeogenesis(Glucose Synthesis)

포도당의 분해 단계 또는 해당작용의 일부 단계는 되돌릴 수 없다. 이러한 이유로, 세포는 단순히 동일한 효소를 사용하며 해당작용의 단계를 거꾸로 돌려 포도당을 생성할 수 없다(**그림 17-7**). 해당작용과 포도당의 생산은 서로 다른 조절 효소를 필요로 한다. 결과적으로, 두 과정은 독립적으로 조절된다.

피루브산을 제외한 일부 3탄소 분자는 포도당을 합성하는 데 사용될 수 있다. 때문에, 세포는 다른 탄수화물, 젖산, 글리세롤 또는 일부 아미노산으로부터 포도당 분자를 생성할 수 있다. 그러나 세포는 포도당을 만들기 위해 아세틸-조효소 A를 사용할 수 없다. 피루브산과 아세틸-조효소 A 사이의 이산화탄소 분자(*decarboxylation*, 탈카복실화)를

임상노트

탄수화물 부하 Carbohydrate Loading

근육에 글리코겐이 많이 저장되면 지구력 운동의 성능이 향상된다. 장거리 달리기 선수, 사이클, 크로스컨트리 등 지구력이 필요한 운동 선수들은 경기 전 3일 동안 탄수화물이 풍부한 식사를 함으로써 글리코겐을 많이 얻으려 노력한다. 이러한 것을 탄수화물 부하라고 한다. 스웨덴, 호주, 남아프리카의 선행연구에서, 탄수화물 부하 전에 운동을 해서 탄수화물 저장소를 고갈시키려는 시도(탄수화물 고갈/부하)를 했다. 그 결과, 탄수화물 부하가 3일간의 휴식이나 최소한의 운동보다 덜 효과적이다. 생각보다 덜 강렬한 이 방법은 운동하는데 기분을 좋게 하고, 근육과 콩팥 손상의 위험을 줄여준다.

그림 17-7 탄수화물 대사. 이 흐름도는 해당작용과 포도당신합성 과정의 주요 경로를 제시한다. 일부 아미노산, 탄수화물, 젖산, 글리세롤은 포도당으로 전환될 수 있다.

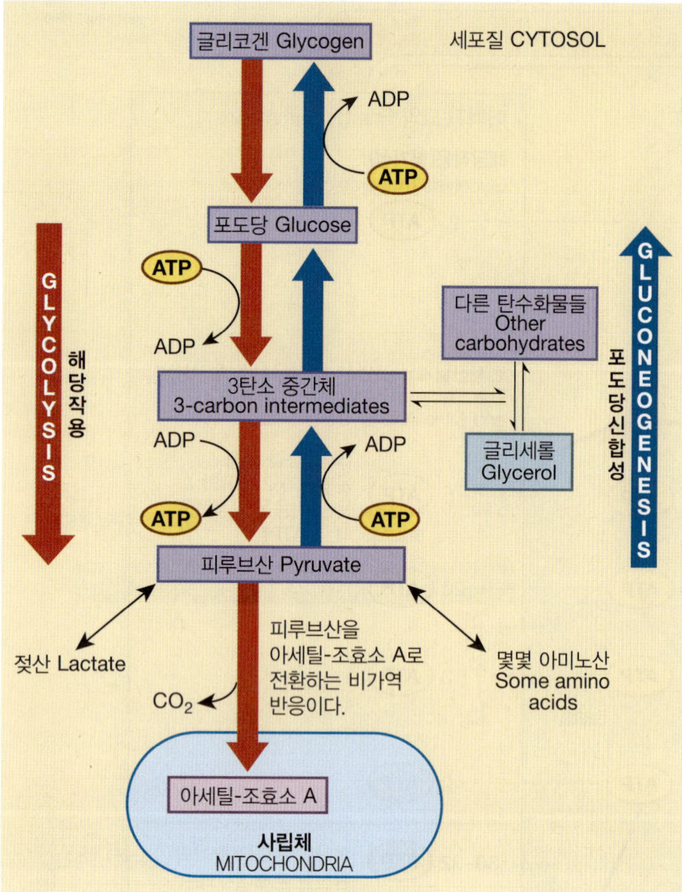

임상노트

세포 저산소증 Cellular Hypoxia

산소는 정상적인 포도당 대사에 필수적이다. 포도당 분해와 에너지 생산은 해당작용과 함께 세포질에서 시작된다. 산소를 필요로 하지 않는 해당작용은, 포도당 분자를 피루브산으로 전환하면서 2분자의 ATP를 생산한다. 산소 공급이 충분하면 피루브산은 사립체로 들어가, TCA 회로로 들어간다. TCA 회로는 피루브산을 이산화탄소로 분해하고 두 개의 ATP 분자를 추가로 생성한다. TCA 회로를 통해 제거된 수소 이온은 전자전달계(ETS)로 들어간다. 그곳에서 수소 이온은 결국 산소와 결합하고 물을 형성한다. 하지만 ETS를 통해 32개의 ATP 분자가 생성된다. 완전히 처리되면, 한 포도당 분자는 36분자의 ATP를 생산한다. 저산소증으로 불리는 산소 부족은 피루브산의 축적을 초래하는 TCA 회로와 전자 전달을 억제하거나 중단시킨다. 해당작용은 무시된 채 계속된다. 피루브산이 축적되면 젖산으로 전환되어 세포외액으로 방출되고, 체내 pH에 위험한 변화를 일으킬 수 있다. 만약 산소가 회복되면, 젖산은 다시 피루브산으로 전환되고 정상적인 과정이 다시 시작한다.

제거하는 반응은 되돌릴 수 없기 때문이다.

포도당신합성(gluconeogenesis)은 젖산, 글리세롤(지질로부터) 또는 일부 아미노산(단백질로부터)과 같은 비탄수화물 전구체 분자로부터 포도당을 합성하는 것이다. 지방산과 많은 아미노산은 그들의 분해가 아세틸-CoA를 생성하기 때문에 포도당신합성 과정에 사용될 수 없다.

포도당신합성 과정에 의해 형성된 포도당 분자는 다른 단당류, 복합 탄수화물 또는 핵산을 제조하는 데 사용될 수 있다. 간과 뼈대근에서, 포도당 분자는 **글리코겐(glycogen)**으로 저장된다. 글리코겐은 세포가 세포사이액으로부터 충분한 포도당을 얻을 수 없을 때, 분해될 수 있는 중요한 에너지 비축물이다. 글리코겐 분자는 크지만, 저장된 글리코겐은 소형의 불용성 과립을 형성하기 때문에 매우 적은 공간을 차지한다.

17

분해대사의 대체 경로 Alternate Catabolic Pathways

유산소 물질대사는 비교적 효과적이고 많은 양의 ATP를 생성할 수 있다. 이것은 정상적인 세포 대사의 기초가 되지만 한 가지 분명한 한계가 있다. 세포는 산소 없이 짧은 시간 동안만 생존할 수 있기 때문에, 산소와 포도당 모두를 적절하게 공급해야 한다. 낮은 포도당 농도는 대부분의 세포에 훨씬 더 작은 영향을 미친다. 세포는 구연산 회로(**그림 17-8**)를 위한 유기 분자를 제공하기 위해, 다른 영양소를 분해할 수 있기 때문이다. 필요에 따라서 많은 세포들이 한 영양 공급원에서 다른 영양 공급원으로 전환할 수 있다. 예를 들어, 많은 세포들은 필요할 때 포도당 기반 ATP 생산에서 지질 기반 ATP 생산으로 바뀔 수 있다. 뼈대근은 활발하게 수축할 때 포도당을 이화시키지만, 휴식을 취할 때는 지방산에 의존한다는 사실을 기억해야 한다.

세포는 지질이나 탄수화물을 이용할 수 없을 때만, 에너지를 위해 단백질을 분해한다. 세포 생존을 위한 효소와 기관들이 단백질로 구성되어 있기 때문이다. 핵산은 적은 양으로만 존재하며, 세포가 급성 기아로 죽어갈 때에도 에너지를 위해 이화되는 경우는 거의 없다. 이것 또한 세포핵의 DNA가 세포의 모든 구조적, 기능적 특성을 결정하므로 타당한 사실이다.

체크포인트

4. ATP 생성에 있어 구연산 회로의 주요 역할은 무엇인가?
5. 시안화수소(hydrogen cyanide gas)는 전자전달계 속 시토크롬 분자에 마지막으로 결합하는 치명적인 독이다. 이것이 세포 수준에서 어떤 영향을 미치는가?
6. 포도당신합성(gluconeogenesis)을 정의하시오.

책 뒷면에 있는 파란색 정답 탭을 참조.

그림 17-8 분해대사의 대체 경로.

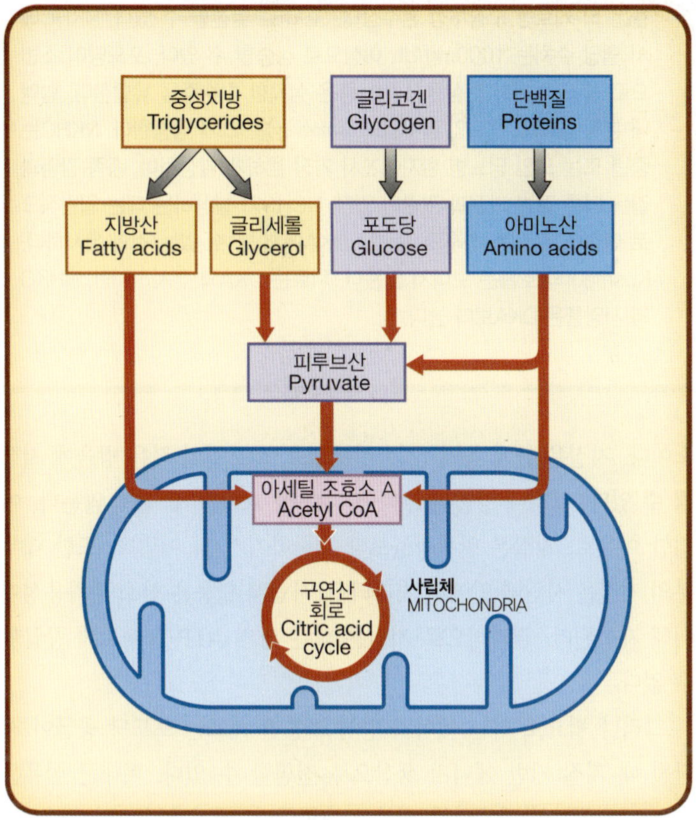

17-3 지질 대사는 지방 분해, 베타 산화, 지방 단백질과 유리지방산과 같은 지질 운반과 분포를 포함한다

학습목표 지질 대사에 관련된 경로를 설명하고 지질 운반 및 분포 과정을 요약한다.

탄수화물처럼, 지질 분자는 탄소, 수소, 그리고 산소를 서로 다른 비율로 가진다. 트리글리세리드(지방)는 몸에서 가장 풍부한 지질이기 때문에, 이 장에서 지질 분해와 합성에 초점을 맞출 것이다.

지질 분해대사 Lipid Catabolism

지질 분해대사 또는 **지질분해(lipolysis)** 동안, 지질은 피루브산으로 전환되거나 구연산 회로로 직접 연결될 수 있는 조각으로 분해된다(**그림 17-8**). 트리글리세리드는 먼저 가수분해에 의해 구성요소로 나뉘어져 글리세롤 한 분자와 세 개의 지방산 분자를 생성한다. 세포질의 효소는 글리세롤을 피루브산으로 전환시키고, 글리세롤은 구연산 회로로 들어간다. 지방산의 분해대사는 아세틸-조효소 A를 직접 생성하는 다른 효소들을 포함한다.

임상노트

당뇨 합병증 Complications of Diabetes Mellitus

당뇨병(*diabetes mellitus*)은 포도당 대사의 장애이다. 치료 중인 당뇨병 환자는 불충분한 양의 포도당(**저혈당증**, *hypoglycemia*) 또는 과다한 양의 포도당(**고혈당증**, *hyperglycemia*)으로 인한 합병증을 일으킬 수 있다. 제1형 당뇨병 환자들은 인슐린을 필요로 한다. 인슐린 과다 복용이나, 인슐린 표준 복용 후 불충분한 음식 섭취는 생명을 위협하는 저혈당을 유발할 수 있다. 마찬가지로, 인슐린의 부족이나 표준 복용량의 인슐린으로 인한 과식은 고혈당을 유발할 수 있다. 제2형 당뇨병 환자들은 보통 인슐린을 필요로 하지 않는다. 대신에, 그들은 식이요법, 운동 또는 경구 **저혈당제**(*hypoglycemic agent*)의 사용을 통해 혈당 수치를 관리할 수 있다. 제1형 당뇨병보다는 훨씬 덜 흔하지만, 제2형 당뇨병은 경구 저혈당 약을 과다 복용하거나 음식 섭취가 현저히 감소하면 저혈당에 걸릴 수 있다. 제1형 당뇨병과 마찬가지로 제2형 당뇨병은 음식 섭취를 늘리거나 경구용 저혈당제가 혈당 수치를 적절하게 낮추지 못하면 고혈당에 걸릴 수 있다.

혈당의 극단적인 수치는 신체에 많은 영향을 미칠 수 있다. 혈당 수치를 장기간 제대로 조절하지 못하면, 당뇨병과 관련된 장기 합병증이 생길 가능성이 높아진다. 혈당이 너무 많으면 응급 의료진의 신속한 치료가 필요하다.

- 저혈당증(Hypoglycemia). 저혈당이 발생하는 혈당 수치는 개인마다 다르다. 그러나 혈당 수치가 50 mg/dL 미만일 경우 대부분의 당뇨병 환자에게 저혈당이 발생한다. 당뇨병 환자에게 저혈당이 발생하면 응급상황이며, 생명을 위협하는 합병증이다. 중추신경계(CNS)는 포도당을 유일한 에너지원으로 의존한다. 따라서 혈당 수치가 불충분하면 중추신경계 부상을 초래할 수 있다. 저혈당의 증상은 중추신경계 기능 장애에 기인한다. 중추신경계 부상을 예방하려면, 저혈당 상태를 즉각적으로 인식하고 포도당 투여가 필수적이다.
- 고혈당증(Hyperglycemia). 혈당이 비정상적으로 상승하는 것을 고혈당이라고 한다. 단 몇 분 만에 발병할 수 있는 저혈당과 달리, 고혈당은 발병하는 데 몇 시간 또는 심지어 며칠이 걸릴 수 있다. 대부분의 환자는 포도당이 세포로 들어가는 데 필요한 인슐린의 수치가 불충분하다. 포도당 유입이 손상되면 세포 기아 현상이 발생한다. 포도당 대사에 미치는 영향 외에도, 인슐린은 신체의 지질(지방) 제조 및 저장에도 책임이 있다. 불충분한 인슐린 수치는 지방질이 포도당으로 분해되는 원인이 되며, 혈당 수치를 더욱 높인다. 지질 분해의 부산물로서, 유리지방산은 케톤체로 전환된다. 케톤체가 축적되면 전신산증이 발생한다. 일련의 사건들은 당뇨병 케토산증(DKA)을 초래한다. 심한 DKA에서는 pH가 7.0 이하로 떨어질 수 있다.
  - 당뇨병 케토산증(Diabetic ketoacidosis). 대부분의 제1형 당뇨병 환자들이 혈당 수치가 억제되지 않고 상승할 경우 DKA가 발생한다. DKA의

(계속)

징후와 증상은 앞에서 설명한 다양한 생화학적 혼란과 관련이 있다. 여기에는 탈수, 저혈압, 반사성 빈맥 등이 포함된다. 질병이 진행됨에 따라, 환자는 메스꺼움, 구토, 그리고 복통을 겪을 것이다. 산과다증 때문에 과호흡이 보상 방법으로 발생한다. 이 과호흡은 상당히 과장되어 있으며, Kusmaul **호흡**(*Kussmaul's respiration*)이라고 불린다. 케톤의 달콤한 냄새는 때때로 환자의 호흡에서 감지될 수 있다. 결국 환자는 정신 상태가 변하게 되고, 시간이 지나면 무의식 상태가 된다. 치료에는 다량의 정맥주사와 인슐린 투여가 포함된다.

– 비-케토성 고삼투성 혼수상태(Non-ketotic hyperosmolar coma). 제2형 당뇨병을 앓고 있는 일부 환자들은 고혈당증의 합병증으로 케톤이 발생하지 않을 것이다. 이러한 환자들에게, 케톤 형성을 방해하는 충분한 인슐린이 존재하는 것으로 보인다. 그들의 혈당 수치가 상승함에 따라, 그들은 **비-케토성 고삼투성 혼수상태**(*NKHC*)로 발전할 수 있다. NKHC에서 혈당 수치는 1000mg/dL 이상으로 상승할 수 있다. 포도당이 소변으로 흘러 들어가면 삼투성 이뇨증은 심각한 탈수증을 유발한다. 혈액 내 분자 농도의 척도인 **삼투압도**(*osmolarity*)는 크게 상승한다. NKHC는 중년 또는 노인 당뇨병 환자에게서 가장 흔하게 발생하며, 종종 감염과 같은 다른 질병 과정과 관련이 있다. NCHC가 발생하는 데는 일반적으로 며칠이 걸리며, 징후와 증상은 DKA에서 볼 수 있는 것과 유사하다. Kusmaul의 호흡은 보이지 않는다. 치료는 DKA와 유사하지만, NHKC의 사망률은 DKA보다 높다.

베타 산화(beta-oxidation)는 지방산을 2탄소 조각으로 분해하고, NADH와 $FADH_2$를 생성하는 일련의 반응이다. 이 과정은 사립체 내부에서 일어나기 때문에, 2탄소 조각은 아세틸-CoA로 즉시 구연산 회로로 들어갈 수 있다. [2탄소 조각 중 일부는 결합되어 **케톤체**(*ketone body*)를 형성할 수 있으며, 짧은 탄소 사슬을 형성할 수 있다.] 세포는 하나의 18탄소 지방산 분자의 분해로 120 ATP 분자를 생산한다. 이러한 산출은 3개의 6탄소 포도당 분자(90~96 ATP)의 분해에서 얻은 에너지의 1.3배에 달한다.

지질과 에너지 생산 Lipids and Energy Production

지질은 많은 양의 ATP를 제공할 수 있기 때문에 중요한 에너지 저장소이다. 지질은 물에 녹지 않는 성분으로, 세포질의 작은 방울에 저장될 수 있다. 그러나 방울이 크다면, 수용성 효소가 잘 붙지 않는다. 이러한 이유로, 지질은 탄수화물보다 접근하기가 더 어렵다. 또한 대부분의 지질은 사립체 안에서 처리되고, 사립체 활동은 산소의 가용성에 의해 제한된다. 결과적으로 지질은 많은 양의 ATP를 빠르게 공급할 수 없다.

그러나 필요로 하는 에너지 양이 보통인 세포는 포도당 공급이 제한될 때 지질 기반 에너지 생산으로 전환할 수 있다. 뼈대근 섬유는 보통 지질대사와 탄수화물 대사를 순환한다. 에너지 수요가 적을 때, 이 세포들은 지방산을 분해한다. 반대로 에너지 수요가 높고 즉각적일 때, 뼈대근 섬유는 포도당 대사로 이동한다.

임상노트

식이 지방과 콜레스테롤 Dietary Fats and Cholesterol

높아진 콜레스테롤 수치는 **심장동맥 질환**(*coronary artery disease*)과 **동맥경화증**(*atherosclerosis*)의 발병과 관련이 있다. 영양학자들은 평균 미국 성인의 경우, 현재 콜레스테롤 섭취를 40% 감소인 하루에 300 mg 이하로 제한할 것을 권장한다. 그러나 콜레스테롤은 중요하기 때문에, 다음 사항을 고려해야 한다.

- **콜레스테롤은 인체에 중요한 기능을 한다.** 콜레스테롤은 모든 세포막의 일부이며, 표피에 방수 작용을 한다. 또한 콜레스테롤은 쓸개즙의 주요 구성요소이고, 몇몇 스테로이드 호르몬과 비타민 D_3의 전구체이다. 콜레스테롤이 매우 중요하기 때문에, 식이 제한의 목표는 콜레스테롤을 제거하는 것이 아니라, 콜레스테롤 수치를 허용 가능한 한도 이내로 유지하는 것이다.
- **식단의 콜레스테롤만이 콜레스테롤 순환의 유일한 인자는 아니다.** 인체는 해당작용(glycolysis)에서 얻은 아세틸-CoA 또는 다른 지질들의 분해(베타 산화)로 콜레스테롤을 생성할 수 있다. 식단에 포화지방이 풍부하면, 과다한 지질은 아세틸-CoA로 분해돼 콜레스테롤을 만드는 데 사용된다. 식이 조절을 통해 혈중 콜레스테롤 수치를 낮추려고 하는 사람들은 다른 지질, 특히 포화 지방을 제한해야 한다.

- **유전적 요인이 각 사람의 콜레스테롤 수치에 영향을 미친다.** 만약 콜레스테롤의 식이 섭취를 줄인다면, 신체는 혈액 속의 "허용할 수 있는" 농도를 유지하기 위해 더 많이 합성될 것이다. "허용할 수 있는" 수준은 개인의 유전적 구성에 달려 있다. 그러나 거의 모든 경우, 식이 제한은 혈중 콜레스테롤을 현저히 낮출 수 있다.
- **콜레스테롤 수치는 나이와 신체 상태에 따라 다르다.** 일반적으로 나이가 들면서, 사람의 콜레스테롤 수치는 점차 상승한다. 콜레스테롤 수치가 특정 연령대 인구의 90퍼센트보다 높으면 건강에 좋지 않은 것으로 간주된다. 남성의 경우, 이 수치는 19세 때 185 mg/dL에서 70세 때 250 mg/dL까지이다. 여성의 경우, 비교 가능한 수준은 각각 190 mg/dL와 275 mg/dL이다. 모든 사람들은 나이가 들면 콜레스테롤 수치를 검사받아야 한다.

지질 합성 Lipid Synthesis

지방형성(lipogenesis)은 지질의 합성이다. 글리세롤은 해당작용의 중간 3탄소 생성물로부터 합성된다. 스테로이드와 거의 모든 지방산을 포함한, 대부분의 다른 종류의 지질들의 합성은 아세틸-CoA에서 시작한다. 지질, 아미노산, 탄수화물이 아세틸-CoA로 전환될 수 있기 때문에 지질생성은 대부분의 유기 분자를 사용할 수 있다.

체세포는 분해할 수 있는 모든 지방산을 만들 수 '없다'. 예를 들어, 리놀레산(*linoleic acid*)과 리놀렌산(*linolenic acid*)은 모두 식물에 의해 합성된 18탄소 불포화지방산이며, 인체에서 합성될 수 없다. 이 지방산들은 사람의 식단에 포함되어야 할 **필수 지방산(essential fatty acids)**이라고 불린다. 또한 몸 전체의 세포막에서 프로스타글란딘(prostaglandins, 비만세포에 내재된 염증관련물질)과 인지질(phospholipids)을 합성하는 데 필요하다.

지질 운반과 분포 Lipid Transport and Distribution

포도당처럼 지질은 몸 전체에 필요하다. 모든 세포는 세포막을 유지하기 위해 지질을 사용한다. 스테로이드 호르몬은 많은 다른 조직에서 목표 세포에 도달해야만 한다. 대부분의 지질은 물에 녹지 않기 때문에, 지질을 몸 전체에 분포하기 위한 특별한 이동수단이 필요하다. 유리 지방산은 전체 순환 지질 중 작은 비율을 차지한다. 대부분의 지질은 지질단백질로서 혈류를 순환한다(그림 17-9).

유리 지방산(free fatty acid, 이하 **FFA)**은 세포막을 가로질러 쉽게 확

그림 17-9 지질단백질과 지질 수송.

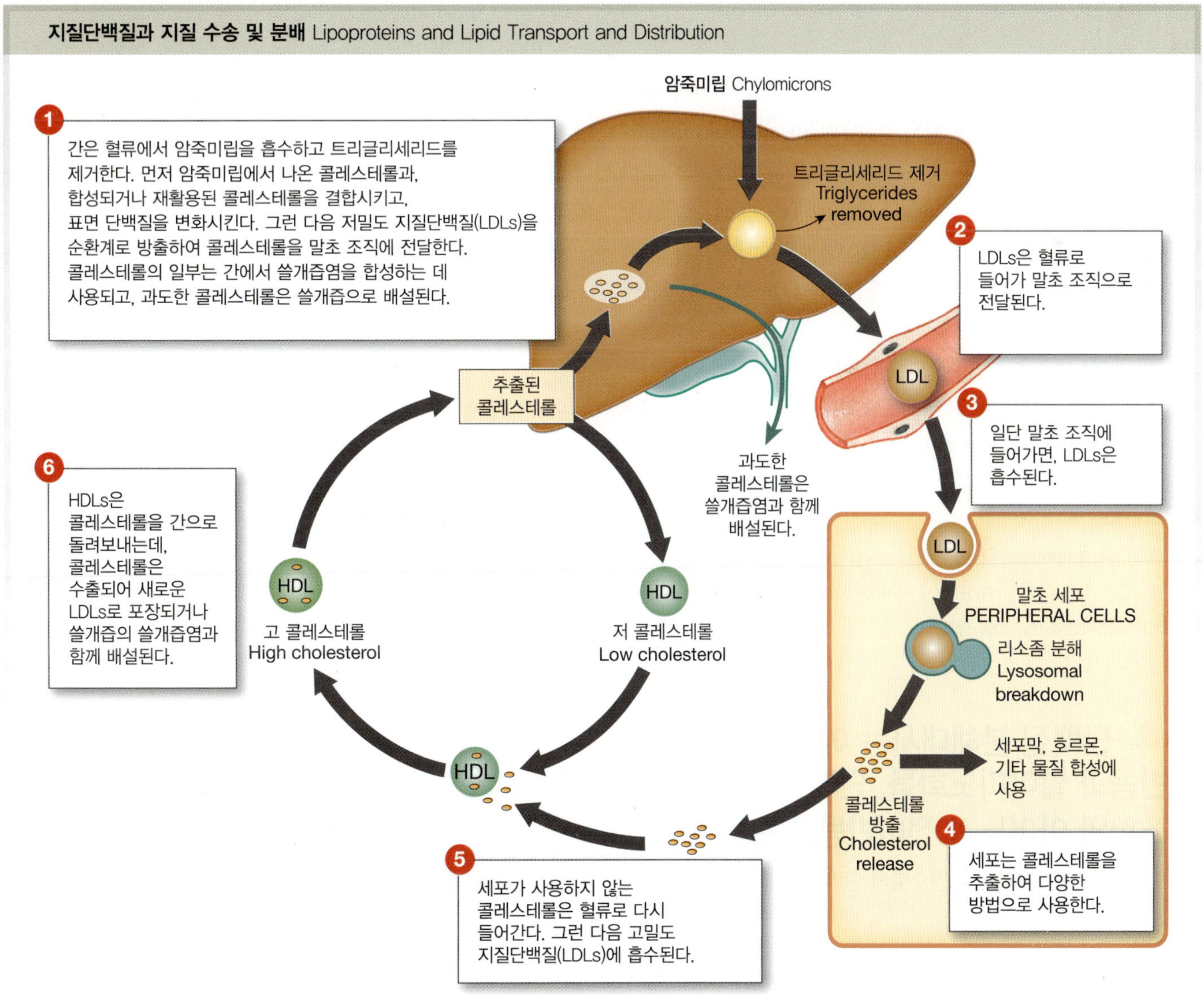

산할 수 있는 지질이다. FFA의 주요 공급원은 지방 조직에 저장된 지방의 분해이다. 지방산이 혈액으로 배출되면, 가장 풍부한 혈장 단백질인 알부민과 결합한다. 간세포, 심장 근육 세포, 뼈대근 섬유, 그리고 많은 다른 신체 세포들은 FFA를 대사작용할 수 있다. FFA는 포도당 공급이 제한되는 굶주림 기간 동안 중요한 에너지원이다.

지질단백질(lipoproteins)은 트리글리세리드 및 콜레스테롤을 포함하는 지질-단백질 복합체이다. 인지질과 단백질의 외부 코팅은 전체 복합체를 용해하게 한다. 노출된 단백질은 특정 막 수용체와 결합하고, 이 결합은 어떤 세포가 관련 지질을 흡수하는지를 결정한다.

지질단백질은 크기와 지질과 단백질의 상대적 비율에 따라 분류된다. 암죽미립(*chylomicrons*)은 음식 속 지방의 장 상피세포에 의해 생산된다. 암죽미립은 가장 큰 지질단백질이며, 무게의 약 95%가 트리글리세리드로 구성되어 있다. 암죽미립은 장에서 흡수된 트리글리세리드를 혈류로 운반한다. 모세혈관벽 효소는 트리글리세리드를 뼈대근, 심장근, 지방조직, 간에 의해 흡수되는 지방산과 모노글리세리드로 분해한다.

다른 두 가지 주요 지질단백질 그룹은 **저밀도 지질단백질(low-density lipoproteins, 이하 LDLs)**과 **고밀도 지질단백질(high-density lipoproteins, 이하 HDLs)**이다. 이 지질단백질들은 간에서 형성되며, 트리글리세리드를 거의 포함하지 않는다. 그들의 주요 역할은 콜레스테롤을 간과 다른 조직들 사이에서 순환시킨다. LDLs은 콜레스테롤을 말초 조직에 전달한다. LDL 콜레스테롤은 동맥경화증이 될 수 있기 때문에 종종 "나쁜 콜레스테롤"이라고 불린다. HDLs은 말초 조직에서 간으로 과도한 콜레스테롤을 운반하고, 쓸개즙에 콜레스테롤을 저장하거나 배설한다. HDL 콜레스테롤은 말초 조직에서 돌아오고, 순환기에 문제를 일으키지 않기 때문에 "좋은 콜레스테롤"이라고 불린다.

체크포인트

7. 지방 분해(lipolysis)와 베타 산화(beta-oxidation)를 정의하시오.
8. 고밀도 지질단백질(HDLs)이 유익한 이유는 무엇인가?

책 뒷면에 있는 파란색 정답 탭을 참조.

17

17-4 단백질 분해대사는 아미노기 전이반응과 탈아미노화를, 단백질 합성은 아미노화와 아미노기 전이반응을 포함한다

학습목표 단백질 대사와 에너지원으로서 단백질의 사용에 대해 설명한다.

신체는 각각 다양한 기능과 구조를 가진, 적어도 10만 개의 다른 단백질을 합성할 수 있다. 그러나 각각의 단백질은 동일한 20개의 아미노산 조합을 가지고 있다. 정상적인 조건에서, 세포 단백질은 세포질에서 지속적으로 재활용된다. 펩타이드 결합은 부서지고, 그 결과로 생기는 유리 아미노산은 새로운 단백질을 합성하는 데 사용된다.

만약 다른 에너지원이 충분하지 않다면, 사립체는 구연산 회로에서 아미노산을 분해하여 ATP를 생성할 수 있다. 모든 아미노산이 같은 지점에서 구연산 회로로 들어가는 것은 아니기 때문에, ATP의 이점은 다양하다. 그러나 평균 ATP 생산량은 탄수화물 분해대사와 비슷하다.

아미노산 분해대사 Amino Acid Catabolism

아미노산 분해대사의 첫번째 단계는 아미노기의 제거이다. 이 단계는 **비타민(vitamin)** B_6(피리독신, *pyridoxine*)로부터 파생된 조효소를 필요로 한다. 아미노기는 두 가지 방법 중 하나로 제거된다.

아미노기 전이반응(*transaminiation*)은 하나의 아미노산이 다른 아미노산으로부터 형성되는 과정이다. 이것은 하나의 아미노산으로부터 아미노기를 제거하고, 그것을 또 다른 작은 탄소 사슬에 붙여서 "새로운" 아미노산을 만드는 과정이다. 이런 방식으로, 하나의 세포는 단백질 합성에 필요한 많은 아미노산을 합성할 수 있다. 간, 뼈대근, 심장, 허파, 콩팥, 그리고 뇌의 세포들 모두 단백질 합성에 특히 활발하다. 이 세포들은 여러 가지 아미노기 전이반응을 수행한다.

탈아미노화(*deamination*)는 구연산 회로의 분해를 위해 아미노산을 준비한다. 탈아미노화는 암모늄 이온(NH_4^+)을 생성하는 반응에서 아미노기를 제거하는 것이다. 암모늄 이온은 낮은 농도에서도 매우 독성이 강하다. 간세포는 암모늄 이온 생성 문제를 다루는 필요한 효소를 가지고 있기 때문에, 탈아미노화의 주요 장소이다. 간세포는 이산화탄소와 암모늄 이온을 결합하여, 비교적 무해하고 수용성이 높은 혼합물인 **요소(urea**, 소변 속에 들어 있는 질소 화합물**)**을 생산한다. 그 혼합물은 소변으로 배출된다.

간에서 탈아미노화 후에 남아 있는 탄소 사슬의 운명은 그 구조에 달려 있다. 일부 아미노산의 탄소 사슬은 피루브산으로 전환되어 포도당신합성에 사용될 수 있다. 다른 탄소 사슬은 아세틸-CoA로 전환되고 구연산 회로에서 분해된다. 그러나 다른 것들은 지질 분해대사 동안 생성되기도 하는 대사산인 **케톤체(ketone body)**로 전환된다. 체내에서 생성되는 케톤체의 한 예시로는 아세톤(*acetone*)이 있는데, 아세톤은 허파의 허파꽈리 속으로 확산될 수 있는 작은 분자이며, 입 안에 독특한 "과일향" 냄새를 준다.

간세포는 케톤체를 이화시키지 않는다. 대신에, 케톤체는 간세포에서 일반 순환으로 확산된다. 말초 조직의 세포는 구연산 회로와 ATP 생성을 위해 케톤체를 흡수하여 아세틸-CoA로 다시 전환한다. 간에 의한 단백질과, 지질 분해대사 동안 케톤체의 생산이 증가하면, 체액에서 케톤체의 농도가 높아지는데, 이는 **케톤증(ketosis**, 케톤체가 혈액 중에 증가하여 오줌 중에 생성, 축적된 상태)이라 부른다.

단백질 분해대사는 다음의 세 가지 이유로, 빠르게 에너지를 얻는 실용적인 자원이 아니다.

1. 단백질은 복합 탄수화물이나 지질보다 분해하기가 더 어렵다.
2. 부산물 중 하나인 암모늄 이온은 세포에 유독하다.
3. 모든 세포에서 단백질은 구조적으로 가장 중요하고 기능적인 요소이다. 광범위한 단백질 분해대사는 세포와 장기의 항상성을 위협한다.

> **임상노트**
>
> **케토산증** Ketoacidosis
>
> 케톤체는 용액에서 분해되어 수소 이온을 방출하기 때문에 케토산이라 불린다. 케톤체의 출현은 혈장 pH를 위협한다. 짧은 기간 동안에도, 케톤체의 생산은 증가한다. 장기간의 굶주림 기간 동안, 케톤 수치는 계속 상승한다. 결국 혈액의 pH 완충 능력을 넘어서면, 위험한 pH 강하 현상이 발생한다. 혈액과 신체 조직의 이러한 산성화를 케토산증이라 한다. 심각한 케토산증에서 pH가 7.05 이하로 떨어지면, 정상적인 조직 활동을 방해하는 데 충분히 낮은 수치이다. 혼수상태, 심장 부정맥, 심각한 경우 사망할 수 있다.
>
> **당뇨병**(*diabetes mellitus*)에서, 대부분의 말초 조직은 인슐린의 부족으로 포도당을 활용할 수 없다. 이런 상황에서, 세포는 지질과 단백질을 분해대사시키며 살아남는다. 그 결과 많은 양의 케톤체가 생성된다. 이 현상은 가장 흔하고 생명을 위협하는 형태의 **당뇨병 케토산증**(*diabetic ketoacidosis*)으로 이어진다.

아미노산과 단백질 합성

Amino Acids and Protein Synthesis

신체는 단백질을 만드는 데 필요한 아미노산의 절반가량을 합성할 수 있다. (단백질 합성의 기본 과정은 3장에 자세히 설명되어 있다.) 식단에서만 얻을 수 있는 10개의 **필수 아미노산(essential amino acids)**이 있다. 우리의 몸은 10개 중 8개(이소루신 *isoleucine*, 류신 *leucine*, 리신 *lysine*, 트레오닌 *threonine*, 트립토판 *tryptophan*, 페닐알라닌 *phenylalanine*, 발린 *valine*, 메티오닌 *methionine*)를 합성할 수 없다. 나머지 두 개(아르기닌 *arginine*, 히스티딘 *histidine*)는 합성될 수 있지만, 성장기 아동에게 필요한 양만큼 합성되지 않는다.

다른 아미노산들은 몸이 필요에 따라 만들 수 있기 때문에 **비필수 아미노산(nonessential amino acids)**이라고 부른다. 체세포는 그들을 위해 탄소 구조를 쉽게 합성할 수 있다. 그런 다음, 아미노기는 암모늄 이온을 반응제로 사용하면서 아미노기 전이반응 또는 **아미노화(amination)**에 의해 더해질 수 있다.

단백질 결핍 질환(Protein deficiency diseases)은 모든 필수 아미노산을 적절히 섭취하지 않는 사람들에게 발병한다. 단백질 합성이 이루어지려면 모든 아미노산을 사용할 수 있어야 한다. 모든 전달 RNA(tRNA) 분자는 활성 리보솜에 개별 아미노산을 가지고 적절한 순서로 나타나야 한다. 만약 이 과정이 발생하지 않으면, 단백질 합성이 멈추게 된다.

몇몇 유전적 대사 장애는 아미노산 대사에 관련된 특정 효소를 생성하지 못하는 것으로부터 비롯된다. **페닐케톤뇨증(phenylketonuria**, 이하 **PKU**)이 있는 사람은 페닐알라닌을 티로신으로 전환할 수 없다. 이 반응은 노르에피네프린, 에피네프린, 멜라닌의 합성에 필수적인 단계이다. PKU의 문제는 페닐알라닌-4-수산화효소의 결함이다. 유아기에 PKU가 검출되지 않으면 중추신경계 발달을 억제하고, 심각한 뇌 손상을 초래한다. PKU를 가진 사람들은 페닐알라닌을 포함한 음식을 제한하는 식단을 따를 필요가 있다. PKU는 다이어트 음료와 같은, 페닐알라닌이 함유된 제품의 포장에 경고가 인쇄될 정도로 흔한 질환이다.

그림 17-10은 지질, 탄수화물 및 단백질의 주요 대사 경로를 요약한 것이다. 이 도표는 "전형적인"세포 반응을 나타내지만, 어떠한 세포도 신체 전체에 필요한 합성대사와 분해대사 모두 수행할 수 없다. 세포가 발달하는 동안 분열함에 따라, 각 세포 유형은 대사 능력을 결정하는 효소 세트를 개발한다. 인체 내 세포 다양성과 함께 조직, 장기, 그리고 기관의 대사 활동이 조정될 때에만 항상성이 보존될 수 있다.

체크포인트

9. 아미노기 전이반응(transamination)과 탈아미노화(deamination)를 정의하시오.
10. 비타민 B_6가 부족한 식단은 단백질 대사(protein metabolism)에 어떤 영향을 미치는가?

책 뒷면에 있는 파란색 정답 탭을 참조.

그림 17-10 지질, 탄수화물 및 단백질의 분해대사 및 합성 경로 요약. 주요 분해대사 경로는 빨간색이며, 주요 합성대사 경로는 파란색이다.

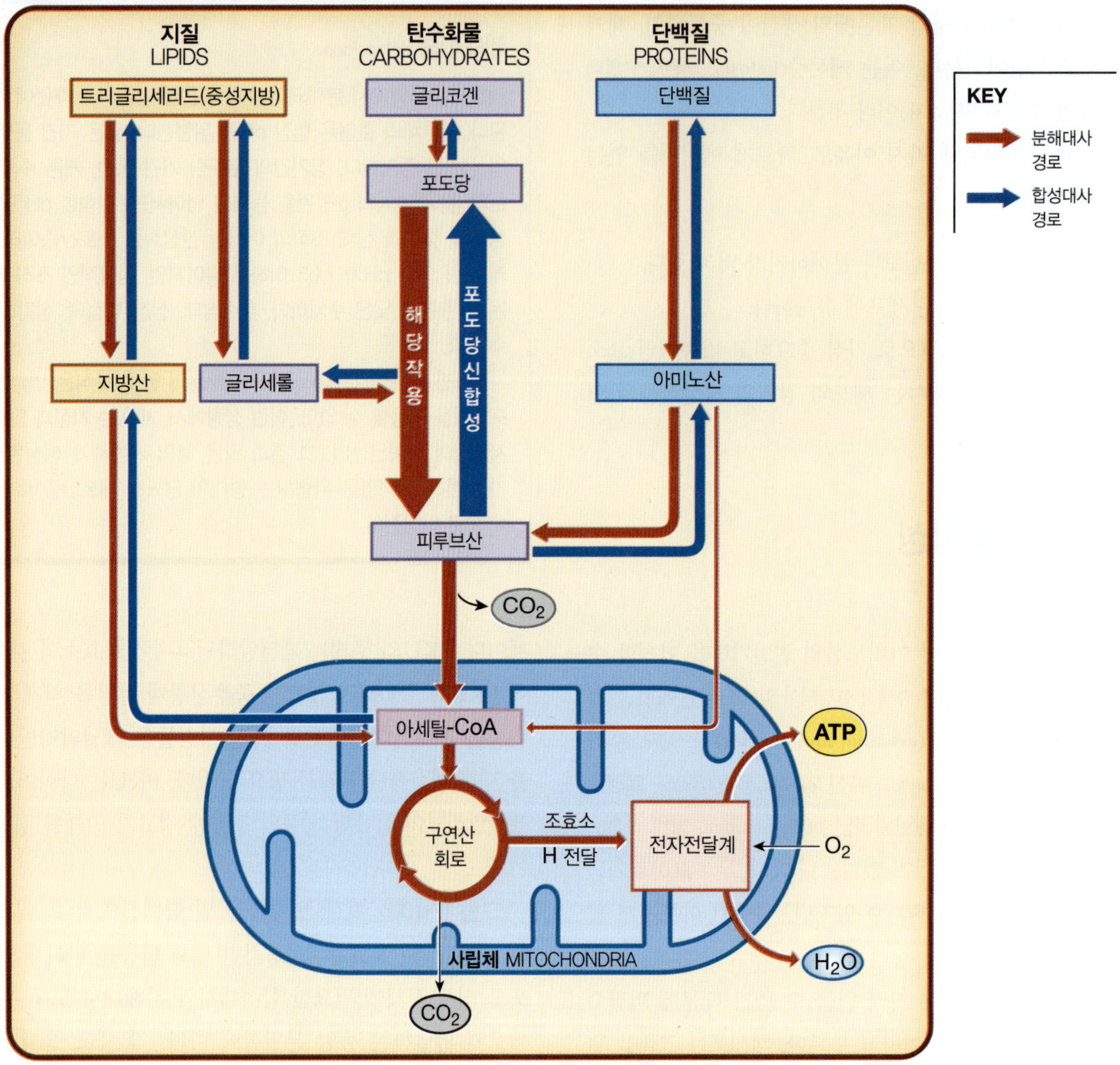

17-5 핵산 분해대사는 RNA를 포함하지만 DNA는 포함하지 않는다

학습목표 핵산 대사와 에너지원으로서 핵산의 제한된 사용에 대해 설명한다.

17

살아 있는 세포는 DNA와 RNA를 모두 포함한다. 핵 DNA에 포함된 유전 정보는 세포의 장기적 생존에 절대적으로 중요하다. 그 결과, 세포가 기아로 죽어간다 해도 DNA는 에너지를 위해 분해되지 않는다. 그와 반대로, 단백질 합성에 관련된 RNA 분자들은 주기적으로 분해되고 대체된다.

RNA 분해대사 RNA Catabolism

RNA의 분해에서, 분자는 개별 뉴클레오타이드로 분해된다. 대부분의 뉴클레오타이드는 새로운 핵산으로 재활용되지만, 또한 단당류와 질소 염기로 분해될 수 있다. 뉴클레오타이드가 분해될 때, 당, 시토신, 유라실만이 구연산 회로로 들어가 ATP를 생성하는 데 사용될 수 있다. 아데닌과 구아닌은 분해대사를 할 수 없다. 대신에, 이러한 질소 염기는 탈아미노화를 거쳐 **요산(uric acid)**으로 배설된다. 요소처럼 요산은 비교적 독성이 없는 폐기물이지만, 요소보다 훨씬 덜 용해된다. 요소와 요산은 질소 원자를 포함하고 있기 때문에 **질소 폐기물**(*nitrogenous wastes*)이라고 불린다.

혈중 요산의 수치가 높아지는 것을 **고뇨산혈증**(*hyperuricemia*, 체내에서 요산이 과잉 생성되거나 잘 배출되지 않아 체내에 고이는 질환)이라 한다. 요산은 체액에 쌓여 포화상태로 만든다. 증상이 바로 나타나지는 않을지라도, 요산 결정이 형성되기 시작할 수 있다. 그리고 나서 생기는 상태가 **통풍**(*gout*)이다. 처음에는 팔다리의 관절, 특히 엄지발가락의 발허리뼈와 발가락뼈 사이 관절(중족지절간관절)에 영향을 미친다. 대부분의 고뇨산혈증과 통풍은 콩팥에 의한 요산의 배설 문제와 관련이 있다.

핵산 합성 Nucleic Acid Synthesis

대부분의 세포는 RNA를 합성하지만, DNA 합성은 유사분열(체세포 분열)이나 감수분열(생식세포 생산)을 준비하는 세포에서만 발생한다. (3장에서 DNA 복제 과정을 설명했다.)

전령 RNA(mRNA), 운반 RNA(tRNA), 리보솜 RNA(rRNA)는 다른 형태의 RNA 중합효소에 의해 옮겨진다. 전령 RNA는 특정 유전자가 활성화될 때 생성된다. mRNA 가닥은 몇 분 또는 몇 시간 단위만 측정되는 수명을 가진다. 리보솜 RNA와 tRNA는 mRNA보다 내구성이 강하다. 예를 들어, 평균 rRNA 가닥은 5일 정도 지속된다. 그러나 rRNA와 tRNA의 대체는 상당한 양의 합성 활동을 포함한다.

체크포인트

11. 왜 세포는 DNA를 에너지원으로 사용하지 않는가?
12. 질소 폐기물이란 무엇인가?
13. 혈중 요산의 수치가 증가하면, 어떤 유형의 고분자에 대한 분해대사가 증가하는가?

책 뒷면에 있는 파란색 정답 탭을 참조.

17-6 영양결핍증을 예방하고 항상성을 유지하기 위한 적절한 영양공급이 필요하다

학습목표 무엇이 균형 잡힌 식단을 구성하는지, 왜 그러한 식단이 중요한지 설명한다.

항상성은 소화관이 수분, 유기 물질, 무기질, 그리고 비타민을 세포 수요에 맞는 속도로 흡수할 때에만 무한정 유지될 수 있다. 음식에서 영양분을 흡수하는 것을 **영양**(**nutrition**)이라 한다.

각 영양소에 대한 신체의 요구량은 매일, 그리고 사람에 따라 다르다. 영양학자들(*nutritionists*)은 특정 개인의 욕구를 충족시키는 능력을 가지고 식단을 분석하려 한다. **균형 잡힌 식단**(**balanced diet**)은 항상성을 유지하는 데 필요한 모든 영양소를 포함한다. 그러한 식단은 필수 아미노산과 지방산, 무기질, 비타민, 그리고 에너지를 생산하기 위한 기질을 포함한다. 게다가, 식단은 소변, 대변, 그리고 증발의 손실을 대체할 수 있는 충분한 물을 포함해야 한다. 균형 잡힌 식단은 하나 또는 그 이상의 영양소의 불충분하거나 과도한 흡수로 인한 건강하지 못한 상태인 **영양실조**(**malnutrition**)를 예방한다.

식품군과 균형 잡힌 식단

Food Groups and a Balanced Diet

건강을 유지하고 영양실조를 예방하는 한 가지 방법은 ChooseMyPlate 계획에 근거한 식단을 섭취하는 것이다. 미국인들에게 건강한 식단을 먹으라고 상기시키기 위해, 미국 농무부는 마이플레이트라고 불리는 식사 시 음식 설정에 대한 도표를 만들었다. 도표는 곡물, 채소, 과일, 유제품, 단백질 등 **다섯 가지 기본 식품군**(**five basic food groups**)에서 우리가 섭취해야 하는 음식의 비율을 보여준다. 기름은 5가지 기본 식품군에 더해 적게 사용해야 한다. **표 17-1**에는 이러한 식품군의 이점이 요약되어 있다. (더 많은 정보는 www.choosemyplate.gov을 방문)

에너지 수요를 충족하는 충분한 양(*quantity*)의 영양분을 섭취하는 것과, 필수 아미노산, 지방산, 비타민 및 무기질을 포함한 질(*quality*)

그림 17-11 마이플레이트 식품 가이드. 식사 시 각 음식 그룹의 권장 비율은 접시의 크기로 표시된다. 음식은 음식군과 개인의 활동 수준에 따라 비례해서 섭취되어야 한다.

17

표 17-1 기본 식품군과 그 식품이 건강에 미치는 영향

영양군	제공	건강 효과
곡물(Grains) (권장: 전체 섭취량의 절반 이상이 통곡물이어야 함)	탄수화물, 비타민 E, 티아민, 나이아신, 엽산, 칼슘, 인, 철, 나트륨, 식이섬유	통곡물은 혈당수치의 급격한 상승을 예방하고, 결과적으로 인슐린 수치의 급격한 상승을 막는다.
채소(Vegetables) (특히 짙은 녹색 및 오렌지색 채소)	탄수화물, 비타민 A, C, E, 엽산, 식이섬유, 칼륨	심혈관 질환 위험 감소, 대장암(엽산)과 전립선암(토마토의 리코펜)으로부터 보호
과일(Fruits) (매일 다양한 과일 권장)	탄수화물, 비타민 A, C, E, 엽산, 식이섬유, 칼륨	심혈관 질환 위험 감소, 대장암(엽산)으로부터 보호
유제품(Dairy) (저지방 또는 무지방 우유, 요구르트 및 치즈 권장)	완전한 단백질, 지방, 탄수화물, 칼슘, 칼륨, 마그네슘, 나트륨, 인, 비타민 A, B_{12}, 판토텐산, 티아민, 리보플라빈	뼈를 튼튼하게 하는 칼슘의 좋은 공급원, 우유: 칼로리가 높으면 체중 증가를 일으킬 수 있다, 심장병과 관련된 포화지방
단백질(Protein) (기름기 적은 육류, 생선, 가금류, 달걀, 마른 콩, 견과류, 콩류)	완전한 단백질, 지방, 칼슘, 칼륨, 인, 철, 아연, 비타민 E, 티아민, B_6	생선과 가금류는 심장병과 대장암의 위험을 낮춘다. 하루에 한 개의 달걀을 섭취하는 것은 심장병 발병률을 증가시키지는 않는다. 견과류와 콩류는 혈중 콜레스테롤 비율을 개선하고, 심장병과 당뇨병의 위험을 낮춘다.

좋은 영양분을 섭취하는 것이 중요하다. 핵심은 우리가 먹는 것에 대해 현명한 선택을 하는 것이다.

예를 들면, 필수 아미노산을 고려해야 한다. 필수 아미노산은 식단에서만 얻어진다. 유제품과 단백질 그룹의 일부 식품, 특히 쇠고기, 생선, 가금류, 계란 및 우유는 충분한 양의 모든 필수 아미노산을 제공한다. 이 식품들은 **완전한 단백질(complete proteins)**을 포함하고 있다고 한다. 많은 식물들 또한 적절한 양(*amounts*)의 단백질을 공급하지만, 하나 이상의 필수 아미노산이 부족하기 때문에 **불완전한 단백질(incomplete proteins)**이다. 주로 곡물, 과일, 야채, 유제품 포함 또는 유제품 제외에 제한된 식단을 가진 채식주의자들은 모든 필수 아미노산을 충족하는 식품 조합을 만들어 식단을 구성해야 한다. 비타민 B_{12}는 육류, 첨가된 시리얼이나 두부에서만 얻을 수 있기 때문에, 모든 육류를 피하는 채식주의 식단은 문제가 될 수 있다.

무기질, 비타민, 물 Minerals, Vitamins, and Water

무기질, 비타민, 물은 식단에서 필수적인 성분이다. 인체는 무기질을 합성할 수 없고, 적은 양의 물과 매우 적은 양의 비타민만을 생산할 수 있다.

무기질 Minerals

무기질(minerals)은 염화나트륨과 같은 전해질의 해리를 통해 방출되는 무기 이온이다. 무기질은 다음 세 가지 이유로 중요하다.

1. **나트륨, 염화물 등의 이온이 체액의 삼투압 농도를 결정한다(*Ions such as sodium and chloride determine the osmotic concentration of body fluids*).** 칼륨은 체세포 내부의 삼투압 농도를 유지하는 데 중요하다.
2. **다양한 조합의 이온은 중요한 생리적 과정에 주요한 역할을 한다(*Ions in various combinations play major roles in important physiological processes*).** 이러한 과정에는 막전위의 유지, 뼈대의 구성 및 유지, 근육 수축, 활동 전위의 생성, 신경전달물질의 방출, 혈액 응고, 호흡 기체 운반, 완충 시스템, 수분 흡수 및 폐기물 제거를 포함한다.
3. **이온은 다양한 효소 반응에서 필수적인 보조 인자이다(*Ions are essential cofactors in a variety of enzymatic reactions*).** 예를 들어, 수축하는 뼈대근에서 ATP를 분해하는 효소는 칼슘과 마그네슘 이온이 필요하다. 포도당을 피루브산으로 전환하는 데 필요한 또 다른 유형의 ATPase는 칼륨과 마그네슘 이온 모두 필요하다.

주요 무기질과 그 기능의 요약은 **표 17-2**에 제시되어 있다. 신체는 몇 가지 중요한 무기질을 함유하고 있지만, 비축량은 적다. 만성적인

지식 쌓기

무기 화합물은 일반적으로 탄소와 수소를 포함하지 않는 물질이라는 것을 기억하라 (**제2장: 화학적 수준에서의 구성** 참조). 무기 화합물은 작은 분자(이산화탄소나 물과 같은)와 이온 화합물을 포함한다. 이온 결합에 의해 묶여진 무기 화합물은 물속에서 해리 또는 이온화를 겪는다. 이 과정에서, 이온 결합은 개별 이온이 극지방 물 분자의 양 또는 음의 끝과 상호작용할 때 끊어진다.

표 17-2	무기질 및 무기질 매장량			
무기질	중요성	체내 함유량	주요 배출 경로	일일 권장량 (mg)
다량의 무기질(BULK MINERALS)				
나트륨	체액의 주요 양이온, 정상적인 막 기능에 필수	110 g(주로 체액에서)	소변, 땀, 대변	1500
칼륨	세포질의 주요 양이온, 정상적인 막 기능에 필수	140 g(주로 세포질에서)	소변	4700
염화물	체액의 주요 음이온, HCl 형성의 기능	89 g(주로 체액에서)	소변, 땀	2300
칼슘	정상적인 근육 및 신경세포 기능, 정상적인 뼈 구조에 필수	1.36 kg(주로 뼈에서)	소변, 대변	1000~1200
인	고에너지 화합물, 핵산 및 뼈 기질(인산염)	744 g(주로 뼈에서)	소변, 대변	700
마그네슘	정상적인 막 기능에 필요한 효소의 보조 인자	29 g(뼈), 17 g(세포질), 12 g(체액)	소변	310~400
미량 무기질(TRACE MINERALS)				
철	혈색소, 미오글로빈, 시토크롬의 성분	3.9 g(1.6 g은 페리틴 또는 헤모시데린으로 저장)	소변(극미량)	8~18
아연	효소 계통의 보조 인자, 특히 탄산 탈수효소	2 g	소변, 머리카락(극미량)	8~11
구리	혈색소 합성을 위한 보조 인자로 필요	127 mg	소변, 대변(극미량)	0.9
망간	일부 효소의 보조 인자	11 mg	대변, 소변(극미량)	1.8~2.3

식이결핍은 다양한 임상적 문제로 이어질 수 있다. 또한 무기질 이온의 과다 섭취는 위험한 것으로 판명될 수 있다.

비타민 Vitamins

비타민(vitamin)은 중요한 효소 반응에서 조효소 역할을 하는 필수적인 유기 영양소이다. 지용성 비타민과 수용성 비타민 두 종류가 있다.

지용성 비타민 FAT-SOLUBLE VITAMINS. 비타민 A, D, E, K는 지질에 녹는 **지용성 비타민(fat-soluble vitamins)**이다. 주로 미포(micelle)의 지질 성분과 함께 소화관에서 흡수된다.

비타민 D라는 용어는 비타민 D_3 또는 콜레칼시페롤을 포함한 스테로이드 유사 분자 그룹을 가리킨다. 소화관을 통해 흡수되어야 하는 다른 지용성 비타민과는 달리, 비타민 D_3는 보통 햇빛에 노출된 피부에 의해 적절한 양으로 합성될 수 있다. 지용성 비타민에 대한 정보는 **표 17-3**에 요약되어 있다.

지용성 비타민은 보통 간 및 지방 조직안의 지질 성분을 포함하여 세포막으로 확산된다. 결과적으로, 우리 몸은 상당한 양의 비타민을 함유하고 있다. 이런 이유로, 지용성 비타민의 부족은 **비타민부족증(hypovitaminosis**, vitamin deficiency disease)의 징후와 증상을 거의 일으키지 않는다. 또한 너무 많은 비타민은 해로운 영향을 끼칠 수 있다. **비타민과다증(hypervitaminosis)**은 식이 섭취가 특정 비타민을 저장, 사용 또는 배출하는 신체의 능력을 초과할 때 발생한다. 이 질환은 대부분 지용성 비타민 중 하나를 포함한다.

표 17-3	지용성 비타민				
비타민	중요성	근원	일일 권장량(mg)	결핍증	과다증
A	상피 유지, 시각 색소 합성에 필요, 면역체계 지원, 성장 및 뼈 리모델링 촉진	잎이 무성한 녹색과 노란색 채소	0.7~0.9	성장 지연, 야맹증, 상피막의 악화	간 손상, 피부 벗겨짐, CNS 효과(메스꺼움, 식욕 부진)
D (또는 D_3)	정상적인 뼈 성장, 장내 칼슘 및 인 흡수, 콩팥 이온의 유지에 필요	햇빛에 노출된 피부에서 합성	0.005~0.005*	구루병, 뼈대 약화	많은 조직에 칼슘이 축적되어 기능 방해
E	비타민 A 및 지방산의 분해 방지	육류, 우유, 채소	15	빈혈, 다른 의심되는 문제	메스꺼움, 위경련, 흐릿한 시야, 피로감
K	프로트롬빈 및 기타 응고 인자의 간 합성에 필수	채소, 장내 세균에 의한 생산	0.09~0.12	출혈 장애	간 기능 장애, 황달

* 장시간 햇빛 노출이 적절하지 않고, 대체 공급원(강화 유제품 등)을 사용할 수 없는 경우

17

표 17-4 수용성 비타민

비타민	중요성	근원	일일 권장량(mg)	결핍증	과다증
B_1(티아민)	여러 경로에서 조효소	우유, 육류, 빵류	1.1~1.2	심장병을 포함한 근육 약화, CNS 및 심혈관 문제, 각기병	저혈압
B_2(리보플라민)	FAD의 일부	우유, 육류, 계란, 치즈	1.1~1.3	표피와 점막 악화	가려움, 저림
B_3(니아신, **니코틴산**)	FAD의 일부	육류, 빵류, 감자	14~16	CNS, GI, 상피 및 점막 악화, 펠라그라	가려움, 화끈거림, 혈관 확장, 과량 복용 후 사망
B_5(판토텐산)	조효소 A의 일부	육류, 우유	10	성장 지연, CNS 장애	보고되지 않음
B_6(피리독신)	아미노산 및 지질대사의 조효소	고기, 통곡물, 채소류, 오렌지 주스, 치즈, 우유	1.3~1.7	성장 지연, 빈혈, 경련, 상피 변화	CNS 변화, 치명적일 수 있음
B_7(비오틴)	여러 경로에서 조효소	계란, 육류, 채소류	0.03	피로, 근육통, 메스꺼움, 피부염	보고되지 않음
B_9(합성한 것은 엽산, 자연산은 엽산염)	아미노산 및 핵산 대사에서의 조효소	잎이 많은 야채, 약간의 과일, 간, 시리얼 그리고 빵	0.2~0.4	성장 지연, 빈혈, 위장 장애, 발달 이상	대량 투여를 제외하고 거의 주목되지 않음
B_{12}(코발라민)	핵산 대사에서의 조효소	우유, 육류	0.0024	악성빈혈(적혈구 생성 장애), 치명적인 빈혈 유발	적혈구증가증(높은 헤마토크리트)
C(아스코르빈산)	여러 경로에서 조효소	시트러스(귤, 오렌지 등) 과일류	75~90(흡연자들은 35 mg 추가)	표피와 점막의 악화, 괴혈병	콩팥돌

수용성 비타민 WATER-SOLUBLE VITAMINS. **수용성 비타민(water-soluble vitamins)**의 대부분은 조효소의 성분이다(**표 17-4**). 예를 들어, NAD는 니아신으로부터, FAD는 비타민 B_2(리보플라빈)로부터, 조효소 A는 비타민 B_5(판토텐산)로부터 파생된다. 수용성 비타민은 소화관과 순환혈액 사이에서 빠르게 교환된다. 과도한 양은 소변으로 쉽게 배설된다. 이러한 이유로, 수용성 비타민과 관련된 비타민과다증은 비타민 보충제를 다량 복용하는 사람들을 제외하고는 비교적 흔하지 않다.

장에 사는 박테리아는 결핍증을 예방하는 데 도움이 된다. 그들은 지용성 비타민 K 외에도, 9가지 수용성 비타민 중 5가지를 소량 생산한다. 장 상피는 B_{12}를 제외한 모든 수용성 비타민을 쉽게 흡수할 수 있다. B_{12} 분자는 크기 때문에, 흡수되려면 16장에서 논의한 바와 같이 위 점막의 내인자와 결합되어야 한다.

물 Water

일일 필수 물 섭취량은 평균 2500 mL(10컵) 또는 체중 1 kg당 대략 40 mL(.08컵/lb)이다. 구체적인 필수 섭취량은 환경 조건과 물질대사 활동에 따라 다르다. 예를 들어, 운동은 물질대사의 에너지 요구량을 증가시키고, 증발과 땀으로 인한 수분 손실을 가속화한다. 열을 동반한 온도 상승도 비슷한 영향을 미친다. 온도가 정상 이상으로 상승하면, 상승한 1도(℃)에 따라 일일 수분 손실이 200 mL 증가한다. 아플 때 "물을 많이 마시라"는 조언은 탄탄한 생리적인 근거이다.

우리는 하루 물 섭취량을 대부분 먹거나 마시면서 얻는다. 음식은

임상노트

비타민 Vitamins

비타민은 정상적인 신체 대사를 위해 소량으로 필요한 유기 화합물이다. 하지만 신체 세포는 비타민을 만들 수 없고, 식단에서 얻어야 한다. 비타민을 필요로 하는 생리적 과정에는 물질대사, 성장, 발달, 조직 회복을 포함한다. 우리 몸은 식사 후에 위장관을 통해 대부분의 비타민을 흡수한다. 비타민은 간이나, 더 작게는, 세포에 저장된다. 선진국의 건강한 성인들은 보통 적절한 양의 비타민을 섭취하고, 보충제가 필요하지 않다. 그러나 비타민 보충제는 임산부와 수유부, 흡수 장애 환자, 만성 질환 환자, 수술 환자, 알코올 중독자, 그리고 영양 실조를 포함한 특별한 사람들에게 권장될 수 있다. 게다가, 엄격한 채식주의자들은 보충 비타민이 필요할 수 있다.

비타민은 지용성 또는 수용성으로 분류된다(**표 17-3** 및 **17-4**). 간은 지용성 비타민(A, D, E, K)을 저장하고, 환자들이 오랜 기간 비타민 섭취가 충분하지 않으면 부족해진다. 비타민 D는 햇빛에 노출되면, 피부가 비타민을 생산한다는 점에서 독특하다. 수용성 비타민(C와 B 복합체에 있는 비타민)은 몸이 비타민을 저장하지 않기 때문에, 일상적으로 섭취해야 한다. 짧은 시간 동안 부족해도, 환자들은 비타민 결핍을 경험할 수 있다. 복합 비타민 B는 음식에서 함께 발생하기 때문에 분류된다. 그렇지 않으면 비타민 B들은 중요한 특성을 서로 공유하지 않는다. 각각의 비타민 B는 발견된 순서대로(B_1, B_2, B_6, B_{12} 등) 이름 붙여졌다. 이 비타민들은 또한 특정한 이름을 가지고 있다. 예를 들어, B_1은 티아민으로도 알려져 있는데, 이것은 탄수화물 대사에서 중요한 역할을 하는 비타민이다.

임상노트

각기병 Beriberi

티아민(비타민 B_1)의 결핍은 **각기병**(*beriber*)을 유발한다. 개발도상국에서 각기병은 정제된 쌀의 섭취로 인해 발생한다. 선진국에서, 티아민 결핍은 만성 알코올 중독자들의 부적절한 티아민 섭취와 흡수 때문이다.

티아민 결핍은 주로 심혈관계통(**습성 각기병**, *wet beriberi*)과 신경계통(**건성 각기병**, *dry beriberi*)에 영향을 미친다. 각기병 심장병은 말초 혈관 확장, 부종을 초래하는 나트륨과 물의 보유, 그리고 양심실 심근 기능 부전을 포함한다. **급성 충혈성 심혈관 각기병**(*acute fulminate cardiovascular beriberi*)은 심혈관 붕괴로 끝날 수 있다. 개선방법은 티아민 대체로 할 수 있다.

두 가지 주요 신경계 질환은 티아민 결핍 때문이다. **Wernicke의 뇌병증**(*Wernicke's encephalopathy*, 이하 WE)은 구토, 안구근육 기능장애, 발열, 운동 부족, 정신악화를 일으킨다. **Korsakoff의 정신병**(*Korsakoff's psychosis*)이라고도 불리는 **Korsakoff의 증후군**(*Korsakoff's syndrome*, 이하 *KS*)은 WE의 연속이며, 역행 기억 상실증과 학습 능력 저하를 포함한다. 티아민은 WE의 효과를 완전히 뒤바꾸지만, KS의 증상은 부분적으로만 뒤바꾼다.

대략 48%를 제공하고, 또 다른 40%는 마시는 액체에서 온다. 사립체에서 전자전달계에 의해 소량의 물(대사수, metabolic water)이 생성된다. 대사수는 하루 평균 물 필요량의 약 12%인 약 300 mL에 달한다.

식이요법과 질병 Diet and Disease

식단은 사람의 건강에 엄청난 영향을 미친다. 우리는 이미 너무 많거나 적은 영양소, 정상 이상 또는 정상 이하의 무기질 농도, 그리고 비타민 과다증과 비타민 결핍증의 영향을 고려했다. 식단에 잘못된 비율 또는 잘못된 영양소 조합이 포함될 때, 더 미묘한 장기적 문제들이 발생할 수 있다. 미국인의 평균적인 식단은 너무 많은 나트륨과 너무 많은 칼로리를 포함하고, 지질, 특히 포화 지방은 칼로리의 많은 부분을 차지한다. 이러한 식단은 미국인들에게 비만, 심장병, 동맥경화증, 고혈압, 당뇨병의 발병률을 증가시킨다.

체크포인트

14. 두 종류의 비타민을 설명하시오.

15. 완전한 단백질을 함유한 음식과 불완전한 단백질을 함유한 음식의 차이점은 무엇인가?

16. 쓸개즙의 쓸개즙염 양이 감소하면, 체내 비타민 A의 양에 어떻게 영향을 끼치는가?

책 뒷면에 있는 파란색 정답 탭을 참조.

17-7 대사율은 평균 칼로리 소모이며, 체온 조절은 열 발생과 열 손실 과정의 균형을 포함한다

학습목표 대사율을 정의하고, 개인의 BMR을 결정하는 것과 관련된 요소들을 설명 후, 일정한 체온을 유지하는 항상성 과정에 대해 논의한다.

화학 결합이 끊어지면 에너지가 방출된다. 세포 내부에서 그 에너지의 일부는 ATP로 포획될 수 있지만, 대부분은 열로 손실된다. 에너지 측정 단위는 **열량**(**calorie, cal**)으로, 물 1 g의 온도를 올리는 데 필요한 에너지 양이다. 물 1 g은 70 kg의 사람의 생명을 유지하는 대사작용에서, 너무 적은 양이기 때문에 실용적인 측정 방법이 아니다. 때문에 우리는 **대칼로리**(**kilocalorie, kcal**)라고도 알려진 **킬로칼로리**(**Calorie**, 대문자 C로 시작함)를 대신 사용한다. 1 킬로칼로리는 물 1 kg의 온도를 1℃ 올리는 데 필요한 에너지 양이다. 음식에 대한 칼로리 계산 가이드에는, 칼로리가 아닌 킬로칼로리가 나와 있다.

음식의 에너지 성분 The Energy Content of Food

우리는 어떻게 음식이 얼마나 많은 에너지를 포함하고 있는지 알 수 있을까? 세포에서, 유기 분자는 산소와 결합하여 이산화탄소와 물로 분해된다. 산소는 또한 무언가 탈 때 소비되고, 이 연소 과정은 실험적으로 관찰되고 측정될 수 있다. 검증된 양의 음식은 **열량계**(**calorimeter**)라고 불리는 방 안에 밀폐되어 있는데, 이것은 산소로 가득 차 있고 검증된 부피의 물로 둘러싸여 있다. 그런 다음 방 안의 내용물이 전기 점화된다. 음식이 완전히 재가 되었을 때, 방출되는 칼로리는 시험 전과 후의 물의 온도를 비교함으로써 결정될 수 있다.

이러한 측정은 지질 연소 또는 분해대사가 상당한 양의 에너지(g당 9.46 Cal)를 방출한다는 것을 보여준다. 대조적으로, 탄수화물의 분해대사는 4.18 Cal/g을 방출하고, 단백질의 분해대사는 4.32 Cal/g를 방출한다. 대부분의 음식들은 지방, 단백질, 탄수화물의 혼합물이기 때문에 "열량 계수기"의 값은 결과적으로 다양하다.

에너지 소모: 대사율 Energy Expenditure: Metabolic Rate

임상의는 당신의 대사 상태를 검사하고, 몸이 얼마나 많은 칼로리를 사용하는지 결정할 수 있다. 결과는 시간당 칼로리, 하루 칼로리 또는 체중 단위당 칼로리로 표현될 수 있다. 실제로 측정되는 것은 우리 몸에서 일어나는 모든 다양한 합성대사와 분해대사의 총합인데, 바로 **물**

그림 17-12 다양한 활동에 따른 칼로리 소비.

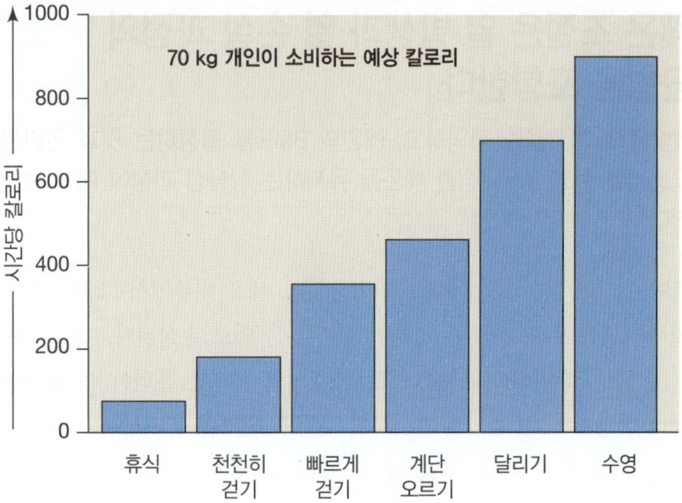

질대사율(metabolic rate)이다. 물질대사율은 진행 중인 활동에 따라 달라진다. 예를 들어, 사람이 전력질주하는 동안 측정되는 것은 사람이 자는 동안 측정되는 것과 상당히 다르다. 그림 17-12는 다양한 공통 활동에 대한 에너지 지출을 보여준다.

이러한 변화를 줄이기 위해, 시험 조건을 표준화하여 **기초대사량(basal metabolic rate, 이하 BMR)**을 결정한다. 이상적으로, BMR은 깨어 있고, 의식이 있는 사람의 최소 휴식 에너지 지출을 반영한다. 평균적으로, 사람은 시간당 70 Cal의 BMR 또는 하루에 약 1680 Cal의 BMR을 가진다. 시험 조건이 표준화되어 있지만, 다른 통제 불가능한 요소들이 BMR에 영향을 미친다. 이러한 요소들은 나이, 성별, 신체 조건, 체중, 그리고 유전적 차이를 포함한다.

특정 개인의 일일 에너지 소비는 활동에 따라 매우 다양하다. 예를 들어, 좌식 생활을 하는 사람은 최소한의 에너지 필요량을 가질 수 있지만, 한 시간의 수영은 매일 500 Cal 또는 그 이상의 칼로리 필요량을 증가시킨다. 만약 매일 에너지 섭취가 신체의 총 에너지 수요를 초과한다면, 초과 에너지는 주로 지방 조직에 트리글리세리드로 저장될 것이다. 만약 일일 칼로리 소비가 식이 섭취량을 초과한다면, 우리 몸의 에너지 비축량은 줄어들 것이고, 그에 상응하는 체중 감소가 발생한다. 이 관계는 체중 조절 프로그램에서 칼로리 계산과 일일 운동의 중요성을 설명한다.

체온 조절 Thermoregulation

BMR은 신체의 에너지 사용률을 추정한다. 체세포는 에너지의 일부만을 ATP로 포획하고, 나머지는 열로 "손실된다". 이러한 열 손실은 항상성을 유지하는 데 중요한 역할을 한다. 인간은 주변 환경 온도에 엄청나게 민감하고, 우리의 복잡한 생화학적 시스템은 큰 한계를 가지고 있다. 효소는 상대적으로 좁은 온도 범위에서만 작용한다. 따라서 신체는 환경 조건에 상관없이 체온을 허용 가능한 한계 이내로 유지하는 해부학적, 생리학적 기제를 가지고 있다. 이 항상성 과정을 **체온 조절(thermoregulation**, *therme*, heat)이라 한다. 체온을 조절하지 못하면 심각한 생리학적 영향을 초래할 수 있다. 예를 들어, 체온이 36°C(97℉) 이하 또는 40℃(104℉) 이상일 경우 의식이 흐려짐이 발생할 수 있다. 체온이 42℃(108℉) 이상일 경우, 경련과 영구적 세포 손상이 발생할 수 있다.

열 전달 과정 Processes of Heat Transfer

주변 환경과의 열 교환은 (1) 복사, (2) 전도, (3) 대류, (4) 증발의 네 가지 기본 과정을 포함한다(그림 17-13).

1. **복사(*Radiation*).** 주변 환경보다 따뜻한 물체는 적외선 복사에 의해 열을 잃는다. 태양의 열기를 느낄 때, 당신은 복사열을 경험한다. 같은 방법으로 당신의 몸은 열을 잃지만, 비례적으로 적은 양을 잃는다. 실내에서 잃는 열의 절반 이상이 복사를 통해 손실된다.
2. **전도(*Conduction*).** 전도란 물리적인 접촉을 통해 에너지를 직접 전달하는 것이다. 에어컨이 있는 방 안의 차가운 플라스틱 의자에 앉으면, 이 과정을 즉시 깨달을 수 있다. 전도의 영향은 물체의 온도와 그것이 접촉하는 피부 면적의 양에 따라 달라진다. 전도는 일반적으로 열을 얻거나 잃는 효과적인 방법이 아니다.
3. **대류(*Convection*).** 대류는 몸의 표면을 가로질러 이동하는 차가운

그림 17-13 열 전달 과정.

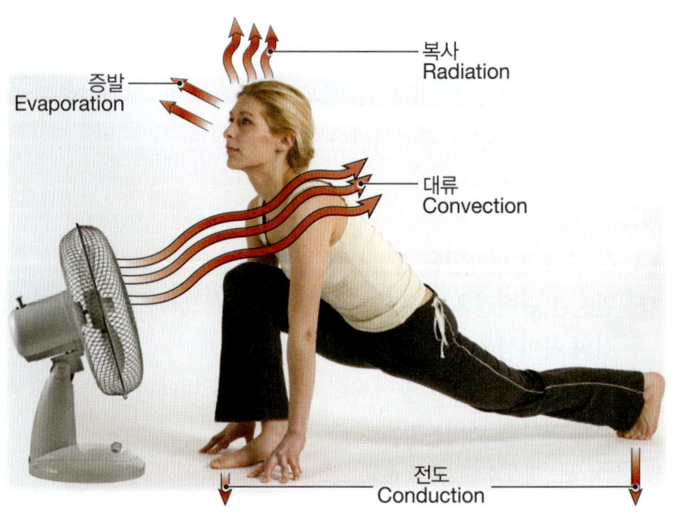

공기로 인한 열 손실이다. 당신의 몸이 피부 근처에 있는 공기로 열을 방출하면서, 그 공기는 따뜻해지고, 피부 표면으로부터 멀어져 상승한다. 차가운 공기가 피부 근처의 공기를 대체하고, 이 공기가 따뜻해지면 같은 패턴이 반복된다. 대류는 실내에서 우리 몸의 열 손실의 약 15%를 차지한다.

4. **증발(*Evaporation*).** 물이 증발할 때, 액체에서 기체로 변한다. 증발은 기화된 물 1 g당 대략 580칼로리(0.58 Cal)의 에너지를 흡수하고 표면을 냉각시킨다. 신체의 피부에서 증발하는 비율은 매우 다양하다. 매시간, 20~25 mL의 물이 상피를 가로지르며 허파의 허파꽈리 표면과 피부 표면에서 증발한다. 이 증발은 비교적 일정하게 유지되기 때문에 불감 땀남(insensible water loss)이라 한다. 증발은 우리 몸의 평균 실내 열 손실의 약 20%를 차지한다. 땀샘은 지각 땀남(sensible perspiration)의 원인이다. 땀샘은 움직임이 없는 휴식기부터 시간당 2~4리터(또는 2~4 kg)의 분비율에 이르기까지 엄청난 활동 범위를 가진다. 이 비율은 1시간 이내에 전체 남아 있는 물 손실과 같다.

체온을 일정하게 유지하기 위해서, 사람은 대사 작용에 의해 발생하는 열만큼 빠르게 열을 잃어야 한다. 열 손실 및 열 획득은 여러 다른 장기 활동을 포함한다. 시상하부의 **열 손실 중추(heat-loss center)**와 **열 획득 중추(heat-gain center)**는 이러한 활동을 조정한다. 열 손실 중추는 자율신경계의 부교감 신경 분열을 통해 활동을 조절하고, 열 획득 중추는 교감신경 분열을 통해 반응을 지시한다. 위의 전반적인 효과는 열 생성 속도와 환경으로 열을 방출하는 속도에 영향을 미침으로써 온도 변화를 제어하는 것이다. 그늘이나 햇빛으로 이동하거나, 옷을 입거나 벗는 것과 같은 행동의 변화도 이러한 과정을 뒷받침한다.

열 손실 촉진 PROMOTING HEAT LOSS. 열 손실 중추의 온도가 설정 온도 이상으로 상승하면, 다음의 세 가지 반응이 발생한다.

1. **혈관운동중추 억제(*The vasomotor center is inhibited*).** 이 반응은 말초 혈관을 확장시켜 따뜻한 피가 몸의 표면으로 흐르게 한다. 피부는 붉은색을 띠며 체온이 상승한다. 복사와 대류를 통한 열 손실이 증가한다.
2. **땀샘을 자극하여 분비물 증가(*Sweat glands are stimulated to increase their secretions*).** 땀은 피부를 가로질러 흐르고, 증발을 통한 열 손실은 빨라진다.
3. **호흡기 자극(*The respiratory centers are stimulated*).** 그 결과, 호흡의 깊이가 증가한다. 종종, 사람은 입을 통해 숨을 쉬기 시작하는데, 이것은 허파로부터의 증발을 증가시켜 열 손실을 향상시킨다.

증발에 의한 열 손실의 효율은 환경 조건, 특히 공기의 "상대 습도"에 따라 다르다. 100% 습도에서 공기는 포화상태이다. 이것은 그 온도가 가능한 한 많은 수증기를 보유하고 있다는 것을 뜻한다. 이러한 조건에서, 증발에 의한 냉각은 효과적이지 않다. 이것이 습한 열대 기후에서 불쾌함을 느끼는 이유이다. 사람들은 계속해서 땀을 흘리지만, 따뜻하고 습한 상태를 유지한다.

열 획득 촉진 PROMOTING HEAT GAIN. 뇌의 열 획득 중추의 기능은 **저체온증(hypothermia)** 또는 정상 이하의 체온을 방지하는 것이다. 체온이 허용 수준 이하로 떨어지면, 열 손실 중추가 억제되고 열 획득 중추가 활성화된다. 이 활성화는 (1) 체온을 보존하고 (2) 열 생성을 촉진하는 반응을 야기한다.

혈관운동중추의 자극은 말초 혈관을 수축시키고 피부로 가는 혈류를 감소시켜 복사, 대류 및 전도에 의한 열 손실을 감소시킨다. 피부가 차가워진다. 혈액의 흐름이 제한되면, 피부는 푸르스름하거나 창백한 색을 띠게 된다. 여기에 대하여 팔다리에서 돌아오는 혈액은 피하지방의 절연층 아래에 있는 깊은 정맥얼기 속으로 흐른다. (따뜻한 조건 하에서, 혈액은 열을 잃을 수 있는 깊지 않은 정맥망을 통해 흐른다.)

열 획득 중추는 열을 보존하는 것 외에도 열을 발생시키는 두 가지 과정을 자극한다. 가볍게 몸을 떨 때의 열 발생(*shivering thermogenesis*)에서, 스트레칭 수용체가 길항성 뼈대근의 짧고 진동적인 수축을 자극할 때까지 근육의 탄력은 점차 증가한다. 그 결과 가볍게 몸을 떠는 것은 뼈대근에 의한 에너지 소비를 자극하고, 생성된 열은 혈액이 전환된 깊은 혈관을 따뜻하게 한다. 가벼운 떨림은 열 발생률을 400%까지 증가시킬 수 있다.

비떨림 열 발생(*nonshivering thermogenesis*)은 모든 조직의 물질대사 활동을 증가시키는 호르몬의 방출을 포함한다. 열 획득 중추는 자율신경계의 교감 분열을 통해 부신속질을 자극한다. 그 결과, 에피네프린이 분비된다. 에피네프린은 간과 뼈대근에서 글리코겐과 해당작용의 분해를 증가시키고, 대부분의 조직에서 대사율을 증가시킨다. 또한 열 획득 중추는 갑상샘에 티록신 방출을 자극하여 탄수화물 분해대사의 속도와 모든 다른 영양소의 분해를 증가시킨다. 이러한 효과는 며칠에서 몇 주에 걸쳐 점진적으로 발전한다.

17

체크포인트

17. 임산부의 BMR(기본 대사율)과 임신하지 않았을 때의 BMR과 비교하시오.
18. 어떤 조건에서 신체의 증발로 인한 냉각이 효과적이지 않은가?
19. 말초혈관의 혈관 수축은 더운 날 체온에 어떤 영향을 미치는가?

책 뒷면에 있는 파란색 정답 탭을 참조.

임상노트

화재 지상 복구 Fire-Ground Rehabilitation

소방관은 오늘날 가장 위험하고, 육체적으로 힘든 직업 중 하나이다. 응급의료 서비스(EMS) 직원이 화재 현장에 재활 센터를 설치하고 직원을 두는 것은 흔한 일이다. 수년 동안, 소방관 재활은 화재현장에서 자원봉사 단체가 제공한 커피와 도넛으로 구성되었다. 그러나 스트레스 및 열 관련 비상사태가 근무 중인 소방관 사망의 주요 원인이라는 사실이 인정되었기 때문에, **긴급사고복구**(*emergency Incident Rehabilitation*, 이하 *EIR*) 개념이 발달했다. 산불과 같은 대형 화재에는 여러 부서의 수백 명의 소방관들이 참여할 수 있다. 이러한 상황에서는 복수의 재활/EIR 시설이 사고 발생 시, 명령 체계의 기능적 부분으로 설정되어야 한다.

모든 소방 현장 요원은 다음 활동 중 하나를 수행한 후, 즉시 재활 시설에 보고해야 한다.

- 강제 진입, 호스 라인 진격, 폐쇄 공간 수색 및 구조 및 환기 등의 격렬한 활동
- 2개의 SCBA(자급식 호흡 장치) 사용 및 고갈
- 유해/위험 환경에서의 30분 작업
- SCBA 장치의 고장

재활 시설에 들어오는 사람은 활력징후, 숨소리, 피부색 및 상태 검사, 체온 등 세심하게 평가해야 한다. 소방관들의 수분 상태를 확인하고 결정하는 것은 중요하다. 체중의 60% 이상이 물이라는 것을 기억해야 한다(**표 17-5**). 물은 최고의 수분 보충제이다. 또는 물과 상업용 스포츠 수분 음료를 50/50 비율로 섞은 혼합물을 약 40°F(4.5°C)에서 신체에 투여할 수 있다.

계절에 관계없이 거의 모든 화재 현장에서, 물을 사용한 입을 통한 수분보충을 권고한다. 특히 남부와 남서부에서 여름철에 발생하는 대형 화재는 상당한 수분 손실을 야기한다. 많은 경우, 소방관들은 수분 손실을 보충하기 위해 수 리터의 정맥 주사가 필요할 수 있다. 현장에서 정맥 수분 주입을 위한 지침서가 확립되어야 한다. 재활 시설 직원은 소방관이 화재 현장에 복귀할 수 있는지, 아니면 지침서에 기반하여 추가 재활을 위해 남아야 하는지 결정해야 한다(**그림 17-14**). 수분 공급 외에도, 소방관들은 재활 시설에 있는 동안 어떤 형태의 영양분을 공급받아야 한다. 사과나 오렌지와 같은 신선한 과일을 먹는 것이 가장 좋다. 짠 음식이나 정제 소금을 먹어서는 안 된다.

표 17-5 70 kg 남성의 1 g 단위의 생화학적 함량

내용	g
물	41,400
지방	12,600
단백질	12,600
탄수화물	300
Na	63
K	150
Ca	1160
Mg	21
Cl	85
P	670
S	112
Fe	3
L	0.014

그림 17-14 화재 지상 작업. 대형 화재는 여러 개의 재활 시설이 필요하다. 재활 시설 직원의 허가를 받기 전까지는 소방관이 화재 현장에 복귀하면 안 된다.

17

17-8 고령화에 따른 칼로리 수요 감소

학습목표 나이에 따른 영양 요구량의 변화를 설명한다.

필수 영양은 나이가 들어도 크게 변하지 않는다. 그러나 생활습관, 식습관, 수입의 변화는 영양과 건강에 영향을 미칠 수 있다. 서로 다른 종류의 음식에 의해 제공되는 권장 칼로리의 비율은 모든 연령에서 동일하게 유지된다. 단백질은 일일 칼로리 섭취량의 11~12%, 탄수화물 55~60%, 지방 30% 미만이어야 한다.

그러나 소요 열량(caloric *requirement*)은 노화에 따라 변한다. 50세 이후부터 10년마다 소요 열량은 10% 감소한다. 이러한 감소는 물질대사율, 체질량, 활동수준 및 운동 내성 감소와 관련이 있다.

나이가 들면서, 필요한 칼슘을 증가시키기 위해 몇 가지 요인들이 결합된다. 어느 정도의 골다공증은 노화의 정상적인 결과이며, 좌식 생활 방식이 그 문제의 원인이다. 칼슘 수치가 계속 높아지면 뼈 손실률이 감소한다.

노인들은 또한 필수적인 칼슘을 흡수하기 위해서 보충 비타민 D_3

임상노트

영양과 응급 의료 서비스 Nutrition and Emergency Medical Services

응급 의료 서비스(EMS) 작업의 직무 요구와 스케줄은 균형 잡힌 식사를 하고 적절한 운동을 하기 어렵다. 대부분의 경우, EMS 작업은 상당히 정적이지만, 어떤 때는 상당한 육체적 노력과 체력이 필요할 수 있다. 이 때문에 응급요원들은 균형 잡힌 식사를 하고 규칙적으로 적당한 유산소 운동을 하며 정상 체중을 유지하는 것이 필수적이다. 불행하게도, 점점 더 많은 EMS 근로자들이 비만으로 분류된다. 비만에 대한 정의는 다양하지만, 일반적으로 정상 체중보다 적어도 20%, 혹은 그 이상의 체중일 때 비만으로 정의한다. 예를 들어, 정상 체중이 80 kg인 환자는, 체중이 97 kg를 초과할 때 비만으로 간주된다. 비만을 더 잘 측정하는 방법은 **체질량지수**(*BMI*)를 측정하는 것이다. 체질량지수는 환자의 키를 고려한 것으로, 몸무게(kg)를 환자 키(m)로 나눈 값이다. 비만과 관련된 많은 건강 문제들은, 사람의 체중이 정상 체중의 120% 이상일 때 문제를 일으키기 시작한다. EMS에서 가장 흔한 업무상 부상 중 하나인 요부 염좌(Low back strain)는 과체중인 사람에게서 더 자주 발생한다.

불행히도, 몇몇 응급 구조원들은 병리학적인 비만으로 분류될 수 있다. **병리학적으로 비만**(*morbidly obese*)이라는 꼬리표가 붙기 위해서는, 개인의 체중이 정상 체중의 두 배 이상 나가야만 한다. 예를 들어, 정상 체중이 80 kg인 환자는, 체중이 160 kg을 초과할 때 병리학적으로 비만인 것으로 간주된다. 병리학적으로 비만인 사람들은 생명을 위협하는 여러 가지 문제를 일으킬 수 있는 심각한 위험 요소들을 가지고 있다. 전반적인 건강 상태와 관계없이, 병리학적으로 비만인 사람은 일상적인 EMS 작업 과정에서 EMT나 구급대원에게 기대되는 모든 작업을 수행할 수 없다.

많은 EMS 시스템은 비만을 포함한 질병이나 부상의 위험이 있는 사람들을 식별하는 건강 유지 프로그램을 가진다. 직원들이 비만인 것으로 확인되면, 살을 빼고 건강을 회복하는 데 도움이 되는 계획에 참여하도록 권유한다. 그러한 계획에는 보통 운동요법, 식단 상담, 건강교육이 포함된다. 화재 기반 EMS 작업에서, 지속적인 체력단련 프로그램을 가진 소방 서비스에는 신체 단련이 더욱 뿌리 깊게 자리 잡고 있다. 비록 EMS 장치들이 자동차 엔진이나 트럭보다 훨씬 더 자주 굴러다닌다 하더라도, EMS 직원들은 일반적으로 하루 종일 필요한 운동을 할 수 있다. 바쁜 상황에서는 MCI 또는 높은 체계의 사용으로 인해 운동 요법을 중단해야 한다는 점을 이해하고, 단순히 운동 시간을 차단하는 것이 현명할 수 있다.

가 필요할 가능성이 있다. 많은 노인들은 대부분의 시간을 실내에서 보내고, 야외에서 햇볕을 피한다. 이러한 행동은 태양에 의한 피부 손상을 늦춰주는데, 젊은 사람들보다 더 얇은 피부를 가지고 있기 때문이다. 그러나 이러한 행동은 또한 피부의 비타민 D_3 생성을 중단시킨다. 비타민 D_3는 소장에 의한 칼슘 흡수를 자극하는 호르몬인 칼시트리올로 전환된다.

건강한 식단을 유지하는 것은 후각과 미각의 변화와 소화 기관의 구조 변화로 인해 나이가 들수록 더 어려워진다. 나이가 들수록 후각 및 미각 수용기의 개체 수와 민감도가 감소한다. 노인들에게 음식이 먹음직스럽게 보이지 않아서, 적게 먹게 된다. 소화관의 점막 내벽은 나이가 들수록 얇아지기 때문에 영양소 흡수 효율이 떨어진다. 고정된 예산을 가진 노인들은 식단에서 주요 철분 공급원인 동물성 단백질을 덜 섭취할 수도 있다. 적은 양에 비효율적인 흡수를 더하면 빈혈의 원인이 되는 철분 결핍을 일으키기 쉽다.

체크포인트

20. 노화에 따라 영양 요구량과 소요 열량 중 어떤 것이 변하는가?

책 뒷면에 있는 파란색 정답 탭을 참조.

관련 임상 용어

식욕부진(입맛없음, **anorexia**): 지속적인 식욕 감퇴.

해열제(antipyretic drugs): 열을 조절하거나 낮추기 위해 투여하는 약물.

섭식 장애(eating disorders): 불충분하거나 과도한 음식 섭취를 초래하는 심리적 문제. 예를 들면 거식증과 폭식증이 있다.

가족성 고콜레스테롤혈증(familial hypercholesterolemia): 가장 흔한 유전성 고지혈증 유형(혈중 지질 수치가 높음). 신생아 500명 중 한 명 꼴로, 높은 LDL 수치를 가진 아이들에게 영향을 미친다.

열탈진(열피로, **heat exhaustion**): 과도한 땀 손실로 인한 체온 조절 기제의 오작동.

열사병(heat stroke): 체온 조절 중추의 상태가 기능적으로 정지되고, 체온이 통제할 수 없을 정도로 높아지는 상태.

케톤혈증(ketonemia): 혈중 케톤체 수치가 높아짐.

케톤뇨증(ketonuria): 소변에서 케톤체가 검출.

지방 흡입술(liposuction): 삽입된 튜브를 통해 지방 조직을 흡입하여 제거.

비만(obesity): 개인의 체중이 정상 체중보다 20% 이상 높은 경우.

발열(pyrexia): 열, 즉 99°F(37.2°C) 이상의 체온.

17 복습

요약

17-1 물질대사는 신체의 모든 화학반응을 가리키며, 에너지학은 에너지의 흐름과 변화를 가리킨다 *p. 652*

1. **에너지학(energetics)**은 에너지의 흐름과 변화를 한 형태에서 다른 형태로 연구하는 학문이다. 요점은 세포에서 몸 전체에 이르는 필수 에너지의 범위를 이해하는 것을 포함한다.
2. 일반적인 **세포 대사**(*cellular metabolism*) 과정에서, 세포는 아미노산을 보존하면서 과도한 탄수화물을 먼저 분해하고, 그 다음 지질을 분해한다. 분해대사를 통해 방출되는 에너지의 약 40%만이 ATP에 저장되고, 나머지는 열로 방출된다(**그림 17-1**).
3. 세포는 새로운 화합물을 합성(**합성대사**, *anabolism*)하여 (1) 구조적 유지 및 복구, (2) 성장을 촉진하고 (3) 분비물을 생성하며 (4) 영양소 비축량을 구축한다.
4. 세포는 사립체에 작은 유기 분자를 "먹인다"; 그 대가로, 세포는 세포 기능을 수행하는 데 필요한 ATP를 얻는다(**그림 17-2**).

17-2 탄수화물 대사에는 해당작용, ATP 생성 및 포도당신합성을 포함한다 *p. 654*

5. 대부분의 세포는 탄수화물의 분해를 통해 ATP와 다른 고에너지 화합물을 생산한다.
6. **해당작용(glycolysis)**과 **유산소대사(aerobic metabolism)**는 일반적인 세포에 의해 사용되는 대부분의 ATP를 제공한다. 해당작용에서 포도당의 각 분자는 피루브산 2분자와 ATP 2분자를 생성한다(**그림 17-3**).
7. 산소가 있으면 피루브산은 사립체로 들어가 **구연산 회로(citric acid cycle)**에서 완전히 분해된다. 탄소 및 산소 원자는 이산화탄소로 손실되고, 수소 원자는 **조효소**에 의해 **전자전달계**로 전달된다(**그림 17-4**).
8. **전자전달계(electron transport system, ETS)**는 사립체 내막에 내장되어 있다. ETS는 4가지 세포호흡 단백질 복합체, 조효소 Q, 그리고 **시토크롬**(*cytochromes*)으로 구성되어 있고, 결국 물과 ATP를 형성하기 위해 산소로 전자를 전달한다. 전자의 통로에 의해 방출되는 에너지는 H^+를 기질에서 막간 공간으로 펌핑하는 데 사용된다(**집중 조명 그림 17-5**).
9. ATP는 **화학삼투작용(chemiosmosis)**을 통해 형성된다. 이 과정에서 H^+는 막간 공간에서 내부 막의 H^+ 채널을 통해 사립체 기질로 전달된다. H^+의 이동으로 인한 에너지는 ATP **합성효소**(*ATP synthase*)에 의해 ADP와 P로부터 ATP를 형성하기 위해 사용된다(**집중 조명 그림 17-5**).
10. 해당작용, 구연산 회로 및 ETS를 통해 처리된 각 포도당 분자에 대해, 일반적인 세포는 30~32 ATP 분자를 얻는다(**그림 17-6**).
11. **포도당신합성(gluconeogenesis)**은 세포가 다른 탄수화물, 글리세롤 또는 일부 아미노산으로부터 포도당 분자를 생산하도록 한다. **글리코겐**(*glycogen*)은 세포 외 포도당이 낮을 때 중요한 에너지 비축물이다(**그림 17-7**).
12. 포도당의 공급이 제한될 때, 세포는 구연산 회로에 분자를 제공하기 위해 다른 영양소를 분해할 수 있다(**그림 17-8**).

17-3 지질 대사는 지방 분해, 베타 산화, 지방 단백질과 유리지방산과 같은 지질 운반과 분포를 포함한다 *p. 661*

13. **지방분해(lipolysis**, 지질 분해대사) 동안, 지질은 피루브산으로 전환되거나 구연산 회로로 들어갈 수 있는 조각으로 분해된다.
14. 우리 몸에 가장 풍부한 지질인 트리글리세리드는 글리세롤과 지방산으로 나뉜다. 글리세롤은 해당작용의 경로로 들어가고, 지방산은 사립체로 들어간다.
15. **베타 산화(beta-oxidation)**란 지방산 분자를 2탄소 조각으로 분해하여 구연산 회로로 들어가거나 케톤체로 전환시키는 것을 말한다.
16. 지질은 단시간에 많은 양의 ATP를 공급할 수 없다. 그러나 포도당 비축량이 제한되면, 세포는 지질 기반 에너지 생산으로 전환할 수 있다.
17. 지질 합성인 **지방형성(lipogenesis)**에서, 대부분의 유기 분자는 글리세롤을 형성하는 데 사용될 수 있다. **필수 지방산(essential fatty acids)**은 합성될 수 없으며, 식단에 포함되어야 한다.
18. 지질은 **유리지방산[free fatty acids(FFA)**, 세포막을 가로질러 쉽게 확산될 수 있는 알부민과 관련된 지방산] 또는 **지질단백질(lipoproteins**, 트리글리세리드 및 콜레스테롤을 포함하는 지질-단백질 복합체)로 순환한다. **저밀도 지질단백질(low-density lipoproteins, LDLs)**과 **고밀도 지질단백질(high-density lipoproteins, HDLs)**은 간과 다른 조직 사이에 콜레스테롤을 운반한다(**그림 17-9**).

17-4 단백질 분해대사는 아미노기 전이반응과 탈아미노화를, 단백질 합성은 아미노화와 아미노기 전이반응을 포함한다 *p. 664*

19. 다른 에너지원이 부족하면 사립체는 아미노산을 분해할 수 있다. 사립체에서 아미노기는 아미노기 전이(*transamination*) 또는 탈아미노기(*deamination*)에 의해 제거될 수 있다. 그 결과, 탄소 뼈대는 ATP를 생성하거나 케톤체로 전환되기 위해 구연산 회로로 들어갈 수 있다.

20. 단백질 분해대사는 빠른 에너지를 생산하는 자원으로 적합하지 않다.

21. 신체는 단백질을 만드는 데 필요한 아미노산의 약 절반을 합성할 수 있다. 10개의 필수 아미노산(*essential amino acids*)은 식단을 통해 획득되어야 한다.

22. 어떤 체세포도 인간의 생명을 지탱하는 데 필요한 합성대사와 분해대사를 수행할 수 없다. 항상성은 서로 다른 조직의 대사 활동이 조정될 때만 보존될 수 있다(**그림 17-10**).

17-5 핵산 분해대사는 RNA를 포함하지만 DNA는 포함하지 않는다 *p. 666*

23. 핵의 DNA는 에너지를 위해 이화되지 않는다. RNA 분자는 분해되고 정기적으로 대체된다. 대개 그것들은 새로운 핵산으로 재활용된다.

17-6 영양결핍증을 예방하고 항상성을 유지하기 위한 적절한 영양공급이 필요하다 *p. 667*

24. **영양(nutrition)**은 음식에서 필수 영양소를 흡수하는 것이다. **균형 잡힌 식단**(*balanced diet*)은 항상성을 유지하는 데 필요한 모든 성분을 포함하고 있으며, **영양실조(malnutrition)**를 예방한다.

25. 5가지 **기본 식품군(basic food groups)**은 곡물, 채소, 과일, 유제품, 단백질이다. 이들은 일일 권장 식품 섭취를 반영하도록 마이플레이트 접시에 배열되었다(**그림 17-11**, **표 17-1**).

26. **무기질(minerals)**은 다양한 효소 반응에서 보조 인자로 작용한다. 또한 체액의 삼투압 농도에 기여하며, 막 전위, 활동전위, 신경전달물질 방출, 근육 수축, 뼈대 구조 및 유지, 가스 수송, 완충 시스템, 체액 흡수 및 노폐물 제거 역할을 한다(**표 17-2**).

27. **비타민(vitamins)**은 중요한 효소 반응의 조효소이며, 매우 적은 양이 필요하다. 비타민 A, D, E, 그리고 K는 **지용성 비타민(fat-soluble vitamins)**이다. 너무 많이 섭취하면, **과비타민증(hypervitaminosis)**을 야기한다. **수용성 비타민(water-soluble vitamins)**은 체내에 저장되지 않는다. 적절한 식이 공급의 부족은 **비타민부족증(hypovitaminosis)**을 초래할 수 있다(**표 17-3**, **17-4**).

28. 일일 물 섭취량은 체중 1 kg당 평균 약 40 mL/kg(.08컵/lb)이다. 물은 음식, 음료, 물질대사 생성에서 얻는다.

29. 균형 잡힌 식단은 사람의 건강을 향상시킨다.

17-7 대사율은 평균 칼로리 소모이며, 체온 조절은 열 발생과 열 손실 과정의 균형을 포함한다 *p. 671*

30. 음식의 에너지 함량은 보통 1 g당 **칼로리(Calories**, Cal/g)로 표현한다. 체세포는 포도당이나 다른 유기 영양소 에너지 함량의 절반 이하를 차지한다.

31. 지질 1 g당 분해대사는 같은 양의 탄수화물이나 단백질 분해로 방출되는 칼로리의 약 2배인 9.46℃를 방출한다.

32. 주어진 기간 동안, 신체의 합성대사와 분해대사의 총합은 개인의 **대사율(metabolic rate)**이다. **기초대사율(basal metabolic rate, BMR)**은 정지 상태의 에너지 이용률이다(**그림 17-12**).

33. 체온의 항상성 조절은 **체온 조절(thermoregulation)**이다. 주변 환경과의 열 교환에는 **복사(radiation)**, **전도(conduction)**, **대류(convection)** 및 **증발(evaporation)**의 네 가지 과정이 있다(**그림 17-13**).

34. **열 손실 중추(heat-loss center)**와 **열 획득 중추(heat-gain center)**를 포함한 시상하부는 신체의 온도 조절기 역할을 한다.

35. 열 손실을 증가시키는 데 관련된 반응은 생리적 과정(표피 혈관 확장, 땀 증가, 호흡 가속화)과 행동 적응을 포함한다.

36. 피부로 가는 혈류를 줄임으로써 체온을 보호할 수 있다. 열은 가볍게 몸을 떨 때의 열 발생(*shivering thermogenesis*)과 비떨림 열 발생(*nonshivering thermogenesis*)에 의해 생성될 수 있다.

17-8 고령화에 따른 칼로리 수요 감소 *p. 674*

37. 소요 열량은 50세 이후부터 10년마다 10%씩 감소한다. 후각과 미각의 변화, 그리고 소화기계통의 변화는 소화기관에서 영양소 흡수의 효율성을 떨어뜨린다.

복습 문제

책 뒷면에 있는 파란색 정답 탭을 참조.

단계 1 사실 및 용어 검토

A열의 각 항목을 B열의 가장 밀접하게 관련된 항목에 맞게 빈칸에 적절한 답을 적으시오.

A열	B열
_____ **1.** 포도당 형성	**a.** 포도당신합성
_____ **2.** 지질 분해대사	**b.** 필수 아미노산
_____ **3.** 지질 합성	**c.** 정상 이하 체온
_____ **4.** 리놀레산	**d.** 에너지 단위
_____ **5.** 탈아미노화	**e.** 지용성 비타민
_____ **6.** 페닐알라닌	**f.** 수용성 비타민
_____ **7.** 케토산증	**g.** 지방 분해
_____ **8.** A, D, E, K	**h.** 질소 폐기물
_____ **9.** B 복합체와 비타민 C	**i.** 필수 지방산
_____ **10.** 칼로리	**j.** 아미노기 제거
_____ **11.** 쓸개즙염(Bile salts)	**k.** pH 감소
_____ **12.** 저체온증	**l.** 지방형성

13. 세포는 새로운 유기 분자를 합성하여 무슨 일을 하는가?
- **(a)** 구조 유지 및 수리를 수행한다.
- **(b)** 성장을 촉진한다.
- **(c)** 분비물을 생산한다.
- **(d)** a, b, c 모두 정확하다.

14. 포도당 한 분자의 완전한 분해대사 동안에, 일반적인 세포는 무엇을 얻나?
- **(a)** 4~6 ATP **(b)** 18~20 ATP
- **(c)** 30~32 ATP **(d)** 90~96 ATP

15. 포도당을 피루브산으로 분해하는 것은 무엇인가?
- **(a)** 해당작용 **(b)** 포도당신합성
- **(c)** 세포 호흡 **(d)** 베타 결합

16. 해당작용은 세포에 대한 ________ 분자의 즉각적인 순이득을 산출한다.
- **(a)** 1 ATP **(b)** 2 ATP
- **(c)** 4 ATP **(d)** 32 ATP

17. 전자전달계는 하나의 포도당 분자의 완전한 분해대사에서 최대 ________ 분자를 생산한다.
- **(a)** 2 ATP **(b)** 4 ATP
- **(c)** 28 ATP **(d)** 32 ATP

18. 더 단순한 분자로부터 포도당을 합성하는 것은 무엇인가?
- **(a)** 해당작용 **(b)** 지질 분해
- **(c)** 포도당신합성 **(d)** 베타 결합

19. 세포 대사에서 영양소 사용에 대한 다음 그림의 빈 칸을 채우시오.

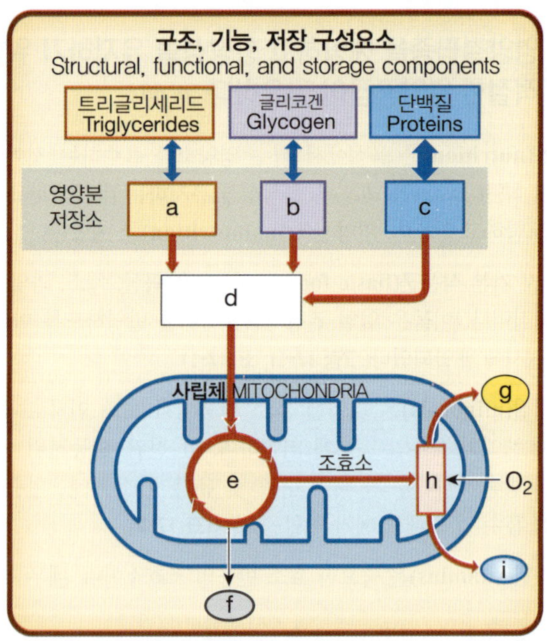

단어 보기: 구연산 회로, 아미노산, 포도당, 전자전달계, 지방산, ATP, CO_2, 작은 탄소 사슬, H_2O

(a) ____________ **(b)** ____________
(c) ____________ **(d)** ____________
(e) ____________ **(f)** ____________

(g) ____________ (h) ____________
(i) ____________

20. 쓸개즙에 저장 또는 배설을 위해 말초 조직에서 간으로 초과 콜레스테롤을 운반하는 지질단백질은 무엇인가?
(a) 암죽미립 **(b)** FFA
(c) LDLs **(d)** HDLs

21. 암모늄 이온을 생성하는 반응에서 아미노기를 제거하는 것은 무엇인가?
(a) 케토산증 **(b)** 아미노기 전이
(c) 탈아미노화 **(d)** 변성

22. 완전한 단백질은 무엇을 포함하는가?
(a) 아미노산의 적절한 균형
(b) 모든 필수 아미노산의 충분한 섭취
(c) 음식 피라미드에서 선택된 영양소의 조합
(d) 인체에 의해 생성되는 몇 가지 화합물

23. 모든 무기질과 대부분의 비타민은
(a) 지용성이다.
(b) 체내에 저장되지 않는다.
(c) 인체에 의해 합성될 수 없다.
(d) 식단에 적절한 양으로 존재하지 않기 때문에 신체에 의해 합성되어야 한다.

24. 기초대사량(BMR)은 다음 중 무엇을 나타내는가?
(a) 운동 시 최대 에너지 소비
(b) 의식이 있고 경각심을 가진 사람의 최소 휴식 에너지 소비량
(c) 가벼운 운동 중 최소 에너지 소비량
(d) 휴식 에너지 소비에 추가된 근육 에너지 소비

25. 신체에서 발생하는 열 손실의 절반 이상은 무엇 때문인가?
(a) 복사 **(b)** 전도
(c) 대류 **(d)** 증발

26. 물질대사, 합성대사, 분해대사의 용어를 설명하시오.

27. 지질단백질이란 무엇인가? 지질단백질의 주요 그룹은 무엇이며, 그들은 어떻게 다른가?

28. 비타민과 무기질은 왜 식단에서 필수적인 요소인가?

29. 탄수화물, 지방, 단백질의 분해대사의 총 에너지 생산량은 얼마인가?

30. 기초대사량(BMR)은 무엇인가?

31. 열 전달과 관련된 4가지 과정은 무엇인가?

단계 2 개념 검토

32. 구연산 회로의 기능은 다음 중 무엇인가?
(a) 활동적인 근육 수축 기간 동안 에너지를 생산한다.
(b) 6개의 탄소 사슬을 3개의 탄소 조각으로 분해한다.
(c) 추가 반응을 위해 포도당 분자를 준비한다.
(d) 유기 분자에서 수소 원자를 제거하고 조효소로 전달한다.

33. 세포 기아 기간 동안, 순환에 케톤체가 존재하면 어떤 일이 발생하는가?
(a) 혈액 pH의 증가 **(b)** 혈액 pH의 감소
(c) 중성 혈액 pH **(d)** 요붕증

34. 해당작용을 설명하시오. 이 과정에는 어떤 물질이 필요한가?

35. 구연산 회로에 어떤 물질이 들어가며, 어떤 물질이 남는가? 왜 이 과정을 회로라고 부르는 것인가?

36. 지질(트리글리세리드) 분해대사에서 베타 산화는 어떻게 작용하는가?

37. 마이플레이트 식품 가이드는 건강한 라이프스타일을 발전시키는 도구로 어떻게 사용될 수 있는가?

38. 뇌는 체온 조절에 어떤 방식으로 관여하는가?

39. 대중 매체의 기사들은 때때로 "좋은 콜레스테롤"과 "나쁜 콜레스테롤"을 언급한다. 이 용어들은 어떤 종류의 콜레스테롤을 지칭하며, 그 기능은 무엇인가?

단계 3 비판적 사고 및 임상 적용

40. 굶주린 사람이 영양 상태가 좋은 사람보다 전염병에 더 취약한 이유는 무엇인가?

41. Charlie는 혈액검사에서 LDLs 수치는 정상이지만 HDLs 수치는 높은 것으로 나타났다. 심혈관 질환의 가족력을 지닌 만큼, 그는 생활 습관을 고쳐야 할지 고민 중이다. 만약 의사라면 그에게 뭐라고 조언을 해야 할까?

18

비뇨계통
The Urinary System

학습목표

학습목표는 각 장에 대해 학습한 후 무엇을 할 수 있어야 하는지를 알려주는 것이다. 각 절의 학습목표는 다음과 같다.

18-1 비뇨계통의 기관들을 확인하고, 비뇨계통의 기능을 설명한다.

18-2 콩팥의 위치와 구조적 특징들을 설명하고 혈류가 콩팥으로 들어와서 나가기까지의 경로를 추적하며, 콩팥단위의 구조를 설명한다.

18-3 콩팥단위의 각 부분들이 지니는 주요 기능들에 대해 토의하고, 소변 생성에 관여하는 과정들을 간략하게 서술한다.

18-4 토리여과압과 토리여과율(GFR)에 영향을 미치는 요인들을 설명한다.

18-5 요관, 방광 및 요도의 구조와 기능을 설명하고, 배뇨의 조절에 대해 토의하고, 배뇨반사를 설명한다.

18-6 체액 평형, 전해질 평형, 산-염기 평형의 뜻을 정의하고, 이들이 항상성에 시사하는 중요성에 대해 토의하며, 물과 전해질이 체내에서 분포되는 방식을 설명한다.

18-7 체액 평형과 전해질 평형을 유지하기 위해 관여하는 기전을 설명한다.

18-8 세포내액 및 세포외액의 pH 평형을 맞추는 완충계를 설명하고, 산-염기 평형을 손상시키는 가장 흔한 요인이 무엇인지 기술한다.

18-9 노화가 비뇨계통에 미치는 영향을 설명한다.

18-10 비뇨계통과 지금까지 제시한 인체의 다른 계통들 사이의 상호작용의 예를 든다.

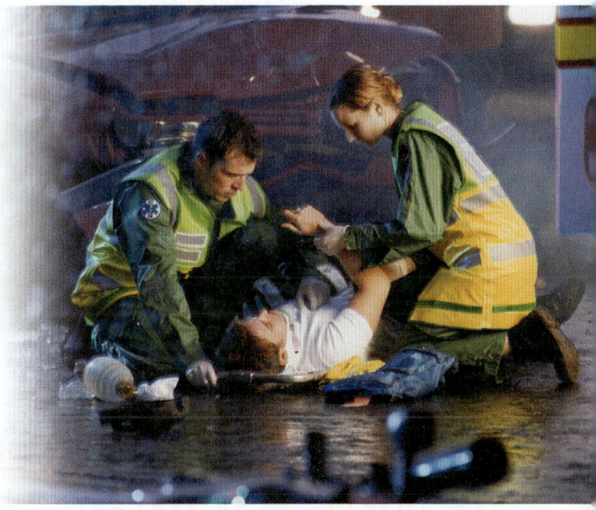

임상노트

급성콩팥손상(Acute Kidney Injury, AKI), p. 695
혈액 투석(Hemodialysis), p. 699
만성콩팥질환(Chronic Kidney Disease), p. 699
콩팥돌(Kidney Stones), p. 701
요로 감염(Urinary Tract Infections), p. 703
요실금(Incontinence), p. 704
산-염기 평형 장애(Disturbances of Acid-Base Balance), p. 711
콩팥 외상(Renal Trauma), p. 713

집중 조명

콩팥 기능의 요약(A Summary of Kidney Function), pp. 696~697

비뇨계통 소개

인체에는 조 단위의 세포들이 세포외액에 둘러싸여 있다. 이전 장들에서 우리는 이러한 세포를, 영양소를 태워 에너지를 얻는 공장에 비유하였다. 실제 공장들이 인체의 세포처럼 서로 가깝게 붙어 있다면 어떤 일이 일어날지를 상상해 본다. 각 공장은 막대한 양의 고체 및 기체 노폐물을 생성할 것이다. 따라서 총체적으로 심각한 오염 문제를 유발할 것이다.

인체의 경우 소화계통, 심혈관계통, 호흡계통, 비뇨계통의 활동이 조정되고 있는 한 그러한 문제가 일어나지 않는다. 소화관은 음식으로부터 영양소를 흡수하고 고체 노폐물을 배출한다. 간은 순환하고 있는 혈액의 영양소 농도를 조정한다. 심혈관계통은 영양소들과 호흡계통에서 유입되는 산소를 합쳐서 말초조직들에 전달한다. 혈액은 해당 조직들을 떠나면서 노폐물 기체 이산화탄소와 유기 노폐물들을 배출장소로 가져간다(15장에서 설명한 바와 같이). 이산화탄소는 허파에서 제거되고 비뇨계통에서 대부분의 유기 노폐산물들이 제거된다.

이 장에서는 비뇨계통의 구조를 알아볼 것이다. 콩팥들이 심혈관계통에서 대사성 노폐물들을 제거하여 소변을 생성하는 방법을 설명할 것이다. 또한 체액 평형, 전해질 평형, 그리고 산염기 평형이 항상성에서 각각 수행하는 역할을 살펴볼 것이다.

지식 쌓기

비뇨계통은 혈액의 노폐 산물들을 제거하며 생성되는 소변의 양을 조절하여 체액 평형을 제어한다는 사실을 알아야 한다(1장: **해부학과 생리학에 대한 소개** 참조). 콩팥에서 배출되는 폐기 산물 중 빌리루빈 유래 색소, 요소 및 요산에 대하여는 학생들은 이미 알고 있을 것이다. 또한 소변으로 수분이 빠져나가는 것은 혈압과 혈액량을 조절하는 데 중요하다는 점을 알아야 한다.

18-1 콩팥, 요관, 방광 및 요도로 구성되어 있는 비뇨계통은 세 가지 주요 기능을 가진다

학습목표 비뇨계통의 기관들을 확인하고, 비뇨계통의 기능을 설명한다.

비뇨계통(urinary system)은 세 가지 주요 기능을 가진다. 주요 기능은 (1) 배설, 즉 유기 노폐물을 체액에서 제거하는 과정, (2) 배출, 해당 노폐물들을 환경으로 방출하는 과정, 그리고 (3) 혈액량과 용질 농도의 항상성 조절이다.

비뇨계통의 기관으로는 콩팥 1쌍, 요관 1쌍, 방광, 그리고 요도가 있다(그림 18-1). 두 개의 **콩팥(kidney)**은 배설 기능을 수행한다. 콩팥은 물과 이온, 작은 수용성 화합물을 포함하는 **소변(urine)**을 생성한다. 콩팥에서 생성된 소변은 소변을 임시로 보관하기 위한 근육질의 주머니인 **방광(urinary bladder)**에 연결된 한 쌍의 관인 **요관(ureter)**을 포함하는 **요로(urinary tract)**를 통해 흘러간다. 방광으로부터 소변은 **요도(urethra)**를 통해 외부로 배출된다.

방광과 요도는 **배뇨(urination)** 또는 **배출(micturition)**이라는 과정을 통해 소변을 방출한다. 근육질의 방광은 수축하여 소변이 요도를 통해 체외로 배출되도록 한다.

그림 18-1 비뇨계통의 기관.

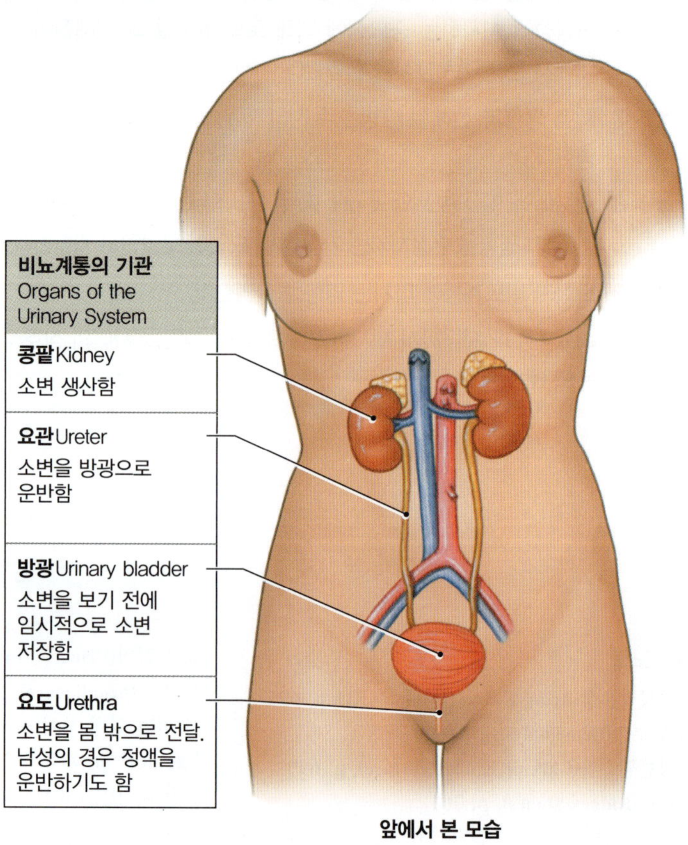

비뇨계통은 인체 세포에서 만들어진 대사노폐물을 제거하는데, 다음과 같은 항상성을 유지하기 위한 중요한 기능을 수행한다.

- 소변을 통해 배설되는 수분의 양을 조절하고, 적혈구형성인자(erythropoietin)와 레닌(renin)을 분비하여 **혈액량과 혈압을 조절한다.**
- 소변을 통해 배출되는 **혈장 나트륨, 칼륨, 염소 및 기타 이온들의 농도를 조절한다.** 콩팥은 또한 칼시트리올(calcitriol) 합성을 통해 칼슘 이온의 농도를 조절한다.
- 소변에서의 수소 이온(H^+)과 중탄산 이온(HCO_3^-)의 손실을 조절하여 **혈액 pH를 안정화하는 데 도움을 준다.**
- 포도당과 아미노산 등이 소변으로 배출되지 않도록 하여 **귀중한 영양소를 보존한다.** 비뇨계통은 질소노폐물인 요소와 요산을 배출한다.

이러한 활동들은 매우 세밀하게 조절되어 허용 가능한 한도 내에서 혈액의 조성을 유지한다. 해당 기능 중 단 하나라도 중단되는 경우 잠재적으로 치명적인 결과가 발생한다.

체크포인트

1. 비뇨계통의 세 가지 주요 기능을 나열해보시오.
2. 비뇨계통의 기관들을 대답해보시오.
3. 배뇨의 의미를 정의해보시오.

책 뒷면에 있는 파란색 정답 탭을 참조.

18-2 콩팥은 여과, 재흡수 및 분비를 수행하는 콩팥단위라는 기능 단위를 포함하는 혈관이 가득한 기관이다

학습목표 콩팥의 위치와 구조적 특징들을 설명하고 혈류가 콩팥으로 들어와서 나가기까지의 경로를 추적하며, 콩팥단위의 구조를 설명한다.

콩팥(kidneys)은 마지막 등뼈(T_{12})와 세 번째 허리뼈(L_3) 사이의 척추 양쪽에 존재한다. 오른쪽 콩팥은 왼쪽 콩팥보다 약간 낮게 위치한다(**그림 18-2a**). 각 콩팥의 상부 표면은 부신으로 덮여 있다. 콩팥과 부신은 뒤몸통 벽의 근육과 배막 내벽 사이에 있다(**그림 18-2b**). 이 배치는 장기들이 배막 뒤편에 놓여 있으므로 **배막뒤**(*retroperitoneal*, 뒤편)라고 부른다.

콩팥은 (1) 위에 덮인 배막, (2) 인접 기관과의 접촉, (3) 결합조직의 지탱을 통해 배안 내에서 정위치에 고정되어 있다. 각 콩팥은 섬유

그림 18-2 콩팥의 위치.

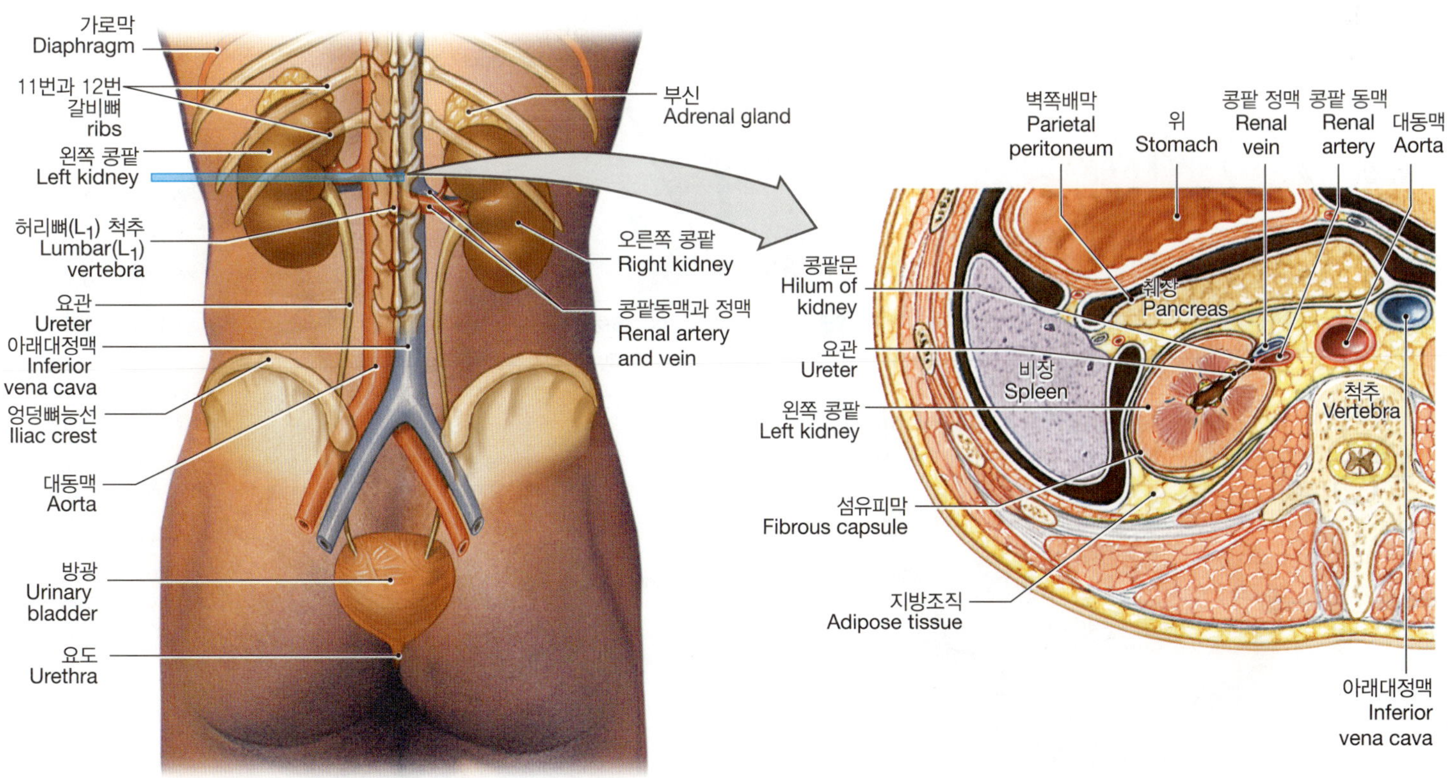

a 몸통의 뒤에서 본 모습. 콩팥과 다른 비뇨계통 기관들의 위치를 보여주고 있다.

b 부분 (a)에 표시된 수준에서 부분의 위쪽 시야는 콩팥이 복막뒤기관임을 보여준다.

피막으로 덮여 있고 완충작용을 하는 지방조직으로 둘러싸여 있으며 밀도가 높은 섬유질 외부 층으로 주변 구조에 고정되어 있다. 이 외부 층에서 콜라겐 섬유가 뻗어 나와 섬유피막까지 연장되어 있다. 이러한 결합조직 배열은 일상적인 움직임과 충격이 정상적인 콩팥 기능을 방해하지 않도록 하는 데 도움이 된다. 외층의 고정 섬유가 손상되면 콩팥이 이탈되며 부착된 혈관과 요관에 손상을 줄 수 있다. 이러한 상태를 뜬콩팥(*floating kidney*)이라고 한다. 요관이나 콩팥 혈관이 운동 중에 뒤틀릴 수 있으므로 이러한 상태는 위험하다.

콩팥의 표면 구조 및 단면 구조

Superficial and Sectional Anatomy of the Kidneys

콩팥은 일반적으로 적갈색이다. 성인의 경우 길이 10 cm, 너비 5.5 cm, 두께 3 cm이다. 각 콩팥의 무게는 약 150 g이다. **콩팥문(hilum)**이라고 하는 오목한 부분은 콩팥 동맥과 콩팥 신경의 진입 지점이다. 콩팥정맥과 요관의 출구이기도 하다(그림 18-2b). **섬유 피막(fibrous capsule)**은 콩팥의 표면을 덮고 콩팥 내부의 빈 공간인 콩팥굴을 둘러싸고 있다.

콩팥은 외부 **콩팥겉질(renal cortex)**과 내부 **콩팥속질(renal medulla)**로 나뉘어 있다(그림 18-3a,b). 콩팥겉질은 섬유피막과 맞닿아 있다. 속질은 6~18개의 원뿔형 **콩팥피라미드(renal pyramids)**를 포함한다. 각 피라미드의 끝부분은 **콩팥유두(renal papilla)**라고 알려져 있으며, 콩팥굴 내부로 돌출되어 있다.

콩팥기둥이라고 하는 콩팥겉질의 띠는 인접한 콩팥피라미드 사이의 콩팥굴쪽으로 확장된다. **콩팥엽(kidney lobe)**은 콩팥피라미드, 콩팥겉질의 상부층, 콩팥기둥의 인접 조직으로 구성된다.

그림 18-3 콩팥의 구조.

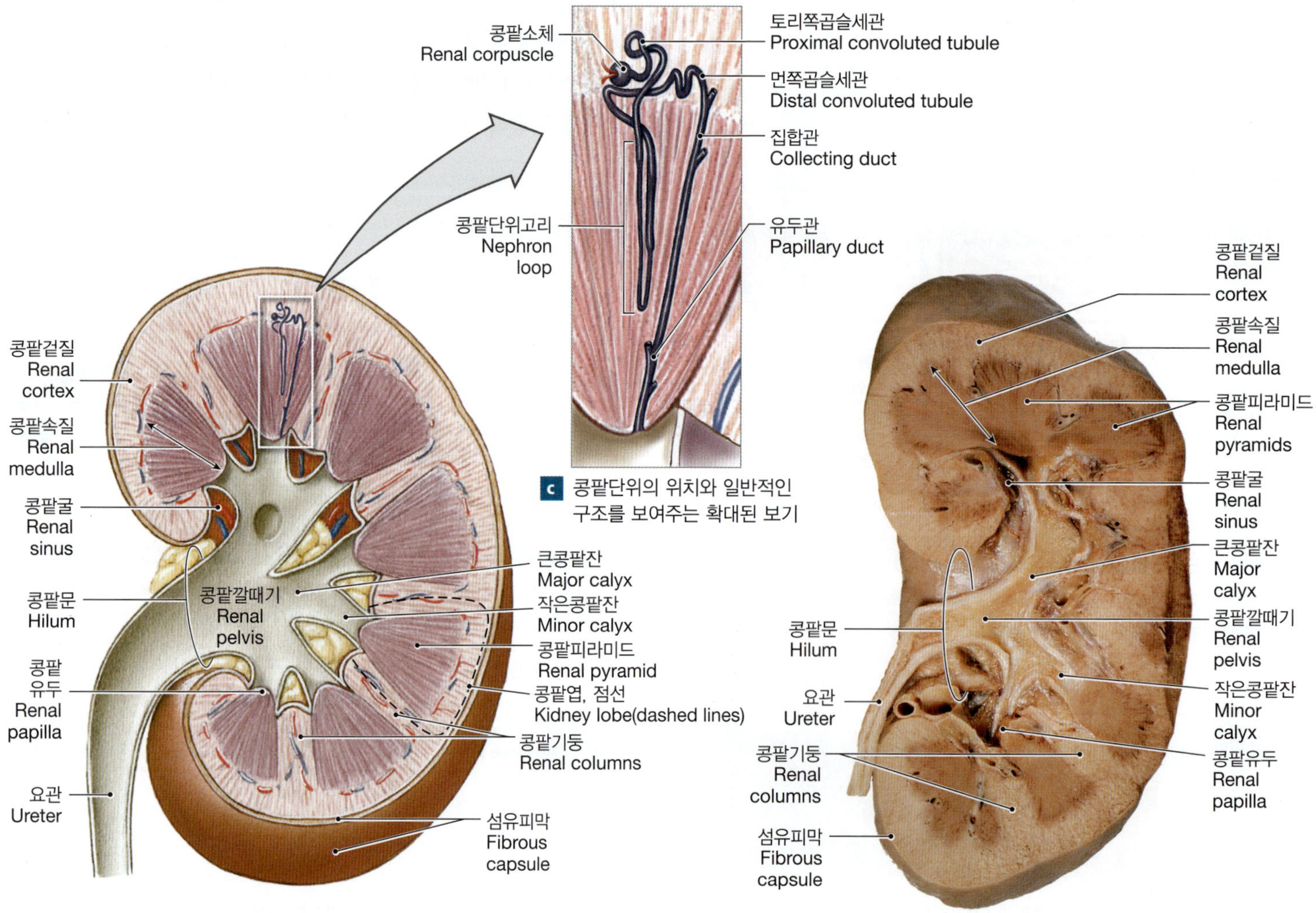

c 콩팥단위의 위치와 일반적인 구조를 보여주는 확대된 보기

a 왼쪽 콩팥을 통한 정면 단면도

b 왼쪽 콩팥을 관통하는 정면 부위

소변은 콩팥엽에서 생성된다. 각 콩팥유두에 있는 관들은 컵 모양의 배출구로 소변을 방출하며, 이는 **작은콩팥잔(minor calyx**, 꽃받침; 복수형은 *calyces*)이라고 불린다. 4~5개의 작은콩팥잔은 함께 모여 **큰콩팥잔(major calyx)**을 구성한다. 2~3개의 큰콩팥잔은 함께 모여 커다란 깔때기 모양의 공간인 **콩팥깔때기(renal pelvis)**를 형성한다. 이 콩팥깔때기는 소변이 콩팥에서 빠져나가는 통로인 요관에 연결되어 있다.

소변의 생성은 각 콩팥엽의 겉질에 존재하는 미세한 관형 구조인 **콩팥단위(nephrons)**에서 시작한다(**그림 18-3c**). 각 콩팥에는 약 125만 개의 콩팥단위가 있으며 총 길이는 약 145 km이다.

콩팥의 혈액공급 The Blood Supply to the Kidneys

콩팥은 혈액 속의 노폐물을 걸러 내고 소변으로 배설하는 기능을 하므로 콩팥에 혈액이 잘 공급되는 것은 당연한 일이다. 콩팥은 전체 심장 박출량의 20~25%를 받는다. 정상적이고 건강한 사람의 경우 1분에 약 1,200 ml의 혈액이 콩팥을 통해 흐르는데, 합산 무게가 300 g도 되지 않는 장기의 크기를 생각해 볼 때 이는 엄청난 양의 혈액이다.

콩팥의 혈액 흐름은 **그림 18-4a**에 나타나 있다. 각 콩팥은 배대동맥에서 뻗어나오는 **콩팥동맥(renal artery)**에서 혈액을 받는다. 콩팥동맥이 콩팥굴로 들어가면 콩팥피라미드 사이에서 바깥쪽으로 방사되는 일련의 간엽동맥을 공급하는 가지로 나뉜다. **간엽동맥(interlobar artery)**은 겉질과 속질 사이의 경계를 따라 아치형을 이루는 **활꼴동맥(arcuate arteries)**에 혈액을 공급한다. 각 활꼴동맥은 겉질을 공급하는 **겉질부챗살동맥(cortical radiate artery)** 또는 간엽동맥을 생성한다. 각 겉질방사동맥에서 갈라지는 **들토리세동맥(afferent arterioles)**은 개별 콩팥단위를 공급하는 모세혈관으로 혈액을 전달한다(**그림 18-4b**).

혈액은 들토리세동맥을 통해 각 콩팥단위에 도달한 뒤 **날토리세동맥(efferent arteriole)**을 통해 떠난다(**그림 18-4c,d**). 이후 콩팥단위를 둘러싼 세관주위 모세혈관으로 이동한다. **세관주위 모세혈관(peritubular capillary)**은 콩팥단위의 다른 부분에 의해 재흡수되거나 분비되는 물질을 포착하거나 전달하는 경로를 제공한다.

세관주위 모세혈관에서 나오는 혈액의 경로는 콩팥단위의 위치에 따라 다르다. **겉질 콩팥단위(cortical nephron)**는 거의 전부 콩팥겉질 내부에 있다. **속질곁 콩팥단위(juxtamedullary nephron)**는 콩팥겉질 내부로 깊게 확장된다. 속질겉질 콩팥단위에서 세관주위 모세혈관은 **곧은혈관(vasa recta)**이라고 하는, 콩팥속질 깊숙한 곳까지 콩팥단위 고리와 평행하게 놓여 있는 길고 곧은혈관에 연결된다(**그림 18-4d**). 나중에 보게 되겠지만, 속질곁 콩팥단위는 콩팥이 농축된 소변을 생성할 수 있도록 한다.

세관주위 모세혈관 및 곧은혈관의 혈액은 **겉질부챗살정맥(cortical radiate veins)** 또는 **엽사이정맥**에서 수렴하는 정맥 및 소정맥 연결망으로 들어간다. 동맥 분포의 거울 이미지에서 혈액은 계속 수렴하여 **활꼴(arcuate)** 및 **엽사이정맥(interlobar veins)**으로 비워진다. 엽사이정맥은 **콩팥정맥(renal vein)**으로 직접 비워진다(**그림 18-4a**).

콩팥단위 The Nephron

콩팥단위는 콩팥의 기본 기능 단위다. 각 콩팥단위는 두 가지 주요 부분을 포함하고 있다. (1) **콩팥소체**, 그리고 (2) **콩팥요세관**. 콩팥요세관의 길이는 약 50 mm이다. **콩팥요세관(renal tubule)**은 U자형 관으로 분리된, 두 개의 꼬인(코일형태 내지는 비틀린) 구획으로 구성된다(**그림 18-3c**). 꼬인 구획은 콩팥겉질에 위치한다. U자형 관은 부분적 내지는 전체가 콩팥속질로 연장된다.

콩팥단위와 집합계의 개요
An Overview of the Nephron and Collecting System

콩팥단위의 구성도는 **그림 18-5**에 나타나 있다. 콩팥단위는 **콩팥소체(renal corpuscle)**에서 시작한다. 이 구형 구조는 토리(*glomerulus*, 공)로 알려진 모세혈관 네트워크를 포함하는 컵 모양의 챔버인 **토리(보우먼)주머니**로 구성된다. 각 콩팥소체는 직경이 약 200 mm(0.2 mm)이다.

앞서 설명한 바와 같이 혈액은 **들토리세동맥**을 통해 토리로 들어오고 **날토리세동맥**을 통해 나간다. 콩팥소체에서 혈압은 체액과 용해된 용질을 토리 모세혈관으로부터 주변 **주머니 공간**으로 밀어낸다. 이 과정을 **여과**(*filtration*)라고 한다. 여과는 단백질이 들어 있지 않은 용액인 **여과액(filtrate)**을 만들어낸다.

콩팥소체에서 나온 여과액은 콩팥요세관으로 들어간다. 콩팥요세관의 주요 부분은 **토리쪽곱슬세관**(*PCT*), **콩팥단위 고리**이며 **헨레고리** 및 **먼쪽곱슬세관**(*DCT*)을 포함하고 있다. 여과액이 콩팥요세관을 따라 이동함에 따라 이제는 **세관액(tubular fluid)**이라고 불리며 그 조성은 점차적으로 변한다.

각 콩팥단위는 **집합계(collecting system)**의 시작인 **집합관**으로 비워진다. 집합관은 겉질에서 나와 속질로 내려간다. 많은 콩팥단위로부터 **유두관**을 향해 관액을 운반하여 이제는 **소변**이라고 하는 체액을 콩팥관과 콩팥깔때기로 모아진다.

그림 18-4 콩팥에 공급하는 혈액.

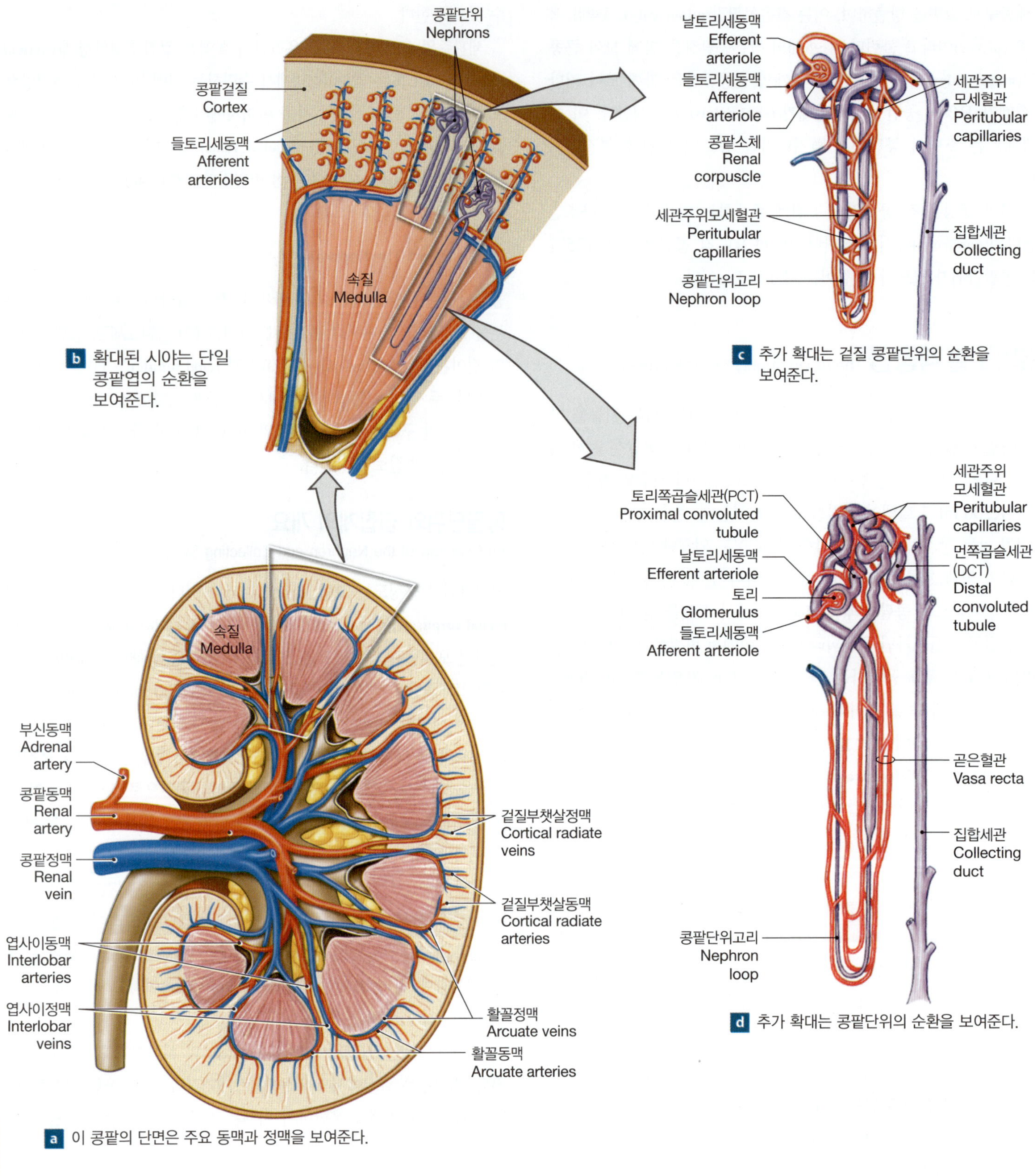

b 확대된 시야는 단일 콩팥엽의 순환을 보여준다.

c 추가 확대는 겉질 콩팥단위의 순환을 보여준다.

d 추가 확대는 콩팥단위의 순환을 보여준다.

a 이 콩팥의 단면은 주요 동맥과 정맥을 보여준다.

그림 18-5 **콩팥단위와 집합계.** 이 개략도는 콩팥단위(보라색)와 집합계(황갈색) 각 부분의 주요 구조와 기능을 강조한다.

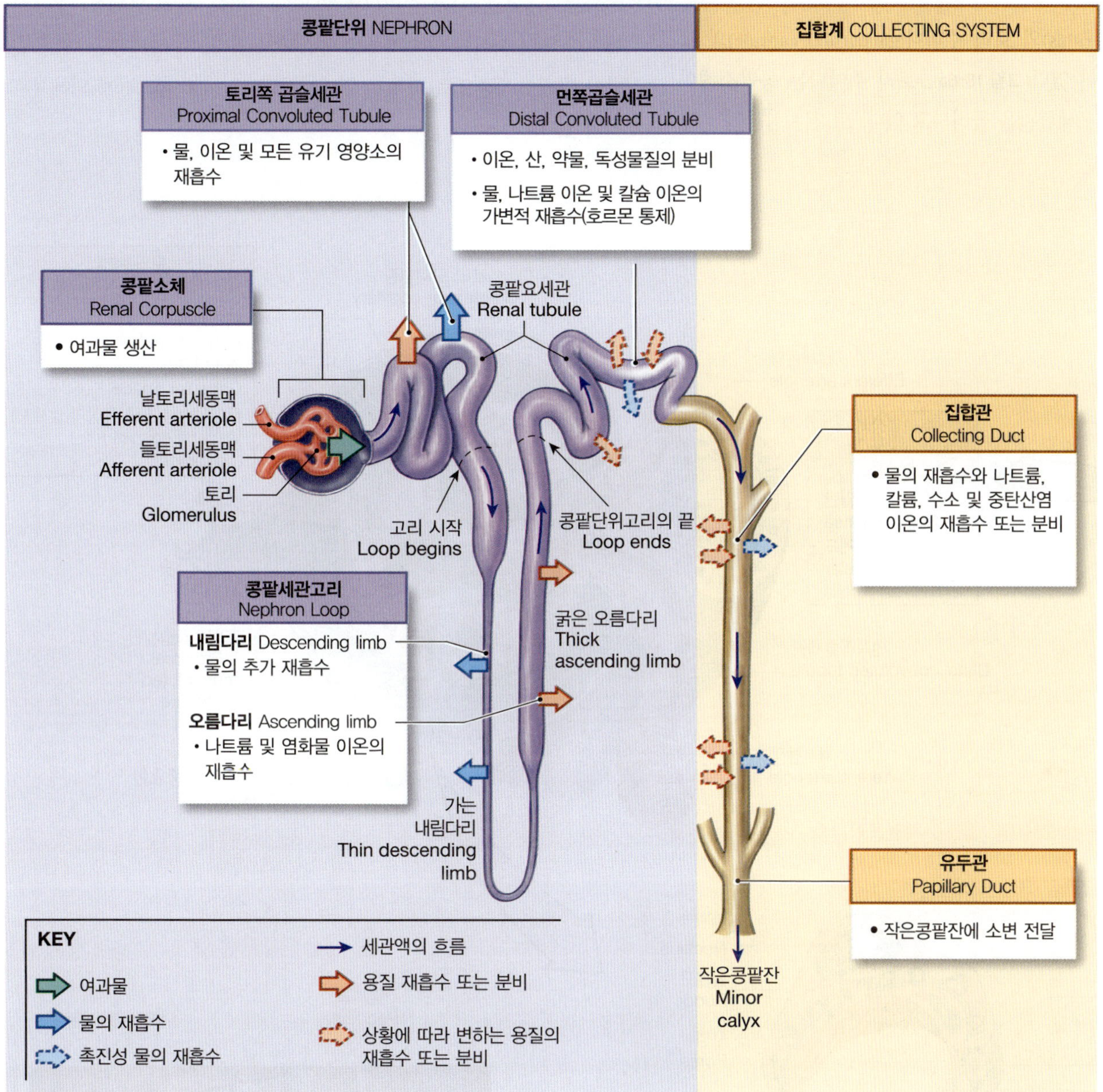

콩팥단위의 기능 Functions of the Nephron

소변은 콩팥소체에서 생성되는 여과액과 매우 다른 조성을 가지고 있다. 콩팥소체의 각 부분은 여과액을 소변으로 전환하는 역할을 한다(**그림 18-5**). 콩팥소체는 여과 장소이다. 여과의 기능적 장점은 수동적 과정이며 에너지 소비가 필요하지 않다는 것이다. 여과의 단점은 유기 노폐물이 통과할 수 있을 만큼 충분히 큰 구멍이 있는 필터는 물, 이온, 포도당, 지방산, 아미노산과 같은 영양소의 통과를 방지할 수 없다는 것이다. 이러한 물질은 대부분의 물과 함께 회수되어야 하며, 그렇지 않은 경우 소변으로 손실된다.

여과액은 콩팥소체를 떠나, 다음 기능을 수행하는 콩팥요세관으로 유입된다.

- 여과액에서 모든 유용한 유기 분자 또는 영양소를 재흡수한다.
- 여과액에서 물의 90% 이상을 재흡수한다.
- 여과 과정에서 놓친 모든 노폐물을 세관으로 분비한다.

소변이 작은콩팥잔으로 방출되기 전에 집합관에서 추가로 물과 염분이 제거된다.

콩팥소체 The Renal Corpuscle

콩팥소체는 **토리(glomerulus)**와 **토리 주머니(glomerular capsule)**의 모세혈관 얽기로 구성되어 있다(**그림 18-6a**). 토리 주머니는 콩팥소체의 외벽을 형성하고 토리 모세혈관을 둘러싸고 있다. 토리는 심장이 심장막안 속으로 돌출된 것과 비슷하게 토리 주머니로 돌출된다. **피막상피**(*capsular epithelium*)가 주머니의 벽을 구성한다. 토리 모세혈관을 덮는 특수한 내장 상피와 연속적으로 연결되어 있다. 두 상피층은 여과액을 받아 콩팥요세관으로 비우는 **주머니공간(capsular space)**에 의해 분리되어 있다.

그림 18-6 콩팥소체.

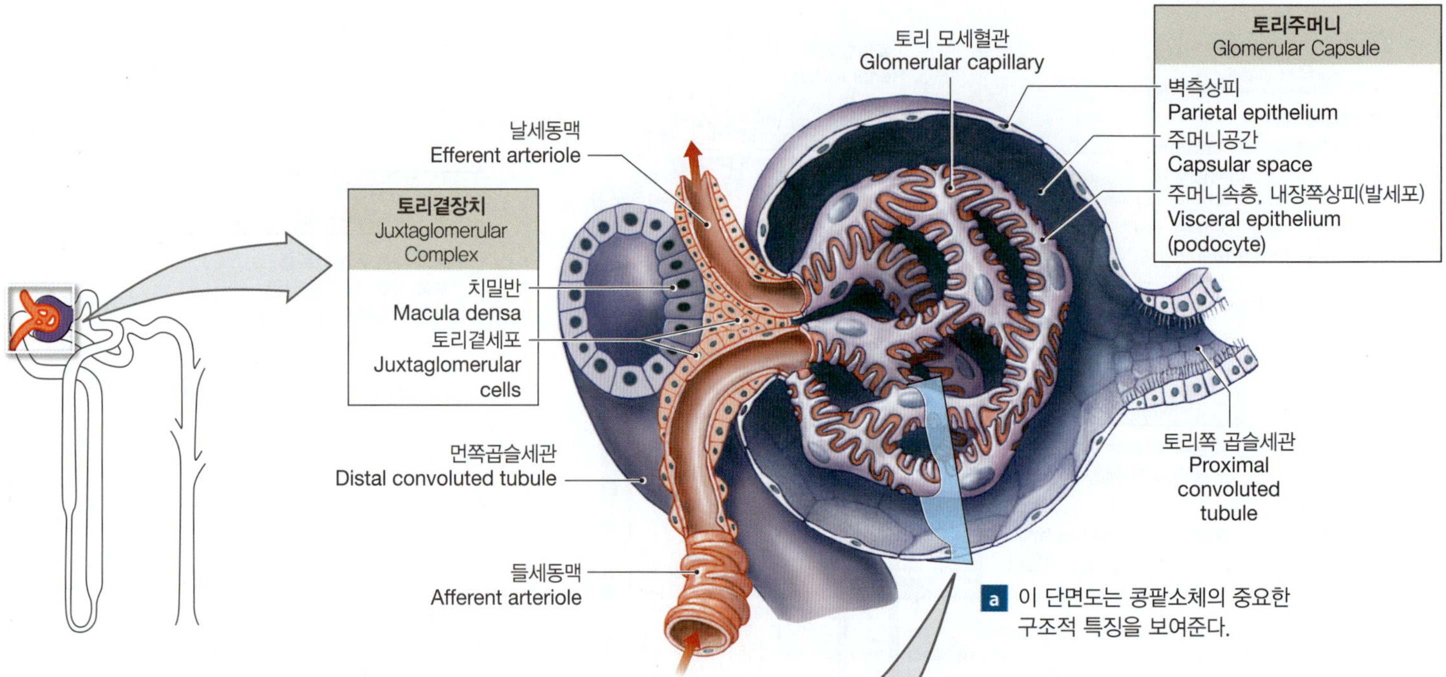

a 이 단면도는 콩팥소체의 중요한 구조적 특징을 보여준다.

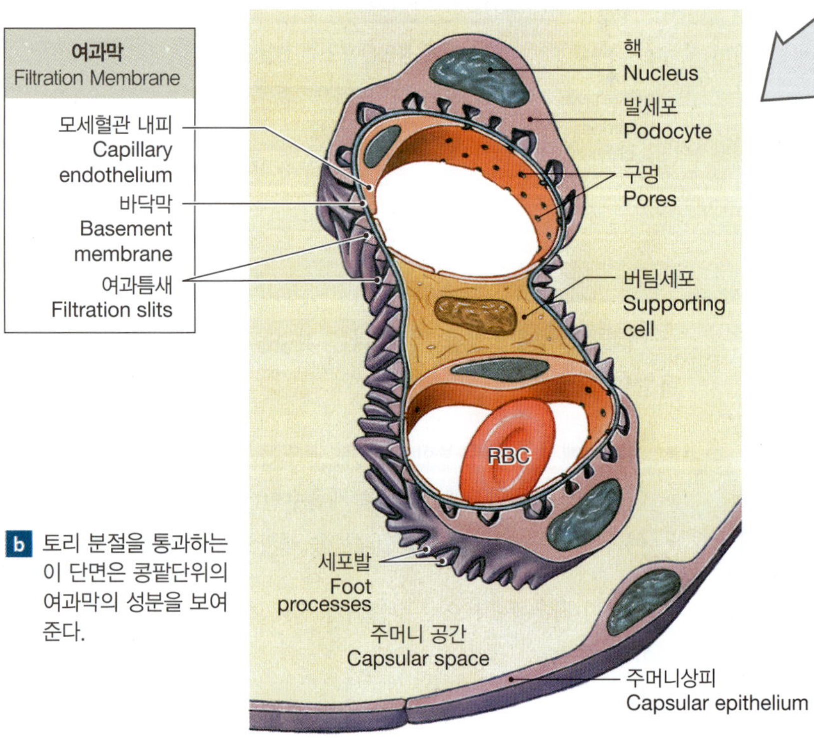

b 토리 분절을 통과하는 이 단면은 콩팥단위의 여과막의 성분을 보여 준다.

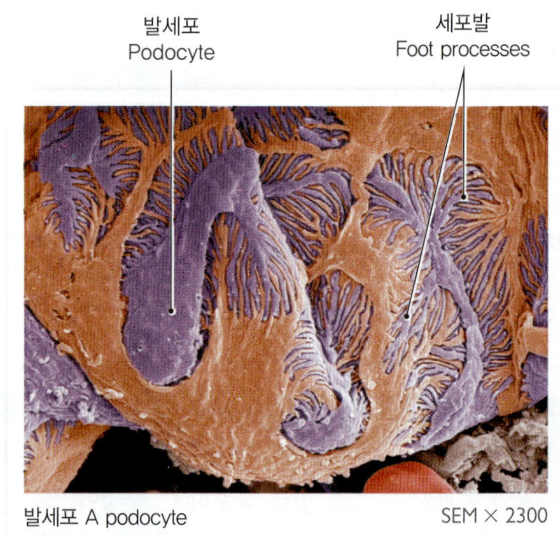

c 이 현미경 컬러 사진은 사구체 표면과 별세포를 보여준다.

18

모세혈관을 덮고 있는 상피는 **발세포(podocyte)**라는 세포로 구성된다(**그림 18-6b,c**). 발세포는 개별 모세혈관을 감싸는 긴 세포 또는 (발돌기라고 불리는) "발"을 가지고 있다. 두꺼운 바닥막은 모세혈관의 내피세포를 발세포에서 분리한다.

토리 모세혈관은 내피 세포에 구멍이 있기 때문에 **천공되었다**(*fenestra*, 창문)고 한다(**그림 18-6b**).

주머니 공간에 들어가려면 용질이 (1) 내피세포의 구멍, (2) 바닥막의 섬유, (3) 발세포 사이의 **여과 틈새**를 통과할 수 있을 만큼 충분히 작아야 한다. 천공내피, 바닥막 및 여과 틈새는 총체적으로 **여과막(filtration membrane)**을 형성한다. 여과막은 혈액세포와 대부분의 혈장 단백질의 통과를 방지한다. 물, 대사성 노폐물, 이온, 포도당, 지방산, 아미노산, 비타민 및 기타 용질은 주머니 공간으로 이동할 수 있도록 한다. 대부분의 귀중한 용질은 토리쪽곱슬세관에 의해 재흡수된다.

토리쪽곱슬세관(PCT) The Proximal Convoluted Tubule

여과액은 다음으로 콩팥요세관의 첫 번째 부분인 **토리곱슬세관(PCT)**(**그림 18-5**)으로 이동한다. 토리쪽곱슬세관을 감싸는 세포는 세관액에서 유기 영양소, 혈장 단백질 및 이온을 재흡수하여 콩팥요세관을 둘러싼 세포사이액 또는 **세관주위액**으로 방출한다. 세관주위액에서 재흡수된 물질은 결국에는 혈액으로 다시 유입된다. 해당 수송의 결과로, 세관주위액의 용질 농도는 증가하는 반면, 관액의 용질 농도는 감소한다. 이후 물은 삼투에 의해 세관액 밖으로 이동하여 세관액의 양을 감소시킨다.

콩팥단위 고리 The Nephron Loop

토리쪽곱슬세관의 끝부분은 콩팥속질 쪽으로 급격히 구부러진다. 이는 **콩팥단위 고리(nephron loop)** 또는 **헨레고리**(*loop of Henle*)(**그림 18-5**)로 이어진다. 이 고리는 **내림다리**와 **오름다리**로 구성된다. 내림다리의 체액은 콩팥깔때기로 흐른다. 오름다리의 체액은 콩팥겉질로 흐른다.

오름다리는 물과 용질을 투과하지 못하지만 나트륨 및 염화물 이온을 관액으로부터 능동적으로 운반한다. 결과적으로, 콩팥속질의 관주위액은 비정상적으로 높은 용질 농도를 지닌다. 내림다리는 물을 투과할 수 있으며, 콩팥속질로 내려가면서 물이 삼투에 의해 관액 밖으로 이동하게 된다.

먼쪽곱슬세관(DCT) The Distal Convoluted Tubule

콩팥단위 고리의 오름다리는 구부러진 곳에서 끝나고 토리 및 혈관과 밀접하게 맞닿게 된다(**그림 18-3c**). 이 시점부터 먼쪽곱슬세관이 시작된다. **먼쪽곱슬세관(DCT)**은 들토리 및 날토리세동맥에 인접하여 지나간다(**그림 18-6a**).

먼쪽곱슬세관은 다음과 같은 세 가지 핵심 과정이 일어나는 중요한 영역이다. (1) 이온, 산, 약물 및 독소의 능동적 분비; (2) 관액로부터 나트륨 이온의 선택적 재흡수, 그리고 (3) 관액의 농축을 돕는 물의 선택적 재흡수.

토리에 가장 가까운 먼쪽곱슬세관(DCT)의 상피 세포는 비정상적으로 길며 여러 개의 핵이 밀집되어 있다. 이 영역은 **치밀반점**(*macula densa*)이라고 한다(**그림 18-6a**). 치밀반점의 세포는 날토리세동맥의 벽에 있는 민무늬근 섬유인 **토리곁**(*juxtaglomerular, juxta, near*)**세포**와 긴밀하게 연관되어 있다. 치밀반점과 토리곁세포는 **토리곁장치(juxtaglomerular complex)**, 즉 적혈구생성소 호르몬과 레닌 효소를 분비하는 내분비 구조를 형성한다. 이러한 분비는 혈액량과 혈압의 조절에 관여한다(10장 참조).

집합계 The Collecting System

콩팥단위의 마지막 부분인 먼쪽곱슬세관(DCT)은 집합관과 유두관으로 구성된 집합계로 개방된다(**그림 18-5**). 각 **집합관(collecting duct)**은 여러 콩팥단위로부터 관액을 받는다. 여러 개의 집합관은 함께 모여 작은콩팥잔으로 소변을 전달하는 **유두관(papillary duct)**을 형성한다. 집합계는 콩팥단위에서 콩팥깔때기로 세관액을 운반하는 그 이상의 기능을 수행한다. 세관액의 조성을 조정하고 최종 삼투압 농도와 소변량을 결정하기도 한다. 이러한 조정에는 물의 재흡수, 나트륨, 칼륨, 수소 및 중탄산염 이온 재흡수 또는 분비가 포함된다.

표 18-1 콩팥단위와 집합계의 다양한 영역들의 기능을 요약한다.

표 18-1 콩팥단위와 집합계의 기능

부위	주요 기능
콩팥소체	소변 형성을 위한 혈장의 여과
토리쪽곱슬세관(PCT)	이온, 유기 분자, 비타민, 물의 재흡수
콩팥단위 고리	내림다리: 세관액의 물이 재흡수
	오름다리: 이온의 재흡수, 콩팥속질 내의 농도 변화 생성 보조, 콩팥이 농축된 소변을 생성하도록 함
먼쪽곱슬세관(DCT)	나트륨 이온과 물의 재흡수, 산, 암모니아, 약물의 분비
집합관	물의 재흡수, 나트륨, 칼륨, 중탄산염, 수소 이온의 재흡수 또는 분비
유두관	작은콩팥잔으로 소변 운반

체크포인트

4. 콩팥의 위치는 복부에 있는 대부분의 다른 기관의 위치와 어떻게 다른가?
5. 정상적인 상황에서 혈장 단백질이 콩팥소체의 주머니 공간으로 전달되지 않는 이유는 무엇인가?
6. 콩팥단위의 어느 부분이 손상되는 경우 혈압에 대한 호르몬의 조절이 방해받는가?

책 뒷면에 있는 파란색 정답 탭을 참조.

18-3 콩팥단위(nephron)의 여러 부분은 여과, 재흡수 및 분비에 의해 소변을 형성한다

학습목표 콩팥단위의 각 부분들이 지니는 주요 기능들에 대해 토의하고, 소변 생성에 관여하는 과정들을 간략하게 서술한다.

소변(urine) 생성의 주요 목적은 혈액의 양과 조성을 조절하여 항상성을 유지하는 것이다. 이 과정은 용해된 용질, 특히 다음과 같은 세 가지 대사 노폐물의 배설을 포함한다.

1. **요소(*Urea*)**. 요소는 가장 흔한 유기 노폐물이다. 인체는 매일 약 21 g의 요소를 생성한다. 이 중 대부분은 아미노산이 분해되는 동안 형성된다.
2. **크레아티닌(*Creatinine*)**. 크레아티닌은 크레아틴 인산염의 분해를 통해 뼈대근육 조직에서 생성된다. 크레아틴 인산염은 근육 수축에 중요한 역할을 하는 고에너지 화합물이라는 점을 기억한다. 인체는 매일 약 1.8 g의 크레아티닌을 생성한다.
3. **요산(*Uric acid*)**. 요산은 RNA 분자의 분해 및 재사용의 산물이다. 인체는 매일 약 480 mg의 요산을 생성한다.

이러한 노폐물은 혈류에 용해된다. 또한 소변에 용해되는 경로로만 제거가 가능하다. 이로 인해 해당 노폐물의 제거에는 불가피한 물 손실이 수반된다. 콩팥은 혈장보다 4배 이상의 삼투압 농도로 소변을 생성하여 이러한 수분 손실을 최소화할 수 있다. 콩팥이 토리 여과에 의해 생성된 여과액을 농축할 수 없는 경우 수분손실이 몇 시간 내에 치명적인 탈수로 이어질 것이다. 콩팥은 또한 배설된 소변이 당이나 아미노산과 같은 혈장에 존재하는 잠재적으로 유용한 유기 기질을 포함하지 않도록 한다.

콩팥단위 과정 Nephron Processes

콩팥은 세 가지 다른 생리적 과정을 바탕으로 기능을 수행한다(**그림 18-7**).

이러한 과정은 각 콩팥단위에서 발생하며 다음과 같다.

1. **여과(*Filtration*)**. 여과 중 혈압은 콩팥소체의 여과막을 통해 물을 강제로 통과시킨다(**그림 18-7a**). 막을 통과하기에 충분히 작은 용질 분자는 주변물 분자에 의해 운반된다.
2. **재흡수(*Reabsorption*)**. 재흡수는 세관액에서 물과 용질 분자를 제거한 뒤 이 물질들을 세관상피를 가로질러 세관주위액으로 이동시키는 것이다(**그림 18-7b**). 세관주위액의 재흡수된 물질은 세관주위 모세혈관의 순환으로 다시 유입된다. 여과액이 콩팥소체를 떠난 후 재흡수가 일어난다. 여과는 전적으로 크기를 기준으로 하지만 재흡

그림 18-7 **콩팥단위의 생리학적 과정.**

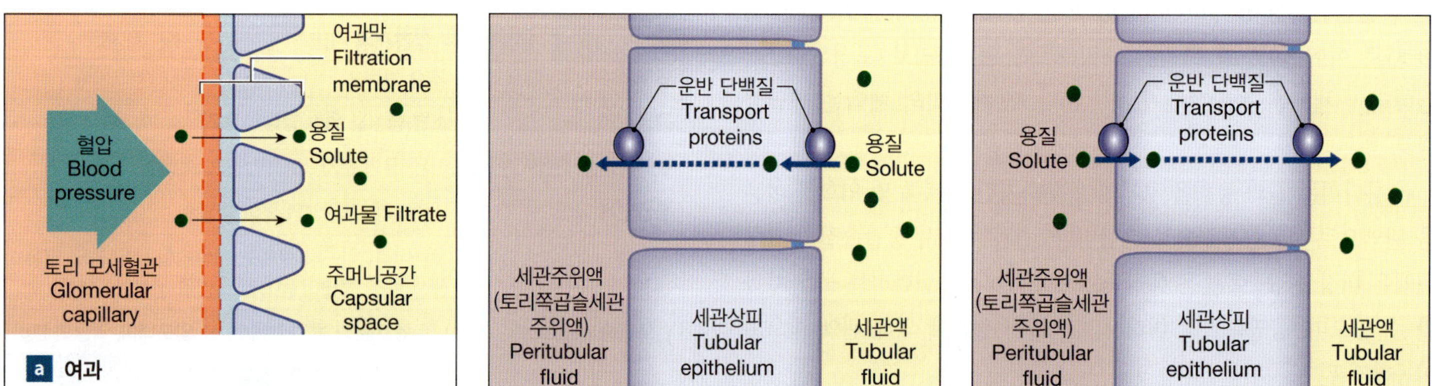

a 여과
혈압에 의해 물과 용질은 토리모세혈관의 막을 넘어 주머니공간으로 빠져나가는데 이것이 여과이다. 여과막을 통과하기에 충분히 작은 용질 분자들은 주변의 물 분자에 의해 운반된다.

b 재흡수
세관액에서 물과 용질 분자를 제거한 뒤 이 물질들을 세관상피를 가로질러 세관주위액으로 이동시키는 것이다.

c 분비
용질이 세관주위액에서 세관상피로 가로질러 세관액으로 이동하는 것이다.

수는 선택적인 과정이다. 이 과정에는 단순 확산 또는 세관상피에서 일어나는 운반 단백질의 활동이 포함된다. 수분 재흡수는 삼투를 통해 수동적으로 발생한다.

3. **분비(*Secretion*).** 분비는 용질이 세관주위액에서 세관상피를 가로질러 관액으로 이동하는 과정이다(**그림 18-7c**). 여과를 통해서는 모든 용해된 물질이 혈액에서 배출되지 않기 때문에 분비가 필요하다. 관상 분비는 많은 약물을 포함하여 바람직하지 않은 물질의 혈장 농도를 더욱 낮출 수 있다.

이 세 가지 과정은 총체적으로 다른 체액과는 매우 다른 액체를 생성한다. **표 18-2**는 소변과 혈장의 다양한 물질의 농도를 비교하여 콩팥의 효율성을 보여준다. 콩팥은 여과, 재흡수 및 분비가 적절한 평형을 유지하는 한 계속해서 효율적으로 작동할 수 있다. 이 평형이 깨지면 순환하는 혈액의 구성에 즉각적이고 잠재적으로 치명적인 영향이 발생한다. 양쪽 콩팥이 모두 제 기능을 수행하지 못할 경우, 의료 지원이 제공되지 않는 한 며칠 내에 사망한다.

익히 알고 있듯이 콩팥단위와 집합계의 모든 부분은 소변 형성에 관여한다. 대부분의 영역은 재흡수와 분비를 복합적으로 수행하지만, **표 18-1**에 나타나 있듯이, 두 과정의 비율은 영역마다 다르다.

- 여과는 토리 모세혈관 벽을 통해 콩팥소체에서만 이루어진다.
- 영양소의 재흡수는 주로 토리쪽곱슬세관에서 진행된다.
- 능동적 분비는 주로 먼쪽곱슬세관에서 일어난다.

표 18-2 소변과 혈장 내 용질의 정상 검사 수치

구성요소	소변	혈장
이온(mEq/L)		
나트륨(Na^+)	40~220	135~145
칼륨(K^+)	25~100	3.5~5.50
염화물(Cl^-)	110~250	100~108
중탄산염(HCO_3^-)	1~9	20~28
대사 물질 및 영양소(mg/dL)		
포도당	0.009	70~110
지질	0.002	450~1000
아미노산	0.188	40
단백질	0.000	6~8 g/dL
질소 노폐물(mg/dL)		
요소	1800	8~25
크레아티닌	1800	8~25
요산	40	2~6
암모니아	60	< 0.1

- 소변에서 손실되는 물, 나트륨 이온 및 칼륨 이온의 양을 조절하는 것은 콩팥단위 고리와 집합계의 상호작용을 통해 발생한다.

다음으로 콩팥단위와 집합계의 각 부분에서 일어나는 일을 자세히 알아본다.

토리에서의 여과 Filtration at the Glomerulus

토리의 혈압은 물과 용질을 혈류에서 주머니 공간으로 투입시키는 경향이 있다. 여과가 발생하려면 이 외부 힘이 혈액의 삼투압을 포함한 반대 방향의 압력을 넘어서야 한다. (13장에서 모세혈관 벽에 작용하는 힘을 소개했다. **그림 13-6**을 복습하는 것이 도움이 될 것이다.) 여과를 촉진하는 압력을 **여과압(filtration pressure)**이라고 한다. 토리의 여과압은 들토리세동맥과 날토리세동맥의 직경이 약간 다르기 때문에 신체의 다른 부위에 있는 모세혈관의 혈압보다 높다(**그림 18-6a**). 들토리세동맥의 직경은 약간 작기 때문에 날토리세동맥보다 혈류에 더 많은 저항력을 제공한다. 그 결과, 혈액은 들토리세동맥에 "백업(backs up)"되어 토리 모세혈관의 혈압을 증가시킨다.

여과압은 매우 낮다(약 10 mmHg). 토리 혈압이 크게 떨어지면 콩팥 여과가 중단된다. 혈압의 경미한 변화는 들토리세동맥, 날토리세동맥 및 토리 모세혈관 직경의 반사적 변화에 의해 보상된다. 이러한 변화는 자동으로 또는 교감자극에 반응하여 발생할 수 있다. 전신 혈압이 더욱 크게 감소하는 경우 토리 여과가 감소 또는 중단될 수 있다. 결과적으로 출혈, 쇼크 또는 탈수는 위험하거나 심지어 치명적인 콩팥 기능 저하를 유발할 수 있다. 콩팥은 다른 기관보다 혈압에 더 민감하기 때문에, 콩팥이 혈압과 혈액량을 조절하는 많은 항상성 과정을 조절한다는 사실은 그리 놀라운 일이 아니다. 이 장의 뒷부분에서 레닌-안지오텐신-알도스테론 시스템(renin-angiotensin-aldosterone system)을 한 가지 예시로 알아보게 된다.

토리여과율 The Glomerular Filtration Rate

토리의 여과액 생성 과정을 **토리여과**(*glomerular filtration*)라고 한다. **토리여과율(glomerular filtration rate, GFR)**은 분당 콩팥에서 생성되는 여과액의 양이다. 각 콩팥에는 약 6 m^2의 여과 표면이 분포하고 있으며 토리여과율(GFR)은 평균적으로 분당 125 mL이다. 즉 콩팥동맥에 의해 콩팥으로 전달되는 액체의 약 20%가 혈류를 떠나 주머니 공간으로 들어간다는 것을 뜻한다. 하루 동안 토리는 약 180리터의 여과액을 생성하며 이는 전체 혈장 부피의 약 70배에 해당한다. 그러나 여과액이 콩팥요세관을 통과하면 99% 이상이 재흡수된다.

콩팥요세관 재흡수는 확실히 매우 중요한 과정인 것이다. 요붕증

지식 쌓기

세포는 이온 및 유기 기질과 같은 지질 불용성 물질을 특화된 막 단백질을 사용하여 원형질막을 통과해 이동시킬 수 있음을 떠올려보자(**3장: 세포 구조와 기능** 참조). 이 과정을 운반체 매개 운반이라고 한다. 이는 수동(ATP 필요 없음) 또는 능동(ATP 필요함) 과정일 수 있다. 수동 수송에서 용질은 고농도 영역에서 저농도 영역으로 운반된다. 능동 수송 과정은 기존 농도 변화를 따르거나 역행할 수 있다. 운반 단백질은 특정기질에만 결합할 수 있지만 반복해서 사용할 수 있다는 점을 기억하자. 많은 운반 단백질은 한 번에 하나의 이온 또는 분자를 운반하지만 일부는 두 개의 용질을 동시에 이동시킨다. 두 용질은 같은 방향(세포 내부) 또는 반대 방향(세포 내부 및 외부)으로 함께 이동할 수 있다.

(*diabetes insipidus*)의 경우에서와 같이 여과액에 들어가는 물의 회수 기능 장애는 탈수로 인한 사망을 빠르게 유도할 수 있다. (우리는 10장에서 부적절한 ADH 분비로 인한 이러한 상태에 대해 논의했다.)

토리 여과는 모든 콩팥 기능에 필수적인, 중요한 첫 번째 단계이다. 여과가 없으면 노폐물이 배설되지 않고 pH 조절에 지장이 발생하며 혈액량을 조절하는 중요한 과정이 제거된다. 여과는 토리로 적절한 혈류와 정상적인 여과 압력을 바탕으로 이루어진다. 우리는 콩팥 기능의 조절에 관한 항목의 뒷부분에서 안정적인 토리여과율(GFR)을 유지하는 조절 요인에 대해 공부한다.

콩팥요세관을 따라 발생하는 재흡수 및 분비

Reabsorption and Secretion along the Renal Tubule

콩팥의 재흡수 및 분비는 확산, 삼투 및 운반체 매개 운반의 복합적인 작용으로 이루어진다. 운반체 매개 운반에서는 특정 기질이 원형질막을 통과하는 이동을 돕는 운반 단백질에 결합한다는 것을 기억한다. 이 운동은 ATP 분자의 에너지를 필요로 할 수도 있고 필요로 하지 않을 수도 있다.

토리쪽곱슬세관에서 발생하는 일

 Events at the Proximal Convoluted Tubule

토리쪽곱슬세관의 세포는 여과액으로부터 유기 영양소, 혈장 단백질 및 이온을 능동적으로 재흡수한다. 그런 다음 세포는 이를 콩팥요세관을 둘러싼 세관주위액(세포사이액)으로 운반한다. 이후 삼투압은 토리쪽곱슬세관 벽을 통과하여 주변의 세관주위액으로 물을 끌어낸다. 재흡수된 물질과 물은 세관주위 모세혈관으로 확산된다.

토리쪽곱슬세관은 일반적으로 거의 모든 포도당, 아미노산 및 기타 유기 영양소와 함께 토리에서 생성된 여과액 부피의 60~70%를 회수한다. 토리쪽곱슬세관은 또한 나트륨, 칼륨, 칼슘, 마그네슘, 중탄산염, 인산염 및 황산염을 포함한 이온을 능동적으로 재흡수한다. 해당 과정에 관여하는 이온 펌프는 개별적으로 조절된다. 이들은 순환하는 이온 또는 호르몬 농도에 영향을 받을 수 있다. 예를 들어, 부갑상샘 호르몬의 존재는 칼슘 이온 재흡수를 촉진한다.

재흡수는 토리쪽곱슬세관의 주요 기능이다. 그러나 몇 가지 물질(예: 수소 이온)은 세관액으로 능동적으로 분비될 수 있다. 이러한 능동적 분비는 혈액 pH 조절에 중요한 역할을 한다. 요소와 요산을 포함한 콩팥요세관 액체의 몇 가지 화합물은 토리쪽곱슬세관과 콩팥요세관의 다른 부분에서는 무시된다. 이러한 노폐물의 농도는 물과 기타 영양소가 제거됨에 따라 관액에서 점차적으로 증가한다.

콩팥단위 고리에서 일어나는 일 Events at the Nephron Loop

관액이 콩팥단위 고리에 도달하기 전까지 토리에서 생성된 여과액의 약 60~70%가 재흡수된다. 이 과정에서 유용한 유기 분자와 많은 미네랄 이온이 회수된다. 콩팥단위 고리는 나머지 물의 절반 이상을 재흡수하고 관액에 남아 있는 나트륨 및 염화물 이온의 2/3를 재흡수한다.

콩팥단위 고리의 내림다리 및 오름다리는 각각 다른 투과성 특징을 가진다. 내림다리는 물이 투과할 수 있으므로 물이 재흡수된다. 이러한 이유로 물은 삼투에 의해 지속적으로 유입되거나 유출될 수 있지만 용질은 관상피를 통과할 수 없다. 오름다리는 물을 투과시키지 않는다. 얇은 오름다리는 요소를 투과시킨다. 굵은 오름다리는 나트륨과 염화물 이온을 콩팥요세관 액체에서 끌어내어 콩팥속질의 세관주위액으로 능동적으로 투과시킨다.

시간이 지나면서 속질에서 **농도 변화**가 형성된다. 가장 높은 농도의 용질(혈장의 약 4배)은 콩팥단위 고리 굴곡부 근처에 존재하게 된다. 내림다리는 물을 자유롭게 투과시킬 수 있기 때문에 물은 삼투에 의해 관액에서 세관주위액으로 지속적으로 흐르게 된다. 그곳에서 나트륨 이온, 염화물 이온 및 물이 세관주위 모세혈관과 곧은혈관으로 확산되어 다시 순환한다.

콩팥단위 고리로 들어가는 세관액의 약 절반은 내림다리에서 재흡수된다. 대부분의 나트륨 및 염화물 이온은 오름다리에서 제거된다. 나트륨 및 염화물 이온의 손실로 인해 세관액의 용질 농도는 혈장의 약 1/3로 감소한다. 대신 요소와 같은 노폐물이 이제 남아 있는 용질의 상당 부분을 차지하게 된다. 본질적으로 대부분의 물과 용질이 제거되어 비교적 고농축 노폐물이 남게 된다.

먼쪽곱슬세관과 집합계에서 발생하는 일

Events at the Distal Convoluted Tubule and the Collecting System

세관액이 먼쪽곱슬세관에 도달할 쯤에는 약 80%의 물과 85%의 용질이 이미 재흡수된 상태이다. 먼쪽곱슬세관은 콩팥깔때기로 배출되는 집합관에 연결된다.

세관액은 먼쪽곱슬세관 및 집합관을 통과하면서 조성 및 농도가 최종 조정된다. 해당 조성은 존재하는 용질들의 종류에 따라 결정된다. 농도는 용질이 용해되는 물의 양에 따라 달라진다. 먼쪽곱슬세관 및 집합관은 용질을 투과시키지 않는다. 이러한 이유로 인해 세관액 조성의 변화는 능동 재흡수 또는 분비를 통해서만 일어난다. 먼쪽곱슬세관의 주요 기능은 능동 분비이다.

대부분의 먼쪽곱슬세관 구역에서 세관형 세포는 칼륨 이온 또는 수소 이온과의 교환을 통해 관액에서 나트륨 이온을 능동적으로 운반한다. 먼쪽곱슬세관과 집합관은 부신 속질에서 나오는 호르몬인 **알도스테론(aldosterone)**에 반응하는 이온 펌프를 포함한다. 알도스테론 분비는 혈중 나트륨 이온 농도가 낮아지거나 칼륨 이온 농도가 높아질 때 일어난다. 알도스테론 수치가 높을수록 더욱 많은 나트륨 이온이 회수되고 칼륨 이온이 배출된다.

먼쪽곱슬세관 및 집합관을 따라 재흡수되는 물의 양은 **항이뇨호르몬**(*anti-diuretic hormone, ADH*)의 순환 수준에 의해 제어된다. ADH가 없는 경우 먼쪽곱슬세관, 집합관은 물을 투과시키지 않는다. 순환하는 ADH의 농도가 높을수록 물 투과성과 재흡수가 증가한다. 결과적으로 더욱 농축된 소변이 생성된다. 각 영역에서 세관액은 주변의 세관주위액보다 적은 용질을 포함하기 때문에 물이 먼쪽곱슬세관 및 집합관 바깥으로 이동하게 된다. 앞서 언급한 바와 같이, 먼쪽곱슬세관에 도달하는 세관액은 주변 겉질에 있는 세관주위액의 약 1/3에 불과한 용질 농도를 가지고 있다. 콩팥단위 고리의 상행각이 대부분의 나트륨 및 염화물 이온을 제거했기 때문이다.

순환하는 ADH의 농도가 낮으면 먼쪽곱슬세관에서 수분 재흡수가 거의 발생하지 않는다. 먼쪽곱슬세관에 도달하는 거의 모든 물은 소변을 통해 손실된다(**그림 18-8a**). 순환하는 ADH의 농도가 높으면 먼쪽곱슬세관와 집합관은 물을 매우 잘 투과시키게 된다(**그림 18-8b**). 이 경우 인체는 용질 농도가 세포외액의 4~5배인 소량의 소변을 생성하게 된다.

집합관을 통과하는 액체는 유두관으로 유입된다. 유두관은 요소에 대응하는 운반 단백질을 포함하고 있다. 요소는 콩팥속질의 세관주위액으로의 촉진 확산에 의해 운반된다. 이 요소 중 일부는 가는 오름다리로 다시 확산된다. 이 재활용된 요소는 콩팥단위 고리에 의해 설정된 농도 변화의 용질 중 1/3~1/2를 차지하게 된다.

정상 소변 Normal Urine

정상 소변의 일반적 성질은 **표 18-3**에 기재되어 있다. 그러나 매일 배설되는 소변의 조성은 진행 중인 대사 및 호르몬 농도에 따라 다르다. 소변의 조성 및 농도가 매번 다르기 때문에 인체는 소량의 농축된 소변 또는 다량의 묽은 소변을 생성할 수 있으며 소변의 농도에 관계없이 여전히 동일한 양의 용해 물질을 배출할 수 있다. 이러한 이유로 병원에서 단일 시료 대신 24시간 동안 생성된 소변을 분석하는 경우가 많다. 이를 통해 양과 조성을 정확하게 평가할 수 있게 된다.

집중 조명 그림 18-9(pp. 618~619)는 콩팥 기능의 요약을 제공한다. 물의 재흡수와 농축된 소변 생성의 주요 단계를 나타내고 있다.

표 18-3 정상 소변의 일반적 성질

특징	정상 범위
pH	4.5~8 (평균: 6.0)
비중(소변의 농도/순수한 물의 농도)	1.003~1.030
삼투압 농도(삼투압) (리터당 용질 입자의 수, 비교를 위해, 식수 ≈ 5 mOsm/L, 체액 ≈ 300 mOsm/L, 바닷물 ≈ 1000 mOsm/L)	855~1335 mOsm/L
수분 함량	93~97%
양	700~2000 mL/일
색	투명한 노란색
냄새	구성 요소에 따라 다름
세균	함량 없음(무균)

체크포인트

7. 혈압의 감소는 토리여과율(GFR)에 어떤 영향을 미치는가?
8. 콩팥단위에 고리 부위가 없는 경우 생성되는 소변의 부피와 용질(삼투) 농도가 어떤 영향을 받게 되는가?
9. 낮은 순환 농도의 항이뇨호르몬(ADH)은 소변 생산에 어떤 영향을 미치는가?

책 뒷면에 있는 파란색 정답 탭을 참조.

18-4 콩팥 기능이 정상이려면 토리여과율(GFR)이 안정되어야 한다

학습목표 토리여과압과 토리여과율(GFR)에 영향을 미치는 요인들을 설명한다.

정상적인 콩팥 기능은 적절한 혈류량을 바탕으로 이루어진다. 여과압

그림 18-8 먼쪽곱슬세관과 집합관에 ADH가 미치는 영향.

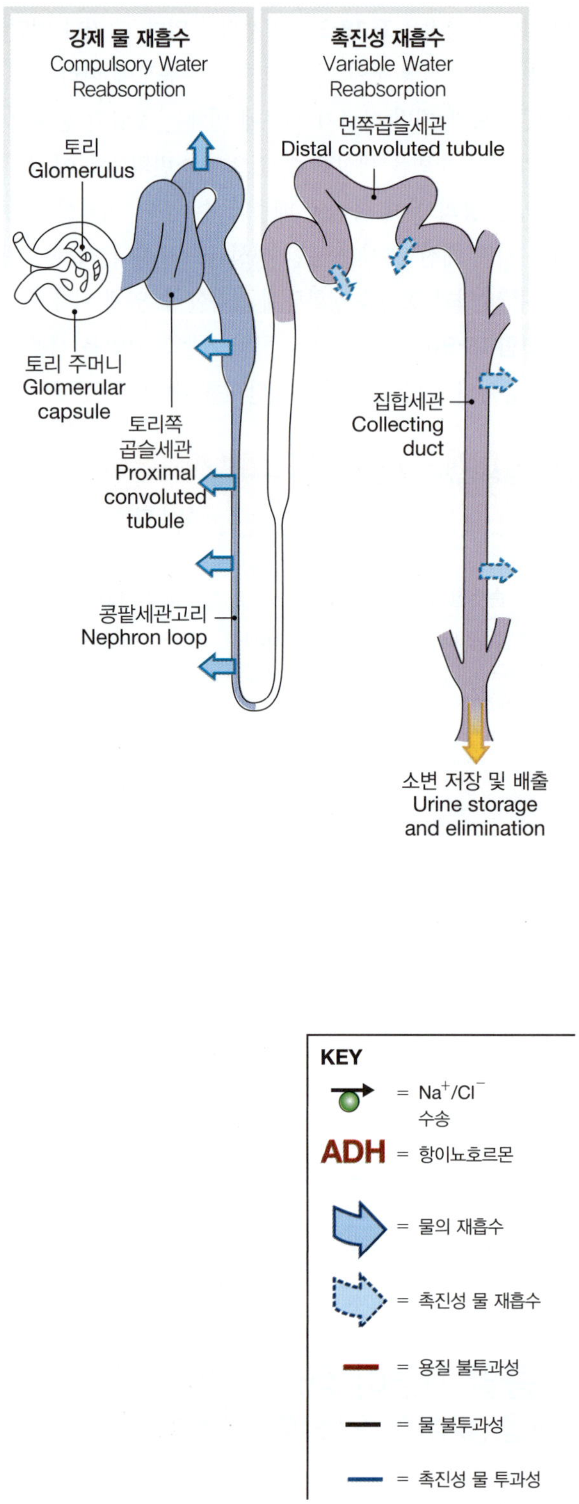

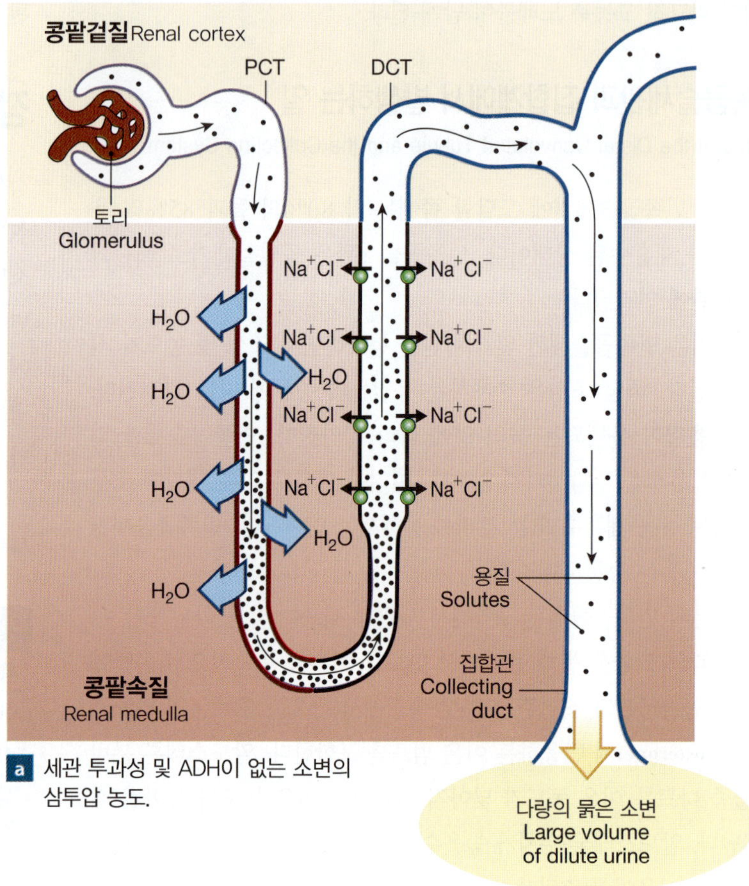

a 세관 투과성 및 ADH이 없는 소변의 삼투압 농도.

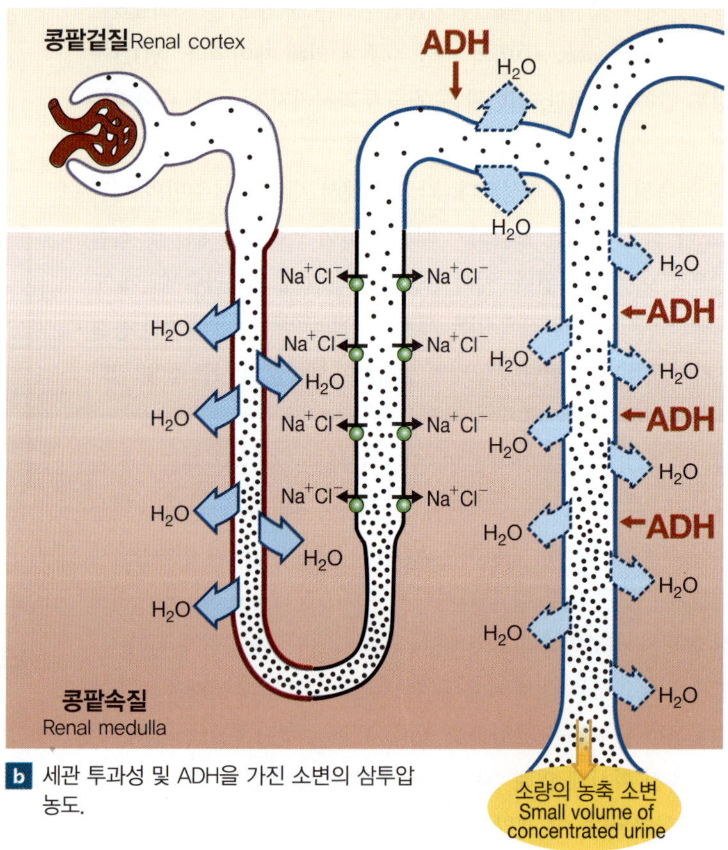

b 세관 투과성 및 ADH을 가진 소변의 삼투압 농도.

과 안정적인 토리여과율(GFR)을 유지하려면 혈류가 필요하다. 토리여과율을 조절하는 세 가지 단계는 다음과 같다. (1) **자동조절** 또는 국소 혈류 조절, (2) 콩팥에서 시작되는 호르몬 조절, 그리고 (3) 자율신경계(ANS)의 교감신경에 의한 자율신경 조절.

콩팥 기능의 국소 조절

The Local Regulation of Kidney Function

자동조절은 혈압의 경미한 변화를 조절할 수 있다. 자동조절은 들토리세동맥, 날토리세동맥 및 토리 모세혈관의 직경의 자동 변화를 통해 이루어진다. 예를 들어, 혈류 및 토리여과압의 감소는 들토리세동맥 및 토리 모세혈관의 확장과 날토리세동맥의 수축을 유발한다. 이 조합은 단기적으로 토리 혈압과 혈류를 정상 범위 내로 유지한다. 그 결과 토리여과율(GFR)이 상대적으로 일정하게 유지된다. 혈압이 상승하는 경우, 들토리세동맥의 벽이 확장된다. 민무늬근세포가 이에 반응하여 수축한다. 그 결과 발생하는 들토리세동맥 직경의 감소는 토리 혈류를 감소시키고 토리여과율을 정상 범위 내로 유지한다.

콩팥 기능의 호르몬적 조절

The Hormonal Control of Kidney Function

호르몬 과정은 토리여과율을 안정화시키는 혈압과 혈액량을 장기적으로 조정한다. 콩팥 기능 조절에 관여하는 주요 호르몬은 안지오텐신 II, ADH, 알도스테론 및 심방나트륨이뇨펩티드(ANP)이다. (이전 장에서 이러한 호르몬에 대해 다루었으므로 여기에서는 간략한 개요만 제공.) 안지오텐신 II, 알도스테론 및 ADH의 분비는 레닌-안지오텐신-알도스테론시스템(*renin-angiotensin-aldosterone system*)에 의해 통합된다.

레닌-안지오텐신-알도스테론 시스템

The Renin-Angiotensin-Aldosterone System

토리 압력은 혈액량 감소, 전신 혈압 저하 또는 콩팥의 동맥이나 혈관의 막힘으로 인해 낮은 상태가 지속될 수 있다. 낮은 토리 압력에 반응하여 토리결장치는 효소 레닌을 순환계로 방출한다. **레닌(renin)**은 비활성 상태인 안지오텐시노겐(*angiotensinogen*)을 안지오텐신 I(*angiotensin I*)로 전환된다. 이후 angiotensin I은 **안지오텐신 전환 효소(angiotensin-converting enzyme, ACE)**를 통해 **안지오텐신 II(angiotensin II)**로 전환된다. 이러한 전환은 허파의 모세혈관에서 일어난다. 토리여과율 감소에 대한 레닌-안지오텐신-알도스테론 시스템(renin-angiotensin-aldosterone system)의 반응에 대한 일반적인 개요는 **그림 18-10**에 표시되어 있다. 전체적 결과는 토리 압력의 상승이다.

안지오텐신 II는 말초 모세혈관, 콩팥단위, 부신 및 중추신경계(CNS)에서 작용한다. 다음과 같은 효과가 있다.

- 말초 모세혈관의 경우, 짧고 강력한 혈관 수축을 유발한다. 이 반응은 콩팥동맥의 혈압을 상승시킨다.
- 콩팥단위의 경우, 날토리세동맥의 수축을 유도한다. 이를 통해 토리 압력과 여과율이 상승한다.
- 부신의 경우, 부신겉질에 의한 알도스테론 분비와 부신속질에 의한 에피네프린(E) 및 노르에피네프린(NE)의 분비를 촉진한다. 그 결과로 전신 혈압이 갑자기 급격히 증가하게 된다. 콩팥에서 알도스테론은 먼쪽곱슬세관 및 집합계에서의 나트륨 재흡수를 촉진한다.
- 안지오텐신 II는 ADH의 분비를 유도한다. 이 호르몬은 여기에 반응하여 물과 나트륨 이온의 재흡수를 촉진한다. 또한 갈증을 유도한다.

임상노트

급성콩팥손상(AKI) Acute Kidney Injury

급성신부전이라고도 불리는 급성콩팥손상(AKI)은 몇 시간 또는 며칠에 걸쳐 콩팥 기능이 저하되어 독성 노폐물이 축적되고 내부 항상성이 상실되는 것을 말한다. AKI는 보통 콩팥 혈류량 감소에서 비롯된다. AKI는 콩팥으로 가는 혈류의 문제(콩팥앞 콩팥부전), 콩팥 자체의 문제(콩팥앞 콩팥부전), 또는 소변 흐름의 문제(고유 콩팥부전)에서 비롯될 수 있다. 콩팥 혈류 저하 및 콩팥 독성 물질은 콩팥세포 허혈 및 사망을 유발한다. 콩팥요세관이 손상되면 토리 여과액이 다시 누출되어 관류압이 더욱 감소하게 된다. 마지막으로, 죽어가는 세포의 탈락은 콩팥요세관을 막을 수 있다. 회복은 콩팥 혈류의 회복에 달려 있다. 콩팥앞 콩팥부전의 경우, 회복에는 순환하는 혈액량의 대체가 포함된다. 고유 콩팥부전 사례에서 요로 폐색을 신속하게 완화하면 고유 압력이 감소함에 따라 토리 흐름이 회복된다. 콩팥 혈류의 회복과 콩팥요세관 독소의 제거는 내인성 질환을 교정하는 데 도움이 될 수 있다. 일단 혈액 공급이 복원되면, 나머지 콩팥단위(nephron)는 그들의 여과 속도를 증가시키고 결국 비대해질 것이다. 중요한 수의 콩팥단위(nephron)이 손실되면 환자의 상태는 악화되고 혈액 투석이 필요한 만성신부전까지 발생하게 된다.

다발성 외상의 매우 흔한 합병증은 급성 콩팥요세관 괴사의 발생이다. 이것은 장기간 동안 지속된 콩팥 허혈 때문이다. 콩팥단위가 충분히 기능을 유지하면 환자는 비교적 정상적인 콩팥 기능으로 회복될 수 있다. 콩팥단위가 너무 많이 손실되면 결국 만성신부전이 발생한다. 급성 콩팥요세관 괴사의 발생을 예방하기 위해 다발성 외상으로 인한 장기간의 저혈압을 피해야 한다.

집중 조명 그림 18-9 콩팥 기능의 요약(A SUMMARY OF KIDNEY FUNCTION)

1 콩팥토리에 의해 생성된 여과물은 혈장과 동일한 삼투압 농도(약 300 mOsm/L)를 가진다. 혈장과 같은 성분이지만 혈장 단백질을 포함하지는 않는다.

2 토리쪽곱슬세관(PCT)에서 이온과 유기 영양소의 능동적인 제거는 관액에서 물의 연속적인 삼투압에 의한다. 이렇게 하면 여과물의 부피는 감소하지만 용액은 세관의 내외부의 세관 용액은 동일하게 유지된다. 여기에서 여과양의 60~70%를 흡수한다.

3 콩판세관의 토리쪽곱슬세관(PCT)과 내림차원에서 물은 주위 사이질액으로 이동한다. 이러한 강제적인 물의 재흡수는 적은 양의 고농축 세관액으로 종결된다.

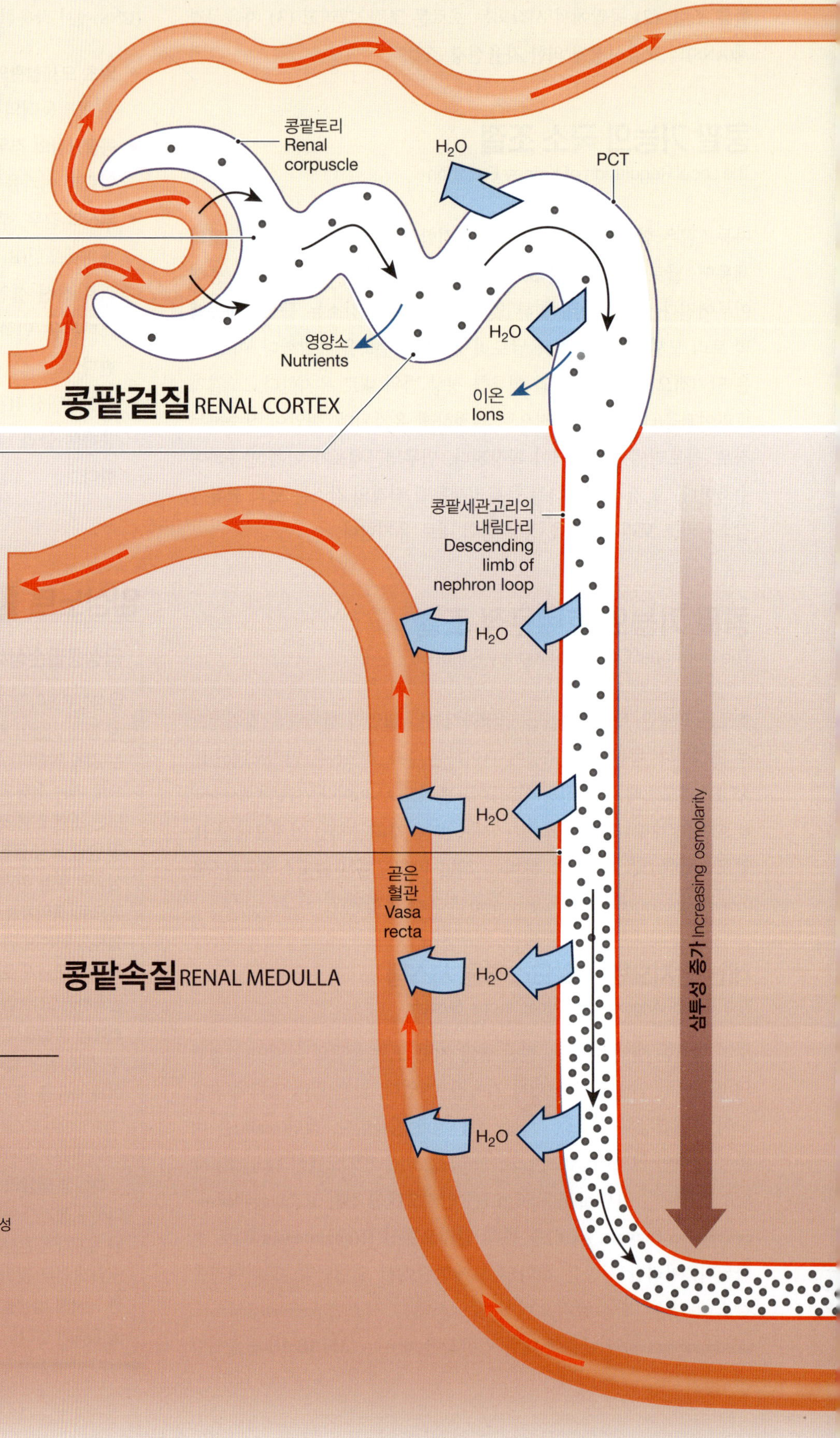

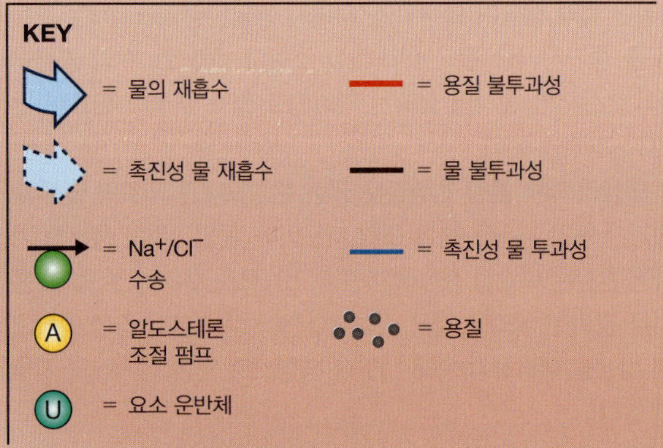

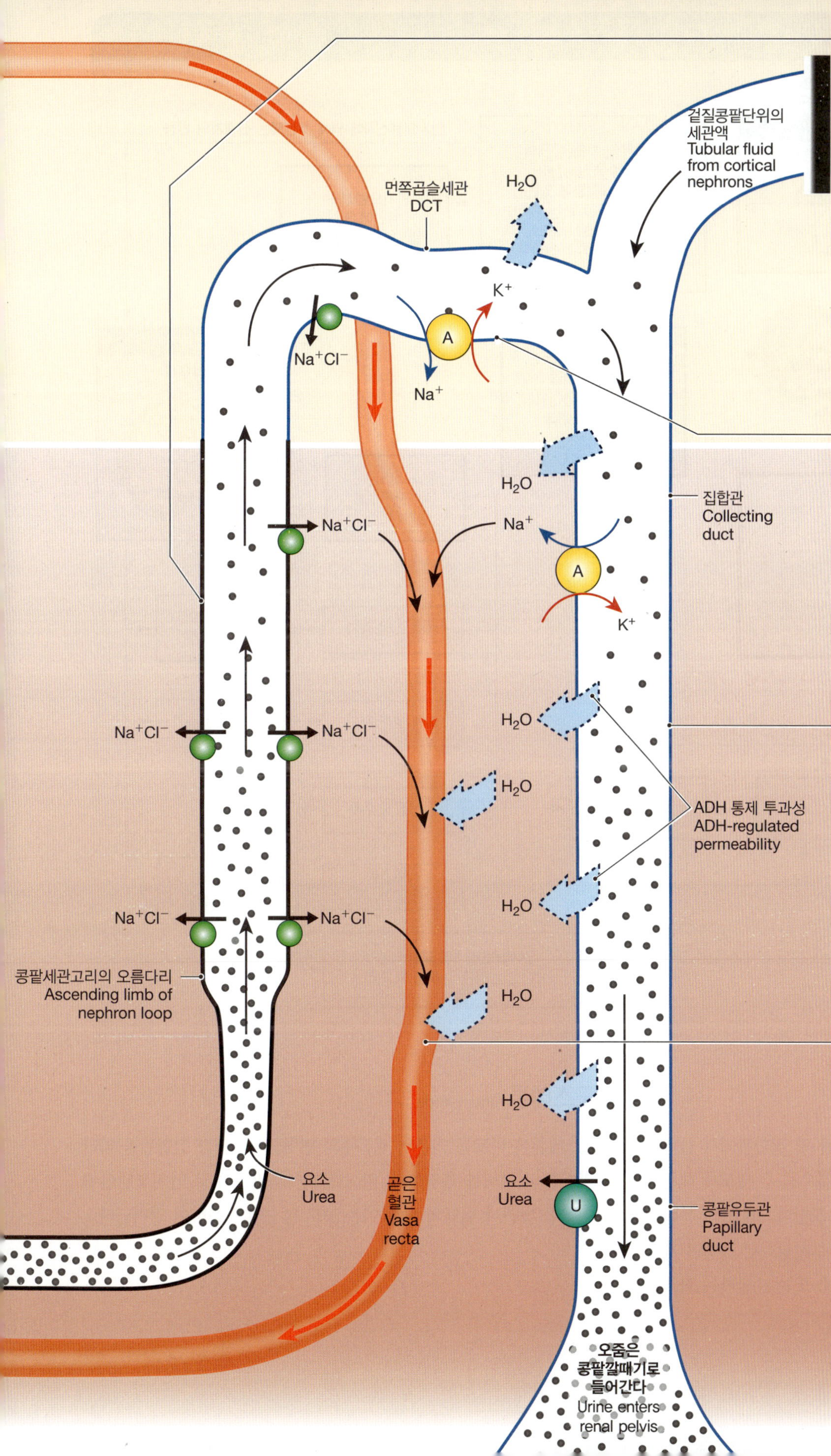

4 굵은 오름다리는 물과 용질에 대한 투과성이 없다. 콩팥요세관 세포는 Na^+과 Cl^-를 관 밖으로 적극적으로 운반하여 관액의 고형분 농도를 감소시킨다. Na^+과 Cl^-만이 제거되기 때문에, 요소는 콩팥세관고리 끝에서 총 용질 농도의 높은 비율을 차지한다.

5 세관액의 최종 조성과 농도는 먼쪽곱슬세관(DCT)과 집합관에서 일어난다. 세관 용액의 용질 농도는 능동수송(재흡수 또는 분비)을 통해 조정할 수 있다.

6 관 액의 용적 및 용액의 최종 농도는 DCT 및 집합관의 수분 투과성을 제어하여 조정된다. ADH 수치는 최종 소변량과 농도를 결정한다.

7 곧은혈관은 콩팥단위 고리와 집합관에 의해 흡수된 용액과 물을 흡수한다. 이러한 용액과 물을 전신 혈류로 운반하여, 곧은혈관은 콩팥속질의 농도경사를 유지한다.

그림 18-10 레닌-안지오텐신-알도스테론 시스템과 토리여과율(GFR)의 조절.

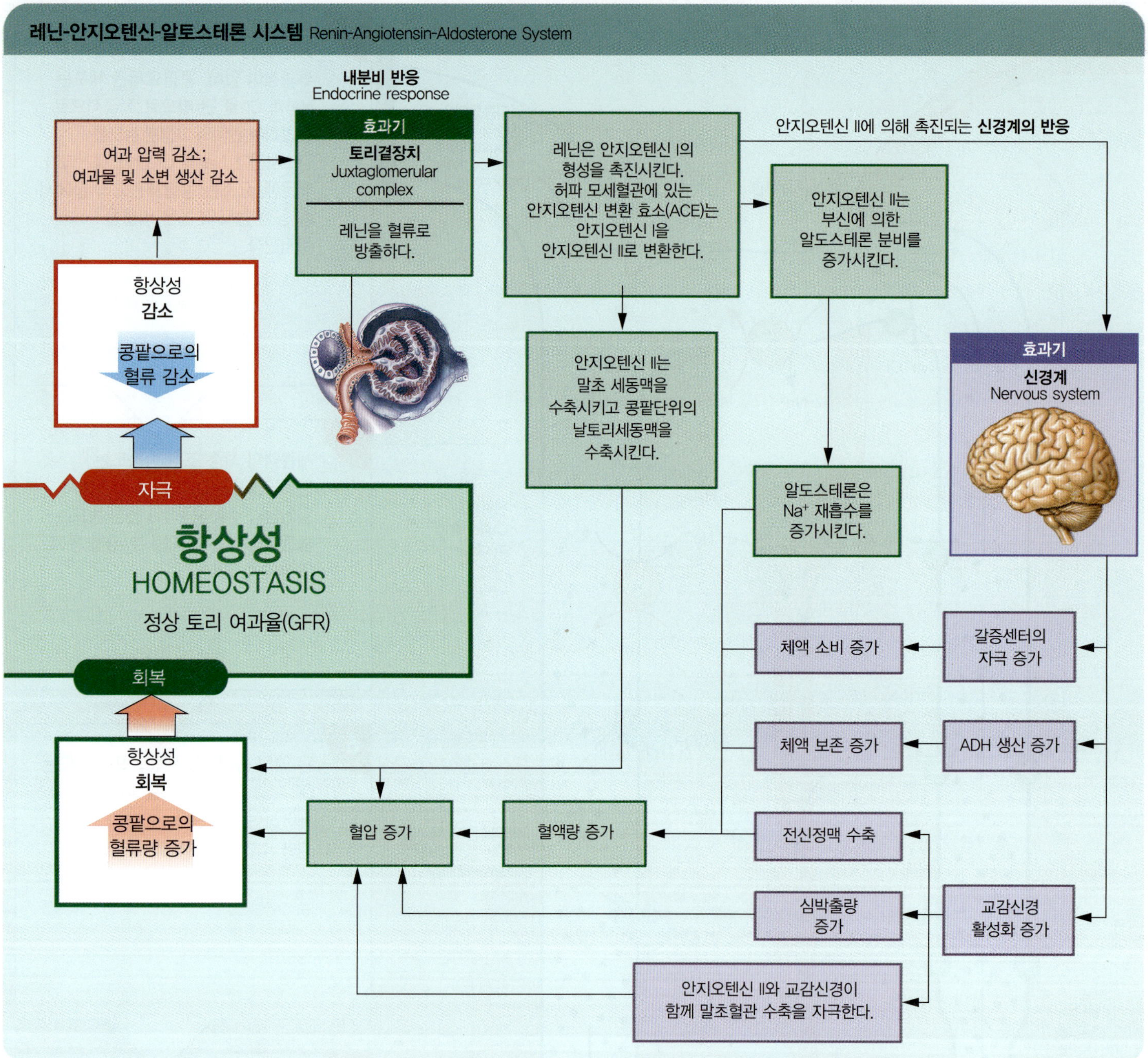

항이뇨 호르몬 Antidiuretic Hormone

ADH는 두 가지 효과가 있다. (1) 먼쪽곱슬세관 및 집합관에서 물의 투과성을 높여주어, 물이 세관 용액으로부터 재흡수될 수 있도록 해준다. (2) 또한 갈증을 유발하여 물을 마시도록 유도한다. ADH의 분비는 안지오텐신 II의 자극 하에 그리고 독립적으로 시상하부 뉴런이 자극을 받을 때 일어난다. 이 뉴런들은 혈압의 감소 또는 순환하는 혈액의 용질 농도 증가에 반응한다.

알도스테론 Aldosterone

알도스테론은 나트륨 이온의 재흡수와 먼쪽곱슬세관과 집합관을 따라 칼륨 이온의 분비를 촉진한다. 알도스테론 분비는 주로 안지오텐신 II에 자극을 받거나 혈액의 칼륨 이온 농도 상승에 반응하여 일어난다.

임상노트

혈액 투석 Hemodialysis

신부전(RF)은 **급성**(ARF) 또는 **만성**(CRF)일 수 있다. ARF는 소변 배출량이 하루에 0.5리터 이하로 갑자기 감소하는 것이다. 다발성 외상의 피해자를 포함하여 매우 아픈 환자들에게서 흔하다. **응급 혈액투석**이 시작될 수 있다. 투석의 가장 흔한 형태인 혈액 투석을 환자의 혈액은 반투과성 대형 세포막과 접촉하는 기계를 통해 투석된다. 반투과성 세포막의 반대편에는 혈액에서 제거되어야 하는 물질에 대한 저삼투압 특수 투석액이 있다. 혈액이 이 막과 접촉하고 표적 물질이 투석액 안으로 확산된다. 투석의 최종 효과는 전해질 이상 및 혈액량 교정, 요소 및 크레아티닌 등 독성물질의 제거이다. 만성 혈액 투석이 필요한 환자의 경우 분당 300~400 mL의 혈류를 처리할 수 있는 혈관단락(vascular shunt)을 투석에 적합한 정맥과 동맥 사이에 배치한다. 일반적으로 환자는 2~3시간 동안, 일주일에 2~3회 투석을 받는다. 1960년대 이전까지는 투석이 불가능했고 ARF 또는 CRF 환자들은 사망했다.

심방나트륨이뇨펩티드 Atrial Natriuretic Peptide

심방나트륨이뇨펩티드(ANP)의 작용은 레닌-안지오텐신-알도스테론 시스템의 작용에 반대한다(**그림 13-10** 참조). 전반적으로 심방나트륨이뇨펩티드는 혈액량과 혈압을 낮춰준다. 심방 심장 근육 세포는 혈액량과 혈압이 너무 높을 때 심방나트륨이뇨펩티드를 분비한다. 콩팥에 영향을 미치는 심방나트륨이뇨펩티드의 작용에는 (1) 먼쪽곱슬세관 내 나트륨 이온 재흡수 속도의 감소로 인해 소변 내 나트륨 이온 손실이 증가하며, (2) 토리 모세혈관의 팽창으로 인해 혈청 여과 및 요로 수분 손실이 증가하며 (3) 레닌, 알도스테론, ADH의 분비를 억제하는 것을 통한 레닌-안지오텐신-알도스테론 시스템(renin-angiotensin-aldosterone system) 비활성을 포함한다. 최종 결과는 나트륨 이온의 빠른 손실과 생산되는 소변 부피의 증가이다. 이는 혈액량과 혈압을 낮춘다.

교감신경 활성화 및 콩팥 기능 Sympathetic Activation and Kidney Function

대부분의 콩팥 자율신경 분포는 자율신경계(ANS)의 교감신경 분할을 통해 이루어진다. 교감신경의 활동은 주로 혈류를 콩팥에서 멀리 이동시켜 토리여과율(GFR)을 낮추는 역할을 한다. 교감신경의 활성화는 콩팥 기능에 직접적 및 간접적인 영향을 미친다. 직접적인 효과는 들토리세동맥의 강력한 수축으로 토리여과율을 감소시키고 여과액 생산을 늦추는 것이다. 혈압의 급격한 감소 또는 심장마비와 같은 갑작스런 위기에 의해 촉발된 교감신경 활성화는 토리여과율을 안정화시키는 역할을 하는 국소조절 과정을 무시할 수 있다. 위기가 지나고 교감신경 활동이 감소함에 따라 토리여과율은 정상으로 돌아간다.

교감신경 분할이 혈액 순환의 국소 패턴을 변경하면 종종 콩팥으로 가는 혈류에 간접적인 영향을 줄 수 있다. 예를 들어, 따뜻한 날씨에 피부 혈관이 확장되면 혈액이 콩팥에서 멀어지고 토리 여과가 일시적으로 감소한다. 이는 격렬한 운동 중에 특히 두드러진다. 혈류가 피부와 뼈대근으로 증가함에 따라 콩팥으로는 감소한다. 최대 운동 수준에서 콩팥 혈류는 정상적인 휴식 수준의 1/4 미만일 수 있다.

이러한 감소는 원거리 수영 선수와 마라톤 선수와 같은 지구력 운동선수에게 문제를 일으킬 수 있다. 대사성 노폐물 장기간 동안 축적된다. 낮은 산소 수치(저산소증)로 인해 토리 세포가 손상될 수 있기 때문에 단백질은 일반적으로 소변에서 손실된다. 손상이 심하면 소변에서 혈액이 보이게 된다. 이러한 문제들은 대개 48시간 이내에 사라진

임상노트

만성콩팥질환 Chronic Kidney Disease

일반적으로 만성콩팥질환(CKD)이라고 하는 **콩팥부전**(*kidney failure*)은 콩팥이 항상성을 유지하는 데 필요한 배설 기능을 수행할 수 없게 될 때 발생한다. 다양한 조건이 콩팥부전을 초래할 수 있다. **급성콩팥손상**(*acute kidney injury*)은 독성 약물, 콩팥 허혈, 요로 폐색 또는 외상으로 인해 여과가 갑작스럽게 감소하거나 중단될 때 발생한다. **만성콩팥질환**(*chronic kidney disease*, CKD)에서는, 콩팥 기능이 서서히 악화되고 관련 문제가 시간이 지남에 따라 축적된다. 이 상태는 일반적으로 되돌릴 수 없고 지속될 뿐이며 결국 급성콩팥부전 증상이 나타나게 된다.

만성콩팥부전의 관리에는 일반적으로 식이조절로 단백질, 물 및 염분섭취를 제한하고 칼로리 섭취를 최소로 줄이는 것이 포함된다. 이는 (1) 생성되는 소변의 양을 최소화하고 (2) 다량의 질소 노폐물 생성을 방지함으로써 비뇨계통의 부담을 줄여준다. 산증(혈장 pH 7.35 미만)은 콩팥부전 환자에게 흔한 문제인데 이는 중탄산염 이온 주입으로 해결될 수 있다. 약물, 주입 및 식이 조절로 혈액 구성을 안정화할 수 없는 경우에는 투석이나 콩팥 이식과 같은 과감한 조치가 취해진다.

투석(*dialysis*)을 통해, 환자의 손상된 콩팥 기능은 신중하게 조절된 투석액과 혈액간의 확산을 촉진하는 기계에 의해 대체되어 수행된다. 몇 시간이 걸리는 이 과정은 매주 두세 번 반복해서 받아야 한다.

콩팥 이식(*kidney transplant*)에서는 건강한 기증자의 콩팥을 수술을 통해 환자의 신체에 삽입하고 순환계통에 연결한다. 수술 절차가 성공적이면 이식된 콩팥이 모든 정상적인 콩팥 기능을 대신할 수 있다.

다. 그러나 소수의 달리기 선수들은 콩팥부전과 영구적인 콩팥 기능 장애를 겪기도 한다.

체크포인트

10. 토리여과율(GFR)에 영향을 미치는 요인을 나열하시오.
11. 알도스테론 분비 증가가 소변 농도에 어떤 영향을 미치는가?
12. 교감신경 활성화가 콩팥 기능에 미치는 영향은 무엇인가?

책 뒷면에 있는 파란색 정답 탭을 참조.

18-5 소변은 요관에 의해 운반되고 방광에 저장되며 배뇨반사의 도움을 받아 요도를 통해 제거된다

학습목표 요관, 방광, 요도의 구조와 기능을 설명하고, 배뇨 조절에 대해 논의하고, 배뇨반사에 대해 설명한다.

체액이 콩팥깔때기로 들어가면 여과액 변형 및 소변 생성이 종료된다. 요관, 방광 및 요도가 요로(*urinary tract*)를 구성한다. 이는 소변을 운반, 저장 및 배출한다(**그림 18-11**).

그림 18-11 소변전도 및 저장을 위한 기관들.

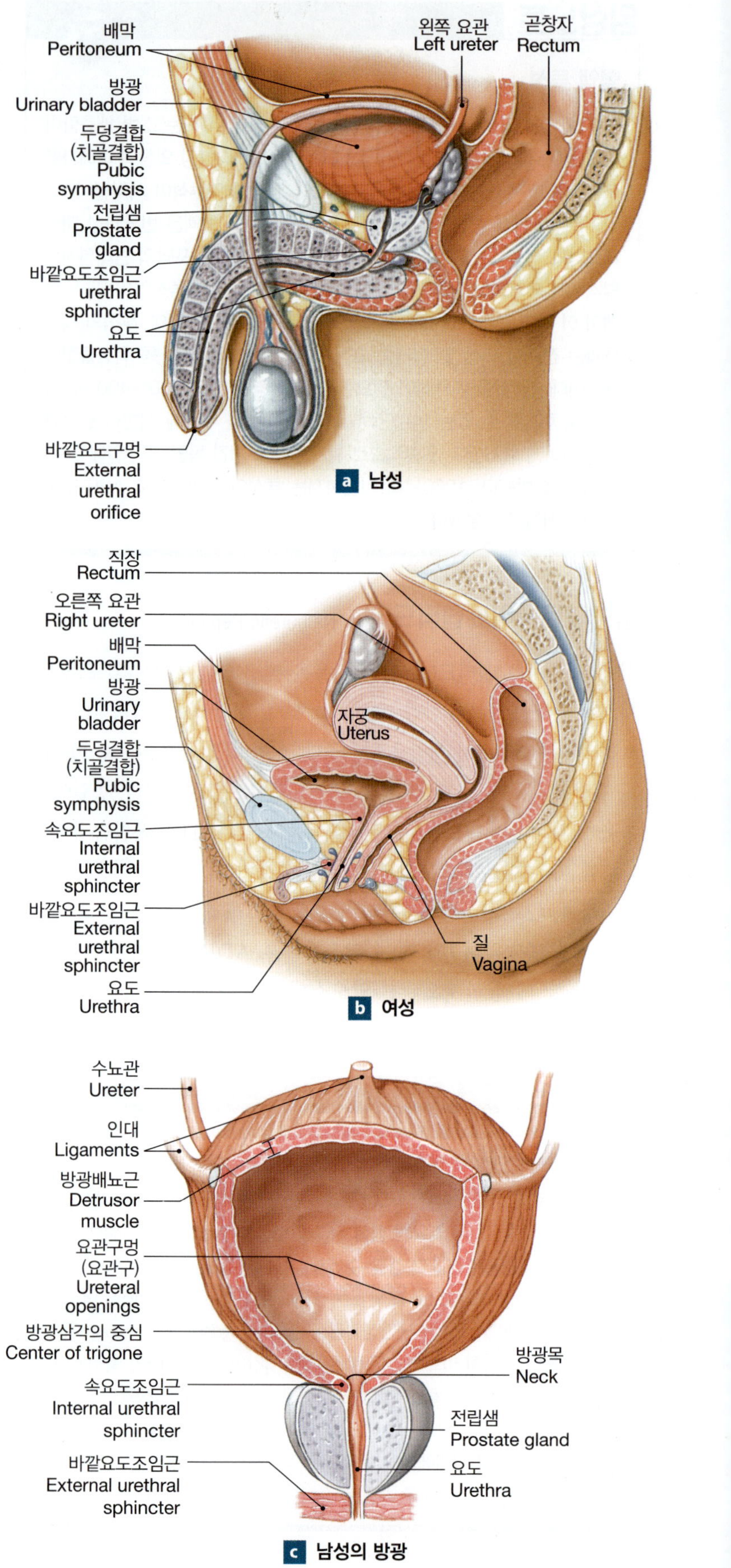

요관 The Ureter

요관(ureters)은 콩팥에서 방광으로 소변을 전달하는 한 쌍의 근육 관이다. 이 거리는 약 30 cm이다(**그림 18-1**). 각 요관은 깔때기 모양의 콩팥깔때기에서 시작된다. 이는 복강으로 들어가지 않고 방광의 후벽에서 끝난다. 방광 내부의 **요관 구멍(ureteral openings)**는 둥글지 않고 슬릿 모양이다. 이러한 모양은 방광이 수축할 때 소변이 요관이나 콩팥으로 역류하는 것을 방지해준다.

각 요관의 벽에는 3개의 층이 존재한다. 그들은 내부 이행상피, 민무늬근의 세로 및 원형 밴드의 중간 층 및 부신과 연결되는 외부 결합조직 층이다. 약 30초마다 콩팥깔때기에서 연동 수축이 시작된다. 이는 요관을 따라 쓸어내려서 소변을 방광쪽으로 밀어준다.

칼슘 침전물, 마그네슘 염 또는 요산으로 만들어진 결정과 같은 고체 물질들이 콩팥, 요관 또는 방광 내에 형성될 수 있다. 이러한 고체 물질들은 **돌**(*calculi*) 또는 **콩팥돌**(*kidney stone*)이라 한다. 돌의 존재는 **콩팥돌증**(*nephrolithiasis*)으로 알려진 고통스러운 증상을 유병한다. 콩팥돌은 소변의 흐름을 방해할 뿐만 아니라 영향을 받은 콩팥의 여과를 줄이거나 저지할 수도 있다.

방광 The Urinary bladder

방광(urinary bladder)은 배뇨 전에 소변을 저장하는 속이 빈 근육 기관이다. 그 크기는 팽창정도에 따라 다르다. 가득 찬 방광에는 1리터의 소변이 포함될 수 있다.

방광은 골반안에 있다. 이것의 윗 표면만이 배막층으로 덮여 있다.

배꼽까지 뻗어 있는 배막주름(배꼽인대, *umbilical ligaments*)과 골반과 두덩뼈에 붙어 있는 연결조직 띠에 의해 제 위치에 고정된다. 남성의 경우, 방광의 밑부분이 곧창자과 두덩결합 사이에 있다(그림 18-11a). 여성의 경우, 방광은 자궁보다 위쪽 질보다 앞쪽에 위치한다(그림 18-11b).

방광삼각(*trigone*)은 방광 내의 삼각형 영역이다. 이 영역은 요관 구멍과 요도 입구로 둘러싸여 있다(그림 18-11c). 요도 입구는 방광의 가장 낮은 지점에서 이 삼각형의 꼭짓점에 있다. 요도 입구를 둘러싼 부분을 방광의 목(*neck*)이라고 한다. 목에는 **속요도조임근(internal urethral sphincter)**이라는 근육이 포함되어 있다. 이 조임근의 민무늬근육은 방광의 소변 배출에 대한 무의식적 제어를 제공한다.

이행상피(*transitional epithelium*)가 방광을 얇게 둘러싸고 있다. 이 중층상피는 콩팥깔때기와 요도에 연속된다. 이는 상당한 정도의 신장을 견딜 수 있다(그림 4-5c) 참조.

방광 벽은 세로 민무늬근의 안쪽과 바깥쪽 층으로 구성되며 두 층 사이에 원형층이 있다. 이 층들은 함께 방광의 강력한 **방광배뇨근(detrusor muscle)**을 형성한다. 이 근육의 수축은 방광을 압박하고 그 내용물을 요도로 배출해 준다.

요도 The Urethra

요도(urethra)는 방광의 목에서 체외까지 이어져 있다. 남성의 경우, 요도는 음경의 끝에 있는 바깥쪽 입구 또는 **바깥요도구멍(external urethral orifice)**까지 확장된다. 이 거리는 약 18~20 cm 정도이다. 여성의 경우, 요도는 아주 짧다. 이는 방광에서부터 체외까지 겨우 2.5~3.0 cm 정도이다(그림 18-11b). 바깥요도구멍은 질의 뒤쪽 벽 근처에 있다. 남성과 여성 모두에서 요도가 골반안 바닥근을 통과할 때, 뼈대근의 원형 띠가 **바깥요도조임근(external urethral sphincter)**을 형성한다(그림 18-11). 이 조임근은 뼈대근 섬유를 함유하고 있다. 이것의 수축은 자발적 통제로 이루어진다.

임상노트

콩팥돌 Kidney Stones

콩팥돌(단수형: calculus)은 콩팥의 집합계의 결정 응집을 의미한다(그림 18-12). 이러한 상태는 **콩팥돌증**(*nephrolithiasis*)이라고 한다(어원: Greek *lithos*, 돌). 콩팥돌은 매년 약 500,000명에게서 나타난다. 돌이 콩팥깔때기에서부터 요관을 통해 방광에 이르러 소변으로 배출될 때까지의 극심한 고통으로 인해 짧은 기간의 입원이 흔하다. 필요한 경우, 추가적인 입원 치료에는 큰 돌을 작은 돌로 쪼개기 위해 음파를 이용하는 시술인 충격파 석회암 치료와 다른 치료 방법이 포함될 수 있다. 그러나 출혈이나 요로 장애와 같은 합병증이 나타나지 않는 한 전반적인 질병률과 사망률은 낮다.

콩팥돌은 콩팥돌 벨트라고 불리는 미국의 남부와 남동부에서 더 자주 발생한다(그림 18-13). 노스캐롤라이나주는 다른 어떤 주보다 콩팥돌 발병률이 높다. 이러한 현상에는 몇 가지의 요인이 존재한다. 첫째, 전형적인 남부 식단에는 녹황색 채소와 우려낸 차가 많이 함유되어 있는데, 둘 다 콩팥돌의 핵심 성분인 옥살레이트(oxalates)가 많이 함유되어 있다. 또 다른 요인은 따뜻한 기후로, 이는 땀을 증가시키고 체액의 손실을 증가시킨다. 마지막으로, 현대의 생활 방식은 종종 신체활동의 수준을 낮춘다. 이러한 위험 요인들은 함께 콩팥돌의 발생 가능성을 높인다.

돌은 여성보다 남성에게서 더 흔하게 형성되지만, 그 비율은 다른 구성을 가진 돌의 종류에 따라 다르다. 어떤 돌들은 또한 유전적인 요인을 암시하는 가족적인 패턴에서 발생한다. 돌 형성의 또 다른 위험 요인은 수술이나 부상으로 인한 고정화이며, 후자는 운동 충동, 감각 또는 둘 다의 부재를 수반하는 하반신 마비 또는 기타 마비 증후군에 이차적인 고정을 포함한다. 마지막으로, 마취제, 아편제, 향정신성 약물을 포함한 특정 약물의 사용은 돌 발생

그림 18-12 콩팥돌. 콩팥깔때기에 있는 "스타그혼(staghorn)" 돌 하나를 포함한 여러 가지의 돌을 보여주고 있는 콩팥의 단면.

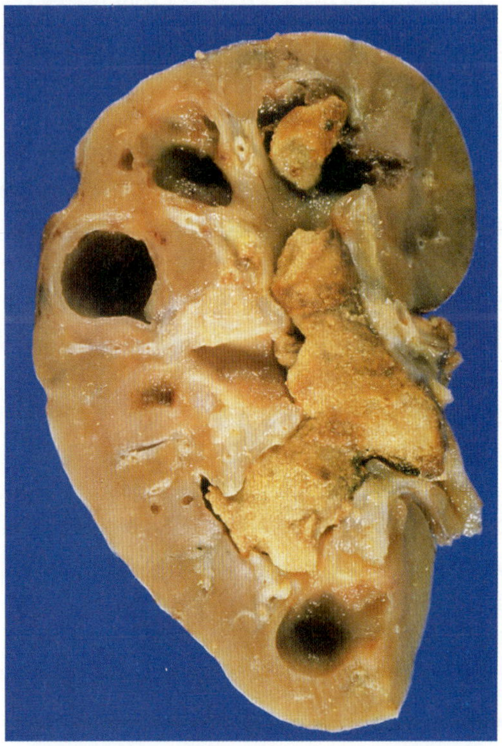

(계속)

그림 18-13 콩팥돌 벨트. 콩팥돌의 발병률은 미국의 남부에서 현저하게 높다.

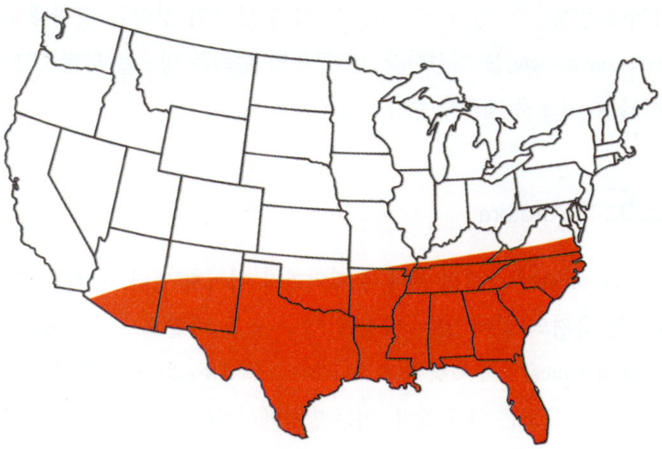

률을 증가시킨다. 기록적으로, 하나의 콩팥돌을 경험한 환자의 약 60%는 7년 이내에 다른 돌로 발전할 것이다. 다행히도 현대 치료법을 사용하면 환자의 95% 이상에서 재발을 예방할 수 있다.

돌은 통풍 또는 일차 부갑상샘 기능 항진증을 포함한 여러 대사 장애에서 형성될 수 있으며, 이는 각각 과도한 양의 요산과 칼슘을 생성한다. 더 자주, 이것들은 미네랄 이온과 요산과 같은 상대적으로 불용성인 물질들의 수분 보존과 용해 사이의 일반적인 균형이 상실되고 과도한 양의 불용성 물질들이 돌로 응집될 때 발생한다. 문제는 "너무 많은 불용성 물질"과 "너무 진한 소변"으로 귀결되는데, 이는 식생활, 기후, 또는 신체활동의 변화와 함께 발생할 가능성이 높다.

칼슘염(옥살산칼슘과 인산칼슘)으로 구성된 돌이 가장 흔하다. 이 화합물들은 모든 돌의 75~85%에서 발견된다. 칼슘 돌은 남성이 여성보다 2~3배 정도 많고, 발병 시 평균 연령은 20~30세 정도이다. 이것들의 형성은 종종 유전적으로 이루어지며, 칼슘 돌을 경험한 사람은 2년에서 3년 안에 또 다른 돌을 형성할 위험이 상당히 높다.

스트루바이트 돌(화학적 표기: $MgNH_4PO_4$)도 흔하며, 전체 돌의 약 10~15%를 대표한다. 스트루바이트 돌의 병리생리학은 칼슘 돌의 병리생리학과는 다르다. 이들의 형성은 만성 요로 감염(UTI) 또는 빈번한 방광 도관 삽입과 관련이 있다. 세균성 요로 감염(UTI)과의 연관성은 스트루바이트 돌(struvite stones)을 남성보다 여성에게서 훨씬 더 흔하게 만든다. 이 돌들은 콩팥깔때기를 채우기 위해 자랄 수 있는데, 이것은 엑스레이에서 특징적인 "스타그혼(staghorn)" 모습을 보인다.

요산 또는 시스틴(cystine)으로 구성된 돌들은 훨씬 덜 흔하다. 요산 돌은 여성보다 남성에게 더 자주 형성되며 유전적인 경향이 있고 요산 돌 환자의 약 절반이 통풍을 가지고 있다. 시스틴 돌이 가장 흔하지 않다. 이것들은 여과액에서 아미노산 낭포체의 과잉과 관련이 있으며 아마도 부분적으로 유전적인 요인에 기인하는 것으로 보이는데 왜냐하면 이것들은 종종 한 가족에게서 대대로 나타나기 때문이다.

18

지금까지 보고된 것 중 가장 큰 콩팥돌은 무게가 1.36 kg이었다. 가장 작은 돌들은 모래알 크기 정도다. 콩팥돌은 대부분 노란색~갈색 정도이지만 사실상 모든 색상을 보인다. 실험실 분석을 위해 통과된 콩팥돌을 채취하는 것이 중요하다. 일단 돌의 화학적 성분이 결정되면, 예방을 위한 계획을 시작할 수 있다.

콩팥돌로 인한 고통은 일반적으로 인간의 의학적 조건 중 가장 고통스러운 것으로 인정된다. 일반적으로 환자들은 먼저 한쪽 옆구리의 막연한 내장 통증으로 불편함을 호소한다. 30~60분 이내에 옆구리에 남아 있거나 사타구니를 향해 앞쪽으로 이동되는 극도로 날카로운 통증으로 진행된다. 통증이 옮겨진다는 것은 돌이 요관의 가장 낮은 3분의 1로 넘어갔다는 것을 의미한다. 콩팥돌은 산통처럼 보이기도 한다. 규칙이라도 된듯이, 환자들은 가만히 누워 있지 못한다. 참기 힘든 고통으로 인해 계속해서 움직이기 때문이다. 방광벽 내 요관의 가장 낮은 부분에 자리 잡은 돌은 종종 낮이나 밤에 빈도(야뇨증), 긴박한 또는 고통스러운 배뇨와 같은 특징적인 방광 증상을 유발한다. 후자의 세 가지 증상은 방광 감염을 훨씬 더 자주 암시하기 때문에, 특히 여성의 경우 잠정적 진단을 내리기가 어려울 수 있다. 소변에서 보이는 혈액(혈뇨)은 돌을 통과하는 동안 채취한 소변 검체에서 흔하다. 그러나 혈뇨(hematuria)는 육안으로는 보이지 않지만 현미경을 통해 소변 검체에 담근 시약 스트립으로 감지할 수 있다. 그러나 수반되는 감염이 존재하지 않는 한 열은 드물다. 콩팥돌이 의심될 때마다 환자의 개인 병력과 가족력을 확보해야 하는데 이는 둘 다 유용한 정보를 제공하는 경우가 많기 때문이다.

앞서 언급했듯이 환자는 동요하거나 육체적으로 불안해 보일 수 있으며 걷기는 때때로 통증을 줄여주기도 한다. 활력징후는 환자가 경험하는 불편함의 수준에 따라 달라지며, 가장 큰 통증과 관련된 최고 혈압과 심장박동수를 보인다. 피부는 일반적으로 창백하고 차가우며 축축하다. 대부분의 환자는 중증의 끊임없는 통증 때문에 구역질을 하고 많은 환자들이 실제로 구토를 하기도 한다.

콩팥돌의 응급치료에는 수분 공급과 진통제가 포함되어야 한다. 종종 통증이 너무 심해서 환자의 통증조절을 위해 다량의 마약성 성분(morphine, meperidine, fentanyl)을 주사하기도 한다. 콩팥돌 증상이 있는 거의 모든 환자는 메스꺼움을 겪거나 구토를 한다. 메스꺼움과 구토를 치료하기 위한 약을 투여하면 진통제의 효과를 높이는 데 도움이 된다.

병원에서 콩팥돌 환자는 일반적으로 정맥 주사와 비경구성 진통제를 투여받는다. 콩팥돌은 나선형 컴퓨터 단층촬영스캔으로 진단할 수 있다. 또는 의사는 방사선 불투과성 조영제를 정맥으로 투여하는 정맥콩팥깔때기 조영사진을 주문할 수 있다. 염료는 콩팥에 모여 콩팥, 요관 및 방광을 시각화할 수 있게 해준다. 때때로 초음파로도 콩팥돌을 감지할 수 있다.

많은 환자들이 적절한 수분 공급과 진통을 통해 작은 돌을 자연스럽게 배출한다. 돌이 배출되지 못하는 경우 비뇨기과 전문의는 영향을 받은 요관에 스텐트를 삽입하고 방광경을 통해 삽입된 바구니 모양 장치로 돌을 제거할 수 있다. 바스켓 추출로 제거할 수 없는 돌은 다른 요법으로 치료할 수 있다. 여기에는 충격파를 사용하여 돌을 분해하여 거의 문제없이 배출해낼 수 있도록 해주는 쇄석술이 포함된다. 또 다른 기술은 레이저 쇄석술(lasertripsy)로, 레이저가 방광경을 통해 실을 꿰고 적절하게 배치되면 돌을 분쇄한다. 사용 가능한 또 다른 기술은 전기 유압 쇄석술이다. 특수 탐침이 전기에 의해 생성된 충격파로 작은 돌을 부수는 방식이다. 쇄석술 또는 레이저 쇄석술(lasertripsy) 후에 남아 있는 돌 부스러기는 쉽게 요관을 통해 방광으로 전달된다.

임상노트

요로 감염 Urinary Tract Infections

요로 감염(UTI)은 세균 또는 효모(곰팡이)가 요로에 서식할 때 발생한다. 장내 세균 대장균이 가장 일반적으로 관여한다. 여성은 외부 요도 입구가 질과 항문에 너무 가깝기 때문에 특히 요로 감염에 걸리기 쉽다. 성교는 세균을 요도로 밀어 넣을 수 있다. 요도가 비교적 짧기 때문에 방광도 감염될 수 있다.

요로 감염은 증상을 일으키지 않을 수 있지만 소변에 세균과 혈액 세포의 존재로 감지할 수 있다. 요도 벽에 염증이 생기면 그 상태를 **요도염**(*urethritis*)이라고 한다. 방광 내막의 염증을 **방광염**(*cystitis*)이라고 한다. **임질**(*gonorrhea*)과 같은 성병을 포함한 많은 감염은 요도염과 방광염의 조합을 유발한다. 이러한 상태들은 **배뇨장애**(*dysuria*)라고 하는 고통스러운 배뇨를 유발한다. 방광 역시 압력에 민감해지고 부드러워진다. 배뇨의 불편함에도 불구하고 환자는 자주 소변을 보고 싶은 충동을 느끼게 된다. 요로 감염은 일반적으로 항생제에 반응하지만 재감염이 발생할 수 있다.

치료되지 않은 경우 세균은 요관을 따라 콩팥깔때기로 진행될 수 있다. 콩팥깔때기 벽의 염증은 **깔때기염**(신우염, *pyelitis*)을 일으킨다. 세균이 콩팥겉질과 속질을 침범하면 **깔때기콩팥염**(신우신염, *pyelonephritis*)이 발생한다. 그 징후와 증상으로는 고열, 감염된 쪽의 심한 통증, 구토, 설사, 혈액 세포와 소변의 고름이 있다.

배뇨반사 및 배뇨 The Micturition Reflex and Urination

우리가 알고 있듯이, 요관의 연동 수축이 소변을 방광으로 이동시켜 준다. **배뇨반사(micturition reflex)**는 배뇨 또는 배출 과정을 조정한다 (**그림 18-14**).

방광이 소변으로 가득 차면 방광벽에 있는 뻗침수용체가 자극을 받는다. 골반신경의 구심성 감각섬유는 결과적인 충동을 천골 척수로 전달해준다. 섬유의 활동 수준이 증가하면 (1) 척수의 부교감 운동뉴런이 임계값에 가까워지고 (2) 감각을 시상으로 전달한 다음, 투사 섬유를 통해 대뇌 겉질로 전달하는 인터뉴런을 자극한다. 결과적으로, 방광 내의 압력을 알게 된다.

소변을 보고 싶은 충동은 일반적으로 방광에 약 200 mL의 소변이 들어 있을 때 발생한다. **그림 18-14**에서 알 수 있듯이, 뻗침수용체가 부교감신경 운동 뉴런에 적절한 자극을 제공하면 배뇨반사가 기능하기 시작한다. 이때 운동 뉴런은 방광벽의 배뇨근을 자극한다. 이러한 명령은 골반신경을 통해 이동하여 방광을 지속적으로 수축시킨다.

이 수축은 방광 내부의 압력을 증가시킨다. 그러나 속 및 바깥 조임근이 이완되지 않으면 소변을 배출할 수 없게 된다. 바깥 조임근은 자발적인 통제 하에 이완된다. 그런 일이 발생하면 속 조임근도 이완된다. 바깥 조임근이 이완되지 않으면 속 조임근이 닫힌 상태로 유지되고 방광이 점차 이완된다. 방광 부피가 더 증가하면 일반적으로 한 시간 이내에 주기가 다시 시작된다. 소변량이 증가할 때마다 뻗침수용체 자극이 증가하여 감각이 더욱 심해진다. 방광의 부피가 500 mL를 초과하면 배뇨반사가 속 조임근을 강제로 열 수 있는 충분한 압력을 생성할 수 있다. 이 입구는 바깥 조임근의 반사 이완으로 이

그림 18-14 배뇨반사. 이 도표는 방광의 민무늬근 수축을 자극하는 반사 호의 구성 요소를 보여준다. 바깥요도조임근의 자발적 이완 후 배뇨가 발생한다.

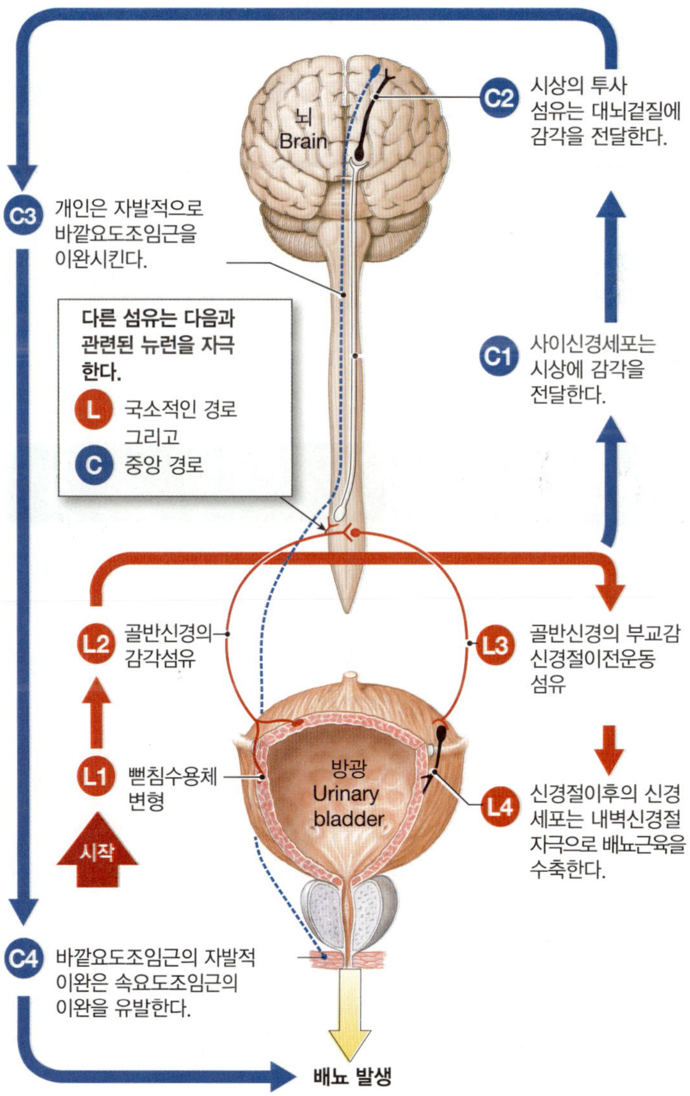

임상노트

요실금 Incontinence

요실금은 자발적으로 배뇨를 조절하지 못하는 것이다. 유아는 필요한 겉질 척수 연결이 아직 확립되지 않았기 때문에 배뇨에 대한 자발적인 통제가 부족하다. 이러한 이유로 2세 이전의 "배변 훈련"은 종종 부모가 자녀가 의식적인 통제를 발휘하도록 훈련시키는 대신 배뇨반사의 타이밍을 예상하는 학습을 포함한다.

속 또는 바깥 요도조임근의 외상은 정상적인 성인에게 요실금을 유발할 수 있다. 예를 들어, 일부 산모에게서 출산 후 **스트레스성 요실금**(*stress urinary incontinence*)이 발생한다. 기침이나 재채기로 인한 압력은 조임근 근육에 부담을 주어 소변이 새어 나올 수 있다. 요실금은 일반적으로 근긴장도의 손실로 인해 노인에게서도 발생할 수 있다.

중추신경계, 척수 또는 방광 또는 바깥 조임근에 대한 신경 손상도 요실금을 유발할 수 있다. 예를 들어, 요실금은 종종 알츠하이머병(Alzheimer's disease)이나 척수 손상(spinal cord injury)과 함께 발생한다. 대부분의 경우 영향을 받은 사람은 **자동 방광**(*automatic bladder*)을 개발한다. 배뇨반사는 그대로 유지되지만 바깥 조임근의 자발적인 제어가 상실되어 방광의 반사적 비우기를 예방할 수 없다.

골반신경 손상은 배뇨반사를 완전히 제거할 수 있다. 일반적으로 소변 배출을 돕기 위해 카테터를 삽입해야 한다.

어진다. 자발적인 반대나 잠재적인 불편에도 불구하고 배뇨가 이루어진다. 정상적인 배뇨가 끝나면 10 mL 미만의 소변이 방광에 남아 있다.

지식 쌓기

모세혈관은 다른 혈관과 달리 작은 이온, 영양소, 유기 폐기물, 가스 및 물을 투과시킬 수 있다(**13장: 심혈관계통: 혈관과 순환** 참조). 모세혈관 정수압(CHP)과 혈액 삼투압(BOP)의 두 가지 힘이 혈류와 신체 조직 사이에서 이러한 물질을 지속적으로 교환하는 데 관여한다. 모세관의 동맥 끝에서 모세혈관 정수압(CHP)은 혈액 삼투압(BOP)보다 크기에 결과적으로 체액이 강제로 배출된다(여과). 모세관의 정맥 끝 근처에서 혈액 삼투압은 모세혈관 정수압보다 크기 때문에 이러한 이유로 체액은 모세관으로 이동한다(재흡수). 전반적으로, 매일 흡수되는 것보다 약 3.6리터 더 많은 체액이 신체의 모세혈관을 떠난다. 이러한 모세혈관 교환은 혈장과 세포사이액 사이의 지속적인 교환을 유지하여 항상성에 중요한 역할을 한다.

체크포인트

13. 콩팥에서 방광으로 소변이 이동하는 원인은 무엇인가?
14. 콩팥돌에 의해 요관이 막히면 어떤 두 구조 사이의 소변 흐름을 방해하는가?
15. 배뇨반사의 조절은 어떤 근육을 조절하는 능력에 달려 있는가?

책 뒷면에 있는 파란색 정답 탭을 참조.

18-6 체액 평형, 전해질 평형 및 산-염기 평형은 상호 연관되어 있으며 항상성에 필수적이다

학습목표 체액 평형, 전해질 평형, 산-염기 평형의 뜻을 정의하고, 이들이 항상성에 시사하는 중요성에 대해 토의하며, 물과 전해질이 체내에서 분포되는 방식을 설명한다.

체액, 전해질 및 산-염기 평형의 광범위한 임상적 중요성을 갖는 주제는 거의 없다. 신경계, 심혈관, 호흡기, 비뇨기 또는 소화계에 영향을 미치는 심각한 질병의 치료에는 항상 정상적인 체액, 전해질 및 산-염기 평형을 회복하는 단계가 포함되어야 한다.

우리 체중의 대부분은 수분이다. 물은 세포 외부의 체액 부피의 최대 99%를 차지한다. 세포질의 필수 성분이다. 세포의 모든 운영은 가스, 영양소 및 폐기물의 분배를 위한 확산 매체로서 물에 의존한다. 신체의 수분 함량이 변하면 세포 활동이 위험해진다. 예를 들어, 수분 함량이 너무 많이 감소하면 단백질이 변성되고 효소가 기능을 멈추고 세포가 죽는다. 생존하려면 신체가 **세포외액(extracellular fluid)** 또는 **ECF**(세포사이액, 혈장 및 기타 체액) 및 **세포내액(intracellular fluid)** 또는 **ICF**(세포질) 모두에서 정상적인 부피와 구성을 유지해야 한다.

다양한 이온의 농도와 체내 수분의 pH(수소 이온 농도)는 절대량만큼 중요하다. ECF의 칼슘 또는 칼륨 이온 농도가 너무 높아지면 심장부정맥이 발생한다. 이로 인해 사망할 수 있다. 정상범위를 벗어난 pH는 다양한 위험한 상태로 이어질 수 있다. 낮은 pH는 수소 이온이 화학결합을 끊고, 복잡한 분자의 모양을 바꾸고, 세포막을 파괴하고, 조직 기능을 손상시키기 때문에 특히 위험하다.

이 절에서는 혈장 및 세포사이액과 같은 다양한 체액 간의 교환 역학과 신체와 외부 환경 간의 교환 역학을 고려한다. 체액 부피, 용질 농도 및 pH의 항상성은 세 가지 상호 관련된 요소를 포함한다.

- **체액 평형(*Fluid balance*)**. 우리가 매일 얻는 물의 양이 잃는 양과 같을 때 **체액 평형(fluid balance)**에 있게 된다. 정상적인 체액 평형을 유지하려면 세포사이액(ECF) 및 세포내액(ICF)에서 물의 함량과 분포를 조절해야 한다. 세포와 조직은 물을 수송할 수 없지만 이온은

수송할 수 있다. 이런 식으로 삼투에 의해 제거되는 농도 변화를 생성하게 된다.

- **전해질 평형**(*Electrolyte balance*). **전해질(electrolyte)**은 무기 화합물이 해리될 때 방출되는 이온이다. 그들은 용액에서 전류를 전도할 수 있기 때문에 그렇게 명명되었다. 매일 체액은 음식과 음료에서 전해질을 얻는다. 체액은 또한 소변, 땀 및 대변에서 전해질을 잃는다. **전해질 평형(electrolyte balance)**은 체액에서 이온의 순 증가 또는 순 손실이 없을 때 존재한다. 전해질 평형은 주로 소화관의 흡수 속도와 콩팥 손실 속도의 균형을 맞추는 것이다.
- **산-염기 평형**(*Acid-base balance*). 신체의 수소 이온 생성량이 손실과 같을 때 **산-염기 평형(acid-base balance)**에 있다. 산-염기 평형이 존재하면 체액의 pH가 정상 한계 내에 유지된다. 정상적인 대사 작업은 다양한 산을 생성하기 때문에 pH 감소를 방지하는 것이 주요 문제이다. 콩팥과 허파는 체액의 산-염기 평형을 유지하는 데 중요한 역할을 한다.

세포외액 및 세포내액 The ECF and the ICF

그림 18-15a는 체지방이 최소인 70 kg 사람의 신체 구성에 대한 개요를 제공한다. 분포는 18~40세의 남성과 여성의 전체 평균 값을 기반

그림 18-15 인체의 구성.

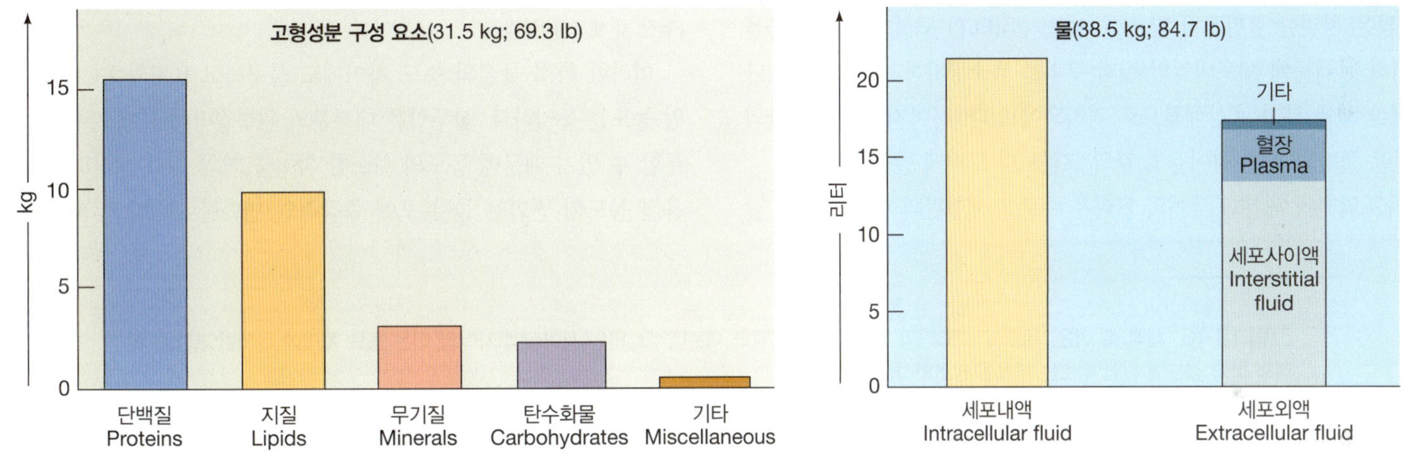

a 70 kg(154 lb) 사람의 주요 체액 구성과 체중 구성(체중, 성별 평균). 기술적으로 정확한 크기를 결정하는 것은 매우 어렵다; 상대적인 크기는 매우 다양하다.

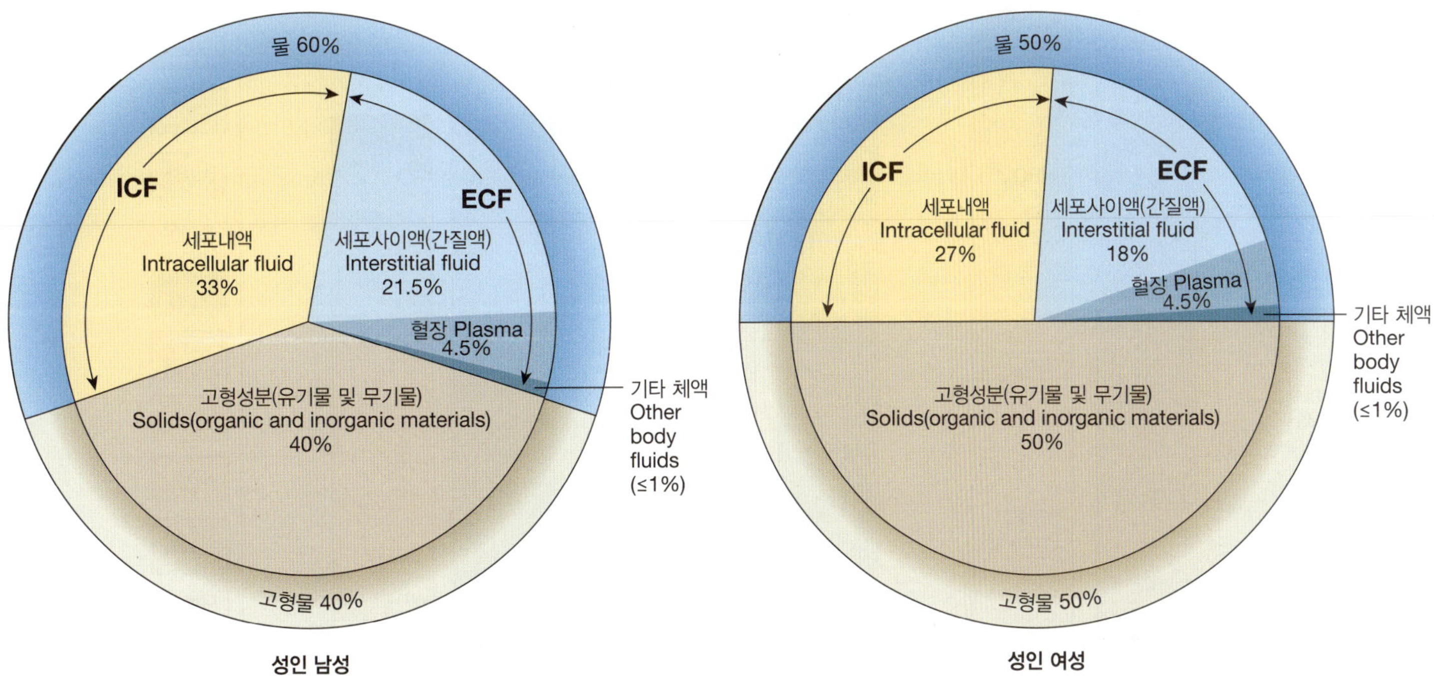

b 18~40세의 성인 남성과 여성의 신체 구성 비교.

으로 한다. 물은 성인 남성의 전체 체중의 약 60%, 성인 여성의 50%를 차지한다(**그림 18-15b**). 성별 간의 이러한 차이는 성인 여성에서 상대적으로 더 큰 지방조직 질량과 성인 남성에서 더 큰 평균 근육 질량을 반영한다(지방조직은 수분 10%에 불과하지만 뼈대근은 수분 75%이다).

남녀 모두 세포내액은 세포외액보다 전체 체수를 더 많이 포함한다. ICF와 세포사이액(ECF) 사이의 교환은 삼투, 확산 및 운반체 매개 수송에 의해 원형질막을 가로질러 발생한다.

세포외액(ECF)의 가장 큰 부분은 말초 조직의 사이질액과 순환 혈액의 혈장이다(**그림 18-15a**). 세포외액의 경미한 구성 요소로는 림프, 뇌척수액(CSF), 윤활액, 장액(흉막, 심낭 및 배막액), 눈의 방수액, 바깥림프 및 속림프가 있다. 임상 상황에서 전체 체액의 2/3가 세포내액에 있고 1/3이 세포외액에 있다고 추정하는 것이 일반적이다. 이 비율은 뼈, 많은 치밀한 결합조직 및 작은 세포외액(ECF) 구성 요소에서 물을 무시하기 때문에 세포외액의 실제 부피를 과소평가하게 된다. 그러나 이러한 체액 부피는 상대적으로 격리되어 있다. 나머지 세포외액과의 교환은 혈장과 다른 사이질액 간의 교환보다 느리게 발생한다.

세포외액의 세분화 사이의 교환은 주로 모세혈관의 내피를 가로 질러 발생한다. 체액은 또한 정맥 시스템으로 배출되는 림프관을 통해 간질 공간에서 혈장으로 이동할 수 있다. 각 세포외액 세분화 또는 구성 요소 내에서 용해된 전해질, 단백질, 영양소 및 폐기물의 종류와 양은 동일하지 않다. 그러나 이러한 변화는 세포외액과 세포내액 간의 주요 차이점에 비해 상대적으로 미미하다.

세포외액과 세포내액은 일반적으로 별개의 개체로 작동하기 때문에 **체액 구획(fluid compartments)**이라고 한다. 세포는 주변과 다른 구성으로 내부 환경을 유지할 수 있다. 그들은 원형질막의 존재와 막 표면에서의 능동적 수송 때문에 그렇게 할 수 있다. 세포외액의 주요 이온은 나트륨, 염화물 및 중탄산염이다. 세포내액에는 다량의 칼륨, 마그네슘 및 인산염 이온과 많은 양의 음전하 단백질이 포함되어 있다. **그림 18-16**은 세포내액을 세포외액의 두 가지 주요 세분과 비교한다(혈장 및 세포사이액).

이러한 특정 물질의 농도 차이에도 불구하고 ICF와 ECF의 삼투압 농도는 동일하다. 삼투압은 대부분의 원형질막이 물에 자유롭게 침투할 수 있기 때문에 농도의 사소한 차이를 거의 즉시 제거하게 된다. 용질 농도의 변화는 물 분포에 즉각적인 변화를 가져오기 때문에 물

그림 18-16 체액 속 이온. 세포외액(ECF)의 혈장과 사이질액과 세포내액(ICF)의 사이질액 사이의 이온 농도 차이에 유의한다(다른 체액의 화학 성분에 관한 정보는 부록을 참조하라).

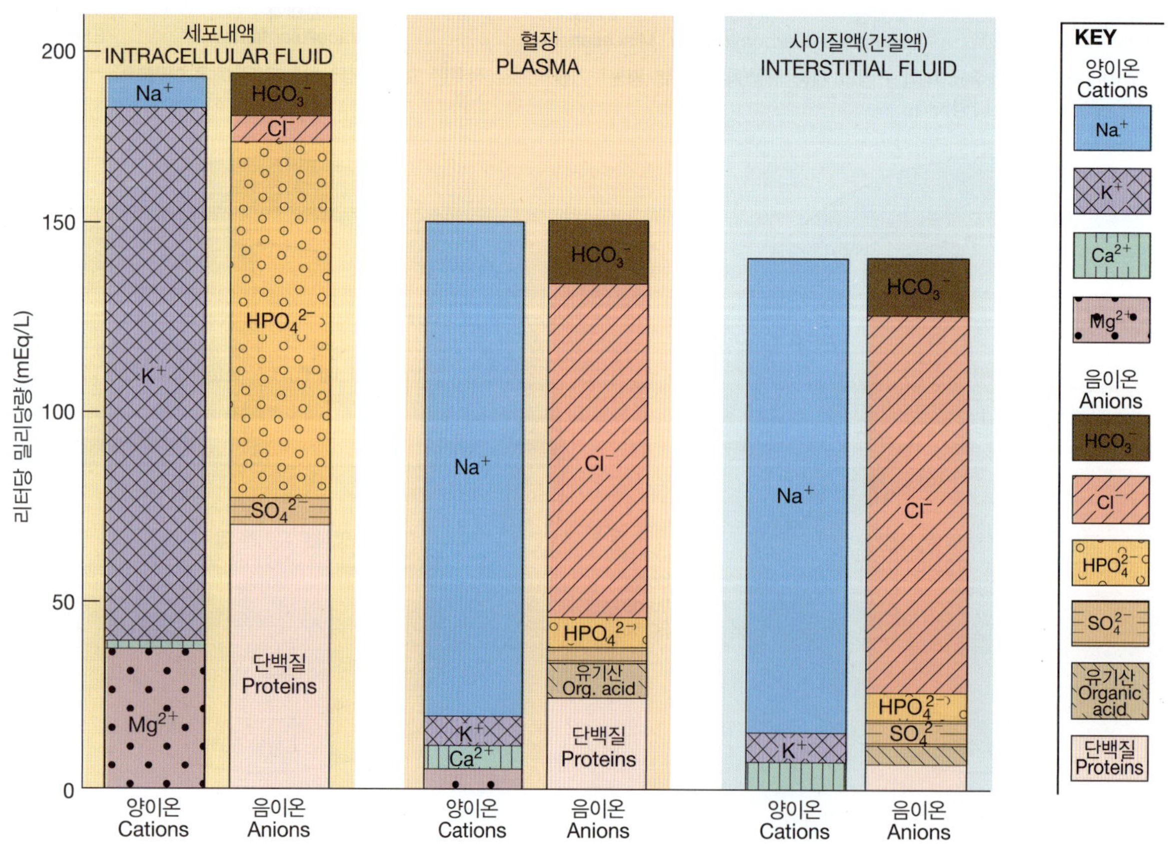

평형과 전해질 평형의 조절은 밀접하게 얽혀 있다.

체크포인트

16. 체액량을 안정화하는 데 필수적인 세 가지 상호 관련된 과정을 식별하시오.

17. 세포외액(ECF) 및 세포내액(ICF)의 성분을 나열하시오.

책 뒷면에 있는 파란색 정답 탭을 참조.

18-7 혈압과 삼투는 체액과 전해질 평형을 유지하는 데 관여한다

학습목표 체액 평형과 전해질 평형을 유지하기 위해 관여하는 기본 과정들을 설명한다.

체액 평형 Fluid Balance

물은 세포외액 구획 내에서 자유롭게 순환한다. 몸 전체의 모세혈관에서 모세혈압은 물을 혈장에서 틈새 공간으로 밀어 넣는다. 그 물 중 일부는 모세혈관 원위 부분을 따라 높은 혈액 삼투압으로 인해 재흡수된다. 나머지는 정맥순환으로 이동하기 위해 림프관으로 순환한다 (**그림 13-6**).

체액은 또한 ECF의 작은 구성 요소 사이에서 지속적으로 이동한다.

1. 물은 배막, 가슴막, 심장막안을 감싸는 상피 표면과 관절주머니를 감싸는 윤활막을 통해 앞뒤로 움직인다. 유속이 중요하다. 예를 들어, 대략 7 리터의 배막액이 매일 생성되고 재흡수된다.
2. 물은 또한 혈액과 CSF(cerebrospinal fluid, 뇌척수액) 사이, 눈의 방수와 유리체 사이, 귀 내부의 외부 림프와 내부 림프 사이를 이동한다. 이러한 물 이동과 관련된 부피는 적다. 우리는 다음 논의에서 그것들을 대체로 무시할 것이다.

표 18-4는 체액 평형의 주된 요소들을 보여준다. 소변, 대변 및 불감땀남(피부와 호흡기의 상피를 가로 지르는 물의 점진적인 움직임 또는 증발)에서 매일 약 2500 mL의 물이 손실된다. 땀샘에서 분비되는 **지각 땀남**(*sensible perspiration*)으로 인한 손실은 활동 수준에 따라 다르다. 격렬하게 운동하는 개인의 경우, 지각 땀남으로 인한 수분 손실이 상당할 수 있으며 시간당 4리터가 훨씬 넘는다. 물 손실은 일반적으로 식사(40%), 음주(48%) 및 신진 대사 생성(12%)을 통한 물의 증가로 균형을 이룬다. 물의 대사 생성은 주로 미토콘드리아 ATP 생산의 결과로 발생하게 된다.

표 18-4 수분 평형

섭취원	하루 섭취량 (mL)	(%)
음식에 함유된 물	1000	40
액체로 마신 물	1200	48
분해대사 중 생성된 대사수	300	12
합계	2500	100
배출 방법	**하루 섭취량 (mL)**	**(%)**
배뇨	1200	48
피부에서의 증발	750	30
허파에서의 증발	400	16
대변	150	6
합계	2500	100

체액 이동 Fluid Shifts

세포외액(ECF)과 세포내액(ICF) 사이의 물 이동을 **체액 이동(fluid shift)**이라고 한다. 체액 이동은 비교적 빠르게 발생하여 몇 분에서 몇 시간 내에 평형에 도달하게 된다. 이러한 이동은 세포외액의 삼투압 농도 또는 **삼투압**(*osmolarity*)의 변화에 반응하여 발생하게 된다.

- ECF의 삼투압 농도가 증가하면 해당 체액은 ICF에 대해 고조화된다. 그런 다음 물은 평형이 회복될 때까지 세포에서 ECF로 이동한다.
- ECF의 삼투압 농도가 감소하면 해당 체액은 ICF에 대해 저장성 상태가 된다. 그러면 물이 ECF에서 세포로 이동하고 ICF 부피가 증가하게 된다.

요약하면, ECF의 삼투압이 변하면 ICF와 ECF 사이의 체액 이동이 변화에 반대하는 경향이 ICF의 부피가 ECF의 부피보다 훨씬 크기 때문에 ICF는 "물 저장고" 역할을 하게 된다. 실제로 ECF의 삼투압 농도의 큰 변화 대신 ECF와 ICF 모두에서 더 작은 변화가 발생하게 된다.

전해질 평형 Electrolyte Balance

앞에서 언급했듯이, 신체의 각 전해질에 대한 증가율과 감소율이 같을 때 전해질 평형에 있다. 전해질 평형은 다음과 같은 이유로 중요하다.

- **전해질의 증가 또는 손실은 물의 증가 또는 손실을 유발할 수 있다.**
- **각각의 전해질의 농도는 다양한 세포 기능에 영향을 미친다.** 우리는

18

이전 장에서 이온이 세포 기능에 미치는 영향에 대한 많은 예를 설명했다.

Na^+와 K^+의 두 양이온은 (1) 각각 세포외액(ECF)와 세포내액(ICF)의 삼투압 농도에 주요 기여자이므로 주의를 기울여야 한다. (2) 모든 세포의 정상적인 기능에 직접적인 영향을 미치게 된다. 나트륨은 세포외액 내의 주요 양이온이다. ECF 삼투압 농도의 90% 이상은 나트륨염, 대부분 염화나트륨(NaCl) 및 중탄산염($NaHCO_3$)의 존재로 인해 발생한다. 체액의 삼투압 농도 변화는 일반적으로 Na^+ 농도의 변화를 반영한다. 칼륨은 세포 내 체액의 주요 양이온이다. 세포 외 칼륨 농도는 일반적으로 낮다. 일반적으로:

- 전해질 평형의 가장 일반적인 문제는 칼슘 이온의 증가와 손실 사이의 불균형으로 인해 발생한다.
- 칼륨 평형 문제는 나트륨 평형과 관련된 문제보다 덜 일반적이지만 훨씬 더 위험하다.

나트륨 평형 Sodium Balance

세포외액의 나트륨 양은 소화관의 나트륨 이온 흡수와 콩팥 및 기타 부위의 나트륨 이온 배설 간의 균형을 나타낸다. 섭취률은 식단에 포함된 양에 따라 직접적으로 다르다. 나트륨 손실은 주로 소변의 배설과 땀을 통해 발생한다. 콩팥은 나트륨 이온 손실을 조절하는 가장 중요한 부위이다. 순환하는 알도스테론에 대한 반응으로 콩팥은 Na^+(나트륨 손실 감소)을 재흡수한다. 심방나트륨이뇨펩티드(ANP)에 대한 반응으로 콩팥은 나트륨 이온의 손실을 증가시킨다.

나트륨 섭취 또는 배출 속도가 변할 때마다 해당 물의 증가 또는 손실이 Na^+ 농도를 일정하게 유지하는 경향이 있다. 예를 들어, 짠 식사를 한다고 해서 체액의 나트륨 이온 농도가 상승하지 않는다. 왜 그럴까? 염화나트륨이 소화상피를 통과할 때 삼투는 소화관에서 세포외액으로 추가 물을 가져오게 된다. 이것이 고혈압 환자에게 소금 섭취를 제한하라는 지시를 하는 이유이다. 식이 염이 흡수되면 "물이 소금을 따라 가기" 때문에 혈액량과 혈압이 증가하게 된다.

칼륨 평형 Potassium Balance

체내 칼륨 함량의 약 98%가 세포내액 내에 있다. 세포는 원형질막을 통해 세포외액으로 확산되는 칼륨 이온을 회수하기 위해 에너지를 소비하게 된다. 세포외액의 K^+ 농도는 상대적으로 낮다. 이는 (1) 소화기 상피를 통한 증가율과 (2) 소변 손실률 사이의 균형을 나타낸다.

18

증가율은 식단에 포함된 칼륨의 양에 비례한다. 손실률은 알도스테론의 영향을 많이 받는다. 소변 칼륨 손실은 콩팥 콩팥단위(nephron)의 먼쪽곱슬세관를 따라 활성분비 속도를 조정하여 조절된다. 알도스테론에 민감한 이온 펌프는 관상 체액에서 나트륨 이온을 재흡수하고 관 주위(간질) 체액에서 칼륨 이온을 교환하게 된다. 즉, 소변으로 분비된다.

높은 혈장 농도의 칼륨 이온은 또한 알도스테론 분비를 직접 자극하게 된다. 세포외액에서 칼륨 수치가 상승하면 알도스테론 수치가 증가하고 추가 칼륨 이온이 소변에서 손실된다. 세포외액에서 칼륨 수치가 떨어지면 알도스테론 수치가 감소하고 칼륨 이온이 보존된다.

체크포인트

18. 체액 이동을 설명하시오.
19. 소금 함량이 높은 식사를 하면 세포내액(ICF) 구획의 체액량에 어떤 영향을 미치는가?
20. 하루 동안 물이 없는 사막에 있으면 혈장의 삼투 농도에 어떤 영향을 미치는가?

책 뒷면에 있는 파란색 정답 탭을 참조.

18-8 산-염기 평형에서 체액의 수소 이온 조절에는 완충계와 호흡 및 콩팥 과정에 의한 보상이 포함된다

학습목표 세포내액 및 세포외액의 pH 평형을 맞추는 완충계를 설명하고, 산-염기 평형을 손상시키는 가장 흔한 요인이 무엇인지 기술한다.

체액의 pH는 용액의 산과 염기 간의 균형을 나타낸다. 세포외액의 pH는 일반적으로 비교적 좁은 한계(일반적으로 7.35~7.45) 내에 있다. 정상 범위에서 벗어나는 것은 매우 위험하다. 수소 이온 농도의 변화는 세포막의 안정성을 방해하고 단백질 구조를 변경하며 중요한 효소의 활동을 변경한다. pH 6.8 이하 또는 7.7 이상이라면 오래 살 수 없다.

산증(acidosis)은 혈액의 pH가 7.35 이하로 떨어질 때 존재하는 생리적 상태이다. **알칼리증(alkalosis)**은 pH가 7.45를 초과할 때 발생한다. 이러한 조건은 거의 모든 계통에 영향을 미치게 된다. 신경계와 심혈관계는 특히 pH 변화에 민감하다. 심각한 산증(pH 7.0 미만)은 (1) 중추신경계(CNS) 기능이 저하되고 사람이 혼수상태가 되므로 치명적일 수 있다. (2) 심장 수축이 약해지고 불규칙해지고 심부전 징후가 나타난다. (3) 말초 혈관 확장은 혈압을 급격히 떨어뜨리고 순환 붕괴가 발생할 수 있다.

산증과 알칼리증은 모두 위험하다. 실제로 산증 문제는 훨씬 더 흔하다. 그 이유는 정상적인 세포 활동이 여러 산(탄산 포함)을 생성하기 때문이다.

인체 내 산 Acids in the Body

탄산(H_2CO_3)은 체액에서 중요한 산이다. 허파에서 탄산은 이산화탄소와 물로 분해된다. 그런 다음 이산화탄소는 허파꽈리로 확산된다. 말초조직에서 용액의 이산화탄소는 물과 상호 작용하여 탄산을 형성하게 된다. 그런 다음 탄산 분자는 수소 이온과 중탄산 이온으로 해리된다(15장 참조). 완전한 반응 순서는

$$\underset{\text{이산화탄소}}{CO_2} + \underset{\text{물}}{H_2O} \overset{\text{탄산탈수효소}}{\rightleftharpoons} \underset{\text{탄산}}{H_2CO_3} \rightleftharpoons \underset{\text{수소 이온}}{H^+} + \underset{\text{중탄산염 이온}}{HCO_3^-}$$

이 반응은 체액에서 자발적으로 발생하게 된다. **탈산탈수효소**(*carbonic anhydrase*)의 존재에서 훨씬 더 빠르게 발생한다. 이 효소는 적혈구, 간 및 콩팥 세포, 위의 벽세포를 포함한 많은 세포 유형에서 발견된다.

이산화탄소분압(P_{CO_2})은 신체 조직의 pH에 영향을 미치는 가장 중요한 요소이다. 용액에 있는 대부분의 이산화탄소는 탄산으로 전환되고 대부분의 탄산은 수소 이온과 중탄산염 이온으로 해리된다. 이러한 이유로 이산화탄소분압(P_{CO_2})과 pH는 **그림 18-17**의 시소 널빤지에서 알 수 있듯이 반비례한다. 이산화탄소 농도가 상승하면 추가 수소 이온과 중탄산 이온이 방출되고 pH가 내려간다. (수소 이온의 농도가 높을수록 pH 값이 낮아진다는 것을 기억한다.)

허파꽈리에서는 이산화탄소가 대기로 확산되고 수소 이온과 중탄산 이온의 수가 떨어지고 pH가 상승한다. 이 과정은 용액에서 수소 이온을 효과적으로 제거해준다. 다음 절에서 더 자세히 다루겠다.

유기산 또는 대사 산은 정상적인 대사 과정에서 생성된다. 일부는 아미노산, 탄수화물 또는 지질의 이화작용에서 비롯된다. 한 가지 예는 피루브산의 혐기성 대사에서 나오는 젖산이다. 다른 하나는 지방산 분해로 인한 케톤체이다. 정상적인 조건에서 대사 산은 재순환되거나 빠르게 배설된다. 이러한 이유로 과도한 누적이 발생하지 않는다.

완충제 및 완충계 Buffers and Buffer Systems

정상적인 대사 과정에서 생성된 산은 체액의 완충제와 완충계에 의해 일시적으로 중화된다. **완충제**는 수소 이온(H^+)을 생성하거나 제거할 수 있는 용해된 화합물로, 용액의 pH를 안정화시킨다(2장 참조). 완충제에는 **약산성**, 즉 H^+을 배출할 수 있는 것과 **약염기성**, 즉 H^+을 흡수하는 것을 포함한다. **완충계(buffer system)**는 약산성과 해리생성물인 수소 이온과 음이온의 조합으로 구성된다.

신체는 주요 세 가지 완충계인 **단백질 완충계**, **탄산-중탄산 완충계**, 그리고 **인산 완충계**를 가지고 있다. 그들은 약간 다른 성질과 분포도를

그림 18-17 이산화탄소와 혈장 pH의 기본 관계. P_{CO_2}(이산화탄소분압)은 pH와 반비례하다.

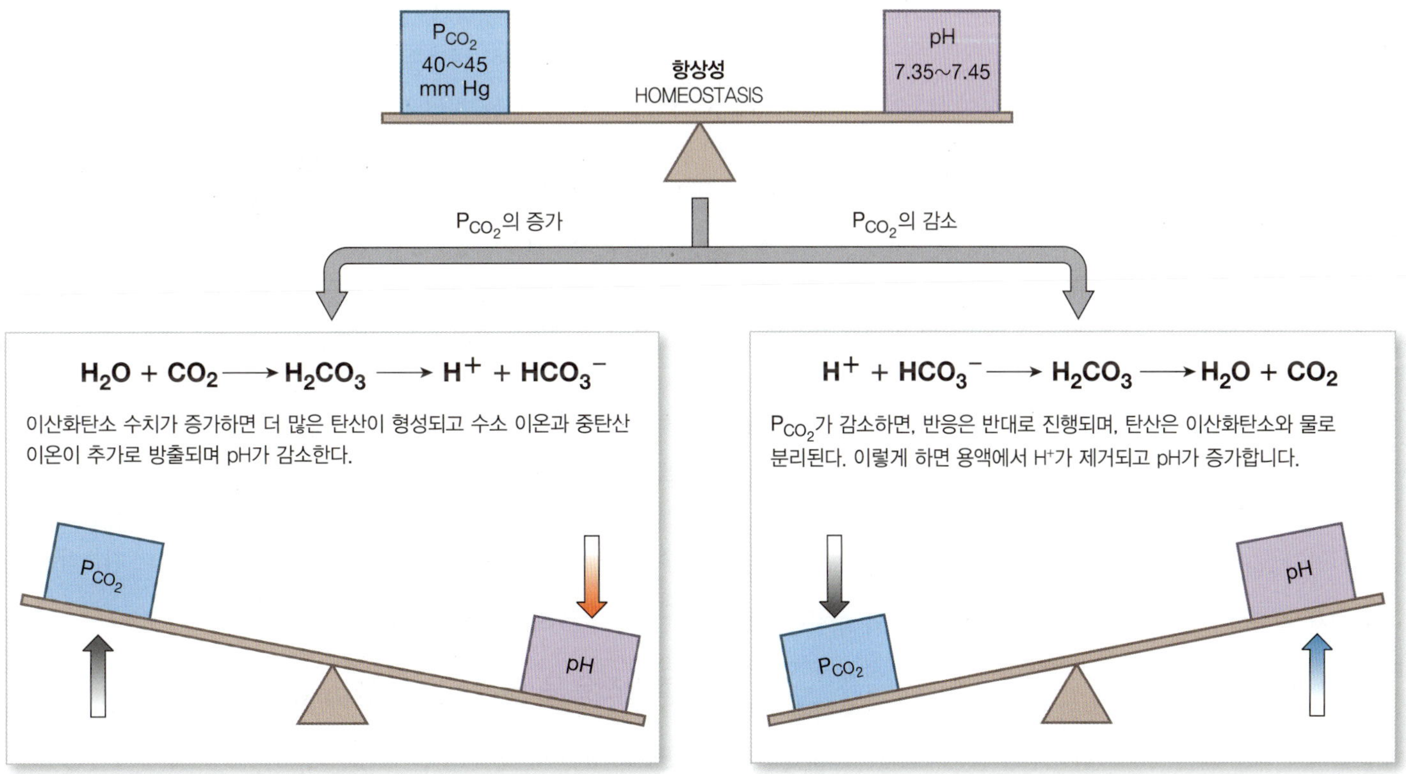

가지고 있다.

단백질 완충계(protein buffer systems)는 ECF와 세포내액(ICF)내의 pH를 조절하는 데 기여한다. 단백질 완충계는 단백질과 유리아미노산을 포함한다. 단백질과 주변 그룹의 아미노산 주변 그룹과 유리아미노산의 구조적 그룹은 H^+를 받아들이거나 배출하면서 pH 변화에 반응한다. pH가 올라가면 아미노산의 카르복시기(—COOH)가 약산성으로서 작용한다. 수소 이온을 분해하고 방출한다. pH가 떨어지면 아미노산기(—NH_2)가 약염기로 작용한다. 그것은 아미노 이온(—NH_3^+)을 형성하며 추가적인 수소 이온을 받아들일 수 있다.

적혈구의 혈장 단백질과 헤모글로빈은 혈액의 완충 기능에 기여 한다. 세포사이액에는 세포외 단백질 섬유와 용해된 아미노산이 포함되어 있어 pH 조절에도 도움이 된다. 활성 세포의 세포내액에서 구조 및 기타 단백질은 광범위한 완충 기능을 제공한다. 단백질 완충시스템은 세포 대사가 젖산과 같은 대사성 산증을 생성할 때 파괴적인 pH 변화를 방지하는 데 도움이 된다.

탄산-중탄산 완충계(carbonic acid-bicarbonate buffer system)는 세포외액에서 중요한 완충계이다. 적혈구를 제외하고 체세포는 하루 24시간 이산화탄소를 생성한다. 앞서 언급했듯이 대부분의 이산화탄소는 탄산으로 전환되어 수소 이온과 중탄산 이온으로 분리된다. 탄산과 분해된 생성물은 탄산-중탄산 완충계를 구성한다. 탄산은 약산성으로 작용한다. 중탄산 이온은 약염기로 작용한다. 이 완충계의 순 효과는 $CO_2 + H_2O \rightleftharpoons H^+ + HCO_3^-$이다. 수소 이온이 제거되면 물과 이산화탄소의 결합을 통해 대체된다. 수소 이온을 첨가하면 이산화탄소와 물의 형성을 통해 대부분 제거된다.

탄산-중탄산 완충계의 중요한 역할은 대사성 산증에 의해 pH가 변화하는 것을 방지하는 것이다. 이러한 산의 분해에 의해 방출된 수소 이온은 물과 이산화탄소를 만들며 중탄산 이온과 결합한다. 그래서 이산화탄소는 허파에서 제거될 수 있다. 이러한 완충계는 체액에 예비중탄산으로 알려진 중탄산 이온이 풍부하기 때문에 다량의 산에 대처할 수 있다. 수소 이온이 세포외액(ECF)에 들어가면 이들과 결합한 중탄산 이온이 예비 중탄산으로부터 대체된다.

인산 완충계(phosphate buffer system)는 음이온, 약산성인 인산이수소($H_2PO_4^-$)로 구성된다. 이온과 그 분해물은 인산 완충계를 구성한다:

$$\underset{\text{인산이수소}}{H_2PO_4^-} \rightleftharpoons \underset{\text{수소 이온}}{H^+} + \underset{\text{인산단수소}}{HPO_4^{2-}}$$

18 용액에서 인산이수소($H_2PO_4^-$)는 거꾸로 수소 이온과 인산단수소(HPO_4^{2-})로 분해된다. 세포외액에서 인산 완충계는 pH 조절을 지원하는 역할만 한다. 그 이유는 중탄산 이온의 농도가 인산 이온의 농도를 훨씬 초과하기 때문이다. 그러나 인산 완충계는 세포내액의 pH를 완충하는 데 매우 중요하다. 그 인산 이온의 농도는 상대적으로 높다.

산-염기 평형 유지 Maintaining Acid-Base Balance

완충계는 과도한 수소 이온(H^+)을 묶을 수 있지만 산-염기 불평형에 대해서는 일시적인 해결책만 제공한다. 수소 이온은 무해하게 만들어진다. 그들은 제거되지 않는다. 항상성을 보존하려면 확인된 H^+를 궁극적으로 체액에서 제거해야 한다. 문제는 완충 분자의 공급이 제한되어 있다는 것이다. 우선 완충제가 H^+와 결합하면 더 이상 H^+와 결합할 수 없다. 완충 분자가 묶여 있으면 더 많은 수소 이온을 흡수하는 세포외액의 용량이 감소한다. 이 경우 pH 조절이 불가능하다.

산-염기 평형을 유지하려면 수소 이온 손실과 이득의 균형을 유지해야 한다. 이러한 "평형 작용"에서 호흡 및 콩팥 과정은 완충계를 지원한다. 그들은 (1) 수소 이온을 분비하거나 흡수하고, (2) 산과 염기의 배설을 조절하고, (3) 추가 완충액을 생성함으로써 지원한다. 완충계와 이러한 호흡기 및 콩팥 과정의 조합은 신체 pH를 좁은 한계 내에서 유지한다.

호흡작용을 통한 pH 조절
Respiratory Contributions to pH Regulation

호흡 보상(respiratory compensation)은 세포외액의 pH를 안정화하는 데 도움이 되는 호흡률의 변화이다. 호흡 보상은 pH가 정상 한계를 초과할 때마다 발생한다. 이러한 보상은 호흡 활동이 직접적으로 탄산-중탄산 완충계에 영향을 끼치기 때문에 작용한다. 호흡 속도를 높이거나 낮추면 이산화탄소분압(P_{CO_2})을 낮추거나 높여 pH를 변경한다. 지금까지 살펴본 바와 같이 P_{CO_2}의 변화는 플라즈마의 수소 이온 농도에 직접적인 영향을 미친다. P_{CO_2}의 변화도 pH에 역효과를 준다. P_{CO_2}가 상승하면 H^+ 농도가 증가하고 pH가 감소한다. P_{CO_2}가 감소하면 H^+ 농도가 감소하고 pH가 증가한다(**그림 18-17**).

P_{CO_2}의 변화는 호흡수를 조절하는 데 중요한 역할을 한다. (우리는 15장에서 관련된 프로세스에 대해 논의했다.) P_{CO_2}의 증가는 목동맥 및 대동맥 및 중추신경계(CNS) 내에서 화학 수용체를 자극한다. 이 자극은 호흡률을 증가시킨다. 호흡 속도가 증가함에 따라 더 많은 CO_2가 허파에서 손실되므로 P_{CO_2}가 정상 수준으로 돌아간다. P_{CO_2}의 감소는 화학수용체를 억제한다. 혈액 또는 뇌척수액(CSF)의 P_{CO_2}이 감소하면 호흡활동이 저하되고 호흡률이 감소하며 P_{CO_2}이 증가한다.

콩팥작용을 통한 pH 조절 Renal Contributions to pH Regulation

콩팥 보상(renal compensation)은 혈장 pH 변화에 반응하여 콩팥에 의한 수소 이온 및 중탄산 이온 분비 또는 재흡수 속도의 변화이다. 정상적인 조건에서 신체는 H^+를 방출하는 대사성 산증을 생성한다. H^+는 산-염기 평형을 유지하기 위해 소변으로 배설되어야 한다. 토리 여과는 수소 이온, 이산화탄소 및 탄산-중탄산 완충계 및 인산 완충계의 기타 성분을 여과액에 넣는다. 그런 다음으로 콩팥요세관은 수소 이온을 분비하거나 중탄산 이온을 재흡수하여 여과액의 pH를 변경한다.

산-염기 장애 Acid-Base Disorders

완충계, 호흡 보상 및 콩팥 보상은 함께 정상적인 산-염기 평형을 유지한다. 그들은 일반적으로 pH를 매우 정확하게 제어할 수 있다.

결과적으로 세포외액의 pH는 7.35에서 7.45까지 0.1 pH 단위 이상으로 거의 변하지 않는다. 그러나 완충 작용이 심하게 강조되면 pH는 이러한 한계를 벗어난다. 알칼리증 또는 산증의 증상이 나타난다.

호흡기 산-염기 장애는 비정상적인 호흡 기능으로 인해 ECF의 CO_2 수준이 극도로 상승하거나 하락할 때 발생한다. 대사 산-염기 질환은 대사 산의 생성 또는 ECF의 중탄산염 이온 농도에 영향을 미치는 조건으로 인해 발생한다. **표 18-5**는 산-염기 질환의 일반적인 원인과 치료를 요약한다.

임상노트

산-염기 평형 장애 Disturbances of Acid–Base Balance

산-염기 평형 장애를 설명하는 데 사용되는 용어는 장애의 주요 원인을 나타낸다. **호흡기 산-염기 질환**(*respiratory acid-base disorders*)은 말초 조직의 이산화탄소 생성과 허파의 이산화탄소 배출 사이의 불일치로 인해 발생한다. 호흡기 산-염기 질환이 있는 경우 ECF의 이산화탄소 수치가 비정상이다. **대사성 산증-염기 장애**(*metabolic acid-base disorders*)는 대사성 산증 생성 또는 ECF의 중탄산 이온 농도에 영향을 미치는 조건에 의해 발생한다.

호흡 보상만으로도 종종 호흡기 질환으로 고통받는 사람들의 정상적인 산-염기 평형을 회복할 수 있다. 대조적으로, 대사 장애에 대한 보상 과정은 pH를 안정화할 수 있지만 산-염기 평형의 다른 측면(완충계 기능, 중탄산 수준 및 P_{CO_2})의 근본적인 대사 문제가 해결될 때까지 비정상 상태를 유지한다.

호흡성 산증 Respiratory Acidosis

호흡성 산증은 호흡계가 말초조직에서 생성된 모든 CO_2를 제거할 수 없을 때 발생한다. 일차 징후는 상승된 혈장 P_{CO_2}인 **탄산과잉**으로 인한 낮을 혈장 pH이다. 이산화탄소 수준이 상승하면 수소 이온과 중탄산 이온 농도도 상승한다. 다른 완충계는 일부 수소 이온을 묶을 수 있지만 결합된 완충 기능을 초과하면 pH가 급격히 떨어지기 시작한다.

호흡성 산증은 산-염기 평형에 대한 가장 일반적인 문제이다. 일반적인 원인은 비정상적으로 낮은 호흡률인 저호흡이다. 조직은 빠른 속도로 이산화탄소를 생성하기 때문에 몇 분의 저호흡으로도 산증을 유발하여 ECF의 pH를 7.0까지 낮출 수 있다. 정상적인 상황에서, 혈장 및 뇌척수액(CSF)의 P_{CO_2}를 모니터링하는 화학 수용체는 호흡률의 증가를 자극하여 문제를 제거한다.

호흡성 알칼리증 Respiratory Alkalosis

호흡성 알칼리증의 문제는 상대적으로 흔하지 않다는 것이다. 이 상태는 호흡 활동이 혈장 P_{CO_2}를 정상 이하 수준으로 감소시킬 때 발생하며, 이를 **저탄산증**(*hypocapnia*)이라고 한다. 일시적인 저탄산증은 증가한 호흡활동이 동맥 P_{CO_2}을 감소시킬 때 **과호흡 증후군**(*hyperventilation*)에 의해 생성될 수 있고 지속적인 과호흡 증후군은 pH 수치를 8까지 높일 수 있다.

이러한 상태는 보통 자체적으로 교정된다. P_{CO_2}의 감소는 화학 수용체를 위한 자극을 제거한다. 호흡에 대한 충동은 이산화탄소 수치가 정상으로 돌아올 때까지 사라진다. 과호흡으로 인한 호흡기 알칼리 중독증은 임상 응급 상황을 유발할 만큼 오래 지속되는 경우는 거의 없다.

대사성 산증 Metabolic Acidosis

대사성 산증은 두 번째로 흔한 산-염기 불평형 유형이다. 가장 흔한 원인은 젖산이나 케톤체 같은 대사성 산증의 대량 생산이다. 대사성 산증은 콩팥에서 수소 이온을 배출하는 능력이 손상되어 발생할 수도 있다. 심각한 콩팥 손상을 수반하는 모든 상태는 대사성 산증을 유발할 수 있다.

대사성 산증에 대한 보상은 일반적으로 호흡기 및 콩팥 과정의 조합을 포함한다. 중탄산 이온과 상호 작용하는 수소 이온은 허파에서 제거되는 이산화탄소 분자를 형성한다. 콩팥은 추가 수소 이온을 소변으로 배출하고 ECF로 방출되는 중탄산 이온을 생성한다.

대사성 알칼리증 Metabolic Alkalosis

대사성 알칼리증은 중탄산 이온이 활성화될 때 발생한다. 중탄산 이온은 용액에서 수소 이온과 상호 작용하여 탄산을 형성한다. H^+ 농도의 감소는 알칼리증을 유발한다.

심각한 대사성 알칼리증은 비교적 드물다. 일시적인 대사성 알칼리증은 식사 중에 발생한다. 이때 위의 벽세포에 의해 HCl이 분비되는 동안 많은 수의 중탄산 이온이 ECF로 방출된다(수소 이온과 중탄산 이온은 벽세포 내의 CO_2와 H_2O에서 형성된다. 중탄산 이온은 염화물 이온과 교환하여 혈액으로 방출된다).

위산이 계속해서 위산을 생성하여 손실된 산을 대체하기 때문에 심각한 대사성 알칼리증은 반복되는 구토로 인해 발생할 수 있다. 그 결과 ECF의 HCO_3^- 농도가 계속해서 상승한다. 대사성 알칼리증에 대한 보상은 소변에서 중탄산염 손실 증가와 함께 허파 환기 감소를 포함한다.

표 18-5 산-염기 질환

질환	pH (정상 = 7.35~7.45)	노트	치료
호흡 산증 (Respiratory acidosis)	감소함(7.35 이하)	가장 흔한 산-염기 질환. 일반적으로 저호흡과 세포 조직 및 혈액 내 CO_2 축적으로 발생	공기 순환 개선—일부의 경우, 기관지확장제 및 기계적 보조
대사 산증 (Metabolic acidosis)	감소함(7.35 이하)	두 번째로 흔한 산-염기 질환. 대사성 산의 축적, 콩팥의 H^+ 배출 기능 손상, 대변 또는 소변에서의 중탄산염 손실	주요 원인을 바로잡기 위해 필요한 다른 절차와 함께 중탄산염의 점진적인 투여
호흡 알칼리증 (Respiratory alkalosis)	증가함(7.45 이상)	상대적으로 흔하지 않은 산-염기 질환. 일반적으로 과호흡과 혈장 내 CO_2 수치 감소로 발생	호흡률 감소, P_{CO_2} 상승
대사 알카리증 (Metabolic alkalosis)	증가함(7.45 이상)	상대적으로 드문 심각한 사례. 장기적 구토 및 그에 따른 산 손실로 발생	pH 7.55 이하일 경우 치료하지 않고, pH 7.55 이상일 경우 염화암모늄의 투여 필요

체크포인트

21. 신체의 주요 3가지 완충계를 확인하시오.
22. 체액 pH의 감소가 호흡수에 어떤 영향을 미치는가?
23. 장기간의 단식이 신체의 pH에 어떤 영향을 미치는가?

책 뒷면에 있는 파란색 정답 탭을 참조.

18-9 노화와 관련된 변화는 콩팥 기능과 배뇨반사에 영향을 준다

학습목표 노화가 비뇨계통에 미치는 영향을 설명한다.

일반적으로 노화는 콩팥 문제의 증가와 관련이 있다. 연령과 관련된 변화는 비뇨계와 체액, 전해질 및 산-염기 평형 측면에서 발생한다. 여기에는

1. **기능성 콩팥단위(*nephrons*)의 수가 감소한다.** 콩팥의 총 콩팥단위 수는 25세에서 85세 사이에 30~40% 감소한다.
2. **토리여과율(*GFR*) 내의 감소.** 이 감소는 토리 감소, 나머지 여과 구조의 누적 손상 및 콩팥 혈류 감소로 인해 발생한다. 또한 감소된 토리여과율과 더 적은 콩팥단위는 콩팥 보상을 통해 pH를 조절하는 신체의 능력을 감소시킨다.
3. ***ADH* 및 알도스테론(*aldosterone*)에 대한 민감도 감소.** 나이가 들어감에 따라 콩팥단위와 집합계의 말단 부분은 ADH와 ***aldosterone***에 덜 반응한다. 물과 나트륨 이온의 재흡수가 감소하면 신체의 소변 농축 능력이 저하된다. 소변으로 더 많은 물이 손실된다.
4. **배뇨반사 문제.** 이러한 문제에는 몇 가지 요인이 관련되어 있다.
   - 조임근은 긴장을 잃고 자발적으로 소변을 유지하는 데 덜 효과적이다. 이로 인해 요실금이 발생하며 종종 소변이 천천히 누출된다.
   - 배뇨를 조절하는 능력은 뇌졸중, 알츠하이머병 또는 대뇌겉질이나 시상하부에 영향을 미치는 기타 중추신경계 문제 후에 종종 상실된다.
   - 남성의 경우 전립샘 비대로 인해 **소변 정체**가 발생할 수 있다. 주변 전립샘 조직의 부종 및 변형은 요도를 압박하여 소변의 흐름을 제한하거나 방지한다.
5. **나이에 따라 체내 수분 함량이 점진적으로 감소한다.** 40~60세 사이에 전체 체수분 함량은 남성의 경우 55%, 여성의 경우 47%로 약간 감소한다. 60세 이후에는 수분함량 값이 남성의 경우 약 50%, 여성의 경우 45%로 감소한다. 이러한 감소는 다른 영향 중에서도 폐기물, 독소 및 투여된 약물의 희석을 줄인다.
6. **근육량과 뼈량이 감소함에 따라 60세 이상의 많은 사람들에게서 신체 무기질 함량의 순 손실.** 이러한 손실은 운동과 미네랄 섭취 증가의 조합으로 적어도 부분적으로 예방할 수 있다.
7. **연령이 증가함에 따라 주요 시스템에 영향을 미치는 장애 발생률 증가.** 이러한 장애의 대부분은 체액, 전해질 및/또는 산-염기 평형에 약간의 영향을 미친다.

체크포인트

24. 노화는 토리여과율(GFR)에 어떤 영향을 미치는가?
25. 40세 이후에는 체내 수분 함량이 증가하거나 감소하는가?

책 뒷면에 있는 파란색 정답 탭을 참조.

임상노트

콩팥 외상 Renal Trauma

콩팥은 외상으로부터 상당히 잘 보호된다. 비뇨 생식기 손상은 모든 외상 피해자의 5% 이하에서만 발생한다. 둔기 복부 외상이 있는 어린이의 약 10%가 콩팥 손상을 입는다. 콩팥손상을 입은 대부분의 환자는 다른 동시 부상을 입는다. 콩팥과 요관은 배막 후 공간에 위치하므로 잘 보호된다. 방광은 골반의 뼈 구조에 의해 잘 보호된다. 남성의 경우 요도는 음경의 해부학적 구조로 인해 외상에 더 취약하다. 다행히도 콩팥 손상은 생명을 위협하는 경우가 거의 없으며 일반적으로 즉각적인 개입이 필요하지 않다.

콩팥과 요관에 대한 외상은 일반적으로 총상이나 찌르기와 같은 관통 외상으로 인해 발생한다(**그림 18-18**). 급속한 감속력은 신경이나 혈관 구조에 손상을 줄 수 있다. 비뇨계 외상의 징후와 증상은 미묘할 수 있다. 콩팥 외상의 가장 흔한 지표는 소변의 혈액(혈뇨)이다. 이것은 육안(바로 볼 수 있음) 또는 현미경(현미경으로만 보거나 소변 검사 스트립으로 감지)으로 알 수 있다. 전립샘 및 요도에 대한 외상은 요도(또는 속옷)에 혈액을 유발할 수 있다. 이러한 발견은 추가 조사가 필요하다. 응급실에서는 직장 검사를 수행해야 한다. 상위 또는 부유(떠 있는) 전립샘은 추가 연구가 필요함을 나타낸다. 생명을 위협하는 문제를 해결한 후 조영제 X-ray와 CT 스캔을 통해 비뇨계통을 연구할 수 있다.

그림 18-18 콩팥 외상. 대부분의 콩팥 외상 사례는 관통 부상으로 인한 것이다. 이 상처는 복부 앞쪽에 있지만 오른쪽 콩팥과 요관은 열상이 되어 있다.

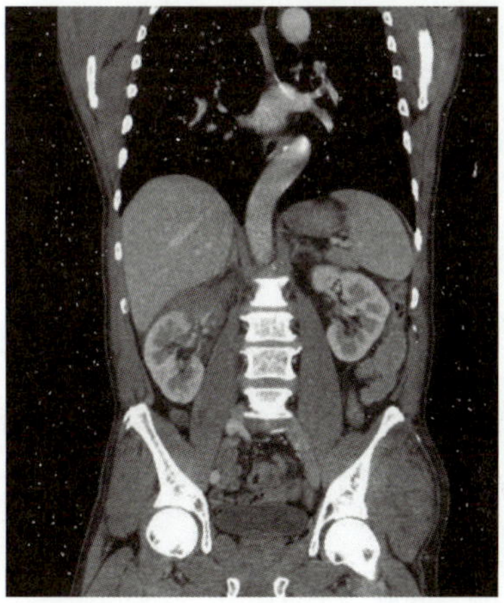

18-10 비뇨계통은 노폐물 배설과 관련된 여러 신체 계통 중 하나이다

학습목표 비뇨계통과 지금까지 제시한 인체의 다른 계통들 사이의 상호작용의 예를 든다.

비뇨계통은 다른 기관계에서 생성된 노폐물을 배설한다. 배설과 관련된 유일한 기관 시스템은 아니다. 비뇨계통과 외피, 호흡기, 소화계는 해부학적으로 다양한 **배설계**로 간주된다. 이러한 각 신체 시스템은 체액의 구성에 영향을 미치는 모든 배설 활동을 수행한다.

1. **외피계통(*Integumentary system*).** 땀으로 인한 수분 및 전해질 손실은 혈장의 부피와 구성에 영향을 미칠 수 있다. 그 영향은 땀을 많이 흘릴 때와 같이 손실이 극심할 때 가장 두드러진다. 요소를 포함한 소량의 대사성 노폐물도 땀으로 제거된다.
2. **호흡계통(*Respiratory system*).** 허파는 세포에서 생성된 이산화탄소를 제거한다. 아세톤 및 물과 같은 소량의 다른 화합물이 허파꽈리로 증발한다. 숨을 내쉴 때 제거된다.
3. **소화계통(*Digestive system*).** 간은 쓸개즙으로 대사성 노폐물을 배설한다. 대변에서 다양한 양의 물이 손실된다.

   이러한 배설 활동은 체액의 구성에 영향을 미친다. 예를 들어, 호흡기는 신체에서 이산화탄소를 제거한다. 그러나 이러한 시스템의 배설 기능은 콩팥의 기능만큼 밀접하게 규제되지 않는다. 일반적으로 외피 및 소화기 배설 활동의 영향은 비뇨계통의 영향에 비해 미미하다.

지식 쌓기 참조: 714쪽의 비뇨계통이 지금까지 제시된 다른 신체 계통과 어떻게 통합되는지 알아보자. 이 시스템과 외피계통, 뼈대계통, 근육계통, 신경계통, 내분비계통, 심혈관계통, 림프계통, 호흡계통 및 소화계통 사이의 주요 기능적 관계를 검토한다.

체크포인트

26. 배설계통을 구성하는 기관계의 이름을 지정해야 한다.
27. 다른 모든 신체 계통에서 비뇨계통이 수행하는 역할을 식별한다.

책 뒷면에 있는 파란색 정답 탭을 참조.

18

지식 쌓기
비뇨계통이 지금까지 제시된 다른 신체 계통과 어떻게 통합되는지 알아보자.

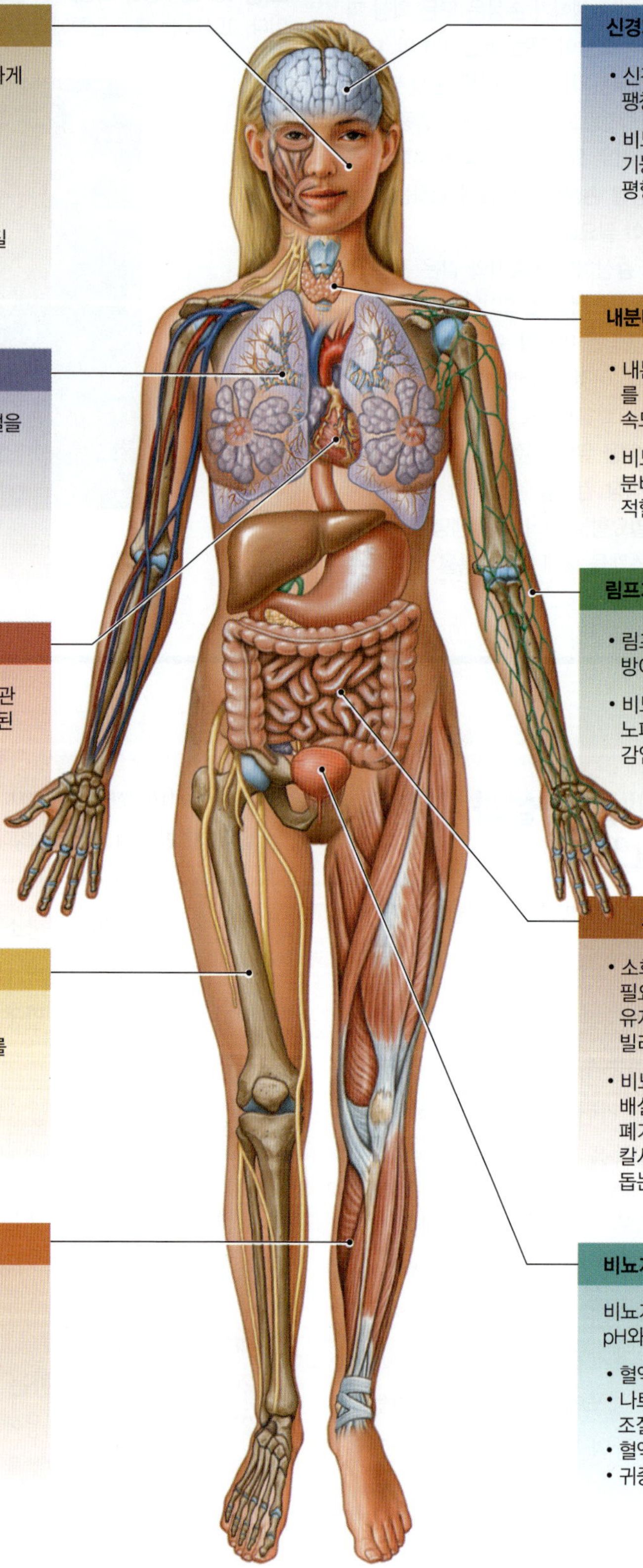

외피계통 Integumentary System

- 외피계통은 피부 표면을 통해 체액이 과도하게 손실되는 것을 방지한다. 또한 콩팥에서의 칼시트리올(calcitriol) 생산에 중요한 역할을 하는 비타민 D_3를 생성한다. 땀샘은 물과 용질의 제거를 돕는다.
- 비뇨계통은 질소 폐기물을 제거한다. 또한 피부에 영양을 공급하는 혈액의 체액, 전해질 및 산-염기 평형을 유지한다.

호흡계통 Respiratory System

- 호흡계통은 이산화탄소를 제거하여 pH 조절을 돕는다.
- 비뇨계통은 해당 이산화탄소 제거 과정을 도우며, pH 조절에 관여하는 중탄산염 완충제를 제공한다.

심혈관계통 Cardiovascular System

- 심혈관계통은 여과가 일어나는 토리 모세혈관으로 혈액을 전달하며, 소변 생산 중에 재흡수된 체액과 용질을 수용한다.
- 비뇨계통은 레닌(renin)을 분비하여 혈압을 높이고 적혈구생성소(EPO)를 분비하여 적혈구 생산을 촉진한다.

뼈대계통 Skeletal System

- 뼈대계통은 축 방향 분할을 통해 콩팥과 요관을 보호하며, 골반은 방광과 요도 근위부를 보호한다.
- 비뇨계통은 뼈 성장에 필요한 칼슘과 인산염을 보존한다.

근육계통 Muscular System

- 근육계통은 요도조임근을 닫아 배뇨를 조절한다. 몸통의 근육층은 비뇨계 기관을 보호한다.
- 비뇨계통은 근육과 단백질 대사에서 발생하는 노폐물을 제거하며, 칼슘 및 인산염 농도 조절을 보조한다.

신경계통 Nervous System

- 신경계통은 콩팥의 혈압을 조절하며, 방광의 팽창을 인지하고 배뇨를 조절한다.
- 비뇨계통은 질소 폐기물을 제거한다. 또한 신경 기능에 중요한 혈액의 체액, 전해질 및 산-염기 평형을 유지한다.

내분비계통 Endocrine System

- 내분비계통은 알도스테론(aldosterone)과 ADH를 생성하여 콩팥의 체액 및 전해질 재흡수 속도를 조절한다.
- 비뇨계통은 국소 혈압이 떨어지면 레닌을 분비하고 콩팥의 산소 수치가 떨어지면 적혈구생성소(EPO)를 분비한다.

림프계통 Lymphatic System

- 림프계통은 요로 감염에 대한 적응형(특이적) 방어를 제공한다.
- 비뇨계통은 세포 활동에 의해 생성되는 독소와 노폐물을 제거한다. 소변의 산성 pH는 요로 감염에 대한 선천적(비특이적) 방어를 제공한다.

소화계통 Digestive System

- 소화계통은 콩팥에서 노폐물을 배출하는 데 필요한 물을 흡수하며, 정상적인 체액 농도를 유지하는 데 필요한 이온을 흡수한다. 간은 빌리루빈을 제거한다.
- 비뇨계통은 소화 상피에 흡수된 독소를 배설하며, 간에서 발생하는 빌리루빈과 질소 폐기물을 배설한다. 콩팥에서 생성되는 칼시트리올(calcitriol)은 칼슘과 인산염 흡수를 돕는다.

비뇨계통 Urinary System

비뇨계통은 노폐물을 배출하고 정상적인 체액 pH와 이온 구성을 유지한다.

- 혈액량과 혈압을 조절한다.
- 나트륨, 칼륨, 염화물 및 기타 이온의 혈장 농도를 조절한다.
- 혈액 pH를 안정시키는 데 도움을 제공한다.
- 귀중한 영양소를 보존한다.

관련 임상 용어

제산제(antacid): 위산을 중화 또는 중화시키는 데 사용되는 물질.

이뇨제(diuretics): 소변의 체액 손실을 촉진하는 물질.

토리 콩팥염(glomerulonephritis): 토리[콩팥단위(nephron)의 여과 단위]의 염증.

당뇨(glycosuria): 소변 내 포도당 존재.

혈뇨(hematuria): 소변 내 혈액이 존재

고나트륨혈증(hypernatremia): 혈중 나트륨 과다를 특징으로 하는 질환.

저나트륨혈증(hyponatremia): 혈중 나트륨 저하를 특징으로 하는 질환.

콩팥염(nephritis): 콩팥의 염증.

콩팥학(nephrology): 콩팥 및 그 질환과 관련된 의료 전문 분야.

단백뇨(proteinuria): 소변 내 단백질이 존재.

콩팥깔때기조영사진(pyelogram): 방사선 불투과성 화합물을 투여한 후 촬영한 콩팥의 X-ray 이미지.

소변검사(urinalysis): 소변의 물리적 및 화학적 평가.

비뇨기과학(urology): 비뇨계통과 그 장애, 남성 생식기관 및 그 장애와 관련된 의학 분야.

18 복습

요약

18-1 콩팥, 요관, 방광 및 요도로 구성되어 있는 비뇨계통은 세 가지 주요 기능을 가진다 *p. 682*

1. **비뇨계통(urinary system)**의 세 가지 주요 기능은 체액에서 유기 폐기물을 제거하는 **배설**, 이러한 폐기물을 환경으로 배출하는 **제거**, 그리고 혈장의 부피와 용질 농도의 항상성을 조절하는 것이다. 다른 항상성 기능에는 손실된 수분량을 조절하고 호르몬을 방출하여 혈액량과 압력을 조절하고, 이온의 혈장 농도를 조절하고, 혈액 pH를 안정화하고, 영양소를 보존하는 기능이 있다.

2. 비뇨계통에는 **콩팥(kidneys)**, **요관(ureters)**, **방광(urinary bladder)** 및 **요도(urethra)**가 포함된다. 콩팥은 소변, 물, 이온 및 용해성 화합물을 포함하는 액체를 생성한다. **배뇨(urination; 배출 micturition)** 중에 소변이 몸 밖으로 배출된다(그림 18-1).

18-2 콩팥은 여과, 재흡수 및 분비를 수행하는 콩팥단위라고 하는 기능 단위를 포함하는 혈관이 가득한 기관이다 *p. 683*

3. 왼쪽 **콩팥(kidney)**은 오른쪽 콩팥보다 약간 더 우수하다. 두 콩팥 모두 **후배막위**(그림 18-2)에 있다.

4. 섬유피막이 각 콩팥을 둘러싸고 있다. **문(hilum)**은 **콩팥동맥** 및 신경에 대한 입구와 **콩팥정맥** 및 **요관**에 대한 출구를 제공한다.

5. 요관은 **콩팥깔때기(renal pelvis)**와 연속적이다. 이 방은 두 개의 **큰콩팥잔(major calyces)**으로 분기되며, 각각은 **콩팥 유두(renal papillae)**를 둘러싸는 4개 또는 5개의 **작은콩팥잔(minor calyces)**에 연결된다. 소변 생산은 **콩팥단위(nephron)**(그림 18-3)에서 시작된다.

6. 콩팥의 혈관에는 **간엽(interlobar)**, **활꼴(arcuate)** 및 **겉질부챗살동맥(cortical radiate artery)**과 **간엽(interlobar)**, **활꼴(arcuate)** 및 **겉질부챗살정맥(cortical radiate vein)**이 포함된다. 혈액은 **들토리(afferent)** 및 **날토리세동맥(efferent arterioles)**에서 **세관주위모세혈관(peritubular capillary)**과 **곧은혈관(vasa recta)**으로 이동한다. 확산은 콩팥단위를 둘러싸고 있는 간질액 또는 **관 주위액**을 통해 콩팥단위의 직장 주위 모세혈관과 혈관 직장 및 콩팥단위의 콩팥요세관 세포 사이에서 발생한다(그림 18-4).

7. **콩팥단위(nephron)**는 콩팥의 기본 기능단위이다. 이는 **콩팥소체**(*renal corpuscle*)와 **콩팥요세관(renal tubule)**으로 구성되며, 이는 **집합관**을 통해 **집합계(collecting system)**로 비워진다. 콩팥 소체에서 여과액은 **토리쪽곱슬세관**, **콩팥세관고리** 및 **먼쪽곱슬세관**을 통과한다(그림 18-3c, 18-5).

8. 콩팥단위는 (1) **여과액(filtrate)** 생성, (2) 영양분의 재흡수, (3) 물과 이온의 재흡수를 담당한다.

9. **콩팥소체(renal corpuscle)**는 **토리주머니(glomerular capsule; 보우만 주머니, Bowman's capsule)** 둘러싸인 **토리(glomerulus)**라고 하는 얽힌 모세혈관의 매듭으로 구성된다. 혈액은 **들토리세동맥**에서 도착하여 **날토리세동맥**(그림 18-6)에서 출발한다.

10. 토리에서 **발세포(podocyte)**는 **주머니 공간(capsular space)**으로 돌출하는 모세혈관의 바닥막을 덮는다. 발 세포의 과정은 좁은 틈새로 분리되어 있다(그림 18-6).

11. **토리쪽곱슬세관(proximal convoluted tubule, PCT)**은 여과액에서 영양소, 혈장 단백질 및 전해질을 적극적으로 재흡수한다. 이러한 물질은 주변의 관 주위액으로 방출된다(**그림 18-5**).

12. **콩팥세관고리(nephron loop)** 또는 **헨리의 고리**에는 **내림다리**와 **오름다리**가 포함된다. 내림다리는 물이 투과할 수 있으므로 물이 다시 흡수된다. 오름다리는 물과 용질을 투과하지 못하지만 나트륨과 염화물 이온을 펌핑하여 빼낸다(**그림 18-5**).

13. 오름다리는 세관액을 **먼쪽곱슬세관(distal convoluted tubule, DCT)**으로 전달한다. 먼쪽곱슬세관은 이온, 독소 및 약물을 적극적으로 분비하고 소변에서 나트륨 이온을 재흡수한다. 레닌(renin)과 에리스로포이에틴(erythropoietin)을 방출하는 **토리곁장치(juxtaglomerular complex)**는 먼쪽곱슬세관의 시작 부분에 위치한다(**그림 18-6a**).

14. 콩팥단위는 **집합관(collecting duct)**과 **유두관(papillary duct)**으로 구성된 **집합계(collecting system)**로 세관액을 비운다. 집합계는 물을 재흡수하거나 다양한 이온을 재흡수 또는 분비하여 소변을 최종 조정한다.

18-3 콩팥단위(nephron)의 여러 부분은 여과, 재흡수 및 분비에 의해 소변을 형성한다 *p. 690*

15. **소변(urine)** 생산의 주된 목적은 용해 된 용질, 주로 **요소(urea)**, **크레아티닌(creatinine)** 및 **요산(uric acid)**과 같은 대사성 폐기물의 배설 및 제거이다.

16. 콩팥단위는 **여과(filtration)**, **재흡수(reabsorption)** 및 **분비(secretion)**가 포함된다(**그림 18-7; 표 18-1, 18-2**).

17. 토리 여과는 혈압이 토리 모세혈관 벽을 가로 질러 주머니 공간으로 액체를 이동시킬 때 발생한다. **토리여과율(glomerular filtration rate, GFR)**은 분당 콩팥에서 생성되는 여과액의 양이다. **여과 압력(filtration pressure, 혈액)**을 변경하는 요인은 토리여과율(GFR)을 변경하고 콩팥 기능에 영향을 준다.

18. 감소하는 여과 압력은 토리곁장치를 자극하여 레닌을 방출한다. 레닌의 방출은 혈액량과 혈압을 증가시킨다.

19. 토리쪽곱슬세관(PCT) 세포는 일반적으로 콩팥소체에서 생성된 여과액 부피의 60~70%를 재흡수한다. 토리쪽곱슬세관은 여과액에서 영양분, 나트륨 및 기타 이온, 물을 재흡수하여 이를 세관주위액으로 운반한다. 또한 다양한 물질을 관상 체액으로 분비한다.

20. 물과 이온은 콩팥세관 고리에 의해 세관액에서 재생된다. 내림다리는 물을 재흡수한다. 가는 오름다리는 요소를 투과하고 두꺼운 오름다리는 나트륨과 염화물 이온을 펌핑한다. 콩팥속질의 농도 변화는 세관액에서 세관주위액 물의 삼투 흐름을 촉진한다. 삼투에 의해 물이 손실되고 관상 체액의 양이 감소함에 따라 요소 농도가 증가한다.

21. 먼쪽곱슬세관(DCT)은 물질을 적극적으로 분비하거나 흡수하여 최종 조정을 수행한다. 나트륨 이온은 관상 체액으로 분비되는 칼륨 및 수소 이온과 교환하여 적극적으로 흡수된다. **알도스테론(aldosterone)**은 나트륨 재흡수 및 칼륨 분비 속도를 증가시킨다.

22. 집합관에 있는 소변의 수분량은 **항이뇨호르몬**(*ADH*)에 의해 조절된다. ADH이 없는 경우 먼쪽곱슬세관, 집합세관 및 집합관은 물이 투과할 수 없다. 순환하는 ADH 수치가 높을수록 물이 더 많이 재흡수되고 소변이 더 농축된다(**그림 18-8**).

23. 매일 생성되는 여과액의 99% 이상이 콩팥깔때기에 도달하기 전에 재흡수된다. 그래도 정상적인 소변은 93~97%의 물이다(**표 18-3**).

24. 콩팥단위와 집합계의 각 부분은 소변 생성에 기여한다(**집중 조명 그림 18-9**).

18-4 콩팥 기능이 정상이려면 토리여과율(GFR)이 안정되어야 한다 *p. 693*

25. 콩팥 기능은 구심 및 원심 세동맥의 직경 변화를 통해 토리 여과 압력의 국소 자동조정에 의해 조절 될 수 있다.

26. 콩팥 기능을 조절하는 호르몬에는 안지오텐신 II, 알도스테론, ADH 및 심방나트륨이뇨펩티드(ANP)가 있다(**그림 18-10**).

27. 교감신경 활성화는 들토리세동맥의 강력한 혈관 수축을 생성하여 토리여과율(GFR)을 감소시키고 여과액 생성을 늦춘다. 또한 교감신경 활성화는 국소 혈액순환 패턴을 변경하여 토리여과율을 변경한다.

18-5 소변은 요관에 의해 운반되고 방광에 저장되며 배뇨반사의 도움을 받아 요도를 통해 제거된다 *p. 700*

28. 체액이 콩팥깔때기로 들어가면 여과액 변형 및 소변 생성이 종료된다. 나머지 비뇨기계통은 소변을 운반, 저장 및 배출하는 역할을 한다

29. **요관(ureters)**은 콩팥깔때기에서 방광까지 확장된다. 요관 벽의 민무늬근에 의한 연동 수축은 소변을 이동시킨다(**그림 18-1, 18-11**).

30. 소변 저장을 위한 팽창성 주머니인 **방광(urinary bladder)**의 내부 특징에는 **방광삼각**(*trigone*), 방광목(neck) 및 **속요도조임근(internal urethral sphincter)**이 있다. **배뇨근**(*detrusor muscle*)의 수축은 방광을 압박하고 소변을 요도로 배출한다(**그림 18-11**).

31. 남녀 모두 요도가 근육 골반바닥을 통과할 때 뼈대근의 원형 띠가 **바깥요도조임근(external urethral sphincter)**을 형성하여 자발적인 통제 하에 있다(**그림 18-11**).

32. **배뇨(urination)** 과정은 **배뇨반사(micturition reflex)**에 의해 조정되며, 이는 방광 벽의 뻗침수용기에 의해 시작된다. 자발적 배뇨는 이 반사와 바깥요도조임근의 자발적 이완을 결합하여 속요도조임근을 열 수 있도록 한다(**그림 18-14**).

18-6 체액 평형, 전해질 평형 및 산-염기 평형은 상호 연관되어 있으며 항상성에 필수적이다 *p. 704*

33. 세포외액과 세포내액의 정상적인 부피와 구성을 유지하는 것은 생명에 매우 중요하다. 세 가지 유형의 항상성이 관련 된다: **체액 평형, 전해질 평형 및 산-염기 평형.**

34. **세포내액(intracellular fluid, ICF)**은 체내 전체 수분의 약 60%를 포함한다. 나머지는 **세포외액(extracellular fluid, ECF)**에 포함되어 있다. 세포내액과 세포외액 간에 교환이 발생하지만 두 **체액 구획(fluid compartments)**은 고유한 특성을 유지한다(**그림 18-15, 18-16**).

35. 물은 세포외액 구획 내에서 자유롭게 순환한다.

36. 수분 손실은 일반적으로 먹고, 마시고, 신진대사 생성을 통한 이득과 평형을 이룬다(**표 18-4**).

18-7 혈압과 삼투는 체액과 전해질 평형을 유지하는 데 관여한다 *p. 707*

37. 세포외액과 세포내액 사이의 물 이동을 **체액 이동(fluid shift)**이라고 한다. 세포외액이 세포내액에 비해 고혈압이 되면 삼투압 평형이 회복될 때까지 물이 세포내액에서 세포외액으로 이동한다. 세포외액이 세포내액에 비해 저장성 상태가 되면 물이 세포외액에서 세포로 이동하고 세포내액의 부피가 증가한다.

38. 전해질 평형은 총 전해질 농도가 물 평형에 영향을 미치고 개별 전해질 수준이 다양한 세포 기능에 영향을 미칠 수 있기 때문에 중요하다. 전해질 평형 문제는 일반적으로 나트륨 증가와 손실 사이의 불평형으로 인해 발생한다. 칼륨 평형 문제는 덜 일반적이지만 더 위험하다.

39. 소화기 상피를 통한 나트륨 흡수율은 식단의 나트륨 양과 직접적인 관련이 있다. 나트륨 손실은 주로 소변과 땀을 통해 발생한다. 알도스테론(aldosterone)은 먼쪽곱슬세관(DCT)을 따라 나트륨 이온 재흡수를 자극한다.

40. 세포외액(ECF)의 칼륨 이온 농도는 매우 낮다. 칼륨의 배설량이 증가한다. (1) 나트륨 이온 농도가 감소할 때 (2) 세포외액(ECF)의 칼륨 농도가 상승함에 따라 알도스테론은 칼륨 이온 배설을 촉진한다.

18-8 산-염기 평형에서 체액의 수소 이온 조절에는 완충계와 호흡 및 콩팥 과정에 의한 보상이 포함된다 *p. 708*

41. 정상적인 체액의 pH 범위는 7.35에서 7.45이다. 이 범위를 벗어난 변화는 **산증(acidosis)** 또는 **알칼리증(alkalosis)**을 일으킨다.

42. 탄산은 ECF의 pH에 영향을 미치는 가장 중요한 물질이다. 용액에서 CO_2는 물과 반응하여 탄산을 형성한다. 탄산의 해리는 수소 이온과 중탄산 이온을 방출한다. 이산화탄소분압(P_{CO_2})과 pH(**그림 18-17**) 사이에는 반비례 관계가 있다.

43. 대사성 산증(metabolic acids)은 젖산 및 케톤체와 같은 대사산물을 포함한다.

44. 완충계는 약염기 역할을 하는 약산과 음이온 해리 생성물로 구성된다. 세 가지 주요 완충계는 ECF 및 ICF의 **단백질 완충계**(*protein buffer systems*), ECF에서 가장 중요한 **탄산-중탄산완충계**(*carbonic acid–bicarbonate buffer system*) 및 세포 내 체액의 **인산 완충계**(*phosphate buffer system*)이다.

45. **단백질 완충계(protein buffer systems)**에서, 단백질의 아미노산 곁 그룹, 유리 아미노산의 곁 그룹 및 구조 그룹은 수소 이온을 수용하거나 방출하여 pH 변화에 반응한다. 적혈구의 혈장 단백질과 헤모글로빈은 pH의 급격한 변화를 예방하는 데 도움이 된다.

46. **탄산-중탄산 완충계(carbonic acid-bicarbonate buffer system)**는 ECF의 대사 산으로 인한 pH 변화를 방지한다.

47. **인산 완충계(phosphate buffer system)**는 ICF의 pH 변화를 방지하는 데 중요하다.

48. **호흡 보상(respiratory compensation)**에서 허파는 탄산-중탄산 완충계에 영향을 주어 pH 조절을 돕는다. 호흡수를 변경하면 체액의 P_{CO_2}를 높이거나 낮춰 완충능력에 영향을 미칠 수 있다.

49. **콩팥 보상(renal compensation)**에서 콩팥은 세포외액의 pH에 따라 수소 이온 분비 및 중탄산염 이온 재흡수 속도를 변경한다.

50. 비정상적인 호흡기능으로 인해 CO_2 수치가 급격히 상승하거나 하락할 때 호흡성 산-염기 장애가 발생한다. 대사성 산증-염기 장애는 중탄산염 이온 수준에 영향을 미치는 대사 산 또는 상태의 형성으로 인해 발생한다(**표 18-5**).

18-9 노화와 관련된 변화는 콩팥 기능과 배뇨반사에 영향을 준다 *p. 712*

51. 노화는 일반적으로 콩팥 문제 증가와 관련이 있다. 비뇨계통의 연령 관련 변화에는 (1) 기능성 콩팥단위(nephron)의 상실, (2) 토리여과율(GFR) 감소, (3) ADH 및 알도스테론에 대한 민감도 감소, (4) 배뇨반사 문제(전립샘이 있는 남성에서 소변 정체가 발생할 수 있고 전립샘에 염증이 생김), (5) 체내 수분 함량 감소, (6) 미네랄 함량 손실, (7) 체액, 전해질 또는 산-염기 평형에 영향을 미치는 장애가 있다.

18-10 비뇨계통은 노폐물 배설과 관련된 여러 신체 계통 중 하나이다 *p. 713*

52. 비뇨계통은 외피, 호흡 및 소화계통을 포함하는 **배설계통**의 주요 구성 요소이다.

복습 문제

책 뒷면에 있는 파란색 정답 탭을 참조.

단계 1 사실 및 용어 검토

A열의 각 항목을 B열의 가장 밀접하게 관련된 항목에 맞게 빈칸에 적절한 답을 적으시오.

A열

_____ 1. 배뇨

_____ 2. 섬유 피막

_____ 3. 문

_____ 4. 콩팥속질

_____ 5. 콩팥단위(nephron)

_____ 6. 콩팥소체

_____ 7. 바깥요도조임근

_____ 8. 속요도조임근

_____ 9. 알도스테론

_____ 10. 발세포

_____ 11. 날토리세동맥

_____ 12. 들토리세동맥

_____ 13. 곧은혈관

_____ 14. ADH

_____ 15. 세포외액

_____ 16. 나트륨

_____ 17. 칼륨

B열

a. 기초단위 콩팥

b. 콩팥단위(nephron) 주변의 모세혈관

c. 갈증을 유발한다

d. 나트륨 재흡수 촉진

e. 자발적 통제

f. 여과틈새

g. 콩팥을 덮는다

h. 혈액이 토리로 나온다.

i. 세포내액의 지배적 양이온

j. 콩팥피라미드 포함

k. 혈액이 토리로 들어간다.

l. 사이질액 및 혈장

m. 토리 포함

n. 요관 출구 점

o. 세포외액의 지배적 양이온

p. 비자발적 통제

q. 배뇨

18. 다음 다이어그램에서 콩팥단위(nephron)의 다른 영역과 그것이 비워지는 구조를 식별하시오.

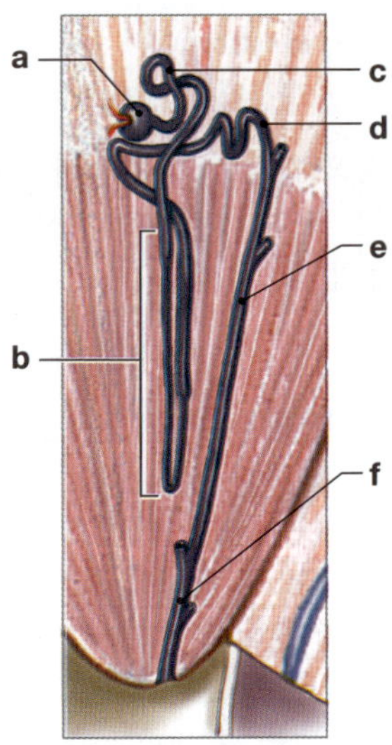

(a) _____________ (b) _____________

(c) _____________ (d) _____________

(e) _____________ (f) _____________

19. 토리 주머니를 떠나는 여과액은 어디로 빠져나가는가?

(a) 먼쪽곱슬세관 (b) 콩팥세관고리

(c) 토리쪽곱슬세관 (d) 집합관

20. 먼쪽콩팥곱슬세관(DCT)은?

(a) 이온의 활성 분비를 위한 중요한 부위이다.

(b) 산 및 기타 물질의 활성 분비.

(c) 세관액에서 나트륨 이온의 선택적 재흡수.

(d) a, b, c가 맞다.

21. 레닌(renin)과 에리스로포이에틴(erythropoietin)을 분비하는 내분비 구조는?

(a) 토리곁장치 (b) 곧은혈관

(c) 토리 주머니 (d) 부신

22. 집합계의 주요 목적은?

(a) 방광에서 요도로 소변을 운반하는 것이다.

(b) 세관액에서 나트륨 이온을 선택적으로 재흡수한다.

(c) 콩팥깔때기에서 요관으로 소변을 운반한다.

(d) 삼투압 농도와 소변량을 최종 조정한다.

23. 다음 도표에서 콩팥 구조를 식별하시오.

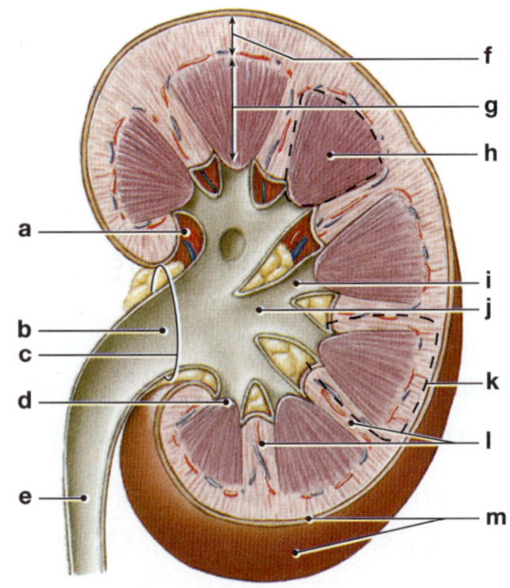

(a) ____________ (b) ____________
(c) ____________ (d) ____________
(e) ____________ (f) ____________
(g) ____________ (h) ____________
(i) ____________ (j) ____________
(k) ____________ (l) ____________
(m) ____________

24. 사람이 체액 평형(fluid balance) 상태일 때?
(a) ECF 및 ICF는 등장성이다.
(b) 구획간에 체액 이동이 발생하지 않는다.
(c) 매일 얻는 물의 양은 환경에 손실되는 양과 같다.
(d) a, b, c 가 맞다.

25. 세포외액의 주요 성분은?
(a) 림프와 뇌척수액이다.
(b) 혈장 및 장액
(c) 사이질액 및 혈장
(d) a, b, c가 맞다.

26. 체액의 구성을 모니터링하고 조정하는 모든 항상성 과정은?
(a) 세포내액의 변화에 반응한다.
(b) 세포외액의 변화에 반응한다.
(c) 세포 내에서
(d) a, b, c가 맞다.

27. 전해질 평형의 가장 일반적인 문제는 증가와 손실 사이의 불균형으로 인해 발생하는가?
(a) 칼슘 이온 **(b)** 염화물 이온
(c) 칼륨 이온 **(d)** 나트륨 이온

28. 비뇨계통의 주요 기능은 무엇인가?

29. 비뇨계통의 구조적 구성 요소는 무엇인가?

30. 체액 이동이란 무엇인가? 그 기능은 무엇이며 어떤 요인이 원인일 수 있는가?

31. 체액과 전해질 평형에 영향을 미치는 세 가지 주요 호르몬은 무엇인가? 각 호르몬의 주요 효과는 무엇인가?

단계 2 개념 검토

32. 비뇨계통은 혈액량과 압력을 어떻게 조절하는가?
(a) 소변에서 손실되는 물의 양을 조절한다.
(b) 에리스로포이에틴을 방출한다.
(c) 레닌을 방출한다.
(d) a, b, c가 맞다.

33. 콩팥속질에서 용질과 수분 재흡수의 평형은?
(a) 분절 세동맥 및 정맥
(b) 동맥과 정맥 사이의 관계
(c) 곧은혈관
(d) 활꼴동맥

34. 알도스테론의 혈장 농도가 높을수록 콩팥은?
(a) 나트륨 이온을 보존한다.
(b) 칼륨 이온을 유지한다.
(c) 소변의 수분 손실을 자극한다.
(d) 더 많은 양의 ADH를 분비한다.

35. 순수한 (증류된) 물이 소비되면?
(a) 세포외액은 세포내액과 관련하여 고장성이 된다.
(b) 세포외액은 세포내액과 관련하여 저장성이 된다.
(c) 세포내액은 혈장과 관련하여 저장성이 된다.
(d) 물은 세포내액에서 세포외액으로 이동한다.

36. 호흡수의 증가 또는 감소로 pH의 변화는?
(a) 이산화탄소 분압을 낮추거나 높인다.
(b) 산소 분압을 낮추거나 높인다.
(c) 질소 분압을 낮추거나 높인다.
(d) a, b, c가 맞다.

37. 토리여과율(GFR)을 안정화시키는 상호 작용 조절은 무엇인가?

38. 배뇨반사를 설명하시오.

39. 체액 평형, 전해질 평형 및 산-염기 평형을 구분하고 각각이 항상성에 중요한 이유를 설명하시오.

40. 열이 있는 사람은 왜 물을 많이 마셔야 할까?

41. 운동 생리학자는 운동 전, 운동 중 및 운동 후에 적절한 양의 수분을 섭취할 것을 권장한다. 땀을 많이 흘리는 동안 적절한 체액 교체가 왜 중요할까?

단계 3 비판적 사고 및 임상 적용

42. 장거리 트럭 운전사는 화장실 정차 사이에 오랜 시간 동안 도로에서 운행한다. 왜 그것이 콩팥 문제로 이어질 수 있을까?

43. 지난 주 동안 Susan은 소변을 볼 때 요도 부위에 타는 듯한 느낌을 받았다. 그녀는 체온을 확인하고 미열이 있음을 알게 된다. 어떤 일이 일어나고 있으며 소변에 어떤 특이한 물질이 있을 가능성이 있을까?

44. 만니톨은 여과되지만 콩팥에 의해 재흡수되지 않는 당이다. 만니톨 용액을 마시면 생성되는 소변의 양에 어떤 영향이 있을까?

19

생식계통
The Reproducutive System

학습목표

학습목표는 각 장에 대해 학습한 후 무엇을 할 수 있어야 하는지를 알려주는 것이다. 각 절의 학습목표는 다음과 같다.

19-1 생식계통의 구성 요소를 열거하고, 각각의 기능을 설명한다.

19-2 남성 생식계통의 구성 요소에 대하여 설명한다. 정자의 발생 과정에서 생식관과 부속샘의 기능을 설명한다. 정액의 성분을 설명한다. 호르몬에 의한 남성 생식기능의 조절에 대해 설명한다.

19-3 여성 생식계통의 구성 요소에 대하여 설명한다. 난소에서 일어나는 난자 발생 과정을 설명한다. 난소주기와 자궁주기에 대해 설명한다. 여성 생식주기에 대해 설명한다.

19-4 성교할 때 일어나는 생리적 변화에 대해 설명한다.

19-5 노화에 따른 생식기관의 변화를 설명한다.

19-6 생식기관과 다른 계통 간의 상호관계에 대해 설명한다.

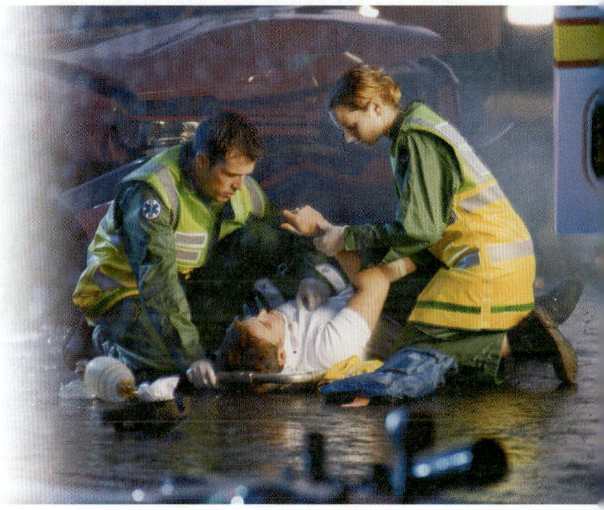

임상노트

집중 조명

생식계통 소개

한 사람의 수명은 수십 년에 불과하지만, 인류는 탄생에서부터 현재까지 수십만 년 동안 존속되어 왔다. 생식이라는 과정은 마치 마법 같다. 많은 원시 사회에서는 성 활동과 출산 사이의 기본적인 연관성조차 발견하지 못했다. 그들은 초자연적인 힘이 새로운 개체를 만들 수 있다고 추정했다. 지금의 우리 사회는 생식과정에 대해 훨씬 더 명확한 이해를 하고 있지만, 생식의 과정에서 일어나는 일들은(남성과 여성에서 각각 생성된 두 개의 생식세포의 융합으로 신생아의 탄생을 이끄는) 여전히 궁금증을 일으킨다. 이 장과 다음 장에서 이러한 과정을 알아보고자 한다.

지식 쌓기

남성 및 여성 생식계통은 생식세포와 호르몬을 생산한다는 것을 기억한다(**1장: 해부학과 생리학에 대한 소개**와 **3장: 세포 구조와 기능** 참조). 남성은 정자를 만들고, 여성은 난모세포(oocytes)라고 하는 미성숙난자(immature ova) 또는 난세포(egg cells)를 생산한다. 여성 생식계통은 수정부터 출산까지 배아 및 태아의 발달에도 중요한 역할을 한다.

19-1 생식계통은 생식샘, 생식관, 부속샘, 부속기관 및 외부생식기관으로 구성된다

학습목표 생식계통의 구성 요소를 열거하고, 각각의 기능을 설명한다.

생식계통(reproductive system)은 인류가 오랫동안 존속하게 해주는 기관계통이다. 즉 남성과 여성의 **생식세포(gamete)**를 생산하고 저장하고 영양을 공급하고 운반하는 기능을 수행하는 것이다.

생식계통에 포함되는 것은 다음과 같다.

- **생식샘(gonad)**은 생식세포와 호르몬을 생산하는 생식기관
- 생식세포를 수용하거나 이동시키는 생식관(duct)
- 생식관 또는 다른 관으로 액체를 분비하는 부속샘(accessory gland)
- **외부생식기(external genitalia)**라고 하는 샅부위

남성과 여성 모두에서, 생식관은 공간을 연결하고 신체 외부로의 통로를 제공하고 있다. 이 구조들이 모두 **생식관**(*reproductive tract*)을 구성하지만, 남성과 여성의 생식계통에서 이 관들은 기능적으로 큰 차이가 있다.

성인 남성에서 **고환(testis**, 또는 *testicle*)은 남성 생식샘으로 **안드로겐**[*androgen*, 주로 **테스토스테론**(*testosterone*)]이라고 하는 성호르몬을 분비한다. 또 고환은 **정자(spermatozoa** 또는 *sperm*)라고 하는 남성생식세포를 만든다. 남성은 하루에 약 5억 개의 정자를 만든다. **방출**(*emission*) 과정에 성숙한 정자는 긴 생식관을 지나는 동안 부속기관에서 분비한 분비물과 섞이게 된다. 그 혼합물이 **정액(semen)**이고, 이 정액은 **사정**(*ejaculation*) 과정에서 몸밖으로 배출된다.

성인 여성에서 **난소(ovary)** 또는 여생생식샘은 미성숙 생식세포인 **난자세포(oocyte)**를 내보낸다. 정상적으로 한 달에 하나의 난자세포가 배출된다. 이 난자세포는 **자궁**(*uterus*)이라고 하는 근육성 기관의 양 끝에 위치한 두 개의 짧은 **자궁관**(*uterine tube*) 중 하나를 따라 이동한다. 만약 정자가 난자세포에 도달하면 **수정**(*fertilization*) 과정이 시작되고, 난자세포(oocyte)는 **난자(ovum)**로 성숙된다. 짧은 통로인 **질**(*vagina*)은 자궁과 외부를 연결한다.

성교(*sexual intercourse*) 동안, 사정을 통해 정액이 질로 보내지고, 정자는 여성 생식관을 따라 이동한다. 수정이 일어나면 자궁은 이를 에워싸서 **배아**(*embryo*)가 되고 **태아**(*fetus*)로 자랄 수 있도록 지지하고 출산할 준비를 하게 된다.

체크포인트

1. 생식세포를 정의하시오.
2. 생식계통의 기본 구성을 나열하시오.
3. 생식샘을 정의하시오.

책 뒷면에 있는 파란색 정답 탭을 참조.

19-2 정자는 고환에서 만들어지고 시상하부, 뇌하수체, 고환의 호르몬이 남성 생식기능을 조절한다

학습목표 남성 생식계통의 구성 요소에 대하여 설명한다. 정자의 발생 과정에서 생식관과 부속샘의 기능을 설명한다. 정액의 성분을 설명한다. 호르몬에 의한 남성 생식기능의 조절에 대해 설명한다.

남성 생식계통의 주요 구조는 **그림 19-1**에서 볼 수 있다. 정자는 고환을 시작으로 **부고환**(*epididymis*), **정관**(*ductus deferens*), **사정관**(*ejaculatory duct*) 그리고 몸 밖으로 배출되기 직전에 **요도**(*urethra*)를 거치게 된다. 이것이 남성 생식관이다. 부속기관은 만들어낸 물질을 사정관과 요도로 분비한다. 이러한 기관으로는 **정낭샘**(*seminal gland*, seminal vesicle), **전립샘**(*prostate gland*), 그리고 **망울요도샘**(*bulbo-urethral gland*)이 있다. 외부생식기에는 고환을 감싸고 있는 음낭(*scrotum*)과 발기기관인 **음경**(*penis*)이 있다. 요도의 먼쪽(원위부)은 음경을 통과한다.

고환 The testes

고환은 납작한 달걀모양으로 길이가 약 5 cm, 넓이가 약 3 cm, 두께는 약 2.5 cm이며, 하나의 무게는 약 10~15 g이다. 고환은 항문 앞쪽와 음경 뒤쪽에 위치한 두툼한 주머니 형태의 **음낭(scrotum)** 안에 들어있다.

음낭은 두 개의 방(**음낭공간**, *scrotal cavity*)으로 나누어지고, 음낭공간에 하나의 고환을 포함하고 있다. 음낭공간의 장막은 음낭의 안쪽 면과 바깥쪽 면 사이의 마찰을 줄여준다.

음낭의 바깥쪽은 얇은 피부로 구성되어 있고, 진피는 민무늬근인 **음낭근**(*dartos*) 층을 포함하고 있다(**그림 19-2a**). 음낭근의 긴장이 지속되면 고환이 올라가고 음낭표면에 독특한 주름이 형성된다. 진피 아래쪽에는 뼈대근육인 **고환올림근(cremaster muscle)**이 있는데, 이는 고환을 몸쪽으로 당겨준다.

고환에서의 정상 정자의 발달을 위해서는 신체의 다른 부위보다 1.1°C 정도 낮은 온도를 필요로 한다. 고환올림근과 음낭근의 수축과 이완은 고환을 몸쪽으로 당기거나 멀게 하여 고환의 온도를 유지할 수 있도록 하는 데 필요하다. 공기 중 온도나 신체온도가 상승하게 되

그림 19-2 남성 생식계통. 남성 생식기관의 시상면.

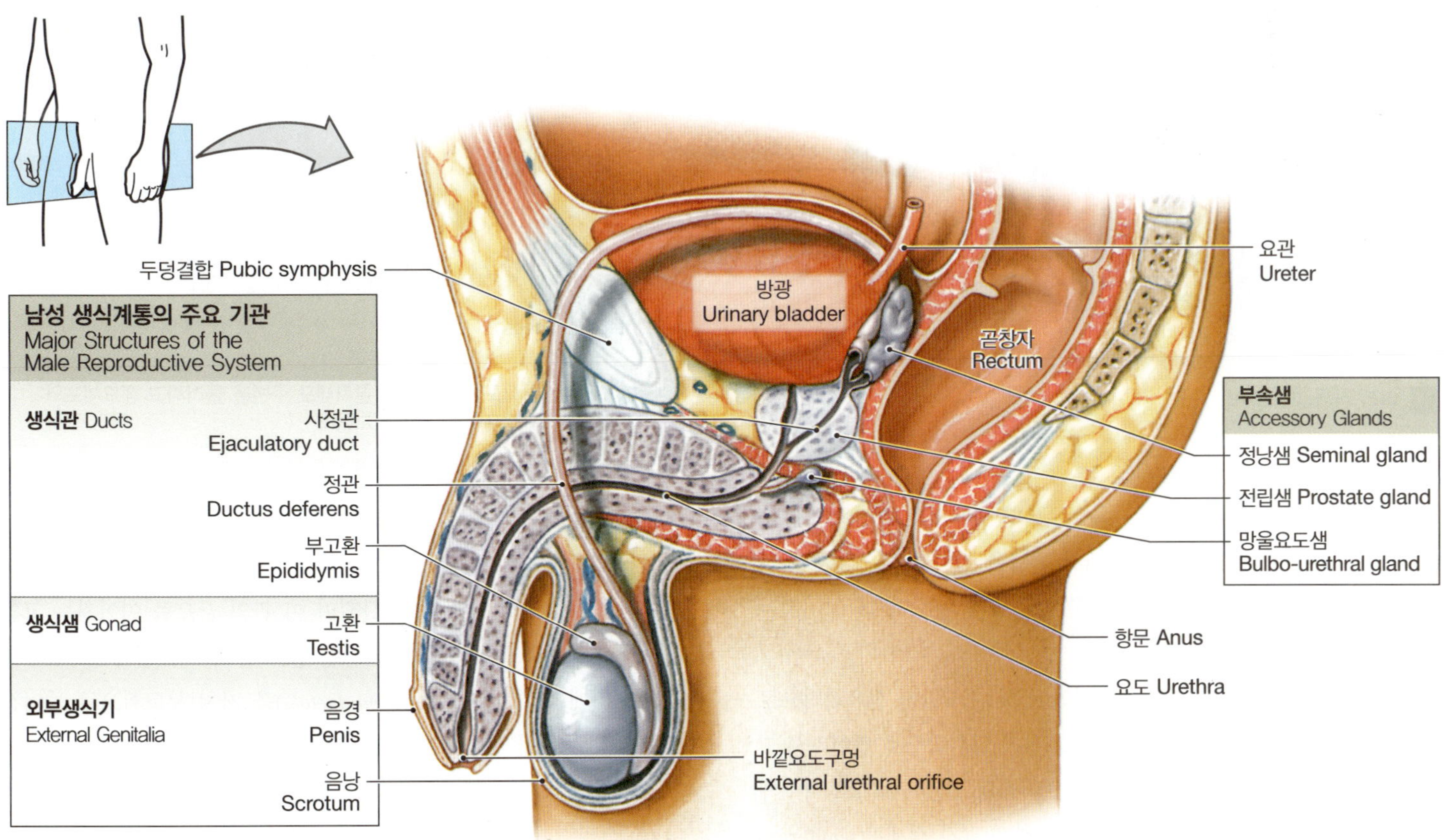

그림 19-2 음낭, 고환 그리고 정세관.

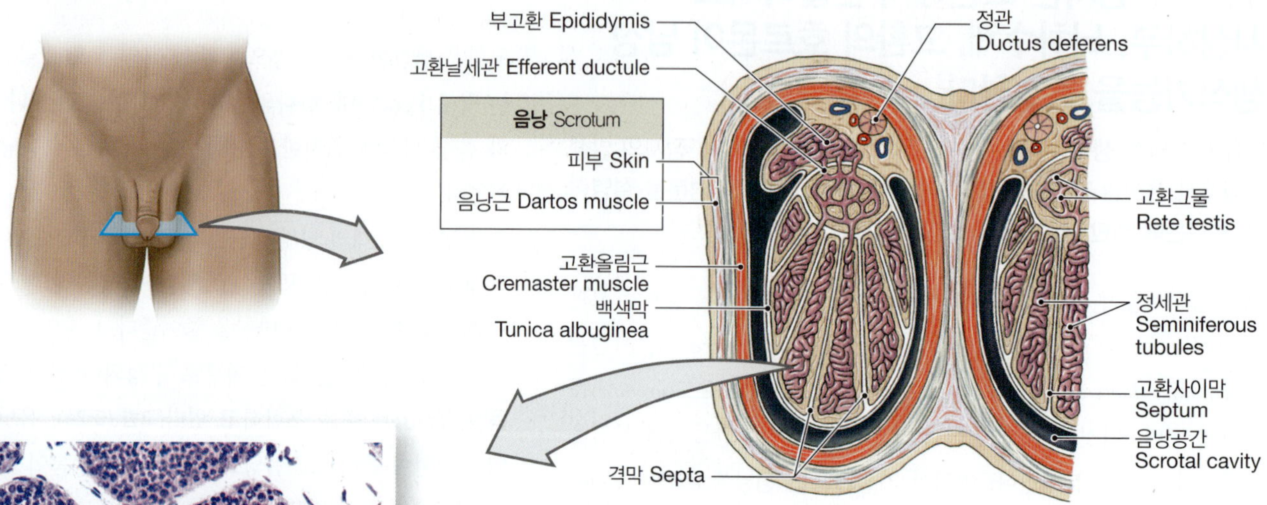

a 음낭과 고환의 가로단면.

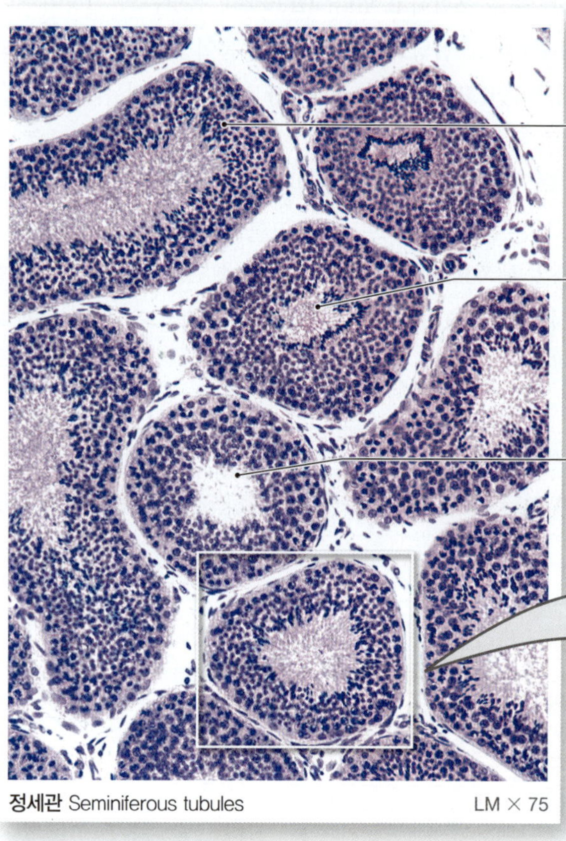

b 여러 정세관이 보이는 단면.

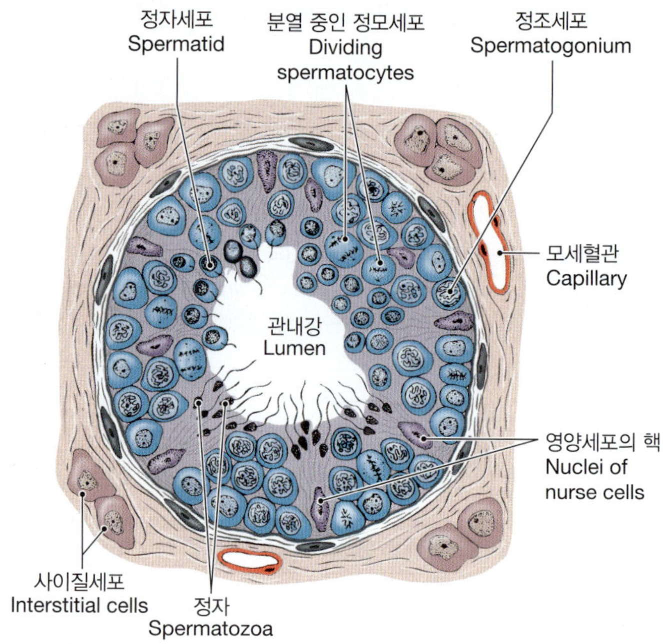

c 영양세포는 정세관의 줄기세포 주변을 둘러싸고 정모세포와 정자세포의 발달을 지지한다.

면 이 근육들은 이완하고 고환은 몸으로부터 멀어지도록 이동하게 된다. 차가운 수영장에 뛰어들거나 해서 음낭을 갑자기 차가워지면 이 근육들은 수축하게 되고 고환을 몸쪽으로 당겨 온도가 더 떨어지는 것을 막아준다.

고환은 **백색막(tunica albuginea)**이라고 하는 치밀한 섬유피막으로 싸여 있다. 둘러싼 이 막으로부터 아교섬유가 고환쪽으로 뻗어가서 **고환사이막**(*septa*)을 형성하여 고환을 약 250개의 **소엽**(*lobule*)로 나누게 된다. 엽 안에는 약 800개의 가늘고 촘촘하게 감긴 **정세관(semiferous tubule)**이 분포하고 있다(**그림 19-2b**). 각 관은 길이가 평균 약 82 cm로, 보통의 고환은 거의 800 m(half a mile)에 달하는 정세관을 포함하고 있다. 정자는 정세관 안에서 생산되며 이 관의 끝으로 이어지는 **고환그물(rete testis)**라고 하는 미로와 같은 통로를 거치게 된다. 그리고 나서 10~20개의 **고환날세관**(*efferent ductule*)을 거쳐 부고환으로 들어간다. 부고환은 남성 생식관의 첫 번째 부위이다(**그림 19-2a**).

임상노트

잠복고환증 Cryptorchidism

남자 태아가 정상적으로 발달하는 동안 고환은 몸안의 안쪽으로부터 배벽의 고샅굴(inguinal canal)을 지나 음낭으로 내려온다. 잠복고환은 한쪽 또는 양쪽의 고환이 출산 때까지 하강되는 이 과정이 불완전하게 일어난 것이다. 이러한 상태는 만기출산의 약 3%, 조기출산의 약 30%에서 일어난다. 대부분의 경우 정상 하강은 몇 주 후에 발생한다.

이 상태가 지속되면 수술로 해결할 수 있다. 잠복고환은 정자를 생산하지 않기 때문에 **사춘기**(*puberty*) 이전에 수술이 이루어져야 한다. 양쪽 고환이 모두 잠복 상태라면 남성은 **불임**(*infertile*)이 된다. 고환이 음낭으로 이동할 수 없는 경우, 일반적으로 고환을 제거한다. 이러한 외과적 시술을 양쪽 **고환절제술**(*bilateral orchiectomy*)이라고 한다. 치료하지 않은 잠복고환을 가진 남성의 약 10%가 결국 고환암에 걸릴 수 있다.

대부분의 조직검사에서 정세관의 단면을 볼 수 있는데 이는, 정세관이 치밀하게 꼬여 있기 때문이다(**그림 19-2b**). 정세관 사이의 공간은 그물모양의 조직, 많은 혈관, 그리고 **사이질세포(interstitial cell**, *Leydig cell*)로 채워져 있다. 사이질세포는 남성호르몬인 안드로겐(androgen)을 만든다. 스테로이드 **테스토스테론(testosterone)**이 가장 중요한 안드로겐이다.

정세관은 발달 중인 정자세포와 **영양세포(nurse cell)**로 이루어져 있다. 영양세포는 **버팀세포**(*sustentacular cell, Sertoli cell*)라고도 하며, 관의 주변부로부터 중심부(관강, lumen)쪽으로 뻗어 있다(**그림 19-2c**). 영양세포는 발달 중인 정자세포에 영양을 공급한다. 영양세포 사이나 옆에는 **정자발생(spermatogenesis)**에 포함되는 다양한 세포가 있다. 정자발생과정은 일련의 세포분열 과정으로 궁극적으로 정자세포(spermatozoa)를 생성한다. 각각의 연속적인 분할로 딸세포는 관(lumen)쪽으로 이동하게 된다.

임상노트

고환암 Testicular Cancer

고환암은 남성 전체에서 볼 때 비교적 드물게 나타나고, 대부분은 15~35세 연령대에서 나타난다. 고환암은 치료가능성이 높고 대개 완치된다. 일반적으로 치료계획을 위해 고환종(seminoma)과 비정상피고환종(nonseminoma)으로 분류하는데, 고환종은 방사선치료에 더 민감하다. 고환종을 가진 환자의 치료율은 90%가 넘는다. 비정상피고환종 형태의 암의 치료율은 거의 100이다. 잠복고환인 남성은 적절하게 하강한 고환을 가진 사람보다 고환암이 발생할 위험성이 높다. 이는 음낭 내로 고환을 적절히 위치시키는 수술을 했더라도 마찬가지이다.

고환암의 치료로는 수술, 화학요법, 방사선치료, 골수 이식 등이 포함된다. 일반적으로는 양쪽 고환 모두를 제거하는 것이다. 수술하는 동안 복부의 림프절을 떼어내어 검사한다. 방사선치료는 암세포를 죽이고 암조직을 위축시킨다. 화학요법은 고환 밖에 위치한 암세포를 죽인다. 자가골수이식은 새로운 형태의 치료법이다. 골수를 환자한테 채취하고 암세포를 죽이는 약물과 함께 치료한다. 골수는 바로 냉동되고, 고용량 화학요법을 받는 동안 방사선치료의 유무에 상관없이 남은 골수가 파괴될 것이다. 이후에 냉동된 골수를 해동하여 환자에게 다시 주입하면 파괴된 골수를 대체할 수 있고, 골수는 성장하여 필수 혈구의 기능을 시작한다.

고환암의 가장 좋은 치료는 예방이다. 조기에 고환암을 발견할수록 더 좋은 치료의 기회를 갖게 된다. 모든 남성은 적어도 한 달에 한 번 고환의 자가검사를 수행해야 한다. 특히 15~40세 연령대에서 중요하다. 미국암학회(Americal Cancer Society)와 국립암연구소(National Cancer Institute)는 안전하고 간단한 검사에 대해 자세하게 설명한 자료를 제공하고 있다.

정자발생 Spermatogenesis

정자발생은 사춘기(성성숙기)에 시작해서 비교적 노년기(약 70세 이후)까지 지속된다.

정자발생은 다음의 세 과정을 포함한다.

1. **유사분열(*Mitosis*).** 정자발생은 **정조세포(spermatogonia**, 단수형, *spermatogonium*)라고 하는 줄기세포의 유사분열로 시작된다. 이 세포들은 정세관의 가장 바깥쪽 층에 배열되어 있다(**그림 19-2c**). (3장의 유사분열과 세포분리의 요약 참조). 정조세포는 성인이 되고 나서부터 계속 유사분열을 한다. 세포분열로 형성된 하나의 딸세포는 그 자리에 남는 반면, 다른 하나는 정세관의 내강 쪽으로 밀려올라간다. 이동된 세포는 **정모세포(spermatocyte)**로 분화하고, 감수분열을 할 준비를 한다.
2. **감수분열(*Meiosis*).** 감수분열(*meiosis*)은 세포분열의 특수한 형태로 생식세포를 생산한다. 사람의 생식세포는 **체세포**(*somatic cell*)의 절반인 23개의 염색체를 포함하고 있다. 정세관에서는 정모세포의 감수분열로 미성숙 생식세포인 **정자세포**(*spermatid*)가 만들어진다(**그림 19-2c**).
3. **정자형성(*Spermiogenesis*).** 정자형성(*spermiogenesis*)에서 상대적으로 비특수화된 정자세포는 물리적으로 성숙된 정자(spermatozoa)로 발달하고, 정자는 정세관의 안으로 들어간다.

다음에서 위 세 과정을 조금 더 자세히 알아보자.

유사분열과 감수분열(MITOSIS AND MEIOSIS). 유사분열과 감수분열은 핵에서 일어나는 것으로 상당히 다른 점이 있다. **유사분열(mitosis)**은 두 개의 딸세포를 만들어내는 체세포분열 과정의 일부분으로, 각각의 딸세포는 원래 세포와 마찬가지로 같은 수 및 쌍으로 구성된 염색체를 갖는다. 사람의 체세포는 23쌍의 염색체 또는 46개의 염색체를 갖고 있다. 각 쌍은 수정할 때 받은 부 측 염색체와 모 측 염색체로 구성된 것이다. 딸세포는 각 염색체 쌍에 양측 모두 포함하고 있기 때문에,

지식 쌓기

세포분열은 인체의 성장과 발달 그리고 손상된 세포를 재생하는 데 필수적인 과정이다(**3장: 세포 구조와 기능** 참조). 한 세포의 수명 주기에는 간기(interphase), 유사분열(mitosis), 세포질분열(cytokinesis)을 포함하고 있다. 간기는 세포분열과 세포분열 사이에 정상적인 기능을 하고 있는 때를 말한다. 간기 동안에 세포는 염색체를 복제하여 분열을 준비한다. 유사분열은 세포의 핵이 나뉘는 것을 말한다. 이 과정 동안 원 세포로부터 복제된 염색체가 분리되고, 두 개의 동일한 핵으로 구성된다. 유사분열은 전기(prophase), 중기(metaphase), 후기(anaphase), 말기(telophase)의 네 시기로 이루어진다. 유사분열은 새롭게 형성된 세포의 핵이, 원래의 세포와 같은 수의 동일한 염색체를 갖도록 하는 것이다. 유사분열 후에 세포질분열이 일어나는데, 이 과정에서 원래 세포의 세포질이 분리되어 두 개의 딸세포를 만들게 된다.

딸세포를 **두배수체**(**diploid**)라고 부른다.

반면에 **감수분열(meiosis)**은 세포분열이 2주기에 걸쳐 일어난다(*meiosis* Ⅰ, *meiosis* Ⅱ). 여기서 각 주기의 Ⅰ, Ⅱ 과정에서 단계를 구분한다[예를 들어, 전기(prophase) Ⅰ, 중기(metaphase) Ⅱ, 등과 같은]. 이 과정에서 23개의 염색체를 포함하는 네 개의 생식세포가 만들어진다. 이 세포들을 **홑배수체(haploid)**라고 부르고, 각 염색체 쌍의 단지 한 측(부 측 또는 모 측)만 포함하고 있다. 남성 홑배수체 생식세포와 여성 홑배수체 생식세포의 핵의 융합이 정상적인 두배수체 염색체를 가진 하나의 세포를 생성한다(46).

임상노트

고환꼬임 Testicular Torsion

고환꼬임은 음낭 통증의 주요 원인이다. 고환의 꼬임은 정삭 부위에서 발생하고, 거의 대부분 바깥쪽에서 안쪽으로 꼬인다. 이러한 꼬임은 보통 고환에 혈액 공급을 저해하고, 심각한 음낭 통증과 복부 통증을 유발한다. 만약 응급 수술이 6시간 내에 수행되지 않는다면 고환을 잃게 될 수 있다. 고환꼬임은 대개 사춘기 때 발생하지만 언제라도 발생할 수 있다. 종종 발병 전에 매우 활동적이거나 격렬한 신체 운동의 병력을 가진다. 진단은 신체검진과 음낭초음파를 통해 이루어진다. 음낭초음파로는 고환의 혈액 공급이 끊긴 것을 확인할 수 있다. 처치로는 외과적 검진과 꼬임 정복이 필요하고, 비뇨기과의사들이 추가적인 꼬임이 발생하지 않도록 양쪽 고환 **고정술**(*pexy*)을 시행할 것이다.

그림 19-3은 정자발생과정에서 감수분열의 역할을 설명하고 있다. 정조세포의 유사분열은 두 개의 일차 정모세포를 생성한다. 일차정모세포는 두배수체 세포이지만, 유사분열보다 감수분열로 나눌 것이다. 일차정모세포는 감수분열을 시작할 준비를 할 때 유사분열을 하는 세포에서 일어난 것처럼 핵 안에서 DNA 복제가 일어난다. 첫 번째 감수분열기(meiosis Ⅰ)의 전기(prophase)에서 염색체는 응축되고 눈에 보이게 된다. 유사분열에서처럼 각 염색체는 두 개의 중복 **염색분체**(*chromatid*)를 구성한다.

이 시점까지 감수분열과 유사분열은 매우 유사하다. 전기 Ⅰ에서 서로 유사한 모성 염색체와 부성 염색체가 짝을 이루게 된다. 이렇게 짝을 이루어지는 과정을 **접합(synapsis)**이라고 한다. 이렇게 해서 23쌍의 염색체가 구성되는데, 각 쌍을 구성하는 하나의 염색체는 복제에 의해 형성된 두 개의 동일한 염색분체로 구성되어 있는 것이다. 네 개의 염색분체로 어우러진 세트를 **사분염색체(tetrad)**라고 부른다. 이때 염색체 쌍의 모 측과 부 측 염색분체 사이에서 유전적 물질 교환이 일어날 수 있다. 이러한 교환을 **유전자교환**(*crossing-over*)라고 부르고, 자손 간의 유전적 다양성을 증가시킨다. 전기 Ⅰ은 핵막이 사라지면서 끝이 난다.

중기 Ⅰ 동안에는 사분염색체가 중기판(metaphase plate)을 따라 일렬로 정렬하게 된다. 후기(anaphase) Ⅰ의 시작될 때 모 측가 부 측 염색체는 분리되고 사분염색체도 깨지게 된다. 이것이 유사분열과 감수분열에서의 가장 큰 차이이다. 유사분열에서는 각 딸세포가 모 측과 부 측 모두 복제된 염색체 중 하나의 복제본(one copy)을 받게 된다. 그러나 감수분열 Ⅰ에서는 모 측 또는 부 측 염색체 중에서 어느 하나를, 복제된 형태(two copies)로 딸세포가 받게 된다.

후기 Ⅰ이 과정이 진행됨에 따라, 사분염색체로 구성된 모 측과 부 측 염색체는 무작위로 분포하게 된다. 예를 들어, 대부분의 모측 염색체는 하나의 딸세포가 될 수 있고 대부분의 부 측 염색체는 또 다른 세포가 될 수 있다. 결과적으로 말기(telopase) Ⅰ은 모 측과 부 측 염색체의 고유한 조합으로 구성된 두 개의 딸세포의 형성으로 끝나게 된다. 고환에서 감수분열 Ⅰ에 의해 만들어진 딸세포를 **이차정모세포(secondary spermatocytes)**라고 한다.

모든 이차정모세포는 23개의 염색체를 포함하고 있으며 각각은 두 개의 중복 염색분체로 구성된다. 중복 염색분체는 **감수분열 Ⅱ (meiosis Ⅱ)** 동안 분리된다. 감수분열 Ⅰ과 감수분열 Ⅱ 사이를 분리하는 간기(interphase)는 매우 짧다. 이 시기 동안 DNA 복제는 없다. 이차정모세포는 바로 감수분열 Ⅱ로 들어가고, 감수분열 Ⅱ의 완성은 네 개의 미성숙 생식세포인 **정자세포(spermatid)**를 생산하는 것이다. 정자세포는 크기가 동일하고 23개의 염색체를 갖고 있다. 요약하자면 모든 두배

그림 19-3 **정자발생과정. 정세관에서 일어나는 과정임.** 염색체의 세 단계 변화 과정을 보여주고 있음. 일차정모세포의 두배수체는 감수분열을 거쳐 네 개의 홑배수체를 가진 정모세포로 분열. 이후 각 정모세포는 정자로 발달함.

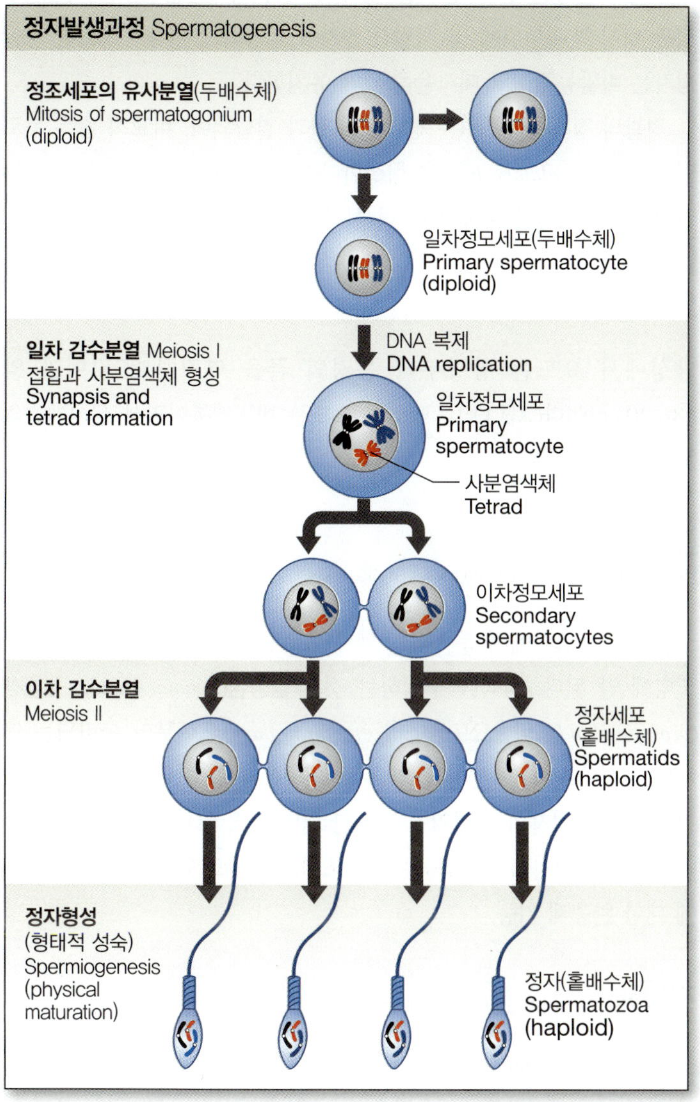

수체 일차정모세포는 감수분열을 통해 네 개의 홑배수체 정자세포를 만든다(그림 19-3).

정자형성(SPERMIOGENESIS). **정자형성(spermiogenesis)**에서는 각 정자세포(spermatid)가 단일의 **정자(spermatozoon** 혹은 sperm cell)로 성숙하게 된다. 정조세포분열부터 성숙한 정자를 배출하는 정자발생(spermatogenesis)의 전체 과정은 약 64일이 소요된다.

영양세포는 정자발생(spermatogenesis)과 정자형성에 중요한 역할을 한다. 감수분열을 하는 정모세포와 정자세포는 정세관에서는 자유롭지 못하다. 이 세포들은 영양세포의 세포질로 둘러싸여 있고, 정세관 안에는 혈관이 없기 때문에 모든 영양분은 주변의 사이질액으로부터 확산된다. 큰 영양세포는 정세관 내의 화학적 환경을 조절한다. 이 세포들은 영양분과 화학적 자극을 제공하여 정자의 생산과 분화를 촉진한다. 그리고 인히빈이라는 호르몬을 생산하여 정자발생을 규제하기도 한다(10장 호르몬 참조).

정자의 해부학적 구조 Anatomy of Spermatozoon

정자(sperm cell 혹은 spermatozoon)는 머리, 목, 중간부위, 꼬리와 같이 네 부위로 나뉜다(그림 19-4). **머리(head)**에는 염색체가 촘촘히 채워진 핵을 포함하고 있다. 머리의 끝 부분에 위치한 **첨단체(acrosome)**는 모자처럼 생긴 구획으로, 수정에 필수적인 효소들을 포함하고 있다. **목(neck)**은 짧고 **중간부위(middle piece)**의 머리쪽과 연결되어 있다. 목은 원래 정자세포(spermatid)가 갖고 있던 양쪽 중심소체를 모두 포함하고 있다. 중간부위에 사립체(미토콘드리아)는 나선형으로 배열되어 있고, 꼬리가 움직이는 데 필요한 ATP를 제공한다. **꼬리(tail)**는 인체에서 유일하게 **편모**(*flagellum*)로 구성되어 있고, 코르크따개(나선형) 모양의 움직임으로 정자세포를 이동하게 한다.

덜 분화된 다른 세포들과는 달리, 성숙한 정자는 세포질그물, 골지기관, 리소좀, 과산화소체와 많은 다른 세포내 소기관들을 갖고 있지 않다. 정자세포는 글리코겐이나 다른 에너지원을 포함하고 있지 않기

그림 19-4 **정자의 구조.** 정자는 전체 길이가 약 60 μm(0.06 mm)이다.

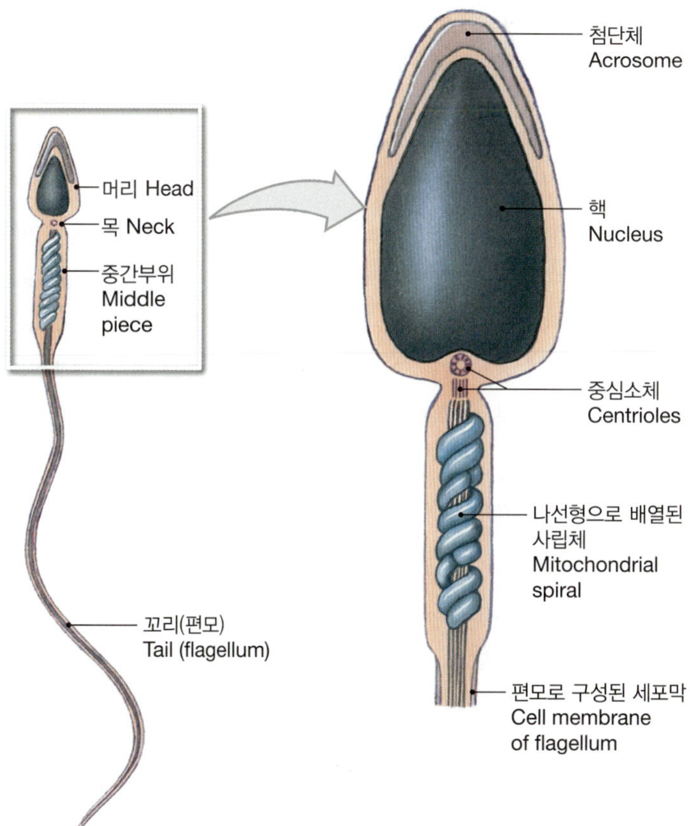

때문에 주변으로부터 영양소(특히 fructose)를 흡수해야 한다.

남성 생식관 The Male Reproductive Tract

고환은 아직 난자와 수정할 능력은 없지만 형태적으로 성숙한 정자를 생산한다. 정자의 기능적 성숙, 영양, 저장 및 수송은 남성 생식계통의 다른 기관들이 담당한다.

부고환 Epididymis

발달후기에 정자는 지지세포들로부터 떨어져나와 정세관의 내강 쪽에 있게 된다. 이 세포들은 성숙한 정자세포와 거의 같은 모양이지만 기능적으로는 아직 미성숙하여 이동을 조정하거나 수정할 수 있는 능력이 없다. 이들은 고환날세관의 섬모(cilila)에서 만들어진 액체의 흐름을 따라 **부고환(epididymis)**으로 이동한다(**그림 19-1**). 부고환은 남성 생식관이 시작하는 부분으로 꼬여진 관 형태로 각 고환의 뒤쪽에 연결된다. 부관환은 음낭의 피부를 통해 만져질 수 있다. 각각의 부고환은 거의 7 m의 길이에 달하지만, 뽀글뽀글 꼬여 있어 공간을 거의 차지하지 않는다.

부고환의 기능은 (1) 정세관에서 생성된 액체의 구성을 조정하고 (2) 손상된 정자를 흡수하며 (3) 성숙한 정자를 보관하고 성숙시킨다. 부고환에 나열되어 있는 세포들은 손상되거나 비정상적인 정자의 세포파편들을 흡수하고 분해한다. 이 물질들은 혈관주변의 사이질액으로 방출되고 혈관으로 들어가게 된다. 정자(spermatozoon) 형성부터 부고환을 거쳐 형태적으로 완전히 성숙하기까지 약 2주가 걸리게 되고, 그 후 정관으로 들어간다.

부고환을 떠난 정자는 형태적으로는 성숙하지만 여전히 움직임이지 않는다. 운동력을 얻고 기능적이 되기 위해서는 **수정능획득(capacitation)**을 거쳐야만 한다. 수정능획득은 (1) 정자가 정낭샘(seminal vesicle)의 분비물과 혼합되고 (2) 여성생식관에 노출된 후에 발생한다. 부고환은 조기 수정능획득을 막기 위한 물질을 분비한다.

정관 Ductus Deferens

정관(ductus deferens 혹은 *vas deferens*)은 길이가 약 40~45 cm이다(**그림 19-1**). 정관은 **정삭**(*spermatic cord*) 안을 따라 배안으로 올라가는데, 정삭은 혈관, 신경, 림프, 정삭을 감싸는 결합조직의 껍질과 근육으로 구성되고 그것들을 고환으로 보내는 역할을 한다. 복강 근육을 통해 이 정삭이 지나가는 길을 고샅굴(**샅고랑**, *inguinal canal*)이라고 부른다.

배안 안쪽에서, 양쪽의 정관은 방광의 가쪽을 지나면서 아래쪽으로 휘어져 요관을 지나 전립샘을 향하게 된다(**그림 19-5a**). 정관의 먼쪽 부풀어진 부위를 **정관팽대**(*ampulla*)라고 한다. 정관을 둘러싼 근육 벽의 연동 수축운동은 관의 길이를 따라 정자와 액체들을 나아가게 한다. 정관 역시 팽대부위에 몇 개월간 정자를 저장하게 된다. 이 기간 동안 정자는 비활동적이고 대사율을 낮게 유지한다.

정관의 정관팽대부위는 정낭샘의 관과 결합되어, 비교적 짧은 통로인 **사정관**(*ejaculatory duct*)을 형성한다(**그림 19-5a**). 이 사정관의 출구는 전립샘의 근육 벽을 관통하여 다른 쪽에서 내려온 요도로 연결된다.

요도 Urethra

남성에서 요도는 방광부터 음경의 끝을 연결하며 길이가 약 18~20 cm이다(**그림 19-1**). 남성의 요도는 비뇨계통이면서 생식계통의 통로 역할을 한다.

부속샘 The Accessory Glands

정세관과 부고환에서 분비되는 액체의 양은 **정액**(*semen*)의 약 5% 정도밖에 안 된다. 정액을 구성하는 것은 **정낭샘**(*seminal gland*), **전립샘**(*prostate gland*), **망울요도샘**(*bulbo-urethral gland*)으로부터 분비되는 액체의 혼합액이다. 이런 샘들의 주요 기능은 다음과 같다. (1) 정자의 활성화, (2) 정자의 움직임에 필요한 영양공급, (3) 생식관 내 정자와 액체를 밀어내기 위한 꿈틀운동의 조절, (4) 요도와 질 내 산성 특성에 대한 완충제 기능.

정낭샘 Seminal Glands, Seminal Vesicles

정낭샘(seminal glands, seminal vesicles)은 대롱샘으로 펼쳤을 때 길이가 약 15 cm이다(**그림 19-1, 그림 19-5a**). 이 샘의 몸통은 꼬이고, 작고 가늘게 겹쳐져서 약 5 cm×2.5 cm의 덩어리 형태가 된다.

정낭샘은 매우 활동적인 분비샘으로, 정액의 약 60%를 구성한다. 이 분비물 안에는 과당, 프로스타글란딘, 피브리노겐 등이 포함되어 있는데, (1) 과당(fructose)은 정자에서 쉽게 대사되는 6탄당이며, (2) 프로스타글란딘(prostaglandins)은 남성 및 여성 생식관 내 민무늬근의 수축을 자극하며, (3) 피브리노겐(fibrinogen)은 사정 후 질 내 일시적인 정액 응고를 형성한다. 정남샘은 약간의 알칼리성을 띠어 산성을 띠는 전립샘 분비물과 질 내 물질의 중화를 돕는다. 성숙하지만 활동성이 없었던 정자는 정낭샘의 분비물을 만나면서 수정능획득의 첫 번째 단계를 거치며 편모를 움직이기 시작하고 활동성이 높아지게 된다.

그림 19-5 정관.

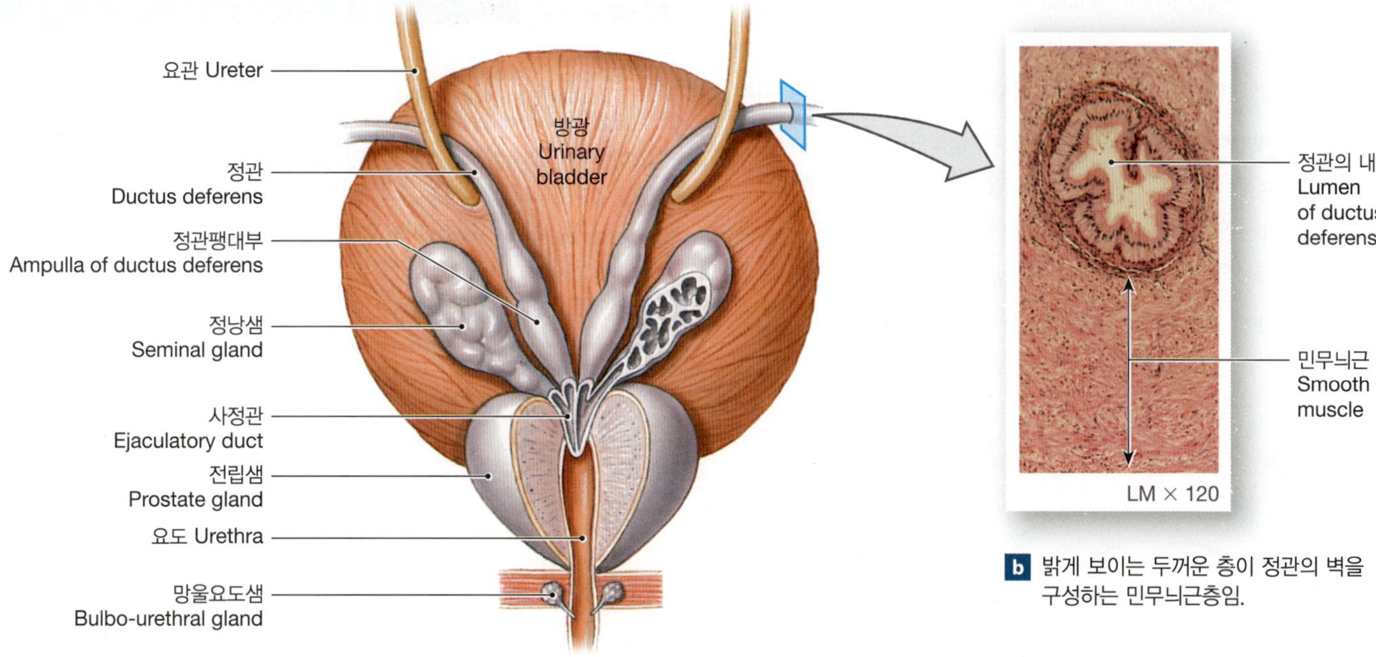

a 정관의 뒤쪽 면으로 관련된 기관들이 보임.

b 밝게 보이는 두꺼운 층이 정관의 벽을 구성하는 민무늬근층임.

전립샘 Prostate Gland

전립샘(prostate gland)는 작고, 근육성의 둥근 기관으로 지름이 약 4 cm 정도이다. 방광의 아래쪽에 놓여 있으며 요도를 감싸고 있다(**그림 19-5a**). **전립샘액**(*prostatic fluid*)은 약한 산성으로 정액의 약 20~30%를 차지한다. 전립샘액을 구성하는 여러 많은 혼합물 중에서 **세미날플라스민(seminalplasmin)**은 항균 단백질로 남성요도의 감염을 예방하는 것으로 알려져 있다. 전립샘액은 전립샘 근육벽의 연동수축 운동으로 요도쪽으로 배출된다.

망울요도샘 Bulbo-Urethral Glands

망울요도샘(bulbo-urethral glands)은 **쿠퍼샘**(*Cowper's gland*)이라고도 하며 한 쌍으로 음경의 기저부에 위치한다(**그림 19-5a**). 이 샘은 끈적이는 알칼리성 점액을 분비하는데, 이는 요도 내 남아 있는 산성물질들을 중화시키고 **음경귀두**(*glans penis*)의 윤활제 역할을 하게 된다.

정액 Semen

정액(semen)은 정자와 남성 생식관의 부속샘들의 분비물이 포함된 액체이다. 일반적으로 **사정**(*ejaculation*)을 통해 2~5 mL의 정액을 분출하게 되는데, 이 액을 **사정액(ejaculate)**이라 하고, 다음과 같은 3가지를 주로 포함하고 한다.

- **정자(*Spermatozoa*). 정자 수(sperm count)**의 정상범위는 정액 1 mL 당 0.2~1억 개이다.
- **정낭액(*Seminal fluid*). 정낭액**은 정액의 액체 성분으로 이온과 영양성분으로 구성된 관상 분비물의 혼합물 형태이다. 정낭액은 정액의 약 60%를 차지한다(전립샘이 30%, 영양세포와 부고환이 5%, 망울요도샘이 5% 미만)
- **효소(*Enzymes*).** 정액에는 여러 중요한 효소들이 포함되어 있다. (1) 단백질분해효소(protease)는 질에서 점액을 녹이는 데 사용한다. (2) 세미날플라스민(*seminalplasmin*)은 전립샘 효소로 다양한 세균을 죽인다. (3) 전립샘 효소는 사정 후 몇 분간 정액을 응고시키는 작용을 한다. (4) 또 다른 효소는 응고된 정액을 나중에 액화시킨다.

외부생식기관 The External Genitalia

남성의 외부생식기관은 음낭과 음경으로 구성되어 있다. **음경(penis)**은 요도의 먼쪽 부위를 포함하는 요세관을 포함하는 기관이다(**그림 19-1**). 소변을 외부로 내보내고 성교를 하는 동안 정액을 여성 질로 안내하게 된다.

음경은 세 개의 주요 부위로 나뉜다(**그림 19-6a**), 뿌리(root)는 음경이 체벽에 고정되어 있는 부위이고, **몸통(body, shaft)**은 발기조직 뭉치들을 포함하는 요세관이 형성되어 있는 부위를 말하며, **음경귀두(glans penis)**는 바깥요도구멍(*external urethral orifice*)을 감싸고 있는 팽창된 말단부이다.

음경을 감싸고 있는 피부는 음낭의 피부와 유사하다. 주름진 피부를 **음경꺼풀(prepuse**, *foreskin*)이라고도 부르며 음경의 끝을 에워싸고 있다(**그림 19-6b**). 음경꺼풀은 상대적으로 좁은 음경의 목에 부착되어 있고 음경귀두까지 이어진다. 목부위 피부에 있는 **음경꺼풀샘**(*preputial glands*)과 음경꺼풀의 안쪽 면에서는 *smegma*(귀두지, 스메그마)라고 하는 끈끈한 물질을 분비한다. 안 좋은 것은 이 스메그마가 세균의 좋은 영양분이 될 수 있기 때문에, 특히 이 부위를 잘 씻지 않으면 염증

임상노트

전립샘염 Prostatitis

전립샘염증(*prostatic inflammation*, prostatitis)은 어느 연령대의 남성에서도 일어날 수 있지만, 대개 나이가 많을수록 더 피해가 크다. 전립샘염은 세균감염으로부터 생기지만 종종 병원체가 없는 경우도 있다. 증상과 징후는 전립샘암과 비슷하고, 아래쪽 허리, 회음, 곧창자 쪽에 통증이 있고, 종종 배뇨통을 동반하며 요도개구부위로 점액분비물이 나오기도 한다. 세균감염으로 인한 대부분의 경우는 항생제요법이 효과적이다.

그림 19-6 **음경.**

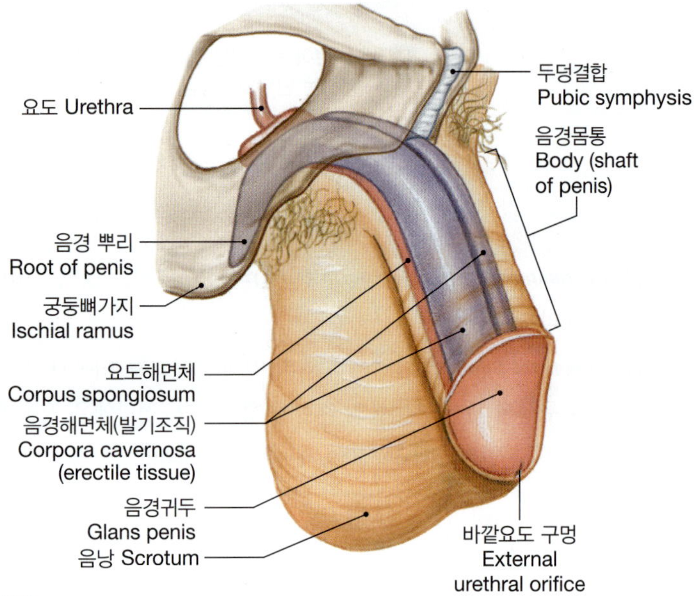

a 음경의 앞 가쪽 면으로 발기조직의 위치를 보여줌.

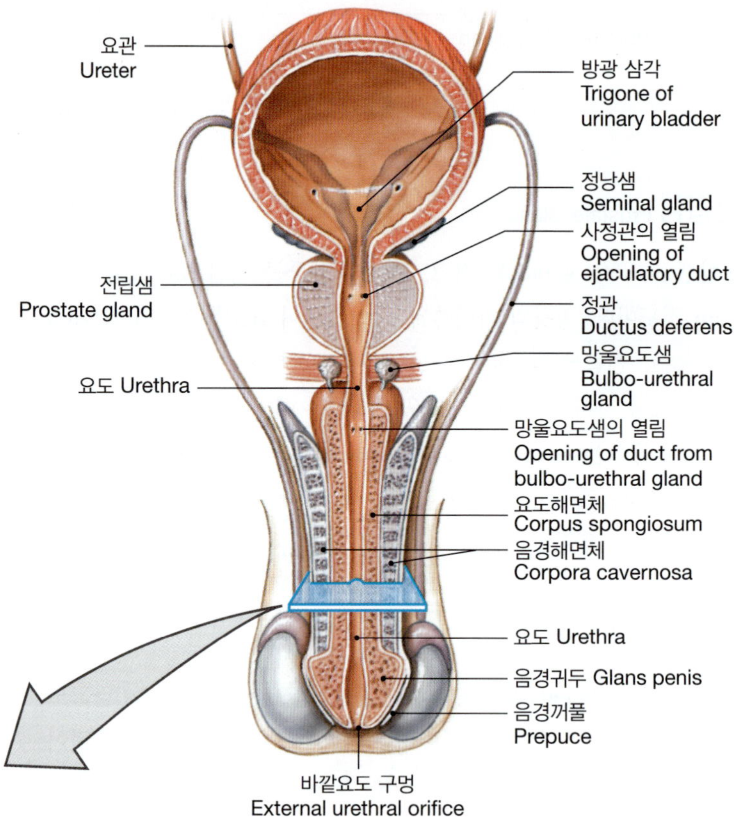

b 음경과 부속기관들의 앞뒤단면.

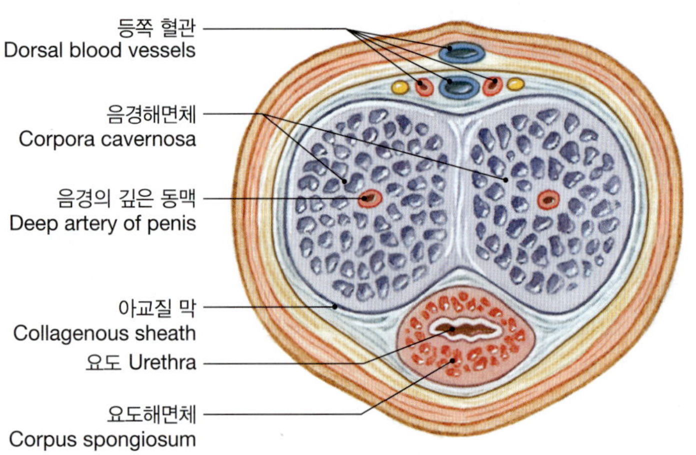

c 음경의 절단면.

집중 조명 그림 19-7 남성 생식의 조절(REGULATION OF MALE REPRODUCTION)

남성의 생식기능은 시상하부, 뇌하수체의 앞엽, 고환에서 분비되는 호르몬의 의해 복합적인 조절을 받는다. 양성 및 음성되먹임 기전의 상호작용은 생애 말기까지 테스토스테론의 수준을 비교적 일정하게 유지시킨다.

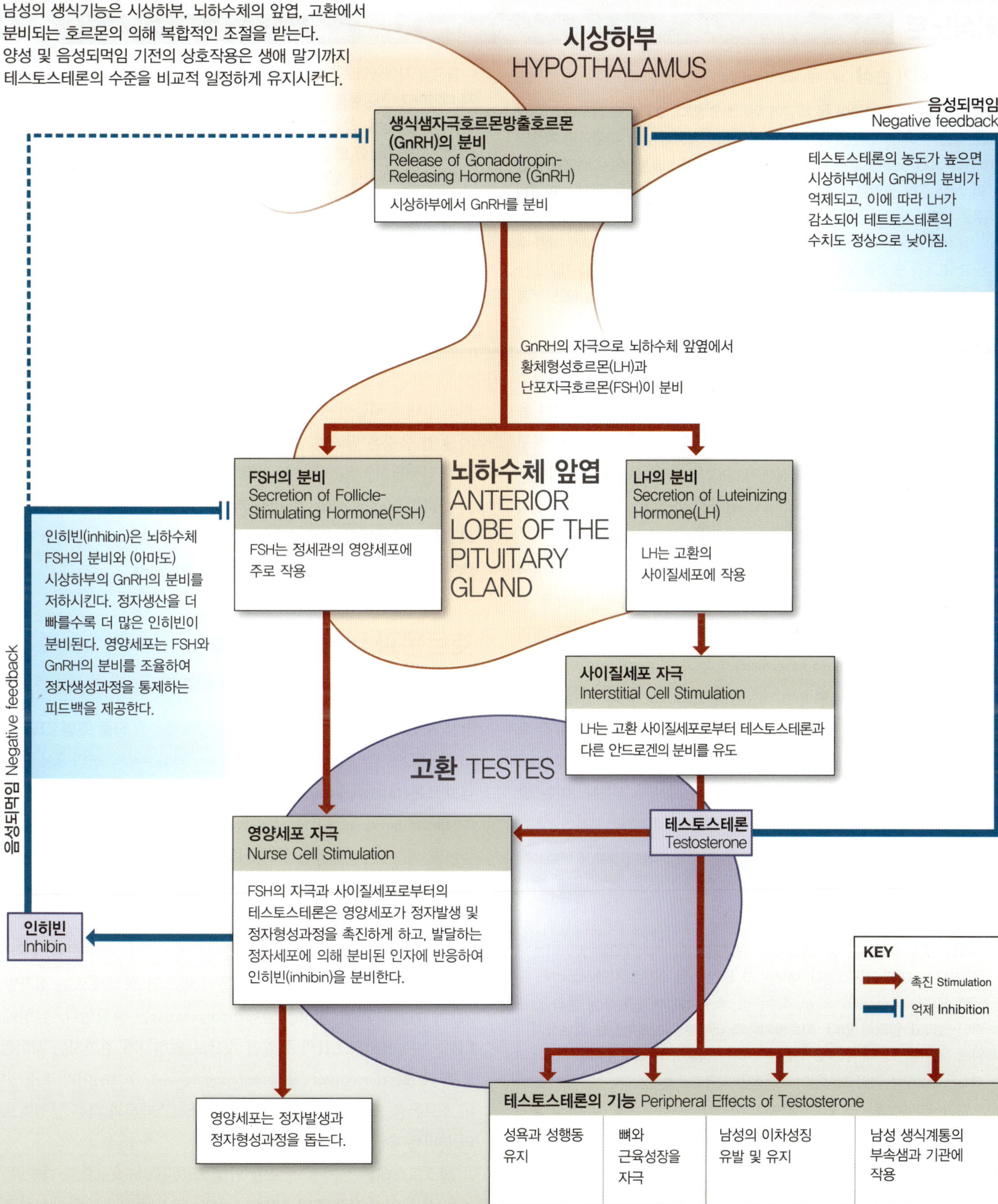

임상노트

남성 생식기 손상 Male Genital Trauma

남성 생식기는 대부분이 몸 바깥에 위치하고 있다. 그럼에도 불구하고 손상은 적은 편이다. 고환은 음낭 안에 있으며 이동성이 높고 바깥막인 백색막(tunica albuginea)은 매우 단단하여, 손상으로부터 보호를 받는다. 고환 손상의 가장 흔한 원인은 직접 차이는 것으로, 대부분 타박상을 입지만 파열될 수도 있다.

음경의 손상은 여러 원인으로 발생할 수 있다. 지퍼에 음경피부가 끼일 수 있고 고통과 출혈을 일으킨다. 미네랄오일과 얼음은 끼인 피부를 제거하는데 도움을 줄 수 있다. 심한 경우, 절단기를 사용하여 지퍼를 열 때는 부분 마취제를 사용해야 한다.

음경의 자해행위로 인한 부상은 흔한 것부터 기이한 것까지 다양하다. 진공청소기는 음경귀두에 큰 부상을 입힐 수 있다. 칼날에 의한 손상은 열상을 입히거나 심지어 절단까지 일으킬 수 있다. 음경이 절단되었을 때는 가능한 한 이식을 통해 치료한다.

음경골절이라고도 불리는 음경해면체의 외상성 파열은, 음경이 발기되었을 때 딱딱한 물체에 강하게 부딪히거나, 직접 차이거나, 비정상적으로 구부릴 때 발생한다. 염발음이 들릴 수도 있고, 음경의 통증, 발기 상실, 급격한 부종, 변색, 변형이 뒤따른다. 음경이 파열되면 영구적인 기능손실을 피하기 위해서 주의를 기울여 수술해야 한다.

이나 감염이 흔하게 발생할 수 있다. 이러한 문제를 피하는 방법이 음경꺼풀을 수술적으로 제거하는 **음경꺼풀절제술**(*circumcision*)이다. 서구(특히, 미국)에서는 대개 태어나자마자 수술을 한다. 음경꺼풀제거술은 요로감염, HIV 감염, 음경암에 걸릴 위험을 낮춘다. 그러나 수술과정에서의 출혈, 감염, 다른 합병증으로 여전히 논란이 있다.

음경의 몸통은 **발기조직(erectile tissue)**인 세 개의 기둥으로 구성되어 있는데(**그림 19-6c**), 발기조직은 탄력 결합조직과 민무늬근육으로 불완전하게 분리된 혈관들의 미로처럼 구성되어 있다. 앞쪽은 두 개의 원통형 **음경해면체(corpora cavernosa)**가 덮고 있고, 이들의 바닥면은 골반뼈의 두덩뼈와 궁둥뼈쪽에 연결되어 있고(**그림 19-6c**) 음경귀두쪽으로 이어진다. 비교적 가느다란 **요도해면체(corpus spongiosum)**가 요도를 둘러싸고 있으며 음경의 끝부분까지 뻗어 음경귀두를 형성한다.

경직된 음경의 발기조직에는 혈액이 거의 흐르지 않는데, 이는 발기조직 내 동맥들이 수축하고 근육성 구획이 팽팽해지기 때문이다. 발기 동안 음경은 딱딱해지고 직립한 자세로 올라가게 된다. 어떻게 발기가 일어날까? 음경동맥을 지배하는 부교감성 신경에는 축삭종말에서 산화질소(nitric oxide, NO)를 분비하는 신경을 포함하고 있다. 이 산화질소가 동맥벽의 민무늬근을 이완시킨다. 이때 혈관은 확장되고 혈액이 증가하면서 혈관 통로들을 채우게 된다.

임상노트

지속발기증 Priapism

지속발기증(*priapism*)은 성적흥분과는 관련이 없이, 지속적으로 일어나는 음경발기로 대개 고통스럽다. 대부분 그 원인은 알 수가 없지만(*idiopathic*), 낫적혈구병(sickle cell disease), 척수손상, 척수마비, 백혈병, 약물 등과 관련이 있다고 알려져 있다. 지속발기증의 대부분은 발기부전을 치료하기 위해 음경해면체 내 주사로 약물을 투여한 경우이다. 척수손상에서 발기지속은 부교감신경이 저항없이 지속적인 자극으로 발생한다.

발기지속에서 발기는 **음경해면체**(*corpora cavernosa*)의 충혈 확장으로 일어난다. **요도해면체**(*corpora spongiosum*)와 음경귀두는 정상 발기에서와 마찬가지로 충혈되지 않는다. 발기지속은 비뇨기응급상황이다. 영구적인 손상을 막기 위해 몇 시간 내 치료를 받아야 한다.

호르몬과 남성 생식기능

Hormones and Male Reproductive Function

남성 생식기능을 조절하는 호르몬의 상호작용은 **집중 조명 그림 19-7**의 모식도와 같다(10장 생식 호르몬 참조). 뇌하수체의 전엽에서 **난포자극호르몬(follicle-stimulation hormone, FSH)**와 **황체형성호르몬(luteinizin hormone, LH)**를 분비한다. 이 호르몬들은 시상하부에서 만들어져 뇌하수체문맥계를 통해 뇌하수체 전엽으로 이동하는 **생식샘자극호르몬분비호르몬(gonadotropin-releasing hormone, GnRH)**의 반응으로 조절된다.

남성에서 FSH는 정세관의 영양세포에서 주로 작용한다. FSH의 자극과 사이질세포의 테스토스테론이 있으면 영양세포는 정자발생(spermatogenesis)과 정자완성(spermiogenesis)을 촉진한다. 남성에서 LH는 여성에서의 LH와 동일한 것으로 밝혀지기 전까지는 **사이질세포자극호르몬**(*interstitial cell stimulating hormone, ICSH*)이라고 불렸다. 이 호르몬은 고환의 사이질세포에서 테스토스테론과 다른 남성호르몬의 분비를 유발한다.

테스토스테론은 가장 중요한 남성호르몬(androgen)으로 다양한 기능을 갖고 있다(**집중 조명 그림 19-7**). 테스토스테론 생성은 태아 7주경에 시작되어 6개월 후에 최고조에 이른다. 테스토스테론 수치가 초기에 급증하는 것은 남성 생식계통과 부속 기관의 분화를 자극하고 중추신경계통(CNS)의 발달에 영향을 미친다. 테스토스테론의 분비는 태어날 때는 낮지만, 성 성숙이 시작되고 이차성징이 보이는 사춘기 때 현저하게 가속화된다. 성인 남성에서 음성되먹임 기전이 테스토스테론 생산을 조절한다(**집중 조명 그림 19-7**).

체크포인트

4. 남성 생식기 구조를 나열하시오.
5. 따뜻한 날에, 고환올림근은 수축될까 이완될까? 그 이유는?
6. 음경 안의 동맥이 확장되면 어떤 일이 일어나는가?
7. 낮은 FSH 수치는 정자 생성에 어떤 영향을 미치는가?

책 뒷면에 있는 파란색 정답 탭을 참조.

19-3 난자는 난소에서 발생하고 뇌하수체와 난소에서의 호르몬이 여성 생식기능을 조절한다

학습목표 여성 생식계통의 구성 요소에 대하여 설명한다. 난소에서 일어나는 난자 발생 과정을 설명한다. 난소주기와 자궁주기에 대해 설명한다. 여성 생식주기에 대해 설명한다.

여성 생식계통은 성호르몬과 생식세포를 생산하여 배아가 발달과정을 보호하고 지지하며 신생아에게 영향을 공급한다. 여성 생식계통을 구성하는 주요 기관으로는 **난소**(*ovary*), **자궁관**(*uterine tube*), **자궁**(*uterus*), **질**(*vagina*)과 외부생식기가 있다(**그림 19-8a**). 남성처럼 여러 부속샘이 있고 생식관으로 물질을 분비한다.

난소 The Ovaries

양쪽에 존재하는 난소는 골반안의 가쪽 벽에 위치하고 있는 작고, 덩어리 형태의 아몬드 모양의 기관이다(**그림 19-8b**). 난소는 세 가지 중요한 기능이 있다. (1) 여성생식세포인 난자를 만든다. (2) 에스트로겐(estrogen)과 프로게스테론(progesterone)을 포함한 여성호르몬을 분비한다. (3) 뇌하수체에서 FSH 생산을 제어하는 데 관여하는 인히빈을 분비한다.

일반적으로 **난소(ovary)**는 납작한 난원형으로 길이가 약 5 cm, 폭이 약 2.5 cm이며 두께는 8 mm 정도이다. 색은 옅은 백색이나 황색을 띠고 있으며, 연질치즈(작은 알갱이들이 들어 있는 하얀 치즈)나 덩어리진 오트밀과 같이 생겼다.

각 난소는 **자궁넓은인대**(*broad ligament*)라고 부르는 창자간막과 양쪽의 지지인대에 의해 고정되어 있다. 이 창자간막은 자궁관과 자궁도 감싸고 있다. 난소의 양쪽 지지인대 중에서 **고유난소인대**(*ovarian ligament*)는 자궁을 연결하고 **난소걸이인대**(*suspensory ligament*, 지지인대)는 골반벽과 연결된다. 난소걸이인대는 **난소동맥**(*ovarian artery*)과 **난소정맥**(*ovarian vein*)과 같은 주요 혈관을 포함하고 있다.

난자발생 Oogenesis

난자발생(oogenesis) 또는 난자형성은 여성이 태어나기 전에 시작된다. 이 과정은 사춘기 때 가속화되고 **폐경기**(*menopause*)에 끝나게 된다. 사춘기와 폐경기 사이에 난자형성은 **난소주기**(*ovarian cycle*)에 따라 매달 난소에서 일어난다.

난자형성과정은 **그림 19-9**와 같다. 여성의 **난조세포(oogonia)**라고 하는 생식줄기세포는 태어나기 전에 유사분열을 끝낸다. 난조세포의 딸세포 또는 **일차난모세포(primary oocyte)**는 태아 발생 3개월부터 7개월 사이에 감수분열을 시작하고, 이는 감수분열 I(meiosis I)기의 전기까지 이어진다. 그러고 나서 각각의 세포들은 사춘기에 도달할 때까지 이 상태를 유지하게 된다. 모든 일차난모세포가 사춘기까지 살아남는 것은 아니다. 태어날 때는 대략 2백만 개이지만 사춘기 때는 약 40만 개가 남게 되고, 나머지 일차난모세포는 **폐쇄**(*atresia*)라는 과정으로 사멸한다.

난소에서 감수분열에 있어서의 핵에 일어나는 현상은 고환에서와 같지만 다음 두가지 중요한 차이점이 있다.

1. 일차난모세포의 세포질은 감수분열하는 동안 균일하게 분포하지 않는다. 난자형성은 세포질의 대부분을 차지하는 하나의 **이차난모세포(secondary oocyte)**와 나머지 기능이 없는 세 개의 작은 **극체(polar body)**를 만들고 이 극체들은 나중에 분해되어 없어진다.
2. 난소는 성숙한 생식세포가 아니라 이차난모세포를 배출한다. 이 이차난모세포는 감수분열 II(meiosis II)의 중기에 머물게 되며, 이차 감수분열은 수정 후에야 끝나게 된다.

난포발생 Follicle Development

난소난포(ovarian follicle)라고 하는 특수한 구조는 난모세포가 성장하고 난자발생 중 감수분열 I 과정이 일어나는 곳이다. 난소의 바깥쪽으로 일차난모세포 군집이 있고 이들은 단층의 **난포세포**(*follicle cell*)로 둘러싸여 있는데, 이러한 조합을 **원시난포(primordial follicle)**라고 한다(**그림 19-10 ①**). 사춘기가 시작되면 원시난포는 이미 발달한 다른 난포들과 결합하기 위해 계속 활성화된다. 이러한 활성화 과정은 잘 알

그림 19-8 여성 생식계통.

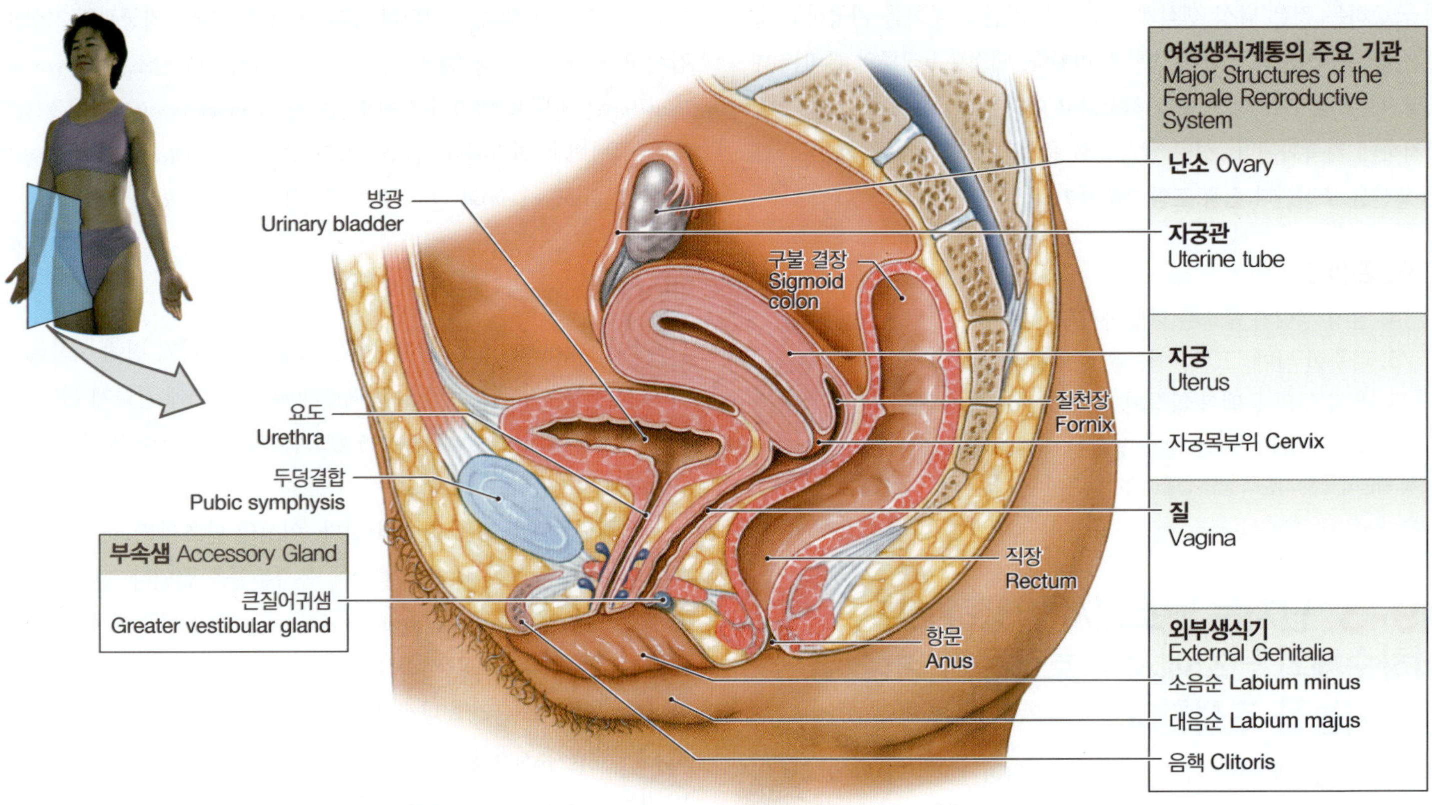

a 여성 생식기관의 시상단면.

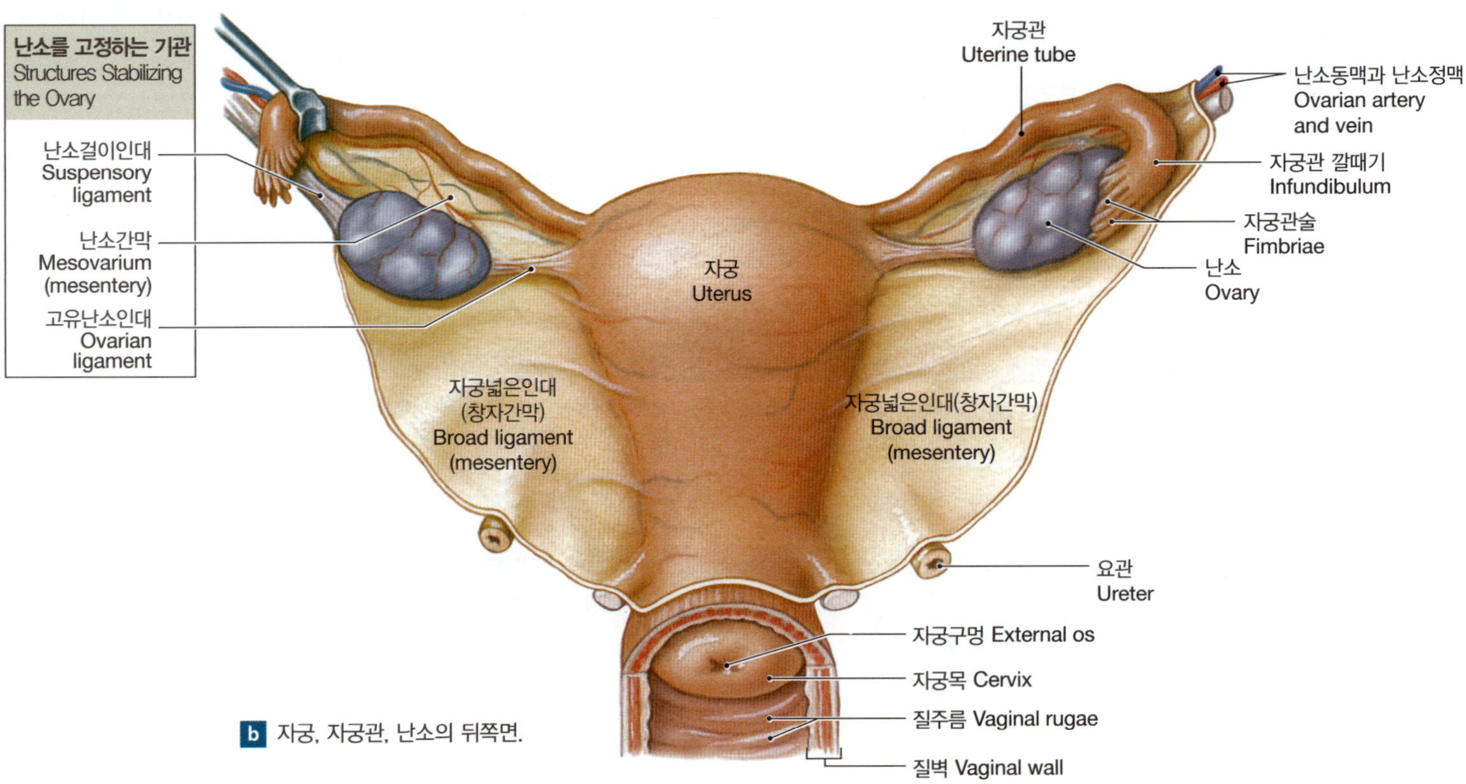

b 자궁, 자궁관, 난소의 뒤쪽면.

그림 19-9 난자발생. 난자발생과정에서 각 두배수체 일차난모세포는 감수분열을 통해 하나의 홑배수체인 이차난모세포와 두 개 혹은 세 개의 기능이 없는 극체를 만든다.

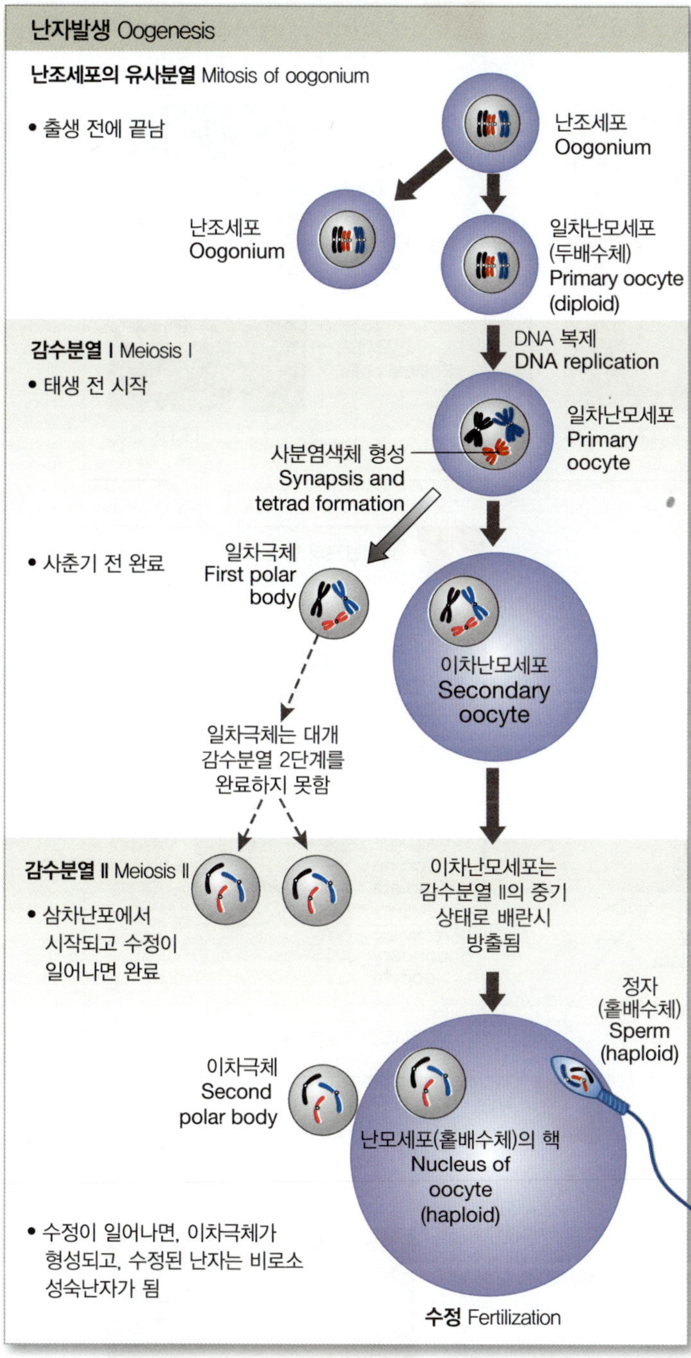

려져 있지 않지만 난소에 국소 호르몬이나 성장인자가 관여할 것으로 생각된다. 활성화된 원시난포는 계속 성숙해서 이차난모세포가 되거나 폐쇄 과정을 거쳐 사멸된다.

난포발달의 초기단계에 걸리는 시간은 다양하지만 완성까지 거의 1년이 걸릴 수 있다. 난포발달은 원시난포가 **일차난포(primary follicle)**로 활성화되는 것으로 시작한다(그림 19-10 ②). 난포세포는 성장하는 일차난모세포 주위에서 커지고, 분열하며 여러 층의 세포를 만들게 된다. 이 세포들은 에스트로겐(estrogen)이라고 하는 성호르몬을 생산하기 시작한다. 난포세포 주변의 미세융모와 난모세포 표면에서 기원하는 미세융모와 섞여 있는 부위를 **투명층(zona pellucida)**이라고 부른다. 이 미세융모는 난포세포 쪽에서 성장하는 난모세포 쪽으로 물질들을 이동시키는 데 유용하도록 표면적을 증가시킨다.

많은 원시난포가 일차난포까지 성장하지만, 그중 몇몇 일차난포만 성장 과정을 더 이어나간다. 이 변화는 난모세포에서 생성되는 성장인자가 조절하게 되고, 난포벽이 두꺼워지기 시작하면서 **이차난포(secondary follicle)**로 성장하게 된다(그림 19-10 ③).

이어지는 두세 달 동안에 난포 벽은 계속해서 성장하고, 더 깊은 부위에 있는 난포세포들은 난포액을 분비하기 시작한다. 이 액체는 난포의 안쪽 세포막과 바깥쪽 세포막 사이에 축적된다. 이차난포 전체는 크기가 두 배로 커져서 **삼차난포(tertiary follicle)**가 된다. 삼차난포는 **소포난포**(*vesicular follicle*)라고 하며 계속해서 성장하고 난포액을 축적한다.

난소주기 The Ovarian Cycle

삼차난포는 28일간의 **난소주기(ovarian cycle)**의 일환으로 성숙을 마칠 준비를 하게 된다. 난소주기는 **난포기(follicular phase**, 또는 배란전단계)와 **황체기(luteal phase**, 또는 배란후 단계)로 나뉜다. 배란을 중심으로 각 단계는 약 14일이 걸린다.

난포기(THE FOLLICULAR PHASE). 각 난소주기의 시작은 한쪽 난소에 더 성숙하게 될 몇몇 삼차난포만 포함하게 된다. FSH의 자극으로 이들 난포 중 하나가 난소주기 5일째 우위를 점하면서 작은 난포들을 흡수하고 크기가 갑자기 커진다. 이 삼차난포를 **성숙난포**(*mature graafian follicle*)라고 하고 직경이 약 15~20 mm에 이른다(그림 19-10 ④). 이 과정은 10~14일째 일어나는데, 난소의 표면에 팽창된 돌출로 나타난

임상노트

배란통 Mittelschmerz

배란은 종종 중간 단계에서 **배란통**(*mittelschmerz*)이라고 알려진 복통을 동반한다. 이것은 배란 시에 난포가 파열되거나 출혈로 인해 복막을 자극하여 통증으로 나타난다. 대개 배사분원의 한쪽 아래쪽 배부위의 통증이 중간 단계에서만 특징적으로 동반되기도 한다. 일부 여성에서는 열이 없을 수 있지만, 일반적으로 배란할 때 체온이 상승되고 이는 월경시작 전날까지 유지된다. 치료는 증상에 따른다.

그림 19-10 난포 발달 및 난소주기. 사진은 난포의 발달 단계에 따른 변화를 보여주고 있다. 삼차난포는 난소주기에 진입하게 된다. 그림에는 난포의 발달, 배란, 퇴행의 다양한 단계를 상대적 크기로 표현하고 있다. 난포가 난소의 주위를 물리적으로 움직이는 것은 아니다.

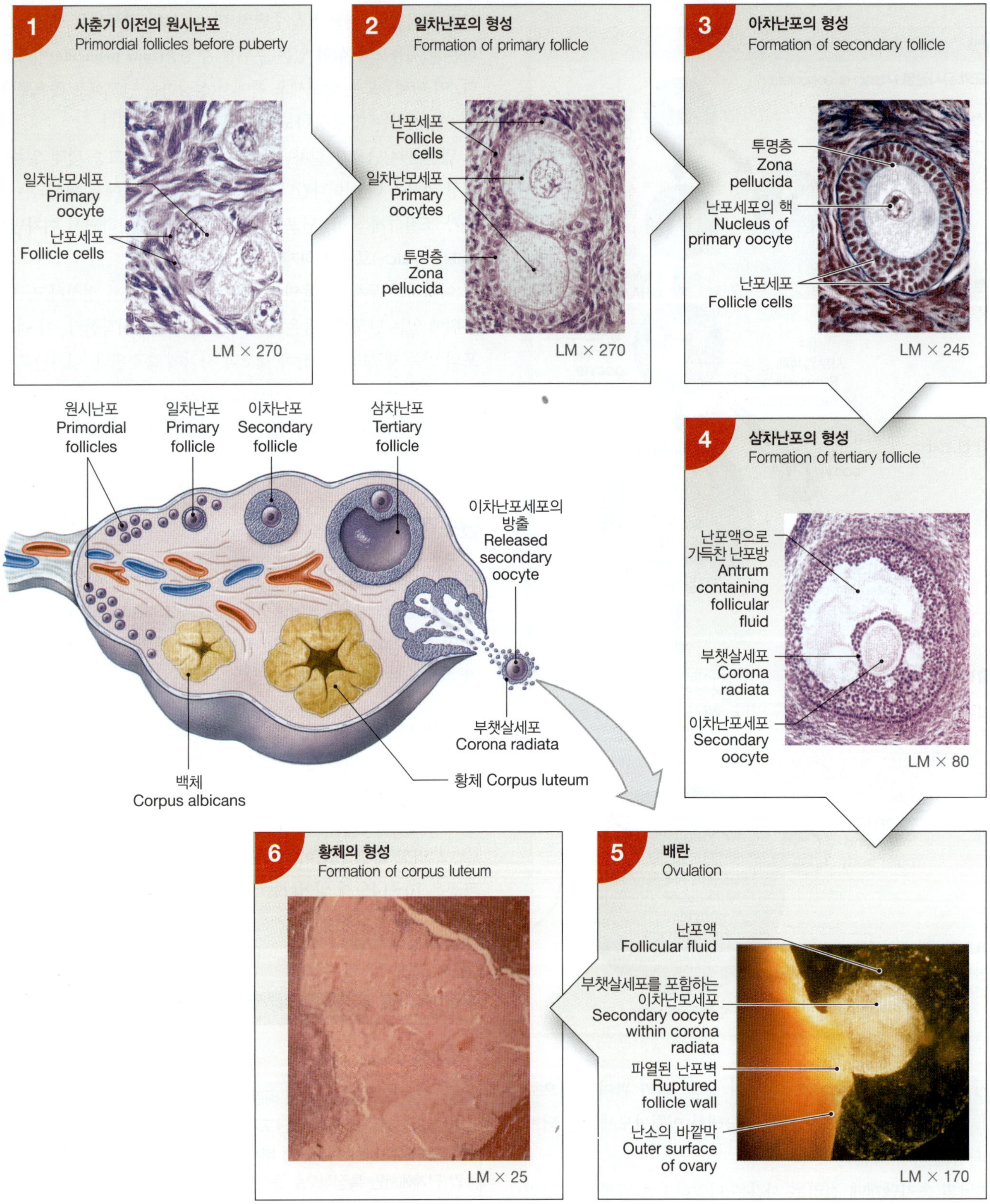

다. 난자세포와 이를 둘러싼 난포세포들은 **난포방(antrum)**의 중앙부위에 돌출되어 부풀어 있게 된다.

이 상태까지 일차난모세포는 전기 I(prophase I) 단계에 머물러 있게 된다. 삼차난소의 성숙이 끝날 무렵 LH가 증가되어 일차난모세포가 감수분열 I을 끝내도록 한다. 이때 이차난모세포(그리고 작은 극체)가 만들어지고(**그림 19-9**), 이차난모세포는 감수분열 II를 시작해서 중기에 멈추게 된다. 감수분열 II는 수정이 일어나야만 끝나게 된다.

일반적으로 난소주기 14~28일까지는 이차난모세포와 그것을 둘러싼 난포세포들이 난포벽으로부터 연결을 끊고 난포방에 부유하게 된다. 지금은 난자를 둘러싼 난포세포를 **부챗살관**(*corona radiata*)이라고 한다.

배란(OVULATION). **배란(ovulation)**은 삼차난포에서 이차난모세포를 배출하는 과정이다(**그림 19-10 ⑤**). 확장된 난포벽이 파열되어 이차난모세포를 포함한 내용물을 골반안으로 배출하게 된다. 끈적한 난포액은 파열된 난포벽 근처에서 부챗살관들이 난자의 주변에 계속 붙어 있도록 해준다. 자궁관의 돌기와 그것을 감싸는 섬모상피세포에서 분비하는 액체의 흐름에 따라 이차난모세포는 자궁관 내로 쓸려 들어오게 된다.

황체 단계(THE LUTEAL PHASE). 14일간의 황체 단계는 배란과 함께 시작된다. 비어진 난포는 줄어들고 그 공간을 남아 있던 난포세포들이 채우면서 **황체(corpus luteum)**라고 하는 내분비를 만드는 구조물을 만들게 된다(**그림 19-10 ⑥**). 황체는 프로게스테론(progesterone)을 분비하여 황체 단계를 유지하도록 한다. 수정이 이루어지지 않으면 황체는 배란 12일 후에 퇴화하기 시작한다. 남아 있는 황체의 반흔성 조직을 **백체**(*corpus albicans*)라고 부른다. 황체의 붕괴는 난소주기의 끝을 의미한다. 새로운 난소주기는 또 다른 그룹의 삼차난포가 선택되고 FSH의 자극으로 빠르게 커지고 발달하여 성숙난포가 되는 것으로 시작된다.

임상노트

난소낭종파열 Ruptured ovarian cysts

난소낭종은 액체로 채워진 주머니로, 난소에서 발달하는 동안 파열될 수 있고 복통의 한 원인이 되기도 한다. 난자가 배출된 난소낭을 **황체낭**(*corpus lutem cyst*)이라고 한다. 때때로 낭종은 배란과 무관하게 발생한다. 난소낭종이 파열되면 소량의 혈액이 배안으로 유출되고, 이 혈액이 배막을 자극시키기 때문에 복통과 반동압통의 원인이 될 수 있다. 난소낭종은 정기적인 골반검진에서 발견된다. 그러나 현장에서는 중간 정도부터 심한 정도까지의 배부 가쪽 통증을 호소하고 이는 등쪽으로 방사되기도 한다. 이러한 환자는 종종 성교통증, 불규칙한 월경, 또는 연장된 월경주기의 병력을 보이기도 한다. 성교나 신체운동 중에 파열되는 경우도 드물지 않게 나타나고, 이때 심각한 복통은 성교나 신체활동을 즉시 멈추게 한다. 파열된 난소낭종은 질출혈과 관련이 있을 수 있다.

자궁관 The Uterine Tubes

양쪽 **자궁관(utrine tube**, 또는 *fallopian tube, oviduct*)은 각각 길이가 약 13 cm 정도이다. 난소쪽 끝은 확장된 깔때기(**자궁관깔때기**, *infundibulum*)를 형성하고 있는데, 여러 개의 손가락 모양의 돌출이 골반강 쪽으로 뻗어 난소에 걸쳐져 있다(**그림 19-8b**). 이렇게 돌출된 부위를 **자궁관술(fimbriae)**이라고 부른다. 자궁관술과 자궁관의 안쪽 표면은 자궁 쪽으로 향해 있는 섬모로 이루어진 카펫으로 덮여 있다.

난자는 섬모운동과 자궁관 벽의 연동운동으로 이동하게 되는데, 대개 자궁안까지 이동하는데 3~4일이 걸린다. 만약 수정이 일어나려면 이차난모세포는 이 과정에서 정자를 처음 12~24시간 동안 만나야 한다. 수정하지 않은 난모세포는 감수분열을 끝내지 못하고 자궁관이나 자궁에서 퇴화하게 된다.

자궁관의 상피층에는 섬모세포 이외에도 **못세포**(*peg cell*)와 점액을 분비하는 세포를 포함하고 있다. 못세포에서 분비하는 액체는 정자의 수정능획득을 완성하고 정자와 발달하는 **초기배아**(*pre-embryo*, 수정후 초기 분열에 위해 생성된 세포 집단)에 영양을 공급한다.

자궁 The Uterus

자궁(uterus)은 발달하는 **배아**(*embyo*, 1~8주)와 **태아**(*fetus*, 9주-분만)를 보호하고 영양을 공급하고 노폐물을 제거한다. 또한 자궁의 근육 수축은 출산시 태아를 내보내는 데 중요한 역할을 한다.

자궁은 전형적으로 작고 배 모양으로, 길이 7.5 cm, 직경 5 cm 정도이며(**그림 19-8b**), 무게는 약 30~40 g이다. 여러 인대와 창자간막이 자궁을 고정하고 있다. 정상적인 위치에서 자궁의 바닥부 부위는 앞쪽으로 구부러진다(**그림 19-8a**).

자궁은 자궁몸통과 자궁목의 두 부위로 구성된다(**그림 19-11**). **자궁몸통(body)**은 가장 큰 부위로, 몸통 위쪽의 둥근 부위를 바닥부(*fundus*)라고 하고 자궁관이 연결된다. 자궁몸통의 가쪽 끝은 **자궁관잘록(isthmus)**이라고 하는 좁아지는 부위에서 끝난다. **자궁목(cervix)**은 자궁의 아래쪽에 위치하며 질 쪽으로 짧게 돌출되어 있다. 질 쪽으로 돌출된 입구(구멍)를 **바깥자궁구멍(external os)**라고 하고 **자궁강(uterine cavity)** 쪽으로 열려진 구멍을 **안쪽자궁구멍(internal os)**이라 한다.

자궁벽은 안쪽에 **자궁내막(endometrium)**과 근육층인 **자궁근층(myometrium)**으로 구성되고 바깥쪽으로는 장측복막인 **자궁바깥막(perimetrium)**이 감싸고 있다(**그림 19-11**). 자궁내막은 자궁안의 상피층

임상노트

자궁내막염 Endometritis

자궁내막염(*endometritis*)이라고 하는 자궁 안쪽의 염증은 종종 유산, 출산 또는 경관확장과 자궁소파술과 같은 산부인과적 시술의 합병증으로 나타난다. 흔히 알려진 증상과 징후는 약한 정도부터 심한 정도까지의 아래쪽 복통, 출혈, 악취를 동반한 분비물, 발열 등이 포함된다. 증상의 발현은 산부인과적 수술이나 유산 후 48~72시간에 주로 나타난다. 이러한 감염은 종종 골반염증성질환의 발현처럼 보이며, 적절한 항생제로 빨리 치료하지 않으면 상당히 심각해질 수 있다. 자궁내막염의 합병증은 불임, 패혈증 또는 죽음까지 초래할 수 있다.

과 그 기저부의 일부 결합조직을 포함한다. **자궁샘**(*uterine glands*)은 자궁내막샘(*endometrial glands*)이라고도 하며, 자궁내막 표면으로 개구하며 자궁근층 근처의 깊은 결합조직층까지 이어진다. 자궁근층은 두꺼운 짜여진 형태의 민무늬근 세포로 구성된다. 출산하지 않은 성인 여성의 경우 자궁벽의 두께는 약 1.5 cm 정도이다.

자궁내막은 표면의 **기능층**(*functional zone*)과 자궁근층 근처 깊은 부위의 **바닥층**(*basilar zone*)으로 구성된다. 바닥층의 구조는 시간이 지남에 따라 비교적 일정하게 유지되는 반면, 기능층은 성호르몬의 수준에 반응하며 주기적으로 변하게 된다. 이러한 변화가 월별 자궁주기의 특성을 만들어낸다.

자궁주기 The Uterine Cycle

자궁주기(**uterine cycle**, *menstral cycle*)는 자궁내막 구조의 반복적인 변화이다. 자궁주기는 사춘기와 함께 시작되고 첫 번째 시작을 **초경**(**menarche**)이라고 한다. 대개 11~12세에 시작되어 45~55세까지 이어지며, 마지막 월경을 끝으로 **폐경**(**menopause**)이 일어난다. 그 사이에 규칙적인 월경주기는 질병, 스트레스, 기아, 임신과 같은 상황에 의해서만 중단된다.

월경(MENSES). 자궁주기는 **월경**(**mense**)의 시작과 함께 시작된다. 월

그림 19-11 자궁. 자궁, 자궁관, 난소의 뒷면, 왼쪽은 단면을 보여주고 있다.

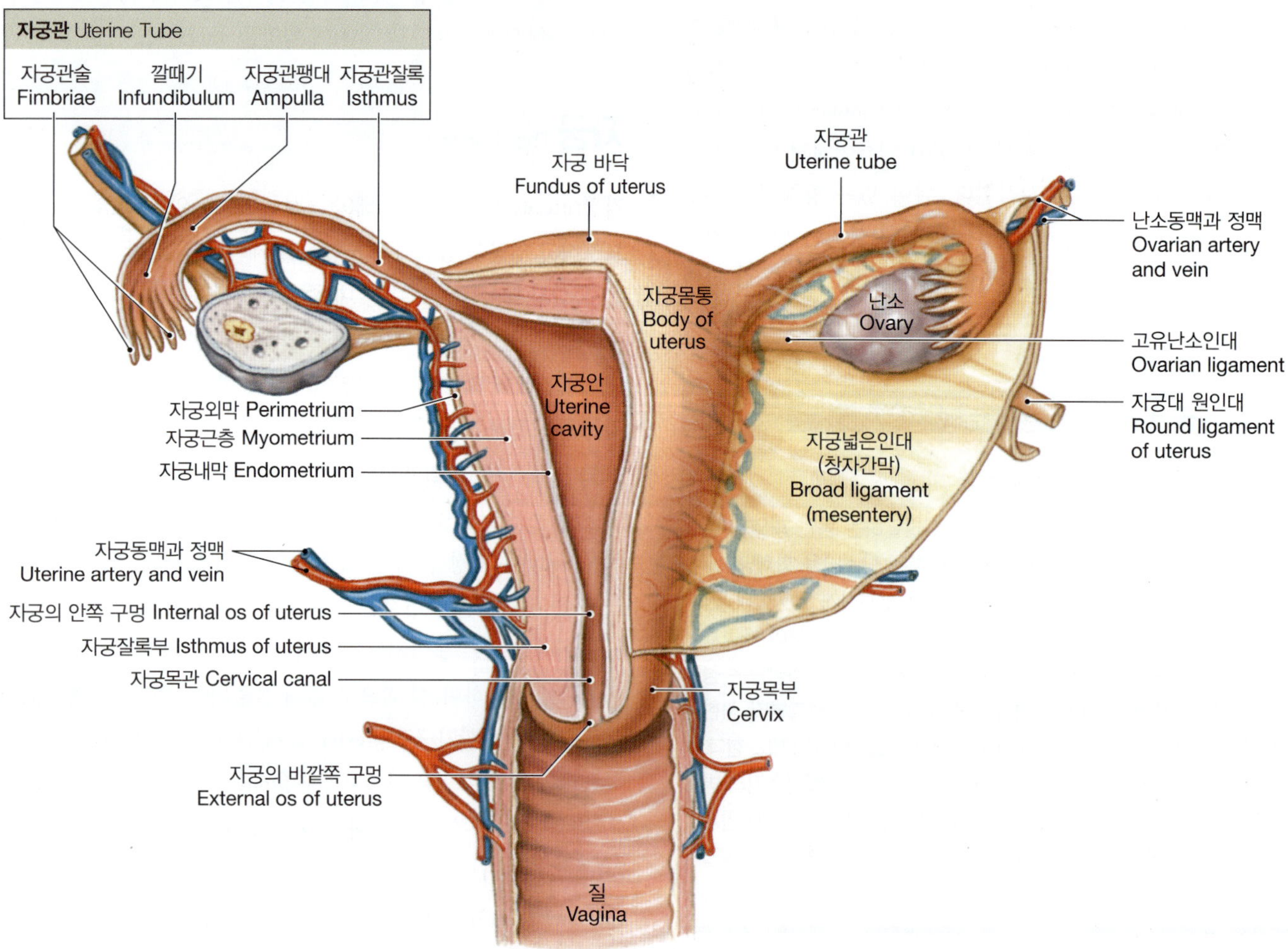

임상노트

자궁내막증 Endometriosis

자궁내막증(*endometriosis*)은 자궁내막 조직이 자궁 이외의 장소에서 발견되는 질환을 의미한다. 대부분 배부위와 골반에서 발견되지만 중추신경계와 허파를 포함한 사실상 신체의 모든 곳에서 발견된다. 부위와 상관없이, 조직은 생리 주기와 관련된 호르몬 변화에 반응하여 주기적으로 출혈이 일어난다. 이러한 출혈은 주변조직에 염증, 흉터, 그리고 유착으로 이어지게 되는데, 특히 골반강 내에서 일어난다.

자궁내막증은 주로 30세에서 40세 사이의 여성들에게서 나타나며 폐경 후 여성들에게는 거의 나타나지 않는다. 정확한 원인은 알려지지 않았다. 가장 흔한 증상은 보통 월경과 관련되어 둔하고 경련성 골반 통증을 보인다. 성교 통증과 비정상적인 자궁 출혈도 흔하게 보고된다. 자궁내막 조직이 위장관을 침범하여 통증성 장운동이 동반되었다는 보고도 있다. 자궁내막증은 환자가 불임 여부를 검사할 때 흔히 진단된다. 확정적 치료에는 호르몬, 진통제 및 소염제를 이용한 내과적 처치와 또는 다른 장기의 과도한 자궁내막 조직이나 유착을 제거하는 수술이 포함될 수 있다.

임상노트

골반염질환 Pelvic Inflammatory Disease, PID

아마도 비외상성 부인과 통증의 가장 흔한 원인은 골반염질환(PID)일 것이다. PID는 세균, 바이러스, 또는 곰팡이에 의해 유발될 수 있는 여성 생식기의 감염을 말한다. 가장 일반적으로 자궁, 나팔관, 난소가 포함된다. 때때로 복막과 창자와 같은 인접 구조물들도 관여하게 된다. PID는 가임기 여성 복통의 가장 흔한 원인이고 그 인구의 1%에서 발생한다. 성적으로 활동적인 15~24세의 여성에게서 감염률이 가장 높다. PID의 가장 흔한 원인은 임질(*Neisseria gonorrohoeae*) 또는 클라미디아(*Clamydia trachomatis*)이고, 드물게 사슬알균이나 포도알균이 PID를 유발할 수 있다. 일반적으로, 임질이나 클라미디아는 PID로 발전될 때까지 발견되지 않고 진행된다(**그림 19-12**).

선행요인에는 복수의 성 파트너, PID 병력, 최근 부인과 시술 또는 IUD(자궁내장치)가 포함된다. 나팔관의 감염 후 손상은 불임의 흔한 원인이다. PID는 급성 또는 만성으로 나타날 수 있다. 치료하지 않고 진행되도록 내버려 두면 패혈증이 발생할 수도 있다. 또한 PID는 골반 기관끼리 서로 붙어 있는 유착을 유발할 수 있다. 이러한 유착은 만성 골반 통증의 일반적인 원인이며 불임과 자궁외 임신의 빈도를 높인다.

골반염을 동반한 환자가 증상이 없는 경우도 있겠지만, PID 환자는 대부분 복통을 호소하는데, 대개 미만성으로 아랫배 부위에 나타난다. 중등도에서 심한 정도까지 나타나기 때문에 때때로 충수염과 구별을 하기 어려울 수 있다. 통증은 생리 전이나 생리 후에 심해질 수 있다. 이는 성교 동안 자궁경부의 움직임이 불편함을 증가시켜 악화될 수 있다(dysparenuia). PID 환자는 걸으면 통증이 심해지므로 발을 질질 끌며 걷는 경향이 있다. 심각한 경우, 발열, 오한, 메스꺼움, 구토 또는 패혈증이 동반되기도 한다. 때때로, 환자들은 심한 냄새를 풍기고, 종종 노란색의 질 분비물과 불규칙한 월경이 나타나며, 월경사이 출혈(midcycle bleeding) 또한 흔하다.

자궁주기는 평균 28일이지만 건강한 사람의 경우 21일에서 35일 사이이다. **월경**(*menses*), **증식기**(*proliferative phase*), 그리고 **분비기**(*secretory phase*)의 세 단계로 이루어져 있다.

임상노트

월경불규칙 Menstrual Irregularity

월경불규칙은 흔한 일이다. 정상적인 생리 흐름은 보통 일주일 미만 지속된다. 평균적으로 약 35 mL의 혈액이 손실된다. 생리 중에 비정상적인 자궁출혈을 초래하는 장애를 **기능장애 자궁출혈**(*dysfunctional uterine bleeding*)이라고 한다. 이것은 배란이 일어나지 않은 주기와 관련된다. 생리의 부재를 무월경이라고 한다. 임신은 무월경의 가장 흔한 원인이고, 호르몬 인자도 종종 자주 관련이 있다. 월경이 시작되면서 발생되는 골반통증을 **월경통**(*dysmenorrhea*)이라고 부른다. 대개, 그 불편함은 월경이 시작되기 직전에 시작해서 이틀 후에 끝난다. 월경통은 경구 피임약을 복용하는 대부분의 여성들에게서 개선된다.

경은 자궁내막의 기능층의 퇴화로 나타나는 시기이다. 이 과정은 황체가 붕괴되면서 프로게스테론과 에스트로겐의 수치 감소에 의해 촉발된다. 자궁내막 동맥은 위축되어 이 부위로 가는 혈류를 감소시킨다. 기능층에 산소와 영양분이 고갈되고, 분비샘, 상피세포와 다른 조직들이 죽기 시작한다. 결국 약해진 동맥 벽이 파열되고 혈액이 기능층의 결합 조직 밖으로 쏟아져 나온다. 혈액세포와 퇴화된 조직들이 빠져나와 자궁강으로 들어가고 질을 통해 밖으로 빠져나간다. 조직의 분리는 기능층이 모두 상실될 때까지 계속된다. 이 과정을 **월경(menstruation)**이라고 한다. 대개 1~7일까지 걸리고 약 35~50mL의 혈액이 손실된다. **월경통**(*dysmenorrhea*)은 자궁의 염증, 자궁근수축("cramps") 또는 인접한 골반 내 구조물의 상태에 따라 나타날 수 있다.

증식기(THE PROLIFERATIVE PHASE). **증식기(proliferative phase)**는 월경

후 며칠 안에 시작된다. 자궁샘의 살아남은 상피세포는 자궁내막의 표면에 증식하고 퍼진다. 이 회복 과정은 또 다른 난모세포의 성장으로 분비되는 에스트로겐 수치 상승에 의해 자극된다. 배란이 일어날 때쯤, 기능층은 몇 밀리미터 두께가 되고, 새로운 자궁샘 구조는 글리코겐이 풍부한 점액을 분비한다. 또한 전체 기능층은 더 커진 자궁근으로부터 뻗어 나온 작은 동맥들로 채워진다.

분비기(THE SECRETORY PHASE). 자궁주기 중 **분비기(secretory phase)** 동안, 자궁내막은 발달 중인 배아의 도착을 준비한다. 자궁샘은 커지고 분비량이 증가한다. 이것은 황체에서 분비되는 프로게스테론과 에스트로겐에 의한 자극 때문이다. 분비 단계는 배란부터 시작해서 황체가 온전하게 남아 있는 한 지속된다. 분비 활동은 배란 약 12일 후에 최고조에 달하고, 다음 날이나 이틀에 걸쳐서 분비샘의 활동은 감소하고 자궁주기는 끝난다. 새로운 주기는 월경 시작과 기능층의 붕괴로부터 시작된다.

질 The Vagina

질(vagina)은 자궁과 외부 사이에 뻗어 있는 탄력성, 근육성 기관이다. 외부생식기에 의해 경계되는 **질전정**(*vestibule*, 질어귀)으로 열린다(**그림 19-8a**). 질의 길이는 일반적으로 7.5~9 cm이고, 지름은 높은 팽창성으로 다양하다. 자궁의 자궁경부가 질로 돌출된다(**그림 19-11**). 자궁경부 돌출부를 둘러싼 얕은 홈을 **질천장(fornix)**이라고 한다(**그림 19-8a**). 질은 직장과 평행하고 그 둘은 후방에서 밀접하게 접촉하고 있다. 요도는 방광에서부터 질 윗벽을 따라 질전정(질어귀) 안으로 열리는 요도구멍까지 이어진다.

임상노트

무월경 Amenorrhea

16세가 되었는데도 월경이 일어나지 않거나 정상적인 월경주기가 6개월 또는 그 이상 중단된다면 무월경 상태를 의미한다. 일차성 **무월경**(*primary amenorrhea*)은 월경이 시작되지 않는 것이다. 이것은 난소가 기능을 하지 않거나, 자궁이 없거나, 호르몬이나 성적 장애와 같이 발달에 이상이 있음을 나타낸다. 영양실조로부터 올 수도 있다; 렙틴(leptin)의 수치가 너무 낮다면 사춘기가 늦어질 수 있다.

심한 신체적 또는 감정적 스트레스(급격한 체중감소, 신경성식욕부진, 심한 우울이나 애도)는 일시적 이차성 **무월경**(*secondary amenorrhea*)을 유발할 수 있다. 사실상 생식계통에 기능정지가 발생한 것이다. 마라톤 선수나 고된 훈련으로 체지방이 심하게 감소된 여성들에게서 무월경이 나타나기도 한다.

질 벽은 혈관과 민무늬근 층을 포함하고 있다. 안쪽 벽은 자궁경부샘의 점액 분비물과 투과성 상피로부터 나오는 물에 의해 촉촉하게 된다. **처녀막(hymen)**은 다양한 크기의 탄성 상피주름으로 부분적으로 질 입구를 막고 있다. 처녀막은 일반적으로 첫 성관계, 탐폰 사용, 골반 검사 또는 신체 활동 중에 늘어나거나 찢어진다. 두 개의 **망울해면체근**(*bulbospongiosus muscle*)은 질 입구 양쪽을 따라 뻗어 있다. 이 근육의 수축은 질을 수축시킨다(p. 224, **그림 7-17a** 참조). 이 근육들은 질 입구 양쪽의 발기 조직 덩어리인 **질어귀망울**(*vestibular bulb*)을 덮는다(**그림 19-12**).

질은 세 가지 주요 기능을 가지고 있다. (1) 월경액을 제거하기 위한 통로 역할을 한다. (2) 성교 중에 음경을 받고 정자를 자궁으로 이동하기 전에 잡아둔다. (3) 분만 중에 태아가 통과하는 산도의 하부를 형성한다.

질에는 정상적으로 상재균이 존재하고, 이들은 자궁경부 점액에 있는 영양소를 이용한다. 이러한 세균의 대사 활동은 산성 환경을 조성하여 많은 병원균의 성장을 억제한다. 질 관의 염증인 **질염**(*vaginitis*)은 일반적으로 곰팡이, 세균, 또는 기생충에 의해 발생한다. 그 이외에도 어떤 이상 상태는 정자의 생존율을 낮추어 생식력을 감소시킬 수 있다.

그림 19-12 여성의 외부생식기. 왼쪽은 소음순이 제거되어 발기조직(질어귀망울)과 큰질어귀샘을 보여주고 있다.

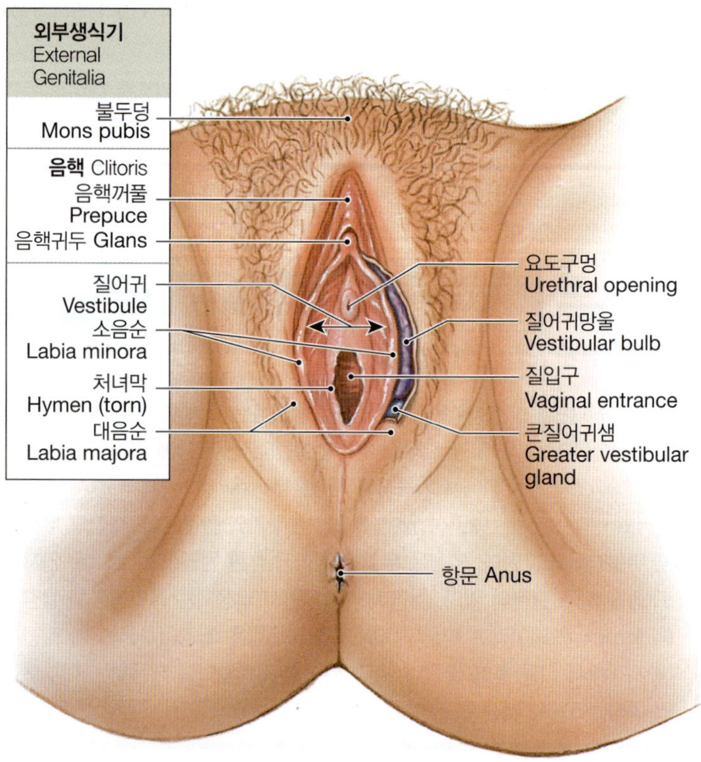

외부생식기 The External Genitalia

여성의 외부생식기가 있는 부위를 **외음부**(**vulva**, 또는 *pudendum*)라고 한다(그림 19-12). 질은 **소음순**(**labia minora**, 단수, *labium minus*)에 의해 경계가 설정된 중심 공간인 **질어귀**(**vestibule**)로 열린다. 소음순은 매끄럽고 털이 없는 피부로 덮여 있다. 요도는 질 입구 바로 앞의 전정 속으로 열린다. 요도 개구부 앞쪽에 **음핵**(**clitoris**)이 전정으로 돌출되어 있다. 음핵은 남성의 음경과 동일한 배아 구조에서 파생된다. 내부적으로는 음경의 음경해면체와 유사한 발기조직을 포함하고 있다. 작은 발기성 **음핵귀두**(*glans*)가 꼭대기 부위에 있다. 질어귀망울은 전정의 옆면에 있는 발기성 조직이다. 이는 남성 음경의 요도해면체와 유사하고, 성적 흥분 동안 혈액으로 채워진다. 소음순의 연장이 음핵의 몸체를 감싸서 **음핵꺼풀**(*prepuce*, 또는 *hood*)을 형성한다.

다양한 수의 **작은질어귀샘**(**lesser vestibular gland**)이 전정의 노출된 표면에 분비물을 배출하여 전정을 촉촉하게 유지시킨다. 성적 흥분 동안, **큰질어귀샘**(**greater vestibular gland**)의 분비물이 한 쌍의 관을 따라 질 입구 근처의 전정으로 배출된다(그림 19-8). 이 점액샘은 남성의 망울요도샘과 유사하다.

불두덩과 대음순은 외음의 바깥쪽 경계를 형성한다. **불두덩**(**mons pubis**)의 불룩하게 돌출된 부분은 치골결합(두덩결합)의 앞쪽 피부 아래에 있는 지방조직에 의해 생성된다. 지방조직은 **대음순**(**labia majora**, 단수, *labium majus*)에 축적되며, 이는 대음순과 및 전정 구조를 둘러싸고 있다.

젖샘 The Mammary Glands

갓 태아난 아기는 아직 스스로 살아갈 수 없다. 유아는 모체의 **젖샘**(**mammary gland**)에서 분비되는 모유로부터 영양분을 얻는다(그림 19-13). 모유 생산 또는 **젖분비**(**lactation**)는 이러한 젖샘에서 일어난다. 여성에서 젖샘은 피부계통이 특수하게 분화된 기관으로, 생식계로부터 분비되는 호르몬과 배아와 태아에 영양을 공급하는 기관인 태반(*placenta*)으로부터 분비되는 호르몬에 의해 조절된다.

양쪽 유방은 피부 아래의 **지방 조직**(*pectoral fat pad*)이라고 하는 피하조직 내에 유샘이 포함되어 있다. 각 유방에는 **유두**(젖꼭지, **nipple**), 즉 기저 유샘 관이 신체 표면으로 열리는 작은 원뿔형 돌출부가 있고, 각각의 유두를 둘러싸고 있는 적갈색의 피부를 **젖꽃판**(유륜, **areola**)이라고 한다. 젖꽃판 표면 아래에 있는 큰 피지샘은 오돌토돌한 질감을 준다.

젖샘의 샘조직은 엽으로 나뉘고, 그 엽은 다시 소엽으로 나뉘며 소

그림 19-13 왼쪽 가슴의 젖샘. 젖샘 내에 샘조직이 엽을 구성하고, 모유를 생산한다.

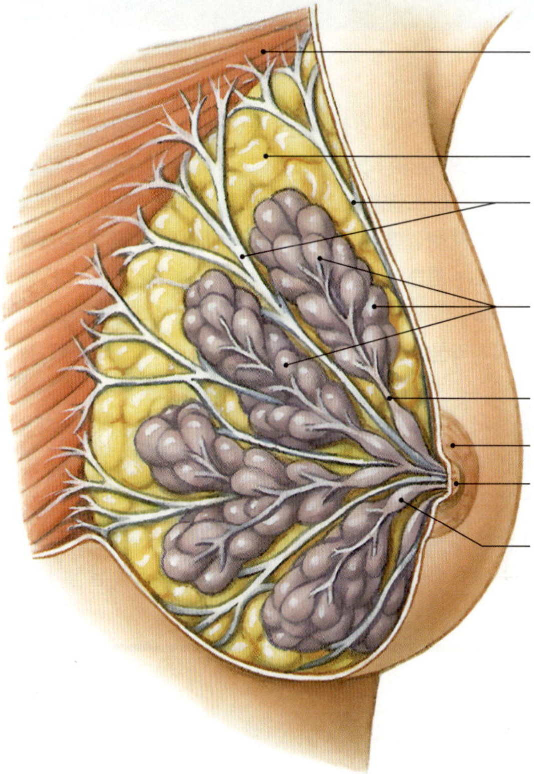

엽이 젖을 포함하는 관으로 구성되며, 소엽에서 빠져나오는 관이 합쳐져서 하나의 **젖샘관**(**lactiferous duct**)이 된다. 이 관은 유두 근처에서 **젖샘관팽대**(**lactiferous sinus**)라고 하는 확장된 공간을 형성한다. 일반적으로 15~20개의 젖샘관팽대가 각각 유두 표면으로 열린다.

임상노트

유방의 호르몬 영향 Endocrine Effects on the Breast

사춘기 때 에스트로겐 분비가 증가하면 유방 **젖샘**(*mammary gland*)의 성장을 자극한다. 또한 임신을 하면, 태반에서 많은 양의 에스트로겐이 분비되어 젖샘관의 성장을 자극한다. 한번 젖샘관 계통이 발달하고 나면, **프로게스테론**(*progesterone*)은 최종적으로 유방이 젖을 분비할 수 있도록 분화를 일으키게 된다. 그러나 에스트로겐과 프로게스테론은 유방을 발달시키지만, 모유의 분비는 억제한다.

프로락틴(*prolactin*)이 모유의 생성을 유발하는데, 이 호르몬은 임신 5주째부터 상승하기 시작하여 분만 때까지 지속된다. 태반이 분만되면, 에스트로겐과 프로게스테론의 수치가 현저하게 떨어지고, 유방은 모유를 분비하기 시작한다. 마지막으로, 모유는 옥시토신에 의한 자극으로 인해 젖꼭지로 떨어지거나 배출된다. 아기가 젖을 빨면 감각 자극이 시상하부에 전달되어 옥시토신 분비가 일어난다.

임상노트

유방암 Breast Cancer

유방암(breast cancer)은 젖샘에서 발생한 전이율이 높은 악성종양이다. 유방암의 약 90%는 젖샘의 분비관과 젖샘소엽에서 시작한다. 이를 각각 **관암종**(*ductal carcinomas*) 및 **소엽암종**(*lobular carcinomas*)이라고 한다. 만약 종양세포가 관이나 엽의 바깥과 주변 조직으로 퍼진다면, 그 암은 **침습관암종**(*invasive ductal*) 또는 **침습소엽암종**(*lobular carcinoma*)이라고 불린다. 전이되지 않은 암은 **제자리**(*in situ*)암종이라로 부르며, **제자리관암종**(*ductal carcinoma in situ*), **제자리침습소엽암종**(*lobular carcinoma in situ*)으로 알려져 있다.

유방암은 35세에서 45세 사이의 여성들에게서 주요 사망 원인이지만 50세 이상의 여성들에게서 가장 흔하다. 미국 여성의 약 12%가 일생 중 어느 시점에서 유방암에 걸릴 것으로 추정된다. 위험요인으로는 (1) 유방암 가족력, (2) 30세 이후의 첫 임신, (3) 빠른 초경 및 늦은 폐경이 있다. 남성에서 유방암은 매우 드물지만, 미국에서 매년 약 400명의 남성이 이 질 병으로 사망한다.

치밀결합조직이 젖샘관 주변을 싸고 있고, 이는 엽과 소엽 사이에 중격을 형성한다. 이러한 결합조직을 **젖샘걸이인대**(*suspensory ligaments of the breast*)라고도 하며, 피부의 진피층에서 기원한다. 한 층의 성긴결합조직은 유샘복합체를 그 아래에 있는 가슴근육으로부터 분리한다.

호르몬과 여생생식주기

Hormones and the Female Reproductive Cycle

집중 조명 그림 19-14는 여성 생식의 조절을 보여주고 있다. 남성에서와 마찬가지로 뇌하수체와 생식샘호르몬 모두 생식계통의 활동을 조절한다. 그러나 여성에서 조절되는 패턴은 남성보다 훨씬 더 복잡하다. 여성의 경우, 순환하는 호르몬은 난소와 자궁의 주기를 조절하고 이것이 **여성생식주기(female reproductive cycle)**로 하여금 모든 생식 활동의 적절한 기능을 하도록 한다.

호르몬과 난포기 Hormones and the Follicular Phase

난소주기에서 **난포기(follicular phase**, 배란전기)는 뇌하수체의 전엽에서 분비하는 FSH가, 성장하고 있는 작은 삼차난포 그룹들 가운데 우세한 삼차난포의 빠른 성장을 자극하면서 매달 시작된다(**그림 19-10**). 난포세포가 커지고 증식하면서, 그들은 **에스트로겐(estrogen)**이라고 알려진 스테로이드 호르몬을 분비한다. 에스트로겐 중 가장 중요한 것은 **에스트라디올(estradiol)**이다. 에스트로겐은 다양한 기능을 하는데 (1) 뼈와 근육의 성장을 자극하고, (2) 털 및 지방조직 침착과 같은 여성의 이차성징을 가져오고 유지하며, (3) 중추신경계통 활동(특히 시상하에서 성적욕구를 증대시킴)에 영향을 주며, (4) 부속 생식샘과 기관들의 기능을 유지하고 (5) 자궁내막의 재생과 성장을 시작하게 한다.

집중 조명 그림 19-14는 난소활동의 호르몬 조절을 보여주고 있다. 초기 난포기 때 에스트로겐과 인히빈(inhibin) 수치는 매우 낮다. 에스트로겐과 인히빈은 FSH와 LH의 분비에 상호보완적인 영향을 미친다. 낮은 수치의 에스트로겐은 LH와 FSH의 분비를 억제한다. 난포가 성장을 계속할수록 난포세포와의 수와 분비활성이 증가하여 순환하는 에스트로겐과 인히빈의 농도가 높아진다. 삼차난포가 발달됨에 따라 인히빈의 음성되먹임 기전으로 인해 FSH 농도는 감소하고, 에스토로겐은 꾸준히 증가한다. FSH 농도가 서서히 감소함에도 불구하고 에스트로겐, FSH, LH의 조합은 난포의 발달과 성숙을 계속해서 지원한다.

에스트로겐 농도는 난소주기의 두 번째 주에 급격히 증가하며 삼차난포가 발달하고 배란을 준비하게 된다. 에스트로겐의 급격한 증가는 시상하부에 작용하여 GnRH의 생성을 자극하여 FSH와 LH의 분비로 이어진다. 뇌하수체는 또한 GnRH에 더 민감해지고 FSH와 LH의 상승에 기여한다. 난소주기의 대략 10일에, 에스트로겐이 LH 분비에 미치는 영향도 억제에서 자극으로 바뀐다. 약 14일째, 에스트로겐 수치는 삼차난포의 성숙과 함께 최고조에 달한다. 높은 에스트로겐 농도는 뇌하수체의 전엽에서 LH의 대량 방출 또는 급증을 일으키고, 이 LH의 급격한 증가가 난포벽을 파열하고 배란을 유발하게 된다.

임상노트

피부모양기형낭종(유피낭종) Dermoid Cysts

여성 생식계통의 종양 중 흥미로운 것이 기형종이다. 기형종은 크게 세 부류로 나뉘는데 (1) 양성(성숙형), (2) 악성(미성숙형) 그리고 (3) 고도로 분화된 monodermal 형이다. 양성 기형종의 대부분은 낭포성이고 흔히 **피부모양기형낭종**(*dermoid cysts*)이라고 불린다. 이 낭종들은 피부로 덮여 있고 보통 피지의 치즈형 물질로 채워져 있다. 종종, 낭종 안에 빽빽한 털과 치아가 발견될 수 있다. 낭종의 벽은 각화된 편평상피로부터 발생한다. 더 복잡한 낭종에서는, 배아 세포층이 연골, 뼈, 갑상샘 조직, 또는 기관 형성을 일으킬 수도 있다.

피부모양기형낭종의 기원은 수세기 동안 흥미로운 문제였다. 몇몇 낭설로 마녀, 악몽, 또는 악마와의 간통 등이 원인이라고 하기도 했다. 흥미롭게도 모든 양성난소기형종의 핵형은 46, XX(정상 여성)이다. 피부모양기형낭종은 보통 쉽게 제거되며 난소와 자궁관에 드물게 나타난다.

호르몬과 황체기 Hormones and the Luteal Phase

난소주기의 **황체기(luteal phase)** 또는 **배란후기**(*postovulatory phase*)는, 높은 LH 수치가 배란을 촉발하고 남아 있는 난포세포들을 자극하여 황체를 형성하면서 시작된다. 황체의 노란 빛은 스테로이드 호르몬인 프로게스테론을 만드는 지질에서 비롯된 것이다. 프로게스테론은 황체기의 주요 호르몬으로, 자궁내막의 혈액 공급 및 분비샘의 성장과 발달을 자극하여 자궁을 임신에 대비시킨다. 프로게스테론은 대사 활동을 촉진하고 기초 체온도 높인다.

LH 수치는 단지 이틀 동안만 상승된 상태로 유지되는데, 이 동안 황체의 형성을 자극하기에 충분하다. 프로게스테론 분비는 그 다음 주 동안 비교적 높은 수준으로 지속된다. 그러나 임신이 일어나지 않으면 황체는 퇴화되기 시작한다. 배란 후 대략 12일 후에, 황체는 작동하지 않게 되고, 프로게스테론과 에스트로겐 수치가 현저하게 떨어진다. 이러한 감소로 인해 시상하부에서의 GnRH의 분비가 더 이상 억제되지 않고 증가한다. GnRH의 분비증가는 뇌하수체 전엽에서 FSH 생성을 증가시키면서 다시 난소주기가 시작된다.

호르몬과 자궁주기 Hormones and the Uterine Cycle

황체의 퇴화에 따라 프로게스테론과 에스트로겐의 감소는 월경기를 초래한다(**집중 조명 그림 19-14**). 자궁내막 조직의 손실은, 에스트로겐 수치가 상승되어 자궁내막 기능층의 재생을 자극할 때까지 며칠 동안 지속된다.

증식기는 프로게스테론 수치의 상승으로 분비기를 일으킬 때까지 계속된다. 에스트로겐과 프로게스테론의 조합은 자궁의 분비샘을 증식시켜 분비물의 증가를 유발한다.

호르몬과 체온 Hormones and Body Temperature

배란 시 기초체온(BBT)은 급격히 떨어지고, 다음 날 기온이 크게 올라간다(**집중 조명 그림 19-14**).

LH를 검출하는 소변 검사를 이용할 수 있다면, 배란 예측 전 며칠 동안 매일 검사를 통해 LH의 상승을 보는 것이 기초 체온(basal body temperature, BBT)보다 배란을 더 확실하게 확인할 수 있다. 수정은 일반적으로 배란 후 하루 이내에 이루어지기 때문에 이 정보는 임신을 피하거나 촉진하려는 사람들에게 매우 중요할 수 있다. 그 이후에는 난모세포의 생존력과 성공적인 임신 가능성이 현저하게 감소한다.

임상노트

불임 Infertility

불임(infertility, *sterility*)은 보통 적절한 시기에 성관계를 1년 동안 유지함에도 불구하고 임신하지 못하는 것으로 정의된다. 불임 문제는 비교적 흔히 발생한다. 미국에서 결혼한 부부들의 약 10~15%가 불임이고, 다른 10%는 원하는 만큼의 아이를 가질 수 없다. 불임 치료가 주요 의료 산업이 된 것은 놀랄 만한 일이 아니다. 생식생리학에 대한 최근의 전문적 이해를 바탕으로, 적은 정자 수, 비정상적인 정자, 부적절한 모성 호르몬 수치, 난소부터 자궁까지 난모세포를 생산하고 운반하는 문제, 막힌 자궁관, 비정상적인 난모세포, 비정상적인 자궁 환경 등 다양한 불임 문제에 대한 새로운 해결책을 제공한다. 이러한 문제를 해결하기 위한 절차를 **보조적 생식기술**(*assisted reproductive technologies*)이라고 한다.

체크포인트

8. 여성 생식계통의 구조를 말하시오.
9. 임질과 같은 감염의 결과로 발생한 흉터 조직은 양쪽 자궁관을 막을 수 있다. 이 장애물이 여성의 임신 능력에 어떤 영향을 미치는가?
10. 질의 pH가 산성인 것은 어떤 이점을 제공하는가?
11. 생리 중에 자궁의 어떤 층이 벗겨지거나 떨어져 나가는가?
12. 단일 젖샘관팽대가 막히면 젖꼭지로 모유의 전달을 방해할까? 설명하시오.
13. LH 급상승 현상이 발생하지 않을 경우 난소주기에서 어떤 변화가 관찰될 것으로 예상되는가?
14. 자궁 내 프로게스테론 수용체가 차단되면 자궁내막에 어떤 영향을 미치는가?
15. 에스트로겐과 프로게스테론 수치가 감소하면 자궁주기에서 어떤 현상이 발생할까?

책 뒷면에 있는 파란색 정답 탭을 참조.

19-4 자율신경계는 남성과 여성의 성기능에 영향을 준다

학습목표 성교할 때 일어나는 생리적 변화에 대해 설명한다.

성교(sexual intercourse)는 성교(*coitus*) 또는 교미(*copulation*)라고도 하며 정자를 여성의 생식기 내로 유입시킨다.

집중 조명 그림 19-14
여생 생식의 조절(REGULATION OF FEMALE REPRODUCTION)

난소주기와 자궁주기는 동일한 시간 간격으로 작동하여 적절한 생식기능을 하도록 한다. 만약 두 주기가 적절히 조합되지 않는다면 불임이 일어난다. 배란이 안되는 여성은 자궁이 정상이더라도 임신이 불가능하다. 배란이 정상인 여성이라도 자궁이 배아를 지지할 준비가 되어 있지 않으면 역시 불임이 된다.

남성에서와 같이 시상하부의 GnRH는 여성의 생식기능을 조절한다. 그러나 여성에서는 GnRH의 농도가 난소주기에 따라 변화한다.

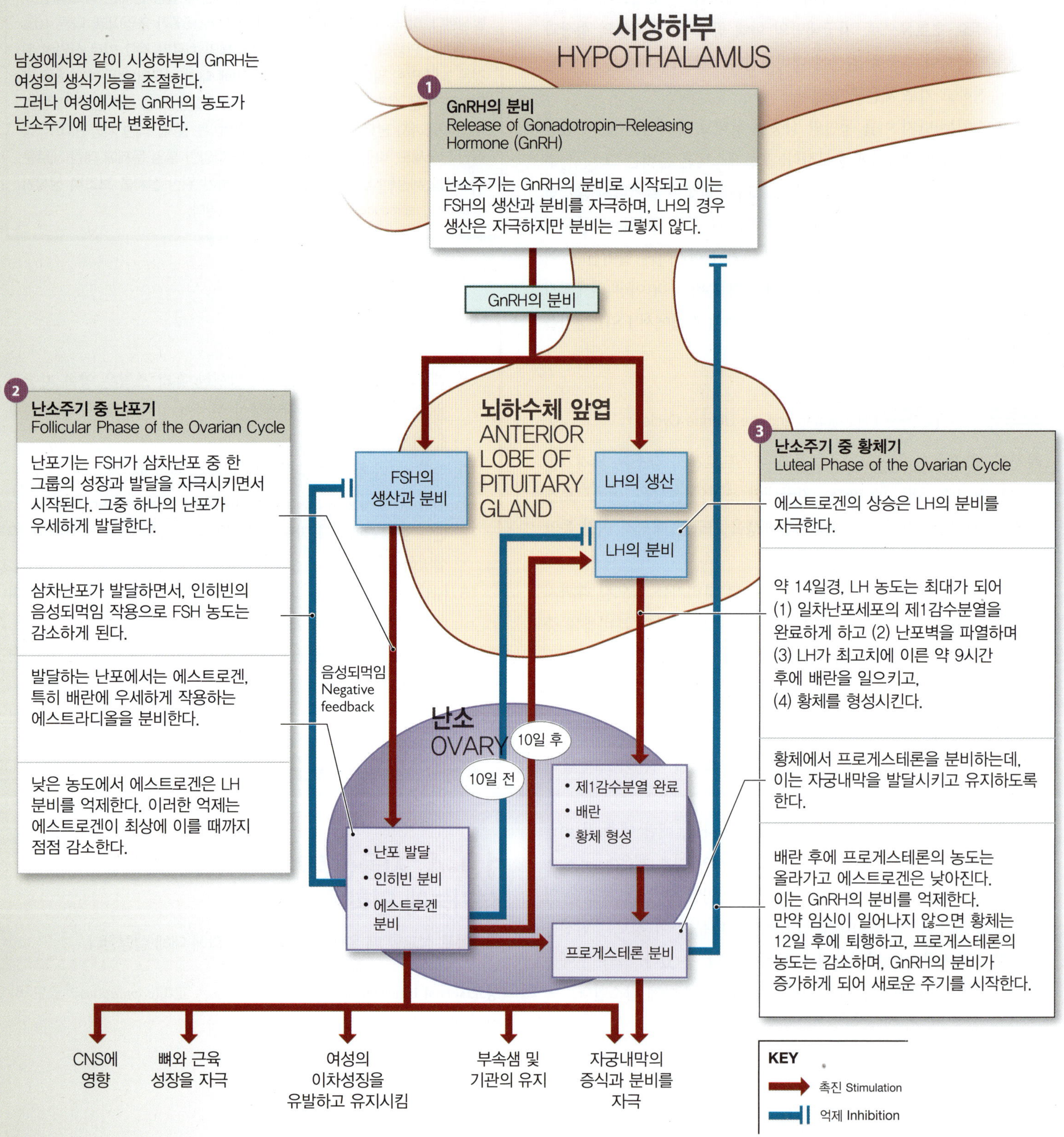

이 그림에서는 난소주기와 자궁주기의 주요 이벤트를 함께 연결하여 보여주고 있다. 매월 호르몬의 변동은 심부 체온에 영향을 주는 생리적 변화를 일으킨다. 난포기(에스트로겐이 우세한 시기) 동안 **기초 체온(basal body temperature)** 또는 아침에 일어나자마자 측정하는 휴식기 체온은 황체기(프로게스테론이 우세한 시기)에 측정하는 것보다 약 0.3°C 정도 낮아진다.

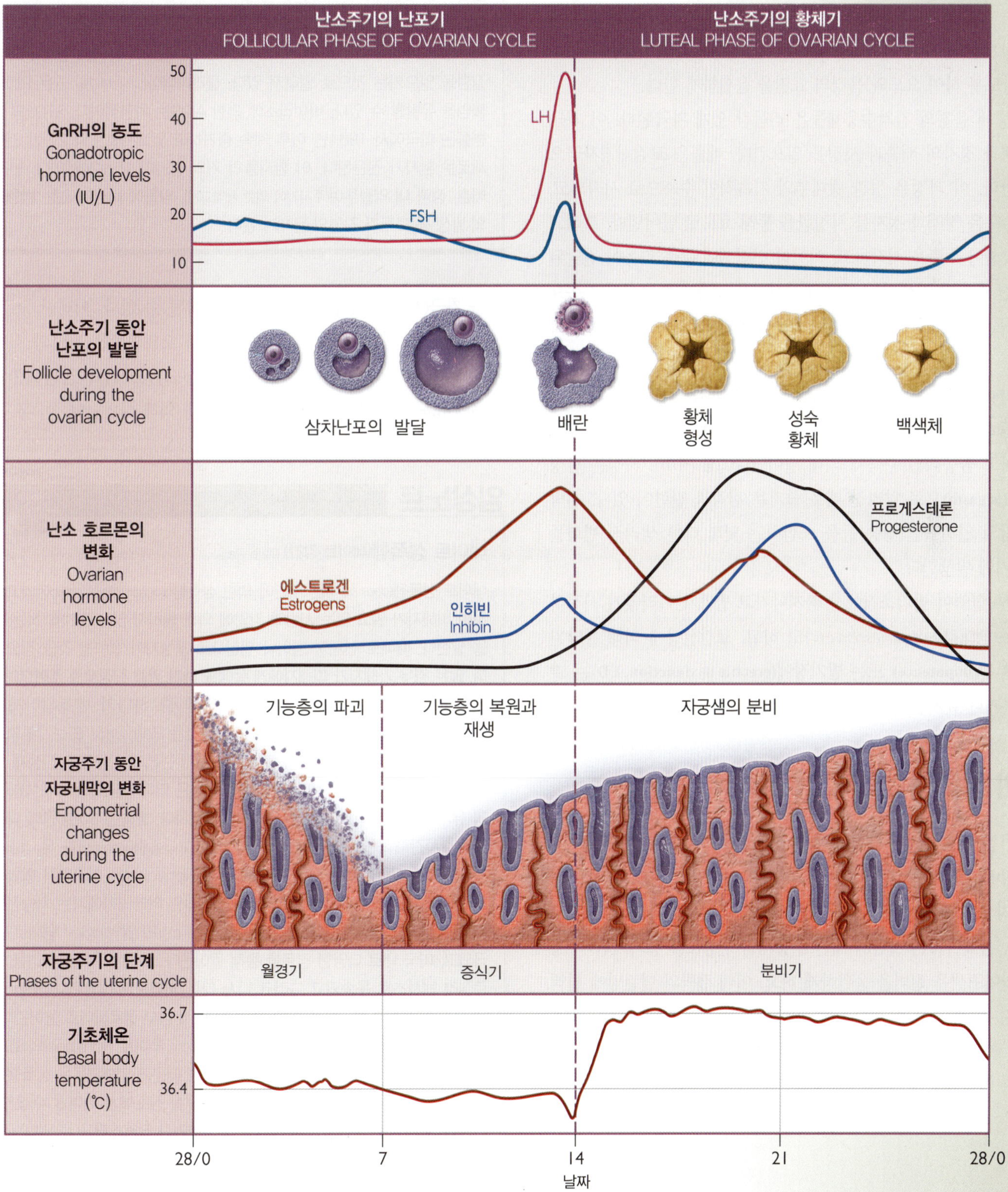

남성의 성기능 Male Sexual Function

남성의 성기능은 자율신경계(ANS)의 교감과 부교감 모두를 포함하는 반사경로에 의해 조정된다. 성적 **흥분(arousal)**, 성적 생각 또는 생식기 부위의 감각신경의 자극은 골반신경을 따라 부교감신경의 방출을 증가시킨다. 이러한 증가는 음경의 발기를 일으킨다. 음경을 덮고 있는 피부는 수많은 감각 수용체를 가지고 있다. 발기는 피부를 긴장시키고 민감도를 증가시킨다. 이후의 자극은 망울요도샘으로부터 분비를 시작하도록 하여 요도와 음경의 표면을 윤활하게 한다.

성교 중에 음경의 감각수용체들은 리듬감 있게 자극된다. 이 자극으로 정액과 정자의 배출과 사정을 일으킨다. 배출은 교감신경자극으로 일어난다. 이 과정은 정관 팽대부의 지속적인 수축으로 시작되고, 이러한 수축은 정액과 정자를 사정관을 통해 요도로 밀어낸다. 그러고 나서 정낭샘이 수축을 시작하고, 이어서 전립샘에 수축 파동이 전달된다. 이러한 수축이 진행되는 동안 교감신경은 방광을 수축시키고 속요도조임근을 폐쇄하는데, 이 작용은 정액이 방광으로 들어가는 것을 막아준다.

사정(ejaculation)은 골반바닥 부위의 얕은 근육층의 두 개의 뼈대 근육, **궁둥해면체근**(*ischiocavernosus*)과 **망울해면체근**(*bulbospongiosus*)의 강력하고 율동적인 수축에 의해 일어난다(그림 7-17b). 사정은 남성 **오르가즘(orgasm)**으로 알려진 매우 즐거운 감각과 관련이 있다. 심박수와 혈압의 일시적인 상승 등을 포함하는 몇몇 다른 생리적 변화들도 이 시기에 발생한다.

사정 후 혈액이 발기조직에서 빠져나가고 발기가 가라앉기 시작하는데 이를 **팽대감소**(*detumescence*)라고 하고, 교감신경에 의해 유발된다. **발기부전(impotence)** 또는 **발기장애(erectile dysfunction, ED)**는 발기를 이루거나 유지할 수 없는 경우를 말한다.

여성의 성기능 Female Sexual Function

여성 성기능의 증상들은 남성들의 경우와 거의 비슷하다. 성 흥분 동안 부교감신경의 활성이 음핵과 질어귀망울의 발기조직의 충혈을 일으킨다. 자궁목 점액샘과 큰질어귀샘 전정샘의 분비물이 같은 이유로 증가한다. 음색발기는 자극에 대한 수용체의 민감도를 증가시킨다. 자궁목과 질어귀샘은 질벽을 윤활하게 하고, 이때 질벽의 혈관망에 혈액이 채워지며, 질 표면은 결합조직 아래쪽의 체액에 의해 촉촉해진다. 부교감신경의 자극은 유두의 혈관 또한 활성화하여 부풀게 하고, 유두는 촉각과 압각에 더욱 민감해진다.

성교를 하는 동안 음경의 음핵과 질벽과의 율동적 접촉은 가슴과 기타 자극(시각, 후각, 청각)에 의해 더 강화될 수 있다. 이러한 모든 자극은 오르가즘을 일으킬 수 있다. 여성의 오르가즘은 자궁과 질벽의 지속적인 수축과 망울해면체근(*bulbospongiosus*)과 궁둥해면체근(*ischiocavernosus*)의 율동적 수축의 동반에 의해 나타난다. 이 두 근육

임상노트

성매개질환 Sexually Transmitted Diseases

성 행동은 다양한 미생물에 의한 감염의 위험이 수반된다. 그러한 감염의 결과는 단순히 불편한 것에서부터 잠재적으로 치명적일 수 있는 것까지 다양하다. 성매개감염이라고도 불리는 성매개질환(sexually transmitted diseases, STDs)은 성행위 중 주로 성교 상황에서 사람에서 사람으로 옮겨진다. 적어도 24개 종의 세균, 바이러스, 그리고 곰팡이 감염이 현재 성매개질환을 일으키는 것으로 알려져 있다. **클라미디아**(*Chlamydia*) 균은 PID와 불임을 유발할 수 있다. 바이러스에 의한 AIDS는 치명적이다. STDs의 발병률은 미국에서 1984년 이후 계속 증가하고 있고, 매년 약 2천만 건의 새로운 환자가 진단된다. 이 환자들의 거의 절반이 15~24세이다. 빈곤, 매춘, 정맥 내 약물투여(주사기에 의한 체액교차), 약물에 내성이 있는 병원균의 발생 등 모두가 감염의 문제가 된다.

임상노트

데이트 성폭행(데이트 강간) Date Rape

데이트 성폭행(*date rape*)은 지인에 의한 **성폭행**(*acquaintance rape*)이라고도 하며 피해자가 알고 있는 사람과 강압에 의해 원하지 않는 관계를 하는 것을 말한다. 때때로 신체적 힘이나 위협으로 희생자가 협력할 것을 강요한다. 많은 경우 가해자가 피해자에게 폭행을 하기 위해 진정제를 투여한다.

데이트 성폭행에 자주 사용되는 약물 중 하나가 벤조디아제핀(benzodiazepine) *flunitrazepam*이다. 이것은 *Rohypnol* 또는 "루피스(roofies)"라고도 알려져 있으며 불면증의 단기 관리에 사용되고 진정제 및 마취전 의약품으로 사용된다. 약리학적 작용은 디아제팜(diazepam, Valium)과 유사하고, Rohypnol은 약 10배 더 강력하다. 효능은 30분 안에 나타나며 2시간째 최고치에 이른다. 진정제인 미다졸람(Versed)과 유사하게, 특징적으로 기억상실 성질을 가지고 있다. Rohypnol은 미국에서 합법적으로 제조되거나 판매되지 않으며, 유럽과 라틴 아메리카에서는 처방전에 의해 생산되고 판매된다. Rohypnol은 1~2 mg의 알약(tablet) 형태로 공급되고, 미국 내로 다양한 경로를 통해 들어온다. 그것은 멕시코 국경을 가로질러 텍사스로 운송되고 그러고 나서 다른 지역으로 배달된다. 또한 국제 우편 서비스나 항공사를 통해 콜롬비아에서 남부 플로리다로 들어간다.

필요하다면 플루마제닐(flumazenil, Romazicon) 투여로 Rohypnol의 효과를 막을 수 있다. Rohypnol의 기억상실 특성 때문에 피해자들은 성폭행을 기억조차 못할 수 있어, 옷이 흐트러진 채 낯선 장소에서 깨어날 수 있다. 때문에 많은 경우 성폭행 후에 도움을 요청하기가 당혹스러울 수 있다.

의 수축은 오르가즘의 강한 흥분감을 만들어낸다.

체크포인트

16. 남녀 성교에서 일어나는 생리학적 기능을 나열하고, 여성이 아닌 남성에게만 일어나는 현상을 적어보자.
17. 궁둥해면체근과 망울해면체근이 수축 불능이 되면, 남성의 성적 반응 중 어떤 부분에 문제가 발생하는가?
18. 부교감신경 자극 증가로 인한 성적 흥분 동안에는 여성들에게 어떤 변화가 일어나는가?

책 뒷면에 있는 파란색 정답 탭을 참조.

19-5 나이가 들면서 생식호르몬의 감소는 기능적 변화를 일으킨다

학습목표 노화에 따른 생식기관의 변화를 설명한다.

노화는 모든 인체 계통에 영향을 미친다. 남성과 여성의 생식계통도 예외는 아니다. 생식계통은 사춘기에 남녀 모두에서 완전한 기능을 하게 된다. 그 후, 여성 생식계통에 있어서 나이와 관련된 가장 현저한 변화는 폐경기에 일어난다. 남성 생식계통의 유사한 변화는 더 점진적으로 그리고 더 오랜 기간에 걸쳐 일어난다.

폐경 Menopause

폐경은 일반적으로 배란과 월경이 끝나는 것으로 정의된다. 폐경은 45~55세 때 주로 발생하는데, 그 전 몇 년 동안 난소와 월경주기가 불규칙해진다. 이 시기를 **폐경전후기**(*perimenopause*)라고 하고 대개는 40세경 시작한다. 원시난포의 부족은 불규칙한 주기의 원인이 된다. 임신 5개월의 태아 난소에는 거의 7백만 개의 잠재적 난모세포가 있는 것으로 추정되고, 그 수는 태어나면서 2백만 개로 감소한다. 사춘기에 들어서면 몇십만 개가 남는다. 50세가 되면 FSH에 반응하는 원시난포가 거의 사라진다. **조기폐경**(*premature menopause*)은 이러한 현상이 40세 전에 일어나는 것을 말한다.

폐경은 에스트로겐과 프로게스테론의 감소를 동반하고, GnRH, FSH와 LH의 생산이 급격히 지속된다. 에스트로겐 수치의 감소는 자궁과 유방의 크기 감소와 요도벽과 질벽이 얇아지게 한다. 또한 감소된 에스트로겐 농도는 골다공증 발생과도 관련이 있다. 아마도 뼈는 더 느린 속도로 채워질 것이다.

다양한 신경 효과도 보고되고 있다. 안면홍조(hot flashes)와 불안, 우울 등도 포함된다. 안명홍조는 특히 에스트로겐 수치가 감소하는 동안 시작되고 최저수준에 도달하면 멈춘다. 체온이 상승하는 이 기간은 LH 분비가 급상승하는 것과 연관이 있다. 폐경으로 다른 CNS 영향과 관련된 호르몬 작용은 잘 알려져 있지 않다. 폐경 후에는 동맥경화증과 다른 형태의 심혈관 질환의 위험도 증가한다.

대다수의 여성들은 가벼운 증상만 보인다. 그러나 일부 여성들은 폐경전후, 폐경 중 또는 폐경 후에 불쾌한 증상을 보인다. 이러한 여성들에게 에스트로겐과 프로게스틴의 조합이 포함된 호르몬 대체요법은 폐경과 관련된 신경과 혈관의 변화를 조절할 수 있다. 그러나 최근 연구들은 에스트로겐 대체 약물을 5년 이상 복용하면 심장병, 유방암, 알츠하이머병, 혈전, 뇌졸중의 위험을 증가시킨다고 하였다.

남성 갱년기 The Male Climacteric

남성 생식계통은 여성 생식계통보다 더 천천히 변화한다. 생식기능이 감소하는 기간을 **남성 갱년기**(**male climacteric**, 또는 *andropause*)라고 하며, 여성의 폐경전후기와 상응한다. 순환하는 테스토스테론의 수치는 50대와 60대 사이에 감소하기 시작하고, FSH와 LH 수치는 증가한다. 정자생산은 계속된다(80대에 들어서도 아빠가 될 수 있다). 나이가 많은 남자들은 점차 성행동의 감소를 경험하게 된다. 이러한 감소는 테스토스테론의 감소와 연관이 있을 것이다. 어떤 의사들은 나이든 남성에게 성욕을 증가시키는 테스토스테론 대체요법을 제안하지만, 이는 전립샘 질환의 위험을 증가시킨다.

체크포인트

19. 폐경기란 무엇인가?
20. 폐경기 동안 FSH 수치는 왜 증가하고 높은 수준을 유지하는가?
21. 남성 갱년기란 무엇인가?

책 뒷면에 있는 파란색 정답 탭을 참조.

19-6 생식계통은 모든 인체 계통의 성장과 대사에 영향을 주는 호르몬을 분비한다

학습목표 생식기관과 다른 계통 간의 상호관계에 대해 설명한다.

정상적인 인간의 생식은 복잡한 과정이며, 여기에는 여러 인체 계통을 포함하고 있다. 이 장에서 설명한 호르몬은 생식 작용을 조절하는데 중요한 역할을 한다(**표 19-1**), 신체적 요인도 역시 중요하다.

예를 들어, 남성의 정자 수는 적절해야만 하고, 정액은 정확한 pH

와 영양분을 갖고 있어야 한다. 배출과 사정은 적절한 순서로 일어나야 한다. 여성의 난소와 자궁주기는 적절하게 조합이 되어야 하고, 배란과 난모세포의 운반은 정상적으로 이루어져야 한다. 이를 위한 생식관이 정자의 생존과 이동 그리고 난자와의 수정을 위해 적절한 환경을 공급해야 한다. 이러한 과정들이 일어나기 위해서는 소화, 내분비, 신경, 심혈관, 비뇨 계통이 모두 정상적으로 기능을 해야만 한다.

여러분의 지식을 다시 한번 확인하라: 생식계통이 어떻게 다른 신체계통과 통합되는지 p. 751에 제시되어 있다. 생식계통과 그 외 10개의 인체 계통 간의 주요한 기능 관계를 검토해보자. 모든 것이 정상이고 적절한 시간과 장소에서 수정이 이루어졌을 때, 접합체(아주 작은 단일 세포)는 일반적으로 약 3 kg의 만삭 태아로 발달하게 된다. (20장에서는 발달 과정과 각 개체의 신체 구조와 고유한 특성을 결정하는 기전을 검토할 것이다.)

체크포인트

22. 생식계통과 심혈관계통 간의 상호작용에 대해 설명해보자.

23. 생식계통과 뼈대계통 간의 상호작용에 대해 설명해보자.

책 뒷면에 있는 파란색 정답 탭을 참조.

표 19-1 생식계통의 호르몬

호르몬	분비장소	분비조절	주요 작용
생식샘자극호르몬방출호르몬(GONADOTROPIN-RELEASING HORMONE, GnRH)	시상하부	**남성**: 테스토스테론에 의해 억제 **여성**: 에스트로겐 그리고(또는) 프로게스테론에 의해 억제	남성과 여성에서 FSH의 분비와 LH의 합성을 자극
난포자극호르몬(FOLLICLE-STIMULATING HORMONE, FSH)	뇌하수체 앞엽	**남성**: GnRH에 의해 자극, 인히빈과 테스토스테론에 의해 억제 **여성**: GnRH에 의해 자극, 인히빈, 에스트로겐, 프로게스테론에 의해 억제	**남성**: 영양세포에 작용하여 정자발생 및 정자형성을 자극 **여성**: 난포발달, 에스트로겐 생산, 난모세포 성숙을 자극
황체형성호르몬(LUTEINIZING HORMONE, LH)	뇌하수체 앞엽	**남성**: GnRH에 의해 자극 **여성**: GnRH에 의해 생산 자극, 에스트로겐에 의해 분비 자극	**남성**: 테스토스테론을 분비하는 사이질세포 자극 **여성**: 배란, 황체형성, 프로게스테론 분비 자극
안드로겐(ANDROGENS, 주로 testosterone)	고환의 사이질세포	LH에 의해 자극	이차성징과 성행동을 유발 및 유지; 정자의 성숙 촉진; GnRH 분비 억제
에스트로겐(ESTROGENS, 주로 estradiol)	난소의 난포세포; 황체	FSH에 의해 자극	LH 분비 자극; 이차성징과 성행동을 유발 및 유지; 자궁내막의 수복과 성장을 자극; GnRH의 분비 억제
프로게스테론(PROGESTERONE)	황체	LH에 의해 자극	자궁내막 성장과 샘분비 자극; GnRH의 분비 억제
인히빈(INHIBIN)	고환의 영양세포와 난소의 난포세포	발달하는 정자(남성)와 난포(여성)에 의해 분비되는 인자에 의해 자극	FSH 분비 억제

임상노트

피임법 Birth Control Strategies

다양한 이유로, 대부분의 미국 성인들은 생식가능 기간 동안 어떤 형태로든 임신 조절을 한다. 15~44세의 미국 여성 3명 중 2명은 피임을 한다. 가장 간단한 방법인 금욕이 가능하지 않을 때, 원치 않는 임신을 피하기 위해 다른 피임 방법을 사용해야 한다. 모든 피임 방법에는 특정한 장점과 단점이 있다.

호르몬 피임약은 배란이 일어나지 않도록 여성 호르몬 주기를 조절한다. 1950년대에 생산된 피임약은 에스트로겐과 프로제스틴(합성형 프로게스테론)이 복합된 것으로, 이는 시상하부에서 GnRH의 분비를 감소시켜 FSH의 분비가 억제되고 배란도 일어나지 않게 한다. 오늘날 대부분의 경구형 피임제는 더 적은 양의 에스트로겐 또는 단지 프로게스틴만을 함유하고 있다. 최근 복합형 호르몬 피임제는 주기적으로 복용하는데, 3주 동안 약물을 사용한 후 4주 동안은 복용하지 않는다. 편리한 방법으로 매달 주사를 맞는 것, 매주 피부패치를 부치는 것, 질내고리(vaginal ring)를 삽입하는 것을 이용하기도 한다.

전 세계적으로 약 2억 명의 여성들이 복합 경구형 피임제를 사용한다. 미국에서 45세 이하 여성의 35%는 복합형 피임제로 임신을 예방하는데, 처방대로 사용했을 때 이 약의 피임 실패율은 2년 동안 0.24%이다. (피임법의 실패는 임신을 의미한다.) 피임약이 위험이 없는 것은 아니다. 심각한 고혈압, 당뇨병, 간질, 담낭 질환, 심장병, 여드름과 관련된 문제들을 악화시킬 수도 있다. 경구 피임약을 복용하는 여성들은 또한 정맥 혈전증, 뇌졸중, 폐색전증, 심장 질환(35세 이상 여성)의 위험이 증가한다.

성교후 피임, 또는 긴급 피임약으로는 무방비 성교 후 72시간 이내에 에스트로겐/프로게스틴 복합 피임약 또는 프로게스틴 피임약 중 하나를 복용하게 된다. 특히 다른 피임 방법이 불량했거나 강제 성관계가 발생할 때 유용하며, 예측 임신율을 최대 89%까지 감소시킨다.

프로게시틴 단독형태의 피임제(Depo-Provera, progestin 단독알약)도 사용할 수 있다. Depo-Provera는 3달에 한 번 주사접종을 하는데, 이는 생리불순과 일시적인 월경을 유발할 수 있다. 피임제 한 알을 건너뛰어도 임신으로 이어질 수 있다.

콘돔은 성교 동안 음경의 귀두와 몸통을 감싸는 **예방제**(*prophylactic*) 또는 "라텍스"를 일컫는다. 이는 정자가 여성생식기관에 도달하는 것을 막는다. 라텍스 콘돔은 매독, 임질, HPV, AIDS와 같은 STDs가 전파되는 것도 감소시킨다. 콘돔의 실패율은 6~18%까지 다양한 것으로 보고되어 있다.

피임용 마개(**질 마개** *diaphragm*, **페서리** *pessary*)와 **자궁경부마개**(*cervical cap*)도 같은 원리로 질내 장벽을 만든다. 마개(diaphragm)는 오늘날 가장 인기있는 형태의 질 마개로, 질어귀에 밀착하도록 작은 금속테두리가 붙어 있는 라텍스 고무 돔 형태이다. Diaphragm은 성교 전에 자궁의 바깥쪽 입구를 덮기 위해 삽입되는데, 보통 소량의 살정자(spermicidal) 젤리 또는 크림이 코팅되어 있다. 적절하게 밀착된 diaphragm의 피임 실패율은 5~6%로 추정된다. **자궁경부마개**(*cervical cap*)는 더 작고 금속테두리가 없다. 이 또한 조심스럽게 장착해야 하지만 diaphragm과 달리 며칠 동안 그대로 둘 수 있다. 이것의 피임 실패율은 약 8%로 diaphragm보다 높다.

자궁내장치(intrauterine device, IUD)는 작은 플라스틱 루프 또는 T자 형태로 구성되며 자궁공간안에 삽입한다. 이것의 작용 기전은 불확실 하나, IUT가 자궁에서 프로스타글란딘 생산을 자극시키는 것으로 알려져 있고, 이러한 자궁분비물의 화학적 구성의 변화가 수정과 자궁내벽에 접합체가 **착상**(*implantation*)할 가능성을 떨어뜨린다. (착상은 20장에서 설명한다.) 미국에서는 IUDs의 사용을 제한하고 있으나, 많은 다른 나라에서 여전히 사용하고 있다. 피임 실패율은 5~6%이다.

주기 조절법은 배란이 일어날 수 있는 날에 성교를 자제하는 것을 포함한다. 생리의 이전 패턴과 경우에 따라 기초 체온 변화를 모니터링하여 배란시기를 추정한다. 피임 실패율은 약 25%로 매우 높다.

불임수술은 수정에 필요한 기능적 생식세포를 제공할 수 없게 만드는 수술이다. 어느 한쪽의 성이 불임할 수 있다. 정관절제술은, 정관의 일부를 제거하여 정자가 부고환에서 생식관의 원위부로 이동하는 것을 불가능하게 한다. 수술은 병원에서 몇 분 안에 할 수 있다. 정관을 1 cm가량 잘라서 제거하고 양쪽 절단부를 보

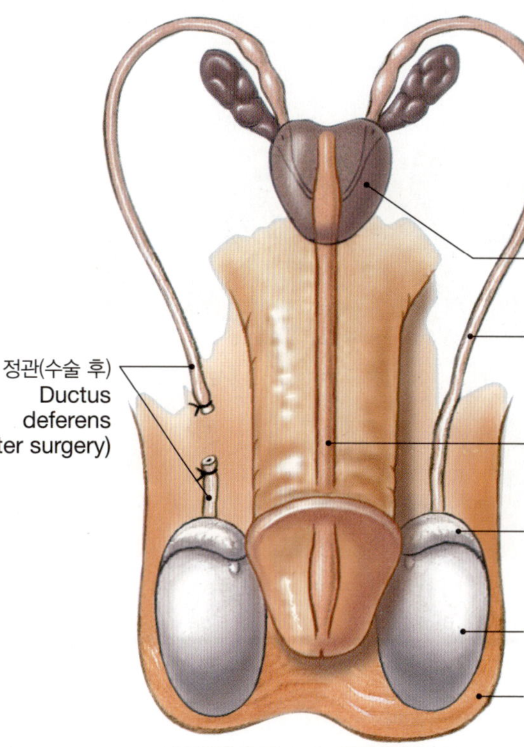

a 정관절제술; 1 cm 정도의 정관을 제거하여 정자세포들의 이동을 차단.

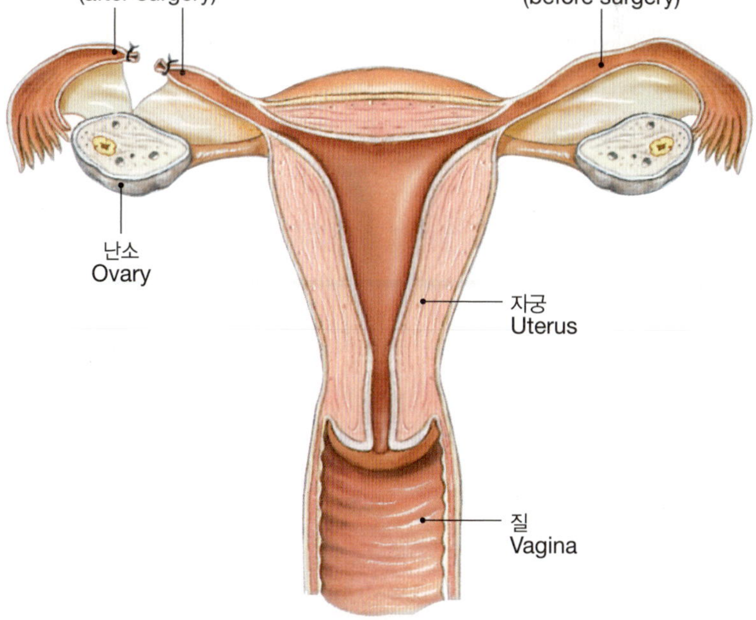

b 자궁관결찰; 자궁관의 일부를 제거하여 정자와 난자 또는 자궁에 있는 배아의 이동을 차단.

(계속)

피임기구

통 묶어준다(a). 이때 흉터조직이 영구 봉합을 형성하게 된다. 또는 절단부를 실리콘으로 막아두고 나중에 임신을 시도할 때 제거한다. 정관절제술 후에도 남성은 정상적인 성기능을 하며, 정자는 계속적으로 발생하지만 부고환 내에만 머물다가 퇴행한다. 피임 실패율은 0.08%이다.

자궁관결찰술이라고 하는 수술적 방법으로 자궁관을 폐쇄할 수 있다(b). 피임 실패율은 0.45%이다. 배골반강을 통해 수술을 진행해야 하기 때문에 정관절제술보다 합병증이 더 많다. 정관절제술처럼 자궁관결찰술 이후에 임신 시도를 위해 회복시키는 것은 성공적이지 못할 수 있다. 정관절제술과 자궁관결찰술 모두 피임이 영구적일 수 있다는 것을 고려해야 한다.

임신은 자연스런 현상이나 위험을 동반한다. 미국에서 임신한 여성의 사망률은 평균 임부 10만 명당 8명 정도이다. 그 평균은 범위가 넓은데, 20세 이하 여성에서는 10만 명당 7명이지만 40세 이상에서는 10만 명당 40명이다. 35세 이전에 피임약 사용과 관련된 위험은 임신과 관련된 위험보다 낮다. 주목할 만한 예외는 경구 피임약을 복용하면서 담배를 피우는 사람들이다. 35세 이후에는 경구 피임약 사용과 관련된 합병증의 위험이 증가하지만 다른 방법을 사용할 경우 비교적 안정적이다. 따라서 35세 이상(흡연자) 또는 40세 이상(비흡연자)의 여성에게는 일반적으로 다른 형태의 피임을 권한다.

관련 임상 용어

자궁내막증(endometriosis): 자궁 밖에서 자궁의 내막 조직이 자라나는 것.

생식기 헤르페스(genital herpes): 헤르페스 바이러스로 인한 성매개질환으로 생식기 부위에 동통의 물집이 특징적임.

부인과학(gynecology): 여성의 생식계통의 기능과 질병을 다루는 의학분야.

자궁절제술(hysterectomy): 자궁의 외과적으로 제거하는 것.

유방촬영술(mammography): 유방조직을 X-선으로 검사하는 것.

유방절제술(mastectomy): 유방암의 전형적인 치료법으로 유방조직의 일부 또는 전체를 외과적으로 제거하는 것.

난소염(oophoritis): 난소의 염증.

고환염(orchitis): 한쪽 또는 양쪽 고환의 염증.

난소암(ovarian cancer): 난소의 악성종양; 여성에서 가장 위험한 생식기 암.

난소낭종, 난소물혹(ovarian cyst): 난소 내부 혹은 위에 액체가 찬 주머니가 발달한 상태로 대개 무해함.

전립샘암(prostate cancer): 전립샘의 악성 전이성 종양; 남성에서 두 번째로 흔한 암이며 암사망의 두 번째 흔한 원인임.

전립샘절제술(prostatectomy): 전립샘의 외과적으로 제거하는 것.

자궁관염(salpingitis): 자궁관의 염증.

고환꼬임(testicular torsion): 정관이 꼬인 상태로 고환에 혈액공급이 막힘.

지식 쌓기
생식계통이 지금까지 제시된 다른 신체 계통과 어떻게 통합되는지 알아보자.

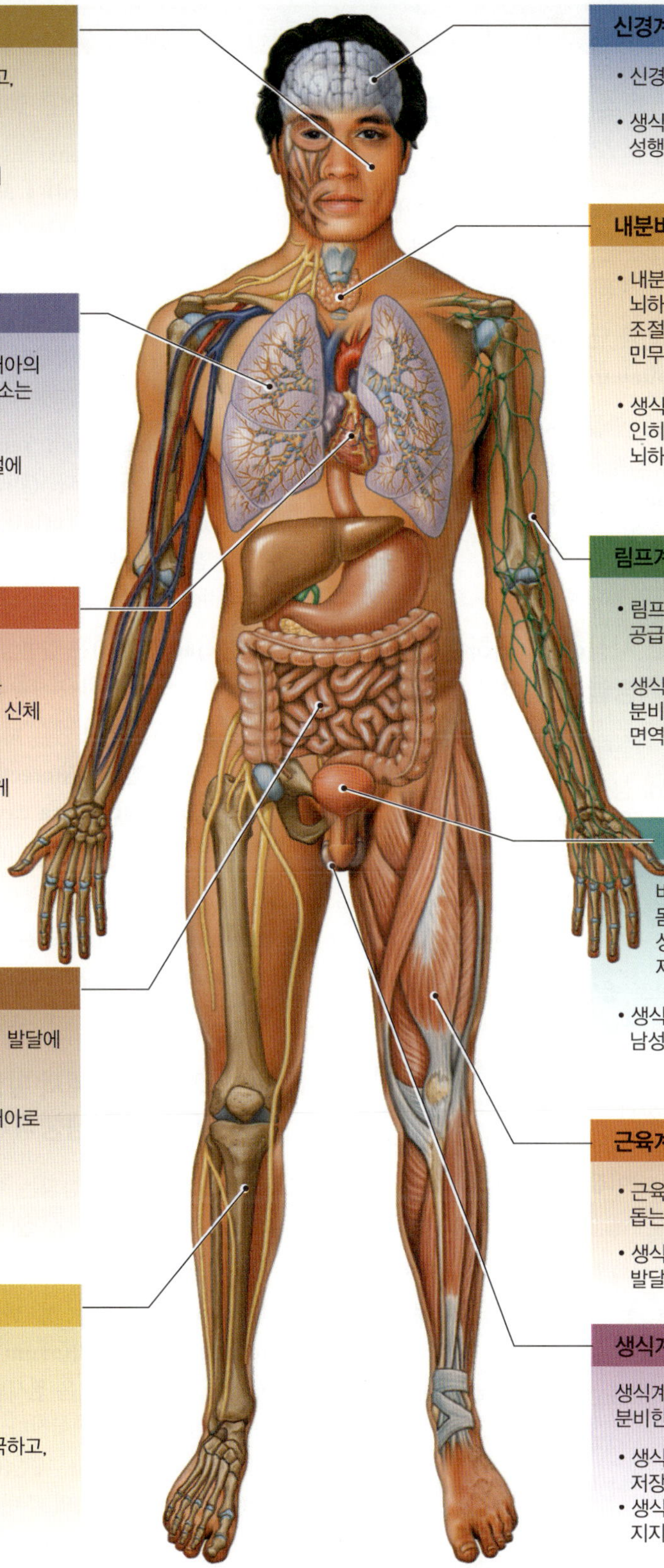

외피계통 Integumentary System

- 외피계통은 외부생식기의 표면을 구성하고, 성적 행동을 자극하는 감각을 제공한다; 젖샘은 신생아에게 영양을 공급한다.
- 생식계통 호르몬은 털, 피하지방의 분포에 영향을 준다.

호흡계통 Respiratory System

- 호흡계통은 생식계통의 조직과 배아 및 태아의 조직에 산소를 공급하고 생성된 이산화탄소는 제거한다.
- 생식계통은 성적 흥분 시 신경계통의 조절에 의해 호흡 수와 깊이를 변화시킨다.

심혈관계통 Cardiovascular System

- 심장혈관계통은 생식호르몬을 운반하고, 태아에게 영양소와 산소의 공급, 노폐물을 제거하며, 성적 흥분 시 국소 혈압 변화로 신체 변화가 일어난다.
- 생식계통의 에스트로겐은 혈관을 건강하게 유지하고 죽경화증의 발생을 늦추는 데 도움을 준다.

소화계통 Digestive System

- 소화계통은 생식세포 생성과 배아/태아의 발달에 필요한 영양소를 공급한다.
- 생식계통은 임신한 여성에서, 발달하는 태아로 소화기관을 눌러 변비가 발생하고 식욕은 상승한다.

뼈대계통 Skeletal System

- 뼈대계통(골반)은 여성생식기관과 남성의 정관의 일부와 부속샘을 보호한다.
- 생식계통 호르몬은 뼈 성장과 유지를 자극하고, 사춘기 때는 뼈끝 연골의 성장과 폐쇄를 가속화한다.

신경계통 Nervous System

- 신경계통은 성행동과 성기능을 조절한다.
- 생식계통 호르몬은 중추신경계통의 발달과 성행동에 영향을 준다.

내분비계통 Endocrine System

- 내분비계통은 시상하부의 조절호르몬과 뇌하수체 호르몬을 분비하여 성적 발달과 기능을 조절한다; 옥시토신은 자궁과 유샘의 민무늬근육의 수축을 촉진한다.
- 생식계통은 스테로이드 성호르몬과 인히빈(inhibin)을 생성하여 시상하부와 뇌하수체의 분비 활성을 억제한다.

림프계통 Lymphatic System

- 림프계통은 상피샘에서 분비되는 IgA를 공급하고, 재생을 돕고 감염을 방지한다.
- 생식계통은 리소자임(lysozymes)과 항균물질을 분비하여 생식관 감염을 방지하는 비특이적 면역을 제공한다.

비뇨계통 Urinary System

비뇨계통은 남성에서는 정액을 요도를 통해 몸 밖으로 내보내고, 콩팥은 생식기 조직과 성장하는 배아나 태아로부터 생성된 노폐물을 제거한다.

- 생식계통의 분비물은 항균물질을 포함하고 있어 남성 요도 감염의 방지를 돕는다.

근육계통 Muscular System

- 근육계통은 남성 생식관을 통한 정액의 사출을 돕는다.
- 생식계통 호르몬인 테스토스테론은 뼈대근육의 발달을 촉진한다.

생식계통 Reproductive System

생식계통은 성장과 대사에 영향을 주는 호르몬을 분비한다.

- 생식계통은 남성/여성의 생식세포를 생산, 저장, 영양분 공급, 그리고 운반한다.
- 생식계통은 자궁에서 발달하는 배아와 태아를 지지한다.

19 복습

요약

19-1 생식계통은 생식샘, 생식관, 부속샘, 부속기관 및 외부생식기관으로 구성된다 *p. 722*

1. 인간의 **생식계통(reproductive system)**은 기능성 **생식세포(gamete)**를 생산하고, 저장하고, 영양분을 공급하고, 이송한다. **수정(fertilization)**은 남성과 여성의 생식세포가 융합하는 것이다.

2. 생식계통을 **생식샘(gonad)[고환(teste)**과 **난소(ovary)]**, 관, 부속샘, 부속기관과 **외부생식기(external genitalia)**를 포함한다.

3. 남성에서 고환은 **정자(spermatozoa)**를 만들고 **사정**(*ejaculation*)하는 동안 **정액(semen)**과 함께 몸 밖으로 배출한다. 성숙한 여성의 난소는 **난모세포[oocyte, 미성숙 난자(ova)]**를 만들고 **자궁관**(*uterine tube*)을 따라 **자궁**(*uterus*)으로 이동한다. **질**(*vagina*)은 자궁과 신체 외부를 연결한다.

19-2 정자는 고환에서 만들어지고 시상하부, 뇌하수체, 고환의 호르몬이 남성 생식기능을 조절한다 *p. 723*

4. 남성에서 고환은 **정자(sperm)** 세포들을 만든다. **정자세포(spermatozoa)**는 **부고환**(*epididymis*), **정관**(*ductus deferens*), **사정관**(*ejaculatory duct*), **요도**(*urethra*)를 따라 이동하며 몸 밖으로 배출된다. 부속기관(**정낭샘** *seminal glands*, **전립샘** *prostate gland*, **망울요도샘** *bulbo-urethral glands*)은 사정관과 요도로 분비물을 분비한다. 음낭은 고환을 감싸며 음경은 발기 기관이다(**그림 19-1**).

5. **고환(testes)**은 남성의 일차 성기관으로 **음낭(scrotum)**에 안 들어 있다. 음낭근(*dartos*)은 음낭의 표면에 주름을 형성한다. **고환올림근(cremaster muscle)**은 고환을 몸쪽으로 당겨준다. **백색막(tunica albuginea)**은 고환을 각각 둘러싸고 있다. 격막은 고환의 내부를 엽으로 나눈다. 각 엽 내부의 **정세관(seminiferous tubule)**은 정자를 만드는 장소이다. 정세관들 사이에는 **사이질세포(interrstitial cell)** 있고 성호르몬을 분비한다(**그림 19-2**).

6. 정세관은 **정자발생(spermatogenesis)**의 줄기세포인 **정조세포(spermatogonia)**와 정자의 발달을 촉진하고 유지하는 **영양세포(nurse cell)**를 포함한다(**그림 19-3**).

7. 정자는 **머리(head)**, **중간부(middle piece)**, **꼬리(tail)**로 구성된다(**그림 19-4**).

8. 고환으로부터, 정자는 부고환으로 들어가는데, **부고환(epididymis)**은 긴 관의 형태로 관내 액체를 조절하고 손상된 정자의 재활용 센터 역할을 한다. 정자는 부고환을 떠날 때 비로소 기능적으로 성숙하게 되지만 여전히 운동성은 없다.

9. **정관(ductus deferens**, 또는 *vas deferens*)은 부고환에서 시작되고 **정삭(spermatic cord)**에 포함되어 샅굴을 지나게 된다. 정낭의 바닥부위와 정관의 팽대부위가 연결되어 **사정관(ejaculatory duct)**을 형성하고 이는 전립샘을 관통하여 요도로 들어가는 공간이다(**그림 19-5**).

10. **요도(urethra)**는 방광부터 음경 끝가지 연장되어 있고 비뇨계와 생식계 모두에서 통로 역할을 한다.

11. **정낭샘(seminal gland, seminal vesicle)**은 능동적 분비샘으로 정액의 60%를 차지한다. 분비물에는 정자의 대사를 위한 과당을 포함하고 있다. **전립샘(prostate gland)**은 정액의 30%에 해당하는 분비물을 만들어 낸다. **망울요도샘(bulbo-urethral gland)**에서 분비된 알카리성 점액은 윤활제 역할을 한다(**그림 19-5**).

12. **사정(ejaculation)**은 일반적으로 2~5 mL의 정액을 배출하고, 1 mL당 2백만~1억 개의 정자를 포함한다.

13. **음경(penis)**을 덮고 있는 피부는 음낭의 피부와 유사하다. 음경 몸통의 대부분은 **발기조직(erectile tissue)**의 3구획으로 구성된다. 두 개의 **음경해면체(corpora cavernosa)**와 요도를 감싸는 하나의 **요도해면체(corpus spongiosum)**가 그것이다(**그림 19-6**).

14. 남성의 중요한 호르몬에는 **GnRH(gonadotropin releasing hormone)**, **FSH(follicle-stimulating hormone)**, **LH(luteinizing hormone)**를 포함한다. 테스토스테론은 가장 중요한 남성호르몬(안드로겐, *androgen*)이다(**그림 19-7**).

19-3 난자는 난소에서 발생하고 뇌하수체와 난소에서의 호르몬이 여생생식기능을 조절한다 *p. 733*

15. 여성 생식계통에 포함되는 주요 기관은 **난소**(*ovary*), **자궁관**(*uterine tube*), **자궁**(*uterus*), **질**(*vagina*) 그리고 **외부생식기**(*external genitalia*)이다(**그림 19-8**).

16. **난소(ovaries)**는 첫 번째 생식기관이다. 난소는 **난자생성(oogenesis)** 즉 **난자(ovum)**를 만드는 장소로, 이것은 난포에서 발생한다. 난포의 발달은 **원시난포(primordial follicles)**를 거쳐 일차, 이차, 삼차난포로 이어진다. **난소주기(ovarian cycle)** 동안 우세한 삼차난포가 형성된다. **배란(ovulation)**은 이차난모세포와 **난포부챗살(corona radiata)**의 주변세포들이 파열된 난소벽을 뚫고 방출되는 것이다(**그림 19-9, 19-10**).

17. 양쪽 **자궁관(uterine tube)**에는 골반강으로 열리는 **깔때기부위(infundibulum)**를 포함하고 있다. 수정이 일어나기 위해서는 이차 난모세포가 깔때기부위에서 자궁강을 연결하는 이 통로에서 12~24시간에 정자세포를 만나야 한다.

18. **자궁(uterus)**은 발달하는 배아를 물리적으로 보호하고 영양을 제공한다. 자궁은 다양한 인대와 막에 의해 고정되어 있다. 해부학적 구조로는 **자궁몸통(body)**, **자궁목(cervix)**, **바깥쪽 입구(external os)**, **자궁안(uterine cavity)**, **안쪽 입구(internal os)**를 볼 수 있다. 자궁벽은 가장 안쪽에 **자궁내막(endometrium)**, 근육층인 **자궁근층(myometrium)** 그리고 바깥쪽으로 **자궁외막(perimetrium)**으로 구성된다(**그림 19-11**).

19. **자궁주기(uterine cycle)** 또는 **월경주기**(*menstrual cycle*)는 전형적으로 28일이며, 월경과 자궁내막 **기능층**(*functional zone*)의 붕괴로 시작된다. **월경(menstruation)**은 1일부터 7일까지로 다양하다.

20. 월경 후에 **증식기(proliferative phase)**가 시작되고, 기능층이 회복되며 두꺼워진다. **분비기(secretory phase)** 동안에 자궁샘이 활발해지고 자궁은 배아가 정착하기를 준비한다. 월경활동이 시작되는 것을 **초경(menarche)**이라 하고 끝나는 것을 **폐경(menopause)**이라 한다.

21. **질(vagina)**은 자궁부터 외부생식기를 잇는 근육성 관으로 구성된다. **처녀막(hymen)**이라고 하는 얇은 상피주름은 질의 입구를 부분적으로 막고 있다.

22. **외음(vulva)**부는 **질전정(vestibule)**, **소음순(labia minora)**, **음핵(clitoris)**, **대음순(labia majora)**, **분두덩(mons pubis)**, **작은질어귀샘(lesser vestibular gland)**, **큰질어귀샘(greater vestibular gland)**으로 구성된다(**그림 19-12**).

23. 신생아는 모체의 **젖샘(mammary glands)**에서 분비하는 모유로 영양을 공급받는다. **젖분비(lactation)**는 모유를 생산하는 과정이다(**그림 19-13**).

24. 여성의 **생식주기(female reproductive cycle)**의 조절은 순환하는 호르몬에 의해 난소와 자궁주기를 조율하는 것을 포함한다(**집중 조명 그림 19-14**).

25. 에스트로겐의 일종인 **에스트라디올(*estradiol*)**은 난소주기의 **난포기(follicular phase)**에 우세한 호르몬이다. 에스트로겐은 많은 조직과 기관에 작용하여 다양한 기능을 갖는다(**집중 조명 그림 19-14**).

26. 시상하부에서 GnRH의 분비는 뇌하수체에서 FSH의 분비와 LH의 합성을 촉발한다. FSH는 난포의 발달과 활성화 및 난소 사이질세포에서 에스트로겐의 생산을 촉진시킨다. 배란은 LH 분비의 증가에 반응하여 중기에 일어나고, **프로게스테론(progesterone)**은 난소주기 **황체기(luteal phase)**의 주요 호르몬이다. 에스트로겐과 프로게스테론 양의 변화는 자궁주기 또는 월경주기를 조절한다(**집중 조명 그림 19-14**).

19-4 자율신경계는 남성과 여성의 성기능에 영향을 준다 *p. 743*

27. 남성에서 **성행위(arousal)** 동안, 야한 생각, 감각의 자극, 혹은 이 둘 모두는 부교감신경의 활성을 일으켜 발기를 일어나게 한다. **성관계(sexual intercourse)**가 동반된 자극은 **사출(emission)**과 **사정(ejaculation)**을 일으킨다. 강한 회음 근육의 수축은 **오르가즘(orgasm)**과 연관이 있다.

28. 여성의 성기능의 단계에서 부교감신경성 흥분과 오르가즘과 연관된 근육 수축은 남성과 유사하다.

19-5 나이가 들면서 생식호르몬의 감소는 기능적 변화를 일으킨다 *p. 747*

29. 폐경(배란과 월경의 중지)은 대개 50세경에 나타난다. GnRH, FSH, 그리고 LH의 분비는 높아지지만 순환하는 에스트로겐과 프로게스테론은 급감한다.

30. **남성 갱년기(male climacteric)**는 약 50~60세에 나타나며 FSH와 LH는 높으나 순환하는 테스토스테론의 양이 감소한다.

19-6 생식계통은 모든 인체 계통의 성장과 대사에 영향을 주는 호르몬을 분비한다 *p. 747*

31. 호르몬의 주요 역할을 생식을 조절하는 것이다(**표 19-1**).

32. 내분비와 생식계통뿐 아니라, 생식은 소화계통, 신경계통, 심혈관계통, 비뇨계통의 정상적 기능이 필요하다.

복습 문제

책 뒷면에 있는 파란색 정답 탭을 참조.

단계 1 사실 및 용어 검토

A열의 각 항목을 B열의 가장 밀접하게 관련된 항목에 맞게 빈칸에 적절한 답을 적으시오.

A열	B열
_____ **1.** 생식세포(Gametes)	**a.** 안드로겐 생성
_____ **2.** 생식샘(Gonads)	**b.** 자궁의 근육성 층
_____ **3.** 사이질세포(Interstitial cells)	**c.** 과당이 함유된 물질 분비
_____ **4.** 정낭샘(Seminal glands)	**d.** 여성의 발기조직
_____ **5.** 전립샘(Prostate gland)	**e.** 짙고 끈적한 알칼리성 점액을 분비
_____ **6.** 망울요도샘(Bulbo-urethral glands)	**f.** 통증이 있는 월경
_____ **7.** 음경꺼풀(Prepuce)	**g.** 성교(Coitus)
_____ **8.** 황체(Corpus luteum)	**h.** 자궁 안쪽을 감싸는 조직
_____ **9.** 자궁내막(Endometrium)	**i.** 생식을 담당하는 세포
_____ **10.** 자궁근층(Myometrium)	**j.** 처음 시작한 월경
_____ **11.** 월경통(Dysmenorrhea)	**k.** 유즙 생성과 분비
_____ **12.** 첫월경(Menarche)	**l.** 세미날플라스민(seminalplasmin)을 분비
_____ **13.** 음핵(Clitoris)	**m.** 생식기관
_____ **14.** 수유(Lactation)	**n.** 음경의 앞쪽 피부
_____ **15.** 성교(Sexual intercourse)	**o.** 프로게스테론을 분비

16. 생식계통과 관련된 회음부의 기관들을 통칭하여 ______(이)라고 한다.
(a) 성샘 **(b)** 생식세포
(c) 외부생식기 **(d)** 부속샘

17. 남성에서 감수분열 후 4개의 정자세포를 만드는데, 여기에 포함되어 있는 것은?
(a) 23개의 염색체 **(b)** 23쌍의 염색체
(c) 염색체의 두배수체 **(d)** 46쌍의 염색체

18. 음경이 발기하는 때는?
(a) 음경동맥에 교감신경이 작용할 때
(b) 동맥 분지가 수축하고 근육 구조가 긴장할 때
(c) 혈관 통로가 혈액으로 충만될 때
(d) a, b, c 모두 옳음

19. 남성에서 FSH의 일차 표적은?
(a) 정세관의 영양세포 **(b)** 정세관의 사이질세포
(c) 전립샘 **(d)** 부고환

20. 난소의 역할은?
(a) 여성 생식세포를 생성 **(b)** 여성 생식호르몬을 생성
(c) 인히빈(inhibin)의 분비 **(d)** a, b, c 모두 옳음

21. 난자 생성 또는 난자발생(oogenesis)이 시작되는 시기는?
(a) 태어나기 전 **(b)** 태어난 후
(c) 사춘기 때 **(d)** 사춘기 이후

22. 여성에서 감수분열은 _______까지는 완료되지 않는다.
(a) 태어날 때
(b) 사춘기가 될 때
(c) 수정이 일어날 때
(d) 배란이 일어날 때

23. 다음 그림이 나타내는 남성 생식계통의 주요 기관의 이름을 쓰시오.

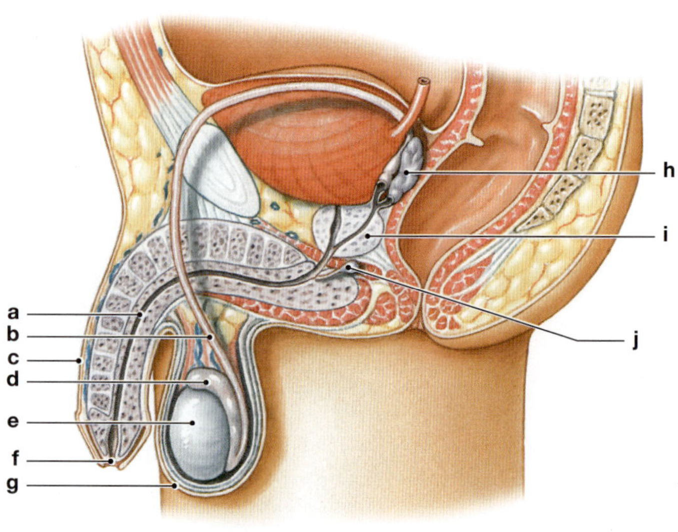

(a) ______________ (b) ______________
(c) ______________ (d) ______________
(e) ______________ (f) ______________
(g) ______________ (h) ______________
(i) ______________ (j) ______________

24. 다음 그림이 나타내는 여성 생식계통의 주요 기관의 이름을 쓰시오.

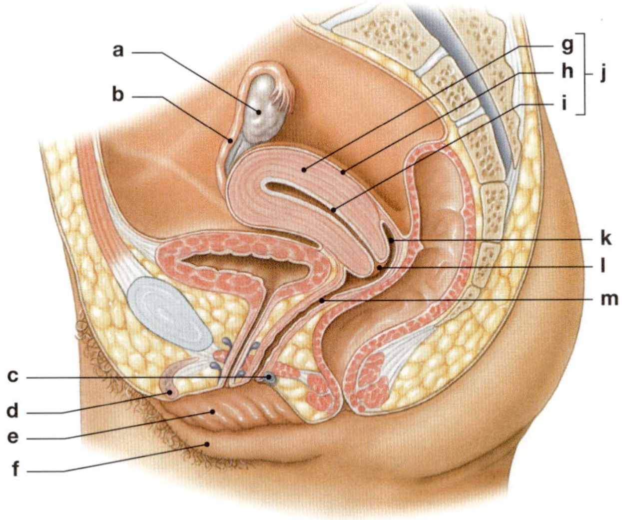

(a) ______________ (b) ______________
(c) ______________ (d) ______________
(e) ______________ (f) ______________
(g) ______________ (h) ______________
(i) ______________ (j) ______________
(k) ______________ (l) ______________
(m) ______________

25. 수정이 일어나려면 이차난모세포가 배출되고 ________ 시간 내에 정자를 만나야 한다.
(a) 1~5시간내 (b) 6~11시간내
(c) 12~24시간내 (d) 25~36시간내

26. 성호르몬의 수준에 따라 반응하여 주기적으로 변하는 자궁내막의 구조물은?
(a) 장막층 (b) 기저층
(c) 근육성 자궁근층 (d) 기능층

27. LH의 급격한 증가로 일어나는 것은?
(a) 월경의 시작 (b) 난포벽의 파열과 배란
(c) 증식기의 시작 (d) 자궁주기의 종료

28. 배란이 일어날 때 기초 체온의 변화는?
(a) 영향이 없다.
(b) 눈에 띄게 증가한다.
(c) 뚝 떨어진다.
(d) 1~2도 정도 증가하거나 감소한다.

29. 남성의 생식 부속 기관과 분비샘의 종류를 나열하고 그 기능을 설명하시오.

30. 부고환의 주요 기능은 무엇인가?

31. 난소의 주요 기능은 무엇인가?

32. 질의 세 가지 중요한 기능은 무엇인가?

단계 2 개념 검토

33. 생식계통은 인체의 모든 다른 기관계통과 기능적으로 어떻게 다른가?

34. 감수분열을 정의하고 남성과 여성에서 이 과정을 통해 만들어지는 생식세포를 설명하시오.

35. 평균 28일의 자궁주기와 연계해서 월경주기 3단계를 설명하시오.

36. 자궁주기와 연관된 호르몬의 종류와 변화에 대해 서술하시오.

37. 노화는 남성과 여성의 생식계통에 어떤 영향을 미치는가?

단계 3 비판적 사고 및 임상 적용

38. Diane는 복막염을 앓고 있는데, 그녀의 주치의는 이것이 요로감염 때문이라고 말한다. 왜 이러한 현상이 남성이 아닌 여성에서 일어날 수 있는가?

39. 자궁내막증은 자궁내막의 세포가 자궁몸통으로부터 자궁관이나 자궁관을 통한 복막안으로 이동하여 그곳에 정착하여 발생한다. 자궁내막증의 주요 증상은 주기적 통증인데, 왜 그런 통증이 발생할까?

40. 여성 보디빌더와 거식증과 같은 섭식장애를 가진 여성들은 보통 무월경을 경험한다. 이러한 사실로 체지방과 월경의 연관성을 어떻게 설명하겠는가? 무월경이 성공적으로 임신하는데 어떤 영향을 미칠까?

20

발생과 유전
Development and Inheritance

학습목표

학습목표는 각 장에 대해 학습한 후 무엇을 할 수 있어야 하는지를 알려주는 것이다. 각 절의 학습목표는 다음과 같다.

20-1 분화와 발생 사이의 관계를 설명하고 발생 단계를 다양하게 서술한다.

20-2 수정 과정을 설명한다.

20-3 출생 전 발생의 세 단계를 열거하고 각각의 주요 사건을 설명한다.

20-4 세 개의 배엽층이 어떻게 배아바깥막을 형성하는 데 관여하는지 설명하고, 내분비 기관으로서 태반의 중요성을 토론한다.

20-5 모체의 각 계통과 발생 중인 태아가 어떻게 상호작용하는지 설명하고, 임신 중 자궁의 구조적, 기능적 변화에 대해 논의한다.

20-6 진통과 분만 동안 일어나는 사건을 나열하고 논의한다.

20-7 출생 후 단계의 특징과 생리적 변화를 파악한다.

20-8 유전학의 기본원리와 인간형질의 유전을 연관지어 설명한다.

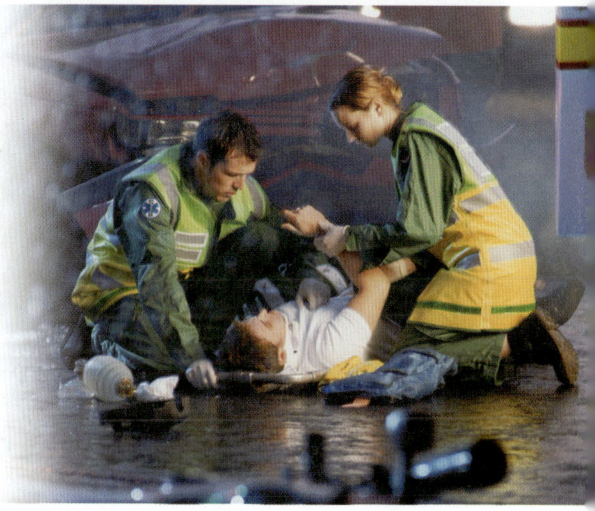

임상노트

자궁외 임신(Ectopic Pregnancy), p. 763
기형발생형성(최기형성, Teratogenicity), p. 771
임신의 생리적 변화(Physiologic Changes of Pregnancy), p. 774
태아 발생(Fetal Development), p. 776
산과 용어(Obstetrical Terminology), p. 778
출생 후 성장(Postnatal Development), p. 781
유산(Abortion), p. 783
유전성 질환: 응급 상황(Inherited Disorders: Emergency Implications), p. 788
임신 중 외상(Trauma During Pregnancy), p. 789
염색체 이상 및 유전자 분석(Chromosomal Abnormalities andGenetic Analysis), p. 791

집중 조명

배아바깥막과 태반형성(Extraembryonic Membranes and Placenta Formation), pp. 766~767

발생과 유전 소개

우리가 지금까지 연구해 온 생리적 과정은 상당히 빠르게 일어난다. 대부분은 단 1초도 지속되지 않고, 다른 것들은 몇 시간이 걸릴 수도 있다. 하지만 중요한 몇 가지 과정들은 몇 달, 몇 년, 또는 수십 년 동안 계속된다. 인간은 자궁에서 9개월 동안 성장하며, 15~20년 동안 성숙해지며 거의 100년 가까이 살 수 있다. 그 시간 동안, 남성과 여성은 항상 변화하고 있다. 출생, 성장, 성숙, 노화, 죽음은 모두 하나의 지속적인 과정의 일부이다. 그 과정은 개인으로 끝나지 않는다. 왜냐하면 인간은 적어도 그들의 특징의 일부를 다음 자손에게 물려줄 수 있기 때문이다. 각 세대는 새로운 세대를 낳는 순환을 반복할 것이다.

이 장에서 유전적, 환경적 요인과 다양한 생리학적 과정이 태아 발생에 어떤 영향을 미치며 어린 시절, 청소년기, 성숙기, 노화에도 어떤 영향을 미치는지 살펴본다.

지식 쌓기

남성과 여성의 생식세포(정자와 난모세포)는 감수분열이라는 특별한 형태의 세포분열을 통해 형성된다는 것을 기억할 것이다(**19장: 생식계통** 참조). 이 과정은 감수분열 I과 감수분열 II의 두 사이클을 지속한다. 감수분열 I은 23쌍의 염색체로 구성된 46개의 염색체를 포함한 이배체 생식 줄기세포로 시작한다. 감수분열 II가 완료된 결과로 형성된 생식세포는 반수체이다. 각 생식체에는 원래 생식 줄기세포에 존재하는 23쌍의 각 구성원인 23개의 개별 염색체를 포함한다. 남성의 경우 정자의 형성은 4개의 반수체 정자 세포를 낳는다. 여성의 경우, 난자의 형성은 이차 감수분열 중기에서 하나의 이차 난모세포 또는 미성숙 난자를 생산한다. 이차 난모세포의 이차 감수분열은 수정이 될 때 완료되어 한 개의 이차극체와 한 개의 성숙한 난자를 형성한다.

20-1 발생은 수정에서 성숙기까지 계속되는 과정이다

학습목표 분화와 발생 사이의 관계를 설명하고 발생 단계를 다양하게 서술한다.

시간은 멈춰 있지 않는다. 오늘의 유아는 내일의 어른이 될 것이다. 임신에서 성숙에 이르는 기간 동안 해부학적 구조와 생리학적 특성의 점진적인 변화를 **발생(development)**이라고 부른다. 그 변화는 주목할 만 하다. 불과 9개월 만에, 약간 큰 단일 세포는 신체의 조직, 기관, 기관계통으로 구성된 수조 개의 세포를 포함하는 개인이 된다.

이 과정에서 서로 다른 세포 유형이 형성되는 것을 **분화(differentiation)**라고 한다. 분화는 유전활동의 선택적 변화이며, 발생이 진행됨에 따라 일부 유전자는 꺼지고 다른 유전자는 켜진다. 켜진 유전자의 종류는 세포 유형에 따라 다르다.

발생은 남성과 여성 생식세포가 융합될 때 **수정(fertilization)**, 즉 **임신(conception)**에서 시작된다. 우리는 발생의 단계를 여러 기간으로 나눌 수 있는데 **배아 발생(embryonic development)**은 수정 후 처음 두 달 동안의 사건을 포함한다. 성장 중인 유기체 또는 **배아(embryo)**에서 이러한 사건에 대한 연구는 **발생학(embryology)**으로 불린다.

2개월 후, 성장하고 있는 배아는 **태아(fetus)**가 된다. **태아 발생(fetal development)**은 9주째에 시작되어 태어날 때까지 계속된다. 배아 발생과 태아 발생을 함께 이 장의 주요 초점인 **출생 전 발생(prenatal**[출산(*natus*), 탄생] **development)**이라고 한다. **출생 후 발생(postnatal development)**은 태어날 때부터 시작되며, 완전한 발육 또는 완전한 성장 상태인 **성숙(maturity)**을 계속한다.

모든 인간은 같은 발생 단계를 거치지만, 유전적 구성의 차이는 독특한 개별 특성을 낳는다. **유전(inheritance** 또는 **heredity)**이라는 용어는 유전적으로 결정된 특성을 세대에서 세대로 전달되는 것을 가리킨다. 유전 기전이나 그러한 특성이 어떻게 전달되는지에 대한 연구는 **유전학(genetics)**이라고 불린다. 이 장에서는 성별, 모발색 및 다양한 질병과 같은 유전적 특성에 적용되는 기본 유전학을 다룬다.

체크포인트

1. 분화를 정의하시오.
2. 발생의 시작을 알리는 사건은 무엇인가?
3. 유전을 정의하시오.

책 뒷면에 있는 파란색 정답 탭을 참조.

20-2 수정은 — 이차 난모세포와 정자의 결합을 통해 — 접합체를 만든다

학습목표 수정 과정을 설명한다.

수정은 23개의 염색체를 포함하는 두 개의 반수체 생식세포가 만나서, **체세포**(*somatic cell*)의 정상적인 이배체 수인 46개의 염색체를 가진 **접합체**(*zygote*)를 만드는 것이다.

수정의 개요 An Overview of Fertilization

수정 시, 남성과 여성의 역할과 기여도는 매우 다르다. 정자는 부성(아버지의) 염색체를 수정 장소로 전달한다. 정자는 비교적 먼 거리를 이동해야 하며 작고 유선형이다. 이와 대조적으로 여성의 난모세포는 임신 후 거의 1주일 동안 배아의 발달을 지원하는 데 필요한 모든 세포 소기관, 영양 그리고 유전자 프로그래밍을 제공한다. 수정 시, 이차 난모세포의 지름은 정자 길이의 두 배 이상이다(**그림 20-1a**). 이들의 용적 비율은 약 2000대 1로 훨씬 더 두드러진다.

질 내로 사정된 정자는 정낭(seminal vesicle)의 분비물과 섞여 있기 때문에 이미 운동성을 가지며, **수정능획득**(*capacitation*)의 첫 단계이다. 그러나 여성의 생식기관에 노출될 때까지 수정할 수 없다. 자궁관의 못세포(미세융모세포, peg cell) 분비물이 수정능획득에 도움을 주지만, 정확한 과정은 알려져 있지 않다.

수정은 일반적으로 배란 후 하루 이내에 자궁관의 난소쪽 1/3에서 일어난다. 정자는 질에서 자궁관 상부까지 이동하는데 30분에서 2시간 정도 소요된다. 일반적인 사정에서 2억 개의 정자 중 약 1만 개만 자궁관으로 들어간다. 실제 이차 난모세포에 도달하는 것은 100개 미만이다. 일반적으로 정자 수가 밀리리터당 2천만 리터 미만인 남성은 난모세포에 도달하기까지 살아남은 정자가 너무 적기 때문에 불임이 된다. 하나의 정자만 난자를 수정시키는 것은 사실이지만 성공적인 수정을 위해서는 수십 개의 정자가 필요하다. 추가 정자가 필요한 이유는 우리가 볼 수 있듯이, 단일 정자가 난모세포를 둘러싸고 있는 난포세포층인 **부챗살관**(*corona radiata*)을 통과할 수 없기 때문이다.

배란과 난모세포의 활성화 Ovulation and Oocyte Activation

배란은 난모세포가 완전히 성숙하면 일어난다. 난포에서 나오는 이차 난모세포는 이차 감수분열(감수분열 II)의 중기에 있다. 추가 발달을 위한 자극을 기다리면서 세포의 대사 작업을 중단하며 수정이 일어나지 않으면 감수분열을 완료하지 않고 난모세포가 분해된다.

수정과 이후의 사건은 **그림 20-1b**에 도표로 표시하였다. 부챗살관은 난모세포가 파열된 난포벽을 통과하여 자궁관의 기저부로 들어갈 때 난자를 보호한다. 수정의 물리적 과정은 단 하나의 정자만 난포세포막에 접촉하는 것을 요구하지만, 정자는 먼저 부챗살관을 통과해야 한다. 각 정자의 첨단체(acrosome)는 **히알루론산분해효소**(*hyaluronidase*)를 포함한 여러 효소들이 포함되어 있다. 히알루론산분해효소는 인접한 난포세포 사이의 결합을 분해한다. 수십 개의 정자세포는 난포세포 사이에 구멍이 생기기 전에 전에 히알루론산분해효소를 방출해야 한다.

아무리 많은 정자가 부챗살관의 결과로 생긴 틈을 통해 빠져나가더라도 단 하나의 정자만 수정을 이루고 난모세포를 활성화시킨다(**1**, **그림 20-1b**). 정자세포는 난모세포를 둘러싸고 있는 두꺼운 외피인 투명층(난세포를 둘러싸고 있는 투명한 무세포의 분비층)에 있는 **정자 수용체**(*sperm receptor*)에 먼저 결합한다.이 결합은 첨체(정자의 머리끝의 돌기 구조)의 파열을 유발한다. 히알루론산분해효소 및 다른 단백질분해효소는 투명층을 통해 난모세포막으로 가는 경로로 간다. 접촉 시 정자와 난모세포막이 융합되기 시작한다. 이 단계에서 난자 활성화를 유발하게 된다. 막이 융합되면서 정자 전체가 난모세포의 세포질로 들어간다.

난모세포 활성화(oocyte activation)는 난모세포의 대사 활동에 일련의 변화를 수반한다. 난모세포막 바로 안쪽에 위치한 소포는 세포 외 유출을 겪는다. 이것은 **다정자**(*polyspermy*), 또는 다정자수정(polyspermy)을 방지하는 효소를 방출하게 된다. 다정자수정은 정상적으로 발달할 수 없는 접합체를 만들기 때문이다. 다른 중요한 대사 변화로는 감수분열 II의 완료와 난모세포의 대사율이 급격히 증가하는 것이다.

난모세포가 활성화되고 감수분열 II가 완료된 후, 난자 안에 남아 있는 핵물질은 **여성풋핵**(여성전핵, *female pronucleus*)으로 재구성된다(**2**, **그림 20-1b**). 동시에, 정자의 핵은 부풀어 오르면서 **남성풋핵**(남성전핵, *male pronucleus*)이 된다(**3**). 그런 다음 남성풋핵과 여성풋핵이 **양성혼합(amphimixis)**이라고 불리는 과정에서 융합된다(**4**). 세포는 이제 46개의 정상적인 이배체를 포함하는 **접합체(zygote**, *zygon*, yoke)가 되어 수정이 완료된다. 이것은 "수태의 순간"이다. 첫 번째 분열은 두 개의 딸세포(**5**)를 생성한다. **분열**(*cleavage*)은 접합체의 세포질을 세분화하는 일련의 세포분열이다.

체크포인트

4. 수정 전 정자의 첨단체 효소가 하는 두 가지 중요한 역할은 무엇인가?
5. 인간의 접합체에는 몇 개의 염색체가 포함되어 있는가?

책 뒷면에 있는 파란색 정답 탭을 참조.

그림 20-1 수정.

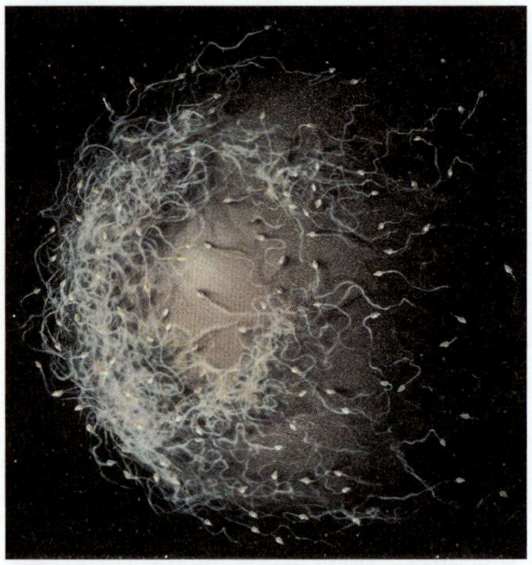

a 수정 시 이차 난모세포와 수많은 정자. 생식세포 사이의 크기 차이에 주목한다.

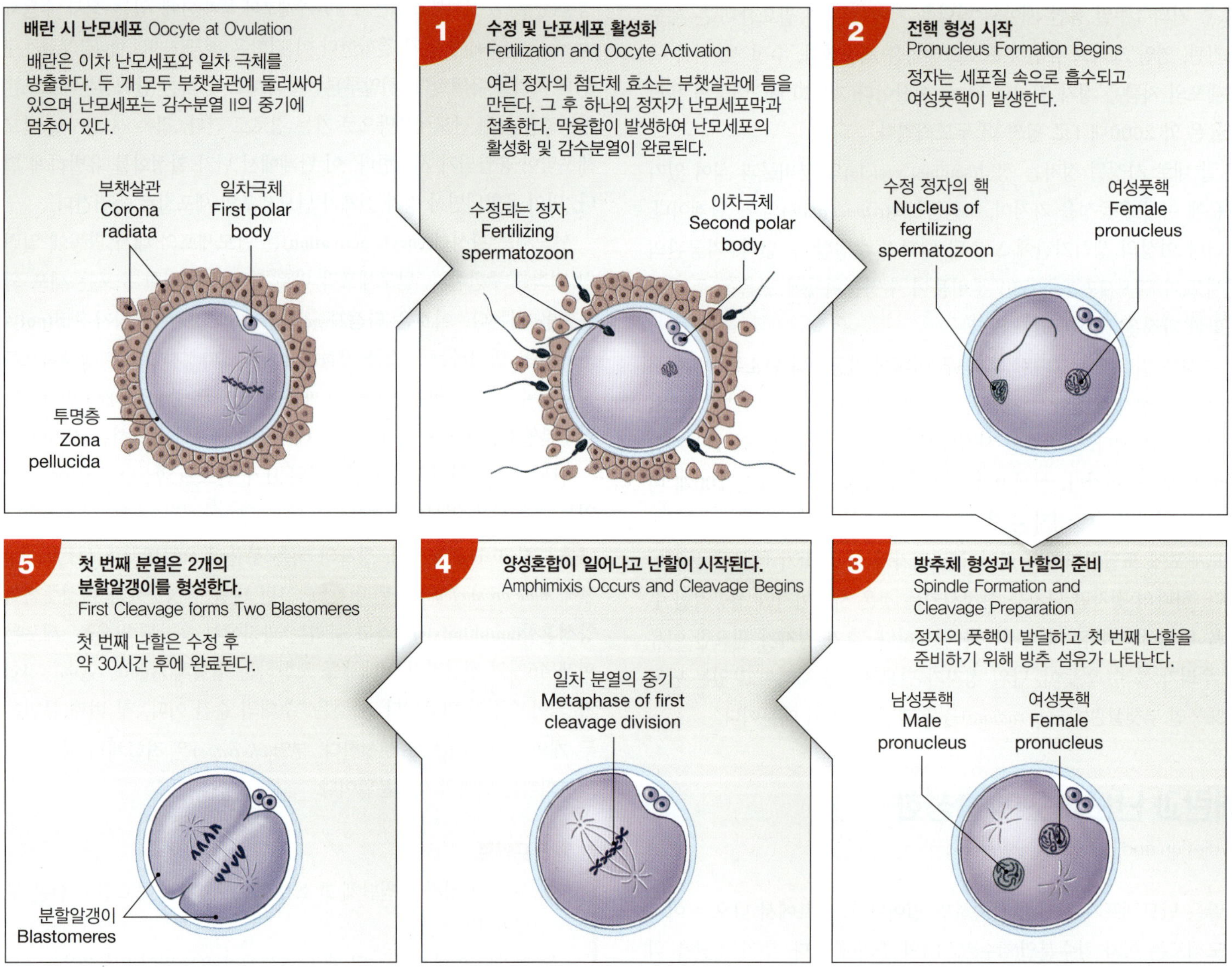

b 수정 및 분열 준비

20-3 임신(gestation)은 출생 전 발생(prenatal development)의 세 단계, 즉 세 개의 석달(trimester)로 구성된다

학습목표 출생 전 발생의 세 단계를 열거하고 각각의 주요 사건을 설명한다.

출생 전 발생시기를 통해 하나의 세포는 궁극적으로 3~4 kg(6.6-8.8 lb)의 신생아가 된다. 출생 전 발생시기를 **잉태(gestation)** 또는 임신(*pregnancy*)이라고 한다. 임신은 9개월에 걸쳐 자궁 내에서 이루어진다. 태아 발생은 일반적으로 **세 단계(trimester)**로 나눈다.

1. **임신 1기(first trimester)** 단계는 배아 발생과 태아 발생의 시기이다. 이 기간 동안 모든 주요 계통을 이루는 기관들이 형성되기 시작한다.

2. **임신 2기(second trimester)** 단계는 기관과 계통 발생의 시기이다. 이 과정은 6개월 말까지 거의 완성된다. 이 기간 동안 체형과 비율은 변하고 두 번째 분기가 끝날 무렵이면 태아는 뚜렷한 인간의 형태를 보이게 된다.
3. **임신 3기(third trimester)**는 태아의 빠른 성장과 지방 조직의 축적이 특징이다. 3기 초반에는 대부분의 주요 기관들이 완전히 기능하게 된다. 1~2개월 일찍 태어난 신생아라도 생존이 가능하다.

체크포인트

6. 임신을 정의하시오.
7. 각 분기의 주요 특징에 대해 설명하시오.

책 뒷면에 있는 파란색 정답 탭을 참조.

20-4 임신 1기의 중요한 사건은 난할, 착상, 태반 형성, 배아 발생이다

학습목표 세 개의 배엽층이 어떻게 배아바깥막을 형성하는 데 관여하는지 설명하고, 내분비 기관으로서 태반의 중요성을 토론한다.

수정된 난자는 수정되는 순간에 하나의 세포가 된다. 직경은 약 0.135 mm(0.005인치)이고 무게는 약 150 μg 정도이다. 일반적으로 임신은 임상적으로 마지막 월경 기간(LMP)을 기준으로 하며, 이는 일반적으로 배란 및 수태 2주 전이다. 임신 1분기 말(LMP에서 12주, 발달 10주)에 태아의 길이는 거의 5.4 cm(2.13인치)이고 무게는 약 14 g(0.5 oz)이다.

이러한 크기와 무게의 증가에는 많은 복잡하고 중요한 발달 과정이 수반된다. 일련의 사건들이 너무 복잡하기 때문에 아마도 이 과정은 가장 위험한 태아기 단계일 것이다. 임신의 약 40%만이 임신 첫 3개월 동안 생존하는 배아를 생산한다. 이러한 이유로 임산부는 이 기간 동안 약물, 술, 담배 및 기타 심한 스트레스를 피하기 위해 각별한 주의를 기울이는 것이 좋다.

다음 절에서 우리는 임신 1기의 4가지 일반적인 과정에 초점을 맞춘다: 난할(*cleavage*)과 주머니배형성(*blastocyst formation*), 착상(*implantation*), 태반형성(*placentation*), 배아 발생(*embryogenesis*).

난할과 주머니배 형성 Cleavage and Blastocyst Formation

난할(cleavage)은 수정 직후에 시작되는 일련의 세포분열이다. 이것은 **분할알갱이(할구, blastomeres**; *blast*, 전구물질 + *meros*, 부분)라고 하는 점점 더 작은 딸세포를 많이 생성한다(그림 20-2). 일차 분열은 두개의 딸세포를 생성하며 각각은 원래 접합체의 절반 크기이다. 일차 난할은 수정 후 약 30시간 후에 완료되며, 이후 10~12시간 간격으로 일어난다.

난할이 일어나는 동안 접합체는 **전배자**(*pre-embryo*)가 된다. 분열 3일 후, 전배자는 뽕나무 열매를 닮은 오디처럼 세포의 단단한 공모양이다(그림 20-2). 이 단계는 **오디배[morula**; 오디배(mulberry)] 단계이다. 오디배는 4일째에 자궁에 도달한다.

다음 이틀 동안 분할 알갱이들은 **주머니배(blastocyclost)**를 형성하는데, 주머니배는 주머니배(blastocyst)라고 불리는 **주머니배공간**(*blastocoele*)을 가지고 있다. 이제 할구는 크기와 모양이 더 이상 동일하지 않다. 외부와 분리하는 세포의 외부 층은 **영양막(trophoblast)**이라 하며 영양막이라는 단어가 의미하는 것처럼 이 층의 세포는 발달 중인 배아에게 영양소를 제공한다. 두 번째 세포 그룹인 **속세포덩이(inner cell mass)**는 주머니배의 한 부분에 모여 있으며 시간이 지나면 속세포덩이가 배아를 형성한다.

주머니배가 형성되는 동안 투명층은 **부화**(*hatching*)라고 알려진 과정에서 벗겨진다. 주머니배는 이제 자궁안의 액체 내용물에 자유롭게 노출되게 된다. 자궁샘에서 분비되는 글리코겐이 풍부한 액체는 주머니배에 영양분을 공급한다. 완전히 형성되면 주머니배는 자궁내막과 접촉하고, 착상이 시작된다.

착상 Implantation

착상(implantation)(그림 20-3)은 속세포덩이 옆의 주머니배 표면이 자궁 내막에 부착되면서 시작된다(7일차, 그림 20-3) 접촉 지점에서 영양막 세포는 빠르게 분열하여 영양막을 여러 층으로 두껍게 만든다. 주머니배 내부에 가장 가까운 **세포영양막**(*cellular trophoblast*)은 손상되지 않은 채로 남아세포 영양막층을 형성한다(8일차, 그림 20-3). 자궁벽 근처에서 세포영양막을 분리하는 세포막이 사라지고 여러 핵을 포함하는 세포질층을 만든다. 이 바깥층을 **융합체영양막**(*syncytial trophoblast*)이라고 한다. 이것은 히알루론산분해효소를 분비하여 자궁 상피를 침식한다. 처음에는 이 미란이 자궁내막에 틈을 만들지만, 자궁 상피세포의 분열과 이동은 곧 표면을 복구한다. 10일 되면 복구가 완료되고 주머니배는 더 이상 자궁안과 접촉하지 않는다. 추가적인 발달은 전적으로 자궁내막의 기능 영역 내에서 일어난다.

대부분의 경우 착상은 자궁 바닥이나 자궁의 다른 곳에서 발생한다. **자궁외 임신(ectopic pregnancy)**에서 착상은 자궁관 중 하나와 같이 자궁 내부가 아닌 다른 곳에서 발생한다. 임신의 약 0.6%는 자궁외 임신이다. 이 경우 생존 가능한 배아를 생산하지 않으며 모체의 생명을 위협할 수 있다.

착상이 진행됨에 따라, 융합 영양막은 주변 자궁내막으로 계속 확장된다(9일차, 그림 20-3). 융합 영양막은 자궁샘 세포의 침식에 의해 방

그림 20-2 **분열과 주머니배 형성.**

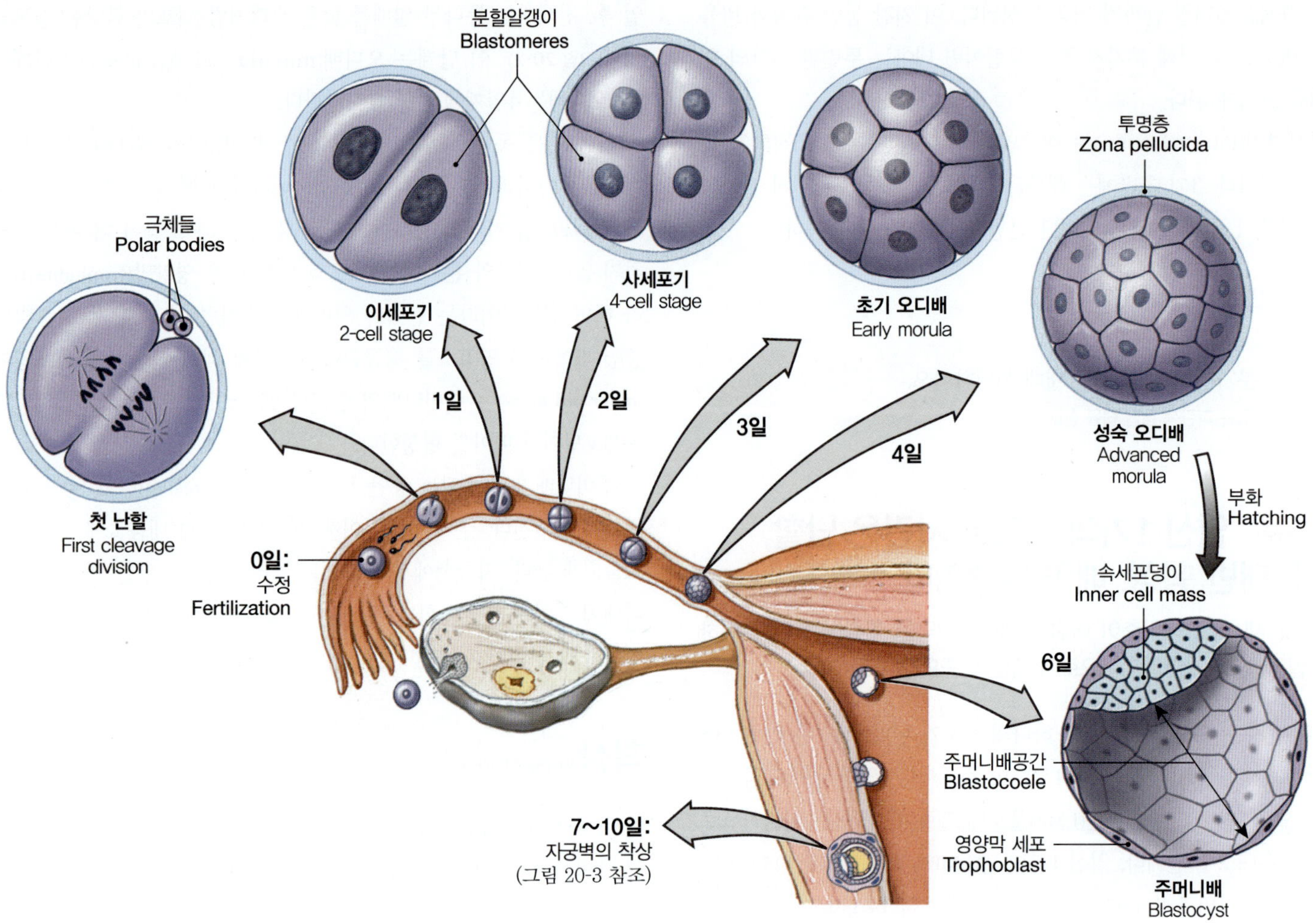

출되는 영양소를 흡수한다. 그런 다음 영양소는 세포 영양막을 통해 속세포덩이로 확산된다. 이러한 영양소는 배아형성의 초기 단계에서 에너지를 제공한다. 영양막의 확장은 자궁내막 모세혈관 주위에서 자라며 모세혈관벽이 무너짐에 따라 모체 혈액은 영양막 채널의 **융모사이공간**(*lacunae*)을 통해 흐르게 된다. 손가락 모양의 융모는 영양막에서 주변 자궁내막으로 확장되며 융모는 발달이 진행됨에 따라 점차적으로 그 수가 늘어나고 복잡해진다.

양막공간의 형성 Formation of the Amniotic Cavity

착상이 될 때, 속세포덩이는 영양막에서 분리된다. 분리는 잠차 확대되어 **양막공간(amniotic cavity)**이라고 하는 액체로 채워진 공간을 만든다(9일차, 그림 20-3, 10~12일의 세부사항은 그림 20-4 참조). 양막공간이 처음 나타날 때 속세포덩이의 세포는 두 개의 세포층인 타원형 층으로 구성되어 있다. 표면층은 양수안을 마주보는 방향이며 더 깊은 층은 포배의 액체 내용물에 노출된다.

창자배형성과 배엽층 Gastrulation and Germ Layer Formation

12일째가 되면 속세포덩이의 표피층과 세포 사이에 **창자배형성(gastrulation)** 과정을 통해 세 번째 세포층이 형성되기 시작한다(12일차, 그림 20-4). 표면층은 외배엽(*ectoderm*), 내배엽(*endoderm*), 중배엽(*mesoderm*)이다. 세 개의 세포층을 합쳐서 **배엽층**(*germ layers*)이라고 한다. 표 20-1은 각 배엽층이 신체의 기관계통에 기여하는 것을 보여준다.

배아바깥막의 형성 The Formation of Extraembryonic Membranes

배엽층은 또한 4개의 **배아바깥막(extraembryonic membranes)**을 형성한다. 배아 및 태아의 발생: 난황주머니(*yolk sac*), 양막(*amnion*), 요막(*allantois*), 융모막(*chorion*). 집중 조명 그림 20-5는 이러한 배아바깥막의 발생을 설명한다.

난황주머니(YOLK SAC). 가장 먼저 나타나는 배아바깥막 **난황주머니(yolk sac)**다. 수정 후 10일 후면 난황주머니는 이미 형성되어 있다(그림

그림 20-3 착상과정.

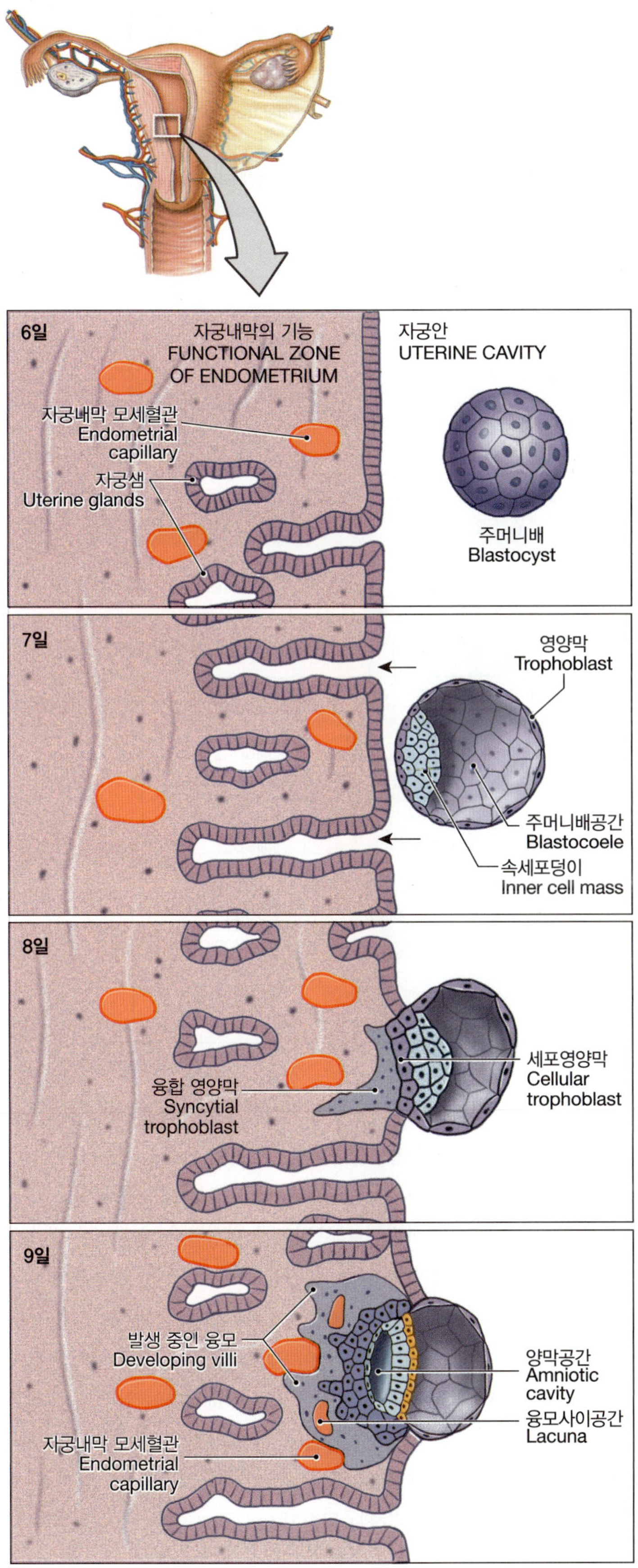

임상노트

자궁외 임신 Etopic Pregnancy

수정란은 일반적으로 자궁벽의 자궁내(안)막에 착상된다. **자궁외 임신**(*ectopic pregnancy*)이란 수정란이 자궁 밖 비정상적으로 착상되는 것을 말한다. 자궁외 임신의 약 95%가 나팔관에 착상된다. 드물게 (1% 미만) 난자는 배안에 착상되기도 한다. 현재까지 연구에 따르면 자궁외 임신의 발생률은 44명 중 1명이다. 향상된 진단 기술로 인해 대부분이 2주에서 12주 사이에 발견되기 때문에 발병률이 높아진 것으로 알려져 있다. 자궁외 임신은 산모 사망률의 약 10%를 차지한다.

자궁외 임신의 발병 요인으로는 골반염증성질환(PID)으로 인한 나팔관의 절흔, 이전 자궁외 임신 또는 난관 결찰과 같은 이전 골반 또는 난관 수술이 포함된다. 다른 요인으로는 자궁내막증 또는 피임용 자궁내장치(IUD)의 사용이 있다.

자궁외 임신은 대부분 복통으로 나타나며, 이는 광범위 압통으로 시작하여 자궁외 착상부위 쪽으로 하복부 사분면에 날카로운 통증으로 국한된다. 이 통증은 태아가 사용 가능한 공간을 초과할 때 나팔관이 파괴되어 발생한다. 여성은 종종 생리를 놓쳤거나 LMP가 4주에서 6주 전에 발생해도 색은 갈색을 띠며 평소보다 짧은 기간이었다고 말할 것이다. 배안 내 출혈이 계속되면 배부위가 경직되고 영향을 받는 쪽의 어깨의 통증이 심해짐을 호소하는 경우가 많다. 통증은 종종 실신, 질출혈, 쇼크를 동반한다.

아랫배 통증을 호소하는 가임기 여성은 자궁외 임신을 가정한다. 자궁외 임신은 산모에게 중대한 생명의 위협이 되며 수술로 상황을 해결할 수 있다.

20-4). 창자배형성이 진행됨에 따라 중배엽 세포가 이 주머니 주위로 이동하여 난황주머니 형성을 완료한다(2주차, **집중 조명 그림 20-5**). 혈관은 곧 중배엽 내에 나타나게 되고 난황주머니는 혈구 형성의 중요한 장소가 된다.

양막(AMNION). **양막(amnion)**은 외배엽과 중배엽으로 구성되어 있다. 외배엽 세포는 먼저 양막공간의 내부 표면에 퍼지고, 곧, 중배엽세포가 따라와 두 번째 외부 세포를 만든다. 배아와 나중에 태아가 계속 성장하면서 양막은 계속 확장되어 양막공간의 크기가 커진다(3주차, **집중 조명 그림 20-5**). 양막에는 발달 중인 배아와 태아를 둘러싸고 완충시키는 양수(*amniotic fluid*)가 포함된다(10주차, **집중 조명 그림 20-5**).

요막(ALLANTOIS). **요막(allantois)**은 배아에서 멀리 뻗어 있는 내배엽과 중배엽으로 이루어진 주머니이다(3주차, **집중 조명 그림 20-5**). 요막의 바닥은 나중에 방광이 된다. 요막은 배아 기간 동안 콩팥에서 생산된 소변이 차 있다.

융모막(CHORION). **융모막(chorion)**은 중배엽세포가 이동하여 영양막 아래층을 형성하여 주머니배공간으로부터 분리되면서 생성된다(2주 및 3주, **집중 조명 그림 20-5**). 처음 착상이 일어날 때 영양막에 영양소가 흡

그림 20-4 속세포덩이와 창자배형성.

10일: 난황주머니 형성 Day 10: Yolk Sac Formation

속세포덩이 층에 있는 세포는 양막공간 주위로 이동하여 양막을 형성하는 반면, 더 깊은 층의 세포는 주머니배공간의 외부 가장자리 주위로 이동한다. 이것이 두 번째 배아바깥막인 난황주머니 형성의 첫 번째 단계이다. 앞으로 2주 동안 난황주머니는 속세포덩이의 주요 영양소 공급원이 된다. 그것은 영양세포에 의해 주머니배공간에 방출된 영양분을 흡수하고 분배한다.

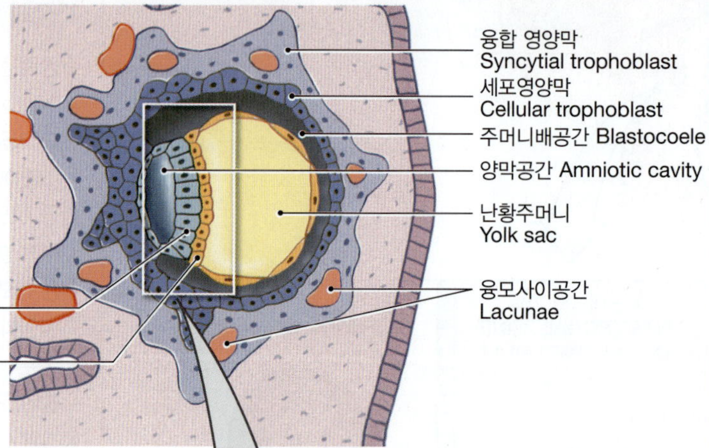

12일: 창자배형성 Day 12: Gastrulation

12일째, 이중층 **배반원반**(*blastodisc*)의 표면세포가 **원시고랑**(원시선조, *primitive streak*)으로 알려진 중심선을 향해 이동하기 시작한다. 이동하는 세포는 표면을 떠나 두 개의 기존 층 사이로 이동한다. 이 운동은 3개의 배아 층을 생성한다: (1) 배반 내부로 이동하지 않은 표면세포로 구성된 **외배엽(ectoderm)**, (2) 난황주머니와 마주하는 세포로 구성된 **내배엽(endoderm)**, (3) 외배엽과 내배엽 사이의 이동하는 세포의 잘 조직되지 않은 층으로 구성된 **중배엽(mesoderm)**. 이 세 개의 배아층을 총칭하여 **배엽층(germ layers)**이라고 하며 이동 과정을 **창자배형성(gastrulation)**이라고 한다. 창자배형성은 다음으로 알려진 타원형의 3층 시트를 생성한다. **배아원반**(*embryonic disc*)은 배아의 몸을 형성한다. 주머니배의 모든 다른 세포는 배아바깥막의 일부가 된다.

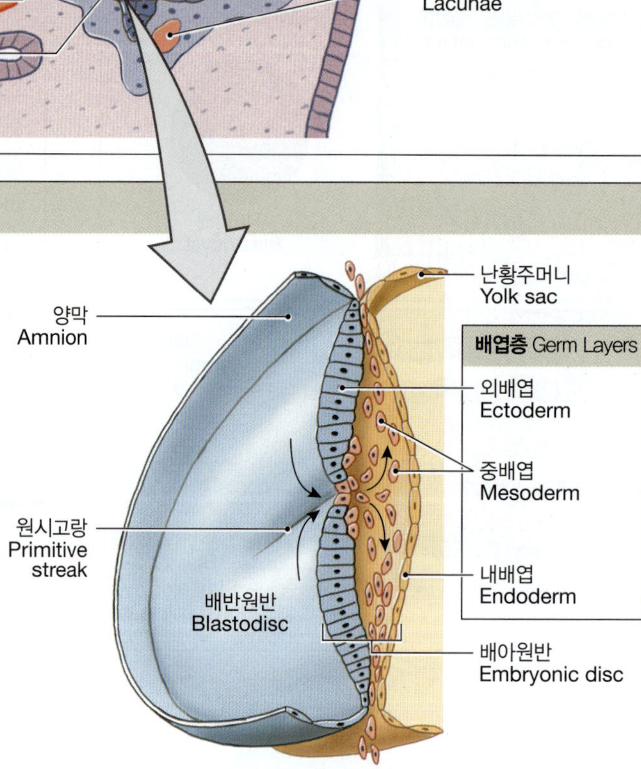

수되면 확산에 의해 속세포덩이에 쉽게 도달할 수 있다. 그러나 배아와 영양막이 커질수록 둘 사이 거리가 증가하고 확산만으로는 배아의 요구를 충족시킬 수 없다. 이제 혈관은 융모막의 중배엽 내에서 발달하기 시작하여 배아와 영양막을 연결하는 영양소로 빠른 전달 체계를 만든다.

태반형성 Placentation

태반(placenta)은 태아와 산모 순환 사이에 확산 부위를 제공하는 자궁벽의 임시적 구조이다. **태반형성(placentation)** 또는 태반조직(*placenta formation*)은 혈관이 주머니배 주변의 융모막에 혈관이 형성될 때 일어난다. 발달 3주까지 중배엽이 각 **융모막 융모**(*chorionic villi*)를 따라 확장되어 모체 조직과 접촉하는 융모막을 형성한다(**집중 조명 그림 20-5**). 배아혈관은 각 융모에서 발달한다. 이 융모막은 혈관을 통한 순환은 심장이 뛰기 시작하는 3주차에 시작된다. 이 융모는 계속 확장되고 분지되어 자궁내막 내에서 복잡한 네트워크를 형성한다. 혈관벽은 계속해서 파괴되며 모체혈액이 융모사이공간을 통해 천천히 흘러 들어온다. 융모사이공간 가까이로 융모막 혈관이 지나가며 확산작용에 의해 배아와 모체 사이의 영양분과 기체 교환이 영양막을 가로 질러 일어난다.

처음에는 주머니배 전체가 융모막 융모로 둘러싸여 있다. 융모막은 자궁내막 내에서 풍선처럼 팽창하면서 계속 커진다. 4주째가 되면 배아, 양막, 난황주머니이 액체로 채워진 넓은 공간에 매달려 있게 된다. 배아와 융모막 사이를 연결하는 **몸줄기**(*body stalk*)에는 요막의 먼쪽 부

표 20-1	배엽층에서 유래한 인체의 기관계통
외배엽의 역할(ECTODERMAL CONTRIBUTIONS)	
외피계통: 표피, 모낭 및 모발, 손톱 및 피부와 연결된 땀샘(땀샘, 젖샘 및 피지샘)	
뼈대계통: 배아의 인두굽이연골은 나비뼈와 목뿔뼈, 관자뼈의 붓돌기로 발전한다.	
신경계통: 뇌와 척수를 포함한 모든 신경조직	
내분비계통: 뇌하수체 및 부신수질	
호흡계통: 코안의 점막상피	
소화계통: 입과 항문이 점액 상피, 침샘	
내배엽의 역할(MESODERMAL CONTRIBUTIONS)	
외피계통: 진피(및 피부밑조직)	
뼈대계통: 일부 인두굽이연골 기원을 제외한 모든 구조	
근육계통: 모든 근육	
내분비계통: 부신피질, 심장의 내분비조직, 콩팥, 생식샘	
심혈관계통: 모든 조직	
림프계통: 모든 조직	
비뇨계통: 콩팥단위와 집합관 계통의 시작부분을 포함한 콩팥	
생식계통: 생식샘과 주변의 생식관 계통	
기타: 가슴막안, 심장막안, 배안의 속면을 덮는 상피와 모든 기관계통을 지지하는 결합조직	
중배엽의 역할(ENDODERMAL CONTRIBUTIONS)	
내분비계통: 가슴샘, 갑상샘, 이자	
호흡계통: 호흡기 상피(코안 제외) 및 관련 점액샘	
소화계통: 점막 상피(입과 항문 제외), 외분비샘(침샘 제외), 간, 이자	
비뇨계통: 방광과 집합관 계통의 먼쪽 부분	
생식계통: 생식관 계통의 먼쪽 부분, 생식자를 만드는 줄기세포	

분과 태반으로 혈액을 운반하는 혈관이 있다. 배아의 내배엽과 난황주머니 사이의 좁은 연결은 **난황 줄기**(*yolk stalk*)이다. 임신 1기가 끝날 무렵 태아는 태반에서 더 멀리 움직이게 된다. 난황줄기와 몸줄기가 융합하기 시작하여 **배꼽 줄기**(*umbilical stalk*)를 형성한다(5주차, **집중 조명 그림 20-5**). 10주차에 태아는 양막공간 내에서 자유롭게 떠다닌다. 태아는 요막, 태반혈관 및 난황 줄기를 포함하는 관모양의 **탯줄(umbilical cord)**에 의해 태반과 연결이 유지된다(**집중 조명 그림 20-5**).

태반순환 Placental Circulation

그림 20-6은 임신 1기 말에 태반의 순환을 나타낸 것이다. 산소가 제거된 혈액은 발달 중인 배아 또는 태아에게 쌍을 이룬 **배꼽동맥(umbilical artery)**을 통해 태반으로 흐른다. 산소가 공급된 혈액은 하나의 **배꼽정맥(umbilical vein)**에서 발생 중인 배아나 태아에게 돌아간다. 융모막의 융모는 태아와 산모의 혈류 사이에서 가스, 영양소, 노폐물의 능동적이고 수동적인 교환을 위한 표면적을 제공한다.

내분비기관 태반 The Endocrine Placenta

태반은 태아의 영양에 대한 역할 외에도 내분비 기관으로 역할을 한다. 여러 호르몬이 융합 영양막에서 합성되어 모체 혈류로 방출된다. 여기에는 **사람융모성 성선자극호르몬**(*human chorionic gonadotropin*), **프로게스테론**(*progesterone*), **에스트로겐**(*estrogens*), **사람태반젖샘자극호르몬**(*human placental lactogen*), **태반프로락틴**(*placental prolactin*), **릴렉신**(*relaxin*)이 포함된다.

사람융모생식샘자극호르몬(human chorionic gonadotropin, hCG)은 착상 직후 모체혈류에 나타난다. 임신 가정 검사에서이 호르몬이 검출된다. 혈액 또는 소변 샘플에서 존재한다면 임신의 확실한 증거이다.

황체형성호르몬(LH)과 마찬가지로 hCG는 황체를 유지하고 프로게스테론의 지속적인 분비를 촉진한다. 결과적으로 자궁내막은 완벽하게 기능을 유지하고 월경은 일어나지 않는다. hCG가 없으면 새로운 월경주기가 시작되고 자궁내막이 떨어져 나가서 임신은 유지되지 못한다.

집중 조명 그림 20-5 배아바깥막과 태반형성(EXTRAEMBRYONIC MEMBRANES AND PLACENTA FORMATION)

그림 20-4에 소개된 배엽은 또한 4개의 **배아바깥막**(extraembryonic membranes)을 형성한다. **(1) 난황주머니**(yolk sac)(내배엽과 중배엽), **(2) 양막**(amnion)(외배엽과 중배엽), **(3) 요막**(allantois)(내배엽과 중배엽), **(4) 융모막**(chorion)(중배엽과 영양막). 이 막은 배아 및 태아 발생을 지원하지만 성인에게는 그 존재의 흔적이 거의 남아 있지 않다.

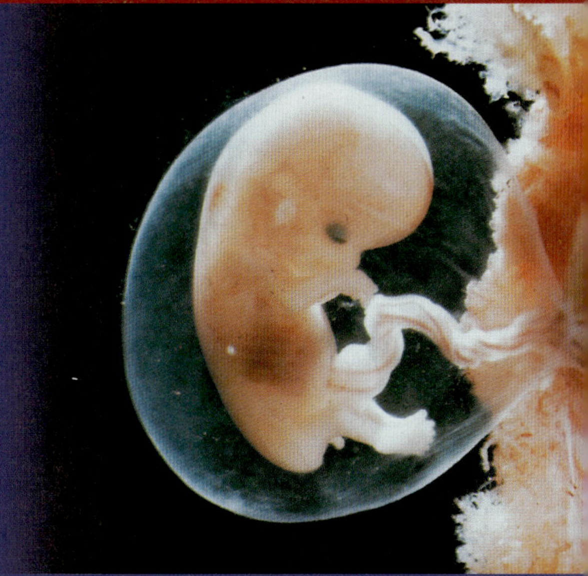

난황주머니 Yolk sac

난황주머니는 완전한 포배의 바깥쪽 가장자리를 중심으로 세포층이 퍼지면서 완전한 주머니를 형성하기 시작한다. 이는 초기 발달의 주요 영양소 공급원이며 혈구세포 형성의 중요한 부위가 된다.

양막 Amnion

외배엽세포는 양막공간의 내부 표면에 퍼지고 곧이어 중배엽 세포가 뒤따른다. 양수가 생성되어 발달 중인 배아를 둘러싸 완충작용을 한다.

1 2주차 Week 2

영양막의 내부 표면 주위에 중배엽의 이동은 양모막을 형성한다. 외배엽 세포와 영양막 세포 사이의 양막공간 바깥쪽으로 중배엽 이동은 양막을 형성하고 내배엽 주머니 주위에 중배엽 이동은 난황주머니를 생성한다.

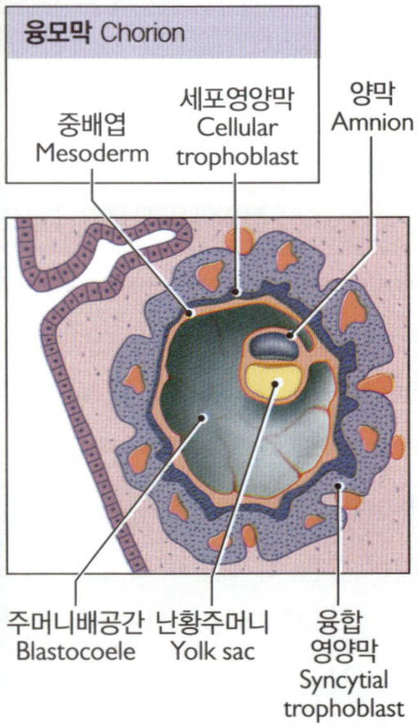

2 3주차 Week 3

배아원반의 머리 주름 부분이 불룩하게 부풀어 오른다. 중배엽으로 둘러싸인 내배엽 확장인 요막은 영양막을 향해 뻗어 있는다.

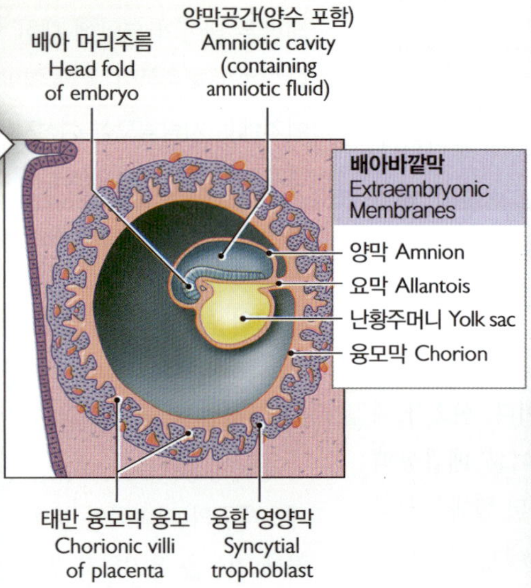

3 4주차 Week 4

배아는 이제 머리주름이 있고 꼬리 주름이 있다. 배아와 주변 세포영양막 세포 사이의 연결부위가 수축하면 난황줄기와 몸줄기가 가늘어진다.

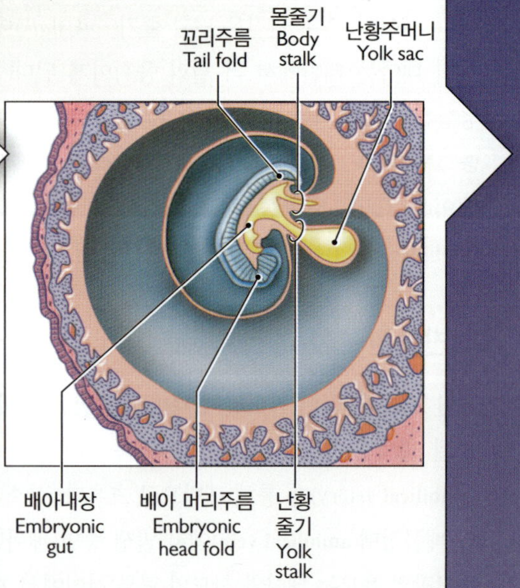

요막 Allantois

요막은 난황주머니 바닥 부분에서 내배엽의 바깥주머니에서 시작된다. 그런 다음 자유 내배엽 끝은 중배엽 세포 덩어리로 둘러싸인 주머니배 벽을 향해 자란다. 이 결과로 요막의 바닥 부분은 방광을 형성하게 된다.

융모막 Chorion

요막과 관련된 중배엽은 전체 주머니배공간에 퍼져 세포 영양막을 주머니배로부터 분리한다. 융모막에 혈관이 나타나는 것은 기능성 태반을 만드는 첫 번째 단계이다. 발달 3주차까지 중배엽은 각 영양막 융모를 따라 확장되어 모체 조직 및 혈관과 접촉하는 융모막을 형성하게 된다. 이 융모는 계속 확대되고 분기되어 영양, 산소 및 노폐물의 교환 발판인 태반을 형성한다.

4 5주차 Week 5

발달 중인 배아와 배아바깥막은 자궁안으로 부풀어 오르게 된다. 자궁안으로 밀려나오는 세포영양막은 자궁내막으로 덮여 있지만 더 이상 영양소 흡수 및 배아성장 지원에 참여하지 않는다. 태아는 태반에서 멀어지고, 몸줄기와 난황줄기와 융합하여 배꼽 줄기를 형성한다.

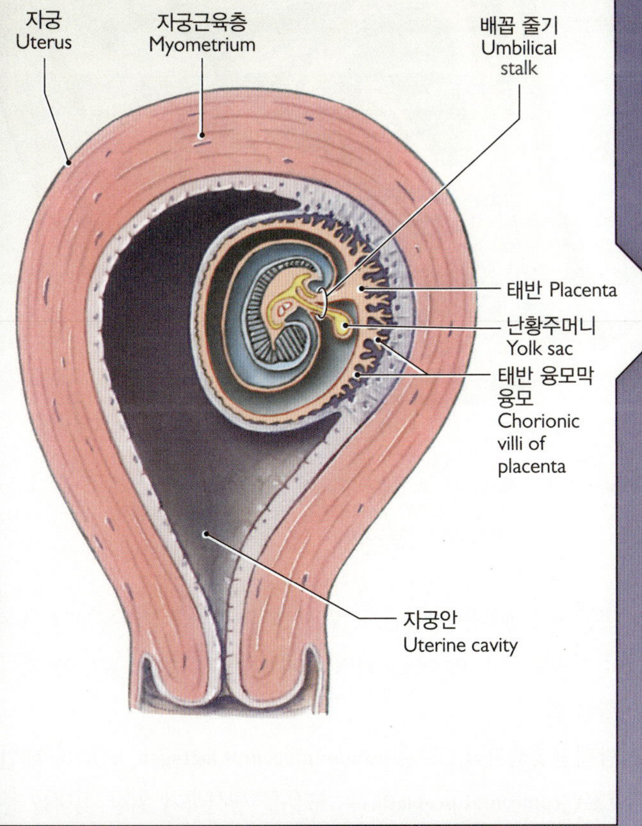

5 10주차 Week 10

양막은 크게 확장하여 자궁안을 채우고 있다. 태아는 요막의 일부, 혈관 및 난황줄기의 잔여물을 포함한 긴 탯줄에 의해 태반과 연결되어 있다.

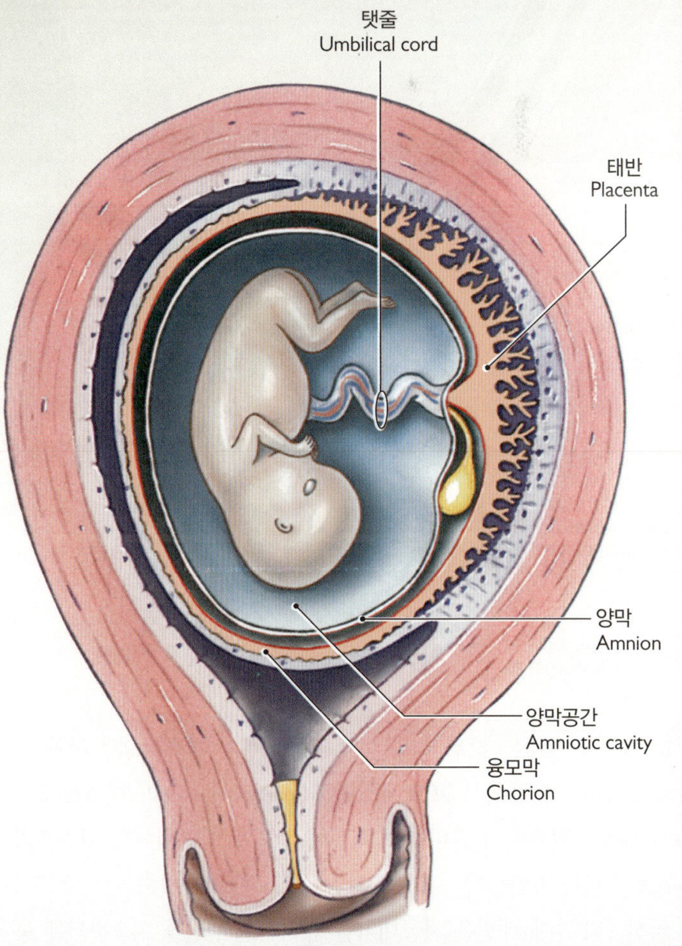

그림 20-6 태반과 태반순환. 배아가 제거되고 탯줄을 자른 후 자궁의 모습. 산소가 공급된 혈액은 파열된 모체 동맥을 통해 모체로부터 태반으로 흘러 들어간다. 그런 다음 태아 혈관을 포함하는 융모막 융모 주위를 흐른다. 산소가 제거된 태아 혈액은 한쌍의 배꼽동맥에서 융모막 융모로 들어가고, 산소가 공급된 혈액은 단일 배꼽정맥으로 나오게 된다. 산소가 제거된 모체의 혈액은 작은 자궁정맥의 부서진 벽을 통해 모체의 정맥계로 다시 들어간다. 산모와 태아의 혈액이 섞이지 않는다는 점에 유의하라.

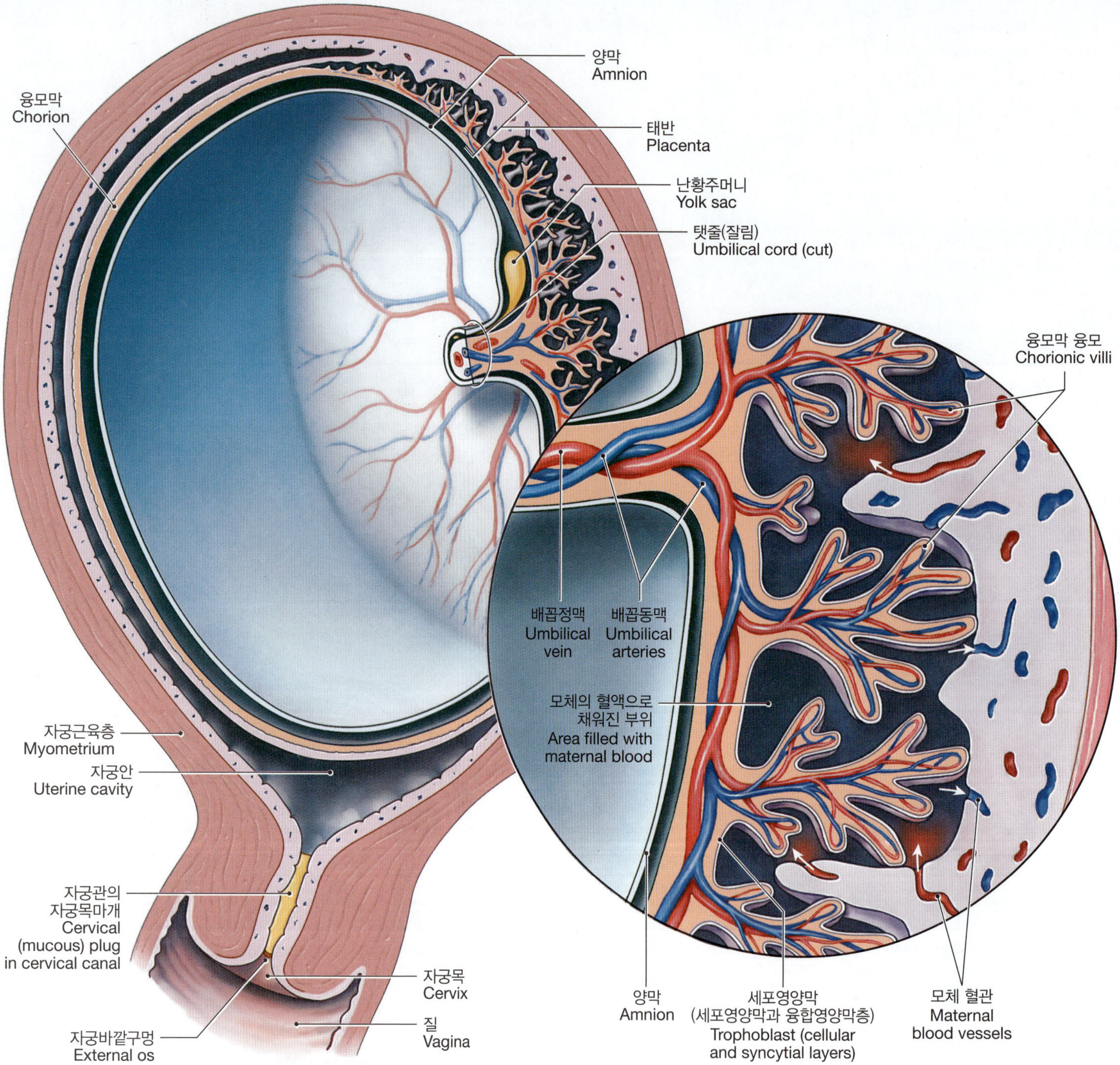

hCG가 존재하는 경우 황체는 3~4개월 동안 지속적으로 점차 줄어들게 된다. 태반에서 **프로게스테론(progesterone)**과 **에스트로겐(estrogen)**을 활발하게 분비하기 때문에 황체가 퇴화되어도 월경주기 복귀를 유발하지 않는다.

임신 1기 후에 태반은 자궁내막을 유지하고 임신을 지속하기에 충분한 프로게스테론을 생성한다. 임신 3기가 끝나 갈수록 에스트로겐 생산이 가속화된다. 에스트로겐의 수치 증가는 진통과 분만을 자극하는 역할을 한다.

사람태반젖샘자극호르몬(human placental lactogen, hPL)과 **태반젖분비호르몬(placental prolactin)**은 모유를 생산하기 위한 젖샘을 준비하는 데 도움을 준다. 젖샘이 휴식상태에서 활동상태로 전화되기 위해서는 태반호르몬(HPL, 태반프로락틴, 에스트로겐, 프로게스테론)과 여러 모체 호르몬(성장호르몬, 프로락틴, 갑상샘 호르몬)이 필요하다.

릴렉신(relaxin)은 임신 중 태반과 황체에서 모두 분비되는 호르몬이다. 릴렉신은 (1) 두덩결합의 유연성을 증가시켜 분만 중 골반이 확장되도록 한다. (2) 자궁목을 확장시켜 태아가 질관에 쉽게 진입할 수 있도록 한다. (3) 시상하부에 의한 옥시토신 분비를 억제하여 자궁수축의 시작을 늦춘다.

배아발생 Embryogenesis

창자배형성이 시작된 직후, 배아의 몸은 배아원반의 나머지 부분과 분리되기 시작하고 배아의 몸체와 내부 기관이 형성되기 시작한다. 배아 형성의 과정을 **배아발생(embryogenesis)**이라 불린다. 이 형성은 배아원반의 주름과 차별적 성장으로 시작되며 양막으로 돌출된 팽대부를 생성한다(**집중 조명 그림 20-5** ②). 이 팽대부는 **머리주름**(*head fold*)으로 알려져 있다. 유사한 움직임으로는 **꼬리주름**(*tail fold*)이 형성된다(**집중 조명 그림 20-5** ③). 이때 배아는 등쪽과 배쪽 표면 그리고 왼쪽과 오른쪽 면의 형성을 볼 수 있다. 발달 4주차부터 임신 1기 말 사이에 발생하는 비율과 모양의 변화는 **그림 20-7**에 나와 있다.

임신 1기는 발달에 중요한 시기이다. 처음 12주 동안의 사건은 **기관발생(organogenesis)**의 기초, 즉 기관 형성의 과정을 확립한다. **표 20-2**에는 임신 1기 동안의 중요한 발달 이정표가 포함되어 있다.

체크포인트

8. 주머니배공간 속세포덩이의 발생은 무엇인가?
9. Sue의 임신 테스트는 hCG 호르몬 수치가 상승했음을 나타낸다. 그녀가 임신했는지 여부를 설명하시오.
10. 태반의 두 개 중요한 기능은 무엇인가?

책 뒷면에 있는 파란색 정답 탭을 참조.

20-5 임신 2기와 3기에 산모의 기관계통은 발생 중인 태아를 부양하고 자궁은 구조적, 기능적 변화를 거친다

학습목표 모체의 각 계통과 발생 중인 태아가 어떻게 상호작용하는지 설명하고, 임신 중 자궁의 구조적, 기능적 변화에 대해 논의한다.

모든 주요 기관의 기본 요소는 임신 첫 3개월까지 형성된다. 다음 3개월 동안, 태아는 약 0.64 kg의 체중으로 자란다. 양막으로 둘러싸인 태아는 임신 2기 동안 주변 태반보다 더 빠르게 자란다. 양막의 바깥면이 융모막의 속면과 접촉하면 이 층들은 융합된다. **그림 20-8a**는 4개월 된 태아를 보여준다. **그림 20-8b**는 6개월 된 태아를 보여준다. 임신 1기와 2기에서 발생하는 신체 형태의 변화는 **그림 20-8** 상단에 나와 있다.

임신 3기에 대부분의 기관은 정상적인 기능을 수행할 준비가 된다. 성장 속도가 느려지기 시작하지만 이때 절대적 수치로 본다면 큰 체중 증가를 보인다. 임신 마지막 3개월 동안 태아는 약 2.2 kg 증가하며 만삭체중은 약 3.2 kg에 이르게 된다. 임신 2기 와 3기 동안 기관발생의 중요한 사건들은 **표 20-2**에 나와 있다.

임신이 산모에게 미치는 영향

The Effects of Pregnancy on Maternal Systems

태아의 발생은 영양, 호흡, 노폐물 제거를 위해 전적으로 모체 기관에 의존한다. 산모는 자신과 태아를 위해 충분한 산소, 영양분, 그리고 비타민을 흡수해야 한다. 또한 산모는 생성된 모든 노폐물을 제거해야 한다. 이것은 임신 초기 몇 주 동안은 부담이 되지 않지만, 태아가 성장함에 따라 산모에게 가해지는 요구는 상당해진다. 이러한 조건에서 산모가 생존하기 위해선 산모의 신체는 대대적인 적응을 해야만 한다. 간단히 말해 산모는 2인분의 호흡, 식사, 배설을 해야 한다. 산모의 신체에 일어나는 중요한 변화들은 다음과 같다.

- **산모의 호흡수 증가와 일회 호흡량의 증가(*Maternal respiratory rate increases and tidal volume increases*).** 결과적으로, 산모의 허파는 필요한 여분의 산소를 전달하고 태아가 생성하는 과도한 이산화탄소를 제거한다.
- **산모의 혈액량이 증가한다(*Maternal blood volume increases*).** 이러한 증가는 두 가지 이유로 발생한다. (1) 태반으로 흐르는 혈액은 나머지 순환조직의 부피를 감소시킨다. (2) 태아활동은 혈액의 P_{O_2}를 감소키고 혈액의 P_{CO_2}는 증가시킨다. 그 결과 콩팥에서 레닌과 에리트로포이에틴(EPO)의 생성을 자극하여 산모의 혈액량을 증가시킨다(그림 13-10, p. 505 참조). 임신 말기의 산모의 혈액량은 거의 50% 증가하게 된다.
- **산모의 영양소 요구량은 10~30% 증가한다(*Maternal requirements for nutrients increase by 10–30 percent*).** 임산부는 자신과 태아 모두에게 영양분을 공급해야 하기 때문에 배고픔을 많이 느낀다.
- **산모의 토리여과율은 약 50% 증가한다(*Maternal glomerular filtration rate increases by roughly 50 percent*).** 이러한 증가는 혈액량의 증가에 해당하며 태아가 생성하는 대사 노폐물의 배설을 가속화 한다.

그림 20-7 제1기 발달.

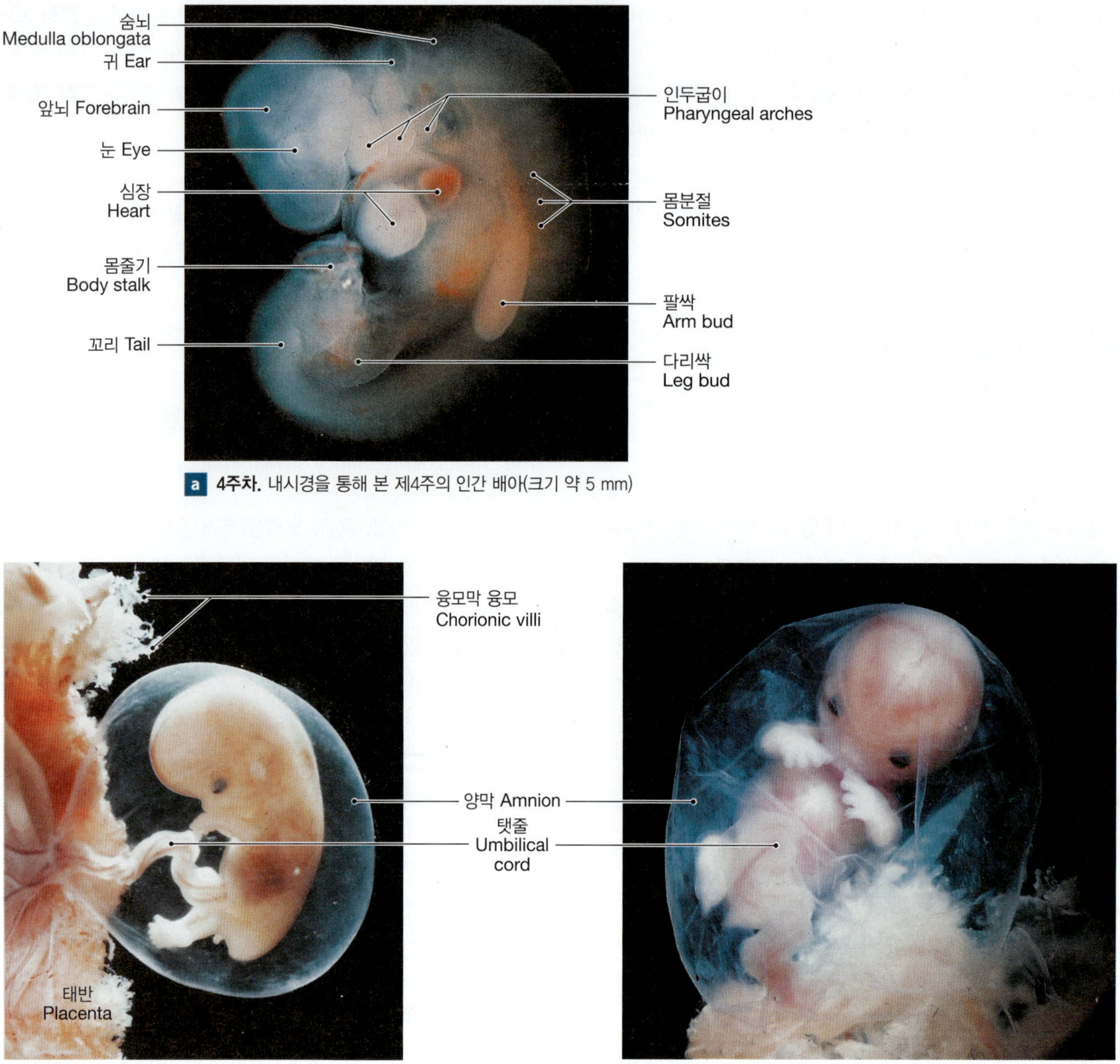

a 4주차. 내시경을 통해 본 제4주의 인간 배아(크기 약 5 mm)

b 8주차. 내시경을 통해 본 제8주의 인간 배아 (크기 약 1.6 cm)

c 12주차. 내시경을 통해 본 제12주의 인간 배아 (크기 약 5.4 cm)

임산부의 소변량이 증가하고 자궁의 무게가 방광을 압박하기 때문에 소변을 자주 보게 된다.

- **자궁 크기의 급격한 커짐**(***The uterus undergoes a tremendous increase in size***). 확장된 자궁의 구조 및 기능적 변화는 매우 중요하기 때문에 별도 절에서 논의할 것이다.
- **젖샘의 크기가 증가하고 분비 활동이 시작된다**(***The mammary glands increase in size, and secretory activity begins***). 임신 6개월이 지나면, 젖샘이 완전히 발달하고 분비물이 분비되기 시작하여 젖샘의 관에 저장되는 투명한 분비물을 생성하기 시작한다.

자궁의 구조, 기능적 변화
Structural and Functional Changes in the Uterus

임신 말기에 일반적인 자궁은 길이가 7.5 cm에서 30 cm로, 무게는 60 g에서 1100 g로 성장한다. 자궁에는 2 L의 체액과 태아 및 태반이 포함되어 있으며, 총무게는 약 6~7 kg이 된다. 이 놀라운 팽창은

그림 20-8 임신 2기와 임신 3기.

a 내시경을 통해 본 4개월 된 인간 태아(크기 약 13.3 cm)

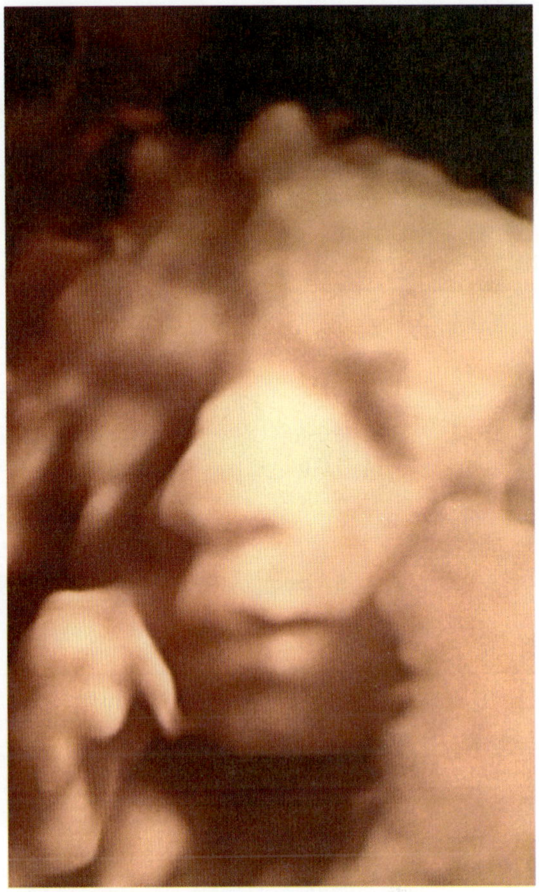

b 초음파를 통해 재구성한 6개월 된 태아의 머리 (크기 약 30 cm)

전체 세포 수의 증가보다 자궁에 이미 있는 세포, 특히 민무늬근의 크기가 커짐으로 인해 생긴다.

자궁의 엄청난 확장은 자궁근육층의 민무늬근의 자발적 수축률 증가가 동반된다. 임신 초기에는 자궁수축이 약하고 통증이 없으며 짧다. 태반에서 나오는 프로게스테론이 자궁 민무늬근에 억제 작용을 하여, 보다 광범위하고 강력한 수축을 방지하게 된다.

임신 9개월 후, 몇 가지 요인들이 상호작용하여 자궁벽의 자궁근육층에서 **분만수축(labor contraction)**을 일으킨다. 일단 시작되면 양성되먹임은 출산이 완료될 때까지 진통이 계속되도록 수축을 지속시킨다. 그림 20-11은 진통과 분만을 시작하는 중요한 태반 및 태아요인을 보여준다.

진통이 시작되는 실제 원인은 산모가 아닌 태아이다. 진통이 시작되면 태아의 뇌하수체는 옥시토신을 분비하는데, 이는 태반에서 모체 혈류로 방출되게 된다. 이것은 에스트로겐과 모체 옥시토신의 기폭효과와 더불어 자궁근육 수축과 프로스타글라딘 생산을 증가키기 때문에 진통이 시작되는 직접적인 계기가 될 수 있다.

임상노트

기형발생형성(최기형성) TERATOGENICITY

발달 중인 태아는 처음 60일 동안 선천적 결함에 가장 취약하다. 임신의 임신 1기 단계인 **배아 발생**(*embryogenesis*)은 수정과 함께 시작된다. 18일까지 계속된다. 이 기간 동안 **기형유발물질**(*teratogen*)에 노출되면 배아 전체를 위협할 수 있다.(테라토겐은 태아의 기형을 일으키는 화학물질 또는 질병이다.) 임신 2기 기관형성은 18일부터 60일까지 이어진다. 이 단계는 태아가 기형유발물질에 가장 취약하고 가장 심각한 해부학적 기형이 발생하는 단계이다. 태아기의 임신 3기 단계는 60일째부터 출생까지이다. 이 단계서 노출되면 비정상적인 세포정상과 분화가 발생할 수 있다.

표 20-2 출생 전 발생과 출생 후 발생초기의 개관

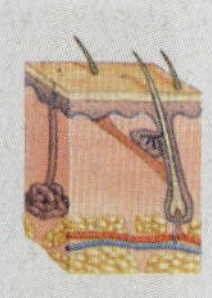

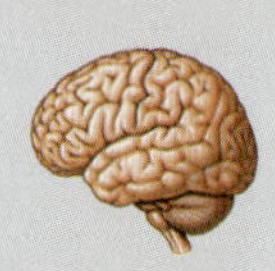
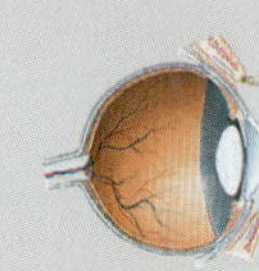

임신기간 (발달연령 + 2주) (개월)	크기와 무게*	외피계통	뼈대계통	근육계통	신경계통	특수감각기관
1	5 mm 0.02 g		(b) 몸분절형성 (한 쌍의 중배엽 덩어리)	(b) 몸분절형성	(b) 신경관 형성	(b) 눈, 귀 형성
2	1.6 cm 1.0 g	(b) 손톱뿌리, 모낭, 땀샘	(b) 몸통과 팔다리 연골 형성	(c) 몸통근육의 원기	(b) 중추신경계통, 말초신경계통 조직, 대뇌의 성장	(b) 맛봉오리, 후각 상피 형성
3	5.4 cm 14 g	(b) 표피층의 등장	(b) 뼈 되기 중심의 확산	(c) 팔다리근육의 원기	(c) 기본적인 척수와 뇌	
4	11.6 cm 100 g	(b) 털, 기름샘 형성 (c) 땀샘	(b) 관절 (c) 얼굴 및 입천장 형성	산모가 느낄 수 있는 태아의 움직임	(b) 대뇌의 급격한 확장	(c) 기본적인 눈과 귀의 구조 (b) 말초 수용기 형성
5	16.4 cm 300 g	(b) 케라틴 생성, 손톱 생성			(b) 척수의 수초화	
6	30 cm 600 g			(c) 살근육	(b) 중추신경계통 신경로 형성 (c) 대뇌 겉질의 층판 형성	
7	37.6 cm 1.005 kg	(b) 각질화, 손톱, 털 형성				(c) 위눈꺼풀과 아래 눈꺼풀 사이가 열림. 망막이 빛에 반응
8	42.4 cm 1.7 kg		(b) 뼈끝연골 형성			(c) 맛수용기가 작용함
9	47.4 cm 3.2 kg					
출생 후 발달 (Postnatal Development)		털의 뻣뻣한 정도와 분포의 변화	뼈끝연골의 형성과 성장 지속됨	근육량과 조절 능력 향상	말이집 형성, 층판 형성, 중추신경계통 신경로 형성이 지속됨	

참고: (b) = 형성 시작; (c) 완료

* 8주부터 20주까지의 태아는 머리엉덩 길이로 계측. 20주부터 출생까지 측정한 길이는 머리-발꿈치 길이로 계측.

 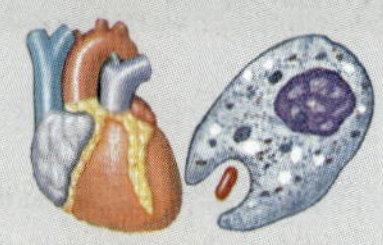 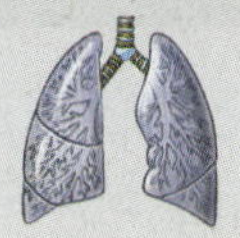   

임신기간 (개월)	내분비계통	심혈관계통 및 림프계통	호흡계통	소화계통	비뇨계통	생식계통
1		(b) 심장박동	(b) 기관 및 허파 형성	(b) 위장관, 간 및 이자 형성 (c) 난황주머니	(c) 요막	
2	(b) 가슴샘, 갑상샘, 뇌하수체, 부신	(c) 기본 심장구조, 주요 혈관, 림프절 및 관 (b) 간의 조혈작용	(b) 기관지가 가슴세로칸으로 광범위하게 분지함 (c) 가로막	(b) 창자의 세분화, 융모, 침샘 형성	(b) 콩팥 형성 (성인의 형태)	(b) 젖샘
3	(c) 가슴샘, 갑상샘	(b) 편도, 골수의 조혈작용		(c) 쓸개, 이자		(b) 생식샘, 생식관 및 바깥생식기관 형성; 여성의 난조세포
4		(b) 림프구의 림프기관으로의 이동; 지라의 조혈작용			(b) 배아콩팥의 퇴화	
5		(c) 편도	(c) 콧구멍 열림	(c) 창자의 세분화		
6	(c) 부신	(c) 지라, 간, 골수	(b) 허파꽈리의 형성	(c) 상피의 조직화, 창자샘		
7	(c) 뇌하수체			(c) 작은창자돌림 주름		(b) 고환의 하강; 여성의 감수분열 1단계의 일차 난모세포가 일차 감수분열 전기
8			기관지 분지와 허파꽈리 형성 완료		(c) 콩팥단위	출산직전 고환의 하강 완료
9						
출생 후 발달 (Postnatal Development)		출생 시 심혈관계통 변화; 면역 반응이 서서히 작동하게 됨				

임상노트

임신의 생리적 변화 Physiologic Changes of Pregnancy

임신과 관련된 생리적 변화는 호르몬 상태의 변화, 자궁확장과 중요한 혈관의 기계적 효과, 모체에 대한 대사 요구 증가로 인한 것이다. 구급대원은 임산부를 더 잘 평가하기 위해 임신과 관련된 생리학적 변화를 이해해야 한다.

- **생식계통**(*Reproductive System*). 당연히 임신과 관련된 가장 중요한 변화는 자궁에서 일어난다. 임신하지 않은 상태의 자궁은 작은 배 모양의 기관으로 무게는 약 60 g이고 용량은 약 10 cc이다. 임신 말기에는 무게가 1000 g으로 증가하게 되고 용적은 5000 mL이다(**그림 20-9**). 또 다른 주목만할 변화는 임신 중에 자궁의 혈관계가 산모의 총 혈액량의 1/6(16%)을 포함한다는 것이다. 생식계에서 발생하는 다른 변화는 발달 중인 태아를 보호하고 감염을 예방하는 데 도움이 되는 자궁목의 점막형성이 있다. 이 점막은 분만 전에 자경목 확장이 시작되면 배출되게 된다. 에스트로겐은 질 점막을 두껍게 만들고 질 분비물을 증가시켜 결합조직을 느슨하게 하여 분만을 가능하게 한다. 유방은 수유를 준비하기 위해 젖샘의 수와 크기가 증가함에 따라 확대되고 결전이 많아진다.
- **호흡계통**(*Respiratory System*). 임신 중에는 산모의 산소 요구량이 증가한다. 이러한 요구를 충족시키기 위해 프로게스테론은 기도 저항을 감소시킨다. 그 결과로 호흡수는 약간만 증가할 뿐이지만 산소 소비량이 20% 증가하고 일회 호흡량이 40% 증가한다. 커진 자궁은 가로막이 위로 밀어 올리므로 흉곽 내 용적을 유지하기 위해 갈비뼈 가장자리가 벌어진다.
- **심혈관계통**(*Cardiovascular System*). 임신기간 동안 심혈관계에 많은 변화가 일어난다(**그림 20-10**). 심박출량은 임신 기간 동안 증가하며, 태아가 완전히 발달할 때 분당 6~7 L로 최고조에 달한다. 산모의 혈액량이 45% 증가하고 적혈구와 혈장이 모두 증가하지만 혈장이 약간 더 많아져 상대적으로 빈혈이 발생하게 된다. 이 빈혈을 방지하기 위해 임산부는 적혈구의 산소운반 능력을 증가시키기 위해 철분을 보충받아야 한다. 혈액량이 증가로 인해 임산부는 30~35%의 급성 실혈이 있어도 활력징후에 변화가 없을 수 있다. 산모의 심박동은 분당 10~15회 증가된다. 혈압은 임신 1기, 2기 동안에 약간 감소하지만 임신 3기 동안 임신 전 수준으로 상승한다.
- **소화계통**(*Gastrointestinal System*). 메스꺼움과 구토는 다양한 호르몬 수치와 변화된 탄수화물 요구량의 결과로 임신 1기 첫 3개월에 흔히 나타난다. 연동운동이 느려지므로 위 배출이 지연된 가능성이 높고 팽만감이나 변비가 흔히 나타난다. 자궁이 커지면서 배부위 장기가 압박되고 결과적으로 배부위 사분위 평가가 어려워진다.
- **비뇨계통**(*Urinary System*). 임신 중에는 콩팥의 혈류량이 증가한다. 사구체 여과율은 임신 후반기에 거의 50% 증가하며, 임신 기간 동안 계속 상승한다. 그 결과로 신세뇨관 흡수도 증가하게 된다. 간혹 여과된 포도당을 모두 콩팥에서 재흡수하지 못하기 때문에 발생하는 당뇨(소변내 다량의 당분)가 발생할 수 있다. 당뇨는 정상이거나 임신성 당뇨병의 발병을 나타낼 수 있다. 방광은 전방과 상방으로 밀려나면서 파열의 가능성이 높아진다. 방광의 자궁압박으로 인해 빈뇨는 특히 임신 1기와 3기에 흔히 발생한다.
- **근육계통**(*Musculoskeletal System*). 호르몬 영향으로 인해 골반관절이 느슨해지기 때문에 임산부는 뒤뚱거리는 걸음걸이를 보인다. 자궁이 커지고 산모의 무게중심이 이동하면서 배를 앞으로 내밀게 되고 이 자세를 보완하기 위해 자세가 바뀌면서 이로 인한 요통이 발생하는 경우가 있다.

그림 20-9 임신 중 자궁. 임신과 관련된 중요 자궁의 변화. 자궁은 복부에서 가장 큰 기관이 된다.

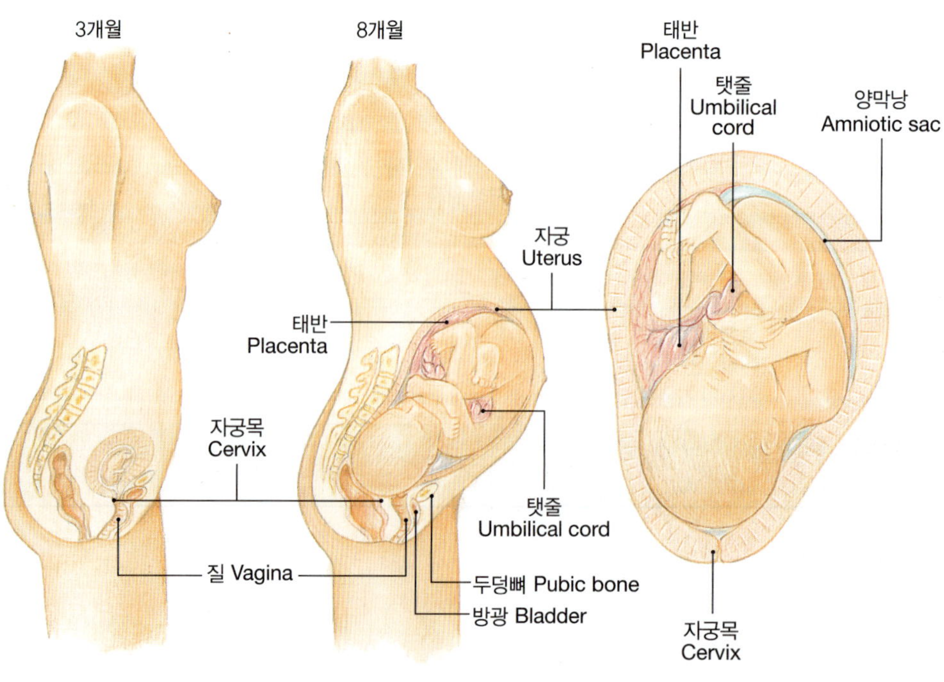

그림 20-10 임신과 관련된 혈역학적 변화. 임신은 심박동 수가 빨라지고 혈압은 낮아진다. 이러한 결과는 임신의 생리학적 변화를 인지하지 못하면 쇼크의 초기 징후로 쉽게 해석될 수 있다.

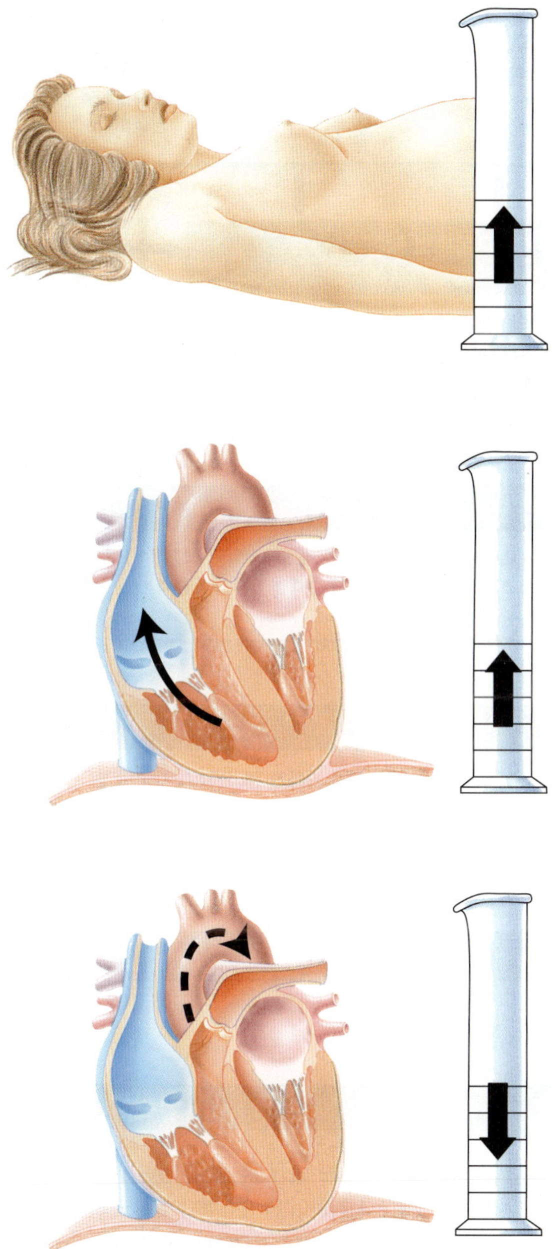

체크포인트

11. 임신 기간 동안 산모에서 일어나는 주요 변화를 나열하시오.
12. 임신 중에 산모의 혈액량이 증가하는 이유는 무엇인가?
13. 임신 중에는 어떤 방법으로 자궁의 크기와 체중의 크기를 증가시키는가?
14. 자궁에서 프로게스테론의 진정작용을 방해하는 세 가지 주요 요인은 확인하시오.

책 뒷면에 있는 파란색 정답 탭을 참조.

20-6 진통은 확장기, 만출기, 태반기로 나뉜다

학습목표 진통과 분만 동안 일어나는 사건을 나열하고 논의한다.

진통의 목적은 **출산**(**parturition**, *childbirth*)이다. 즉, 자궁에서 태아를 강하게 일어나는 것이다. 진통 중 일련의 자궁 수축은 자궁의 윗부분에서 시작되어 자궁목를 향해 파도치듯 진행한다. 수축은 강하고 일정

그림 20-11 진통과 분만을 개시하고 지속시키는 요인들.

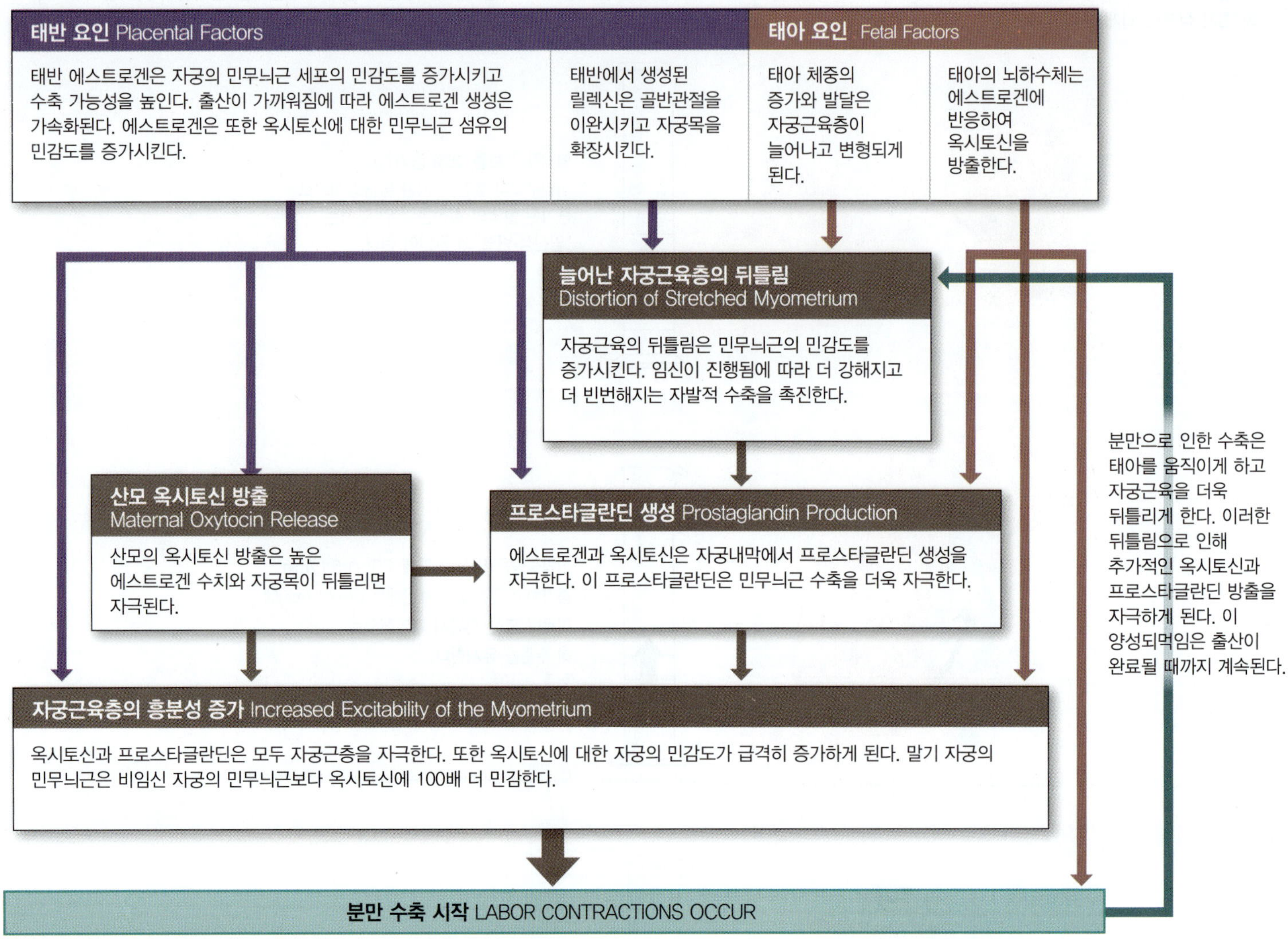

임상노트

태아 발생 Fetal Development

태아 발생은 수정 후 바로 시작되며 상당히 복잡하다. 수정이 일어나는 순간을 수태라고 부른다. 수태는 약 14일 정도에 발생하므로 마지막 생리의 첫날 이후부터 아이가 태어날 대략적인 날짜를 꽤 정확하게 계산하는 것이 가능하다. 이러한 추정은 보통 산모의 첫 번째 산전 방문 때 이루어진다. 정상적인 임신 기간은 산모의 마지막 생리 첫날부터 40주이다. 이것은 280일이며 10개월, 즉 대략 9개월이다. 이 추정 생년월일은 의학적으로는 출산예정일로 알려져 있다. 일반적으로 임신은 3기로 나뉘며 각 분기는 약 13주 또는 3개월이다.

임신 기간 동안 태아의 발생 단계를 설명하기 위해 몇가지 다른 용어가 사용된다. 배아기는 수정 후 처음 14일을 포함하며, 배아 단계는 15일에 시작하여 약 8주까지이다. 태아기는 8주부터 분만까지를 말한다. 응급구조사는 이 세 가지 기간 동안 발생하는 중요한 발달 이정표 중 일부를 숙지해야 한다(**표 20-3**). 정상적인 태아 발생 기간 동안, 태아의 성별은 일반적으로 임신 16주에 결정될 수 있다. 20주가 되면 청진기로 태아의 심장소리를 들을 수 있다. 또한 산모는 일반적으로 태동을 느낀다. 24주가 되면, 조산으로 미숙아로 태어난 아기는 생존할 수 있고, 28주 이후에 태어난 아기는 생존 가능성이 매우 높다. 38주가 되면 아기는 만석 또는 완전히 발달한 것으로 간주된다. 태아의 기관형성은 대부분 임신 초기에 발생하기 때문에 이 시기는 태아가 선천적 기형 발생에 가장 취약한 시기이다.

그림 20-12 진통의 단계.

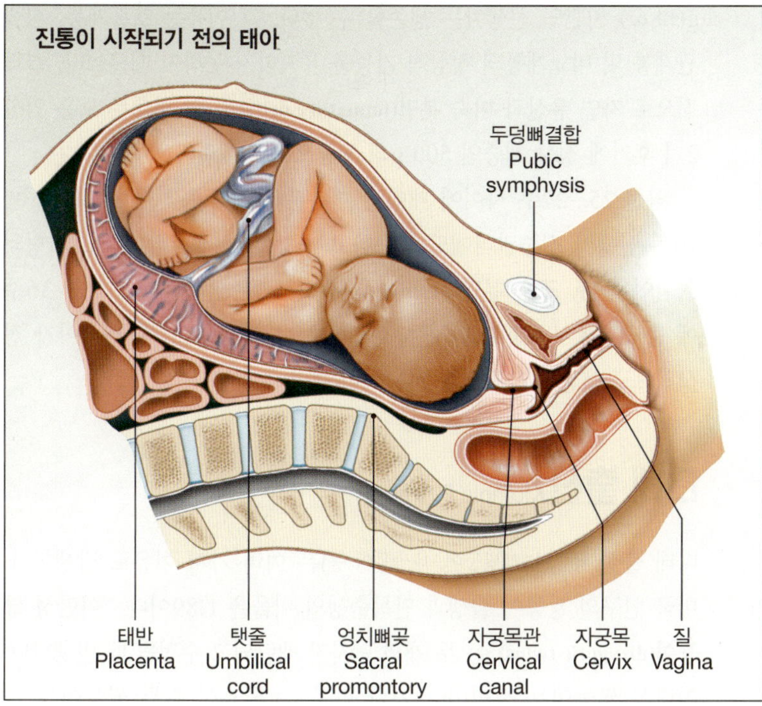

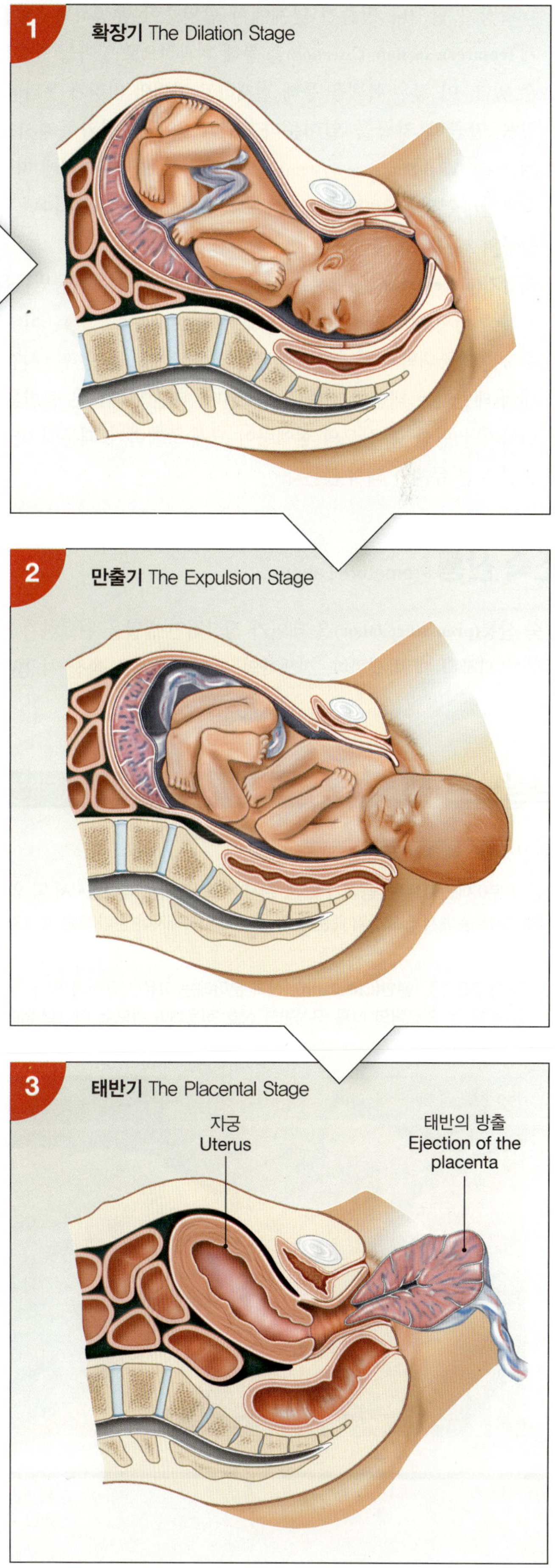

한 간격으로 일어난다. 분만이 가까워짐에 따라 수축의 강도와 빈도가 증가하여 태아의 위치를 바꾸고 자궁목관을 향해 이동한다.

진통의 단계 The Stages of Labor

진통은 확장기, 만출기, 태반기의 세 단계로 구성된다(그림 20-12).

1. **확장기(dilation stage)**는 자궁목이 확장되고 태아가 자궁목관을 향해 이동하기 시작하면서 진통과 함께 시작된다(그림 20-12의 1). 이 단계는 지속 시간은 매우 다양하지만 일반적으로 8시간 이상 지속된다. 초반에는 진통이 1분 정도 지속되며 10~30분마다 한 번씩 발생한다.이 빈도는 꾸준히 증가한다. 개구기 단계 후반에는 대부분 양막이 파열된다. 이때 "양수가 터진" 산모라고 한다.
2. **만출기(expulsion stage)**는 밀려나오는 태아의 의해 자궁목이 약 10 cm(4인치)로 완전히 확장되면서 시작된다(그림 20-12의 2). 이 단계에서 수축은 최대 강도에 도달한다. 만출은 태아가 질에서 나올 때까지 계속된다. 대부분의 만출기는 2시간 미만으로 지속된다. 신생아가 외부세계로 나오는 **출산(delivery)**, 즉 탄생이 이루어진다. 질관이 너무 작아서 태아가 통과할 수 없을 경우, 샅(perineum)이 파열될 심각한 위험이 있으면 의사는 **회음절개술(episiotomy**; 회음부 절개)을 시행하여 일시적으로 통로를 확장할 수 있다. 출산 후, 이 외과적 절개는 봉합으로 회복될 수 있으며 광범위한 회음부 파열과

관련된 상처봉합에 비해 간단한 절차이다.

확장기 단계나 만출기 단계에서 합병증이 발생하면 **"제왕절개"(cesarean section**, *C-section*)를 통해 외과적으로 영아를 만출시킬 수 있다. 이 경우 복벽을 통해 절개하고 아기의 머리가 통과할 수 있을 만큼만 자궁을 열어준다. CDC의 국민생활통계시스템(National Vital Statistics System)이 2015년 발표한 데이터에 따르면 제왕절개 분만은 2009년 32.9%로 최대치를 보인 뒤 2014년 전체 출생의 32.3%로 떨어졌다.

3. **태반기(placental stage)**에서는 부분적으로 비어 있는 자궁벽근육의 긴장이 형성되며 점차 크기가 감소한다(그림 20-12의 ③). 이 자궁 수축은 자궁내막과 태반이 분리된다. 일반적으로 분만 후 1시간 이내에 태반기는 태반의 배출로 종료된다. 태반의 배출은 출혈을 동반하지만 임신 중 산모의 혈액량이 크게 증가하기 때문에 이러한 손실은 큰 문제가 되지 않는다.

조숙 산통 Premature Labor

조숙 산통(premature labor)은 태아가 정상적인 발달을 완료하기 전에 진통이 시작될 때 발생한다. 신생아의 생존 가능성은 출산 시 몸무게와 직접적인 관련이 있다. 큰 노력에도 불구하고 출생 시 체중이 400 g(14 oz) 미만인 신생아는 생존할 수 없다. 그 이유는 호흡계통, 심혈관계통 및 비뇨계통의 정상적 기능을 유지하지 못하기 때문이다. 결과적으로 자연 유산과 **미숙 분만(immature delivery)**의 경계는 보통 임신 2기 후기에 정상 체중인 500 g의 체중으로 정해진다.

임신 25~27주 사이에 태어난 대부분의 태아(출생 시 체중 600 g 미만)는 신생아 집중관리에도 불구하고 사망한다. 생존하더라도 기형의 위험이 높다. **조숙 분만(premature delivery)**은 일반적으로 28~36주에 출생(출생 시 체중 1 kg)하는 것을 말하며, 집중치료 시, 신생아가 정상적으로 생존하고 발달할 가능성이 높다.

다태 출산 Multiple Births

다태 출산(쌍둥이, 세쌍둥이, 네쌍둥이 등)은 여러 가지 이유로 발생한다. 미국 인구의 쌍둥이 출생과 단독출생의 비율은 1:89이다. **"이란성 쌍둥이(dizygotic twins)"**는 두 개의 난자가 배란되고 수정될 때 발생한다. 이란성 쌍둥이는 성별이 같거나 다를 수 있으며 모든 쌍둥이의 약 70%가 이란성이다.

"일란성 쌍둥이(monozygotic twins)"는 분열 초기에 분할알갱이의

임상노트

산과 용어 Obstetrical Terminology

산과 분야에는 고유한 용어가 있다. 환자 차트 및 다른 의료종사자 및 의사와의 의사소통에서 필요하기 때문에 이 용어에 익숙해져야 한다(그림 20-13).

그림 20-13 분만(Childbirth). 산과 분야에는 고유한 용어가 있다. 응급구조사는 의료팀의 다른 구성원과 상호 작용해야 하므로 이 시스템에 익숙해져야 한다.

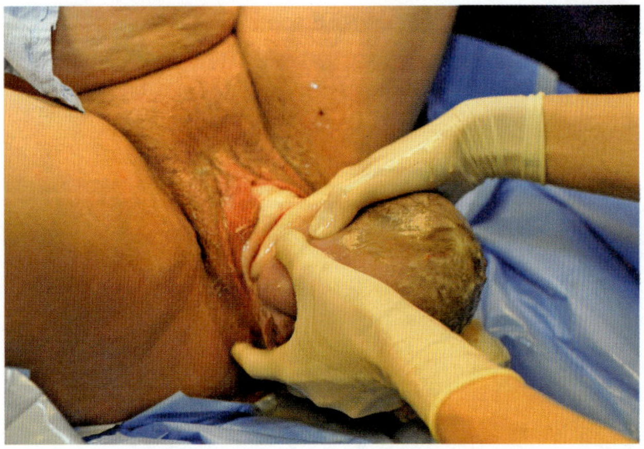

출산전(Antepartum)	태아 분만 전 시간 간격
출산후(Postpartum)	태아 분만 후 시간 간격
출생전(Prenatal)	분만 전 시간 간격, 출산전과 동의어
출생(Natal)	출생 또는 생년월일 관련
임신(Gravidity)*	여성의 임신한 횟수
산과력(Parity)*	만삭까지 임신한 임신 횟수
초임부(Primigravida)	처음 임신한 여성
초산부(Primipara)	첫 아이를 낳은 여성
경임부(Multigravida)	한 번 이상 임신한 여자
미임부(Nulligravida)	임신 경험이 없는 여성
다산부(Multipara)	한 명 이상의 아이를 출산한 여성
미산부(Nullipara)	첫 아이 출산 경험이 없는 여성
다임부(Grand multiparity)	최소 7명의 아이를 출산한 여성
임신기간(Gestation)	자궁 내 태아 발생 기간

* 임신과 산과력은 약어로 표시한다: G_4P_2. 문자 G는 임신을 의미하고 문자 P는 산과력을 의미한다. "G_4P_2"로 언급된 여성은 네 번의 임신과 두 번의 출산을 의미한다.

지식 쌓기

배꼽동맥은 태아의 속엉덩동맥에서 발생한다(**13장: 심혈관계통: 혈관과 순환** 참조). 배꼽정맥은 태반에서 태아의 발생 중인 간으로 산소화된 혈액을 운반한다. 그곳에서 산소화된 혈액은 정맥관을 통해 간에서 나온 탈산소혈액과 섞이고 그후 아래대정맥으로 배출된다. 이 혈액은 두 가지 태아 순환의 특성 기능으로 인해 허파를 우회하게 된다. 오른심방의 혈액은 (1) 타원구멍을 통해 왼심방으로 직접 흐르거나, (2) 동맥관이라고 하는 짧은 근육 혈관을 통해 전신 순환으로 들어가는 오른심방으로 흐른다. 태어날 때 혈액이 배꼽 혈관으로 흐르지 않게 되고, 타원구멍이 닫히고 동맥관이 퇴화함에 따라 허파 순환로에 혈액이 빠르게 흐르기 시작한다.

분리 또는 배형성 전에 내부 속세포덩이의 분할로 발생한다. 어느 경우든, 두 쌍둥이는 모두 유전자 구조와 성별이 동일하다. 일란성 쌍둥이는 모든 쌍둥이 출생의 약 30%에서 발생한다. 세쌍둥이 및 더 많은 다태아 출산을 쌍둥이를 낳는 동일한 과정으로 발생한다. 비정상적으로 많은 수의 난포성숙을 촉진하는 불임약물을 복용하면 다태아의 발생률이 증가할 수 있다.

분할알갱이 또는 배아원반의 분열이 완전하지 않으면 **결합쌍둥이** [**conjoined**, 샴쌍둥이(*Siamese*) **twins**]가 발생할 수 있다. 유전적으로 결합쌍둥이들은 일반적으로 피부, 간 일부와 다른 내장 기관들을 공유한다. 융합의 정도가 약할 때, 쌍생아들은 외과적 수술을 통해 성공적으로 분리될 수 있다. 더 광범위한 융합을 가진 대부분의 결합쌍둥이는 서로의 장기를 지탱할 수 없기 때문에 생존하지 못한다.

체크포인트

15. 진통 세 단계는 무엇인가?
16. 미숙아 분만과 조산의 차이점은 무엇인가?
17. 이란성 쌍둥이와 일란성 쌍둥이의 생물학적 용어들은 무엇인가?

책 뒷면에 있는 파란색 정답 탭을 참조.

20-7 출생 후 단계는 신생아기, 유아기, 소아기, 청소년기 및 성숙기, 노화이다

학습목표 출생 후 단계의 특징과 생리적 변화를 파악한다.

발생 과정은 출산에서 멈추지 않는다. 신생아는 성숙한 성인의 해부학적, 기능적 또는 생리학적 특성을 갖추고 있지 않다. 출생 후 발생은 일반적으로 (1) 신생아기(*neonatal*) (2) 유아기(*infancy*) (3) 소아기(*childhood*) (4) 청소년기(*adolescence*) (5) 성숙기(*maturity*)의 **인생주기(life stage)** 다섯 단계로 구성된다(그림 20-14). 각 단계는 고유한 특성과 능력이 있다.

신생아기, 유아기 및 소아기
The Neonatal Period, Infancy, and Childhood

신생아기(neonatal period)는 생후 1개월까지이다. **유아기(infancy)** 또는 유년기는 생후 1년까지 지속된다. **아동기**(소아기, **childhood**)는 유아기로부터 생리적, 성적 성숙(사춘기)이 일어나는 **청소년기(adolescence)** 이전까지이다.

이 단계에서 두 가지 중요 사건이 진행되는데, (1) 주요 장기(생식계통 관련제외)가 완전히 작동하고 점차적으로 성인 구조의 기능적 특성을 획득하게 된다. (2) 급속한 성장을 거치면서 신체 비율은 크게 변화한다.

소아과학(pediatrics)은 유아기부터 청소년기까지의 출생 후 발생에 중점을 둔 의료 전문 분야이다. 유아와 소아는 종종 자신이 겪고 있는 문제를 명확하게 설명하지 못하므로 소아과 의사와 부모는 숙련된 관찰자가 되어야 한다. 표준화된 검사는 평균값과 발달 진행 상황을 비교하는 데 사용된다.

신생아기 The Neonatal Period

태아가 **신생아(neonate)**로 되면서 생리학적, 해부학적 기능과 구조에 변화가 온다. 출산 전에 산소와 이산화탄소, 영양소, 노폐물, 호르몬, 항체가 태반을 통해 전달되고, 출생 후 신생아는 호흡, 소화, 배설을 자신의 신체 기관에 의존해야 한다. 태아에서 신생아로의 전환은 다음과 같이 요약할 수 있다.

- 출생 시 허파는 쪼그라들어 있고 액체로 차 있다. 공기를 채우기 위해서 강력한 흡기 호흡이 필요하다.
- 허파가 확장되면 심혈관계통의 혈액순환 패턴이 혈압과 혈류 속도

그림 20-14 체형과 비율의 성장과 변화. 4주, 8주, 16주 태아의 실제 크기 모습. 체형과 비율의 변화는 출산에서 멈추지 않는다. 예를 들어 머리는 비례적으로 성인기보다 출생 시가 더 크다.

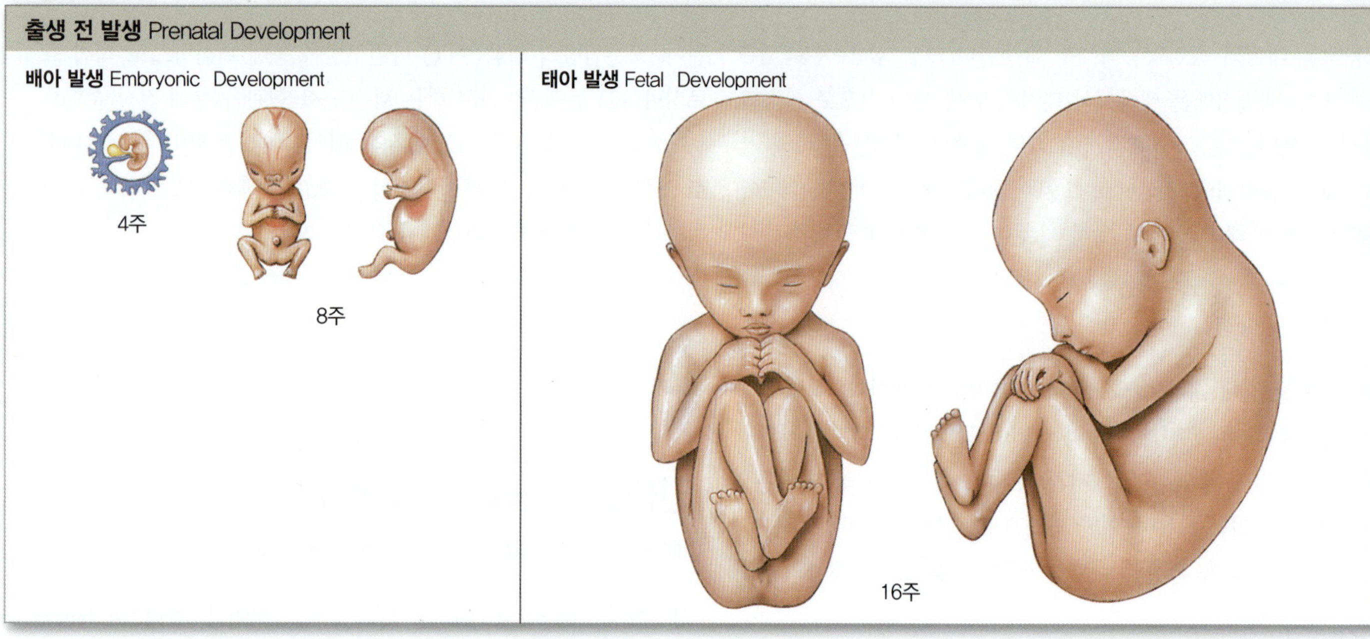

임상노트

출생 후 성장 Postnatal Development

발생 과정은 출산에서 끝나지 않는다. 신생아는 성숙한 성인의 해부학적 또는 생리학적 특성이 거의 없다. 출생 후 발달은 **신생아기**, **유아기**, **아동기**, **청소년기** 그리고 **성숙기**의 몇 가지 삶의 단계를 거친다. 신생아기는 출생부터 생후 1개월까지이다. 유아기는 생후 1개월에서 2세까지의 기간이고 유년기는 2세부터 사춘기가 시작될 때까지 지속된다.

신생아는 일반적으로 자궁 외 생활에 적응함에 따라 출생 시 체중의 최대 10%가 감소한다. 그러나 이 무게는 일반적으로 10일 이내에 회복한다. 영아는 생후 5개월 또는 6개월이 되면 출생 체중의 2배로 되야 한다. 발달은 머리부터 근육조절이 시작되어 하지 쪽으로 퍼진다. 성격은 유아기 초기에 발달하기 시작하고 명확한 행동과 특징이 나타나기 시작한다(**그림 20-15**).

응급구조사는 환자 치료에 영향을 미칠 수 있으므로 유아의 많은 해부학적, 생리학적 차이를 숙지하는 것이 중요하다. **표 20-3**은 영유아의 중요한 해부학적, 생리학적 특성을 보여준다.

그림 20-15 초기 유아기. 생후 1개월부터 2세까지는 급속한 발달의 시기이다. 출생 몸무게는 보통 두 배가 되고, 유아는 근육 조절 능력이 향상되고 성격이 발달하기 시작한다.

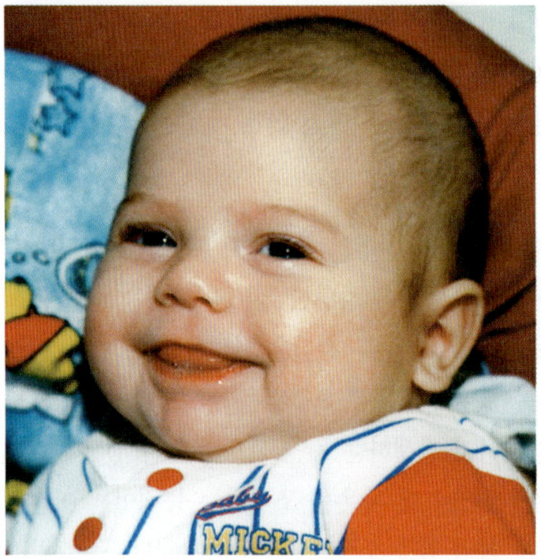

표 20-3 영유아의 해부학적 및 생리학적 특성

성인과 비교한 영유아의 차이점	평가 및 치료에 영향을 미칠 수 있는 잠재적 영향
혀가 비례적으로 커짐	기도폐쇄 가능성이 더 높아짐
더 작은 기도 구조	더 쉽게 폐쇄됨
많은 분비물	기도폐쇄 유발
유치	쉽게 제거됨; 기도폐쇄 유발
평평한 코와 얼굴	얼굴에 마스크 밀착이 어려움
머리는 몸에 비해 무거우며 덜 발달된 목구조와 근육	몸의 머리지탱이 어려워 머리 부상의 발생률이 더 높음
영아의 머리 위에서 불룩하게 만져지는 숨구멍 및 열린 봉합선	머리내압 상승의 징후일 수 있다. (그러나 영아가 울고 있는 경우에는 정상일 수 있음) 반대로 아래로 꺼진 숨구멍은 탈수를 나타낼 수 있다.
더 얇고 부드러운 뇌조직	심각한 뇌 손상의 취약
몸에 비해 큰 머리	반듯이 누웠을 때 앞쪽으로의 구부러짐. 목이 구부러져 기도의 중립 유지가 어려움
더 짧고, 더 좁고, 더 유연한 기관	목이 과신전으로 기관이 폐쇄될 수 있음
짧은 목	안정화 또는 고정의 어려움
복식호흡	호흡평가의 어려움
더 빠른 호흡	근육이 쉽게 피로해져 호흡곤란을 일으킴
신생아는 주로 코를 통해 호흡한다(집중된 코호흡).	코가 막히면 숨을 쉬기 위해 자동으로 입을 열지 않을 수 있다; 기도가 더 쉽게 폐쇄됨
체질량에 비해 더 큰 체표면적	저체증에 걸리기 쉬움
유연한 뼈	더 유연하고 쉽게 골절되지 않음; 외상의 힘이 내부장기로 전달될 수 있으며 갈비뼈 골절 없이 부상을 유발할 수 있다; 허파가 외상으로 쉽게 손상됨
지라와 간이 더 많이 노출됨	배부에 큰 힘을 가할 수 있는 장기 손상

의 변화에 의해 바뀐다. 이러한 변화의 결과로 허파순환과 온몸순환이 분리된다.

- 일반적으로 신생아 심박수(분당 120~140회)는 태아의 심박수(분당 평균 150회)보다 낮다. 신생아의 심박수와 호흡수(분당 30회)는 모두 성인보다 상당히 높다.
- 출생 전 소화계통의 활동이 상대적으로 비활성화되어 있지만, 담즙, 점액 및 상피 세포가 혼합되어 축적된다. **태변**(*meconium*)이라고 하는 장내 내용물이 생후 며칠 안에 배설된다. 그 기간 동안 신생아는 젖을 먹기 시작한다.
- 노폐물이 동맥혈에 쌓이면 콩팥에서 배설한다. 토리 여과는 정상이지만, 신생아의 콩팥은 상당한 정도의 소변을 농축시킬 수 없다. 결과적으로 비뇨기의 수분 손실은 신생아의 체액 요구량이 성인보다 많기 때문에 태아의 수분 요구량은 성인보다 훨씬 높다.
- 배아 및 태아가 발생하는 동안 산모의 몸은 정상 체온을 유지한다. 신생아는 태어날 때 체온을 조절하는 능력이 떨어진다. 신생아는 또한 매우 빨리 열을 소실하게 되는데 이유는 높은 체표면적 대 체질량 비율을 가지고 있기 때문이다. 체온을 일정하게 유지하려면 세포 대사율을 높여야 한다. 실제로 신생아의 체중 단위당 대사율은 성인의 약 2배이다.

수유와 젖샘(LACTATION AND THE MAMMARY GLANDS). 임신 6개월 말이 되면 임산부의 젖샘이 완전히 발달하게 되며, 샘 세포는 초유를 분비하기 시작한다. 신생아는 생후 처음 2~3일 동안 초유를 섭취한다. 초유는 모유보다 더 많은 단백질과 훨씬 적은 지방을 함유하고 있는데 많은 단백질은 태아의 면역 체계가 점차 기능하지 않게 될 때까지 태아가 감염되는 것을 막는 데 도움을 줄 수 있는 항체이다. 초유 생산량이 감소함에 따라 젖샘은 모유 분비로 전환된다. 모유는 수분, 단백질, 아미노산, 지질, 당과 전해질로 구성되어 있다. 또한 다량의 라이소자임(*lysozyme*, 항생제 특성을 지닌 효소)을 함유하고 있다.

모유는 **젖분비 반사**(**milk let down reflex**)를 통해 영아가 사용할 수 있게 된다(**그림 20-16**). 영아가 젖꼭지를 빨기 시작할 때 젖샘 분비가 시작되는데 촉각 수용체가 자극되면 뇌하수체 후엽에서 옥시토신이 방출된다. 방출된 옥시토신이 젖샘에 도착하면 젖샘관과 젖샘관 팽대벽의 세포들이 수축하여 모유를 내보내게 된다. 젖분비 반사는 일반적으로 생후 1~2년 동안 지속되다가 **젖뗌**(*weaning*, 단유) 단계가 되면 모유 생산은 중단되고 젖샘은 휴지기로 돌아간다.

유아기와 소아기 Infancy and Childhood

출생 전 발생 동안 최고조에 달했던 성장 속도는 출생 후 점차 감소한다. 유아기와 소아기의 출생 후 성장은 혈관 속으로 순환하는 호르몬, 특히 뇌하수체 성장 호르몬, 부신 스테로이드, 갑상샘 호르몬에 의해 결정된다. 이 호르몬들은 각각의 조직과 기관에서 각 세포들의 민감성에 따라 특정한 영향을 준다. 결과적으로 성장은 일률적으로 일어나지 않고, 신체의 비율은 서서히 변화한다(**그림 20-14**).

그림 20-16 젖분출 반사.

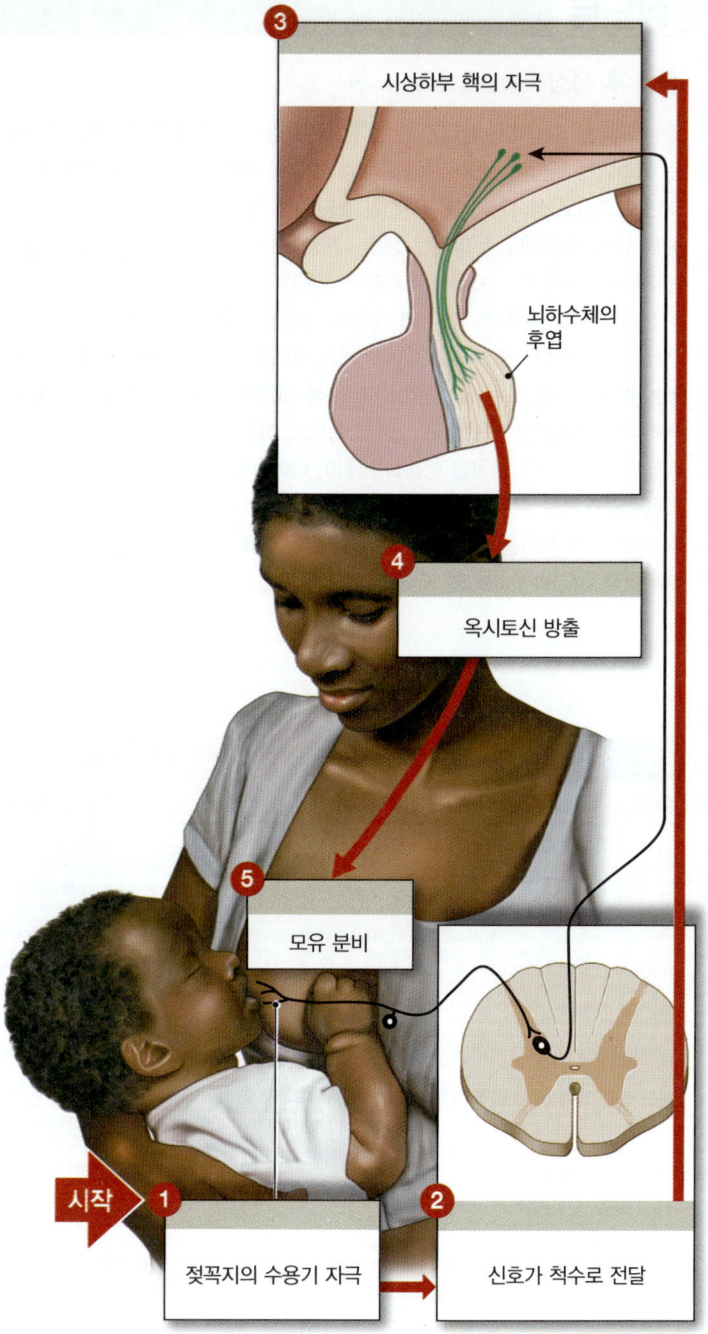

청소년기와 성숙기 Adolescence and Maturity

청소년기(adolescence)는 성적 성숙이 일어나는 **사춘기(puberty)**에 시작하여 성장이 완료될 때 끝난다. 사춘기가 시작되면 세 가지 주요 호르몬이 상호작용한다:

1. 시상하부는 생식샘자극 호르몬(GnRH)의 생산을 증가시킨다. 이러한 증가는 지방조직에 의해 방출되는 호르몬인 렙틴(*leptin*)의 농도에 의존한다는 증거이다.
2. 뇌하수체 전엽에 있는 내분비세포는 GnRH에 더 민감해져 FSH와 LH수치가 급격히 높아진다.
3. 난소 또는 고환세포는 FSH와 LH에 더 민감해진다. 이 세포는 (1) 생식세포 생성, (2) 2차 성징 및 행동의 출현을 자극하는 성 호르몬의 분비, (3) 성장률의 급격한 가속을 시작하여 뼈끝 연골이 닫히게 된다.

사춘기가 시작되는 나이는 다양하다. 현재 미국에서 사춘기는 일반적으로 남아의 경우 약 12세, 여아의 경우 11세에 시작되지만 정상 범위는 광범위하다(남성 10~15세, 여성 9~14세). 성 호르몬, 성장 호르몬, 부신 스테로이드 및 갑상샘 호르몬이 상호 복합적으로 작용하여 성장 속도는 급격히 빨라진다. 성장급증의 시기는 성별에 따라 다르며, 사춘기가 시작되는 연령에 따라 달라진다. 여아의 경우 10세에서 13세 사이에 성장률이 가장 높고, 남아는 12세에서 15세 사이에서 가장 빠르게 성장한다. 남녀 모두 18세에서 21세까지 느린 속도로 성장이 계속된다. 이때가 되면, 뼈끝 연골의 대부분은 닫힌다.

청소년기와 성숙기는 신체적, 정서적, 행동적 요소가 포함되기 때문에 경계가 모호하다. 청소년기는 일반적으로 10대 후반이나 20대 초반에 서장이 멈추면 끝난다고 한다. 그러면 개체는 성숙한 것으로 간주된다.

신체적 성장은 성숙기에서 멈출 수 있지만, 생리적 변화는 계속 된

임상노트

유산 Abortion

임신 20주 이전에 태아가 배출되는 유산은 임신 1~2개월 출혈의 가장 흔한 원인이다. **낙태**(*abortion*)와 **유산**(*miscarriage*)이라는 용어는 같은 의미로 사용할 수 있다. 일반적으로 낙태를 모체의 요청에 의한 임신중단으로 생각하고 유산은 자연적인 사고로 생각한다. 의학적으로 **낙태**(*miscarriage*)라는 용어는 두 종류의 태아 상실에 모두 적용된다. 자연유산(흔히 유산이라고 함)은 임신 12~14주 사이에 가장 흔하게 나타난다. 모든 임신의 10~20%가 자연유산으로 끝나는 것으로 추정된다. 만약 임신이 확인되지 않았다면, 산모는 단순히 월경량이 비정상적으로 많은 것으로 생각하는 경우가 있다.

모든 유산의 절반가량은 태아 염색체 이상으로 유발된다. 다른 원인으로는 모체 생식계 이상, 모성 약물사용, 태반결손, 모성감염 등이 있다. 많은 사람들이 외상과 심리적 스트레스가 유산을 유발할 수 있다고 하지만 연구결과 뚜렷한 증거는 없다.

다른 의료 전문가와 상호 소통해야 하므로 유산의 분류를 설명할 때 사용되는 다양한 용어를 숙지해야 한다.

- **완전유산**(*Complete Abortion*). 태아와 태반을 포함한 모든 자궁 내용물이 배출된 유산.
- **불완전 유산**(*Incomplete Abortion*). 태아의 조직 일부가 불완전하게 배출된 유산. 불완전 유산은 높은 감염률과 연관이 있다.
- **절박유산**(*Threatened Abortion*). 자궁목이 약간 열린 상태로 태아가 자궁에 남아 살아 있는 유산. 원인 불명의 질 출혈이 특징적인 잠재적 유산이며 태아가 생존할 가능성이 있다.
- **불가피한 유산**(*Inevitable Abortion*). 심각한 복부경련 및 자궁목 확장을 동반한 질출혈을 특징으로 하는 유산. 태아가 아직 자궁 내에 남아 있어도 태아는 생존할 수 없다.
- **자연유산**(*Spontaneous Abortion*). 일반적으로 염색체 이상으로 인해 생존력없는 태아가 자연적으로 배출되는 것. 대부분의 자연유산은 임신 12주 이전에 발생하며 대부분 수정 후 2주 이내에 발생하여 월경으로 오해하는 경우가 많다. 흔히 유산이라고 한다.
- **선택 유산**(예정 유산, *Elective Abortion*). 산모가 임신중절을 원하고 요청하는 경우. 미국에서는 1973년부터 임신 1기 및 임신 2기 동안의 선택적 유산이 합법화되었다. 대부분의 선택적 유산은 임신 1기에 시행된다. 일부 병원은 임신 2기에 유산을 시행하기도 한다. 보통 1기 내 유산보다 2기의 유산이 합병증 발생 위험이 더 크다. 일반적으로 미국 내에서 임신 3기의 유산은 불법이다.
- **범죄유산**(*Criminal Abortion*). 법으로 허용되지 않는 조건하에 시행되는 의도적 임신중절. 보통 면허가 없거나 허가받지 않은 사람에 의한 시도를 말한다. 범죄유산은 아마추어들에 의해 시도되는 경우가 많으며 무균적인 환경에서 행해지는 경우가 드물다.
- **치료 유산**(*Therapeutic Abortion*). 일반적으로 산모의 건강 보호를 위해 의사가 필요하다고 간주하는 임신의 종결.
- **계류유산**(*Missed Abortion*). 태아 사망 이후에도 태아가 배출되지 않은 유산. 태아가 6주 이상 남아 있게 되면 산모의 생명을 위협할 수 있다.
- **습관성 유산**(*Habitual Abortion*). 세 번 이상 연속적으로 발생하는 자연유산을 말한다.

유산을 경험한 환자는 경련성 배통증과 허리통증을 호소할 가능성이 높다. 또는 종종 응괴된 조직과 혈전을 동반한 질출혈을 보일 가능성이 있다. 만약 유산이 최근이 아니라면, 감염의 명백한 징후와 증상이 나타날 수 있다. 조직이나 혈전은 그대로 유지하여 응급실 직원에게 인계해야 한다. 임신 3기 또는 임신 후기에 유산이 일어나면 태아가 만출될 수 있다.

다. 또한 사춘기에 발생하는 성별의 차이는 여전하지만, 폐경이나 남성 갱년기에 성 호르몬 수치가 감소하면서 더 많은 변화가 일어난다. 이러한 변화는 **노화**(**senescenc**, 늙어감, *senesco*)의 일부이며 이는 개인의 기능적 능력을 감소시킨다. 질병이나 부상이 없더라도 분자 수준의 노화관련 변화는 결국 사망에 이르게 된다.

체크포인트

18. 출생 후 발달 단계를 말하시오.

19. 초유와 모유의 차이점은 무엇인가?

20. GnRH, FSH, LH 및 성 호르몬의 혈중 수치의 증가는 어느 단계의 발달 단계인가?

책 뒷면에 있는 파란색 정답 탭을 참조.

20-8 유전자와 염색체는 유전양식을 결정한다

학습목표 유전학의 기본원리를 인간 특성의 유전과 연관시킨다.

염색체는 DNA와 단백질이 포함되어 있으며 유전자는 DNA의 기능적인 부분임을 기억한다. 각 유전자는 특정 폴리펩타이드의 합성을 지시하는 데 필요한 정보를 전달한다. 3장에서 염색체 구조와 유전자의 기능을 설명하였다. 신체의 모든 유핵 체세포는 접합체였을 때 존재했던 원래의 46개의 염색체 복사본을 가지고 있는데 그 **유전형**(**genotype**)들과 그 유전자가 유전형을 구성한다.

발생과 분화를 통해 유전형에 포함된 정보는 여러 방식으로 표현된다. 유전정보를 남김없이 이용하는 세포는 단 하나도 없다. 예를 들어, 근육섬유 유전자는 흥분성 막 형성과 수축 단백질 합성 유전자가 활발하고, 이자섬세포에서는 다른 유전자가 작동한다. 종합적으로, 유전형에 포함된 정보는 우리를 유일무이한 개인으로 만드는 해부학적, 생리학적 특성을 결정한다. 이러한 특성이 **표현형**(**phenotype**)을 구성한다. 표현형은 사람의 유전형과 환경 간의 상호작용에서 비롯된다. 머리카락, 눈 색깔, 피부색, 발 크기 또는 빛에 반응하는 재채기(광반사 재채기)와 같은 표현형의 특정 요소를 표현형 **특성**(*trait*) 또는 **캐릭터**(*character*)라고 부른다.

유전형은 부모의 유전형에서 파생된다. 그러나 자녀는 어느 쪽 부모의 정확한 복사본은 아니다. 또한 자녀들도 그들의 특징을 쉽게 식별할 수 있는 혼합체가 아니다. 우리는 유전학에 대해 논의를 유전의 기본패턴과 그 의미에 대한 개요로 시작하려 한다. 그런 다음 태아기 발달 중에 유전형의 활동을 조절하는 과정을 살펴보도록 한다.

유전양식(패턴) Patterns of Inheritance

인간의 모든 체세포에는 23쌍으로 배열된 46개의 염색체가 있다. 정자는 각 쌍의 한 구성원, 난자는 다른 구성원을 기여한다. 각 쌍의 두 구성원은 **상동염색체**(**homologous chromosome**)로 알려져 있다. 이들 중 22쌍은 **상염색체**(**autosomal chromosome**, *autosome*)라고 불린다. 상염색체의 대부분의 유전자는 모발 색깔 및 피부색소 침착과 같은 체세포 특성에 영향을 미친다. 23번째 쌍의 염색체를 **성염색체**(**sex chromosome**)라고 하는데 이것의 기능 중 하나는 개인이 유전적으로 남성인지 여성인지 결정하는 것이다. **그림 20-17**은 정상 **핵형**(**karyotype**, *karyon*) 또는 염색체 세트를 보여준다.

상동염색체의 두 염색체는 구조가 동일하고 동일한 형질에 영향을 미치는 유전자를 가지고 있다. 한 쌍의 구성원이 세 개의 유전자를 연속으로 가지고 있다고 가정한다면, 첫 번째 유전자가 머리카락 색을 결정하고, 두 번째 눈 색깔과 세 번째 피부색을 결정한다. 쌍의 다른 구성원은 동일한 특성에 영향을 미치는 유전자를 포함하며 유전자는 염색체를 따라 동일한 위치에 배열한다.

한 쌍의 두 염색체는 각 유전자의 동일한 형태나 다른 형태를 지니지 않을 수 있다. 주어진 유전자의 다양한 형태는 **대립유전자**(**alleles**)라고 한다. 한 쌍의 상동염색체의 두 염색체가 특정 유전자의 동일한 대립유전자를 가지고 있다면, 당신은 그 유전자에 의해 영향을 받는 형질에 대해 **동형접합**(**homozygous**)이 된다. 그 대립유전자의 특성은 표현형으로 표현된다. 예를 들어, 아버지로부터 주근깨 유전자를, 어

그림 20-17 인간 남성 핵형. 정상 남성의 23쌍의 염색체.

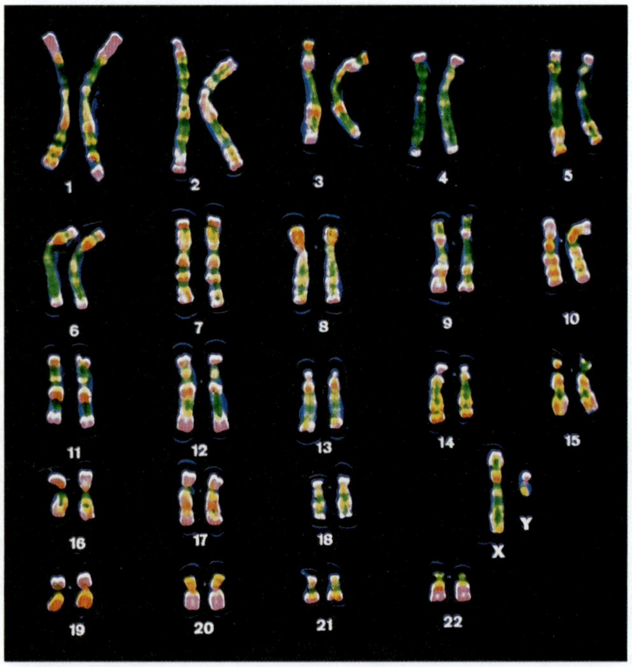

머니로부터 주근깨 유전자를 받는다면 주근깨 유전자에 대해 동종교합이 될 것이고, 이로 인해 주근깨를 갖게 된다. (이 경우 환경도 한몫을 한다. 주근깨가 생기기 위해서 햇빛에 노출되어야 하기 때문이다.)

한 쌍의 상동염색체는 두 염색체의 기원이 다르기 때문에 동일한 대립유전자를 가질 필요가 없다. 같은 유전자의 서로 다른 두 대립유전자가 있는 경우 그 유전자에 의해 결정되는 특성이 **이형접합(heterozygous)**이다. 이 경우 표현형은 해당 대립유전자 간의 상호작용에 의해 결정된다:

- **우성(dominant)** 대립유전자는 다른 대립유전자에 의해 전달되는 상충되는 명령에도 관계없이 표현형으로 표현된다.
- **열성(recessive)** 대립유전자는 한 쌍의 상동염색체에 존재하는 경우에만 표현형으로 표현된다. 예를 들어, 백색증은 황갈색 색소 멜라닌(*melanin*)을 합성할 수 없다는 특징이 있다. 단일 우성 대립유전자의 존재는 정상적인 피부색을 만들지만, 백색증을 일으키려면 2개의 열성 대립유전자가 있어야 한다.

유전의 예측 Predicting Inheritance

모든 대립유전자가 우성 또는 열성으로 깔끔하게 설명될 수 있는 것은 아니다. 특성들은 **표 20-4**에 우성으로 나열되어 있으며, 부모의 대립유전자에 기초하여 개인의 특성을 예측할 수 있다. 이러한 계산에서 우성 대립유전자는 전통적으로 대문자로 표시되고 열성 대립유전자는 소문자로 표시된다. 주어진 형질에 대해 가능한 유전형은 *AA*(우성 동형접합), *Aa*(이형접합), *aa*(열성 동형접합)이다.

수정에 관여하는 각 생식자는 주어진 특성에 대해 하나의 대립유전자를 제공한다. 이 모든 유전자는 부모 몸안의 모든 체세포의 포함된 둘 중 하나여야 한다. 예를 들어, 백색증이 있는 어머니와 정상적인 피부색소를 보이는 아버지의 자녀를 생각해보자. 열성 동협접합 형질이기 때문에 모체 대립유전자는 *aa*로 축약된다. 모체의 난모세포 중 어느 것이 수정되든 상관없이 그것은 열성 대립유전자를 가질 것이다. 아버지는 정상적인 색소를 지배적인 특성으로 가지고 있으므로 *AA*와 *Aa*는 모두 동일한 표현형, 즉 정상적인 피부색소 침착을 생성하기 때문에 이 특성은 이형접합 또는 우성 동형접합 중 하나일 것이다.

퍼넷 사각형(Punnett square)으로 알려진 간단한 다이어그램을 사용하면 주어진 어린이가 특정 특성을 가질 확률을 예측할 수 있다. **그림 20-18**의 퍼넷 사각형에서 피부색소에 대한 두 개의 모계 대립유전자는 가로축을 따라 표시되고 두 개의 부계 대립유전자는 세로축을 따라 표시된다. 어린이가 유전될 수 있는 대립형질이 가능한 조합은 작은 상자에 표시된다. **그림 20-18a**는 *aa* 어머니와 *AA* 아버지 사이에서 가능한 아이를 보여준다. 모든 아이는 유전형이 *Aa*를 가질 것이므로 모든 아이는 정상적인 피부색소를 갖게 된다. 이 결과를 이형접합 아버지(*Aa*)와 관련된 **그림 20-18b**의 결과와 비교하라. 이형접합 남성은 *A*와 *a*의 두 가지 유형의 배아를 생성하며 둘 중 하나는 난모세포를 수정시킬 수 있다. 결과적으로 이러한 아버지의 자녀가 유전형인 *Aa*를 물려받아 정상적인 피부색소를 가질 확률은 50%이다. 유전형 *aa*를 물려받아 백색증 표현형을 가질 확률도 50%이다. 퍼넷 사각형은 또한 주어진 자녀의 부모 정체성과 유전자형에 대한 특정한 결론을 도출하는 데 사용할 수 있다. 예를 들어, 유전형이 *AA*인 남자는 백색증 아이(*aa*)의 아버지가 될 수 없다.

표 20-4	몇 가지 표현형질의 유전
우성 형질(DOMINANT TRAITS)	
하나의 대립유전자가 표현형을 결정하며, 다른 대립유전자는 발현되지 않는다:	
정상 피부색	
주근깨	
단지증(짧은 손/발가락증)	
쓴맛을 느낌	
떨어진 귓불	
혀말기	
근시	
원시	
색각	
광반사 재채기	
적혈구 막의 Rh 인자 존재	
두 개의 다른 우성 대립유전자가 발현된다(상호우성):	
AB형 혈액형	
알부민 구조	
헤모글로빈 분자의 구조	
열성 형질(RECESSIVE TRAITS)	
백색증	
주근깨 없음	
정상 손가락/발가락	
붙은 귓불	
혀를 U자로 말지 못함	
정상 시력	
금발	
빨간머리(금발머리의 동형인 경우에만 표현됨)	
A, B 표면항원 부족(O형 혈액)	
성 염색체 연관 형질(SEX-LINKED TRAITS)	
혈우병	
적록색맹	
다유전자 유전 형질(POLYGENIC TRAITS)	
피부색	
눈동자 색	
키	
금발 또는 빨간색을 제외한 머리카락 색	

그림 20-18 Punnett 사각형을 사용한 유전형 및 표현형 예측.

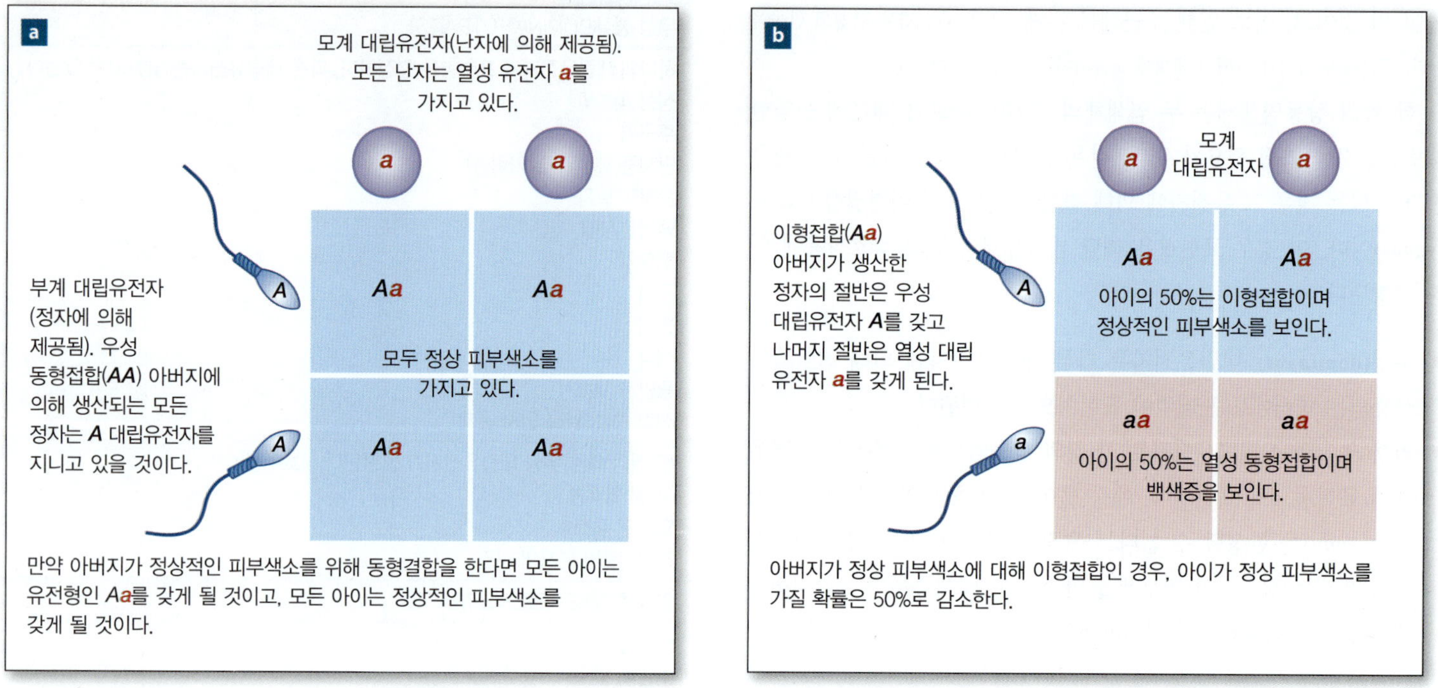

단순유전(simple inheritance)에서 표현형은 한 쌍의 대립유전자 사이의 상호작용에 의해 결정된다. 단순 유전적으로 인한 유전질환의 출현 빈도는 Punnett 사각형을 사용하여 예측할 수 있다. 전체 수로 보면 드문 질환이지만 1200개 이상의 유전질환이 단일 유전자에 대해 하나 또는 두 개의 비정상 대립유전자의 존재를 반영하는 것으로 알려져 있다. 유전질환의 일부 목록은 **표 20-5**에 나와 있다.

다유전자 유전(polygenic inheritance)에서 표현형은 여러 유전자 간의 상호작용에 의해 결정된다. 우리는 간단한 Punnett 사각형을 사용하여 이러한 표현형 특성 유무를 예측할 수 없다. 왜냐하면 결과 표현형은 대립유전자의 특성뿐만 아니라 대립유전자가 상호작용하는 방식에 따라 달라지기 때문이다. 태아 사망과 **선천성 기형**(*congenital malformation*)의 원인이 되는 많은 발생 장애는 다유전성 유전에서 비롯된다.

표 20-5 흔한 유전질환

장애	본문페이지
보통 염색체 우성(AUTOSOMAL DOMINANTS)	
마르팡 증후군	p. 109
헌팅턴병(무도병)	p. 335
보통 염색체 열성(AUTOSOMAL RECESSIVES)	
난청	p. 377
백색증	p. 134
낫적혈구 빈혈	p. 432
낭포성 섬유증	p. 571
페닐케톤뇨증	p. 665
성 관련(SEX-LINKED)	
뒤시엔느 근육디스트로피	p. 263
혈우병(단일형태)의 한 종류	p. 446
적록 색맹	p. 362

고혈압 및 심장동맥 질환을 포함한 몇 가지 중요한 성인 장애의 발병 위험도 이 범주에 속한다. 이러한 경우, 개인의 유전적 구성 자체가 질병의 발병을 결정하지는 않는다. 대신, 이러한 유전자에 의해 조절되는 조건은 특정 환경 영향에 대한 감수성을 확립한다. 결과적으로, 특정 조건에 대한 유전적 경향을 가진 모든 개인이 실제로 그 상태를 발전시키는 것은 아닌 것이다. 이러한 이유로 다유전자 조건을 연속적으로 추적하기는 어렵다. 그러나 많은 다유전자 유전 상태가 발생할 가능이 높지만(보장되지 않음) 위기를 예방하기 위한 조치를 취할 수 있게 된다. 예를 들어, 식사와 수분량을 조절하여 고혈압에 걸릴 가능성을 줄일 수 있다. 혈중 콜레스테롤 수치를 낮추면 관상동맥 질환을 예방할 수 있다.

성-연관 유전 Sex-Linked Inheritance

성-연관 유전(sex-linked inheritance)은 성염색체의 유전자를 포함한다. 다른 22개의 염색체 쌍과는 달리, 이 염색체들은 모양과 유전자가 서로 다르다. 성염색체에는 **X염색체(X chromosome)**와 **Y염색체(Y**

chromosome)의 두 종류가 있다. X염색체는 Y염색체보다 상당히 크고 더 많은 유전자를 가지고 있다. 더 작은 Y염색체는 X염색체에서 발견되지 않는 *SRY* 유전자(*SRY gene*)를 가지고 있다. 그 염색체를 가진 개체가 남성이 될 것임을 지정하게 되고, 남성의 정상적인 성염색체 쌍은 XY이다. 여성 Y염색체가 없으며 여성의 성염색체 쌍은 XX이다.

모든 난모세포는 X염색체를 가지고 있다. 이는 여성이 가진 유일한 성염색체가 X염색체이기 때문이다. 하지만 정자는 X염색체나 Y염색체를 가질 수 있다. Punnett 사각형에서 알 수 있듯이 남성 대 여성의 자손 비율은 1:1이어야 한다.

Y염색체는 또한 체세포 구조에 영향을 미치는 유전자를 가지고 있다. X염색체에 있지만 Y염색체는 없는 유전자를 **X-연계(X-linked)**라고 한다. ("남성"을 결정하는 SRY 유전자는 Y-연계 유전자의 한 예이다.) 가장 잘 알려진 X-연계 특성은 눈에 띄는 질병이나 기능적 결함과 관련이 있다.

색맹의 유전은 성-연관 유전과 상염색체 유전의 차이를 보여준다. 정상적인 색각은 X염색체(X^C로 지정)에 우성 대립유전자인 *C*의 존재에 의해 결정된다. X염색체(X^c)의 열성 대립유전자인 *c*는 적록색맹을 초래한다. 여성은 두 개의 X염색체를 가지고 있으며 우성 동형접합 X^CX^C 또는 이형접합 X^CX^c일 수 있으며 정상적인 색각을 갖는다. 여성은 두 개의 열성 대립유전자 X^cX^c를 가지고 있는 경우에만 빨간색과 녹색을 구별할 수 없게 된다. 그러나 남성은 X염색체가 하나만 있으므로 염색체가 가지고 있는 대립유전자가 정상 색각인지 적록색맹인지 여부를 결정하게 된다. **그림 20-19**의 Punnett 사각형은 정상적인 색각을 가진 아버지와 이형 접합체(운반체) 어머니의 아들이 적록색맹일 확률이 50%라는 것을 보여준다. 모든 딸들은 정상적인 색각을 갖을 것을 알 수 있다.

특정 형태의 혈우병, 요붕증, 근육디스트로피 등 다른 많은 임상적 장애는 X-연계 특성을 포함한다. 몇몇 사례에서 분자 유전학 기술의 발전으로 유전학자들은 X염색체에서 특정 유잔자를 찾을 수 있었다. 이러한 기술은 징후와 증상이 나타나기 전, 심지어 출생 전에 특정 질환의 존재를 선별하는 비교적 직접적인 방법을 제공한다.

인간 게놈 프로젝트 이후

The Human Genome Project and Beyond

인간 게놈 프로젝트(Human Genome Project, HGP)는 1990년에 시작되어 2003년에 완료되었다. 이 프로젝트의 목표는 **인간 게놈(human genome)**, 즉 염색체에 있는 유전물질(DNA)의 모두를 설명하는 것이었다.

그림 20-19 X염색체 연관 형질의 유전.

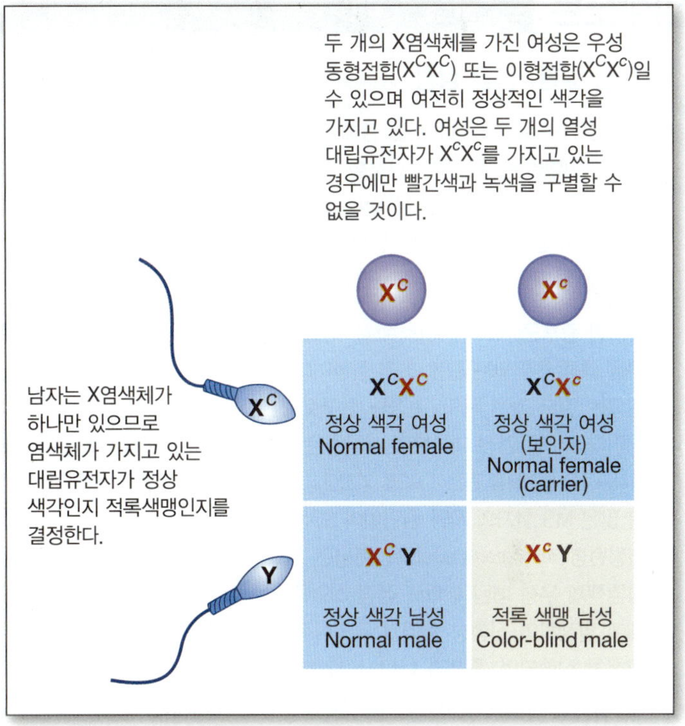

이것의 하이라이트 중 하나는 대략 10,000개의 서로 다른 단일 유전자 장애에 대한 확장된 설명이었다. 대부분 매우 드물지만, 전체적으로 200명 중 1명에게 영향을 미칠 수 있다는 것이다. 이러한 장애 중 많은 부분이 개별 염색체에 그려져 있다. 몇 가지 예를 **그림 20-21**이 포함했다. 비정상 유전자에 대한 유전자 검사와 진단 테스트가 현재 많은 장애 중 많은 부분을 수행하고 있다.

HGP는 인간 게놈의 32억 염기쌍 뉴클레오타이드를 뉴클레오타이드에 의해 염기 서열화하였으며 20,000~25,000개의 단백질 코딩 유전자를 포함하고 있다고 추정했다. 이 유전자는 전체 게놈의 약 2%만 차지하고 나머지 98%는 기능하지 않거나 "쓰레기"라는 가정으로 이어졌다.

최근 10년에 걸친 ENCODE(Encyclopedia of DNA Elements) 프로젝트의 결과에 따르면 게놈은 쓸모없는 DNA 서열로 가득 차 있지 않다는 것이 밝혀졌다. 게놈의 약 80%가 어떤 방식으로든 활성 상태인 것으로 나타났다. 유전자 조절에 있어서, 예를 들어 단백질 코딩 유전자는 가까운 DNA뿐만 아니라 더 먼 서열과 "비코딩" RNA에 의해 조절된다. 비코딩 RNA는 분석되지 않은 짧고 긴 RNA 가닥으로 구성된다. 비코딩 RNA에 대한 18,000개 이상의 DNA 서열이 확인되었으며 또한 ENCODE은 인간 게놈에서 약 21,000개의 단백질 코딩

임상노트

유전성 질환: 응급 상황 Inherited Disorders: Emergency Implications

유전성 질환은 유전물질(DNA)을 통해 부모로부터 자녀에게 전달되는 질병이다. 많은 질병들은 유전적인 요소를 가지고 있다고 여겨진다. 심장병, 당뇨병, 천식, 알츠하이머병과 같은 일부 질병 과정은 가족 단위로 발생하는 경향이 있음이 분명하다. 그러나 일부 질병은 직접 유전된다. 다소 드물긴 하지만 그들 중 몇몇은 응급치료가 필요한 상태로 진행하기도 한다.

- **마르팡 증후군**(*Marfan's syndrome*). 마르팡 증후군(MS)은 상염색체 우성 유전을 통해 전달되는 결합 조직 질환이다. MS는 다른 골격 변화와 자주 연관되는 길고 가는 사지, 수정체 탈구로 인한 시력감소, 대동맥류 등이 특징이다. MS를 가진 대부분의 사람들은 키가 크고 마른 모습을 보인다(일부 역사가들은 에이브람 링컨이 MS를 가졌다고 주장했다). 대동맥류의 확장과 파열은 많은 MS 환자의 사망 원인이며 30~40세 발생한다.
- **헌팅턴병**(*Huntington's disease*). 헌팅턴 무도병이라고 하는 헌팅턴병(HD)은 상염색체 우성 패턴에 의해 점점 쇠약해지는 질병이다. HD는 약 35~40세에 발생하며 진행성 치매와 무의식적인 움직임을 특징으로 한다. 병은 천천히 진행되며, 증세가 나타난 지 15~20년 후에 사망한다. HD는 40대 또는 50대 환자의 요양원 입원의 많은 부분을 차지한다.
- **낫적혈구 질환**(*Sickle cell disease*). 낫적혈구병(SCD)은 비정상적인 형태의 혈색소(**혈색소** *S*)의 존재를 특징으로 하는 질환의 집단이다. 상염색체 열성 패턴으로 유전된다. 한 부모로부터 SDC 유전자를 받은 환자는 낫적혈구 형질(*SCT*)이 발생하는 경향이 있다. SCT는 아프리카계 미국인의 7~13%에서 발생하고 동아프리카에서 SCT의 발병률은 45%까지 높아질 수 있다. SCT는 치명적인 말라리아로부터 보호할 수 있는 것으로 알려져 있다. 양쪽 부모로부터 SCD 유전자를 받은 사람은 SCD가 발생한다. SCD는 비정상적인 헤모글로빈으로 인해 적혈구가 낫(초승달 모양) 모양으로 만든다. 낫 모양 SCD의 임상 징후와 증상을 유발하게 만든다. SCD환자는 응급실 방문이 종종 생긴다. 주기적으로 겸상적혈구 위기가 발생하여 뼈와 지라와 같은 기관의 작은 혈관으로 가는 혈류가 막히게 되고 겸상적혈구 위기는 극도로 고통스러운 통증을 유발하므로 통증 조절을 위해 고용량의 마약이 필요하다.
- **낭포성 섬유증**(*Cystic fibrosis*). 낭성 섬유증(CF)은 외분비샘의 상염색체 열성 질환으로, 위장과 허파를 막는 과도하고 두꺼운 점액을 생성한다. CF의 전형적인 징후 중 하나는 땀과 다른 기타 분비물의 염화나트륨 농도가 상승하는 것이다. 과도한 점액은 기관의 관이나 기도 응고되어 팽창과 폐쇄를 유발한다. 기관지 폐쇄는 주로 포도알균 및 녹농균을 동반한 허파 감염을 일으키기 쉽다. 종종 CF 환자는 이러한 세균 중 하나로 영구적으로 감염된다. 호흡계통의 점진적인 폐쇄는 결국 호흡부전으로 이어지게 된다. CF는 또한 이자에 영향을 미치고 외분비샘의 폐쇄 및 파괴를 유발한다. CF 환자의 평균 수명은 약 30년이며 환자가 나이가 들수록 의료 개입의 필요성이 크게 증가한다.
- **근육디스트로피**(*Muscular dystrophy*). 근육디스트로피(MD)는 뼈대근 섬유의 변성을 유발하는 질환 집단이다. 근 섬유 세포내 대사에 이상을 일으키는 **가성 비대성 근위축증**(*pseudohypertrophic MD*)은 **뒤센병 MD**(*Duchenne's MD*)라고도 불린다. 뒤센의 MD는 일반적으로 3세 전후의 어린이에게서 발견된다. 근력 약화는 다리이음뼈(하지대)에서 시작되어 퍼져나가고, 결국 허파 및 심혈관계통이 영향을 받게 된다. 뒤센의 MD는 X-연계 열성 패턴을 따르며 단일 유전자 결함에 의해 발생하는 것으로 생각된다.
- **혈우병**(*Hemophilia*). 혈우병은 응고 인자 중 하나의 유전적 결핍으로 인한 비정상적인 출혈을 특징으로 하는 질환이다. 혈우병의 가장 흔한 형태는 **혈우병 A**이다. 여성으로부터 전달되며 VII번 인자의 결핍을 유발하고, X-연계 열성 질환으로 유전되어 남성에게 영향을 미친다. **크리스마스병**(*Christmas disease*)이라고도 하는 **혈우병 B**는 IX번 인자의 결핍으로 발생한다. 이 역시 X-연계 열성 형질이며 임상적으로는 혈우병 A와 구별할 수 없다. **혈우병 C**는 XI번 인자 결핍을 유발하는 상염색체 질환이으로 남성과 여성에서 동일하게 발생한다. **폰빌레브란트병**(*von Willebrand disease*)은 A형 혈우병으로 인한 결함이고 다른 VIII번 인자의 결함을 유발하는 상염색체 우성 형질이다. 혈우병 환자가 응급실을 찾는 빈번한 이유는 혈우병은 출혈을 일으키고 관절(**관절혈증**, *hemarthrosis*)에 자발적인 출혈은 드문 일이 아니기 때문이다.

유전자를 문서화하였다.

유전학에 대한 우리의 이해는 최근 한 개인의 모든 특성이 DNA 염기서열에 의해서만 결정되는 것이 아니라는 발견으로 확대되었다. **후성유전학(epigenetics)**은 사람의 유전형이나 DNA 서열에 변화가 없는 유전형질을 연구하는 학문이다. 후성유전학은 특정 유전자를 "켜거나 끄기"위해서 외부적으로 DNA를 수정하면 DNA 상위 수준에서 작용한다. 이것이 일어나는 한 가지 방법은 DNA와 그 히스톤 단백질의 전사를 허용하거나 제한하는 화학물질을 표시하는 것이다. 비코딩 RNA는 유전자 발현을 변경하는 다른 방법이다.

인간의 임상장애, 질병, 초기 발달에서 후성유전학의 역할을 이해하는 것은 활발한 연구영역이다. 연구원들은 인간의 **후생유전자**(*epigenome*), 즉 우리 게놈을 표시하고 그 활동에 영향을 미치는 모든 화학물질을 함께 만들고 있다. 후생유전학적 화학적 변형은 DNA의 일부가 아니지만, 세포가 분열할 때 전달되고 유전될 수 있다.

HGP와 ENCODE는 "일반적인" 인간의 정상적인 유전학적 구성을 확인하고 우리의 유전자가 어떻게 조절되는지를 밝히기 시작하였다. 그러나 우리는 모두 기본적인 주제에 대한 변형이다. 어떤 유전자가 "정상"으로 받아들여질지 어떻게 결정할까? 게다가 우리의 게놈을 조작하는 능력을 향상시키면서 우리는 많은 추가적인 문제로 윤리적, 법적 딜레마에 직면하게 될 것이다. 예를 들어, 특정 질병을 치료하기

임상노트

임신 중 외상 Trauma during Pregnancy

임신 중 외상은 임산부의 가장 큰 사망 원인이다. 배부관통 외상으로만 전체 산모 사망률 36%를 차지한다. 임신한 여성의 배부에 총상을 입으면 태아 사망률도 40~70%에 이르게 된다. 둔기에 의한 외상에서 자동차 사고는 산모 및 태아 사망 및 이환율의 주요 원인이다. 안전벨트를 적절한 착용은 임산부와 태아의 부상을 크게 줄일 수 있는 반면, 부적절한 착용은 자궁파열과 태반이 자궁벽에서 분리되는 태반박리 발생률이 모두 증가한다. 심각한 자동차 충돌에서 안전벨트 미착용 산모는 안전벨트 착용 산모보다 태아 사망률이 4배가 더 높다.

임신과 관련된 생리학적 변화는 산모와 복부 장기 모두를 보호한다. 자궁의 크기가 커짐에 따라, 대부분의 배부 장기는 배부에서 더 높은 위치로 이동한다(**그림 20-20**). 위배부위에 둔기 또는 관통상이 직접적인 외상이 가해지지 않는 한 일반적으로 보호한다. 만약 이런 일이 일어난다면 부상으로 인해 이환율과 사망률이 증가하는 수많은 장기가 포함될 것이다. 임신 후기 산모의 중앙과 하복부에 직접적인 관통상은 심각한 종종 부상을 예방하지만 그로 인한 부상으로 자궁이 손상되고 태아를 위험에 빠뜨릴 수 있다.

임신 후기에 있는 여성의 추가적인 위험은 구토와 흡인이다. 자궁 크기가 커지면 복부 내 압력이 높아지고 임신 호르몬은 심장 조임근(위 내용물 역류를 방지하는 판막)을 이완시킨다. 방광은 임신 초기에 상당히 변위되어 부상을 입기 쉬고 부상 시, 출혈이 많이 발생한다.

자궁의 크기와 내용물의 증가는 특히 외상이 일어날 때 산모에게 여러 가지 영향을 미치게 된다. 임신 후기에 반듯이 누운 환자의 자궁은 아랫대 정맥을 압박하여 심장으로 돌아가는 정맥 환류를 감소킬 수 있다. 이것은 외상 없이 저혈압을 유발하고 출혈성 외상환자에게 심각한 결과를 초래할 수 있다(**그림 20-20**). 증가된 배안내압으로 아랫대 정맥이 임신된 자궁에 의해 압박되어 골반 부위와 다리의 정맥압이 상승할 수 있다. 이 압력은 혈관을 긴장시키고 골반 골절이나 다리 부상으로 인한 정맥 출혈의 비율을 증가시키게 된다.

증가된 산모의 혈량(45% 증가)은 저혈량증으로부터 산모를 보호하는 데 도움을 준다. 그러나 산모의 혈압이나 맥박수에 변화가 있기 훨씬 전에 영향을 받기 때문에 이러한 보호는 태아까지 확장되지 않는데 사실, 산모의 혈압이나 심박수의 변화는 산모의 혈액 손실이 30~35%에 이를 때까지 분명하지 않을 수도 있다. 따라서 잠재적인 저혈압 임산부를 조기에 적극적으로 소생시키는 것이 매우 중요하다.

임산부의 굵은 근육질의 자궁에는 발달 중인 태아와 양수가 모두 포함되어 있다. 양수는 강한 외상의 힘을 태아에게 균일하게 분산시켜 부상 가능성을 줄인다. 심각한 둔기 외상은 자궁 파열을 유발하거나 관통 외상으로 인해 자궁의 천공 또는 열상이 발생할 수 있다. 심각한 산모 출혈과 태아에 대한 혈액 공급 중단의 위험은 산모와 태아의 생명을 위협하게 된다. 양수가 복부로 방출될 가능성 또한 중요하다. 자궁과 태아 부상의 위험은 임신 기간에 따라 증가하며 임신 3기에 부상위험이 가장 크다.

만약 자궁에 개방창이 발생하는 경우, 산모가 Rh 음성이고 태아가 Rh 양성인 경우 출혈 외에 추가 위험이 있을 수 있다. 관통 또는 심한 둔기 외상은 일부 태아/모체 혈액 혼합을 허용하고 호환성 문제로 이어질 수 있다. 노골적인 자궁파열은 외상의 드문 합병증이지만 심한 둔기 충격, 골반골절, 매우 드물게 자상이나 산탄총 상처 등으로 발생한다.

둔기로 인한 외상은 탄력이 없는 태반이 매우 유연한 자궁벽에서 분리될 수 있다. **태반박리**(*abruptio placentae*)라고 하는 이 질환은 분리가 산모와 태아 출혈을 모두 일이키기 때문에 산모와 태아 모두에게 생명을 위협한다(**그림 20-20**). 이 출혈은 자궁 내에 포함되어 질 출구까지 확장되지 않는 경우가 더 많다. 둔탁한 외상은 또한 양막낭의 조기파열(막, 물주머니)을 일으킬 수 있으며 조기 진통을 유발할 수 있다.

그림 20-20 주차 별 임신된 자궁의 확장. 자궁이 배부내 가장 큰 기관이 될 때까지 다른 배부 장기들이 이동된다.

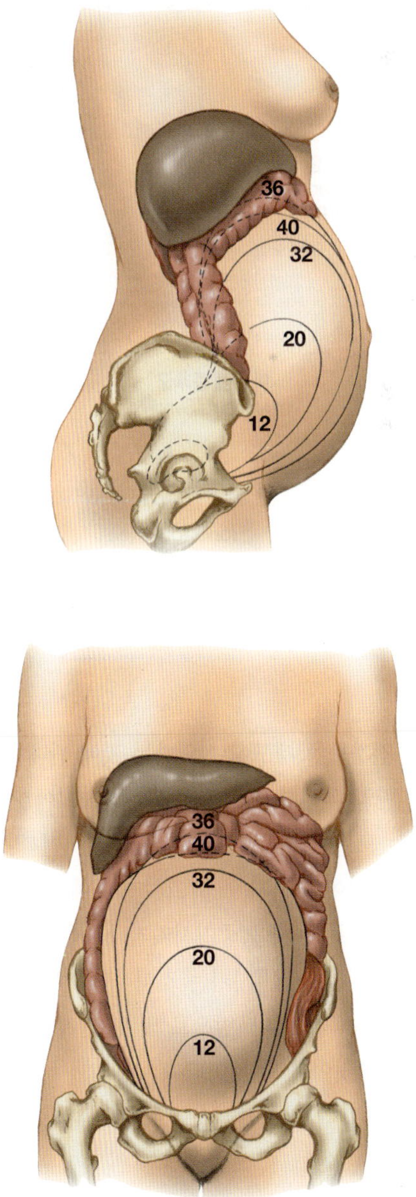

그림 20-21 인간 염색체 지도. 정상적인 남성의 염색체 도표는 전형적인 띠 모양과 특정 유전질환을 일으키는 유전자의 위치를 보여준다. 염색체는 크기에 맞게 그려지지 않았다.

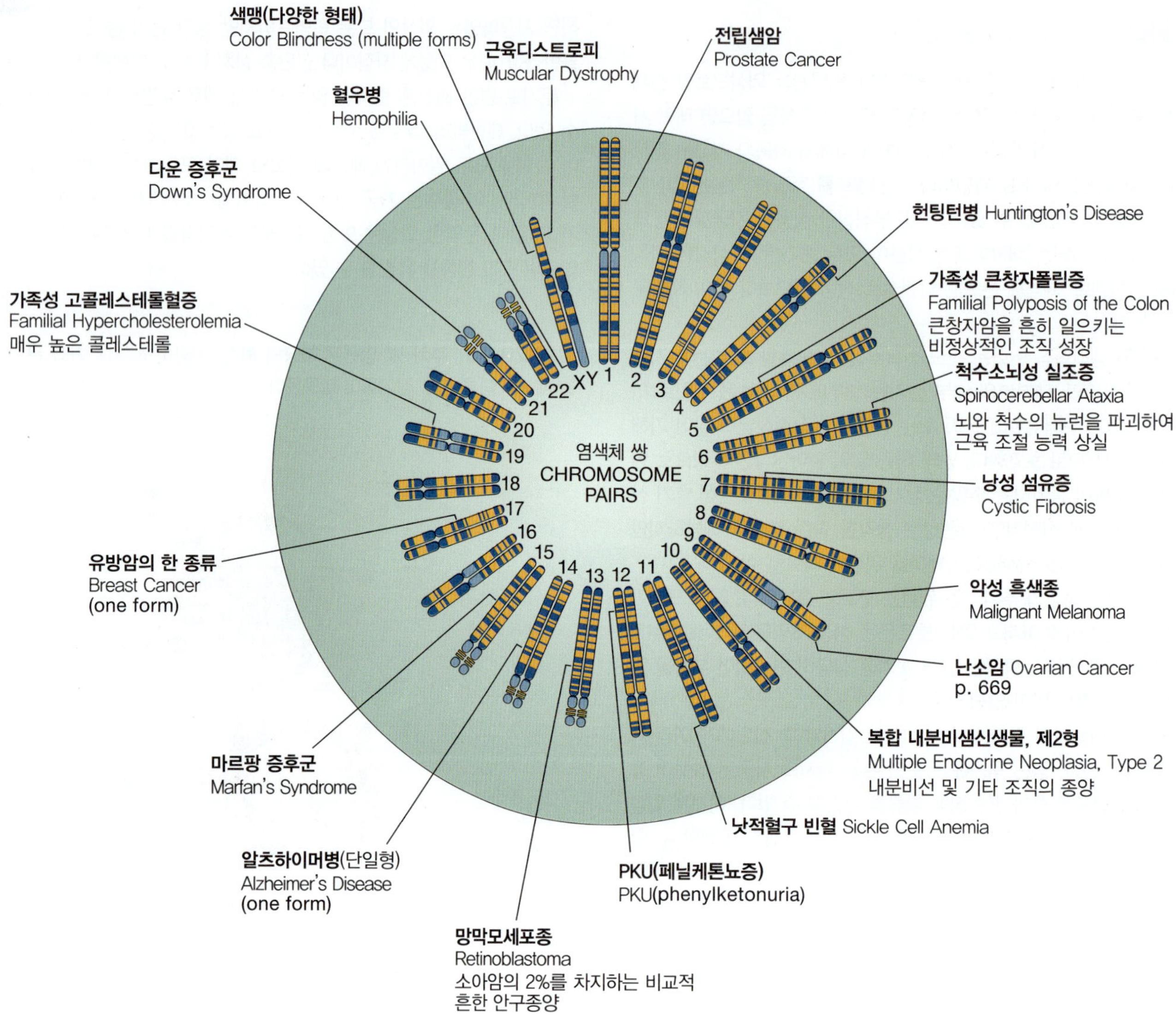

위해 "올바른" 유전자를 체세포에 삽입하는 것에 반대하는 사람은 거의 없다. 하지만 만약 우리가 변형된 유전자를 배아에 가입하고 그 개인뿐 아니라 또는 모든 후손을 바꿀 수 있다면 어떨까? 그리고 만약 유전자를 조작하는 것이 어떤 장애를 고치거나 예방하려는 것이 아니라 인간의 지능, 키 또는 시력을 증가시키거나 다른 표현형 특성을 변화시킴으로써 한 개인을 "개선"시키는 것이라면 어떨까? 그런 어려운 문제들은 사라지지 않을 것이다. 앞으로 몇 년 안에 우리는 모두가 받아들일 수 있는 답을 찾아야 할 것이다.

체크포인트

21. 유전형과 표현형의 관계를 설명하시오.
22. 이형접합을 정의하시오.
23. 혀 굴림은 우성 상염색체의 특성이다. 이 특성에 대해 이형접합인 사람의 표현형은 무엇인가?
24. Joe는 세 명의 딸이 있지만 아들이 없는 것은 아내의 "잘못"이라고 불평한다. 누구의 잘못인가?

책 뒷면에 있는 파란색 정답 탭을 참조.

임상노트

염색체 이상 및 유전자 분석

Chromosomal Abnormalities and Genetic Analysis

비정상적인 상염색체를 가진 배아는 거의 생존하지 못한다. 그러나 **전위결손**(*translocation defects*)과 **세염색체성**(*trisomy*)은 항상 태아 사망을 초래하지 않는 상염색체 이상의 두 가지 유형이다.

전위결손에서, 교환은 다른 염색체 쌍 사이에서 발생한다. 예를 들어 8번 염색체의 조각이 14번 염색체에 부착될 수 있다. 새로운 위치로 이동된 유전자는 비정상적으로 기능할 수 있으며 비활성 또는 과활성화될 수 있다. 염색체 물질의 손실이나 증가가 없는 균형자리옮김에서는 배아가 생존할 수 있게 된다.

세염색체에서는 감수분열에서 실수가 발생한다. 수정과 관련된 유전자 중 하나는 하나의 염색체 여분의 복사분을 갖고 있다. 그 결과, 접합체는 두 개가 아닌 세 개의 염색체를 가지고 있게 된다. (세염색체성의 성질은 관련된 염색체의 수로 표시된다. 예를 들어, 13번 세염색체를 가진 개체는 13번 염색체 사본이 3개가 있는 것이다.) 여분의 염색체 사본이 있는 접합체는 거의 생존하지 못한다. 13번 세염색체증과 18번 세염색체증이 있는 개체는 출산까지 생존할 수 있지만 1년 이상 생존하는 경우는 드물다. 주목할만한 예외는 21번 세염색체증이다.

21번 세염색체증 또는 다운 증후근은 가장 흔한 생존가능한 염색체 이상이다. (a) 미국 인구에서 추정치는 출생아 1000명당 1.5~1.9명이다. 영향을 받은 개체는 정신 발달이 지연되고 특징적인 신체적 기형을 보인다. 발달장애의 정도는 증등도에서 중증까지 다양하다. 심혈관계통에 영향을 미치는 해부학적 문제는 종종 유아기나 초기 성인기에 치명적이다. 다운 증후군을 가진 몇몇 사람들은 적당한 노년까지 생존하지만, 대부분의 사람들은 40세 이전에 알츠하이머병에 걸린다.

알 수 없는 이유로 산모의 나이와 21번 세염색체증을 가진 아이를 낳을 위험 사이에 직접적인 상관관계가 있다. 산모 연령이 25세 미만인 경우, 다운증후군 발병률은 2000명 중 1명이다. 이는 0.05%에 해당한다. 30~34세 산모의 경우 확률이 900명 중 1명으로 증가한다. 향후 10년동안 290명 중 1명으로 46분의 1 또는 2% 그 이상이 된다. 많은 여성들이 30대 중반이나 그 이후까지 임신을 미루고 있기 때문에 이러한 통계는 점점 더 중요해지고 있다.

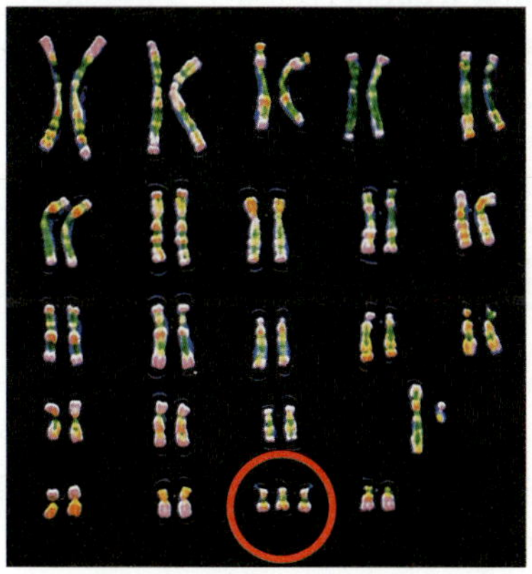

a. 21번 세염색체증(다운증후군)

비정상적인 수의 성염색체는 여분 또는 결손된 상염색체에 의해 유발된 것만큼 심각한 효과를 일으키지 못한다. 클라인펠터 증후군에서 개체는 성염색체 패턴 XXY를 가지고 있다. 표현형은 남성형이지만 여분의 X염색체는 안드로겐 생성을 감소시키게 된다. 그 결과 유방은 약간 커지고, 고환이 성숙하지 못하게 되어 불임이 된다. 발병률은 남자 신생아 평균 출생 750명 중 1명이다.

터너 증후군 환자는 여성의 성염색체를 하나만 가지고 있는 경우이다. 그들의 성염색체 보체는 XO로 표시된다. 이러한 종류의 염색체 결손은 **홑염색체**(*monosomy*)라고 한다. 이 질환의 발생률은 1만 명 중 1명으로 추정되며 표현형은 정상적인 여성형이기 때문에 출생 시, 상태를 인식하지 못할 수 있다. 그러나 사춘기에는 2차성징 변화가 나타나지 않고 난소는 기능하지 않으며 에스트로겐 생산은 미미한 수준으로 발생한다.

유약엑스 증후군은 발달장애, 비정상적인 얼굴발달, 영향을 받은 남성의 경우 고환의 확대를 유발시킨다. 원인은 단일 염기 삼중자(triplet)의 비정상적인 반복적인 **유전적 반복**(*genetic stutter*)을 포함하는 비정상적인 X염색체이다. 어떤 식으로든 인접 유전자의 정상적인 기능을 방해하여 장애의 징후와 증상을 유발하게 된다.

이러한 상태의 대부분은 태아 세포 분석을 통해 출산 전에 감지할 수 있다. 양수천자에서는 양수 검체를 제거하고 양수에 들어 있는 태아 세포를 분석한다. 이 절차는 다운 증후군을 포함한 선천적 상태 등 20개 이상의 식별이 가능하다. 유체 샘플을 얻기 위해 삽입된 바늘은 초음파 시행 동안 올바른 위치로 유도된다. 양수천자에는 두 가지 주요 단점이 있다.

1. 양수천자는 샘플링 절차가 태아와 산모 모두의 건강에 잠재적인 위협이 되기 때문에 알려진 위험요소가 있는 경우에만 시행한다. 위험 요인의 예로는 특정 상태의 가족력이 있거나 다운 증후군이 경우 35세 이상의 산모 연령이 있다.
2. 양수의 양이 샘플링 과정에서 태아가 다치지 않을 만큼 충분해질 때까지는 안전하게 채취할 수 없다. 양수천자의 일반적인 시기는 임신 14~15주다. 일단 검체를 채취한 후 결과를 얻는 데 몇 주가 걸릴 수 있으며, 그 때쯤이면 유도 또는 치료적 유산이 더 이상 실행 가능한 선택이 아닐 수도 있다.

대체할 수 있는 절차는 융모막융모생검(CVS)으로 알려져 있다. 분석을 위한 세포는 임신 1기 동안 융모막 융모에서 수집된다. CVS는 양수천자보다 유산 위험이 약간 크지만 임신 초기에 수행할 수 있기 때문에 바람직할 수 있다.

관련 임상 용어

태반조기박리(abruptio placentae): 임신 5개월 후 자궁벽에서 태반이 떨어지는 것.

아프가 등급(Apgar rating): 신생아 발달 문제와 신경학적 문제를 평가하는 방법.

볼기분만(breech birth): 태아의 다리나 엉덩이가 질관에 먼저 보이는 분만.

태아알코올증후군(fetal alcohol syndrome, FAS): 산모의 알코올 섭취로 인한 신생아 상태; 일반적으로 뼈대계통, 신경계통, 심혈관계통과 관련된 발생 결함을 특징으로 한다.

노인의학(geriatrics): 노화 및 관련된 의학적 문제를 다루는 전문의료.

시험관 수정(in vitro fertilization): 체외수정, 페트리 시험관에서 일반적으로 시행.

전치태반(placenta previa): 태반이 자궁목을 덮고 있거나 그 부근으로 일어난 상태.

전자간증(preeclampsia): 갑작스러운 고혈압, 알부민뇨(소변내 알부민 검출), 손, 발, 얼굴의 부종을 특징으로 하는 임신상태, 전자간증은 임신의 약 5%에 영향을 미치는 가장 흔한 임신 합변증이다.

기형유발물질(teratogens): 세포를 손상시키거나 염색체 구조를 변형하거나 배아의 화학적 환경을 변경하여 정상적인 발생을 방해하는 인자 또는 요인.

20 복습

요약

20-1 발생은 수정에서 성숙기까지 계속되는 과정이다 p. 758

1. **발생(development)**은 남성생식자와 여성생식자가 결합하는 수정(fertilization) 또는 **임신(conception)**이다. 발생 과정에서 서로 다른 유형의 세포를 만드는 것은 **분화(differentiation)**이다.
2. **태아 발생(prenatal development)**은 출생 전 발생한다. **출생 후 발생(postnatal development)**은 출생 시 시작되어 노화가 시작되는 성숙기까지 계속된다. **유전(inheritance or heredity)**은 유전적으로 결정된 특성을 세대에서 세대로 전달하는 것이다. **유전학(genetics)**은 유전 기전을 연구하는 학문이다.

20-2 수정은 — 이차 난모세포와 정자의 결합을 통해 — 접합체를 만든다 p. 759

3. **수정(fertilization)**은 일반적으로 배란 후 하루 이내에 자궁관에서 발생한다. 정자는 정자가 **수정능 획득(capacitation)** 전까지 난자를 수정시킬 수 없다.
4. 정자의 첨단체는 **난포세포부챗살**의 세포를 분해는 효소인 **히알루론산분해효소**를 방출한다. 또 다른 첨단체 효소는 투명층을 소화하여 난모세포막을 노출시킨다. 하나의 정자가 그 막에 닿으면 수정이 일어나고 **난모세포가 활성화(oocyte activation)**된다.
5. 활성화되는 동안 이차 난모세포는 감수분열 II를 완료하고 추가 정자의 침투를 방지한다.
6. 활성화 후, **여성풋핵**(*female pronucleus*)과 **남성풋핵**(*male pronucleusfuse*)은 **양성혼합(amphimixis)** 과정에서 융합한다(**그림 20-1**).

20-3 임신(gestation)은 출생 전 발생(prenatal development)의 세 단계, 즉 세 개의 석달(trimester)로 구성된다 p. 760

7. **임신 기간(gestation)**인 9개월은 **3개월 기간(trimester)**으로 나눈다.
8. **임신 1기(first trimester)**는 태아 발생의 가장 위험한 기간이다. 분열 및 배반포 형성, 착상, 태반 및 배아발생 과정이 이 중요한 시기에 발생한다.

20-4 임신 1기의 중요한 사건은 난할, 착상, 태반 형성, 배아 발생이다 p. 761

9. **난할(cleavage)**은 수정직후 일어나는 일련의 세포분열이다. 접합자는 **주머니배(blastocyst)**라고 불리는 **분할알갱이(blastomeres)**가 된다. 주머니배는 바깥층의 영양막과 **속세포덩이(inner cell mass)**로 구성된다(**그림 20-2**).
10. **착상(implantation)**은 수정 후 약 7일 후에 주머니배가 자궁내막에 붙으면서 시작된다(**그림 20-3**).
11. 세포영양막이 커지고 퍼지면서 모체의 혈액은 열린 융모사이공간을 통해 흐르게 된다. **창자배형성(gastrulation)** 후, **내배엽(endoderm)**, **외배엽(ectoderm)**, **중배엽(mesoderm)**으로 구성된 배엽층은 몸계

통으로 분화한다(**그림 20-4**; **표 20-1**),

12. 배엽층은 난황주머니, 양막, 요막, 융모막의 4가지 **배아바깥막(extraembryonic membrane)**을 형성하는 데 도움이 된다(**집중 조명 그림 20-5**).

13. **난황주머니(yolk sac)**는 혈구 형성의 중요한 부위이다. **양막(amnion)**은 발달 중인 태아를 둘러싸고 완충 작용을 하는 액체를 감싸고 있다. **요막(allantois)**의 바닥은 나중에 방광을 발생시킨다. **융모막(chorion)**의 혈관 내 순환 배아와 세포영양막을 연결하는 "신속한 운반 시스템"을 제공한다(**집중 조명 그림 20-5**).

14. **태반(placentation)**은 주머니배 주위에 혈관이 형성되고 **태반(placenta)**이 발달하면서 발생한다. **융모막의 융모**는 산모 조직 바깥쪽으로 확장되어 모성 혈액이 흐르는 분기망을 형성한다. 발달이 진행됨에 따라 **탯줄(umbilical cord)**은 태아를 태반에 연결한다(**그림 20-6**).

15. 세포영양막은 **사람융모생식샘자극 호르몬(human chorionic gonado tropin, hCG)**, 에스트로겐, 프로게스테론, **사람태반젖분비자극 호르몬(human placental lactogen, hPL)**, **태반프로락틴(placental prolactin)** 및 **릴렉신(relaxin)**을 합성한다.

16. 임신 첫 3개월은 12주 동안 **기관형성(organogenesis)**의 기초를 확립하기 때문에 중요하다(**그림 20-7**; **표 20-2**).

20-5 임신 2기와 3기에 산모의 기관계통은 발생 중인 태아를 부양하고 자궁은 구조적, 기능적 변화를 거친다 *p. 769*

17. **임신 2기(second trimester)**에는 기관계통이 복잡해진다. 기관계통은 **임신 3기(third trimester)**에 기능을 갖게 된다(**그림 20-8**, **20-9**; **표 20-2**).

18. 발생 중인 태아는 영양, 호흡 및 노폐물 제거를 위해 전적으로 모체를 의존한다. 산모의 적응에는 혈액량, 호흡수, 일회 호흡량, 영양소 섭취 및 사구체 여과율의 증가가 있다.

19. 태반에서 생성되는 프로게스테론은 자궁근육에 억제 효과가 있다. 진정 작용은 에스트로겐, 옥시토신 및 프로스타글란딘에 의해 길항된다. 태반과 태아 요인은 상호작용하여 자궁벽에 **분만 수축(labor contraction)**을 일으킨다(**그림 20-12**).

20-6 진통은 확장기, 만출기, 태반기로 나뉜다 *p. 775*

20. 진통의 목적은 자궁에서 태아를 밀어내는 **분만(parturition)**이다.

21. 분만은 **확장기(dilation stage)**, **만출기(expulsion stage)**, **태반기(placental stage)**의 세 단계로 나눌 수 있다(**그림 20-13**).

22. **조산(premature labor)**은 정상적인 발생을 완료하지 못한 신생아를 출산하게 된다.

23. 쌍둥이는 **이란성(dizygotic)** 또는 **일란성(monozygotic)**이다.

20-7 출생 후 단계는 신생아기, 유아기, 소아기, 청소년기 및 성숙기, 노화이다 *p. 779*

24. 출생 후 발생은 **생의 주기(life stage)**: 신생아기, 유아기, 소아기, 청소년기, 성숙기의 5가지 단계를 포함한다(**그림 20-14**).

25. **신생아기(neonatal period)**는 생후 1개월까지를 말한다. **유아기(infancy)**는 그 후 1세 까지 지속되며 **소아기(childhood)**는 사춘기가 시작될 때까지 지속된다. 이러한 단계를 거치는 동안 주요 비생식 기관계통은 충분히 작용하여 점차적으로 성인의 특징을 가지며, 개체는 빠르게 성장한다(**그림 20-14**).

26. 태아에서 **신생아(neonate)**로의 전환기에 호흡계통, 순환계통, 소화계통, 비뇨계통이 독립적으로 기능하기 시작한다. 신생아는 체온 조절을 시작해야 한다.

27. 젖샘은 신생아의 첫 며칠 동안 단백질이 풍부한 **초유(colostrum)**를 생산하고 그 후 모유생산으로 전환한다. 모유는 **젖배출반사**의 결과로 방출되게 된다(**그림 20-16**).

28. **청소년기(adolescence)**는 **사춘기(puberty)**에 시작된다. (1) 시상하부가 GnRH 생성을 증가시키고, (2) 순환하는 FSH와 LH 수준이 급격이 증가한다. (3) 난소 또는 고환 세포가 FSH 및 LH에 더 민감해진다. 이러한 변화는 성 형성호르몬 생산 및 성장률의 급격한 가속을 시작한다. 청소년기는 성장이 완료될 때까지 계속된다.

29. 청소년기 성장의 끝인 **성숙(maturity)**은 20대 초반까지 일어난다. 생리적 과정의 성숙 후 변화는 **노화(senescence)**의 일부이다. 노화와 관련된 변화는 결국 죽음에 이르게 한다.

20-8 유전자와 염색체는 유전양식을 결정한다 *p. 784*

30. 모든 체세포는 접합의 46개 염색체 사본을 가지고 있다; 이 염색체들과 그들이 유전자들은 개인의 **유전형(genotype)**을 구성한다. 개인의 **표현형(phenotype)**은 해부학, 생리학적 특성으로 표현형은 사람의 유전형과 환경 사이의 상호작용에서 비롯된다.

31. 모든 인간의 체세포에는 23쌍의 염색체가 있다; 각 쌍은 **상동염색체(homologous chromosome)**로 구성되며 22쌍은 **상염색체(autosomal chromosome)**이다. 23번째 염색체쌍은 **성염색체(sex chromosome)**로, 성별이 다르게 된다(**그림 20-13**).

32. 염색체는 DNA를 포함하고 유전자는 DNA의 기능적인 부분이다. 유전자의 다양한 형태는 **대립유전자(allele)**라고 불린다. 만약 두 상동염색체가 특정 유전자의 동일한 대립유전자를 가지고 있다면 개체는 **동형접합(homozygous)**이 되고, 서로 다른 대립유전자를 가지고 있다면 개체는 이형접합이 된다.

33. 대립유전자는 형질이 어떻게 발현되는지에 따라 **우성(dominant)**과 **열성(recessive)**이 된다(**표 20-3**).

34. 퍼넷 사각형(*Punnett squarehelps*)에서 모계 및 부계 대립유전자를 결합하면 자녀의 특성을 예측하는데 도움이 된다(**그림 20-19**).

35. **단순유전(simple inheritance)**에서 표현형 특성을 단일 대립유전자 한 쌍의 상호작용에 의해 결정된다. **다유전자 유전(polygenic inheritance)**은 여러 염색체의 대립유전자 간의 상호작용을 포함한다(표 20-4).

36. 두 종류의 **성염색체(sex chromosome)**는 **X염색체(X chromosome)**와 **Y염색체(Y chromosome)**다. 남성의 정상적인 성염색체 보체는 XY이고, 여성의 성염색체 보체는 XX이다. X염색체는 **X-연계(X-linked)** 유전자를 가지고 있는데, 이것은 체세포 구조에 영향을 주지만 Y염색체에는 상응하는 대립유전자가 없다(그림 20-15).

37. **HGP**와 ENCODE는 함께 인간 게놈이 단백질 코딩 유전자, 비코딩 RNA에 대한 DNA 서열, 그리고 유전자 발현에 영향을 미치는 후생유전학 표식을 포함하고 있음을 밝혀냈다. 유전질환의 일부 원인이 되는 단백질을 포함한 약 22,000개의 단백질 암호화 유전자가 지도화되었다(그림 20-21; 표 20-4).

복습 문제

책 뒷면에 있는 파란색 정답 탭을 참조.

단계 1 사실 및 용어 검토

A열의 각 항목을 B열의 가장 밀접하게 관련된 항목에 맞게 빈칸에 적절한 답을 적으시오.

A열	B열
_____ 1. 임신(Gestation)	a. 주머니배 형성
_____ 2. 난할(Cleavage)	b. 태반배출
_____ 3. 창자배형성(Gastrulation)	c. 배엽형성
_____ 4. 융모막 융모(Chorionic villi)	d. 임신의 징후
_____ 5. 사람융모생식샘자극호르몬(Human chorionic gonadotropin)	e. 배아-모체 순환 교환
_____ 6. 출생(Birth)	f. 뚜렷한 특성
_____ 7. 회음부 절개(Episiotomy)	g. 태아 발생 시기
_____ 8. 후산(Afterbirth)	h. *aa*
_____ 9. 노화(Senescence)	i. 다운 증후군
_____ 10. 신생아(Neonate)	j. 신생아
_____ 11. 표현형(Phenotype)	k. *Aa*
_____ 12. 열성 동종접합(Homozygous recessive)	l. XY
_____ 13. 이형접합(Heterozygous)	m. XX
_____ 14. 남성 유전형(Male genotype)	n. 출산
_____ 15. 여성 유전형(Female genotype)	o. 노화의 과정
_____ 16. 21번 세염색체(Trisomy 21)	p. 회음부 절개

17. 수정에서 성숙기까지 이르는 기간 동안 해부학적 구조의 점진적인 변화는?
    (a) 발생
    (b) 분화
    (c) 배아형성
    (d) 수정능획득

18. 인간의 수정은 2개의 반수체 배합의 융합을 수반하며, 다음을 포함하는 접합체를 생성한다.
    (a) 23개의 염색체
    (b) 46개의 염색체
    (c) 염색체의 정상 반수체 수
    (d) 46쌍의 염색체

19. 난포를 떠나는 이차 난모세포는
    (a) 휴지기
    (b) 첫 번째 중기 감수분열
    (c) 두 번째 말기 감수분열
    (d) 두 번째 중기 감수분열

20. 발달 10주차 다이어그램에서 구조 a~e를 식별하시오.

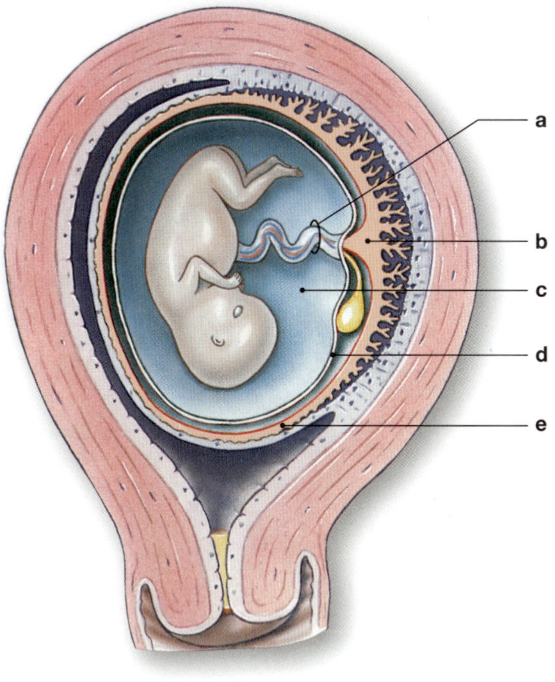

(a) ____________ (b) ____________
(c) ____________ (d) ____________
(e) ____________

21. 모든 주요 기관계통의 기초를 확립하는 가정은?
(a) 분열 (b) 착상
(c) 태반 (d) 배아형성

22. 접합자는 자궁안으로 도착한다.
(a) 오디배 (b) 세포영양막
(c) 융모사이공간 (d) 분할알갱이

23. 태아와 모체혈류 사이에 능동적이고 수동적인 교환이 가능하게 하는 표면은?
(a) 난황주머니 (b) 융모막 융모
(c) 배꼽정맥 (d) 배꼽동맥

24. 모유 분비는 다음과 관련이 있다.
(a) 자궁에서 일어나는 사건
(b) 태반 호르몬 영향
(c) 생체주기 리듬
(d) 젖빨기로 인한 반사 작용

25. 대립유전자가 표현형에 영향을 주기 위해 모계와 부계 염색체 모두에 존재해야 하는 경우 대립유전자는 다음과 같다.
(a) 우성 (b) 열성
(c) 상호보완 (d) 이형접합

26. 4개의 배아바깥막의 이름은 무엇인가?

27. 진통의 세 단계를 구분하고 각 단계를 특징짓는 사건을 설명하시오.

28. 출생과 대략 10세 사이에 발생하는 세 가지 삶의 단계를 구분하고 각 단계의 시기와 특성을 설명하시오.

단계 2 개념 검토

29. 릴렉신은 다음과 같은 호르몬이다.
(a) 두덩결합의 유연성을 증가킨다.
(b) 자궁목의 팽창을 유발한다.
(c) 시상하부의 옥시토신 분비를 억제한다.
(d) a, b, c 모두 맞다.

30. 청소년기에 호르몬 생산을 증가와 성적 성숙을 촉진하기 위해 상호작용하는 현상들은 뇌의 활동에서 비롯된다.
(a) 시상하부 (b) 뇌하수체 전엽
(c) 난소와 고환세포 (d) a, b, c 모두 맞다.

31. 태아의 영양에 대한 역할 외에도 태반의 주요 내분비 기능은 무엇인가?

32. 암신 중 산모에게 발생하는 변화에 대해 논의하고 각 변화의 기능적 중요성을 표시하시오.

33. 진통 중에 분만이 완료될 때까지 자궁수축이 계속되도록 하는 생리학적 기전은 무엇인가?

34. 분만 과정에서 여성의 "양막파열"을 겪을 때 어떤 일이 발생하는가?

35. 다음과 같은 각각의 상황에 관련된 특성 및 상속 유형을 표시하시오.
(a) 이 특성을 보이는 아이는 동일한 특성을 나타내는 부모가 적어도 한 명이 있다.
(b) 부모 중 어느 쪽도 그렇지 않은 경우도 아이는 이 특성을 나타낸다.
(c) 이 특성은 딸보다 아들에게 더 많이 나타난다.
(d) 혀 굴림은 딸과 아들 모두에게 동등하게 표현된다.

36. 왜 여성보다 남성이 색맹이 더 많은지 설명하시오. 어떤 유형의 유전과 관련되어 있는가?

단계 3 비판적 사고 및 임상 적용

37. 혈액이 제대로 응고되지 않는 질환인 혈우병 A는 X염색체(Xh)에 위치한 열성 형질이다. 이 형질에 대해 이형접합성인 여성은 정상 남성과 결혼하였다. 이 부부가 혈우병 딸을 가질 확률은 얼마인가? 이 부부가 혈우병에 걸린 아들을 낳을 확률은 얼마인가?

38. 성인이 훨씬 더 큰데도 불구하고 신생아들의 정상 심박수와 호흡수가 성인보다 높은 이유를 설명하라.

39. Sally는 선천적인 위장 기형을 가진 아이를 낳았다. 그녀는 임신 3개월에 겪었던 바이러스 감염의 결과라고 믿고 있다. 이것이 가능한가?

찾아보기

한글 찾아보기

ㄱ

ㅈ

찾아보기

ㅊ

영문 찾아보기

A

B

D

E

F

G

Q

R

W

X

Y

Z

기타